Praktische Funktionenlehre

Von

Professor Dr.-Ing. Dr. ès sc. h. c. F. Tölke

o. Professor an der Universität Stuttgart

Direktor des Otto-Graf-Instituts

Sechster Band

Tafeln aus dem Gebiet der Theta-Funktionen
und der elliptischen Funktionen
mit 120 erläuternden Beispielen

Erster Teil

Springer-Verlag Berlin Heidelberg GmbH

1969

ISBN 978-3-642-51630-6 ISBN 978-3-642-51629-0 (eBook)
DOI 10.1007/978-3-642-51629-0

Ursprünglich erchienen bei Springer-Verlag Berlin Heidelberg New York 1969
Softcover reprint of the hardcover 1st edition 1969
Library of Congress Catalog Card Number 51-21615

Titelnummer 1276

Vorwort

Der sechste Band der Praktischen Funktionenlehre stellt ein die Bände II bis V ergänzendes Tafelwerk dar, das, abgesehen von den beiden vorderen Spalten von Tafel IV, die der berühmten Tafel der Normalintegrale erster und zweiter Gattung von A. M. LEGENDRE entnommen wurden, nur Originaltafeln enthält. Mit Rücksicht auf den großen Umfang der insgesamt fünf Funktionentafeln mußte der vorliegende Band in zwei Teilbände aufgegliedert werden, wozu sich eine Aufspaltung der Tafel III in die Parameterbereiche $0 \leqq \varkappa \leqq 1$ und $1 \geqq 1/\varkappa \geqq 0$ als zweckmäßig erwies.

Um das Argument von der Periodenzahl K der elliptischen Funktionen unabhängig zu machen, sind die tabulierten Funktionswerte nicht auf z, sondern auf

$$\zeta = \frac{z}{2K} \quad \left(0 \leqq \zeta \leqq \frac{1}{2}\right)$$

als Argument bezogen. Ferner wurde anstelle der Abhängigkeit vom Modul die Abhängigkeit vom Periodenverhältnis

$$\varkappa = \frac{K'}{K} \quad \left(0 < \varkappa \leqq 1, \quad 1 \geqq \frac{1}{\varkappa} > 0\right)$$

in die Tafeln eingebaut, was für die Anwendung viele Vorteile bietet, da sie eine erheblich feinere Interpolation gestattet.

Die in den Tafeln I, II, III und V enthaltenen Funktionswerte wurden mit Hilfe der in den Bänden II bis V aufgeführten Exponentialentwicklungen bzw. Quotienten von Exponentialentwicklungen unter Bezugnahme auf Hyperbelfunktionen im Bereich $0 < \varkappa \leqq 1$ und trigonometrische Funktionen im Bereich $1 \geqq 1/\varkappa > 0$ elektronisch berechnet.

Ich danke dem Herrn Präsidenten des Landesgewerbeamtes Baden-Württemberg für die zur Durchführung der elektronischen Arbeiten gewährten zwei Finanzhilfen. Ferner danke ich dem Recheninstitut der Technischen Hochschule Stuttgart und insbesondere Herrn Professor Dr. KULP für die laufende Unterstützung beim Einsatz der Zuse 22.

Die Kontrolle der Funktionswerte erfolgte in den Tafeln I, II, IV und V durch zweifache Berechnung auf verschiedenen Elektronenrechnern, in der Tafel III über Funktionalgleichungen, durch welche jeder der aufgeführten Funktionswerte mindestens einmal überprüft werden konnte.

Die im Vorspann gegebenen Erläuterungen begründen im einzelnen den Aufbau der Tafeln.

108 Beispiele aus dem Gebiete der bestimmten elliptischen Integrale in algebraischer, Jacobischer und Weierstraßscher Form machen den Leser mit dem Gebrauch von Tafel I bis III zur Berechnung elliptischer Integrale vertraut. Weitere 12 Beispiele sollen die Heranziehung von Tafel IV zur Auswertung elliptischer Integrale in trigonometrischer und hyperbolischer Form erleichtern. Die Beispiele wurden, um die Vorteile des vorerwähnten $(\zeta, \varkappa)$-Systems in Erscheinung treten zu lassen, so ausgewählt, daß der Leser ein eindrucksvolles Bild von den Möglichkeiten der Berechnung elliptischer Integrale erhält.

Fräulein Dr.-Ing. Dipl.-Math. H. GOESER danke ich für die tatkräftige Unterstützung bei der Durchführung der elektronischen Arbeiten. Ferner danke ich den Herren Privatdozent Dr.-Ing. J. GIESECKE, Dr.-Ing. R. BONHAGE, Dr.-Ing. P. FEUERLEIN und Dr.-Ing. H. KLOPFER für die Organisation des Einsatzes der zahlreichen studentischen Hilfskräfte bei den sehr umfangreichen Kontrollrechnungen und für die Unterstützung bei der Durchrechnung und der numerischen Kontrolle der Beispiele.

Die Leitung der Korrekturarbeiten lag in den Händen von Herrn Privatdozent Dr.-Ing. J. Giesecke, dem ich hierfür auf das herzlichste danke. Den Herren Dipl.-Ing. P. Gussmann, Dipl.-Ing. H. Schaak, Dipl.-Ing. H. Schulz und Dipl.-Ing. E. Vees danke ich für die Durchführung von Kontrollrechnungen auf dem IBM-Rechner 1130 des Otto-Graf-Instituts.

Zur Sicherstellung der Genauigkeit der zahlreichen, mehr als sechsstelligen und bis zu neunstelligen Funktionswerte der Tafeln II, III und IV wurde eine Zweitrechnung auf der Telefunken-Rechenanlage TR 4 des Recheninstituts der Universität Stuttgart unter Einschaltung der doppelten, 24stelligen Genauigkeit durchgeführt, wobei das Ausdrucken auf 11 Stellen erfolgte. Die Leitung der hierfür erforderlichen Programmierungsarbeiten lag in den Händen der Herren Dipl.-Ing. P. Gussmann, cand. math. R. Hutzenlaub, cand. math. H. Kreibohm und Dipl.-Ing. E. Vees, denen ich hierfür herzlich danke. Für die zur Durchführung der Zweitrechnung gewährte Unterstützung danke ich auch dem Direktor des Recheninstituts der Universität Stuttgart, Herrn Prof. Dr. Knödel, auf das verbindlichste.

Schließlich danke ich dem Springer-Verlag für die hervorragende Ausstattung des Buches sowie für das große Verständnis und den traditionellen Weitblick, ohne den die Herausgabe eines solchen Tafelwerkes in Buchform nicht möglich gewesen wäre. Ferner danke ich der Druckerei für die große Geduld bei der Ausmerzung der unvermeidbaren zahlreichen Abschreibe-, Setz- und Ablesefehler.

Stuttgart, im Herbst 1968

Friedrich Tölke

Vorbemerkungen zum Gesamtwerk

Entsprechend der Zweckbestimmung der Praktischen Funktionenlehre war auch für die Bearbeitung der Bände II bis V der Gesichtspunkt entscheidend, Aufbau und Stoffauswahl in erster Linie auf die Bedürfnisse der angewandten Mathematik, theoretischen Physik und Technik abzustellen. Wenn die dadurch bedingte, über den klassischen Behandlungsstoff hinausgehende Gebietsausweitung auch für die reine Mathematik interessant sein sollte, so würde dies den durch das Buch angesprochenen Personenkreis noch vergrößern.

Das eine Einheit bildende, die Theorie der Theta- und elliptischen Funktionen behandelnde Werk erscheint in fünf Bänden, deren Titel, Kapitel- und Abschnittseinteilung sowie Gleichungs- und Abbildungsnummern unter Einschluß der bereits erschienenen Bände I bis V folgendermaßen lauten:

	Kapitel	Abschnitte	Gleichungen	Abbildungen
I: Elementare und elementare transzendente Funktionen	—	1—6	1—824	1—174
II: Theta-Funktionen und spezielle WEIERSTRASSsche Funktionen	1—4	1—107	1—765	1—129
III: JACOBIsche elliptische Funktionen, LEGENDREsche elliptische Normalintegrale und spezielle WEIERSTRASSsche Zeta- und Sigma-Funktionen	5—9	108—156	766—1082	130—224
IV: Elliptische Integralgruppen und JACOBIsche elliptische Funktionen im Komplexen	10, 11	157—191	1083—1274	225—298
V: Allgemeine WEIERSTRASSsche Funktionen und Ableitungen nach dem Parameter, Integrale der Theta-Funktionen und Bilinear-Entwicklungen	12—17	192—252	1275—1600	299—440

Diesen Bänden folgt hiermit ein weiterer auf den Stoff der Bände II bis V abgestellter Tafelband VI mit 120 den Gebrauch der Tafeln erläuternden Beispielen aus der Theorie der elliptischen Integrale mit den nachstehend aufgeführten Tafeln.

Tafel I: Übergang vom Parametersystem $\varkappa$ auf das Modulsystem k, k', α bzw. k^2, k'^2 und das System der Periodenzahlen K, K'.

Tafel II: 57 Parameterfunktionen, bezogen auf $\varkappa$ bzw. $1/\varkappa$ als Argument.

Tafel III: Sechsstellige Tafel der Theta-Funktionen und ihrer logarithmischen Ableitungen, der JACOBIschen elliptischen Funktionen und ihrer logarithmischen Ableitungen sowie der WEIERSTRASSschen $\mathfrak{z}$-, $\wp$- und $\wp'$-Funktionen einschließlich einiger Parameterfunktionen für $\zeta = \frac{z}{2K}$ als Argument und $\varkappa$ bzw. $\frac{1}{\varkappa}$ als Parameter.

Tafel IV: Neunstellige Tafel der LEGENDREschen Normalintegrale erster und zweiter Gattung sowie der JACOBIschen Zeta-Funktion und der abgewandelten HEUMANschen Lambda-Funktion.

Tafel V: Sechsstellige Tafel der D-Funktionen erster bis vierter Ordnung für die Charakteristiken 1 bis 4.

Inhaltsverzeichnis

Erster Teil

Zweiter Teil

Zusammenstellung der Beispiele

Erläuterungen zu den Tafeln und Beispiele, insbesondere zur Berechnung von Integralen

1. Tafel I zum Übergang vom Parametersystem $\varkappa$ auf das Modulsystem k, k', α bzw. k^2, k'^2 und das System der Periodenzahlen K, K'

Im Hinblick darauf, daß die Betrachtungen der Bände II—V teils auf dem Parametersystem, teils auf dem Modulsystem aufgebaut wurden, sind den drei Funktionentafeln dieses Bandes zwei den Parameterfunktionen gewidmete Tafeln vorangestellt worden. Die erste dieser Tafeln dient dem Übergang vom Parametersystem $\varkappa$ auf das Modulsystem k, k', α und auf das System der Periodenzahlen K und K'. Sie enthält, um die Interpolation zu erleichtern, neben den Funktionswerten auch deren Differenzen.

Die im wesentlichen fünfstellige Tafel ist bezüglich des Arguments so aufgebaut, daß die Parameterwerte gegenüber $\varkappa = 1$ reziprok angeordnet sind. Für den Intervallbereich

$$0 \leqq \varkappa \leqq 1 \quad \text{ist} \quad \Delta\varkappa = 0{,}001, \quad \left(\varkappa = \frac{K'}{K}\right),$$

und für den Intervallbereich

$$1 \geqq \frac{1}{\varkappa} \geqq 0 \quad \text{ist} \quad \Delta\frac{1}{\varkappa} = 0{,}001, \quad \left(\frac{1}{\varkappa} = \frac{K}{K'}\right).$$

Bei dem Modularwinkel α wurde auf die Gegenläufigkeit verzichtet, da die Ergänzung zu 90° bzw. $\pi/2$ leicht vorgenommen werden kann. Es erschien wichtiger, daß der Modularwinkel sowohl in Gradmaß als auch in Bogenmaß aus der Tafel abgelesen werden kann.

Die Periodenzahlen K und K' im (z, k)-System entsprechen gleichzeitig den vollständigen LEGENDREschen elliptischen Normalintegralen erster Gattung.

2. Tafel II von 57 Parameterfunktionen, bezogen auf $\varkappa$ als Argument

In der Theorie der Theta-Funktionen, der WEIERSTRASSschen elliptischen Funktionen und der JACOBIschen elliptischen Funktionen treten zahlreiche Parameterfunktionen auf, deren Zusammenstellung in einer Funktionentafel sehr nützlich ist. Die zweite der vorerwähnten Tafeln dient diesem Zweck und enthält 57 Parameterfunktionen. Die zugehörigen Funktionswerte können für

$$0 \leqq \varkappa \leqq 1 \quad \text{mit} \quad \Delta\varkappa = 0{,}01, \quad \left(\varkappa = \frac{K'}{K}\right)$$

und

$$1 \geqq \frac{1}{\varkappa} \geqq 0 \quad \text{mit} \quad \Delta\frac{1}{\varkappa} = 0{,}01, \quad \left(\frac{1}{\varkappa} = \frac{K}{K'}\right)$$

mit mindestens sechsstelliger Genauigkeit der Tafel entnommen werden.

Im Gegensatz zu der Tafel von Abschnitt 1 sind hier die Argumente $\varkappa$ und $1/\varkappa$ nicht gegenläufig, sondern auf getrennten Blättern angeordnet worden. Bei der Fülle der tabulierten Parameterfunktionen würde eine Gegenläufigkeit die Zuordnungsmöglichkeit beschränkt haben.

Auf die tabulierten Funktionen im einzelnen einzugehen, erübrigt sich hier, da dieses bei Behandlung der großen sechsstelligen Tafel von Abschnitt 3 geschehen wird. In diese wurden nämlich die 57 Parameterfunktionen mit Ausnahme der unmittelbar entnehmbaren Funktionen

$$\vartheta_2(0, \varkappa), \quad \vartheta_3(0, \varkappa), \quad \vartheta_4(0, \varkappa)$$

ebenfalls, und zwar verteilt, auf die zu den $\varkappa$- bzw. $1/\varkappa$-Werten gehörigen Seitengruppen aufgenommen, da hierdurch die Auswertung elliptischer und algebraischer Integrale mit Hilfe der großen Tafel sehr erleichtert wird.

Der Nutzen der vorangestellten Tafel liegt darin, daß sie die Möglichkeit zu einer bequemen Interpolation bietet, so daß die 57 Parameterfunktionen praktisch für beliebige Parameterwerte entnommen werden können.

3. Sechsstellige Tafel III der Theta-Funktionen und ihrer logarithmischen Ableitungen, der Jacobischen elliptischen Funktionen und ihrer logarithmischen Ableitungen sowie der Weierstraßschen $\mathfrak{z}$, $\wp$- und $\wp'$-Funktionen einschließlich einiger Parameterfunktionen für $\zeta = z/2K$ als Argument und $\varkappa$ bzw. $1/\varkappa$ als Parameter

Die dritte ebenfalls sechsstellige Tafel enthält 40 Funktionen und besitzt

$$\zeta = \frac{z}{2K}$$

als Argument und

$$\varkappa = \frac{K'}{K} \quad \text{bzw.} \quad \frac{1}{\varkappa} = \frac{K}{K'}$$

als Parameter. Hierdurch werden — im Gegensatz zu einer auf z als Argument aufgebauten elliptischen Funktionentafel — Argument und Parameter voneinander unabhängige Größen. Der dargestellte ζ-Bereich von

$$0 \leqq \zeta \leqq 0{,}50 \quad \text{mit} \quad \Delta\zeta = 0{,}01$$

entspricht einem Quadranten der trigonometrischen Funktionen, unterteilt in 50 Neugrade. Da der Parameter $\varkappa$ alle Werte zwischen 0 und ∞ annehmen kann, wurde die Tafel in die beiden Parametergruppen

$$0 \leqq \varkappa \leqq 1 \quad \text{mit} \quad \Delta\varkappa = 0{,}01$$

und

$$1 \geqq \frac{1}{\varkappa} \geqq 0 \quad \text{mit} \quad \Delta\frac{1}{\varkappa} = 0{,}01$$

aufgespalten. Eine solche in bezug auf $\varkappa = 1$ reziproke Parameteranordnung stellt das Analogon zu einer Aufspaltung der Tafel nach k und k' dar.

Aus Platzgründen und zur Verbesserung der Lesbarkeit wurden die 40 Funktionen dieser Tafel für je einen Parameterwert $\varkappa$ bzw. $1/\varkappa$ auf je 4 aufeinander folgende Seiten gedruckt. Zur Ergänzung der Tafel sind am Kopf der jeweils ersten zwei Seiten 30 und der jeweils letzten zwei Seiten 24 Parameterfunktionen enthalten. Am Kopf der jeweils ersten Seite sind zunächst, um einen unmittelbaren Übergang vom Parameter $\varkappa$ auf die Moduln k und k' bzw. deren Wurzeln und Quadrate zu ermöglichen, die zu $\varkappa$ bzw. $1/\varkappa$ gehörigen Größen

$$\sqrt{k},\ k,\ k^2 \quad \text{und} \quad \sqrt{k'},\ k',\ k'^2$$

aufgeführt. Ihnen schließen sich die zu den WEIERSTRASSschen Funktionen gehörigen Wurzelwerte

$$e_1,\ e_2,\ e_3 \quad \text{und} \quad e_1',\ e_2',\ e_3'$$

und Invarianten

$$g_2,\ g_3,\ \bar{g}_2,\ \bar{g}_3 \quad \text{und} \quad g_2',\ g_3',\ \bar{g}_2',\ \bar{g}_3'$$

sowie die Kennfunktionen

$$g_3/\sqrt{g_2^3} \quad \text{und} \quad \bar{g}_3/\sqrt{\bar{g}_2^3}$$

an.

Am Kopf der jeweils zweiten Seite können zunächst die Parameterfunktion

$$k^2\,k'^2,$$

die bei vielen vollständigen elliptischen Normalintegralen dritter Gattung auftretende Funktion

$$\frac{\pi}{K\,K'}$$

und die für die Theorie der WEIERSTRASSschen Zeta-Funktionen fundamentalen Größen

$$\eta_1,\ \eta_2,\ \bar\eta_1,\ \bar\eta_2 \quad \text{und} \quad \eta_1',\ \eta_2',\ \bar\eta_1',\ \bar\eta_2'$$

entnommen werden. Dann folgen die vollständigen LEGENDREschen elliptischen Normalintegrale erster Gattung

$$K \quad \text{und} \quad K',$$

mit denen das Argument ζ auf

$$z = 2K\zeta \quad \text{bzw.} \quad z = 2K'\zeta$$

umgeschrieben werden kann, die vollständigen LEGENDREschen elliptischen Normalintegrale zweiter Gattung

$$E \quad \text{und} \quad E'$$

sowie die mit ihnen verwandten Funktionen

$$A,\ A',\ B,\ C,\ D,$$

durch welche zahlreiche vollständige trigonometrische elliptische Integrale und viele hypergeometrische Reihenentwicklungen dargestellt werden können.

Die am Kopf der jeweils dritten und vierten Seiten aufgeführten Parameterfunktionen sind Nullwerte der Theta-Funktionen, ihrer Ableitungen nach ζ und z und der daraus gebildeten Quotienten, mit deren Hilfe (vgl. Abschnitt 60 des II. Bandes) die Theta-Funktionen bis zur vierten bzw. fünften Potenz nach ζ oder z entwickelt werden können. Ableitungen sind wie üblich durch Striche gekennzeichnet, und zwar bedeutet ein hinzugesetztes $\varkappa$, daß sie nach ζ, ein hinzugesetztes k, daß sie nach z zu bilden sind, wofür hinsichtlich der verbindenden Beziehungen auf die Gln. (525), (527), (533) des II. Bandes verwiesen werden kann. Nach diesen ist z. B.

$$\vartheta'_{\frac{1}{5}}(0,k) = \frac{1}{2K}\,\vartheta'_{\frac{1}{5}}(0,\varkappa), \qquad \vartheta'''_{\frac{1}{5}}/\vartheta'_{\frac{1}{5}}(k) = \frac{1}{(2K)^2}\,\vartheta'''_{\frac{1}{5}}/\vartheta'_{\frac{1}{5}}(\varkappa).$$

Die nicht aufgeführten Nullwertfunktionen

$$\vartheta_2(0,\varkappa) = \vartheta_2(0,k), \qquad \vartheta_3(0,\varkappa) = \vartheta_3(0,k), \qquad \vartheta_4(0,\varkappa) = \vartheta_4(0,k)$$

können für $\zeta = 0$ der Tafel unmittelbar entnommen werden.

Die Viertelwertfunktionen lassen sich auf Nullwertfunktionen zurückführen. Für $\vartheta_{\frac{1}{2}}(\frac{1}{4},\varkappa)$ folgt aus Gl. (133) des II. Bandes

$$\vartheta_{\frac{1}{2}}(\tfrac{1}{4},\varkappa) = \tfrac{1}{2}\,\vartheta_6(0,2\varkappa).$$

Für die Viertelwertfunktionen $\vartheta_{\frac{3}{4}}(\frac{1}{4},\varkappa)$ liefert Gl. (37) des II. Bandes entspechend

$$\vartheta_{\frac{3}{4}}(\tfrac{1}{4},\varkappa) = \vartheta_4(0,4\varkappa).$$

Mit den aus der Tafel direkt ablesbaren Parameterfunktionen $\vartheta_{\frac{5}{6}}(\frac{1}{4},\varkappa)$ ist gleichzeitig die zweite Theta-Nullwertfunktion für den Parameter $\varkappa/2$ bekannt, denn nach Gl. (133) des II. Bandes ist

$$\vartheta_2\left(0,\frac{\varkappa}{2}\right) = \vartheta_{\frac{5}{6}}\left(\frac{1}{4},\varkappa\right).$$

Wir kommen nun zu der eigentlichen Tafel. Von den 40 dargestellten Funktionen sind zwei, nämlich

$$\overline{\mathrm{dn}}(\zeta,\varkappa) \quad \text{und} \quad \overline{\mathrm{sc}}(\zeta,\varkappa)$$

symmetrisch in bezug auf $\zeta = 0{,}25$. Für diese war daher ein Argumentbereich

$$0 \leqq \zeta \leqq 0{,}25 \quad \text{oder} \quad 0{,}25 \leqq \zeta \leqq 0{,}50$$

ausreichend. Demzufolge konnte die Funktion $\overline{\mathrm{dn}}(\zeta,\varkappa)$ auf die obere, $\overline{\mathrm{sc}}(\zeta,\varkappa)$ auf die untere Hälfte des Argumentbereiches beschränkt werden. Hierdurch wurde es erforderlich, das Argument $\zeta = \frac{1}{4}$ doppelt aufzuführen und die gesamte Tafel an der Stelle $\zeta = \frac{1}{4}$ aufzuspalten.

Für die 20 am Kopf der Tafel aufgeführten Funktionen steigt das Argument von oben nach unten, für die 20 Funktionen des Fußes von unten nach oben. Im ersteren Falle ist ζ am linken Rande, im letzteren am rechten einer jeden Doppelseite abzulesen.

Der Verlauf der vier Funktionen

$$\vartheta_1(\zeta, \varkappa), \ \vartheta_2(\zeta, \varkappa), \ \vartheta_3(\zeta, \varkappa), \ \vartheta_4(\zeta, \varkappa)$$

der Gruppe der JACOBIschen Theta-Funktionen ist in Abhängigkeit von ζ mit $\varkappa$ als Parameter aus den Abb. 6 bis 9 des II. Bandes und in Abhängigkeit von $\varkappa$ mit ζ als Parameter aus der Abb. 10 zu entnehmen. Hiernach erstreckt sich der Argumentbereich der Tafel im Falle von $\vartheta_{\substack{1\\2}}(\zeta, \varkappa)$ auf eine Viertelperiode, in demjenigen von $\vartheta_{\substack{3\\4}}(\zeta, \varkappa)$ auf eine halbe Periode.

Die beiden Theta-Funktionen

$$\vartheta_5(\zeta, \varkappa) \quad \text{und} \quad \vartheta_6(\zeta, \varkappa)$$

konnten aus Platzmangel nicht in die Tafel aufgenommen werden. Sie lassen sich aber aus den vier Grundfunktionen nach den Gln. (129) des II. Bandes leicht berechnen. Wird hierbei noch auf die Parameterfunktion $\vartheta_6(0, \varkappa)$ gemäß Gl. (133) bezug genommen, so ergibt sich

$$\vartheta_5(\zeta, \varkappa) = 4\,\frac{\vartheta_1(\zeta, \varkappa)\,\vartheta_3(\zeta, \varkappa)}{\vartheta_6(0, \varkappa)}, \qquad \vartheta_6(\zeta, \varkappa) = 4\,\frac{\vartheta_2(\zeta, \varkappa)\,\vartheta_4(\zeta, \varkappa)}{\vartheta_6(0, \varkappa)}.$$

Bei den logarithmischen Ableitungen

$$\frac{\partial}{\partial \zeta} \ln \vartheta_1(\zeta, \varkappa), \quad \frac{\partial}{\partial \zeta} \ln \vartheta_2(\zeta, \varkappa), \quad \frac{\partial}{\partial \zeta} \ln \vartheta_3(\zeta, \varkappa), \quad \frac{\partial}{\partial \zeta} \ln \vartheta_4(\zeta, \varkappa)$$

der vier JACOBIschen Theta-Funktionen entspricht nach den Abb. 28 und 29 des II. Bandes der Argumentbereich der Tafel einer halben Periode. Für die nicht tabulierten logarithmischen Ableitungen von $\vartheta_5(\zeta, \varkappa)$ und $\vartheta_6(\zeta, \varkappa)$ folgt

$$\frac{\partial}{\partial \zeta} \ln \vartheta_{\substack{5\\6}}(\zeta, \varkappa) = \frac{\partial}{\partial \zeta} \ln \vartheta_{\substack{1\\2}}(\zeta, \varkappa) + \frac{\partial}{\partial \zeta} \ln \vartheta_{\substack{3\\4}}(\zeta, \varkappa).$$

Nach den Gln. (754)′ bis (759)′ und (984) bis (994) des II. und III. Bandes führen die vollständigen Normalintegrale dritter Gattung der WEIERSTRASSschen und JACOBIschen elliptischen Funktionen auf Ausdrücke, in welchen neben $\wp'$-Funktionen die logarithmischen Ableitungen

$$\frac{\partial}{\partial z} \ln \vartheta_{\substack{1\\2\\3\\4\\5\\6}}(z, k) = \frac{1}{2K}\,\frac{\partial}{\partial \zeta} \ln \vartheta_{\substack{1\\2\\3\\4\\5}}(\zeta, \varkappa)$$

auftreten.

Von den 12 JACOBIschen elliptischen Funktionen können die 8 Funktionen

$$\operatorname{sn}(\zeta, \varkappa), \quad \operatorname{cn}(\zeta, \varkappa), \quad \operatorname{dn}(\zeta, \varkappa), \quad \operatorname{sc}(\zeta, \varkappa),$$

$$\operatorname{cd}(\zeta, \varkappa), \quad k' \operatorname{sd}(\zeta, \varkappa), \quad k' \operatorname{nd}(\zeta, \varkappa), \quad \frac{1}{k'} \operatorname{cs}(\zeta, \varkappa)$$

der Tafel unmittelbar, die 4 Funktionen

$$\operatorname{ns}(\zeta, \varkappa) = \frac{1}{\operatorname{sn}(\zeta, \varkappa)}, \quad \operatorname{nc}(\zeta, \varkappa) = \frac{1}{\operatorname{cn}(\zeta, \varkappa)}, \quad \operatorname{dc}(\zeta, \varkappa) = \frac{1}{\operatorname{cd}(\zeta, \varkappa)}, \quad \frac{1}{k'} \operatorname{ds}(\zeta, \varkappa) = \frac{1}{k' \operatorname{sd}(\zeta, \varkappa)}$$

als Reziprokwerte entnommen werden. Nach den Abb. 130 bis 141 des III. Bandes erstreckt sich der Argumentbereich der Tafel bei den vier Funktionen

$$\operatorname{dn}(\zeta, \varkappa), \quad \operatorname{sc}(\zeta, \varkappa), \quad k' \operatorname{nd}(\zeta, \varkappa), \quad \frac{1}{k'} \operatorname{cs}(\zeta, \varkappa)$$

auf eine Halbperiode, bei den restlichen acht Funktionen auf eine Viertelperiode.

Die sechs logarithmischen Ableitungen der JACOBIschen elliptischen Funktionen

$$\overline{\operatorname{sn}}(\zeta, \varkappa) = \frac{\partial}{\partial z} \ln \operatorname{sn}(\zeta, \varkappa), \quad \overline{\operatorname{cn}}(\zeta, \varkappa) = \frac{\partial}{\partial z} \ln \operatorname{cn}(\zeta, \varkappa), \quad \overline{\operatorname{dn}}(\zeta, \varkappa) = \frac{\partial}{\partial z} \ln \operatorname{dn}(\zeta, \varkappa),$$

$$\overline{\operatorname{cd}}(\zeta, \varkappa) = \frac{\partial}{\partial z} \ln \operatorname{cd}(\zeta, \varkappa), \quad \overline{\operatorname{sd}}(\zeta, \varkappa) = \frac{\partial}{\partial z} \ln \operatorname{sd}(\zeta, \varkappa), \quad \overline{\operatorname{sc}}(\zeta, \varkappa) = \frac{\partial}{\partial z} \ln \operatorname{sc}(\zeta, \varkappa)$$

sind nach den Abb. 154 bis 159 in der Tafel für einen Halbperiodenbereich aufgeführt. Sie stellen nach den Gln. (767) des III. Bandes gleichzeitig die Produkte

$$\overline{\mathrm{sn}}(\zeta,\varkappa) = +\,\mathrm{cs}(\zeta,\varkappa)\,\mathrm{dn}(\zeta,\varkappa) = +\,\mathrm{ds}(\zeta,\varkappa)\,\mathrm{cn}(\zeta,\varkappa),$$
$$\overline{\mathrm{cn}}(\zeta,\varkappa) = -\,\mathrm{dc}(\zeta,\varkappa)\,\mathrm{sn}(\zeta,\varkappa) = -\,\mathrm{sc}(\zeta,\varkappa)\,\mathrm{dn}(\zeta,\varkappa),$$
$$\overline{\mathrm{dn}}(\zeta,\varkappa) = -k^2\,\mathrm{sd}(\zeta,\varkappa)\,\mathrm{cn}(\zeta,\varkappa) = -k^2\,\mathrm{cd}(\zeta,\varkappa)\,\mathrm{sn}(\zeta,\varkappa),$$
$$\overline{\mathrm{cd}}(\zeta,\varkappa) = -\,k'^2\,\mathrm{sc}(\zeta,\varkappa)\,\mathrm{nd}(\zeta,\varkappa) = -\,k'^2\,\mathrm{nc}(\zeta,\varkappa)\,\mathrm{sd}(\zeta,\varkappa),$$
$$\overline{\mathrm{sd}}(\zeta,\varkappa) = +\,\mathrm{cd}(\zeta,\varkappa)\,\mathrm{ns}(\zeta,\varkappa) = +\,\mathrm{nd}(\zeta,\varkappa)\,\mathrm{cs}(\zeta,\varkappa),$$
$$\overline{\mathrm{sc}}(\zeta,\varkappa) = +\,\mathrm{nc}(\zeta,\varkappa)\,\mathrm{ds}(\zeta,\varkappa) = +\,\mathrm{dc}(\zeta,\varkappa)\,\mathrm{ns}(\zeta,\varkappa)$$

von JACOBIschen elliptischen Funktionen, die teilweise noch mit k^2 und k'^2 multipliziert sind, dar.

Ein großer Teil der in den Bänden II bis IV dargestellten elliptischen Integrale führt auf die dort definierten speziellen Zeta-Funktionen sowie $\wp$- und $\wp'$-Funktionen. Der vollständige Satz der 18 aus der Tafel ablesbaren speziellen WEIERSTRASSschen Funktionen bietet daher die Möglichkeit zur numerischen Auswertung solcher Integrale.

Nach den Gln. (1022) des III. Bandes bestehen zwischen den speziellen WEIERSTRASSschen Zeta-Funktionen, deren Verlauf aus den Abb. 206 bis 211 ersichtlich ist, und den logarithmischen Ableitungen der Theta-Funktionen die Beziehungen

$$\mathfrak{z}_1(\zeta,\varkappa) = \frac{1}{2K}\frac{\partial}{\partial\zeta}\ln\vartheta_1(\zeta,\varkappa) + 2K\,\eta_1\,\zeta,$$
$$\mathfrak{z}_2(\zeta,\varkappa) = \frac{1}{2K}\frac{\partial}{\partial\zeta}\ln\vartheta_2(\zeta,\varkappa) - 2K\,\eta_1\left(\frac{1}{2}-\zeta\right),$$
$$\mathfrak{z}_3(\zeta,\varkappa) = \frac{1}{2K}\frac{\partial}{\partial\zeta}\ln\vartheta_3(\zeta,\varkappa) + 2K\,\eta_1\,\zeta,$$
$$\mathfrak{z}_4(\zeta,\varkappa) = \frac{1}{2K}\frac{\partial}{\partial\zeta}\ln\vartheta_4(\zeta,\varkappa) - 2K\,\eta_1\left(\frac{1}{2}-\zeta\right),$$
$$\mathfrak{z}_5(\zeta,\varkappa) = \frac{1}{2K}\frac{\partial}{\partial\zeta}\ln\vartheta_5(\zeta,\varkappa) + 2K\,\overline{\eta}_1\zeta,$$
$$\mathfrak{z}_6(\zeta,\varkappa) = \frac{1}{2K}\frac{\partial}{\partial\zeta}\ln\vartheta_6(\zeta,\varkappa) - 2K\,\overline{\eta}_1\left(\frac{1}{2}-\zeta\right),$$

aus denen angesichts der Periodizität der logarithmischen Ableitungen der Thetafunktionen hervorgeht, daß es sich bei den $\mathfrak{z}$-Funktionen nicht mehr um periodische Funktionen handeln kann. Mit den in Abschnitt 143 aufgeführten Substitutionsformeln ist es aber leicht möglich, den Argumentbereich der Tafel nach links und rechts auszuweiten.

Die speziellen WEIERSTRASSschen Zeta-Funktionen stehen auch in linearen Beziehungen zu den logarithmischen Ableitungen der JACOBIschen elliptischen Funktionen. Nach Gl. (1045) des III. Bandes gilt

$$\overline{\mathrm{sn}}(\zeta,\varkappa) = -\eta_1 K + \mathfrak{z}_1(\zeta,\varkappa) - \mathfrak{z}_4(\zeta,\varkappa),$$
$$\overline{\mathrm{cn}}(\zeta,\varkappa) = \qquad\quad + \mathfrak{z}_2(\zeta,\varkappa) - \mathfrak{z}_4(\zeta,\varkappa),$$
$$\overline{\mathrm{dn}}(\zeta,\varkappa) = -\eta_1 K + \mathfrak{z}_3(\zeta,\varkappa) - \mathfrak{z}_4(\zeta,\varkappa),$$
$$\overline{\mathrm{cd}}(\zeta,\varkappa) = +\eta_1 K + \mathfrak{z}_2(\zeta,\varkappa) - \mathfrak{z}_3(\zeta,\varkappa),$$
$$\overline{\mathrm{sd}}(\zeta,\varkappa) = \qquad\quad + \mathfrak{z}_1(\zeta,\varkappa) - \mathfrak{z}_3(\zeta,\varkappa),$$
$$\overline{\mathrm{sc}}(\zeta,\varkappa) = -\eta_1 K + \mathfrak{z}_1(\zeta,\varkappa) - \mathfrak{z}_2(\zeta,\varkappa).$$

Auch das LEGENDREsche elliptische Normalintegral zweiter Gattung ist durch eine lineare Beziehung mit den speziellen WEIERSTRASSschen Zeta-Funktionen verbunden. Aus der vierten der Gln. (1022) folgt

$$E(\zeta,\varkappa) = +\eta_1 K + 2K\,e_1\,\zeta + \mathfrak{z}_4(\zeta,\varkappa).$$

Die entsprechende Beziehung zu den logarithmischen Ableitungen der Theta-Funktionen lautet bei gleichzeitiger Beachtung von Gl. (449) und Gl. (1022)

$$E(\zeta,\varkappa) = 2E\,\zeta + \frac{1}{2K}\frac{\partial}{\partial\zeta}\ln\vartheta_4(\zeta,\varkappa).$$

Mit der logarithmischen Ableitung der ϑ_4-Funktion sind auch die JACOBIsche Zeta-Funktion und die im III. Bande eingeführte abgewandelte HEUMANsche Lambda-Funktion bekannt. Aus den Gln. (940) und (943) folgt bezogen auf das $(\zeta, \varkappa)$-System

$$Z(\zeta, \varkappa) = \frac{1}{2K} \frac{\partial}{\partial \zeta} \ln \vartheta_4(\zeta, \varkappa),$$

$$\Lambda^*(\zeta, \varkappa) = \frac{\pi}{K'} \zeta + \frac{1}{2K} \frac{\partial}{\partial \zeta} \ln \vartheta_4(\zeta, \varkappa).$$

Diese Gleichungen lauten, wenn in Verbindung mit Gl. (1022) auf die ebenfalls in der Tafel aufgeführte $\mathfrak{z}_4$-Funktion Bezug genommen wird,

$$Z(\zeta, \varkappa) = 2K\,\eta_1(\tfrac{1}{2} - \zeta) + \mathfrak{z}_4(\zeta, \varkappa),$$

$$\Lambda^*(\zeta, \varkappa) = 2K\,\eta_1\left(\frac{1}{2} - \zeta\right) + \frac{\pi}{K'} \zeta + \mathfrak{z}_4(\zeta, \varkappa).$$

Die den Schluß der Tafel bildenden sechs speziellen WEIERSTRASSschen $\wp$-Funktionen und sechs $\wp'$-Funktionen, welche die Ableitungen der $\wp$-Funktionen nach z darstellen, sind nach den Abb. 60 bis 63 und 66 bis 71 des II. Bandes mit $\zeta = 1$ periodisch. Der Argumentbereich der Tafel entspricht somit einer halben Periode.

Die $\wp$-Funktionen stehen nach den Gln. (766) und (771) des III. Bandes mit Quadraten JACOBIscher elliptischer Funktionen oder Quadraten ihrer logarithmischen Ableitungen in linearem Zusammenhang. Die Beziehungen lauten:

$$\wp_1(\zeta, \varkappa) = e_1 + \mathrm{cs}^2(\zeta, \varkappa) = e_2 + \mathrm{ds}^2(\zeta, \varkappa) = e_3 + \mathrm{ns}^2(\zeta, \varkappa),$$

$$\wp_2(\zeta, \varkappa) = e_1 + k'^2\,\mathrm{sc}^2(\zeta, \varkappa) = e_2 + k'^2\,\mathrm{nc}^2(\zeta, \varkappa) = e_3 + \mathrm{dc}^2(\zeta, \varkappa),$$

$$\wp_3(\zeta, \varkappa) = e_1 - k'^2\,\mathrm{nd}^2(\zeta, \varkappa) = e_2 - k^2 k'^2\,\mathrm{sd}^2(\zeta, \varkappa) = e_3 + k^2\,\mathrm{cd}^2(\zeta, \varkappa),$$

$$\wp_4(\zeta, \varkappa) = e_1 - \mathrm{dn}^2(\zeta, \varkappa) = e_2 - k^2\,\mathrm{cn}^2(\zeta, \varkappa) = e_3 + k^2\,\mathrm{sn}^2(\zeta, \varkappa),$$

$$\wp_5(\zeta, \varkappa) = -2e_2 + \overline{\mathrm{sd}}^2(\zeta, \varkappa),$$

$$\wp_6(\zeta, \varkappa) = -2e_2 + \overline{\mathrm{cn}}^2(\zeta, \varkappa).$$

Die elliptische Amplitudenfunktion

$$\varphi = am(z, k)$$

ist nicht in der Tafel aufgeführt. Sie kann aber über die u. a. von F. LÖSCH[1] tabulierten arcus-Funktionen aus den hier tabulierten JACOBIschen elliptischen Funktionen leicht dargestellt werden. Nach Gl. (895) des III. Bandes ist

$$\varphi = am(z, k) = \operatorname{arc\,sin} \mathrm{sn}(z, k) = \operatorname{arc\,tan} \mathrm{sc}(z, k).$$

Die in Abschnitt 63 bzw. 124 des II. und III. Bandes eingehend betrachteten Umkehrfunktionen der WEIERSTRASSschen bzw. JACOBIschen elliptischen Funktionen und ihrer logarithmischen Ableitungen können durch Rückwärtsablesen des Arguments

$$\zeta = \frac{z}{2K}$$

für die Tafelbereiche

$$0 \leqq \zeta \leqq \tfrac{1}{2} \quad \text{bzw.} \quad 0 \leqq \zeta \leqq \tfrac{1}{4}$$

entnommen werden, da in diesen die tabulierten elliptischen Funktionen eindeutig umkehrbar sind. Das gleiche gilt für die im III. Bande nicht näher betrachteten Umkehrungen der WEIERSTRASSschen Zeta- und $\wp'$-Funktionen.

Für die Auswahl und Anordnungen der in der Tafel aufgeführten 40 Funktionen war in erster Linie der Gesichtspunkt entscheidend, die 3626 in den Bänden II bis V enthaltenen elliptischen Integrale auf bequeme Weise auswerten zu können.

Die elliptischen Integrale im eigentlichen Sinne, d. h. die Integrale mit elliptischen Funktionen im Integranden, lassen sich, da sie durch elliptische Funktionen und algebraische Funktionen des Arguments ausdrückbar sind, mit Hilfe der Tafel unmittelbar berechnen.

---

[1] LÖSCH, F.: Siebenstellige Tafel der elementaren transzendenten Funktionen. Berlin/Göttingen/Heidelberg: Springer 1954.

Abweichend hiervon gestaltet sich die Auswertung der auf elliptische Funktionen führenden algebraischen Integrale, bei denen die Tafel als Umkehrtafel benutzt werden muß und bei denen vier Fälle zu unterscheiden sind, nämlich:

1. Die in den Integrationsgrenzen aufgeführte Funktion und die im Integral auftretende Funktion gehören beide zu der Kopfgruppe oder Fußgruppe der Tafel.

2. Die in den Integrationsgrenzen aufgeführte Funktion gehört zur Kopfgruppe, die im Integral auftretende Funktion zur Fußgruppe der Tafel oder umgekehrt.

3. Die in den Integrationsgrenzen aufgeführte Funktion ist der Reziprokwert einer Funktion der Tafel und diese gehört zusammen mit der im Integral auftretenden Funktion zu der Kopfgruppe oder Fußgruppe der Tafel.

4. Die in den Integrationsgrenzen aufgeführte Funktion ist der Reziprokwert einer Funktion der Tafel, die zur Kopfgruppe bzw. Fußgruppe gehört, während die im Integral auftretende Funktion ein Bestandteil der Fußgruppe bzw. Kopfgruppe ist.

Im Falle 1. ist ζ die Umkehrfunktion der in den Integrationsgrenzen aufgeführten Funktion; die im Integral auftretende Funktion kann unmittelbar als die zu dem Funktionswert der Integrationsgrenze gehörige Funktion entnommen werden. Im Falle 2. hat die Entnahme nicht in der zu ζ gehörigen, sondern in der zu $(\frac{1}{2} - \zeta)$ gehörigen Reihe zu erfolgen. In den Fällen 3. und 4. ist wie bei 1. und 2. zu verfahren, nachdem die in der Integrationsgrenze auftretende Funktion durch die reziproke, in der Tafel verzeichnete Funktion ersetzt wurde.

Einen Sonderfall bilden die algebraischen elliptischen Integrale erster Gattung, bei welchen die Umkehrfunktion ζ direkt dem zu der Integrationsgrenze gehörigen Integralwert entspricht.

Die Benutzung der Tafel der Theta- und elliptischen Funktionen zur numerischen Auswertung elliptischer und algebraischer Integrale wird in Abschnitt 6 anhand von 108 passend gewählten Beispielen erläutert werden. Hierbei wurden, um die Durchsichtigkeit des Rechnungsganges nicht zu beeinträchtigen, Modulwerte bzw. Parameter und Argumente im allgemeinen so gewählt, daß sie den in der Tafel aufgeführten Werten entsprachen. Da das Einschalten von Zwischenwerten bei Tafeln eine geläufige Angelegenheit darstellt, konnten die Fälle mit Interpolationen, die hier den Parameter oder das Argument oder beide betreffen können, auf wenige Beispiele beschränkt werden.

4. Neunstellige Tafel IV der Legendreschen Normalintegrale erster und zweiter Gattung sowie der Jacobischen Zeta-Funktion und der abgewandelten Heumanschen Lambda-Funktion

Die beiden ersten Spalten der Tafel enthalten die LEGENDREschen Normalintegrale erster und zweiter Gattung $F(\varphi, \alpha)$ und $E(\varphi, \alpha)$. Sie entsprechen in ihrem Aufbau der für die damalige Zeit einzigartigen Tafel von A. M. LEGENDRE (Traité des fonctions elliptiques, tome II, Paris 1825), in welcher Argument und Modularwinkel ganzgradig von $\varphi = 0°$ bis $\varphi = 90°$ und $\alpha = 0°$ bis $\alpha = 90°$ erstreckt sind.

Die Funktionswerte der beiden ersten Spalten wurden der LEGENDREschen Tafel entnommen, und zwar unter Berücksichtigung der 32 von C. HEUMAN gefundenen Druckfehler [Tables of complete elliptical integrals, J. Math Phys. Vol. 20 (1941), pp. 127–206] sowie von 5 weiteren Druckfehlern, welche die Funktionswerte $F(1°, 14°)$, $F(6°, 14°)$, $E(6°, 86°)$, $E(7°, 11°)$ und $F(31°, 83°)$ betreffen. Eine vorzügliche Einführung in das von LEGENDRE angewandte Berechnungssystem gibt die sehr ausführliche Darstellung von K. PEARSON (Tables of the complete and incomplete elliptic integrals, Cambridge, University press, 1934).

In den Abschnitten 127 und 129 des III. Bandes sind die wichtigsten Beziehungen für die Funktionen $F(\varphi, \alpha)$ und $E(\varphi, \alpha)$ zusammengestellt. Der Funktionsverlauf ist aus den Abb. 181 und 185 ersichtlich.

Die in der dritten Spalte der Tafel aufgeführte JACOBIsche Zeta-Funktion ist nach Gl. (946) des III. Bandes mit den Funktionen $F(\varphi, \alpha)$ und $E(\varphi, \alpha)$ durch die Beziehung

$$Z(\varphi, \alpha) = E(\varphi, \alpha) - \frac{E}{K} F(\varphi, \alpha)$$

verbunden. Die entsprechende Beziehung für die in der vierten Spalte aufgeführte abgewandelte HEUMANsche Lambda-Funktion lautet nach Gl. (946) des III. Bandes

$$\Lambda^*(\varphi, \alpha) = E(\varphi, \alpha) + \left(\frac{\pi}{2KK'} - \frac{E}{K}\right) F(\varphi, \alpha).$$

Wird hierin $E(\varphi, \alpha)$ nach der vorangegangenen Beziehung durch Z und F ausgedrückt, so entsteht die durch Gl. (947) des III. Bandes gegebene Paralleldarstellung

$$\Lambda^*(\varphi, \alpha) = \frac{\pi}{2KK'} F(\varphi, \alpha) + Z(\varphi, \alpha).$$

Aus Abschnitt 132 des III. Bandes können die theoretischen Grundlagen für die Funktionen $Z(\varphi, \alpha)$ und $\Lambda^*(\varphi, \alpha)$ entnommen werden. Den zugehörigen Funktionsverlauf zeigen die Abb. 190 und 192.

Die Funktionen $Z(\varphi, \alpha)$ und $\Lambda^*(\varphi, \alpha)$ wurden zusätzlich tabuliert, um die Berechnung der vollständigen Normalintegrale dritter Gattung zu erleichtern. Für die Integrale der LEGENDREschen bzw. JACOBIschen Form bedient man sich dabei zweckmäßig der Gln. (995) bis (1004) des III. Bandes. Für die vollständigen Normalintegrale dritter Gattung in der WEIERSTRASSschen Form empfiehlt es sich, die im Aufbau mit den Gln. (984) bis (994) übereinstimmenden Gln. (754)′ bis (759)′ auf $Z(\varphi, \alpha)$ und $\Lambda^*(\varphi, \alpha)$ unter Bezugnahme auf die Gln. (995) bis (1004) umzuschreiben.

Die vier in der Tafel zusammengestellten Funktionen finden ihre Hauptanwendung bei der Berechnung elliptischer Integrale. Wie die Tafel hierfür zweckmäßig eingesetzt wird, wird in Abschnitt 7 anhand von 12 passend gewählten Beispielen gezeigt werden, wobei bezüglich des numerischen Aufbaus der Integrale die gleichen Bemerkungen wie am Schluß von Abschnitt 3 gelten.

5. Sechsstellige Tafel V der *D*-Funktionen erster bis vierter Ordnung für die Charakteristiken 1 bis 4

Den Abschluß des Tafelwerkes bildet eine sechsstellige Tafel der D-Funktionen von Kapitel 14 des V. Bandes für die erste bis vierte Ordnung, welche bezüglich Argument und Parameter den gleichen Aufbau wie die Tafel III besitzt. Ein Unterschied besteht nur insofern, als die Intervalldifferenz bezüglich des Parameters 0,05 beträgt und damit fünfmal so groß ist.

Hinsichtlich der Charakteristik mußte die Tafel aus Platzgründen auf die vier ersten Charakteristiken beschränkt werden. Die D-Funktionen mit ungerader Charakteristik sind am Kopf aufgeführt und von oben nach unten zu lesen, während diejenigen mit gerader Charakteristik sich am Fuß befinden und von unten nach oben zu lesen sind.

Aus den Abb. 319 und 320, 322 und 323, 325 und 326, 328 und 329 des V. Bandes ist der Verlauf der 16 in der Tafel aufgeführten D-Funktionen für einige charakteristische Parameterwerte ersichtlich.

Für die fehlenden Charakteristiken 5 und 6 gelten nach Gl. (1383) des V. Bandes die Beziehungen

$$D_{5,1}(\zeta, \varkappa) = D_{1,1}\left(\zeta + \frac{1}{4}, \frac{\varkappa}{2}\right) + D_{1,1}\left(\zeta - \frac{1}{4}, \frac{\varkappa}{2}\right),$$

$$D_{5,2}(\zeta, \varkappa) = D_{1,2}\left(\zeta + \frac{1}{4}, \frac{\varkappa}{2}\right) + D_{1,2}\left(\zeta - \frac{1}{4}, \frac{\varkappa}{2}\right),$$

$$D_{5,3}(\zeta, \varkappa) = D_{1,3}\left(\zeta + \frac{1}{4}, \frac{\varkappa}{2}\right) + D_{1,3}\left(\zeta - \frac{1}{4}, \frac{\varkappa}{2}\right),$$

$$D_{5,4}(\zeta, \varkappa) = D_{1,4}\left(\zeta + \frac{1}{4}, \frac{\varkappa}{2}\right) + D_{1,4}\left(\zeta - \frac{1}{4}, \frac{\varkappa}{2}\right),$$

$$D_{6,1}(\zeta, \varkappa) = D_{1,1}\left(\zeta + \frac{1}{4}, \frac{\varkappa}{2}\right) - D_{1,1}\left(\zeta - \frac{1}{4}, \frac{\varkappa}{2}\right),$$

$$D_{6,2}(\zeta, \varkappa) = D_{1,2}\left(\zeta + \frac{1}{4}, \frac{\varkappa}{2}\right) - D_{1,2}\left(\zeta - \frac{1}{4}, \frac{\varkappa}{2}\right),$$

$$D_{6,3}(\zeta, \varkappa) = D_{1,3}\left(\zeta + \frac{1}{4}, \frac{\varkappa}{2}\right) - D_{1,3}\left(\zeta - \frac{1}{4}, \frac{\varkappa}{2}\right),$$

$$D_{6,4}(\zeta, \varkappa) = D_{1,4}\left(\zeta + \frac{1}{4}, \frac{\varkappa}{2}\right) - D_{1,4}\left(\zeta - \frac{1}{4}, \frac{\varkappa}{2}\right).$$

Hiernach können die Funktionswerte der Charakteristiken 5 und 6 durch unmittelbare Superposition der entsprechenden Tafelwerte gebildet werden. Geht dabei das Argument über die Tafelgrenzen $\zeta = 0$ und $\zeta = \frac{1}{2}$ hinaus, so bedient man sich zweckmäßig der Gl. (1364) des V. Bandes. Bei der Superposition der Tafelwerte ist noch zu beachten, daß diese für $\varkappa/2$ zu entnehmen sind. Hinsichtlich der Charakteristiken 5 und 6 weist die Tafel daher eine Intervalldifferenz des Parameters von 0,10 auf.

6. 108 Beispiele zu Tafel III in Form von bestimmten Integralen

Beispiel 1. [Integraltyp von Gl. $(880)^{12}$ für ζ als Argument.]

$$\int_{0,6872}^{0,9692} \frac{dw}{\sqrt{(1-w^2)(1-0,9852w^2)}} = 2K[\arg \operatorname{sn}(0,9692,k) - \arg \operatorname{sn}(0,6872,k)].$$

Aus dem Integranden und dem Vergleich mit $(880)^{12}$ folgt $k^2 = 0,9852$ bzw. $k = 0,9926$. Hierzu gehört nach Tafel I, S. 10, $\varkappa = 0,450$, $K = 3,5036$, $2K = 7,0072$. Für die auf ζ bezogenen arg-Funktionen liefert Tafel III, S. 226, $\arg \operatorname{sn}(0,9692; 0,9926) = 0,29$ und $\arg \operatorname{sn}(0,6872; 0,9926) = 0,12$. Damit errechnet sich der Integralwert zu

$$\int_{0,6872}^{0,9692} \frac{dw}{\sqrt{(1-w^2)(1-0,9852w^2)}} = 7,0072(0,29-0,12) = 7,0072 \cdot 0,17 = 1,1912.$$

Beispiel 2. [Integraltyp von Gl. $(880)^{11}$ für ζ als Argument.]

$$\int_{0,8910}^{1} \frac{dw}{\sqrt{(1-w^2)(3,9965+0,0035w^2)}} = \frac{1}{2} \cdot 2K \arg \operatorname{cn}(0,8910,k).$$

Nach Gl. $(880)^{11}$ ist die Summe der Faktoren in der zweiten Klammer des Integranden $k'^2 + k^2 = 1$, im vorgegebenen Integral $3,9965 + 0,0035 = 4,0000$. Hiernach muß zunächst der Faktor $\sqrt{4,0000} = 2$ vor die Wurzel gezogen werden. Es folgt dann $k^2 = \frac{0,0035}{4} = 0,00087$ bzw. $k = 0,0294$. Hierzu gehört nach Tafel I, S. 8, $1/\varkappa = 0,32$, $K = 1,5711$ bzw. $2K = 3,1422$. Für die auf ζ bezogene arg-Funktion erhält man nach Tafel III, S. 725, $\arg \operatorname{cn}(0,8910; 0,0294) = 0,15$. Damit ergibt sich

$$\int_{0,8910}^{1} \frac{dw}{\sqrt{(1-w^2)(3,9965+0,0035w^2)}} = \frac{1}{2} \int_{0,8910}^{1} \frac{dw}{\sqrt{(1-w^2)(0,99913+0,00087w^2)}} = \frac{1}{2} \cdot 3,1422 \cdot 0,15 = 0,2357.$$

Beispiel 3. [Integraltyp von Gl. $(880)^{8}$ für ζ als Argument.]

$$\int_{0,3549}^{0,7037} \frac{dw}{\sqrt{(1+4,5594w^2)(1-1,6906w^2)}} = \frac{1}{2,5} \int_{0,8873}^{1,7593} \frac{dt}{\sqrt{(1+0,7295t^2)(1-0,2705t^2)}}$$
$$= \frac{2K}{2,5}[\arg \operatorname{sd}(1,7593,k) - \arg \operatorname{sd}(0,8873,k)].$$

Nach Gl. $(880)^{8}$ ist die Summe der Faktoren in den Klammern des Integranden $k^2 + k'^2 = 1$, im vorgegebenen Integral $4,5594 + 1,6906 = 6,2500 = 2,5^2$, weswegen zunächst eine neue Integrationsveränderliche $t = 2,5w$ substituiert werden muß. Dem auf t umgeschriebenen Integral entnimmt man durch Vergleich mit Gl. $(880)^{8}$ $k^2 = 0,7295$ bzw. $k = 0,8541$, wozu nach Tafel I, S. 17, $\varkappa = 0,800$, $K = 2,1213$ bzw. $2K = 4,2426$ sowie $k'^2 = 0,2705$ bzw. $k' = 0,5201$ gehören. Die auf ζ bezogenen arg-Funktionen liefert Tafel III, S. 367, wenn zuvor noch aus den den Integrationsgrenzen entsprechenden sd-Werten $k' \operatorname{sd}$ gemäß $0,5201 \cdot 1,7593 = 0,9150$ und $0,5201 \cdot 0,8873 = 0,4612$ gebildet wird. So erhält man

$$\int_{0,3549}^{0,7037} \frac{dw}{\sqrt{(1+4,5594w^2)(1-1,6906w^2)}} = \frac{4,2426}{2,5}(0,40-0,20) = 0,3394.$$

Beispiel 4. [Integraltyp von Gl. (880)³ für ζ als Argument.]

$$\int\limits_{1,1781}^{2,8385} \frac{dw}{\sqrt{(1-w^2)\left(1-\dfrac{w^2}{0,4554}\right)}} = 0,6749 \int\limits_{1,1781}^{2,8385} \frac{dw}{\sqrt{(w^2-1)\,(w^2-0,4554)}}$$

$$= 0,6749 \cdot 2K[\arg \mathrm{ns}(1,1781,\,k) - \arg \mathrm{ns}(2,8385,\,k)].$$

Nach Umschreibung des Integrals folgt durch Vergleich mit Gl. (880)³ $k^2 = 0,4554$ bzw. $k = 0,6749$ und in Verbindung mit Tafel I, S. 21, $1/\varkappa = 0,960$, $K = 1,8180$ bzw. $2K = 3,6360$. Die auf ζ bezogenen arg-Funktionen ergeben sich aus Tafel III, S. 468, wenn zuvor noch aus den in Frage stehenden ns-Werten durch Reziprokbildung die sn-Werte $1/2,8385 = 0,3523$ und $1/1,1781 = 0,8488$ ermittelt werden. Damit errechnet sich der Integralwert zu

$$\int\limits_{1,1781}^{2,8385} \frac{dw}{\sqrt{(1-w^2)\left(1-\dfrac{w^2}{0,4554}\right)}} = 0,6749 \cdot 3,6360\,(0,30-0,10) = 0,491\,.$$

Beispiel 5. [Integraltyp von Gl. (880)² für ζ als Argument.]

$$\int\limits_{0,5609}^{\infty} \frac{dw}{\sqrt{(w^2+0,02407)\,(w^2-0,1311)}} = 2,5383 \int\limits_{1,4237}^{\infty} \frac{dt}{\sqrt{(t^2+0,1552)\,(t^2-0,8448)}} = 2,5383 \cdot 2K \arg \mathrm{ds}(1,4237,\,k)$$

Nach Gl. (880)² ist die Summe der Faktoren in den Klammern des Integranden $k^2 + k'^2 = 1$, im vorgegebenen Integral $0,0241 + 0,1311 = 0,1552$. Es muß daher zunächst eine neue Integrationsveränderliche $t = \dfrac{1}{\sqrt{0,1552}}\,w = 2,5383\,w$ substituiert werden. Durch Vergleich von (880)² mit dem auf t umgeschriebenen Integral erhält man $k^2 = 0,1552$ bzw. $k = 0,3939$ und hieraus nach Tafel I, S. 15, $1/\varkappa = 0,690$, $K = 1,6377$ bzw. $2K = 3,2754$ sowie $k'^2 = 0,8448$ bzw. $k' = 0,9192$. Die auf ζ bezogene arg-Funktion kann aus Tafel III, S. 577, abgelesen werden, nachdem aus dem gegebenen ds-Wert der k' sd-Wert gemäß $0,9192/1,4237 = 0,6456$ gebildet wurde. Das Ergebnis lautet

$$\int\limits_{0,5609}^{\infty} \frac{dw}{\sqrt{(w^2+0,02407)\,(w^2-0,1311)}} = 2,5383 \cdot 3,2754 \cdot 0,23 = 1,912\,.$$

Beispiel 6. [Integraltyp von Gl. (880)¹⁶ für ζ als Argument.]

$$\int\limits_{2,6219}^{10,0891} \frac{dw}{\sqrt{w^4+34,8168\,w^2+376,6856}} = \int\limits_{2,6219}^{10,0891} \frac{dw}{\sqrt{[w^2-(1+4,2905\,i)^2]\,[w^2-(1-4,2905\,i)^2]}}$$

$$= \int\limits_{0,5952}^{2,2901} \frac{0,22699\,dt}{\sqrt{[t^2-(0,22699+0,97390\,i)^2]\,[t^2-(0,22699-0,97390\,i)^2]}}$$

$$= 0,22699 \cdot 2K[\arg \overline{\mathrm{nc}}(2,2901,\,k) - \arg \overline{\mathrm{nc}}(0,5952,\,k)].$$

Nach Gl. (880)¹⁶ ist die Summe der Quadrate der Beiwerte in jeder der beiden runden Klammern des Integranden $k^2 + k'^2 = 1$, im vorgegebenen Integral $1 + 4,2905^2 = 19,4084$, weswegen eine neue Integrationsveränderliche $t = \dfrac{u}{\sqrt{19,4084}} = 0,22699\,u$ substituiert werden muß. Der Vergleich von Gl. (880)¹⁶ mit dem auf t umgeschriebenen Integral liefert $k = 0,22699$, $k' = 0,97390$, wozu nach Tafel I, S. 13, $1/\varkappa = 0,550$, $K = 1,5916$ bzw. $2K = 3,1832$ gehört. Die auf ζ bezogenen arg-Funktionen ergeben sich aus Tafel III, S. 633, für $\overline{\mathrm{nc}} = 2,2901$ bzw. $\overline{\mathrm{nc}} = 0,5952$. So erhält man

$$\int\limits_{2,6219}^{10,0891} \frac{dw}{\sqrt{w^4+34,8168\,w^2+376,6856}} = 0,22699 \cdot 3,1832\,(0,37-0,17) = 0,1445\,.$$

Beispiel 7. [Integraltyp von Gl. (1012)[1] für ζ als Argument.]

$$\int_0^{0,5544} \frac{dt}{(1-0,4756+t^2)\sqrt{(t^2+1)\,(t^2+1-0,4756^2)}}$$
$$= \frac{1}{2k}\left\{-2K\left[\frac{1}{2}-\arg\operatorname{cs}(0,5544,\,k)\right]+\frac{1}{1-k}\operatorname{arc\,tan}\left(\frac{0,5544}{1-k}\sqrt{\frac{0,5544^2+k'^2}{0,5544^2+1}}\right)\right\}.$$

Setzt man $k = 0,4756$ und bedenkt man, daß $1 - k^2 = k'^2$ ist, so stellt das Integral einen Spezialfall des Integrals von Gl. (1012)[1] dar. Zu $k = 0,4756$ gehört nach Tafel I, S. 17, $1/\varkappa = 0,76$, $K = 1,6731$ bzw. $2K = 3,3462$ sowie $k'^2 = 1 - k^2 = 0,7738$. Das auf ζ bezogene $\arg\operatorname{cs}(0,5544, k)$ $= \arg\operatorname{sc}(1,8004;\ 0,4756)$ ergibt sich nach Tafel III, S. 549, zu 0,33. Damit folgt für das Integral

$$\int_0^{0,5544} \frac{dt}{(0,5244+t^2)\sqrt{(t^2+1)\,(t^2+0,7738)}}$$
$$= \frac{1}{0,9512}\left[-3,3462\,(0,50-0,33)+\frac{1}{0,5244}\operatorname{arc\,tan}\left(\frac{0,5544}{0,5244}\sqrt{\frac{0,5544^2+0,7738}{0,5544^2+1}}\right)\right] = 0,9369.$$

Beispiel 8. [Durch Substitution auf Integraltyp von (1018)[3] zurückführbar und für ζ als Argument.]

$$\int_{0,3261}^{0,9268} \frac{dw}{w\sqrt{(0,8719-w^2)\,(2,7158-w^2)\,(1,2842-w^2)}} = \int_{0,11358}^{0,87502} \frac{dt}{(0,8719-t^2)\sqrt{(t^2+1,8439)\,(t^2+0,4123)}}$$
$$= \frac{1}{2k'^2}\Big\{2K[\arg\overline{\operatorname{sn}}(0,11358,\,k)-\arg\overline{\operatorname{sn}}(0,87502,\,k)]-\frac{1}{2}\operatorname{ar\,tanh}\operatorname{sn}(4K\arg\overline{\operatorname{sn}}(0,11358,\,k))+$$
$$+\frac{1}{2}\operatorname{ar\,tanh}\operatorname{sn}(4K\arg\overline{\operatorname{sn}}(0,87502,\,k))\Big\}.$$

Durch die Substitution $t^2 = 0,8719 - w^2$, $dt = -\dfrac{w\,dw}{t}$, $\dfrac{dw}{w} = -\dfrac{\sqrt{0,8719-w^2}}{0,8719-t^2}\,dt$ läßt sich das vorgegebene Integral auf das Integral von Gl. (1018)[3] zurückführen. Der Vergleich liefert $(1+k)^2$ $= 1,8439$, $(1-k)^2 = 0,4123$, $(1+k^2)-(1-k)^2 = 4k = 1,4316$, $k = 0,3579$, $k^2 = 0,1281$, k'^2 $= 1 - k^2 = 0,8719$ und in Verbindung mit Tafel I, S. 15, $1/\varkappa = 0,660$, $K = 1,6251$ bzw. $2K$ $= 3,2502$. Für die auf ζ bezogenen arg-Funktionen erhält man nach Tafel III, S. 589, die Werte 0,46 bzw. 0,26. So ergibt sich, wenn die sn-Funktion auf das $(\zeta, \varkappa)$-System bezogen wird,

$$\int_{0,3261}^{0,9268} \frac{dw}{w\sqrt{(0,8719-w^2)\,(2,7158-w^2)\,(1,2842-w^2)}}$$
$$= \frac{1}{1,7438}\left[3,2502\,(0,46-0,26)-\frac{1}{2}\operatorname{ar\,tanh}\operatorname{sn}\left(0,92;\,\frac{1}{0,66}\right)+\frac{1}{2}\operatorname{ar\,tanh}\operatorname{sn}\left(0,52;\,\frac{1}{0,66}\right)\right].$$

Hierin ist nach Tafel III, S. 588, $\operatorname{sn}\left(0,92;\,\frac{1}{0,66}\right) = \operatorname{sn}\left(0,08;\,\frac{1}{0,66}\right) = 0,2567$ und $\operatorname{sn}\left(0,52;\,\frac{1}{0,66}\right)$ $= 0,9982$ und damit

$$\int_{0,3261}^{0,9268} \frac{dw}{w\sqrt{(0,8719-w^2)\,(2,7158-w^2)\,(1,2842-w^2)}} = \frac{1}{1,7438}(0,6500-0,1315+1,7550) = \frac{2,2735}{1,7438} = 1,304.$$

Beispiel 9. [Integraltyp von Gl. (1013)[18].]

$$\int_0^1 \frac{dt}{(1+0,0948t^2)\sqrt{(1-t^2)\,(1-0,0948^2t^2)}} = \frac{1}{2}\left(\frac{\frac{1}{2}\pi}{1+k}+K\right).$$

Durch Vergleich mit (1013)[18] erhält man $k = 0,0948$. Hierzu gehört nach Tafel I, S. 10, $1/\varkappa = 0,42$, $K = 1,5743$. Damit errechnet sich der Integralwert zu

$$\int_0^1 \frac{dt}{(1+0,0948t^2)\sqrt{(1-t^2)\,(1-0,0090t^2)}} = \frac{1}{2}\left(\frac{1,5708}{1,0948}+1,5743\right) = 1,505.$$

Beispiel 10. [Integraltyp von Gl. (973)² für ζ als Argument.]

$$\int_{0,8324}^{\infty} \frac{dt}{(t^2+0,8244)\sqrt{(t^2+1)(t^2+0,7951)}} \equiv \int_{\mathrm{cs}}^{\infty} \frac{dt}{(t^2-t_0^2)\sqrt{(t^2+1)(t^2+k'^2)}}$$

$$= \frac{1}{\wp_3'(z_0,k)}\left[\ln\frac{\vartheta_3(\zeta-\zeta_0,\varkappa)}{\vartheta_3(\zeta+\zeta_0,\varkappa)} + 2z\frac{\partial \ln\vartheta_3(z_0,k)}{\partial z_0}\right] \quad \text{für } t_0^2 = -k'^2\,\mathrm{nd}^2(z_0,k).$$

Der Vergleich dieses Integrals mit dem Integral von Gl. (973)² liefert zunächst $k'^2 = 0{,}7951$ bzw. $k^2 = 0{,}2049$ und in Verbindung mit Tafel I, S. 16, $k = 0{,}4527$, $1/\varkappa = 0{,}74$, $K = 1{,}6621$ bzw. $2K = 3{,}3242$. Ferner ist nach Gl. (973)² $t_0^2 = -0{,}8244 = -k'^2\,\mathrm{nd}^2(z_0,k)$ oder $0{,}9079 = k'\,\mathrm{nd}(z_0,k)$ zu setzen. Hieraus folgt nach Tafel III, S. 557, $\zeta_0 = \arg k'\,\mathrm{nd}(0{,}9079;\ 0{,}4527) = 0{,}13$. Für die Integrationsgrenze gilt $0{,}8324 = \mathrm{cs}(z,k)$ oder $1{,}2013 = \mathrm{sc}(z,k)$, was nach Tafel III, S. 557, $\zeta = \arg\mathrm{sc}(1{,}2013;\ 0{,}4527) = 0{,}27$ ergibt. Für die gefundenen ζ_0 und ζ-Werte entnimmt man Tafel III, S. 559, 556, $\wp_3'(z_0,k) = -0{,}1303$, $\frac{\partial}{\partial z_0}\ln\vartheta_3(z_0,k) = -\frac{0{,}1287}{3{,}3242}$, $\vartheta_3(\zeta-\zeta_0,\varkappa) = 1{,}0183$, $\vartheta_3(\zeta+\zeta_0,\varkappa) = 0{,}9768$. Bei Berücksichtigung dieser Werte erhält man

$$\int_{0,8324}^{\infty} \frac{dt}{(t^2+0,8244)\sqrt{(t^2+1)(t^2+0,7951)}} = -\frac{1}{0{,}1303}\left(\ln\frac{1{,}0183}{0{,}9768} - 2\cdot 0{,}27\cdot 0{,}1287\right) = 0{,}2141.$$

Beispiel 11. [Integraltyp von Gl. (977)¹ für ζ als Argument.]

$$\int_{1}^{2,7365} \frac{dt}{(t^2+0,09041)\sqrt{(t^2-1)(0,03437+t^2)}} \equiv \int_{1}^{\mathrm{nc}} \frac{dt}{(t^2-t_0^2)\sqrt{(t^2-1)(k^2/k'^2+t^2)}}$$

$$= \frac{k'^3}{\wp_2'(z_0,k')}\left[\frac{1}{i}\ln\frac{\vartheta_3(\zeta-i\zeta_0,\varkappa)}{\vartheta_3(\zeta+i\zeta_0,\varkappa)} - \frac{\pi z z_0}{K K'} - 2z\frac{\partial\ln\vartheta_2(z_0,k')}{\partial z_0}\right] \quad \text{für } t_0^2 = -\frac{k^2}{k'^2}\mathrm{nc}^2(z_0,k').$$

Der Identitätsvergleich der beiden Integrale ergibt bezüglich des Moduls $0{,}03437 = \frac{k^2}{k'^2} = \frac{1-k'^2}{k'^2}$ oder $1{,}03437\,k'^2 = 1$ oder $k'^2 = 0{,}9668$ bzw. $k^2 = 0{,}0332$. Hierzu gehört nach Tafel I, S. 12, $k = 0{,}1823$, $k' = 0{,}9832$, $1/\varkappa = 0{,}51$, $K = 1{,}5841$, $K' = 3{,}1061$ bzw. $2K = 3{,}1682$, $2K' = 6{,}2122$. Ferner liefert der Vergleich $t_0^2 = -0{,}09041 = -\frac{k^2}{k'^2}\mathrm{nc}^2(z_0,k')$ oder $0{,}3007 = \frac{k}{k'}\mathrm{nc}(z_0,k')$ oder $\mathrm{cn}(z_0,k') = \frac{0{,}1823}{0{,}9832}\,\frac{1}{0{,}3007} = 0{,}6166$. Nun geht beim Vertauschen von k mit k' der reziproke Parameter $1/\varkappa$ in $\varkappa$ über. Man erhält daher nach Tafel III, S. 251, d. h. für $\varkappa = 0{,}51$ für das zugehörige Argument $\zeta_0 = \arg\mathrm{cn}(0{,}6166;\ 0{,}9832) = 0{,}17$. Schließlich folgt durch Vergleich der Integrationsgrenzen $2{,}7365 = \mathrm{nc}(z,k)$ oder $0{,}36543 = \mathrm{cn}(z,k)$, woraus sich in Verbindung mit Tafel III, S. 649, $\zeta = \arg\mathrm{cn}(0{,}36543;\ 0{,}1823) = 0{,}38$ ergibt. Für die gefundenen ζ_0 und ζ-Werte entnimmt man Tafel III, S. 253, 250, $\wp_2'(z_0,k') = 0{,}1413$, $\frac{\partial}{\partial z_0}\ln\vartheta_2(z_0,k') = -\frac{2{,}3062}{6{,}2122}$ bzw. $-2z\frac{\partial}{\partial z_0}\ln\vartheta_2(z_0,k') = +2\cdot 0{,}38\cdot\frac{3{,}1682}{6{,}2122}\cdot 2{,}3062 = +0{,}8939$. Ferner ist $-\frac{\pi z z_0}{K K'} = -4\pi\,\zeta\,\zeta_0 = -4\pi\cdot 0{,}38\cdot 0{,}17 = -0{,}8118$, während für die $1/i$-fache ln-Funktion nach Gl. (177) des II. Bandes

$$\frac{1}{i}\ln\frac{\vartheta_3(\zeta-i\zeta_0,\varkappa)}{\vartheta_3(\zeta+i\zeta_0,\varkappa)} = -4\sum_{1}^{\infty}{}_{n}\,\frac{(-1)^n}{n}\,e^{-n\pi\varkappa}\,\frac{\sin 2n\pi\zeta\,\sinh 2n\pi\zeta_0}{1-e^{-2n\pi\varkappa}} = 0{,}0075$$

folgt. Damit errechnet sich der Integralwert zu

$$\int_{1}^{2,7365} \frac{dt}{(t^2+0,09041)\sqrt{(t^2-1)(0,03437+t^2)}} = \frac{0{,}9832^3}{0{,}1413}(0{,}0075 - 0{,}8118 + 0{,}8939) = 0{,}603.$$

Beispiel 12. [Integraltyp von Gl. (1101)¹ für ζ als Argument.]

$$\int_{0}^{1,1587} \frac{t^2\,dt}{\sqrt{(t^2+1)(t^2+0,1459)}} \equiv \int_{0}^{\mathrm{cs}} \frac{t^2\,dt}{\sqrt{(t^2+1)(t^2+k'^2)}}$$

$$= -\eta_1 K - 2e_1 K[\tfrac{1}{2} - \arg\mathrm{cs}(1{,}1587,k)] + \mathfrak{z}_1(\arg\mathrm{cs}(1{,}1587,k)).$$

Der Identitätsvergleich liefert bezüglich des Moduls $k'^2 = 0{,}1459$ bzw. $k^2 = 0{,}8541$ und in Verbindung mit Tafel I, S. 15, $k = 0{,}9242$, $\varkappa = 0{,}68$, $K = 2{,}4019$ und mit Tafel III, S. 319, 318, $\eta_1 = 0{,}09281$, $e_1 = 0{,}3820$, während der Vergleich bezüglich der Integrationsgrenzen $1{,}1587 = \operatorname{cs}(z, k)$ ergibt. Hieraus folgt in Verbindung mit Tafel III, S. 319, 320, für das Argument $\zeta = \arg \operatorname{cs}(1{,}1587;\, 0{,}9242) = \arg \operatorname{sc}(0{,}8630;\, 0{,}9242) = 0{,}16$ und damit $\mathfrak{z}_1(\zeta, \varkappa) = 1{,}2926$. Bei Berücksichtigung dieser Werte erhält man

$$\int_0^{1{,}1587} \frac{t^2\,dt}{\sqrt{(t^2+1)\,(t^2+0{,}1459)}} = -0{,}09281 \cdot 2{,}4019 - 2 \cdot 0{,}3820 \cdot 2{,}4019 \cdot 0{,}34 + 1{,}2926 = 0{,}446.$$

Beispiel 13. [Integraltyp von Gl. (1103)[1] für ζ als Argument.]

$$\int_{0{,}4080}^{0{,}9822} \frac{dt}{t^2\sqrt{(t^2-1{,}0178^2)\,(t^2-0{,}9822^2)}} \equiv \int_{\overline{\mathrm{nd}}_u}^{\overline{\mathrm{nd}}_o} \frac{dt}{t^2\sqrt{[t^2-(1+k')^2]\,[t^2-(1-k')^2]}}$$

$$= \frac{1}{k^4}\{2e_1 K[\arg \overline{\mathrm{nd}}(0{,}9822, k) - \arg \overline{\mathrm{nd}}(0{,}4080, k)] -$$

$$- \mathfrak{z}_1(\arg \overline{\mathrm{nd}}(0{,}9822, k)) + \mathfrak{z}_1(\arg \overline{\mathrm{nd}}(0{,}4080, k)) - \mathfrak{z}_2(\arg \overline{\mathrm{nd}}(0{,}9822, k)) + \mathfrak{z}_2(\arg \overline{\mathrm{nd}}(0{,}4080, k))\}.$$

Aus dem Identitätsvergleich folgt bezüglich des Moduls $k' = 0{,}0178$, woraus sich nach Tafel I, S. 15, $k = 0{,}9998$, $\varkappa = 0{,}29$, $K = 5{,}4170$ und nach Tafel III, S. 162, $e_1 = 0{,}3334$ ergibt. Der Vergleich bezüglich der Integrationsgrenzen liefert $0{,}9822 = \overline{\mathrm{nd}}(z_o, k) = -\overline{\mathrm{dn}}(z_o, k)$ und $0{,}4080 = \overline{\mathrm{nd}}(z_u, k) = -\overline{\mathrm{dn}}(z_u, k)$. Hierzu gehören nach Tafel III, S. 164, die Argumente $\zeta_o = \arg \overline{\mathrm{dn}}(-0{,}9822;\, 0{,}9998) = 0{,}25$ und $\zeta_u = \arg \overline{\mathrm{dn}}(-0{,}4080;\, 0{,}9998) = 0{,}04$ und die Weierstrassschen Zeta-Funktionen $\mathfrak{z}_1(\zeta_o, \varkappa) = 0{,}1062$ und $\mathfrak{z}_1(\zeta_u, \varkappa) = 2{,}3058$ sowie $\mathfrak{z}_2(\zeta_o, \varkappa) = -0{,}1062$ und $\mathfrak{z}_2(\zeta_u, \varkappa) = 0{,}6609$. Damit berechnet sich der Integralwert zu

$$\int_{0{,}4080}^{0.9822} \frac{dt}{t^2\sqrt{(t^2-1{,}0359)\,(t^2-0{,}9647)}} = \frac{1}{0{,}9998^4}[2 \cdot 0{,}3334 \cdot 5{,}4170 \cdot 0{,}21 + 2{,}3058 + 0{,}6609] = 3{,}727.$$

Beispiel 14. [Integraltyp von Gl. (1104)[3] für ζ als Argument.]

$$\int_{0{,}3445}^{0{,}9819} \frac{dt}{t^4\sqrt{(1-t^2)\,(1{,}0020-t^2)}} = 0{,}9990 \int_{0{,}3445}^{0{,}9819} \frac{dt}{t^4\sqrt{(1-t^2)\,(1-0{,}9980t^2)}} \equiv 0{,}9990 \int_{\mathrm{sn}_o}^{\mathrm{sn}_u} \frac{dt}{t^4\sqrt{(1-t^2)\,(1-k^2t^2)}}$$

$$= 0{,}9990 \left\{2K\left(e_3^2 + \frac{g_2}{12}\right)[\arg \operatorname{sn}(0{,}9819, k) - \arg \operatorname{sn}(0{,}3445, k)] + \right.$$

$$\left. + 2e_3\,\mathfrak{z}_1(\arg \operatorname{sn}(0{,}9819, k)) - 2e_3\,\mathfrak{z}_1(\arg \operatorname{sn}(0{,}3445, k)) + \frac{1}{6}\wp_1'(\arg \operatorname{sn}(0{,}9819, k)) - \frac{1}{6}\wp_1'(\arg \operatorname{sn}(0{,}3445, k))\right\}.$$

Der Identitätsvergleich ergibt $k^2 = 0{,}9980$ und damit nach Tafel I, S. 9, $k = 0{,}9990$, $\varkappa = 0{,}35$, $K = 4{,}4903$ und nach Tafel III, S. 186, $e_3 = -0{,}6660$, $g_2 = 1{,}3307$. Ferner wird $0{,}9819 = \operatorname{sn}(z_o, k)$ und $0{,}3445 = \operatorname{sn}(z_u, k)$ bzw. nach Tafel III, S. 186, $\zeta_o = \arg \operatorname{sn}(0{,}9819;\, 0{,}9990) = 0{,}26$ und $\zeta_u = \arg \operatorname{sn}(0{,}3445;\, 0{,}9990) = 0{,}04$. Für diese Argumentwerte liefert Tafel III, S. 188, 189, $\mathfrak{z}_1(\zeta_o, \varkappa) = 0{,}2409$ und $\mathfrak{z}_1(\zeta_u, \varkappa) = 2{,}7828$ sowie $\wp_1'(\zeta_o, \varkappa) = -0{,}0779$ und $\wp_2'(\zeta_u, \varkappa) = -43{,}1006$. Bei Berücksichtigung dieser Werte erhält man

$$\int_{0{,}3445}^{0{,}9819} \frac{dt}{t^4\sqrt{(1-t^2)\,(1{,}0020-t^2)}}$$

$$= 0{,}9990\left[2 \cdot 4{,}4903 \cdot 0{,}5545 \cdot 0{,}22 + 2 \cdot 0{,}6660(2{,}7828 - 0{,}2409) - \frac{1}{6} \cdot 0{,}0779 + \frac{1}{6} \cdot 43{,}1006\right] = 11{,}640.$$

Beispiel 15. [Integraltyp von Gl. (1129)[4] für ζ als Argument.]

$$\int_{0,3841}^{1}\left(\frac{0,1310+t^2}{0,1310-t^2}\right)^4\frac{dt}{\sqrt{(1-t^2)(t^2-0,1310^2)}}=\int_{\mathrm{dn}}^{1}\left(\frac{k'+t^2}{k'-t^2}\right)^4\frac{dt}{\sqrt{(1-t^2)(t^2-k'^2)}}$$

$$=\frac{5+22k'^2+5k'^4}{9(1-k')^4}\cdot 2K\arg\mathrm{dn}(0,3841,k)-\frac{4e_1(1+k')}{(1-k')^4}[\mathfrak{z}_2(2\arg\mathrm{dn}(0,3841,k),2\varkappa)-\mathfrak{z}_2(0,2\varkappa)]+$$
$$+\frac{1}{6}\frac{(1+k')^3}{(1-k')^4}\wp_2'(2\arg\mathrm{dn}(0,3841,k),2\varkappa).$$

Der Identitätsvergleich der beiden Integrale liefert bezüglich des Moduls $k'=0,1310$, woraus sich nach Tafel I, S. 11, $k=0,9914$, $\varkappa=0,46$, $K=3,4296$ und nach Tafel III, S. 230, $e_1=0,3391$ ergibt. Bezüglich der Integrationsgrenzen folgt $0,3841=\mathrm{dn}(z,k)$ bzw. $\zeta=\arg\mathrm{dn}(0,3841;0,9914)=0,24$, und zwar wiederum unter Benutzung von Tafel III, S. 231. Für $2\varkappa=0,92$ entnimmt man Tafel III, S. 416, 417, $\mathfrak{z}_2(2\zeta,2\varkappa)=\mathfrak{z}_2(0,48;0,92)=-12,8908$ und $\mathfrak{z}_2(0,2\varkappa)=\mathfrak{z}_2(0;0,92)=-0,3924$ sowie $\wp_2'(2\zeta,2\varkappa)=\wp_2'(0,48;0,92)=4284,22$. Hiermit berechnet sich

$$\int_{0,3841}^{1}\left(\frac{0,1310+t^2}{0,1310-t^2}\right)^4\frac{dt}{\sqrt{(1-t^2)(t^2-0,01715)}}$$
$$=\frac{5+0,3773+0,0014}{9\cdot 0,5703}\cdot 6,8592\cdot 0,24+\frac{1,3564\cdot 1,1310}{0,5703}(12,8908-0,3924)+\frac{1}{6}\frac{1,4467}{0,5703}\cdot 4284,22=1846,6.$$

Beispiel 16. [Integraltyp von Gl. (1103)[2] für ζ als Argument.]

$$\int_{0,9168}^{9,6736}\frac{w^2\,dw}{\sqrt{w^4+183,1581w^2+8757,0359}}=\int_{0,9168}^{9,6736}\frac{w^2\,dw}{\sqrt{[w^2-(1+9,6218i)^2][w^2-(1-9,6218i)^2]}}$$

$$=\sqrt{}\int_{0,9168}^{9,6736}\frac{\left(\frac{w}{\sqrt{}}\right)^2 d\frac{w}{\sqrt{}}}{\sqrt{\left[\left(\frac{w}{\sqrt{}}\right)^2-\left(\frac{1+9,6218i}{\sqrt{}}\right)^2\right]\left[\left(\frac{w}{\sqrt{}}\right)^2-\left(\frac{1-9,6218i}{\sqrt{}}\right)^2\right]}}$$

$$=\sqrt{}\int_{0,0948}^{1}\frac{t^2\,dt}{\sqrt{[t^2-(0,1034+0,9946i)^2][t^2-(0,1034-0,9946i)^2]}}=\sqrt{}\int_{\overline{\mathrm{sd}}}^{1}\frac{t^2\,dt}{\sqrt{[t^2-(k+ik')^2][t^2-(k-ik')^2]}}$$

$$=\left\{\eta_1K+k'+2e_2K\left[2\arg\overline{\mathrm{sd}}(0,0948,k)-\frac{1}{4}\right]-\mathfrak{z}_5(\arg\overline{\mathrm{sd}}(0,0948,k))\right\}\sqrt{}\quad\text{mit}\quad\sqrt{}=\sqrt{1^2+9,6218^2}.$$

Aus dem Identitätsvergleich folgt $k=0,1034$, $k'=0,9946$ und damit nach Tafel I, S. 10, $1/\varkappa=0,43$, $K=1,5750$ und nach Tafel III, S. 681, 680, $\eta_1=0,3315$, $e_2=-0,3262$. Der Vergleich der Integrationsgrenzen ergibt $0,0948=\overline{\mathrm{sd}}(z,k)$ und in Verbindung mit Tafel III, S. 681, 682, $\zeta=\arg\overline{\mathrm{sd}}(0,0948;0,1034)=0,47$, $\mathfrak{z}_5(\zeta,\varkappa)=\mathfrak{z}_5\left(0,47,\frac{1}{0,43}\right)=0,5925$. Damit erhält man

$$\int_{0,9168}^{9,6736}\frac{w^2\,dw}{\sqrt{w^4+183,1581w^2+8757,0359}}=[0,3315\cdot 1,5750+0,9946-0,6524\cdot 1,5750\cdot 0,69-0,5925]\cdot 9,6736=2,082.$$

Beispiel 17. [Integraltyp von Gl. (1104)[12] für ζ als Argument.]

$$\int_{0,2650}^{0,6575}\frac{w^4\,dw}{\sqrt{(0,4326-w^2)(1,7625-2,3115w^2)}}=\int_{0,4029}^{0,9997}\frac{0,4326^2t^4\,d\sqrt{0,4326}t}{\sqrt{(0,4326-0,4326t^2)(1,7625-2,3115\cdot 0,4326t^2)}}$$

$$=\int_{0,4029}^{0,9997}\frac{0,1409t^4\,dt}{\sqrt{(1-t^2)(1-0,5674t^2)}}=\int_{\mathrm{sn}_u}^{\mathrm{sn}_o}\frac{0,1409t^4\,dt}{\sqrt{(1-t^2)(1-k^2t^2)}}$$

$$=\frac{0,1409}{k^4}\left\{\left(e_3^2+\frac{1}{12}g_2\right)2K[\arg\mathrm{sn}(0,9997,k)-\arg\mathrm{sn}(0,4029,k)]+2e_3\mathfrak{z}_4(\arg\mathrm{sn}(0,9997,k))-\right.$$
$$\left.-2e_3\mathfrak{z}_4(\arg\mathrm{sn}(0,4029,k))+\frac{1}{6}\wp_4'(\arg\mathrm{sn}(0,9997,k))-\frac{1}{6}\wp_4'(\arg\mathrm{sn}(0,4029,k))\right\}.$$

Der Identitätsvergleich liefert $k^2 = 0{,}5674$ und damit nach Tafel I, S. 20, $k = 0{,}7532$, $\varkappa = 0{,}94$, $K = 1{,}9158$ und nach Tafel III, S. 422, $e_3 = -0{,}5225$, $g_2 = 1{,}0061$. Durch Vergleich der Integrationsgrenzen folgt $0{,}9997 = \operatorname{sn}(z_o, k)$, $0{,}4029 = \operatorname{sn}(z_u, k)$ und damit nach Tafel III, S. 422, 424, 425, $\zeta_o = \arg\operatorname{sn}(0{,}9997;\ 0{,}7532) = 0{,}49$, $\zeta_u = \arg\operatorname{sn}(0{,}4029;\ 0{,}7532) = 0{,}11$ sowie $\mathfrak{z}_4(\zeta_o, \varkappa) = \mathfrak{z}_4(0{,}49;\ 0{,}94) = 0{,}0017$, $\mathfrak{z}_4(\zeta_u, \varkappa) = \mathfrak{z}_4(0{,}11;\ 0{,}94) = -0{,}1942$, $\wp_4'(\zeta_o, \varkappa) = \wp_4'(0{,}49;\ 0{,}94) = 0{,}0188$, $\wp_4'(\zeta_u, \varkappa) = \wp_4'(0{,}11;\ 0{,}94) = 0{,}3987$. Damit berechnet sich der Integralwert zu

$$\int\limits_{0{,}2650}^{0{,}6575} \frac{w^4\,dw}{\sqrt{(0{,}4326 - w^2)\,(1{,}7625 - 2{,}3115 w^2)}}$$

$$= \frac{0{,}1409}{0{,}3219}\left[0{,}3568 \cdot 3{,}8316 \cdot 0{,}38 - 1{,}0450\,(0{,}0017 + 0{,}1942) + \frac{1}{6}\,(0{,}0188 - 0{,}3987)\right] = 0{,}110.$$

Beispiel 18. [Integraltyp von Gl. (1101)[8] für ζ als Argument.]

$$\int\limits_{0{,}8581}^{0{,}9888} \frac{\sqrt{1 - t^2}}{\sqrt{6{,}9621 t^2 - 4{,}8400}}\,\frac{dt}{t^2} = \frac{1}{\sqrt{6{,}9621}} \int\limits_{0{,}8581}^{0{,}9888} \frac{\sqrt{1 - t^2}}{\sqrt{t^2 - 0{,}6952}}\,\frac{dt}{t^2} = 0{,}3790\,k^2 \int\limits_{\mathrm{dn}_o}^{\mathrm{dn}_u} \frac{\sqrt{1 - t^2}}{\sqrt{t^2 - k'^2}}\,\frac{dt}{k^2 t^2}$$

$$= \frac{0{,}3790}{k'^2}\,\{2 e_2 K[\arg\operatorname{dn}(0{,}8581, k) - \arg\operatorname{dn}(0{,}9888, k)] + \mathfrak{z}_3(\arg\operatorname{dn}(0{,}8581, k)) - \mathfrak{z}_3(\arg\operatorname{dn}(0{,}9888, k))\}.$$

Aus dem Identitätsvergleich ergibt sich $k'^2 = 0{,}6952$ und damit nach Tafel I, S. 18, $k = 0{,}5521$, $1/\varkappa = 0{,}83$, $K = 1{,}7167$ und nach Tafel III, S. 520, $k'^2 = 0{,}6952$, $e_2 = -0{,}1301$. Der Vergleich der Integrationsgrenzen liefert in Verbindung mit Tafel III, S. 521, 522, $\zeta_o = \arg\operatorname{dn}(0{,}9888;\ 0{,}5521) = 0{,}08$, $\zeta_u = \arg\operatorname{dn}(0{,}8581;\ 0{,}5521) = 0{,}37$ und damit $\mathfrak{z}_3(\zeta_o, \varkappa) = 0{,}0372$, $\mathfrak{z}_3(\zeta_u, \varkappa) = 0{,}2876$. Mit diesen Werten erhält man

$$\int\limits_{0{,}8581}^{0{,}9888} \frac{\sqrt{1 - t^2}}{\sqrt{6{,}9621 t^2 - 4{,}8400}}\,\frac{dt}{t^2} = \frac{0{,}3790}{0{,}6952}\,[-2 \cdot 0{,}1301 \cdot 1{,}7167 \cdot 0{,}29 + 0{,}2876 - 0{,}0372] = 0{,}0659.$$

Beispiel 19. [Integraltyp von Gl. (1106)[10] für ζ als Argument.]

$$\int\limits_{1{,}03058}^{3{,}96243} \frac{\sqrt{w^2 - 0{,}98019}}{\sqrt{51{,}50391 w^2 - 1}}\,\frac{dw}{w^4} = \frac{1}{\sqrt{51{,}50391}} \int\limits_{1{,}03058}^{3{,}96243} \frac{\sqrt{(w/0{,}98019)^2 - 1}}{\sqrt{(w/0{,}98019)^2 - 0{,}019808}}\,\frac{dw}{w^4}$$

$$= 0{,}14358 \int\limits_{1{,}04094}^{4{,}00225} \frac{\sqrt{t^2 - 1}}{\sqrt{t^2 - 0{,}019808}}\,\frac{dt}{t^4} = 0{,}14358 \int\limits_{\mathrm{dc}_u}^{\mathrm{dc}_o} \frac{\sqrt{t^2 - 1}}{\sqrt{t^2 - k^2}}\,\frac{dt}{t^4}$$

$$= -\frac{0{,}14358}{k^4}\left\{\left(e_2 e_3 + \frac{g_2}{12}\right) \cdot 2K[\arg\operatorname{dc}(4{,}00225, k) - \arg\operatorname{dc}(1{,}04094, k)] - e_1 \mathfrak{z}_3(\arg\operatorname{dc}(4{,}00225, k)) + {}\right.$$

$$\left. + e_1 \mathfrak{z}_3(\arg\operatorname{dc}(1{,}04094, k)) + \frac{1}{6}\,\wp_3'(\arg\operatorname{dc}(4{,}00225, k)) - \frac{1}{6}\,\wp_3'(\arg\operatorname{dc}(1{,}04094, k))\right\}.$$

Aus dem Identitätsvergleich erhält man $k^2 = 0{,}019808$ und damit nach Tafel I, S. 11, $k = 0{,}1407$, $1/\varkappa = 0{,}47$, $K = 1{,}578663$ und nach Tafel III, S. 664, $e_1 = 0{,}660064$, $e_2 = -0{,}320128$, $e_3 = -0{,}339936$, $g_2 = 1{,}307445$. Ferner folgt aus dem Vergleich der Integrationsgrenzen nach Tafel III, S. 664, 666, 667, $\zeta_o = \arg\operatorname{dc}(4{,}00225;\ 0{,}1407) = \arg\operatorname{cd}(0{,}24986;\ 0{,}1407) = 0{,}42$, $\zeta_u = \arg\operatorname{dc}(1{,}04094;\ 0{,}1407) = \arg\operatorname{cd}(0{,}96067;\ 0{,}1407) = 0{,}09$ und damit $\mathfrak{z}_3(\zeta_o, \varkappa) = 0{,}435212$, $\mathfrak{z}_3(\zeta_u, \varkappa) = 0{,}091113$, $\wp_3'(\zeta_o, \varkappa) = -0{,}009579$, $\wp_3'(\zeta_u, \varkappa) = -0{,}010472$. Bei Beachtung dieser Zahlenwerte ergibt sich

$$\int\limits_{1{,}03058}^{3{,}96243} \frac{\sqrt{w^2 - 0{,}98019}}{\sqrt{51{,}50391 w^2 - 1}}\,\frac{dw}{w^4} = -\frac{0{,}14358}{0{,}019808^2}\left[\left(0{,}320128 \cdot 0{,}339936 + \frac{1{,}307445}{12}\right) \cdot 2 \cdot 1{,}578663 \cdot 0{,}33 - {}\right.$$

$$\left. - 0{,}660064\,(0{,}435212 - 0{,}091113) + \frac{1}{6}\,(-[\text{illegible}] - 0{,}010472)\right] = 0{,}0263.$$

Beispiel 20. [Integraltyp von Gl. $(1111)^8$ für ζ als Argument.]

$$\int_{0,5282}^{0,9360} \frac{t^4\,dt}{(\sqrt{1-t^2})^3\sqrt{0,8156-0,1504t^2}} = \frac{1}{\sqrt{0,8156}}\int_{0,5282}^{0,9360}\frac{t^4\,dt}{(\sqrt{1-t^2})^3\sqrt{1-0,1844t^2}} \equiv \frac{1}{0,9031}\int_{\mathrm{sn}_u}^{\mathrm{sn}_o}\frac{t^4\,dt}{(\sqrt{1-t^2})^3\sqrt{1-k^2t^2}}$$

$$= \frac{1}{0,9031\,k^2\,k'^2}\,\{(3e_2^2-e_1)\cdot 2K[\arg\mathrm{sn}(0,9360,k)-\arg\mathrm{sn}(0,5282,k)]+\mathfrak{z}_4(\arg\mathrm{sn}(0,9360,k))-$$

$$-\mathfrak{z}_4(\arg\mathrm{sn}(0,5282,k))-k^2\,\mathfrak{z}_6(\arg\mathrm{sn}(0,9360,k))+k^2\,\mathfrak{z}_6(\arg\mathrm{sn}(0,5282,k))\}.$$

Der Identitätsvergleich liefert $k^2 = 0,1844$ und damit nach Tafel I, S. 16, $k = 0,4294$, $1/\varkappa = 0,72$, $K = 1,6518$ und nach Tafel III, S. 565, 564, $k^2\,k'^2 = 0,15039$, $e_1 = 0,6052$, $e_2 = -0,2106$. Aus dem Vergleich der Integrationsgrenzen erhält man bei Beachtung von Tafel III, S. 564, 566, $\zeta_o = \arg\mathrm{sn}(0,9360;\,0,4294) = 0,38$, $\zeta_u = \arg\mathrm{sn}(0,5282;\,0,4294) = 0,17$ und damit $\mathfrak{z}_4(\zeta_o,\varkappa) = -0,0865$, $\mathfrak{z}_4(\zeta_u,\varkappa) = -0,2844$, $\mathfrak{z}_6(\zeta_o,\varkappa) = -2,5243$, $\mathfrak{z}_6(\zeta_u,\varkappa) = -0,9452$. Die Einsetzung dieser Zahlenwerte ergibt

$$\int_{0,5282}^{0,9360} \frac{t^4\,dt}{(\sqrt{1-t^2})^3\sqrt{0,8156-0,1504t^2}}$$

$$= \frac{(3\cdot 0,2106^2-0,6052)\cdot 2\cdot 1,6518\cdot 0,21-0,0865+0,2844-0,1844(-2,5243+0,9452)}{0,9031\cdot 0,15039} = 1,189.$$

Beispiel 21. [Integraltyp von Gl. $(1111)^7$ für ζ als Argument.]

$$\int_{1,5425}^{20,5107}\frac{dt}{t^2\sqrt{t^2-1}\,(\sqrt{9,5036+0,0718t^2})^3} = \frac{1}{(\sqrt{9,5036+0,0718})^3}\int_{1,5425}^{20,5107}\frac{dt}{t^2\sqrt{t^2-1}\,(\sqrt{0,9925+0,0075t^2})^3}$$

$$\equiv \frac{1}{29,6298}\int_{\mathrm{nc}_u}^{\mathrm{nc}_o}\frac{dt}{t^2\sqrt{t^2-1}\,(\sqrt{k^2+k'^2t^2})^3} = \frac{1}{29,6298\,k^4}\,\{(3e_3^2-1)\cdot 2K[\arg\mathrm{nc}(20,5107,k)-\arg\mathrm{nc}(1,5425,k)]+$$

$$+\mathfrak{z}_4(\arg\mathrm{nc}(20,5107,k))-\mathfrak{z}_4(\arg\mathrm{nc}(1,5425,k))+k'^2\,\mathfrak{z}_3(\arg\mathrm{nc}(20,5107,k))-k'^2\,\mathfrak{z}_3(\arg\mathrm{nc}(1,5425,k))\}.$$

Aus dem Identitätsvergleich folgt $k^2 = 0,9925$, $k'^2 = 0,0075$ und damit nach Tafel I, S. 10, $k = 0,9962$, $\varkappa = 0,41$, $K = 3,8384$ und damit nach Tafel III, S. 210, $e_3 = -0,6642$. Der Vergleich der Integrationsgrenzen liefert, wenn Tafel III, S. 211, 212, berücksichtigt wird, $\zeta_o = \arg\mathrm{nc}(20,5107;\,0,9962) = \arg\mathrm{cn}(0,04876;\,0,9962) = 0,43$, $\zeta_u = \arg\mathrm{nc}(1,5425;\,0,9962) = \arg\mathrm{cn}(0,6483;\,0,9962) = 0,13$ und damit $\mathfrak{z}_4(\zeta_o,\varkappa) = 0,1760$, $\mathfrak{z}_4(\zeta_u,\varkappa) = 0,7037$, $\mathfrak{z}_3(\zeta_o,\varkappa) = -0,5874$, $\mathfrak{z}_3(\zeta_u,\varkappa) = -0,3247$. Bei Beachtung dieser Zahlenwerte erhält man

$$\int_{1,5425}^{20,5107}\frac{dt}{t^2\sqrt{t^2-1}\,(\sqrt{9,5036+0,0718t^2})^3}$$

$$= \frac{(3\cdot 0,6642^2-1)\cdot 2\cdot 3,8384\cdot 0,30+0,1760-0,7037+0,0075(-0,5874+0,3247)}{29,6298\cdot 0,9925^2} = 0,0074.$$

Beispiel 22. [Integraltyp von Gl. $(1104)^6$ für ζ als Argument.]

$$\int_{0,1227}^{22,3728}\frac{(\sqrt{w^2+0,8054})^3}{\sqrt{0,2416w^2+1}}\,\frac{dw}{w^4} = \frac{1}{(\sqrt{0,2416})^3}\int_{0,1227}^{22,3728}\frac{(\sqrt{0,2416w^2+0,1946})^3}{\sqrt{0,2416w^2+1}}\,\frac{dw}{w^4} = \int_{0,06031}^{10,9962}\frac{(\sqrt{t^2+0,1946})^3}{\sqrt{t^2+1}}\,\frac{dt}{t^4}$$

$$\equiv \int_{\mathrm{cs}_o}^{\mathrm{cs}_u}\frac{(\sqrt{t^2+k'^2})^3}{\sqrt{t^2+1}}\,\frac{dt}{t^4} = \left(e_3^2+\frac{g_2}{12}\right)\cdot 2K[\arg\mathrm{cs}(0,06031,k)-\arg\mathrm{cs}(10,9962,k)]+$$

$$+2e_3[\mathfrak{z}_2(\arg\mathrm{cs}(0,06031,k))-\mathfrak{z}_2(\arg\mathrm{cs}(10,9962,k))]+\frac{1}{6}\,\wp_2'(\arg\mathrm{cs}(0,06031,k))-\frac{1}{6}\,\wp_2'(\arg\mathrm{cs}(10,9962,k)).$$

Der Identitätsvergleich ergibt $k'^2 = 0,1946$ und damit nach Tafel I, S. 16, $k = 0,8975$, $\varkappa = 0,73$, $K = 2,2697$ und nach Tafel III, S. 338, 339, $e_3 = -0,6018$, $g_2 = 1,1244$. Aus dem Vergleich der Integrationsgrenzen folgt $\zeta_o = \arg\mathrm{cs}(10,9962;\,0,8975) = \arg\frac{1}{k'}\,\mathrm{cs}(24,9290;\,0,8975) = 0,02$, $\zeta_u = \arg\mathrm{cs}(0,06031;\,0,8975) = \arg\frac{1}{k'}\,\mathrm{cs}(0,1367;\,0,8975) = 0,47$. Hierfür entnimmt man Tafel III,

S. 340, 341, $\mathfrak{z}_2(\zeta_o, \varkappa) = -0{,}3072$, $\mathfrak{z}_2(\zeta_u, \varkappa) = -7{,}3430$, $\wp_2'(\zeta_o, \varkappa) = 0{,}03556$, $\wp_2'(\zeta_u, \varkappa) = 791{,}8633$ und erhält

$$\int\limits_{0,1227}^{22,3728} \frac{(\sqrt{w^2+0{,}8054})^3}{\sqrt{0{,}2416\,w^2+1}}\,\frac{dw}{w^4}$$

$$= \left(0{,}6018^2 + \frac{1{,}1244}{12}\right)\cdot 2\cdot 2{,}2697\cdot 0{,}45 - 2\cdot 0{,}6018(-7{,}3430 + 0{,}3072) + \frac{1}{6}\cdot 791{,}8633 - \frac{1}{6}\cdot 0{,}03556 = 141{,}37.$$

Beispiel 23. [Integraltyp von $(1111)^{12}$ für ζ als Argument.]

$$\int\limits_{0,3477}^{0,6231} \frac{w^4\,dw}{(\sqrt{0{,}9068 - 1{,}8544\,w^2})^3\sqrt{0{,}2424 + 0{,}4744\,w^2}} = \frac{1}{(\sqrt{0{,}9068})^3\sqrt{0{,}2424}} \int\limits_{0,3477}^{0,6231} \frac{w^4\,dw}{(\sqrt{1 - 2{,}0450\,w^2})^3\sqrt{1 + 1{,}9571\,w^2}}$$

$$= \frac{1}{0{,}8636\cdot 0{,}4923}\int\limits_{0,3477}^{0,6231} \frac{w^4\,dw}{\left[\sqrt{1 - \frac{2{,}0450}{2{,}0450 + 1{,}9571}\cdot 4{,}0021\,w^2}\right]^3\sqrt{1 + \frac{1{,}9571}{2{,}0450 + 1{,}9571}\cdot 4{,}0021\,w^2}}$$

$$= 0{,}0734\int\limits_{0,6955}^{1,2464} \frac{t^4\,dt}{(\sqrt{1 - 0{,}5110\,t^2})^3\sqrt{1 + 0{,}4890\,t^2}} = 0{,}0734\int\limits_{\mathrm{sd}_u}^{\mathrm{sd}_o} \frac{t^4\,dt}{(\sqrt{1 - k'^2 t^2})^3\sqrt{1 + k^2 t^2}}$$

$$= \frac{0{,}0734}{k^2 k'^4}\{(3e_1^2 - 1)\cdot 2K[\arg \mathrm{sd}(1{,}2464, k) - \arg \mathrm{sd}(0{,}6955, k)] - \mathfrak{z}_3(\arg \mathrm{sd}(1{,}2464, k)) +$$

$$+ \mathfrak{z}_3(\arg \mathrm{sd}(0{,}6955, k)) - k^2\,\mathfrak{z}_2(\arg \mathrm{sd}(1{,}2464, k)) + k^2\,\mathfrak{z}_2(\arg \mathrm{sd}(0{,}6955, k))\}.$$

Aus dem Identitätsvergleich erhält man $k'^2 = 0{,}5110$, $k^2 = 0{,}4890$ und damit nach Tafel I, S. 21, $k = 0{,}6993$, $k' = 0{,}7148$, $1/\varkappa = 0{,}99$, $K = 1{,}8449$ und nach Tafel III, S. 456, $e_1 = 0{,}5037$. Ferner liefert der Vergleich der Integrationsgrenzen nach Tafel III, S. 457, 458, $\zeta_o = \arg \mathrm{sd}(1{,}2464; 0{,}6993) = \arg k' \mathrm{sd}(0{,}8910; 0{,}6993) = 0{,}37$, $\zeta_u = \arg \mathrm{sd}(0{,}6955; 0{,}6993) = \arg k'\cdot \mathrm{sd}(0{,}4972; 0{,}6993) = 0{,}19$ und damit $\mathfrak{z}_3(\zeta_o, \varkappa) = 0{,}2057$, $\mathfrak{z}_3(\zeta_u, \varkappa) = 0{,}0336$, $\mathfrak{z}_2(\zeta_o, \varkappa) = -2{,}0829$, $\mathfrak{z}_2(\zeta_u, \varkappa) = -0{,}8489$. Durch Einsetzen dieser Werte folgt

$$\int\limits_{0,3477}^{0,6231} \frac{w^4\,dw}{(\sqrt{0{,}9068 - 1{,}8544\,w^2})^3\sqrt{0{,}2424 + 0{,}4744\,w^2}}$$

$$= \frac{0{,}0734}{0{,}4890\cdot 0{,}5110^2}[(3\cdot 0{,}5037^2 - 1)\cdot 2\cdot 1{,}8449\cdot 0{,}18 - 0{,}2057 + 0{,}0336 - 0{,}4890(-2{,}0829 + 0{,}8489)] = 0{,}157.$$

Beispiel 24. [Integraltyp von Gl. $(1108)^2$ für ζ als Argument.]

$$\int\limits_{3,1773}^{48,1720} \frac{w^2\,dw}{(\sqrt{(0{,}1155\,w^2 - 1)(1 + w^2)})^3} = \int\limits_{3,1773}^{48,1720} \frac{w^2\,dw}{(\sqrt{(0{,}1155\,w^2 - 1)(1 + 8{,}6554\cdot 0{,}1155\,w^2)})^3}$$

$$= \frac{1}{(\sqrt{1 + 8{,}6554})^3}\int\limits_{3,1773}^{48,1720} \frac{w^2\,dw}{(\sqrt{(0{,}1155\,w^2 - 1)(0{,}1036 + 0{,}8964\cdot 0{,}1155\,w^2)})^3} = 0{,}8488\int\limits_{1,0800}^{16,3737} \frac{t^2\,dt}{(\sqrt{(t^2 - 1)(0{,}1036 + 0{,}8964\,t^2)})^3}$$

$$= 0{,}8488\int\limits_{\mathrm{nc}_o}^{\mathrm{nc}_u} \frac{t^2\,dt}{(\sqrt{(t^2 - 1)(k^2 + k'^2 t^2)})^3} = 0{,}8488\{-4e_2 K[\arg \mathrm{nc}(1{,}0800, k) - \arg \mathrm{nc}(16{,}3737, k)] +$$

$$+ \mathfrak{z}_5(\arg \mathrm{nc}(1{,}0800, k)) - \mathfrak{z}_5(\arg \mathrm{nc}(16{,}3737, k))\}.$$

Aus dem Identitätsvergleich folgt $k^2 = 0{,}1036$, $k'^2 = 0{,}8964$ und damit nach Tafel I, S. 14, $k = 0{,}3217$, $1/\varkappa = 0{,}63$, $K = 1{,}6133$ und nach Tafel III, S. 600, $e_2 = -0{,}2643$. Der Vergleich der Integrationsgrenzen liefert nach Tafel III, S. 601, 602, $\zeta_o = \arg \mathrm{nc}(16{,}3737; 0{,}3217) = \arg \mathrm{cn}(0{,}06107; 0{,}3217) = 0{,}48$, $\zeta_u = \arg \mathrm{nc}(1{,}0800; 0{,}3217) = \arg \mathrm{cn}(0{,}9259; 0{,}3217) = 0{,}12$

und damit $\mathfrak{z}_5(\zeta_o, \varkappa) = 0{,}6256$, $\mathfrak{z}_5(\zeta_u, \varkappa) = 2{,}5822$. Bei Beachtung dieser Werte folgt

$$\int\limits_{3,1773}^{48,1720} \frac{w^2\,dw}{\left(\sqrt{(0{,}1155w^2 - 1)(1 + w^2)}\right)^3} = 0{,}8488[4 \cdot 0{,}2643 \cdot 1{,}6133(-0{,}36) + 2{,}5822 - 0{,}6256] = 1{,}1396.$$

Beispiel 25. [Integraltyp von Gl. (1110)[4] für ζ als Argument.]

$$\int\limits_{0,02388}^{0,04674} \left(\frac{\sqrt{1 + 5{,}1683w^2}}{\sqrt{1{,}0128 - 410{,}056w^2}}\right)^3 \frac{dw}{w^2} = \frac{1}{(\sqrt{1{,}0128})^3} \int\limits_{0,02388}^{0,04674} \left(\frac{\sqrt{1 + 5{,}1683w^2}}{\sqrt{1 - 404{,}874w^2}}\right)^3 \frac{dw}{w^2}$$

$$= 0{,}9811 \int\limits_{0,02388}^{0,04674} \left(\frac{\sqrt{1 + \frac{5{,}1683}{5{,}1683 + 404{,}874} \cdot 410{,}042w^2}}{\sqrt{1 - \frac{404{,}874}{5{,}1683 + 404{,}874} \cdot 410{,}042w^2}}\right)^3 \frac{dw}{w^2} = 20{,}118 \int\limits_{0,4836}^{0,9466} \left(\frac{\sqrt{1 + 0{,}0126t^2}}{\sqrt{1 - 0{,}9874t^2}}\right)^3 \frac{dt}{t^2}$$

$$\equiv 20{,}118 \int\limits_{\mathrm{sd}_o}^{\mathrm{sd}_u} \left(\frac{\sqrt{1 + k^2t^2}}{\sqrt{1 - k'^2t^2}}\right)^3 \frac{dt}{t^2} = \frac{20{,}118}{k'^2} \{(3e_3^2 - 1) \cdot 2K[\arg \mathrm{sd}(0{,}4836, k) - \arg \mathrm{sd}(0{,}9466, k)] +$$

$$+ \mathfrak{z}_2(\arg \mathrm{sd}(0{,}4836, k)) - \mathfrak{z}_2(\arg \mathrm{sd}(0{,}9466, k)) + k'^2 \mathfrak{z}_1(\arg \mathrm{sd}(0{,}4836, k)) - k'^2 \mathfrak{z}_1(\arg \mathrm{sd}(0{,}9466, k))\}.$$

Der Identitätsvergleich liefert $k^2 = 0{,}0126$, $k'^2 = 0{,}9874$ und damit nach Tafel I, S. 10, $k = 0{,}1123$, $k' = 0{,}9937$, $1/\varkappa = 0{,}44$, $K = 1{,}5758$ und nach Tafel III, S. 676, 677, $e_3 = -0{,}3375$. Ferner folgt aus dem Vergleich der Integrationsgrenzen $\zeta_o = \arg \mathrm{sd}(0{,}9466; 0{,}1123) = \arg k' \mathrm{sd}(0{,}9405; 0{,}1123) = 0{,}39$, $\zeta_u = \arg \mathrm{sd}(0{,}4836; 0{,}1123) = \arg k' \mathrm{sd}(0{,}4806; 0{,}1123) = 0{,}16$. Hierfür entnimmt man Tafel III, S. 678, $\mathfrak{z}_1(\zeta_o, \varkappa) = 0{,}7660$, $\mathfrak{z}_1(\zeta_u, \varkappa) = 1{,}9803$, $\mathfrak{z}_2(\zeta_o, \varkappa) = -2{,}8836$, $\mathfrak{z}_2(\zeta_u, \varkappa) = -0{,}9029$. Durch Einsetzen dieser Werte erhält man

$$\int\limits_{0,02388}^{0,04674} \left(\frac{\sqrt{1 + 5{,}1683w^2}}{\sqrt{1{,}0128 - 410{,}056w^2}}\right)^3 \frac{dw}{w^2}$$

$$= 20{,}118[(3 \cdot 0{,}3375^2 - 1) \cdot 2 \cdot 1{,}5758(-0{,}23) - 0{,}9029 + 2{,}8836 + 0{,}9874(1{,}9803 - 0{,}7660)] = 73{,}57.$$

Beispiel 26. [Integraltyp von Gl. (1105)[1] für ζ als Argument.]

$$\int\limits_{1,4136}^{4,2473} \frac{dw}{(\sqrt{0{,}5992w^2 - 1})^5 \sqrt{1 + w^2}} = \int\limits_{1,4136}^{4,2473} \frac{\sqrt{1{,}6689}\, d(\sqrt{0{,}5992}\, w)}{(\sqrt{0{,}5992w^2 - 1})^5 \sqrt{1 + 1{,}6689 \cdot 0{,}5992w^2}}$$

$$= 1{,}2918 \int\limits_{1,0942}^{3,2878} \frac{dt}{(\sqrt{t^2 - 1})^5 \sqrt{1 + 1{,}6689t^2}} = \frac{1{,}2918}{\sqrt{2{,}6689}} \int\limits_{1,0942}^{3,2878} \frac{dt}{(\sqrt{t^2 - 1})^5 \sqrt{\frac{1}{2{,}6689} + \frac{1{,}6689}{2{,}6689} t^2}}$$

$$= 0{,}7907 \int\limits_{1,0942}^{3,2878} \frac{dt}{(\sqrt{t^2 - 1})^5 \sqrt{0{,}3747 + 0{,}6253t^2}} \equiv 0{,}7907 \int\limits_{\mathrm{nc}_o}^{\mathrm{nc}_u} \frac{dt}{(\sqrt{t^2 - 1})^5 \sqrt{k^2 + k'^2t^2}}$$

$$= 0{,}7907 \left\{\left(e_1^2 + \frac{g_2}{12}\right) \cdot 2K[\arg \mathrm{nc}(3{,}2878, k) - \arg \mathrm{nc}(1{,}0942, k)] + 2e_1 \mathfrak{z}_1(\arg \mathrm{nc}(3{,}2878, k)) - \right.$$

$$\left. - 2e_1 \mathfrak{z}_1(\arg \mathrm{nc}(1{,}0942, k)) + \frac{1}{6} \wp_1'(\arg \mathrm{nc}(3{,}2878, k)) - \frac{1}{6} \wp_1'(\arg \mathrm{nc}(1{,}0942, k))\right\}.$$

Der Identitätsvergleich ergibt $k^2 = 0{,}3747$, $k'^2 = 0{,}6253$ und damit nach Tafel I, S. 19, $k = 0{,}6121$, $1/\varkappa = 0{,}89$, $K = 1{,}7603$ und nach Tafel III, S. 496, $e_1 = 0{,}5418$, $g_2 = 1{,}0209$. Der Vergleich der Integrationsgrenzen liefert unter Bezugnahme auf Tafel III, S. 497, 498, 499, $\zeta_o = \arg \mathrm{nc}(3{,}2878; 0{,}6121) = \arg \mathrm{cn}(0{,}3042; 0{,}6121) = 0{,}39$, $\zeta_u = \arg \mathrm{nc}(1{,}0942; 0{,}6121) = \arg \mathrm{cn}(0{,}9139; 0{,}6121) = 0{,}12$ und damit $\mathfrak{z}_1(\zeta_o, \varkappa) = 0{,}6801$, $\mathfrak{z}_1(\zeta_u, \varkappa) = 2{,}3657$, $\wp_1'(\zeta_o, \varkappa) = -0{,}5717$, $\wp_1'(\zeta_u, \varkappa) = -26{,}4775$.

Mit diesen Werten folgt

$$\int_{1,4136}^{4,2473} \frac{dw}{(\sqrt{0,5992w^2-1})^5\sqrt{1+w^2}}$$

$$= 0,7907\left[\left(0,5418^2+\frac{1,0209}{12}\right)\cdot 2\cdot 1,7603\cdot 0,27 + 2\cdot 0,5418(0,6801-2,3657) - \frac{1}{6}\cdot 0,5717 + \frac{1}{6}\cdot 26,4775\right] = 2,254.$$

Beispiel 27. [Integraltyp von Gl. (1105)[9] für ζ als Argument.]

$$\int_{0,3395}^{26,6955} \frac{w^4\,dw}{(\sqrt{w^2+1})^5\sqrt{0,1311w^2+0,8449}} = \frac{1}{\sqrt{0,8449}}\int_{0,3395}^{26,6955}\frac{w^4\,dw}{(\sqrt{w^2+1})^5\sqrt{0,1551w^2+1}}$$

$$= \frac{(\sqrt{0,1551})^5}{(\sqrt{0,8449})}\int_{0,3395}^{26,6955}\frac{w^4\,dw}{(\sqrt{0,1551w^2+0,1551})^5\sqrt{0,1551w^2+1}} = 1,0879\int_{0,1337}^{10,5154}\frac{t^4\,dt}{(\sqrt{t^2+0,1551})^5\sqrt{t^2+1}} \equiv$$

$$\equiv 1,0879\int_{\mathrm{cs}_0}^{\mathrm{cs}_u}\frac{t^4\,dt}{(\sqrt{t^2+k'^2})^5\sqrt{t^2+1}} = \frac{1,0879}{k^4}\left\{\left(e_3^2+\frac{g_2}{12}\right)\cdot 2K[\arg \mathrm{cs}(0,1337,k) - \arg \mathrm{cs}(10,5154,k)] + \right.$$

$$+ 2e_3\,\mathfrak{z}_3(\arg \mathrm{cs}(0,1337,k)) - 2e_3\,\mathfrak{z}_3(\arg \mathrm{cs}(10,5154,k)) + \frac{1}{6}\wp_3'(\arg \mathrm{cs}(0,1337,k)) -$$

$$\left. - \frac{1}{6}\wp_3'(\arg \mathrm{cs}(10,5154,k))\right\}.$$

Aus dem Identitätsvergleich ergibt sich $k'^2 = 0,1551$, $k^2 = 0,8449$ und damit nach Tafel I, S. 15, $k = 0,9192$, $\varkappa = 0,69$. $K = 2,3735$ und nach Tafel III, S. 322, $e_3 = -0,6150$, $g_2 = 1,1586$. Durch Vergleich der Integrationsgrenzen erhält man bei Berücksichtigung von Tafel III, S. 323, 324, 325, $\zeta_0 = \arg \mathrm{cs}(10,5154;\ 0,9192) = \arg\frac{1}{k'}\mathrm{cs}(26,6955;\ 0,9192) = 0,02$, $\zeta_u = \arg \mathrm{cs}(0,1337;\ 0,9192) = \arg\frac{1}{k'}\mathrm{cs}(0,3395;\ 0,9192) = 0,43$ und damit $\mathfrak{z}_3(\zeta_0,\varkappa) = -0,0218$, $\mathfrak{z}_3(\zeta_u,\varkappa) = +0,0388$, $\wp_3'(\zeta_0,\varkappa) = -0,0250$, $\wp_3'(\zeta_u,\varkappa) = -0,4914$. Bei Beachtung dieser Werte errrechnet sich

$$\int_{0,3395}^{26,6955}\frac{w^4\,dw}{(\sqrt{w^2+1})^5\sqrt{0,1311w^2+0,8449}}$$

$$= \frac{1,0879}{0,8449^2}\left[\left(0,6150^2+\frac{1,1586}{12}\right)\cdot 2\cdot 2,3735\cdot 0,41 - 2\cdot 0,6150(0,0388+0,0218) - \frac{1}{6}\cdot 0,4914 + \frac{1}{6}\cdot 0,0250\right] = 1,176.$$

Beispiel 28. [Integraltyp von Gl. (1105)[4] für ζ als Argument.]

$$\int_{0,4106}^{1}\frac{(\sqrt{1-t^2})^3}{(\sqrt{t^2-0,1196})^5}\,dt \equiv \int_{\mathrm{dn}}^{1}\frac{(\sqrt{1-t^2})^3}{(\sqrt{t^2-k'^2})^5}\,dt$$

$$= \frac{1}{k'^4}\left[2e_1\eta_1K + \left(e_1^2+\frac{g_2}{12}\right)\cdot 2K\arg \mathrm{dn}(0,4106,k) + 2e_1\mathfrak{z}_2(\arg \mathrm{dn}(0,4106,k)) + \frac{1}{6}\wp_2'(\arg \mathrm{dn}(0,4106,k))\right].$$

Der Identitätsvergleich liefert $k'^2 = 0,1196$, $k^2 = 0,8804$ und damit nach Tafel I, S. 15, $k = 0,9383$, $\varkappa = 0,65$, $K = 2,4942$ und nach Tafel III, S. 307, 306, $\eta_1 = 0,0760$, $e_1 = 0,3732$, $g_2 = 1,1929$. Aus dem Vergleich der Integrationsgrenzen folgt in Verbindung mit Tafel III, S. 307, 308, 309, $\zeta = \arg \mathrm{dn}(0,4106;\ 0,9283) = 0,37$ und damit $\mathfrak{z}_2(\zeta,\varkappa) = -1,5368$, $\wp_2'(\zeta,\varkappa) = 7,2649$. Mit diesen Werten erhält man

$$\int_{0,4106}^{1}\frac{(\sqrt{1-t^2})^3}{(\sqrt{t^2-0,1196})^5}\,dt$$

$$= \frac{1}{0,1196^2}\left[2\cdot 0,3732\cdot 0,0760\cdot 2,4942 + \left(0,3732^2+\frac{1,1929}{12}\right)\cdot 2\cdot 2,4942\cdot 0,37 - 2\cdot 0,3732\cdot 1,5368 + \frac{1}{6}\cdot 7,2649\right] = 45,14.$$

Beispiel 29. [Integraltyp von Gl. (1106)[10] für ζ als Argument.]

$$\int\limits_{0,4068}^{0,9086} \sqrt{(0,8256 - w^2)(6,9446w^2 - 1)}\,dw = \sqrt{0,8256} \int\limits_{0,4068}^{0,9086} \sqrt{(1 - 1,2112w^2)(5,7335 \cdot 1,2112w^2 - 1)}\,dw$$

$$= 0,8256 \int\limits_{0,4477}^{1} \sqrt{(1 - t^2)(5,7335t^2 - 1)}\,dt = 1,9769 \int\limits_{0,4477}^{1} \sqrt{(1 - t^2)(t^2 - 0,1744)}\,dt \equiv 1,9769 \int\limits_{\mathrm{dn}}^{1} \sqrt{(1 - t^2)(t^2 - k'^2)}\,dt$$

$$= -1,9769\left[-e_1\eta_1 K + \left(e_2e_3 + \frac{g_2}{12}\right)\cdot 2K \arg \mathrm{dn}(0,4477, k) - e_1 \mathfrak{z}_4(\arg \mathrm{dn}(0,4477, k)) + \frac{1}{6}\wp_4'(\arg \mathrm{dn}(0,4477, k))\right].$$

Aus dem Identitätsvergleich folgt $k'^2 = 0,1744$ und damit nach Tafel I, S. 16, $k = 0,9086$, $\varkappa = 0,71$, $K = 2,3196$ und nach Tafel III, S. 330, 331, $e_1 = 0,3915$, $e_2 = 0,2171$, $e_3 = -0,6085$, $g_2 = 1,1413$, $\eta_1 = 0,1090$. Der Vergleich der Integrationsgrenzen ergibt nach Tafel III, S. 331, 332, 333, $\zeta = \arg \mathrm{dn}(0,4477;\ 0,9086) = 0,41$ und damit $\mathfrak{z}_4(\zeta, \varkappa) = 0,0871$, $\wp_4'(\zeta, \varkappa) = 0,1292$. Durch Einsetzen dieser Werte erhält man

$$\int\limits_{0,4068}^{0,9086} \sqrt{(0,8256 - w^2)(6,9446w^2 - 1)}\,dw$$

$$= -1,9769\left[-0,3915\cdot 0,1090\cdot 2,3196 + \left(-0,2171\cdot 0,6085 + \frac{1,1413}{12}\right)\cdot 2\cdot 2,3196\cdot 0,41 - \right.$$

$$\left. - 0,3915\cdot 0,0871 + \frac{1}{6}\cdot 0,1292\right] = 0,3598.$$

Beispiel 30. [Integraltyp von Gl. (1108)[1] für ζ als Argument.]

$$\int\limits_{0,3619}^{3,5987} \sqrt{(t^2 + 1)(58,2988t^2 + 1)}\,\frac{dt}{t^2} = 7,6354 \int\limits_{0,3619}^{3,5987} \sqrt{(t^2 + 1)(t^2 + 0,01715)}\,\frac{dt}{t^2} \equiv 7,6354 \int\limits_{0,3619}^{3,5987} \sqrt{(t^2 + 1)(t^2 + k'^2)}\,\frac{dt}{t^2}$$

$$= \{-2K e_1 [\arg \mathrm{cs}(3,5987, k) - \arg \mathrm{cs}(0,3619, k)] + \mathfrak{z}_1(\arg \mathrm{cs}(3,5987, k)) - \mathfrak{z}_1(\arg \mathrm{cs}(0,3619, k)) +$$

$$+ \mathfrak{z}_2(\arg \mathrm{cs}(3,5987, k)) - \mathfrak{z}_2(\arg \mathrm{cs}(0,3619, k))\}\cdot 7,6354.$$

Aus dem Identitätsvergleich ergibt sich $k'^2 = 0,01715$ und damit nach Tafel I, S. 11, $k = 0,9914$, $\sqrt{k'} = 0,3619$, $\varkappa = 0,46$, $K = 3,4296$ und nach Tafel III, S. 230, $e_1 = 0,3391$. Wird der für $\sqrt{k'}$ gefundene Wert mit der unteren Grenze des Integrals verglichen, so besteht Übereinstimmung. In Verbindung mit (1108)[1] läßt sich daher das Integral auch in der Form

$$\int\limits_{0,3619}^{3,5987} \sqrt{(t^2 + 1)(58,2988t^2 + 1)}\,\frac{dt}{t^2} \equiv 7,6354 \int\limits_{\sqrt{k'}}^{\mathrm{cs}} \sqrt{(t^2 + 1)(t^2 + k'^2)}\,\frac{dt}{t^2}$$

$$= \left\{e_1\left[\frac{K}{2} - 2K \arg \mathrm{cs}(3,5987, k)\right] + \mathfrak{z}_1(\arg \mathrm{cs}(3,5987, k)) + \mathfrak{z}_2(\arg \mathrm{cs}(3,5987, k))\right\}\cdot 7,6354$$

schreiben. Der Vergleich der oberen Integrationsgrenzen ergibt bei Berücksichtigung von Tafel III, S. 231, 232, $\zeta = \arg \mathrm{cs}(3,5987;\ 0,9914) = \arg \mathrm{sc}(0,2779;\ 0,9914) = 0,04$ und damit $\mathfrak{z}_1(\zeta, \varkappa) = 3,6443$, $\mathfrak{z}_2(\zeta, \varkappa) = 0,0445$. Mit diesen Werten errechnet sich

$$\int\limits_{0,3619}^{3,5987} \sqrt{(t^2 + 1)(58,2988t^2 + 1)}\,\frac{dt}{t^2} = 7,6354\left[0,3391\cdot 3,4296\left(\frac{1}{2} - 2\cdot 0,04\right) + 3,6443 + 0,0445\right] = 31,895.$$

Beispiel 31. [Integraltyp von Gl. (1121)[3] für ζ als Argument.]

$$\int\limits_{1,3674}^{8,2323} \frac{dt}{\sqrt{(t-1)^3(t+1)\dfrac{1 - 0,1215t}{1 + 0,1215t}}} = \int\limits_{1,3674}^{8,2323} \frac{\dfrac{1 + 0,1215t}{t - 1}}{\sqrt{(t^2 - 1)(1 - 0,1215^2 t^2)}}\,dt \equiv -\int\limits_{\mathrm{nd}_u}^{\mathrm{nd}_o} \frac{\dfrac{1 + k't}{1 - t}}{\sqrt{(t^2 - 1)(1 - k'^2 t^2)}}\,dt$$

$$= -\frac{\frac{1}{2}e_1 - k'}{1 - k'}\cdot 2K[\arg \mathrm{nd}(8,2323, k) - \arg \mathrm{nd}(1,3674, k)] - \frac{1 + k'}{1 - k'}[\mathfrak{z}_1(\zeta_o, 2\varkappa) - \mathfrak{z}_1(\zeta_u, 2\varkappa)].$$

Der Identitätsvergleich liefert $k' = 0{,}1215$ und damit nach Tafel I, S. 11, $k = 0{,}9926$, $\varkappa = 0{,}45$, $K = 3{,}5036$ und nach Tafel III, S. 226, 227, $e_1 = 0{,}3383$, $E = 1{,}0222$. Bildet man $1/k'$, so zeigt sich, daß der zugehörige Zahlenwert der oberen Grenze des Integrals entspricht. Man kann daher in Verbindung mit $(1121)^3$ das Integral auch in der Form

$$\int\limits_{1{,}3674}^{8{,}2323} \frac{dt}{\sqrt{(t-1)^3\,(t+1)\,\dfrac{1-0{,}1215t}{1+0{,}1215t}}} = -\int\limits_{\mathrm{nd}}^{1/k'} \frac{\dfrac{1+k't}{1-t}}{\sqrt{(t^2-1)\,(1-k'^2t^2)}}\,dt$$

$$= \frac{k'K-E}{1-k'} + \frac{\frac{1}{2}e_1-k'}{1-k'}\cdot 2K\arg\mathrm{nd}(1{,}3674,\,k) + \frac{1+k'}{1-k'}\,\mathfrak{z}_1(\zeta,\,2\varkappa)$$

schreiben. Aus dem Vergleich der unteren Integrationsgrenzen folgt in Verbindung mit Tafel III, S. 227, $\zeta = \arg\mathrm{nd}(1{,}3674;\ 0{,}9926) = \arg_{k'}\mathrm{nd}(0{,}1662;\ 0{,}9926) = 0{,}12$ und damit, wenn noch auf Tafel III, S. 408, Bezug genommen wird, $\mathfrak{z}_1(\zeta,\,2\varkappa) = \mathfrak{z}_1(0{,}12;\ 0{,}90) = 2{,}1191$. Mit den gefundenen Zahlenwerten erhält man

$$\int\limits_{1{,}3674}^{8{,}2323} \frac{dt}{\sqrt{(t-1)^3\,(t+1)\,\dfrac{1-0{,}1215t}{1+0{,}1215t}}}$$

$$= \frac{0{,}1215\cdot 3{,}5036-1{,}0222}{1-0{,}1215} + \frac{\frac{1}{2}\cdot 0{,}3383-0{,}1215}{1-0{,}1215}\cdot 2\cdot 3{,}5036\cdot 0{,}12 + \frac{1+0{,}1215}{1-0{,}1215}\cdot 2{,}1191 = 2{,}072.$$

Beispiel 32. [Integraltyp von Gl. $(1128)^{10}$ für ζ als Argument.]

$$\int\limits_{0{,}4404}^{0{,}9541} \frac{\dfrac{1-t}{1-0{,}7684t}}{\sqrt{(1-t^2)\,(1-0{,}7684^2t^2)}}\,dt = \int\limits_{\mathrm{sn}_u}^{\mathrm{sn}_o} \frac{\dfrac{1-t}{1-kt}}{\sqrt{(1-t^2)\,(1-k^2t^2)}}\,dt$$

$$= \frac{k-\frac{1}{2}e_3}{k(1+k)}\cdot 2K[\arg\mathrm{sn}(0{,}9541,\,k) - \arg\mathrm{sn}(0{,}4404,\,k)] - \frac{1}{k}\,\mathfrak{z}_3\Big(\frac{\zeta_o}{2}+\frac{1}{4},\,\frac{\varkappa}{2}\Big) + \frac{1}{k}\,\mathfrak{z}_3\Big(\frac{\zeta_u}{2}+\frac{1}{4},\,\frac{\varkappa}{2}\Big).$$

Aus dem Identitätsvergleich erhält man $k = 0{,}7684$ und damit nach Tafel I, S. 20, $\varkappa = 0{,}92$, $K = 1{,}9394$ und nach Tafel III, S. 414, $e_3 = -0{,}5301$. Der Vergleich der Integrationsgrenzen liefert bei Beachtung von Tafel III, S. 414, $\zeta_o = \arg\mathrm{sn}(0{,}9541;\ 0{,}7684) = 0{,}38$, $\zeta_u = \arg\mathrm{sn}(0{,}4404;\ 0{,}7684) = 0{,}12$. Hiermit folgt in Verbindung mit Tafel III, S. 232, $\mathfrak{z}_3\Big(\frac{\zeta_o}{2}+\frac{1}{4},\,\frac{\varkappa}{2}\Big) = \mathfrak{z}_3(0{,}44;\ 0{,}46) = -0{,}3882$, $\mathfrak{z}_3\Big(\frac{\zeta_u}{2}+\frac{1}{4},\,\frac{\varkappa}{2}\Big) = \mathfrak{z}_3(0{,}31;\ 0{,}46) = -0{,}5644$. Durch Einsetzen dieser Werte erhält man

$$\int\limits_{0{,}4404}^{0{,}9541} \frac{\dfrac{1-t}{1-0{,}7684t}}{\sqrt{(1-t^2)\,(1-0{,}5904t^2)}}\,dt = \frac{0{,}7684+\frac{1}{2}\cdot 0{,}5301}{0{,}7684\cdot 1{,}7684}\cdot 2\cdot 1{,}9394\cdot 0{,}26 - \frac{-0{,}3882+0{,}5644}{0{,}7684} = 0{,}538.$$

Beispiel 33. [Integraltyp von Gl. $(1131)^3$ für ζ als Argument.]

$$\int\limits_{0{,}1154}^{0{,}3515} \frac{dt}{(1-0{,}6308^2+t^2)\sqrt{[t^2-(1+0{,}6308)^2]\,[t^2-(1-0{,}6308)^2]}} = \int\limits_{0{,}1154}^{0{,}3515} \frac{dt}{(0{,}6020+t^2)\sqrt{(t^2-2{,}6595)\,(t^2-0{,}1363)}}$$

$$= \int\limits_{\overline{\mathrm{nd}}_u}^{\overline{\mathrm{nd}}_o} \frac{dt}{(k^2+t^2)\sqrt{[t^2-(1+k')^2]\,[t^2-(1-k')^2]}} = \frac{K}{k^2}\,[\arg\overline{\mathrm{nd}}(0{,}3515,\,k) - \arg\overline{\mathrm{nd}}(0{,}1154,\,k)] +$$

$$+\frac{1}{4k^2}\,[\mathrm{arc\,tan\,sc}(2\arg\overline{\mathrm{nd}}(0{,}3515,\,k)) - \mathrm{arc\,tan\,sc}(2\arg\overline{\mathrm{nd}}(0{,}1154,\,k))].$$

Der Identitätsvergleich ergibt $k' = 0{,}6308$ bzw. $k^2 = 0{,}6020$ und damit nach Tafel I, S. 20, $k = 0{,}7759$, $\varkappa = 0{,}91$, $K = 1{,}9518$, während aus dem Vergleich der Integrationsgrenzen Tafel III, S. 412, $\zeta_o = \arg\overline{\mathrm{nd}}(0{,}3515;\ 0{,}7759) = \arg\overline{\mathrm{dn}}(-0{,}3515;\ 0{,}7759) = 0{,}20$, nach

$\zeta_u = \arg\overline{\mathrm{nd}}(0{,}1154;\ 0{,}7759) = \arg\overline{\mathrm{dn}}(-0{,}1154;\ 0{,}7759) = 0{,}05$ folgt. Für diese Argumentwerte liefert Tafel III, S. 411, $\mathrm{sc}\,(2\arg\overline{\mathrm{nd}}\,(0{,}3515,\ k)) = \mathrm{sc}(0{,}40;\ 0{,}91) = 3{,}9165$ und $\mathrm{sc}(2\arg\overline{\mathrm{nd}}(0{,}1154,\ k)) = \mathrm{sc}(0{,}10;\ 0{,}91) = 0{,}4047$. Damit erhält man

$$\int\limits_{0,1154}^{0,3515} \frac{dt}{(0{,}6020 + t^2)\sqrt{(t^2 - 2{,}6595)\,(t^2 - 0{,}1363)}} = \frac{1{,}9518}{0{,}6020} \cdot 0{,}15 + \frac{\operatorname{arc\,tan} 3{,}9165 - \operatorname{arc\,tan} 0{,}4047}{4 \cdot 0{,}6020} = 0{,}8751\,.$$

Beispiel 34. [Integraltyp von Gl. (1130)[2] für ζ als Argument.]

$$\int\limits_{0,2316}^{1,1439} \frac{1 - t^2}{1 + t^2} \frac{dt}{\sqrt{t^4 - 1{,}8142t^2 + 1}} = \int\limits_{0,2316}^{1,1439} \frac{1 - t^2}{1 + t^2} \frac{dt}{\sqrt{[t^2 - (0{,}9765 + 0{,}2156i)^2]\,[t^2 - (0{,}9765 - 0{,}2156i)^2]}}$$

$$\equiv \int\limits_{\overline{\mathrm{nc}}_u}^{\overline{\mathrm{nc}}_o} \frac{1 - t^2}{1 + t^2} \frac{dt}{\sqrt{[t^2 - (k + i\,k')^2]\,[t^2 - (k - i\,k')^2]}}$$

$$= \frac{1}{2k} \operatorname{arc\,tan}[k\,\mathrm{sd}(2\arg\overline{\mathrm{nc}}(1{,}1439,\ k))] - \frac{1}{2k} \operatorname{arc\,tan}[k\,\mathrm{sd}(2\arg\overline{\mathrm{nc}}(0{,}2316,\ k))]\,.$$

Aus dem Identitätsvergleich folgt $k = 0{,}9765$, $k' = 0{,}2156$ und damit nach Tafel I, S. 12, $\varkappa = 0{,}54$, während der Vergleich der Integrationsgrenzen mit Tafel III, S. 263, $\zeta_o = \arg\overline{\mathrm{nc}}\,(1{,}1439;\ 0{,}9765) = \arg\overline{\mathrm{cn}}(-1{,}1439;\ 0{,}9765) = 0{,}30$ und $\zeta_u = \arg\overline{\mathrm{nc}}(0{,}2316;\ 0{,}9765) = \arg\overline{\mathrm{cn}}(-0{,}2316;\ 0{,}9765) = 0{,}04$ liefert. Für diese Argumentwerte berechnet sich nach Tafel III, S. 263, $k\,\mathrm{sd}(2\arg\overline{\mathrm{nc}}(1{,}1439,\ k)) = k\,\mathrm{sd}(0{,}60;\ 0{,}54) = \frac{k}{k'} \cdot k'\,\mathrm{sd}(0{,}60;\ 0{,}54) = \frac{0{,}9765}{0{,}2156} \cdot 0{,}8479$ $= 3{,}8403$ und entsprechend $k\,\mathrm{sd}(2\arg\overline{\mathrm{nc}}(0{,}2316,\ k) = \frac{0{,}9765}{0{,}2156} \cdot 0{,}1049 = 0{,}4751$. Damit ergibt sich

$$\int\limits_{0,2316}^{1,1439} \frac{1 - t^2}{1 + t^2} \frac{dt}{\sqrt{t^4 - 1{,}8142t^2 + 1}} = \frac{1}{2 \cdot 0{,}9765} (\operatorname{arc\,tan} 3{,}8403 - \operatorname{arc\,tan} 0{,}4751) = 0{,}4467\,.$$

Beispiel 35. [Integraltyp von Gl. (1117) für ζ als Argument.]

$$\int\limits_{0,1835}^{0,8736} \frac{1}{t^2} \sqrt{1 - t^4}\,dt \equiv \int\limits_{\mathrm{cn}_o}^{\mathrm{cn}_u} \frac{1}{t^2} \sqrt{1 - t^4}\,dt = \mathfrak{z}_6\left(\arg\mathrm{cn}\left(0{,}8736,\ \sqrt{\frac{1}{2}}\right)\right) - \mathfrak{z}_6\left(\arg\mathrm{cn}\left(0{,}1835,\ \sqrt{\frac{1}{2}}\right)\right).$$

Der Vergleich der Integrationsgrenzen liefert mit Tafel III, S. 447, 448, $\zeta_o = \arg\mathrm{cn}\,(0{,}8736;\ 0{,}7071) = 0{,}14$, $\zeta_u = \arg\mathrm{cn}\,(0{,}1835;\ 0{,}7071) = 0{,}43$ und damit $\mathfrak{z}_6(\zeta_o,\ 1) = -0{,}8941$, $\mathfrak{z}_6(\zeta_u,\ 1) = -3{,}8537$. Durch Einsetzen dieser Werte erhält man

$$\int\limits_{0,1835}^{0,8736} \frac{1}{t^2} \sqrt{1 - t^4}\ dt = -0{,}8941 + 3{,}8537 = 2{,}960\,.$$

Beispiel 36. [Integraltyp von Gl. (1115)[3] für ζ als Argument.]

$$\int\limits_{0,4440}^{1} \frac{1}{t^4} \sqrt{\frac{1 - t^2}{1 + t^2}}\,dt = \int\limits_{\mathrm{cn}}^{1} \frac{1}{t^4} \sqrt{\frac{1 - t^2}{1 + t^2}}\,dt$$

$$= \frac{A}{\sqrt{2}} + \frac{2K}{3\sqrt{2}} \arg\mathrm{cn}\left(0{,}4440,\ \sqrt{\frac{1}{2}}\right) + \sqrt{2}\,\mathfrak{z}_2\left(\arg\mathrm{cn}\left(0{,}4440,\ \sqrt{\frac{1}{2}}\right)\right) + \frac{1}{3}\sqrt{2}\,\wp_2'\left(\arg\mathrm{cn}\left(0{,}4440,\ \sqrt{\frac{1}{2}}\right)\right).$$

Aus Tafel II, S. 31, folgen für den Parameterfall $\varkappa = 1$ die Funktionswerte $A = 0{,}8472$, $K = 1{,}8541$. Ferner ergibt der Vergleich der Integrationsgrenzen mit Tafel III, S. 447, 448, 449, $\zeta = \arg\mathrm{cn}(0{,}4440;\ 0{,}7071) = 0{,}33$ und damit $\mathfrak{z}_2(\zeta,\ 1) = -1{,}5822$, $\wp_2'(\zeta, 1) = 7{,}9203$. Mit diesen Werten errechnet sich

$$\int\limits_{0,4440}^{1} \frac{1}{t^4} \sqrt{\frac{1 - t^2}{1 + t^2}}\,dt = \frac{0{,}8472}{1{,}4142} + \frac{2 \cdot 1{,}8541}{3 \cdot 1{,}4142} \cdot 0{,}33 - 1{,}4142 \cdot 1{,}5822 + \frac{1{,}4142}{3} \cdot 7{,}9203 = 2{,}384\,.$$

Beispiel 37. [Integraltyp von Gl. (1116)[6] für ζ als Argument.]

$$\int\limits_{0,7071}^{5,3937} \frac{t^4}{\sqrt{t^4-\frac{1}{4}}}\,dt \equiv \int\limits_{\sqrt{1/2}}^{\mathrm{ds}} \frac{t^4}{\sqrt{t^4-\frac{1}{4}}}\,dt = \frac{1}{12}\left[K - 2K \arg \mathrm{ds}\left(5{,}3937,\sqrt{\frac{1}{2}}\right)\right] - \frac{1}{6}\wp_1'\left(\arg \mathrm{ds}\left(5{,}3937,\sqrt{\frac{1}{2}}\right)\right).$$

Der Vergleich der Integrationsgrenzen liefert mit Tafel III, S. 447, 449, $\zeta = \arg \mathrm{ds}(5{,}3937;0{,}7071) = \arg \mathrm{sd}(0{,}1854;\ 0{,}7071) = \arg k' \,\mathrm{sd}(0{,}1311;\ 0{,}7071) = 0{,}05$ und damit $\wp_1'(\zeta, 1) = -313{,}778$. Durch Einsetzen dieser Werte sowie mit $K = 1{,}8541$ folgt

$$\int\limits_{0,7071}^{5,3937} \frac{t^4}{\sqrt{t^4-\frac{1}{4}}}\,dt = \frac{1{,}8541}{12}(1-2\cdot 0{,}05) + \frac{1}{6}\cdot 313{,}778 = 52{,}435.$$

Beispiel 38. [Integraltyp von Gl. (1117)[17] für ζ als Argument.]

$$\int\limits_{1,8328}^{\infty} \frac{t^4}{(t^2+1)^2\sqrt{t^4-1}}\,dt \equiv \int\limits_{\mathrm{nc}}^{\infty} \frac{t^4}{(t^2+1)^2\sqrt{t^4-1}}\,dt$$

$$= \frac{A}{2\sqrt{2}} + \frac{2K}{3\sqrt{2}}\left[\frac{1}{2} - \arg \mathrm{nc}\left(1{,}8328,\sqrt{\frac{1}{2}}\right)\right] - \frac{1}{\sqrt{2}}\mathfrak{z}_3\left(\arg \mathrm{nc}\left(1{,}8328,\sqrt{\frac{1}{2}}\right)\right) - \frac{1}{6\sqrt{2}}\wp_3'\left(\arg \mathrm{nc}\left(1{,}8328,\sqrt{\frac{1}{2}}\right)\right).$$

Auf dem gleichen Wege wie in den drei vorangegangenen Beispielen erhält man

$$\int\limits_{1,8328}^{\infty} \frac{t^4}{(t^2+1)^2\sqrt{t^4-1}}\,dt = \frac{0{,}8472}{2\cdot 1{,}4142} + \frac{2\cdot 1{,}8541}{3\cdot 1{,}4142}\left(\frac{1}{2}-0{,}29\right) - \frac{0{,}1007}{1{,}4142} + \frac{0{,}4374}{6\cdot 1{,}4142} = 0{,}4634.$$

Beispiel 39. [Integraltyp von Gl. (1115)[4] für ζ als Argument.]

$$\int\limits_{1,1679}^{12,7127} \frac{1}{t^2}\,\frac{\left(\sqrt{t^2-1}\right)^3}{\sqrt{t^2+1}}\,dt = \int\limits_{1,1679}^{12,7127} \frac{t^2-1}{t^2}\sqrt{\frac{t^2-1}{t^2+1}}\,dt \equiv \int\limits_{\mathrm{nc}_u}^{\mathrm{nc}_o} \frac{t^2-1}{t^2}\sqrt{\frac{t^2-1}{t^2+1}}\,dt$$

$$= -\sqrt{2}\cdot 2K\left[\arg \mathrm{nc}\left(12{,}7127,\sqrt{\frac{1}{2}}\right) - \arg \mathrm{nc}\left(1{,}1679,\sqrt{\frac{1}{2}}\right)\right] + 2\sqrt{2}\left[\mathfrak{z}_4\left(\arg \mathrm{nc}\left(12{,}7127,\sqrt{\frac{1}{2}}\right)\right) -\right.$$

$$\left. - \mathfrak{z}_4\left(\arg \mathrm{nc}\left(1{,}1679,\sqrt{\frac{1}{2}}\right)\right)\right] - \sqrt{2}\left[\mathfrak{z}_6\left(\arg \mathrm{nc}\left(12{,}7127,\sqrt{\frac{1}{2}}\right)\right) - \mathfrak{z}_6\left(\arg \mathrm{nc}\left(1{,}1679,\sqrt{\frac{1}{2}}\right)\right)\right].$$

Die Durchführung der Berechnung ergibt

$$\int\limits_{1,1679}^{12,7127} \frac{1}{t^2}\,\frac{\left(\sqrt{t^2-1}\right)^3}{\sqrt{t^2+1}}\,dt = -1{,}4142\cdot 2\cdot 1{,}8541(0{,}47-0{,}15) +$$
$$+ 2\cdot 1{,}4142(-0{,}0001+0{,}1717) - 1{,}4142(-8{,}9893+0{,}9051) = 10{,}239.$$

Beispiel 40. [Integraltyp von Gl. (1114)[6] für ζ als Argument.]

$$\int\limits_{0,9102}^{1,3674} \frac{1}{t^2}\left(\sqrt{\frac{1-\frac{1}{2}t^2}{1+\frac{1}{2}t^2}}\right)^3 dt = \int\limits_{\mathrm{sd}_o}^{\mathrm{sd}_u} \frac{1}{t^2}\left(\sqrt{\frac{1-\frac{1}{2}t^2}{1+\frac{1}{2}t^2}}\right)^3 dt$$

$$= K\arg \mathrm{sd}\left(0{,}9102,\sqrt{\frac{1}{2}}\right) - K\arg \mathrm{sd}\left(1{,}3674,\sqrt{\frac{1}{2}}\right) + \mathfrak{z}_1\left(\arg \mathrm{sd}\left(0{,}9102,\sqrt{\frac{1}{2}}\right)\right) -$$

$$- \mathfrak{z}_1\left(\arg \mathrm{sd}\left(1{,}3674,\sqrt{\frac{1}{2}}\right)\right) + 2\mathfrak{z}_4\left(\arg \mathrm{sd}\left(0{,}9102,\sqrt{\frac{1}{2}}\right)\right) - 2\mathfrak{z}_4\left(\arg \mathrm{sd}\left(1{,}3674,\sqrt{\frac{1}{2}}\right)\right)$$

Hiermit erhält man

$$\int\limits_{0,9102}^{1,3674} \frac{1}{t^2}\left(\sqrt{\frac{1-\frac{1}{2}t^2}{1+\frac{1}{2}t^2}}\right)^3 dt = 1{,}8541(0{,}25-0{,}43) + 1{,}0654 - 0{,}5564 + 2(-0{,}0654+0{,}0016) = 0{,}0477.$$

Beispiel 41. [Integraltyp von Gl. (1114)[14] für ζ als Argument.]

$$\int_{0,7115}^{1,2960} \frac{t^2-\frac{1}{2}}{t^4}\sqrt{\frac{t^2-\frac{1}{2}}{t^2+\frac{1}{2}}}\,dt = \int_{\mathrm{ds}_o}^{\mathrm{ds}_u} \frac{t^2-\frac{1}{2}}{t^4}\sqrt{\frac{t^2-\frac{1}{2}}{t^2+\frac{1}{2}}}\,dt$$

$$= \frac{8K}{3}\left[\arg\mathrm{ds}\left(0{,}7115,\sqrt{\tfrac{1}{2}}\right) - \arg\mathrm{ds}\left(1{,}2960,\sqrt{\tfrac{1}{2}}\right)\right] - 4\mathfrak{z}_3\left(\arg\mathrm{ds}\left(0{,}7115,\sqrt{\tfrac{1}{2}}\right)\right) +$$

$$+ 4\mathfrak{z}_3\left(\arg\mathrm{ds}\left(1{,}2960,\sqrt{\tfrac{1}{2}}\right)\right) + \frac{2}{3}\wp_3'\left(\arg\mathrm{ds}\left(0{,}7115,\sqrt{\tfrac{1}{2}}\right)\right) - \frac{2}{3}\wp_3'\left(\arg\mathrm{ds}\left(1{,}2960,\sqrt{\tfrac{1}{2}}\right)\right)$$

$$= \frac{8}{3}\cdot 1{,}8541\,(0{,}47-0{,}21) - 4\,(0{,}3682-0{,}0390) + \frac{2}{3}\,(-0{,}1099+0{,}3683) = 0{,}1410.$$

Beispiel 42. [Integraltyp von Gl. (1124)[4] für ζ als Argument.]

$$\int_{6715}^{\pi/2} \frac{dw}{(\sin w + 0{,}1716)\sqrt{\sin^2 w - 0{,}1716^2}} = \int_{0,6715}^{\pi/2} \frac{\frac{1}{\cos w}\,d\sin w}{(\sin w + 0{,}1716)\sqrt{\sin^2 w - 0{,}1716^2}}$$

$$= \int_{0,6222}^{1} \frac{dt}{(t+0{,}1716)\sqrt{(t^2-0{,}1716^2)(1-t^2)}} \equiv \int_{\mathrm{dn}}^{1} \frac{dt}{(t+k')\sqrt{(t^2-k'^2)(1-t^2)}}$$

$$= -\frac{\frac{1}{2}e_1-e_2}{k'\,k^2}\,2K\arg\mathrm{dn}(0{,}6222,k) + \frac{\mathfrak{z}_3(\zeta,2\varkappa)}{k'(1-k')}.$$

Der Identitätsvergleich liefert $k' = 0{,}1716$ und damit nach Tafel I, S. 11, $k = 0{,}9852$, $k^2 = 0{,}9706$ $\varkappa = 0{,}50$, $K = 3{,}1651$ und nach Tafel III, S. 246, $e_1 = 0{,}3431$, $e_2 = 0{,}3137$. Der Vergleich der Integrationsgrenzen ergibt in Verbindung mit Tafel III, S. 247, $\zeta = \arg\mathrm{dn}(0{,}6222;\ 0{,}9852) = 0{,}17$. Hiermit folgt bei Beachtung von Tafel III, S. 448, $\mathfrak{z}_3(\zeta,\ 2\varkappa) = \mathfrak{z}_3(0{,}17;\ 1{,}00) = 0{,}0208$. Mit den gefundenen Zahlenwerten erhält man

$$\int_{0,6715}^{\pi/2} \frac{dw}{(\sin w + 0{,}1716)\sqrt{\sin^2 w - 0{,}0294}} = -\frac{0{,}1716-0{,}3137}{0{,}1716\cdot 0{,}9706}\cdot 2\cdot 3{,}1651\cdot 0{,}17 + \frac{0{,}0208}{0{,}1716\cdot 0{,}8284} = 1{,}064.$$

Beispiel 43. [Integraltyp von Gl. (1127)[3] für ζ als Argument.]

$$\int_{0,1396}^{0,9586} \frac{(0{,}8407-\sin^2 w)^2\,dw}{\sin^2 w\sqrt{0{,}8407^2-\sin^2 w}} = \int_{0,1396}^{0,9586} \frac{(0{,}8407-\sin^2 w)^2\,d\sin w}{\sin^2 w\sqrt{(0{,}8407^2-\sin^2 w)(1-\sin^2 w)}}$$

$$= \int_{0,1655}^{0,9734} \frac{(0{,}8407-0{,}8407^2t^2)^2\cdot 0{,}8407\,dt}{0{,}8407^2t^2\sqrt{(0{,}8407^2-0{,}8407^2t^2)(1-0{,}8407^2t^2)}} = \int_{0,1655}^{0,9734} \frac{(1-0{,}8407\,t^2)^2}{t^2\sqrt{(1-t^2)(1-0{,}8407^2t^2)}}\,dt \equiv$$

$$\equiv \int_{\mathrm{cd}_o}^{\mathrm{cd}_u} \frac{(1-k\,t^2)^2}{t^2}\,\frac{dt}{\sqrt{(1-t^2)(1-k^2t^2)}}$$

$$= (e_3+2k)\cdot 2K[\arg\mathrm{cd}(0{,}9734,k) - \arg\mathrm{cd}(0{,}1655,k)] + (1+k)\left[\mathfrak{z}_2\left(\zeta_o,\frac{\varkappa}{2}\right) - \mathfrak{z}_2\left(\zeta_u,\frac{\varkappa}{2}\right)\right].$$

Aus dem Identitätsvergleich folgt $k = 0{,}8407$ und damit nach Tafel I, S. 18, $\varkappa = 0{,}82$, $K = 2{,}0854$ und nach Tafel III, S. 374, $e_3 = -0{,}5689$. Der Vergleich der Integrationsgrenzen liefert bei Beachtung von Tafel III, S. 374, $\zeta_o = \arg\mathrm{cd}(0{,}9734;\ 0{,}8407) = 0{,}10$ und $\zeta_u = \arg\mathrm{cd}(0{,}1655;\ 0{,}8407) = 0{,}46$. Hiermit ergibt sich nach Tafel III, S. 212, $\mathfrak{z}_2(\zeta_o,\ \varkappa/2) = \mathfrak{z}_2(0{,}10;\ 0{,}41) = 0{,}0175$ und $\mathfrak{z}_2(\zeta_u,\ \varkappa/2) = \mathfrak{z}_2(0{,}46;\ 0{,}41) = -3{,}2559$. Durch Einsetzen dieser Werte erhält man

$$\int_{0,1396}^{0,9586} \frac{(0{,}8407-\sin^2 w)^2\,dw}{\sin^2 w\sqrt{0{,}7067-\sin^2 w}} = (-0{,}5689 + 2\cdot 0{,}8407)\cdot 2\cdot 2{,}0854\,(0{,}10-0{,}46) + 1{,}8407\,(0{,}0175+3{,}2559) = 4{,}355.$$

Beispiel 44. [Integraltyp von Gl. (883)⁶ für ζ als Argument.]

$$\int_{0,2418}^{0,0100} \frac{dw}{\sqrt{-169,6990 + 169,6904\cosh w}} = \int_{-0,1209}^{-0,0050} 2\,\frac{d\bar\psi}{\sqrt{-169,6990 + 169,6904\cosh 2\bar\psi}} \equiv \frac{2}{\sqrt{c}}\int_{\psi_u}^{\psi_o} \frac{d\bar\psi}{\sqrt{3e_3 + 2k\cosh 2\bar\psi}}$$

$$= \frac{4K}{\sqrt{c}}\left[\arg\operatorname{sn}\left(\frac{e^{-0,0050}}{\sqrt{k}}, k\right) - \arg\operatorname{sn}\left(\frac{e^{-0,1209}}{\sqrt{k}}, k\right)\right].$$

Die Bedingungsgleichungen für die Konstante c und den Modul k ergeben sich aus dem Identitätsvergleich zu

$$c\cdot 3e_3 = -c(1+k^2) = -169,6990, \quad c\cdot 2k = +169,6904 \quad \text{oder} \quad c(1+k^2) = 169,6990, \quad c\,k = 84,8452.$$

Hieraus folgt für den Modul k

$$\frac{1+k^2}{k} = \frac{169,6990}{84,8452} = 2,0001 \quad \text{oder} \quad k^2 - 2,0001\,k = -1 \quad \text{oder} \quad k = 1,00005 - \sqrt{1,00005^2 - 1} = 0,9900$$

und für die Konstante c

$$c = \frac{84,8452}{0,9900} = 85,7037 \quad \text{und damit} \quad \frac{4}{\sqrt{c}} = 0,4320.$$

Für den gefundenen k-Wert entnimmt man Tafel I, S. 11, $\varkappa = 0,47$, $K = 3,3589$. Für die arg-Funktionen erhält man in Verbindung mit Tafel III, S. 234,

$$\arg\operatorname{sn}\left(\frac{e^{-0,0050}}{0,9950}, 0,9900\right) = \arg\operatorname{sn}(1,0000, 0,9900) = 0,50,$$

$$\arg\operatorname{sn}\left(\frac{e^{-0,1209}}{0,9950}, 0,9900\right) = \arg\operatorname{sn}(0,8905, 0,9900) = 0,21.$$

Damit errechnet sich

$$\int_{-0,2418}^{-0,0100} \frac{dw}{\sqrt{-169,6990 + 169,6904\cosh w}} = 0,4320\cdot 3,3589(0,50 - 0,21) = 0,4208.$$

Beispiel 45. [Integraltyp von Gl. (883)⁵ für ζ als Argument.]

$$\int_{-0,7555}^{0,2706} \frac{d\bar\psi}{\sqrt{0,22678 + 0,10525\sinh 2\bar\psi}} \equiv \frac{1}{\sqrt{c}}\int_{\psi_u}^{\psi_o} \frac{d\bar\psi}{\sqrt{3e_2 + 2k\,k'\sinh 2\bar\psi}}$$

$$= \frac{2K}{\sqrt{c}}\left[\arg\operatorname{nc}\left(\sqrt{\frac{k}{k'}}\,e^{0,2706}, k\right) - \arg\operatorname{nc}\left(\sqrt{\frac{k}{k'}}\,e^{-0,7555}, k\right)\right].$$

Hier liefert der Identitätsvergleich

$$c\cdot 3e_2 = c(2k^2-1) = 0,22678, \quad c\cdot 2k\,k' = 0,10525 \quad \text{oder} \quad c(k^2 - \tfrac12) = 0,11339, \quad c\,k\,k' = 0,052625.$$

Daraus errechnet sich für den Modul k bzw. k'

$$\frac{k^2-\frac12}{k\,k'} = \frac{k^2-\frac12}{k\sqrt{1-k^2}} = \frac{0,11339}{0,052625} = 2,1547 \quad \text{oder} \quad \frac{k^4-k^2+\frac14}{k^2(1-k^2)} = 4,6427 \quad \text{oder} \quad 5,6427\,k^4 - 5,6427\,k^2 = -\frac14$$

$$\text{oder} \quad k^4 - k^2 = -0,0443 \quad \text{oder} \quad k^2 = 0,9535, \quad k = 0,9765, \quad k' = 0.2156$$

und für die Konstante c

$$c = \frac{0,10525}{2\cdot 0,9765\cdot 0,2156} = 0,2500.$$

Zu $k = 0,9765$ gehört nach Tafel I, S. 12, $\varkappa = 0,54$, $K = 2,9436$ und hierzu nach Tafel III, S. 263,

$$\arg\operatorname{nc}\left(\sqrt{\frac{0,9765}{0,2156}}\,e^{0,2706},\ 0,9765\right) = \arg\operatorname{nc}(2,7895;\,0,9765) = \arg\operatorname{cn}(0,3585;\,0,9765) = 0,2765,$$

$$\arg\operatorname{nc}\left(\sqrt{\frac{0,9765}{0,2156}}\,e^{-0,7555},\ 0,9765\right) = \arg\operatorname{nc}(1,0000;\,0,9765) = \arg\operatorname{cn}(1,0000;\,0,9765) = 0.$$

Durch Einsetzen dieser Werte erhält man

$$\int_{-0,7555}^{0,2706} \frac{d\overline{\psi}}{\sqrt{0,22678 + 0,10525 \sinh 2\overline{\psi}}} = \frac{2 \cdot 2,9436}{\sqrt{0,2500}} \cdot 0,2765 = 3,256.$$

Beispiel 46. [Integraltyp von Gl. (545) für ζ als Argument.]

$$\int_{-0,3441}^{-0,3171} \frac{dt}{\sqrt{4(t-0,6556)(t+0,3112)(t+0,3444)}} \equiv \int_{\wp_{3o}}^{\wp_{3u}} \frac{dt}{\sqrt{4(t-e_1)(t-e_2)(t-e_3)}} = \int_{\wp_{3o}}^{\wp_{3u}} \frac{dt}{\sqrt{+(4t^3-g_2t-g_3)}}$$
$$= 2K[\arg \wp_3(-0,3441, k) - \arg \wp_3(-0,3171, k)].$$

Nach Tafel II, S. 24, gehört zu $e_1 = 0,6556$, $e_2 = -0,3112$, $e_3 = -0,3444$ der Parameterwert $1/\varkappa = 0,51$ der Modul $k = 0,1823$ und die Periodenzahl $K = 1,5841$. Hiermit ergibt sich in Verbindung mit Tafel III, S. 651,

$$\int_{-0,3441}^{-0,3171} \frac{dt}{\sqrt{4(t-0,6556)(t+0,3112)(t+0,3444)}} = 2 \cdot 1,5841(0,47 - 0,14) = 1,0455.$$

Beispiel 47. [Integraltyp von Gl. (1171)³ für ζ als Argument.]

$$\int_{-0,3427}^{0,3973} \frac{dt}{\sqrt{4(t-0,6345)(t-0,3973)(t+0,3655)}} \equiv \int_{t_u}^{t_2} \frac{dt}{\sqrt{+4(t-t_1)(t-t_2)(t-t_3)}} \quad (\text{für } t_1 > t_2 > t_u > t_3)$$
$$= \frac{2K}{\sqrt{t_1-t_3}} \arg \wp_3\left(\frac{3t_u - t_1 - t_2 - t_3}{3(t_1-t_3)}, \sqrt{\frac{t_2-t_3}{t_1-t_3}}\right) = \frac{2K}{\sqrt{t_1-t_3}} \arg \wp_3(-0,5648, k).$$

Der Identitätsvergleich liefert $t_1 = 0,6345$, $t_2 = 0,3973$, $t_u = -0,3427$, $t_3 = -0,3655$. Für den Modul folgt $k = \sqrt{\frac{0,3973 + 0,3655}{0,6345 + 0,3655}} = 0,8734$ und damit nach Tafel I, S. 17, $\varkappa = 0,77$, $K = 2,1803$. Mit diesen Zahlenwerten erhält man bei Beachtung von Tafel III, S. 357,

$$\int_{-0,3427}^{0,3973} \frac{dt}{\sqrt{4(t-0,6345)(t-0,3973)(t+0,3655)}} = \frac{2 \cdot 2,1803}{\sqrt{0,6345 + 0,3655}} \cdot 0,46 = 2,006.$$

Beispiel 48. [Integraltyp von Gl. (1171)⁶ für ζ als Argument.]

$$\int_{-10,8201}^{0,1917} \frac{dt}{\sqrt{-4(t-2,7349)(t^2-2t+1,1173)}} = \int_{-10,8201}^{0,1917} \frac{dt}{\sqrt{-4[t-(1+0,3425i)][t-2,7349][t-(1-0,3425i)]}}$$
$$\equiv \int_{t_u}^{t_o} \frac{dt}{\sqrt{-4(t-t_1)(t-t_2)(t-t_3)}} = \frac{2K}{\sqrt[4]{(t_1-t_2)(t_3-t_2)}} \left[\arg \wp_5\left(-\frac{3t_o - t_1 - t_2 - t_3}{3\sqrt{(t_1-t_2)(t_3-t_2)}}, \sqrt{\frac{1}{2} + \frac{2t_2 - t_3 - t_1}{4\sqrt{(t_1-t_2)(t_3-t_2)}}}\right) - \right.$$
$$\left. - \arg \wp_5\left(-\frac{3t_u - t_1 - t_2 - t_3}{3\sqrt{(t_1-t_2)(t_3-t_2)}}, \sqrt{\frac{1}{2} + \frac{2t_2 - t_3 - t_1}{4\sqrt{(t_1-t_2)(t_3-t_2)}}}\right)\right] \quad (t_1, t_3 \text{ komplex}, t \leq t_2).$$

Aus dem Identitätsvergleich und dem Vergleich der Integrationsgrenzen folgt $t_1 = 1 + 0,3425i$, $t_2 = 2,7349$, $t_3 = 1 - 0,3425i$, $t_o = 0,1917$, $t_u = -10,8201$. Hiermit errechnet sich $(t_1 - t_2) \cdot (t_3 - t_2) = 3,1272$, $3t_o - t_1 - t_2 - t_3 = -4,1598$, $3t_u - t_1 - t_2 - t_3 = -37,1952$, $2t_2 - t_3 - t_1 = 3,4698$, $\sqrt{(t_1-t_2)(t_3-t_2)} = 1,7684$, $\sqrt[4]{(t_1-t_2)(t_3-t_2)} = 1,3298$, $1/\sqrt[4]{(t_1-t_2)(t_3-t_2)} = 0,7520$;

$$-\frac{3t_o - t_1 - t_2 - t_3}{3\sqrt{(t_1-t_2)(t_3-t_2)}} = 0,7841, \quad -\frac{3t_u - t_1 - t_2 - t_3}{3\sqrt{(t_1-t_2)(t_3-t_2)}} = 7,0111, \quad k = \sqrt{\frac{1}{2} + \frac{2t_2 - t_3 - t_1}{4\sqrt{(t_1-t_2)(t_3-t_2)}}} = 0,9953.$$

Zu $k = 0,9953$ gehört nach Tafel I, S. 10, $\varkappa = 0,423$, $K = 3,7223$, $2K/\sqrt[4]{(t_1-t_2)(t_3-t_2)} = 5,5983$. Damit erhält man als Zwischenergebnis

$$\int_{-10,8201}^{0,1917} \frac{dt}{\sqrt{-4(t-2,7349)(t^2-2t+1,1173)}} = 5,5983[\arg \wp_5(0,7841; 0,9953) - \arg \wp_5(7,0111; 0,9953)].$$

Die für die Darstellung der Argumentfunktionen erforderliche Interpolation bezüglich ζ und $\varkappa$ gestaltet sich nach Tafel III, S. 217, 221, bei Beschränkung auf lineare Interpolation, wie folgt:

	$\varkappa = 0{,}42$	$\varkappa = 0{,}43$	$\varkappa = 0{,}423$
$\zeta = 0{,}15$	$\wp_5 = 0{,}8435$	$\wp_5 = 0{,}8763$	$\wp_5 = 0{,}8533$
$\zeta = 0{,}16$	$\wp_5 = 0{,}7521$	$\wp_5 = 0{,}7798$	$\wp_5 = 0{,}7604$
	$\zeta_o = 0{,}1574$	$\wp_5 = 0{,}7841$	

	$\varkappa = 0{,}42$	$\varkappa = 0{,}43$	$\varkappa = 0{,}423$
$\zeta = 0{,}05$	$\wp_5 = 7{,}1248$	$\wp_5 = 7{,}4608$	$\wp_5 = 7{,}2256$
$\zeta = 0{,}06$	$\wp_5 = 4{,}9534$	$\wp_5 = 5{,}1863$	$\wp_5 = 5{,}0233$
	$\zeta_u = 0{,}0510$	$\wp_5 = 7{,}0111$	

Damit lautet das Ergebnis

$$\int_{-10,8201}^{0,1917} \frac{dt}{\sqrt{-4(t-2{,}7349)\,(t^2-2t+1{,}1173)}} = 5{,}5983(0{,}1574 - 0{,}0510) = 0{,}596.$$

Beispiel 49. [Integraltyp von Gl. (545)[7] für ζ als Argument.]

$$\int_{-0,6528}^{0,2814} \frac{dt}{\sqrt{4{,}1630t^3 - 1{,}3322t + 0{,}2883}} = 0{,}9802 \int_{-0,6528}^{0,2814} \frac{dt}{\sqrt{4t^3 - 1{,}2800t + 0{,}2770}} \equiv 0{,}9802 \int_{\wp_{4u}}^{\wp_{4o}} \frac{dt}{\sqrt{4t^3 - g_2 t - g_3}}$$

$$= 0{,}9802 \cdot 2K[\arg\wp_4(0{,}2814,\, k) - \arg\wp_4(-0{,}6528,\, k)].$$

Der Identitätsvergleich liefert $g_2 = 1{,}2800$, $g_3 = -0{,}2770$. Zu diesen Werten gehören nach Tafel II, S. 27, 23 und 31, $\varkappa = 0{,}53$, $k = 0{,}9789$, $K = 2{,}9954$. Entnimmt man die $\wp_4 = 0{,}2814$ und $\wp_4 = -0{,}6528$ entsprechenden Argumente der zu $\varkappa = 0{,}53$ gehörigen Seite 261, von Tafel III, so folgt

$$\int_{-0,6528}^{0,2814} \frac{dt}{\sqrt{4{,}1630t^3 - 1{,}33t22 + 0{,}2883}} = 0{,}9802 \cdot 2 \cdot 2{,}9954(0{,}38 - 0{,}00) = 2{,}231.$$

Beispiel 50. [Integraltyp von Gl. (545)[9] für ζ als Argument.]

$$\int_{0,6269}^{60,2314} \frac{dt}{\sqrt{1{,}3095t^3 + 0{,}1690t - 0{,}2959}} = 1{,}7477 \int_{0,6269}^{60,2314} \frac{dt}{\sqrt{4t^3 + 0{,}5162t - 0{,}9039}} \equiv 1{,}7477 \int_{\wp_{6u}}^{\wp_{6o}} \frac{dt}{\sqrt{4t^3 - \bar{g}_2 t - \bar{g}_3}}$$

$$= 1{,}7477 \cdot 2K[\arg\wp_6(60{,}2314,\, k) - \arg\wp_6(0{,}6269,\, k)].$$

Aus dem Identitätsvergleich ergibt sich $\bar{g}_2 = -0{,}5162$, $\bar{g}_3 = 0{,}9039$ und damit nach Tafel II, S. 28, 24 und 32, $1/\varkappa = 0{,}62$, $k = 0{,}3097$, $K = 1{,}6106$. Zu $1/\varkappa = 0{,}62$ gehören die Seiten 607, von Tafel III. Entnimmt man diesen die zu $\wp_6 = 60{,}2314$ und $\wp_6 = 0{,}6269$ gehörigen Argumente, so erhält man

$$\int_{0,6269}^{60,2314} \frac{dt}{\sqrt{1{,}3095t^3 + 0{,}1690t - 0{,}2959}} = 1{,}7477 \cdot 2 \cdot 1{,}6106(0{,}46 - 0{,}09) = 2{,}083.$$

Beispiel 51. [Integraltyp von Gl. (545)[6] für ζ als Argument.]

$$\int_{-2,2892}^{-0,5502} \frac{dt}{\sqrt{-(6{,}9536t^3 - 1{,}7387t + 0{,}0127)}} = 0{,}7584 \int_{-2,2892}^{-0,5502} \frac{dt}{\sqrt{-(4t^3 - 1{,}0002t + 0{,}0073)}} \equiv 0{,}7584 \int_{-\wp_{2u}}^{-\wp_{2o}} \frac{dt}{\sqrt{-(4t^3 - g_2 t - g_3)}}$$

$$= 0{,}7584 \cdot 2K'[\arg\wp_2(2{,}2892,\, k') - \arg\wp_2(0{,}5502,\, k')].$$

Den aus dem Identitätsvergleich folgenden Invarianten $g_2 = 1{,}0002$ und $g_3 = -0{,}0073$ entsprechen nach Tafel II, S. 27, 23 und 31, $\varkappa = 0{,}99$, $k = 0{,}7148$, $k' = 0{,}6993$, $K' = 1{,}8449$. Entnimmt man der zu $\varkappa = 1/0{,}99$ gehörigen Seite 458, von Tafel III die Argumente zu $\wp_2 = 2{,}2892$ und $\wp_2 = 0{,}5502$, so ergibt sich

$$\int_{-2,2892}^{-0,5502} \frac{dt}{\sqrt{-(6{,}9536t^3 - 1{,}7387t + 0{,}0127)}} = 0{,}7584 \cdot 2 \cdot 1{,}8449(0{,}32 - 0{,}08) = 0{,}672.$$

Beispiel 52. [Integraltyp von Gl. (545)[12] für ζ als Argument.]

$$\int\limits_{-9,6885}^{-4,2653} \frac{dt}{\sqrt{-t^3 - 0,8422t + 0,2052}} = 2 \int\limits_{-9,6885}^{-4,2653} \frac{dt}{\sqrt{-(4t^3 + 3,3688t - 0,8209)}} = 2 \int\limits_{\wp_{6u}}^{\wp_{6o}} \frac{dt}{\sqrt{-(4t^3 - \bar{g}_2 t - \bar{g}_3)}}$$

$$= 4K'[\arg \wp_6(9,6885 . k') - \arg \wp_6(4,2653, k')].$$

Der Identitätsvergleich liefert $\bar{g}_2 = -3,3688$, $\bar{g}_3 = 0,8209$. Hierzu gehören nach Tafel II, S. 28, 24 und 32, $1/\varkappa = 0,85$, $k = 0,5727$, $k' = 0,8198$, $K' = 2,0360$. Die auf $k = 0,8198$ bzw. $\varkappa = 0,85$ und $\wp_6 = 9,6885$ bzw. $\wp_6 = 4,2653$ bezogenen Argumente ergeben sich durch Interpolation aus Tafel III, S. 389. Damit errechnet sich das Integral zu

$$\int\limits_{-9,6885}^{-4,2653} \frac{dt}{\sqrt{-t^3 - 0,8422t + 0,2052}} = 4 \cdot 2,0360(0,421 - 0,381) = 0,3216.$$

Beispiel 53. [Integraltyp, rückführbar auf Gl. (1171)[1], mit ζ als Argument.]

$$\int\limits_{2,0660}^{122,8415} \frac{dw}{\sqrt{4w^3 - 1,1457w^2 - 4,9198w - 1,6634}}$$

$$= \int\limits_{2,0660}^{122,8415} \frac{d\left(t + \frac{1,1457}{12}\right)}{\sqrt{4\left(t + \frac{1,1457}{12}\right)^3 - 1,1457\left(t + \frac{1,1457}{12}\right)^2 - 4,9198\left(t + \frac{1,1457}{12}\right) - 1,6634}}$$

$$= \int\limits_{1,9705}^{122,7460} \frac{dt}{\sqrt{4t^3 - 5,0291t - 2,1404}} = \int\limits_{1,9705}^{122,7460} \frac{dt}{\sqrt{4(t - 1,2927)(t + 0,5837)(t + 0,7090)}} = \int\limits_{t_u}^{t_o} \frac{dt}{\sqrt{4(t - t_1)(t - t_2)(t - t_3)}}$$

$$= \frac{2K}{\sqrt{t_1 - t_3}} \left[\arg \wp_1\left(\frac{3t_u - t_1 - t_2 - t_3}{3(t_1 - t_3)}, \sqrt{\frac{t_2 - t_3}{t_1 - t_3}}\right) - \arg \wp_1\left(\frac{3t_o - t_1 - t_2 - t_3}{3(t_1 - t_3)}, \sqrt{\frac{t_2 - t_3}{t_1 - t_3}}\right)\right] \quad \text{für} \quad t_{\substack{o\\u}} > t_1 > t_2 > t_3.$$

Aus dem Identitätsvergleich folgt $t_1 = 1,2927$, $t_2 = -0,5837$, $t_3 = -0,7090$, $t_o = 122,7460$, $t_u = 1,9705$, $t_1 + t_2 + t_3 = 0$, $t_1 - t_3 = 2,0017$, $\sqrt{t_1 - t_3} = 1,4148$, $t_u/(t_1 - t_3) = 1,9705/2,0017 = 0,9844$, $t_o/(t_1 - t_3) = 122,7460/2,0017 = 61,3209$, $k = \sqrt{t_2 - t_3}/\sqrt{t_1 - t_3} = \sqrt{0,1253/2,0017} = 0,2502$ und damit nach Tafel I, S. 13, $1/\varkappa = 0,57$, $K = 1,5963$. In Verbindung mit Tafel III, S. 626, erhält man schließlich für die Argumente

$$\arg \wp_1\left(\frac{t_u}{t_1 - t_3}, k\right) = \arg \wp_1(0,9844; 0,2502) = 0,33, \quad \arg \wp_1\left(\frac{t_o}{t_1 - t_3}, k\right) = \arg \wp_1(61,3209; 0,2502) = 0,04$$

und damit für das Integral

$$\int\limits_{2,0660}^{122,8415} \frac{dw}{\sqrt{4w^3 - 1,1457w^2 - 4,9198w - 1,6634}} = \frac{2 \cdot 1,5963}{1,4148}(0,33 - 0,04) = 0,654.$$

Beispiel 54. [Integraltyp von Gl. (1172)[4] für ζ als Argument.]

$$\int\limits_{0,4325}^{2,1324} \frac{t\,dt}{\sqrt{-4(t - 3,4537)(t - 3,2957)(t - 2,1324)}} = \int\limits_{t_u}^{t_3} \frac{t\,dt}{\sqrt{-4(t - t_1)(t - t_2)(t - t_3)}} \quad \text{für} \quad t_1 > t_2 > t_3 > t$$

$$= \sqrt{t_1 - t_3}\left[\eta_1 K - \mathfrak{z}_1\left(\arg \wp_2\left(-\frac{3t_u - t_1 - t_2 - t_3}{3(t_1 - t_3)}, \sqrt{\frac{t_1 - t_2}{t_1 - t_3}}\right)\right)\right] +$$

$$+ \frac{t_1 + t_2 + t_3}{3\sqrt{t_1 - t_3}} 2K \arg \wp_2\left(-\frac{3t_u - t_1 - t_2 - t_3}{3(t_1 - t_3)}, \sqrt{\frac{t_1 - t_2}{t_1 - t_3}}\right).$$

Der Identitätsvergleich ergibt $t_1 = 3{,}4537$, $t_2 = 3{,}2957$, $t_3 = 2{,}1324$, $t_u = 0{,}4325$ und damit $\sqrt{t_1 - t_3} = \sqrt{1{,}3213} = 1{,}1495$, $t_1 + t_2 + t_3 = 8{,}8818$, $-(3t_u - t_1 - t_2 - t_3)/3(t_1 - t_3) = 7{,}5843/3 \cdot 1{,}3213 = 1{,}9133$, $(t_1 + t_2 + t_3)/3\sqrt{t_1 - t_3} = 8{,}8818/3 \cdot 1{,}1495 = 2{,}5756$. Ferner folgt $k = \sqrt{t_1 - t_2}/\sqrt{t_1 - t_3} = 0{,}3458$ und damit nach Tafel I, S. 15, $1/\varkappa = 0{,}65$, $K = 1{,}6212$ und nach Tafel II, S. 28, $\eta_1 = 0{,}3124$. Diese Zahlenweret liefern als Zwischenergebnis

$$\int_{0,4325}^{2,1324} \frac{t\,dt}{\sqrt{-4(t-3{,}4537)\,(t-3{,}2957)\,(t-2{,}1324)}} = 1{,}1495[0{,}3124 \cdot 1{,}6212 - \mathfrak{z}_1(\arg\wp_2(1{,}9133;\,0{,}3458)) + {}$$
$$+ 2{,}5756 \cdot 2 \cdot 1{,}6212 \arg\wp_2(1{,}9133;\,0{,}3458)].$$

Nun ist in Verbindung mit Tafel III, S. 594, $\arg\wp_2(1{,}9133;\,0{,}3458) = 0{,}2748$, $\mathfrak{z}_1(\zeta,\varkappa = \mathfrak{z}_1\left(0{,}2748, \frac{1}{0{,}65}\right) = 0{,}52\,\mathfrak{z}_1\left(0{,}27, \frac{1}{0{,}65}\right) + 0{,}48\,\mathfrak{z}_1\left(0{,}28, \frac{1}{0{,}65}\right) = 0{,}52 \cdot 1{,}1280 + 0{,}48 \cdot 1{,}0855 = 1{,}1076$. Damit folgt

$$\int_{0,4325}^{2,1324} \frac{t\,dt}{\sqrt{-4(t-3{,}4537)\,(t-3{,}2957)\,(t-2{,}1324)}} = 1{,}1495(0{,}5065 - 1{,}1076) + 8{,}3511 \cdot 0{,}2748 = 1{,}604.$$

Beispiel 55. [Integraltyp von Gl. (1172)[6] für ζ als Argument.]

$$\int_{-10,8201}^{0,1917} \frac{t\,dt}{\sqrt{-4(t-2{,}7349)\,(t^2-2t+1{,}1173)}} = \int_{-10,8201}^{0,1917} \frac{t\,dt}{\sqrt{-4[t-(1+0{,}3425i)]\,[t-2{,}7349]\,[t-(1-0{,}3425i)]}} =$$

$$= \int_{t_o}^{t_u} \frac{t\,dt}{\sqrt{-4(t-t_1)\,(t-t_2)\,(t-t_3)}} = \sqrt[4]{(t_1-t_2)\,(t_3-t_2)}\left[\mathfrak{z}_5\left(\arg\wp_6\left(-\frac{3t_o-t_1-t_2-t_3}{3\sqrt{(t_1-t_2)\,(t_3-t_2)}},\ \sqrt{\frac{1}{2}+\frac{2t_2-t_3-t_1}{4\sqrt{(t_1-t_2)\,(t_3-t_2)}}}\right)\right)-\right.$$
$$-\mathfrak{z}_5\left(\arg\wp_6\left(-\frac{3t_u-t_1-t_2-t_3}{3\sqrt{(t_1-t_2)(t_3-t_2)}},\ \sqrt{\frac{1}{2}+\frac{2t_2-t_3-t_1}{4\sqrt{(t_1-t_2)(t_3-t_2)}}}\right)\right)\Bigg]-\frac{(t_1+t_2+t_3)\,2K}{3\sqrt{(t_1-t_2)(t_3-t_2)}}\left[\arg\wp_6\left(-\frac{3t_o-t_1-t_2-t_3}{3\sqrt{(t_1-t_2)(t_3-t_2)}},\right.\right.$$
$$\left.\left.\sqrt{\frac{1}{2}+\frac{2t_2-t_3-t_1}{4\sqrt{(t_1-t_2)\,(t_3-t_2)}}}\right)-\arg\wp_6\left(-\frac{3t_u-t_1-t_2-t_3}{3\sqrt{(t_1-t_2)\,(t_3-t_2)}},\ \sqrt{\frac{1}{2}+\frac{2t_2-t_3-t_1}{4\sqrt{(t_1-t_2)\,(t_3-t_2)}}}\right)\right].$$

Das vorliegende Integral stellt das dem Integral von Beispiel 48 entsprechende Integral zweiter Gattung dar. Es können daher alle Parameterfunktionen einschließlich der der oberen und unteren Integralgrenze entsprechenden Argumentwerte $\zeta_o = 0{,}1574$ und $\zeta_u = 0{,}0510$ übernommen werden, wenn gemäß dem Vertauschen von $\wp_5$ mit $\wp_6$ noch die Ergänzungen zu $\frac{1}{2}$ gebildet, d. h. die Werte $\zeta_o = \frac{1}{2} - 0{,}1574 = 0{,}3426$ und $\zeta_u = \frac{1}{2} - 0{,}0510 = 0{,}4490$ eingeführt werden. Mit diesen Zahlenwerten folgt als Zwischenergebnis bei Bezugnahme auf das $(\zeta, \varkappa)$-System

$$\int_{-10,8201}^{0,1917} \frac{t\,dt}{\sqrt{-4(t-2{,}7349)\,(t^2-2t+1{,}1173)}} = 1{,}3298[\mathfrak{z}_5(0{,}3426;\,0{,}423) - \mathfrak{z}_5(0{,}4490;\,0{,}423)] - 6{,}6443(0{,}3426 - 0{,}4490).$$

Für die $\mathfrak{z}_5$-Funktionen erhält man mit Tafel III, S. 216, 220, bei Beschränkung auf lineare Interpolation:

	$\varkappa = 0{,}42$	$\varkappa = 0{,}43$	$\varkappa = 0{,}423$
$\zeta = 0{,}34$	$\mathfrak{z}_5 = 0{,}3197$	$\mathfrak{z}_5 = 0{,}3477$	
$\zeta = 0{,}35$	$\mathfrak{z}_5 = 0{,}3171$	$\mathfrak{z}_5 = 0{,}3459$	
$\zeta = 0{,}3426$	$\mathfrak{z}_5 = 0{,}3191$	$\mathfrak{z}_5 = 0{,}3473$	$\mathfrak{z}_5 = 0{,}3276$

	$\varkappa = 0{,}42$	$\varkappa = 0{,}43$	$\varkappa = 0{,}423$
$\zeta = 0{,}44$	$\mathfrak{z}_5 = 0{,}4684$	$\mathfrak{z}_5 = 0{,}5003$	
$\zeta = 0{,}45$	$\mathfrak{z}_5 = 0{,}5061$	$\mathfrak{z}_5 = 0{,}5373$	
$\zeta = 0{,}4490$	$\mathfrak{z}_5 = 0{,}5023$	$\mathfrak{z}_5 = 0{,}5336$	$\mathfrak{z}_5 = 0{,}5116$

Damit ergibt sich für das Integral

$$\int_{-10,8201}^{0,1917} \frac{t\,dt}{\sqrt{-4(t-2{,}7349)\,(t^2-2t+1{,}173)}} = 1{,}3298(0{,}3276 - 0{,}5116) - 6{,}6443(0{,}3426 - 0{,}4490) = 0{,}4623.$$

Beispiel 56. [Integraltyp von Gl. (753)[1] für ζ als Argument.]

$$\int\limits_{0,9970}^{2,9304} \frac{t\,dt}{\sqrt{10,9728t^3 - 2,8665t - 0,3308}} = \frac{2}{\sqrt{10,9728}} \int\limits_{0,9970}^{2,9304} \frac{t\,dt}{\sqrt{4t^3 - 1,0450t - 0,1206}} = 0,6037 \int\limits_{\wp_{1u}}^{\wp_{1o}} \frac{t\,dt}{\sqrt{4t^3 - g_2 t - g_3}}$$

$$= 0,6037 \left\{2\eta_1 K[\arg\wp_1(2,9304, k) - \arg\wp_1(0,9970, k)] + \frac{1}{2K}\left[\frac{\partial}{\partial\zeta}\ln\vartheta_1(\arg\wp_1(2,9304, k)) - \right.\right.$$

$$\left.\left. - \frac{\partial}{\partial\zeta}\ln\vartheta_1(\arg\wp_1(0,9970, k))\right]\right\}.$$

Aus dem Identitätsvergleich folgt $g_2 = 1,0450$, $g_3 = 0,1206$ und damit nach Tafel II, S. 28, 24 und 32, $1/\varkappa = 0,84$, $k = 0,5625$, $K = 1,7236$, $\eta_1 = 0,2731$. Ferner liefert Tafel III, S. 518, 516, $\zeta_o = \arg\wp_1(2,9304; 0,5625) = 0,17$, $\zeta_u = \arg\wp_1(0,9970; 0,5625) = 0,30$, $\frac{\partial}{\partial\zeta}\ln\vartheta_1(\zeta_o, \varkappa) = 5,3184$, $\frac{\partial}{\partial\zeta}\ln\vartheta_1(\zeta_u, \varkappa) = 2,2892$. Somit errechnet sich

$$\int\limits_{0,9970}^{2,9304} \frac{t\,dt}{\sqrt{10,9728t^3 - 2,8665t - 0,3308}} = 0,6037\left[2\cdot 0,2731\cdot 1,7236(0,17 - 0,30) + \frac{5,3184 - 2,2892}{2\cdot 1,7236}\right] = 0,4560.$$

Beispiel 57. [Integraltyp von Gl. (753)[8] für ζ als Argument.]

$$\int\limits_{-0,7873}^{-3,6454} \frac{t\,dt}{\sqrt{-(4t^3 + 1,3246t + 1,0465)}} = \int\limits_{-\wp_{6u}}^{-\wp_{6o}} \frac{t\,dt}{\sqrt{-(4t^3 - \bar g_2 t - \bar g_3)}} = -2\bar\eta_1' K'[\arg\wp_6(3,6454, k') - \arg\wp_6(0,7873, k')] -$$

$$- \frac{1}{2K'}\left[\frac{\partial}{\partial\zeta}\ln\vartheta_6(\arg\wp_6(3,6454, k')) - \frac{\partial}{\partial\zeta}\ln\vartheta_6(\arg\wp_6(0,7873, k'))\right].$$

Der Identitätsvergleich liefert $\bar g_2 = -1,3246$, $\bar g_3 = -1,0465$ und in Verbindung mit Tafel II, S. 27, 23 und 31, $\varkappa = 0,68$, $k = 0,9242$, $k' = 0,3819$, $K' = 1,6333$, $\bar\eta_1' = 0,3791$ und mit Tafel III, S. 583, $\zeta_o = \arg\wp_6(3,6454; 0,3819) = 0,34$, $\zeta_u = \arg\wp_6(0,7873; 0,3819) = 0,16$. Für die logarithmischen Ableitungen der ϑ_6-Funktion, die der Tafel nicht unmittelbar entnommen werden können, gilt nach Gl. (243) des zweiten Bandes

$$\frac{\partial}{\partial\zeta}\ln\vartheta_6(\zeta, \varkappa) = \frac{\partial}{\partial\zeta}\ln\vartheta_2(\zeta, \varkappa) + \frac{\partial}{\partial\zeta}\ln\vartheta_4(\zeta, \varkappa) \quad \text{bzw.} \quad \frac{\partial}{\partial\zeta}\ln\vartheta_6\left(\zeta, \frac{1}{\varkappa}\right) = \frac{\partial}{\partial\zeta}\ln\vartheta_2\left(\zeta, \frac{1}{\varkappa}\right) + \frac{\partial}{\partial\zeta}\ln\vartheta_4\left(\zeta, \frac{1}{\varkappa}\right).$$

Dementsprechend erhält man mit Tafel III, S. 580,

$$\frac{\partial}{\partial\zeta}\ln\vartheta_6\left(\zeta_o, \frac{1}{\varkappa}\right) = \frac{\partial}{\partial\zeta}\ln\vartheta_6\left(0,34; \frac{1}{0,68}\right) = -5,7156 + 0,1034 = -5,6122,$$

$$\frac{\partial}{\partial\zeta}\ln\vartheta_6\left(\zeta_u, \frac{1}{\varkappa}\right) = \frac{\partial}{\partial\zeta}\ln\vartheta_6\left(0,16; \frac{1}{0,68}\right) = -1.7281 + 0,1057 = -1,6224.$$

Mit den gefundenen Zahlenwerten erhält man

$$\int\limits_{-0,7873}^{-3,6454} \frac{t\,dt}{\sqrt{-(4t^3 + 1,3246t + 1,0465)}} = -2\cdot 0,3791\cdot 1,6333(0,34 - 0,16) - \frac{-5,6122 + 1,6224}{2\cdot 1,6333} = 0,9985.$$

Beispiel 58. [Integraltyp von Gl. (755)[2] für ζ als Argument.]

$$\int\limits_{0,5876}^{2,4804} \frac{dt}{(t + 0,3157)\sqrt{4t^3 - 1,0922t - 0,1699}} = \int\limits_{0,5876}^{2,4804} \frac{dt}{(t + 0,3157)\sqrt{4(t - 0,5876)(t + 0,1753)(t + 0,4124)}} =$$

$$= \int\limits_{e_1}^{\wp_2} \frac{dt}{(t - t_0)\sqrt{4t^3 - g_2 t - g_3}} = \frac{1}{\wp_4'(z_0, k)}\left[\ln\frac{\vartheta_3(z - z_0, k)}{\vartheta_3(z + z_0, k)} + 2z\frac{\partial\ln\vartheta_4(z_0, k)}{\partial z_0}\right]$$

für $t_0 = \wp_4(z_0, k) = \dfrac{1}{\wp_4'(\arg\wp_4(-0,3157, k), k)}\left[\ln\dfrac{\vartheta_3(\arg\wp_2(2,4804, k) - \arg\wp_4(-0,3157, k), \varkappa)}{\vartheta_3(\arg\wp_2(2,4804, k) + \arg\wp_4(-0,3157, k), \varkappa)} + \right.$

$$\left. + 2\arg\wp_2(2,4804, k)\frac{\partial}{\partial\zeta_0}\ln\vartheta_4(\arg\wp_4(-0,3157, k), \varkappa)\right].$$

Aus dem Identitätsvergleich ergibt sich $g_2 = 1{,}0922$, $g_3 = 0{,}1699$ und damit nach Tafel II, S. 28, 24 und 32, $1/\varkappa = 0{,}77$, $k = 0{,}4869$, $K = 1{,}6788$, $\eta_1 = 0{,}2898$. Hierfür liefert Tafel III, S. 546, 547, $\zeta = \arg\wp_2(2{,}4804;\ 0{,}4869) = 0{,}31$, $\zeta_0 = \arg\wp_4(-0{,}3157;\ 0{,}4869) = 0{,}21$, $\zeta - \zeta_0 = 0{,}10$, $\zeta + \zeta_0 = 0{,}52$,

$$\ln\frac{\vartheta_3(\zeta-\zeta_0,\varkappa)}{\vartheta_3(\zeta+\zeta_0,\varkappa)} = \ln\frac{\vartheta_3\left(0{,}10;\ \frac{1}{0{,}77}\right)}{\vartheta_3\left(0{,}52;\ \frac{1}{0{,}77}\right)} = \ln\frac{\vartheta_3\left(0{,}10;\ \frac{1}{0{,}77}\right)}{\vartheta_3\left(0{,}48;\ \frac{1}{0{,}77}\right)} = \ln\frac{1{,}0274}{0{,}9665} = \ln 1{,}0630 = 0{,}0611,$$

$$\wp_4'(\zeta_0,\varkappa) = \wp_4'\left(0{,}21;\ \frac{1}{0{,}77}\right) = 0{,}2215, \qquad \frac{\partial}{\partial\zeta_0}\ln\vartheta_4(\zeta_0,\varkappa) = \frac{\partial}{\partial\zeta_0}\ln\vartheta_4\left(0{,}21;\ \frac{1}{0{,}77}\right) = 0{,}2075.$$

Mit diesen Zahlenwerten erhält man

$$\int\limits_{0{,}5876}^{2{,}4804}\frac{dt}{(t+0{,}3157)\sqrt{4t^3-1{,}0922t-0{,}1699}} = \frac{0{,}0611+2\cdot 0{,}31\cdot 0{,}2075}{0{,}2215} = 0{,}8569.$$

Beispiel 59. [Integraltyp von Gl. (753)³ für ζ als Argument.]

$$\int\limits_{0{,}5876}^{2{,}4804}\frac{t\,dt}{\sqrt{4t^3-1{,}0922t-0{,}1699}} = \int\limits_{0{,}5876}^{2{,}4804}\frac{t\,dt}{\sqrt{4(t-0{,}5876)(t+0{,}1753)(t+0{,}4124)}} \equiv \int\limits_{e_1}^{\wp_2}\frac{t\,dt}{\sqrt{4t^3-g_2t-g_3}}$$

$$= -2\eta_1 K\arg\wp_2(2{,}4804,k) - \frac{1}{2K}\frac{\partial}{\partial\zeta}\ln\vartheta_2(\arg\wp_2(2{,}4804,k),\varkappa).$$

Dieses Integral ist das dem Integral dritter Gattung von Beispiel 58 entsprechende Integral zweiter Gattung. Man findet daher unter Beispiel 58 fast alle schon benötigten Zahlenwerte. Es fehlt lediglich noch $\frac{\partial}{\partial\zeta}\ln\vartheta_2(\arg\wp_2(2{,}4804,k),\varkappa) = \frac{\partial}{\partial\zeta}\ln\vartheta_2\left(0{,}31;\ \frac{1}{0{,}77}\right) = -4{,}6261$. Der Rechnungsgang für das Integral lautet

$$\int\limits_{0{,}5876}^{2{,}4804}\frac{t\,dt}{\sqrt{4t^3-1{,}0922t-0{,}1699}} = -2\cdot 0{,}2898\cdot 1{,}6788\cdot 0{,}31 + \frac{4{,}6261}{2\cdot 1{,}6788} = 1{,}076.$$

Beispiel 60. [Integraltyp von Gl. (545)² für ζ als Argument.]

$$\int\limits_{0{,}5876}^{2{,}4804}\frac{dt}{\sqrt{4t^3-1{,}0922t-0{,}1699}}$$

$$= \int\limits_{0{,}5876}^{2{,}4804}\frac{dt}{\sqrt{4(t-0{,}5876)(t+0{,}1753)(t+0{,}4124)}} \equiv \int\limits_{e_1}^{\wp_2}\frac{dt}{\sqrt{4t^3-g_2t-g_3}} = 2K\arg\wp_2(2{,}4804,k).$$

Dieses Integral ist das den Integralen dritter und zweiter Gattung von Beispiel 58 und 59 entsprechende Integral erster Gattung. Unter Bezugnahme auf die Zahlenwerte von Beispiel 58 folgt

$$\int\limits_{0{,}5876}^{2{,}4804}\frac{dt}{\sqrt{4t^3-1{,}0922t-0{,}1699}} = 2\cdot 1{,}6788\cdot 0{,}31 = 1{,}0409.$$

Beispiel 61. [Integraltyp von Gl. (764)¹ für $n = 2$, $t_0 = -0{,}3157$, zweite Vorzeichengruppe.]

$$\int\limits_{0{,}5876}^{2{,}4804}\frac{dt}{(t+0{,}3157)^2\sqrt{4t^3-1{,}0922t-0{,}1699}}$$

$$= \frac{1}{4(0{,}3157)^3-1{,}0922\cdot 0{,}3157+0{,}1699}\left[\frac{\sqrt{4\cdot 2{,}4804^3-1{,}0922\cdot 2{,}4804-0{,}1699}}{2{,}4804+0{,}3157}\ +\right.$$

$$\left.+\left(6\cdot 0{,}3157^2-\frac{1{,}0922}{2}\right)\int\limits_{0{,}5876}^{2{,}4804}\frac{dt}{(t+0{,}3157)\sqrt{4t^3-1{,}0922t-0{,}1699}} - 2\int\limits_{0{,}5876}^{2{,}4804}\frac{(t+t_0)\,dt}{\sqrt{4t^3-1{,}0922t-0{,}1699}}\right]$$

Zum Verständnis dieser Formel sei bemerkt, daß das integralfreie Glied in der eckigen Klammer nur den Beitrag der oberen Grenze aufweist, da die untere Grenze nach Beispiel 58 mit e_1 zusammenfällt, was das Verschwinden der Wurzel nach sich zieht. Nach Auswerten der Zahlenwerte ergibt sich

$$\int\limits_{0,5876}^{2,4804} \frac{dt}{(t+0{,}3157)^2\sqrt{4t^3-1{,}0922t-0{,}1699}} = -20{,}408\left[2{,}7275+0{,}0519\int\limits_{0,5876}^{2,4804}\frac{dt}{(t+0{,}3157)\sqrt{4t^3-1{,}0922t-0{,}1699}} - \right.$$

$$\left. -2\int\limits_{0,5876}^{2,4804}\frac{t\,dt}{\sqrt{4t^3-1{,}0922t-0{,}1699}} - 0{,}6314\int\limits_{0,5876}^{2,4804}\frac{dt}{\sqrt{4t^3-1{,}0922t-0{,}1699}}\right].$$

Die drei in der eckigen Klammer verbliebenen Integrale wurden bereits in den Beispielen 58, 59 und 60 ausgewertet. Man erhält daher

$$\int\limits_{0,5876}^{2,4804} \frac{dt}{(t+0{,}3157)^2\sqrt{4t^3-1{,}0922t-0{,}1699}} = -20{,}408(2{,}7275+0{,}0519\cdot 0{,}8569-2\cdot 1{,}0761-0{,}6314\cdot 1{,}0409)=0{,}7633.$$

Beispiel 62. [Integraltyp von Gl. (760)′³.]

$$\int\limits_{-0,47371}^{-0,05258} \frac{dt}{(t-0{,}52629)\sqrt{76{,}2791t^3-19{,}2280t-1}} = \int\limits_{-0,47371}^{-0,05258} \frac{dt}{(t-0{,}52629)\sqrt{19{,}0698(4t^3-1{,}0083t-0{,}05244)}}$$

$$= \int\limits_{-0,47371}^{-0,05258} \frac{dt}{(t-0{,}52629)\sqrt{76{,}2791(t-0{,}52629)(t+0{,}05258)(t+0{,}47371)}} \equiv 0{,}2290\int\limits_{e_3}^{e_2}\frac{dt}{(t-e_1)\sqrt{4t^3-g_2t-g_3}} \equiv$$

$$\equiv 0{,}2290\int\limits_{e_3}^{e_2}\frac{dt}{(t-e_1)\sqrt{4(t-e_1)(t-e_2)(t-e_3)}} = 0{,}2290\,\frac{(\eta_1+e_1)K}{k'^2}.$$

Der Identitätsvergleich liefert $e_1 = 0{,}52629$, $e_2 = -0{,}05258$, $e_3 = -0{,}47371$, $g_2 = 1{,}0083$, $g_3 = 0{,}05244$. Zu diesen Wurzelwerten bzw. Invarianten gehören nach Tafel II, S. 28, 24 und 32, $1/\varkappa = 0{,}93$, $k = 0{,}6489$, $k'^2 = 0{,}5789$, $K = 1{,}7925$, $\eta_1 = 0{,}2488$. Damit ergibt sich

$$\int\limits_{-0,47371}^{-0,05258} \frac{dt}{(t-0{,}52629)\sqrt{76{,}2791t^3-19{,}2280t-1}} = 0{,}2290\,\frac{(0{,}2488+0{,}5263)\cdot 1{,}7925}{0{,}5789} = 0{,}5496.$$

Beispiel 63. [Integraltyp von Gl. (760)⁹ für ζ als Argument.]

$$\int\limits_{0,2865}^{\infty} \frac{dt}{(t+0{,}6364)\sqrt{5{,}7965t^3-1{,}2453t+0{,}7012}} = 0{,}8307\int\limits_{0,2865}^{\infty}\frac{dt}{(t+0{,}6364)\sqrt{4t^3-0{,}8594t+0{,}4839}}$$

$$= 0{,}8307\int\limits_{0,2865}^{\infty}\frac{dt}{(t+0{,}6364)\sqrt{4(t+0{,}6364)(t^2-0{,}6364t+0{,}19015)}} \equiv 0{,}8307\int\limits_{\wp_5}^{\infty}\frac{dt}{(t+2e_2)\sqrt{4t^3-\bar g_2 t-\bar g_3}}$$

$$= 0{,}8307\left[-(\bar\eta_1-2e_2)\,2K\arg\wp_5(0{,}2865,k) - \frac{1}{2K}\frac{\partial}{\partial\zeta}\ln\vartheta_6(\arg\wp_5(0{,}2865,k),\varkappa)\right],$$

$$\text{mit}\quad \frac{\partial}{\partial\zeta}\ln\vartheta_6(\arg\wp_5(0{,}2865,k),\varkappa) = \frac{\partial}{\partial\zeta}\ln\vartheta_2(\arg\wp_5(0{,}2865,k),\varkappa) + \frac{\partial}{\partial\zeta}\ln\vartheta_4(\arg\wp_5(0{,}2865,k),\varkappa).$$

Aus dem Identitätsvergleich folgt $e_2 = 0{,}3182$, $\bar g_2 = 0{,}8594$, $\bar g_3 = -0{,}4839$ und damit nach Tafel II, S. 26, 22 und 30, $\varkappa = 0{,}48$, $k = 0{,}9886$, $K = 3{,}2913$, $\bar\eta_1 = 0{,}2633$ und nach Tafel III,

S. 241, 238, $\zeta = \arg\wp_5(0{,}2865;\ 0{,}9886) = 0{,}27$, $\frac{\partial}{\partial\zeta}\ln\vartheta_2(\zeta,\varkappa) = \frac{\partial}{\partial\zeta}\ln\vartheta_2(0{,}27;0{,}48) = -4{,}2119$, $\frac{\partial}{\partial\zeta}\ln\vartheta_4(\zeta,\varkappa) = \frac{\partial}{\partial\zeta}\ln\vartheta_4(0{,}27;\ 0{,}48) = 2{,}6405$. Bei Einsetzen dieser Zahlenwerte erhält man

$$\int\limits_{0{,}2865}^{\infty} \frac{dt}{(t+0{,}6364)\sqrt{5{,}7965t^3 - 1{,}2453t + 0{,}7012}}$$

$$= 0{,}8307\left[-(0{,}2633 - 0{,}6364)\cdot 2\cdot 3{,}2913\cdot 0{,}27 - \frac{-4{,}2119 + 2{,}6405}{2\cdot 3{,}2913}\right] = 0{,}7490.$$

Beispiel 64. [Integraltyp von Gl. (765)[4], mit ζ als Argument, für $n = 2$, $t_0 = +2e_2 = 0{,}2293$ und oberes Vorzeichen.]

$$\int\limits_{-1{,}0257}^{-2{,}2455} \frac{dt}{(t+0{,}2293)^2\sqrt{-(4{,}8727t^3 + 4{,}1038t + 1)}} = 0{,}90604 \int\limits_{-1{,}0257}^{-2{,}2455} \frac{dt}{(t+0{,}2293)^2\sqrt{-(4t^3 + 3{,}3688t + 0{,}8209)}}$$

$$= 0{,}90604 \int\limits_{-1{,}0257}^{-2{,}2455} \frac{dt}{(t+0{,}2293)^2\sqrt{-(t+0{,}2293)(4t^2 - 0{,}9172t + 3{,}5791)}} =$$

$$= 0{,}90604 \int\limits_{-1{,}0257}^{-2{,}2455} \frac{dt}{(t+2e_2)^2\sqrt{-(4t^3 - \bar g_2 t - \bar g_3)}} = +\frac{0{,}90604}{3t_0^2 - \frac{1}{4}\bar g_2}\left[\frac{\sqrt{4\cdot 2{,}2455^3 - \bar g_2\cdot 2{,}2455 + \bar g_3}}{6(t+t_0)^2} - \right.$$

$$\left. - \frac{\sqrt{4\cdot 1{,}0257^3 - \bar g_2\cdot 1{,}0257 + \bar g_3}}{6(t+t_0)^2} + 2t_0 \int\limits_{-1{,}0257}^{-2{,}2455} \frac{dt}{(t+t_0)\sqrt{-(4t^3 - \bar g_2 t - \bar g_3)}} - \frac{1}{3}\int\limits_{-1{,}0257}^{-2{,}2455} \frac{dt}{\sqrt{-(4t^3 - \bar g_2 t - \bar g_3)}}\right]$$

$$= 0{,}90604\left[-0{,}3971 + 0{,}4586 \int\limits_{-1{,}0257}^{-2{,}2455} \frac{dt}{(t+0{,}2293)\sqrt{-(4t^3 - \bar g_2 t - \bar g_3)}} - \frac{1}{3}\int\limits_{-1{,}0257}^{-2{,}2455} \frac{dt}{\sqrt{-(4t^3 - \bar g_2 t - \bar g_3)}}\right].$$

Der Identitätsvergleich liefert $\bar g_2 = -3{,}3688$, $\bar g_3 = -0{,}8209$ und damit nach Tafel II, S. 27, 23 und 31, $\varkappa = 0{,}85$, $k = 0{,}8198$, $k' = 0{,}5727$, $e_2 = 0{,}11467$, $2e_2 = 0{,}2293$, $K' = 1{,}7306$, $\bar\eta_1' = 0{,}4264$. Für die beiden Integrale erhält man mit (760)[10] und (545)[11]

$$\int\limits_{-1{,}0257}^{-2{,}2455} \frac{dt}{(t+0{,}2293)\sqrt{-(4t^3 - \bar g_2 t - \bar g_3)}} = (\bar\eta_1' + 2e_2)\cdot 2K'[\arg\wp_5(2{,}2455;\ 0{,}5727) - \arg\wp_5(1{,}0257;\ 0{,}5727)] +$$

$$+ \frac{1}{2K'}\left[\frac{\partial}{\partial\zeta}\ln\vartheta_6\left(\arg\wp_5(2{,}2455;\ 0{,}5727),\ \frac{1}{0{,}85}\right) - \frac{\partial}{\partial\zeta}\ln\vartheta_6\left(\arg\wp_5(1{,}0257;0{,}5727),\ \frac{1}{0{,}85}\right)\right],$$

wobei

$$\frac{\partial}{\partial\zeta}\ln\vartheta_6\left(\zeta,\frac{1}{\varkappa}\right) = \frac{\partial}{\partial\zeta}\ln\vartheta_2\left(\zeta,\frac{1}{\varkappa}\right) + \frac{\partial}{\partial\zeta}\ln\vartheta_4\left(\zeta,\frac{1}{\varkappa}\right)$$

ist,

$$\int\limits_{-1{,}0257}^{-2{,}2455} \frac{dt}{\sqrt{-(4t^3 - \bar g_2 t - \bar g_3)}} = 2K'[\arg\wp_5(2{,}2455;\ 0{,}5727) - \arg\wp_5(1{,}0257;\ 0{,}5727)].$$

Nun ist nach Tafel III, S. 515 und 512, $\zeta_o = \arg\wp_5\left(2{,}2455, \frac{1}{0{,}85}\right) = 0{,}19$, $\zeta_u = \arg\wp_5\left(1{,}0257, \frac{1}{0{,}85}\right) = 0{,}27$, $\frac{\partial}{\partial\zeta}\ln\vartheta_6\left(\zeta_o, \frac{1}{\varkappa}\right) = -2{,}1422 + 0{,}2954 = -1{,}8468$, $\frac{\partial}{\partial\zeta}\ln\vartheta_6\left(\zeta_u, \frac{1}{\varkappa}\right) = -3{,}5711 + 0{,}3076 = -3{,}2635$. Mit diesen Werten errechnet sich

$$\int\limits_{-1{,}0257}^{-2{,}2455} \frac{dt}{(t+0{,}2293)\sqrt{-(4t^3 - \bar g_2 t - \bar g_3)}} = (0{,}4264 + 0{,}2293)\cdot 2\cdot 1{,}7306(0{,}19 - 0{,}27) + \frac{-1{,}8468 + 3{,}2635}{2\cdot 1{,}7306} = 0{,}2277$$

$$\int\limits_{-1{,}0257}^{-2{,}2455} \frac{dt}{\sqrt{-(4t^3 - \bar g_2 t - \bar g_3)}} = 2\cdot 1{,}7306(0{,}19 - 0{,}27) = -0{,}2769.$$

Damit folgt für das gesuchte Integral

$$\int_{-1,0257}^{-2,2455} \frac{dt}{(t+0,2293)^2\sqrt{-(4,8727t^3+4,1038t+1)}} = 0,90604\left(-0,3971+0,4586\cdot 0,2277+\frac{1}{3}\cdot 0,2769\right) = -0.182.$$

Beispiel 65. [Integraltyp von Gl. (764)[4] für $n = 2$ und für ζ als Argument.]

$$\int_{-0,5127}^{-2,5073} \frac{dt}{(t+3,1447)^2\sqrt{-9,2088t^3-4,3166t-2,5027}} = \frac{\sqrt{4}}{\sqrt{9,2088}} \int_{-0,5127}^{-2,5073} \frac{dt}{(t+3,1447)^2\sqrt{-(4t^3+1,8750t+1,0871)}} =$$

$$= 0,65906 \int_{-0,5127}^{-2,5073} \frac{dt}{(t+t_0)^2\sqrt{-(4t^3-\bar{g}_2 t-\bar{g}_3)}} = -\frac{0,65906}{4t_0^3-\bar{g}_2 t_0+\bar{g}_3}\left[\frac{\sqrt{4\cdot 2,5073^3-\bar{g}_2\cdot 2,5073+\bar{g}_3}}{-2,5073+t_0} -\right.$$

$$-\frac{\sqrt{4\cdot 0,5127^3-\bar{g}_2\cdot 0,5127+\bar{g}_3}}{-0,5127+t_0} - \left(6t_0^2-\frac{1}{2}\bar{g}_2\right)\int_{-0,5127}^{-2,5073} \frac{dt}{(t+t_0)\sqrt{-(4t^3-\bar{g}_2 t-\bar{g}_3)}} + 2\int_{-0,5127}^{-2,5073} \frac{t\,dt}{\sqrt{-(4t^3-\bar{g}_2 t-\bar{g}_3)}} +$$

$$\left. + 2t_0 \int_{-0,5127}^{-2,5073} \frac{dt}{\sqrt{-(4t^3-\bar{g}_2 t-\bar{g}_3)}}\right].$$

Der Identitätsvergleich liefert $t_0 = 3,1447$, $\bar{g}_2 = -1,8750$, $\bar{g}_3 = -1,0871$ und damit nach Tafel II, S. 27, 23, $\varkappa = 0,72$ bzw. $k = 0,9031$. Mit diesen Werten folgt

$$\int_{-0,5127}^{-2,5073} \frac{dt}{(t+3,1447)^2\sqrt{-9,2088t^3-4,3166t-2,5027}}$$

$$= -0,005101\left[12,8095-0,2443-60,2724\int_{-0,5127}^{-2,5073} \frac{dt}{(t+t_0)\sqrt{-(4t^3-\bar{g}_2 t-\bar{g}_3)}} + 2\int_{-0,5127}^{-2,5073} \frac{t\,dt}{\sqrt{-(4t^3-\bar{g}_2 t-\bar{g}_3)}} +\right.$$

$$\left. + 6,2894 \int_{-0,5127}^{-2,5073} \frac{dt}{\sqrt{-(4t^3-\bar{g}_2 t-\bar{g}_3)}}\right].$$

Bezüglich des in der eckigen Klammer auftretenden Normalintegrals dritter Gattung liegt der Fall von Gl. (758)[4] vor, denn zu $\varkappa = 0,72$ gehört nach Tafel II, S. 23, $2e_2 = 0,4212$, so daß die Ungleichung $2e_2 < t_0 < +\infty$ erfüllt ist. Es ergibt sich

$$\int_{-0,5127}^{-2,5073} \frac{dt}{(t+t_0)\sqrt{-(4t^3-\bar{g}_2 t-\bar{g}_3)}}$$

$$= \frac{1}{\wp_5'(z_0,k')}\left[-\ln\frac{\vartheta_5(z_{\text{oben}}-z_0,k')}{\vartheta_5(z_{\text{oben}}+z_0,k')} + \ln\frac{\vartheta_5(z_{\text{unten}}-z_0,k')}{\vartheta_5(z_{\text{unten}}+z_0,k')} - 2(z_{\text{oben}}-z_{\text{unten}})\frac{\partial\ln\vartheta_5(z_0,k')}{\partial z_0}\right] \quad \text{mit}$$

$$z_{\text{oben}} = 2K'\arg\wp_5(2,5073,k'),\quad z_{\text{unten}} = 2K'\arg\wp_5(0,5127,k'),\quad z_0 = 2K'\arg\wp_5(t_0,k') = 2K'\arg\wp_5(3,1447,k').$$

Aus Tafel II, S. 31, entnimmt man für $\varkappa = 0,72$ den Wert $K' = 1,6518$ und aus Tafel III, S. 567, 564, für den reziproken Parameter $1/\varkappa = 0,72$ die Werte $\zeta_{\text{oben}} = \arg\wp_5(2,5073, k') = 0,19$, $\zeta_{\text{unten}} = \arg\wp_5(0,5127, k') = 0,41$, $\zeta_0 = \arg\wp_5(3,1447, k') = 0,17$ und damit $2(z_{\text{oben}} - z_{\text{unten}})\cdot$ $\cdot\frac{\partial}{\partial z_0}\ln\vartheta_5(z_0, k') = 2(0,19-0,41)\left[\frac{\partial}{\partial\zeta}\ln\vartheta_1(z_0,k') + \frac{\partial}{\partial\zeta}\ln\vartheta_3(z_0,k')\right] = -0,44(5,3139-0,1385)$ $= -2,2772$, $\wp_5'(z_0, k') = -11,3669$. Ferner liefert die Tafel III, S. 564, für $\zeta_{\text{oben}} - \zeta_0 = 0,19 - 0,17 = 0,02$ und $\zeta_{\text{unten}} - \zeta_0 = 0,41 - 0,17 = 0,24$ bzw. $\zeta_{\text{oben}} + \zeta_0 = 0,19 + 0,17$

$= 0{,}36$ und $\zeta_{\text{unten}} + \zeta_0 = 0{,}41 + 0{,}17 = 0{,}58$

$$\ln \frac{\vartheta_5\left(\zeta_{\text{oben}} - \zeta_0, \frac{1}{\varkappa}\right)}{\vartheta_5\left(\zeta_{\text{oben}} + \zeta_0, \frac{1}{\varkappa}\right)} = \ln \frac{\vartheta_1\left(\zeta_{\text{oben}} - \zeta_0, \frac{1}{\varkappa}\right)\vartheta_3\left(\zeta_{\text{oben}} - \zeta_0, \frac{1}{\varkappa}\right)}{\vartheta_1\left(\zeta_{\text{oben}} + \zeta_0, \frac{1}{\varkappa}\right)\vartheta_3\left(\zeta_{\text{oben}} + \zeta_0, \frac{1}{\varkappa}\right)} = \ln \frac{0{,}0422 \cdot 1{,}0253}{0{,}6080 \cdot 0{,}9838} = -2{,}6265,$$

$$\ln \frac{\vartheta_5\left(\zeta_{\text{unten}} - \zeta_0, \frac{1}{\varkappa}\right)}{\vartheta_5\left(\zeta_{\text{unten}} + \zeta_0, \frac{1}{\varkappa}\right)} = \ln \frac{\vartheta_1\left(\zeta_{\text{unten}} - \zeta_0, \frac{1}{\varkappa}\right)\vartheta_3\left(\zeta_{\text{unten}} - \zeta_0, \frac{1}{\varkappa}\right)}{\vartheta_1\left(\zeta_{\text{unten}} + \zeta_0, \frac{1}{\varkappa}\right)\vartheta_3\left(\zeta_{\text{unten}} + \zeta_0, \frac{1}{\varkappa}\right)} = \ln \frac{0{,}4598 \cdot 1{,}0016}{0{,}6508 \cdot 0{,}9777} = -0{,}3232.$$

Mit den errechneten Werten erhält man

$$\int_{-0{,}5127}^{-2{,}5073} \frac{dt}{(t+t_0)\sqrt{-(4t^3 - \bar{g}_2 t - \bar{g}_3)}} = -\frac{1}{11{,}3669}(2{,}6265 - 0{,}3232 + 2{,}2772) = -0{,}4029.$$

Für das in der eckigen Klammer auftretende Normalintegral zweiter Gattung liefert Gl. (753)[6]

$$\int_{-0{,}5127}^{-2{,}5073} \frac{t\,dt}{\sqrt{-(4t^3 - \bar{g}_2 t - \bar{g}_3)}} = \bar{\eta}_1' \cdot 2K'(\zeta_{\text{oben}} - \zeta_{\text{unten}}) + \frac{1}{2K'}\frac{\partial}{\partial \zeta}\ln \vartheta_5\left(\zeta_{\text{oben}}, \frac{1}{\varkappa}\right) - \frac{1}{2K'}\frac{\partial}{\partial \zeta}\ln \vartheta_5\left(\zeta_{\text{unten}}, \frac{1}{\varkappa}\right),$$

wobei ζ_{oben} und ζ_{unten} von der Berechnung des Normalintegrals dritter Gattung übernommen werden können. In Verbindung mit Tafel II, S. 27, ergibt sich für $\varkappa = 0{,}72$ der Wert $\bar{\eta}_1' = 0{,}3901$. Ferner errechnet sich mit Tafel III, S. 564,

$$\frac{\partial}{\partial \zeta}\ln \vartheta_5\left(\zeta_{\text{oben}}, \frac{1}{\varkappa}\right) = \frac{\partial}{\partial \zeta}\ln \vartheta_1\left(\zeta_{\text{oben}}, \frac{1}{\varkappa}\right) + \frac{\partial}{\partial \zeta}\ln \vartheta_3\left(\zeta_{\text{oben}}, \frac{1}{\varkappa}\right) = 4{,}6246 - 0{,}1474 = 4{,}4772,$$

$$\frac{\partial}{\partial \zeta}\ln \vartheta_5\left(\zeta_{\text{unten}}, \frac{1}{\varkappa}\right) = \frac{\partial}{\partial \zeta}\ln \vartheta_1\left(\zeta_{\text{unten}}, \frac{1}{\varkappa}\right) + \frac{\partial}{\partial \zeta}\ln \vartheta_3\left(\zeta_{\text{unten}}, \frac{1}{\varkappa}\right) = 0{,}9138 - 0{,}0876 = 0{,}8262.$$

Damit folgt für das Integral

$$\int_{-0{,}5127}^{-2{,}5073} \frac{t\,dt}{\sqrt{-(4t^3 - \bar{g}_2 t - \bar{g}_3)}} = 0{,}3901 \cdot 2 \cdot 1{,}6518(0{,}19 - 0{,}41) + \frac{4{,}4772 - 0{,}8262}{2 \cdot 1{,}6518} = -0{,}2835 + 1{,}1051 = 0{,}8216.$$

Schließlich erhält man mit Gl. (545)[11] für das Normalintegral erster Gattung

$$\int_{-0{,}5127}^{-2{,}5073} \frac{dt}{\sqrt{-(4t^3 - \bar{g}_2 t - \bar{g}_3)}} = 2K'(\zeta_{\text{oben}} - \zeta_{\text{unten}}) = 2 \cdot 1{,}6518(0{,}19 - 0{,}41) = -0{,}7268.$$

Die Einführung der gefundenen Werte für die Teilintegrale liefert

$$\int_{-0{,}5127}^{-2{,}5073} \frac{dt}{(t+3{,}1447)^2\sqrt{-9{,}2088t^3 - 4{,}3166t - 2{,}5027}}$$
$$= -0{,}005101(12{,}5652 + 60{,}2724 \cdot 0{,}4029 + 2 \cdot 0{,}8216 - 6{,}2894 \cdot 0{,}7268) = -0{,}1730.$$

Beispiel 66. [Integraltyp von Gl. (764)[2] für ζ als Argument für $n = 3$ und anschließend $n = 2$.]

$$\int_{-0{,}1062}^{-0{,}2525} \frac{dt}{(t+0{,}34729)^3\sqrt{-19{,}0524t^3 + 5{,}6819t + 1{,}1303}}$$

$$= \frac{\sqrt{4}}{\sqrt{19{,}0524}} \int_{-0{,}1062}^{-0{,}2525} \frac{dt}{(t+0{,}34729)^3\sqrt{-(4t^3 - 1{,}1929t - 0{,}2373)}} = 0{,}458200 \int_{-0{,}1062}^{-0{,}2525} \frac{dt}{(t+t_0)^3\sqrt{-(4t^3 - g_2 t - g_3)}}$$

$$= -\frac{0{,}458200}{4t_0^3 - g_2 t_0 + g_3}\left[\frac{1}{2}\frac{\sqrt{4 \cdot 0{,}2525^3 - g_2 \cdot 0{,}2525 + g_3}}{(-0{,}2525 + t_0)^2} - \frac{1}{2}\frac{\sqrt{4 \cdot 0{,}1062^3 - g_2 \cdot 0{,}1062 + g_3}}{(-0{,}1062 + t_0)^2} - \right.$$

$$-\left(9t_0^2 - \frac{3}{4}g_2\right)\int_{-0{,}1062}^{-0{,}2525} \frac{dt}{(t+t_0)^2\sqrt{-(4t^3 - g_2 t - g_3)}} + 6t_0 \int_{-0{,}1062}^{-0{,}2525} \frac{dt}{(t+t_0)\sqrt{-(4t^3 - g_2 t - g_3)}} -$$

$$\left. - \int_{-0{,}1062}^{-0{,}2525} \frac{dt}{\sqrt{-(4t^3 - g_2 t - g_3)}}\right].$$

Hierin ist

$$\int\limits_{-0{,}1062}^{-0{,}2525} \frac{dt}{(t+t_0)^2\sqrt{-(4t^3-g_2t-g_3)}}$$

$$= -\frac{1}{4t_0^3-g_2t_0+g_3}\left[\frac{\sqrt{4\cdot 0{,}2525^3-g_2\cdot 0{,}2525+g_3}}{-0{,}2525+t_0}-\frac{\sqrt{4\cdot 0{,}1062^3-g_2\cdot 0{,}1062+g_3}}{-0{,}1062+t_0}\ldots\right.$$

$$\left.-\left(6t_0^2-\frac{1}{2}g_2\right)\int\limits_{-0{,}1062}^{-0{,}2525}\frac{dt}{(t+t_0)\sqrt{-(4t^3-g_2t-g_3)}}+2\int\limits_{-0{,}1062}^{-0{,}2525}\frac{t\,dt}{\sqrt{-(4t^3-g_2t-g_3)}}+2t_0\int\limits_{-0{,}1062}^{-0{,}2525}\frac{dt}{\sqrt{-(4t^3-g_2t-g_3)}}\right].$$

Aus dem Identitätsvergleich ergibt sich $t_0 = 0{,}34729$, $g_2 = 1{,}1929$, $g_3 = 0{,}2373$ und damit nach Tafel II, S. 28, 24 und 32, $1/\varkappa = 0{,}65$, $k = 0{,}3458$, $k' = 0{,}9383$, $K = 1{,}6212$, $K' = 2{,}4942$. Die Einführung dieser Werte liefert

$$\int\limits_{-0{,}1062}^{-0{,}2525}\frac{dt}{(t+0{,}3473)^3\sqrt{-19{,}0524t^3+5{,}6819t+1{,}1303}}$$

$$= 48{,}4355\left[-1{,}74552-0{,}19077\int\limits_{-0{,}1062}^{-0{,}2525}\frac{dt}{(t+t_0)^2\sqrt{-(4t^3-g_2t-g_3)}}+2{,}08372\int\limits_{-0{,}1062}^{-0{,}2525}\frac{dt}{(t+t_0)\sqrt{-(4t^3-g_2t-g_3)}}-\right.$$

$$\left.-\int\limits_{-0{,}1062}^{-0{,}2525}\frac{dt}{\sqrt{-(4t^3-g_2t-g_3)}}\right] = 48{,}4355\left[-1{,}74552+23{,}91849+2{,}56463\int\limits_{-0{,}1062}^{-0{,}2525}\frac{dt}{(t+t_0)\sqrt{-(4t^3-g_2t-g_3)}}-\right.$$

$$-40{,}33129\int\limits_{-0{,}1062}^{-0{,}2525}\frac{t\,dt}{\sqrt{-(4t^3-g_2t-g_3)}}-14{,}00649\int\limits_{-0{,}1062}^{-0{,}2525}\frac{dt}{\sqrt{-(4t^3-g_2t-g_3)}}+$$

$$\left.+2{,}08372\int\limits_{-0{,}1062}^{-0{,}2525}\frac{dt}{(t+t_0)\sqrt{-(4t^3-g_2t-g_3)}}-\int\limits_{-0{,}1062}^{-0{,}2525}\frac{dt}{\sqrt{-(4t^3-g_2t-g_3)}}\right]$$

oder zusammengefaßt

$$\int\limits_{-0{,}1062}^{-0{,}2525}\frac{dt}{(t+0{,}3473)^3\sqrt{-19{,}0524t^3+5{,}6819t+1{,}1303}}$$

$$= 48{,}4355\left[22{,}17297+4{,}64834\int\limits_{-0{,}1062}^{-0{,}2525}\frac{dt}{(t+t_0)\sqrt{-(4t^3-g_2t-g_3)}}-\right.$$

$$\left.-40{,}33129\int\limits_{-0{,}1062}^{-0{,}2525}\frac{t\,dt}{\sqrt{-(4t^3-g_2t-g_3)}}-15{,}0065\int\limits_{-0{,}1062}^{-0{,}2525}\frac{dt}{\sqrt{-(4t^3-g_2t-g_3)}}\right].$$

Für das in der eckigen Klammer auftretende Normalintegral dritter Gattung ist Gl. (757)[7] zuständig, da nach Tafel II, S. 24, $t_0 = 0{,}3473$ für $1/\varkappa = 0{,}65$ zwischen $-e_2 = 0{,}2536$ und $-e_3 = 0{,}3732$ liegt:

$$\int\limits_{-0{,}1062}^{-0{,}2525}\frac{dt}{(t+t_0)\sqrt{-(4t^3-g_2t-g_3)}} = \frac{1}{\wp_4'(z_0,k)}\left[\frac{1}{i}\ln\frac{\vartheta_3\left(\zeta_{\text{oben}}-i\frac{\zeta_0}{\varkappa},\frac{1}{\varkappa}\right)}{\vartheta_3\left(\zeta_{\text{oben}}+i\frac{\zeta_0}{\varkappa},\frac{1}{\varkappa}\right)}-\frac{1}{i}\ln\frac{\vartheta_3\left(\zeta_{\text{unten}}-i\frac{\zeta_0}{\varkappa},\frac{1}{\varkappa}\right)}{\vartheta_3\left(\zeta_{\text{unten}}+i\frac{\zeta_0}{\varkappa},\frac{1}{\varkappa}\right)}-\right.$$

$$\left.-\left(4\pi\zeta_0+2\varkappa\frac{\partial}{\partial\zeta_0}\ln\vartheta_4(z_0,k)\right)(\zeta_{\text{oben}}-\zeta_{\text{unten}})\right]$$

für $z_{\text{oben}} = 2K'\arg\wp_4(0{,}2525,k')$, $z_{\text{unten}} = 2K'\arg\wp_4(0{,}1062,k')$, $z_0 = 2K\arg\wp_4(-0{,}34729,k)$.

Aus Tafel III, S. 309, entnimmt man $\zeta_{\text{oben}} = \arg\wp_4(0{,}2525;\ 0{,}9383) = 0{,}48$, $\zeta_{\text{unten}} = \arg\wp_4(0{,}1062;\ 0{,}9383) = 0{,}29$ und aus Tafel III, S. 595, 592, $\zeta_0 = \arg\wp_4(-0{,}34729;\ 0{,}3458) = 0{,}15$, $\wp_4'(\zeta_0, \varkappa) = \wp_4'\left(0{,}15, \frac{1}{0{,}65}\right) = 0{,}09726$, $\frac{\partial}{\partial\zeta_0}\ln\vartheta_4(\zeta_0, \varkappa) = \frac{\partial}{\partial\zeta_0}\ln\vartheta_4\left(0{,}15;\ \frac{1}{0{,}65}\right) = 0{,}08170$. Für die beiden Logarithmen der eckigen Klammer liefert Gl. (177) allgemein

$$\frac{1}{i}\ln\frac{\vartheta_3\left(\zeta - i\frac{\zeta_0}{\varkappa}, \frac{1}{\varkappa}\right)}{\vartheta_3\left(\zeta + i\frac{\zeta_0}{\varkappa}, \frac{1}{\varkappa}\right)} = -4\sum_1^\infty \frac{(-1)^n}{n}\,\frac{e^{-n\pi/\varkappa}\sin 2n\pi\zeta\sinh 2n\pi\zeta_0/\varkappa}{1 - e^{-2n\pi/\varkappa}}.$$

Die Auswertung des ersten ln-Gliedes ergibt mit $\zeta = \zeta_{\text{oben}} = 0{,}48$, $\zeta_0 = 0{,}15$ und $1/\varkappa = 0{,}65$

$$\frac{1}{i}\ln\frac{\vartheta_3(0{,}48 - 0{,}0975i;\ 0{,}65)}{\vartheta_3(0{,}48 + 0{,}0975i;\ 0{,}65)} = -4\left[-\frac{0{,}1298\cdot 0{,}1253\cdot 0{,}6517}{1 - 0{,}0168} + \frac{1}{2}\,\frac{0{,}0168(-0{,}2487)\cdot 1{,}5556}{1 - 0{,}0003} - \right.$$
$$-\frac{1}{3}\,\frac{0{,}0022\cdot 0{,}3681\cdot 3{,}0619}{1} + \frac{1}{4}\,\frac{0{,}00028(-0{,}4818)\cdot 5{,}7536}{1} - \frac{1}{5}\,\frac{0{,}000037\cdot 0{,}5878\cdot 10{,}673}{1} +$$
$$\left. + \frac{1}{6}\,\frac{0{,}0000048(-0{,}6846)\cdot 19{,}725}{1} - \cdots\right]$$
$$= -4(-0{,}0108 - 0{,}0033 - 0{,}0008 - 0{,}0002 - 0{,}0000 - 0{,}0000) = 0{,}0604.$$

Für das zweite ln-Glied erhält man mit $\zeta = \zeta_{\text{unten}} = 0{,}29$, $\zeta_0 = 0{,}15$ und $1/\varkappa = 0{,}65$

$$\frac{1}{i}\ln\frac{\vartheta_3(0{,}29 - 0{,}0975i;\ 0{,}65)}{\vartheta_3(0{,}29 + 0{,}0975i;\ 0{,}65)} = -4\left[-\frac{0{,}1298\cdot 0{,}9686\cdot 0{,}6517}{1 - 0{,}0168} + \frac{1}{2}\,\frac{0{,}0168(-0{,}4818)\cdot 1{,}5556}{1 - 0{,}003} - \right.$$
$$-\frac{1}{3}\,\frac{0{,}0022(-0{,}7290)\cdot 3{,}0619}{1} + \frac{1}{4}\,\frac{0{,}00028\cdot 0{,}8443\cdot 5{,}7536}{1} - \frac{1}{5}\,\frac{0{,}000037\cdot 0{,}3090\cdot 10{,}673}{1} +$$
$$\left. + \frac{1}{6}\,\frac{0{,}0000048(-0{,}9980)\cdot 19{,}725}{1} - \cdots\right] = -4(-0{,}0833 - 0{,}0063 + 0{,}0016 + 0{,}0003 - 0{,}0000 - 0{,}0000) = 0{,}3508.$$

Durch Einführung der gefundenen Funktionswerte in das Normalintegral dritter Gattung erhält man

$$\int\limits_{-0{,}1062}^{-0{,}2525} \frac{dt}{(t + t_0)\sqrt{-(4t^3 - g_2 t - g_3)}} = \frac{1}{0{,}097264}\left[0{,}0604 - 0{,}3508 - \left(4\pi\, 0{,}15 + \frac{2}{0{,}65}\cdot 0{,}08170\right)(0{,}48 - 0{,}29)\right] = -7{,}1588.$$

Bezüglich des in der eckigen Klammer auftretenden Normalintegrals zweiter Gattung liegt der Fall von Gl. (753)[4] mit e_1 und $-\wp_4$ als Integrationsgrenzen vor, da nach Tafel II, S. 24, die vorliegenden Integralgrenzen $-0{,}1062$ und $-0{,}2525$ zwischen $e_1 = 0{,}6268$ und $e_2 = -0{,}2536$ gelegen sind. Demgemäß folgt

$$\int\limits_{-0{,}1062}^{-0{,}2525} \frac{t\,dt}{\sqrt{-(4t^3 - g_2 t - g_3)}} = -\eta_1'(z_{\text{oben}} - z_{\text{unten}}) - \frac{\partial}{\partial z}\ln\vartheta_4(z_{\text{oben}}, k') + \frac{\partial}{\partial z}\ln\vartheta_4(z_{\text{unten}}, k')$$
$$\text{für}\quad z_{\text{oben}} = 2K'\arg\wp_4(0{,}2525, k'),\quad z_{\text{unten}} = 2K'\arg\wp_4(0{,}1062, k').$$

Aus Tafel II, S. 28, entnimmt man für $1/\varkappa = 0{,}65$ den Wert $\eta_1' = 0{,}07602$. Ferner liefert Tafel III, S. 309, bei Bezugnahme auf die schon bei der Berechnung des Normalintegrals dritter Gattung gefundenen Argumentwerte $\zeta_{\text{oben}} = 0{,}48$ und $\zeta_{\text{unten}} = 0{,}29$, für die $2K'$-fachen logarithmischen Ableitungen

$$\frac{\partial}{\partial\zeta}\ln\vartheta_4\left(\zeta_{\text{oben}}, \frac{1}{\varkappa}\right) = \frac{\partial}{\partial\zeta}\ln\vartheta_4(0{,}48;\ 0{,}65) = 0{,}1639,\qquad \frac{\partial}{\partial\zeta}\ln\vartheta_4\left(\zeta_{\text{unten}}, \frac{1}{\varkappa}\right) = \frac{\partial}{\partial\zeta}\ln\vartheta_4(0{,}29;\ 0{,}65) = 1{,}4876.$$

Damit ergibt sich für das Integral

$$\int\limits_{-0{,}1062}^{-0{,}2525} \frac{t\,dt}{\sqrt{-(4t^3 - g_2 t - g_3)}} = -0{,}07602\cdot 2\cdot 2{,}4942(0{,}48 - 0{,}29) - \frac{0{,}1639 - 1{,}4876}{2\cdot 2{,}4942} = 0{,}1933.$$

Für das Normalintegral erster Gattung ergibt sich nach der zehnten der Gln. (545)

$$\int\limits_{-0,1062}^{-0,2525} \frac{dt}{\sqrt{-(4t^3-g_2t-g_3)}} = -2K' \arg \wp_4(0,2525, k') + 2K' \arg \wp_4(0,1062, k')$$
$$= 2K'(-\zeta_{\text{oben}}+\zeta_{\text{unten}}) = 2\cdot 2,4942(-0,48+0,29) = -0,9478.$$

Mit den gewonnenen Werten der drei Grundnormalintegrale folgt schließlich

$$\int\limits_{-0,1062}^{-0,2525} \frac{dt}{(t+0,34729)^3\sqrt{-19,0524t^3+5,6819t+1,1303}}$$
$$= 48,4355[22,1730 - 4,6483\cdot 7,1588 - 40,3313\cdot 0,1933 + 15,0065\cdot 0,9478] = -226,5.$$

Beispiel 67. [Integraltyp von Gl. (764)[4] für $t_0 = 0$ und $n = 4$, $n = 3$, $n = 2$.]

$$\int\limits_{-0,7873}^{-3,6454} \frac{1}{t^4}\frac{dt}{\sqrt{-(4t^3+1,3246t+1,0465)}} \equiv \int\limits_{-0,7873}^{-3,6454} \frac{1}{t^4}\frac{dt}{\sqrt{-(4t^3-\bar g_2 t-\bar g_3)}} = -\frac{1}{\bar g_3}\left[\frac{\sqrt{4\cdot 3,6454^3-\bar g_2\cdot 3,6454+\bar g_3}}{-3\cdot 3,6454^3} - \right.$$
$$\left. - \frac{\sqrt{4\cdot 0,7873^3-\bar g_2\cdot 0,7873+\bar g_3}}{-3\cdot 0,7873^3} + \frac{5}{6}\bar g_2 \int\limits_{-0,7873}^{-3,6454}\frac{1}{t^3}\frac{dt}{\sqrt{-(4t^3-\bar g_2t-\bar g_3)}} - 2\int\limits_{-0,7873}^{-3,6454}\frac{1}{t}\frac{dt}{\sqrt{-(4t^3-\bar g_2t-\bar g_3)}}\right]$$
$$= -\frac{1}{\bar g_3}\left[\sqrt{4\cdot 3,6454^3-\bar g_2\cdot 3,6454+\bar g_3}\,\frac{\bar g_3+\frac{5}{4}\bar g_2\cdot 3,6454}{-3\bar g_3\cdot 3,6454^3} - \sqrt{4\cdot 0,7873^3-\bar g_2\cdot 0,7873+\bar g_3}\,\frac{\bar g_3+\frac{5}{4}\bar g_2\cdot 0,7873}{-3\bar g_3\cdot 0,7873^3} - \right.$$
$$\left. -\frac{15}{24}\frac{\bar g_2^2}{\bar g_3}\int\limits_{-0,7873}^{-3,6454}\frac{1}{t^2}\frac{dt}{\sqrt{-(4t^3-\bar g_2t-\bar g_3)}} - 2\int\limits_{-0,7873}^{-3,6454}\frac{1}{t}\frac{dt}{\sqrt{-(4t^3-\bar g_2t-\bar g_3)}} + \frac{5}{6}\frac{\bar g_2}{\bar g_3}\int\limits_{-0,7873}^{-3,6454}\frac{dt}{\sqrt{-(4t^3-\bar g_2t-\bar g_3)}}\right]$$
$$= \sqrt{4\cdot 3,6454^3-\bar g_2\cdot 3,6454+\bar g_3}\,\frac{\bar g_3^2+\frac{5}{4}\bar g_2\bar g_3\cdot 3,6454+\frac{15}{8}\bar g_2^2\cdot 3,6454^2}{3\bar g_3^3\cdot 3,6454^3} -$$
$$-\sqrt{4\cdot 0,7873^3-\bar g_2\cdot 0,7873+\bar g_3}\,\frac{\bar g_3^2+\frac{5}{4}\bar g_2\bar g_3\cdot 0,7873+\frac{15}{8}\bar g_2^2\cdot 0,7873^2}{3\bar g_3^3\cdot 0,7873^3} + \left(-\frac{15}{48}\frac{\bar g_2^3}{\bar g_3^3}+\frac{2}{\bar g_3}\right)\cdot$$
$$\int\limits_{-0,7873}^{-3,6454}\frac{1}{t}\frac{dt}{\sqrt{4\cdot 3,6454^3-\bar g_2\cdot 3,6454+\bar g_3}} - \frac{5}{4}\frac{\bar g_2^2}{\bar g_3^2}\int\limits_{-0,7873}^{-3,6454}\frac{t\,dt}{\sqrt{-(4t^3-\bar g_2t-\bar g_3)}} - \frac{5}{6}\frac{\bar g_2}{\bar g_3^2}\int\limits_{-0,7873}^{-3,6454}\frac{dt}{\sqrt{-(4t^3-\bar g_2t-\bar g_3)}}.$$

Der Identitätsvergleich liefert $\bar g_2 = -1,3246$, $\bar g_3 = -1,0465$ und damit nach Tafel II, S. 27, 23 und 31, $\varkappa = 0,68$, $k = 0,9242$, $k' = 0,3819$, $K = 2,4019$, $K' = 1,6333$. Bei Einsetzen von g_2 und g_3 ergibt sich:

$$\int\limits_{-0,7873}^{-3,6454}\frac{1}{t^4}\frac{dt}{\sqrt{-(4t^3+1,3246t+1,0465)}} = -0,5726 - 2,5448\int\limits_{0,7873}^{-3,6454}\frac{1}{t}\frac{dt}{\sqrt{-(4t^3+1,3246t+1,0465)}} +$$
$$+ 1,9137\int\limits_{-0,7873}^{-3,6454}\frac{t\,dt}{\sqrt{-(4t^3+1,3246t+1,0465)}} + 1,0079\int\limits_{-0,7873}^{-3,6454}\frac{dt}{\sqrt{-(4t^3+1,3246t+1,0465)}}.$$

Für das Normalintegral dritter Gattung ist, da $2e_2$ nach Tafel II, S. 23, den Wert $2e_2 = 0,4722$ annimmt, $-\infty < t_0 = 0 < 0,4722$ und daher Gl. (759)[3] zuständig. Somit folgt

$$\int\limits_{-0,7873}^{-3,6454}\frac{1}{t}\frac{dt}{\sqrt{-(4t^3+1,3246t+1,0465)}} = \frac{1}{\wp_6'(z_0,k)}\left[\frac{1}{i}\ln\frac{\vartheta_5\left(\zeta_{\text{oben}}-i\frac{\zeta_0}{\varkappa},\frac{1}{\varkappa}\right)}{\vartheta_5\left(\zeta_{\text{oben}}+i\frac{\zeta_0}{\varkappa},\frac{1}{\varkappa}\right)} - \frac{1}{i}\ln\frac{\vartheta_5\left(\zeta_{\text{unten}}-i\frac{\zeta_0}{\varkappa},\frac{1}{\varkappa}\right)}{\vartheta_5\left(\zeta_{\text{unten}}+i\frac{\zeta_0}{\varkappa},\frac{1}{\varkappa}\right)} - \right.$$
$$\left. -\left(8\pi\zeta_0 + 2\varkappa\frac{\partial}{\partial\zeta_0}\ln\vartheta_6(z_0,k)\right)(\zeta_{\text{oben}}-\zeta_{\text{unten}})\right] \quad \text{für} \quad \wp_6(z_{\text{oben}},k') = 3,6454, \quad \wp_6(z_{\text{unten}},k') = 0,7873, \quad \wp_6(z_0,k) = 0.$$

Zu $\wp_6(\zeta_0, \varkappa) = \wp_6(\zeta_0, 0{,}68) = 0$ gehört nach Tafel III, S. 321, 318, bei linearer Interpolation $\zeta_0 = 0{,}1597$ sowie $\wp_6'(\zeta_0, \varkappa) = 1{,}0227$, $\frac{\partial}{\partial \zeta_0} \ln \vartheta_6(\zeta_0, \varkappa) = \frac{\partial}{\partial \zeta_0} \ln \vartheta_2(\zeta_0, \varkappa) + \frac{\partial}{\partial \zeta_0} \ln \vartheta_4(\zeta_0, \varkappa) = -0{,}4453$. Ferner erhält man in Verbindung mit Tafel III, S. 583, $\zeta_{\text{oben}} = \arg \wp_6\left(3{,}6454; \frac{1}{0{,}68}\right) = 0{,}34$, $\zeta_{\text{unten}} = \arg \wp_6\left(0{,}7873; \frac{1}{0{,}68}\right) = 0{,}16$. Für das ln-Glied liefert Gl. (178)

$$\frac{1}{i} \ln \frac{\vartheta_5\left(\zeta - i\frac{\zeta_0}{\varkappa}, \frac{1}{\varkappa}\right)}{\vartheta_5\left(\zeta + i\frac{\zeta_0}{\varkappa}, \frac{1}{\varkappa}\right)} = -2 \arctan\left(\cot \pi \zeta \tanh \frac{\pi \zeta_0}{\varkappa}\right) - 4 \sum_1^\infty \frac{(-1)^n}{n} \frac{e^{-n\pi/\varkappa} \sin 2n\pi\zeta \sinh 2n\pi\zeta_0/\varkappa}{1 - (-1)^n e^{-n\pi/\varkappa}}.$$

Wird ζ einmal gleich $\zeta_{\text{oben}} = 0{,}34$ und einmal gleich $\zeta_{\text{unten}} = 0{,}16$ sowie $\zeta_0 = 0{,}1597$, $\varkappa = 0{,}68$ gesetzt, so ergibt sich nach Auswertung der Argumente bzw. der Reihenglieder

$$\frac{1}{i} \ln \frac{\vartheta_5\left(\zeta_{\text{oben}} - i\frac{\zeta_0}{\varkappa}, \frac{1}{\varkappa}\right)}{\vartheta_5\left(\zeta_{\text{oben}} + i\frac{\zeta_0}{\varkappa}, \frac{1}{\varkappa}\right)} = -2 \arctan 0{,}3451 - 4(-0{,}0172 - 0{,}0004 - 0{,}0000) = -0{,}5942,$$

$$\frac{1}{i} \ln \frac{\vartheta_5\left(\zeta_{\text{unten}} - i\frac{\zeta_0}{\varkappa}, \frac{1}{\varkappa}\right)}{\vartheta_5\left(\zeta_{\text{unten}} + i\frac{\zeta_0}{\varkappa}, \frac{1}{\varkappa}\right)} = -2 \arctan 1{,}1418 - 4(-0{,}0172 + 0{,}0004 - 0{,}0000) = -1{,}6358.$$

Damit folgt

$$\int_{-0{,}7873}^{-3{,}6454} \frac{1}{t} \frac{dt}{\sqrt{-(4t^3 + 1{,}3246t + 1{,}0465)}} = \frac{1}{1{,}0227} [-0{,}5942 + 1{,}6358 - (8\pi \cdot 0{,}1597 - 2 \cdot 0{,}68 \cdot 0{,}4453) \cdot 0{,}18] = 0{,}4173.$$

Für das Normalintegral zweiter Gattung liefert Gl. (753)[8]

$$\int_{-0{,}7873}^{-3{,}6454} \frac{t\,dt}{\sqrt{-(4t^3 + 1{,}3246t + 1{,}0465)}} = -\bar{\eta}_1' \cdot 2K'(\zeta_{\text{oben}} - \zeta_{\text{unten}}) - \frac{1}{2K'} \left[\frac{\partial}{\partial \zeta} \ln \vartheta_6\left(\zeta_{\text{oben}}, \frac{1}{\varkappa}\right) - \frac{\partial}{\partial \zeta} \ln \vartheta_6\left(\zeta_{\text{unten}}, \frac{1}{\varkappa}\right)\right].$$

Nun ist nach Tafel II, S. 27, für $\varkappa = 0{,}68$ $\bar{\eta}_1' = 0{,}3791$ und nach Tafel III, S. 580,

$$\frac{\partial}{\partial \zeta} \ln \vartheta_6\left(\zeta_{\text{oben}}, \frac{1}{\varkappa}\right) = \frac{\partial}{\partial \zeta} \ln \vartheta_2\left(0{,}34; \frac{1}{0{,}68}\right) + \frac{\partial}{\partial \zeta} \ln \vartheta_4\left(0{,}34; \frac{1}{0{,}68}\right) = -5{,}7156 + 0{,}1034 = -5{,}6122,$$

$$\frac{\partial}{\partial \zeta} \ln \vartheta_6\left(\zeta_{\text{unten}}, \frac{1}{\varkappa}\right) = \frac{\partial}{\partial \zeta} \ln \vartheta_2\left(0{,}16; \frac{1}{0{,}68}\right) + \frac{\partial}{\partial \zeta} \ln \vartheta_4\left(0{,}16; \frac{1}{0{,}68}\right) = -1{,}7281 + 0{,}1057 = -1{,}6224.$$

Mit diesen Zahlenwerten erhält man

$$\int_{-0{,}7873}^{-3{,}6454} \frac{t\,dt}{\sqrt{-(4t^3 + 1{,}3246t + 1{,}0465)}} = -0{,}3791 \cdot 2 \cdot 1{,}6333 \cdot 0{,}18 - \frac{-5{,}6122 + 1{,}6224}{2 \cdot 1{,}6333} = 0{,}9985.$$

Schließlich entnimmt man Gl. (545)[12] für das Normalintegral erster Gattung

$$\int_{-0{,}7873}^{-3{,}6454} \frac{dt}{\sqrt{-(4t^3 + 1{,}3246t + 1{,}0465)}} = -z_{\text{oben}} + z_{\text{unten}} = -2K'(\zeta_{\text{oben}} - \zeta_{\text{unten}}) = -2 \cdot 1{,}6333 \cdot 0{,}18 = -0{,}5880.$$

Bei Einführung der für die drei Normalintegrale gefundenen Werte lautet die Lösung für das vorgelegte Integral

$$\int_{-0{,}7873}^{-3{,}6454} \frac{1}{t^4} \frac{dt}{\sqrt{-(4t^3 + 1{,}3246t + 1{,}0465)}} = -0{,}5726 - 2{,}5448 \cdot 0{,}4173 + 1{,}9137 \cdot 0{,}9985 - 1{,}0079 \cdot 0{,}5880 = -0{,}316.$$

Beispiel 68. [Integraltyp von Gl. (763)[1] für $n = 2$ und für ζ als Argument.]

$$\int_{-0,3794}^{-0,0306} \frac{t^2\,dt}{\sqrt{1,6749t^3 - 0,4194t + 0,0093}} = 1,5454 \int_{-0,3794}^{-0,0306} \frac{t^2 dt}{\sqrt{4t^3 - 1,0015t + 0,0222}} \equiv 1,5454 \int_{-0,3794}^{-0,0306} \frac{t^2\,dt}{\sqrt{4t^3 - g_2 t - g_3}}$$

$$= \frac{1,5454}{6}\left[\sqrt{-4\cdot 0,0306^3 + g_2\cdot 0,0306 - g_3} - \sqrt{-4\cdot 0,3794^3 + g_2\cdot 0,3794 - g_3}\right] + \frac{1,5454 g_2}{12} \int_{-0,3794}^{-0,0306} \frac{dt}{\sqrt{4t^3 - g_2 t - g_3}}.$$

Der Identitätsvergleich liefert $g_2 = 1,0015$, $g_3 = -0,0222$ und damit nach Tafel II, S. 27, 23 und 31, $\varkappa = 0,97$, $k = 0,7303$, $K = 1,8834$. Das Integral besitzt nach Gl. (545)[7] den Wert $2K[\arg\wp_4(-0,0306;\, 0,7303) - \arg\wp_4(-0,3794;\, 0,7303)]$, wofür in Verbindung mit Tafel III, S. 437, man den Zahlenwert

$$2\cdot 1,8834\,[0,80\cdot 0,38 + 0,20\cdot 0,37 - (0,14\cdot 0,15 + 0,86\cdot 0,14)$$

erhält. Damit errechnet sich

$$\int_{-0,3794}^{-0,0306} \frac{t^2\,dt}{\sqrt{1,6749t^3 - 0,4194t + 0,0093}} = \frac{1,5454}{6}(0,2298 - 0,4287) + \frac{1,5454\cdot 1,0015}{12}\cdot 0,8912 = 0,0636.$$

Beispiel 69. [Integraltyp von Gl. (763)[4] für $n = 3$ und für ζ als Argument.]

$$\int_{-0,1491}^{-1,8062} \frac{t^3\,dt}{\sqrt{-(4t^3 + 2,7636t - 1,0194)}} = \int_{-0,1491}^{-1,8062} \frac{t^3\,dt}{\sqrt{-(4t^3 - \bar g_2 t - \bar g_3)}} = \frac{1,8062}{10}\sqrt{4\cdot 1,8062^3 - \bar g_2\cdot 1,8062 + \bar g_3} -$$

$$- \frac{0,1491}{10}\sqrt{4\cdot 0,1491^3 - \bar g_2\cdot 0,1491 + \bar g_3} + \frac{3}{20} g_2 \int_{-0,1491}^{-1,8062} \frac{t\,dt}{\sqrt{-(4t^3 - \bar g_2 t - \bar g_3)}} + \frac{\bar g_3}{10} \int_{-0,1491}^{-1,8062} \frac{dt}{\sqrt{-(4t^3 - \bar g_2 t - \bar g_3)}}.$$

Aus dem Identitätsvergleich folgt $\bar g_2 = -2,7636$, $\bar g_3 = 1,0194$ und in Verbindung mit Tafel II, S. 28, 24 und 32, $1/\varkappa = 0,79$, $k = 0,5092$, $k' = 0,8607$, $K' = 2,1403$, $\bar\eta_1' = 0,4581$. Für die Integrale ergibt sich nach (753) und (545)[11]

$$\int_{-0,1491}^{-1,8062} \frac{t\,dt}{\sqrt{-(4t^3 - \bar g_2 t - \bar g_3)}} = \bar\eta_1'\cdot 2K'[\arg\wp_5(1,8062;\, 0,8607) - \arg\wp_5(0,1491;\, 0,8607)] +$$

$$+ \frac{1}{2K'}\left[\frac{\partial}{\partial\zeta}\ln\vartheta_5(\arg\wp_5(1,8062;\, 0,8607),\ 0,79) - \frac{\partial}{\partial\zeta}\ln\vartheta_5(\arg(0,1491;\, 0,8607),\, 0,79)\right]$$

$$\text{mit}\quad \frac{\partial}{\partial\zeta}\ln\vartheta_5\left(\zeta, \frac{1}{\varkappa}\right) = \frac{\partial}{\partial\zeta}\ln\vartheta_1\left(\zeta, \frac{1}{\varkappa}\right) + \frac{\partial}{\partial\zeta}\ln\vartheta_3\left(\zeta, \frac{1}{\varkappa}\right),$$

$$\int_{-0,1491}^{-1,8062} \frac{dt}{\sqrt{-(4t^3 - \bar g_2 t - \bar g_3)}} = 2K'[\arg\wp_5(1,8062;\, 0,8607) - \arg\wp_5(0,1491;\, 0,8607)].$$

Nun erhält man mit Tafel III, S. 365, 362, $\zeta_o = \arg\wp_5(1,8062;\, 0,8607) = 0,17$, $\zeta_u = \arg\wp_5(0,1491;\, 0,8607) = 0,33$, $\frac{\partial}{\partial\zeta}\ln\vartheta_5\left(\zeta_o, \frac{1}{\varkappa}\right) = 5,3901 - 0,8529 = 4,5372$, $\frac{\partial}{\partial\zeta}\ln\vartheta_5\left(\zeta_u, \frac{1}{\varkappa}\right) = 1,9349 - 1,0000 = 0,9349$ und damit

$$\int_{-0,1491}^{-1,8062} \frac{t\,dt}{\sqrt{-(4t^3 - \bar g_2 t - \bar g_3)}} = 0,4581\cdot 2\cdot 2,1403(0,17 - 0,33) + \frac{4,5372 - 0,9349}{2\cdot 2,1403} = 0,5277,$$

$$\int_{-0,1491}^{-1,8062} \frac{dt}{\sqrt{-(4t^3 - \bar g_2 t - \bar g_3)}} = 2\cdot 2,1403(0,17 - 0,33) = -0,6849.$$

Die Einführung der gefundenen Werte in die Ausgangsformel liefert

$$\int_{-0,1491}^{-1,8062} \frac{t^3\,dt}{\sqrt{-(4t^3 + 2,7636t - 1,0194)}} = 0,18062\cdot 5,4388 - 0,01491\ \ 1,2020 - 0,15\cdot 2,7636\cdot 0,5277 - 0,10194\cdot 0,6849$$

$$= 0,6758.$$

Beispiel 70. [Integraltyp von Gl. (763)[1] für $n = 4$ und für ζ als Argument.]

$$\int\limits_{0,4690}^{1,6070} \frac{t^4\,dt}{\sqrt{4t^3-1,0250t+0,09058}} = \int\limits_{0,4690}^{1,6070} \frac{t^4\,dt}{\sqrt{4t^3-g_2 t-g_3}} = \frac{1,6070^2}{14}\sqrt{4\cdot 1,6070^3-g_2\;1,6070-g_3}\,-$$

$$-\frac{0,4690^2}{14}\sqrt{4\cdot 0,4690^3-g_2\cdot 0,4690-g_3}+\frac{5}{28}g_2\int\limits_{0,4690}^{1,6070}\frac{t^2\,dt}{\sqrt{4t^3-g_2 t-g_3}}+\frac{g_3}{7}\int\limits_{0,4690}^{1,6070}\frac{t\,dt}{\sqrt{4t^3-g_2 t-g_3}}.$$

Der Identitätsvergleich liefert $g_2 = 1,0250$, $g_3 = -0,09058$ und damit nach Tafel II, S. 27, 23 und 31, $\varkappa = 0,88$, $k = 0,7981$, $K = 1,9917$, $\eta_1 = 0,1873$. Für das Integral erhält man

$$\int\limits_{0,4690}^{1,6070}\frac{t^4\,dt}{\sqrt{4t^3-1,0250t+0,09058}} = 0,7131+0,1830\int\limits_{0,4690}^{1,6070}\frac{t^2\,dt}{\sqrt{4t^3-1,0250t+0,09058}}-0,01294\int\limits_{0,4690}^{1,6070}\frac{t\,dt}{\sqrt{4t^3-1,0250t+0,09058}}.$$

Die nochmalige Anwendung der Rekursionsformel (763)[1] ergibt für $n = 2$

$$\int\limits_{0,4690}^{1,6070}\frac{t^4\,dt}{\sqrt{4t^3-1,0250t+0,09058}} = 0,7131+0,1830\Bigg[\frac{1}{6}\sqrt{4\cdot 1,6070^3-1,0250\cdot 1,6070+0,0906}\,-$$

$$-\frac{1}{6}\sqrt{4\cdot 0,4690^3-1,0250\cdot 0,4690+0,0906}+0,0854\int\limits_{0,4690}^{1,6070}\frac{dt}{\sqrt{4t^3-1,0250t+0,09058}}\Bigg]-$$

$$-0,01294\int\limits_{0,4690}^{1,6070}\frac{t\,dt}{\sqrt{4t^3-1,0250t+0,09058}}.$$

Die beiden noch verbliebenen Integrale berechnen sich nach Gl. (545)[2] und Gl. (753)[3]. Es folgt

$$\int\limits_{0,4690}^{1,6070}\frac{dt}{\sqrt{4t^3-1,0250t+0,09058}} = 2K[\arg\wp_2(1,6070;\,0,7981)-\arg\wp_2(0,4690;\,0,7981)],$$

$$\int\limits_{0,4690}^{1,6070}\frac{t\,dt}{\sqrt{4t^3-1,0250t+0,09058}} = -2\eta_1 K[\arg\wp_2(1,6070;\,0,7981)-\arg\wp_2(0,4690;\,0,7981)]\,-$$

$$-\frac{1}{2K}\left[\frac{\partial}{\partial\zeta}\ln\vartheta_2(\arg\wp_2(1,6070;\,0,7981),\,0,88)-\frac{\partial}{\partial\zeta}\ln\vartheta_2(\arg\wp_2(0,4690;\,0,7981),\,0,88)\right].$$

In Verbindung mit Tafel III, S. 400 und 398, ergibt sich $\zeta_o = \arg\wp_2(1,6070;\,0,7981) = 0,30$, $\zeta_u = \arg\wp_2(0,4690;\,0,7981) = 0,05$, $\frac{\partial}{\partial\zeta}\ln\vartheta_2(\zeta_o,\varkappa) = -4,3718$, $\frac{\partial}{\partial\zeta}\ln\vartheta_2(\zeta_u,\varkappa) = -0,5129$ und damit

$$\int\limits_{0,4690}^{1,6070}\frac{dt}{\sqrt{4t^3-1,0250t+0,09058}} = 2\cdot 1,9917(0,30-0,05) = 0,9959,$$

$$\int\limits_{0,4690}^{1,6070}\frac{t\,dt}{\sqrt{4t^3-1,0250t+0,09058}} = -2\cdot 0,1873\cdot 1,9917(0,30-0,05)+\frac{4,3718-0,5129}{2\cdot 1,9917} = 0,7822.$$

Mit diesen Teilintegralen erhält man

$$\int\limits_{0,4690}^{1,6070}\frac{t^4\,dt}{\sqrt{4t^3-1,0250t+0,09058}} = 0,7131+0,1830(0,6464-0,0250+0,0854\cdot 0,9959)-0,01294\cdot 0,7822 = 0,832.$$

Beispiel 71. [Integraltyp von Gl. (1139)[2] für $t_1 < t_2 < t_3 \leqq t < t_4$ und für ζ als Argument.]

$$\int\limits_{1,9025}^{4,4460}\frac{dt}{\sqrt{-(t-0,2741)(t-0,9297)(t-1,9025)(t-13,3389)}} = \int\limits_{t_3}^{4,4460}\frac{dt}{\sqrt{-(t-t_1)(t-t_2)(t-t_3)(t-t_4)}}$$

$$= \frac{4K}{\sqrt{(t_1-t_3)(t_2-t_4)}}\arg\operatorname{sn}\left(\sqrt{\frac{t_4-t_2}{t_4-t_3}\,\frac{t-t_3}{t-t_2}},\,\sqrt{\frac{t_3-t_4}{t_2-t_4}\,\frac{t_2-t_1}{t_3-t_1}}\right)\quad \text{für } t = 4,4460.$$

Aus dem Identitätsvergleich ergibt sich $t_1 = 0{,}2741$, $t_2 = 0{,}9297$, $t_3 = 1{,}9025$, $t_4 = 13{,}3389$ und damit

$$\sqrt{\frac{t_4-t_2}{t_4-t_3}\,\frac{t-t_3}{t-t_2}} = \sqrt{\frac{13{,}3389-0{,}9297}{13{,}3389-1{,}9025}\,\frac{4{,}4460-1{,}9025}{4{,}4460-0{,}9297}} = 0{,}8860, \quad k = \sqrt{\frac{t_3-t_4}{t_2-t_4}\,\frac{t_2-t_1}{t_3-t_1}} = 0{,}6091.$$

Nach Tafel I, S. 19, gehört

$$\frac{1}{\varkappa} = 0{,}88 \quad \text{und} \quad K = 1{,}7527 \quad \text{zu} \quad k = 0{,}6025,$$

$$\frac{1}{\varkappa} = 0{,}89 \quad \text{und} \quad K = 1{,}7603 \quad \text{zu} \quad k = 0{,}6121.$$

Hiernach gehört zu $k = 0{,}6091$ bei linearer Interpolation

$$\frac{1}{\varkappa} = 0{,}88 + 0{,}01\,\frac{0{,}0066}{0{,}0096} = 0{,}8869, \quad K = 1{,}7527 + 0{,}0076\,\frac{0{,}0066}{0{,}0096} = 1{,}7579.$$

Mit diesen Werten liefert Tafel III, S. 496 und 500, bei doppelter linearer Interpolation

$$\int_{1{,}9025}^{4{,}4460} \frac{dt}{\sqrt{-(t-0{,}2741)(t-0{,}9297)(t-1{,}9025)(t-13{,}3389)}} = \frac{4\cdot 1{,}7579}{\sqrt{1{,}6284\cdot 12{,}4096}} \arg\mathrm{sn}(0{,}8860;\,0{,}6091)$$

$$= 1{,}5643\cdot 0{,}3307 = 0{,}517.$$

Beispiel 72. [Integraltyp von Gl. (1145)[1] für $t_1 < t_2 \leqq t$ und für ζ als Argument.]

$$\int_{3{,}5383}^{9{,}4995} \frac{dt}{\sqrt{(t+1{,}8403)(t-3{,}5383)(t^2-4{,}7670t+5{,}7993)}}$$

$$= \int_{3{,}5383}^{9{,}4995} \frac{dt}{\sqrt{(t+1{,}8403)(t-3{,}5383)(t-2{,}3835+0{,}3439i)(t-2{,}3835-0{,}3439i)}} \equiv \int_{t_2}^{t} \frac{dt}{\sqrt{(t-t_1)(t-t_2)(t-t_3-it_4)(t-t_3+it_4)}}$$

$$= \frac{4K}{\sqrt{\lambda_1\lambda_2}} \arg\overline{\mathrm{nc}}\left(\sqrt{\frac{\lambda_1}{\lambda_2}\,\frac{t-t_2}{t-t_1}},\ \sqrt{\frac{-(t_1-t_2)^2+(\lambda_1+\lambda_2)^2}{4\lambda_1\lambda_2}}\right) \quad \text{für} \quad t = 9{,}4995 \quad \text{und} \quad \lambda_1 = \sqrt{(t_1-t_3)^2+t_4^2},$$

$$\lambda_2 = \sqrt{(t_2-t_3)^2+t_4^2}.$$

Der Identitätsvergleich ergibt $t_1 = -1{,}8403$, $t_2 = 3{,}5383$, $t_3 = 2{,}3835$, $t_4 = -0{,}3439$. Hieraus errechnet sich $\lambda_1 = 4{,}2378$, $\lambda_2 = 1{,}2050$ sowie

$$\overline{\mathrm{nc}} = \sqrt{\frac{\lambda_1}{\lambda_2}\,\frac{t-t_2}{t-t_1}} = \sqrt{\frac{4{,}2378}{1{,}2050}\,\frac{9{,}4995-3{,}5383}{9{,}4995+1{,}8403}} = 1{,}3597, \quad k = \sqrt{\frac{-(-1{,}8403-3{,}5383)^2+(4{,}2378+1{,}2050)^2}{4\cdot 4{,}2378\cdot 1{,}2050}} = 0{,}1844.$$

Aus Tafel I, S. 12, entnimmt man für

$$\frac{1}{\varkappa} = 0{,}51 \quad \text{und} \quad K = 1{,}5841 \text{ den Wert } k = 0{,}1823,$$

$$\frac{1}{\varkappa} = 0{,}52 \quad \text{und} \quad K = 1{,}5858 \text{ den Wert } k = 0{,}1932.$$

Demgemäß entsprechen $k = 0{,}1844$ bei linearer Interpolation die Werte

$$\frac{1}{\varkappa} = 0{,}51 + 0{,}01\,\frac{0{,}0021}{0{,}0109} = 0{,}5110, \quad K = 1{,}5841 + 0{,}0017\,\frac{0{,}0021}{0{,}0109} = 1{,}5844.$$

Hierfür erhält man mit Tafel III, S. 649 und 645, bei doppelter linearer Interpolation

$$\int_{3{,}5383}^{9{,}4995} \frac{dt}{\sqrt{(t+1{,}8403)(t-3{,}5383)(t^2-4{,}7670t+5{,}7993)}} = \frac{4\cdot 1{,}5844}{\sqrt{4{,}2378\cdot 1{,}2050}} \arg\overline{\mathrm{nc}}(1{,}3597;\,0{,}1844)$$

$$= 2{,}8047 \arg\overline{\mathrm{cn}}(-1{,}3597;\,0{,}1844) = 2{,}8047\cdot 0{,}2985 = 0{,}837$$

Beispiel 73. [Integraltyp von Gl. (1152)[1] für ζ als Argument.]

$$\int\limits_{0,6117}^{3,7477} \frac{dt}{\sqrt{[(t-1,7851)^2+2,0202^2]\,[(t-0,6459)^2+3,4284^2]}} \equiv \int\limits_{0,6117}^{3,7477} \frac{dt}{\sqrt{[(t-t_1)^2+t_2^2]\,[(t-t_3)^2+t_4^2]}}$$

$$= \frac{4K}{\lambda_1+\lambda_3}\left[\operatorname{arg\,dn}\left(\frac{2t_2}{\lambda_1+\lambda_3}\sqrt{\frac{(3,7477-t_3)^2+t_4^2}{(3,7477-t_1)^2+t_2^2}},\ \frac{2\sqrt{\lambda_1\lambda_3}}{\lambda_1+\lambda_3}\right) - \operatorname{arg\,dn}\left(\frac{2t_2}{\lambda_1+\lambda_3}\sqrt{\frac{(0,6117-t_3)^2+t_4^2}{(0,6117-t_1)^2+t_2^2}},\ \frac{2\sqrt{\lambda_1\lambda_3}}{\lambda_1+\lambda_3}\right)\right].$$

Der Identitätsvergleich liefert $t_1 = 1,7851$, $t_2 = 2,0202$, $t_3 = 0,6459$, $t_4 = 3,4284$. Werden diese Parameter in (1147) eingeführt, so folgt $\lambda_1 = 5,5664$, $\lambda_2 = 0,2416$, $\lambda_3 = 1,8113$, $\lambda_4 = 2,1070$, $k = 0,8607$ und damit nach Tafel I, S. 17, $\varkappa = 0,79$, $K = 2,1403$. Die Einführung dieser Werte ergibt $\zeta_o = \operatorname{arg\,dn}(0,8990;\ 0,8607)$, $\zeta_u = \operatorname{arg\,dn}(0,8037;\ 0,8607)$.

Bevor diese Argumente ausgewertet werden können, müssen noch Betrachtungen über den Bereich angestellt werden. Nach Gl. (1152) verschwinden die Argumente für die Grenzen $t_1 - \lambda_2 t_2$ und $t_3 - \lambda_4 t_4$. Mit den gefundenen Zahlenwerten erhält man

$$t_1 - \lambda_2 t_2 = 1,7851 + 0,2416 \cdot 2,0202 = 2,2732, \qquad t_3 - \lambda_4 t_4 = 0,6459 - 2,1070 \cdot 3,4284 = -6,5777.$$

Hiernach wird im Integrationsbereich für $t = 2,2732$ der Nullwert des Arguments überquert, weswegen für ζ_u ein negativer Argumentwert einzuführen ist, was im Hinblick auf den symmetrischen Charakter der dn-Funktion auf keinen Widerspruch stößt. Aus Tafel III, S. 363, entnimmt man für

$$\zeta = 0,12\colon\ \operatorname{dn}(\zeta,\varkappa) = 0,9116 \quad \text{und} \quad \zeta = 0,19\colon\ \operatorname{dn}(\zeta,\varkappa) = 0,8072,$$
$$\zeta = 0,13\colon\ \operatorname{dn}(\zeta,\varkappa) = 0,8980 \quad \text{und} \quad \zeta = 0,20\colon\ \operatorname{dn}(\zeta,\varkappa) = 0,7913.$$

Hieraus ergibt sich bei linearer Interpolation

$$\zeta_o = 0,1293 \ \text{ für } \operatorname{dn}(\zeta,\varkappa) = 0,8990 \quad \text{und} \quad \zeta_u = 0,1922 \ \text{ für } \operatorname{dn}(\zeta,\varkappa) = 0,8037.$$

Bei Berücksichtigung dieser Argumentwerte in Verbindung mit der Vorzeichenvertauschung von ζ_u erhält man

$$\int\limits_{0,6117}^{3,7477} \frac{dt}{\sqrt{[(t-1,7851)^2+2,0202^2]\,[(t-0,6459)^2+3,4284^2]}} = \frac{4\cdot 2,1403}{7,377}(0,1293+0,1922) = 0,363.$$

Beispiel 74. [Integraltyp von Gl. (1155)[10] für $t_1 < t_2 < t < t_3 < t_4$ und für ζ als Argument.]

$$\int\limits_{1,2783}^{1,3142} \frac{t-0,4475}{t-1,2618}\,\frac{dt}{\sqrt{(t-0,4475)(t-1,2618)(t-1,3288)(t-2,4488)}}$$

$$\equiv \frac{2}{\sqrt{(t_1-t_3)(t_2-t_4)}} \int\limits_{1,2783}^{1,3142} \frac{t-t_1}{t-t_2}\,\frac{dt}{\sqrt{(t-t_1)(t-t_2)(t-t_3)(t-t_4)}}$$

$$= -\frac{2}{\sqrt{(t_1-t_3)(t_2-t_4)}}\,\frac{t_1-t_3}{t_2-t_3}\,[\mathfrak{z}_1(z_o,k) - \mathfrak{z}_1(z_u,k) + e_3(z_o-z_u)]$$

$$\text{für}\quad z = 2K \operatorname{arg\,sn}\left(\sqrt{\frac{t_3-t_1}{t_3-t_2}\,\frac{t-t_2}{t-t_1}},\ \sqrt{\frac{t_2-t_3}{t_1-t_3}\,\frac{t_1-t_4}{t_2-t_4}}\right).$$

Der Identitätsvergleich liefert $t_1 = 0,4475$, $t_2 = 1,2618$, $t_3 = 1,3288$, $t_4 = 2,4488$ und damit $k = \sqrt{\frac{t_2-t_3}{t_1-t_3}\,\frac{t_1-t_4}{t_2-t_4}} = 0,3579$. Hierzu gehört nach Tafel I, S. 15, $1/\varkappa = 0,66$, $K = 1,6251$ und nach Tafel III, S. 314, $e_3 = -0,3760$ sowie bei linearer Interpolation bezüglich ζ

$$\zeta_o = \operatorname{arg\,sn}\left(\sqrt{\frac{t_3-t_1}{t_3-t_2}\,\frac{1,3142-t_2}{1,3142-t_1}},\ 0,3579\right) = \operatorname{arg\,sn}(0,8918;\ 0,3579) = 0,3561,$$

$$\zeta_u = \operatorname{arg\,sn}\left(\sqrt{\frac{t_3-t_1}{t_3-t_2}\,\frac{1,2783-t_2}{1,2783-t_1}},\ 0,3579\right) = \operatorname{arg\,sn}(0,5111;\ 0,3579) = 0,1661.$$

Hierfür entnimmt man Tafel III, S. 590, wenn wieder linear interpoliert wird,

$$\mathfrak{z}_1(\zeta_o,\varkappa) = \mathfrak{z}_1\left(0,3561;\ \frac{1}{0,66}\right) = 0,8296, \qquad \mathfrak{z}_1(\zeta_u,\varkappa) = \mathfrak{z}_1\left(0,1661;\ \frac{1}{0,66}\right) = 1,8508.$$

Damit ergibt sich

$$\int_{1,2783}^{1,3142} \frac{t-0,4475}{t-1,2618} \frac{dt}{\sqrt{(t-0,4475)(t-1,2618)(t-1,3288)(t-2,4488)}}$$

$$= \frac{2}{1,0228} \frac{0,8813}{0,0670} [0,8296 - 1,8508 - 0,3760 \cdot 2 \cdot 1,6251 (0,3561 - 0,1661)] = 32,24.$$

Beispiel 75. [Integraltyp von Gl. (1156)[10] für $t_1 < t_2 < t$.]

$$\int_{6,3385}^{10,2417} \frac{t-4,9475}{t-1,3794} \frac{dt}{\sqrt{(t-1,3794)(t-4,9475)[(t-11,3523)^2+31,2302]}} \equiv \int_{t_u}^{t_o} \frac{t-t_2}{t-t_1} \frac{dt}{\sqrt{(t-t_1)(t-t_2)[(t-t_3)^2+t_4^2]}}$$

$$= -\frac{2\sqrt{\lambda_2}}{\lambda_1\sqrt{\lambda_1}} \left[\mathfrak{z}_6\left(\frac{z_o}{2}, k\right) - \mathfrak{z}_6\left(\frac{z_u}{2}, k\right) - e_2(z_o - z_u)\right]$$

für $z = 2\arg\overline{\mathrm{nc}}\left(\sqrt{\frac{\lambda_1}{\lambda_2}}\sqrt{\frac{t-t_2}{t-t_1}}, \sqrt{\frac{-(t_1-t_2)^2+(\lambda_1+\lambda_2)^2}{4\lambda_1\lambda_2}}\right)$, $\lambda_1 = \sqrt{(t_1-t_3)^2+t_4^2}$, $\lambda_2 = \sqrt{(t_2-t_3)^2+t_4^2}$.

Aus dem Identitätsvergleich folgt $t_1 = 1,3794$, $t_2 = 4,9475$, $t_3 = 11,3523$, $t_4 = 5,5884$ und damit $\lambda_1 = 11,432$, $\lambda_2 = 8,5001$, $k = 0,9946$ sowie in Verbindung mit Tafel I, S. 10, und Tafel II, S. 22, $\varkappa = 0,43$, $K = 3,6628$, $e_2 = 0,3262$. Für z_o und z_u erhält man bei Bezugnahme auf $t_o = 10,2417$ und $t_u = 6,3385$ anstelle von t, $z_o = 2\arg\overline{\mathrm{nc}}(0,89635;\ 0,9946)$ und $z_u = 2\arg\overline{\mathrm{nc}}(0,6142;\ 0,9946)$ oder ausgewertet in Verbindung mit Tafel III, S. 219, wobei $\overline{\mathrm{nc}}(\zeta, \varkappa) = -\overline{\mathrm{cn}}(\zeta, \varkappa)$ zu setzen ist, unter linearer Interpolation $z_o = 2K\,\zeta_o = 2 \cdot 3,6628(2 \cdot 0,1872) = 2,7427$, $z_u = 2K\,\zeta_u = 2 \cdot 3,6628(2 \cdot 0,0973) = 1,4256$. Hierzu gehört nach Tafel III, S. 220, $\mathfrak{z}_6\left(\frac{\zeta_o}{2}, \varkappa\right) = \mathfrak{z}_6(0,1872;\ 0,43) = -0,3679$, $\mathfrak{z}_6\left(\frac{\zeta_u}{2}, \varkappa\right) = \mathfrak{z}_6(0,0973;\ 0,43) = -0,3969$, wenn linear interpoliert wird. Mit diesen Zahlenwerten erhält man

$$\int_{6,3385}^{10,2417} \frac{t-4,9475}{t-1,3794} \frac{dt}{\sqrt{(t-1,3794)(t-4,9475)[(t-11,3523)^2+31,2302]}}$$

$$= -\frac{2\sqrt{8,5001}}{11,432^{3/2}}[-0,3679 + 0,3969 - 0,3262(2,7427 - 1,4256)] = 0,0604.$$

Beispiel 76. [Integraltyp von Gl. (1156)[2] für $t_1 < t_2 < t$ und für ζ als Argument.]

$$\int_{3,1252}^{5,4728} \frac{1}{(t-1,7328)(t-2,4174)} \sqrt{\frac{(t-0,4208)^2+2,3397}{(t-1,7328)(t-2,4174)}}\,dt \equiv \int_{t_u}^{t_o} \frac{1}{(t-t_1)(t-t_2)} \sqrt{\frac{(t-t_3)^2+t_4^2}{(t-t_1)(t-t_2)}}\,dt$$

$$= -\frac{4\sqrt{\lambda_1\lambda_2}}{(t_1-t_2)^2}[\mathfrak{z}_1(z_o, k) - \mathfrak{z}_1(z_u, k) + e_2(z_o - z_u)] \quad \text{für} \quad z = 2\arg\overline{\mathrm{nc}}\left(\sqrt{\frac{\lambda_1}{\lambda_2}}\sqrt{\frac{t-t_2}{t-t_1}}, \sqrt{\frac{-(t_1-t_2)^2+(\lambda_1+\lambda_2)^2}{4\lambda_1\lambda_2}}\right)$$

und $\lambda_1 = \sqrt{(t_1-t_3)^2+t_4^2}$, $\lambda_2 = \sqrt{(t_2-t_3)^2+t_4^2}$.

Der Identitätsvergleich liefert $t_1 = 1,7328$, $t_2 = 2,4174$, $t_3 = 0,4208$, $t_4 = 1,5296$ und damit $\lambda_1 = 2,0152$, $\lambda_2 = 2,5152$, $k = 0,9946$. Hierzu gehört nach Tafel I, S. 10, und Tafel II, S. 22, $\varkappa = 0,43$, $K = 3,6628$, $e_2 = 0,3262$ sowie $\zeta_o = 2\arg\overline{\mathrm{nc}}(0,8090;\ 0,9946)$ und $\zeta_u = 2\arg\overline{\mathrm{nc}}(0,6382;\ 0,9946)$, wenn in den Wurzelausdruck $t = t_o = 5,4728$ bzw. $t = t_u = 3,1252$ eingeführt wird.
Nun ist nach Tafel III, S. 219, bei Beachtung von $\overline{\mathrm{nc}}(\zeta, \varkappa) = -\overline{\mathrm{cn}}(\zeta, \varkappa)$

$$\arg\overline{\mathrm{nc}}(0,8088;\ 0,9946) = 0,15 \quad \text{und} \quad \arg\overline{\mathrm{nc}}(0,6272;\ 0,9946) = 0,10,$$

$$\arg\overline{\mathrm{nc}}(0,8356;\ 0,9946) = 0,16 \quad \text{und} \quad \arg\overline{\mathrm{nc}}(0,6707;\ 0,9946) = 0,11,$$

woraus bei linearer Interpolation

$$\arg\overline{\mathrm{nc}}(0,8090;\ 0,9946) = 0,1501 \quad \text{und} \quad \arg\overline{\mathrm{nc}}(0,6382;\ 0,9946) = 0,1025$$

folgt. Damit wird $\zeta_o = 0,3002$, $\zeta_u = 0,2050$ und, bei linearer Interpolation, in Verbindung mit Tafel III, S. 220, $\mathfrak{z}_1(\zeta_o, \varkappa) = \mathfrak{z}_1(0,3002;\ 0,43) = 0,2933$, $\mathfrak{z}_1(\zeta_u, \varkappa) = \mathfrak{z}_1(0,2050;\ 0,43) = 0,6047$, womit die Lösung

$$\int\limits_{3,1252}^{5,4728} \frac{1}{(t-1,7328)(t-2,4174)} \sqrt{\frac{(t-0,4208)^2+2,3397}{(t-1,7328)(t-2,4174)}}\,dt$$

$$= -\frac{4\sqrt{2,0152\cdot 2,5152}}{(1,7328-2,4174)^2}[0,2933-0,6047+0,3262\cdot 2\cdot 3,6628(0,3002-0,2050)] = 1,612$$

lautet.

Beispiel 77. [Integraltyp von Gl. (1156)⁹ für $t_1 < t_2 \leqq t$.]

$$\int\limits_{0,8308}^{3,0076} \frac{1}{(t-0,6446)^2+0,1898} \sqrt{\frac{(t-0,2337)(t-0,8308)}{(t-0,6446)^2+0,1898}}\,dt \equiv \int\limits_{t_2}^{t} \frac{1}{(t-t_3)^2+t_4^2} \sqrt{\frac{(t-t_1)(t-t_2)}{(t-t_3)^2+t_4^2}}\,dt$$

$$= \frac{\frac{1}{4}(t_1-t_2)^2}{(\lambda_1\lambda_2)^{3/2}} \frac{\mathfrak{z}_3(z,k)+e_2 z}{(e_1-e_2)(e_2-e_3)} = \frac{\frac{1}{4}(t_1-t_2)^2}{(\lambda_1\lambda_2)^{3/2}} \frac{\mathfrak{z}_3(z,k)+e_2 z}{k^2 k'^2} \quad \text{für} \quad z = 2\arg\overline{\mathrm{nc}}\left(\sqrt{\frac{\lambda_1}{\lambda_2}}\sqrt{\frac{t-t_2}{t-t_1}},\ \sqrt{\frac{-(t_1-t_2)^2+(\lambda_1+\lambda_2)^2}{4\lambda_1\lambda_2}}\right)$$

$$\text{mit} \quad \lambda_1 = \sqrt{(t_1-t_3)^2+t_4^2}, \quad \lambda_2 = \sqrt{(t_2-t_3)^2+t_4^2}.$$

Aus dem Identitätsvergleich ergibt sich $t_1 = 0,2337$, $t_2 = 0,8308$, $t_3 = 0,6446$, $t_4 = 0,4357$ und damit $\lambda_1 = 0,5989$, $\lambda_2 = 0,4738$, $k = 0,8365$, $k^2 = 0,6998$, $k'^2 = 0,3002$. Hierfür liest man aus Tafel I, S. 18, $\varkappa = 0,826$, $K = 2,0750$ ab. Ferner errechnet sich, wenn in dem Wurzelausdruck $t = 3,0076$ gesetzt wird, $\zeta = 2\arg\overline{\mathrm{nc}}(0,9960;\ 0,8365)$. Nach Tafel III, S. 375 und 379, ist mit $\overline{\mathrm{nc}}(\zeta,\varkappa) = -\overline{\mathrm{cn}}(\zeta,\varkappa)$ für $\varkappa = 0,82$ und $\varkappa = 0,83$

$$\arg\overline{\mathrm{nc}}(0,9558;\ 0,82) = 0,24 \quad \text{und} \quad \arg\overline{\mathrm{nc}}(0,9553;\ 0,83) = 0,24,$$

$$\arg\overline{\mathrm{nc}}(1,0000;\ 0,82) = 0,25 \quad \text{und} \quad \arg\overline{\mathrm{nc}}(1,0000;\ 0,83) = 0,25.$$

Hieraus folgt bei linearer Interpolation für $\varkappa = 0,826$ und $\overline{\mathrm{nc}} = 0,9960$ der Argumentwert 0,2491 und damit $\zeta = 2\cdot 0,2491 = 0,4982$, $z = 2K\zeta = 2\cdot 2,0750\cdot 0,4982 = 2,0675$. Bezüglich $\mathfrak{z}_3(\zeta,\varkappa) = \mathfrak{z}_3(0,4982;\ 0,826)$ liefert Tafel III, S. 376 und 380,

$$\mathfrak{z}_3(0,49;\ 0,82) = 0,3150 \quad \text{und} \quad \mathfrak{z}_3(0,49;\ 0,83) = 0,3216,$$

$$\mathfrak{z}_3(0,50;\ 0,82) = 0,3387 \quad \text{und} \quad \mathfrak{z}_3(0,50;\ 0,83) = 0,3449,$$

woraus man bei doppelter linearer Interpolation $\mathfrak{z}_3 = 0,3382$ erhält. Die Berücksichtigung der gefundenen Zahlenwerte ergibt mit $e_2(0,826) = 0,1331$

$$\int\limits_{0,8308}^{3,0076} \frac{1}{(t-0,6446)^2+0,1898} \sqrt{\frac{(t-0,2337)(t-0,8308)}{(t-0,6446)^2+0,1898}}\,dt = \frac{\frac{1}{4}(0,2337-0,8308)^2}{(0,5989\cdot 0,4738)^{3/2}} \frac{0,3382+0,1331\cdot 2,0675}{0,6998\cdot 0,3002} = 1,721.$$

Beispiel 78. [Integraltyp von Gl. (1156)⁶ᵃ für $t_1 < t_2 < t$.]

$$\int\limits_{2,4255}^{5,8971} \frac{[5,2361(t-1,7423)+4,3305(t-2,1733)]^2}{[9,4560(t-1,7423)-7,8206(t-2,1733)]^2} \frac{dt}{\sqrt{(t-1,7423)(t-2,1733)[(t-0,8157)^2+1,2728]}}$$

$$= 0,3066 \int\limits_{2,4255}^{5,8971} \frac{[1,7652(t-1,7423)+1,4599(t-2,1733)]^2}{[1,7652(t-1,7423)-1,4599(t-2,1733)]^2} \frac{dt}{\sqrt{(t-1,7423)(t-2,1733)[(t-0,8157)^2+1,2728]}} \equiv$$

$$\equiv \int\limits_{t_u}^{t_0} \frac{[\lambda_2(t-t_1)+\lambda_1(t-t_2)]^2}{[\lambda_2(t-t_1)-\lambda_1(t-t_2)]^2} \frac{0,3066\,dt}{\sqrt{(t-t_1)(t-t_2)[(t-t_3)^2+t_4^2]}} = -0,3066 \frac{\mathfrak{z}_2(z_o,k)-\mathfrak{z}_2(z_u,k)+e_2(z_o-z_u)}{\sqrt{\lambda_1\lambda_2}\,(e_1-e_2)}$$

$$\text{für} \quad z = 2\arg\overline{\mathrm{nc}}\left(\sqrt{\frac{\lambda_1}{\lambda_2}}\sqrt{\frac{t-t_2}{t-t_1}},\ \sqrt{\frac{-(t_1-t_2)^2+(\lambda_1+\lambda_2)^2}{4\lambda_1\lambda_2}}\right) \quad \text{mit} \quad \lambda_1 = \sqrt{(t_1-t_3)^2+t_4^2}, \quad \lambda_2 = \sqrt{(t_2-t_3)^2+t_4^2}.$$

Der Identitätsvergleich liefert $t_1 = 1,7423$, $t_2 = 2,1733$, $t_3 = 0,8157$, $t_4 = 1,1282$ und damit $\lambda_1 = 1,4599$, $\lambda_2 = 1,7652$, $k = 0,9955$, $k^2 = 0,9910$, $e_1 - e_2 = k'^2 = 0,008987$, wozu nach Tafel I, S. 10, und Tafel II, S. 22, $\varkappa = 0,42$, $K = 3,7484$, $e_2 = 0,3273$ sowie die t_o und t_u entsprechenden Argumente $\zeta_o = 2\arg\overline{\mathrm{nc}}(0,8609;\ 0,9955)$ und $\zeta_u = 2\arg\overline{\mathrm{nc}}(0,5525;\ 0,9955)$ gehören. Nach

Tafel III, S. 215, ist

$$\arg\overline{\mathrm{nc}}(0{,}8431;\,0{,}9955) = 0{,}16 \quad\text{und}\quad \arg\overline{\mathrm{nc}}(0{,}5381;\,0{,}9955) = 0{,}08,$$

$$\arg\overline{\mathrm{nc}}(0{,}8667;\,0{,}9955) = 0{,}17 \quad\text{und}\quad \arg\overline{\mathrm{nc}}(0{,}5898;\,0{,}9955) = 0{,}09.$$

Hieraus erhält man bei linearer Interpolation $\arg\overline{\mathrm{nc}}(0{,}8609;\,0{,}9955) = 0{,}1675$, $\arg\overline{\mathrm{nc}}(0{,}5525;\,0{,}9955) = 0{,}0825$ und damit $\zeta_o = 0{,}3350$, $\zeta_u = 0{,}1650$ bzw. $z_o = 2K\,\zeta_o = 2{,}5114$, $z_u = 2K\,\zeta_u = 1{,}2370$. Ferner folgt in Verbindung mit Tafel III, S. 216, $\mathfrak{z}_2(0{,}33;\;0{,}42) = -0{,}7451$, $\mathfrak{z}_2(0{,}34;\;0{,}42) = -0{,}8002$ sowie $\mathfrak{z}_2(0{,}16;\;0{,}42) = -0{,}1642$, $\mathfrak{z}_2(0{,}17;\;0{,}42) = -0{,}1911$, woraus sich bei linearer Interpolation $\mathfrak{z}_2(0{,}3350;\;0{,}42) = -0{,}7726$ und $\mathfrak{z}_2(0{,}1650;\;0{,}42) = -0{,}1777$ ergibt. Mit den gefundenen Zahlenwerten errechnet sich

$$\int\limits_{4255}^{5{,}8971} \frac{[5{,}2361(t-1{,}7423)+4{,}3305(t-2{,}1733)]^2}{[9{,}4560(t-1{,}7423)-7{,}8206(t-2{,}1733)]^2}\,\frac{dt}{\sqrt{(t-1{,}7423)\,(t-2{,}1733)\,[(t-0{,}8157)^2+1{,}2728]}}$$

$$= -0{,}3066\,\frac{-0{,}7726+0{,}1777+0{,}3273(2{,}5114-1{,}2370)}{\sqrt{1{,}4599\cdot 1{,}7652\cdot 0{,}008987}} = 3{,}78.$$

Beispiel 79. [Integraltyp von Gl. $(1157)^6$ für $t_1 < t_3$.]

$$\int\limits_{0{,}2052}^{3{,}0687} \frac{(t+1{,}4225)^2}{(t-8{,}6722)^2+0{,}1645}\,\frac{dt}{\sqrt{[(t-0{,}9874)^2+18{,}5589]\,[(t-8{,}6722)^2+0{,}1645]}} \equiv$$

$$\equiv \int\limits_{t_u}^{t_o} \frac{[(t-t_1)+\lambda_2 t_2]^2}{(t-t_3)^2+t_4^2}\,\frac{dt}{\sqrt{[(t-t_1)^2+t_2^2]\,[(t-t_3)^2+t_4^2]}} = \frac{2(e_1-e_2+\lambda_2^2)}{(\lambda_1+\lambda_3)\,(e_2-e_3)\,(e_1-e_2)}\,[\mathfrak{z}_3(z_o,k)-\mathfrak{z}_3(z_u,k)+e_2(z_o-z_u)]$$

$$= \frac{2(k'^2+\lambda_2^2)}{(\lambda_1+\lambda_3)\,k^2\,k'^2}\,[\mathfrak{z}_3(z_o,k)-\mathfrak{z}_3(z_u,k)+e_2(z_o-z_u)] \quad\text{für}\quad z = \arg\mathrm{dn}\left(\frac{2t_2}{\lambda_1+\lambda_3}\sqrt{\frac{(t-t_3)^2+t_4^2}{(t-t_1)^2+t_2^2}},\;\frac{2\sqrt{\lambda_1\lambda_3}}{\lambda_1+\lambda_3}\right)$$

$$\text{mit}\quad \lambda_1 = \sqrt{(t_1-t_3)^2+(t_2+t_4)^2},\qquad \lambda_3 = \sqrt{(t_1-t_3)^2+(t_2-t_4)^2},$$

$$\lambda_2 = \sqrt{\frac{4t_2^2-(\lambda_1-\lambda_3)^2}{(\lambda_1+\lambda_3)^2-4t_2^2}},\qquad \lambda_4 = -\sqrt{\frac{4t_4^2-(\lambda_1-\lambda_3)^2}{(\lambda_1+\lambda_3)^2-4t_4^2}}.$$

Aus dem Identitätsvergleich folgt $t_1 = 0{,}9874$, $t_2 = 4{,}3080$, $t_3 = 8{,}6722$, $t_4 = 0{,}4056$ und hiermit $\lambda_1 = 9{,}01522$, $\lambda_3 = 8{,}61887$, $\lambda_2 = 0{,}55940$, $\lambda_4 = -0{,}12695$, $k = 0{,}99975$, $k^2 = 0{,}99949$, $k'^2 = 0{,}00051$. Zu diesen Werten gehört nach Tafel I, S. 8, und nach Tafel II, S. 22, $\varkappa = 0{,}30333$, $K = 5{,}1809$, $e_2 = 0{,}3330$ sowie $z_o = \arg\mathrm{dn}(0{,}5738;\,0{,}99975)$ und $z_u = \arg\mathrm{dn}(0{,}94925;\,0{,}99975)$. Unter doppelter linearer Interpolation entnimmt man Tafel III, S. 167, 168, $z_o = 2K\,\zeta_o = 2\cdot 5{,}1809\cdot 0{,}1128 = 1{,}1684$, $z_u = 2K\,\zeta_u = 2\cdot 5{,}1809\cdot 0{,}0313 = 0{,}3243$ und erhält hierfür $\mathfrak{z}_3(\zeta_o,\varkappa) = \mathfrak{z}_3(0{,}1128;\;0{,}30333) = -0{,}3887$, $\mathfrak{z}_3(\zeta_u,\varkappa) = \mathfrak{z}_3(0{,}0313;\;0{,}30333) = -0{,}1080$.

Es muß nun noch geprüft werden, ob die (vieldeutige) arg dn-Funktion im Integrationsintervall nicht verschwindet, was an einer der beiden Integrationsgrenzen einen Vorzeichenwechsel von z_o bzw. z_u zur Folge haben würde. Nach Gl. (1152) verschwindet $\arg\mathrm{dn}(z,k)$ für $t = t_1 - \lambda_2 t_2$ und $t = t_3 - \lambda_4 t_4$. Für diese t-Werte errechnet sich:

$$t_1 - \lambda_2 t_2 = 0{,}9874 - 0{,}55940\cdot 4{,}3080 = -1{,}4225,\qquad t_3 - \lambda_4 t_4 = 8{,}6722 + 0{,}12695\cdot 0{,}4056 = 8{,}7237.$$

Hiernach fällt keine der beiden Nullstellen in den Integrationsbereich, so daß sowohl z_o als auch z_u positiv einzuführen sind. Damit lautet die Lösung

$$\int\limits_{0{,}2052}^{3{,}0687} \frac{(t+1{,}4225)^2}{(t-8{,}6722)^2+0{,}1645}\,\frac{dt}{\sqrt{[(t-0{,}9874)^2+18{,}5589]\,[(t-8{,}6722)^2+0{,}1645]}}$$

$$= \frac{2(0{,}00051+0{,}3129)}{17{,}6341\cdot 0{,}99949\cdot 0{,}00051}\,[-0{,}3887+0{,}1080+0{,}3330(1{,}1684-0{,}3243)] = 0{,}0244.$$

Beispiel 80. [Integraltyp von Gl. (1163) für $t_1 < t_3$.]

$$\int\limits_{4,1258}^{9,7474} \frac{dt}{(t-3,4515)\sqrt{[(t-3,4515)^2+4,7852^2]\,[(t-5,1135)^2+6,4451^2]}} = \int\limits_{4,1258}^{9,7474} \frac{dt}{(t-t_1)\sqrt{[(t-t_1)^2+t_2^2]\,[(t-t_3)^2+t_4^2]}}$$

$$= \frac{-2}{\lambda_1+\lambda_3}\,\frac{1}{t_2}\left[\sqrt{\frac{1+\lambda_2^2}{1+k'^2\lambda_2^2}}\,\operatorname{ar\,tanh}\frac{1-\operatorname{dn}(z_{\text{oben}},k)}{\sqrt{\frac{1+\lambda_2^2}{1+k'^2\lambda_2^2}}\operatorname{dn}(z_{\text{oben}},k)-\sqrt{\frac{1+k'^2\lambda_2^2}{1+\lambda_2^2}}}\right. -$$

$$\left. -\sqrt{\frac{1+\lambda_2^2}{1+k'^2\lambda_2^2}}\,\operatorname{ar\,tanh}\frac{1-\operatorname{dn}(z_{\text{unten}},k)}{\sqrt{\frac{1+\lambda_2^2}{1+k'^2\lambda_2^2}}\operatorname{dn}(z_{\text{unten}},k)-\sqrt{\frac{1+k'^2\lambda_2^2}{1+\lambda_2^2}}} - \frac{\lambda_2}{1+\lambda_2^2}\int\limits_{z_{\text{unten}}}^{z_{\text{oben}}}\frac{dz}{\operatorname{sn}^2(z,k)-\left(\frac{\lambda_2}{1+\lambda_2}\right)^2}\right]$$

für $\lambda_{1,3} = \sqrt{(t_1-t_3)^2+(t_2\pm t_4)^2}$, $\lambda_{2,4} = \pm\sqrt{\dfrac{4t_{2,4}^2-(\lambda_1-\lambda_3)^2}{(\lambda_1+\lambda_3)^2-4t_{4,2}^2}}$, $z = \operatorname{arg\,dn}\left(\dfrac{2t_2}{\lambda_1+\lambda_3}\sqrt{\dfrac{(t-t_3)^2+t_4^2}{(t-t_1)^2+t_2^2}},\ \dfrac{2\sqrt{\lambda_1\lambda_3}}{\lambda_1+\lambda_3}\right)$.

Der Identitätsvergleich liefert $t_1 = 3,4515$, $t_2 = 4,7852$, $t_3 = 5,1135$, $t_4 = 6,4451$ und damit $\lambda_1 = 11,3526$, $\lambda_2 = 0,3309$, $\lambda_3 = 2,3489$, $\lambda_4 = -1,9861$, $k = 0,75377$ sowie bei Beachtung von Tafel I, S. 20, $\varkappa = 0,9393$, $K = 1,9166$. Hierzu gehört nach Tafel III, S. 419 und 423, bei doppelter linearer Interpolation für $t_{\text{oben}} = 9,7474$ und $t_{\text{unten}} = 4,1258$, $z_{\text{oben}} = \operatorname{arg\,dn}(0,7011;\,0,75377)$ $= 3,8332 \operatorname{arg\,dn}(0,7011;\,0,9393) = 3,8332\cdot 0,3726 = 1,4283$ und $z_{\text{unten}} = \operatorname{arg\,dn}(0,9425;\,0,75377)$ $= 3,8332 \operatorname{arg\,dn}(0,9425;\,0,9393) = 3,8332\cdot 0,1223 = 0,4688$. Beide Argumente sind positiv zu wählen, da die Werte $t_1 - \lambda_2 t_2 = 3,4515 - 0,3309\cdot 4,7852 = 1,8681$ und $t_3 - \lambda_4 t_4 = 5,1135$ $+ 1,9861\cdot 6,4451 = 17,9141$, für welche nach Gl. (1152) $\operatorname{arg\,dn}(z, k)$ verschwindet, nicht in den Integrationsbereich fallen. Für die Berechnung der ar tanh-Funktionen ist $\sqrt{(1+\lambda_2^2)/(1+k'^2\lambda_2^2)}$ $= 1,0293$, $\operatorname{dn}(z_{\text{oben}}, k) = 0,7011$, $\operatorname{dn}(z_{\text{unten}}, k) = 0,9425$. Ferner erhält man $2/(\lambda_1+\lambda_3)\,t_2 = 0,0305$, $\lambda_2/(1+\lambda_2^2) = 0,2982$ und $\lambda_2^2/(1+\lambda_2)^2 = 0,08895$. Mit diesen Werten folgt für $0 < t_0^2 = \operatorname{sn}^2(z_0, k)$ $= 0,08895 < 1$ nach Gl. (982)[2] als Zwischenergebnis

$$\int\limits_{4,1258}^{9,7474} \frac{dt}{(t-3,4515)\sqrt{[(t-3,4515)^2+4,7852^2]\,[(t-5,1135)^2+6,4451^2]}}$$

$$= -0,0305\left[-1,2177 - 0,2982\int\limits_{0,4688}^{1,4283}\frac{dz}{\operatorname{sn}^2(z,k)-0,08895}\right]$$

$$= 0,0371 + 0,00910\,\frac{k^2}{\wp_4'(z_0,k)}\left[\ln\frac{\vartheta_1(\zeta_{\text{oben}}-\zeta_0,\varkappa)}{\vartheta_1(\zeta_{\text{oben}}+\zeta_0,\varkappa)} - \ln\frac{\vartheta_1(\zeta_{\text{unten}}-\zeta_0,\varkappa)}{\vartheta_1(\zeta_{\text{unten}}+\zeta_0,\varkappa)} + 2(\zeta_{\text{oben}}-\zeta_{\text{unten}})\frac{\partial}{\partial\zeta_0}\ln\vartheta_4(\zeta_0,\varkappa)\right]$$

mit $\zeta_0 = \operatorname{arg\,sn}(\sqrt{0,08895}, \varkappa) = \operatorname{arg\,sn}(0,2982;\,0,9393)$.

Aus Tafel III, S. 421, 425 und 418, 422, entnimmt man bei doppelter linearer Interpolation $\zeta_0 = 0,0797$, $\wp_4'(z_0, k) = 0,3141$, $\dfrac{\partial}{\partial\zeta_0}\ln\vartheta_4(\zeta_0,\varkappa) = 0,3470$ und bei gleichzeitiger Bezugnahme auf $\zeta_{\text{oben}} = 0,3726$, $\zeta_{\text{unten}} = 0,1223$, $\vartheta_1(\zeta_{\text{oben}}-\zeta_0,\varkappa) = \vartheta_1(0,2929;\,0,9393) = 0,7600$, $\vartheta_1(\zeta_{\text{oben}}+\zeta_0,\varkappa)$ $= \vartheta_1(0,4523;\,0,9393) = 0,9479$, $\vartheta_1(\zeta_{\text{unten}}-\zeta_0,\varkappa) = \vartheta_1(0,0426;\,0,9393) = 0,1264$, $\vartheta_1(\zeta_{\text{unten}}+\zeta_0,\varkappa)$ $= \vartheta_1(0,2020;\,0,9393) = 0,5645$. Damit erhält man

$$\int\limits_{4,1258}^{9,7474} \frac{dt}{(t-3,4515)\sqrt{[(t-3,4515)^2+4,7852^2]\,[(t-5,1135)^2+6,4451^2]}}$$

$$= 0,0371 + \frac{0,00910\cdot 0,5682}{0,3141}(-0,2209 + 1,4966 + 2\cdot 0,2503\cdot 0,3470) = 0,061\,.$$

Beispiel 81. [Integraltyp von Gl. (1162)[4] für $t_1 > t > t_2$.]

$$\int\limits_{0,0730}^{4,0308} \frac{dt}{(t-5{,}1612)\sqrt{(5{,}1612-t)(t+0{,}3374)[(t-1{,}3751)^2+8{,}3533]}} = \int\limits_{0,0730}^{4,0308} \frac{dt}{(t-t_1)\sqrt{(t_1-t)(t-t_2)[(t-t_3)^2+t_4^2]}}$$

$$= 2\frac{\lambda_2}{\lambda_1}\frac{1}{\sqrt{\lambda_1\lambda_2}}\frac{1}{t_1-t_2}\left[\mathfrak{z}_6\left(\frac{z_o}{2},k\right)-\mathfrak{z}_6\left(\frac{z_u}{2},k\right)-\left(e_2+\frac{1}{2}\frac{\lambda_1}{\lambda_2}\right)(z_o-z_u)\right]$$

$$\text{mit } \lambda_{\frac{1}{2}}=\sqrt{(t_{\frac{1}{2}}-t_3)^2+t_4^2}, \quad z=2\arg\overline{\text{nc}}\left(\sqrt{\frac{\lambda_1}{\lambda_2}\frac{t-t_2}{t_1-t}},\ \sqrt{\frac{(t_1-t_2)^2-(\lambda_1-\lambda_2)^2}{4\lambda_1\lambda_2}}\right).$$

Aus dem Identitätsvergleich erhält man $t_1 = 5{,}1612$, $t_2 = -0{,}3374$, $t_3 = 1{,}3751$, $t_4 = 2{,}8902$ und damit $\lambda_1 = 4{,}7631$, $\lambda_2 = 3{,}3595$, $k = 0{,}6644$, $z_o = 2\arg\overline{\text{nc}}(2{,}3407;\ 0{,}6644)$, $z_u = 2\arg\overline{\text{nc}}(0{,}3382;\ 0{,}6644)$. Hierzu gehört nach Tafel I, S. 20, und Tafel II, S. 24, $1/\varkappa = 0{,}9478$, $K = 1{,}8075$, $e_2 = -0{,}0389$ und nach Tafel III, S. 473, 477 und 474, 478, $\zeta_o = 2\arg\overline{\text{nc}}\left(2{,}3407;\ \frac{1}{0{,}9478}\right) = 0{,}7656$; $\zeta_u = 2\arg\overline{\text{nc}}\left(0{,}3382;\ \frac{1}{0{,}9478}\right) = 0{,}1860$, $\mathfrak{z}_6\left(\frac{\zeta_o}{2},\varkappa\right) = \mathfrak{z}_6\left(0{,}3828;\ \frac{1}{0{,}9478}\right) = -2{,}3688$, $\mathfrak{z}_6\left(\frac{\zeta_u}{2},\varkappa\right) = \mathfrak{z}_6\left(0{,}0930;\ \frac{1}{0{,}9478}\right) = -0{,}8497$, vorausgesetzt, daß für ζ und $\varkappa$ linear interpoliert wird. Mit diesen Werten errechnet sich

$$\int\limits_{0,0730}^{4,0308} \frac{dt}{(t-5{,}1612)\sqrt{(5{,}1612-t)(t+0{,}3374)[(t-1{,}3751)^2+8{,}3533]}}$$

$$= 2\frac{3{,}3595}{4{,}7631}\frac{1}{\sqrt{3{,}3595\cdot 4{,}7631}}\frac{1}{5{,}4986}\left[-2{,}3688+0{,}8497-\left(-0{,}0389+\frac{1}{2}\frac{4{,}7631}{3{,}3595}\right)\cdot 3{,}6150(0{,}7656-0{,}1860)\right] = -0{,}1875.$$

Beispiel 82. [Integraltyp von Gl. (1161)[5] für $t_1 < t_2 < t_3 < t < t_4$ und für ζ als Argument.]

$$\int\limits_{4,0207}^{5,8298} \frac{1}{t-3{,}4216}\frac{dt}{\sqrt{(t+0{,}3216)(t-0{,}8599)(t-3{,}4216)(7{,}0219-t)}} \equiv \int\limits_{5,8298}^{4,0207} \frac{1}{t-t_3}\frac{dt}{\sqrt{(t-t_1)(t-t_2)(t-t_3)(t_4-t)}}$$

$$= \frac{\lambda(t_2-t_4)}{(t_3-t_2)(t_3-t_4)}\left[\mathfrak{z}_1(z_o,k)-\mathfrak{z}_1(z_u,k)+\left(e_3+\frac{t_3-t_4}{t_2-t_4}\right)(z_o-z_u)\right]$$

$$\text{für } z = 2K\arg\text{sn}\left(\sqrt{\frac{t_4-t_2}{t_4-t_3}\frac{t-t_3}{t-t_2}},\ \sqrt{\frac{t_3-t_4}{t_2-t_4}\frac{t_2-t_1}{t_3-t_1}}\right) \text{ und } \lambda = 2/\sqrt{(t_1-t_3)(t_2-t_4)}.$$

Aus dem Identitätsvergleich folgt $t_1 = -0{,}3216$, $t_2 = 0{,}8599$, $t_3 = 3{,}4216$, $t_4 = 7{,}0219$ und damit $k = \sqrt{\frac{t_3-t_4}{t_2-t_4}\frac{t_2-t_1}{t_3-t_1}} = 0{,}4294$. Hierfür liefert Tafel I, S. 16, $1/\varkappa = 0{,}72$, $K = 1{,}6518$ und Tafel III, S. 564, $e_3 = -0{,}3948$ sowie bei linearer Interpolation bezüglich ζ

$$\zeta_o = \arg\text{sn}\left(\sqrt{\frac{t_4-t_2}{t_4-t_3}\frac{4{,}0207-t_3}{4{,}0207-t_2}};\ 0{,}4294\right) = \arg\text{sn}(0{,}56952;\ 0{,}4294) = 0{,}1854,$$

$$\zeta_u = \arg\text{sn}\left(\sqrt{\frac{t_4-t_2}{t_4-t_3}\frac{5{,}8298-t_3}{5{,}8298-t_2}};\ 0{,}4294\right) = \arg\text{sn}(0{,}91067;\ 0{,}4294) = 0.3583.$$

Hierzu gehört bei linearer Interpolation nach Tafel III, S. 566, $\mathfrak{z}_1(\zeta_o,\varkappa) = \mathfrak{z}_1\left(0{,}1854;\ \frac{1}{0{,}72}\right) = 1{,}6293$, $\mathfrak{z}_1(\zeta_u,\varkappa) = \mathfrak{z}_1\left(0{,}3583,\ \frac{1}{0{,}72}\right) = 0{,}8097$. Damit erhält man

$$\int\limits_{4,0207}^{5,8298} \frac{1}{t-3{,}4216}\frac{dt}{\sqrt{(t+0{,}3216)(t-0{,}8599)(t-3{,}4216)(7{,}0219-t)}}$$

$$= \frac{0{,}4164\cdot 6{,}1620}{2{,}5618\cdot 3{,}6002}\left[1{,}6293-0{,}8097+\left(-0{,}3948+\frac{3{,}6002}{6{,}1620}\right)\cdot 2\cdot 1{,}6518(0{,}1854-0{,}3583)\right] = 0{,}1979.$$

Beispiel 83. [Integraltyp von Gl. (1158)[2], oberste Gruppe für $t_1 > t_2 > t_3 \geqq t > t_4$ und für ζ als Argument.]

$$\int_{-0,4592}^{-2,6513} \frac{(t-7{,}9885)\,dt}{\sqrt{(t-7{,}9885)(t-1{,}2795)(t+0{,}4592)(-15{,}6852-t)}} = \int_{t_3}^{-2,6513} \frac{(t-t_1)\,dt}{\sqrt{(t-t_1)(t-t_2)(t-t_3)(t_4-t)}}$$

$$= \frac{(t_1-t_4)(t_1-t_2)\lambda}{t_4-t_2} \int_0^z \frac{dz}{\wp_3(z,k)-\left(e_3+\frac{t_1-t_2}{t_4-t_2}\right)} \quad \text{für} \quad z = \arg\operatorname{sn}\left(\sqrt{\frac{(t_4-t_2)(-2{,}6513-t_3)}{(t_4-t_3)(-2{,}6513-t_2)}},\ \sqrt{\frac{(t_3-t_4)(t_2-t_1)}{(t_2-t_4)(t_3-t_1)}}\right)$$

$$\text{und} \quad \lambda = \frac{2}{\sqrt{(t_1-t_3)(t_2-t_4)}}.$$

Der Identitätsvergleich liefert $t_1 = 7{,}9885$, $t_2 = 1{,}2795$, $t_3 = -0{,}4592$, $t_4 = -15{,}6852$ und damit $\lambda = 0{,}1671$, $k = 0{,}8443$. Hierzu gehört nach Tafel I, S. 18, wenn linear interpoliert wird, $\varkappa = 0{,}8146$, $k^2 = 0{,}7128$, $K = 2{,}0949$, $K' = 1{,}7065$ und nach Tafel II, S. 23, $e_3 = -0{,}5709$ sowie $z = 2K \cdot \arg\operatorname{sn}(0{,}7883;\ 0{,}8443)$. Hierfür entnimmt man Tafel III, S. 370 und 374,

$$\varkappa = 0{,}81: \begin{cases} \operatorname{sn}(\zeta,\varkappa) = 0{,}7698, & \zeta = 0{,}23,\\ \operatorname{sn}(\zeta,\varkappa) = 0{,}7896, & \zeta = 0{,}24,\\ \operatorname{sn}(\zeta,\varkappa) = 0{,}7883, & \zeta = 0{,}2393; \end{cases} \qquad \varkappa = 0{,}82: \begin{cases} \operatorname{sn}(\zeta,\varkappa) = 0{,}7867, & \zeta = 0{,}24,\\ \operatorname{sn}(\zeta,\varkappa) = 0{,}8054, & \zeta = 0{,}25,\\ \operatorname{sn}(\zeta,\varkappa) = 0{,}7883, & \zeta = 0{,}2409; \end{cases}$$

$\zeta = \arg\operatorname{sn}(0{,}7883;\ 0{,}8146) = 0{,}2400$, $z = 4{,}1898 \cdot 0{,}2400 = 1{,}0056$.

Ferner ist $\frac{(t_1-t_4)(t_1-t_2)\lambda}{(t_4-t_2)} = 23{,}6737 \cdot 6{,}7090 \cdot 0{,}1671/16{,}9647 = 1{,}5644$, $e_3 + \frac{t_1-t_2}{t_4-t_2} = -0{,}5709 - \frac{6{,}7090}{16{,}9647} = -0{,}9664$. Somit erhält man in Verbindung mit Gl. (756)[1] als Zwischenergebnis

$$\int_{-0,4592}^{-2,6513} \frac{(t-7{,}9885)\,dt}{\sqrt{(t-7{,}9885)(t-1{,}2795)(t+0{,}4592)(-15{,}6852-t)}} = 1{,}5644 \int_0^{1,0056} \frac{dz}{\wp_3(z,k)+0{,}9664}$$

$$= \frac{1{,}5644}{\wp_1'(z_0,k')}\left[\frac{1}{i}\ln\frac{\vartheta_3(\zeta-i\varkappa\zeta_0,\varkappa)}{\vartheta_3(\zeta+i\varkappa\zeta_0,\varkappa)} - 4\pi\zeta\zeta_0 - \frac{2\zeta}{\varkappa}\frac{\partial\ln\vartheta_1(z_0,k')}{\partial\zeta_0}\right] \quad \text{mit} \quad t_0 = -\wp_1(z_0,k') = -0{,}9664.$$

Unter Bezugnahme auf Tafel III, S. 530 und 526, lautet der Rechnungsgang für $\zeta_0 = z_0/2K'$:

$$\frac{1}{\varkappa} = 0{,}81: \begin{cases} \wp_1(\zeta,\varkappa) = 1{,}0196, & \zeta = 0{,}30,\\ \wp_1(\zeta,\varkappa) = 0{,}9636, & \zeta = 0{,}31,\\ \wp_1(\zeta,\varkappa) = 0{,}9664, & \zeta = 0{,}3095; \end{cases} \qquad \frac{1}{\varkappa} = 0{,}82: \begin{cases} \wp_1(\zeta,\varkappa) = 1{,}0121, & \zeta = 0{,}30,\\ \wp_1(\zeta,\varkappa) = 0{,}9566, & \zeta = 0{,}31,\\ \wp_1(\zeta,\varkappa) = 0{,}9664, & \zeta = 0{,}3083; \end{cases}$$

$\zeta_0 = \arg\wp_1\left(0{,}9664;\ \frac{1}{0{,}8146}\right) = 0{,}3090$; $z_0 = 3{,}4130 \cdot 0{,}3090 = 1{,}0546$.

Hierzu gehört nach Tafel III, S. 530, 526 und 528, 524, bei doppelter linearer Interpolation

$$\wp_1'\left(\zeta_0,\frac{1}{\varkappa}\right) = \wp_1'\left(0{,}3090;\ \frac{1}{0{,}8146}\right) = -1{,}5606, \qquad \frac{\partial}{\partial\zeta_0}\ln\vartheta_1\left(\zeta_0,\frac{1}{\varkappa}\right) = \frac{\partial}{\partial\zeta_0}\ln\vartheta_1\left(0{,}3090;\ \frac{1}{0{,}8146}\right) = 2{,}1550.$$

Für den in der eckigen Klammer auftretenden beiden vorderen Glieder liefert Gl. (178)

$$\frac{1}{i}\ln\frac{\vartheta_3(\zeta-i\varkappa\zeta_0,\varkappa)}{\vartheta_3(\zeta+i\varkappa\zeta_0,\varkappa)} - 4\pi\zeta\zeta_0 = 4\sum_{1}^{\infty}\frac{(-1)^n}{n}\,\frac{e^{-n\pi/\varkappa}\sinh 2n\pi\zeta/\varkappa\,\sin 2n\pi\zeta_0}{1-e^{-2n\pi/\varkappa}}.$$

Hierin ist $\zeta = 0{,}2400$, $\zeta_0 = 0{,}3090$, $\varkappa = 0{,}8146$. Damit erhält man

$$\frac{1}{i}\ln\frac{\vartheta_3(0{,}2400-0{,}2517i,\ 0{,}8146)}{\vartheta_3(0{,}2400+0{,}2517i,\ 0{,}8146)} - 4\pi\zeta\zeta_0 = 4\left[\frac{-0{,}0211\cdot 3{,}1046\cdot 0{,}9320}{1-0{,}00045} + \frac{1}{2}\,\frac{0{,}000447\cdot 20{,}243(-0{,}675)}{1} - \right.$$

$$\left. - \frac{1}{3}\,\frac{0{,}0000095\cdot 129{,}10(-0{,}440)}{1} + \frac{1}{4}\,\frac{0{,}00000020\cdot 822\cdot 0{,}996}{1} - \cdots\right]$$

$$= 4(-0{,}06105 - 0{,}00306 + 0{,}00018 + 0{,}00003 - \cdots) = -4\cdot 0{,}0639 = -0{,}2556.$$

Die Einsetzung der gefundenen Zahlenwerte ergibt

$$\int_{-0,4592}^{-2,6513} \frac{(t-7{,}9885)\,dt}{\sqrt{(t-7{,}9885)(t-1{,}2795)(t+0{,}4592)(-15{,}6852-t)}} = 1{,}5644\,\frac{-1}{1{,}5606}\left(-0{,}2556 - \frac{0{,}4800}{0{,}8146}\cdot 2{,}1550\right) = 1{,}654.$$

Beispiel 84. [Integraltyp von Gl. (1159)² oberer Index für $t_1 > t \geqq t_2$ und für ζ als Argument.]

$$\int_{-3,2089}^{1,6023} \frac{(t-5,6641)\,dt}{\sqrt{(5,6641-t)(t+3,2089)[(t-4,4721)^2+0,7215]}} = \int_{t_2}^{1,6023} \frac{(t-t_1)\,dt}{\sqrt{(t_1-t)(t-t_2)[(t-t_3)^2+t_4^2]}}$$

$$= -2\frac{\lambda_1}{\lambda_2}\frac{t_1-t_2}{\sqrt{\lambda_1\lambda_2}}\int_0^{z/2}\frac{d\left(\frac{z}{2}\right)}{\wp_6\left(\frac{z}{2},k\right)+2e_2+\frac{\lambda_1}{\lambda_2}} \quad \text{für } \frac{z}{2} = \arg\overline{\mathrm{nc}}\left(\sqrt{\frac{\lambda_1}{\lambda_2}\frac{t-t_2}{t_1-t}},\ \sqrt{\frac{(t_1-t_2)^2-(\lambda_1-\lambda_2)^2}{4\lambda_1\lambda_2}}\right)$$

$$\text{mit } \lambda_1 = \sqrt{(t_1-t_3)^2+t_4^2}, \quad \lambda_2 = \sqrt{(t_2-t_3)^2+t_4^2}.$$

Aus dem Identitätsvergleich folgt $t_1 = 5,6641$, $t_2 = -3,2089$, $t_3 = 4,4721$, $t_4 = 0,8494$ und damit $\lambda_1 = 1,4637$, $\lambda_2 = 7,7278$, $\lambda_1 - \lambda_2 = -6,2641$, $k = 0,9342$, $\sqrt{\frac{\lambda_1}{\lambda_2}\frac{t-t_2}{t_1-t}} = \sqrt{\frac{1,4637}{7,7278}\frac{1,6023+3,2089}{5,6641-1,6023}}$ $= 0,4737$. Zu $k = 0,9342$ gehört nach Tafel I, S. 15, und Tafel II, S. 23 und 31, bei linearer Interpolation $\varkappa = 0,6589$, $e_2 = 0,2485$, $K = 2,4656$, $K' = 1,6246$. Ferner ist $2\frac{\lambda_1}{\lambda_2}\frac{t_1-t_2}{\sqrt{\lambda_1\lambda_2}} = +0,9994$, $2e_2 + \frac{\lambda_1}{\lambda_2} = 0,6864$. Damit folgt als Zwischenergebnis, wenn $\frac{z}{2} = \bar z$ gesetzt und Gl. (759)¹ berücksichtigt wird,

$$\int_{-3,2089}^{1,6023} \frac{(t-5,6641)\,dt}{\sqrt{(5,6641-t)(t+3,2089)[(t-4,4721)^2+0,7215]}} = -0,9994\int_0^{\bar z}\frac{d\bar z}{\wp_6(\bar z,k)+0,6864}$$

$$= -\frac{0,9994}{\wp_6'(z_0,k')}\left[\frac{1}{i}\ln\frac{\vartheta_5(\bar\zeta-i\varkappa\zeta_0,\varkappa)}{\vartheta_5(\bar\zeta+i\varkappa\zeta_0,\varkappa)}+\pi(1-8\bar\zeta\zeta_0)-\frac{2\bar\zeta}{\varkappa}\frac{\partial}{\partial\zeta_0}\ln\vartheta_6(z_0,k')\right]$$

$$\text{mit } \bar z = 4,9312\arg\overline{\mathrm{nc}}(0,4737;0,6589), \quad z_0 = 3,2492\arg\wp_6\left(0,6864;\frac{1}{0,6589}\right).$$

Mit Hilfe von Tafel III, S. 591 und 595 bzw. S. 588 und 592, ergibt sich bei doppelter linearer Interpolation $\bar\zeta = 0,1018$, $\zeta_0 = 0,1278$ und damit $\wp_6'\left(\zeta_0,\frac{1}{\varkappa}\right) = 0,9984$, $\frac{\partial}{\partial\zeta_0}\ln\vartheta_6\left(\zeta_0,\frac{1}{\varkappa}\right)$ $= \frac{\partial}{\partial\zeta_0}\ln\vartheta_2\left(\zeta_0,\frac{1}{\varkappa}\right)+\frac{\partial}{\partial\zeta_0}\ln\vartheta_4\left(\zeta_0,\frac{1}{\varkappa}\right) = -1,2572$. Ferner liefert Gl. (178)

$$\frac{1}{i}\ln\frac{\vartheta_5(\bar\zeta-i\varkappa\zeta_0,\varkappa)}{\vartheta_5(\bar\zeta+i\varkappa\zeta_0,\varkappa)} = 8\pi\bar\zeta\zeta_0 - 2\,\mathrm{arc\,tan}\left(\coth\frac{\pi\bar\zeta}{\varkappa}\tan\pi\zeta_0\right)+4\sum_1^\infty\frac{(-1)^n}{n}\frac{e^{-n\pi/\varkappa}\sinh\frac{2n\pi\bar\zeta}{\varkappa}\sin 2n\pi\zeta_0}{1-(-1)^n e^{-n\pi/\varkappa}}$$

$$= 8\pi\bar\zeta\zeta_0 - 2\cdot 0,7561 + 4(-0,00685+0,00012-0,00000) = 8\pi\bar\zeta\zeta_0 - 1,5391.$$

Bei Einführung der gefundenen Zahlenwerte lautet die Lösung

$$\int_{-3,2089}^{1,6023} \frac{(t-5,6641)\,dt}{\sqrt{(5,6641-t)(t+3,2089)[(t-4,4721)^2+0,7215]}} = -\frac{0,9994}{0,9984}\left[-1,5391+\pi+\frac{2\cdot 0,1018}{0,6589}\cdot 1,2572\right] = -1,992.$$

Beispiel 85. [Integraltyp von Gl. (1160) mit $t_1 < t_3$, d. h. unteres Vorzeichen in Gl. (1147) und für ζ als Argument.]

$$\int_{1,5102}^{3,9582} \frac{(t-1,4849)\,dt}{\sqrt{[(t-1,4849)^2+0,5363][(t-3,4112)^2+8,5837]}} = \int_{1,5102}^{3,9582} \frac{(t-t_1)\,dt}{\sqrt{[(t-t_1)^2+t_2^2][(t-t_3)^2+t_4^2]}}$$

$$= \mathrm{ar\,tanh}\frac{1-\mathrm{dn}(z_{\text{oben}},k)}{\frac{\lambda_1+\lambda_3}{2t_2}\mathrm{dn}(z_{\text{oben}},k)-\frac{2t_2}{\lambda_1+\lambda_3}} - \mathrm{ar\,tanh}\frac{1-\mathrm{dn}(z_{\text{unten}},k)}{\frac{\lambda_1+\lambda_3}{2t_2}\mathrm{dn}(z_{\text{unten}},k)-\frac{2t_2}{\lambda_1+\lambda_3}} +$$

$$+\frac{2t_2\lambda_2}{(\lambda_1+\lambda_3)(1+\lambda_2^2)}\int_{z_{\text{unten}}}^{z_{\text{oben}}}\frac{dz}{\mathrm{sn}^2(z,k)-\frac{1}{1+\lambda_2^2}} \quad \text{für } \lambda_1 = \sqrt{(t_1-t_3)^2+(t_2+t_4)^2}, \quad \lambda_2 = \sqrt{\frac{4t_2^2-(\lambda_1-\lambda_3)^2}{(\lambda_1+\lambda_3)^2-4t_2^2}},$$

$$\lambda_3 = \sqrt{(t_1-t_3)^2+(t_2-t_4)^2}, \quad \lambda_4 = -\sqrt{\frac{4t_4^2-(\lambda_3-\lambda_1)^2}{(\lambda_3+\lambda_1)^2-4t_4^2}}, \quad z = \arg\mathrm{dn}\left(\frac{2t_2}{\lambda_1+\lambda_3}\sqrt{\frac{(t-t_3)^2+t_4^2}{(t-t_1)^2+t_2^2}},\ \frac{2\sqrt{\lambda_1\lambda_3}}{\lambda_1+\lambda_3}\right).$$

Der Identitätsvergleich ergibt $t_1 = 1{,}4849$, $t_2 = 0{,}7323$, $t_3 = 3{,}4112$, $t_4 = 2{,}9298$ und damit $\lambda_1 = 4{,}1378$, $\lambda_2 = 0{,}1183$, $\lambda_3 = 2{,}9223$, $\lambda_4 = -1{,}4555$, $k = 0{,}98506$ sowie in Verbindung mit Tafel I, S. 12, $\varkappa = 0{,}5006$, $K = 3{,}1647$. Hierzu gehört nach Tafel III, S. 247 und 251, bei doppelter linearer Interpolation für $t_{\text{oben}} = 3{,}9582$ und $t_{\text{unten}} = 1{,}5102$ $z_{\text{oben}} = \arg \operatorname{dn}(0{,}23965;\ 0{,}98506)$ $= 6{,}3294 \arg \operatorname{dn}(0{,}23965;\ 0{,}5006) = 6{,}3294 \cdot 0{,}3617 = 2{,}2893$ und $z_{\text{unten}} = \arg \operatorname{dn}(0{,}98855;\ 0{,}98506)$ $= 6{,}3294 \arg \operatorname{dn}(0{,}98855;\ 0{,}5006) = 6{,}3294 \cdot 0{,}0239 = 0{,}1513$. Beide Argumente sind positiv in die Rechnung einzuführen, denn die Werte $t_1 - \lambda_2 t_2 = 1{,}4849 - 0{,}1183 \cdot 0{,}7323 = 1{,}3982$ und $t_3 - \lambda_4 t_4 = 3{,}4112 + 1{,}4555 \cdot 2{,}9298 = 7{,}6755$, für welche nach Gl. (1152) $\arg \operatorname{dn}(z, k)$ verschwindet, fallen nicht in den Integrationsbereich.

Mit $(\lambda_1 + \lambda_3)/2t_2 = 7{,}0601/1{,}4646 = 4{,}8205$ und $\operatorname{dn}(z_{\text{oben}}, k) = 0{,}23965$, $\operatorname{dn}(z_{\text{unten}}, k) = 0{,}98855$ lassen sich die beiden ar tanh-Funktionen sofort berechnen. Ferner erhält man $2t_2\,\lambda_2/(\lambda_1 + \lambda_3)(1 + \lambda_2^2) = 0{,}0242$ und $\dfrac{1}{1 + \lambda_2^2} = 0{,}9862$. Mit diesen Werten folgt für $0 < t_0^2 = \operatorname{sn}^2(z_0, k)$ $= 0{,}9862 < 1$ nach Gl. (982)² als Zwischenergebnis

$$\int\limits_{1{,}5102}^{3{,}9582} \frac{(t - 1{,}4849)\,dt}{\sqrt{[(t - 1{,}4849)^2 + 0{,}5363]\,[(t - 3{,}4112)^2 + 8{,}5837]}} = 1{,}1034 + \int\limits_{0{,}1513}^{2{,}2893} \frac{0{,}0242\,dz}{\operatorname{sn}^2(z, k) - 0{,}9862}$$

$$= 1{,}1034 + \frac{0{,}0242\,k^2}{\wp_4'(z_0, k)}\left[\ln \frac{\vartheta_1(\zeta_{\text{oben}} - \zeta_0, \varkappa)}{\vartheta_1(\zeta_{\text{oben}} + \zeta_0, \varkappa)} - \ln \frac{\vartheta_1(\zeta_{\text{unten}} - \zeta_0, \varkappa)}{\vartheta_1(\zeta_{\text{unten}} + \zeta_0, \varkappa)} + 2(\zeta_{\text{oben}} - \zeta_{\text{unten}}) \frac{\partial}{\partial \zeta_0} \ln \vartheta_4(\zeta_0, \varkappa)\right]$$

mit $\zeta_0 = \arg \operatorname{sn}(\sqrt{0{,}9862}, \varkappa) = \arg \operatorname{sn}(0{,}9931;\ 0{,}5006)$.

In Verbindung mit Tafel III, S. 249, 253 und 246, 250, ergibt sich bei doppelter linearer Interpolation $\zeta_0 = 0{,}3990$ und damit $\wp_4'(z_0, k) = 0{,}0469$, $\dfrac{\partial}{\partial \zeta_0} \ln \vartheta_4(\zeta_0, \varkappa) = 1{,}1810$. Ferner entnimmt man der vorangehenden Berechnung $\zeta_{\text{oben}} = 0{,}3617$, $\zeta_{\text{unten}} = 0{,}0239$ und damit $\vartheta_1(\zeta_{\text{oben}} - \zeta_0, \varkappa)$ $= \vartheta_1(-0{,}0373, \varkappa) = -\vartheta_1(0{,}0373;\ 0{,}5006) = -0{,}1378$, $\vartheta_1(\zeta_{\text{oben}} + \zeta_0, \varkappa) = \vartheta_1(0{,}7607, \varkappa)$ $= \vartheta_1(0{,}2393;\ 0{,}5006) = 0{,}8768$, $\vartheta_1(\zeta_{\text{unten}} - \zeta_0, \varkappa) = \vartheta_1(-0{,}3751, \varkappa) = -\vartheta_1(0{,}3751;\ 0{,}5006)$ $= -1{,}2693$, $\vartheta_1(\zeta_{\text{unten}} + \zeta_0, \varkappa) = \vartheta_1(0{,}4229;\ 0{,}5006) = 1{,}3537$, womit die Lösung

$$\int\limits_{1{,}5102}^{3{,}9582} \frac{(t - 1{,}4849)\,dt}{\sqrt{[(t - 1{,}4849)^2 + 0{,}5363]\,[(t - 3{,}4112)^2 + 8{,}5837]}}$$

$$= 1{,}1034 + 0{,}0242\,\frac{0{,}97034}{0{,}0469}(-1{,}8502 + 0{,}0644 + 2 \cdot 0{,}3378 \cdot 1{,}1810) = 0{,}609$$

lautet.

Beispiel 86. [Integraltyp von Gl. (1165) für $t_1 < t_2 < t_3 < t < t_4$, Argument und Vorzeichen nach (1158)².]

$$\int\limits_{15{,}3221}^{25{,}2131} \frac{(t - 18{,}2275)(t - 22{,}1144)\,dt}{\sqrt{-(t - 2{,}2388)(t - 5{,}9732)(t - 10{,}8284)(t - 31{,}2522)}} = \int\limits_{15{,}3221}^{25{,}2131} \frac{(t - t_\alpha)(t - t_\beta)\,dt}{\sqrt{-(t - t_1)(t - t_2)(t - t_3)(t - t_4)}}$$

$$= \frac{2}{\sqrt{(t_1 - t_3)(t_2 - t_4)}}\left[(t_\alpha - t_3)(t_\beta - t_3)\,z - (t_\alpha + t_\beta - 2t_3)\frac{(t_2 - t_3)(t_4 - t_3)}{t_2 - t_4}\int\limits_{z_{\text{unten}}}^{z_{\text{oben}}} \frac{dz}{\wp_1(z, k) - \left(e_3 + \dfrac{t_4 - t_3}{t_4 - t_2}\right)} + \right.$$

$$\left. + \left(\frac{(t_2 - t_3)(t_4 - t_3)}{t_2 - t_4}\right)^2 \int\limits_{z_{\text{unten}}}^{z_{\text{oben}}} \frac{dz}{\left[\wp_1(z, k) - \left(e_3 + \dfrac{t_4 - t_3}{t_4 - t_2}\right)\right]^2}\right] \quad \text{mit } z = \arg \operatorname{sn}\left(\sqrt{\frac{t_4 - t_2}{t_4 - t_3}\,\frac{t - t_3}{t - t_2}},\ \sqrt{\frac{(t_3 - t_4)(t_2 - t_1)}{(t_2 - t_4)(t_3 - t_1)}}\right).$$

Der Identitätsvergleich liefert $t_1 = 2{,}2388$, $t_2 = 5{,}9732$, $t_3 = 10{,}8284$, $t_4 = 31{,}2522$, $t_\alpha = 18{,}2275$, $t_\beta = 22{,}1144$ und damit $k = 0{,}5927$, wozu nach Tafel I, S. 19, $\varkappa = \dfrac{1}{0{,}87}$ und $K = 1{,}7452$ sowie nach Tafel III, S. 504 $e_3 = -0{,}4504$ gehört. Ferner errechnet sich bei linearer Interpolation in Verbindung mit Tafel III, S. 504, $\zeta_{\text{oben}} = \arg \operatorname{sn}\left(0{,}96197,\ \dfrac{1}{0{,}87}\right) = 0{,}4021$, $\zeta_{\text{unten}} =$ $\arg \operatorname{sn}\left(0{,}77132,\ \dfrac{1}{0{,}87}\right) = 0{,}2669$ und damit $z_{\text{oben}} = 3{,}4904 \cdot 0{,}4021 = 1{,}4035$, $z_{\text{unten}} = 3{,}4904 \cdot 0{,}2669$

$= 0{,}9316$. Nach Einsetzen der gefundenen Zahlenwerte erhält man

$$\int_{15,3221}^{25,2131} \frac{(t-18{,}2275)(t-22{,}1144)\,dt}{\sqrt{-(t-2{,}2388)(t-5{,}9732)(t-10{,}8284)(t-31{,}2522)}}$$

$$= 5{,}3485 - 9{,}9481 \int_{0,9316}^{1,4035} \frac{dz}{\wp_1(z,k)-0{,}3575} + 2{,}0885 \int_{0,9316}^{1,4035} \frac{dz}{[\wp_1(z,k)-0{,}3575]^2}.$$

Nach Tafel II, S. 24, folgt für $\varkappa = \frac{1}{0{,}87}$ $e_2 = -0{,}0991$, $e_1 = 0{,}5496$ und damit für $t_0 = 0{,}3575$ und $e_2 < t_0 < e_1$ nach Gl. (754)[3]

$$\int_{0,9316}^{1,4035} \frac{dz}{\wp_1(z,k)-0{,}3575} = \frac{1}{\wp_3'\left(\zeta_0, \frac{1}{\varkappa}\right)} \left[\frac{1}{i}\ln\frac{\vartheta_3(\zeta_{\text{oben}} - i\varkappa\zeta_0,\varkappa)}{\vartheta_3(\zeta_{\text{oben}} + i\varkappa\zeta_0,\varkappa)} - \frac{1}{i}\ln\frac{\vartheta_3(\zeta_{\text{unten}} - i\varkappa\zeta_0,\varkappa)}{\vartheta_3(\zeta_{\text{unten}} + i\varkappa\zeta_0,\varkappa)} - \right.$$

$$\left. - 4\pi(\zeta_{\text{oben}} - \zeta_{\text{unten}})\zeta_0 - \frac{2}{\varkappa}(\zeta_{\text{oben}} - \zeta_{\text{unten}})\frac{\partial}{\partial\zeta_0}\ln\vartheta_3\left(\zeta_0, \frac{1}{\varkappa}\right)\right] \quad \text{für} \quad \zeta_0 = \arg\wp_3\left(-0{,}3575, \frac{1}{\varkappa}\right).$$

Mit Hilfe von Tafel III, S. 397, 394, ergibt sich bei linearer Interpolation $\zeta_0 = 0{,}3513$ und damit $\wp_3'\left(\zeta_0, \frac{1}{\varkappa}\right) = \wp_3'(0{,}3513;\, 0{,}87) = -0{,}5322$, $\frac{\partial}{\partial\zeta_0}\ln\vartheta_3\left(\zeta_0, \frac{1}{\varkappa}\right) = -0{,}7114$ sowie in Verbindung mit Gl. (177)

$$\frac{1}{i}\ln\frac{\vartheta_3(\zeta_{\text{oben}} - i\varkappa\zeta_0,\varkappa)}{\vartheta_3(\zeta_{\text{oben}} + i\varkappa\zeta_0,\varkappa)} = -4\sum_1^\infty \frac{(-1)^n}{n}\,\frac{e^{-n\pi/0,87}\sin 2n\pi\cdot 0{,}4021\,\sinh 2n\pi\cdot 0{,}3513/0{,}87}{1-e^{-2n\pi/0,87}} = 0{,}5324,$$

$$\frac{1}{i}\ln\frac{\vartheta_3(\zeta_{\text{unten}} - i\varkappa\zeta_0,\varkappa)}{\vartheta_3(\zeta_{\text{unten}} + i\varkappa\zeta_0,\varkappa)} = -4\sum_1^\infty \frac{(-1)^n}{n}\,\frac{e^{-n\pi/0,87}\sin 2n\pi\cdot 0{,}2669\,\sinh 2n\pi\cdot 0{,}3513/0{,}87}{1-e^{-2n\pi/0,87}} = 0{,}6720.$$

Die Einführung der vorstehenden Zahlenwerte liefert mit $\zeta_{\text{oben}} = 0{,}4021$, $\zeta_{\text{unten}} = 0{,}2669$

$$\int_{0,9316}^{1,4035} \frac{dz}{\wp_1(z,k)-0{,}3575} = -\frac{1}{0{,}5322}(0{,}5324 - 0{,}6720 - 4\pi\cdot 0{,}1352\cdot 0{,}3513 + 2\cdot 0{,}87\cdot 0{,}1352\cdot 0{,}7114) = 1{,}0693.$$

Für das hintere Integral erhält man nach (761) für $n = 2$

$$\int_{0,9316}^{1,4035} \frac{dz}{[\wp_1(z,k)-0{,}3575]^2} = -\frac{1}{4\cdot 0{,}3575^3 - g_2\cdot 0{,}3575 - g_3}\left[\left(6\cdot 0{,}3575^2 - \frac{1}{2}g_2\right)\int_{0,9316}^{1,4035}\frac{dz}{\wp_1(z,k)-0{,}3575} - \right.$$

$$\left. -2\int_{0,9316}^{1,4035}\wp_1(z,k)\,dz + 2\cdot 0{,}3575(1{,}4035 - 0{,}9316) + \frac{\wp_1'(1{,}4035,k)}{\wp_1(1{,}4035,k)-0{,}3575} - \frac{\wp_1'(0{,}9316,k)}{\wp_1(0{,}9316,k)-0{,}3575}\right].$$

Hierfür entnimmt man Tafel II, S. 28, für $\varkappa = \frac{1}{0{,}87}$, $g_2 = 1{,}0295$, $g_3 = 0{,}0982$ und Tafel III, S. 506, 507, $\wp_1(\zeta_{\text{oben}},\varkappa) = \wp_1\left(0{,}4021;\, \frac{1}{0{,}87}\right) = 0{,}6306$, $\wp_1(\zeta_{\text{unten}},\varkappa) = \wp_1\left(0{,}2669;\, \frac{1}{0{,}87}\right) = 1{,}2013$ und $\wp_1'(\zeta_{\text{oben}},\varkappa) = -0{,}5055$, $\wp_1'(\zeta_{\text{unten}},\varkappa) = -2{,}3671$. Ferner liefert (753)[1]

$$\int_{0,9316}^{1,4035}\wp_1(z,k)\,dz = -\eta_1\left[1{,}4035 - 0{,}9316\right] + \frac{\partial}{\partial z}\ln\vartheta_1(z,k)\Big|_{\zeta_{\text{oben}}=0,4021}^{\zeta_{\text{unten}}=0,2669},$$

worin nach Tafel II, S. 28, $\eta_1 = 0{,}2653$ und nach Tafel III, S. 504, $\frac{\partial}{\partial\zeta}\ln\vartheta_1\left(0{,}2669;\, \frac{1}{0{,}87}\right) = 2{,}8348$, $\frac{\partial}{\partial\zeta}\ln\vartheta_1\left(0{,}4021;\, \frac{1}{0{,}87}\right) = 1{,}0034$ zu setzen ist. Hierbei ergibt sich

$$\int_{0,9316}^{1,4035}\wp_1(z,k)\,dz = -0{,}2653\cdot 0{,}4719 + \frac{2{,}8348 - 1{,}0034}{3{,}4904} = 0{,}3995.$$

Wird gleichzeitig noch der für das vordere Integral gefundene Wert berücksichtigt, so erhält man für das hintere Integral

$$\int\limits_{0,9316}^{1,4035} \frac{dz}{[\wp_1(z,k) - 0,3575]^2} = -\frac{1}{4\cdot 0,3575^3 - 1,0295\cdot 0,3575 - 0,0982}\Big[\Big(6\cdot 0,3575^2 - \frac{1}{2}\cdot 1,0295\Big)\cdot 1,0693 -$$

$$- 2\cdot 0,3995 + 2\cdot 0,3575\cdot 0,4719 - \frac{0,5055}{0,6306 - 0,3575} + \frac{2,3671}{1,2013 - 0,3575}\Big] = 2,6899\,.$$

Damit folgt für das Ausgangsintegral

$$\int\limits_{15,3221}^{25,2131} \frac{(t-18,2275)(t-22,1144)\,dt}{\sqrt{-(t-2,2388)(t-5,9732)(t-10,8284)(t-31,2522)}} = 5,3485 - 9,9481\cdot 1,0693 + 2,0885\cdot 2,6899 = 0,329.$$

Ergänzend seien noch einige Bemerkungen über die gewählte Lösungsform des Integrals angefügt. Nach Gl. (1165) stehen im vorliegenden Falle eines Integrals mit zwei beliebig vorgegebenen Grenzen an sich drei Lösungsmöglichkeiten entsprechend dem oberen, mittleren oder unteren Index zur Verfügung. Will man jedoch im Hinblick auf die Vieldeutigkeit der arg-Funktionen vermeiden, daß sich im Integrationsbereich eine Nullstelle der arg-Funktion befindet, so muß die Lösungsform entsprechend ausgesucht werden. Im vorliegenden Falle wurde durch die Bereichsabgrenzung $t_3 < t_{\text{oben}}$, $t_{\text{unten}} < t_4$ die mittlere Lösungsform nahegelegt.

Beispiel 87. [Integraltyp von Gl. (1167) für $t_1 < t_2 < t_3 < t_4$ und für ζ als Argument.]

$$\int\limits_{19,9746}^{52,8435} \sqrt{(t-1,3628)(t-5,3384)(t-9,9965)(t-19,1176)}\,dt \equiv \int\limits_{19,9746}^{52,8435} \sqrt{(t-t_1)(t-t_2)(t-t_3)(t-t_4)}\,dt.$$

Für $t_1 = t_\alpha$, $t_2 = t_\beta$, $t_3 = t_\gamma$ und $t_4 = t_\delta$ gilt nach Gl. (1167):

$$\int (t-t_\alpha)(t-t_\beta)(t-t_\gamma)(t-t_\delta)\frac{\frac{1}{2}\sqrt{(t_1-t_3)(t_2-t_4)}}{\sqrt{\pm(t-t_1)(t-t_2)(t-t_3)(t-t_4)}}\,dt$$

$$= \tfrac{1}{2}\sqrt{(t_1-t_3)(t_2-t_4)}\int\sqrt{\pm(t-t_1)(t-t_2)(t-t_3)(t-t_4)}\,dt$$

und damit

$$\int\limits_{19,9746}^{52,8435}\sqrt{(t-t_1)(t-t_2)(t-t_3)(t-t_4)}\,dt = \frac{2}{\sqrt{(t_1-t_3)(t_2-t_4)}}\Bigg\{\frac{(t_1-t_4)^4(t_3-t_4)^4}{(t_1-t_3)^4}\int\limits_{z_{\text{unten}}}^{z_{\text{oben}}}\frac{dz}{\Big[\wp_1(z,k) - \Big(e_3 + \frac{t_1-t_4}{t_1-t_3}\Big)\Big]^4} +$$

$$+ (t_1-t_4)(t_2-t_4)(t_3-t_4)\frac{(t_1-t_4)(t_3-t_4)}{t_1-t_3}\int\limits_{z_{\text{unten}}}^{z_{\text{oben}}}\frac{dz}{\wp_1(z,k) - \Big(e_3 + \frac{t_1-t_4}{t_1-t_3}\Big)} +$$

$$+ [(t_1-t_4)(t_2-t_4) + (t_1-t_4)(t_3-t_4) + (t_2-t_4)(t_3-t_4)]\frac{(t_1-t_4)^2(t_3-t_4)^2}{(t_1-t_3)^2}\int\limits_{z_{\text{unten}}}^{z_{\text{oben}}}\frac{dz}{\Big[\wp_1(z,k) - \Big(e_3 + \frac{t_1-t_4}{t_1-t_3}\Big)\Big]^2} +$$

$$+ (t_1+t_2+t_3-3t_4)\frac{(t_1-t_4)^3(t_3-t_4)^3}{(t_1-t_3)^3}\int\limits_{z_{\text{unten}}}^{z_{\text{oben}}}\frac{dz}{\Big[\wp_1(z,k) - \Big(e_3 + \frac{t_1-t_4}{t_1-t_3}\Big)\Big]^3}\Bigg\}$$

$$\text{mit}\quad z = \arg\operatorname{sn}\left(\sqrt{\frac{(t_1-t_3)(t-t_4)}{(t_1-t_4)(t-t_3)}},\ \sqrt{\frac{(t_2-t_3)(t_1-t_4)}{(t_1-t_3)(t_2-t_4)}}\right).$$

Der Identitätsvergleich liefert $t_1 = 1,3628$, $t_2 = 5,3384$, $t_3 = 9,9965$, $t_4 = 19,1176$ und damit $k = 0,8338$, wozu nach Tafel I, S. 18, $\varkappa = 0,83$ und $K = 2,0683$ gehört. Ferner errechnet sich in Verbindung mit Tafel III, S. 378, $e_3 = -0,5651$, $\zeta_{\text{oben}} = \arg\operatorname{sn}(0,6187;\,0,83) = 0,1700$, $\zeta_{\text{unten}} = \arg\operatorname{sn}(0,2044;\,0,83) = 0,0500$ und damit $z_{\text{oben}} = 2\cdot 2,0683\cdot 0,1700 = 0,7032$, $z_{\text{unten}} = 2\cdot 2,0683\cdot 0,0500$

$= 0{,}2068$. Nach Einsetzen der gefundenen Zahlenwerte erhält man

$$\int\limits_{19,9746}^{52,8435} \sqrt{(t-1{,}3628)\,(t-5{,}3384)\,(t-9{,}9965)\,(t-19{,}1176)}\,dt = 22697{,}7852 \int\limits_{0,2068}^{0,7032} \frac{dz}{[\wp_1(z,k)-1{,}4914]^4} +$$

$$+ 7674{,}9120 \int\limits_{0,2068}^{0,7032} \frac{dz}{\wp_1(z,k)-1{,}4914} + 34338{,}8281 \int\limits_{0,2068}^{0,7032} \frac{dz}{[\wp_1(z,k)-1{,}4914]^2} + 49196{,}3430 \int\limits_{0,2068}^{0,7032} \frac{dz}{[\wp_1(z,k)-1{,}4914]^3}.$$

Nach Tafel II, S. 23, folgt für $\varkappa = 0{,}83$ $e_1 = 0{,}4349$ und damit für $t_0 = 1{,}4914$ und $e_1 < t_0 < \infty$ nach Gl. (746)[4]

$$\int\limits_{0,2068}^{0,7032} \frac{dz}{\wp_1(z,k)-1{,}4914} = \frac{1}{\wp_1'(\zeta_0,\varkappa)}\left[\ln\frac{\vartheta_1(\zeta_{\text{oben}}-\zeta_0,\varkappa)}{\vartheta_1(\zeta_{\text{oben}}+\zeta_0,\varkappa)} - \ln\frac{\vartheta_1(\zeta_{\text{unten}}-\zeta_0,\varkappa)}{\vartheta_1(\zeta_{\text{unten}}+\zeta_0,\varkappa)} + 2(\zeta_{\text{oben}}-\zeta_{\text{unten}})\frac{\partial}{\partial\zeta_0}\ln\vartheta_1(\zeta_0,\varkappa)\right].$$

Mit Hilfe von Tafel III, S. 380, 381, 378, ergibt sich aus $t_0 = \wp_1(z_0, k) = 1{,}4914$ $\zeta_0 = 0{,}2003$ und damit bei einfacher linearer Interpolation $\wp_1'(\zeta_0,\varkappa) = -3{,}4386$, $\frac{\partial}{\partial\zeta_0}\ln\vartheta_1(\zeta_0,\varkappa) = 4{,}3813$ sowie

$$\ln\frac{\vartheta_1(\zeta_{\text{oben}}-\zeta_0,\varkappa)}{\vartheta_1(\zeta_{\text{oben}}+\zeta_0,\varkappa)} = \ln\frac{\vartheta_1(0{,}1700-0{,}2003;\,0{,}83)}{\vartheta_1(0{,}1700+0{,}2003;\,0{,}83)} = -2{,}2863,$$

$$\ln\frac{\vartheta_1(\zeta_{\text{unten}}-\zeta_0,\varkappa)}{\vartheta_1(\zeta_{\text{unten}}+\zeta_0,\varkappa)} = \ln\frac{\vartheta_1(0{,}0500-0{,}2003;\,0{,}83)}{\vartheta_1(0{,}0500+0{,}2003;\,0{,}83)} = -0{,}4486.$$

Die Einführung der vorstehenden Zahlenwerte liefert mit $\zeta_{\text{oben}} = 0{,}1700$, $\zeta_{\text{unten}} = 0{,}0500$

$$\int\limits_{0,2068}^{0,7032} \frac{dz}{\wp_1(z,k)-1{,}4914} = -\frac{1}{3{,}4386}[-2{,}2863 + 0{,}4486 + 2\cdot 0{,}1200\cdot 4{,}3813] = 0{,}2286.$$

Für das nächste Integral erhält man nach (761) für $n = 2$

$$\int\limits_{0,2068}^{0,7032} \frac{dz}{[\wp_1(z,k)-1{,}4914]^2} = -\frac{1}{4\cdot 1{,}4914^3 - g_2\cdot 1{,}4914 - g_3}\left[\left(6\cdot 1{,}4914^2 - \frac{1}{2}g_2\right)\int\limits_{0,2068}^{0,7032} \frac{dz}{\wp_1(z,k)-1{,}4914}\right.$$

$$\left. -2\int\limits_{0,2068}^{0,7032} \wp_1(z,k)\,dz + 2\cdot 1{,}4914(0{,}7032-0{,}2068) + \frac{\wp_1'(0{,}7032,k)}{\wp_1(0{,}7032,k)-1{,}4914} - \frac{\wp_1'(0{,}2068,k)}{\wp_1(0{,}2068,k)-1{,}4914}\right].$$

Hierfür entnimmt man Tafel II, S. 27, für $\varkappa = 0{,}83$ $g_2 = 1{,}0508$, $g_3 = -0{,}1279$ und Tafel III, S. 380, 381, $\wp_1(\zeta_{\text{oben}},\varkappa) = \wp_1(0{,}1700;\,0{,}83) = 2{,}0471$, $\wp_1(\zeta_{\text{unten}},\varkappa) = \wp_1(0{,}0500;\,0{,}83) = 23{,}3777$ und $\wp_1'(\zeta_{\text{oben}},\varkappa) = -5{,}6824$, $\wp_1'(\zeta_{\text{unten}},\varkappa) = -226{,}0105$.

Ferner liefert (753)[1]

$$\int\limits_{0,2068}^{0,7032} \wp_1(z,k)\,dz = -\eta_1[0{,}7032-0{,}2068] - \frac{\partial}{\partial z}\ln\vartheta_1(z,k)\Big|_{\zeta_{\text{unten}}=0{,}0500}^{\zeta_{\text{oben}}=0{,}1700},$$

worin nach Tafel II, S. 27, $\eta_1 = 0{,}1668$ und nach Tafel III, S. 378, $\frac{\partial}{\partial\zeta}\ln\vartheta_1(\zeta_{\text{oben}},\varkappa) = 5{,}3726$, $\frac{\partial}{\partial\zeta}\ln\vartheta_1(\zeta_{\text{unten}},\varkappa) = 19{,}8567$ zu setzen ist. Hierbei ergibt sich

$$\int\limits_{0,2068}^{0,7032} \wp_1(z,k)\,dz = -0{,}1668\cdot 0{,}4964 - \frac{5{,}3726-19{,}8567}{4{,}1366} = 3{,}4187.$$

Wird gleichzeitig noch der für das erste Integral ermittelte Wert berücksichtigt, so erhält man nun

$$\int\limits_{0,2068}^{0,7032} \frac{dz}{[\wp_1(z,k)-1{,}4914]^2} = -\frac{1}{4\cdot 1{,}4914^3 - 1{,}0508\cdot 1{,}4914 + 0{,}1279}\left[\left(6\cdot 1{,}4914^2 - \frac{1}{2}\cdot 1{,}0508\right)\cdot 0{,}2286 - 2\cdot 3{,}4187 +\right.$$

$$\left. + 2\cdot 1{,}4914\cdot 0{,}4964 + \frac{-5{,}6824}{2{,}0471-1{,}4914} - \frac{-226{,}0105}{23{,}3777-1{,}4914}\right] = 0{,}1965.$$

Für das nächstfolgende Integral erhält man nach (761) für $n = 3$ und mit den bisher gewonnenen Ergebnissen:

$$\int\limits_{0,2068}^{0,7032} \frac{dz}{[\wp_1(z,k) - 1{,}4914]^3} = -\frac{1}{4\cdot 1{,}4914^3 - g_2\cdot 1{,}4914 - g_3}\left\{\frac{3}{2}\left(6\cdot 1{,}4914^2 - \frac{1}{2}g_2\right)\int\limits_{0,2068}^{0,7032}\frac{dz}{[\wp_1(z,k)-1{,}4914]^2} + \right.$$

$$\left. + 12\cdot\frac{1}{2}\cdot 1{,}4914 \int\limits_{0,2068}^{0,7032}\frac{dz}{\wp_1(z,k) - 1{,}4914} + 2\cdot\frac{1}{2}\int\limits_{0,2068}^{0,7032} dz + \frac{1}{2}\left[\frac{\wp_1'(0{,}7032,k)}{[\wp_1(0{,}7032,k)-1{,}4914]^2} - \frac{\wp_1'(0{,}2068,k)}{[\wp_1(0{,}2068,k)-1{,}4914]^2}\right]\right\}$$

$$= -\frac{1}{4\cdot 1{,}4914^3 - 1{,}0508\cdot 1{,}4914 + 0{,}1279}\left\{\frac{3}{2}\left(6\cdot 1{,}4914^2 - \frac{1}{2}\cdot 1{,}0508\right)\cdot 0{,}1965 + 12\,\frac{1}{2}\cdot 1{,}4914\cdot 0{,}2286 + \right.$$

$$\left. + 2\cdot\frac{1}{2}(0{,}7032 - 0{,}2068) + \frac{1}{2}\left[\frac{-5{,}6824}{(2{,}0471 - 1{,}4914)^2} - \frac{-226{,}0105}{(23{,}3777 - 1{,}4914)^2}\right]\right\} = 0{,}2235.$$

Schließlich liefert das verbleibende Integral nach (761) für $n = 4$ und mit den bisher gewonnenen Ergebnissen:

$$\int\limits_{0,2068}^{0,7032} \frac{dz}{[\wp_1(z,k) - 1{,}4914]^4} = -\frac{1}{4\cdot 1{,}4914^3 - g_2\cdot 1{,}4914 - g_3}\left\{\frac{5}{3}\left(6\cdot 1{,}4914^2 - \frac{1}{2}g_2\right)\int\limits_{0,2068}^{0,7032}\frac{dz}{[\wp_1(z,k)-1{,}4914]^3} + \right.$$

$$+ 12\cdot\frac{2}{3}\cdot 1{,}4914 \int\limits_{0,2068}^{0,7032}\frac{dz}{[\wp_1(z,k) - 1{,}4914]^2} + 2\int\limits_{0,2068}^{0,7032}\frac{dz}{\wp_1(z,k) - 1{,}4914} +$$

$$\left. + \frac{1}{3}\left[\frac{\wp_1'(0{,}7032,k)}{[\wp_1(0{,}7032,k)-1{,}4914]^3} - \frac{\wp_1'(0{,}2068,k)}{[\wp_1(0{,}2068,k)-1{,}4914]^3}\right]\right\}$$

$$= -\frac{1}{4\cdot 1{,}4914^3 - 1{,}0508\cdot 1{,}4914 + 0{,}1279}\left\{\frac{5}{3}\left(6\cdot 1{,}4914^2 - \frac{1}{2}\cdot 1{,}0508\right)\cdot 0{,}2235 + 12\cdot\frac{2}{3}\cdot 1{,}4914\cdot 0{,}1965 + \right.$$

$$\left. + 2\cdot 0{,}2286 + \frac{1}{3}\left[\frac{-5{,}6824}{[2{,}0471 - 1{,}4914]^3} - \frac{-226{,}0105}{[23{,}3777 - 1{,}4914]^3}\right]\right\} = 0{,}2919.$$

Setzt man die Lösungen der 4 Teilintegrale $\int\limits_{0,2068}^{0,7032}\frac{dz}{[\wp_1(z,k) - 1{,}4914]^n}$ ($n = 1$, 2, 3 und 4) in die Beziehung für das Ausgangsintegral ein, so lautet die endgültige Lösung:

$$\int\limits_{19,9746}^{52,8435}\sqrt{(t - 1{,}3628)(t - 5{,}3384)(t - 9{,}9965)(t - 19{,}1176)}\,dt = 22698\cdot 0{,}2919 + 7675\cdot 0{,}2286 + 34339\cdot 0{,}1965 +$$
$$+ 49196\cdot 0{,}2235 = 26123.$$

Beispiel 88. [Integraltyp von Gl. (1172)[4] für $t_1 > t_2 > t_3 > t$ und für ζ als Argument.]

$$\int\limits_{-1,6883}^{-0,6240}\frac{t\,dt}{\sqrt{-4(t - 3{,}4247)(t - 1{,}8627)(t - 0{,}1292)}} \equiv \int\limits_{-1,6883}^{-0,6240}\frac{t\,dt}{\sqrt{-4(t - t_1)(t - t_2)(t - t_3)}}$$

$$= \sqrt{t_1 - t_3}\,\mathfrak{z}_2\left(\arg\wp_2\left(\frac{3t - t_1 - t_2 - t_3}{-3(t_1 - t_3)},\ \sqrt{\frac{t_1 - t_2}{t_1 - t_3}}\right)\right) + \frac{t_1 + t_2 + t_3}{3\sqrt{t_1 - t_3}}\arg\wp_2\left(\frac{3t - t_1 - t_2 - t_3}{-3(t_1 - t_3)},\ \sqrt{\frac{t_1 - t_2}{t_1 - t_3}}\right)\Bigg|_{t_o = -0,6240}^{t_u = -1,6883}$$

Der Identitätsvergleich liefert $t_1 = 3{,}4247$, $t_2 = 1{,}8627$, $t_3 = 0{,}1292$ und damit $k = 0{,}6885$, wozu nach Tafel I, S. 21, $1/\varkappa = 0{,}9765$ und $K = 1{,}8327$ gehört. Für die zu $t_o = -0{,}6240$ und $t_u = -1{,}6883$ gehörigen $\wp_2$-Funktionen folgt $-(3t_o - t_1 - t_2 - t_3)/3(t_1 - t_3) = 0{,}7372$ und $-(3t_u - t_1 - t_2 - t_3)/3(t_1 - t_3) = 1{,}0602$ und damit nach Tafel III, S. 462, 466, bei doppelter linearer Interpolation $\arg\wp_2\left(0{,}7372;\ \frac{1}{0{,}9765}\right) = 0{,}1632$, $\arg\wp_2\left(1{,}0602;\ \frac{1}{0{,}9765}\right) = 0{,}2283$. Hieraus folgt bei doppelter linearer Interpolation $\mathfrak{z}_2\left(0{,}1632;\ \frac{1}{0{,}9765}\right) = -0{,}7779$, $\mathfrak{z}_2\left(0{,}2283;\ \frac{1}{0{,}9765}\right) = -0{,}9875$, womit die Lösung

$$\int\limits_{-1,6883}^{-0,6240}\frac{t\,dt}{\sqrt{-4(t - 3{,}4247)(t - 1{,}8627)(t - 0{,}1292)}} = 1{,}8153(0{,}7779 - 0{,}9875) + 0{,}9946\cdot 3{,}6654(0{,}2283 - 0{,}1632) = -0{,}1432.$$

lautet.

Beispiel 89. [Integraltyp von Gl. (1173)[8] für $t < t_2$ und t_1, t_3 komplex.]

$$\int_{-17,3425}^{1,2274} \frac{dt}{(t-3,2218)\sqrt{-4(t^2-16,7490t+88,6162)(t-3,2218)}}$$

$$= \int_{-17,3425}^{1,2274} \frac{dt}{(t-3,2218)\sqrt{-4(t-8,3745-4,2993i)(t-3,2218)(t-8,3745+4,2993i)}} =$$

$$= \int_{-17,3425}^{-1,2274} \frac{dt}{(t-t_2)\sqrt{-4(t-t_1)(t-t_2)(t-t_3)}}$$

$$= \frac{1}{\sqrt[4]{(t_1-t_2)^3(t_3-t_2)^3}}\left[(\bar\eta_1-2e_2)\arg\wp_5\left(\frac{-3t+t_1+t_2+t_3}{3\sqrt{(t_1-t_2)(t_3-t_2)}},\sqrt{\frac{1}{2}+\frac{2t_2-t_3-t_1}{4\sqrt{(t_1-t_2)(t_3-t_2)}}}\right)+\right.$$

$$\left.+\frac{\partial}{\partial z}\ln\vartheta_6\left(\arg\wp_5\left(\frac{-3t+t_1+t_2+t_3}{3\sqrt{(t_1-t_2)(t_3-t_2)}},\sqrt{\frac{1}{2}+\frac{2t_2-t_3-t_1}{4\sqrt{(t_1-t_2)(t_3-t_2)}}}\right)\right)\right]_{t_u=-17,3425}^{t_o=-1,2274}.$$

Aus dem Identitätsvergleich ergibt sich $t_1 = 8,3745 + 4,2993i$, $t_2 = 3,2218$, $t_3 = 8,3745 - - 4,2993i$ und damit $\sqrt{(t_1-t_2)(t_3-t_2)} = 6,7108$, $2t_2 - t_3 - t_1 = -10,3054$, $k = 0,34072$ und in Verbindung mit Tafel I, S. 14, sowie Tafel II, S. 24 und 28, $\varkappa = \frac{1}{0,6458}$, $K = 1,61965$, $\bar\eta_1 = 0,3703$, $e_2 = -0,2559$. Für die zu $t_o = 1,2274$ und $t_u = -17,3425$ gehörigen Argumente erhält man nach Tafel III, S. 595, 599 und 592, 596, bei doppelter linearer Interpolation $\zeta_o = \arg\wp_5\left(0,8090;\ \frac{1}{0,6458}\right) = 0,3435$, $\zeta_u = \arg\wp_5\left(3,5762;\ \frac{1}{0,6458}\right) = 0,1631$ und damit $\frac{\partial}{\partial\zeta}\ln\vartheta_6(\zeta_o,\varkappa) = \frac{\partial}{\partial\zeta}\ln\vartheta_2(\zeta_o,\varkappa) + + \frac{\partial}{\partial\zeta}\ln\vartheta_4(\zeta_o,\varkappa) = -5,7931$, $\frac{\partial}{\partial\zeta}\ln\vartheta_6(\zeta_u,\varkappa) = -1,6848$. Mit diesen Zahlenwerten folgt

$$\int_{-17,3425}^{1,2274} \frac{dt}{(t-3,2218)\sqrt{-4(t^2-16,7490t+88,6162)(t-3,2218)}}$$

$$= \frac{1}{(\sqrt{6,7108})^3}\left[(0,3703+0,5118)\cdot 3,23930(0,3435-0,1631)+\frac{-5,7931+1,6848}{3,23930}\right] = -0,0417.$$

Beispiel 90. [Integraltyp von Gl. (1174)[2] für t_1, t_3 komplex.]

$$\int_{1,3565}^{-0,4334} \frac{dt}{(t-0,6160)\sqrt{-4(t-1,6021)[(t-2,0409)^2+2,4962]}}$$

$$= \int_{1,3565}^{-0,4334} \frac{dt}{(t-0,6160)\sqrt{-4(t-2,0409-1,5802i)(t-1,6021)(t-2,0409+1,5802i)}} =$$

$$= \int_{1,3565}^{-0,4334} \frac{dt}{(t-t_0)\sqrt{-4(t-t_1)(t-t_2)(t-t_3)}} = \frac{1}{\sqrt[4]{(t_1-t_2)^3(t_3-t_2)^3}}\int_{\bar t_{\text{unten}}}^{\bar t_{\text{oben}}} \frac{d\bar t}{\left[\bar t-\frac{3t_0-t_1-t_2-t_3}{3\sqrt{(t_1-t_2)(t_3-t_2)}}\right]\sqrt{-(4\bar t^3-\bar g_2\bar t-\bar g_3)}}$$

$$\text{mit } \bar t = \frac{3t-t_1-t_2-t_3}{3\sqrt{(t_1-t_2)(t_3-t_2)}},\quad k = \sqrt{\frac{1}{2}-\frac{2t_2-t_3-t_1}{4\sqrt{(t_1-t_2)(t_3-t_2)}}},\quad k' = \sqrt{\frac{1}{2}+\frac{2t_2-t_3-t_1}{4\sqrt{(t_1-t_2)(t_3-t_2)}}},$$

$$\bar g_2 = \frac{4}{3}(1-16k^2k'^2),\quad \bar g_3 = -\frac{8}{27}(k^2-k'^2)(1+32k^2k'^2).$$

Der Identitätsvergleich liefert $t_0 = 0,6160$, $t_1 = +2,0409 + 1,5802i$, $t_2 = 1,6021$, $t_3 = +2,0409 - - 1,5802i$, womit $k = 0,7961$, $\bar g_2 = -3,6180$, $\bar g_3 = -0,6682$, $\bar t_{\text{oben}} = -1,4198$, $\bar t_{\text{unten}} = -0,3282$, $\sqrt{(t_1-t_2)(t_3-t_2)} = 1,6397$, $3t_0 - t_1 - t_2 - t_3 = -3,8359$ wird. Die gefundenen Werte von $\bar g_2$ und $\bar g_3$ hätte man für den zu $k = 0,7961$ gehörigen Parameterwert $\varkappa = 0,8827$ unter linearer

Interpolation auch aus Tafel II, S. 27, entnehmen können. So folgt als Zwischenergebnis

$$\int\limits_{1,3565}^{-0,4334} \frac{dt}{(t-0,6160)\sqrt{-4(t-1,6021)\,[(t-2,0409)^2+2,4962]}} = 0,4763 \int\limits_{-0,3282}^{-1,4198} \frac{d\bar{t}}{(\bar{t}+0,7798)\sqrt{-(4\bar{t}^3+3,6180\bar{t}+0,6682)}}.$$

Für die Lösung dieses Integrals steht mit $2e_2 = \frac{2}{3}(k^2 - k'^2) = \frac{2}{3}(0,6338 - 0,3662) = 0,1784 < \bar{t}_0 = \wp_6(\bar{z}_0, k') = 0,7798 < \infty$ die Gleichung (759)[4] zur Verfügung. Hiernach wird

$$\int\limits_{1,3565}^{-0,4334} \frac{dt}{(t-0,6160)\sqrt{-4(t-1,6021)\,[(t-2,0409)^2+2,4962]}}$$

$$= \frac{0,4763}{\wp_6'(z_0, k')} \left[\ln \frac{\vartheta_5\left(\zeta_{\text{oben}} - \zeta_0, \frac{1}{\varkappa}\right)}{\vartheta_5\left(\zeta_{\text{oben}} + \zeta_0, \frac{1}{\varkappa}\right)} - \ln \frac{\vartheta_5\left(\zeta_{\text{unten}} - \zeta_0, \frac{1}{\varkappa}\right)}{\vartheta_5\left(\zeta_{\text{unten}} + \zeta_0, \frac{1}{\varkappa}\right)} + 2(\zeta_{\text{oben}} - \zeta_{\text{unten}}) \frac{\partial}{\partial \zeta_0} \ln \vartheta_6\left(\zeta_0, \frac{1}{\varkappa}\right) \right]$$

$$\text{mit } \zeta_{\text{oben}} = \arg \wp_6\left(1,4198, \frac{1}{\varkappa}\right), \quad \zeta_{\text{unten}} = \arg \wp_6\left(0,3282, \frac{1}{\varkappa}\right), \quad \zeta_0 = \arg \wp_6\left(0,7798, \frac{1}{\varkappa}\right).$$

In Verbindung mit Tafel III, S. 499, 503 und 496, 500, erhält man für $1/\varkappa = 0,8827$ bei doppelter linearer Interpolation $\zeta_0 = 0,2051$, $\zeta_{\text{oben}} = 0,2693$, $\zeta_{\text{unten}} = 0,1086$ und damit $\wp_6'(z_0, k') = 2,0125$, $\frac{\partial}{\partial \zeta_0} \ln \vartheta_6\left(\zeta_0, \frac{1}{\varkappa}\right) = \frac{\partial}{\partial \zeta_0} \ln \vartheta_2\left(\zeta_0, \frac{1}{\varkappa}\right) + \frac{\partial}{\partial \zeta_0} \ln \vartheta_4\left(\zeta_0, \frac{1}{\varkappa}\right) = -2,0221$. Ferner folgt bei Beachtung von Gl. (129)

$$\ln \frac{\vartheta_5\left(\zeta_{\text{oben}} - \zeta_0, \frac{1}{\varkappa}\right)}{\vartheta_5\left(\zeta_{\text{oben}} + \zeta_0, \frac{1}{\varkappa}\right)} = \ln \frac{\vartheta_5(0,0642;\, 0,8827)}{\vartheta_5(0,4744;\, 0,8827)} = \ln \frac{\vartheta_1(0,0642;\, 0,8827)\, \vartheta_3(0,0642;\, 0,8827)}{\vartheta_1(0,4744;\, 0,8827)\, \vartheta_3(0,4744;\, 0,8827)} = -1,4992,$$

$$\ln \frac{\vartheta_5\left(\zeta_{\text{unten}} - \zeta_0, \frac{1}{\varkappa}\right)}{\vartheta_5\left(\zeta_{\text{unten}} + \zeta_0, \frac{1}{\varkappa}\right)} = \ln \frac{\vartheta_5(0,0965;\, 0,8827)}{\vartheta_5(0,3137;\, 0,8827)} = \ln \frac{\vartheta_1(0,0965;\, 0,8827)\, \vartheta_3(0,0965;\, 0,8827)}{\vartheta_1(0,3137;\, 0,8827)\, \vartheta_3(0,3137;\, 0,8827)} = -0,9608.$$

Die Einführung der gefundenen Zahlenwerte ergibt

$$\int\limits_{1,3565}^{-0,4334} \frac{dt}{(t-0,6160)\sqrt{-4(t-1,6021)\,[(t-2,0409)^2+2,4962]}}$$

$$= \frac{0,4763}{2,0125}(-1,4992 + 0,9608 - 2 \cdot 0,1607 \cdot 2,0221) = -0,281.$$

Beispiel 91. [Integraltyp von Gl. (1119)[1].]

$$\int\limits_{0,2131}^{1,4919} \frac{1 - \operatorname{cn}(z, 0,6308)}{1 + \operatorname{cn}(z, 0,6308)}\, dz \equiv \int\limits_{0,2131}^{1,4919} \frac{1 - \operatorname{cn}(z, k)}{1 + \operatorname{cn}(z, k)}\, dz$$

$$= 2e_2(1,4919 - 0,2131) - 2\,\mathfrak{z}_6(0,74595;\, 0,6308) + 2\,\mathfrak{z}_6(0,10655;\, 0,6308).$$

Nach Tafel II, S. 24 und 32, gehören zu $k = 0,6308$ die Werte $1/\varkappa = 0,91$, $K = 1,7761$, $e_2 = -0,0680$ und damit die bezogenen Argumente $\zeta_o = 0,74595/3,5522 = 0,21$, $\zeta_u = 0,10655/3,5522 = 0,03$. Man erhält daher bei Bezugnahme auf Tafel III, S. 490,

$$\int\limits_{0,2131}^{1,4919} \frac{1 - \operatorname{cn}(z, 0,6308)}{1 + \operatorname{cn}(z, 0,6308)}\, dz = -2 \cdot 0,0680 \cdot 1,2788 + 2 \cdot 1,0333 - 2 \cdot 0,7979 = 0,2968.$$

Beispiel 92. [Integraltyp von Gl. (1101)[4].]

$$\int\limits_0^{1,0373} \operatorname{sc}^2(z, 0,04495)\, dz \equiv \int\limits_0^{z} \operatorname{sc}^2(z, k)\, dz = -\frac{1}{k'^2}[\eta_1 K + e_1 z + \mathfrak{z}_2(z, k)].$$

Für den Modul $k = 0{,}04495$ liefert Tafel I, S. 8, $1/\varkappa = 0{,}35$, $K = 1{,}5716$, $k'^2 = 0{,}9980$ und Tafel II, S. 25, 29, $e_1 = 0{,}6660$, $\eta_1 = 0{,}3330$. Hiermit errechnet sich für die obere Grenze $\zeta = z/2K = 1{,}0373/3{,}1432 = 0{,}33$, wofür man Tafel III, S. 714, $\mathfrak{z}_2(1{,}0373;\ 0{,}04495) = \mathfrak{z}_2\left(0{,}33;\ \frac{1}{0{,}35}\right) = -1{,}8680$ entnimmt. Bei Berücksichtigung dieser Zahlenwerte erhält man

$$\int_0^{1{,}0373} \operatorname{sc}^2(z,\ 0{,}04494)\, dz = -\frac{1}{0{,}9980}(0{,}3330 \cdot 1{,}5716 + 0{,}6660 \cdot 1{,}0373 - 1{,}8680) = 0{,}6552.$$

Beispiel 93. [Integraltyp von Gl. (973)[4] für ζ als Argument.]

$$\int_{1{,}0479}^{2{,}8817} \frac{dz}{\operatorname{cs}^2(z,\ 0{,}9987) - 4{,}9238} \equiv \int_{z_{\text{unten}}}^{z_{\text{oben}}} \frac{dz}{\operatorname{cs}^2(z,k) - t_0^2} = \frac{1}{\wp_1'(\zeta_0,\varkappa)}\left[\ln\frac{\vartheta_1(\zeta_{\text{oben}} - \zeta_0,\varkappa)}{\vartheta_1(\zeta_{\text{oben}} + \zeta_0,\varkappa)} - \ln\frac{\vartheta_1(\zeta_{\text{unten}} - \zeta_0,\varkappa)}{\vartheta_1(\zeta_{\text{unten}} + \zeta_0,\varkappa)} + \right.$$

$$\left. + 2(\zeta_{\text{oben}} - \zeta_{\text{unten}})\frac{\partial}{\partial\zeta_0}\ln\vartheta_1(\zeta_0,\varkappa)\right] \quad \text{für} \quad t_0^2 = \operatorname{cs}^2(\zeta_0,\varkappa).$$

Zu dem Modul $k = 0{,}9987$ gehört nach Tafel I, S. 9, $\varkappa = 0{,}36$, $K = 4{,}3662$. Den Integrationsgrenzen entsprechen daher die Argumentwerte $\zeta_{\text{oben}} = 2{,}8817/8{,}7324 = 0{,}33$ und $\zeta_{\text{unten}} = 1{,}0479/8{,}7324 = 0{,}12$. Für ζ_0 ergibt sich in Verbindung mit Tafel III, S. 191, 193, 190, $\zeta_0 = \operatorname{arg}\operatorname{cs}(t_0, k) = \operatorname{arg}\operatorname{cs}(\sqrt{4{,}9238};\ 0{,}9987) = \operatorname{arg}\operatorname{sc}(0{,}4507;\ 0{,}9987) = 0{,}05$ und damit $\wp_1'(\zeta_0,\varkappa) = \wp_1'(0{,}05;\ 0{,}36) = -23{,}9741$, $\frac{\partial}{\partial\zeta_0}\ln\vartheta_1(\zeta_0,\varkappa) = \frac{\partial}{\partial\zeta_0}\ln\vartheta_1(0{,}05;\ 0{,}36) = 20{,}3808$. Ferner folgt für die Logarithmen

$$\ln\frac{\vartheta_1(\zeta_{\text{oben}} - \zeta_0,\varkappa)}{\vartheta_1(\zeta_{\text{oben}} + \zeta_0,\varkappa)} = \ln\frac{\vartheta_1(0{,}33 - 0{,}05;\ 0{,}36)}{\vartheta_1(0{,}33 + 0{,}05;\ 0{,}36)} = \ln\frac{\vartheta_1(0{,}28;\ 0{,}36)}{\vartheta_1(0{,}38;\ 0{,}36)} = \ln\frac{1{,}0842}{1{,}4679} = \ln 0{,}7386 = -0{,}3030,$$

$$\ln\frac{\vartheta_1(\zeta_{\text{unten}} - \zeta_0,\varkappa)}{\vartheta_1(\zeta_{\text{unten}} + \zeta_0,\varkappa)} = \ln\frac{\vartheta_1(0{,}12 - 0{,}05;\ 0{,}36)}{\vartheta_1(0{,}12 + 0{,}05;\ 0{,}36)} = \ln\frac{\vartheta_1(0{,}07;\ 0{,}36)}{\vartheta_1(0{,}17;\ 0{,}36)} = \ln\frac{0{,}2341}{0{,}6112} = \ln 0{,}3830 = -0{,}9597.$$

Mit den gefundenen Zahlenwerten errechnet sich

$$\int_{1{,}0479}^{2{,}8817} \frac{dz}{\operatorname{cs}^2(z,\ 0{,}9987) - 4{,}9238} = -\frac{1}{23{,}9741}[-0{,}3030 + 0{,}9597 + 2(0{,}33 - 0{,}12)\ \ 20{,}3808] = -0{,}3844.$$

Beispiel 94. [Integraltyp von Gl. (970)[3].]

$$\int_{0{,}3143}^{0{,}9037} \frac{-0{,}3784 + \operatorname{dc}^2(z,\ 0{,}7834)}{1{,}6216 - \operatorname{dc}^2(z,\ 0{,}7834)}\, dz \equiv \int_{z_u}^{z_o} \frac{-1 + k' + \operatorname{dc}^2(z,k)}{1 + k' - \operatorname{dc}^2(z,k)}\, dz = \frac{1}{1 + k'}\left[\operatorname{ar}\tanh\frac{\overline{\operatorname{nd}}(z_o,k)}{1 - k'} - \operatorname{ar}\tanh\frac{\overline{\operatorname{nd}}(z_u,k)}{1 - k'}\right].$$

Dem Wert $k = 0{,}7834$ entsprechen nach Tafel I, S. 20, $k' = 0{,}6216$, $-1 + k' = -0{,}3784$, $1 + k' = 1{,}6216$, $\varkappa = 0{,}90$ und $K = 1{,}9646$. Ferner gehören zu den Integrationsgrenzen $\zeta_o = 0{,}9037/3{,}9292 = 0{,}23$ und $\zeta_u = 0{,}3143/3{,}9292 = 0{,}08$ sowie in Verbindung mit Tafel III, S. 408, $\overline{\operatorname{nd}}(\zeta_o,\varkappa) = -\overline{\operatorname{dn}}(0{,}23;\ 0{,}90) = 0{,}3755$ und $\overline{\operatorname{nd}}(\zeta_u,\varkappa) = -\overline{\operatorname{dn}}(0{,}08;\ 0{,}90) = 0{,}1843$. Damit erhält man

$$\int_{0{,}3143}^{0{,}9037} \frac{-0{,}3784 + \operatorname{dc}^2(z,\ 0{,}7834)}{1{,}6216 - \operatorname{dc}^2(z,\ 0{,}7834)}\, dz = \frac{1}{1{,}6216}\left[\operatorname{ar}\tanh\frac{0{,}3755}{0{,}3784} - \operatorname{ar}\tanh\frac{0{,}1843}{0{,}3784}\right] = 0{,}6167(2{,}7788 - 0{,}5322) = 1{,}3855.$$

Beispiel 95. [Integraltyp von Gl. (1090)[2].]

$$\int_{0{,}6833}^{2{,}1743} \operatorname{sc}(z,\ 0{,}9832)\operatorname{nc}(z,\ 0{,}9832)\operatorname{dc}(z,\ 0{,}9832)\, dz \equiv \int_{z_u}^{z_o} \operatorname{sc}(z,k)\operatorname{nc}(z,k)\operatorname{dc}(z,k)\, dz = \frac{\wp_2(z_o,k) - \wp_2(z_u,k)}{2k'^2}.$$

Für den Modul $k = 0{,}9832$ liefert Tafel I, S. 12, $k'^2 = 0{,}03323$, $\varkappa = 0{,}51$, $K = 3{,}1061$ und damit $\zeta_o = 2{,}1743/6{,}2122 = 0{,}35$, $\zeta_u = 0{,}6833/6{,}2122 = 0{,}11$. Hierfür entnimmt man Tafel III, S. 252, $\wp_2(\zeta_o,\varkappa) = \wp_2(0{,}35;\ 0{,}51) = 1{,}2010$, $\wp_2(\zeta_u,\varkappa) = \wp_2(0{,}11;\ 0{,}51) = 0{,}3626$. Demgemäß ergibt sich der Integralwert

$$\int_{0{,}6833}^{2{,}1743} \operatorname{sc}(z,\ 0{,}9832)\operatorname{nc}(z,\ 0{,}9832)\operatorname{dc}(z,\ 0{,}9832)\, dz = \frac{1{,}2010 - 0{,}3626}{2 \cdot 0{,}03323} = 12{,}62.$$

Beispiel 96. [Integraltyp von Gl. (1085)[3].]

$$\int_{0,5270}^{1,4164} \mathrm{ns}^3(z, 0{,}4176)\,dz \equiv \int_{z_u}^{z_o} \mathrm{ns}^3(z, k)\,dz$$

$$= -\tfrac{1}{2}\,\mathrm{cs}(z_o, k)\,\mathrm{ds}(z_o, k) + \tfrac{1}{2}\,\mathrm{cs}(z_u, k)\,\mathrm{ds}(z_u, k) + \tfrac{3}{2}\,e_3\,\mathrm{ar\,tanh\,cd}(z_o, k) - \tfrac{3}{2}\,e_3\,\mathrm{ar\,tanh\,cd}(z_u, k).$$

Für $k = 0{,}4176$ entnimmt man Tafel I, S. 16, $k' = 0{,}9086$, $1/\varkappa = 0{,}71$, $K = 1{,}6470$ sowie Tafel II, S. 24, $e_3 = -0{,}3915$ und berechnet hieraus $\zeta_o = 1{,}4164/3{,}2940 = 0{,}43$, $\zeta_u = 0{,}5270/3{,}2940 = 0{,}16$. Zu diesen Argumentwerten gehört nach Tafel III, S. 569, 568, $\frac{1}{k'}\,\mathrm{cs}(\zeta_o, \varkappa) = 0{,}2344$, $\frac{1}{k'}\,\mathrm{cs}(\zeta_u, \varkappa) = 1{,}9089$, $k'\,\mathrm{sd}(\zeta_o, \varkappa) = 0{,}9736$, $k'\,\mathrm{sd}(\zeta_u, \varkappa) = 0{,}4641$, $\mathrm{cd}(\zeta_o, \varkappa) = 0{,}2282$, $\mathrm{cd}(\zeta_u, \varkappa) = 0{,}8858$ und damit

$$\mathrm{cs}(\zeta_o, \varkappa) = 0{,}2344 \cdot 0{,}9086 = 0{,}2130, \quad \mathrm{ds}(\zeta_o, \varkappa) = 0{,}9086/0{,}9736 = 0{,}9333, \quad \mathrm{ar\,tanh}\,0{,}2282 = 0{,}2323,$$

$$\mathrm{cs}(\zeta_u, \varkappa) = 1{,}9089 \cdot 0{,}9086 = 1{,}7344, \quad \mathrm{ds}(\zeta_u, \varkappa) = 0{,}9086/0{,}4641 = 1{,}9577, \quad \mathrm{ar\,tanh}\,0{,}8858 = 1{,}4021.$$

Die Berücksichtigung dieser Zahlenwerte liefert

$$\int_{0,5270}^{1,4164} \mathrm{ns}^3(z, 0{,}4176)\,dz = \frac{-0{,}2130 \cdot 0{,}9333 + 1{,}7344 \cdot 1{,}9577}{2} - 1{,}5 \cdot 0{,}3915(0{,}2323 - 1{,}4021) = 2{,}285.$$

Beispiel 97. [Integraltyp von Gl. (1106)[2].]

$$\int_{0,4336}^{1,4007} \mathrm{ns}^2(z, 0{,}4642)\,\mathrm{cs}^2(z, 0{,}4642)\,dz \equiv \int_{z_u}^{z_o} \mathrm{ns}^2(z, k)\,\mathrm{cs}^2(z, k)\,dz$$

$$= \left(e_3\,e_1 + \frac{g_2}{12}\right)(z_o - z_u) - e_2\,\mathfrak{z}_1(z_o, k) + e_2\,\mathfrak{z}_1(z_u, k) + \frac{1}{6}\,\wp_1'(z_o, k) - \frac{1}{6}\,\wp_1'(z_u, k).$$

Einem Modulwert $k = 0{,}4642$ entsprechen nach Tafel I, S. 17, $1/\varkappa = 0{,}75$, $K = 1{,}6675$ und nach Tafel II, S. 24 und 28, $e_1 = 0{,}5948$, $e_2 = -0{,}1897$, $e_3 = -0{,}4052$, $g_2 = 1{,}1079$. Zu den aus $K = 1{,}6675$ sich ergebenden Argumentwerten $\zeta_o = 1{,}4007/3{,}3350 = 0{,}42$ und $\zeta_u = 0{,}4336/3{,}3350 = 0{,}13$ gehören nach Tafel III, S. 554, 555, $\mathfrak{z}_1(\zeta_o, \varkappa) = 0{,}6543$, $\mathfrak{z}_1(\zeta_u, \varkappa) = 2{,}3050$, $\wp_1'(\zeta_o, \varkappa) = -0{,}4561$, $\wp_1'(\zeta_u, \varkappa) = -24{,}4908$. Damit berechnet sich das Integral, wie folgt:

$$\int_{0,4336}^{1,4007} \mathrm{ns}^2(z, 0{,}4642)\,\mathrm{cs}^2(z, 0{,}4642)\,dz$$

$$= \left(-0{,}4052 \cdot 0{,}5948 + \frac{1{,}1079}{12}\right)(1{,}4007 - 0{,}4336) + 0{,}1897\,(0{,}6543 - 2{,}3050) + \frac{1}{6}\,(-0{,}4561 + 24{,}4908) = 3{,}549.$$

Beispiel 98. [Integraltyp von Gl. (1126)[4].]

$$\int_0^{1,0405} \left[\frac{\mathrm{sn}(z, 0{,}1215)}{1 + 0{,}1215\,\mathrm{sn}^2(z, 0{,}1215)}\right]^2 dz \equiv \int_0^{z} \left[\frac{\mathrm{sn}(z, k)}{1 + k\,\mathrm{sn}^2(z, k)}\right]^2 dz = \frac{(1 + e_1)\,K - 2E}{4k(1 + k)^2} + \frac{2k - e_3}{4k(1 + k)^2}\,z - \frac{\mathfrak{z}_4\left(\zeta, \frac{\varkappa}{2}\right)}{4k(1 + k)}.$$

Für $k = 0{,}1215$ liefert Tafel I, S. 11 und Tafel II, S. 25 und 33, $1/\varkappa = 0{,}45$, $K = 1{,}5766$, $e_1 = 0{,}6617$, $e_3 = -0{,}3383$, $E = 1{,}5650$, und es wird $\zeta = 1{,}0405/3{,}1532 = 0{,}33$. Hierzu gehört nach Tafel III, S. 494, $\mathfrak{z}_4\left(\zeta, \frac{\varkappa}{2}\right) = \mathfrak{z}_4\left(0{,}33; \frac{1}{0{,}90}\right) = -0{,}0624$. Man erhält daher

$$\int_0^{1,0405} \left[\frac{\mathrm{sn}(z, 0{,}1215)}{1 + 0{,}1215\,\mathrm{sn}^2(z, 0{,}1215)}\right]^2 dz$$

$$= \frac{1{,}6617 \cdot 1{,}5766 - 3{,}1300}{4 \cdot 0{,}1215 \cdot 1{,}1215^2} + \frac{0{,}2430 + 0{,}3383}{4 \cdot 0{,}1215 \cdot 1{,}1215^2} \cdot 1{,}0405 + \frac{0{,}0624}{4 \cdot 0{,}1215 \cdot 1{,}1215} = 0{,}2694.$$

Beispiel 99. [Integraltyp von Gl. (1127)[1].]

$$\int_{0,06739}^{0,7413} \left[\frac{1 + 0{,}8671\,\mathrm{sc}^2(z, 0{,}4981)}{\mathrm{sc}(z, 0{,}4981)}\right]^2 dz \equiv \int_{z_u}^{z_o} \left[\frac{1 + k'\,\mathrm{sc}^2(z, k)}{\mathrm{sc}(z, k)}\right]^2 dz$$

$$= -(e_1 - 2k')(z_o - z_u) - (1 + k')\,[\mathfrak{z}_1(2\zeta_o, 2\varkappa) - \mathfrak{z}_1(2\zeta_u, 2\varkappa)].$$

Zu $k = 0,4981$ gehören nach Tafel I, S. 17, und Tafel II, S. 24 und 32, $k' = 0,8671$, $1/\varkappa = 0,78$, $K = 1,6847$, $e_1 = 0,5840$ und damit $\zeta_o = 0,7413/3,3694 = 0,22$, $\zeta_u = 0,06739/3,3694 = 0,02$. Hierfür liest man aus Tafel III, S. 698, die Funktionswerte $\mathfrak{z}_1(2\zeta_o, 2\varkappa) = \mathfrak{z}_1\left(0,44; \frac{1}{0,39}\right) = 0,6507$ und $\mathfrak{z}_1(2\zeta_u, 2\varkappa) = \mathfrak{z}_1\left(0,04; \frac{1}{0,39}\right) = 7,9476$ ab, womit die Lösung

$$\int_{0,06739}^{0,7413} \left[\frac{1 + 0,8671\,\mathrm{sc}^2(z, 0,4981)}{\mathrm{sc}(z, 0,4981)}\right]^2 dz = -(0,5840 - 1,7342)\,(0,7413 - 0,06739) - 1,8671\,(0,6507 - 7,9476) = 14,40$$

lautet.

Beispiel 100. [Integraltyp von Gl. (1128)[4].]

$$\int_{0,1797}^{1,6172} \left[\frac{1 + 0,8917\,\mathrm{cd}(z, 0,8917)}{1 - 0,8917\,\mathrm{cd}(z, 0,8917)}\right]^2 dz \equiv \int_{z_u}^{z_o} \left[\frac{1 + k\,\mathrm{cd}(z, k)}{1 - k\,\mathrm{cd}(z, k)}\right]^2 dz$$

$$= \frac{5 + 22k^2 + 5k^4}{9k'^4}(z_o - z_u) - \frac{8e_3\left[\mathfrak{z}_4\left(\frac{\zeta_o}{2}, \frac{\varkappa}{2}\right) - \mathfrak{z}_4\left(\frac{\zeta_u}{2}, \frac{\varkappa}{2}\right)\right]}{k'^2(1 - k)} + \frac{1}{3}\,\frac{1 + k}{(1 - k)^2}\left[\wp_4'\left(\frac{\zeta_o}{2}, \frac{\varkappa}{2}\right) - \wp_4'\left(\frac{\zeta_u}{2}, \frac{\varkappa}{2}\right)\right].$$

Für $k = 0,8917$ entnimmt man Tafel I, S. 16, $\varkappa = 0,74$, $k' = 0,4527$, $k^2 = 0,7951$, $k'^2 = 0,2049$, $K = 2,2461$ und Tafel II, S. 23, $e_3 = -0,5984$ und damit $\zeta_o = 1,6172/4,4922 = 0,36$, $\zeta_u = 0,1797/4,4922 = 0,04$. Hierzu gehören nach Tafel III, S. 196, 197, die Funktionswerte $\mathfrak{z}_4\left(\frac{\zeta_o}{2}, \frac{\varkappa}{2}\right) = \mathfrak{z}_4(0,18; 0,37) = 0,8152$, $\mathfrak{z}_4\left(\frac{\zeta_u}{2}, \frac{\varkappa}{2}\right) = \mathfrak{z}_4(0,02; 0,37) = 0,5263$, $\wp_4'\left(\frac{\zeta_o}{2}, \frac{\varkappa}{2}\right) = 0,3117$, $\wp_4'\left(\frac{\zeta_u}{2}, \frac{\varkappa}{2}\right) = 0,3261$. Die Einführung dieser Zahlenwerte ergibt

$$\int_{0,1797}^{1,6172} \left[\frac{1 + 0,8917\,\mathrm{cd}(z, 0,8917)}{1 - 0,8917\,\mathrm{cd}(z, 0,8917)}\right]^2 dz$$

$$= \frac{5 + 22\cdot 0,7951 + 5\cdot 0,7951^2}{9\cdot 0,2049^2}(1,6172 - 0,1797) + \frac{8\cdot 0,5984(0,8152 - 0,5263)}{0,2049\cdot 0,1083} + \frac{1}{3}\,\frac{1,8917}{0,1083^2}(0,3117 - 0,3261) = 160,3.$$

Beispiel 101. [Integraltyp von Gl. (1130)[4] für $k'^2 = 0,4211$.]

$$\int_{0,5397}^{2,4671} \frac{1 - 2,3746\,\overline{\mathrm{dc}}^2(z, 0,7608)}{1 + 2,3746\,\overline{\mathrm{dc}}^2(z, 0,7608)}\,dz = \int_{0,5397}^{2,4671} \frac{0,4211 - \overline{\mathrm{dc}}^2(z, 0,7608)}{0,4211 + \overline{\mathrm{dc}}^2(z, 0,7608)}\,dz \equiv \int_{z_u}^{z_o} \frac{k'^2 - \overline{\mathrm{dc}}^2(z, k)}{k'^2 + \overline{\mathrm{dc}}^2(z, k)}\,dz$$

$$= \frac{1}{2k}\left[\operatorname{ar\,tanh}(k\,\mathrm{sn}(4,9342, k)) - \operatorname{ar\,tanh}(k\,\mathrm{sn}(1,0794, k))\right].$$

Zu $k'^2 = 0,4211$ gehört nach Tafel I, S. 20, $k = 0,7608$, $\varkappa = 0,93$ und $K = 1,9274$. Es folgt daher in Verbindung mit Tafel III, S. 418, $\mathrm{sn}(2\zeta_o, \varkappa) = \mathrm{sn}(4,9342/3,8548; 0,93) = \mathrm{sn}(1,28; 0,93) = -\mathrm{sn}(0,28; 0,93) = -0,8327$, $\mathrm{sn}(2\zeta_u, \varkappa) = \mathrm{sn}(1,0794/3,8548; 0,93) = \mathrm{sn}(0,28; 0,93) = 0,8327$ und hieraus $k\,\mathrm{sn}(4,9342; 0,7608) = -0,6335$, $k\,\mathrm{sn}(1,0794; 0,7608) = +0,6335$. So erhält man

$$\int_{0,5397}^{2,4671} \frac{1 - 2,3746\,\overline{\mathrm{dc}}^2(z, 0,7608)}{1 + 2,3746\,\overline{\mathrm{dc}}^2(z, 0,7608)}\,dz = -\frac{\operatorname{ar\,tanh} 0,6335}{0,7608} = -\frac{0,7472}{0,7608} = -0,982.$$

Beispiel 102. [Integraltyp von Gl. (1091)[11] für $\frac{1}{k^2} < \lambda^2 < \infty$ und $\lambda^2 = 5,7341$.]

$$\int_{0,7495}^{1,7034} \frac{\mathrm{ns}(z, 0,5309)}{1 - 5,7341\,\mathrm{ns}^2(z, 0,5309)}\,dz$$

$$= \frac{\operatorname{ar\,tanh}\left[\sqrt{\frac{k^2\lambda^2 - 1}{\lambda^2 - 1}}\,\mathrm{cd}(1,7034, k)\right] - \operatorname{ar\,tanh}\left[\sqrt{\frac{k^2\lambda^2 - 1}{\lambda^2 - 1}}\,\mathrm{cd}(0,7495, k)\right]}{\sqrt{(\lambda^2 - 1)(k^2\lambda^2 - 1)}} \quad \text{für } \mathrm{cd} \le \sqrt{\frac{\lambda^2 - 1}{k^2\lambda^2 - 1}}.$$

Einem Modul $k = 0{,}5309$ entsprechen nach Tafel I, S. 18, $k^2 = 0{,}2819$, $1/\varkappa = 0{,}81$, $K = 1{,}7034$ und nach Tafel III, S. 528, $\operatorname{cd}(\zeta_o, \varkappa) = \operatorname{cd}\left(1{,}7034/3{,}4068, \frac{1}{0{,}81}\right) = \operatorname{cd}\left(\frac{1}{2}, \frac{1}{0{,}81}\right) = 0$, $\operatorname{cd}(\zeta_u, \varkappa) = \operatorname{cd}\left(0{,}7495/3{,}4068, \frac{1}{0{,}81}\right) = \operatorname{cd}\left(0{,}22; \frac{1}{0{,}81}\right) = 0{,}7957$. Andererseits ist $\sqrt{\lambda^2 - 1}/\sqrt{k^2\lambda^2 - 1} = \sqrt{4{,}7341}/\sqrt{0{,}6164} = 2{,}7713$, so daß die Bedingung $\operatorname{cd} \leqq \sqrt{\lambda^2 - 1}/\sqrt{k^2\lambda^2 - 1}$ erfüllt ist. Damit gt

$$\int\limits_{0,7495}^{1,7034} \frac{\operatorname{ns}(z, 0{,}5309)}{1 - 5{,}7341\,\operatorname{ns}^2(z, 0{,}5309)}\,dz = -\frac{\operatorname{ar\,tanh}\frac{0{,}7957}{2{,}7713}}{\sqrt{4{,}7341}\sqrt{0{,}6164}} = -\frac{\operatorname{ar\,tanh} 0{,}2871}{1{,}7082} = -\frac{0{,}2954}{1{,}7082} = -0{,}1729.$$

Beispiel 103. [Integraltyp von Gl. (1091)[3] für $k^2 < \lambda^2 < 1$ und $\lambda^2 = 0{,}6892$.]

$$\int\limits_{0,3593}^{0,6860} \frac{\operatorname{sn}(z, 0{,}3819)}{1 - 0{,}6892\,\operatorname{sn}^2(z, 0{,}3819)}\,dz = \frac{-\operatorname{arc\,tan}\left[\sqrt{\frac{\lambda^2 - k^2}{1 - \lambda^2}}\operatorname{cd}(0{,}6860, k)\right] + \operatorname{arc\,tan}\left[\sqrt{\frac{\lambda^2 - k^2}{1 - \lambda^2}}\operatorname{cd}(0{,}3593, k)\right]}{\sqrt{(1 - \lambda^2)(\lambda^2 - k^2)}}.$$

Für $k = 0{,}3819$, $k^2 = 0{,}1459$ entnimmt man Tafel I, S. 15, $1/\varkappa = 0{,}68$, $K = 1{,}6333$ und Tafel III, S. 580, $\operatorname{cd}(\zeta_o, \varkappa) = \operatorname{cd}\left(0{,}6860/3{,}2666; \frac{1}{0{,}68}\right) = \operatorname{cd}\left(0{,}21; \frac{1}{0{,}68}\right) = 0{,}8017$, $\operatorname{cd}(\zeta_u, \varkappa) = \operatorname{cd}\left(0{,}3593/3{,}2666; \frac{1}{0{,}68}\right) = \operatorname{cd}\left(0{,}11; \frac{1}{0{,}68}\right) = 0{,}9450$. Damit ergibt sich

$$\int\limits_{0,3593}^{0,6860} \frac{\operatorname{sn}(z, 0{,}3819)}{1 - 0{,}6892\,\operatorname{sn}^2(z, 0{,}3819)}\,dz = \frac{-\operatorname{arc\,tan}(1{,}3222 \cdot 0{,}8017) + \operatorname{arc\,tan}(1{,}3222 \cdot 0{,}9450)}{0{,}4110} = 0{,}1981.$$

Beispiel 104. [Integraltyp von Gl. (1093)[10] für $k^2 < \lambda^2 < 1$ und $\lambda^2 = 0{,}8817$.]

$$\int\limits_{0,9401}^{1,3430} \frac{\operatorname{nd}(z, 0{,}4869)}{1 - 0{,}8817\,\operatorname{nd}^2(z, 0{,}4869)}\,dz$$

$$= \frac{\operatorname{ar\,coth}\left[\sqrt{\frac{\lambda^2 - k'^2}{1 - \lambda^2}}\operatorname{sc}(1{,}3430, k)\right] - \operatorname{ar\,coth}\left[\sqrt{\frac{\lambda^2 - k'^2}{1 - \lambda^2}}\operatorname{sc}(0{,}9401, k)\right]}{\sqrt{(1 - \lambda^2)(\lambda^2 - k'^2)}} \quad \text{für } \operatorname{sc} \geqq \sqrt{\frac{1 - \lambda^2}{\lambda^2 - k'^2}}.$$

Für $k = 0{,}4869$, $k^2 = 0{,}2371$, $k'^2 = 0{,}7629$ liefert Tafel I, S. 17, $1/\varkappa = 0{,}77$, $K = 1{,}6788$ und Tafel III, S. 545, $\operatorname{sc}(\zeta_o, \varkappa) = \operatorname{sc}\left(1{,}3430/3{,}3576, \frac{1}{0{,}77}\right) = \operatorname{sc}\left(0{,}40; \frac{1}{0{,}77}\right) = 3{,}2962$, $\operatorname{sc}(\zeta_u, \varkappa) = \operatorname{sc}\left(0{,}9401/3{,}3576; \frac{1}{0{,}77}\right) = \operatorname{sc}\left(0{,}28; \frac{1}{0{,}77}\right) = 1{,}2937$. Vergleicht man die beiden sc-Werte mit $\sqrt{1 - \lambda^2}/\sqrt{\lambda^2 - k'^2} = \sqrt{0{,}1183}/\sqrt{0{,}1188} = 0{,}9958$, so ist die Zusatzbedingung erfüllt. Die Lösung lautet

$$\int\limits_{0,9401}^{1,3430} \frac{\operatorname{nd}(z, 0{,}4869)}{1 - 0{,}8817\,\operatorname{nd}^2(z, 0{,}4869)}\,dz = \frac{\operatorname{ar\,coth}(1{,}0021 \cdot 3{,}2962) - \operatorname{ar\,coth}(1{,}0021 \cdot 1{,}2937)}{0{,}11854} = -6{,}000.$$

Beispiel 105. [Integraltyp von Gl. (1096)[3] für $-1 < \lambda^2 < -k'^2$ und $\lambda^2 = -0{,}7352$.]

$$\int\limits_{0}^{1,9566} \frac{\operatorname{sc}(z, 0{,}8857)}{1 + 0{,}7352\,\operatorname{sc}^2(z, 0{,}8857)}\,dz = \frac{1}{\sqrt{-(\lambda^2 + 1)(\lambda^2 + k'^2)}}\operatorname{arc\,tan}\frac{1 - \operatorname{dn}(1{,}9566, k)}{\sqrt{-\frac{\lambda^2 + k'^2}{\lambda^2 + 1}} + \sqrt{-\frac{\lambda^2 + 1}{\lambda^2 + k'^2}}\operatorname{dn}(1{,}9566, k)}.$$

Zu $k = 0{,}8857$, $k^2 = 0{,}7845$, $k'^2 = 0{,}2155$ gehört nach Tafel I, S. 17, $\varkappa = 0{,}75$, $K = 2{,}2234$ und nach Tafel III, S. 347, $\operatorname{dn}(\zeta, \varkappa) = \operatorname{dn}(1{,}9566/4{,}4468; 0{,}75) = \operatorname{dn}(0{,}44; 0{,}75) = 0{,}4772$. In Verbindung mit $\lambda^2 = -0{,}7352$ ergibt die Rechnung

$$\int\limits_{0}^{1,9566} \frac{\operatorname{sc}(z, 0{,}8857)}{1 + 0{,}7352\,\operatorname{sc}^2(z, 0{,}8857)}\,dz = \frac{1}{0{,}3710}\operatorname{arc\,tan}\frac{1 - 0{,}4772}{1{,}4009 + 0{,}7138 \cdot 0{,}4772} = \frac{0{,}2916}{0{,}3710} = 0{,}786.$$

Beispiel 106. [Integraltyp von Gl. (1097)[1] und für ζ als Argument.]

$$\int_0^{0,8146} \frac{\overline{\mathrm{ds}}(z,\, 0{,}5201)}{1-\overline{\mathrm{ds}}^2(z,\, 0{,}5201)}\,dz = +\frac{1}{4k'}\,\mathrm{ar\,tanh}\,\frac{1-\mathrm{dn}(1{,}6292,\, k)}{\frac{1}{k'}\,\mathrm{dn}(1{,}6292,\, k)-k'}\,.$$

Für $k = 0{,}5201$ entnimmt man Tafel I, S. 18, $k' = 0{,}8541$, $1/\varkappa = 0{,}80$, $K = 1{,}6970$ und Tafel III, S. 533, $\mathrm{dn}(\zeta,\varkappa) = \mathrm{dn}\left(1{,}6292/3{,}3940;\ \frac{1}{0{,}80}\right) = \mathrm{dn}\left(0{,}48;\ \frac{1}{0{,}80}\right) = 0{,}8546$. Damit folgt

$$\int_0^{0,8146} \frac{\overline{\mathrm{ds}}(z,\, 0{,}5201)}{1-\overline{\mathrm{ds}}^2(z,\, 0{,}5201)}\,dz = \frac{1}{4\cdot 0{,}8541}\,\mathrm{ar\,tanh}\,\frac{1-0{,}8546}{0{,}8546/0{,}8541-0{,}8541} = \frac{2{,}7911}{3{,}4164} = 0{,}8173\,.$$

Beispiel 107. [Integraltyp von Gl. (1098) für $\mu = 0{,}5291$, $\lambda = 1{,}3468$ und für ζ als Argument.]

$$\int_0^{0,5430} \frac{1+0{,}5291\,\mathrm{sd}(z,\, 0{,}7684)}{1+1{,}3468\,\mathrm{sd}(z,\, 0{,}7684)}\,dz = \frac{0{,}5291}{1{,}3468}\cdot 0{,}5430 + (0{,}5291-1{,}3468)\int_0^{0,5430} \frac{\mathrm{sd}(z,k)}{1-1{,}8139\,\mathrm{sd}^2(z,k)}\,dz\ +$$

$$+\ \frac{0{,}5291-1{,}3468}{1{,}3468^3}\int_0^{0,5430}\frac{dz}{\mathrm{sd}^2(z,k)-0{,}5513} = 0{,}2133 - 0{,}8177\int_0^{0,5430}\frac{\mathrm{sd}(z,k)\,dz}{1-1{,}8139\,\mathrm{sd}^2(z,k)} - 0{,}3347\int_0^{0,5430}\frac{dz}{\mathrm{sd}^2(z,k)-0{,}5513}\,.$$

Für das vordere Integral liefert Gl. (1095)[6], da die Schranke $k'^2 = 1-0{,}7684^2 < \lambda^2 = 1{,}3468^2 < \infty$ erfüllt ist,

$$\int_0^{0,5430}\frac{\mathrm{sd}(z,k)\,dz}{1-1{,}8139\,\mathrm{sd}^2(z,k)} = \frac{1}{\sqrt{(\lambda^2+k^2)(\lambda^2-k'^2)}}\,\mathrm{ar\,tanh}\,\frac{1-\mathrm{cn}(z,k)}{\sqrt{\frac{\lambda^2+k^2}{\lambda^2-k'^2}}\,\mathrm{cn}(z,k)-\sqrt{\frac{\lambda^2-k'^2}{\lambda^2+k^2}}}\quad \text{für}\ \begin{array}{l} k = 0{,}7684,\\ \lambda^2 = 1{,}8139,\\ z = 0{,}5430\end{array}$$

bzw. nach Einsetzen von $k^2 = 0{,}5904$, $k'^2 = 0{,}4096$, $\lambda^2 = 1{,}8139$

$$\int_0^{0,5430}\frac{\mathrm{sd}(z,k)\,dz}{1-1{,}8139\,\mathrm{sd}^2(z,k)} = \frac{1}{1{,}8375}\,\mathrm{ar\,tanh}\,\frac{1-\mathrm{cn}(z,k)}{1{,}3085\,\mathrm{cn}(z,k)-0{,}7642}\quad \text{für}\ \begin{array}{l} k = 0{,}7684,\\ z = 0{,}5430.\end{array}$$

Zu $k = 0{,}7684$ gehört nach Tafel I, S. 20, $\varkappa = 0{,}92$, $K = 1{,}9394$ und nach Tafel III, S. 415, $\mathrm{cn}(\zeta,\varkappa) = \mathrm{cn}(0{,}5430/3{,}8788;\ 0{,}92) = \mathrm{cn}(0{,}14;\ 0{,}92) = 0{,}8637$. Damit erhält man

$$\int_0^{0,5430}\frac{\mathrm{sd}(z,k)\,dz}{1-1{,}8139\,\mathrm{sd}^2(z,k)} = \frac{1}{1{,}8375}\,\mathrm{ar\,tanh}\,0{,}3724 = \frac{0{,}3912}{1{,}8375} = 0{,}2129\,.$$

Das hintere Integral ist ein Normalintegral dritter Gattung vom Typ der Gl. (979)[3], da $0 < t_0^2 = 0{,}5513 < \frac{1}{k'^2} = 2{,}4414$ ist. Somit folgt für $t_0 = \sqrt{0{,}5513} = 0{,}7425$

$$\int_0^{0,5430}\frac{dz}{\mathrm{sd}^2(z,k)-0{,}5513} = \frac{-k^2k'^2}{\wp_3'(z_0,k)}\left[\ln\frac{\vartheta_1(\zeta-\zeta_0,\varkappa)}{\vartheta_1(\zeta+\zeta_0,\varkappa)} + 2\zeta\,\frac{\partial}{\partial\zeta_0}\ln\vartheta_3(z_0,k)\right]\quad \text{für}\ \zeta_0 = \arg\mathrm{sd}(t_0,k).$$

Aus Tafel III, S. 415, kann nicht $\mathrm{sd}(\zeta,\varkappa)$, sondern nur $k'\,\mathrm{sd}(\zeta,\varkappa)$ entnommen werden. Demgemäß ergibt sich $\zeta_0 = \arg k'\,\mathrm{sd}(k't_0,\varkappa) = \arg k'\,\mathrm{sd}(0{,}6400\cdot 0{,}7425;\ 0{,}92) = \arg k'\,\mathrm{sd}(0{,}4752;\ 0{,}92)$. Aus $k'\,\mathrm{sd}(0{,}18;\ 0{,}92) = 0{,}4508$, $k'\,\mathrm{sd}(0{,}19;\ 0{,}92) = 0{,}4760$ erhält man bei linearer Interpolation

$$\zeta_0 = 0{,}18 + \frac{0{,}4752-0{,}4508}{0{,}4760-0{,}4508}\cdot 0{,}01 = 0{,}18 + \frac{0{,}0244}{0{,}0252}\cdot 0{,}01 = 0{,}18 + 0{,}0097 = 0{,}1897.$$

Hierfür entnimmt man bei linearer Interpolation der Tafel III, S. 417, 414: $\wp_3'(0{,}1897;\ 0{,}92) = -0{,}3638$, $\frac{\partial}{\partial\zeta_0}\ln\vartheta_3(0{,}1897;\ 0{,}92) = -0{,}6232$ sowie den Wert $k^2k'^2 = 0{,}2418$. Ferner ergibt sich

$$\ln\frac{\vartheta_1(\zeta-\zeta_0,\varkappa)}{\vartheta_1(\zeta+\zeta_0,\varkappa)} = \ln\frac{\vartheta_1(0{,}1400-0{,}1897;\ 0{,}92)}{\vartheta_1(0{,}1400+0{,}1897;\ 0{,}92)} = \ln\frac{\vartheta_1(0{,}0497;\ 0{,}92)}{\vartheta_1(0{,}3297;\ 0{,}92)} = \ln\frac{0{,}1496}{0{,}8352} = \ln 0{,}1791 = -1{,}7198.$$

Mit diesen Zahlenwerten errechnet sich

$$\int_0^{0,5430} \frac{dz}{\operatorname{sd}^2(z, k) - 0,5513} = \frac{0,2418}{0,3638}(-1,7198 - 2 \cdot 0,14 \cdot 0,6232) = -1,2591.$$

Werden die beiden Teilintegrale noch in die Ausgangsformel eingeführt, so lautet die Lösung

$$\int_0^{0,5430} \frac{1 + 0,5291 \operatorname{sd}(z, 0,7684)}{1 + 1,3468 \operatorname{sd}(z, 0,7684)} dz = 0,2133 - 0,8177 \cdot 0,2129 + 0,3347 \cdot 1,2591 = 0,461.$$

Beispiel 108. [Integraltyp von Gl. (1100) mit ζ als Argument, für $\lambda = 1,0461$ bzw. $\lambda^2 = 1,0943$.]

$$\int_{0,4188}^{0,7679} \frac{dz}{1 + 1,0461 \operatorname{cs}(z, 0,5927)} = -1,0461 \int_{0,4188}^{0,7679} \frac{\operatorname{cs}(z, k)\, dz}{1 - 1,0943 \operatorname{cs}^2(z, k)} - 0,9138 \int_{0,4188}^{0,7679} \frac{dz}{\operatorname{cs}^2(z, k) - 0,9138} \quad \text{für} \quad \begin{matrix} k = 0,5927, \\ z = 0,7679. \end{matrix}$$

Zu $k = 0,5927$ gehört $k^2 = 0,3513$, $k'^2 = 0,6487$, $k' = 0,8054$ und nach Tafel I, S. 19, $1/\varkappa = 0,87$, $K = 1,7452$. Damit entsprechen den beiden Grenzen $\zeta_o = 0,7679/3,4904 = 0,22$, $\zeta_u = 0,4188/3,4904 = 0,12$. Für das vordere der beiden rechts stehenden Integrale ist Gl. (1096)[12] zuständig, denn man erhält $\sqrt{k'^2 \lambda^2 + 1}/\sqrt{\lambda^2 + 1} = \sqrt{0,6487 \cdot 1,0943 + 1}/\sqrt{1,0943 + 1} = 0,9036$ und in Verbindung mit Tafel III, S. 505, $\operatorname{dn}\left(0,22; \frac{1}{0,87}\right) = 0,9158$, $\operatorname{dn}\left(0,12; \frac{1}{0,87}\right) = 0,9711$, womit die aufgeführten Bereichsschranken erfüllt sind. Damit ergibt sich, wenn auf die ar coth-Funktion Bezug genommen wird,

$$\int_{0,4188}^{0,7679} \frac{\operatorname{cs}(z, k)\, dz}{1 - 1,0943 \operatorname{cs}^2(z, k)}$$

$$= -\frac{1}{1,8924} \operatorname{ar\,coth} \frac{1 - 1,2416 \cdot 0,9158}{1,1067 \cdot 0,9158 - 1,1219} + \frac{1}{1,8924} \operatorname{ar\,coth} \frac{1 - 1,2416 \cdot 0,9711}{1,1067 \cdot 0,9711 - 1,1219} = -0,4435.$$

Das hintere der beiden rechts stehenden Integrale ist ein Normalintegral dritter Gattung vom Typ (973)[4], denn es ist $0 < t_0^2 = 0,9138 < \infty$, womit für $t_0 = \sqrt{0,9138} = 0,9559$

$$\int_{0,4188}^{0,7679} \frac{dz}{\operatorname{cs}^2(z, k) - 0,9138}$$

$$= \frac{1}{\wp_1'(z_0, k)} \left[\ln \frac{\vartheta_1(\zeta - \zeta_0, \varkappa)}{\vartheta_1(\zeta + \zeta_0, \varkappa)} + 2\zeta \frac{\partial}{\partial \zeta_0} \ln \vartheta_1(z_0, k) \right]_{\zeta_{\text{unten}} = 0,12}^{\zeta_{\text{oben}} = 0,22} \quad \text{mit} \quad \zeta_0 = \arg \operatorname{cs}\left(0,9559; \frac{1}{0,87}\right)$$

sich ergibt. In Verbindung mit Tafel III, S. 505, 507, 504, folgt $\zeta_0 = \arg \operatorname{cs}\left(0,9559; \frac{1}{0,87}\right) = \arg \frac{1}{k'} \operatorname{cs}\left(1,1868; \frac{1}{0,87}\right) = 0,24$, $\wp_1'(\zeta_0, \varkappa) = -3,3056$, $\frac{\partial}{\partial \zeta_0} \ln \vartheta_1(\zeta_0, \varkappa) = 3,3546$. Ferner erhält man

$$\ln \frac{\vartheta_1(\zeta_{\text{oben}} - \zeta_0, \varkappa)}{\vartheta_1(\zeta_{\text{oben}} + \zeta_0, \varkappa)} = \ln \frac{\vartheta_1\left(0,02; \frac{1}{0,87}\right)}{\vartheta_1\left(0,46; \frac{1}{0,87}\right)} = \ln \frac{0,0508}{0,8051} = \ln 0,06311 = -2,7628,$$

$$\ln \frac{\vartheta_1(\zeta_{\text{unten}} - \zeta_0, \varkappa)}{\vartheta_1(\zeta_{\text{unten}} + \zeta_0, \varkappa)} = \ln \frac{\vartheta_1\left(0,12; \frac{1}{0,87}\right)}{\vartheta_1\left(0,36; \frac{1}{0,87}\right)} = \ln \frac{0,2980}{0,7339} = \ln 0,4060 = -0,9014.$$

Die Einsetzung der gefundenen Zahlenwerte ergibt

$$\int_{0,4188}^{0,7679} \frac{dz}{\operatorname{cs}^2(z, k) - 0,9138} = -\frac{1}{3,3056}(-2,7628 + 0,44 \cdot 3,3546 + 0,9014 - 0,24 \cdot 3,3546) = 0,3601.$$

Mit den beiden Teilintegralen lautet die Lösung

$$\int_{0,4188}^{0,7679} \frac{dz}{1 + 1,0461 \operatorname{cs}(z, 0,5927)} = 1,0461 \cdot 0,4435 - 0,9138 \cdot 0,3601 = 0.135.$$

7. 12 Beispiele zu Tafel IV in Form von bestimmten Integralen

Beispiel 109. [Integraltyp von Gl. (906)[9].]

$$\int_{2,1123}^{5,9213} \frac{dt}{\sqrt{(t^2-1)(t^2-0,7940)}} \equiv \int_{t_u}^{t_0} \frac{dt}{\sqrt{(t^2-1)(t^2-k^2)}}$$

$$= F\left(\arcsin\sqrt{\frac{5,9213^2-1}{5,9213^2-0,7940}},\,k\right) - F\left(\arcsin\sqrt{\frac{2,1123^2-1}{2,1123^2-0,7940}},\,k\right).$$

Zu $k^2 = 0,7940$ bzw. $k = \sin\alpha = 0,8911$ gehört nach Tafel I, S. 16, $\alpha = 63°$. Für die Argumentwinkel errechnet sich $\varphi_0 = \arcsin 0,9970 = 85°\,33'$ und $\varphi_u = \arcsin 0,9715 = 75°\,17'$. Die Umschreibung der rechten Seite auf Gradmaße ergibt daher

$$\int_{2,1123}^{5,9213} \frac{dt}{\sqrt{(t^2-1)(t^2-0,7940)}} = F(85°\,33';\,63°) - F(75°\,17';\,63°).$$

Aus Tafel IV, S. 875, entnimmt man $F(85°, 63°) = 2,0523$, $F(86°, 63°) = 2,0902$, $F(75°, 63°) = 1,6894$, $F(76°, 63°) = 1,7239$. Hieraus folgt bei linearer Interpolation $F(85°, 33', 63^0) = 2,0731$ und $F(75°\,17', 63°) = 1,6992$ und damit

$$\int_{2,1123}^{5,9213} \frac{dt}{\sqrt{(t^2-1)(t^2-0,7940)}} = 2,0731 - 1,6992 = 0,3739.$$

Beispiel 110. [Integraltyp von Gl. (932)[5].]

$$\int_1^{3,1135} \frac{\sqrt{t^2-1}}{\sqrt{t^2-0,3455}}\,dt \equiv \int_1^{t} \frac{\sqrt{t^2-1}}{\sqrt{t^2-k^2}}\,dt = -E + E\left(\arcsin\frac{1}{3,1135},\,k\right) + \frac{1}{3,1135}\sqrt{(3,1135^2-1)(3,1135^2-0,3455)}.$$

Für $k^2 = 0,3455$ bzw. $k = \sin\alpha = 0,5878$ liefert Tafel I, S. 19, $\alpha = 36°$, während sich für den Argumentwinkel $\varphi = \arcsin 0,3212 = 18°\,44'$ ergibt. Hierfür entnimmt man Tafel IV, S. 848, $E(18°, 36°) = 0,3124$ und $E(19°, 36°) = 0,3295$ und bei linearer Interpolation $E(18°\,44', 36°) = 0,3249$. Der gleichen Seite entnimmt man für $\varphi = 90°$ das vollständige Integral $E = 1,4248$. Damit errechnet sich das Integral zu

$$\int_1^{3,1135} \frac{\sqrt{t^2-1}}{\sqrt{t^2-0,3455}}\,dt = -1,4248 + 0,3249 + 2,8957 = 1,7958.$$

Beispiel 111. [Integraltyp von Gl. (995) für $-\infty < t_0^2 < -1$].

$$\int_0^{\infty} \frac{dt}{(t^2+3,7704)\sqrt{(t^2+1)(t^2+0,8719)}} \equiv \int_0^{\infty} \frac{dt}{(t^2-t_0^2)\sqrt{(t^2+1)(t^2+k'^2)}}$$

$$= -\frac{K}{t_0^2}\left[1+\sqrt{-t_0^2}\,\frac{\Lambda^*\left(\arcsin\sqrt{-\frac{1}{t_0^2}},\,k'\right)-\frac{\pi}{2K}}{\sqrt{(t_0^2+1)(t_0^2+k'^2)}}\right].$$

Aus dem Identitätsvergleich folgt $t_0^2 = -3,7704$, $k'^2 = 0,8719$, $k' = \sin\alpha' = 0,9338$ und damit nach Tafel I, S. 15, $\alpha' = 69°$. Ferner errechnet sich für den Argumentwinkel $\varphi = \arcsin\sqrt{1/3,7704} = \arcsin 0,5150 = 31°$. Damit erhält man in Verbindung mit Tafel IV, S. 881, $\Lambda^*(31°, 69°) = 0,4816$. Zu $k'^2 = 0,8719$ gehört nach Tafel I, S. 15, $K = 1,6251$. Die Einführung dieser Zahlenwerte liefert

$$\int_0^{\infty} \frac{dt}{(t^2+3,7704)\sqrt{(t^2+1)(t^2+0,8719)}} = \frac{1,6251}{3,7704}\left[1 + 1,94175\,\frac{0,4816 - 3,1416/3,2502}{\sqrt{2,7704\cdot 2,8985}}\right] = 0,288.$$

Beispiel 112. [Integraltyp von Gl. (999)[2] für $-\frac{k^2}{k'^2} < t_0^2 < 0$.]

$$\int_1^\infty \frac{dt}{(t^2+1{,}4450)\sqrt{(t^2-1)(1+0{,}0889t^2)}} = \sqrt{0{,}9184}\int_1^\infty \frac{dt}{(t^2+1{,}4450)\sqrt{(t^2-1)(0{,}9184+0{,}0816t^2)}} =$$

$$= 0{,}9583\int_1^\infty \frac{dt}{(t^2-t_0^2)\sqrt{(t^2-1)(k^2+k'^2t^2)}} = 0{,}9583\,K\,\frac{Z\left(\arcsin\frac{1}{k}\sqrt{k^2+k'^2t_0^2},\,k\right)}{\sqrt{t_0^2(t_0^2-1)(k^2+k'^2t_0^2)}}.$$

Der Identitätsvergleich liefert $t_0^2 = -1{,}4450$, $k^2 = 0{,}9184$, $k'^2 = 0{,}0816$, wofür man Tafel I, S. 14, $K = 2{,}6740$ und $k = \sin\alpha = 0{,}9583$ bzw. $\alpha = 73{,}40°$ entnimmt. Der Argumentwinkel ergibt sich zu $\varphi = \arcsin\frac{1}{0{,}9583}\sqrt{0{,}9184 - 0{,}0816\cdot 1{,}4450} = \arcsin 0{,}9336 = 69°$ und die zugehörige Jacobische Zeta-Funktion in Verbindung mit Tafel IV, S. 885 und 886, bei linearer Interpolation zu $Z(69°, 73{,}40°) = 0{,}3146$. Damit errechnet sich für das Integral

$$\int_1^\infty \frac{dt}{(t^2+1{,}4450)\sqrt{(t^2-1)(1+0{,}0889t^2)}} = 0{,}9583\cdot 2{,}6740\,\frac{0{,}3146}{\sqrt{1{,}4450\cdot 2{,}4450\cdot 0{,}8005}} = 0{,}4794.$$

Beispiel 113. [Integraltyp von Gl. (903)[2].]

$$\int_{0{,}1342}^{0{,}8523} \frac{d\varphi}{\sqrt{0{,}6545-\sin^2\varphi}} = \int_{0{,}1342}^{0{,}8523} \frac{d\varphi}{\sqrt{k^2-\sin^2\varphi}} = F\left(\arcsin\frac{\sin 0{,}8523}{k},\,k\right) - F\left(\arcsin\frac{\sin 0{,}1342}{k},\,k\right).$$

Zu $k^2 = 0{,}6545$ gehört nach Tafel I, S. 19, $k = \sin\alpha = 0{,}8090$ und $\alpha = 54°$, womit man für die Argumentwinkel $\varphi_o = \arcsin 0{,}9305 = 68°\,31'$ und $\varphi_u = \arcsin 0{,}1654 = 8°\,31'$ erhält. Hierfür entnimmt man Tafel IV, S. 866, $F(68°, 54°) = 1{,}3865$, $F(69°, 54°) = 1{,}4130$ und $F(8°, 54°) = 0{,}1399$, $F(9°, 54°) = 0{,}1575$, woraus sich bei linearer Interpolation $F(68°\,31', 54°) = 1{,}4002$ und $F(8°\,31', 54°) = 0{,}1490$ ergibt. Mit diesen Werten errechnet sich

$$\int_{0{,}1342}^{0{,}8523} \frac{d\varphi}{\sqrt{0{,}6545-\sin^2\varphi}} = 1{,}4002 - 0{,}1490 = 1{,}2512.$$

Beispiel 114. [Integraltyp von Gl. (933)[2]].

$$\int_0^{0{,}4125} \sqrt{0{,}5697-\sin^2\varphi}\,d\varphi = \int_0^{0{,}4125} \sqrt{k^2-\sin^2\varphi}\,d\varphi = -k'^2 F\left(\arcsin\frac{\sin 0{,}4125}{k},\,k\right) + E\left(\arcsin\frac{\sin 0{,}4125}{k},\,k\right).$$

Dem Modulquadrat $k^2 = 0{,}5697$ entspricht nach Tafel I, S. 20, $k = \sin\alpha = 0{,}7548$ und $\alpha = 49°$, woraus sich der Argumentwinkel zu $\varphi = \arcsin 0{,}5311 = 31°\,5'$ errechnet. Entnimmt man die zugehörigen $F(\varphi, \alpha)$- und $E(\varphi, \alpha)$-Werte unter linearer Interpolation der S. 861 von Tafel IV, so lautet das Ergebnis

$$\int_0^{0{,}4125} \sqrt{0{,}5697-\sin^2\varphi}\,d\varphi = -(1-0{,}5697)\cdot 0{,}5579 + 0{,}5278 = 0{,}288.$$

Beispiel 115. [Integraltyp von Gl. (936)[18].]

$$\int_{2{,}1384}^{3{,}1050} \frac{d\varphi}{\sqrt{-\cos\varphi}} = \sqrt{2}\left[F\left(\arcsin\frac{\cos 1{,}0692}{\sqrt{\frac12}},\,\sqrt{\frac{1}{2}}\right) - F\left(\arcsin\frac{\cos 1{,}5525}{\sqrt{\frac12}},\,\sqrt{\frac{1}{2}}\right)\right].$$

Zu $k = \sqrt{\frac12}$ gehört $\alpha = 45°$, während sich die Argumentwinkel zu $\varphi_u = \arcsin 0{,}6800 = 42°\,51'$ und $\varphi_o = \arcsin 0{,}0259 = 1°\,29'$ ergeben. Werden die zugehörigen F-Werte, Tafel IV, S. 857, bei linearer Interpolation entnommen, so erhält man

$$\int_{2,1384}^{3,1050} \frac{d\varphi}{\sqrt{-\cos\varphi}} = \sqrt{2}[F(42°\,51', 45°) - F(1°\,29', 45°)] = \sqrt{2}(0,7829 - 0,0259) = 1,071.$$

Beispiel 116. [Integraltyp von Gl. (1176)[6].]

$$\int_{0,3840}^{1,3265} \frac{\sqrt{1,0998 - \sin^2\varphi}}{\cos^2\varphi}\, d\varphi = \sqrt{1,0998} \int_{0,3840}^{1,3265} \frac{\sqrt{1 - 0,9092 \sin^2\varphi}}{\cos^2\varphi}\, d\varphi \equiv 1,0487 \int_{0,3840}^{1,3265} \frac{\sqrt{1 - k^2 \sin^2\varphi}}{\cos^2\varphi}\, d\varphi$$

$$= 1,0487[F(1,3265, k) - F(0,3840, k) - E(1,3265, k) + E(0,3840, k) + \tan 1,3265 \sqrt{1 - k^2 \sin^2 1,3265} - \tan 0,3840 \sqrt{1 - k^2 \sin^2 0,3840}].$$

Der Identitätsvergleich liefert $k^2 = 0,9092$ und damit nach Tafel I, S. 14, $k = \sin\alpha = 0,9535$ und $\alpha = 72°\,28'$. Den Bogenmaßen 1,3265 und 0,3840 entsprechen die Winkel 76° und 22°, während $\tan 1,3265 = 4,0116$, $\tan 0,3840 = 0,3041$, $\sin 1,3265 = 0,9703$, $\sin 0,3840 = 0,3746$ wird. Damit erhält man als Zwischenergebnis

$$\int_{0,3840}^{1,3265} \frac{\sqrt{1,0998 - \sin^2\varphi}}{\cos^2\varphi}\, d\varphi = 1,0487[F(76°, 72°\,28') - F(22°, 72°\,28') - E(76°, 72°\,28') + E(22°, 72°\,28') + 1,2384].$$

Die Werte der $F(\varphi, \alpha)$- und $E(\varphi, \alpha)$-Funktionen können in Verbindung mit linearer Interpolation bezüglich des Modularwinkels Tafel IV, S. 884 und 885, entnommen werden, und es folgt

$$\int_{0,3840}^{1,3265} \frac{\sqrt{1,0998 - \sin^2\varphi}}{\cos^2\varphi}\, d\varphi = 1,0487[1,8772 - 0,3928 - 1,0167 + 0,3755 + 1,2384] = 2,183.$$

Beispiel 117. [Integraltyp von Gl. (1178)[8].]

$$\int_0^{1,1868} \frac{\sin^4\varphi\, d\varphi}{(\sqrt{1 - 0,15892 \sin^2\varphi})^5} \equiv \int_0^{1,1868} \frac{\sin^4\varphi\, d\varphi}{(\sqrt{1 - k^2 \sin^2\varphi})^5}$$

$$= \frac{1}{k^4 k'^4}\left[k'^2\left(k'^2 - \frac{1}{3}\right) F(1,1868, k) + 2e_2 E(1,1868, k) - k^2 \frac{(k'^2 + 6e_2 - 6k^2 e_2 \sin^2 1,1868) \sin 1,1868 \cos 1,1868}{3(\sqrt{1 - k^2 \sin^2 1,1868})^3}\right].$$

Aus dem Identitätsvergleich ergibt sich $k^2 = 0,15892$, $k'^2 = 0,84108$, $e_2 = \frac{k^2 - k'^2}{3} = -0,22739$ und in Verbindung mit Tafel I, S. 15, $k = \sin\alpha = 0,3987$, $\alpha = 23°\,30'$. Dem Bogenmaß von 1,1868 entspricht ein Argumentwinkel $\varphi = 68°$, wofür Tafel IV, S. 835 und 836, bei linearer Interpolation bezüglich α die Funktionswerte $F(68°, 23°\,30') = 1,2227$ und $E(68°, 23°\,30') = 1,1526$ liefert. Ferner ist $\sin 1,1868 = 0,9272$, $\cos 1,1868 = 0,3746$. Mit diesen Ausgangswerten erhält man

$$\int_0^{1,1868} \frac{\sin^4\varphi\, d\varphi}{(\sqrt{1 - 0,15892 \sin^2\varphi})^5} = \frac{1}{0,15892^2 \cdot 0,84108^2}\Big[0,84108 \cdot 0,50775 \cdot 1,2227 - 0,45478 \cdot 1,1526 -$$

$$- 0,15892 \frac{(0,84108 - 1,36434 + 1,36434 \cdot 0,15892 \cdot 0,9272^2) \cdot 0,9272 \cdot 0,3746}{3(\sqrt{1 - 0,15892 \cdot 0,9272^2})^3}\Big] = 0,3218.$$

Beispiel 118. [Integraltyp von Gl. (1186)[1].]

$$\int_{0,5420}^{1,3870} \frac{\coth^2\psi}{\sqrt{1 + 0,6209 \sinh^2\psi}}\, d\psi \equiv \int_{0,5420}^{1,3870} \frac{\coth^2\psi}{\sqrt{1 + k'^2 \sinh^2\psi}}\, d\psi = F(\operatorname{arc\,sin} \tanh 1,3870, k) - F(\operatorname{arc\,sin} \tanh 0,5420, k) -$$

$$- E(\operatorname{arc\,sin} \tanh 1,3870, k) + E(\operatorname{arc\,sin} \tanh 0,5420, k) - \frac{\sqrt{1 + k'^2 \sinh^2 1,3870}}{\sinh 1,3870 \cosh 1,3870} + \frac{\sqrt{1 + k'^2 \sinh^2 0,5420}}{\sinh 0,5420 \cosh 0,5420}.$$

Der Identitätsvergleich liefert $k'^2 = 0{,}6209$, $k^2 = 0{,}3791$, $k = 0{,}6157$ und damit nach Tafel I, S. 19, bei linearer Interpolation $90° - \alpha = 51°\,59{,}7'$, $\alpha = 38°\,0{,}3'$, $K = 1{,}7633$. Für die den Integrationsgrenzen entsprechenden arcus-Funktionen folgt im Bogenmaß $\arcsin\tanh 1{,}3870 = \arcsin 0{,}8825 = 1{,}0811$, $\arcsin\tanh 0{,}5420 = \arcsin 0{,}4945 = 0{,}5172$. Diese Bögen liegen zwischen $61° \sim 1{,}0647$ und $62° \sim 1{,}0821$ bzw. $29° \sim 0{,}5061$ und $30° \sim 0{,}5236$. Man erhält daher nach Tafel IV, S. 850, wenn α statt mit $38°\,0{,}3'$ mit $38°$ zugrunde gelegt wird, aus $F(61°, 38°) = 1{,}1359$, $F(62°, 38°) = 1{,}1566$, $E(61°, 38°) = 1{,}0007$, $E(62°, 38°) = 1{,}0153$ und $F(29°, 38°) = 0{,}5143$, $F(30°, 38°) = 0{,}5326$, $E(29°, 38°) = 0{,}4983$, $E(30°, 38°) = 0{,}5149$ bei linearer Interpolation

$$F(\arcsin\tanh 1{,}3870, k) = 1{,}1359 + (1{,}1566 - 1{,}1359)\,\frac{1{,}0811 - 1{,}0647}{1{,}0821 - 1{,}0647} = 1{,}1554,$$

$$E(\arcsin\tanh 1{,}3870, k) = 1{,}0007 + (1{,}0153 - 1{,}0007)\,\frac{1{,}0811 - 1{,}0647}{1{,}0821 - 1{,}0647} = 1{,}0145,$$

$$F(\arcsin\tanh 0{,}5420, k) = 0{,}5143 + (0{,}5326 - 0{,}5143)\,\frac{0{,}5172 - 0{,}5061}{0{,}5236 - 0{,}5061} = 0{,}5259,$$

$$E(\arcsin\tanh 0{,}5420, k) = 0{,}4983 + (0{,}5149 - 0{,}4983)\,\frac{0{,}5172 - 0{,}5061}{0{,}5236 - 0{,}5061} = 0{,}5088.$$

Ferner ist $\sinh 1{,}3870 = 1{,}8765$, $\cosh 1{,}3870 = 2{,}1263$, $\sinh 0{,}5420 = 0{,}5689$, $\cosh 0{,}5420 = 1{,}1505$. Mit den ermittelten Zahlenwerten lautet die Lösung

$$\int\limits_{0{,}5420}^{1{,}3870} \frac{\coth^2\psi}{\sqrt{1 + 0{,}6209\sinh^2\psi}}\,d\psi = 1{,}1554 - 1{,}0145 - 0{,}5259 + 0{,}5088 - \frac{\sqrt{1 + 0{,}6209\cdot 3{,}5213}}{1{,}8765\cdot 2{,}1263} + \frac{\sqrt{1 + 0{,}6209\cdot 0{,}3236}}{0{,}5689\cdot 1{,}1505} = 1{,}351.$$

Beispiel 119. [Integraltyp von Gl. (1192)[9].]

$$\int\limits_0^{2{,}298} \frac{(\sqrt{0{,}4130 + \sinh^2\psi})^3}{\cosh^4\psi}\,d\psi \equiv \int\limits_0^{2{,}298} \frac{(\sqrt{k'^2 + \sinh^2\psi})^3}{\cosh^4\psi}\,d\psi$$

$$= -\frac{1}{3}k'^2 F\left(\arcsin\frac{\sinh\psi}{\sqrt{k'^2 + \sinh^2\psi}}, k\right) + 2e_1 E\left(\arcsin\frac{\sinh\psi}{\sqrt{k'^2 + \sinh^2\psi}}, k\right) + \frac{1}{3}k^2\,\frac{k^2 - (1 + 6e_1)\cosh^2\psi}{\cosh^2\psi\coth\psi\sqrt{k'^2 + \sinh^2\psi}}$$

für $\psi = 2{,}298$.

Aus dem Identitätsvergleich erhält man $k'^2 = 0{,}4130$, $k^2 = 0{,}5870$, $k = 0{,}7661$ und in Verbindung mit Tafel I, S. 20, sowie Tafel II, S. 23, $\alpha = 50°$, $\varkappa = 0{,}923$, $e_1 = 0{,}4710$. Ferner ist $\sinh\psi = \sinh 2{,}298 = 4{,}9269$, $\cosh\psi = 5{,}0274$, $\coth\psi = 1{,}0204$. Damit folgt für die arcus-Funktion

$$\arcsin\frac{\sinh\psi}{\sqrt{k'^2 + \sinh^2\psi}} = \arcsin\frac{4{,}9269}{\sqrt{0{,}4130 + 24{,}2743}} = \arcsin 0{,}9916 = 1{,}4411.$$

Dieser Bogen liegt zwischen $1{,}4312 \sim 82°$ und $1{,}4486 \sim 83°$. Wird bei der Interpolation wie im vorigen Beispiel verfahren, so folgt unter Benutzung von Tafel IV, S. 862, $F(1{,}4411;\, 0{,}7661) = 1{,}7346$, $E(1{,}4411;\, 0{,}7661) = 1{,}2218$. Mit den gefundenen Zahlenwerten ergibt sich

$$\int\limits_0^{2{,}298} \frac{(\sqrt{0{,}4130 + \sinh^2\psi})^3}{\cosh^4\psi}\,d\psi = -\frac{1}{3}\cdot 0{,}4130\cdot 1{,}7346 + 2\cdot 0{,}4710\cdot 1{,}2218 + \frac{1}{3}\cdot 0{,}5870\,\frac{0{,}5870 - 3{,}826\cdot 25{,}2743}{25{,}2743\cdot 1{,}0204\cdot 4{,}9686} = 0{,}770.$$

Beispiel 120. [Integraltyp von Gl. (1195)[12].]

$$\int\limits_0^{1{,}7880} \frac{\sinh^2\psi\tanh^2\psi}{(\sqrt{0{,}2807 + \sinh^2\psi})^3}\,d\psi \equiv \int\limits_0^{1{,}7880} \frac{\sinh^2\psi\tanh^2\psi}{(\sqrt{k'^2 + \sinh^2\psi})^3}\,d\psi$$

$$= -\frac{2k'^2}{k^4} F\left(\arcsin\frac{\sinh\psi}{\sqrt{k'^2 + \sinh^2\psi}}, k\right) + \frac{3e_1}{k^4} E\left(\arcsin\frac{\sinh\psi}{\sqrt{k'^2 + \sinh^2\psi}}, k\right) - \frac{1}{k^2}\,\frac{\tanh\psi}{\sqrt{k'^2 + \sinh^2\psi}} \quad \text{für } \psi = 1{,}7880.$$

Der Identitätsvergleich ergibt $k'^2 = 0{,}2807$, $k^2 = 0{,}7193$, $k^4 = 0{,}5174$, $k = 0{,}8481$, wofür Tafel I, S. 18, und Tafel II, S. 23, $\alpha = 58°\ 0{,}4'$ und $e_1 = 0{,}4269$ liefert. Mit $\sinh\psi = \sinh 1{,}7880 = 2{,}9051$, $\tanh\psi = 0{,}9455$ nimmt die arcus-Funktion den Wert $\arcsin \sinh\psi/\sqrt{k'^2 + \sinh^2\psi} = \arcsin 0{,}9838 = 1{,}3905$ an, der zwischen $1{,}3788 \sim 79°$ und $1{,}3963 \sim 80°$ liegt. Für $\arcsin \sinh\psi/\sqrt{k'^2 + \sinh^2\psi} = 1{,}3905$ erhält man in Verbindung mit Tafel IV, S. 870, bei linearer Interpolation $F(1{,}3905; 0{,}8481) = 1{,}7689$ und $E(1{,}3905; 0{,}8481) = 1{,}1333$. Damit folgt für das Integral

$$\int\limits_0^{1,7880} \frac{\sinh^2\psi \tanh^2\psi}{(\sqrt{0{,}2807 + \sinh^2\psi})^3}\, d\psi = -\frac{2 \cdot 0{,}2807}{0{,}5174} \cdot 1{,}7689 + \frac{3 \cdot 0{,}4269}{0{,}5174} \cdot 1{,}1333 - \frac{1}{0{,}7193} \frac{0{,}9455}{\sqrt{0{,}2807 + 8{,}4396}} = 0{,}441\,.$$

Bereiche und Intervallteilungen der fünf Funktionentafeln

Band VI, 1. Teil

Tafel I
(Seite 2—21)

Parameterbereich:	0 bis 1	für $\varkappa$ bzw. 1 bis 0 für $1/\varkappa$
Intervallteilung:	0,001	für $\varkappa$ bzw. 0,001 für $1/\varkappa$

Tafel II
(Seite 22—45)

Parameterbereich:	0 bis 1	für $\varkappa$ und 1 bis 0 für $1/\varkappa$
Intervallteilung:	0,01	für $\varkappa$ und 0,01 für $1/\varkappa$

Tafel III, 1. Hälfte
(Seite 46—449)

Argumentbereich:	0 bis 0,50	für ζ
Intervallteilung:	0,01	für ζ
Parameterbereich:	0 bis 1	für $\varkappa$
Intervallteilung:	0,01	für $\varkappa$

Band VI, 2. Teil

Tafel III, 2. Hälfte
(Seite 452—811)

Argumentbereich:	0 bis 0,50	für ζ
Intervallteilung:	0,01	für ζ
Parameterbereich:	1 bis 0	für $1/\varkappa$
Intervallteilung:	0,01	für $1/\varkappa$

Tafel IV
(Seite 811—902)

Argumentbereich:	$0°$ bis $90°$	für φ
Intervallteilung:	$1°$	für φ
Modularwinkelbereich:	$0°$ bis $90°$	für α
Intervallteilung:	$1°$	für α

Tafel V
(Seite 904—985)

Argumentbereich:	0 bis 0,50	für ζ
Intervallteilung:	0,01	für ζ
Parameterbereich:	0 bis 1	für $\varkappa$ und 1 bis 0 für $1/\varkappa$
Intervallteilung:	0,05	für $\varkappa$ und 0,05 für $1/\varkappa$

Tafel I

$\varkappa$	k		k'	k^2		k'^2	$\alpha°$		α		K		K'	
0,000	1		0	1		0	90°		$\pi/2$		∞		$\pi/2$	
0,001	1,000 00	0	$0{,}0^{35}00\;000$	1,000 00	0	$0{,}0^{78}00\;000$	90°00,00′	0	1,570 80	0	1570,80		1,570 80	0
0,002	1,000 00	0	$0{,}0^{35}00\;000$	1,000 00	0	$0{,}0^{78}00\;000$	90°00,00′	0	1,570 80	0	785,398		1,570 80	0
0,003	1,000 00	0	$0{,}0^{35}00\;000$	1,000 00	0	$0{,}0^{78}00\;000$	90°00,00′	0	1,570 80	0	523,599		1,570 80	0
0,004	1,000 00	0	$0{,}0^{35}00\;000$	1,000 00	0	$0{,}0^{78}00\;000$	90°00,00′	0	1,570 80	0	392,699		1,570 80	0
0,005	1,000 00	0	$0{,}0^{35}00\;000$	1,000 00	0	$0{,}0^{78}00\;000$	90°00,00′	0	1,570 80	0	314,159		1,570 80	0
0,006	1,000 00	0	$0{,}0^{35}00\;000$	1,000 00	0	$0{,}0^{78}00\;000$	90°00,00′	0	1,570 80	0	261,799		1,570 80	0
0,007	1,000 00	0	$0{,}0^{35}00\;000$	1,000 00	0	$0{,}0^{78}00\;000$	90°00,00′	0	1,570 80	0	224,399		1,570 80	0
0,008	1,000 00	0	$0{,}0^{35}00\;000$	1,000 00	0	$0{,}0^{78}00\;000$	90°00,00′	0	1,570 80	0	196,350		1,570 80	0
0,009	1,000 00	0	$0{,}0^{35}00\;000$	1,000 00	0	$0{,}0^{78}00\;000$	90°00,00′	0	1,570 80	0	174,533		1,570 80	0
0,010	1,000 00	0	$0{,}0^{35}00\;000$	1,000 00	0	$0{,}0^{78}00\;000$	90°00,00′	0	1,570 80	0	157,080		1,570 80	0
0,011	1,000 00	0	$0{,}0^{35}00\;000$	1,000 00	0	$0{,}0^{78}00\;000$	90°00,00′	0	1,570 80	0	142,800		1,570 80	0
0,012	1,000 00	0	$0{,}0^{35}00\;000$	1,000 00	0	$0{,}0^{78}00\;000$	90°00,00′	0	1,570 80	0	130,900		1,570 80	0
0,013	1,000 00	0	$0{,}0^{35}00\;000$	1,000 00	0	$0{,}0^{78}00\;000$	90°00,00′	0	1,570 80	0	120,830	8630	1,570 80	0
0,014	1,000 00	0	$0{,}0^{35}00\;000$	1,000 00	0	$0{,}0^{78}00\;000$	90°00,00′	0	1,570 80	0	112,200	7480	1,570 80	0
0,015	1,000 00	0	$0{,}0^{35}00\;000$	1,000 00	0	$0{,}0^{78}00\;000$	90°00,00′	0	1,570 80	0	104,720	6545	1,570 80	0
0,016	1,000 00	0	$0{,}0^{35}00\;000$	1,000 00	0	$0{,}0^{78}00\;000$	90°00,00′	0	1,570 80	0	98,175	5775	1,570 80	0
0,017	1,000 00	0	$0{,}0^{35}00\;003$	1,000 00	0	$0{,}0^{78}08\;845$	90°00,00′	0	1,570 80	0	92,400	5134	1,570 80	0
0,018	1,000 00	0	$0{,}0^{35}00\;504$	1,000 00	0	$0{,}0^{74}25\;435$	90°00,00′	0	1,570 80	0	87,266	4593	1,570 80	0
0,019	1,000 00	0	$0{,}0^{35}49\;822$	1,000 00	0	$0{,}0^{70}24\;822$	90°00,00′	0	1,570 80	0	82,673	4133	1,570 80	0
0,020	1,000 00	0	$0{,}0^{33}31\;092$	1,000 00	0	$0{,}0^{67}96\;673$	90°00,00′	0	1,570 80	0	78,540	3740	1,570 80	0
0,021	1,000 00	0	$0{,}0^{31}13\;089$	1,000 00	0	$0{,}0^{63}17\;132$	90°00,00′	0	1,570 80	0	74,800	3400	1,570 80	0
0,022	1,000 00	0	$0{,}0^{30}39\;220$	1,000 00	0	$0{,}0^{60}15\;382$	90°00,00′	0	1,570 80	0	71,400	3105	1,570 80	0
0,023	1,000 00	0	$0{,}0^{29}87\;439$	1,000 00	0	$0{,}0^{58}76\;560$	90°00,00′	0	1,570 80	0	68,295	2845	1,570 80	0
0,024	1,000 00	0	$0{,}0^{27}15\;051$	1,000 00	0	$0{,}0^{55}22\;652$	90°00,00′	0	1,570 80	0	65,450	2618	1,570 80	0
0,025	1,000 00	0	$0{,}0^{26}20\;632$	1,000 00	0	$0{,}0^{53}42\;566$	90°00,00′	0	1,570 80	0	62,832	2417	1,570 80	0
0,026	1,000 00	0	$0{,}0^{25}23\;123$	1,000 00	0	$0{,}0^{51}53\;470$	90°00,00′	0	1,570 80	0	60,415	2237	1,570 80	0
0,027	1,000 00	0	$0{,}0^{24}21\;669$	1,000 00	0	$0{,}0^{49}46\;953$	90°00,00′	0	1,570 80	0	58,178	2078	1,570 80	0
0,028	1,000 00	0	$0{,}0^{23}17\;306$	1,000 00	0	$0{,}0^{47}29\;950$	90°00,00′	0	1,570 80	0	56,100	1935	1,570 80	0
0,029	1,000 00	0	$0{,}0^{22}11\;977$	1,000 00	0	$0{,}0^{45}14\;344$	90°00,00′	0	1,570 80	0	54,165	1805	1,570 80	0
0,030	1,000 00	0	$0{,}0^{22}72\;854$	1,000 00	0	$0{,}0^{44}53\;077$	90°00,00′	0	1,570 80	0	52,360	1689	1,570 80	0
0,031	1,000 00	0	$0{,}0^{21}39\;445$	1,000 00	0	$0{,}0^{42}15\;559$	90°00,00′	0	1,570 80	0	50,671	1584	1,570 80	0
0,032	1,000 00	0	$0{,}0^{20}19\;217$	1,000 00	0	$0{,}0^{41}36\;928$	90°00,00′	0	1,570 80	0	49,087	1487	1,570 80	0
0,033	1,000 00	0	$0{,}0^{20}85\;053$	1,000 00	0	$0{,}0^{40}72\;341$	90°00,00′	0	1,570 80	0	47,600	1400	1,570 80	0
0,034	1,000 00	0	$0{,}0^{19}34\;491$	1,000 00	0	$0{,}0^{38}11\;896$	90°00,00′	0	1,570 80	0	46,200	1320	1,570 80	0
0,035	1,000 00	0	$0{,}0^{18}12\;911$	1,000 00	0	$0{,}0^{37}16\;670$	90°00,00′	0	1,570 80	0	44,880	1247	1,570 80	0
0,036	1,000 00	0	$0{,}0^{18}44\;915$	1,000 00	0	$0{,}0^{36}20\;173$	90°00,00′	0	1,570 80	0	43,633	1179	1,570 80	0
0,037	1,000 00	0	$0{,}0^{17}14\;606$	1,000 00	0	$0{,}0^{35}21\;335$	90°00,00′	0	1,570 80	0	42,454	1117	1,570 80	0
0,038	1,000 00	0	$0{,}0^{17}44\;642$	1,000 00	0	$0{,}0^{34}19\;929$	90°00,00′	0	1,570 80	0	41,337	1060	1,570 80	0
0,039	1,000 00	0	$0{,}0^{16}12\;884$	1,000 00	0	$0{,}0^{33}16\;600$	90°00,00′	0	1,570 80	0	40,277	1007	1,570 80	0
0,040	1,000 00	0	$0{,}0^{16}35\;266$	1,000 00	0	$0{,}0^{32}12\;437$	90°00,00′	0	1,570 80	0	39,270	958	1,570 80	0
0,041	1,000 00	0	$0{,}0^{16}91\;902$	1,000 00	0	$0{,}0^{32}84\;459$	90°00,00′	0	1,570 80	0	38,312	912	1,570 80	0
0,042	1,000 00	0	$0{,}0^{15}22\;881$	1,000 00	0	$0{,}0^{31}52\;356$	90°00,00′	0	1,570 80	0	37,400	870	1,570 80	0
0,043	1,000 00	0	$0{,}0^{15}54\;603$	1,000 00	0	$0{,}0^{30}29\;815$	90°00,00′	0	1,570 80	0	36,530	830	1,570 80	0
0,044	1,000 00	0	$0{,}0^{14}12\;525$	1,000 00	0	$0{,}0^{29}15\;688$	90°00,00′	0	1,570 80	0	35,700	793	1,570 80	0
0,045	1,000 00	0	$0{,}0^{14}27\;690$	1,000 00	0	$0{,}0^{29}76\;674$	90°00,00′	0	1,570 80	0	34,907	759	1,570 80	0
0,046	1,000 00	0	$0{,}0^{14}59\;140$	1,000 00	0	$0{,}0^{28}34\;976$	90°00,00′	0	1,570 80	0	34,148	727	1,570 80	0
0,047	1,000 00	0	$0{,}0^{13}12\;230$	1,000 00	0	$0{,}0^{27}14\;957$	90°00,00′	0	1,570 80	0	33,421	696	1,570 80	0
0,048	1,000 00	0	$0{,}0^{13}24\;536$	1,000 00	0	$0{,}0^{27}60\;202$	90°00,00′	0	1,570 80	0	32,725	668	1,570 80	0
0,049	1,000 00	0	$0{,}0^{13}47\;847$	1,000 00	0	$0{,}0^{26}22\;893$	90°00,00′	0	1,570 80	0	32,057	641	1,570 80	0
0,050	1,000 00		$0{,}0^{13}90\;844$	1,000 00		$0{,}0^{26}82\;526$	90°00,00′		1,570 80		31,416		1,570 80	
$\frac{1}{\varkappa}$	k'		k	k'^2		k^2	$90° - \alpha°$		$\frac{\pi}{2} - \alpha$		K'		K	

Tafel I

$\varkappa$	k		k'	k^2		k'^2	$\alpha°$		α		K		K'	
0,050	1,000 00		$0{,}0^{13}$90 844	1,000 00		$0{,}0^{26}$82 526	90°00,00′		1,570 80		31,416		1,570 80	
0,051	1,000 00	0	$0{,}0^{12}$16 820	1,000 00	0	$0{,}0^{25}$28 291	90°00,00′	0	1,570 80	0	30,800	616	1,570 80	0
0,052	1,000 00	0	$0{,}0^{12}$30 413	1,000 00	0	$0{,}0^{25}$92 494	90°00,00′	0	1,570 80	0	30,208	592	1,570 80	0
0,053	1,000 00	0	$0{,}0^{12}$53 776	1,000 00	0	$0{,}0^{24}$28 918	90°00,00′	0	1,570 80	0	29,638	570	1,570 80	0
0,054	1,000 00	0	$0{,}0^{12}$93 099	1,000 00	0	$0{,}0^{24}$86 674	90°00,00′	0	1,570 80	0	29,089	549	1,570 80	0
0,055	1,000 00	0	$0{,}0^{11}$15 799	1,000 00	0	$0{,}0^{23}$24 962	90°00,00′	0	1,570 80	0	28,560	529	1,570 80	0
0,056	1,000 00	0	$0{,}0^{11}$26 310	1,000 00	0	$0{,}0^{23}$69 224	90°00,00′	0	1,570 80	0	28,050	510	1,570 80	0
0,057	1,000 00	0	$0{,}0^{11}$43 037	1,000 00	0	$0{,}0^{22}$18 522	90°00,00′	0	1,570 80	0	27,558	492	1,570 80	0
0,058	1,000 00	0	$0{,}0^{11}$69 214	1,000 00	0	$0{,}0^{22}$47 906	90°00,00′	0	1,570 80	0	27,083	475	1,570 80	0
0,059	1,000 00	0	$0{,}0^{10}$10 953	1,000 00	0	$0{,}0^{21}$11 998	90°00,00′	0	1,570 80	0	26,624	459	1,570 80	0
0,060	1,000 00	0	$0{,}0^{10}$17 071	1,000 00	0	$0{,}0^{21}$29 142	90°00,00′	0	1,570 80	0	26,180	444	1,570 80	0
0,061	1,000 00	0	$0{,}0^{10}$26 221	1,000 00	0	$0{,}0^{21}$68 753	90°00,00′	0	1,570 80	0	25,751	429	1,570 80	0
0,062	1,000 00	0	$0{,}0^{10}$39 721	1,000 00	0	$0{,}0^{20}$15 778	90°00,00′	0	1,570 80	0	25,335	416	1,570 80	0
0,063	1,000 00	0	$0{,}0^{10}$59 385	1,000 00	0	$0{,}0^{20}$35 266	90°00,00′	0	1,570 80	0	24,933	402	1,570 80	0
0,064	1,000 00	0	$0{,}0^{10}$87 674	1,000 00	0	$0{,}0^{20}$76 867	90°00,00′	0	1,570 80	0	24,544	389	1,570 80	0
0,065	1,000 00	0	$0{,}0^{9}$ 12 790	1,000 00	0	$0{,}0^{19}$16 357	90°00,00′	0	1,570 80	0	24,166	378	1,570 80	0
0,066	1,000 00	0	$0{,}0^{9}$ 18 445	1,000 00	0	$0{,}0^{19}$34 021	90°00,00′	0	1,570 80	0	23,800	366	1,570 80	0
0,067	1,000 00	0	$0{,}0^{9}$ 26 312	1,000 00	0	$0{,}0^{19}$69 230	90°00,00′	0	1,570 80	0	23,445	355	1,570 80	0
0,068	1,000 00	0	$0{,}0^{9}$ 37 143	1,000 00	0	$0{,}0^{18}$13 796	90°00,00′	0	1,570 80	0	23,100	345	1,570 80	0
0,069	1,000 00	0	$0{,}0^{9}$ 51 913	1,000 00	0	$0{,}0^{18}$26 949	90°00,00′	0	1,570 80	0	22,765	335	1,570 80	0
0,070	1,000 00	0	$0{,}0^{9}$ 71 865	1,000 00	0	$0{,}0^{18}$51 645	90°00,00′	0	1,570 80	0	22,440	325	1,570 80	0
0,071	1,000 00	0	$0{,}0^{9}$ 98 577	1,000 00	0	$0{,}0^{18}$97 174	90°00,00′	0	1,570 80	0	22,124	316	1,570 80	0
0,072	1,000 00	0	$0{,}0^{8}$ 13 404	1,000 00	0	$0{,}0^{17}$17 966	90°00,00′	0	1,570 80	0	21,817	307	1,570 80	0
0,073	1,000 00	0	$0{,}0^{8}$ 18 072	1,000 00	0	$0{,}0^{17}$32 661	90°00,00′	0	1,570 80	0	21,518	299	1,570 80	0
0,074	1,000 00	0	$0{,}0^{8}$ 24 171	1,000 00	0	$0{,}0^{17}$58 425	90°00,00′	0	1,570 80	0	21,227	291	1,570 80	0
0,075	1,000 00	0	$0{,}0^{8}$ 32 079	1,000 00	0	$0{,}0^{16}$10 290	90°00,00′	0	1,570 80	0	20,944	283	1,570 80	0
0,076	1,000 00	0	$0{,}0^{8}$ 42 257	1,000 00	0	$0{,}0^{16}$17 857	90°00,00′	0	1,570 80	0	20,668	276	1,570 80	0
0,077	1,000 00	0	$0{,}0^{8}$ 55 268	1,000 00	0	$0{,}0^{16}$30 545	90°00,00′	0	1,570 80	0	20,400	268	1,570 80	0
0,078	1,000 00	0	$0{,}0^{8}$ 71 789	1,000 00	0	$0{,}0^{16}$51 537	90°00,00′	0	1,570 80	0	20,138	262	1,570 80	0
0,079	1,000 00	0	$0{,}0^{8}$ 92 633	1,000 00	0	$0{,}0^{16}$85 809	90°00,00′	0	1,570 80	0	19,883	255	1,570 80	0
0,080	1,000 00	0	$0{,}0^{7}$ 11 877	1,000 00	0	$0{,}0^{15}$14 107	90°00,00′	0	1,570 80	0	19,635	248	1,570 80	0
0,081	1,000 00	0	$0{,}0^{7}$ 15 135	1,000 00	0	$0{,}0^{15}$22 907	90°00,00′	0	1,570 80	0	19,393	242	1,570 80	0
0,082	1,000 00	0	$0{,}0^{7}$ 19 173	1,000 00	0	$0{,}0^{15}$36 761	90°00,00′	0	1,570 80	0	19,156	237	1,570 80	0
0,083	1,000 00	0	$0{,}0^{7}$ 24 150	1,000 00	0	$0{,}0^{15}$58 324	90°00,00′	0	1,570 80	0	18,925	231	1,570 80	0
0,084	1,000 00	0	$0{,}0^{7}$ 30 253	1,000 00	0	$0{,}0^{15}$91 526	90°00,00′	0	1,570 80	0	18,700	225	1,570 80	0
0,085	1,000 00	0	$0{,}0^{7}$ 37 698	1,000 00	0	$0{,}0^{14}$14 211	90°00,00′	0	1,570 80	0	18,480	220	1,570 80	0
0,086	1,000 00	0	$0{,}0^{7}$ 46 735	1,000 00	0	$0{,}0^{14}$21 841	90°00,00′	0	1,570 80	0	18,265	215	1,570 80	0
0,087	1,000 00	0	$0{,}0^{7}$ 57 652	1,000 00	0	$0{,}0^{14}$33 238	90°00,00′	0	1,570 80	0	18,055	210	1,570 80	0
0,088	1,000 00	0	$0{,}0^{7}$ 70 782	1,000 00	0	$0{,}0^{14}$50 101	90°00,00′	0	1,570 80	0	17,850	205	1,570 80	0
0,089	1,000 00	0	$0{,}0^{7}$ 86 502	1,000 00	0	$0{,}0^{14}$74 825	90°00,00′	0	1,570 80	0	17,649	201	1,570 80	0
0,090	1,000 00	0	$0{,}0^{6}$ 10 524	1,000 00	0	$0{,}0^{13}$11 076	90°00,00′	0	1,570 80	0	17,453	196	1,570 80	0
0,091	1,000 00	0	$0{,}0^{6}$ 12 749	1,000 00	0	$0{,}0^{13}$16 254	90°00,00′	0	1,570 80	0	17,261	192	1,570 80	0
0,092	1,000 00	0	$0{,}0^{6}$ 15 381	1,000 00	0	$0{,}0^{13}$23 656	90°00,00′	0	1,570 80	0	17,074	187	1,570 80	0
0,093	1,000 00	0	$0{,}0^{6}$ 18 480	1,000 00	0	$0{,}0^{13}$34 151	90°00,00′	0	1,570 80	0	16,890	184	1,570 80	0
0,094	1,000 00	0	$0{,}0^{6}$ 22 118	1,000 00	0	$0{,}0^{13}$48 919	90°00,00′	0	1,570 80	0	16,711	179	1,570 80	0
0,095	1,000 00	0	$0{,}0^{6}$ 26 371	1,000 00	0	$0{,}0^{13}$69 545	90°00,00′	0	1,570 80	0	16,535	176	1,570 80	0
0,096	1,000 00	0	$0{,}0^{6}$ 31 328	1,000 00	0	$0{,}0^{13}$98 145	90°00,00′	0	1,570 80	0	16,362	173	1,570 80	0
0,097	1,000 00	0	$0{,}0^{6}$ 37 084	1,000 00	0	$0{,}0^{12}$13 753	90°00,00′	0	1,570 80	0	16,194	168	1,570 80	0
0,098	1,000 00	0	$0{,}0^{6}$ 43 748	1,000 00	0	$0{,}0^{12}$19 139	90°00,00′	0	1,570 80	0	16,029	165	1,570 80	0
0,099	1,000 00	0	$0{,}0^{6}$ 51 436	1,000 00	0	$0{,}0^{12}$26 457	90°00,00′	0	1,570 80	0	15,867	162	1,570 80	0
0,100	1,000 00	0	$0{,}0^{6}$ 60 281	1,000 00	0	$0{,}0^{12}$36 338	90°00,00′	0	1,570 80	0	15,708	159	1,570 80	0
$\frac{1}{\varkappa}$	k'		k	k'^2		k^2	$90° - \alpha°$		$\frac{\pi}{2} - \alpha$		K'		K	

Tafel I

$\varkappa$	k	k'	k^2	k'^2	α°	α	K	K'
0,100	1,000 00 0	0,0^{6}60 281 10143	1,000 00 0	0,0^{12}36 338 13258	90°00,00′ 1	1,570 80 0	15,708 156	1,570 80 0
0,101	1,000 00 0	0,0^{6}70 424 11600	1,000 00 0	0,0^{12}49 596 17683	89°59,99′ 0	1,570 80 0	15,552 152	1,570 80 0
0,102	1,000 00 0	0,0^{6}82 024 13228	1,000 00 0	0,0^{12}67 279 23450	89°59,99′ 0	1,570 80 0	15,400 150	1,570 80 0
0,103	1,000 00 0	0,0^{6}95 252 1505	1,000 00 0	0,0^{12}90 729 3092	89°59,99′ 0	1,570 80 0	15,250 146	1,570 80 0
0,104	1,000 00 0	0,0^{5}11 030 1706	1,000 00 0	0,0^{11}12 165 4055	89°59,99′ 0	1,570 80 0	15,104 144	1,570 80 0
0,105	1,000 00 0	0,0^{5}12 736 1930	1,000 00 0	0,0^{11}16 220 5290	89°59,99′ 0	1,570 80 1	14,960 141	1,570 80 0
0,106	1,000 00 0	0,0^{5}14 666 2179	1,000 00 0	0,0^{11}21 510 6865	89°59,99′ 0	1,570 79 0	14,819 139	1,570 80 0
0,107	1,000 00 0	0,0^{5}16 845 2453	1,000 00 0	0,0^{11}28 375 8865	89°59,99′ 0	1,570 79 0	14,680 136	1,570 80 0
0,108	1,000 00 0	0,0^{5}19 298 2754	1,000 00 0	0,0^{11}37 240 11390	89°59,99′ 0	1,570 97 0	14,544 133	1,570 80 0
0,109	1,000 00 0	0,0^{5}22 052 3087	1,000 00 0	0,0^{11}48 630 14567	89°59,99′ 1	1,570 79 0	14,411 131	1,570 80 0
0,110	1,000 00 0	0,0^{5}25 139 3451	1,000 00 0	0,0^{11}63 197 18544	89°59,98′ 0	1,570 79 0	14,280 129	1,570 80 0
0,111	1,000 00 0	0,0^{5}28 590 3851	1,000 00 0	0,0^{11}81 741 2350	89°59,98′ 0	1,570 79 0	14,151 126	1,570 80 0
0,112	1,000 00 0	0,0^{5}32 441 4287	1,000 00 0	0,0^{10}10 524 2965	89°59,98′ 0	1,570 79 0	14,025 124	1,570 80 0
0,113	1,000 00 0	0,0^{5}36 728 4763	1,000 00 0	0,0^{10}13 489 3726	89°59,98′ 0	1,570 79 0	13,901 122	1,570 80 0
0,114	1,000 00 0	0,0^{5}41 491 5281	1,000 00 0	0,0^{10}17 215 4661	89°59,98′ 0	1,570 79 0	13,779 120	1,570 80 0
0,115	1,000 00 0	0,0^{5}46 772 5845	1,000 00 0	0,0^{10}21 876 5810	89°59,98′ 1	1,570 79 0	13,659 118	1,570 80 0
0,116	1,000 00 0	0,0^{5}52 617 6456	1,000 00 0	0,0^{10}27 686 7211	89°59,97′ 0	1,570 79 0	13,541 115	1,570 80 0
0,117	1,000 00 0	0,0^{5}59 073 7119	1,000 00 0	0,0^{10}34 897 8917	89°59,97′ 0	1,570 79 0	13,426 114	1,570 80 0
0,118	1,000 00 0	0,0^{5}66 192 7834	1,000 00 0	0,0^{10}43 814 10985	89°59,97′ 0	1,570 79 0	13,312 112	1,570 80 0
0,119	1,000 00 0	0,0^{5}74 026 8608	1,000 00 0	0,0^{10}54 799 13484	89°59,97′ 0	1,570 79 0	13,200 110	1,570 80 0
0,120	1,000 00 0	0,0^{5}82 634 9441	1,000 00 0	0,0^{10}68 283 16495	89°59,97′ 1	1,570 79 0	13,090 108	1,570 80 0
0,121	1,000 00 0	0,0^{5}92 075 1034	1,000 00 0	0,0^{10}84 778 2010	89°59,96′ 0	1,570 79 0	12,982 107	1,570 80 0
0,122	1,000 00 0	0,0^{4}10 241 1130	1,000 00 0	0,0^{9} 10 488 2443	89°59,96′ 0	1,570 79 0	12,875 104	1,570 80 0
0,123	1,000 00 0	0,0^{4}11 371 1234	1,000 00 0	0,0^{9} 12 931 2958	89°59,96′ 1	1,570 79 1	12,771 103	1,570 80 0
0,124	1,000 00 0	0,0^{4}12 605 1344	1,000 00 0	0,0^{9} 15 889 3570	89°59,95′ 0	1,570 78 0	12,668 102	1,570 80 0
0,125	1,000 00 0	0,0^{4}13 949 1463	1,000 00 0	0,0^{9} 19 459 4295	89°59,95′ 0	1,570 78 0	12,566 99	1,570 80 0
0,126	1,000 00 0	0,0^{4}15 412 1590	1,000 00 0	0,0^{9} 23 754 5153	89°59,95′ 1	1,570 78 0	12,467 99	1,570 80 0
0,127	1,000 00 0	0,0^{4}17 002 1725	1,000 00 0	0,0^{9} 28 907 6163	89°59,94′ 0	1,570 78 0	12,368 96	1,570 80 0
0,128	1,000 00 0	0,0^{4}18 727 1869	1,000 00 0	0,0^{9} 35 070 7349	89°59,94′ 1	1,570 78 0	12,272 95	1,570 80 0
0,129	1,000 00 0	0,0^{4}20 596 2022	1,000 00 0	0,0^{9} 42 419 8739	89°59,93′ 1	1,570 78 1	12,177 94	1,570 80 0
0,130	1,000 00 0	0,0^{4}22 618 2186	1,000 00 0	0,0^{9} 51 158 10364	89°59,92′ 0	1,570 77 0	12,083 92	1,570 80 0
0,131	1,000 00 0	0,0^{4}24 804 2358	1,000 00 0	0,0^{9} 61 522 12257	89°59,92′ 1	1,570 77 0	11,991 91	1,570 80 0
0,132	1,000 00 0	0,0^{4}27 162 2543	1,000 00 0	0,0^{9} 73 779 14458	89°59,91′ 1	1,570 77 0	11,900 90	1,570 80 0
0,133	1,000 00 0	0,0^{4}29 705 2737	1,000 00 0	0,0^{9} 88 237 1701	89°59,90′ 1	1,570 77 1	11,810 88	1,570 80 0
0,134	1,000 00 0	0,0^{4}32 442 2943	1,000 00 0	0,0^{8} 10 525 1996	89°59,89′ 1	1,570 76 0	11,722 86	1,570 80 0
0,135	1,000 00 0	0,0^{4}35 385 3160	1,000 00 0	0,0^{8} 12 521 2336	89°59,88′ 1	1,570 76 0	11,636 86	1,570 80 0
0,136	1,000 00 0	0,0^{4}38 545 3391	1,000 00 0	0,0^{8} 14 857 2729	89°59,87′ 1	1,570 76 1	11,550 84	1,570 80 0
0,137	1,000 00 0	0,0^{4}41 936 3633	1,000 00 0	0,0^{8} 17 586 3179	89°59,86′ 2	1,570 75 0	11,466 83	1,570 80 0
0,138	1,000 00 0	0,0^{4}45 569 3888	1,000 00 0	0,0^{8} 20 765 3695	89°59,84′ 1	1,570 75 0	11,383 82	1,570 80 0
0,139	1,000 00 0	0,0^{4}49 457 4158	1,000 00 0	0,0^{8} 24 460 4286	89°59,83′ 2	1,570 75 1	11,301 81	1,570 80 0
0,140	1,000 00 0	0,0^{4}53 615 4441	1,000 00 0	0,0^{8} 28 746 4959	89°59,81′ 1	1,570 74 0	11,220 80	1,570 80 0
0,141	1,000 00 0	0,0^{4}58 056 4738	1,000 00 0	0,0^{8} 33 705 5726	89°59,80′ 2	1,570 74 1	11,140 78	1,570 80 0
0,142	1,000 00 0	0,0^{4}62 794 5050	1,000 00 0	0,0^{8} 39 431 6597	89°59,78′ 2	1,570 73 0	11,062 77	1,570 80 0
0,143	1,000 00 0	0,0^{4}67 844 5378	1,000 00 0	0,0^{8} 46 028 7587	89°59,76′ 2	1,570 73 1	10,985 77	1,570 80 0
0,144	1,000 00 0	0,0^{4}73 222 5721	1,000 00 0	0,0^{8} 53 615 8705	89°59,74′ 2	1,570 72 0	10,908 75	1,570 80 0
0,145	1,000 00 0	0,0^{4}78 943 6080	1,000 00 0	0,0^{8} 62 320 9970	89°59,72′ 2	1,570 72 1	10,833 74	1,570 80 0
0,146	1,000 00 0	0,0^{4}85 023 6457	1,000 00 0	0,0^{8} 72 290 11395	89°59,70′ 2	1,570 71 1	10,759 73	1,570 80 0
0,147	1,000 00 0	0,0^{4}91 480 6849	1,000 00 0	0,0^{8} 83 685 13000	89°59,68′ 3	1,570 70 0	10,686 73	1,570 80 0
0,148	1,000 00 0	0,0^{4}98 329 726	1,000 00 0	0,0^{8} 96 685 1480	89°59,65′ 2	1,570 70 1	10,613 71	1,570 80 0
0,149	1,000 00 0	0,0^{3}10 559 769	1,000 00 0	0,0^{7} 11 149 1683	89°59,63′ 3	1,570 69 1	10,542 70	1,570 80 0
0,150	1,000 00	0,0^{3}11 328	1,000 00	0,0^{7} 12 832	89°59,60′	1,570 68	10,472	1,570 80
$\frac{1}{\varkappa}$	k'	k	k'^2	k^2	$90^\circ - \alpha^\circ$	$\frac{\pi}{2} - \alpha$	K'	K

Tafel I

$\varkappa$	k		k'		k^2		k'^2		$\alpha°$		α		K		K'	
0,150	1,000 00	0	0,0^{3}11 328	813	1,000 00	0	0,0^{7}12 832	1909	89°59,60′	3	1,570 68	1	10,4720	694	1,570 80	0
0,151	1,000 00	0	0,0^{3}12 141	860	1,000 00	0	0,0^{7}14 741	2162	89°59,57′	3	1,570 67	1	10,4026	684	1,570 80	0
0,152	1,000 00	0	0,0^{3}13 001	909	1,000 00	0	0,0^{7}16 903	2445	89°59,54′	2	1,570 66	0	10,3342	676	1,570 80	0
0,153	1,000 00	0	0,0^{3}13 910	958	1,000 00	0	0,0^{7}19 348	2759	89°59,52′	3	1,570 66	1	10,2666	666	1,570 80	0
0,154	1,000 00	0	0,0^{3}14 868	1012	1,000 00	0	0,0^{7}22 107	3110	89°59,49′	3	1,570 65	1	10,2000	658	1,570 80	0
0,155	1,000 00	0	0,0^{3}15 880	1066	1,000 00	0	0,0^{7}25 217	3499	89°59,46′	3	1,570 64	1	10,1342	650	1,570 80	0
0,156	1,000 00	0	0,0^{3}16 946	1122	1,000 00	0	0,0^{7}28 716	3930	89°59,43′	4	1,570 63	1	10,0692	641	1,570 80	0
0,157	1,000 00	0	0,0^{3}18 068	1181	1,000 00	0	0,0^{7}32 646	4407	89°59,39′	5	1,570 62	2	10,0051	634	1,570 80	0
0,158	1,000 00	0	0,0^{3}19 249	1242	1,000 00	0	0,0^{7}37 053	4936	89°59,34′	5	1,570 60	1	9,9417	625	1,570 80	0
0,159	1,000 00	0	0,0^{3}20 491	1305	1,000 00	0	0,0^{7}41 989	5519	89°59,29′	4	1,570 59	1	9,8792	617	1,570 80	0
0,160	1,000 00	0	0,0^{3}21 796	1371	1,000 00	0	0,0^{7}47 508	6162	89°59,25′	5	1,570 58	2	9,8175	610	1,570 80	0
0,161	1,000 00	0	0,0^{3}23 167	1438	1,000 00	0	0,0^{7}53 670	6870	89°59,20′	5	1,570 56	1	9,7565	602	1,570 80	0
0,162	1,000 00	0	0,0^{3}24 605	1508	1,000 00	0	0,0^{7}60 540	7649	89°59,15′	5	1,570 55	1	9,6963	595	1,570 80	0
0,163	1,000 00	0	0,0^{3}26 113	1580	1,000 00	0	0,0^{7}68 189	8503	89°59,10′	6	1,570 54	2	9,6368	588	1,570 80	0
0,164	1,000 00	0	0,0^{3}27 693	1656	1,000 00	0	0,0^{7}76 692	9442	89°59,04′	6	1,570 52	2	9,5780	580	1,570 80	0
0,165	1,000 00	0	0,0^{3}29 349	1732	1,000 00	0	0,0^{7}86 134	10468	89°58,98′	5	1,570 50	1	9,5200	574	1,570 80	0
0,166	1,000 00	0	0,0^{3}31 081	1812	1,000 00	0	0,0^{7}96 602	1159	89°58,93′	5	1,570 49	2	9,4626	566	1,570 80	0
0,167	1,000 00	0	0,0^{3}32 893	1894	1,000 00	0	0,0^{6}10 819	1282	89°58,88′	7	1,570 47	2	9,4060	560	1,570 80	0
0,168	1,000 00	0	0,0^{3}34 787	1979	1,000 00	0	0,0^{6}12 101	1416	89°58,81′	7	1,570 45	2	9,3500	553	1,570 80	0
0,169	1,000 00	0	0,0^{3}36 766	2066	1,000 00	0	0,0^{6}13 517	1562	89°58,74′	7	1,570 43	2	9,2947	547	1,570 80	0
0,170	1,000 00	0	0,0^{3}38 832	2156	1,000 00	0	0,0^{6}15 079	1721	89°58,67′	8	1,570 41	2	9,2400	541	1,570 80	0
0,171	1,000 00	0	0,0^{3}40 988	2248	1,000 00	0	0,0^{6}16 800	1894	89°58,59′	8	1,570 39	3	9,1859	534	1,570 80	0
0,172	1,000 00	0	0,0^{3}43 236	2344	1,000 00	0	0,0^{6}18 694	2081	89°58,51′	8	1,570 36	2	9,1325	528	1,570 80	0
0,173	1,000 00	0	0,0^{3}45 580	2442	1,000 00	0	0,0^{6}20 775	2286	89°58,43′	8	1,570 34	2	9,0797	521	1,570 80	0
0,174	1,000 00	0	0,0^{3}48 022	2542	1,000 00	0	0,0^{6}23 061	2506	89°58,35′	9	1,570 32	3	9,0276	516	1,570 80	0
0,175	1,000 00	0	0,0^{3}50 564	2646	1,000 00	0	0,0^{6}25 567	2746	89°58,26′	9	1,570 29	3	8,9760	510	1,570 80	0
0,176	1,000 00	0	0,0^{3}53 210	2752	1,000 00	0	0,0^{6}28 313	3004	89°58,17′	9	1,570 26	2	8,9250	504	1,570 80	0
0,177	1,000 00	0	0,0^{3}55 962	2860	1,000 00	0	0,0^{6}31 317	3284	89°58,08′	10	1,570 24	3	8,8746	499	1,570 80	0
0,178	1,000 00	0	0,0^{3}58 822	2973	1,000 00	0	0,0^{6}34 601	3585	89°57,98′	10	1,570 21	3	8,8247	493	1,570 80	0
0,179	1,000 00	0	0,0^{3}61 795	3087	1,000 00	0	0,0^{6}38 186	3911	89°57,88′	10	1,570 18	3	8,7754	488	1,570 80	0
0,180	1,000 00	0	0,0^{3}64 882	3205	1,000 00	0	0,0^{6}42 097	4261	89°57,78′	11	1,570 15	3	8,7266	482	1,570 80	0
0,181	1,000 00	0	0,0^{3}68 087	3325	1,000 00	0	0,0^{6}46 358	4639	89°57,67′	12	1,570 12	4	8,6784	476	1,570 80	0
0,182	1,000 00	0	0,0^{3}71 412	3449	1,000 00	0	0,0^{6}50 997	5045	89°57,55′	12	1,570 08	3	8,6308	472	1,570 80	0
0,183	1,000 00	0	0,0^{3}74 861	3575	1,000 00	0	0,0^{6}56 042	5480	89°57,43′	12	1,570 05	4	8,5836	467	1,570 80	0
0,184	1,000 00	0	0,0^{3}78 436	3704	1,000 00	0	0,0^{6}61 522	5948	89°57,31′	12	1,570 01	3	8,5369	461	1,570 80	0
0,185	1,000 00	0	0,0^{3}82 140	3837	1,000 00	0	0,0^{6}67 470	6450	89°57,19′	13	1,569 98	4	8,4908	457	1,570 80	0
0,186	1,000 00	0	0,0^{3}85 977	3972	1,000 00	0	0,0^{6}73 920	6988	89°57,06′	14	1,569 94	4	8,4451	451	1,570 80	0
0,177	1,000 00	0	0,0^{3}89 949	4110	1,000 00	0	0,0^{6}80 908	7563	89°56,92′	15	1,569 90	4	8,4000	447	1,570 80	0
0,188	1,000 00	0	0,0^{3}94 059	4251	1,000 00	0	0,0^{6}88 471	8178	89°56,77′	15	1,569 86	5	8,3553	442	1,570 80	0
0,189	1,000 00	0	0,0^{3}98 310	440	1,000 00	0	0,0^{6}96 649	884	89°56,62′	15	1,569 81	4	8,3111	437	1,570 80	0
0,190	1,000 00	0	0,0^{2}10 271	454	1,000 00	0	0,0^{5}10 549	953	89°56,47′	16	1,569 77	5	8,2674	433	1,570 80	0
0,191	1,000 00	0	0,0^{2}10 725	469	1,000 00	0	0,0^{5}11 502	1029	89°56,31′	16	1,569 72	4	8,2241	429	1,570 80	0
0,192	1,000 00	0	0,0^{2}11 194	485	1,000 00	0	0,0^{5}12 531	1109	89°56,15′	16	1,569 68	5	8,1812	424	1,570 80	0
0,193	1,000 00	0	0,0^{2}11 679	500	1,000 00	0	0,0^{5}13 640	1194	89°55,99′	17	1,569 63	5	8,1388	419	1,570 80	0
0,194	1,000 00	0	0,0^{2}12 179	517	1,000 00	0	0,0^{5}14 834	1284	89°55,82′	17	1,569 58	5	8,0969	415	1,570 80	0
0,195	1,000 00	0	0,0^{2}12 696	532	1,000 00	0	0,0^{5}16 118	1381	89°55,65′	18	1,569 53	5	8,0554	411	1,570 80	0
0,196	1,000 00	0	0,0^{2}13 228	550	1,000 00	0	0,0^{5}17 499	1483	89°55,47′	20	1,569 48	6	8,0143	407	1,570 80	0
0,197	1,000 00	0	0,0^{2}13 778	566	1,000 00	0	0,0^{5}18 982	1593	89°55,27′	21	1,569 42	6	7,9736	403	1,570 80	0
0,198	1,000 00	0	0,0^{2}14 344	583	1,000 00	0	0,0^{5}20 575	1707	89°55,06′	20	1,569 36	6	7,9333	398	1,570 80	0
0,199	1,000 00	0	0,0^{2}14 927	601	1,000 00	0	0,0^{5}22 282	1830	89°54,86′	21	1,569 30	6	7,8935	395	1,570 80	0
0,200	1,000 00		0,0^{2}15 528		1,000 00		0,0^{5}24 112		89°54,65′		1,569 24		7,8540		1,570 80	
$\frac{1}{\varkappa}$	k'		k		k'^2		k^2		$90° - \alpha°$		$\frac{\pi}{2} - \alpha$		K'		K	

Tafel I

$\varkappa$	k	k'	k^2	k'^2	$\alpha°$	α	K	K'
0,200	1,000 00	0,0^{2}15 528	1,000 00	0,0^{5}24 112	89°54,65′	1,569 24	7,8540	1,570 80
	0	619	0	1960	21	6	391	0
0,201	1,000 00	0,0^{2}16 147	1,000 00	0,0^{5}26 072	89°54,44′	1,569 18	7,8149	1,570 80
	0	637	0	2098	21	6	387	0
0,202	1,000 00	0,0^{2}16 784	1,000 00	0,0^{5}28 170	89°54,23′	1,569 12	7,7762	1,570 80
	0	655	0	2243	22	7	383	0
0,203	1,000 00	0,0^{2}17 439	1,000 00	0,0^{5}30 413	89°54,01′	1,569 05	7,7379	1,570 80
	0	674	0	2397	25	7	379	0
0,204	1,000 00	0,0^{2}18 113	1,000 00	0,0^{5}32 810	89°53,76′	1,568 98	7,7000	1,570 80
	0	694	0	2559	25	7	376	0
0,205	1,000 00	0,0^{2}18 807	1,000 00	0,0^{5}35 369	89°53,51′	1,568 91	7,6624	1,570 80
	0	712	0	2732	24	7	372	0
0,206	1,000 00	0,0^{2}19 519	1,000 00	0,0^{5}38 101	89°53,27′	1,568 84	7,6252	1,570 80
	0	733	0	2913	25	7	368	0
0,207	1,000 00	0,0^{2}20 252	1,000 00	0,0^{5}41 014	89°53,02′	1,568 77	7,5884	1,570 80
	0	752	0	3104	25	8	365	0
0,208	1,000 00	0,0^{2}21 004	1,000 00	0,0^{5}44 118	89°52,77′	1,568 69	7,5519	1,570 80
	0	773	0	3306	25	7	361	0
0,209	1,000 00	0,0^{2}21 777	1,000 00	0,0^{5}47 424	89°52,52′	1,568 62	7,5158	1,570 80
	0	794	1	3519	27	8	358	0
0,210	1,000 00	0,0^{2}22 571	0,999 99	0,0^{5}50 943	89°52,25′	1,568 54	7,4800	1,570 80
	0	814	0	3744	29	8	355	0
0,211	1,000 00	0,0^{2}23 385	0,999 99	0,0^{5}54 687	89°51,96′	1,568 46	7,4445	1,570 80
	0	836	0	3978	30	9	351	0
0,212	1,000 00	0,0^{2}24 221	0,999 99	0,0^{5}58 665	89°51,66′	1,568 37	7,4094	1,570 80
	0	857	0	4227	31	9	348	0
0,213	1,000 00	0,0^{2}25 078	0,999 99	0,0^{5}62 892	89°51,35′	1,568 28	7,3746	1,570 80
	0	880	0	4488	31	9	344	0
0,214	1,000 00	0,0^{2}25 958	0,999 99	0,0^{5}67 380	89°51,04′	1,568 19	7,3402	1,570 80
	0	901	0	4761	31	9	342	0
0,215	1,000 00	0,0^{2}26 859	0,999 99	0,0^{5}72 141	89°50,73′	1,568 10	7,3060	1,570 80
	0	924	0	5049	31	9	338	0
0,216	1,000 00	0,0^{2}27 783	0,999 99	0,0^{5}77 190	89°50,42′	1,568 01	7,2722	1,570 80
	0	947	0	5351	32	9	335	0
0,217	1,000 00	0,0^{2}28 730	0,999 99	0,0^{5}82 541	89°50,10′	1,567 92	7,2387	1,570 80
	0	970	0	5668	33	10	332	0
0,218	1,000 00	0,0^{2}29 700	0,999 99	0,0^{5}88 209	89°49,77′	1,567 82	7,2055	1,570 80
	0	993	0	5999	32	11	329	0
0,219	1,000 00	0,0^{2}30 693	0,999 99	0,0^{5}94 208	89°49,45′	1,567 73	7,1726	1,570 80
	1	1018	0	635	33	10	326	0
0,220	0,999 99	0,0^{2}31 711	0,999 99	0,0^{4}10 056	89°49,12′	1,567 63	7,1400	1,570 80
	0	1041	0	671	35	10	323	0
0,221	0,999 99	0,0^{2}32 752	0,999 99	0,0^{4}10 727	89°48,77′	1,567 53	7,1077	1,570 80
	0	1065	0	709	38	11	320	0
0,222	0,999 99	0,0^{2}33 817	0,999 99	0,0^{4}11 436	89°48,39′	1,567 42	7,0757	1,570 80
	0	1091	0	749	38	11	317	0
0,223	0,999 99	0,0^{2}34 908	0,999 99	0,0^{4}12 185	89°48,01′	1,567 31	7,0440	1,570 80
	0	1115	0	791	41	12	315	0
0,224	0,999 99	0,0^{2}36 023	0,999 99	0,0^{4}12 976	89°47,60′	1,567 19	7,0125	1,570 80
	0	1140	0	835	41	12	312	0
0,225	0,999 99	0,0^{2}37 163	0,999 99	0,0^{4}13 811	89°47,19′	1,567 07	6,9813	1,570 80
	0	1166	0	880	41	12	308	0
0,226	0,999 99	0,0^{2}38 329	0,999 99	0,0^{4}14 691	89°46,78′	1,566 95	6,9505	1,570 80
	0	1192	1	928	40	11	307	0
0,227	0,999 99	0,0^{2}39 521	0,999 98	0,0^{4}15 619	89°46,38′	1,566 84	6,9198	1,570 80
	0	1217	0	977	38	12	303	0
0,228	0,999 99	0,0^{2}40 738	0,999 98	0,0^{4}16 596	89°46,00′	1,566 72	6,8895	1,570 80
	0	1245	0	1029	40	12	301	0
0,229	0,999 99	0,0^{2}41 983	0,999 98	0,0^{4}17 625	89°45,60′	1,566 60	6,8594	1,570 80
	0	1271	0	1084	40	12	298	0
0,230	0,999 99	0,0^{2}43 254	0,999 98	0,0^{4}18 709	89°45,20′	1,566 48	6,8296	1,570 80
	0	1297	0	1139	45	13	296	0
0,231	0,999 99	0,0^{2}44 551	0,999 98	0,0^{4}19 848	89°44,75′	1,566 35	6,8000	1,570 80
	0	1326	0	1199	50	14	293	0
0,232	0,999 99	0,0^{2}45 877	0,999 98	0,0^{4}21 047	89°44,25′	1,566 21	6,7707	1,570 80
	0	1352	0	1259	50	14	290	1
0,233	0,999 99	0,0^{2}47 229	0,999 98	0,0^{4}22 306	89°43,75′	1,566 07	6,7417	1,570 81
	0	1381	0	1323	48	14	289	0
0,234	0,999 99	0,0^{2}48 610	0,999 98	0,0^{4}23 629	89°43,27′	1,565 93	6,7128	1,570 81
	0	1408	1	1389	48	14	285	0
0,235	0,999 99	0,0^{2}50 018	0,999 97	0,0^{4}25 018	89°42,79′	1,565 79	6,6843	1,570 81
	0	1437	0	1458	49	14	283	0
0,236	0,999 99	0,0^{2}51 455	0,999 97	0,0^{4}26 476	89°42,30′	1,565 65	6,6560	1,570 81
	0	1466	0	1530	51	15	281	0
0,237	0,999 99	0,0^{2}52 921	0,999 97	0,0^{4}28 006	89°41,79′	1,565 50	6,6279	1,570 81
	0	1494	0	1604	51	15	279	0
0,238	0,999 99	0,0^{2}54 415	0,999 97	0,0^{4}29 610	89°41,28′	1,565 35	6,6000	1,570 81
	1	1524	0	1681	55	16	276	0
0,239	0,999 98	0,0^{2}55 939	0,999 97	0,0^{4}31 291	89°40,73′	1,565 19	6,5724	1,570 81
	0	1553	0	1762	52	15	274	0
0,240	0,999 98	0,0^{2}57 492	0,999 97	0,0^{4}33 053	89°40,21′	1,565 04	6,5450	1,570 81
	0	1582	0	1845	55	16	271	0
0,241	0,999 98	0,0^{2}59 074	0,999 97	0,0^{4}34 898	89°39,66′	1,564 88	6,5179	1,570 81
	0	1613	1	1931	58	17	269	0
0,242	0,999 98	0,0^{2}60 687	0,999 96	0,0^{4}36 829	89°39,08′	1,564 71	6,4910	1,570 81
	0	1643	0	2021	55	16	268	0
0,243	0,999 98	0,0^{2}62 330	0,999 96	0,0^{4}38 850	89°38,53′	1,564 55	6,4642	1,570 81
	0	1673	0	2114	53	15	264	0
0,244	0,999 98	0,0^{2}64 003	0,999 96	0,0^{4}40 964	89°38,00′	1,564 40	6,4378	1,570 81
	0	1704	0	2211	54	16	263	0
0,245	0,999 98	0,0^{2}65 707	0,999 96	0,0^{4}43 175	89°37,46′	1,564 24	6,4115	1,570 81
	0	1735	1	2310	63	18	261	0
0,246	0,999 98	0,0^{2}67 442	0,999 95	0,0^{4}45 485	89°36,83′	1,564 06	6,3854	1,570 81
	0	1766	0	2413	63	19	258	1
0,247	0,999 98	0,0^{2}69 208	0,999 95	0,0^{4}47 898	89°36,20′	1,563 87	6,3596	1,570 82
	1	1798	0	2521	63	18	257	0
0,248	0,999 97	0,0^{2}71 006	0,999 95	0,0^{4}50 419	89°35,57′	1,563 69	6,3339	1,570 82
	0	1829	0	2631	62	18	254	0
0,249	0,999 97	0,0^{2}72 835	0,999 95	0,0^{4}53 050	89°34,95′	1,563 51	6,3085	1,570 82
	0	1862	1	2746	62	18	252	0
0,250	0,999 97	0,0^{2}74 697	0,999 94	0,0^{4}55 796	89°34,33′	1,563 33	6,2833	1,570 82
$\frac{1}{\varkappa}$	k'	k	k'^2	k^2	$90° - \alpha°$	$\frac{\pi}{2} - \alpha$	K'	K

Tafel I

$\varkappa$	k		k'		k^2		k'^2		$\alpha°$		α		K		K'	
0,250	0,999 97	0	0,0^{2}74 697	1893	0,999 94	0	0,0^{4}55 796	2864	89°34,33′	66	1,563 33	19	6,283 27	2503	1,570 82	0
0,251	0,999 97	0	0,0^{2}76 590	1926	0,999 94	0	0,0^{4}58 660	2987	89°33,67′	67	1,563 14	20	6,258 24	2483	1,570 82	0
0,252	0,999 97	0	0,0^{2}78 516	1958	0,999 94	0	0,0^{4}61 647	3114	89°33,00′	67	1,562 94	19	6,233 41	2463	1,570 82	0
0,253	0,999 97	0	0,0^{2}80 474	1992	0,999 94	1	0,0^{4}64 761	3245	89°32,33′	68	1,562 75	20	6,208 78	2444	1,570 82	0
0,254	0,999 97	1	0,0^{2}82 466	2024	0,999 93	0	0,0^{4}68 006	3379	89°31,65′	68	1,562 55	20	6,184 34	2424	1,570 82	0
0,255	0,999 96	0	0,0^{2}84 490	2057	0,999 93	0	0,0^{4}71 385	3520	89°30,97′	76	1,562 35	22	6,160 10	2406	1,570 82	1
0,256	0,999 96	0	0,0^{2}86 547	2092	0,999 93	1	0,0^{4}74 905	3663	89°30,21′	73	1,562 13	21	6,136 04	2387	1,570 83	0
0,257	0,999 96	0	0,0^{2}88 639	2124	0,999 92	0	0,0^{4}78 568	3812	89°29,48′	72	1,561 92	21	6,112 17	2369	1,570 83	0
0,258	0,999 96	0	0,0^{2}90 763	2159	0,999 92	1	0,0^{4}82 380	3965	89°28,76′	72	1,561 71	21	6,088 48	2350	1,570 83	0
0,259	0,999 96	1	0,0^{2}92 922	2193	0,999 91	0	0,0^{4}86 345	4124	89°28,04′	75	1,561 50	22	6,064 98	2332	1,570 83	0
0,260	0,999 95	0	0,0^{2}95 115	2227	0,999 91	0	0,0^{4}90 469	4286	89°27,29′	76	1,561 28	22	6,041 66	2314	1,570 83	0
0,261	0,999 95	0	0,0^{2}97 342	2262	0,999 91	1	0,0^{4}94 755	4455	89°26,53′	76	1,561 06	22	6,018 52	2297	1,570 83	1
0,262	0,999 95	0	0,0^{2}99 604	230	0,999 90	0	0,0^{4}99 210	463	89°25,77′	77	1,560 84	23	5,995 55	2279	1,570 84	0
0,263	0,999 95	0	0,010 190	233	0,999 90	1	0,0^{3}10 384	480	89°25,00′	82	1,560 61	23	5,972 76	2261	1,570 84	0
0,264	0,999 95	1	0,010 423	237	0,999 89	0	0,0^{3}10 864	499	89°24,18′	85	1,560 38	25	5,950 15	2245	1,570 84	0
0,265	0,999 94	0	0,010 660	240	0,999 89	1	0,0^{3}11 363	518	89°23,33′	85	1,560 13	24	5,927 70	2228	1,570 84	0
0,266	0,999 94	0	0,010 900	244	0,999 88	0	0,0^{3}11 881	538	89°22,48′	83	1,559 89	24	5,905 42	2211	1,570 84	1
0,267	0,999 94	0	0,011 144	247	0,999 88	1	0,0^{3}12 419	557	89°21,65′	82	1,559 65	24	5,883 31	2194	1,570 85	0
0,268	0,999 94	1	0,011 391	251	0,999 87	1	0,0^{3}12 976	578	89°20,83′	83	1,559 41	25	5,861 37	2178	1,570 85	0
0,269	0,999 93	0	0,011 642	255	0,999 86	0	0,0^{3}13 554	599	89°20,00′	86	1,559 16	26	5,839 59	2162	1,570 85	0
0,270	0,999 93	0	0,011 897	258	0,999 86	1	0,0^{3}14 153	621	89°19,14′	91	1,558 90	26	5,817 97	2146	1,570 85	0
0,271	0,999 93	1	0,012 155	261	0,999 85	0	0,0^{3}14 774	643	89°18,23′	91	1,558 64	26	5,796 51	2130	1,570 85	1
0,272	0,999 92	0	0,012 416	266	0,999 85	1	0,0^{3}15 417	666	89°17,32′	94	1,558 38	27	5,775 21	2115	1,570 86	0
0,273	0,999 92	0	0,012 682	269	0,999 84	1	0,0^{3}16 083	690	89°16,38′	93	1,558 11	27	5,754 06	2099	1,570 86	0
0,274	0,999 92	1	0,012 951	273	0,999 83	0	0,0^{3}16 773	714	89°15,45′	92	1,557 84	27	5,733 07	2083	1,570 86	1
0,275	0,999 91	0	0,013 224	276	0,999 83	1	0,0^{3}17 487	739	89°14,53′	93	1,557 57	27	5,712 24	2069	1,570 87	0
0,276	0,999 91	0	0,013 500	281	0,999 82	1	0,0^{3}18 226	764	89°13,60′	95	1,557 30	28	5,691 55	2054	1,570 87	0
0,277	0,999 91	1	0,013 781	283	0,999 81	1	0,0^{3}18 990	791	89°12,65′	100	1,557 02	29	5,671 01	2038	1,570 87	0
0,278	0,999 90	0	0,014 066	288	0,999 80	1	0,0^{3}19 781	818	89°11,65′	100	1,556 73	29	5,650 63	2025	1,570 87	1
0,279	0,999 90	1	0,014 352	292	0,999 79	0	0,0^{3}20 599	845	89°10,65′	102	1,556 44	29	5,630 38	2009	1,570 88	0
0,280	0,999 89	0	0,014 644	295	0,999 79	1	0,0^{3}21 444	873	89° 9,63′	101	1,556 15	29	5,610 29	1996	1,570 88	0
0,281	0,999 89	1	0,014 939	299	0,999 78	1	0,0^{3}22 317	903	89° 8,62′	102	1,555 86	30	5,590 33	1981	1,570 88	1
0,282	0,999 88	0	0,015 238	303	0,999 77	1	0,0^{3}23 220	932	89° 7,60′	103	1,555 56	31	5,570 52	1967	1,570 89	0
0,283	0,999 88	1	0,015 541	307	0,999 76	1	0,0^{3}24 152	962	89° 6,57′	104	1,555 25	30	5,550 85	1953	1,570 89	0
0,284	0,999 87	0	0,015 848	310	0,999 75	1	0,0^{3}25 114	994	89° 5,53′	106	1,554 95	31	5,531 32	1939	1,570 89	1
0,285	0,999 87	1	0,016 158	314	0,999 74	1	0,0^{3}26 108	1026	89° 4,47′	107	1,554 64	31	5,511 93	1926	1,570 90	0
0,286	0,999 86	0	0,016 472	319	0,999 73	1	0,0^{3}27 134	1059	89° 3,40′	111	1,554 33	32	5,492 67	1913	1,570 90	1
0,287	0,999 86	1	0,016 791	322	0,999 72	1	0,0^{3}28 193	1092	89° 2,29′	111	1,554 01	32	5,473 54	1899	1,570 91	0
0,288	0,999 85	0	0,017 113	326	0,999 71	1	0,0^{3}29 285	1126	89° 1,18′	111	1,553 69	33	5,454 55	1886	1,570 91	1
0,289	0,999 85	1	0,017 439	330	0,999 70	2	0,0^{3}30 411	1161	89° 0,07′	117	1,553 36	34	5,435 69	1872	1,570 92	0
0,290	0,999 84	0	0,017 769	333	0,999 68	1	0,0^{3}31 572	1198	88°58,90′	115	1,553 02	33	5,416 97	1860	1,570 92	1
0,291	0,999 84	1	0,018 102	338	0,999 67	1	0,0^{3}32 770	1234	88°57,75′	113	1,552 69	33	5,398 37	1847	1,570 93	0
0,292	0,999 83	1	0,018 440	342	0,999 66	1	0,0^{3}34 004	1271	88°56,62′	114	1,552 36	34	5,379 90	1835	1,570 93	0
0,293	0,999 82	0	0,018 782	345	0,999 65	2	0,0^{3}35 275	1310	88°55,48′	121	1,552 02	35	5,361 55	1822	1,570 93	1
0,294	0,999 82	1	0,019 127	350	0,999 63	1	0,0^{3}36 585	1349	88°54,27′	124	1,551 67	35	5,343 33	1809	1,570 94	1
0,295	0,999 81	1	0,019 477	353	0,999 62	1	0,0^{3}37 934	1390	88°53,03′	123	1,551 32	36	5,325 24	1797	1,570 95	0
0,296	0,999 80	0	0,019 830	358	0,999 61	2	0,0^{3}39 324	1430	88°51,80′	122	1,550 96	36	5,307 27	1785	1,570 95	1
0,297	0,999 80	1	0,020 188	361	0,999 59	1	0,0^{3}40 754	1472	88°50,58′	123	1,550 60	36	5,289 42	1773	1,570 96	0
0,298	0,999 79	1	0,020 549	365	0,999 58	2	0,0^{3}42 226	1515	88°49,35′	125	1,550 24	36	5,271 69	1762	1,570 96	1
0,299	0,999 78	1	0,020 914	370	0,999 56	1	0,0^{3}43 741	1559	88°48,10′	127	1,549 88	37	5,254 07	1749	1,570 97	0
0,300	0,999 77		0,021 284		0,999 55		0,0^{3}45 300		88°46,83′		1,549 51		5,236 58		1,570 97	
$\frac{1}{\varkappa}$	k'		k		k'^2		k^2		$90° - \alpha°$		$\frac{\pi}{2} - \alpha$		K'		K	

Tafel I

$\varkappa$	k		k'		k^2		k'^2		$\alpha°$		α		K		K'	
0,300	0,999 77		0,021 284		0,999 55		$0,0^{3}$45 300		88°46,83′		1,549 51		5,236 58		1,570 97	
0,301	0,999 77	0	0,021 657	373	0,999 53	2	$0,0^{3}$46 904	1604	88°45,55′	128	1,549 14	37	5,219 20	1738	1,570 98	1
0,302	0,999 76	1	0,022 035	378	0,999 51	2	$0,0^{3}$48 553	1649	88°44,27′	128	1,548 77	37	5,201 94	1726	1,570 99	1
0,303	0,999 75	1	0,022 416	381	0,999 50	1	$0,0^{3}$50 248	1695	88°43,00′	127	1,548 40	37	5,184 80	1714	1,570 99	0
0,304	0,999 74	1	0,022 802	386	0,999 48	2	$0,0^{3}$51 991	1743	88°41,67′	133	1,548 01	39	5,167 76	1704	1,571 00	1
0,305	0,999 73	1	0,023 191	389	0,999 46	2	$0,0^{3}$53 782	1791	88°40,30′	137	1,547 61	40	5,150 84	1692	1,571 01	1
0,306	0,999 72	1	0,023 584	393	0,999 44	2	$0,0^{3}$55 623	1841	88°38,95′	135	1,547 21	40	5,134 04	1680	1,571 01	0
0,307	0,999 71	1	0,023 982	398	0,999 42	2	$0,0^{3}$57 514	1891	88°37,55′	140	1,546 81	40	5,117 34	1670	1,571 02	1
0,308	0,999 70	1	0,024 384	402	0,999 41	1	$0,0^{3}$59 456	1942	88°36,17′	138	1,546 42	39	5,100 75	1659	1,571 03	1
0,309	0,999 69	1	0,024 789	405	0,999 39	2	$0,0^{3}$61 451	1995	88°34,77′	140	1,546 01	41	5,084 26	1649	1,571 04	1
0,310	0,999 68	1	0,025 199	410	0,999 37	2	$0,0^{3}$63 499	2048	88°33,37′	140	1,545 60	41	5,067 89	1637	1,571 05	1
0,311	0,999 67	1	0,025 613	414	0,999 34	3	$0,0^{3}$65 602	2103	88°31,98′	139	1,545 20	40	5,051 62	1627	1,571 05	0
0,312	0,999 66	1	0,026 031	418	0,999 32	2	$0,0^{3}$67 760	2158	88°30,57′	141	1,544 78	42	5,035 46	1616	1,571 06	1
0,313	0,999 65	1	0,026 453	422	0,999 30	2	$0,0^{3}$69 974	2214	88°29,13′	144	1,544 35	43	5,019 40	1606	1,571 07	1
0,314	0,999 64	1	0,026 879	426	0,999 28	2	$0,0^{3}$72 246	2272	88°27,65′	148	1,543 92	43	5,003 44	1596	1,571 08	1
0,315	0,999 63	1	0,027 309	430	0,999 25	3	$0,0^{3}$74 577	2331	88°26,13′	152	1,543 48	44	4,987 59	1585	1,571 09	1
0,316	0,999 62	1	0,027 743	434	0,999 23	2	$0,0^{3}$76 967	2390	88°24,60′	153	1,543 05	43	4,971 83	1576	1,571 10	1
0,317	0,999 60	2	0,028 181	438	0,999 21	2	$0,0^{3}$79 418	2451	88°23,08′	152	1,542 62	43	4,956 18	1565	1,571 11	1
0,318	0,999 59	1	0,028 624	443	0,999 18	3	$0,0^{3}$81 931	2513	88°21,58′	150	1,542 18	44	4,940 62	1556	1,571 12	1
0,319	0,999 58	1	0,029 070	446	0,999 15	3	$0,0^{3}$84 507	2576	88°20,07′	151	1,541 72	46	4,925 17	1545	1,571 13	1
0,320	0,999 56	2	0,029 521	449	0,999 13	2	$0,0^{3}$87 147	2640	88°18,53′	154	1,541 27	45	4,909 81	1536	1,571 14	1
0,321	0,999 55	1	0,029 975	454	0,999 10	3	$0,0^{3}$89 853	2706	88°16,97′	156	1,540 83	44	4,894 55	1526	1,571 15	1
0,322	0,999 54	1	0,030 434	459	0,999 07	3	$0,0^{3}$92 624	2771	88°15,39′	158	1,540 37	46	4,879 38	1517	1,571 16	1
0,323	0,999 52	2	0,030 897	463	0,999 05	2	$0,0^{3}$95 463	2839	88°13,80′	159	1,539 90	47	4,864 31	1507	1,571 17	1
0,324	0,999 51	1	0,031 364	467	0,999 02	3	$0,0^{3}$98 371	2908	88°12,20′	160	1,539 43	47	4,849 33	1498	1,571 18	1
0,325	0,999 49	2	0,031 835	471	0,998 99	3	$0,0^{2}$10 135	298	88°10,58′	162	1,538 97	46	4,834 44	1489	1,571 19	1
0,326	0,999 48	1	0,032 311	476	0,998 96	3	$0,0^{2}$10 440	305	88° 8,95′	163	1,538 50	47	4,819 65	1479	1,571 21	2
0,327	0,999 46	2	0,032 790	479	0,998 92	4	$0,0^{2}$10 752	312	88° 7,31′	164	1,538 00	50	4,804 95	1470	1,571 22	1
0,328	0,999 45	1	0,033 273	483	0,998 89	3	$0,0^{2}$11 071	319	88° 5,65′	166	1,537 51	49	4,790 34	1461	1,571 23	1
0,329	0,999 43	2	0,033 761	488	0,998 86	3	$0,0^{2}$11 398	327	88° 3,98′	167	1,537 03	48	4,775 82	1452	1,571 24	1
0,330	0,999 41	2	0,034 253	492	0,998 83	3	$0,0^{2}$11 733	335	88° 2,30′	168	1,536 54	49	4,761 39	1443	1,571 26	2
0,331	0,999 40	1	0,034 749	496	0,998 79	4	$0,0^{2}$12 075	342	88° 0,60′	170	1,536 05	49	4,747 04	1435	1,571 27	1
0,332	0,999 38	2	0,035 249	500	0,998 76	3	$0,0^{2}$12 425	350	87°58,87′	173	1,535 56	49	4,732 78	1426	1,571 28	1
0,333	0,999 36	2	0,035 753	504	0,998 72	4	$0,0^{2}$12 783	358	87°57,13′	174	1,535 06	50	4,718 61	1417	1,571 30	2
0,334	0,999 34	2	0,036 261	508	0,998 69	3	$0,0^{2}$13 148	365	87°55,38′	175	1,534 53	53	4,704 53	1408	1,571 31	1
0,335	0,999 32	2	0,036 773	512	0,998 65	4	$0,0^{2}$13 523	375	87°53,62′	176	1,534 03	50	4,690 53	1400	1,571 33	2
0,336	0,999 30	2	0,037 290	517	0,998 61	4	$0,0^{2}$13 905	382	87°51,83′	179	1,533 52	51	4,676 62	1391	1,571 34	1
0,337	0,999 28	2	0,037 810	520	0,998 57	4	$0,0^{2}$14 296	391	87°50,02′	181	1,532 99	53	4,662 78	1384	1,571 36	2
0,338	0,999 26	2	0,038 335	525	0,998 53	4	$0,0^{2}$14 695	399	87°48,21′	181	1,532 45	54	4,649 04	1374	1,571 37	1
0,339	0,999 24	2	0,038 863	528	0,998 49	4	$0,0^{2}$15 104	409	87°46,40′	181	1,531 93	52	4,635 37	1367	1,571 39	2
0,340	0,999 22	2	0,039 396	533	0,998 45	4	$0,0^{2}$15 521	417	87°44,58′	182	1,531 41	52	4,621 78	1359	1,571 41	2
0,341	0,999 20	2	0,039 933	537	0,998 41	4	$0,0^{2}$15 947	426	87°42,72′	186	1,530 86	55	4,608 28	1350	1,571 42	1
0,342	0,999 18	2	0,040 474	541	0,998 36	5	$0,0^{2}$16 382	435	87°40,83′	189	1,530 31	55	4,594 85	1343	1,571 44	2
0,343	0,999 16	2	0,041 020	546	0,998 32	4	$0,0^{2}$16 826	444	87°38,95′	188	1,529 76	55	4,581 51	1334	1,571 46	2
0,344	0,999 14	2	0,041 569	549	0,998 27	5	$0,0^{2}$17 280	454	87°37,07′	188	1,529 22	54	4,568 24	1327	1,571 48	2
0,345	0,999 11	3	0,042 122	553	0,998 23	4	$0,0^{2}$17 743	463	87°35,15′	188	1,528 67	55	4,555 05	1319	1,571 49	1
0,346	0,999 09	2	0,042 680	558	0,998 18	5	$0,0^{2}$18 215	472	87°33,25′	190	1,528 12	55	4,541 94	1311	1,571 51	2
0,347	0,999 06	3	0,043 241	561	0,998 13	5	$0,0^{2}$18 698	483	87°31,33′	192	1,527 56	56	4,528 91	1303	1,571 53	2
0,348	0,999 04	2	0,043 807	566	0,998 08	5	$0,0^{2}$19 190	492	87°29,37′	196	1,526 98	58	4,515 95	1296	1,571 55	2
0,349	0,999 01	3	0,044 376	569	0,998 03	5	$0,0^{2}$19 693	503	87°27,40′	197	1,526 41	57	4,503 07	1288	1,571 57	2
0,350	0,998 99	2	0,044 950	574	0,997 98	5	$0,0^{2}$20 205	512	87°25,40′	200	1,525 82	59	4,490 26	1281	1,571 59	2
$\frac{1}{\varkappa}$	k'		k		k'^2		k^2		$90° - \alpha°$		$\frac{\pi}{2} - \alpha$		K'		K	

Tafel I

ϰ	k	Δ	k′	Δ	k²	Δ	k′²	Δ	α°	Δ	α	Δ	K	Δ	K′	Δ
0,350	0,998 99	3	0,044 950	578	0,997 98	5	$0{,}0^{2}20\,205$	523	87°25,40′	200	1,525 82	58	4,490 26	1274	1,571 59	2
0,351	0,998 96	2	0,045 528	582	0,997 93	6	$0{,}0^{2}20\,728$	533	87°23,40′	200	1,525 24	57	4,477 52	1266	1,571 61	2
0,352	0,998 94	3	0,046 110	586	0,997 87	5	$0{,}0^{2}21\,261$	544	87°21,40′	200	1,524 67	58	4,464 86	1258	1,571 63	2
0,353	0,998 91	3	0,046 696	590	0,997 82	6	$0{,}0^{2}21\,805$	555	87°19,40′	202	1,524 09	60	4,452 28	1252	1,571 65	3
0,354	0,998 88	3	0,047 286	594	0,997 76	5	$0{,}0^{2}22\,360$	565	87°17,38′	206	1,523 49	60	4,439 76	1244	1,571 68	2
0,355	0,998 85	3	0,047 880	598	0,997 71	6	$0{,}0^{2}22\,925$	576	87°15,32′	207	1,522 89	59	4,427 32	1237	1,571 70	2
0,356	0,998 82	3	0,048 478	602	0,997 65	6	$0{,}0^{2}23\,501$	588	87°13,25′	207	1,522 30	60	4,414 95	1231	1,571 72	2
0,357	0,998 79	3	0,049 080	606	0,997 59	6	$0{,}0^{2}24\,089$	598	87°11,18′	207	1,521 70	60	4,402 64	1223	1,571 74	3
0,358	0,998 76	3	0,049 686	611	0,997 53	6	$0{,}0^{2}24\,687$	611	87° 9,11′	208	1,521 10	62	4,390 41	1216	1,571 77	2
0,359	0,998 73	3	0,050 297	614	0,997 47	6	$0{,}0^{2}25\,298$	621	87° 7,03′	213	1,520 48	62	4,378 25	1210	1,571 79	3
0,360	0,998 70	3	0,050 911	618	0,997 41	7	$0{,}0^{2}25\,919$	634	87° 4,90′	215	1,519 86	62	4,366 15	1202	1,571 82	2
0,361	0,998 67	3	0,051 529	622	0,997 34	6	$0{,}0^{2}26\,553$	645	87° 2,75′	215	1,519 24	62	4,354 13	1196	1,571 84	3
0,362	0,998 64	3	0,052 151	627	0,997 28	7	$0{,}0^{2}27\,198$	657	87° 0,60′	213	1,518 62	62	4,342 17	1189	1,571 87	2
0,363	0,998 61	4	0,052 778	630	0,997 21	6	$0{,}0^{2}27\,855$	669	86°58,47′	214	1,518 00	62	4,330 28	1182	1,571 89	3
0,364	0,998 57	3	0,053 408	634	0,997 15	7	$0{,}0^{2}28\,524$	682	86°56,33′	216	1,517 38	64	4,318 46	1176	1,571 92	3
0,365	0,998 54	4	0,054 042	639	0,997 08	7	$0{,}0^{2}29\,206$	694	86°54,17′	224	1,516 74	65	4,306 70	1169	1,571 95	2
0,366	0,998 50	3	0,054 681	642	0,997 01	7	$0{,}0^{2}29\,900$	706	86°51,93′	225	1,516 09	65	4,295 01	1163	1,571 97	3
0,367	0,998 47	4	0,055 323	646	0,996 94	7	$0{,}0^{2}30\,606$	719	86°49,68′	223	1,515 44	65	4,283 38	1156	1,572 00	3
0,368	0,998 43	3	0,055 969	650	0,996 87	8	$0{,}0^{2}31\,325$	732	86°47,45′	223	1,514 79	64	4,271 82	1150	1,572 03	3
0,369	0,998 40	4	0,056 619	654	0,996 79	7	$0{,}0^{2}32\,057$	745	86°45,22′	222	1,514 15	64	4,260 32	1144	1,572 06	3
0,370	0,998 36	4	0,057 273	658	0,996 72	8	$0{,}0^{2}32\,802$	758	86°43,00′	223	1,513 51	66	4,248 88	1137	1,572 09	3
0,371	0,998 32	4	0,057 931	662	0,996 64	7	$0{,}0^{2}33\,560$	772	86°40,77′	230	1,512 85	68	4,237 51	1131	1,572 12	3
0,372	0,998 28	4	0,058 593	666	0,996 57	8	$0{,}0^{2}34\,332$	784	86°38,47′	230	1,512 17	66	4,226 20	1125	1,572 15	3
0,373	0,998 24	4	0,059 259	670	0,996 49	8	$0{,}0^{2}35\,116$	799	86°36,17′	230	1,511 51	66	4,214 95	1118	1,572 18	3
0,374	0,998 20	4	0,059 929	674	0,996 41	8	$0{,}0^{2}35\,915$	812	86°33,87′	230	1,510 85	68	4,203 77	1113	1,572 21	3
0,375	0,998 16	4	0,060 603	677	0,996 33	9	$0{,}0^{2}36\,727$	826	86°31,57′	234	1,510 17	68	4,192 64	1106	1,572 24	3
0,376	0,998 12	4	0,061 280	682	0,996 24	8	$0{,}0^{2}37\,553$	840	86°29,23′	236	1,509 49	70	4,181 58	1100	1,572 27	4
0,377	0,998 08	4	0,061 962	685	0,996 16	8	$0{,}0^{2}38\,393$	854	86°26,87′	237	1,508 79	68	4,170 58	1095	1,572 31	3
0,378	0,998 04	5	0,062 647	690	0,996 08	9	$0{,}0^{2}39\,247$	868	86°24,50′	237	1,508 11	69	4,159 63	1088	1,572 34	4
0,379	0,997 99	4	0,063 337	693	0,995 99	9	$0{,}0^{2}40\,115$	883	86°22,13′	238	1,507 42	69	4,148 75	1083	1,572 38	3
0,380	0,997 95	5	0,064 030	697	0,995 90	9	$0{,}0^{2}40\,998$	898	86°19,75′	238	1,506 73	70	4,137 92	1077	1,572 41	4
0,381	0,997 90	4	0,064 727	701	0,995 81	9	$0{,}0^{2}41\,896$	912	86°17,37′	240	1,506 03	71	4,127 15	1071	1,572 45	3
0,382	0,997 86	5	0,065 428	704	0,995 72	9	$0{,}0^{2}42\,808$	927	86°14,97′	245	1,505 32	70	4,116 44	1065	1,572 48	4
0,383	0,997 81	5	0,066 132	709	0,995 63	10	$0{,}0^{2}43\,735$	942	86°12,52′	246	1,504 62	71	4,105 79	1059	1,572 52	4
0,384	0,997 76	4	0,066 841	712	0,995 53	9	$0{,}0^{2}44\,677$	957	86°10,06′	246	1,503 91	72	4,095 20	1054	1,572 56	3
0,385	0,997 72	5	0,067 553	716	0,995 44	10	$0{,}0^{2}45\,634$	973	86° 7,60′	245	1,503 19	71	4,084 66	1049	1,572 59	4
0,386	0,997 67	5	0,068 269	720	0,995 34	10	$0{,}0^{2}46\,607$	988	86° 5,15′	250	1,502 48	73	4,074 17	1042	1,572 63	4
0,387	0,997 62	5	0,068 989	724	0,995 24	10	$0{,}0^{2}47\,595$	1004	86° 2,65′	250	1,501 75	72	4,063 75	1037	1,572 67	4
0,388	0,997 57	5	0,069 713	728	0,995 14	10	$0{,}0^{2}48\,599$	1020	86° 0,15′	250	1,501 03	73	4,053 38	1032	1,572 71	4
0,389	0,997 52	6	0,070 441	731	0,995 04	11	$0{,}0^{2}49\,619$	1035	85°57,65′	254	1,500 30	74	4,043 06	1026	1,572 75	4
0,390	0,997 46	5	0,071 172	735	0,994 93	10	$0{,}0^{2}50\,654$	1052	85°55,11′	254	1,499 56	74	4,032 80	1021	1,572 79	4
0,391	0,997 41	5	0,071 907	739	0,994 83	11	$0{,}0^{2}51\,706$	1068	85°52,57′	254	1,498 82	74	4,022 59	1015	1,572 83	4
0,392	0,997 36	6	0,072 646	742	0,994 72	11	$0{,}0^{2}52\,774$	1084	85°50,03′	256	1,498 08	74	4,012 44	1010	1,572 87	5
0,393	0,997 30	5	0,073 388	746	0,994 61	11	$0{,}0^{2}53\,858$	1101	85°47,47′	257	1,497 34	74	4,002 34	1005	1,572 92	4
0,394	0,997 25	6	0,074 134	750	0,994 50	11	$0{,}0^{2}54\,959$	1118	85°44,90′	260	1,496 60	76	3,992 29	1000	1,572 96	5
0,395	0,997 19	5	0,074 884	754	0,994 39	11	$0{,}0^{2}56\,077$	1134	85°42,30′	260	1,495 84	76	3,982 29	994	1,573 01	4
0,396	0,997 14	6	0,075 638	757	0,994 28	12	$0{,}0^{2}57\,211$	1151	85°39,70′	259	1,495 08	75	3,972 35	989	1,573 05	5
0,397	0,997 08	6	0,076 395	761	0,994 16	11	$0{,}0^{2}58\,362$	1169	85°37,11′	259	1,494 33	76	3,962 46	984	1,573 10	4
0,398	0,997 02	6	0,077 156	765	0,994 05	12	$0{,}0^{2}59\,531$	1186	85°34,52′	265	1,493 57	78	3,952 62	979	1,573 14	5
0,399	0,996 96	6	0,077 921	768	0,993 93	12	$0{,}0^{2}60\,717$	1203	85°31,87′	267	1,492 79	76	3,942 83	974	1,573 19	5
0,400	0,996 90		0,078 689		0,993 81		$0{,}0^{2}61\,920$		85°29,20′		1,492 03		3,933 09		1,573 24	
$\frac{1}{\varkappa}$	k′		k		k′²		k²		90° − α°		$\frac{\pi}{2} - \alpha$		K′		K	

Tafel I

$\varkappa$	k	Δ	k'	Δ	k^2	Δ	k'^2	Δ	α°	Δ	α	Δ	K	Δ	K'	Δ
0,400	0,996 90		0,078 689		0,993 81		0,0^{2}61 920		85°29,20′		1,492 03		3,933 09		1,573 24	
0,401	0,996 84	6	0,079 461	772	0,993 69	12	0,0^{2}63 141	1221	85°26,55′	265	1,491 25	78	3,923 40	969	1,573 28	4
0,402	0,996 78	6	0,080 237	776	0,993 56	13	0,0^{2}64 379	1238	85°23,88′	267	1,490 48	77	3,913 77	963	1,573 33	5
0,403	0,996 71	7	0,081 016	779	0,993 44	12	0,0^{2}65 636	1257	85°21,21′	267	1,489 70	78	3,904 18	959	1,573 38	5
0,404	0,996 65	6	0,081 799	783	0,993 31	13	0,0^{2}66 910	1274	85°18,52′	269	1,488 92	78	3,894 64	954	1,573 43	5
0,405	0,996 58	7	0,082 585	786	0,993 18	13	0,0^{2}68 203	1293	85°15,78′	274	1,488 12	80	3,885 15	949	1,573 49	6
0,406	0,996 52	6	0,083 375	790	0,993 05	13	0,0^{2}69 514	1311	85°13,05′	273	1,487 32	80	3,875 71	944	1,573 54	5
0,407	0,996 45	7	0,084 169	794	0,992 92	13	0,0^{2}70 844	1330	85°10,33′	272	1,486 53	79	3,866 31	940	1,573 59	5
0,408	0,996 38	7	0,084 966	797	0,992 78	14	0,0^{2}72 192	1348	85° 7,55′	278	1,485 73	80	3,856 97	934	1,573 64	5
0,409	0,996 32	6	0,085 766	800	0,992 64	14	0,0^{2}73 559	1367	85° 4,78′	277	1,484 92	81	3,847 67	930	1,573 70	6
0,410	0,996 25	7	0,086 571	805	0,992 51	13	0,0^{2}74 945	1386	85° 2,01′	277	1,484 12	80	3,838 42	925	1,573 75	5
0,411	0,996 18	7	0,087 378	807	0,992 37	14	0,0^{2}76 350	1405	84°59,25′	276	1,483 31	81	3,829 22	920	1,573 81	6
0,412	0,996 10	8	0,088 189	811	0,992 22	15	0,0^{2}77 774	1424	84°56,42′	283	1,482 49	82	3,820 06	916	1,573 86	5
0,413	0,996 03	7	0,089 004	815	0,992 08	14	0,0^{2}79 217	1443	84°53,60′	282	1,481 67	82	3,810 95	911	1,573 92	6
0,414	0,995 96	7	0,089 822	818	0,991 93	15	0,0^{2}80 680	1463	84°50,79′	281	1,480 85	82	3,801 88	907	1,573 98	6
0,415	0,995 88	8	0,090 644	822	0,991 78	15	0,0^{2}82 163	1483	84°47,95′	284	1,480 02	83	3,792 86	902	1,574 04	6
0,416	0,995 81	7	0,091 469	825	0,991 63	15	0,0^{2}83 665	1502	84°45,11′	284	1,479 20	82	3,783 89	897	1,574 10	6
0,417	0,995 73	8	0,092 297	828	0,991 48	15	0,0^{2}85 188	1523	84°42,27′	284	1,478 38	87	3,774 96	893	1,574 16	6
0,418	0,995 65	8	0,093 129	832	0,991 33	15	0,0^{2}86 730	1542	84°39,40′	287	1,477 54	84	3,766 07	889	1,574 22	6
0,419	0,995 58	7	0,093 965	836	0,991 17	16	0,0^{2}88 293	1563	84°36,50′	290	1,476 69	85	3,757 23	884	1,574 28	6
0,420	0,995 50	8	0,094 803	838	0,991 01	16	0,0^{2}89 876	1583	84°33,61′	289	1,475 85	84	3,748 44	879	1,574 34	6
0,421	0,995 42	8	0,095 645	842	0,990 85	16	0,0^{2}91 480	1604	84°30,68′	293	1,475 00	85	3,739 68	876	1,574 41	7
0,422	0,995 33	9	0,096 491	846	0,990 69	16	0,0^{2}93 105	1625	84°27,77′	291	1,474 16	84	3,730 98	870	1,574 47	6
0,423	0,995 25	8	0,097 340	849	0,990 53	16	0,0^{2}94 750	1645	84°24,83′	294	1,473 30	86	3,722 31	867	1,574 54	7
0,424	0,995 17	8	0,098 192	852	0,990 36	17	0,0^{2}96 416	1666	84°21,88′	295	1,472 44	86	3,713 69	862	1,574 60	6
0,425	0,995 08	9	0,099 047	855	0,990 19	17	0,0^{2}98 103	1687	84°18,95′	293	1,471 59	85	3,705 11	858	1,574 67	7
0,426	0,995 00	8	0,099 906	859	0,990 02	17	0,0^{2}99 812	1709	84°15,98′	297	1,470 73	86	3,696 57	854	1,574 74	7
0,427	0,994 91	9	0,100 77	86	0,989 85	17	0,010 154	173	84°13,00′	298	1,469 86	87	3,688 07	850	1,574 81	7
0,428	0,994 82	9	0,101 63	86	0,989 67	18	0,010 329	175	84°10,02′	298	1,469 00	86	3,679 62	845	1,574 88	7
0,429	0,994 73	9	0,102 50	87	0,989 49	18	0,010 507	178	84° 7,02′	300	1,468 12	88	3,671 20	842	1,574 95	7
0,430	0,994 64	9	0,103 37	87	0,989 31	18	0,010 686	179	84° 3,97′	305	1,467 23	89	3,662 83	837	1,575 02	7
0,431	0,994 55	9	0,104 25	88	0,989 13	18	0,010 868	182	84° 0,93′	304	1,466 35	88	3,654 50	833	1,575 09	7
0,432	0,994 46	9	0,105 13	88	0,988 95	18	0,011 052	184	83°57,90′	303	1,465 47	88	3,646 21	829	1,575 16	7
0,433	0,994 37	9	0,106 01	88	0,988 76	19	0,011 238	186	83°54,87′	303	1,464 58	89	3,637 96	825	1,575 24	8
0,434	0,994 27	10	0,106 89	88	0,988 57	19	0,011 426	188	83°51,82′	305	1,463 69	89	3,629 75	821	1,575 31	7
0,435	0,994 17	10	0,107 78	89	0,988 38	19	0,011 617	191	83°48,75′	307	1,462 81	88	3,621 58	817	1,575 39	8
0,436	0,994 08	9	0,108 67	89	0,988 19	19	0,011 810	193	83°45,67′	308	1,461 91	90	3,613 45	813	1,575 47	8
0,437	0,993 98	10	0,109 57	90	0,988 00	19	0,012 005	195	83°42,58′	309	1,461 01	90	3,605 36	809	1,575 54	7
0,438	0,993 88	10	0,110 46	89	0,987 80	20	0,012 202	197	83°39,48′	310	1,460 11	90	3,597 31	805	1,575 62	8
0,439	0,993 78	10	0,111 36	90	0,987 60	20	0,012 402	200	83°36,37′	311	1,459 20	91	3,589 30	801	1,575 70	8
0,440	0,993 68	10	0,112 27	91	0,987 40	20	0,012 604	202	83°33,25′	312	1,458 29	91	3,581 32	798	1,575 78	8
0,441	0,993 58	10	0,113 17	90	0,987 19	21	0,012 809	205	83°30,11′	314	1,457 38	91	3,573 39	793	1,575 86	8
0,442	0,993 47	11	0,114 08	91	0,986 98	21	0,013 015	206	83°26,97′	314	1,456 46	92	3,565 49	790	1,575 95	9
0,443	0,993 37	10	0,115 00	92	0,986 78	20	0,013 224	209	83°23,80′	317	1,455 55	91	3,557 63	786	1,576 03	8
0,444	0,993 26	11	0,115 91	91	0,986 56	22	0,013 436	212	83°20,62′	318	1,454 62	93	3,549 80	783	1,576 11	8
0,445	0,993 15	11	0,116 83	92	0,986 35	21	0,013 650	214	83°17,42′	320	1,453 69	93	3,542 02	778	1,576 20	9
0,446	0,993 04	11	0,117 75	92	0,986 13	22	0,013 866	216	83°14,23′	319	1,452 77	92	3,534 27	775	1,576 28	8
0,447	0,992 93	11	0,118 68	93	0,985 92	21	0,014 085	219	83°11,03′	320	1,451 84	93	3,526 56	771	1,576 37	9
0,448	0,992 82	11	0,119 61	93	0,985 69	23	0,014 306	221	83° 7,82′	321	1,450 90	94	3,518 88	768	1,576 46	9
0,449	0,992 71	11	0,120 54	93	0,985 47	22	0,014 529	223	83° 4,62′	320	1,449 97	93	3,511 25	763	1,576 55	9
0,450	0,992 59	12	0,121 47	93	0,985 24	23	0,014 755	226	83° 1,40′	322	1,449 02	95	3,503 64	761	1,576 64	9
$\frac{1}{\varkappa}$	k'		k		k'^2		k^2		$90^\circ - \alpha^\circ$		$\frac{\pi}{2} - \alpha$		K'		K	

Tafel I

$\varkappa$	k		k'		k^2		k'^2		$\alpha°$		α		K		K'	
0,450	0,992 59	11	0,121 47	94	0,985 24	22	0,014 755	229	83° 1,40′	325	1,449 02	94	3,503 64	756	1,576 64	9
0,451	0,992 48	12	0,122 41	94	0,985 02	23	0,014 984	231	82°58,15′	327	1,448 08	95	3,496 08	753	1,576 73	9
0,452	0,992 36	11	0,123 35	94	0,984 79	24	0,015 215	233	82°54,88′	326	1,447 13	95	3,488 55	750	1,576 82	10
0,453	0,992 25	12	0,124 29	95	0,984 55	23	0,015 448	236	82°51,62′	327	1,446 18	95	3,481 05	746	1,576 92	9
0,454	0,992 13	12	0,125 24	94	0,984 32	24	0,015 684	238	82°48,35′	330	1,445 23	95	3,473 59	742	1,577 01	10
0,455	0,992 01	12	0,126 18	96	0,984 08	24	0,015 922	241	82°45,05′	330	1,444 28	96	3,466 17	739	1,577 11	9
0,456	0,991 89	13	0,127 14	95	0,983 84	25	0,016 163	244	82°41,75′	330	1,443 32	97	3,458 78	736	1,577 20	10
0,457	0,991 76	12	0,128 09	96	0,983 59	24	0,016 407	246	82°38,45′	330	1,442 35	96	3,451 42	732	1,577 30	10
0,458	0,991 64	13	0,129 05	96	0,983 35	25	0,016 653	249	82°35,15′	332	1,441 39	97	3,444 10	729	1,577 40	10
0,459	0,991 51	12	0,130 01	96	0,983 10	25	0,016 902	251	82°31,83′	335	1,440 42	97	3,436 81	725	1,577 50	10
0,460	0,991 39	13	0,130 97	96	0,982 85	26	0,017 153	254	82°28,48′	338	1,439 45	98	3,429 56	722	1,577 60	10
0,461	0,991 26	13	0,131 93	97	0,982 59	25	0,017 407	256	82°25,10′	337	1,438 47	97	3,422 34	718	1,577 70	10
0,462	0,991 13	13	0,132 90	97	0,982 34	26	0,017 663	259	82°21,73′	335	1,437 50	96	3,415 16	716	1,577 80	11
0,463	0,991 00	13	0,133 87	98	0,982 08	26	0,017 922	261	82°18,38′	336	1,436 54	99	3,408 00	711	1,577 91	10
0,464	0,990 87	14	0,134 85	97	0,981 82	27	0,018 183	265	82°15,02′	337	1,435 55	100	3,400 89	709	1,578 01	11
0,465	0,990 73	13	0,135 82	98	0,981 55	26	0,018 448	267	82°11,65′	340	1,434 55	99	3,393 80	705	1,578 12	10
0,466	0,990 60	14	0,136 80	98	0,981 29	27	0,018 715	269	82° 8,25′	342	1,433 56	98	3,386 75	702	1,578 22	11
0,467	0,990 46	13	0,137 78	99	0,981 02	28	0,018 984	272	82° 4,83′	341	1,432 58	100	3,379 73	699	1,578 33	11
0,468	0,990 33	14	0,138 77	98	0,980 74	27	0,019 256	275	82° 1,42′	345	1,431 58	100	3,372 74	696	1,578 44	11
0,469	0,990 19	14	0,139 75	99	0,980 47	28	0,019 531	278	81°57,97′	344	1,430 58	100	3,365 78	692	1,578 55	11
0,470	0,990 05	15	0,140 74	100	0,980 19	28	0,019 809	280	81°54,53′	345	1,429 58	100	3,358 86	689	1,578 66	12
0,471	0,989 90	14	0,141 74	99	0,979 91	28	0,020 089	283	81°51,08′	345	1,428 58	101	3,351 97	687	1,578 78	11
0,472	0,989 76	14	0,142 73	100	0,979 63	29	0,020 372	286	81°47,63′	345	1,427 57	100	3,345 10	682	1,578 89	11
0,473	0,989 62	15	0,143 73	100	0,979 34	29	0,020 658	288	81°44,18′	348	1,426 57	101	3,338 28	680	1,579 00	12
0,474	0,989 47	15	0,144 73	100	0,979 05	29	0,020 946	291	81°40,70′	348	1,425 56	101	3,331 48	677	1,579 12	12
0,475	0,989 32	14	0,145 73	100	0,978 76	29	0,021 237	294	81°37,22′	347	1,424 55	102	3,324 71	674	1,579 24	12
0,476	0,989 18	15	0,146 73	101	0,978 47	30	0,021 531	297	81°33,75′	350	1,423 53	101	3,317 97	670	1,579 36	11
0,477	0,989 03	16	0,147 74	101	0,978 17	30	0,021 828	299	81°30,25′	353	1,422 52	102	3,311 27	668	1,579 47	13
0,478	0,988 87	15	0,148 75	101	0,977 87	30	0,022 127	303	81°26,72′	352	1,421 50	103	3,304 59	664	1,579 60	12
0,479	0,988 72	15	0,149 76	102	0,977 57	30	0,022 430	305	81°23,20′	352	1,420 47	103	3,297 95	662	1,579 72	12
0,480	0,988 57	16	0,150 78	102	0,977 27	31	0,022 735	307	81°19,68′	355	1,419 44	103	3,291 33	658	1,579 84	12
0,481	0,988 41	16	0,151 80	102	0,976 96	31	0,023 042	311	81°16,13′	356	1,418 41	104	3,284 75	656	1,579 96	13
0,482	0,988 25	15	0,152 82	102	0,976 65	32	0,023 353	314	81°12,57′	355	1,417 37	103	3,278 19	652	1,580 09	13
0,483	0,988 10	16	0,153 84	102	0,976 33	31	0,023 667	316	81° 9,02′	357	1,416 34	103	3,271 67	650	1,580 22	12
0,484	0,987 94	17	0,154 86	103	0,976 02	32	0,023 983	319	81° 5,45′	358	1,415 31	104	3,265 17	646	1,580 34	13
0,485	0,987 77	16	0,155 89	103	0,975 70	32	0,024 302	322	81° 1,87′	357	1,414 27	105	3,258 71	644	1,580 47	13
0,486	0,987 61	16	0,156 92	103	0,975 38	33	0,024 624	325	80°58,30′	360	1,413 22	104	3,252 27	641	1,580 60	13
0,487	0,987 45	17	0,157 95	104	0,975 05	33	0,024 949	328	80°54,70′	360	1,412 18	105	3,245 86	638	1,580 73	14
0,488	0,987 28	17	0,158 99	103	0,974 72	33	0,025 277	330	80°51,10′	360	1,411 13	105	3,239 48	635	1,580 87	13
0,489	0,987 11	17	0,160 02	104	0,974 39	33	0,025 607	334	80°47,50′	363	1,410 08	105	3,233 13	632	1,581 00	13
0,490	0,986 94	17	0,161 06	104	0,974 06	34	0,025 941	336	80°43,87′	362	1,409 03	106	3,226 81	630	1,581 13	14
0,491	0,986 77	17	0,162 10	105	0,973 72	34	0,026 277	340	80°40,25′	363	1,407 97	105	3,220 51	627	1,581 27	14
0,492	0,986 60	17	0,163 15	104	0,973 38	34	0,026 617	342	80°36,62′	365	1,406 92	106	3,214 24	623	1,581 41	14
0,493	0,986 43	18	0,164 19	105	0,973 04	34	0,026 959	345	80°32,97′	365	1,405 86	106	3,208 01	622	1,581 55	14
0,494	0,986 25	17	0,165 24	105	0,972 70	35	0,027 304	348	80°29,32′	365	1,404 80	107	3,201 79	618	1,581 69	14
0,495	0,986 08	18	0,166 29	105	0,972 35	35	0,027 652	351	80°25,67′	367	1,403 73	107	3,195 61	615	1,581 83	14
0,496	0,985 90	18	0,167 34	106	0,972 00	36	0,028 003	354	80°22,00′	368	1,402 66	107	3,189 46	613	1,581 97	14
0,497	0,985 72	18	0,168 40	105	0,971 64	35	0,028 357	357	80°18,32′	369	1,401 59	107	3,183 33	610	1,582 11	15
0,498	0,985 54	18	0,169 45	106	0,971 29	36	0,028 714	360	80°14,63′	370	1,400 52	107	3,177 23	608	1,582 26	14
0,499	0,985 36	19	0,170 51	106	0,970 93	37	0,029 074	363	80°10,93′	370	1,399 45	108	3,171 15	605	1,582 40	15
0,500	0,985 17		0,171 57		0,970 56		0,029 437		80° 7,23′		1,398 37		3,165 10		1,582 55	
$\frac{1}{\varkappa}$	k'		k		k'^2		k^2		$90° - \alpha°$		$\frac{\pi}{2} - \alpha$		K'		K	

Tafel I

$\varkappa$	k	k'	k^2	k'^2	$\alpha°$	α	K	K'
0,500	0,985 17	0,171 57	0,970 56	0,029 44	80° 7,2′	1,3984	3,165 10	1,582 55
	18	107	36	36	3,7′	11	602	15
0,501	0,984 99	0,172 64	0,970 20	0,029 80	80° 3,5′	1,3973	3,159 08	1,582 70
	19	106	37	37	3,7′	11	599	15
0,502	0,984 80	0,173 70	0,969 83	0,030 17	79°59,8′	1,3962	3,153 09	1,582 85
	19	107	37	37	3,7′	11	597	15
0,503	0,984 61	0,174 77	0,969 46	0,030 54	79°56,1′	1,3951	3,147 12	1,583 00
	19	107	38	38	3,7′	10	594	15
0,504	0,984 42	0,175 84	0,969 08	0,030 92	79°52,4′	1,3941	3,141 18	1,583 15
	19	107	38	38	3,7′	11	592	16
0,505	0,984 23	0,176 91	0,968 70	0,031 30	79°48,7′	1,3930	3,135 26	1,583 31
	20	107	38	38	3,8′	11	589	15
0,506	0,984 03	0,177 98	0,968 32	0,031 68	79°44,9′	1,3919	3,129 37	1,583 46
	19	108	38	38	3,8′	11	586	16
0,507	0,983 84	0,179 06	0,967 94	0,032 06	79°41,1′	1,3908	3,123 51	1,583 62
	20	108	39	39	3,8′	11	584	16
0,508	0,983 64	0,180 14	0,967 55	0,032 45	79°37,3′	1,3897	3,117 67	1,583 78
	20	108	39	39	3,8′	11	581	16
0,509	0,983 44	0,181 22	0,967 16	0,032 84	79°33,5′	1,3886	3,111 86	1,583 94
	20	108	39	39	3,8′	11	579	16
0,510	0,983 24	0,182 30	0,966 77	0,033 23	79°29,7′	1,3875	3,106 07	1,584 10
	20	108	40	40	3,8′	11	576	16
0,511	0,983 04	0,183 38	0,966 37	0,033 63	79°25,9′	1,3864	3,100 31	1,584 26
	20	109	40	40	3,7′	11	574	16
0,512	0,982 84	0,184 47	0,965 97	0,034 03	79°22,2′	1,3853	3,094 57	1,584 42
	21	108	40	40	3,7′	11	571	17
0,513	0,982 63	0,185 55	0,965 57	0,034 43	79°18,5′	1,3842	3,088 86	1,584 59
	20	109	41	41	3,8′	11	569	16
0,514	0,982 43	0,186 64	0,965 16	0,034 84	79°14,7′	1,3831	3,083 17	1,584 75
	21	109	40	40	3,8′	12	566	17
0,515	0,982 22	0,187 73	0,964 76	0,035 24	79°10,9′	1,3819	3,077 51	1,584 92
	21	110	42	42	3,9′	11	564	17
0,516	0,982 01	0,188 83	0,964 34	0,035 66	79° 7,0′	1,3808	3,071 87	1,585 09
	21	109	41	41	3,8′	11	561	17
0,517	0,981 80	0,189 92	0,963 93	0,036 07	79° 3,2′	1,3797	3,066 26	1,585 26
	21	110	42	42	3,9′	11	559	17
0,518	0,981 59	0,191 02	0,963 51	0,036 49	78°59,3′	1,3786	3,060 67	1,585 43
	22	110	42	42	3,9′	11	557	17
0,519	0,981 37	0,192 12	0,963 09	0,036 91	78°55,4′	1,3775	3,055 10	1,585 60
	21	110	42	42	3,8′	11	554	17
0,520	0,981 16	0,193 22	0,962 67	0,037 33	78°51,6′	1,3764	3,049 56	1,585 77
	22	110	43	43	3,9′	11	551	18
0,521	0,980 94	0,194 32	0,962 24	0,037 76	78°47,7′	1,3753	3,044 05	1,585 95
	22	110	43	43	3,9′	12	550	17
0,522	0,980 72	0,195 42	0,961 81	0,038 19	78°43,8′	1,3741	3,038 55	1,586 12
	22	111	43	43	3,9′	12	547	18
0,523	0,980 50	0,196 53	0,961 38	0,038 62	78°39,9′	1,3729	3,033 08	1,586 30
	22	111	44	44	3,9′	11	544	18
0,524	0,980 28	0,197 64	0,960 94	0,039 06	78°36,0′	1,3718	3,027 64	1,586 48
	23	110	44	44	3,9′	11	543	18
0,525	0,980 05	0,198 74	0,960 50	0,039 50	78°32,1′	1,3707	3,022 21	1,586 66
	22	112	44	44	3,9′	11	540	18
0,526	0,979 83	0,199 86	0,960 06	0,039 94	78°28,2′	1,3696	3,016 81	1,586 84
	23	111	45	45	3,8′	11	537	19
0,527	0,979 60	0,200 97	0,959 61	0,040 39	78°24,4′	1,3685	3,011 44	1,587 03
	23	111	45	45	3,9′	12	536	18
0,528	0,979 37	0,202 08	0,959 16	0,040 84	78°20,5′	1,3673	3,006 08	1,587 21
	23	112	45	45	3,9′	11	533	19
0,529	0,979 14	0,203 20	0,958 71	0,041 29	78°16,6′	1,3662	3,000 75	1,587 40
	23	112	45	45	3,9′	12	530	19
0,530	0,978 91	0,204 32	0,958 26	0,041 74	78°12,7′	1,3650	2,995 45	1,587 59
	24	111	46	46	4,0′	12	529	18
0,531	0,978 67	0,205 43	0,957 80	0,042 20	78° 8,7′	1,3638	2,990 16	1,587 77
	24	113	47	47	4,0′	11	526	20
0,532	0,978 43	0,206 56	0,957 33	0,042 67	78° 4,7′	1,3627	2,984 90	1,587 97
	23	112	46	46	3,9′	11	524	19
0,533	0,978 20	0,207 68	0,956 87	0,043 13	78° 0,8′	1,3616	2,979 66	1,588 16
	24	112	47	47	3,9′	12	522	19
0,534	0,977 96	0,208 80	0,956 40	0,043 60	77°56,9′	1,3604	2,974 44	1,588 35
	24	113	47	47	4,0′	11	520	19
0,535	0,977 72	0,209 93	0,955 93	0,044 07	77°52,9′	1,3593	2,969 24	1,588 54
	25	112	47	47	4,0′	12	517	20
0,536	0,977 47	0,211 05	0,955 46	0,044 54	77°48,9′	1,3581	2,964 07	1,588 74
	24	113	48	48	3,9′	11	515	20
0,537	0,977 23	0,212 18	0,954 98	0,045 02	77°45,0′	1,3570	2,958 92	1,588 94
	25	113	48	48	4,0′	12	513	20
0,538	0,976 98	0,213 31	0,954 50	0,045 50	77°41,0′	1,3558	2,953 79	1,589 14
	24	113	49	49	4,0′	12	511	20
0,539	0,976 74	0,214 44	0,954 01	0,045 99	77°37,0′	1,3546	2,948 68	1,589 34
	25	114	48	48	4,0′	11	509	20
0,540	0,976 49	0,215 58	0,953 53	0,046 47	77°33,0′	1,3535	2,943 59	1,589 54
	25	113	49	49	4,0′	12	506	20
0,541	0,976 24	0,216 71	0,953 04	0,046 96	77°29,0′	1,3523	2,938 53	1,589 74
	26	114	50	50	4,0′	12	505	21
0,542	0,975 98	0,217 85	0,952 54	0,047 46	77°25,0′	1,3511	2,933 48	1,589 95
	25	114	50	50	4,0′	11	502	20
0,543	0,975 73	0,218 99	0,952 04	0,047 96	77°21,0′	1,3500	2,928 46	1,590 15
	26	114	50	50	4,0′	12	500	21
0,544	0,975 47	0,220 13	0,951 54	0,048 46	77°17,0′	1,3488	2,923 46	1,590 36
	26	114	50	50	4,0′	11	498	21
0,545	0,975 21	0,221 27	0,951 04	0,048 96	77°13,0′	1,3477	2,918 48	1,590 57
	26	114	51	51	4,0′	12	496	21
0,546	0,974 95	0,222 41	0,950 53	0,049 47	77° 9,0′	1,3465	2,913 52	1,590 78
	26	114	50	50	4,0′	12	494	21
0,547	0,974 69	0,223 55	0,950 03	0,049 97	77° 5,0′	1,3453	2,908 58	1,590 99
	26	115	52	52	4,0′	11	492	22
0,548	0,974 43	0,224 70	0,949 51	0,050 49	77° 1,0′	1,3442	2,903 66	1,591 21
	27	114	51	51	4,1′	12	490	21
0,549	0,974 16	0,225 84	0,949 00	0,051 00	76°56,9′	1,3430	2,898 76	1,591 42
	26	115	52	52	4,2′	12	487	22
0,550	0,973 90	0,226 99	0,948 48	0,051 52	76°52,7′	1,3418	2,893 89	1,591 64
$\frac{1}{\varkappa}$	k'	k	k'^2	k^2	$90° - \alpha°$	$\frac{\pi}{2} - \alpha$	K'	K

Tafel I

$\varkappa$	k		k'		k^2		k'^2		α°		α		K		K'	
0,550	0,973 90	27	0,226 99	115	0,948 48	53	0,051 52	53	76°52,7′	4,0′	1,3418	12	2,893 89	486	1,591 64	22
0,551	0,973 63	27	0,228 14	115	0,947 95	52	0,052 05	52	76°48,7′	4,0′	1,3406	11	2,889 03	484	1,591 86	22
0,552	0,973 36	27	0,229 29	115	0,947 43	53	0,052 57	53	76°44,7′	4,0′	1,3395	12	2,884 19	481	1,592 08	22
0,553	0,973 09	28	0,230 44	115	0,946 90	53	0,053 10	53	76°40,7′	4,1′	1,3383	12	2,879 38	480	1,592 30	22
0,554	0,972 81	27	0,231 59	115	0,946 37	54	0,053 63	54	76°36,6′	4,1′	1,3371	12	2,874 58	477	1,592 52	22
0,555	0,972 54	28	0,232 74	116	0,945 83	54	0,054 17	54	76°32,5′	4,1′	1,3359	12	2,869 81	476	1,592 74	23
0,556	0,972 26	28	0,233 90	115	0,945 29	54	0,054 71	54	76°28,4′	4,1′	1,3347	12	2,865 05	474	1,592 97	22
0,557	0,971 98	28	0,235 05	116	0,944 75	55	0,055 25	55	76°24,3′	4,1′	1,3335	12	2,860 31	471	1,593 19	23
0,558	0,971 70	28	0,236 21	116	0,944 20	54	0,055 80	54	76°20,2′	4,1′	1,3323	12	2,855 60	470	1,593 42	23
0,559	0,971 42	28	0,237 37	116	0,943 66	56	0,056 34	56	76°16,1′	4,1′	1,3311	12	2,850 90	468	1,593 65	23
0,560	0,971 14	29	0,238 53	116	0,943 10	55	0,056 90	55	76°12,0′	4,1′	1,3299	12	2,846 22	466	1,593 88	24
0,561	0,970 85	29	0,239 69	116	0,942 55	56	0,057 45	56	76° 7,9′	4,1′	1,3287	12	2,841 56	464	1,594 12	23
0,562	0,970 56	29	0,240 85	116	0,941 99	56	0,058 01	56	76° 3,8′	4,1′	1,3275	12	2,836 92	462	1,594 35	24
0,563	0,970 27	29	0,242 01	117	0,941 43	57	0,058 57	57	75°59,7′	4,2′	1,3263	12	2,832 30	460	1,594 59	23
0,564	0,969 98	29	0,243 18	116	0,940 86	56	0,059 14	56	75°55,5′	4,1′	1,3251	12	2,827 70	458	1,594 82	24
0,565	0,969 69	30	0,244 34	117	0,940 30	58	0,059 70	58	75°51,4′	4,1′	1,3239	12	2,823 12	456	1,595 06	24
0,566	0,969 39	29	0,245 51	117	0,939 72	57	0,060 28	57	75°47,3′	4,1′	1,3227	12	2,818 56	455	1,595 30	25
0,567	0,969 10	30	0,246 68	117	0,939 15	58	0,060 85	58	75°43,2′	4,1′	1,3215	12	2,814 01	452	1,595 55	24
0,568	0,968 80	30	0,247 85	117	0,938 57	58	0,061 43	58	75°39,1′	4,2′	1,3203	12	2,809 49	451	1,595 79	24
0,569	0,968 50	30	0,249 02	117	0,937 99	58	0,062 01	58	75°34,9′	4,2′	1,3191	12	2,804 98	449	1,596 03	25
0,570	0,968 20	31	0,250 19	117	0,937 41	59	0,062 59	59	75°30,7′	4,2′	1,3179	12	2,800 49	447	1,596 28	25
0,571	0,967 89	30	0,251 36	117	0,936 82	59	0,063 18	59	75°26,5′	4,1′	1,3167	12	2,796 02	445	1,596 53	25
0,572	0,967 59	31	0,252 53	117	0,936 23	60	0,063 77	60	75°22,4′	4,2′	1,3155	12	2,791 57	443	1,596 78	25
0,573	0,967 28	31	0,253 70	118	0,935 63	59	0,064 37	59	75°18,2′	4,2′	1,3143	12	2,787 14	442	1,597 03	25
0,574	0,966 97	31	0,254 88	117	0,935 04	60	0,064 96	60	75°14,0′	4,2′	1,3131	12	2,782 72	439	1,597 28	26
0,575	0,966 66	31	0,256 05	118	0,934 44	61	0,065 56	61	75° 9,8′	4,2′	1,3119	12	2,778 33	438	1,597 54	25
0,576	0,966 35	31	0,257 23	118	0,933 83	60	0,066 17	60	75° 5,6′	4,2′	1,3107	13	2,773 95	436	1,597 79	26
0,577	0,966 04	32	0,258 41	117	0,933 23	61	0,066 77	61	75° 1,4′	4,2′	1,3094	12	2,769 59	435	1,598 05	26
0,578	0,965 72	32	0,259 58	118	0,932 62	62	0,067 38	62	74°57,2′	4,2′	1,3082	12	2,765 24	432	1,598 31	26
0,579	0,965 40	32	0,260 76	118	0,932 00	61	0,068 00	61	74°53,0′	4,2′	1,3070	13	2,760 92	431	1,598 57	26
0,580	0,965 08	32	0,261 94	118	0,931 39	62	0,068 61	62	74°48,8′	4,2′	1,3057	12	2,756 61	429	1,598 83	27
0,581	0,964 76	32	0,263 12	119	0,930 77	63	0,069 23	63	74°44,6′	4,1′	1,3045	12	2,752 32	427	1,599 10	26
0,582	0,964 44	33	0,264 31	118	0,930 14	62	0,069 86	62	74°40,5′	4,2′	1,3033	12	2,748 05	426	1,599 36	27
0,583	0,964 11	32	0,265 49	118	0,929 52	63	0,070 48	63	74°36,3′	4,2′	1,3021	12	2,743 79	424	1,599 63	27
0,584	0,963 79	33	0,266 67	118	0,928 89	64	0,071 11	64	74°32,1′	4,2′	1,3009	13	2,739 55	422	1,599 90	27
0,585	0,963 46	33	0,267 85	119	0,928 25	63	0,071 75	63	74°27,9′	4,3′	1,2996	12	2,735 33	420	1,600 17	27
0,586	0,963 13	33	0,269 04	118	0,927 62	64	0,072 38	64	74°23,6′	4,3′	1,2984	12	2,731 13	419	1,600 44	27
0,587	0,962 80	34	0,270 22	119	0,926 98	64	0,073 02	64	74°19,3′	4,2′	1,2972	13	2,726 94	417	1,600 71	28
0,588	0,962 46	33	0,271 41	119	0,926 34	65	0,073 66	65	74°15,1′	4,2′	1,2959	12	2,722 77	416	1,600 99	27
0,589	0,962 13	34	0,272 60	119	0,925 69	65	0,074 31	65	74°10,9′	4,3′	1,2947	12	2,718 61	413	1,601 26	28
0,590	0,961 79	34	0,273 79	118	0,925 04	65	0,074 96	65	74° 6,6′	4,2′	1,2935	13	2,714 48	412	1,601 54	28
0,591	0,961 45	34	0,274 97	119	0,924 39	66	0,075 61	66	74° 2,4′	4,2′	1,2922	12	2,710 36	410	1,601 82	28
0,592	0,961 11	34	0,276 16	119	0,923 73	65	0,076 27	65	73°58,2′	4,3′	1,2910	12	2,706 26	409	1,602 10	29
0,593	0,960 77	35	0,277 35	119	0,923 08	67	0,076 92	67	73°53,9′	4,3′	1,2898	13	2,702 17	407	1,602 39	28
0,594	0,960 42	34	0,278 54	119	0,922 41	66	0,077 59	66	73°49,6′	4,2′	1,2885	12	2,698 10	406	1,602 67	29
0,595	0,960 08	35	0,279 73	120	0,921 75	67	0,078 25	67	73°45,4′	4,3′	1,2873	13	2,694 04	403	1,602 96	28
0,596	0,959 73	35	0,280 93	119	0,921 08	67	0,078 92	67	73°41,1′	4,3′	1,2860	12	2,690 01	402	1,603 24	29
0,597	0,959 38	35	0,282 12	119	0,920 41	68	0,079 59	68	73°36,8′	4,3′	1,2848	12	2,685 99	401	1,603 53	29
0,598	0,959 03	36	0,283 31	119	0,919 73	67	0,080 27	67	73°32,5′	4,3′	1,2836	13	2,681 98	399	1,603 82	30
0,599	0,958 67	35	0,284 50	120	0,919 06	68	0,080 94	68	73°28,2′	4,2′	1,2823	12	2,677 99	397	1,604 12	29
0,600	0,958 32		0,285 70		0,918 38		0,081 62		73°24,0′		1,2811		2,674 02		1,604 41	
$\frac{1}{\varkappa}$	k'		k		k'^2		k^2		$90° - \alpha°$		$\frac{\pi}{2} - \alpha$		K'		K	

Tafel I

$\varkappa$	k	k'	k^2	k'^2	$\alpha°$	α	K	K'
0,600	0,958 32	0,285 70	0,918 38	0,081 62	73°24,0′	1,2811	2,674 02	1,604 41
0,601	0,957 96 (36)	0,286 89 (119)	0,917 69 (69)	0,082 31 (69)	73°19,7′ (4,3′)	1,2798 (13)	2,670 06 (396)	1,604 71 (30)
0,602	0,957 60 (36)	0,288 09 (120)	0,917 00 (69)	0,083 00 (69)	73°15,4′ (4,3′)	1,2786 (12)	2,666 12 (394)	1,605 00 (29)
0,603	0,957 24 (36)	0,289 28 (119)	0,916 31 (69)	0,083 69 (69)	73°11,1′ (4,3′)	1,2773 (13)	2,662 19 (393)	1,605 30 (30)
0,604	0,956 88 (36)	0,290 48 (120)	0,915 62 (69)	0,084 38 (69)	73° 6,8′ (4,3′)	1,2761 (12)	2,658 28 (391)	1,605 60 (30)
0,605	0,956 52 (36)	0,291 68 (120)	0,914 92 (70)	0,085 08 (70)	73° 2,5′ (4,3′)	1,2748 (13)	2,654 39 (389)	1,605 91 (31)
0,606	0,956 15 (37)	0,292 87 (119)	0,914 22 (70)	0,085 78 (70)	72°58,2′ (4,3′)	1,2736 (12)	2,650 51 (388)	1,606 21 (30)
0,607	0,955 78 (37)	0,294 07 (120)	0,913 52 (70)	0,086 48 (70)	72°53,9′ (4,3′)	1,2723 (13)	2,646 65 (386)	1,606 51 (30)
0,608	0,955 41 (37)	0,295 27 (120)	0,912 82 (70)	0,087 18 (70)	72°49,6′ (4,3′)	1,2711 (12)	2,642 80 (385)	1,606 82 (31)
0,609	0,955 04 (37)	0,296 47 (120)	0,912 11 (71)	0,087 89 (71)	72°45,3′ (4,3′)	1,2698 (13)	2,638 97 (383)	1,607 13 (31)
0,610	0,954 67 (37)	0,297 67 (120)	0,911 39 (72)	0,088 61 (72)	72°41,0′ (4,3′)	1,2685 (13)	2,635 15 (382)	1,607 44 (31)
0,611	0,954 29 (38)	0,298 87 (120)	0,910 68 (71)	0,089 32 (71)	72°36,7′ (4,3′)	1,2673 (12)	2,631 35 (380)	1,607 75 (31)
0,612	0,953 92 (37)	0,300 07 (120)	0,909 96 (72)	0,090 04 (72)	72°32,4′ (4,3′)	1,2660 (13)	2,627 56 (379)	1,608 07 (32)
0,613	0,953 54 (38)	0,301 27 (120)	0,909 24 (72)	0,090 76 (72)	72°28,0′ (4,4′)	1,2648 (12)	2,623 79 (377)	1,608 38 (31)
0,614	0,953 16 (38)	0,302 47 (120)	0,908 51 (73)	0,091 49 (73)	72°23,7′ (4,3′)	1,2635 (13)	2,620 03 (376)	1,608 70 (32)
0,615	0,952 78 (38)	0,303 67 (120)	0,907 78 (73)	0,092 22 (73)	72°19,3′ (4,4′)	1,2622 (13)	2,616 29 (374)	1,609 02 (32)
0,616	0,952 39 (39)	0,304 87 (120)	0,907 05 (73)	0,092 95 (73)	72°14,9′ (4,4′)	1,2610 (12)	2,612 56 (373)	1,609 34 (32)
0,617	0,952 01 (38)	0,306 07 (120)	0,906 32 (73)	0,093 68 (73)	72°10,6′ (4,3′)	1,2597 (13)	2,608 85 (371)	1,609 66 (32)
0,618	0,951 62 (39)	0,307 28 (121)	0,905 58 (74)	0,094 42 (74)	72° 6,3′ (4,3′)	1,2585 (12)	2,605 15 (370)	1,609 98 (32)
0,619	0,951 23 (39)	0,308 48 (120)	0,904 84 (74)	0,095 16 (74)	72° 1,9′ (4,4′)	1,2572 (13)	2,601 47 (368)	1,610 31 (33)
0,620	0,950 84 (39)	0,309 68 (120)	0,904 10 (74)	0,095 90 (74)	71°57,6′ (4,3′)	1,2559 (13)	2,597 80 (367)	1,610 63 (32)
0,621	0,950 45 (39)	0,310 88 (120)	0,903 35 (75)	0,096 65 (75)	71°53,3′ (4,3′)	1,2547 (12)	2,594 14 (366)	1,610 96 (33)
0,622	0,950 05 (40)	0,312 09 (121)	0,902 60 (75)	0,097 40 (75)	71°48,9′ (4,4′)	1,2534 (13)	2,590 50 (364)	1,611 29 (33)
0,623	0,949 66 (39)	0,313 29 (120)	0,901 85 (75)	0,098 15 (75)	71°44,6′ (4,3′)	1,2521 (13)	2,586 88 (362)	1,611 62 (33)
0,624	0,949 26 (40)	0,314 49 (120)	0,901 09 (76)	0,098 91 (76)	71°40,2′ (4,4′)	1,2509 (12)	2,583 27 (361)	1,611 96 (34)
0,625	0,948 86 (40)	0,315 70 (121)	0,900 33 (76)	0,099 67 (76)	71°35,8′ (4,4′)	1,2496 (13)	2,579 67 (360)	1,612 29 (33)
0,626	0,948 46 (40)	0,316 90 (120)	0,899 57 (76)	0,100 43 (76)	71°31,5′ (4,3′)	1,2483 (13)	2,576 09 (358)	1,612 63 (34)
0,627	0,948 05 (41)	0,318 11 (121)	0,898 81 (76)	0,101 19 (76)	71°27,2′ (4,3′)	1,2471 (12)	2,572 52 (357)	1,612 97 (34)
0,628	0,947 65 (40)	0,319 31 (120)	0,898 04 (77)	0,101 96 (77)	71°22,8′ (4,4′)	1,2458 (13)	2,568 96 (356)	1,613 31 (34)
0,629	0,947 24 (41)	0,320 52 (121)	0,897 27 (77)	0,102 73 (77)	71°18,4′ (4,4′)	1,2445 (13)	2,565 42 (354)	1,613 65 (34)
0,630	0,946 83 (41)	0,321 72 (120)	0,896 50 (77)	0,103 50 (77)	71°14,0′ (4,4′)	1,2433 (12)	2,561 89 (353)	1,613 99 (34)
0,631	0,946 42 (41)	0,322 93 (121)	0,895 72 (78)	0,104 28 (78)	71° 9,6′ (4,4′)	1,2420 (13)	2,558 38 (351)	1,614 34 (35)
0,632	0,946 01 (41)	0,324 13 (120)	0,894 94 (78)	0,105 06 (78)	71° 5,2′ (4,4′)	1,2407 (13)	2,554 88 (350)	1,614 69 (35)
0,633	0,945 60 (41)	0,325 34 (121)	0,894 16 (78)	0,105 84 (78)	71° 0,9′ (4,3′)	1,2394 (13)	2,551 40 (348)	1,615 03 (34)
0,634	0,945 18 (42)	0,326 54 (120)	0,893 37 (79)	0,106 63 (79)	70°56,5′ (4,4′)	1,2381 (13)	2,547 92 (348)	1,615 38 (35)
0,635	0,944 76 (42)	0,327 75 (121)	0,892 58 (79)	0,107 42 (79)	70°52,1′ (4,4′)	1,2369 (12)	2,544 47 (345)	1,615 74 (36)
0,636	0,944 35 (41)	0,328 95 (120)	0,891 79 (79)	0,108 21 (79)	70°47,7′ (4,4′)	1,2356 (13)	2,541 02 (345)	1,616 09 (35)
0,637	0,943 92 (43)	0,330 16 (121)	0,890 99 (80)	0,109 01 (80)	70°43,3′ (4,4′)	1,2343 (13)	2,537 59 (343)	1,616 44 (35)
0,638	0,943 50 (42)	0,331 37 (121)	0,890 20 (79)	0,109 80 (79)	70°38,9′ (4,4′)	1,2330 (13)	2,534 17 (342)	1,616 80 (36)
0,639	0,943 08 (42)	0,332 57 (120)	0,889 40 (80)	0,110 60 (80)	70°34,5′ (4,4′)	1,2318 (12)	2,530 77 (340)	1,617 16 (36)
0,640	0,942 65 (43)	0,333 78 (121)	0,888 59 (81)	0,111 41 (81)	70°30,2′ (4,3′)	1,2305 (13)	2,527 37 (340)	1,617 52 (36)
0,641	0,942 22 (43)	0,334 98 (120)	0,887 79 (80)	0,112 21 (80)	70°25,8′ (4,4′)	1,2292 (13)	2,524 00 (337)	1,617 88 (36)
0,642	0,941 79 (43)	0,336 19 (121)	0,886 98 (81)	0,113 02 (81)	70°21,4′ (4,4′)	1,2279 (13)	2,520 63 (337)	1,618 25 (37)
0,643	0,941 36 (43)	0,337 40 (121)	0,886 16 (82)	0,113 84 (82)	70°16,9′ (4,5′)	1,2266 (13)	2,517 28 (335)	1,618 61 (36)
0,644	0,940 93 (43)	0,338 60 (120)	0,885 35 (81)	0,114 65 (81)	70°12,5′ (4,4′)	1,2254 (12)	2,513 94 (334)	1,618 98 (37)
0,645	0,940 49 (44)	0,339 81 (121)	0,884 53 (82)	0,115 47 (82)	70° 8,1′ (4,4′)	1,2241 (13)	2,510 61 (333)	1,619 35 (37)
0,646	0,940 06 (43)	0,341 02 (121)	0,883 71 (82)	0,116 29 (82)	70° 3,7′ (4,4′)	1,2228 (13)	2,507 30 (331)	1,619 72 (37)
0,647	0,939 62 (44)	0,342 22 (120)	0,882 88 (83)	0,117 12 (83)	69°59,3′ (4,4′)	1,2215 (13)	2,504 00 (330)	1,620 09 (37)
0,648	0,939 18 (44)	0,343 43 (121)	0,882 06 (82)	0,117 94 (82)	69°54,9′ (4,4′)	1,2202 (13)	2,500 71 (329)	1,620 46 (37)
0,649	0,938 74 (44)	0,344 63 (120)	0,881 23 (83)	0,118 77 (83)	69°50,5′ (4,4′)	1,2190 (12)	2,497 44 (327)	1,620 84 (38)
0,650	0,938 29 (45)	0,345 84 (121)	0,880 40 (83)	0,119 60 (83)	69°46,0′ (4,5′)	1,2177 (13)	2,494 18 (326)	1,621 21 (37)
$\frac{1}{\varkappa}$	k'	k	k'^2	k^2	$90° - \alpha°$	$\frac{\pi}{2} - \alpha$	K'	K

Tafel I

$\varkappa$	k	Δ	k'	Δ	k^2	Δ	k'^2	Δ	α°	Δ	α	Δ	K	Δ	K'	Δ
0,650	0,938 29		0,345 84		0,880 40		0,119 60		69°46,0′		1,2177		2,494 18		1,621 21	
0,651	0,937 85	44	0,347 05	121	0,879 56	84	0,120 44	84	69°41,6′	4,4′	1,2164	13	2,490 93	325	1,621 59	38
0,652	0,937 40	45	0,348 25	120	0,878 72	84	0,121 28	84	69°37,2′	4,4′	1,2151	13	2,487 69	324	1,621 97	38
0,653	0,936 95	45	0,349 46	121	0,877 88	84	0,122 12	84	69°32,7′	4,5′	1,2138	13	2,484 46	323	1,622 36	39
0,654	0,936 50	45	0,350 66	120	0,877 04	84	0,122 96	84	69°28,3′	4,4′	1,2125	13	2,481 25	321	1,622 74	38
0,655	0,936 05	45	0,351 87	121	0,876 19	85	0,123 81	85	69°23,9′	4,4′	1,2112	13	2,478 05	320	1,623 12	38
0,656	0,935 60	45	0,353 07	120	0,875 34	85	0,124 66	85	69°19,5′	4,4′	1,2099	13	2,474 87	318	1,623 51	39
0,657	0,935 14	46	0,354 28	121	0,874 49	85	0,125 51	85	69°15,1′	4,4′	1,2087	12	2,471 69	318	1,623 90	39
0,658	0,934 68	46	0,355 48	120	0,873 63	86	0,126 37	86	69°10,7′	4,4′	1,2074	13	2,468 53	316	1,624 29	39
0,659	0,934 22	46	0,356 69	121	0,872 77	86	0,127 23	86	69° 6,3′	4,4′	1,2061	13	2,465 38	315	1,624 68	39
0,660	0,933 76	46	0,357 89	120	0,871 91	86	0,128 09	86	69° 1,8′	4,5′	1,2048	13	2,462 24	314	1,625 08	40
0,661	0,933 30	46	0,359 10	121	0,871 05	86	0,128 95	86	68°57,3′	4,5′	1,2035	13	2,459 11	313	1,625 47	39
0,662	0,932 84	46	0,360 30	120	0,870 18	87	0,129 82	87	68°52,8′	4,5′	1,2022	13	2,456 00	311	1,625 87	40
0,663	0,932 37	47	0,361 50	120	0,869 32	86	0,130 68	86	68°48,4′	4,4′	1,2009	13	2,452 89	311	1,626 27	40
0,664	0,931 90	47	0,362 71	121	0,868 44	88	0,131 56	88	68°44,0′	4,4′	1,1996	13	2,449 80	309	1,626 67	40
0,665	0,931 43	47	0,363 91	120	0,867 57	87	0,132 43	87	68°39,5′	4,5′	1,1983	13	2,446 73	307	1,627 07	40
0,666	0,930 96	47	0,365 11	120	0,866 69	88	0,133 31	88	68°35,1′	4,4′	1,1970	13	2,443 66	307	1,627 48	41
0,667	0,930 49	47	0,366 32	121	0,865 81	88	0,134 19	88	68°30,7′	4,4′	1,1957	13	2,440 60	306	1,627 88	40
0,668	0,930 02	47	0,367 52	120	0,864 93	88	0,135 07	88	68°26,3′	4,4′	1,1945	12	2,437 56	304	1,628 29	41
0,669	0,929 54	48	0,368 72	120	0,864 04	89	0,135 96	89	68°21,8′	4,5′	1,1932	13	2,434 53	303	1,628 70	41
0,670	0,929 06	48	0,369 92	120	0,863 16	88	0,136 84	88	68°17,3′	4,5′	1,1919	13	2,431 51	302	1,692 11	41
0,671	0,928 58	48	0,371 12	120	0,862 27	89	0,137 73	89	68°12,9′	4,4′	1,1906	13	2,428 50	301	1,629 52	41
0,672	0,928 10	48	0,372 33	121	0,861 37	90	0,138 63	90	68° 8,4′	4,5′	1,1893	13	2,425 50	300	1,629 94	42
0,673	0,927 62	48	0,373 53	120	0,860 48	89	0,139 52	89	68° 4,0′	4,4′	1,1880	13	2,422 52	298	1,630 35	41
0,674	0,927 13	49	0,374 73	120	0,859 58	90	0,140 42	90	67°59,6′	4,4′	1,1867	13	2,419 54	298	1,630 77	42
0,675	0,926 65	48	0,375 93	120	0,858 68	90	0,141 32	90	67°55,1′	4,5′	1,1854	13	2,416 58	296	1,631 19	42
0,676	0,926 16	49	0,377 13	120	0,857 77	91	0,142 23	91	67°50,6′	4,5′	1,1841	13	2,413 63	295	1,631 61	42
0,677	0,925 67	49	0,378 33	120	0,856 87	90	0,143 13	90	67°46,2′	4,4′	1,1828	13	2,410 69	294	1,632 03	42
0,678	0,925 18	49	0,379 53	120	0,855 96	91	0,144 04	91	67°41,7′	4,5′	1,1815	13	2,407 76	293	1,632 46	43
0,679	0,924 69	49	0,380 73	120	0,855 05	91	0,144 95	91	67°37,3′	4,4′	1,1802	13	2,404 84	292	1,632 89	43
0,680	0,924 19	50	0,381 92	119	0,854 13	92	0,145 87	92	67°32,9′	4,4′	1,1789	13	2,401 93	291	1,633 31	42
0,681	0,923 70	49	0,383 12	120	0,853 22	91	0,146 78	91	67°28,4′	4,5′	1,1776	13	2,399 04	289	1,633 74	43
0,682	0,923 20	50	0,384 32	120	0,852 30	92	0,147 70	92	67°23,9′	4,5′	1,1763	13	2,396 15	289	1,634 18	44
0,683	0,922 70	50	0,385 52	120	0,851 38	92	0,148 62	92	67°19,4′	4,5′	1,1750	13	2,393 28	287	1,634 61	43
0,684	0,922 20	50	0,386 71	119	0,850 45	93	0,149 55	93	67°15,0′	4,4′	1,1737	13	2,390 41	287	1,635 04	43
0,685	0,921 70	50	0,387 91	120	0,849 53	92	0,150 47	92	67°10,6′	4,4′	1,1724	13	2,387 56	285	1,635 48	44
0,686	0,921 19	51	0,389 10	119	0,848 60	93	0,151 40	93	67° 6,1′	4,5′	1,1711	13	2,384 72	284	1,635 92	44
0,687	0,920 69	50	0,390 30	120	0,847 67	93	0,152 33	93	67° 1,6′	4,5′	1,1698	13	2,381 89	283	1,636 36	44
0,688	0,920 18	51	0,391 49	119	0,846 73	94	0,153 27	94	66°57,1′	4,5′	1,1685	13	2,379 07	282	1,636 80	44
0,689	0,919 67	51	0,392 69	120	0,845 80	93	0,154 20	93	66°52,7′	4,4′	1,1672	13	2,376 26	281	1,637 24	44
0,690	0,919 16	51	0,393 88	119	0,844 86	94	0,155 14	94	66°48,2′	4,5′	1,1659	13	2,373 46	280	1,637 69	45
0,691	0,918 65	51	0,395 08	120	0,843 92	94	0,156 08	94	66°43,8′	4,4′	1,1646	13	2,370 67	279	1,638 14	45
0,692	0,918 13	52	0,396 27	119	0,842 97	95	0,157 03	95	66°39,3′	4,5′	1,1633	13	2,367 90	277	1,638 58	44
0,693	0,917 62	51	0,397 46	119	0,842 03	94	0,157 97	94	66°34,8′	4,5′	1,1620	13	2,365 13	277	1,639 03	45
0,694	0,917 10	52	0,398 65	119	0,841 08	95	0,158 92	95	66°30,3′	4,5′	1,1607	13	2,362 37	276	1,639 49	46
0,695	0,916 58	52	0,399 84	119	0,840 13	95	0,159 87	95	66°25,9′	4,4′	1,1594	13	2,359 63	274	1,639 94	45
0,696	0,916 06	52	0,401 03	119	0,839 17	96	0,160 83	96	66°21,4′	4,5′	1,1581	13	2,356 89	274	1,640 40	46
0,697	0,915 54	52	0,402 22	119	0,838 22	95	0,161 78	95	66°16,9′	4,5′	1,1568	13	2,354 16	273	1,640 85	45
0,698	0,915 02	52	0,403 41	119	0,837 26	96	0,162 74	96	66°12,5′	4,4′	1,1555	13	2,351 45	271	1,641 31	46
0,699	0,914 49	53	0,404 60	119	0,836 30	96	0,163 70	96	66° 8,0′	4,5′	1,1542	13	2,348 74	271	1,641 77	46
0,700	0,913 97	52	0,405 79	119	0,835 34	96	0,164 66	96	66° 3,6′	4,4′	1,1529	13	2,346 05	269	1,542 23	46
$\frac{1}{\varkappa}$	k'		k		k'^2		k^2		$90^\circ - \alpha^\circ$		$\frac{\pi}{2} - \alpha$		K'		K	

Tafel I

$\varkappa$	k		k'		k^2		k'^2		$\alpha°$		α		K		K'	
0,700	0,913 97	53	0,405 79	119	0,835 34	97	0,164 66	97	66° 3,6′	4,5′	1,1529	13	2,346 05	269	1,642 23	47
0,701	0,913 44	53	0,406 98	118	0,834 37	97	0,165 63	97	65°59,1′	4,5′	1,1516	13	2,343 36	267	1,642 70	46
0,702	0,912 91	53	0,408 16	119	0,833 40	97	0,166 60	97	65°54,6′	4,4′	1,1503	13	2,340 69	267	1,643 16	47
0,703	0,912 38	54	0,409 35	118	0,832 43	97	0,167 57	97	65°50,2′	4,5′	1,1490	13	2,338 02	265	1,643 63	47
0,704	0,911 84	53	0,410 53	119	0,831 46	97	0,168 54	97	65°45,7′	4,5′	1,1477	13	2,335 37	265	1,644 10	47
0,705	0,911 31	54	0,411 72	118	0,830 49	98	0,169 51	98	65°41,2′	4,5′	1,1464	13	2,332 72	263	1,644 57	47
0,706	0,910 77	53	0,412 90	119	0,829 51	98	0,170 49	98	65°36,7′	4,4′	1,1451	13	2,330 09	263	1,645 04	48
0,707	0,910 24	54	0,414 09	118	0,828 53	98	0,171 47	98	65°32,3′	4,5′	1,1438	13	2,327 46	261	1,645 52	47
0,708	0,909 70	54	0,415 27	118	0,827 55	98	0,172 45	98	65°27,8′	4,4′	1,1425	13	2,324 85	261	1,645 99	48
0,709	0,909 16	54	0,416 45	118	0,826 57	99	0,173 43	99	65°23,4′	4,5′	1,1412	13	2,322 24	259	1,646 47	48
0,710	0,908 62	55	0,417 63	118	0,825 58	99	0,174 42	99	65°18,9′	4,5′	1,1399	13	2,319 65	259	1,646 95	48
0,711	0,908 07	54	0,418 81	118	0,824 59	99	0,175 41	99	65°14,4′	4,5′	1,1385	13	2,317 06	257	1,647 43	48
0,712	0,907 53	55	0,419 99	118	0,823 60	99	0,176 40	99	65° 9,9′	4,4′	1,1373	13	2,314 49	257	1,647 91	49
0,713	0,906 98	55	0,421 17	118	0,822 61	99	0,177 39	99	65° 5,5′	4,5′	1,1360	13	2,311 92	256	1,648 40	49
0,714	0,906 43	55	0,422 35	118	0,821 62	100	0,178 38	100	65° 1,0′	4,5′	1,1347	13	2,309 36	254	1,648 89	48
0,715	0,905 88	55	0,423 53	118	0,820 62	100	0,179 38	100	64°56,5′	4,4′	1,1334	13	2,306 82	254	1,649 37	49
0,716	0,905 33	55	0,424 71	117	0,819 62	100	0,180 38	100	64°52,1′	4,5′	1,1321	13	2,304 28	253	1,649 86	49
0,717	0,904 78	56	0,425 88	118	0,818 62	100	0,181 38	100	64°47,6′	4,5′	1,1308	13	2,301 75	252	1,650 35	50
0,718	0,904 22	55	0,427 06	117	0,817 62	100	0,182 38	100	64°43,1′	4,5′	1,1295	13	2.299 23	251	1,650 85	49
0,719	0,903 67	56	0,428 23	118	0,816 62	101	0,183 38	101	64°38,6′	4,4′	1,1282	12	2,296 72	250	1,651 34	50
0,720	0,903 11	56	0,429 41	117	0,815 61	101	0,184 39	101	64°34,2′	4,5′	1,1270	13	2,294 22	249	1,651 84	50
0,721	0,902 55	56	0,430 58	117	0,814 60	101	0,185 40	101	64°29,7′	4,5′	1,1257	13	2,291 73	248	1,652 34	50
0,722	0,901 99	56	0,431 75	117	0,813 59	101	0,186 41	101	64°25,2′	4,4′	1,1244	13	2,289 25	248	1,652 84	50
0,723	0,901 43	56	0,432 92	118	0,812 58	102	0,187 42	102	64°20,8′	4,4′	1,1231	13	2,286 77	246	1,653 34	50
0,724	0,900 87	57	0,434 10	117	0,811 56	102	0,188 44	102	64°16,4′	4,5′	1,1218	13	2,284 31	245	1,653 84	51
0,725	0,900 30	56	0,435 27	116	0,810 54	101	0,189 46	101	64°11,9′	4,5′	1,1205	13	2,281 86	245	1,654 35	50
0,726	0,899 74	57	0,436 43	117	0,809 53	103	0,190 47	103	64° 7,4′	4,5′	1,1192	13	2,279 41	243	1,654 85	51
0,727	0,899 17	57	0,437 60	117	0,808 50	102	0,191 50	102	64° 2,9′	4,4′	1,1179	13	2,276 98	243	1,655 36	51
0,728	0,898 60	57	0,438 77	117	0,807 48	102	0,192 52	102	63°58,5′	4,5′	1,1166	13	2,274 55	242	1,655 87	51
0,729	0,898 03	57	0,439 94	116	0,806 46	103	0,193 54	103	63°54,0′	4,5′	1,1153	13	2,272 13	241	1,656 38	52
0,730	0,897 46	58	0,441 10	117	0,805 43	103	0,194 57	103	63°49,5′	4,4′	1,1140	13	2,269 72	240	1,656 90	51
0,731	0,896 88	57	0,442 27	116	0,804 40	103	0,195 60	103	63°45,1′	4,5′	1,1127	13	2,267 32	239	1,657 41	52
0,732	0,896 31	58	0,443 43	116	0,803 37	103	0,196 63	103	63°40,6′	4,5′	1,1114	13	2,264 93	238	1,657 93	52
0,733	0,895 73	58	0,444 59	117	0,802 34	104	0,197 66	104	63°36,1′	4,4′	1,1101	13	2,262 55	238	1,658 45	52
0,734	0,895 15	57	0,445 76	116	0,801 30	103	0,198 70	103	63°31,7′	4,5′	1,1088	13	2,260 17	236	1,658 97	52
0,735	0,894 58	58	0,446 92	116	0,800 27	104	0,199 73	104	63°27,2′	4,5′	1,1075	13	2,257 81	236	1,659 49	52
0,736	0,894 00	59	0,448 08	116	0,799 23	104	0,200 77	104	63°22,7′	4,4′	1,1062	13	2,255 45	234	1,660 01	53
0,737	0,893 41	58	0,449 24	115	0,798 19	105	0,201 81	105	63°18,3′	4,4′	1,1049	13	2,253 11	234	1,660 54	53
0,738	0,892 83	59	0,450 39	116	0,797 14	104	0,202 86	104	63°13,9′	4,5′	1,1036	13	2,250 77	233	1,661 07	52
0,739	0,892 24	58	0,451 55	116	0,796 10	104	0,203 90	104	63° 9,4′	4,5′	1,1023	13	2,248 44	232	1,661 59	54
0,740	0,891 66	59	0,452 71	115	0,795 06	105	0,204 94	105	63° 4,9′	4,4′	1,1010	13	2,246 12	232	1,662 13	53
0,741	0,891 07	59	0,453 86	116	0,794 01	105	0,205 99	105	63° 0,5′	4,5′	1,0997	13	2,243 80	230	1,662 66	53
0,742	0,890 48	59	0,455 02	115	0,792 96	105	0,207 04	105	62°56,0′	4,5′	1,0984	13	2,241 50	230	1,663 19	54
0,743	0,889 89	59	0,456 17	115	0,791 91	106	0,208 09	106	62°51,5′	4,4′	1,0971	13	2,239 20	229	1,663 73	53
0,744	0,889 30	59	0,457 32	116	0,790 85	105	0,209 15	105	62°47,1′	4,4′	1,0958	13	2,236 91	227	1,664 26	54
0,745	0,888 71	60	0,458 48	115	0,789 80	106	0,210 20	106	62°42,7′	4,5′	1,0945	13	2,234 64	228	1,664 80	54
0,746	0,888 11	59	0,459 63	115	0,788 74	106	0,211 26	106	62°38,2′	4,5′	1,0932	13	2,232 36	226	1,665 34	55
0,747	0,887 52	60	0,460 78	115	0,787 68	105	0,212 32	105	62°33,7′	4,4′	1,0919	13	2,230 10	225	1,665 89	54
0,748	0,886 92	60	0,461 93	114	0,786 63	107	0,213 37	107	62°29,3′	4,5′	1,0906	13	2,227 85	225	1,666 43	55
0,749	0,886 32	60	0,463 07	115	0,785 56	106	0,214 44	106	62°24,8′	4,5′	1,0893	13	2,225 60	224	1,666 98	54
0,750	0,885 72		0,464 22		0,784 50		0,215 50		62°20,3		1,0880		2,223 36		1,667 52	
$\frac{1}{\varkappa}$	k'		k		k'^2		k^2		$90° - \alpha°$		$\frac{\pi}{2} - \alpha$		K'		K	

Tafel I

$\varkappa$	k	Δ	k'	Δ	k^2	Δ	k'^2	Δ	α°	Δ	α	Δ	K	Δ	K'	Δ
0,750	0,885 72		0,464 22		0,784 50		0,215 50		62°20,3′		1,0880		2,223 36		1,667 52	
0,751	0,885 12	60	0,465 37	115	0,783 44	106	0,216 56	106	62°15,9′	4,4′	1,0867	13	2,221 14	222	1,668 07	55
0,752	0,884 52	60	0,466 51	114	0,782 37	107	0,217 63	107	62°11,5′	4,4′	1,0855	12	2,218 91	223	1,668 62	55
0,753	0,883 91	61	0,467 65	114	0,781 30	107	0,218 70	107	62° 7,1′	4,4′	1,0842	13	2,216 70	221	1,669 18	56
0,754	0,883 31	60	0,468 80	115	0,780 23	107	0,219 77	107	62° 2,7′	4,4′	1,0829	13	2,214 50	220	1,669 73	55
0,755	0,882 70	61	0,469 94	114	0,779 16	107	0,220 84	107	61°58,2′	4,5′	1,0816	13	2,212 30	220	1,670 29	56
0,756	0,882 09	61	0,471 08	114	0,778 09	107	0,221 91	107	61°53,7′	4,5′	1,0803	13	2,210 11	219	1,670 84	55
0,757	0,881 48	61	0,472 22	114	0,777 01	108	0,222 99	108	61°49,3′	4,4′	1,0790	13	2,207 93	218	1,671 40	56
0,758	0,880 87	61	0,473 35	113	0,775 94	107	0,224 06	107	61°44,8′	4,5′	1,0777	13	2,205 76	217	1,671 96	56
0,759	0,880 26	61	0,474 49	114	0,774 86	108	0,225 14	108	61°40,4′	4,4′	1,0764	13	2,203 59	217	1,672 53	57
0,760	0,879 65	61	0,475 63	114	0,773 78	108	0,226 22	108	61°36,0′	4,4′	1,0751	13	2,201 44	215	1,673 09	56
0,761	0,879 03	62	0,476 76	113	0,772 70	108	0,227 30	108	61°31,5′	4,5′	1,0738	13	2,199 29	215	1,673 66	57
0,762	0,878 42	61	0,477 90	114	0,771 61	109	0,228 39	109	61°27,1′	4,4′	1,0725	13	2,197 15	214	1,674 22	56
0,763	0,877 80	62	0,479 03	113	0,770 53	108	0,229 47	108	61°22,7′	4,4′	1,0712	13	2,195 01	214	1,674 79	57
0,764	0,877 18	62	0,480 16	113	0,769 45	108	0,230 55	108	61°18,2′	4,5′	1,0699	13	2,192 89	212	1,675 37	58
0,765	0,876 56	62	0,481 29	113	0,768 36	109	0,231 64	109	61°13,8′	4,4′	1,0686	13	2,190 77	212	1,675 94	57
0,766	0,875 94	62	0,482 42	113	0,767 27	109	0,232 73	109	61° 9,4′	4,4′	1,0674	12	2,188 66	211	1,676 51	57
0,767	0,875 32	62	0,483 55	113	0,766 18	109	0,233 82	109	61° 5,0′	4,4′	1,0661	13	2,186 56	210	1,677 09	58
0,768	0,874 69	63	0,484 68	113	0,765 09	109	0,234 91	109	61° 0,5′	4,5′	1,0648	13	2,184 46	210	1,677 67	58
0,769	0,874 07	62	0,485 80	112	0,764 00	109	0,236 00	109	60°56,1′	4,4′	1,0635	13	2,182 37	209	1,678 25	58
0,770	0,873 44	63	0,486 93	113	0,762 90	110	0,237 10	110	60°51,7′	4,4′	1,0622	13	2,180 29	208	1,678 83	58
0,771	0,872 82	62	0,488 05	112	0,761 81	109	0,238 19	109	60°47,2′	4,5′	1,0609	13	2,178 22	207	1,679 41	58
0,772	0,872 19	63	0,489 17	112	0,760 71	110	0,239 29	110	60°42,8′	4,4′	1,0597	12	2,176 16	206	1,679 99	58
0,773	0,871 56	63	0,490 29	112	0,759 61	110	0,240 39	110	60°38,4′	4,4′	1,0584	13	2,174 10	206	1,680 58	59
0,774	0,870 93	63	0,491 41	112	0,758 51	110	0,241 49	110	60°34,0′	4,4′	1,0571	13	2,172 05	205	1,681 17	59
0,775	0,870 29	64	0,492 53	112	0,757 41	110	0,242 59	110	60°29,5′	4,5′	1,0558	13	2,170 01	204	1,681 76	59
0,776	0,869 66	63	0,493 65	112	0,756 31	110	0,243 69	110	60°25,1′	4,4′	1,0545	13	2,167 97	204	1,682 35	59
0,777	0,869 03	63	0,494 77	112	0,755 21	110	0,244 79	110	60°20,7′	4,4′	1,0532	13	2,165 95	202	1,682 94	59
0,778	0,868 39	64	0,495 88	111	0,754 10	111	0,245 90	111	60°16,4′	4,3′	1,0519	13	2,163 93	202	1,683 54	60
0,779	0,867 75	64	0,497 00	112	0,752 99	111	0,247 01	111	60°12,0′	4,4′	1,0507	12	2,161 92	201	1,684 13	59
0,780	0,867 11	64	0,498 11	111	0,751 89	110	0,248 11	110	60° 7,6′	4,4′	1,0494	13	2,159 91	201	1,684 73	60
0,781	0,866 47	64	0,499 22	111	0,750 78	111	0,249 22	111	60° 3,1′	4,5′	1,0481	13	2,157 91	200	1,685 33	60
0,782	0,865 83	64	0,500 33	111	0,749 67	111	0,250 33	111	59°58,6′	4,5′	1,0468	13	2,155 92	199	1,685 93	60
0,783	0,865 19	64	0,501 44	111	0,748 56	111	0,251 44	111	59°54,2′	4,4′	1,0455	13	2,153 94	198	1,686 53	60
0,784	0,864 55	64	0,502 55	111	0,747 44	112	0,252 56	112	59°49,8′	4,4′	1,0442	13	2,151 96	198	1,687 14	61
0,785	0,863 90	65	0,503 66	111	0,746 33	111	0,253 67	111	59°45,4′	4,4′	1,0430	12	2,149 99	197	1,687 74	60
0,786	0,863 26	64	0,504 76	110	0,745 22	111	0,254 78	111	59°41,0′	4,4′	1,0417	13	2,148 03	196	1,688 35	61
0,787	0,862 61	65	0,505 87	111	0,744 10	112	0,255 90	112	59°36,6′	4,4′	1,0404	13	2,146 07	196	1,688 96	61
0,788	0,861 96	65	0,506 97	110	0,742 98	112	0,257 02	112	59°32,2′	4,4′	1,0391	13	2,144 13	194	1,689 57	61
0,789	0,861 32	64	0,508 07	110	0,741 86	112	0,258 14	112	59°27,9′	4,3′	1,0379	12	2,142 19	194	1,690 18	61
0,790	0,860 67	65	0,509 17	110	0,740 74	112	0,259 26	112	59°23,5′	4,4′	1,0366	13	2,140 25	194	1,690 80	62
0,791	0,860 01	66	0,510 27	110	0,739 62	112	0,260 38	112	59°19,1′	4,4′	1,0353	13	2,138 32	193	1,691 41	61
0,792	0,859 36	65	0,511 37	110	0,738 50	112	0,261 50	112	59°14,7′	4,4′	1,0340	13	2,136 40	192	1,692 03	62
0,793	0,858 71	65	0,512 47	110	0,737 38	112	0,262 62	112	59°10,3′	4,4′	1,0327	13	2,134 49	191	1,692 65	62
0,794	0,858 05	66	0,513 56	109	0,736 26	112	0,263 74	112	59° 6,0′	4,3′	1,0315	12	2,132 59	190	1,693 27	62
0,795	0,857 40	65	0,514 65	109	0,735 13	113	0,264 87	113	59° 1,6′	4,4′	1,0302	13	2,130 69	190	1,693 90	63
0,796	0,856 74	66	0,515 75	110	0,734 00	113	0,266 00	113	58°57,2′	4,4′	1,0289	13	2,128 79	190	1,694 52	62
0,797	0,856 08	66	0,516 84	109	0,732 88	112	0,267 12	112	58°52,8′	4,4′	1,0276	13	2,126 91	188	1,695 15	63
0,798	0,855 42	66	0,517 93	109	0,731 75	113	0,268 25	113	58°48,4′	4,4′	1,0264	12	2,125 03	188	1,695 77	62
0,799	0,854 76	66	0,519 02	109	0,730 62	113	0,269 38	113	58°44,0′	4,4′	1,0251	13	2,123 16	187	1,696 40	63
0,800	0,854 10	66	0,520 11	109	0,729 49	113	0,270 51	113	58°39,6′	4,4′	1,0238	13	2,121 29	187	1,697 03	63
$\frac{1}{\varkappa}$	k'		k		k'^2		k^2		$90° - \alpha°$		$\frac{\pi}{2} - \alpha$		K'		K	

Tafel I

$\varkappa$	k	k'	k^2	k'^2	α°	α	K	K'
0,800	0,854 10	0,520 11	0,729 49	0,270 51	58°39,6′	1,0238	2,121 29	1,697 03
0,801	0,853 44 ^{66}	0,521 19 ^{108}	0,728 36 ^{113}	0,271 64 ^{113}	58°35,2′ $^{4,4'}$	1,0225 ^{13}	2,119 43 ^{186}	1,697 67 ^{64}
0,802	0,852 78 ^{66}	0,522 28 ^{109}	0,727 23 ^{113}	0,272 77 ^{113}	58°30,8′ $^{4,4'}$	1,0212 ^{13}	2,117 58 ^{185}	1,698 30 ^{63}
0,803	0,852 11 ^{67}	0,523 36 ^{108}	0,726 09 ^{114}	0,273 91 ^{114}	58°26,4′ $^{4,4'}$	1,0200 ^{12}	2,115 74 ^{184}	1,698 94 ^{64}
0,804	0,851 45 ^{66}	0,524 44 ^{108}	0,724 96 ^{113}	0,275 04 ^{113}	58°22,1′ $^{4,3'}$	1,0187 ^{13}	2,113 90 ^{184}	1,699 57 ^{63}
0,805	0,850 78 $^{67}_{67}$	0,525 52 $^{108}_{108}$	0,723 83 $^{113}_{114}$	0,276 17 $^{113}_{114}$	58°17,8′ $^{4,3'}_{4,4'}$	1,0175 $^{12}_{13}$	2,112 06 $^{184}_{182}$	1,700 21 $^{64}_{64}$
0,806	0,850 11	0,526 60	0,722 69	0,277 31	58°13,4′	1,0162	2,110 24	1,700 85
0,807	0,849 44 ^{67}	0,527 68 ^{108}	0,721 55 ^{114}	0,278 45 ^{114}	58° 9,1′ $^{4,3'}$	1,0149 ^{13}	2,108 42 ^{182}	1,701 49 ^{64}
0,808	0,848 77 ^{67}	0,528 76 ^{108}	0,720 41 ^{114}	0,279 59 ^{114}	58° 4,8′ $^{4,3'}$	1,0137 ^{12}	2,106 61 ^{181}	1,702 14 ^{65}
0,809	0,848 10 ^{67}	0,529 83 ^{107}	0,719 28 ^{113}	0,280 72 ^{113}	58° 0,4′ $^{4,4'}$	1,0124 ^{13}	2,104 80 ^{181}	1,702 78 ^{64}
0,810	0,847 43 $^{67}_{67}$	0,530 91 $^{108}_{107}$	0,718 14 $^{114}_{114}$	0,281 86 $^{114}_{114}$	57°56,0′ $^{4,4'}_{4,4'}$	1,0111 $^{13}_{12}$	2,103 00 $^{180}_{179}$	1,703 43 $^{65}_{65}$
0,811	0,846 76	0,531 98	0,717 00	0,283 00	57°51,6′	1,0099	2,101 21	1,704 08
0,812	0,846 08 ^{68}	0,533 05 ^{107}	0,715 86 ^{114}	0,284 14 ^{114}	57°47,3′ $^{4,3'}$	1,0086 ^{13}	2,099 42 ^{179}	1,704 73 ^{65}
0,813	0,845 41 ^{67}	0,534 12 ^{107}	0,714 71 ^{115}	0,285 29 ^{115}	57°42,9′ $^{4,4'}$	1,0073 ^{13}	2,097 64 ^{178}	1,705 38 ^{65}
0,814	0,844 73 ^{68}	0,535 19 ^{107}	0,713 57 ^{114}	0,286 43 ^{114}	57°38,6′ $^{4,3'}$	1,0061 ^{12}	2,095 87 ^{177}	1,706 04 ^{66}
0,815	0,844 05 $^{68}_{67}$	0,536 26 $^{107}_{106}$	0,712 43 $^{114}_{115}$	0,287 57 $^{114}_{115}$	57°34,3′ $^{4,3'}_{4,4'}$	1,0048 $^{13}_{13}$	2,094 10 $^{177}_{176}$	1,706 69 $^{65}_{66}$
0,816	0,843 38	0,537 32	0,711 28	0,288 72	57°29,9′	1,0035	2,092 34	1,707 35
0,817	0,842 70 ^{68}	0,538 39 ^{107}	0,710 14 ^{114}	0,289 86 ^{114}	57°25,6′ $^{4,3'}$	1,0023 ^{12}	2,090 58 ^{176}	1,708 01 ^{66}
0,818	0,842 02 ^{68}	0,539 45 ^{106}	0,708 99 ^{115}	0,291 01 ^{115}	57°21,3′ $^{4,3'}$	1,0010 ^{13}	2,088 84 ^{174}	1,708 67 ^{66}
0,819	0,841 34 ^{68}	0,540 51 ^{106}	0,707 85 ^{114}	0,292 15 ^{114}	57°16,9′ $^{4,4'}$	0,9997 ^{13}	2,087 09 ^{175}	1,709 33 ^{66}
0,820	0,840 65 $^{69}_{68}$	0,541 57 $^{106}_{106}$	0,706 70 $^{115}_{115}$	0,293 30 $^{115}_{115}$	57°12,5′ $^{4,4'}_{4,3'}$	0,9985 $^{12}_{13}$	2,085 36 $^{173}_{173}$	1,709 99 $^{66}_{67}$
0,821	0,839 97	0,542 63	0,705 55	0,294 45	57° 8,2′	0,9972	2,083 63	1,710 66
0,822	0,839 29 ^{68}	0,543 69 ^{106}	0,704 40 ^{115}	0,295 60 ^{115}	57° 3,9′ $^{4,3'}$	0,9960 ^{12}	2,081 90 ^{173}	1,711 32 ^{66}
0,823	0,838 60 ^{69}	0,544 75 ^{106}	0,703 25 ^{115}	0,296 75 ^{115}	56°59,6′ $^{4,3'}$	0,9947 ^{13}	2,080 18 ^{172}	1,711 99 ^{67}
0,824	0,837 92 ^{68}	0,545 80 ^{105}	0,702 10 ^{115}	0,297 90 ^{115}	56°55,2′ $^{4,4'}$	0,9934 ^{13}	2,078 47 ^{171}	1,712 66 ^{67}
0,825	0,837 23 $^{69}_{69}$	0,546 85 $^{105}_{106}$	0,700 95 $^{115}_{115}$	0,299 05 $^{115}_{115}$	56°50,9′ $^{4,3'}_{4,3'}$	0,9922 $^{12}_{13}$	2,076 77 $^{170}_{170}$	1,713 33 $^{67}_{68}$
0,826	0,836 54	0,547 91	0,699 80	0,300 20	56°46,6′	0,9909	2,075 07	1,714 01
0,827	0,835 85 ^{69}	0,548 96 ^{105}	0,698 65 ^{115}	0,301 35 ^{115}	56°42,3′ $^{4,3'}$	0,9897 ^{12}	2,073 37 ^{170}	1,714 68 ^{67}
0,828	0,835 16 ^{69}	0,550 00 ^{104}	0,697 50 ^{115}	0,302 50 ^{115}	56°38,0′ $^{4,3'}$	0,9884 ^{13}	2,071 69 ^{168}	1,715 36 ^{68}
0,829	0,834 47 ^{69}	0,551 05 ^{105}	0,696 34 ^{116}	0,303 66 ^{116}	56°33,6′ $^{4,4'}$	0,9872 ^{12}	2,070 01 ^{168}	1,716 04 ^{68}
0,830	0,833 78 $^{69}_{69}$	0,552 10 $^{105}_{104}$	0,695 19 $^{115}_{116}$	0,304 81 $^{115}_{116}$	56°29,3′ $^{4,3'}_{4,3'}$	0,9859 $^{13}_{12}$	2,068 33 $^{168}_{167}$	1,716 71 $^{67}_{69}$
0,831	0,833 09	0,553 14	0,694 03	0,305 97	56°25,0′	0,9847	2,066 66	1,717 40
0,832	0,832 39 ^{70}	0,554 19 ^{105}	0,692 88 ^{115}	0,307 12 ^{115}	56°20,7′ $^{4,3'}$	0,9834 ^{13}	2,065 00 ^{166}	1,718 08 ^{68}
0,833	0,831 70 ^{69}	0,555 23 ^{104}	0,691 72 ^{116}	0,308 28 ^{116}	56°16,4′ $^{4,3'}$	0,9822 ^{12}	2,063 34 ^{166}	1,718 76 ^{68}
0,834	0,831 00 ^{70}	0,556 27 ^{104}	0,690 57 ^{115}	0,309 43 ^{115}	56°12,1′ $^{4,3'}$	0,9809 ^{13}	2,061 69 ^{165}	1,719 45 ^{69}
0,835	0,830 31 $^{69}_{70}$	0,557 31 $^{104}_{103}$	0,689 41 $^{116}_{116}$	0,310 59 $^{116}_{116}$	56° 7,8′ $^{4,3'}_{4,3'}$	0,9797 $^{12}_{13}$	2,060 04 $^{165}_{164}$	1,720 14 $^{69}_{68}$
0,836	0,829 61	0,558 34	0,688 25	0,311 75	56° 3,5′	0,9784	2,058 40	1,720 82
0,837	0,828 91 ^{70}	0,559 38 ^{104}	0,687 09 ^{116}	0,312 91 ^{116}	55°59,2′ $^{4,3'}$	0,9772 ^{12}	2,056 77 ^{163}	1,721 52 ^{70}
0,838	0,828 21 ^{70}	0,560 41 ^{103}	0,685 94 ^{115}	0,314 06 ^{115}	55°54,9′ $^{4,3'}$	0,9759 ^{13}	2,055 14 ^{163}	1,722 21 ^{69}
0,839	0,827 51 ^{70}	0,561 45 ^{104}	0,684 78 ^{116}	0,315 22 ^{116}	55°50,6′ $^{4,3'}$	0,9747 ^{12}	2,053 52 ^{162}	1,722 90 ^{69}
0,840	0,826 81 $^{70}_{70}$	0,562 48 $^{103}_{103}$	0,683 62 $^{116}_{116}$	0,316 38 $^{116}_{116}$	55°46,3′ $^{4,3'}_{4,3'}$	0,9734 $^{13}_{13}$	2,051 90 $^{162}_{161}$	1,723 60 $^{70}_{69}$
0,841	0,826 11	0,563 51	0,682 46	0,317 54	55°42,0′	0,9721	2,050 29	1,724 29
0,842	0,825 41 ^{70}	0,564 54 ^{103}	0,681 30 ^{116}	0,318 70 ^{116}	55°37,8′ $^{4,2'}$	0,9709 ^{12}	2,048 68 ^{161}	1,724 99 ^{70}
0,843	0,824 70 ^{71}	0,565 56 ^{102}	0,680 14 ^{116}	0,319 86 ^{116}	55°33,5′ $^{4,3'}$	0,9697 ^{12}	2,047 08 ^{160}	1,725 69 ^{70}
0,844	0,824 00 ^{70}	0,566 59 ^{103}	0,678 98 ^{116}	0,321 02 ^{116}	55°29,2′ $^{4,3'}$	0,9684 ^{13}	2,045 49 ^{159}	1,726 39 ^{70}
0,845	0,823 30 $^{70}_{71}$	0,567 61 $^{102}_{103}$	0,677 82 $^{116}_{117}$	0,322 18 $^{116}_{117}$	55°25,0′ $^{4,2'}_{4,3'}$	0,9672 $^{12}_{12}$	2,043 90 $^{159}_{158}$	1,727 10 $^{71}_{70}$
0,846	0,822 59	0,568 64	0,676 65	0,323 35	55°20,7′	0,9660	2,042 32	1,727 80
0,847	0,821 88 ^{71}	0,569 66 ^{102}	0,675 49 ^{116}	0,324 51 ^{116}	55°16,4′ $^{4,3'}$	0,9647 ^{13}	2,040 74 ^{158}	1,728 51 ^{71}
0,848	0,821 18 ^{70}	0,570 68 ^{102}	0,674 33 ^{116}	0,325 67 ^{116}	55°12,2′ $^{4,2'}$	0,9634 ^{13}	2,039 17 ^{157}	1,729 22 ^{71}
0,849	0,820 47 ^{71}	0,571 69 ^{101}	0,673 17 ^{116}	0,326 83 ^{116}	55° 7,9′ $^{4,3'}$	0,9622 ^{12}	2,037 60 ^{157}	1,729 93 ^{71}
0,850	0,819 76 ^{71}	0,571 71 ^{102}	0,672 00 ^{117}	0,328 00 ^{117}	55° 3,7′ $^{4,2'}$	0,9610 ^{12}	2,036 04 ^{156}	1,730 64 ^{71}
$\frac{1}{\varkappa}$	k'	k	k'^2	k^2	$90^\circ - \alpha^\circ$	$\frac{\pi}{2} - \alpha$	K'	K

Tafel I

$\varkappa$	k	Δ	k'	Δ	k^2	Δ	k'^2	Δ	$\alpha°$	Δ	α	Δ	K	Δ	K'	Δ
0,850	0,819 76	71	0,572 71	101	0,672 00	116	0,328 00	116	55° 3,7'	4,3'	0,9610	12	2,036 04	155	1,730 64	71
0,851	0,819 05	71	0,573 72	102	0,670 84	116	0,329 16	116	54°59,4'	4,3'	0,9598	13	2,034 49	155	1,731 35	71
0,852	0,818 34	71	0,574 74	101	0,669 68	117	0,330 32	117	54°55,1'	4,3'	0,9585	12	2,032 94	155	1,732 06	72
0,853	0,817 63	72	0,575 75	101	0,668 51	116	0,331 49	116	54°50,8'	4,3'	0,9573	13	2,031 39	153	1,732 78	72
0,854	0,816 91	71	0,576 76	101	0,667 35	117	0,332 65	117	54°46,5'	4,2'	0,9560	12	2,029 86	154	1,733 50	72
0,855	0,816 20	71	0,577 77	101	0,666 18	116	0,333 82	116	54°42,3'	4,2'	0,9548	12	2,028 32	153	1,734 22	72
0,856	0,815 49	72	0,578 78	100	0,665 02	117	0,334 98	117	54°38,1'	4,2'	0,9536	13	2,026 79	152	1,734 94	72
0,857	0,814 77	71	0,579 78	101	0,663 85	116	0,336 15	116	54°33,9'	4,2'	0,9523	12	2,025 27	151	1,735 66	72
0,858	0,814 06	72	0,580 79	100	0,662 69	117	0,337 31	117	54°29,7'	4,3'	0,9511	12	2,023 76	152	1,736 38	73
0,859	0,813 34	72	0,581 79	100	0,661 52	116	0,338 48	116	54°25,4'	4,2'	0,9499	12	2,022 24	150	1,737 11	72
0,860	0,812 62	72	0,582 79	100	0,660 36	117	0,339 64	117	54°21,2'	4,2'	0,9487	13	2,020 74	150	1,737 83	73
0,861	0,811 90	71	0,583 79	100	0,659 19	117	0,340 81	117	54°17,0'	4,3'	0,9474	13	2,019 24	150	1,738 56	73
0,862	0,811 19	72	0,584 79	100	0,658 02	116	0,341 98	116	54°12,7'	4,2'	0,9461	12	2,017 74	149	1,739 29	73
0,863	0,810 47	72	0,585 79	99	0,656 86	117	0,343 14	117	54° 8,5'	4,2'	0,9449	12	2,016 25	149	1,740 02	74
0,864	0,809 75	72	0,586 78	99	0,655 69	117	0,344 31	117	54° 4,3'	4,3'	0,9437	12	2,014 76	148	1,740 76	73
0,865	0,809 03	73	0,587 77	100	0,654 52	116	0,345 48	116	54° 0,0'	4,2'	0,9425	12	2,013 28	147	1,741 49	74
0,866	0,808 30	72	0,588 77	99	0,653 36	117	0,346 64	117	53°55,8'	4,2'	0,9413	13	2,011 81	147	1,742 23	73
0,867	0,807 58	72	0,589 76	98	0,652 19	117	0,347 81	117	53°51,6'	4,2'	0,9400	12	2,010 34	147	1,742 96	74
0,868	0,806 86	73	0,590 74	99	0,651 02	117	0,348 98	117	53°47,4'	4,2'	0,9388	12	2,008 87	145	1,743 70	74
0,869	0,806 13	72	0,591 73	99	0,649 85	116	0,350 15	116	53°43,2'	4,2'	0,9376	12	2,007 42	146	1,744 44	75
0,870	0,805 41	72	0,592 72	98	0,648 69	117	0,351 31	117	53°39,0'	4,2'	0,9364	12	2,005 96	145	1,745 19	74
0,871	0,804 69	73	0,593 70	98	0,647 52	117	0,352 48	117	53°34,8'	4,2'	0,9352	12	2,004 51	144	1,745 93	74
0,872	0,803 96	73	0,594 68	99	0,646 35	117	0,353 65	117	53°30,6'	4,2'	0,9340	13	2,003 07	144	1,746 67	75
0,873	0,803 23	72	0,595 67	97	0,645 18	117	0,354 82	117	53°26,4'	4,2'	0,9327	12	2,001 63	144	1,747 42	75
0,874	0,802 51	73	0,596 64	98	0,644 01	116	0,355 99	116	53°22,2'	4,2'	0,9315	12	2,000 19	142	1,748 17	75
0,875	0,801 78	73	0,597 62	98	0,642 85	117	0,357 15	117	53°18,0'	4,2'	0,9303	13	1,998 77	143	1,748 92	75
0,876	0,801 05	73	0,598 60	97	0,641 68	117	0,358 32	117	53°13,8'	4,2'	0,9290	12	1,997 34	142	1,749 67	75
0,877	0,800 32	73	0,599 57	98	0,640 51	117	0,359 49	117	53° 9,6'	4,2'	0,9278	12	1,995 92	141	1,750 42	76
0,878	0,799 59	73	0,600 55	97	0,639 34	116	0,360 66	116	53° 5,4'	4,2'	0,9266	12	1,994 51	141	1,751 18	75
0,879	0,798 86	73	0,601 52	97	0,638 18	117	0,361 82	117	53° 1,2'	4,1'	0,9254	12	1,993 10	141	1,751 93	76
0,880	0,798 13	73	0,602 49	97	0,637 01	117	0,362 99	117	52°57,1'	4,2'	0,9242	12	1,991 69	139	1,752 69	76
0,881	0,797 40	74	0,603 46	96	0,635 84	117	0,364 16	117	52°52,9'	4,2'	0,9230	12	1,990 30	140	1,753 45	76
0,882	0,796 66	73	0,604 42	97	0,634 67	117	0,365 33	117	52°48,7'	4,1'	0,9218	12	1,988 90	139	1,754 21	76
0,883	0,795 93	73	0,605 39	96	0,633 50	116	0,366 50	116	52°44,6'	4,2'	0,9206	13	1,987 51	138	1,754 97	77
0,884	0,795 20	74	0,606 35	96	0,632 34	117	0,367 66	117	52°40,4'	4,2'	0,9193	12	1,986 13	138	1,755 74	76
0,885	0,794 46	73	0,607 31	97	0,631 17	117	0,368 83	117	52°36,2'	4,1'	0,9181	12	1,984 75	138	1,756 50	77
0,886	0,793 73	74	0,608 28	95	0,630 00	117	0,370 00	117	52°32,1'	4,1'	0,9169	12	1,983 37	137	1,757 27	77
0,887	0,792 99	74	0,609 23	96	0,628 83	116	0,371 17	116	52°28,0'	4,2'	0,9157	12	1,982 00	136	1,758 04	77
0,888	0,792 25	73	0,610 19	96	0,627 67	117	0,372 33	117	52°23,8'	4,1'	0,9145	12	1,980 64	136	1,758 81	77
0,889	0,791 52	74	0,611 15	95	0,626 50	117	0,373 50	117	52°19,7'	4,2'	0,9133	12	1,979 28	136	1,759 58	77
0,890	0,790 78	74	0,612 10	95	0,625 33	117	0,374 67	117	52°15,5'	4,2'	0,9121	12	1,977 92	135	1,760 35	77
0,891	0,790 04	74	0,613 05	95	0,624 16	116	0,375 84	116	52°11,3'	4,1'	0,9109	12	1,976 57	135	1,761 12	78
0,892	0,789 30	74	0,614 00	95	0,623 00	117	0,377 00	117	52° 7,2'	4,1'	0,9097	12	1,975 22	134	1,761 90	78
0,893	0,788 56	74	0,614 95	95	0,621 83	116	0,378 17	116	52° 3,1'	4,2'	0,9085	12	1,973 88	134	1,762 68	77
0,894	0,787 82	74	0,615 90	95	0,620 67	117	0,379 33	117	51°58,9'	4,2'	0,9073	12	1,972 54	133	1,763 45	78
0,895	0,787 08	74	0,616 85	94	0,619 50	117	0,380 50	117	51°54,7'	4,1'	0,9061	12	1,971 21	133	1,764 23	79
0,896	0,786 34	74	0,617 79	95	0,618 33	116	0,381 67	116	51°50,6'	4,1'	0,9049	12	1,969 88	132	1,765 02	78
0,897	0,785 60	74	0,618 74	94	0,617 17	117	0,382 83	117	51°46,5'	4,1'	0,9037	12	1,968 56	132	1,765 80	78
0,898	0,784 86	75	0,619 68	94	0,616 00	116	0,384 00	116	51°42,4'	4,1'	0,9025	12	1,967 24	131	1,766 58	79
0,899	0,784 11	74	0,620 62	93	0,614 84	117	0,385 16	117	51°38,3'	4,1'	0,9013	12	1,965 93	131	1,767 37	79
0,900	0,783 37		0,621 55		0,613 67		0,386 33		51°34,2'		0,9001		1,964 62		1,768 16	
$\frac{1}{\varkappa}$	k'		k		k'^2		k^2		$90° - \alpha°$		$\frac{\pi}{2} - \alpha$		K'		K	

Tafel I

$\varkappa$	k		k'		k^2		k'^2		α°		α		K		K'	
0,900	0,783 37	74	0,621 55	94	0,613 67	116	0,386 33	116	51°34,2′	4,1′	0,9001	12	1,964 62	131	1,768 16	79
0,901	0,782 63	75	0,622 49	94	0,612 51	117	0,387 49	117	51°30,1′	4,1′	0,8989	12	1,963 31	130	1,768 95	79
0,902	0,781 88	74	0,623 43	93	0,611 34	116	0,388 66	116	51°26,0′	4,1′	0,8977	12	1,962 01	129	1,769 74	79
0,903	0,781 14	75	0,624 36	93	0,610 18	117	0,389 82	117	51°21,9′	4,1′	0,8965	12	1,960 72	129	1,770 53	79
0,904	0,780 39	74	0,625 29	93	0,609 01	116	0,390 99	116	51°17,8′	4,1′	0,8953	12	1,959 43	129	1,771 32	80
0,905	0,779 65	75	0,626 22	93	0,607 85	117	0,392 15	117	51°13,7′	4,1′	0,8941	12	1,958 14	128	1,772 12	79
0,906	0,778 90	75	0,627 15	93	0,606 68	116	0,393 32	116	51° 9,6′	4,1′	0,8929	12	1,956 86	128	1,772 91	80
0,907	0,778 15	75	0,628 08	92	0,605 52	116	0,394 48	116	51° 5,5′	4,1′	0,8917	12	1,955 58	128	1,773 71	80
0,908	0,777 40	74	0,629 00	92	0,604 36	116	0,395 64	116	51° 1,4′	4,1′	0,8905	12	1,954 30	126	1,774 51	80
0,909	0,776 66	75	0,629 92	93	0,603 20	117	0,396 80	117	50°57,3′	4,1′	0,8893	12	1,953 04	127	1,775 31	80
0,910	0,775 91	75	0,630 85	92	0,602 03	116	0,397 97	116	50°53,2′	4,1′	0,8881	12	1,951 77	126	1,776 11	81
0,911	0,775 16	75	0,631 77	91	0,600 87	116	0,399 13	116	50°49,1′	4,0′	0,8869	12	1,950 51	126	1,776 92	80
0,912	0,774 41	75	0,632 68	92	0,599 71	116	0,400 29	116	50°45,1′	4,1′	0,8857	12	1,949 25	125	1,777 72	81
0,913	0,773 66	75	0,633 60	92	0,598 55	116	0,401 45	116	50°41,0′	4,0′	0,8845	11	1,948 00	124	1,778 53	80
0,914	0,772 91	75	0,634 52	91	0,597 39	116	0,402 61	116	50°37,0′	4,1′	0,8834	12	1,946 76	125	1,779 33	81
0,915	0,772 16	75	0,635 43	91	0,596 23	116	0,403 77	116	50°32,9′	4,1′	0,8822	12	1,945 51	124	1,780 14	82
0,916	0,771 41	74	0,636 34	91	0,595 07	116	0,404 93	116	50°28,8′	4,0′	0,8810	11	1,944 27	123	1,780 96	81
0,917	0,770 65	75	0,637 25	91	0,593 91	116	0,406 09	116	50°24,8′	4,1′	0,8799	12	1,943 04	123	1,781 77	81
0,918	0,769 90	75	0,638 16	91	0,592 75	116	0,407 25	116	50°20,7′	4,1′	0,8787	12	1,941 81	123	1,782 58	82
0,919	0,769 15	75	0,639 07	90	0,591 59	116	0,408 41	116	50°16,6′	4,0′	0,8775	12	1,940 58	122	1,783 40	81
0,920	0,768 40	76	0,639 97	91	0,590 43	116	0,409 57	116	50°12,6′	4,0′	0,8763	11	1,939 36	121	1,784 21	82
0,921	0,767 64	75	0,640 88	90	0,589 27	115	0,410 73	115	50° 8,6′	4,1′	0,8752	12	1,938 15	122	1,785 03	82
0,922	0,766 89	76	0,641 78	90	0,588 12	116	0,411 88	116	50° 4,5′	4,0′	0,8740	12	1,936 93	121	1,785 85	82
0,923	0,766 13	75	0,642 68	90	0,586 96	116	0,413 04	116	50° 0,5′	4,0′	0,8728	12	1,935 72	120	1,786 67	82
0,924	0,765 38	76	0,643 58	90	0,585 80	115	0,414 20	115	49°56,5′	4,1′	0,8716	12	1,934 52	120	1,787 49	83
0,925	0,764 62	75	0,644 48	89	0,584 65	116	0,415 35	116	49°52,4′	4,0′	0,8704	11	1,933 32	120	1,788 32	82
0,926	0,763 87	76	0,645 37	90	0,583 49	115	0,416 51	115	49°48,4′	4,0′	0,8693	12	1,932 12	119	1,789 14	83
0,927	0,763 11	76	0,646 27	89	0,582 34	116	0,417 66	116	49°44,4′	4,1′	0,8681	12	1,930 93	119	1,789 97	83
0,928	0,762 35	75	0,647 16	89	0,581 18	115	0,418 82	115	49°40,3′	4,0′	0,8669	12	1,929 74	118	1,790 80	83
0,929	0,761 60	76	0,648 05	89	0,580 03	115	0,419 97	115	49°36,3′	4,0′	0,8657	11	1,928 56	118	1,791 63	83
0,930	0,760 84	76	0,648 94	89	0,578 88	116	0,421 12	116	49°32,3′	4,0′	0,8646	12	1,927 38	118	1,792 46	83
0,931	0,760 08	76	0,649 83	88	0,577 72	115	0,422 28	115	49°28,3′	4,0′	0,8634	11	1,926 20	117	1,793 29	84
0,932	0,759 32	76	0,650 71	89	0,576 57	115	0,423 43	115	49°24,3′	4,0′	0,8623	12	1,925 03	117	1,794 13	83
0,933	0,758 56	75	0,651 60	88	0,575 42	115	0,424 58	115	49°20,3′	4,0′	0,8611	12	1,923 86	116	1,794 96	84
0,934	0,757 81	76	0,652 48	88	0,574 27	115	0,425 73	115	49°16,3′	4,0′	0,8599	12	1,922 70	116	1,795 80	84
0,935	0,757 05	76	0,653 36	88	0,573 12	115	0,426 88	115	49°12,3′	4,0′	0,8587	11	1,921 54	116	1,796 64	84
0,936	0,756 29	76	0,654 24	88	0,571 97	115	0,428 03	115	49° 8,3′	4,0′	0,8576	11	1,920 38	115	1,797 48	84
0,937	0,755 53	76	0,655 12	88	0,570 82	115	0,429 18	115	49° 4,3′	4,0′	0,8565	12	1,919 23	115	1,798 32	84
0,938	0,754 77	77	0,656 00	87	0,569 67	115	0,430 33	115	49° 0,3′	4,0′	0,8553	12	1,918 08	114	1,799 16	84
0,939	0,754 00	76	0,656 87	87	0,568 52	115	0,431 48	115	48°56,3′	4,0′	0,8541	11	1,916 94	114	1,800 00	85
0,940	0,753 24	76	0,657 74	87	0,567 37	114	0,432 63	114	48°52,3′	4,0′	0,8530	12	1,915 80	114	1,800 85	85
0,941	0,752 48	76	0,658 61	87	0,566 23	115	0,433 77	115	48°48,3′	4,0′	0,8518	12	1,914 66	113	1,801 70	84
0,942	0,751 72	76	0,659 48	87	0,565 08	114	0,434 92	114	48°44,3′	3,9′	0,8506	11	1,913 53	113	1,802 54	85
0,943	0,750 96	77	0,660 35	87	0,563 94	115	0,436 06	115	48°40,4′	4,0′	0,8495	12	1,912 40	112	1,803 39	85
0,944	0,750 19	76	0,661 22	86	0,562 79	114	0,437 21	114	48°36,4′	4,0′	0,8483	11	1,911 28	112	1,804 24	86
0,945	0,749 43	76	0,662 08	86	0,561 65	115	0,438 35	115	48°32,4′	3,9′	0,8472	11	1,910 16	112	1,805 10	85
0,946	0,748 67	77	0,662 94	87	0,560 50	114	0,439 50	114	48°28,5′	3,9′	0,8461	12	1,909 04	111	1,805 95	86
0,947	0,747 90	76	0,663 81	86	0,559 36	114	0,440 64	114	48°24,6′	3,9′	0,8449	11	1,907 93	111	1,806 81	85
0,948	0,747 14	76	0,664 67	85	0,558 22	114	0,441 78	114	48°20,7′	4,0′	0,8438	12	1,906 82	111	1,807 66	86
0,949	0,746 38	77	0,665 52	86	0,557 08	114	0,442 92	114	48°16,7′	4,0′	0,8426	12	1,905 71	110	1,808 52	86
0,950	0,745 61		0,666 38		0,555 94		0,444 06		48°12,7′		0,8414		1,904 61		1,809 38	
$\frac{1}{\varkappa}$	k'		k		k'^2		k^2		$90^\circ - \alpha^\circ$		$\frac{\pi}{2} - \alpha$		K'		K	

Tafel I

$\varkappa$	k	Δ	k'	Δ	k^2	Δ	k'^2	Δ	α°	Δ	α	Δ	K	Δ	K'	Δ
0,950	0,745 61	76	0,666 38	85	0,555 94	114	0,444 06	114	48°12,7′	4,0′	0,8414	11	1,904 61	110	1,809 38	86
0,951	0,744 85	77	0,667 23	86	0,554 80	114	0,445 20	114	48° 8,7′	3,9′	0,8403	11	1,903 51	109	1,810 24	86
0,952	0,744 08	76	0,668 09	85	0,553 66	114	0,446 34	114	48° 4,8′	3,9′	0,8392	11	1,902 42	109	1,811 10	87
0,953	0,743 32	77	0,668 94	85	0,552 52	114	0,447 48	114	48° 0,9′	4,0′	0,8381	12	1,901 33	109	1,811 97	86
0,954	0,742 55	76	0,669 79	85	0,551 38	113	0,448 62	113	47°56,9′	3,9′	0,8369	12	1,900 24	108	1,812 83	87
0,955	0,741 79	77	0,670 64	84	0,550 25	114	0,449 75	114	47°53,0′	3,9′	0,8357	11	1,899 16	108	1,813 70	86
0,956	0,741 02	77	0,671 48	85	0,549 11	114	0,450 89	114	47°49,1′	3,9′	0,8346	11	1,898 08	108	1,814 56	87
0,957	0,740 25	76	0,672 33	84	0,547 97	113	0,452 03	113	47°45,2′	3,9′	0,8335	12	1,897 00	107	1,815 43	87
0,958	0,739 49	77	0,673 17	84	0,546 84	113	0,453 16	113	47°41,3′	3,9′	0,8323	11	1,895 93	107	1,816 30	88
0,959	0,738 72	77	0,674 01	84	0,545 71	114	0,454 29	114	47°37,4′	4,0′	0,8312	12	1,894 86	106	1,817 18	87
0,960	0,737 95	77	0,674 85	84	0,544 57	113	0,455 43	113	47°33,4′	3,9′	0,8300	11	1,893 80	106	1,818 05	87
0,961	0,737 18	76	0,675 69	84	0,543 44	113	0,456 56	113	47°29,5′	3,9′	0,8289	11	1,892 74	106	1,818 92	88
0,962	0,736 42	77	0,676 53	83	0,542 31	113	0,457 69	113	47°25,6′	3,9′	0,8278	12	1,891 68	105	1,819 80	88
0,963	0,735 65	77	0,677 36	84	0,541 18	113	0,458 82	113	47°21,7′	3,9′	0,8266	11	1,890 63	105	1,820 68	87
0,964	0,734 88	77	0,678 20	83	0,540 05	113	0,459 95	113	47°17,8′	3,9′	0,8255	11	1,889 58	105	1,821 55	88
0,965	0,734 11	77	0,679 03	83	0,538 92	113	0,461 08	113	47°13,9′	3,9′	0,8244	11	1,888 53	104	1,822 43	89
0,966	0,733 34	77	0,679 86	83	0,537 79	112	0,462 21	112	47°10,0′	3,8′	0,8233	12	1,887 49	104	1,823 32	88
0,967	0,732 57	76	0,680 69	82	0,536 67	113	0,463 33	113	47° 6,2′	3,9′	0,8221	11	1,886 45	103	1,824 20	88
0,968	0,731 81	77	0,681 51	83	0,535 54	113	0,464 46	113	47° 2,3′	3,9′	0,8210	12	1,885 42	104	1,825 08	89
0,969	0,731 04	77	0,682 34	82	0,534 41	112	0,465 59	112	46°58,4′	3,9′	0,8198	11	1,884 38	103	1,825 97	88
0,970	0,730 27	77	0,683 16	82	0,533 29	112	0,466 71	112	46°54,5′	3,8′	0,8187	11	1,883 35	102	1,826 85	89
0,971	0,729 50	77	0,683 98	82	0,532 17	113	0,467 83	113	46°50,7′	3,9′	0,8176	11	1,882 33	102	1,827 74	89
0,972	0,728 73	77	0,684 80	82	0,531 04	112	0,468 96	112	46°46,8′	3,9′	0,8165	12	1,881 31	102	1,828 63	89
0,973	0,727 96	77	0,685 62	82	0,529 92	112	0,470 08	112	46°42,9′	3,8′	0,8153	11	1,880 29	101	1,829 52	89
0,974	0,727 19	77	0,686 44	82	0,528 80	112	0,471 20	112	46°39,1′	3,9′	0,8142	11	1,879 28	102	1,830 41	90
0,975	0,726 42	77	0,687 26	81	0,527 68	112	0,472 32	112	46°35,2′	3,9′	0,8131	11	1,878 26	100	1,831 31	89
0,976	0,725 65	78	0,688 07	81	0,526 56	112	0,473 44	112	46°31,3′	3,8′	0,8120	12	1,877 26	101	1,832 20	90
0,977	0,724 87	77	0,688 88	81	0,525 44	111	0,474 56	111	46°27,5′	3,9′	0,8108	11	1,876 25	100	1,833 10	90
0,978	0,724 10	77	0,689 69	81	0,524 33	112	0,475 67	112	46°23,6′	3,8′	0,8097	11	1,875 25	100	1,834 00	89
0,979	0,723 33	77	0,690 50	81	0,523 21	112	0,476 79	112	46°19,8′	3,8′	0,8086	11	1,874 25	99	1,834 89	91
0,980	0,722 56	77	0,691 31	80	0,522 09	111	0,477 91	111	46°16,0′	3,9′	0,8075	11	1,873 26	99	1,835 80	90
0,981	0,721 79	77	0,692 11	81	0,520 98	111	0,479 02	111	46°12,1′	3,8′	0,8064	11	1,872 27	99	1,836 70	90
0,982	0,721 02	77	0,692 92	80	0,519 87	112	0,480 13	112	46° 8,3′	3,8′	0,8053	12	1,871 28	98	1,837 60	90
0,983	0,720 25	78	0,693 72	80	0,518 75	111	0,481 25	111	46° 4,5′	3,8′	0,8041	11	1,870 30	98	1,838 50	91
0,984	0,719 47	77	0,694 52	80	0,517 64	111	0,482 36	111	46° 0,7′	3,9′	0,8030	11	1,869 32	98	1,839 41	91
0,985	0,718 70	77	0,695 32	80	0,516 53	111	0,483 47	111	45°56,8′	3,8′	0,8019	11	1,868 34	97	1,840 32	90
0,986	0,717 93	77	0,696 12	79	0,515 42	111	0,484 58	111	45°53,0′	3,8′	0,8008	11	1,867 37	97	1,841 22	91
0,987	0,717 16	77	0,696 91	80	0,514 31	110	0,485 69	110	45°49,2′	3,8′	0,7997	11	1,866 40	97	1,842 13	91
0,988	0,716 39	78	0,697 71	79	0,513 21	111	0,486 79	111	45°45,4′	3,8′	0,7986	11	1,865 43	96	1,843 04	92
0,989	0,715 61	77	0,698 50	79	0,512 10	110	0,487 90	110	45°41,6′	3,8′	0,7975	11	1,864 47	97	1,843 96	91
0,990	0,714 84	77	0,699 29	79	0,511 00	111	0,489 00	111	45°37,8′	3,8′	0,7964	11	1,863 50	95	1,844 87	91
0,991	0,714 07	78	0,700 08	79	0,509 89	110	0,490 11	110	45°34,0′	3,8′	0,7953	11	1,862 55	96	1,845 78	92
0,992	0,713 29	77	0,700 87	78	0,508 79	110	0,491 21	110	45°30,2′	3,8′	0,7942	11	1,861 59	95	1,846 70	92
0,993	0,712 52	77	0,701 65	79	0,507 69	111	0,492 31	111	45°26,4′	3,8′	0,7931	11	1,860 64	95	1,847 62	92
0,994	0,711 75	78	0,702 44	78	0,506 58	110	0,493 42	110	45°22,6′	3,8′	0,7920	11	1,859 69	94	1,848 54	92
0,995	0,710 97	77	0,703 22	78	0,505 48	109	0,494 52	109	45°18,8′	3,8′	0,7909	11	1,858 75	94	1,849 46	92
0,996	0,710 20	77	0,704 00	78	0,504 39	110	0,495 61	110	45°15,0′	3,8′	0,7898	11	1,857 81	94	1,850 38	92
0,997	0,709 43	78	0,704 78	78	0,503 29	110	0,496 71	110	45°11,2′	3,7′	0,7887	11	1,856 87	93	1,851 30	92
0,998	0,708 65	77	0,705 56	77	0,502 19	110	0,497 81	110	45° 7,5′	3,7′	0,7876	11	1,855 94	94	1,852 22	93
0,999	0,707 88	77	0,706 33	78	0,501 09	109	0,498 91	109	45° 3,8′	3,8′	0,7865	11	1,855 00	93	1,853 15	92
1,000	0,707 11		0,707 11		0,500 00		0,500 00		45° 0,0′		0,7854		1,854 07		1,854 07	
$\frac{1}{\varkappa}$	k'		k		k'^2		k^2		$90^\circ - \alpha^\circ$		$\frac{\pi}{2} - \alpha$		K'		K	

Tafel II

$\varkappa$	$\sqrt{k}$	k	k^2	$\sqrt{k'}$	k'	k'^2	$k^2 k'^2$	$e_1 = -e_3'$	$e_2 = -e_2'$	$e_3 = -e_1'$	$\varkappa$
0,00	1,000 000	1,000 000	1,000 000	0,000 000	0,000 000	0,000 000	0,000 000	0,333 333	0,333 333	−0,666 667	0,00
0,01	1,000 000	1,000 000	1,000 000	0,000 000	0,000 000	0,000 000	0,000 000	0,333 333	0,333 333	−0,666 667	0,01
0,02	1,000 000	1,000 000	1,000 000	0,000 000	0,000 000	0,000 000	0,000 000	0,333 333	0,333 333	−0,666 667	0,02
0,03	1,000 000	1,000 000	1,000 000	0,000 000	0,000 000	0,000 000	0,000 000	0,333 333	0,333 333	−0,666 667	0,03
0,04	1,000 000	1,000 000	1,000 000	0,000 000	0,000 000	0,000 000	0,000 000	0,333 333	0,333 333	−0,666 667	0,04
0,05	1,000 000	1,000 000	1,000 000	0,000 000	0,000 000	0,000 000	0,000 000	0,333 333	0,333 333	−0,666 667	0,05
0,06	1,000 000	1,000 000	1,000 000	0,000 004	0,000 000	0,000 000	0,000 000	0,333 333	0,333 333	−0,666 667	0,06
0,07	1,000 000	1,000 000	1,000 000	0,000 027	0,000 000	0,000 000	0,000 000	0,333 333	0,333 333	−0,666 667	0,07
0,08	1,000 000	1,000 000	1,000 000	0,000 109	0,000 000	0,000 000	0,000 000	0,333 333	0,333 333	−0,666 667	0,08
0,09	1,000 000	1,000 000	1,000 000	0,000 324	0,000 000	0,000 000	0,000 000	0,333 333	0,333 333	−0,666 667	0,09
0,10	1,000 000	1,000 000	1,000 000	0,000 776	0,000 001	0,000 000	0,000 000	0,333 333	0,333 333	−0,666 667	0,10
0,11	1,000 000	1,000 000	1,000 000	0,001 586	0,000 003	0,000 000	0,000 000	0,333 333	0,333 333	−0,666 667	0,11
0,12	1,000 000	1,000 000	1,000 000	0,002 875	0,000 008	0,000 000	0,000 000	0,333 333	0,333 333	−0,666 667	0,12
0,13	1,000 000	1,000 000	1,000 000	0,004 756	0,000 023	0,000 000	0,000 000	0,333 333	0,333 333	−0,666 667	0,13
0,14	1,000 000	1,000 000	1,000 000	0,007 322	0,000 054	0,000 000	0,000 000	0,333 333	0,333 333	−0,666 667	0,14
0,15	1,000 000	1,000 000	1,000 000	0,010 643	0,000 113	0,000 000	0,000 000	0,333 333	0,333 333	−0,666 667	0,15
0,16	1,000 000	1,000 000	1,000 000	0,014 764	0,000 218	0,000 000	0,000 000	0,333 333	0,333 333	−0,666 667	0,16
0,17	1,000 000	1,000 000	1,000 000	0,019 706	0,000 388	0,000 000	0,000 000	0,333 333	0,333 333	−0,666 667	0,17
0,18	1,000 000	1,000 000	1,000 000	0,025 472	0,000 649	0,000 000	0,000 000	0,333 333	0,333 333	−0,666 667	0,18
0,19	1,000 000	0,999 999	0,999 999	0,032 048	0,001 027	0,000 001	0,000 001	0,333 334	0,333 333	−0,666 666	0,19
0,20	0,999 999	0,999 999	0,999 998	0,039 406	0,001 553	0,000 002	0,000 002	0,333 334	0,333 332	−0,666 666	0,20
0,21	0,999 999	0,999 997	0,999 995	0,047 509	0,002 257	0,000 005	0,000 005	0,333 335	0,333 330	−0,666 665	0,21
0,22	0,999 997	0,999 995	0,999 990	0,056 312	0,003 171	0,000 010	0,000 010	0,333 337	0,333 327	−0,666 663	0,22
0,23	0,999 995	0,999 991	0,999 981	0,065 767	0,004 325	0,000 019	0,000 019	0,333 340	0,333 321	−0,666 660	0,23
0,24	0,999 992	0,999 983	0,999 967	0,075 823	0,005 749	0,000 033	0,000 033	0,333 344	0,333 311	−0,666 656	0,24
0,25	0,999 986	0,999 972	0,999 944	0,086 427	0,007 470	0,000 056	0,000 056	0,333 352	0,333 296	−0,666 648	0,25
0,26	0,999 977	0,999 955	0,999 910	0,097 527	0,009 512	0,000 090	0,000 090	0,333 363	0,333 273	−0,666 637	0,26
0,27	0,999 965	0,999 929	0,999 858	0,109 071	0,011 897	0,000 142	0,000 142	0,333 381	0,333 239	−0,666 619	0,27
0,28	0,999 946	0,999 893	0,999 786	0,121 011	0,014 644	0,000 214	0,000 214	0,333 405	0,333 190	−0,666 595	0,28
0,29	0,999 921	0,999 842	0,999 684	0,133 299	0,017 769	0,000 316	0,000 316	0,333 439	0,333 123	−0,666 561	0,29
0,30	0,999 887	0,999 773	0,999 547	0,145 890	0,021 284	0,000 453	0,000 453	0,333 484	0,333 031	−0,666 516	0,30
0,31	0,999 841	0,999 682	0,999 365	0,158 742	0,025 199	0,000 635	0,000 635	0,333 545	0,332 910	−0,666 455	0,31
0,32	0,999 782	0,999 564	0,999 129	0,171 816	0,029 521	0,000 871	0,000 871	0,333 624	0,332 752	−0,666 376	0,32
0,33	0,999 707	0,999 413	0,998 827	0,185 075	0,034 253	0,001 173	0,001 172	0,333 724	0,332 551	−0,666 276	0,33
0,34	0,999 612	0,999 224	0,998 448	0,198 485	0,039 396	0,001 552	0,001 550	0,333 851	0,332 299	−0,666 149	0,34
0,35	0,999 494	0,998 989	0,997 979	0,212 015	0,044 950	0,002 021	0,002 016	0,334 007	0,331 986	−0,665 993	0,35
0,36	0,999 351	0,998 703	0,997 408	0,225 635	0,050 911	0,002 592	0,002 585	0,334 197	0,331 605	−0,665 803	0,36
0,37	0,999 179	0,998 359	0,996 720	0,239 318	0,057 273	0,003 280	0,003 269	0,334 427	0,331 147	−0,665 573	0,37
0,38	0,998 973	0,997 948	0,995 900	0,253 041	0,064 030	0,004 100	0,004 083	0,334 700	0,330 600	−0,665 300	0,38
0,39	0,998 731	0,997 464	0,994 935	0,266 781	0,071 172	0,005 065	0,005 040	0,335 022	0,329 956	−0,664 978	0,39
0,40	0,998 448	0,996 899	0,993 808	0,280 516	0,078 689	0,006 192	0,006 154	0,335 397	0,329 205	−0,664 603	0,40
0,41	0,998 121	0,996 246	0,992 506	0,294 229	0,086 571	0,007 494	0,007 438	0,335 831	0,328 337	−0,664 169	0,41
0,42	0,997 745	0,995 496	0,991 012	0,307 901	0,094 803	0,008 988	0,008 907	0,336 329	0,327 342	−0,663 671	0,42
0,43	0,997 318	0,994 643	0,989 314	0,321 518	0,103 374	0,010 686	0,010 572	0,336 895	0,326 209	−0,663 105	0,43
0,44	0,996 834	0,993 678	0,987 396	0,335 064	0,112 268	0,012 604	0,012 445	0,337 535	0,324 931	−0,662 465	0,44
0,45	0,996 291	0,992 595	0,985 245	0,348 528	0,121 472	0,014 755	0,014 538	0,338 252	0,323 496	−0,661 748	0,45
0,46	0,995 684	0,991 387	0,982 847	0,361 896	0,130 968	0,017 153	0,016 859	0,339 051	0,321 898	−0,660 949	0,46
0,47	0,995 011	0,990 046	0,980 191	0,375 158	0,140 743	0,019 809	0,019 416	0,339 936	0,320 128	−0,660 064	0,47
0,48	0,994 267	0,988 567	0,977 265	0,388 304	0,150 780	0,022 735	0,022 218	0,340 912	0,318 177	−0,659 088	0,48
0,49	0,993 451	0,986 944	0,974 059	0,401 325	0,161 062	0,025 941	0,025 268	0,341 980	0,316 039	−0,658 020	0,49
0,50	0,992 558	0,985 171	0,970 563	0,414 214	0,171 573	0,029 437	0,028 571	0,343 146	0,313 708	−0,656 854	0,50

Tafel II

$\varkappa$	$\sqrt{k}$	k	k^2	$\sqrt{k'}$	k'	k'^2	$k^2 k'^2$	$e_1 = -e_3'$	$e_2 = -e_2'$	$e_3 = -e_1'$	$\varkappa$
0,50	0,992 558	0,985 171	0,970 563	0,414 214	0,171 573	0,029 437	0,028 571	0,343 146	0,313 708	−0,656 854	0,50
0,51	0 991 586	0,983 244	0,966 768	0,426 962	0,182 296	0,033 232	0,032 128	0,344 411	0,311 179	−0,655 589	0,51
0,52	0,990 533	0,981 156	0,962 668	0,439 564	0,193 216	0,037 332	0,035 939	0,345 777	0,308 445	−0,654 223	0,52
0,53	0,989 396	0,978 905	0,958 255	0,452 013	0,204 315	0,041 745	0,040 002	0,347 248	0,305 503	−0,652 752	0,53
0,54	0,988 173	0,976 487	0,953 526	0,464 304	0,215 578	0,046 474	0,044 314	0,348 825	0,302 351	−0,651 175	0,54
0,55	0,986 862	0,973 898	0,948 476	0,476 433	0,226 988	0,051 524	0,048 869	0,350 508	0,298 984	−0,649 492	0,55
0,56	0,985 462	0,971 135	0,943 104	0,488 395	0,238 529	0,056 896	0,053 659	0,352 299	0,295 403	−0,647 701	0,56
0,57	0,983 970	0,968 198	0,937 407	0,500 186	0,250 186	0,062 593	0,058 675	0,354 198	0,291 605	−0,645 802	0,57
0,58	0,982 387	0,965 083	0,931 386	0,511 804	0,261 943	0,068 614	0,063 906	0,356 205	0,287 590	−0,643 795	0,58
0,59	0,980 709	0,961 791	0,925 041	0,523 245	0,273 786	0,074 959	0,069 340	0,358 320	0,283 361	−0,641 680	0,59
0,60	0,978 938	0,958 319	0,918 376	0,534 508	0,285 699	0,081 624	0,074 961	0,360 541	0,278 917	−0,639 459	0,60
0,61	0,977 072	0,954 669	0,911 393	0,545 590	0,297 668	0,088 607	0,080 755	0,362 869	0,274 262	−0,637 131	0,61
0,62	0,975 111	0,950 841	0,904 098	0,556 489	0,309 680	0,095 902	0,086 705	0,365 301	0,269 399	−0,634 699	0,62
0,63	0,973 054	0,946 834	0,896 495	0,567 205	0,321 722	0,103 505	0,092 792	0,367 835	0,264 330	−0,632 165	0,63
0,64	0,970 902	0,942 651	0,888 592	0,577 736	0,333 779	0,111 408	0,098 996	0,370 469	0,259 061	−0,629 531	0,64
0,65	0,968 656	0,938 294	0,880 395	0,588 081	0,345 839	0,119 605	0,105 299	0,373 202	0,253 597	−0,626 798	0,65
0,66	0,966 314	0,933 763	0,871 914	0,598 240	0,357 891	0,128 086	0,111 680	0,376 029	0,247 943	−0,623 971	0,66
0,67	0,963 879	0,929 062	0,863 157	0,608 213	0,369 923	0,136 843	0,118 117	0,378 948	0,242 105	−0,621 052	0,67
0,68	0,961 350	0,924 194	0,854 134	0,618 000	0,381 924	0,145 866	0,124 589	0,381 955	0,236 090	−0,618 045	0,68
0,69	0,958 729	0,919 161	0,844 857	0,627 600	0,393 882	0,155 143	0,131 074	0,385 048	0,229 904	−0,614 952	0,69
0,70	0,956 016	0,913 967	0,835 335	0,637 016	0,405 789	0,164 665	0,137 550	0,388 222	0,223 557	−0,611 778	0,70
0,71	0,953 213	0,908 616	0,825 582	0,646 246	0,417 634	0,174 418	0,143 996	0,391 473	0,217 055	−0,608 527	0,71
0,72	0,950 321	0,903 111	0,815 609	0,655 292	0,429 408	0,184 391	0,150 391	0,394 797	0,210 406	−0,605 203	0,72
0,73	0,947 342	0,897 457	0,805 429	0,664 155	0,441 102	0,194 571	0,156 713	0,398 190	0,203 619	−0,601 810	0,73
0,74	0,944 277	0,891 659	0,795 055	0,672 836	0,452 708	0,204 945	0,162 942	0,401 648	0,196 703	−0,598 352	0,74
0,75	0,941 127	0,885 720	0,784 500	0,681 337	0,464 219	0,215 500	0,169 060	0,405 167	0,189 667	−0,594 833	0,75
0,76	0,937 895	0,879 647	0,773 778	0,689 658	0,475 628	0,226 222	0,175 046	0,408 741	0,182 519	−0,591 259	0,76
0,77	0,934 582	0,873 443	0,762 902	0,697 801	0,486 927	0,237 098	0,180 882	0,412 366	0,175 268	−0,587 634	0,77
0,78	0,931 190	0,867 114	0,751 887	0,705 769	0,498 110	0,248 113	0,186 553	0,416 038	0,167 924	−0,583 962	0,78
0,79	0,927 720	0,860 665	0,740 745	0,713 562	0,509 171	0,259 255	0,192 042	0,419 752	0,160 496	−0,580 248	0,79
0,80	0,924 176	0,854 102	0,729 490	0,721 183	0,520 105	0,270 510	0,197 334	0,423 503	0,152 994	−0,576 497	0,80
0,81	0,920 559	0,847 430	0,718 137	0,728 634	0,530 908	0,281 863	0,202 416	0,427 288	0,145 425	−0,572 712	0,81
0,82	0,916 872	0,840 654	0,706 698	0,735 917	0,541 573	0,293 302	0,207 276	0,431 101	0,137 799	−0,568 899	0,82
0,83	0,913 115	0,833 779	0,695 188	0,743 033	0,552 098	0,304 812	0,211 902	0,434 937	0,130 125	−0,565 063	0,83
0,84	0,909 292	0,826 812	0,683 619	0,749 985	0,562 478	0,316 381	0,216 284	0,438 794	0,122 412	−0,561 206	0,84
0,85	0,905 405	0,819 758	0,672 003	0,756 776	0,572 710	0,327 997	0,220 415	0,442 666	0,114 669	−0,557 334	0,85
0,86	0,901 456	0,812 622	0,660 355	0,763 407	0,582 791	0,339 645	0,224 286	0,446 548	0,106 903	−0,553 452	0,86
0,87	0,897 447	0,805 410	0,648 686	0,769 882	0,592 718	0,351 314	0,227 893	0,450 438	0,099 124	−0,549 562	0,87
0,88	0,893 380	0,798 127	0,637 007	0,776 201	0,602 489	0,362 993	0,231 229	0,454 331	0,091 338	−0,545 669	0,88
0,89	0,889 258	0,790 779	0,625 332	0,782 369	0,612 101	0,374 668	0,234 292	0,458 223	0,083 555	−0,541 777	0,89
0,90	0,885 083	0,783 371	0,613 670	0,788 387	0,621 554	0,386 330	0,237 079	0,462 110	0,075 780	−0,537 890	0,90
0,91	0,880 857	0,775 908	0,602 034	0,794 258	0,630 846	0,397 966	0,239 589	0,465 989	0,068 022	−0,534 011	0,91
0,92	0,876 582	0,768 396	0,590 432	0,799 984	0,639 975	0,409 568	0,241 822	0,469 856	0,060 288	−0,530 144	0,92
0,93	0,872 261	0,760 839	0,578 876	0,805 568	0,648 941	0,421 124	0,243 779	0,473 708	0,052 584	−0,526 292	0,93
0,94	0,867 896	0,753 243	0,567 375	0,811 013	0,657 742	0,432 625	0,245 461	0,477 542	0,044 917	−0,522 458	0,94
0,95	0,863 488	0,745 612	0,555 938	0,816 321	0,666 380	0,444 062	0,246 871	0,481 354	0,037 292	−0,518 646	0,95
0,96	0,859 041	0,737 952	0,544 573	0,821 495	0,674 853	0,455 427	0,248 013	0,485 142	0,029 715	−0,514 858	0,96
0,97	0,854 556	0,730 267	0,533 290	0,826 536	0,683 162	0,466 710	0,248 892	0,488 903	0,022 193	−0,511 097	0,97
0,98	0,850 036	0,722 561	0,522 095	0,831 449	0,691 307	0,477 905	0,249 512	0,492 635	0,014 730	−0,507 365	0,98
0,99	0,845 482	0,714 840	0,510 996	0,836 235	0,699 288	0,489 004	0,249 879	0,496 335	0,007 331	−0,503 665	0,99
1,00	0,840 896	0,707 107	0,500 000	0,840 896	0,707 107	0,500 000	0,250 000	0,500 000	0,000 000	−0,500 000	1,00

Tafel II

$1/\varkappa$	$\sqrt{k}$	k	k^2	$\sqrt{k'}$	k'	k'^2	$k^2 k'^2$	$e_1 = -e_3'$	$e_2 = -e_2'$	$e_3 = -e_1'$	$1/\varkappa$
1,00	0,840 896	0,707 107	0,500 000	0,840 896	0,707 107	0,500 000	0,250 000	0,500 000	−0,000 000	−0,500 000	1,00
0,99	0,836 235	0,699 288	0,489 004	0,845 482	0,714 840	0,510 996	0,249 879	0,503 665	−0,007 331	−0,496 335	0,99
0,98	0,831 449	0,691 307	0,477 905	0,850 036	0,722 561	0,522 095	0,249 512	0,507 365	−0,014 730	−0,492 635	0,98
0,97	0,826 536	0,683 162	0,466 710	0,854 556	0,730 267	0,533 290	0,248 892	0,511 097	−0,022 193	−0,488 903	0,97
0,96	0,821 495	0,674 853	0,455 427	0,859 041	0,737 952	0,544 573	0,248 013	0,514 858	−0,029 715	−0,485 142	0,96
0,95	0,816 321	0,666 380	0,444 062	0,863 488	0,745 612	0,555 938	0,246 871	0,518 646	−0,037 292	−0,481 354	0,95
0,94	0,811 013	0,657 742	0,432 625	0,867 896	0,753 243	0,567 375	0,245 461	0,522 458	−0,044 917	−0,477 542	0,94
0,93	0,805 568	0,648 941	0,421 124	0,872 261	0,760 839	0,578 876	0,243 779	0,526 292	−0,052 584	−0,473 708	0,93
0,92	0,799 984	0,639 975	0,409 568	0,876 582	0,768 396	0,590 432	0,241 822	0,530 144	−0,060 288	−0,469 856	0,92
0,91	0,794 258	0,630 846	0,397 966	0,880 857	0,775 908	0,602 034	0,239 589	0,534 011	−0,068 022	−0,465 989	0,91
0,90	0,788 387	0,621 554	0,386 330	0,885 083	0,783 371	0,613 670	0,237 079	0,537 890	−0,075 780	−0,462 110	0,90
0,89	0,782 369	0,612 101	0,374 668	0,889 258	0,790 779	0,625 332	0,234 292	0,541 777	−0,083 555	−0,458 223	0,89
0,88	0,776 201	0,602 489	0,362 993	0,893 380	0,798 127	0,637 007	0,231 229	0,545 669	−0,091 338	−0,454 331	0,88
0,87	0,769 882	0,592 718	0,351 314	0,897 447	0,805 410	0,648 686	0,227 893	0,549 562	−0,099 124	−0,450 438	0,87
0,86	0,763 407	0,582 791	0,339 645	0,901 456	0,812 622	0,660 355	0,224 286	0,553 452	−0,106 903	−0,446 548	0,86
0,85	0,756 776	0,572 710	0,327 997	0,905 405	0,819 758	0,672 003	0,220 415	0,557 334	−0,114 669	−0,442 666	0,85
0,84	0,749 985	0,562 478	0,316 381	0,909 292	0,826 812	0,683 619	0,216 284	0,561 206	−0,122 412	−0,438 794	0,84
0,83	0,743 033	0,552 098	0,304 812	0,913 115	0,833 779	0,695 188	0,211 902	0,565 063	−0,130 125	−0,434 937	0,83
0,82	0,735 917	0,541 573	0,293 302	0,916 872	0,840 654	0,706 698	0,207 276	0,568 899	−0,137 799	−0,431 101	0,82
0,81	0,728 634	0,530 908	0,281 863	0,920 559	0,847 430	0,718 137	0,202 416	0,572 712	−0,145 425	−0,427 288	0,81
0,80	0,721 183	0,520 105	0,270 510	0,924 176	0,854 102	0,729 490	0,197 334	0,576 497	−0,152 994	−0,423 503	0,80
0,79	0,713 562	0,509 171	0,259 255	0,927 720	0,860 665	0,740 745	0,192 042	0,580 248	−0,160 496	−0,419 752	0,79
0,78	0,705 769	0,498 110	0,248 113	0,931 190	0,867 114	0,751 887	0,186 553	0,583 962	−0,167 924	−0,416 038	0,78
0,77	0,697 801	0,486 927	0,237 098	0,934 582	0,873 443	0,762 902	0,180 882	0,587 634	−0,175 268	−0,412 366	0,77
0,76	0,689 658	0,475 628	0,226 222	0,937 895	0,879 647	0,773 778	0,175 046	0,591 259	−0,182 519	−0,408 741	0,76
0,75	0,681 337	0,464 219	0,215 500	0,941 127	0,885 720	0,784 500	0,169 060	0,594 833	−0,189 667	−0,405 167	0,75
0,74	0,672 836	0,452 708	0,204 945	0,944 277	0,891 659	0,795 055	0,162 942	0,598 352	−0,196 703	−0,401 648	0,74
0,73	0,664 155	0,441 102	0,194 571	0,947 342	0,897 457	0,805 429	0,156 713	0,601 810	−0,203 619	−0,398 190	0,73
0,72	0,655 292	0,429 408	0,184 391	0,950 321	0,903 111	0,815 609	0,150 391	0,605 203	−0,210 406	−0,394 797	0,72
0,71	0,646 246	0,417 634	0,174 418	0,953 213	0,908 616	0,825 582	0,143 996	0,608 527	−0,217 055	−0,391 473	0,71
0,70	0,637 016	0,405 789	0,164 665	0,956 016	0,913 967	0,835 335	0,137 550	0,611 778	−0,223 557	−0,388 222	0,70
0,69	0,627 600	0,393 882	0,155 143	0,958 729	0,919 161	0,844 857	0,131 074	0,614 952	−0,229 904	−0,385 048	0,69
0,68	0,618 000	0,381 924	0,145 866	0,961 350	0,924 194	0,854 134	0,124 589	0,618 045	−0,236 090	−0,381 955	0,68
0,67	0,608 213	0,369 923	0,136 843	0,963 879	0,929 062	0,863 157	0,118 117	0,621 052	−0,242 105	−0,378 948	0,67
0,66	0,598 240	0,357 891	0,128 086	0,966 314	0,933 763	0,871 914	0,111 680	0,623 971	−0,247 943	−0,376 029	0,66
0,65	0,588 081	0,345 839	0,119 605	0,968 656	0,938 294	0,880 395	0,105 299	0,626 798	−0,253 597	−0,373 202	0,65
0,64	0,577 736	0,333 779	0,111 408	0,970 902	0,942 651	0,888 592	0,098 996	0,629 531	−0,259 061	−0,370 469	0,64
0,63	0,567 205	0,321 722	0,103 505	0,973 054	0,946 834	0,896 495	0,092 792	0,632 165	−0,264 330	−0,367 835	0,63
0,62	0,556 489	0,309 680	0,095 902	0,975 111	0,950 841	0,904 098	0,086 705	0,634 699	−0,269 399	−0,365 301	0,62
0,61	0,545 590	0,297 668	0,088 607	0,977 072	0,954 669	0,911 393	0,080 755	0,637 131	−0,274 262	−0,362 869	0,61
0,60	0,534 508	0,285 699	0,081 624	0,978 938	0,958 319	0,918 376	0,074 961	0,639 459	−0,278 917	−0,360 541	0,60
0,59	0,523 245	0,273 786	0,074 959	0,980 709	0,961 791	0,925 041	0,069 340	0,641 680	−0,283 361	−0,358 320	0,59
0,58	0,511 804	0,261 943	0,068 614	0,982 387	0,965 083	0,931 386	0,063 906	0,643 795	−0,287 590	−0,356 205	0,58
0,57	0,500 186	0,250 186	0,062 593	0,983 970	0,968 198	0,937 407	0,058 675	0,645 802	−0,291 605	−0,354 198	0,57
0,56	0,488 395	0,238 529	0,056 896	0,985 462	0,971 135	0,943 104	0,053 659	0,647 701	−0,295 403	−0,352 299	0,56
0,55	0,476 433	0,226 988	0,051 524	0,986 862	0,973 898	0,948 476	0,048 869	0,649 492	−0,298 984	−0,350 508	0,55
0,54	0,464 304	0,215 578	0,046 474	0,988 173	0,976 487	0,953 526	0,044 314	0,651 175	−0,302 351	−0,348 825	0,54
0,53	0,452 013	0,204 315	0,041 745	0,989 396	0,978 905	0,958 255	0,040 002	0,652 752	−0,305 503	−0,347 248	0,53
0,52	0,439 564	0,193 216	0,037 332	0,990 533	0,981 156	0,962 668	0,035 939	0,654 223	−0,308 445	−0,345 777	0,52
0,51	0,426 962	0,182 296	0,033 232	0,991 586	0,983 244	0,966 768	0,032 128	0,655 589	−0,311 179	−0,344 411	0,51
0,50	0,414 214	0,171 573	0,029 437	0,992 558	0,985 171	0,970 563	0,028 571	0,656 854	−0,313 708	−0,343 146	0,50

Tafel II

$1/\varkappa$	$\sqrt{k}$	k	k^2	$\sqrt{k'}$	k'	k'^2	$k^2 k'^2$	$e_1 = -e_3'$	$e_2 = -e_2'$	$e_3 = -e_1'$	$1/\varkappa$
0,50	0,414 214	0,171 573	0,029 437	0,992 558	0,985 171	0,970 563	0,028 571	0,656 854	−0,313 708	−0,343 146	0,50
0,49	0,401 325	0,161 062	0,025 941	0,993 451	0,986 944	0,974 059	0,025 268	0,658 020	−0,316 039	−0,341 980	0,49
0,48	0,388 304	0,150 780	0,022 735	0,994 267	0,988 567	0,977 265	0,022 218	0,659 088	−0,318 177	−0,340 912	0,48
0,47	0,375 158	0,140 743	0,019 809	0,995 011	0,990 046	0,980 191	0,019 416	0,660 064	−0,320 128	−0,339 936	0,47
0,46	0,361 896	0,130 968	0,017 153	0,995 684	0,991 387	0,982 847	0,016 859	0,660 949	−0,321 898	−0,339 051	0,46
0,45	0,348 528	0,121 472	0,014 755	0,996 291	0,992 595	0,985 245	0,014 538	0,661 748	−0,323 496	−0,338 252	0,45
0,44	0,335 064	0,112 268	0,012 604	0,996 834	0,993 678	0,987 396	0,012 445	0,662 465	−0,324 931	−0,337 535	0,44
0,43	0,321 518	0,103 374	0,010 686	0,997 318	0,994 643	0,989 314	0,010 572	0,663 105	−0,326 209	−0,336 895	0,43
0,42	0,307 901	0,094 803	0,008 988	0,997 745	0,995 496	0,991 012	0,008 907	0,663 671	−0,327 342	−0,336 329	0,42
0,41	0,294 229	0,086 571	0,007 494	0,998 121	0,996 246	0,992 506	0,007 438	0,664 169	−0,328 337	−0,335 831	0,41
0,40	0,280 516	0,078 689	0,006 192	0,998 448	0,996 899	0,993 808	0,006 154	0,664 603	−0,329 205	−0,335 397	0,40
0,39	0,266 781	0,071 172	0,005 065	0,998 731	0,997 464	0,994 935	0,005 040	0,664 978	−0,329 956	−0,335 022	0,39
0,38	0,253 041	0,064 030	0,004 100	0,998 973	0,997 948	0,995 900	0,004 083	0,665 300	−0,330 600	−0,334 700	0,38
0,37	0,239 318	0,057 273	0,003 280	0,999 179	0,998 359	0,996 720	0,003 269	0,665 573	−0,331 147	−0,334 427	0,37
0,36	0,225 635	0,050 911	0,002 592	0,999 351	0,998 703	0,997 408	0,002 585	0,665 803	−0,331 605	−0,334 197	0,36
0,35	0,212 015	0,044 950	0,002 021	0,999 494	0,998 989	0,997 979	0,002 016	0,665 993	−0,331 986	−0,334 007	0,35
0,34	0,198 485	0,039 396	0,001 552	0,999 612	0,999 224	0,998 448	0,001 550	0,666 149	−0,332 299	−0,333 851	0,34
0,33	0,185 075	0,034 253	0,001 173	0,999 707	0,999 413	0,998 827	0,001 172	0,666 276	−0,332 551	−0,333 724	0,33
0,32	0,171 816	0,029 521	0,000 871	0,999 782	0,999 564	0,999 129	0,000 871	0,666 376	−0,332 752	−0,333 624	0,32
0.31	0,158 742	0,025 199	0,000 635	0,999 841	0,999 682	0,999 365	0,000 635	0,666 455	−0,332 910	−0,333 545	0,31
0,30	0,145 890	0,021 284	0,000 453	0,999 887	0,999 773	0,999 547	0,000 453	0,666 516	−0,333 031	−0,333 484	0,30
0,29	0,133 299	0,017 769	0,000 316	0,999 921	0,999 842	0,999 684	0,000 316	0,666 561	−0,333 123	−0,333 439	0,29
0,28	0,121 011	0,014 644	0,000 214	0,999 946	0,999 893	0,999 786	0,000 214	0,666 595	−0,333 190	−0,333 405	0,28
0,27	0,109 071	0,011 897	0,000 142	0,999 965	0,999 929	0,999 858	0,000 142	0,666 619	−0,333 239	−0,333 381	0,27
0,26	0,097 527	0,009 512	0,000 090	0,999 977	0,999 955	0,999 910	0,000 090	0,666 637	−0,333 273	−0,333 363	0,26
0,25	0,086 427	0,007 470	0,000 056	0,999 986	0,999 972	0,999 944	0,000 056	0,666 648	−0,333 296	−0,333 352	0,25
0,24	0,075 823	0,005 749	0,000 033	0,999 992	0,999 983	0,999 967	0,000 033	0,666 656	−0,333 311	−0,333 344	0,24
0,23	0,065 767	0,004 325	0,000 019	0,999 995	0,999 991	0,999 981	0,000 019	0,666 660	−0,333 321	−0,333 340	0,23
0,22	0,056 312	0,003 171	0,000 010	0,999 997	0,999 995	0,999 990	0,000 010	0,666 663	−0,333 327	−0,333 337	0,22
0,21	0,047 509	0,002 257	0,000 005	0,999 999	0,999 997	0,999 995	0,000 005	0,666 665	−0,333 330	−0,333 335	0,21
0,20	0,039 406	0,001 553	0,000 002	0,999 999	0,999 999	0,999 998	0,000 002	0,666 666	−0,333 332	−0,333 334	0,20
0,19	0,032 048	0,001 027	0,000 001	1,000 000	0,999 999	0,999 999	0,000 001	0,666 666	−0,333 333	−0,333 334	0,19
0,18	0,025 472	0,000 649	0,000 000	1,000 000	1,000 000	1,000 000	0,000 000	0,666 667	−0,333 333	−0,333 333	0,18
0,17	0,019 706	0,000 388	0,000 000	1,000 000	1,000 000	1,000 000	0,000 000	0,666 667	−0,333 333	−0,333 333	0,17
0,16	0,014 764	0,000 218	0,000 000	1,000 000	1,000 000	1,000 000	0,000 000	0,666 667	−0,333 333	−0,333 333	0,16
0,15	0,010 643	0,000 113	0,000 000	1,000 000	1,000 000	1,000 000	0,000 000	0,666 667	−0,333 333	−0,333 333	0,15
0,14	0,007 322	0,000 054	0,000 000	1,000 000	1,000 000	1,000 000	0,000 000	0,666 667	−0,333 333	−0,333 333	0,14
0,13	0,004 756	0,000 023	0,000 000	1,000 000	1,000 000	1,000 000	0,000 000	0,666 667	−0,333 333	−0,333 333	0,13
0,12	0,002 875	0,000 008	0,000 000	1,000 000	1,000 000	1,000 000	0,000 000	0,666 667	−0,333 333	−0,333 333	0,12
0,11	0,001 586	0,000 003	0,000 000	1,000 000	1,000 000	1,000 000	0,000 000	0,666 667	−0,333 333	−0,333 333	0,11
0,10	0,000 776	0,000 001	0,000 000	1,000 000	1,000 000	1,000 000	0,000 000	0,666 667	−0,333 333	−0,333 333	0,10
0,09	0,000 324	0,000 000	0,000 000	1,000 000	1,000 000	1,000 000	0,000 000	0,666 667	−0,333 333	−0,333 333	0,09
0,08	0,000 109	0,000 000	0,000 000	1,000 000	1,000 000	1,000 000	0,000 000	0,666 667	−0,333 333	−0,333 333	0,08
0,07	0,000 027	0,000 000	0,000 000	1,000 000	1,000 000	1,000 000	0,000 000	0,666 667	−0,333 333	−0,333 333	0,07
0,06	0,000 004	0,000 000	0,000 000	1,000 000	1,000 000	1,000 000	0,000 000	0,666 667	−0,333 333	−0,333 333	0,06
0,05	0,000 000	0,000 000	0,000 000	1,000 000	1,000 000	1,000 000	0,000 000	0,666 667	−0,333 333	−0,333 333	0,05
0,04	0,000 000	0,000 000	0,000 000	1,000 000	1,000 000	1,000 000	0,000 000	0,666 667	−0,333 333	−0,333 333	0,04
0,03	0,000 000	0,000 000	0,000 000	1,000 000	1,000 000	1,000 000	0,000 000	0,666 667	−0,333 333	−0,333 333	0,03
0,02	0,000 000	0,000 000	0,000 000	1,000 000	1,000 000	1,000 000	0,000 000	0,666 667	−0,333 333	−0,333 333	0,02
0,01	0,000 000	0,000 000	0,000 000	1,000 000	1,000 000	1,000 000	0,000 000	0,666 667	−0,333 333	−0,333 333	0,01
0,00	0,000 000	0,000 000	0,000 000	1,000 000	1,000 000	1,000 000	0,000 000	0,666 667	−0,333 333	−0,333 333	0,00

Tafel II

$\varkappa$	$g_2 = g_2'$	$g_3 = -g_3'$	$\bar{g}_2 = \bar{g}_2'$	$\bar{g}_3 = -\bar{g}_3'$	$g_3/\sqrt{g_2^3}$	$\bar{g}_3/\sqrt{\bar{g}_2^3}$	$\eta_1 = -\eta_2'$	$\eta_1' = -\eta_2$	$\bar{\eta}_1 = -\bar{\eta}_2'$	$\bar{\eta}_1' = -\bar{\eta}_2$	$\varkappa$
0,00	1,333 333	−0,296 296	1,333 333	−0,296 296	−0,192 450	−0,192 450	−0,333 333	0,333 333	−0,333 333	0,333 333	0,00
0,01	1,333 333	−0,296 296	1,333 333	−0,296 296	−0,192 450	−0,192 450	−0,326 967	0,333 333	−0,320 601	0,333 333	0,01
0,02	1,333 333	−0,296 296	1,333 333	−0,296 296	−0,192 450	−0,192 450	−0,320 601	0,333 333	−0,307 869	0,333 333	0,02
0,03	1,333 333	−0,296 296	1,333 333	−0,296 296	−0,192 450	−0,192 450	−0,314 235	0,333 333	−0,295 136	0,333 333	0,03
0,04	1,333 333	−0,296 296	1,333 333	−0,296 296	−0,192 450	−0,192 450	−0,307 869	0,333 333	−0,282 404	0,333 333	0,04
0,05	1,333 333	−0,296 296	1,333 333	−0,296 296	−0,192 450	−0,192 450	−0,301 502	0,333 333	−0,269 671	0,333 333	0,05
0,06	1,333 333	−0,296 296	1,333 333	−0,296 296	−0,192 450	−0,192 450	−0,295 136	0,333 333	−0,256 939	0,333 333	0,06
0,07	1,333 333	−0,296 296	1,333 333	−0,296 296	−0,192 450	−0,192 450	−0,288 770	0,333 333	−0,244 207	0,333 333	0,07
0,08	1,333 333	−0,296 296	1,333 333	−0,296 296	−0,192 450	−0,192 450	−0,282 404	0,333 333	−0,231 474	0,333 333	0,08
0,09	1,333 333	−0,296 296	1,333 333	−0,296 296	−0,192 450	−0,192 450	−0,276 038	0,333 333	−0,218 742	0,333 333	0,09
0,10	1,333 333	−0,296 296	1,333 333	−0,296 296	−0,192 450	−0,192 450	−0,269 671	0,333 333	−0,206 009	0,333 333	0,10
0,11	1,333 333	−0,296 296	1,333 333	−0,296 296	−0,192 450	−0,192 450	−0,263 305	0,333 333	−0,193 277	0,333 333	0,11
0,12	1,333 333	−0,296 296	1,333 333	−0,296 296	−0,192 450	−0,192 450	−0,256 939	0,333 333	−0,180 545	0,333 333	0,12
0,13	1,333 333	−0,296 296	1,333 333	−0,296 296	−0,192 450	−0,192 450	−0,250 573	0,333 333	−0,167 812	0,333 333	0,13
0,14	1,333 333	−0,296 296	1,333 333	−0,296 296	−0,192 450	−0,192 450	−0,244 207	0,333 333	−0,155 080	0,333 333	0,14
0,15	1,333 333	−0,296 296	1,333 333	−0,296 296	−0,192 450	−0,192 450	−0,237 840	0,333 333	−0,142 347	0,333 333	0,15
0,16	1,333 333	−0,296 296	1,333 332	−0,296 297	−0,192 450	−0,192 451	−0,231 474	0,333 333	−0,129 615	0,333 333	0,16
0,17	1,333 333	−0,296 296	1,333 330	−0,296 298	−0,192 450	−0,192 452	−0,225 108	0,333 333	−0,116 883	0,333 333	0,17
0,18	1,333 333	−0,296 296	1,333 324	−0,296 300	−0,192 450	−0,192 454	−0,218 742	0,333 333	−0,104 150	0,333 333	0,18
0,19	1,333 332	−0,296 296	1,333 311	−0,296 306	−0,192 450	−0,192 461	−0,212 375	0,333 333	−0,091 418	0,333 334	0,19
0,20	1,333 330	−0,296 295	1,333 282	−0,296 318	−0,192 450	−0,192 475	−0,206 009	0,333 333	−0,078 687	0,333 334	0,20
0,21	1,333 327	−0,296 294	1,333 225	−0,296 342	−0,192 450	−0,192 503	−0,199 643	0,333 332	−0,065 955	0,333 335	0,21
0,22	1,333 320	−0,296 292	1,333 119	−0,296 386	−0,192 450	−0,192 555	−0,193 276	0,333 332	−0,053 225	0,333 337	0,22
0,23	1,333 308	−0,296 288	1,332 934	−0,296 463	−0,192 450	−0,192 645	−0,186 909	0,333 330	−0,040 497	0,333 340	0,23
0,24	1,333 289	−0,296 282	1,332 628	−0,296 590	−0,192 450	−0,192 794	−0,180 542	0,333 328	−0,027 772	0,333 344	0,24
0,25	1,333 259	−0,296 271	1,332 143	−0,296 792	−0,192 450	−0,193 031	−0,174 174	0,333 324	−0,015 051	0,333 352	0,25
0,26	1,333 213	−0,296 256	1,331 404	−0,297 100	−0,192 450	−0,193 392	−0,167 805	0,333 318	−0,002 336	0,333 363	0,26
0,27	1,333 145	−0,296 233	1,330 314	−0,297 554	−0,192 450	−0,193 925	−0,161 435	0,333 310	0,010 370	0,333 381	0,27
0,28	1,333 047	−0,296 201	1,328 760	−0,298 201	−0,192 450	−0,194 688	−0,155 063	0,333 298	0,023 064	0,333 405	0,28
0,29	1,332 913	−0,296 156	1,326 600	−0,299 100	−0,192 450	−0,195 752	−0,148 690	0,333 281	0,035 743	0,333 439	0,29
0,30	1,332 730	−0,296 095	1,323 674	−0,300 317	−0,192 450	−0,197 201	−0,142 315	0,333 258	0,048 401	0,333 484	0,30
0,31	1,332 487	−0,296 014	1,319 795	−0,301 929	−0,192 450	−0,199 134	−0,135 938	0,333 227	0,061 034	0,333 545	0,31
0,32	1,332 172	−0,295 909	1,314 758	−0,304 021	−0,192 450	−0,201 667	−0,129 558	0,333 188	0,073 635	0,333 624	0,32
0,33	1,331 771	−0,295 774	1,308 333	−0,306 686	−0,192 449	−0,204 935	−0,123 176	0,333 138	0,086 198	0,333 724	0,33
0,34	1,331 267	−0,295 605	1,300 274	−0,310 024	−0,192 449	−0,209 095	−0,116 792	0,333 075	0,098 715	0,333 850	0,34
0,35	1,330 645	−0,295 396	1,290 316	−0,314 140	−0,192 447	−0,214 328	−0,110 405	0,332 996	0,111 177	0,334 006	0,35
0,36	1,329 886	−0,295 141	1,278 182	−0,319 145	−0,192 446	−0,220 851	−0,104 015	0,332 901	0,123 575	0,334 196	0,36
0,37	1,328 974	−0,294 834	1,263 585	−0,325 148	−0,192 443	−0,228 915	−0,097 623	0,332 786	0,135 900	0,334 425	0,37
0,38	1,327 889	−0,294 467	1,246 229	−0,332 262	−0,192 439	−0,238 827	−0,091 230	0,332 649	0,148 141	0,334 698	0,38
0,39	1,326 614	−0,294 034	1,225 818	−0,340 595	−0,192 433	−0,250 957	−0,084 835	0,332 487	0,160 286	0,335 019	0,39
0,40	1,325 128	−0,293 527	1,202 055	−0,350 250	−0,192 425	−0,265 761	−0,078 440	0,332 299	0,172 325	0,335 393	0,40
0,41	1,323 416	−0,292 941	1,174 650	−0,361 324	−0,192 413	−0,283 814	−0,072 046	0,332 081	0,184 245	0,335 824	0,41
0,42	1,321 458	−0,292 266	1,143 320	−0,373 903	−0,192 397	−0,305 849	−0,065 654	0,331 830	0,196 034	0,336 319	0,42
0,43	1,319 237	−0,291 497	1,107 798	−0,388 059	−0,192 375	−0,332 818	−0,059 264	0,331 545	0,207 681	0,336 881	0,43
0,44	1,316 740	−0,290 624	1,067 834	−0,403 852	−0,192 346	−0,365 988	−0,052 879	0,331 223	0,219 172	0,337 515	0,44
0,45	1,313 950	−0,289 643	1,023 198	−0,421 323	−0,192 307	−0,407 076	−0,046 501	0,330 860	0,230 495	0,338 224	0,45
0,46	1,310 855	−0,288 544	0,973 685	−0,440 492	−0,192 256	−0,458 469	−0,040 131	0,330 456	0,241 637	0,339 014	0,46
0,47	1,307 445	−0,287 320	0,919 119	−0,461 360	−0,192 190	−0,523 578	−0,033 770	0,330 007	0,252 587	0,339 887	0,47
0,48	1,303 710	−0,285 966	0,859 356	−0,483 902	−0,192 107	−0,607 432	−0,027 423	0,329 512	0,263 332	0,340 846	0,48
0,49	1,299 643	−0,284 473	0,794 283	−0,508 072	−0,192 002	−0,717 732	−0,021 090	0,328 967	0,273 860	0,341 895	0,49
0,50	1,295 239	−0,282 835	0,723 825	−0,533 796	−0,191 871	−0,866 812	−0,014 774	0,328 372	0,284 161	0,343 036	0,50

Tafel II

$\varkappa$	$g_2 = g_2'$	$g_3 = -g_3'$	$\bar g_2 = \bar g_2'$	$\bar g_3 = -\bar g_3'$	$g_3/\sqrt{g_2^3}$	$\bar g_3/\sqrt{\bar g_2^3}$	$\eta_1 = -\eta_2'$	$\eta_1' = -\eta_2$	$\bar\eta_1 = -\bar\eta_2'$	$\bar\eta_1' = -\bar\eta_2$	$\varkappa$
0,50	1,295 239	−0,282 835	0,723 825	−0,533 796	−0,191 871	−0,866 812	−0,014 774	0,328 372	0,284 161	0,343 036	0,50
0,51	1,290 496	−0,281 047	0,647 944	−0,560 975	−0,191 709	−1,075 567	−0,008 477	0,327 724	0,294 224	0,344 270	0,51
0,52	1,285 415	−0,279 100	0,566 640	−0,589 484	−0,191 512	−1,382 011	−0,002 204	0,327 022	0,304 038	0,345 600	0,52
0,53	1,279 997	−0,276 990	0,479 953	−0,619 173	−0,191 272	−1,862 144	0,004 045	0,326 265	0,313 594	0,347 026	0,53
0,54	1,274 248	−0,274 711	0,387 966	−0,649 866	−0,190 983	−2,689 269	0,010 266	0,325 449	0,322 882	0,348 548	0,54
0,55	1,268 175	−0,272 258	0,290 797	−0,681 366	−0,190 639	−4,345 061	0,016 455	0,324 576	0,331 895	0,350 167	0,55
0,56	1,261 788	−0,269 625	0,188 608	−0,713 453	−0,190 231	−8,710 173	0,022 611	0,323 642	0,340 625	0,351 882	0,56
0,57	1,255 100	−0,266 809	0,081 596	−0,745 887	−0,189 750	−32,001 552	0,028 731	0,322 648	0,349 066	0,353 692	0,57
0,58	1,248 125	−0,263 804	−0,030 003	−0,778 413	−0,189 189	149,785 995i	0,034 810	0,321 593	0,357 211	0,355 595	0,58
0,59	1,240 880	−0,260 609	−0,145 917	−0,810 759	−0,188 536	14,545 624i	0,040 847	0,320 475	0,365 056	0,357 590	0,59
0,60	1,233 385	−0,257 219	−0,265 844	−0,842 644	−0,187 783	6,147 585i	0,046 839	0,319 295	0,372 595	0,359 673	0,60
0,61	1,225 659	−0,253 632	−0,389 448	−0,873 781	−0,186 917	3,595 238i	0,052 782	0,318 052	0,379 827	0,361 841	0,61
0,62	1,217 727	−0,249 847	−0,516 369	−0,903 875	−0,185 930	2,435 949i	0,058 675	0,316 745	0,386 748	0,364 092	0,62
0,63	1,209 611	−0,245 861	−0,646 219	−0,932 634	−0,184 808	1,795 320i	0,064 513	0,315 376	0,393 356	0,366 421	0,63
0,64	1,201 338	−0,241 675	−0,778 590	−0,959 766	−0,183 541	1,397 020i	0,070 295	0,313 943	0,399 652	0,368 825	0,64
0,65	1,192 934	−0,237 288	−0,913 056	−0,984 989	−0,182 117	1,128 978i	0,076 018	0,312 447	0,405 634	0,371 298	0,65
0,66	1,184 427	−0,232 700	−1,049 176	−1,008 027	−0,180 524	0,937 994i	0,081 680	0,310 889	0,411 303	0,373 835	0,66
0,67	1,175 844	−0,227 914	−1,186 498	−1,028 621	−0,178 750	0,795 893i	0,087 278	0,309 268	0,416 661	0,376 431	0,67
0,68	1,167 215	−0,222 930	−1,324 563	−1,046 526	−0,176 784	0,686 501i	0,092 810	0,307 585	0,421 710	0,379 081	0,68
0,69	1,158 568	−0,217 753	−1,462 909	−1,061 518	−0,174 615	0,599 931i	0,098 274	0,305 842	0,426 453	0,381 780	0,69
0,70	1,149 933	−0,212 384	−1,601 070	−1,073 392	−0,172 232	0,529 838i	0,103 668	0,304 038	0,430 894	0,384 520	0,70
0,71	1,141 338	−0,206 829	−1,738 587	−1,081 971	−0,169 625	0,471 977i	0,108 991	0,302 175	0,435 036	0,387 296	0,71
0,72	1,132 812	−0,201 091	−1,875 005	−1,087 100	−0,166 785	0,423 415i	0,114 239	0,300 254	0,438 885	0,390 102	0,72
0,73	1,124 383	−0,195 177	−2,009 878	−1,088 652	−0,163 703	0,382 063i	0,119 413	0,298 275	0,442 445	0,392 931	0,73
0,74	1,116 077	−0,189 093	−2,142 773	−1,086 530	−0,160 374	0,346 400i	0,124 510	0,296 240	0,445 723	0,395 777	0,74
0,75	1,107 921	−0,182 844	−2,273 271	−1,080 664	−0,156 790	0,315 293i	0,129 529	0,294 150	0,448 725	0,398 634	0,75
0,76	1,099 939	−0,176 439	−2,400 971	−1,071 013	−0,152 947	0,287 882i	0,134 469	0,292 007	0,451 457	0,401 494	0,76
0,77	1,092 157	−0,169 884	−2,525 490	−1,057 566	−0,148 842	0,263 505i	0,139 329	0,289 811	0,453 927	0,404 353	0,77
0,78	1,084 596	−0,163 189	−2,646 466	−1,040 340	−0,144 474	0,241 644i	0,144 108	0,287 564	0,456 141	0,407 203	0,78
0,79	1,077 277	−0,156 362	−2,763 562	−1,019 380	−0,139 843	0,221 887i	0,148 806	0,285 267	0,458 109	0,410 038	0,79
0,80	1,070 221	−0,149 412	−2,876 463	−0,994 756	−0,134 951	0,203 905i	0,153 421	0,282 923	0,459 836	0,412 852	0,80
0,81	1,063 445	−0,142 349	−2,984 880	−0,966 566	−0,129 802	0,187 431i	0,157 954	0,280 532	0,461 333	0,415 639	0,81
0,82	1,056 966	−0,135 182	−3,088 549	−0,934 929	−0,124 402	0,172 245i	0,162 403	0,278 096	0,462 606	0,418 393	0,82
0,83	1,050 798	−0,127 922	−3,187 236	−0,899 987	−0,118 759	0,158 167i	0,166 770	0,275 617	0,463 664	0,421 108	0,83
0,84	1,044 954	−0,120 578	−3,280 730	−0,861 903	−0,112 881	0,145 045i	0,171 052	0,273 096	0,464 517	0,423 780	0,84
0,85	1,039 447	−0,113 161	−3,368 849	−0,820 854	−0,106 781	0,132 753i	0,175 251	0,270 535	0,465 171	0,426 402	0,85
0,86	1,034 285	−0,105 682	−3,451 440	−0,777 036	−0,100 471	0,121 183i	0,179 367	0,267 936	0,465 637	0,428 970	0,86
0,87	1,029 477	−0,098 150	−3,528 375	−0,730 658	−0,093 965	0,110 243i	0,183 399	0,265 301	0,465 921	0,431 478	0,87
0,88	1,025 028	−0,090 576	−3,599 551	−0,681 938	−0,087 279	0,099 856i	0,187 348	0,262 630	0,466 034	0,433 922	0,88
0,89	1,020 944	−0,082 971	−3,664 894	−0,631 104	−0,080 431	0,089 952i	0,191 215	0,259 927	0,465 984	0,436 298	0,89
0,90	1,017 228	−0,075 345	−3,724 353	−0,578 391	−0,073 439	0,080 472i	0,194 999	0,257 191	0,465 778	0,438 602	0,90
0,91	1,013 881	−0,067 708	−3,777 901	−0,524 036	−0,066 322	0,071 365i	0,198 702	0,254 426	0,465 426	0,440 830	0,91
0,92	1,010 904	−0,060 069	−3,825 536	−0,468 281	−0,059 100	0,062 585i	0,202 323	0,251 633	0,464 935	0,442 978	0,92
0,93	1,008 295	−0,052 439	−3,867 276	−0,411 367	−0,051 793	0,054 091i	0,205 865	0,248 813	0,464 313	0,445 042	0,93
0,94	1,006 052	−0,044 826	−3,903 160	−0,353 533	−0,044 422	0,045 846i	0,209 326	0,245 969	0,463 569	0,447 021	0,94
0,95	1,004 172	−0,037 240	−3,933 248	−0,295 015	−0,037 008	0,037 820i	0,212 709	0,243 101	0,462 710	0,448 911	0,95
0,96	1,002 649	−0,029 689	−3,957 616	−0,236 044	−0,029 572	0,029 981i	0,216 014	0,240 212	0,461 744	0,450 709	0,96
0,97	1,001 478	−0,022 182	−3,976 359	−0,176 845	−0,022 133	0,022 303i	0,219 242	0,237 303	0,460 677	0,452 414	0,97
0,98	1,000 651	−0,014 727	−3,989 586	−0,117 634	−0,014 712	0,014 762i	0,222 394	0,234 376	0,459 517	0,454 023	0,98
0,99	1,000 161	−0,007 330	−3,997 421	−0,058 619	−0,007 328	0,007 335i	0,225 471	0,231 432	0,458 272	0,455 534	0,99
1,00	1,000 000	0,000 000	−4,000 000	0,000 000	0,000 000	0,000 000i	0,228 473	0,228 473	0,456 947	0,456 947	1,00

Tafel II

$1/\varkappa$	$g_2 = g_2'$	$g_3 = -g_3'$	$\bar{g}_2 = \bar{g}_2'$	$\bar{g}_3 = -\bar{g}_3'$	$g_3/\sqrt{g_2^3}$	$\bar{g}_3/\sqrt{\bar{g}_2^3}$	$\eta_1 = -\eta_2'$	$\eta_1' = -\eta_2$	$\bar{\eta}_1 = -\bar{\eta}_2'$	$\bar{\eta}_1' = -\bar{\eta}_2$	$1/\varkappa$
1,00	1,000 000	0,000 000	−4,000 000	0,000 000	0,000 000	−0,000 000i	0,228 473	0,228 473	0,456 947	0,456 947	1,00
0,99	1,000 161	0,007 330	−3,997 421	0,058 619	0,007 328	−0,007 335i	0,231 432	0,225 471	0,455 534	0,458 272	0,99
0,98	1,000 651	0,014 727	−3,989 586	0,117 634	0,014 712	−0,014 762i	0,234 376	0,222 394	0,454 023	0,459 517	0,98
0,97	1,001 478	0,022 182	−3,976 359	0,176 845	0,022 133	−0,022 303i	0,237 303	0,219 242	0,452 414	0,460 677	0,97
0,96	1,002 649	0,029 689	−3,957 616	0,236 044	0,029 572	−0,029 981i	0,240 212	0,216 014	0,450 709	0,461 744	0,96
0,95	1,004 172	0,037 240	−3,933 248	0,295 015	0,037 008	−0,037 820i	0,243 101	0,212 709	0,448 911	0,462 710	0,95
0,94	1,006 052	0,044 826	−3,903 160	0,353 533	0,044 422	−0,045 846i	0,245 969	0,209 326	0,447 021	0,463 569	0,94
0,93	1,008 295	0,052 439	−3,867 276	0,411 367	0,051 793	−0,054 091i	0,248 813	0,205 865	0,445 042	0,464 313	0,93
0,92	1,010 904	0,060 069	−3,825 536	0,468 281	0,059 100	−0,062 585i	0,251 633	0,202 323	0,442 978	0,464 935	0,92
0,91	1,013 881	0,067 708	−3,777 901	0,524 036	0,066 322	−0,071 365i	0,254 426	0,198 702	0,440 830	0,465 426	0,91
0,90	1,017 228	0,075 345	−3,724 353	0,578 391	0,073 439	−0,080 472i	0,257 191	0,194 999	0,438 602	0,465 778	0,90
0,89	1,020 944	0,082 971	−3,664 894	0,631 104	0,080 431	−0,089 952i	0,259 927	0,191 215	0,436 298	0,465 984	0,89
0,88	1,025 028	0,090 576	−3,599 551	0,681 938	0,087 279	−0,099 856i	0,262 630	0,187 348	0,433 922	0,466 034	0,88
0,87	1,029 477	0,098 150	−3,528 375	0,730 658	0,093 965	−0,110 243i	0,265 301	0,183 399	0,431 478	0,465 921	0,87
0,86	1,034 285	0,105 682	−3,451 440	0,777 036	0,100 471	−0,121 183i	0,267 936	0,179 367	0,428 970	0,465 637	0,86
0,85	1,039 447	0,113 161	−3,368 849	0,820 854	0,106 781	−0,132 753i	0,270 535	0,175 251	0,426 402	0,465 171	0,85
0,84	1,044 954	0,120 578	−3,280 730	0,861 903	0,112 881	−0,145 045i	0,273 096	0,171 052	0,423 780	0,464 517	0,84
0,83	1,050 798	0,127 922	−3,187 236	0,899 987	0,118 759	−0,158 167i	0,275 617	0,166 770	0,421 108	0,463 664	0,83
0,82	1,056 966	0,135 182	−3,088 549	0,934 929	0,124 402	−0,172 245i	0,278 096	0,162 403	0,418 393	0,462 606	0,82
0,81	1,063 445	0,142 349	−2,984 880	0,966 566	0,129 802	−0,187 431i	0,280 532	0,157 954	0,415 639	0,461 333	0,81
0,80	1,070 221	0,149 412	−2,876 463	0,994 756	0,134 951	−0,203 905i	0,282 923	0,153 421	0,412 852	0,459 836	0,80
0,79	1,077 277	0,156 362	−2,763 562	1,019 380	0,139 843	−0,221 887i	0,285 267	0,148 806	0,410 038	0,458 109	0,79
0,78	1,084 596	0,163 189	−2,646 466	1,040 340	0,144 474	−0,241 644i	0,287 564	0,144 108	0,407 203	0,456 141	0,78
0,77	1,092 157	0,169 884	−2,525 490	1,057 566	0,148 842	−0,263 505i	0,289 811	0,139 329	0,404 353	0,453 927	0,77
0,76	1,099 939	0,176 439	−2,400 971	1,071 013	0,152 947	−0,287 882i	0,292 007	0,134 469	0,401 494	0,451 457	0,76
0,75	1,107 921	0,182 844	−2,273 271	1,080 664	0,156 790	−0,315 293i	0,294 150	0,129 529	0,398 634	0,448 725	0,75
0,74	1,116 077	0,189 093	−2,142 773	1,086 530	0,160 374	−0,346 400i	0,296 240	0,124 510	0,395 777	0,445 723	0,74
0,73	1,124 383	0,195 177	−2,009 878	1,088 652	0,163 703	−0,382 063i	0,298 275	0,119 413	0,392 931	0,442 445	0,73
0,72	1,132 812	0,201 091	−1,875 005	1,087 100	0,166 785	−0,423 415i	0,300 254	0,114 239	0,390 102	0,438 885	0,72
0,71	1,141 338	0,206 829	−1,738 587	1,081 971	0,169 625	−0,471 977i	0,302 175	0,108 991	0,387 296	0,435 036	0,71
0,70	1,149 933	0,212 384	−1,601 070	1,073 392	0,172 232	−0,529 838i	0,304 038	0,103 668	0,384 520	0,430 894	0,70
0,69	1,158 568	0,217 753	−1,462 909	1,061 518	0,174 615	−0,599 931i	0,305 842	0,098 274	0,381 780	0,426 453	0,69
0,68	1,167 215	0,222 930	−1,324 563	1,046 526	0,176 784	−0,686 501i	0,307 585	0,092 810	0,379 081	0,421 710	0,68
0,67	1,175 844	0,227 914	−1,186 498	1,028 621	0,178 750	−0,795 893i	0,309 268	0,087 278	0,376 431	0,416 661	0,67
0,66	1,184 427	0,232 700	−1,049 176	1,008 027	0,180 524	−0,937 994i	0,310 889	0,081 680	0,373 835	0,411 303	0,66
0,65	1,192 934	0,237 288	−0,913 056	0,984 989	0,182 117	−1,128 978i	0,312 447	0,076 018	0,371 298	0,405 634	0,65
0,64	1,201 338	0,241 675	−0,778 590	0,959 766	0,183 541	−1,397 020i	0,313 943	0,070 295	0,368 825	0,399 652	0,64
0,63	1,209 611	0,245 861	−0,646 219	0,932 634	0,184 808	−1,795 320i	0,315 376	0,064 513	0,366 421	0,393 356	0,63
0,62	1,217 727	0,249 847	−0,516 369	0,903 875	0,185 930	−2,435 949i	0,316 745	0,058 675	0,364 092	0,386 748	0,62
0,61	1,225 659	0,253 632	−0,389 448	0,873 781	0,186 917	−3,595 238i	0,318 052	0,052 782	0,361 841	0,379 827	0,61
0,60	1,233 385	0,257 219	−0,265 844	0,842 644	0,187 783	−6,147 585i	0,319 295	0,046 839	0,359 673	0,372 595	0,60
0,59	1,240 880	0,260 609	−0,145 917	0,810 759	0,188 536	−14,545 624i	0,320 475	0,040 847	0,357 590	0,365 056	0,59
0,58	1,248 125	0,263 804	−0,030 003	0,778 413	0,189 189	−149,785 995i	0,321 593	0,034 810	0,355 595	0,357 211	0,58
0,57	1,255 100	0,266 809	0,081 596	0,745 887	0,189 750	32,001 552	0,322 648	0,028 731	0,353 692	0,349 066	0,57
0,56	1,261 788	0,269 625	0,188 608	0,713 453	0,190 231	8,710 173	0,323 642	0,022 611	0,351 882	0,340 625	0,56
0,55	1,268 175	0,272 258	0,290 797	0,681 366	0,190 639	4,345 061	0,324 576	0,016 455	0,350 167	0,331 895	0,55
0,54	1,274 248	0,274 711	0,387 966	0,649 866	0,190 983	2,689 269	0,325 449	0,010 266	0,348 548	0,322 882	0,54
0,53	1,279 997	0,276 990	0,479 953	0,619 173	0,191 272	1,862 144	0,326 265	0,004 045	0,347 026	0,313 594	0,53
0,52	1,285 415	0,279 100	0,566 640	0,589 484	0,191 512	1,382 011	0,327 022	−0,002 204	0,345 600	0,304 038	0,52
0,51	1,290 496	0,281 047	0,647 944	0,560 975	0,191 709	1,075 567	0,327 724	−0,008 477	0,344 270	0,294 224	0,51
0,50	1,295 239	0,282 835	0,723 825	0,533 796	0,191 871	0,866 812	0,328 372	−0,014 774	0,343 036	0,284 161	0,50

Tafel II

$1/\varkappa$	$g_2 = g_2'$	$g_3 = -g_3'$	$\bar{g}_2 = \bar{g}_2'$	$\bar{g}_3 = -\bar{g}_3'$	$g_3/\sqrt{g_2^3}$	$\bar{g}_3/\sqrt{\bar{g}_2^3}$	$\eta_1 = -\eta_2'$	$\eta_1' = -\eta_2$	$\bar{\eta}_1 = -\bar{\eta}_2'$	$\bar{\eta}_1' = -\bar{\eta}_2$	$1/\varkappa$
0,50	1,295 239	0,282 835	0,723 825	0,533 796	0,191 871	0,866 812	0,328 372	−0,014 774	0,343 036	0,284 161	0,50
0,49	1,299 643	0,284 473	0,794 283	0,508 072	0,192 002	0,717 732	0,328 967	−0,021 090	0,341 895	0,273 860	0,49
0,48	1,303 710	0,285 966	0,859 356	0,483 902	0,192 107	0,607 432	0,329 512	−0,027 423	0,340 846	0,263 332	0,48
0,47	1,307 445	0,287 319	0,919 119	0,461 360	0,192 190	0,523 578	0,330 007	−0,033 770	0,339 887	0,252 587	0,47
0,46	1,310 855	0,288 544	0,973 685	0,440 492	0,192 256	0,458 469	0,330 456	−0,040 131	0,339 014	0,241 637	0,46
0,45	1,313 950	0,289 643	1,023 198	0,421 323	0,192 307	0,407 076	0,330 860	−0,046 501	0,338 224	0,230 495	0,45
0,44	1,316 740	0,290 624	1,067 834	0,403 852	0,192 346	0,365 988	0,331 223	−0,052 879	0,337 515	0,219 172	0,44
0,43	1,319 237	0,291 497	1,107 798	0,388 059	0,192 375	0,332 818	0,331 545	−0,059 264	0,336 881	0,207 681	0,43
0,42	1,321 458	0,292 266	1,143 320	0,373 903	0,192 397	0,305 849	0,331 830	−0,065 654	0,336 319	0,196 034	0,42
0,41	1,323 416	0,292 941	1,174 650	0,361 324	0,192 413	0,283 814	0,332 081	−0,072 046	0,335 824	0,184 245	0,41
0,40	1,325 128	0,293 527	1,202 055	0,350 250	0,192 425	0,265 761	0,332 299	−0,078 440	0,335 393	0,172 325	0,40
0,39	1,326 614	0,294 034	1,225 818	0,340 595	0,192 433	0,250 957	0,332 487	−0,084 835	0,335 019	0,160 286	0,39
0,38	1,327 889	0,294 467	1,246 229	0,332 262	0,192 439	0,238 827	0,332 649	−0,091 230	0,334 698	0,148 141	0,38
0,37	1,328 974	0,294 834	1,263 585	0,325 148	0,192 443	0,228 915	0,332 786	−0,097 623	0,334 425	0,135 900	0,37
0,36	1,329 886	0,295 141	1,278 182	0,319 145	0,192 446	0,220 851	0,332 901	−0,104 015	0,334 196	0,123 575	0,36
0,35	1,330 645	0,295 396	1,290 316	0,314 140	0,192 447	0,214 328	0,332 996	−0,110 405	0,334 006	0,111 177	0,35
0,34	1,331 267	0,295 605	1,300 274	0,310 024	0,192 449	0,209 095	0,333 075	−0,116 792	0,333 850	0,098 715	0,34
0,33	1,331 771	0,295 774	1,308 333	0,306 686	0,192 449	0,204 935	0,333 138	−0,123 176	0,333 724	0,086 198	0,33
0,32	1,332 172	0,295 909	1,314 758	0,304 021	0,192 450	0,201 667	0,333 188	−0,129 558	0,333 624	0,073 635	0,32
0,31	1,332 487	0,296 014	1,319 795	0,301 929	0,192 450	0,199 134	0,333 227	−0,135 938	0,333 545	0,061 034	0,31
0,30	1,332 730	0,296 095	1,323 674	0,300 317	0,192 450	0,197 201	0,333 258	−0,142 315	0,333 484	0,048 401	0,30
0,29	1,332 913	0,296 156	1,326 600	0,299 100	0,192 450	0,195 752	0,333 281	−0,148 690	0,333 439	0,035 743	0,29
0,28	1,333 047	0,296 201	1,328 760	0,298 201	0,192 450	0,194 688	0,333 298	−0,155 063	0,333 405	0,023 064	0,28
0,27	1,333 145	0,296 233	1,330 314	0,297 554	0,192 450	0,193 925	0,333 310	−0,161 435	0,333 381	0,010 370	0,27
0,26	1,333 213	0,296 256	1,331 404	0,297 100	0,192 450	0,193 392	0,333 318	−0,167 805	0,333 363	−0,002 336	0,26
0,25	1,333 259	0,296 271	1,332 143	0,296 792	0,192 450	0,193 031	0,333 324	−0,174 174	0,333 352	−0,015 051	0,25
0,24	1,333 289	0,296 282	1,332 628	0,296 590	0,192 450	0,192 794	0,333 328	−0,180 542	0,333 344	−0,027 772	0,24
0,23	1,333 308	0,296 288	1,332 934	0,296 463	0,192 450	0,192 645	0,333 330	−0,186 909	0,333 340	−0,040 497	0,23
0,22	1,333 320	0,296 292	1,333 119	0,296 386	0,192 450	0,192 555	0,333 332	−0,193 276	0,333 337	−0,053 225	0,22
0,21	1,333 327	0,296 294	1,333 225	0,296 342	0,192 450	0,192 503	0,333 332	−0,199 643	0,333 335	−0,065 955	0,21
0,20	1,333 330	0,296 295	1,333 282	0,296 318	0,192 450	0,192 475	0,333 333	−0,206 009	0,333 334	−0,078 687	0,20
0,19	1,333 332	0,296 296	1,333 311	0,296 306	0,192 450	0,192 461	0,333 333	−0,212 375	0,333 334	−0,091 418	0,19
0,18	1,333 333	0,296 296	1,333 324	0,296 300	0,192 450	0,192 454	0,333 333	−0,218 742	0,333 333	−0,104 150	0,18
0,17	1,333 333	0,296 296	1,333 330	0,296 298	0,192 450	0,192 452	0,333 333	−0,225 108	0,333 333	−0,116 883	0,17
0,16	1,333 333	0,296 296	1,333 332	0,296 297	0,192 450	0,192 451	0,333 333	−0,231 474	0,333 333	−0,129 615	0,16
0,15	1,333 333	0,296 296	1,333 333	0,296 296	0,192 450	0,192 450	0,333 333	−0,237 840	0,333 333	−0,142 347	0,15
0,14	1,333 333	0,296 296	1,333 333	0,296 296	0,192 450	0,192 450	0,333 333	−0,244 207	0,333 333	−0,155 080	0,14
0,13	1,333 333	0,296 296	1,333 333	0,296 296	0,192 450	0,192 450	0,333 333	−0,250 573	0,333 333	−0,167 812	0,13
0,12	1,333 333	0,296 296	1,333 333	0,296 296	0,192 450	0,192 450	0,333 333	−0,256 939	0,333 333	−0,180 545	0,12
0,11	1,333 333	0,296 296	1,333 333	0,296 296	0,192 450	0,192 450	0,333 333	−0,263 305	0,333 333	−0,193 277	0,11
0,10	1,333 333	0,296 296	1,333 333	0,296 296	0,192 450	0,192 450	0,333 333	−0,269 671	0,333 333	−0,206 009	0,10
0,09	1,333 333	0,296 296	1,333 333	0,296 296	0,192 450	0,192 450	0,333 333	−0,276 038	0,333 333	−0,218 742	0,09
0,08	1,333 333	0,296 296	1,333 333	0,296 296	0,192 450	0,192 450	0,333 333	−0,282 404	0,333 333	−0,231 474	0,08
0,07	1,333 333	0,296 296	1,333 333	0,296 296	0,192 450	0,192 450	0,333 333	−0,288 770	0,333 333	−0,244 207	0,07
0,06	1,333 333	0,296 296	1,333 333	0,296 296	0,192 450	0,192 450	0,333 333	−0,295 136	0,333 333	−0,256 939	0,06
0,05	1,333 333	0,296 296	1,333 333	0,296 296	0,192 450	0,192 450	0,333 333	−0,301 502	0,333 333	−0,269 671	0,05
0,04	1,333 333	0,296 296	1,333 333	0,296 296	0,192 450	0,192 450	0,333 333	−0,307 869	0,333 333	−0,282 404	0,04
0,03	1,333 333	0,296 296	1,333 333	0,296 296	0,192 450	0,192 450	0,333 333	−0,314 235	0,333 333	−0,295 136	0,03
0,02	1,333 333	0,296 296	1,333 333	0,296 296	0,192 450	0,192 450	0,333 333	−0,320 601	0,333 333	−0,307 869	0,02
0,01	1,333 333	0,296 296	1,333 333	0,296 296	0,192 450	0,192 450	0,333 333	−0,326 967	0,333 333	−0,320 601	0,01
0,00	1,333 333	0,296 296	1,333 333	0,296 296	0,192 450	0,192 450	0,333 333	−0,333 333	0,333 333	−0,333 333	0,00

Tafel II

$\varkappa$	K	K'	$\pi/K\,K'$	E	E'	A	A'	B	C	D	$\varkappa$
0,00	∞	1,570 796	0,000 000	1,000 000	1,570 796	2,000 000	0,000 000	1,000 000	∞	∞	0,00
0,01	157,079 633	1,570 796	0,012 732	1,000 000	1,570 796	2,000 000	0,000 000	1,000 000	155,079 633	156,079 633	0,01
0,02	78,539 816	1,570 796	0,025 465	1,000 000	1,570 796	2,000 000	0,000 000	1,000 000	76,539 816	77,539 816	0,02
0,03	52,359 878	1,570 796	0,038 197	1,000 000	1,570 796	2,000 000	0,000 000	1,000 000	50,359 878	51,359 878	0,03
0,04	39,269 908	1,570 796	0,050 930	1,000 000	1,570 796	2,000 000	0,000 000	1,000 000	37,269 908	38,269 908	0,04
0,05	31,415 927	1,570 796	0,063 662	1,000 000	1,570 796	2,000 000	0,000 000	1,000 000	29,415 927	30,415 927	0,05
0,06	26,179 939	1,570 796	0,076 394	1,000 000	1,570 796	2,000 000	0,000 000	1,000 000	24,179 939	25,179 939	0,06
0,07	22,439 948	1,570 796	0,089 127	1,000 000	1,570 796	2,000 000	0,000 000	1,000 000	20,439 948	21,439 948	0,07
0,08	19,634 954	1,570 796	0,101 859	1,000 000	1,570 796	2,000 000	0,000 000	1,000 000	17,634 954	18,634 954	0,08
0,09	17,453 293	1,570 796	0,114 592	1,000 000	1,570 796	2,000 000	0,000 000	1,000 000	15,453 293	16,453 293	0,09
0,10	15,707 963	1,570 796	0,127 324	1,000 000	1,570 796	2,000 000	0,000 000	1,000 000	13,707 963	14,707 963	0,10
0,11	14,279 967	1,570 796	0,140 056	1,000 000	1,570 796	2,000 000	0,000 000	1,000 000	12,279 967	13,279 967	0,11
0,12	13,089 969	1,570 796	0,152 789	1,000 000	1,570 796	2,000 000	0,000 000	1,000 000	11,089 969	12,089 969	0,12
0,13	12,083 049	1,570 796	0,165 521	1,000 000	1,570 796	2,000 000	0,000 000	1,000 000	10,083 049	11,083 049	0,13
0,14	11,219 974	1,570 796	0,178 254	1,000 000	1,570 796	2,000 000	0,000 000	1,000 000	9,219 974	10,219 974	0,14
0,15	10,471 976	1,570 796	0,190 986	1,000 000	1,570 796	2,000 000	0,000 000	1,000 000	8,471 976	9,471 976	0,15
0,16	9,817 477	1,570 796	0,203 718	1,000 000	1,570 796	2,000 000	0,000 000	1,000 000	7,817 478	8,817 477	0,16
0,17	9,239 979	1,570 796	0,216 451	1,000 001	1,570 796	1,999 999	0,000 000	0,999 999	7,239 981	8,239 979	0,17
0,18	8,726 647	1,570 796	0,229 183	1,000 002	1,570 796	1,999 996	0,000 001	0,999 998	6,726 653	7,726 649	0,18
0,19	8,267 351	1,570 797	0,241 915	1,000 004	1,570 796	1,999 991	0,000 002	0,999 996	6,267 365	7,267 355	0,19
0,20	7,853 986	1,570 797	0,254 648	1,000 009	1,570 795	1,999 980	0,000 004	0,999 992	5,854 016	6,853 994	0,20
0,21	7,479 992	1,570 798	0,267 380	1,000 018	1,570 794	1,999 959	0,000 008	0,999 985	5,480 050	6,480 007	0,21
0,22	7,140 001	1,570 800	0,280 111	1,000 033	1,570 792	1,999 923	0,000 016	0,999 972	5,140 110	6,140 030	0,22
0,23	6,829 581	1,570 804	0,292 842	1,000 059	1,570 789	1,999 863	0,000 029	0,999 950	4,829 771	5,829 631	0,23
0,24	6,545 039	1,570 809	0,305 572	1,000 100	1,570 783	1,999 767	0,000 052	0,999 917	4,545 356	5,545 122	0,24
0,25	6,283 273	1,570 818	0,318 301	1,000 161	1,570 774	1,999 622	0,000 088	0,999 867	4,283 779	5,283 406	0,25
0,26	6,041 661	1,570 832	0,331 027	1,000 251	1,570 761	1,999 408	0,000 142	0,999 795	4,042 438	5,041 866	0,26
0,27	5,817 970	1,570 852	0,343 750	1,000 376	1,570 741	1,999 106	0,000 222	0,999 694	3,819 122	4,818 276	0,27
0,28	5,610 288	1,570 881	0,356 469	1,000 548	1,570 712	1,998 690	0,000 337	0,999 559	3,611 944	4,610 728	0,28
0,29	5,416 967	1,570 920	0,369 181	1,000 776	1,570 672	1,998 132	0,000 496	0,999 381	3,419 283	4,417 585	0,29
0,30	5,236 581	1,570 974	0,381 885	1,001 073	1,570 618	1,997 401	0,000 712	0,999 153	3,239 742	4,237 428	0,30
0,31	5,067 890	1,571 046	0,394 579	1,001 450	1,570 547	1,996 465	0,000 998	0,998 867	3,072 107	4,069 023	0,31
0,32	4,909 809	1,571 139	0,407 259	1,001 922	1,570 454	1,995 286	0,001 369	0,998 513	2,915 323	3,911 295	0,32
0,33	4,761 386	1,571 257	0,419 923	1,002 500	1,570 335	1,993 828	0,001 843	0,998 085	2,768 464	3,763 301	0,33
0,34	4,621 783	1,571 406	0,432 565	1,003 199	1,570 187	1,992 052	0,002 438	0,997 574	2,630 718	3,624 209	0,34
0,35	4,490 259	1,571 591	0,445 183	1,004 032	1,570 003	1,989 919	0,003 175	0,996 974	2,501 366	3,493 285	0,35
0,36	4,366 155	1,571 816	0,457 772	1,005 012	1,569 778	1,987 390	0,004 073	0,996 277	2,379 768	3,369 877	0,36
0,37	4,248 883	1,572 087	0,470 326	1,006 151	1,569 507	1,984 427	0,005 155	0,995 479	2,265 357	3,253 405	0,37
0,38	4,137 921	1,572 410	0,482 838	1,007 460	1,569 185	1,980 991	0,006 443	0,994 573	2,157 620	3,143 348	0,38
0,39	4,032 798	1,572 791	0,495 305	1,008 952	1,568 805	1,977 048	0,007 962	0,993 557	2,056 099	3,039 241	0,39
0,40	3,933 091	1,573 236	0,507 717	1,010 635	1,568 362	1,972 563	0,009 734	0,992 427	1,960 376	2,940 664	0,40
0,41	3,838 419	1,573 752	0,520 069	1,012 519	1,567 849	1,967 504	0,011 783	0,991 180	1,870 074	2,847 239	0,41
0,42	3,748 437	1,574 344	0,532 353	1,014 611	1,567 261	1,961 842	0,014 134	0,989 817	1,784 845	2,758 620	0,42
0,43	3,662 833	1,575 018	0,544 562	1,016 917	1,566 591	1,955 550	0,016 808	0,988 336	1,704 373	2,674 496	0,43
0,44	3,581 321	1,575 781	0,556 686	1,019 442	1,565 835	1,948 605	0,019 830	0,986 740	1,628 366	2,594 582	0,44
0,45	3,503 643	1,576 639	0,568 719	1,022 191	1,564 986	1,940 987	0,023 221	0,985 028	1,556 555	2,518 615	0,45
0,46	3,429 561	1,577 598	0,580 651	1,025 165	1,564 039	1,932 678	0,027 002	0,983 204	1,488 689	2,446 357	0,46
0,47	3,358 858	1,578 663	0,592 473	1,028 367	1,562 988	1,923 666	0,031 193	0,981 270	1,424 535	2,377 587	0,47
0,48	3,291 334	1,579 840	0,604 178	1,031 797	1,561 830	1,913 939	0,035 814	0,979 232	1,363 877	2,312 102	0,48
0,49	3,226 805	1,581 135	0,615 755	1,035 452	1,560 559	1,903 492	0,040 881	0,977 092	1,306 513	2,249 713	0,49
0,50	3,165 103	1,582 552	0,627 197	1,039 332	1,559 172	1,892 320	0,046 412	0,974 857	1,252 252	2,190 246	0,50

Tafel II

$\varkappa$	K	K'	$\pi/K\,K'$	E	E'	A	A'	B	C	D	$\varkappa$
0,50	3,165 103	1,582 552	0,627 197	1,039 332	1,559 172	1,892 320	0,046 412	0,974 857	1,252 252	2,190 246	0,50
0,51	3,106 071	1,584 096	0,638 494	1,043 433	1,557 664	1,880 423	0,052 420	0,972 531	1,200 918	2,133 540	0,51
0,52	3,049 563	1,585 773	0,649 638	1,047 750	1,556 032	1,867 805	0,058 919	0,970 120	1,152 344	2,079 444	0,52
0,53	2,995 445	1,587 586	0,660 619	1,052 280	1,554 273	1,854 471	0,065 920	0,967 629	1,106 372	2,027 816	0,53
0,54	2,943 592	1,589 540	0,671 430	1,057 015	1,552 384	1,840 430	0,073 433	0,965 065	1,062 856	1,978 527	0,54
0,55	2,893 887	1,591 638	0,682 062	1,061 950	1,550 363	1,825 694	0,081 465	0,962 435	1,021 656	1,931 452	0,55
0,56	2,846 221	1,593 884	0,692 507	1,067 077	1,548 209	1,810 276	0,090 022	0,959 744	0,982 642	1,886 478	0,56
0,57	2,800 494	1,596 282	0,702 758	1,072 389	1,545 920	1,794 194	0,099 109	0,956 998	0,945 691	1,843 495	0,57
0,58	2,756 609	1,598 833	0,712 806	1,077 876	1,543 495	1,777 466	0,108 728	0,954 205	0,910 685	1,802 404	0,58
0,59	2,714 478	1,601 542	0,722 645	1,083 530	1,540 933	1,760 113	0,118 880	0,951 370	0,877 516	1,763 109	0,59
0,60	2,674 018	1,604 411	0,732 268	1,089 342	1,538 235	1,742 157	0,129 565	0,948 499	0,846 081	1,725 519	0,60
0,61	2,635 149	1,607 441	0,741 668	1,095 303	1,535 400	1,723 623	0,140 778	0,945 597	0,816 282	1,689 551	0,61
0,62	2,597 798	1,610 635	0,750 840	1,101 402	1,532 430	1,704 536	0,152 517	0,942 672	0,788 027	1,655 126	0,62
0,63	2,561 895	1,613 994	0,759 778	1,107 630	1,529 325	1,684 924	0,164 775	0,939 728	0,761 229	1,622 167	0,63
0,64	2,527 375	1,617 520	0,768 476	1,113 977	1,526 087	1,664 814	0,177 545	0,936 771	0,735 807	1,590 604	0,64
0,65	2,494 175	1,621 214	0,776 931	1,120 433	1,522 718	1,644 236	0,190 818	0,933 806	0,711 685	1,560 370	0,65
0,66	2,462 238	1,625 077	0,785 138	1,126 988	1,519 220	1,623 219	0,204 585	0,930 837	0,688 789	1,531 401	0,66
0,67	2,431 508	1,629 110	0,793 092	1,133 632	1,515 594	1,601 794	0,218 833	0,927 869	0,667 051	1,503 639	0,67
0,68	2,401 932	1,633 314	0,800 791	1,140 355	1,511 845	1,579 990	0,233 551	0,924 907	0,646 406	1,477 025	0,68
0,69	2,373 461	1,637 688	0,808 233	1,147 146	1,507 974	1,557 840	0,248 724	0,921 955	0,626 795	1,451 507	0,69
0,70	2,346 049	1,642 234	0,815 413	1,153 998	1,503 985	1,535 373	0,264 339	0,919 016	0,608 159	1,427 033	0,70
0,71	2,319 649	1,646 951	0,822 332	1,160 899	1,499 882	1,512 621	0,280 379	0,916 094	0,590 445	1,403 555	0,71
0,72	2,294 220	1,651 838	0,828 986	1,167 841	1,495 668	1,489 616	0,296 828	0,913 192	0,573 603	1,381 028	0,72
0,73	2,269 721	1,656 897	0,835 376	1,174 815	1,491 348	1,466 386	0,313 669	0,910 314	0,557 584	1,359 408	0,73
0,74	2,246 115	1,662 125	0,841 500	1,181 812	1,486 924	1,442 964	0,330 885	0,907 461	0,542 343	1,338 654	0,74
0,75	2,223 365	1,667 524	0,847 358	1,188 823	1,482 401	1,419 377	0,348 457	0,904 638	0,527 838	1,318 727	0,75
0,76	2,201 436	1,673 091	0,852 951	1,195 841	1,477 785	1,395 657	0,366 366	0,901 846	0,514 029	1,299 590	0,76
0,77	2,180 295	1,678 827	0,858 280	1,202 858	1,473 078	1,371 830	0,384 593	0,899 086	0,500 879	1,281 208	0,77
0,78	2,159 910	1,684 730	0,863 344	1,209 865	1,468 286	1,347 926	0,403 119	0,896 363	0,488 351	1,263 547	0,78
0,79	2,140 252	1,690 799	0,868 147	1,216 857	1,463 413	1,323 971	0,421 924	0,893 676	0,476 413	1,246 576	0,79
0,80	2,121 292	1,697 033	0,872 688	1,223 825	1,458 463	1,299 991	0,440 988	0,891 027	0,465 034	1,230 265	0,80
0,81	2,103 002	1,703 432	0,876 972	1,230 764	1,453 443	1,276 012	0,460 291	0,888 418	0,454 183	1,214 584	0,81
0,82	2,085 357	1,709 992	0,880 999	1,237 667	1,448 356	1,252 058	0,479 814	0,885 850	0,443 832	1,199 506	0,82
0,83	2,068 331	1,716 715	0,884 773	1,244 529	1,443 207	1,228 153	0,499 535	0,883 325	0,433 956	1,185 006	0,83
0,84	2,051 901	1,723 597	0,888 296	1,251 343	1,438 001	1,204 320	0,519 436	0,880 842	0,424 530	1,171 059	0,84
0,85	2,036 043	1,730 637	0,891 573	1,258 105	1,432 742	1,180 579	0,539 497	0,878 403	0,415 530	1,157 640	0,85
0,86	2,020 737	1,737 834	0,894 606	1,264 809	1,427 436	1,156 952	0,559 698	0,876 008	0,406 934	1,144 729	0,86
0,87	2,005 961	1,745 186	0,897 399	1,271 452	1,422 087	1,133 459	0,580 020	0,873 658	0,398 722	1,132 303	0,87
0,88	1,991 695	1,752 692	0,899 957	1,278 029	1,416 700	1,110 116	0,600 444	0,871 353	0,390 874	1,120 342	0,88
0,89	1,977 920	1,760 349	0,902 282	1,284 535	1,411 278	1,086 943	0,620 952	0,869 093	0,383 371	1,108 827	0,89
0,90	1,964 618	1,768 156	0,904 380	1,290 968	1,405 828	1,063 955	0,641 526	0,866 879	0,376 197	1,097 739	0,90
0,91	1,951 771	1,776 112	0,906 256	1,297 324	1,400 353	1,041 169	0,662 148	0,864 710	0,369 334	1,087 061	0,91
0,92	1,939 363	1,784 214	0,907 913	1,303 599	1,394 857	1,018 598	0,682 800	0,862 587	0,362 767	1,076 776	0,92
0,93	1,927 376	1,792 460	0,909 356	1,309 792	1,389 345	0,996 256	0,703 466	0,860 509	0,356 482	1,066 868	0,93
0,94	1,915 797	1,800 849	0,910 590	1,315 900	1,383 821	0,974 156	0,724 130	0,858 476	0,350 464	1,057 321	0,94
0,95	1,904 610	1,809 379	0,911 621	1,321 920	1,378 289	0,952 309	0,744 775	0,856 489	0,344 701	1,048 121	0,95
0,96	1,893 800	1,818 048	0,912 453	1,327 850	1,372 753	0,930 725	0,765 387	0,854 546	0,339 181	1,039 254	0,96
0,97	1,883 355	1,826 854	0,913 091	1,333 689	1,367 217	0,909 416	0,785 950	0,852 647	0,333 891	1,030 708	0,97
0,98	1,873 260	1,835 795	0,913 540	1,339 435	1,361 685	0,888 388	0,806 451	0,850 792	0,328 820	1,022 468	0,98
0,99	1,863 504	1,844 869	0,913 806	1,345 087	1,356 159	0,867 652	0,826 877	0,848 981	0,323 959	1,014 523	0,99
1,00	1,854 075	1,854 075	0,913 893	1,350 644	1,350 644	0,847 213	0,847 213	0,847 213	0,319 297	1,006 862	1,00

Tafel II

$1/\varkappa$	K	K'	$\pi/K K'$	E	E'	A	A'	B	C	D	$1/\varkappa$
1,00	1,854 075	1,854 075	0,913 893	1,350 644	1,350 644	0,847 213	0,847 213	0,847 213	0,319 297	1,006 862	1,00
0,99	1,844 869	1,863 504	0,913 806	1,356 159	1,345 087	0,826 877	0,867 652	0,845 470	0,314 781	0,999 399	0,99
0,98	1,835 795	1,873 260	0,913 540	1,361 685	1,339 435	0,806 451	0,888 388	0,843 736	0,310 363	0,992 060	0,98
0,97	1,826 854	1,883 355	0,913 091	1,367 217	1,333 689	0,785 950	0,909 416	0,842 010	0,306 042	0,984 844	0,97
0,96	1,818 048	1,893 800	0,912 453	1,372 753	1,327 850	0,765 387	0,930 725	0,840 296	0,301 819	0,977 752	0,96
0,95	1,809 379	1,904 610	0,911 621	1,378 289	1,321 920	0,744 775	0,952 309	0,838 593	0,297 692	0,970 787	0,95
0,94	1,800 849	1,915 797	0,910 590	1,383 821	1,315 900	0,724 130	0,974 156	0,836 902	0,293 662	0,963 947	0,94
0,93	1,792 460	1,927 376	0,909 356	1,389 345	1,309 792	0,703 466	0,996 256	0,835 224	0,289 728	0,957 236	0,93
0,92	1,784 214	1,939 363	0,907 913	1,394 857	1,303 599	0,682 800	1,018 598	0,833 562	0,285 888	0,950 652	0,92
0,91	1,776 112	1,951 771	0,906 256	1,400 353	1,297 324	0,662 148	1,041 169	0,831 914	0,282 143	0,944 198	0,91
0,90	1,768 156	1,964 618	0,904 380	1,405 828	1,290 968	0,641 526	1,063 955	0,830 283	0,278 492	0,937 873	0,90
0,89	1,760 349	1,977 920	0,902 282	1,411 278	1,284 535	0,620 952	1,086 943	0,828 670	0,274 935	0,931 679	0,89
0,88	1,752 692	1,991 695	0,899 957	1,416 700	1,278 029	0,600 444	1,110 116	0,827 075	0,271 470	0,925 617	0,88
0,87	1,745 186	2,005 961	0,897 399	1,422 087	1,271 452	0,580 020	1,133 459	0,825 500	0,268 098	0,919 686	0,87
0,86	1,737 834	2,020 737	0,894 606	1,427 436	1,264 809	0,559 698	1,156 952	0,823 945	0,264 817	0,913 889	0,86
0,85	1,730 637	2,036 043	0,891 573	1,432 742	1,258 105	0,539 497	1,180 579	0,822 412	0,261 628	0,908 225	0,85
0,84	1,723 597	2,051 901	0,888 296	1,438 001	1,251 343	0,519 436	1,204 320	0,820 902	0,258 528	0,902 695	0,84
0,83	1,716 715	2,068 331	0,884 773	1,443 207	1,244 529	0,499 535	1,228 153	0,819 415	0,255 518	0,897 300	0,83
0,82	1,709 992	2,085 357	0,880 999	1,448 356	1,237 667	0,479 814	1,252 058	0,817 953	0,252 597	0,892 040	0,82
0,81	1,703 432	2,103 002	0,876 972	1,453 443	1,230 764	0,460 291	1,276 012	0,816 516	0,249 764	0,886 915	0,81
0,80	1,697 033	2,121 292	0,872 688	1,458 463	1,223 825	0,440 988	1,299 991	0,815 106	0,247 019	0,881 927	0,80
0,79	1,690 799	2,140 252	0,868 147	1,463 413	1,216 857	0,421 924	1,323 971	0,813 724	0,244 360	0,877 075	0,79
0,78	1,684 730	2,159 910	0,863 344	1,468 286	1,209 865	0,403 119	1,347 926	0,812 369	0,241 788	0,872 360	0,78
0,77	1,678 827	2,180 295	0,858 280	1,473 078	1,202 858	0,384 593	1,371 830	0,811 045	0,239 300	0,867 782	0,77
0,76	1,673 091	2,201 436	0,852 951	1,477 785	1,195 841	0,366 366	1,395 657	0,809 750	0,236 897	0,863 341	0,76
0,75	1,667 524	2,223 365	0,847 358	1,482 401	1,188 823	0,348 457	1,419 377	0,808 486	0,234 578	0,859 038	0,75
0,74	1,662 125	2,246 115	0,841 500	1,486 924	1,181 812	0,330 885	1,442 964	0,807 254	0,232 341	0,854 871	0,74
0,73	1,656 897	2,269 721	0,835 376	1,491 348	1,174 815	0,313 669	1,466 386	0,806 055	0,230 187	0,850 842	0,73
0,72	1,651 838	2,294 220	0,828 986	1,495 668	1,167 841	0,296 828	1,489 616	0,804 888	0,228 113	0,846 950	0,72
0,71	1,646 951	2,319 649	0,822 332	1,499 882	1,160 899	0,280 379	1,512 621	0,803 756	0,226 120	0,843 195	0,71
0,70	1,642 234	2,346 049	0,815 413	1,503 985	1,153 998	0,264 339	1,535 373	0,802 658	0,224 205	0,839 576	0,70
0,69	1,637 688	2,373 461	0,808 233	1,507 974	1,147 146	0,248 724	1,557 840	0,801 595	0,222 369	0,836 094	0,69
0,68	1,633 314	2,401 932	0,800 791	1,511 845	1,140 355	0,233 551	1,579 990	0,800 567	0,220 611	0,832 747	0,68
0,67	1,629 110	2,431 508	0,793 092	1,515 594	1,133 632	0,218 833	1,601 794	0,799 576	0,218 928	0,829 535	0,67
0,66	1,625 077	2,462 238	0,785 138	1,519 220	1,126 988	0,204 585	1,623 219	0,798 621	0,217 321	0,826 457	0,66
0,65	1,621 214	2,494 175	0,776 931	1,522 718	1,120 433	0,190 818	1,644 236	0,797 702	0,215 787	0,823 512	0,65
0,64	1,617 520	2,527 375	0,768 476	1,526 087	1,113 977	0,177 545	1,664 814	0,796 821	0,214 327	0,820 699	0,64
0,63	1,613 994	2,561 895	0,759 778	1,529 325	1,107 630	0,164 775	1,684 924	0,795 977	0,212 939	0,818 017	0,63
0,62	1,610 635	2,597 798	0,750 840	1,532 430	1,101 402	0,152 517	1,704 536	0,795 170	0,211 621	0,815 465	0,62
0,61	1,607 441	2,635 149	0,741 668	1,535 400	1,095 303	0,140 778	1,723 623	0,794 400	0,210 372	0,813 041	0,61
0,60	1,604 411	2,674 018	0,732 268	1,538 235	1,089 342	0,129 565	1,742 157	0,793 668	0,209 191	0,810 743	0,60
0,59	1,601 542	2,714 478	0,722 645	1,540 933	1,083 530	0,118 880	1,760 113	0,792 973	0,208 077	0,808 570	0,59
0,58	1,598 833	2,756 609	0,712 806	1,543 495	1,077 876	0,108 728	1,777 466	0,792 314	0,207 028	0,806 519	0,58
0,57	1,596 282	2,800 494	0,702 758	1,545 920	1,072 389	0,099 109	1,794 194	0,791 692	0,206 042	0,804 589	0,57
0,56	1,593 884	2,846 221	0,692 507	1,548 209	1,067 077	0,090 022	1,810 276	0,791 107	0,205 119	0,802 777	0,56
0,55	1,591 638	2,893 887	0,682 062	1,550 363	1,061 950	0,081 465	1,825 694	0,790 557	0,204 256	0,801 081	0,55
0,54	1,589 540	2,943 592	0,671 430	1,552 384	1,057 015	0,073 433	1,840 430	0,790 042	0,203 452	0,799 497	0,54
0,53	1,587 586	2,995 445	0,660 619	1,554 273	1,052 280	0,065 920	1,854 471	0,789 562	0,202 705	0,798 024	0,53
0,52	1,585 773	3,049 563	0,649 638	1,556 032	1,047 750	0,058 919	1,867 805	0,789 116	0,202 013	0,796 657	0,52
0,51	1,584 096	3,106 071	0,638 494	1,557 664	1,043 433	0,052 420	1,880 423	0,788 702	0,201 374	0,795 394	0,51
0,50	1,582 552	3,165 103	0,627 197	1,559 172	1,039 332	0,046 412	1,892 320	0,788 321	0,200 787	0,794 231	0,50

Tafel II

$1/\varkappa$	K	K'	π/KK'	E	E'	A	A'	B	C	D	$1/\varkappa$
0,50	1,582 552	3,165 103	0,627 197	1,559 172	1,039 332	0,046 412	1,892 320	0,788 321	0,200 787	0,794 231	0,50
0,49	1,581 135	3,226 805	0,615 755	1,560 559	1,035 452	0,040 881	1,903 492	0,787 970	0,200 249	0,793 165	0,49
0,48	1,579 840	3,291 334	0,604 178	1,561 830	1,031 797	0,035 814	1,913 939	0,787 649	0,199 758	0,792 191	0,48
0,47	1,578 663	3,358 858	0,592 473	1,562 988	1,028 367	0,031 193	1,923 666	0,787 357	0,199 312	0,791 306	0,47
0,46	1,577 598	3,429 561	0,580 651	1,564 039	1,025 165	0,027 002	1,932 678	0,787 093	0,198 910	0,790 505	0,46
0,45	1,576 639	3,503 643	0,568 719	1,564 986	1,022 191	0,023 221	1,940 987	0,786 855	0,198 548	0,789 784	0,45
0,44	1,575 781	3,581 321	0,556 686	1,565 835	1,019 442	0,019 830	1,948 605	0,786 641	0,198 224	0,789 140	0,44
0,43	1,575 018	3,662 833	0,544 562	1,566 591	1,016 917	0,016 808	1,955 550	0,786 452	0,197 936	0,788 567	0,43
0,42	1,574 344	3,748 437	0,532 353	1,567 261	1,014 611	0,014 134	1,961 842	0,786 284	0,197 682	0,788 060	0,42
0,41	1,573 752	3,838 419	0,520 069	1,567 849	1,012 519	0,011 783	1,967 504	0,786 136	0,197 460	0,787 616	0,41
0,40	1,573 236	3,933 091	0,507 717	1,568 362	1,010 635	0,009 734	1,972 563	0,786 007	0,197 266	0,787 229	0,40
0,39	1,572 791	4,032 798	0,495 305	1,568 805	1,008 952	0,007 962	1,977 048	0,785 896	0,197 098	0,786 895	0,39
0,38	1,572 410	4,137 921	0,482 838	1,569 185	1,007 460	0,006 443	1,980 991	0,785 801	0,196 955	0,786 609	0,38
0,37	1,572 087	4,248 883	0,470 326	1,569 507	1,006 151	0,005 155	1,984 427	0,785 721	0,196 834	0,786 366	0,37
0,36	1,571 816	4,366 155	0,457 772	1,569 778	1,005 012	0,004 073	1,987 390	0,785 653	0,196 732	0,786 163	0,36
0,35	1,571 591	4,490 259	0,445 183	1,570 003	1,004 032	0,003 175	1,989 919	0,785 597	0,196 648	0,785 994	0,35
0,34	1,571 406	4,621 783	0,432 565	1,570 187	1,003 199	0,002 438	1,992 052	0,785 551	0,196 578	0,785 856	0,34
0,33	1,571 257	4,761 386	0,419 923	1,570 335	1,002 500	0,001 843	1,993 828	0,785 513	0,196 522	0,785 744	0,33
0,32	1,571 139	4,909 809	0,407 259	1,570 454	1,001 922	0,001 369	1,995 286	0,785 484	0,196 478	0,785 655	0,32
0,31	1,571 046	5,067 890	0,394 579	1,570 547	1,001 450	0,000 998	1,996 465	0,785 461	0,196 443	0,785 585	0,31
0,30	1,570 974	5,236 581	0,381 885	1,570 618	1,001 073	0,000 712	1,997 401	0,785 443	0,196 416	0,785 532	0,30
0,29	1,570 920	5,416 967	0,369 181	1,570 672	1,000 776	0,000 496	1,998 132	0,785 429	0,196 396	0,785 491	0,29
0,28	1,570 881	5,610 288	0,356 469	1,570 712	1,000 548	0,000 337	1,998 690	0,785 419	0,196 381	0,785 461	0,28
0,27	1,570 852	5,817 970	0,343 750	1,570 741	1,000 376	0,000 222	1,999 106	0,785 412	0,196 370	0,785 440	0,27
0,26	1,570 832	6,041 661	0,331 027	1,570 761	1,000 251	0,000 142	1,999 408	0,785 407	0,196 363	0,785 425	0,26
0,25	1,570 818	6,283 273	0,318 301	1,570 774	1,000 161	0,000 088	1,999 622	0,785 404	0,196 358	0,785 415	0,25
0,24	1,570 809	6,545 039	0,305 572	1,570 783	1,000 100	0,000 052	1,999 767	0,785 401	0,196 354	0,785 408	0,24
0,23	1,570 804	6,829 581	0,292 842	1,570 789	1,000 059	0,000 029	1,999 863	0,785 400	0,196 352	0,785 404	0,23
0,22	1,570 800	7,140 001	0,280 111	1,570 792	1,000 033	0,000 016	1,999 923	0,785 399	0,196 351	0,785 401	0,22
0,21	1,570 798	7,479 992	0,267 380	1,570 794	1,000 018	0,000 008	1,999 959	0,785 399	0,196 350	0,785 400	0,21
0,20	1,570 797	7,853 986	0,254 648	1,570 795	1,000 009	0,000 004	1,999 980	0,785 398	0,196 350	0,785 399	0,20
0,19	1,570 797	8,267 351	0,241 915	1,570 796	1,000 004	0,000 002	1,999 991	0,785 398	0,196 350	0,785 398	0,19
0,18	1,570 796	8,726 647	0,229 183	1,570 796	1,000 002	0,000 001	1,999 996	0,785 398	0,196 350	0,785 398	0,18
0,17	1,570 796	9,239 979	0,216 451	1,570 796	1,000 001	0,000 000	1,999 999	0,785 398	0,196 350	0,785 398	0,17
0,16	1,570 796	9,817 477	0,203 718	1,570 796	1,000 000	0,000 000	2,000 000	0,785 398	0,196 350	0,785 398	0,16
0,15	1,570 796	10,471 976	0,190 986	1,570 796	1,000 000	0,000 000	2,000 000	0,785 398	0,196 350	0,785 398	0,15
0,14	1,570 796	11,219 974	0,178 254	1,570 796	1,000 000	0,000 000	2,000 000	0,785 398	0,196 350	0,785 398	0,14
0,13	1,570 796	12,083 049	0,165 521	1,570 796	1,000 000	0,000 000	2,000 000	0,785 398	0,196 350	0,785 398	0,13
0,12	1,570 796	13,089 969	0,152 789	1,570 796	1,000 000	0,000 000	2,000 000	0,785 398	0,196 350	0,785 398	0,12
0,11	1,570 796	14,279 967	0,140 056	1,570 796	1,000 000	0,000 000	2,000 000	0,785 398	0,196 350	0,785 398	0,11
0,10	1,570 796	15,707 963	0,127 324	1,570 796	1,000 000	0,000 000	2,000 000	0,785 398	0,196 350	0,785 398	0,10
0,09	1,570 796	17,453 293	0,114 592	1,570 796	1,000 000	0,000 000	2,000 000	0,785 398	0,196 350	0,785 398	0,09
0,08	1,570 796	19,634 954	0,101 859	1,570 796	1,000 000	0,000 000	2,000 000	0,785 398	0,196 350	0,785 398	0,08
0,07	1,570 796	22,439 948	0,089 127	1,570 796	1,000 000	0,000 000	2,000 000	0,785 398	0,196 350	0,785 398	0,07
0,06	1,570 796	26,179 939	0,076 394	1,570 796	1,000 000	0,000 000	2,000 000	0,785 398	0,196 350	0,785 398	0,06
0,05	1,570 796	31,415 927	0,063 662	1,570 796	1,000 000	0,000 000	2,000 000	0,785 398	0,196 350	0,785 398	0,05
0,04	1,570 796	39,269 908	0,050 930	1,570 796	1,000 000	0,000 000	2,000 000	0,785 398	0,196 350	0,785 398	0,04
0,03	1,570 796	52,359 878	0,038 197	1,570 796	1,000 000	0,000 000	2,000 000	0,785 398	0,196 350	0,785 398	0,03
0,02	1,570 796	78,539 816	0,025 465	1,570 796	1,000 000	0,000 000	2,000 000	0,785 398	0,196 350	0,785 398	0,02
0,01	1,570 796	157,079 633	0,012 732	1,570 796	1,000 000	0,000 000	2,000 000	0,785 398	0,196 350	0,785 398	0,01
0,00	1,570 796	∞	0,000 000	1,570 796	1,000 000	0,000 000	2,000 000	0,785 398	0,196 350	0,785 398	0,00

Tafel II

$\varkappa$	$\vartheta_1'(\varkappa)$	$\vartheta_1'(k)$	$\vartheta_1'''/\vartheta_1'(\varkappa)$	$\vartheta_1'''/\vartheta_1'(k)$	$\vartheta_1'''''/\vartheta_1'(k)$	$\vartheta_2(\varkappa)$	$\vartheta_2''/\vartheta_2(\varkappa)$	$\vartheta_2''/\vartheta_2(k)$	$\vartheta_2''''/\vartheta_2(k)$	$\vartheta_3(\varkappa)$	$\varkappa$
0,00	0,000 000	0,000 000	∞	1,000 000	1,000 000	∞	− ∞	0,000 000	0,000 000	∞	0,00
0,01	0,000 000	0,000 000	96 811,088 4	0,980 901	0,936 946	10,000 000	−628,318 531	−0,006 366	0,000 122	10,000 000	0,01
0,02	0,000 000	0,000 000	23 731,533 2	0,961 803	0,875 108	7,071 068	−314,159 265	−0,012 732	0,000 486	7,071 068	0,02
0,03	0,000 000	0,000 000	10 337,908 6	0,942 704	0,814 485	5,773 503	−209,439 510	−0,019 099	0,001 094	5,773 503	0,03
0,04	0,000 002	0,000 000	5 697,263 85	0,923 606	0,755 079	5,000 000	−157,079 633	−0,025 465	0,001 945	5,000 000	0,04
0,05	0,000 085	0,000 001	3 570,850 64	0,904 507	0,696 888	4,472 136	−125,663 706	−0,031 831	0,003 040	4,472 136	0,05
0,06	0,000 883	0,000 017	2 427,397 51	0,885 408	0,639 914	4,082 483	−104,719 755	−0,038 197	0,004 377	4,082 483	0,06
0,07	0,004 547	0,000 101	1 744,925 61	0,866 310	0,584 155	3,779 645	−89,759 790	−0,044 563	0,005 958	3,779 645	0,07
0,08	0,015 131	0,000 385	1 306,506 24	0,847 211	0,529 612	3,535 534	−78,539 816	−0,050 930	0,007 781	3,535 534	0,08
0,09	0,037 747	0,001 081	1 009,030 17	0,828 113	0,476 284	3,333 333	−69,813 170	−0,057 296	0,009 848	3,333 333	0,09
0,10	0,077 133	0,002 455	798,464 881	0,809 014	0,424 173	3,162 278	−62,831 853	−0,063 662	0,012 159	3,162 278	0,10
0,11	0,136 532	0,004 781	644,310 186	0,789 915	0,373 277	3,015 113	−57,119 866	−0,070 028	0,014 712	3,015 113	0,11
0,12	0,217 249	0,008 298	528,309 562	0,770 817	0,323 598	2,886 751	−52,359 878	−0,076 394	0,017 508	2,886 751	0,12
0,13	0,318 760	0,013 190	439,003 676	0,751 718	0,275 134	2,773 501	−48,332 195	−0,082 761	0,020 548	2,773 501	0,13
0,14	0,439 138	0,019 569	368,911 560	0,732 620	0,227 886	2,672 612	−44,879 896	−0,089 127	0,023 831	2,672 612	0,14
0,15	0,575 549	0,027 480	312,985 378	0,713 521	0,181 854	2,581 989	−41,887 905	−0,095 493	0,027 357	2,581 989	0,15
0,16	0,724 706	0,036 909	267,721 697	0,694 422	0,137 038	2,500 000	−39,269 917	−0,101 859	0,031 126	2,500 000	0,16
0,17	0,883 224	0,047 794	230,629 062	0,675 324	0,093 437	2,425 356	−36,959 939	−0,108 225	0,035 138	2,425 356	0,17
0,18	1,047 862	0,060 038	199,897 665	0,656 225	0,051 053	2,357 022	−34,906 649	−0,114 592	0,039 393	2,357 023	0,18
0,19	1,215 675	0,073 523	174,188 055	0,637 126	0,009 884	2,294 157	−33,069 541	−0,120 958	0,043 891	2,294 158	0,19
0,20	1,384 090	0,088 114	152,492 330	0,618 027	−0,030 069	2,236 067	−31,416 224	−0,127 325	0,048 630	2,236 069	0,20
0,21	1,550 934	0,103 672	134,040 763	0,598 928	−0,068 805	2,182 178	−29,920 500	−0,133 692	0,053 611	2,182 180	0,21
0,22	1,714 424	0,120 058	118,237 647	0,579 828	−0,106 326	2,132 004	−28,560 958	−0,140 061	0,058 831	2,132 010	0,22
0,23	1,873 140	0,137 134	104,616 381	0,560 727	−0,142 629	2,085 139	−27,319 942	−0,146 431	0,064 288	2,085 149	0,23
0,24	2,025 992	0,154 773	92,807 482	0,541 625	−0,177 716	2,041 233	−26,182 771	−0,152 803	0,069 980	2,041 250	0,24
0,25	2,172 168	0,172 853	82,515 447	0,522 521	−0,211 583	1,999 986	−25,137 147	−0,159 178	0,075 902	2,000 014	0,25
0,26	2,311 104	0,191 264	73,501 773	0,503 414	−0,244 231	1,961 139	−24,172 702	−0,165 559	0,082 048	1,961 184	0,26
0,27	2,442 434	0,209 904	65,572 350	0,484 304	−0,275 656	1,924 467	−23,280 638	−0,171 946	0,088 413	1,924 535	0,27
0,28	2,565 959	0,228 683	58,567 968	0,465 190	−0,305 855	1,889 772	−22,453 447	−0,178 342	0,094 988	1,889 873	0,28
0,29	2,681 615	0,247 520	52,357 112	0,446 070	−0,334 825	1,856 880	−21,684 686	−0,184 748	0,101 765	1,857 027	0,29
0,30	2,789 444	0,266 342	46,830 416	0,426 945	−0,362 561	1,825 638	−20,968 797	−0,191 169	0,108 731	1,825 845	0,30
0,31	2,889 574	0,285 087	41,896 376	0,407 814	−0,389 056	1,795 910	−20,300 960	−0,197 607	0,115 876	1,796 196	0,31
0,32	2,982 194	0,303 698	37,477 986	0,388 675	−0,414 305	1,767 574	−19,676 975	−0,204 065	0,123 185	1,767 960	0,32
0,33	3,067 542	0,322 127	33,510 098	0,369 529	−0,438 299	1,740 521	−19,093 160	−0,210 548	0,130 645	1,741 032	0,33
0,34	3,145 890	0,340 333	29,937 311	0,350 375	−0,461 029	1,714 653	−18,546 277	−0,217 059	0,138 240	1,715 319	0,34
0,35	3,217 535	0,358 279	26,712 294	0,331 214	−0,482 485	1,689 881	−18,033 456	−0,223 602	0,145 953	1,690 736	0,35
0,36	3,282 785	0,375 936	23,794 429	0,312 045	−0,502 657	1,666 126	−17,552 146	−0,230 182	0,153 768	1,667 207	0,36
0,37	3,341 961	0,393 275	21,148 712	0,292 870	−0,521 533	1,643 315	−17,100 066	−0,236 804	0,161 667	1,644 665	0,37
0,38	3,395 380	0,410 276	18,744 858	0,273 689	−0,539 102	1,621 381	−16,675 168	−0,243 470	0,169 634	1,623 047	0,38
0,39	3,443 361	0,426 920	16,556 566	0,254 506	−0,555 352	1,600 265	−16,275 599	−0,250 187	0,177 649	1,602 298	0,39
0,40	3,486 217	0,443 191	14,560 915	0,235 321	−0,570 271	1,579 911	−15,899 683	−0,256 957	0,185 697	1,582 366	0,40
0,41	3,524 252	0,459 076	12,737 859	0,216 138	−0,583 848	1,560 269	−15,545 889	−0,263 785	0,193 759	1,563 206	0,41
0,42	3,557 761	0,474 566	11,069 816	0,196 961	−0,596 073	1,541 292	−15,212 817	−0,270 676	0,201 821	1,544 775	0,42
0,43	3,587 026	0,489 652	9,541 312	0,177 793	−0,606 935	1,522 938	−14,899 182	−0,277 631	0,209 865	1,527 034	0,43
0,44	3,612 320	0,504 328	8,138 693	0,158 638	−0,616 426	1,505 166	−14,603 797	−0,284 655	0,217 878	1,509 947	0,44
0,45	3,633 901	0,518 589	6,849 875	0,139 503	−0,624 540	1,487 942	−14,325 566	−0,291 751	0,225 845	1,493 482	0,45
0,46	3,652 016	0,532 432	5,664 138	0,120 392	−0,631 271	1,471 231	−14,063 468	−0,298 920	0,233 755	1,477 608	0,46
0,47	3,666 899	0,545 855	4,571 945	0,101 311	−0,636 616	1,455 002	−13,816 557	−0,306 166	0,241 595	1,462 298	0,47
0,48	3,678 770	0,558 857	3,564 793	0,082 268	−0,640 575	1,439 227	−13,583 946	−0,313 489	0,249 357	1,447 525	0,48
0,49	3,687 838	0,571 438	2,635 080	0,063 269	−0,643 150	1,423 878	−13,364 810	−0,320 891	0,257 031	1,433 265	0,49
0,50	3,694 300	0,583 599	1,776 002	0,044 321	−0,644 346	1,408 932	−13,158 371	−0,328 372	0,264 610	1,419 495	0,50

Tafel II

$\varkappa$	$\vartheta_1'(\varkappa)$	$\vartheta_1'(k)$	$\vartheta_1'''/\vartheta_1'(\varkappa)$	$\vartheta_1'''/\vartheta_1'(k)$	$\vartheta_1'''''/\vartheta_1'(k)$	$\vartheta_2(\varkappa)$	$\vartheta_2''/\vartheta_2(\varkappa)$	$\vartheta_2''/\vartheta_2(k)$	$\vartheta_2''''/\vartheta_2(k)$	$\vartheta_3(\varkappa)$	$\varkappa$
0,50	3,694 300	0,583 599	1,776 002	0,044 321	−0,644 346	1,408 932	−13,158 371	−0,328 372	0,264 610	1,419 495	0,50
0,51	3,698 340	0,595 341	0,981 446	0,025 432	−0,644 170	1,394 365	−12,963 903	−0,335 933	0,272 089	1,406 196	0,51
0,52	3,700 133	0,606 666	0,245 917	0,006 611	−0,642 635	1,380 155	−12,780 723	−0,343 574	0,279 464	1,393 346	0,52
0,53	3,699 841	0,617 578	−0,435 538	−0,012 135	−0,639 753	1,366 284	−12,608 186	−0,351 293	0,286 731	1,380 927	0,53
0,54	3,697 618	0,628 079	−1,067 391	−0,030 797	−0,635 543	1,352 733	−12,445 688	−0,359 090	0,293 890	1,368 923	0,54
0,55	3,693 606	0,638 174	−1,653 688	−0,049 366	−0,630 026	1,339 484	−12,292 656	−0,366 963	0,300 939	1,357 316	0,55
0,56	3,687 939	0,647 866	−2,198 093	−0,067 834	−0,623 225	1,326 521	−12,148 553	−0,374 910	0,307 880	1,346 091	0,56
0,57	3,680 744	0,657 160	−2,703 935	−0,086 192	−0,615 168	1,313 831	−12,012 870	−0,382 928	0,314 716	1,335 234	0,57
0,58	3,672 137	0,666 061	−3,174 236	−0,104 431	−0,605 886	1,301 398	−11,885 128	−0,391 015	0,321 450	1,324 731	0,58
0,59	3,662 228	0,674 573	−3,611 752	−0,122 542	−0,595 412	1,289 210	−11,764 874	−0,399 167	0,328 085	1,314 569	0,59
0,60	3,651 119	0,682 703	−4,018 994	−0,140 517	−0,583 784	1,277 254	−11,651 680	−0,407 380	0,334 628	1,304 735	0,60
0,61	3,638 905	0,690 455	−4,398 253	−0,158 347	−0,571 040	1,265 520	−11,545 143	−0,415 651	0,341 085	1,295 217	0,61
0,62	3,625 675	0,697 836	−4,751 626	−0,176 024	−0,557 223	1,253 997	−11,444 879	−0,423 975	0,347 461	1,286 005	0,62
0,63	3,611 512	0,704 852	−5,081 033	−0,193 539	−0,542 376	1,242 675	−11,350 530	−0,432 348	0,353 765	1,277 088	0,63
0,64	3,596 494	0,711 508	−5,388 234	−0,210 886	−0,526 548	1,231 546	−11,261 754	−0,440 765	0,360 004	1,268 454	0,64
0,65	3,580 693	0,717 811	−5,674 844	−0,228 055	−0,509 785	1,220 599	−11,178 231	−0,449 220	0,366 186	1,260 096	0,65
0,66	3,564 176	0,723 767	−5,942 346	−0,245 040	−0,492 139	1,209 828	−11,099 655	−0,457 709	0,372 320	1,252 002	0,66
0,67	3,547 005	0,729 384	−6,192 105	−0,261 835	−0,473 660	1,199 224	−11,025 741	−0,466 226	0,378 413	1,244 165	0,67
0,68	3,529 239	0,734 667	−6,425 380	−0,278 431	−0,454 401	1,188 781	−10,956 218	−0,474 766	0,384 475	1,236 575	0,68
0,69	3,510 931	0,739 623	−6,643 328	−0,294 823	−0,434 416	1,178 493	−10,890 831	−0,483 322	0,390 514	1,229 224	0,69
0,70	3,492 133	0,744 259	−6,847 018	−0,311 005	−0,413 760	1,168 352	−10,829 337	−0,491 890	0,396 538	1,222 105	0,70
0,71	3,472 891	0,748 581	−7,037 439	−0,326 972	−0,392 485	1,158 354	−10,771 510	−0,500 463	0,402 555	1,215 210	0,71
0,72	3,453 249	0,752 598	−7,215 502	−0,342 718	−0,370 647	1,148 492	−10,717 135	−0,509 036	0,408 572	1,208 530	0,72
0,73	3,433 248	0,756 315	−7,382 052	−0,358 238	−0,348 300	1,138 763	−10,666 009	−0,517 603	0,414 597	1,202 061	0,73
0,74	3,412 925	0,759 739	−7,537 872	−0,373 529	−0,325 498	1,129 160	−10,617 941	−0,526 158	0,420 637	1,195 793	0,74
0,75	3,392 315	0,762 879	−7,683 684	−0,388 587	−0,302 294	1,119 679	−10,572 751	−0,534 695	0,426 698	1,189 722	0,75
0,76	3,371 451	0,765 739	−7,820 161	−0,403 407	−0,278 741	1,110 317	−10,530 270	−0,543 210	0,432 787	1,183 840	0,76
0,77	3,350 363	0,768 328	−7,947 926	−0,417 988	−0,254 889	1,101 070	−10,490 337	−0,551 695	0,438 907	1,178 142	0,77
0,78	3,329 079	0,770 652	−8,067 558	−0,432 325	−0,230 789	1,091 933	−10,452 802	−0,560 146	0,445 065	1,172 622	0,78
0,79	3,307 626	0,772 719	−8,179 594	−0,446 418	−0,206 490	1,082 903	−10,417 521	−0,568 558	0,451 264	1,167 273	0,79
0,80	3,286 028	0,774 535	−8,284 533	−0,460 264	−0,182 038	1,073 977	−10,384 363	−0,576 925	0,457 507	1,162 091	0,80
0,81	3,264 306	0,776 106	−8,382 842	−0,473 862	−0,157 480	1,065 152	−10,353 199	−0,585 242	0,463 798	1,157 071	0,81
0,82	3,242 483	0,777 441	−8,474 952	−0,487 210	−0,132 860	1,056 425	−10,323 912	−0,593 504	0,470 138	1,152 206	0,82
0,83	3,220 577	0,778 545	−8,561 266	−0,550 309	−0,108 218	1,047 793	−10,296 390	−0,601 707	0,476 529	1,147 493	0,83
0,84	3,198 606	0,779 425	−8,642 159	−0,513 156	−0,083 595	1,039 254	−10,270 527	−0,609 846	0,482 973	1,142 926	0,84
0,85	3,176 587	0,780 088	−8,717 981	−0,525 753	−0,059 029	1,030 805	−10,246 224	−0,617 917	0,489 470	1,138 501	0,85
0,86	3,154 536	0,780 541	−8,789 059	−0,538 100	−0,034 557	1,022 444	−10,223 389	−0,625 915	0,496 018	1,134 214	0,86
0,87	3,132 465	0,780 789	−8,855 695	−0,550 196	−0,010 211	1,014 168	−10,201 932	−0,633 837	0,502 619	1,130 059	0,87
0,88	3,110 390	0,780 840	−8,918 175	−0,562 044	0,013 975	1,005 976	−10,181 772	−0,641 679	0,509 270	1,126 034	0,88
0,89	3,088 321	0,780 699	−8,976 763	−0,573 644	0,037 973	0,997 866	−10,162 830	−0,649 437	0,515 970	1,122 133	0,89
0,90	3,066 271	0,780 373	−9,031 705	−0,584 997	0,061 755	0,989 835	−10,145 034	−0,657 109	0,522 717	1,118 354	0,90
0,91	3,044 249	0,779 868	−9,083 235	−0,596 105	0,085 295	0,981 883	−10,128 315	−0,664 690	0,529 508	1,114 691	0,91
0,92	3,022 265	0,779 190	−9,131 567	−0,606 970	0,108 569	0,974 007	−10,112 607	−0,672 179	0,536 339	1,111 142	0,92
0,93	3,000 328	0,778 345	−9,176 903	−0,617 594	0,131 556	0,966 206	−10,097 851	−0,679 573	0,543 209	1,107 703	0,93
0,94	2,978 446	0,777 339	−9,219 431	−0,627 979	0,154 237	0,958 478	−10,083 988	−0,686 868	0,550 113	1,104 371	0,94
0,95	2,956 627	0,776 177	−9,259 329	−0,638 128	0,176 592	0,950 823	−10,070 965	−0,694 063	0,557 047	1,101 141	0,95
0,96	2,934 878	0,774 865	−9,296 762	−0,648 042	0,198 607	0,943 238	−10,058 731	−0,701 156	0,564 007	1,098 012	0,96
0,97	2,913 204	0,773 408	−9,331 883	−0,657 726	0,220 267	0,935 722	−10,047 239	−0,708 146	0,570 989	1,094 980	0,97
0,98	2,891 612	0,771 813	−9,364 837	−0,667 181	0,241 560	0,928 275	−10,036 444	−0,715 029	0,577 988	1,092 041	0,98
0,99	2,870 107	0,770 083	−9,395 760	−0,676 412	0,262 474	0,920 894	−10,026 304	−0,721 805	0,585 000	1,089 194	0,99
1,00	2,848 695	0,768 225	−9,424 778	−0,685 420	0,283 001	0,913 579	−10,016 778	−0,728 473	0,592 020	1,086 435	1,00

Tafel II

$1/\varkappa$	$\vartheta_1'(\varkappa)$	$\vartheta_1'(k)$	$\vartheta_1'''/\vartheta_1'(\varkappa)$	$\vartheta_1'''/\vartheta_1'(k)$	$\vartheta_1'''''/\vartheta_1'(k)$	$\vartheta_2(\varkappa)$	$\vartheta_2''/\vartheta_2(\varkappa)$	$\vartheta_2''/\vartheta_2(k)$	$\vartheta_2''''/\vartheta_2(k)$	$\vartheta_3(\varkappa)$	$1/\varkappa$
1,00	2,848 695	0,768 225	−9,424 778	−0,685 420	0,283 001	0,913 579	−10,016 778	−0,728 473	0,592 020	1,086 435	1,00
0,99	2,827 164	0,766 223	−9,452 276	−0,694 297	0,303 333	0,906 256	−10,007 744	−0,735 098	0,599 114	1,083 734	0,99
0,98	2,805 299	0,764 056	−9,478 575	−0,703 128	0,323 657	0,898 851	−9,999 095	−0,741 741	0,606 350	1,081 066	0,98
0,97	2,783 098	0,761 719	−9,503 701	−0,711 910	0,343 954	0,891 362	−9,990 826	−0,748 400	0,613 728	1,078 430	0,97
0,96	2,760 558	0,759 209	−9,527 678	−0,720 637	0,364 204	0,883 787	−9,982 927	−0,755 070	0,621 245	1,075 828	0,96
0,95	2,737 675	0,756 523	−9,550 533	−0,729 304	0,384 387	0,876 125	−9,975 393	−0,761 747	0,628 901	1,073 260	0,95
0,94	2,714 448	0,753 658	−9,572 293	−0,737 906	0,404 484	0,868 374	−9,968 214	−0,768 427	0,636 691	1,070 727	0,94
0,93	2,690 873	0,750 609	−9,592 984	−0,746 440	0,424 473	0,860 532	−9,961 383	−0,775 105	0,644 612	1,068 230	0,93
0,92	2,666 946	0,747 373	−9,612 633	−0,754 899	0,444 335	0,852 599	−9,954 892	−0,781 777	0,652 661	1,065 770	0,92
0,91	2,642 666	0,743 947	−9,631 269	−0,763 278	0,464 049	0,844 572	−9,948 732	−0,788 437	0,660 833	1,063 347	0,91
0,90	2,618 028	0,740 327	−9,648 919	−0,771 574	0,483 596	0,836 450	−9,942 894	−0,795 081	0,669 122	1,060 963	0,90
0,89	2,593 030	0,736 510	−9,665 611	−0,779 780	0,502 955	0,828 230	−9,937 369	−0,801 704	0,677 523	1,058 618	0,89
0,88	2,567 668	0,732 493	−9,681 375	−0,787 891	0,522 106	0,819 912	−9,932 149	−0,808 299	0,686 029	1,056 313	0,88
0,87	2,541 939	0,728 272	−9,696 238	−0,795 902	0,541 030	0,811 493	−9,927 225	−0,814 863	0,694 632	1,054 049	0,87
0,86	2,515 840	0,723 844	−9,710 230	−0,803 809	0,559 707	0,802 972	−9,922 587	−0,821 388	0,703 325	1,051 827	0,86
0,85	2,489 368	0,719 206	−9,723 381	−0,811 606	0,578 118	0,794 347	−9,918 226	−0,827 870	0,712 099	1,049 646	0,85
0,84	2,462 520	0,714 355	−9,735 720	−0,819 288	0,596 245	0,785 616	−9,914 132	−0,834 302	0,720 944	1,047 509	0,84
0,83	2,435 291	0,709 288	−9,747 276	−0,826 851	0,614 071	0,776 778	−9,910 297	−0,840 680	0,729 850	1,045 416	0,83
0,82	2,407 678	0,704 003	−9,758 078	−0,834 288	0,631 578	0,767 831	−9,906 710	−0,846 995	0,738 807	1,043 367	0,82
0,81	2,379 679	0,698 496	−9,768 158	−0,841 595	0,648 749	0,758 773	−9,903 362	−0,853 244	0,747 802	1,041 364	0,81
0,80	2,351 290	0,692 765	−9,777 543	−0,848 768	0,665 568	0,749 602	−9,900 244	−0,859 419	0,756 825	1,039 406	0,80
0,79	2,322 507	0,686 808	−9,786 265	−0,855 802	0,682 022	0,740 317	−9,897 345	−0,865 515	0,765 861	1,037 495	0,79
0,78	2,293 327	0,680 622	−9,794 351	−0,862 691	0,698 095	0,730 916	−9,894 657	−0,871 526	0,774 899	1,035 631	0,78
0,77	2,263 747	0,674 205	−9,801 833	−0,869 432	0,713 774	0,721 398	−9,892 169	−0,877 445	0,783 923	1,033 815	0,77
0,76	2,233 764	0,667 556	−9,808 737	−0,876 020	0,729 048	0,711 760	−9,889 873	−0,883 266	0,792 920	1,032 048	0,76
0,75	2,203 373	0,660 672	−9,815 095	−0,882 451	0,743 905	0,702 001	−9,887 758	−0,888 984	0,801 875	1,030 329	0,75
0,74	2,172 573	0,653 553	−9,820 933	−0,888 721	0,758 335	0,692 120	−9,885 815	−0,894 592	0,810 774	1,028 660	0,74
0,73	2,141 359	0,646 196	−9,826 280	−0,894 825	0,772 330	0,682 114	−9,884 035	−0,900 085	0,819 600	1,027 041	0,73
0,72	2,109 729	0,638 600	−9,831 164	−0,900 762	0,785 880	0,671 984	−9,882 410	−0,905 457	0,828 339	1,025 472	0,72
0,71	2,077 680	0,630 766	−9,835 612	−0,906 526	0,798 980	0,661 726	−9,880 929	−0,910 703	0,836 974	1,023 954	0,71
0,70	2,045 210	0,622 691	−9,839 650	−0,912 115	0,811 623	0,651 340	−9,879 584	−0,915 817	0,845 490	1,022 486	0,70
0,69	2,012 315	0,614 377	−9,843 305	−0,917 526	0,823 806	0,640 824	−9,878 367	−0,920 794	0,853 873	1,021 070	0,69
0,68	1,978 994	0,605 822	−9,846 602	−0,922 756	0,835 525	0,630 178	−9,877 269	−0,925 630	0,862 105	1,019 706	0,68
0,67	1,945 244	0,597 026	−9,849 566	−0,927 804	0,846 778	0,619 400	−9,876 281	−0,930 320	0,870 173	1,018 393	0,67
0,66	1,911 063	0,587 991	−9,852 221	−0,932 666	0,857 563	0,608 489	−9,875 397	−0,934 860	0,878 062	1,017 131	0,66
0,65	1,876 451	0,578 718	−9,854 590	−0,937 342	0,867 881	0,597 444	−9,874 608	−0,939 246	0,885 756	1,015 922	0,65
0,64	1,841 405	0,569 206	−9,856 695	−0,941 829	0,877 734	0,586 265	−9,873 907	−0,943 474	0,893 244	1,014 764	0,64
0,63	1,805 926	0,559 459	−9,858 558	−0,946 127	0,887 123	0,574 951	−9,873 286	−0,947 541	0,900 511	1,013 657	0,63
0,62	1,770 013	0,549 477	−9,860 200	−0,950 236	0,896 052	0,563 502	−9,872 739	−0,951 445	0,907 546	1,012 602	0,62
0,61	1,733 666	0,539 263	−9,861 639	−0,954 155	0,904 525	0,551 917	−9,872 259	−0,955 183	0,914 337	1,011 597	0,61
0,60	1,696 887	0,528 819	−9,862 896	−0,957 885	0,912 547	0,540 197	−9,871 840	−0,958 754	0,920 874	1,010 643	0,60
0,59	1,659 676	0,518 149	−9,863 987	−0,961 426	0,920 125	0,528 341	−9,871 477	−0,962 156	0,927 148	1,009 739	0,59
0,58	1,622 038	0,507 257	−9,864 929	−0,964 778	0,927 267	0,516 351	−9,871 163	−0,965 388	0,933 151	1,008 885	0,58
0,57	1,583 974	0,496 145	−9,865 739	−0,967 945	0,933 979	0,504 227	−9,870 893	−0,968 451	0,938 876	1,008 080	0,57
0,56	1,545 489	0,484 818	−9,866 429	−0,970 927	0,940 271	0,491 971	−9,870 663	−0,971 344	0,944 318	1,007 322	0,56
0,55	1,506 588	0,473 282	−9,867 015	−0,973 727	0,946 154	0,479 583	−9,870 467	−0,974 068	0,949 472	1,006 612	0,55
0,54	1,467 279	0,461 542	−9,867 509	−0,976 348	0,951 636	0,467 066	−9,870 303	−0,976 625	0,954 336	1,005 948	0,54
0,53	1,427 568	0,449 603	−9,867 922	−0,978 794	0,956 730	0,454 422	−9,870 165	−0,979 016	0,958 909	1,005 330	0,53
0,52	1,387 466	0,437 473	−9,868 265	−0,981 067	0,961 448	0,441 654	−9,870 051	−0,981 245	0,963 190	1,004 756	0,52
0,51	1,346 983	0,425 158	−9,868 548	−0,983 173	0,965 802	0,428 766	−9,869 957	−0,983 314	0,967 182	1,004 225	0,51
0,50	1,306 132	0,412 667	−9,868 778	−0,985 116	0,969 805	0,415 761	−9,869 880	−0,985 226	0,970 888	1,003 735	0,50

Tafel II

$1/\varkappa$	$\vartheta_1'(\varkappa)$	$\vartheta_1'(k)$	$\vartheta_1'''/\vartheta_1'(\varkappa)$	$\vartheta_1'''/\vartheta_1'(k)$	$\vartheta_1'''''/\vartheta_1'(k)$	$\vartheta_2(\varkappa)$	$\vartheta_2''/\vartheta_2(\varkappa)$	$\vartheta_2''/\vartheta_2(k)$	$\vartheta_2''''/\vartheta_2(k)$	$\vartheta_3(\varkappa)$	$1/\varkappa$
0,50	1,306 132	0,412 667	−9,868 778	−0,985 116	0,969 805	0,415 761	−9,869 880	−0,985 226	0,970 888	1,003 735	0,50
0,49	1,264 928	0,400 007	−9,868 965	−0,986 902	0,973 470	0,402 644	−9,869 817	−0,986 987	0,974 311	1,003 285	0,49
0,48	1,223 389	0,387 188	−9,869 115	−0,988 535	0,976 813	0,389 420	−9,869 768	−0,988 600	0,977 459	1,002 875	0,48
0,47	1,181 533	0,374 219	−9,869 234	−0,990 021	0,979 848	0,376 096	−9,869 728	−0,990 071	0,980 338	1,002 501	0,47
0,46	1,139 382	0,361 113	−9,869 327	−0,991 368	0,982 590	0,362 678	−9,869 697	−0,991 405	0,982 958	1,002 163	0,46
0,45	1,096 963	0,347 880	−9,869 400	−0,992 581	0,985 054	0,349 175	−9,869 673	−0,992 609	0,985 326	1,001 858	0,45
0,44	1,054 302	0,334 533	−9,869 456	−0,993 668	0,987 257	0,335 596	−9,869 654	−0,993 688	0,987 455	1,001 586	0,44
0,43	1,011 433	0,321 086	−9,869 498	−0,994 635	0,989 214	0,321 950	−9,869 640	−0,994 650	0,989 357	1,001 343	0,43
0,42	0,968 391	0,307 554	−9,869 529	−0,995 491	0,990 942	0,308 249	−9,869 630	−0,995 501	0,991 043	1,001 129	0,42
0,41	0,925 215	0,293 952	−9,869 552	−0,996 242	0,992 456	0,294 505	−9,869 622	−0,996 249	0,992 527	1,000 940	0,41
0,40	0,881 951	0,280 298	−9,869 569	−0,996 897	0,993 774	0,280 734	−9,869 616	−0,996 902	0,993 822	1,000 776	0,40
0,39	0,838 648	0,266 611	−9,869 581	−0,997 462	0,994 912	0,266 950	−9,869 612	−0,997 466	0,994 944	1,000 635	0,39
0,38	0,795 360	0,252 911	−9,869 589	−0,997 947	0,995 885	0,253 171	−9,869 610	−0,997 949	0,995 907	1,000 514	0,38
0,37	0,752 149	0,239 220	−9,869 594	−0,998 358	0,996 710	0,239 417	−9,869 608	−0,998 359	0,996 724	1,000 411	0,37
0,36	0,709 082	0,225 561	−9,869 598	−0,998 703	0,997 402	0,225 708	−9,869 606	−0,998 704	0,997 411	1,000 324	0,36
0,35	0,666 232	0,211 961	−9,869 601	−0,998 989	0,997 976	0,212 068	−9,869 606	−0,998 989	0,997 981	1,000 253	0,35
0,34	0,623 680	0,198 447	−9,869 602	−0,999 224	0,998 446	0,198 524	−9,869 605	−0,999 224	0,998 449	1,000 194	0,34
0,33	0,581 516	0,185 048	−9,869 603	−0,999 413	0,998 826	0,185 102	−9,869 605	−0,999 413	0,998 827	1,000 147	0,33
0,32	0,539 835	0,171 797	−9,869 604	−0,999 564	0,999 128	0,171 835	−9,869 605	−0,999 564	0,999 129	1,000 109	0,32
0,31	0,498 742	0,158 729	−9,869 604	−0,999 682	0,999 365	0,158 755	−9,869 605	−0,999 682	0,999 365	1,000 079	0,31
0,30	0,458 352	0,145 882	−9,869 604	−0,999 773	0,999 547	0,145 898	−9,869 604	−0,999 773	0,999 547	1,000 057	0,30
0,29	0,418 787	0,133 294	−9,869 604	−0,999 842	0,999 684	0,133 304	−9,869 604	−0,999 842	0,999 684	1,000 039	0,29
0,28	0,380 178	0,121 008	−9,869 604	−0,999 893	0,999 786	0,121 014	−9,869 604	−0,999 893	0,999 786	1,000 027	0,28
0,27	0,342 664	0,109 069	−9,869 604	−0,999 929	0,999 858	0,109 073	−9,869 604	−0,999 929	0,999 858	1,000 018	0,27
0,26	0,306 393	0,097 526	−9,869 604	−0,999 955	0,999 910	0,097 528	−9,869 604	−0,999 955	0,999 910	1,000 011	0,26
0,25	0,271 521	0,086 427	−9,869 604	−0,999 972	0,999 944	0,086 428	−9,869 604	−0,999 972	0,999 944	1,000 007	0,25
0,24	0,238 207	0,075 823	−9,869 604	−0,999 983	0,999 967	0,075 824	−9,869 604	−0,999 983	0,999 967	1,000 004	0,24
0,23	0,206 615	0,065 767	−9,869 604	−0,999 991	0,999 981	0,065 768	−9,869 604	−0,999 991	0,999 981	1,000 002	0,23
0,22	0,176 910	0,056 312	−9,869 604	−0,999 995	0,999 990	0,056 312	−9,869 604	−0,999 995	0,999 990	1,000 001	0,22
0,21	0,149 253	0,047 509	−9,869 604	−0,999 997	0,999 995	0,047 509	−9,869 604	−0,999 997	0,999 995	1,000 001	0,21
0,20	0,123 797	0,039 406	−9,869 604	−0,999 999	0,999 998	0,039 406	−9,869 604	−0,999 999	0,999 998	1,000 000	0,20
0,19	0,100 681	0,032 048	−9,869 604	−0,999 999	0,999 999	0,032 048	−9,869 604	−0,999 999	0,999 999	1,000 000	0,19
0,18	0,080 023	0,025 472	−9,869 604	−1,000 000	1,000 000	0,025 472	−9,869 604	−1,000 000	1,000 000	1,000 000	0,18
0,17	0,061 908	0,019 706	−9,869 604	−1,000 000	1,000 000	0,019 706	−9,869 604	−1,000 000	1,000 000	1,000 000	0,17
0,16	0,046 381	0,014 764	−9,869 604	−1,000 000	1,000 000	0,014 764	−9,869 604	−1,000 000	1,000 000	1,000 000	0,16
0,15	0,033 436	0,010 643	−9,869 604	−1,000 000	1,000 000	0,010 643	−9,869 604	−1,000 000	1,000 000	1,000 000	0,15
0,14	0,023 003	0,007 322	−9,869 604	−1,000 000	1,000 000	0,007 322	−9,869 604	−1,000 000	1,000 000	1,000 000	0,14
0,13	0,014 841	0,004 756	−9,869 604	−1,000 000	1,000 000	0,004 756	−9,869 604	−1,000 000	1,000 000	1,000 000	0,13
0,12	0,009 031	0,002 875	−9,869 604	−1,000 000	1,000 000	0,002 875	−9,869 604	−1,000 000	1,000 000	1,000 000	0,12
0,11	0,004 981	0,001 586	−9,869 604	−1,000 000	1,000 000	0,001 586	−9,869 604	−1,000 000	1,000 000	1,000 000	0,11
0,10	0,002 439	0,000 776	−9,869 604	−1,000 000	1,000 000	0,000 776	−9,869 604	−1,000 000	1,000 000	1,000 000	0,10
0,09	0,001 019	0,000 324	−9,869 604	−1,000 000	1,000 000	0,000 324	−9,869 604	−1,000 000	1,000 000	1,000 000	0,09
0,08	0,000 342	0,000 109	−9,869 604	−1,000 000	1,000 000	0,000 109	−9,869 604	−1,000 000	1,000 000	1,000 000	0,08
0,07	0,000 084	0,000 027	−9,869 604	−1,000 000	1,000 000	0,000 027	−9,869 604	−1,000 000	1,000 000	1,000 000	0,07
0,06	0,000 013	0,000 004	−9,869 604	−1,000 000	1,000 000	0,000 004	−9,869 604	−1,000 000	1,000 000	1,000 000	0,06
0,05	0,000 001	0,000 000	−9,869 604	−1,000 000	1,000 000	0,000 000	−9,869 604	−1,000 000	1,000 000	1,000 000	0,05
0,04	0,000 000	0,000 000	−9,869 604	−1,000 000	1,000 000	0,000 000	−9,869 604	−1,000 000	1,000 000	1,000 000	0,04
0,03	0,000 000	0,000 000	−9,869 604	−1,000 000	1,000 000	0,000 000	−9,869 604	−1,000 000	1,000 000	1,000 000	0,03
0,02	0,000 000	0,000 000	−9,869 604	−1,000 000	1,000 000	0,000 000	−9,869 604	−1,000 000	1,000 000	1,000 000	0,02
0,01	0,000 000	0,000 000	−9,869 604	−1,000 000	1,000 000	0,000 000	−9,869 604	−1,000 000	1,000 000	1,000 000	0,01
0,00	0,000 000	0,000 000	−9,869 604	−1,000 000	1,000 000	0,000 000	−9,869 604	−1,000 000	1,000 000	1,000 000	0,00

Tafel II

$\varkappa$	$\vartheta_3''/\vartheta_3(\varkappa)$	$\vartheta_3''/\vartheta_3(k)$	$\vartheta_3''''/\vartheta_3(k)$	$\vartheta_4(\varkappa)$	$\vartheta_4''/\vartheta_4(\varkappa)$	$\vartheta_4''/\vartheta_4(k)$	$\vartheta_4''''/\vartheta_4(k)$	$\vartheta_5'(\varkappa)$	$\vartheta_5'(k)$	$\vartheta_5'''/\vartheta_5'(\varkappa)$	$\varkappa$
0,00	$-\infty$	0,000 000	0,000 000	0,000 000	∞	1,000 000	1,000 000	0,000 000	0,000 000	∞	0,00
0,01	−628,318 531	−0,006 366	0,000 122	0,000 000	98 067,725 5	0,993 634	0,961 924	0,000 000	0,000 000	94 926,132 8	0,01
0,02	−314,159 265	−0,012 732	0,000 486	0,000 000	24 359,851 7	0,987 268	0,924 092	0,000 009	0,000 000	22 789,055 4	0,02
0,03	−209,439 510	−0,019 099	0,001 094	0,000 000	10 756,787 6	0,980 901	0,886 503	0,003 533	0,000 034	9 709,590 05	0,03
0,04	−157,079 633	−0,025 465	0,001 945	0,000 000	6 011,423 12	0,974 535	0,849 157	0,060 524	0,000 771	5 226,024 95	0,04
0,05	−125,663 706	−0,031 831	0,003 040	0,000 001	3 822,178 05	0,968 169	0,812 054	0,308 531	0,004 910	3 193,859 52	0,05
0,06	−104,719 755	−0,038 197	0,004 377	0,000 017	2 636,837 02	0,961 803	0,775 194	0,868 995	0,016 597	2 113,238 25	0,06
0,07	−89,759 790	−0,044 563	0,005 958	0,000 101	1 924,445 19	0,955 437	0,738 577	1,756 554	0,039 139	1 475,646 24	0,07
0,08	−78,539 816	−0,050 930	0,007 781	0,000 385	1 463,585 87	0,949 070	0,702 204	2,898 824	0,073 818	1 070,886 79	0,08
0,09	−69,813 170	−0,057 296	0,009 848	0,001 081	1 148,656 51	0,942 704	0,666 074	4,191 447	0,120 076	799,590 659	0,09
0,10	−62,831 853	−0,063 662	0,012 159	0,002 455	924,128 587	0,936 338	0,630 187	5,536 361	0,176 228	609,969 322	0,10
0,11	−57,119 866	−0,070 028	0,014 712	0,004 781	758,549 919	0,929 972	0,594 543	6,857 695	0,240 116	472,950 587	0,11
0,12	−52,359 878	−0,076 394	0,017 508	0,008 298	633,029 317	0,923 606	0,559 142	8,103 966	0,309 549	371,229 929	0,12
0,13	−48,332 195	−0,082 761	0,020 548	0,013 190	535,668 066	0,917 239	0,523 985	9,244 416	0,382 537	294,007 093	0,13
0,14	−44,879 894	−0,089 127	0,023 831	0,019 569	458,671 350	0,910 873	0,489 070	10,263 834	0,457 391	234,271 877	0,14
0,15	−41,887 899	−0,095 493	0,027 357	0,027 480	396,761 182	0,904 507	0,454 399	11,157 777	0,532 745	187,321 681	0,15
0,16	−39,269 899	−0,101 859	0,031 126	0,036 909	346,261 514	0,898 141	0,419 971	11,928 776	0,607 528	149,912 000	0,16
0,17	−36,959 888	−0,108 225	0,035 138	0,047 794	304,548 889	0,891 775	0,385 786	12,583 562	0,680 930	119,749 399	0,17
0,18	−34,906 521	−0,114 591	0,039 394	0,060 038	269,710 835	0,885 408	0,351 844	13,131 144	0,752 359	95,178 102	0,18
0,19	−33,069 252	−0,120 957	0,043 894	0,073 523	240,326 847	0,879 042	0,318 145	13,581 525	0,821 395	74,980 298	0,19
0,20	−31,415 629	−0,127 323	0,048 638	0,088 114	215,324 183	0,872 675	0,284 690	13,944 882	0,887 758	58,245 443	0,20
0,21	−29,919 360	−0,133 687	0,053 627	0,103 672	193,880 623	0,866 308	0,251 477	14,231 070	0,951 276	44,282 683	0,21
0,22	−28,558 908	−0,140 051	0,058 863	0,120 058	175,357 513	0,859 939	0,218 507	14,449 334	1,011 858	32,560 923	0,22
0,23	−27,316 452	−0,146 412	0,064 347	0,137 135	159,252 775	0,853 569	0,185 780	14,608 168	1,069 478	22,667 026	0,23
0,24	−26,177 107	−0,152 770	0,070 082	0,154 774	145,167 360	0,847 197	0,153 296	14,715 262	1,124 154	14,276 161	0,24
0,25	−25,128 336	−0,159 123	0,076 072	0,172 856	132,780 929	0,840 822	0,121 054	14,777 509	1,175 940	7,130 440	0,25
0,26	−24,159 493	−0,165 468	0,082 320	0,191 268	121,833 968	0,834 441	0,089 057	14,801 033	1,224 914	1,023 294	0,26
0,27	−23,261 476	−0,171 804	0,088 833	0,209 912	112,114 463	0,828 054	0,057 304	14,791 255	1,271 170	−4,212 078	0,27
0,28	−22,426 449	−0,178 127	0,095 617	0,228 696	103,447 864	0,821 658	0,025 796	14,752 944	1,314 812	−8,711 379	0,28
0,29	−21,647 628	−0,184 433	0,102 678	0,247 539	95,689 426	0,815 252	−0,005 463	14,690 289	1,355 952	−12,585 773	0,29
0,30	−20,919 108	−0,190 716	0,110 024	0,266 372	88,718 321	0,808 831	−0,036 472	14,606 956	1,394 704	−15,926 909	0,30
0,31	−20,235 725	−0,196 972	0,117 663	0,285 132	82,433 060	0,802 393	−0,067 226	14,506 154	1,431 183	−18,810 798	0,31
0,32	−19,592 943	−0,203 194	0,125 605	0,303 764	76,747 904	0,795 935	−0,097 721	14,390 682	1,465 503	−21,300 842	0,32
0,33	−18,986 766	−0,209 375	0,133 857	0,322 222	71,590 025	0,789 452	−0,127 950	14,262 981	1,497 776	−23,450 201	0,33
0,34	−18,413 663	−0,215 507	0,142 429	0,340 465	66,897 250	0,782 941	−0,157 905	14,125 180	1,528 109	−25,303 677	0,34
0,35	−17,870 502	−0,221 582	0,151 328	0,358 461	62,616 251	0,776 398	−0,187 579	13,979 132	1,556 606	−26,899 210	0,35
0,36	−17,354 503	−0,227 590	0,160 563	0,376 180	58,701 078	0,769 818	−0,216 958	13,826 448	1,583 367	−28,269 081	0,36
0,37	−16,863 195	−0,233 523	0,170 138	0,393 598	55,111 973	0,763 196	−0,246 033	13,668 529	1,608 485	−29,440 872	0,37
0,38	−16,394 373	−0,239 370	0,180 061	0,410 698	51,814 399	0,756 530	−0,274 788	13,506 595	1,632 051	−30,438 261	0,38
0,39	−15,946 073	−0,245 121	0,190 333	0,427 462	48,778 239	0,749 813	−0,303 209	13,341 700	1,654 149	−31,281 653	0,39
0,40	−15,516 541	−0,250 765	0,200 957	0,443 879	45,977 139	0,743 043	−0,331 277	13,174 761	1,674 861	−31,988 709	0,40
0,41	−15,104 211	−0,256 291	0,211 932	0,459 940	43,387 959	0,736 215	−0,358 975	13,006 571	1,694 261	−32,574 774	0,41
0,42	−14,707 683	−0,261 688	0,223 256	0,475 638	40,990 316	0,729 324	−0,386 282	12,837 814	1,712 422	−33,053 233	0,42
0,43	−14,325 706	−0,266 945	0,234 923	0,490 989	38,766 200	0,722 369	−0,413 177	12,669 081	1,729 410	−33,435 806	0,43
0,44	−13,957 161	−0,272 051	0,246 926	0,505 930	36,699 651	0,715 345	−0,439 637	12,500 880	1,745 289	−33,732 790	0,44
0,45	−13,601 049	−0,276 996	0,259 255	0,520 520	34,776 490	0,708 249	−0,465 639	12,333 645	1,760 117	−33,953 270	0,45
0,46	−13,256 474	−0,281 768	0,271 896	0,534 740	32,984 081	0,701 080	−0,491 156	12,167 749	1,773 952	−34,105 283	0,46
0,47	−12,922 638	−0,286 357	0,284 834	0,548 592	31,311 140	0,693 834	−0,516 165	12,003 508	1,786 844	−34,195 967	0,47
0,48	−12,598 824	−0,290 754	0,298 050	0,562 079	29,747 563	0,686 511	−0,540 638	11,841 188	1,798 843	−34,231 680	0,48
0,49	−12,284 394	−0,294 950	0,311 522	0,311 205	28,284 284	0,679 109	−0,564 550	11,681 014	1,809 997	−34,218 103	0,49
0,50	−11,978 776	−0,298 935	0,325 228	0,587 974	26,913 148	0,671 628	−0,587 874	11,523 172	1,820 347	−34,160 326	0,50

Tafel II

$\varkappa$	$\vartheta_3''/\vartheta_3(\varkappa)$	$\vartheta_3''/\vartheta_3(k)$	$\vartheta_3''''/\vartheta_3(k)$	$\vartheta_4(\varkappa)$	$\vartheta_4''/\vartheta_4(\varkappa)$	$\vartheta_4''/\vartheta_4(k)$	$\vartheta_4''''/\vartheta_4(k)$	$\vartheta_5'(\varkappa)$	$\vartheta_5'(k)$	$\vartheta_5'''/\vartheta_5'(\varkappa)$	$\varkappa$
0,50	−11,978 776	−0,298 935	0,325 228	0,587 974	26,913 148	0,671 628	−0,587 874	11,523 172	1,820 347	−34,160 326	0,50
0,51	−11,681 457	−0,302 701	0,339 139	0,600 392	25,626 806	0,664 067	−0,610 582	11,367 815	1,829 935	−34,062 924	0,51
0,52	−11,391 979	−0,306 241	0,353 229	0,612 464	24,418 619	0,656 426	−0,632 649	11,215 068	1,838 799	−33,930 020	0,52
0,53	−11,109 933	−0,309 548	0,367 465	0,624 197	23,282 581	0,648 707	−0,654 049	11,065 030	1,846 976	−33,765 336	0,53
0,54	−10,834 950	−0,312 616	0,381 815	0,635 596	22,213 247	0,640 910	−0,674 756	10,917 777	1,854 499	−33,572 242	0,54
0,55	−10,566 703	−0,315 440	0,396 244	0,646 669	21,205 671	0,633 037	−0,694 746	10,773 367	1,861 401	−33,353 796	0,55
0,56	−10,304 894	−0,318 014	0,410 717	0,657 423	20,255 354	0,625 090	−0,713 996	10,631 840	1,867 711	−33,112 775	0,56
0,57	−10,049 258	−0,320 335	0,425 194	0,667 865	19,358 194	0,617 072	−0,732 482	10,493 221	1,873 459	−32,851 710	0,57
0,58	−9,799 557	−0,322 401	0,439 639	0,678 003	18,510 449	0,608 985	−0,750 183	10,357 522	1,878 671	−32,572 908	0,58
0,59	−9,555 575	−0,324 208	0,454 013	0,687 842	17,708 697	0,600 833	−0,767 081	10,224 745	1,883 372	−32,278 477	0,59
0,60	−9,317 116	−0,325 756	0,468 275	0,697 391	16,949 803	0,592 620	−0,783 158	10,094 881	1,887 587	−31,970 342	0,60
0,61	−9,084 005	−0,327 045	0,482 385	0,706 658	16,230 895	0,584 349	−0,798 396	9,967 913	1,891 338	−31,650 267	0,61
0,62	−8,856 081	−0,328 073	0,496 306	0,715 648	15,549 334	0,576 025	−0,812 783	9,843 815	1,894 646	−31,319 868	0,62
0,63	−8,633 197	−0,328 843	0,509 997	0,724 371	14,902 694	0,567 652	−0,826 304	9,722 559	1,897 533	−30,980 624	0,63
0,64	−8,415 220	−0,329 356	0,523 420	0,732 832	14,288 740	0,559 234	−0,838 951	9,604 106	1,900 016	−30,633 895	0,64
0,65	−8,202 028	−0,329 615	0,536 538	0,741 038	13,705 414	0,550 780	−0,850 715	9,488 419	1,902 115	−30,280 926	0,65
0,66	−7,993 505	−0,329 623	0,549 314	0,748 998	13,150 815	0,542 291	−0,861 589	9,375 451	1,903 847	−29,922 862	0,66
0,67	−7,789 548	−0,329 383	0,561 713	0,756 717	12,623 184	0,533 774	−0,871 569	9,265 155	1,905 228	−29,560 750	0,67
0,68	−7,590 059	−0,328 900	0,573 703	0,764 203	12,120 897	0,525 234	−0,880 655	9,157 483	1,906 274	−29,195 555	0,68
0,69	−7,394 944	−0,328 179	0,585 252	0,771 462	11,642 447	0,516 678	−0,888 845	9,052 381	1,907 000	−28,828 160	0,69
0,70	−7,204 119	−0,327 225	0,596 330	0,778 500	11,186 437	0,508 110	−0,896 143	8,949 797	1,907 419	−28,459 374	0,70
0,71	−7,017 500	−0,326 045	0,606 909	0,785 324	10,751 572	0,499 537	−0,902 553	8,849 675	1,907 546	−28,089 940	0,71
0,72	−6,835 011	−0,324 645	0,616 965	0,791 940	10,336 644	0,490 964	−0,908 082	8,751 959	1,907 393	−27,720 536	0,72
0,73	−6,656 577	−0,323 032	0,626 475	0,798 354	9,940 533	0,482 397	−0,912 738	8,656 594	1,906 973	−27,351 783	0,73
0,74	−6,482 125	−0,321 213	0,635 419	0,804 573	9,562 195	0,473 842	−0,916 532	8,563 522	1,906 296	−26,984 248	0,74
0,75	−6,311 588	−0,319 196	0,643 777	0,810 601	9,200 655	0,465 305	−0,919 476	8,472 687	1,905 375	−26,618 448	0,75
0,76	−6,144 898	−0,316 988	0,651 535	0,816 445	8,855 006	0,456 790	−0,921 584	8,384 032	1,904 219	−26,254 854	0,76
0,77	−5,981 989	−0,314 598	0,658 679	0,822 109	8,524 400	0,448 305	−0,922 873	8,297 501	1,902 839	−25,893 892	0,77
0,78	−5,822 798	−0,312 033	0,665 200	0,827 600	8,208 041	0,439 854	−0,923 359	8,213 038	1,901 245	−25,535 951	0,78
0,79	−5,667 262	−0,309 303	0,671 088	0,832 922	7,905 190	0,431 442	−0,923 062	8,130 587	1,899 446	−25,181 380	0,79
0,80	−5,515 320	−0,306 415	0,676 339	0,838 081	7,615 149	0,423 075	−0,922 002	8,050 093	1,897 451	−24,830 494	0,80
0,81	−5,366 912	−0,303 379	0,680 948	0,843 081	7,337 269	0,414 758	−0,920 201	7,971 503	1,895 268	−24,483 577	0,81
0,82	−5,221 976	−0,300 202	0,684 916	0,847 928	7,070 937	0,406 496	−0,917 680	7,894 763	1,892 905	−24,140 881	0,82
0,83	−5,080 455	−0,296 895	0,688 243	0,852 625	6,815 580	0,398 293	−0,914 464	7,819 822	1,890 370	−23,802 632	0,83
0,84	−4,942 290	−0,293 464	0,690 933	0,857 178	6,570 658	0,390 154	−0,910 577	7,746 627	1,887 671	−23,469 029	0,84
0,85	−4,807 422	−0,289 920	0,692 990	0,861 590	6,335 665	0,382 083	−0,906 044	7,675 129	1,884 815	−23,140 247	0,85
0,86	−4,675 793	−0,286 270	0,694 424	0,865 867	6,110 123	0,374 085	−0,900 891	7,605 278	1,881 808	−22,816 438	0,86
0,87	−4,547 347	−0,282 523	0,695 242	0,870 012	5,893 584	0,366 163	−0,895 145	7,537 026	1,878 657	−22,497 736	0,87
0,88	−4,422 026	−0,278 686	0,695 456	0,874 029	5,685 623	0,358 321	−0,888 833	7,470 326	1,875 369	−22,184 252	0,88
0,89	−4,299 773	−0,274 769	0,695 078	0,877 922	5,485 840	0,350 563	−0,881 981	7,405 132	1,871 949	−21,876 081	0,89
0,90	−4,180 532	−0,270 779	0,694 122	0,881 695	5,293 860	0,342 891	−0,874 618	7,341 399	1,868 404	−21,573 301	0,90
0,91	−4,064 247	−0,266 724	0,692 604	0,885 352	5,109 326	0,335 310	−0,866 770	7,279 084	1,864 738	−21,275 975	0,91
0,92	−3,950 861	−0,262 612	0,690 538	0,888 896	4,931 902	0,327 821	−0,858 465	7,218 144	1,860 958	−20,984 151	0,92
0,93	−3,840 321	−0,258 449	0,687 944	0,892 331	4,761 269	0,320 427	−0,849 731	7,158 537	1,857 068	−20,697 864	0,93
0,94	−3,732 569	−0,254 243	0,684 840	0,895 659	4,597 126	0,313 132	−0,840 595	7,100 224	1,853 073	−20,417 139	0,94
0,95	−3,627 552	−0,250 001	0,681 243	0,898 885	4,439 188	0,305 937	−0,831 084	7,043 164	1,848 978	−20,141 986	0,95
0,96	−3,525 215	−0,245 730	0,677 175	0,902 011	4,287 185	0,298 844	−0,821 224	6,987 320	1,844 788	−19,872 407	0,96
0,97	−3,425 504	−0,241 435	0,672 656	0,905 040	4,140 861	0,291 854	−0,811 042	6,932 655	1,840 507	−19,608 395	0,97
0,98	−3,328 366	−0,237 124	0,667 706	0,907 976	3,999 973	0,284 971	−0,800 564	6,879 132	1,836 139	−19,349 934	0,98
0,99	−3,233 746	−0,232 801	0,662 347	0,910 822	3,864 290	0,278 195	−0,789 815	6,826 717	1,831 688	−19,096 998	0,99
1,00	−3,141 593	−0,228 473	0,656 600	0,913 579	3,733 593	0,271 527	−0,778 820	6,775 376	1,827 158	−18,849 556	1,00

Tafel II

$1/\varkappa$	$\vartheta_3''/\vartheta_3(\varkappa)$	$\vartheta_3''/\vartheta_3(k)$	$\vartheta_3''''/\vartheta_3(k)$	$\vartheta_4(\varkappa)$	$\vartheta_4''/\vartheta_4(\varkappa)$	$\vartheta_4''/\vartheta_4(k)$	$\vartheta_4''''/\vartheta_4(k)$	$\vartheta_5'(\varkappa)$	$\vartheta_5'(k)$	$\vartheta_5'''/\vartheta_5'(\varkappa)$	$1/\varkappa$
1,00	−3,141 593	−0,228 473	0,656 600	0,913 579	3,733 593	0,271 527	−0,778 820	6,775 376	1,827 158	−18,849 556	1,00
0,99	−3,050 959	−0,224 102	0,650 423	0,916 278	3,606 427	0,264 902	−0,767 488	6,724 573	1,822 507	−18,605 153	0,99
0,98	−2,960 959	−0,219 646	0,643 757	0,918 945	3,481 479	0,258 259	−0,755 718	6,673 793	1,817 685	−18,361 453	0,98
0,97	−2,871 633	−0,215 110	0,636 601	0,921 579	3,358 758	0,251 600	−0,743 513	6,623 037	1,812 689	−18,118 599	0,97
0,96	−2,783 020	−0,210 497	0,628 953	0,924 180	3,238 269	0,244 930	−0,730 882	6,572 302	1,807 516	−17,876 737	0,96
0,95	−2,695 160	−0,205 809	0,620 815	0,926 747	3,120 020	0,238 253	−0,717 831	6,521 586	1,802 161	−17,636 014	0,95
0,94	−2,608 096	−0,201 052	0,612 187	0,929 279	3,004 017	0,231 573	−0,704 372	6,470 887	1,796 621	−17,396 582	0,94
0,93	−2,521 869	−0,196 229	0,603 075	0,931 775	2,890 269	0,224 895	−0,690 515	6,420 202	1,790 891	−17,158 591	0,93
0,92	−2,436 521	−0,191 345	0,593 482	0,934 235	2,778 780	0,218 223	−0,676 272	6,369 529	1,784 968	−16,922 198	0,92
0,91	−2,352 096	−0,186 404	0,583 417	0,936 657	2,669 559	0,211 563	−0,661 656	6,318 861	1,778 847	−16,687 557	0,91
0,90	−2,268 636	−0,181 411	0,572 888	0,939 040	2,562 611	0,204 919	−0,646 684	6,268 197	1,772 524	−16,454 827	0,90
0,89	−2,186 185	−0,176 372	0,561 905	0,941 385	2,457 943	0,198 296	−0,631 372	6,217 529	1,765 993	−16,224 166	0,89
0,88	−2,104 786	−0,171 292	0,550 481	0,943 689	2,355 561	0,191 701	−0,615 738	6,166 852	1,759 252	−15,995 734	0,88
0,87	−2,024 484	−0,166 177	0,538 630	0,945 953	2,255 471	0,185 137	−0,599 801	6,116 161	1,752 295	−15,769 691	0,87
0,86	−1,945 323	−0,161 033	0,526 368	0,948 175	2,157 679	0,178 612	−0,583 583	6,065 446	1,745 117	−15,546 198	0,86
0,85	−1,867 345	−0,155 866	0,513 713	0,950 355	2,062 190	0,172 130	−0,567 107	6,014 701	1,737 713	−15,325 417	0,85
0,84	−1,790 596	−0,150 684	0,500 685	0,952 492	1,969 008	0,165 698	−0,550 396	5,963 917	1,730 079	−15,107 507	0,84
0,83	−1,715 118	−0,145 492	0,487 307	0,954 585	1,878 139	0,159 320	−0,533 475	5,913 083	1,722 209	−14,892 630	0,83
0,82	−1,640 955	−0,140 297	0,473 601	0,956 634	1,789 587	0,153 005	−0,516 372	5,862 190	1,714 098	−14,680 943	0,82
0,81	−1,568 149	−0,135 107	0,459 594	0,958 637	1,703 354	0,146 756	−0,499 114	5,811 226	1,705 741	−14,472 606	0,81
0,80	−1,496 743	−0,129 929	0,445 313	0,960 595	1,619 444	0,140 581	−0,481 731	5,760 178	1,697 132	−14,267 773	0,80
0,79	−1,426 778	−0,124 771	0,430 787	0,962 505	1,537 859	0,134 485	−0,464 252	5,709 032	1,688 265	−14,066 599	0,79
0,78	−1,358 294	−0,119 639	0,416 047	0,964 369	1,458 600	0,128 474	−0,446 710	5,657 776	1,679 135	−13,869 235	0,78
0,77	−1,291 332	−0,114 542	0,401 124	0,966 185	1,381 668	0,122 555	−0,429 136	5,606 391	1,669 735	−13,675 827	0,77
0,76	−1,225 928	−0,109 488	0,386 054	0,967 952	1,307 063	0,116 734	−0,411 563	5,554 863	1,660 060	−13,486 522	0,76
0,75	−1,162 121	−0,104 483	0,370 869	0,969 671	1,234 784	0,111 016	−0,394 026	5,503 172	1,650 103	−13,301 457	0,75
0,74	−1,099 945	−0,099 537	0,355 608	0,971 340	1,164 827	0,105 408	−0,376 557	5,451 299	1,639 858	−13,120 769	0,74
0,73	−1,039 436	−0,094 656	0,340 305	0,972 959	1,097 191	0,099 915	−0,359 193	5,399 224	1,629 318	−12,944 587	0,73
0,72	−0,980 624	−0,089 848	0,325 000	0,974 528	1,031 869	0,094 543	−0,341 966	5,346 924	1,618 477	−12,773 035	0,72
0,71	−0,923 540	−0,085 121	0,309 729	0,976 046	0,968 857	0,089 297	−0,324 914	5,294 376	1,607 327	−12,606 231	0,71
0,70	−0,868 212	−0,080 481	0,294 532	0,977 514	0,908 145	0,084 183	−0,308 069	5,241 556	1,595 862	−12,444 285	0,70
0,69	−0,814 665	−0,075 938	0,279 447	0,978 930	0,849 727	0,079 206	−0,291 466	5,188 436	1,584 073	−12,287 300	0,69
0,68	−0,762 923	−0,071 496	0,264 513	0,980 294	0,793 589	0,074 370	−0,275 139	5,134 989	1,571 954	−12,135 371	0,68
0,67	−0,713 006	−0,067 163	0,249 767	0,981 607	0,739 721	0,069 680	−0,259 120	5,081 184	1,559 497	−11,988 584	0,67
0,66	−0,664 931	−0,062 946	0,235 247	0,982 869	0,688 107	0,065 140	−0,243 443	5,026 990	1,546 693	−11,847 015	0,66
0,65	−0,618 714	−0,058 850	0,220 989	0,984 078	0,638 732	0,060 754	−0,228 136	4,972 375	1,533 534	−11,710 731	0,65
0,64	−0,574 364	−0,054 882	0,207 029	0,985 236	0,591 576	0,056 526	−0,213 231	4,917 303	1,520 013	−11,579 788	0,64
0,63	−0,531 891	−0,051 046	0,193 400	0,986 343	0,546 619	0,052 459	−0,198 754	4,861 736	1,506 120	−11,454 231	0,63
0,62	−0,491 298	−0,047 347	0,180 135	0,987 398	0,503 837	0,048 555	−0,184 731	4,805 637	1,491 846	−11,334 092	0,62
0,61	−0,452 585	−0,043 790	0,167 263	0,988 403	0,463 205	0,044 817	−0,171 187	4,748 965	1,477 182	−11,219 394	0,61
0,60	−0,415 749	−0,040 378	0,154 814	0,989 357	0,424 694	0,041 246	−0,158 144	4,691 677	1,462 118	−11,110 144	0,60
0,59	−0,380 784	−0,037 114	0,142 812	0,990 261	0,388 273	0,037 844	−0,145 621	4,633 728	1,446 646	−11,006 338	0,59
0,58	−0,347 676	−0,034 002	0,131 281	0,991 115	0,353 910	0,034 612	−0,133 635	4,575 071	1,430 753	−10,907 958	0,58
0,57	−0,316 412	−0,031 044	0,120 242	0,991 920	0,321 566	0,031 549	−0,122 200	4,515 659	1,414 431	−10,814 973	0,57
0,56	−0,286 969	−0,028 240	0,109 710	0,992 678	0,291 202	0,028 656	−0,111 329	4,455 439	1,397 667	−10,727 336	0,56
0,55	−0,259 324	−0,025 591	0,099 703	0,993 388	0,262 777	0,025 932	−0,101 030	4,394 359	1,380 452	−10,644 988	0,55
0,54	−0,233 449	−0,023 099	0,090 229	0,994 052	0,236 242	0,023 375	−0,091 309	4,332 363	1,362 773	−10,567 855	0,54
0,53	−0,209 308	−0,020 761	0,081 297	0,994 670	0,211 551	0,020 984	−0,082 169	4,269 396	1,344 619	−10,495 846	0,53
0,52	−0,186 865	−0,018 577	0,072 913	0,995 244	0,188 651	0,018 755	−0,073 610	4,205 396	1,325 977	−10,428 861	0,52
0,51	−0,166 078	−0,016 546	0,065 077	0,995 775	0,167 487	0,016 686	−0,065 629	4,140 304	1,306 835	−10,366 780	0,51
0,50	−0,146 899	−0,014 664	0,057 786	0,996 265	0,148 000	0,014 774	−0,058 220	4,074 056	1,287 180	−10,309 475	0,50

Tafel II

$1/\varkappa$	$\vartheta_3''/\vartheta_3(\varkappa)$	$\vartheta_3''/\vartheta_3(k)$	$\vartheta_3''''/\vartheta_3(k)$	$\vartheta_4(\varkappa)$	$\vartheta_4''/\vartheta_4(\varkappa)$	$\vartheta_4''/\vartheta_4(k)$	$\vartheta_4''''/\vartheta_4(k)$	$\vartheta_5'(\varkappa)$	$\vartheta_5'(k)$	$\vartheta_5'''/\vartheta_5'(\varkappa)$	$1/\varkappa$
0,50	−0,146 899	−0,014 664	0,057 786	0,996 265	0,148 000	0,014 774	−0,058 220	4,074 056	1,287 180	−10,309 475	0,50
0,49	−0,129 278	−0,012 928	0,051 037	0,996 715	0,130 130	0,013 013	−0,051 374	4,006 588	1,266 998	−10,256 798	0,49
0,48	−0,113 160	−0,011 335	0,044 821	0,997 125	0,113 812	0,011 400	−0,045 079	3,937 832	1,246 275	−10,208 595	0,48
0,47	−0,098 486	−0,009 880	0,039 125	0,997 499	0,098 980	0,009 929	−0,039 322	3,867 720	1,224 998	−10,164 693	0,47
0,46	−0,085 195	−0,008 558	0,033 937	0,997 837	0,085 565	0,008 595	−0,034 084	3,796 182	1,203 152	−10,124 914	0,46
0,45	−0,073 221	−0,007 364	0,029 238	0,998 142	0,073 494	0,007 391	−0,029 347	3,723 147	1,180 723	−10,089 063	0,45
0,44	−0,062 495	−0,006 292	0,025 009	0,998 414	0,062 694	0,006 312	−0,025 089	3,648 544	1,157 694	−10,056 941	0,44
0,43	−0,052 947	−0,005 336	0,021 229	0,998 657	0,053 089	0,005 350	−0,021 286	3,572 299	1,134 050	−10,028 338	0,43
0,42	−0,044 503	−0,004 489	0,017 874	0,998 871	0,044 603	0,004 499	−0,017 915	3,494 339	1,109 776	−10,003 037	0,42
0,41	−0,037 088	−0,003 744	0,014 919	0,999 060	0,037 158	0,003 751	−0,014 947	3,414 590	1,084 857	−9,980 816	0,41
0,40	−0,030 628	−0,003 094	0,012 336	0,999 224	0,030 675	0,003 098	−0,012 355	3,332 980	1,059 275	−9,961 451	0,40
0,39	−0,025 045	−0,002 531	0,010 099	0,999 365	0,025 076	0,002 534	−0,010 112	3,249 437	1,033 016	−9,944 714	0,39
0,38	−0,020 263	−0,002 049	0,008 179	0,999 486	0,020 284	0,002 051	−0,008 187	3,163 889	1,006 064	−9,930 378	0,38
0,37	−0,016 207	−0,001 639	0,006 547	0,999 589	0,016 221	0,001 641	−0,006 552	3,076 269	0,978 403	−9,918 216	0,37
0,36	−0,012 803	−0,001 296	0,005 175	0,999 676	0,012 811	0,001 296	−0,005 179	2,986 513	0,950 020	−9,908 007	0,36
0,35	−0,009 978	−0,001 010	0,004 036	0,999 747	0,009 983	0,001 011	−0,004 038	2,894 558	0,920 901	−9,899 536	0,35
0,34	−0,007 664	−0,000 776	0,003 101	0,999 806	0,007 667	0,000 776	−0,003 102	2,800 350	0,891 033	−9,892 593	0,34
0,33	−0,005 792	−0,000 587	0,002 345	0,999 853	0,005 794	0,000 587	−0,002 345	2,703 841	0,860 407	−9,886 980	0,33
0,32	−0,004 302	−0,000 436	0,001 742	0,999 891	0,004 303	0,000 436	−0,001 742	2,604 992	0,829 014	−9,882 510	0,32
0,31	−0,003 134	−0,000 317	0,001 269	0,999 921	0,003 135	0,000 318	−0,001 270	2,503 772	0,796 849	−9,879 007	0,31
0,30	−0,002 236	−0,000 226	0,000 906	0,999 943	0,002 236	0,000 227	−0,000 906	2,400 168	0,763 911	−9,876 312	0,30
0,29	−0,001 558	−0,000 158	0,000 631	0,999 961	0,001 558	0,000 158	−0,000 631	2,294 179	0,730 202	−9,874 279	0,29
0,28	−0,001 058	−0,000 107	0,000 429	0,999 973	0,001 058	0,000 107	−0,000 429	2,185 827	0,695 733	−9,872 779	0,28
0,27	−0,000 698	−0,000 071	0,000 283	0,999 982	0,000 698	0,000 071	−0,000 283	2,075 156	0,660 519	−9,871 700	0,27
0,26	−0,000 446	−0,000 045	0,000 181	0,999 989	0,000 446	0,000 045	−0,000 181	1,962 240	0,624 586	−9,870 944	0,26
0,25	−0,000 275	−0,000 028	0,000 112	0,999 993	0,000 275	0,000 028	−0,000 112	1,847 189	0,587 970	−9,870 430	0,25
0,24	−0,000 163	−0,000 017	0,000 066	0,999 996	0,000 163	0,000 017	−0,000 066	1,730 154	0,550 721	−9,870 094	0,24
0,23	−0,000 092	−0,000 009	0,000 037	0,999 998	0,000 092	0,000 009	−0,000 037	1,611 341	0,512 903	−9,869 881	0,23
0,22	−0,000 050	−0,000 005	0,000 020	0,999 999	0,000 050	0,000 005	−0,000 020	1,491 014	0,474 603	−9,869 753	0,22
0,21	−0,000 025	−0,000 003	0,000 010	0,999 999	0,000 025	0,000 003	−0,000 010	1,369 514	0,435 929	−9,869 680	0,21
0,20	−0,000 012	−0,000 001	0,000 005	1,000 000	0,000 012	0,000 001	−0,000 005	1,247 268	0,397 018	−9,869 640	0,20
0,19	−0,000 005	−0,000 001	0,000 002	1,000 000	0,000 005	0,000 001	−0,000 002	1,124 809	0,358 038	−9,869 620	0,19
0,18	−0,000 002	−0,000 000	0,000 001	1,000 000	0,000 002	0,000 000	−0,000 001	1,002 793	0,319 199	−9,869 611	0,18
0,17	−0,000 001	−0,000 000	0,000 000	1,000 000	0,000 001	0,000 000	−0,000 000	0,882 017	0,280 755	−9,869 607	0,17
0,16	−0,000 000	−0,000 000	0,000 000	1,000 000	0,000 000	0,000 000	−0,000 000	0,763 442	0,243 011	−9,869 605	0,16
0,15	−0,000 000	−0,000 000	0,000 000	1,000 000	0,000 000	0,000 000	−0,000 000	0,648 208	0,206 331	−9,869 605	0,15
0,14	−0,000 000	−0,000 000	0,000 000	1,000 000	0,000 000	0,000 000	−0,000 000	0,537 653	0,171 140	−9,869 604	0,14
0,13	−0,000 000	−0,000 000	0,000 000	1,000 000	0,000 000	0,000 000	−0,000 000	0,433 306	0,137 926	−9,869 604	0,13
0,12	−0,000 000	−0,000 000	0,000 000	1,000 000	0,000 000	0,000 000	−0,000 000	0,336 876	0,107 231	−9,869 604	0,12
0,11	−0,000 000	−0,000 000	0,000 000	1,000 000	0,000 000	0,000 000	−0,000 000	0,250 188	0,079 637	−9,869 604	0,11
0,10	−0,000 000	−0,000 000	0,000 000	1,000 000	0,000 000	0,000 000	−0,000 000	0,175 075	0,055 728	−9,869 604	0,10
0,09	−0,000 000	−0,000 000	0,000 000	1,000 000	0,000 000	0,000 000	−0,000 000	0,113 169	0,036 023	−9,869 604	0,09
0,08	−0,000 000	−0,000 000	0,000 000	1,000 000	0,000 000	0,000 000	−0,000 000	0,065 593	0,020 879	−9,869 604	0,08
0,07	−0,000 000	−0,000 000	0,000 000	1,000 000	0,000 000	0,000 000	−0,000 000	0,032 532	0,010 355	−9,869 604	0,07
0,06	−0,000 000	−0,000 000	0,000 000	1,000 000	0,000 000	0,000 000	−0,000 000	0,012 772	0,004 065	−9,869 604	0,06
0,05	−0,000 000	−0,000 000	0,000 000	1,000 000	0,000 000	0,000 000	−0,000 000	0,003 449	0,001 098	−9,869 604	0,05
0,04	−0,000 000	−0,000 000	0,000 000	1,000 000	0,000 000	0,000 000	−0,000 000	0,000 484	0,000 154	−9,869 604	0,04
0,03	−0,000 000	−0,000 000	0,000 000	1,000 000	0,000 000	0,000 000	−0,000 000	0,000 018	0,000 006	−9,869 604	0,03
0,02	−0,000 000	−0,000 000	0,000 000	1,000 000	0,000 000	0,000 000	−0,000 000	0,000 000	0,000 000	−9,869 604	0,02
0,01	−0,000 000	−0,000 000	0,000 000	1,000 000	0,000 000	0,000 000	−0,000 000	0,000 000	0,000 000	−9,869 604	0,01
0,00	−0,000 000	−0,000 000	0,000 000	1,000 000	0,000 000	0,000 000	−0,000 000	0,000 000	0,000 000	−9,869 604	0,00

Tafel II

$\varkappa$	$\vartheta_5'''/\vartheta_5'(k)$	$\vartheta_5'''''/\vartheta_5'(k)$	$\vartheta_6(\varkappa)$	$\vartheta_{5,6}(\frac{1}{4}, \varkappa)$	$\vartheta_6''/\vartheta_6(\varkappa)$	$\vartheta_6''/\vartheta_6(k)$	$\vartheta_6''''/\vartheta_6(k)$	$\varkappa$
0,00	1,000 000	1,000 000	0,000 000	∞	∞	1,000 000	1,000 000	0,00
0,01	0,961 803	0,875 108	0,000 000	14,142 136	97 439,407 0	0,987 268	0,924 092	0,01
0,02	0,923 606	0,755 079	0,000 000	10,000 000	24 045,692 5	0,974 535	0,849 157	0,02
0,03	0,885 408	0,639 914	0,000 034	8,164 966	10 547,348 1	0,961 803	0,775 194	0,03
0,04	0,847 211	0,529 612	0,000 771	7,071 068	5 854,343 49	0,949 070	0,702 204	0,04
0,05	0,809 014	0,424 173	0,004 910	6,324 555	3 696,514 35	0,936 338	0,630 187	0,05
0,06	0,770 817	0,323 598	0,016 597	5,773 503	2 532,117 27	0,923 606	0,559 142	0,06
0,07	0,732 620	0,227 886	0,039 139	5,345 225	1 834,685 40	0,910 873	0,489 070	0,07
0,08	0,694 423	0,137 038	0,073 818	5,000 000	1 385,046 06	0,898 141	0,419 971	0,08
0,09	0,656 225	0,051 053	0,120 076	4,714 045	1 078,843 34	0,885 408	0,351 844	0,09
0,10	0,618 028	−0,030 069	0,176 228	4,472 136	861,296 734	0,872 676	0,284 690	0,10
0,11	0,579 831	−0,106 327	0,240 116	4,264 014	701,430 052	0,859 944	0,218 509	0,11
0,12	0,541 634	−0,177 721	0,309 549	4,082 483	580,669 439	0,847 211	0,153 301	0,12
0,13	0,503 437	−0,244 253	0,382 537	3,922 323	487,335 871	0,834 479	0,089 065	0,13
0,14	0,465 239	−0,305 920	0,457 391	3,779 645	413,791 454	0,825 746	0,025 802	0,14
0,15	0,427 042	−0,362 725	0,532 745	3,651 484	354,873 278	0,809 014	−0,036 489	0,15
0,16	0,388 845	−0,414 665	0,607 528	3,535 534	306,991 596	0,796 282	−0,097 807	0,16
0,17	0,350 648	−0,461 742	0,680 930	3,429 972	267,588 950	0,783 549	−0,158 152	0,17
0,18	0,312 451	−0,503 953	0,752 359	3,333 333	234,804 186	0,770 817	−0,217 526	0,18
0,19	0,274 255	−0,541 296	0,821 395	3,244 428	207,257 307	0,758 084	−0,275 928	0,19
0,20	0,236 060	−0,573 767	0,887 758	3,162 278	183,907 959	0,745 350	−0,333 360	0,20
0,21	0,197 866	−0,601 361	0,951 276	3,086 067	163,960 123	0,732 615	−0,389 825	0,21
0,22	0,159 676	−0,624 065	1,011 858	3,015 113	146,796 555	0,719 879	−0,445 324	0,22
0,23	0,121 492	−0,641 867	1,069 478	2,948 839	131,932 832	0,707 139	−0,499 864	0,23
0,24	0,083 316	−0,654 745	1,124 154	2,886 751	118,984 589	0,694 395	−0,553 449	0,24
0,25	0,045 153	−0,662 674	1,175 940	2,828 427	107,643 782	0,681 643	−0,606 088	0,25
0,26	0,007 009	−0,665 620	1,224 914	2,773 501	97,661 266	0,668 882	−0,657 790	0,26
0,27	−0,031 110	−0,663 544	1,271 170	2,721 655	88,833 825	0,656 108	−0,708 566	0,27
0,28	−0,069 192	−0,656 401	1,314 812	2,672 612	80,994 417	0,643 317	−0,758 431	0,28
0,29	−0,107 228	−0,644 137	1,355 952	2,626 129	74,004 740	0,630 503	−0,807 398	0,29
0,30	−0,145 203	−0,626 697	1,394 704	2,581 989	67,749 524	0,617 662	−0,855 482	0,30
0,31	−0,183 102	−0,604 021	1,431 183	2,540 003	62,132 100	0,604 786	−0,902 702	0,31
0,32	−0,220 906	−0,576 047	1,465 503	2,500 000	57,070 929	0,591 869	−0,949 072	0,32
0,33	−0,258 595	−0,542 715	1,497 776	2,461 830	52,496 864	0,578 904	−0,994 610	0,33
0,34	−0,296 145	−0,503 967	1,528 109	2,425 356	48,350 974	0,565 882	−1,039 332	0,34
0,35	−0,333 531	−0,459 753	1,556 606	2,390 457	44,582 796	0,552 796	−1,083 251	0,35
0,36	−0,370 726	−0,410 028	1,583 367	2,357 022	41,148 933	0,539 635	−1,126 381	0,36
0,37	−0,407 700	−0,354 760	1,608 485	2,324 953	38,011 907	0,526 393	−1,168 731	0,37
0,38	−0,444 422	−0,293 930	1,632 051	2,294 157	35,139 231	0,513 060	−1,210 309	0,38
0,39	−0,480 858	−0,227 535	1,654 149	2,264 554	32,502 639	0,499 627	−1,251 119	0,39
0,40	−0,516 974	−0,155 591	1,674 861	2,236 067	30,077 456	0,486 086	−1,291 161	0,40
0,41	−0,552 735	−0,078 132	1,694 261	2,208 630	27,842 070	0,472 429	−1,330 432	0,41
0,42	−0,588 103	0,004 782	1,712 422	2,182 178	25,777 499	0,458 649	−1,368 924	0,42
0,43	−0,623 042	0,093 070	1,729 410	2,156 654	23,867 018	0,444 738	−1,406 625	0,43
0,44	−0,657 515	0,186 626	1,745 289	2,132 004	22,095 854	0,430 689	−1,443 520	0,44
0,45	−0,691 484	0,285 317	1,760 117	2,108 181	20,450 924	0,416 498	−1,479 587	0,45
0,46	−0,724 911	0,388 984	1,773 952	2,085 139	18,920 612	0,402 159	−1,514 804	0,46
0,47	−0,757 760	0,497 441	1,786 844	2,062 836	17,494 583	0,387 668	−1,549 140	0,47
0,48	−0,789 995	0,610 476	1,798 843	2,041 233	16,163 617	0,373 022	−1,582 563	0,48
0,49	−0,821 581	0,727 850	1,809 997	2,020 294	14,919 475	0,358 218	−1,615 039	0,49
0,50	−0,852 484	0,849 302	1,820 347	1,999 986	13,754 777	0,343 256	−1,646 527	0,50

Tafel II

$\varkappa$	$\vartheta_5'''/\vartheta_5'(k)$	$\vartheta_5'''''/\vartheta_5'(k)$	$\vartheta_6(\varkappa)$	$\vartheta_{5,6}(\frac{1}{4},\varkappa)$	$\vartheta_6''/\vartheta_6(\varkappa)$	$\vartheta_6''/\vartheta_6(k)$	$\vartheta_6''''/\vartheta_6(k)$	$\varkappa$
0,50	−0,852 484	0,849 302	1,820 347	1,999 986	13,754 777	0,343 256	−1,646 527	0,50
0,51	−0,882 672	0,974 544	1,829 935	1,980 277	12,662 902	0,328 133	−1,676 985	0,51
0,52	−0,912 113	1,103 265	1,838 799	1,961 139	11,637 896	0,312 852	−1,706 371	0,52
0,53	−0,940 781	1,235 137	1,846 976	1,942 544	10,674 395	0,297 413	−1,734 636	0,53
0,54	−0,968 646	1,369 809	1,854 499	1,924 467	9,767 559	0,281 819	−1,761 734	0,54
0,55	−0,995 685	1,506 917	1,861 401	1,906 883	8,913 015	0,266 073	−1,787 615	0,55
0,56	−1,021 876	1,646 080	1,867 711	1,889 772	8,106 801	0,250 180	−1,812 230	0,56
0,57	−1,047 198	1,786 907	1,873 459	1,873 110	7,345 324	0,234 143	−1,835 531	0,57
0,58	−1,071 633	1,928 997	1,878 671	1,856 880	6,625 321	0,217 970	−1,857 467	0,58
0,59	−1,095 167	2,071 942	1,883 372	1,841 062	5,943 822	0,201 666	−1,877 992	0,59
0,60	−1,117 786	2,215 332	1,887 587	1,825 638	5,298 123	0,185 239	−1,897 059	0,60
0,61	−1,139 481	2,358 752	1,891 338	1,810 593	4,685 752	0,168 698	−1,914 623	0,61
0,62	−1,160 244	2,501 794	1,894 646	1,795 910	4,104 455	0,152 049	−1,930 643	0,62
0,63	−1,180 069	2,644 049	1,897 533	1,781 575	3,552 164	0,135 304	−1,945 079	0,63
0,64	−1,198 955	2,785 117	1,900 016	1,767 574	3,026 986	0,118 471	−1,957 894	0,64
0,65	−1,216 901	2,924 607	1,902 115	1,753 894	2,527 184	0,101 560	−1,969 057	0,65
0,66	−1,233 909	3,062 138	1,903 847	1,740 521	2,051 159	0,084 582	−1,978 538	0,66
0,67	−1,249 983	3,197 344	1,905 228	1,727 445	1,597 443	0,067 548	−1,986 312	0,67
0,68	−1,265 130	3,329 872	1,906 274	1,714 653	1,164 679	0,050 469	−1,992 359	0,68
0,69	−1,279 359	3,459 388	1,907 000	1,702 135	0,751 616	0,033 356	−1,996 662	0,69
0,70	−1,292 681	3,585 575	1,907 419	1,689 881	0,357 101	0,016 220	−1,999 211	0,70
0,71	−1,305 108	3,708 137	1,907 546	1,677 881	−0,019 938	−0,000 926	−1,999 997	0,71
0,72	−1,316 654	3,826 797	1,907 393	1,666 126	−0,380 491	−0,018 072	−1,999 020	0,72
0,73	−1,327 335	3,941 302	1,906 973	1,654 607	−0,725 476	−0,035 206	−1,996 282	0,73
0,74	−1,337 169	4,051 420	1,906 296	1,643 315	−1,055 746	−0,052 316	−1,991 789	0,74
0,75	−1,346 174	4,156 943	1,905 375	1,632 242	−1,372 096	−0,069 391	−1,985 555	0,75
0,76	−1,354 371	4,257 686	1,904 219	1,621 381	−1,675 264	−0,086 419	−1,977 595	0,76
0,77	−1,361 780	4,353 487	1,902 839	1,610 724	−1,965 937	−0,103 390	−1,967 931	0,77
0,78	−1,368 424	4,444 208	1,901 245	1,600 265	−2,244 760	−0,120 293	−1,956 589	0,78
0,79	−1,374 326	4,529 735	1,899 446	1,589 996	−2,512 332	−0,137 116	−1,943 598	0,79
0,80	−1,379 509	4,609 975	1,897 451	1,579 911	−2,769 213	−0,153 849	−1,928 991	0,80
0,81	−1,383 998	4,684 858	1,895 268	1,570 004	−3,015 930	−0,170 483	−1,912 806	0,81
0,82	−1,387 818	4,754 338	1,892 905	1,560 269	−3,252 975	−0,187 008	−1,895 084	0,82
0,83	−1,390 993	4,818 387	1,890 370	1,550 700	−3,480 810	−0,203 414	−1,875 869	0,83
0,84	−1,393 550	4,876 999	1,887 671	1,541 292	−3,699 869	−0,219 692	−1,855 207	0,84
0,85	−1,395 513	4,930 187	1,884 815	1,532 040	−3,910 559	−0,235 833	−1,833 148	0,85
0,86	−1,396 910	4,977 981	1,881 808	1,522 938	−4,113 265	−0,251 830	−1,809 745	0,86
0,87	−1,397 764	5,020 429	1,878 657	1,513 982	−4,308 348	−0,267 674	−1,785 052	0,87
0,88	−1,398 103	5,057 596	1,875 369	1,505 166	−4,496 149	−0,283 358	−1,759 125	0,88
0,89	−1,397 951	5,089 561	1,871 949	1,496 488	−4,676 990	−0,298 875	−1,732 022	0,89
0,90	−1,397 335	5,116 416	1,868 404	1,487 942	−4,851 174	−0,314 218	−1,703 802	0,90
0,91	−1,396 277	5,138 269	1,864 738	1,479 524	−5,018 988	−0,329 381	−1,674 525	0,91
0,92	−1,394 805	5,155 235	1,860 958	1,471 231	−5,180 705	−0,344 359	−1,644 252	0,92
0,93	−1,392 940	5,167 442	1,857 068	1,463 058	−5,336 582	−0,359 145	−1,613 044	0,93
0,94	−1,390 708	5,175 027	1,853 073	1,455 002	−5,486 862	−0,373 736	−1,580 964	0,94
0,95	−1,388 131	5,178 134	1,848 978	1,447 059	−5,631 777	−0,388 127	−1,548 073	0,95
0,96	−1,385 231	5,176 916	1,844 788	1,439 227	−5,771 546	−0,402 313	−1,514 433	0,96
0,97	−1,382 031	5,171 529	1,840 507	1,431 500	−5,906 379	−0,416 291	−1,480 105	0,97
0,98	−1,378 552	5,162 137	1,836 139	1,423 878	−6,036 472	−0,430 058	−1,445 151	0,98
0,99	−1,374 815	5,148 905	1,831 688	1,416 356	−6,162 014	−0,443 611	−1,409 629	0,99
1,00	−1,370 840	5,132 003	1,827 158	1,408 932	−6,283 185	−0,456 947	−1,373 599	1,00

Tafel II

$1/\varkappa$	$\vartheta_5'''/\vartheta_5'(k)$	$\vartheta_5'''''/\vartheta_5'(k)$	$\vartheta_6(\varkappa)$	$\vartheta_{5,6}(\frac{1}{4},\varkappa)$	$\vartheta_6''/\vartheta_6(\varkappa)$	$\vartheta_6''/\vartheta_6(k)$	$\vartheta_6''''/\vartheta_6(k)$	$1/\varkappa$
1,00	−1,370 840	5,132 003	1,827 158	1,408 932	−6,283 185	−0,456 947	−1,373 599	1,00
0,99	−1,366 602	5,111 379	1,822 507	1,401 528	−6,401 317	−0,470 195	−1,336 750	0,99
0,98	−1,362 068	5,086 840	1,817 685	1,394 071	−6,517 616	−0,483 482	−1,298 735	0,98
0,97	−1,357 241	5,058 350	1,812 689	1,386 558	−6,632 068	−0,496 800	−1,259 570	0,97
0,96	−1,352 127	5,025 887	1,807 516	1,378 987	−6,744 659	−0,510 140	−1,219 272	0,96
0,95	−1,346 732	4,989 437	1,802 161	1,371 356	−6,855 373	−0,523 494	−1,177 861	0,95
0,94	−1,341 063	4,948 997	1,796 621	1,363 665	−6,964 197	−0,536 854	−1,135 363	0,94
0,93	−1,335 127	4,904 579	1,790 891	1,355 911	−7,071 115	−0,550 211	−1,091 805	0,93
0,92	−1,328 933	4,856 207	1,784 968	1,348 091	−7,176 112	−0,563 554	−1,047 221	0,92
0,91	−1,322 490	4,803 915	1,778 847	1,340 204	−7,279 173	−0,576 875	−1,001 647	0,91
0,90	−1,315 807	4,747 755	1,772 524	1,332 248	−7,380 283	−0,590 163	−0,955 124	0,90
0,89	−1,308 895	4,687 792	1,765 993	1,324 220	−7,479 426	−0,603 408	−0,907 698	0,89
0,88	−1,301 767	4,624 104	1,759 252	1,316 119	−7,576 588	−0,616 599	−0,859 418	0,88
0,87	−1,294 434	4,556 785	1,752 295	1,307 940	−7,671 754	−0,629 725	−0,810 338	0,87
0,86	−1,286 909	4,485 943	1,745 117	1,299 683	−7,764 908	−0,642 776	−0,760 516	0,86
0,85	−1,279 206	4,411 704	1,737 713	1,291 343	−7,856 036	−0,655 740	−0,710 016	0,85
0,84	−1,271 340	4,334 206	1,730 079	1,282 919	−7,945 124	−0,668 605	−0,658 903	0,84
0,83	−1,263 325	4,253 603	1,722 209	1,274 407	−8,032 157	−0,681 359	−0,607 250	0,83
0,82	−1,255 179	4,170 064	1,714 098	1,265 804	−8,117 123	−0,693 991	−0,555 130	0,82
0,81	−1,246 917	4,083 774	1,705 741	1,257 107	−8,200 008	−0,706 488	−0,502 623	0,81
0,80	−1,238 556	3,994 931	1,697 132	1,248 312	−8,280 800	−0,718 839	−0,449 812	0,80
0,79	−1,230 114	3,903 747	1,688 265	1,239 416	−8,359 487	−0,731 031	−0,396 782	0,79
0,78	−1,221 608	3,810 445	1,679 135	1,230 414	−8,436 057	−0,743 052	−0,343 622	0,78
0,77	−1,213 059	3,715 264	1,669 735	1,221 304	−8,510 501	−0,754 889	−0,290 426	0,77
0,76	−1,204 483	3,618 452	1,660 060	1,212 081	−8,582 809	−0,766 532	−0,237 286	0,76
0,75	−1,195 901	3,520 267	1,650 103	1,202 740	−8,652 974	−0,777 967	−0,184 300	0,75
0,74	−1,187 331	3,420 977	1,639 858	1,193 278	−8,720 988	−0,789 184	−0,131 567	0,74
0,73	−1,178 792	3,320 858	1,629 318	1,183 689	−8,786 845	−0,800 170	−0,079 185	0,73
0,72	−1,170 305	3,220 192	1,618 477	1,173 968	−8,850 540	−0,810 914	−0,027 256	0,72
0,71	−1,161 888	3,119 265	1,607 327	1,164 111	−8,912 072	−0,821 405	0,024 120	0,71
0,70	−1,153 559	3,018 366	1,595 862	1,154 111	−8,971 439	−0,831 634	0,074 843	0,70
0,69	−1,145 339	2,917 789	1,584 073	1,143 964	−9,028 640	−0,841 589	0,124 814	0,69
0,68	−1,137 244	2,817 822	1,571 954	1,133 663	−9,083 679	−0,851 260	0,173 933	0,68
0,67	−1,129 294	2,718 756	1,559 497	1,123 203	−9,136 560	−0,860 640	0,222 106	0,67
0,66	−1,121 504	2,620 874	1,546 693	1,112 576	−9,187 290	−0,869 720	0,269 238	0,66
0,65	−1,113 893	2,524 456	1,533 534	1,101 777	−9,235 876	−0,878 491	0,315 240	0,65
0,64	−1,106 474	2,429 771	1,520 013	1,090 798	−9,282 331	−0,886 947	0,360 026	0,64
0,63	−1,099 264	2,337 080	1,506 120	1,079 633	−9,326 667	−0,895 082	0,403 514	0,63
0,62	−1,092 277	2,246 632	1,491 846	1,068 272	−9,368 902	−0,902 890	0,445 629	0,62
0,61	−1,085 524	2,158 661	1,477 182	1,056 710	−9,409 055	−0,910 366	0,486 299	0,61
0,60	−1,079 018	2,073 388	1,462 118	1,044 937	−9,447 147	−0,917 507	0,525 460	0,60
0,59	−1,072 769	1,991 013	1,446 646	1,032 945	−9,483 203	−0,924 311	0,563 054	0,59
0,58	−1,066 785	1,911 720	1,430 753	1,020 724	−9,517 253	−0,930 776	0,599 032	0,58
0,57	−1,061 076	1,835 672	1,414 431	1,008 267	−9,549 327	−0,936 901	0,633 352	0,57
0,56	−1,055 646	1,763 012	1,397 667	0,995 563	−9,579 460	−0,942 687	0,665 978	0,56
0,55	−1,050 502	1,693 857	1,380 452	0,982 603	−9,607 691	−0,948 136	0,696 884	0,55
0,54	−1,045 645	1,628 305	1,362 773	0,969 375	−9,634 060	−0,953 250	0,726 054	0,54
0,53	−1,041 077	1,566 427	1,344 619	0,955 870	−9,658 614	−0,958 033	0,753 480	0,53
0,52	−1,036 800	1,508 270	1,325 977	0,942 077	−9,681 400	−0,962 490	0,779 161	0,52
0,51	−1,032 811	1,453 859	1,306 835	0,927 984	−9,702 470	−0,966 628	0,803 107	0,51
0,50	−1,029 107	1,403 191	1,287 180	0,913 579	−9,721 880	−0,970 453	0,825 336	0,50

Tafel II

$1/\varkappa$	$\vartheta_5'''/\vartheta_5'(k)$	$\vartheta_5'''''/\vartheta_5'(k)$	$\vartheta_6(\varkappa)$	$\vartheta_{5,6}(\frac{1}{4},\varkappa)$	$\vartheta_6''/\vartheta_6(\varkappa)$	$\vartheta_6''/\vartheta_6(k)$	$\vartheta_6''''/\vartheta_6(k)$	$1/\varkappa$
0,50	−1,029 107	1,403 191	1,287 180	0,913 579	−9,721 880	−0,970 453	0,825 336	0,50
0,49	−1,025 685	1,356 242	1,266 998	0,898 851	−9,739 687	−0,973 974	0,845 875	0,49
0,48	−1,022 538	1,312 964	1,246 275	0,883 787	−9,755 955	−0,977 200	0,864 760	0,48
0,47	−1,019 660	1,273 285	1,224 998	0,868 374	−9,770 748	−0,980 142	0,882 034	0,47
0,46	−1,017 041	1,237 113	1,203 152	0,852 599	−9,784 132	−0,982 810	0,897 747	0,46
0,45	−1,014 673	1,204 337	1,180 723	0,836 450	−9,796 179	−0,985 217	0,911 959	0,45
0,44	−1,012 544	1,174 826	1,157 694	0,819 912	−9,806 960	−0,987 376	0,924 733	0,44
0,43	−1,010 643	1,148 433	1,134 050	0,802 972	−9,816 551	−0,989 300	0,936 141	0,43
0,42	−1,008 957	1,124 998	1,109 776	0,785 616	−9,825 026	−0,991 002	0,946 256	0,42
0,41	−1,007 473	1,104 346	1,084 857	0,767 831	−9,832 464	−0,992 498	0,955 160	0,41
0,40	−1,006 178	1,086 295	1,059 275	0,749 602	−9,838 941	−0,993 803	0,962 934	0,40
0,39	−1,005 056	1,070 653	1,033 016	0,730 916	−9,844 536	−0,994 931	0,969 665	0,39
0,38	−1,004 093	1,057 225	1,006 064	0,711 760	−9,849 326	−0,995 898	0,975 439	0,38
0,37	−1,003 276	1,045 813	0,978 403	0,692 120	−9,853 387	−0,996 718	0,980 343	0,37
0,36	−1,002 589	1,036 218	0,950 020	0,671 984	−9,856 795	−0,997 407	0,984 464	0,36
0,35	−1,002 019	1,028 245	0,920 901	0,651 340	−9,859 622	−0,997 979	0,987 886	0,35
0,34	−1,001 551	1,021 704	0,891 033	0,630 178	−9,861 939	−0,998 448	0,990 693	0,34
0,33	−1,001 173	1,016 411	0,860 407	0,608 489	−9,863 811	−0,998 827	0,992 964	0,33
0,32	−1,000 871	1,012 193	0,829 014	0,586 265	−9,865 302	−0,999 128	0,994 773	0,32
0,31	−1,000 635	1,008 886	0,796 849	0,563 502	−9,866 470	−0,999 365	0,996 191	0,31
0,30	−1,000 453	1,006 340	0,763 911	0,540 197	−9,867 368	−0,999 547	0,997 282	0,30
0,29	−1,000 316	1,004 419	0,730 202	0,516 351	−9,868 046	−0,999 684	0,998 106	0,29
0,28	−1,000 214	1,003 002	0,695 733	0,491 971	−9,868 546	−0,999 786	0,998 714	0,28
0,27	−1,000 142	1,001 981	0,660 519	0,467 066	−9,868 906	−0,999 858	0,999 151	0,27
0,26	−1,000 090	1,001 266	0,624 586	0,441 654	−9,869 158	−0,999 910	0,999 457	0,26
0,25	−1,000 056	1,000 781	0,587 970	0,415 761	−9,869 329	−0,999 944	0,999 665	0,25
0,24	−1,000 033	1,000 463	0,550 721	0,389 420	−9,869 441	−0,999 967	0,999 802	0,24
0,23	−1,000 019	1,000 262	0,512 903	0,362 678	−9,869 512	−0,999 981	0,999 888	0,23
0,22	−1,000 010	1,000 141	0,474 603	0,335 596	−9,869 555	−0,999 990	0,999 940	0,22
0,21	−1,000 005	1,000 071	0,435 929	0,308 249	−9,869 579	−0,999 995	0,999 969	0,21
0,20	−1,000 002	1,000 034	0,397 018	0,280 734	−9,869 593	−0,999 998	0,999 986	0,20
0,19	−1,000 001	1,000 015	0,358 038	0,253 171	−9,869 599	−0,999 999	0,999 994	0,19
0,18	−1,000 000	1,000 006	0,319 199	0,225 708	−9,869 602	−1,000 000	0,999 998	0,18
0,17	−1,000 000	1,000 002	0,280 755	0,198 524	−9,869 604	−1,000 000	0,999 999	0,17
0,16	−1,000 000	1,000 001	0,243 011	0,171 835	−9,869 604	−1,000 000	1,000 000	0,16
0,15	−1,000 000	1,000 000	0,206 331	0,145 898	−9,869 604	−1,000 000	1,000 000	0,15
0,14	−1,000 000	1,000 000	0,171 140	0,121 014	−9,869 604	−1,000 000	1,000 000	0,14
0,13	−1,000 000	1,000 000	0,137 926	0,097 528	−9,869 604	−1,000 000	1,000 000	0,13
0,12	−1,000 000	1,000 000	0,107 231	0,075 824	−9,869 604	−1,000 000	1,000 000	0,12
0,11	−1,000 000	1,000 000	0,079 637	0,056 312	−9,869 604	−1,000 000	1,000 000	0,11
0,10	−1,000 000	1,000 000	0,055 728	0,039 406	−9,869 604	−1,000 000	1,000 000	0,10
0,09	−1,000 000	1,000 000	0,036 023	0,025 472	−9,869 604	−1,000 000	1,000 000	0,09
0,08	−1,000 000	1,000 000	0,020 879	0,014 764	−9,869 604	−1,000 000	1,000 000	0,08
0,07	−1,000 000	1,000 000	0,010 355	0,007 322	−9,869 604	−1,000 000	1,000 000	0,07
0,06	−1,000 000	1,000 000	0,004 065	0,002 875	−9,869 604	−1,000 000	1,000 000	0,06
0,05	−1,000 000	1,000 000	0,001 098	0,000 776	−9,869 604	−1,000 000	1,000 000	0,05
0,04	−1,000 000	1,000 000	0,000 154	0,000 109	−9,869 604	−1,000 000	1,000 000	0,04
0,03	−1,000 000	1,000 000	0,000 006	0,000 004	−9,869 604	−1,000 000	1,000 000	0,03
0,02	−1,000 000	1,000 000	0,000 000	0,000 000	−9,869 604	−1,000 000	1,000 000	0,02
0,01	−1,000 000	1,000 000	0,000 000	0,000 000	−9,869 604	−1,000 000	1,000 000	0,01
0,00	−1,000 000	1,000 000	0,000 000	0,000 000	−9,869 604	−1,000 000	1,000 000	0,00

Tafel III

$\varkappa = 0$

$\sqrt{k} = 1{,}000000$	$k = 1{,}000000$	$k^2 = 1{,}000000$
$\sqrt{k'} = 0{,}000000$	$k' = 0{,}000000$	$k'^2 = 0{,}000000$
$e_1 = -e_3' = 0{,}333333$	$e_2 = -e_2' = 0{,}333333$	$e_3 = -e_1' = -0{,}666667$
$g_2 = g_2' = 1{,}333333$	$g_3 = -g_3' = -0{,}296296$	$g_3/\sqrt{g_2^3} = -0{,}192450$
$\bar{g}_2 = \bar{g}_2' = 1{,}333333$	$\bar{g}_3 = -\bar{g}_3' = -0{,}296296$	$\bar{g}_3/\sqrt{\bar{g}_2^3} = -0{,}192450$

$\zeta = \frac{z}{2K}$	$\vartheta_1(\zeta, \varkappa)$	$\vartheta_3(\zeta, \varkappa)$	$\frac{\partial \ln \vartheta_1(\zeta, \varkappa)}{\partial \zeta}$	$\frac{\partial \ln \vartheta_3(\zeta, \varkappa)}{\partial \zeta}$	$\mathrm{sn}(\zeta, \varkappa)$
0,00	0,000 000	∞	∞	0	0,000 000
0,01	0,000 000	0,000 000	∞	∞	1,000 000
0,02	0,000 000	0,000 000	∞	∞	1,000 000
0,03	0,000 000	0,000 000	∞	∞	1,000 000
0,04	0,000 000	0,000 000	∞	∞	1,000 000
0,05	0,000 000	0,000 000	∞	∞	1,000 000
0,06	0,000 000	0,000 000	∞	∞	1,000 000
0,07	0,000 000	0,000 000	∞	∞	1,000 000
0,08	0,000 000	0,000 000	∞	∞	1,000 000
0,09	0,000 000	0,000 000	∞	∞	1,000 000
0,10	0,000 000	0,000 000	∞	∞	1,000 000
0,11	0,000 000	0,000 000	∞	∞	1,000 000
0,12	0,000 000	0,000 000	∞	∞	1,000 000
0,13	0,000 000	0,000 000	∞	∞	1,000 000
0,14	0,000 000	0,000 000	∞	∞	1,000 000
0,15	0,000 000	0,000 000	∞	∞	1,000 000
0,16	0,000 000	0,000 000	∞	∞	1,000 000
0,17	0,000 000	0,000 000	∞	∞	1,000 000
0,18	0,000 000	0,000 000	∞	∞	1,000 000
0,19	0,000 000	0,000 000	∞	∞	1,000 000
0,20	0,000 000	0,000 000	∞	∞	1,000 000
0,21	0,000 000	0,000 000	∞	∞	1,000 000
0,22	0,000 000	0,000 000	∞	∞	1,000 000
0,23	0,000 000	0,000 000	∞	∞	1,000 000
0,24	0,000 000	0,000 000	∞	∞	1,000 000
0,25	0,000 000	0,000 000	∞	∞	1,000 000
0,26	0,000 000	0,000 000	∞	∞	1,000 000
0,27	0,000 000	0,000 000	∞	∞	1,000 000
0,28	0,000 000	0,000 000	∞	∞	1,000 000
0,29	0,000 000	0,000 000	∞	∞	1,000 000
0,30	0,000 000	0,000 000	∞	∞	1,000 000
0,31	0,000 000	0,000 000	∞	∞	1,000 000
0,32	0,000 000	0,000 000	∞	∞	1,000 000
0,33	0,000 000	0,000 000	∞	∞	1,000 000
0,34	0,000 000	0,000 000	∞	∞	1,000 000
0,35	0,000 000	0,000 000	∞	∞	1,000 000
0,36	0,000 000	0,000 000	∞	∞	1,000 000
0,37	0,000 000	0,000 000	∞	∞	1,000 000
0,38	0,000 000	0,000 000	∞	∞	1,000 000
0,39	0,000 000	0,000 000	∞	∞	1,000 000
0,40	0,000 000	0,000 000	∞	∞	1,000 000
0,41	0,000 000	0,000 000	∞	∞	1,000 000
0,42	0,000 000	0,000 000	∞	∞	1,000 000
0,43	0,000 000	0,000 000	∞	∞	1,000 000
0,44	0,000 000	0,000 000	∞	∞	1,000 000
0,45	0,000 000	0,000 000	∞	∞	1,000 000
0,46	0,000 000	0,000 000	∞	∞	1,000 000
0,47	0,000 000	0,000 000	∞	∞	1,000 000
0,48	0,000 000	0,000 000	∞	∞	1,000 000
0,49	0,000 000	0,000 000	∞	∞	1,000 000
0,50	∞	0,000 000	0	0	1,000 000
	$\vartheta_2(\zeta, \varkappa)$	$\vartheta_4(\zeta, \varkappa)$	$-\frac{\partial \ln \vartheta_2(\zeta, \varkappa)}{\partial \zeta}$	$-\frac{\partial \ln \vartheta_4(\zeta, \varkappa)}{\partial \zeta}$	$\mathrm{cd}(\zeta, \varkappa)$

Tafel III

$\boxed{\varkappa = 0}$

$k^2 k'^2 = 0{,}000000$	$\eta_1 = -\eta_2' = -0{,}333333$	$\eta_1' = -\eta_2 = 0{,}333333$
$\pi/KK' = 0$	$\bar\eta_1 = -\bar\eta_2' = -0{,}333333$	$\bar\eta_2' = -\bar\eta_2 = 0{,}333333$
$K = \infty$	$E = 1{,}000000$	$A = 2{,}000000$
$K' = 1{,}570796$	$E' = 1{,}570796$	$A' = 0{,}000000$
$B = 1{,}000000$	$C = \infty$	$D = \infty$

$\mathrm{cn}(\zeta, \varkappa)$	$\mathrm{dn}(\zeta, \varkappa)$	$\mathrm{sc}(\zeta, \varkappa)$	$\overline{\mathrm{sn}}(\zeta, \varkappa)$	$\overline{\mathrm{cn}}(\zeta, \varkappa)$	
1,000 000	1,000 000	0	∞	0,000 000	0,50
0,000 000	0,000 000	∞	0,000 000	−1,000 000	0,49
0,000 000	0,000 000	∞	0,000 000	−1,000 000	0,48
0,000 000	0,000 000	∞	0,000 000	−1,000 000	0,47
0,000 000	0,000 000	∞	0,000 000	−1,000 000	0,46
0,000 000	0,000 000	∞	0,000 000	−1,000 000	0,45
0,000 000	0,000 000	∞	0,000 000	−1,000 000	0,44
0,000 000	0,000 000	∞	0,000 000	−1,000 000	0,43
0,000 000	0,000 000	∞	0,000 000	−1,000 000	0,42
0,000 000	0,000 000	∞	0,000 000	−1,000 000	0,41
0,000 000	0,000 000	∞	0,000 000	−1,000 000	0,40
0,000 000	0,000 000	∞	0,000 000	−1,000 000	0,39
0,000 000	0,000 000	∞	0,000 000	−1,000 000	0,38
0,000 000	0,000 000	∞	0,000 000	−1,000 000	0,37
0,000 000	0,000 000	∞	0,000 000	−1,000 000	0,36
0,000 000	0,000 000	∞	0,000 000	−1,000 000	0,35
0,000 000	0,000 000	∞	0,000 000	−1,000 000	0,34
0,000 000	0,000 000	∞	0,000 000	−1,000 000	0,33
0,000 000	0,000 000	∞	0,000 000	−1,000 000	0,32
0,000 000	0,000 000	∞	0,000 000	−1,000 000	0,31
0,000 000	0,000 000	∞	0,000 000	−1,000 000	0,30
0,000 000	0,000 000	∞	0,000 000	−1,000 000	0,29
0,000 000	0,000 000	∞	0,000 000	−1,000 000	0,28
0,000 000	0,000 000	∞	0,000 000	−1,000 000	0,27
0,000 000	0,000 000	∞	0,000 000	−1,000 000	0,26
0,000 000	0,000 000	∞	0,000 000	−1,000 000	0,25
0,000 000	0,000 000	∞	0,000 000	−1,000 000	0,24
0,000 000	0,000 000	∞	0,000 000	−1,000 000	0,23
0,000 000	0,000 000	∞	0,000 000	−1,000 000	0,22
0,000 000	0,000 000	∞	0,000 000	−1,000 000	0,21
0,000 000	0,000 000	∞	0,000 000	−1,000 000	0,20
0,000 000	0,000 000	∞	0,000 000	−1,000 000	0,19
0,000 000	0,000 000	∞	0,000 000	−1,000 000	0,18
0,000 000	0,000 000	∞	0,000 000	−1,000 000	0,17
0,000 000	0,000 000	∞	0,000 000	−1,000 000	0,16
0,000 000	0,000 000	∞	0,000 000	−1,000 000	0,15
0,000 000	0,000 000	∞	0,000 000	−1,000 000	0,14
0,000 000	0,000 000	∞	0,000 000	−1,000 000	0,13
0,000 000	0,000 000	∞	0,000 000	−1,000 000	0,12
0,000 000	0,000 000	∞	0,000 000	−1,000 000	0,11
0,000 000	0,000 000	∞	0,000 000	−1,000 000	0,10
0,000 000	0,000 000	∞	0,000 000	−1,000 000	0,09
0,000 000	0,000 000	∞	0,000 000	−1,000 000	0,08
0,000 000	0,000 000	∞	0,000 000	−1,000 000	0,07
0,000 000	0,000 000	∞	0,000 000	−1,000 000	0,06
0,000 000	0,000 000	∞	0,000 000	−1,000 000	0,05
0,000 000	0,000 000	∞	0,000 000	−1,000 000	0,04
0,000 000	0,000 000	∞	0,000 000	−1,000 000	0,03
0,000 000	0,000 000	∞	0,000 000	−1,000 000	0,02
0,000 000	0,000 000	∞	0,000 000	−1,000 000	0,01
0,000 000	0,000 000	∞	0,000 000	−∞	0,00
$k'\,\mathrm{sd}(\zeta, \varkappa)$	$k'\,\mathrm{nd}(\zeta, \varkappa)$	$\frac{1}{k'}\,\mathrm{cs}(\zeta, \varkappa)$	$-\overline{\mathrm{cd}}(\zeta, \varkappa)$	$-\overline{\mathrm{sd}}(\zeta, \varkappa)$	$\zeta = \frac{z}{2K}$

Tafel III. (Fortsetzung)

$\vartheta_1'(0,\varkappa) = 0{,}000\,000$	$\vartheta_1'(0,k) = 0{,}000\,000$	$\vartheta_5'(0,\varkappa) = 0{,}000\,000$	$\varkappa = 0$
$\vartheta_1'''/\vartheta_1'(\varkappa) = \infty$	$\vartheta_2''/\vartheta_2(\varkappa) = -\infty$	$\vartheta_3''/\vartheta_3(\varkappa) = -\infty$	
$\vartheta_1'''/\vartheta_1'(k) = 1{,}000\,000$	$\vartheta_2''/\vartheta_2(k) = 0{,}000\,000$	$\vartheta_3''/\vartheta_3(k) = 0{,}000\,000$	
$\vartheta_1'''''/\vartheta_1'(k) = 1{,}000\,000$	$\vartheta_2''''/\vartheta_2(k) = 0{,}000\,000$	$\vartheta_3''''/\vartheta_3(k) = 0{,}000\,000$	

$\zeta = \frac{z}{2K}$	$\overline{\mathrm{dn}}(\zeta,\varkappa)$	$\mathfrak{z}_1(\zeta,\varkappa)$	$\mathfrak{z}_3(\zeta,\varkappa)$	$\mathfrak{z}_3(\zeta,\varkappa)$	$\wp_1(\zeta,\varkappa)$
0,00	0,000 000	$+\infty$	0	$+\infty$	$+\infty$
0,01	−1,000 000	$-\infty$	$-\infty$	$-\infty$	0,333 333
0,02	−1,000 000	$-\infty$	$-\infty$	$-\infty$	0,333 333
0,03	−1,000 000	$-\infty$	$-\infty$	$-\infty$	0,333 333
0,04	−1,000 000	$-\infty$	$-\infty$	$-\infty$	0,333 333
0,05	−1,000 000	$-\infty$	$-\infty$	$-\infty$	0,333 333
0,06	−1,000 000	$-\infty$	$-\infty$	$-\infty$	0,333 333
0,07	−1,000 000	$-\infty$	$-\infty$	$-\infty$	0,333 333
0,08	−1,000 000	$-\infty$	$-\infty$	$-\infty$	0,333 333
0,09	−1,000 000	$-\infty$	$-\infty$	$-\infty$	0,333 333
0,10	−1,000 000	$-\infty$	$-\infty$	$-\infty$	0,333 333
0,11	−1,000 000	$-\infty$	$-\infty$	$-\infty$	0,333 333
0,12	−1,000 000	$-\infty$	$-\infty$	$-\infty$	0,333 333
0,13	−1,000 000	$-\infty$	$-\infty$	$-\infty$	0,333 333
0,14	−1,000 000	$-\infty$	$-\infty$	$-\infty$	0,333 333
0,15	−1,000 000	$-\infty$	$-\infty$	$-\infty$	0,333 333
0,16	−1,000 000	$-\infty$	$-\infty$	$-\infty$	0,333 333
0,17	−1,000 000	$-\infty$	$-\infty$	$-\infty$	0,333 333
0,18	−1,000 000	$-\infty$	$-\infty$	$-\infty$	0,333 333
0,19	−1,000 000	$-\infty$	$-\infty$	$-\infty$	0,333 333
0,20	−1,000 000	$-\infty$	$-\infty$	$-\infty$	0,333 333
0,21	−1,000 000	$-\infty$	$-\infty$	$-\infty$	0,333 333
0,22	−1,000 000	$-\infty$	$-\infty$	$-\infty$	0,333 333
0,23	−1,000 000	$-\infty$	$-\infty$	$-\infty$	0,333 333
0,24	−1,000 000	$-\infty$	$-\infty$	$-\infty$	0,333 333
0,25	−1,000 000	$-\infty$	$-\infty$	$-\infty$	0,333 333
0,25	1,000 000	$-\infty$	$-\infty$	$-\infty$	0,333 333
0,26	1,000 000	$-\infty$	$-\infty$	$-\infty$	0,333 333
0,27	1,000 000	$-\infty$	$-\infty$	$-\infty$	0,333 333
0,28	1,000 000	$-\infty$	$-\infty$	$-\infty$	0,333 333
0,29	1,000 000	$-\infty$	$-\infty$	$-\infty$	0,333 333
0,30	1,000 000	$-\infty$	$-\infty$	$-\infty$	0,333 333
0,31	1,000 000	$-\infty$	$-\infty$	$-\infty$	0,333 333
0,32	1,000 000	$-\infty$	$-\infty$	$-\infty$	0,333 333
0,33	1,000 000	$-\infty$	$-\infty$	$-\infty$	0,333 333
0,34	1,000 000	$-\infty$	$-\infty$	$-\infty$	0,333 333
0,35	1,000 000	$-\infty$	$-\infty$	$-\infty$	0,333 333
0,36	1,000 000	$-\infty$	$-\infty$	$-\infty$	0,333 333
0,37	1,000 000	$-\infty$	$-\infty$	$-\infty$	0,333 333
0,38	1,000 000	$-\infty$	$-\infty$	$-\infty$	0,333 333
0,39	1,000 000	$-\infty$	$-\infty$	$-\infty$	0,333 333
0,40	1,000 000	$-\infty$	$-\infty$	$-\infty$	0,333 333
0,41	1,000 000	$-\infty$	$-\infty$	$-\infty$	0,333 333
0,42	1,000 000	$-\infty$	$-\infty$	$-\infty$	0,333 333
0,43	1,000 000	$-\infty$	$-\infty$	$-\infty$	0,333 333
0,44	1,000 000	$-\infty$	$-\infty$	$-\infty$	0,333 333
0,45	1,000 000	$-\infty$	$-\infty$	$-\infty$	0,333 333
0,46	1,000 000	$-\infty$	$-\infty$	$-\infty$	0,333 333
0,47	1,000 000	$-\infty$	$-\infty$	$-\infty$	0,333 333
0,48	1,000 000	$-\infty$	$-\infty$	$-\infty$	0,333 333
0,49	1,000 000	$-\infty$	$-\infty$	$-\infty$	0,333 333
0,50	$+\infty$	$-\infty$	$-\infty$	$-\infty$	0,333 333
	$\overline{\mathrm{sc}}(\zeta,\varkappa)$	$-\mathfrak{z}_2(\zeta,\varkappa)$	$-\mathfrak{z}_4(\zeta,\varkappa)$	$-\mathfrak{z}_6(\zeta,\varkappa)$	$\wp_2(\zeta,\varkappa)$

Tafel III

$\varkappa = 0$

$\vartheta_5'(0, k) = 0{,}000\,000$ $\quad$ $\vartheta_6(0, k) = 0{,}000\,000$ $\quad$ $\vartheta_{\frac{5}{6}}(\frac{1}{4}, \varkappa) = \infty$

$\vartheta_4''/\vartheta_4(\varkappa) = \infty$ $\quad$ $\vartheta_5'''/\vartheta_5'(\varkappa) = \infty$ $\quad$ $\vartheta_6''/\vartheta_6(\varkappa) = \infty$

$\vartheta_4''/\vartheta_4(k) = 1{,}000\,000$ $\quad$ $\vartheta_5'''/\vartheta_5'(k) = 1{,}000\,000$ $\quad$ $\vartheta_6''/\vartheta_6(k) = 1{,}000\,000$

$\vartheta_4''''/\vartheta_4(k) = 1{,}000\,000$ $\quad$ $\vartheta_5'''''/\vartheta_5'(k) = 1{,}000\,000$ $\quad$ $\vartheta_6''''/\vartheta_6(k) = 1{,}000\,000$

$\wp_3(\zeta, \varkappa)$	$\wp_5(\zeta, \varkappa)$	$\wp_1'(\zeta, \varkappa)$	$\wp_3'(\zeta, \varkappa)$	$\wp_5'(\zeta, \varkappa)$	
0,333 333	$+\infty$	$-\infty$	0,000 000	$-\infty$	0,50
0,333 333	0,333 333	0,000 000	0,000 000	0,000 000	0,49
0,333 333	0,333 333	0,000 000	0,000 000	0,000 000	0,48
0,333 333	0,333 333	0,000 000	0,000 000	0,000 000	0,47
0,333 333	0,333 333	0,000 000	0,000 000	0,000 000	0,46
0,333 333	0,333 333	0,000 000	0,000 000	0,000 000	0,45
0,333 333	0,333 333	0,000 000	0,000 000	0,000 000	0,44
0,333 333	0,333 333	0,000 000	0,000 000	0,000 000	0,43
0,333 333	0,333 333	0,000 000	0,000 000	0,000 000	0,42
0,333 333	0,333 333	0,000 000	0,000 000	0,000 000	0,41
0,333 333	0,333 333	0,000 000	0,000 000	0,000 000	0,40
0,333 333	0,333 333	0,000 000	0,000 000	0,000 000	0,39
0,333 333	0,333 333	0,000 000	0,000 000	0,000 000	0,38
0,333 333	0,333 333	0,000 000	0,000 000	0,000 000	0,37
0,333 333	0,333 333	0,000 000	0,000 000	0,000 000	0,36
0,333 333	0,333 333	0,000 000	0,000 000	0,000 000	0,35
0,333 333	0,333 333	0,000 000	0,000 000	0,000 000	0,34
0,333 333	0,333 333	0,000 000	0,000 000	0,000 000	0,33
0,333 333	0,333 333	0,000 000	0,000 000	0,000 000	0,32
0,333 333	0,333 333	0,000 000	0,000 000	0,000 000	0,31
0,333 333	0,333 333	0,000 000	0,000 000	0,000 000	0,30
0,333 333	0,333 333	0,000 000	0,000 000	0,000 000	0,29
0,333 333	0,333 333	0,000 000	0,000 000	0,000 000	0,28
0,333 333	0,333 333	0,000 000	0,000 000	0,000 000	0,27
0,333 333	0,333 333	0,000 000	0,000 000	0,000 000	0,26
0,333 333	0,333 333	0,000 000	0,000 000	0,000 000	0,25
0,333 333	0,333 333	0,000 000	0,000 000	0,000 000	0,25
0,333 333	0,333 333	0,000 000	0,000 000	0,000 000	0,24
0,333 333	0,333 333	0,000 000	0,000 000	0,000 000	0,23
0,333 333	0,333 333	0,000 000	0,000 000	0,000 000	0,22
0,333 333	0,333 333	0,000 000	0,000 000	0,000 000	0,21
0,333 333	0,333 333	0,000 000	0,000 000	0,000 000	0,20
0,333 333	0,333 333	0,000 000	0,000 000	0,000 000	0,19
0,333 333	0,333 333	0,000 000	0,000 000	0,000 000	0,18
0,333 333	0,333 333	0,000 000	0,000 000	0,000 000	0,17
0,333 333	0,333 333	0,000 000	0,000 000	0,000 000	0,16
0,333 333	0,333 333	0,000 000	0,000 000	0,000 000	0,15
0,333 333	0,333 333	0,000 000	0,000 000	0,000 000	0,14
0,333 333	0,333 333	0,000 000	0,000 000	0,000 000	0,13
0,333 333	0,333 333	0,000 000	0,000 000	0,000 000	0,12
0,333 333	0,333 333	0,000 000	0,000 000	0,000 000	0,11
0,333 333	0,333 333	0,000 000	0,000 000	0,000 000	0,10
0,333 333	0,333 333	0,000 000	0,000 000	0,000 000	0,09
0,333 333	0,333 333	0,000 000	0,000 000	0,000 000	0,08
0,333 333	0,333 333	0,000 000	0,000 000	0,000 000	0,07
0,333 333	0,333 333	0,000 000	0,000 000	0,000 000	0,06
0,333 333	0,333 333	0,000 000	0,000 000	0,000 000	0,05
0,333 333	0,333 333	0,000 000	0,000 000	0,000 000	0,04
0,333 333	0,333 333	0,000 000	0,000 000	0,000 000	0,03
0,333 333	0,333 333	0,000 000	0,000 000	0,000 000	0,02
0,333 333	0,333 333	0,000 000	0,000 000	0,000 000	0,01
−0,666 667	−0,666 667	0,000 000	−6,579 736	0,000 000	0,00
$\wp_4(\zeta, \varkappa)$	$\wp_6(\zeta, \varkappa)$	$-\wp_2'(\zeta, \varkappa)$	$-\wp_4'(\zeta, \varkappa)$	$-\wp_6'(\zeta, \varkappa)$	$\zeta = \frac{z}{2K}$

Tafel III

$\sqrt{k} = 1{,}000\,000$	$k = 1{,}000\,000$	$k^2 = 1{,}000\,000$
$\sqrt{k'} = 0{,}000\,000$	$k' = 0{,}000\,000$	$k'^2 = 0{,}000\,000$
$e_1 = -e_3' = 0{,}333\,333$	$e_2 = -e_2' = 0{,}333\,333$	$e_3 = -e_1' = -0{,}666\,667$
$g_2 = g_2' = 1{,}333\,333$	$g_3 = -g_3' = -0{,}296\,296$	$g_3/\sqrt{g_2^3} = -0{,}192\,450$
$\bar{g}_2 = \bar{g}_2' = 1{,}333\,333$	$\bar{g}_3 = -\bar{g}_3' = -0{,}296\,296$	$\bar{g}_3/\sqrt{\bar{g}_2^3} = -0{,}192\,450$

$\varkappa = 0{,}01$

$\zeta = \frac{z}{2K}$	$\vartheta_1(\zeta,\varkappa)$	$\vartheta_3(\zeta,\varkappa)$	$\frac{\partial \ln \vartheta_1(\zeta,\varkappa)}{\partial \zeta}$	$\frac{\partial \ln \vartheta_3(\zeta,\varkappa)}{\partial \zeta}$	$\mathrm{sn}(\zeta,\varkappa)$
0,00	0,000 000	10,000 000	∞	0,000 000	0,000 000
0,01	0,000 000	9,690 724	309,051 624	−6,283 185	0,996 272
0,02	0,000 000	8,819 114	301,595 085	−12,566 371	0,999 993
0,03	0,000 000	7,537 132	295,309 710	−18,849 556	1,000 000
0,04	0,000 000	6,049 226	289,026 524	−25,132 741	1,000 000
0,05	0,000 000	4,559 381	282,743 339	−31,415 927	1,000 000
0,06	0,000 000	3,227 190	276,460 153	−37,699 112	1,000 000
0,07	0,000 000	2,145 140	270,176 968	−43,982 297	1,000 000
0,08	0,000 000	1,339 057	263,893 783	−50,265 482	1,000 000
0,09	0,000 000	0,784 974	257,610 598	−56,548 668	1,000 000
0,10	0,000 000	0,432 139	251,327 412	−62,831 853	1,000 000
0,11	0,000 000	0,223 411	245,044 227	−69,115 038	1,000 000
0,12	0,000 000	0,108 467	238,761 041	−75,398 224	1,000 000
0,13	0,000 000	0,049 454	232,477 856	−81,681 409	1,000 000
0,14	0,000 000	0,021 175	226,194 671	−87,964 594	1,000 000
0,15	0,000 000	0,008 514	219,911 486	−94,247 780	1,000 000
0,16	0,000 000	0,003 215	213,628 300	−100,530 965	1,000 000
0,17	0,000 000	0,001 140	207,345 115	−106,814 150	1,000 000
0,18	0,000 000	0,000 380	201,061 930	−113,097 335	1,000 000
0,19	0,000 000	0,000 119	194,778 744	−119,380 521	1,000 000
0,20	0,000 000	0,000 035	188,495 559	−125,663 706	1,000 000
0,21	0,000 000	0,000 010	182,212 374	−131,946 891	1,000 000
0,22	0,000 000	0,000 002	175,929 188	−138,230 077	1,000 000
0,23	0,000 000	0,000 001	169,646 003	−144,513 262	1,000 000
0,24	0,000 000	0,000 000	163,362 818	−150,796 447	1,000 000
0,25	0,000 000	0,000 000	157,079 633	−157,079 633	1,000 000
0,26	0,000 000	0,000 000	150,796 447	−163,362 818	1,000 000
0,27	0,000 001	0,000 000	144,513 262	−169,646 003	1,000 000
0,28	0,000 002	0,000 000	138,230 077	−175,929 188	1,000 000
0,29	0,000 010	0,000 000	131,946 891	−182,212 374	1,000 000
0,30	0,000 035	0,000 000	125,663 706	−188,495 559	1,000 000
0,31	0,000 119	0,000 000	119,380 521	−194,778 744	1,000 000
0,32	0,000 380	0,000 000	113,097 335	−201.061 930	1,000 000
0,33	0,001 140	0,000 000	106,814 150	−207,345 115	1,000 000
0,34	0,003 215	0,000 000	100,530 965	−213,628 300	1,000 000
0,35	0,008 514	0,000 000	94,247 780	−219,911 486	1,000 000
0,36	0,021 175	0,000 000	87,964 594	−226,194 671	1,000 000
0,37	0,049 454	0,000 000	81,681 409	−232,477 856	1,000 000
0,38	0,108 467	0,000 000	75,398 224	−238,761 041	1,000 000
0,39	0,223 411	0,000 000	69,115 038	−245,044 227	1,000 000
0,40	0,432 139	0,000 000	62,831 853	−251,327 412	1,000 000
0,41	0,784 974	0,000 000	56,548 668	−257,610 598	1,000 000
0,42	1,339 057	0,000 000	50,265 482	−263,893 783	1,000 000
0,43	2,145 140	0,000 000	43,982 297	−270,176 968	1,000 000
0,44	3,227 190	0,000 000	37,699 112	−276,460 153	1,000 000
0,45	4,559 381	0,000 000	31,415 927	−282,743 339	1,000 000
0,46	6,049 226	0,000 000	25,132 741	−289,026 524	1,000 000
0,47	7,537 132	0,000 000	18,849 556	−295,309 705	1,000 000
0,48	8,819 114	0,000 000	12,566 371	−301,590 704	1,000 000
0,49	9,690 724	0,000 000	6,283 185	−306,704 918	1,000 000
0,50	10,000 000	0,000 000	0,000 000	0,000 000	1,000 000
	$\vartheta_2(\zeta,\varkappa)$	$\vartheta_4(\zeta,\varkappa)$	$-\frac{\partial \ln \vartheta_2(\zeta,\varkappa)}{\partial \zeta}$	$-\frac{\partial \ln \vartheta_4(\zeta,\varkappa)}{\partial \zeta}$	$\mathrm{cd}(\zeta,\varkappa)$

Tafel III

$\varkappa = 0{,}01$

$k^2 k'^2 = 0{,}000\,000$	$\eta_1 = -\eta_2' = -0{,}326\,967$	$\eta_1' = -\eta_2 = 0{,}333\,333$
$\pi/KK' = 0{,}012\,732$	$\bar\eta_1 = -\bar\eta_2' = -0{,}320\,601$	$\bar\eta_1' = -\bar\eta_2 = 0{,}333\,333$
$K = 157{,}079\,633$	$E = 1{,}000\,000$	$A = 2{,}000\,000$
$K' = 1{,}570\,796$	$E' = 1{,}570\,796$	$A' = 0{,}000\,000$
$B = 1{,}000\,000$	$C = 155{,}079\,633$	$D = 156{,}079\,633$

$\mathrm{cn}(\zeta,\varkappa)$	$\mathrm{dn}(\zeta,\varkappa)$	$\mathrm{sc}(\zeta,\varkappa)$	$\overline{\mathrm{sn}}(\zeta,\varkappa)$	$\overline{\mathrm{cn}}(\zeta,\varkappa)$	
1,000 000	1,000 000	0,000 000	∞	0,000 000	0,50
0,086 267	0,086 267	11,548 739	0,007 470	−0,996 272	0,49
0,003 735	0,003 735	267,744 89	0,000 014	−0,999 993	0,48
0,000 161	0,000 161	6195,823 9	0,000 000	−1,000 000	0,47
0,000 007	0,000 007		0,000 000	−1,000 000	0,46
0,000 000	0,000 000		0,000 000	−1,000 000	0,45
0,000 000	0,000 000		0,000 000	−1,000 000	0,44
0,000 000	0,000 000		0,000 000	−1,000 000	0,43
0,000 000	0,000 000		0,000 000	−1,000 000	0,42
0,000 000	0,000 000		0,000 000	−1,000 000	0,41
0,000 000	0,000 000		0,000 000	−1,000 000	0,40
0,000 000	0,000 000		0,000 000	−1,000 000	0,39
0,000 000	0,000 000		0,000 000	−1,000 000	0,38
0,000 000	0,000 000		0,000 000	−1,000 000	0,37
0,000 000	0,000 000		0,000 000	−1,000 000	0,36
0,000 000	0,000 000		0,000 000	−1,000 000	0,35
0,000 000	0,000 000		0,000 000	−1,000 000	0,34
0,000 000	0,000 000		0,000 000	−1,000 000	0,33
0,000 000	0,000 000		0,000 000	−1,000 000	0,32
0,000 000	0,000 000		0,000 000	−1,000 000	0,31
0,000 000	0,000 000		0,000 000	−1,000 000	0,30
0,000 000	0,000 000		0,000 000	−1,000 000	0,29
0,000 000	0,000 000		0,000 000	−1,000 000	0,28
0,000 000	0,000 000		0,000 000	−1,000 000	0,27
0,000 000	0,000 000		0,000 000	−1,000 000	0,26
0,000 000	0,000 000		0,000 000	−1,000 000	0,25
0,000 000	0,000 000		0,000 000	−1,000 000	0,24
0,000 000	0,000 000		0,000 000	−1,000 000	0,23
0,000 000	0,000 000		0,000 000	−1,000 000	0,22
0,000 000	0,000 000		0,000 000	−1,000 000	0,21
0,000 000	0,000 000		0,000 000	−1,000 000	0,20
0,000 000	0,000 000		0,000 000	−1,000 000	0,19
0,000 000	0,000 000		0,000 000	−1,000 000	0,18
0,000 000	0,000 000		0,000 000	−1,000 000	0,17
0,000 000	0,000 000		0,000 000	−1,000 000	0,16
0,000 000	0,000 000		0,000 000	−1,000 000	0,15
0,000 000	0,000 000		0,000 000	−1,000 000	0,14
0,000 000	0,000 000		0,000 000	−1,000 000	0,13
0,000 000	0,000 000		0,000 000	−1,000 000	0,12
0,000 000	0,000 000		0,000 000	−1,000 000	0,11
0,000 000	0,000 000		0,000 000	−1,000 000	0,10
0,000 000	0,000 000		0,000 000	−1,000 000	0,09
0,000 000	0,000 000		0,000 000	−1,000 000	0,08
0,000 000	0,000 000		0,000 000	−1,000 000	0,07
0,000 000	0,000 000		0,000 000	−1,000 000	0,06
0,000 000	0,000 000		0,000 000	−1,000 000	0,05
0,000 000	0,000 000		0,000 000	−1,000 000	0,04
0,000 000	0,000 000		0,000 000	−1,000 000	0,03
0,000 000	0,000 000		0,000 000	−1,000 007	0,02
0,000 000	0,000 000	↓	0,000 000	−1,003 742	0,01
0,000 000	0,000 000	∞	0,000 000	−∞	0,00
$k'\,\mathrm{sd}(\zeta,\varkappa)$	$k'\,\mathrm{nd}(\zeta,\varkappa)$	$\frac{1}{k'}\,\mathrm{cs}(\zeta,\varkappa)$	$-\overline{\mathrm{cd}}(\zeta,\varkappa)$	$-\overline{\mathrm{sd}}(\zeta,\varkappa)$	$\zeta = \frac{z}{2K}$

Tafel III. (Fortsetzung)

$\vartheta_1'(0,\varkappa) = 0{,}000\,000$ $\quad\vartheta_1'(0,k) = 0{,}000\,000$ $\quad\vartheta_5'(0,\varkappa) = 0{,}000\,000$ $\quad\boxed{\varkappa = 0{,}01}$

$\vartheta_1'''/\vartheta_1'(\varkappa) = 96\,811{,}088\,4$ $\quad\vartheta_2''/\vartheta_2(\varkappa) = -628{,}318\,531$ $\quad\vartheta_3''/\vartheta_3(\varkappa) = -628{,}318\,531$

$\vartheta_1'''/\vartheta_1'(k) = 0{,}980\,901$ $\quad\vartheta_2''/\vartheta_2(k) = -0{,}006\,366$ $\quad\vartheta_3''/\vartheta_3(k) = -0{,}006\,366$

$\vartheta_1'''''/\vartheta_1'(k) = 0{,}936\,946$ $\quad\vartheta_2''''/\vartheta_2(k) = 0{,}000\,122$ $\quad\vartheta_3''''/\vartheta_3(k) = 0{,}000\,122$

$\zeta = \frac{z}{2K}$	$\overline{\mathrm{dn}}(\zeta,\varkappa)$	$\mathfrak{z}_1(\zeta,\varkappa)$	$\mathfrak{z}_3(\zeta,\varkappa)$	$\mathfrak{z}_5(\zeta,\varkappa)$	$\wp_1(\zeta,\varkappa)$
0,00	0,000 000	∞	0,000 000	∞	∞
0,01	−0,996 272	−0,043 455	−1,047 197	−0,043 455	0,340 831
0,02	−0,999 993	−1,094 388	−2,094 395	−1,094 388	0,333 347
0,03	−1,000 000	−2,141 592	−3,141 592	−2,141 592	0,333 333
0,04	−1,000 000	−3,188 790	−4,188 790	−3,188 790	0,333 333
0,05	−1,000 000	−4,235 987	−5,235 987	−4,235 987	0,333 333
0,06	−1,000 000	−5,283 185	−6,283 185	−5,283 185	0,333 333
0,07	−1,000 000	−6,330 383	−7,330 383	−6,330 383	0,333 333
0,08	−1,000 000	−7,377 580	−8,377 580	−7,377 580	0,333 333
0,09	−1,000 000	−8,424 778	−9,424 778	−8,424 778	0,333 333
0,10	−1,000 000	−9,471 975	−10,471 975	−9,471 975	0,333 333
0,11	−1,000 000	−10,519 173	−11,519 173	−10,519 173	0,333 333
0,12	−1,000 000	−11,566 370	−12,566 370	−11,566 370	0,333 333
0,13	−1,000 000	−12,613 568	−13,613 568	−12,613 568	0,333 333
0,14	−1,000 000	−13,660 766	−14,660 766	−13,660 766	0,333 333
0,15	−1,000 000	−14,707 963	−15,707 963	−14,707 963	0,333 333
0,16	−1,000 000	−15,755 161	−16,755 161	−15,755 161	0,333 333
0,17	−1,000 000	−16,802 358	−17,802 358	−16,802 358	0,333 333
0,18	−1,000 000	−17,849 556	−18,849 556	−17,849 556	0,333 333
0,19	−1,000 000	−18,896 754	−19,896 754	−18,896 754	0,333 333
0,20	−1,000 000	−19,943 951	−20,943 951	−19,943 951	0,333 333
0,21	−1,000 000	−20,991 148	−21,991 148	−20,991 148	0,333 333
0,22	−1,000 000	−22,038 346	−23,038 346	−22,038 346	0,333 333
0,23	−1,000 000	−23,085 544	−24,085 544	−23,085 544	0,333 333
0,24	−1,000 000	−24,132 741	−25,132 741	−24,132 741	0,333 333
0,25	−1,000 000	−25,179 939	−26,179 939	−25,179 939	0,333 333
0,25	1,000 000	−25,179 939	−26,179 939	−25,179 939	0,333 333
0,26	1,000 000	−26,227 136	−27,227 136	−26,227 136	0,333 333
0,27	1,000 000	−27,274 334	−28,274 334	−27,274 334	0,333 333
0,28	1,000 000	−28,321 531	−29,321 531	−28,321 531	0,333 333
0,29	1,000 000	−29,368 729	−30,368 729	−29,368 729	0,333 333
0,30	1,000 000	−30,415 926	−31,415 926	−30,415 926	0,333 333
0,31	1,000 000	−31,463 124	−32,463 124	−31,463 124	0,333 333
0,32	1,000 000	−32,510 322	−33,510 322	−32,510 322	0,333 333
0,33	1,000 000	−33,557 519	−34,557 519	−33,557 519	0,333 333
0,34	1,000 000	−34,604 717	−35,604 717	−34,604 717	0,333 333
0,35	1,000 000	−35,651 914	−36,651 914	−35,651 914	0,333 333
0,36	1,000 000	−36,699 112	−37,699 112	−36,699 112	0,333 333
0,37	1,000 000	−37,746 309	−38,746 309	−37,746 309	0,333 333
0,38	1,000 000	−38,793 507	−39,793 507	−38,793 507	0,333 333
0,39	1,000 000	−39,840 704	−40,840 704	−39,840 704	0,333 333
0,40	1,000 000	−40,887 902	−41,887 902	−40,887 902	0,333 333
0,41	1,000 000	−41,935 100	−42,935 100	−41,935 100	0,333 333
0,42	1,000 000	−42,982 297	−43,982 297	−42,982 297	0,333 333
0,43	1,000 000	−44,029 495	−45,029 495	−44,029 495	0,333 333
0,44	1,000 000	−45,076 692	−46,076 692	−45,076 692	0,333 333
0,45	1,000 000	−46,123 890	−47,123 890	−46,123 890	0,333 333
0,46	1,000 000	−47,171 087	−48,171 087	−47,171 087	0,333 333
0,47	1,000 000	−48,218 285	−49,218 285	−48,218 285	0,333 333
0,48	1,000 007	−49,265 482	−50,265 475	−49,265 475	0,333 333
0,49	1,003 742	−50,308 952	−51,308 952	−50,308 952	0,333 333
0,50	∞	−51,359 877	−51,359 877	−50,359 877	0,333 333
	$\overline{\mathrm{sc}}(\zeta,\varkappa)$	$-\mathfrak{z}_2(\zeta,\varkappa)$	$-\mathfrak{z}_4(\zeta,\varkappa)$	$-\mathfrak{z}_6(\zeta,\varkappa)$	$\wp_2(\zeta,\varkappa)$

Tafel III

$\varkappa = 0{,}01$					
$\vartheta_5'(0, k) =$ 0,000 000	$\vartheta_6(0, k) =$ 0,000 000	$\vartheta_{\substack{5\\6}}(\frac{1}{4}, \varkappa) =$ 14,142 136
$\vartheta_4''/\vartheta_4(\varkappa) =$ 98 067,725 5	$\vartheta_5'''/\vartheta_5'(\varkappa) =$ 94 926,132 8	$\vartheta_6''/\vartheta_6(\varkappa) =$ 97 439,407 0
$\vartheta_4''/\vartheta_4(k) =$ 0,993 634	$\vartheta_5'''/\vartheta_5'(k) =$ 0,961 803	$\vartheta_6''/\vartheta_6(k) =$ 0,987 268
$\vartheta_4''''/\vartheta_4(k) =$ 0,961 924	$\vartheta_5'''''/\vartheta_5'(k) =$ 0,875 108	$\vartheta_6''''/\vartheta_6(k) =$ 0,924 092

$\wp_3(\zeta, \varkappa)$	$\wp_5(\zeta, \varkappa)$	$\wp_1'(\zeta, \varkappa)$	$\wp_3'(\zeta, \varkappa)$	$\wp_5'(\zeta, \varkappa)$	
0,333 333	∞	$-\infty$	0,000 000	$-\infty$	0,50
0,333 333	0,340 831	−0,015 052	−0,000 000	−0,015 052	0,49
0,333 333	0,333 347	−0,000 028	−0,000 000	−0,000 028	0,48
0,333 333	0,333 333	−0,000 000	−0,000 000	−0,000 000	0,47
0,333 333	0,333 333	−0,000 000	−0,000 000	−0,000 000	0,46
0,333 333	0,333 333	−0,000 000	−0,000 000	−0,000 000	0,45
0,333 333	0,333 333	−0,000 000	−0,000 000	−0,000 000	0,44
0,333 333	0,333 333	−0,000 000	−0,000 000	−0,000 000	0,43
0,333 333	0,333 333	−0,000 000	−0,000 000	−0,000 000	0,42
0,333 333	0,333 333	−0,000 000	−0,000 000	−0,000 000	0,41
0,333 333	0,333 333	−0,000 000	−0,000 000	−0,000 000	0,40
0,333 333	0,333 333	−0,000 000	−0,000 000	−0,000 000	0,39
0,333 333	0,333 333	−0,000 000	−0,000 000	−0,000 000	0,38
0,333 333	0,333 333	−0,000 000	−0,000 000	−0,000 000	0,37
0,333 333	0,333 333	−0,000 000	−0,000 000	−0,000 000	0,36
0,333 333	0,333 333	−0,000 000	−0,000 000	−0,000 000	0,35
0,333 333	0,333 333	−0,000 000	−0,000 000	−0,000 000	0,34
0,333 333	0,333 333	−0,000 000	−0,000 000	−0,000 000	0,33
0,333 333	0,333 333	−0,000 000	−0,000 000	−0,000 000	0,32
0,333 333	0,333 333	−0,000 000	−0,000 000	−0,000 000	0,31
0,333 333	0,333 333	−0,000 000	−0,000 000	−0,000 000	0,30
0,333 333	0,333 333	−0,000 000	−0,000 000	−0,000 000	0,29
0,333 333	0,333 333	−0,000 000	−0,000 000	−0,000 000	0,28
0,333 333	0,333 333	−0,000 000	−0,000 000	−0,000 000	0,27
0,333 333	0,333 333	−0,000 000	−0,000 000	−0,000 000	0,26
0,333 333	0,333 333	−0,000 000	−0,000 000	−0,000 000	0,25
0,333 333	0,333 333	−0,000 000	−0,000 000	−0,000 000	0,25
0,333 333	0,333 333	−0,000 000	−0,000 000	−0,000 000	0,24
0,333 333	0,333 333	−0,000 000	−0,000 000	−0,000 000	0,23
0,333 333	0,333 333	−0,000 000	−0,000 000	−0,000 000	0,22
0,333 333	0,333 333	−0,000 000	−0,000 000	−0,000 000	0,21
0,333 333	0,333 333	−0,000 000	−0,000 000	−0,000 000	0,20
0,333 333	0,333 333	−0,000 000	−0,000 000	−0,000 000	0,19
0,333 333	0,333 333	−0,000 000	−0,000 000	−0,000 000	0,18
0,333 333	0,333 333	−0,000 000	−0,000 000	−0,000 000	0,17
0,333 333	0,333 333	−0,000 000	−0,000 000	−0,000 000	0,16
0,333 333	0,333 333	−0,000 000	−0,000 000	−0,000 000	0,15
0,333 333	0,333 333	−0,000 000	−0,000 000	−0,000 000	0,14
0,333 333	0,333 333	−0,000 000	−0,000 000	−0,000 000	0,13
0,333 333	0,333 333	−0,000 000	−0,000 000	−0,000 000	0,12
0,333 333	0,333 333	−0,000 000	−0,000 000	−0,000 000	0,11
0,333 333	0,333 333	−0,000 000	−0,000 000	−0,000 000	0,10
0,333 333	0,333 333	−0,000 000	−0,000 000	−0,000 000	0,09
0,333 333	0,333 333	−0,000 000	−0,000 000	−0,000 000	0,08
0,333 333	0,333 333	−0,000 000	−0,000 000	−0,000 000	0,07
0,333 333	0,333 333	−0,000 000	−0,000 000	−0,000 000	0,06
0,333 333	0,333 333	−0,000 000	−0,000 000	−0,000 000	0,05
0,333 333	0,333 333	−0,000 000	−0,000 000	−0,000 000	0,04
0,333 333	0,333 333	−0,000 000	−0,000 000	−0,000 000	0,03
0,333 319	0,333 319	−0,000 000	−0,000 028	−0,000 028	0,02
0,325 891	0,325 891	−0,000 000	−0,014 828	−0,014 828	0,01
−0,666 667	−0,666 667	0,000 000	0,000 000	0,000 000	0,00
$\wp_4(\zeta, \varkappa)$	$\wp_6(\zeta, \varkappa)$	$-\wp_2'(\zeta, \varkappa)$	$-\wp_4'(\zeta, \varkappa)$	$-\wp_6'(\zeta, \varkappa)$	$\zeta = \frac{z}{2K}$

Tafel III

$\sqrt{k} = 1{,}000\,000$	$k = 1{,}000\,000$	$k^2 = 1{,}000\,000$		$\varkappa = 0{,}02$
$\sqrt{k'} = 0{,}000\,000$	$k' = 0{,}000\,000$	$k'^2 = 0{,}000\,000$		
$e_1 = -e_3' = 0{,}333\,333$	$e_2 = -e_2' = 0{,}333\,333$	$e_3 = -e_1' = -0{,}666\,667$		
$g_2 = g_2' = 1{,}333\,333$	$g_3 = -g_3' = -0{,}296\,296$	$g_3/\sqrt{g_2^3} = -0{,}192\,450$		
$\bar{g}_2 = \bar{g}_2' = 1{,}333\,333$	$\bar{g}_3 = -\bar{g}_3' = -0{,}296\,296$	$\bar{g}_3/\sqrt{\bar{g}_2^3} = -0{,}192\,450$		

$\zeta = \frac{z}{2K}$	$\vartheta_1(\zeta,\varkappa)$	$\vartheta_3(\zeta,\varkappa)$	$\frac{\partial \ln \vartheta_1(\zeta,\varkappa)}{\partial \zeta}$	$\frac{\partial \ln \vartheta_3(\zeta,\varkappa)}{\partial \zeta}$	$\mathrm{sn}(\zeta,\varkappa)$
0,00	0,000 000	7,071 068	∞	0,000 000	0,000 000
0,01	0,000 000	6,960 863	168,127 265	− 3,141 593	0,917 152
0,02	0,000 000	6,640 449	151,384 220	− 6,283 185	0,996 272
0,03	0,000 000	6,138 865	147,680 210	− 9,424 778	0,999 839
0,04	0,000 000	5,499 648	144,514 358	− 12,566 371	0,999 993
0,05	0,000 000	4,774 611	141,371 717	− 15,707 963	1,000 000
0,06	0,000 000	4,016 958	138,230 079	− 18,849 556	1,000 000
0,07	0,000 000	3,275 011	135,088 484	− 21,991 149	1,000 000
0,08	0,000 000	2,587 525	131,946 891	− 25,132 741	1,000 000
0,09	0,000 000	1,981 128	128,805 299	− 28,274 334	1,000 000
0,10	0,000 000	1,469 931	125,663 706	− 31,415 927	1,000 000
0,11	0,000 000	1,056 908	122,522 113	− 34,557 519	1,000 000
0,12	0,000 000	0,736 434	119,380 521	− 37,699 112	1,000 000
0,13	0,000 000	0,497 264	116,238 928	− 40,840 705	1,000 000
0,14	0,000 000	0,325 384	113,097 336	− 43,982 297	1,000 000
0,15	0,000 000	0,206 330	109,955 743	− 47,123 890	1,000 000
0,16	0,000 000	0,126 789	106,814 150	− 50,265 482	1,000 000
0,17	0,000 000	0,075 502	103,672 558	− 53,407 075	1,000 000
0,18	0,000 001	0,043 571	100,530 965	− 56,548 668	1,000 000
0,19	0,000 002	0,024 366	97,389 372	− 59,690 260	1,000 000
0,20	0,000 005	0,013 205	94,247 780	− 62,831 853	1,000 000
0,21	0,000 013	0,006 935	91,106 187	− 65,973 446	1,000 000
0,22	0,000 032	0,003 529	87,964 594	− 69,115 038	1,000 000
0,23	0,000 075	0,001 741	84,823 002	− 72,256 631	1,000 000
0,24	0,000 173	0,000 832	81,681 409	− 75,398 224	1,000 000
0,25	0,000 385	0,000 385	78,539 816	− 78,539 816	1,000 000
0,26	0,000 832	0,000 173	75,398 224	− 81,681 409	1,000 000
0,27	0,001 741	0,000 075	72,256 631	− 84,823 002	1,000 000
0,28	0,003 529	0,000 032	69,115 038	− 87,964 594	1,000 000
0,29	0,006 935	0,000 013	65,973 446	− 91,106 187	1,000 000
0,30	0,013 205	0,000 005	62,831 853	− 94,247 780	1,000 000
0,31	0,024 366	0,000 002	59,690 260	− 97,389 372	1,000 000
0,32	0,043 571	0,000 001	56,548 668	− 100,530 965	1,000 000
0,33	0,075 502	0,000 000	53,407 075	− 103,672 558	1,000 000
0,34	0,126 789	0,000 000	50,265 482	− 106,814 150	1,000 000
0,35	0,206 330	0,000 000	47,123 890	− 109,955 743	1,000 000
0,36	0,325 384	0,000 000	43,982 297	− 113,097 336	1,000 000
0,37	0,497 264	0,000 000	40,840 705	− 116,238 928	1,000 000
0,38	0,736 434	0,000 000	37,699 112	− 119,380 521	1,000 000
0,39	1,056 908	0,000 000	34,557 519	− 122,522 113	1,000 000
0,40	1,469 931	0,000 000	31,415 927	− 125,663 706	1,000 000
0,41	1,981 128	0,000 000	28,274 334	− 128,805 299	1,000 000
0,42	2,587 525	0,000 000	25,132 741	− 131,946 891	1,000 000
0,43	3,275 011	0,000 000	21,991 149	− 135,088 484	1,000 000
0,44	4,016 958	0,000 000	18,849 556	− 138,230 075	1,000 000
0,45	4,774 611	0,000 000	15,707 963	− 141,371 622	1,000 000
0,46	5,499 648	0,000 000	12,566 371	− 144,512 166	1,000 000
0,47	6,138 865	0,000 000	9,424 778	− 147,629 504	1,000 000
0,48	6,640 449	0,000 000	6,283 185	− 150,210 866	1,000 000
0,49	6,960 863	0,000 000	3,141 593	− 140,924 360	1,000 000
0,50	7,071 068	0,000 000	0,000 000	0,000 000	1,000 000
	$\vartheta_2(\zeta,\varkappa)$	$\vartheta_4(\zeta,\varkappa)$	$-\frac{\partial \ln \vartheta_2(\zeta,\varkappa)}{\partial \zeta}$	$-\frac{\partial \ln \vartheta_4(\zeta,\varkappa)}{\partial \zeta}$	$\mathrm{cd}(\zeta,\varkappa)$

Tafel III

$\varkappa = 0{,}02$

$k^2 k'^2 = 0{,}000\,000$	$\eta_1 = -\eta_2' = -0{,}320\,601$	$\eta_1' = -\eta_2 = 0{,}333\,333$
$\pi/KK' = 0{,}025\,465$	$\bar\eta_1 = -\bar\eta_2' = -0{,}307\,869$	$\bar\eta_1' = -\bar\eta_2 = 0{,}333\,333$
$K = 78{,}539\,816$	$E = 1{,}000\,000$	$A = 2{,}000\,000$
$K' = 1{,}570\,796$	$E' = 1{,}570\,796$	$A' = 0{,}000\,000$
$B = 1{,}000\,000$	$C = 76{,}539\,816$	$D = 77{,}539\,816$

$\mathrm{cn}(\zeta, \varkappa)$	$\mathrm{dn}(\zeta, \varkappa)$	$\mathrm{sc}(\zeta, \varkappa)$	$\overline{\mathrm{sn}}(\zeta, \varkappa)$	$\overline{\mathrm{cn}}(\zeta, \varkappa)$	
1,000 000	1,000 000	0,000 000	∞	0,000 000	0,50
0,398 537	0,398 537	2,301 299	0,173 179	−0,917 152	0,49
0,086 267	0,086 267	11,548 739	0,007 470	−0,996 272	0,48
0,017 965	0,017 965	55,654 398	0,000 323	−0,999 839	0,47
0,003 735	0,003 735	267,744 89	0,000 014	−0,999 993	0,46
0,000 776	0,000 776	↓	0,000 001	−1,000 000	0,45
0,000 161	0,000 161		0,000 000	−1,000 000	0,44
0,000 034	0,000 034		0,000 000	−1,000 000	0,43
0,000 007	0,000 007		0,000 000	−1,000 000	0,42
0,000 001	0,000 001		0,000 000	−1,000 000	0,41
0,000 000	0,000 000		0,000 000	−1,000 000	0,40
0,000 000	0,000 000		0,000 000	−1,000 000	0,39
0,000 000	0,000 000		0,000 000	−1,000 000	0,38
0,000 000	0,000 000		0,000 000	−1,000 000	0,37
0,000 000	0,000 000		0,000 000	−1,000 000	0,36
0,000 000	0,000 000		0,000 000	−1,000 000	0,35
0,000 000	0,000 000		0,000 000	−1,000 000	0,34
0,000 000	0,000 000		0,000 000	−1,000 000	0,33
0,000 000	0,000 000		0,000 000	−1,000 000	0,32
0,000 000	0,000 000		0,000 000	−1,000 000	0,31
0,000 000	0,000 000		0,000 000	−1,000 000	0,30
0,000 000	0,000 000		0,000 000	−1,000 000	0,29
0,000 000	0,000 000		0,000 000	−1,000 000	0,28
0,000 000	0,000 000		0,000 000	−1,000 000	0,27
0,000 000	0,000 000		0,000 000	−1,000 000	0,26
0,000 000	0,000 000		0,000 000	−1,000 000	0,25
0,000 000	0,000 000		0,000 000	−1,000 000	0,24
0,000 000	0,000 000		0,000 000	−1,000 000	0,23
0,000 000	0,000 000		0,000 000	−1,000 000	0,22
0,000 000	0,000 000		0,000 000	−1,000 000	0,21
0,000 000	0,000 000		0,000 000	−1,000 000	0,20
0,000 000	0,000 000		0,000 000	−1,000 000	0,19
0,000 000	0,000 000		0,000 000	−1,000 000	0,18
0,000 000	0,000 000		0,000 000	−1,000 000	0,17
0,000 000	0,000 000		0,000 000	−1,000 000	0,16
0,000 000	0,000 000		0,000 000	−1,000 000	0,15
0,000 000	0,000 000		0,000 000	−1,000 000	0,14
0,000 000	0,000 000		0,000 000	−1,000 000	0,13
0,000 000	0,000 000		0,000 000	−1,000 000	0,12
0,000 000	0,000 000		0,000 000	−1,000 000	0,11
0,000 000	0,000 000		0,000 000	−1,000 000	0,10
0,000 000	0,000 000		0,000 000	−1,000 000	0,09
0,000 000	0,000 000		0,000 000	−1,000 000	0,08
0,000 000	0,000 000		0,000 000	−1,000 000	0,07
0,000 000	0,000 000		0,000 000	−1,000 000	0,06
0,000 000	0,000 000		0,000 000	−1,000 000	0,05
0,000 000	0,000 000		0,000 000	−1,000 007	0,04
0,000 000	0,000 000		0,000 000	−1,000 161	0,03
0,000 000	0,000 000		0,000 000	−1,003 742	0,02
0,000 000	0,000 000	↓	0,000 000	−1,090 331	0,01
0,000 000	0,000 000	∞	0,000 000	−∞	0,00
$k'\,\mathrm{sd}(\zeta, \varkappa)$	$k'\,\mathrm{nd}(\zeta, \varkappa)$	$\frac{1}{k'}\,\mathrm{cs}(\zeta, \varkappa)$	$-\overline{\mathrm{cd}}(\zeta, \varkappa)$	$-\overline{\mathrm{sd}}(\zeta, \varkappa)$	$\zeta = \frac{z}{2K}$

Tafel III. (Fortsetzung)

$\varkappa = 0{,}02$

$\vartheta_1'(0,\varkappa) =$ 0,000 000	$\vartheta_1'(0,k) =$ 0,000 000	$\vartheta_5'(0,\varkappa) =$ 0,000 009
$\vartheta_1'''/\vartheta_1'(\varkappa) =$ 23 731,533 2	$\vartheta_2''/\vartheta_2(\varkappa) = -$314,159 265	$\vartheta_3''/\vartheta_3(\varkappa) = -$314,159 265
$\vartheta_1'''/\vartheta_1'(k) =$ 0,961 803	$\vartheta_2''/\vartheta_2(k) = -$ 0,012 732	$\vartheta_3''/\vartheta_3(k) = -$ 0,012 732
$\vartheta_1'''''/\vartheta_1'(k) =$ 0,875 108	$\vartheta_2''''/\vartheta_2(k) =$ 0,000 486	$\vartheta_3''''/\vartheta_3(k) =$ 0,000 486

$\zeta = \frac{z}{2K}$	$\overline{\mathrm{dn}}(\zeta,\varkappa)$	$\mathfrak{z}_1(\zeta,\varkappa)$	$\mathfrak{z}_3(\zeta,\varkappa)$	$\mathfrak{z}_5(\zeta,\varkappa)$	$\wp_1(\zeta,\varkappa)$
0,00	0,000 000	∞	0,000 000	∞	∞
0,01	−0,917 152	0,566 733	−0,523 599	0,566 733	0,522 156
0,02	−0,996 272	−0,043 456	−1,047 197	−0,043 455	0,340 831
0,03	−0,999 839	−0,570 635	−1,570 796	−0,570 634	0,333 656
0,04	−0,999 993	−1,094 388	−2,094 395	−1,094 388	0,333 347
0,05	−1,000 000	−1,617 994	−2,617 994	−1,617 994	0,333 334
0,06	−1,000 000	−2,141 592	−3,141 592	−2,141 592	0,333 333
0,07	−1,000 000	−2,665 191	−3,665 191	−2,665 191	0,333 333
0,08	−1,000 000	−3,188 790	−4,188 790	−3,188 790	0,333 333
0,09	−1,000 000	−3,712 388	−4,712 388	−3,712 388	0,333 333
0,10	−1,000 000	−4,235 987	−5,235 987	−4,235 987	0,333 333
0,11	−1,000 000	−4,759 586	−5,759 586	−4,759 586	0,333 333
0,12	−1,000 000	−5,283 185	−6,283 185	−5,283 185	0,333 333
0,13	−1,000 000	−5,806 784	−6,806 784	−5,806 784	0,333 333
0,14	−1,000 000	−6,330 383	−7,330 383	−6,330 383	0,333 333
0,15	−1,000 000	−6,853 981	−7,853 981	−6,853 981	0,333 333
0,16	−1,000 000	−7,377 580	−8,377 580	−7,377 580	0,333 333
0,17	−1,000 000	−7,901 179	−8,901 179	−7,901 179	0,333 333
0,18	−1,000 000	−8,424 778	−9,424 778	−8,424 778	0,333 333
0,19	−1,000 000	−8,948 377	−9,948 377	−8,948 377	0,333 333
0,20	−1,000 000	−9,471 975	−10,471 975	−9,471 975	0,333 333
0,21	−1,000 000	−9,995 574	−10,995 574	−9,995 574	0,333 333
0,22	−1,000 000	−10,519 173	−11,519 173	−10,519 173	0,333 333
0,23	−1,000 000	−11,042 772	−12,042 772	−11,042 772	0,333 333
0,24	−1,000 000	−11,566 370	−12,566 370	−11,566 370	0,333 333
0,25	−1,000 000	−12,089 969	−13,089 969	−12,089 969	0,333 333
0,25	1,000 000	−12,089 969	−13,089 969	−12,089 969	0,333 333
0,26	1,000 000	−12,613 568	−13,613 568	−12,613 568	0,333 333
0,27	1,000 000	−13,137 167	−14,137 167	−13,137 167	0,333 333
0,28	1,000 000	−13,660 766	−14,660 766	−13,660 766	0,333 333
0,29	1,000 000	−14,184 365	−15,184 365	−14,184 365	0,333 333
0,30	1,000 000	−14,707 963	−15,707 963	−14,707 963	0,333 333
0,31	1,000 000	−15,231 562	−16,231 562	−15,231 562	0,333 333
0,32	1,000 000	−15,755 161	−16,755 161	−15,755 161	0,333 333
0,33	1,000 000	−16,278 760	−17,278 760	−16,278 760	0,333 333
0,34	1,000 000	−16,802 358	−17,802 358	−16,802 358	0,333 333
0,35	1,000 000	−17,325 957	−18,325 957	−17,325 957	0,333 333
0,36	1,000 000	−17,849 556	−18,849 556	−17,849 556	0,333 333
0,37	1,000 000	−18,373 155	−19,373 155	−18,373 155	0,333 333
0,38	1,000 000	−18,896 753	−19,896 753	−18,896 753	0,333 333
0,39	1,000 000	−19,420 352	−20,420 352	−19,420 352	0,333 333
0,40	1,000 000	−19,943 951	−20,943 951	−19,943 951	0,333 333
0,41	1,000 000	−20,467 550	−21,467 550	−20,467 550	0,333 333
0,42	1,000 000	−20,991 149	−21,991 149	−20,991 149	0,333 333
0,43	1,000 000	−21,514 747	−22,514 747	−21,514 747	0,333 333
0,44	1,000 000	−22,038 346	−23,038 346	−22,038 346	0,333 333
0,45	1,000 000	−22,561 945	−23,561 945	−22,561 945	0,333 333
0,46	1,000 007	−23,085 544	−24,085 537	−23,085 537	0,333 333
0,47	1,000 161	−23,609 142	−24,608 981	−23,608 981	0,333 333
0,48	1,003 742	−24,132 741	−25,129 013	−24,129 013	0,333 333
0,49	1,090 331	−24,656 340	−25,573 493	−24,573 493	0,333 333
0,50	∞	−25,179 939	−25,179 939	−24,179 939	0,333 333
	$\overline{\mathrm{so}}(\zeta,\varkappa)$	$-\mathfrak{z}_2(\zeta,\varkappa)$	$-\mathfrak{z}_4(\zeta,\varkappa)$	$-\mathfrak{z}_6(\zeta,\varkappa)$	$\wp_2(\zeta,\varkappa)$

Tafel III

$\varkappa = 0{,}02$

$\vartheta_5'(0, k)$	$=$ 0,000 000	$\vartheta_6(0, k)$	$=$ 0,000 000	$\vartheta_{\substack{5\\6}}(\tfrac{1}{4}, \varkappa)$	$=$ 10,000 000
$\vartheta_4''/\vartheta_4(\varkappa)$	$=$ 24 359,851 7	$\vartheta_5'''/\vartheta_5'(\varkappa)$	$=$ 22 789,055 4	$\vartheta_6''/\vartheta_6(\varkappa)$	$=$ 24 045,692 5
$\vartheta_4''/\vartheta_4(k)$	$=$ 0,987 268	$\vartheta_5'''/\vartheta_5'(k)$	$=$ 0,923 606	$\vartheta_6''/\vartheta_6(k)$	$=$ 0,974 535
$\vartheta_4''''/\vartheta_4(k)$	$=$ 0,924 092	$\vartheta_5'''''/\vartheta_5'(k)$	$=$ 0,755 079	$\vartheta_6''''/\vartheta_6(k)$	$=$ 0,849 157

$\wp_3(\zeta, \varkappa)$	$\wp_5(\zeta, \varkappa)$	$\wp_1'(\zeta, \varkappa)$	$\wp_3'(\zeta, \varkappa)$	$\wp_5'(\zeta, \varkappa)$	
0,333 333	∞	$-\infty$	0,000 000	$-\infty$	0,50
0,333 333	0,522 156	−0,411 758	−0,000 000	−0,411 758	0,49
0,333 333	0,340 831	−0,015 052	−0,000 000	−0,015 052	0,48
0,333 333	0,333 656	−0,000 646	−0,000 000	−0,000 646	0,47
0,333 333	0,333 347	−0,000 028	−0,000 000	−0,000 028	0,46
0,333 333	0,333 334	−0,000 001	−0,000 000	−0,000 001	0,45
0,333 333	0,333 333	−0,000 000	−0,000 000	−0,000 000	0,44
0,333 333	0,333 333	−0,000 000	−0,000 000	−0,000 000	0,43
0,333 333	0,333 333	−0,000 000	−0,000 000	−0,000 000	0,42
0,333 333	0,333 333	−0,000 000	−0,000 000	−0,000 000	0,41
0,333 333	0,333 333	−0,000 000	−0,000 000	−0,000 000	0,40
0,333 333	0,333 333	−0,000 000	−0,000 000	−0,000 000	0,39
0,333 333	0,333 333	−0,000 000	−0,000 000	−0,000 000	0,38
0,333 333	0,333 333	−0,000 000	−0,000 000	−0,000 000	0,37
0,333 333	0,333 333	−0,000 000	−0,000 000	−0,000 000	0,36
0,333 333	0,333 333	−0,000 000	−0,000 000	−0,000 000	0,35
0,333 333	0,333 333	−0,000 000	−0,000 000	−0,000 000	0,34
0,333 333	0,333 333	−0,000 000	−0,000 000	−0,000 000	0,33
0,333 333	0,333 333	−0,000 000	−0,000 000	−0,000 000	0,32
0,333 333	0,333 333	−0,000 000	−0,000 000	−0,000 000	0,31
0,333 333	0,333 333	−0,000 000	−0,000 000	−0,000 000	0,30
0,333 333	0,333 333	−0,000 000	−0,000 000	−0,000 000	0,29
0,333 333	0,333 333	−0,000 000	−0,000 000	−0,000 000	0,28
0,333 333	0,333 333	−0,000 000	−0,000 000	−0,000 000	0,27
0,333 333	0,333 333	−0,000 000	−0,000 000	−0,000 000	0,26
0,333 333	0,333 333	−0,000 000	−0,000 000	−0,000 000	0,25
0,333 333	0,333 333	−0,000 000	−0,000 000	−0,000 000	0,25
0,333 333	0,333 333	−0,000 000	−0,000 000	−0,000 000	0,24
0,333 333	0,333 333	−0,000 000	−0,000 000	−0,000 000	0,23
0,333 333	0,333 333	−0,000 000	−0,000 000	−0,000 000	0,22
0,333 333	0,333 333	−0,000 000	−0,000 000	−0,000 000	0,21
0,333 333	0,333 333	−0,000 000	−0,000 000	−0,000 000	0,20
0,333 333	0,333 333	−0,000 000	−0,000 000	−0,000 000	0,19
0,333 333	0,333 333	−0,000 000	−0,000 000	−0,000 000	0,18
0,333 333	0,333 333	−0,000 000	−0,000 000	−0,000 000	0,17
0,333 333	0,333 333	−0,000 000	−0,000 000	−0,000 000	0,16
0,333 333	0,333 333	−0,000 000	−0,000 000	−0,000 000	0,15
0,333 333	0,333 333	−0,000 000	−0,000 000	−0,000 000	0,14
0,333 333	0,333 333	−0,000 000	−0,000 000	−0,000 000	0,13
0,333 333	0,333 333	−0,000 000	−0,000 000	−0,000 000	0,12
0,333 333	0,333 333	−0,000 000	−0,000 000	−0,000 000	0,11
0,333 333	0,333 333	−0,000 000	−0,000 000	−0,000 000	0,10
0,333 333	0,333 333	−0,000 000	−0,000 000	−0,000 000	0,09
0,333 333	0,333 333	−0,000 000	−0,000 000	−0,000 000	0,08
0,333 333	0,333 333	−0,000 000	−0,000 000	−0,000 000	0,07
0,333 333	0,333 333	−0,000 000	−0,000 000	−0,000 000	0,06
0,333 333	0,333 333	−0,000 000	−0,000 001	−0,000 001	0,05
0,333 319	0,333 319	−0,000 000	−0,000 028	−0,000 028	0,04
0,333 011	0,333 011	−0,000 000	−0,000 645	−0,000 645	0,03
0,325 891	0,325 891	−0,000 000	−0,014 828	−0,014 828	0,02
0,174 502	0,174 502	−0,000 000	−0,291 346	−0,291 346	0,01
−0,666 667	−0,666 667	0,000 000	0,000 000	0,000 000	0,00
$\wp_4(\zeta, \varkappa)$	$\wp_6(\zeta, \varkappa)$	$-\wp_2'(\zeta, \varkappa)$	$-\wp_4'(\zeta, \varkappa)$	$-\wp_6'(\zeta, \varkappa)$	$\zeta = \frac{z}{2K}$

Tafel III

$\sqrt{k} = 1{,}000\,000$ $k = 1{,}000\,000$ $k^2 = 1{,}000\,000$ **$\varkappa = 0{,}03$**

$\sqrt{k'} = 0{,}000\,000$ $k' = 0{,}000\,000$ $k'^2 = 0{,}000\,000$

$e_1 = -e_3' = 0{,}333\,333$ $e_2 = -e_2' = 0{,}333\,333$ $e_3 = -e_1' = -0{,}666\,667$

$g_2 = g_2' = 1{,}333\,333$ $g_3 = -g_3' = -0{,}296\,296$ $g_3/\sqrt{g_2^3} = -0{,}192\,450$

$\bar{g}_2 = \bar{g}_2' = 1{,}333\,333$ $\bar{g}_3 = -\bar{g}_3' = -0{,}296\,296$ $\bar{g}_3/\sqrt{\bar{g}_2^3} = -0{,}192\,450$

$\zeta = \frac{z}{2K}$	$\vartheta_1(\zeta, \varkappa)$	$\vartheta_3(\zeta, \varkappa)$	$\frac{\partial \ln \vartheta_1(\zeta, \varkappa)}{\partial \zeta}$	$\frac{\partial \ln \vartheta_3(\zeta, \varkappa)}{\partial \zeta}$	$\mathrm{sn}(\zeta, \varkappa)$
0,00	0,000 000	5,773 503	∞	0,000 000	0,000 000
0,01	0,000 000	5,713 358	132,038 843	−2,094 395	0,780 714
0,02	0,000 000	5,536 658	103,755 941	−4,188 790	0,970 124
0,03	0,000 000	5,254 218	98,828 418	−6,283 185	0,996 272
0,04	0,000 000	4,882 842	96,390 350	−8,377 580	0,999 540
0,05	0,000 000	4,443 665	94,253 711	−10,471 976	0,999 943
0,06	0,000 000	3,960 174	92,154 115	−12,566 371	0,999 993
0,07	0,000 000	3,456 139	90,059 079	−14,660 766	0,999 999
0,08	0,000 000	2,953 741	87,964 605	−16,755 161	1,000 000
0,09	0,000 000	2,472 053	85,870 201	−18,849 556	1,000 000
0,10	0,000 000	2,026 037	83,775 804	−20,943 951	1,000 000
0,11	0,000 001	1,626 076	81,681 409	−23,038 346	1,000 000
0,12	0,000 002	1,278 023	79,587 014	−25,132 741	1,000 000
0,13	0,000 003	0,983 650	77,492 619	−27,227 136	1,000 000
0,14	0,000 007	0,741 390	75,398 224	−29,321 531	1,000 000
0,15	0,000 016	0,547 214	73,303 829	−31,415 927	1,000 000
0,16	0,000 032	0,395 523	71,209 433	−33,510 322	1,000 000
0,17	0,000 064	0,279 956	69,115 038	−35,604 717	1,000 000
0,18	0,000 127	0,194 050	67,020 643	−37,699 112	1,000 000
0,19	0,000 246	0,131 716	64,926 248	−39,793 507	1,000 000
0,20	0,000 466	0,087 553	62,831 853	−41,887 902	1,000 000
0,21	0,000 864	0,056 991	60,737 458	−43,982 297	1,000 000
0,22	0,001 570	0,036 328	58,643 063	−46,076 692	1,000 000
0,23	0,002 793	0,022 677	56,548 668	−48,171 087	1,000 000
0,24	0,004 865	0,013 862	54,454 273	−50,265 482	1,000 000
0,25	0,008 298	0,008 298	52,359 878	−52,359 878	1,000 000
0,26	0,013 862	0,004 865	50,265 482	−54,454 273	1,000 000
0,27	0,022 677	0,002 793	48,171 087	−56,548 668	1,000 000
0,28	0,036 328	0,001 570	46,076 692	−58,643 063	1,000 000
0,29	0,056 991	0,000 864	43,982 297	−60,737 458	1,000 000
0,30	0,087 553	0,000 466	41,887 902	−62,831 853	1,000 000
0,31	0,131 716	0,000 246	39,793 507	−64,926 248	1,000 000
0,32	0,194 050	0,000 127	37,699 112	−67,020 643	1,000 000
0,33	0,279 956	0,000 064	35,604 717	−69,115 038	1,000 000
0,34	0,395 523	0,000 032	33,510 322	−71,209 433	1,000 000
0,35	0,547 214	0,000 016	31,415 927	−73,303 829	1,000 000
0,36	0,741 390	0,000 007	29,321 531	−75,398 224	1,000 000
0,37	0,983 650	0,000 003	27,227 136	−77,492 619	1,000 000
0,38	1,278 023	0,000 002	25,132 741	−79,587 014	1,000 000
0,39	1,626 076	0,000 001	23,038 346	−81,681 409	1,000 000
0,40	2,026 037	0,000 000	20,943 951	−83,775 804	1,000 000
0,41	2,472 053	0,000 000	18,849 556	−85,870 198	1,000 000
0,42	2,953 741	0,000 000	16,755 161	−87,964 583	1,000 000
0,43	3,456 139	0,000 000	14,660 766	−90,058 900	1,000 000
0,44	3,960 174	0,000 000	12,566 371	−92,152 654	1,000 000
0,45	4,443 665	0,000 000	10,471 976	−94,241 849	1,000 000
0,46	4,882 842	0,000 000	8,377 580	−96,294 022	1,000 000
0,47	5,254 218	0,000 000	6,283 185	−98,046 183	1,000 000
0,48	5,536 658	0,000 000	4,188 790	−97,402 339	1,000 000
0,49	5,713 358	0,000 000	2,094 395	−79,661 829	1,000 000
0,50	5,773 503	0,000 000	0,000 000	0,000 000	1,000 000
	$\vartheta_2(\zeta, \varkappa)$	$\vartheta_4(\zeta, \varkappa)$	$-\frac{\partial \ln \vartheta_2(\zeta, \varkappa)}{\partial \zeta}$	$-\frac{\partial \ln \vartheta_4(\zeta, \varkappa)}{\partial \zeta}$	$\mathrm{cd}(\zeta, \varkappa)$

Tafel III

$\varkappa = 0{,}03$

$k^2 k'^2 = 0{,}000\,000$	$\eta_1 = -\eta_2' = -0{,}314\,235$	$\eta_1' = -\eta_2 = 0{,}333\,333$
$\pi/KK' = 0{,}038\,197$	$\bar\eta_1 = -\bar\eta_2' = -0{,}295\,136$	$\bar\eta_1' = -\bar\eta_2 = 0{,}333\,333$
$K = 52{,}359\,878$	$E = 1{,}000\,000$	$A = 2{,}000\,000$
$K' = 1{,}570\,796$	$E' = 1{,}570\,796$	$A' = 0{,}000\,000$
$B = 1{,}000\,000$	$C = 50{,}359\,878$	$D = 51{,}359\,878$

$\mathrm{cn}(\zeta, \varkappa)$	$\mathrm{dn}(\zeta, \varkappa)$	$\mathrm{sc}(\zeta, \varkappa)$	$\overline{\mathrm{sn}}(\zeta, \varkappa)$	$\overline{\mathrm{cn}}(\zeta, \varkappa)$	
1,000 000	1,000 000	0,000 000	∞	0,000 000	0,50
0,624 888	0,624 888	1,249 367	0,500 164	−0,780 714	0,49
0,242 610	0,242 610	3,998 691	0,060 672	−0,970 124	0,48
0,086 267	0,086 267	11,548 739	0,007 470	−0,996 272	0,47
0,030 323	0,030 323	32,963 900	0,000 920	−0,999 540	0,46
0,010 643	0,010 643	93,954 653	0,000 113	−0,999 943	0,45
0,003 735	0,003 735	267,744 89	0,000 014	−0,999 993	0,44
0,001 311	0,001 311		0,000 002	−0,999 999	0,43
0,000 460	0,000 460		0,000 000	−1,000 000	0,42
0,000 161	0,000 161		0,000 000	−1,000 000	0,41
0,000 057	0,000 057		0,000 000	−1,000 000	0,40
0,000 020	0,000 020		0,000 000	−1,000 000	0,39
0,000 007	0,000 007		0,000 000	−1,000 000	0,38
0,000 002	0,000 002		0,000 000	−1,000 000	0,37
0,000 001	0,000 001		0,000 000	−1,000 000	0,36
0,000 000	0,000 000		0,000 000	−1,000 000	0,35
0,000 000	0,000 000		0,000 000	−1,000 000	0,34
0,000 000	0,000 000		0,000 000	−1,000 000	0,33
0,000 000	0,000 000		0,000 000	−1,000 000	0,32
0,000 000	0,000 000		0,000 000	−1,000 000	0,31
0,000 000	0,000 000		0,000 000	−1,000 000	0,30
0,000 000	0,000 000		0,000 000	−1,000 000	0,29
0,000 000	0,000 000		0,000 000	−1,000 000	0,28
0,000 000	0,000 000		0,000 000	−1,000 000	0,27
0,000 000	0,000 000		0,000 000	−1,000 000	0,26
0,000 000	0,000 000		0,000 000	−1,000 000	0,25
0,000 000	0,000 000		0,000 000	−1,000 000	0,24
0,000 000	0,000 000		0,000 000	−1,000 000	0,23
0,000 000	0,000 000		0,000 000	−1,000 000	0,22
0,000 000	0,000 000		0,000 000	−1,000 000	0,21
0,000 000	0,000 000		0,000 000	−1,000 000	0,20
0,000 000	0,000 000		0,000 000	−1,000 000	0,19
0,000 000	0,000 000		0,000 000	−1,000 000	0,18
0,000 000	0,000 000		0,000 000	−1,000 000	0,17
0,000 000	0,000 000		0,000 000	−1,000 000	0,16
0,000 000	0,000 000		0,000 000	−1,000 000	0,15
0,000 000	0,000 000		0,000 000	−1,000 000	0,14
0,000 000	0,000 000		0,000 000	−1,000 000	0,13
0,000 000	0,000 000		0,000 000	−1,000 000	0,12
0,000 000	0,000 000		0,000 000	−1,000 000	0,11
0,000 000	0,000 000		0,000 000	−1,000 000	0,10
0,000 000	0,000 000		0,000 000	−1,000 000	0,09
0,000 000	0,000 000		0,000 000	−1,000 000	0,08
0,000 000	0,000 000		0,000 000	−1,000 001	0,07
0,000 000	0,000 000		0,000 000	−1,000 007	0,06
0,000 000	0,000 000		0,000 000	−1,000 057	0,05
0,000 000	0,000 000		0,000 000	−1,000 460	0,04
0,000 000	0,000 000		0,000 000	−1,003 742	0,03
0,000 000	0,000 000		0,000 000	−1,030 796	0,02
0,000 000	0,000 000	↓	0,000 000	−1,280 878	0,01
0,000 000	0,000 000	∞	0,000 000	−∞	0,00
$k'\,\mathrm{sd}(\zeta, \varkappa)$	$k'\,\mathrm{nd}(\zeta, \varkappa)$	$\frac{1}{k'}\,\mathrm{cs}(\zeta, \varkappa)$	$-\overline{\mathrm{cd}}(\zeta, \varkappa)$	$-\overline{\mathrm{sd}}(\zeta, \varkappa)$	$\zeta = \frac{z}{2K}$

Tafel III. (Fortsetzung)

$\vartheta_1'(0,\varkappa) = 0{,}000\,000$ $\quad\vartheta_1'(0,k) = 0{,}000\,000$ $\quad\vartheta_5'(0,\varkappa) = 0{,}003\,533$ $\quad\boxed{\varkappa = 0{,}03}$

$\vartheta_1'''/\vartheta_1'(\varkappa) = 10\,337{,}908\,6$ $\quad\vartheta_2''/\vartheta_2(\varkappa) = -209{,}439\,510$ $\quad\vartheta_3''/\vartheta_3(\varkappa) = -209{,}439\,510$

$\vartheta_1'''/\vartheta_1'(k) = 0{,}942\,704$ $\quad\vartheta_2''/\vartheta_2(k) = -\ 0{,}019\,099$ $\quad\vartheta_3''/\vartheta_3(k) = -\ 0{,}019\,099$

$\vartheta_1'''''/\vartheta_1'(k) = 0{,}814\,485$ $\quad\vartheta_2''''/\vartheta_2(k) = 0{,}001\,094$ $\quad\vartheta_3''''/\vartheta_3(k) = 0{,}001\,094$

$\zeta = \frac{z}{2K}$	$\overline{\mathrm{dn}}(\zeta,\varkappa)$	$\mathfrak{z}_1(\zeta,\varkappa)$	$\mathfrak{z}_3(\zeta,\varkappa)$	$\mathfrak{z}_5(\zeta,\varkappa)$	$\wp_1(\zeta,\varkappa)$
0,00	0,000 000	∞	0,000 000	∞	∞
0,01	−0,780 714	0,931 812	−0,349 066	0,931 812	0,973 982
0,02	−0,970 124	0,332 665	−0,698 132	0,332 665	0,395 874
0,03	−0,996 272	−0,043 456	−1,047 197	−0,043 456	0,340 831
0,04	−0,999 540	−0,395 803	−1,396 263	−0,395 803	0,334 254
0,05	−0,999 943	−0,745 272	−1,745 329	−0,745 272	0,333 447
0,06	−0,999 993	−1,094 388	−2,094 395	−1,094 388	0,333 347
0,07	−0,999 999	−1,443 460	−2,443 461	−1,443 460	0,333 335
0,08	−1,000 000	−1,792 527	−2,792 527	−1,792 527	0,333 334
0,09	−1,000 000	−2,141 592	−3,141 592	−2,141 592	0,333 333
0,10	−1,000 000	−2,490 658	−3,490 658	−2,490 658	0,333 333
0,11	−1,000 000	−2,839 724	−3,839 724	−2,839 724	0,333 333
0,12	−1,000 000	−3,188 790	−4,188 790	−3,188 790	0,333 333
0,13	−1,000 000	−3,537 856	−4,537 856	−3,537 856	0,333 333
0,14	−1,000 000	−3,886 921	−4,886 921	−3,886 921	0,333 333
0,15	−1,000 000	−4,235 987	−5,235 987	−4,235 987	0,333 333
0,16	−1,000 000	−4,585 054	−5,585 054	−4,585 054	0,333 333
0,17	−1,000 000	−4,934 119	−5,934 119	−4,934 119	0,333 333
0,18	−1,000 000	−5,283 185	−6,283 185	−5,283 185	0,333 333
0,19	−1,000 000	−5,632 251	−6,632 251	−5,632 251	0,333 333
0,20	−1,000 000	−5,981 317	−6,981 317	−5,981 317	0,333 333
0,21	−1,000 000	−6,330 383	−7,330 383	−6,330 383	0,333 333
0,22	−1,000 000	−6,679 449	−7,679 449	−6,679 449	0,333 333
0,23	−1,000 000	−7,028 514	−8,028 514	−7,028 514	0,333 333
0,24	−1,000 000	−7,377 580	−8,377 580	−7,377 580	0,333 333
0,25	−1,000 000	−7,726 646	−8,726 646	−7,726 646	0,333 333
0,25	1,000 000	−7,726 646	−8,726 646	−7,726 646	0,333 333
0,26	1,000 000	−8,075 712	−9,075 712	−8,075 712	0,333 333
0,27	1,000 000	−8,424 778	−9,424 778	−8,424 778	0,333 333
0,28	1,000 000	−8,773 844	−9,773 844	−8,773 844	0,333 333
0,29	1,000 000	−9,122 910	−10,122 910	−9,122 910	0,333 333
0,30	1,000 000	−9,471 976	−10,471 976	−9,471 976	0,333 333
0,31	1,000 000	−9,821 042	−10,821 042	−9,821 042	0,333 333
0,32	1,000 000	−10,170 107	−11,170 107	−10,170 107	0,333 333
0,33	1,000 000	−10,519 173	−11,519 173	−10,519 173	0,333 333
0,34	1,000 000	−10,868 239	−11,868 239	−10,868 239	0,333 333
0,35	1,000 000	−11,217 305	−12,217 305	−11,217 305	0,333 333
0,36	1,000 000	−11,566 371	−12,566 371	−11,566 371	0,333 333
0,37	1,000 000	−11,915 437	−12,915 437	−11,915 437	0,333 333
0,38	1,000 000	−12,264 502	−13,264 502	−12,264 502	0,333 333
0,39	1,000 000	−12,613 568	−13,613 568	−12,613 568	0,333 333
0,40	1,000 000	−12,962 634	−13,962 634	−12,962 634	0,333 333
0,41	1,000 000	−13,311 700	−14,311 700	−13,311 700	0,333 333
0,42	1,000 000	−13,660 766	−14,660 766	−13,660 766	0,333 333
0,43	1,000 001	−14,009 832	−15,009 831	−14,009 831	0,333 333
0,44	1,000 007	−14,358 898	−15,358 891	−14,358 891	0,333 333
0,45	1,000 057	−14,707 963	−15,707 907	−14,707 907	0,333 333
0,46	1,000 460	−15,057 029	−16,056 570	−15,056 570	0,333 333
0,47	1,003 742	−15,406 095	−16,402 367	−15,402 367	0,333 333
0,48	1,030 796	−15,755 161	−16,725 285	−15,725 285	0,333 333
0,49	1,280 878	−16,104 227	−16,884 942	−15,884 942	0,333 333
0,50	∞	−16,453 293	−16,453 293	−15,453 293	0,333 333
	$\overline{\mathrm{sc}}(\zeta,\varkappa)$	$-\mathfrak{z}_2(\zeta,\varkappa)$	$-\mathfrak{z}_4(\zeta,\varkappa)$	$-\mathfrak{z}_6(\zeta,\varkappa)$	$\wp_2(\zeta,\varkappa)$

Tafel III

$\varkappa = 0{,}03$

$\vartheta_5'(0, k)$	= 0,000 034	$\vartheta_6(0, k)$	= 0,000 034	$\vartheta_5(\underset{6}{\tfrac{1}{4}}, \varkappa)$	= 8,164 966
$\vartheta_4''/\vartheta_4(\varkappa)$	= 10 756,787 6	$\vartheta_5'''/\vartheta_5'(\varkappa)$	= 9709,590 05	$\vartheta_6''/\vartheta_6(\varkappa)$	= 10 547,348 1
$\vartheta_4''/\vartheta_4(k)$	= 0,980 901	$\vartheta_5'''/\vartheta_5'(k)$	= 0,885 408	$\vartheta_6''/\vartheta_6(k)$	= 0,961 803
$\vartheta_4''''/\vartheta_4(k)$	= 0,886 503	$\vartheta_5'''''/\vartheta_5'(k)$	= 0,639 914	$\vartheta_6''''/\vartheta_6(k)$	= 0,775 194

$\wp_3(\zeta, \varkappa)$	$\wp_5(\zeta, \varkappa)$	$\wp_1'(\zeta, \varkappa)$	$\wp_3'(\zeta, \varkappa)$	$\wp_5'(\zeta, \varkappa)$	
0,333 333	∞	$-\infty$	0,000 000	$-\infty$	0,50
0,333 333	0,973 982	−1,641 185	−0,000 000	−1,641 185	0,49
0,333 333	0,395 874	−0,128 933	−0,000 000	−0,128 933	0,48
0,333 333	0,340 831	−0,015 052	−0,000 000	−0,015 052	0,47
0,333 333	0,334 254	−0,001 842	−0,000 000	−0,001 842	0,46
0,333 333	0,333 447	−0,000 226	−0,000 000	−0,000 226	0,45
0,333 333	0,333 347	−0,000 028	−0,000 000	−0,000 028	0,44
0,333 333	0,333 335	−0,000 003	−0,000 000	−0,000 003	0,43
0,333 333	0,333 334	−0,000 000	−0,000 000	−0,000 000	0,42
0,333 333	0,333 333	−0,000 000	−0,000 000	−0,000 000	0,41
0,333 333	0,333 333	−0,000 000	−0,000 000	−0,000 000	0,40
0,333 333	0,333 333	−0,000 000	−0,000 000	−0,000 000	0,39
0,333 333	0,333 333	−0,000 000	−0,000 000	−0,000 000	0,38
0,333 333	0,333 333	−0,000 000	−0,000 000	−0,000 000	0,37
0,333 333	0,333 333	−0,000 000	−0,000 000	−0,000 000	0,36
0,333 333	0,333 333	−0,000 000	−0,000 000	−0,000 000	0,35
0,333 333	0,333 333	−0,000 000	−0,000 000	−0,000 000	0,34
0,333 333	0,333 333	−0,000 000	−0,000 000	−0,000 000	0,33
0,333 333	0,333 333	−0,000 000	−0,000 000	−0,000 000	0,32
0,333 333	0,333 333	−0,000 000	−0,000 000	−0,000 000	0,31
0,333 333	0,333 333	−0,000 000	−0,000 000	−0,000 000	0,30
0,333 333	0,333 333	−0,000 000	−0,000 000	−0,000 000	0,29
0,333 333	0,333 333	−0,000 000	−0,000 000	−0,000 000	0,28
0,333 333	0,333 333	−0,000 000	−0,000 000	−0,000 000	0,27
0,333 333	0,333 333	−0,000 000	−0,000 000	−0,000 000	0,26
0,333 333	0,333 333	−0,000 000	−0,000 000	−0,000 000	0,25
0,333 333	0,333 333	−0,000 000	−0,000 000	−0,000 000	0,25
0,333 333	0,333 333	−0,000 000	−0,000 000	−0,000 000	0,24
0,333 333	0,333 333	−0,000 000	−0,000 000	−0,000 000	0,23
0,333 333	0,333 333	−0,000 000	−0,000 000	−0,000 000	0,22
0,333 333	0,333 333	−0,000 000	−0,000 000	−0,000 000	0,21
0,333 333	0,333 333	−0,000 000	−0,000 000	−0,000 000	0,20
0,333 333	0,333 333	−0,000 000	−0,000 000	−0,000 000	0,19
0,333 333	0,333 333	−0,000 000	−0,000 000	−0,000 000	0,18
0,333 333	0,333 333	−0,000 000	−0,000 000	−0,000 000	0,17
0,333 333	0,333 333	−0,000 000	−0,000 000	−0,000 000	0,16
0,333 333	0,333 333	−0,000 000	−0,000 000	−0,000 000	0,15
0,333 333	0,333 333	−0,000 000	−0,000 000	−0,000 000	0,14
0,333 333	0,333 333	−0,000 000	−0,000 000	−0,000 000	0,13
0,333 333	0,333 333	−0,000 000	−0,000 000	−0,000 000	0,12
0,333 333	0,333 333	−0,000 000	−0,000 000	−0,000 000	0,11
0,333 333	0,333 333	−0,000 000	−0,000 000	−0,000 000	0,10
0,333 333	0,333 333	−0,000 000	−0,000 000	−0,000 000	0,09
0,333 333	0,333 333	−0,000 000	−0,000 000	−0,000 000	0,08
0,333 332	0,333 332	−0,000 000	−0,000 003	−0,000 003	0,07
0,333 319	0,333 319	−0,000 000	−0,000 028	−0,000 028	0,06
0,333 220	0,333 220	−0,000 000	−0,000 227	−0,000 227	0,05
0,332 414	0,332 414	−0,000 000	−0,001 839	−0,001 839	0,04
0,325 891	0,325 891	−0,000 000	−0,014 828	−0,014 828	0,03
0,274 474	0,274 474	−0,000 000	−0,114 203	−0,114 203	0,02
−0,057 152	−0,057 152	−0,000 000	−0,609 715	−0,609 715	0,01
−0,666 667	−0,666 667	0,000 000	0,000 000	0,000 000	0,00
$\wp_4(\zeta, \varkappa)$	$\wp_6(\zeta, \varkappa)$	$-\wp_2'(\zeta, \varkappa)$	$-\wp_4'(\zeta, \varkappa)$	$-\wp_6'(\zeta, \varkappa)$	$\zeta = \frac{z}{2K}$

Tafel III

$\sqrt{k}$ = 1,000 000	k = 1,000 000	k^2 = 1,000 000	$\varkappa = 0{,}04$
$\sqrt{k'}$ = 0,000 000	k' = 0,000 000	k'^2 = 0,000 000	
$e_1 = -e_3'$ = 0,333 333	$e_2 = -e_2'$ = 0,333 333	$e_3 = -e_1'$ = −0,666 667	
$g_2 = g_2'$ = 1,333 333	$g_3 = -g_3'$ = −0,296 296	$g_3/\sqrt{g_2^3}$ = −0,192 450	
$\bar{g}_2 = \bar{g}_2'$ = 1,333 333	$\bar{g}_3 = -\bar{g}_3'$ = −0,296 296	$\bar{g}_3/\sqrt{\bar{g}_2^3}$ = −0,192 450	

$\zeta = \frac{z}{2K}$	$\vartheta_1(\zeta, \varkappa)$	$\vartheta_3(\zeta, \varkappa)$	$\frac{\partial \ln \vartheta_1(\zeta, \varkappa)}{\partial \zeta}$	$\frac{\partial \ln \vartheta_3(\zeta, \varkappa)}{\partial \zeta}$	$\mathrm{sn}(\zeta, \varkappa)$
0,00	0,000 000	5,000 000	∞	0,000 000	0,000 000
0,01	0,000 000	4,960 884	118,192 105	−1,570 796	0,655 794
0,02	0,000 000	4,845 362	82,492 836	−3,141 593	0,917 152
0,03	0,000 000	4,658 773	75,251 311	−4,712 389	0,982 193
0,04	0,000 000	4,409 557	72,550 517	−6,283 185	0,996 272
0,05	0,000 001	4,108 625	70,746 837	−7,853 982	0,999 224
0,06	0,000 001	3,768 566	69,127 716	−9,424 778	0,999 839
0,07	0,000 002	3,402 780	67,546 877	−10,995 574	0,999 966
0,08	0,000 005	3,024 613	65,973 994	−12,566 371	0,999 993
0,09	0,000 009	2,646 573	64,402 763	−14,137 167	0,999 999
0,10	0,000 017	2,279 691	62,831 877	−15,707 963	1,000 000
0,11	0,000 032	1,933 064	61,261 062	−17,278 760	1,000 000
0,12	0,000 059	1,613 595	59,690 260	−18,849 556	1,000 000
0,13	0,000 107	1,325 931	58,119 464	−20,420 352	1,000 000
0,14	0,000 190	1,072 570	56,548 668	−21,991 149	1,000 000
0,15	0,000 332	0,854 099	54,977 871	−23,561 945	1,000 000
0,16	0,000 570	0,669 529	53,407 075	−25,132 741	1,000 000
0,17	0,000 965	0,516 664	51,836 279	−26,703 538	1,000 000
0,18	0,001 608	0,392 487	50,265 482	−28,274 334	1,000 000
0,19	0,002 637	0,293 508	48,694 686	−29,845 130	1,000 000
0,20	0,004 257	0,216 070	47,123 890	−31,415 927	1,000 000
0,21	0,006 767	0,156 583	45,553 093	−32,986 723	1,000 000
0,22	0,010 587	0,111 706	43,982 297	−34,557 519	1,000 000
0,23	0,016 308	0,078 448	42,411 501	−36,128 315	1,000 000
0,24	0,024 727	0,054 234	40,840 704	−37,699 112	1,000 000
0,25	0,036 909	0,036 909	39,269 908	−39,269 908	1,000 000
0,26	0,054 234	0,024 727	37,699 112	−40,840 704	1,000 000
0,27	0,078 448	0,016 308	36,128 315	−42,411 501	1,000 000
0,28	0,111 706	0,010 587	34,557 519	−43,982 297	1,000 000
0,29	0,156 583	0,006 767	32,986 723	−45,553 093	1,000 000
0,30	0,216 070	0,004 257	31,415 927	−47,123 890	1,000 000
0,31	0,293 508	0,002 637	29,845 130	−48,694 686	1,000 000
0,32	0,392 487	0,001 608	28,274 334	−50,265 482	1,000 000
0,33	0,516 664	0,000 965	26,703 538	−51,836 279	1,000 000
0,34	0,669 529	0,000 570	25,132 741	−53,407 075	1,000 000
0,35	0,854 099	0,000 332	23,561 945	−54,977 871	1,000 000
0,36	1,072 570	0,000 190	21,991 149	−56,548 668	1,000 000
0,37	1,325 931	0,000 107	20,420 352	−58,119 464	1,000 000
0,38	1,613 595	0,000 059	18,849 556	−59,690 260	1,000 000
0,39	1,933 064	0,000 032	17,278 760	−61,261 052	1,000 000
0,40	2,279 691	0,000 017	15,707 963	−62,831 829	1,000 000
0,41	2,646 573	0,000 009	14,137 167	−64,402 536	1,000 000
0,42	3,024 613	0,000 005	12,566 371	−65,972 898	1,000 000
0,43	3,402 780	0,000 002	10,995 574	−67,541 607	1,000 000
0,44	3,768 566	0,000 001	9,424 778	−69,102 363	1,000 000
0,45	4,108 625	0,000 001	7,853 982	−70,624 880	1,000 000
0,46	4,409 557	0,000 000	6,283 185	−71,963 841	1,000 000
0,47	4,658 773	0,000 000	4,712 389	−72,428 899	1,000 000
0,48	4,845 362	0,000 000	3,141 593	−68,891 383	1,000 000
0,49	4,960 884	0,000 000	1,570 796	−49,935 160	1,000 000
0,50	5,000 000	0,000 000	0,000 000	0,000 000	1,000 000
	$\vartheta_2(\zeta, \varkappa)$	$\vartheta_4(\zeta, \varkappa)$	$-\frac{\partial \ln \vartheta_2(\zeta, \varkappa)}{\partial \zeta}$	$-\frac{\partial \ln \vartheta_4(\zeta, \varkappa)}{\partial \zeta}$	$\mathrm{cd}(\zeta, \varkappa)$

Tafel III

$\varkappa = 0{,}04$			
	$k^2 k'^2 = 0{,}000\,000$	$\eta_1 = -\eta_2' = -0{,}307\,869$	$\eta_1' = -\eta_2 = 0{,}333\,333$
	$\pi/KK' = 0{,}050\,930$	$\bar{\eta}_1 = -\bar{\eta}_2' = -0{,}282\,404$	$\bar{\eta}_1' = -\bar{\eta}_2 = 0{,}333\,333$
	$K = 39{,}269\,908$	$E = 1{,}000\,000$	$A = 2{,}000\,000$
	$K' = 1{,}570\,796$	$E' = 1{,}570\,796$	$A' = 0{,}000\,000$
	$B = 1{,}000\,000$	$C = 37{,}269\,908$	$D = 38{,}269\,908$

$\mathrm{cn}(\zeta, \varkappa)$	$\mathrm{dn}(\zeta, \varkappa)$	$\mathrm{sc}(\zeta, \varkappa)$	$\overline{\mathrm{sn}}(\zeta, \varkappa)$	$\overline{\mathrm{cn}}(\zeta, \varkappa)$	
1,000 000	1,000 000	0,000 000	∞	−0,000 000	0,50
0,754 940	0,754 940	0,868 671	0,869 074	−0,655 794	0,49
0,398 537	0,398 537	2,301 299	0,173 179	−0,917 152	0,48
0,187 873	0,187 873	5,227 972	0,035 936	−0,982 193	0,47
0,086 267	0,086 267	11,548 739	0,007 470	−0,996 272	0,46
0,039 390	0,039 390	25,367 158	0,001 553	−0,999 224	0,45
0,017 965	0,017 965	55,654 398	0,000 323	−0,999 839	0,44
0,008 192	0,008 192	122,073 48	0,000 067	−0,999 966	0,43
0,003 735	0,003 735	267,744 89	0,000 014	−0,999 993	0,42
0,001 703	0,001 703	587,241 15	0,000 003	−0,999 999	0,41
0,000 776	0,000 776	↓	0,000 001	−1,000 000	0,40
0,000 354	0,000 354		0,000 000	−1,000 000	0,39
0,000 161	0,000 161		0,000 000	−1,000 000	0,38
0,000 073	0,000 073		0,000 000	−1,000 000	0,37
0,000 034	0,000 034		0,000 000	−1,000 000	0,36
0,000 015	0,000 015		0,000 000	−1,000 000	0,35
0,000 007	0,000 007		0,000 000	−1,000 000	0,34
0,000 003	0,000 003		0,000 000	−1,000 000	0,33
0,000 001	0,000 001		0,000 000	−1,000 000	0,32
0,000 000	0,000 000		0,000 000	−1,000 000	0,31
0,000 000	0,000 000		0,000 000	−1,000 000	0,30
0,000 000	0,000 000		0,000 000	−1,000 000	0,29
0,000 000	0,000 000		0,000 000	−1,000 000	0,28
0,000 000	0,000 000		0,000 000	−1,000 000	0,27
0,000 000	0,000 000		0,000 000	−1,000 000	0,26
0,000 000	0,000 000		0,000 000	−1,000 000	0,25
0,000 000	0,000 000		0,000 000	−1,000 000	0,24
0,000 000	0,000 000		0,000 000	−1,000 000	0,23
0,000 000	0,000 000		0,000 000	−1,000 000	0,22
0,000 000	0,000 000		0,000 000	−1,000 000	0,21
0,000 000	0,000 000		0,000 000	−1,000 000	0,20
0,000 000	0,000 000		0,000 000	−1,000 000	0,19
0,000 000	0,000 000		0,000 000	−1,000 000	0,18
0,000 000	0,000 000		0,000 000	−1,000 000	0,17
0,000 000	0,000 000		0,000 000	−1,000 000	0,16
0,000 000	0,000 000		0,000 000	−1,000 000	0,15
0,000 000	0,000 000		0,000 000	−1,000 000	0,14
0,000 000	0,000 000		0,000 000	−1,000 000	0,13
0,000 000	0,000 000		0,000 000	−1,000 000	0,12
0,000 000	0,000 000		0,000 000	−1,000 000	0,11
0,000 000	0,000 000		0,000 000	−1,000 000	0,10
0,000 000	0,000 000		0,000 000	−1,000 001	0,09
0,000 000	0,000 000		0,000 000	−1,000 007	0,08
0,000 000	0,000 000		0,000 000	−1,000 034	0,07
0,000 000	0,000 000		0,000 000	−1,000 161	0,06
0,000 000	0,000 000		0,000 000	−1,000 777	0,05
0,000 000	0,000 000		0,000 000	−1,003 742	0,04
0,000 000	0,000 000		0,000 000	−1,018 129	0,03
0,000 000	0,000 000		0,000 000	−1,090 331	0,02
0,000 000	0,000 000		0,000 000	−1,524 869	0,01
0,000 000	0,000 000	∞	0,000 000	−∞	0,00
$k'\,\mathrm{sd}(\zeta, \varkappa)$	$k'\,\mathrm{nd}(\zeta, \varkappa)$	$\frac{1}{k'}\,\mathrm{cs}(\zeta, \varkappa)$	$-\overline{\mathrm{cd}}(\zeta, \varkappa)$	$-\overline{\mathrm{sd}}(\zeta, \varkappa)$	$\zeta = \frac{z}{2K}$

Tafel III. (Fortsetzung)

$\varkappa = 0{,}04$

$\vartheta_1'(0,\varkappa) = 0{,}000\,002$	$\vartheta_1'(0,k) = 0{,}000\,000$	$\vartheta_5'(0,\varkappa) = 0{,}060\,524$
$\vartheta_1'''/\vartheta_1'(\varkappa) = 5697{,}263\,85$	$\vartheta_2''/\vartheta_2(\varkappa) = -157{,}079\,633$	$\vartheta_3''/\vartheta_3(\varkappa) = -157{,}079\,633$
$\vartheta_1'''/\vartheta_1'(k) = 0{,}923\,606$	$\vartheta_2''/\vartheta_2(k) = -\,0{,}025\,465$	$\vartheta_3''/\vartheta_3(k) = -\,0{,}025\,465$
$\vartheta_1'''''/\vartheta_1'(k) = 0{,}755\,079$	$\vartheta_2''''/\vartheta_2(k) = 0{,}001\,945$	$\vartheta_3''''/\vartheta_3(k) = 0{,}001\,945$

$\zeta = \frac{z}{2K}$	$\overline{\mathrm{dn}}(\zeta,\varkappa)$	$\mathfrak{z}_1(\zeta,\varkappa)$	$\mathfrak{z}_3(\zeta,\varkappa)$	$\mathfrak{z}_5(\zeta,\varkappa)$	$\wp_1(\zeta,\varkappa)$
0,00	0,000 000	∞	0,000 000	∞	∞
0,01	−0,655 794	1,263 069	−0,261 799	1,263 069	1,658 558
0,02	−0,917 152	0,566 733	−0,523 599	0,566 733	0,522 156
0,03	−0,982 193	0,232 731	−0,785 398	0,232 731	0,369 921
0,04	−0,996 272	−0,043 456	−1,047 197	−0,043 456	0,340 831
0,05	−0,999 224	−0,308 220	−1,308 997	−0,308 220	0,334 887
0,06	−0,999 839	−0,570 635	−1,570 796	−0,570 635	0,333 656
0,07	−0,999 966	−0,832 562	−1,832 596	−0,832 562	0,333 400
0,08	−0,999 993	−1,094 388	−2,094 395	−1,094 388	0,333 347
0,09	−0,999 999	−1,356 193	−2,356 194	−1,356 193	0,333 336
0,10	−1,000 000	−1,617 994	−2,617 994	−1,617 994	0,333 334
0,11	−1,000 000	−1,879 793	−2,879 793	−1,879 793	0,333 333
0,12	−1,000 000	−2,141 592	−3,141 592	−2,141 592	0,333 333
0,13	−1,000 000	−2,403 392	−3,403 392	−2,403 392	0,333 333
0,14	−1,000 000	−2,665 191	−3,665 191	−2,665 191	0,333 333
0,15	−1,000 000	−2,926 990	−3,926 990	−2,926 990	0,333 333
0,16	−1,000 000	−3,188 790	−4,188 790	−3,188 790	0,333 333
0,17	−1,000 000	−3,450 589	−4,450 589	−3,450 589	0,333 333
0,18	−1,000 000	−3,712 388	−4,712 388	−3,712 388	0,333 333
0,19	−1,000 000	−3,974 188	−4,974 188	−3,974 188	0,333 333
0,20	−1,000 000	−4,235 987	−5,235 987	−4,235 987	0,333 333
0,21	−1,000 000	−4,497 787	−5,497 787	−4,497 787	0,333 333
0,22	−1,000 000	−4,759 587	−5,759 587	−4,759 587	0,333 333
0,23	−1,000 000	−5,021 386	−6,021 386	−5,021 386	0,333 333
0,24	−1,000 000	−5,283 185	−6,283 185	−5,283 185	0,333 333
0,25	−1,000 000	−5,544 985	−6,544 985	−5,544 985	0,333 333
0,25	1,000 000	−5,544 985	−6,544 985	−5,544 985	0,333 333
0,26	1,000 000	−5,806 784	−6,806 784	−5,806 784	0,333 333
0,27	1,000 000	−6,068 583	−7,068 583	−6,068 583	0,333 333
0,28	1,000 000	−6,330 383	−7,330 383	−6,330 383	0,333 333
0,29	1,000 000	−6,592 182	−7,592 182	−6,592 182	0,333 333
0,30	1,000 000	−6,853 981	−7,853 981	−6,853 981	0,333 333
0,31	1,000 000	−7,115 781	−8,115 781	−7,115 781	0,333 333
0,32	1,000 000	−7,377 580	−8,377 580	−7,377 580	0,333 333
0,33	1,000 000	−7,639 380	−8,639 380	−7,639 380	0,333 333
0,34	1,000 000	−7,901 179	−8,901 179	−7,901 179	0,333 333
0,35	1,000 000	−8,162 979	−9,162 979	−8,162 979	0,333 333
0,36	1,000 000	−8,424 778	−9,424 778	−8,424 778	0,333 333
0,37	1,000 000	−8,686 577	−9,686 577	−8,686 577	0,333 333
0,38	1,000 000	−8,948 377	−9,948 377	−8,948 377	0,333 333
0,39	1,000 000	−9,210 176	−10,210 176	−9,210 176	0,333 333
0,40	1,000 000	−9,471 976	−10,471 975	−9,471 975	0,333 333
0,41	1,000 001	−9,733 775	−10,733 773	−9,733 773	0,333 333
0,42	1,000 007	−9,995 574	−10,995 567	−9,995 567	0,333 333
0,43	1,000 034	−10,257 374	−11,257 340	−10,257 340	0,333 333
0,44	1,000 161	−10,519 173	−11,519 012	−10,519 012	0,333 333
0,45	1,000 777	−10,780 972	−11,780 196	−10,780 196	0,333 333
0,46	1,003 742	−11,042 772	−12,039 044	−11,039 044	0,333 333
0,47	1,018 129	−11,304 571	−12,286 765	−11,286 765	0,333 333
0,48	1,090 331	−11,566 371	−12,483 523	−11,483 523	0,333 333
0,49	1,524 869	−11,828 170	−12,483 964	−11,483 964	0,333 333
0,50	∞	−12,089 996	−12,089 970	−11,089 970	0,333 333
	$\overline{\mathrm{sc}}(\zeta,\varkappa)$	$-\mathfrak{z}_2(\zeta,\varkappa)$	$-\mathfrak{z}_4(\zeta,\varkappa)$	$-\mathfrak{z}_6(\zeta,\varkappa)$	$\wp_2(\zeta,\varkappa)$

Tafel III

$\varkappa = 0{,}04$

$\vartheta_5'(0, k) = 0{,}000\,771$	$\vartheta_6(0, k) = 0{,}000\,771$	$\vartheta_{\substack{5\\6}}(\tfrac{1}{4}, \varkappa) = 7{,}071\,068$
$\vartheta_4''/\vartheta_4(\varkappa) = 6011{,}423\,12$	$\vartheta_5'''/\vartheta_5'(\varkappa) = 5226{,}024\,95$	$\vartheta_6''/\vartheta_6(\varkappa) = 5854{,}343\,49$
$\vartheta_4''/\vartheta_4(k) = 0{,}974\,535$	$\vartheta_5'''/\vartheta_5'(k) = 0{,}847\,211$	$\vartheta_6''/\vartheta_6(k) = 0{,}949\,070$
$\vartheta_4''''/\vartheta_4(k) = 0{,}849\,157$	$\vartheta_5'''''/\vartheta_5'(k) = 0{,}529\,612$	$\vartheta_6''''/\vartheta_6(k) = 0{,}702\,204$

$\wp_3(\zeta, \varkappa)$	$\wp_5(\zeta, \varkappa)$	$\wp_1'(\zeta, \varkappa)$	$\wp_3'(\zeta, \varkappa)$	$\wp_5'(\zeta, \varkappa)$	
0,333 333	∞	− ∞	0,000 000	− ∞	0,50
0,333 333	1,658 558	−4,041 586	−0,000 000	−4,041 586	0,49
0,333 333	0,522 156	−0,411 758	−0,000 000	−0,411 758	0,48
0,333 333	0,369 921	−0,074 502	−0,000 000	−0,074 502	0,47
0,333 333	0,340 831	−0,015 052	−0,000 000	−0,015 052	0,46
0,333 333	0,334 887	−0,003 110	−0,000 000	−0,003 110	0,45
0,333 333	0,333 656	−0,000 646	−0,000 000	−0,000 646	0,44
0,333 333	0,333 400	−0,000 134	−0,000 000	−0,000 134	0,43
0,333 333	0,333 347	−0,000 028	−0,000 000	−0,000 028	0,42
0,333 333	0,333 336	−0,000 006	−0,000 000	−0,000 006	0,41
0,333 333	0,333 334	−0,000 001	−0,000 000	−0,000 001	0,40
0,333 333	0,333 333	−0,000 000	−0,000 000	−0,000 000	0,39
0,333 333	0,333 333	−0,000 000	−0,000 000	−0,000 000	0,38
0,333 333	0,333 333	−0,000 000	−0,000 000	−0,000 000	0,37
0,333 333	0,333 333	−0,000 000	−0,000 000	−0,000 000	0,36
0,333 333	0,333 333	−0,000 000	−0,000 000	−0,000 000	0,35
0,333 333	0,333 333	−0,000 000	−0,000 000	−0,000 000	0,34
0,333 333	0,333 333	−0,000 000	−0,000 000	−0,000 000	0,33
0,333 333	0,333 333	−0,000 000	−0,000 000	−0,000 000	0,32
0,333 333	0,333 333	−0,000 000	−0,000 000	−0,000 000	0,31
0,333 333	0,333 333	−0,000 000	−0,000 000	−0,000 000	0,30
0,333 333	0,333 333	−0,000 000	−0,000 000	−0,000 000	0,29
0,333 333	0,333 333	−0,000 000	−0,000 000	−0,000 000	0,28
0,333 333	0,333 333	−0,000 000	−0,000 000	−0,000 000	0,27
0,333 333	0,333 333	−0,000 000	−0,000 000	−0,000 000	0,26
0,333 333	0,333 333	−0,000 000	−0,000 000	−0,000 000	0,25
0,333 333	0,333 333	−0,000 000	−0,000 000	−0,000 000	0,25
0,333 333	0,333 333	−0,000 000	−0,000 000	−0,000 000	0,24
0,333 333	0,333 333	−0,000 000	−0,000 000	−0,000 000	0,23
0,333 333	0,333 333	−0,000 000	−0,000 000	−0,000 000	0,22
0,333 333	0,333 333	−0,000 000	−0,000 000	−0,000 000	0,21
0,333 333	0,333 333	−0,000 000	−0,000 000	−0,000 000	0,20
0,333 333	0,333 333	−0,000 000	−0,000 000	−0,000 000	0,19
0,333 333	0,333 333	−0,000 000	−0,000 000	−0,000 000	0,18
0,333 333	0,333 333	−0,000 000	−0,000 000	−0,000 000	0,17
0,333 333	0,333 333	−0,000 000	−0,000 000	−0,000 000	0,16
0,333 333	0,333 333	−0,000 000	−0,000 000	−0,000 000	0,15
0,333 333	0,333 333	−0,000 000	−0,000 000	−0,000 000	0,14
0,333 333	0,333 333	−0,000 000	−0,000 000	−0,000 000	0,13
0,333 333	0,333 333	−0,000 000	−0,000 000	−0,000 000	0,12
0,333 333	0,333 333	−0,000 000	−0,000 000	−0,000 000	0,11
0,333 333	0,333 333	−0,000 000	−0,000 001	−0,000 001	0,10
0,333 330	0,333 330	−0,000 000	−0,000 006	−0,000 006	0,09
0,333 319	0,333 319	−0,000 000	−0,000 028	−0,000 028	0,08
0,333 266	0,333 266	−0,000 000	−0,000 134	−0,000 134	0,07
0,333 011	0,333 011	−0,000 000	−0,000 645	−0,000 645	0,06
0,331 782	0,331 782	−0,000 000	−0,003 101	−0,003 101	0,05
0,325 891	0,325 891	−0,000 000	−0,014 828	−0,014 828	0,04
0,298 037	0,298 037	−0,000 000	−0,069 335	−0,069 335	0,03
0,174 502	0,174 502	−0,000 000	−0,291 346	−0,291 346	0,02
−0,236 601	−0,236 601	−0,000 000	−0,747 519	−0,747 519	0,01
−0,666 667	−0,666 667	0,000 000	0,000 000	0,000 000	0,00
$\wp_4(\zeta, \varkappa)$	$\wp_6(\zeta, \varkappa)$	$-\wp_2'(\zeta, \varkappa)$	$-\wp_4'(\zeta, \varkappa)$	$-\wp_6'(\zeta, \varkappa)$	$\zeta = \dfrac{z}{2K}$

Tafel III

$\varkappa = 0{,}05$

$\sqrt{k} = 1{,}000\,000$	$k = 1{,}000\,000$	$k^2 = 1{,}000\,000$
$\sqrt{k'} = 0{,}000\,000$	$k' = 0{,}000\,000$	$k'^2 = 0{,}000\,000$
$e_1 = -e_3' = 0{,}333\,333$	$e_2 = -e_2' = 0{,}333\,333$	$e_3 = -e_1' = -0{,}666\,667$
$g_2 = g_2' = 1{,}333\,333$	$g_3 = -g_3' = -0{,}296\,296$	$g_3/\sqrt{g_2^3} = -0{,}192\,450$
$\bar{g}_2 = \bar{g}_2' = 1{,}333\,333$	$\bar{g}_3 = -\bar{g}_3' = -0{,}296\,296$	$\bar{g}_3/\sqrt{\bar{g}_2^3} = -0{,}192\,450$

$\zeta = \frac{z}{2K}$	$\vartheta_1(\zeta,\varkappa)$	$\vartheta_3(\zeta,\varkappa)$	$\frac{\partial \ln \vartheta_1(\zeta,\varkappa)}{\partial \zeta}$	$\frac{\partial \ln \vartheta_3(\zeta,\varkappa)}{\partial \zeta}$	$\operatorname{sn}(\zeta,\varkappa)$
0,00	0,000 000	4,472 136	∞	0,000 000	0,000 000
0,01	0,000 001	4,444 125	111,569 020	−1,256 637	0,556 893
0,02	0,000 002	4,361 140	71,394 873	−2,513 274	0,850 134
0,03	0,000 004	4,226 260	62,027 372	−3,769 911	0,954 931
0,04	0,000 007	4,044 408	58,635 283	−5,026 548	0,986 963
0,05	0,000 013	3,822 048	56,783 777	−6,283 185	0,996 272
0,06	0,000 023	3,566 809	55,358 855	−7,539 822	0,998 938
0,07	0,000 040	3,287 049	54,054 405	−8,796 459	0,999 698
0,08	0,000 069	2,991 402	52,784 167	−10,053 096	0,999 914
0,09	0,000 116	2,688 351	51,523 659	−11,309 734	0,999 975
0,10	0,000 192	2,385 831	50,265 921	−12,566 371	0,999 993
0,11	0,000 316	2,090 913	49,008 970	−13,823 008	0,999 998
0,12	0,000 513	1,809 567	47,752 244	−15,079 645	0,999 999
0,13	0,000 822	1,546 521	46,495 581	−16,336 282	1,000 000
0,14	0,001 300	1,305 207	45,238 937	−17,592 919	1,000 000
0,15	0,002 031	1,087 791	43,982 297	−18,849 556	1,000 000
0,16	0,003 134	0,895 271	42,725 660	−20,106 193	1,000 000
0,17	0,004 774	0,727 621	41,469 023	−21,362 830	1,000 000
0,18	0,007 182	0,583 982	40,212 386	−22,619 467	1,000 000
0,19	0,010 671	0,462 845	38,955 749	−23,876 104	1,000 000
0,20	0,015 655	0,362 255	37,699 112	−25,132 741	1,000 000
0,21	0,022 680	0,279 985	36,442 475	−26,389 378	1,000 000
0,22	0,032 447	0,213 697	35,185 838	−27,646 015	1,000 000
0,23	0,045 841	0,161 066	33,929 201	−28,902 652	1,000 000
0,24	0,063 956	0,119 882	32,672 564	−30,159 289	1,000 000
0,25	0,088 114	0,088 114	31,415 927	−31,415 927	1,000 000
0,26	0,119 882	0,063 956	30,159 289	−32,672 564	1,000 000
0,27	0,161 066	0,045 841	28,902 652	−33,929 201	1,000 000
0,28	0,213 697	0,032 447	27,646 015	−35,185 838	1,000 000
0,29	0,279 985	0,022 680	26,389 378	−36,442 475	1,000 000
0,30	0,362 255	0,015 655	25,132 741	−37,699 112	1,000 000
0,31	0,462 845	0,010 671	23,876 104	−38,955 749	1,000 000
0,32	0,583 982	0,007 182	22,619 467	−40,212 386	1,000 000
0,33	0,727 621	0,004 774	21,362 830	−41,469 023	1,000 000
0,34	0,895 271	0,003 134	20,106 193	−42,725 660	1,000 000
0,35	1,087 791	0,002 031	18,849 556	−43,982 297	1,000 000
0,36	1,305 207	0,001 300	17,592 919	−45,238 931	1,000 000
0,37	1,546 521	0,000 822	16,336 282	−46,495 561	1,000 000
0,38	1,809 567	0,000 513	15,079 645	−47,752 173	1,000 000
0,39	2,090 913	0,000 316	13,823 008	−49,008 721	1,000 000
0,40	2,385 831	0,000 192	12,566 371	−50,265 044	1,000 000
0,41	2,688 351	0,000 116	11,309 734	−51,520 580	1,000 000
0,42	2,991 402	0,000 069	10,053 096	−52,773 347	1,000 000
0,43	3,287 049	0,000 040	8,796 459	−54,016 388	1,000 000
0,44	3,566 809	0,000 023	7,539 822	−55,225 277	1,000 000
0,45	3,822 048	0,000 013	6,283 185	−56,314 435	1,000 000
0,46	4,044 408	0,000 008	5,026 548	−56,986 147	1,000 000
0,47	4,226 260	0,000 004	3,769 911	−56,230 161	1,000 000
0,48	4,361 140	0,000 002	2,513 274	−50,902 241	1,000 000
0,49	4,444 125	0,000 002	1,256 637	−33,734 001	1,000 000
0,50	4,472 136	0,000 001	0,000 000	0,000 000	1,000 000
	$\vartheta_2(\zeta,\varkappa)$	$\vartheta_4(\zeta,\varkappa)$	$-\frac{\partial \ln \vartheta_2(\zeta,\varkappa)}{\partial \zeta}$	$-\frac{\partial \ln \vartheta_4(\zeta,\varkappa)}{\partial \zeta}$	$\operatorname{cd}(\zeta,\varkappa)$

Tafel III

$\varkappa = 0{,}05$			
	$k^2 k'^2 = 0{,}000\,000$	$\eta_1 = -\eta_2' = -0{,}301\,502$	$\eta_1' = -\eta_2 = 0{,}333\,333$
	$\pi/KK' = 0{,}063\,662$	$\bar\eta_1 = -\bar\eta_2' = -0{,}269\,671$	$\bar\eta_1' = -\bar\eta_2 = 0{,}333\,333$
	$K = 31{,}415\,927$	$E = 1{,}000\,000$	$A = 2{,}000\,000$
	$K' = 1{,}570\,796$	$E' = 1{,}570\,796$	$A' = 0{,}000\,000$
	$B = 1{,}000\,000$	$C = 29{,}415\,927$	$D = 30{,}415\,927$

$\mathrm{cn}(\zeta, \varkappa)$	$\mathrm{dn}(\zeta, \varkappa)$	$\mathrm{sc}(\zeta, \varkappa)$	$\overline{\mathrm{sn}}(\zeta, \varkappa)$	$\overline{\mathrm{cn}}(\zeta, \varkappa)$	
1,000 000	1,000 000	0,000 000	∞	−0,000 000	0,50
0,830 584	0,830 584	0,670 484	1,238 783	−0,556 893	0,49
0,526 566	0,526 566	1,614 488	0,326 150	−0,850 134	0,48
0,296 828	0,296 828	3,217 113	0,092 265	−0,954 931	0,47
0,160 949	0,160 949	6,132 141	0,026 247	−0,986 963	0,46
0,086 267	0,086 267	11,548 739	0,007 470	−0,996 272	0,45
0,046 084	0,046 084	21,676 579	0,002 126	−0,998 938	0,44
0,024 594	0,024 594	40,647 253	0,000 605	−0,999 698	0,43
0,013 122	0,013 122	76,199 737	0,000 172	−0,999 914	0,42
0,007 001	0,007 001	142,837 46	0,000 049	−0,999 975	0,41
0,003 735	0,003 735	267,744 89	0,000 014	−0,999 993	0,40
0,001 993	0,001 993	501,877 30	0,000 004	−0,999 998	0,39
0,001 063	0,001 063		0,000 001	−0,999 999	0,38
0,000 567	0,000 567		0,000 000	−1,000 000	0,37
0,000 303	0,000 303		0,000 000	−1,000 000	0,36
0,000 161	0,000 161		0,000 000	−1,000 000	0,35
0,000 086	0,000 086		0,000 000	−1,000 000	0,34
0,000 046	0,000 046		0,000 000	−1,000 000	0,33
0,000 025	0,000 025		0,000 000	−1,000 000	0,32
0,000 013	0,000 013		0,000 000	−1,000 000	0,31
0,000 007	0,000 007		0,000 000	−1,000 000	0,30
0,000 004	0,000 004		0,000 000	−1,000 000	0,29
0,000 002	0,000 002		0,000 000	−1,000 000	0,28
0,000 001	0,000 001		0,000 000	−1,000 000	0,27
0,000 001	0,000 001		0,000 000	−1,000 000	0,26
0,000 000	0,000 000		0,000 000	−1,000 000	0,25
0,000 000	0,000 000		0,000 000	−1,000 000	0,24
0,000 000	0,000 000		0,000 000	−1,000 000	0,23
0,000 000	0,000 000		0,000 000	−1,000 000	0,22
0,000 000	0,000 000		0,000 000	−1,000 000	0,21
0,000 000	0,000 000		0,000 000	−1,000 000	0,20
0,000 000	0,000 000		0,000 000	−1,000 000	0,19
0,000 000	0,000 000		0,000 000	−1,000 000	0,18
0,000 000	0,000 000		0,000 000	−1,000 000	0,17
0,000 000	0,000 000		0,000 000	−1,000 000	0,16
0,000 000	0,000 000		0,000 000	−1,000 000	0,15
0,000 000	0,000 000		0,000 000	−1,000 000	0,14
0,000 000	0,000 000		0,000 000	−1,000 000	0,13
0,000 000	0,000 000		0,000 000	−1,000 000	0,12
0,000 000	0,000 000		0,000 000	−1,000 002	0,11
0,000 000	0,000 000		0,000 000	−1,000 007	0,10
0,000 000	0,000 000		0,000 000	−1,000 025	0,09
0,000 000	0,000 000		0,000 000	−1,000 086	0,08
0,000 000	0,000 000		0,000 000	−1,000 303	0,07
0,000 000	0,000 000		0,000 000	−1,001 064	0,06
0,000 000	0,000 000		0,000 000	−1,003 742	0,05
0,000 000	0,000 000		0,000 000	−1,013 210	0,04
0,000 000	0,000 000		0,000 000	−1,047 196	0,03
0,000 000	0,000 000		0,000 000	−1,176 285	0,02
0,000 000	0,000 000	↓	0,000 000	−1,795 676	0,01
0,000 000	0,000 000	∞	0,000 000	−∞	0,00
$k'\,\mathrm{sd}(\zeta, \varkappa)$	$k'\,\mathrm{nd}(\zeta, \varkappa)$	$\frac{1}{k'}\,\mathrm{cs}(\zeta, \varkappa)$	$-\overline{\mathrm{cd}}(\zeta, \varkappa)$	$-\overline{\mathrm{sd}}(\zeta, \varkappa)$	$\zeta = \frac{z}{2K}$

Tafel III. (Fortsetzung)

$\vartheta_1'(0,\varkappa) = 0{,}000\,085$ $\vartheta_1'(0,k) = 0{,}000\,001$ $\vartheta_5'(0,\varkappa) = 0{,}308\,531$

$\vartheta_1'''/\vartheta_1'(\varkappa) = 3570{,}850\,64$ $\vartheta_2''/\vartheta_2(\varkappa) = -125{,}663\,706$ $\vartheta_3''/\vartheta_3(\varkappa) = -125{,}663\,706$

$\vartheta_1'''/\vartheta_1'(k) = 0{,}904\,507$ $\vartheta_2''/\vartheta_2(k) = -0{,}031\,831$ $\vartheta_3''/\vartheta_3(k) = -0{,}031\,831$

$\vartheta_1'''''/\vartheta_1'(k) = 0{,}696\,888$ $\vartheta_2''''/\vartheta_2(k) = 0{,}003\,040$ $\vartheta_3''''/\vartheta_3(k) = 0{,}003\,040$

$\varkappa = 0{,}05$

$\zeta = \frac{z}{2K}$	$\overline{\mathrm{dn}}(\zeta,\varkappa)$	$\mathfrak{z}_1(\zeta,\varkappa)$	$\mathfrak{z}_3(\zeta,\varkappa)$	$\mathfrak{z}_5(\zeta,\varkappa)$	$\wp_1(\zeta,\varkappa)$
0,00	0,000 000	∞	0,000 000	∞	∞
0,01	−0,556 893	1,586 236	−0,209 440	1,586 236	2,557 786
0,02	−0,850 134	0,757 405	−0,418 879	0,757 405	0,716 979
0,03	−0,954 931	0,418 878	−0,628 318	0,418 878	0,429 953
0,04	−0,986 963	0,175 451	−0,837 758	0,175 451	0,359 927
0,05	−0,996 272	−0,043 456	−1,047 197	−0,043 456	0,340 831
0,06	−0,998 938	−0,255 573	−1,256 637	−0,255 573	0,335 462
0,07	−0,999 698	−0,465 774	−1,466 076	−0,465 774	0,333 939
0,08	−0,999 914	−0,675 430	−1,675 516	−0,675 430	0,333 506
0,09	−0,999 975	−0,884 931	−1,884 955	−0,884 931	0,333 382
0,10	−0,999 993	−1,094 388	−2,094 395	−1,094 388	0,333 347
0,11	−0,999 998	−1,303 833	−2,303 834	−1,303 833	0,333 337
0,12	−0,999 999	−1,513 273	−2,513 274	−1,513 273	0,333 334
0,13	−1,000 000	−1,722 714	−2,722 713	−1,722 713	0,333 334
0,14	−1,000 000	−1,932 153	−2,932 153	−1,932 153	0,333 333
0,15	−1,000 000	−2,141 592	−3,141 592	−2,141 592	0,333 333
0,16	−1,000 000	−2,351 032	−3,351 032	−2,351 032	0,333 333
0,17	−1,000 000	−2,560 471	−3,560 471	−2,560 471	0,333 333
0,18	−1,000 000	−2,769 911	−3,769 911	−2,769 910	0,333 333
0,19	−1,000 000	−2,979 350	−3,979 350	−2,979 350	0,333 333
0,20	−1,000 000	−3,188 790	−4,188 790	−3,188 790	0,333 333
0,21	−1,000 000	−3,398 229	−4,398 229	−3,398 229	0,333 333
0,22	−1,000 000	−3,607 669	−4,607 669	−3,607 669	0,333 333
0,23	−1,000 000	−3,817 108	−4,817 108	−3,817 108	0,333 333
0,24	−1,000 000	−4,026 548	−5,026 548	−4,026 548	0,333 333
0,25	−1,000 000	−4,235 988	−5,235 988	−4,235 988	0,333 333
0,25	1,000 000	−4,235 988	−5,235 988	−4,235 988	0,333 333
0,26	1,000 000	−4,445 427	−5,445 427	−4,445 427	0,333 333
0,27	1,000 000	−4,654 867	−5,654 867	−4,654 867	0,333 333
0,28	1,000 000	−4,864 307	−5,864 307	−4,864 307	0,333 333
0,29	1,000 000	−5,073 746	−6,073 746	−5,073 746	0,333 333
0,30	1,000 000	−5,283 185	−6,283 185	−5,283 185	0,333 333
0,31	1,000 000	−5,492 625	−6,492 625	−5,492 625	0,333 333
0,32	1,000 000	−5,702 064	−6,702 064	−5,702 064	0,333 333
0,33	1,000 000	−5,911 504	−6,911 504	−5,911 504	0,333 333
0,34	1,000 000	−6,120 943	−7,120 943	−6,120 943	0,333 333
0,35	1,000 000	−6,330 383	−7,330 383	−6,330 383	0,333 333
0,36	1,000 000	−6,539 823	−7,539 823	−6,539 823	0,333 333
0,37	1,000 000	−6,749 262	−7,749 262	−6,749 262	0,333 333
0,38	1,000 000	−6,958 702	−7,958 701	−6,958 701	0,333 333
0,39	1,000 002	−7,168 141	−8,168 139	−7,168 139	0,333 333
0,40	1,000 007	−7,377 580	−8,377 573	−7,377 573	0,333 333
0,41	1,000 025	−7,587 020	−8,586 995	−7,586 995	0,333 333
0,42	1,000 086	−7,796 460	−8,796 373	−7,796 374	0,333 333
0,43	1,000 303	−8,005 899	−9,005 597	−8,005 597	0,333 333
0,44	1,001 064	−8,215 339	−9,214 276	−8,214 276	0,333 333
0,45	1,003 742	−8,424 778	−9,421 050	−8,421 050	0,333 333
0,46	1,013 210	−8,634 218	−9,621 180	−8,621 180	0,333 333
0,47	1,047 196	−8,843 657	−9,798 588	−8,798 588	0,333 333
0,48	1,176 285	−9,053 097	−9,903 231	−8,903 231	0,333 333
0,49	1,795 676	−9,262 536	−9,819 429	−8,819 429	0,333 333
0,50	∞	−9,471 976	−9,471 976	−8,471 976	0,333 333
	$\overline{\mathrm{sc}}(\zeta,\varkappa)$	$-\mathfrak{z}_2(\zeta,\varkappa)$	$-\mathfrak{z}_4(\zeta,\varkappa)$	$-\mathfrak{z}_6(\zeta,\varkappa)$	$\wp_2(\zeta,\varkappa)$

Tafel III

$\varkappa = 0{,}05$								
	$\vartheta_5'(0,k)$	$= 0{,}004\,910$	$\vartheta_6(0,k)$	$= 0{,}004\,910$	$\vartheta_{\substack{5\\6}}(\tfrac{1}{4},\varkappa)$	$= 6{,}324\,555$
	$\vartheta_4''/\vartheta_4(\varkappa)$	$= 3822{,}178\,05$	$\vartheta_5'''/\vartheta_5'(\varkappa)$	$= 3193{,}859\,52$	$\vartheta_6''/\vartheta_6(\varkappa)$	$= 3696{,}51\,435$
	$\vartheta_4''/\vartheta_4(k)$	$= 0{,}968\,169$	$\vartheta_5'''/\vartheta_5'(k)$	$= 0{,}809\,014$	$\vartheta_6''/\vartheta_6(k)$	$= 0{,}936\,338$
	$\vartheta_4''''/\vartheta_4(k)$	$= 0{,}812\,054$	$\vartheta_5'''''/\vartheta_5'(k)$	$= 0{,}424\,173$	$\vartheta_6''''/\vartheta_6(k)$	$= 0{,}630\,187$

$\wp_3(\zeta,\varkappa)$	$\wp_5(\zeta,\varkappa)$	$\wp_1'(\zeta,\varkappa)$	$\wp_3'(\zeta,\varkappa)$	$\wp_5'(\zeta,\varkappa)$	
0,333 333	∞	$-\infty$	0,000 000	$-\infty$	0,50
0,333 333	2,557 786	−7,988 793	−0,000 000	−7,988 793	0,49
0,333 333	0,716 979	−0,902 553	−0,000 000	−0,902 553	0,48
0,333 333	0,429 953	−0,202 360	−0,000 000	−0,202 360	0,47
0,333 333	0,359 927	−0,053 890	−0,000 000	−0,053 890	0,46
0,333 333	0,340 831	−0,015 052	−0,000 000	−0,015 052	0,45
0,333 333	0,335 462	−0,004 261	−0,000 000	−0,004 261	0,44
0,333 333	0,333 939	−0,001 211	−0,000 000	−0,001 211	0,43
0,333 333	0,333 506	−0,000 344	−0,000 000	−0,000 344	0,42
0,333 333	0,333 382	−0,000 098	−0,000 000	−0,000 098	0,41
0,333 333	0,333 347	−0,000 028	−0,000 000	−0,000 028	0,40
0,333 333	0,333 337	−0,000 008	−0,000 000	−0,000 008	0,39
0,333 333	0,333 334	−0,000 002	−0,000 000	−0,000 002	0,38
0,333 333	0,333 334	−0,000 001	−0,000 000	−0,000 001	0,37
0,333 333	0,333 333	−0,000 000	−0,000 000	−0,000 000	0,36
0,333 333	0,333 333	−0,000 000	−0,000 000	−0,000 000	0,35
0,333 333	0,333 333	−0,000 000	−0,000 000	−0,000 000	0,34
0,333 333	0,333 333	−0,000 000	−0,000 000	−0,000 000	0,33
0,333 333	0,333 333	−0,000 000	−0,000 000	−0,000 000	0,32
0,333 333	0,333 333	−0,000 000	−0,000 000	−0,000 000	0,31
0,333 333	0,333 333	−0,000 000	−0,000 000	−0,000 000	0,30
0,333 333	0,333 333	−0,000 000	−0,000 000	−0,000 000	0,29
0,333 333	0,333 333	−0,000 000	−0,000 000	−0,000 000	0,28
0,333 333	0,333 333	−0,000 000	−0,000 000	−0,000 000	0,27
0,333 333	0,333 333	−0,000 000	−0,000 000	−0,000 000	0,26
0,333 333	0,333 333	−0,000 000	−0,000 000	−0,000 000	0,25
0,333 333	0,333 333	−0,000 000	−0,000 000	−0,000 000	0,25
0,333 333	0,333 333	−0,000 000	−0,000 000	−0,000 000	0,24
0,333 333	0,333 333	−0,000 000	−0,000 000	−0,000 000	0,23
0,333 333	0,333 333	−0,000 000	−0,000 000	−0,000 000	0,22
0,333 333	0,333 333	−0,000 000	−0,000 000	−0,000 000	0,21
0,333 333	0,333 333	−0,000 000	−0,000 000	−0,000 000	0,20
0,333 333	0,333 333	−0,000 000	−0,000 000	−0,000 000	0,19
0,333 333	0,333 333	−0,000 000	−0,000 000	−0,000 000	0,18
0,333 333	0,333 333	−0,000 000	−0,000 000	−0,000 000	0,17
0,333 333	0,333 333	−0,000 000	−0,000 000	−0,000 000	0,16
0,333 333	0,333 333	−0,000 000	−0,000 000	−0,000 000	0,15
0,333 333	0,333 333	−0,000 000	−0,000 000	−0,000 000	0,14
0,333 333	0,333 333	−0,000 000	−0,000 001	−0,000 001	0,13
0,333 332	0,333 332	−0,000 000	−0,000 002	−0,000 002	0,12
0,333 329	0,333 329	−0,000 000	−0,000 008	−0,000 008	0,11
0,333 319	0,333 319	−0,000 000	−0,000 028	−0,000 028	0,10
0,333 284	0,333 284	−0,000 000	−0,000 098	−0,000 098	0,09
0,333 161	0,333 161	−0,000 000	−0,000 344	−0,000 344	0,08
0,332 728	0,332 728	−0,000 000	−0,001 209	−0,001 209	0,07
0,331 210	0,331 210	−0,000 000	−0,004 243	−0,004 243	0,06
0,325 891	0,325 891	−0,000 000	−0,014 828	−0,014 828	0,05
0,307 429	0,307 429	−0,000 000	−0,051 134	−0,051 134	0,04
0,245 226	0,245 226	−0,000 000	−0,168 273	−0,168 273	0,03
0,056 062	0,056 062	−0,000 000	−0,471 436	−0,471 436	0,02
−0,356 537	−0,356 537	−0,000 000	−0,768 368	−0,768 368	0,01
−0,666 667	−0,666 667	0,000 000	0,000 000	0,000 000	0,00
$\wp_4(\zeta,\varkappa)$	$\wp_6(\zeta,\varkappa)$	$-\wp_2'(\zeta,\varkappa)$	$-\wp_4'(\zeta,\varkappa)$	$-\wp_6'(\zeta,\varkappa)$	$\zeta = \frac{z}{2K}$

Tafel III

			$\varkappa = 0{,}06$
$\sqrt{k} = 1{,}000\,000$	$k = 1{,}000\,000$	$k^2 = 1{,}000\,000$	
$\sqrt{k'} = 0{,}000\,004$	$k' = 0{,}000\,000$	$k'^2 = 0{,}000\,000$	
$e_1 = -e_3' = 0{,}333\,333$	$e_2 = -e_2' = 0{,}333\,333$	$e_3 = -e_1' = -0{,}666\,667$	
$g_2 = g_2' = 1{,}333\,333$	$g_3 = -g_3' = -0{,}296\,296$	$g_3/\sqrt{g_2^3} = -0{,}192\,450$	
$\bar{g}_2 = \bar{g}_2' = 1{,}333\,333$	$\bar{g}_3 = -\bar{g}_3' = -0{,}296\,296$	$\bar{g}_3/\sqrt{\bar{g}_2^3} = -0{,}192\,450$	

$\zeta = \frac{z}{2K}$	$\vartheta_1(\zeta, \varkappa)$	$\vartheta_3(\zeta, \varkappa)$	$\frac{\partial \ln \vartheta_1(\zeta, \varkappa)}{\partial \zeta}$	$\frac{\partial \ln \vartheta_3(\zeta, \varkappa)}{\partial \zeta}$	$\mathrm{sn}(\zeta, \varkappa)$
0,00	0,000 000	4,082 483	∞	0,000 000	0,000 000
0,01	0,000 009	4,061 163	107,928 545	−1,047 198	0,480 473
0,02	0,000 021	3,997 869	64,972 224	−2,094 395	0,780 714
0,03	0,000 037	3,894 563	53,948 027	−3,141 593	0,917 152
0,04	0,000 062	3,754 404	49,783 575	−4,188 790	0,970 124
0,05	0,000 101	3,581 586	47,684 144	−5,235 988	0,989 413
0,06	0,000 161	3,381 130	46,272 616	−6,283 185	0,996 272
0,07	0,000 255	3,158 641	45,098 165	−7,330 383	0,998 690
0,08	0,000 398	2,920 054	44,006 385	−8,377 580	0,999 540
0,09	0,000 614	2,671 367	42,943 551	−9,424 778	0,999 839
0,10	0,000 939	2,418 401	41,890 868	−10,471 976	0,999 943
0,11	0,001 420	2,166 582	40,841 745	−11,519 173	0,999 980
0,12	0,002 125	1,920 764	39,793 872	−12,566 371	0,999 993
0,13	0,003 147	1,685 098	38,746 438	−13,613 568	0,999 998
0,14	0,004 612	1,462 946	37,699 157	−14,660 766	0,999 999
0,15	0,006 688	1,256 850	36,651 930	−15,707 963	1,000 000
0,16	0,009 599	1,068 539	35,604 722	−16,755 161	1,000 000
0,17	0,013 633	0,898 979	34,557 521	−17,802 358	1,000 000
0,18	0,019 160	0,748 447	33,510 322	−18,849 556	1,000 000
0,19	0,026 647	0,616 630	32,463 124	−19,896 753	1,000 000
0,20	0,036 674	0,502 736	31,415 927	−20,943 951	1,000 000
0,21	0,049 949	0,405 609	30,368 729	−21,991 149	1,000 000
0,22	0,067 319	0,323 838	29,321 531	−23,038 346	1,000 000
0,23	0,089 786	0,255 858	28,274 334	−24,085 544	1,000 000
0,24	0,118 502	0,200 043	27,227 136	−25,132 741	1,000 000
0,25	0,154 774	0,154 774	26,179 939	−26,179 939	1,000 000
0,26	0,200 043	0,118 502	25,132 741	−27,227 136	1,000 000
0,27	0,255 858	0,089 786	24,085 544	−28,274 334	1,000 000
0,28	0,323 838	0,067 319	23,038 346	−29,321 531	1,000 000
0,29	0,405 609	0,049 949	21,991 149	−30,368 729	1,000 000
0,30	0,502 736	0,036 674	20,943 951	−31,415 927	1,000 000
0,31	0,616 630	0,026 647	19,896 753	−32,463 124	1,000 000
0,32	0,748 447	0,019 160	18,849 556	−33,510 322	1,000 000
0,33	0,898 979	0,013 633	17,802 358	−34,557 517	1,000 000
0,34	1,068 539	0,009 599	16,755 161	−35,604 711	1,000 000
0,35	1,256 850	0,006 688	15,707 963	−36,651 899	1,000 000
0,36	1,462 946	0,004 612	14,660 766	−37,699 067	1,000 000
0,37	1,685 098	0,003 147	13,613 568	−38,746 181	1,000 000
0,38	1,920 764	0,002 125	12,566 371	−39,793 142	1,000 000
0,39	2,166 582	0,001 420	11,519 173	−40,839 664	1,000 000
0,40	2,418 401	0,000 939	10,471 976	−41,884 937	1,000 000
0,41	2,671 367	0,000 614	9,424 778	−42,926 649	1,000 000
0,42	2,920 054	0,000 398	8,377 580	−43,958 221	1,000 000
0,43	3,158 641	0,000 255	7,330 383	−44,960 914	1,000 000
0,44	3,381 130	0,000 162	6,283 185	−45,881 499	1,000 000
0,45	3,581 586	0,000 102	5,235 988	−46,569 567	1,000 000
9,46	3,754 404	0,000 064	4,188 790	−46,606 774	1,000 000
0,47	3,894 563	0,000 040	3,141 593	−44,880 391	1,000 000
0,48	3,997 869	0,000 026	2,094 395	−38,783 717	1,000 000
0,49	4,061 163	0,000 019	1,047 198	−24,110 298	1,000 000
0,50	4,082 483	0,000 017	0,000 000	0,000 000	1,000 000
	$\vartheta_2(\zeta, \varkappa)$	$\vartheta_4(\zeta, \varkappa)$	$-\frac{\partial \ln \vartheta_2(\zeta, \varkappa)}{\partial \zeta}$	$-\frac{\partial \ln \vartheta_4(\zeta, \varkappa)}{\partial \zeta}$	$\mathrm{cd}(\zeta, \varkappa)$

Tafel III

$\varkappa = 0{,}06$	$k^2 k'^2 = 0{,}000\,000$	$\eta_1 = -\eta_2' = -0{,}295\,136$	$\eta_1' = -\eta_2 = 0{,}333\,333$
	$\pi/KK' = 0{,}076\,394$	$\bar\eta_1 = -\bar\eta_2' = -0{,}256\,939$	$\bar\eta_1' = -\bar\eta_2 = 0{,}333\,333$
	$K = 26{,}179\,939$	$E = 1{,}000\,000$	$A = 2{,}000\,000$
	$K' = 1{,}570\,796$	$E' = 1{,}570\,796$	$A' = 0{,}000\,000$
	$B = 1{,}000\,000$	$C = 24{,}179\,939$	$D = 25{,}179\,939$

$\mathrm{cn}(\zeta, \varkappa)$	$\mathrm{dn}(\zeta, \varkappa)$	$\mathrm{sc}(\zeta, \varkappa)$	$\overline{\mathrm{sn}}(\zeta, \varkappa)$	$\overline{\mathrm{cn}}(\zeta, \varkappa)$	
1,000 000	1,000 000	0,000 000	∞	0,000 000	0,50
0,877 010	0,877 010	0,547 853	1,600 811	−0,480 473	0,49
0,624 888	0,624 888	1,249 367	0,500 164	−0,780 714	0,48
0,398 537	0,398 537	2,301 299	0,173 179	−0,917 152	0,47
0,242 610	0,242 610	3,998 691	0,060 672	−0,970 124	0,46
0,145 126	0,145 126	6,817 623	0,021 287	−0,989 413	0,45
0,086 267	0,086 267	11,548 739	0,007 470	−0,996 272	0,44
0,051 165	0,051 165	19,519 007	0,002 621	−0,998 690	0,43
0,030 323	0,030 323	32,963 900	0,000 920	−0,999 540	0,42
0,017 965	0,017 965	55,654 398	0,000 323	−0,999 839	0,41
0,010 643	0,010 643	93,954 653	0,000 113	−0,999 943	0,40
0,006 305	0,006 305	158,606 99	0,000 040	−0,999 980	0,39
0,003 735	0,003 735	267,744 89	0,000 014	−0,999 993	0,38
0,002 212	0,002 212	451,978 98	0,000 005	−0,999 998	0,37
0,001 311	0,001 311	762,982 61	0,000 002	−0,999 999	0,36
0,000 776	0,000 776	↓	0,000 001	−1,000 000	0,35
0,000 460	0,000 460		0,000 000	−1,000 000	0,34
0,000 272	0,000 272		0,000 000	−1,000 000	0,33
0,000 161	0,000 161		0,000 000	−1,000 000	0,32
0,000 096	0,000 096		0,000 000	−1,000 000	0,31
0,000 057	0,000 057		0,000 000	−1,000 000	0,30
0,000 034	0,000 034		0,000 000	−1,000 000	0,29
0,000 020	0,000 020		0,000 000	−1,000 000	0,28
0,000 012	0,000 012		0,000 000	−1,000 000	0,27
0,000 007	0,000 007		0,000 000	−1,000 000	0,26
0,000 004	0,000 004		0,000 000	−1,000 000	0,25
0,000 002	0,000 002		0,000 000	−1,000 000	0,24
0,000 001	0,000 001		0,000 000	−1,000 000	0,23
0,000 001	0,000 001		0,000 000	−1,000 000	0,22
0,000 001	0,000 001		0,000 000	−1,000 000	0,21
0,000 000	0,000 000		0,000 000	−1,000 000	0,20
0,000 000	0,000 000		0,000 000	−1,000 000	0,19
0,000 000	0,000 000		0,000 000	−1,000 000	0,18
0,000 000	0,000 000		0,000 000	−1,000 000	0,17
0,000 000	0,000 000		0,000 000	−1,000 000	0,16
0,000 000	0,000 000		0,000 000	−1,000 000	0,15
0,000 000	0,000 000		0,000 000	−1,000 001	0,14
0,000 000	0,000 000		0,000 000	−1,000 002	0,13
0,000 000	0,000 000		0,000 000	−1,000 007	0,12
0,000 000	0,000 000		0,000 000	−1,000 020	0,11
0,000 000	0,000 000		0,000 000	−1,000 057	0,10
0,000 000	0,000 000		0,000 000	−1,000 161	0,09
0,000 000	0,000 000		0,000 000	−1,000 460	0,08
0,000 000	0,000 000		0,000 000	−1,001 312	0,07
0,000 000	0,000 000		0,000 000	−1,003 742	0,06
0,000 000	0,000 000		0,000 000	−1,010 700	0,05
0,000 000	0,000 000		0,000 000	−1,030 796	0,04
0,000 000	0,000 000		0,000 000	−1,090 331	0,03
0,000 000	0,000 000		0,000 000	−1,280 878	0,02
0,000 000	0,000 000	↓	0,000 000	−2,081 283	0,01
0,000 000	0,000 000	∞	0,000 000	−∞	0,00
$k'\,\mathrm{sd}(\zeta, \varkappa)$	$k'\,\mathrm{nd}(\zeta, \varkappa)$	$\frac{1}{k'}\,\mathrm{cs}(\zeta, \varkappa)$	$-\overline{\mathrm{cd}}(\zeta, \varkappa)$	$-\overline{\mathrm{sd}}(\zeta, \varkappa)$	$\zeta = \frac{z}{2K}$

Tafel III. (Fortsetzung)

$\vartheta_1'(0, \varkappa) = 0{,}000\,883$ $\vartheta_1'(0, k) = 0{,}000\,017$ $\vartheta_5'(0, \varkappa) = 0{,}868\,995$

$\vartheta_1'''/\vartheta_1'(\varkappa) = 2427{,}397\,51$ $\vartheta_2''/\vartheta_2(\varkappa) = -104{,}719\,755$ $\vartheta_3''/\vartheta_3(\varkappa) = -104{,}719\,755$

$\vartheta_1'''/\vartheta_1'(k) = 0{,}885\,408$ $\vartheta_2''/\vartheta_2(k) = -0{,}038\,197$ $\vartheta_3''/\vartheta_3(k) = -0{,}038\,197$

$\vartheta_1'''''/\vartheta_1'(k) = 0{,}639\,914$ $\vartheta_2''''/\vartheta_2(k) = 0{,}004\,377$ $\vartheta_3''''/\vartheta_3(k) = 0{,}004\,377$

$\varkappa = 0{,}06$

$\zeta = \frac{z}{2K}$	$\overline{\mathrm{dn}}(\zeta, \varkappa)$	$\mathfrak{z}_1(\zeta, \varkappa)$	$\mathfrak{z}_3(\zeta, \varkappa)$	$\mathfrak{z}_5(\zeta, \varkappa)$	$\wp_1(\zeta, \varkappa)$
0,00	0,000 000	∞	0,000 000	∞	∞
0,01	−0,480 473	1,906 750	−0,174 533	1,906 750	3,665 074
0,02	−0,780 714	0,931 812	−0,349 066	0,931 812	0,973 982
0,03	−0,917 152	0,566 733	−0,523 599	0,566 733	0,522 156
0,04	−0,970 124	0,332 665	−0,698 132	0,332 665	0,395 874
0,05	−0,989 413	0,138 035	−0,872 665	0,138 035	0,354 848
0,06	−0,996 272	−0,043 456	−1,047 197	−0,043 456	0,340 831
0,07	−0,998 690	−0,220 419	−1,221 730	−0,220 419	0,335 958
0,08	−0,999 540	−0,395 803	−1,396 263	−0,395 803	0,334 254
0,09	−0,999 839	−0,570 635	−1,570 796	−0,570 635	0,333 656
0,10	−0,999 943	−0,745 272	−1,745 329	−0,745 272	0,333 447
0,11	−0,999 980	−0,919 842	−1,919 862	−0,919 842	0,333 373
0,12	−0,999 993	−1,094 388	−2,094 395	−1,094 388	0,333 347
0,13	−0,999 998	−1,268 925	−2,268 928	−1,268 925	0,333 338
0,14	−0,999 999	−1,443 460	−2,443 461	−1,443 460	0,333 335
0,15	−1,000 000	−1,617 993	−2,617 994	−1,617 993	0,333 334
0,16	−1,000 000	−1,792 526	−2,792 526	−1,792 526	0,333 334
0,17	−1,000 000	−1,967 059	−2,967 059	−1,967 059	0,333 333
0,18	−1,000 000	−2,141 592	−3,141 592	−2,141 592	0,333 333
0,19	−1,000 000	−2,316 125	−3,316 125	−2,316 125	0,333 333
0,20	−1,000 000	−2,490 658	−3,490 658	−2,490 658	0,333 333
0,21	−1,000 000	−2,665 191	−3,665 191	−2,665 191	0,333 333
0,22	−1,000 000	−2,839 724	−3,839 724	−2,839 724	0,333 333
0,23	−1,000 000	−3,014 257	−4,014 257	−3,014 257	0,333 333
0,24	−1,000 000	−3,188 790	−4,188 790	−3,188 790	0,333 333
0,25	−1,000 000	−3 363 322	−4 363 322	−3 363 322	0,333 333
0 25	1,000 000	−3,363 322	−4,363 322	−3,363 322	0,333 333
0,26	1,000 000	−3,537 855	−4,537 855	−3,537 855	0,333 333
0,27	1,000 000	−3,712 388	−4,712 388	−3,712 388	0,333 333
0,28	1,000 000	−3,886 921	−4,886 921	−3,886 921	0,333 333
0,29	1,000 000	−4,061 455	−5,061 455	−4,061 455	0,333 333
0,30	1,000 000	−4,235 988	−5,235 988	−4,235 988	0,333 333
0,31	1,000 000	−4,410 521	−5,410 521	−4,410 521	0,333 333
0,32	1,000 000	−4,585 054	−5,585 054	−4,585 054	0,333 333
0,33	1,000 000	−4,759 586	−5,759 586	−4,759 586	0,333 333
0,34	1,000 000	−4,934 119	−5,934 119	−4,934 119	0,333 333
0,35	1,000 000	−5,108 652	−6,108 652	−5,108 652	0,333 333
0,36	1,000 001	−5,283 185	−6,283 184	−5,283 184	0,333 333
0,37	1,000 002	−5,457 718	−6,457 716	−5,457 716	0,333 333
0,38	1,000 007	−5,632 251	−6,632 244	−5,632 244	0,333 333
0,39	1,000 020	−5,806 784	−6,806 764	−5,806 764	0,333 333
0,40	1,000 057	−5,981 317	−6,981 260	−5,981 260	0,333 333
0,41	1,000 161	−6,155 850	−7,155 688	−6,155 688	0,333 333
0,42	1,000 460	−6,330 383	−7,329 923	−6,329 923	0,333 333
0,43	1,001 312	−6,504 916	−7,503 606	−6,503 606	0,333 333
0,44	1,003 742	−6,679 449	−7,675 721	−6,675 721	0,333 333
0,45	1,010 700	−6,853 982	−7,843 395	−6,843 395	0,333 333
0,46	1,030 796	−7,028 515	−7,998 638	−6,998 638	0,333 333
0,47	1,090 331	−7,203 048	−8,120 200	−7,120 200	0,333 333
0,48	1,280 878	−7,377 580	−8,158 295	−7,158 295	0,333 333
0,49	2,081 283	−7,552 113	−8,032 586	−7,032 586	0,333 333
0,50		−7,726 646	−7,726 646	−6,726 646	0,333 333
	$\overline{\mathrm{sc}}(\zeta, \varkappa)$	$-\mathfrak{z}_2(\zeta, \varkappa)$	$-\mathfrak{z}_4(\zeta, \varkappa)$	$-\mathfrak{z}_6(\zeta, \varkappa)$	$\wp_2(\zeta, \varkappa)$

Tafel III

$\varkappa = 0{,}06$			
	$\vartheta_5'(0, k) = 0{,}016\,597$	$\vartheta_6(0, k) = 0{,}016\,597$	$\vartheta_{\substack{5\\6}}(\tfrac{1}{4}, \varkappa) = 5{,}773\,503$
	$\vartheta_4''/\vartheta_4(\varkappa) = 2636{,}837\,02$	$\vartheta_5'''/\vartheta_5'(\varkappa) = 2113{,}238\,25$	$\vartheta_6''/\vartheta_6(\varkappa) = 2532{,}117\,27$
	$\vartheta_4''/\vartheta_4(k) = 0{,}961\,803$	$\vartheta_5'''/\vartheta_5'(k) = 0{,}770\,817$	$\vartheta_6''/\vartheta_6(k) = 0{,}923\,606$
	$\vartheta_4''''/\vartheta_4(k) = 0{,}775\,194$	$\vartheta_5'''''/\vartheta_5'(k) = 0{,}323\,598$	$\vartheta_6''''/\vartheta_6(k) = 0{,}559\,142$

$\wp_3(\zeta, \varkappa)$	$\wp_5(\zeta, \varkappa)$	$\wp_1'(\zeta, \varkappa)$	$\wp_3'(\zeta, \varkappa)$	$\wp_5'(\zeta, \varkappa)$	
0,333 333	∞	$-\infty$	0,000 000	$-\infty$	0,50
0,333 333	3,665 074	−13,868 592	−0,000 000	−13,868 592	0,49
0,333 333	0,973 982	−1,641 185	−0,000 000	−1,641 185	0,48
0,333 333	0,522 156	−0,411 758	−0,000 000	−0,411 758	0,47
0,333 333	0,395 874	−0,128 934	−0,000 000	−0,128 934	0,46
0,333 333	0,354 848	−0,043 490	−0,000 000	−0,043 490	0,45
0,333 333	0,340 831	−0,015 052	−0,000 000	−0,015 052	0,44
0,333 333	0,335 958	−0,005 256	−0,000 000	−0,005 256	0,43
0,333 333	0,334 254	−0,001 841	−0,000 000	−0,001 841	0,42
0,333 333	0,333 656	−0,000 646	−0,000 000	−0,000 646	0,41
0,333 333	0,333 447	−0,000 226	−0,000 000	−0,000 226	0,40
0,333 333	0,333 373	−0,000 080	−0,000 000	−0,000 080	0,39
0,333 333	0,333 347	−0,000 028	−0,000 000	−0,000 028	0,38
0,333 333	0,333 338	−0,000 010	−0,000 000	−0,000 010	0,37
0,333 333	0,333 335	−0,000 003	−0,000 000	−0,000 003	0,36
0,333 333	0,333 334	−0,000 001	−0,000 000	−0,000 001	0,35
0,333 333	0,333 334	−0,000 000	−0,000 000	−0,000 000	0,34
0,333 333	0,333 333	−0,000 000	−0,000 000	−0,000 000	0,33
0,333 333	0,333 333	−0,000 000	−0,000 000	−0,000 000	0,32
0,333 333	0,333 333	−0,000 000	−0,000 000	−0,000 000	0,31
0,333 333	0,333 333	−0,000 000	−0,000 000	−0,000 000	0,30
0,333 333	0,333 333	−0,000 000	−0,000 000	−0,000 000	0,29
0,333 333	0,333 333	−0,000 000	−0,000 000	−0,000 000	0,28
0,333 333	0,333 333	−0,000 000	−0,000 000	−0,000 000	0,27
0,333 333	0,333 333	−0,000 000	−0,000 000	−0,000 000	0,26
0,333 333	0,333 333	−0,000 000	−0,000 000	−0,000 000	0,25
0,333 333	0,333 333	−0,000 000	−0,000 000	−0,000 000	0,25
0,333 333	0,333 333	−0,000 000	−0,000 000	−0,000 000	0,24
0,333 333	0,333 333	−0,000 000	−0,000 000	−0,000 000	0,23
0,333 333	0,333 333	−0,000 000	−0,000 000	−0,000 000	0,22
0,333 333	0,333 333	−0,000 000	−0,000 000	−0,000 000	0,21
0,333 333	0,333 333	−0,000 000	−0,000 000	−0,000 000	0,20
0,333 333	0,333 333	−0,000 000	−0,000 000	−0,000 000	0,19
0,333 333	0,333 333	−0,000 000	−0,000 000	−0,000 000	0,18
0,333 333	0,333 333	−0,000 000	−0,000 000	−0,000 000	0,17
0,333 333	0,333 333	−0,000 000	−0,000 000	−0,000 000	0,16
0,333 333	0,333 333	−0,000 000	−0,000 001	−0,000 001	0,15
0,333 332	0,333 332	−0,000 000	−0,000 003	−0,000 003	0,14
0,333 328	0,333 328	−0,000 000	−0,000 010	−0,000 010	0,13
0,333 319	0,333 319	−0,000 000	−0,000 028	−0,000 028	0,12
0,333 294	0,333 294	−0,000 000	−0,000 080	−0,000 080	0,11
0,333 220	0,333 220	−0,000 000	−0,000 227	−0,000 227	0,10
0,333 011	0,333 011	−0,000 000	−0,000 645	−0,000 645	0,09
0,332 414	0,332 414	−0,000 000	−0,001 838	−0,001 838	0,08
0,330 715	0,330 715	−0,000 000	−0,005 229	−0,005 229	0,07
0,325 891	0,325 891	−0,000 000	−0,014 828	−0,014 828	0,06
0,312 272	0,312 272	−0,000 000	−0,041 677	−0,041 677	0,05
0,274 474	0,274 474	−0,000 000	−0,114 203	−0,114 203	0,04
0,174 502	0,174 502	−0,000 000	−0,291 346	−0,291 346	0,03
−0,057 152	−0,057 152	−0,000 000	−0,609 715	−0,609 715	0,02
−0,435 813	−0,435 813	−0,000 000	−0,739 107	−0,739 107	0,01
−0,666 667	−0,666 667	0,000 000	0,000 000	0,000 000	0,00
$\wp_4(\zeta, \varkappa)$	$\wp_6(\zeta, \varkappa)$	$-\wp_2'(\zeta, \varkappa)$	$-\wp_4'(\zeta, \varkappa)$	$-\wp_6'(\zeta, \varkappa)$	$\zeta = \frac{z}{2K}$

Tafel III

$\sqrt{k} = 1{,}000\,000$ | $k = 1{,}000\,000$ | $k^2 = 1{,}000\,000$ | $\varkappa = 0{,}07$

$\sqrt{k'} = 0{,}000\,027$ | $k' = 0{,}000\,000$ | $k'^2 = 0{,}000\,000$

$e_1 = -e_3' = 0{,}333\,333$ | $e_2 = -e_2' = 0{,}333\,333$ | $e_3 = -e_1' = -0{,}666\,667$

$g_2 = g_2' = 1{,}333\,333$ | $g_3 = -g_3' = -0{,}296\,296$ | $g_3/\sqrt{g_2^3} = -0{,}192\,450$

$\bar{g}_2 = \bar{g}_2' = 1{,}333\,333$ | $\bar{g}_3 = -\bar{g}_3' = -0{,}296\,296$ | $\bar{g}_3/\sqrt{\bar{g}_2^3} = -0{,}192\,450$

$\zeta = \frac{z}{2K}$	$\vartheta_1(\zeta, \varkappa)$	$\vartheta_3(\zeta, \varkappa)$	$\frac{\partial \ln \vartheta_1(\zeta, \varkappa)}{\partial \zeta}$	$\frac{\partial \ln \vartheta_3(\zeta, \varkappa)}{\partial \zeta}$	$\mathrm{sn}(\zeta, \varkappa)$
0,00	0,000 000	3,779 645	∞	0,000 000	0,000 000
0,01	0,000 047	3,762 720	105,727 958	−0,897 598	0,420 911
0,02	0,000 102	3,712 398	60,962 808	−1,795 196	0,715 126
0,03	0,000 174	3,630 020	48,704 237	−2,692 794	0,873 200
0,04	0,000 276	3,517 752	43,836 006	−3,590 392	0,946 306
0,05	0,000 422	3,378 495	41,412 571	−4,487 990	0,977 764
0,06	0,000 634	3,215 755	39,907 494	−5,385 587	0,990 878
0,07	0,000 939	3,033 505	38,764 645	−6,283 185	0,996 272
0,08	0,001 377	2,836 011	37,767 477	−7,180 783	0,998 479
0,09	0,002 000	2,627 684	36,829 364	−8,078 381	0,999 380
0,10	0,002 876	2,412 904	35,915 264	−8,975 979	0,999 747
0,11	0,004 100	2,195 881	35,010 943	−9,873 577	0,999 897
0,12	0,005 793	1,980 520	34,110 605	−10,771 175	0,999 958
0,13	0,008 112	1,770 319	33,211 890	−11,668 773	0,999 983
0,14	0,011 257	1,568 287	32,313 837	−12,566 371	0,999 993
0,15	0,015 481	1,376 897	31,416 054	−13,463 969	0,999 997
0,16	0,021 100	1,198 061	30,518 381	−14,361 566	0,999 999
0,17	0,028 502	1,033 138	29,620 752	−15,259 164	1,000 000
0,18	0,038 156	0,882 957	28,723 141	−16,156 762	1,000 000
0,19	0,050 624	0,747 864	27,825 538	−17,054 360	1,000 000
0,20	0,066 566	0,627 780	26,927 938	−17,951 958	1,000 000
0,21	0,086 746	0,522 269	26,030 340	−18,849 556	1,000 000
0,22	0,112 034	0,430 608	25,132 741	−19,747 154	1,000 000
0,23	0,143 400	0,351 862	24,235 143	−20,644 752	1,000 000
0,24	0,181 909	0,284 947	23,337 545	−21,542 350	1,000 000
0,25	0,228 696	0,228 696	22,439 948	−22,439 948	1,000 000
0,26	0,284 947	0,181 909	21,542 350	−23,337 545	1,000 000
0,27	0,351 862	0,143 400	20,644 752	−24,235 143	1,000 000
0,28	0,430 608	0,112 034	19,747 154	−25,132 741	1,000 000
0,29	0,522 269	0,086 746	18,849 556	−26,030 339	1,000 000
0,30	0,627 780	0,066 566	17,951 958	−26,927 936	1,000 000
0,31	0,747 864	0,050 624	17,054 360	−27,825 531	1,000 000
0,32	0,882 957	0,038 156	16,156 762	−28,723 124	1,000 000
0,33	1,033 138	0,028 502	15,259 164	−29,620 710	1,000 000
0,34	1,198 061	0,021 100	14,361 566	−30,518 277	1,000 000
0,35	1,376 897	0,015 481	13,463 969	−31,415 799	1,000 000
0,36	1,568 287	0,011 257	12,566 371	−32,313 211	1,000 000
0,37	1,770 319	0,008 112	11,668 773	−33,210 354	1,000 000
0,38	1,980 520	0,005 794	10,771 175	−34,106 836	1,000 000
0,39	2,195 881	0,004 101	9,873 577	−35,001 694	1,000 000
0,40	2,412 904	0,002 877	8,975 979	−35,892 571	1,000 000
0,41	2,627 684	0,002 001	8,078 381	−36,773 682	1,000 000
0,42	2,836 011	0,001 379	7,180 783	−37,630 850	1,000 000
0,43	3,033 505	0,000 943	6,283 185	−38,429 401	1,000 000
0,44	3,215 755	0,000 639	5,385 587	−39,084 891	1,000 000
0,45	3,378 495	0,000 432	4,487 990	−39,393 936	1,000 000
0,46	3,517 752	0,000 291	3,590 392	−38,879 733	1,000 000
0,47	3,630 020	0,000 199	2,692 794	−36,496 337	1,000 000
0,48	3,712 398	0,000 142	1,795 196	−30,299 594	1,000 000
0,49	3,762 720	0,000 111	0,897 598	−17,992 854	1,000 000
0,50	3,779 645	0,000 101	0,000 000	0,000 000	1,000 000
	$\vartheta_2(\zeta, \varkappa)$	$\vartheta_4(\zeta, \varkappa)$	$-\frac{\partial \ln \vartheta_2(\zeta, \varkappa)}{\partial \zeta}$	$-\frac{\partial \ln \vartheta_4(\zeta, \varkappa)}{\partial \zeta}$	$\mathrm{cd}(\zeta, \varkappa)$

Tafel III

$\varkappa = 0{,}07$

$k^2 k'^2 = 0{,}000\,000$	$\eta_1 = -\eta_2' = -0{,}288\,770$	$\eta_1' = -\eta_2 = 0{,}333\,333$
$\pi/KK' = 0{,}089\,127$	$\bar\eta_1 = -\bar\eta_2' = -0{,}244\,207$	$\bar\eta_1' = -\bar\eta_2 = 0{,}333\,333$
$K = 22{,}439\,948$	$E = 1{,}000\,000$	$A = 2{,}000\,000$
$K' = 1{,}570\,796$	$E' = 1{,}570\,796$	$A' = 0{,}000\,000$
$B = 1{,}000\,000$	$C = 20{,}439\,948$	$D = 21{,}439\,948$

$\mathrm{cn}(\zeta, \varkappa)$	$\mathrm{dn}(\zeta, \varkappa)$	$\mathrm{sc}(\zeta, \varkappa)$	$\overline{\mathrm{sn}}(\zeta, \varkappa)$	$\overline{\mathrm{cn}}(\zeta, \varkappa)$	
1,000 000	1,000 000	0,000 000	∞	0,000 000	0,50
0,907 102	0,907 102	0,464 018	1,954 887	−0,420 911	0,49
0,698 995	0,698 995	1,023 077	0,683 228	−0,715 126	0,48
0,487 362	0,487 362	1,791 688	0,272 013	−0,873 200	0,47
0,323 272	0,323 272	2,927 279	0,110 434	−0,946 306	0,46
0,209 710	0,209 710	4,662 448	0,044 979	−0,977 764	0,45
0,134 766	0,134 766	7,352 599	0,018 329	−0,990 878	0,44
0,086 267	0,086 267	11,548 739	0,007 470	−0,996 272	0,43
0,055 133	0,055 133	18,110 340	0,003 044	−0,998 479	0,42
0,035 213	0,035 213	28,381 376	0,001 241	−0,999 380	0,41
0,022 483	0,022 483	44,465 602	0,000 506	−0,999 747	0,40
0,014 354	0,014 354	69,657 457	0,000 206	−0,999 897	0,39
0,009 164	0,009 164	109,116 84	0,000 084	−0,999 958	0,38
0,005 850	0,005 850	170,925 98	0,000 034	−0,999 983	0,37
0,003 735	0,003 735	267,744 89	0,000 014	−0,999 993	0,36
0,002 384	0,002 384	419,404 42	0,000 006	−0,999 997	0,35
0,001 522	0,001 522	656,968 09	0,000 002	−0,999 999	0,34
0,000 972	0,000 972		0,000 001	−1,000 000	0,33
0,000 620	0,000 620		0,000 000	−1,000 000	0,32
0,000 396	0,000 396		0,000 000	−1,000 000	0,31
0,000 253	0,000 253		0,000 000	−1,000 000	0,30
0,000 161	0,000 161		0,000 000	−1,000 000	0,29
0,000 103	0,000 103		0,000 000	−1,000 000	0,28
0,000 066	0,000 066		0,000 000	−1,000 000	0,27
0,000 042	0,000 042		0,000 000	−1,000 000	0,26
0,000 027	0,000 027		0,000 000	−1,000 000	0,25
0,000 017	0,000 017		0,000 000	−1,000 000	0,24
0,000 011	0,000 011		0,000 000	−1,000 000	0,23
0,000 007	0,000 007		0,000 000	−1,000 000	0,22
0,000 004	0,000 004		0,000 000	−1,000 000	0,21
0,000 003	0,000 003		0,000 000	−1,000 000	0,20
0,000 002	0,000 002		0,000 000	−1,000 000	0,19
0,000 001	0,000 001		0,000 000	−1,000 000	0,18
0,000 001	0,000 001		0,000 000	−1,000 000	0,17
0,000 000	0,000 000		0,000 000	−1,000 001	0,16
0,000 000	0,000 000		0,000 000	−1,000 003	0,15
0,000 000	0,000 000		0,000 000	−1,000 007	0,14
0,000 000	0,000 000		0,000 000	−1,000 017	0,13
0,000 000	0,000 000		0,000 000	−1,000 042	0,12
0,000 000	0,000 000		0,000 000	−1,000 103	0,11
0,000 000	0,000 000		0,000 000	−1,000 253	0,10
0,000 000	0,000 000		0,000 000	−1,000 621	0,09
0,000 000	0,000 000		0,000 000	−1,001 523	0,08
0,000 000	0,000 000		0,000 000	−1,003 742	0,07
0,000 000	0,000 000		0,000 000	−1,009 206	0,06
0,000 000	0,000 000		0,000 000	−1,022 742	0,05
0,000 000	0,000 000		0,000 000	−1,056 740	0,04
0,000 000	0,000 000		0,000 000	−1,145 213	0,03
0,000 000	0,000 000		0,000 000	−1,398 355	0,02
0,000 000	0,000 000	↓	0,000 000	−2,375 798	0,01
0,000 000	0,000 000	∞	0,000 000	−∞	0,00
$k'\,\mathrm{sd}(\zeta, \varkappa)$	$k'\,\mathrm{nd}(\zeta, \varkappa)$	$\frac{1}{k'}\,\mathrm{cs}(\zeta, \varkappa)$	$-\overline{\mathrm{cd}}(\zeta, \varkappa)$	$-\overline{\mathrm{sd}}(\zeta, \varkappa)$	$\zeta = \frac{z}{2K}$

Tafel III. (Fortsetzung)

$\vartheta_1'(0,\varkappa) = 0{,}004\,547$ $\quad$ $\vartheta_1'(0,k) = 0{,}000\,101$ $\quad$ $\vartheta_5'(0,\varkappa) = 1{,}756\,554$ $\quad$ $\boxed{\varkappa = 0{,}07}$

$\vartheta_1'''/\vartheta_1'(\varkappa) = 1744{,}925\,61$ $\quad$ $\vartheta_2''/\vartheta_2(\varkappa) = -89{,}759\,790$ $\quad$ $\vartheta_3''/\vartheta_3(\varkappa) = -89{,}759\,790$

$\vartheta_1'''/\vartheta_1'(k) = 0{,}866\,310$ $\quad$ $\vartheta_2''/\vartheta_2(k) = -\ 0{,}044\,563$ $\quad$ $\vartheta_3''/\vartheta_3(k) = -\ 0{,}044\,563$

$\vartheta_1'''''/\vartheta_1'(k) = 0{,}584\,155$ $\quad$ $\vartheta_2''''/\vartheta_2(k) = 0{,}005\,958$ $\quad$ $\vartheta_3''''/\vartheta_3(k) = 0{,}005\,958$

$\zeta = \frac{z}{2K}$	$\overline{\mathrm{dn}}(\zeta,\varkappa)$	$\mathfrak{z}_1(\zeta,\varkappa)$	$\mathfrak{z}_3(\zeta,\varkappa)$	$\mathfrak{z}_5(\zeta,\varkappa)$	$\wp_1(\zeta,\varkappa)$
0,00	0,000 000	∞	0,000 000	∞	∞
0,01	−0,420 911	2,226 198	−0,149 600	2,226 198	4,977 749
0,02	−0,715 126	1,099 155	−0,299 199	1,099 155	1,288 729
0,03	−0,873 200	0,696 414	−0,448 799	0,696 414	0,644 846
0,04	−0,946 306	0,458 342	−0,598 399	0,458 342	0,450 033
0,05	−0,977 764	0,274 744	−0,747 998	0,274 744	0,379 335
0,06	−0,990 878	0,111 609	−0,897 598	0,111 609	0,351 831
0,07	−0,996 272	−0,043 456	−1,047 197	−0,043 456	0,340 831
0,08	−0,998 479	−0,195 274	−1,196 797	−0,195 274	0,336 382
0,09	−0,999 380	−0,345 776	−1,346 397	−0,345 776	0,334 575
0,10	−0,999 747	−0,495 744	−1,495 996	−0,495 744	0,333 839
0,11	−0,999 897	−0,645 493	−1,645 596	−0,645 493	0,333 539
0,12	−0,999 958	−0,795 154	−1,795 196	−0,795 154	0,333 417
0,13	−0,999 983	−0,944 778	−1,944 795	−0,944 778	0,333 368
0,14	−0,999 993	−1,094 388	−2,094 395	−1,094 388	0,333 347
0,15	−0,999 997	−1,243 992	−2,243 995	−1,243 992	0,333 339
0,16	−0,999 999	−1,393 593	−2,393 594	−1,393 593	0,333 336
0,17	−1,000 000	−1,543 193	−2,543 194	−1,543 193	0,333 334
0,18	−1,000 000	−1,692 793	−2,692 793	−1,692 793	0,333 334
0,19	−1,000 000	−1,842 393	−2,842 393	−1,842 393	0,333 333
0,20	−1,000 000	−1,991 993	−2,991 993	−1,991 993	0,333 333
0,21	−1,000 000	−2,141 592	−3,141 592	−2,141 592	0,333 333
0,22	−1,000 000	−2,291 192	−3,291 192	−2,291 192	0,333 333
0,23	−1,000 000	−2,440 792	−3,440 792	−2,440 792	0,333 333
0,24	−1,000 000	−2,590 391	−3,590 391	−2,590 391	0,333 333
0,25	−1,000 000	−2,739 991	−3,739 991	−2,739 991	0,333 333
0,25	1,000 000	−2,739 991	−3,739 991	−2,739 991	0,333 333
0,26	1,000 000	−2,889 591	−3,889 591	−2,889 591	0,333 333
0,27	1,000 000	−3,039 191	−4,039 191	−3,039 191	0,333 333
0,28	1,000 000	−3,188 790	−4,188 790	−3,188 790	0,333 333
0,29	1,000 000	−3,338 390	−4,338 390	−3,338 390	0,333 333
0,30	1,000 000	−3,487 990	−4,487 990	−3,487 990	0,333 333
0,31	1,000 000	−3,637 589	−4,637 589	−3,637 589	0,333 333
0,32	1,000 000	−3,787 189	−4,787 189	−3,787 189	0,333 333
0,33	1,000 000	−3,936 788	−4,936 788	−3,936 788	0,333 333
0,34	1,000 001	−4,086 388	−5,086 387	−4,086 387	0,333 333
0,35	1,000 003	−4,235 988	−5,235 985	−4,235 985	0,333 333
0,36	1,000 007	−4,385 587	−5,385 581	−4,385 581	0,333 333
0,37	1,000 017	−4,535 187	−5,535 170	−4,535 170	0,333 333
0,38	1,000 042	−4,684 787	−5,684 745	−4,684 745	0,333 333
0,39	1,000 103	−4,834 387	−5,834 284	−4,834 284	0,333 333
0,40	1,000 253	−4,983 986	−5,983 734	−4,983 734	0,333 333
0,41	1,000 621	−5,133 586	−6,132 966	−5,132 966	0,333 333
0,42	1,001 523	−5,283 186	−6,281 665	−5,281 665	0,333 333
0,43	1,003 742	−5,432 785	−6,429 057	−5,429 057	0,333 333
0,44	1,009 206	−5,582 385	−6,573 262	−5,573 262	0,333 333
0,45	1,022 742	−5,731 984	−6,709 748	−5,709 748	0,333 333
0,46	1,056 740	−5,881 584	−6,827 890	−5,827 890	0,333 333
0,47	1,145 213	−6,031 184	−6,904 384	−5,904 384	0,333 333
0,48	1,398 355	−6,180 783	−6,895 909	−5,895 909	0,333 333
0,49	2,375 798	−6,330 383	−6,751 294	−5,751 294	0,333 333
0,50	∞	−6,479 983	−6,479 983	−5,479 983	0,333 333
	$\overline{\mathrm{sc}}(\zeta,\varkappa)$	$-\mathfrak{z}_2(\zeta,\varkappa)$	$-\mathfrak{z}_4(\zeta,\varkappa)$	$-\mathfrak{z}_6(\zeta,\varkappa)$	$\wp_2(\zeta,\varkappa)$

Tafel III

$\varkappa = 0{,}07$			
	$\vartheta_5'(0,k) =$ 0,039 139	$\vartheta_6(0,k) =$ 0,039 139	$\vartheta_{\substack{5\\6}}(\frac{1}{4},\varkappa) =$ 5,345 225
	$\vartheta_4''/\vartheta_4(\varkappa) =$ 1924,445 19	$\vartheta_5'''/\vartheta_5'(\varkappa) =$ 1475,646 24	$\vartheta_6''/\vartheta_6(\varkappa) =$ 1834,685 40
	$\vartheta_4''/\vartheta_4(k) =$ 0,955 437	$\vartheta_5'''/\vartheta_5'(k) =$ 0,732 620	$\vartheta_6''/\vartheta_6(k) =$ 0,910 873
	$\vartheta_4''''/\vartheta_4(k) =$ 0,738 577	$\vartheta_5'''''/\vartheta_5'(k) =$ 0,227 886	$\vartheta_6''''/\vartheta_6(k) =$ 0,489 070

$\wp_3(\zeta,\varkappa)$	$\wp_5(\zeta,\varkappa)$	$\wp_1'(\zeta,\varkappa)$	$\wp_3'(\zeta,\varkappa)$	$\wp_5'(\zeta,\varkappa)$	
0,333 333	∞	−∞	0,000 000	−∞	0,50
0,333 333	4,977 749	−22,068 383	−0,000 000	−22,068 383	0,49
0,333 333	1,288 729	−2,671 963	−0,000 000	−2,671 963	0,48
0,333 333	0,644 846	−0,713 496	−0,000 000	−0,713 497	0,47
0,333 333	0,450 033	−0,246 643	−0,000 000	−0,246 643	0,46
0,333 333	0,379 335	−0,094 096	−0,000 000	−0,094 096	0,45
0,333 333	0,351 831	−0,037 336	−0,000 000	−0,037 336	0,44
0,333 333	0,340 831	−0,015 052	−0,000 000	−0,015 052	0,43
0,333 333	0,336 382	−0,006 107	−0,000 000	−0,006 106	0,42
0,333 333	0,334 575	−0,002 485	−0,000 000	−0,002 485	0,41
0,333 333	0,333 839	−0,001 012	−0,000 000	−0,001 013	0,40
0,333 333	0,333 539	−0,000 412	−0,000 000	−0,000 412	0,39
0,333 333	0,333 417	−0,000 168	−0,000 000	−0,000 168	0,38
0,333 333	0,333 368	−0,000 068	−0,000 000	−0,000 068	0,37
0,333 333	0,333 347	−0,000 028	−0,000 000	−0,000 028	0,36
0,333 333	0,333 339	−0,000 011	−0,000 000	−0,000 011	0,35
0,333 333	0,333 336	−0,000 005	−0,000 000	−0,000 005	0,34
0,333 333	0,333 334	−0,000 002	−0,000 000	−0,000 002	0,33
0,333 333	0,333 334	−0,000 001	−0,000 000	−0,000 001	0,32
0,333 333	0,333 333	−0,000 000	−0,000 000	−0,000 000	0,31
0,333 333	0,333 333	−0,000 000	−0,000 000	−0,000 000	0,30
0,333 333	0,333 333	−0,000 000	−0,000 000	−0,000 000	0,29
0,333 333	0,333 333	−0,000 000	−0,000 000	−0,000 000	0,28
0,333 333	0,333 333	−0,000 000	−0,000 000	−0,000 000	0,27
0,333 333	0,333 333	−0,000 000	−0,000 000	−0,000 000	0,26
0,333 333	0,333 333	−0,000 000	−0,000 000	−0,000 000	0,25
0,333 333	0,333 333	−0,000 000	−0,000 000	−0,000 000	0,25
0,333 333	0,333 333	−0,000 000	−0,000 000	−0,000 000	0,24
0,333 333	0,333 333	−0,000 000	−0,000 000	−0,000 000	0,23
0,333 333	0,333 333	−0,000 000	−0,000 000	−0,000 000	0,22
0,333 333	0,333 333	−0,000 000	−0,000 000	−0,000 000	0,21
0,333 333	0,333 333	−0,000 000	−0,000 000	−0,000 000	0,20
0,333 333	0,333 333	−0,000 000	−0,000 000	−0,000 000	0,19
0,333 333	0,333 333	−0,000 000	−0,000 001	−0,000 001	0,18
0,333 332	0,333 332	−0,000 000	−0,000 002	−0,000 002	0,17
0,333 331	0,333 331	−0,000 000	−0,000 005	−0,000 005	0,16
0,333 328	0,333 328	−0,000 000	−0,000 011	−0,000 011	0,15
0,333 319	0,333 319	−0,000 000	−0,000 028	−0,000 028	0,14
0,333 299	0,333 299	−0,000 000	−0,000 068	−0,000 068	0,13
0,333 249	0,333 249	−0,000 000	−0,000 168	−0,000 168	0,12
0,333 127	0,333 127	−0,000 000	−0,000 412	−0,000 412	0,11
0,332 828	0,332 828	−0,000 000	−0,001 011	−0,001 011	0,10
0,332 093	0,332 093	−0,000 000	−0,002 478	−0,002 478	0,09
0,330 294	0,330 294	−0,000 000	−0,006 070	−0,006 070	0,08
0,325 891	0,325 891	−0,000 000	−0,014 828	−0,014 828	0,07
0,315 172	0,315 172	−0,000 000	−0,035 992	−0,035 992	0,06
0,289 355	0,289 355	−0,000 000	−0,086 001	−0,086 001	0,05
0,228 829	0,228 829	−0,000 000	−0,197 787	−0,197 787	0,04
0,095 812	0,095 812	−0,000 000	−0,414 808	−0,414 808	0,03
−0,155 261	−0,155 261	−0,000 000	−0,698 813	−0,698 813	0,02
−0,489 500	−0,489 500	−0,000 000	−0,692 680	−0,692 680	0,01
−0,666 667	−0,666 667	0,000 000	0,000 000	0,000 000	0,00
$\wp_4(\zeta,\varkappa)$	$\wp_6(\zeta,\varkappa)$	$-\wp_2'(\zeta,\varkappa)$	$-\wp_4'(\zeta,\varkappa)$	$-\wp_6'(\zeta,\varkappa)$	$\zeta = \frac{z}{2K}$

Tafel III

$\sqrt{k} = 1{,}000\,000$ $\quad k = 1{,}000\,000$ $\quad k^2 = 1{,}000\,000$ $\quad \varkappa = 0{,}08$

$\sqrt{k'} = 0{,}000\,109$ $\quad k' = 0{,}000\,000$ $\quad k'^2 = 0{,}000\,000$

$e_1 = -e_3' = 0{,}333\,333$ $\quad e_2 = -e_2' = 0{,}333\,333$ $\quad e_3 = -e_1' = -0{,}666\,667$

$g_2 = g_2' = 1{,}333\,333$ $\quad g_3 = -g_3' = -0{,}296\,296$ $\quad g_3/\sqrt{g_2^3} = -0{,}192\,450$

$\bar{g}_2 = \bar{g}_2' = 1{,}333\,333$ $\quad \bar{g}_3 = -\bar{g}_3' = -0{,}296\,296$ $\quad \bar{g}_3/\sqrt{\bar{g}_2^3} = -0{,}192\,450$

$\zeta = \frac{z}{2K}$	$\vartheta_1(\zeta,\varkappa)$	$\vartheta_3(\zeta,\varkappa)$	$\frac{\partial \ln \vartheta_1(\zeta,\varkappa)}{\partial \zeta}$	$\frac{\partial \ln \vartheta_3(\zeta,\varkappa)}{\partial \zeta}$	$\mathrm{sn}(\zeta,\varkappa)$
0,00	0,000 000	3,535 534	∞	0,000 000	0,000 000
0,01	0,000 155	3,521 677	104,302 937	−0,785 398	0,373 685
0,02	0,000 330	3,480 432	58,310 654	−1,570 796	0,655 794
0,03	0,000 547	3,412 760	45,137 155	−2,356 194	0,826 851
0,04	0,000 833	3,320 224	39,675 622	−3,141 593	0,917 152
0,05	0,001 219	3,204 927	36,921 480	−3,926 991	0,961 356
0,06	0,001 749	3,069 432	35,269 461	−4,712 389	0,982 193
0,07	0,002 473	2,916 668	34,095 129	−5,497 787	0,991 842
0,08	0,003 461	2,749 824	33,133 666	−6,283 185	0,996 272
0,09	0,004 799	2,572 242	32,268 253	−7,068 583	0,998 299
0,10	0,006 600	2,387 305	31,446 428	−7,853 982	0,999 224
0,11	0,009 003	2,198 331	30,644 432	−8,639 380	0,999 646
0,12	0,012 182	2,008 479	29,851 469	−9,424 778	0,999 839
0,13	0,016 355	1,820 667	29,062 622	−10,210 176	0,999 926
0,14	0,021 785	1,637 506	28,275 651	−10,995 574	0,999 966
0,15	0,028 791	1,461 249	27,489 536	−11,780 972	0,999 985
0,16	0,037 751	1,293 762	26,703 811	−12,566 371	0,999 993
0,17	0,049 113	1,136 512	25,918 264	−13,351 769	0,999 997
0,18	0,063 395	0,990 564	25,132 798	−14,137 167	0,999 999
0,19	0,081 189	0,856 604	24,347 369	−14,922 565	0,999 999
0,20	0,103 165	0,734 965	23,561 957	−15,707 963	1,000 000
0,21	0,130 063	0,625 666	22,776 552	−16,493 361	1,000 000
0,22	0,162 692	0,528 454	21,991 151	−17,278 760	1,000 000
0,23	0,201 914	0,442 855	21,205 752	−18,064 158	1,000 000
0,24	0,248 632	0,368 217	20,420 353	−18,849 556	1,000 000
0,25	0,303 764	0,303 764	19,634 954	−19,634 954	1,000 000
0,26	0,368 217	0,248 632	18,849 556	−20,420 352	1,000 000
0,27	0,442 855	0,201 914	18,064 158	−21,205 749	1,000 000
0,28	0,528 454	0,162 692	17,278 760	−21,991 146	1,000 000
0,29	0,625 666	0,130 063	16,493 361	−22,776 541	1,000 000
0,30	0,734 965	0,103 165	15,707 963	−23,561 933	1,000 000
0,31	0,856 604	0,081 189	14,922 565	−24,347 317	1,000 000
0,32	0,990 564	0,063 395	14,137 167	−25,132 684	1,000 000
0,33	1,136 512	0,049 113	13,351 769	−25,918 015	1,000 000
0,34	1,293 762	0,037 751	12,566 371	−26,703 264	1,000 000
0,35	1,461 249	0,028 791	11,780 972	−27,488 335	1,000 000
0,36	1,637 506	0,021 786	10,995 574	−28,273 016	1,000 000
0,37	1,820 667	0,016 356	10,210 176	−29,056 842	1,000 000
0,38	2,008 479	0,012 184	9,424 778	−29,838 793	1,000 000
0,39	2,198 331	0,009 005	8,639 380	−30,616 630	1,000 000
0,40	2,387 305	0,006 605	7,853 982	−31,385 449	1,000 000
0,41	2,572 242	0,004 808	7,068 583	−32,134 510	1,000 000
0,42	2,749 824	0,003 474	6,283 185	−32,840 328	1,000 000
0,43	2,916 668	0,002 494	5,497 787	−33,451 748	1,000 000
0,44	3,069 432	0,001 780	4,712 389	−33,858 255	1,000 000
0,45	3,204 927	0,001 268	3,926 991	−33,825 358	1,000 000
0,46	3,320 224	0,000 908	3,141 593	−32,874 895	1,000 000
0,47	3,412 760	0,000 661	2,356 194	−30,114 156	1,000 000
0,48	3,480 432	0,000 503	1,570 796	−24,182 182	1,000 000
0,49	3,521 677	0,000 414	0,785 398	−13,889 168	1,000 000
0,50	3,535 534	0,000 385	0,000 000	0,000 000	1,000 000
	$\vartheta_2(\zeta,\varkappa)$	$\vartheta_4(\zeta,\varkappa)$	$-\frac{\partial \ln \vartheta_2(\zeta,\varkappa)}{\partial \zeta}$	$-\frac{\partial \ln \vartheta_4(\zeta,\varkappa)}{\partial \zeta}$	$\mathrm{cd}(\zeta,\varkappa)$

Tafel III

$\varkappa = 0{,}08$			
	$k^2 k'^2 = 0{,}000\,000$	$\eta_1 = -\eta_2' = -0{,}282\,404$	$\eta_1' = -\eta_2 = 0{,}333\,333$
	$\pi/KK' = 0{,}101\,859$	$\bar{\eta}_1 = -\bar{\eta}_2' = -0{,}231\,474$	$\bar{\eta}_1' = -\bar{\eta}_2 = 0{,}333\,333$
	$K = 19{,}634\,954$	$E = 1{,}000\,000$	$A = 2{,}000\,000$
	$K' = 1{,}570\,796$	$E' = 1{,}570\,796$	$A' = 0{,}000\,000$
	$B = 1{,}000\,000$	$C = 17{,}634\,954$	$D = 18{,}634\,954$

$\mathrm{cn}(\zeta, \varkappa)$	$\mathrm{dn}(\zeta, \varkappa)$	$\mathrm{sc}(\zeta, \varkappa)$	$\overline{\mathrm{sn}}(\zeta, \varkappa)$	$\overline{\mathrm{cn}}(\zeta, \varkappa)$	
1,000 000	1,000 000	0,000 000	∞	0,000 000	0,50
0,927 556	0,927 556	0,402 870	2,302 368	−0,373 685	0,49
0,754 940	0,754 940	0,868 671	0,869 074	−0,655 794	0,48
0,562 422	0,562 422	1,470 162	0,382 558	−0,826 851	0,47
0,398 537	0,398 537	2,301 299	0,173 179	−0,917 152	0,46
0,275 309	0,275 309	3,491 909	0,078 842	−0,961 356	0,45
0,187 873	0,187 873	5,227 972	0,035 936	−0,982 193	0,44
0,127 475	0,127 475	7,780 668	0,016 384	−0,991 842	0,43
0,086 267	0,086 267	11,548 739	0,007 470	−0,996 272	0,42
0,058 309	0,058 309	17,120 777	0,003 406	−0,998 299	0,41
0,039 390	0,039 390	25,367 158	0,001 553	−0,999 224	0,40
0,026 603	0,026 603	37,576 006	0,000 708	−0,999 646	0,39
0,017 965	0,017 965	55,654 398	0,000 323	−0,999 839	0,38
0,012 131	0,012 131	82,426 261	0,000 147	−0,999 926	0,37
0,008 192	0,008 192	122,073 48	0,000 067	−0,999 966	0,36
0,005 531	0,005 531	180,789 14	0,000 031	−0,999 985	0,35
0,003 735	0,003 735	267,744 89	0,000 014	−0,999 993	0,34
0,002 522	0,002 522	396,523 62	0,000 006	−0,999 997	0,33
0,001 703	0,001 703	587,241 15	0,000 003	−0,999 999	0,32
0,001 150	0,001 150		0,000 001	−0,999 999	0,31
0,000 776	0,000 776		0,000 001	−1,000 000	0,30
0,000 524	0,000 524		0,000 000	−1,000 000	0,29
0,000 354	0,000 354		0,000 000	−1,000 000	0,28
0,000 239	0,000 239		0,000 000	−1,000 000	0,27
0,000 161	0,000 161		0,000 000	−1,000 000	0,26
0,000 109	0,000 109		0,000 000	−1,000 000	0,25
0,000 074	0,000 074		0,000 000	−1,000 000	0,24
0,000 050	0,000 050		0,000 000	−1,000 000	0,23
0,000 034	0,000 034		0,000 000	−1,000 000	0,22
0,000 023	0,000 023		0,000 000	−1,000 000	0,21
0,000 015	0,000 015		0,000 000	−1,000 000	0,20
0,000 010	0,000 010		0,000 000	−1,000 001	0,19
0,000 007	0,000 007		0,000 000	−1,000 001	0,18
0,000 005	0,000 005		0,000 000	−1,000 003	0,17
0,000 003	0,000 003		0,000 000	−1,000 007	0,16
0,000 002	0,000 002		0,000 000	−1,000 015	0,15
0,000 001	0,000 001		0,000 000	−1,000 034	0,14
0,000 001	0,000 001		0,000 000	−1,000 074	0,13
0,000 001	0,000 001		0,000 000	−1,000 161	0,12
0,000 000	0,000 000		0,000 000	−1,000 354	0,11
0,000 000	0,000 000		0,000 000	−1,000 777	0,10
0,000 000	0,000 000		0,000 000	−1,001 704	0,09
0,000 000	0,000 000		0,000 000	−1,003 742	0,08
0,000 000	0,000 000		0,000 000	−1,008 225	0,07
0,000 000	0,000 000		0,000 000	−1,018 129	0,06
0,000 000	0,000 000		0,000 000	−1,040 198	0,05
0,000 000	0,000 000		0,000 000	−1,090 331	0,04
0,000 000	0,000 000		0,000 000	−1,209 408	0,03
0,000 000	0,000 000		0,000 000	−1,524 869	0,02
0,000 000	0,000 000	↓	0,000 000	−2,676 052	0,01
0,000 000	0,000 000	∞	0,000 000	−∞	0,00
$k'\,\mathrm{sd}(\zeta, \varkappa)$	$k'\,\mathrm{nd}(\zeta, \varkappa)$	$\frac{1}{k'}\,\mathrm{cs}(\zeta, \varkappa)$	$-\overline{\mathrm{cd}}(\zeta, \varkappa)$	$-\overline{\mathrm{sd}}(\zeta, \varkappa)$	$\zeta = \frac{z}{2K}$

Tafel III. (Fortsetzung)

						$\varkappa = 0{,}08$
$\vartheta_1'(0,\varkappa)$	$= 0{,}015\,131$	$\vartheta_1'(0,k)$	$= 0{,}000\,385$	$\vartheta_5'(0,\varkappa)$	$= 2{,}898\,824$	
$\vartheta_1'''/\vartheta_1'(\varkappa)$	$= 1306{,}506\,24$	$\vartheta_2''/\vartheta_2(\varkappa)$	$= -78{,}539\,816$	$\vartheta_3''/\vartheta_3(\varkappa)$	$= -78{,}539\,816$	
$\vartheta_1'''/\vartheta_1'(k)$	$= 0{,}847\,211$	$\vartheta_2''/\vartheta_2(k)$	$= -0{,}050\,930$	$\vartheta_3''/\vartheta_3(k)$	$= -0{,}050\,930$	
$\vartheta_1'''''/\vartheta_1'(k)$	$= 0{,}529\,612$	$\vartheta_2''''/\vartheta_2(k)$	$= 0{,}007\,781$	$\vartheta_3''''/\vartheta_3(k)$	$= 0{,}007\,781$	

$\zeta = \frac{z}{2K}$	$\overline{\mathrm{dn}}(\zeta,\varkappa)$	$\mathfrak{z}_1(\zeta,\varkappa)$	$\mathfrak{z}_3(\zeta,\varkappa)$	$\mathfrak{z}_5(\zeta,\varkappa)$	$\wp_1(\zeta,\varkappa)$
0,00	0,000 000	∞	0,000 000	∞	∞
0,01	−0,373 685	2,545 153	−0,130 899	2,545 153	6,494 590
0,02	−0,655 794	1,263 069	−0,261 799	1,263 069	1,658 558
0,03	−0,826 851	0,816 709	−0,392 699	0,816 709	0,796 002
0,04	−0,917 152	0,566 733	−0,523 599	0,566 733	0,522 156
0,05	−0,961 356	0,385 699	−0,654 499	0,385 699	0,415 345
0,06	−0,982 193	0,232 731	−0,785 398	0,232 731	0,369 921
0,07	−0,991 842	0,091 927	−0,916 298	0,091 927	0,349 852
0,08	−0,996 272	−0,043 456	−1,047 198	−0,043 456	0,340 831
0,09	−0,998 299	−0,176 393	−1,178 097	−0,176 393	0,336 745
0,10	−0,999 224	−0,308 220	−1,308 997	−0,308 220	0,334 887
0,11	−0,999 646	−0,439 543	−1,439 897	−0,439 543	0,334 041
0,12	−0,999 839	−0,570 635	−1,570 797	−0,570 635	0,333 656
0,13	−0,999 926	−0,701 623	−1,701 696	−0,701 623	0,333 480
0,14	−0,999 966	−0,832 563	−1,832 596	−0,832 563	0,333 400
0,15	−0,999 985	−0,963 480	−1,963 496	−0,963 480	0,333 364
0,16	−0,999 993	−1,094 388	−2,094 395	−1,094 388	0,333 347
0,17	−0,999 997	−1,225 292	−2,225 295	−1,225 292	0,333 340
0,18	−0,999 999	−1,356 193	−2,356 195	−1,356 193	0,333 336
0,19	−0,999 999	−1,487 094	−2,487 094	−1,487 094	0,333 335
0,20	−1,000 000	−1,617 994	−2,617 994	−1,617 994	0,333 334
0,21	−1,000 000	−1,748 894	−2,748 894	−1,748 894	0,333 334
0,22	−1,000 000	−1,879 794	−2,879 794	−1,879 794	0,333 333
0,23	−1,000 000	−2,010 693	−3,010 693	−2,010 693	0,333 333
0,24	−1,000 000	−2,141 593	−3,141 593	−2,141 593	0,333 333
0,25	−1,000 000	−2,272 493	−3,272 493	−2,272 493	0,333 333
0,25	1,000 000	−2,272 493	−3,272 493	−2,272 493	0,333 333
0,26	1,000 000	−2,403 393	−3,403 393	−2,403 393	0,333 333
0,27	1,000 000	−2,534 292	−3,534 292	−2,534 292	0,333 333
0,28	1,000 000	−2,665 192	−3,665 192	−2,665 192	0,333 333
0,29	1,000 000	−2,796 092	−3,796 091	−2,796 091	0,333 333
0,30	1,000 000	−2,926 991	−3,926 991	−2,926 991	0,333 333
0,31	1,000 001	−3,057 891	−4,057 890	−3,057 890	0,333 333
0,32	1,000 001	−3,188 791	−4,188 789	−3,188 789	0,333 333
0,33	1,000 003	−3,319 690	−4,319 687	−3,319 687	0,333 333
0,34	1,000 007	−3,450 590	−4,450 583	−3,450 583	0,333 333
0,35	1,000 015	−3,581 490	−4,581 474	−3,581 474	0,333 333
0,36	1,000 034	−3,712 389	−4,712 356	−3,712 356	0,333 333
0,37	1,000 074	−3,843 289	−4,843 215	−3,843 215	0,333 333
0,38	1,000 161	−3,974 189	−4,974 027	−3,974 027	0,333 333
0,39	1,000 354	−4,105 088	−5,104 734	−4,104 734	0,333 333
0,40	1,000 777	−4,235 988	−5,235 212	−4,235 212	0,333 333
0,41	1,001 704	−4,366 887	−5,365 186	−4,365 186	0,333 333
0,42	1,003 742	−4,497 787	−5,494 059	−4,494 059	0,333 333
0,43	1,008 225	−4,628 687	−5,620 529	−4,620 529	0,333 333
0,44	1,018 129	−4,759 587	−5,741 780	−4,741 780	0,333 333
0,45	1,040 198	−4,890 486	−5,851 842	−4,851 842	0,333 333
0,46	1,090 331	−5,021 386	−5,938 538	−4,938 538	0,333 333
0,47	1,209 408	−5,152 286	−5,979 136	−4,979 136	0,333 333
0,48	1,524 869	−5,283 185	−5,938 980	−4,938 980	0,333 333
0,49	2,676 052	−5,414 085	−5,787 770	−4,787 770	0,333 333
0,50	∞	−5,544 985	−5,544 985	−4,544 985	0,333 333
	$\overline{\mathrm{sc}}(\zeta,\varkappa)$	$-\mathfrak{z}_2(\zeta,\varkappa)$	$-\mathfrak{z}_4(\zeta,\varkappa)$	$-\mathfrak{z}_6(\zeta,\varkappa)$	$\wp_2(\zeta,\varkappa)$

Tafel III

$\varkappa = 0{,}08$

$\vartheta_5'(0, k) = 0{,}073\,818$	$\vartheta_6(0, k) = 0{,}073\,818$	$\vartheta_5(\underset{6}{\tfrac{1}{4}}, \varkappa) = 5{,}000\,000$
$\vartheta_4''/\vartheta_4(\varkappa) = 1463{,}585\,87$	$\vartheta_5'''/\vartheta_5'(\varkappa) = 1070{,}886\,79$	$\vartheta_6''/\vartheta_6(\varkappa) = 1385{,}046\,06$
$\vartheta_4''/\vartheta_4(k) = 0{,}949\,070$	$\vartheta_5'''/\vartheta_5'(k) = 0{,}694\,423$	$\vartheta_6''/\vartheta_6(k) = 0{,}898\,141$
$\vartheta_4''''/\vartheta_4(k) = 0{,}702\,204$	$\vartheta_5'''''/\vartheta_5'(k) = 0{,}137\,038$	$\vartheta_6''''/\vartheta_6(k) = 0{,}419\,971$

$\wp_3(\zeta, \varkappa)$	$\wp_5(\zeta, \varkappa)$	$\wp_1'(\zeta, \varkappa)$	$\wp_3'(\zeta, \varkappa)$	$\wp_5'(\zeta, \varkappa)$	
0,333 333	∞	$-\infty$	0,000 000	$-\infty$	0,50
0,333 333	6,494 590	−32,975 694	−0,000 000	−32,975 694	0,49
0,333 333	1,658 558	−4,041 586	−0,000 000	−4,041 586	0,48
0,333 333	0,796 002	−1,119 110	−0,000 000	−1,119 110	0,47
0,333 333	0,522 156	−0,411 758	−0,000 000	−0,411 758	0,46
0,333 333	0,415 345	−0,170 616	−0,000 000	−0,170 616	0,45
0,333 333	0,369 921	−0,074 502	−0,000 000	−0,074 502	0,44
0,333 333	0,349 852	−0,033 309	−0,000 000	−0,033 309	0,43
0,333 333	0,340 831	−0,015 052	−0,000 000	−0,015 052	0,42
0,333 333	0,336 745	−0,006 835	−0,000 000	−0,006 835	0,41
0,333 333	0,334 887	−0,003 111	−0,000 000	−0,003 111	0,40
0,333 333	0,334 041	−0,001 417	−0,000 000	−0,001 417	0,39
0,333 333	0,333 656	−0,000 646	−0,000 000	−0,000 646	0,38
0,333 333	0,333 480	−0,000 294	−0,000 000	−0,000 294	0,37
0,333 333	0,333 400	−0,000 134	−0,000 000	−0,000 134	0,36
0,333 333	0,333 364	−0,000 061	−0,000 000	−0,000 061	0,35
0,333 333	0,333 347	−0,000 028	−0,000 000	−0,000 028	0,34
0,333 333	0,333 340	−0,000 013	−0,000 000	−0,000 013	0,33
0,333 333	0,333 336	−0,000 006	−0,000 000	−0,000 006	0,32
0,333 333	0,333 335	−0,000 003	−0,000 000	−0,000 003	0,31
0,333 333	0,333 334	−0,000 001	−0,000 000	−0,000 001	0,30
0,333 333	0,333 334	−0,000 001	−0,000 000	−0,000 001	0,29
0,333 333	0,333 333	−0,000 000	−0,000 000	−0,000 000	0,28
0,333 333	0,333 333	−0,000 000	−0,000 000	−0,000 000	0,27
0,333 333	0,333 333	−0,000 000	−0,000 000	−0,000 000	0,26
0,333 333	0,333 333	−0,000 000	−0,000 000	−0,000 000	0,25
0,333 333	0,333 333	−0,000 000	−0,000 000	−0,000 000	0,25
0,333 333	0,333 333	−0,000 000	−0,000 000	−0,000 000	0,24
0,333 333	0,333 333	−0,000 000	−0,000 000	−0,000 000	0,23
0,333 333	0,333 333	−0,000 000	−0,000 000	−0,000 000	0,22
0,333 333	0,333 333	−0,000 000	−0,000 000	−0,000 000	0,21
0,333 333	0,333 333	−0,000 000	−0,000 001	−0,000 001	0,20
0,333 332	0,333 332	−0,000 000	−0,000 003	−0,000 003	0,19
0,333 330	0,333 330	−0,000 000	−0,000 006	−0,000 006	0,18
0,333 327	0,333 327	−0,000 000	−0,000 013	−0,000 013	0,17
0,333 319	0,333 319	−0,000 000	−0,000 028	−0,000 028	0,16
0,333 303	0,333 303	−0,000 000	−0,000 061	−0,000 061	0,15
0,333 266	0,333 266	−0,000 000	−0,000 134	−0,000 134	0,14
0,333 186	0,333 186	−0,000 000	−0,000 294	−0,000 294	0,13
0,333 011	0,333 011	−0,000 000	−0,000 645	−0,000 645	0,12
0,332 626	0,332 626	−0,000 000	−0,001 415	−0,001 415	0,11
0,331 782	0,331 782	−0,000 000	−0,003 101	−0,003 101	0,10
0,329 933	0,329 933	−0,000 000	−0,006 788	−0,006 788	0,09
0,325 891	0,325 891	−0,000 000	−0,014 828	−0,014 828	0,08
0,317 083	0,317 083	−0,000 000	−0,032 235	−0,032 235	0,07
0,298 037	0,298 037	−0,000 000	−0,069 335	−0,069 335	0,06
0,257 538	0,257 538	−0,000 000	−0,145 733	−0,145 733	0,05
0,174 502	0,174 502	−0,000 000	−0,291 346	−0,291 346	0,04
0,017 015	0,017 015	−0,000 000	−0,523 095	−0,523 095	0,03
−0,236 601	−0,236 601	−0,000 000	−0,747 519	−0,747 519	0,02
−0,527 026	−0,527 026	−0,000 000	−0,643 007	−0,643 007	0,01
−0,666 667	−0,666 667	0,000 000	0,000 000	0,000 000	0,00
$\wp_4(\zeta, \varkappa)$	$\wp_6(\zeta, \varkappa)$	$-\wp_2'(\zeta, \varkappa)$	$-\wp_4'(\zeta, \varkappa)$	$-\wp_6'(\zeta, \varkappa)$	$\zeta = \dfrac{z}{2K}$

Tafel III

$\sqrt{k} = 1{,}000\,000$ | $k = 1{,}000\,000$ | $k^2 = 1{,}000\,000$ | $\varkappa = 0{,}09$

$\sqrt{k'} = 0{,}000\,324$ | $k' = 0{,}000\,000$ | $k'^2 = 0{,}000\,000$

$e_1 = -e_3' = 0{,}333\,333$ | $e_2 = -e_2' = 0{,}333\,333$ | $e_3 = -e_1' = -0{,}666\,667$

$g_2 = g_2' = 1{,}333\,333$ | $g_3 = -g_3' = -0{,}296\,296$ | $g_3/\sqrt{g_2^3} = -0{,}192\,450$

$\bar{g}_2 = \bar{g}_2' = 1{,}333\,333$ | $\bar{g}_3 = -\bar{g}_3' = -0{,}296\,296$ | $\bar{g}_3/\sqrt{\bar{g}_2^3} = -0{,}192\,450$

$\zeta = \frac{z}{2K}$	$\vartheta_1(\zeta,\varkappa)$	$\vartheta_3(\zeta,\varkappa)$	$\frac{\partial \ln \vartheta_1(\zeta,\varkappa)}{\partial \zeta}$	$\frac{\partial \ln \vartheta_3(\zeta,\varkappa)}{\partial \zeta}$	$\mathrm{sn}(\zeta,\varkappa)$
0,00	0,000 000	3,333 333	∞	0,000 000	0,000 000
0,01	0,000 384	3,321 718	103,330 819	−0,698 132	0,335 547
0,02	0,000 806	3,287 115	56,474 609	−1,396 263	0,603 181
0,03	0,001 309	3,230 241	42,616 684	−2,094 395	0,780 714
0,04	0,001 939	3,152 268	36,670 396	−2,792 527	0,884 541
0,05	0,002 752	3,054 776	33,610 789	−3,490 659	0,940 842
0,06	0,003 813	2,939 705	31,792 787	−4,188 790	0,970 124
0,07	0,005 207	2,809 286	30,550 380	−4,886 922	0,985 024
0,08	0,007 032	2,665 977	29,584 566	−5,585 054	0,992 521
0,09	0,009 413	2,512 378	28,754 016	−6,283 185	0,996 272
0,10	0,012 500	2,351 156	27.990 190	−6,981 317	0,998 144
0,11	0,016 477	2,184 972	27,259 421	−7,679 449	0,999 076
0,12	0,021 563	2,016 408	26,545 063	−8,377 580	0,999 540
0,13	0,028 020	1,847 903	25,838 861	−9,075 712	0,999 771
0,14	0,036 154	1,681 698	25,136 715	−9,773 844	0,999 886
0,15	0,046 323	1,519 794	24,436 587	−10,471 976	0,999 943
0,16	0,058 940	1,363 922	23,737 461	−11,170 107	0,999 972
0,17	0,074 470	1,215 521	23,038 835	−11,868 239	0,999 986
0,18	0,093 437	1,075 730	22,340 458	−12,566 371	0,999 993
0,19	0,116 420	0,945 393	21,642 204	−13,264 502	0,999 997
0,20	0,144 046	0,825 067	20,944 011	−13,962 634	0,999 998
0,21	0,176 988	0,715 047	20,245 849	−14,660 766	0,999 999
0,22	0,215 951	0,615 386	19,547 703	−15,358 898	1,000 000
0,23	0,261 658	0,525 931	18,849 563	−16,057 029	1,000 000
0,24	0,314 833	0,446 352	18,151 428	−16,755 160	1,000 000
0,25	0,376 180	0,376 180	17,453 294	−17,453 291	1,000 000
0,26	0,446 352	0,314 833	16,755 162	−18,151 421	1,000 000
0,27	0,525 931	0,261 658	16,057 030	−18,849 549	1,000 000
0,28	0,615 386	0,215 951	15,358 898	−19,547 673	1,000 000
0,29	0,715 047	0,176 988	14,660 766	−20,245 789	1,000 000
0,30	0,825 067	0,144 046	13,962 634	−20,943 891	1,000 000
0,31	0,945 393	0,116 420	13,264 502	−21,641 962	1,000 000
0,32	1,075 730	0,093 438	12,566 371	−22,339 971	1,000 000
0,33	1,215 521	0,074 471	11,868 239	−23,037 857	1,000 000
0,34	1,363 922	0,058 941	11,170 107	−23,735 494	1,000 000
0,35	1,519 794	0,046 326	10,471 976	−24,432 633	1,000 000
0,36	1,681 698	0,036 158	9,773 844	−25,128 768	1,000 000
0,37	1,847 903	0,028 026	9,075 712	−25,822 886	1,000 000
0,38	2,016 408	0,021 573	8,377 580	−26,512 954	1,000 000
0,39	2,184 972	0,016 492	7,679 449	−27,194 882	1,000 000
0,40	2,351 156	0,012 523	6,981 317	−27,860 466	1,000 000
0,41	2,512 378	0,009 448	6,283 185	−28,493 271	1,000 000
0,42	2,665 977	0,007 085	5,585 054	−29,060 464	1,000 000
0,43	2,809 286	0,005 286	4,886 922	−29,496 894	1,000 000
0,44	2,939 705	0,003 931	4,188 790	−29,674 919	1,000 000
0,45	3,054 776	0,002 925	3,490 659	−29,350 909	1,000 000
0,46	3,152 268	0,002 192	2,792 527	−28,083 789	1,000 000
0,47	3,230 241	0,001 677	2,094 395	−25,157 680	1,000 000
0,48	3,287 115	0,001 337	1,396 263	−19,658 710	1,000 000
0,49	3,321 718	0,001 144	0,698 132	−11,014 662	1,000 000
0,50	3,333 333	0,001 081	0,000 000	0,000 000	1,000 000
	$\vartheta_2(\zeta,\varkappa)$	$\vartheta_4(\zeta,\varkappa)$	$-\frac{\partial \ln \vartheta_2(\zeta,\varkappa)}{\partial \zeta}$	$-\frac{\partial \ln \vartheta_4(\zeta,\varkappa)}{\partial \zeta}$	$\mathrm{cd}(\zeta,\varkappa)$

Tafel III

$\varkappa = 0{,}09$			
	$k^2 k'^2 = 0{,}000\,000$	$\eta_1 = -\eta_2' = -0{,}276\,038$	$\eta_1' = -\eta_2 = 0{,}333\,333$
	$\pi/KK' = 0{,}114\,592$	$\bar{\eta}_1 = -\bar{\eta}_2' = -0{,}218\,742$	$\bar{\eta}_1' = -\bar{\eta}_2 = 0{,}333\,333$
	$K = 17{,}453\,293$	$E = 1{,}000\,000$	$A = 2{,}000\,000$
	$K' = 1{,}570\,796$	$E' = 1{,}570\,796$	$A' = 0{,}000\,000$
	$B = 1{,}000\,000$	$C = 15{,}453\,293$	$D = 16{,}453\,293$

$\mathrm{cn}(\zeta, \varkappa)$	$\mathrm{dn}(\zeta, \varkappa)$	$\mathrm{sc}(\zeta, \varkappa)$	$\overline{\mathrm{sn}}(\zeta, \varkappa)$	$\overline{\mathrm{cn}}(\zeta, \varkappa)$	
1,000 000	1,000 000	0,000 000	∞	0,000 000	0,50
0,942 024	0,942 024	0,356 198	2,644 663	−0,335 547	0,49
0,797 605	0,797 605	0,756 240	1,054 698	−0,603 181	0,48
0,624 888	0,624 888	1,249 367	0,500 164	−0,780 714	0,47
0,466 462	0,466 462	1,896 278	0,245 988	−0,884 541	0,46
0,338 847	0,338 847	2,776 600	0,122 037	−0,940 842	0,45
0,242 610	0,242 610	3,998 691	0,060 672	−0,970 124	0,44
0,172 419	0,172 419	5,712 979	0,030 180	−0,985 024	0,43
0,122 074	0,122 074	8,130 472	0,015 014	−0,992 521	0,42
0,086 267	0,086 267	11,548 739	0,007 470	−0,996 272	0,41
0,060 905	0,060 905	16,388 532	0,003 716	−0,998 144	0,40
0,042 979	0,042 979	23,245 576	0,001 849	−0,999 076	0,39
0,030 322	0,030 322	32,963 900	0,000 920	−0,999 540	0,38
0,021 390	0,021 390	46,739 726	0,000 458	−0,999 771	0,37
0,015 088	0,015 088	66,268 707	0,000 228	−0,999 886	0,36
0,010 643	0,010 643	93,954 653	0,000 113	−0,999 943	0,35
0,007 507	0,007 507	133,205 40	0,000 056	−0,999 972	0,34
0,005 295	0,005 295	188,852 31	0,000 028	−0,999 986	0,33
0,003 735	0,003 735	267,744 89	0,000 014	−0,999 993	0,32
0,002 634	0,002 634	379,593 99	0,000 007	−0,999 997	0,31
0,001 858	0,001 858	538,167 02	0,000 003	−0,999 998	0,30
0,001 311	0,001 311	762,982 62	0,000 002	−0,999 999	0,29
0,000 924	0,000 924	│	0,000 001	−1,000 000	0,28
0,000 652	0,000 652	│	0,000 000	−1,000 000	0,27
0,000 460	0,000 460	│	0,000 000	−1,000 000	0,26
0,000 324	0,000 324	│	0,000 000	−1,000 000	0,25
0,000 229	0,000 229	│	0,000 000	−1,000 000	0,24
0,000 161	0,000 161	│	0,000 000	−1,000 000	0,23
0,000 114	0,000 114	│	0,000 000	−1,000 000	0,22
0,000 080	0,000 080	│	0,000 000	−1,000 001	0,21
0,000 057	0,000 057	│	0,000 000	−1,000 002	0,20
0,000 040	0,000 040	│	0,000 000	−1,000 003	0,19
0,000 028	0,000 028	│	0,000 000	−1,000 007	0,18
0,000 020	0,000 020	│	0,000 000	−1,000 014	0,17
0,000 014	0,000 014	│	0,000 000	−1,000 028	0,16
0,000 010	0,000 010	│	0,000 000	−1,000 057	0,15
0,000 007	0,000 007	│	0,000 000	−1,000 114	0,14
0,000 005	0,000 005	│	0,000 000	−1,000 229	0,13
0,000 003	0,000 003	│	0,000 000	−1,000 460	0,12
0,000 002	0,000 002	│	0,000 000	−1,000 925	0,11
0,000 002	0,000 002	│	0,000 000	−1,001 860	0,10
0,000 001	0,000 001	│	0,000 000	−1,003 742	0,09
0,000 001	0,000 001	│	0,000 000	−1,007 535	0,08
0,000 001	0,000 001	│	0,000 000	−1,015 204	0,07
0,000 000	0,000 000	│	0,000 000	−1,030 796	0,06
0,000 000	0,000 000	│	0,000 000	−1,062 878	0,05
0,000 000	0,000 000	│	0,000 000	−1,130 529	0,04
0,000 000	0,000 000	│	0,000 000	−1,280 878	0,03
0,000 000	0,000 000	│	0,000 000	−1,657 878	0,02
0,000 000	0,000 000	↓	0,000 000	−2,980 210	0,01
0,000 000	0,000 000	∞	0,000 000	−∞	0,00
$k'\,\mathrm{sd}(\zeta, \varkappa)$	$k'\,\mathrm{nd}(\zeta, \varkappa)$	$\frac{1}{k'}\,\mathrm{cs}(\zeta, \varkappa)$	$-\overline{\mathrm{cd}}(\zeta, \varkappa)$	$-\overline{\mathrm{sd}}(\zeta, \varkappa)$	$\zeta = \frac{z}{2K}$

Tafel III. (Fortsetzung)

$\vartheta_1'(0,\varkappa) = 0{,}037\,747$	$\vartheta_1'(0,k) = 0{,}001\,081$	$\vartheta_5'(0,\varkappa) = 4{,}191\,447$
$\vartheta_1'''/\vartheta_1'(\varkappa) = 1009{,}030\,17$	$\vartheta_2''/\vartheta_2(\varkappa) = -69{,}813\,170$	$\vartheta_3''/\vartheta_3(\varkappa) = -69{,}813\,170$
$\vartheta_1'''/\vartheta_1'(k) = 0{,}828\,113$	$\vartheta_2''/\vartheta_2(k) = -\ 0{,}057\,296$	$\vartheta_3''/\vartheta_3(k) = -\ 0{,}057\,296$
$\vartheta_1'''''/\vartheta_1'(k) = 0{,}476\,284$	$\vartheta_2''''/\vartheta_2(k) = 0{,}009\,848$	$\vartheta_3''''/\vartheta_3(k) = 0{,}009\,848$

$\varkappa = 0{,}09$

$\zeta = \frac{z}{2K}$	$\overline{\mathrm{dn}}(\zeta,\varkappa)$	$\mathfrak{z}_1(\zeta,\varkappa)$	$\mathfrak{z}_3(\zeta,\varkappa)$	$\mathfrak{z}_5(\zeta,\varkappa)$	$\wp_1(\zeta,\varkappa)$
0,00	0,000 000	∞	0,000 000	∞	∞
0,01	−0,335 547	2,863 855	−0,116 355	2,863 855	8,214 985
0,02	−0,603 181	1,425 168	−0,232 711	1,425 168	2,081 894
0,03	−0,780 714	0,931 812	−0,349 066	0,931 812	0,973 982
0,04	−0,884 541	0,665 108	−0,465 421	0,665 108	0,611 430
0,05	−0,940 842	0,481 102	−0,581 777	0,481 102	0,463 043
0,06	−0,970 124	0,332 664	−0,698 132	0,332 664	0,395 874
0,07	−0,985 024	0,200 717	−0,814 487	0,200 717	0,363 972
0,08	−0,992 521	0,076 693	−0,930 842	0,076 693	0,348 461
0,09	−0,996 272	−0,043 456	−1,047 198	−0,043 456	0,340 831
0,10	−0,998 144	−0,161 693	−1,163 553	−0,161 693	0,337 056
0,11	−0,999 076	−0,278 983	−1,279 908	−0,278 983	0,335 184
0,12	−0,999 540	−0,395 804	−1,396 264	−0,395 804	0,334 254
0,13	−0,999 771	−0,512 390	−1,512 619	−0,512 390	0,333 791
0,14	−0,999 886	−0,628 860	−1,628 974	−0,628 860	0,333 561
0,15	−0,999 943	−0,745 273	−1,745 330	−0,745 273	0,333 447
0,16	−0,999 972	−0,861 657	−1,861 685	−0,861 657	0,333 390
0,17	−0,999 986	−0,978 026	−1,978 040	−0,978 026	0,333 361
0,18	−0,999 993	−1,094 388	−2,094 395	−1,094 388	0,333 347
0,19	−0,999 997	−1,210 747	−2,210 751	−1,210 747	0,333 340
0,20	−0,999 998	−1,327 104	−2,327 106	−1,327 104	0,333 337
0,21	−0,999 999	−1,443 460	−2,443 461	−1,443 460	0,333 335
0,22	−1,000 000	−1,559 816	−2,559 816	−1,559 816	0,333 334
0,23	−1,000 000	−1,676 172	−2,676 172	−1,676 172	0,333 334
0,24	−1,000 000	−1,792 527	−2,792 527	−1,792 527	0,333 333
0,25	−1,000 000	−1,908 882	−2,908 882	−1,908 882	0,333 333
0,25	1,000 000	−1,908 882	−2,908 882	−1,908 882	0,333 333
0,26	1,000 000	−2,025 238	−3,025 238	−2,025 238	0,333 333
0,27	1,000 000	−2,141 593	−3,141 593	−2,141 593	0,333 333
0,28	1,000 000	−2,257 948	−3,257 948	−2,257 948	0,333 333
0,29	1,000 001	−2,374 304	−3,374 303	−2,374 303	0,333 333
0,30	1,000 002	−2,490 659	−3,490 657	−2,490 657	0,333 333
0,31	1,000 003	−2,607 014	−3,607 011	−2,607 011	0,333 333
0,32	1,000 007	−2,723 370	−3,723 363	−2,723 363	0,333 333
0,33	1,000 014	−2,839 725	−3,839 711	−2,839 711	0,333 333
0,34	1,000 028	−2,956 080	−3,956 052	−2,956 052	0,333 333
0,35	1,000 057	−3,072 435	−4,072 378	−3,072 378	0,333 333
0,36	1,000 114	−3,188 791	−4,188 676	−3,188 676	0,333 333
0,37	1,000 229	−3,305 146	−4,304 917	−3,304 917	0,333 333
0,38	1,000 460	−3,421 501	−4,421 041	−3,421 041	0,333 333
0,39	1,000 925	−3,537 856	−4,536 932	−3,536 932	0,333 333
0,40	1,001 860	−3,664 212	−4,652 355	−3,652 355	0,333 333
0,41	1,003 742	−3,770 567	−4,766 839	−3,766 839	0,333 333
0,42	1,007 535	−3,886 922	−4,879 443	−3,879 443	0,333 333
0,43	1,015 204	−4,003 278	−4,988 301	−3,988 301	0,333 333
0,44	1,030 796	−4,119 633	−5,089 756	−4,089 756	0,333 333
0,45	1,062 878	−4,235 988	−5,176 829	−4,176 829	0,333 333
0,46	1,130 529	−4,352 343	−5,236 885	−4,236 885	0,333 333
0,47	1,280 878	−4,468 699	−5,249 413	−4,249 413	0,333 333
0,48	1,657 878	−4,585 054	−5,188 234	−4,188 234	0,333 333
0,49	2,980 210	−4,701 409	−5,036 956	−4,036 956	0,333 333
0,50	∞	−4,817 764	−4,817 764	−3,817 764	0,333 333
	$\overline{\mathrm{sc}}(\zeta,\varkappa)$	$-\mathfrak{z}_2(\zeta,\varkappa)$	$-\mathfrak{z}_4(\zeta,\varkappa)$	$-\mathfrak{z}_6(\zeta,\varkappa)$	$\wp_2(\zeta,\varkappa)$

Tafel III

$\boxed{\varkappa = 0{,}09}$

$\vartheta_5'(0, k)$	$=$	0,120 076	$\vartheta_6(0, k)$	$=$	0,120 076	$\vartheta_{\substack{5\\6}}(\frac{1}{4}, \varkappa)$	$=$	4,714 045
$\vartheta_4''/\vartheta_4(\varkappa)$	$=$	1148,656 51	$\vartheta_5'''/\vartheta_5'(\varkappa)$	$=$	799,590 659	$\vartheta_6''/\vartheta_6(\varkappa)$	$=$	1078,843 34
$\vartheta_4''/\vartheta_4(k)$	$=$	0,942 704	$\vartheta_5'''/\vartheta_5'(k)$	$=$	0,656 225	$\vartheta_6''/\vartheta_6(k)$	$=$	0,885 408
$\vartheta_4''''/\vartheta_4(k)$	$=$	0,666 074	$\vartheta_5'''''/\vartheta_5'(k)$	$=$	0,051 053	$\vartheta_6''''/\vartheta_6(k)$	$=$	0,351 844

$\wp_3(\zeta, \varkappa)$	$\wp_5(\zeta, \varkappa)$	$\wp_1'(\zeta, \varkappa)$	$\wp_3'(\zeta, \varkappa)$	$\wp_5'(\zeta, \varkappa)$	
0,333 333	∞	−∞	0,000 000	−∞	0,50
0,333 333	8,214 985	−46,977 950	−0,000 000	−46,977 950	0,49
0,333 333	2,081 894	−5,797 802	−0,000 000	−5,797 802	0,48
0,333 333	0,973 982	−1,641 186	−0,000 000	−1,641 186	0,47
0,333 333	0,611 430	−0,628 793	−0,000 000	−0,628 793	0,46
0,333 333	0,463 043	−0,275 732	−0,000 000	−0,275 732	0,45
0,333 333	0,395 874	−0,128 934	−0,000 000	−0,128 934	0,44
0,333 333	0,363 972	−0,062 209	−0,000 000	−0,062 209	0,43
0,333 333	0,348 461	−0,030 483	−0,000 000	−0,030 483	0,42
0,333 333	0,340 831	−0,015 052	−0,000 000	−0,015 052	0,41
0,333 333	0,337 056	−0,007 460	−0,000 000	−0,007 460	0,40
0,333 333	0,335 184	−0,003 705	−0,000 000	−0,003 705	0,39
0,333 333	0,334 254	−0,001 842	−0,000 000	−0,001 842	0,38
0,333 333	0,333 791	−0,000 916	−0,000 000	−0,000 916	0,37
0,333 333	0,333 561	−0,000 456	−0,000 000	−0,000 456	0,36
0,333 333	0,333 447	−0,000 226	−0,000 000	−0,000 226	0,35
0,333 333	0,333 390	−0,000 113	−0,000 000	−0,000 113	0,34
0,333 333	0,333 361	−0,000 056	−0,000 000	−0,000 056	0,33
0,333 333	0,333 347	−0,000 028	−0,000 000	−0,000 028	0,32
0,333 333	0,333 340	−0,000 014	−0,000 000	−0,000 014	0,31
0,333 333	0,333 337	−0,000 007	−0,000 000	−0,000 007	0,30
0,333 333	0,333 335	−0,000 003	−0,000 000	−0,000 003	0,29
0,333 333	0,333 334	−0,000 002	−0,000 000	−0,000 002	0,28
0,333 333	0,333 334	−0,000 001	−0,000 000	−0,000 001	0,27
0,333 333	0,333 333	−0,000 000	−0,000 000	−0,000 000	0,26
0,333 333	0,333 333	−0,000 000	−0,000 000	−0,000 000	0,25
0,333 333	0,333 333	−0,000 000	−0,000 000	−0,000 000	0,25
0,333 333	0,333 333	−0,000 000	−0,000 001	−0,000 001	0,24
0,333 333	0,333 333	−0,000 000	−0,000 001	−0,000 001	0,23
0,333 332	0,333 332	−0,000 000	−0,000 002	−0,000 002	0,22
0,333 332	0,333 332	−0,000 000	−0,000 003	−0,000 003	0,21
0,333 330	0,333 330	−0,000 000	−0,000 007	−0,000 007	0,20
0,333 326	0,333 326	−0,000 000	−0,000 014	−0,000 014	0,19
0,333 319	0,333 319	−0,000 000	−0,000 028	−0,000 028	0,18
0,333 305	0,333 305	−0,000 000	−0,000 056	−0,000 056	0,17
0,333 277	0,333 277	−0,000 000	−0,000 113	−0,000 113	0,16
0,333 220	0,333 220	−0,000 000	−0,000 227	−0,000 227	0,15
0,333 106	0,333 106	−0,000 000	−0,000 455	−0,000 455	0,14
0,332 874	0,332 874	−0,000 000	−0,000 915	−0,000 915	0,13
0,332 414	0,332 414	−0,000 000	−0,001 838	−0,001 838	0,12
0,331 486	0,331 486	−0,000 000	−0,003 691	−0,003 691	0,11
0,329 624	0,329 624	−0,000 000	−0,007 405	−0,007 405	0,10
0,325 891	0,325 891	−0,000 000	−0,014 828	−0,014 828	0,09
0,318 431	0,318 431	−0,000 000	−0,029 581	−0,029 581	0,08
0,303 605	0,303 605	−0,000 000	−0,058 566	−0,058 566	0,07
0,274 474	0,274 474	−0,000 000	−0,114 203	−0,114 203	0,06
0,218 516	0,218 516	−0,000 000	−0,216 049	−0,216 049	0,05
0,115 747	0,115 747	−0,000 000	−0,384 929	−0,384 929	0,04
−0,057 152	−0,057 152	−0,000 000	−0,609 715	−0,609 715	0,03
−0,302 840	−0,302 840	−0,000 000	−0,767 455	−0,767 455	0,02
−0,554 075	−0,554 075	−0,000 000	−0,595 534	−0,595 534	0,01
−0,666 667	−0,666 667	0,000 000	0,000 000	0,000 000	0,00
$\wp_4(\zeta, \varkappa)$	$\wp_6(\zeta, \varkappa)$	$-\wp_2'(\zeta, \varkappa)$	$-\wp_4'(\zeta, \varkappa)$	$-\wp_6'(\zeta, \varkappa)$	$\zeta = \frac{z}{2K}$

Tafel III

$\sqrt{k} = 1{,}000\,000$	$k = 1{,}000\,000$	$k^2 = 1{,}000\,000$
$\sqrt{k'} = 0{,}000\,776$	$k' = 0{,}000\,001$	$k'^2 = 0{,}000\,000$
$e_1 = -e_3' = 0{,}333\,333$	$e_2 = -e_2' = 0{,}333\,333$	$e_3 = -e_1' = -0{,}666\,667$
$g_2 = g_2' = 1{,}333\,333$	$g_3 = -g_3' = -0{,}296\,296$	$g_3/\sqrt{g_2^3} = -0{,}192\,450$
$\bar{g}_2 = \bar{g}_2' = 1{,}333\,333$	$\bar{g}_3 = -\bar{g}_3' = -0{,}296\,296$	$\bar{g}_3/\sqrt{\bar{g}_2^3} = -0{,}192\,450$

$\varkappa = 0{,}10$

$\zeta = \frac{z}{2K}$	$\vartheta_1(\zeta, \varkappa)$	$\vartheta_3(\zeta, \varkappa)$	$\frac{\partial \ln \vartheta_1(\zeta, \varkappa)}{\partial \zeta}$	$\frac{\partial \ln \vartheta_3(\zeta, \varkappa)}{\partial \zeta}$	$\operatorname{sn}(\zeta, \varkappa)$
0,00	0,000 000	3,162 278	∞	0,000 000	0,000 000
0,01	0,000 782	3,152 359	102,640 105	−0,628 319	0,304 216
0,02	0,001 626	3,122 788	55,156 191	−1,256 637	0,556 893
0,03	0,002 598	3,074 119	40,778 940	−1,884 956	0,736 359
0,04	0,003 769	3,007 253	34,440 799	−2,513 274	0,850 134
0,05	0,005 223	2,923 416	31,112 179	−3,141 593	0,917 152
0,06	0,007 054	2,824 115	29,128 730	−3,769 911	0,954 931
0,07	0,009 373	2,711 100	27,800 094	−4,398 230	0,975 701
0,08	0,012 313	2,586 306	26,804 367	−5,026 548	0,986 963
0,09	0,016 031	2,451 803	25,981 771	−5,654 867	0,993 024
0,10	0,020 710	2,309 736	25,250 296	−6,283 185	0,996 272
0,11	0,026 567	2,162 273	24,567 082	−6,911 504	0,998 009
0,12	0,033 854	2,011 545	23,909 517	−7,539 822	0,998 938
0,13	0,042 859	1,859 604	23,265 606	−8,168 141	0,999 433
0,14	0,053 914	1,708 371	22,628 973	−8,796 459	0,999 698
0,15	0,067 391	1,559 608	21,996 219	−9,424 778	0,999 839
0,16	0,083 707	1,414 880	21,365 535	−10,053 096	0,999 914
0,17	0,103 320	1,275 543	20,735 955	−10,681 415	0,999 954
0,18	0,126 728	1,142 726	20,106 963	−11,309 733	0,999 975
0,19	0,154 465	1,017 326	19,478 285	−11,938 052	0,999 987
0,20	0,187 094	0,900 014	18,849 775	−12,566 370	0,999 993
0,21	0,225 195	0,791 243	18,221 354	−13,194 688	0,999 996
0,22	0,269 357	0,691 261	17,592 981	−13,823 006	0,999 998
0,23	0,320 162	0,600 129	16,964 633	−14,451 324	0,999 999
0,24	0,378 165	0,517 749	16,336 300	−15,079 640	1,000 000
0,25	0,443 879	0,443 879	15,707 973	−15,707 954	1,000 000
0,26	0,517 749	0,378 165	15,079 650	−16,336 264	1,000 000
0,27	0,660 129	0,320 162	14,451 329	−16,964 567	1,000 000
0,28	0,691 261	0,269 358	13,823 009	−17,592 857	1,000 000
0,29	0,791 243	0,225 196	13,194 690	−18,221 121	1,000 000
0,30	0,900 014	0,187 095	12,566 371	−18,849 337	1,000 000
0,31	1,017 326	0,154 468	11,938 052	−19,477 464	1,000 000
0,32	1,142 726	0,126 731	11,309 734	−20,105 423	1,000 000
0,33	1,275 543	0,103 325	10,681 415	−20,733 069	1,000 000
0,34	1,414 880	0,083 714	10,053 097	−21,360 125	1,000 000
0,35	1,559 608	0,067 402	9,424 778	−21,986 078	1,000 000
0,36	1,708 371	0,053 930	8,796 459	−22,609 964	1,000 000
0,37	1,859 604	0,042 884	8,168 141	−23,229 975	1,000 000
0,38	2,011 545	0,033 890	7,539 822	−23,842 727	1,000 000
0,39	2,162 273	0,026 620	6,911 504	−24,441 888	1,000 000
0,40	2,309 736	0,020 788	6,283 185	−25,015 625	1,000 000
0,41	2,451 803	0,016 144	5,654 867	−25,541 888	1,000 000
0,42	2,586 306	0,012 476	5,026 548	−25,979 800	1,000 000
0,43	2,711 100	0,009 607	4,398 230	−26,254 311	1,000 000
0,44	2,824 115	0,007 387	3,769 911	−26,230 125	1,000 000
0,45	2,923 416	0,005 695	3,141 593	−25,671 598	1,000 000
0,46	3,007 253	0,004 434	2,513 274	−24,194 484	1,000 000
0,47	3,074 119	0,003 527	1,884 956	−21,248 432	1,000 000
0,48	3,122 788	0,002 918	1,256 637	−16,238 682	1,000 000
0,49	3,152 359	0,002 569	0,628 319	−8,928 915	1,000 000
0,50	3,162 278	0,002 455	0,000 000	0,000 000	1,000 000
	$\vartheta_2(\zeta, \varkappa)$	$\vartheta_4(\zeta, \varkappa)$	$-\frac{\partial \ln \vartheta_2(\zeta, \varkappa)}{\partial \zeta}$	$-\frac{\partial \ln \vartheta_4(\zeta, \varkappa)}{\partial \zeta}$	$\operatorname{cd}(\zeta, \varkappa)$

Tafel III

$\varkappa = 0{,}10$

$k^2 k'^2 = 0{,}000\,000$	$\eta_1 = -\eta_2' = -0{,}269\,671$	$\eta_1' = -\eta_2 = 0{,}333\,333$
$\pi/KK' = 0{,}127\,324$	$\bar\eta_1 = -\bar\eta_2' = -0{,}206\,009$	$\bar\eta_1' = -\bar\eta_2 = 0{,}333\,333$
$K = 15{,}707\,963$	$E = 1{,}000\,000$	$A = 2{,}000\,000$
$K' = 1{,}570\,796$	$E' = 1{,}570\,796$	$A' = 0{,}000\,000$
$B = 1{,}000\,000$	$C = 13{,}707\,963$	$D = 14{,}707\,963$

$\mathrm{cn}(\zeta, \varkappa)$	$\mathrm{dn}(\zeta, \varkappa)$	$\mathrm{sc}(\zeta, \varkappa)$	$\overline{\mathrm{sn}}(\zeta, \varkappa)$	$\overline{\mathrm{cn}}(\zeta, \varkappa)$	
1,000 000	1,000 000	0,000 000	∞	0,000 000	0,50
0,952 603	0,952 603	0,319 353	2,982 920	−0,304 216	0,49
0,830 584	0,830 584	0,670 484	1,238 783	−0,556 893	0,48
0,676 591	0,676 591	1,088 336	0,621 675	−0,736 359	0,47
0,526 566	0,526 566	1,614 488	0,326 150	−0,850 134	0,46
0,398 537	0,398 537	2,301 299	0,173 179	−0,917 152	0,45
0,296 828	0,296 828	3,217 113	0,092 265	−0,954 931	0,44
0,219 108	0,219 108	4,453 064	0,049 204	−0,975 701	0,43
0,160 949	0,160 949	6,132 141	0,026 247	−0,986 963	0,42
0,117 916	0,117 916	8,421 430	0,014 002	−0,993 024	0,41
0,086 266	0,086 266	11,548 740	0,007 470	−0,996 272	0,40
0,063 064	0,063 064	15,825 269	0,003 985	−0,998 009	0,39
0,046 084	0,046 084	21,676 579	0,002 126	−0,998 938	0,38
0,033 668	0,033 668	29,684 935	0,001 134	−0,999 433	0,37
0,024 594	0,024 594	40,647 253	0,000 605	−0,999 698	0,36
0,017 965	0,017 965	55,654 397	0,000 323	−0,999 839	0,35
0,013 122	0,013 122	76,199 737	0,000 172	−0,999 914	0,34
0,009 585	0,009 585	104,327 75	0,000 092	−0,999 954	0,33
0,007 001	0,007 001	142,837 46	0,000 049	−0,999 975	0,32
0,005 113	0,005 113	195,560 99	0,000 026	−0,999 987	0,31
0,003 735	0,003 735	267,744 89	0,000 014	−0,999 993	0,30
0,002 728	0,002 728	366,572 21	0,000 007	−0,999 996	0,29
0,001 993	0,001 993	501,877 31	0,000 004	−0,999 998	0,28
0,001 455	0,001 455	687,124 45	0,000 002	−0,999 999	0,27
0,001 063	0,001 063	940,747 70	0,000 001	−1,000 000	0,26
0,000 776	0,000 776	↓	0,000 001	−1,000 000	0,25
0,000 567	0,000 567		0,000 000	−1,000 000	0,24
0,000 414	0,000 414		0,000 000	−1,000 001	0,23
0,000 303	0,000 303		0,000 000	−1,000 002	0,22
0,000 221	0,000 221		0,000 000	−1,000 004	0,21
0,000 161	0,000 161		0,000 000	−1,000 007	0,20
0,000 118	0,000 118		0,000 000	−1,000 013	0,19
0,000 086	0,000 086		0,000 000	−1,000 025	0,18
0,000 063	0,000 063		0,000 000	−1,000 046	0,17
0,000 046	0,000 046		0,000 000	−1,000 086	0,16
0,000 034	0,000 034		0,000 000	−1,000 161	0,15
0,000 025	0,000 025		0,000 000	−1,000 303	0,14
0,000 018	0,000 018		0,000 000	−1,000 567	0,13
0,000 013	0,000 013		0,000 000	−1,001 064	0,12
0,000 009	0,000 009		0,000 000	−1,001 995	0,11
0,000 007	0,000 007		0,000 000	−1,003 742	0,10
0,000 005	0,000 005		0,000 000	−1,007 025	0,09
0,000 004	0,000 004		0,000 000	−1,013 210	0,08
0,000 003	0,000 003		0,000 000	−1,024 904	0,07
0,000 002	0,000 002		0,000 000	−1,047 196	0,06
0,000 001	0,000 002		0,000 000	−1,090 331	0,05
0,000 001	0,000 001		0,000 000	−1,176 285	0,04
0,000 001	0,000 001		0,000 000	−1,358 034	0,03
0,000 000	0,000 001		0,000 000	−1,795 676	0,02
0,000 000	0,000 001	↓	0,000 000	−3,287 136	0,01
0,000 000	0,000 001	∞	0,000 000	−∞	0,00
$k'\,\mathrm{sd}(\zeta, \varkappa)$	$k'\,\mathrm{nd}(\zeta, \varkappa)$	$\frac{1}{k'}\,\mathrm{cs}(\zeta, \varkappa)$	$-\overline{\mathrm{cd}}(\zeta, \varkappa)$	$-\overline{\mathrm{sd}}(\zeta, \varkappa)$	$\zeta = \frac{z}{2K}$

Tafel III. (Fortsetzung)

$\vartheta_1'(0,\varkappa) = 0{,}077\,133$	$\vartheta_1'(0,k) = 0{,}002\,455$	$\vartheta_5'(0,\varkappa) = 5{,}536\,361$
$\vartheta_1'''/\vartheta_1'(\varkappa) = 798{,}464\,881$	$\vartheta_2''/\vartheta_2(\varkappa) = -62{,}831\,853$	$\vartheta_3''/\vartheta_3(\varkappa) = -62{,}831\,853$
$\vartheta_1'''/\vartheta_1'(k) = 0{,}809\,014$	$\vartheta_2''/\vartheta_2(k) = -\ 0{,}063\,662$	$\vartheta_3''/\vartheta_3(k) = -\ 0{,}063\,662$
$\vartheta_1'''''/\vartheta_1'(k) = 0{,}424\,173$	$\vartheta_2''''/\vartheta_2(k) = 0{,}012\,159$	$\vartheta_3''''/\vartheta_3(k) = 0{,}012\,159$

$\varkappa = 0{,}10$

$\zeta = \frac{z}{2K}$	$\overline{\mathrm{dn}}(\zeta,\varkappa)$	$\mathfrak{z}_1(\zeta,\varkappa)$	$\mathfrak{z}_3(\zeta,\varkappa)$	$\mathfrak{z}_5(\zeta,\varkappa)$	$\wp_1(\zeta,\varkappa)$
0,00	0,000 000	∞	0,000 000	∞	∞
0,01	−0,304 216	3,182 416	−0,104 720	3,182 416	10,138 596
0,02	−0,556 893	1,586 237	−0,209 440	1,586 237	2,557 786
0,03	−0,736 359	1,043 875	−0,314 159	1,043 875	1,177 590
0,04	−0,850 134	0,757 406	−0,418 879	0,757 406	0,716 979
0,05	−0,917 152	0,566 733	−0,523 599	0,566 733	0,522 156
0,06	−0,954 931	0,418 878	−0,628 319	0,418 878	0,429 953
0,07	−0,975 701	0,291 866	−0,733 038	0,291 866	0,383 763
0,08	−0,986 963	0,175 451	−0,837 758	0,175 451	0,359 927
0,09	−0,993 024	0,064 548	−0,942 478	0,064 548	0,347 434
0,10	−0,996 272	−0,043 456	−1,047 198	−0,043 456	0,340 831
0,11	−0,998 009	−0,149 923	−1,151 917	−0,149 923	0,337 326
0,12	−0,998 938	−0,255 574	−1,256 637	−0,255 574	0,335 462
0,13	−0,999 433	−0,360 790	−1,361 357	−0,360 790	0,334 468
0,14	−0,999 698	−0,465 774	−1,466 077	−0,465 774	0,333 939
0,15	−0,999 839	−0,570 635	−1,570 796	−0,570 635	0,333 656
0,16	−0,999 914	−0,675 430	−1,675 516	−0,675 430	0,333 506
0,17	−0,999 954	−0,780 190	−1,780 236	−0,780 190	0,333 425
0,18	−0,999 975	−0,884 931	−1,884 956	−0,884 931	0,333 382
0,19	−0,999 987	−0,989 662	−1,989 675	−0,989 662	0,333 359
0,20	−0,999 993	−1,094 388	−2,094 395	−1,094 388	0,333 347
0,21	−0,999 996	−1,199 111	−2,199 115	−1,199 111	0,333 341
0,22	−0,999 998	−1,303 833	−2,303 835	−1,303 833	0,333 337
0,23	−0,999 999	−1,408 553	−2,408 554	−1,408 553	0,333 335
0,24	−0,999 999	−1,513 274	−2,513 274	−1,513 273	0,333 334
0,25	−0,999 999	−1,617 994	−2,617 994	−1,617 993	0,333 334
0,25	1,000 001	−1,617 994	−2,617 994	−1,617 993	0,333 334
0,26	1,000 001	−1,722 713	−2,722 713	−1,722 713	0,333 334
0,27	1,000 001	−1,827 434	−2,827 432	−1,827 432	0,333 334
0,28	1,000 002	−1,932 153	−2,932 151	−1,932 151	0,333 333
0,29	1,000 004	−2,036 873	−3,036 869	−2,036 869	0,333 333
0,30	1,000 007	−2,141 593	−3,141 586	−2,141 586	0,333 333
0,31	1,000 013	−2,246 313	−3,246 299	−2,246 299	0,333 333
0,32	1,000 025	−2,351 033	−3,351 008	−2,351 008	0,333 333
0,33	1,000 046	−2,455 752	−3,455 706	−3,455 706	0,333 333
0,34	1,000 086	−2,560 472	−3,560 386	−2,560 386	0,333 333
0,35	1,000 161	−2,665 192	−3,665 030	−2,665 030	0,333 333
0,36	1,000 303	−2,769 912	−3,769 609	−2,769 609	0,333 333
0,37	1,000 567	−2,874 631	−3,874 064	−2,874 064	0,333 333
0,38	1,001 064	−2,979 351	−3,978 288	−2,978 288	0,333 333
0,39	1,001 995	−3,084 071	−4,082 080	−3,082 080	0,333 333
0,40	1,003 742	−3,188 791	−4,185 062	−3,185 062	0,333 333
0,41	1,007 025	−3,293 510	−4,286 533	−3,286 533	0,333 333
0,42	1,013 210	−3,398 230	−4,385 192	−3,385 192	0,333 333
0,43	1,024 904	−3,502 950	−4,478 650	−3,478 650	0,333 333
0,44	1,047 196	−3,607 670	−4,562 600	−3,562 600	0,333 333
0,45	1,090 331	−3,712 389	−4,629 541	−3,629 541	0,333 333
0,46	1,176 285	−3,817 109	−4,667 243	−3,667 243	0,333 333
0,47	1,358 034	−3,921 829	−4,658 187	−3,658 187	0,333 333
0,48	1,795 676	−4,026 549	−4,583 442	−3,583 442	0,333 333
0,49	3,287 136	−4,131 268	−4,435 484	−3,435 484	0,333 333
0,50	∞	−4,235 988	−4,235 988	−3,235 988	0,333 333
	$\overline{\mathrm{sc}}(\zeta,\varkappa)$	$-\mathfrak{z}_2(\zeta,\varkappa)$	$-\mathfrak{z}_4(\zeta,\varkappa)$	$-\mathfrak{z}_6(\zeta,\varkappa)$	$\wp_2(\zeta,\varkappa)$

Tafel III

$\varkappa = 0,10$	$\vartheta_5'(0,k) = 0,176\,228$	$\vartheta_6(0,k) = 0,176\,228$	$\vartheta_5(\tfrac{1}{4},\varkappa) = 4,472\,136$
	$\vartheta_4''/\vartheta_4(\varkappa) = 924,128\,587$	$\vartheta_5'''/\vartheta_5'(\varkappa) = 609,969\,322$	$\vartheta_6''/\vartheta_6(\varkappa) = 861,296\,734$
	$\vartheta_4''/\vartheta_4(k) = 0,936\,338$	$\vartheta_5'''/\vartheta_5'(k) = 0,618\,028$	$\vartheta_6''/\vartheta_6(k) = 0,872\,676$
	$\vartheta_4''''/\vartheta_4(k) = 0,630\,187$	$\vartheta_5'''''/\vartheta_5'(k) = -0,030\,069$	$\vartheta_6''''/\vartheta_6(k) = 0,284\,690$

$\wp_3(\zeta,\varkappa)$	$\wp_5(\zeta,\varkappa)$	$\wp_1'(\zeta,\varkappa)$	$\wp_3'(\zeta,\varkappa)$	$\wp_5'(\zeta,\varkappa)$	
0,333 333	∞	−∞	0,000 000	−∞	0,50
0,333 333	10,138 596	−64,462 467	−0,000 000	−64,462 467	0,49
0,333 333	2,557 786	−7,988 793	−0,000 000	−7,988 793	0,48
0,333 333	1,177 590	−2,293 057	−0,000 000	−2,293 057	0,47
0,333 333	0,716 979	−0,902 553	−0,000 000	−0,902 553	0,46
0,333 333	0,522 156	−0,411 758	−0,000 000	−0,411 758	0,45
0,333 333	0,429 953	−0,202 360	−0,000 000	−0,202 360	0,44
0,333 333	0,383 763	−0,103 370	−0,000 000	−0,103 370	0,43
0,333 333	0,359 927	−0,053 890	−0,000 000	−0,053 890	0,42
0,333 333	0,347 434	−0,028 399	−0,000 000	−0,028 399	0,41
0,333 333	0,340 831	−0,015 052	−0,000 000	−0,015 052	0,40
0,333 333	0,337 326	−0,008 002	−0,000 000	−0,008 002	0,39
0,333 333	0,335 462	−0,004 261	−0,000 000	−0,004 261	0,38
0,333 333	0,334 468	−0,002 271	−0,000 000	−0,002 271	0,37
0,333 333	0,333 939	−0,001 211	−0,000 000	−0,001 211	0,36
0,333 333	0,333 656	−0,000 646	−0,000 000	−0,000 646	0,35
0,333 333	0,333 506	−0,000 344	−0,000 000	−0,000 345	0,34
0,333 333	0,333 425	−0,000 184	−0,000 000	−0,000 184	0,33
0,333 333	0,333 382	−0,000 098	−0,000 000	−0,000 098	0,32
0,333 333	0,333 359	−0,000 052	−0,000 000	−0,000 052	0,31
0,333 333	0,333 347	−0,000 028	−0,000 000	−0,000 028	0,30
0,333 333	0,333 341	−0,000 015	−0,000 000	−0,000 015	0,29
0,333 333	0,333 337	−0,000 008	−0,000 000	−0,000 008	0,28
0,333 333	0,333 335	−0,000 004	−0,000 000	−0,000 005	0,27
0,333 333	0,333 334	−0,000 002	−0,000 001	−0,000 003	0,26
0,333 333	0,333 333	−0,000 001	−0,000 001	−0,000 002	0,25
0,333 333	0,333 333	−0,000 001	−0,000 001	−0,000 002	0,25
0,333 332	0,333 333	−0,000 001	−0,000 002	−0,000 003	0,24
0,333 331	0,333 331	−0,000 000	−0,000 004	−0,000 005	0,23
0,333 329	0,333 329	−0,000 000	−0,000 008	−0,000 008	0,22
0,333 326	0,333 326	−0,000 000	−0,000 015	−0,000 015	0,21
0,333 319	0,333 319	−0,000 000	−0,000 028	−0,000 028	0,20
0,333 307	0,333 307	−0,000 000	−0,000 052	−0,000 052	0,19
0,333 284	0,333 284	−0,000 000	−0,000 098	−0,000 098	0,18
0,333 241	0,333 241	−0,000 000	−0,000 184	−0,000 184	0,17
0,333 161	0,333 161	−0,000 000	−0,000 344	−0,000 344	0,16
0,333 011	0,333 011	−0,000 000	−0,000 645	−0,000 645	0,15
0,332 728	0,332 728	−0,000 000	−0,001 209	−0,001 209	0,14
0,332 200	0,332 200	−0,000 000	−0,002 266	−0,002 266	0,13
0,331 210	0,331 210	−0,000 000	−0,004 243	−0,004 243	0,12
0,329 356	0,329 356	−0,000 000	−0,007 938	−0,007 938	0,11
0,325 891	0,325 891	−0,000 000	−0,014 828	−0,014 828	0,10
0,319 429	0,319 429	−0,000 000	−0,027 614	−0,027 614	0,09
0,307 429	0,307 429	−0,000 000	−0,051 134	−0,051 134	0,08
0,285 325	0,285 325	−0,000 000	−0,093 683	−0,093 683	0,07
0,245 226	0,245 226	−0,000 000	−0,168 272	−0,168 272	0,06
0,174 502	0,174 502	−0,000 000	−0,291 346	−0,291 346	0,05
0,056 062	0,056 062	−0,000 000	−0,471 436	−0,471 436	0,04
−0,124 443	−0,124 443	−0,000 000	−0,674 175	−0,674 175	0,03
−0,356 536	−0,356 536	−0,000 000	−0,768 368	−0,768 368	0,02
−0,574 119	−0,574 119	−0,000 000	−0,552 124	−0,552 124	0,01
−0,666 667	−0,666 667	0,000 000	0,000 000	0,000 000	0,00
$\wp_4(\zeta,\varkappa)$	$\wp_6(\zeta,\varkappa)$	$-\wp_2'(\zeta,\varkappa)$	$-\wp_4'(\zeta,\varkappa)$	$-\wp_6'(\zeta,\varkappa)$	$\zeta = \frac{z}{2K}$

Tafel III

$\sqrt{k} = 1{,}000\,000$ $\quad k = 1{,}000\,000$ $\quad k^2 = 1{,}000\,000$ $\quad \boxed{\varkappa = 0{,}11}$

$\sqrt{k'} = 0{,}001\,586$ $\quad k' = 0{,}000\,003$ $\quad k'^2 = 0{,}000\,000$

$e_1 = -e_3' = 0{,}333\,333$ $\quad e_2 = -e_2' = 0{,}333\,333$ $\quad e_3 = -e_1' = -0{,}666\,667$

$g_2 = g_2' = 1{,}333\,333$ $\quad g_3 = -g_3' = -0{,}296\,296$ $\quad g_3/\sqrt{g_2^3} = -0{,}192\,450$

$\bar{g}_2 = \bar{g}_2' = 1{,}333\,333$ $\quad \bar{g}_3 = -\bar{g}_3' = -0{,}296\,296$ $\quad \bar{g}_3/\sqrt{\bar{g}_2^3} = -0{,}192\,450$

$\zeta = \frac{z}{2K}$	$\vartheta_1(\zeta, \varkappa)$	$\vartheta_3(\zeta, \varkappa)$	$\frac{\partial \ln \vartheta_1(\zeta, \varkappa)}{\partial \zeta}$	$\frac{\partial \ln \vartheta_3(\zeta, \varkappa)}{\partial \zeta}$	$\mathrm{sn}(\zeta, \varkappa)$
0,00	0,000 000	3,015 113	∞	0,000 000	0,000 000
0,01	0,001 380	3,006 515	102,133 030	−0,571 199	0,278 079
0,02	0,002 849	2,980 865	54,180 682	−1,142 397	0,516 239
0,03	0,004 498	2,938 601	39,403 246	−1,713 596	0,694 604
0,04	0,006 428	2,880 436	32,748 621	−2,284 795	0,815 220
0,05	0,008 747	2,807 341	29,188 621	−2,855 993	0,891 255
0,06	0,011 579	2,720 516	27,050 154	−3,427 192	0,937 087
0,07	0,015 061	2,621 361	25,628 997	−3,998 391	0,963 970
0,08	0,019 356	2,511 434	24,588 429	−4,569 589	0,979 488
0,09	0,024 645	2,392 412	23,755 440	−5,140 788	0,988 362
0,10	0,031 140	2,266 050	23,037 417	−5,711 987	0,993 410
0,11	0,039 078	2,134 137	22,383 615	−6,283 185	0,996 272
0,12	0,048 729	1,998 455	21,765 864	−6,854 384	0,997 893
0,13	0,060 397	1,860 741	21,168 404	−7,425 583	0,998 809
0,14	0,074 417	1,722 648	20,582 382	−7,996 781	0,999 327
0,15	0,091 159	1,585 721	20,002 814	−8,567 980	0,999 620
0,16	0,111 025	1,451 363	19,426 888	−9,139 178	0,999 785
0,17	0,134 445	1,320 823	18,853 021	−9,710 377	0,999 879
0,18	0,161 874	1,195 179	18,280 314	−10,281 575	0,999 931
0,19	0,193 788	1,075 326	17,708 264	−10,852 773	0,999 961
0,20	0,230 670	0,961 982	17,136 584	−11,423 971	0,999 978
0,21	0,273 006	0,855 683	16,565 114	−11,995 168	0,999 988
0,22	0,321 273	0,756 795	15,993 762	−12,566 364	0,999 993
0,23	0,375 918	0,665 522	15,422 477	−13,137 558	0,999 996
0,24	0,437 353	0,581 925	14,851 229	−13,708 748	0,999 998
0,25	0,505 929	0,505 930	14,280 003	−14,279 931	0,999 999
0,26	0,581 924	0,437 354	13,708 788	−14,851 102	0,999 999
0,27	0,665 522	0,375 920	13,137 581	−15,422 252	1,000 000
0,28	0,756 795	0,321 275	12,566 377	−15,993 364	1,000 000
0,29	0,855 683	0,273 010	11,995 176	−16,564 409	1,000 000
0,30	0,961 982	0,230 675	11,423 975	−17,135 336	1,000 000
0,31	1,075 326	0,193 795	10,852 776	−17,706 053	1,000 000
0,32	1,195 179	0,161 886	10,281 577	−18,276 401	1,000 000
0,33	1,320 823	0,134 461	9,710 378	−18,846 091	1,000 000
0,34	1,451 363	0,111 049	9,139 179	−19,414 622	1,000 000
0,35	1,585 721	0,091 194	8,567 980	−19,981 097	1,000 000
0,36	1,722 648	0,074 467	7,996 781	−20,543 935	1,000 000
0,37	1,860 741	0,060 469	7,425 583	−21,100 338	1,000 000
0,38	1,998 455	0,048 832	6,854 384	−21,645 361	1,000 000
0,39	2,134 137	0,039 224	6,283 185	−22,170 279	1,000 000
0,40	2,266 050	0,031 347	5,711 987	−22,659 725	1,000 000
0,41	2,392 412	0,024 936	5,140 788	−23,086 764	1,000 000
0,42	2,511 434	0,019 761	4,569 589	−23,404 526	1,000 000
0,43	2,621 361	0,015 624	3,998 391	−23,532 548	1,000 000
0,44	2,720 516	0,012 356	3,427 192	−23,335 957	1,000 000
0,45	2,807 341	0,009 815	2,855 993	−22,598 200	1,000 000
0,46	2,880 436	0,007 886	2,284 795	−20,997 827	1,000 000
0,47	2,938 601	0,006 477	1,713 596	−18,124 255	1,000 000
0,48	2,980 865	0,005 518	1,142 397	−13,601 355	1,000 000
0,49	3,006 515	0,004 962	0,571 199	−7,370 731	1,000 000
0,50	3,015 113	0,004 781	0,000 000	0,000 000	1,000 000
	$\vartheta_2(\zeta, \varkappa)$	$\vartheta_4(\zeta, \varkappa)$	$-\frac{\partial \ln \vartheta_2(\zeta, \varkappa)}{\partial \zeta}$	$-\frac{\partial \ln \vartheta_4(\zeta, \varkappa)}{\partial \zeta}$	$\mathrm{cd}(\zeta, \varkappa)$

Tafel III

$\varkappa = 0{,}11$			
	$k^2 k'^2 = 0{,}000\,000$	$\eta_1 = -\eta_2' = -0{,}263\,305$	$\eta_1' = -\eta_2 = 0{,}333\,333$
	$\pi/K K' = 0{,}140\,056$	$\bar\eta_1 = -\bar\eta_2' = -0{,}193\,277$	$\bar\eta_1' = -\bar\eta_2 = 0{,}333\,333$
	$K = 14{,}279\,967$	$E = 1{,}000\,000$	$A = 2{,}000\,000$
	$K' = 1{,}570\,796$	$E' = 1{,}570\,796$	$A' = 0{,}000\,000$
	$B = 1{,}000\,000$	$C = 12{,}279\,967$	$D = 13{,}279\,967$

$\mathrm{cn}(\zeta, \varkappa)$	$\mathrm{dn}(\zeta, \varkappa)$	$\mathrm{sc}(\zeta, \varkappa)$	$\overline{\mathrm{sn}}(\zeta, \varkappa)$	$\overline{\mathrm{cn}}(\zeta, \varkappa)$	
1,000 000	1,000 000	0,000 000	∞	0,000 000	0,50
0,960 558	0,960 558	0,289 497	3,318 015	−0,278 079	0,49
0,856 444	0,856 444	0,602 770	1,420 848	−0,516 239	0,48
0,719 392	0,719 392	0,965 543	0,745 064	−0,694 604	0,47
0,579 151	0,579 151	1,407 610	0,411 443	−0,815 220	0,46
0,453 502	0,453 502	1,965 273	0,230 758	−0,891 255	0,45
0,349 095	0,349 095	2,684 331	0,130 049	−0,937 087	0,44
0,266 008	0,266 008	3,623 834	0,073 405	−0,963 971	0,43
0,201 502	0,201 502	4,860 937	0,041 453	−0,979 488	0,42
0,152 120	0,152 120	6,497 234	0,023 413	−0,988 362	0,41
0,114 618	0,114 618	8,667 103	0,013 225	−0,993 410	0,40
0,086 266	0,086 266	11,548 740	0,007 470	−0,996 272	0,39
0,064 887	0,064 887	15,378 792	0,004 219	−0,997 893	0,38
0,048 789	0,048 789	20,471 796	0,002 383	−0,998 809	0,37
0,036 678	0,036 678	27,246 004	0,001 346	−0,999 327	0,36
0,027 570	0,027 570	36,257 733	0,000 760	−0,999 620	0,35
0,020 722	0,020 722	48,247 053	0,000 430	−0,999 785	0,34
0,015 574	0,015 574	64,198 563	0,000 243	−0,999 879	0,33
0,011 706	0,011 706	85,422 245	0,000 137	−0,999 932	0,32
0,008 798	0,008 798	113,661 05	0,000 077	−0,999 961	0,31
0,006 612	0,006 612	151,234 04	0,000 043	−0,999 978	0,30
0,004 969	0,004 969	201,226 81	0,000 025	−0,999 988	0,29
0,003 735	0,003 735	267,744 92	0,000 014	−0,999 993	0,28
0,002 807	0,002 807	356,251 05	0,000 008	−0,999 996	0,27
0,002 110	0,002 110	474,013 61	0,000 004	−0,999 998	0,26
0,001 586	0,001 586	630,703 66	0,000 003	−1,000 000	0,25
0,001 192	0,001 192	839,189 22	0,000 001	−1,000 002	0,24
0,000 896	0,000 896		0,000 001	−1,000 004	0,23
0,000 673	0,000 673		0,000 000	−1,000 007	0,22
0,000 506	0,000 506		0,000 000	−1,000 012	0,21
0,000 380	0,000 380		0,000 000	−1,000 022	0,20
0,000 286	0,000 286		0,000 000	−1,000 039	0,19
0,000 215	0,000 215		0,000 000	−1,000 068	0,18
0,000 161	0,000 161		0,000 000	−1,000 121	0,17
0,000 121	0,000 121		0,000 000	−1,000 215	0,16
0,000 091	0,000 091		0,000 000	−1,000 380	0,15
0,000 068	0,000 069		0,000 000	−1,000 673	0,14
0,000 051	0,000 052		0,000 000	−1,001 192	0,13
0,000 039	0,000 039		0,000 000	−1,002 112	0,12
0,000 029	0,000 029		0,000 000	−1,003 742	0,11
0,000 022	0,000 022		0,000 000	−1,006 634	0,10
0,000 016	0,000 017		0,000 000	−1,011 775	0,09
0,000 012	0,000 012		0,000 000	−1,020 941	0,08
0,000 009	0,000 009		0,000 000	−1,037 376	0,07
0,000 007	0,000 007		0,000 000	−1,067 136	0,06
0,000 005	0,000 006		0,000 000	−1,122 013	0,05
0,000 004	0,000 004		0,000 000	−1,226 663	0,04
0,000 002	0,000 003		0,000 000	−1,439 669	0,03
0,000 002	0,000 003		0,000 000	−1,937 087	0,02
0,000 001	0,000 003	↓	0,000 000	−3,596 095	0,01
0,000 000	0,000 003	∞	0,000 000	−∞	0,00
$k'\,\mathrm{sd}(\zeta'\,\varkappa)$	$k'\,\mathrm{nd}(\zeta, \varkappa)$	$\frac{1}{k'}\,\mathrm{cs}(\zeta, \varkappa)$	$-\overline{\mathrm{cd}}(\zeta, \varkappa)$	$-\overline{\mathrm{sd}}(\zeta, \varkappa)$	$\zeta = \frac{z}{2K}$

Tafel III. (Fortsetzung)

$\vartheta_1'(0, \varkappa)$	$=$ 0,136 532	$\vartheta_1'(0, k)$	$=$ 0,004 781	$\vartheta_5'(0, \varkappa)$	$=$ 6,857 695	$\varkappa = 0{,}11$
$\vartheta_1'''/\vartheta_1'(\varkappa)$	$=$ 644,310 186	$\vartheta_2''/\vartheta_2(\varkappa)$	$= -$57,119 866	$\vartheta_3''/\vartheta_3(\varkappa)$	$= -$57,119 866	
$\vartheta_1'''/\vartheta_1'(k)$	$=$ 0,789 915	$\vartheta_2''/\vartheta_2(k)$	$= -$ 0,070 028	$\vartheta_3''/\vartheta_3(k)$	$= -$ 0,070 028	
$\vartheta_1'''''/\vartheta_1'(k)$	$=$ 0,373 277	$\vartheta_2''''/\vartheta_2(k)$	$=$ 0,014 712	$\vartheta_3''''/\vartheta_3(k)$	$=$ 0,014 712	

$\zeta = \frac{z}{2K}$	$\overline{\mathrm{dn}}(\zeta, \varkappa)$	$\mathfrak{z}_1(\zeta, \varkappa)$	$\mathfrak{z}_3(\zeta, \varkappa)$	$\mathfrak{z}_5(\zeta, \varkappa)$	$\wp_1(\zeta, \varkappa)$
0,00	0,000 000	∞	0,000 000	∞	∞
0,01	−0,278 079	3,500 895	−0,095 200	3,500 895	12,265 231
0,02	−0,516 239	1,746 687	−0,190 400	1,746 687	3,085 640
0,03	−0,694 604	1,154 069	−0,285 599	1,154 069	1,405 979
0,04	−0,815 220	0,845 864	−0,380 799	0,845 864	0,838 036
0,05	−0,891 255	0,646 014	−0,475 999	0,646 014	0,592 246
0,06	−0,937 087	0,495 938	−0,571 199	0,495 938	0,472 114
0,07	−0,963 971	0,370 977	−0,666 398	0,370 977	0,409 482
0,08	−0,979 488	0,259 343	−0,761 598	0,259 343	0,375 655
0,09	−0,988 362	0,154 977	−0,856 798	0,154 977	0,357 022
0,10	−0,993 410	0,054 636	−0,951 998	0,054 636	0,346 646
0,11	−0,996 272	−0,043 456	−1,047 198	−0,043 456	0,340 831
0,12	−0,997 893	−0,140 286	−1,142 397	−0,140 285	0,337 562
0,13	−0,998 809	−0,236 405	−1,237 597	−0,236 405	0,335 719
0,14	−0,999 327	−0,332 124	−1,332 797	−0,332 124	0,334 680
0,15	−0,999 620	−0,427 616	−1,427 997	−0,427 616	0,334 094
0,16	−0,999 785	−0,522 982	−1,523 196	−0,522 982	0,333 763
0,17	−0,999 879	−0,618 275	−1,618 396	−0,618 275	0,333 576
0,18	−0,999 931	−0,713 527	−1,713 596	−0,713 527	0,333 470
0,19	−0,999 961	−0,808 757	−1,808 796	−0,808 757	0,333 411
0,20	−0,999 978	−0,903 974	−1,903 995	−0,903 974	0,333 377
0,21	−0,999 988	−0,999 183	−1,999 195	−0,999 183	0,333 358
0,22	−0,999 993	−1,094 388	−2,094 395	−1,094 388	0,333 347
0,23	−0,999 996	−1,189 591	−2,189 594	−1,189 591	0,333 341
0,24	−0,999 997	−1,284 792	−2,284 794	−1,284 792	0,333 338
0,25	−0,999 997	−1,379 993	−2,379 993	−1,379 992	0,333 336
0,25	1,000 003	−1,379 993	−2,379 993	−1,379 992	0,333 336
0,26	1,000 003	−1,475 194	−2,475 192	−1,475 191	0,333 335
0,27	1,000 004	−1,570 394	−2,570 390	−1,570 390	0,333 334
0,28	1,000 007	−1,665 594	−2,665 587	−1,665 587	0,333 334
0,29	1,000 012	−1,760 794	−2,760 781	−1,760 781	0,333 334
0,30	1,000 022	−1,855 994	−2,855 971	−1,855 971	0,333 333
0,31	1,000 039	−1,951 194	−2,951 154	−1,951 154	0,333 333
0,32	1,000 069	−2,046 393	−3,046 324	−2,046 324	0,333 333
0,33	1,000 121	−2,141 593	−3,141 471	−2,141 471	0,333 333
0,34	1,000 215	−2,236 793	−3,236 578	−2,236 578	0,333 333
0,35	1,000 380	−2,331 993	−3,331 612	−2,331 612	0,333 333
0,36	1,000 673	−2,427 192	−3,426 519	−2,426 519	0,333 333
0,37	1,001 192	−2,522 392	−3,521 201	−2,521 201	0,333 333
0,38	1,002 112	−2,617 592	−3,615 484	−2,615 484	0,333 333
0,39	1,003 742	−2,712 792	−3,709 063	−2,709 063	0,333 333
0,40	1,006 634	−2,807 991	−3,801 401	−2,801 401	0,333 333
0,41	1,011 775	−2,903 191	−3,891 553	−2,891 553	0,333 333
0,42	1,020 941	−2,998 391	−3,977 879	−2,977 879	0,333 333
0,43	1,037 376	−3,093 591	−4,057 561	−3,057 561	0,333 333
0,44	1,067 136	−3,188 791	−4,125 877	−3,125 877	0,333 333
0,45	1,122 013	−3,283 990	−4,175 245	−3,175 245	0,333 333
0,46	1,226 663	−3,379 190	−4,194 410	−3,194 410	0,333 333
0,47	1,439 669	−3,474 390	−4,168 994	−3,168 994	0,333 333
0,48	1,937 087	−3,569 590	−4,085 828	−3,085 828	0,333 333
0,49	3,596 095	−3,664 789	−3,942 869	−2,942 869	0,333 333
0,50	∞	−3,759 989	−3,759 989	−2,759 989	0,333 333
	$\overline{\mathrm{sc}}(\zeta, \varkappa)$	$-\mathfrak{z}_2(\zeta, \varkappa)$	$-\mathfrak{z}_4(\zeta, \varkappa)$	$-\mathfrak{z}_6(\zeta, \varkappa)$	$\wp_2(\zeta, \varkappa)$

Tafel III

$\varkappa = 0{,}11$			
	$\vartheta_5'(0,k) = 0{,}240\,116$	$\vartheta_6(0,k) = 0{,}240\,116$	$\vartheta_{\substack{5\\6}}(\tfrac14,\varkappa) = 4{,}264\,014$
	$\vartheta_4''/\vartheta_4(\varkappa) = 758{,}549\,919$	$\vartheta_5'''/\vartheta_5'(\varkappa) = 472{,}950\,587$	$\vartheta_6''/\vartheta_6(\varkappa) = 701{,}430\,052$
	$\vartheta_4''/\vartheta_4(k) = 0{,}929\,972$	$\vartheta_5'''/\vartheta_5'(k) = 0{,}579\,831$	$\vartheta_6''/\vartheta_6(k) = 0{,}859\,944$
	$\vartheta_4''''/\vartheta_4(k) = 0{,}594\,543$	$\vartheta_5'''''/\vartheta_5'(k) = -0{,}106\,327$	$\vartheta_6''''/\vartheta_6(k) = 0{,}218\,509$

$\wp_3(\zeta,\varkappa)$	$\wp_5(\zeta,\varkappa)$	$\wp_1'(\zeta,\varkappa)$	$\wp_3'(\zeta,\varkappa)$	$\wp_5'(\zeta,\varkappa)$	
0,333 333	∞	− ∞	0,000 000	− ∞	0,50
0,333 333	12,265 231	−85,816 474	−0,000 000	−85,816 474	0,49
0,333 333	3,085 640	−10,662 915	−0,000 000	−10,662 915	0,48
0,333 333	1,405 979	−3,088 510	−0,000 000	−3,088 510	0,47
0,333 333	0,838 036	−1,238 199	−0,000 000	−1,238 199	0,46
0,333 333	0,592 246	−0,581 007	−0,000 000	−0,581 007	0,45
0,333 333	0,472 114	−0,296 195	−0,000 000	−0,296 195	0,44
0,333 333	0,409 482	−0,157 990	−0,000 000	−0,157 990	0,43
0,333 333	0,375 655	−0,086 415	−0,000 000	−0,086 415	0,42
0,333 333	0,357 022	−0,047 935	−0,000 000	−0,047 935	0,41
0,333 333	0,346 646	−0,026 801	−0,000 000	−0,026 801	0,40
0,333 333	0,340 831	−0,015 052	−0,000 000	−0,015 052	0,39
0,333 333	0,337 562	−0,008 474	−0,000 000	−0,008 474	0,38
0,333 333	0,335 719	−0,004 778	−0,000 000	−0,004 778	0,37
0,333 333	0,334 680	−0,002 696	−0,000 000	−0,002 696	0,36
0,333 333	0,334 094	−0,001 522	−0,000 000	−0,001 522	0,35
0,333 333	0,333 763	−0,000 859	−0,000 000	−0,000 859	0,34
0,333 333	0,333 576	−0,000 485	−0,000 000	−0,000 485	0,33
0,333 333	0,333 470	−0,000 274	−0,000 000	−0,000 274	0,32
0,333 333	0,333 411	−0,000 155	−0,000 000	−0,000 155	0,31
0,333 333	0,333 377	−0,000 087	−0,000 000	−0,000 088	0,30
0,333 333	0,333 358	−0,000 049	−0,000 001	−0,000 050	0,29
0,333 333	0,333 347	−0,000 028	−0,000 001	−0,000 029	0,28
0,333 333	0,333 340	−0,000 016	−0,000 002	−0,000 017	0,27
0,333 332	0,333 336	−0,000 009	−0,000 003	−0,000 012	0,26
0,333 331	0,333 333	−0,000 005	−0,000 005	−0,000 010	0,25
0,333 331	0,333 333	−0,000 005	−0,000 005	−0,000 010	0,25
0,333 329	0,333 330	−0,000 003	−0,000 009	−0,000 012	0,24
0,333 325	0,333 326	−0,000 002	−0,000 016	−0,000 018	0,23
0,333 319	0,333 320	−0,000 001	−0,000 028	−0,000 029	0,22
0,333 309	0,333 309	−0,000 001	−0,000 049	−0,000 050	0,21
0,333 290	0,333 290	−0,000 000	−0,000 087	−0,000 088	0,20
0,333 256	0,333 256	−0,000 000	−0,000 155	−0,000 155	0,19
0,333 196	0,333 196	−0,000 000	−0,000 274	−0,000 274	0,18
0,333 091	0,333 091	−0,000 000	−0,000 485	−0,000 485	0,17
0,332 904	0,332 904	−0,000 000	−0,000 859	−0,000 859	0,16
0,332 573	0,332 573	−0,000 000	−0,001 520	−0,001 520	0,15
0,331 988	0,331 988	−0,000 000	−0,002 689	−0,002 689	0,14
0,330 953	0,330 953	−0,000 000	−0,004 755	−0,004 755	0,13
0,329 123	0,329 123	−0,000 000	−0,008 403	−0,008 403	0,12
0,325 891	0,325 891	−0,000 000	−0,014 828	−0,014 828	0,11
0,320 196	0,320 196	−0,000 000	−0,026 102	−0,026 102	0,10
0,310 193	0,310 193	−0,000 000	−0,045 743	−0,045 743	0,09
0,292 730	0,292 730	−0,000 000	−0,079 540	−0,079 540	0,08
0,262 573	0,262 573	−0,000 000	−0,136 422	−0,136 422	0,07
0,211 466	0,211 466	−0,000 000	−0,228 401	−0,228 401	0,06
0,127 669	0,127 669	−0,000 000	−0,366 598	−0,366 598	0,05
−0,002 083	−0,002 083	−0,000 000	−0,546 877	−0,546 877	0,04
−0,184 192	−0,184 192	−0,000 000	−0,718 950	−0,718 950	0,03
−0,400 164	−0,400 164	−0,000 000	−0,757 320	−0,757 320	0,02
−0,589 338	−0,589 338	−0,000 000	−0,513 152	−0,513 152	0,01
−0,666 667	−0,666 667	0,000 000	0,000 000	0,000 000	0,00
$\wp_4(\zeta,\varkappa)$	$\wp_6(\zeta,\varkappa)$	$-\wp_2'(\zeta,\varkappa)$	$-\wp_4'(\zeta,\varkappa)$	$-\wp_6'(\zeta,\varkappa)$	$\zeta = \frac{z}{2K}$

Tafel III

$\sqrt{k} = 1{,}000\,000$ $k = 1{,}000\,000$ $k^2 = 1{,}000\,000$ $\varkappa = 0{,}12$

$\sqrt{k'} = 0{,}002\,875$ $k' = 0{,}000\,008$ $k'^2 = 0{,}000\,000$

$e_1 = -e_3' = 0{,}333\,333$ $e_2 = -e_2' = 0{,}333\,333$ $e_3 = -e_1' = -0{,}666\,667$

$g_2 = g_2' = 1{,}333\,333$ $g_3 = -g_3' = -0{,}296\,296$ $g_3/\sqrt{g_2^3} = -0{,}192\,450$

$\bar{g}_2 = \bar{g}_2' = 1{,}333\,333$ $\bar{g}_3 = -\bar{g}_3' = -0{,}296\,296$ $\bar{g}_3/\sqrt{\bar{g}_2^3} = -0{,}192\,450$

$\zeta = \frac{z}{2K}$	$\vartheta_1(\zeta,\varkappa)$	$\vartheta_3(\zeta,\varkappa)$	$\frac{\partial \ln \vartheta_1(\zeta,\varkappa)}{\partial \zeta}$	$\frac{\partial \ln \vartheta_3(\zeta,\varkappa)}{\partial \zeta}$	$\mathrm{sn}(\zeta,\varkappa)$
0,00	0,000 000	2,886 751	∞	0,000 000	0,000 000
0,01	0,002 191	2,879 204	101,750 660	−0,523 599	0,255 978
0,02	0,004 499	2,856 679	53,440 674	−1,047 198	0,480 473
0,03	0,007 040	2,819 529	38,350 171	−1,570 796	0,655 794
0,04	0,009 942	2,768 329	31,438 914	−2,094 395	0,780 714
0,05	0,013 339	2,703 864	27,682 111	−2,617 994	0,864 021
0,06	0,017 379	2,627 109	25,403 216	−3,141 593	0,917 152
0,07	0,022 226	2,539 203	23,890 336	−3,665 191	0,950 079
0,08	0,028 063	2,441 421	22,797 392	−4,188 790	0,970 124
0,09	0,035 093	2,335 146	21,942 177	−4,712 389	0,982 193
0,10	0,043 544	2,221 833	21,224 078	−5,235 988	0,989 413
0,11	0,053 665	2,102 978	20,585 934	−5,759 586	0,993 715
0,12	0,065 735	1,980 087	19,994 715	−6,283 185	0,996 272
0,13	0,080 058	1,854 640	19,431 142	−6,806 784	0,997 790
0,14	0,096 961	1,728 070	18,883 891	−7,330 383	0,998 690
0,15	0,116 799	1,601 728	18,346 291	−7,853 981	0,999 224
0,16	0,139 946	1,476 871	17,814 402	−8,377 579	0,999 540
0,17	0,166 793	1,354 634	17,285 893	−8,901 178	0,999 728
0,18	0,197 745	1,236 026	16,759 387	−9,424 775	0,999 839
0,19	0,233 212	1,121 914	16,234 065	−9,948 372	0,999 904
0,20	0,273 599	1,013 018	15,709 446	−10,471 968	0,999 943
0,21	0,319 302	0,909 916	15,185 243	−10,995 561	0,999 966
0,22	0,370 691	0,813 038	14,661 286	−11,519 151	0,999 980
0,23	0,428 103	0,722 682	14,137 475	−12,042 734	0,999 988
0,24	0,491 823	0,639 012	13,613 751	−12,566 307	0,999 993
0,25	0,562 077	0,562 079	13,090 078	−13,089 861	0,999 996
0,26	0,639 011	0,491 827	12,566 435	−13,613 386	0,999 998
0,27	0,722 681	0,428 108	12,042 810	−14,136 859	0,999 999
0,28	0,813 038	0,370 699	11,519 196	−14,660 246	0,999 999
0,29	0,909 915	0,319 313	10,995 588	−15,183 486	0,999 999
0,30	1,013 018	0,273 615	10,471 983	−15,706 481	1,000 000
0,31	1,121 914	0,233 234	9,948 381	−16,229 059	1,000 000
0,32	1,236 026	0,197 777	9,424 781	−16,750 936	1,000 000
0,33	1,354 634	0,166 839	8,901 181	−17,271 628	1,000 000
0,34	1,476 870	0,140 010	8,377 581	−17,790 320	1,000 000
0,35	1,601 728	0,116 890	7,853 982	−18,305 639	1,000 000
0,36	1,728 070	0,097 088	7,330 383	−18,815 266	1,000 000
0,37	1,854 640	0,080 235	6,806 784	−19,315 296	1,000 000
0,38	1,980 087	0,065 981	6,283 185	−19,799 157	1,000 000
0,39	2,102 978	0,054 004	5,759 587	−20,255 811	1,000 000
0,40	2,221 833	0,044 009	5,235 988	−20,666 789	1,000 000
0,41	2,335 146	0,035 730	4,712 389	−21,001 374	1,000 000
0,42	2,441 421	0,028 928	4,188 790	−21,208 992	1,000 000
0,43	2,539 203	0,023 394	3,665 191	−21,207 829	1,000 000
0,44	2,627 109	0,018 949	3,141 593	−20,869 399	1,000 000
0,45	2,703 864	0,015 438	2,617 994	−20,002 033	1,000 000
0,46	2,768 329	0,012 735	2,094 395	−18,344 661	1,000 000
0 47	2,819 529	0,010 736	1,570 796	−15,597 856	1,000 000
0,48	2,856 679	0,009 363	1,047 198	−11,531 550	1,000 000
0,49	2,879 204	0,008 562	0,523 599	−6,177 884	1,000 000
0,50	2,886 751	0,008 298	0,000 000	0,000 000	1,000 000
	$\vartheta_2(\zeta,\varkappa)$	$\vartheta_4(\zeta,\varkappa)$	$-\frac{\partial \ln \vartheta_2(\zeta,\varkappa)}{\partial \zeta}$	$-\frac{\partial \ln \vartheta_4(\zeta,\varkappa)}{\partial \zeta}$	$\mathrm{cd}(\zeta,\varkappa)$

Tafel III

$\varkappa = 0{,}12$			
	$k^2 k'^2 = 0{,}000\,000$	$\eta_1 = -\eta_2' = -0{,}256\,939$	$\eta_1' = -\eta_2 = 0{,}333\,333$
	$\pi/KK' = 0{,}152\,789$	$\bar\eta_1 = -\bar\eta_2' = -0{,}180\,545$	$\bar\eta_1' = -\bar\eta_2 = 0{,}333\,333$
	$K = 13{,}089\,969$	$E = 1{,}000\,000$	$A = 2{,}000\,000$
	$K' = 1{,}570\,796$	$E' = 1{,}570\,796$	$A' = 0{,}000\,000$
	$B = 1{,}000\,000$	$C = 11{,}089\,969$	$D = 12{,}089\,969$

$\mathrm{cn}(\zeta, \varkappa)$	$\mathrm{dn}(\zeta, \varkappa)$	$\mathrm{sc}(\zeta, \varkappa)$	$\overline{\mathrm{sn}}(\zeta, \varkappa)$	$\overline{\mathrm{cn}}(\zeta, \varkappa)$	
1,000 000	1,000 000	0,000 000	∞	0,000 000	0,50
0,966 683	0,966 683	0,264 800	3,650 611	−0,255 978	0,49
0,877 010	0,877 010	0,547 854	1,600 810	−0,480 473	0,48
0,754 940	0,754 940	0,868 671	0,869 074	−0,655 794	0,47
0,624 888	0,624 888	1,249 367	0,500 163	−0,780 714	0,46
0,503 455	0,503 455	1,716 184	0,293 357	−0,864 021	0,45
0,398 537	0,398 537	2,301 299	0,173 179	−0,917 152	0,44
0,312 008	0,312 008	3,045 046	0,102 464	−0,950 079	0,43
0,242 610	0,242 610	3,998 692	0,060 672	−0,970 124	0,42
0,187 872	0,187 872	5,227 972	0,035 936	−0,982 193	0,41
0,145 126	0,145 126	6,817 624	0,021 287	−0,989 413	0,40
0,111 940	0,111 940	8,877 222	0,012 610	−0,993 715	0,39
0,086 267	0,086 267	11,548 740	0,007 470	−0,996 272	0,38
0,066 447	0,066 447	15,016 326	0,004 425	−0,997 790	0,37
0,051 165	0,051 165	19,519 007	0,002 621	−0,998 690	0,36
0,039 390	0,039 390	25,367 159	0,001 553	−0,999 224	0,35
0,030 322	0,030 322	32,963 901	0,000 920	−0,999 540	0,34
0,023 340	0,023 340	42,832 887	0,000 545	−0,999 728	0,33
0,017 965	0,017 965	55,654 401	0,000 323	−0,999 839	0,32
0,013 828	0,013 828	72,312 244	0,000 191	−0,999 905	0,31
0,010 643	0,010 643	93,954 668	0,000 113	−0,999 944	0,30
0,008 192	0,008 192	122,073 52	0,000 067	−0,999 967	0,29
0,006 305	0,006 305	158,607 06	0,000 040	−0,999 981	0,28
0,004 853	0,004 853	206,073 64	0,000 024	−0,999 990	0,27
0,003 735	0,003 735	267,745 22	0,000 014	−0,999 995	0,26
0,002 875	0,002 875	347,873 01	0,000 008	−1,000 000	0,25
0,002 212	0,002 212	451,980 56	0,000 005	−1,000 005	0,24
0,001 703	0,001 703	587,244 61	0,000 003	−1,000 010	0,23
0,001 311	0,001 311	762,990 20	0,000 002	−1,000 019	0,22
0,001 009	0,001 009	991,334 08	0,000 001	−1,000 033	0,21
0,000 776	0,000 776		0,000 001	−1,000 056	0,20
0,000 598	0,000 598		0,000 000	−1,000 095	0,19
0,000 460	0,000 460		0,000 000	−1,000 161	0,18
0,000 354	0,000 354		0,000 000	−1,000 272	0,17
0,000 272	0,000 273		0,000 000	−1,000 460	0,16
0,000 210	0,000 210		0,000 000	−1,000 777	0,15
0,000 161	0,000 162		0,000 000	−1,001 311	0,14
0,000 124	0,000 124		0,000 000	−1,002 215	0,13
0,000 095	0,000 096		0,000 000	−1,003 742	0,12
0,000 073	0,000 074		0,000 000	−1,006 325	0,11
0,000 056	0,000 057		0,000 000	−1,010 700	0,10
0,000 043	0,000 044		0,000 000	−1,018 129	0,09
0,000 033	0,000 034		0,000 000	−1,030 796	0,08
0,000 025	0,000 026		0,000 000	−1,052 544	0,07
0,000 019	0,000 021		0,000 000	−1,090 331	0,06
0,000 014	0,000 016		0,000 000	−1,157 379	0,05
0,000 010	0,000 013		0,000 000	−1,280 878	0,04
0,000 007	0,000 011		0,000 000	−1,524 869	0,03
0,000 005	0,000 009		0,000 000	−2,081 283	0,02
0,000 002	0,000 008		0,000 000	−3,906 589	0,01
0,000 000	0,000 008	∞	0,000 000	−∞	0,00
$k'\,\mathrm{sd}(\zeta, \varkappa)$	$k'\,\mathrm{nd}(\zeta, \varkappa)$	$\frac{1}{k'}\,\mathrm{cs}(\zeta, \varkappa)$	$-\overline{\mathrm{cd}}(\zeta, \varkappa)$	$-\overline{\mathrm{sd}}(\zeta, \varkappa)$	$\zeta = \frac{z}{2K}$

Tafel III. (Fortsetzung)

$\vartheta_1'(0,\varkappa) = 0{,}217\,249$	$\vartheta_1'(0,k) = 0{,}008\,298$	$\vartheta_5'(0,\varkappa) = 8{,}103\,966$	$\varkappa = 0{,}12$
$\vartheta_1'''/\vartheta_1'(\varkappa) = 528{,}309\,562$	$\vartheta_2''/\vartheta_2(\varkappa) = -52{,}359\,878$	$\vartheta_3''/\vartheta_3(\varkappa) = -52{,}359\,878$	
$\vartheta_1'''/\vartheta_1'(k) = 0{,}770\,817$	$\vartheta_2''/\vartheta_2(k) = -\,0{,}076\,394$	$\vartheta_3''/\vartheta_3(k) = -\,0{,}076\,394$	
$\vartheta_1'''''/\vartheta_1'(k) = 0{,}323\,598$	$\vartheta_2''''/\vartheta_2(k) = 0{,}017\,508$	$\vartheta_3''''/\vartheta_3(k) = 0{,}017\,508$	

$\zeta = \frac{z}{2K}$	$\overline{\mathrm{dn}}(\zeta,\varkappa)$	$\mathfrak{z}_1(\zeta,\varkappa)$	$\mathfrak{z}_3(\zeta,\varkappa)$	$\mathfrak{z}_5(\zeta,\varkappa)$	$\wp_1(\zeta,\varkappa)$
0,00	−0,000 000	∞	0,000 000	∞	∞
0,01	−0,255 978	3,819 322	−0,087 266	3,819 322	14,594 770
0,02	−0,480 473	1,906 750	−0,174 533	1,906 750	3,665 074
0,03	−0,655 794	1,263 069	−0,261 799	1,263 069	1,658 558
0,04	−0,780 714	0,931 812	−0,349 066	0,931 812	0,973 982
0,05	−0,864 021	0,721 046	−0,436 332	0,721 046	0,672 859
0,06	−0,917 152	0,566 733	−0,523 599	0,566 733	0,522 156
0,07	−0,950 079	0,441 678	−0,610 865	0,441 678	0,441 181
0,08	−0,970 124	0,332 665	−0,698 132	0,332 665	0,395 874
0,09	−0,982 193	0,232 731	−0,785 398	0,232 731	0,369 921
0,10	−0,989 413	0,138 035	−0,872 665	0,138 035	0,354 848
0,11	−0,993 715	0,046 394	−0,959 931	0,046 394	0,346 023
0,12	−0,996 272	−0,043 456	−1,047 198	−0,043 456	0,340 831
0,13	−0,997 790	−0,132 249	−1,134 464	−0,132 249	0,337 768
0,14	−0,998 690	−0,220 419	−1,221 730	−0,220 419	0,335 958
0,15	−0,999 224	−0,308 220	−1,308 997	−0,308 220	0,334 887
0,16	−0,999 540	−0,395 803	−1,396 263	−0,395 803	0,334 254
0,17	−0,999 728	−0,483 257	−1,483 530	−0,483 257	0,333 878
0,18	−0,999 839	−0,570 635	−1,570 796	−0,570 635	0,333 656
0,19	−0,999 904	−0,657 967	−1,658 063	−0,657 967	0,333 525
0,20	−0,999 943	−0,745 273	−1,745 329	−0,745 272	0,333 447
0,21	−0,999 966	−0,832 562	−1,832 595	−0,832 562	0,333 400
0,22	−0,999 979	−0,919 843	−1,919 861	−0,919 841	0,333 373
0,23	−0,999 987	−1,007 117	−2,007 127	−1,007 115	0,333 357
0,24	−0,999 991	−1,094 388	−2,094 393	−1,094 386	0,333 347
0,25	−0,999 992	−1,181 658	−2,181 657	−1,181 653	0,333 342
0,25	1,000 008	−1,181 658	−2,181 657	−1,181 653	0,333 342
0,26	1,000 009	−1,268 926	−2,268 921	−1,268 919	0,333 338
0,27	1,000 013	−1,356 193	−2,256 183	−1,356 181	0,333 336
0,28	1,000 021	−1,443 460	−2,443 441	−1,443 440	0,333 335
0,29	1,000 034	−1,530 727	−2,530 694	−1,530 693	0,333 334
0,30	1,000 057	−1,617 994	−2,617 937	−1,617 937	0,333 334
0,31	1,000 096	−1,705 260	−2,705 165	−1,705 165	0,333 334
0,32	1,000 161	−1,792 527	−2,792 365	−1,792 365	0,333 334
0,33	1,000 273	−1,879 794	−2,879 521	−1,879 521	0,333 333
0,34	1,000 460	−1,967 060	−2,966 600	−1,966 600	0,333 333
0,35	1,000 777	−2,056 326	−3,053 550	−2,053 550	0,333 333
0,36	1,001 312	−2,141 593	−3,140 283	−2,140 283	0,333 333
0,37	1,002 215	−2,228 860	−3,226 649	−2,226 649	0,333 333
0,38	1,003 742	−2,316 126	−3,312 398	−2,312 398	0,333 333
0,39	1,006 325	−2,403 392	−3,397 107	−2,397 107	0,333 333
0,40	1,010 700	−2,490 659	−3,480 072	−2,480 072	0,333 333
0,41	1,018 129	−2,577 925	−3,560 118	−2,560 118	0,333 333
0,42	1,030 796	−2,665 192	−3,635 315	−2,635 315	0,333 333
0,43	1,052 544	−2,752 458	−3,702 537	−2,702 537	0,333 333
0,44	1,090 331	−2,839 725	−3,756 877	−2,756 877	0,333 333
0,45	1,157 379	−2,926 991	−3,791 012	−2,791 012	0,333 333
0,46	1,280 878	−3,014 258	−3,794 972	−2,794 972	0,333 333
0,47	1,524 869	−3,101 524	−3,757 318	−2,757 318	0,333 333
0,48	2,081 283	−3,188 790	−3,669 263	−2,669 263	0,333 333
0,49	3,906 589	−3,276 057	−3,532 035	−2,532 035	0,333 333
0,50	∞	−3,363 323	−3,363 323	−2,363 323	0,333 333
	$\overline{\mathrm{sc}}(\zeta,\varkappa)$	$-\mathfrak{z}_2(\zeta,\varkappa)$	$-\mathfrak{z}_4(\zeta,\varkappa)$	$-\mathfrak{z}_6(\zeta,\varkappa)$	$\wp_2(\zeta,\varkappa)$

Tafel III

$\varkappa = 0{,}12$			
	$\vartheta_5'(0, k) = 0{,}309\,549$	$\vartheta_6(0, k) = 0{,}309\,549$	$\vartheta_{\substack{5\\6}}(\tfrac{1}{4}, \varkappa) = 4{,}082\,483$
	$\vartheta_4''/\vartheta_4(\varkappa) = 633{,}029\,317$	$\vartheta_5'''/\vartheta_5'(\varkappa) = 371{,}229\,929$	$\vartheta_6''/\vartheta_6(\varkappa) = 580{,}669\,439$
	$\vartheta_4''/\vartheta_4(k) = 0{,}923\,606$	$\vartheta_5'''/\vartheta_5'(k) = 0{,}541\,634$	$\vartheta_6''/\vartheta_6(k) = 0{,}847\,211$
	$\vartheta_4''''/\vartheta_4(k) = 0{,}559\,142$	$\vartheta_5'''''/\vartheta_5'(k) = -0{,}177\,721$	$\vartheta_6''''/\vartheta_6(k) = 0{,}153\,301$

$\wp_3(\zeta, \varkappa)$	$\wp_5(\zeta, \varkappa)$	$\wp_1'(\zeta, \varkappa)$	$\wp_3'(\zeta, \varkappa)$	$\wp_5'(\zeta, \varkappa)$	
0,333 333	∞	−∞	0,000 000	−∞	0,50
0,333 333	14,594 770	−111,427 145	−0,000 000	−111,427 145	0,49
0,333 333	3,665 074	−13,868 592	−0,000 000	−13,868 592	0,48
0,333 333	1,658 558	−4,041 586	−0,000 000	−4,041 586	0,47
0,333 333	0,973 982	−1,641 186	−0,000 000	−1,641 186	0,46
0,333 333	0,672 859	−0,785 919	−0,000 000	−0,785 919	0,45
0,333 333	0,522 156	−0,411 758	−0,000 000	−0,411 758	0,44
0,333 333	0,441 181	−0,227 030	−0,000 000	−0,227 030	0,43
0,333 333	0,395 874	−0,128 934	−0,000 000	−0,128 934	0,42
0,333 333	0,369 921	−0,074 502	−0,000 000	−0,074 502	0,41
0,333 333	0,354 848	−0,043 490	−0,000 000	−0,043 490	0,40
0,333 333	0,346 023	−0,025 540	−0,000 000	−0,025 540	0,39
0,333 333	0,340 831	−0,015 052	−0,000 000	−0,015 052	0,38
0,333 333	0,337 768	−0,008 889	−0,000 000	−0,008 889	0,37
0,333 333	0,335 958	−0,005 256	−0,000 000	−0,005 256	0,36
0,333 333	0,334 887	−0,003 110	−0,000 000	−0,003 111	0,35
0,333 333	0,334 254	−0,001 841	−0,000 000	−0,001 842	0,34
0,333 333	0,333 878	−0,001 090	−0,000 000	−0,001 091	0,33
0,333 333	0,333 656	−0,000 646	−0,000 000	−0,000 646	0,32
0,333 333	0,333 524	−0,000 383	−0,000 001	−0,000 383	0,31
0,333 333	0,333 446	−0,000 227	−0,000 001	−0,000 228	0,30
0,333 332	0,333 399	−0,000 134	−0,000 002	−0,000 136	0,29
0,333 332	0,333 371	−0,000 080	−0,000 003	−0,000 083	0,28
0,333 330	0,333 354	−0,000 047	−0,000 006	−0,000 053	0,27
0,333 328	0,333 342	−0,000 028	−0,000 010	−0,000 038	0,26
0,333 325	0,333 333	−0,000 017	−0,000 017	−0,000 033	0,25
0,333 325	0,333 333	−0,000 017	−0,000 017	−0,000 033	0,25
0,333 319	0,333 324	−0,000 010	−0,000 028	−0,000 038	0,24
0,333 310	0,333 313	−0,000 006	−0,000 047	−0,000 053	0,23
0,333 294	0,333 295	−0,000 003	−0,000 080	−0,000 083	0,22
0,333 266	0,333 267	−0,000 002	−0,000 134	−0,000 136	0,21
0,333 220	0,333 221	−0,000 001	−0,000 226	−0,000 228	0,20
0,333 142	0,333 142	−0,000 001	−0,000 382	−0,000 383	0,19
0,333 011	0,333 011	−0,000 000	−0,000 645	−0,000 646	0,18
0,332 789	0,332 789	−0,000 000	−0,001 089	−0,001 089	0,17
0,332 414	0,332 414	−0,000 000	−0,001 838	−0,001 838	0,16
0,331 782	0,331 782	−0,000 000	−0,003 101	−0,003 101	0,15
0,330 715	0,330 716	−0,000 000	−0,005 229	−0,005 229	0,14
0,328 918	0,328 918	−0,000 000	−0,008 811	−0,008 811	0,13
0,325 891	0,325 891	−0,000 000	−0,014 828	−0,014 828	0,12
0,320 803	0,320 803	−0,000 000	−0,024 904	−0,024 904	0,11
0,312 272	0,312 272	−0,000 000	−0,041 677	−0,041 677	0,10
0,298 037	0,298 037	−0,000 000	−0,069 335	−0,069 335	0,09
0,274 474	0,274 474	−0,000 000	−0,114 203	−0,114 203	0,08
0,235 984	0,235 984	−0,000 000	−0,184 979	−0,184 979	0,07
0,174 502	0,174 502	−0,000 000	−0,291 346	−0,291 346	0,06
0,079 866	0,079 866	−0,000 000	−0,438 002	−0,438 002	0,05
−0,057 152	−0,057 152	−0,000 000	−0,609 714	−0,609 714	0,04
−0,236 601	−0,236 601	−0,000 000	−0,747 519	−0,747 519	0,03
−0,435 813	−0,435 813	−0,000 000	−0,739 107	−0,739 107	0,02
−0,601 142	−0,601 142	−0,000 000	−0,478 410	−0,478 410	0,01
−0,666 667	−0,666 667	0,000 000	0,000 000	0,000 000	0,00
$\wp_4(\zeta, \varkappa)$	$\wp_6(\zeta, \varkappa)$	$-\wp_2'(\zeta, \varkappa)$	$-\wp_4'(\zeta, \varkappa)$	$-\wp_6'(\zeta, \varkappa)$	$\zeta = \dfrac{z}{2K}$

Tafel III

$\varkappa = 0{,}13$

$\sqrt{k} = 1{,}000\,000$	$k = 1{,}000\,000$	$k^2 = 1{,}000\,000$	
$\sqrt{k'} = 0{,}004\,756$	$k' = 0{,}000\,023$	$k'^2 = 0{,}000\,000$	
$e_1 = -e_3' = 0{,}333\,333$	$e_2 = -e_2' = 0{,}333\,333$	$e_3 = -e_1' = -0{,}666\,667$	
$g_2 = g_2' = 1{,}333\,333$	$g_3 = -g_3' = -0{,}296\,296$	$g_3/\sqrt{g_2^3} = -0{,}192\,450$	
$\bar{g}_2 = \bar{g}_2' = 1{,}333\,333$	$\bar{g}_3 = -\bar{g}_3' = -0{,}296\,296$	$\bar{g}_3/\sqrt{\bar{g}_2^3} = -0{,}192\,450$	

$\zeta = \frac{z}{2K}$	$\vartheta_1(\zeta, \varkappa)$	$\vartheta_3(\zeta, \varkappa)$	$\frac{\partial \ln \vartheta_1(\zeta, \varkappa)}{\partial \zeta}$	$\frac{\partial \ln \vartheta_3(\zeta, \varkappa)}{\partial \zeta}$	$\mathrm{sn}(\zeta, \varkappa)$
0,00	0,000 000	2,773 501	∞	0,000 000	0,000 000
0,01	0,003 211	2,766 807	101,455 808	−0,483 322	0,237 064
0,02	0,006 562	2,746 820	52,867 377	−0,966 644	0,448 900
0,03	0,010 199	2,713 830	37,528 468	−1,449 966	0,619 986
0,04	0,014 268	2,668 308	30,407 804	−1,933 288	0,747 226
0,05	0,018 930	2,610 900	26,484 318	−2,416 610	0,836 170
0,06	0,024 354	2,542 410	24,080 611	−2,899 932	0,895 686
0,07	0,030 723	2,463 779	22,480 706	−3,383 254	0,934 354
0,08	0,038 237	2,376 069	21,332 736	−3,866 575	0,958 998
0,09	0,047 113	2,280 432	20,448 237	−4,349 897	0,974 513
0,10	0,057 587	2,178 092	19,720 731	−4,833 219	0,984 204
0,11	0,069 915	2,070 315	19,088 024	−5,316 541	0,990 229
0,12	0,084 373	1,958 382	18,513 027	−5,799 863	0,993 962
0,13	0,101 256	1,843 569	17,973 338	−6,283 184	0,996 272
0,14	0,120 878	1,727 119	17,455 319	−6,766 506	0,997 699
0,15	0,143 568	1,610 224	16,950 623	−7,249 827	0,998 580
0,16	0,169 665	1,494 002	16,454 128	−7,733 148	0,999 124
0,17	0,199 519	1,379 485	15,962 686	−8,216 467	0,999 460
0,18	0,233 478	1,267 605	15,474 357	−8,699 786	0,999 667
0,19	0,271 891	1,159 182	14,987 948	−9,183 102	0,999 795
0,20	0,315 088	1,054 922	14,502 722	−9,666 415	0,999 873
0,21	0,363 383	0,955 411	14,018 226	−10,149 721	0,999 922
0,22	0,417 056	0,861 115	13,534 180	−10,633 019	0,999 952
0,23	0,476 345	0,772 384	13,050 411	−11,116 301	0,999 970
0,24	0,541 438	0,689 455	12,566 814	−11,599 558	0,999 982
0,25	0,612 457	0,612 464	12,083 322	−12,082 776	0,999 989
0,26	0,689 451	0,541 448	11,599 895	−12,565 928	0,999 993
0,27	0,772 380	0,476 359	11,116 509	−13,048 974	0,999 996
0,28	0,861 113	0,417 076	10,633 147	−13,531 850	0,999 997
0,29	0,955 409	0,363 412	10,149 800	−14,014 448	0,999 998
0,30	1,054 921	0,315 128	9,666 463	−14,496 596	0,999 999
0,31	1,159 181	0,271 947	9,183 132	−14,978 014	0,999 999
0,32	1,267 604	0,233 556	8,699 804	−15,458 251	1,000 000
0,33	1,379 485	0,199 626	8,216 479	−15,936 570	1,000 000
0,34	1,494 002	0,169 814	7,733 155	−16,411 783	1,000 000
0,35	1,610 224	0,143 772	7,249 831	−16,881 962	1,000 000
0,36	1,727 119	0,121 157	6,766 509	−17,343 989	1,000 000
0,37	1,843 569	0,101 635	6,283 186	−17,792 823	1,000 000
0,38	1,958 382	0,084 886	5,799 864	−18,220 327	1,000 000
0,39	2,070 315	0,070 605	5,316 542	−18,613 418	1,000 000
0,40	2,178 092	0,058 511	4,833 220	−18,951 151	1,000 000
0,41	2,280 432	0,048 345	4,349 898	−19,200 272	1,000 000
0,42	2,376 069	0,039 872	3,866 576	−19,308 671	1,000 000
0,43	2,463 779	0,032 882	3,383 254	−19,196 438	1,000 000
0,44	2,542 410	0,027 191	2,899 932	−18,745 306	1,000 000
0,45	2,610 900	0,022 639	2,416 610	−17,790 363	1,000 000
0,46	2,668 308	0,019 095	1,933 288	−16,124 243	1,000 000
0,47	2,713 830	0,016 450	1,449 966	−13,532 685	1,000 000
0,48	2,746 820	0,014 619	0,966 644	−9,881 520	1,000 000
0,49	2,766 807	0,013 545	0,483 322	−5,245 589	1,000 000
0,50	2,773 501	0,013 190	0,000 000	0,000 000	1,000 000
	$\vartheta_2(\zeta, \varkappa)$	$\vartheta_4(\zeta, \varkappa)$	$-\frac{\partial \ln \vartheta_2(\zeta, \varkappa)}{\partial \zeta}$	$-\frac{\partial \ln \vartheta_4(\zeta, \varkappa)}{\partial \zeta}$	$\mathrm{cd}(\zeta, \varkappa)$

Tafel III

$\varkappa = 0{,}13$			
	$k^2 k'^2 = 0{,}000\,000$	$\eta_1 = -\eta_2' = -0{,}250\,573$	$\eta_1' = -\eta_2 = 0{,}333\,333$
	$\pi/KK' = 0{,}165\,521$	$\bar\eta_1 = -\bar\eta_2' = -0{,}167\,812$	$\bar\eta_1' = -\bar\eta_2 = 0{,}333\,333$
	$K = 12{,}083\,049$	$E = 1{,}000\,000$	$A = 2{,}000\,000$
	$K' = 1{,}570\,796$	$E' = 1{,}570\,796$	$A' = 0{,}000\,000$
	$B = 1{,}000\,000$	$C = 10{,}083\,049$	$D = 11{,}083\,049$

$\mathrm{cn}(\zeta,\varkappa)$	$\mathrm{dn}(\zeta,\varkappa)$	$\mathrm{sc}(\zeta,\varkappa)$	$\overline{\mathrm{sn}}(\zeta,\varkappa)$	$\overline{\mathrm{cn}}(\zeta,\varkappa)$	
1,000 000	1,000 000	0,000 000	∞	0,000 000	0,50
0,971 494	0,971 494	0,244 020	3,981 206	−0,237 064	0,49
0,893 582	0,893 582	0,502 360	1,778 767	−0,448 900	0,48
0,784 613	0,784 613	0,790 182	0,992 952	−0,619 986	0,47
0,664 570	0,664 570	1,124 374	0,591 058	−0,747 226	0,46
0,548 470	0,548 470	1,524 551	0,359 758	−0,836 170	0,45
0,444 687	0,444 687	2,014 195	0,220 776	−0,895 686	0,44
0,356 346	0,356 346	2,622 042	0,135 904	−0,934 354	0,43
0,283 412	0,283 412	3,383 763	0,083 756	−0,958 998	0,42
0,224 332	0,224 332	4,344 060	0,051 641	−0,974 513	0,41
0,177 038	0,177 038	5,559 287	0,031 845	−0,984 204	0,40
0,139 454	0,139 454	7,100 760	0,019 639	−0,990 229	0,39
0,109 722	0,109 722	9,058 939	0,012 112	−0,993 962	0,38
0,086 267	0,086 267	11,548 740	0,007 470	−0,996 272	0,37
0,067 796	0,067 796	14,716 276	0,004 607	−0,997 699	0,36
0,053 265	0,053 265	18,747 435	0,002 841	−0,998 581	0,35
0,041 842	0,041 842	23,878 783	0,001 752	−0,999 124	0,34
0,032 865	0,032 865	30,411 453	0,001 081	−0,999 460	0,33
0,025 812	0,025 812	38,728 815	0,000 666	−0,999 667	0,32
0,020 272	0,020 272	49,318 973	0,000 411	−0,999 795	0,31
0,015 921	0,015 921	62,803 413	0,000 254	−0,999 874	0,30
0,012 503	0,012 503	79,973 473	0,000 156	−0,999 923	0,29
0,009 819	0,009 819	101,836 80	0,000 096	−0,999 954	0,28
0,007 711	0,007 711	129,676 45	0,000 059	−0,999 975	0,27
0,006 056	0,006 056	165,126 28	0,000 037	−0,999 989	0,26
0,004 756	0,004 756	210,266 79	0,000 023	−1,000 000	0,25
0,003 735	0,003 735	267,747 35	0,000 014	−1,000 011	0,24
0,002 933	0,002 933	340,941 81	0,000 009	−1,000 025	0,23
0,002 303	0,002 303	434,146 86	0,000 005	−1,000 046	0,22
0,001 809	0,001 809	552,834 85	0,000 003	−1,000 077	0,21
0,001 421	0,001 421	703,976 44	0,000 002	−1,000 126	0,20
0,001 116	0,001 116	896,452 63	0,000 001	−1,000 205	0,19
0,000 876	0,000 876	↓	0,000 001	−1,000 333	0,18
0,000 688	0,000 688		0,000 000	−1,000 540	0,17
0,000 540	0,000 541		0,000 000	−1,000 876	0,16
0,000 424	0,000 425		0,000 000	−1,001 422	0,15
0,000 333	0,000 334		0,000 000	−1,002 306	0,14
0,000 261	0,000 262		0,000 000	−1,003 742	0,13
0,000 205	0,000 206		0,000 000	−1,006 074	0,12
0,000 161	0,000 162		0,000 000	−1,009 868	0,11
0,000 126	0,000 128		0,000 000	−1,016 049	0,10
0,000 098	0,000 101		0,000 000	−1,026 154	0,09
0,000 077	0,000 080		0,000 000	−1,042 755	0,08
0,000 059	0,000 063		0,000 000	−1,070 258	0,07
0,000 046	0,000 051		0,000 000	−1,116 463	0,06
0,000 034	0,000 041		0,000 000	−1,195 929	0,05
0,000 025	0,000 034		0,000 000	−1,338 284	0,04
0,000 018	0,000 029		0,000 000	−1,612 939	0,03
0,000 011	0,000 025		0,000 000	−2,227 667	0,02
0,000 005	0,000 023		0,000 000	−4,218 270	0,01
0,000 000	0,000 023	∞	0,000 000	−∞	0,00
$k'\,\mathrm{sd}(\zeta,\varkappa)$	$k'\,\mathrm{nd}(\zeta,\varkappa)$	$\frac{1}{k'}\,\mathrm{cs}(\zeta,\varkappa)$	$-\overline{\mathrm{cd}}(\zeta,\varkappa)$	$-\overline{\mathrm{sd}}(\zeta,\varkappa)$	$\zeta = \frac{z}{2K}$

Tafel III. (Fortsetzung)

$\varkappa = 0{,}13$

$\vartheta_1'(0,\varkappa) = 0{,}318\,760$	$\vartheta_1'(0,k) = 0{,}013\,190$	$\vartheta_5'(0,\varkappa) = 9{,}244\,416$
$\vartheta_1'''/\vartheta_1'(\varkappa) = 439{,}003\,676$	$\vartheta_2''/\vartheta_2(\varkappa) = -48{,}332\,195$	$\vartheta_3''/\vartheta_3(\varkappa) = -48{,}332\,195$
$\vartheta_1'''/\vartheta_1'(k) = 0{,}751\,718$	$\vartheta_2''/\vartheta_2(k) = -\,0{,}082\,761$	$\vartheta_3''/\vartheta_3(k) = -\,0{,}082\,761$
$\vartheta_1'''''/\vartheta_1'(k) = 0{,}275\,134$	$\vartheta_2''''/\vartheta_2(k) = 0{,}020\,548$	$\vartheta_3''''/\vartheta_3(k) = 0{,}020\,548$

$\zeta = \frac{z}{2K}$	$\overline{\mathrm{dn}}(\zeta,\varkappa)$	$\mathfrak{z}_1(\zeta,\varkappa)$	$\mathfrak{z}_3(\zeta,\varkappa)$	$\mathfrak{z}_5(\zeta,\varkappa)$	$\wp_1(\zeta,\varkappa)$
0,00	0,000 000	∞	0,000 000	∞	∞
0,01	−0,237 064	4,137 716	−0,080 554	4,137 716	17,127 138
0,02	−0,448 900	2,066 560	−0,161 107	2,066 560	4,295 834
0,03	−0,619 986	1,371 278	−0,241 661	1,371 278	1,934 905
0,04	−0,747 226	1,016 069	−0,322 215	1,016 069	1,124 336
0,05	−0,836 170	0,793 160	−0,402 768	0,793 160	0,763 579
0,06	−0,895 686	0,633 141	−0,483 322	0,633 141	0,579 822
0,07	−0,934 354	0,506 382	−0,563 876	0,506 382	0,478 786
0,08	−0,958 998	0,398 325	−0,644 429	0,398 325	0,420 671
0,09	−0,974 513	0,301 171	−0,724 983	0,301 171	0,386 325
0,10	−0,984 204	0,210 513	−0,805 537	0,210 513	0,365 690
0,11	−0,990 229	0,123 778	−0,886 090	0,123 778	0,353 166
0,12	−0,993 962	0,039 430	−0,966 644	0,039 430	0,345 519
0,13	−0,996 272	−0,043 456	−1,047 198	−0,043 456	0,340 831
0,14	−0,997 699	−0,125 445	−1,127 751	−0,125 445	0,337 951
0,15	−0,998 580	−0,206 883	−1,208 305	−0,206 883	0,336 179
0,16	−0,999 124	−0,287 982	−1,288 858	−0,287 982	0,335 087
0,17	−0,999 460	−0,368 872	−1,369 412	−0,368 871	0,334 415
0,18	−0,999 666	−0,449 633	−1,449 965	−0,449 632	0,334 000
0,19	−0,999 794	−0,530 314	−1,530 519	−0,530 313	0,333 744
0,20	−0,999 872	−0,610 947	−1,611 072	−0,610 945	0,333 587
0,21	−0,999 920	−0,691 549	−1,691 625	−0,691 547	0,333 490
0,22	−0,999 949	−0,772 133	−1,772 178	−0,772 130	0,333 430
0,23	−0,999 966	−0,852 705	−1,852 730	−0,852 700	0,333 393
0,24	−0,999 975	−0,933 270	−1,933 281	−0,933 262	0,333 370
0,25	−0,999 977	−1,013 830	−2,013 830	−1,013 819	0,333 356
0,25	1,000 023	−1,013 830	−2,013 830	−1,013 819	0,333 356
0,26	1,000 025	−1,094 388	−2,094 377	−1,094 370	0,333 347
0,27	1,000 034	−1,174 945	−2,174 919	−1,174 915	0,333 342
0,28	1,000 051	−1,255 500	−2,255 454	−1,255 452	0,333 339
0,29	1,000 080	−1,336 055	−2,335 978	−1,335 976	0,333 337
0,30	1,000 128	−1,416 609	−2,416 483	−1,416 482	0,333 335
0,31	1,000 206	−1,497 163	−2,496 958	−1,496 957	0,333 335
0,32	1,000 334	−1,577 717	−2,577 384	−1,577 383	0,333 334
0,33	1,000 541	−1,658 271	−2,657 731	−1,657 730	0,333 334
0,34	1,000 877	−1,738 825	−2,737 949	−1,737 948	0,333 334
0,35	1,001 422	−1,819 378	−2,817 958	−1,817 958	0,333 334
0,36	1,002 306	−1,899 932	−2,897 631	−1,897 631	0,333 333
0,37	1,003 742	−1,980 486	−2,976 757	−1,976 757	0,333 333
0,38	1,006 074	−2,061 039	−3,055 001	−2,055 001	0,333 333
0,39	1,009 868	−2,141 593	−3,131 821	−2,131 821	0,333 333
0,40	1,016 049	−2,222 147	−3,206 350	−2,206 350	0,333 333
0,41	1,026 154	−2,302 700	−3,277 213	−2,277 213	0,333 333
0,42	1,042 755	−2,383 254	−3,342 252	−0,342 252	0,333 333
0,43	1,070 258	−2,463 808	−3,398 161	−2,398 161	0,333 333
0,44	1,116 463	−2,544 361	−3,440 047	−2,440 047	0,333 333
0,45	1,195 929	−2,624 915	−3,461 085	−2,461 085	0,333 333
0,46	1,338 284	−2,705 469	−3,452 694	−2,452 694	0,333 333
0,47	1,612 939	−2,786 022	−3,406 008	−2,406 008	0,333 333
0,48	1,227 667	−2,866 576	−3,315 476	−2,315 476	0,333 333
0,49	4,218 270	−2,947 129	−3,184 193	−2,184 193	0,333 333
0,50	∞	−3,027 683	−3,027 683	−2,027 683	0,333 333
	$\overline{\mathrm{sc}}(\zeta,\varkappa)$	$-\mathfrak{z}_2(\zeta,\varkappa)$	$-\mathfrak{z}_4(\zeta,\varkappa)$	$-\mathfrak{z}_6(\zeta,\varkappa)$	$\wp_2(\zeta,\varkappa)$

Tafel III

$\varkappa = 0{,}13$

$\vartheta_5'(0,k) = 0{,}382\,537$	$\vartheta_6(0,k) = 0{,}382\,537$	$\vartheta_{\substack{5\\6}}(\tfrac14,\varkappa) = 3{,}922\,323$
$\vartheta_4''/\vartheta_4(\varkappa) = 535{,}668\,066$	$\vartheta_5'''/\vartheta_5'(\varkappa) = 294{,}007\,093$	$\vartheta_6''/\vartheta_6(\varkappa) = 487{,}335\,871$
$\vartheta_4''/\vartheta_4(k) = 0{,}917\,239$	$\vartheta_5'''/\vartheta_5'(k) = 0{,}503\,437$	$\vartheta_6''/\vartheta_6(k) = 0{,}834\,479$
$\vartheta_4''''/\vartheta_4(k) = 0{,}523\,985$	$\vartheta_5'''''/\vartheta_5'(k) = -0{,}244\,253$	$\vartheta_6''''/\vartheta_6(k) = 0{,}089\,065$

$\wp_3(\zeta,\varkappa)$	$\wp_5(\zeta,\varkappa)$	$\wp_1'(\zeta,\varkappa)$	$\wp_3'(\zeta,\varkappa)$	$\wp_5'(\zeta,\varkappa)$	
0,333 333	∞	−∞	0,000 000	−∞	0,50
0,333 333	17,127 138	−141,681 611	−0,000 000	−141,681 611	0,49
0,333 333	4,295 834	−17,654 266	−0,000 000	−17,654 266	0,48
0,333 333	1,934 905	−5,166 473	−0,000 000	−5,166 473	0,47
0,333 333	1,124 336	−2,117 173	−0,000 000	−2,117 173	0,46
0,333 333	0,763 579	−1,029 085	−0,000 000	−1,029 085	0,45
0,333 333	0,579 822	−0,550 391	−0,000 000	−0,550 391	0,44
0,333 333	0,478 786	−0,311 343	−0,000 000	−0,311 343	0,43
0,333 333	0,420 671	−0,182 143	−0,000 000	−0,182 143	0,42
0,333 333	0,386 325	−0,108 755	−0,000 000	−0,108 755	0,41
0,333 333	0,365 690	−0,065 752	−0,000 000	−0,065 752	0,40
0,333 333	0,353 166	−0,040 058	−0,000 000	−0,040 058	0,39
0,333 333	0,345 519	−0,024 519	−0,000 000	−0,024 519	0,38
0,333 333	0,340 831	−0,015 052	−0,000 000	−0,015 052	0,37
0,333 333	0,337 951	−0,009 256	−0,000 000	−0,009 256	0,36
0,333 333	0,336 178	−0,005 699	−0,000 000	−0,005 699	0,35
0,333 333	0,335 087	−0,003 511	−0,000 001	−0,003 511	0,34
0,333 333	0,334 414	−0,002 164	−0,000 001	−0,002 165	0,33
0,333 333	0,333 999	−0,001 334	−0,000 002	−0,001 335	0,32
0,333 332	0,333 743	−0,000 822	−0,000 003	−0,000 825	0,31
0,333 331	0,333 585	−0,000 507	−0,000 004	−0,000 511	0,30
0,333 330	0,333 486	−0,000 313	−0,000 007	−0,000 319	0,29
0,333 328	0,333 424	−0,000 193	−0,000 011	−0,000 203	0,28
0,333 325	0,333 384	−0,000 119	−0,000 017	−0,000 136	0,27
0,333 319	0,333 356	−0,000 073	−0,000 028	−0,000 101	0,26
0,333 311	0,333 333	−0,000 045	−0,000 045	−0,000 090	0,25
0,333 311	0,333 333	−0,000 045	−0,000 045	−0,000 090	0,25
0,333 297	0,333 311	−0,000 028	−0,000 073	−0,000 101	0,24
0,333 274	0,333 282	−0,000 017	−0,000 119	−0,000 136	0,23
0,333 237	0,333 242	−0,000 011	−0,000 193	−0,000 203	0,22
0,333 177	0,333 180	−0,000 007	−0,000 313	−0,000 319	0,21
0,333 080	0,333 082	−0,000 004	−0,000 507	−0,000 511	0,20
0,332 922	0,332 924	−0,000 003	−0,000 822	−0,000 824	0,19
0,332 667	0,332 668	−0,000 002	−0,001 332	−0,001 334	0,18
0,332 253	0,332 254	−0,000 001	−0,002 159	−0,002 160	0,17
0,331 583	0,331 583	−0,000 001	−0,003 498	−0,003 499	0,16
0,330 496	0,330 496	−0,000 000	−0,005 666	−0,005 667	0,15
0,328 737	0,328 737	−0,000 000	−0,009 171	−0,009 172	0,14
0,325 891	0,325 891	−0,000 000	−0,014 828	−0,014 829	0,13
0,321 294	0,321 295	−0,000 000	−0,023 932	−0,023 932	0,12
0,313 886	0,313 886	−0,000 000	−0,038 515	−0,038 515	0,11
0,301 991	0,301 991	−0,000 000	−0,061 695	−0,061 695	0,10
0,283 008	0,283 008	−0,000 000	−0,098 085	−0,098 085	0,09
0,253 011	0,253 011	−0,000 000	−0,154 058	−0,154 058	0,08
0,206 351	0,206 351	−0,000 000	−0,237 293	−0,237 293	0,07
0,135 587	0,135 587	−0,000 000	−0,354 237	−0,354 237	0,06
0,032 514	0,032 514	−0,000 000	−0,503 072	−0,503 072	0,05
−0,108 320	−0,108 320	−0,000 000	−0,660 030	−0,660 030	0,04
−0,282 284	−0,282 284	−0,000 000	−0,763 348	−0,763 348	0,03
−0,465 155	−0,465 155	−0,000 000	−0,716 883	−0,716 883	0,02
−0,610 467	−0,610 467	−0,000 000	−0,447 482	−0,447 482	0,01
−0,666 667	−0,666 667	0,000 000	0,000 000	0,000 000	0,00
$\wp_4(\zeta,\varkappa)$	$\wp_6(\zeta,\varkappa)$	$-\wp_2'(\zeta,\varkappa)$	$-\wp_4'(\zeta,\varkappa)$	$-\wp_6'(\zeta,\varkappa)$	$\zeta = \dfrac{z}{2K}$

Tafel III

$\sqrt{k} = 1{,}000\,000$ $\quad k = 1{,}000\,000$ $\quad k^2 = 1{,}000\,000$ $\quad$ $\varkappa = 0{,}14$

$\sqrt{k'} = 0{,}007\,322$ $\quad k' = 0{,}000\,054$ $\quad k'^2 = 0{,}000\,000$

$e_1 = -e_3' = 0{,}333\,333$ $\quad e_2 = -e_2' = 0{,}333\,333$ $\quad e_3 = -e_1' = -0{,}666\,667$

$g_2 = g_2' = 1{,}333\,333$ $\quad g_3 = -g_3' = -0{,}296\,296$ $\quad g_3/\sqrt{g_2^3} = -0{,}192\,450$

$\bar{g}_2 = \bar{g}_2' = 1{,}333\,333$ $\quad \bar{g}_3 = -\bar{g}_3' = -0{,}296\,296$ $\quad \bar{g}_3/\sqrt{\bar{g}_2^3} = -0{,}192\,450$

$\zeta = \frac{z}{2K}$	$\vartheta_1(\zeta, \varkappa)$	$\vartheta_3(\zeta, \varkappa)$	$\frac{\partial \ln \vartheta_1(\zeta, \varkappa)}{\partial \zeta}$	$\frac{\partial \ln \vartheta_3(\zeta, \varkappa)}{\partial \zeta}$	$\mathrm{sn}(\zeta, \varkappa)$
0,00	0,000 000	2,672 612	∞	0,000 000	0,000 000
0,01	0,004 418	2,666 622	101,224 097	−0,448 799	0,220 707
0,02	0,008 999	2,648 730	52,415 180	−0,897 598	0,420 911
0,03	0,013 908	2,619 178	36,876 593	−1,346 397	0,587 080
0,04	0,019 315	2,578 357	29,583 806	−1,795 196	0,715 126
0,05	0,025 397	2,526 807	25,519 196	−2,243 995	0,808 263
0,06	0,032 341	2,465 199	23,005 721	−2,692 794	0,873 200
0,07	0,040 346	2,394 323	21,325 387	−3,141 592	0,917 152
0,08	0,049 622	2,315 072	20,122 807	−3,590 391	0,946 306
0,09	0,060 394	2,228 420	19,205 339	−4,039 190	0,965 386
0,10	0,072 902	2,135 406	18,462 290	−4,487 989	0,977 764
0,11	0,087 400	2,037 112	17,827 618	−4,936 787	0,985 747
0,12	0,104 156	1,934 640	17,260 953	−5,385 586	0,990 878
0,13	0,123 452	1,829 095	16,737 230	−5,834 384	0,994 167
0,14	0,145 580	1,721 565	16,240 730	−6,283 181	0,996 272
0,15	0,170 840	1,613 100	15,761 531	−6,731 978	0,997 619
0,16	0,199 536	1,504 701	15,293 347	−7,180 773	0,998 479
0,17	0,231 972	1,397 301	14,832 182	−7,629 566	0,999 029
0,18	0,268 446	1,291 756	14,375 491	−8,078 355	0,999 380
0,19	0,309 245	1,188 837	13,921 656	−8,527 139	0,999 604
0,20	0,354 635	1,089 218	13,469 643	−8,975 915	0,999 747
0,21	0,404 856	0,993 478	13,018 792	−9,424 678	0,999 839
0,22	0,460 111	0,902 097	12,568 683	−9,873 420	0,999 897
0,23	0,520 561	0,815 453	12,119 048	−10,322 131	0,999 934
0,24	0,586 311	0,733 831	11,669 715	−10,770 791	0,999 958
0,25	0,657 406	0,657 423	11,220 575	−11,219 372	0,999 973
0,26	0,733 819	0,586 336	10,771 559	−11,667 831	0,999 983
0,27	0,815 444	0,520 595	10,322 621	−12,116 096	0,999 989
0,28	0,902 090	0,460 159	9,873 734	−12,564 059	0,999 993
0,29	0,933 474	0,404 921	9,424 878	−13,011 548	0,999 996
0,30	1,089 215	0,354 725	8,976 043	−13,458 296	0,999 997
0,31	1,188 834	0,309 368	8,527 221	−13,903 883	0,999 998
0,32	1,291 755	0,268 613	8,078 407	−14,347 650	0,999 999
0,33	1,397 300	0,232 197	7,629 599	−14,788 570	0,999 999
0,34	1,504 700	0,199 839	7,180 794	−15,225 034	1,000 000
0,35	1,613 099	0,171 247	6,731 991	−15,654 523	1,000 000
0,36	1,721 564	0,146 125	6,283 190	−16,073 108	1,000 000
0,37	1,829 095	0,124 176	5,834 389	−16,474 661	1,000 000
0,38	1,934 640	0,105 115	5,385 589	−16,849 652	1,000 000
0,39	2,037 112	0,088 663	4,936 790	−17,183 324	1,000 000
0,40	2,135 406	0,074 560	4,487 990	−17,452 973	1,000 000
0,41	2,228 420	0,062 559	4,039 191	−17,624 024	1,000 000
0,42	2,315 072	0,052 437	3,590 392	−17,644 671	1,000 000
0,43	2,394 323	0,043 990	3,141 593	−17,439 258	1,000 000
0,44	2,465 199	0,037 038	2,692 794	−16,901 772	1,000 000
0,45	2,526 807	0,031 422	2,243 995	−15,893 375	1,000 000
0,46	2,578 357	0,027 009	1,795 196	−14,252 199	1,000 000
0,47	2,619 178	0,023 691	1,346 397	−11,827 645	1,000 000
0,48	2,648 730	0,021 381	0,897 598	−8,547 628	1,000 000
0,49	2,666 622	0,020 019	0,448 799	−4,503 860	1,000 000
0,50	2,672 612	0,019 569	0,000 000	0,000 000	1,000 000
	$\vartheta_2(\zeta, \varkappa)$	$\vartheta_4(\zeta, \varkappa)$	$-\frac{\partial \ln \vartheta_2(\zeta, \varkappa)}{\partial \zeta}$	$-\frac{\partial \ln \vartheta_4(\zeta, \varkappa)}{\partial \zeta}$	$\mathrm{cd}(\zeta, \varkappa)$

Tafel III

$\varkappa = 0{,}14$			
$k^2 k'^2 = 0{,}000\,000$	$\eta_1 = -\eta_2' = -0{,}244\,207$	$\eta_1' = -\eta_2 = 0{,}333\,333$
$\pi/KK' = 0{,}178\,254$	$\bar\eta_1 = -\bar\eta_2' = -0{,}155\,080$	$\bar\eta_1' = -\bar\eta_2 = 0{,}333\,333$
$K = 11{,}219\,974$	$E = 1{,}000\,000$	$A = 2{,}000\,000$
$K' = 1{,}570\,796$	$E' = 1{,}570\,796$	$A' = 0{,}000\,000$
$B = 1{,}000\,000$	$C = 9{,}219\,974$	$D = 10{,}219\,974$

$\mathrm{cn}(\zeta, \varkappa)$	$\mathrm{dn}(\zeta, \varkappa)$	$\mathrm{sc}(\zeta, \varkappa)$	$\overline{\mathrm{sn}}(\zeta, \varkappa)$	$\overline{\mathrm{cn}}(\zeta, \varkappa)$	
1,000 000	1,000 000	0,000 000	∞	0,000 000	0,50
0,975 340	0,975 340	0,226 288	4,310 181	−0,220 707	0,49
0,907 102	0,907 102	0,464 018	1,954 886	−0,420 911	0,48
0,809 529	0,809 529	0,725 212	1,116 266	−0,587 080	0,47
0,698 995	0,698 995	1,023 077	0,683 228	−0,715 126	0,46
0,588 822	0,588 822	1,372 677	0,428 959	−0,808 263	0,45
0,487 362	0,487 362	1,791 688	0,272 013	−0,873 200	0,44
0,398 537	0,398 537	2,301 299	0,173 179	−0,917 152	0,43
0,323 272	0,323 272	2,927 279	0,110 434	−0,946 306	0,42
0,260 824	0,260 824	3,701 283	0,070 469	−0,965 386	0,41
0,209 710	0,209 710	4,662 448	0,044 979	−0,977 764	0,40
0,168 234	0,168 234	5,859 379	0,028 712	−0,985 747	0,39
0,134 766	0,134 766	7,352 599	0,018 329	−0,990 878	0,38
0,107 855	0,107 855	9,217 617	0,011 701	−0,994 167	0,37
0,086 267	0,086 267	11,548 741	0,007 470	−0,996 272	0,36
0,068 973	0,068 973	14,463 847	0,004 769	−0,997 619	0,35
0,055 133	0,055 133	18,110 345	0,003 044	−0,998 479	0,34
0,044 063	0,044 063	22,672 626	0,001 943	−0,999 029	0,33
0,035 212	0,035 212	28,381 393	0,001 241	−0,999 381	0,32
0,028 138	0,028 138	35,525 322	0,000 792	−0,999 606	0,31
0,022 484	0,022 484	44,465 665	0,000 506	−0,999 750	0,30
0,017 965	0,017 965	55,654 522	0,000 323	−0,999 843	0,29
0,014 354	0,014 354	69,657 700	0,000 206	−0,999 904	0,28
0,011 470	0,011 470	87,183 346	0,000 131	−0,999 945	0,27
0,009 164	0,009 164	109,117 78	0,000 084	−0,999 975	0,26
0,007 322	0,007 322	136,570 33	0,000 054	−1,000 000	0,25
0,005 850	0,005 850	170,929 57	0,000 034	−1,000 025	0,24
0,004 674	0,004 675	213,933 68	0,000 022	−1,000 055	0,23
0,003 735	0,003 735	267,758 69	0,000 014	−1,000 096	0,22
0,002 984	0,002 984	335,129 18	0,000 009	−1,000 157	0,21
0,002 384	0,002 385	419,457 44	0,000 006	−1,000 250	0,20
0,001 905	0,001 905	525,018 59	0,000 004	−1,000 394	0,19
0,001 522	0,001 523	657,171 93	0,000 002	−1,000 619	0,18
0,001 216	0,001 217	822,642 00	0,000 001	−1,000 971	0,17
0,000 971	0,000 972	↓	0,000 001	−1,001 523	0,16
0,000 775	0,000 777		0,000 001	−1,002 387	0,15
0,000 619	0,000 622		0,000 000	−1,003 742	0,14
0,000 494	0,000 497		0,000 000	−1,005 867	0,13
0,000 394	0,000 398		0,000 000	−1,009 206	0,12
0,000 314	0,000 319		0,000 000	−1,014 459	0,11
0,000 250	0,000 256		0,000 000	−1,022 742	0,10
0,000 198	0,000 206		0,000 000	−1,035 855	0,09
0,000 157	0,000 166		0,000 000	−1,056 740	0,08
0,000 124	0,000 135		0,000 000	−1,090 331	0,07
0,000 096	0,000 110		0,000 000	−1,145 213	0,06
0,000 074	0,000 091		0,000 000	−1,237 222	0,05
0,000 055	0,000 077		0,000 000	−1,398 355	0,04
0,000 039	0,000 066		0,000 000	−1,703 346	0,03
0,000 025	0,000 059		0,000 000	−2,375 798	0,02
0,000 012	0,000 055		0,000 000	−4,530 888	0,01
0,000 000	0,000 054	∞	0,000 000	−∞	0,00
$k'\,\mathrm{sd}(\zeta, \varkappa)$	$k'\,\mathrm{nd}(\zeta, \varkappa)$	$\frac{1}{k'}\,\mathrm{cs}(\zeta, \varkappa)$	$-\overline{\mathrm{cd}}(\zeta, \varkappa)$	$-\overline{\mathrm{sd}}(\zeta, \varkappa)$	$\zeta = \frac{z}{2K}$

Tafel III. (Fortsetzung)

$\vartheta_1'(0,\varkappa) = 0{,}439\,138$ $\quad\vartheta_1'(0,k) = 0{,}019\,569$ $\quad\vartheta_5'(0,\varkappa) = 10{,}263\,834$ $\quad\boxed{\varkappa = 0{,}14}$

$\vartheta_1'''/\vartheta_1'(\varkappa) = 368{,}911\,560$ $\quad\vartheta_2''/\vartheta_2(\varkappa) = -44{,}879\,896$ $\quad\vartheta_3''/\vartheta_3(\varkappa) = -44{,}879\,894$

$\vartheta_1'''/\vartheta_1'(k) = 0{,}732\,620$ $\quad\vartheta_2''/\vartheta_2(k) = -\,0{,}089\,127$ $\quad\vartheta_3''/\vartheta_3(k) = -\,0{,}089\,127$

$\vartheta_1'''''/\vartheta_1'(k) = 0{,}227\,886$ $\quad\vartheta_2''''/\vartheta_2(k) = 0{,}023\,831$ $\quad\vartheta_3''''/\vartheta_3(k) = 0{,}023\,831$

$\zeta = \frac{z}{2K}$	$\overline{\mathrm{dn}}(\zeta,\varkappa)$	$\mathfrak{z}_1(\zeta,\varkappa)$	$\mathfrak{z}_3(\zeta,\varkappa)$	$\mathfrak{z}_5(\zeta,\varkappa)$	$\wp_1(\zeta,\varkappa)$
0,00	0,000 000	∞	0,000 000	∞	∞
0,01	−0,220 707	4,456 087	−0,074 800	4,456 087	19,862 282
0,02	−0,420 911	2,226 198	−0,149 600	2,226 198	4,977 749
0,03	−0,587 080	1,478 946	−0,224 399	1,478 946	2,234 720
0,04	−0,715 126	1,099 155	−0,299 199	1,099 155	1,288 729
0,05	−0,808 263	0,863 223	−0,373 999	0,863 223	0,864 051
0,06	−0,873 200	0,696 414	−0,448 799	0,696 414	0,644 846
0,07	−0,917 152	0,566 733	−0,523 599	0,566 733	0,522 156
0,08	−0,946 306	0,458 342	−0,598 399	0,458 342	0,450 034
0,09	−0,965 386	0,362 656	−0,673 198	0,362 656	0,406 329
0,10	−0,977 764	0,274 744	−0,747 998	0,274 744	0,379 335
0,11	−0,985 747	0,191 661	−0,822 798	0,191 661	0,362 460
0,12	−0,990 877	0,111 609	−0,897 598	0,111 609	0,351 831
0,13	−0,994 167	0,033 470	−0,972 398	0,033 470	0,345 103
0,14	−0,996 272	−0,043 456	−1,047 197	−0,043 455	0,340 831
0,15	−0,997 618	−0,119 610	−1,121 997	−0,119 610	0,338 113
0,16	−0,998 479	−0,195 274	−1,196 797	−0,195 273	0,336 382
0,17	−0,999 028	−0,270 625	−1,271 596	−0,270 624	0,335 279
0,18	−0,999 379	−0,345 777	−1,346 396	−0,345 775	0,334 575
0,19	−0,999 602	−0,420 801	−1,421 195	−0,420 799	0,334 126
0,20	−0,999 744	−0,495 744	−1,495 994	−0,495 741	0,333 839
0,21	−0,999 834	−0,570 635	−1,570 792	−0,570 630	0,333 656
0,22	−0,999 890	−0,645 493	−1,645 589	−0,645 486	0,333 539
0,23	−0,999 923	−0,720 330	−1,720 385	−0,720 319	0,333 465
0,24	−0,999 941	−0,795 154	−1,795 179	−0,795 137	0,333 417
0,25	−0,999 946	−0,869 969	−1,869 969	−0,869 942	0,333 387
0,25	1,000 054	−0,869 969	−1,869 969	−0,869 942	0,333 387
0,26	1,000 059	−0,944 779	−1,944 753	−0,944 736	0,333 367
0,27	1,000 077	−1,019 585	−2,019 529	−1,019 519	0,333 355
0,28	1,000 110	−1,094 388	−2,094 292	−1,094 285	0,333 347
0,29	1,000 166	−1,169 191	−2,169 034	−1,169 029	0,333 342
0,30	1,000 256	−1,243 992	−2,243 742	−1,243 739	0,333 339
0,31	1,000 398	−1,318 793	−2,318 399	−1,318 397	0,333 337
0,32	1,000 622	−1,393 593	−2,392 974	−1,392 973	0,333 335
0,33	1,000 973	−1,468 394	−2,467 423	−1,467 422	0,333 334
0,34	1,001 524	−1,543 194	−2,541 673	−1,541 673	0,333 334
0,35	1,002 387	−1,617 994	−2,615 612	−1,615 612	0,333 334
0,36	1,003 742	−1,692 794	−2,689 066	−1,689 066	0,333 334
0,37	1,005 868	−1,767 594	−2,761 760	−1,761 760	0,333 334
0,38	1,009 207	−1,842 393	−2,833 271	−1,833 271	0,333 333
0,39	1,014 459	−1,917 193	−2,902 940	−1,902 940	0,333 333
0,40	1,022 742	−1,991 993	−2,969 757	−1,969 757	0,333 333
0,41	1,035 855	−2,066 793	−3,032 179	−2,032 179	0,333 333
0,42	1,056 740	−2,141 593	−3,087 899	−2,087 899	0,333 333
0,43	1,090 331	−2,216 393	−3,133 545	−2,133 545	0,333 333
0,44	1,145 213	−2,291 192	−3,164 392	−2,164 392	0,333 333
0,45	1,237 222	−2,365 992	−3,174 255	−2,174 255	0,333 333
0,46	1,398 355	−2,440 792	−3,155 918	−2,155 918	0,333 333
0,47	1,703 346	−2,515 592	−3,102 672	−2,102 672	0,333 333
0,48	2,375 798	−2,590 392	−3,011 303	−2,011 303	0,333 333
0,49	4,530 888	−2,665 192	−2,885 899	−1,885 899	0,333 333
0,50	∞	−2,739 991	−2,739 991	−1,739 991	0,333 333
	$\overline{\mathrm{sc}}(\zeta,\varkappa)$	$-\mathfrak{z}_2(\zeta,\varkappa)$	$-\mathfrak{z}_4(\zeta,\varkappa)$	$-\mathfrak{z}_6(\zeta,\varkappa)$	$\wp_2(\zeta,\varkappa)$

Tafel III

$\boxed{\varkappa = 0{,}14}$

$\vartheta_5'(0, k) = 0{,}457\,391$ $\qquad \vartheta_6(0, k) = 0{,}457\,391$ $\qquad \vartheta_{\frac{5}{6}}(\tfrac{1}{4}, \varkappa) = 3{,}779\,645$

$\vartheta_4''/\vartheta_4(\varkappa) = 458{,}671\,350$ $\qquad \vartheta_5'''/\vartheta_5'(\varkappa) = 234{,}271\,877$ $\qquad \vartheta_6''/\vartheta_6(\varkappa) = 413{,}791\,454$

$\vartheta_4''/\vartheta_4(k) = 0{,}910\,873$ $\qquad \vartheta_5'''/\vartheta_5'(k) = 0{,}465\,239$ $\qquad \vartheta_6''/\vartheta_6(k) = 0{,}825\,746$

$\vartheta_4''''/\vartheta_4(k) = 0{,}489\,070$ $\qquad \vartheta_5'''''/\vartheta_5'(k) = -0{,}305\,920$ $\qquad \vartheta_6''''/\vartheta_6(k) = 0{,}025\,802$

$\wp_3(\zeta, \varkappa)$	$\wp_5(\zeta, \varkappa)$	$\wp_1'(\zeta, \varkappa)$	$\wp_3'(\zeta, \varkappa)$	$\wp_5'(\zeta, \varkappa)$	
0,333 333	∞	$-\infty$	0,000 000	$-\infty$	0,50
0,333 333	19,862 282	−176,966 974	−0,000 000	−176,966 974	0,49
0,333 333	4,977 749	−22,068 383	−0,000 000	−22,068 383	0,48
0,333 333	2,234 720	−6,477 438	−0,000 000	−6,477 438	0,47
0,333 333	1,288 729	−2,671 963	−0,000 000	−2,671 963	0,46
0,333 333	0,864 051	−1,313 231	−0,000 000	−1,313 231	0,45
0,333 333	0,644 846	−0,713 496	−0,000 000	−0,713 496	0,44
0,333 333	0,522 156	−0,411 758	−0,000 000	−0,411 758	0,43
0,333 333	0,450 034	−0,246 644	−0,000 000	−0,246 644	0,42
0,333 333	0,406 329	−0,151 225	−0,000 000	−0,151 225	0,41
0,333 333	0,379 335	−0,094 095	−0,000 000	−0,094 095	0,40
0,333 333	0,362 460	−0,059 096	−0,000 000	−0,059 097	0,39
0,333 333	0,351 831	−0,037 336	−0,000 000	−0,037 336	0,38
0,333 333	0,345 103	−0,023 677	−0,000 000	−0,023 678	0,37
0,333 333	0,340 831	−0,015 052	−0,000 001	−0,015 052	0,36
0,333 333	0,338 113	−0,009 583	−0,000 001	−0,009 584	0,35
0,333 332	0,336 381	−0,006 107	−0,000 002	−0,006 109	0,34
0,333 332	0,335 277	−0,003 894	−0,000 003	−0,003 897	0,33
0,333 331	0,334 572	−0,002 484	−0,000 005	−0,002 489	0,32
0,333 330	0,334 122	−0,001 585	−0,000 007	−0,001 593	0,31
0,333 328	0,333 833	−0,001 012	−0,000 011	−0,001 023	0,30
0,333 324	0,333 647	−0,000 646	−0,000 018	−0,000 664	0,29
0,333 319	0,333 525	−0,000 412	−0,000 028	−0,000 440	0,28
0,333 311	0,333 443	−0,000 263	−0,000 044	−0,000 307	0,27
0,333 299	0,333 383	−0,000 168	−0,000 068	−0,000 236	0,26
0,333 280	0,333 333	−0,000 107	−0,000 107	−0,000 214	0,25
0,333 280	0,333 333	−0,000 107	−0,000 107	−0,000 214	0,25
0,333 249	0,333 284	−0,000 068	−0,000 168	−0,000 236	0,24
0,333 202	0,333 224	−0,000 044	−0,000 263	−0,000 307	0,23
0,333 127	0,333 141	−0,000 028	−0,000 412	−0,000 440	0,22
0,333 011	0,333 019	−0,000 018	−0,000 645	−0,000 663	0,21
0,332 828	0,332 834	−0,000 011	−0,001 011	−0,001 022	0,20
0,332 542	0,332 545	−0,000 007	−0,001 583	−0,001 590	0,19
0,332 093	0,332 096	−0,000 005	−0,002 478	−0,002 483	0,18
0,331 392	0,331 393	−0,000 003	−0,003 879	−0,003 882	0,17
0,330 294	0,330 295	−0,000 002	−0,006 070	−0,006 072	0,16
0,328 576	0,328 577	−0,000 001	−0,009 492	−0,009 493	0,15
0,325 891	0,325 892	−0,000 001	−0,014 828	−0,014 829	0,14
0,321 701	0,321 701	−0,000 000	−0,023 130	−0,023 130	0,13
0,315 172	0,315 172	−0,000 000	−0,035 992	−0,035 992	0,12
0,305 031	0,305 031	−0,000 000	−0,055 799	−0,055 799	0,11
0,289 355	0,289 355	−0,000 000	−0,086 001	−0,086 001	0,10
0,265 304	0,265 304	−0,000 000	−0,131 350	−0,131 350	0,09
0,228 829	0,228 829	−0,000 000	−0,197 787	−0,197 787	0,08
0,174 502	0,174 502	−0,000 000	−0,291 346	−0,291 346	0,07
0,095 812	0,095 812	−0,000 000	−0,414 808	−0,414 808	0,06
−0,013 378	−0,013 378	−0,000 000	−0,560 468	−0,560 468	0,05
−0,155 261	−0,155 261	−0,000 000	−0,698 813	−0,698 813	0,04
−0,322 004	−0,322 004	−0,000 000	−0,769 471	−0,769 471	0,03
−0,489 500	−0,489 500	−0,000 000	−0,692 680	−0,692 680	0,02
−0,617 955	−0,617 955	−0,000 000	−0,419 913	−0,419 913	0,01
−0,666 667	−0,666 666	0,000 000	0,000 000	0,000 000	0,00
$\wp_4(\zeta, \varkappa)$	$\wp_6(\zeta, \varkappa)$	$-\wp_2'(\zeta, \varkappa)$	$-\wp_4'(\zeta, \varkappa)$	$-\wp_6'(\zeta, \varkappa)$	$\zeta = \dfrac{z}{2K}$

Tafel III

$\sqrt{k} = 1{,}000\,000$ $k = 1{,}000\,000$ $k^2 = 1{,}000\,000$ $\varkappa = 0{,}15$

$\sqrt{k'} = 0{,}010\,643$ $k' = 0{,}000\,113$ $k'^2 = 0{,}000\,000$

$e_1 = -e_3' = 0{,}333\,333$ $e_2 = -e_2' = 0{,}333\,333$ $e_3 = -e_1' = -0{,}666\,667$

$g_2 = g_2' = 1{,}333\,333$ $g_3 = -g_3' = -0{,}296\,296$ $g_3/\sqrt{g_2^3} = -0{,}192\,450$

$\bar{g}_2 = \bar{g}_2' = 1{,}333\,333$ $\bar{g}_3 = -\bar{g}_3' = -0{,}296\,296$ $\bar{g}_3/\sqrt{\bar{g}_2^3} = -0{,}192\,450$

$\zeta = \frac{z}{2K}$	$\vartheta_1(\zeta,\varkappa)$	$\vartheta_3(\zeta,\varkappa)$	$\frac{\partial \ln \vartheta_1(\zeta,\varkappa)}{\partial \zeta}$	$\frac{\partial \ln \vartheta_3(\zeta,\varkappa)}{\partial \zeta}$	$\operatorname{sn}(\zeta,\varkappa)$
0,00	0,000 000	2,581 989	∞	0,000 000	0,000 000
0,01	0,005 786	2,576 587	101,039 027	−0,418 879	0,206 430
0,02	0,011 752	2,560 448	52,052 924	−0,837 758	0,395 986
0,03	0,018 081	2,533 775	36,351 915	−1,256 637	0,556 893
0,04	0,024 960	2,496 899	28,916 577	−1,675 516	0,684 620
0,05	0,032 582	2,450 275	24,732 252	−2,094 395	0,780 714
0,06	0,041 145	2,394 470	22,122 775	−2,513 274	0,850 134
0,07	0,050 857	2,330 155	20,369 289	−2,932 153	0,898 826
0,08	0,061 937	2,258 089	19,114 335	−3,351 031	0,932 277
0,09	0,074 613	2,179 105	18,162 516	−3,769 910	0,954 931
0,10	0,089 122	2,094 093	17,400 156	−4,188 788	0,970 124
0,11	0,105 712	2,003 986	16,758 325	−4,607 666	0,980 247
0,12	0,124 640	1,909 740	16,194 062	−5,026 543	0,986 963
0,13	0,146 169	1,812 319	15,680 095	−5,445 419	0,991 405
0,14	0,170 568	1,712 679	15,198 903	−5,864 294	0,994 338
0,15	0,198 108	1,611 752	14,739 135	−6,283 167	0,996 272
0,16	0,229 056	1,510 432	14,293 404	−6,702 037	0,997 546
0,17	0,263 673	1,409 565	13,856 881	−7,120 902	0,998 385
0,18	0,302 210	1,309 935	13,426 404	−7,539 759	0,998 938
0,19	0,344 899	1,212 259	12,999 899	−7,958 605	0,999 301
0,20	0,391 948	1,117 178	12,576 006	−8,377 434	0,999 540
0,21	0,443 535	1,025 251	12,153 829	−8,796 237	0,999 698
0,22	0,499 801	0,936 956	11,732 781	−9,215 001	0,999 801
0,23	0,560 840	0,852 687	11,312 475	−9,633 704	0,999 869
0,24	0,626 696	0,772 755	10,892 658	−10,052 316	0,999 914
0,25	0,697 352	0,697 391	10,473 162	−10,470 789	0,999 943
0,26	0,772 726	0,626 750	10,053 877	−10,889 051	0,999 963
0,27	0,852 666	0,560 913	9,634 731	−11,306 992	0,999 975
0,28	0,936 941	0,499 900	9,215 676	−11,724 445	0,999 984
0,29	1,025 240	0,443 670	8,796 682	−12,141 156	0,999 989
0,30	1,117 170	0,392 128	8,377 727	−12,556 740	0,999 993
0,31	1,212 253	0,345 140	7,958 798	−12,970 611	0,999 995
0,32	1,309 931	0,302 532	7,539 886	−13,381 877	0,999 997
0,33	1,409 562	0,264 100	7,120 985	−13,789 189	0,999 998
0,34	1,510 430	0,229 619	6,702 092	−14,190 496	0,999 999
0,35	1,611 750	0,198 849	6,283 203	−14,582 688	0,999 999
0,36	1,712 678	0,171 540	5,864 318	−14,961 062	0,999 999
0,37	1,812 319	0,147 436	5,445 435	−15,318 513	1,000 000
0,38	1,909 740	0,126 286	5,026 553	−15,644 350	1,000 000
0,39	2,003 986	0,107 842	4,607 673	−15,922 575	1,000 000
0,40	2,094 093	0,091 866	4,188 792	−16,129 436	1,000 000
0,41	2,179 104	0,078 134	3,769 913	−16,230 113	1,000 000
0,42	2,258 089	0,066 437	3,351 033	−16,174 537	1,000 000
0,43	2,330 155	0,056 582	2,932 154	−15,892 823	1,000 000
0,44	2,394 470	0,048 398	2,513 275	−15,291 898	1,000 000
0,45	2,450 275	0,041 733	2,094 395	−14,256 850	1,000 000
0,46	2,496 899	0,036 459	1,675 516	−12,663 127	1,000 000
0,47	2,533 775	0,032 468	1,256 637	−10,406 909	1,000 000
0,48	2,560 448	0,029 677	0,837 758	−7,455 746	1,000 000
0,49	2,576 587	0,028 027	0,418 879	−3,904 580	1,000 000
0,50	2,581 989	0,027 480	0,000 000	0,000 000	1,000 000
	$\vartheta_2(\zeta,\varkappa)$	$\vartheta_4(\zeta,\varkappa)$	$-\frac{\partial \ln \vartheta_2(\zeta,\varkappa)}{\partial \zeta}$	$-\frac{\partial \ln \vartheta_4(\zeta,\varkappa)}{\partial \zeta}$	$\operatorname{cd}(\zeta,\varkappa)$

Tafel III

$\varkappa = 0{,}15$

$k^2 k'^2 = 0{,}000\,000$	$\eta_1 = -\eta_2' = -0{,}237\,840$	$\eta_1' = -\eta_2 = 0{,}333\,333$
$\pi/KK' = 0{,}190\,986$	$\bar\eta_1 = -\bar\eta_2' = -0{,}142\,347$	$\bar\eta_1' = -\bar\eta_2 = 0{,}333\,333$
$K = 10{,}471\,976$	$E = 1{,}000\,000$	$A = 2{,}000\,000$
$K' = 1{,}570\,796$	$E' = 1{,}570\,796$	$A' = 0{,}000\,000$
$B = 1{,}000\,000$	$C = 8{,}471\,976$	$D = 9{,}471\,976$

$\mathrm{cn}(\zeta,\varkappa)$	$\mathrm{dn}(\zeta,\varkappa)$	$\mathrm{sc}(\zeta,\varkappa)$	$\overline{\mathrm{sn}}(\zeta,\varkappa)$	$\overline{\mathrm{cn}}(\zeta,\varkappa)$	
1,000 000	1,000 000	0,000 000	∞	0,000 000	0,50
0,978 461	0,978 461	0,210 974	4,637 828	−0,206 430	0,49
0,918 257	0,918 257	0,431 236	2,129 358	−0,395 986	0,48
0,830 584	0,830 584	0,670 484	1,238 783	−0,556 893	0,47
0,728 900	0,728 900	0,939 250	0,776 045	−0,684 620	0,46
0,624 888	0,624 888	1,249 367	0,500 164	−0,780 714	0,45
0,526 566	0,526 566	1,614 488	0,326 150	−0,850 134	0,44
0,438 305	0,438 305	2,050 688	0,213 736	−0,898 826	0,43
0,361 745	0,361 745	2,577 170	0,140 365	−0,932 277	0,42
0,296 828	0,296 828	3,217 113	0,092 265	−0,954 931	0,41
0,242 610	0,242 610	3,998 692	0,060 672	−0,970 124	0,40
0,197 777	0,197 777	4,956 314	0,039 904	−0,980 247	0,39
0,160 949	0,160 949	6,132 142	0,026 247	−0,986 963	0,38
0,130 828	0,130 828	7,577 940	0,017 264	−0,991 405	0,37
0,106 263	0,106 263	9,357 360	0,011 356	−0,994 339	0,36
0,086 267	0,086 267	11,548 745	0,007 470	−0,996 273	0,35
0,070 010	0,070 010	14,248 570	0,004 914	−0,997 548	0,34
0,056 805	0,056 805	17,575 698	0,003 232	−0,998 387	0,33
0,046 084	0,046 084	21,676 612	0,002 126	−0,998 941	0,32
0,037 383	0,037 383	26,731 861	0,001 398	−0,999 306	0,31
0,030 322	0,030 322	32,964 015	0,000 920	−0,999 547	0,30
0,024 595	0,024 595	40,647 469	0,000 605	−0,999 708	0,29
0,019 948	0,019 948	50,120 525	0,000 398	−0,999 817	0,28
0,016 179	0,016 179	61,800 309	0,000 262	−0,999 894	0,27
0,013 122	0,013 122	76,201 157	0,000 172	−0,999 951	0,26
0,010 643	0,010 643	93,957 314	0,000 113	−1,000 000	0,25
0,008 632	0,008 632	115,850 96	0,000 075	−1,000 049	0,24
0,007 000	0,007 001	142,846 81	0,000 049	−1,000 106	0,23
0,005 677	0,005 679	176,134 97	0,000 032	−1,000 183	0,22
0,004 604	0,004 606	217,183 93	0,000 021	−1,000 292	0,21
0,003 734	0,003 736	267,806 48	0,000 014	−1,000 453	0,20
0,003 028	0,003 030	330,241 77	0,000 009	−1,000 695	0,19
0,002 455	0,002 458	407,258 15	0,000 006	−1,001 061	0,18
0,001 991	0,001 994	502,283 15	0,000 004	−1,001 615	0,17
0,001 614	0,001 618	619,569 35	0,000 003	−1,002 458	0,16
0,001 308	0,001 313	764,410 11	0,000 002	−1,003 741	0,15
0,001 060	0,001 066	943,426 01	0,000 001	−1,005 694	0,14
0,000 858	0,000 866	↓	0,000 001	−1,008 669	0,13
0,000 695	0,000 704		0,000 000	−1,013 209	0,12
0,000 561	0,000 573		0,000 000	−1,020 151	0,11
0,000 453	0,000 467		0,000 000	−1,030 796	0,10
0,000 364	0,000 382		0,000 000	−1,047 196	0,09
0,000 292	0,000 313		0,000 000	−1,072 642	0,08
0,000 232	0,000 258		0,000 000	−1,112 562	0,07
0,000 183	0,000 215		0,000 000	−1,176 285	0,06
0,000 142	0,000 181		0,000 000	−1,280 878	0,05
0,000 106	0,000 155		0,000 000	−1,460 665	0,04
0,000 076	0,000 136		0,000 000	−1,795 676	0,03
0,000 049	0,000 123		0,000 000	−2,525 344	0,02
0,000 024	0,000 116		0,000 000	−4,844 258	0,01
0,000 000	0,000 113	∞	0,000 000	−∞	0,00
$k'\,\mathrm{sd}(\zeta,\varkappa)$	$k'\,\mathrm{nd}(\zeta,\varkappa)$	$\frac{1}{k'}\,\mathrm{cs}(\zeta,\varkappa)$	$-\overline{\mathrm{cd}}(\zeta,\varkappa)$	$-\overline{\mathrm{sd}}(\zeta,\varkappa)$	$\zeta = \frac{z}{2K}$

Tafel III. (Fortsetzung)

$\vartheta_1'(0,\varkappa) = 0{,}575\,549$	$\vartheta_1'(0,k) = 0{,}027\,480$	$\vartheta_5'(0,\varkappa) = 11{,}157\,777$	$\varkappa = 0{,}15$
$\vartheta_1'''/\vartheta_1'(\varkappa) = 312{,}985\,378$	$\vartheta_2''/\vartheta_2(\varkappa) = -41{,}887\,905$	$\vartheta_3''/\vartheta_3(\varkappa) = -41{,}887\,899$	
$\vartheta_1'''/\vartheta_1'(k) = 0{,}713\,521$	$\vartheta_2''/\vartheta_2(k) = -\ 0{,}095\,493$	$\vartheta_3''/\vartheta_3(k) = -\ 0{,}095\,493$	
$\vartheta_1'''''/\vartheta_1'(k) = 0{,}181\,854$	$\vartheta_2''''/\vartheta_2(k) = 0{,}027\,357$	$\vartheta_3''''/\vartheta_3(k) = 0{,}027\,357$	

$\zeta = \frac{z}{2K}$	$\overline{\mathrm{dn}}(\zeta,\varkappa)$	$\mathfrak{z}_1(\zeta,\varkappa)$	$\mathfrak{z}_3(\zeta,\varkappa)$	$\mathfrak{z}_5(\zeta,\varkappa)$	$\wp_1(\zeta,\varkappa)$
0,00	0,000 000	∞	0,000 000	∞	∞
0,01	−0,206 430	4,774 444	−0,069 813	4,774 444	22,800 170
0,02	−0,395 986	2,385 717	−0,139 626	2,385 717	5,710 696
0,03	−0,556 893	1,586 236	−0,209 440	1,586 236	2,557 786
0,04	−0,684 620	1,181 412	−0,279 253	1,181 412	1,466 875
0,05	−0,780 714	0,931 812	−0,349 066	0,931 812	0,973 982
0,06	−0,850 134	0,757 406	−0,418 879	0,757 406	0,716 979
0,07	−0,898 826	0,623 870	−0,488 692	0,623 870	0,571 127
0,08	−0,932 277	0,514 137	−0,558 505	0,514 137	0,483 895
0,09	−0,954 931	0,418 878	−0,628 318	0,418 878	0,429 953
0,10	−0,970 124	0,332 665	−0,698 132	0,332 665	0,395 874
0,11	−0,980 247	0,252 206	−0,767 945	0,252 206	0,374 042
0,12	−0,986 962	0,175 451	−0,837 758	0,175 452	0,359 927
0,13	−0,991 405	0,101 098	−0,907 571	0,101 099	0,350 747
0,14	−0,994 338	0,028 310	−0,977 384	0,028 310	0,344 754
0,15	−0,996 271	−0,043 456	−1,047 197	−0,043 455	0,340 831
0,16	−0,997 545	−0,114 551	−1,117 009	−0,114 550	0,338 259
0,17	−0,998 383	−0,185 207	−1,186 822	−0,185 205	0,336 571
0,18	−0,998 935	−0,255 574	−1,256 634	−0,255 571	0,335 462
0,19	−0,999 296	−0,325 751	−1,326 446	−0,325 746	0,334 733
0,20	−0,999 533	−0,395 803	−1,396 256	−0,395 796	0,334 254
0,21	−0,999 687	−0,465 774	−1,466 066	−0,465 763	0,333 939
0,22	−0,999 785	−0,535 691	−1,535 874	−0,535 675	0,333 731
0,23	−0,999 845	−0,605 572	−1,605 678	−0,605 548	0,333 595
0,24	−0,999 877	−0,675 430	−1,675 479	−0,675 393	0,333 506
0,25	−0,999 887	−0,745 273	−1,745 273	−0,745 216	0,333 447
0,25	1,000 113	−0,745 273	−1,745 273	−0,745 216	0,333 447
0,26	1,000 123	−0,815 105	−1,815 056	−0,815 019	0,333 408
0,27	1,000 155	−0,884 931	−1,884 825	−0,884 800	0,333 382
0,28	1,000 215	−0,954 753	−1,954 570	−0,954 554	0,333 366
0,29	1,000 313	−1,024 572	−2,024 279	−1,024 269	0,333 355
0,30	1,000 467	−1,094 388	−2,093 935	−1,093 928	0,333 347
0,31	1,000 704	−1,164 204	−2,163 509	−1,163 505	0,333 343
0,32	1,001 067	−1,234 019	−2,232 959	−1,232 956	0,333 339
0,33	1,001 619	−1,303 833	−2,302 220	−1,302 218	0,333 337
0,34	1,002 461	−1,373 647	−2,371 194	−1,371 193	0,333 336
0,35	1,003 743	−1,443 460	−2,439 733	−1,439 732	0,333 335
0,36	1,005 695	−1,513 274	−2,507 612	−1,507 612	0,333 334
0,37	1,008 670	−1,583 087	−2,574 492	−1,574 492	0,333 334
0,38	1,013 210	−1,652 900	−2,639 863	−1,639 863	0,333 334
0,39	1,020 151	−1,722 714	−2,702 961	−1,702 960	0,333 334
0,40	1,030 796	−1,792 527	−2,762 651	−1,762 651	0,333 334
0,41	1,047 196	−1,862 340	−2,817 271	−1,817 271	0,333 333
0,42	1,072 642	−1,932 153	−2,864 430	−1,864 430	0,333 333
0,43	1,112 562	−2,001 966	−2,900 793	−1,900 793	0,333 333
0,44	1,176 285	−2,071 780	−2,921 914	−1,921 914	0,333 333
0,45	1,280 878	−2,141 593	−2,922 307	−1,922 307	0,333 333
0,46	1,460 665	−2,211 406	−2,896 026	−1,896 026	0,333 333
0,47	1,795 676	−2,281 219	−2,838 112	−1,838 112	0,333 333
0,48	2,525 344	−2,351 032	−2,747 018	−1,747 018	0,333 333
0,49	4,844 258	−2,420 846	−2,627 275	−1,627 275	0,333 333
0,50	∞	−2,490 659	−2,490 659	−1,490 659	0,333 333
	$\overline{\mathrm{sc}}(\zeta,\varkappa)$	$-\mathfrak{z}_2(\zeta,\varkappa)$	$-\mathfrak{z}_4(\zeta,\varkappa)$	$-\mathfrak{z}_6(\zeta,\varkappa)$	$\wp_2(\zeta,\varkappa)$

Tafel III

$\varkappa = 0{,}15$			
	$\vartheta_5'(0, k) = 0{,}532\,745$	$\vartheta_6(0, k) = 0{,}532\,745$	$\vartheta_{\substack{5\\6}}(\tfrac{1}{4}, \varkappa) = 3{,}651\,484$
	$\vartheta_4''/\vartheta_4(\varkappa) = 396{,}761\,182$	$\vartheta_5'''/\vartheta_5'(\varkappa) = 187{,}321\,681$	$\vartheta_6''/\vartheta_6(\varkappa) = 354{,}873\,278$
	$\vartheta_4''/\vartheta_4(k) = 0{,}904\,507$	$\vartheta_5'''/\vartheta_5'(k) = 0{,}427\,042$	$\vartheta_6''/\vartheta_6(k) = 0{,}809\,014$
	$\vartheta_4''''/\vartheta_4(k) = 0{,}454\,399$	$\vartheta_5'''''/\vartheta_5'(k) = -0{,}362\,725$	$\vartheta_6''''/\vartheta_6(k) = -0{,}036\,489$

$\wp_3(\zeta, \varkappa)$	$\wp_5(\zeta, \varkappa)$	$\wp_1'(\zeta, \varkappa)$	$\wp_3'(\zeta, \varkappa)$	$\wp_5'(\zeta, \varkappa)$	
0,333 333	∞	−∞	0,000 000	−∞	0,50
0,333 333	22,800 170	−217,670 315	−0,000 000	−217,670 315	0,49
0,333 333	5,710 696	−27,159 381	−0,000 000	−27,159 381	0,48
0,333 333	2,557 786	−7,988 793	−0,000 000	−7,988 793	0,47
0,333 333	1,466 875	−3,311 449	−0,000 000	−3,311 449	0,46
0,333 333	0,973 982	−1,641 186	−0,000 000	−1,641 186	0,45
0,333 333	0,716 979	−0,902 553	−0,000 000	−0,902 553	0,44
0,333 333	0,571 127	−0,529 121	−0,000 000	−0,529 121	0,43
0,333 333	0,483 895	−0,342 997	−0,000 000	−0,322 997	0,42
0,333 333	0,429 953	−0,202 360	−0,000 000	−0,202 361	0,41
0,333 333	0,395 874	−0,128 934	−0,000 000	−0,128 934	0,40
0,333 333	0,374 041	−0,083 057	−0,000 001	−0,083 058	0,39
0,333 333	0,359 926	−0,053 890	−0,000 001	−0,053 891	0,38
0,333 333	0,350 747	−0,035 130	−0,000 001	−0,035 131	0,37
0,333 332	0,344 753	−0,022 971	−0,000 002	−0,022 974	0,36
0,333 332	0,340 829	−0,015 052	−0,000 003	−0,015 055	0,35
0,333 331	0,338 256	−0,009 875	−0,000 005	−0,009 881	0,34
0,333 329	0,336 567	−0,006 485	−0,000 008	−0,006 493	0,33
0,333 327	0,335 456	−0,004 261	−0,000 012	−0,004 273	0,32
0,333 324	0,334 724	−0,002 801	−0,000 018	−0,002 819	0,31
0,333 319	0,334 240	−0,001 841	−0,000 028	−0,001 869	0,30
0,333 312	0,333 917	−0,001 211	−0,000 042	−0,001 253	0,29
0,333 301	0,333 699	−0,000 796	−0,000 064	−0,000 861	0,28
0,333 284	0,333 546	−0,000 524	−0,000 098	−0,000 622	0,27
0,333 259	0,333 431	−0,000 344	−0,000 149	−0,000 494	0,26
0,333 220	0,333 333	−0,000 227	−0,000 227	−0,000 453	0,25
0,333 220	0,333 333	−0,000 227	−0,000 227	−0,000 453	0,25
0,333 161	0,333 236	−0,000 149	−0,000 344	−0,000 493	0,24
0,333 072	0,333 121	−0,000 098	−0,000 523	−0,000 622	0,23
0,332 935	0,332 968	−0,000 064	−0,000 796	−0,000 860	0,22
0,332 728	0,332 750	−0,000 042	−0,001 209	−0,001 252	0,21
0,332 414	0,332 428	−0,000 028	−0,001 838	−0,001 866	0,20
0,331 936	0,331 945	−0,000 018	−0,002 793	−0,002 811	0,19
0,331 210	0,331 216	−0,000 012	−0,004 243	−0,004 255	0,18
0,330 107	0,330 110	−0,000 008	−0,006 443	−0,006 451	0,17
0,328 432	0,328 434	−0,000 005	−0,009 779	−0,009 784	0,16
0,325 891	0,325 893	−0,000 003	−0,014 828	−0,014 832	0,15
0,322 042	0,322 043	−0,000 002	−0,022 456	−0,022 458	0,14
0,316 217	0,316 218	−0,000 001	−0,033 938	−0,033 939	0,13
0,307 429	0,307 429	−0,000 001	−0,051 134	−0,051 135	0,12
0,294 217	0,294 218	−0,000 001	−0,076 686	−0,076 687	0,11
0,274 474	0,274 474	−0,000 000	−0,114 203	−0,114 203	0,10
0,245 226	0,245 226	−0,000 000	−0,168 272	−0,168 273	0,09
0,202 474	0,202 474	−0,000 000	−0,243 994	−0,243 994	0,08
0,141 222	0,141 222	−0,000 000	−0,345 349	−0,345 349	0,07
0,056 062	0,056 062	−0,000 000	−0,471 436	−0,471 436	0,06
−0,057 152	−0,057 152	−0,000 000	−0,609 715	−0,609 715	0,05
−0,197 962	−0,197 962	−0,000 000	−0,727 471	−0,727 471	0,04
−0,356 536	−0,356 536	−0,000 000	−0,768 368	−0,768 368	0,03
−0,509 862	−0,509 862	−0,000 000	−0,667 787	−0,667 787	0,02
−0,624 053	−0,624 053	−0,000 000	−0,395 267	−0,395 267	0,01
−0,666 667	−0,666 666	0,000 000	0,000 000	0,000 000	0,00
$\wp_4(\zeta, \varkappa)$	$\wp_6(\zeta, \varkappa)$	$-\wp_2'(\zeta, \varkappa)$	$-\wp_4'(\zeta, \varkappa)$	$-\wp_6'(\zeta, \varkappa)$	$\zeta = \dfrac{z}{2K}$

Tafel III

$\sqrt{k} = 1{,}000\,000$ $k = 1{,}000\,000$ $k^2 = 1{,}000\,000$ $\varkappa = 0{,}16$

$\sqrt{k'} = 0{,}014\,764$ $k' = 0{,}000\,218$ $k'^2 = 0{,}000\,000$

$e_1 = -e_3' = 0{,}333\,333$ $e_2 = -e_2' = 0{,}333\,333$ $e_3 = -e_1' = -0{,}666\,667$

$g_2 = g_2' = 1{,}333\,333$ $g_3 = -g_3' = -0{,}296\,296$ $g_3/\sqrt{g_2^3} = -0{,}192\,450$

$\bar{g}_2 = \bar{g}_2' = 1{,}333\,332$ $\bar{g}_3 = -\bar{g}_3' = -0{,}296\,297$ $\bar{g}_3/\sqrt{\bar{g}_2^3} = -0{,}192\,451$

$\zeta = \frac{z}{2K}$	$\vartheta_1(\zeta, \varkappa)$	$\vartheta_3(\zeta, \varkappa)$	$\frac{\partial \ln \vartheta_1(\zeta, \varkappa)}{\partial \zeta}$	$\frac{\partial \ln \vartheta_3(\zeta, \varkappa)}{\partial \zeta}$	$\mathrm{sn}(\zeta, \varkappa)$
0,00	0,000 000	2,500 000	∞	0,000 000	0,000 000
0,01	0,007 279	2,495 096	100,889 115	−0,392 699	0,193 865
0,02	0,014 753	2,480 442	51,758 770	−0,785 398	0,373 685
0,03	0,022 617	2,456 209	35,924 218	−1,178 097	0,529 211
0,04	0,031 070	2,422 681	28,369 929	−1,570 796	0,655 794
0,05	0,040 315	2,380 245	24,083 725	−1,963 495	0,753 821
0,06	0,050 559	2,329 386	21,390 480	−2,356 193	0,826 851
0,07	0,062 017	2,270 680	19,571 121	−2,748 892	0,879 702
0,08	0,074 908	2,204 779	18,267 014	−3,141 590	0,917 152
0,09	0,089 460	2,132 399	17,280 976	−3,534 288	0,943 296
0,10	0,105 906	2,054 313	16,497 244	−3,926 985	0,961 356
0,11	0,124 484	1,971 329	15,844 756	−4,319 681	0,973 741
0,12	0,145 436	1,884 284	15,278 536	−4,712 376	0,982 193
0,13	0,169 006	1,794 023	14,769 523	−5,105 069	0,987 942
0,14	0,195 440	1,701 391	14,298 671	−5,497 759	0,991 842
0,15	0,224 976	1,607 219	13,853 375	−5,890 444	0,994 484
0,16	0,257 850	1,512 309	13,425 240	−6,283 123	0,996 272
0,17	0,294 282	1,417 427	13,008 650	−6,675 792	0,997 481
0,18	0,334 479	1,323 291	12,599 835	−7,068 447	0,998 299
0,19	0,378 627	1,230 566	12,196 262	−7,461 080	0,998 851
0,20	0,426 884	1,139 854	11,796 223	−7,853 681	0,999 224
0,21	0,479 375	1,051 692	11,398 570	−8,246 236	0,999 476
0,22	0,536 190	0,966 548	11,002 526	−8,638 721	0,999 646
0,23	0,597 371	0,884 818	10,607 569	−9,031 103	0,999 761
0,24	0,662 912	0,806 827	10,213 346	−9,423 333	0,999 839
0,25	0,732 752	0,732 832	9,819 617	−9,815 337	0,999 891
0,26	0,806 768	0,663 019	9,426 223	−10,207 007	0,999 926
0,27	0,884 774	0,597 514	9,033 055	−10,598 183	0,999 950
0,28	0,966 515	0,536 380	8,640 039	−10,988 625	0,999 966
0,29	1,051 668	0,479 627	8,247 126	−11,377 982	0,999 977
0,30	1,139 837	0,427 215	7,854 282	−11,765 734	0,999 985
0,31	1,230 553	0,379 063	7,461 485	−12,151 108	0,999 990
0,32	1,323 282	0,335 049	7,068 720	−12,532 963	0,999 993
0,33	1,417 420	0,295 025	6,675 977	−12,909 614	0,999 995
0,34	1,512 304	0,258 814	6,283 248	−13,278 571	0,999 997
0,35	1,607 216	0,226 224	5,890 528	−13,636 161	0,999 998
0,36	1,701 389	0,197 047	5,497 816	−13,976 980	0,999 999
0,37	1,794 021	0,171 069	5,105 107	−14,293 099	0,999 999
0,38	1,884 282	0,148 072	4,712 402	−14,572 933	0,999 999
0,39	1,971 328	0,127 841	4,319 699	−14,799 676	1,000 000
0,40	2,054 312	0,110 163	3,926 997	−14,949 183	1,000 000
0,41	2,132 399	0,094 838	3,534 296	−14,987 277	1,000 000
0,42	2,204 778	0,081 675	3,141 595	−14,866 652	1,000 000
0,43	2,270 680	0,070 497	2,748 895	−14,524 008	1,000 000
0,44	2,329 386	0,061 146	2,356 196	−13,878 981	1,000 000
0,45	2,380 245	0,053 481	1,963 496	−12,837 755	1,000 000
0,46	2,422 681	0,047 378	1,570 797	−11,305 693	1,000 000
0,47	2,456 209	0,042 738	1,178 098	−9,212 937	1,000 000
0,48	2,480 442	0,039 480	0,785 398	−6,551 885	1,000 000
0,49	2,495 096	0,037 549	0,392 699	−3,413 823	1,000 000
0,50	2,500 000	0,036 909	0,000 000	0,000 000	1,000 000
	$\vartheta_2(\zeta, \varkappa)$	$\vartheta_4(\zeta, \varkappa)$	$-\frac{\partial \ln \vartheta_2(\zeta, \varkappa)}{\partial \zeta}$	$-\frac{\partial \ln \vartheta_4(\zeta, \varkappa)}{\partial \zeta}$	$\mathrm{cd}(\zeta, \varkappa)$

Tafel III

$\varkappa = 0{,}16$			
$k^2 k'^2 = 0{,}000\,000$	$\eta_1 = -\eta_2' = -0{,}231\,474$	$\eta_1' = -\eta_2 = 0{,}333\,333$
$\pi/KK' = 0{,}203\,718$	$\bar\eta_1 = -\bar\eta_2' = -0{,}129\,615$	$\bar\eta_1' = -\bar\eta_2 = 0{,}333\,333$
$K = 9{,}817\,477$	$E = 1{,}000\,000$	$A = 2{,}000\,000$
$K' = 1{,}570\,796$	$E' = 1{,}570\,796$	$A' = 0{,}000\,000$
$B = 1{,}000\,000$	$C = 7{,}817\,478$	$D = 8{,}817\,477$

$\mathrm{cn}(\zeta, \varkappa)$	$\mathrm{dn}(\zeta, \varkappa)$	$\mathrm{sc}(\zeta, \varkappa)$	$\overline{\mathrm{sn}}(\zeta, \varkappa)$	$\overline{\mathrm{cn}}(\zeta, \varkappa)$	
1,000 000	1,000 000	0,000 000	∞	0,000 000	0,50
0,981 028	0,981 028	0,197 614	4,964 376	−0,193 865	0,49
0,927 556	0,927 556	0,402 870	2,302 368	−0,373 685	0,48
0,848 490	0,848 490	0,623 709	1,360 394	−0,529 211	0,47
0,754 940	0,754 940	0,868 671	0,869 074	−0,655 794	0,46
0,657 079	0,657 079	1,147 230	0,572 752	−0,753 822	0,45
0,562 421	0,562 421	1,470 162	0,382 557	−0,826 851	0,44
0,475 526	0,475 526	1,849 955	0,257 047	−0,879 702	0,43
0,398 537	0,398 537	2,301 299	0,173 179	−0,917 152	0,42
0,331 953	0,331 953	2,841 651	0,116 817	−0,943 296	0,41
0,275 309	0,275 309	3,491 910	0,078 842	−0,961 356	0,40
0,227 657	0,227 657	4,277 226	0,053 225	−0,973 742	0,39
0,187 873	0,187 873	5,227 974	0,035 936	−0,982 194	0,38
0,154 827	0,154 827	6,380 925	0,024 264	−0,987 943	0,37
0,127 475	0,127 475	7,780 674	0,016 384	−0,991 843	0,36
0,104 888	0,104 889	9,481 358	0,011 063	−0,994 486	0,35
0,086 267	0,086 267	11,548 758	0,007 470	−0,996 275	0,34
0,070 930	0,070 931	14,062 837	0,005 044	−0,997 486	0,33
0,058 309	0,058 309	17,120 837	0,003 406	−0,998 306	0,32
0,047 927	0,047 928	20,841 041	0,002 300	−0,998 861	0,31
0,039 390	0,039 391	25,367 353	0,001 553	−0,999 239	0,30
0,032 372	0,032 373	30,874 863	0,001 049	−0,999 499	0,29
0,026 603	0,026 604	37,576 636	0,000 708	−0,999 680	0,28
0,021 861	0,021 863	45,731 969	0,000 478	−0,999 811	0,27
0,017 965	0,017 966	55,656 446	0,000 323	−0,999 912	0,26
0,014 762	0,014 764	67,734 208	0,000 218	−1,000 000	0,25
0,012 130	0,012 133	82,432 914	0,000 147	−1,000 088	0,24
0,009 967	0,009 970	100,322 01	0,000 099	−1,000 189	0,23
0,008 190	0,008 193	122,095 10	0,000 067	−1,000 320	0,22
0,006 729	0,006 733	148,597 36	0,000 045	−1,000 502	0,21
0,005 529	0,005 534	180,859 35	0,000 031	−1,000 761	0,20
0,004 542	0,004 548	220,138 86	0,000 021	−1,001 140	0,19
0,003 732	0,003 738	267,973 06	0,000 014	−1,001 697	0,18
0,003 065	0,003 073	326,244 49	0,000 009	−1,002 520	0,17
0,002 517	0,002 527	397,265 50	0,000 006	−1,003 739	0,16
0,002 067	0,002 078	483,888 81	0,000 004	−1,005 544	0,15
0,001 696	0,001 710	589,656 29	0,000 003	−1,008 224	0,14
0,001 391	0,001 408	719,005 94	0,000 002	−1,012 205	0,13
0,001 140	0,001 160	877,571 94	0,000 001	−1,018 129	0,12
0,000 932	0,000 957		0,000 001	−1,026 966	0,11
0,000 761	0,000 791		0,000 001	−1,040 197	0,10
0,000 619	0,000 656		0,000 000	−1,060 113	0,09
0,000 502	0,000 547		0,000 000	−1,090 331	0,08
0,000 403	0,000 458		0,000 000	−1,136 749	0,07
0,000 320	0,000 387		0,000 000	−1,209 408	0,06
0,000 250	0,000 331		0,000 000	−1,326 574	0,05
0,000 189	0,000 289		0,000 000	−1,524 869	0,04
0,000 136	0,000 257		0,000 000	−1,889 605	0,03
0,000 088	0,000 235		0,000 000	−2,676 052	0,02
0,000 043	0,000 222	↓	0,000 000	−5,158 240	0,01
0,000 000	0,000 218	∞	0,000 000	$-\infty$	0,00
$k'\,\mathrm{sd}(\zeta, \varkappa)$	$k'\,\mathrm{nd}(\zeta, \varkappa)$	$\frac{1}{k'}\,\mathrm{cs}(\zeta, \varkappa)$	$-\overline{\mathrm{cd}}(\zeta, \varkappa)$	$-\overline{\mathrm{sd}}(\zeta, \varkappa)$	$\zeta = \frac{z}{2K}$

Tafel III. (Fortsetzung)

$\vartheta_1'(0,\varkappa) = 0{,}724\,706$	$\vartheta_1'(0,k) = 0{,}036\,909$	$\vartheta_5'(0,\varkappa) = 11{,}928\,776$
$\vartheta_1'''/\vartheta_1'(\varkappa) = 267{,}721\,697$	$\vartheta_2''/\vartheta_2(\varkappa) = -39{,}269\,917$	$\vartheta_3''/\vartheta_3(\varkappa) = -39{,}269\,899$
$\vartheta_1'''/\vartheta_1'(k) = 0{,}694\,422$	$\vartheta_2''/\vartheta_2(k) = -\ 0{,}101\,859$	$\vartheta_3''/\vartheta_3(k) = -\ 0{,}101\,859$
$\vartheta_1'''''/\vartheta_1'(k) = 0{,}137\,038$	$\vartheta_2''''/\vartheta_2(k) = 0{,}031\,126$	$\vartheta_3''''/\vartheta_3(k) = 0{,}031\,126$

$\varkappa = 0{,}16$

$\zeta = \frac{z}{2K}$	$\overline{\mathrm{dn}}(\zeta,\varkappa)$	$\mathfrak{z}_1(\zeta,\varkappa)$	$\mathfrak{z}_3(\zeta,\varkappa)$	$\mathfrak{z}_5(\zeta,\varkappa)$	$\wp_1(\zeta,\varkappa)$
0,00	0,000 000	∞	0,000 000	∞	∞
0,01	−0,193 865	5,092 790	−0,065 450	5,092 790	25,940 777
0,02	−0,373 685	2,545 153	−0,130 900	2,545 153	6,494 590
0,03	−0,529 211	1,693 256	−0,196 350	1,693 256	2,903 942
0,04	−0,655 794	1,263 069	−0,261 799	1,263 069	1,658 558
0,05	−0,753 821	0,999 325	−0,327 249	0,999 325	1,093 132
0,06	−0,826 851	0,816 709	−0,392 699	0,816 709	0,796 002
0,07	−0,879 702	0,678 600	−0,458 149	0,678 600	0,625 532
0,08	−0,917 152	0,566 733	−0,523 599	0,566 733	0,522 156
0,09	−0,943 296	0,471 064	−0,589 048	0,471 064	0,457 173
0,10	−0,961 355	0,385 699	−0,654 498	0,385 700	0,415 345
0,11	−0,973 741	0,307 018	−0,719 948	0,307 019	0,387 994
0,12	−0,982 193	0,232 731	−0,785 397	0,232 732	0,369 921
0,13	−0,987 941	0,161 358	−0,850 847	0,161 359	0,357 894
0,14	−0,991 840	0,091 927	−0,916 296	0,091 929	0,349 852
0,15	−0,994 482	0,023 799	−0,981 746	0,023 801	0,344 457
0,16	−0,996 269	−0,043 456	−1,047 194	−0,043 453	0,340 831
0,17	−0,997 477	−0,110 122	−1,112 643	−0,110 118	0,338 390
0,18	−0,998 292	−0,176 393	−1,178 090	−0,176 386	0,336 745
0,19	−0,998 840	−0,242 397	−1,243 537	−0,242 386	0,335 636
0,20	−0,999 209	−0,308 220	−1,308 982	−0,308 205	0,334 887
0,21	−0,999 453	−0,373 922	−1,374 424	−0,373 900	0,334 382
0,22	−0,999 613	−0,439 543	−1,439 863	−0,439 509	0,334 042
0,23	−0,999 711	−0,505 107	−1,505 297	−0,505 058	0,333 811
0,24	−0,999 765	−0,570 635	−1,570 723	−0,570 561	0,333 656
0,25	−0,999 782	−0,636 137	−1,636 137	−0,636 028	0,333 551
0,25	1,000 218	−0,636 137	−1,636 137	−0,636 028	0,333 551
0,26	1,000 235	−0,701 622	−1,701 535	−0,701 461	0,333 481
0,27	1,000 289	−0,767 096	−1,766 907	−0,766 857	0,333 433
0,28	1,000 388	−0,832 562	−1,832 242	−0,832 208	0,333 400
0,29	1,000 547	−0,898 023	−1,897 521	−0,897 499	0,333 379
0,30	1,000 792	−0,963 480	−1,962 719	−0,962 704	0,333 364
0,31	1,001 161	−1,028 935	−2,027 796	−1,027 786	0,333 354
0,32	1,001 711	−1,094 388	−2,092 694	−1,092 687	0,333 347
0,33	1,002 530	−1,159 840	−2,157 326	−1,157 322	0,333 343
0,34	1,003 745	−1,225 292	−2,221 567	−1,221 564	0,333 340
0,35	1,005 549	−1,290 742	−2,285 229	−1,285 227	0,333 338
0,36	1,008 227	−1,356 193	−2,348 036	−1,348 035	0,333 336
0,37	1,012 207	−1,421 643	−2,409 586	−1,409 585	0,333 335
0,38	1,018 130	−1,487 093	−2,469 288	−1,469 287	0,333 335
0,39	1,026 967	−1,552 544	−2,526 285	−1,526 285	0,333 334
0,40	1,040 198	−1,617 994	−2,579 349	−1,579 349	0,333 334
0,41	1,060 113	−1,683 443	−2,626 739	−1,626 739	0,333 334
0,42	1,090 332	−1,748 893	−2,665 046	−1,666 046	0,333 334
0,43	1,136 749	−1,814 343	−2,694 045	−1,694 045	0,333 334
0,44	1,209 408	−1,879 793	−2,706 644	−1,706 644	0,333 333
0,45	1,326 574	−1,945 243	−2,699 065	−1,699 065	0,333 333
0,46	1,524 869	−2,010 693	−2,666 487	−1,666 487	0,333 333
0,47	1,889 605	−2,076 143	−2,605 354	−1,605 354	0,333 333
0,48	2,676 052	−2,141 593	−2,515 277	−1,515 278	0,333 333
0,49	5,158 240	−2,207 042	−2,400 907	−1,400 907	0,333 333
0,50	∞	−2,272 492	−2,272 492	−1,272 493	0,333 333
	$\overline{\mathrm{sc}}(\zeta,\varkappa)$	$-\mathfrak{z}_2(\zeta,\varkappa)$	$-\mathfrak{z}_4(\zeta,\varkappa)$	$-\mathfrak{z}_6(\zeta,\varkappa)$	$\wp_2(\zeta,\varkappa)$

Tafel III

$\varkappa = 0{,}16$		
$\vartheta_5'(0,k) = 0{,}607\,528$	$\vartheta_6(0,k) = 0{,}607\,528$	$\vartheta_{\substack{5\\6}}(\tfrac{1}{4},\varkappa) = 3{,}535\,534$
$\vartheta_4''/\vartheta_4(\varkappa) = 346{,}261\,514$	$\vartheta_5'''/\vartheta_5'(\varkappa) = 149{,}912\,000$	$\vartheta_6''/\vartheta_6(\varkappa) = 306{,}991\,596$
$\vartheta_4''/\vartheta_4(k) = 0{,}898\,141$	$\vartheta_5'''/\vartheta_5'(k) = 0{,}388\,845$	$\vartheta_6''/\vartheta_6(k) = 0{,}796\,282$
$\vartheta_4''''/\vartheta_4(k) = 0{,}419\,971$	$\vartheta_5'''''/\vartheta_5'(k) = -0{,}414\,665$	$\vartheta_6''''/\vartheta_6(k) = -0{,}097\,807$

$\wp_3(\zeta,\varkappa)$	$\wp_5(\zeta,\varkappa)$	$\wp_1'(\zeta,\varkappa)$	$\wp_3'(\zeta,\varkappa)$	$\wp_5'(\zeta,\varkappa)$	
0,333 333	∞	$-\infty$	0,000 000		0,50
0,333 333	25,940 777	−264,178 699	−0,000 000	−264,178 699	0,49
0,333 333	6,494 590	−32,975 693	−0,000 000	−32,975 693	0,48
0,333 333	2,903 942	−9,714 871	−0,000 000	−9,714 871	0,47
0,333 333	1,658 558	−4,041 586	−0,000 000	−4,041 586	0,46
0,333 333	1,093 132	−2,015 858	−0,000 000	−2,015 858	0,45
0,333 333	0,796 001	−1,119 109	−0,000 000	−1,119 110	0,44
0,333 333	0,625 531	−0,664 312	−0,000 000	−0,664 313	0,43
0,333 333	0,522 156	−0,411 758	−0,000 001	−0,411 759	0,42
0,333 333	0,457 172	−0,262 567	−0,000 001	−0,262 568	0,41
0,333 333	0,415 344	−0,170 616	−0,000 001	−0,170 617	0,40
0,333 332	0,387 993	−0,112 270	−0,000 002	−0,112 271	0,39
0,333 332	0,369 920	−0,074 502	−0,000 003	−0,074 504	0,38
0,333 331	0,357 892	−0,049 720	−0,000 004	−0,049 724	0,37
0,333 330	0,349 849	−0,033 308	−0,000 006	−0,033 314	0,36
0,333 329	0,344 453	−0,022 371	−0,000 009	−0,022 380	0,35
0,333 327	0,340 825	−0,015 052	−0,000 013	−0,015 064	0,34
0,333 324	0,338 381	−0,010 139	−0,000 019	−0,010 158	0,33
0,333 319	0,336 731	−0,006 835	−0,000 028	−0,006 863	0,32
0,333 313	0,335 615	−0,004 610	−0,000 041	−0,004 651	0,31
0,333 303	0,334 857	−0,003 110	−0,000 061	−0,003 172	0,30
0,333 288	0,334 337	−0,002 099	−0,000 091	−0,002 190	0,29
0,333 266	0,333 974	−0,001 417	−0,000 134	−0,001 551	0,28
0,333 234	0,333 712	−0,000 957	−0,000 199	−0,001 155	0,27
0,333 186	0,333 509	−0,000 646	−0,000 294	−0,000 940	0,26
0,333 115	0,333 333	−0,000 436	−0,000 436	−0,000 872	0,25
0,333 115	0,333 333	−0,000 436	−0,000 436	−0,000 872	0,25
0,333 011	0,333 158	−0,000 294	−0,000 645	−0,000 940	0,24
0,332 855	0,332 955	−0,000 199	−0,000 956	−0,001 154	0,23
0,332 626	0,332 693	−0,000 134	−0,001 415	−0,001 549	0,22
0,332 285	0,332 331	−0,000 091	−0,002 095	−0,002 185	0,21
0,331 782	0,331 812	−0,000 061	−0,003 101	−0,003 162	0,20
0,331 036	0,331 057	−0,000 041	−0,004 589	−0,004 630	0,19
0,329 933	0,329 947	−0,000 028	−0,006 788	−0,006 816	0,18
0,328 302	0,328 312	−0,000 019	−0,010 037	−0,010 056	0,17
0,325 891	0,325 898	−0,000 013	−0,014 828	−0,014 841	0,16
0,322 332	0,322 336	−0,000 009	−0,021 882	−0,021 890	0,15
0,317 083	0,317 086	−0,000 006	−0,032 235	−0,032 241	0,14
0,309 362	0,309 364	−0,000 004	−0,047 365	−0,047 369	0,13
0,298 037	0,298 039	−0,000 003	−0,069 335	−0,069 338	0,12
0,281 506	0,281 506	−0,000 002	−0,100 934	−0,100 936	0,11
0,257 538	0,257 539	−0,000 001	−0,145 732	−0,145 734	0,10
0,223 140	0,223 141	−0,000 001	−0,207 889	−0,207 890	0,09
0,174 502	0,174 502	−0,000 001	−0,291 346	−0,291 346	0,08
0,107 208	0,107 209	−0,000 000	−0,397 845	−0,397 845	0,07
0,017 015	0,017 016	−0,000 000	−0,523 095	−0,523 096	0,06
−0,098 420	−0,098 420	−0,000 000	−0,650 930	−0,650 930	0,05
−0,236 601	−0,236 600	−0,000 000	−0,747 519	−0,747 519	0,04
−0,386 602	−0,386 602	−0,000 000	−0,761 996	−0,761 996	0,03
−0,527 026	−0,527 026	−0,000 000	−0,643 007	−0,643 007	0,02
−0,629 083	−0,629 083	−0,000 000	−0,373 157	−0,373 157	0,01
−0,666 667	−0,666 666	0,000 000	0,000 000	0,000 000	0,00
$\wp_4(\zeta,\varkappa)$	$\wp_6(\zeta,\varkappa)$	$-\wp_2'(\zeta,\varkappa)$	$-\wp_4'(\zeta,\varkappa)$	$-\wp_6'(\zeta,\varkappa)$	$\zeta = \dfrac{z}{2K}$

Tafel III

$\sqrt{k} = 1{,}000\,000$	$k = 1{,}000\,000$	$k^2 = 1{,}000\,000$
$\sqrt{k'} = 0{,}019\,706$	$k' = 0{,}000\,388$	$k'^2 = 0{,}000\,000$
$e_1 = -e_3' = 0{,}333\,333$	$e_2 = -e_2' = 0{,}333\,333$	$e_3 = -e_1' = -0{,}666\,667$
$g_2 = g_2' = 1{,}333\,333$	$g_3 = -g_3' = -0{,}296\,296$	$g_3/\sqrt{g_2^3} = -0{,}192\,450$
$\bar{g}_2 = \bar{g}_2' = 1{,}333\,330$	$\bar{g}_3 = -\bar{g}_3' = -0{,}296\,298$	$\bar{g}_3/\sqrt{\bar{g}_2^3} = -0{,}192\,452$

$\varkappa = 0{,}17$

$\zeta = \frac{z}{2K}$	$\vartheta_1(\zeta,\varkappa)$	$\vartheta_3(\zeta,\varkappa)$	$\frac{\partial \ln\vartheta_1(\zeta,\varkappa)}{\partial\zeta}$	$\frac{\partial \ln\vartheta_3(\zeta,\varkappa)}{\partial\zeta}$	$\mathrm{sn}(\zeta,\varkappa)$
0,00	0,000 000	2,425 356	∞	0,000 000	0,000 000
0,01	0,008 866	2,420 878	100,766 180	−0,369 599	0,182 724
0,02	0,017 936	2,407 494	51,517 059	−0,739 198	0,353 641
0,03	0,027 415	2,385 351	35,571 634	−1,108 796	0,503 810
0,04	0,037 510	2,354 693	27,917 368	−1,478 395	0,628 660
0,05	0,048 429	2,315 854	23,544 122	−1,847 994	0,727 783
0,06	0,060 385	2,269 253	20,777 811	−2,217 592	0,803 637
0,07	0,073 595	2,215 386	18,899 487	−2,587 189	0,860 066
0,08	0,088 277	2,154 819	17,549 899	−2,956 786	0,901 167
0,09	0,104 655	2,088 176	16,530 727	−3,326 383	0,930 646
0,10	0,122 953	2,016 129	15,724 769	−3,695 977	0,951 557
0,11	0,143 399	1,939 386	15,059 399	−4,065 570	0,966 273
0,12	0,166 219	1,858 682	14,488 101	−4,435 160	0,976 572
0,13	0,191 637	1,774 765	13,980 385	−4,804 746	0,983 752
0,14	0,219 874	1,688 386	13,515 941	−5,174 326	0,988 744
0,15	0,251 142	1,600 285	13,081 084	−5,543 898	0,992 209
0,16	0,285 643	1,511 186	12,666 525	−5,913 457	0,994 609
0,17	0,323 564	1,421 784	12,265 921	−6,282 999	0,996 272
0,18	0,365 072	1,332 738	11,874 928	−6,652 515	0,997 422
0,19	0,410 312	1,244 660	11,490 560	−7,021 993	0,998 218
0,20	0,459 400	1,158 117	11,110 762	−7,391 417	0,998 768
0,21	0,512 419	1,073 618	10,534 119	−7,760 764	0,999 149
0,22	0,569 416	0,991 616	10,359 653	−8,129 997	0,999 412
0,23	0,630 392	0,912 502	9,986 693	−8,499 067	0,999 593
0,24	0,695 303	0,836 608	9,614 771	−8,867 900	0,999 719
0,25	0,764 055	0,764 203	9,243 567	−9,236 391	0,999 806
0,26	0,836 495	0,695 499	8,872 859	−9,604 386	0,999 866
0,27	0,912 417	0,630 648	8,502 494	−9,971 664	0,999 907
0,28	0,991 552	0,569 751	8,132 365	−10,337 905	0,999 936
0,29	1,073 571	0,512 856	7,762 400	−10,702 645	0,999 956
0,30	1,158 082	0,459 966	7,392 548	−11,065 214	0,999 969
0,31	1,244 634	0,411 044	7,022 774	−11,424 646	0,999 979
0,32	1,332 718	0,366 016	6,653 054	−11,779 540	0,999 985
0,33	1,421 770	0,324 775	6,283 372	−12,127 880	0,999 990
0,34	1,511 176	0,287 192	5,913 715	−12,466 756	0,999 993
0,35	1,600 277	0,253 115	5,544 076	−12,791 986	0,999 995
0,36	1,688 380	0,222 377	5,174 449	−13,097 565	0,999 997
0,37	1,774 761	0,194 802	4,804 831	−13,374 910	0,999 998
0,38	1,858 679	0,170 206	4,435 219	−13,611 820	0,999 998
0,39	1,939 384	0,148 404	4,065 611	−13,791 089	0,999 999
0,40	2,016 127	0,129 213	3,696 005	−13,888 738	0,999 999
0,41	2,088 175	0,112 454	3,326 402	−13,871 913	0,999 999
0,42	2,154 819	0,097 959	2,956 800	−13,696 737	1,000 000
0,43	2,215 386	0,085 569	2,587 199	−13,306 783	1,000 000
0,44	2,269 253	0,075 140	2,217 598	−12,633 580	1,000 000
0,45	2,315 854	0,066 543	1,847 998	−11,601 407	1,000 000
0,46	2,354 693	0,059 666	1,478 398	−10,139 223	1,000 000
0,47	2,385 351	0,054 416	1,108 798	−8,201 584	1,000 000
0,48	2,407 494	0,050 719	0,739 199	−5,796 073	1,000 000
0,49	2,420 878	0,048 522	0,369 599	−3,007 137	1,000 000
0,50	2,425 356	0,047 794	0,000 000	0,000 000	1,000 000
	$\vartheta_2(\zeta,\varkappa)$	$\vartheta_4(\zeta,\varkappa)$	$-\frac{\partial \ln\vartheta_2(\zeta,\varkappa)}{\partial\zeta}$	$-\frac{\partial \ln\vartheta_4(\zeta,\varkappa)}{\partial\zeta}$	$\mathrm{cd}(\zeta,\varkappa)$

Tafel III

$\varkappa = 0{,}17$

$k^2 k'^2 = 0{,}000\,000$	$\eta_1 = -\eta_2' = -0{,}225\,108$	$\eta_1' = -\eta_2 = 0{,}333\,333$
$\pi/KK' = 0{,}216\,451$	$\bar{\eta}_1 = -\bar{\eta}_2' = -0{,}116\,883$	$\bar{\eta}_1' = -\bar{\eta}_2 = 0{,}333\,333$
$K = 9{,}239\,979$	$E = 1{,}000\,001$	$A = 1{,}999\,999$
$K' = 1{,}570\,796$	$E' = 1{,}570\,796$	$A' = 0{,}000\,000$
$B = 0{,}999\,999$	$C = 7{,}239\,981$	$D = 8{,}239\,979$

$\mathrm{cn}(\zeta, \varkappa)$	$\mathrm{dn}(\zeta, \varkappa)$	$\mathrm{sc}(\zeta, \varkappa)$	$\overline{\mathrm{sn}}(\zeta, \varkappa)$	$\overline{\mathrm{cn}}(\zeta, \varkappa)$	
1,000 000	1,000 000	0,000 000	∞	0,000 000	0,50
0,983 164	0,983 164	0,185 853	5,290 004	−0,182 724	0,49
0,935 381	0,935 381	0,378 072	2,474 085	−0,353 641	0,48
0,863 814	0,863 815	0,583 238	1,481 067	−0,503 810	0,47
0,777 680	0,777 680	0,808 379	0,962 023	−0,628 661	0,46
0,685 807	0,685 807	1,061 207	0,646 252	−0,727 783	0,45
0,595 120	0,595 120	1,350 378	0,440 706	−0,803 637	0,44
0,510 183	0,510 183	1,685 798	0,302 636	−0,860 066	0,43
0,433 472	0,433 472	2,078 953	0,208 505	−0,901 167	0,42
0,365 919	0,365 920	2,543 308	0,143 876	−0,930 647	0,41
0,307 473	0,307 473	3,094 767	0,099 353	−0,951 558	0,40
0,257 520	0,257 520	3,752 217	0,068 632	−0,966 274	0,39
0,215 191	0,215 191	4,538 174	0,047 418	−0,976 574	0,38
0,179 531	0,179 532	5,479 557	0,032 764	−0,983 754	0,37
0,149 615	0,149 615	6,608 606	0,022 639	−0,988 748	0,36
0,124 587	0,124 587	7,963 991	0,015 644	−0,992 213	0,35
0,103 690	0,103 691	9,592 133	0,010 810	−0,994 617	0,34
0,086 266	0,086 267	11,548 798	0,007 470	−0,996 282	0,33
0,071 752	0,071 753	13,901 004	0,005 162	−0,997 437	0,32
0,059 669	0,059 670	16,729 324	0,003 567	−0,998 239	0,31
0,049 614	0,049 616	20,130 642	0,002 465	−0,998 799	0,30
0,041 251	0,041 252	24,221 484	0,001 703	−0,999 193	0,29
0,034 294	0,034 297	29,142 019	0,001 177	−0,999 476	0,28
0,028 510	0,028 513	35,060 878	0,000 813	−0,999 686	0,27
0,023 701	0,023 704	42,180 965	0,000 562	−0,999 853	0,26
0,019 702	0,019 706	50,746 469	0,000 388	−1,000 000	0,25
0,016 377	0,016 382	61,051 332	0,000 268	−1,000 147	0,24
0,013 613	0,013 619	73,449 504	0,000 185	−1,000 314	0,23
0,011 316	0,011 323	88,367 386	0,000 128	−1,000 525	0,22
0,009 405	0,009 413	106,319 00	0,000 089	−1,000 808	0,21
0,007 817	0,007 827	127,924 59	0,000 061	−1,001 202	0,20
0,006 496	0,006 508	153,933 54	0,000 042	−1,001 764	0,19
0,005 398	0,005 412	185,253 10	0,000 029	−1,002 570	0,18
0,004 485	0,004 501	222,984 60	0,000 020	−1,003 732	0,17
0,003 725	0,003 745	268,470 43	0,000 014	−1,005 413	0,16
0,003 093	0,003 117	323,356 00	0,000 010	−1,007 848	0,15
0,002 566	0,002 595	389,674 34	0,000 007	−1,011 380	0,14
0,002 128	0,002 163	469,965 77	0,000 005	−1,016 514	0,13
0,001 762	0,001 805	567,453 75	0,000 003	−1,023 988	0,12
0,001 457	0,001 508	686,315 28	0,000 002	−1,034 903	0,11
0,001 202	0,001 263	832,115 53	0,000 002	−1,050 909	0,10
0,000 988	0,001 061	↓	0,000 001	−1,074 521	0,09
0,000 807	0,000 896		0,000 001	−1,109 672	0,08
0,000 655	0,000 761		0,000 000	−1,162 702	0,07
0,000 524	0,000 653		0,000 000	−1,244 343	0,06
0,000 412	0,000 566		0,000 000	−1,374 035	0,05
0,000 314	0,000 499		0,000 000	−1,590 683	0,04
0,000 226	0,000 450		0,000 000	−1,984 876	0,03
0,000 147	0,000 415		0,000 000	−2,827 726	0,02
0,000 072	0,000 395		0,000 000	−5,472 728	0,01
0,000 000	0,000 388	∞	0,000 000	−∞	0,00
$k'\,\mathrm{sd}(\zeta, \varkappa)$	$k'\,\mathrm{nd}(\zeta, \varkappa)$	$\frac{1}{k'}\,\mathrm{cs}(\zeta, \varkappa)$	$-\overline{\mathrm{cd}}(\zeta, \varkappa)$	$-\overline{\mathrm{sd}}(\zeta, \varkappa)$	$\zeta = \frac{z}{2K}$

Tafel III. (Fortsetzung)

$\vartheta_1'(0,\varkappa) = 0{,}883\,224$ $\qquad$ $\vartheta_1'(0,k) = 0{,}047\,794$ $\qquad$ $\vartheta_5'(0,\varkappa) = 12{,}583\,562$

$\vartheta_1'''/\vartheta_1'(\varkappa) = 230{,}629\,062$ $\qquad$ $\vartheta_2''/\vartheta_2(\varkappa) = -36{,}959\,939$ $\qquad$ $\vartheta_3''/\vartheta_3(\varkappa) = -36{,}959\,888$

$\vartheta_1'''/\vartheta_1'(k) = 0{,}675\,324$ $\qquad$ $\vartheta_2''/\vartheta_2(k) = -\ 0{,}108\,225$ $\qquad$ $\vartheta_3''/\vartheta_3(k) = -\ 0{,}108\,225$

$\vartheta_1'''''/\vartheta_1'(k) = 0{,}093\,437$ $\qquad$ $\vartheta_2''''/\vartheta_2(k) = 0{,}035\,138$ $\qquad$ $\vartheta_3''''/\vartheta_3(k) = 0{,}035\,138$

$\varkappa = 0{,}17$

$\zeta = \frac{z}{2K}$	$\overline{\mathrm{dn}}(\zeta,\varkappa)$	$\mathfrak{z}_1(\zeta,\varkappa)$	$\mathfrak{z}_3(\zeta,\varkappa)$	$\mathfrak{z}_5(\zeta,\varkappa)$	$\wp_1(\zeta,\varkappa)$
0,00	0,000 000	∞	0,000 000	∞	∞
0,01	−0,182 724	5,411 128	−0,061 600	5,411 128	29,284 084
0,02	−0,353 641	2,704 526	−0,123 200	2,704 526	7,329 368
0,03	−0,503 810	1,800 077	−0,184 800	1,800 077	3,273 068
0,04	−0,628 660	1,344 284	−0,246 399	1,344 284	1,863 608
0,05	−0,727 783	1,066 036	−0,307 999	1,066 036	1,221 307
0,06	−0,803 637	0,874 744	−0,369 599	0,874 744	0,881 723
0,07	−0,860 065	0,731 503	−0,431 199	0,731 503	0,685 209
0,08	−0,901 167	0,616 873	−0,492 798	0,616 873	0,564 705
0,09	−0,930 646	0,520 123	−0,554 398	0,520 124	0,487 931
0,10	−0,951 556	0,434 911	−0,615 998	0,434 911	0,437 744
0,11	−0,966 272	0,357 306	−0,677 597	0,357 307	0,404 360
0,12	−0,976 570	0,284 792	−0,739 197	0,284 793	0,381 889
0,13	−0,983 750	0,215 718	−0,800 796	0,215 720	0,366 638
0,14	−0,988 741	0,148 986	−0,862 395	0,148 989	0,356 230
0,15	−0,992 204	0,083 855	−0,923 993	0,083 859	0,349 100
0,16	−0,994 603	0,019 822	−0,985 591	0,019 829	0,344 202
0,17	−0,996 262	−0,043 456	−1,047 187	−0,043 446	0,340 831
0,18	−0,997 408	−0,106 213	−1,108 783	−0,106 199	0,338 508
0,19	−0,998 197	−0,168 612	−1,170 376	−0,168 591	0,336 906
0,20	−0,998 738	−0,230 764	−1,231 966	−0,230 734	0,335 801
0,21	−0,999 104	−0,292 745	−1,293 553	−0,292 701	0,335 038
0,22	−0,999 348	−0,354 608	−1,355 133	−0,354 544	0,334 511
0,23	−0,999 501	−0,416 390	−1,416 704	−0,416 298	0,334 147
0,24	−0,999 585	−0,478 115	−1,478 262	−0,477 982	0,333 895
0,25	−0,999 612	−0,539 802	−1,539 802	−0,539 608	0,333 722
0,25	1,000 388	−0,539 802	−1,539 802	−0,539 608	0,333 722
0,26	1,000 415	−0,601 462	−1,601 315	−0,601 181	0,333 602
0,27	1,000 499	−0,663 103	−1,662 790	−0,662 697	0,333 519
0,28	1,000 653	−0,724 732	−1,724 208	−0,724 144	0,333 461
0,29	1,000 896	−0,786 352	−1,785 545	−0,785 501	0,333 422
0,30	1,001 264	−0,847 965	−1,846 764	−0,846 734	0,333 395
0,31	1,001 806	−0,909 574	−1,907 814	−0,907 793	0,333 376
0,32	1,002 599	−0,971 181	−1,968 618	−0,968 604	0,333 363
0,33	1,003 752	−1,032 785	−2,029 067	−1,029 058	0,333 354
0,34	1,005 427	−1,094 388	−2,089 005	−1,088 998	0,333 347
0,35	1,007 857	−1,155 990	−2,148 204	−1,148 199	0,333 343
0,36	1,011 387	−1,217 591	−2,206 339	−1,206 336	0,333 340
0,37	1,016 518	−1,279 192	−2,262 947	−1,262 945	0,333 338
0,38	1,023 992	−1,340 793	−2,317 366	−1,317 365	0,333 336
0,39	1,034 905	−1,402 393	−2,368 667	−1,368 667	0,333 336
0,40	1,050 910	−1,463 993	−2,415 551	−1,415 551	0,333 335
0,41	1,074 522	−1,525 594	−2,456 240	−1,456 240	0,333 334
0,42	1,109 672	−1,587 194	−2,488 361	−1,488 361	0,333 334
0,43	1,162 702	−1,648 793	−2,508 859	−1,508 860	0,333 334
0,44	1,244 343	−1,710 393	−2,514 030	−1,514 031	0,333 334
0,45	1,374 036	−1,771 993	−2,499 777	−1,499 777	0,333 334
0,46	1,590 684	−1,833 593	−2,462 254	−1,462 254	0,333 333
0,47	1,984 876	−1,895 193	−2,399 003	−1,399 003	0,333 333
0,48	2,827 726	−1,956 793	−2,310 434	−1,310 435	0,333 333
0,49	5,472 728	−2,018 393	−2,201 117	−1,201 118	0,333 333
0,50	∞	−2,079 993	−2,079 993	−1,079 993	0,333 333
	$\overline{\mathrm{sc}}(\zeta,\varkappa)$	$-\mathfrak{z}_2(\zeta,\varkappa)$	$-\mathfrak{z}_4(\zeta,\varkappa)$	$-\mathfrak{z}_6(\zeta,\varkappa)$	$\wp_2(\zeta,\varkappa)$

Tafel III

$\varkappa = 0{,}18$

$k^2 k'^2 = 0{,}000\,000$	$\eta_1 = -\eta_2' = -0{,}218\,742$	$\eta_1' = -\eta_2 = 0{,}333\,333$
$\pi/KK' = 0{,}229\,183$	$\bar\eta_1 = -\bar\eta_2' = -0{,}104\,150$	$\bar\eta_1' = -\bar\eta_2 = 0{,}333\,333$
$K = 8{,}726\,647$	$E = 1{,}000\,002$	$A = 1{,}999\,996$
$K' = 1{,}570\,796$	$E' = 1{,}570\,796$	$A' = 0{,}000\,001$
$B = 0{,}999\,998$	$C = 6{,}726\,653$	$D = 7{,}726\,649$

$\mathrm{cn}(\zeta,\varkappa)$	$\mathrm{dn}(\zeta,\varkappa)$	$\mathrm{sc}(\zeta,\varkappa)$	$\overline{\mathrm{sn}}(\zeta,\varkappa)$	$\overline{\mathrm{cn}}(\zeta,\varkappa)$	
1,000 000	1,000 000	0,000 000	∞	0,000 000	0,50
0,984 960	0,984 960	0,175 420	5,614 855	− 0,172 782	0,49
0,942 023	0,942 023	0,356 198	2,644 663	− 0,335 547	0,48
0,877 010	0,877 010	0,547 854	1,600 810	− 0,480 473	0,47
0,797 605	0,797 605	0,756 240	1,054 698	− 0,603 181	0,46
0,711 461	0,711 461	0,987 722	0,720 305	− 0,702 726	0,45
0,624 888	0,624 888	1,249 368	0,500 164	− 0,780 715	0,44
0,542 332	0,542 333	1,549 168	0,350 080	− 0,840 164	0,43
0,466 462	0,466 462	1,896 279	0,245 988	− 0,884 542	0,42
0,398 537	0,398 537	2,301 300	0,173 179	− 0,917 153	0,41
0,338 846	0,338 847	2,776 602	0,122 037	− 0,940 843	0,40
0,287 082	0,287 083	3,336 700	0,086 038	− 0,957 908	0,39
0,242 610	0,242 611	3,998 698	0,060 672	− 0,970 127	0,38
0,204 656	0,204 657	4,782 815	0,042 790	− 0,978 839	0,37
0,172 418	0,172 419	5,712 998	0,030 180	− 0,985 031	0,36
0,145 125	0,145 127	6,817 657	0,021 287	− 0,989 423	0,35
0,122 073	0,122 075	8,130 530	0,015 014	− 0,992 535	0,34
0,102 636	0,102 638	9,691 716	0,010 590	− 0,994 739	0,33
0,086 266	0,086 268	11,548 903	0,007 470	− 0,996 300	0,32
0,072 489	0,072 492	13,758 824	0,005 269	− 0,997 409	0,31
0,060 903	0,060 907	16,388 997	0,003 716	− 0,998 200	0,30
0,051 163	0,051 167	19,519 792	0,002 621	− 0,998 770	0,29
0,042 977	0,042 982	23,246 901	0,001 849	− 0,999 190	0,28
0,036 098	0,036 104	27,684 281	0,001 304	− 0,999 509	0,27
0,030 319	0,030 326	32,967 674	0,000 920	− 0,999 769	0,26
0,025 464	0,025 472	39,258 815	0,000 649	− 1,000 000	0,25
0,021 385	0,021 395	46,750 479	0,000 458	− 1,000 231	0,24
0,017 959	0,017 971	55,672 552	0,000 323	− 1,000 491	0,23
0,015 082	0,015 096	66,299 357	0,000 228	− 1,000 811	0,22
0,012 664	0,012 680	78,958 555	0,000 161	− 1,001 231	0,21
0,010 633	0,010 653	94,042 031	0,000 113	− 1,001 803	0,20
0,008 927	0,008 950	112,019 35	0,000 080	− 1 002 598	0,19
0,007 493	0,007 521	133,454 63	0,000 056	− 1,003 714	0,18
0,006 288	0,006 322	159,028 04	0,000 040	− 1,005 289	0,17
0,005 275	0,005 315	189,563 85	0,000 028	− 1,007 521	0,16
0,004 424	0,004 471	226,068 06	0,000 020	− 1,010 690	0,15
0,003 707	0,003 763	269,780 30	0,000 014	− 1,015 197	0,14
0,003 103	0,003 170	322,248 37	0,000 010	− 1,021 619	0,13
0,002 594	0,002 674	385,439 05	0,000 007	− 1,030 793	0,12
0,002 165	0,002 260	461,909 85	0,000 005	− 1,043 941	0,11
0,001 802	0,001 915	555,086 53	0,000 003	− 1,062 876	0,10
0,001 493	0,001 628	669,732 00	0,000 002	− 1,090 330	0,09
0,001 230	0,001 391	812,778 52	0,000 002	− 1,130 528	0,08
0,001 005	0,001 196	994,891 92	0,000 001	− 1,190 243	0,07
0,000 811	0,001 038	↓	0,000 001	− 1,280 877	0,06
0,000 641	0,000 912		0,000 001	− 1,423 030	0,05
0,000 491	0,000 813		0,000 000	− 1,657 878	0,04
0,000 355	0,000 740		0,000 000	− 2,081 283	0,03
0,000 231	0,000 689		0,000 000	− 2,980 209	0,02
0,000 114	0,000 659		0,000 000	− 5,787 637	0,01
0,000 000	0,000 649	∞	0,000 000	− ∞	0,00
$k'\,\mathrm{sd}(\zeta,\varkappa)$	$k'\,\mathrm{nd}(\zeta,\varkappa)$	$\frac{1}{k'}\,\mathrm{cs}(\zeta,\varkappa)$	$-\overline{\mathrm{cd}}(\zeta,\varkappa)$	$-\overline{\mathrm{sd}}(\zeta,\varkappa)$	$\zeta = \frac{z}{2K}$

Tafel III. (Fortsetzung)

$\vartheta_1'(0,\varkappa)$	$=$	1,047 862	$\vartheta_1'(0,k)$	$=$	0,060 038	$\vartheta_5'(0,\varkappa)$	$=$	13,131 144
$\vartheta_1'''/\vartheta_1'(\varkappa)$	$=$	199,897 665	$\vartheta_2''/\vartheta_2(\varkappa)$	$=$	$-$34,906 649	$\vartheta_3''/\vartheta_3(\varkappa)$	$=$	$-$34,906 521
$\vartheta_1'''/\vartheta_1'(k)$	$=$	0,656 225	$\vartheta_2''/\vartheta_2(k)$	$=$	$-$ 0,114 592	$\vartheta_3''/\vartheta_3(k)$	$=$	$-$ 0,114 591
$\vartheta_1'''''/\vartheta_1'(k)$	$=$	0,051 053	$\vartheta_2''''/\vartheta_2(k)$	$=$	0,039 393	$\vartheta_3''''/\vartheta_3(k)$	$=$	0,039 394

$\varkappa = 0{,}18$

$\zeta = \frac{z}{2K}$	$\overline{\mathrm{dn}}(\zeta,\varkappa)$	$\mathfrak{z}_1(\zeta,\varkappa)$	$\mathfrak{z}_3(\zeta,\varkappa)$	$\mathfrak{z}_5(\zeta,\varkappa)$	$\wp_1(\zeta,\varkappa)$
0,00	0,000 000	∞	0,000 000	∞	∞
0,01	−0,172 782	5,729 459	−0,058 178	5,729 459	32,830 078
0,02	−0,335 547	2,863 854	−0,116 355	2,863 854	8,214 983
0,03	−0,480 473	1,906 750	−0,174 533	1,906 750	3,665 073
0,04	−0,603 180	1,425 168	−0,232 710	1,425 168	2,081 893
0,05	−0,702 725	1,132 143	−0,290 888	1,132 143	1,358 350
0,06	−0,780 714	0,931 812	−0,349 065	0,931 812	0,973 982
0,07	−0,840 163	0,783 000	−0,407 243	0,783 001	0,750 014
0,08	−0,884 540	0,665 108	−0,465 420	0,665 109	0,611 430
0,09	−0,917 151	0,566 733	−0,523 598	0,566 733	0,522 156
0,10	−0,940 840	0,481 102	−0,581 775	0,481 103	0,463 043
0,11	−0,957 903	0,403 990	−0,639 952	0,403 992	0,423 152
0,12	−0,970 120	0,332 665	−0,698 128	0,332 668	0,395 874
0,13	−0,978 829	0,265 315	−0,756 304	0,265 319	0,377 049
0,14	−0,985 017	0,200 717	−0,814 480	0,200 723	0,363 972
0,15	−0,989 403	0,138 035	−0,872 655	0,138 045	0,354 848
0,16	−0,992 507	0,076 693	−0,930 828	0,076 707	0,348 461
0,17	−0,994 699	0,016 289	−0,989 000	0,016 308	0,343 980
0,18	−0,996 244	−0,043 456	−1,047 169	−0,043 428	0,340 831
0,19	−0,997 329	−0,102 737	−1,105 335	−0,102 698	0,338 616
0,20	−0,998 087	−0,161 693	−1,163 496	−0,161 637	0,337 057
0,21	−0,998 610	−0,220 419	−1,221 650	−0,220 339	0,335 958
0,22	−0,998 962	−0,278 983	−1,279 794	−0,278 870	0,335 184
0,23	−0,999 187	−0,337 433	−1,337 924	−0,337 273	0,334 638
0,24	−0,999 311	−0,395 803	−1,396 034	−0,395 575	0,334 254
0,25	−0,999 351	−0,454 117	−1,454 117	−0,453 793	0,333 982
0,25	1,000 649	−0,454 117	−1,454 117	−0,453 793	0,333 982
0,26	1,000 689	−0,512 390	−1,512 159	−0,511 931	0,333 791
0,27	1,000 814	−0,570 635	−1,570 144	−0,569 984	0,333 656
0,28	1,001 039	−0,628 860	−1,628 050	−0,627 937	0,333 561
0,29	1,001 392	−0,687 071	−1,685 842	−0,685 763	0,333 494
0,30	1,001 916	−0,745 273	−1,743 473	−0,743 417	0,333 447
0,31	1,002 678	−0,803 467	−1,800 876	−0,800 837	0,333 413
0,32	1,003 770	−0,861 656	−1,857 956	−0,857 930	0,333 390
0,33	1,005 329	−0,919 842	−1,914 581	−0,914 562	0,333 373
0,34	1,007 549	−0,978 026	−1,970 561	−0,970 548	0,333 361
0,35	1,010 710	−1,036 207	−2,025 630	−1,025 622	0,333 353
0,36	1,015 211	−1,094 388	−2,079 419	−1,079 413	0,333 347
0,37	1,021 629	−1,152 568	−2,131 406	−1,131 403	0,333 343
0,38	1,030 800	−1,210 747	−2,180 874	−1,180 872	0,333 340
0,39	1,043 946	−1,268 925	−2,226 834	−1,226 833	0,333 338
0,40	1,062 880	−1,327 104	−2,267 947	−1,267 947	0,333 337
0,41	1,090 332	−1,385 282	−2,302 435	−1,302 436	0,333 336
0,42	1,130 530	−1,443 460	−2,328 002	−1,328 003	0,333 335
0,43	1,190 244	−1,501 638	−2,341 802	−1,341 803	0,333 335
0,44	1,280 878	−1,559 816	−2,340 530	−1,340 532	0,333 334
0,45	1,423 031	−1,617 993	−2,320 719	−1,320 721	0,333 334
0,46	1,657 878	−1,676 171	−2,279 352	−1,279 353	0,333 334
0,47	2,081 283	−1,734 349	−2,214 822	−1,214 823	0,333 334
0,48	2,980 209	−1,792 527	−2,128 073	−1,128 075	0,333 334
0,49	5,787 637	−1,850 704	−2,023 486	−1,023 488	0,333 333
0,50	∞	−1,908 882	−1,908 882	−0,908 884	0,333 333
	$\overline{\mathrm{sc}}(\zeta,\varkappa)$	$-\mathfrak{z}_2(\zeta,\varkappa)$	$-\mathfrak{z}_4(\zeta,\varkappa)$	$-\mathfrak{z}_6(\zeta,\varkappa)$	$\wp_2(\zeta,\varkappa)$

Tafel III

$\varkappa = 0{,}18$		
$\vartheta_5'(0,k) = 0{,}752\,359$	$\vartheta_6(0,k) = 0{,}752\,359$	$\vartheta_{\substack{5\\6}}(\tfrac{1}{4},\varkappa) = 3{,}333\,333$
$\vartheta_4''/\vartheta_4(\varkappa) = 269{,}710\,835$	$\vartheta_5'''/\vartheta_5'(\varkappa) = 95{,}178\,102$	$\vartheta_6''/\vartheta_6(\varkappa) = 234{,}804\,186$
$\vartheta_4''/\vartheta_4(k) = 0{,}885\,408$	$\vartheta_5'''/\vartheta_5'(k) = 0{,}312\,451$	$\vartheta_6''/\vartheta_6(k) = 0{,}770\,817$
$\vartheta_4''''/\vartheta_4(k) = 0{,}351\,844$	$\vartheta_5'''''/\vartheta_5'(k) = -0{,}503\,953$	$\vartheta_6''''/\vartheta_6(k) = -0{,}217\,526$

$\wp_3(\zeta,\varkappa)$	$\wp_5(\zeta,\varkappa)$	$\wp_1'(\zeta,\varkappa)$	$\wp_3'(\zeta,\varkappa)$	$\wp_5'(\zeta,\varkappa)$	
0,333 333	∞	−∞	0,000 000		0,50
0,333 333	32,830 078	−376,158 731	−0,000 000	−376,158 731	0,49
0,333 333	8,214 983	−46,977 935	−0,000 000	−46,977 936	0,48
0,333 333	3,665 073	−13,868 588	−0,000 001	−13,868 588	0,47
0,333 333	2,081 893	−5,797 800	−0,000 001	−5,797 801	0,46
0,333 333	1,358 350	−2,917 261	−0,000 001	−2,917 262	0,45
0,333 332	0,973 981	−1,641 185	−0,000 002	−1,641 187	0,44
0,333 332	0,750 013	−0,991 903	−0,000 002	−0,991 905	0,43
0,333 332	0,611 429	−0,628 793	−0,000 003	−0,628 797	0,42
0,333 331	0,522 154	−0,411 758	−0,000 005	−0,411 763	0,41
0,333 330	0,463 040	−0,275 732	−0,000 007	−0,275 739	0,40
0,333 328	0,423 147	−0,187 531	−0,000 010	−0,187 541	0,39
0,333 326	0,395 867	−0,128 934	−0,000 014	−0,128 948	0,38
0,333 323	0,377 039	−0,089 321	−0,000 020	−0,089 341	0,37
0,333 319	0,363 959	−0,062 210	−0,000 028	−0,062 238	0,36
0,333 313	0,354 828	−0,043 490	−0,000 040	−0,043 529	0,35
0,333 305	0,348 433	−0,030 483	−0,000 056	−0,030 539	0,34
0,333 294	0,343 940	−0,021 406	−0,000 080	−0,021 486	0,33
0,333 277	0,340 775	−0,015 052	−0,000 113	−0,015 164	0,32
0,333 253	0,338 536	−0,010 593	−0,000 160	−0,010 753	0,31
0,333 220	0,336 943	−0,007 460	−0,000 227	−0,007 687	0,30
0,333 173	0,335 798	−0,005 256	−0,000 321	−0,005 578	0,29
0,333 106	0,334 956	−0,003 705	−0,000 455	−0,004 160	0,28
0,333 011	0,334 316	−0,002 612	−0,000 645	−0,003 257	0,27
0,332 876	0,333 796	−0,001 841	−0,000 915	−0,002 756	0,26
0,332 685	0,333 334	−0,001 298	−0,001 297	−0,002 595	0,25
0,332 685	0,333 334	−0,001 298	−0,001 297	−0,002 595	0,25
0,332 414	0,332 872	−0,000 916	−0,001 838	−0,002 754	0,24
0,332 030	0,332 353	−0,000 646	−0,002 605	−0,003 251	0,23
0,331 486	0,331 714	−0,000 455	−0,003 691	−0,004 147	0,22
0,330 715	0,330 876	−0,000 321	−0,005 229	−0,005 550	0,21
0,329 624	0,329 737	−0,000 227	−0,007 405	−0,007 632	0,20
0,328 078	0,328 158	−0,000 160	−0,010 482	−0,010 642	0,19
0,325 891	0,325 948	−0,000 113	−0,014 828	−0,014 941	0,18
0,322 799	0,322 839	−0,000 080	−0,020 957	−0,021 037	0,17
0,318 431	0,318 459	−0,000 056	−0,029 581	−0,029 637	0,16
0,312 272	0,312 292	−0,000 040	−0,041 677	−0,041 717	0,15
0,303 605	0,303 619	−0,000 028	−0,058 566	−0,058 594	0,14
0,291 449	0,291 459	−0,000 020	−0,081 996	−0,082 015	0,13
0,274 474	0,274 481	−0,000 014	−0,114 202	−0,114 216	0,12
0,250 917	0,250 922	−0,000 010	−0,157 894	−0,157 904	0,11
0,218 516	0,218 520	−0,000 007	−0,216 049	−0,216 056	0,10
0,174 502	0,174 504	−0,000 005	−0,291 345	−0,291 350	0,09
0,115 747	0,115 749	−0,000 003	−0,384 929	−0,384 932	0,08
0,039 209	0,039 210	−0,000 002	−0,494 226	−0,494 228	0,07
−0,057 152	−0,057 151	−0,000 002	−0,609 714	−0,609 716	0,06
−0,172 844	−0,172 843	−0,000 001	−0,711 407	−0,711 408	0,05
−0,302 840	−0,302 839	−0,000 001	−0,767 454	−0,767 455	0,04
−0,435 812	−0,435 812	−0,000 001	−0,739 107	−0,739 108	0,03
−0,554 075	−0,554 074	−0,000 000	−0,595 534	−0,595 534	0,02
−0,636 813	−0,636 812	−0,000 000	−0,335 248	−0,335 248	0,01
−0,666 667	−0,666 666	0,000 000	0,000 000	0,000 000	0,00
$\wp_4(\zeta,\varkappa)$	$\wp_6(\zeta,\varkappa)$	$-\wp_2'(\zeta,\varkappa)$	$-\wp_4'(\zeta,\varkappa)$	$-\wp_6'(\zeta,\varkappa)$	$\zeta = \dfrac{z}{2K}$

Tafel III

$\sqrt{k}$	$= 1{,}000\,000$	k	$= 0{,}999\,999$	k^2	$= 0{,}999\,999$
$\sqrt{k'}$	$= 0{,}032\,048$	k'	$= 0{,}001\,027$	k'^2	$= 0{,}000\,001$
$e_1 = -e_3'$	$= 0{,}333\,334$	$e_2 = -e_2'$	$= 0{,}333\,333$	$e_3 = -e_1'$	$= -0{,}666\,666$
$g_2 = g_2'$	$= 1{,}333\,332$	$g_3 = -g_3'$	$= -0{,}296\,296$	$g_3/\sqrt{g_2^3}$	$= -0{,}192\,450$
$\bar{g}_2 = \bar{g}_2'$	$= 1{,}333\,311$	$\bar{g}_3 = -\bar{g}_3'$	$= -0{,}296\,306$	$\bar{g}_3/\sqrt{\bar{g}_2^3}$	$= -0{,}192\,461$

$\varkappa = 0{,}19$

$\zeta = \frac{z}{2K}$	$\vartheta_1(\zeta,\varkappa)$	$\vartheta_3(\zeta,\varkappa)$	$\frac{\partial \ln \vartheta_1(\zeta,\varkappa)}{\partial \zeta}$	$\frac{\partial \ln \vartheta_3(\zeta,\varkappa)}{\partial \zeta}$	$\mathrm{sn}(\zeta,\varkappa)$
0,00	0,000 000	2,294 158	∞	0,000 000	0,000 000
0,01	0,012 192	2,290 367	100,578 970	−0,330 692	0,163 857
0,02	0,024 596	2,279 034	51,148 102	−0,661 385	0,319 144
0,03	0,037 423	2,260 271	35,031 392	−0,992 077	0,458 998
0,04	0,050 886	2,234 261	27,220 446	−1,322 768	0,579 287
0,05	0,065 197	2,201 258	22,708 159	−1,653 459	0,678 719
0,06	0,080 567	2,161 584	19,822 269	−1,984 148	0,758 249
0,07	0,097 208	2,115 616	17,844 486	−2,314 836	0,820 200
0,08	0,115 329	2,063 791	16,415 221	−2,645 521	0,867 473
0,09	0,135 140	2,006 588	15,335 036	−2,976 203	0,902 979
0,10	0,156 844	1,944 530	14,485 081	−3,306 880	0,929 332
0,11	0,180 644	1,878 171	13,790 788	−3,637 551	0,948 721
0,12	0,206 732	1,808 087	13,203 595	−3,968 212	0,962 892
0,13	0,235 296	1,734 873	12,691 004	−4,298 861	0,973 201
0,14	0,266 512	1,659 128	12,230 838	−4,629 492	0,980 674
0,15	0,300 541	1,581 453	11,807 744	−4,960 098	0,986 078
0,16	0,337 532	1,502 440	11,410 982	−5,290 671	0,989 978
0,17	0,377 612	1,422 664	11,032 985	−5,621 195	0,992 790
0,18	0,420 887	1,342 679	10,668 390	−5,951 653	0,994 815
0,19	0,467 438	1,263 011	10,313 384	−6,282 018	0,996 272
0,20	0,517 317	1,184 152	9,965 245	−6,612 254	0,997 321
0,21	0,570 543	1,106 557	9,622 030	−6,942 311	0,998 074
0,22	0,627 101	1,030 641	9,282 346	−7,272 119	0,998 616
0,23	0,686 938	0,956 775	8,945 197	−7,601 579	0,999 006
0,24	0,749 958	0,885 282	8,609 866	−7,930 556	0,999 286
0,25	0,816 025	0,816 445	8,275 842	−8,258 860	0,999 487
0,26	0,884 956	0,750 495	7,942 757	−8,586 228	0,999 631
0,27	0,956 521	0,687 622	7,610 344	−8,912 294	0,999 735
0,28	1,030 445	0,627 970	7,278 416	−9,236 548	0,999 810
0,29	1,106 406	0,571 644	6,946 835	−9,558 282	0,999 863
0,30	1,184 036	0,518 707	6,615 504	−9,876 512	0,999 902
0,31	1,262 921	0,469 187	6,284 353	−10,189 873	0,999 930
0,32	1,342 611	0,423 081	5,953 330	−10,496 471	0,999 950
0,33	1,422 612	0,380 355	5,622 400	−10,793 683	0,999 964
0,34	1,502 401	0,340 949	5,291 536	−11,077 885	0,999 974
0,35	1,581 424	0,304 785	4,960 720	−11,344 084	0,999 981
0,36	1,659 106	0,271 764	4,629 939	−11,585 425	0,999 987
0,37	1,734 856	0,241 776	4,299 182	−11,792 552	0,999 991
0,38	1,808 074	0,214 699	3,968 443	−11,952 793	0,999 993
0,39	1,878 161	0,190 408	3,637 716	−12,049 171	0,999 995
0,40	1,944 523	0,168 771	3,306 999	−12,059 288	0,999 997
0,41	2,006 583	0,149 660	2,976 288	−11,954 235	0,999 998
0,42	2,063 787	0,132 948	2,645 582	−11,697 846	0,999 998
0,43	2,115 614	0,118 517	2,314 880	−11,246 905	0,999 999
0,44	2,161 582	0,106 254	1,984 179	−10,553 249	0,999 999
0,45	2,201 257	0,096 059	1,653 481	−9,568 943	1,000 000
0,46	2,234 259	0,087 843	1,322 783	−8,255 549	1,000 000
0,47	2,260 270	0,081 533	0,992 087	−6,597 310	1,000 000
0,48	2,279 034	0,077 068	0,661 391	−4,615 565	1,000 000
0,49	2,290 367	0,074 407	0,330 695	−2,378 623	1,000 000
0,50	2,294 157	0,073 523	0,000 000	0,000 000	1,000 000
	$\vartheta_2(\zeta,\varkappa)$	$\vartheta_4(\zeta,\varkappa)$	$-\frac{\partial \ln \vartheta_2(\zeta,\varkappa)}{\partial \zeta}$	$-\frac{\partial \ln \vartheta_4(\zeta,\varkappa)}{\partial \zeta}$	$\mathrm{cd}(\zeta,\varkappa)$

Tafel III

$\varkappa = 0{,}19$	$k^2 k'^2 = 0{,}000\,001$	$\eta_1 = -\eta_2' = -0{,}212\,375$	$\eta_1' = -\eta_2 = 0{,}333\,333$
	$\pi/KK' = 0{,}241\,915$	$\bar\eta_1 = -\bar\eta_2' = -0{,}091\,418$	$\bar\eta_1' = -\bar\eta_2 = 0{,}333\,334$
	$K = 8{,}267\,351$	$E = 1{,}000\,004$	$A = 1{,}999\,991$
	$K' = 1{,}570\,797$	$E' = 1{,}570\,796$	$A' = 0{,}000\,002$
	$B = 0{,}999\,996$	$C = 6{,}267\,365$	$D = 7{,}267\,355$

$\mathrm{cn}(\zeta, \varkappa)$	$\mathrm{dn}(\zeta, \varkappa)$	$\mathrm{sc}(\zeta, \varkappa)$	$\overline{\mathrm{sn}}(\zeta, \varkappa)$	$\overline{\mathrm{cn}}(\zeta, \varkappa)$	
1,000 000	1,000 000	0,000 000	∞	0,000 000	0,50
0,986 484	0,986 484	0,166 102	5,939 045	−0,163 857	0,49
0,947 706	0,947 706	0,336 755	2,814 235	−0,319 144	0,48
0,888 437	0,888 437	0,516 635	1,719 661	−0,458 998	0,47
0,815 124	0,815 124	0,710 673	1,146 975	−0,579 287	0,46
0,734 398	0,734 398	0,924 184	0,794 645	−0,678 719	0,45
0,651 965	0,651 966	1,163 020	0,560 580	−0,758 249	0,44
0,572 076	0,572 077	1,433 726	0,399 014	−0,820 201	0,43
0,497 485	0,497 485	1,743 718	0,285 301	−0,867 474	0,42
0,429 685	0,429 686	2,101 492	0,204 467	−0,902 981	0,41
0,369 244	0,369 245	2,516 852	0,146 709	−0,929 336	0,40
0,316 116	0,316 117	3,001 179	0,105 331	−0,948 725	0,39
0,269 888	0,269 890	3,567 747	0,075 647	−0,962 898	0,38
0,229 958	0,229 960	4,232 080	0,054 337	−0,973 210	0,37
0,195 650	0,195 653	5,012 386	0,039 034	−0,980 687	0,36
0,166 285	0,166 288	5,930 048	0,028 042	−0,986 096	0,35
0,141 219	0,141 223	7,010 218	0,020 145	−0,990 004	0,34
0,119 866	0,119 870	8,282 503	0,014 473	−0,992 826	0,33
0,101 701	0,101 706	9,781 778	0,010 397	−0,994 865	0,32
0,086 264	0,086 269	11,549 149	0,007 470	−0,996 342	0,31
0,073 155	0,073 162	13,633 080	0,005 366	−0,997 418	0,30
0,062 028	0,062 036	16,090 735	0,003 855	−0,998 211	0,29
0,052 588	0,052 598	18,989 555	0,002 770	−0,998 806	0,28
0,044 580	0,044 592	22,409 130	0,001 990	−0,999 270	0,27
0,037 790	0,037 803	26,443 425	0,001 430	−0,999 654	0,26
0,032 031	0,032 048	31,203 413	0,001 027	−1,000 000	0,25
0,027 149	0,027 168	36,820 231	0,000 738	−1,000 346	0,24
0,023 010	0,023 032	43,448 943	0,000 530	−1,000 730	0,23
0,019 500	0,019 527	51,273 083	0,000 381	−1,001 195	0,22
0,016 524	0,016 555	60,510 163	0,000 274	−1,001 793	0,21
0,014 001	0,014 038	71,418 417	0,000 197	−1,002 588	0,20
0,011 861	0,011 905	84,305 177	0,000 141	−1,003 671	0,19
0,010 046	0,010 098	99,537 429	0,000 101	−1,005 161	0,18
0,008 506	0,008 568	117,555 41	0,000 073	−1,007 226	0,17
0,007 200	0,007 273	138,890 54	0,000 052	−1,010 097	0,16
0,006 091	0,006 176	164,189 73	0,000 038	−1,014 100	0,15
0,005 148	0,005 249	194,249 42	0,000 027	−1,019 694	0,14
0,004 347	0,004 466	230,064 88	0,000 019	−1,027 528	0,13
0,003 664	0,003 805	272,904 19	0,000 014	−1,038 531	0,12
0,003 083	0,003 249	324,423 48	0,000 010	−1,054 046	0,11
0,002 585	0,002 781	386,853 54	0,000 007	−1,076 038	0,10
0,002 159	0,002 390	463,315 11	0,000 005	−1,107 443	0,09
0,001 791	0,002 064	558,377 58	0,000 004	−1,152 772	0,08
0,001 473	0,001 795	679,106 95	0,000 003	−1,219 213	0,07
0,001 194	0,001 575	837,176 25	0,000 002	−1,318 827	0,06
0,000 949	0,001 399	↓	0,000 001	−1,473 363	0,05
0,000 730	0,001 260		0,000 001	−1,726 261	0,04
0,000 531	0,001 156		0,000 001	−2,178 658	0,03
0,000 346	0,001 084		0,000 000	−3,133 379	0,02
0,000 171	0,001 041		0,000 000	−6,102 902	0,01
0,000 000	0,001 027	∞	0,000 000	−∞	0,00
$k'\,\mathrm{sd}(\zeta, \varkappa)$	$k'\,\mathrm{nd}(\zeta, \varkappa)$	$\frac{1}{k'}\,\mathrm{cs}(\zeta, \varkappa)$	$-\overline{\mathrm{cd}}(\zeta, \varkappa)$	$-\overline{\mathrm{sd}}(\zeta, \varkappa)$	$\zeta = \frac{z}{2K}$

Tafel III. (Fortsetzung)

$\vartheta_1'(0,\varkappa) = 1{,}215\,675$	$\vartheta_1'(0,k) = 0{,}073\,523$	$\vartheta_5'(0,\varkappa) = 13{,}581\,525$
$\vartheta_1'''/\vartheta_1'(\varkappa) = 174{,}188\,055$	$\vartheta_2''/\vartheta_2(\varkappa) = -33{,}069\,541$	$\vartheta_3''/\vartheta_3(\varkappa) = -33{,}069\,252$
$\vartheta_1'''/\vartheta_1'(k) = 0{,}637\,126$	$\vartheta_2''/\vartheta_2(k) = -\ 0{,}120\,958$	$\vartheta_3''/\vartheta_3(k) = -\ 0{,}120\,957$
$\vartheta_1'''''/\vartheta_1'(k) = 0{,}009\,884$	$\vartheta_2''''/\vartheta_2(k) = 0{,}043\,891$	$\vartheta_3''''/\vartheta_3(k) = 0{,}043\,894$

$\varkappa = 0{,}19$

$\zeta = \frac{z}{2K}$	$\overline{\mathrm{dn}}(\zeta,\varkappa)$	$\mathfrak{z}_1(\zeta,\varkappa)$	$\mathfrak{z}_3(\zeta,\varkappa)$	$\mathfrak{z}_5(\zeta,\varkappa)$	$\wp_1(\zeta,\varkappa)$
0,00	0,000 000	∞	0,000 000	∞	∞
0,01	−0,163 856	6,047 786	−0,055 116	6,047 786	36,578 743
0,02	−0,319 144	3,023 147	−0,110 231	3,023 147	9,151 398
0,03	−0,458 997	2,013 312	−0,165 347	2,013 312	4,079 888
0,04	−0,579 286	1,505 799	−0,220 462	1,505 799	2,313 312
0,05	−0,678 718	1,197 785	−0,275 578	1,197 786	1,504 134
0,06	−0,758 248	0,988 134	−0,330 693	0,988 135	1,072 642
0,07	−0,820 199	0,833 405	−0,385 808	0,833 405	0,819 817
0,08	−0,867 471	0,711 849	−0,440 923	0,711 850	0,662 221
0,09	−0,902 976	0,611 405	−0,496 038	0,611 406	0,559 769
0,10	−0,929 328	0,524 885	−0,551 153	0,524 887	0,491 198
0,11	−0,948 715	0,447 779	−0,606 267	0,447 783	0,444 357
0,12	−0,962 884	0,377 151	−0,661 381	0,377 157	0,411 896
0,13	−0,973 190	0,311 034	−0,716 494	0,311 043	0,389 167
0,14	−0,980 660	0,248 088	−0,771 606	0,248 100	0,373 136
0,15	−0,986 058	0,187 384	−0,826 716	0,187 402	0,361 771
0,16	−0,989 952	0,128 273	−0,881 824	0,128 298	0,353 682
0,17	−0,992 753	0,070 296	−0,936 930	0,070 331	0,347 911
0,18	−0,994 764	0,013 130	−0,992 031	0,013 180	0,343 785
0,19	−0,996 201	−0,043 456	−1,047 127	−0,043 387	0,340 831
0,20	−0,997 222	−0,099 626	−1,102 215	−0,099 530	0,338 714
0,21	−0,997 937	−0,155 499	−1,157 292	−0,155 364	0,337 196
0,22	−0,998 425	−0,211 159	−1,212 354	−0,210 970	0,336 107
0,23	−0,998 740	−0,266 665	−1,267 395	−0,266 402	0,335 325
0,24	−0,998 916	−0,322 061	−1,322 407	−0,321 694	0,334 764
0,25	−0,998 973	−0,377 378	−1,377 378	−0,376 867	0,334 361
0,25	1,001 027	−0,377 378	−1,377 378	−0,376 867	0,334 361
0,26	1,001 084	−0,432 638	−1,432 292	−0,431 926	0,334 071
0,27	1,001 260	−0,487 858	−1,487 128	−0,486 866	0,333 863
0,28	1,001 576	−0,543 048	−1,541 854	−0,541 666	0,333 714
0,29	1,002 066	−0,598 217	−1,596 428	−0,596 294	0,333 607
0,30	1,002 785	−0,653 371	−1,650 790	−0,650 694	0,333 530
0,31	1,003 812	−0,708 515	−1,704 857	−0,704 789	0,333 474
0,32	1,005 263	−0,763 650	−1,758 515	−0,758 468	0,333 435
0,33	1,007 299	−0,818 780	−1,811 606	−0,811 573	0,333 406
0,34	1,010 149	−0,873 906	−1,863 910	−0,863 887	0,333 386
0,35	1,014 138	−0,929 029	−1,915 125	−0,915 110	0,333 371
0,36	1,019 721	−0,984 150	−1,964 837	−0,964 827	0,333 360
0,37	1,027 547	−1,039 269	−2,012 479	−1,012 473	0,333 353
0,38	1,038 545	−1,094 388	−2,057 286	−1,057 283	0,333 347
0,39	1,054 056	−1,149 505	−2,098 231	−1,098 229	0,333 343
0,40	1,076 045	−1,204 623	−2,133 958	−1,133 958	0,333 340
0,41	1,107 448	−1,259 739	−2,162 720	−1,162 722	0,33 3338
0,42	1,152 776	−1,314 856	−2,182 330	−1,182 332	0,333 337
0,43	1,219 216	−1,369 972	−2,190 173	−1,190 176	0,333 336
0,44	1,318 829	−1,425 088	−2,183 337	−1,183 340	0,333 335
0,45	1,473 364	−1,480 204	−2,158 923	−1,158 927	0,333 335
0,46	1,726 262	−1,535 320	−2,114 606	−1,114 610	0,333 334
0,47	2,178 659	−1,590 435	−2,049 433	−1,049 437	0,333 334
0,48	3,133 379	−1,645 551	−1,964 695	−0,964 700	0,333 334
0,49	6,102 902	−1,700 667	−1,864 523	−0,864 528	0,333 334
0,50	∞	−1,755 783	−1,755 783	−0,755 787	0,333 334
	$\overline{\mathrm{sc}}(\zeta,\varkappa)$	$-\mathfrak{z}_2(\zeta,\varkappa)$	$-\mathfrak{z}_4(\zeta,\varkappa)$	$-\mathfrak{z}_6(\zeta,\varkappa)$	$\wp_2(\zeta,\varkappa)$

Tafel III

$\varkappa = 0{,}19$

$\vartheta_5'(0,k) = 0{,}821\,395$	$\vartheta_6(0,k) = 0{,}821\,395$	$\vartheta_{\substack{5\\6}}(\tfrac{1}{4},\varkappa) = 3{,}244\,428$
$\vartheta_4''/\vartheta_4(\varkappa) = 240{,}326\,847$	$\vartheta_5'''/\vartheta_5'(\varkappa) = 74{,}980\,298$	$\vartheta_6''/\vartheta_6(\varkappa) = 207{,}257\,307$
$\vartheta_4''/\vartheta_4(k) = 0{,}879\,042$	$\vartheta_5'''/\vartheta_5'(k) = 0{,}274\,255$	$\vartheta_6''/\vartheta_6(k) = 0{,}758\,084$
$\vartheta_4''''/\vartheta_4(k) = 0{,}318\,145$	$\vartheta_5'''''/\vartheta_5'(k) = -0{,}541\,296$	$\vartheta_6''''/\vartheta_6(k) = -0{,}275\,928$

$\wp_3(\zeta,\varkappa)$	$\wp_5(\zeta,\varkappa)$	$\wp_1'(\zeta,\varkappa)$	$\wp_3'(\zeta,\varkappa)$	$\wp_5'(\zeta,\varkappa)$	
0,333 333	∞	$-\infty$	0,000 000	$-\infty$	0,50
0,333 333	36,578 743	−442,404 343	−0,000 000	−442,404 343	0,49
0,333 333	9,151 398	−55,260 679	−0,000 001	−55,260 679	0,48
0,333 332	4,079 888	−16,324 927	−0,000 001	−16,324 928	0,47
0,333 332	2,313 312	−6,835 925	−0,000 002	−6,835 927	0,46
0,333 332	1,504 133	−3,450 031	−0,000 003	−3,450 033	0,45
0,333 331	1,072 640	−1,950 042	−0,000 004	−1,950 045	0,44
0,333 330	0,819 815	−1,186 256	−0,000 005	−1,186 261	0,43
0,333 329	0,662 218	−0,758 267	−0,000 007	−0,758 275	0,42
0,333 328	0,559 764	−0,501 531	−0,000 010	−0,501 541	0,41
0,333 326	0,491 192	−0,339 739	−0,000 014	−0,339 753	0,40
0,333 323	0,444 348	−0,234 551	−0,000 020	−0,234 071	0,39
0,333 319	0,411 882	−0,163 180	−0,000 028	−0,163 208	0,38
0,333 314	0,389 148	−0,114 742	−0,000 039	−0,114 781	0,37
0,333 306	0,373 110	−0,081 175	−0,000 054	−0,081 229	0,36
0,333 296	0,361 734	−0,057 678	−0,000 075	−0,057 753	0,35
0,333 281	0,353 631	−0,041 110	−0,000 105	−0,041 215	0,34
0,333 260	0,347 839	−0,029 367	−0,000 146	−0,029 513	0,33
0,333 232	0,343 684	−0,021 012	−0,000 203	−0,021 215	0,32
0,333 192	0,340 690	−0,015 052	−0,000 282	−0,015 334	0,31
0,333 137	0,338 518	−0,010 791	−0,000 393	−0,011 184	0,30
0,333 060	0,336 923	−0,007 741	−0,000 547	−0,008 288	0,29
0,332 952	0,335 727	−0,005 555	−0,000 761	−0,006 316	0,28
0,332 803	0,334 796	−0,003 988	−0,001 060	−0,005 047	0,27
0,332 596	0,334 027	−0,002 863	−0,001 475	−0,004 338	0,26
0,332 307	0,333 335	−0,002 056	−0,002 052	−0,004 108	0,25
0,332 307	0,333 335	−0,002 056	−0,002 052	−0,004 108	0,25
0,331 905	0,332 643	−0,001 477	−0,002 855	−0,004 332	0,24
0,331 345	0,331 876	−0,001 061	−0,003 972	−0,005 033	0,23
0,330 567	0,330 949	−0,000 762	−0,005 524	−0,006 286	0,22
0,329 485	0,329 759	−0,000 547	−0,007 681	−0,008 228	0,21
0,327 981	0,328 178	−0,000 393	−0,010 676	−0,011 069	0,20
0,325 891	0,326 033	−0,000 282	−0,014 828	−0,015 111	0,19
0,322 990	0,323 092	−0,000 203	−0,020 580	−0,020 783	0,18
0,318 965	0,319 038	−0,000 146	−0,028 529	−0,028 675	0,17
0,313 390	0,313 443	−0,000 105	−0,039 487	−0,039 592	0,16
0,305 682	0,305 720	−0,000 075	−0,054 532	−0,054 608	0,15
0,295 054	0,295 081	−0,000 054	−0,075 079	−0,075 133	0,14
0,280 452	0,280 472	−0,000 039	−0,102 928	−0,112 967	0,13
0,260 493	0,260 508	−0,000 028	−0,140 274	−0,140 302	0,12
0,233 403	0,233 414	−0,000 020	−0,189 611	−0,189 631	0,11
0,196 992	0,196 999	−0,000 014	−0,253 413	−0,253 427	0,10
0,148 704	0,148 710	−0,000 010	−0,333 433	−0,333 443	0,09
0,085 842	0,085 846	−0,000 007	−0,429 383	−0,429 391	0,08
0,006 062	0,006 065	−0,000 005	−0,536 856	−0,536 861	0,07
−0,091 726	−0,091 723	−0,000 004	−0,644 600	−0,644 604	0,06
−0,206 007	−0,206 005	−0,000 003	−0,732 121	−0,732 123	0,05
−0,331 094	−0,331 092	−0,000 002	−0,769 787	−0,769 789	0,04
−0,455 987	−0,455 986	−0,000 001	−0,724 593	−0,724 594	0,03
−0,564 813	−0,564 812	−0,000 001	−0,573 276	−0,573 277	0,02
−0,639 817	−0,639 816	−0,000 000	−0,318 914	−0,318 914	0,01
−0,666 666	−0,666 665	0,000 000	0,000 000	0,000 000	0,00
$\wp_4(\zeta,\varkappa)$	$\wp_6(\zeta,\varkappa)$	$-\wp_2'(\zeta,\varkappa)$	$-\wp_4'(\zeta,\varkappa)$	$-\wp_6'(\zeta,\varkappa)$	$\zeta = \frac{z}{2K}$

Tafel III

$\sqrt{k} = 0{,}999\,999$ | $k = 0{,}999\,999$ | $k^2 = 0{,}999\,998$ | $\varkappa = 0{,}20$

$\sqrt{k'} = 0{,}039\,406$ | $k' = 0{,}001\,553$ | $k'^2 = 0{,}000\,002$

$e_1 = -e_3' = 0{,}333\,334$ | $e_2 = -e_2' = 0{,}333\,332$ | $e_3 = -e_1' = -0{,}666\,666$

$g_2 = g_2' = 1{,}333\,330$ | $g_3 = -g_3' = -0{,}296\,295$ | $g_3/\sqrt{g_2^3} = -0{,}192\,450$

$\bar{g}_2 = \bar{g}_2' = 1{,}333\,282$ | $\bar{g}_3 = -\bar{g}_3' = -0{,}296\,318$ | $\bar{g}_3/\sqrt{\bar{g}_2^3} = -0{,}192\,475$

$\zeta = \frac{z}{2K}$	$\vartheta_1(\zeta,\varkappa)$	$\vartheta_3(\zeta,\varkappa)$	$\frac{\partial \ln \vartheta_1(\zeta,\varkappa)}{\partial \zeta}$	$\frac{\partial \ln \vartheta_3(\zeta,\varkappa)}{\partial \zeta}$	$\mathrm{sn}(\zeta,\varkappa)$
0,00	0,000 000	2,236 069	∞	0,000 000	0,000 000
0,01	0,013 876	2,232 559	100,506 958	−0,314 156	0,155 800
0,02	0,027 963	2,222 063	51,005 893	−0,628 312	0,304 216
0,03	0,042 472	2,204 680	34,822 484	−0,942 467	0,439 200
0,04	0,057 613	2,180 571	26,949 777	−1,256 622	0,556 894
0,05	0,073 594	2,149 961	22,381 784	−1,570 775	0,655 795
0,06	0,090 625	2,113 132	19,446 992	−1,884 925	0,736 359
0,07	0,108 910	2,070 420	17,427 498	−2,199 073	0,800 341
0,08	0,128 653	2,022 208	15,963 763	−2,513 216	0,850 135
0,09	0,150 052	1,968 924	14,856 123	−2,827 354	0,888 281
0,10	0,173 300	1,911 031	13,985 293	−3,141 483	0,917 153
0,11	0,198 586	1,849 023	13,276 128	−3,455 602	0,938 805
0,12	0,226 087	1,783 416	12,679 410	−3,769 706	0,954 931
0,13	0,255 973	1,714 743	12,161 959	−4,083 789	0,966 881
0,14	0,288 400	1,643 544	11,700 932	−4,397 845	0,975 701
0,15	0,323 508	1,570 363	11,280 351	−4,711 862	0,982 194
0,16	0,361 424	1,495 736	10,888 910	−5,025 827	0,986 963
0,17	0,402 250	1,420 189	10,518 541	−5,339 720	0,990 461
0,18	0,446 068	1,344 234	10,163 452	−5,653 514	0,993 024
0,19	0,492 936	1,268 355	9,819 465	−5,967 174	0,994 900
0,20	0,542 880	1,193 012	9,483 555	−6,280 650	0,996 273
0,21	0,595 898	1,118 634	9,153 528	−6,593 874	0,997 276
0,22	0,651 953	1,045 615	8,827 789	−6,906 752	0,998 010
0,23	0,710 974	0,974 310	8,505 177	−7,219 158	0,998 546
0,24	0,772 849	0,905 040	8,184 847	−7,530 917	0,998 938
0,25	0,837 430	0,838 081	7,866 182	−7,841 791	0,999 224
0,26	0,904 527	0,773 671	7,548 733	−8,151 453	0,999 434
0,27	0,973 907	0,712 009	7,232 171	−8,459 456	0,999 586
0,28	1,045 298	0,653 254	6,916 257	−8,765 192	0,999 698
0,29	1,118 387	0,597 526	6,600 816	−9,067 826	0,999 780
0,30	0,192 819	0,544 911	6,285 721	−9,366 220	0,999 839
0,31	1,268 205	0,495 463	5,970 878	−9,658 820	0,999 883
0,32	1,344 118	0,449 202	5,656 219	−9,943 511	0,999 914
0,33	1,420 100	0,406 124	5,341 695	−10,217 414	0,999 938
0,34	1,495 667	0,366 198	5,027 270	−10,476 626	0,999 955
0,35	1,570 310	0,329 373	4,712 916	−10,715 869	0,999 967
0,36	1,643 504	0,295 582	4,398 615	−10,928 041	0,999 976
0,37	1,714 712	0,264 741	4,084 352	−11,103 647	0,999 983
0,38	1,783 393	0,236 758	3,770 116	−11,230 107	0,999 988
0,39	1,849 005	0,211 530	3,455 902	−11,290 954	0,999 991
0,40	1,911 018	0,188 955	3,141 702	−11,265 003	0,999 994
0,41	1,968 914	0,168 924	2,827 513	−11,125 649	0,999 995
0,42	2,022 200	0,151 332	2,513 332	−10,840 605	0,999 997
0,43	2,070 414	0,136 080	2,199 157	−10,372 597	0,999 998
0,44	2,113 128	0,123 072	1,884 986	−9,681 738	0,999 999
0,45	2,149 958	0,112 222	1,570 818	−8,730 395	0,999 999
0,46	2,180 569	0,103 454	1,256 652	−7,491 023	0,999 999
0,47	2,204 678	0,096 703	0,942 488	−5,956 456	1,000 000
0,48	2,222 062	0,091 919	0,628 325	−4,150 298	1,000 000
0,49	2,232 558	0,089 063	0,314 162	−2,133 147	1,000 000
0,50	2,236 067	0,088 114	0,000 000	0,000 000	1,000 000
	$\vartheta_2(\zeta,\varkappa)$	$\vartheta_4(\zeta,\varkappa)$	$-\frac{\partial \ln \vartheta_2(\zeta,\varkappa)}{\partial \zeta}$	$-\frac{\partial \ln \vartheta_4(\zeta,\varkappa)}{\partial \zeta}$	$\mathrm{cd}(\zeta,\varkappa)$

Tafel III

$\varkappa = 0{,}20$

$k^2 k'^2 = 0{,}000\,002$	$\eta_1 = -\eta_2' = -0{,}206\,009$	$\eta_1' = -\eta_2 = 0{,}333\,333$
$\pi/KK' = 0{,}254\,648$	$\bar\eta_1 = -\bar\eta_2' = -0{,}078\,687$	$\bar\eta_1' = -\bar\eta_2 = 0{,}333\,334$
$K = 7{,}853\,986$	$E = 1{,}000\,009$	$A = 1{,}999\,980$
$K' = 1{,}570\,797$	$E' = 1{,}570\,795$	$A' = 0{,}000\,004$
$B = 0{,}999\,992$	$C = 5{,}854\,016$	$D = 6{,}853\,994$

$\mathrm{cn}(\zeta, \varkappa)$	$\mathrm{dn}(\zeta, \varkappa)$	$\mathrm{sc}(\zeta, \varkappa)$	$\overline{\mathrm{sn}}(\zeta, \varkappa)$	$\overline{\mathrm{cn}}(\zeta, \varkappa)$	
1,000 000	1,000 000	0,000 000	∞	0,000 000	0,50
0,987 789	0,987 789	0,157 727	6,262 668	−0,155 800	0,49
0,952 603	0,952 603	0,319 353	2,982 918	−0,304 216	0,48
0,898 389	0,898 390	0,488 875	1,837 667	−0,439 200	0,47
0,830 584	0,830 584	0,670 485	1,238 782	−0,556 894	0,46
0,754 939	0,754 940	0,868 672	0,869 074	−0,655 795	0,45
0,676 591	0,676 592	1,088 337	0,621 675	−0,736 360	0,44
0,599 546	0,599 547	1,334 912	0,449 129	−0,800 342	0,43
0,526 565	0,526 567	1,614 492	0,326 150	−0,850 138	0,42
0,459 300	0,459 302	1,933 990	0,237 489	−0,888 285	0,41
0,398 536	0,398 538	2,301 308	0,173 179	−0,917 159	0,40
0,344 449	0,344 452	2,725 526	0,126 380	−0,938 813	0,39
0,296 827	0,296 830	3,217 135	0,092 265	−0,954 943	0,38
0,255 229	0,255 233	3,788 292	0,067 374	−0,966 897	0,37
0,219 105	0,219 110	4,453 120	0,049 204	−0,975 725	0,36
0,187 870	0,187 876	5,228 061	0,035 936	−0,982 226	0,35
0,160 945	0,160 953	6,132 284	0,026 247	−0,987 008	0,34
0,137 791	0,137 799	7,188 154	0,019 170	−0,990 523	0,33
0,117 911	0,117 921	8,421 795	0,014 002	−0,993 109	0,32
0,100 864	0,100 876	9,863 737	0,010 227	−0,995 017	0,31
0,086 260	0,086 274	11,549 675	0,007 470	−0,996 433	0,30
0,073 756	0,073 772	13,521 365	0,005 456	−0,997 496	0,29
0,063 055	0,063 074	15,827 668	0,003 985	−0,998 311	0,28
0,053 900	0,053 923	18,525 791	0,002 911	−0,998 959	0,27
0,046 071	0,046 097	21,682 734	0,002 126	−0,999 504	0,26
0,039 375	0,039 406	25,377 017	0,001 553	−1,000 000	0,25
0,033 650	0,033 686	29,700 730	0,001 134	−1,000 496	0,24
0,028 755	0,028 797	34,761 971	0,000 828	−1,001 042	0,23
0,024 570	0,024 619	40,687 801	0,000 605	−1,001 691	0,22
0,020 992	0,021 049	47,627 813	0,000 442	−1,002 510	0,21
0,017 932	0,017 999	55,758 540	0,000 323	−1,003 580	0,20
0,015 315	0,015 393	65,288 949	0,000 236	−1,005 008	0,19
0,013 077	0,013 168	76,467 430	0,000 172	−1,006 939	0,18
0,011 161	0,011 269	89,590 882	0,000 126	−1,009 568	0,17
0,009 522	0,009 648	105,016 84	0,000 092	−1,013 163	0,16
0,008 118	0,008 265	123,180 08	0,000 067	−1,018 095	0,15
0,006 915	0,007 087	144,616 15	0,000 049	−1,024 879	0,14
0,005 882	0,006 084	169,995 63	0,000 036	−1,034 236	0,13
0,004 996	0,005 232	200,175 93	0,000 026	−1,047 183	0,12
0,004 232	0,004 508	236,282 10	0,000 019	−1,065 174	0,11
0,003 573	0,003 896	279,837 86	0,000 014	−1,090 324	0,10
0,003 003	0,003 381	332,986 68	0,000 010	−1,125 764	0,09
0,002 507	0,002 949	398,882 86	0,000 007	−1,176 280	0,08
0,002 073	0,002 590	482,423 79	0,000 005	−1,249 466	0,07
0,001 690	0,002 295	591,722 03	0,000 004	−1,358 031	0,06
0,001 349	0,002 057	741,353 58	0,000 003	−1,524 866	0,05
0,001 041	0,001 870	960,488 92	0,000 002	−1,795 674	0,04
0,000 759	0,001 728	↓	0,000 001	−2,276 866	0,03
0,000 496	0,001 630		0,000 001	−3,287 134	0,02
0,000 245	0,001 572		0,000 000	−6,418 468	0,01
0,000 000	0,001 553	∞	0,000 000	−∞	0,00
$k'\,\mathrm{sd}(\zeta, \varkappa)$	$k'\,\mathrm{nd}(\zeta, \varkappa)$	$\frac{1}{k'}\,\mathrm{cs}(\zeta, \varkappa)$	$-\overline{\mathrm{cd}}(\zeta, \varkappa)$	$-\overline{\mathrm{sd}}(\zeta, \varkappa)$	$\zeta = \frac{z}{2K}$

Tafel III. (Fortsetzung)

$\vartheta_1'(0,\varkappa) = 1{,}384\,090$ $\quad\vartheta_1'(0,k) = 0{,}088\,114$ $\quad\vartheta_5'(0,\varkappa) = 13{,}944\,882$ $\quad\boxed{\varkappa = 0{,}20}$

$\vartheta_1'''/\vartheta_1'(\varkappa) = 152{,}492\,330$ $\quad\vartheta_2''/\vartheta_2(\varkappa) = -31{,}416\,224$ $\quad\vartheta_3''/\vartheta_3(\varkappa) = -31{,}415\,629$

$\vartheta_1'''/\vartheta_1'(k) = 0{,}618\,027$ $\quad\vartheta_2''/\vartheta_2(k) = -\,0{,}127\,325$ $\quad\vartheta_3''/\vartheta_3(k) = -\,0{,}127\,323$

$\vartheta_1'''''/\vartheta_1'(k) = -0{,}030\,069$ $\quad\vartheta_2''''/\vartheta_2(k) = 0{,}048\,630$ $\quad\vartheta_3''''/\vartheta_3(k) = 0{,}048\,638$

$\zeta = \frac{z}{2K}$	$\overline{\mathrm{dn}}(\zeta,\varkappa)$	$\mathfrak{z}_1(\zeta,\varkappa)$	$\mathfrak{z}_3(\zeta,\varkappa)$	$\mathfrak{z}_5(\zeta,\varkappa)$	$\wp_1(\zeta,\varkappa)$
0,00	0,000 000	∞	0,000 000	∞	∞
0,01	−0,155 800	6,366 108	−0,052 360	6,366 108	40,530 062
0,02	−0,304 216	3,182 414	−0,104 719	3,182 414	10,138 589
0,03	−0,439 199	2,119 787	−0,157 079	2,119 787	4,517 457
0,04	−0,556 892	1,586 236	−0,209 438	1,586 236	2,557 782
0,05	−0,655 792	1,263 068	−0,261 798	1,263 069	1,658 555
0,06	−0,736 356	1,043 874	−0,314 157	1,043 875	1,177 588
0,07	−0,800 337	0,882 949	−0,366 516	0,882 951	0,894 505
0,08	−0,850 130	0,757 405	−0,418 875	0,757 407	0,716 978
0,09	−0,888 275	0,654 531	−0,471 234	0,654 534	0,600 691
0,10	−0,917 145	0,566 732	−0,523 592	0,566 737	0,522 155
0,11	−0,938 794	0,489 226	−0,575 949	0,489 233	0,467 951
0,12	−0,954 917	0,418 877	−0,628 305	0,418 888	0,429 953
0,13	−0,966 862	0,353 576	−0,680 660	0,353 591	0,403 015
0,14	−0,975 676	0,291 866	−0,733 013	0,291 888	0,383 762
0,15	−0,982 159	0,232 731	−0,785 364	0,232 762	0,369 920
0,16	−0,986 916	0,175 451	−0,837 712	0,175 494	0,359 926
0,17	−0,990 397	0,119 513	−0,890 054	0,119 573	0,352 688
0,18	−0,992 937	0,064 548	−0,942 391	0,064 630	0,347 433
0,19	−0,994 781	0,010 289	−0,994 719	0,010 403	0,343 612
0,20	−0,996 110	−0,043 456	−1,047 036	−0,043 298	0,340 831
0,21	−0,997 054	−0,096 826	−1,099 336	−0,096 609	0,338 804
0,22	−0,997 706	−0,149 923	−1,151 614	−0,149 624	0,337 326
0,23	−0,998 131	−0,202 821	−1,203 862	−0,202 411	0,336 248
0,24	−0,998 370	−0,255 573	−1,256 069	−0,255 011	0,335 461
0,25	−0,998 447	−0,308 220	−1,308 220	−0,307 449	0,334 887
0,25	1,001 553	−0,308 220	−1,308 220	−0,307 449	0,334 887
0,26	1,001 630	−0,360 789	−1,360 294	−0,359 732	0,334 468
0,27	1,001 870	−0,413 302	−1,412 262	−0,411 852	0,334 162
0,28	1,002 296	−0,465 774	−1,464 085	−0,463 788	0,333 938
0,29	1,002 952	−0,518 215	−1,515 711	−0,515 496	0,333 775
0,30	1,003 903	−0,570 635	−1,567 067	−0,566 912	0,333 656
0,31	1,005 244	−0,623 038	−1,618 055	−0,617 943	0,333 569
0,32	1,007 111	−0,675 430	−1,668 539	−0,668 459	0,333 505
0,33	1,009 693	−0,727 813	−1,718 336	−0,718 280	0,333 459
0,34	1,013 255	−0,780 189	−1,767 197	−0,767 159	0,333 425
0,35	1,018 162	−0,832 562	−1,814 788	−0,814 762	0,333 400
0,36	1,024 928	−0,884 931	−1,860 655	−0,860 638	0,333 382
0,37	1,034 272	−0,937 297	−1,904 194	−0,904 184	0,333 369
0,38	1,047 209	−0,989 662	−1,944 605	−0,944 600	0,333 359
0,39	1,065 193	−1,042 025	−1,980 838	−0,980 837	0,333 352
0,40	1,090 338	−1,094 387	−2,011 546	−1,011 547	0,333 347
0,41	1,125 775	−1,146 749	−2,035 035	−1,035 038	0,333 343
0,42	1,176 288	−1,199 110	−2,049 248	−1,049 253	0,333 340
0,43	1,249 471	−1,251 471	−2,051 813	−1,051 820	0,333 338
0,44	1,358 035	−1,303 832	−2,040 192	−1,040 199	0,333 337
0,45	1,524 869	−1,356 192	−2,011 987	−1,011 995	0,333 336
0,46	1,795 676	−1,408 553	−1,965 447	−0,965 455	0,333 335
0,47	2,276 867	−1,460 913	−1,900 113	−0,900 122	0,333 335
0,48	3,287 134	−1,513 273	−1,817 489	−0,817 499	0,333 334
0,49	6,418 468	−1,565 633	−1,721 433	−0,721 443	0,333 334
0,50	∞	−1,617 993	−1,617 993	−0,618 003	0,333 334
	$\overline{\mathrm{sc}}(\zeta,\varkappa)$	$-\mathfrak{z}_2(\zeta,\varkappa)$	$-\mathfrak{z}_4(\zeta,\varkappa)$	$-\mathfrak{z}_6(\zeta,\varkappa)$	$\wp_2(\zeta,\varkappa)$

Tafel III

$\varkappa = 0{,}20$		
$\vartheta_5'(0, k) = 0{,}887\,758$	$\vartheta_6(0, k) = 0{,}887\,758$	$\vartheta_{5,6}(\tfrac{1}{2}, \varkappa) = 3{,}162\,278$
$\vartheta_4''/\vartheta_4(\varkappa) = 215{,}324\,183$	$\vartheta_5'''/\vartheta_5'(\varkappa) = 58{,}245\,443$	$\vartheta_6''/\vartheta_6(\varkappa) = 183{,}907\,959$
$\vartheta_4''/\vartheta_4(k) = 0{,}872\,675$	$\vartheta_5'''/\vartheta_5'(k) = 0{,}236\,060$	$\vartheta_6''/\vartheta_6(k) = 0{,}745\,350$
$\vartheta_4''''/\vartheta_4(k) = 0{,}284\,690$	$\vartheta_5'''''/\vartheta_5'(k) = -0{,}573\,767$	$\vartheta_6''''/\vartheta_6(k) = -0{,}333\,360$

$\wp_3(\zeta, \varkappa)$	$\wp_5(\zeta, \varkappa)$	$\wp_1'(\zeta, \varkappa)$	$\wp_3'(\zeta, \varkappa)$	$\wp_5'(\zeta, \varkappa)$	
0,333 332	∞	− ∞	0,000 000	− ∞	0,50
0,333 332	40,530 063	−516,002 837	−0,000 001	−516,002 838	0,49
0,333 331	10,138 584	−64,462 350	−0,000 002	−64,462 352	0,48
0,333 331	4,517 456	−19,053 385	−0,000 003	−19,053 388	0,47
0,333 331	2,557 781	−7,988 778	−0,000 004	−7,988 782	0,46
0,333 330	1,658 554	−4,041 579	−0,000 006	−4,041 584	0,45
0,333 329	1,177 585	−2,293 053	−0,000 008	−2,293 061	0,44
0,333 327	0,894 501	−1,402 333	−0,000 011	−1,402 344	0,43
0,333 325	0,716 972	−0,902 552	−0,000 015	−0,902 566	0,42
0,333 323	0,600 682	−0,601 967	−0,000 020	−0,601 987	0,41
0,333 320	0,522 143	−0,411 758	−0,000 028	−0,411 785	0,40
0,333 314	0,467 933	−0,286 786	−0,000 038	−0,286 824	0,39
0,333 307	0,429 928	−0,202 360	−0,000 052	−0,202 412	0,38
0,333 297	0,402 980	−0,144 138	−0,000 072	−0,144 209	0,37
0,333 284	0,383 714	−0,103 370	−0,000 098	−0,103 468	0,36
0,333 266	0,369 855	−0,074 502	−0,000 134	−0,074 636	0,35
0,333 241	0,359 836	−0,053 889	−0,000 184	−0,054 073	0,34
0,333 207	0,352 563	−0,039 083	−0,000 251	−0,039 334	0,33
0,333 161	0,347 262	−0,028 399	−0,000 344	−0,028 743	0,32
0,333 097	0,343 378	−0,020 664	−0,000 471	−0,021 136	0,31
0,333 010	0,340 509	−0,015 052	−0,000 645	−0,015 697	0,30
0,332 891	0,338 363	−0,010 972	−0,000 884	−0,011 855	0,29
0,332 728	0,336 722	−0,008 002	−0,001 209	−0,009 211	0,28
0,332 505	0,335 421	−0,005 838	−0,001 655	−0,007 494	0,27
0,332 199	0,334 329	−0,004 261	−0,002 266	−0,006 527	0,26
0,331 781	0,333 337	−0,003 110	−0,003 101	−0,006 211	0,25
0,331 781	0,333 337	−0,003 110	−0,003 101	−0,006 211	0,25
0,331 209	0,332 345	−0,002 271	−0,004 243	−0,006 514	0,24
0,330 426	0,331 256	−0,001 658	−0,005 804	−0,007 463	0,23
0,329 356	0,329 962	−0,001 211	−0,007 938	−0,009 149	0,22
0,327 892	0,328 335	−0,000 884	−0,010 853	−0,011 737	0,21
0,325 891	0,326 215	−0,000 646	−0,014 828	−0,015 474	0,20
0,323 158	0,323 395	−0,000 472	−0,020 246	−0,020 718	0,19
0,319 429	0,319 602	−0,000 344	−0,027 614	−0,027 959	0,18
0,314 345	0,314 472	−0,000 252	−0,037 613	−0,037 864	0,17
0,307 428	0,307 521	−0,000 184	−0,051 134	−0,051 317	0,16
0,298 037	0,298 105	−0,000 134	−0,069 335	−0,069 469	0,15
0,285 325	0,285 375	−0,000 098	−0,093 683	−0,093 781	0,14
0,268 190	0,268 227	−0,000 072	−0,125 970	−0,126 042	0,13
0,245 226	0,245 253	−0,000 052	−0,168 272	−0,168 324	0,12
0,214 687	0,214 707	−0,000 038	−0,222 771	−0,222 809	0,11
0,174 502	0,174 517	−0,000 028	−0,291 345	−0,291 373	0,10
0,122 376	0,122 387	−0,000 020	−0,374 778	−0,374 798	0,09
0,056 062	0,056 070	−0,000 015	−0,471 435	−0,471 450	0,08
−0,026 123	−0,026 116	−0,000 011	−0,575 373	−0,575 384	0,07
−0,124 442	−0,124 437	−0,000 008	−0,674 173	−0,674 181	0,06
−0,236 600	−0,236 596	−0,000 006	−0,747 517	−0,747 523	0,05
−0,356 536	−0,356 533	−0,000 004	−0,768 366	−0,768 370	0,04
−0,473 770	−0,473 767	−0,000 003	−0,708 958	−0,708 961	0,03
−0,574 118	−0,574 116	−0,000 002	−0,552 123	−0,552 124	0,02
−0,642 392	−0,642 390	−0,000 001	−0,304 037	−0,304 037	0,01
−0,666 666	−0,666 663	0,000 000	0,000 000	0,000 000	0,00
$\wp_4(\zeta, \varkappa)$	$\wp_6(\zeta, \varkappa)$	$-\wp_2'(\zeta, \varkappa)$	$-\wp_4'(\zeta, \varkappa)$	$-\wp_6'(\zeta, \varkappa)$	$\zeta = \dfrac{z}{2K}$

Tafel III

$\sqrt{k} = 0{,}999\,999$	$k = 0{,}999\,997$	$k^2 = 0{,}999\,995$
$\sqrt{k'} = 0{,}047\,509$	$k' = 0{,}002\,257$	$k'^2 = 0{,}000\,005$
$e_1 = -e_3' = 0{,}333\,335$	$e_2 = -e_2' = 0{,}333\,330$	$e_3 = -e_1' = -0{,}666\,665$
$g_2 = g_2' = 1{,}333\,327$	$g_3 = -g_3' = -0{,}296\,294$	$g_3/\sqrt{g_2^3} = -0{,}192\,450$
$\bar{g}_2 = \bar{g}_2' = 1{,}333\,225$	$\bar{g}_3 = -\bar{g}_3' = -0{,}296\,342$	$\bar{g}_3/\sqrt{\bar{g}_2^3} = -0{,}192\,503$

$\varkappa = 0{,}21$

$\zeta = \frac{z}{2K}$	$\vartheta_1(\zeta,\varkappa)$	$\vartheta_3(\zeta,\varkappa)$	$\frac{\partial \ln \vartheta_1(\zeta,\varkappa)}{\partial\zeta}$	$\frac{\partial \ln \vartheta_3(\zeta,\varkappa)}{\partial\zeta}$	$\mathrm{sn}(\zeta,\varkappa)$
0,00	0,000 000	2,182 180	∞	0,000 000	0,000 000
0,01	0,015 544	2,178 918	100,445 692	−0,299 194	0,148 494
0,02	0,031 296	2,169 161	50,884 776	−0,598 387	0,290 580
0,03	0,047 462	2,152 997	34,644 254	−0,897 578	0,420 912
0,04	0,064 250	2,130 569	26,718 321	−1,196 769	0,535 910
0,05	0,081 863	2,102 076	22,101 904	−1,495 956	0,633 954
0,06	0,100 504	2,067 768	19,124 139	−1,795 140	0,715 127
0,07	0,120 370	2,027 944	17,067 496	−2,094 319	0,780 715
0,08	0,141 656	1,982 946	15,572 555	−2,393 491	0,832 676
0,09	0,164 550	1,933 154	14,439 550	−2,692 654	0,873 201
0,10	0,189 236	1,878 983	13,548 916	−2,991 804	0,904 423
0,11	0,215 886	1,820 874	12,825 103	−3,290 937	0,928 252
0,12	0,244 664	1,759 293	12,218 407	−3,590 047	0,946 307
0,13	0,275 722	1,694 717	11,695 126	−3,889 125	0,959 914
0,14	0,309 200	1,627 637	11,231 886	−4,188 162	0,970 125
0,15	0,345 218	1,558 545	10,812 197	−4,487 142	0,977 765
0,16	0,383 882	1,487 932	10,424 281	−4,786 046	0,983 467
0,17	0,425 276	1,416 278	10,059 641	−5,084 847	0,987 717
0,18	0,469 461	1,344 054	9,712 106	−5,383 509	0,990 879
0,19	0,516 473	1,271 711	9,377 171	−5,681 983	0,993 230
0,20	0,566 321	1,199 676	9,051 531	−5,980 204	0,994 976
0,21	0,618 982	1,128 354	8,732 758	−6,278 085	0,996 273
0,22	0,674 406	1,058 118	8,419 063	−6,575 506	0,997 236
0,23	0,732 505	0,989 309	8,109 126	−6,872 307	0,997 950
0,24	0,793 159	0,922 238	7,801 970	−7,168 271	0,998 480
0,25	0,856 211	0,857 178	7,496 875	−7,463 109	0,998 873
0,26	0,921 467	0,794 368	7,193 306	−7,756 428	0,999 165
0,27	0,988 696	0,734 011	6,890 867	−8,047 699	0,999 381
0,28	1,057 631	0,676 276	6,589 267	−8,336 212	0,999 541
0,29	1,127 969	0,621 299	6,288 288	−8,621 010	0,999 660
0,30	1,199 373	0,569 181	5,987 769	−8,900 807	0,999 748
0,31	1,271 472	0,519 994	5,687 591	−9,173 877	0,999 814
0,32	1,343 867	0,473 783	5,387 667	−9,437 905	0,999 862
0,33	1,416 132	0,430 566	5,087 930	−9,689 799	0,999 898
0,34	1,487 818	0,390 336	4,788 332	−9,925 430	0,999 925
0,35	1,558 457	0,353 069	4,488 837	−10,139 319	0,999 945
0,36	1,627 569	0,318 722	4,189 418	−10,324 228	0,999 959
0,37	1,694 665	0,287 237	3,890 056	−10,470 667	0,999 970
0,38	1,759 252	0,258 546	3,590 737	−10,566 317	0,999 978
0,39	1,820 843	0,232 573	3,291 448	−10,595 408	0,999 984
0,40	1,878 959	0,209 234	2,992 182	−10,538 131	0,999 989
0,41	1,933 136	0,188 445	2,692 934	−10,370 250	0,999 992
0,42	1,982 932	0,170 121	2,393 698	−10,063 196	0,999 994
0,43	2,027 934	0,154 179	2,094 471	−9,585 066	0,999 996
0,44	2,067 760	0,140 540	1,795 252	−8,903 068	0,999 997
0,45	2,102 070	0,129 131	1,496 037	−7,987 922	0,999 998
0,46	2,130 564	0,119 890	1,196 826	−6,820 384	0,999 999
0,47	2,152 993	0,112 761	0,897 617	−5,399 220	0,999 999
0,48	2,169 158	0,107 701	0,598 411	−3,748 664	1,000 000
0,49	2,178 915	0,104 678	0,299 205	−1,922 259	1,000 000
0,50	2,182 178	0,103 672	0,000 000	0,000 000	1,000 000
	$\vartheta_2(\zeta,\varkappa)$	$\vartheta_4(\zeta,\varkappa)$	$-\frac{\partial \ln \vartheta_2(\zeta,\varkappa)}{\partial\zeta}$	$-\frac{\partial \ln \vartheta_4(\zeta,\varkappa)}{\partial\zeta}$	$\mathrm{cd}(\zeta,\varkappa)$

Tafel III

$\varkappa = 0{,}21$	$k^2 k'^2 = 0{,}000\,005$	$\eta_1 = -\eta_2' = -0{,}199\,643$	$\eta_1' = -\eta_2 = 0{,}333\,332$
	$\pi/KK' = 0{,}267\,380$	$\bar\eta_1 = -\bar\eta_2' = -0{,}065\,955$	$\bar\eta_1' = -\bar\eta_2 = 0{,}333\,335$
	$K = 7{,}479\,992$	$E = 1{,}000\,018$	$A = 1{,}999\,959$
	$K' = 1{,}570\,798$	$E' = 1{,}570\,794$	$A' = 0{,}000\,008$
	$B = 0{,}999\,985$	$C = 5{,}480\,050$	$D = 6{,}480\,007$

$\mathrm{cn}(\zeta,\varkappa)$	$\mathrm{dn}(\zeta,\varkappa)$	$\mathrm{sc}(\zeta,\varkappa)$	$\overline{\mathrm{sn}}(\zeta,\varkappa)$	$\overline{\mathrm{cn}}(\zeta,\varkappa)$	
1,000 000	1,000 000	0,000 000	∞	0,000 000	0,50
0,988 913	0,988 913	0,150 159	6,585 798	−0,148 493	0,49
0,956 851	0,956 851	0,303 684	3,150 813	−0,290 580	0,48
0,907 102	0,907 102	0,464 018	1,954 884	−0,420 912	0,47
0,844 275	0,844 276	0,634 757	1,330 077	−0,535 910	0,46
0,773 371	0,773 372	0,819 729	0,943 449	−0,633 955	0,45
0,698 994	0,698 996	1,023 080	0,683 227	−0,715 129	0,44
0,624 887	0,624 889	1,249 371	0,500 163	−0,780 719	0,43
0,553 760	0,553 763	1,503 676	0,368 273	−0,832 681	0,42
0,487 360	0,487 364	1,791 698	0,272 012	−0,873 208	0,41
0,426 636	0,426 641	2,119 894	0,201 256	−0,904 434	0,40
0,371 952	0,371 958	2,495 624	0,149 044	−0,928 267	0,39
0,323 268	0,323 275	2,927 315	0,110 434	−0,946 328	0,38
0,280 296	0,280 304	3,424 648	0,081 849	−0,959 942	0,37
0,242 605	0,242 615	3,998 778	0,060 672	−0,970 165	0,36
0,209 705	0,209 716	4,662 583	0,044 979	−0,977 819	0,35
0,181 085	0,181 099	5,430 957	0,033 346	−0,983 541	0,34
0,156 256	0,156 272	6,321 140	0,024 722	−0,987 817	0,33
0,134 756	0,134 775	7,353 115	0,018 329	−0,991 015	0,32
0,116 166	0,116 188	8,550 053	0,013 589	−0,993 415	0,31
0,100 110	0,100 135	9,938 846	0,010 075	−0,995 227	0,30
0,086 252	0,086 281	11,550 716	0,007 470	−0,996 612	0,29
0,074 299	0,074 333	13,421 934	0,005 538	−0,997 694	0,28
0,063 993	0,064 033	15,594 661	0,004 106	−0,998 568	0,27
0,055 110	0,055 156	18,117 932	0,003 044	−0,999 315	0,26
0,047 455	0,047 508	21,048 825	0,002 257	−1,000 000	0,25
0,040 859	0,040 921	24,453 841	0,001 673	−1,000 686	0,24
0,035 176	0,035 249	28,410 558	0,001 241	−1,001 434	0,23
0,030 280	0,030 364	33,009 625	0,000 920	−1,002 312	0,22
0,026 062	0,026 159	38,357 190	0,000 682	−1,003 400	0,21
0,022 427	0,022 540	44,577 912	0,000 506	−1,004 796	0,20
0,019 295	0,019 426	51,818 744	0,000 375	−1,006 629	0,19
0,016 594	0,016 747	60,253 788	0,000 278	−1,009 066	0,18
0,014 266	0,014 443	70,090 682	0,000 206	−1,012 333	0,17
0,012 257	0,012 463	81,579 186	0,000 153	−1,016 734	0,16
0,010 523	0,010 763	95,023 079	0,000 113	−1,022 684	0,15
0,009 025	0,009 303	110,797 11	0,000 084	−1,030 753	0,14
0,007 729	0,008 052	129,371 84	0,000 062	−1,041 729	0,13
0,006 607	0,006 982	151,351 33	0,000 046	−1,056 716	0,12
0,005 633	0,006 068	177,531 96	0,000 034	−1,077 277	0,11
0,004 785	0,005 290	208,997 77	0,000 025	−1,105 664	0,10
0,004 044	0,004 631	247,281 15	0,000 019	−1,145 202	0,09
0,003 394	0,004 076	294,646 56	0,000 014	−1,200 940	0,08
0,002 820	0,003 612	354,620 82	0,000 010	−1,280 871	0,07
0,002 309	0,003 229	433,058 06	0,000 007	−1,398 349	0,06
0,001 850	0,002 918	540,487 51	0,000 005	−1,577 399	0,05
0,001 433	0,002 673	697,988 24	0,000 004	−1,865 984	0,04
0,001 047	0,002 488	954,817 86	0,000 003	−2,375 793	0,03
0,000 685	0,002 359	↓	0,000 002	−3,441 391	0,02
0,000 339	0,002 282		0,000 001	−6,734 291	0,01
0,000 000	0,002 257	∞	0,000 000	−∞	0,00
$k'\,\mathrm{sd}(\zeta,\varkappa)$	$k'\,\mathrm{nd}(\zeta,\varkappa)$	$\frac{1}{k'}\,\mathrm{cs}(\zeta,\varkappa)$	$-\overline{\mathrm{cd}}(\zeta,\varkappa)$	$-\overline{\mathrm{sd}}(\zeta,\varkappa)$	$\zeta = \frac{z}{2K}$

Tafel III. (Fortsetzung)

$\vartheta_1'(0,\varkappa) = 1{,}550\,934$	$\vartheta_1'(0,k) = 0{,}103\,672$	$\vartheta_5'(0,\varkappa) = 14{,}231\,070$
$\vartheta_1'''/\vartheta_1'(\varkappa) = 134{,}040\,763$	$\vartheta_2''/\vartheta_2(\varkappa) = -29{,}920\,500$	$\vartheta_3''/\vartheta_3(\varkappa) = -29{,}919\,360$
$\vartheta_1'''/\vartheta_1'(k) = 0{,}598\,928$	$\vartheta_2''/\vartheta_2(k) = -0{,}133\,692$	$\vartheta_3''/\vartheta_3(k) = -0{,}133\,687$
$\vartheta_1'''''/\vartheta_1'(k) = -0{,}068\,805$	$\vartheta_2''''/\vartheta_2(k) = 0{,}053\,611$	$\vartheta_3''''/\vartheta_3(k) = 0{,}053\,627$

$\varkappa = 0{,}21$

$\zeta = \frac{z}{2K}$	$\overline{\mathrm{dn}}(\zeta,\varkappa)$	$\mathfrak{z}_1(\zeta,\varkappa)$	$\mathfrak{z}_3(\zeta,\varkappa)$	$\mathfrak{z}_5(\zeta,\varkappa)$	$\wp_1(\zeta,\varkappa)$
0,00	0,000 000	∞	0,000 000	∞	∞
0,01	−0,148 493	6,684 425	−0,049 866	6,684 425	44,684 015
0,02	−0,290 579	3,341 659	−0,099 732	3,341 659	11,176 516
0,03	−0,420 909	2,226 195	−0,149 598	2,226 195	4,977 736
0,04	−0,535 907	1,666 520	−0,199 464	1,666 520	2,815 238
0,05	−0,633 950	1,328 069	−0,249 330	1,328 070	1,821 530
0,06	−0,715 122	1,099 154	−0,299 195	1,099 155	1,288 725
0,07	−0,780 708	0,931 811	−0,349 060	0,931 813	0,973 979
0,08	−0,832 667	0,802 015	−0,398 925	0,802 019	0,775 609
0,09	−0,873 190	0,696 413	−0,448 789	0,696 419	0,644 844
0,10	−0,904 408	0,607 012	−0,498 652	0,607 021	0,555 856
0,11	−0,928 233	0,528 762	−0,548 514	0,528 775	0,493 897
0,12	−0,946 282	0,458 341	−0,598 375	0,458 360	0,450 032
0,13	−0,959 880	0,393 496	−0,648 233	0,393 522	0,418 600
0,14	−0,970 081	0,332 664	−0,698 089	0,332 701	0,395 873
0,15	−0,977 706	0,274 744	−0,747 941	0,274 794	0,379 334
0,16	−0,983 388	0,218 947	−0,797 787	0,219 017	0,367 239
0,17	−0,987 611	0,164 706	−0,847 627	0,164 802	0,358 362
0,18	−0,990 737	0,111 608	−0,897 458	0,111 741	0,351 830
0,19	−0,993 040	0,059 353	−0,947 276	0,059 533	0,347 014
0,20	−0,994 721	0,007 719	−0,997 077	0,007 964	0,343 458
0,21	−0,995 930	−0,043 456	−1,046 855	−0,043 123	0,340 830
0,22	−0,996 774	−0,094 291	−1,096 603	−0,093 840	0,338 886
0,23	−0,997 327	−0,144 875	−1,146 309	−0,144 264	0,337 447
0,24	−0,997 641	−0,195 274	−1,195 959	−0,194 446	0,336 381
0,25	−0,997 743	−0,245 534	−1,245 534	−0,244 416	0,335 592
0,25	1,002 257	−0,245 534	−1,245 534	−0,244 416	0,335 592
0,26	1,002 359	−0,295 693	−1,295 008	−0,294 182	0,335 007
0,27	1,002 674	−0,345 776	−1,344 344	−0,343 735	0,334 574
0,28	1,003 232	−0,395 803	−1,393 496	−0,393 048	0,334 253
0,29	1,004 082	−0,445 788	−1,442 400	−0,442 071	0,334 015
0,30	1,005 302	−0,495 743	−1,490 970	−0,490 730	0,333 838
0,31	1,007 004	−0,545 675	−1,539 090	−0,538 915	0,333 707
0,32	1,009 344	−0,595 590	−1,586 605	−0,586 480	0,333 610
0,33	1,012 539	−0,645 492	−1,633 309	−0,633 220	0,333 539
0,34	1,016 887	−0,695 385	−1,678 927	−0,678 865	0,333 485
0,35	1,022 797	−0,745 272	−1,723 091	−0,723 049	0,333 446
0,36	1,030 837	−0,795 153	−1,765 317	−0,765 290	0,333 416
0,37	1,041 791	−0,845 030	−1,804 973	−0,804 957	0,333 395
0,38	1,056 762	−0,894 905	−1,841 233	−0,841 225	0,333 379
0,39	1,077 311	−0,944 777	−1,873 044	−0,873 043	0,333 367
0,40	1,105 690	−0,994 648	−1,899 082	−0,899 086	0,333 358
0,41	1,145 221	−1,044 518	−1,917 726	−0,917 734	0,333 351
0,42	1,200 954	−1,094 387	−1,927 068	−0,927 078	0,333 347
0,43	1,280 881	−1,144 255	−1,924 974	−0,924 986	0,333 343
0,44	1,398 356	−1,194 123	−1,909 252	−0,909 266	0,333 340
0,45	1,577 404	−1,243 990	−1,877 946	−0,877 961	0,333 338
0,46	1,865 988	−1,293 858	−1,829 768	−0,829 785	0,333 337
0,47	2,375 796	−1,343 725	−1,764 637	−0,764 655	0,333 336
0,48	3,441 393	−1,393 592	−1,684 172	−0,684 191	0,333 336
0,49	6,734 292	−1,443 459	−1,591 952	−0,591 972	0,333 335
0,50	∞	−1,493 326	−1,493 326	−0,493 346	0,333 335
	$\overline{\mathrm{sc}}(\zeta,\varkappa)$	$-\mathfrak{z}_2(\zeta,\varkappa)$	$-\mathfrak{z}_4(\zeta,\varkappa)$	$-\mathfrak{z}_6(\zeta,\varkappa)$	$\wp_2(\zeta,\varkappa)$

Tafel III

$\varkappa = 0{,}21$								
	$\vartheta_5'(0, k)$	$=$ 0,951 276	$\vartheta_6(0, k)$	$=$ 0,951 279	$\vartheta_5(\tfrac{1}{4}, \varkappa)$	$=$ 3,086 067
	$\vartheta_4''/\vartheta_4(\varkappa)$	$=$ 193,880 623	$\vartheta_5'''/\vartheta_5'(\varkappa)$	$=$ 44,282 683	$\vartheta_6''/\vartheta_6(\varkappa)$	$=$ 163,960 123
	$\vartheta_4''/\vartheta_4(k)$	$=$ 0,866 308	$\vartheta_5'''/\vartheta_5'(k)$	$=$ 0,197 866	$\vartheta_6''/\vartheta_6(k)$	$=$ 0,732 615
	$\vartheta_4''''/\vartheta_4(k)$	$=$ 0,251 477	$\vartheta_5'''''/\vartheta_5'(k)$	$= -$0,601 361	$\vartheta_6''''/\vartheta_6(k)$	$= -$0,389 825

$\wp_3(\zeta, \varkappa)$	$\wp_5(\zeta, \varkappa)$	$\wp_1'(\zeta, \varkappa)$	$\wp_3'(\zeta, \varkappa)$	$\wp_5'(\zeta, \varkappa)$	
0,333 330	∞	$-\infty$	0,000 000	$-\infty$	0,50
0,333 330	44,684 015	−597,340 833	−0,000 002	−597,340 834	0,49
0,333 329	11,176 516	−74,631 300	−0,000 003	−74,631 303	0,48
0,333 329	4,977 735	−22,068 298	−0,000 005	−22,068 303	0,47
0,333 328	2,815 236	−9,262 402	−0,000 008	−9,262 409	0,46
0,333 327	1,821 527	−4,694 971	−0,000 011	−4,694 982	0,45
0,333 325	1,288 720	−2,671 953	−0,000 015	−2,671 968	0,44
0,333 322	0,973 971	−1,641 180	−0,000 020	−1,641 200	0,43
0,333 318	0,775 597	−1,062 301	−0,000 028	−1,062 329	0,42
0,333 314	0,644 828	−0,713 494	−0,000 037	−0,713 531	0,41
0,333 307	0,555 834	−0,492 079	−0,000 051	−0,492 130	0,40
0,333 298	0,493 865	−0,345 949	−0,000 068	−0,346 018	0,39
0,333 286	0,449 989	−0,246 643	−0,000 092	−0,246 735	0,38
0,333 270	0,418 540	−0,177 656	−0,000 124	−0,177 780	0,37
0,333 248	0,395 792	−0,128 933	−0,000 168	−0,129 101	0,36
0,333 219	0,379 223	−0,094 095	−0,000 226	−0,094 321	0,35
0,333 180	0,367 089	−0,068 953	−0,000 305	−0,069 258	0,34
0,333 126	0,358 159	−0,050 682	−0,000 412	−0,051 094	0,33
0,333 055	0,351 555	−0,037 336	−0,000 556	−0,037 892	0,32
0,332 958	0,346 642	−0,027 550	−0,000 749	−0,028 300	0,31
0,332 827	0,342 956	−0,020 354	−0,001 011	−0,021 365	0,30
0,332 651	0,340 151	−0,015 052	−0,001 363	−0,016 415	0,29
0,332 413	0,337 969	−0,011 138	−0,001 838	−0,012 976	0,28
0,332 093	0,336 210	−0,008 246	−0,002 478	−0,010 724	0,27
0,331 660	0,334 712	−0,006 107	−0,003 341	−0,009 448	0,26
0,331 078	0,333 340	−0,004 524	−0,004 504	−0,009 028	0,25
0,331 078	0,333 340	−0,004 524	−0,004 504	−0,009 028	0,25
0,330 293	0,331 970	−0,003 352	−0,006 070	−0,009 422	0,24
0,329 235	0,330 479	−0,002 484	−0,008 178	−0,010 663	0,23
0,327 810	0,328 732	−0,001 841	−0,011 015	−0,012 857	0,22
0,325 891	0,326 575	−0,001 365	−0,014 828	−0,016 193	0,21
0,323 308	0,323 816	−0,001 012	−0,019 948	−0,020 960	0,20
0,319 835	0,320 213	−0,000 750	−0,026 811	−0,027 562	0,19
0,315 171	0,315 451	−0,000 556	−0,035 992	−0,036 548	0,18
0,308 914	0,309 123	−0,000 412	−0,048 237	−0,048 649	0,17
0,300 538	0,300 694	−0,000 306	−0,064 504	−0,064 810	0,16
0,289 354	0,289 470	−0,000 227	−0,086 001	−0,086 227	0,15
0,274 473	0,274 559	−0,000 168	−0,114 202	−0,114 370	0,14
0,254 765	0,254 830	−0,000 124	−0,150 836	−0,150 961	0,13
0,228 828	0,228 877	−0,000 092	−0,197 786	−0,197 878	0,12
0,194 982	0,195 019	−0,000 068	−0,256 847	−0,256 915	0,11
0,151 312	0,151 340	−0,000 051	−0,329 246	−0,329 296	0,10
0,095 812	0,095 833	−0,000 037	−0,414 806	−0,414 843	0,09
0,026 681	0,026 698	−0,000 028	−0,510 681	−0,510 709	0,08
−0,057 151	−0,057 138	−0,000 020	−0,609 712	−0,609 733	0,07
−0,155 261	−0,155 250	−0,000 015	−0,698 811	−0,698 826	0,06
−0,264 769	−0,264 761	−0,000 011	−0,758 336	−0,758 347	0,05
−0,379 467	−0,379 460	−0,000 008	−0,763 991	−0,763 998	0,04
−0,489 499	−0,489 493	−0,000 005	−0,692 677	−0,692 683	0,03
−0,582 229	−0,582 223	−0,000 003	−0,532 086	−0,532 090	0,02
−0,644 615	−0,644 609	−0,000 001	−0,290 437	−0,290 439	0,01
−0,666 665	−0,666 660	0,000 000	0,000 000	0,000 000	0,00
$\wp_4(\zeta, \varkappa)$	$\wp_6(\zeta, \varkappa)$	$-\wp_2'(\zeta, \varkappa)$	$-\wp_4'(\zeta, \varkappa)$	$-\wp_6'(\zeta, \varkappa)$	$\zeta = \frac{z}{2K}$

Tafel III

$\sqrt{k} = 0{,}999\,997$ $\quad k = 0{,}999\,995$ $\quad k^2 = 0{,}999\,990$ $\quad$ $\varkappa = 0{,}22$

$\sqrt{k'} = 0{,}056\,312$ $\quad k' = 0{,}003\,171$ $\quad k'^2 = 0{,}000\,010$

$e_1 = -e_3' = 0{,}333\,337$ $\quad e_2 = -e_2' = 0{,}333\,327$ $\quad e_3 = -e_1' = -0{,}666\,663$

$g_2 = g_2' = 1{,}333\,320$ $\quad g_3 = -g_3' = -0{,}296\,292$ $\quad g_3/\sqrt{g_2^3} = -0{,}192\,450$

$\bar{g}_2 = \bar{g}_2' = 1{,}333\,119$ $\quad \bar{g}_3 = -\bar{g}_3' = -0{,}296\,386$ $\quad \bar{g}_3/\sqrt{\bar{g}_2^3} = -0{,}192\,555$

$\zeta = \frac{z}{2K}$	$\vartheta_1(\zeta, \varkappa)$	$\vartheta_3(\zeta, \varkappa)$	$\frac{\partial \ln \vartheta_1(\zeta, \varkappa)}{\partial \zeta}$	$\frac{\partial \ln \vartheta_3(\zeta, \varkappa)}{\partial \zeta}$	$\operatorname{sn}(\zeta, \varkappa)$
0,00	0,000 000	2,132 010	∞	0,000 000	0,000 000
0,01	0,017 178	2,128 968	100,393 203	−0,285 589	0,141 837
0,02	0,034 559	2,119 867	50,780 916	−0,571 177	0,278 080
0,03	0,052 343	2,104 786	34,491 189	−0,856 763	0,403 984
0,04	0,070 733	2,083 852	26,519 142	−1,142 347	0,516 240
0,05	0,089 924	2,057 243	21,860 457	−1,427 926	0,613 180
0,06	0,110 112	2,025 182	18,844 825	−1,713 500	0,694 606
0,07	0,131 488	1,987 936	16,755 067	−1,999 065	0,761 427
0,08	0,154 235	1,945 810	15,231 913	−2,284 620	0,815 222
0,09	0,178 532	1,899 146	14,075 573	−2,570 161	0,857 866
0,10	0,204 549	1,848 316	13,166 314	−2,855 682	0,891 258
0,11	0,232 447	1,793 718	12,428 303	−3,141 178	0,917 155
0,12	0,262 375	1,735 771	11,811 481	−3,426 640	0,937 090
0,13	0,294 471	1,674 908	11,281 745	−3,712 056	0,952 347
0,14	0,328 856	1,611 573	10,815 303	−3,997 413	0,963 973
0,14	0,365 637	1,546 215	10,395 253	−4,282 688	0,972 802
0,16	0,404 899	1,479 283	10,009 420	−4,567 857	0,979 491
0,17	0,446 711	1,411 219	9,648 945	−4,852 884	0,984 547
0,18	0,491 116	1,342 455	9,307 326	−5,137 722	0,988 364
0,19	0,538 133	1,273 412	8,979 768	−5,422 308	0,991 243
0,20	0,587 755	1,204 489	8,662 715	−5,706 559	0,993 412
0,21	0,639 947	1,136 065	8,353 522	−5,990 364	0,995 045
0,22	0,694 645	1,068 494	8,050 215	−6,273 577	0,996 275
0,23	0,751 751	1,002 104	7,751 322	−6,556 002	0,997 199
0,24	0,811 138	0,937 192	7,455 740	−6,837 378	0,997 895
0,25	0,872 644	0,874 029	7,162 643	−7,117 360	0,998 418
0,26	0,936 076	0,812 851	6,871 411	−7,395 489	0,998 812
0,27	1,001 206	0,753 864	6,581 579	−7,671 154	0,999 107
0,28	1,067 775	0,697 244	6,292 800	−7,943 547	0,999 330
0,29	1,135 490	0,643 136	6,004 812	−8,211 592	0,999 497
0,30	1,204 031	0,591 654	5,717 417	−8,473 869	0,999 622
0,31	1,273 048	0,542 888	5,430 468	−8,728 496	0,999 717
0,32	1,342 167	0,496 899	5,143 855	−8,972 988	0,999 788
0,33	1,410 991	0,453 724	4,857 493	−9,204 076	0,999 841
0,34	1,479 103	0,413 379	4,571 321	−9,417 468	0,999 881
0,35	1,546 074	0,375 860	4,285 292	−9,607 560	0,999 911
0,36	1,611 463	0,341 147	3,999 369	−9,767 079	0,999 934
0,37	1,674 822	0,309 206	3,713 526	−9,886 658	0,999 951
0,38	1,735 704	0,279 990	3,427 744	−9,954 383	0,999 964
0,39	1,793 666	0,253 444	3,142 007	−9,955 312	0,999 973
0,40	1,848 276	0,229 506	2,856 304	−9,871 103	0,999 981
0,41	1,899 115	0,208 112	2,570 627	−9,679 867	0,999 986
0,42	1,945 786	0,189 194	2,284 969	−9,356 517	0,999 990
0,43	1,987 917	0,172 686	1,999 325	−8,873 930	0,999 993
0,44	2,025 167	0,158 526	1,713 692	−8,205 330	0,999 995
0,45	2,057 232	0,146 653	1,428 067	−7,328 164	0,999 997
0,46	2,083 843	0,137 015	1,142 448	−6,229 479	0,999 998
0,47	2,104 778	0,129 568	0,856 833	−4,912 058	0,999 999
0,48	2,119 861	0,124 276	0,571 220	−3,399 767	1,000 000
0,49	2,128 962	0,121 111	0,285 610	−1,739 827	1,000 000
0,50	2,132 004	0,120 058	0,000 000	0,000 000	1,000 000
	$\vartheta_2(\zeta, \varkappa)$	$\vartheta_4(\zeta, \varkappa)$	$-\frac{\partial \ln \vartheta_2(\zeta, \varkappa)}{\partial \zeta}$	$-\frac{\partial \ln \vartheta_4(\zeta, \varkappa)}{\partial \zeta}$	$\operatorname{cd}(\zeta, \varkappa)$

Tafel III

$\varkappa = 0{,}22$

$k^2 k'^2 = 0{,}000\,010$	$\eta_1 = -\eta_2' = -0{,}193\,276$	$\eta_1' = -\eta_2 = 0{,}333\,332$
$\pi/KK' = 0{,}280\,111$	$\bar\eta_1 = -\bar\eta_2' = -0{,}053\,225$	$\bar\eta_1' = -\bar\eta_2 = 0{,}333\,337$
$K = 7{,}140\,001$	$E = 1{,}000\,033$	$A = 1{,}999\,923$
$K' = 1{,}570\,800$	$E' = 1{,}570\,792$	$A' = 0{,}000\,016$
$B = 0{,}999\,972$	$C = 5{,}140\,110$	$D = 6{,}140\,030$

$\mathrm{cn}(\zeta,\varkappa)$	$\mathrm{dn}(\zeta,\varkappa)$	$\mathrm{sc}(\zeta,\varkappa)$	$\overline{\mathrm{sn}}(\zeta,\varkappa)$	$\overline{\mathrm{cn}}(\zeta,\varkappa)$	
1,000 000	1,000 000	0,000 000	∞	0,000 000	0,50
0,989 890	0,989 890	0,143 286	6,908 499	−0,141 837	0,49
0,960 558	0,960 558	0,289 499	3,318 007	−0,278 080	0,48
0,914 766	0,914 767	0,441 625	2,071 367	−0,403 984	0,47
0,856 444	0,856 445	0,602 772	1,420 844	−0,516 241	0,46
0,789 944	0,789 946	0,776 232	1,017 667	−0,613 181	0,45
0,719 390	0,719 394	0,965 548	0,745 063	−0,694 609	0,44
0,648 251	0,648 255	1,174 588	0,551 900	−0,761 432	0,43
0,579 149	0,579 155	1,407 621	0,411 442	−0,815 230	0,42
0,513 874	0,513 881	1,669 408	0,307 823	−0,857 878	0,41
0,453 497	0,453 506	1,965 298	0,230 757	−0,891 275	0,40
0,398 531	0,398 542	2,301 335	0,173 179	−0,917 179	0,39
0,349 089	0,349 102	2,684 387	0,130 049	−0,937 124	0,38
0,305 017	0,305 032	3,122 279	0,097 695	−0,952 394	0,37
0,265 999	0,266 017	3,623 963	0,073 405	−0,964 037	0,36
0,231 637	0,231 657	4,199 692	0,055 161	−0,972 889	0,35
0,201 490	0,201 514	4,861 238	0,041 453	−0,979 607	0,34
0,175 120	0,175 148	5,622 131	0,031 153	−0,984 704	0,33
0,152 104	0,152 137	6,497 940	0,023 413	−0,988 574	0,32
0,132 050	0,132 087	7,506 595	0,017 596	−0,991 524	0,31
0,114 597	0,114 640	8,668 762	0,013 225	−0,993 787	0,30
0,099 422	0,099 472	10,008 275	0,009 939	−0,995 546	0,29
0,086 238	0,086 296	11,552 642	0,007 470	−0,996 943	0,28
0,074 788	0,074 855	13,333 635	0,005 614	−0,998 090	0,27
0,064 849	0,064 926	15,387 980	0,004 219	−0,999 082	0,26
0,056 223	0,056 312	17,758 171	0,003 171	−1,000 000	0,25
0,048 738	0,048 841	20,493 439	0,002 383	−1,000 918	0,24
0,042 244	0,042 362	23,650 912	0,001 791	−1,001 913	0,23
0,036 610	0,036 746	27,297 014	0,001 346	−1,003 066	0,22
0,031 721	0,031 879	31,509 190	0,001 012	−1,004 474	0,21
0,027 479	0,027 661	36,378 048	0,000 760	−1,006 251	0,20
0,023 797	0,024 007	42,010 076	0,000 571	−1,008 549	0,19
0,020 601	0,020 843	48,531 170	0,000 429	−1,011 558	0,18
0,017 825	0,018 105	56,091 298	0,000 323	−1,015 534	0,17
0,015 414	0,015 736	64,870 848	0,000 243	−1,020 818	0,16
0,013 316	0,013 688	75,089 465	0,000 182	−1,027 867	0,15
0,011 491	0,011 920	87,018 721	0,000 137	−1,037 305	0,14
0,009 901	0,010 396	101,000 77	0,000 103	−1,049 986	0,13
0,008 512	0,009 083	117,476 59	0,000 077	−1,067 095	0,12
0,007 298	0,007 956	137,030 28	0,000 058	−1,090 300	0,11
0,006 232	0,006 992	160,460 48	0,000 044	−1,121 988	0,10
0,005 294	0,006 170	188,900 88	0,000 033	−1,165 667	0,09
0,004 463	0,005 475	224,032 41	0,000 024	−1,226 648	0,08
0,003 725	0,004 891	268,479 47	0,000 018	−1,313 314	0,07
0,003 062	0,004 408	326,604 80	0,000 013	−1,439 658	0,06
0,002 461	0,004 014	406,260 79	0,000 010	−1,630 839	0,05
0,001 911	0,003 703	523,170 64	0,000 007	−1,937 079	0,04
0,001 400	0,003 467	714,073 63	0,000 005	−2,475 346	0,03
0,000 918	0,003 302	↓	0,000 003	−3,596 084	0,02
0,000 455	0,003 203		0,000 001	−7,050 334	0,01
0,000 000	0,003 171	∞	0,000 000	−∞	0,00
$k'\,\mathrm{sd}(\zeta,\varkappa)$	$k'\,\mathrm{nd}(\zeta,\varkappa)$	$\frac{1}{k'}\,\mathrm{cs}(\zeta,\varkappa)$	$-\overline{\mathrm{cd}}(\zeta,\varkappa)$	$-\overline{\mathrm{sd}}(\zeta,\varkappa)$	$\zeta = \frac{z}{2K}$

Tafel III. (Fortsetzung)

$\varkappa = 0{,}22$

$\vartheta_1'(0,\varkappa) = 1{,}714\,424$	$\vartheta_1'(0,k) = 0{,}120\,058$	$\vartheta_5'(0,\varkappa) = 14{,}449\,334$
$\vartheta_1'''/\vartheta_1'(\varkappa) = 118{,}237\,647$	$\vartheta_2''/\vartheta_2(\varkappa) = -28{,}560\,958$	$\vartheta_3''/\vartheta_3(\varkappa) = -28{,}558\,908$
$\vartheta_1'''/\vartheta_1'(k) = 0{,}579\,828$	$\vartheta_2''/\vartheta_2(k) = -\ 0{,}140\,061$	$\vartheta_3''/\vartheta_3(k) = -\ 0{,}140\,051$
$\vartheta_1'''''/\vartheta_1'(k) = -0{,}106\,326$	$\vartheta_2''''/\vartheta_2(k) = 0{,}058\,831$	$\vartheta_3''''/\vartheta_3(k) = 0{,}058\,863$

$\zeta = \frac{z}{2K}$	$\overline{\mathrm{dn}}(\zeta,\varkappa)$	$\mathfrak{z}_1(\zeta,\varkappa)$	$\mathfrak{z}_3(\zeta,\varkappa)$	$\mathfrak{z}_5(\zeta,\varkappa)$	$\wp_1(\zeta,\varkappa)$
0,00	0,000 000	∞	0,000 000	∞	∞
0,01	−0,141 836	7,002 735	−0,047 599	7,002 735	49,040 561
0,02	−0,278 077	3,500 886	−0,095 198	3,500 886	12,265 170
0,03	−0,403 979	2,332 549	−0,142 797	2,332 550	5,460 688
0,04	−0,516 234	1,746 683	−0,190 396	1,746 684	3,085 624
0,05	−0,613 172	1,392 845	−0,237 994	1,392 846	1,992 988
0,06	−0,694 596	1,154 066	−0,285 592	1,154 069	1,405 972
0,07	−0,761 414	0,980 125	−0,333 189	0,980 129	1,058 155
0,08	−0,815 206	0,845 862	−0,380 786	0,845 868	0,838 031
0,09	−0,857 845	0,737 286	−0,428 382	0,737 296	0,692 155
0,10	−0,891 231	0,646 012	−0,475 976	0,646 027	0,592 243
0,11	−0,917 121	0,566 731	−0,523 568	0,566 752	0,522 153
0,12	−0,937 046	0,495 937	−0,571 159	0,495 967	0,472 111
0,13	−0,952 291	0,431 240	−0,618 746	0,431 283	0,435 915
0,14	−0,963 900	0,370 977	−0,666 328	0,371 035	0,409 480
0,15	−0,972 706	0,313 961	−0,713 905	0,314 042	0,390 034
0,16	−0,979 364	0,259 343	−0,761 475	0,259 452	0,375 653
0,17	−0,984 381	0,206 499	−0,809 035	0,206 649	0,364 974
0,18	−0,988 145	0,154 977	−0,856 581	0,155 178	0,357 020
0,19	−0,990 952	0,104 439	−0,904 110	0,104 711	0,351 083
0,20	−0,993 027	0,054 636	−0,951 615	0,055 002	0,346 644
0,21	−0,994 535	0,005 384	−0,999 089	0,005 875	0,343 320
0,22	−0,995 597	−0,043 456	−1,046 522	−0,042 799	0,340 829
0,23	−0,996 299	−0,091 986	−1,093 900	−0,091 108	0,338 961
0,24	−0,996 699	−0,140 285	−1,141 204	−0,139 111	0,337 560
0,25	−0,996 829	−0,188 410	−1,188 410	−0,186 844	0,336 508
0,25	1,003 171	−0,188 410	−1,188 410	−0,186 844	0,336 508
0,26	1,003 302	−0,236 404	−1,235 487	−0,234 315	0,335 718
0,27	1,003 704	−0,284 300	−1,282 391	−0,281 517	0,335 124
0,28	1,004 413	−0,332 123	−1,329 066	−0,328 415	0,334 679
0,29	1,005 485	−0,379 890	−1,375 436	−0,374 953	0,334 344
0,30	1,007 012	−0,427 615	−1,421 403	−0,421 046	0,334 092
0,31	1,009 120	−0,475 310	−1,466 833	−0,466 572	0,333 903
0,32	1,011 987	−0,522 980	−1,511 555	−0,511 365	0,333 761
0,33	1,015 857	−0,570 633	−1,555 337	−0,555 202	0,333 655
0,34	1,021 060	−0,618 273	−1,597 880	−0,597 786	0,333 574
0,35	1,028 049	−0,665 903	−1,638 792	−0,638 728	0,333 514
0,36	1,037 442	−0,713 526	−1,677 562	−0,677 522	0,333 469
0,37	1,050 089	−0,761 143	−1,713 536	−0,713 514	0,333 435
0,38	1,067 172	−0,808 755	−1,745 879	−0,745 870	0,333 409
0,39	1,090 358	−0,856 364	−1,773 544	−0,773 545	0,333 390
0,40	1,122 032	−0,903 971	−1,795 246	−0,795 256	0,333 376
0,41	1,165 700	−0,951 577	−1,809 454	−0,809 470	0,333 365
0,42	1,226 672	−0,999 181	−1,814 411	−0,814 431	0,333 357
0,43	1,313 333	−1,046 783	−1,808 216	−0,808 240	0,333 351
0,44	1,439 672	−1,094 386	−1,788 995	−0,789 022	0,333 346
0,45	1,630 849	−1,141 987	−1,755 169	−0,755 198	0,333 343
0,46	1,937 086	−1,189 588	−1,705 830	−0,705 862	0,333 340
0,47	2,475 351	−1,237 189	−1,641 173	−0,641 207	0,333 339
0,48	3,596 087	−1,284 790	−1,562 870	−0,562 906	0,333 338
0,49	7,050 336	−1,332 390	−1,474 228	−0,474 265	0,333 337
0,50	∞	−1,379 991	−1,379 991	−0,380 029	0,333 337
	$\overline{\mathrm{sc}}(\zeta,\varkappa)$	$-\mathfrak{z}_2(\zeta,\varkappa)$	$-\mathfrak{z}_4(\zeta,\varkappa)$	$-\mathfrak{z}_6(\zeta,\varkappa)$	$\wp_2(\zeta,\varkappa)$

Tafel III

$\varkappa = 0{,}22$

$\vartheta_5'(0,k) = 1{,}011\,858$	$\vartheta_6(0,k) = 1{,}011\,858$	$\vartheta_{\substack{5\\6}}(\tfrac{1}{4},\varkappa) = 3{,}015\,113$
$\vartheta_4''/\vartheta_4(\varkappa) = 175{,}357\,513$	$\vartheta_5'''/\vartheta_5'(\varkappa) = 32{,}560\,923$	$\vartheta_6''/\vartheta_6(\varkappa) = 146{,}796\,555$
$\vartheta_4''/\vartheta_4(k) = 0{,}859\,939$	$\vartheta_5'''/\vartheta_5'(k) = 0{,}159\,676$	$\vartheta_6''/\vartheta_6(k) = 0{,}719\,879$
$\vartheta_4''''/\vartheta_4(k) = 0{,}218\,507$	$\vartheta_5'''''/\vartheta_5'(k) = -0{,}624\,065$	$\vartheta_6''''/\vartheta_6(k) = -0{,}445\,324$

$\wp_3(\zeta,\varkappa)$	$\wp_5(\zeta,\varkappa)$	$\wp_1'(\zeta,\varkappa)$	$\wp_3'(\zeta,\varkappa)$	$\wp_5'(\zeta,\varkappa)$	
0,333 327	∞	$-\infty$	0,000 000	$-\infty$	0,50
0,333 326	49,040 561	−686,804 580	−0,000 003	−686,804 583	0,49
0,333 326	12,265 169	−85,815 827	−0,000 006	−85,815 833	0,48
0,333 325	5,460 687	−25,383 991	−0,000 010	−25,384 001	0,47
0,333 323	3,085 621	−10,662 835	−0,000 014	−10,662 849	0,46
0,333 321	1,992 982	−5,413 282	−0,000 020	−5,413 301	0,45
0,333 317	1,405 963	−3,088 487	−0,000 027	−3,088 514	0,44
0,333 313	1,058 141	−1,903 856	−0,000 036	−1,903 892	0,43
0,333 307	0,838 011	−1,238 190	−0,000 049	−1,238 239	0,42
0,333 299	0,692 127	−0,836 550	−0,000 065	−0,836 615	0,41
0,333 288	0,592 205	−0,581 003	−0,000 087	−0,581 090	0,40
0,333 273	0,522 100	−0,411 755	−0,000 116	−0,411 871	0,39
0,333 254	0,472 039	−0,296 193	−0,000 155	−0,296 347	0,38
0,333 229	0,435 817	−0,215 433	−0,000 206	−0,215 639	0,37
0,333 195	0,409 348	−0,157 989	−0,000 274	−0,158 263	0,36
0,333 149	0,389 857	−0,116 576	−0,000 365	−0,116 940	0,35
0,333 089	0,375 415	−0,086 415	−0,000 485	−0,086 900	0,34
0,333 009	0,364 656	−0,064 278	−0,000 645	−0,064 923	0,33
0,332 902	0,356 596	−0,047 935	−0,000 859	−0,048 794	0,32
0,332 760	0,350 517	−0,035 817	−0,001 142	−0,036 959	0,31
0,332 572	0,345 889	−0,026 801	−0,001 519	−0,028 321	0,30
0,332 320	0,342 314	−0,020 076	−0,002 021	−0,022 098	0,29
0,331 986	0,339 489	−0,015 051	−0,002 689	−0,017 740	0,28
0,331 542	0,337 177	−0,011 291	−0,003 576	−0,014 867	0,27
0,330 951	0,335 184	−0,008 474	−0,004 755	−0,013 229	0,26
0,330 166	0,333 347	−0,006 362	−0,006 322	−0,012 684	0,25
0,330 166	0,333 347	−0,006 362	−0,006 322	−0,012 684	0,25
0,329 121	0,331 512	−0,004 778	−0,008 403	−0,013 181	0,24
0,327 733	0,329 531	−0,003 589	−0,011 165	−0,014 754	0,23
0,325 890	0,327 242	−0,002 696	−0,014 828	−0,017 524	0,22
0,323 442	0,324 459	−0,002 025	−0,019 681	−0,021 707	0,21
0,320 194	0,320 960	−0,001 522	−0,026 101	−0,027 623	0,20
0,315 890	0,316 466	−0,001 144	−0,034 578	−0,035 722	0,19
0,310 191	0,310 626	−0,000 859	−0,045 742	−0,046 602	0,18
0,302 660	0,302 988	−0,000 646	−0,060 395	−0,061 041	0,17
0,292 729	0,292 977	−0,000 485	−0,079 540	−0,080 025	0,16
0,279 672	0,279 859	−0,000 365	−0,104 401	−0,104 765	0,15
0,262 572	0,262 714	−0,000 274	−0,136 421	−0,136 695	0,14
0,240 292	0,240 401	−0,000 206	−0,177 210	−0,177 416	0,13
0,211 465	0,211 547	−0,000 155	−0,228 399	−0,228 554	0,12
0,174 501	0,174 564	−0,000 116	−0,291 343	−0,291 459	0,11
0,127 669	0,127 718	−0,000 087	−0,366 595	−0,366 683	0,10
0,069 263	0,069 301	−0,000 065	−0,453 069	−0,453 134	0,09
−0,002 083	−0,002 053	−0,000 049	−0,546 873	−0,546 921	0,08
−0,086 898	−0,086 874	−0,000 036	−0,639 945	−0,639 982	0,07
−0,184 191	−0,184 171	−0,000 027	−0,718 945	−0,718 972	0,06
−0,290 678	−0,290 662	−0,000 020	−0,765 256	−0,765 276	0,05
−0,400 162	−0,400 148	−0,000 014	−0,757 314	−0,757 328	0,04
−0,503 462	−0,503 450	−0,000 010	−0,676 099	−0,676 108	0,03
−0,589 336	−0,589 325	−0,000 006	−0,513 148	−0,513 154	0,02
−0,646 546	−0,646 535	−0,000 003	−0,277 965	−0,277 968	0,01
−0,666 663	−0,666 653	0,000 000	0,000 000	0,000 000	0,00
$\wp_4(\zeta,\varkappa)$	$\wp_6(\zeta,\varkappa)$	$-\wp_2'(\zeta,\varkappa)$	$-\wp_4'(\zeta,\varkappa)$	$-\wp_6'(\zeta,\varkappa)$	$\zeta = \frac{z}{2K}$

Tafel III

$\sqrt{k} = 0{,}999\,995$	$k = 0{,}999\,991$	$k^2 = 0{,}999\,981$	$\varkappa = 0{,}23$
$\sqrt{k'} = 0{,}065\,767$	$k' = 0{,}004\,325$	$k'^2 = 0{,}000\,019$	
$e_1 = -e_3' = 0{,}333\,340$	$e_2 = -e_2' = 0{,}333\,321$	$e_3 = -e_1' = -0{,}666\,660$	
$g_2 = g_2' = 1{,}333\,308$	$g_3 = -g_3' = -0{,}296\,288$	$g_3/\sqrt{g_2^3} = -0{,}192\,450$	
$\bar{g}_2 = -\bar{g}_2' = 1{,}332\,934$	$\bar{g}_3 = -\bar{g}_3' = -0{,}296\,463$	$\bar{g}_3/\sqrt{\bar{g}_2^3} = -0{,}192\,645$	

$\zeta = \dfrac{z}{2K}$	$\vartheta_1(\zeta, \varkappa)$	$\vartheta_3(\zeta, \varkappa)$	$\dfrac{\partial \ln \vartheta_1(\zeta, \varkappa)}{\partial \zeta}$	$\dfrac{\partial \ln \vartheta_3(\zeta, \varkappa)}{\partial \zeta}$	$\mathrm{sn}(\zeta, \varkappa)$
0,00	0,000 000	2,085 149	∞	0,000 000	0,000 000
0,01	0,018 764	2,082 303	100,347 949	−0,273 164	0,135 748
0,02	0,037 724	2,073 788	50,691 298	−0,546 327	0,266 584
0,03	0,057 074	2,059 675	34,358 940	−0,819 487	0,388 282
0,04	0,077 008	2,040 076	26,346 746	−1,092 643	0,497 792
0,05	0,097 715	2,015 153	21,651 019	−1,365 793	0,593 440
0,06	0,119 382	1,985 104	18,601 928	−1,638 933	0,674 826
0,07	0,142 189	1,950 170	16,482 610	−1,912 062	0,742 552
0,08	0,166 312	1,910 625	14,933 963	−2,185 175	0,797 875
0,09	0,191 917	1,866 776	13,756 220	−2,458 267	0,842 386
0,10	0,219 164	1,818 960	12,829 552	−2,731 331	0,877 761
0,11	0,248 200	1,767 536	12,077 939	−3,004 358	0,905 603
0,12	0,279 162	1,712 883	11,451 061	−3,277 337	0,927 350
0,13	0,312 173	1,655 396	10,914 510	−3,550 253	0,944 233
0,14	0,347 340	1,595 478	10,444 168	−3,823 085	0,957 280
0,15	0,384 754	1,533 540	10,022 798	−4,095 807	0,967 327
0,16	0,424 487	1,469 993	9,637 901	−4,368 385	0,975 041
0,17	0,466 591	1,405 245	9,280 310	−4,640 773	0,980 951
0,18	0,511 095	1,339 696	8,943 240	−4,912 912	0,985 473
0,19	0,558 006	1,273 736	8,621 641	−5,184 723	0,988 927
0,20	0,607 303	1,207 739	8,311 729	−5,456 104	0,991 564
0,21	0,658 940	1,142 061	8,010 663	−5,726 920	0,993 575
0,22	0,712 844	1,077 037	7,716 301	−5,996 993	0,995 109
0,23	0,768 911	1,012 981	7,427 024	−6,266 091	0,996 277
0,24	0,827 009	0,950 180	7,141 607	−6,533 907	0,997 167
0,25	0,886 976	0,888 896	6,859 122	−6,800 041	0,997 844
0,26	0,948 618	0,829 363	6,578 865	−7,063 966	0,998 360
0,27	1,011 713	0,771 789	6,300 301	−7,324 993	0,998 753
0,28	1,076 011	0,716 352	6,023 026	−7,582 218	0,999 052
0,29	1,141 233	0,663 204	5,746 730	−7,834 459	0,999 280
0,30	1,207 073	0,612 472	5,471 179	−8,080 170	0,999 453
0,31	1,273 201	0,564 256	5,196 194	−8,317 336	0,999 585
0,32	1,339 268	0,518 632	4,921 640	−8,543 333	0,999 685
0,33	1,404 903	0,475 654	4,647 415	−8,754 755	0,999 762
0,34	1,469 721	0,435 355	4,373 439	−8,947 203	0,999 820
0,35	1,533 324	0,397 752	4,099 652	−9,115 018	0,999 864
0,36	1,595 307	0,362 842	3,826 010	−9,250 979	0,999 897
0,37	1,655 261	0,330 612	3,552 478	−9,345 950	0,999 923
0,38	1,712 777	0,301 034	3,279 030	−9,388 520	0,999 943
0,39	1,767 452	0,274 073	3,005 645	−9,364 666	0,999 957
0,40	1,818 895	0,249 687	2,732 308	−9,257 545	0,999 969
0,41	1,866 725	0,227 827	2,459 008	−9,047 536	0,999 977
0,42	1,910 585	0,208 444	2,185 736	−8,712 751	0,999 984
0,43	1,950 138	0,191 488	1,912 485	−8,230 273	0,999 989
0,44	1,985 080	0,176 908	1,639 250	−7,578 377	0,999 992
0,45	2,015 133	0,164 659	1,366 027	−6,739 905	0,999 995
0,46	2,040 061	0,154 699	1,092 812	−5,706 636	0,999 997
0,47	2,059 661	0,146 992	0,819 604	−4,484 007	0,999 998
0,48	2,073 777	0,141 509	0,546 401	−3,094 922	0,999 999
0,49	2,082 293	0,138 227	0,273 199	−1,581 011	1,000 000
0,50	2,085 139	0,137 135	0,000 000	0,000 000	1,000 000
	$\vartheta_2(\zeta, \varkappa)$	$\vartheta_4(\zeta, \varkappa)$	$-\dfrac{\partial \ln \vartheta_2(\zeta, \varkappa)}{\partial \zeta}$	$-\dfrac{\partial \ln \vartheta_4(\zeta, \varkappa)}{\partial \zeta}$	$\mathrm{cd}(\zeta, \varkappa)$

Tafel III

$\varkappa = 0{,}23$	$k^2 k'^2 = 0{,}000\,019$	$\eta_1 = -\eta_2' = -0{,}186\,909$	$\eta_1' = -\eta_2 = 0{,}333\,330$
	$\pi/KK' = 0{,}292\,842$	$\bar\eta_1 = -\bar\eta_2' = -0{,}040\,497$	$\bar\eta_1' = -\bar\eta_2 = 0{,}333\,340$
	$K = 6{,}829\,581$	$E = 1{,}000\,059$	$A = 1{,}999\,863$
	$K' = 1{,}570\,804$	$E' = 1{,}570\,789$	$A' = 0{,}000\,029$
	$B = 0{,}999\,950$	$C = 4{,}829\,771$	$D = 5{,}829\,631$

$\mathrm{cn}(\zeta, \varkappa)$	$\mathrm{dn}(\zeta, \varkappa)$	$\mathrm{sc}(\zeta, \varkappa)$	$\overline{\mathrm{sn}}(\zeta, \varkappa)$	$\overline{\mathrm{cn}}(\zeta, \varkappa)$	
1,000 000	1,000 000	0,000 000	∞	0,000 000	0,50
0,990 743	0,990 744	0,137 017	7,230 819	−0,135 748	0,49
0,963 812	0,963 812	0,276 594	3,484 575	−0,266 585	0,48
0,921 541	0,921 542	0,421 340	2,187 171	−0,388 282	0,47
0,867 296	0,867 299	0,573 959	1,511 082	−0,497 794	0,46
0,804 878	0,804 882	0,737 304	1,091 656	−0,593 443	0,45
0,737 977	0,737 983	0,914 427	0,807 044	−0,674 831	0,44
0,669 788	0,669 796	1,108 638	0,604 161	−0,742 561	0,43
0,602 822	0,602 832	1,323 566	0,455 461	−0,797 888	0,42
0,538 875	0,538 888	1,563 229	0,344 727	−0,842 405	0,41
0,479 099	0,479 114	1,832 107	0,261 510	−0,877 788	0,40
0,424 126	0,424 144	2,135 225	0,198 641	−0,905 642	0,39
0,374 195	0,374 217	2,478 250	0,151 001	−0,927 403	0,38
0,329 277	0,329 302	2,867 595	0,114 836	−0,944 306	0,37
0,289 161	0,289 191	3,310 544	0,087 354	−0,957 379	0,36
0,253 533	0,253 568	3,815 381	0,066 459	−0,967 458	0,35
0,222 026	0,222 066	4,391 554	0,050 567	−0,975 217	0,34
0,194 254	0,194 300	5,049 851	0,038 476	−0,981 185	0,33
0,169 833	0,169 886	5,802 604	0,029 278	−0,985 783	0,32
0,148 400	0,148 462	6,663 926	0,022 278	−0,989 338	0,31
0,129 616	0,129 687	7,649 985	0,016 953	−0,992 107	0,30
0,113 172	0,113 254	8,779 314	0,012 900	−0,994 291	0,29
0,098 788	0,098 882	10,073 179	0,009 816	−0,996 053	0,28
0,086 213	0,086 321	11,556 002	0,007 470	−0,997 520	0,27
0,075 225	0,075 348	13,255 863	0,005 684	−0,998 804	0,26
0,065 626	0,065 768	15,205 083	0,004 325	−1,000 000	0,25
0,057 242	0,057 405	17,440 928	0,003 291	−1,001 197	0,24
0,049 922	0,050 108	20,006 447	0,002 505	−1,002 486	0,23
0,043 529	0,043 743	22,951 499	0,001 906	−1,003 963	0,22
0,037 946	0,038 192	26,334 011	0,001 450	−1,005 741	0,21
0,033 071	0,033 352	30,221 569	0,001 104	−1,007 956	0,20
0,028 812	0,029 135	34,693 444	0,000 840	−1,010 777	0,19
0,025 090	0,025 460	39,843 244	0,000 639	−1,014 422	0,18
0,021 837	0,022 261	45,782 452	0,000 486	−1,019 175	0,17
0,018 992	0,019 478	52,645 270	0,000 370	−1,025 413	0,16
0,016 501	0,017 058	60,595 405	0,000 282	−1,033 636	0,15
0,014 318	0,014 957	69,835 822	0,000 214	−1,044 519	0,14
0,012 402	0,013 135	80,623 140	0,000 163	−1,058 979	0,13
0,010 718	0,011 559	93,289 456	0,000 124	−1,078 280	0,12
0,009 235	0,010 198	108,276 45	0,000 094	−1,104 189	0,11
0,007 924	0,009 028	126,190 54	0,000 072	−1,139 227	0,10
0,006 761	0,008 027	147,895 48	0,000 054	−1,187 078	0,09
0,005 725	0,007 175	174,675 49	0,000 041	−1,253 308	0,08
0,004 796	0,006 458	208,539 37	0,000 031	−1,346 691	0,07
0,003 955	0,005 861	252,830 10	0,000 023	−1,481 852	0,06
0,003 189	0,005 373	313,567 58	0,000 017	−1,685 082	0,05
0,002 483	0,004 987	402,806 76	0,000 012	−2,008 863	0,04
0,001 822	0,004 694	548,712 95	0,000 009	−2,575 445	0,03
0,001 196	0,004 488	835,862 74	0,000 005	−3,751 154	0,02
0,000 593	0,004 366	↓	0,000 003	−7,366 565	0,01
0,000 000	0,004 325	∞	0,000 000	−∞	0,00
$k'\,\mathrm{sd}(\zeta, \varkappa)$	$k'\,\mathrm{nd}(\zeta, \varkappa)$	$\frac{1}{k'}\,\mathrm{cs}(\zeta, \varkappa)$	$-\overline{\mathrm{cd}}(\zeta, \varkappa)$	$-\overline{\mathrm{sd}}(\zeta, \varkappa)$	$\zeta = \frac{z}{2K}$

Tafel III. (Fortsetzung)

$\vartheta_1'(0,\varkappa) = 1{,}873\,140$	$\vartheta_1'(0,k) = 0{,}137\,134$	$\vartheta_5'(0,\varkappa) = 14{,}608\,168$
$\vartheta_1'''/\vartheta_1'(\varkappa) = 104{,}616\,381$	$\vartheta_2''/\vartheta_2(\varkappa) = -27{,}319\,942$	$\vartheta_3''/\vartheta_3(\varkappa) = -27{,}316\,452$
$\vartheta_1'''/\vartheta_1'(k) = 0{,}560\,727$	$\vartheta_2''/\vartheta_2(k) = -\ 0{,}146\,431$	$\vartheta_3''/\vartheta_3(k) = -\ 0{,}146\,412$
$\vartheta_1'''''/\vartheta_1'(k) = -0{,}142\,629$	$\vartheta_2''''/\vartheta_2(k) = 0{,}064\,288$	$\vartheta_3''''/\vartheta_3(k) = 0{,}064\,347$

$\varkappa = 0{,}23$

$\zeta = \frac{z}{2K}$	$\overline{\mathrm{dn}}(\zeta,\varkappa)$	$\mathfrak{z}_1(\zeta,\varkappa)$	$\mathfrak{z}_3(\zeta,\varkappa)$	$\mathfrak{z}_5(\zeta,\varkappa)$	$\wp_1(\zeta,\varkappa)$
0,00	0,000 000	∞	0,000 000	∞	∞
0,01	−0,135 746	7,321 037	−0,045 529	7,321 037	53,599 645
0,02	−0,266 579	3,660 096	−0,091 058	3,660 096	13,404 518
0,03	−0,388 274	2,438 859	−0,136 586	2,438 860	5,966 281
0,04	−0,497 782	1,826 749	−0,182 114	1,826 750	3,368 896
0,05	−0,593 426	1,457 440	−0,227 642	1,457 442	2,172 870
0,06	−0,674 808	1,208 683	−0,273 169	1,208 687	1,529 260
0,07	−0,742 530	1,027 996	−0,318 695	1,028 002	1,146 958
0,08	−0,797 847	0,889 088	−0,364 220	0,889 098	0,904 172
0,09	−0,842 351	0,777 334	−0,409 744	0,777 349	0,742 557
0,10	−0,877 717	0,683 961	−0,455 265	0,683 984	0,631 259
0,11	−0,905 548	0,603 405	−0,500 784	0,603 438	0,552 677
0,12	−0,927 279	0,531 980	−0,546 299	0,532 027	0,496 160
0,13	−0,944 143	0,467 169	−0,591 810	0,467 234	0,454 948
0,14	−0,957 164	0,407 204	−0,637 315	0,407 294	0,424 583
0,15	−0,967 177	0,350 825	−0,682 811	0,350 947	0,402 034
0,16	−0,974 847	0,297 116	−0,728 297	0,297 281	0,385 191
0,17	−0,980 699	0,245 407	−0,773 769	0,245 628	0,372 554
0,18	−0,985 144	0,195 199	−0,819 223	0,195 496	0,363 039
0,19	−0,988 498	0,146 124	−0,864 652	0,146 520	0,355 858
0,20	−0,991 003	0,097 905	−0,910 051	0,098 431	0,350 427
0,21	−0,992 841	0,050 334	−0,955 408	0,051 032	0,346 314
0,22	−0,994 147	0,003 253	−1,000 710	0,004 177	0,343 195
0,23	−0,995 016	−0,043 455	−1,045 941	−0,042 233	0,340 828
0,24	−0,995 513	−0,089 881	−1,091 078	−0,088 268	0,339 031
0,25	−0,995 675	−0,136 093	−1,136 093	−0,133 964	0,337 665
0,25	1,004 325	−0,136 093	−1,136 093	−0,133 964	0,337 665
0,26	1,004 488	−0,182 141	−1,180 945	−0,179 336	0,336 627
0,27	1,004 990	−0,228 065	−1,225 585	−0,224 371	0,335 838
0,28	1,005 869	−0,273 894	−1,269 947	−0,269 034	0,335 238
0,29	1,007 192	−0,319 653	−1,313 944	−0,313 260	0,334 782
0,30	1,009 060	−0,365 356	−1,357 463	−0,356 954	0,334 434
0,31	1,011 617	−0,411 018	−1,400 356	−0,399 981	0,334 170
0,32	1,015 061	−0,456 649	−1,442 432	−0,442 158	0,333 970
0,33	1,019 662	−0,502 255	−1,483 441	−0,483 244	0,333 817
0,34	1,025 783	−0,547 844	−1,523 060	−0,522 923	0,333 700
0,35	1,033 918	−0,593 418	−1,560 876	−0,560 785	0,333 612
0,36	1,044 733	−0,638 982	−1,596 360	−0,596 304	0,333 545
0,37	1,059 142	−0,684 537	−1,628 843	−0,628 814	0,333 493
0,38	1,078 404	−0,730 087	−1,657 490	−0,657 482	0,333 454
0,39	1,104 283	−0,775 632	−1,681 274	−0,681 282	0,333 425
0,40	1,139 298	−0,821 174	−1,698 962	−0,698 982	0,333 402
0,41	1,187 132	−0,866 712	−1,709 117	−0,709 147	0,333 385
0,42	1,253 349	−0,912 249	−1,710 137	−0,710 175	0,333 372
0,43	1,346 722	−0,957 784	−1,700 345	−0,700 389	0,333 363
0,44	1,481 875	−1,003 318	−1,678 149	−0,678 199	0,333 355
0,45	1,685 099	−1,048 851	−1,642 294	−0,642 348	0,333 350
0,46	2,008 876	−1,094 384	−1,592 178	−0,592 235	0,333 346
0,47	2,575 454	−1,139 916	−1,528 198	−0,528 259	0,333 343
0,48	3,751 159	−1,185 448	−1,452 032	−0,452 096	0,333 341
0,49	7,366 568	−1,230 979	−1,366 728	−0,366 794	0,333 340
0,50	∞	−1,276 510	−1,276 510	−0,276 579	0,333 340
	$\overline{\mathrm{sc}}(\zeta,\varkappa)$	$-\mathfrak{z}_2(\zeta,\varkappa)$	$-\mathfrak{z}_4(\zeta,\varkappa)$	$-\mathfrak{z}_6(\zeta,\varkappa)$	$\wp_2(\zeta,\varkappa)$

Tafel III

$\varkappa = 0{,}23$

$\vartheta_5'(0,k) = 1{,}069\,478$	$\vartheta_6(0,k) = 1{,}069\,478$	$\vartheta_{\substack{5\\6}}(\tfrac{1}{4},\varkappa) = 2{,}948\,839$
$\vartheta_4''/\vartheta_4(\varkappa) = 159{,}252\,775$	$\vartheta_5'''/\vartheta_5'(\varkappa) = 22{,}667\,026$	$\vartheta_6''/\vartheta_6(\varkappa) = 131{,}932\,832$
$\vartheta_4''/\vartheta_4(k) = 0{,}853\,569$	$\vartheta_5'''/\vartheta_5'(k) = 0{,}121\,492$	$\vartheta_6''/\vartheta_6(k) = 0{,}707\,139$
$\vartheta_4''''/\vartheta_4(k) = 0{,}185\,780$	$\vartheta_5'''''/\vartheta_5'(k) = -0{,}641\,867$	$\vartheta_6''''/\vartheta_6(k) = -0{,}499\,864$

$\wp_3(\zeta,\varkappa)$	$\wp_5(\zeta,\varkappa)$	$\wp_1'(\zeta,\varkappa)$	$\wp_3'(\zeta,\varkappa)$	$\wp_5'(\zeta,\varkappa)$	
0,333 321	∞	− ∞	0,000 000	− ∞	0,50
0,333 321	53,599 645	−784,779 722	−0,000 005	−784,779 728	0,49
0,333 319	13,404 517	−98,064 154	−0,000 011	−98,064 165	0,48
0,333 318	5,966 278	−29,014 763	−0,000 017	−29,014 780	0,47
0,333 315	3,368 890	−12,196 111	−0,000 025	−12,196 136	0,46
0,333 311	2,172 860	−6,199 585	−0,000 034	−6,199 620	0,45
0,333 305	1,529 244	−3,544 411	−0,000 046	−3,544 457	0,44
0,333 298	1,146 935	−2,191 437	−0,000 062	−2,191 498	0,43
0,333 288	0,904 139	−1,430 905	−0,000 082	−1,430 987	0,42
0,333 275	0,742 512	−0,971 591	−0,000 109	−0,971 700	0,41
0,333 258	0,631 196	−0,678 838	−0,000 143	−0,678 981	0,40
0,333 236	0,552 592	−0,484 422	−0,000 188	−0,484 610	0,39
0,333 206	0,496 045	−0,351 173	−0,000 248	−0,351 421	0,38
0,333 167	0,454 794	−0,257 601	−0,000 326	−0,257 927	0,37
0,333 116	0,424 378	−0,190 650	−0,000 428	−0,191 078	0,36
0,333 049	0,401 762	−0,142 050	−0,000 563	−0,142 613	0,35
0,332 960	0,384 831	−0,106 377	−0,000 740	−0,107 117	0,34
0,332 844	0,372 077	−0,079 970	−0,000 972	−0,080 942	0,33
0,332 691	0,362 410	−0,060 294	−0,001 277	−0,061 571	0,32
0,332 490	0,355 028	−0,045 560	−0,001 678	−0,047 238	0,31
0,332 227	0,349 333	−0,034 485	−0,002 205	−0,036 689	0,30
0,331 881	0,344 874	−0,026 135	−0,002 896	−0,029 031	0,29
0,331 426	0,341 300	−0,019 826	−0,003 804	−0,023 631	0,28
0,330 829	0,338 336	−0,015 051	−0,004 997	−0,020 048	0,27
0,330 044	0,335 754	−0,011 433	−0,006 561	−0,017 994	0,26
0,329 014	0,333 358	−0,008 688	−0,008 613	−0,017 302	0,25
0,329 014	0,333 358	−0,008 688	−0,008 613	−0,017 301	0,25
0,327 662	0,330 968	−0,006 604	−0,011 304	−0,017 908	0,24
0,325 888	0,328 405	−0,005 022	−0,014 828	−0,019 850	0,23
0,323 562	0,325 479	−0,003 819	−0,019 441	−0,023 260	0,22
0,320 513	0,321 974	−0,002 905	−0,025 469	−0,028 374	0,21
0,316 521	0,317 634	−0,002 210	−0,033 335	−0,035 545	0,20
0,311 299	0,312 148	−0,001 681	−0,043 575	−0,045 256	0,19
0,304 478	0,305 127	−0,001 279	−0,056 865	−0,058 144	0,18
0,295 587	0,296 083	−0,000 973	−0,074 048	−0,075 021	0,17
0,284 026	0,284 406	−0,000 740	−0,096 146	−0,096 886	0,16
0,269 043	0,269 334	−0,000 563	−0,124 373	−0,124 936	0,15
0,249 708	0,249 932	−0,000 428	−0,160 098	−0,160 526	0,14
0,224 900	0,225 072	−0,000 326	−0,204 765	−0,205 092	0,13
0,193 301	0,193 435	−0,000 248	−0,259 709	−0,259 957	0,12
0,153 442	0,153 546	−0,000 188	−0,325 812	−0,326 001	0,11
0,103 789	0,103 871	−0,000 143	−0,402 960	−0,403 104	0,10
0,042 940	0,043 004	−0,000 109	−0,489 237	−0,489 345	0,09
−0,030 067	−0,030 016	−0,000 082	−0,579 886	−0,579 968	0,08
−0,115 287	−0,115 245	−0,000 062	−0,666 237	−0,666 299	0,07
−0,211 279	−0,211 245	−0,000 046	−0,735 026	−0,735 272	0,06
−0,314 496	−0,314 467	−0,000 034	−0,768 885	−0,768 919	0,05
−0,418 868	−0,418 843	−0,000 025	−0,748 870	−0,748 895	0,04
−0,515 901	−0,515 879	−0,000 017	−0,659 475	−0,659 493	0,03
−0,595 594	−0,595 574	−0,000 011	−0,495 269	−0,495 280	0,02
−0,648 233	−0,648 214	−0,000 005	−0,266 489	−0,266 494	0,01
−0,666 660	−0,666 642	0,000 000	0,000 000	0,000 000	0,00
$\wp_4(\zeta,\varkappa)$	$\wp_6(\zeta,\varkappa)$	$-\wp_2'(\zeta,\varkappa)$	$-\wp_4'(\zeta,\varkappa)$	$-\wp_6'(\zeta,\varkappa)$	$\zeta = \dfrac{z}{2K}$

Tafel III

$\sqrt{k} = 0{,}999\,992$ | $k = 0{,}999\,983$ | $k^2 = 0{,}999\,967$ | $\varkappa = 0{,}24$

$\sqrt{k'} = 0{,}075\,823$ | $k' = 0{,}005\,749$ | $k'^2 = 0{,}000\,033$

$e_1 = -e_3' = 0{,}333\,344$ | $e_2 = -e_2' = 0{,}333\,311$ | $e_3 = -e_1' = -0{,}666\,656$

$g_2 = g_2' = 1{,}333\,289$ | $g_3 = -g_3' = -0{,}296\,282$ | $g_3/\sqrt{g_2^3} = -0{,}192\,450$

$\bar{g}_2 = \bar{g}_2' = 1{,}332\,628$ | $\bar{g}_3 = -\bar{g}_3' = -0{,}296\,590$ | $\bar{g}_3/\sqrt{\bar{g}_2^3} = -0{,}192\,794$

$\zeta = \frac{z}{2K}$	$\vartheta_1(\zeta,\varkappa)$	$\vartheta_3(\zeta,\varkappa)$	$\frac{\partial \ln \vartheta_1(\zeta,\varkappa)}{\partial \zeta}$	$\frac{\partial \ln \vartheta_3(\zeta,\varkappa)}{\partial \zeta}$	$\mathrm{sn}(\zeta,\varkappa)$
0,00	0,000 000	2,041 250	∞	0,000 000	0,000 000
0,01	0,020 291	2,038 580	100,308 707	−0,261 771	0,130 158
0,02	0,040 770	2,030 591	50,613 531	−0,523 540	0,255 980
0,03	0,061 624	2,017 346	34,244 047	−0,785 304	0,373 688
0,04	0,083 036	1,998 948	26,196 738	−1,047 062	0,480 477
0,05	0,105 189	1,975 539	21,468 427	−1,308 811	0,574 695
0,06	0,128 259	1,947 302	18,389 687	−1,570 547	0,655 800
0,07	0,152 418	1,914 450	16,243 944	−1,832 266	0,724 147
0,08	0,177 830	1,877 234	14,672 259	−2,093 963	0,780 721
0,09	0,204 652	1,835 930	13,474 922	−2,355 629	0,826 858
0,10	0,233 031	1,790 844	12,532 058	−2,617 256	0,864 029
0,11	0,263 103	1,742 301	11,767 524	−2,878 833	0,893 684
0,12	0,294 991	1,690 646	11,130 812	−3,140 344	0,917 160
0,13	0,328 807	1,636 238	10,587 287	−3,401 768	0,935 628
0,14	0,364 644	1,579 448	10,112 572	−3,663 080	0,950 087
0,15	0,402 580	1,520 651	9,689 166	−3,924 247	0,961 364
0,16	0,442 673	1,460 226	9,304 301	−4,185 225	0,970 132
0,17	0,484 964	1,398 549	8,948 552	−4,445 957	0,976 934
0,18	0,529 470	1,335 991	8,614 894	−4,706 370	0,982 201
0,19	0,576 185	1,272 914	8,298 053	−4,966 369	0,986 275
0,20	0,625 080	1,209 670	7,994 045	−5,225 829	0,989 421
0,21	0,676 101	1,146 593	7,699 852	−5,484 589	0,991 850
0,22	0,729 167	1,084 001	7,413 174	−5,742 442	0,993 723
0,23	0,784 170	1,022 193	7,132 258	−5,999 114	0,995 167
0,24	0,840 975	0,961 444	6,855 765	−6,254 256	0,996 280
0,25	0,899 422	0,902 011	6,582 667	−6,507 410	0,997 138
0,26	0,959 320	0,844 122	6,312 179	−6,757 986	0,997 798
0,27	1,020 453	0,787 984	6,043 695	−7,005 217	0,998 307
0,28	1,082 581	0,733 779	5,776 754	−7,248 112	0,998 698
0,29	1,145 437	0,681 662	5,510 998	−7,485 391	0,998 999
0,30	1,208 731	0,631 769	5,246 155	−7,715 401	0,999 232
0,31	1,272 154	0,584 208	4,982 013	−7,936 013	0,999 411
0,32	1,335 376	0,539 069	4,718 410	−8,144 492	0,999 548
0,33	1,398 054	0,496 419	4,455 224	−8,337 341	0,999 654
0,34	1,459 828	0,456 306	4,192 356	−8,510 101	0,999 736
0,35	1,520 332	0,418 762	3,929 735	−8,657 125	0,999 799
0,36	1,579 193	0,383 803	3,667 303	−8,771 319	0,999 847
0,37	1,636 035	0,351 432	3,405 016	−8,843 855	0,999 884
0,38	1,690 484	0,321 638	3,142 842	−8,863 903	0,999 912
0,39	1,742 172	0,294 405	2,880 754	−8,818 410	0,999 934
0,40	1,790 742	0,269 705	2,618 731	−8,692 020	0,999 951
0,41	1,835 850	0,247 508	2,356 760	−8,467 256	0,999 964
0,42	1,877 170	0,227 779	2,094 828	−8,125 133	0,999 974
0,43	1,914 400	0,210 481	1,832 925	−7,646 392	0,999 982
0,44	1,947 261	0,195 578	1,571 045	−7,013 530	0,999 988
0,45	1,975 507	0,183 036	1,309 183	−6,213 685	0,999 992
0,46	1,998 921	0,172 822	1,047 333	−5,242 177	0,999 995
0,47	2,017 324	0,164 908	0,785 492	−4,106 124	0,999 997
0,48	2,030 572	0,159 273	0,523 658	−2,827 143	0,999 999
0,49	2,038 563	0,155 898	0,261 828	−1,441 954	1,000 000
0,50	2,041 233	0,154 774	0,000 000	0,000 000	1,000 000
	$\vartheta_2(\zeta,\varkappa)$	$\vartheta_4(\zeta,\varkappa)$	$-\frac{\partial \ln \vartheta_2(\zeta,\varkappa)}{\partial \zeta}$	$-\frac{\partial \ln \vartheta_4(\zeta,\varkappa)}{\partial \zeta}$	$\mathrm{cd}(\zeta,\varkappa)$

Tafel III

$\varkappa = 0{,}24$

$k^2 k'^2 = 0{,}000\,033$	$\eta_1 = -\eta_2' = -0{,}180\,542$	$\eta_1' = -\eta_2 = 0{,}333\,328$
$\pi/KK' = 0{,}305\,572$	$\bar\eta_1 = -\bar\eta_2' = -0{,}027\,772$	$\bar\eta_1' = -\bar\eta_2 = 0{,}333\,344$
$K = 6{,}545\,039$	$E = 1{,}000\,100$	$A = 1{,}999\,767$
$K' = 1{,}570\,809$	$E' = 1{,}570\,783$	$A' = 0{,}000\,052$
$B = 0{,}999\,917$	$C = 4{,}545\,356$	$D = 5{,}545\,122$

$\mathrm{cn}(\zeta, \varkappa)$	$\mathrm{dn}(\zeta, \varkappa)$	$\mathrm{sc}(\zeta, \varkappa)$	$\overline{\mathrm{sn}}(\zeta, \varkappa)$	$\overline{\mathrm{cn}}(\zeta, \varkappa)$	
1,000 000	1,000 000	0,000 000	∞	0,000 000	0,50
0,991 493	0,991 494	0,131 275	7,552 801	−0,130 158	0,49
0,966 682	0,966 683	0,264 803	3,650 581	−0,255 980	0,48
0,927 555	0,927 557	0,402 874	2,302 349	−0,373 689	0,47
0,877 007	0,877 012	0,547 859	1,600 797	−0,480 479	0,46
0,818 367	0,818 374	0,702 246	1,165 367	−0,574 700	0,45
0,754 935	0,754 944	0,868 684	0,869 067	−0,655 808	0,44
0,689 645	0,689 658	1,050 029	0,656 799	−0,724 161	0,43
0,624 880	0,624 896	1,249 394	0,500 159	−0,780 741	0,42
0,562 411	0,562 432	1,470 200	0,382 554	−0,826 887	0,41
0,503 443	0,503 467	1,716 240	0,293 355	−0,864 071	0,40
0,448 696	0,448 726	1,991 735	0,225 294	−0,893 743	0,39
0,398 519	0,398 554	2,301 419	0,173 178	−0,917 240	0,38
0,352 986	0,353 027	2,650 608	0,133 187	−0,935 737	0,37
0,311 984	0,312 032	3,045 304	0,102 463	−0,950 233	0,36
0,275 282	0,275 337	3,492 290	0,078 841	−0,961 557	0,35
0,242 578	0,242 642	3,999 253	0,060 672	−0,970 388	0,34
0,213 541	0,213 615	4,574 916	0,046 693	−0,977 272	0,33
0,187 830	0,187 915	5,229 196	0,035 936	−0,982 645	0,32
0,165 112	0,165 209	5,973 374	0,027 658	−0,986 856	0,31
0,145 070	0,145 182	6,820 299	0,021 287	−0,990 182	0,30
0,127 411	0,127 539	7,784 626	0,016 383	−0,992 843	0,29
0,111 867	0,112 013	8,883 080	0,012 610	−0,995 018	0,28
0,098 193	0,098 360	10,134 774	0,009 705	−0,996 855	0,27
0,086 172	0,086 362	11,561 577	0,007 470	−0,998 479	0,26
0,075 606	0,075 823	13,188 554	0,005 749	−1,000 000	0,25
0,066 323	0,066 571	15,044 483	0,004 425	−1,001 524	0,24
0,058 168	0,058 451	17,162 489	0,003 406	−1,003 155	0,23
0,051 004	0,051 326	19,580 815	0,002 621	−1,005 007	0,22
0,044 711	0,045 078	22,343 776	0,002 017	−1,007 209	0,21
0,039 181	0,039 600	25,502 979	0,001 553	−1,009 916	0,20
0,034 322	0,034 799	29,118 880	0,001 195	−1,013 319	0,19
0,030 050	0,030 595	33,262 846	0,000 920	−1,017 661	0,18
0,026 293	0,026 914	38,019 917	0,000 708	−1,023 257	0,17
0,022 986	0,023 694	43,492 611	0,000 545	−1,030 515	0,16
0,020 074	0,020 880	49,806 271	0,000 419	−1,039 979	0,15
0,017 505	0,018 425	57,116 772	0,000 323	−1,052 374	0,14
0,015 237	0,016 285	65,621 895	0,000 248	−1,068 676	0,13
0,013 230	0,014 425	75,578 577	0,000 191	−1,090 227	0,12
0,011 450	0,012 812	87,329 846	0,000 147	−1,118 890	0,11
0,009 866	0,011 419	101,348 29	0,000 113	−1,157 313	0,10
0,008 452	0,010 222	118,309 01	0,000 086	−1,209 355	0,09
0,007 183	0,009 201	139,217 90	0,000 066	−1,280 834	0,08
0,006 037	0,008 336	165,650 68	0,000 050	−1,380 909	0,07
0,004 994	0,007 615	200,231 65	0,000 038	−1,524 837	0,06
0,004 037	0,007 025	247,688 07	0,000 028	−1,740 038	0,05
0,003 150	0,006 555	317,486 49	0,000 020	−2,081 256	0,04
0,002 316	0,006 198	431,742 52	0,000 014	−2,676 023	0,03
0,001 522	0,005 947	656,858 98	0,000 009	−3,906 552	0,02
0,000 755	0,005 798	↓	0,000 004	−7,682 955	0,01
0,000 000	0,005 749	∞	0,000 000	−∞	0,00
$k'\,\mathrm{sd}(\zeta, \varkappa)$	$k'\,\mathrm{nd}(\zeta, \varkappa)$	$\frac{1}{k'}\,\mathrm{cs}(\zeta, \varkappa)$	$-\overline{\mathrm{cd}}(\zeta, \varkappa)$	$-\overline{\mathrm{sd}}(\zeta, \varkappa)$	$\zeta = \frac{z}{2K}$

Tafel III. (Fortsetzung)

$\vartheta_1'(0,\varkappa) = 2{,}025\,992$	$\vartheta_1'(0,k) = 0{,}154\,773$	$\vartheta_5'(0,\varkappa) = 14{,}715\,262$	$\varkappa = 0{,}24$
$\vartheta_1'''/\vartheta_1'(\varkappa) = 92{,}807\,482$	$\vartheta_2''/\vartheta_2(\varkappa) = -26{,}182\,771$	$\vartheta_3''/\vartheta_3(\varkappa) = -26{,}177\,107$	
$\vartheta_1'''/\vartheta_1'(k) = 0{,}541\,625$	$\vartheta_2''/\vartheta_2(k) = -\ 0{,}152\,803$	$\vartheta_3''/\vartheta_3(k) = -\ 0{,}152\,770$	
$\vartheta_1'''''/\vartheta_1'(k) = -0{,}177\,716$	$\vartheta_2''''/\vartheta_2(k) = 0{,}069\,980$	$\vartheta_3''''/\vartheta_3(k) = 0{,}070\,082$	

$\zeta = \frac{z}{2K}$	$\overline{\mathrm{dn}}(\zeta,\varkappa)$	$\mathfrak{z}_1(\zeta,\varkappa)$	$\mathfrak{z}_3(\zeta,\varkappa)$	$\mathfrak{z}_5(\zeta,\varkappa)$	$\wp_1(\zeta,\varkappa)$
0,00	0,000 000	∞	0,000 000	∞	∞
0,01	−0,130 154	7,639 324	−0,043 631	7,639 324	58,361 176
0,02	−0,255 971	3,819 290	−0,087 261	3,819 291	14,594 529
0,03	−0,373 675	2,545 132	−0,130 891	2,545 132	6,494 483
0,04	−0,480 459	1,906 735	−0,174 521	1,906 736	3,665 013
0,05	−0,574 672	1,521 888	−0,218 150	1,521 892	2,361 127
0,06	−0,655 770	1,263 059	−0,261 778	1,263 065	1,658 530
0,07	−0,724 110	1,075 504	−0,305 405	1,075 514	1,240 324
0,08	−0,780 675	0,931 804	−0,349 030	0,931 820	0,973 966
0,09	−0,826 801	0,816 702	−0,392 653	0,816 726	0,795 988
0,10	−0,863 958	0,721 040	−0,436 272	0,721 075	0,672 848
0,11	−0,893 596	0,639 002	−0,479 888	0,639 051	0,585 423
0,12	−0,917 049	0,566 728	−0,523 499	0,566 797	0,522 147
0,13	−0,935 489	0,501 573	−0,567 103	0,501 669	0,475 678
0,14	−0,949 910	0,441 675	−0,610 699	0,441 806	0,441 174
0,15	−0,961 138	0,385 696	−0,654 283	0,385 873	0,415 338
0,16	−0,969 843	0,332 662	−0,697 854	0,332 900	0,395 868
0,17	−0,976 564	0,281 852	−0,741 405	0,282 169	0,381 123
0,18	−0,981 725	0,232 729	−0,784 932	0,233 150	0,369 915
0,19	−0,985 661	0,184 892	−0,828 427	0,185 448	0,361 370
0,20	−0,988 629	0,138 034	−0,871 881	0,138 767	0,354 842
0,21	−0,990 825	0,091 927	−0,915 282	0,092 890	0,349 846
0,22	−0,992 397	0,046 393	−0,958 613	0,047 655	0,346 017
0,23	−0,993 450	0,001 300	−1,001 855	0,002 952	0,343 080
0,24	−0,994 054	−0,043 455	−1,044 979	−0,041 297	0,340 825
0,25	−0,994 251	−0,087 951	−1,087 951	−0,085 135	0,339 094
0,25	1,005 749	−0,087 951	−1,087 951	−0,085 135	0,339 094
0,26	1,005 948	−0,132 248	−1,130 727	−0,128 576	0,337 763
0,27	1,006 560	−0,176 391	−1,173 247	−0,171 609	0,336 739
0,28	1,007 628	−0,220 417	−1,215 435	−0,214 193	0,335 953
0,29	1,009 226	−0,264 352	−1,257 195	−0,256 257	0,335 347
0,30	1,011 468	−0,308 218	−1,298 399	−0,297 696	0,334 882
0,31	1,014 514	−0,352 030	−1,338 886	−0,338 363	0,334 524
0,32	1,018 581	−0,395 800	−1,378 445	−0,378 063	0,334 248
0,33	1,023 965	−0,439 539	−1,416 811	−0,416 537	0,334 036
0,34	1,031 060	−0,483 253	−1,453 642	−0,453 451	0,333 873
0,35	1,040 399	−0,526 949	−1,488 506	−0,488 381	0,333 747
0,36	1,052 696	−0,570 630	−1,520 863	−0,520 788	0,333 651
0,37	1,068 924	−0,614 300	−1,550 038	−0,550 002	0,333 577
0,38	1,090 418	−0,657 962	−1,575 202	−0,575 197	0,333 519
0,39	1,119 037	−0,701 617	−1,595 360	−0,595 379	0,333 475
0,40	1,157 426	−0,745 267	−1,609 337	−0,609 376	0,333 442
0,41	1,209 441	−0,788 913	−1,615 800	−0,615 854	0,333 416
0,42	1,280 901	−0,832 556	−1,613 297	−0,613 363	0,333 396
0,43	1,380 960	−0,876 197	−1,600 357	−0,600 433	0,333 381
0,44	1,524 875	−0,919 836	−1,575 643	−0,575 728	0,333 369
0,45	1,740 067	−0,963 473	−1,538 173	−0,538 265	0,333 361
0,46	2,081 276	−1,007 110	−1,487 589	−0,487 687	0,333 354
0,47	2,676 037	−1,050 746	−1,424 435	−0,424 538	0,333 350
0,48	3,906 561	−1,094 382	−1,350 362	−0,350 469	0,333 347
0,49	7,682 959	−1,138 017	−1,268 175	−0,268 287	0,333 345
0,50	∞	−1,181 652	−1,181 652	−0,181 768	0,333 344
	$\overline{\mathrm{sc}}(\zeta,\varkappa)$	$-\mathfrak{z}_2(\zeta,\varkappa)$	$-\mathfrak{z}_4(\zeta,\varkappa)$	$-\mathfrak{z}_6(\zeta,\varkappa)$	$\wp_2(\zeta,\varkappa)$

Tafel III

$\varkappa = 0{,}24$

$\vartheta_5'(0, k) = 1{,}124\,154$	$\vartheta_6(0, k) = 1{,}124\,154$	$\vartheta_6(\tfrac{1}{2}, \varkappa) = 2{,}886\,751$
$\vartheta_4''/\vartheta_4(\varkappa) = 145{,}167\,360$	$\vartheta_5'''/\vartheta_5'(\varkappa) = 14{,}276\,161$	$\vartheta_6''/\vartheta_6(\varkappa) = 118{,}984\,589$
$\vartheta_4''/\vartheta_4(k) = 0{,}847\,197$	$\vartheta_5'''/\vartheta_5'(k) = 0{,}083\,316$	$\vartheta_6''/\vartheta_6(k) = 0{,}694\,395$
$\vartheta_4''''/\vartheta_4(k) = 0{,}153\,296$	$\vartheta_5'''''/\vartheta_5'(k) = -0{,}654\,745$	$\vartheta_6''''/\vartheta_6(k) = -0{,}553\,449$

$\wp_3(\zeta, \varkappa)$	$\wp_5(\zeta, \varkappa)$	$\wp_1'(\zeta, \varkappa)$	$\wp_3'(\zeta, \varkappa)$	$\wp_5'(\zeta, \varkappa)$	
0,333 311	∞	−∞	0,000 000	−∞	0,50
0,333 311	58,361 176	−891,650 961	−0,000 009	−891,650 969	0,49
0,333 309	14,594 527	−111,424 383	−0,000 018	−111,424 401	0,48
0,333 306	6,494 478	−32,974 876	−0,000 029	−32,974 905	0,47
0,333 301	3,665 003	−13,868 248	−0,000 041	−13,868 289	0,46
0,333 295	2,361 111	−7,056 956	−0,000 057	−7,057 013	0,45
0,333 286	1,658 505	−4,041 486	−0,000 076	−4,041 562	0,44
0,333 275	1,240 288	−2,505 006	−0,000 101	−2,505 107	0,43
0,333 260	0,973 914	−1,641 145	−0,000 132	−1,641 277	0,42
0,333 240	0,795 917	−1,119 082	−0,000 173	−1,119 254	0,41
0,333 214	0,672 750	−0,785 900	−0,000 225	−0,786 125	0,40
0,333 180	0,585 292	−0,564 171	−0,000 293	−0,564 465	0,39
0,333 136	0,521 972	−0,411 748	−0,000 382	−0,412 130	0,38
0,333 079	0,475 446	−0,304 289	−0,000 496	−0,304 785	0,37
0,333 005	0,440 868	−0,227 024	−0,000 645	−0,227 669	0,36
0,332 908	0,414 935	−0,170 612	−0,000 838	−0,171 450	0,35
0,332 783	0,395 339	−0,128 931	−0,001 089	−0,130 020	0,34
0,332 620	0,380 432	−0,097 847	−0,001 415	−0,099 262	0,33
0,332 408	0,369 012	−0,074 500	−0,001 838	−0,076 338	0,32
0,332 133	0,360 192	−0,056 865	−0,002 387	−0,059 253	0,31
0,331 776	0,353 307	−0,043 489	−0,003 101	−0,046 589	0,30
0,331 312	0,347 847	−0,033 308	−0,004 027	−0,037 334	0,29
0,330 710	0,343 416	−0,025 539	−0,005 229	−0,030 768	0,28
0,329 928	0,339 697	−0,019 599	−0,006 788	−0,026 388	0,27
0,328 913	0,336 427	−0,015 051	−0,008 811	−0,023 862	0,26
0,327 595	0,333 377	−0,011 564	−0,011 432	−0,022 997	0,25
0,327 595	0,333 377	−0,011 564	−0,011 432	−0,022 997	0,25
0,325 886	0,330 337	−0,008 889	−0,014 828	−0,023 717	0,24
0,323 670	0,327 098	−0,006 835	−0,019 223	−0,026 057	0,23
0,320 797	0,323 439	−0,005 256	−0,024 903	−0,030 159	0,22
0,317 078	0,319 114	−0,004 043	−0,032 234	−0,036 277	0,21
0,312 267	0,313 837	−0,003 110	−0,041 676	−0,044 786	0,20
0,306 050	0,307 263	−0,002 393	−0,053 805	−0,056 198	0,19
0,298 032	0,298 969	−0,001 841	−0,069 334	−0,071 175	0,18
0,287 713	0,288 438	−0,001 417	−0,089 124	−0,090 541	0,17
0,274 469	0,275 031	−0,001 090	−0,114 200	−0,115 290	0,16
0,257 534	0,257 970	−0,000 839	−0,145 729	−0,146 568	0,15
0,235 980	0,236 320	−0,000 645	−0,184 974	−0,185 620	0,14
0,208 716	0,208 981	−0,000 496	−0,233 177	−0,233 673	0,13
0,174 499	0,174 707	−0,000 382	−0,291 338	−0,291 720	0,12
0,131 990	0,132 154	−0,000 293	−0,359 860	−0,360 153	0,11
0,079 865	0,079 995	−0,000 225	−0,437 991	−0,438 216	0,10
0,017 015	0,017 120	−0,000 173	−0,523 082	−0,523 255	0,09
−0,057 151	−0,057 066	−0,000 132	−0,609 699	−0,607 832	0,08
−0,142 284	−0,142 214	−0,000 101	−0,688 814	−0,688 915	0,07
−0,236 597	−0,236 539	−0,000 076	−0,747 500	−0,747 576	0,06
−0,336 392	−0,336 343	−0,000 057	−0,769 757	−0,769 814	0,05
−0,435 805	−0,435 762	−0,000 041	−0,739 089	−0,739 130	0,04
−0,527 018	−0,526 979	−0,000 029	−0,642 991	−0,643 019	0,03
−0,601 132	−0,601 097	−0,000 018	−0,478 398	−0,478 416	0,02
−0,649 715	−0,649 681	−0,000 009	−0,255 898	−0,255 907	0,01
−0,666 656	−0,666 623	0,000 000	0,000 000	0,000 000	0,00
$\wp_4(\zeta, \varkappa)$	$\wp_6(\zeta, \varkappa)$	$-\wp_2'(\zeta, \varkappa)$	$-\wp_4'(\zeta, \varkappa)$	$-\wp_6'(\zeta, \varkappa)$	$\zeta = \dfrac{z}{2K}$

Tafel III

$\sqrt{k} = 0{,}999\,986$ $\quad k = 0{,}999\,972$ $\quad k^2 = 0{,}999\,944$ $\quad$ $\varkappa = 0{,}25$

$\sqrt{k'} = 0{,}086\,427$ $\quad k' = 0{,}007\,470$ $\quad k'^2 = 0{,}000\,056$

$e_1 = -e_3' = 0{,}333\,352$ $\quad e_2 = -e_2' = 0{,}333\,296$ $\quad e_3 = -e_1' = -0{,}666\,648$

$g_2 = g_2' = 1{,}333\,259$ $\quad g_3 = -g_3' = -0{,}296\,271$ $\quad g_3/\sqrt{g_2^3} = -0{,}192\,450$

$\bar{g}_2 = \bar{g}_2' = 1{,}332\,143$ $\quad \bar{g}_3 = -\bar{g}_3' = -0{,}296\,792$ $\quad \bar{g}_3/\sqrt{\bar{g}_2^3} = -0{,}193\,031$

$\zeta = \frac{z}{2K}$	$\vartheta_1(\zeta,\varkappa)$	$\vartheta_3(\zeta,\varkappa)$	$\frac{\partial \ln \vartheta_1(\zeta,\varkappa)}{\partial \zeta}$	$\frac{\partial \ln \vartheta_3(\zeta,\varkappa)}{\partial \zeta}$	$\mathrm{sn}(\zeta,\varkappa)$
0,00	0,000 000	2,000 014	∞	0,000 000	0,000 000
0,01	0,021 752	1,997 503	100,274 498	−0,251 283	0,125 008
0,02	0,043 682	1,989 988	50,545 696	−0,502 563	0,246 170
0,03	0,065 969	1,977 526	34,143 725	−0,753 837	0,360 097
0,04	0,088 789	1,960 210	26,065 573	−1,005 102	0,464 209
0,05	0,112 313	1,938 171	21,308 494	−1,256 354	0,556 901
0,06	0,136 708	1,911 570	18,203 411	−1,507 588	0,637 528
0,07	0,162 136	1,880 604	16,034 003	−1,758 798	0,706 252
0,08	0,188 752	1,845 498	14,441 492	−2,009 977	0,763 826
0,09	0,216 700	1,806 504	13,226 237	−2,261 114	0,811 363
0,10	0,246 118	1,763 899	12,268 355	−2,512 199	0,850 146
0,11	0,277 129	1,717 981	11,491 625	−2,763 216	0,881 478
0,12	0,309 847	1,669 064	10,845 407	−3,014 145	0,906 590
0,13	0,344 368	1,617 476	10,294 894	−3,264 960	0,926 589
0,14	0,380 776	1,563 558	9,815 513	−3,515 630	0,942 437
0,15	0,419 137	1,507 655	9,389 545	−3,766 112	0,954 944
0,16	0,459 499	1,450 115	9,004 009	−4,016 353	0,964 784
0,17	0,501 890	1,391 287	8,649 262	−4,266 284	0,972 505
0,18	0,546 317	1,331 516	8,318 074	−4,515 817	0,978 553
0,19	0,592 767	1,271 140	8,004 979	−4,764 837	0,983 282
0,20	0,641 203	1,210 488	7,705 818	−5,013 198	0,986 976
0,21	0,691 563	1,149 875	7,417 412	−5,260 713	0,989 859
0,22	0,743 763	1,089 603	7,137 321	−5,507 141	0,992 107
0,23	0,797 692	1,029 955	6,863 667	−5,752 171	0,993 859
0,24	0,853 215	0,971 199	6,595 002	−5,995 407	0,995 223
0,25	0,910 173	0,913 579	6,330 207	−6,236 339	0,996 286
0,26	0,968 381	0,857 322	6,068 415	−6,474 313	0,997 113
0,27	1,027 631	0,802 632	5,808 954	−6,708 492	0,997 757
0,28	1,087 690	0,749 690	5,551 304	−6,937 806	0,998 258
0,29	1,148 305	0,698 658	5,295 062	−7,160 887	0,998 648
0,30	1,209 202	0,649 673	5,039 913	−7,375 991	0,998 951
0,31	1,270 090	0,602 854	4,785 614	−7,580 898	0,999 187
0,32	1,330 660	0,558 299	4,531 976	−7,772 795	0,999 371
0,33	1,390 591	0,516 086	4,278 851	−7,948 126	0,999 514
0,34	1,449 551	0,476 278	4,026 126	−8,102 422	0,999 625
0,35	1,507 198	0,438 919	3,773 712	−8,230 103	0,999 711
0,36	1,563 190	0,404 039	3,521 538	−8,324 264	0,999 778
0,37	1,617 180	0,371 656	3,269 553	−8,376 448	0,999 831
0,38	1,668 826	0,341 776	3,017 713	−8,376 456	0,999 871
0,39	1,717 790	0,314 396	2,765 987	−8,312 220	0,999 903
0,40	1,763 746	0,289 505	2,514 349	−8,169 829	0,999 927
0,41	1,806 382	0,267 086	2,262 779	−7,933 805	0,999 946
0,42	1,845 400	0,247 117	2,011 262	−7,587 764	0,999 961
0,43	1,880 525	0,229 576	1,759 786	−7,115 606	0,999 972
0,44	1,911 507	0,214 437	1,508 341	−6,503 332	0,999 981
0,45	1,938 119	0,201 677	1,256 920	−5,741 491	0,999 987
0,46	1,960 168	0,191 272	1,005 517	−4,828 031	0,999 992
0,47	1,977 490	0,183 201	0,754 127	−3,771 062	0,999 996
0,48	1,989 956	0,177 450	0,502 747	−2,590 759	0,999 998
0,49	1,997 474	0,174 003	0,251 372	−1,319 549	1,000 000
0,50	1,999 986	0,172 856	0,000 000	0,000 000	1,000 000
	$\vartheta_2(\zeta,\varkappa)$	$\vartheta_4(\zeta,\varkappa)$	$-\frac{\partial \ln \vartheta_2(\zeta,\varkappa)}{\partial \zeta}$	$-\frac{\partial \ln \vartheta_4(\zeta,\varkappa)}{\partial \zeta}$	$\mathrm{cd}(\zeta,\varkappa)$

Tafel III

$\varkappa = 0{,}25$			
	$k^2 k'^2 = 0{,}000\,056$	$\eta_1 = -\eta_2' = -0{,}174\,174$	$\eta_1' = -\eta_2 = 0{,}333\,324$
	$\pi/KK' = 0{,}318\,301$	$\bar\eta_1 = -\bar\eta_2' = -0{,}015\,051$	$\bar\eta_1' = -\bar\eta_2 = 0{,}333\,352$
	$K = 6{,}283\,273$	$E = 1{,}000\,161$	$A = 1{,}999\,622$
	$K' = 1{,}570\,818$	$E' = 1{,}570\,774$	$A' = 0{,}000\,088$
	$B = 0{,}999\,867$	$C = 4{,}283\,779$	$D = 5{,}283\,406$

$\mathrm{cn}(\zeta, \varkappa)$	$\mathrm{dn}(\zeta, \varkappa)$	$\mathrm{sc}(\zeta, \varkappa)$	$\overline{\mathrm{sn}}(\zeta, \varkappa)$	$\overline{\mathrm{cn}}(\zeta, \varkappa)$	
1,000 000	1,000 000	0,000 000	∞	0,000 000	0,50
0,992 156	0,992 156	0,125 997	7,874 475	−0,125 008	0,49
0,969 227	0,969 229	0,253 985	3,816 079	−0,246 170	0,48
0,932 915	0,932 919	0,385 991	2,416 946	−0,360 098	0,47
0,885 726	0,885 733	0,524 100	1,690 006	−0,464 213	0,46
0,830 579	0,830 589	0,670 498	1,238 765	−0,556 908	0,45
0,770 428	0,770 442	0,827 498	0,931 050	−0,637 540	0,44
0,707 961	0,707 980	0,997 586	0,709 694	−0,706 271	0,43
0,645 423	0,645 448	1,183 451	0,545 395	−0,763 856	0,42
0,584 542	0,584 573	1,388 033	0,421 152	−0,811 407	0,41
0,526 547	0,526 585	1,614 569	0,326 146	−0,850 208	0,40
0,472 226	0,472 271	1,866 645	0,253 005	−0,881 563	0,39
0,422 013	0,422 067	2,148 251	0,196 470	−0,906 707	0,38
0,376 074	0,376 138	2,463 846	0,152 663	−0,926 746	0,37
0,334 384	0,334 458	2,818 430	0,118 668	−0,942 646	0,36
0,296 786	0,296 871	3,217 622	0,092 264	−0,955 220	0,35
0,263 045	0,263 143	3,667 757	0,071 745	−0,965 146	0,34
0,232 881	0,232 994	4,175 979	0,055 794	−0,972 978	0,33
0,205 995	0,206 125	4,750 368	0,043 391	−0,979 169	0,32
0,182 087	0,182 235	5,400 069	0,033 747	−0,984 082	0,31
0,160 865	0,161 034	6,135 445	0,026 246	−0,988 012	0,30
0,142 053	0,142 245	6,968 256	0,020 413	−0,991 199	0,29
0,125 395	0,125 614	7,911 863	0,015 877	−0,993 838	0,28
0,110 657	0,110 905	8,981 469	0,012 348	−0,996 093	0,27
0,097 625	0,097 907	10,194 398	0,009 604	−0,998 105	0,26
0,086 106	0,086 427	11,570 427	0,007 470	−1,000 000	0,25
0,075 929	0,076 293	13,132 192	0,005 810	−1,001 899	0,24
0,066 938	0,067 352	14,905 666	0,004 519	−1,003 923	0,23
0,058 996	0,059 465	16,920 766	0,003 514	−1,006 200	0,22
0,051 980	0,052 513	19,212 094	0,002 733	−1,008 879	0,21
0,045 782	0,046 386	21,819 899	0,002 126	−1,012 133	0,20
0,040 304	0,040 989	24,791 310	0,001 653	−1,016 175	0,19
0,035 461	0,036 238	28,181 980	0,001 286	−1,021 274	0,18
0,031 178	0,032 059	32,058 298	0,001 000	−1,027 772	0,17
0,027 387	0,028 386	36,500 453	0,000 778	−1,036 113	0,16
0,024 028	0,025 161	41,606 740	0,000 605	−1,046 879	0,15
0,021 048	0,022 333	47,499 778	0,000 470	−1,060 844	0,14
0,018 401	0,019 859	54,335 693	0,000 365	−1,079 044	0,13
0,016 045	0,017 698	62,318 031	0,000 284	−1,102 893	0,12
0,013 942	0,015 816	71,719 454	0,000 221	−1,134 348	0,11
0,012 060	0,014 185	82,916 716	0,000 171	−1,176 183	0,10
0,010 368	0,012 778	96,449 296	0,000 132	−1,232 427	0,09
0,008 839	0,011 572	113,122 40	0,000 102	−1,309 148	0,08
0,007 451	0,010 550	134,198 73	0,000 079	−1,415 886	0,07
0,006 181	0,009 695	161,782 52	0,000 060	−1,568 530	0,06
0,005 008	0,008 993	199,664 83	0,000 045	−1,795 628	0,05
0,003 915	0,008 434	255,437 42	0,000 033	−2,154 186	0,04
0,002 883	0,008 006	346,834 14	0,000 023	−2,777 021	0,03
0,001 897	0,007 707	527,096 32	0,000 015	−4,062 234	0,02
0,000 941	0,007 529	↓	0,000 007	−7,999 476	0,01
0,000 000	0,007 470	∞	0,000 000	−∞	0,00
$k'\,\mathrm{sd}(\zeta, \varkappa)$	$k'\,\mathrm{nd}(\zeta, \varkappa)$	$\frac{1}{k'}\,\mathrm{cs}(\zeta, \varkappa)$	$-\overline{\mathrm{cd}}(\zeta, \varkappa)$	$-\overline{\mathrm{sd}}(\zeta, \varkappa)$	$\zeta = \frac{z}{2K}$

Tafel III. (Fortsetzung)

$\vartheta_1'(0,\varkappa) = 2{,}172\,168$	$\vartheta_1'(0,k) = 0{,}172\,853$	$\vartheta_5'(0,\varkappa) = 14{,}777\,509$
$\vartheta_1'''/\vartheta_1'(\varkappa) = 82{,}515\,447$	$\vartheta_2''/\vartheta_2(\varkappa) = -25{,}137\,147$	$\vartheta_3''/\vartheta_3(\varkappa) = -25{,}128\,336$
$\vartheta_1'''/\vartheta_1'(k) = 0{,}522\,521$	$\vartheta_2''/\vartheta_2(k) = -\ 0{,}159\,178$	$\vartheta_3''/\vartheta_3(k) = -\ 0{,}159\,123$
$\vartheta_1'''''/\vartheta_1'(k) = -0{,}211\,583$	$\vartheta_2''''/\vartheta_2(k) = 0{,}075\,902$	$\vartheta_3''''/\vartheta_3(k) = 0{,}076\,072$

$\varkappa = 0{,}25$

$\zeta = \frac{z}{2K}$	$\overline{\mathrm{dn}}(\zeta,\varkappa)$	$\mathfrak{z}_1(\zeta,\varkappa)$	$\mathfrak{z}_3(\zeta,\varkappa)$	$\mathfrak{z}_5(\zeta,\varkappa)$	$\wp_1(\zeta,\varkappa)$
0,00	0,000 000	∞	0,000 000	∞	∞
0,01	−0,125 001	7,957 592	−0,041 884	7,957 592	63,325 023
0,02	−0,246 155	3,978 467	−0,083 767	3,978 467	15,835 163
0,03	−0,360 075	2,651 371	−0,125 650	2,651 372	7,045 262
0,04	−0,464 180	1,986 653	−0,167 533	1,986 655	3,973 939
0,05	−0,556 863	1,586 214	−0,209 414	1,586 219	2,557 715
0,06	−0,637 480	1,317 236	−0,251 294	1,317 245	1,793 731
0,07	−0,706 193	1,122 714	−0,293 172	1,122 729	1,338 197
0,08	−0,763 753	0,974 101	−0,335 047	0,974 124	1,047 354
0,09	−0,811 275	0,855 507	−0,376 920	0,855 542	0,852 392
0,10	−0,850 037	0,757 395	−0,418 788	0,757 446	0,716 959
0,11	−0,881 343	0,673 698	−0,460 650	0,673 770	0,620 348
0,12	−0,906 423	0,600 387	−0,502 506	0,600 487	0,550 037
0,13	−0,926 381	0,534 691	−0,544 352	0,534 829	0,498 082
0,14	−0,942 176	0,474 656	−0,586 187	0,474 842	0,459 240
0,15	−0,954 615	0,418 872	−0,628 007	0,419 122	0,429 941
0,16	−0,964 368	0,366 305	−0,669 808	0,366 637	0,407 688
0,17	−0,971 978	0,316 188	−0,711 585	0,316 628	0,390 695
0,18	−0,977 883	0,267 945	−0,753 329	0,268 525	0,377 666
0,19	−0,982 429	0,221 143	−0,795 033	0,221 902	0,367 645
0,20	−0,985 887	0,175 449	−0,836 684	0,176 441	0,359 917
0,21	−0,988 466	0,130 611	−0,878 268	0,131 903	0,353 946
0,22	−0,990 324	0,086 435	−0,919 765	0,088 113	0,349 327
0,23	−0,991 574	0,042 771	−0,961 152	0,044 947	0,345 749
0,24	−0,992 295	−0,000 496	−1,002 395	0,002 320	0,342 974
0,25	−0,992 530	−0,043 455	−1,043 455	−0,039 815	0,340 822
0,25	1,007 470	−0,043 455	−1,043 455	−0,039 815	0,340 822
0,26	1,007 709	−0,086 175	−1,084 280	−0,081 476	0,339 151
0,27	1,008 441	−0,128 709	−1,124 803	−0,122 649	0,337 853
0,28	1,009 715	−0,171 100	−1,164 938	−0,163 291	0,336 845
0,29	1,011 612	−0,213 379	−1,204 578	−0,203 326	0,336 061
0,30	1,014 259	−0,255 570	−1,243 582	−0,242 638	0,335 452
0,31	1,017 829	−0,297 694	−1,281 776	−0,281 071	0,334 979
0,32	1,022 560	−0,339 765	−1,318 934	−0,318 417	0,334 611
0,33	1,028 772	−0,381 795	−1,354 774	−0,354 403	0,334 325
0,34	1,036 891	−0,423 794	−1,388 940	−0,388 684	0,334 103
0,35	1,047 484	−0,465 768	−1,420 988	−0,420 822	0,333 930
0,36	1,061 314	−0,507 722	−1,450 368	−0,450 273	0,333 795
0,37	1,079 409	−0,549 662	−1,476 408	−0,476 369	0,333 691
0,38	1,103 177	−0,591 590	−1,498 297	−0,498 302	0,333 609
0,39	1,134 569	−0,633 509	−1,515 072	−0,515 113	0,333 546
0,40	1,176 354	−0,675 421	−1,525 629	−0,525 698	0,333 497
0,41	1,232 560	−0,717 327	−1,528 735	−0,528 826	0,333 459
0,42	1,309 250	−0,759 230	−1,523 086	−0,523 196	0,333 430
0,43	1,415 965	−0,801 129	−1,507 401	−0,507 526	0,333 407
0,44	1,568 590	−0,843 026	−1,480 566	−0,480 704	0,333 390
0,45	1,795 673	−0,884 921	−1,441 829	−0,441 978	0,333 377
0,46	2,154 219	−0,926 814	−1,391 027	−0,391 185	0,333 367
0,47	2,777 044	−0,968 706	−1,328 804	−0,328 972	0,333 360
0,48	4,062 249	−1,010 598	−1,256 768	−0,256 943	0,333 356
0,49	7,999 483	−1,052 489	−1,177 497	−0,177 679	0,333 353
0,50	∞	−1,094 380	−1,094 380	−0,094 569	0,333 352
	$\overline{\mathrm{sc}}(\zeta,\varkappa)$	$-\mathfrak{z}_2(\zeta,\varkappa)$	$-\mathfrak{z}_4(\zeta,\varkappa)$	$-\mathfrak{z}_6(\zeta,\varkappa)$	$\wp_2(\zeta,\varkappa)$

Tafel III

$\varkappa = 0{,}25$

$\vartheta_5'(0,\,k) = 1{,}175\,940$	$\vartheta_6(0,\,k) = 1{,}175\,940$	$\vartheta_{\substack{5\\6}}(\tfrac14,\,\varkappa) = 2{,}828\,427$
$\vartheta_4''/\vartheta_4(\varkappa) = 132{,}780\,929$	$\vartheta_5'''/\vartheta_5'(\varkappa) = 7{,}130\,440$	$\vartheta_6''/\vartheta_6(\varkappa) = 107{,}643\,782$
$\vartheta_4''/\vartheta_4(k) = 0{,}840\,822$	$\vartheta_5'''/\vartheta_5'(k) = 0{,}045\,153$	$\vartheta_6''/\vartheta_6(k) = 0{,}681\,643$
$\vartheta_4''''/\vartheta_4(k) = 0{,}121\,054$	$\vartheta_5'''''/\vartheta_5'(k) = -0{,}662\,674$	$\vartheta_6''''/\vartheta_6(k) = -0{,}606\,088$

$\wp_3(\zeta,\varkappa)$	$\wp_5(\zeta,\varkappa)$	$\wp_1'(\zeta,\varkappa)$	$\wp_3'(\zeta,\varkappa)$	$\wp_5'(\zeta,\varkappa)$	
0,333 296	∞	– ∞	0,000 000	– ∞	0,50
0,333 295	63,325 022	– 1007,801 61	– 0,000 014	– 1007,801 62	0,49
0,333 293	15,835 159	– 125,944 439	– 0,000 029	– 125,944 468	0,48
0,333 288	7,045 254	– 37,278 541	– 0,000 046	– 37,278 587	0,47
0,333 281	3,973 924	– 15,685 245	– 0,000 066	– 15,685 311	0,46
0,333 271	2,557 689	– 7,988 459	– 0,000 090	– 7,988 549	0,45
0,333 258	1,793 693	– 4,581 471	– 0,000 120	– 4,581 591	0,44
0,333 241	1,338 142	– 2,845 652	– 0,000 157	– 2,845 810	0,43
0,333 218	1,047 276	– 1,869 616	– 0,000 205	– 1,869 821	0,42
0,333 189	0,852 284	– 1,279 495	– 0,000 265	– 1,279 760	0,41
0,333 151	0,716 814	– 0,902 515	– 0,000 342	– 0,902 857	0,40
0,333 102	0,620 154	– 0,651 234	– 0,000 441	– 0,651 675	0,39
0,333 039	0,549 780	– 0,478 085	– 0,000 568	– 0,478 653	0,38
0,332 958	0,497 743	– 0,355 622	– 0,000 731	– 0,356 353	0,37
0,332 853	0,458 797	– 0,267 214	– 0,000 940	– 0,268 154	0,36
0,332 719	0,429 364	– 0,202 352	– 0,001 209	– 0,203 561	0,35
0,332 546	0,406 938	– 0,154 157	– 0,001 554	– 0,155 711	0,34
0,332 324	0,389 723	– 0,117 987	– 0,001 998	– 0,119 985	0,33
0,332 039	0,376 409	– 0,090 628	– 0,002 568	– 0,093 197	0,32
0,331 672	0,366 020	– 0,069 808	– 0,003 301	– 0,073 109	0,31
0,331 200	0,357 821	– 0,053 887	– 0,004 243	– 0,058 130	0,30
0,330 594	0,351 245	– 0,041 667	– 0,005 452	– 0,047 119	0,29
0,329 816	0,345 847	– 0,032 261	– 0,007 004	– 0,039 264	0,28
0,328 816	0,341 268	– 0,025 003	– 0,008 996	– 0,033 999	0,27
0,327 531	0,337 209	– 0,019 393	– 0,011 552	– 0,030 945	0,26
0,325 882	0,333 408	– 0,015 051	– 0,014 828	– 0,029 879	0,25
0,325 882	0,333 408	– 0,015 051	– 0,014 828	– 0,029 879	0,25
0,323 766	0,329 621	– 0,011 687	– 0,019 024	– 0,030 711	0,24
0,321 052	0,325 609	– 0,009 078	– 0,024 393	– 0,033 470	0,23
0,317 573	0,321 122	– 0,007 053	– 0,031 252	– 0,038 305	0,22
0,313 118	0,315 883	– 0,005 481	– 0,040 000	– 0,045 482	0,21
0,307 420	0,309 576	– 0,004 261	– 0,051 132	– 0,055 392	0,20
0,300 142	0,301 825	– 0,003 312	– 0,065 252	– 0,068 564	0,19
0,290 864	0,292 179	– 0,002 575	– 0,083 096	– 0,085 670	0,18
0,279 066	0,280 095	– 0,002 002	– 0,105 530	– 0,107 532	0,17
0,264 108	0,264 914	– 0,001 557	– 0,133 554	– 0,135 111	0,16
0,245 219	0,245 853	– 0,001 210	– 0,168 265	– 0,169 476	0,15
0,221 490	0,221 989	– 0,000 941	– 0,210 787	– 0,211 728	0,14
0,191 872	0,192 267	– 0,000 731	– 0,262 128	– 0,262 860	0,13
0,155 211	0,155 524	– 0,000 568	– 0,322 942	– 0,323 510	0,12
0,110 312	0,110 562	– 0,000 441	– 0,393 150	– 0,393 591	0,11
0,056 060	0,056 261	– 0,000 342	– 0,471 417	– 0,471 759	0,10
– 0,008 374	– 0,008 211	– 0,000 265	– 0,554 467	– 0,554 732	0,09
– 0,083 251	– 0,083 117	– 0,000 205	– 0,636 364	– 0,636 568	0,08
– 0,167 884	– 0,167 773	– 0,000 157	– 0,707 939	– 0,708 096	0,07
– 0,260 229	– 0,260 135	– 0,000 120	– 0,756 792	– 0,756 912	0,06
– 0,356 527	– 0,356 446	– 0,000 090	– 0,768 336	– 0,768 426	0,05
– 0,451 170	– 0,451 099	– 0,000 066	– 0,728 318	– 0,728 384	0,04
– 0,536 986	– 0,536 922	– 0,000 046	– 0,626 774	– 0,626 820	0,03
– 0,606 052	– 0,605 993	– 0,000 029	– 0,462 479	– 0,462 508	0,02
– 0,651 022	– 0,650 965	– 0,000 014	– 0,246 096	– 0,246 110	0,01
– 0,666 648	– 0,666 592	0,000 000	0,000 000	0,000 000	0,00
$\wp_4(\zeta,\varkappa)$	$\wp_6(\zeta,\varkappa)$	$-\wp_2'(\zeta,\varkappa)$	$-\wp_4'(\zeta,\varkappa)$	$-\wp_6'(\zeta,\varkappa)$	$\zeta = \dfrac{z}{2K}$

Tafel III

$\sqrt{k} = 0{,}999\,977$	$k = 0{,}999\,955$	$k^2 = 0{,}999\,910$	$\varkappa = 0{,}26$
$\sqrt{k'} = 0{,}097\,527$	$k' = 0{,}009\,512$	$k'^2 = 0{,}000\,090$	
$e_1 = -e_3' = 0{,}333\,363$	$e_2 = -e_2' = 0{,}333\,273$	$e_3 = -e_1' = -0{,}666\,637$	
$g_2 = g_2' = 1{,}333\,213$	$g_3 = -g_3' = -0{,}296\,256$	$g_3/\sqrt{g_2^3} = -0{,}192\,450$	
$\bar{g}_2 = -\bar{g}_2' = 1{,}331\,404$	$\bar{g}_3 = -\bar{g}_3' = -0{,}297\,100$	$\bar{g}_3/\sqrt{\bar{g}_2^3} = -0{,}193\,392$	

$\zeta = \frac{z}{2K}$	$\vartheta_1(\zeta,\varkappa)$	$\vartheta_3(\zeta,\varkappa)$	$\frac{\partial \ln \vartheta_1(\zeta,\varkappa)}{\partial \zeta}$	$\frac{\partial \ln \vartheta_3(\zeta,\varkappa)}{\partial \zeta}$	$\operatorname{sn}(\zeta,\varkappa)$
0,00	0,000 000	1,961 184	∞	0,000 000	0,000 000
0,01	0,023 139	1,958 816	100,244 533	−0,241 594	0,120 249
0,02	0,046 448	1,951 730	50,486 243	−0,483 185	0,237 069
0,03	0,070 095	1,939 978	34,055 719	−0,724 767	0,347 415
0,04	0,094 246	1,923 643	25,950 367	−0,966 337	0,448 910
0,05	0,119 063	1,902 844	21,167 804	−1,207 888	0,540 010
0,06	0,144 703	1,877 729	18,039 251	−1,449 415	0,620 000
0,07	0,171 319	1,848 476	15,848 611	−1,690 910	0,688 892
0,08	0,199 053	1,815 290	14,237 258	−1,932 363	0,747 243
0,09	0,228 042	1,778 401	13,005 629	−2,173 762	0,795 972
0,10	0,258 410	1,738 061	12,033 854	−2,415 090	0,836 189
0,11	0,290 271	1,694 543	11,245 667	−2,656 330	0,869 058
0,12	0,323 727	1,648 134	10,590 339	−2,897 456	0,895 706
0,13	0,358 865	1,599 137	10,032 935	−3,138 437	0,917 173
0,14	0,395 758	1,547 864	9,548 726	−3,379 232	0,934 375
0,15	0,434 461	1,494 633	9,119 829	−3,619 792	0,948 102
0,16	0,475 012	1,439 767	8,733 080	−3,860 051	0,959 020
0,17	0,517 430	1,383 589	8,378 662	−4,099 928	0,967 680
0,18	0,561 716	1,326 421	8,049 170	−4,339 318	0,974 535
0,19	0,607 846	1,268 578	7,738 972	−4,578 087	0,979 952
0,20	0,655 780	1,210 369	7,443 756	−4,816 068	0,984 226
0,21	0,705 450	1,152 091	7,160 201	−5,053 044	0,987 596
0,22	0,756 770	1,094 030	6,885 741	−5,288 742	0,990 251
0,23	0,809 628	1,036 458	6,618 384	−5,522 814	0,992 341
0,24	0,863 890	0,979 629	6,356 582	−5,754 819	0,993 985
0,25	0,919 400	0,923 783	6,099 126	−5,984 196	0,995 278
0,26	0,975 977	0,869 138	5,845 076	−6,210 232	0,996 295
0,27	1,033 422	0,815 895	5,593 695	−6,432 027	0,997 094
0,28	1,091 513	0,764 238	5,344 405	−6,648 439	0,997 722
0,29	1,150 009	0,714 326	5,096 757	−6,858 025	0,998 215
0,30	1,208 650	0,666 305	4,850 396	−7,058 966	0,998 603
0,31	1,267 163	0,620 296	4,605 045	−7,248 976	0,998 907
0,32	1,325 259	0,576 407	4,360 487	−7,425 187	0,999 147
0,33	1,382 637	0,534 724	4,116 551	−7,584 024	0,999 335
0,34	1,438 989	0,495 321	3,873 103	−7,721 048	0,999 482
0,35	1,493 998	0,458 253	3,630 039	−7,830 794	0,999 598
0,36	1,547 348	0,423 563	3,387 276	−7,906 593	0,999 689
0,37	1,598 718	0,391 282	3,144 749	−7,940 404	0,999 760
0,38	1,647 795	0,361 429	2,902 408	−7,922 687	0,999 816
0,39	1,694 268	0,334 014	2,660 211	−7,842 356	0,999 860
0,40	1,737 839	0,309 040	2,418 129	−7,686 877	0,999 895
0,41	1,778 222	0,286 501	2,176 136	−7,442 608	0,999 922
0,42	1,815 145	0,266 390	1,934 213	−7,095 478	0,999 943
0,43	1,848 359	0,248 693	1,692 343	−6,632 095	0,999 959
0,44	1,877 634	0,233 398	1,450 516	−6,041 360	0,999 972
0,45	1,902 766	0,220 487	1,208 722	−5,316 514	0,999 981
0,46	1,923 578	0,209 948	0,966 951	−4,457 438	0,999 989
0,47	1,939 922	0,201 767	0,725 199	−3,472 749	0,999 994
0,48	1,951 681	0,195 931	0,483 459	−2,381 134	0,999 997
0,49	1,958 770	0,192 434	0,241 728	−1,211 276	0,999 999
0,50	1,961 139	0,191 268	0,000 000	0,000 000	1,000 000
	$\vartheta_2(\zeta,\varkappa)$	$\vartheta_4(\zeta,\varkappa)$	$-\frac{\partial \ln \vartheta_2(\zeta,\varkappa)}{\partial \zeta}$	$-\frac{\partial \ln \vartheta_4(\zeta,\varkappa)}{\partial \zeta}$	$\operatorname{cd}(\zeta,\varkappa)$

Tafel III

$\varkappa = 0{,}26$			
	$k^2 k'^2 = 0{,}000\,090$	$\eta_1 = -\eta_2' = -0{,}167\,805$	$\eta_1' = -\eta_2 = 0{,}333\,318$
	$\pi/KK' = 0{,}331\,027$	$\bar\eta_1 = -\bar\eta_2' = -0{,}002\,336$	$\bar\eta_1' = -\bar\eta_2 = 0{,}333\,363$
	$K = 6{,}041\,661$	$E = 1{,}000\,251$	$A = 1{,}999\,408$
	$K' = 1{,}570\,832$	$E' = 1{,}570\,761$	$A' = 0{,}000\,142$
	$B = 0{,}999\,795$	$C = 4{,}042\,438$	$D = 5{,}041\,866$

$\mathrm{cn}(\zeta, \varkappa)$	$\mathrm{dn}(\zeta, \varkappa)$	$\mathrm{sc}(\zeta, \varkappa)$	$\overline{\mathrm{sn}}(\zeta, \varkappa)$	$\overline{\mathrm{cn}}(\zeta, \varkappa)$	
1,000 000	1,000 000	0,000 000	∞	0,000 000	0,50
0,992 744	0,992 744	0,121 128	8,195 863	−0,120 249	0,49
0,971 492	0,971 495	0,244 026	3,981 116	−0,237 070	0,48
0,937 712	0,937 717	0,370 492	2,531 007	−0,347 417	0,47
0,893 577	0,893 587	0,502 375	1,778 727	−0,448 915	0,46
0,841 659	0,841 674	0,641 602	1,311 832	−0,540 020	0,45
0,784 602	0,784 624	0,790 211	0,992 930	−0,620 018	0,44
0,724 864	0,724 894	0,950 373	0,762 747	−0,688 920	0,43
0,664 551	0,664 589	1,124 432	0,591 044	−0,747 285	0,42
0,605 333	0,605 380	1,314 934	0,460 388	−0,796 035	0,41
0,548 441	0,548 499	1,524 666	0,359 750	−0,836 277	0,40
0,494 711	0,494 780	1,756 697	0,281 654	−0,869 179	0,39
0,444 646	0,444 728	2,014 426	0,220 771	−0,895 871	0,38
0,398 489	0,398 585	2,301 627	0,173 175	−0,917 393	0,37
0,356 291	0,356 401	2,622 510	0,135 901	−0,934 666	0,36
0,317 965	0,318 093	2,981 781	0,106 679	−0,948 484	0,35
0,283 338	0,283 485	3,384 717	0,083 754	−0,959 517	0,34
0,252 181	0,252 349	3,837 240	0,065 763	−0,968 324	0,33
0,224 236	0,224 428	4,346 013	0,051 640	−0,975 367	0,32
0,199 236	0,199 454	4,918 544	0,040 551	−0,981 023	0,31
0,176 914	0,177 162	5,563 301	0,031 845	−0,985 603	0,30
0,157 014	0,157 295	6,289 854	0,025 008	−0,989 362	0,29
0,139 295	0,139 613	7,109 027	0,019 639	−0,992 512	0,28
0,123 532	0,123 892	8,033 094	0,015 423	−0,995 233	0,27
0,109 518	0,109 925	9,075 990	0,012 112	−0,997 682	0,26
0,097 066	0,097 527	10,253 574	0,009 512	−1,000 000	0,25
0,086 006	0,086 527	11,583 946	0,007 470	−1,002 324	0,24
0,076 185	0,076 773	13,087 830	0,005 866	−1,004 790	0,23
0,067 463	0,068 128	14,789 052	0,004 607	−1,007 544	0,22
0,059 719	0,060 469	16,715 139	0,003 618	−1,010 752	0,21
0,052 842	0,053 688	18,898 090	0,002 841	−1,014 607	0,20
0,046 732	0,047 688	21,375 384	0,002 231	−1,019 344	0,19
0,041 302	0,042 381	24,191 314	0,001 752	−1,025 255	0,18
0,036 474	0,037 692	27,398 803	0,001 376	−1,032 712	0,17
0,032 177	0,033 552	31,061 913	0,001 080	−1,042 191	0,16
0,028 350	0,029 901	35,259 387	0,000 848	−1,054 314	0,15
0,024 936	0,026 688	40,089 759	0,000 666	−1,069 901	0,14
0,021 886	0,023 863	45,678 899	0,000 522	−1,090 046	0,13
0,019 157	0,021 387	52,191 437	0,000 410	−1,116 232	0,12
0,016 707	0,019 224	59,848 550	0,000 321	−1,150 511	0,11
0,014 500	0,017 341	68,956 617	0,000 251	−1,195 776	0,10
0,012 506	0,015 712	79,955 193	0,000 197	−1,256 227	0,09
0,010 695	0,014 312	93,501 235	0,000 153	−1,338 177	0,08
0,009 039	0,013 121	110,625 80	0,000 119	−1,451 548	0,07
0,007 516	0,012 123	133,047 80	0,000 091	−1,612 857	0,06
0,006 102	0,011 301	163,864 43	0,000 069	−1,851 783	0,05
0,004 778	0,010 644	209,277 67	0,000 051	−2,227 591	0,04
0,003 524	0,010 143	283,773 49	0,000 036	−2,878 388	0,03
0,002 321	0,009 791	430,838 64	0,000 023	−4,218 163	0,02
0,001 152	0,009 581	867,976 07	0,000 011	−8,316 101	0,01
0,000 000	0,009 512	∞	0,000 000	$-\infty$	0,00
$k'\,\mathrm{sd}(\zeta, \varkappa)$	$k'\,\mathrm{nd}(\zeta, \varkappa)$	$\frac{1}{k'}\,\mathrm{cs}(\zeta, \varkappa)$	$-\overline{\mathrm{cd}}(\zeta, \varkappa)$	$-\overline{\mathrm{sd}}(\zeta, \varkappa)$	$\zeta = \frac{z}{2K}$

Tafel III. (Fortsetzung)

$\vartheta_1'(0,\varkappa) = 2{,}311\,104$ $\vartheta_1'(0,k) = 0{,}191\,264$ $\vartheta_5'(0,\varkappa) = 14{,}801\,033$

$\vartheta_1'''/\vartheta_1'(\varkappa) = 73{,}501\,773$ $\vartheta_2''/\vartheta_2(\varkappa) = -24{,}172\,702$ $\vartheta_3''/\vartheta_3(\varkappa) = -24{,}159\,493$

$\vartheta_1'''/\vartheta_1'(k) = 0{,}503\,414$ $\vartheta_2''/\vartheta_2(k) = -\,0{,}165\,559$ $\vartheta_3''/\vartheta_3(k) = -\,0{,}165\,468$

$\vartheta_1'''''/\vartheta_1'(k) = -0{,}244\,231$ $\vartheta_2''''/\vartheta_2(k) = 0{,}082\,048$ $\vartheta_3''''/\vartheta_3(k) = 0{,}082\,320$

$\varkappa = 0{,}26$

$\zeta = \frac{z}{2K}$	$\overline{\mathrm{dn}}(\zeta,\varkappa)$	$\mathfrak{z}_1(\zeta,\varkappa)$	$\mathfrak{z}_3(\zeta,\varkappa)$	$\mathfrak{z}_5(\zeta,\varkappa)$	$\wp_1(\zeta,\varkappa)$
0,00	0,000 000	∞	0,000 000	∞	∞
0,01	−0,120 238	8,275 831	−0,040 270	8,275 831	68,490 993
0,02	−0,237 047	4,137 623	−0,080 540	4,137 623	17,126 363
0,03	−0,347 381	2,757 578	−0,120 810	2,757 579	7,618 583
0,04	−0,448 865	2,066 513	−0,161 078	2,066 516	4,295 640
0,05	−0,539 951	1,650 438	−0,201 345	1,650 445	2,762 592
0,06	−0,619 927	1,371 247	−0,241 610	1,371 259	1,934 817
0,07	−0,688 801	1,169 676	−0,281 872	1,169 697	1,440 527
0,08	−0,747 132	1,016 046	−0,322 131	1,016 079	1,124 285
0,09	−0,795 838	0,893 842	−0,362 385	0,893 891	0,911 716
0,10	−0,836 026	0,793 142	−0,402 633	0,793 213	0,763 544
0,11	−0,868 858	0,707 637	−0,442 875	0,707 737	0,657 409
0,12	−0,895 461	0,633 126	−0,483 106	0,633 266	0,579 796
0,13	−0,916 870	0,566 720	−0,523 326	0,566 910	0,522 132
0,14	−0,934 000	0,506 371	−0,563 530	0,506 627	0,478 764
0,15	−0,947 636	0,450 600	−0,603 715	0,450 942	0,445 837
0,16	−0,958 437	0,398 316	−0,643 875	0,398 769	0,420 652
0,17	−0,966 949	0,348 709	−0,684 003	0,349 304	0,401 278
0,18	−0,973 615	0,301 164	−0,724 091	0,301 941	0,386 308
0,19	−0,978 792	0,255 216	−0,764 128	0,256 227	0,374 699
0,20	−0,982 762	0,210 508	−0,804 099	0,211 818	0,365 673
0,21	−0,985 745	0,166 765	−0,843 987	0,168 458	0,358 640
0,22	−0,987 906	0,123 774	−0,883 770	0,125 955	0,353 150
0,23	−0,989 367	0,081 372	−0,923 417	0,084 175	0,348 860
0,24	−0,990 212	0,039 430	−0,962 894	0,043 026	0,345 503
0,25	−0,990 488	−0,002 153	−1,002 153	0,002 454	0,342 875
0,25	1,009 512	−0,002 153	−1,002 153	0,002 454	0,342 875
0,26	1,009 793	−0,043 455	−1,041 136	−0,037 559	0,340 816
0,27	1,010 656	−0,084 535	−1,079 768	−0,077 001	0,339 201
0,28	1,012 151	−0,125 442	−1,117 955	−0,115 824	0,337 936
0,29	1,014 370	−0,166 214	−1,155 576	−0,153 947	0,336 943
0,30	1,017 448	−0,206 879	−1,192 482	−0,191 247	0,336 164
0,31	1,021 575	−0,247 460	−1,228 483	−0,227 559	0,335 552
0,32	1,027 007	−0,287 976	−1,263 343	−0,262 664	0,335 072
0,33	1,034 088	−0,328 440	−1,296 764	−0,296 279	0,334 696
0,34	1,043 271	−0,368 864	−1,328 380	−0,328 049	0,334 400
0,35	1,055 162	−0,409 256	−1,357 739	−0,357 529	0,334 168
0,36	1,070 567	−0,449 623	−1,384 289	−0,384 175	0,333 986
0,37	1,090 568	−0,489 970	−1,407 363	−0,407 327	0,333 843
0,38	1,116 642	−0,530 303	−1,426 173	−0,426 199	0,333 731
0,39	1,150 832	−0,570 623	−1,439 802	−0,439 877	0,333 643
0,40	1,196 027	−0,610 934	−1,447 211	−0,447 326	0,333 574
0,41	1,256 423	−0,651 237	−1,447 272	−0,447 420	0,333 520
0,42	1,338 330	−0,691 535	−1,438 820	−0,438 996	0,333 478
0,43	1,451 667	−0,731 828	−1,420 747	−0,420 946	0,333 445
0,44	1,612 948	−0,772 117	−1,392 135	−0,392 353	0,333 420
0,45	1,851 852	−0,812 404	−1,352 424	−0,352 659	0,333 401
0,46	2,227 642	−0,852 689	−1,301 605	−0,301 853	0,333 386
0,47	2,878 423	−0,892 973	−1,240 390	−0,240 651	0,333 376
0,48	4,218 186	−0,933 255	−1,170 325	−0,170 599	0,333 369
0,49	8,316 112	−0,973 537	−1,093 786	−0,094 071	0,333 365
0,50	∞	−1,013 819	−1,013 819	−0,014 114	0,333 364
	$\overline{\mathrm{sc}}(\zeta,\varkappa)$	$-\mathfrak{z}_2(\zeta,\varkappa)$	$-\mathfrak{z}_4(\zeta,\varkappa)$	$-\mathfrak{z}_6(\zeta,\varkappa)$	$\wp_2(\zeta,\varkappa)$

Tafel III

$\varkappa = 0{,}26$

$\vartheta_5'(0,k) = 1{,}224\,914$	$\vartheta_6(0,k) = 1{,}224\,914$	$\vartheta_{\substack{5\\6}}(\tfrac{1}{4},\varkappa) = 2{,}773\,501$
$\vartheta_4''/\vartheta_4(\varkappa) = 121{,}833\,968$	$\vartheta_5'''/\vartheta_5'(\varkappa) = 1{,}023\,294$	$\vartheta_6''/\vartheta_6(\varkappa) = 97{,}661\,266$
$\vartheta_4''/\vartheta_4(k) = 0{,}834\,441$	$\vartheta_5'''/\vartheta_5'(k) = 0{,}007\,009$	$\vartheta_6''/\vartheta_6(k) = 0{,}668\,882$
$\vartheta_4''''/\vartheta_4(k) = 0{,}089\,057$	$\vartheta_5'''''/\vartheta_5'(k) = -0{,}665\,620$	$\vartheta_6''''/\vartheta_6(k) = -0{,}657\,790$

$\wp_3(\zeta,\varkappa)$	$\wp_5(\zeta,\varkappa)$	$\wp_1'(\zeta,\varkappa)$	$\wp_3'(\zeta,\varkappa)$	$\wp_5'(\zeta,\varkappa)$	
0,333 273	∞	−∞	0,000 000	−∞	0,50
0,333 272	68,490 992	−1133,612 98	−0,000 022	−1133,613 00	0,49
0,333 268	17,126 358	−141,671 998	−0,000 045	−141,672 043	0,48
0,333 261	7,618 571	−41,939 893	−0,000 071	−41,939 964	0,47
0,333 250	4,295 617	−17,653 068	−0,000 102	−17,653 170	0,46
0,333 236	2,762 555	−8,997 145	−0,000 138	−8,997 283	0,45
0,333 217	1,934 761	−5,166 123	−0,000 182	−5,166 305	0,44
0,333 191	1,440 445	−3,214 466	−0,000 237	−3,214 703	0,43
0,333 159	1,124 171	−2,117 029	−0,000 306	−2,117 335	0,42
0,333 117	0,911 559	−1,453 310	−0,000 393	−1,453 703	0,41
0,333 063	0,763 334	−1,029 016	−0,000 503	−1,029 518	0,40
0,332 994	0,657 130	−0,745 844	−0,000 642	−0,746 487	0,39
0,332 906	0,579 429	−0,550 353	−0,000 819	−0,551 173	0,38
0,332 794	0,521 653	−0,411 730	−0,001 044	−0,412 775	0,37
0,332 651	0,478 142	−0,311 322	−0,001 330	−0,312 652	0,36
0,332 469	0,445 033	−0,237 355	−0,001 695	−0,239 049	0,35
0,332 238	0,419 616	−0,182 130	−0,002 158	−0,184 289	0,34
0,331 943	0,399 948	−0,140 459	−0,002 747	−0,143 207	0,33
0,331 567	0,384 602	−0,108 748	−0,003 498	−0,112 246	0,32
0,331 089	0,372 516	−0,084 455	−0,004 452	−0,088 907	0,31
0,330 481	0,362 881	−0,065 747	−0,005 666	−0,071 413	0,30
0,329 707	0,355 074	−0,051 280	−0,007 209	−0,058 488	0,29
0,328 722	0,348 600	−0,040 055	−0,009 170	−0,049 225	0,28
0,327 470	0,343 056	−0,031 323	−0,011 663	−0,042 986	0,27
0,325 877	0,338 107	−0,024 517	−0,014 827	−0,039 345	0,26
0,323 852	0,333 454	−0,019 204	−0,018 842	−0,038 046	0,25
0,323 852	0,333 454	−0,019 204	−0,018 842	−0,038 046	0,25
0,321 280	0,328 823	−0,015 050	−0,023 931	−0,038 981	0,24
0,318 014	0,323 943	−0,011 800	−0,030 372	−0,042 172	0,23
0,313 872	0,318 534	−0,009 255	−0,038 512	−0,047 767	0,22
0,308 622	0,312 291	−0,007 261	−0,048 778	−0,056 040	0,21
0,301 977	0,304 868	−0,005 698	−0,061 690	−0,067 389	0,20
0,293 582	0,295 861	−0,004 472	−0,077 876	−0,082 348	0,19
0,282 996	0,284 795	−0,003 510	−0,098 078	−0,101 588	0,18
0,269 683	0,271 106	−0,002 755	−0,123 151	−0,125 906	0,17
0,253 000	0,254 127	−0,002 163	−0,154 047	−0,156 210	0,16
0,232 180	0,233 075	−0,001 697	−0,191 769	−0,193 467	0,15
0,206 342	0,207 054	−0,001 332	−0,237 277	−0,238 609	0,14
0,174 494	0,175 064	−0,001 045	−0,291 326	−0,292 371	0,13
0,135 581	0,136 038	−0,000 820	−0,354 213	−0,355 033	0,12
0,088 556	0,088 926	−0,000 643	−0,425 405	−0,426 048	0,11
0,032 513	0,032 813	−0,000 503	−0,503 038	−0,503 541	0,10
−0,033 122	−0,032 875	−0,000 393	−0,583 326	−0,583 719	0,09
−0,108 315	−0,108 111	−0,000 306	−0,659 985	−0,660 291	0,08
−0,192 108	−0,191 936	−0,000 237	−0,723 890	−0,724 128	0,07
−0,282 271	−0,282 124	−0,000 182	−0,763 296	−0,763 479	0,06
−0,375 052	−0,374 924	−0,000 138	−0,765 020	−0,765 157	0,05
−0,465 134	−0,465 021	−0,000 102	−0,716 835	−0,716 936	0,04
−0,545 951	−0,545 848	−0,000 071	−0,610 914	−0,610 985	0,03
−0,610 440	−0,610 344	−0,000 045	−0,447 452	−0,447 497	0,02
−0,652 178	−0,652 086	−0,000 022	−0,236 998	−0,237 020	0,01
−0,666 637	−0,666 546	0,000 000	0,000 000	0,000 000	0,00
$\wp_4(\zeta,\varkappa)$	$\wp_6(\zeta,\varkappa)$	$-\wp_2'(\zeta,\varkappa)$	$-\wp_4'(\zeta,\varkappa)$	$-\wp_6'(\zeta,\varkappa)$	$\zeta = \frac{z}{2K}$

Tafel III

$\sqrt{k} = 0{,}999\,965$ $k = 0{,}999\,929$ $k^2 = 0{,}999\,858$ $\varkappa = 0{,}27$

$\sqrt{k'} = 0{,}109\,071$ $k' = 0{,}011\,897$ $k'^2 = 0{,}000\,142$

$e_1 = -e_3' = 0{,}333\,381$ $e_2 = -e_2' = 0{,}333\,239$ $e_3 = -e_1' = -0{,}666\,619$

$g_2 = g_2' = 1{,}333\,145$ $g_3 = -g_3' = -0{,}296\,233$ $g_3/\sqrt{g_2^3} = -0{,}192\,450$

$\bar{g}_2 = \bar{g}_2' = 1{,}330\,314$ $\bar{g}_3 = -\bar{g}_3' = -0{,}297\,554$ $\bar{g}_3/\sqrt{\bar{g}_2^3} = -0{,}193\,925$

$\zeta = \frac{z}{2K}$	$\vartheta_1(\zeta,\varkappa)$	$\vartheta_3(\zeta,\varkappa)$	$\frac{\partial \ln \vartheta_1(\zeta,\varkappa)}{\partial \zeta}$	$\frac{\partial \ln \vartheta_3(\zeta,\varkappa)}{\partial \zeta}$	$\mathrm{sn}(\zeta,\varkappa)$
0,00	0,000 000	1,924 535	∞	0,000 000	0,000 000
0,01	0,024 451	1,922 298	100,218 168	−0,232 614	0,115 837
0,02	0,049 062	1,915 602	50,433 907	−0,465 223	0,228 607
0,03	0,073 991	1,904 495	33,978 185	−0,697 820	0,335 559
0,04	0,099 395	1,889 053	25,848 756	−0,930 401	0,434 508
0,05	0,125 426	1,869 384	21,043 545	−1,162 958	0,523 974
0,06	0,152 231	1,845 623	17,894 027	−1,395 483	0,603 202
0,07	0,179 953	1,817 932	15,684 304	−1,627 965	0,672 082
0,08	0,208 723	1,786 499	14,055 888	−1,860 392	0,731 012
0,09	0,238 669	1,751 534	12,809 298	−2,092 749	0,780 742
0,10	0,269 904	1,713 268	11,824 692	−2,325 016	0,822 223
0,11	0,302 532	1,671 952	11,025 783	−2,557 170	0,856 491
0,12	0,336 645	1,627 850	10,361 781	−2,789 180	0,884 573
0,13	0,372 320	1,581 239	9,797 657	−3,021 008	0,907 435
0,14	0,409 620	1,532 408	9,308 566	−3,252 606	0,925 948
0,15	0,448 592	1,481 652	8,876 490	−3,483 913	0,940 875
0,16	0,489 266	1,429 270	8,488 123	−3,714 854	0,952 868
0,17	0,531 652	1,375 562	8,133 500	−3,945 332	0,962 477
0,18	0,575 744	1,320 828	7,805 069	−4,175 226	0,970 158
0,19	0,621 514	1,265 364	7,497 058	−4,404 384	0,976 288
0,20	0,668 915	1,209 460	7,205 020	−4,632 613	0,981 171
0,21	0,717 879	1,153 397	6,925 512	−4,859 670	0,985 059
0,22	0,768 315	1,097 446	6,655 852	−5,085 250	0,988 150
0,23	0,820 114	1,041 866	6,393 946	−5,308 968	0,990 606
0,24	0,873 143	0,986 901	6,138 152	−5,530 339	0,992 556
0,25	0,927 250	0,932 782	5,887 184	−5,748 756	0,994 104
0,26	0,982 260	0,879 723	5,640 026	−5,963 453	0,995 333
0,27	1,037 982	0,827 921	5,395 881	−6,173 470	0,996 307
0,28	1,094 203	0,777 557	5,154 117	−6,377 603	0,997 080
0,29	1,150 696	0,728 793	4,914 238	−6,574 350	0,997 693
0,30	1,207 215	0,681 776	4,675 850	−6,761 834	0,998 179
0,31	1,263 502	0,636 632	4,438 643	−6,937 719	0,998 564
0,32	1,319 288	0,593 475	4,202 370	−7,099 113	0,998 869
0,33	1,374 290	0,552 399	3,966 837	−7,242 451	0,999 111
0,34	1,428 222	0,513 485	3,731 891	−7,363 361	0,999 303
0,35	1,480 791	0,476 799	3,497 408	−7,456 531	0,999 455
0,36	1,531 703	0,442 395	3,263 293	−7,515 566	0,999 575
0,37	1,580 662	0,410 314	3,029 469	−7,532 872	0,999 670
0,38	1,627 378	0,380 587	2,795 875	−7,499 579	0,999 746
0,39	1,671 567	0,353 235	2,562 463	−7,405 553	0,999 805
0,40	1,712 955	0,328 272	2,329 195	−7,239 560	0,999 852
0,41	1,751 278	0,305 705	2,096 042	−6,989 630	0,999 890
0,42	1,786 290	0,285 537	1,862 977	−6,643 728	0,999 919
0,43	1,817 761	0,267 764	1,629 983	−6,190 777	0,999 942
0,44	1,845 483	0,252 381	1,397 044	−5,622 061	0,999 960
0,45	1,869 268	0,239 383	1,164 148	−4,932 945	0,999 973
0,46	1,888 955	0,228 762	0,931 283	−4,124 705	0,999 984
0,47	1,904 410	0,220 509	0,698 443	−3,206 133	0,999 991
0,48	1,915 527	0,214 620	0,465 620	−2,194 448	0,999 996
0,49	1,922 228	0,211 089	0,232 807	−1,115 068	0,999 999
0,50	1,924 467	0,209 912	0,000 000	0,000 000	1,000 000
	$\vartheta_2(\zeta,\varkappa)$	$\vartheta_4(\zeta,\varkappa)$	$-\frac{\partial \ln \vartheta_2(\zeta,\varkappa)}{\partial \zeta}$	$-\frac{\partial \ln \vartheta_4(\zeta,\varkappa)}{\partial \zeta}$	$\mathrm{cd}(\zeta,\varkappa)$

Tafel III

$\varkappa = 0{,}27$

$k^2 k'^2 = 0{,}000\,142$	$\eta_1 = -\eta_2' = -0{,}161\,435$	$\eta_1' = -\eta_2 = 0{,}333\,310$
$\pi/KK' = 0{,}343\,750$	$\bar\eta_1 = -\bar\eta_2' = 0{,}010\,370$	$\bar\eta_1' = -\bar\eta_2 = 0{,}333\,381$
$K = 5{,}817\,970$	$E = 1{,}000\,376$	$A = 1{,}999\,106$
$K' = 1{,}570\,852$	$E' = 1{,}570\,741$	$A' = 0{,}000\,222$
$B = 0{,}999\,694$	$C = 3{,}819\,122$	$D = 4{,}818\,276$

$\mathrm{cn}(\zeta, \varkappa)$	$\mathrm{dn}(\zeta, \varkappa)$	$\mathrm{sc}(\zeta, \varkappa)$	$\overline{\mathrm{sn}}(\zeta, \varkappa)$	$\overline{\mathrm{cn}}(\zeta, \varkappa)$	
1,000 000	1,000 000	0,000 000	∞	0,000 000	0,50
0,993 268	0,993 269	0,116 622	8,516 983	−0,115 837	0,49
0,973 519	0,973 523	0,234 825	4,145 729	−0,228 608	0,48
0,942 019	0,942 028	0,356 212	2,644 569	−0,335 562	0,47
0,900 668	0,900 683	0,482 428	1,866 979	−0,434 515	0,46
0,851 734	0,851 757	0,615 185	1,384 555	−0,523 988	0,45
0,797 589	0,797 621	0,756 282	1,054 660	−0,603 226	0,44
0,740 477	0,740 520	0,907 634	0,815 880	−0,672 121	0,43
0,682 364	0,682 420	1,071 293	0,637 006	−0,731 072	0,42
0,624 853	0,624 922	1,249 480	0,500 146	−0,780 828	0,41
0,569 165	0,569 249	1,444 614	0,394 049	−0,822 345	0,40
0,516 162	0,516 263	1,659 344	0,311 125	−0,856 658	0,39
0,466 403	0,466 521	1,896 586	0,245 979	−0,884 798	0,38
0,420 193	0,420 332	2,159 567	0,194 637	−0,907 734	0,37
0,377 651	0,377 811	2,451 863	0,154 092	−0,926 342	0,36
0,338 754	0,338 939	2,777 456	0,122 032	−0,941 388	0,35
0,303 385	0,303 597	3,140 785	0,096 663	−0,953 533	0,34
0,271 364	0,271 605	3,546 812	0,076 577	−0,963 333	0,33
0,242 473	0,242 748	4,001 096	0,060 670	−0,971 257	0,32
0,216 478	0,216 789	4,509 870	0,048 070	−0,977 692	0,31
0,193 139	0,193 491	5,080 139	0,038 088	−0,982 962	0,30
0,172 219	0,172 618	5,719 786	0,030 179	−0,987 337	0,29
0,153 494	0,153 944	6,437 701	0,023 913	−0,991 043	0,28
0,136 750	0,137 257	7,243 923	0,018 948	−0,994 277	0,27
0,121 789	0,122 360	8,149 823	0,015 014	−0,997 210	0,26
0,108 428	0,109 071	9,168 307	0,011 897	−1,000 000	0,25
0,096 502	0,097 226	10,314 070	0,009 427	−1,002 798	0,24
0,085 860	0,086 674	11,603 911	0,007 469	−1,005 756	0,23
0,076 363	0,077 279	13,057 122	0,005 919	−1,009 038	0,22
0,067 889	0,068 919	14,695 975	0,004 690	−1,012 826	0,21
0,060 326	0,061 484	16,546 365	0,003 716	−1,017 334	0,20
0,053 575	0,054 876	18,638 637	0,002 944	−1,022 817	0,19
0,047 545	0,049 008	21,008 701	0,002 333	−1,029 594	0,18
0,042 157	0,043 801	23,699 545	0,001 848	−1,038 062	0,17
0,037 339	0,039 185	26,763 326	0,001 464	−1,048 732	0,16
0,033 024	0,035 100	30,264 333	0,001 160	−1,062 261	0,15
0,029 156	0,031 488	34,283 255	0,000 918	−1,079 515	0,14
0,025 683	0,028 303	38,923 476	0,000 727	−1,101 644	0,13
0,022 557	0,025 501	44,320 604	0,000 575	−1,130 202	0,12
0,019 737	0,023 044	50,657 289	0,000 455	−1,167 328	0,11
0,017 183	0,020 898	58,187 065	0,000 359	−1,216 035	0,10
0,014 863	0,019 037	67,274 248	0,000 283	−1,280 691	0,09
0,012 744	0,017 433	78,463 914	0,000 222	−1,367 855	0,08
0,010 797	0,016 065	92,612 068	0,000 173	−1,487 827	0,07
0,008 997	0,014 915	111,146 16	0,000 134	−1,657 753	0,06
0,007 318	0,013 967	136,638 39	0,000 102	−1,908 441	0,05
0,005 739	0,013 208	174,239 11	0,000 076	−2,301 418	0,04
0,004 238	0,012 628	235,976 93	0,000 054	−2,980 077	0,03
0,002 794	0,012 220	357,958 91	0,000 034	−4,374 303	0,02
0,001 387	0,011 977	720,770 59	0,000 017	−8,632 803	0,01
0,000 000	0,011 897	∞	0,000 000	−∞	0,00
$k'\,\mathrm{sd}(\zeta, \varkappa)$	$k'\,\mathrm{nd}(\zeta, \varkappa)$	$\frac{1}{k'}\,\mathrm{cs}(\zeta, \varkappa)$	$-\overline{\mathrm{cd}}(\zeta, \varkappa)$	$-\overline{\mathrm{sd}}(\zeta, \varkappa)$	$\zeta = \frac{z}{2K}$

Tafel III. (Fortsetzung)

$\vartheta_1'(0,\varkappa) = 2{,}442\,434$ $\quad \vartheta_1'(0,k) = 0{,}209\,904$ $\quad \vartheta_5'(0,\varkappa) = 14{,}791\,255$ $\quad \boxed{\varkappa = 0{,}27}$

$\vartheta_1'''/\vartheta_1'(\varkappa) = 65{,}572\,350$ $\quad \vartheta_2''/\vartheta_2(\varkappa) = -23{,}280\,638$ $\quad \vartheta_3''/\vartheta_3(\varkappa) = -23{,}261\,476$

$\vartheta_1'''/\vartheta_1'(k) = 0{,}484\,304$ $\quad \vartheta_2''/\vartheta_2(k) = -0{,}171\,946$ $\quad \vartheta_3''/\vartheta_3(k) = -\ 0{,}171\,804$

$\vartheta_1'''''/\vartheta_1'(k) = -0{,}275\,656$ $\quad \vartheta_2''''/\vartheta_2(k) = 0{,}088\,413$ $\quad \vartheta_3''''/\vartheta_3(k) = 0{,}088\,833$

$\zeta = \frac{z}{2K}$	$\overline{\mathrm{dn}}(\zeta,\varkappa)$	$\mathfrak{z}_1(\zeta,\varkappa)$	$\mathfrak{z}_3(\zeta,\varkappa)$	$\mathfrak{z}_5(\zeta,\varkappa)$	$\wp_1(\zeta,\varkappa)$
0,00	0,000 000	∞	0,000 000	∞	∞
0,01	−0,115 821	8,594 028	−0,038 775	8,594 028	73,858 816
0.02	−0,228 574	4,296 753	−0,077 550	4,296 753	18,468 058
0,03	−0,335 508	2,863 753	−0,116 324	2,863 755	8,214 403
0,04	−0,434 439	2,146 321	−0,155 097	2,146 326	4,630 078
0,05	−0,523 886	1,714 573	−0,193 868	1,714 583	2,975 722
0,06	−0,603 092	1,425 117	−0,232 635	1,425 135	2,081 747
0,07	−0,671 948	1,216 428	−0,271 399	1,216 457	1,547 269
0,08	−0,730 849	1,057 696	−0,310 159	1,057 742	1,204 712
0,09	−0,780 545	0,931 779	−0,348 912	0,931 847	0,973 913
0,10	−0,821 986	0,828 377	−0,387 658	0,828 474	0,812 558
0,11	−0,856 203	0,740 934	−0,426 394	0,741 071	0,696 565
0,12	−0,884 222	0,665 085	−0,465 117	0,665 274	0,611 387
0,13	−0,907 007	0,597 819	−0,503 825	0,598 076	0,547 801
0,14	−0,925 423	0,537 002	−0,542 513	0,537 346	0,499 725
0,15	−0,940 229	0,481 085	−0,581 176	0,481 541	0,463 011
0,16	−0,952 069	0,428 924	−0,619 808	0,429 524	0,434 754
0,17	−0,961 485	0,379 663	−0,658 400	0,380 446	0,412 873
0,18	−0,968 924	0,332 653	−0,696 941	0,333 670	0,395 846
0,19	−0,974 747	0,287 398	−0,735 420	0,288 712	0,382 547
0,20	−0,979 246	0,243 515	−0,773 818	0,245 207	0,372 128
0,21	−0,982 647	0,200 710	−0,812 116	0,202 879	0,363 947
0,22	−0,985 125	0,158 751	−0,850 287	0,161 524	0,357 509
0,23	−0,986 808	0,117 457	−0,888 298	0,120 996	0,352 437
0,24	−0,987 784	0,076 690	−0,926 107	0,081 195	0,348 436
0,25	−0,988 103	0,036 338	−0,963 662	0,042 062	0,345 277
0,25	1,011 897	0,036 338	−0,963 662	0,042 062	0,345 277
0,26	1,012 224	−0,003 688	−1,000 898	0,003 577	0,342 781
0,27	1,013 225	−0,043 454	−1,037 731	−0,034 247	0,340 807
0,28	1,014 956	−0,083 016	−1,074 059	−0,071 362	0,339 246
0,29	1,017 516	−0,122 416	−1,109 752	−0,107 679	0,338 011
0,30	1,021 049	−0,161 687	−1,144 649	−0,143 072	0,337 033
0,31	1,025 762	−0,200 858	−1,178 549	−0,177 367	0,336 259
0,32	1,031 927	−0,239 947	−1,211 204	−0,210 336	0,335 646
0,33	1,039 911	−0,278 974	−1,242 307	−0,241 690	0,335 161
0,34	1,050 196	−0,317 950	−1,271 482	−0,271 065	0,334 777
0,35	1,063 421	−0,356 886	−1,298 274	−0,298 017	0,334 472
0,36	1,080 433	−0 395 790	−1 322 132	−0 322 004	0 334 231
0 37	1 102 371	−0,434 669	−1,342 404	−0,342 380	0,334 041
0,38	1,130 777	−0,473 529	−1,358 327	−0,358 387	0,333 890
0,39	1,167 782	−0,512 373	−1,369 031	−0,369 160	0,333 770
0,40	1,216 394	−0,551 205	−1,373 550	−0,373 735	0,333 676
0,41	1,280 974	−0,590 026	−1,370 855	−0,371 086	0,333 601
0,42	1,368 077	−0,628 841	−1,359 912	−0,360 182	0,333 543
0,43	1.488 001	−0,667 649	−1,339 770	−0,340 072	0,333 497
0,44	1,657 887	−0,706 452	−1,309 678	−0,310 009	0,333 461
0,45	1,908 543	−0,745 252	−1,269 240	−0,269 595	0,333 434
0,46	2,301 493	−0,784 049	−1,218 563	−0,218 940	0,333 413
0,47	2,980 131	−0,822 844	−1,158 405	−0,158 801	0,333 398
0,48	4,374 337	−0,861 637	−1,090 245	−0,090 658	0,333 388
0,49	8,632 820	−0,900 429	−1,016 267	−0,016 697	0,333 382
0,50	∞	−0,939 221	−0,939 222	0,060 331	0,333 381
	$\overline{\mathrm{sc}}(\zeta,\varkappa)$	$-\mathfrak{z}_2(\zeta,\varkappa)$	$-\mathfrak{z}_4(\zeta,\varkappa)$	$-\mathfrak{z}_6(\zeta,\varkappa)$	$\wp_2(\zeta,\varkappa)$

Tafel III

$\varkappa = 0{,}27$

$\vartheta_5'(0,\,k) = 1{,}271\,170$	$\vartheta_6(0,\,k) = 1{,}271\,170$	$\vartheta_5(\tfrac{1}{4},\,\varkappa) = 2{,}721\,655$
$\vartheta_4''/\vartheta_4(\varkappa) = 112{,}114\,463$	$\vartheta_5'''/\vartheta_5'(\varkappa) = -4{,}212\,078$	$\vartheta_6''/\vartheta_6(\varkappa) = 88{,}833\,825$
$\vartheta_4''/\vartheta_4(k) = 0{,}828\,054$	$\vartheta_5'''/\vartheta_5'(k) = -0{,}031\,110$	$\vartheta_6''/\vartheta_6(k) = 0{,}656\,108$
$\vartheta_4''''/\vartheta_4(k) = 0{,}057\,304$	$\vartheta_5'''''/\vartheta_5'(k) = -0{,}663\,544$	$\vartheta_6''''/\vartheta_6(k) = -0{,}708\,566$

$\wp_3(\zeta,\varkappa)$	$\wp_5(\zeta,\varkappa)$	$\wp_1'(\zeta,\varkappa)$	$\wp_3'(\zeta,\varkappa)$	$\wp_5'(\zeta,\varkappa)$	
0,333 239	∞	−∞	0,000 000	−∞	0,50
0,333 237	73,858 815	−1 269,463 69	−0,000 033	−1 269,463 72	0,49
0,333 231	18,468 050	−158,654 395	−0,000 068	−158,654 463	0,48
0,333 221	8,214 385	−46,972 964	−0,000 107	−46,973 071	0,47
0,333 206	4,630 045	−19,777 642	−0,000 152	−19,777 793	0,46
0,333 185	2,975 668	−10,086 046	−0,000 204	−10,086 250	0,45
0,333 158	2,081 666	−5,797 187	−0,000 268	−5,797 455	0,44
0,333 122	1,547 152	−3,612 533	−0,000 347	−3,612 880	0,43
0,333 077	1,204 550	−2,384 098	−0,000 444	−2,384 542	0,42
0,333 018	0,973 692	−1,641 011	−0,000 566	−1,641 577	0,41
0,332 944	0,812 263	−1,165 737	−0,000 718	−1,166 455	0,40
0,332 849	0,696 176	−0,848 241	−0,000 909	−0,849 150	0,39
0,332 730	0,610 878	−0,628 727	−0,001 150	−0,629 876	0,38
0,332 579	0,547 142	−0,472 742	−0,001 453	−0,474 195	0,37
0,332 389	0,498 875	−0,359 448	−0,001 835	−0,361 283	0,36
0,332 149	0,461 920	−0,275 703	−0,002 317	−0,278 019	0,35
0,331 845	0,433 360	−0,212 924	−0,002 924	−0,215 847	0,34
0,331 462	0,411 096	−0,165 329	−0,003 689	−0,169 018	0,33
0,330 979	0,393 586	−0,128 920	−0,004 654	−0,133 574	0,32
0,330 369	0,379 677	−0,100 867	−0,005 871	−0,106 737	0,31
0,329 600	0,368 490	−0,079 127	−0,007 404	−0,086 530	0,30
0,328 631	0,359 338	−0,062 203	−0,009 335	−0,071 538	0,29
0,327 409	0,351 679	−0,048 980	−0,011 766	−0,060 746	0,28
0,325 868	0,345 067	−0,038 618	−0,014 827	−0,053 444	0,27
0,323 928	0,339 125	−0,030 480	−0,018 675	−0,049 154	0,26
0,321 484	0,333 522	−0,024 076	−0,023 510	−0,047 586	0,25
0,321 484	0,333 522	−0,024 076	−0,023 510	−0,047 586	0,25
0,318 409	0,327 950	−0,019 030	−0,029 578	−0,048 608	0,24
0,314 541	0,322 109	−0,015 050	−0,037 182	−0,052 231	0,23
0,309 682	0,315 689	−0,011 906	−0,046 692	−0,058 598	0,22
0,303 584	0,308 355	−0,009 423	−0,058 560	−0,067 982	0,21
0,295 942	0,299 736	−0,007 459	−0,073 324	−0,080 782	0,20
0,286 383	0,289 403	−0,005 905	−0,091 622	−0,097 527	0,19
0,274 454	0,276 861	−0,004 676	−0,114 190	−0,118 866	0,18
0,259 611	0,261 533	−0,003 703	−0,141 856	−0,145 559	0,17
0,241 209	0,242 747	−0,002 932	−0,175 507	−0,178 439	0,16
0,218 501	0,219 734	−0,002 322	−0,216 026	−0,218 348	0,15
0,190 639	0,191 631	−0,001 838	−0,264 193	−0,266 031	0,14
0,156 702	0,157 503	−0,001 455	−0,320 498	−0,321 953	0,13
0,115 738	0,116 389	−0,001 151	−0,384 888	−0,386 039	0,12
0,066 853	0,067 384	−0,000 910	−0,456 403	−0,457 313	0,11
0,009 336	0,009 773	−0,000 718	−0,532 720	−0,533 438	0,10
−0,057 148	−0,056 785	−0,000 566	−0,609 650	−0,610 216	0,09
−0,132 316	−0,132 012	−0,000 444	−0,680 708	−0,681 153	0,08
−0,214 989	−0,214 731	−0,000 347	−0,736 952	−0,737 299	0,07
−0,302 818	−0,302 596	−0,000 268	−0,767 373	−0,767 642	0,06
−0,392 110	−0,391 915	−0,000 204	−0,760 148	−0,760 352	0,05
−0,477 849	−0,477 675	−0,000 152	−0,704 860	−0,705 011	0,04
−0,554 036	−0,553 876	−0,000 107	−0,595 471	−0,595 578	0,03
−0,614 366	−0,614 216	−0,000 068	−0,433 260	−0,433 328	0,02
−0,653 203	−0,653 060	−0,000 033	−0,228 534	−0,228 567	0,01
−0,666 619	−0,666 478	0,000 000	0,000 000	0,000 000	0,00
$\wp_4(\zeta,\varkappa)$	$\wp_6(\zeta,\varkappa)$	$-\wp_2'(\zeta,\varkappa)$	$-\wp_4'(\zeta,\varkappa)$	$-\wp_6'(\zeta,\varkappa)$	$\zeta = \frac{z}{2K}$

Tafel III

$\sqrt{k} \quad = 0{,}999\,946$	$k \quad = \quad 0{,}999\,893$	$k^2 \quad = \quad 0{,}999\,786$
$\sqrt{k'} \quad = 0{,}121\,011$	$k' \quad = \quad 0{,}014\,644$	$k'^2 \quad = \quad 0{,}000\,214$
$e_1 = -e_3' = 0{,}333\,405$	$e_2 = -e_2' = \quad 0{,}333\,190$	$e_3 = -e_1' = -0{,}666\,595$
$g_2 = g_2' \quad = 1{,}333\,047$	$g_3 = -g_3' = -0{,}296\,201$	$g_3/\sqrt{g_2^3} \quad = -0{,}192\,450$
$\bar{g}_2 = \bar{g}_2' \quad = 1{,}328\,760$	$\bar{g}_3 = -\bar{g}_3' = -0{,}298\,201$	$\bar{g}_3/\sqrt{\bar{g}_2^3} \quad = -0{,}194\,688$

$\varkappa = 0{,}28$

$\zeta = \frac{z}{2K}$	$\vartheta_1(\zeta,\varkappa)$	$\vartheta_3(\zeta,\varkappa)$	$\frac{\partial \ln \vartheta_1(\zeta,\varkappa)}{\partial \zeta}$	$\frac{\partial \ln \vartheta_3(\zeta,\varkappa)}{\partial \zeta}$	$\mathrm{sn}(\zeta,\varkappa)$
0,00	0,000 000	1,889 873	∞	0,000 000	0,000 000
0,01	0,025 685	1,887 755	100,194 875	−0,224 263	0,111 737
0,02	0,051 519	1,881 415	50,387 649	−0,448 520	0,220 719
0,03	0,077 653	1,870 897	33,909 606	−0,672 762	0,324 455
0,04	0,104 231	1,856 270	25,758 791	−0,896 982	0,420 934
0,05	0,131 396	1,837 633	20,933 391	−1,121 172	0,508 745
0,06	0,159 287	1,815 110	17,765 098	−1,345 319	0,587 111
0,07	0,188 034	1,788 849	15,538 189	−1,569 412	0,655 829
0,08	0,217 761	1,759 022	13,894 305	−1,793 435	0,715 165
0,09	0,248 584	1,725 823	12,634 044	−2,017 369	0,765 719
0,10	0,280 607	1,689 463	11,637 600	−2,241 190	0,808 306
0,11	0,313 925	1,650 174	10,828 683	−2,464 870	0,843 838
0,12	0,348 620	1,608 198	10,156 464	−2,688 372	0,873 247
0,13	0,384 760	1,563 792	9,585 846	−2,911 650	0,897 428
0,14	0,422 401	1,517 224	9,091 897	−3,134 648	0,917 202
0,15	0,461 579	1,468 765	8,656 491	−3,357 295	0,933 299
0,16	0,502 318	1,418 695	8,266 208	−3,579 502	0,946 357
0,17	0,544 623	1,367 294	7,910 960	−3,801 160	0,956 917
0,18	0,588 481	1,314 842	7,583 074	−4,022 130	0,965 438
0,19	0,633 859	1,261 617	7,276 658	−4,242 240	0,972 299
0,20	0,680 708	1,207 891	6,987 150	−4,461 273	0,977 816
0,21	0,728 957	1,153 929	6,710 996	−4,678 959	0,982 246
0,22	0,778 515	1,099 991	6,445 414	−4,894 963	0,985 800
0,23	0,829 274	1,046 322	6,188 218	−5,108 865	0,988 649
0,24	0,881 104	0,993 157	5,937 682	−5,320 139	0,990 931
0,25	0,933 856	0,940 719	5,692 443	−5,528 132	0,992 758
0,26	0,987 363	0,889 215	5,451 420	−5,732 033	0,994 220
0,27	1,041 442	0,838 840	5,213 757	−5,930 830	0,995 390
0,28	1,095 890	0,789 772	4,978 770	−6,123 268	0,996 325
0,29	1,150 491	0,742 172	4,745 919	−6,307 795	0,997 074
0,30	1,205 014	0,696 189	4,514 770	−6,482 492	0,997 672
0,31	1,259 215	0,651 953	4,284 981	−6,644 998	0,998 150
0,32	1,312 842	0,609 581	4,056 277	−6,792 417	0,998 532
0,33	1,365 632	0,569 174	3,828 438	−6,921 222	0,998 838
0,34	1,417 316	0,530 820	3,601 291	−7,027 140	0,999 082
0,35	1,467 624	0,494 594	3,374 696	−7,105 040	0,999 277
0,36	1,516 281	0,460 557	3,148 542	−7,148 833	0,999 432
0,37	1,563 015	0,428 760	2,922 740	−7,151 383	0,999 557
0,38	1,607 558	0,399 244	2,697 218	−7,104 489	0,999 656
0,39	1,649 648	0,372 041	2,471 920	−6,998 935	0,999 735
0,40	1,689 031	0,347 173	2,246 800	−6,824 690	0,999 798
0,41	1,725 468	0,324 658	2,021 822	−6,571 295	0,999 848
0,42	1,758 730	0,304 507	1,796 957	−6,228 502	0,999 888
0,43	1,788 608	0,286 727	1,572 181	−5,787 198	0,999 919
0,44	1,814 910	0,271 321	1,347 475	−5,240 624	0,999 944
0,45	1,837 466	0,258 289	1,122 823	−4,585 806	0,999 963
0,46	1,856 128	0,247 631	0,898 213	−3,825 015	0,999 977
0,47	1,870 773	0,239 345	0,673 635	−2,966 987	0,999 987
0,48	1,881 304	0,233 428	0,449 078	−2,027 531	0,999 995
0,49	1,887 651	0,229 879	0,224 536	−1,029 223	0,999 999
0,50	1,889 772	0,228 696	0,000 000	0,000 000	1,000 000
	$\vartheta_2(\zeta,\varkappa)$	$\vartheta_4(\zeta,\varkappa)$	$-\frac{\partial \ln \vartheta_2(\zeta,\varkappa)}{\partial \zeta}$	$-\frac{\partial \ln \vartheta_4(\zeta,\varkappa)}{\partial \zeta}$	$\mathrm{cd}(\zeta,\varkappa)$

Tafel III

$\varkappa = 0{,}28$	$k^2 k'^2 = 0{,}000\,214$	$\eta_1 = -\eta_2' = -0{,}155\,063$	$\eta_1' = -\eta_2 = 0{,}333\,298$
	$\pi/KK' = 0{,}356\,469$	$\bar\eta_1 = -\bar\eta_2' = 0{,}023\,064$	$\bar\eta_1' = -\bar\eta_2 = 0{,}333\,405$
	$K = 5{,}610\,288$	$E = 1{,}000\,548$	$A = 1{,}998\,690$
	$K' = 1{,}570\,881$	$E' = 1{,}570\,712$	$A' = 0{,}000\,337$
	$B = 0{,}999\,559$	$C = 3{,}611\,944$	$D = 4{,}610\,728$

$\mathrm{cn}(\zeta, \varkappa)$	$\mathrm{dn}(\zeta, \varkappa)$	$\mathrm{sc}(\zeta, \varkappa)$	$\overline{\mathrm{sn}}(\zeta, \varkappa)$	$\overline{\mathrm{cn}}(\zeta, \varkappa)$	
1,000 000	1,000 000	0,000 000	∞	0,000 000	0,50
0,993 738	0,993 739	0,112 441	8,837 840	−0,111 737	0,49
0,975 337	0,975 343	0,226 300	4,309 950	−0,220 720	0,48
0,945 901	0,945 913	0,343 012	2,757 667	−0,324 459	0,47
0,907 091	0,907 112	0,464 048	1,954 782	−0,420 944	0,46
0,860 917	0,860 949	0,590 934	1,456 929	−0,508 764	0,45
0,809 506	0,809 552	0,725 271	1,116 206	−0,587 144	0,44
0,754 909	0,754 970	0,868 753	0,869 028	−0,655 882	0,43
0,698 956	0,699 035	1,023 190	0,683 192	−0,715 245	0,42
0,643 175	0,643 273	1,190 531	0,540 324	−0,765 836	0,41
0,588 763	0,588 882	1,372 889	0,428 936	−0,808 469	0,40
0,536 598	0,536 741	1,572 568	0,341 315	−0,844 061	0,39
0,487 278	0,487 446	1,792 092	0,271 998	−0,873 548	0,38
0,441 161	0,441 357	2,034 239	0,216 964	−0,897 826	0,37
0,398 424	0,398 650	2,302 076	0,173 170	−0,917 723	0,36
0,359 099	0,359 359	2,598 999	0,138 268	−0,933 975	0,35
0,323 123	0,323 420	2,928 782	0,110 428	−0,947 227	0,34
0,290 360	0,290 698	3,295 622	0,088 207	−0,958 031	0,33
0,260 633	0,261 016	3,704 202	0,070 465	−0,966 857	0,32
0,233 740	0,234 173	4,159 755	0,056 295	−0,974 101	0,31
0,209 466	0,209 955	4,668 139	0,044 976	−0,980 098	0,30
0,187 597	0,188 148	5,235 925	0,035 934	−0,985 129	0,29
0,167 924	0,168 544	5,870 499	0,028 710	−0,989 436	0,28
0,150 246	0,150 942	6,580 181	0,022 939	−0,993 228	0,27
0,134 375	0,135 156	7,374 368	0,018 328	−0,996 692	0,26
0,120 135	0,121 011	8,263 705	0,014 644	−1,000 000	0,25
0,107 364	0,108 346	9,260 296	0,011 700	−1,003 319	0,24
0,095 914	0,097 015	10,377 956	0,009 348	−1,006 818	0,23
0,085 650	0,086 884	11,632 542	0,007 469	−1,010 677	0,22
0,076 449	0,077 831	13,042 361	0,005 968	−1,015 096	0,21
0,068 200	0,069 747	14,628 705	0,004 768	−1,020 306	0,20
0,060 801	0,062 534	16,416 550	0,003 809	−1,026 587	0,19
0,054 164	0,056 103	18,435 503	0,003 043	−1,034 279	0,18
0,048 204	0,050 374	20,721 074	0,002 431	−1,043 807	0,17
0,042 849	0,045 278	23,316 460	0,001 942	−1,055 713	0,16
0,038 032	0,040 749	26,275 045	0,001 551	−1,070 692	0,15
0,033 692	0,036 733	29,664 019	0,001 238	−1,089 654	0,14
0,029 776	0,033 179	33,569 711	0,000 988	−1,113 802	0,13
0,026 234	0,030 042	38,105 640	0,000 788	−1,144 757	0,12
0,023 022	0,027 282	43,425 036	0,000 628	−1,184 748	0,11
0,020 100	0,024 867	49,740 969	0,000 500	−1,236 905	0,10
0,017 431	0,022 764	57,359 988	0,000 397	−1,305 763	0,09
0,014 982	0,020 948	66,741 129	0,000 314	−1,398 123	0,08
0,012 721	0,019 396	78,605 598	0,000 247	−1,524 663	0,07
0,010 620	0,018 089	94,156 291	0,000 192	−1,703 158	0,06
0,008 653	0,017 009	115,560 80	0,000 147	−1,965 546	0,05
0,006 795	0,016 143	147,159 01	0,000 110	−2,375 615	0,04
0,005 023	0,015 481	199,085 86	0,000 078	−3,082 049	0,03
0,003 314	0,015 014	301,762 03	0,000 050	−4,530 620	0,02
0,001 647	0,014 736	607,328 13	0,000 024	−8,949 553	0,01
0,000 000	0,014 644	∞	0,000 000	$-\infty$	0,00
$k'\,\mathrm{sd}(\zeta, \varkappa)$	$k'\,\mathrm{nd}(\zeta, \varkappa)$	$\frac{1}{k'}\,\mathrm{cs}(\zeta, \varkappa)$	$-\overline{\mathrm{cd}}(\zeta, \varkappa)$	$-\overline{\mathrm{sd}}(\zeta, \varkappa)$	$\zeta = \frac{z}{2K}$

Tafel III. (Fortsetzung)

$\vartheta_1'(0,\varkappa) = 2{,}565\,959$ $\quad\vartheta_1'(0,k) = 0{,}228\,683$ $\quad\vartheta_5'(0,\varkappa) = 14{,}752\,944$

$\vartheta_1'''/\vartheta_1'(\varkappa) = 58{,}567\,968$ $\quad\vartheta_2''/\vartheta_2(\varkappa) = -22{,}453\,447$ $\quad\vartheta_3''/\vartheta_3(\varkappa) = -22{,}426\,449$

$\vartheta_1'''/\vartheta_1'(k) = 0{,}465\,190$ $\quad\vartheta_2''/\vartheta_2(k) = -\,0{,}178\,342$ $\quad\vartheta_3''/\vartheta_3(k) = -\,0{,}178\,127$

$\vartheta_1'''''/\vartheta_1'(k) = -0{,}305\,855$ $\quad\vartheta_2''''/\vartheta_2(k) = 0{,}094\,988$ $\quad\vartheta_3''''/\vartheta_3(k) = 0{,}095\,617$

$\varkappa = 0{,}28$

$\zeta = \frac{z}{2K}$	$\overline{\mathrm{dn}}(\zeta,\varkappa)$	$\mathfrak{z}_1(\zeta,\varkappa)$	$\mathfrak{z}_3(\zeta,\varkappa)$	$\mathfrak{z}_5(\zeta,\varkappa)$	$\mathfrak{p}_1(\zeta,\varkappa)$
0,00	0,000 000	∞	0,000 000	∞	∞
0,01	−0,111 713	8,912 168	−0,037 386	8,912 168	79,428 128
0,02	−0,220 671	4,455 850	−0,074 771	4,455 850	19,860 153
0,03	−0,324 381	2,969 894	−0,112 155	2,969 897	8,832 674
0,04	−0,420 834	2,226 079	−0,149 537	2,226 085	4,977 215
0,05	−0,508 617	1,778 630	−0,186 916	1,778 644	3,197 067
0,06	−0,586 952	1,478 867	−0,224 291	1,478 891	2,234 480
0,07	−0,655 636	1,263 001	−0,261 662	1,263 041	1,658 380
0,08	−0,714 931	1,099 096	−0,299 026	1,099 157	1,288 590
0,09	−0,765 439	0,969 380	−0,336 383	0,969 470	1,038 940
0,10	−0,807 969	0,863 176	−0,373 729	0,863 306	0,863 958
0,11	−0,843 433	0,773 685	−0,411 063	0,773 867	0,737 777
0,12	−0,872 759	0,696 377	−0,448 381	0,696 626	0,644 777
0,13	−0,896 838	0,628 123	−0,485 679	0,628 461	0,575 060
0,14	−0,916 484	0,566 702	−0,522 952	0,567 153	0,522 100
0,15	−0,932 424	0,510 499	−0,560 193	0,511 094	0,481 448
0,16	−0,945 285	0,458 317	−0,597 396	0,459 095	0,449 985
0,17	−0,955 600	0,409 258	−0,634 550	0,410 268	0,425 476
0,18	−0,963 814	0,362 637	−0,671 642	0,363 941	0,406 285
0,19	−0,970 292	0,317 930	−0,708 657	0,319 604	0,391 196
0,20	−0,975 330	0,274 729	−0,745 577	0,276 870	0,379 294
0,21	−0,979 161	0,232 719	−0,782 377	0,235 445	0,369 881
0,22	−0,981 967	0,191 650	−0,819 026	0,195 113	0,362 422
0,23	−0,983 880	0,151 330	−0,855 489	0,155 716	0,356 500
0,24	−0,984 992	0,111 603	−0,891 717	0,117 147	0,351 794
0,25	−0,985 356	0,072 347	−0,927 653	0,079 342	0,348 049
0,25	1,014 644	0,072 347	−0,927 653	0,079 342	0,348 049
0,26	1,015 019	0,033 468	−0,963 224	0,042 277	0,345 066
0,27	1,016 167	−0,005 112	−0,998 340	0,005 967	0,342 690
0,28	1,018 146	−0,043 454	−1,032 889	−0,029 538	0,340 795
0,29	1,021 063	−0,081 605	−1,066 734	−0,064 148	0,339 284
0,30	1,025 074	−0,119 604	−1,099 702	−0,097 730	0,338 078
0,31	1,030 396	−0,157 482	−1,131 584	−0,130 104	0,337 115
0,32	1,037 322	−0,195 264	−1,162 121	−0,161 037	0,336 347
0,33	1,046 239	−0,232 968	−1,190 999	−0,190 234	0,335 734
0,34	1,057 655	−0,270 611	−1,217 838	−0,217 329	0,335 244
0,35	1,072 243	−0,308 205	−1,242 180	−0,241 879	0,334 853
0,36	1,090 892	−0,345 759	−1,263 481	−0,263 349	0,334 541
0,37	1,114 790	−0,383 282	−1,281 108	−0,281 112	0,334 292
0,38	1,145 546	−0,420 780	−1,294 327	−0,294 444	0,334 094
0,39	1,185 376	−0,458 258	−1,302 319	−0,302 528	0,333 935
0,40	1,237 405	−0,495 720	−1,304 189	−0,304 474	0,333 809
0,41	1,306 160	−0,533 169	−1,299 005	−0,299 353	0,333 709
0,42	1,398 436	−0,570 609	−1,285 854	−0,286 256	0,333 629
0,43	1,524 910	−0,608 040	−1,263 923	−0,264 370	0,333 567
0,44	1,703 350	−0,645 465	−1,232 610	−0,233 097	0,333 518
0,45	1,965 694	−0,682 886	−1,191 650	−0,192 172	0,333 480
0,46	2,375 725	−0,720 303	−1,141 246	−0,141 798	0,333 451
0,47	3,082 127	−0,757 716	−1,082 176	−0,082 756	0,333 430
0,48	4,530 670	−0,795 128	−1,015 849	−0,016 455	0,333 416
0,49	8,949 578	−0,832 539	−0,944 276	0,055 093	0,333 408
0,50	∞	−0,869 949	−0,869 949	0,129 396	0,333 405
	$\overline{\mathrm{sc}}(\zeta,\varkappa)$	$-\mathfrak{z}_2(\zeta,\varkappa)$	$-\mathfrak{z}_4(\zeta,\varkappa)$	$-\mathfrak{z}_6(\zeta,\varkappa)$	$\mathfrak{p}_2(\zeta,\varkappa)$

Tafel III

$\varkappa = 0,28$

$\vartheta_5'(0, k) = 1,314\,812$	$\vartheta_6(0, k) = 1,314\,812$	$\vartheta_{\substack{5\\6}}(\frac{1}{4}, \varkappa) = 2,672\,612$
$\vartheta_4''/\vartheta_4(\varkappa) = 103,447\,864$	$\vartheta_5'''/\vartheta_5'(\varkappa) = -8,711\,379$	$\vartheta_6''/\vartheta_6(\varkappa) = 80,994\,417$
$\vartheta_4''/\vartheta_4(k) = 0,821\,658$	$\vartheta_5'''/\vartheta_5'(k) = -0,069\,192$	$\vartheta_6''/\vartheta_6(k) = 0,643\,317$
$\vartheta_4''''/\vartheta_4(k) = 0,025\,796$	$\vartheta_5'''''/\vartheta_5'(k) = -0,656\,401$	$\vartheta_6''''/\vartheta_6(k) = -0,758\,431$

$\wp_3(\zeta, \varkappa)$	$\wp_5(\zeta, \varkappa)$	$\wp_1'(\zeta, \varkappa)$	$\wp_3'(\zeta, \varkappa)$	$\wp_5'(\zeta, \varkappa)$	
0,333 190	∞	$-\infty$	0,000 000	$-\infty$	0,50
0,333 188	79,428 126	−1 415,728 74	−0,000 049	−1 415,728 79	0,49
0,333 179	19,860 142	−176,938 513	−0,000 100	−176,938 612	0,48
0,333 165	8,832 648	−52,391 653	−0,000 155	−52,391 809	0,47
0,333 144	4,977 168	−22,064 833	−0,000 219	−22,065 053	0,46
0,333 116	3,196 992	−11,258 165	−0,000 294	−11,258 460	0,45
0,333 078	2,234 368	−6,476 397	−0,000 384	−6,476 781	0,44
0,333 029	1,658 218	−4,040 936	−0,000 493	−4,041 429	0,43
0,332 966	1,288 366	−2,671 533	−0,000 627	−2,672 161	0,42
0,332 887	1,038 636	−1,843 084	−0,000 793	−1,843 878	0,41
0,332 786	0,863 554	−1,313 019	−0,000 999	−1,314 019	0,40
0,332 660	0,737 247	−0,958 666	−0,001 256	−0,959 921	0,39
0,332 502	0,644 089	−0,713 381	−0,001 575	−0,714 956	0,38
0,332 304	0,574 173	−0,538 789	−0,001 975	−0,540 764	0,37
0,332 055	0,520 965	−0,411 692	−0,002 473	−0,414 165	0,36
0,331 744	0,480 002	−0,317 476	−0,003 097	−0,320 573	0,35
0,331 355	0,448 150	−0,246 604	−0,003 876	−0,250 479	0,34
0,330 867	0,423 153	−0,192 658	−0,004 850	−0,197 507	0,33
0,330 257	0,403 352	−0,151 201	−0,006 067	−0,157 268	0,32
0,329 494	0,387 500	−0,119 096	−0,007 589	−0,126 685	0,31
0,328 540	0,374 644	−0,094 080	−0,009 489	−0,103 569	0,30
0,327 347	0,364 038	−0,074 490	−0,011 863	−0,086 352	0,29
0,325 856	0,355 087	−0,059 087	−0,014 825	−0,073 912	0,28
0,323 993	0,347 303	−0,046 937	−0,018 520	−0,065 458	0,27
0,321 666	0,340 269	−0,037 330	−0,023 126	−0,060 455	0,26
0,318 761	0,333 619	−0,029 716	−0,028 858	−0,058 574	0,25
0,318 761	0,333 619	−0,029 716	−0,028 858	−0,058 574	0,25
0,315 138	0,327 013	−0,023 673	−0,035 986	−0,059 659	0,24
0,310 621	0,320 121	−0,018 870	−0,044 833	−0,063 702	0,23
0,304 998	0,312 602	−0,015 048	−0,055 789	−0,070 838	0,22
0,298 005	0,304 098	−0,012 005	−0,069 324	−0,081 329	0,21
0,289 324	0,294 211	−0,009 580	−0,085 987	−0,095 567	0,20
0,278 568	0,282 493	−0,007 647	−0,106 416	−0,114 062	0,19
0,265 275	0,268 432	−0,006 104	−0,131 328	−0,137 432	0,18
0,248 899	0,251 443	−0,004 873	−0,161 507	−0,166 380	0,17
0,228 804	0,230 858	−0,003 891	−0,197 755	−0,201 645	0,16
0,204 266	0,205 929	−0,003 106	−0,240 825	−0,243 931	0,15
0,174 483	0,175 834	−0,002 479	−0,291 299	−0,293 778	0,14
0,138 609	0,139 711	−0,001 978	−0,349 401	−0,351 379	0,13
0,095 802	0,096 705	−0,001 578	−0,414 741	−0,416 319	0,12
0,045 314	0,046 059	−0,001 257	−0,485 970	−0,487 228	0,11
−0,013 377	−0,012 758	−0,001 000	−0,560 378	−0,561 378	0,10
−0,080 395	−0,079 876	−0,000 794	−0,633 477	−0,634 270	0,09
−0,155 244	−0,154 806	−0,000 628	−0,698 701	−0,699 329	0,08
−0,236 575	−0,236 199	−0,000 494	−0,747 399	−0,747 892	0,07
−0,321 969	−0,321 642	−0,000 384	−0,769 347	−0,769 731	0,06
−0,407 829	−0,407 540	−0,000 294	−0,754 008	−0,754 303	0,05
−0,489 448	−0,489 187	−0,000 219	−0,692 569	−0,692 788	0,04
−0,561 346	−0,561 107	−0,000 155	−0,580 482	−0,580 637	0,03
−0,617 889	−0,617 663	−0,000 100	−0,419 845	−0,419 945	0,02
−0,654 113	−0,653 896	−0,000 049	−0,220 637	−0,220 686	0,01
−0,666 595	−0,666 381	0,000 000	0,000 000	0,000 000	0,00
$\wp_4(\zeta, \varkappa)$	$\wp_6(\zeta, \varkappa)$	$-\wp_2'(\zeta, \varkappa)$	$-\wp_4'(\zeta, \varkappa)$	$-\wp_6'(\zeta, \varkappa)$	$\zeta = \frac{z}{2K}$

Tafel III

$\varkappa = 0{,}29$

$\sqrt{k} = 0{,}999\,921$	$k = 0{,}999\,842$	$k^2 = 0{,}999\,684$
$\sqrt{k'} = 0{,}133\,299$	$k' = 0{,}017\,769$	$k'^2 = 0{,}000\,316$
$e_1 = -e_3' = 0{,}333\,439$	$e_2 = -e_2' = 0{,}333\,123$	$e_3 = -e_1' = -0{,}666\,561$
$g_2 = g_2' = 1{,}332\,913$	$g_3 = -g_3' = -0{,}296\,156$	$g_3/\sqrt{g_2^3} = -0{,}192\,450$
$\bar{g}_2 = \bar{g}_2' = 1{,}326\,600$	$\bar{g}_3 = -\bar{g}_3' = -0{,}299\,100$	$\bar{g}_3/\sqrt{\bar{g}_2^3} = -0{,}195\,752$

$\zeta = \frac{z}{2K}$	$\vartheta_1(\zeta,\varkappa)$	$\vartheta_3(\zeta,\varkappa)$	$\frac{\partial \ln \vartheta_1(\zeta,\varkappa)}{\partial \zeta}$	$\frac{\partial \ln \vartheta_3(\zeta,\varkappa)}{\partial \zeta}$	$\mathrm{sn}(\zeta,\varkappa)$
0,00	0,000 000	1,857 027	∞	0,000 000	0,000 000
0,01	0,026 840	1,855 018	100,174 218	−0,216 475	0,107 918
0,02	0,053 819	1,849 004	50,346 610	−0,432 941	0,213 351
0,03	0,081 078	1,839 025	33,848 723	−0,649 389	0,314 039
0,04	0,108 752	1,825 145	25,678 851	−0,865 809	0,408 127
0,05	0,136 974	1,807 454	20,835 400	−1,082 189	0,494 278
0,06	0,165 871	1,786 067	17,650 254	−1,298 517	0,571 705
0,07	0,195 566	1,761 119	15,407 841	−1,514 776	0,640 134
0,08	0,226 173	1,732 769	13,749 917	−1,730 948	0,699 721
0,09	0,257 797	1,701 195	12,477 159	−1,947 010	0,750 943
0,10	0,290 535	1,666 592	11,469 803	−2,162 933	0,794 485
0,11	0,324 471	1,629 173	10,651 563	−2,378 682	0,831 152
0,12	0,359 680	1,589 964	9,971 590	−2,594 215	0,861 783
0,13	0,396 221	1,546 802	9,394 740	−2,809 479	0,887 203
0,14	0,434 141	1,502 333	8,896 012	−3,024 407	0,908 180
0,15	0,473 471	1,456 014	8,457 200	−3,238 919	0,925 414
0,16	0,514 228	1,408 102	8,064 789	−3,452 912	0,939 518
0,17	0,556 411	1,358 860	7,708 593	−3,666 263	0,951 026
0,18	0,600 002	1,308 551	7,380 837	−3,878 815	0,960 392
0,19	0,644 967	1,257 434	7,075 526	−4,090 376	0,967 999
0,20	0,691 251	1,205 768	6,787 998	−4,300 707	0,974 167
0,21	0,738 784	1,153 804	6,514 606	−4,509 512	0,979 162
0,22	0,787 476	1,101 786	6,252 477	−4,716 426	0,983 202
0,23	0,837 219	1,049 951	5,999 342	−4,920 993	0,986 467
0,24	0,887 886	0,998 524	5,753 400	−5,122 654	0,989 104
0,25	0,939 335	0,947 719	5,513 219	−5,320 715	0,991 232
0,26	0,991 405	0,897 738	5,277 656	−5,514 321	0,992 949
0,27	1,043 920	0,848 771	5,045 798	−5,702 417	0,994 334
0,28	1,096 687	0,800 993	4,816 916	−5,883 709	0,995 451
0,29	1,149 502	0,754 567	4,590 424	−6,056 605	0,996 350
0,30	1,202 147	0,709 638	4,365 853	−6,219 162	0,997 075
0,31	1,254 392	0,666 342	4,142 827	−6,369 008	0,997 660
0,32	1,306 001	0,624 797	3,921 043	−6,503 269	0,998 130
0,33	1,356 727	0,585 110	3,700 257	−6,618 477	0,998 509
0,34	1,406 322	0,547 375	3,480 275	−6,710 484	0,998 814
0,35	1,454 530	0,511 672	3,260 940	−6,774 365	0,999 060
0,36	1,501 100	0,478 071	3,042 124	−6,804 351	0,999 258
0,37	1,545 777	0,446 631	2,823 726	−6,793 777	0,999 417
0,38	1,588 315	0,417 400	2,605 665	−6,735 090	0,999 545
0,39	1,628 470	0,390 418	2,387 874	−6,619 947	0,999 647
0,40	1,666 011	0,365 718	2,170 300	−6,439 426	0,999 730
0,41	1,700 713	0,343 325	1,952 899	−6,184 423	0,999 796
0,42	1,732 370	0,323 259	1,735 637	−5,846 246	0,999 849
0,43	1,760 787	0,305 533	1,518 486	−5,417 446	0,999 890
0,44	1,785 789	0,290 157	1,301 422	−4,892 865	0,999 923
0,45	1,807 220	0,277 140	1,084 426	−4,270 821	0,999 949
0,46	1,824 943	0,266 486	0,867 484	−3,554 276	0,999 968
0,47	1,838 848	0,258 198	0,650 581	−2,751 754	0,999 983
0,48	1,848 844	0,252 277	0,433 705	−1,877 739	0,999 992
0,49	1,854 868	0,248 724	0,216 848	−0,952 325	0,999 998
0,50	1,856 880	0,247 539	0,000 000	0,000 000	1,000 000
	$\vartheta_2(\zeta,\varkappa)$	$\vartheta_4(\zeta,\varkappa)$	$-\frac{\partial \ln \vartheta_2(\zeta,\varkappa)}{\partial \zeta}$	$-\frac{\partial \ln \vartheta_4(\zeta,\varkappa)}{\partial \zeta}$	$\mathrm{cd}(\zeta,\varkappa)$

Tafel III

$\varkappa = 0{,}29$			
	$k^2 k'^2 = 0{,}000\,316$	$\eta_1 = -\eta_2' = -0{,}148\,690$	$\eta_1' = -\eta_2 = 0{,}333\,281$
	$\pi/KK' = 0{,}369\,181$	$\bar\eta_1 = -\bar\eta_2' = 0{,}035\,743$	$\bar\eta_1' = -\bar\eta_2 = 0{,}333\,439$
	$K = 5{,}416\,967$	$E = 1{,}000\,776$	$A = 1{,}998\,132$
	$K' = 1{,}570\,920$	$E' = 1{,}570\,672$	$A' = 0{,}000\,496$
	$B = 0{,}999\,381$	$C = 3{,}419\,283$	$D = 4{,}417\,585$

$\mathrm{cn}(\zeta, \varkappa)$	$\mathrm{dn}(\zeta, \varkappa)$	$\mathrm{sc}(\zeta, \varkappa)$	$\overline{\mathrm{sn}}(\zeta, \varkappa)$	$\overline{\mathrm{cn}}(\zeta, \varkappa)$	
1,000 000	1,000 000	0,000 000	∞	0,000 000	0,50
0,994 160	0,994 162	0,108 551	9,158 436	−0,107 918	0,49
0,976 976	0,976 983	0,218 379	4,473 802	−0,213 352	0,48
0,949 410	0,949 427	0,330 773	2,870 330	−0,314 044	0,47
0,912 925	0,912 954	0,447 054	2,042 155	−0,408 140	0,46
0,869 304	0,869 348	0,568 590	1,528 953	−0,494 303	0,45
0,820 459	0,820 522	0,696 811	1,177 540	−0,571 749	0,44
0,768 263	0,768 347	0,833 223	0,922 139	−0,640 204	0,43
0,714 416	0,714 524	0,979 432	0,729 529	−0,699 827	0,42
0,660 368	0,660 502	1,137 158	0,580 836	−0,751 096	0,41
0,607 283	0,607 448	1,308 261	0,464 317	−0,794 700	0,40
0,556 045	0,556 241	1,494 756	0,372 129	−0,831 445	0,39
0,507 277	0,507 508	1,698 843	0,298 737	−0,862 176	0,38
0,461 380	0,461 649	1,922 933	0,240 076	−0,887 720	0,37
0,418 579	0,418 890	2,169 675	0,193 066	−0,908 855	0,36
0,378 958	0,379 315	2,441 994	0,155 330	−0,926 285	0,35
0,342 500	0,342 906	2,743 121	0,125 006	−0,940 633	0,34
0,309 112	0,309 573	3,076 642	0,100 620	−0,952 446	0,33
0,278 654	0,279 176	3,446 539	0,081 002	−0,962 191	0,32
0,250 956	0,251 544	3,857 249	0,065 213	−0,970 269	0,31
0,225 830	0,226 492	4,313 721	0,052 505	−0,977 024	0,30
0,203 083	0,203 827	4,821 492	0,042 275	−0,982 748	0,29
0,182 522	0,183 356	5,386 768	0,034 038	−0,987 695	0,28
0,163 960	0,164 894	6,016 521	0,027 407	−0,992 088	0,27
0,147 218	0,148 264	6,718 615	0,022 068	−0,996 127	0,26
0,132 130	0,133 299	7,501 941	0,017 769	−1,000 000	0,25
0,118 539	0,119 844	8,376 596	0,014 307	−1,003 888	0,24
0,106 299	0,107 758	9,354 097	0,011 520	−1,007 975	0,23
0,095 280	0,096 908	10,447 662	0,009 276	−1,012 458	0,22
0,085 358	0,087 175	11,672 553	0,007 468	−1,017 555	0,21
0,076 425	0,078 451	13,046 536	0,006 013	−1,023 516	0,20
0,068 377	0,070 638	14,590 481	0,004 841	−1,030 642	0,19
0,061 126	0,063 647	16,329 169	0,003 898	−1,039 295	0,18
0,054 586	0,057 397	18,292 386	0,003 138	−1,049 929	0,17
0,048 684	0,051 818	20,516 456	0,002 526	−1,063 114	0,16
0,043 350	0,046 844	23,046 383	0,002 033	−1,079 582	0,15
0,038 523	0,042 418	25,938 961	0,001 635	−1,100 285	0,14
0,034 148	0,038 489	29,267 338	0,001 315	−1,126 481	0,13
0,030 172	0,035 012	33,127 913	0,001 057	−1,159 856	0,12
0,026 550	0,031 944	37,651 047	0,000 848	−1,202 725	0,11
0,023 239	0,029 251	43,018 268	0,000 680	−1,258 337	0,10
0,020 201	0,026 902	49,491 012	0,000 544	−1,331 388	0,09
0,017 401	0,024 868	57,461 006	0,000 433	−1,428 924	0,08
0,014 804	0,023 126	67,543 921	0,000 342	−1,562 001	0,07
0,012 380	0,021 655	80,766 746	0,000 268	−1,749 020	0,06
0,010 102	0,020 439	98,980 072	0,000 206	−2,023 050	0,05
0,007 943	0,019 463	125,888 83	0,000 155	−2,450 140	0,04
0,005 877	0,018 715	170,144 48	0,000 110	−3,184 265	0,03
0,003 880	0,018 187	257,713 42	0,000 071	−4,687 083	0,02
0,001 929	0,017 873	518,455 68	0,000 034	−9,266 320	0,01
0,000 000	0,017 769	∞	0,000 000	$-\infty$	0,00
$k'\,\mathrm{sd}(\zeta, \varkappa)$	$k'\,\mathrm{nd}(\zeta, \varkappa)$	$\frac{1}{k'}\,\mathrm{cs}(\zeta, \varkappa)$	$-\overline{\mathrm{cd}}(\zeta, \varkappa)$	$-\overline{\mathrm{sd}}(\zeta, \varkappa)$	$\zeta = \frac{z}{2K}$

Tafel III. (Fortsetzung)

$\vartheta_1'(0,\varkappa)$	$=$ 2,681 615	$\vartheta_1'(0,k)$	$=$ 0,247 520	$\vartheta_5'(0,\varkappa)$	$=$ 14,690 289
$\vartheta_1'''/\vartheta_1'(\varkappa)$	$=$ 52,357 112	$\vartheta_2''/\vartheta_2(\varkappa)$	$= -$21,684 686	$\vartheta_3''/\vartheta_3(\varkappa)$	$= -$21,647 628
$\vartheta_1'''/\vartheta_1'(k)$	$=$ 0,446 070	$\vartheta_2''/\vartheta_2(k)$	$= -$ 0,184 748	$\vartheta_3''/\vartheta_3(k)$	$= -$ 0,184 433
$\vartheta_1'''''/\vartheta_1'(k)$	$= -$0,334 825	$\vartheta_2''''/\vartheta_2(k)$	$=$ 0,101 765	$\vartheta_3''''/\vartheta_3(k)$	$=$ 0,102 678

$\varkappa = 0{,}29$

$\zeta = \frac{z}{2K}$	$\overline{\mathrm{dn}}(\zeta,\varkappa)$	$\mathfrak{z}_1(\zeta,\varkappa)$	$\mathfrak{z}_3(\zeta,\varkappa)$	$\mathfrak{z}_5(\zeta,\varkappa)$	$\wp_1(\zeta,\varkappa)$
0,00	0,000 000	∞	0,000 000	∞	∞
0,01	−0,107 883	9,230 230	−0,036 090	9,230 230	85,198 444
0,02	−0,213 282	4,614 904	−0,072 180	4,614 905	21,302 522
0,03	−0,313 934	3,075 997	−0,108 267	3,076 001	9,473 331
0,04	−0,407 985	2,305 788	−0,144 352	2,305 797	5,337 006
0,05	−0,494 097	1,842 616	−0,180 434	1,842 634	3,426 588
0,06	−0,571 481	1,532 510	−0,216 510	1,532 541	2,392 980
0,07	−0,639 862	1,309 421	−0,252 581	1,309 472	1,773 821
0,08	−0,699 395	1,140 281	−0,288 643	1,140 360	1,375 880
0,09	−0,750 552	1,006 693	−0,324 695	1,006 811	1,106 756
0,10	−0,794 020	0,897 602	−0,360 734	0,897 771	0,917 705
0,11	−0,830 597	0,805 968	−0,396 757	0,806 204	0,781 007
0,12	−0,861 119	0,727 096	−0,432 761	0,727 419	0,679 931
0,13	−0,886 405	0,657 742	−0,468 739	0,658 177	0,603 879
0,14	−0,907 220	0,595 599	−0,504 686	0,596 177	0,545 866
0,15	−0,924 252	0,538 987	−0,540 595	0,539 746	0,501 130
0,16	−0,938 108	0,486 657	−0,576 457	0,487 645	0,466 334
0,17	−0,949 308	0,437 670	−0,612 258	0,438 947	0,439 083
0,18	−0,958 293	0,391 308	−0,647 986	0,392 948	0,417 623
0,19	−0,965 428	0,347 019	−0,683 623	0,349 111	0,400 650
0,20	−0,971 011	0,304 370	−0,719 146	0,307 030	0,387 178
0,21	−0,975 280	0,263 026	−0,754 528	0,266 394	0,376 455
0,22	−0,978 420	0,222 722	−0,789 736	0,226 973	0,367 901
0,23	−0,980 568	0,183 248	−0,824 727	0,188 598	0,361 064
0,24	−0,981 820	0,144 438	−0,859 450	0,151 155	0,355 592
0,25	−0,982 231	0,106 160	−0,893 840	0,114 577	0,351 207
0,25	1,017 769	0,106 160	−0,893 840	0,114 577	0,351 207
0,26	1,018 195	0,068 308	−0,927 820	0,078 836	0,347 690
0,27	1,019 495	0,030 798	−0,961 291	0,043 945	0,344 867
0,28	1,021 734	−0,006 438	−0,994 133	0,009 958	0,342 600
0,29	1,025 023	−0,043 453	−1,026 201	−0,023 035	0,340 778
0,30	1,029 529	−0,080 290	−1,057 314	−0,054 895	0,339 314
0,31	1,035 483	−0,116 985	−1,087 254	−0,085 440	0,338 136
0,32	1,043 193	−0,153 565	−1,115 756	−0,114 432	0,337 189
0,33	1,053 066	−0,190 053	−1,142 499	−0,141 572	0,336 427
0,34	1,065 639	−0,226 467	−1,167 101	−0,166 497	0,335 814
0,35	1,081 614	−0,262 821	−1,189 106	−0,188 767	0,335 321
0,36	1,101 921	−0,299 128	−1,207 983	−0,207 859	0,334 925
0,37	1,127 796	−0,335 395	−1,223 116	−0,223 170	0,334 606
0,38	1,160 913	−0,371 632	−1,233 808	−0,234 008	0,334 350
0,39	1,203 574	−0,407 844	−1,239 289	−0,239 610	0,334 144
0,40	1,259 017	−0,444 035	−1,238 735	−0,239 158	0,333 979
0,41	1,331 932	−0,480 211	−1,231 307	−0,231 815	0,333 847
0,42	1,429 357	−0,516 374	−1,216 201	−0,216 782	0,333 741
0,43	1,562 344	−0,552 526	−1,192 731	−0,193 374	0,333 658
0,44	1,749 289	−0,588 671	−1,160 420	−0,161 117	0,333 592
0,45	2,023 256	−0,624 809	−1,119 112	−0,119 858	0,333 541
0,46	2,450 295	−0,660 942	−1,069 082	−0,069 871	0,333 502
0,47	3,184 375	−0,697 072	−1,011 116	−0,011 944	0,333 473
0,48	4,687 154	−0,733 199	−0,946 552	0,052 584	0,333 454
0,49	9,266 354	−0,769 325	−0,877 242	0,121 858	0,333 442
0,50	∞	−0,805 449	−0,805 449	0,193 617	0,333 439
	$\overline{\mathrm{sc}}(\zeta,\varkappa)$	$-\mathfrak{z}_2(\zeta,\varkappa)$	$-\mathfrak{z}_4(\zeta,\varkappa)$	$-\mathfrak{z}_6(\zeta,\varkappa)$	$\wp_2(\zeta,\varkappa)$

Tafel III

$\varkappa = 0{,}29$

$\vartheta_5'(0,k) = 1{,}355\,952$	$\vartheta_6(0,k) = 1{,}355\,952$	$\vartheta_{\substack{5\\6}}(\tfrac{1}{4},\varkappa) = 2{,}626\,129$
$\vartheta_4''/\vartheta_4(\varkappa) = 95{,}689\,426$	$\vartheta_5'''/\vartheta_5'(\varkappa) = -12{,}585\,773$	$\vartheta_6''/\vartheta_6(\varkappa) = 74{,}004\,740$
$\vartheta_4''/\vartheta_4(k) = 0{,}815\,252$	$\vartheta_5'''/\vartheta_5'(k) = -\;0{,}107\,228$	$\vartheta_6''/\vartheta_6(k) = 0{,}630\,503$
$\vartheta_4''''/\vartheta_4(k) = -0{,}005\,463$	$\vartheta_5'''''/\vartheta_5'(k) = -\;0{,}644\,137$	$\vartheta_6''''/\vartheta_6(k) = -0{,}807\,398$

$\wp_3(\zeta,\varkappa)$	$\wp_5(\zeta,\varkappa)$	$\wp_1'(\zeta,\varkappa)$	$\wp_3'(\zeta,\varkappa)$	$\wp_5'(\zeta,\varkappa)$	
0,333 123	∞	−∞	0,000 000	−∞	0,50
0,333 119	85,198 440	−1 572,778 44	−0,000 069	−1 572,778 51	0,49
0,333 108	21,302 507	−196,570 648	−0,000 141	−196,570 789	0,48
0,333 088	9,473 296	−58,209 685	−0,000 220	−58,209 905	0,47
0,333 060	5,336 943	−24,520 437	−0,000 309	−24,520 746	0,46
0,333 021	3,426 486	−12,516 470	−0,000 413	−12,516 883	0,45
0,332 970	2,392 827	−7,205 465	−0,000 536	−7,206 001	0,44
0,332 904	1,773 602	−4,500 746	−0,000 684	−4,501 430	0,43
0,332 820	1,375 578	−2,980 042	−0,000 865	−2,980 907	0,42
0,332 715	1,106 348	−2,060 013	−0,001 086	−2,061 099	0,41
0,332 583	0,917 165	−1,471 203	−0,001 359	−1,472 562	0,40
0,332 418	0,780 302	−1,077 363	−0,001 695	−1,079 058	0,39
0,332 213	0,679 021	−0,804 495	−0,002 111	−0,806 606	0,38
0,331 957	0,602 713	−0,610 003	−0,002 626	−0,612 630	0,37
0,331 639	0,544 382	−0,468 156	−0,003 265	−0,471 421	0,36
0,331 244	0,499 251	−0,362 755	−0,004 056	−0,366 811	0,35
0,330 754	0,463 965	−0,283 237	−0,005 038	−0,288 275	0,34
0,330 144	0,436 104	−0,222 501	−0,006 255	−0,228 756	0,33
0,329 388	0,413 888	−0,175 642	−0,007 764	−0,183 406	0,32
0,328 449	0,395 976	−0,139 193	−0,009 634	−0,148 828	0,31
0,327 284	0,381 339	−0,110 653	−0,011 952	−0,122 606	0,30
0,325 839	0,369 172	−0,088 186	−0,014 823	−0,103 010	0,29
0,324 047	0,358 825	−0,070 422	−0,018 377	−0,088 800	0,28
0,321 827	0,349 768	−0,056 328	−0,022 772	−0,079 100	0,27
0,319 076	0,341 545	−0,045 113	−0,028 203	−0,073 316	0,26
0,315 670	0,333 754	−0,036 169	−0,034 906	−0,071 075	0,25
0,315 670	0,333 754	−0,036 169	−0,034 906	−0,071 075	0,25
0,311 456	0,326 024	−0,029 022	−0,043 165	−0,072 187	0,24
0,306 249	0,317 993	−0,023 303	−0,053 323	−0,076 627	0,23
0,299 819	0,309 296	−0,018 721	−0,065 788	−0,084 509	0,22
0,291 893	0,299 549	−0,015 046	−0,081 037	−0,096 083	0,21
0,282 140	0,288 331	−0,012 097	−0,099 623	−0,111 720	0,20
0,270 164	0,275 177	−0,009 728	−0,122 174	−0,131 903	0,19
0,255 499	0,259 565	−0,007 825	−0,149 377	−0,157 202	0,18
0,237 603	0,240 907	−0,006 294	−0,181 955	−0,188 249	0,17
0,215 854	0,218 545	−0,005 063	−0,220 614	−0,225 678	0,16
0,189 559	0,191 757	−0,004 073	−0,265 962	−0,270 035	0,15
0,157 970	0,159 772	−0,003 275	−0,318 377	−0,321 653	0,14
0,120 319	0,121 802	−0,002 633	−0,377 821	−0,380 455	0,13
0,075 875	0,077 101	−0,002 116	−0,443 587	−0,445 702	0,12
0,024 034	0,025 055	−0,001 698	−0,513 981	−0,515 679	0,11
−0,035 554	−0,034 698	−0,001 361	−0,585 975	−0,587 335	0,10
−0,102 825	−0,102 101	−0,001 088	−0,654 877	−0,655 964	0,09
−0,177 106	−0,176 487	−0,000 866	−0,714 144	−0,715 010	0,08
−0,256 919	−0,256 384	−0,000 685	−0,755 495	−0,756 180	0,07
−0,339 818	−0,339 349	−0,000 536	−0,769 506	−0,770 043	0,06
−0,422 328	−0,421 910	−0,000 413	−0,746 843	−0,747 256	0,05
−0,500 046	−0,499 668	−0,000 309	−0,680 099	−0,680 408	0,04
−0,567 972	−0,567 622	−0,000 220	−0,565 967	−0,566 187	0,03
−0,621 057	−0,620 726	−0,000 141	−0,407 153	−0,407 294	0,02
−0,654 919	−0,654 599	−0,000 069	−0,213 254	−0,213 323	0,01
−0,666 561	−0,666 246	0,000 000	0,000 000	0,000 000	0,00
$\wp_4(\zeta,\varkappa)$	$\wp_6(\zeta,\varkappa)$	$-\wp_2'(\zeta,\varkappa)$	$-\wp_4'(\zeta,\varkappa)$	$-\wp_6'(\zeta,\varkappa)$	$\zeta = \dfrac{z}{2K}$

Tafel III

$\sqrt{k} = 0{,}999\,887$ $\quad k = 0{,}999\,773$ $\quad k^2 = 0{,}999\,547$ $\quad \varkappa = 0{,}30$

$\sqrt{k'} = 0{,}145\,890$ $\quad k' = 0{,}021\,284$ $\quad k'^2 = 0{,}000\,453$

$e_1 = -e_3' = 0{,}333\,484$ $\quad e_2 = -e_2' = 0{,}333\,031$ $\quad e_3 = -e_1' = -0{,}666\,516$

$g_2 = g_2' = 1{,}332\,730$ $\quad g_3 = -g_3' = -0{,}296\,095$ $\quad g_3/\sqrt{g_2^3} = -0{,}192\,450$

$\bar{g}_2 = \bar{g}_2' = 1{,}323\,674$ $\quad \bar{g}_3 = -\bar{g}_3' = -0{,}300\,317$ $\quad \bar{g}_3/\sqrt{\bar{g}_2^3} = -0{,}197\,201$

$\zeta = \frac{z}{2K}$	$\vartheta_1(\zeta, \varkappa)$	$\vartheta_3(\zeta, \varkappa)$	$\frac{\partial \ln \vartheta_1(\zeta, \varkappa)}{\partial \zeta}$	$\frac{\partial \ln \vartheta_3(\zeta, \varkappa)}{\partial \zeta}$	$\mathrm{sn}(\zeta, \varkappa)$
0,00	0,000 000	1,825 845	∞	0,000 000	0,000 000
0,01	0,027 916	1,823 937	100,155 834	−0,209 189	0,104 350
0,02	0,055 963	1,818 222	50,310 074	−0,418 368	0,206 453
0,03	0,084 269	1,808 739	33,794 489	−0,627 523	0,304 251
0,04	0,112 961	1,795 546	25,607 583	−0,836 644	0,396 031
0,05	0,142 162	1,778 725	20,747 951	−1,045 716	0,480 527
0,06	0,171 991	1,758 383	17,547 639	−1,254 722	0,556 956
0,07	0,202 559	1,734 645	15,291 212	−1,463 644	0,624 991
0,08	0,233 972	1,707 657	13,620 530	−1,672 459	0,684 697
0,09	0,266 326	1,677 583	12,336 343	−1,881 140	0,736 442
0,10	0,299 709	1,644 605	11,318 928	−2,089 653	0,780 803
0,11	0,334 198	1,608 918	10,492 018	−2,297 957	0,818 481
0,12	0,369 857	1,570 732	9,804 750	−2,506 003	0,850 231
0,13	0,406 740	1,530 268	9,221 950	−2,713 728	0,876 807
0,14	0,444 887	1,487 755	8,718 568	−2,921 059	0,898 928
0,15	0,484 322	1,443 432	8,276 331	−3,127 902	0,917 256
0,16	0,525 056	1,397 539	7,881 651	−3,334 144	0,932 383
0,17	0,567 083	1,350 322	7,524 262	−3,539 644	0,944 827
0,18	0,610 383	1,302 027	7,196 302	−3,744 229	0,955 039
0,19	0,654 918	1,252 901	6,891 691	−3,947 689	0,963 400
0,20	0,700 632	1,203 187	6,605 682	−4,149 760	0,970 234
0,21	0,747 454	1,153 121	6,334 544	−4,350 124	0,975 811
0,22	0,795 295	1,102 939	6,075 326	−4,548 384	0,980 358
0,23	0,844 050	1,052 863	5,825 686	−4,744 056	0,984 061
0,24	0,893 595	1,003 112	5,583 754	−4,936 547	0,987 074
0,25	0,943 793	0,953 892	5,348 036	−5,125 126	0,989 525
0,26	0,994 490	0,905 399	5,117 330	−5,308 904	0,991 517
0,27	1,045 518	0,857 818	4,890 675	−5,486 789	0,993 136
0,28	1,096 693	0,811 322	4,667 292	−5,657 455	0,994 450
0,29	1,147 823	0,766 069	4,446 558	−5,819 285	0,995 518
0,30	1,198 700	0,722 209	4,227 966	−5,970 324	0,996 384
0,31	1,249 111	0,679 876	4,011 109	−6,108 208	0,997 087
0,32	1,298 831	0,639 191	3,795 656	−6,230 102	0,997 658
0,33	1,347 632	0,600 266	3,581 341	−6,332 619	0,998 121
0,34	1,395 279	0,563 197	3,367 948	−6,411 753	0,998 496
0,35	1,441 537	0,528 071	3,155 301	−6,462 805	0,998 801
0,36	1,486 170	0,494 964	2,943 259	−6,480 335	0,999 048
0,37	1,528 944	0,463 941	2,731 707	−6,458 145	0,999 248
0,38	1,569 627	0,435 057	2,520 551	−6,389 312	0,999 410
0,39	1,607 997	0,408 361	2,309 716	−6,266 307	0,999 541
0,40	1,643 837	0,383 891	2,099 140	−6,081 228	0,999 646
0,41	1,676 943	0,361 680	1,888 773	−5,826 174	0,999 732
0,42	1,707 122	0,341 754	1,678 574	−5,493 805	0,999 800
0,43	1,734 197	0,324 135	1,468 509	−5,078 077	0,999 855
0,44	1,758 005	0,308 840	1,258 552	−4,575 136	0,999 898
0,45	1,778 403	0,295 879	1,048 680	−3,984 302	0,999 932
0,46	1,795 267	0,285 265	0,838 872	−3,308 994	0,999 958
0,47	1,807 492	0,277 003	0,629 114	−2,557 426	0,999 977
0,48	1,817 998	0,271 098	0,419 391	−1,742 851	0,999 990
0,49	1,823 725	0,267 554	0,209 690	−0,883 193	0,999 998
0,50	1,825 638	0,266 372	0,000 000	0,000 000	1,000 000
	$\vartheta_2(\zeta, \varkappa)$	$\vartheta_4(\zeta, \varkappa)$	$-\frac{\partial \ln \vartheta_2(\zeta, \varkappa)}{\partial \zeta}$	$-\frac{\partial \ln \vartheta_4(\zeta, \varkappa)}{\partial \zeta}$	$\mathrm{cd}(\zeta, \varkappa)$

Tafel III

$\varkappa = 0{,}30$

$k^2 k'^2 = 0{,}000\,453$	$\eta_1 = -\eta_2' = -0{,}142\,315$	$\eta_1' = -\eta_2 = 0{,}333\,258$
$\pi/KK' = 0{,}381\,885$	$\bar\eta_1 = -\bar\eta_2' = 0{,}048\,401$	$\bar\eta_1' = -\bar\eta_2 = 0{,}333\,484$
$K = 5{,}236\,581$	$E = 1{,}001\,073$	$A = 1{,}997\,401$
$K' = 1{,}570\,974$	$E' = 1{,}570\,618$	$A' = 0{,}000\,712$
$B = 0{,}999\,153$	$C = 3{,}239\,742$	$D = 4{,}237\,428$

$\mathrm{cn}(\zeta, \varkappa)$	$\mathrm{dn}(\zeta, \varkappa)$	$\mathrm{sc}(\zeta, \varkappa)$	$\overline{\mathrm{sn}}(\zeta, \varkappa)$	$\overline{\mathrm{cn}}(\zeta, \varkappa)$	
1,000 000	1,000 000	0,000 000	∞	0,000 000	0,50
0,994 541	0,994 543	0,104 923	9,478 765	−0,104 351	0,49
0,978 456	0,978 466	0,210 999	4,637 303	−0,206 455	0,48
0,952 592	0,952 614	0,319 392	2,982 582	−0,304 258	0,47
0,918 237	0,918 276	0,431 294	2,129 117	−0,396 047	0,46
0,876 980	0,877 039	0,547 934	1,600 629	−0,480 560	0,45
0,830 542	0,830 626	0,670 594	1,238 642	−0,557 013	0,44
0,780 632	0,780 745	0,800 623	0,975 172	−0,625 082	0,43
0,728 828	0,728 973	0,939 450	0,775 957	−0,684 834	0,42
0,676 501	0,676 682	1,088 605	0,621 605	−0,736 640	0,41
0,624 777	0,624 998	1,249 730	0,500 107	−0,781 079	0,40
0,574 534	0,574 798	1,424 600	0,403 480	−0,818 857	0,39
0,526 410	0,526 721	1,615 148	0,326 113	−0,850 733	0,38
0,480 843	0,481 205	1,823 478	0,263 894	−0,877 467	0,37
0,438 096	0,438 514	2,051 897	0,213 711	−0,899 785	0,36
0,398 298	0,398 776	2,302 941	0,173 159	−0,918 357	0,35
0,361 472	0,362 017	2,579 402	0,140 349	−0,933 787	0,34
0,327 568	0,328 185	2,884 367	0,113 781	−0,946 606	0,33
0,296 480	0,297 176	3,221 254	0,092 255	−0,957 281	0,32
0,268 068	0,268 852	3,593 858	0,074 809	−0,966 214	0,31
0,242 171	0,243 050	4,006 401	0,060 665	−0,973 755	0,30
0,218 616	0,219 600	4,463 595	0,049 198	−0,980 205	0,29
0,197 227	0,198 328	4,970 707	0,039 899	−0,985 829	0,28
0,177 832	0,179 061	5,533 649	0,032 359	−0,990 863	0,27
0,160 264	0,161 635	6,159 071	0,026 243	−0,995 519	0,26
0,144 362	0,145 890	6,854 486	0,021 284	−1,000 000	0,25
0,129 977	0,131 679	7,628 420	0,017 262	−1,004 501	0,24
0,116 969	0,118 864	8,490 596	0,013 999	−1,009 222	0,23
0,105 209	0,107 317	9,452 172	0,011 354	−1,014 375	0,22
0,094 577	0,096 921	10,526 041	0,009 208	−1,020 195	0,21
0,084 963	0,087 570	11,727 228	0,007 467	−1,026 953	0,20
0,076 268	0,079 166	13,073 411	0,006 055	−1,034 967	0,19
0,068 400	0,071 620	14,585 617	0,004 910	−1,044 625	0,18
0,061 275	0,064 853	16,289 180	0,003 981	−1,056 405	0,17
0,054 817	0,058 792	18,215 064	0,003 228	−1,070 908	0,16
0,048 957	0,053 373	20,401 728	0,002 616	−1,088 901	0,15
0,043 631	0,048 536	22,897 820	0,002 120	−1,111 377	0,14
0,038 781	0,044 230	25,766 135	0,001 717	−1,139 644	0,13
0,034 356	0,040 408	29,089 584	0,001 389	−1,175 457	0,12
0,030 307	0,037 029	32,980 461	0,001 123	−1,221 214	0,11
0,026 590	0,034 054	37,595 317	0,000 906	−1,280 280	0,10
0,023 163	0,031 453	43,159 805	0,000 729	−1,357 516	0,09
0,019 991	0,029 197	50,012 201	0,000 584	−1,460 208	0,08
0,017 038	0,027 261	58,684 294	0,000 465	−1,599 790	0,07
0,014 271	0,025 624	70,063 215	0,000 366	−1,795 290	0,06
0,011 661	0,024 268	85,747 489	0,000 283	−2,080 906	0,05
0,009 179	0,023 178	108,937 17	0,000 213	−2,524 952	0,04
0,006 798	0,022 343	147,104 24	0,000 152	−3,286 687	0,03
0,004 491	0,021 752	222,673 93	0,000 098	−4,843 660	0,02
0,002 233	0,021 401	447,793 69	0,000 048	−9,583 068	0,01
0,000 000	0,021 284	∞	0,000 000	−∞	0,00
$k'\,\mathrm{sd}(\zeta, \varkappa)$	$k'\,\mathrm{nd}(\zeta, \varkappa)$	$\frac{1}{k'}\,\mathrm{cs}(\zeta, \varkappa)$	$-\overline{\mathrm{cd}}(\zeta, \varkappa)$	$-\overline{\mathrm{sd}}(\zeta, \varkappa)$	$\zeta = \frac{z}{2K}$

Tafel III. (Fortsetzung)

$\vartheta_1'(0,\varkappa) = 2{,}789\,444$ $\vartheta_1'(0,k) = 0{,}266\,342$ $\vartheta_5'(0,\varkappa) = 14{,}606\,956$ $\varkappa = 0{,}30$

$\vartheta_1'''/\vartheta_1'(\varkappa) = 46{,}830\,416$ $\vartheta_2''/\vartheta_2(\varkappa) = -20{,}968\,797$ $\vartheta_3''/\vartheta_3(\varkappa) = -20{,}919\,108$

$\vartheta_1'''/\vartheta_1'(k) = 0{,}426\,945$ $\vartheta_2''/\vartheta_2(k) = -0{,}191\,169$ $\vartheta_3''/\vartheta_3(k) = -0{,}190\,716$

$\vartheta_1'''''/\vartheta_1'(k) = -0{,}362\,561$ $\vartheta_2''''/\vartheta_2(k) = 0{,}108\,731$ $\vartheta_3''''/\vartheta_3(k) = 0{,}110\,024$

$\zeta = \frac{z}{2K}$	$\overline{\mathrm{dn}}(\zeta,\varkappa)$	$\mathfrak{z}_1(\zeta,\varkappa)$	$\mathfrak{z}_3(\zeta,\varkappa)$	$\mathfrak{z}_5(\zeta,\varkappa)$	$\wp_1(\zeta,\varkappa)$
0,00	0,000 000	∞	0,000 000	∞	∞
0,01	−0,104 303	9,548 189	−0,034 879	9,548 190	91,169 139
0,02	−0,206 358	4,773 904	−0,069 756	4,773 905	22,795 006
0,03	−0,304 106	3,182 056	−0,104 632	3,182 060	10,136 300
0,04	−0,395 834	2,385 447	−0,139 504	2,385 459	5,709 403
0,05	−0,480 277	1,906 534	−0,174 372	1,906 557	3,664 244
0,06	−0,556 647	1,586 057	−0,209 233	1,586 097	2,557 206
0,07	−0,624 618	1,355 703	−0,244 086	1,355 770	1,893 554
0,08	−0,684 250	1,181 278	−0,278 929	1,181 380	1,466 543
0,09	−0,735 911	1,043 756	−0,313 759	1,043 907	1,177 323
0,10	−0,780 173	0,931 707	−0,348 574	0,931 922	0,973 761
0,11	−0,817 734	0,837 847	−0,383 368	0,838 147	0,826 220
0,12	−0,849 344	0,757 320	−0,418 137	0,757 730	0,716 817
0,13	−0,875 750	0,686 768	−0,452 876	0,687 318	0,634 230
0,14	−0,897 665	0,623 799	−0,487 578	0,624 526	0,570 998
0,15	−0,915 741	0,566 668	−0,522 232	0,567 620	0,522 038
0,16	−0,930 559	0,514 079	−0,556 830	0,515 312	0,483 785
0,17	−0,942 625	0,465 049	−0,591 356	0,466 635	0,453 683
0,18	−0,952 371	0,418 830	−0,625 795	0,420 855	0,429 856
0,19	−0,960 159	0,374 840	−0,660 127	0,377 413	0,410 909
0,20	−0,966 287	0,332 627	−0,694 326	0,335 879	0,395 785
0,21	−0,970 997	0,291 833	−0,728 362	0,295 928	0,383 676
0,22	−0,974 475	0,252 178	−0,762 197	0,257 316	0,373 957
0,23	−0,976 863	0,213 436	−0,795 785	0,219 866	0,366 141
0,24	−0,978 258	0,175 431	−0,829 070	0,183 456	0,359 846
0,25	−0,978 716	0,138 020	−0,861 980	0,148 012	0,354 768
0,25	1,021 284	0,138 020	−0,861 980	0,148 012	0,354 768
0,26	1,021 763	0,101 086	−0,894 433	0,113 505	0,350 669
0,27	1,023 221	0,064 540	−0,926 323	0,079 948	0,347 356
0,28	1,025 728	0,028 306	−0,957 523	0,047 392	0,344 677
0,29	1,029 403	−0,007 675	−0,987 880	0,015 933	0,342 510
0,30	1,034 420	−0,043 452	−1,017 206	−0,014 291	0,340 756
0,31	1,041 023	−0,079 062	−1,045 277	−0,043 093	0,339 335
0,32	1,049 536	−0,114 539	−1,071 820	−0,070 234	0,338 185
0,33	1,060 387	−0,149 907	−1,096 514	−0,095 417	0,337 253
0,34	1,074 136	−0,185 188	−1,118 974	−0,118 279	0,336 498
0,35	1,091 517	−0,220 396	−1,138 754	−0,138 388	0,335 887
0,36	1,113 496	−0,255 548	−1,155 333	−0,155 239	0,335 392
0,37	1,141 361	−0,290 652	−1,168 119	−0,168 251	0,334 991
0,38	1,176 846	−0,325 718	−1,176 451	−0,176 771	0,334 666
0,39	1,222 337	−0,360 754	−1,179 611	−0,180 088	0,334 404
0,40	1,281 186	−0,395 765	−1,176 845	−0,177 454	0,334 192
0,41	1,358 245	−0,430 757	−1,167 396	−0,168 118	0,334 021
0,42	1,460 791	−0,465 732	−1,150 566	−0,151 384	0,333 884
0,43	1,600 254	−0,500 694	−1,125 776	−0,126 677	0,333 775
0,44	1,795 656	−0,535 646	−1,092 659	−0,093 633	0,333 688
0,45	2,081 189	−0,570 590	−1,051 150	−0,052 189	0,333 620
0,46	2,525 164	−0,605 528	−1,001 575	−0,002 673	0,333 569
0,47	3,286 839	−0,640 461	−0,944 719	0,054 129	0,333 531
0,48	4,843 758	−0,675 391	−0,881 846	0,116 951	0,333 504
0,49	9,583 116	−0,710 318	−0,814 669	0,184 079	0,333 489
0,50	∞	−0,745 245	−0,745 245	0,253 456	0,333 484
	$\overline{\mathrm{sc}}(\zeta,\varkappa)$	$-\mathfrak{z}_2(\zeta,\varkappa)$	$-\mathfrak{z}_4(\zeta,\varkappa)$	$-\mathfrak{z}_6(\zeta,\varkappa)$	$\wp_2(\zeta,\varkappa)$

Tafel III

$\varkappa = 0{,}30$

$\vartheta_5'(0, k) = 1{,}394\,704$	$\vartheta_6(0, k) = 1{,}394\,704$	$\vartheta_{\substack{5\\6}}(\tfrac{1}{4}, \varkappa) = 2{,}581\,989$
$\vartheta_4''/\vartheta_4(\varkappa) = 88{,}718\,321$	$\vartheta_5'''/\vartheta_5'(\varkappa) = -15{,}926\,909$	$\vartheta_6''/\vartheta_6(\varkappa) = 67{,}749\,524$
$\vartheta_4''/\vartheta_4(k) = 0{,}808\,831$	$\vartheta_5'''/\vartheta_5'(k) = -0{,}145\,203$	$\vartheta_6''/\vartheta_6(k) = 0{,}617\,662$
$\vartheta_4''''/\vartheta_4(k) = -0{,}036\,472$	$\vartheta_5'''''/\vartheta_5'(k) = -0{,}626\,697$	$\vartheta_6''''/\vartheta_6(k) = -0{,}855\,482$

$\wp_3(\zeta, \varkappa)$	$\wp_5(\zeta, \varkappa)$	$\wp_1'(\zeta, \varkappa)$	$\wp_3'(\zeta, \varkappa)$	$\wp_5'(\zeta, \varkappa)$	
0,333 031	∞	−∞	0,000 000	−∞	0,50
0,333 026	91,169 134	−1 740,977 23	−0,000 096	−1 740,977 32	0,49
0,333 011	22,794 986	−217,596 362	−0,000 195	−217,596 557	0,48
0,332 985	10,136 254	−64,440 565	−0,000 304	−64,440 868	0,47
0,332 947	5,709 318	−27,150 154	−0,000 425	−27,150 579	0,46
0,332 895	3,664 108	−13,863 880	−0,000 566	−13,864 446	0,45
0,332 828	2,557 003	−7,986 079	−0,000 731	−7,986 810	0,44
0,332 741	1,893 265	−4,993 019	−0,000 928	−4,993 947	0,43
0,332 632	1,466 143	−3,310 324	−0,001 167	−3,311 491	0,42
0,332 495	1,176 787	−2,292 278	−0,001 456	−2,293 734	0,41
0,332 325	0,973 055	−1,640 628	−0,001 810	−1,642 437	0,40
0,332 113	0,825 302	−1,204 578	−0,002 242	−1,206 820	0,39
0,331 852	0,715 637	−0,902 246	−0,002 774	−0,905 020	0,38
0,331 528	0,632 726	−0,686 518	−0,003 426	−0,689 945	0,37
0,331 129	0,569 095	−0,528 941	−0,004 229	−0,533 171	0,36
0,330 636	0,519 642	−0,411 618	−0,005 217	−0,416 836	0,35
0,330 028	0,480 782	−0,322 887	−0,006 433	−0,329 321	0,34
0,329 278	0,449 930	−0,254 914	−0,007 929	−0,262 843	0,33
0,328 355	0,425 180	−0,202 291	−0,009 770	−0,212 062	0,32
0,327 217	0,405 095	−0,161 201	−0,012 035	−0,173 237	0,31
0,325 816	0,388 569	−0,128 890	−0,014 820	−0,143 710	0,30
0,324 091	0,374 735	−0,103 335	−0,018 243	−0,121 577	0,29
0,321 967	0,362 893	−0,083 028	−0,022 446	−0,105 474	0,28
0,319 356	0,352 466	−0,066 831	−0,027 603	−0,094 434	0,27
0,316 145	0,342 960	−0,053 870	−0,033 925	−0,087 795	0,26
0,312 200	0,333 937	−0,043 474	−0,041 662	−0,085 136	0,25
0,312 200	0,333 937	−0,043 474	−0,041 662	−0,085 136	0,25
0,307 359	0,324 996	−0,035 116	−0,051 115	−0,086 232	0,24
0,301 421	0,315 746	−0,028 387	−0,062 642	−0,091 030	0,23
0,294 150	0,305 796	−0,022 961	−0,076 660	−0,099 621	0,22
0,285 260	0,294 739	−0,018 582	−0,093 651	−0,112 233	0,21
0,274 411	0,282 135	−0,015 043	−0,114 163	−0,129 207	0,20
0,261 203	0,267 507	−0,012 182	−0,138 803	−0,150 985	0,19
0,245 170	0,250 324	−0,009 867	−0,168 215	−0,178 082	0,18
0,225 779	0,230 001	−0,007 993	−0,203 052	−0,211 044	0,17
0,202 428	0,205 895	−0,006 475	−0,243 911	−0,250 386	0,16
0,174 462	0,177 318	−0,005 245	−0,291 246	−0,296 491	0,15
0,141 190	0,143 550	−0,004 247	−0,345 232	−0,349 479	0,14
0,101 926	0,103 885	−0,003 438	−0,405 574	−0,409 013	0,13
0,056 049	0,057 684	−0,002 781	−0,471 276	−0,474 057	0,12
0,003 092	0,004 464	−0,002 247	−0,540 346	−0,542 594	0,11
−0,057 139	−0,055 978	−0,001 813	−0,609 507	−0,611 320	0,10
−0,124 414	−0,123 425	−0,001 458	−0,673 945	−0,675 404	0,09
−0,197 918	−0,197 065	−0,001 168	−0,727 224	−0,728 392	0,08
−0,276 078	−0,275 335	−0,000 929	−0,761 487	−0,762 416	0,07
−0,356 456	−0,355 799	−0,000 732	−0,768 107	−0,768 838	0,06
−0,435 714	−0,435 125	−0,000 566	−0,738 856	−0,739 422	0,05
−0,509 747	−0,509 209	−0,000 426	−0,667 560	−0,667 985	0,04
−0,573 989	−0,573 490	−0,000 304	−0,551 936	−0,552 240	0,03
−0,623 912	−0,623 439	−0,000 195	−0,395 132	−0,395 328	0,02
−0,655 632	−0,655 174	−0,000 096	−0,206 335	−0,206 431	0,01
−0,666 516	−0,666 063	0,000 000	0,000 000	0,000 000	0,00
$\wp_4(\zeta, \varkappa)$	$\wp_6(\zeta, \varkappa)$	$-\wp_2'(\zeta, \varkappa)$	$-\wp_4'(\zeta, \varkappa)$	$-\wp_6'(\zeta, \varkappa)$	$\zeta = \dfrac{z}{2K}$

Tafel III

			$\varkappa = 0{,}31$
$\sqrt{k} = 0{,}999\,841$	$k = 0{,}999\,682$	$k^2 = 0{,}999\,365$	
$\sqrt{k'} = 0{,}158\,742$	$k' = 0{,}025\,199$	$k'^2 = 0{,}000\,635$	
$e_1 = -e_3' = 0{,}333\,545$	$e_2 = -e_2' = 0{,}332\,910$	$e_3 = -e_1' = -0{,}666\,455$	
$g_2 = g_2' = 1{,}332\,487$	$g_3 = -g_3' = -0{,}296\,014$	$g_3/\sqrt{g_2^3} = -0{,}192\,450$	
$\bar{g}_2 = \bar{g}_2' = 1{,}319\,795$	$\bar{g}_3 = -\bar{g}_3' = -0{,}301\,929$	$\bar{g}_3/\sqrt{\bar{g}_2^3} = -0{,}199\,134$	

$\zeta = \frac{z}{2K}$	$\vartheta_1(\zeta, \varkappa)$	$\vartheta_3(\zeta, \varkappa)$	$\frac{\partial \ln \vartheta_1(\zeta, \varkappa)}{\partial \zeta}$	$\frac{\partial \ln \vartheta_3(\zeta, \varkappa)}{\partial \zeta}$	$\mathrm{sn}(\zeta, \varkappa)$
0,00	0,000 000	1,796 196	∞	0,000 000	0,000 000
0,01	0,028 916	1,794 379	100,139 420	−0,202 355	0,101 012
0,02	0,057 953	1,788 941	50,277 441	−0,404 696	0,199 985
0,03	0,087 230	1,779 914	33,746 024	−0,607 010	0,295 039
0,04	0,116 864	1,767 354	25,543 848	−0,809 281	0,384 593
0,05	0,146 970	1,751 338	20,669 673	−1,011 492	0,467 451
0,06	0,177 656	1,731 961	17,455 685	−1,213 624	0,542 839
0,07	0,209 025	1,709 341	15,186 569	−1,415 654	0,610 392
0,08	0,241 174	1,683 612	13,504 278	−1,617 555	0,670 101
0,09	0,274 191	1,654 927	12,209 630	−1,819 295	0,722 242
0,10	0,308 154	1,623 455	11,182 948	−2,020 835	0,767 293
0,11	0,343 134	1,589 376	10,347 981	−2,222 127	0,805 866
0,12	0,379 187	1,552 885	9,653 868	−2,423 116	0,838 633
0,13	0,416 360	1,514 189	9,065 412	−2,623 730	0,866 284
0,14	0,454 685	1,473 502	8,557 527	−2,823 885	0,889 486
0,15	0,494 183	1,431 044	8,111 891	−3,023 478	0,908 864
0,16	0,534 860	1,387 043	7,714 858	−3,222 381	0,924 984
0,17	0,576 705	1,341 730	7,356 093	−3,420 439	0,938 349
0,18	0,619 695	1,295 335	7,027 666	−3,617 463	0,949 401
0,19	0,663 789	1,248 090	6,723 423	−3,813 222	0,958 520
0,20	0,708 933	1,200 226	6,438 545	−4,007 433	0,966 028
0,21	0,755 053	1,151 968	6,169 229	−4,199 752	0,972 202
0,22	0,802 063	1,103 539	5,912 455	−4,389 757	0,977 273
0,23	0,849 859	1,055 154	5,665 816	−4,576 936	0,981 432
0,24	0,898 324	1,007 020	5,427 380	−4,760 665	0,984 841
0,25	0,947 323	0,959 337	5,195 596	−4,940 184	0,987 634
0,26	0,996 710	0,912 295	4,969 211	−5,114 571	0,989 920
0,27	1,046 325	0,866 075	4,747 215	−5,282 708	0,991 790
0,28	1,095 993	0,820 846	4,528 789	−5,443 245	0,993 320
0,29	1,145 532	0,776 765	4,313 269	−5,594 554	0,994 571
0,30	1,194 747	0,733 980	4,100 114	−5,734 677	0,995 593
0,31	1,243 435	0,692 625	3,888 888	−5,861 276	0,996 429
0,32	1,291 388	0,652 826	3,679 233	−5,971 567	0,997 111
0,33	1,338 389	0,614 693	3,470 859	−6,062 265	0,997 669
0,34	1,384 222	0,578 329	3,263 530	−6,129 519	0,998 124
0,35	1,428 665	0,543 824	3,057 052	−6,168 868	0,998 496
0,36	1,471 499	0,511 259	2,851 268	−6,175 206	0,998 799
0,37	1,512 505	0,480 703	2,646 051	−6,142 791	0,999 047
0,38	1,551 472	0,452 220	2,441 294	−6,065 302	0,999 248
0,39	1,588 189	0,425 863	2,236 913	−5,935 970	0,999 412
0,40	1,622 459	0,401 676	2,032 837	−5,747 814	0,999 546
0,41	1,654 092	0,379 699	1,829 009	−5,494 006	0,999 654
0,42	1,682 909	0,359 965	1,625 381	−5,168 374	0,999 741
0,43	1,708 747	0,342 499	1,421 914	−4,766 053	0,999 812
0,44	1,731 456	0,327 324	1,218 577	−4,284 252	0,999 867
0,45	1,750 904	0,314 457	1,015 342	−3,723 057	0,999 911
0,46	1,766 976	0,303 913	0,812 186	−3,086 175	0,999 945
0,47	1,779 578	0,295 702	0,609 090	−2,381 447	0,999 970
0,48	1,788 633	0,289 831	0,406 037	−1,620 989	0,999 987
0,49	1,794 088	0,286 307	0,203 012	−0,820 829	0,999 997
0,50	1,795 910	0,285 132	0,000 000	0,000 000	1,000 000
	$\vartheta_2(\zeta, \varkappa)$	$\vartheta_4(\zeta, \varkappa)$	$-\frac{\partial \ln \vartheta_2(\zeta, \varkappa)}{\partial \zeta}$	$-\frac{\partial \ln \vartheta_4(\zeta, \varkappa)}{\partial \zeta}$	$\mathrm{cd}(\zeta, \varkappa)$

Tafel III

$\varkappa = 0{,}31$			
	$k^2 k'^2 = 0{,}000\,635$	$\eta_1 = -\eta_2' = -0{,}135\,938$	$\eta_1' = -\eta_2 = 0{,}333\,227$
	$\pi/KK' = 0{,}394\,579$	$\bar\eta_1 = -\bar\eta_2' = 0{,}061\,034$	$\bar\eta_1' = -\bar\eta_2 = 0{,}333\,545$
	$K = 5{,}067\,890$	$E = 1{,}001\,450$	$A = 1{,}996\,465$
	$K' = 1{,}571\,046$	$E' = 1{,}570\,547$	$A' = 0{,}000\,998$
	$B = 0{,}998\,867$	$C = 3{,}072\,107$	$D = 4{,}069\,023$

$\mathrm{cn}(\zeta, \varkappa)$	$\mathrm{dn}(\zeta, \varkappa)$	$\mathrm{sc}(\zeta, \varkappa)$	$\overline{\mathrm{sn}}(\zeta, \varkappa)$	$\overline{\mathrm{cn}}(\zeta, \varkappa)$	
1,000 000	1,000 000	0,000 000	∞	0,000 000	0,50
0,994 885	0,994 888	0,101 532	9,798 811	−0,101 013	0,49
0,979 799	0,979 812	0,204 108	4,800 465	−0,199 987	0,48
0,955 485	0,955 514	0,308 784	3,094 442	−0,295 048	0,47
0,923 086	0,923 137	0,416 638	2,215 683	−0,384 614	0,46
0,884 019	0,884 098	0,528 779	1,671 960	−0,467 492	0,45
0,839 837	0,839 948	0,646 363	1,299 499	−0,542 911	0,44
0,792 099	0,792 249	0,770 601	1,028 092	−0,610 507	0,43
0,742 270	0,742 462	0,902 773	0,822 424	−0,670 275	0,42
0,691 641	0,691 880	1,044 243	0,662 566	−0,722 492	0,41
0,641 296	0,641 588	1,196 473	0,536 232	−0,767 642	0,40
0,592 098	0,592 446	1,361 035	0,435 291	−0,806 340	0,39
0,544 697	0,545 106	1,539 634	0,354 049	−0,839 264	0,38
0,499 552	0,500 029	1,734 122	0,288 347	−0,867 111	0,37
0,456 962	0,457 512	1,946 520	0,235 041	−0,890 556	0,36
0,417 093	0,417 721	2,179 043	0,191 699	−0,910 233	0,35
0,380 007	0,380 721	2,434 122	0,156 410	−0,926 722	0,34
0,345 689	0,346 496	2,714 435	0,127 650	−0,940 542	0,33
0,314 066	0,314 976	3,022 939	0,104 195	−0,952 152	0,32
0,285 027	0,286 048	3,362 909	0,085 060	−0,961 955	0,31
0,258 436	0,259 580	3,737 980	0,069 444	−0,970 304	0,30
0,234 142	0,235 420	4,152 198	0,056 698	−0,977 510	0,29
0,211 986	0,213 412	4,610 079	0,046 292	−0,983 845	0,28
0,191 810	0,193 398	5,116 682	0,037 798	−0,989 556	0,27
0,173 458	0,175 224	5,677 692	0,030 862	−0,994 870	0,26
0,156 779	0,158 742	6,299 528	0,025 199	−1,000 000	0,25
0,141 630	0,143 810	6,989 469	0,020 575	−1,005 157	0,24
0,127 877	0,130 296	7,755 818	0,016 800	−1,010 554	0,23
0,115 394	0,118 077	8,608 106	0,013 717	−1,016 420	0,22
0,104 063	0,107 039	9,557 360	0,011 199	−1,023 008	0,21
0,093 778	0,097 076	10,616 442	0,009 144	−1,030 604	0,20
0,084 439	0,088 094	11,800 512	0,007 465	−1,039 550	0,19
0,075 955	0,080 003	13,127 638	0,006 094	−1,050 253	0,18
0,068 242	0,072 725	14,619 637	0,004 974	−1,063 217	0,17
0,061 222	0,066 188	16,303 230	0,004 059	−1,079 072	0,16
0,054 827	0,060 325	18,211 687	0,003 312	−1,098 620	0,15
0,048 991	0,055 079	20,387 176	0,002 702	−1,122 895	0,14
0,043 656	0,050 395	22,884 236	0,002 202	−1,153 255	0,13
0,038 768	0,046 228	25,774 992	0,001 794	−1,191 520	0,12
0,034 277	0,042 534	29,157 258	0,001 459	−1,240 172	0,11
0,030 136	0,039 276	33,167 532	0,001 184	−1,302 690	0,10
0,026 305	0,036 421	38,002 682	0,000 958	−1,384 099	0,09
0,022 743	0,033 940	43,957 950	0,000 772	−1,491 926	0,08
0,019 415	0,031 807	51,497 552	0,000 618	−1,637 982	0,07
0,016 286	0,030 001	61,395 917	0,000 489	−1,841 921	0,06
0,013 324	0,028 503	75,048 435	0,000 380	−2,139 072	0,05
0,010 498	0,027 297	95,248 321	0,000 287	−2,600 010	0,04
0,007 781	0,026 373	128,517 16	0,000 205	−3,389 284	0,03
0,005 143	0,025 718	194,426 98	0,000 132	−5,000 320	0,02
0,002 558	0,025 329	390,854 41	0,000 065	−9,899 759	0,01
0,000 000	0,025 199	∞	0,000 000	−∞	0,00
$k'\,\mathrm{sd}(\zeta, \varkappa)$	$k'\,\mathrm{nd}(\zeta, \varkappa)$	$\frac{1}{k'}\,\mathrm{cs}(\zeta, \varkappa)$	$-\overline{\mathrm{cd}}(\zeta, \varkappa)$	$-\overline{\mathrm{sd}}(\zeta, \varkappa)$	$\zeta = \frac{z}{2K}$

Tafel III. (Fortsetzung)

$\vartheta_1'(0,\varkappa) = 2{,}889\,574$	$\vartheta_1'(0,k) = 0{,}285\,087$	$\vartheta_5'(0,\varkappa) = 14{,}506\,154$	$\varkappa = 0{,}31$
$\vartheta_1'''/\vartheta_1'(\varkappa) = 41{,}896\,376$	$\vartheta_2''/\vartheta_2(\varkappa) = -20{,}300\,960$	$\vartheta_3''/\vartheta_3(\varkappa) = -20{,}235\,725$	
$\vartheta_1'''/\vartheta_1'(k) = 0{,}407\,814$	$\vartheta_2''/\vartheta_2(k) = -\ 0{,}197\,607$	$\vartheta_3''/\vartheta_3(k) = -\ 0{,}196\,972$	
$\vartheta_1'''''/\vartheta_1'(k) = -0{,}389\,056$	$\vartheta_2''''/\vartheta_2(k) = 0{,}115\,876$	$\vartheta_3''''/\vartheta_3(k) = 0{,}117\,663$	

$\zeta = \frac{z}{2K}$	$\overline{\mathrm{dn}}(\zeta,\varkappa)$	$\mathfrak{z}_1(\zeta,\varkappa)$	$\mathfrak{z}_3(\zeta,\varkappa)$	$\mathfrak{z}_5(\zeta,\varkappa)$	$\wp_1(\zeta,\varkappa)$
0,00	0,000 000	∞	0,000 000	∞	∞
0,01	−0,100 948	9,866 017	−0,033 743	9,866 017	97,339 423
0,02	−0,199 855	4,932 835	−0,067 484	4,932 837	24,337 405
0,03	−0,294 842	3,288 061	−0,101 223	3,288 067	10,821 486
0,04	−0,384 327	2,465 053	−0,134 958	2,465 067	6,094 343
0,05	−0,467 113	1,970 386	−0,168 686	1,970 415	3,909 988
0,06	−0,542 423	1,639 515	−0,202 407	1,639 566	2,727 120
0,07	−0,609 890	1,401 864	−0,236 118	1,401 948	2,017 541
0,08	−0,669 502	1,222 110	−0,269 816	1,222 239	1,560 540
0,09	−0,721 533	1,080 602	−0,303 498	1,080 791	1,250 602
0,10	−0,766 458	0,965 530	−0,337 160	0,965 800	1,032 090
0,11	−0,804 881	0,869 374	−0,370 798	0,869 749	0,873 380
0,12	−0,837 471	0,787 114	−0,404 406	0,787 624	0,755 402
0,13	−0,864 908	0,715 278	−0,437 977	0,715 960	0,666 083
0,14	−0,887 854	0,651 392	−0,471 503	0,652 291	0,597 471
0,15	−0,906 920	0,593 647	−0,504 973	0,594 819	0,544 150
0,16	−0,922 662	0,540 697	−0,538 375	0,542 210	0,502 323
0,17	−0,935 567	0,491 523	−0,571 694	0,493 460	0,469 264
0,18	−0,946 058	0,445 342	−0,604 911	0,447 805	0,442 976
0,19	−0,954 490	0,401 546	−0,638 003	0,404 661	0,421 969
0,20	−0,961 160	0,359 662	−0,670 943	0,363 580	0,405 114
0,21	−0,966 310	0,319 313	−0,703 695	0,324 221	0,391 547
0,22	−0,970 128	0,280 201	−0,736 219	0,286 328	0,380 598
0,23	−0,972 756	0,242 089	−0,768 465	0,249 713	0,371 741
0,24	−0,974 295	0,204 786	−0,800 370	0,214 249	0,364 566
0,25	−0,974 801	0,168 140	−0,831 860	0,179 856	0,358 744
0,25	1,025 199	0,168 140	−0,831 860	0,179 856	0,358 744
0,26	1,025 732	0,132 027	−0,862 843	0,146 502	0,354 015
0,27	1,027 354	0,096 346	−0,893 210	0,114 197	0,350 169
0,28	1,030 137	0,061 018	−0,922 827	0,082 995	0,347 040
0,29	1,034 207	0,025 976	−0,951 534	0,052 990	0,344 493
0,30	1,039 748	−0,008 832	−0,979 137	0,024 321	0,342 417
0,31	1,047 015	−0,043 450	−1,005 405	−0,002 822	0,340 726
0,32	1,056 347	−0,077 913	−1,030 065	−0,028 202	0,339 348
0,33	1,068 191	−0,112 250	−1,052 792	−0,051 522	0,338 224
0,34	1,083 132	−0,146 484	−1,073 206	−0,072 427	0,337 307
0,35	1,101 932	−0,180 633	−1,090 866	−0,090 494	0,336 560
0,36	1,125 596	−0,214 714	−1,105 270	−0,105 235	0,335 951
0,37	1,155 458	−0,248 740	−1,115 850	−0,116 098	0,335 455
0,38	1,193 313	−0,282 719	−1,121 983	−0,122 468	0,335 050
0,39	1,241 631	−0,316 662	−1,123 002	−0,123 686	0,334 721
0,40	1,303 875	−0,350 575	−1,118 217	−0,119 070	0,334 454
0,41	1,385 058	−0,384 463	−1,106 954	−0,107 953	0,334 237
0,42	1,492 698	−0,418 331	−1,088 606	−0,089 730	0,334 063
0,43	1,638 600	−0,452 184	−1,062 691	−0,063 924	0,333 922
0,44	1,842 410	−0,486 023	−1,028 935	−0,030 265	0,333 810
0,45	2,139 452	−0,519 853	−0,987 345	0,011 238	0,333 723
0,46	2,600 297	−0,553 675	−0,938 289	0,060 216	0,333 655
0,47	3,389 489	−0,587 491	−0,882 538	0,115 893	0,333 606
0,48	5,000 452	−0,621 302	−0,821 290	0,177 073	0,333 571
0,49	9,899 824	−0,655 111	−0,756 124	0,242 173	0,333 552
0,50	∞	−0,688 919	−0,688 919	0,309 313	0,333 545
	$\overline{\mathrm{sc}}(\zeta,\varkappa)$	$-\mathfrak{z}_2(\zeta,\varkappa)$	$-\mathfrak{z}_4(\zeta,\varkappa)$	$-\mathfrak{z}_6(\zeta,\varkappa)$	$\wp_2(\zeta,\varkappa)$

Tafel III

$\varkappa = 0{,}31$

$\vartheta_5'(0, k) = 1{,}431\,183$	$\vartheta_6(0, k) = 1{,}431\,183$	$\vartheta_{\substack{5\\6}}(\tfrac{1}{4}, \varkappa) = 2{,}540\,003$
$\vartheta_4''/\vartheta_4(\varkappa) = 82{,}433\,060$	$\vartheta_5'''/\vartheta_5'(\varkappa) = -18{,}810\,798$	$\vartheta_6''/\vartheta_6(\varkappa) = 62{,}132\,100$
$\vartheta_4''/\vartheta_4(k) = 0{,}802\,393$	$\vartheta_5'''/\vartheta_5'(k) = -\ 0{,}183\,102$	$\vartheta_6''/\vartheta_6(k) = 0{,}604\,786$
$\vartheta_4''''/\vartheta_4(k) = -0{,}067\,226$	$\vartheta_5'''''/\vartheta_5'(k) = -\ 0{,}604\,021$	$\vartheta_6''''/\vartheta_6(k) = -0{,}902\,702$

$\wp_3(\zeta, \varkappa)$	$\wp_5(\zeta, \varkappa)$	$\wp_1'(\zeta, \varkappa)$	$\wp_3'(\zeta, \varkappa)$	$\wp_5'(\zeta, \varkappa)$	
0,332 910	∞	$-\infty$	0,000 000	$-\infty$	0,50
0,332 903	97,339 416	−1 920,682 27	−0,000 130	−1 920,682 40	0,49
0,332 884	24,337 378	−240,060 305	−0,000 264	−240,060 569	0,48
0,332 849	10,821 426	−71,097 528	−0,000 410	−71,097 938	0,47
0,332 800	6,094 233	−29,959 571	−0,000 573	−29,960 144	0,46
0,332 733	3,909 811	−15,303 257	−0,000 759	−15,304 016	0,45
0,332 645	2,726 855	−8,819 893	−0,000 976	−8,820 869	0,44
0,332 533	2,017 165	−5,518,792	−0,001 234	−5,520 026	0,43
0,332 393	1,560 023	−3,663 067	−0,001 542	−3,664 610	0,42
0,332 219	1,249 911	−2,540 355	−0,001 914	−2,542 269	0,41
0,332 002	1,031 182	−1,821 630	−0,002 365	−1,823 995	0,40
0,331 736	0,872 206	−1,340 552	−0,002 912	−1,343 465	0,39
0,331 408	0,753 900	−1,006 815	−0,003 579	−1,010 395	0,38
0,331 005	0,664 178	−0,768 466	−0,004 393	−0,772 860	0,37
0,330 511	0,595 072	−0,594 148	−0,005 387	−0,599 535	0,36
0,329 906	0,541 146	−0,464 145	−0,006 601	−0,470 746	0,35
0,329 164	0,498 577	−0,365 617	−0,008 084	−0,373 702	0,34
0,328 256	0,464 610	−0,289 948	−0,009 896	−0,299 845	0,33
0,327 144	0,437 211	−0,231 195	−0,012 110	−0,243 305	0,32
0,325 785	0,414 843	−0,185 162	−0,014 815	−0,199 977	0,31
0,324 121	0,396 325	−0,148 828	−0,018 116	−0,166 944	0,30
0,322 088	0,380 725	−0,119 972	−0,022 143	−0,142 115	0,29
0,319 603	0,367 290	−0,096 941	−0,027 051	−0,123 993	0,28
0,316 568	0,355 399	−0,078 483	−0,033 029	−0,111 512	0,27
0,312 864	0,344 520	−0,063 639	−0,040 299	−0,103 938	0,26
0,308 346	0,334 180	−0,051 668	−0,049 128	−0,100 796	0,25
0,308 346	0,334 180	−0,051 668	−0,049 128	−0,100 796	0,25
0,302 841	0,323 946	−0,041 993	−0,059 829	−0,101 822	0,24
0,296 142	0,313 402	−0,034 158	−0,072 768	−0,106 926	0,23
0,288 000	0,302 131	−0,027 804	−0,088 368	−0,116 173	0,22
0,278 122	0,289 705	−0,022 644	−0,107 111	−0,129 755	0,21
0,266 163	0,275 671	−0,018 450	−0,129 529	−0,147 980	0,20
0,251 721	0,259 538	−0,015 037	−0,156 200	−0,171 238	0,19
0,234 335	0,240 773	−0,012 259	−0,187 716	−0,199 975	0,18
0,213 485	0,218 799	−0,009 995	−0,224 648	−0,234 644	0,17
0,188 596	0,192 994	−0,008 150	−0,267 477	−0,275 628	0,16
0,159 054	0,162 704	−0,006 645	−0,316 499	−0,323 144	0,15
0,124 228	0,127 269	−0,005 416	−0,371 686	−0,377 102	0,14
0,083 516	0,086 061	−0,004 413	−0,432 504	−0,436 917	0,13
0,036 404	0,038 544	−0,003 592	−0,497 694	−0,501 286	0,12
−0,017 447	−0,015 636	−0,002 921	−0,565 014	−0,567 935	0,11
−0,078 090	−0,076 546	−0,002 371	−0,631 001	−0,633 372	0,10
−0,145 153	−0,143 826	−0,001 918	−0,690 794	−0,692 712	0,09
−0,217 705	−0,216 552	−0,001 545	−0,738 126	−0,739 671	0,08
−0,294 113	−0,293 101	−0,001 236	−0,765 604	−0,766 840	0,07
−0,371 968	−0,371 067	−0,000 978	−0,765 372	−0,766 350	0,06
−0,448 083	−0,447 271	−0,000 760	−0,730 217	−0,730 977	0,05
−0,518 637	−0,517 892	−0,000 573	−0,655 034	−0,655 607	0,04
−0,579 462	−0,578 767	−0,000 410	−0,538 387	−0,538 797	0,03
−0,626 487	−0,625 825	−0,000 265	−0,383 734	−0,383 999	0,02
−0,656 258	−0,655 616	−0,000 130	−0,199 837	−0,199 966	0,01
−0,666 455	−0,665 820	0,000 000	0,000 000	0,000 000	0,00
$\wp_4(\zeta, \varkappa)$	$\wp_6(\zeta, \varkappa)$	$-\wp_2'(\zeta, \varkappa)$	$-\wp_4'(\zeta, \varkappa)$	$-\wp_6'(\zeta, \varkappa)$	$\zeta = \dfrac{z}{2K}$

Tafel III

$\sqrt{k} = 0{,}999\,782$ $\quad k = 0{,}999\,564$ $\quad k^2 = 0{,}999\,129$ $\quad \varkappa = 0{,}32$

$\sqrt{k'} = 0{,}171\,816$ $\quad k' = 0{,}029\,521$ $\quad k'^2 = 0{,}000\,871$

$e_1 = -e_3' = 0{,}333\,624$ $\quad e_2 = -e_2' = 0{,}332\,752$ $\quad e_3 = -e_1' = -0{,}666\,376$

$g_2 = g_2' = 1{,}332\,172$ $\quad g_3 = -g_3' = -0{,}295\,909$ $\quad g_3/\sqrt{g_2^3} = -0{,}192\,450$

$\bar{g}_2 = \bar{g}_2' = 1{,}314\,758$ $\quad \bar{g}_3 = -\bar{g}_3' = -0{,}304\,021$ $\quad \bar{g}_3/\sqrt{\bar{g}_2^3} = -0{,}201\,667$

$\zeta = \frac{z}{2K}$	$\vartheta_1(\zeta,\varkappa)$	$\vartheta_3(\zeta,\varkappa)$	$\frac{\partial \ln \vartheta_1(\zeta,\varkappa)}{\partial \zeta}$	$\frac{\partial \ln \vartheta_3(\zeta,\varkappa)}{\partial \zeta}$	$\mathrm{sn}(\zeta,\varkappa)$
0,00	0,000 000	1,767 960	∞	0,000 000	0,000 000
0,01	0,029 841	1,766 228	100,124 720	−0,195 927	0,097 882
0,02	0,059 793	1,761 045	50,248 208	−0,391 837	0,193 907
0,03	0,089 966	1,752 441	33,702 585	−0,587 714	0,286 356
0,04	0,120 470	1,740 467	25,486 686	−0,783 540	0,373 766
0,05	0,151 408	1,725 194	20,599 407	−0,979 293	0,455 009
0,06	0,182 881	1,706 711	17,373 060	−1,174 952	0,529 326
0,07	0,214 983	1,685 127	15,092 434	−1,370 489	0,596 325
0,08	0,247 801	1,660 566	13,399 566	−1,565 873	0,655 937
0,09	0,281 417	1,633 171	12,095 338	−1,761 067	0,708 359
0,10	0,315 900	1,603 098	11,060 114	−1,956 026	0,753 986
0,11	0,351 313	1,570 516	10,217 668	−2,150 697	0,793 343
0,12	0,387 707	1,535 606	9,517 142	−2,345 014	0,827 031
0,13	0,425 122	1,498 561	8,923 328	−2,538 899	0,855 675
0,14	0,463 585	1,459 581	8,411 113	−2,732 258	0,879 893
0,15	0,503 110	1,418 872	7,962 138	−2,924 975	0,900 272
0,16	0,543 699	1,376 649	7,562 710	−3,116 911	0,917 352
0,17	0,585 340	1,333 127	7,202 440	−3,307 896	0,931 618
0,18	0,628 006	1,288 525	6,873 340	−3,497 724	0,943 501
0,19	0,671 654	1,243 062	6,569 195	−3,686 146	0,953 376
0,20	0,716 229	1,196 955	6,285 124	−3,872 859	0,961 565
0,21	0,761 659	1,150 420	6,017 261	−4,057 495	0,968 346
0,22	0,807 860	1,103 668	5,762 529	−4,239 611	0,973 953
0,23	0,854 730	1,056 905	5,518 459	−4,418 668	0,978 585
0,24	0,902 155	1,010 331	5,283 067	−4,594 015	0,982 407
0,25	0,950 008	0,964 139	5,054 750	−4,764 867	0,985 559
0,26	0,998 147	0,918 512	4,832 208	−4,930 279	0,988 156
0,27	1,046 420	0,873 625	4,614 387	−5,089 110	0,990 295
0,28	1,094 663	0,829 646	4,400 428	−5,239 998	0,992 057
0,29	1,142 700	0,786 729	4,189 630	−5,381 309	0,993 506
0,30	1,190 350	0,745 020	3,981 423	−5,511 099	0,994 699
0,31	1,237 421	0,704 654	3,775 339	−5,627 066	0,995 680
0,32	1,283 717	0,665 757	3,570 996	−5,726 495	0,996 486
0,33	1,329 037	0,628 442	3,368 081	−5,806 210	0,997 149
0,34	1,373 175	0,592 813	3,166 337	−5,862 531	0,997 694
0,35	1,415 927	0,558 964	2,965 553	−5,891 237	0,998 142
0,36	1,457 087	0,526 979	2,765 557	−5,887 558	0,998 509
0,37	1,496 453	0,496 935	2,566 208	−5,846 195	0,998 811
0,38	1,533 826	0,468 897	2,367 388	−5,761 394	0,999 058
0,39	1,569 013	0,442 923	2,169 002	−5,627 087	0,999 261
0,40	1,601 830	0,419 065	1,970 971	−5,437 130	0,999 426
0,41	1,632 099	0,397 366	1,773 229	−5,185 638	0,999 561
0,42	1,659 658	0,377 865	1,575 722	−4,867 449	0,999 671
0,43	1,684 354	0,360 591	1,378 406	−4,478 687	0,999 760
0,44	1,706 049	0,345 573	1,181 244	−4,017 420	0,999 830
0,45	1,724 621	0,332 832	0,984 203	−3,484 318	0,999 886
0,46	1,739 965	0,322 384	0,787 257	−2,883 243	0,999 929
0,47	1,751 991	0,314 245	0,590 383	−2,221 633	0,999 961
0,48	1,760 632	0,308 425	0,393 561	−1,510 562	0,999 983
0,49	1,765 836	0,304 929	0,196 772	−0,764 394	0,999 996
0,50	1,767 574	0,303 764	0,000 000	0,000 000	1,000 000
	$\vartheta_2(\zeta,\varkappa)$	$\vartheta_4(\zeta,\varkappa)$	$-\frac{\partial \ln \vartheta_2(\zeta,\varkappa)}{\partial \zeta}$	$-\frac{\partial \ln \vartheta_4(\zeta,\varkappa)}{\partial \zeta}$	$\mathrm{cd}(\zeta,\varkappa)$

Tafel III

$\varkappa = 0{,}32$

$k^2 k'^2 = 0{,}000\,871$	$\eta_1 = -\eta_2' = -0{,}129\,558$	$\eta_1' = -\eta_2 = 0{,}333\,188$
$\pi/KK' = 0{,}407\,259$	$\bar\eta_1 = -\bar\eta_2' = 0{,}073\,635$	$\bar\eta_1' = -\bar\eta_2 = 0{,}333\,624$
$K = 4{,}909\,809$	$E = 1{,}001\,922$	$A = 1{,}995\,286$
$K' = 1{,}571\,139$	$E' = 1{,}570\,454$	$A' = 0{,}001\,369$
$B = 0{,}998\,513$	$C = 2{,}915\,323$	$D = 3{,}911\,295$

$\mathrm{cn}(\zeta, \varkappa)$	$\mathrm{dn}(\zeta, \varkappa)$	$\mathrm{sc}(\zeta, \varkappa)$	$\overline{\mathrm{sn}}(\zeta, \varkappa)$	$\overline{\mathrm{cn}}(\zeta, \varkappa)$	
1,000 000	1,000 000	0,000 000	∞	0,000 000	0,50
0,995 198	0,995 202	0,098 354	10,118 554	−0,097 882	0,49
0,981 020	0,981 037	0,197 658	4,963 294	−0,193 910	0,48
0,958 123	0,958 161	0,298 872	3,205 924	−0,286 367	0,47
0,927 523	0,927 589	0,402 972	2,301 866	−0,373 793	0,46
0,890 487	0,890 588	0,510 966	1,742 949	−0,455 061	0,45
0,848 418	0,848 562	0,623 898	1,360 098	−0,529 416	0,44
0,802 743	0,802 936	0,742 859	1,080 872	−0,596 469	0,43
0,754 816	0,755 064	0,869 003	0,868 885	−0,656 153	0,42
0,705 852	0,706 162	1,003 552	0,703 663	−0,708 670	0,41
0,656 891	0,657 268	1,147 810	0,572 628	−0,754 418	0,40
0,608 775	0,609 225	1,303 180	0,467 491	−0,793 930	0,39
0,562 156	0,562 686	1,471 176	0,382 474	−0,827 810	0,38
0,517 514	0,518 130	1,653 434	0,313 366	−0,856 694	0,37
0,475 171	0,475 881	1,851 740	0,256 991	−0,881 207	0,36
0,435 327	0,436 137	2,068 038	0,210 894	−0,901 949	0,35
0,398 077	0,398 997	2,304 461	0,173 141	−0,919 472	0,34
0,363 438	0,364 477	2,563 349	0,142 188	−0,934 282	0,33
0,331 369	0,332 538	2,847 282	0,116 791	−0,946 828	0,32
0,301 786	0,303 096	3,159 106	0,095 944	−0,957 512	0,31
0,274 578	0,276 041	3,501 978	0,078 824	−0,966 690	0,30
0,249 612	0,251 244	3,879 403	0,064 763	−0,974 675	0,29
0,226 749	0,228 565	4,295 286	0,053 213	−0,981 752	0,28
0,205 845	0,207 862	4,753 999	0,043 724	−0,988 175	0,27
0,186 753	0,188 992	5,260 451	0,035 927	−0,994 182	0,26
0,169 335	0,171 816	5,820 179	0,029 521	−1,000 000	0,25
0,153 453	0,156 201	6,439 464	0,024 257	−1,005 852	0,24
0,138 980	0,142 021	7,125 471	0,019 931	−1,011 967	0,23
0,125 793	0,129 157	7,886 433	0,016 377	−1,018 588	0,22
0,113 779	0,117 498	8,731 882	0,013 456	−1,025 983	0,21
0,102 833	0,106 943	9,672 957	0,011 056	−1,034 458	0,20
0,092 856	0,097 397	10,722 806	0,009 083	−1,044 373	0,19
0,083 759	0,088 774	11,897 132	0,007 462	−1,056 158	0,18
0,075 456	0,080 995	13,214 932	0,006 129	−1,070 341	0,17
0,067 873	0,073 987	14,699 528	0,005 033	−1,087 580	0,16
0,060 936	0,067 687	16,380 012	0,004 132	−1,108 711	0,15
0,054 583	0,062 034	18,293 332	0,003 391	−1,134 807	0,14
0,048 753	0,056 976	20,487 351	0,002 781	−1,167 278	0,13
0,043 389	0,052 464	23,025 456	0,002 279	−1,208 006	0,12
0,038 442	0,048 456	25,993 703	0,001 864	−1,259 557	0,11
0,033 865	0,044 914	29,512 277	0,001 522	−1,325 524	0,10
0,029 613	0,041 805	33,754 605	0,001 238	−1,411 094	0,09
0,025 645	0,039 097	38,980 851	0,001 003	−1,524 035	0,08
0,021 924	0,036 766	45,600 122	0,000 806	−1,676 534	0,07
0,018 414	0,034 789	54,294 921	0,000 641	−1,888 873	0,06
0,015 082	0,033 147	66,294 939	0,000 500	−2,197 509	0,05
0,011 895	0,031 825	84,061 542	0,000 379	−2,675 280	0,04
0,008 823	0,030 810	113,341 18	0,000 272	−3,492 020	0,03
0,005 835	0,030 091	171,378 95	0,000 176	−5,157 028	0,02
0,002 903	0,029 663	344,413 23	0,000 086	−10,216 350	0,01
0,000 000	0,029 521	∞	0,000 000	−∞	0,00
$k'\,\mathrm{sd}(\zeta, \varkappa)$	$k'\,\mathrm{nd}(\zeta, \varkappa)$	$\frac{1}{k'}\,\mathrm{cs}(\zeta, \varkappa)$	$-\overline{\mathrm{cd}}(\zeta, \varkappa)$	$-\overline{\mathrm{sd}}(\zeta, \varkappa)$	$\zeta = \frac{z}{2K}$

Tafel III. (Fortsetzung)

$\vartheta_1'(0,\varkappa) = 2{,}982\,194$ $\quad\vartheta_1'(0,k) = 0{,}303\,698$ $\quad\vartheta_5'(0,\varkappa) = 14{,}390\,682$

$\vartheta_1'''/\vartheta_1'(\varkappa) = 37{,}477\,986$ $\quad\vartheta_2''/\vartheta_2(\varkappa) = -19{,}676\,975$ $\quad\vartheta_3''/\vartheta_3(\varkappa) = -19{,}592\,943$

$\vartheta_1'''/\vartheta_1'(k) = 0{,}388\,675$ $\quad\vartheta_2''/\vartheta_2(k) = -\,0{,}204\,065$ $\quad\vartheta_3''/\vartheta_3(k) = -\,0{,}203\,194$

$\vartheta_1'''''/\vartheta_1'(k) = -0{,}414\,305$ $\quad\vartheta_2''''/\vartheta_2(k) = 0{,}123\,185$ $\quad\vartheta_3''''/\vartheta_3(k) = 0{,}125\,605$

$\varkappa = 0{,}32$

$\zeta = \frac{z}{2K}$	$\overline{\mathrm{dn}}(\zeta,\varkappa)$	$\mathfrak{z}_1(\zeta,\varkappa)$	$\mathfrak{z}_3(\zeta,\varkappa)$	$\mathfrak{z}_5(\zeta,\varkappa)$	$\wp_1(\zeta,\varkappa)$
0,00	0,000 000	∞	0,000 000	∞	∞
0,01	−0,097 796	10,183 676	−0,032 675	10,183 676	103,708 317
0,02	−0,193 735	5,091 680	−0,065 348	5,091 683	25,929 473
0,03	−0,286 095	3,394 002	−0,098 017	3,394 010	11,528 777
0,04	−0,373 414	2,544 598	−0,130 682	2,544 616	6,491 760
0,05	−0,454 561	2,034 170	−0,163 339	2,034 206	4,163 770
0,06	−0,528 775	1,692 887	−0,195 986	1,692 950	2,902 676
0,07	−0,595 662	1,447 913	−0,228 621	1,448 016	2,145 742
0,08	−0,655 150	1,262 794	−0,261 241	1,262 953	1,657 835
0,09	−0,707 431	1,117 253	−0,293 841	1,117 487	1,326 558
0,10	−0,752 897	0,999 107	−0,326 417	0,999 440	1,092 656
0,11	−0,792 066	0,900 593	−0,358 964	0,901 054	0,922 455
0,12	−0,825 532	0,816 531	−0,391 475	0,817 156	0,795 655
0,13	−0,853 913	0,743 337	−0,423 942	0,744 170	0,699 409
0,14	−0,877 816	0,678 452	−0,456 355	0,679 547	0,625 259
0,15	−0,897 816	0,620 008	−0,488 703	0,621 430	0,567 445
0,16	−0,914 439	0,566 609	−0,520 971	0,568 438	0,521 929
0,17	−0,928 153	0,517 198	−0,553 143	0,519 531	0,485 813
0,18	−0,939 366	0,470 961	−0,585 196	0,473 915	0,456 974
0,19	−0,948 429	0,427 266	−0,617 107	0,430 985	0,433 825
0,20	−0,955 634	0,385 615	−0,648 843	0,390 272	0,415 164
0,21	−0,961 219	0,345 615	−0,680 368	0,351 422	0,400 070
0,22	−0,965 375	0,306 951	−0,711 636	0,314 165	0,387 826
0,23	−0,968 243	0,269 374	−0,742 593	0,278 306	0,377 871
0,24	−0,969 925	0,232 680	−0,773 172	0,243 708	0,369 761
0,25	−0,970 479	0,196 707	−0,803 293	0,210 289	0,363 145
0,25	1,029 521	0,196 707	−0,803 293	0,210 289	0,363 145
0,26	1,030 109	0,161 322	−0,832 860	0,178 011	0,357 740
0,27	1,031 898	0,126 417	−0,861 758	0,146 885	0,353 320
0,28	1,034 965	0,091 906	−0,889 846	0,116 961	0,349 702
0,29	1,039 439	0,057 717	−0,916 958	0,088 334	0,346 739
0,30	1,045 514	0,023 792	−0,942 898	0,061 144	0,344 311
0,31	1,053 456	−0,009 917	−0,967 430	0,035 578	0,342 321
0,32	1,063 620	−0,043 449	−0,990 278	0,011 873	0,340 689
0,33	1,076 470	−0,076 836	−1,011 118	−0,009 678	0,339 350
0,34	1,092 613	−0,110 103	−1,029 575	−0,028 728	0,338 252
0,35	1,112 843	−0,143 272	−1,045 221	−0,044 868	0,337 351
0,36	1,138 198	−0,176 361	−1,057 568	−0,057 630	0,336 612
0,37	1,170 059	−0,209 385	−1,066 078	−0,066 488	0,336 006
0,38	1,210 284	−0,242 354	−1,070 164	−0,070 868	0,335 510
0,39	1,261 421	−0,275 279	−1,069 209	−0,070 163	0,335 104
0,40	1,327 046	−0,308 168	−1,062 587	−0,063 755	0,334 772
0,41	1,412 333	−0,341 028	−1,049 698	−0,051 050	0,334 502
0,42	1,525 038	−0,373 863	−1,030 016	−0,031 530	0,334 282
0,43	1,677 340	−0,406 680	−1,003 148	−0,004 803	0,334 105
0,44	1,889 514	−0,439 480	−0,968 896	0,029 324	0,333 963
0,45	2,198 009	−0,472 268	−0,927 329	0,070 778	0,333 851
0,46	2,675 659	−0,505 047	−0,878 840	0,119 164	0,333 765
0,47	3,492 292	−0,537 818	−0,824 185	0,173 722	0,333 702
0,48	5,157 204	−0,570 584	−0,764 494	0,233 322	0,333 658
0,49	10,216 436	−0,603 347	−0,701 229	0,296 500	0,333 632
0,50	∞	−0,636 107	−0,636 107	0,361 535	0,333 624
	$\overline{\mathrm{sc}}(\zeta,\varkappa)$	$-\mathfrak{z}_2(\zeta,\varkappa)$	$-\mathfrak{z}_4(\zeta,\varkappa)$	$-\mathfrak{z}_6(\zeta,\varkappa)$	$\wp_2(\zeta,\varkappa)$

Tafel III

$\varkappa = 0{,}32$			
	$\vartheta_5'(0,k) = 1{,}465\,503$	$\vartheta_6(0,k) = 1{,}465\,503$	$\vartheta_5(\frac{1}{4},\varkappa) = 2{,}500\,000$
	$\vartheta_4''/\vartheta_4(\varkappa) = 76{,}747\,904$	$\vartheta_5'''/\vartheta_5'(\varkappa) = -21{,}300\,842$	$\vartheta_6''/\vartheta_6(\varkappa) = 57{,}070\,929$
	$\vartheta_4''/\vartheta_4(k) = 0{,}795\,935$	$\vartheta_5'''/\vartheta_5'(k) = -0{,}220\,906$	$\vartheta_6''/\vartheta_6(k) = 0{,}591\,869$
	$\vartheta_4''''/\vartheta_4(k) = -0{,}097\,721$	$\vartheta_5'''''/\vartheta_5'(k) = -0{,}576\,047$	$\vartheta_6''''/\vartheta_6(k) = -0{,}949\,072$

$\wp_3(\zeta,\varkappa)$	$\wp_5(\zeta,\varkappa)$	$\wp_1'(\zeta,\varkappa)$	$\wp_3'(\zeta,\varkappa)$	$\wp_5'(\zeta,\varkappa)$	
0,332 752	∞	−∞	0,000 000	−∞	0,50
0,332 744	103,708 309	−2 112,241 96	−0,000 172	−2 112,242 13	0,49
0,332 718	25,929 438	−264,006 030	−0,000 351	−264,006 381	0,48
0,332 675	11,528 699	−78,193 484	−0,000 543	−78,194 027	0,47
0,332 611	6,491 618	−32,954 140	−0,000 756	−32,954 896	0,46
0,332 525	4,163 542	−16,837 393	−0,000 999	−16,838 392	0,45
0,332 414	2,902 337	−9,708 521	−0,001 280	−9,709 801	0,44
0,332 272	2,145 262	−6,079 079	−0,001 610	−6,080 689	0,43
0,332 095	1,657 178	−4,038 944	−0,002 003	−4,040 947	0,42
0,331 876	1,325 682	−2,804 708	−0,002 473	−2,807 181	0,41
0,331 607	1,091 510	−2,014 541	−0,003 038	−2,017 578	0,40
0,331 276	0,920 979	−1,485 528	−0,003 720	−1,489 248	0,39
0,330 871	0,793 774	−1,118 378	−0,004 544	−1,122 922	0,38
0,330 378	0,697 034	−0,855 981	−0,005 544	−0,861 525	0,37
0,329 776	0,622 282	−0,663 878	−0,006 756	−0,670 634	0,36
0,329 042	0,563 735	−0,520 411	−0,008 227	−0,528 638	0,35
0,328 150	0,517 326	−0,411 489	−0,010 012	−0,421 500	0,34
0,327 064	0,480 125	−0,327 655	−0,012 178	−0,339 832	0,33
0,325 743	0,449 964	−0,262 395	−0,014 806	−0,277 201	0,32
0,324 138	0,425 210	−0,211 114	−0,017 994	−0,229 109	0,31
0,322 187	0,404 599	−0,170 503	−0,021 859	−0,192 362	0,30
0,319 818	0,387 136	−0,138 133	−0,026 541	−0,164 675	0,29
0,316 942	0,372 016	−0,112 194	−0,032 208	−0,144 402	0,28
0,313 454	0,358 572	−0,091 316	−0,039 059	−0,130 375	0,27
0,309 225	0,346 234	−0,074 450	−0,047 330	−0,121 781	0,26
0,304 103	0,334 495	−0,060 784	−0,057 299	−0,118 083	0,25
0,304 103	0,334 495	−0,060 784	−0,057 299	−0,118 083	0,25
0,297 906	0,322 893	−0,049 684	−0,069 287	−0,118 971	0,24
0,290 417	0,310 985	−0,040 648	−0,083 669	−0,124 317	0,23
0,281 382	0,298 332	−0,033 281	−0,100 866	−0,134 147	0,22
0,270 500	0,284 487	−0,027 265	−0,121 351	−0,148 616	0,21
0,257 425	0,268 984	−0,022 348	−0,145 636	−0,167 984	0,20
0,241 757	0,251 325	−0,018 324	−0,174 259	−0,192 584	0,19
0,223 043	0,230 979	−0,015 029	−0,207 753	−0,222 782	0,18
0,200 780	0,207 378	−0,012 328	−0,246 598	−0,258 927	0,17
0,174 425	0,179 925	−0,010 113	−0,291 155	−0,301 268	0,16
0,143 408	0,148 007	−0,008 295	−0,341 558	−0,349 853	0,15
0,107 161	0,111 021	−0,006 802	−0,397 585	−0,404 387	0,14
0,065 165	0,068 419	−0,005 575	−0,458 480	−0,464 056	0,13
0,017 008	0,019 765	−0,004 566	−0,522 753	−0,527 319	0,12
−0,037 531	−0,035 180	−0,003 734	−0,587 959	−0,591 692	0,11
−0,098 377	−0,096 357	−0,003 047	−0,650 504	−0,653 551	0,10
−0,165 040	−0,163 292	−0,002 479	−0,705 542	−0,708 021	0,09
−0,236 498	−0,234 968	−0,002 007	−0,747 030	−0,749 037	0,08
−0,311 082	−0,309 730	−0,001 613	−0,768 054	−0,769 668	0,07
−0,386 434	−0,385 223	−0,001 282	−0,761 498	−0,762 780	0,06
−0,459 523	−0,458 424	−0,001 000	−0,721 067	−0,722 067	0,05
−0,526 797	−0,525 784	−0,000 757	−0,642 586	−0,643 343	0,04
−0,584 448	−0,583 498	−0,000 544	−0,525 312	−0,525 856	0,03
−0,628 809	−0,627 904	−0,000 351	−0,372 913	−0,373 264	0,02
−0,656 804	−0,655 924	−0,000 172	−0,193 720	−0,193 892	0,01
−0,666 376	−0,665 505	0,000 000	0,000 000	0,000 000	0,00
$\wp_4(\zeta,\varkappa)$	$\wp_6(\zeta,\varkappa)$	$-\wp_2'(\zeta,\varkappa)$	$-\wp_4'(\zeta,\varkappa)$	$-\wp_6'(\zeta,\varkappa)$	$\zeta = \frac{z}{2K}$

Tafel III

$\sqrt{k} = 0{,}999\,707$ $\qquad k = 0{,}999\,413$ $\qquad k^2 = 0{,}998\,827$ $\qquad \varkappa = 0{,}33$

$\sqrt{k'} = 0{,}185\,075$ $\qquad k' = 0{,}034\,253$ $\qquad k'^2 = 0{,}001\,173$

$e_1 = -e_3' = 0{,}333\,724$ $\qquad e_2 = -e_2' = 0{,}332\,551$ $\qquad e_3 = -e_1' = -0{,}666\,276$

$g_2 = g_2' = 1{,}331\,771$ $\qquad g_3 = -g_3' = -0{,}295\,774$ $\qquad g_3/\sqrt{g_2^3} = -0{,}192\,449$

$\bar{g}_2 = \bar{g}_2' = 1{,}308\,333$ $\qquad \bar{g}_3 = -\bar{g}_3' = -0{,}306\,686$ $\qquad \bar{g}_3/\sqrt{\bar{g}_2^3} = -0{,}204\,935$

$\zeta = \frac{z}{2K}$	$\vartheta_1(\zeta,\varkappa)$	$\vartheta_3(\zeta,\varkappa)$	$\frac{\partial \ln \vartheta_1(\zeta,\varkappa)}{\partial \zeta}$	$\frac{\partial \ln \vartheta_3(\zeta,\varkappa)}{\partial \zeta}$	$\mathrm{sn}(\zeta,\varkappa)$
0,00	0,000 000	1,741 032	∞	0,000 000	0,000 000
0,01	0,030 693	1,739 380	100,111 518	−0,189 864	0,094 941
0,02	0,061 488	1,734 433	50,221 945	−0,379 709	0,188 187
0,03	0,092 487	1,726 221	33,663 544	−0,569 515	0,278 161
0,04	0,123 789	1,714 790	25,435 278	−0,759 259	0,363 508
0,05	0,155 490	1,700 207	20,536 167	−0,948 918	0,443 164
0,06	0,187 682	1,682 554	17,298 629	−1,138 465	0,516 391
0,07	0,220 450	1,661 932	15,007 544	−1,327 870	0,582 777
0,08	0,253 876	1,638 459	13,305 027	−1,517 095	0,642 206
0,09	0,288 030	1,612 265	11,992 018	−1,706 099	0,694 808
0,10	0,322 977	1,583 496	10,948 921	−1,894 831	0,740 904
0,11	0,358 771	1,552 310	10,099 535	−2,083 230	0,780 944
0,12	0,395 458	1,518 878	9,393 010	−2,271 223	0,815 459
0,13	0,433 071	1,483 377	8,794 133	−2,458 724	0,845 017
0,14	0,471 633	1,445 997	8,277 773	−2,645 628	0,870 186
0,15	0,511 154	1,406 932	7,825 543	−2,831 809	0,891 517
0,16	0,551 632	1,366 381	7,423 713	−3,017 113	0,909 520
0,17	0,593 050	1,324 550	7,061 851	−3,201 358	0,924 662
0,18	0,635 380	1,281 643	6,731 920	−3,384 321	0,937 362
0,19	0,678 580	1,237 869	6,427 655	−3,565 736	0,947 987
0,20	0,722 593	1,193 434	6,144 121	−3,745 282	0,956 859
0,21	0,767 348	1,148 542	5,877 400	−3,922 569	0,964 253
0,22	0,812 763	1,103 395	5,624 360	−4,097 134	0,970 408
0,23	0,858 739	1,058 192	5,382 485	−4,268 413	0,975 525
0,24	0,905 167	1,013 122	5,149 741	−4,435 736	0,979 775
0,25	0,951 924	0,968 373	4,924 477	−4,598 295	0,983 301
0,26	0,998 875	0,924 123	4,705 352	−4,755 126	0,986 226
0,27	1,045 874	0,880 543	4,491 271	−4,905 075	0,988 650
0,28	1,092 767	0,837 793	4,281 338	−5,046 774	0,990 658
0,29	1,139 388	0,796 029	4,074 821	−5,178 594	0,992 321
0,30	1,185 564	0,755 394	3,871 117	−5,298 617	0,993 698
0,31	1,231 116	0,716 021	3,669 731	−5,404 584	0,994 837
0,32	1,275 859	0,678 038	3,470 257	−5,493 861	0,995 779
0,33	1,319 604	0,641 557	3,272 360	−5,563 394	0,996 559
0,34	1,362 160	0,606 687	3,075 764	−5,609 678	0,997 203
0,35	1,403 334	0,573 522	2,880 240	−5,628 739	0,997 736
0,36	1,442 935	0,542 150	2,685 602	−5,616 134	0,998 175
0,37	1,480 774	0,512 651	2,491 693	−5,566 988	0,998 538
0,38	1,516 667	0,485 094	2,298 386	−5,476 080	0,998 838
0,39	1,550 433	0,459 542	2,105 574	−5,337 990	0,999 084
0,40	1,581 902	0,436 050	1,913 170	−5,147 321	0,999 287
0,41	1,610 910	0,414 667	1,721 099	−4,899 021	0,999 453
0,42	1,637 304	0,395 434	1,529 302	−4,588 795	0,999 588
0,43	1,660 944	0,378 387	1,337 727	−4,213 598	0,999 698
0,44	1,681 701	0,363 556	1,146 331	−3,772 187	0,999 787
0,45	1,699 464	0,350 966	0,955 079	−3,265 672	0,999 857
0,46	1,714 134	0,340 639	0,763 938	−2,697 974	0,999 911
0,47	1,725 630	0,332 591	0,572 883	−2,076 111	0,999 951
0,48	1,733 887	0,326 833	0,381 889	−1,410 210	0,999 978
0,49	1,738 860	0,323 375	0,190 935	−0,713 172	0,999 995
0,50	1,740 521	0,322 222	0,000 000	0,000 000	1,000 000
	$\vartheta_2(\zeta,\varkappa)$	$\vartheta_4(\zeta,\varkappa)$	$-\frac{\partial \ln \vartheta_2(\zeta,\varkappa)}{\partial \zeta}$	$-\frac{\partial \ln \vartheta_4(\zeta,\varkappa)}{\partial \zeta}$	$\mathrm{cd}(\zeta,\varkappa)$

Tafel III

$\varkappa = 0{,}33$

$k^2 k'^2 = 0{,}001\,172$	$\eta_1 = -\eta_2' = -0{,}123\,176$	$\eta_1' = -\eta_2 = 0{,}333\,138$
$\pi/KK' = 0{,}419\,923$	$\bar\eta_1 = -\bar\eta_2' = 0{,}086\,198$	$\bar\eta_1' = -\bar\eta_2 = 0{,}333\,724$
$K = 4{,}761\,386$	$E = 1{,}002\,500$	$A = 1{,}993\,828$
$K' = 1{,}571\,257$	$E' = 1{,}570\,335$	$A' = 0{,}001\,843$
$B = 0{,}998\,085$	$C = 2{,}768\,464$	$D = 3{,}763\,301$

$\mathrm{cn}(\zeta, \varkappa)$	$\mathrm{dn}(\zeta, \varkappa)$	$\mathrm{sc}(\zeta, \varkappa)$	$\overline{\mathrm{sn}}(\zeta, \varkappa)$	$\overline{\mathrm{cn}}(\zeta, \varkappa)$	
1,000 000	1,000 000	0,000 000	∞	0,000 000	0,50
0,995 483	0,995 488	0,095 372	10,437 963	−0,094 942	0,49
0,982 133	0,982 154	0,191 610	5,125 791	−0,188 191	0,48
0,960 534	0,960 582	0,289 590	3,317 042	−0,278 175	0,47
0,931 591	0,931 674	0,390 201	2,387 677	−0,363 540	0,46
0,896 441	0,896 569	0,494 359	1,813 600	−0,443 227	0,45
0,856 353	0,856 536	0,603 011	1,420 431	−0,516 501	0,44
0,812 632	0,812 877	0,717 147	1,133 488	−0,582 953	0,43
0,766 532	0,766 848	0,837 807	0,915 304	−0,642 470	0,42
0,719 195	0,719 589	0,966 091	0,744 846	−0,695 188	0,41
0,671 611	0,672 091	1,103 173	0,609 234	−0,741 432	0,40
0,624 601	0,625 174	1,250 307	0,500 017	−0,781 659	0,39
0,578 815	0,579 488	1,408 842	0,411 322	−0,816 408	0,38
0,534 740	0,535 523	1,580 239	0,338 887	−0,846 254	0,37
0,492 723	0,493 623	1,766 078	0,279 503	−0,871 777	0,36
0,452 988	0,454 016	1,968 082	0,230 690	−0,893 540	0,35
0,415 661	0,416 827	2,188 130	0,190 494	−0,912 071	0,34
0,380 788	0,382 103	2,428 285	0,157 355	−0,927 855	0,33
0,348 357	0,349 833	2,690 810	0,130 010	−0,941 335	0,32
0,318 309	0,319 961	2,978 201	0,107 434	−0,952 907	0,31
0,290 554	0,292 397	3,293 218	0,088 788	−0,962 927	0,30
0,264 983	0,267 034	3,638 923	0,073 383	−0,971 714	0,29
0,241 472	0,243 749	4,018 725	0,060 653	−0,979 558	0,28
0,219 890	0,222 414	4,436 432	0,050 133	−0,986 724	0,27
0,200 104	0,202 899	4,896 321	0,041 439	−0,993 458	0,26
0,181 985	0,185 075	5,403 214	0,034 253	−1,000 000	0,25
0,165 402	0,168 817	5,962 584	0,028 313	−1,006 585	0,24
0,150 235	0,154 005	6,580 676	0,023 403	−1,013 455	0,23
0,136 367	0,140 525	7,264 673	0,019 344	−1,020 868	0,22
0,123 686	0,128 271	8,022 900	0,015 988	−1,029 109	0,21
0,112 091	0,117 145	8,865 103	0,013 214	−1,038 500	0,20
0,101 485	0,107 053	9,802 804	0,010 921	−1,049 420	0,19
0,091 779	0,097 912	10,849 789	0,009 024	−1,062 321	0,18
0,082 889	0,089 643	12,022 773	0,007 456	−1,077 754	0,17
0,074 740	0,082 175	13,342 313	0,006 159	−1,096 406	0,16
0,067 260	0,075 444	14,834 102	0,005 086	−1,119 144	0,15
0,060 383	0,069 390	16,530 823	0,004 198	−1,147 082	0,14
0,054 048	0,063 961	18,474 878	0,003 462	−1,181 679	0,13
0,048 201	0,059 109	20,722 489	0,002 852	−1,224 878	0,12
0,042 787	0,054 789	23,350 051	0,002 346	−1,279 330	0,11
0,037 760	0,050 964	26,464 325	0,001 926	−1,348 741	0,10
0,033 073	0,047 600	30,219 430	0,001 575	−1,438 459	0,09
0,028 685	0,044 667	34,846 613	0,001 282	−1,556 492	0,08
0,024 557	0,042 138	40,709 539	0,001 035	−1,715 405	0,07
0,020 650	0,039 990	48,414 894	0,000 826	−1,936 106	0,06
0,016 931	0,038 204	59,055 711	0,000 647	−2,256 180	0,05
0,013 364	0,036 765	74,819 677	0,000 491	−2,750 726	0,04
0,009 919	0,035 658	100,814 03	0,000 354	−3,594 863	0,03
0,006 563	0,034 875	152,365 08	0,000 229	−5,313 753	0,02
0,003 267	0,034 408	306,114 58	0,000 112	−10,532 792	0,01
0,000 000	0,034 253	∞	0,000 000	−∞	0,00
$k'\,\mathrm{sd}(\zeta, \varkappa)$	$k'\,\mathrm{nd}(\zeta, \varkappa)$	$\frac{1}{k'}\,\mathrm{cs}(\zeta, \varkappa)$	$-\overline{\mathrm{cd}}(\zeta, \varkappa)$	$-\overline{\mathrm{sd}}(\zeta, \varkappa)$	$\zeta = \frac{z}{2K}$

Tafel III. (Fortsetzung)

$\vartheta_1'(0,\varkappa) = 3{,}067\,542$ $\quad\vartheta_1'(0,k) = 0{,}322\,127$ $\quad\vartheta_5'(0,\varkappa) = 14{,}262\,981$

$\vartheta_1'''/\vartheta_1'(\varkappa) = 33{,}510\,098$ $\quad\vartheta_2''/\vartheta_2(\varkappa) = -19{,}093\,160$ $\quad\vartheta_3''/\vartheta_3(\varkappa) = -18{,}986\,766$

$\vartheta_1'''/\vartheta_1'(k) = 0{,}369\,529$ $\quad\vartheta_2''/\vartheta_2(k) = -\,0{,}210\,548$ $\quad\vartheta_3''/\vartheta_3(k) = -\,0{,}209\,375$

$\vartheta_1'''''/\vartheta_1'(k) = -0{,}438\,299$ $\quad\vartheta_2''''/\vartheta_2(k) = 0{,}130\,645$ $\quad\vartheta_3''''/\vartheta_3(k) = 0{,}133\,857$

$\varkappa = 0{,}33$

$\zeta = \frac{z}{2K}$	$\overline{\mathrm{dn}}(\zeta,\varkappa)$	$\mathfrak{z}_1(\zeta,\varkappa)$	$\mathfrak{z}_3(\zeta,\varkappa)$	$\mathfrak{z}_5(\zeta,\varkappa)$	$\wp_1(\zeta,\varkappa)$
0,00	0,000 000	∞	0,000 000	∞	∞
0,01	−0,094 829	10,501 125	−0,031 668	10,501 125	110,274 630
0,02	−0,187 962	5,250 419	−0,063 333	5,250 422	27,570 908
0,03	−0,277 821	3,499 868	−0,094 995	3,499 877	12,258 035
0,04	−0,363 049	2,624 076	−0,126 650	2,624 098	6,901 570
0,05	−0,442 580	2,097 883	−0,158 296	2,097 928	4,425 531
0,06	−0,515 675	1,746 175	−0,189 931	1,746 253	3,083 829
0,07	−0,581 918	1,493 855	−0,221 550	1,493 982	2,278 116
0,08	−0,641 188	1,303 342	−0,253 151	1,303 535	1,758 388
0,09	−0,693 613	1,153 731	−0,284 728	1,154 015	1,405 154
0,10	−0,739 506	1,032 464	−0,316 277	1,032 868	1,155 424
0,11	−0,779 313	0,931 539	−0,347 791	0,932 097	0,973 411
0,12	−0,813 556	0,845 616	−0,379 262	0,846 371	0,837 544
0,13	−0,842 792	0,770 997	−0,410 682	0,772 000	0,734 180
0,14	−0,867 580	0,705 043	−0,442 039	0,706 358	0,654 337
0,15	−0,888 454	0,645 824	−0,473 319	0,647 526	0,591 899
0,16	−0,905 912	0,591 898	−0,504 508	0,594 079	0,542 584
0,17	−0,920 399	0,542 168	−0,535 586	0,544 940	0,503 315
0,18	−0,932 311	0,495 792	−0,566 529	0,499 289	0,471 837
0,19	−0,941 986	0,452 111	−0,597 310	0,456 495	0,446 468
0,20	−0,949 713	0,410 607	−0,627 894	0,416 075	0,425 930
0,21	−0,955 726	0,370 868	−0,658 241	0,377 657	0,409 243
0,22	−0,960 215	0,332 566	−0,688 302	0,340 963	0,395 643
0,23	−0,963 321	0,295 437	−0,718 018	0,305 785	0,384 532
0,24	−0,965 146	0,259 266	−0,747 319	0,271 982	0,375 436
0,25	−0,965 747	0,223 881	−0,776 119	0,239 464	0,367 977
0,25	1,034 253	0,223 881	−0,776 119	0,239 464	0,367 977
0,26	1,034 897	0,189 141	−0,804 318	0,208 193	0,361 852
0,27	1,036 857	0,154 930	−0,831 794	0,178 174	0,356 816
0,28	1,040 212	0,121 155	−0,858 404	0,149 458	0,352 673
0,29	1,045 097	0,087 738	−0,883 976	0,122 137	0,349 260
0,30	1,051 715	0,054 617	−0,908 310	0,096 350	0,346 449
0,31	1,060 341	0,021 740	−0,931 167	0,072 283	0,344 131
0,32	1,071 345	−0,010 937	−0,952 272	0,050 169	0,342 219
0,33	1,085 210	−0,043 449	−0,971 304	0,030 295	0,340 643
0,34	1,102 565	−0,075 823	−0,987 894	0,012 998	0,339 342
0,35	1,124 230	−0,108 085	−1,001 625	−0,001 328	0,338 269
0,36	1,151 280	−0,140 254	−1,012 032	−0,012 235	0,337 384
0,37	1,185 141	−0,172 347	−1,018 600	−0,019 228	0,336 654
0,38	1,227 730	−0,204 376	−1,020 784	−0,021 773	0,336 053
0,39	1,281 676	−0,236 353	−1,018 013	−0,019 311	0,335 558
0,40	1,350 667	−0,268 288	−1,009 720	−0,011 284	0,335 152
0,41	1,440 034	−0,300 187	−0,995 376	0,002 829	0,334 819
0,42	1,557 774	−0,332 058	−0,974 528	0,023 474	0,334 548
0,43	1,716 440	−0,363 905	−0,946 858	0,050 965	0,334 328
0,44	1,936 932	−0,395 734	−0,912 235	0,085 428	0,334 151
0,45	2,256 827	−0,427 547	−0,870 774	0,126 742	0,334 011
0,46	2,751 217	−0,459 349	−0,822 889	0,174 494	0,333 903
0,47	3,595 216	−0,491 142	−0,769 317	0,227 942	0,333 823
0,48	5,313 981	−0,522 928	−0,711 119	0,286 021	0,333 768
0,49	10,532 905	−0,554 710	−0,649 652	0,347 374	0,333 735
0,50	∞	−0,586 491	−0,586 491	0,410 423	0,333 724
	$\overline{\mathrm{sc}}(\zeta,\varkappa)$	$-\mathfrak{z}_2(\zeta,\varkappa)$	$-\mathfrak{z}_4(\zeta,\varkappa)$	$-\mathfrak{z}_6(\zeta,\varkappa)$	$\wp_2(\zeta,\varkappa)$

Tafel III

$\varkappa = 0,33$

$\vartheta_5'(0, k) = 1{,}497\,776$	$\vartheta_6(0, k) = 1{,}497\,776$	$\vartheta_{\frac{5}{6}}(\tfrac{1}{4}, \varkappa) = 2{,}461\,830$
$\vartheta_4''/\vartheta_4(\varkappa) = 71{,}590\,025$	$\vartheta_5'''/\vartheta_5'(\varkappa) = -23{,}450\,201$	$\vartheta_6''/\vartheta_6(\varkappa) = 52{,}496\,864$
$\vartheta_4''/\vartheta_4(k) = 0{,}789\,452$	$\vartheta_5'''/\vartheta_5'(k) = -0{,}258\,595$	$\vartheta_6''/\vartheta_6(k) = 0{,}578\,904$
$\vartheta_4''''/\vartheta_4(k) = -0{,}127\,950$	$\vartheta_5'''''/\vartheta_5'(k) = -0{,}542\,715$	$\vartheta_6''''/\vartheta_6(k) = -0{,}994\,610$

$\wp_3(\zeta, \varkappa)$	$\wp_5(\zeta, \varkappa)$	$\wp_1'(\zeta, \varkappa)$	$\wp_3'(\zeta, \varkappa)$	$\wp_5'(\zeta, \varkappa)$	
0,332 551	∞	− ∞	0,000 000	− ∞	0,50
0,332 541	110,274 620	− 2315,994 25	− 0,000 225	− 2315,994 48	0,49
0,332 508	27,570 865	− 289,475 787	− 0,000 457	− 289,476 245	0,48
0,332 453	12,257 936	− 85,740 955	− 0,000 707	− 85,741 662	0,47
0,332 373	6,901 392	− 36,139 145	− 0,000 981	− 36,140 126	0,46
0,332 265	4,425 245	− 18,468 997	− 0,001 292	− 18,470 289	0,45
0,332 125	3,083 403	− 10,653 532	− 0,001 649	− 10,655 181	0,44
0,331 949	2,277 513	− 6,674 864	− 0,002 066	− 6,676 930	0,43
0,331 729	1,757 566	− 4,438 610	− 0,002 559	− 4,441 168	0,42
0,331 459	1,404 062	− 3,085 792	− 0,003 143	− 3,088 935	0,41
0,331 127	1,154 000	− 2,219 684	− 0,003 842	− 2,223 525	0,40
0,330 723	0,971 582	− 1,639 741	− 0,004 679	− 1,644 420	0,39
0,330 231	0,835 224	− 1,237 109	− 0,005 685	− 1,242 794	0,38
0,329 633	0,731 262	− 0,949 193	− 0,006 896	− 0,956 089	0,37
0,328 909	0,650 695	− 0,738 229	− 0,008 355	− 0,746 584	0,36
0,328 033	0,587 381	− 0,580 496	− 0,010 114	− 0,590 609	0,35
0,326 972	0,537 004	− 0,460 562	− 0,012 235	− 0,472 796	0,34
0,325 689	0,496 452	− 0,368 082	− 0,014 792	− 0,382 874	0,33
0 324 138	0,463 424	− 0,295 933	− 0,017 876	− 0,313 809	0,32
0,322 264	0,436 181	− 0,239 093	− 0,021 591	− 0,260 684	0,31
0,320 002	0,413 381	− 0,193 949	− 0,026 066	− 0,220 014	0,30
0,317 271	0,393 963	− 0,157 849	− 0,031 450	− 0,189 299	0,29
0,313 977	0,377 069	− 0,128 818	− 0,037 923	− 0,166 741	0,28
0,310 007	0,361 988	− 0,105 361	− 0,045 695	− 0,151 056	0,27
0,305 225	0,348 110	− 0,086 335	− 0,055 012	− 0,141 347	0,26
0,299 472	0,334 898	− 0,070 852	− 0,066 159	− 0,137 011	0,25
0,299 472	0,334 898	− 0,070 852	− 0,066 159	− 0,137 011	0,25
0,292 556	0,321 857	− 0,058 218	− 0,079 466	− 0,137 684	0,24
0,284 256	0,308 522	− 0,047 886	− 0,095 307	− 0,143 193	0,23
0,274 311	0,294 433	− 0,039 420	− 0,114 099	− 0,153 519	0,22
0,262 418	0,279 127	− 0,032 473	− 0,136 300	− 0,168 773	0,21
0,248 228	0,262 126	− 0,026 765	− 0,162 393	− 0,189 158	0,20
0,231 350	0,242 929	− 0,022 069	− 0,192 871	− 0,214 940	0,19
0,211 341	0,221 009	− 0,018 202	− 0,228 199	− 0,246 400	0,18
0,187 722	0,195 813	− 0,015 015	− 0,268 762	− 0,283 777	0,17
0,159 980	0,166 771	− 0,012 387	− 0,314 794	− 0,327 181	0,16
0,127 594	0,133 312	− 0,010 218	− 0,366 275	− 0,376 493	0,15
0,090 060	0,094 893	− 0,008 426	− 0,422 796	− 0,431 222	0,14
0,046 940	0,051 043	− 0,006 944	− 0,483 399	− 0,490 344	0,13
− 0,002 082	0,001 420	− 0,005 718	− 0,546 395	− 0,552 113	0,12
− 0,057 118	− 0,054 111	− 0,004 701	− 0,609 178	− 0,613 879	0,11
− 0,117 982	− 0,115 380	− 0,003 857	− 0,668 079	− 0,671 936	0,10
− 0,184 084	− 0,181 815	− 0,003 154	− 0,718 317	− 0,721 471	0,09
− 0,254 331	− 0,252 334	− 0,002 566	− 0,754 109	− 0,756 675	0,08
− 0,327 045	− 0,325 269	− 0,002 071	− 0,769 027	− 0,771 098	0,07
− 0,399 929	− 0,398 329	− 0,001 653	− 0,756 653	− 0,758 306	0,06
− 0,470 112	− 0,468 652	− 0,001 294	− 0,711 524	− 0,712 818	0,05
− 0,534 293	− 0,532 941	− 0,000 983	− 0,630 265	− 0,631 248	0,04
− 0,588 993	− 0,587 721	− 0,000 707	− 0,512 700	− 0,513 408	0,03
− 0,630 903	− 0,629 687	− 0,000 458	− 0,362 627	− 0,363 084	0,02
− 0,657 272	− 0,656 088	− 0,000 225	− 0,187 951	− 0,188 176	0,01
− 0,666 276	− 0,665 102	0,000 000	0,000 000	0,000 000	0,00
$\wp_4(\zeta, \varkappa)$	$\wp_6(\zeta, \varkappa)$	$-\wp_2'(\zeta, \varkappa)$	$-\wp_4'(\zeta, \varkappa)$	$-\wp_6'(\zeta, \varkappa)$	$\zeta = \dfrac{z}{2K}$

Tafel III

$\varkappa = 0{,}34$

$\sqrt{k}$ = 0,999 612	k = 0,999 224	k^2 = 0,998 448
$\sqrt{k'}$ = 0,198 485	k' = 0,039 396	k'^2 = 0,001 552
$e_1 = -e_3' =$ 0,333 851	$e_2 = -e_2' =$ 0,332 299	$e_3 = -e_1' =$ −0,666 149
$g_2 = g_2' =$ 1,331 267	$g_3 = -g_3' =$ −0,295 605	$g_3/\sqrt{g_2^3}$ = −0,192 449
$\bar{g}_2 = \bar{g}_2' =$ 1,300 274	$\bar{g}_3 = -\bar{g}_3' =$ −0,310 024	$\bar{g}_3/\sqrt{\bar{g}_2^3}$ = −0,209 095

$\zeta = \frac{z}{2K}$	$\vartheta_1(\zeta,\varkappa)$	$\vartheta_3(\zeta,\varkappa)$	$\frac{\partial \ln \vartheta_1(\zeta,\varkappa)}{\partial \zeta}$	$\frac{\partial \ln \vartheta_3(\zeta,\varkappa)}{\partial \zeta}$	$\mathrm{sn}(\zeta,\varkappa)$
0,00	0,000 000	1,715 319	∞	0,000 000	0,000 000
0,01	0,031 475	1,713 740	100,099 629	−0,184 133	0,092 174
0,02	0,063 043	1,709 014	50,198 290	−0,368 243	0,182 795
0,03	0,094 798	1,701 165	33,628 364	−0,552 306	0,270 416
0,04	0,126 831	1,690 240	25,388 930	−0,736 298	0,353 778
0,05	0,159 229	1,676 298	20,479 110	−0,920 191	0,431 880
0,06	0,192 076	1,659 418	17,231 418	−1,103 954	0,504 005
0,07	0,225 449	1,639 694	14,930 816	−1,287 551	0,569 732
0,08	0,259 421	1,617 233	13,219 485	−1,470 940	0,628 905
0,09	0,294 058	1,592 160	11,898 419	−1,654 075	0,681 598
0,10	0,329 415	1,564 610	10,848 062	−1,836 898	0,728 066
0,11	0,365 543	1,534 730	9,992 238	−2,019 342	0,768 694
0,12	0,402 478	1,502 681	9,280 107	−2,201 326	0,803 949
0,13	0,440 251	1,468 630	8,676 457	−2,382 755	0,834 343
0,14	0,478 879	1,432 754	8,156 144	−2,563 513	0,860 400
0,15	0,518 367	1,395 235	7,700 762	−2,743 463	0,882 629
0,16	0,558 711	1,356 262	7,296 550	−2,922 440	0,901 517
0,17	0,599 893	1,316 027	6,933 042	−3,100 248	0,917 508
0,18	0,641 881	1,274 727	6,602 163	−3,276 650	0,931 007
0,19	0,684 632	1,232 556	6,297 602	−3,451 361	0,942 374
0,20	0,728 091	1,189 712	6,014 382	−3,624 044	0,951 926
0,21	0,772 187	1,146 390	5,748 538	−3,794 292	0,959 937
0,22	0,816 840	1,102 781	5,496 894	−3,961 619	0,966 647
0,23	0,861 956	1,059 076	5,256 887	−4,125 446	0,972 260
0,24	0,907 427	1,015 459	5,026 441	−4,285 082	0,976 950
0,25	0,953 137	0,972 108	4,803 865	−4,439 702	0,980 865
0,26	0,998 957	0,929 198	4,587 777	−4,588 330	0,984 132
0,27	1,044 749	0,886 893	4,377 047	−4,729 805	0,986 856
0,28	1,090 365	0,845 353	4,170 746	−4,862 760	0,989 125
0,29	1,135 649	0,804 727	3,968 108	−4,985 581	0,991 015
0,30	1,180 437	0,765 158	3,768 504	−5,096 380	0,992 589
0,31	1,224 561	0,726 779	3,571 413	−5,192 958	0,993 899
0,32	1,267 847	0,689 715	3,376 405	−5,272 765	0,994 989
0,33	1,310 117	0,654 082	3,183 124	−5,332 879	0,995 895
0,34	1,351 192	0,619 987	2,991 275	−5,369 975	0,996 649
0,35	1,390 893	0,587 527	2,800 613	−5,380 322	0,997 275
0,36	1,429 040	0,556 793	2,610 937	−5,359 797	0,997 795
0,37	1,465 457	0,527 867	2,422 077	−5,303 929	0,998 227
0,38	1,499 972	0,500 821	2,233 893	−5,207 994	0,998 585
0,39	1,532 418	0,475 722	2,046 269	−5,067 161	0,998 881
0,40	1,562 635	0,452 628	1,859 107	−4,876 706	0,999 126
0,41	1,590 471	0,431 592	1,672 326	−4,632 308	0,999 327
0,42	1,615 785	0,412 657	1,485 859	−4,330 414	0,999 493
0,43	1,638 446	0,395 864	1,299 648	−3,968 671	0,999 627
0,44	1,658 336	0,381 246	1,113 644	−3,546 394	0,999 736
0,45	1,675 349	0,368 832	0,927 807	−3,065 012	0,999 822
0,46	1,689 396	0,358 644	0,742 100	−2,528 437	0,999 889
0,47	1,700 401	0,350 701	0,556 492	−1,943 270	0,999 939
0,48	1,708 304	0,345 018	0,370 956	−1,318 769	0,999 973
0,49	1,713 064	0,341 604	0,185 467	−0,666 551	0,999 993
0,50	1,714 653	0,340 465	0,000 000	0,000 000	1,000 000
	$\vartheta_2(\zeta,\varkappa)$	$\vartheta_4(\zeta,\varkappa)$	$-\frac{\partial \ln \vartheta_2(\zeta,\varkappa)}{\partial \zeta}$	$-\frac{\partial \ln \vartheta_4(\zeta,\varkappa)}{\partial \zeta}$	$\mathrm{cd}(\zeta,\varkappa)$

Tafel III

$\varkappa = 0{,}34$

$k^2 k'^2 = 0{,}001\,550$ $\eta_1 = -\eta_2' = -0{,}116\,792$ $\eta_1' = -\eta_2 = 0{,}333\,075$

$\pi/KK' = 0{,}432\,565$ $\bar\eta_1 = -\bar\eta_2' = 0{,}098\,715$ $\bar\eta_1' = -\bar\eta_2 = 0{,}333\,850$

$K = 4{,}621\,783$ $E = 1{,}003\,199$ $A = 1{,}992\,052$

$K' = 1{,}571\,406$ $E' = 1{,}570\,187$ $A' = 0{,}002\,438$

$B = 0{,}997\,574$ $C = 2{,}630\,718$ $D = 3{,}624\,209$

$\mathrm{cn}(\zeta,\varkappa)$	$\mathrm{dn}(\zeta,\varkappa)$	$\mathrm{sc}(\zeta,\varkappa)$	$\overline{\mathrm{sn}}(\zeta,\varkappa)$	$\overline{\mathrm{cn}}(\zeta,\varkappa)$	
1,000 000	1,000 000	0,000 000	∞	0,000 000	0,50
0,995 743	0,995 750	0,092 568	10,757 003	−0,092 174	0,49
0,983 151	0,983 177	0,185 928	5,287 950	−0,182 800	0,48
0,962 744	0,962 803	0,280 881	3,427 800	−0,270 433	0,47
0,935 329	0,935 433	0,378 239	2,473 125	−0,353 818	0,46
0,901 931	0,902 092	0,478 839	1,883 915	−0,431 956	0,45
0,863 701	0,863 929	0,583 542	1,480 492	−0,504 139	0,44
0,821 831	0,822 137	0,693 247	1,185 922	−0,569 944	0,43
0,777 482	0,777 877	0,808 899	0,961 649	−0,629 224	0,42
0,731 727	0,732 220	0,931 492	0,786 072	−0,682 057	0,41
0,685 507	0,686 107	1,062 083	0,646 001	−0,728 703	0,40
0,639 617	0,640 334	1,201 802	0,532 811	−0,769 555	0,39
0,594 698	0,595 541	1,351 860	0,440 535	−0,805 088	0,38
0,551 245	0,552 225	1,513 560	0,364 851	−0,835 825	0,37
0,509 620	0,510 746	1,688 315	0,302 518	−0,862 301	0,36
0,470 069	0,471 354	1,877 657	0,251 033	−0,885 041	0,35
0,432 744	0,434 199	2,083 256	0,208 423	−0,904 548	0,34
0,397 717	0,399 356	2,306 937	0,173 111	−0,921 290	0,33
0,365 000	0,366 839	2,550 702	0,143 819	−0,935 696	0,32
0,334 560	0,336 614	2,816 755	0,119 504	−0,948 159	0,31
0,306 329	0,308 616	3,107 526	0,099 312	−0,959 033	0,30
0,280 215	0,282 756	3,425 712	0,082 539	−0,968 640	0,29
0,256 112	0,258 928	3,774 309	0,068 603	−0,977 275	0,28
0,233 904	0,237 019	4,156 665	0,057 021	−0,985 210	0,27
0,213 469	0,216 911	4,576 537	0,047 396	−0,992 702	0,26
0,194 687	0,198 485	5,038 163	0,039 396	−1,000 000	0,25
0,177 438	0,181 624	5,546 352	0,032 747	−1,007 352	0,24
0,161 605	0,166 216	6,106 599	0,027 219	−1,015 012	0,23
0,147 077	0,152 152	6,725 227	0,022 624	−1,023 254	0,22
0,133 748	0,139 330	7,409 579	0,018 804	−1,032 375	0,21
0,121 518	0,127 655	8,168 260	0,015 628	−1,042 717	0,20
0,110 293	0,117 037	9,011 464	0,012 988	−1,054 676	0,19
0,099 985	0,107 394	9,951 410	0,010 792	−1,068 723	0,18
0,090 512	0,098 650	11,002 937	0,008 966	−1,085 435	0,17
0,081 798	0,090 733	12,184 332	0,007 447	−1,105 525	0,16
0,073 771	0,083 581	13,518 486	0,006 183	−1,129 891	0,15
0,066 367	0,077 135	15,034 565	0,005 130	−1,159 688	0,14
0,059 523	0,071 341	16,770 449	0,004 254	−1,196 422	0,13
0,053 183	0,066 152	18,776 420	0,003 523	−1,242 100	0,12
0,047 294	0,061 525	21,120 851	0,002 913	−1,299 453	0,11
0,041 806	0,057 420	23,899 339	0,002 403	−1,372 302	0,10
0,036 673	0,053 804	27,249 935	0,001 974	−1,466 154	0,09
0,031 852	0,050 646	31,379 804	0,001 614	−1,589 259	0,08
0,027 301	0,047 919	36,614 759	0,001 309	−1,754 557	0,07
0,022 984	0,045 601	43,498 322	0,001 048	−1,983 582	0,06
0,018 861	0,043 672	53,009 676	0,000 824	−2,315 048	0,05
0,014 900	0,042 116	67,108 527	0,000 628	−2,826 315	0,04
0,011 065	0,040 918	90,369 66	0,000 453	−3,697 779	0,03
0,007 325	0,040 070	136,521 15	0,000 294	−5,470 457	0,02
0,003 647	0,039 565	274,211 47	0,000 144	−10,849 033	0,01
0,000 000	0,039 396	∞	0,000 000	−∞	0,00
$k'\,\mathrm{sd}(\zeta,\varkappa)$	$k'\,\mathrm{nd}(\zeta,\varkappa)$	$\frac{1}{k'}\,\mathrm{cs}(\zeta,\varkappa)$	$-\overline{\mathrm{cd}}(\zeta,\varkappa)$	$-\overline{\mathrm{sd}}(\zeta,\varkappa)$	$\zeta = \frac{z}{2K}$

Tafel III. (Fortsetzung)

$\vartheta_1'(0,\varkappa)$	$=$ 3,145 890	$\vartheta_1'(0,k)$	$=$ 0,340 333	$\vartheta_5'(0,\varkappa)$	$=$ 14,125 180
$\vartheta_1'''/\vartheta_1'(\varkappa)$	$=$ 29,937 311	$\vartheta_2''/\vartheta_2(\varkappa)$	$= -$18,546 277	$\vartheta_3''/\vartheta_3(\varkappa)$	$= -$18,413 663
$\vartheta_1'''/\vartheta_1'(k)$	$=$ 0,350 375	$\vartheta_2''/\vartheta_2(k)$	$= -$0,217 059	$\vartheta_3''/\vartheta_3(k)$	$= -$ 0,215 507
$\vartheta_1'''''/\vartheta_1'(k)$	$= -$0,461 029	$\vartheta_2''''/\vartheta_2(k)$	$=$ 0,138 240	$\vartheta_3''''/\vartheta_3(k)$	$=$ 0,142 429

$\varkappa = 0{,}34$

$\zeta = \frac{z}{2K}$	$\overline{\mathrm{dn}}(\zeta,\varkappa)$	$\mathfrak{z}_1(\zeta,\varkappa)$	$\mathfrak{z}_3(\zeta,\varkappa)$	$\mathfrak{z}_5(\zeta,\varkappa)$	$\wp_1(\zeta,\varkappa)$
0,00	0,000 000	∞	0,000 000	∞	∞
0,01	−0,092 030	10,818 317	−0,030 716	10,818 318	117,036 935
0,02	−0,182 507	5,409 028	−0,061 429	5,409 031	29,261 354
0,03	−0,269 980	3,605 642	−0,092 138	3,605 653	13,009 098
0,04	−0,353 190	2,703 477	−0,122 838	2,703 503	7,323 679
0,05	−0,431 133	2,161 520	−0,153 528	2,161 573	4,695 205
0,06	−0,503 090	1,799 378	−0,184 204	1,799 472	3,270 527
0,07	−0,568 636	1,539 695	−0,214 862	1,539 848	2,414 618
0,08	−0,627 610	1,343 762	−0,245 497	1,343 995	1,862 161
0,09	−0,680 082	1,190 049	−0,276 105	1,190 390	1,486 354
0,10	−0,726 300	1,065 622	−0,306 679	1,066 106	1,220 359
0,11	−0,766 642	0,962 241	−0,337 212	0,962 907	1,026 214
0,12	−0,801 565	0,874 404	−0,367 696	0,875 304	0,881 039
0,13	−0,831 571	0,798 304	−0,398 119	0,799 496	0,770 367
0,14	−0,857 170	0,731 219	−0,428 470	0,732 777	0,684 678
0,15	−0,878 858	0,671 158	−0,458 733	0,673 169	0,617 491
0,16	−0,897 101	0,616 633	−0,488 891	0,619 202	0,564 268
0,17	−0,912 324	0,566 512	−0,518 923	0,569 766	0,521 751
0,18	−0,924 904	0,519 921	−0,548 802	0,524 011	0,487 553
0,19	−0,935 171	0,476 177	−0,578 499	0,481 287	0,459 889
0,20	−0,943 405	0,434 741	−0,607 976	0,441 090	0,437 406
0,21	−0,949 836	0,395 186	−0,637 190	0,403 037	0,419 062
0,22	−0,954 651	0,357 166	−0,666 087	0,366 836	0,404 049
0,23	−0,957 991	0,320 406	−0,694 606	0,332 273	0,391 728
0,24	−0,959 955	0,284 680	−0,722 672	0,299 198	0,381 595
0,25	−0,960 604	0,249 805	−0,750 195	0,267 516	0,373 247
0,25	1,039 396	0,249 805	−0,750 195	0,267 516	0,373 247
0,26	1,040 098	0,215 632	−0,777 070	0,237 185	0,366 358
0,27	1,042 231	0,182 039	−0,803 171	0,208 207	0,360 667
0,28	1,045 878	0,148 925	−0,828 350	0,180 630	0,355 961
0,29	1,051 179	0,116 207	−0,852 433	0,154 545	0,352 065
0,30	1,058 345	0,083 818	−0,875 215	0,130 090	0,348 839
0,31	1,067 663	0,051 700	−0,896 459	0,107 444	0,346 165
0,32	1,079 515	0,019 807	−0,915 889	0,086 839	0,343 949
0,33	1,094 401	−0,011 898	−0,933 188	0,068 550	0,342 111
0,34	1,112 971	−0,043 449	−0,947 997	0,052 907	0,340 587
0,35	1,136 074	−0,074 871	−0,959 912	0,040 286	0,339 323
0,36	1,164 819	−0,106 186	−0,968 487	0,031 112	0,338 275
0,37	1,200 676	−0,137 414	−0,973 239	0,025 849	0,337 406
0,38	1,245 623	−0,168 568	−0,973 656	0,024 994	0,336 687
0,39	1,302 366	−0,199 661	−0,969 216	0,029 056	0,336 092
0,40	1,374 704	−0,230 705	−0,959 408	0,038 538	0,335 601
0,41	1,468 129	−0,261 707	−0,943 763	0,053 896	0,335 197
0,42	1,590 873	−0,292 675	−0,921 899	0,075 508	0,334 866
0,43	1,755 866	−0,323 616	−0,893 560	0,103 622	0,334 597
0,44	1,984 630	−0,354 534	−0,858 673	0,138 308	0,334 379
0,45	2,315 872	−0,385 435	−0,817 391	0,179 405	0,334 207
0,46	2,826 942	−0,416 321	−0,770 138	0,226 488	0,334 073
0,47	3,698 232	−0,447 196	−0,717 629	0,278 839	0,333 973
0,48	5,470 750	−0,478 064	−0,660 864	0,335 452	0,333 904
0,49	10,849 177	−0,508 926	−0,601 100	0,395 069	0,333 864
0,50	∞	−0,539 786	−0,539 786	0,456 239	0,333 851
	$\overline{\mathrm{sc}}(\zeta,\varkappa)$	$-\mathfrak{z}_2(\zeta,\varkappa)$	$-\mathfrak{z}_4(\zeta,\varkappa)$	$-\mathfrak{z}_6(\zeta,\varkappa)$	$\wp_2(\zeta,\varkappa)$

Tafel III

$\boxed{\varkappa = 0{,}34}$

$\vartheta_5'(0, k) = 1{,}528\,109$	$\vartheta_6(0, k) = 1{,}528\,109$	$\vartheta_{\substack{5\\6}}(\tfrac{1}{4}, \varkappa) = 2{,}425\,356$
$\vartheta_4''/\vartheta_4(\varkappa) = 66{,}897\,250$	$\vartheta_5'''/\vartheta_5'(\varkappa) = -25{,}303\,677$	$\vartheta_6''/\vartheta_6(\varkappa) = 48{,}350\,974$
$\vartheta_4''/\vartheta_4(k) = 0{,}782\,941$	$\vartheta_5'''/\vartheta_5'(k) = -\ 0{,}296\,145$	$\vartheta_6''/\vartheta_6(k) = 0{,}565\,882$
$\vartheta_4''''/\vartheta_4(k) = -0{,}157\,905$	$\vartheta_5'''''/\vartheta_5'(k) = -\ 0{,}503\,967$	$\vartheta_6''''/\vartheta_6(k) = -1{,}039\,332$

$\wp_3(\zeta, \varkappa)$	$\wp_5(\zeta, \varkappa)$	$\wp_1'(\zeta, \varkappa)$	$\wp_3'(\zeta, \varkappa)$	$\wp_5'(\zeta, \varkappa)$	
0,332 299	∞	− ∞	0,000 000	− ∞	0,50
0,332 285	117,036 922	−2532,264 92	−0,000 288	−2532,265 21	0,49
0,332 245	29,261 301	−316,510 303	−0,000 586	−316,510 889	0,48
0,332 176	13,008 975	−93,752 013	−0,000 904	−93,752 918	0,47
0,332 077	7,323 458	−39,519 683	−0,001 253	−39,520 936	0,46
0,331 943	4,694 850	−20,200 678	−0,001 645	−20,202 323	0,45
0,331 771	3,270 000	−11,656 434	−0,002 092	−11,658 527	0,44
0,331 554	2,413 874	−7,307 096	−0,002 611	−7,309 708	0,43
0,331 286	1,861 148	−4,862 697	−0,003 220	−4,865 916	0,42
0,330 956	1,485 011	−3,384 045	−0,003 938	−3,387 983	0,41
0,330 554	1,218 614	−2,437 374	−0,004 789	−2,442 163	0,40
0,330 065	1,023 980	−1,803 420	−0,005 804	−1,809 224	0,39
0,329 475	0,878 215	−1,363 180	−0,007 015	−1,370 196	0,38
0,328 761	0,766 830	−1,048 230	−0,008 465	−1,056 694	0,37
0,327 901	0,680 280	−0,817 299	−0,010 200	−0,827 499	0,36
0,326 865	0,612 057	−0,644 472	−0,012 279	−0,656 751	0,35
0,325 618	0,557 587	−0,512 895	−0,014 771	−0,527 666	0,34
0,324 119	0,513 572	−0,411 277	−0,017 757	−0,429 034	0,33
0,322 317	0,477 572	−0,331 848	−0,021 335	−0,353 182	0,32
0,320 153	0,447 743	−0,269 132	−0,025 619	−0,294 752	0,31
0,317 555	0,422 662	−0,219 193	−0,030 747	−0,249 940	0,30
0,314 438	0,401 201	−0,179 145	−0,036 878	−0,216 023	0,29
0,310 701	0,382 451	−0,146 837	−0,044 201	−0,191 038	0,28
0,306 223	0,365 653	−0,120 644	−0,052 934	−0,173 577	0,27
0,300 863	0,350 160	−0,099 319	−0,063 333	−0,162 651	0,26
0,294 454	0,335 403	−0,081 897	−0,075 688	−0,157 585	0,25
0,294 454	0,335 403	−0,081 897	−0,075 688	−0,157 585	0,25
0,286 800	0,320 860	−0,067 622	−0,090 333	−0,157 955	0,24
0,277 673	0,306 041	−0,055 898	−0,107 636	−0,163 534	0,23
0,266 807	0,290 469	−0,046 248	−0,128 007	−0,174 255	0,22
0,253 900	0,273 666	−0,038 293	−0,151 880	−0,190 173	0,21
0,238 607	0,255 147	−0,031 725	−0,179 707	−0,211 432	0,20
0,220 542	0,234 408	−0,026 295	−0,211 927	−0,238 221	0,19
0,199 280	0,210 930	−0,021 802	−0,248 930	−0,270 731	0,18
0,174 365	0,184 177	−0,018 079	−0,291 005	−0,309 084	0,17
0,145 322	0,153 610	−0,014 994	−0,338 259	−0,353 253	0,16
0,111 676	0,118 700	−0,012 433	−0,390 520	−0,402 953	0,15
0,072 989	0,078 965	−0,010 306	−0,447 206	−0,457 512	0,14
0,028 899	0,034 006	−0,008 538	−0,507 178	−0,515 717	0,13
−0,020 819	−0,016 430	−0,007 066	−0,568 581	−0,575 647	0,12
−0,076 177	−0,072 383	−0,005 839	−0,628 688	−0,634 527	0,11
−0,136 892	−0,133 589	−0,004 814	−0,683 801	−0,688 615	0,10
−0,202 295	−0,199 396	−0,003 954	−0,729 246	−0,733 200	0,09
−0,271 242	−0,268 675	−0,003 231	−0,759 525	−0,762 756	0,08
−0,342 059	−0,339 761	−0,002 619	−0,768 692	−0,771 312	0,07
−0,412 522	−0,410 442	−0,002 098	−0,750 986	−0,753 083	0,06
−0,479 919	−0,478 011	−0,001 648	−0,701 685	−0,703 333	0,05
−0,541 184	−0,539 410	−0,001 255	−0,618 107	−0,619 363	0,04
−0,593 138	−0,591 463	−0,000 906	−0,500 536	−0,501 442	0,03
−0,632 787	−0,631 181	−0,000 587	−0,352 836	−0,353 422	0,02
−0,657 667	−0,656 101	−0,000 289	−0,182 498	−0,182 787	0,01
−0,666 149	−0,664 597	0,000 000	0,000 000	0,000 000	0,00
$\wp_4(\zeta, \varkappa)$	$\wp_6(\zeta, \varkappa)$	$-\wp_2'(\zeta, \varkappa)$	$-\wp_4'(\zeta, \varkappa)$	$-\wp_6'(\zeta, \varkappa)$	$\zeta = \dfrac{z}{2K}$

Tafel III

$\sqrt{k} = 0{,}999\,494$ | $k = 0{,}998\,989$ | $k^2 = 0{,}997\,979$ | $\varkappa = 0{,}35$

$\sqrt{k'} = 0{,}212\,015$ | $k' = 0{,}044\,950$ | $k'^2 = 0{,}002\,021$

$e_1 = -e_3' = 0{,}334\,007$ | $e_2 = -e_2' = 0{,}331\,986$ | $e_3 = -e_1' = -0{,}665\,993$

$g_2 = g_2' = 1{,}330\,645$ | $g_3 = -g_3' = -0{,}295\,396$ | $g_3/\sqrt{g_2^3} = -0{,}192\,447$

$\bar{g}_2 = \bar{g}_2' = 1{,}290\,316$ | $\bar{g}_3 = -\bar{g}_3' = -0{,}314\,140$ | $\bar{g}_3/\sqrt{\bar{g}_2^3} = -0{,}214\,328$

$\zeta = \frac{z}{2K}$	$\vartheta_1(\zeta, \varkappa)$	$\vartheta_3(\zeta, \varkappa)$	$\frac{\partial \ln \vartheta_1(\zeta, \varkappa)}{\partial \zeta}$	$\frac{\partial \ln \vartheta_3(\zeta, \varkappa)}{\partial \zeta}$	$\mathrm{sn}(\zeta, \varkappa)$
0,00	0,000 000	1,690 736	∞	0,000 000	0,000 000
0,01	0,032 190	1,689 226	100,088 897	−0,178 701	0,089 565
0,02	0,064 465	1,684 704	50,176 931	−0,357 375	0,177 705
0,03	0,096 911	1,677 195	33,596 588	−0,535 995	0,263 087
0,04	0,129 610	1,666 741	25,347 044	−0,714 533	0,344 542
0,05	0,162 641	1,653 398	20,427 513	−0,892 956	0,421 124
0,06	0,196 081	1,637 240	17,170 591	−1,071 230	0,492 145
0,07	0,230 000	1,618 353	14,861 313	−1,249 313	0,557 175
0,08	0,264 464	1,596 839	13,141 921	−1,427 160	0,616 029
0,09	0,299 530	1,572 814	11,813 457	−1,604 717	0,668 734
0,10	0,335 249	1,546 405	10,756 403	−1,781 920	0,715 488
0,11	0,371 664	1,517 751	9,894 606	−1,958 696	0,756 616
0,12	0,408 808	1,487 000	9,177 242	−2,134 955	0,792 528
0,13	0,446 705	1,454 311	8,569 100	−2,310 593	0,823 685
0,14	0,485 368	1,419 850	8,045 029	−2,485 486	0,850 564
0,15	0,524 800	1,383 790	7,586 608	−2,659 486	0,873 641
0,16	0,564 992	1,346 307	7,180 055	−2,832 415	0,893 372
0,17	0,605 925	1,307 585	6,814 876	−3,004 063	0,910 183
0,18	0,647 566	1,267 808	6,482 962	−3,174 180	0,924 461
0,19	0,689 871	1,227 162	6,177 968	−3,342 468	0,936 558
0,20	0,732 785	1,185 835	5,894 877	−3,508 571	0,946 784
0,21	0,776 240	1,144 012	5,629 688	−3,672 066	0,955 412
0,22	0,820 156	1,101 878	5,379 184	−3,832 452	0,962 682
0,23	0,864 443	1,059 614	5,140 763	−3,989 132	0,968 798
0,24	0,908 999	1,017 398	4,912 309	−4,141 400	0,973 939
0,25	0,953 710	0,975 402	4,692 097	−4,288 421	0,978 255
0,26	0,998 454	0,933 794	4,478 709	−4,429 209	0,981 877
0,27	1,043 100	0,892 735	4,270 982	−4,562 604	0,984 913
0,28	1,087 507	0,852 380	4,067 955	−4,687 244	0,987 457
0,29	1,131 528	0,812 877	3,868 836	−4,801 540	0,989 588
0,30	1,175 009	0,774 364	3,672 966	−4,903 644	0,991 372
0,31	1,217 790	0,736 975	3,479 802	−4,991 418	0,992 864
0,32	1,259 707	0,700 833	3,288 892	−5,062 410	0,994 113
0,33	1,300 595	0,666 054	3,099 859	−5,113 829	0,995 157
0,34	1,340 284	0,632 746	2,912 391	−5,142 535	0,996 030
0,35	1,378 607	0,601 008	2,726 227	−5,145 037	0,996 759
0,36	1,415 397	0,570 931	2,541 149	−5,117 517	0,997 367
0,37	1,450 488	0,542 599	2,356 977	−5,055 889	0,997 875
0,38	1,483 719	0,516 089	2,173 557	−4,955 889	0,998 298
0,39	1,514 936	0,491 468	1,990 765	−4,813 222	0,998 650
0,40	1,543 988	0,468 797	1,808 492	−4,623 764	0,998 942
0,41	1,570 736	0,448 132	1,626 650	−4,383 833	0,999 184
0,42	1,595 047	0,429 521	1,445 163	−4,090 512	0,999 383
0,43	1,616 799	0,413 006	1,263 968	−3,742 026	0,999 545
0,44	1,635 884	0,398 623	1,083 010	−3,338 133	0,999 677
0,45	1,652 203	0,386 402	0,902 243	−2,880 493	0,999 782
0,46	1,665 672	0,376 370	0,721 626	−2,372 957	0,999 864
0,47	1,676 222	0,368 546	0,541 124	−1,821 713	0,999 925
0,48	1,683 797	0,362 947	0,360 704	−1,235 235	0,999 967
0,49	1,688 358	0,359 583	0,180 339	−0,624 006	0,999 992
0,50	1,689 881	0,358 461	0,000 000	0,000 000	1,000 000
	$\vartheta_2(\zeta, \varkappa)$	$\vartheta_4(\zeta, \varkappa)$	$-\frac{\partial \ln \vartheta_2(\zeta, \varkappa)}{\partial \zeta}$	$-\frac{\partial \ln \vartheta_4(\zeta, \varkappa)}{\partial \zeta}$	$\mathrm{cd}(\zeta, \varkappa)$

Tafel III

$\varkappa = 0{,}35$			
	$k^2 k'^2 = 0{,}002\,016$	$\eta_1 = -\eta_2' = -0{,}110\,405$	$\eta_1' = -\eta_2 = 0{,}332\,996$
	$\pi/KK' = 0{,}445\,183$	$\bar{\eta}_1 = -\bar{\eta}_2' = 0{,}111\,177$	$\bar{\eta}_1' = -\bar{\eta}_2 = 0{,}334\,006$
	$K = 4{,}490\,259$	$E = 1{,}004\,032$	$A = 1{,}989\,919$
	$K' = 1{,}571\,591$	$E' = 1{,}570\,003$	$A' = 0{,}003\,175$
	$B = 0{,}996\,974$	$C = 2{,}501\,366$	$D = 3{,}493\,285$

$\mathrm{cn}(\zeta, \varkappa)$	$\mathrm{dn}(\zeta, \varkappa)$	$\mathrm{sc}(\zeta, \varkappa)$	$\overline{\mathrm{sn}}(\zeta, \varkappa)$	$\overline{\mathrm{cn}}(\zeta, \varkappa)$	
1,000 000	1,000 000	0,000 000	∞	0,000 000	0,50
0,995 981	0,995 989	0,089 926	11,075 629	−0,089 566	0,49
0,984 084	0,984 116	0,180 580	5,449 763	−0,177 711	0,48
0,964 772	0,964 845	0,272 694	3,538 201	−0,263 107	0,47
0,938 771	0,938 899	0,367 013	2,558 214	−0,344 588	0,46
0,907 003	0,907 201	0,464 303	1,953 898	−0,421 216	0,45
0,870 513	0,870 794	0,565 350	1,540 274	−0,492 304	0,44
0,830 395	0,830 773	0,670 976	1,238 156	−0,557 428	0,43
0,787 724	0,788 210	0,782 037	1,007 894	−0,616 409	0,42
0,743 502	0,744 109	0,899 438	0,827 305	−0,669 280	0,41
0,698 625	0,699 365	1,024 137	0,682 883	−0,716 246	0,40
0,653 860	0,654 744	1,157 153	0,565 823	−0,757 639	0,39
0,609 835	0,610 875	1,299 577	0,470 057	−0,793 879	0,38
0,567 048	0,568 256	1,452 583	0,391 204	−0,825 439	0,37
0,525 872	0,527 260	1,617 437	0,325 985	−0,852 809	0,36
0,486 570	0,488 153	1,795 509	0,271 874	−0,876 482	0,35
0,449 317	0,451 108	1,988 291	0,226 882	−0,896 933	0,34
0,414 207	0,416 223	2,197 410	0,189 415	−0,914 612	0,33
0,381 277	0,383 534	2,424 647	0,158 182	−0,929 935	0,32
0,350 513	0,353 032	2,671 960	0,132 125	−0,943 289	0,31
0,321 870	0,324 672	2,941 506	0,110 376	−0,955 024	0,30
0,295 275	0,298 381	3,235 675	0,092 216	−0,965 465	0,29
0,270 635	0,274 073	3,557 123	0,077 049	−0,974 910	0,28
0,247 850	0,251 646	3,908 813	0,064 379	−0,983 639	0,27
0,226 810	0,230 997	4,294 073	0,053 794	−0,991 916	0,26
0,207 404	0,212 015	4,716 657	0,044 950	−1,000 000	0,25
0,189 521	0,194 592	5,180 828	0,037 560	−1,008 150	0,24
0,173 051	0,178 624	5,691 461	0,031 385	−1,016 633	0,23
0,157 888	0,164 008	6,254 172	0,026 224	−1,025 735	0,22
0,143 930	0,150 647	6,875 490	0,021 911	−1,035 770	0,21
0,131 080	0,138 448	7,563 083	0,018 306	−1,047 094	0,20
0,119 248	0,127 326	8,326 044	0,015 292	−1,060 121	0,19
0,108 347	0,117 200	9,175 296	0,012 773	−1,075 344	0,18
0,098 296	0,107 996	10,124 127	0,010 667	−1,093 360	0,17
0,089 019	0,099 644	11,188 935	0,008 906	−1,114 910	0,16
0,080 447	0,092 082	12,390 280	0,007 432	−1,140 925	0,15
0,072 513	0,085 253	13,754 392	0,006 198	−1,172 596	0,14
0,065 155	0,079 102	15,315 375	0,005 165	−1,211 477	0,13
0,058 317	0,073 583	17,118 534	0,004 298	−1,259 637	0,12
0,051 944	0,068 653	19,225 515	0,003 571	−1,319 891	0,11
0,045 987	0,064 273	21,722 544	0,002 959	−1,396 169	0,10
0,040 397	0,060 408	24,734 172	0,002 442	−1,494 143	0,09
0,035 131	0,057 028	28,447 323	0,002 005	−1,622 298	0,08
0,030 147	0,054 106	33,155 983	0,001 632	−1,793 953	0,07
0,025 404	0,051 620	39,350 568	0,001 312	−2,031 266	0,06
0,020 866	0,049 548	47,914 537	0,001 034	−2,374 080	0,05
0,016 495	0,047 875	60,615 922	0,000 790	−2,902 013	0,04
0,012 257	0,046 588	81,581 89	0,000 571	−3,800 736	0,03
0,008 117	0,045 676	123,196 93	0,000 371	−5,627 103	0,02
0,004 042	0,045 131	247,390 18	0,000 182	−11,165 012	0,01
0,000 000	0,044 950	∞	0,000 000	$-\infty$	0,00
$k'\,\mathrm{sd}(\zeta, \varkappa)$	$k'\,\mathrm{nd}(\zeta, \varkappa)$	$\frac{1}{k'}\,\mathrm{cs}(\zeta, \varkappa)$	$-\overline{\mathrm{cd}}(\zeta, \varkappa)$	$-\overline{\mathrm{sd}}(\zeta, \varkappa)$	$\zeta = \frac{z}{2K}$

Tafel III. (Fortsetzung)

$\vartheta_1'(0,\varkappa) = 3{,}217\,535$ $\quad \vartheta_1'(0,k) = 0{,}358\,279$ $\quad \vartheta_5'(0,\varkappa) = 13{,}979\,143$

$\vartheta_1'''/\vartheta_1'(\varkappa) = 26{,}712\,294$ $\quad \vartheta_2''/\vartheta_2(\varkappa) = -18{,}033\,456$ $\quad \vartheta_3''/\vartheta_3(\varkappa) = -17{,}870\,501$

$\vartheta_1'''/\vartheta_1'(k) = 0{,}331\,214$ $\quad \vartheta_2''/\vartheta_2(k) = -\,0{,}223\,602$ $\quad \vartheta_3''/\vartheta_3(k) = -\,0{,}221\,582$

$\vartheta_1'''''/\vartheta_1'(k) = -0{,}482\,485$ $\quad \vartheta_2''''/\vartheta_2(k) = 0{,}145\,953$ $\quad \vartheta_3''''/\vartheta_3(k) = 0{,}151\,328$

$\varkappa = 0{,}35$

$\zeta = \frac{z}{2K}$	$\overline{\mathrm{dn}}(\zeta,\varkappa)$	$\mathfrak{z}_1(\zeta,\varkappa)$	$\mathfrak{z}_3(\zeta,\varkappa)$	$\mathfrak{z}_5(\zeta,\varkappa)$	$\mathfrak{p}_1(\zeta,\varkappa)$
0,00	0,000 000	∞	0,000 000	∞	∞
0,01	−0,089 383	11,135 199	−0,029 814	11,135 199	123,993 547
0,02	−0,177 341	5,567 479	−0,059 624	5,567 483	31,000 388
0,03	−0,262 536	3,711 308	−0,089 429	3,711 321	13,781 775
0,04	−0,343 799	2,782 788	−0,119 224	2,782 820	7,757 976
0,05	−0,420 182	2,225 073	−0,149 007	2,225 136	4,972 718
0,06	−0,490 992	1,852 493	−0,178 773	1,852 604	3,462 713
0,07	−0,555 796	1,585 435	−0,208 518	1,585 615	2,555 201
0,08	−0,614 405	1,384 062	−0,238 237	1,384 338	1,969 111
0,09	−0,666 838	1,226 220	−0,267 923	1,226 624	1,570 118
0,10	−0,713 287	1,098 600	−0,297 570	1,099 171	1,287 427
0,11	−0,754 068	0,992 722	−0,327 169	0,993 508	1,080 831
0,12	−0,789 581	0,902 927	−0,356 711	0,903 985	0,926 108
0,13	−0,820 274	0,825 294	−0,386 183	0,826 694	0,807 941
0,14	−0,846 611	0,757 023	−0,415 573	0,758 847	0,716 255
0,15	−0,869 050	0,696 062	−0,444 863	0,698 410	0,644 195
0,16	−0,888 028	0,640 876	−0,474 034	0,643 868	0,586 960
0,17	−0,903 945	0,590 298	−0,503 062	0,594 075	0,541 106
0,18	−0,917 162	0,543 423	−0,531 920	0,548 157	0,504 106
0,19	−0,927 996	0,499 547	−0,560 574	0,505 440	0,474 075
0,20	−0,936 718	0,458 109	−0,588 985	0,465 406	0,449 581
0,21	−0,943 554	0,418 665	−0,617 105	0,427 655	0,429 522
0,22	−0,948 686	0,380 856	−0,644 880	0,391 886	0,413 039
0,23	−0,952 254	0,344 392	−0,672 241	0,357 875	0,399 457
0,24	−0,954 356	0,309 039	−0,699 112	0,325 465	0,388 240
0,25	−0,955 050	0,274 602	−0,725 398	0,294 557	0,378 957
0,25	1,044 950	0,274 602	−0,725 398	0,294 557	0,378 957
0,26	1,045 710	0,240 926	−0,750 989	0,265 103	0,371 263
0,27	1,048 018	0,207 881	−0,775 758	0,237 103	0,364 878
0,28	1,051 959	0,175 358	−0,799 552	0,210 601	0,359 573
0,29	1,057 681	0,143 271	−0,822 194	0,185 686	0,355 161
0,30	1,065 400	0,111 546	−0,843 478	0,162 490	0,351 489
0,31	1,075 413	0,080 121	−0,863 167	0,141 191	0,348 432
0,32	1,088 117	0,048 948	−0,880 987	0,122 012	0,345 885
0,33	1,104 027	0,017 984	−0,896 628	0,105 221	0,343 763
0,34	1,123 816	−0,012 806	−0,909 739	0,091 134	0,341 995
0,35	1,148 356	−0,043 450	−0,919 933	0,080 110	0,340 521
0,36	1,178 794	−0,073 974	−0,926 783	0,072 550	0,339 293
0,37	1,216 642	−0,104 397	−0,929 836	0,068 889	0,338 270
0,38	1,263 936	−0,134 736	−0,928 615	0,069 584	0,337 419
0,39	1,323 462	−0,165 005	−0,922 644	0,075 100	0,336 712
0,40	1,399 128	−0,195 217	−0,911 462	0,085 885	0,336 126
0,41	1,496 585	−0,225 380	−0,894 660	0,102 337	0,335 641
0,42	1,624 303	−0,255 504	−0,871 913	0,124 775	0,335 243
0,43	1,795 585	−0,285 595	−0,843 024	0,153 387	0,334 916
0,44	2,032 578	−0,315 660	−0,807 964	0,188 196	0,334 653
0,45	2,375 114	−0,345 704	−0,766 920	0,229 010	0,334 442
0,46	2,902 802	−0,375 731	−0,720 319	0,275 398	0,334 279
0,47	3,801 307	−0,405 745	−0,668 852	0,326 665	0,334 157
0,48	5,627 474	−0,435 750	−0,613 462	0,381 865	0,334 073
0,49	11,165 195	−0,465 749	−0,555 315	0,439 827	0,334 023
0,50	∞	−0,495 745	−0,495 745	0,499 214	0,334 007
	$\overline{\mathrm{sc}}(\zeta,\varkappa)$	$-\mathfrak{z}_2(\zeta,\varkappa)$	$-\mathfrak{z}_4(\zeta,\varkappa)$	$-\mathfrak{z}_6(\zeta,\varkappa)$	$\mathfrak{p}_2(\zeta,\varkappa)$

Tafel III

$\boxed{\kappa = 0{,}35}$

$\vartheta_5'(0,k) = 1{,}556\,608$	$\vartheta_6(0,k) = 1{,}556\,608$	$\vartheta_{\substack{5\\6}}(\frac{1}{4},\kappa) = 2{,}390\,457$
$\vartheta_4''/\vartheta_4(\kappa) = 62{,}616\,251$	$\vartheta_5'''/\vartheta_5'(\kappa) = -26{,}899\,210$	$\vartheta_6''/\vartheta_6(\kappa) = 44{,}582\,796$
$\vartheta_4''/\vartheta_4(k) = 0{,}776\,398$	$\vartheta_5'''/\vartheta_5'(k) = -\ 0{,}333\,531$	$\vartheta_6''/\vartheta_6(k) = 0{,}552\,796$
$\vartheta_4''''/\vartheta_4(k) = -0{,}187\,579$	$\vartheta_5'''''/\vartheta_5'(k) = -\ 0{,}459\,753$	$\vartheta_6''''/\vartheta_6(k) = -1{,}083\,251$

$\wp_3(\zeta,\kappa)$	$\wp_5(\zeta,\kappa)$	$\wp_1'(\zeta,\kappa)$	$\wp_3'(\zeta,\kappa)$	$\wp_5'(\zeta,\kappa)$	
0,331 986	∞	−∞	0,000 000	−∞	0,50
0,331 970	123,993 530	−2761,365 72	−0,000 364	−2761,366 08	0,49
0,331 921	31,000 322	−345,148 548	−0,000 740	−345,149 288	0,48
0,331 836	13,781 625	−102,238 209	−0,001 140	−102,239 349	0,47
0,331 715	7,757 704	−43,100 630	−0,001 576	−43,102 206	0,46
0,331 552	4,972 283	−22,034 936	−0,002 063	−22,036 999	0,45
0,331 342	3,462 069	−12,718 676	−0,002 617	−12,721 292	0,44
0,331 079	2,554 294	−7,976 685	−0,003 254	−7,979 939	0,43
0,330 755	1,967 880	−5,311 811	−0,003 996	−5,315 807	0,42
0,330 358	1,568 489	−3,699 890	−0,004 867	−3,704 757	0,41
0,329 876	1,285 316	−2,667 912	−0,005 893	−2,673 806	0,40
0,329 294	1,078 139	−1,976 788	−0,007 108	−1,983 896	0,39
0,328 592	0,922 714	−1,496 756	−0,008 550	−1,505 306	0,38
0,327 750	0,803 704	−1,153 216	−0,010 265	−1,163 482	0,37
0,326 739	0,711 008	−0,901 184	−0,012 306	−0,913 490	0,36
0,325 528	0,637 736	−0,712 413	−0,014 738	−0,727 150	0,35
0,324 078	0,579 052	−0,568 546	−0,017 634	−0,586 180	0,34
0,322 344	0,531 463	−0,457 286	−0,021 085	−0,478 371	0,33
0,320 271	0,492 391	−0,370 176	−0,025 196	−0,395 372	0,32
0,317 795	0,459 884	−0,301 263	−0,030 089	−0,331 352	0,31
0,314 839	0,432 434	−0,246 265	−0,035 910	−0,282 175	0,30
0,311 312	0,408 848	−0,202 048	−0,042 827	−0,244 875	0,29
0,307 108	0,388 161	−0,166 277	−0,051 037	−0,217 314	0,28
0,302 100	0,369 571	−0,137 186	−0,060 766	−0,197 952	0,27
0,296 141	0,352 394	−0,113 423	−0,072 276	−0,185 699	0,26
0,289 057	0,336 027	−0,093 941	−0,085 859	−0,179 801	0,25
0,289 057	0,336 027	−0,093 941	−0,085 859	−0,179 801	0,25
0,280 647	0,319 924	−0,077 919	−0,101 848	−0,179 767	0,24
0,270 681	0,303 573	−0,064 707	−0,120 605	−0,185 312	0,23
0,258 891	0,286 477	−0,053 788	−0,142 523	−0,196 311	0,22
0,244 975	0,268 150	−0,044 748	−0,168 012	−0,212 760	0,21
0,228 595	0,248 098	−0,037 252	−0,197 482	−0,234 734	0,20
0,209 375	0,225 821	−0,031 026	−0,231 316	−0,262 342	0,19
0,186 908	0,200 807	−0,025 850	−0,269 826	−0,295 677	0,18
0,160 765	0,172 542	−0,021 542	−0,313 201	−0,334 744	0,17
0,130 509	0,140 517	−0,017 953	−0,361 424	−0,379 378	0,16
0,095 714	0,104 248	−0,014 960	−0,414 177	−0,429 138	0,15
0,056 004	0,063 311	−0,012 462	−0,470 720	−0,483 182	0,14
0,011 092	0,017 376	−0,010 374	−0,529 756	−0,540 130	0,13
−0,039 161	−0,033 728	−0,008 626	−0,589 293	−0,597 919	0,12
−0,094 683	−0,089 957	−0,007 161	−0,646 522	−0,653 683	0,11
−0,155 105	−0,150 965	−0,005 930	−0,697 754	−0,703 684	0,10
−0,219 692	−0,216 037	−0,004 893	−0,738 454	−0,743 347	0,09
−0,287 268	−0,284 012	−0,004 014	−0,763 429	−0,767 443	0,08
−0,356 177	−0,353 246	−0,003 267	−0,767 203	−0,770 470	0,07
−0,424 276	−0,421 610	−0,002 625	−0,744 622	−0,747 247	0,06
−0,489 006	−0,486 550	−0,002 069	−0,691 630	−0,693 699	0,05
−0,547 524	−0,545 231	−0,001 580	−0,606 138	−0,607 718	0,04
−0,596 918	−0,594 747	−0,001 142	−0,488 802	−0,489 945	0,03
−0,634 478	−0,632 391	−0,000 742	−0,343 503	−0,344 245	0,02
−0,657 988	−0,655 951	−0,000 365	−0,177 335	−0,177 700	0,01
−0,665 993	−0,663 973	0,000 000	0,000 000	0,000 000	0,00
$\wp_4(\zeta,\kappa)$	$\wp_6(\zeta,\kappa)$	$-\wp_2'(\zeta,\kappa)$	$-\wp_4'(\zeta,\kappa)$	$-\wp_6'(\zeta,\kappa)$	$\zeta = \frac{z}{2K}$

Tafel III

$\sqrt{k} = 0{,}999\,351$ $\quad k = 0{,}998\,703$ $\quad k^2 = 0{,}997\,408$ $\quad \boxed{\varkappa = 0{,}36}$

$\sqrt{k'} = 0{,}225\,635$ $\quad k' = 0{,}050\,911$ $\quad k'^2 = 0{,}002\,592$

$e_1 = -e_3' = 0{,}334\,197$ $\quad e_2 = -e_2' = 0{,}331\,605$ $\quad e_3 = -e_1' = -0{,}665\,803$

$g_2 = g_2' = 1{,}329\,886$ $\quad g_3 = -g_3' = -0{,}295\,141$ $\quad g_3/\sqrt{g_2^3} = -0{,}192\,446$

$\bar{g}_2 = \bar{g}_2' = 1{,}278\,182$ $\quad \bar{g}_3 = -\bar{g}_3' = -0{,}319\,145$ $\quad \bar{g}_3/\sqrt{\bar{g}_2^3} = -0{,}220\,851$

$\zeta = \frac{z}{2K}$	$\vartheta_1(\zeta, \varkappa)$	$\vartheta_3(\zeta, \varkappa)$	$\frac{\partial \ln \vartheta_1(\zeta, \varkappa)}{\partial \zeta}$	$\frac{\partial \ln \vartheta_3(\zeta, \varkappa)}{\partial \zeta}$	$\mathrm{sn}(\zeta, \varkappa)$
0,00	0,000 000	1,667 207	∞	0,000 000	0,000 000
0,01	0,032 841	1,665 761	100,079 186	−0,173 540	0,087 102
0,02	0,065 760	1,661 431	50,157 601	−0,347 050	0,172 894
0,03	0,098 833	1,654 240	33,567 820	−0,520 498	0,256 144
0,04	0,132 136	1,644 226	25,309 105	−0,693 852	0,335 765
0,05	0,165 742	1,631 443	20,380 751	−0,867 075	0,410 866
0,06	0,199 717	1,615 959	17,115 425	−1,040 127	0,480 785
0,07	0,234 127	1,597 857	14,798 227	−1,212 964	0,545 089
0,08	0,269 029	1,577 230	13,071 453	−1,385 534	0,603 572
0,09	0,304 475	1,554 188	11,736 190	−1,557 777	0,656 220
0,10	0,340 510	1,528 850	10,672 955	−1,729 623	0,703 181
0,11	0,377 171	1,501 347	9,805 619	−1,900 991	0,744 729
0,12	0,414 486	1,471 818	9,083 371	−2,071 785	0,781 221
0,13	0,452 475	1,440 412	8,471 006	−2,241 890	0,813 068
0,14	0,491 146	1,407 286	7,943 372	−2,411 175	0,840 709
0,15	0,530 500	1,372 603	7,482 035	−2,579 478	0,864 582
0,16	0,570 525	1,336 531	7,073 196	−2,746 614	0,885 115
0,17	0,611 199	1,299 242	6,706 341	−2,912 358	0,902 712
0,18	0,652 490	1,260 913	6,373 333	−3,076 448	0,917 746
0,19	0,694 354	1,221 719	6,067 799	−3,238 571	0,930 558
0,20	0,736 734	1,181 840	5,784 688	−3,398 358	0,941 451
0,21	0,779 565	1,141 452	5,519 967	−3,555 370	0,950 694
0,22	0,822 770	1,100 732	5,270 383	−3,709 093	0,958 525
0,23	0,866 260	1,059 855	5,033 301	−3,858 916	0,965 151
0,24	0,909 939	1,018 991	4,806 574	−4,004 123	0,970 750
0,25	0,953 697	0,978 307	4,588 440	−4,143 869	0,975 477
0,26	0,997 418	0,937 964	4,377 452	−4,277 167	0,979 464
0,27	1,040 976	0,898 121	4,172 415	−4,402 861	0,982 825
0,28	1,084 240	0,858 928	3,972 343	−4,519 603	0,985 656
0,29	1,127 068	0,820 528	3,776 414	−4,625 833	0,988 040
0,30	1,169 316	0,783 060	3,583 948	−4,719 748	0,990 046
0,31	1,210 833	0,746 653	3,394 377	−4,799 282	0,991 733
0,32	1,251 465	0,711 432	3,207 229	−4,862 082	0,993 151
0,33	1,291 055	0,677 510	3,022 108	−4,905 494	0,994 343
0,34	1,329 446	0,644 996	2,838 685	−4,926 560	0,995 345
0,35	1,366 480	0,613 990	2,656 682	−4,922 021	0,996 185
0,36	1,402 000	0,584 584	2,475 869	−4,888 357	0,996 891
0,37	1,435 853	0,556 864	2,296 051	−4,821 839	0,997 482
0,38	1,467 887	0,530 906	2,117 066	−4,718 627	0,997 977
0,39	1,497 958	0,506 783	1,938 776	−4,574 914	0,998 390
0,40	1,525 926	0,484 557	1,761 066	−4,387 110	0,998 735
0,41	1,551 660	0,464 285	1,583 837	−4,152 090	0,999 021
0,42	1,575 038	0,446 018	1,407 008	−3,867 482	0,999 258
0,43	1,595 946	0,429 799	1,230 507	−3,531 988	0,999 453
0,44	1,614 282	0,415 668	1,054 275	−3,145 720	0,999 611
0,45	1,629 956	0,403 658	0,878 260	−2,710 495	0,999 737
0,46	1,642 889	0,393 794	0,702 415	−2,230 068	0,999 835
0,47	1,653 016	0,386 100	0,526 702	−1,710 229	0,999 909
0,48	1,660 287	0,380 593	0,351 083	−1,158 742	0,999 960
0,49	1,664 664	0,377 283	0,175 526	−0,585 083	0,999 990
0,50	1,666 126	0,376 180	0,000 000	0,000 000	1,000 000
	$\vartheta_2(\zeta, \varkappa)$	$\vartheta_4(\zeta, \varkappa)$	$-\frac{\partial \ln \vartheta_2(\zeta, \varkappa)}{\partial \zeta}$	$-\frac{\partial \ln \vartheta_4(\zeta, \varkappa)}{\partial \zeta}$	$\mathrm{cd}(\zeta, \varkappa)$

Tafel III

$\varkappa = 0{,}36$

$k^2 k'^2 = 0{,}002\,585$	$\eta_1 = -\eta_2' = -0{,}104\,015$	$\eta_1' = -\eta_2 = 0{,}332\,901$
$\pi/KK' = 0{,}457\,772$	$\bar\eta_1 = -\bar\eta_2' = 0{,}123\,575$	$\bar\eta_1' = -\bar\eta_2 = 0{,}334\,196$
$K = 4{,}366\,155$	$E = 1{,}005\,012$	$A = 1{,}987\,390$
$K' = 1{,}571\,816$	$E' = 1{,}569\,778$	$A' = 0{,}004\,073$
$B = 0{,}996\,277$	$C = 2{,}379\,768$	$D = 3{,}369\,877$

$\mathrm{cn}(\zeta,\varkappa)$	$\mathrm{dn}(\zeta,\varkappa)$	$\mathrm{sc}(\zeta,\varkappa)$	$\overline{\mathrm{sn}}(\zeta,\varkappa)$	$\overline{\mathrm{cn}}(\zeta,\varkappa)$	
1,000 000	1,000 000	0,000 000	∞	0,000 000	0,50
0,996 199	0,996 209	0,087 434	11,393 791	−0,087 103	0,49
0,984 940	0,984 980	0,175 538	5,611 214	−0,172 901	0,48
0,966 639	0,966 727	0,264 984	3,648 243	−0,256 167	0,47
0,941 946	0,942 101	0,356 458	2,642 948	−0,335 820	0,46
0,911 696	0,911 936	0,450 662	2,023 549	−0,410 974	0,45
0,876 839	0,877 180	0,548 316	1,599 772	−0,480 972	0,44
0,838 378	0,838 837	0,650 171	1,290 179	−0,545 388	0,43
0,797 309	0,797 900	0,757 012	1,054 013	−0,604 020	0,42
0,754 570	0,755 309	0,869 661	0,868 510	−0,656 863	0,41
0,711 011	0,711 911	0,988 989	0,719 838	−0,704 072	0,40
0,667 367	0,668 443	1,115 921	0,599 006	−0,745 930	0,39
0,624 255	0,625 521	1,251 445	0,499 838	−0,782 805	0,38
0,582 168	0,583 638	1,396 622	0,417 893	−0,815 121	0,37
0,541 488	0,543 177	1,552 591	0,349 852	−0,843 331	0,36
0,502 493	0,504 417	1,720 586	0,293 166	−0,867 892	0,35
0,465 373	0,467 550	1,901 946	0,245 827	−0,889 254	0,34
0,430 246	0,432 693	2,098 131	0,206 228	−0,907 847	0,33
0,397 167	0,399 906	2,310 734	0,173 064	−0,924 075	0,32
0,366 145	0,369 197	2,541 505	0,145 267	−0,938 315	0,31
0,337 151	0,340 541	2,792 372	0,121 954	−0,950 916	0,30
0,310 130	0,313 884	3,065 467	0,102 394	−0,962 202	0,29
0,285 007	0,289 155	3,363 159	0,085 977	−0,972 474	0,28
0,261 694	0,266 267	3,688 094	0,072 196	−0,982 017	0,27
0,240 092	0,245 126	4,043 239	0,060 626	−0,991 103	0,26
0,220 101	0,225 635	4,431 946	0,050 911	−1,000 000	0,25
0,201 618	0,207 693	4,858 021	0,042 753	−1,008 977	0,24
0,184 540	0,191 203	5,325 825	0,035 901	−1,018 312	0,23
0,168 766	0,176 068	5,840 384	0,030 147	−1,028 305	0,22
0,154 199	0,162 196	6,407 554	0,025 313	−1,039 283	0,21
0,140 747	0,149 500	7,034 215	0,021 253	−1,051 617	0,20
0,128 321	0,137 896	7,728 549	0,017 842	−1,065 740	0,19
0,116 836	0,127 307	8,500 393	0,014 977	−1,082 163	0,18
0,106 214	0,117 661	9,361 734	0,012 568	−1,101 507	0,17
0,096 379	0,108 889	10,327 390	0,010 544	−1,124 538	0,16
0,087 263	0,100 930	11,415 963	0,008 841	−1,152 217	0,15
0,078 798	0,093 728	12,651 207	0,007 409	−1,185 774	0,14
0,070 924	0,087 230	14,064 041	0,006 202	−1,226 811	0,13
0,063 583	0,081 390	15,695 566	0,005 186	−1,277 458	0,12
0,056 721	0,076 163	17,601 735	0,004 327	−1,340 609	0,11
0,050 287	0,071 513	19,860 841	0,003 601	−1,420 309	0,10
0,044 232	0,067 404	22,585 990	0,002 984	−1,522 389	0,09
0,038 512	0,063 806	25,946 949	0,002 459	−1,655 574	0,08
0,033 083	0,060 692	30,210 719	0,002 009	−1,833 557	0,07
0,027 904	0,058 039	35,822 685	0,001 620	−2,079 124	0,06
0,022 938	0,055 827	43,585 139	0,001 281	−2,433 242	0,05
0,018 145	0,054 040	55,103 602	0,000 981	−2,977 787	0,04
0,013 489	0,052 663	74,125 74	0,000 710	−3,903 700	0,03
0,008 936	0,051 687	111,897 00	0,000 462	−5,783 654	0,02
0,004 451	0,051 105	224,650 06	0,000 227	−11,480 666	0,01
0,000 000	0,050 911	∞	0,000 000	−∞	0,00
$k'\,\mathrm{sd}(\zeta,\varkappa)$	$k'\,\mathrm{nd}(\zeta,\varkappa)$	$\frac{1}{k'}\,\mathrm{cs}(\zeta,\varkappa)$	$-\overline{\mathrm{cd}}(\zeta,\varkappa)$	$-\overline{\mathrm{sd}}(\zeta,\varkappa)$	$\zeta = \frac{z}{2K}$

Tafel III. (Fortsetzung)

$\vartheta_1'(0,\varkappa) = 3{,}282\,785$	$\vartheta_1'(0,k) = 0{,}375\,936$	$\vartheta_5'(0,\varkappa) = 13{,}826\,448$
$\vartheta_1'''/\vartheta_1'(\varkappa) = 23{,}794\,429$	$\vartheta_2''/\vartheta_2(\varkappa) = -17{,}552\,146$	$\vartheta_3''/\vartheta_3(\varkappa) = -17{,}354\,503$
$\vartheta_1'''/\vartheta_1'(k) = 0{,}312\,045$	$\vartheta_2''/\vartheta_2(k) = -\ 0{,}230\,182$	$\vartheta_3''/\vartheta_3(k) = -\ 0{,}227\,590$
$\vartheta_1'''''/\vartheta_1'(k) = -0{,}502\,657$	$\vartheta_2''''/\vartheta_2(k) = 0{,}153\,768$	$\vartheta_3''''/\vartheta_3(k) = 0{,}160\,563$

$\varkappa = 0{,}36$

$\zeta = \frac{z}{2K}$	$\overline{\mathrm{dn}}(\zeta,\varkappa)$	$\mathfrak{z}_1(\zeta,\varkappa)$	$\mathfrak{z}_3(\zeta,\varkappa)$	$\mathfrak{z}_5(\zeta,\varkappa)$	$\wp_1(\zeta,\varkappa)$
0,00	0,000 000	∞	0,000 000	∞	∞
0,01	−0,086 875	11,451 710	−0,028 956	11,451 710	131,142 502
0,02	−0,172 439	5,725 745	−0,057 909	5,725 749	32,787 517
0,03	−0,255 457	3,816 846	−0,086 855	3,816 861	14,575 847
0,04	−0,334 839	2,861 997	−0,115 790	2,862 035	8,204 333
0,05	−0,409 693	2,288 533	−0,144 710	2,288 607	5,257 983
0,06	−0,479 352	1,905 514	−0,173 610	1,905 645	3,660 322
0,07	−0,543 379	1,631 072	−0,202 486	1,631 284	2,699 814
0,08	−0,601 561	1,424 243	−0,231 331	1,424 567	2,079 195
0,09	−0,653 878	1,262 250	−0,260 138	1,262 723	1,656 407
0,10	−0,700 471	1,131 408	−0,288 901	1,132 076	1,356 589
0,11	−0,741 603	1,023 000	−0,317 608	1,023 917	1,137 230
0,12	−0,777 619	0,931 208	−0,346 250	0,932 439	0,972 720
0,13	−0,808 919	0,851 998	−0,374 813	0,853 624	0,846 873
0,14	−0,835 922	0,782 492	−0,403 282	0,784 606	0,749 043
0,15	−0,859 051	0,720 578	−0,431 638	0,723 292	0,671 988
0,16	−0,878 711	0,664 676	−0,459 861	0,668 124	0,610 639
0,17	−0,895 279	0,613 582	−0,487 925	0,617 923	0,561 359
0,18	−0,909 099	0,566 364	−0,515 799	0,571 788	0,521 481
0,19	−0,920 473	0,522 292	−0,543 448	0,529 024	0,489 014
0,20	−0,929 663	0,480 788	−0,570 829	0,489 096	0,462 446
0,21	−0,936 889	0,441 390	−0,597 892	0,451 591	0,440 613
0,22	−0,942 328	0,403 726	−0,624 579	0,416 196	0,422 608
0,23	−0,946 116	0,367 493	−0,650 819	0,382 680	0,407 716
0,24	−0,948 351	0,332 446	−0,676 531	0,350 878	0,395 368
0,25	−0,949 089	0,298 383	−0,701 617	0,320 686	0,385 108
0,25	1,050 911	0,298 383	−0,701 617	0,320 686	0,385 108
0,26	1,051 729	0,265 138	−0,725 965	0,292 050	0,376 570
0,27	1,054 213	0,232 575	−0,749 442	0,264 967	0,369 453
0,28	1,058 451	0,200 580	−0,771 894	0,239 477	0,363 514
0,29	1,064 596	0,169 060	−0,793 142	0,215 666	0,358 554
0,30	1,072 870	0,137 937	−0,812 980	0,193 661	0,354 407
0,31	1,083 582	0,107 145	−0,831 171	0,173 635	0,350 939
0,32	1,097 139	0,076 630	−0,847 445	0,155 802	0,348 037
0,33	1,114 075	0,046 348	−0,861 500	0,140 422	0,345 607
0,34	1,135 081	0,016 259	−0,872 995	0,127 796	0,343 573
0,35	1,161 058	−0,013 666	−0,881 558	0,118 264	0,341 870
0,36	1,193 183	−0,043 455	−0,886 786	0,112 204	0,340 445
0,37	1,233 014	−0,073 130	−0,888 251	0,110 020	0,339 253
0,38	1,282 643	−0,102 710	−0,885 515	0,112 134	0,338 257
0,39	1,344 936	−0,132 210	−0,878 140	0,118 965	0,337 425
0,40	1,423 910	−0,161 644	−0,865 716	0,130 912	0,336 732
0,41	1,525 373	−0,191 023	−0,847 885	0,148 321	0,336 158
0,42	1,658 033	−0,220 356	−0,824 376	0,171 455	0,335 683
0,43	1,835 566	−0,249 651	−0,795 039	0,200 453	0,335 293
0,44	2,080 744	−0,278 915	−0,759 887	0,235 297	0,334 977
0,45	2,434 523	−0,308 155	−0,719 129	0,275 772	0,334 724
0,46	2,978 767	−0,337 375	−0,673 195	0,321 443	0,334 527
0,47	3,904 411	−0,366 580	−0,622 747	0,371 642	0,334 379
0,48	5,784 115	−0,395 774	−0,568 676	0,425 477	0,334 277
0,49	11,480 894	−0,424 962	−0,512 065	0,481 857	0,334 217
0,50	∞	−0,454 145	−0,454 145	0,539 550	0,334 197
	$\overline{\mathrm{sc}}(\zeta,\varkappa)$	$-\mathfrak{z}_2(\zeta,\varkappa)$	$-\mathfrak{z}_4(\zeta,\varkappa)$	$-\mathfrak{z}_6(\zeta,\varkappa)$	$\wp_2(\zeta,\varkappa)$

Tafel III

$\varkappa = 0{,}36$			
	$\vartheta_5'(0, k) = 1{,}583\,367$	$\vartheta_6(0, k) = 1{,}583\,367$	$\vartheta_{\substack{5\\6}}(\tfrac{1}{4}, \varkappa) = 2{,}357\,022$
	$\vartheta_4''/\vartheta_4(\varkappa) = 58{,}701\,078$	$\vartheta_5'''/\vartheta_5'(\varkappa) = -28{,}269\,081$	$\vartheta_6''/\vartheta_6(\varkappa) = 41{,}148\,933$
	$\vartheta_4''/\vartheta_4(k) = 0{,}769\,818$	$\vartheta_5'''/\vartheta_5'(k) = -\,0{,}370\,726$	$\vartheta_6''/\vartheta_6(k) = 0{,}539\,635$
	$\vartheta_4''''/\vartheta_4(k) = -0{,}216\,958$	$\vartheta_5'''''/\vartheta_5'(k) = -\,0{,}410\,028$	$\vartheta_6''''/\vartheta_6(k) = -1{,}126\,381$

$\wp_3(\zeta, \varkappa)$	$\wp_5(\zeta, \varkappa)$	$\wp_1'(\zeta, \varkappa)$	$\wp_3'(\zeta, \varkappa)$	$\wp_5'(\zeta, \varkappa)$	
0,331 605	∞	− ∞	0,000 000	− ∞	0,50
0,331 586	131,142 482	−3003,592 44	−0,000 454	−3003,592 89	0,49
0,331 526	32,787 438	−375,427 500	−0,000 921	−375,428 421	0,48
0,331 424	14,575 666	−111,210 502	−0,001 417	−111,211 919	0,47
0,331 277	8,204 005	−46,886 613	−0,001 956	−46,888 568	0,46
0,331 081	5,257 458	−23,974 141	−0,002 554	−23,976 695	0,45
0,330 829	3,659 545	−13,841 627	−0,003 229	−13,844 857	0,44
0,330 514	2,698 722	−8,684 493	−0,004 003	−8,688 497	0,43
0,330 126	2,077 716	−5,786 529	−0,004 898	−5,791 427	0,42
0,329 654	1,654 456	−4,033 727	−0,005 942	−4,039 669	0,41
0,329 083	1,354 067	−2,911 589	−0,007 165	−2,918 753	0,40
0,328 396	1,134 021	−2,160 055	−0,008 604	−2,168 659	0,39
0,327 573	0,968 687	−1,637 993	−0,010 302	−1,648 295	0,38
0,326 588	0,841 855	−1,264 272	−0,012 310	−1,276 582	0,37
0,325 412	0,742 850	−0,989 972	−0,014 687	−1,004 659	0,36
0,324 010	0,664 393	−0,784 388	−0,017 502	−0,801 891	0,35
0,322 341	0,601 374	−0,627 567	−0,020 837	−0,648 405	0,34
0,320 353	0,550 107	−0,506 150	−0,024 788	−0,530 939	0,33
0,317 990	0,507 866	−0,410 953	−0,029 468	−0,440 421	0,32
0,315 182	0,472 591	−0,335 514	−0,035 006	−0,370 520	0,31
0,311 847	0,442 688	−0,275 189	−0,041 557	−0,316 745	0,30
0,307 890	0,416 897	−0,226 580	−0,049 295	−0,275 875	0,29
0,303 197	0,394 200	−0,187 157	−0,058 424	−0,245 581	0,28
0,297 639	0,373 749	−0,155 008	−0,069 177	−0,224 185	0,27
0,291 061	0,354 823	−0,128 669	−0,081 817	−0,210 486	0,26
0,283 286	0,336 789	−0,107 006	−0,096 638	−0,203 644	0,25
0,283 286	0,336 789	−0,107 006	−0,096 638	−0,203 644	0,25
0,274 111	0,319 075	−0,089 128	−0,113 967	−0,203 095	0,24
0,263 299	0,301 147	−0,074 334	−0,134 155	−0,208 489	0,23
0,250 587	0,282 495	−0,062 061	−0,157 577	−0,219 638	0,22
0,235 674	0,262 622	−0,051 860	−0,184 611	−0,236 471	0,21
0,218 229	0,241 031	−0,043 366	−0,215 622	−0,258 988	0,20
0,197 891	0,217 225	−0,036 282	−0,250 932	−0,287 215	0,19
0,174 273	0,190 704	−0,030 368	−0,290 774	−0,321 142	0,18
0,146 974	0,160 976	−0,025 423	−0,335 235	−0,360 658	0,17
0,115 595	0,127 563	−0,021 285	−0,384 177	−0,405 462	0,16
0,079 761	0,090 026	−0,017 818	−0,437 147	−0,454 965	0,15
0,039 156	0,047 996	−0,014 910	−0,493 262	−0,508 172	0,14
−0,006 436	0,001 212	−0,012 467	−0,551 089	−0,563 556	0,13
−0,057 079	−0,050 427	−0,010 413	−0,608 527	−0,618 940	0,12
−0,112 619	−0,106 800	−0,008 682	−0,662 721	−0,671 402	0,11
−0,172 620	−0,167 493	−0,007 220	−0,710 023	−0,717 242	0,10
−0,236 295	−0,231 742	−0,005 980	−0,746 064	−0,752 045	0,09
−0,302 448	−0,298 371	−0,004 926	−0,765 962	−0,770 887	0,08
−0,369 450	−0,365 763	−0,004 022	−0,764 695	−0,768 717	0,07
−0,435 248	−0,431 877	−0,003 243	−0,737 670	−0,740 913	0,06
−0,497 429	−0,494 311	−0,002 563	−0,681 424	−0,683 987	0,05
−0,553 357	−0,550 436	−0,001 962	−0,594 376	−0,596 338	0,04
−0,600 363	−0,597 589	−0,001 421	−0,477 480	−0,478 901	0,03
−0,635 988	−0,633 316	−0,000 924	−0,334 596	−0,335 520	0,02
−0,658 236	−0,655 624	−0,000 455	−0,172 436	−0,172 891	0,01
−0,665 803	−0,663 211	0,000 000	0,000 000	0,000 000	0,00
$\wp_4(\zeta, \varkappa)$	$\wp_6(\zeta, \varkappa)$	$-\wp_2'(\zeta, \varkappa)$	$-\wp_4'(\zeta, \varkappa)$	$-\wp_6'(\zeta, \varkappa)$	$\zeta = \dfrac{z}{2K}$

Tafel III

$\sqrt{k} = 0{,}999\,179$	$k = 0{,}998\,359$	$k^2 = 0{,}996\,720$
$\sqrt{k'} = 0{,}239\,318$	$k' = 0{,}057\,273$	$k'^2 = 0{,}003\,280$
$e_1 = -e_3' = 0{,}334\,427$	$e_2 = -e_2' = 0{,}331\,147$	$e_3 = -e_1' = -0{,}665\,573$
$g_2 = g_2' = 1{,}328\,974$	$g_3 = -g_3' = -0{,}294\,834$	$g_3/\sqrt{g_2^3} = -0{,}192\,443$
$\bar{g}_2 = \bar{g}_2' = 1{,}263\,585$	$\bar{g}_3 = -\bar{g}_3' = -0{,}325\,148$	$\bar{g}_3/\sqrt{\bar{g}_2^3} = -0{,}228\,915$

$\varkappa = 0{,}37$

$\zeta = \frac{z}{2K}$	$\vartheta_1(\zeta,\varkappa)$	$\vartheta_3(\zeta,\varkappa)$	$\frac{\partial \ln \vartheta_1(\zeta,\varkappa)}{\partial \zeta}$	$\frac{\partial \ln \vartheta_3(\zeta,\varkappa)}{\partial \zeta}$	$\mathrm{sn}(\zeta,\varkappa)$
0,00	0,000 000	1,644 665	∞	0,000 000	0,000 000
0,01	0,033 431	1,643 279	100,070 380	−0,168 626	0,084 774
0,02	0,066 933	1,639 128	50,140 070	−0,337 218	0,168 340
0,03	0,100 575	1,632 234	33,541 721	−0,505 740	0,249 559
0,04	0,134 425	1,622 633	25,274 671	−0,674 156	0,327 417
0,05	0,168 547	1,610 375	20,338 284	−0,842 423	0,401 077
0,06	0,203 004	1,595 524	17,065 294	−1,010 499	0,469 900
0,07	0,237 851	1,578 157	14,740 855	−1,178 333	0,533 459
0,08	0,273 143	1,558 364	13,007 313	−1,345 867	0,591 526
0,09	0,308 923	1,536 246	11,665 797	−1,513 036	0,644 056
0,10	0,345 231	1,511 915	10,596 853	−1,679 764	0,691 155
0,11	0,382 099	1,485 495	9,724 378	−1,845 962	0,733 049
0,12	0,419 551	1,457 117	8,997 575	−2,011 527	0,770 048
0,13	0,457 602	1,426 922	8,381 246	−2,176 336	0,802 519
0,14	0,496 257	1,395 058	7,850 239	−2,340 246	0,830 860
0,15	0,535 513	1,361 679	7,386 113	−2,503 089	0,855 477
0,16	0,575 358	1,326 944	6,975 057	−2,664 666	0,876 770
0,17	0,615 767	1,291 017	6,606 538	−2,824 743	0,895 121
0,18	0,656 707	1,254 064	6,272 399	−2,983 044	0,910 887
0,19	0,698 133	1,216 255	5,966 242	−3,139 244	0,924 396
0,20	0,739 991	1,177 759	5,682 989	−3,292 961	0,935 945
0,21	0,782 217	1,138 745	5,418 579	−3,443 746	0,945 798
0,22	0,824 735	1,099 384	5,169 729	−3,591 070	0,954 190
0,23	0,867 460	1,059 841	4,933 775	−3,734 313	0,961 328
0,24	0,910 299	1,020 282	4,708 539	−3,872 751	0,967 392
0,25	0,953 148	0,980 868	4,492 231	−4,005 536	0,972 538
0,26	0,995 896	0,941 756	4,283 375	−4,131 682	0,976 900
0,27	1,038 423	0,903 098	4,080 751	−4,250 041	0,980 596
0,28	1,080 604	0,865 040	3,883 344	−4,359 288	0,983 725
0,29	1,122 305	0,827 724	3,690 311	−4,457 894	0,986 373
0,30	1,163 390	0,791 286	3,500 948	−4,544 110	0,988 612
0,31	1,203 717	0,755 852	3,314 666	−4,615 942	0,990 504
0,32	1,243 140	0,721 546	3,130 973	−4,671 143	0,992 103
0,33	1,281 512	0,688 480	2,949 456	−4,707 197	0,993 453
0,34	1,318 685	0,656 764	2,769 768	−4,721 323	0,994 593
0,35	1,354 512	0,626 497	2,591 619	−4,710 491	0,995 554
0,36	1,388 844	0,597 772	2,414 763	−4,671 459	0,996 364
0,37	1,421 539	0,570 675	2,238 994	−4,600 834	0,997 046
0,38	1,452 455	0,545 285	2,064 137	−4,495 166	0,997 619
0,39	1,481 456	0,521 675	1,890 046	−4,351 088	0,998 100
0,40	1,508 413	0,499 909	1,716 595	−4,165 484	0,998 503
0,41	1,533 203	0,480 046	1,543 679	−3,935 717	0,998 839
0,42	1,555 712	0,462 139	1,371 208	−3,659 875	0,999 118
0,43	1,575 833	0,446 233	1,199 104	−3,337 060	0,999 348
0,44	1,593 473	0,432 369	1,027 301	−2,967 657	0,999 536
0,45	1,608 547	0,420 581	0,855 742	−2,553 589	0,999 686
0,46	1,620 981	0,410 898	0,684 376	−2,098 487	0,999 803
0,47	1,630 716	0,403 343	0,513 158	−1,607 765	0,999 891
0,48	1,637 704	0,397 933	0,342 047	−1,088 538	0,999 952
0,49	1,641 910	0,394 683	0,171 006	−0,549 392	0,999 988
0,50	1,643 315	0,393 598	0,000 000	0,000 000	1,000 000
	$\vartheta_2(\zeta,\varkappa)$	$\vartheta_4(\zeta,\varkappa)$	$-\frac{\partial \ln \vartheta_2(\zeta,\varkappa)}{\partial \zeta}$	$-\frac{\partial \ln \vartheta_4(\zeta,\varkappa)}{\partial \zeta}$	$\mathrm{cd}(\zeta,\varkappa)$

Tafel III

$\varkappa = 0{,}37$			
	$k^2 k'^2 = 0{,}003\,269$	$\eta_1 = -\eta_2' = -0{,}097\,623$	$\eta_1' = -\eta_2 = 0{,}332\,786$
	$\pi/KK' = 0{,}470\,326$	$\bar\eta_1 = -\bar\eta_2' = 0{,}135\,900$	$\bar\eta_1' = -\bar\eta_2 = 0{,}334\,425$
	$K = 4{,}248\,883$	$E = 1{,}006\,151$	$A = 1{,}984\,427$
	$K' = 1{,}572\,087$	$E' = 1{,}569\,507$	$A' = 0{,}005\,155$
	$B = 0{,}995\,479$	$C = 2{,}265\,357$	$D = 3{,}253\,405$

$\mathrm{cn}(\zeta,\varkappa)$	$\mathrm{dn}(\zeta,\varkappa)$	$\mathrm{sc}(\zeta,\varkappa)$	$\overline{\mathrm{sn}}(\zeta,\varkappa)$	$\overline{\mathrm{cn}}(\zeta,\varkappa)$	
1,000 000	1,000 000	0,000 000	∞	0,000 000	0,50
0,996 400	0,996 412	0,085 080	11,711 429	−0,084 775	0,49
0,985 729	0,985 776	0,170 777	5,772 285	−0,168 348	0,48
0,968 360	0,968 465	0,257 713	3,757 923	−0,249 586	0,47
0,944 880	0,945 066	0,346 517	2,727 326	−0,327 482	0,46
0,916 044	0,916 332	0,437 836	2,092 867	−0,401 203	0,45
0,882 720	0,883 130	0,532 333	1,658 981	−0,470 119	0,44
0,845 826	0,846 378	0,630 695	1,341 976	−0,533 807	0,43
0,806 286	0,806 998	0,733 642	1,099 988	−0,592 048	0,42
0,764 978	0,765 867	0,841 927	0,909 660	−0,644 804	0,41
0,722 706	0,723 790	0,956 343	0,756 830	−0,692 191	0,40
0,680 176	0,681 471	1,077 734	0,632 318	−0,734 444	0,39
0,637 986	0,639 509	1,206 998	0,529 834	−0,771 886	0,38
0,596 626	0,598 394	1,345 095	0,444 871	−0,804 897	0,37
0,556 481	0,558 512	1,493 060	0,374 072	−0,833 892	0,36
0,517 841	0,520 154	1,652 007	0,314 862	−0,859 298	0,35
0,480 911	0,483 525	1,823 145	0,265 215	−0,881 536	0,34
0,445 824	0,448 762	2,007 789	0,223 511	−0,901 019	0,33
0,412 656	0,415 941	2,207 373	0,188 433	−0,918 137	0,32
0,381 434	0,385 091	2,423 473	0,158 900	−0,933 258	0,31
0,352 147	0,356 204	2,657 820	0,134 021	−0,946 726	0,30
0,324 756	0,329 243	2,912 330	0,113 051	−0,958 864	0,29
0,299 201	0,304 151	3,189 130	0,095 371	−0,969 976	0,28
0,275 405	0,280 855	3,490 595	0,080 460	−0,980 351	0,27
0,253 284	0,259 273	3,819 394	0,067 883	−0,990 267	0,26
0,232 746	0,239 318	4,178 537	0,057 273	−1,000 000	0,25
0,213 696	0,220 899	4,571 451	0,048 321	−1,009 829	0,24
0,196 038	0,203 925	5,002 060	0,040 768	−1,020 043	0,23
0,179 679	0,188 305	5,474 900	0,034 394	−1,030 953	0,22
0,164 526	0,173 954	5,995 258	0,029 015	−1,042 900	0,21
0,150 488	0,160 788	6,569 357	0,024 475	−1,056 272	0,20
0,137 482	0,148 726	7,204 606	0,020 643	−1,071 515	0,19
0,125 425	0,137 696	7,909 930	0,017 408	−1,089 162	0,18
0,114 240	0,127 625	8,696 219	0,014 676	−1,109 854	0,17
0,103 853	0,118 449	9,576 951	0,012 368	−1,134 383	0,16
0,094 195	0,110 108	10,569 067	0,010 418	−1,163 741	0,15
0,085 201	0,102 546	11,694 221	0,008 769	−1,199 196	0,14
0,076 810	0,095 711	12,980 622	0,007 373	−1,242 395	0,13
0,068 964	0,089 558	14,465 787	0,006 191	−1,295 529	0,12
0,061 608	0,084 044	16,200 815	0,005 188	−1,361 574	0,11
0,054 691	0,079 130	18,257 224	0,004 334	−1,444 688	0,10
0,048 164	0,074 782	20,738 347	0,003 606	−1,550 858	0,09
0,041 981	0,070 971	23,799 291	0,002 982	−1,689 053	0,08
0,036 098	0,067 669	27,683 998	0,002 444	−1,873 338	0,07
0,030 474	0,064 852	32,799 369	0,001 977	−2,127 123	0,06
0,025 068	0,062 503	39,878 343	0,001 567	−2,492 503	0,05
0,019 842	0,060 602	50,387 577	0,001 203	−3,053 605	0,04
0,014 758	0,059 138	67,750 48	0,000 873	−4,006 636	0,03
0,009 781	0,058 100	102,239 32	0,000 568	−5,940 065	0,02
0,004 873	0,057 479	205,219 85	0,000 280	−11,795 924	0,01
0,000 000	0,057 273	∞	0,000 000	−∞	0,00
$k'\,\mathrm{sd}(\zeta,\varkappa)$	$k'\,\mathrm{nd}(\zeta,\varkappa)$	$\frac{1}{k'}\,\mathrm{cs}(\zeta,\varkappa)$	$-\overline{\mathrm{cd}}(\zeta,\varkappa)$	$-\overline{\mathrm{sd}}(\zeta,\varkappa)$	$\zeta = \frac{z}{2K}$

Tafel III. (Fortsetzung)

$\vartheta_1'(0,\varkappa) = 3{,}341\,961$	$\vartheta_1'(0,k) = 0{,}393\,275$	$\vartheta_5'(0,\varkappa) = 13{,}668\,529$
$\vartheta_1'''/\vartheta_1'(\varkappa) = 21{,}148\,712$	$\vartheta_2''/\vartheta_2(\varkappa) = -17{,}100\,066$	$\vartheta_3''/\vartheta_3(\varkappa) = -16{,}863\,195$
$\vartheta_1'''/\vartheta_1'(k) = 0{,}292\,870$	$\vartheta_2''/\vartheta_2(k) = -\,0{,}236\,804$	$\vartheta_3''/\vartheta_3(k) = -\,0{,}233\,523$
$\vartheta_1'''''/\vartheta_1'(k) = -0{,}521\,533$	$\vartheta_2''''/\vartheta_2(k) = 0{,}161\,667$	$\vartheta_3''''/\vartheta_3(k) = 0{,}170\,138$

$\varkappa = 0{,}37$

$\zeta = \frac{z}{2K}$	$\overline{\mathrm{dn}}(\zeta,\varkappa)$	$\mathfrak{z}_1(\zeta,\varkappa)$	$\mathfrak{z}_3(\zeta,\varkappa)$	$\mathfrak{z}_5(\zeta,\varkappa)$	$\wp_1(\zeta,\varkappa)$
0,00	0,000 000	∞	0,000 000	∞	∞
0,01	−0,084 495	11,767 784	−0,028 139	11,767 785	138,481 542
0,02	−0,167 780	5,883 790	−0,056 275	5,883 796	34,622 176
0,03	−0,248 713	3,922 234	−0,084 402	3,922 253	15,391 059
0,04	−0,326 279	2,941 089	−0,112 516	2,941 133	8,662 606
0,05	−0,399 636	2,351 889	−0,140 614	2,351 976	5,550 904
0,06	−0,468 141	1,958 434	−0,168 688	1,958 587	3,863 284
0,07	−0,531 362	1,676 603	−0,196 734	1,676 849	2,848 400
0,08	−0,589 066	1,464 308	−0,224 745	1,464 683	2,192 364
0,09	−0,641 198	1,298 145	−0,252 713	1,298 693	1,745 181
0,10	−0,687 857	1,164 058	−0,280 629	1,164 830	1,427 810
0,11	−0,729 256	1,053 091	−0,308 483	1,054 149	1,195 374
0,12	−0,765 695	0,959 267	−0,336 262	0,960 686	1,020 842
0,13	−0,797 524	0,878 443	−0,363 952	0,880 311	0,887 133
0,14	−0,825 123	0,807 659	−0,391 537	0,810 083	0,783 013
0,15	−0,848 880	0,744 746	−0,418 995	0,747 851	0,700 844
0,16	−0,869 168	0,688 078	−0,446 305	0,692 014	0,635 282
0,17	−0,886 343	0,636 416	−0,473 439	0,641 358	0,582 491
0,18	−0,900 729	0,588 799	−0,500 363	0,594 957	0,539 660
0,19	−0,912 615	0,544 475	−0,527 040	0,552 096	0,504 691
0,20	−0,922 251	0,502 847	−0,553 425	0,512 223	0,475 989
0,21	−0,929 849	0,463 436	−0,579 465	0,474 912	0,452 328
0,22	−0,935 582	0,425 856	−0,605 097	0,439 840	0,432 750
0,23	−0,939 582	0,389 793	−0,630 250	0,406 765	0,416 500
0,24	−0,941 945	0,354 992	−0,654 837	0,375 517	0,402 977
0,25	−0,942 727	0,321 242	−0,678 758	0,345 985	0,391 700
0,25	1,057 273	0,321 242	−0,678 758	0,345 985	0,391 700
0,26	1,058 150	0,288 368	−0,701 899	0,318 111	0,382 278
0,27	1,060 811	0,256 228	−0,724 123	0,291 887	0,374 394
0,28	1,065 347	0,224 702	−0,745 274	0,267 349	0,367 788
0,29	1,071 916	0,193 690	−0,765 174	0,244 578	0,362 248
0,30	1,080 747	0,163 111	−0,783 615	0,223 697	0,357 598
0,31	1,092 158	0,132 894	−0,800 364	0,204 871	0,353 692
0,32	1,106 570	0,102 981	−0,815 156	0,188 307	0,350 410
0,33	1,124 530	0,073 325	−0,827 695	0,174 252	0,347 650
0,34	1,146 751	0,043 884	−0,837 653	0,162 993	0,345 330
0,35	1,174 159	0,014 624	−0,844 674	0,154 852	0,343 379
0,36	1,207 965	−0,014 484	−0,848 376	0,150 182	0,341 739
0,37	1,249 768	−0,043 464	−0,848 361	0,149 357	0,340 362
0,38	1,301 720	−0,072 337	−0,844 222	0,152 763	0,339 206
0,39	1,366 762	−0,101 119	−0,835 563	0,160 780	0,338 237
0,40	1,449 022	−0,129 826	−0,822 017	0,173 759	0,337 427
0,41	1,554 464	−0,158 470	−0,803 275	0,191 997	0,336 752
0,42	1,692 035	−0,187 062	−0,779 110	0,215 710	0,336 192
0,43	1,875 782	−0,215 611	−0,749 417	0,244 994	0,335 732
0,44	2,129 100	−0,244 124	−0,714 243	0,279 796	0,335 356
0,45	2,494 070	−0,272 609	−0,673 812	0,319 882	0,335 056
0,46	3,054 808	−0,301 070	−0,628 552	0,364 820	0,334 821
0,47	4,007 509	−0,329 515	−0,579 101	0,413 967	0,334 645
0,48	5,940 633	−0,357 947	−0,526 295	0,466 481	0,334 522
0,49	11,796 204	−0,386 370	−0,471 145	0,521 348	0,334 450
0,50	∞	−0,414 790	−0,414 790	0,577 424	0,334 427
	$\overline{\mathrm{sc}}(\zeta,\varkappa)$	$-\mathfrak{z}_2(\zeta,\varkappa)$	$-\mathfrak{z}_4(\zeta,\varkappa)$	$-\mathfrak{z}_6(\zeta,\varkappa)$	$\wp_2(\zeta,\varkappa)$

Tafel III

$\varkappa = 0{,}37$			
	$\vartheta_5'(0, k) = 1{,}608\,485$	$\vartheta_6(0, k) = 1{,}608\,485$	$\vartheta_{\substack{5\\6}}(\frac{1}{4}, \varkappa) = 2{,}324\,953$
	$\vartheta_4''/\vartheta_4(\varkappa) = 55{,}111\,973$	$\vartheta_5'''/\vartheta_5'(\varkappa) = -29{,}440\,872$	$\vartheta_6''/\vartheta_6(\varkappa) = 38{,}011\,907$
	$\vartheta_4''/\vartheta_4(k) = 0{,}763\,196$	$\vartheta_5'''/\vartheta_5'(k) = -\ 0{,}407\,700$	$\vartheta_6''/\vartheta_6(k) = 0{,}526\,393$
	$\vartheta_4''''/\vartheta_4(k) = -0{,}246\,033$	$\vartheta_5'''''/\vartheta_5'(k) = -\ 0{,}354\,760$	$\vartheta_6''''/\vartheta_6(k) = -1{,}168\,731$

$p_3(\zeta, \varkappa)$	$p_5(\zeta, \varkappa)$	$p_1'(\zeta, \varkappa)$	$p_3'(\zeta, \varkappa)$	$p_5'(\zeta, \varkappa)$	
0,331 147	∞	− ∞	0,000 000	− ∞	0,50
0,331 123	138,481 518	−3259,222 99	−0,000 558	−3259,223 55	0,49
0,331 051	34,622 081	−407,381 902	−0,001 133	−407,383 034	0,48
0,330 929	15,390 842	−120,679 189	−0,001 740	−120,680 928	0,47
0,330 754	8,662 213	−50,881 977	−0,002 397	−50,884 374	0,46
0,330 520	5,550 277	−26,020 520	−0,003 122	−26,023 642	0,45
0,330 221	3,862 358	−15,026 579	−0,003 938	−15,030 517	0,44
0,329 848	2,847 101	−9,431 333	−0,004 866	−9,436 199	0,43
0,329 390	2,190 608	−6,287 392	−0,005 934	−6,293 326	0,42
0,328 834	1,742 869	−4,385 934	−0,007 172	−4,393 106	0,41
0,328 165	1,424 829	−3,168 673	−0,008 614	−3,177 287	0,40
0,327 363	1,191 591	−2,353 421	−0,010 302	−2,363 723	0,39
0,326 406	1,016 102	−1,787 042	−0,012 283	−1,799 325	0,38
0,325 266	0,881 252	−1,381 509	−0,014 612	−1,396 120	0,37
0,323 911	0,775 777	−1,083 752	−0,017 353	−1,101 105	0,36
0,322 303	0,692 001	−0,860 465	−0,020 583	−0,881 049	0,35
0,320 397	0,624 532	−0,690 012	−0,024 389	−0,714 402	0,34
0,318 139	0,569 483	−0,557 911	−0,028 874	−0,586 785	0,33
0,315 467	0,523 980	−0,454 210	−0,034 156	−0,488 366	0,32
0,312 307	0,485 852	−0,371 911	−0,040 373	−0,412 284	0,31
0,308 574	0,453 417	−0,305 987	−0,047 685	−0,353 672	0,30
0,304 167	0,425 348	−0,252 761	−0,056 275	−0,309 035	0,29
0,298 968	0,400 571	−0,209 496	−0,066 349	−0,275 846	0,28
0,292 842	0,378 195	−0,174 128	−0,078 146	−0,252 274	0,27
0,285 630	0,357 461	−0,145 074	−0,091 927	−0,237 001	0,26
0,277 154	0,337 707	−0,121 107	−0,107 986	−0,229 093	0,25
0,277 154	0,337 707	−0,121 107	−0,107 986	−0,229 093	0,25
0,267 204	0,318 335	−0,101 267	−0,126 640	−0,227 907	0,24
0,255 547	0,298 795	−0,084 795	−0,148 228	−0,233 022	0,23
0,241 919	0,278 561	−0,071 083	−0,173 097	−0,244 180	0,22
0,226 026	0,257 128	−0,059 645	−0,201 593	−0,261 238	0,21
0,207 545	0,233 997	−0,050 085	−0,234 033	−0,284 118	0,20
0,186 132	0,208 677	−0,042 082	−0,270 673	−0,312 754	0,19
0,161 420	0,180 683	−0,035 372	−0,311 665	−0,347 037	0,18
0,133 039	0,149 543	−0,029 740	−0,356 997	−0,386 737	0,17
0,100 630	0,114 813	−0,025 006	−0,406 417	−0,431 423	0,16
0,063 867	0,076 099	−0,021 022	−0,459 346	−0,480 368	0,15
0,022 491	0,033 083	−0,017 666	−0,514 771	−0,532 438	0,14
−0,023 649	−0,014 434	−0,014 834	−0,571 147	−0,585 982	0,13
−0,074 545	−0,066 486	−0,012 441	−0,626 294	−0,638 736	0,12
−0,129 975	−0,122 885	−0,010 415	−0,677 336	−0,687 751	0,11
−0,189 445	−0,183 164	−0,008 694	−0,720 697	−0,729 392	0,10
−0,252 126	−0,246 521	−0,007 229	−0,752 193	−0,759 422	0,09
−0,316 818	−0,311 773	−0,005 975	−0,767 252	−0,773 227	0,08
−0,381 929	−0,377 344	−0,004 895	−0,761 288	−0,766 183	0,07
−0,445 491	−0,441 282	−0,003 958	−0,730 224	−0,734 182	0,06
−0,505 238	−0,501 329	−0,003 137	−0,671 120	−0,674 257	0,05
−0,558 723	−0,555 049	−0,002 406	−0,582 832	−0,585 238	0,04
−0,603 498	−0,600 000	−0,001 746	−0,466 548	−0,468 294	0,03
−0,637 328	−0,633 952	−0,001 137	−0,326 082	−0,327 219	0,02
−0,658 410	−0,655 106	−0,000 560	−0,167 780	−0,168 340	0,01
−0,665 573	−0,662 293	0,000 000	0,000 000	0,000 000	0,00
$p_4(\zeta, \varkappa)$	$p_6(\zeta, \varkappa)$	$-p_2'(\zeta, \varkappa)$	$-p_4'(\zeta, \varkappa)$	$-p_6'(\zeta, \varkappa)$	$\zeta = \dfrac{z}{2K}$

Tafel III

$\sqrt{k}$	$= 0{,}998\,973$	k	$= 0{,}997\,948$	k^2	$= 0{,}995\,900$	$\varkappa = 0{,}38$
$\sqrt{k'}$	$= 0{,}253\,041$	k'	$= 0{,}064\,030$	k'^2	$= 0{,}004\,100$	
$e_1 = -e_3'$	$= 0{,}334\,700$	$e_2 = -e_2'$	$= 0{,}330\,600$	$e_3 = -e_1'$	$= -0{,}665\,300$	
$g_2 = g_2'$	$= 1{,}327\,889$	$g_3 = -g_3'$	$= -0{,}294\,467$	$g_3/\sqrt{g_2^3}$	$= -0{,}192\,439$	
$\bar{g}_2 = \bar{g}_2'$	$= 1{,}246\,229$	$\bar{g}_3 = -\bar{g}_3'$	$= -0{,}332\,262$	$\bar{g}_3/\sqrt{\bar{g}_2^3}$	$= -0{,}238\,827$	

$\zeta = \frac{z}{2K}$	$\vartheta_1(\zeta, \varkappa)$	$\vartheta_3(\zeta, \varkappa)$	$\frac{\partial \ln \vartheta_1(\zeta, \varkappa)}{\partial \zeta}$	$\frac{\partial \ln \vartheta_3(\zeta, \varkappa)}{\partial \zeta}$	$\mathrm{sn}(\zeta, \varkappa)$
0,00	0,000 000	1,623 047	∞	0,000 000	0,000 000
0,01	0,033 964	1,621 717	100,062 379	−0,163 937	0,082 570
0,02	0,067 992	1,617 735	50,124 137	−0,327 836	0,164 025
0,03	0,102 146	1,611 119	33,517 995	−0,491 657	0,243 307
0,04	0,136 487	1,601 906	25,243 356	−0,655 357	0,319 472
0,05	0,171 073	1,590 141	20,299 645	−0,818 893	0,391 730
0,06	0,205 959	1,575 885	17,019 653	−0,982 214	0,459 469
0,07	0,241 196	1,559 210	14,688 585	−1,145 266	0,522 266
0,08	0,276 830	1,540 201	12,948 831	−1,307 985	0,579 881
0,09	0,312 901	1,518 952	11,601 557	−1,470 300	0,632 241
0,10	0,349 443	1,495 571	10,527 339	−1,632 129	0,679 416
0,11	0,386 482	1,470 173	9,650 095	−1,793 375	0,721 588
0,12	0,424 039	1,442 883	8,919 045	−1,953 927	0,759 027
0,13	0,462 125	1,413 833	8,298 998	−2,113 656	0,792 058
0,14	0,500 742	1,383 163	7,764 803	−2,272 409	0,821 042
0,15	0,539 885	1,351 020	7,298 017	−2,430 008	0,846 352
0,16	0,579 538	1,317 555	6,884 820	−2,586 244	0,868 362
0,17	0,619 675	1,282 922	6,514 663	−2,740 873	0,887 433
0,18	0,660 264	1,247 282	6,179 374	−2,893 607	0,903 904
0,19	0,701 259	1,210 793	5,872 533	−3,044 112	0,918 092
0,20	0,742 608	1,173 620	5,589 041	−3,191 993	0,930 284
0,21	0,784 246	1,135 924	5,324 811	−3,336 790	0,940 739
0,22	0,826 101	1,097 867	5,076 536	−3,477 966	0,949 690
0,23	0,868 092	1,059 610	4,841 526	−3,614 895	0,957 342
0,24	0,910 128	1,021 312	4,617 576	−3,746 845	0,963 874
0,25	0,952 110	0,983 128	4,402 871	−3,872 971	0,969 445
0,26	0,993 931	0,945 209	4,195 911	−3,992 290	0,974 191
0,27	1,035 480	0,907 705	3,995 450	−4,103 670	0,978 231
0,28	1,076 635	0,870 758	3,800 450	−4,205 810	0,981 668
0,29	1,117 271	0,834 505	3,610 045	−4,297 219	0,984 590
0,30	1,157 258	0,799 080	3,423 512	−4,376 204	0,987 072
0,31	1,196 463	0,764 608	3,240 241	−4,440 851	0,989 180
0,32	1,234 749	0,731 209	3,059 723	−4,489 016	0,990 969
0,33	1,271 977	0,698 996	2,881 527	−4,518 322	0,992 487
0,34	1,308 007	0,668 077	2,705 292	−4,526 162	0,993 774
0,35	1,342 702	0,638 552	2,530 713	−4,509 726	0,994 864
0,36	1,375 922	0,610 513	2,357 530	−4,466 035	0,995 787
0,37	1,407 533	0,584 048	2,185 526	−4,392 006	0,996 567
0,38	1,437 402	0,559 236	2,014 515	−4,284 550	0,997 225
0,39	1,465 404	0,536 150	1,844 341	−4,140 693	0,997 781
0,40	1,491 417	0,514 856	1,674 870	−3,957 742	0,998 247
0,41	1,515 326	0,495 415	1,505 988	−3,733 479	0,998 638
0,42	1,537 024	0,477 881	1,337 597	−3,466 390	0,998 963
0,43	1,556 413	0,462 300	1,169 614	−3,155 902	0,999 232
0,44	1,573 404	0,448 714	1,001 965	−2,802 616	0,999 452
0,45	1,587 919	0,437 159	0,834 588	−2,408 514	0,999 629
0,46	1,599 889	0,427 665	0,667 426	−1,977 090	0,999 767
0,47	1,609 258	0,420 256	0,500 430	−1,513 397	0,999 871
0,48	1,615 982	0,414 950	0,333 555	−1,023 965	0,999 943
0,49	1,620 030	0,411 761	0,166 758	−0,516 591	0,999 986
0,50	1,621 381	0,410 698	0,000 000	0,000 000	1,000 000
	$\vartheta_2(\zeta, \varkappa)$	$\vartheta_4(\zeta, \varkappa)$	$-\frac{\partial \ln \vartheta_2(\zeta, \varkappa)}{\partial \zeta}$	$-\frac{\partial \ln \vartheta_4(\zeta, \varkappa)}{\partial \zeta}$	$\mathrm{cd}(\zeta, \varkappa)$

Tafel III

$\varkappa = 0{,}38$	$k^2 k'^2 = 0{,}004\,083$	$\eta_1 = -\eta_2' = -0{,}091\,230$	$\eta_1' = -\eta_2 = 0{,}332\,649$
	$\pi/KK' = 0{,}482\,838$	$\bar\eta_1 = -\bar\eta_2' = 0{,}148\,141$	$\bar\eta_1' = -\bar\eta_2 = 0{,}334\,698$
	$K = 4{,}137\,921$	$E = 1{,}007\,460$	$A = 1{,}980\,991$
	$K' = 1{,}572\,410$	$E' = 1{,}569\,185$	$A' = 0{,}006\,443$
	$B = 0{,}994\,573$	$C = 2{,}157\,620$	$D = 3{,}143\,348$

$\mathrm{cn}(\zeta,\varkappa)$	$\mathrm{dn}(\zeta,\varkappa)$	$\mathrm{sc}(\zeta,\varkappa)$	$\overline{\mathrm{sn}}(\zeta,\varkappa)$	$\overline{\mathrm{cn}}(\zeta,\varkappa)$	
1,000 000	1,000 000	0,000 000	∞	0,000 000	0,50
0,996 585	0,996 599	0,082 853	12,028 478	−0,082 572	0,49
0,986 456	0,986 512	0,166 277	5,932 951	−0,164 034	0,48
0,969 949	0,970 075	0,250 845	3,867 231	−0,243 338	0,47
0,947 596	0,947 816	0,337 140	2,811 347	−0,319 546	0,46
0,920 080	0,920 422	0,425 757	2,161 850	−0,391 876	0,45
0,888 194	0,888 681	0,517 308	1,717 896	−0,459 721	0,44
0,852 783	0,853 438	0,612 426	1,393 536	−0,522 668	0,43
0,814 701	0,815 547	0,711 772	1,145 798	−0,580 483	0,42
0,774 771	0,775 828	0,816 036	0,950 728	−0,633 104	0,41
0,733 753	0,735 042	0,925 946	0,793 828	−0,680 608	0,40
0,692 322	0,693 862	1,042 272	0,665 721	−0,723 193	0,39
0,651 059	0,652 870	1,165 834	0,560 003	−0,761 139	0,38
0,610 445	0,612 549	1,297 509	0,472 096	−0,794 787	0,37
0,570 868	0,573 283	1,438 234	0,398 602	−0,824 516	0,36
0,532 624	0,535 373	1,589 025	0,336 919	−0,850 722	0,35
0,495 930	0,499 037	1,750 977	0,285 005	−0,873 803	0,34
0,460 937	0,464 426	1,925 281	0,241 225	−0,894 151	0,33
0,427 735	0,431 633	2,113 236	0,204 252	−0,912 141	0,32
0,396 367	0,400 703	2,316 265	0,172 995	−0,928 134	0,31
0,366 841	0,371 645	2,535 935	0,146 551	−0,942 468	0,30
0,339 130	0,344 438	2,773 977	0,124 168	−0,955 463	0,29
0,313 190	0,319 039	3,032 313	0,105 213	−0,967 425	0,28
0,288 957	0,295 388	3,313 090	0,089 158	−0,978 646	0,27
0,266 358	0,273 414	3,618 720	0,075 556	−0,989 410	0,26
0,245 309	0,253 041	3,951 927	0,064 030	−1,000 000	0,25
0,225 726	0,234 186	4,315 817	0,054 262	−1,010 703	0,24
0,207 518	0,216 765	4,713 947	0,045 984	−1,021 820	0,23
0,190 599	0,200 696	5,150 435	0,038 967	−1,033 672	0,22
0,174 880	0,185 896	5,630 086	0,033 018	−1,046 613	0,21
0,160 276	0,172 287	6,158 568	0,027 975	−1,061 044	0,20
0,146 705	0,159 794	6,742 635	0,023 699	−1,077 430	0,19
0,134 088	0,148 343	7,390 435	0,020 072	−1,096 321	0,18
0,122 349	0,137 869	8,111 925	0,016 996	−1,118 380	0,17
0,111 417	0,128 307	8,919 439	0,014 385	−1,144 423	0,16
0,101 222	0,119 598	9,828 498	0,012 169	−1,175 473	0,15
0,091 702	0,111 690	10,858 960	0,010 285	−1,212 833	0,14
0,082 794	0,104 530	12,036 707	0,008 684	−1,258 199	0,13
0,074 441	0,098 074	13,396 182	0,007 321	−1,313 821	0,12
0,066 588	0,092 280	14,984 312	0,006 158	−1,382 756	0,11
0,059 184	0,087 110	16,866 788	0,005 165	−1,469 273	0,10
0,052 180	0,082 531	19,138 534	0,004 312	−1,579 520	0,09
0,045 527	0,078 512	21,942 043	0,003 578	−1,722 703	0,08
0,039 184	0,075 026	25,501 408	0,002 942	−1,913 261	0,07
0,033 105	0,072 050	30,190 411	0,002 387	−2,175 231	0,06
0,027 251	0,069 566	36,682 299	0,001 896	−2,551 829	0,05
0,021 582	0,067 555	46,324 224	0,001 458	−3,129 435	0,04
0,016 059	0,066 005	62,260 557	0,001 060	−4,109 509	0,03
0,010 646	0,064 905	93,926 104	0,000 691	−6,096 294	0,02
0,005 305	0,064 248	188,498 565	0,000 341	−12,110 709	0,01
0,000 000	0,064 030	∞	0,000 000	−∞	0,00
$k'\,\mathrm{sd}(\zeta,\varkappa)$	$k'\,\mathrm{nd}(\zeta,\varkappa)$	$\frac{1}{k'}\,\mathrm{cs}(\zeta,\varkappa)$	$-\overline{\mathrm{cd}}(\zeta,\varkappa)$	$-\overline{\mathrm{sd}}(\zeta,\varkappa)$	$\zeta = \frac{z}{2K}$

Tafel III. (Fortsetzung)

$\vartheta_1'(0,\varkappa) = 3{,}395\,380$	$\vartheta_1'(0,k) = 0{,}410\,276$	$\vartheta_5'(0,\varkappa) = 13{,}506\,595$
$\vartheta_1'''/\vartheta_1'(\varkappa) = 18{,}744\,858$	$\vartheta_2''/\vartheta_2(\varkappa) = -16{,}675\,168$	$\vartheta_3''/\vartheta_3(\varkappa) = -16{,}394\,373$
$\vartheta_1'''/\vartheta_1'(k) = 0{,}273\,689$	$\vartheta_2''/\vartheta_2(k) = -0{,}243\,470$	$\vartheta_3''/\vartheta_3(k) = -0{,}239\,370$
$\vartheta_1'''''/\vartheta_1'(k) = -0{,}539\,102$	$\vartheta_2''''/\vartheta_2(k) = 0{,}169\,634$	$\vartheta_3''''/\vartheta_3(k) = 0{,}180\,061$

$\varkappa = 0{,}38$

$\zeta = \frac{z}{2K}$	$\overline{\mathrm{dn}}(\zeta,\varkappa)$	$\mathfrak{z}_1(\zeta,\varkappa)$	$\mathfrak{z}_3(\zeta,\varkappa)$	$\mathfrak{z}_5(\zeta,\varkappa)$	$\wp_1(\zeta,\varkappa)$
0,00	0,000 000	∞	0,000 000	∞	∞
0,01	−0,082 231	12,083 350	−0,027 359	12,083 350	146,008 095
0,02	−0,163 343	6,041 581	−0,054 714	6,041 587	36,503 721
0,03	−0,242 278	4,027 451	−0,082 059	4,027 472	16,227 124
0,04	−0,318 088	3,020 046	−0,109 389	3,020 096	9,132 629
0,05	−0,389 979	2,415 129	−0,136 700	2,415 229	5,851 373
0,06	−0,457 335	2,011 246	−0,163 985	2,011 421	4,071 520
0,07	−0,519 726	1,722 025	−0,191 237	1,722 307	3,000 898
0,08	−0,576 905	1,504 254	−0,218 449	1,504 685	2,308 569
0,09	−0,628 792	1,333 908	−0,245 612	1,334 535	1,836 394
0,10	−0,675 444	1,196 556	−0,272 716	1,197 439	1,501 050
0,11	−0,717 035	1,083 006	−0,299 750	1,084 215	1,255 230
0,12	−0,753 818	0,987 120	−0,326 700	0,988 739	1,070 443
0,13	−0,786 103	0,904 648	−0,353 551	0,906 776	0,928 690
0,14	−0,814 231	0,832 549	−0,380 284	0,835 304	0,818 138
0,15	−0,838 553	0,768 595	−0,406 877	0,772 117	0,730 739
0,16	−0,859 418	0,711 117	−0,433 306	0,715 571	0,660 866
0,17	−0,877 155	0,658 840	−0,459 540	0,664 419	0,604 481
0,18	−0,892 069	0,610 776	−0,485 546	0,617 709	0,558 626
0,19	−0,904 435	0,566 149	−0,511 282	0,574 706	0,521 090
0,20	−0,914 493	0,524 343	−0,536 701	0,534 842	0,490 198
0,21	−0,922 445	0,484 866	−0,561 747	0,497 677	0,464 655
0,22	−0,928 459	0,447 316	−0,586 356	0,462 878	0,443 456
0,23	−0,932 662	0,411 368	−0,610 452	0,430 196	0,425 803
0,24	−0,935 148	0,376 758	−0,633 946	0,399 451	0,411 064
0,25	−0,935 970	0,343 264	−0,656 736	0,370 527	0,398 730
0,25	1,064 030	0,343 264	−0,656 736	0,370 527	0,398 730
0,26	1,064 966	0,310 706	−0,678 704	0,343 361	0,388 388
0,27	1,067 804	0,278 934	−0,699 712	0,317 940	0,379 702
0,28	1,072 638	0,247 821	−0,719 604	0,294 296	0,372 397
0,29	1,079 631	0,217 264	−0,738 199	0,272 503	0,366 248
0,30	1,089 019	0,187 174	−0,755 293	0,252 679	0,361 066
0,31	1,101 129	0,157 479	−0,770 655	0,234 982	0,356 696
0,32	1,116 393	0,128 116	−0,784 025	0,219 610	0,353 009
0,33	1,135 376	0,099 034	−0,795 116	0,206 796	0,349 897
0,34	1,158 808	0,070 189	−0,803 614	0,196 814	0,347 270
0,35	1,187 641	0,041 544	−0,809 178	0,189 965	0,345 052
0,36	1,223 118	0,013 068	−0,811 448	0,186 578	0,343 180
0,37	1,266 883	−0,015 266	−0,810 053	0,186 999	0,341 602
0,38	1,321 142	−0,043 480	−0,804 619	0,191 579	0,340 272
0,39	1,388 914	−0,071 593	−0,794 786	0,200 659	0,339 154
0,40	1,474 437	−0,099 621	−0,780 229	0,214 548	0,338 215
0,41	1,583 832	−0,127 577	−0,760 681	0,233 499	0,337 430
0,42	1,726 281	−0,155 475	−0,735 958	0,257 685	0,336 777
0,43	1,916 203	−0,183 323	−0,705 990	0,287 165	0,336 238
0,44	2,177 617	−0,211 130	−0,670 852	0,321 856	0,335 797
0,45	2,553 726	−0,238 905	−0,630 781	0,361 512	0,335 443
0,46	3,130 893	−0,266 654	−0,586 200	0,405 703	0,335 166
0,47	4,110 569	−0,294 383	−0,537 721	0,453 814	0,334 958
0,48	6,096 985	−0,322 097	−0,486 131	0,505 050	0,334 813
0,49	12,111 050	−0,349 801	−0,432 373	0,558 463	0,334 728
0,50	∞	−0,377 502	−0,377 502	0,612 994	0,334 700
	$\overline{\mathrm{sc}}(\zeta,\varkappa)$	$-\mathfrak{z}_2(\zeta,\varkappa)$	$-\mathfrak{z}_4(\zeta,\varkappa)$	$-\mathfrak{z}_6(\zeta,\varkappa)$	$\wp_2(\zeta,\varkappa)$

Tafel III

$\varkappa = 0{,}38$			
	$\vartheta_5'(0,k) = 1{,}632\,051$	$\vartheta_6(0,k) = 1{,}632\,051$	$\vartheta_6(\frac{1}{4},\varkappa) = 2{,}294\,157$
	$\vartheta_4''/\vartheta_4(\varkappa) = 51{,}814\,399$	$\vartheta_5'''/\vartheta_5'(\varkappa) = -30{,}438\,261$	$\vartheta_6''/\vartheta_6(\varkappa) = 35{,}139\,231$
	$\vartheta_4''/\vartheta_4(k) = 0{,}756\,530$	$\vartheta_5'''/\vartheta_5'(k) = -\;0{,}444\,422$	$\vartheta_6''/\vartheta_6(k) = 0{,}513\,060$
	$\vartheta_4''''/\vartheta_4(k) = -0{,}274\,788$	$\vartheta_5'''''/\vartheta_5'(k) = -\;0{,}293\,930$	$\vartheta_6''''/\vartheta_6(k) = -1{,}210\,309$

$\wp_3(\zeta,\varkappa)$	$\wp_5(\zeta,\varkappa)$	$\wp_1'(\zeta,\varkappa)$	$\wp_3'(\zeta,\varkappa)$	$\wp_5'(\zeta,\varkappa)$	
0,330 600	∞	−∞	0,000 000	−∞	0,50
0,330 572	146,008 067	−3528,515 43	−0,000 679	−3528,516 11	0,49
0,330 487	36,503 608	−441,044 011	−0,001 376	−441,045 387	0,48
0,330 343	16,226 867	−130,653 830	−0,002 111	−130,655 941	0,47
0,330 136	9,132 165	−55,090 759	−0,002 903	−55,093 662	0,46
0,329 861	5,850 633	−28,176 141	−0,003 774	−28,179 915	0,45
0,329 509	4,070 429	−16,274 729	−0,004 748	−16,279 477	0,44
0,329 071	2,999 369	−10,217 958	−0,005 851	−10,223 809	0,43
0,328 536	2,306 504	−6,814 904	−0,007 112	−6,822 016	0,42
0,327 889	1,833 683	−4,756 863	−0,008 566	−4,765 429	0,41
0,327 112	1,497 562	−3,439 420	−0,010 251	−3,449 670	0,40
0,326 184	1,250 814	−2,557 074	−0,012 212	−2,569 286	0,39
0,325 081	1,064 924	−1,944 042	−0,014 501	−1,958 543	0,38
0,323 773	0,921 864	−1,505 033	−0,017 179	−1,522 212	0,37
0,322 225	0,809 763	−1,182 603	−0,020 314	−1,202 917	0,36
0,320 396	0,720 535	−0,940 705	−0,023 989	−0,964 694	0,35
0,318 237	0,648 504	−0,755 928	−0,028 296	−0,784 225	0,34
0,315 692	0,589 573	−0,612 606	−0,033 345	−0,645 952	0,33
0,312 694	0,540 720	−0,499 979	−0,039 261	−0,539 240	0,32
0,309 166	0,499 656	−0,410 480	−0,046 188	−0,456 668	0,31
0,305 017	0,464 614	−0,338 680	−0,054 290	−0,392 969	0,30
0,300 142	0,434 198	−0,280 608	−0,063 755	−0,344 362	0,29
0,294 421	0,407 277	−0,233 311	−0,074 795	−0,308 106	0,28
0,287 713	0,382 916	−0,194 561	−0,087 646	−0,282 207	0,27
0,279 857	0,360 321	−0,162 651	−0,102 573	−0,265 223	0,26
0,270 670	0,338 800	−0,136 259	−0,119 860	−0,256 119	0,25
0,270 670	0,338 800	−0,136 259	−0,119 860	−0,256 119	0,25
0,259 945	0,317 732	−0,114 351	−0,139 815	−0,254 166	0,24
0,247 446	0,296 548	−0,096 106	−0,162 757	−0,258 863	0,23
0,232 914	0,274 712	−0,080 871	−0,189 008	−0,269 879	0,22
0,216 062	0,251 710	−0,068 120	−0,218 873	−0,286 993	0,21
0,196 580	0,227 045	−0,057 426	−0,252 620	−0,310 045	0,20
0,174 137	0,200 233	−0,048 440	−0,290 437	−0,338 878	0,19
0,148 393	0,170 802	−0,040 880	−0,332 397	−0,373 277	0,18
0,119 008	0,138 305	−0,034 508	−0,378 390	−0,412 898	0,17
0,085 662	0,102 331	−0,029 132	−0,428 056	−0,457 188	0,16
0,048 075	0,062 527	−0,024 589	−0,480 700	−0,505 289	0,15
0,006 046	0,018 626	−0,020 745	−0,535 200	−0,555 945	0,14
−0,040 516	−0,029 514	−0,017 488	−0,589 916	−0,607 405	0,13
−0,091 540	−0,081 868	−0,014 724	−0,642 614	−0,657 338	0,12
−0,146 745	−0,138 192	−0,012 372	−0,690 426	−0,702 798	0,11
−0,205 587	−0,197 972	−0,010 366	−0,729 867	−0,740 232	0,10
−0,267 210	−0,260 380	−0,008 648	−0,756 951	−0,765 599	0,09
−0,330 416	−0,324 239	−0,007 171	−0,767 418	−0,774 589	0,08
−0,393 656	−0,388 019	−0,005 893	−0,757 091	−0,762 984	0,07
−0,455 053	−0,449 857	−0,004 778	−0,722 363	−0,727 142	0,06
−0,512 477	−0,507 634	−0,003 796	−0,660 763	−0,664 558	0,05
−0,563 656	−0,559 090	−0,002 918	−0,571 513	−0,574 431	0,04
−0,606 345	−0,601 987	−0,002 121	−0,455 989	−0,458 109	0,03
−0,638 506	−0,634 293	−0,001 382	−0,317 933	−0,319 315	0,02
−0,658 510	−0,654 382	−0,000 682	−0,163 345	−0,164 026	0,01
−0,665 300	−0,661 200	0,000 000	0,000 000	0,000 000	0,00
$\wp_4(\zeta,\varkappa)$	$\wp_6(\zeta,\varkappa)$	$-\wp_2'(\zeta,\varkappa)$	$-\wp_4'(\zeta,\varkappa)$	$-\wp_6'(\zeta,\varkappa)$	$\zeta = \frac{z}{2K}$

Tafel III

$\varkappa = 0{,}39$

$\sqrt{k} = 0{,}998\,731$	$k = 0{,}997\,464$	$k^2 = 0{,}994\,935$
$\sqrt{k'} = 0{,}266\,781$	$k' = 0{,}071\,172$	$k'^2 = 0{,}005\,065$
$e_1 = -e_3' = 0{,}335\,022$	$e_2 = -e_2' = 0{,}329\,956$	$e_3 = -e_1' = -0{,}664\,978$
$g_2 = g_2' = 1{,}326\,614$	$g_3 = -g_3' = -0{,}294\,034$	$g_3/\sqrt{g_2^3} = -0{,}192\,433$
$\bar{g}_2 = \bar{g}_2' = 1{,}225\,818$	$\bar{g}_3 = -\bar{g}_3' = -0{,}340\,595$	$\bar{g}_3/\sqrt{\bar{g}_2^3} = -0{,}250\,957$

$\zeta = \dfrac{z}{2K}$	$\vartheta_1(\zeta,\varkappa)$	$\vartheta_3(\zeta,\varkappa)$	$\dfrac{\partial \ln \vartheta_1(\zeta,\varkappa)}{\partial \zeta}$	$\dfrac{\partial \ln \vartheta_3(\zeta,\varkappa)}{\partial \zeta}$	$\mathrm{sn}(\zeta,\varkappa)$
0,00	0,000 000	1,602 298	∞	0,000 000	0,000 000
0,01	0,034 443	1,601 021	100,055 095	−0,159 454	0,080 482
0,02	0,068 943	1,597 197	50,109 630	−0,318 864	0,159 931
0,03	0,103 556	1,590 844	33,496 386	−0,478 188	0,237 365
0,04	0,138 336	1,581 995	25,214 824	−0,637 378	0,311 904
0,05	0,173 335	1,570 694	20,264 424	−0,796 386	0,382 801
0,06	0,208 602	1,556 998	16,978 026	−0,955 156	0,449 470
0,07	0,244 182	1,540 975	14,640 881	−1,113 628	0,511 496
0,08	0,280 115	1,522 705	12,895 419	−1,271 734	0,568 629
0,09	0,316 437	1,502 277	11,542 839	−1,429 396	0,620 773
0,10	0,353 176	1,479 793	10,463 745	−1,586 526	0,667 967
0,11	0,390 354	1,455 361	9,582 075	−1,743 020	0,710 358
0,12	0,427 987	1,429 099	8,847 065	−1,898 760	0,748 174
0,13	0,466 084	1,401 134	8,223 533	−2,053 608	0,781 705
0,14	0,504 643	1,371 597	7,686 332	−2,207 403	0,811 276
0,15	0,543 657	1,340 627	7,217 015	−2,359 959	0,837 231
0,16	0,583 108	1,308 369	6,801 756	−2,511 057	0,859 916
0,17	0,622 970	1,274 970	6,429 998	−2,660 442	0,879 672
0,18	0,663 208	1,240 580	6,093 553	−2,807 820	0,896 821
0,19	0,703 780	1,205 355	5,785 985	−2,952 842	0,911 666
0,20	0,744 630	1,169 448	5,502 176	−3,095 108	0,924 487
0,21	0,785 699	1,133 015	5,238 019	−3,234 148	0,935 536
0,22	0,826 916	1,096 213	4,990 184	−3,369 417	0,945 040
0,23	0,868 201	1,059 194	4,755 960	−3,500 285	0,953 204
0,24	0,909 468	1,022 113	4,533 117	−3,626 019	0,960 207
0,25	0,950 623	0,985 120	4,319 820	−3,745 776	0,966 208
0,26	0,991 563	0,948 361	4,114 544	−3,858 584	0,971 343
0,27	1,032 182	0,911 981	3,916 022	−3,963 328	0,975 735
0,28	1,072 366	0,876 117	3,723 195	−4,058 735	0,979 489
0,29	1,111 995	0,840 906	3,535 178	−4,143 358	0,982 694
0,30	1,150 946	0,806 476	3,351 227	−4,215 562	0,985 429
0,31	1,189 093	0,772 951	3,170 715	−4,273 514	0,987 763
0,32	1,226 308	0,740 450	2,993 116	−4,315 177	0,989 751
0,33	1,262 459	0,709 084	2,817 983	−4,338 308	0,991 446
0,34	1,297 416	0,678 960	2,644 940	−4,340 472	0,992 888
0,35	1,331 048	0,650 176	2,473 669	−4,319 066	0,994 116
0,36	1,363 225	0,622 827	2,303 897	−4,271 359	0,995 159
0,37	1,393 821	0,596 998	2,135 397	−4,194 558	0,996 044
0,38	1,422 712	0,572 769	1,967 971	−4,085 900	0,996 795
0,39	1,449 779	0,550 216	1,801 453	−3,942 766	0,997 430
0,40	1,474 909	0,529 403	1,635 702	−3,762 836	0,997 966
0,41	1,497 995	0,510 394	1,470 594	−3,544 258	0,998 416
0,42	1,518 936	0,493 241	1,306 025	−3,285 852	0,998 792
0,43	1,537 641	0,477 994	1,141 905	−2,987 315	0,999 104
0,44	1,554 027	0,464 696	0,978 154	−2,649 414	0,999 359
0,45	1,568 020	0,453 382	0,814 703	−2,274 154	0,999 565
0,46	1,579 557	0,444 084	0,651 491	−1,864 884	0,999 727
0,47	1,588 585	0,436 826	0,488 463	−1,426 317	0,999 849
0,48	1,595 064	0,431 628	0,325 569	−0,964 452	0,999 934
0,49	1,598 963	0,428 504	0,162 763	−0,486 382	0,999 983
0,50	1,600 265	0,427 462	0,000 000	0,000 000	1,000 000
	$\vartheta_2(\zeta,\varkappa)$	$\vartheta_4(\zeta,\varkappa)$	$-\dfrac{\partial \ln \vartheta_2(\zeta,\varkappa)}{\partial \zeta}$	$-\dfrac{\partial \ln \vartheta_4(\zeta,\varkappa)}{\partial \zeta}$	$\mathrm{cd}(\zeta,\varkappa)$

Tafel III

$\varkappa = 0{,}39$	$k^2 k'^2 = 0{,}005\,040$	$\eta_1 = -\eta_2' = -0{,}084\,835$	$\eta_1' = -\eta_2 = 0{,}332\,487$
	$\pi/KK' = 0{,}495\,305$	$\bar\eta_1 = -\bar\eta_2' = 0{,}160\,286$	$\bar\eta_1' = -\bar\eta_2 = 0{,}335\,019$
	$K = 4{,}032\,798$	$E = 1{,}008\,952$	$A = 1{,}977\,048$
	$K' = 1{,}572\,791$	$E' = 1{,}568\,805$	$A' = 0{,}007\,962$
	$B = 0{,}993\,557$	$C = 2{,}056\,099$	$D = 3{,}039\,241$

$\mathrm{cn}(\zeta, \varkappa)$	$\mathrm{dn}(\zeta, \varkappa)$	$\mathrm{sc}(\zeta, \varkappa)$	$\overline{\mathrm{sn}}(\zeta, \varkappa)$	$\overline{\mathrm{cn}}(\zeta, \varkappa)$	
1,000 000	1,000 000	0,000 000	∞	0,000 000	0,50
0,996 756	0,996 773	0,080 744	12,344 867	−0,080 483	0,49
0,987 128	0,987 194	0,162 016	6,093 186	−0,159 941	0,48
0,971 421	0,971 567	0,244 348	3,976 156	−0,237 401	0,47
0,950 114	0,950 373	0,328 280	2,895 005	−0,311 989	0,46
0,923 831	0,924 233	0,414 362	2,230 495	−0,382 967	0,45
0,893 295	0,893 868	0,503 160	1,776 510	−0,449 758	0,44
0,859 286	0,860 056	0,595 257	1,444 849	−0,511 955	0,43
0,822 594	0,823 589	0,691 263	1,191 427	−0,569 317	0,42
0,783 990	0,785 234	0,791 813	0,991 691	−0,621 758	0,41
0,744 190	0,745 707	0,897 576	0,830 802	−0,669 329	0,40
0,703 841	0,705 654	1,009 259	0,699 181	−0,712 188	0,39
0,663 503	0,665 636	1,127 613	0,590 305	−0,750 580	0,38
0,623 648	0,626 125	1,253 438	0,499 526	−0,784 809	0,37
0,584 663	0,587 508	1,387 595	0,423 400	−0,815 223	0,36
0,546 850	0,550 087	1,531 006	0,359 298	−0,842 186	0,35
0,510 436	0,514 092	1,684 671	0,305 158	−0,866 075	0,34
0,475 582	0,479 685	1,849 675	0,259 335	−0,887 261	0,33
0,442 394	0,446 975	2,027 198	0,220 489	−0,906 107	0,32
0,410 932	0,416 023	2,218 536	0,187 521	−0,922 961	0,31
0,381 214	0,386 851	2,425 111	0,159 519	−0,938 156	0,30
0,353 233	0,359 453	2,648 497	0,135 720	−0,952 011	0,29
0,326 954	0,333 800	2,890 441	0,115 484	−0,964 830	0,28
0,302 327	0,309 845	3,152 896	0,098 273	−0,976 909	0,27
0,279 288	0,287 528	3,438 054	0,083 631	−0,988 536	0,26
0,257 765	0,266 781	3,748 399	0,071 172	−1,000 000	0,25
0,237 681	0,247 531	4,086 757	0,060 569	−1,011 597	0,24
0,218 953	0,229 702	4,456 378	0,051 544	−1,023 637	0,23
0,201 499	0,213 217	4,861 020	0,043 863	−1,036 452	0,22
0,185 236	0,198 000	5,305 081	0,037 323	−1,050 408	0,21
0,170 085	0,183 978	5,793 752	0,031 754	−1,065 921	0,20
0,155 965	0,171 077	6,333 228	0,027 013	−1,083 470	0,19
0,142 801	0,159 230	6,930 992	0,022 974	−1,103 622	0,18
0,130 519	0,148 372	7,596 198	0,019 532	−1,127 064	0,17
0,119 049	0,138 442	8,340 199	0,016 599	−1,154 634	0,16
0,108 323	0,129 383	9,177 294	0,014 098	−1,187 386	0,15
0,098 280	0,121 142	10,125 789	0,011 964	−1,226 659	0,14
0,088 857	0,113 670	11,209 560	0,010 140	−1,274 195	0,13
0,079 997	0,106 923	12,460 389	0,008 581	−1,332 304	0,12
0,071 646	0,100 859	13,921 595	0,007 245	−1,404 124	0,11
0,063 752	0,095 442	15,653 822	0,006 097	−1,494 034	0,10
0,056 265	0,090 638	17,744 714	0,005 108	−1,608 342	0,09
0,049 139	0,086 417	20,325 832	0,004 252	−1,756 492	0,08
0,042 327	0,082 753	23,604 074	0,003 506	−1,953 298	0,07
0,035 788	0,079 622	27,924 528	0,002 851	−2,223 417	0,06
0,029 478	0,077 006	33,908 727	0,002 271	−2,611 191	0,05
0,023 358	0,074 888	42,800 296	0,001 750	−3,205 244	0,04
0,017 388	0,073 255	57,501 884	0,001 274	−4,212 283	0,03
0,011 530	0,072 095	86,722 856	0,000 831	−6,252 296	0,02
0,005 747	0,071 402	174,013 10	0,000 410	−12,424 940	0,01
0,000 000	0,071 172	∞	0,000 000	−∞	0,00
$k'\,\mathrm{sd}(\zeta, \varkappa)$	$k'\,\mathrm{nd}(\zeta, \varkappa)$	$\frac{1}{k'}\,\mathrm{cs}(\zeta, \varkappa)$	$-\overline{\mathrm{cd}}(\zeta, \varkappa)$	$-\overline{\mathrm{sd}}(\zeta, \varkappa)$	$\zeta = \frac{z}{2K}$

Tafel III. (Fortsetzung)

$\vartheta_1'(0,\varkappa) = 3{,}443\,361$ $\quad\vartheta_1'(0,k) = 0{,}426\,920$ $\quad\vartheta_5'(0,\varkappa) = 13{,}341\,700$

$\vartheta_1'''/\vartheta_1'(\varkappa) = 16{,}556\,566$ $\quad\vartheta_2''/\vartheta_2(\varkappa) = -16{,}275\,599$ $\quad\vartheta_3''/\vartheta_3(\varkappa) = -15{,}946\,073$

$\vartheta_1'''/\vartheta_1'(k) = 0{,}254\,506$ $\quad\vartheta_2''/\vartheta_2(k) = -\,0{,}250\,187$ $\quad\vartheta_3''/\vartheta_3(k) = -\,0{,}245\,121$

$\vartheta_1'''''/\vartheta_1'(k) = -0{,}555\,352$ $\quad\vartheta_2''''/\vartheta_2(k) = 0{,}177\,649$ $\quad\vartheta_3''''/\vartheta_3(k) = 0{,}190\,333$

$\varkappa = 0{,}39$

$\zeta = \frac{z}{2K}$	$\overline{\mathrm{dn}}(\zeta,\varkappa)$	$\mathfrak{z}_1(\zeta,\varkappa)$	$\mathfrak{z}_3(\zeta,\varkappa)$	$\mathfrak{z}_5(\zeta,\varkappa)$	$\wp_1(\zeta,\varkappa)$
0,00	0,000 000	∞	0,000 000	∞	∞
0,01	−0,080 073	12,398 328	−0,026 612	12,398 329	153,719 264
0,02	−0,159 110	6,199 077	−0,053 219	6,199 084	38,431 427
0,03	−0,236 127	4,132 468	−0,079 815	4,132 492	17,083 718
0,04	−0,310 239	3,098 850	−0,106 394	3,098 907	9,614 219
0,05	−0,380 696	2,478 240	−0,132 951	2,478 354	6,159 269
0,06	−0,446 907	2,063 939	−0,159 478	2,064 138	4,284 944
0,07	−0,508 449	1,767 329	−0,185 969	1,767 651	3,157 241
0,08	−0,565 065	1,544 078	−0,212 414	1,544 568	2,427,753
0,09	−0,616 651	1,369 538	−0,238 804	1,370 251	1,930 000
0,10	−0,663 232	1,228 906	−0,265 127	1,229 908	1,576 267
0,11	−0,704 943	1,112 751	−0,291 373	1,114 121	1,316 758
0,12	−0,741 998	1,014 780	−0,317 524	1,016 611	1,121 488
0,13	−0,774 669	0,930 630	−0,343 565	0,933 033	0,971 515
0,14	−0,803 259	0,857 183	−0,369 476	0,860 288	0,854 389
0,15	−0,828 088	0,792 153	−0,395 233	0,796 115	0,761 647
0,16	−0,849 476	0,733 825	−0,420 809	0,738 824	0,687 368
0,17	−0,867 729	0,680 891	−0,446 173	0,687 139	0,627 309
0,18	−0,883 133	0,632 335	−0,471 287	0,640 081	0,578 359
0,19	−0,895 948	0,587 359	−0,496 110	0,596 895	0,538 195
0,20	−0,906 402	0,545 329	−0,520 591	0,556 997	0,505 056
0,21	−0,914 688	0,505 736	−0,544 672	0,519 935	0,477 583
0,22	−0,920 968	0,468 166	−0,568 286	0,485 365	0,454 716
0,23	−0,925 364	0,432 283	−0,591 354	0,453 027	0,435 618
0,24	−0,927 967	0,397 812	−0,613 785	0,422 738	0,419 623
0,25	−0,928 828	0,364 524	−0,635 476	0,394 372	0,406 194
0,25	1,071 172	0,364 524	−0,635 476	0,394 372	0,406 194
0,26	1,072 166	0,332 231	−0,656 304	0,367 863	0,394 896
0,27	1,075 182	0,300 775	−0,676 133	0,343 191	0,385 376
0,28	1,080 314	0,270 025	−0,694 805	0,320 383	0,377 342
0,29	1,087 731	0,239 872	−0,712 139	0,299 508	0,370 554
0,30	1,097 675	0,210 223	−0,727 934	0,280 677	0,364 812
0,31	1,110 482	0,181 000	−0,741 961	0,264 040	0,359 953
0,32	1,126 596	0,152 138	−0,753 969	0,249 783	0,355 838
0,33	1,146 596	0,123 582	−0,763 680	0,238 130	0,352 352
0,34	1,171 234	0,095 285	−0,770 790	0,229 335	0,349 398
0,35	1,201 484	0,067 208	−0,774 979	0,223 682	0,346 895
0,36	1,238 623	0,039 316	−0,775 906	0,221 476	0,344 775
0,37	1,284 335	0,011 583	−0,773 227	0,223 035	0,342 980
0,38	1,340 885	−0,016 018	−0,766 597	0,228 677	0,341 463
0,39	1,411 369	−0,043 506	−0,755 694	0,238 705	0,340 182
0,40	1,500 131	−0,070 899	−0,740 228	0,253 392	0,339 103
0,41	1,613 450	−0,098 212	−0,719 970	0,272 949	0,338 198
0,42	1,760 743	−0,125 458	−0,694 775	0,297 511	0,337 442
0,43	1,956 803	−0,152 649	−0,664 603	0,327 105	0,336 817
0,44	2,226 268	−0,179 794	−0,629 552	0,361 624	0,336 304
0,45	2,613 462	−0,206 901	−0,589 868	0,400 813	0,335 892
0,46	3,206 994	−0,233 979	−0,545 968	0,444 248	0,335 568
0,47	4,213 557	−0,261 035	−0,498 435	0,491 339	0,335 324
0,48	6,253 127	−0,288 073	−0,448 014	0,541 334	0,335 155
0,49	12,425 351	−0,315 101	−0,395 584	0,593 349	0,335 055
0,50	∞	−0,342 123	−0,342 123	0,646 401	0,335 022
	$\overline{\mathrm{sc}}(\zeta,\varkappa)$	$-\mathfrak{z}_2(\zeta,\varkappa)$	$-\mathfrak{z}_4(\zeta,\varkappa)$	$-\mathfrak{z}_6(\zeta,\varkappa)$	$\wp_2(\zeta,\varkappa)$

Tafel III

$\varkappa = 0{,}39$

$\vartheta_5'(0, k) = 1{,}654\,149$ $\vartheta_6(0, k) = 1{,}654\,149$ $\vartheta_{\frac{5}{6}}(\tfrac{1}{4}, \varkappa) = 2{,}264\,554$

$\vartheta_4''/\vartheta_4(\varkappa) = 48{,}778\,239$ $\vartheta_5'''/\vartheta_5'(\varkappa) = -31{,}281\,653$ $\vartheta_6''/\vartheta_6(\varkappa) = 32{,}502\,639$

$\vartheta_4''/\vartheta_4(k) = 0{,}749\,813$ $\vartheta_5'''/\vartheta_5'(k) = -\ 0{,}480\,858$ $\vartheta_6''/\vartheta_6(k) = 0{,}499\,627$

$\vartheta_4''''/\vartheta_4(k) = -0{,}303\,209$ $\vartheta_5'''''/\vartheta_5'(k) = -\ 0{,}227\,535$ $\vartheta_6''''/\vartheta_6(k) = -1{,}251\,119$

$\wp_3(\zeta, \varkappa)$	$\wp_5(\zeta, \varkappa)$	$\wp_1'(\zeta, \varkappa)$	$\wp_3'(\zeta, \varkappa)$	$\wp_5'(\zeta, \varkappa)$	
0,329 956	∞	$-\infty$	0,000 000	$-\infty$	0,50
0,329 924	153,719 231	−3811,706 00	−0,000 816	−3811,706 82	0,49
0,329 824	38,431 295	−476,443 360	−0,001 654	−476,445 014	0,48
0,329 656	17,083 417	−141,143 180	−0,002 534	−141,145 714	0,47
0,329 414	9,613 676	−59,516 654	−0,003 480	−59,520 134	0,46
0,329 092	6,158 405	−30,442 898	−0,004 515	−30,447 413	0,45
0,328 682	4,283 670	−17,587 173	−0,005 667	−17,592 840	0,44
0,328 174	3,155 459	−11,045 058	−0,006 964	−11,052 022	0,43
0,327 554	2,425 351	−7,369 526	−0,008 440	−7,377 966	0,42
0,326 807	1,926 851	−5,146 836	−0,010 132	−5,156 967	0,41
0,325 913	1,572 223	−3,724 060	−0,012 083	−3,736 143	0,40
0,324 849	1,311 651	−2,771 184	−0,014 342	−2,785 526	0,39
0,323 589	1,115 121	−2,109 122	−0,016 966	−2,126 087	0,38
0,322 101	0,963 660	−1,634 942	−0,020 019	−1,654 961	0,37
0,320 346	0,844 779	−1,286 600	−0,023 576	−1,310 176	0,36
0,318 282	0,749 972	−1,025 166	−0,027 724	−1,052 890	0,35
0,315 856	0,673 267	−0,825 359	−0,032 562	−0,857 922	0,34
0,313 008	0,610 360	−0,670 270	−0,038 205	−0,708 475	0,33
0,309 668	0,558 070	−0,548 284	−0,044 782	−0,593 067	0,32
0,305 754	0,513 993	−0,451 241	−0,052 444	−0,503 685	0,31
0,301 174	0,476 274	−0,373 285	−0,061 359	−0,434 644	0,30
0,295 818	0,443 444	−0,310 136	−0,071 719	−0,381 855	0,29
0,289 560	0,414 320	−0,258 614	−0,083 737	−0,342 351	0,28
0,282 259	0,387 920	−0,216 318	−0,097 650	−0,313 968	0,27
0,273 750	0,363 417	−0,181 412	−0,113 716	−0,295 128	0,26
0,263 850	0,340 087	−0,152 475	−0,132 213	−0,284 688	0,25
0,263 850	0,340 087	−0,152 475	−0,132 213	−0,284 688	0,25
0,252 350	0,317 290	−0,128 391	−0,153 434	−0,281 825	0,24
0,239 018	0,294 438	−0,108 280	−0,177 677	−0,285 957	0,23
0,223 599	0,270 985	−0,091 438	−0,205 233	−0,296 671	0,22
0,205 815	0,246 412	−0,077 298	−0,236 368	−0,313 666	0,21
0,185 368	0,220 224	−0,065 401	−0,271 292	−0,336 693	0,20
0,161 947	0,191 944	−0,055 372	−0,310 132	−0,365 504	0,19
0,135 235	0,161 117	−0,046 904	−0,352 877	−0,399 780	0,18
0,104 924	0,127 320	−0,039 742	−0,399 325	−0,439 067	0,17
0,070 732	0,090 174	−0,033 676	−0,449 016	−0,482 692	0,16
0,032 426	0,049 365	−0,028 531	−0,501 151	−0,529 683	0,15
−0,010 143	0,004 675	−0,024 161	−0,554 514	−0,578 675	0,14
−0,057 011	−0,043 987	−0,020 442	−0,607 391	−0,627 833	0,13
−0,108 049	−0,096 543	−0,017 273	−0,657 516	−0,674 789	0,12
−0,162 926	−0,152 701	−0,014 564	−0,702 050	−0,716 614	0,11
−0,221 058	−0,211 911	−0,012 244	−0,737 620	−0,749 863	0,10
−0,281 571	−0,273 329	−0,010 248	−0,760 444	−0,770 692	0,09
−0,343 277	−0,335 791	−0,008 524	−0,766 566	−0,775 090	0,08
−0,404 675	−0,397 815	−0,007 024	−0,752 196	−0,759 221	0,07
−0,463 978	−0,457 630	−0,005 710	−0,714 157	−0,719 867	0,06
−0,519 184	−0,513 249	−0,004 546	−0,650 386	−0,654 932	0,05
−0,568 187	−0,562 576	−0,003 501	−0,560 421	−0,563 923	0,04
−0,608 921	−0,603 554	−0,002 549	−0,445 781	−0,448 330	0,03
−0,639 530	−0,634 332	−0,001 663	−0,310 122	−0,311 785	0,02
−0,658 534	−0,653 435	−0,000 821	−0,159 114	−0,159 935	0,01
−0,664 978	−0,659 913	0,000 000	0,000 000	0,000 000	0,00
$\wp_4(\zeta, \varkappa)$	$\wp_6(\zeta, \varkappa)$	$-\wp_2'(\zeta, \varkappa)$	$-\wp_4'(\zeta, \varkappa)$	$-\wp_6'(\zeta, \varkappa)$	$\zeta = \dfrac{z}{2K}$

Tafel III

$\sqrt{k} = 0{,}998\,448$ | $k = 0{,}996\,899$ | $k^2 = 0{,}993\,808$ | $\varkappa = 0{,}40$

$\sqrt{k'} = 0{,}280\,516$ | $k' = 0{,}078\,689$ | $k'^2 = 0{,}006\,192$

$e_1 = -e_3' = 0{,}335\,397$ | $e_2 = -e_2' = 0{,}329\,205$ | $e_3 = -e_1' = -0{,}664\,603$

$g_2 = g_2' = 1{,}325\,128$ | $g_3 = -g_3' = -0{,}293\,527$ | $g_3/\sqrt{g_2^3} = -0{,}192\,425$

$\bar{g}_2 = \bar{g}_2' = 1{,}202\,055$ | $\bar{g}_3 = -\bar{g}_3' = -0{,}350\,250$ | $\bar{g}_3/\sqrt{\bar{g}_2^3} = -0{,}265\,761$

$\zeta = \frac{z}{2K}$	$\vartheta_1(\zeta,\varkappa)$	$\vartheta_3(\zeta,\varkappa)$	$\frac{\partial \ln \vartheta_1(\zeta,\varkappa)}{\partial \zeta}$	$\frac{\partial \ln \vartheta_3(\zeta,\varkappa)}{\partial \zeta}$	$\mathrm{sn}(\zeta,\varkappa)$
0,00	0,000 000	1,582 366	∞	0,000 000	0,000 000
0,01	0,034 871	1,581 139	100,048 452	−0,155 158	0,078 501
0,02	0,069 792	1,577 464	50,096 398	−0,310 268	0,156 042
0,03	0,104 813	1,571 359	33,476 671	−0,465 282	0,231 713
0,04	0,139 984	1,562 854	25,188 784	−0,620 149	0,304 689
0,05	0,175 349	1,551 991	20,232 265	−0,774 815	0,374 265
0,06	0,210 952	1,538 823	16,939 998	−0,929 220	0,439 882
0,07	0,246 832	1,523 416	14,597 275	−1,083 298	0,501 131
0,08	0,283 024	1,505 844	12,846 562	−1,236 976	0,557 758
0,09	0,319 558	1,486 192	11,489 088	−1,390 170	0,609 648
0,10	0,356 460	1,464 556	10,405 483	−1,542 785	0,656 812
0,11	0,393 746	1,441 038	9,519 705	−1,694 711	0,699 365
0,12	0,431 429	1,415 751	8,781 003	−1,845 823	0,737 501
0,13	0,469 514	1,388 814	8,154 206	−1,995 975	0,771 476
0,14	0,507 997	1,360 353	7,614 170	−2,144 998	0,801 582
0,15	0,546 869	1,330 500	7,142 451	−2,292 698	0,828 133
0,16	0,586 109	1,299 391	6,725 215	−2,438 847	0,851 452
0,17	0,625 693	1,267 167	6,351 900	−2,583 183	0,871 858
0,18	0,665 583	1,233 973	6,014 305	−2,725 399	0,889 657
0,19	0,705 737	1,199 955	5,705 981	−2,865 143	0,905 138
0,20	0,746 103	1,165 262	5,421 796	−3,002 003	0,918 571
0,21	0,786 620	1,130 043	5,157 622	−3,135 505	0,930 202
0,22	0,827 220	1,094 447	4,910 113	−3,265 098	0,940 254
0,23	0,867 828	1,058 622	4,676 537	−3,390 149	0,948 928
0,24	0,908 360	1,022 718	4,454 647	−3,509 929	0,956 402
0,25	0,948 725	0,986 877	4,242 583	−3,623 599	0,962 835
0,26	0,988 828	0,951 244	4,038 804	−3,730 200	0,968 365
0,27	1,028 564	0,915 956	3,842 022	−3,828 640	0,973 116
0,28	1,067 826	0,881 151	3,651 159	−3,917 676	0,977 193
0,29	1,106 502	0,846 958	3,465 311	−3,995 907	0,980 690
0,30	1,144 474	0,813 505	3,283 717	−4,061 760	0,983 687
0,31	1,181 624	0,780 913	3,105 735	−4,113 484	0,986 254
0,32	1,217 830	0,749 297	2,930 820	−4,149 147	0,988 451
0,33	1,252 968	0,718 769	2,758 513	−4,166 641	0,990 331
0,34	1,286 915	0,689 434	2,588 423	−4,163 694	0,991 938
0,35	1,319 548	0,661 390	2,420 218	−4,137 900	0,993 310
0,36	1,350 747	0,634 729	2,253 616	−4,086 762	0,994 481
0,37	1,380 391	0,609 538	2,088 377	−4,007 753	0,995 479
0,38	1,408 364	0,585 897	1,924 294	−3,898 407	0,996 328
0,39	1,434 556	0,563 880	1,761 191	−3,756 424	0,997 049
0,40	1,458 860	0,543 555	1,598 917	−3,579 810	0,997 659
0,41	1,481 176	0,524 983	1,437 343	−3,367 035	0,998 174
0,42	1,501 409	0,508 220	1,276 356	−3,117 200	0,998 605
0,43	1,519 475	0,493 314	1,115 859	−2,830 223	0,998 963
0,44	1,535 295	0,480 309	0,955 766	−2,506 994	0,999 258
0,45	1,548 802	0,469 243	0,796 003	−2,149 519	0,999 496
0,46	1,559 934	0,460 146	0,636 503	−1,760 993	0,999 683
0,47	1,568 645	0,453 044	0,477 206	−1,345 813	0,999 824
0,48	1,574 895	0,447 957	0,318 057	−0,909 495	0,999 923
0,49	1,578 656	0,444 899	0,159 005	−0,458 506	0,999 981
0,50	1,579 911	0,443 879	0,000 000	−0,000 000	1,000 000
	$\vartheta_2(\zeta,\varkappa)$	$\vartheta_4(\zeta,\varkappa)$	$-\frac{\partial \ln \vartheta_2(\zeta,\varkappa)}{\partial \zeta}$	$-\frac{\partial \ln \vartheta_4(\zeta,\varkappa)}{\partial \zeta}$	$\mathrm{cd}(\zeta,\varkappa)$

Tafel III

$\varkappa = 0{,}40$

$k^2 k'^2 = 0{,}006\,154$	$\eta_1 = -\eta_2' = -0{,}078\,440$	$\eta_1' = -\eta_2 = 0{,}332\,299$
$\pi/KK' = 0{,}507\,717$	$\bar\eta_1 = -\bar\eta_2' = 0{,}172\,325$	$\bar\eta_1' = -\bar\eta_2 = 0{,}335\,393$
$K = 3{,}933\,091$	$E = 1{,}010\,635$	$A = 1{,}972\,563$
$K' = 1{,}573\,236$	$E' = 1{,}568\,362$	$A' = 0{,}009\,734$
$B = 0{,}992\,427$	$C = 1{,}960\,376$	$D = 2{,}940\,664$

$\mathrm{cn}(\zeta, \varkappa)$	$\mathrm{dn}(\zeta, \varkappa)$	$\mathrm{sc}(\zeta, \varkappa)$	$\overline{\mathrm{sn}}(\zeta, \varkappa)$	$\overline{\mathrm{cn}}(\zeta, \varkappa)$	
1,000 000	1,000 000	0,000 000	∞	0,000 000	0,50
0,996 914	0,996 933	0,078 744	12,660 518	−0,078 502	0,49
0,987 750	0,987 827	0,157 978	6,252 957	−0,156 054	0,48
0,972 784	0,972 955	0,238 196	4,084 683	−0,231 754	0,47
0,952 452	0,952 754	0,319 899	2,978 292	−0,304 785	0,46
0,927 322	0,927 789	0,403 598	2,298 796	−0,374 454	0,45
0,898 056	0,898 722	0,489 816	1,834 817	−0,440 209	0,44
0,865 371	0,866 269	0,579 094	1,495 904	−0,501 651	0,43
0,830 004	0,831 163	0,671 995	1,236 859	−0,558 537	0,42
0,792 672	0,794 122	0,769 105	1,032 528	−0,610 764	0,41
0,754 054	0,755 823	0,871 041	0,867 724	−0,658 353	0,40
0,714 765	0,716 880	0,978 455	0,732 666	−0,701 435	0,39
0,675 346	0,677 834	1,092 036	0,620 707	−0,740 219	0,38
0,636 259	0,639 148	1,212 520	0,527 124	−0,774 980	0,37
0,597 885	0,601 203	1,340 694	0,448 427	−0,806 030	0,36
0,560 532	0,564 307	1,477 406	0,381 958	−0,833 710	0,35
0,524 432	0,528 695	1,623 570	0,325 637	−0,858 373	0,34
0,489 759	0,494 541	1,780 178	0,277 804	−0,880 370	0,33
0,456 630	0,461 965	1,948 309	0,237 111	−0,900 051	0,32
0,425 118	0,431 043	2,129 148	0,202 449	−0,917 754	0,31
0,395 256	0,401 810	2,323 993	0,172 897	−0,933 805	0,30
0,367 048	0,374 275	2,534 283	0,147 685	−0,948 518	0,29
0,340 473	0,348 419	2,761 613	0,126 165	−0,962 199	0,28
0,315 492	0,324 208	3,007 771	0,107 790	−0,975 144	0,27
0,292 053	0,301 593	3,274 761	0,092 096	−0,987 646	0,26
0,270 091	0,280 516	3,564 858	0,078 689	−1,000 000	0,25
0,249 537	0,260 912	3,880 653	0,067 234	−1,012 508	0,24
0,230 316	0,242 712	4,225 126	0,057 445	−1,025 489	0,23
0,212 353	0,225 847	4,601 734	0,049 079	−1,039 286	0,22
0,195 570	0,210 245	5,014 520	0,041 927	−1,054 276	0,21
0,179 890	0,195 837	5,468 266	0,035 813	−1,070 888	0,20
0,165 238	0,182 556	5,968 685	0,030 586	−1,089 617	0,19
0,151 540	0,170 336	6,522 687	0,026 114	−1,111 048	0,18
0,138 726	0,159 116	7,138 732	0,022 289	−1,135 886	0,17
0,126 728	0,148 837	7,827 326	0,019 015	−1,164 995	0,16
0,115 478	0,139 444	8,601 705	0,016 211	−1,199 457	0,15
0,104 916	0,130 886	9,478 830	0,013 808	−1,240 649	0,14
0,094 981	0,123 116	10,480 831	0,011 747	−1,290 357	0,13
0,085 616	0,116 089	11,637 177	0,009 976	−1,350 951	0,12
0,076 767	0,109 766	12,988 042	0,008 451	−1,425 649	0,11
0,068 381	0,104 111	14,589 676	0,007 136	−1,518 941	0,10
0,060 410	0,099 090	16,523 376	0,005 997	−1,637 295	0,09
0,052 805	0,094 674	18,911 175	0,005 006	−1,790 391	0,08
0,045 521	0,090 837	21,944 984	0,004 139	−1,993 416	0,07
0,038 515	0,087 557	25,944 874	0,003 375	−2,271 651	0,06
0,031 743	0,084 814	31,487 304	0,002 694	−2,670 556	0,05
0,025 165	0,082 591	39,725 661	0,002 079	−3,280 998	0,04
0,018 740	0,080 877	53,351 916	0,001 516	−4,314 921	0,03
0,012 430	0,079 659	80,443 167	0,000 990	−6,408 022	0,02
0,006 196	0,078 931	161,387 49	0,000 489	−12,738 532	0,01
0,000 000	0,078 689	∞	0,000 000	−∞	0,00
$k'\,\mathrm{sd}(\zeta, \varkappa)$	$k'\,\mathrm{nd}(\zeta, \varkappa)$	$\frac{1}{k'}\,\mathrm{cs}(\zeta, \varkappa)$	$-\overline{\mathrm{cd}}(\zeta, \varkappa)$	$-\overline{\mathrm{sd}}(\zeta, \varkappa)$	$\zeta = \frac{z}{2K}$

Tafel III. (Fortsetzung)

$\vartheta_1'(0,\varkappa) = 3{,}486\,217$ $\quad \vartheta_1'(0,k) = 0{,}443\,191$ $\quad \vartheta_5'(0,\varkappa) = 13{,}174\,761$

$\vartheta_1'''/\vartheta_1'(\varkappa) = 14{,}560\,915$ $\quad \vartheta_2''/\vartheta_2(\varkappa) = -15{,}899\,683$ $\quad \vartheta_3''/\vartheta_3(\varkappa) = -15{,}516\,541$

$\vartheta_1'''/\vartheta_1'(k) = 0{,}235\,321$ $\quad \vartheta_2''/\vartheta_2(k) = -\;0{,}256\,957$ $\quad \vartheta_3''/\vartheta_3(k) = -\;0{,}250\,765$

$\vartheta_1'''''/\vartheta_1'(k) = -0{,}570\,271$ $\quad \vartheta_2''''/\vartheta_2(k) = 0{,}185\,697$ $\quad \vartheta_3''''/\vartheta_3(k) = 0{,}200\,957$

$\varkappa = 0{,}40$

$\zeta = \frac{z}{2K}$	$\overline{\mathrm{dn}}(\zeta,\varkappa)$	$\mathfrak{z}_1(\zeta,\varkappa)$	$\mathfrak{z}_3(\zeta,\varkappa)$	$\mathfrak{z}_5(\zeta,\varkappa)$	$\wp_1(\zeta,\varkappa)$
0,00	0,000 000	∞	0,000 000	∞	∞
0,01	−0,078 013	12,712 637	−0,025 895	12,712 638	161,611 814
0,02	−0,155 064	6,356 238	−0,051 784	6,356 246	40,404 485
0,03	−0,230 238	4,237 260	−0,077 660	4,237 288	17,960 480
0,04	−0,302 706	3,177 480	−0,103 518	3,177 545	10,107 171
0,05	−0,371 760	2,541 205	−0,129 351	2,541 334	6,474 460
0,06	−0,436 834	2,116 501	−0,155 150	2,116 726	4,503 460
0,07	−0,497 512	1,812 508	−0,180 908	1,812 872	3,317 356
0,08	−0,553 531	1,583 776	−0,206 614	1,584 329	2,549 859
0,09	−0,604 767	1,405 035	−0,232 260	1,405 838	2,025 950
0,10	−0,651 217	1,261 110	−0,257 831	1,262 237	1,653 419
0,11	−0,692 984	1,142 334	−0,283 315	1,143 873	1,379 921
0,12	−0,730 244	1,042 255	−0,308 696	1,044 309	1,173 942
0,13	−0,763 233	0,956 402	−0,333 955	0,959 094	1,015 575
0,14	−0,792 222	0,881 579	−0,359 070	0,885 052	0,891 738
0,15	−0,817 499	0,815 441	−0,384 016	0,819 863	0,793 539
0,16	−0,839 358	0,756 229	−0,408 766	0,761 797	0,714 763
0,17	−0,858 081	0,702 600	−0,433 285	0,709 545	0,650 951
0,18	−0,873 937	0,653 513	−0,457 535	0,662 104	0,598 839
0,19	−0,887 168	0,608 146	−0,481 470	0,618 698	0,555 989
0,20	−0,897 991	0,565 849	−0,505 039	0,578 727	0,520 550
0,21	−0,906 591	0,526 095	−0,528 181	0,541 727	0,491 098
0,22	−0,913 121	0,488 460	−0,550 826	0,507 343	0,466 519
0,23	−0,917 699	0,452 596	−0,572 894	0,475 308	0,445 935
0,24	−0,920 412	0,418 217	−0,594 291	0,445 428	0,428 646
0,25	−0,921 311	0,385 088	−0,614 912	0,417 574	0,414 087
0,25	1,078 689	0,385 088	−0,614 912	0,417 574	0,414 087
0,26	1,079 742	0,353 012	−0,634 634	0,391 671	0,401 801
0,27	1,082 934	0,321 826	−0,653 318	0,367 696	0,391 414
0,28	1,088 364	0,291 392	−0,670 808	0,345 669	0,382 621
0,29	1,096 203	0,261 595	−0,686 923	0,325 653	0,375 166
0,30	1,106 701	0,232 340	−0,701 465	0,307 751	0,368 840
0,31	1,120 202	0,203 543	−0,714 211	0,292 105	0,363 467
0,32	1,137 162	0,175 137	−0,724 915	0,278 890	0,358 902
0,33	1,158 175	0,147 061	−0,733 309	0,268 317	0,355 020
0,34	1,184 010	0,119 268	−0,739 105	0,260 624	0,351 719
0,35	1,215 668	0,091 715	−0,741 996	0,256 075	0,348 913
0,36	1,254 457	0,064 365	−0,741 665	0,254 952	0,346 527
0,37	1,302 103	0,037 188	−0,737 791	0,257 545	0,344 501
0,38	1,360 927	0,010 159	−0,730 061	0,264 142	0,342 782
0,39	1,434 100	−0,016 746	−0,718 181	0,275 013	0,341 325
0,40	1,526 077	−0,043 546	−0,701 899	0,290 391	0,340 095
0,41	1,643 292	−0,070 256	−0,681 020	0,310 455	0,339 060
0,42	1,795 397	−0,096 892	−0,655 430	0,335 306	0,338 194
0,43	1,997 555	−0,123 466	−0,625 117	0,364 940	0,337 474
0,44	2,275 025	−0,149 988	−0,590 197	0,399 234	0,336 883
0,45	2,673 249	−0,176 469	−0,550 922	0,437 924	0,336 406
0,46	3,283 077	−0,202 916	−0,507 701	0,480 595	0,336 031
0,47	4,316 437	−0,229 337	−0,461 091	0,526 680	0,335 749
0,48	6,409 012	−0,255 739	−0,411 793	0,575 470	0,335 552
0,49	12,739 021	−0,282 129	−0,360 631	0,626 139	0,335 436
0,50	∞	−0,308 513	−0,308 513	0,677 769	0,335 397
	$\overline{\mathrm{sc}}(\zeta,\varkappa)$	$-\mathfrak{z}_2(\zeta,\varkappa)$	$-\mathfrak{z}_4(\zeta,\varkappa)$	$-\mathfrak{z}_6(\zeta,\varkappa)$	$\wp_2(\zeta,\varkappa)$

Tafel III

$\varkappa = 0,40$			
	$\vartheta_5'(0, k) = 1,674\,861$	$\vartheta_6(0, k) = 1,674\,861$	$\vartheta_5(\frac{1}{4}, \varkappa) = 2,236\,067$
	$\vartheta_4''/\vartheta_4(\varkappa) = 45,977\,139$	$\vartheta_5'''/\vartheta_5'(\varkappa) = -31,988\,709$	$\vartheta_6''/\vartheta_6(\varkappa) = 30,077\,456$
	$\vartheta_4''/\vartheta_4(k) = 0,743\,043$	$\vartheta_5'''/\vartheta_5'(k) = -\;0,516\,974$	$\vartheta_6''/\vartheta_6(k) = 0,486\,086$
	$\vartheta_4''''/\vartheta_4(k) = -0,331\,277$	$\vartheta_5'''''/\vartheta_5'(k) = -\;0,155\,591$	$\vartheta_6''''/\vartheta_6(k) = -1,291\,161$

$\wp_3(\zeta, \varkappa)$	$\wp_5(\zeta, \varkappa)$	$\wp_1'(\zeta, \varkappa)$	$\wp_3'(\zeta, \varkappa)$	$\wp_5'(\zeta, \varkappa)$	
0,329 205	∞	− ∞	0,000 000	− ∞	0,50
0,329 167	161,611 776	−4109,007 21	−0,000 972	−4109,008 18	0,49
0,329 052	40,404 331	−513,606 516	−0,001 968	−513,608 484	0,48
0,328 856	17,960 131	−152,155 111	−0,003 012	−152,158 123	0,47
0,328 576	10,106 542	−64,162 985	−0,004 130	−64,167 115	0,46
0,328 204	6,473 459	−32,822 493	−0,005 348	−32,827 842	0,45
0,327 731	4,501 986	−18,964 898	−0,006 698	−18,971 596	0,44
0,327 146	3,315 297	−11,913 256	−0,008 210	−11,921 466	0,43
0,326 434	2,547 088	−7,951 675	−0,009 923	−7,961 597	0,42
0,325 579	2,022 323	−5,556 142	−0,011 876	−5,568 018	0,41
0,324 558	1,648 771	−4,022 804	−0,014 117	−4,036 921	0,40
0,323 349	1,374 065	−2,995 905	−0,016 699	−3,012 604	0,39
0,321 921	1,166 658	−2,282 397	−0,019 683	−2,302 079	0,38
0,320 240	1,006 610	−1,771 324	−0,023 137	−1,794 461	0,37
0,318 266	0,880 799	−1,395 810	−0,027 143	−1,422 954	0,36
0,315 953	0,780 287	−1,113 898	−0,031 792	−1,145 690	0,35
0,313 245	0,698 803	−0,898 345	−0,037 188	−0,935 533	0,34
0,310 079	0,631 825	−0,730 933	−0,043 450	−0,774 382	0,33
0,306 383	0,576 017	−0,599 151	−0,050 713	−0,649 865	0,32
0,302 071	0,528 854	−0,494 214	−0,059 132	−0,553 346	0,31
0,297 045	0,488 390	−0,409 818	−0,068 880	−0,478 697	0,30
0,291 195	0,453 087	−0,341 359	−0,080 148	−0,421 506	0,29
0,284 391	0,421 704	−0,285 416	−0,093 150	−0,378 567	0,28
0,276 488	0,393 218	−0,239 410	−0,108 122	−0,347 532	0,27
0,267 322	0,366 763	−0,201 368	−0,125 314	−0,326 682	0,26
0,256 708	0,341 589	−0,169 763	−0,144 995	−0,314 757	0,25
0,256 708	0,341 589	−0,169 763	−0,144 995	−0,314 757	0,25
0,244 439	0,317 034	−0,143 397	−0,167 439	−0,310 836	0,24
0,230 286	0,292 495	−0,121 326	−0,192 921	−0,314 246	0,23
0,214 001	0,267 417	−0,102 792	−0,221 698	−0,324 491	0,22
0,195 316	0,241 276	−0,087 189	−0,253 994	−0,341 183	0,21
0,173 946	0,213 580	−0,074 022	−0,289 964	−0,363 986	0,20
0,149 599	0,183 861	−0,062 888	−0,329 668	−0,392 556	0,19
0,121 985	0,151 682	−0,053 456	−0,373 017	−0,426 473	0,18
0,090 827	0,116 641	−0,045 453	−0,419 723	−0,465 176	0,17
0,055 879	0,078 393	−0,038 651	−0,469 231	−0,507 882	0,16
0,016 955	0,036 663	−0,032 861	−0,520 653	−0,553 513	0,15
−0,026 048	−0,008 726	−0,027 924	−0,572 690	−0,600 614	0,14
−0,073 113	−0,057 817	−0,023 707	−0,623 577	−0,647 284	0,13
−0,124 062	−0,110 486	−0,020 099	−0,671 035	−0,691 134	0,12
−0,178 520	−0,166 400	−0,017 003	−0,712 272	−0,729 275	0,11
−0,235 871	−0,224 982	−0,014 339	−0,744 040	−0,758 379	0,10
−0,295 233	−0,285 378	−0,012 038	−0,762 769	−0,774 806	0,09
−0,355 435	−0,346 447	−0,010 040	−0,764 794	−0,774 835	0,08
−0,415 025	−0,406 757	−0,008 296	−0,746 688	−0,754 984	0,07
−0,472 305	−0,464 627	−0,006 759	−0,705 663	−0,712 423	0,06
−0,525 396	−0,518 195	−0,005 393	−0,640 017	−0,645 410	0,05
−0,572 342	−0,565 517	−0,004 161	−0,549 557	−0,553 718	0,04
−0,611 244	−0,604 701	−0,003 033	−0,435 906	−0,438 939	0,03
−0,640 404	−0,634 058	−0,001 981	−0,302 624	−0,304 605	0,02
−0,658 478	−0,652 248	−0,000 978	−0,155 070	−0,156 048	0,01
−0,664 603	−0,658 411	0,000 000	0,000 000	0,000 000	0,00
$\wp_4(\zeta, \varkappa)$	$\wp_6(\zeta, \varkappa)$	$-\wp_2'(\zeta, \varkappa)$	$-\wp_4'(\zeta, \varkappa)$	$-\wp_6'(\zeta, \varkappa)$	$\zeta = \frac{z}{2K}$

Tafel III

$\varkappa = 0{,}41$

$\sqrt{k} = 0{,}998\,121$	$k = 0{,}996\,246$	$k^2 = 0{,}992\,506$
$\sqrt{k'} = 0{,}294\,229$	$k' = 0{,}086\,571$	$k'^2 = 0{,}007\,494$
$e_1 = -e_3' = 0{,}335\,831$	$e_2 = -e_2' = 0{,}328\,337$	$e_3 = -e_1' = -0{,}664\,169$
$g_2 = g_2' = 1{,}323\,416$	$g_3 = -g_3' = -0{,}292\,941$	$g_3/\sqrt{g_2^3} = -0{,}192\,413$
$\bar{g}_2 = \bar{g}_2' = 1{,}174\,650$	$\bar{g}_3 = -\bar{g}_3' = -0{,}361\,324$	$\bar{g}_3/\sqrt{\bar{g}_2^3} = -0{,}283\,814$

$\zeta = \frac{z}{2K}$	$\vartheta_1(\zeta,\varkappa)$	$\vartheta_3(\zeta,\varkappa)$	$\frac{\partial \ln \vartheta_1(\zeta,\varkappa)}{\partial \zeta}$	$\frac{\partial \ln \vartheta_3(\zeta,\varkappa)}{\partial \zeta}$	$\operatorname{sn}(\zeta,\varkappa)$
0,00	0,000 000	1,563 206	∞	0,000 000	0,000 000
0,01	0,035 250	1,562 026	100,042 383	−0,151 033	0,076 619
0,02	0,070 545	1,558 492	50,084 307	−0,302 015	0,152 346
0,03	0,105 928	1,552 620	33,458 654	−0,452 891	0,226 333
0,04	0,141 443	1,544 440	25,164 979	−0,603 607	0,297 806
0,05	0,177 129	1,533 990	20,202 853	−0,754 102	0,366 102
0,06	0,213 025	1,521 323	16,905 203	−0,904 313	0,430 685
0,07	0,249 165	1,506 497	14,557 354	−1,054 169	0,491 157
0,08	0,285 578	1,489 586	12,801 805	−1,203 589	0,547 258
0,09	0,322 291	1,470 669	11,439 814	−1,352 485	0,598 861
0,10	0,359 323	1,449 836	10,352 033	−1,500 755	0,645 951
0,11	0,396 689	1,427 186	9,462 439	−1,648 284	0,688 616
0,12	0,434 398	1,402 825	8,720 296	−1,794 938	0,727 020
0,13	0,472 450	1,376 865	8,090 441	−1,940 566	0,761 386
0,14	0,510 841	1,349 428	7,547 737	−2,084 990	0,791 976
0,15	0,549 558	1,320 637	7,073 739	−2,228 009	0,819 078
0,16	0,588 582	1,290 624	6,654 614	−2,369 388	0,842 991
0,17	0,627 884	1,259 523	6,279 790	−2,508 855	0,864 012
0,18	0,667 428	1,227 471	5,941 061	−2,646 097	0,882 432
0,19	0,707 173	1,194 610	5,631 965	−2,780 755	0,898 526
0,20	0,747 065	1,161 080	5,347 356	−2,912 410	0,912 555
0,21	0,787 048	1,127 027	5,083 093	−3,040 583	0,924 755
0,22	0,827 055	1,092 592	4,835 815	−3,164 722	0,935 347
0,23	0,867 012	1,057 919	4,602 770	−3,284 193	0,944 526
0,24	0,906 840	1,023 151	4,381 695	−3,398 270	0,952 470
0,25	0,946 452	0,988 427	4,170 713	−3,506 125	0,959 337
0,26	0,985 756	0,953 885	3,968 264	−3,606 814	0,965 265
0,27	1,024 654	0,919 662	3,773 043	−3,699 269	0,970 379
0,28	1,063 042	0,885 887	3,583 956	−3,782 281	0,974 786
0,29	1,100 815	0,852 690	3,400 081	−3,854 498	0,978 582
0,30	1,137 862	0,820 194	3,220 640	−3,914 411	0,981 848
0,31	1,174 070	0,788 517	3,044 977	−3,960 350	0,984 657
0,32	1,209 324	0,757 775	2,872 532	−3,990 489	0,987 071
0,33	1,243 508	0,728 075	2,702 833	−4,002 848	0,989 144
0,34	1,276 505	0,699 521	2,535 475	−3,995 313	0,990 923
0,35	1,308 201	0,672 210	2,370 116	−3,965 666	0,992 448
0,36	1,338 479	0,646 235	2,206 460	−3,911 625	0,993 754
0,37	1,367 230	0,621 681	2,044 257	−3,830 910	0,994 871
0,38	1,394 343	0,598 629	1,883 292	−3,721 324	0,995 825
0,39	1,419 715	0,577 151	1,723 379	−3,580 853	0,996 638
0,40	1,443 245	0,557 316	1,564 358	−3,407 792	0,997 328
0,41	1,464 839	0,539 186	1,406 093	−3,200 885	0,997 911
0,42	1,484 411	0,522 817	1,248 464	−2,959 475	0,998 402
0,43	1,501 879	0,508 257	1,091 366	−2,683 656	0,998 811
0,44	1,517 170	0,495 550	0,934 709	−2,374 412	0,999 148
0,45	1,530 221	0,484 735	0,778 412	−2,033 726	0,999 421
0,46	1,540 976	0,475 844	0,622 401	−1,664 641	0,999 636
0,47	1,549 389	0,468 901	0,466 613	−1,271 256	0,999 798
0,48	1,555 425	0,463 928	0,310 988	−0,858 652	0,999 911
0,49	1,559 057	0,460 938	0,155 468	−0,432 733	0,999 978
0,50	1,560 269	0,459 940	0,000 000	0,000 000	1,000 000
	$\vartheta_2(\zeta,\varkappa)$	$\vartheta_4(\zeta,\varkappa)$	$-\frac{\partial \ln \vartheta_2(\zeta,\varkappa)}{\partial \zeta}$	$-\frac{\partial \ln \vartheta_4(\zeta,\varkappa)}{\partial \zeta}$	$\operatorname{cd}(\zeta,\varkappa)$

Tafel III

$\varkappa = 0{,}41$	$k^2 k'^2 = 0{,}007\,438$	$\eta_1 = -\eta_2' = -0{,}072\,046$	$\eta_1' = -\eta_2 = 0{,}332\,081$
	$\pi/KK' = 0{,}520\,069$	$\bar\eta_1 = -\bar\eta_2' = 0{,}184\,245$	$\bar\eta_1' = -\bar\eta_2 = 0{,}335\,824$
	$K = 3{,}838\,419$	$E = 1{,}012\,519$	$A = 1{,}967\,504$
	$K' = 1{,}573\,752$	$E' = 1{,}567\,849$	$A' = 0{,}011\,783$
	$B = 0{,}991\,180$	$C = 1{,}870\,074$	$D = 2{,}847\,239$

$\mathrm{cn}(\zeta,\varkappa)$	$\mathrm{dn}(\zeta,\varkappa)$	$\mathrm{sc}(\zeta,\varkappa)$	$\overline{\mathrm{sn}}(\zeta,\varkappa)$	$\overline{\mathrm{cn}}(\zeta,\varkappa)$	
1,000 000	1,000 000	0,000 000	∞	0,000 000	0,50
0,997 060	0,997 083	0,076 844	12,975 348	−0,076 620	0,49
0,988 327	0,988 415	0,154 145	6,412 230	−0,152 360	0,48
0,974 050	0,974 247	0,232 362	4,192 793	−0,226 378	0,47
0,954 626	0,954 974	0,311 961	3,061 200	−0,297 915	0,46
0,930 575	0,931 114	0,393 415	2,366 746	−0,366 315	0,45
0,902 502	0,903 272	0,477 212	1,892 809	−0,431 053	0,44
0,871 071	0,872 108	0,563 854	1,546 691	−0,491 742	0,43
0,836 964	0,838 304	0,653 862	1,282 081	−0,548 134	0,42
0,800 853	0,802 530	0,747 778	1,073 219	−0,600 114	0,41
0,763 379	0,765 424	0,846 174	0,904 570	−0,647 682	0,40
0,725 126	0,727 572	0,949 651	0,766 147	−0,690 940	0,39
0,686 616	0,689 495	1,058 845	0,651 176	−0,730 068	0,38
0,648 299	0,651 641	1,174 436	0,554 855	−0,765 311	0,37
0,610 552	0,614 390	1,297 147	0,473 647	−0,796 954	0,36
0,573 682	0,578 047	1,427 757	0,404 864	−0,825 311	0,35
0,537 928	0,542 855	1,567 109	0,346 406	−0,850 713	0,34
0,503 471	0,508 997	1,716 111	0,296 599	−0,873 495	0,33
0,470 440	0,476 602	1,875 758	0,254 085	−0,893 991	0,32
0,438 919	0,445 759	2,047 133	0,217 748	−0,912 528	0,31
0,408 955	0,416 515	2,231 432	0,186 658	−0,929 426	0,30
0,380 562	0,388 891	2,429 974	0,160 039	−0,944 996	0,29
0,353 732	0,362 881	2,644 226	0,137 235	−0,959 540	0,28
0,328 436	0,338 462	2,875 829	0,117 692	−0,973 358	0,27
0,304 632	0,315 594	3,126 628	0,100 937	−0,986 745	0,26
0,282 264	0,294 229	3,398 716	0,086 571	−1,000 000	0,25
0,261 272	0,274 310	3,694 482	0,074 249	−1,013 433	0,24
0,241 588	0,255 776	4,016 676	0,063 679	−1,027 371	0,23
0,223 140	0,238 564	4,368 488	0,054 610	−1,042 166	0,22
0,205 859	0,222 609	4,753 660	0,046 829	−1,058 206	0,21
0,189 670	0,207 845	5,176 617	0,040 151	−1,075 933	0,20
0,174 502	0,194 209	5,642 657	0,034 418	−1,095 857	0,19
0,160 286	0,181 641	6,158 189	0,029 496	−1,118 580	0,18
0,146 952	0,170 081	6,731 073	0,025 268	−1,144 826	0,17
0,134 434	0,159 473	7,371 072	0,021 635	−1,175 484	0,16
0,122 668	0,149 764	8,090 500	0,018 511	−1,211 664	0,15
0,111 593	0,140 905	8,905 139	0,015 823	−1,254 778	0,14
0,101 150	0,132 850	9,835 594	0,013 507	−1,306 659	0,13
0,091 282	0,125 557	10,909 309	0,011 509	−1,369 735	0,12
0,081 935	0,118 986	12,163 702	0,009 782	−1,447 304	0,11
0,073 058	0,113 101	13,651 175	0,008 285	−1,543 967	0,10
0,064 600	0,107 872	15,447 459	0,006 983	−1,666 350	0,09
0,056 515	0,103 269	17,666 237	0,005 846	−1,824 370	0,08
0,048 755	0,099 266	20,486 277	0,004 845	−2,033 588	0,07
0,041 277	0,095 841	24,205 725	0,003 959	−2,319 902	0,06
0,034 039	0,092 975	29,361 521	0,003 167	−2,729 894	0,05
0,026 997	0,090 652	37,027 956	0,002 448	−3,356 666	0,04
0,020 112	0,088 859	49,712 330	0,001 787	−4,417 384	0,03
0,013 343	0,087 585	74,937 549	0,001 169	−6,563 421	0,02
0,006 652	0,086 824	150,320 32	0,000 578	−13,051 391	0,01
0,000 000	0,086 571	∞	0,000 000	−∞	0,00
$k'\,\mathrm{sd}(\zeta,\varkappa)$	$k'\,\mathrm{nd}(\zeta,\varkappa)$	$\frac{1}{k'}\,\mathrm{cs}(\zeta,\varkappa)$	$-\overline{\mathrm{cd}}(\zeta,\varkappa)$	$-\overline{\mathrm{sd}}(\zeta,\varkappa)$	$\zeta = \frac{z}{2K}$

Tafel III. (Fortsetzung)

$\vartheta_1'(0,\varkappa) = 3{,}524\,252$	$\vartheta_1'(0,k) = 0{,}459\,076$	$\vartheta_5'(0,\varkappa) = 13{,}006\,571$
$\vartheta_1'''/\vartheta_1'(\varkappa) = 12{,}737\,859$	$\vartheta_2''/\vartheta_2(\varkappa) = -15{,}545\,889$	$\vartheta_3''/\vartheta_3(\varkappa) = -15{,}104\,211$
$\vartheta_1'''/\vartheta_1'(k) = 0{,}216\,138$	$\vartheta_2''/\vartheta_2(k) = -0{,}263\,785$	$\vartheta_3''/\vartheta_3(k) = -0{,}256\,291$
$\vartheta_1'''''/\vartheta_1'(k) = -0{,}583\,848$	$\vartheta_2''''/\vartheta_2(k) = 0{,}193\,759$	$\vartheta_3''''/\vartheta_3(k) = 0{,}211\,932$

$\varkappa = 0{,}41$

$\zeta = \frac{z}{2K}$	$\overline{\mathrm{dn}}(\zeta,\varkappa)$	$\mathfrak{z}_1(\zeta,\varkappa)$	$\mathfrak{z}_3(\zeta,\varkappa)$	$\mathfrak{z}_5(\zeta,\varkappa)$	$\wp_1(\zeta,\varkappa)$
0,00	0,000 000	∞	0,000 000	∞	∞
0,01	−0,076 043	13,026 186	−0,025 205	13,026 187	169,682 167
0,02	−0,151 191	6,513 018	−0,050 403	6,513 027	42,421 999
0,03	−0,224 591	4,341 797	−0,075 587	4,341 828	18,857 011
0,04	−0,295 466	3,255 916	−0,100 750	3,255 989	10,611 259
0,05	−0,363 148	2,604 009	−0,125 885	2,604 153	6,796 798
0,06	−0,427 093	2,168 920	−0,150 983	2,169 172	4,726 964
0,07	−0,486 896	1,857 553	−0,176 034	1,857 961	3,481 163
0,08	−0,542 289	1,623 341	−0,201 029	1,623 960	2,674 822
0,09	−0,593 131	1,440 395	−0,225 955	1,441 293	2,124 190
0,10	−0,639 397	1,293 167	−0,250 800	1,294 427	1,732 459
0,11	−0,681 158	1,171 756	−0,275 548	1,173 473	1,444 679
0,12	−0,718 559	1,069 552	−0,300 183	1,071 841	1,227 770
0,13	−0,751 804	0,981 976	−0,324 683	0,984 969	1,060 837
0,14	−0,781 131	0,905 751	−0,349 027	0,909 607	0,930 154
0,15	−0,806 800	0,838 476	−0,373 188	0,843 377	0,826 390
0,16	−0,829 078	0,778 349	−0,397 135	0,784 509	0,743 026
0,17	−0,848 227	0,723 993	−0,420 833	0,731 661	0,675 386
0,18	−0,864 495	0,674 339	−0,444 241	0,683 804	0,620 046
0,19	−0,878 110	0,628 544	−0,467 313	0,640 144	0,574 452
0,20	−0,889 275	0,585 940	−0,489 993	0,600 064	0,536 663
0,21	−0,898 167	0,545 986	−0,512 220	0,563 089	0,505 186
0,22	−0,904 930	0,508 244	−0,533 922	0,528 852	0,478 853
0,23	−0,909 679	0,472 356	−0,555 015	0,497 077	0,456 745
0,24	−0,912 496	0,438 027	−0,575 406	0,467 563	0,438 125
0,25	−0,913 429	0,405 014	−0,594 986	0,440 175	0,422 402
0,25	1,086 571	0,405 014	−0,594 986	0,440 175	0,422 402
0,26	1,087 682	0,373 111	−0,613 633	0,414 832	0,409 096
0,27	1,091 050	0,342 151	−0,631 207	0,391 503	0,397 814
0,28	1,096 776	0,311 989	−0,647 551	0,370 203	0,388 232
0,29	1,105 035	0,282 506	−0,662 489	0,350 988	0,380 085
0,30	1,116 084	0,253 601	−0,675 825	0,333 953	0,373 149
0,31	1,130 275	0,225 188	−0,687 340	0,319 231	0,367 239
0,32	1,148 076	0,197 194	−0,696 797	0,306 986	0,362 201
0,33	1,170 094	0,169 558	−0,703 937	0,297 415	0,357 903
0,34	1,197 119	0,142 227	−0,708 487	0,290 741	0,354 237
0,35	1,230 175	0,115 156	−0,710 156	0,287 207	0,351 109
0,36	1,270 601	0,088 307	−0,708 647	0,287 072	0,348 442
0,37	1,320 166	0,061 647	−0,703 664	0,290 602	0,346 169
0,38	1,381 244	0,035 149	−0,694 920	0,298 053	0,344 234
0,39	1,457 086	0,008 787	−0,682 153	0,309 665	0,342 590
0,40	1,552 252	−0,017 458	−0,665 140	0,325 638	0,341 198
0,41	1,673 333	−0,043 605	−0,643 719	0,346 118	0,340 022
0,42	1,830 216	−0,069 669	−0,617 803	0,371 176	0,339 036
0,43	2,038 433	−0,095 664	−0,587 405	0,400 785	0,338 214
0,44	2,323 862	−0,121 601	−0,552 653	0,434 805	0,337 538
0,45	2,733 061	−0,147 491	−0,513 806	0,472 968	0,336 991
0,46	3,359 114	−0,173 344	−0,471 259	0,514 868	0,336 561
0,47	4,419 172	−0,199 169	−0,425 547	0,559 962	0,336 236
0,48	6,564 590	−0,224 972	−0,377 331	0,607 581	0,336 010
0,49	13,051 968	−0,250 761	−0,327 381	0,656 948	0,335 876
0,50	∞	−0,276 543	−0,276 543	0,707 209	0,335 831
	$\overline{\mathrm{sc}}(\zeta,\varkappa)$	$-\mathfrak{z}_2(\zeta,\varkappa)$	$-\mathfrak{z}_4(\zeta,\varkappa)$	$-\mathfrak{z}_6(\zeta,\varkappa)$	$\wp_2(\zeta,\varkappa)$

Tafel III

$\varkappa = 0{,}41$

$\vartheta_5'(0, k) = 1{,}694\,261$	$\vartheta_6(0, k) = 1{,}694\,261$	$\vartheta_{\substack{5\\6}}(\frac{1}{4}, \varkappa) = 2{,}208\,630$
$\vartheta_4''/\vartheta_4(\varkappa) = 43{,}387\,959$	$\vartheta_5'''/\vartheta_5'(\varkappa) = -32{,}574\,774$	$\vartheta_6''/\vartheta_6(\varkappa) = 27{,}842\,070$
$\vartheta_4''/\vartheta_4(k) = 0{,}736\,215$	$\vartheta_5'''/\vartheta_5'(k) = -\;0{,}552\,735$	$\vartheta_6''/\vartheta_6(k) = 0{,}472\,429$
$\vartheta_4''''/\vartheta_4(k) = -0{,}358\,975$	$\vartheta_5'''''/\vartheta_5'(k) = -\;0{,}078\,132$	$\vartheta_6''''/\vartheta_6(k) = -1{,}330\,432$

$\wp_3(\zeta, \varkappa)$	$\wp_5(\zeta, \varkappa)$	$\wp_1'(\zeta, \varkappa)$	$\wp_3'(\zeta, \varkappa)$	$\wp_5'(\zeta, \varkappa)$	
0,328 337	∞	$-\infty$	0,000 000	$-\infty$	0,50
0,328 293	169,682 124	−4420,605 99	−0,001 147	−4420,607 14	0,49
0,328 160	42,421 822	−552,556 848	−0,002 320	−552,559 168	0,48
0,327 936	18,856 610	−163,696 550	−0,003 547	−163,700 097	0,47
0,327 614	10,610 535	−69,032 677	−0,004 856	−69,037 533	0,46
0,327 187	6,795 648	−35,316 426	−0,006 278	−35,322 705	0,45
0,326 646	4,725 273	−20,408 772	−0,007 846	−20,416 618	0,44
0,325 978	3,478 804	−12,823 097	−0,009 595	−12,832 692	0,43
0,325 167	2,671 652	−8,561 715	−0,011 566	−8,573 281	0,42
0,324 195	2,120 048	−5,985 038	−0,013 804	−5,998 842	0,41
0,323 040	1,727 161	−4,335 836	−0,016 358	−4,352 194	0,40
0,321 674	1,438 016	−3,231 375	−0,019 287	−3,250 662	0,39
0,320 067	1,219 500	−2,463 969	−0,022 655	−2,486 625	0,38
0,318 182	1,050 683	−1,914 256	−0,026 537	−1,940 793	0,37
0,315 977	0,917 794	−1,510 292	−0,031 017	−1,541 310	0,36
0,313 402	0,811 456	−1,206 947	−0,036 192	−1,243 138	0,35
0,310 400	0,725 089	−0,974 920	−0,042 169	−1,017 090	0,34
0,306 904	0,653 953	−0,794 621	−0,049 074	−0,843 695	0,33
0,302 838	0,594 547	−0,652 600	−0,057 045	−0,709 645	0,32
0,298 114	0,544 229	−0,539 414	−0,066 240	−0,605 653	0,31
0,292 632	0,500 958	−0,448 290	−0,076 832	−0,525 123	0,30
0,286 277	0,463 126	−0,374 285	−0,089 017	−0,463 302	0,29
0,278 919	0,429 435	−0,313 726	−0,103 004	−0,416 730	0,28
0,270 410	0,398 818	−0,263 845	−0,119 025	−0,382 870	0,27
0,260 586	0,370 373	−0,222 525	−0,137 323	−0,359 849	0,26
0,249 261	0,343 326	−0,188 130	−0,158 152	−0,346 282	0,25
0,249 261	0,343 326	−0,188 130	−0,158 152	−0,346 282	0,25
0,236 232	0,316 991	−0,159 377	−0,181 768	−0,341 145	0,24
0,221 275	0,290 752	−0,135 251	−0,208 419	−0,343 670	0,23
0,204 149	0,264 044	−0,114 944	−0,238 328	−0,353 271	0,22
0,184 595	0,236 343	−0,097 802	−0,271 671	−0,369 473	0,21
0,162 347	0,207 158	−0,083 298	−0,308 552	−0,391 850	0,20
0,137 131	0,176 033	−0,070 998	−0,348 962	−0,419 960	0,19
0,108 682	0,142 545	−0,060 547	−0,392 740	−0,453 287	0,18
0,076 754	0,106 320	−0,051 651	−0,439 514	−0,491 165	0,17
0,041 140	0,067 039	−0,044 066	−0,488 645	−0,532 712	0,16
0,001 693	0,024 465	−0,037 588	−0,539 166	−0,576 754	0,15
−0,041 643	−0,021 539	−0,032 045	−0,589 715	−0,621 759	0,14
−0,088 805	−0,070 973	−0,027 293	−0,638 487	−0,665 780	0,13
−0,139 571	−0,123 674	−0,023 212	−0,683 210	−0,706 422	0,12
−0,193 530	−0,179 277	−0,019 696	−0,721 157	−0,740 853	0,11
−0,250 043	−0,237 182	−0,016 659	−0,749 212	−0,765 871	0,10
−0,308 222	−0,296 537	−0,014 025	−0,764 016	−0,778 041	0,09
−0,366 921	−0,356 223	−0,011 729	−0,762 190	−0,773 919	0,08
−0,424 741	−0,414 864	−0,009 714	−0,740 640	−0,750 354	0,07
−0,480 069	−0,470 868	−0,007 932	−0,696 931	−0,704 863	0,06
−0,531 142	−0,522 488	−0,006 340	−0,629 679	−0,636 020	0,05
−0,576 145	−0,567 921	−0,004 900	−0,538 917	−0,543 817	0,04
−0,613 326	−0,605 427	−0,003 576	−0,426 344	−0,429 921	0,03
−0,641 133	−0,633 461	−0,002 338	−0,295 416	−0,297 754	0,02
−0,658 342	−0,650 803	−0,001 155	−0,151 199	−0,152 354	0,01
−0,664 169	−0,656 674	0,000 000	0,000 000	0,000 000	0,00
$\wp_4(\zeta, \varkappa)$	$\wp_6(\zeta, \varkappa)$	$-\wp_2'(\zeta, \varkappa)$	$-\wp_4'(\zeta, \varkappa)$	$-\wp_6'(\zeta, \varkappa)$	$\zeta = \frac{z}{2K}$

Tafel III

$\sqrt{k} = 0{,}997\,745$ $k = 0{,}995\,496$ $k^2 = 0{,}991\,012$ $\varkappa = 0{,}42$

$\sqrt{k'} = 0{,}307\,901$ $k' = 0{,}094\,803$ $k'^2 = 0{,}008\,988$

$e_1 = -e_3' = 0{,}336\,329$ $e_2 = -e_2' = 0{,}327\,342$ $e_3 = -e_1' = -0{,}663\,671$

$g_2 = g_2' = 1{,}321\,458$ $g_3 = -g_3' = -0{,}292\,266$ $g_3/\sqrt{g_2^3} = -0{,}192\,397$

$\bar{g}_2 = \bar{g}_2' = 1{,}143\,320$ $\bar{g}_3 = -\bar{g}_3' = -0{,}373\,903$ $\bar{g}_3/\sqrt{\bar{g}_2^3} = -0{,}305\,849$

$\zeta = \frac{z}{2K}$	$\vartheta_1(\zeta, \varkappa)$	$\vartheta_3(\zeta, \varkappa)$	$\frac{\partial \ln \vartheta_1(\zeta, \varkappa)}{\partial \zeta}$	$\frac{\partial \ln \vartheta_3(\zeta, \varkappa)}{\partial \zeta}$	$\operatorname{sn}(\zeta, \varkappa)$
0,00	0,000 000	1,544 775	∞	0,000 000	0,000 000
0,01	0,035 584	1,543 639	100,036 830	−0,147 067	0,074 829
0,02	0,071 208	1,540 238	50,073 243	−0,294 078	0,148 829
0,03	0,106 909	1,534 588	33,442 162	−0,440 975	0,221 206
0,04	0,142 725	1,526 715	25,143 183	−0,587 696	0,291 236
0,05	0,178 691	1,516 657	20,175 915	−0,734 179	0,358 292
0,06	0,214 840	1,504 462	16,873 318	−0,880 353	0,421 862
0,07	0,251 202	1,490 189	14,520 754	−1,026 143	0,481 558
0,08	0,287 801	1,473 903	12,760 748	−1,171 463	0,537 119
0,09	0,324 659	1,455 683	11,394 582	−1,316 218	0,588 405
0,10	0,361 793	1,435 613	10,302 933	−1,460 301	0,635 384
0,11	0,399 212	1,413 787	9,409 795	−1,603 591	0,678 116
0,12	0,436 923	1,390 305	8,664 444	−1,745 947	0,716 739
0,13	0,474 925	1,365 276	8,031 727	−1,887 210	0,751 447
0,14	0,513 209	1,338 813	7,486 512	−2,027 198	0,782 474
0,15	0,551 762	1,311 036	7,010 358	−2,165 701	0,810 084
0,16	0,590 562	1,282 069	6,589 429	−2,302 476	0,834 551
0,17	0,629 581	1,252 041	6,213 150	−2,437 246	0,856 153
0,18	0,668 782	1,221 083	5,873 308	−2,569 692	0,875 165
0,19	0,708 124	1,189 330	5,563 433	−2,699 446	0,891 849
0,20	0,747 557	1,156 918	5,278 367	−2,826 088	0,906 454
0,21	0,787 022	1,123 985	5,013 957	−2,949 135	0,919 211
0,22	0,826 456	1,090 668	4,766 828	−3,068 033	0,930 332
0,23	0,865 789	1,057 106	4,534 214	−3,182 151	0,940 011
0,24	0,904 943	1,023 436	4,313 835	−3,290 771	0,948 423
0,25	0,943 836	0,989 793	4,103 801	−3,393 074	0,955 723
0,26	0,982 379	0,956 312	3,902 535	−3,488 135	0,962 052
0,27	1,020 479	0,923 122	3,708 716	−3,574 912	0,967 533
0,28	1,058 039	0,890 352	3,521 234	−3,652 236	0,972 275
0,29	1,094 957	0,858 127	3,339 153	−3,718 801	0,976 375
0,30	1,131 128	0,826 568	3,161 680	−3,773 164	0,979 917
0,31	1,166 446	0,795 790	2,988 145	−3,813 738	0,982 975
0,32	1,200 802	0,765 905	2,817 975	−3,838 798	0,985 613
0,33	1,234 086	0,737 021	2,650 684	−3,846 491	0,987 887
0,34	1,266 189	0,709 239	2,485 856	−3,834 852	0,989 845
0,35	1,297 001	0,682 656	2,323 136	−3,801 839	0,991 530
0,36	1,326 415	0,657 362	2,162 220	−3,745 373	0,992 978
0,37	1,354 326	0,633 442	2,002 846	−3,663 399	0,994 221
0,38	1,380 632	0,610 976	1,844 790	−3,553 964	0,995 286
0,39	1,405 234	0,590 038	1,687 857	−3,415 309	0,996 196
0,40	1,428 038	0,570 695	1,531 881	−3,245 983	0,996 971
0,41	1,448 957	0,553 008	1,376 716	−3,044 967	0,997 629
0,42	1,467 908	0,537 034	1,222 235	−2,811 808	0,998 183
0,43	1,484 816	0,522 823	1,068 329	−2,546 743	0,998 646
0,44	1,499 612	0,510 418	0,914 898	−2,250 821	0,999 029
0,45	1,512 237	0,499 858	0,761 858	−1,925 989	0,999 339
0,46	1,522 639	0,491 173	0,609 129	−1,575 138	0,999 584
0,47	1,530 774	0,484 392	0,456 643	−1,202 092	0,999 769
0,48	1,536 609	0,479 534	0,304 332	−0,811 533	0,999 898
0,49	1,540 120	0,476 613	0,152 138	−0,408 862	0,999 975
0,50	1,541 292	0,475 638	0,000 000	0,000 000	1,000 000
	$\vartheta_2(\zeta, \varkappa)$	$\vartheta_4(\zeta, \varkappa)$	$-\frac{\partial \ln \vartheta_2(\zeta, \varkappa)}{\partial \zeta}$	$-\frac{\partial \ln \vartheta_4(\zeta, \varkappa)}{\partial \zeta}$	$\operatorname{cd}(\zeta, \varkappa)$

Tafel III

$\varkappa = 0{,}42$	$k^2 k'^2 = 0{,}008\,907$	$\eta_1 = -\eta_2' = -0{,}065\,654$	$\eta_1' = -\eta_2 = 0{,}331\,830$
	$\pi/KK' = 0{,}532\,353$	$\bar\eta_1 = -\bar\eta_2' = 0{,}196\,034$	$\bar\eta_1' = -\bar\eta_2 = 0{,}336\,319$
	$K = 3{,}748\,437$	$E = 1{,}014\,611$	$A = 1{,}961\,842$
	$K' = 1{,}574\,344$	$E' = 1{,}567\,261$	$A' = 0{,}014\,134$
	$B = 0{,}989\,817$	$C = 1{,}784\,845$	$D = 2{,}758\,620$

$\mathrm{cn}(\zeta,\varkappa)$	$\mathrm{dn}(\zeta,\varkappa)$	$\mathrm{sc}(\zeta,\varkappa)$	$\overline{\mathrm{sn}}(\zeta,\varkappa)$	$\overline{\mathrm{cn}}(\zeta,\varkappa)$	
1,000 000	1,000 000	0,000 000	∞	0,000 000	0,50
0,997 196	0,997 222	0,075 040	13,289 266	−0,074 831	0,49
0,988 863	0,988 964	0,150 505	6,570 966	−0,148 844	0,48
0,975 227	0,975 453	0,226 825	4,300 468	−0,221 257	0,47
0,956 651	0,957 050	0,304 433	3,143 716	−0,291 357	0,46
0,933 610	0,934 227	0,383 771	2,434 338	−0,358 529	0,45
0,906 660	0,907 542	0,465 292	1,950 479	−0,422 272	0,44
0,876 414	0,877 603	0,549 463	1,597 200	−0,482 210	0,43
0,843 507	0,845 042	0,636 769	1,327 078	−0,538 097	0,42
0,808 566	0,810 488	0,727 714	1,113 746	−0,589 804	0,41
0,772 196	0,774 542	0,822 827	0,941 319	−0,637 314	0,40
0,734 954	0,737 761	0,922 665	0,799 598	−0,680 706	0,39
0,697 341	0,700 644	1,027 817	0,681 681	−0,720 134	0,38
0,659 794	0,663 628	1,138 912	0,582 686	−0,755 814	0,37
0,622 683	0,627 086	1,256 618	0,499 026	−0,788 007	0,36
0,586 314	0,591 322	1,381 656	0,427 981	−0,817 004	0,35
0,550 931	0,556 583	1,514 801	0,367 430	−0,843 112	0,34
0,516 722	0,523 058	1,656 893	0,315 686	−0,866 651	0,33
0,483 825	0,490 887	1,808 848	0,271 381	−0,887 940	0,32
0,452 333	0,460 167	1,971 666	0,233 390	−0,907 296	0,31
0,422 304	0,430 959	2,146 450	0,200 777	−0,925 031	0,30
0,393 765	0,403 293	2,334 416	0,172 759	−0,941 453	0,29
0,366 717	0,377 175	2,536 919	0,148 674	−0,956 861	0,28
0,341 143	0,352 591	2,755 474	0,127 960	−0,971 555	0,27
0,317 009	0,329 513	2,991 787	0,110 139	−0,985 833	0,26
0,294 268	0,307 901	3,247 794	0,094 803	−1,000 000	0,25
0,272 868	0,287 707	3,525 708	0,081 603	−1,014 370	0,24
0,252 746	0,268 876	3,828 077	0,070 238	−1,029 278	0,23
0,233 840	0,251 351	4,157 865	0,060 452	−1,045 084	0,22
0,216 082	0,235 073	4,518 546	0,052 024	−1,062 188	0,21
0,199 404	0,219 982	4,914 238	0,044 764	−1,081 045	0,20
0,183 738	0,206 019	5,349 874	0,038 509	−1,102 176	0,19
0,169 017	0,193 126	5,831 429	0,033 118	−1,126 203	0,18
0,155 176	0,181 248	6,366 234	0,028 470	−1,153 867	0,17
0,142 150	0,170 331	6,963 403	0,024 461	−1,186 081	0,16
0,129 876	0,160 324	7,634 438	0,021 000	−1,223 984	0,15
0,118 295	0,151 181	8,394 090	0,018 010	−1,269 024	0,14
0,107 349	0,142 856	9,261 618	0,015 425	−1,323 076	0,13
0,096 981	0,135 309	10,262 687	0,013 185	−1,388 631	0,12
0,087 139	0,128 501	11,432 287	0,011 240	−1,469 064	0,11
0,077 770	0,122 399	12,819 428	0,009 548	−1,569 085	0,10
0,068 826	0,116 970	14,494 939	0,008 070	−1,695 480	0,09
0,060 258	0,112 188	16,565 141	0,006 773	−1,858 402	0,08
0,052 020	0,108 025	19,197 222	0,005 627	−2,073 784	0,07
0,044 068	0,104 462	22,670 003	0,004 608	−2,368 143	0,06
0,036 359	0,101 478	27,485 602	0,003 692	−2,789 175	0,05
0,028 849	0,099 058	34,648 608	0,002 859	−3,432 214	0,04
0,021 499	0,097 189	46,503 593	0,002 090	−4,519 635	0,03
0,014 267	0,095 861	70,085 131	0,001 368	−6,718 442	0,02
0,007 114	0,095 067	140,567 95	0,000 676	−13,363 421	0,01
0,000 000	0,094 803	∞	0,000 000	−∞	0,00
$k'\,\mathrm{sd}(\zeta,\varkappa)$	$k'\,\mathrm{nd}(\zeta,\varkappa)$	$\frac{1}{k'}\,\mathrm{cs}(\zeta,\varkappa)$	$-\overline{\mathrm{cd}}(\zeta,\varkappa)$	$-\overline{\mathrm{sd}}(\zeta,\varkappa)$	$\zeta = \frac{z}{2K}$

Tafel III. (Fortsetzung)

$\vartheta_1'(0,\varkappa)$	$=$ 3,557 761	$\vartheta_1'(0,k)$	$=$ 0,474 566	$\vartheta_5'(0,\varkappa)$	$=$ 12,837 814	$\varkappa = 0{,}42$
$\vartheta_1'''/\vartheta_1'(\varkappa)$	$=$ 11,069 816	$\vartheta_2''/\vartheta_2(\varkappa)$	$= -$15,212 817	$\vartheta_3''/\vartheta_3(\varkappa)$	$= -$14,707 683	
$\vartheta_1'''/\vartheta_1'(k)$	$=$ 0,196 961	$\vartheta_2''/\vartheta_2(k)$	$= -$ 0,270 676	$\vartheta_3''/\vartheta_3(k)$	$= -$ 0,261 688	
$\vartheta_1'''''/\vartheta_1'(k)$	$= -$0,596 073	$\vartheta_2''''/\vartheta_2(k)$	$=$ 0,201 821	$\vartheta_3''''/\vartheta_3(k)$	$=$ 0,223 256	

$\zeta = \frac{z}{2K}$	$\overline{\mathrm{dn}}(\zeta,\varkappa)$	$\mathfrak{z}_1(\zeta,\varkappa)$	$\mathfrak{z}_3(\zeta,\varkappa)$	$\mathfrak{z}_5(\zeta,\varkappa)$	$\wp_1(\zeta,\varkappa)$
0,00	0,000 000	∞	0,000 000	∞	∞
0,01	−0,074 155	13,338 882	−0,024 539	13,338 883	177,926 396
0,02	−0,147 476	6,669 372	−0,049 071	6,669 382	44,482 986
0,03	−0,219 167	4,446 048	−0,073 587	4,446 082	19,772 874
0,04	−0,288 498	3,334 134	−0,098 080	3,334 215	11,126 235
0,05	−0,354 837	2,666 634	−0,122 541	2,666 794	7,126 123
0,06	−0,417 664	2,221 182	−0,146 961	2,221 463	4,955 343
0,07	−0,476 583	1,902 454	−0,171 330	1.902 907	3,648 577
0,08	−0,531 324	1,662 767	−0,195 636	1,663 454	2,802 575
0,09	−0,581 734	1,475 613	−0,219 867	1,476 610	2,224 663
0,10	−0,627 766	1,325 077	−0,244 008	1,326 474	1,813 339
0,11	−0,669 466	1,201 021	−0,268 043	1,202 922	1,510 990
0,12	−0,706 949	1,096 677	−0,291 954	1,099 208	1,282 933
0,13	−0,740 390	1,007 358	−0,315 719	1,010 664	1,107 268
0,14	−0,769 997	0,929 710	−0,339 313	0,933 962	0,969 606
0,15	−0,796 004	0,861 274	−0,362 710	0,866 670	0,860 171
0,16	−0,818 652	0,800 205	−0,385 876	0,806 975	0,772 131
0,17	−0,838 181	0,745 092	−0,408 775	0,753 503	0,700 589
0,18	−0,854 822	0,694 839	−0,431 364	0,705 202	0,641 959
0,19	−0,868 787	0,648 583	−0,453 594	0,661 257	0,593 566
0,20	−0,880 267	0,605 636	−0,475 408	0,621 036	0,553 379
0,21	−0,889 429	0,565 445	−0,496 743	0,584 050	0,519 832
0,22	−0,896 409	0,527 559	−0,517 525	0,549 922	0,491 706
0,23	−0,901 317	0,491 609	−0,537 669	0,518 368	0,468 036
0,24	−0,904 231	0,457 291	−0,557 080	0,489 180	0,448 051
0,25	−0,905 197	0,424 352	−0,575 648	0,462 214	0,431 132
0,25	1,094 803	0,424 352	−0,575 648	0,462 214	0,431 132
0,26	1,095 973	0,392 584	−0,593 250	0,437 384	0,416 776
0,27	1,099 515	0,361 808	−0,609 747	0,414 652	0,404 569
0,28	1,105 536	0,331 878	−0,624 983	0,394 026	0,394 173
0,29	1,114 212	0,302 669	−0,638 784	0,375 556	0,385 307
0,30	1,125 809	0,274 074	−0,650 957	0,359 328	0,377 738
0,31	1,140 686	0,246 004	−0,661 291	0,345 465	0,371 268
0,32	1,159 321	0,218 384	−0,669 556	0,334 120	0,365 736
0,33	1,182 337	0,191 147	−0,675 504	0,325 475	0,361 003
0,34	1,210 542	0,164 239	−0,678 874	0,319 738	0,356 952
0,35	1,244 985	0,137 612	−0,679 392	0,317 133	0,353 486
0,36	1,287 034	0,111 225	−0,676 782	0,317 897	0,350 522
0,37	1,338 501	0,085 045	−0,670 770	0,322 269	0,347 987
0,38	1,401 815	0,059 040	−0,661 094	0,330 480	0,345 824
0,39	1,480 304	0,033 185	−0,647 521	0,342 739	0,343 980
0,40	1,578 633	0,007 457	−0,629 857	0,359 216	0,342 414
0,41	1,703 550	−0,018 162	−0,607 966	0,380 028	0,341 089
0,42	1,865 175	−0,043 690	−0,581 787	0,405 220	0,339 973
0,43	2,079 411	−0,069 141	−0,551 352	0,434 743	0,339 043
0,44	2,372 751	−0,094 529	−0,516 801	0,468 447	0,338 275
0,45	2,792 867	−0,119 865	−0,478 394	0,506 058	0,337 653
0,46	3,435 073	−0,145 159	−0,436 517	0,547 182	0,337 162
0,47	4,521 725	−0,170 421	−0,391 678	0,591 298	0,336 792
0,48	6,719 810	−0,195 660	−0,344 504	0,637 775	0,336 533
0,49	13,364 098	−0,220 883	−0,295 714	0,685 882	0,336 380
0,50	∞	−0,246 098	−0,246 098	0,734 822	0,336 329
	$\overline{\mathrm{sc}}(\zeta,\varkappa)$	$-\mathfrak{z}_2(\zeta,\varkappa)$	$-\mathfrak{z}_4(\zeta,\varkappa)$	$-\mathfrak{z}_6(\zeta,\varkappa)$	$\wp_2(\zeta,\varkappa)$

Tafel III

$\varkappa = 0{,}42$			
	$\vartheta_5'(0, k) = 1{,}712\,422$	$\vartheta_6(0, k) = 1{,}712\,422$	$\vartheta_5(\frac{1}{4}, \varkappa) = 2{,}182\,178$
	$\vartheta_4''/\vartheta_4(\varkappa) = 40{,}990\,316$	$\vartheta_5'''/\vartheta_5'(\varkappa) = -33{,}053\,233$	$\vartheta_6''/\vartheta_6(\varkappa) = 25{,}777\,499$
	$\vartheta_4''/\vartheta_4(k) = 0{,}729\,324$	$\vartheta_5'''/\vartheta_5'(k) = -0{,}588\,103$	$\vartheta_6''/\vartheta_6(k) = 0{,}458\,649$
	$\vartheta_4''''/\vartheta_4(k) = -0{,}386\,282$	$\vartheta_5'''''/\vartheta_5'(k) = 0{,}004\,782$	$\vartheta_6''''/\vartheta_6(k) = -1{,}368\,924$

$\wp_3(\zeta, \varkappa)$	$\wp_5(\zeta, \varkappa)$	$\wp_1'(\zeta, \varkappa)$	$\wp_3'(\zeta, \varkappa)$	$\wp_5'(\zeta, \varkappa)$	
0,327 342	∞	$-\infty$	0,000 000	$-\infty$	0,50
0,327 291	177,926 346	−4746,661 96	−0,001 340	−4746,663 30	0,49
0,327 140	44,482 785	−593,314 308	−0,002 710	−593,317 018	0,48
0,326 884	19,772 416	−175,773 411	−0,004 140	−175,777 551	0,47
0,326 517	11,125 410	−74,128 226	−0,005 662	−74,133 887	0,46
0,326 031	7,124 813	−37,925 977	−0,007 308	−37,933 285	0,45
0,325 417	4,953 418	−21,919 536	−0,009 115	−21,928 652	0,44
0,324 660	3,645 895	−13,775 048	−0,011 123	−13,786 171	0,43
0,323 743	2,798 976	−9,199 959	−0,013 375	−9,213 333	0,42
0,322 647	2,219 969	−6,433 742	−0,015 919	−6,449 661	0,41
0,321 348	1,807 345	−4,663 313	−0,018 810	−4,682 122	0,40
0,319 817	1,503 465	−3,477 708	−0,022 109	−3,499 818	0,39
0,318 021	1,273 612	−2,653 927	−0,025 886	−2,679 813	0,38
0,315 921	1,095 848	−2,063 804	−0,030 219	−2,094 023	0,37
0,313 474	0,955 738	−1,630 096	−0,035 197	−1,665 294	0,36
0,310 625	0,843 455	−1,304 350	−0,040 921	−1,345 271	0,35
0,307 317	0,752 106	−1,055 113	−0,047 502	−1,102 616	0,34
0,303 478	0,676 726	−0,861 356	−0,055 070	−0,916 426	0,33
0,299 031	0,613 649	−0,708 647	−0,063 766	−0,772 412	0,32
0,293 885	0,560 110	−0,586 853	−0,073 749	−0,660 602	0,31
0,287 937	0,513 974	−0,488 712	−0,085 196	−0,573 908	0,30
0,281 070	0,473 561	−0,408 923	−0,098 298	−0,507 221	0,29
0,273 152	0,437 517	−0,343 550	−0,113 266	−0,456 815	0,28
0,264 035	0,404 729	−0,289 627	−0,130 320	−0,419 947	0,27
0,253 554	0,374 264	−0,244 889	−0,149 696	−0,394 584	0,26
0,241 526	0,345 317	−0,207 582	−0,171 631	−0,379 213	0,25
0,241 526	0,345 317	−0,207 582	−0,171 631	−0,379 213	0,25
0,227 750	0,317 184	−0,176 334	−0,196 361	−0,372 695	0,24
0,212 009	0,289 236	−0,150 062	−0,224 104	−0,374 166	0,23
0,194 069	0,260 900	−0,127 897	−0,255 048	−0,382 945	0,22
0,173 684	0,231 650	−0,109 144	−0,289 322	−0,398 466	0,21
0,150 604	0,201 000	−0,093 236	−0,326 976	−0,420 212	0,20
0,124 576	0,168 502	−0,079 709	−0,367 937	−0,447 647	0,19
0,095 359	0,133 754	−0,068 184	−0,411 973	−0,480 157	0,18
0,062 740	0,096 401	−0,058 345	−0,458 635	−0,516 981	0,17
0,026 544	0,056 155	−0,049 931	−0,507 211	−0,557 142	0,16
−0,013 333	0,012 812	−0,042 721	−0,556 664	−0,599 385	0,15
−0,056 907	−0,033 727	−0,036 532	−0,605 582	−0,642 114	0,14
−0,104 074	−0,083 428	−0,031 209	−0,652 139	−0,683 348	0,13
−0,154 573	−0,136 090	−0,026 619	−0,694 085	−0,720 705	0,12
−0,207 962	−0,191 323	−0,022 652	−0,728 768	−0,751 421	0,11
−0,263 587	−0,248 514	−0,019 212	−0,753 214	−0,772 426	0,10
−0,320 562	−0,306 815	−0,016 216	−0,764 272	−0,780 488	0,09
−0,377 767	−0,365 135	−0,013 594	−0,758 833	−0,772 428	0,08
−0,433 857	−0,422 156	−0,011 285	−0,734 116	−0,745 401	0,07
−0,487 303	−0,476 370	−0,009 234	−0,688 003	−0,697 237	0,06
−0,536 451	−0,526 140	−0,007 394	−0,619 390	−0,626 784	0,05
−0,579 615	−0,569 794	−0,005 723	−0,528 496	−0,534 219	0,04
−0,615 179	−0,605 729	−0,004 182	−0,417 078	−0,421 260	0,03
−0,641 720	−0,632 529	−0,002 736	−0,288 478	−0,291 214	0,02
−0,658 122	−0,649 083	−0,001 353	−0,147 487	−0,148 839	0,01
−0,663 671	−0,654 683	0,000 000	0,000 000	0,000 000	0,00
$\wp_4(\zeta, \varkappa)$	$\wp_6(\zeta, \varkappa)$	$-\wp_2'(\zeta, \varkappa)$	$-\wp_4'(\zeta, \varkappa)$	$-\wp_6'(\zeta, \varkappa)$	$\zeta = \frac{z}{2K}$

Tafel III

$\sqrt{k} = 0{,}997\,318$	$k = 0{,}994\,643$	$k^2 = 0{,}989\,314$
$\sqrt{k'} = 0{,}321\,518$	$k' = 0{,}103\,374$	$k'^2 = 0{,}010\,686$
$e_1 = -e_3' = 0{,}336\,895$	$e_2 = -e_2' = 0{,}326\,209$	$e_3 = -e_1' = -0{,}663\,105$
$g_2 = g_2' = 1{,}319\,237$	$g_3 = -g_3' = -0{,}291\,497$	$g_3/\sqrt{g_2^3} = -0{,}192\,375$
$\bar{g}_2 = \bar{g}_2' = 1{,}107\,798$	$\bar{g}_3 = -\bar{g}_3' = -0{,}388\,059$	$\bar{g}_3/\sqrt{\bar{g}_2^3} = -0{,}332\,818$

$\varkappa = 0{,}43$

$\zeta = \frac{z}{2K}$	$\vartheta_1(\zeta, \varkappa)$	$\vartheta_3(\zeta, \varkappa)$	$\frac{\partial \ln \vartheta_1(\zeta, \varkappa)}{\partial \zeta}$	$\frac{\partial \ln \vartheta_3(\zeta, \varkappa)}{\partial \zeta}$	$\operatorname{sn}(\zeta, \varkappa)$
0,00	0,000 000	1,527 034	∞	0,000 000	0,000 000
0,01	0,035 876	1,525 940	100,031 741	−0,143 247	0,073 127
0,02	0,071 786	1,522 665	50,063 103	−0,286 433	0,145 479
0,03	0,107 764	1,517 224	33,427 044	−0,429 495	0,216 317
0,04	0,143 841	1,509 643	25,123 197	−0,572 368	0,284 960
0,05	0,180 048	1,499 956	20,151 206	−0,714 983	0,350 815
0,06	0,216 413	1,488 211	16,844 061	−0,857 266	0,413 393
0,07	0,252 961	1,474 460	14,487 152	−0,999 135	0,472 318
0,08	0,289 714	1,458 770	12,723 033	−1,140 500	0,527 328
0,09	0,326 687	1,441 212	11,353 009	−1,281 261	0,578 275
0,10	0,363 895	1,421 867	10,257 776	−1,421 304	0,625 108
0,11	0,401 344	1,400 824	9,361 343	−1,560 501	0,667 868
0,12	0,439 037	1,378 180	8,613 000	−1,698 708	0,706 666
0,13	0,476 970	1,354 037	7,977 604	−1,835 757	0,741 670
0,14	0,515 134	1,328 504	7,430 029	−1,971 461	0,773 091
0,15	0,553 513	1,301 694	6,951 836	−2,105 601	0,801 165
0,16	0,592 084	1,273 727	6,529 189	−2,237 932	0,826 148
0,17	0,630 819	1,244 725	6,151 512	−2,368 168	0,848 298
0,18	0,669 681	1,214 815	5,810 585	−2,495 986	0,867 874
0,19	0,708 628	1,184 125	5,499 931	−2,621 014	0,885 124
0,20	0,747 612	1,152 787	5,214 384	−2,742 827	0,900 286
0,21	0,786 575	1,120 932	4,949 781	−2,860 941	0,913 585
0,22	0,825 457	1,088 693	4,702 733	−2,974 805	0,925 225
0,23	0,864 190	1,056 203	4,470 463	−3,083 790	0,935 396
0,24	0,902 698	1,023 595	4,250 679	−3,187 187	0,944 271
0,25	0,940 904	0,990 999	4,041 474	−3,284 192	0,952 004
0,26	0,978 722	0,958 545	3,841 259	−3,373 900	0,958 733
0,27	1,016 064	0,926 360	3,648 699	−3,455 297	0,964 584
0,28	1,052 837	0,894 569	3,462 670	−3,527 252	0,969 666
0,29	1,088 944	0,863 292	3,282 222	−3,588 511	0,974 076
0,30	1,124 286	0,832 649	3,106 549	−3,637 696	0,977 900
0,31	1,158 763	0,802 751	2,934 967	−3,673 301	0,981 213
0,32	1,192 271	0,773 710	2,766 892	−3,693 702	0,984 082
0,33	1,224 706	0,745 628	2,601 826	−3,697 164	0,986 563
0,34	1,255 966	0,718 608	2,439 341	−3,681 868	0,988 708
0,35	1,285 947	0,692 743	2,279 072	−3,645 935	0,990 559
0,36	1,314 548	0,668 123	2,120 704	−3,587 474	0,992 156
0,37	1,341 669	0,644 832	1,963 966	−3,504 637	0,993 531
0,38	1,367 216	0,622 950	1,808 626	−3,395 690	0,994 712
0,39	1,391 095	0,602 549	1,654 479	−3,259 103	0,995 725
0,40	1,413 218	0,583 696	1,501 352	−3,093 649	0,996 591
0,41	1,433 503	0,566 453	1,349 092	−2,898 513	0,997 326
0,42	1,451 872	0,550 876	1,197 565	−2,673 410	0,997 948
0,43	1,468 255	0,537 015	1,046 654	−2,418 695	0,998 469
0,44	1,482 587	0,524 913	0,896 255	−2,135 460	0,998 901
0,45	1,494 813	0,514 608	0,746 277	−1,825 606	0,999 251
0,46	1,504 883	0,506 133	0,596 635	−1,491 872	0,999 528
0,47	1,512 758	0,499 514	0,447 255	−1,137 827	0,999 738
0,48	1,518 406	0,494 772	0,298 066	−0,767 790	0,999 884
0,49	1,521 804	0,491 920	0,149 002	−0,386 714	0,999 971
0,50	1,522 938	0,490 969	0,000 000	0,000 000	1,000 000
	$\vartheta_2(\zeta, \varkappa)$	$\vartheta_4(\zeta, \varkappa)$	$-\frac{\partial \ln \vartheta_2(\zeta, \varkappa)}{\partial \zeta}$	$-\frac{\partial \ln \vartheta_4(\zeta, \varkappa)}{\partial \zeta}$	$\operatorname{cd}(\zeta, \varkappa)$

Tafel III

$\varkappa = 0{,}43$			
	$k^2 k'^2 = 0{,}010\,572$	$\eta_1 = -\eta_2' = -0{,}059\,264$	$\eta_1' = -\eta_2 = 0{,}331\,545$
	$\pi/KK' = 0{,}544\,562$	$\bar\eta_1 = -\bar\eta_2' = 0{,}207\,681$	$\bar\eta_1' = -\bar\eta_2 = 0{,}336\,881$
	$K = 3{,}662\,833$	$E = 1{,}016\,917$	$A = 1{,}955\,550$
	$K' = 1{,}575\,018$	$E' = 1{,}566\,591$	$A' = 0{,}016\,808$
	$B = 0{,}988\,336$	$C = 1{,}704\,373$	$D = 2{,}674\,496$

$\mathrm{cn}(\zeta, \varkappa)$	$\mathrm{dn}(\zeta, \varkappa)$	$\mathrm{sc}(\zeta, \varkappa)$	$\overline{\mathrm{sn}}(\zeta, \varkappa)$	$\overline{\mathrm{cn}}(\zeta, \varkappa)$	
1,000 000	1,000 000	0,000 000	∞	0,000 000	0,50
0,997 323	0,997 351	0,073 323	13,602 180	−0,073 129	0,49
0,989 361	0,989 476	0,147 044	6,729 124	−0,145 496	0,48
0,976 323	0,976 579	0,221 563	4,407 683	−0,216 374	0,47
0,958 539	0,958 992	0,297 286	3,225 826	−0,285 095	0,46
0,936 445	0,937 147	0,374 625	2,501 561	−0,351 078	0,45
0,910 553	0,911 555	0,454 003	2,007 817	−0,413 848	0,44
0,881 428	0,882 779	0,535 855	1,647 421	−0,473 042	0,43
0,849 662	0,851 408	0,620 634	1,371 838	−0,528 413	0,42
0,815 842	0,818 029	0,708 807	1,154 093	−0,579 825	0,41
0,780 538	0,783 208	0,800 868	0,977 949	−0,627 247	0,40
0,744 280	0,747 475	0,897 335	0,832 994	−0,670 735	0,39
0,707 547	0,711 309	0,998 754	0,712 196	−0,710 422	0,38
0,670 765	0,675 132	1,105 708	0,610 588	−0,746 499	0,37
0,634 296	0,639 310	1,218 818	0,524 533	−0,779 203	0,36
0,598 443	0,604 146	1,338 750	0,451 276	−0,808 801	0,35
0,563 453	0,569 888	1,466 224	0,388 677	−0,835 584	0,34
0,529 519	0,536 731	1,602 018	0,335 034	−0,859 852	0,33
0,496 785	0,504 821	1,746 979	0,288 968	−0,881 912	0,32
0,465 356	0,474 266	1,902 035	0,249 347	−0,902 071	0,31
0,435 298	0,445 136	2,068 206	0,215 228	−0,920 632	0,30
0,406 649	0,417 471	2,246 619	0,185 822	−0,937 899	0,29
0,379 419	0,391 288	2,438 531	0,160 461	−0,954 169	0,28
0,353 601	0,366 583	2,645 347	0,138 577	−0,969 741	0,27
0,329 169	0,343 337	2,868 652	0,119 686	−0,984 915	0,26
0,306 086	0,321 518	3,110 246	0,103 374	−1,000 000	0,25
0,284 306	0,301 085	3,372 186	0,089 285	−1,015 316	0,24
0,263 775	0,281 993	3,656 847	0,077 114	−1,031 204	0,23
0,244 434	0,264 188	3,966 990	0,066 597	−1,048 033	0,22
0,226 221	0,247 619	4,305 861	0,057 507	−1,066 213	0,21
0,209 073	0,232 230	4,677 305	0,049 650	−1,086 210	0,20
0,192 927	0,217 966	5,085 936	0,042 857	−1,108 561	0,19
0,177 717	0,204 773	5,537 346	0,036 980	−1,133 900	0,18
0,163 381	0,192 599	6,038 402	0,031 896	−1,162 991	0,17
0,149 858	0,181 393	6,597 647	0,027 494	−1,196 768	0,16
0,137 085	0,171 107	7,225 866	0,023 680	−1,236 398	0,15
0,125 006	0,161 696	7,936 897	0,020 373	−1,283 363	0,14
0,113 562	0,153 116	8,748 812	0,017 501	−1,339 586	0,13
0,102 699	0,145 329	9,685 698	0,015 005	−1,407 614	0,12
0,092 364	0,138 297	10,780 402	0,012 829	−1,490 901	0,11
0,082 507	0,131 988	12,078 925	0,010 927	−1,594 269	0,10
0,073 076	0,126 369	13,647 758	0,009 259	−1,724 658	0,09
0,064 026	0,121 415	15,586 701	0,007 790	−1,892 460	0,08
0,055 309	0,117 100	18,052 687	0,006 487	−2,113 977	0,07
0,046 880	0,113 404	21,307 422	0,005 322	−2,416 344	0,06
0,038 697	0,110 307	25,822 186	0,004 272	−2,848 367	0,05
0,030 717	0,107 794	32,539 843	0,003 313	−3,507 608	0,04
0,022 898	0,105 853	43,660 869	0,002 424	−4,621 633	0,03
0,015 199	0,104 473	65,787 424	0,001 588	−6,873 032	0,02
0,007 579	0,103 648	131,931 89	0,000 786	−13,674 523	0,01
0,000 000	0,103 374	∞	0,000 000	$-\infty$	0,00
$k'\,\mathrm{sd}(\zeta, \varkappa)$	$k'\,\mathrm{nd}(\zeta, \varkappa)$	$\frac{1}{k'}\,\mathrm{cs}(\zeta, \varkappa)$	$-\overline{\mathrm{cd}}(\zeta, \varkappa)$	$-\overline{\mathrm{sd}}(\zeta, \varkappa)$	$\zeta = \frac{z}{2K}$

Tafel III. (Fortsetzung)

$\vartheta_1'(0,\varkappa) = 3{,}587\,026$ $\qquad \vartheta_1'(0,k) = 0{,}489\,652$ $\qquad \vartheta_5'(0,\varkappa) = 12{,}669\,081$

$\vartheta_1'''/\vartheta_1'(\varkappa) = 9{,}541\,312$ $\qquad \vartheta_2''/\vartheta_2(\varkappa) = -14{,}899\,182$ $\qquad \vartheta_3''/\vartheta_3(\varkappa) = -14{,}325\,706$

$\vartheta_1'''/\vartheta_1'(k) = 0{,}177\,793$ $\qquad \vartheta_2''/\vartheta_2(k) = -0{,}277\,631$ $\qquad \vartheta_3''/\vartheta_3(k) = -0{,}266\,945$

$\vartheta_1'''''/\vartheta_1'(k) = -0{,}606\,935$ $\qquad \vartheta_2''''/\vartheta_2(k) = 0{,}209\,865$ $\qquad \vartheta_3''''/\vartheta_3(k) = 0{,}234\,923$

$\varkappa = 0{,}43$

$\zeta = \frac{z}{2K}$	$\overline{\mathrm{dn}}(\zeta,\varkappa)$	$\mathfrak{z}_1(\zeta,\varkappa)$	$\mathfrak{z}_3(\zeta,\varkappa)$	$\mathfrak{z}_5(\zeta,\varkappa)$	$\wp_1(\zeta,\varkappa)$
0,00	0,000 000	∞	0,000 000	∞	∞
0,01	−0,072 343	13,650 627	−0,023 896	13,650 629	186,340 219
0,02	−0,143 908	6,825 249	−0,047 783	6,825 260	46,586 378
0,03	−0,213 949	4,549 980	−0,071 653	4,550 017	20,707 591
0,04	−0,281 782	3,412 110	−0,095 498	3,412 200	11,651 830
0,05	−0,346 807	2,729 060	−0,119 307	2,729 238	7,462 260
0,06	−0,408 526	2,273 272	−0,143 071	2,273 583	5,188 473
0,07	−0,466 556	1,947 198	−0,166 779	1,947 698	3,819 505
0,08	−0,520 623	1,702 043	−0,190 418	1,702 801	2,933 044
0,09	−0,570 566	1,510 685	−0,213 974	1,511 784	2,327 311
0,10	−0,616 320	1,356 837	−0,237 432	1,358 375	1,896 009
0,11	−0,657 907	1,230 126	−0,260 775	1,232 218	1,578 808
0,12	−0,695 418	1,123 631	−0,283 982	1,126 413	1,339 392
0,13	−0,728 998	1,032 554	−0,307 032	1,036 183	1,154 831
0,14	−0,758 830	0,953 465	−0,329 898	0,958 125	1,010 062
0,15	−0,785 121	0,883 847	−0,352 550	0,889 752	0,894 853
0,16	−0,808 090	0,821 812	−0,374 956	0,829 208	0,802 052
0,17	−0,827 957	0,765 915	−0,397 076	0,775 088	0,726 537
0,18	−0,844 932	0,715 035	−0,418 865	0,726 316	0,664 556
0,19	−0,859 214	0,668 287	−0,440 274	0,682 057	0,613 311
0,20	−0,870 982	0,624 967	−0,461 243	0,641 663	0,570 678
0,21	−0,880 391	0,584 505	−0,481 708	0,604 634	0,535 021
0,22	−0,887 572	0,546 440	−0,501 593	0,570 581	0,505 063
0,23	−0,892 627	0,510 392	−0,520 811	0,539 212	0,479 796
0,24	−0,895 630	0,476 049	−0,539 267	0,510 309	0,458 414
0,25	−0,896 626	0,443 149	−0,556 851	0,483 724	0,440 269
0,25	1,103 374	0,443 149	−0,556 851	0,483 724	0,440 269
0,26	1,104 601	0,411 477	−0,573 438	0,459 362	0,424 833
0,27	1,108 317	0,380 850	−0,588 890	0,437 179	0,411 676
0,28	1,114 629	0,351 114	−0,603 054	0,417 176	0,400 440
0,29	1,123 721	0,322 141	−0,615 758	0,399 396	0,390 832
0,30	1,135 860	0,293 819	−0,626 814	0,383 915	0,382 605
0,31	1,151 417	0,266 055	−0,636 015	0,370 847	0,375 555
0,32	1,170 880	0,238 770	−0,643 142	0,360 333	0,369 509
0,33	1,194 886	0,211 896	−0,647 956	0,352 541	0,364 321
0,34	1,224 261	0,185 375	−0,650 209	0,347 663	0,359 869
0,35	1,260 078	0,159 155	−0,649 646	0,345 904	0,356 048
0,36	1,303 736	0,133 196	−0,646 007	0,347 481	0,352 770
0,37	1,357 088	0,107 458	−0,639 041	0,352 607	0,349 960
0,38	1,422 618	0,081 912	−0,628 510	0,361 488	0,347 555
0,39	1,503 730	0,056 528	−0,614 207	0,374 305	0,345 500
0,40	1,605 196	0,031 284	−0,595 963	0,391 201	0,343 749
0,41	1,733 918	0,006 158	−0,573 667	0,412 268	0,342 264
0,42	1,900 250	−0,018 868	−0,547 280	0,437 526	0,341 012
0,43	2,120 463	−0,043 810	−0,516 852	0,466 910	0,339 964
0,44	2,421 666	−0,068 681	−0,482 530	0,500 257	0,339 098
0,45	2,852 639	−0,093 496	−0,444 574	0,537 295	0,338 395
0,46	3,510 921	−0,118 264	−0,403 359	0,577 638	0,337 840
0,47	4,624 057	−0,142 997	−0,359 371	0,620 791	0,337 420
0,48	6,874 620	−0,167 704	−0,313 200	0,666 152	0,337 126
0,49	13,675 309	−0,192 394	−0,265 522	0,713 037	0,336 953
0,50	∞	−0,217 075	−0,217 075	0,760 700	0,336 895
	$\overline{\mathrm{sc}}(\zeta,\varkappa)$	$-\mathfrak{z}_2(\zeta,\varkappa)$	$-\mathfrak{z}_4(\zeta,\varkappa)$	$-\mathfrak{z}_6(\zeta,\varkappa)$	$\wp_2(\zeta,\varkappa)$

Tafel III

$\varkappa = 0{,}43$

$\vartheta_5'(0, k) = 1{,}729\,410$	$\vartheta_6(0, k) = 1{,}729\,410$	$\vartheta_{\frac{5}{6}}(\frac{1}{4}, \varkappa) = 2{,}156\,654$
$\vartheta_4''/\vartheta_4(\varkappa) = 38{,}766\,200$	$\vartheta_5'''/\vartheta_5'(\varkappa) = -33{,}435\,806$	$\vartheta_6''/\vartheta_6(\varkappa) = 23{,}867\,018$
$\vartheta_4''/\vartheta_4(k) = 0{,}722\,369$	$\vartheta_5'''/\vartheta_5'(k) = -0{,}623\,042$	$\vartheta_6''/\vartheta_6(k) = 0{,}444\,738$
$\vartheta_4''''/\vartheta_4(k) = -0{,}413\,177$	$\vartheta_5'''''/\vartheta_5'(k) = 0{,}093\,070$	$\vartheta_6''''/\vartheta_6(k) = -1{,}406\,625$

$\wp_3(\zeta, \varkappa)$	$\wp_5(\zeta, \varkappa)$	$\wp_1'(\zeta, \varkappa)$	$\wp_3'(\zeta, \varkappa)$	$\wp_5'(\zeta, \varkappa)$	
0,326 209	∞	$-\infty$	0,000 000	$-\infty$	0,50
0,326 152	186,340 162	−5087,305 74	−0,001 554	−5087,307 29	0,49
0,325 981	46,586 149	−635,895 225	−0,003 141	−635,898 366	0,48
0,325 691	20,707 073	−188,390 533	−0,004 795	−188,395 328	0,47
0,325 276	11,650 896	−79,451 675	−0,006 548	−79,458 223	0,46
0,324 728	7,460 779	−40,652 192	−0,008 440	−40,660 632	0,45
0,324 035	5,186 298	−23,497 798	−0,010 508	−23,508 306	0,44
0,323 183	3,816 479	−14,769 493	−0,012 795	−14,782 289	0,43
0,322 154	2,928 988	−9,866 663	−0,015 350	−9,882 012	0,42
0,320 926	2,322 028	−6,902 433	−0,018 223	−6,920 656	0,41
0,319 475	1,889 274	−5,005 364	−0,021 473	−5,026 838	0,40
0,317 769	1,570 368	−3,735 002	−0,025 166	−3,760 168	0,39
0,315 775	1,328 958	−2,852 340	−0,029 375	−2,881 715	0,38
0,313 451	1,142 073	−2,220 021	−0,034 182	−2,254 204	0,37
0,310 750	0,994 603	−1,755 263	−0,039 680	−1,794 943	0,36
0,307 618	0,876 261	−1,406 139	−0,045 973	−1,452 112	0,35
0,303 992	0,779 835	−1,138 947	−0,053 178	−1,192 125	0,34
0,299 801	0,700 129	−0,931 154	−0,061 425	−0,992 580	0,33
0,294 963	0,633 310	−0,767 303	−0,070 859	−0,838 162	0,32
0,289 386	0,576 488	−0,636 540	−0,081 641	−0,718 181	0,31
0,282 965	0,527 434	−0,531 089	−0,093 945	−0,625 034	0,30
0,275 580	0,484 392	−0,445 276	−0,107 963	−0,553 239	0,29
0,267 100	0,445 954	−0,374 890	−0,123 897	−0,498 787	0,28
0,257 376	0,410 963	−0,316 759	−0,141 963	−0,458 722	0,27
0,246 243	0,378 448	−0,268 460	−0,162 382	−0,430 842	0,26
0,233 522	0,347 582	−0,228 120	−0,185 375	−0,413 495	0,25
0,233 522	0,347 582	−0,228 120	−0,185 375	−0,413 495	0,25
0,219 015	0,317 639	−0,194 273	−0,211 155	−0,405 427	0,24
0,202 512	0,287 978	−0,165 760	−0,239 909	−0,405 669	0,23
0,183 789	0,258 019	−0,141 657	−0,271 786	−0,413 443	0,22
0,162 613	0,227 236	−0,121 218	−0,306 873	−0,428 091	0,21
0,138 750	0,195 145	−0,103 840	−0,345 163	−0,449 002	0,20
0,111 967	0,161 313	−0,089 027	−0,386 523	−0,475 550	0,19
0,082 051	0,125 351	−0,076 373	−0,430 652	−0,507 025	0,18
0,048 816	0,086 927	−0,065 541	−0,477 035	−0,542 576	0,17
0,012 123	0,045 782	−0,056 250	−0,524 891	−0,581 142	0,16
−0,028 098	0,001 741	−0,048 267	−0,573 127	−0,621 394	0,15
−0,071 822	−0,045 262	−0,041 392	−0,620 294	−0,661 687	0,14
−0,118 908	−0,095 157	−0,035 460	−0,664 560	−0,700 020	0,13
−0,169 064	−0,147 719	−0,030 329	−0,703 707	−0,734 036	0,12
−0,221 823	−0,202 533	−0,025 878	−0,735 170	−0,761 048	0,11
−0,276 520	−0,258 980	−0,022 004	−0,756 120	−0,778 124	0,10
−0,332 276	−0,316 221	−0,018 618	−0,763 613	−0,782 231	0,09
−0,388 001	−0,373 199	−0,015 643	−0,754 795	−0,770 439	0,08
−0,442 404	−0,428 650	−0,013 013	−0,727 173	−0,740 186	0,07
−0,494 037	−0,481 148	−0,010 668	−0,678 915	−0,689 583	0,06
−0,541 348	−0,529 163	−0,008 556	−0,609 161	−0,617 718	0,05
−0,582 770	−0,571 140	−0,006 632	−0,518 290	−0,524 922	0,04
−0,616 812	−0,605 601	−0,004 851	−0,408 090	−0,412 941	0,03
−0,642 167	−0,631 249	−0,003 177	−0,281 790	−0,284 967	0,02
−0,657 814	−0,647 071	−0,001 571	−0,143 921	−0,145 492	0,01
−0,663 105	−0,652 418	0,000 000	0,000 000	0,000 000	0,00
$\wp_4(\zeta, \varkappa)$	$\wp_6(\zeta, \varkappa)$	$-\wp_2'(\zeta, \varkappa)$	$-\wp_4'(\zeta, \varkappa)$	$-\wp_6'(\zeta, \varkappa)$	$\zeta = \dfrac{z}{2K}$

Tafel III

$\sqrt{k} = 0{,}996\,834$	$k = 0{,}993\,678$	$k^2 = 0{,}987\,396$
$\sqrt{k'} = 0{,}335\,064$	$k' = 0{,}112\,268$	$k'^2 = 0{,}012\,604$
$e_1 = -e_3' = 0{,}337\,535$	$e_2 = -e_2' = 0{,}324\,931$	$e_3 = -e_1' = -0{,}662\,465$
$g_2 = g_2' = 1{,}316\,740$	$g_3 = -g_3' = -0{,}290\,624$	$g_3/\sqrt{g_2^3} = -0{,}192\,346$
$\bar{g}_2 = \bar{g}_2' = 1{,}067\,834$	$\bar{g}_3 = -\bar{g}_3' = -0{,}403\,852$	$\bar{g}_3/\sqrt{\bar{g}_2^3} = -0{,}365\,988$

$\varkappa = 0{,}44$

$\zeta = \frac{z}{2K}$	$\vartheta_1(\zeta, \varkappa)$	$\vartheta_3(\zeta, \varkappa)$	$\frac{\partial \ln \vartheta_1(\zeta, \varkappa)}{\partial \zeta}$	$\frac{\partial \ln \vartheta_3(\zeta, \varkappa)}{\partial \zeta}$	$\mathrm{sn}(\zeta, \varkappa)$
0,00	0,000 000	1,509 947	∞	0,000 000	0,000 000
0,01	0,036 128	1,508 894	100,027 071	−0,139 561	0,071 505
0,02	0,072 285	1,505 739	50,053 797	−0,279 056	0,142 287
0,03	0,108 501	1,500 496	33,413 167	−0,418 417	0,211 652
0,04	0,144 801	1,493 192	25,104 847	−0,557 576	0,278 962
0,05	0,181 213	1,483 858	20,128 511	−0,696 459	0,343 655
0,06	0,217 760	1,472 539	16,817 178	−0,834 985	0,405 264
0,07	0,254 462	1,459 286	14,456 264	−0,973 068	0,463 424
0,08	0,291 336	1,444 161	12,688 347	−1,110 614	0,517 876
0,09	0,328 397	1,427 232	11,314 753	−1,247 516	0,568 463
0,10	0,365 653	1,408 578	10,216 195	−1,383 655	0,615 122
0,11	0,403 110	1,388 282	9,316 699	−1,518 898	0,657 873
0,12	0,440 765	1,366 436	8,565 566	−1,653 094	0,696 805
0,13	0,478 615	1,343 139	7,927 664	−1,786 071	0,732 064
0,14	0,516 647	1,318 493	7,377 871	−1,917 633	0,763 836
0,15	0,554 843	1,292 608	6,897 751	−2,047 559	0,792 337
0,16	0,593 181	1,265 598	6,473 472	−2,175 596	0,817 799
0,17	0,631 631	1,237 579	6,094 454	−2,301 454	0,840 464
0,18	0,670 157	1,208 674	5,752 473	−2,424 805	0,860 574
0,19	0,708 717	1,179 005	5,441 048	−2,545 275	0,878 366
0,20	0,747 263	1,148 698	5,155 005	−2,662 436	0,894 066
0,21	0,785 741	1,117 881	4,890 171	−2,775 805	0,907 891
0,22	0,824 090	1,086 680	4,643 148	−2,884 833	0,920 038
0,23	0,862 246	1,055 226	4,411 149	−2,988 898	0,930 694
0,24	0,900 136	1,023 644	4,191 869	−3,087 301	0,940 027
0,25	0,937 685	0,992 062	3,983 390	−3,179 253	0,948 190
0,26	0,974 811	0,960 605	3,784 110	−3,263 871	0,955 320
0,27	1,011 431	0,929 397	3,592 681	−3,340 173	0,961 542
0,28	1,047 456	0,898 558	3,407 967	−3,407 067	0,966 966
0,29	1,082 794	0,868 206	3,229 006	−3,463 351	0,971 690
0,30	1,117 352	0,838 457	3,054 981	−3,507 710	0,975 801
0,31	1,151 032	0,809 422	2,885 193	−3,538 720	0,979 375
0,32	1,183 738	0,781 206	2,719 049	−3,554 853	0,982 480
0,33	1,215 372	0,753 914	2,556 039	−3,554 491	0,985 175
0,34	1,245 836	0,727 642	2,395 726	−3,535 948	0,987 512
0,35	1,275 034	0,702 486	2,237 732	−3,497 501	0,989 537
0,36	1,302 868	0,678 532	2,081 736	−3,437 432	0,991 288
0,37	1,329 247	0,655 864	1,927 456	−3,354 081	0,992 801
0,38	1,354 080	0,634 561	1,774 650	−3,245 915	0,994 105
0,39	1,377 279	0,614 693	1,623 109	−3,111 605	0,995 226
0,40	1,398 763	0,596 328	1,472 649	−2,950 119	0,996 186
0,41	1,418 452	0,579 528	1,323 111	−2,760 820	0,997 005
0,42	1,436 275	0,564 346	1,174 355	−2,543 566	0,997 698
0,43	1,452 165	0,550 834	1,026 257	−2,298 802	0,998 281
0,44	1,466 062	0,539 035	0,878 707	−2,027 647	0,998 764
0,45	1,477 913	0,528 986	0,731 609	−1,731 946	0,999 157
0,46	1,487 673	0,520 721	0,584 871	−1,414 295	0,999 469
0,47	1,495 304	0,514 265	0,438 415	−1,078 021	0,999 705
0,48	1,500 776	0,509 639	0,292 165	−0,727 119	0,999 870
0,49	1,504 068	0,506 858	0,146 049	−0,366 132	0,999 968
0,50	1,505 166	0,505 930	0,000 000	0,000 000	1,000 000
	$\vartheta_2(\zeta, \varkappa)$	$\vartheta_4(\zeta, \varkappa)$	$-\frac{\partial \ln \vartheta_2(\zeta, \varkappa)}{\partial \zeta}$	$-\frac{\partial \ln \vartheta_4(\zeta, \varkappa)}{\partial \zeta}$	$\mathrm{cd}(\zeta, \varkappa)$

Tafel III

$\varkappa = 0{,}44$

$k^2 k'^2 = 0{,}012\,445$	$\eta_1 = -\eta_2' = -0{,}052\,879$	$\eta_1' = -\eta_2 = 0{,}331\,223$
$\pi/KK' = 0{,}556\,686$	$\bar\eta_1 = -\bar\eta_2' = 0{,}219\,172$	$\bar\eta_1' = -\bar\eta_2 = 0{,}337\,515$
$K = 3{,}581\,321$	$E = 1{,}019\,442$	$A = 1{,}948\,605$
$K' = 1{,}575\,781$	$E' = 1{,}565\,835$	$A' = 0{,}019\,830$
$B = 0{,}986\,740$	$C = 1{,}628\,366$	$D = 2{,}594\,582$

$\mathrm{cn}(\zeta, \varkappa)$	$\mathrm{dn}(\zeta, \varkappa)$	$\mathrm{sc}(\zeta, \varkappa)$	$\overline{\mathrm{sn}}(\zeta, \varkappa)$	$\overline{\mathrm{cn}}(\zeta, \varkappa)$	
1,000 000	1,000 000	0,000 000	∞	0,000 000	0,50
0,997 440	0,997 473	0,071 688	13,913 990	−0,071 507	0,49
0,989 825	0,989 954	0,143 750	6,886 659	−0,142 306	0,48
0,977 345	0,977 634	0,216 558	4,514 416	−0,211 715	0,47
0,960 302	0,960 813	0,290 494	3,307 516	−0,279 110	0,46
0,939 096	0,939 888	0,365 942	2,568 405	−0,343 945	0,45
0,914 200	0,915 331	0,443 299	2,064 815	−0,405 766	0,44
0,886 136	0,887 663	0,522 972	1,697 343	−0,464 222	0,43
0,855 455	0,857 429	0,605 381	1,416 346	−0,519 071	0,42
0,822 709	0,825 180	0,690 965	1,194 242	−0,570 171	0,41
0,788 432	0,791 451	0,780 184	1,014 441	−0,617 477	0,40
0,753 129	0,756 742	0,873 520	0,866 314	−0,661 029	0,39
0,717 260	0,721 514	0,971 482	0,742 694	−0,700 938	0,38
0,681 236	0,686 175	1,074 613	0,638 533	−0,737 373	0,37
0,645 410	0,651 082	1,183 490	0,550 137	−0,770 549	0,36
0,610 084	0,616 535	1,298 734	0,474 720	−0,800 715	0,35
0,575 504	0,582 782	1,421 013	0,410 117	−0,828 140	0,34
0,541 868	0,550 022	1,551 050	0,354 612	−0,853 111	0,33
0,509 326	0,518 408	1,689 634	0,306 817	−0,875 920	0,32
0,477 989	0,488 056	1,837 626	0,265 590	−0,896 864	0,31
0,447 934	0,459 043	1,995 976	0,229 984	−0,916 239	0,30
0,419 207	0,431 421	2,165 733	0,199 203	−0,934 342	0,29
0,391 828	0,405 214	2,348 067	0,172 573	−0,951 469	0,28
0,365 798	0,380 428	2,544 287	0,149 522	−0,967 918	0,27
0,341 100	0,357 053	2,755 872	0,129 561	−0,983 992	0,26
0,317 705	0,335 064	2,984 500	0,112 268	−1,000 000	0,25
0,295 573	0,314 430	3,232 096	0,097 284	−1,016 269	0,24
0,274 657	0,295 110	3,500 879	0,084 296	−1,033 145	0,23
0,254 905	0,277 059	3,793 435	0,073 036	−1,051 006	0,22
0,236 260	0,260 229	4,112 806	0,063 273	−1,070 272	0,21
0,218 662	0,244 570	4,462 599	0,054 804	−1,091 419	0,20
0,202 052	0,230 032	4,847 145	0,047 457	−1,114 997	0,19
0,186 369	0,216 563	5,271 699	0,041 080	−1,141 657	0,18
0,171 552	0,204 116	5,742 717	0,035 543	−1,172 180	0,17
0,157 542	0,192 642	6,268 236	0,030 733	−1,207 525	0,16
0,144 281	0,182 095	6,858 404	0,026 551	−1,248 884	0,15
0,131 711	0,172 433	7,526 251	0,022 911	−1,297 776	0,14
0,119 776	0,163 614	8,288 793	0,019 739	−1,356 166	0,13
0,108 424	0,155 601	9,168 716	0,016 971	−1,426 661	0,12
0,097 600	0,148 357	10,196 956	0,014 549	−1,512 793	0,11
0,087 256	0,141 851	11,416 845	0,012 425	−1,619 493	0,10
0,077 341	0,136 053	12,891 009	0,010 554	−1,753 859	0,09
0,067 809	0,130 936	14,713 449	0,008 899	−1,926 518	0,08
0,058 612	0,126 476	17,031 973	0,007 426	−2,154 140	0,07
0,049 707	0,122 653	20,093 061	0,006 104	−2,464 476	0,06
0,041 049	0,119 449	24,340 556	0,004 907	−2,907 442	0,05
0,032 596	0,116 847	30,662 416	0,003 811	−3,582 815	0,04
0,024 306	0,114 837	41,130 930	0,002 792	−4,723 338	0,03
0,016 136	0,113 407	61,963 600	0,001 830	−7,027 134	0,02
0,008 048	0,112 553	124,249 30	0,000 906	−13,984 592	0,01
0,000 000	0,112 268	∞	0,000 000	−∞	0,00
$k'\,\mathrm{sd}(\zeta, \varkappa)$	$k'\,\mathrm{nd}(\zeta, \varkappa)$	$\frac{1}{k'}\,\mathrm{cs}(\zeta, \varkappa)$	$-\overline{\mathrm{cd}}(\zeta, \varkappa)$	$-\overline{\mathrm{sd}}(\zeta, \varkappa)$	$\zeta = \frac{z}{2K}$

Tafel III. (Fortsetzung)

$\vartheta_1'(0,\varkappa) = 3{,}612\,320$ $\quad \vartheta_1'(0,k) = 0{,}504\,328$ $\quad \vartheta_5'(0,\varkappa) = 12{,}500\,880$ $\quad \boxed{\varkappa = 0{,}44}$

$\vartheta_1'''/\vartheta_1'(\varkappa) = 8{,}138\,693$ $\quad \vartheta_2''/\vartheta_2(\varkappa) = -14{,}603\,797$ $\quad \vartheta_3''/\vartheta_3(\varkappa) = -13{,}957\,161$

$\vartheta_1'''/\vartheta_1'(k) = 0{,}158\,638$ $\quad \vartheta_2''/\vartheta_2(k) = -\ 0{,}284\,655$ $\quad \vartheta_3''/\vartheta_3(k) = -\ 0{,}272\,051$

$\vartheta_1'''''/\vartheta_1'(k) = -0{,}616\,426$ $\quad \vartheta_2''''/\vartheta_2(k) = 0{,}217\,878$ $\quad \vartheta_3''''/\vartheta_3(k) = 0{,}246\,926$

$\zeta = \frac{z}{2K}$	$\overline{\mathrm{dn}}(\zeta,\varkappa)$	$\mathfrak{z}_1(\zeta,\varkappa)$	$\mathfrak{z}_3(\zeta,\varkappa)$	$\mathfrak{z}_5(\zeta,\varkappa)$	$\wp_1(\zeta,\varkappa)$
0,00	0,000 000	∞	0,000 000	∞	∞
0,01	−0,070 601	13,961 320	−0,023 272	13,961 321	194,919 008
0,02	−0,140 475	6,980 599	−0,046 535	6,980 612	48,731 014
0,03	−0,208 923	4,653 559	−0,069 779	4,653 601	21,660 648
0,04	−0,275 299	3,489 820	−0,092 995	3,489 919	12,187 752
0,05	−0,339 038	2,791 270	−0,116 173	2,791 465	7,805 023
0,06	−0,399 661	2,325 176	−0,139 300	2,325 517	5,426 222
0,07	−0,456 797	1,991 773	−0,162 366	1,992 323	3,993 849
0,08	−0,510 172	1,741 161	−0,185 357	1,741 993	3,066 151
0,09	−0,559 617	1,545 602	−0,208 258	1,546 806	2,432 068
0,10	−0,605 052	1,388 441	−0,231 052	1,390 125	1,980 414
0,11	−0,646 480	1,259 072	−0,253 722	1,261 360	1,648 088
0,12	−0,683 967	1,150 416	−0,276 245	1,153 455	1,397 107
0,13	−0,717 633	1,057 569	−0,298 598	1,061 528	1,203 491
0,14	−0,747 638	0,977 023	−0,320 753	0,982 100	1,051 490
0,15	−0,774 164	0,906 204	−0,342 680	0,912 628	0,930 405
0,16	−0,797 407	0,843 182	−0,364 343	0,851 216	0,832 762
0,17	−0,817 568	0,786 478	−0,385 702	0,796 427	0,753 204
0,18	−0,834 840	0,734 945	−0,406 711	0,747 159	0,687 814
0,19	−0,849 407	0,687 679	−0,427 318	0,702 560	0,633 667
0,20	−0,861 434	0,643 956	−0,447 463	0,661 965	0,588 544
0,21	−0,871 069	0,603 194	−0,467 078	0,624 862	0,550 736
0,22	−0,878 433	0,564 919	−0,486 087	0,590 851	0,518 910
0,23	−0,883 622	0,528 741	−0,504 404	0,559 630	0,492 013
0,24	−0,886 708	0,494 339	−0,521 930	0,530 976	0,469 203
0,25	−0,887 732	0,461 445	−0,538 555	0,504 730	0,449 803
0,25	1,112 268	0,461 445	−0,538 555	0,504 730	0,449 803
0,26	1,113 552	0,429 835	−0,554 156	0,480 793	0,433 261
0,27	1,117 441	0,399 322	−0,568 597	0,459 113	0,419 126
0,28	1,124 043	0,369 746	−0,581 724	0,439 683	0,407 027
0,29	1,133 545	0,340 973	−0,593 369	0,422 538	0,396 653
0,30	1,146 223	0,312 889	−0,603 350	0,407 747	0,387 749
0,31	1,162 454	0,285 397	−0,611 467	0,395 412	0,380 097
0,32	1,182 737	0,258 413	−0,617 507	0,385 662	0,373 518
0,33	1,207 724	0,231 867	−0,621 244	0,378 653	0,367 857
0,34	1,238 258	0,205 698	−0,622 443	0,374 558	0,362 986
0,35	1,275 435	0,179 852	−0,620 862	0,373 566	0,358 794
0,36	1,320 687	0,154 286	−0,616 264	0,375 872	0,355 189
0,37	1,375 906	0,128 958	−0,608 414	0,381 668	0,352 090
0,38	1,443 632	0,103 837	−0,597 100	0,391 134	0,349 430
0,39	1,527 342	0,078 893	−0,582 136	0,404 427	0,347 152
0,40	1,631 918	0,054 099	−0,563 378	0,421 665	0,345 207
0,41	1,764 414	0,029 434	−0,540 737	0,442 915	0,343 552
0,42	1,935 417	0,004 878	−0,514 193	0,468 176	0,342 154
0,43	2,161 565	−0,019 586	−0,483 809	0,497 371	0,340 982
0,44	2,470 580	−0,043 974	−0,449 739	0,530 326	0,340 012
0,45	2,912 350	−0,068 298	−0,412 243	0,566 771	0,339 223
0,46	3,586 626	−0,092 572	−0,371 682	0,606 332	0,338 598
0,47	4,726 130	−0,116 807	−0,328 522	0,648 531	0,338 126
0,48	7,028 964	−0,141 013	−0,283 319	0,692 802	0,337 795
0,49	13,985 498	−0,165 200	−0,236 708	0,738 499	0,337 600
0,50	∞	−0,189 378	−0,189 378	0,784 924	0,337 535
	$\overline{\mathrm{sc}}(\zeta,\varkappa)$	$-\mathfrak{z}_2(\zeta,\varkappa)$	$-\mathfrak{z}_4(\zeta,\varkappa)$	$-\mathfrak{z}_6(\zeta,\varkappa)$	$\wp_2(\zeta,\varkappa)$

Tafel III

$\varkappa = 0{,}44$			
	$\vartheta_5'(0,k) = 1{,}745\,289$	$\vartheta_6(0,k) = 1{,}745\,289$	$\vartheta_{\substack{5\\6}}(\tfrac{1}{4},\varkappa) = 2{,}132\,004$
	$\vartheta_4''/\vartheta_4(\varkappa) = 36{,}699\,651$	$\vartheta_5'''/\vartheta_5'(\varkappa) = -33{,}732\,790$	$\vartheta_6''/\vartheta_6(\varkappa) = 22{,}095\,854$
	$\vartheta_4''/\vartheta_4(k) = 0{,}715\,345$	$\vartheta_5'''/\vartheta_5'(k) = -\;0{,}657\,515$	$\vartheta_6''/\vartheta_6(k) = 0{,}430\,689$
	$\vartheta_4''''/\vartheta_4(k) = -0{,}439\,637$	$\vartheta_5'''''/\vartheta_5'(k) = 0{,}186\,626$	$\vartheta_6''''/\vartheta_6(k) = -1{,}443\,520$

$\wp_3(\zeta,\varkappa)$	$\wp_5(\zeta,\varkappa)$	$\wp_1'(\zeta,\varkappa)$	$\wp_3'(\zeta,\varkappa)$	$\wp_5'(\zeta,\varkappa)$	
0,324 931	∞	− ∞	0,000 000	− ∞	0,50
0,324 867	194,918 944	− 5442,637 43	− 0,001 789	− 5442,639 22	0,49
0,324 673	48,730 757	− 680,312 115	− 0,003 613	− 680,315 728	0,48
0,324 347	21,660 065	− 201,551 627	− 0,005 510	− 201,557 137	0,47
0,323 881	12,186 703	− 85,004 592	− 0,007 517	− 85,012 109	0,46
0,323 267	7,803 359	− 43,495 875	− 0,009 675	− 43,505 550	0,45
0,322 491	5,423 782	− 25,144 023	− 0,012 025	− 25,156 048	0,44
0,321 538	3,990 457	− 15,806 725	− 0,014 614	− 15,821 339	0,43
0,320 391	3,061 611	− 10,562 024	− 0,017 493	− 10,579 516	0,42
0,319 024	2,426 162	− 7,391 248	− 0,020 717	− 7,411 965	0,41
0,317 413	1,972 897	− 5,362 089	− 0,024 349	− 5,386 439	0,40
0,315 525	1,638 682	− 4,003 327	− 0,028 458	− 4,031 785	0,39
0,313 323	1,385 500	− 3,059 264	− 0,033 120	− 3,092 384	0,38
0,310 765	1,189 326	− 2,382 949	− 0,038 422	− 2,421 371	0,37
0,307 801	1,034 361	− 1,885 822	− 0,044 459	− 1,930 281	0,36
0,304 376	0,909 850	− 1,512 335	− 0,051 341	− 1,563 676	0,35
0,300 424	0,808 255	− 1,226 437	− 0,059 185	− 1,285 622	0,34
0,295 871	0,724 145	− 1,004 028	− 0,068 125	− 1,072 154	0,33
0,290 635	0,653 519	− 0,828 577	− 0,078 307	− 0,906 885	0,32
0,284 620	0,593 357	− 0,688 480	− 0,089 892	− 0,778 372	0,31
0,277 720	0,541 333	− 0,575 424	− 0,103 053	− 0,678 477	0,30
0,269 815	0,495 621	− 0,483 347	− 0,117 976	− 0,601 323	0,29
0,260 773	0,454 753	− 0,407 748	− 0,134 860	− 0,542 608	0,28
0,250 445	0,417 527	− 0,345 241	− 0,153 909	− 0,499 150	0,27
0,238 668	0,382 941	− 0,293 240	− 0,175 331	− 0,468 571	0,26
0,225 267	0,350 139	− 0,249 745	− 0,199 328	− 0,449 073	0,25
0,225 267	0,350 139	− 0,249 745	− 0,199 328	− 0,449 073	0,25
0,210 048	0,318 379	− 0,213 193	− 0,226 087	− 0,439 280	0,24
0,192 809	0,287 005	− 0,182 348	− 0,255 765	− 0,438 113	0,23
0,173 336	0,255 433	− 0,156 224	− 0,288 474	− 0,444 698	0,22
0,151 411	0,223 134	− 0,134 027	− 0,324 253	− 0,458 280	0,21
0,126 814	0,189 632	− 0,115 113	− 0,363 044	− 0,478 156	0,20
0,099 337	0,154 503	− 0,098 954	− 0,404 654	− 0,503 608	0,19
0,068 788	0,117 375	− 0,085 117	− 0,448 722	− 0,533 839	0,18
0,035 011	0,077 938	− 0,073 242	− 0,494 668	− 0,567 910	0,17
− 0,002 100	0,035 955	− 0,063 030	− 0,541 654	− 0,604 685	0,16
− 0,042 581	− 0,008 717	− 0,054 230	− 0,588 543	− 0,642 774	0,15
− 0,086 373	− 0,056 115	− 0,046 631	− 0,633 860	− 0,680 490	0,14
− 0,133 302	− 0,106 143	− 0,040 053	− 0,675 776	− 0,715 829	0,13
− 0,183 047	− 0,158 548	− 0,034 345	− 0,712 122	− 0,746 467	0,12
− 0,235 124	− 0,212 902	− 0,029 378	− 0,740 424	− 0,769 802	0,11
− 0,288 859	− 0,268 583	− 0,025 040	− 0,758 002	− 0,783 042	0,10
− 0,343 388	− 0,324 766	− 0,021 235	− 0,762 112	− 0,783 347	0,09
− 0,397 650	− 0,380 426	− 0,017 880	− 0,750 141	− 0,768 021	0,08
− 0,450 410	− 0,434 359	− 0,014 903	− 0,719 861	− 0,734 764	0,07
− 0,500 296	− 0,485 215	− 0,012 239	− 0,669 698	− 0,681 936	0,06
− 0,545 855	− 0,531 563	− 0,009 831	− 0,599 005	− 0,608 836	0,05
− 0,585 626	− 0,571 959	− 0,007 630	− 0,508 291	− 0,515 921	0,04
− 0,618 233	− 0,605 038	− 0,005 587	− 0,399 363	− 0,404 951	0,03
− 0,642 475	− 0,629 610	− 0,003 661	− 0,275 334	− 0,278 996	0,02
− 0,657 417	− 0,644 748	− 0,001 812	− 0,140 490	− 0,142 302	0,01
− 0,662 465	− 0,649 861	0,000 000	0,000 000	0,000 000	0,00
$\wp_4(\zeta,\varkappa)$	$\wp_6(\zeta,\varkappa)$	$-\wp_2'(\zeta,\varkappa)$	$-\wp_4'(\zeta,\varkappa)$	$-\wp_6'(\zeta,\varkappa)$	$\zeta = \dfrac{z}{2K}$

Tafel III

$\sqrt{k} = 0{,}996\ 291$ $\quad k = 0{,}992\ 595$ $\quad k^2 = 0{,}985\ 245$ $\quad \varkappa = 0{,}45$

$\sqrt{k'} = 0{,}348\ 528$ $\quad k' = 0{,}121\ 472$ $\quad k'^2 = 0{,}014\ 755$

$e_1 = -e_3' = 0{,}338\ 252$ $\quad e_2 = -e_2' = 0{,}323\ 496$ $\quad e_3 = -e_1' = -0{,}661\ 748$

$g_2 = g_2' = 1{,}313\ 950$ $\quad g_3 = -g_3' = -0{,}289\ 643$ $\quad g_3/\sqrt{g_2^3} = -0{,}192\ 307$

$\bar{g}_2 = \bar{g}_2' = 1{,}023\ 198$ $\quad \bar{g}_3 = -\bar{g}_3' = -0{,}421\ 323$ $\quad \bar{g}_3/\sqrt{\bar{g}_2^3} = -0{,}407\ 076$

$\zeta = \frac{z}{2K}$	$\vartheta_1(\zeta, \varkappa)$	$\vartheta_3(\zeta, \varkappa)$	$\frac{\partial \ln \vartheta_1(\zeta, \varkappa)}{\partial \zeta}$	$\frac{\partial \ln \vartheta_3(\zeta, \varkappa)}{\partial \zeta}$	$\mathrm{sn}(\zeta, \varkappa)$
0,00	0,000 000	1,493 482	∞	0,000 000	0,000 000
0,01	0,036 343	1,492 467	100,022 780	−0,135 999	0,069 959
0,02	0,072 711	1,489 426	50,045 244	−0,271 927	0,139 242
0,03	0,109 128	1,484 373	33,400 412	−0,407 713	0,207 198
0,04	0,145 617	1,477 331	25,087 977	−0,543 283	0,273 226
0,05	0,182 199	1,468 333	20,107 640	−0,678 557	0,336 795
0,06	0,218 895	1,457 419	16,792 447	−0,813 451	0,397 458
0,07	0,255 720	1,444 640	14,427 837	−0,947 875	0,454 863
0,08	0,292 689	1,430 053	12,656 408	−1,081 727	0,508 752
0,09	0,329 811	1,413 725	11,279 508	−1,214 897	0,558 963
0,10	0,367 092	1,395 728	10,177 865	−1,347 260	0,605 422
0,11	0,404 535	1,376 144	9,275 520	−1,478 678	0,648 132
0,12	0,442 136	1,355 061	8,521 786	−1,608 994	0,687 162
0,13	0,479 887	1,332 571	7,881 538	−1,738 030	0,722 637
0,14	0,517 775	1,308 774	7,329 661	−1,865 588	0,754 722
0,15	0,555 782	1,283 774	6,847 724	−1,991 439	0,783 610
0,16	0,593 883	1,257 680	6,421 895	−2,115 325	0,809 516
0,17	0,632 048	1,230 604	6,041 594	−2,236 954	0,832 664
0,18	0,670 242	1,202 663	5,698 594	−2,355 993	0,853 281
0,19	0,708 422	1,173 975	5,386 410	−2,472 066	0,871 591
0,20	0,746 542	1,144 660	5,099 862	−2,584 746	0,887 810
0,21	0,784 549	1,114 842	4,834 769	−2,693 551	0,902 144
0,22	0,822 384	1,084 644	4,587 726	−2,797 935	0,914 786
0,23	0,859 984	1,054 188	4,355 934	−2,897 286	0,925 918
0,24	0,897 281	1,023 599	4,137 080	−2,990 914	0,935 702
0,25	0,934 202	0,992 999	3,929 236	−3,078 050	0,944 291
0,26	0,970 669	0,962 509	3,730 787	−3,157 834	0,951 821
0,27	1,006 602	0,932 250	3,540 376	−3,229 315	0,958 414
0,28	1,041 915	0,902 338	3,356 854	−3,291 442	0,964 182
0,29	1,076 523	0,872 888	3,179 249	−3,343 064	0,969 223
0,30	1,110 336	0,844 012	3,006 731	−3,382 932	0,973 625
0,31	1,143 262	0,815 819	2,838 593	−3,409 699	0,977 465
0,32	1,175 210	0,788 412	2,674 229	−3,421 931	0,980 812
0,33	1,206 087	0,761 894	2,513 121	−3,418 120	0,983 726
0,34	1,235 800	0,736 359	2,354 820	−3,396 708	0,986 262
0,35	1,264 258	0,711 899	2,198 941	−3,356 116	0,988 465
0,36	1,291 371	0,688 602	2,045 152	−3,294 786	0,990 377
0,37	1,317 050	0,666 550	1,893 163	−3,211 230	0,992 033
0,38	1,341 211	0,645 818	1,742 725	−3,104 094	0,993 464
0,39	1,363 771	0,626 479	1,593 621	−2,972 229	0,994 698
0,40	1,384 653	0,608 599	1,445 659	−2,814 777	0,995 758
0,41	1,403 782	0,592 237	1,298 673	−2,631 251	0,996 664
0,42	1,421 092	0,577 449	1,152 517	−2,421 626	0,997 434
0,43	1,436 519	0,564 285	1,007 061	−2,186 421	0,998 081
0,44	1,450 007	0,552 788	0,862 189	−1,926 766	0,998 619
0,45	1,461 507	0,542 995	0,717 798	−1,644 445	0,999 057
0,46	1,470 976	0,534 939	0,573 794	−1,341 916	0,999 405
0,47	1,478 377	0,528 646	0,430 090	−1,022 284	0,999 669
0,48	1,483 684	0,524 136	0,286 607	−0,689 244	0,999 854
0,49	1,486 877	0,521 425	0,143 268	−0,346 975	0,999 964
0,50	1,487 942	0,520 520	0,000 000	0,000 000	1,000 000
	$\vartheta_2(\zeta, \varkappa)$	$\vartheta_4(\zeta, \varkappa)$	$-\frac{\partial \ln \vartheta_2(\zeta, \varkappa)}{\partial \zeta}$	$-\frac{\partial \ln \vartheta_4(\zeta, \varkappa)}{\partial \zeta}$	$\mathrm{cd}(\zeta, \varkappa)$

Tafel III

$\varkappa = 0{,}45$

$k^2 k'^2 = 0{,}014\,538$	$\eta_1 = -\eta_2' = -0{,}046\,501$	$\eta_1' = -\eta_2 = 0{,}330\,860$
$\pi/KK' = 0{,}568\,719$	$\bar\eta_1 = -\bar\eta_2' = 0{,}230\,495$	$\bar\eta_1' = -\bar\eta_2 = 0{,}338\,224$
$K = 3{,}503\,643$	$E = 1{,}022\,191$	$A = 1{,}940\,987$
$K' = 1{,}576\,639$	$E' = 1{,}564\,986$	$A' = 0{,}023\,221$
$B = 0{,}985\,028$	$C = 1{,}556\,555$	$D = 2{,}518\,615$

$\mathrm{cn}(\zeta, \varkappa)$	$\mathrm{dn}(\zeta, \varkappa)$	$\mathrm{sc}(\zeta, \varkappa)$	$\overline{\mathrm{sn}}(\zeta, \varkappa)$	$\overline{\mathrm{cn}}(\zeta, \varkappa)$	
1,000 000	1,000 000	0,000 000	∞	0,000 000	0,50
0,997 550	0,997 586	0,070 131	14,224 595	−0,069 962	0,49
0,990 258	0,990 403	0,140 612	7,043 526	−0,139 262	0,48
0,978 299	0,978 623	0,211 794	4,620 637	−0,207 266	0,47
0,961 950	0,962 522	0,284 033	3,388 767	−0,273 388	0,46
0,941 578	0,942 466	0,357 692	2,634 857	−0,337 112	0,45
0,917 620	0,918 890	0,433 140	2,121 460	−0,398 008	0,44
0,890 562	0,892 274	0,510 759	1,746 955	−0,455 737	0,43
0,860 913	0,863 128	0,590 944	1,460 591	−0,510 061	0,42
0,829 193	0,831 968	0,674 105	1,234 181	−0,560 834	0,41
0,795 905	0,799 295	0,760 671	1,050 776	−0,608 001	0,40
0,761 528	0,765 587	0,851 093	0,899 534	−0,651 586	0,39
0,726 504	0,731 283	0,945 848	0,773 151	−0,691 683	0,38
0,691 228	0,696 779	1,045 440	0,666 493	−0,728 441	0,37
0,656 045	0,662 420	1,150 411	0,575 811	−0,762 055	0,36
0,621 253	0,628 503	1,261 338	0,498 283	−0,792 754	0,35
0,587 097	0,595 275	1,378 845	0,431 720	−0,820 792	0,34
0,553 778	0,562 939	1,503 607	0,374 392	−0,846 439	0,33
0,521 451	0,531 652	1,636 360	0,324 899	−0,869 975	0,32
0,490 234	0,501 536	1,777 907	0,282 094	−0,891 685	0,31
0,460 211	0,472 678	1,929 136	0,245 021	−0,911 860	0,30
0,431 436	0,445 136	2,091 026	0,212 879	−0,930 790	0,29
0,403 938	0,418 943	2,264 671	0,184 991	−0,948 769	0,28
0,377 726	0,394 115	2,451 296	0,160 778	−0,966 093	0,27
0,352 791	0,370 648	2,652 285	0,139 747	−0,983 066	0,26
0,329 112	0,348 528	2,869 212	0,121 472	−1,000 000	0,25
0,306 655	0,327 727	3,103 882	0,105 586	−1,017 226	0,24
0,285 380	0,308 213	3,358 379	0,091 774	−1,035 097	0,23
0,265 240	0,289 947	3,635 133	0,079 763	−1,053 997	0,22
0,246 183	0,272 887	3,937 006	0,069 313	−1,074 356	0,21
0,228 154	0,256 986	4,267 393	0,060 221	−1,096 660	0,20
0,211 098	0,242 199	4,630 377	0,052 307	−1,121 472	0,19
0,194 957	0,228 479	5,030 912	0,045 415	−1,149 459	0,18
0,179 673	0,215 781	5,475 088	0,039 411	−1,181 420	0,17
0,165 189	0,204 059	5,970 490	0,034 178	−1,218 335	0,16
0,151 449	0,193 271	6,526 704	0,029 612	−1,261 425	0,15
0,138 397	0,183 375	7,156 034	0,025 625	−1,312 241	0,14
0,125 980	0,174 333	7,874 558	0,022 139	−1,372 795	0,13
0,114 143	0,166 107	8,703 707	0,019 085	−1,445 749	0,12
0,102 836	0,158 665	9,672 714	0,016 403	−1,534 717	0,11
0,092 008	0,151 973	10,822 522	0,014 042	−1,644 735	0,10
0,081 611	0,146 005	12,212 307	0,011 956	−1,783 059	0,09
0,071 599	0,140 734	13,930 889	0,010 102	−1,960 550	0,08
0,061 924	0,136 137	16,117 922	0,008 446	−2,194 246	0,07
0,052 542	0,132 194	19,006 280	0,006 955	−2,512 513	0,06
0,043 408	0,128 887	23,015 297	0,005 600	−2,966 369	0,05
0,034 481	0,126 201	28,983 872	0,004 354	−3,657 801	0,04
0,025 718	0,124 125	38,869 776	0,003 193	−4,824 710	0,03
0,017 078	0,122 649	58,546 874	0,002 095	−7,180 693	0,02
0,008 519	0,121 765	117,385 65	0,001 037	−14,293 520	0,01
0,000 000	0,121 472	∞	0,000 000	−∞	0,00
$k'\,\mathrm{sd}(\zeta, \varkappa)$	$k'\,\mathrm{nd}(\zeta, \varkappa)$	$\frac{1}{k'}\,\mathrm{cs}(\zeta, \varkappa)$	$-\overline{\mathrm{cd}}(\zeta, \varkappa)$	$-\overline{\mathrm{sd}}(\zeta, \varkappa)$	$\zeta = \frac{z}{2K}$

Tafel III. (Fortsetzung)

$\vartheta_1'(0,\varkappa) = 3{,}633\,901$ $\vartheta_1'(0,k) = 0{,}518\,589$ $\vartheta_5'(0,\varkappa) = 12{,}333\,645$

$\vartheta_1'''/\vartheta_1'(\varkappa) = 6{,}849\,875$ $\vartheta_2''/\vartheta_2(\varkappa) = -14{,}325\,566$ $\vartheta_3''/\vartheta_3(\varkappa) = -13{,}601\,049$

$\vartheta_1'''/\vartheta_1'(k) = 0{,}139\,503$ $\vartheta_2''/\vartheta_2(k) = -\ 0{,}291\,751$ $\vartheta_3''/\vartheta_3(k) = -\ 0{,}276\,996$

$\vartheta_1'''''/\vartheta_1'(k) = -0{,}624\,540$ $\vartheta_2''''/\vartheta_2(k) = 0{,}225\,845$ $\vartheta_3''''/\vartheta_3(k) = 0{,}259\,255$

$\varkappa = 0{,}45$

$\zeta = \frac{z}{2K}$	$\overline{\mathrm{dn}}(\zeta,\varkappa)$	$\mathfrak{z}_1(\zeta,\varkappa)$	$\mathfrak{z}_3(\zeta,\varkappa)$	$\mathfrak{z}_5(\zeta,\varkappa)$	$\wp_1(\zeta,\varkappa)$
0,00	0,000 000	∞	0,000 000	∞	∞
0,01	−0,068 924	14,270 853	−0,022 667	14,270 855	203,657 784
0,02	−0,137 167	7,135 370	−0,045 323	7,135 384	50,915 652
0,03	−0,204 073	4,756 751	−0,067 960	4,756 796	22,631 490
0,04	−0,269 034	3,567 236	−0,090 565	3,567 345	12,733 690
0,05	−0,331 512	2,853 241	−0,113 128	2,853 454	8,154 210
0,06	−0,391 053	2,376 876	−0,135 637	2,377 249	5,668 449
0,07	−0,447 291	2,036 167	−0,158 079	2,036 766	4,171 502
0,08	−0,499 959	1,780 111	−0,180 439	1,781 018	3,201 815
0,09	−0,548 878	1,580 357	−0,202 702	1,581 669	2,538 869
0,10	−0,593 959	1,419 884	−0,224 850	1,421 717	2,066 499
0,11	−0,635 183	1,287 854	−0,246 863	1,290 342	1,718 781
0,12	−0,672 598	1,177 031	−0,268 719	1,180 332	1,456 035
0,13	−0,706 302	1,082 403	−0,290 392	1,086 700	1,253 210
0,14	−0,736 430	1,000 387	−0,311 854	1,005 890	1,093 855
0,15	−0,763 142	0,928 352	−0,333 072	0,935 305	0,966 798
0,16	−0,786 614	0,864 324	−0,354 010	0,873 007	0,864 232
0,17	−0,807 028	0,806 794	−0,374 626	0,817 529	0,780 566
0,18	−0,824 559	0,754 586	−0,394 873	0,767 743	0,711 710
0,19	−0,839 379	0,706 776	−0,414 696	0,722 779	0,654 612
0,20	−0,851 639	0,662 625	−0,434 035	0,681 957	0,606 956
0,21	−0,861 477	0,621 536	−0,452 820	0,644 750	0,566 960
0,22	−0,869 006	0,583 022	−0,470 975	0,610 750	0,533 232
0,23	−0,874 319	0,546 685	−0,488 412	0,579 644	0,504 673
0,24	−0,877 479	0,512 194	−0,505 032	0,551 202	0,480 406
0,25	−0,878 528	0,479 274	−0,520 726	0,525 257	0,459 723
0,25	1,121 472	0,479 274	−0,520 726	0,525 257	0,459 723
0,26	1,122 812	0,447 696	−0,535 370	0,501 702	0,442 050
0,27	1,126 871	0,417 264	−0,548 829	0,480 479	0,426 914
0,28	1,133 760	0,387 815	−0,560 954	0,461 574	0,413 928
0,29	1,143 669	0,359 211	−0,571 579	0,445 013	0,402 768
0,30	1,156 880	0,331 333	−0,580 527	0,430 855	0,393 165
0,31	1,173 779	0,304 080	−0,587 606	0,419 192	0,384 893
0,32	1,194 874	0,277 365	−0,592 610	0,410 142	0,377 762
0,33	1,220 831	0,251 115	−0,595 324	0,403 845	0,371 611
0,34	1,252 513	0,225 266	−0,595 527	0,400 462	0,366 305
0,35	1,291 037	0,199 762	−0,592 993	0,400 161	0,361 727
0,36	1,337 866	0,174 556	−0,587 499	0,403 117	0,357 780
0,37	1,394 934	0,149 608	−0,578 833	0,409 503	0,354 379
0,38	1,464 834	0,124 881	−0,566 802	0,419 475	0,351 452
0,39	1,551 120	0,100 344	−0,551 242	0,433 166	0,348 940
0,40	1,658 777	0,075 970	−0,532 031	0,450 672	0,346 790
0,41	1,795 015	0,051 735	−0,509 099	0,472 038	0,344 957
0,42	1,970 652	0,027 619	−0,482 442	0,497 247	0,343 405
0,43	2,202 693	0,003 603	−0,452 135	0,526 206	0,342 101
0,44	2,519 468	−0,020 330	−0,418 338	0,558 738	0,341 020
0,45	2,971 969	−0,044 194	−0,381 307	0,594 573	0,340 140
0,46	3,662 155	−0,068 004	−0,341 392	0,633 347	0,339 442
0,47	4,827 904	−0,091 770	−0,299 036	0,674 605	0,338 914
0,48	7,182 788	−0,115 505	−0,254 767	0,717 808	0,338 544
0,49	14,294 557	−0,139 219	−0,209 181	0,762 348	0,338 324
0,50	∞	−0,162 923	−0,162 923	0,807 571	0,338 252
	$\overline{\mathrm{sc}}(\zeta,\varkappa)$	$-\mathfrak{z}_2(\zeta,\varkappa)$	$-\mathfrak{z}_4(\zeta,\varkappa)$	$-\mathfrak{z}_6(\zeta,\varkappa)$	$\wp_2(\zeta,\varkappa)$

Tafel III

$\varkappa = 0{,}45$			
	$\vartheta_5'(0, k) = 1{,}760\,117$	$\vartheta_6(0, k) = 1{,}760\,117$	$\vartheta_{\substack{5\\6}}(\frac{1}{4}, \varkappa) = 2{,}108\,181$
	$\vartheta_4''/\vartheta_4(\varkappa) = 34{,}776\,490$	$\vartheta_5'''/\vartheta_5'(\varkappa) = -33{,}953\,270$	$\vartheta_6''/\vartheta_6(\varkappa) = 20{,}450\,924$
	$\vartheta_4''/\vartheta_4(k) = 0{,}708\,249$	$\vartheta_5'''/\vartheta_5'(k) = -0{,}691\,484$	$\vartheta_6''/\vartheta_6(k) = 0{,}416\,498$
	$\vartheta_4''''/\vartheta_4'(k) = -0{,}465\,639$	$\vartheta_5'''''/\vartheta_5'(k) = 0{,}285\,317$	$\vartheta_6''''/\vartheta_6(k) = -1{,}479\,587$

$\wp_3(\zeta, \varkappa)$	$\wp_5(\zeta, \varkappa)$	$\wp_1'(\zeta, \varkappa)$	$\wp_3'(\zeta, \varkappa)$	$\wp_5'(\zeta, \varkappa)$	
0,323 496	∞	−∞	0,000 000	−∞	0,50
0,323 425	203,657 713	−5812,725 30	−0,002 044	−5812,727 35	0,49
0,323 209	50,915 365	−726,573 511	−0,004 127	−726,577 638	0,48
0,322 845	22,630 838	−215,259 222	−0,006 288	−215,265 510	0,47
0,322 325	12,732 518	−90,788 044	−0,008 570	−90,796 614	0,46
0,321 640	8,152 353	−46,457 575	−0,011 014	−46,468 589	0,45
0,320 777	5,665 730	−26,858 530	−0,013 667	−26,872 197	0,44
0,319 718	4,167 724	−16,886 945	−0,016 580	−16,903 525	0,43
0,318 446	3,196 764	−11,286 175	−0,019 804	−11,305 980	0,42
0,316 934	2,532 307	−7,900 281	−0,023 401	−7,923 682	0,41
0,315 156	2,058 159	−5,733 555	−0,027 436	−5,760 991	0,40
0,313 077	1,708 362	−4,282 734	−0,031 981	−4,314 715	0,39
0,310 660	1,443 199	−3,274 734	−0,037 116	−3,311 850	0,38
0,307 860	1,237 574	−2,552 613	−0,042 932	−2,595 545	0,37
0,304 625	1,074 984	−2,021 793	−0,049 527	−2,071 320	0,36
0,300 898	0,944 199	−1,622 952	−0,057 013	−1,679 964	0,35
0,296 612	0,837 347	−1,317 593	−0,065 510	−1,383 102	0,34
0,291 690	0,748 760	−1,079 983	−0,075 153	−1,155 136	0,33
0,286 049	0,674 263	−0,892 472	−0,086 089	−0,978 561	0,32
0,279 591	0,610 707	−0,742 674	−0,098 476	−0,841 150	0,31
0,272 210	0,555 670	−0,621 717	−0,112 487	−0,734 205	0,30
0,263 785	0,507 248	−0,523 132	−0,128 303	−0,651 436	0,29
0,254 182	0,463 918	−0,442 121	−0,146 114	−0,588 235	0,28
0,243 256	0,424 433	−0,375 070	−0,166 113	−0,541 183	0,27
0,230 847	0,387 756	−0,319 225	−0,188 491	−0,507 716	0,26
0,216 780	0,353 007	−0,272 454	−0,213 432	−0,485 886	0,25
		−		−	
0,216 780	0,353 007	−0,272 454	−0,213 432	−0,485 886	0,25
0,200 871	0,319 425	−0,233 092	−0,241 097	−0,474 188	0,24
0,182 925	0,286 343	−0,199 823	−0,271 610	−0,471 433	0,23
0,162 738	0,253 170	−0,171 597	−0,305 045	−0,476 642	0,22
0,140 1C6	0,219 377	−0,147 570	−0,341 396	−0,488 966	0,21
0,114 827	0,184 496	−0,127 055	−0,380 554	−0,507 609	0,20
0,086 713	0,148 109	−0,109 492	−0,422 272	−0,531 765	0,19
0,055 598	0,109 863	−0,094 419	−0,466 130	−0,560 549	0,18
0,021 352	0,069 466	−0,081 452	−0,511 495	−0,592 947	0,17
−0,016 101	0,026 707	−0,070 274	−0,557 478	−0,627 752	0,16
−0,056 764	−0,018 533	−0,060 615	−0,602 906	−0,663 521	0,15
−0,100 548	−0,066 265	−0,052 251	−0,646 291	−0,698 542	0,14
−0,147 249	−0,116 367	−0,044 992	−0,685 820	−0,730 812	0,13
−0,196 524	−0,168 568	−0,038 673	−0,719 378	−0,758 051	0,12
−0,247 872	−0,222 428	−0,033 157	−0,744 591	−0,777 749	0,11
−0,300 621	−0,277 328	−0,028 324	−0,758 928	−0,787 252	0,10
−0,353 919	−0,332 458	−0,024 071	−0,759 835	−0,783 906	0,09
−0,406 739	−0,386 831	−0,020 309	−0,744 929	−0,765 238	0,08
−0,457 901	−0,439 296	−0,016 958	−0,712 224	−0,729 182	0,07
−0,506 106	−0,488 583	−0,013 949	−0,660 377	−0,674 326	0,06
−0,549 991	−0,533 348	−0,011 221	−0,588 927	−0,600 148	0,05
−0,588 197	−0,572 252	−0,008 719	−0,498 493	−0,507 212	0,04
−0,619 451	−0,604 034	−0,006 391	−0,390 882	−0,397 273	0,03
−0,642 646	−0,627 599	−0,004 191	−0,269 094	−0,273 285	0,02
−0,656 926	−0,642 098	−0,002 075	−0,137 184	−0,139 259	0,01
−0,661 748	−0,646 993	0,000 000	0,000 000	0,000 000	0,00
$\wp_4(\zeta, \varkappa)$	$\wp_6(\zeta, \varkappa)$	$-\wp_2'(\zeta, \varkappa)$	$-\wp_4'(\zeta, \varkappa)$	$-\wp_6'(\zeta, \varkappa)$	$\zeta = \frac{z}{2K}$

Tafel III

$\sqrt{k}$	$= 0{,}995\,684$	k	$= 0{,}991\,387$	k^2	$= 0{,}982\,847$
$\sqrt{k'}$	$= 0{,}361\,896$	k'	$= 0{,}130\,968$	k'^2	$= 0{,}017\,153$
$e_1 = -e_3'$	$= 0{,}339\,051$	$e_2 = -e_2'$	$= 0{,}321\,898$	$e_3 = -e_1'$	$= -0{,}660\,949$
$g_2 = g_2'$	$= 1{,}310\,855$	$g_3 = -g_3'$	$= -0{,}288\,544$	$g_3/\sqrt{g_2^3}$	$= -0{,}192\,256$
$\bar{g}_2 = \bar{g}_2'$	$= 0{,}973\,685$	$\bar{g}_3 = -\bar{g}_3'$	$= -0{,}440\,492$	$\bar{g}_3/\sqrt{\bar{g}_2^3}$	$= -0{,}458\,469$

$\varkappa = 0{,}46$

$\zeta = \frac{z}{2K}$	$\vartheta_1(\zeta, \varkappa)$	$\vartheta_3(\zeta, \varkappa)$	$\frac{\partial \ln \vartheta_1(\zeta, \varkappa)}{\partial \zeta}$	$\frac{\partial \ln \vartheta_3(\zeta, \varkappa)}{\partial \zeta}$	$\mathrm{sn}(\zeta, \varkappa)$
0,00	0,000 000	1,477 608	∞	0,000 000	0,000 000
0,01	0,036 524	1,476 629	100,018 832	−0,132 552	0,068 485
0,02	0,073 068	1,473 697	50,037 375	−0,265 030	0,136 336
0,03	0,109 653	1,468 824	33,388 674	−0,397 356	0,202 942
0,04	0,146 297	1,462 033	25,072 449	−0,529 451	0,267 737
0,05	0,183 019	1,453 354	20,088 424	−0,661 233	0,330 219
0,06	0,219 833	1,442 827	16,769 668	−0,792 613	0,389 961
0,07	0,256 753	1,430 499	14,401 643	−0,923 493	0,446 620
0,08	0,293 789	1,416 425	12,626 967	−1,053 769	0,499 944
0,09	0,330 948	1,400 669	11,247 003	−1,183 326	0,549 767
0,10	0,368 233	1,383 301	10,142 496	−1,312 033	0,596 004
0,11	0,405 643	1,364 398	9,237 500	−1,439 747	0,638 644
0,12	0,443 173	1,344 042	8,481 339	−1,566 306	0,677 739
0,13	0,480 813	1,322 325	7,838 895	−1,691 529	0,713 395
0,14	0,518 548	1,299 340	7,285 062	−1,815 210	0,745 755
0,15	0,556 358	1,275 187	6,801 412	−1,937 118	0,774 996
0,16	0,594 219	1,249 971	6,374 113	−2,056 991	0,801 313
0,17	0,632 100	1,223 800	5,992 587	−2,174 533	0,824 914
0,18	0,669 965	1,196 785	5,648 606	−2,289 409	0,846 010
0,19	0,707 773	1,169 040	5,335 679	−2,401 242	0,864 813
0,20	0,745 477	1,140 681	5,048 622	−2,509 606	0,881 530
0,21	0,783 027	1,111 826	4,783 249	−2,614 020	0,896 357
0,22	0,820 366	1,082 594	4,536 147	−2,713 947	0,909 482
0,23	0,857 432	1,053 104	4,304 511	−2,808 782	0,921 078
0,24	0,894 160	1,023 475	4,086 015	−2,897 849	0,931 307
0,25	0,930 479	0,993 826	3,878 725	−2,980 396	0,940 318
0,26	0,966 316	0,964 274	3,681 016	−3,055 591	0,948 245
0,27	1,001 593	0,934 936	3,491 520	−3,122 513	0,955 209
0,28	1,036 230	0,905 925	3,309 079	−3,180 154	0,961 322
0,29	1,070 144	0,877 353	3,132 709	−3,227 414	0,966 683
0,30	1,103 251	0,849 329	2,961 573	−3,263 107	0,971 378
0,31	1,135 463	0,821 958	2,794 952	−3,285 962	0,975 488
0,32	1,166 693	0,795 344	2,632 231	−3,294 634	0,979 081
0,33	1,196 853	0,769 583	2,472 882	−3,287 723	0,982 221
0,34	1,225 857	0,744 771	2,316 448	−3,263 788	0,984 959
0,35	1,253 617	0,720 997	2,162 534	−3,221 386	0,987 346
0,36	1,280 049	0,698 346	2,010 800	−3,159 105	0,989 424
0,37	1,305 069	0,676 900	1,860 949	−3,075 615	0,991 228
0,38	1,328 596	0,656 733	1,712 723	−2,969 722	0,992 793
0,39	1,350 554	0,637 916	1,565 898	−2,840 439	0,994 144
0,40	1,370 869	0,620 515	1,420 275	−2,687 056	0,995 308
0,41	1,389 472	0,604 588	1,275 683	−2,509 217	0,996 306
0,42	1,406 299	0,590 191	1,131 967	−2,306 996	0,997 154
0,43	1,421 291	0,577 372	0,988 992	−2,080 968	0,997 870
0,44	1,434 395	0,566 175	0,846 638	−1,832 260	0,998 465
0,45	1,445 565	0,556 636	0,704 794	−1,562 596	0,998 952
0,46	1,454 759	0,548 788	0,563 361	−1,274 297	0,999 338
0,47	1,461 946	0,542 657	0,422 249	−0,970 266	0,999 632
0,48	1,467 098	0,538 264	0,281 371	−0,653 923	0,999 838
0,49	1,470 197	0,535 622	0,140 647	−0,329 117	0,999 960
0,50	1,471 231	0,534 740	0,000 000	0,000 000	1,000 000
	$\vartheta_2(\zeta, \varkappa)$	$\vartheta_4(\zeta, \varkappa)$	$-\frac{\partial \ln \vartheta_2(\zeta, \varkappa)}{\partial \zeta}$	$-\frac{\partial \ln \vartheta_4(\zeta, \varkappa)}{\partial \zeta}$	$\mathrm{cd}(\zeta, \varkappa)$

Tafel III

$\varkappa = 0{,}46$

$k^2 k'^2 = 0{,}016\,859$	$\eta_1 = -\eta_2' = -0{,}040\,131$	$\eta_1' = -\eta_2 = 0{,}330\,456$
$\pi/KK' = 0{,}580\,651$	$\bar\eta_1 = -\bar\eta_2' = 0{,}241\,637$	$\bar\eta_1' = -\bar\eta_2 = 0{,}339\,014$
$K = 3{,}429\,561$	$E = 1{,}025\,165$	$A = 1{,}932\,678$
$K' = 1{,}577\,598$	$E' = 1{,}564\,039$	$A' = 0{,}027\,002$
$B = 0{,}983\,204$	$C = 1{,}488\,689$	$D = 2{,}446\,357$

$\mathrm{cn}(\zeta,\varkappa)$	$\mathrm{dn}(\zeta,\varkappa)$	$\mathrm{sc}(\zeta,\varkappa)$	$\overline{\mathrm{sn}}(\zeta,\varkappa)$	$\overline{\mathrm{cn}}(\zeta,\varkappa)$	
1,000 000	1,000 000	0,000 000	∞	0,000 000	0,50
0,997 652	0,997 692	0,068 646	14,533 889	−0,068 488	0,49
0,990 663	0,990 824	0,137 621	7,199 676	−0,136 358	0,48
0,979 191	0,979 551	0,207 255	4,726 320	−0,203 017	0,47
0,963 492	0,964 130	0,277 882	3,469 562	−0,267 915	0,46
0,943 904	0,944 895	0,349 844	2,700 904	−0,330 566	0,45
0,920 832	0,922 247	0,423 487	2,177 743	−0,390 560	0,44
0,894 724	0,896 634	0,499 171	1,796 247	−0,447 573	0,43
0,866 058	0,868 529	0,577 264	1,504 561	−0,501 371	0,42
0,835 318	0,838 416	0,658 152	1,273 893	−0,551 805	0,41
0,802 982	0,806 767	0,742 238	1,086 938	−0,598 813	0,40
0,769 503	0,774 035	0,829 944	0,932 636	−0,642 405	0,39
0,735 302	0,740 640	0,921 715	0,803 546	−0,682 660	0,38
0,700 762	0,706 963	1,018 027	0,694 445	−0,719 708	0,37
0,666 220	0,673 341	1,119 384	0,601 529	−0,753 727	0,36
0,631 966	0,640 065	1,226 327	0,521 936	−0,784 929	0,35
0,598 245	0,607 380	1,339 440	0,453 458	−0,813 550	0,34
0,565 259	0,575 491	1,459 356	0,394 346	−0,839 846	0,33
0,533 167	0,544 559	1,586 763	0,343 188	−0,864 085	0,32
0,502 094	0,514 710	1,722 414	0,298 831	−0,886 544	0,31
0,472 128	0,486 040	1,867 140	0,260 312	−0,907 504	0,30
0,443 333	0,458 613	2,021 860	0,226 827	−0,927 250	0,29
0,415 744	0,432 471	2,187 600	0,197 692	−0,946 073	0,28
0,389 378	0,407 636	2,365 511	0,172 325	−0,964 268	0,27
0,364 234	0,384 114	2,556 893	0,150 227	−0,982 138	0,26
0,340 297	0,361 896	2,763 227	0,130 968	−1,000 000	0,25
0,317 541	0,340 963	2,986 212	0,114 179	−1,018 186	0,24
0,295 931	0,321 288	3,227 812	0,099 537	−1,037 056	0,23
0,275 425	0,302 838	3,490 320	0,086 765	−1,057 000	0,22
0,255 978	0,285 575	3,776 436	0,075 620	−1,078 457	0,21
0,237 537	0,269 460	4,089 370	0,065 893	−1,101 924	0,20
0,220 052	0,254 451	4,432 980	0,057 400	−1,127 975	0,19
0,203 469	0,240 504	4,811 952	0,049 981	−1,157 293	0,18
0,187 731	0,227 577	5,232 051	0,043 497	−1,190 695	0,17
0,172 786	0,215 628	5,700 460	0,037 827	−1,229 181	0,16
0,158 578	0,204 618	6,226 257	0,032 864	−1,274 001	0,15
0,145 053	0,194 505	6,821 098	0,028 515	−1,326 740	0,14
0,132 160	0,185 255	7,500 219	0,024 700	−1,389 453	0,13
0,119 846	0,176 831	8,283 930	0,021 346	−1,464 859	0,12
0,108 060	0,169 202	9,199 932	0,018 392	−1,556 649	0,11
0,096 754	0,162 337	10,287 029	0,015 781	−1,669 970	0,10
0,085 879	0,156 209	11,601 302	0,013 465	−1,812 233	0,09
0,075 388	0,150 793	13,226 919	0,011 400	−1,994 532	0,08
0,065 236	0,146 067	15,296 221	0,009 549	−2,234 271	0,07
0,055 378	0,142 010	18,029 879	0,007 876	−2,560 427	0,06
0,045 770	0,138 606	21,825 239	0,006 351	−3,025 119	0,05
0,036 370	0,135 841	27,477 197	0,004 944	−3,732 533	0,04
0,027 134	0,133 702	36,840 808	0,003 629	−4,925 708	0,03
0,018 021	0,132 181	55,481 707	0,002 382	−7,333 651	0,02
0,008 990	0,131 271	111,229 09	0,001 180	−14,601 197	0,01
0,000 000	0,130 968	∞	0,000 000	$-\infty$	0,00
$k'\,\mathrm{sd}(\zeta,\varkappa)$	$k'\,\mathrm{nd}(\zeta,\varkappa)$	$\frac{1}{k'}\,\mathrm{cs}(\zeta,\varkappa)$	$-\overline{\mathrm{cd}}(\zeta,\varkappa)$	$-\overline{\mathrm{sd}}(\zeta,\varkappa)$	$\zeta = \frac{z}{2K}$

Tafel III. (Fortsetzung)

$\vartheta_1'(0, \varkappa) = 3{,}652\,016$ $\vartheta_1'(0, k) = 0{,}532\,432$ $\vartheta_5'(0, \varkappa) = 12{,}167\,749$

$\vartheta_1'''/\vartheta_1'(\varkappa) = 5{,}664\,138$ $\vartheta_2''/\vartheta_2(\varkappa) = -14{,}063\,468$ $\vartheta_3''/\vartheta_3(\varkappa) = -13{,}256\,474$

$\vartheta_1'''/\vartheta_1'(k) = 0{,}120\,392$ $\vartheta_2''/\vartheta_2(k) = -\ 0{,}298\,920$ $\vartheta_3''/\vartheta_3(k) = -\ 0{,}281\,768$

$\vartheta_1'''''/\vartheta_1'(k) = -0{,}631\,271$ $\vartheta_2''''/\vartheta_2(k) = 0{,}233\,755$ $\vartheta_3''''/\vartheta_3(k) = 0{,}271\,896$

$\varkappa = 0{,}46$

$\zeta = \frac{z}{2K}$	$\overline{\mathrm{dn}}(\zeta, \varkappa)$	$\mathfrak{z}_1(\zeta, \varkappa)$	$\mathfrak{z}_3(\zeta, \varkappa)$	$\mathfrak{z}_5(\zeta, \varkappa)$	$\mathfrak{p}_1(\zeta, \varkappa)$
0,00	0,000 000	∞	0,000 000	∞	∞
0,01	−0,067 307	14,579 119	−0,022 078	14,579 121	212,551 232
0,02	−0,133 975	7,289 507	−0,044 144	7,289 521	53,138 961
0,03	−0,199 387	4,859 519	−0,066 189	4,859 569	23,619 526
0,04	−0,262 971	3,644 334	−0,088 200	3,644 451	13,289 309
0,05	−0,324 215	2,914 954	−0,110 165	2,915 186	8,509 606
0,06	−0,382 683	2,428 355	−0,132 072	2,428 760	5,915 005
0,07	−0,438 024	2,080 365	−0,153 905	2,081 016	4,352 353
0,08	−0,489 970	1,818 881	−0,175 651	1,819 864	3,339 947
0,09	−0,538 341	1,614 941	−0,197 292	1,616 364	2,647 642
0,10	−0,583 032	1,451 161	−0,218 809	1,453 146	2,154 205
0,11	−0,624 014	1,316 468	−0,240 181	1,319 160	1,790 838
0,12	−0,661 313	1,203 474	−0,261 385	1,207 041	1,516 132
0,13	−0,695 008	1,107 059	−0,282 394	1,111 697	1,303 949
0,14	−0,725 212	1,023 562	−0,303 178	1,029 495	1,137 123
0,15	−0,752 065	0,950 297	−0,323 704	0,957 784	1,003 999
0,16	−0,775 723	0,885 248	−0,343 933	0,894 586	0,896 433
0,17	−0,796 349	0,826 873	−0,363 822	0,838 400	0,808 596
0,18	−0,814 105	0,773 970	−0,383 323	0,788 077	0,736 221
0,19	−0,829 145	0,725 596	−0,402 380	0,742 725	0,676 125
0,20	−0,841 611	0,680 993	−0,420 931	0,701 650	0,625 895
0,21	−0,851 630	0,639 551	−0,438 906	0,664 312	0,583 674
0,22	−0,859 308	0,600 773	−0,456 227	0,630 293	0,548 011
0,23	−0,864 731	0,564 250	−0,472 806	0,599 270	0,517 761
0,24	−0,867 960	0,529 643	−0,488 544	0,571 005	0,492 010
0,25	−0,869 032	0,496 669	−0,503 331	0,545 323	0,470 019
0,25	1,130 968	0,496 669	−0,503 331	0,545 323	0,470 019
0,26	1,132 365	0,465 092	−0,517 046	0,522 110	0,451 190
0,27	1,136 593	0,434 713	−0,529 556	0,501 301	0,435 032
0,28	1,143 765	0,405 362	−0,540 712	0,482 873	0,421 137
0,29	1,154 078	0,376 896	−0,550 354	0,466 844	0,409 170
0,30	1,167 816	0,349 193	−0,558 311	0,453 264	0,398 849
0,31	1,185 375	0,322 149	−0,564 395	0,442 214	0,389 938
0,32	1,207 274	0,295 673	−0,568 412	0,433 801	0,382 238
0,33	1,234 191	0,269 689	−0,570 157	0,428 151	0,375 581
0,34	1,267 008	0,244 129	−0,569 420	0,425 408	0,369 825
0,35	1,306 865	0,218 937	−0,565 991	0,425 725	0,364 847
0,36	1,355 256	0,194 063	−0,559 664	0,429 257	0,360 544
0,37	1,414 153	0,169 464	−0,550 244	0,436 157	0,356 828
0,38	1,486 205	0,145 101	−0,537 559	0,446 559	0,353 623
0,39	1,575 041	0,120 943	−0,521 463	0,460 576	0,350 866
0,40	1,685 751	0,096 959	−0,501 854	0,478 281	0,348 501
0,41	1,825 698	0,073 127	−0,478 679	0,499 703	0,346 481
0,42	2,005 932	0,049 421	−0,451 949	0,524 806	0,344 767
0,43	2,243 820	0,025 824	−0,421 749	0,553 489	0,343 325
0,44	2,568 303	0,002 318	−0,388 242	0,585 569	0,342 127
0,45	3,031 469	−0,021 115	−0,351 680	0,620 778	0,341 150
0,46	3,737 477	−0,044 487	−0,312 401	0,658 764	0,340 375
0,47	4,929 337	−0,067 812	−0,270 829	0,699 090	0,339 788
0,48	7,336 033	−0,091 104	−0,227 461	0,741 245	0,339 376
0,49	14,602 377	−0,114 373	−0,182 860	0,784 657	0,339 132
0,50	∞	−0,137 630	−0,137 630	0,828 709	0,339 051
	$\overline{\mathrm{sc}}(\zeta, \varkappa)$	$-\mathfrak{z}_2(\zeta, \varkappa)$	$-\mathfrak{z}_4(\zeta, \varkappa)$	$-\mathfrak{z}_6(\zeta, \varkappa)$	$\mathfrak{p}_2(\zeta, \varkappa)$

Tafel III

$\boxed{\varkappa = 0{,}46}$

$\vartheta_5'(0,k) = 1{,}773\,952$	$\vartheta_6(0,k) = 1{,}773\,952$	$\vartheta_{\substack{5\\6}}(\tfrac{1}{4},\varkappa) = 2{,}085\,139$
$\vartheta_4''/\vartheta_4(\varkappa) = 32{,}984\,081$	$\vartheta_5'''/\vartheta_5'(\varkappa) = -34{,}105\,283$	$\vartheta_6''/\vartheta_6(\varkappa) = 18{,}920\,612$
$\vartheta_4''/\vartheta_4(k) = 0{,}701\,080$	$\vartheta_5'''/\vartheta_5'(k) = -\ 0{,}724\,911$	$\vartheta_6''/\vartheta_6(k) = 0{,}402\,159$
$\vartheta_4''''/\vartheta_4(k) = -0{,}491\,156$	$\vartheta_5'''''/\vartheta_5'(k) = 0{,}388\,984$	$\vartheta_6''''/\vartheta_6(k) = -1{,}514\,804$

$\wp_3(\zeta,\varkappa)$	$\wp_5(\zeta,\varkappa)$	$\wp_1'(\zeta,\varkappa)$	$\wp_3'(\zeta,\varkappa)$	$\wp_5'(\zeta,\varkappa)$	
0,321 898	∞	$-\infty$	0,000 000	$-\infty$	0,50
0,321 819	212,551 152	−6197,604 53	−0,002 320	−6197,606 85	0,49
0,321 579	53,138 642	−774,683 812	−0,004 682	−774,688 493	0,48
0,321 175	23,618 803	−229,514 623	−0,007 129	−229,521 752	0,47
0,320 598	13,288 009	−96,802 584	−0,009 705	−96,812 289	0,46
0,319 839	8,507 547	−49,537 574	−0,012 457	−49,550 032	0,45
0,318 884	5,911 990	−28,641 482	−0,015 435	−28,656 917	0,44
0,317 715	4,348 170	−18,010 257	−0,018 691	−18,028 948	0,43
0,316 312	3,334 361	−12,039 188	−0,022 283	−12,061 470	0,42
0,314 650	2,640 393	−8,429 580	−0,026 273	−8,455 853	0,41
0,312 697	2,145 004	−6,119 796	−0,030 730	−6,150 526	0,40
0,310 422	1,779 361	−4,573 247	−0,035 730	−4,608 977	0,39
0,307 782	1,502 015	−3,498 768	−0,041 358	−3,540 125	0,38
0,304 732	1,286 782	−2,729 026	−0,047 705	−2,776 731	0,37
0,301 219	1,116 443	−2,163 183	−0,054 873	−2,218 056	0,36
0,297 183	0,979 283	−1,737 994	−0,062 975	−1,800 969	0,35
0,292 555	0,867 090	−1,412 416	−0,072 135	−1,484 551	0,34
0,287 260	0,773 958	−1,159 017	−0,082 488	−1,241 505	0,33
0,281 209	0,695 531	−0,958 985	−0,094 179	−1,053 164	0,32
0,274 306	0,628 532	−0,799 118	−0,107 366	−0,906 484	0,31
0,266 442	0,570 439	−0,669 963	−0,122 217	−0,792 180	0,30
0,257 498	0,519 274	−0,564 629	−0,138 906	−0,703 535	0,29
0,247 340	0,473 454	−0,478 004	−0,157 615	−0,635 619	0,28
0,235 825	0,431 688	−0,406 242	−0,178 525	−0,584 767	0,27
0,222 795	0,392 907	−0,346 411	−0,201 810	−0,548 221	0,26
0,208 082	0,356 204	−0,296 242	−0,227 631	−0,523 874	0,25
0,208 082	0,356 204	−0,296 242	−0,227 631	−0,523 874	0,25
0,191 507	0,320 800	−0,253 966	−0,256 124	−0,510 089	0,24
0,172 884	0,286 017	−0,218 182	−0,287 380	−0,505 562	0,23
0,152 020	0,251 259	−0,187 774	−0,321 435	−0,509 209	0,22
0,128 725	0,215 997	−0,161 846	−0,358 239	−0,520 085	0,21
0,102 816	0,179 767	−0,139 666	−0,397 635	−0,537 302	0,20
0,074 124	0,142 164	−0,120 641	−0,439 325	−0,559 966	0,19
0,042 507	0,102 847	−0,104 278	−0,482 836	−0,587 114	0,18
0,007 861	0,061 545	−0,090 171	−0,527 485	−0,617 656	0,17
−0,029 860	0,018 067	−0,077 981	−0,572 345	−0,650 326	0,16
−0,070 632	−0,027 684	−0,067 423	−0,616 216	−0,683 639	0,15
−0,114 337	−0,075 692	−0,058 256	−0,657 605	−0,715 861	0,14
−0,160 746	−0,125 817	−0,050 278	−0,694 726	−0,745 004	0,13
−0,209 497	−0,177 772	−0,043 315	−0,725 524	−0,768 839	0,12
−0,260 079	−0,231 112	−0,037 218	−0,747 731	−0,784 949	0,11
−0,311 822	−0,285 219	−0,031 860	−0,758 960	−0,790 819	0,10
−0,363 890	−0,339 307	−0,027 130	−0,756 843	−0,783 973	0,09
−0,415 292	−0,392 424	−0,022 931	−0,739 212	−0,762 143	0,08
−0,464 901	−0,443 474	−0,019 180	−0,704 301	−0,723 481	0,07
−0,511 488	−0,491 259	−0,015 801	−0,650 975	−0,666 776	0,06
−0,553 775	−0,534 523	−0,012 728	−0,578 935	−0,591 663	0,05
−0,590 495	−0,572 018	−0,009 901	−0,488 887	−0,498 788	0,04
−0,620 470	−0,602 581	−0,007 264	−0,382 633	−0,389 896	0,03
−0,642 681	−0,625 203	−0,004 766	−0,263 056	−0,267 822	0,02
−0,656 339	−0,639 106	−0,002 361	−0,133 994	−0,136 355	0,01
−0,660 949	−0,643 796	0,000 000	0,000 000	0,000 000	0,00
$\wp_4(\zeta,\varkappa)$	$\wp_6(\zeta,\varkappa)$	$-\wp_2'(\zeta,\varkappa)$	$-\wp_4'(\zeta,\varkappa)$	$-\wp_6'(\zeta,\varkappa)$	$\zeta = \frac{z}{2K}$

Tafel III

$\sqrt{k} = 0{,}995\,011$	$k = 0{,}990\,046$	$k^2 = 0{,}980\,191$	$\varkappa = 0{,}47$
$\sqrt{k'} = 0{,}375\,158$	$k' = 0{,}140\,743$	$k'^2 = 0{,}019\,809$	
$e_1 = -e_3' = 0{,}339\,936$	$e_2 = -e_2' = 0{,}320\,128$	$e_3 = -e_1' = -0{,}660\,064$	
$g_2 = g_2' = 1{,}307\,445$	$g_3 = -g_3' = -0{,}287\,320$	$g_3/\sqrt{g_2^3} = -0{,}192\,190$	
$\bar{g}_2 = \bar{g}_2' = 0{,}919\,119$	$\bar{g}_3 = -\bar{g}_3' = -0{,}461\,360$	$\bar{g}_3/\sqrt{\bar{g}_2^3} = -0{,}523\,578$	

$\zeta = \frac{z}{2K}$	$\vartheta_1(\zeta, \varkappa)$	$\vartheta_3(\zeta, \varkappa)$	$\frac{\partial \ln \vartheta_1(\zeta, \varkappa)}{\partial \zeta}$	$\frac{\partial \ln \vartheta_3(\zeta, \varkappa)}{\partial \zeta}$	$\mathrm{sn}(\zeta, \varkappa)$
0,00	0,000 000	1,462 298	∞	0,000 000	0,000 000
0,01	0,036 672	1,461 353	100,015 195	−0,129 213	0,067 077
0,02	0,073 360	1,458 524	50,030 125	−0,258 347	0,133 560
0,03	0,110 081	1,453 823	33,377 859	−0,387 320	0,198 873
0,04	0,146 851	1,447 271	25,058 138	−0,516 050	0,262 483
0,05	0,183 682	1,438 897	20,070 710	−0,644 448	0,323 914
0,06	0,220 587	1,428 739	16,748 664	−0,772 421	0,382 757
0,07	0,257 575	1,416 841	14,377 482	−0,899 868	0,438 683
0,08	0,294 654	1,403 258	12,599 798	−1,026 679	0,491 442
0,09	0,331 828	1,388 049	11,216 993	−1,152 734	0,540 867
0,10	0,369 096	1,371 281	10,109 826	−1,277 898	0,586 863
0,11	0,406 456	1,353 027	9,202 363	−1,402 023	0,629 408
0,12	0,443 900	1,333 369	8,443 937	−1,524 943	0,668 539
0,13	0,481 417	1,312 390	7,799 440	−1,646 471	0,704 342
0,14	0,518 990	1,290 184	7,243 770	−1,766 399	0,736 945
0,15	0,556 598	1,266 844	6,758 505	−1,884 490	0,766 505
0,16	0,594 216	1,242 470	6,329 815	−2,000 481	0,793 201
0,17	0,631 812	1,217 168	5,947 121	−2,114 072	0,817 224
0,18	0,669 352	1,191 043	5,602 196	−2,224 928	0,838 773
0,19	0,706 795	1,164 205	5,288 545	−2,332 671	0,858 046
0,20	0,744 095	1,136 766	5,000 982	−2,436 878	0,875 240
0,21	0,781 201	1,108 840	4,735 314	−2,537 071	0,890 544
0,22	0,818 060	1,080 541	4,488 122	−2,632 720	0,904 137
0,23	0,854 612	1,051 983	4,256 595	−2,723 230	0,916 188
0,24	0,890 793	1,023 283	4,038 401	−2,807 941	0,926 854
0,25	0,926 537	0,994 555	3,831 594	−2,886 121	0,936 281
0,26	0,961 771	0,965 913	3,634 543	−2,956 962	0,944 601
0,27	0,996 423	0,937 469	3,445 871	−3,019 577	0,951 935
0,28	1,030 416	0,909 334	3,264 410	−3,072 999	0,958 394
0,29	1,063 671	0,881 617	3,089 169	−3,116 181	0,964 075
0,30	1,096 106	0,854 423	2,919 299	−3,147 997	0,969 067
0,31	1,127 640	0,827 856	2,754 074	−3,167 251	0,973 449
0,32	1,158 191	0,802 015	2,592 870	−3,172 683	0,977 293
0,33	1,187 673	0,776 997	2,435 149	−3,162 992	0,980 661
0,34	1,216 006	0,752 893	2,280 446	−3,136 852	0,983 608
0,35	1,243 107	0,729 791	2,128 360	−3,092 943	0,986 184
0,36	1,268 895	0,707 776	1,978 540	−3,029 989	0,988 432
0,37	1,293 293	0,686 926	1,830 684	−2,946 801	0,990 389
0,38	1,316 223	0,667 315	1,684 525	−2,842 332	0,992 091
0,39	1,337 613	0,649 013	1,539 832	−2,715 737	0,993 565
0,40	1,357 394	0,632 085	1,396 401	−2,566 436	0,994 837
0,41	1,375 501	0,616 588	1,254 053	−2,394 184	0,995 930
0,42	1,391 874	0,602 577	1,112 628	−2,199 138	0,996 861
0,43	1,406 457	0,590 100	0,971 984	−1,981 911	0,997 648
0,44	1,419 199	0,579 200	0,831 996	−1,743 626	0,998 304
0,45	1,430 058	0,569 914	0,692 548	−1,485 939	0,998 841
0,46	1,438 995	0,562 272	0,553 536	−1,211 044	0,999 268
0,47	1,445 980	0,556 302	0,414 863	−0,921 653	0,999 592
0,48	1,450 986	0,552 024	0,276 439	−0,620 937	0,999 820
0,49	1,453 997	0,549 451	0,138 179	−0,312 447	0,999 955
0.50	1,455 002	0,548 592	0,000 000	0,000 000	1,000 000
	$\vartheta_2(\zeta, \varkappa)$	$\vartheta_4(\zeta, \varkappa)$	$-\frac{\partial \ln \vartheta_2(\zeta, \varkappa)}{\partial \zeta}$	$-\frac{\partial \ln \vartheta_4(\zeta, \varkappa)}{\partial \zeta}$	$\mathrm{cd}(\zeta, \varkappa)$

Tafel III

$\varkappa = 0{,}47$			
	$k^2 k'^2 = 0{,}019\,416$	$\eta_1 = -\eta_2' = -0{,}033\,770$	$\eta_1' = -\eta_2 = 0{,}330\,007$
	$\pi/KK' = 0{,}592\,473$	$\bar\eta_1 = -\bar\eta_2' = 0{,}252\,587$	$\bar\eta_1' = -\bar\eta_2 = 0{,}339\,887$
	$K = 3{,}358\,858$	$E = 1{,}028\,367$	$A = 1{,}923\,666$
	$K' = 1{,}578\,663$	$E' = 1{,}562\,988$	$A' = 0{,}031\,193$
	$B = 0{,}981\,270$	$C = 1{,}424\,535$	$D = 2{,}377\,587$

$\mathrm{cn}(\zeta, \varkappa)$	$\mathrm{dn}(\zeta, \varkappa)$	$\mathrm{sc}(\zeta, \varkappa)$	$\overline{\mathrm{sn}}(\zeta, \varkappa)$	$\overline{\mathrm{cn}}(\zeta, \varkappa)$	
1,000 000	1,000 000	0,000 000	∞	0,000 000	0,50
0,997 748	0,997 792	0,067 229	14,841 765	−0,067 080	0,49
0,991 041	0,991 219	0,134 767	7,355 058	−0,133 584	0,48
0,980 025	0,980 425	0,202 926	4,831 435	−0,198 954	0,47
0,964 937	0,965 643	0,272 021	3,549 882	−0,262 676	0,46
0,946 087	0,947 184	0,342 372	2,766 531	−0,324 290	0,45
0,923 849	0,925 418	0,414 307	2,233 652	−0,383 407	0,44
0,898 642	0,900 760	0,488 162	1,845 206	−0,439 717	0,43
0,870 910	0,873 652	0,564 286	1,548 244	−0,492 990	0,42
0,841 108	0,844 546	0,643 040	1,313 364	−0,543 077	0,41
0,809 686	0,813 888	0,724 803	1,122 910	−0,589 909	0,40
0,777 075	0,782 108	0,809 971	0,965 600	−0,633 485	0,39
0,743 677	0,749 606	0,898 964	0,833 856	−0,673 869	0,38
0,709 861	0,716 749	0,992 226	0,722 364	−0,711 177	0,37
0,675 952	0,683 864	1,090 232	0,627 264	−0,745 570	0,36
0,642 238	0,651 236	1,193 491	0,545 656	−0,777 244	0,35
0,608 960	0,619 108	1,302 550	0,475 305	−0,806 420	0,34
0,576 320	0,587 686	1,418 003	0,414 446	−0,833 340	0,33
0,544 482	0,557 132	1,540 497	0,361 658	−0,858 261	0,32
0,513 572	0,527 580	1,670 740	0,315 776	−0,881 449	0,31
0,483 688	0,499 128	1,809 513	0,275 835	−0,903 179	0,30
0,454 897	0,471 849	1,957 681	0,241 024	−0,923 729	0,29
0,427 243	0,445 791	2,116 210	0,210 655	−0,943 388	0,28
0,400 749	0,420 984	2,286 184	0,184 143	−0,962 447	0,27
0,375 422	0,397 440	2,468 831	0,160 983	−0,981 212	0,26
0,351 253	0,375 158	2,665 546	0,140 743	−1,000 000	0,25
0,328 222	0,354 124	2,877 936	0,123 048	−1,019 147	0,24
0,306 299	0,334 320	3,107 858	0,107 572	−1,039 018	0,23
0,285 450	0,315 716	3,357 481	0,094 033	−1,060 010	0,22
0,265 632	0,298 280	3,629 363	0,082 185	−1,082 568	0,21
0,246 799	0,281 978	3,926 546	0,071 813	−1,107 201	0,20
0,228 902	0,266 771	4,252 688	0,062 730	−1,134 495	0,19
0,211 891	0,252 621	4,612 236	0,054 772	−1,165 147	0,18
0,195 715	0,239 487	5,010 663	0,047 796	−1,199 990	0,17
0,180 320	0,227 332	5,454 789	0,041 676	−1,240 049	0,16
0,165 655	0,216 117	5,953 237	0,036 302	−1,286 597	0,15
0,151 668	0,205 806	6,517 084	0,031 579	−1,341 255	0,14
0,138 307	0,196 363	7,160 803	0,027 422	−1,406 120	0,13
0,125 522	0,187 756	7,903 696	0,023 756	−1,483 969	0,12
0,113 264	0,179 954	8,772 089	0,020 514	−1,578 570	0,11
0,101 484	0,172 927	9,802 856	0,017 640	−1,695 178	0,10
0,090 135	0,166 650	11,049 289	0,015 082	−1,841 359	0,09
0,079 170	0,161 098	12,591 373	0,012 794	−2,028 439	0,08
0,068 544	0,156 249	14,554 863	0,010 735	−2,274 188	0,07
0,058 212	0,152 086	17,149 438	0,008 868	−2,608 191	0,06
0,048 131	0,148 591	20,752 651	0,007 160	−3,083 661	0,05
0,038 257	0,145 751	26,119 779	0,005 580	−3,806 977	0,04
0,028 549	0,143 553	35,013 397	0,004 100	−5,026 289	0,03
0,018 964	0,141 990	52,721 641	0,002 693	−7,485 949	0,02
0,009 462	0,141 055	105,686 07	0,001 335	−14,907 510	0,01
0,000 000	0,140 743	∞	0,000 000	−∞	0,00
$k'\,\mathrm{sd}(\zeta, \varkappa)$	$k'\,\mathrm{nd}(\zeta, \varkappa)$	$\frac{1}{k'}\,\mathrm{cs}(\zeta, \varkappa)$	$-\overline{\mathrm{cd}}(\zeta, \varkappa)$	$-\overline{\mathrm{sd}}(\zeta, \varkappa)$	$\zeta = \frac{z}{2K}$

Tafel III. (Fortsetzung)

$\vartheta_1'(0,\varkappa) = 3{,}666\,899$	$\vartheta_1'(0,k) = 0{,}545\,855$	$\vartheta_5'(0,\varkappa) = 12{,}003\,508$
$\vartheta_1'''/\vartheta_1'(\varkappa) = 4{,}571\,945$	$\vartheta_2''/\vartheta_2(\varkappa) = -13{,}816\,557$	$\vartheta_3''/\vartheta_3(\varkappa) = -12{,}922\,638$
$\vartheta_1'''/\vartheta_1'(k) = 0{,}101\,311$	$\vartheta_2''/\vartheta_2(k) = -\ 0{,}306\,166$	$\vartheta_3''/\vartheta_3(k) = -\ 0{,}286\,357$
$\vartheta_1'''''/\vartheta_1'(k) = -0{,}636\,616$	$\vartheta_2''''/\vartheta_2(k) = 0{,}241\,595$	$\vartheta_3''''/\vartheta_3(k) = 0{,}284\,834$

$\varkappa = 0{,}47$

$\zeta = \frac{z}{2K}$	$\overline{\mathrm{dn}}(\zeta,\varkappa)$	$\mathfrak{z}_1(\zeta,\varkappa)$	$\mathfrak{z}_3(\zeta,\varkappa)$	$\mathfrak{z}_5(\zeta,\varkappa)$	$\wp_1(\zeta,\varkappa)$
0,00	0,000 000	∞	0,000 000	∞	∞
0,01	−0,065 746	14,886 007	−0,021 503	14,886 009	221,593 701
0,02	−0,130 890	7,442 954	−0,042 995	7,442 970	55,399 528
0,03	−0,194 854	4,961 827	−0,064 462	4,961 880	24,624 128
0,04	−0,257 096	3,721 084	−0,085 894	3,721 211	13,854 255
0,05	−0,317 130	2,976 386	−0,107 276	2,976 636	8,870 983
0,06	−0,374 539	2,479 597	−0,128 594	2,480 034	6,165 728
0,07	−0,428 982	2,124 354	−0,149 835	2,125 056	4,536 283
0,08	−0,480 196	1,857 459	−0,170 980	1,858 521	3,480 455
0,09	−0,527 995	1,649 346	−0,192 013	1,650 880	2,758 312
0,10	−0,572 268	1,482 264	−0,212 914	1,484 403	2,243 469
0,11	−0,612 970	1,344 910	−0,233 660	1,347 808	1,864 204
0,12	−0,650 113	1,229 742	−0,254 226	1,233 579	1,577 352
0,13	−0,683 755	1,131 534	−0,274 586	1,136 517	1,355 667
0,14	−0,713 991	1,046 548	−0,294 707	1,052 915	1,181 257
0,15	−0,740 941	0,972 043	−0,314 554	0,980 067	1,041 976
0,16	−0,764 744	0,905 959	−0,334 089	0,915 954	0,929 338
0,17	−0,785 545	0,846 723	−0,353 267	0,859 045	0,837 267
0,18	−0,803 489	0,793 109	−0,372 038	0,808 166	0,761 320
0,19	−0,818 719	0,744 150	−0,390 345	0,762 405	0,698 183
0,20	−0,831 365	0,699 075	−0,408 126	0,721 054	0,645 342
0,21	−0,841 544	0,657 259	−0,425 309	0,683 560	0,600 861
0,22	−0,849 354	0,618 193	−0,441 816	0,649 493	0,563 233
0,23	−0,854 875	0,581 460	−0,457 558	0,618 522	0,531 264
0,24	−0,858 164	0,546 710	−0,472 437	0,590 400	0,504 002
0,25	−0,859 257	0,513 657	−0,486 343	0,564 945	0,480 679
0,25	1,140 743	0,513 657	−0,486 343	0,564 945	0,480 679
0,26	1,142 195	0,482 055	−0,499 157	0,542 034	0,460 673
0,27	1,146 590	0,451 701	−0,510 747	0,521 596	0,443 469
0,28	1,154 043	0,422 420	−0,520 968	0,503 599	0,428 646
0,29	1,164 754	0,394 065	−0,529 665	0,488 053	0,415 853
0,30	1,179 014	0,366 509	−0,536 669	0,474 998	0,404 796
0,31	1,197 225	0,339 645	−0,541 804	0,464 504	0,395 230
0,32	1,219 919	0,313 380	−0,544 881	0,456 667	0,386 945
0,33	1,247 786	0,287 633	−0,545 707	0,451 599	0,379 766
0,34	1,281 725	0,262 335	−0,544 085	0,449 429	0,373 544
0,35	1,322 900	0,237 427	−0,539 817	0,450 294	0,368 152
0,36	1,372 834	0,212 856	−0,532 714	0,454 331	0,363 481
0,37	1,433 542	0,188 578	−0,522 599	0,461 673	0,359 438
0,38	1,507 724	0,164 552	−0,509 317	0,472 435	0,355 944
0,39	1,599 085	0,140 744	−0,492 740	0,486 709	0,352 932
0,40	1,712 819	0,117 124	−0,472 784	0,504 551	0,350 343
0,41	1,856 442	0,093 666	−0,449 411	0,525 970	0,348 127
0,42	2,041 234	0,070 345	−0,422 645	0,550 920	0,346 244
0,43	2,284 924	0,047 140	−0,392 577	0,579 288	0,344 657
0,44	2,617 060	0,024 033	−0,359 375	0,610 889	0,343 336
0,45	3,090 821	0,001 006	−0,323 284	0,645 458	0,342 258
0,46	3,812 557	−0,021 956	−0,284 632	0,682 654	0,341 402
0,47	5,030 389	−0,044 868	−0,243 822	0,722 058	0,340 752
0,48	7,488 642	−0,067 742	−0,201 326	0,763 185	0,340 296
0,49	14,908 845	−0,090 592	−0,157 672	0,805 493	0,340 026
0,50	∞	−0,113 430	−0,113 430	0,848 403	0,339 936
	$\overline{\mathrm{sc}}(\zeta,\varkappa)$	$-\mathfrak{z}_2(\zeta,\varkappa)$	$-\mathfrak{z}_4(\zeta,\varkappa)$	$-\mathfrak{z}_6(\zeta,\varkappa)$	$\wp_2(\zeta,\varkappa)$

Tafel III

$\varkappa = 0{,}47$

$\vartheta_5'(0, k) = 1{,}786\,844$	$\vartheta_6(0, k) = 1{,}786\,844$	$\vartheta_{\substack{5\\6}}(\frac{1}{4}, \varkappa) = 2{,}062\,836$
$\vartheta_4''/\vartheta_4(\varkappa) = 31{,}311\,140$	$\vartheta_5'''/\vartheta_5'(\varkappa) = -34{,}195\,967$	$\vartheta_6''/\vartheta_6(\varkappa) = 17{,}494\,583$
$\vartheta_4''/\vartheta_4(k) = 0{,}693\,834$	$\vartheta_5'''/\vartheta_5'(k) = -\ 0{,}757\,760$	$\vartheta_6''/\vartheta_6(k) = 0{,}387\,668$
$\vartheta_4''''/\vartheta_4(k) = -0{,}516\,165$	$\vartheta_5'''''/\vartheta_5'(k) = 0{,}497\,441$	$\vartheta_6''''/\vartheta_6(k) = -1{,}549\,140$

$\wp_3(\zeta, \varkappa)$	$\wp_5(\zeta, \varkappa)$	$\wp_1'(\zeta, \varkappa)$	$\wp_3'(\zeta, \varkappa)$	$\wp_5'(\zeta, \varkappa)$	
0,320 128	∞	$-\infty$	0,000 000	$-\infty$	0,50
0,320 040	221,593 613	−6597,276 23	−0,002 616	−6597,278 84	0,49
0,319 775	55,399 176	−824,643 158	−0,005 278	−824,648 435	0,48
0,319 329	24,623 329	−244,317 873	−0,008 031	−244,325 904	0,47
0,318 693	13,852 820	−103,048 230	−0,010 923	−103,059 154	0,46
0,317 857	8,868 712	−52,735 884	−0,014 004	−52,749 888	0,45
0,316 806	6,162 406	−30,492 887	−0,017 326	−30,510 213	0,44
0,315 522	4,531 678	−19,176 664	−0,020 946	−19,197 611	0,43
0,313 984	3,474 311	−12,821 064	−0,024 924	−12,845 988	0,42
0,312 164	2,750 349	−8,979 148	−0,029 327	−9,008 475	0,41
0,310 032	2,233 374	−6,520 813	−0,034 226	−6,555 039	0,40
0,307 553	1,851 629	−4,874 866	−0,039 700	−4,914 566	0,39
0,304 684	1,561 908	−3,731 363	−0,045 836	−3,777 199	0,38
0,301 378	1,336 917	−2,912 185	−0,052 729	−2,964 914	0,37
0,297 580	1,158 710	−2,309 989	−0,060 484	−2,370 473	0,36
0,293 230	1,015 078	−1,857 456	−0,069 214	−1,926 670	0,35
0,288 256	0,897 466	−1,510 900	−0,079 044	−1,589 944	0,34
0,282 582	0,799 722	−1,241 125	−0,090 109	−1,331 234	0,33
0,276 119	0,717 312	−1,028 109	−0,102 553	−1,130 662	0,32
0,268 769	0,646 825	−0,857 804	−0,116 532	−0,974 335	0,31
0,260 424	0,585 638	−0,720 154	−0,132 207	−0,852 361	0,30
0,250 965	0,531 699	−0,607 827	−0,149 746	−0,757 573	0,29
0,240 260	0,483 365	−0,515 388	−0,169 321	−0,684 709	0,28
0,228 167	0,439 303	−0,438 749	−0,191 098	−0,629 847	0,27
0,214 532	0,398 406	−0,374 790	−0,215 235	−0,590 024	0,26
0,199 193	0,359 745	−0,321 104	−0,241 869	−0,562 973	0,25
0,199 193	0,359 745	−0,321 104	−0,241 869	−0,562 973	0,25
0,181 978	0,322 523	−0,275 809	−0,271 109	−0,546 918	0,24
0,162 709	0,286 050	−0,237 419	−0,303 015	−0,540 434	0,23
0,141 207	0,249 725	−0,204 750	−0,337 584	−0,542 334	0,22
0,117 295	0,213 021	−0,176 849	−0,374 725	−0,551 574	0,21
0,090 808	0,175 476	−0,152 942	−0,414 234	−0,567 176	0,20
0,061 596	0,136 698	−0,132 397	−0,455 766	−0,588 163	0,19
0,029 540	0,096 357	−0,114 693	−0,498 801	−0,613 494	0,18
−0,005 438	0,054 201	−0,099 398	−0,542 614	−0,642 012	0,17
−0,043 359	0,010 058	−0,086 153	−0,586 246	−0,672 398	0,16
−0,084 172	−0,036 147	−0,074 654	−0,628 478	−0,703 132	0,15
−0,127 733	−0,084 380	−0,064 646	−0,667 824	−0,732 470	0,14
−0,173 793	−0,134 482	−0,055 914	−0,702 530	−0,758 443	0,13
−0,221 973	−0,186 156	−0,048 272	−0,730 609	−0,778 881	0,12
−0,271 757	−0,238 952	−0,041 562	−0,749 899	−0,791 461	0,11
−0,322 478	−0,292 263	−0,035 648	−0,758 157	−0,793 805	0,10
−0,373 322	−0,345 322	−0,030 412	−0,753 193	−0,783 605	0,09
−0,423 332	−0,397 216	−0,025 750	−0,733 036	−0,758 786	0,08
−0,471 433	−0,446 904	−0,021 572	−0,696 126	−0,717 697	0,07
−0,516 463	−0,493 254	−0,017 797	−0,641 510	−0,659 307	0,06
−0,557 222	−0,535 091	−0,014 353	−0,569 031	−0,583 384	0,05
−0,592 531	−0,571 257	−0,011 177	−0,479 466	−0,490 643	0,04
−0,621 297	−0,600 672	−0,008 207	−0,374 600	−0,382 807	0,03
−0,642 579	−0,622 411	−0,005 388	−0,257 204	−0,262 592	0,02
−0,655 654	−0,635 755	−0,002 670	−0,130 911	−0,133 581	0,01
−0,660 064	−0,640 255	0,000 000	0,000 000	0,000 000	0,00
$\wp_4(\zeta, \varkappa)$	$\wp_6(\zeta, \varkappa)$	$-\wp_2'(\zeta, \varkappa)$	$-\wp_4'(\zeta, \varkappa)$	$-\wp_6'(\zeta, \varkappa)$	$\zeta = \frac{z}{2K}$

Tafel III

$\sqrt{k} = 0{,}994\,267$	$k = 0{,}988\,567$	$k^2 = 0{,}977\,265$
$\sqrt{k'} = 0{,}388\,304$	$k' = 0{,}150\,780$	$k'^2 = 0{,}022\,735$
$e_1 = -e_3' = 0{,}340\,912$	$e_2 = -e_2' = 0{,}318\,177$	$e_3 = -e_1' = -0{,}659\,088$
$g_2 = g_2' = 1{,}303\,710$	$g_3 = -g_3' = -0{,}285\,966$	$g_3/\sqrt{g_2^3} = -0{,}192\,107$
$\bar{g}_2 = \bar{g}_2' = 0{,}859\,356$	$\bar{g}_3 = -\bar{g}_3' = -0{,}483\,902$	$\bar{g}_3/\sqrt{\bar{g}_2^3} = -0{,}607\,432$

$\varkappa = 0{,}48$

$\zeta = \frac{z}{2K}$	$\vartheta_1(\zeta,\varkappa)$	$\vartheta_3(\zeta,\varkappa)$	$\frac{\partial \ln \vartheta_1(\zeta,\varkappa)}{\partial \zeta}$	$\frac{\partial \ln \vartheta_3(\zeta,\varkappa)}{\partial \zeta}$	$\operatorname{sn}(\zeta,\varkappa)$
0,00	0,000 000	1,447 525	∞	0,000 000	0,000 000
0,01	0,036 790	1,446 613	100,011 842	−0,125 974	0,065 733
0,02	0,073 593	1,443 883	50,023 439	−0,251 865	0,130 906
0,03	0,110 421	1,439 345	33,367 884	−0,377 586	0,194 981
0,04	0,147 287	1,433 021	25,044 936	−0,503 051	0,257 451
0,05	0,184 200	1,424 938	20,054 365	−0,628 167	0,317 866
0,06	0,221 170	1,415 132	16,729 277	−0,752 835	0,375 835
0,07	0,258 202	1,403 647	14,355 173	−0,876 951	0,431 040
0,08	0,295 302	1,390 532	12,574 703	−1,000 401	0,483 237
0,09	0,332 469	1,375 845	11,189 261	−1,123 058	0,532 255
0,10	0,369 702	1,359 651	10,079 622	−1,244 786	0,577 995
0,11	0,406 995	1,342 020	9,169 860	−1,365 431	0,620 423
0,12	0,444 340	1,323 029	8,409 321	−1,484 822	0,659 562
0,13	0,481 722	1,302 759	7,762 902	−1,602 770	0,695 483
0,14	0,519 125	1,281 298	7,205 509	−1,719 061	0,728 297
0,15	0,556 525	1,258 738	6,718 722	−1,833 458	0,758 145
0,16	0,593 898	1,235 174	6,288 716	−1,945 692	0,785 189
0,17	0,631 211	1,210 706	5,904 912	−2,055 464	0,809 606
0,18	0,668 430	1,185 438	5,559 081	−2,162 438	0,831 582
0,19	0,705 514	1,159 473	5,244 729	−2,266 237	0,851 302
0,20	0,742 419	1,132 921	4,956 664	−2,366 439	0,868 954
0,21	0,779 096	1,105 890	4,690 691	−2,462 575	0,884 716
0,22	0,815 491	1,078 491	4,443 385	−2,554 119	0,898 763
0,23	0,851 547	1,050 835	4,211 929	−2,640 490	0,911 258
0,24	0,887 203	1,023 034	3,993 985	−2,721 044	0,922 352
0,25	0,922 394	0,995 198	3,787 600	−2,795 067	0,932 189
0,26	0,957 053	0,967 438	3,591 135	−2,861 780	0,940 898
0,27	0,991 108	0,939 862	3,403 205	−2,920 329	0,948 600
0,28	1,024 487	0,912 579	3,222 635	−2,969 789	0,955 403
0,29	1,057 114	0,885 694	3,048 424	−3,009 161	0,961 405
0,30	1,088 912	0,859 309	2,879 715	−3,037 382	0,966 696
0,31	1,119 803	0,833 526	2,715 776	−3,053 324	0,971 354
0,32	1,149 708	0,808 440	2,555 972	−3,055 813	0,975 451
0,33	1,178 549	0,784 147	2,399 759	−3,043 640	0,979 052
0,34	1,206 247	0,760 737	2,246 664	−3,015 585	0,982 211
0,35	1,232 724	0,738 294	2,096 277	−2,970 443	0,984 980
0,36	1,257 904	0,716 902	1,948 242	−2,907 063	0,987 402
0,37	1,281 713	0,696 638	1,802 247	−2,824 384	0,989 518
0,38	1,304 080	0,677 574	1,658 020	−2,721 491	0,991 361
0,39	1,324 935	0,659 779	1,515 323	−2,597 664	0,992 961
0,40	1,344 213	0,643 317	1,373 945	−2,452 437	0,994 346
0,41	1,361 853	0,628 244	1,233 702	−2,285 660	0,995 537
0,42	1,377 797	0,614 614	1,094 427	−2,097 557	0,996 555
0,43	1,391 994	0,602 475	0,955 974	−1,888 771	0,997 416
0,44	1,404 396	0,591 869	0,818 210	−1,660 410	0,998 135
0,45	1,414 963	0,582 831	0,681 016	−1,414 062	0,998 725
0,46	1,423 658	0,575 395	0,544 282	−1,151 802	0,999 194
0,47	1,430 452	0,569 584	0,407 906	−0,876 163	0,999 551
0,48	1,435 321	0,565 420	0,271 793	−0,590 091	0,999 802
0,49	1,438 249	0,562 915	0,135 854	−0,296 865	0,999 951
0,50	1,439 227	0,562 079	0,000 000	0,000 000	1,000 000
	$\vartheta_2(\zeta,\varkappa)$	$\vartheta_4(\zeta,\varkappa)$	$-\frac{\partial \ln \vartheta_2(\zeta,\varkappa)}{\partial \zeta}$	$-\frac{\partial \ln \vartheta_4(\zeta,\varkappa)}{\partial \zeta}$	$\operatorname{cd}(\zeta,\varkappa)$

Tafel III

$\varkappa = 0{,}48$

$k^2 k'^2 = 0{,}022\,218$	$\eta_1 = -\eta_2' = -0{,}027\,423$	$\eta_1' = -\eta_2 = 0{,}329\,512$
$\pi/KK' = 0{,}604\,178$	$\bar\eta_1 = -\bar\eta_2' = 0{,}263\,332$	$\bar\eta_1' = -\bar\eta_2 = 0{,}340\,846$
$K = 3{,}291\,334$	$E = 1{,}031\,797$	$A = 1{,}913\,939$
$K' = 1{,}579\,840$	$E' = 1{,}561\,830$	$A' = 0{,}035\,814$
$B = 0{,}979\,232$	$C = 1{,}363\,877$	$D = 2{,}312\,102$

$\mathrm{cn}(\zeta, \varkappa)$	$\mathrm{dn}(\zeta, \varkappa)$	$\mathrm{sc}(\zeta, \varkappa)$	$\overline{\mathrm{sn}}(\zeta, \varkappa)$	$\overline{\mathrm{cn}}(\zeta, \varkappa)$	
1,000 000	1,000 000	0,000 000	∞	0,000 000	0,50
0,997 837	0,997 886	0,065 875	15,148 111	−0,065 736	0,49
0,991 395	0,991 591	0,132 043	7,509 622	−0,130 932	0,48
0,980 807	0,981 248	0,198 796	4,935 950	−0,195 068	0,47
0,966 291	0,967 071	0,266 432	3,629 704	−0,257 659	0,46
0,948 136	0,949 346	0,335 254	2,831 725	−0,318 272	0,45
0,926 686	0,928 418	0,405 569	2,289 173	−0,376 537	0,44
0,902 333	0,904 670	0,477 695	1,893 822	−0,432 157	0,43
0,875 490	0,878 516	0,551 962	1,591 626	−0,484 907	0,42
0,846 584	0,850 380	0,628 708	1,352 583	−0,534 641	0,41
0,816 041	0,820 681	0,708 291	1,158 677	−0,581 281	0,40
0,784 268	0,789 827	0,791 085	0,998 409	−0,624 821	0,39
0,751 650	0,758 201	0,877 485	0,864 062	−0,665 310	0,38
0,718 542	0,726 154	0,967 908	0,750 231	−0,702 851	0,37
0,685 261	0,694 004	1,062 802	0,652 995	−0,737 589	0,36
0,652 086	0,662 030	1,162 646	0,569 416	−0,769 706	0,35
0,619 256	0,630 472	1,267 956	0,497 235	−0,799 410	0,34
0,586 973	0,599 533	1,379 290	0,434 667	−0,826 929	0,33
0,555 403	0,569 380	1,497 259	0,380 282	−0,852 509	0,32
0,524 676	0,540 149	1,622 530	0,332 905	−0,876 408	0,31
0,494 893	0,511 943	1,755 840	0,291 566	−0,898 890	0,30
0,466 130	0,484 842	1,898 006	0,255 448	−0,920 233	0,29
0,438 434	0,458 900	2,049 939	0,223 860	−0,940 716	0,28
0,411 837	0,434 152	2,212 666	0,196 212	−0,960 634	0,27
0,386 350	0,410 619	2,387 346	0,171 998	−0,980 289	0,26
0,361 972	0,388 304	2,575 304	0,150 780	−1,000 000	0,25
0,338 689	0,367 202	2,778 059	0,132 179	−1,020 107	0,24
0,316 477	0,347 297	2,997 374	0,115 867	−1,040 979	0,23
0,295 305	0,328 568	3,235 310	0,101 557	−1,063 020	0,22
0,275 136	0,310 988	3,494 293	0,088 999	−1,086 682	0,21
0,255 928	0,294 524	3,777 217	0,077 974	−1,112 483	0,20
0,237 637	0,279 145	4,087 559	0,068 291	−1,141 022	0,19
0,220 214	0,264 814	4,429 554	0,059 783	−1,173 008	0,18
0,203 612	0,251 496	4,808 408	0,052 303	−1,209 293	0,17
0,187 781	0,239 154	5,230 616	0,045 722	−1,250 923	0,16
0,172 670	0,227 754	5,704 392	0,039 926	−1,299 197	0,15
0,158 230	0,217 261	6,240 284	0,034 816	−1,355 768	0,14
0,144 411	0,207 642	6,852 085	0,030 303	−1,422 778	0,13
0,131 164	0,198 865	7,558 182	0,026 311	−1,503 060	0,12
0,118 440	0,190 902	8,383 657	0,022 771	−1,600 459	0,11
0,106 192	0,183 725	9,363 643	0,019 621	−1,720 337	0,10
0,094 373	0,177 309	10,548 914	0,016 808	−1,870 415	0,09
0,082 938	0,171 630	12,015 670	0,014 284	−2,062 250	0,08
0,071 841	0,166 668	13,883 716	0,012 005	−2,313 974	0,07
0,061 038	0,162 405	16,352 803	0,009 931	−2,655 779	0,06
0,050 485	0,158 825	19,782 596	0,008 029	−3,141 968	0,05
0,040 140	0,155 914	24,892 577	0,006 263	−3,881 099	0,04
0,029 961	0,153 661	33,361 767	0,004 606	−5,126 413	0,03
0,019 905	0,152 058	50,227 587	0,003 027	−7,637 527	0,02
0,009 932	0,151 099	100,677 91	0,001 501	−15,212 346	0,01
0,000 000	0,150 780	∞	0,000 000	−∞	0,00
$k'\,\mathrm{sd}(\zeta, \varkappa)$	$k'\,\mathrm{nd}(\zeta, \varkappa)$	$\frac{1}{k'}\,\mathrm{cs}(\zeta, \varkappa)$	$-\overline{\mathrm{cd}}(\zeta, \varkappa)$	$-\overline{\mathrm{sd}}(\zeta, \varkappa)$	$\zeta = \frac{z}{2K}$

Tafel III. (Fortsetzung)

$\vartheta_1'(0,\varkappa) = 3{,}678\,770$ $\quad \vartheta_1'(0,k) = 0{,}558\,857$ $\quad \vartheta_5'(0,\varkappa) = 11{,}841\,188$

$\vartheta_1'''/\vartheta_1'(\varkappa) = 3{,}564\,793$ $\quad \vartheta_2''/\vartheta_2(\varkappa) = -13{,}583\,946$ $\quad \vartheta_3''/\vartheta_3(\varkappa) = -12{,}598\,824$

$\vartheta_1'''/\vartheta_1'(k) = 0{,}082\,268$ $\quad \vartheta_2''/\vartheta_2(k) = -0{,}313\,489$ $\quad \vartheta_3''/\vartheta_3(k) = -0{,}290\,754$

$\vartheta_1'''''/\vartheta_1'(k) = -0{,}640\,575$ $\quad \vartheta_2''''/\vartheta_2(k) = 0{,}249\,357$ $\quad \vartheta_3''''/\vartheta_3(k) = 0{,}298\,050$

$\varkappa = 0{,}48$

$\zeta = \frac{z}{2K}$	$\overline{\mathrm{dn}}(\zeta,\varkappa)$	$\mathfrak{z}_1(\zeta,\varkappa)$	$\mathfrak{z}_3(\zeta,\varkappa)$	$\mathfrak{z}_5(\zeta,\varkappa)$	$\wp_1(\zeta,\varkappa)$
0,00	0,000 000	∞	0,000 000	∞	∞
0,01	−0,064 235	15,191 404	−0,020 942	15,191 406	230,779 226
0,02	−0,127 905	7,595 656	−0,041 872	7,595 673	57,695 863
0,03	−0,190 462	5,063 637	−0,062 776	5,063 694	25,644 631
0,04	−0,251 395	3,797 458	−0,083 641	3,797 595	14,428 155
0,05	−0,310 243	3,037 515	−0,104 453	3,037 785	9,238 101
0,06	−0,366 606	2,530 582	−0,125 197	2,531 052	6,420 451
0,07	−0,420 152	2,168 117	−0,145 857	2,168 872	4,723 168
0,08	−0,470 624	1,895 833	−0,166 416	1,896 974	3,623 242
0,09	−0,517 832	1,683 560	−0,186 855	1,685 206	2,870 802
0,10	−0,561 660	1,513 185	−0,207 152	1,515 479	2,334 227
0,11	−0,602 050	1,373 175	−0,227 285	1,376 280	1,938 825
0,12	−0,638 998	1,255 833	−0,247 227	1,259 940	1,639 648
0,13	−0,672 547	1,155 827	−0,266 950	1,161 156	1,408 323
0,14	−0,702 773	1,069 347	−0,286 422	1,076 148	1,226 221
0,15	−0,729 780	0,993 592	−0,305 605	1,002 154	1,080 695
0,16	−0,753 688	0,926 462	−0,324 460	0,937 115	0,962 914
0,17	−0,774 626	0,866 352	−0,342 941	0,879 468	0,866 552
0,18	−0,792 726	0,812 010	−0,360 997	0,828 014	0,786 985
0,19	−0,808 116	0,762 451	−0,378 571	0,781 826	0,720 764
0,20	−0,820 917	0,716 884	−0,395 598	0,740 177	0,665 274
0,21	−0,831 234	0,674 674	−0,412 008	0,702 501	0,618 502
0,22	−0,839 159	0,635 300	−0,427 720	0,668 360	0,578 879
0,23	−0,844 767	0,598 333	−0,442 646	0,637 411	0,545 164
0,24	−0,848 110	0,563 419	−0,456 688	0,609 400	0,516 368
0,25	−0,849 220	0,530 261	−0,469 739	0,584 136	0,491 691
0,25	1,150 780	0,530 261	−0,469 739	0,584 136	0,491 691
0,26	1,152 287	0,498 610	−0,481 678	0,561 490	0,470 485
0,27	1,156 846	0,468 256	−0,492 378	0,541 380	0,452 217
0,28	1,164 577	0,439 020	−0,501 697	0,523 770	0,436 448
0,29	1,175 681	0,410 749	−0,509 483	0,508 658	0,422 811
0,30	1,190 456	0,383 315	−0,515 575	0,496 076	0,411 002
0,31	1,209 313	0,356 605	−0,519 802	0,486 083	0,400 763
0,32	1,232 791	0,330 524	−0,521 986	0,478 763	0,391 877
0,33	1,261 597	0,304 988	−0,521 942	0,474 216	0,384 163
0,34	1,296 645	0,279 925	−0,519 485	0,472 555	0,377 462
0,35	1,339 123	0,255 274	−0,514 432	0,473 901	0,371 643
0,36	1,390 584	0,230 980	−0,506 609	0,478 375	0,366 591
0,37	1,453 081	0,206 996	−0,495 854	0,486 090	0,362 210
0,38	1,529 371	0,183 281	−0,482 028	0,497 145	0,358 417
0,39	1,623 230	0,159 798	−0,465 022	0,511 613	0,355 139
0,40	1,739 958	0,136 516	−0,444 765	0,529 532	0,352 317
0,41	1,887 223	0,113 406	−0,421 235	0,550 897	0,349 898
0,42	2,076 533	0,090 443	−0,394 464	0,575 649	0,347 838
0,43	2,325 979	0,067 605	−0,364 552	0,603 668	0,346 099
0,44	2,665 711	0,044 871	−0,331 666	0,634 765	0,344 651
0,45	3,149 997	0,022 225	−0,296 047	0,668 681	0,343 467
0,46	3,887 363	−0,000 352	−0,258 011	0,705 085	0,342 525
0,47	5,131 018	−0,022 875	−0,217 943	0,743 575	0,341 810
0,48	7,640 555	−0,045 358	−0,176 290	0,783 690	0,341 308
0,49	15,213 847	−0,067 814	−0,133 550	0,824 918	0,341 010
0,50	∞	−0,090 257	−0,090 257	0,866 712	0,340 912
	$\overline{\mathrm{sc}}(\zeta,\varkappa)$	$-\mathfrak{z}_2(\zeta,\varkappa)$	$-\mathfrak{z}_4(\zeta,\varkappa)$	$-\mathfrak{z}_6(\zeta,\varkappa)$	$\wp_2(\zeta,\varkappa)$

Tafel III

$\varkappa = 0{,}48$

$\vartheta_5'(0, k) = 1{,}798\,843$	$\vartheta_6(0, k) = 1{,}798\,843$	$\vartheta_{\substack{5\\6}}(\tfrac{1}{4}, \varkappa) = 2{,}041\,233$
$\vartheta_4''/\vartheta_4(\varkappa) = 29{,}747\,563$	$\vartheta_5'''/\vartheta_5'(\varkappa) = -34{,}231\,680$	$\vartheta_6''/\vartheta_6(\varkappa) = 16{,}163\,617$
$\vartheta_4''/\vartheta_4(k) = 0{,}686\,511$	$\vartheta_5'''/\vartheta_5'(k) = -\ 0{,}789\,995$	$\vartheta_6''/\vartheta_6(k) = 0{,}373\,022$
$\vartheta_4''''/\vartheta_4(k) = -0{,}540\,638$	$\vartheta_5'''''/\vartheta_5'(k) = 0{,}610\,476$	$\vartheta_6''''/\vartheta_6(k) = -1{,}582\,563$

$\wp_3(\zeta, \varkappa)$	$\wp_5(\zeta, \varkappa)$	$\wp_1'(\zeta, \varkappa)$	$\wp_3'(\zeta, \varkappa)$	$\wp_5'(\zeta, \varkappa)$	
0,318 177	∞	− ∞	0,000 000	− ∞	0,50
0,318 081	230,779 129	−7011,706 60	−0,002 933	−7011,709 54	0,49
0,317 790	57,695 475	−876,447 326	−0,005 915	−876,453 241	0,48
0,317 300	25,643 754	−259,667 721	−0,008 994	−259,676 715	0,47
0,316 602	14,426 580	−109,524 457	−0,012 222	−109,536 680	0,46
0,315 686	9,235 610	−56,052 236	−0,015 652	−56,067 888	0,45
0,314 536	6,416 811	−32,412 590	−0,019 339	−32,431 929	0,44
0,313 133	4,718 124	−20,386 072	−0,023 342	−20,409 414	0,43
0,311 455	3,616 520	−13,631 739	−0,027 726	−13,659 465	0,42
0,309 473	2,862 098	−9,548 938	−0,032 560	−9,581 497	0,41
0,307 157	2,323 206	−6,936 571	−0,037 918	−6,974 489	0,40
0,304 468	1,925 116	−5,187 563	−0,043 882	−5,231 445	0,39
0,301 364	1,622 835	−3,972 499	−0,050 541	−4,023 041	0,38
0,297 796	1,387 942	−3,102 070	−0,057 994	−3,160 064	0,37
0,293 709	1,201 753	−2,462 194	−0,066 345	−2,528 539	0,36
0,289 040	1,051 558	−1,981 323	−0,075 710	−2,057 033	0,35
0,283 717	0,928 454	−1,613 032	−0,086 214	−1,699 245	0,34
0,277 661	0,826 037	−1,326 293	−0,097 990	−1,424 283	0,33
0,270 785	0,739 593	−1,099 830	−0,111 182	−1,211 012	0,32
0,262 990	0,665 576	−0,918 720	−0,125 940	−1,044 660	0,31
0,254 167	0,601 264	−0,772 278	−0,142 420	−0,914 698	0,30
0,244 198	0,544 524	−0,652 716	−0,160 783	−0,813 499	0,29
0,232 955	0,493 657	−0,554 263	−0,181 186	−0,735 449	0,28
0,220 296	0,447 284	−0,472 578	−0,203 783	−0,676 362	0,27
0,206 075	0,404 265	−0,404 352	−0,228 713	−0,633 065	0,26
0,190 132	0,363 646	−0,347 029	−0,256 090	−0,603 119	0,25
0,190 132	0,363 646	−0,347 029	−0,256 090	−0,603 119	0,25
0,172 304	0,324 612	−0,298 612	−0,285 996	−0,584 608	0,24
0,152 423	0,286 464	−0,257 528	−0,318 457	−0,575 985	0,23
0,130 323	0,248 593	−0,222 519	−0,353 435	−0,575 954	0,22
0,105 840	0,210 474	−0,192 575	−0,390 799	−0,583 374	0,21
0,078 826	0,171 650	−0,166 878	−0,430 301	−0,597 180	0,20
0,049 151	0,131 736	−0,144 757	−0,471 553	−0,616 310	0,19
0,016 718	0,090 418	−0,125 661	−0,513 993	−0,639 654	0,18
−0,018 528	0,047 458	−0,109 131	−0,556 862	−0,665 993	0,17
−0,056 583	0,002 702	−0,094 786	−0,599 173	−0,693 960	0,16
−0,097 372	−0,043 906	−0,082 306	−0,639 701	−0,722 007	0,15
−0,140 730	−0,092 316	−0,071 420	−0,676 970	−0,748 390	0,14
−0,186 388	−0,142 355	−0,061 898	−0,709 268	−0,771 166	0,13
−0,233 957	−0,193 717	−0,053 544	−0,734 680	−0,788 223	0,12
−0,282 915	−0,245 953	−0,046 189	−0,751 150	−0,797 339	0,11
−0,332 606	−0,298 466	−0,039 690	−0,756 576	−0,796 266	0,10
−0,382 234	−0,350 513	−0,033 919	−0,748 937	−0,782 855	0,09
−0,430 880	−0,401 219	−0,028 766	−0,726 446	−0,755 212	0,08
−0,477 517	−0,449 594	−0,024 134	−0,687 729	−0,711 863	0,07
−0,521 048	−0,494 574	−0,019 937	−0,631 999	−0,651 936	0,06
−0,560 347	−0,535 057	−0,016 098	−0,559 219	−0,575 317	0,05
−0,594 314	−0,569 966	−0,012 547	−0,470 223	−0,482 770	0,04
−0,621 935	−0,598 302	−0,009 220	−0,366 772	−0,375 992	0,03
−0,642 342	−0,619 211	−0,006 057	−0,251 526	−0,257 583	0,02
−0,654 866	−0,632 033	−0,003 002	−0,127 928	−0,130 930	0,01
−0,659 088	−0,636 354	0,000 000	0,000 000	0,000 000	0,00
$\wp_4(\zeta, \varkappa)$	$\wp_6(\zeta, \varkappa)$	$-\wp_2'(\zeta, \varkappa)$	$-\wp_4'(\zeta, \varkappa)$	$-\wp_6'(\zeta, \varkappa)$	$\zeta = \dfrac{z}{2K}$

Tafel III

$\sqrt{k} = 0{,}993\,451$ $\quad k = 0{,}986\,944$ $\quad k^2 = 0{,}974\,059$ $\quad \boxed{\varkappa = 0{,}49}$

$\sqrt{k'} = 0{,}401\,325$ $\quad k' = 0{,}161\,062$ $\quad k'^2 = 0{,}025\,941$

$e_1 = -e_3' = 0{,}341\,980$ $\quad e_2 = -e_2' = 0{,}316\,039$ $\quad e_3 = -e_1' = -0{,}658\,020$

$g_2 = g_2' = 1{,}299\,643$ $\quad g_3 = -g_3' = -0{,}284\,473$ $\quad g_3/\sqrt{g_2^3} = -0{,}192\,002$

$\bar{g}_2 = \bar{g}_2' = 0{,}794\,283$ $\quad \bar{g}_3 = -\bar{g}_3' = -0{,}508\,072$ $\quad \bar{g}_3/\sqrt{\bar{g}_2^3} = -0{,}717\,732$

$\zeta = \frac{z}{2K}$	$\vartheta_1(\zeta,\varkappa)$	$\vartheta_3(\zeta,\varkappa)$	$\frac{\partial \ln \vartheta_1(\zeta,\varkappa)}{\partial \zeta}$	$\frac{\partial \ln \vartheta_3(\zeta,\varkappa)}{\partial \zeta}$	$\mathrm{sn}(\zeta,\varkappa)$
0,00	0,000 000	1,433 265	∞	0,000 000	0,000 000
0,01	0,036 880	1,432 385	100,008 746	−0,122 829	0,064 448
0,02	0,073 770	1,429 749	50,017 267	−0,245 571	0,128 369
0,03	0,110 678	1,425 368	33,358 673	−0,368 135	0,191 255
0,04	0,147 614	1,419 262	25,032 744	−0,490 429	0,252 630
0,05	0,184 584	1,411 457	20,039 267	−0,612 357	0,312 063
0,06	0,221 594	1,401 988	16,711 365	−0,733 817	0,369 182
0,07	0,258 647	1,390 896	14,334 553	−0,854 699	0,423 680
0,08	0,295 746	1,378 229	12,551 500	−0,974 885	0,475 317
0,09	0,332 887	1,364 043	11,163 611	−1,094 245	0,523 923
0,10	0,370 068	1,348 399	10,051 672	−1,212 637	0,569 393
0,11	0,407 280	1,331 364	9,139 770	−1,329 904	0,611 685
0,12	0,444 513	1,313 013	8,377 257	−1,445 873	0,650 808
0,13	0,481 751	1,293 422	7,729 041	−1,560 348	0,686 820
0,14	0,518 975	1,272 677	7,170 031	−1,673 116	0,719 817
0,15	0,556 164	1,250 866	6,681 812	−1,783 934	0,749 923
0,16	0,593 289	1,228 080	6,250 561	−1,892 533	0,777 287
0,17	0,630 320	1,204 415	5,865 701	−1,998 613	0,802 071
0,18	0,667 222	1,179 970	5,519 004	−2,101 837	0,824 447
0,19	0,703 954	1,154 847	5,203 973	−2,201 832	0,844 592
0,20	0,740 474	1,129 149	4,915 415	−2,298 179	0,862 681
0,21	0,776 732	1,102 982	4,649 130	−2,390 414	0,878 886
0,22	0,812 679	1,076 453	4,401 692	−2,478 022	0,893 373
0,23	0,848 257	1,049 669	4,170 276	−2,560 433	0,906 299
0,24	0,883 408	1,022 737	3,952 538	−2,637 020	0,917 812
0,25	0,918 069	0,995 765	3,746 521	−2,707 090	0,928 052
0,26	0,952 177	0,968 860	3,550 577	−2,769 892	0,937 146
0,27	0,985 662	0,942 127	3,363 316	−2,824 605	0,945 212
0,28	1,018 455	0,915 672	3,183 555	−2,870 344	0,952 358
0,29	1,050 484	0,889 595	3,010 285	−2,906 162	0,958 682
0,30	1,081 675	0,863 998	2,842 644	−2,931 052	0,964 271
0,31	1,111 955	0,838 979	2,679 888	−2,943 957	0,969 207
0,32	1,141 249	0,814 631	2,521 379	−2,943 778	0,973 561
0,33	1,169 481	0,791 047	2,366 563	−2,929 397	0,977 396
0,34	1,196 577	0,768 314	2,214 961	−2,899 692	0,980 772
0,35	1,222 464	0,746 517	2,066 155	−2,853 564	0,983 737
0,36	1,247 069	0,725 735	1,919 783	−2,789 977	0,986 338
0,37	1,270 323	0,706 046	1,775 525	−2,707 987	0,988 616
0,38	1,292 157	0,687 519	1,633 105	−2,606 796	0,990 604
0,39	1,312 506	0,670 223	1,492 276	−2,485 794	0,992 335
0,40	1,331 309	0,654 218	1,352 822	−2,344 616	0,993 835
0,41	1,348 508	0,639 563	1,214 553	−2,183 194	0,995 128
0,42	1,364 049	0,626 309	1,077 297	−2,001 803	0,996 236
0,43	1,377 882	0,614 503	0,940 902	−1,801 109	0,997 174
0,44	1,389 964	0,604 186	0,805 230	−1,582 197	0,997 959
0,45	1,400 255	0,595 395	0,670 156	−1,346 591	0,998 604
0,46	1,408 722	0,588 160	0,535 566	−1,096 249	0,999 117
0,47	1,415 336	0,582 507	0,401 352	−0,833 543	0,999 508
0,48	1,420 076	0,578 455	0,267 417	−0,561 209	0,999 783
0,49	1,422 927	0,576 018	0,133 663	−0,282 281	0,999 946
0,50	1,423 878	0,575 205	0,000 000	0,000 000	1,000 000
	$\vartheta_2(\zeta,\varkappa)$	$\vartheta_4(\zeta,\varkappa)$	$-\frac{\partial \ln \vartheta_2(\zeta,\varkappa)}{\partial \zeta}$	$-\frac{\partial \ln \vartheta_4(\zeta,\varkappa)}{\partial \zeta}$	$\mathrm{cd}(\zeta,\varkappa)$

Tafel III

$\varkappa = 0{,}49$

$k^2 k'^2$	$= 0{,}025\,268$	$\eta_1 = -\eta_2' =$	$-0{,}021\,090$	$\eta_1' = -\eta_2 =$	$0{,}328\,967$
π/KK'	$= 0{,}615\,755$	$\bar\eta_1 = -\bar\eta_2' =$	$0{,}273\,860$	$\bar\eta_1' = -\bar\eta_2 =$	$0{,}341\,895$
K	$= 3{,}226\,805$	E	$= 1{,}035\,452$	A	$= 1{,}903\,492$
K'	$= 1{,}581\,135$	E'	$= 1{,}560\,559$	A'	$= 0{,}040\,881$
B	$= 0{,}977\,092$	C	$= 1{,}306\,513$	D	$= 2{,}249\,713$

$\mathrm{cn}(\zeta,\varkappa)$	$\mathrm{dn}(\zeta,\varkappa)$	$\mathrm{sc}(\zeta,\varkappa)$	$\overline{\mathrm{sn}}(\zeta,\varkappa)$	$\overline{\mathrm{cn}}(\zeta,\varkappa)$	
1,000 000	1,000 000	0,000 000	∞	0,000 000	0,50
0,997 921	0,997 975	0,064 582	15,452 817	−0,064 451	0,49
0,991 726	0,991 942	0,129 440	7,663 315	−0,128 397	0,48
0,981 540	0,982 024	0,194 852	5,039 834	−0,191 350	0,47
0,967 563	0,968 418	0,261 099	3,709 008	−0,252 853	0,46
0,950 062	0,951 390	0,328 466	2,896 468	−0,312 499	0,45
0,929 357	0,931 257	0,397 244	2,344 295	−0,369 937	0,44
0,905 812	0,908 379	0,467 734	1,942 082	−0,424 880	0,43
0,879 815	0,883 139	0,540 246	1,634 697	−0,477 113	0,42
0,851 766	0,855 935	0,615 102	1,391 534	−0,526 488	0,41
0,822 065	0,827 165	0,692 638	1,194 224	−0,572 926	0,40
0,791 101	0,797 212	0,773 207	1,031 047	−0,616 410	0,39
0,752 242	0,766 444	0,857 181	0,894 145	−0,656 981	0,38
0,726 827	0,735 197	0,944 956	0,778 022	−0,694 729	0,37
0,694 164	0,703 779	1,036 954	0,678 698	−0,729 787	0,36
0,661 525	0,672 461	1,133 627	0,593 195	−0,762 320	0,35
0,629 147	0,641 481	1,235 462	0,519 224	−0,792 526	0,34
0,597 229	0,611 041	1,342 987	0,454 986	−0,820 620	0,33
0,565 939	0,581 308	1,456 779	0,399 036	−0,846 837	0,32
0,535 410	0,552 420	1,577 469	0,350 194	−0,871 426	0,31
0,505 748	0,524 487	1,705 754	0,307 481	−0,894 646	0,30
0,477 031	0,497 591	1,842 408	0,270 076	−0,916 765	0,29
0,449 316	0,471 793	1,988 294	0,237 285	−0,938 064	0,28
0,422 638	0,447 135	2,144 386	0,208 514	−0,958 831	0,27
0,397 015	0,423 642	2,311 784	0,183 253	−0,979 369	0,26
0,372 451	0,401 325	2,491 746	0,161 062	−1,000 000	0,25
0,348 937	0,380 184	2,685 716	0,141 558	−1,021 065	0,24
0,326 456	0,360 208	2,895 372	0,124 408	−1,042 937	0,23
0,304 982	0,341 382	3,122 674	0,109 324	−1,066 026	0,22
0,284 481	0,323 683	3,369 936	0,096 050	−1,090 792	0,21
0,264 916	0,307 085	3,639 913	0,084 366	−1,117 761	0,20
0,246 247	0,291 557	3,935 922	0,074 076	−1,147 544	0,19
0,228 428	0,277 068	4,262 003	0,065 009	−1,180 865	0,18
0,211 415	0,263 586	4,623 124	0,057 015	−1,218 591	0,17
0,195 160	0,251 078	5,025 486	0,049 961	−1,261 789	0,16
0,179 615	0,239 511	5,476 930	0,043 731	−1,311 784	0,15
0,164 732	0,228 853	5,987 531	0,038 222	−1,370 263	0,14
0,150 464	0,219 073	6,570 458	0,033 342	−1,439 410	0,13
0,136 762	0,210 142	7,243 273	0,029 012	−1,522 114	0,12
0,123 579	0,202 031	8,029 932	0,025 160	−1,622 297	0,11
0,110 870	0,194 716	8,963 986	0,021 722	−1,745 427	0,10
0,098 587	0,188 171	10,093 927	0,018 642	−1,899 379	0,09
0,086 686	0,182 374	11,492 526	0,015 869	−2,095 940	0,08
0,075 121	0,177 307	13,274 191	0,013 357	−2,353 605	0,07
0,063 850	0,172 951	15,629 674	0,011 066	−2,703 166	0,06
0,052 829	0,169 291	18,902 423	0,008 956	−3,200 010	0,05
0,042 016	0,166 314	23,779 475	0,006 994	−3,954 867	0,04
0,031 368	0,164 010	31,864 109	0,005 147	−5,226 037	0,03
0,020 843	0,162 370	47,966 484	0,003 385	−7,788 328	0,02
0,010 401	0,161 389	96,138 065	0,001 679	−15,515 589	0,01
0,000 000	0,161 062	∞	0,000 000	−∞	0,00
$k'\,\mathrm{sd}(\zeta,\varkappa)$	$k'\,\mathrm{nd}(\zeta,\varkappa)$	$\frac{1}{k'}\,\mathrm{cs}(\zeta,\varkappa)$	$-\overline{\mathrm{cd}}(\zeta,\varkappa)$	$-\overline{\mathrm{sd}}(\zeta,\varkappa)$	$\zeta = \frac{z}{2K}$

Tafel III. (Fortsetzung)

$\vartheta_1'(0,\varkappa) = 3{,}687\,838$	$\vartheta_1'(0,k) = 0{,}571\,438$	$\vartheta_5'(0,\varkappa) = 11{,}681\,014$
$\vartheta_1'''/\vartheta_1'(\varkappa) = 2{,}635\,080$	$\vartheta_2''/\vartheta_2(\varkappa) = -13{,}364\,810$	$\vartheta_3''/\vartheta_3(\varkappa) = -12{,}284\,394$
$\vartheta_1'''/\vartheta_1'(k) = 0{,}063\,269$	$\vartheta_2''/\vartheta_2(k) = -\,0{,}320\,891$	$\vartheta_3''/\vartheta_3(k) = -\,0{,}294\,950$
$\vartheta_1'''''/\vartheta_1'(k) = -0{,}643\,150$	$\vartheta_2''''/\vartheta_2(k) = 0{,}257\,031$	$\vartheta_3''''/\vartheta_3(k) = 0{,}311\,522$

$\varkappa = 0{,}49$

$\zeta = \frac{z}{2K}$	$\overline{\mathrm{dn}}(\zeta,\varkappa)$	$\mathfrak{z}_1(\zeta,\varkappa)$	$\mathfrak{z}_3(\zeta,\varkappa)$	$\mathfrak{z}_5(\zeta,\varkappa)$	$\wp_1(\zeta,\varkappa)$
0,00	0,000 000	∞	0,000 000	∞	∞
0,01	−0,062 773	15,495 195	−0,020 394	15,495 198	240,101 532
0,02	−0,125 012	7,747 554	−0,040 774	7,747 572	60,026 395
0,03	−0,186 202	5,164 910	−0,061 126	5,164 972	26,680 340
0,04	−0,245 859	3,873 430	−0,081 437	3,873 577	15,010 615
0,05	−0,303 543	3,098 319	−0,101 691	3,098 608	9,610 708
0,06	−0,358 871	2,581 293	−0,121 873	2,581 796	6,678 999
0,07	−0,411 523	2,211 641	−0,141 965	2,212 448	4,912 876
0,08	−0,461 244	1,933 992	−0,161 949	1,935 211	3,768 207
0,09	−0,507 846	1,717 575	−0,181 805	1,719 333	2,985 031
0,10	−0,551 204	1,543 916	−0,201 511	1,546 365	2,426 411
0,11	−0,591 250	1,401 254	−0,221 043	1,404 567	2,014 645
0,12	−0,627 969	1,281 740	−0,240 373	1,286 119	1,702 970
0,13	−0,661 387	1,179 937	−0,259 473	1,185 612	1,461 873
0,14	−0,691 565	1,091 956	−0,278 307	1,099 192	1,271 976
0,15	−0,718 590	1,014 945	−0,296 840	1,024 044	1,120 124
0,16	−0,742 565	0,946 760	−0,315 028	0,958 067	0,997 131
0,17	−0,763 605	0,885 765	−0,332 827	0,899 669	0,896 422
0,18	−0,781 828	0,830 682	−0,350 183	0,847 627	0,813 188
0,19	−0,797 350	0,780 506	−0,367 038	0,800 992	0,743 844
0,20	−0,810 280	0,734 433	−0,383 328	0,759 024	0,685 670
0,21	−0,820 715	0,691 810	−0,398 981	0,721 144	0,636 577
0,22	−0,828 740	0,652 108	−0,413 917	0,686 902	0,594 933
0,23	−0,834 423	0,614 889	−0,428 048	0,655 948	0,559 448
0,24	−0,837 812	0,579 789	−0,441 276	0,628 015	0,529 094
0,25	−0,838 938	0,546 505	−0,453 495	0,602 909	0,503 042
0,25	1,161 062	0,546 505	−0,453 495	0,602 909	0,503 042
0,26	1,162 623	0,514 782	−0,464 587	0,580 490	0,480 618
0,27	1,167 345	0,484 405	−0,474 426	0,560 669	0,461 267
0,28	1,175 349	0,455 189	−0,482 875	0,543 401	0,444 533
0,29	1,186 842	0,426 980	−0,489 786	0,528 677	0,430 036
0,30	1,202 127	0,399 642	−0,495 004	0,516 517	0,417 458
0,31	1,221 620	0,373 062	−0,498 364	0,506 972	0,406 532
0,32	1,245 873	0,347 140	−0,499 698	0,500 113	0,397 032
0,33	1,275 606	0,321 790	−0,498 830	0,496 026	0,388 768
0,34	1,311 750	0,296 937	−0,495 588	0,494 812	0,381 576
0,35	1,355 515	0,272 519	−0,489 802	0,496 575	0,375 317
0,36	1,408 485	0,248 477	−0,481 310	0,501 421	0,369 874
0,37	1,472 752	0,224 763	−0,469 966	0,509 447	0,365 144
0,38	1,551 126	0,201 333	−0,455 648	0,520 732	0,361 041
0,39	1,647 457	0,178 151	−0,438 259	0,535 334	0,357 489
0,40	1,767 149	0,155 181	−0,417 745	0,553 275	0,354 425
0,41	1,918 021	0,132 395	−0,394 093	0,574 536	0,351 795
0,42	2,111 809	0,109 766	−0,367 347	0,599 049	0,349 552
0,43	2,366 962	0,087 270	−0,337 610	0,626 686	0,347 656
0,44	2,714 232	0,064 886	−0,305 050	0,657 258	0,346 074
0,45	3,208 967	0,042 595	−0,269 904	0,690 510	0,344 779
0,46	3,961 861	0,020 379	−0,232 474	0,726 119	0,343 749
0,47	5,231 184	−0,001 778	−0,193 128	0,763 703	0,342 965
0,48	7,791 713	−0,023 893	−0,152 290	0,802 822	0,342 415
0,49	15,517 268	−0,045 979	−0,110 431	0,842 992	0,342 089
0,50	∞	−0,068 052	−0,068 052	0,883 694	0,341 980
	$\overline{\mathrm{sc}}(\zeta,\varkappa)$	$-\mathfrak{z}_2(\zeta,\varkappa)$	$-\mathfrak{z}_4(\zeta,\varkappa)$	$-\mathfrak{z}_6(\zeta,\varkappa)$	$\wp_2(\zeta,\varkappa)$

Tafel III

$\varkappa = 0{,}49$

$\vartheta_5'(0, k)$	$= 1{,}809\,997$	$\vartheta_6(0, k)$	$= 1{,}809\,997$	$\vartheta_{\substack{5\\6}}(\frac{1}{4}, \varkappa)$	$= 2{,}020\,294$
$\vartheta_4''/\vartheta_4(\varkappa)$	$= 28{,}284\,284$	$\vartheta_5'''/\vartheta_5'(\varkappa)$	$= -34{,}218\,103$	$\vartheta_6''/\vartheta_6(\varkappa)$	$= 14{,}919\,475$
$\vartheta_4''/\vartheta_4(k)$	$= 0{,}679\,109$	$\vartheta_5'''/\vartheta_5'(k)$	$= -\ 0{,}821\,581$	$\vartheta_6''/\vartheta_6(k)$	$= 0{,}358\,218$
$\vartheta_4''''/\vartheta_4(k)$	$= -0{,}564\,550$	$\vartheta_5'''''/\vartheta_5'(k)$	$= 0{,}727\,850$	$\vartheta_6''''/\vartheta_6(k)$	$= -1{,}615\,039$

$\wp_3(\zeta, \varkappa)$	$\wp_5(\zeta, \varkappa)$	$\wp_1'(\zeta, \varkappa)$	$\wp_3'(\zeta, \varkappa)$	$\wp_5'(\zeta, \varkappa)$	
0,316 039	∞	$-\infty$	0,000 000	$-\infty$	0,50
0,315 934	240,101 427	−7440,826 37	−0,003 270	−7440,829 61	0,49
0,315 616	60,025 972	−930,087 656	−0,006 592	−930,094 247	0,48
0,315 081	26,679 381	−275,561 603	−0,010 017	−275,571 620	0,47
0,314 320	15,008 895	−116,230 183	−0,013 601	−116,243 784	0,46
0,313 321	9,607 989	−59,486 077	−0,017 399	−59,503 476	0,45
0,312 068	6,675 028	−34,400 272	−0,021 469	−34,421 742	0,44
0,310 543	4,907 379	−21,638 277	−0,025 875	−21,664 152	0,43
0,308 720	3,760 888	−14,471 078	−0,030 682	−14,501 760	0,42
0,306 572	2,975 564	−10,138 855	−0,035 964	−10,174 819	0,41
0,304 066	2,414 438	−7,367 002	−0,041 797	−7,408 799	0,40
0,301 164	1,999 769	−5,511 286	−0,048 266	−5,559 551	0,39
0,297 821	1,684 752	−4,222 133	−0,055 462	−4,277 595	0,38
0,293 987	1,439 821	−3,298 648	−0,063 484	−3,362 132	0,37
0,289 607	1,245 543	−2,619 768	−0,072 440	−2,692 208	0,36
0,284 615	1,088 699	−2,109 570	−0,082 444	−2,192 014	0,35
0,278 940	0,960 032	−1,718 788	−0,093 623	−1,812 410	0,34
0,272 503	0,852 886	−1,414 499	−0,106 107	−1,520 606	0,33
0,265 214	0,762 362	−1,174 131	−0,120 037	−1,294 168	0,32
0,256 975	0,684 779	−0,981 848	−0,135 558	−1,117 406	0,31
0,247 679	0,617 310	−0,826 318	−0,152 820	−0,979 138	0,30
0,237 209	0,557 747	−0,699 280	−0,171 974	−0,871 254	0,29
0,225 438	0,504 332	−0,594 615	−0,193 166	−0,787 780	0,28
0,212 230	0,455 639	−0,507 719	−0,216 533	−0,724 251	0,27
0,197 441	0,410 495	−0,435 085	−0,242 194	−0,677 279	0,26
0,180 918	0,367 921	−0,374 005	−0,270 242	−0,644 247	0,25
0,180 918	0,367 921	−0,374 005	−0,270 242	−0,644 247	0,25
0,162 508	0,327 086	−0,322 365	−0,300 729	−0,623 094	0,24
0,142 050	0,287 278	−0,278 497	−0,333 652	−0,612 149	0,23
0,119 391	0,247 885	−0,241 070	−0,368 937	−0,610 007	0,22
0,094 384	0,208 380	−0,209 016	−0,406 413	−0,615 429	0,21
0,066 894	0,168 312	−0,181 467	−0,445 794	−0,627 261	0,20
0,036 812	0,127 305	−0,157 715	−0,486 652	−0,644 367	0,19
0,004 061	0,085 054	−0,137 175	−0,528 389	−0,665 564	0,18
−0,031 390	0,041 338	−0,119 365	−0,570 215	−0,689 580	0,17
−0,069 518	−0,003 982	−0,103 878	−0,611 128	−0,715 007	0,16
−0,110 224	−0,050 946	−0,090 377	−0,649 899	−0,740 276	0,15
−0,153 325	−0,099 490	−0,078 575	−0,685 071	−0,763 647	0,14
−0,198 535	−0,149 430	−0,068 229	−0,714 979	−0,783 208	0,13
−0,245 456	−0,200 455	−0,059 130	−0,737 784	−0,796 913	0,12
−0,293 567	−0,252 118	−0,051 100	−0,751 535	−0,802 635	0,11
−0,342 221	−0,303 835	−0,043 985	−0,754 269	−0,798 253	0,10
−0,390 645	−0,354 889	−0,037 650	−0,744 121	−0,781 771	0,09
−0,437 954	−0,404 442	−0,031 978	−0,719 480	−0,751 458	0,08
−0,483 172	−0,451 556	−0,026 866	−0,679 138	−0,706 004	0,07
−0,525 260	−0,495 226	−0,022 222	−0,622 455	−0,644 677	0,06
−0,563 163	−0,534 423	−0,017 962	−0,549 500	−0,567 462	0,05
−0,595 854	−0,568 144	−0,014 013	−0,461 150	−0,475 163	0,04
−0,622 390	−0,595 464	−0,010 305	−0,359 136	−0,369 441	0,03
−0,641 968	−0,615 593	−0,006 773	−0,246 011	−0,252 784	0,02
−0,653 974	−0,627 925	−0,003 358	−0,125 037	−0,128 395	0,01
−0,658 020	−0,632 079	0,000 000	0,000 000	0,000 000	0,00
$\wp_4(\zeta, \varkappa)$	$\wp_6(\zeta, \varkappa)$	$-\wp_2'(\zeta, \varkappa)$	$-\wp_4'(\zeta, \varkappa)$	$-\wp_6'(\zeta, \varkappa)$	$\zeta = \frac{z}{2K}$

Tafel III

$\sqrt{k} = 0{,}992\,558$ $\quad k = 0{,}985\,171$ $\quad k^2 = 0{,}970\,563$ $\quad \varkappa = 0{,}50$

$\sqrt{k'} = 0{,}414\,214$ $\quad k' = 0{,}171\,573$ $\quad k'^2 = 0{,}029\,437$

$e_1 = -e_3' = 0{,}343\,146$ $\quad e_2 = -e_2' = 0{,}313\,708$ $\quad e_3 = -e_1' = -0{,}656\,854$

$g_2 = g_2' = 1{,}295\,239$ $\quad g_3 = -g_3' = -0{,}282\,835$ $\quad g_3/\sqrt{g_2^3} = -0{,}191\,871$

$\bar{g}_2 = \bar{g}_2' = 0{,}723\,825$ $\quad \bar{g}_3 = -\bar{g}_3' = -0{,}533\,796$ $\quad \bar{g}_3/\sqrt{\bar{g}_2^3} = -0{,}866\,812$

$\zeta = \dfrac{z}{2K}$	$\vartheta_1(\zeta, \varkappa)$	$\vartheta_3(\zeta, \varkappa)$	$\dfrac{\partial \ln \vartheta_1(\zeta, \varkappa)}{\partial \zeta}$	$\dfrac{\partial \ln \vartheta_3(\zeta, \varkappa)}{\partial \zeta}$	$\operatorname{sn}(\zeta, \varkappa)$
0,00	0,000 000	1,419 495	∞	0,000 000	0,000 000
0,01	0,036 944	1,418 646	100,005 885	−0,119 772	0,063 219
0,02	0,073 895	1,416 100	50,011 563	−0,239 453	0,125 942
0,03	0,110 858	1,411 869	33,350 160	−0,358 948	0,187 688
0,04	0,147 839	1,405 971	25,021 475	−0,478 160	0,248 008
0,05	0,184 842	1,398 433	20,025 307	−0,596 991	0,306 492
0,06	0,221 870	1,389 286	16,694 799	−0,715 333	0,362 785
0,07	0,258 923	1,378 571	14,315 479	−0,833 072	0,416 590
0,08	0,296 001	1,366 334	12,530 028	−0,950 087	0,467 673
0,09	0,333 099	1,352 627	11,139 865	−1,066 244	0,515 864
0,10	0,370 212	1,337 510	10,025 787	−1,181 396	0,561 054
0,11	0,407 329	1,321 047	9,111 890	−1,295 385	0,603 192
0,12	0,444 438	1,303 309	8,347 535	−1,408 031	0,642 277
0,13	0,481 522	1,284 371	7,697 636	−1,519 138	0,678 355
0,14	0,518 562	1,264 314	7,137 109	−1,628 489	0,711 507
0,15	0,555 534	1,243 222	6,647 542	−1,735 840	0,741 845
0,16	0,592 411	1,221 183	6,215 115	−1,840 921	0,769 501
0,17	0,629 161	1,198 291	5,829 254	−1,943 430	0,794 626
0,18	0,665 750	1,174 640	5,481 729	−2,043 034	0,817 380
0,19	0,702 137	1,150 327	5,166 044	−2,139 360	0,837 927
0,20	0,738 280	1,125 454	4,877 003	−2,231 996	0,856 434
0,21	0,774 133	1,100 121	4,610 405	−2,320 483	0,873 064
0,22	0,809 644	1,074 432	4,362 819	−2,404 317	0,887 976
0,23	0,844 761	1,048 490	4,131 415	−2,482 941	0,901 321
0,24	0,879 426	1,022 400	3,913 847	−2,555 744	0,913 244
0,25	0,913 579	0,996 265	3,708 149	−2,622 058	0,923 880
0,26	0,947 158	0,970 189	3,512 671	−2,681 155	0,933 353
0,27	0,980 098	0,944 275	3,326 013	−2,732 252	0,941 780
0,28	1,012 332	0,918 623	3,146 987	−2,774 502	0,949 266
0,29	1,043 791	0,893 333	2,974 579	−2,807 006	0,955 910
0,30	1,074 405	0,868 503	2,807 917	−2,828 815	0,961 799
0,31	1,104 104	0,844 228	2,646 253	−2,838 935	0,967 014
0,32	1,132 816	0,820 599	2,488 941	−2,836 345	0,971 626
0,33	1,160 471	0,797 707	2,335 421	−2,820 008	0,975 699
0,34	1,186 997	0,775 636	2,185 205	−2,788 894	0,979 293
0,35	1,212 324	0,754 470	2,037 872	−2,742 004	0,982 459
0,36	1,236 385	0,734 287	1,893 049	−2,678 404	0,985 242
0,37	1,259 113	0,715 160	1,750 415	−2,597 258	0,987 685
0,38	1,280 444	0,697 160	1,609 683	−2,497 872	0,989 822
0,39	1,300 315	0,680 353	1,470 603	−2,379 735	0,991 687
0,40	1,318 670	0,664 798	1,332 953	−2,242 568	0,993 306
0,41	1,335 452	0,650 553	1,196 535	−2,086 371	0,994 705
0,42	1,350 612	0,637 669	1,061 175	−1,911 464	0,995 905
0,43	1,364 102	0,626 190	0,926 714	−1,718 524	0,996 923
0,44	1,375 881	0,616 159	0,793 008	−1,508 612	0,997 777
0,45	1,385 913	0,607 610	0,659 929	−1,283 187	0,998 478
0,46	1,394 164	0,600 575	0,527 357	−1,044 098	0,999 037
0,47	1,400 609	0,595 076	0,395 180	−0,793 565	0,999 463
0,48	1,405 228	0,591 135	0,263 294	−0,534 133	0,999 763
0,49	1,408 005	0,588 765	0,131 599	−0,268 613	0,999 941
0,50	1,408 932	0,587 974	0,000 000	0,000 000	1,000 000
	$\vartheta_2(\zeta, \varkappa)$	$\vartheta_4(\zeta, \varkappa)$	$-\dfrac{\partial \ln \vartheta_2(\zeta, \varkappa)}{\partial \zeta}$	$-\dfrac{\partial \ln \vartheta_4(\zeta, \varkappa)}{\partial \zeta}$	$\operatorname{cd}(\zeta, \varkappa)$

Tafel III

$\varkappa = 0{,}50$

$k^2 k'^2 = 0{,}028\,571$
$\pi/KK' = 0{,}627\,197$
$K = 3{,}165\,103$
$K' = 1{,}582\,552$
$B = 0{,}974\,857$

$\eta_1 = -\eta_2' = -0{,}014\,774$
$\bar{\eta}_1 = -\bar{\eta}_2' = 0{,}284\,161$
$E = 1{,}039\,332$
$E' = 1{,}559\,172$
$C = 1{,}252\,252$

$\eta_1' = -\eta_2 = 0{,}328\,372$
$\bar{\eta}_1' = -\bar{\eta}_2 = 0{,}343\,036$
$A = 1{,}892\,320$
$A' = 0{,}046\,412$
$D = 2{,}190\,246$

$\mathrm{cn}(\zeta, \varkappa)$	$\mathrm{dn}(\zeta, \varkappa)$	$\mathrm{sc}(\zeta, \varkappa)$	$\overline{\mathrm{sn}}(\zeta, \varkappa)$	$\overline{\mathrm{cn}}(\zeta, \varkappa)$	
1,000 000	1,000 000	0,000 000	∞	0,000 000	0,50
0,997 999	0,998 059	0,063 346	15,755 768	−0,063 223	0,49
0,992 038	0,992 273	0,126 953	7,816 084	−0,125 972	0,48
0,982 229	0,982 756	0,191 084	5,143 054	−0,187 789	0,47
0,968 758	0,969 692	0,256 006	3,787 771	−0,248 247	0,46
0,951 873	0,953 325	0,321 988	2,960 744	−0,306 959	0,45
0,931 873	0,933 949	0,389 307	2,399 003	−0,363 593	0,44
0,909 095	0,911 900	0,458 247	1,989 975	−0,417 875	0,43
0,883 902	0,887 536	0,529 101	1,677 443	−0,469 596	0,42
0,856 671	0,861 231	0,602 173	1,430 205	−0,518 610	0,41
0,827 779	0,833 358	0,677 782	1,229 536	−0,564 835	0,40
0,797 596	0,804 282	0,756 262	1,063 497	−0,608 248	0,39
0,766 472	0,774 353	0,837 966	0,924 087	−0,648 882	0,38
0,734 734	0,743 895	0,923 267	0,805 721	−0,686 814	0,37
0,702 679	0,713 204	1,012 565	0,704 354	−0,722 165	0,36
0,670 572	0,682 544	1,106 287	0,616 968	−0,755 090	0,35
0,638 645	0,652 149	1,204 896	0,541 249	−0,785 772	0,34
0,607 099	0,622 219	1,308 891	0,475 379	−0,814 417	0,33
0,576 099	0,592 922	1,418 820	0,417 898	−0,841 250	0,32
0,545 782	0,564 399	1,535 280	0,367 620	−0,866 510	0,31
0,516 256	0,536 761	1,658 933	0,323 558	−0,890 450	0,30
0,487 606	0,510 095	1,790 513	0,284 888	−0,913 333	0,29
0,459 890	0,484 469	1,930 843	0,250 911	−0,935 434	0,28
0,433 151	0,459 929	2,080 846	0,221 030	−0,957 040	0,27
0,407 413	0,436 505	2,241 570	0,194 732	−0,978 456	0,26
0,382 683	0,414 214	2,414 214	0,171 573	−1,000 000	0,25
0,358 961	0,393 061	2,600 154	0,151 168	−1,022 019	0,24
0,336 231	0,373 042	2,800 990	0,133 182	−1,044 888	0,23
0,314 473	0,354 146	3,018 593	0,117 322	−1,069 023	0,22
0,293 659	0,336 354	3,255 171	0,103 329	−1,094 891	0,21
0,273 755	0,319 645	3,513 360	0,090 980	−1,123 028	0,20
0,254 723	0,303 992	3,796 330	0,080 075	−1,154 055	0,19
0,236 524	0,289 368	4,107 941	0,070 441	−1,188 707	0,18
0,219 113	0,275 744	4,452 949	0,061 924	−1,227 872	0,17
0,202 447	0,263 088	4,837 287	0,054 388	−1,272 634	0,16
0,186 479	0,251 373	5,268 458	0,047 713	−1,324 346	0,15
0,171 165	0,240 566	5,756 103	0,041 793	−1,384 725	0,14
0,156 457	0,230 641	6,312 830	0,036 535	−1,455 999	0,13
0,142 309	0,221 569	6,955 449	0,031 855	−1,541 113	0,12
0,128 675	0,213 324	7,706 888	0,027 680	−1,644 065	0,11
0,115 511	0,205 881	8,599 265	0,023 942	−1,770 429	0,10
0,102 769	0,199 218	9,678 993	0,020 583	−1,928 232	0,09
0,090 408	0,193 314	11,015 727	0,017 549	−2,129 490	0,08
0,078 381	0,188 149	12,718 966	0,014 793	−2,393 058	0,07
0,066 646	0,183 707	14,971 277	0,012 271	−2,750 326	0,06
0,055 160	0,179 973	18,101 366	0,009 943	−3,257 760	0,05
0,043 881	0,176 935	22,766 763	0,007 772	−4,028 247	0,04
0,032 767	0,174 583	30,501 878	0,005 724	−5,325 119	0,03
0,021 776	0,172 909	45,910 228	0,003 766	−7,938 289	0,02
0,010 868	0,171 907	92,009 972	0,001 868	−15,817 122	0,01
0,000 000	0,171 573	∞	0,000 000	−∞	0,00
$k'\,\mathrm{sd}(\zeta, \varkappa)$	$k'\,\mathrm{nd}(\zeta, \varkappa)$	$\frac{1}{k'}\,\mathrm{cs}(\zeta, \varkappa)$	$-\overline{\mathrm{cd}}(\zeta, \varkappa)$	$-\overline{\mathrm{sd}}(\zeta, \varkappa)$	$\zeta = \frac{z}{2K}$

Tafel III. (Fortsetzung)

$\vartheta_1'(0,\varkappa)$	$= 3{,}694\,300$	$\vartheta_1'(0,k)$	$= 0{,}583\,599$	$\vartheta_5'(0,\varkappa)$	$= 11{,}523\,172$
$\vartheta_1'''/\vartheta_1'(\varkappa)$	$= 1{,}776\,002$	$\vartheta_2''/\vartheta_2(\varkappa)$	$= -13{,}158\,371$	$\vartheta_3''/\vartheta_3(\varkappa)$	$= -11{,}978\,776$
$\vartheta_1'''/\vartheta_1'(k)$	$= 0{,}044\,321$	$\vartheta_2''/\vartheta_2(k)$	$= -0{,}328\,372$	$\vartheta_3''/\vartheta_3(k)$	$= -0{,}298\,935$
$\vartheta_1'''''/\vartheta_1'(k)$	$= -0{,}644\,346$	$\vartheta_2''''/\vartheta_2(k)$	$= 0{,}264\,610$	$\vartheta_3''''/\vartheta_3(k)$	$= 0{,}325\,228$

$\varkappa = 0{,}50$

$\zeta = \frac{z}{2K}$	$\overline{\mathrm{dn}}(\zeta,\varkappa)$	$\mathfrak{z}_1(\zeta,\varkappa)$	$\mathfrak{z}_3(\zeta,\varkappa)$	$\mathfrak{z}_5(\zeta,\varkappa)$	$\wp_1(\zeta,\varkappa)$
0,00	0,000 000	∞	0,000 000	∞	∞
0,01	−0,061 354	15,797 266	−0,019 856	15,797 269	249,554 060
0,02	−0,122 205	7,898 592	−0,039 697	7,898 612	62,389 486
0,03	−0,182 066	5,265 610	−0,059 510	5,265 676	27,730 523
0,04	−0,240 475	3,948 970	−0,079 277	3,949 126	15,601 224
0,05	−0,297 017	3,158 776	−0,098 984	3,159 084	9,988 540
0,06	−0,351 323	2,631 712	−0,118 614	2,632 248	6,941 186
0,07	−0,403 083	2,254 909	−0,138 149	2,255 768	5,105 272
0,08	−0,452 047	1,971 921	−0,157 569	1,973 219	3,915 245
0,09	−0,498 027	1,751 378	−0,176 854	1,753 249	3,100 913
0,10	−0,540 893	1,574 449	−0,195 980	1,577 052	2,519 953
0,11	−0,580 569	1,429 143	−0,214 923	1,432 663	2,091 604
0,12	−0,617 026	1,307 460	−0,233 653	1,312 108	1,767 269
0,13	−0,650 278	1,203 859	−0,252 140	1,209 878	1,516 274
0,14	−0,680 372	1,114 376	−0,270 350	1,122 044	1,318 482
0,15	−0,707 377	1,036 102	−0,288 243	1,045 735	1,160 225
0,16	−0,731 384	0,966 855	−0,305 778	0,978 811	1,031 958
0,17	−0,752 493	0,904 965	−0,322 907	0,919 650	0,926 850
0,18	−0,770 809	0,849 130	−0,339 577	0,867 004	0,839 905
0,19	−0,786 435	0,798 325	−0,355 729	0,819 905	0,767 399
0,20	−0,799 470	0,751 729	−0,371 298	0,777 599	0,706 510
0,21	−0,810 003	0,708 679	−0,386 212	0,739 493	0,655 067
0,22	−0,818 112	0,668 632	−0,400 391	0,705 126	0,611 375
0,23	−0,823 858	0,631 141	−0,413 747	0,674 138	0,574 097
0,24	−0,827 287	0,595 836	−0,426 183	0,646 255	0,542 165
0,25	−0,828 427	0,562 406	−0,437 594	0,621 273	0,514 719
0,25	1,171 573	0,562 406	−0,437 594	0,621 273	0,514 719
0,26	1,173 187	0,530 591	−0,447 865	0,599 045	0,491 057
0,27	1,178 070	0,500 169	−0,456 872	0,579 474	0,470 607
0,28	1,186 344	0,470 953	−0,464 481	0,562 506	0,452 892
0,29	1,198 221	0,442 781	−0,470 551	0,548 124	0,437 520
0,30	1,214 008	0,415 518	−0,474 932	0,536 339	0,424 159
0,31	1,234 130	0,389 045	−0,477 466	0,527 189	0,412 532
0,32	1,259 148	0,363 258	−0,477 992	0,520 736	0,402 404
0,33	1,289 796	0,338 071	−0,476 346	0,517 052	0,393 578
0,34	1,327 021	0,313 406	−0,472 366	0,516 226	0,385 882
0,35	1,372 058	0,289 196	−0,465 894	0,518 346	0,379 173
0,36	1,426 519	0,265 383	−0,456 782	0,523 503	0,373 327
0,37	1,492 534	0,241 915	−0,444 898	0,531 778	0,368 239
0,38	1,572 969	0,218 748	−0,430 133	0,543 234	0,363 816
0,39	1,671 745	0,195 842	−0,412 406	0,557 914	0,359 982
0,40	1,794 371	0,173 162	−0,391 673	0,575 825	0,356 669
0,41	1,948 815	0,150 677	−0,367 933	0,596 938	0,353 820
0,42	2,147 039	0,128 358	−0,341 238	0,621 173	0,351 387
0,43	2,407 851	0,106 182	−0,311 694	0,648 399	0,349 327
0,44	2,762 596	0,084 125	−0,279 468	0,678 426	0,347 607
0,45	3,267 703	0,062 167	−0,244 793	0,711 002	0,346 198
0,46	4,036 018	0,040 289	−0,207 958	0,745 817	0,345 075
0,47	5,330 843	0,018 473	−0,169 316	0,782 502	0,344 221
0,48	7,942 056	−0,003 296	−0,129 268	0,820 639	0,343 620
0,49	15,818 991	−0,025 036	−0,088 258	0,859 768	0,343 264
0,50	∞	−0,046 760	−0,046 760	0,899 400	0,343 146
	$\overline{\mathrm{sc}}(\zeta,\varkappa)$	$-\mathfrak{z}_2(\zeta,\varkappa)$	$-\mathfrak{z}_4(\zeta,\varkappa)$	$-\mathfrak{z}_6(\zeta,\varkappa)$	$\wp_2(\zeta,\varkappa)$

Tafel III

$\varkappa = 0{,}50$

$\vartheta_5'(0, k) = 1{,}820\,347$	$\vartheta_6(0, k) = 1{,}820\,347$	$\vartheta_{\substack{5\\6}}(\frac{1}{4}, \varkappa) = 1{,}999\,986$
$\vartheta_4''/\vartheta_4(\varkappa) = 26{,}913\,148$	$\vartheta_5'''/\vartheta_5'(\varkappa) = -34{,}160\,326$	$\vartheta_6''/\vartheta_6(\varkappa) = 13{,}754\,777$
$\vartheta_4''/\vartheta_4(k) = 0{,}671\,628$	$\vartheta_5'''/\vartheta_5'(k) = -\ 0{,}852\,484$	$\vartheta_6''/\vartheta_6(k) = 0{,}343\,256$
$\vartheta_4''''/\vartheta_4(k) = -0{,}587\,874$	$\vartheta_5'''''/\vartheta_5'(k) = 0{,}849\,302$	$\vartheta_6''''/\vartheta_6(k) = -1{,}646\,527$

$\wp_3(\zeta, \varkappa)$	$\wp_5(\zeta, \varkappa)$	$\wp_1'(\zeta, \varkappa)$	$\wp_3'(\zeta, \varkappa)$	$\wp_5'(\zeta, \varkappa)$	
0,313 708	∞	−∞	0,000 000	−∞	0,50
0,313 594	249,553 946	−7884,530 32	−0,003 626	−7884,533 95	0,49
0,313 248	62,389 025	−985,550 998	−0,007 307	−985,558 305	0,48
0,312 666	27,729 481	−291,995 622	−0,011 098	−292,006 721	0,47
0,311 840	15,599 355	−123,163 765	−0,015 057	−123,178 822	0,46
0,310 755	9,985 587	−63,036 567	−0,019 241	−63,055 808	0,45
0,309 398	6,936 875	−36,455 447	−0,023 713	−36,479 160	0,44
0,307 746	5,099 309	−22,932 976	−0,028 538	−22,961 514	0,43
0,305 776	3,907 312	−15,338 876	−0,033 786	−15,372 662	0,42
0,303 458	3,090 663	−10,748 756	−0,039 531	−10,788 287	0,41
0,300 759	2,507 003	−7,811 999	−0,045 854	−7,857 852	0,40
0,297 639	2,075 534	−5,845 954	−0,052 840	−5,898 794	0,39
0,294 053	1,747 613	−4,480 202	−0,060 583	−4,540 786	0,38
0,289 950	1,492 516	−3,501 868	−0,069 184	−3,571 052	0,37
0,285 274	1,290 047	−2,782 671	−0,078 749	−2,861 420	0,36
0,279 958	1,126 474	−2,242 161	−0,089 396	−2,331 557	0,35
0,273 930	0,992 180	−1,828 138	−0,101 246	−1,929 384	0,34
0,267 111	0,880 253	−1,505 718	−0,114 431	−1,620 149	0,33
0,259 412	0,785 608	−1,250 986	−0,129 086	−1,380 072	0,32
0,250 734	0,704 425	−1,047 167	−0,145 351	−1,192 518	0,31
0,240 973	0,633 775	−0,882 255	−0,163 368	−1,045 623	0,30
0,230 011	0,571 370	−0,747 501	−0,183 278	−0,930 779	0,29
0,217 726	0,515 393	−0,636 425	−0,205 214	−0,841 639	0,28
0,203 985	0,464 374	−0,544 154	−0,229 297	−0,773 451	0,27
0,188 649	0,417 106	−0,466 974	−0,255 627	−0,722 601	0,26
0,171 573	0,372 583	−0,402 020	−0,284 271	−0,686 292	0,25
0,171 573	0,372 583	−0,402 020	−0,284 271	−0,686 292	0,25
0,152 610	0,329 958	−0,347 056	−0,315 256	−0,662 312	0,24
0,131 611	0,288 510	−0,300 316	−0,348 549	−0,648 864	0,23
0,108 435	0,247 619	−0,260 394	−0,384 039	−0,644 433	0,22
0,082 948	0,206 760	−0,226 162	−0,421 522	−0,647 683	0,21
0,055 034	0,165 484	−0,196 701	−0,460 674	−0,657 375	0,20
0,024 600	0,123 423	−0,171 263	−0,501 032	−0,672 294	0,19
−0,008 411	0,080 285	−0,149 231	−0,541 967	−0,691 197	0,18
−0,044 011	0,035 858	−0,130 093	−0,582 665	−0,712 759	0,17
−0,082 153	−0,009 979	−0,113 424	−0,622 114	−0,735 537	0,16
−0,122 721	−0,057 256	−0,098 863	−0,659 087	−0,757 950	0,15
−0,165 514	−0,105 895	−0,086 109	−0,692 155	−0,778 264	0,14
−0,210 234	−0,155 704	−0,074 904	−0,719 702	−0,794 606	0,13
−0,256 477	−0,206 370	−0,065 028	−0,739 966	−0,804 994	0,12
−0,303 724	−0,257 451	−0,056 291	−0,751 105	−0,807 396	0,11
−0,351 339	−0,308 379	−0,048 531	−0,751 284	−0,799 815	0,10
−0,398 572	−0,358 461	−0,041 604	−0,738 792	−0,780 396	0,09
−0,444 575	−0,406 897	−0,035 387	−0,712 173	−0,747 560	0,08
−0,488 416	−0,452 797	−0,029 768	−0,670 376	−0,700 145	0,07
−0,529 116	−0,495 217	−0,024 651	−0,612 890	−0,637 541	0,06
−0,565 682	−0,533 193	−0,019 946	−0,539 874	−0,559 820	0,05
−0,597 157	−0,565 790	−0,015 573	−0,452 239	−0,467 812	0,04
−0,622 664	−0,592 152	−0,011 460	−0,351 681	−0,363 141	0,03
−0,641 460	−0,611 548	−0,007 536	−0,240 648	−0,248 184	0,02
−0,652 975	−0,623 420	−0,003 737	−0,122 233	−0,125 970	0,01
−0,656 854	−0,627 417	0,000 000	0,000 000	0,000 000	0,00
$\wp_4(\zeta, \varkappa)$	$\wp_6(\zeta, \varkappa)$	$-\wp_2'(\zeta, \varkappa)$	$-\wp_4'(\zeta, \varkappa)$	$-\wp_6'(\zeta, \varkappa)$	$\zeta = \frac{z}{2K}$

Tafel III

$\sqrt{k} = 0{,}991\,586$ $\quad k = 0{,}983\,244$ $\quad k^2 = 0{,}966\,768$ $\quad \varkappa = 0{,}51$

$\sqrt{k'} = 0{,}426\,962$ $\quad k' = 0{,}182\,296$ $\quad k'^2 = 0{,}033\,232$

$e_1 = -e_3' = 0{,}344\,411$ $\quad e_2 = -e_2' = 0{,}311\,179$ $\quad e_3 = -e_1' = -0{,}655\,589$

$g_2 = g_2' = 1{,}290\,496$ $\quad g_3 = -g_3' = -0{,}281\,047$ $\quad g_3/\sqrt{g_2^3} = -0{,}191\,709$

$\bar g_2 = \bar g_2' = 0{,}647\,944$ $\quad \bar g_3 = -\bar g_3' = -0{,}560\,975$ $\quad \bar g_3/\sqrt{\bar g_2^3} = -1{,}075\,567$

$\zeta = \frac{z}{2K}$	$\vartheta_1(\zeta,\varkappa)$	$\vartheta_3(\zeta,\varkappa)$	$\frac{\partial \ln \vartheta_1(\zeta,\varkappa)}{\partial \zeta}$	$\frac{\partial \ln \vartheta_3(\zeta,\varkappa)}{\partial \zeta}$	$\mathrm{sn}(\zeta,\varkappa)$
0,00	0,000 000	1,406 196	∞	0,000 000	0,000 000
0,01	0,036 984	1,405 375	100,003 239	−0,116 799	0,062 043
0,02	0,073 972	1,402 915	50,006 287	−0,233 501	0,123 618
0,03	0,110 966	1,398 828	33,342 286	−0,350 010	0,184 271
0,04	0,147 969	1,393 130	25,011 048	−0,466 226	0,243 576
0,05	0,184 983	1,385 847	20,012 389	−0,582 043	0,301 143
0,06	0,222 008	1,377 009	16,679 465	−0,697 352	0,356 634
0,07	0,259 042	1,366 655	14,297 818	−0,812 036	0,409 760
0,08	0,296 081	1,354 830	12,510 141	−0,925 967	0,460 295
0,09	0,333 120	1,341 583	11,117 865	−1,039 010	0,508 069
0,10	0,370 150	1,326 971	10,001 795	−1,151 015	0,552 970
0,11	0,407 159	1,311 057	9,086 038	−1,261 818	0,594 940
0,12	0,444 134	1,293 908	8,319 963	−1,371 239	0,633 969
0,13	0,481 056	1,275 597	7,668 489	−1,479 078	0,670 090
0,14	0,517 906	1,256 200	7,106 538	−1,585 115	0,703 373
0,15	0,554 658	1,235 800	6,615 703	−1,689 107	0,733 916
0,16	0,591 285	1,214 481	6,182 167	−1,790 781	0,761 839
0,17	0,627 755	1,192 333	5,795 356	−1,889 839	0,787 281
0,18	0,664 034	1,169 446	5,447 042	−1,985 946	0,810 389
0,19	0,700 082	1,145 916	5,130 728	−2,078 735	0,831 317
0,20	0,735 858	1,121 838	4,841 217	−2,167 798	0,850 222
0,21	0,771 316	1,097 310	4,574 306	−2,252 685	0,867 260
0,22	0,806 406	1,072 433	4,326 560	−2,332 901	0,882 582
0,23	0,841 077	1,047 306	4,095 148	−2,407 904	0,896 335
0,24	0,875 274	1,022 030	3,877 716	−2,477 101	0,908 657
0,25	0,908 939	0,996 706	3,672 297	−2,539 845	0,919 680
0,26	0,942 011	0,971 434	3,477 232	−2,595 438	0,929 526
0,27	0,974 429	0,946 313	3,291 119	−2,643 127	0,938 310
0,28	1,006 129	0,921 442	3,112 763	−2,682 106	0,946 134
0,29	1,037 044	0,896 917	2,941 143	−2,711 525	0,953 097
0,30	1,067 108	0,872 833	2,775 382	−2,730 486	0,959 286
0,31	1,096 254	0,849 282	2,614 725	−2,738 060	0,964 779
0,32	1,124 414	0,826 355	2,458 521	−2,733 296	0,969 651
0,33	1,151 519	0,804 137	2,306 201	−2,715 234	0,973 965
0,34	1,177 504	0,782 714	2,157 275	−2,682 931	0,977 780
0,35	1,202 302	0,762 164	2,011 311	−2,635 479	0,981 148
0,36	1,225 847	0,742 565	1,867 935	−2,572 038	0,984 117
0,37	1,248 077	0,723 989	1,726 816	−2,491 869	0,986 728
0,38	1,268 931	0,706 506	1,587 664	−2,394 372	0,989 018
0,39	1,288 351	0,690 177	1,450 221	−2,279 122	0,991 019
0,40	1,306 281	0,675 065	1,314 262	−2,145 916	0,992 761
0,41	1,322 670	0,661 222	1,179 582	−1,994 811	0,994 268
0,42	1,337 470	0,648 700	1,046 002	−1,826 162	0,995 563
0,43	1,350 636	0,637 544	0,913 358	−1,640 652	0,996 664
0,44	1,362 129	0,627 793	0,781 501	−1,439 314	0,997 587
0,45	1,371 915	0,619 483	0,650 299	−1,223 543	0,998 347
0,46	1,379 963	0,612 643	0,519 626	−0,995 086	0,998 954
0,47	1,386 249	0,607 297	0,389 366	−0,756 021	0,999 416
0,48	1,390 753	0,603 466	0,259 410	−0,508 720	0,999 742
0,49	1,393 461	0,601 161	0,129 656	−0,255 789	0,999 936
0,50	1,394 365	0,600 392	0,000 000	0,000 000	1,000 000
	$\vartheta_2(\zeta,\varkappa)$	$\vartheta_4(\zeta,\varkappa)$	$-\frac{\partial \ln \vartheta_2(\zeta,\varkappa)}{\partial \zeta}$	$-\frac{\partial \ln \vartheta_4(\zeta,\varkappa)}{\partial \zeta}$	$\mathrm{cd}(\zeta,\varkappa)$

Tafel III

$\varkappa = 0{,}51$

$k^2 k'^2$	$= 0{,}032\,128$	$\eta_1 = -\eta_2'$	$= -0{,}008\,477$	$\eta_1' = -\eta_2$	$= 0{,}327\,724$
π/KK'	$= 0{,}638\,494$	$\bar\eta_1 = -\bar\eta_2'$	$= 0{,}294\,224$	$\bar\eta_1' = -\bar\eta_2$	$= 0{,}344\,270$
K	$= 3{,}106\,071$	E	$= 1{,}043\,433$	A	$= 1{,}880\,423$
K'	$= 1{,}584\,096$	E'	$= 1{,}557\,664$	A'	$= 0{,}052\,420$
B	$= 0{,}972\,531$	C	$= 1{,}200\,918$	D	$= 2{,}133\,540$

$\mathrm{cn}(\zeta,\varkappa)$	$\mathrm{dn}(\zeta,\varkappa)$	$\mathrm{sc}(\zeta,\varkappa)$	$\overline{\mathrm{sn}}(\zeta,\varkappa)$	$\overline{\mathrm{cn}}(\zeta,\varkappa)$	
1,000 000	1,000 000	0,000 000	∞	0,000 000	0,50
0,998 073	0,998 138	0,062 163	16,056 853	−0,062 047	0,49
0,992 330	0,992 586	0,124 573	7,967 874	−0,123 650	0,48
0,982 875	0,983 449	0,187 482	5,245 576	−0,184 379	0,47
0,969 882	0,970 898	0,251 139	3,865 971	−0,243 831	0,46
0,953 579	0,955 158	0,315 803	3,024 536	−0,301 642	0,45
0,934 244	0,936 504	0,381 735	2,453 284	−0,357 496	0,44
0,912 193	0,915 247	0,449 203	2,037 488	−0,411 132	0,43
0,887 766	0,891 723	0,518 487	1,719 854	−0,462 347	0,42
0,861 316	0,866 282	0,589 875	1,468 584	−0,510 998	0,41
0,833 201	0,839 277	0,663 669	1,264 601	−0,557 002	0,40
0,803 770	0,811 054	0,740 186	1,095 744	−0,600 331	0,39
0,773 359	0,781 946	0,819 760	0,953 872	−0,641 008	0,38
0,742 280	0,752 264	0,902 746	0,833 307	−0,679 103	0,37
0,710 821	0,722 293	0,989 522	0,729 942	−0,714 725	0,36
0,679 240	0,692 291	1,080 495	0,640 717	−0,748 017	0,35
0,647 766	0,662 487	1,176 103	0,563 290	−0,779 152	0,34
0,616 595	0,633 077	1,276 821	0,495 823	−0,808 326	0,33
0,585 893	0,604 231	1,383 168	0,436 845	−0,835 753	0,32
0,555 799	0,576 089	1,495 715	0,385 160	−0,861 665	0,31
0,526 424	0,548 767	1,615 089	0,339 775	−0,886 307	0,30
0,497 856	0,522 356	1,741 990	0,299 861	−0,909 939	0,29
0,470 158	0,496 926	1,877 202	0,264 716	−0,932 829	0,28
0,443 378	0,472 528	2,021 605	0,233 739	−0,955 266	0,27
0,417 543	0,449 200	2,176 199	0,206 415	−0,977 549	0,26
0,392 668	0,426 962	2,342 129	0,182 296	−1,000 000	0,25
0,368 756	0,405 825	2,520 711	0,160 996	−1,022 967	0,24
0,345 797	0,385 790	2,713 473	0,142 176	−1,046 829	0,23
0,323 774	0,366 849	2,922 205	0,125 538	−1,072 007	0,22
0,302 664	0,348 989	3,149 024	0,110 825	−1,098 975	0,21
0,282 438	0,332 193	3,396 450	0,097 806	−1,128 277	0,20
0,263 060	0,316 438	3,667 524	0,086 281	−1,160 544	0,19
0,244 494	0,301 700	3,965 945	0,076 073	−1,196 526	0,18
0,226 700	0,287 953	4,296 271	0,067 024	−1,237 125	0,17
0,209 635	0,275 170	4,664 192	0,058 996	−1,283 446	0,16
0,193 257	0,263 323	5,076 904	0,051 867	−1,336 867	0,15
0,177 521	0,252 386	5,543 656	0,045 527	−1,399 140	0,14
0,162 383	0,242 330	6,076 538	0,039 880	−1,472 530	0,13
0,147 798	0,233 132	6,691 677	0,034 839	−1,560 042	0,12
0,133 721	0,224 765	7,411 066	0,030 328	−1,665 747	0,11
0,120 109	0,217 207	8,265 514	0,026 279	−1,795 324	0,10
0,106 916	0,210 436	9,299 538	0,022 629	−1,956 954	0,09
0,094 099	0,204 432	10,579 949	0,019 323	−2,162 878	0,08
0,081 615	0,199 177	12,211 772	0,016 310	−2,432 310	0,07
0,069 421	0,194 656	14,370 109	0,013 546	−2,797 234	0,06
0,057 475	0,190 855	17,370 219	0,010 987	−3,315 190	0,05
0,045 734	0,187 761	21,842 723	0,008 596	−4,101 206	0,04
0,034 157	0,185 364	29,259 231	0,006 335	−5,423 619	0,03
0,022 703	0,183 658	44,034 811	0,004 171	−8,087 353	0,02
0,011 331	0,182 637	88,245 327	0,002 070	−16,116 830	0,01
0,000 000	0,182 296	∞	0,000 000	−∞	0,00
$k'\,\mathrm{sd}(\zeta,\varkappa)$	$k'\,\mathrm{nd}(\zeta,\varkappa)$	$\frac{1}{k'}\,\mathrm{cs}(\zeta,\varkappa)$	$-\overline{\mathrm{cd}}(\zeta,\varkappa)$	$-\overline{\mathrm{sd}}(\zeta,\varkappa)$	$\zeta = \frac{z}{2K}$

Tafel III. (Fortsetzung)

$\vartheta_1'(0,\varkappa) = 3{,}698\,340$ $\vartheta_1'(0,k) = 0{,}595\,341$ $\vartheta_5'(0,\varkappa) = 11{,}367\,815$

$\vartheta_1'''/\vartheta_1'(\varkappa) = 0{,}981\,446$ $\vartheta_2''/\vartheta_2(\varkappa) = -12{,}963\,903$ $\vartheta_3''/\vartheta_3(\varkappa) = -11{,}681\,457$

$\vartheta_1'''/\vartheta_1'(k) = 0{,}025\,432$ $\vartheta_2''/\vartheta_2(k) = -0{,}335\,933$ $\vartheta_3''/\vartheta_3(k) = -0{,}302\,701$

$\vartheta_1'''''/\vartheta_1'(k) = -0{,}644\,170$ $\vartheta_2''''/\vartheta_2(k) = 0{,}272\,089$ $\vartheta_3''''/\vartheta_3(k) = 0{,}339\,139$

$\varkappa = 0{,}51$

$\zeta = \frac{z}{2K}$	$\overline{\mathrm{dn}}(\zeta,\varkappa)$	$\mathfrak{z}_1(\zeta,\varkappa)$	$\mathfrak{z}_3(\zeta,\varkappa)$	$\mathfrak{z}_5(\zeta,\varkappa)$	$\wp_1(\zeta,\varkappa)$
0,00	0,000 000	∞	0,000 000	∞	∞
0,01	−0,059 977	16,097 502	−0,019 328	16,097 504	259,129 977
0,02	−0,119 479	8,048 712	−0,038 641	8,048 733	64,783 426
0,03	−0,178 043	5,365 697	−0,057 923	5,365 767	28,794 421
0,04	−0,235 235	4,024 049	−0,077 157	4,024 215	16,199 554
0,05	−0,290 654	3,218 863	−0,096 328	3,219 189	10,371 322
0,06	−0,343 950	2,681 818	−0,115 416	2,682 387	7,206 822
0,07	−0,394 822	2,297 906	−0,134 404	2,298 818	5,300 213
0,08	−0,443 024	2,009 608	−0,153 271	2,010 984	4,064 246
0,09	−0,488 370	1,784 959	−0,171 994	1,786 943	3,218 362
0,10	−0,530 724	1,604 773	−0,190 551	1,607 531	2,614 779
0,11	−0,570 003	1,456 833	−0,208 914	1,460 558	2,169 643
0,12	−0,606 169	1,332 987	−0,227 055	1,337 903	1,832 492
0,13	−0,639 224	1,227 589	−0,244 941	1,233 950	1,571 480
0,14	−0,669 198	1,136 603	−0,262 537	1,144 698	1,365 701
0,15	−0,696 150	1,057 064	−0,279 804	1,067 223	1,200 964
0,16	−0,720 156	0,986 749	−0,296 697	0,999 345	1,067 363
0,17	−0,741 302	0,923 955	−0,313 170	0,939 410	0,957 805
0,18	−0,759 680	0,867 359	−0,329 167	0,886 147	0,867 108
0,19	−0,775 384	0,815 913	−0,344 630	0,838 569	0,791 406
0,20	−0,788 502	0,768 783	−0,359 494	0,795 906	0,727 771
0,21	−0,799 114	0,725 290	−0,373 685	0,757 553	0,673 951
0,22	−0,807 291	0,684 883	−0,387 125	0,723 037	0,628 188
0,23	−0,813 090	0,647 104	−0,399 725	0,691 989	0,589 096
0,24	−0,816 552	0,611 577	−0,411 391	0,664 127	0,555 566
0,25	−0,817 704	0,577 983	−0,422 017	0,639 237	0,526 707
0,25	1,182 296	0,577 983	−0,422 017	0,639 237	0,526 707
0,26	1,183 963	0,546 055	−0,431 493	0,617 165	0,501 792
0,27	1,189 005	0,515 569	−0,439 696	0,597 806	0,480 226
0,28	1,197 546	0,486 332	−0,446 498	0,581 098	0,461 517
0,29	1,209 800	0,458 178	−0,451 760	0,567 013	0,445 254
0,30	1,226 083	0,430 968	−0,455 339	0,555 555	0,431 097
0,31	1,246 825	0,404 580	−0,457 085	0,546 752	0,418 756
0,32	1,272 598	0,378 908	−0,456 845	0,540 651	0,407 989
0,33	1,304 149	0,353 862	−0,454 464	0,537 317	0,398 588
0,34	1,342 442	0,329 362	−0,449 790	0,536 821	0,390 378
0,35	1,388 734	0,305 339	−0,442 678	0,539 241	0,383 208
0,36	1,444 667	0,281 732	−0,432 993	0,544 651	0,376 950
0,37	1,512 410	0,258 489	−0,420 614	0,553 117	0,371 493
0,38	1,594 881	0,235 562	−0,405 446	0,564 689	0,366 743
0,39	1,696 075	0,212 911	−0,387 420	0,579 394	0,362 618
0,40	1,821 603	0,190 498	−0,366 504	0,597 229	0,359 048
0,41	1,979 582	0,168 292	−0,342 707	0,618 150	0,355 974
0,42	2,182 201	0,146 262	−0,316 085	0,642 073	0,353 344
0,43	2,448 620	0,124 383	−0,286 749	0,668 861	0,351 116
0,44	2,810 780	0,102 631	−0,254 865	0,698 323	0,349 253
0,45	3,326 177	0,080 984	−0,220 658	0,730 214	0,347 725
0,46	4,109 802	0,059 422	−0,184 409	0,764 233	0,346 507
0,47	5,429 955	0,037 927	−0,146 452	0,800 025	0,345 579
0,48	8,091 524	0,016 480	−0,107 169	0,837 192	0,344 926
0,49	16,118 900	−0,004 933	−0,066 980	0,875 298	0,344 539
0,50	∞	−0,026 331	−0,026 331	0,913 880	0,344 411
	$\overline{\mathrm{sc}}(\zeta,\varkappa)$	$-\mathfrak{z}_2(\zeta,\varkappa)$	$-\mathfrak{z}_4(\zeta,\varkappa)$	$-\mathfrak{z}_6(\zeta,\varkappa)$	$\wp_2(\zeta,\varkappa)$

Tafel III

$\varkappa = 0{,}51$			
	$\vartheta_5'(0, k) = 1{,}829\,935$	$\vartheta_6(0, k) = 1{,}829\,935$	$\vartheta_{\substack{5\\6}}(\tfrac{1}{4}, \varkappa) = 1{,}980\,277$
	$\vartheta_4''/\vartheta_4(\varkappa) = 25{,}626\,806$	$\vartheta_5'''/\vartheta_5'(\varkappa) = -34{,}062\,924$	$\vartheta_6''/\vartheta_6(\varkappa) = 12{,}662\,902$
	$\vartheta_4''/\vartheta_4(k) = 0{,}664\,067$	$\vartheta_5'''/\vartheta_5'(k) = -0{,}882\,672$	$\vartheta_6''/\vartheta_6(k) = 0{,}328\,133$
	$\vartheta_4''''/\vartheta_4(k) = -0{,}610\,582$	$\vartheta_5'''''/\vartheta_5'(k) = 0{,}974\,544$	$\vartheta_6''''/\vartheta_6(k) = -1{,}676\,985$

$\wp_3(\zeta, \varkappa)$	$\wp_5(\zeta, \varkappa)$	$\wp_1'(\zeta, \varkappa)$	$\wp_3'(\zeta, \varkappa)$	$\wp_5'(\zeta, \varkappa)$	
0,311 179	∞	− ∞	0,000 000	− ∞	0,50
0,311 055	259,129 853	−8342,677 17	−0,004 001	−8342,681 17	0,49
0,310 680	64,782 927	−1042,819 69	−0,008 060	−1042,827 75	0,48
0,310 051	28,793 293	−308,964 548	−0,012 235	−308,976 783	0,47
0,309 157	16,197 532	−130,322 997	−0,016 586	−130,339 583	0,46
0,307 985	10,368 129	−66,702 577	−0,021 175	−66,723 752	0,45
0,306 520	7,202 163	−38,577 463	−0,026 065	−38,603 528	0,44
0,304 739	5,293 774	−24,269 756	−0,031 326	−24,301 083	0,43
0,302 618	4,055 686	−16,234 859	−0,037 030	−16,271 889	0,42
0,300 128	3,207 311	−11,378 447	−0,043 253	−11,421 700	0,41
0,297 232	2,600 832	−8,271 420	−0,050 078	−8,321 498	0,40
0,293 891	2,152 355	−6,191 461	−0,057 592	−6,249 053	0,39
0,290 060	1,811 373	−4,746 624	−0,065 891	−4,812 515	0,38
0,285 687	1,545 988	−3,711 664	−0,075 076	−3,786 739	0,37
0,280 712	1,335 234	−2,950 847	−0,085 254	−3,036 101	0,36
0,275 071	1,164 857	−2,379 051	−0,096 541	−2,475 592	0,35
0,268 692	1,024 876	−1,941 042	−0,109 058	−2,050 101	0,34
0,261 494	0,908 120	−1,599 916	−0,122 933	−1,722 849	0,33
0,253 388	0,809 317	−1,330 366	−0,138 297	−1,468 663	0,32
0,244 278	0,724 505	−1,114 649	−0,155 283	−1,269 932	0,31
0,234 059	0,650 651	−0,940 063	−0,174 026	−1,114 089	0,30
0,222 617	0,585 389	−0,797 356	−0,194 654	−0,992 009	0,29
0,209 833	0,526 842	−0,679 673	−0,217 287	−0,896 960	0,28
0,195 577	0,473 494	−0,581 863	−0,242 030	−0,823 894	0,27
0,179 717	0,424 104	−0,500 001	−0,268 962	−0,768 963	0,26
0,162 114	0,377 643	−0,431 057	−0,298 129	−0,729 186	0,25
0,162 114	0,377 643	−0,431 057	−0,298 129	−0,729 186	0,25
0,142 630	0,333 244	−0,372 668	−0,329 529	−0,702 197	0,24
0,121 128	0,290 175	−0,322 970	−0,363 098	−0,686 069	0,23
0,097 476	0,247 814	−0,280 479	−0,398 697	−0,679 176	0,22
0,071 555	0,205 631	−0,244 001	−0,436 085	−0,680 086	0,21
0,043 265	0,163 184	−0,212 569	−0,474 907	−0,687 476	0,20
0,012 532	0,120 109	−0,185 391	−0,514 667	−0,700 058	0,19
−0,020 684	0,076 126	−0,161 818	−0,554 711	−0,716 529	0,18
−0,056 376	0,031 034	−0,141 310	−0,594 207	−0,735 518	0,17
−0,094 478	−0,015 279	−0,123 416	−0,632 137	−0,755 553	0,16
−0,134 857	−0,062 827	−0,107 758	−0,667 284	−0,775 043	0,15
−0,177 297	−0,111 526	−0,094 017	−0,698 251	−0,792 268	0,14
−0,221 491	−0,161 176	−0,081 919	−0,723 475	−0,805 394	0,13
−0,267 030	−0,211 465	−0,071 234	−0,741 273	−0,812 507	0,12
−0,313 399	−0,261 960	−0,061 761	−0,749 907	−0,811 668	0,11
−0,359 975	−0,312 106	−0,053 327	−0,747 668	−0,800 995	0,10
−0,406 033	−0,361 238	−0,045 781	−0,732 988	−0,778 769	0,09
−0,450 758	−0,408 593	−0,038 990	−0,704 558	−0,743 549	0,08
−0,493 266	−0,453 328	−0,032 839	−0,661 465	−0,694 305	0,07
−0,532 629	−0,494 554	−0,027 223	−0,603 315	−0,630 538	0,06
−0,567 916	−0,531 370	−0,022 048	−0,530 343	−0,552 391	0,05
−0,598 232	−0,562 904	−0,017 228	−0,443 484	−0,460 713	0,04
−0,622 762	−0,588 362	−0,012 685	−0,344 398	−0,357 083	0,03
−0,640 816	−0,607 068	−0,008 346	−0,235 428	−0,243 774	0,02
−0,651 868	−0,618 507	−0,004 140	−0,119 508	−0,123 648	0,01
−0,655 589	−0,622 357	0,000 000	0,000 000	0,000 000	0,00
$\wp_4(\zeta, \varkappa)$	$\wp_6(\zeta, \varkappa)$	$-\wp_2'(\zeta, \varkappa)$	$-\wp_4'(\zeta, \varkappa)$	$-\wp_6'(\zeta, \varkappa)$	$\zeta = \frac{z}{2K}$

Tafel III

$\sqrt{k} = 0{,}990\,533$ | $k = 0{,}981\,156$ | $k^2 = 0{,}962\,668$ | $\varkappa = 0{,}52$

$\sqrt{k'} = 0{,}439\,564$ | $k' = 0{,}193\,216$ | $k'^2 = 0{,}037\,332$

$e_1 = -e'_3 = 0{,}345\,777$ | $e_2 = -e'_2 = 0{,}308\,445$ | $e_3 = -e'_1 = -0{,}654\,223$

$g_2 = g'_2 = 1{,}285\,415$ | $g_3 = -g'_3 = -0{,}279\,100$ | $g_3/\sqrt{g_2^3} = -0{,}191\,512$

$\bar{g}_2 = \bar{g}'_2 = 0{,}566\,640$ | $\bar{g}_3 = -\bar{g}'_3 = -0{,}589\,484$ | $\bar{g}_3/\sqrt{\bar{g}_2^3} = -1{,}382\,011$

$\zeta = \frac{z}{2K}$	$\vartheta_1(\zeta,\varkappa)$	$\vartheta_3(\zeta,\varkappa)$	$\frac{\partial \ln \vartheta_1(\zeta,\varkappa)}{\partial \zeta}$	$\frac{\partial \ln \vartheta_3(\zeta,\varkappa)}{\partial \zeta}$	$\operatorname{sn}(\zeta,\varkappa)$
0,00	0,000 000	1,393 346	∞	0,000 000	0,000 000
0,01	0,037 001	1,392 552	100,000 790	−0,113 903	0,060 917
0,02	0,074 004	1,390 176	50,001 403	−0,227 707	0,121 392
0,03	0,111 007	1,386 226	33,334 995	−0,341 309	0,180 996
0,04	0,148 012	1,380 720	25,001 392	−0,454 606	0,239 324
0,05	0,185 017	1,373 681	20,000 425	−0,567 491	0,296 006
0,06	0,222 020	1,365 140	16,665 260	−0,679 848	0,350 717
0,07	0,259 016	1,355 133	14,281 453	−0,791 558	0,403 181
0,08	0,296 000	1,343 702	12,491 708	−0,902 490	0,453 175
0,09	0,332 964	1,330 896	11,097 465	−1,012 505	0,500 532
0,10	0,369 897	1,316 770	9,979 541	−1,121 449	0,545 136
0,11	0,406 787	1,301 383	9,062 050	−1,229 157	0,586 925
0,12	0,443 618	1,284 800	8,294 367	−1,335 444	0,625 880
0,13	0,480 371	1,267 092	7,641 420	−1,440 111	0,662 024
0,14	0,517 024	1,248 331	7,078 134	−1,542 935	0,695 416
0,15	0,553 553	1,228 596	6,586 106	−1,643 671	0,726 140
0,16	0,589 929	1,207 971	6,151 523	−1,742 048	0,754 307
0,17	0,626 121	1,186 539	5,763 812	−1,837 767	0,780 041
0,18	0,662 094	1,164 389	5,414 746	−1,930 498	0,803 481
0,19	0,697 809	1,141 612	5,097 829	−2,019 877	0,824 769
0,20	0,733 226	1,118 302	4,807 863	−2,105 501	0,844 054
0,21	0,768 299	1,094 552	4,540 641	−2,186 930	0,861 483
0,22	0,802 981	1,070 460	4,292 728	−2,263 680	0,877 201
0,23	0,837 221	1,046 121	4,061 288	−2,335 223	0,891 349
0,24	0,870 967	1,021 634	3,843 966	−2,400 983	0,904 060
0,25	0,904 162	0,997 095	3,638 788	−2,460 338	0,915 462
0,26	0,936 748	0,972 602	3,444 093	−2,512 616	0,925 675
0,27	0,968 666	0,948 252	3,258 472	−2,557 096	0,934 810
0,28	0,999 855	0,924 138	3,080 725	−2,593 013	0,942 969
0,29	1,030 251	0,900 357	2,909 827	−2,619 560	0,950 249
0,30	1,059 791	0,876 998	2,744 895	−2,635 893	0,956 736
0,31	1,088 410	0,854 153	2,585 168	−2,641 143	0,962 509
0,32	1,116 043	0,831 908	2,429 988	−2,634 423	0,967 640
0,33	1,142 628	0,810 348	2,278 784	−2,614 850	0,972 196
0,34	1,168 098	0,789 556	2,131 055	−2,581 557	0,976 234
0,35	1,192 393	0,769 608	1,986 369	−2,533 722	0,979 808
0,36	1,215 449	0,750 581	1,844 341	−2,470 592	0,982 965
0,37	1,237 207	0,732 544	1,704 638	−2,391 515	0,985 747
0,38	1,257 610	0,715 564	1,566 963	−2,295 972	0,988 192
0,39	1,276 602	0,699 706	1,431 055	−2,183 618	0,990 333
0,40	1,294 130	0,685 025	1,296 680	−2,054 313	0,992 200
0,41	1,310 147	0,671 578	1,163 631	−1,908 164	0,993 818
0,42	1,324 607	0,659 411	1,031 722	−1,745 551	0,995 210
0,43	1,337 467	0,648 571	0,900 785	−1,567 158	0,996 396
0,44	1,348 690	0,639 095	0,770 668	−1,373 991	0,997 392
0,45	1,358 244	0,631 019	0,641 231	−1,167 380	0,998 212
0,46	1,366 101	0,624 371	0,512 345	−0,948 975	0,998 868
0,47	1,372 236	0,619 176	0,383 890	−0,720 725	0,999 368
0,48	1,376 631	0,615 452	0,255 753	−0,484 841	0,999 721
0,49	1,379 274	0,613 212	0,127 824	−0,243 743	0,999 930
0,50	1,380 155	0,612 464	0,000 000	0,000 000	1,000 000
	$\vartheta_2(\zeta,\varkappa)$	$\vartheta_4(\zeta,\varkappa)$	$-\frac{\partial \ln \vartheta_2(\zeta,\varkappa)}{\partial \zeta}$	$-\frac{\partial \ln \vartheta_4(\zeta,\varkappa)}{\partial \zeta}$	$\operatorname{cd}(\zeta,\varkappa)$

Tafel III

$\varkappa = 0{,}52$

$k^2 k'^2 = 0{,}035\,939$	$\eta_1 = -\eta_2' = -0{,}002\,204$	$\eta_1' = -\eta_2 = 0{,}327\,022$
$\pi/KK' = 0{,}649\,638$	$\bar\eta_1 = -\bar\eta_2' = 0{,}304\,038$	$\bar\eta_1' = -\bar\eta_2 = 0{,}345\,600$
$K = 3{,}049\,563$	$E = 1{,}047\,750$	$A = 1{,}867\,805$
$K' = 1{,}585\,773$	$E' = 1{,}556\,032$	$A' = 0{,}058\,919$
$B = 0{,}970\,120$	$C = 1{,}152\,344$	$D = 2{,}079\,444$

$\mathrm{cn}(\zeta, \varkappa)$	$\mathrm{dn}(\zeta, \varkappa)$	$\mathrm{sc}(\zeta, \varkappa)$	$\overline{\mathrm{sn}}(\zeta, \varkappa)$	$\overline{\mathrm{cn}}(\zeta, \varkappa)$	
1,000 000	1,000 000	0,000 000	∞	0,000 000	0,50
0,998 143	0,998 212	0,061 031	16,355 957	−0,060 921	0,49
0,992 605	0,992 882	0,122 297	8,118 632	−0,121 426	0,48
0,983 484	0,984 105	0,184 036	5,347 367	−0,181 110	0,47
0,970 940	0,972 040	0,246 487	3,943 584	−0,239 595	0,46
0,955 186	0,956 897	0,309 893	3,087 827	−0,296 536	0,45
0,936 482	0,938 930	0,374 505	2,507 124	−0,351 634	0,44
0,915 120	0,918 430	0,440 577	2,084 609	−0,404 639	0,43
0,891 422	0,895 712	0,508 373	1,761 917	−0,455 356	0,42
0,865 718	0,871 103	0,578 169	1,506 659	−0,503 645	0,41
0,838 348	0,844 938	0,650 251	1,299 404	−0,549 422	0,40
0,809 641	0,817 545	0,724 919	1,127 773	−0,592 654	0,39
0,779 919	0,789 239	0,802 493	0,983 484	−0,633 359	0,38
0,749 482	0,760 320	0,883 308	0,860 763	−0,671 597	0,37
0,718 608	0,731 062	0,967 726	0,755 443	−0,707 468	0,36
0,687 547	0,701 716	1,056 132	0,664 420	−0,741 105	0,35
0,656 522	0,672 505	1,148 944	0,585 324	−0,772 670	0,34
0,625 728	0,643 623	1,246 614	0,516 297	−0,802 350	0,33
0,595 331	0,615 240	1,349 637	0,455 856	−0,830 350	0,32
0,565 470	0,587 496	1,458 555	0,402 793	−0,856 895	0,31
0,536 258	0,560 508	1,573 969	0,356 112	−0,882 223	0,30
0,507 786	0,534 372	1,696 546	0,314 977	−0,906 587	0,29
0,480 123	0,509 161	1,827 034	0,278 682	−0,930 254	0,28
0,453 318	0,484 931	1,966 275	0,246 624	−0,953 508	0,27
0,427 406	0,461 723	2,115 227	0,218 285	−0,976 649	0,26
0,402 404	0,439 564	2,274 984	0,193 216	−1,000 000	0,25
0,378 320	0,418 468	2,446 806	0,171 026	−1,023 909	0,24
0,355 149	0,398 440	2,632 160	0,151 374	−1,048 759	0,23
0,332 880	0,379 480	2,832 761	0,133 961	−1,074 975	0,22
0,311 492	0,361 576	3,050 640	0,118 525	−1,103 039	0,21
0,290 959	0,344 716	3,288 217	0,104 834	−1,133 501	0,20
0,271 251	0,328 881	3,548 410	0,092 684	−1,167 004	0,19
0,252 333	0,314 050	3,834 773	0,081 895	−1,204 311	0,18
0,234 169	0,300 201	4,151 686	0,072 308	−1,246 339	0,17
0,216 719	0,287 308	4,504 615	0,063 781	−1,294 213	0,16
0,199 941	0,275 348	4,900 476	0,056 188	−1,349 337	0,15
0,183 795	0,264 295	5,348 157	0,049 418	−1,413 492	0,14
0,168 237	0,254 125	5,859 279	0,043 371	−1,488 989	0,13
0,153 224	0,244 813	6,449 341	0,037 959	−1,578 884	0,12
0,138 712	0,236 337	7,139 483	0,033 103	−1,687 325	0,11
0,124 659	0,228 675	7,959 314	0,028 730	−1,820 095	0,10
0,111 021	0,221 806	8,951 621	0,024 778	−1,985 525	0,09
0,097 755	0,215 712	10,180 611	0,021 189	−2,196 085	0,08
0,084 820	0,210 377	11,747 219	0,017 909	−2,471 339	0,07
0,072 172	0,205 783	13,819 718	0,014 891	−2,843 868	0,06
0,059 769	0,201 920	16,701 071	0,012 090	−3,372 272	0,05
0,047 571	0,198 774	20,997 294	0,009 467	−4,173 712	0,04
0,035 536	0,196 337	28,122 566	0,006 981	−5,521 496	0,03
0,023 623	0,194 601	42,319 632	0,004 598	−8,235 460	0,02
0,011 791	0,193 562	84,802 687	0,002 283	−16,414 596	0,01
0,000 000	0,193 216	∞	0,000 000	−∞	0,00
$k'\,\mathrm{sd}(\zeta, \varkappa)$	$k'\,\mathrm{nd}(\zeta, \varkappa)$	$\frac{1}{k'}\,\mathrm{cs}(\zeta, \varkappa)$	$-\overline{\mathrm{cd}}(\zeta, \varkappa)$	$-\overline{\mathrm{sd}}(\zeta, \varkappa)$	$\zeta = \frac{z}{2K}$

Tafel III. (Fortsetzung)

$\vartheta_1'(0,\varkappa) = 3{,}700\,133$	$\vartheta_1'(0,k) = 0{,}606\,666$	$\vartheta_5'(0,\varkappa) = 11{,}215\,068$
$\vartheta_1'''/\vartheta_1'(\varkappa) = 0{,}245\,917$	$\vartheta_2''/\vartheta_2(\varkappa) = -12{,}780\,723$	$\vartheta_3''/\vartheta_3(\varkappa) = -11{,}391\,979$
$\vartheta_1'''/\vartheta_1'(k) = 0{,}006\,611$	$\vartheta_2''/\vartheta_2(k) = -\;0{,}343\,574$	$\vartheta_3''/\vartheta_3(k) = -\;0{,}306\,241$
$\vartheta_1'''''/\vartheta_1'(k) = -0{,}642\,635$	$\vartheta_2''''/\vartheta_2(k) = 0{,}279\,464$	$\vartheta_3''''/\vartheta_3(k) = 0{,}353\,229$

$\varkappa = 0{,}52$

$\zeta = \frac{z}{2K}$	$\overline{\mathrm{dn}}(\zeta,\varkappa)$	$\mathfrak{z}_1(\zeta,\varkappa)$	$\mathfrak{z}_3(\zeta,\varkappa)$	$\mathfrak{z}_5(\zeta,\varkappa)$	$\wp_1(\zeta,\varkappa)$
0,00	0,000 000	∞	0,000 000	∞	∞
0,01	−0,058 639	16,395 786	−0,018 810	16,395 789	268,822 201
0,02	−0,116 828	8,197 857	−0,037 603	8,197 878	67,206 445
0,03	−0,174 129	5,465 133	−0,056 364	5,465 207	29,871 247
0,04	−0,230 128	4,098 638	−0,075 074	4,098 814	16,805 163
0,05	−0,284 446	3,278 556	−0,093 717	3,278 901	10,758 770
0,06	−0,336 743	2,731 595	−0,112 273	2,732 197	7,475 708
0,07	−0,386 730	2.340 616	−0.130 723	2,341 580	5,497 555
0,08	−0,434 167	2,047 039	−0,149 046	2,048 493	4,215 098
0,09	−0,478 867	1,818 308	−0,167 218	1,820 402	3,337 287
0,10	−0,520 691	1,634 881	−0,185 214	1,637 791	2,710 816
0,11	−0,559 551	1,484 316	−0,203 008	1,488 245	2,248 697
0,12	−0,595 399	1,358 314	−0,220 569	1,363 494	1,898 585
0,13	−0,628 225	1,251 124	−0,237 865	1,257 821	1,627 445
0,14	−0,658 050	1,158 634	−0,254 858	1,167 151	1,413 590
0,15	−0,684 917	1,077 828	−0,271 509	1,088 506	1,242 305
0,16	−0,708 889	1,006 440	−0,287 773	1,019 667	1,103 312
0,17	−0,730 042	0,942 738	−0,303 601	0,958 948	0,989 259
0,18	−0,748 455	0,885 371	−0,318 940	0,905 056	0,894 770
0,19	−0,764 211	0,833 276	−0,333 728	0,856 984	0,815 839
0,20	−0,777 389	0,785 599	−0,347 902	0,813 947	0.749 430
0,21	−0,788 062	0,741 652	−0,361 387	0,775 326	0,693 209
0,22	−0,796 293	0,700 870	−0,374 105	0,740 639	0,645 353
0,23	−0,802 134	0,662 789	−0,385 969	0,709 506	0,604 427
0,24	−0,805 623	0,627 023	−0,396 886	0,681 636	0,569 282
0,25	−0,806 784	0,593 248	−0,406 752	0,656 807	0,538 994
0,25	1,193 216	0,593 248	−0,406 752	0,656 807	0,538 994
0,26	1,194 935	0,561 192	−0,415 458	0,634 858	0,512 810
0,27	1,200 133	0,530 623	−0,422 885	0,615 675	0,490 114
0,28	1,208 936	0,501 346	−0,428 908	0,599 186	0,470 395
0,29	1,221 563	0,473 192	−0,433 395	0,585 357	0,453 230
0,30	1,238 334	0,446 015	−0,436 208	0,574 181	0,438 264
0,31	1,259 688	0,419 692	−0,437 203	0,565 676	0,425 198
0,32	1,286 206	0,394 115	−0,436 235	0,559 878	0,413 779
0,33	1,318 647	0,369 189	−0,433 161	0,556 840	0,403 794
0,34	1,357 994	0,344 834	−0,427 836	0,556 621	0,395 059
0,35	1,405 525	0,320 977	−0,420 128	0,559 285	0,387 419
0,36	1,462 910	0,297 556	−0,409 912	0,564 893	0,380 739
0,37	1,532 360	0,274 516	−0,397 081	0,573 496	0,374 906
0,38	1,616 843	0,251 809	−0,381 550	0,585 132	0,369 819
0,39	1,720 428	0,229 391	−0,363 263	0,599 814	0,365 396
0,40	1,848 826	0,207 225	−0,342 197	0,617 526	0,361 563
0,41	2,010 304	0,185 276	−0,318 369	0,638 218	0,358 257
0,42	2,217 273	0,163 514	−0,291 842	0,661 795	0,355 426
0,43	2,489 248	0,141 912	−0,262 727	0,688 120	0,353 024
0,44	2,858 758	0,120 443	−0,231 190	0,717 001	0,351 014
0,45	3,384 362	0,099 087	−0,197 449	0,748 198	0,349 363
0,46	4,183 179	0,077 821	−0,161 774	0,781 419	0,348 046
0,47	5,528 478	0,056 625	−0,124 485	0,816 325	0,347 042
0,48	8,240 058	0,035 481	−0,085 945	0,852 534	0,346 336
0,49	16,416 878	0,014 372	−0,046 549	0,889 633	0,345 917
0,50	∞	−0,006 720	−0,006 720	0,927 183	0,345 778
	$\overline{\mathrm{sc}}(\zeta,\varkappa)$	$-\mathfrak{z}_2(\zeta,\varkappa)$	$-\mathfrak{z}_4(\zeta,\varkappa)$	$-\mathfrak{z}_6(\zeta,\varkappa)$	$\wp_2(\zeta,\varkappa)$

Tafel III

$\varkappa = 0{,}52$			
	$\vartheta_5'(0, k) = 1{,}838\,799$	$\vartheta_6(0, k) = 1{,}838\,799$	$\vartheta_5(\frac{1}{4}, \varkappa) = 1{,}961\,139$
	$\vartheta_4''/\vartheta_4(\varkappa) = 24{,}418\,619$	$\vartheta_5'''/\vartheta_5'(\varkappa) = -33{,}930\,020$	$\vartheta_6''/\vartheta_6(\varkappa) = 11{,}637\,896$
	$\vartheta_4''/\vartheta_4(k) = 0{,}656\,426$	$\vartheta_5'''/\vartheta_5'(k) = -0{,}912\,113$	$\vartheta_6''/\vartheta_6(k) = 0{,}312\,852$
	$\vartheta_4''''/\vartheta_4(k) = -0{,}632\,649$	$\vartheta_5'''''/\vartheta_5'(k) = 1{,}103\,265$	$\vartheta_6''''/\vartheta_6(k) = -1{,}706\,371$

$\wp_3(\zeta, \varkappa)$	$\wp_5(\zeta, \varkappa)$	$\wp_1'(\zeta, \varkappa)$	$\wp_3'(\zeta, \varkappa)$	$\wp_5'(\zeta, \varkappa)$	
0,308 445	∞	−∞	0,000 000	−∞	0,50
0,308 311	268,822 067	−8815,089 55	−0,004 394	−8815,093 94	0,49
0,307 908	67,205 907	−1101,871 57	−0,008 848	−1101,880 41	0,48
0,307 229	29,870 032	−326,461 811	−0,013 425	−326,475 236	0,47
0,306 266	16,802 984	−137,705 109	−0,018 185	−137,723 294	0,46
0,305 006	10,755 331	−70,482 689	−0,023 195	−70,505 883	0,45
0,303 431	7,470 694	−40,765 498	−0,028 520	−40,794 018	0,44
0,301 519	5,490 629	−25,648 102	−0,034 232	−25,682 334	0,43
0,299 246	4,205 898	−17,158 680	−0,040 405	−17,199 085	0,42
0,296 579	3,325 421	−12,027 684	−0,047 119	−12,074 803	0,41
0,293 485	2,695 856	−8,745 089	−0,054 456	−8,799 545	0,40
0,289 922	2,230 175	−6,547 672	−0,062 508	−6,610 179	0,39
0,285 844	1,875 984	−5,021 293	−0,071 369	−5,092 661	0,38
0,281 198	1,600 198	−3,927 952	−0,081 141	−4,009 093	0,37
0,275 926	1,381 071	−3,124 229	−0,091 932	−3,216 161	0,36
0,269 961	1,203 820	−2,520 183	−0,103 856	−2,624 039	0,35
0,263 231	1,058 098	−2,057 454	−0,117 032	−2,174 486	0,34
0,255 657	0,936 471	−1,697 050	−0,131 583	−1,828 633	0,33
0,247 150	0,833 475	−1,412 235	−0,147 636	−1,559 871	0,32
0,237 615	0,745 009	−1,184 261	−0,165 318	−1,349 579	0,31
0,226 948	0,667 934	−0,999 714	−0,184 753	−1,184 467	0,30
0,215 040	0,599 804	−0,848 818	−0,206 058	−1,054 877	0,29
0,201 773	0,538 681	−0,724 336	−0,229 340	−0,953 676	0,28
0,187 023	0,483 005	−0,620 827	−0,254 685	−0,875 512	0,27
0,170 662	0,431 499	−0,534 146	−0,282 154	−0,816 300	0,26
0,152 561	0,383 110	−0,461 097	−0,311 767	−0,772 865	0,25
0,152 561	0,383 110	−0,461 097	−0,311 767	−0,772 865	0,25
0,132 589	0,336 954	−0,399 186	−0,343 499	−0,742 685	0,24
0,110 619	0,292 288	−0,346 445	−0,377 257	−0,723 702	0,23
0,086 533	0,248 483	−0,301 310	−0,412 870	−0,714 180	0,22
0,060 224	0,205 009	−0,262 521	−0,450 068	−0,712 589	0,21
0,031 608	0,161 427	−0,229 059	−0,488 464	−0,717 523	0,20
0,000 626	0,117 379	−0,200 090	−0,527 537	−0,727 627	0,19
−0,032 743	0,072 592	−0,174 929	−0,566 611	−0,741 539	0,18
−0,068 474	0,026 875	−0,153 006	−0,604 841	−0,757 848	0,17
−0,106 485	−0,019 871	−0,133 848	−0,641 208	−0,775 056	0,16
−0,146 628	−0,067 654	−0,117 056	−0,674 513	−0,791 568	0,15
−0,188 674	−0,116 380	−0,102 291	−0,703 391	−0,805 682	0,14
−0,232 308	−0,165 848	−0,089 269	−0,726 336	−0,815 606	0,13
−0,277 121	−0,215 747	−0,077 744	−0,741 747	−0,819 491	0,12
−0,322 602	−0,265 651	−0,067 505	−0,747 985	−0,815 490	0,11
−0,368 143	−0,315 026	−0,058 368	−0,743 465	−0,801 833	0,10
−0,413 044	−0,363 232	−0,050 175	−0,726 748	−0,776 923	0,09
−0,456 522	−0,409 541	−0,042 786	−0,696 664	−0,739 450	0,08
−0,497 736	−0,453 157	−0,036 077	−0,652 425	−0,688 502	0,07
−0,535 812	−0,493 244	−0,029 937	−0,593 739	−0,623 676	0,06
−0,569 874	−0,528 956	−0,024 267	−0,520 906	−0,545 174	0,05
−0,599 085	−0,559 484	−0,018 976	−0,434 879	−0,453 855	0,04
−0,622 686	−0,584 089	−0,013 981	−0,337 275	−0,351 255	0,03
−0,640 037	−0,602 146	−0,009 202	−0,230 341	−0,239 543	0,02
−0,650 650	−0,613 179	−0,004 566	−0,116 859	−0,121 424	0,01
−0,654 223	−0,616 890	0,000 000	0,000 000	0,000 000	0,00
$\wp_4(\zeta, \varkappa)$	$\wp_6(\zeta, \varkappa)$	$-\wp_2'(\zeta, \varkappa)$	$-\wp_4'(\zeta, \varkappa)$	$-\wp_6'(\zeta, \varkappa)$	$\zeta = \frac{z}{2K}$

Tafel III

$\sqrt{k} = 0{,}989\,396$ $\quad k = 0{,}978\,905$ $\quad k^2 = 0{,}958\,255$ $\quad \varkappa = 0{,}53$

$\sqrt{k'} = 0{,}452\,013$ $\quad k' = 0{,}204\,315$ $\quad k'^2 = 0{,}041\,745$

$e_1 = -e_3' = 0{,}347\,248$ $\quad e_2 = -e_2' = 0{,}305\,503$ $\quad e_3 = -e_1' = -0{,}652\,752$

$g_2 = g_2' = 1{,}279\,997$ $\quad g_3 = -g_3' = -0{,}276\,990$ $\quad g_3/\sqrt{g_2^3} = -0{,}191\,272$

$\bar{g}_2 = \bar{g}_2' = 0{,}479\,953$ $\quad \bar{g}_3 = -\bar{g}_3' = -0{,}619\,173$ $\quad \bar{g}_3/\sqrt{\bar{g}_2^3} = -1{,}862\,144$

$\zeta = \frac{z}{2K}$	$\vartheta_1(\zeta, \varkappa)$	$\vartheta_3(\zeta, \varkappa)$	$\frac{\partial \ln \vartheta_1(\zeta, \varkappa)}{\partial \zeta}$	$\frac{\partial \ln \vartheta_3(\zeta, \varkappa)}{\partial \zeta}$	$\mathrm{sn}(\zeta, \varkappa)$
0,00	0,000 000	1,380 927	∞	0,000 000	0,000 000
0,01	0,036 998	1,380 160	99,998 521	−0,111 082	0,059 839
0,02	0,073 995	1,377 863	49,996 877	−0,222 061	0,119 260
0,03	0,110 987	1,374 045	33,328 238	−0,332 831	0,177 856
0,04	0,147 974	1,368 723	24,992 443	−0,443 286	0,235 243
0,05	0,184 951	1,361 919	19,989 334	−0,553 314	0,291 070
0,06	0,221 913	1,353 662	16,652 090	−0,662 797	0,345 025
0,07	0,258 855	1,343 988	14,266 277	−0,771 612	0,396 841
0,08	0,295 768	1,332 936	12,474 609	−0,879 624	0,446 303
0,09	0,332 643	1,320 555	11,078 537	−0,986 692	0,493 243
0,10	0,369 467	1,306 895	9,958 885	−1,092 659	0,537 546
0,11	0,406 227	1,292 015	9,039 775	−1,197 357	0,579 143
0,12	0,442 905	1,275 976	8,270 591	−1,300 601	0,618 009
0,13	0,479 482	1,258 847	7,616 264	−1,402 188	0,654 158
0,14	0,515 934	1,240 698	7,051 726	−1,501 894	0,687 637
0,15	0,552 237	1,221 605	6,558 577	−1,599 474	0,718 521
0,16	0,588 362	1,201 647	6,123 006	−1,694 659	0,746 909
0,17	0,624 277	1,180 905	5,734 444	−1,787 150	0,772 914
0,18	0,659 948	1,159 466	5,384 663	−1,876 622	0,796 663
0,19	0,695 336	1,137 417	5,067 169	−1,962 712	0,818 292
0,20	0,730 401	1,114 848	4,776 761	−2,045 028	0,837 938
0,21	0,765 100	1,091 850	4,509 234	−2,123 137	0,855 742
0,22	0,799 386	1,068 516	4,261 148	−2,196 567	0,871 841
0,23	0,833 209	1,044 940	4,029 666	−2,264 804	0,886 371
0,24	0,866 519	1,021 216	3,812 429	−2,327 292	0,899 461
0,25	0,899 262	0,997 438	3,607 461	−2,383 429	0,911 234
0,26	0,931 381	0,973 701	3,413 095	−2,432 572	0,921 806
0,27	0,962 820	0,950 097	3,227 919	−2,474 033	0,931 287
0,28	0,993 520	0,926 720	3,050 728	−2,507 084	0,939 777
0,29	1,023 419	0,903 660	2,880 492	−2,530 962	0,947 371
0,30	1,052 458	0,881 007	2,716 323	−2,544 873	0,954 155
0,31	1,080 575	0,858 848	2,557 455	−2,548 004	0,960 207
0,32	1,107 708	0,837 268	2,403 224	−2,539 533	0,965 599
0,33	1,133 796	0,816 349	2,253 054	−2,518 643	0,970 397
0,34	1,158 778	0,796 172	2,106 441	−2,484 542	0,974 660
0,35	1,182 594	0,776 812	1,962 943	−2,436 486	0,978 441
0,36	1,205 186	0,758 342	1,822 175	−2,373 799	0,981 788
0,37	1,226 497	0,740 831	1,683 795	−2,295 908	0,984 744
0,38	1,246 472	0,724 345	1,547 503	−2,202 371	0,987 346
0,39	1,265 058	0,708 945	1,413 031	−2,092 909	0,989 630
0,40	1,282 207	0,694 688	1,280 142	−1,967 438	0,991 624
0,41	1,297 871	0,681 627	1,148 623	−1,826 105	0,993 356
0,42	1,312 008	0,669 809	1,018 283	−1,669 311	0,994 849
0,43	1,324 579	0,659 278	0,888 951	−1,497 738	0,996 121
0,44	1,335 547	0,650 073	0,760 469	−1,312 358	0,997 191
0,45	1,344 882	0,642 226	0,632 692	−1,114 442	0,998 074
0,46	1,352 557	0,635 767	0,505 488	−0,905 549	0,998 780
0,47	1,358 549	0,630 719	0,378 733	−0,687 507	0,999 319
0,48	1,362 842	0,627 100	0,252 308	−0,462 378	0,999 699
0,49	1,365 423	0,624 923	0,126 100	−0,232 415	0,999 925
0,50	1,366 284	0,624 197	0,000 000	0,000 000	1,000 000
	$\vartheta_2(\zeta, \varkappa)$	$\vartheta_4(\zeta, \varkappa)$	$-\frac{\partial \ln \vartheta_2(\zeta, \varkappa)}{\partial \zeta}$	$-\frac{\partial \ln \vartheta_4(\zeta, \varkappa)}{\partial \zeta}$	$\mathrm{cd}(\zeta, \varkappa)$

Tafel III

$\varkappa = 0{,}53$

$k^2 k'^2 = 0{,}040\,002$	$\eta_1 = -\eta_2' = 0{,}004\,045$	$\eta_1' = -\eta_2 = 0{,}326\,265$
$\pi/KK' = 0{,}660\,619$	$\bar\eta_1 = -\bar\eta_2' = 0{,}313\,594$	$\bar\eta_1' = -\bar\eta_2 = 0{,}347\,026$
$K = 2{,}995\,445$	$E = 1{,}052\,280$	$A = 1{,}854\,471$
$K' = 1{,}587\,586$	$E' = 1{,}554\,273$	$A' = 0{,}065\,920$
$B = 0{,}967\,629$	$C = 1{,}106\,372$	$D = 2{,}027\,816$

$\mathrm{cn}(\zeta, \varkappa)$	$\mathrm{dn}(\zeta, \varkappa)$	$\mathrm{sc}(\zeta, \varkappa)$	$\overline{\mathrm{sn}}(\zeta, \varkappa)$	$\overline{\mathrm{cn}}(\zeta, \varkappa)$	
1,000 000	1,000 000	0,000 000	∞	0,000 000	0,50
0,998 208	0,998 283	0,059 946	16,652 968	−0,059 843	0,49
0,992 863	0,993 162	0,120 117	8,268 303	−0,119 295	0,48
0,984 057	0,984 727	0,180 737	5,448 394	−0,177 977	0,47
0,971 937	0,973 124	0,242 035	4,020 587	−0,235 531	0,46
0,956 702	0,958 548	0,304 243	3,150 599	−0,291 632	0,45
0,938 594	0,941 237	0,367 598	2,560 509	−0,345 997	0,44
0,917 887	0,921 461	0,432 342	2,131 326	−0,398 386	0,43
0,894 882	0,899 516	0,498 728	1,803 621	−0,448 614	0,42
0,869 892	0,875 710	0,567 016	1,544 417	−0,496 542	0,41
0,843 234	0,850 357	0,637 481	1,333 933	−0,542 086	0,40
0,815 226	0,823 769	0,710 408	1,159 572	−0,585 212	0,39
0,786 171	0,796 247	0,786 100	1,012 908	−0,625 929	0,38
0,756 358	0,768 076	0,864 878	0,888 074	−0,664 293	0,37
0,726 055	0,739 523	0,947 087	0,780 840	−0,700 392	0,36
0,695 505	0,710 830	1,033 093	0,688 060	−0,734 353	0,35
0,664 927	0,682 214	1,123 295	0,607 333	−0,766 327	0,34
0,634 511	0,653 867	1,218 125	0,536 782	−0,796 492	0,33
0,604 423	0,625 957	1,318 055	0,474 909	−0,825 045	0,32
0,574 803	0,598 624	1,423 604	0,420 499	−0,852 204	0,31
0,545 765	0,571 988	1,535 345	0,372 547	−0,878 199	0,30
0,517 403	0,546 146	1,653 918	0,330 213	−0,903 280	0,29
0,489 788	0,521 175	1,780 038	0,292 788	−0,927 711	0,28
0,462 975	0,497 135	1,914 513	0,259 666	−0,951 770	0,27
0,437 001	0,474 070	2,058 259	0,230 326	−0,975 759	0,26
0,411 889	0,452 013	2,212 327	0,204 315	−1,000 000	0,25
0,387 651	0,430 981	2,377 928	0,181 242	−1,024 843	0,24
0,364 286	0,410 986	2,556 469	0,160 763	−1,050 674	0,23
0,341 787	0,392 029	2,749 599	0,142 577	−1,077 922	0,22
0,320 137	0,374 104	2,959 271	0,126 418	−1,107 076	0,21
0,299 313	0,357 202	3,187 812	0,112 053	−1,138 694	0,20
0,279 290	0,341 308	3,438 029	0,099 274	−1,173 428	0,19
0,260 035	0,326 405	3,713 344	0,087 901	−1,212 054	0,18
0,241 514	0,312 472	4,017 972	0,077 769	−1,255 505	0,17
0,223 691	0,299 489	4,357 174	0,068 735	−1,304 925	0,16
0,206 526	0,287 432	4,737 611	0,060 670	−1,361 743	0,15
0,189 980	0,276 280	5,167 840	0,053 461	−1,427 771	0,14
0,174 012	0,266 009	5,659 052	0,047 006	−1,505 361	0,13
0,158 580	0,256 598	6,226 171	0,041 213	−1,597 624	0,12
0,143 642	0,248 025	6,889 552	0,036 000	−1,708 783	0,11
0,129 156	0,240 270	7,677 707	0,031 295	−1,844 725	0,10
0,115 081	0,233 314	8,631 834	0,027 030	−2,013 929	0,09
0,101 373	0,227 139	9,813 754	0,023 145	−2,229 090	0,08
0,087 992	0,221 730	11,320 650	0,019 586	−2,510 126	0,07
0,074 895	0,217 071	13,314 537	0,016 303	−2,890 203	0,06
0,062 042	0,213 151	16,087 101	0,013 250	−3,428 981	0,05
0,049 391	0,209 958	20,221 801	0,010 383	−4,245 734	0,04
0,036 902	0,207 484	27,080 160	0,007 662	−5,618 709	0,03
0,024 534	0,205 722	40,746 938	0,005 049	−8,382 550	0,02
0,012 247	0,204 667	81,646 339	0,002 507	−16,710 305	0,01
0,000 000	0,204 315	∞	0,000 000	$-\infty$	0,00
$k'\,\mathrm{sd}(\zeta, \varkappa)$	$k'\,\mathrm{nd}(\zeta, \varkappa)$	$\frac{1}{k'}\,\mathrm{cs}(\zeta, \varkappa)$	$-\overline{\mathrm{cd}}(\zeta, \varkappa)$	$-\overline{\mathrm{sd}}(\zeta, \varkappa)$	$\zeta = \frac{z}{2K}$

Tafel III. (Fortsetzung)

$\vartheta_1'(0,\varkappa) = 3{,}699\,841$ $\quad\vartheta_1'(0,k) = 0{,}617\,578$ $\quad\vartheta_5'(0,\varkappa) = 11{,}065\,030$

$\vartheta_1'''/\vartheta_1'(\varkappa) = -0{,}435\,538$ $\quad\vartheta_2''/\vartheta_2(\varkappa) = -12{,}608\,186$ $\quad\vartheta_3''/\vartheta_3(\varkappa) = -11{,}109\,933$

$\vartheta_1'''/\vartheta_1'(k) = -0{,}012\,135$ $\quad\vartheta_2''/\vartheta_2(k) = -\;0{,}351\,293$ $\quad\vartheta_3''/\vartheta_3(k) = -\;0{,}309\,548$

$\vartheta_1'''''/\vartheta_1'(k) = -0{,}639\,753$ $\quad\vartheta_2''''/\vartheta_2(k) = 0{,}286\,731$ $\quad\vartheta_3''''/\vartheta_3(k) = 0{,}367\,465$

$\varkappa = 0{,}53$

$\zeta = \frac{z}{2K}$	$\overline{\mathrm{dn}}(\zeta,\varkappa)$	$\mathfrak{z}_1(\zeta,\varkappa)$	$\mathfrak{z}_3(\zeta,\varkappa)$	$\mathfrak{z}_5(\zeta,\varkappa)$	$\wp_1(\zeta,\varkappa)$
0,00	0,000 000	∞	0,000 000	∞	∞
0,01	−0,057 337	16,692 005	−0,018 300	16,692 008	278,623 419
0,02	−0,114 247	8,345 968	−0,036 582	8,345 991	69,656 714
0,03	−0,170 315	5,563 880	−0,054 829	5,563 958	30,960 189
0,04	−0,225 148	4,172 710	−0,073 024	4,172 896	17,417 592
0,05	−0,278 382	3,337 833	−0,091 148	3,338 198	11,150 591
0,06	−0,329 693	2,781 022	−0,109 180	2,781 657	7,747 640
0,07	−0,378 800	2,383 025	−0,127 101	2,384 040	5,697 144
0,08	−0,425 469	2,084 202	−0,144 888	2,085 732	4,367 682
0,09	−0,469 512	1,851 411	−0,162 518	1,853 615	3,457 594
0,10	−0,510 792	1,664 761	−0,179 963	1,667 822	2,807 988
0,11	−0,549 212	1,511 586	−0,197 197	1,515 715	2,328 705
0,12	−0,584 717	1,383 436	−0,214 188	1,388 876	1,965 495
0,13	−0,617 287	1,274 458	−0,230 903	1,281 486	1,684 121
0,14	−0,646 931	1,180 467	−0,247 304	1,189 397	1,462 109
0,15	−0,673 683	1,098 393	−0,263 349	1,109 580	1,284 209
0,16	−0,697 593	1,025 930	−0,278 995	1,039 773	1,139 772
0,17	−0,718 723	0,961 314	−0,294 192	0,978 262	1,021 181
0,18	−0,737 145	0,903 171	−0,308 884	0,923 729	0,922 864
0,19	−0,752 929	0,850 417	−0,323 012	0,875 150	0,840 674
0,20	−0,766 147	0,802 184	−0,336 510	0,831 722	0,771 465
0,21	−0,776 863	0,757 771	−0,349 305	0,792 815	0,712 820
0,22	−0,785 134	0,716 603	−0,361 320	0,757 935	0,662 852
0,23	−0,791 007	0,678 206	−0,372 468	0,726 693	0,620 073
0,24	−0,794 517	0,642 187	−0,382 656	0,698 788	0,583 296
0,25	−0,795 685	0,608 216	−0,391 784	0,673 992	0,551 564
0,25	1,204 315	0,608 216	−0,391 784	0,673 992	0,551 564
0,26	1,206 085	0,576 015	−0,399 745	0,652 132	0,524 097
0,27	1,211 437	0,545 348	−0,406 423	0,633 089	0,500 258
0,28	1,220 499	0,516 013	−0,411 697	0,616 782	0,479 518
0,29	1,233 494	0,487 840	−0,415 441	0,603 168	0,461 439
0,30	1,250 746	0,460 679	−0,417 520	0,592 230	0,445 653
0,31	1,272 703	0,434 403	−0,417 801	0,583 976	0,431 850
0,32	1,299 955	0,408 901	−0,416 144	0,578 433	0,419 770
0,33	1,333 274	0,384 077	−0,412 415	0,575 640	0,409 190
0,34	1,373 660	0,359 847	−0,406 481	0,575 647	0,399 922
0,35	1,422 413	0,336 136	−0,398 217	0,578 503	0,391 802
0,36	1,481 232	0,312 882	−0,387 511	0,584 256	0,384 692
0,37	1,552 367	0,290 026	−0,374 267	0,592 947	0,378 474
0,38	1,638 837	0,267 518	−0,358 411	0,604 597	0,373 045
0,39	1,744 783	0,245 314	−0,339 897	0,619 209	0,368 316
0,40	1,876 019	0,223 375	−0,318 712	0,636 758	0,364 213
0,41	2,040 959	0,201 664	−0,294 878	0,657 183	0,360 670
0,42	2,252 235	0,180 150	−0,268 464	0,680 386	0,357 631
0,43	2,529 712	0,158 804	−0,239 582	0,706 224	0,355 051
0,44	2,906 506	0,137 600	−0,208 396	0,734 508	0,352 889
0,45	3,442 230	0,116 514	−0,175 118	0,765 003	0,351 112
0,46	4,256 117	0,095 524	−0,140 007	0,797 426	0,349 694
0,47	5,626 371	0,074 608	−0,103 369	0,831 450	0,348 612
0,48	8,387 599	0,053 747	−0,065 548	0,866 713	0,347 851
0,49	16,712 811	0,032 923	−0,026 920	0,902 819	0,347 398
0,50	∞	0,012 117	0,012 117	0,939 352	0,347 248
	$\overline{\mathrm{sc}}(\zeta,\varkappa)$	$-\mathfrak{z}_2(\zeta,\varkappa)$	$-\mathfrak{z}_4(\zeta,\varkappa)$	$-\mathfrak{z}_6(\zeta,\varkappa)$	$\wp_2(\zeta,\varkappa)$

Tafel III

$\varkappa = 0{,}53$

$\vartheta_5'(0, k) = 1{,}846\,976$	$\vartheta_6(0, k) = 1{,}846\,976$	$\vartheta_{\substack{5\\6}}(\frac{1}{4}, \varkappa) = 1{,}942\,544$
$\vartheta_4''/\vartheta_4(\varkappa) = 23{,}282\,581$	$\vartheta_5'''/\vartheta_5'(\varkappa) = -33{,}765\,336$	$\vartheta_6''/\vartheta_6(\varkappa) = 10{,}674\,395$
$\vartheta_4''/\vartheta_4(k) = 0{,}648\,707$	$\vartheta_5'''/\vartheta_5'(k) = -\ 0{,}940\,781$	$\vartheta_6''/\vartheta_6(k) = 0{,}297\,413$
$\vartheta_4''''/\vartheta_4(k) = -0{,}654\,049$	$\vartheta_5'''''/\vartheta_5'(k) = 1{,}235\,137$	$\vartheta_6''''/\vartheta_6(k) = -1{,}734\,636$

$\wp_3(\zeta, \varkappa)$	$\wp_5(\zeta, \varkappa)$	$\wp_1'(\zeta, \varkappa)$	$\wp_3'(\zeta, \varkappa)$	$\wp_5'(\zeta, \varkappa)$	
0,305 503	∞	$-\infty$	0,000 000	$-\infty$	0,50
0,305 360	278,623 275	−9301,554 31	−0,004 803	−9301,559 11	0,49
0,304 927	69,656 137	−1162,679 98	−0,009 670	−1162,689 65	0,48
0,304 199	30,958 884	−344,479 518	−0,014 664	−344,494 182	0,47
0,303 166	17,415 255	−145,306 771	−0,019 850	−145,326 621	0,46
0,301 815	11,146 903	−74,375 198	−0,025 296	−74,400 494	0,45
0,300 128	7,742 265	−43,018 567	−0,031 070	−43,049 637	0,44
0,298 084	5,689 725	−27,067 393	−0,037 247	−27,104 640	0,43
0,295 656	4,357 835	−18,109 923	−0,043 902	−18,153 825	0,42
0,292 813	3,444 904	−12,696 176	−0,051 116	−12,747 292	0,41
0,289 518	2,792 003	−9,232 791	−0,058 976	−9,291 767	0,40
0,285 732	2,308 933	−6,914 426	−0,067 571	−6,981 997	0,39
0,281 406	1,941 397	−5,304 085	−0,076 999	−5,381 083	0,38
0,276 487	1,655 105	−4,150 633	−0,087 360	−4,237 992	0,37
0,270 918	1,427 523	−3,302 736	−0,098 761	−3,401 498	0,36
0,264 631	1,243 336	−2,665 490	−0,111 316	−2,776 806	0,35
0,257 555	1,091 823	−2,177 317	−0,125 139	−2,302 456	0,34
0,249 609	0,965 286	−1,797 073	−0,140 351	−1,937 424	0,33
0,240 708	0,858 069	−1,496 550	−0,157 071	−1,653 621	0,32
0,230 757	0,765 927	−1,255 968	−0,175 420	−1,431 388	0,31
0,219 655	0,685 616	−1,061 175	−0,195 511	−1,256 686	0,30
0,207 294	0,614 610	−0,901 860	−0,217 450	−1,119 310	0,29
0,193 562	0,550 910	−0,770 387	−0,241 329	−1,011 716	0,28
0,178 339	0,492 908	−0,661 020	−0,267 218	−0,928 237	0,27
0,161 503	0,439 296	−0,569 388	−0,295 155	−0,864 543	0,26
0,142 933	0,388 993	−0,492 121	−0,325 141	−0,817 262	0,25
0,142 933	0,388 993	−0,492 121	−0,325 141	−0,817 262	0,25
0,122 506	0,341 099	−0,426 590	−0,357 124	−0,783 714	0,24
0,100 105	0,294 860	−0,370 723	−0,390 983	−0,761 707	0,23
0,075 625	0,249 640	−0,322 871	−0,426 521	−0,749 391	0,22
0,048 973	0,204 909	−0,281 707	−0,463 438	−0,745 145	0,21
0,020 078	0,160 227	−0,246 158	−0,501 321	−0,747 479	0,20
−0,011 103	0,115 244	−0,215 347	−0,539 626	−0,754 972	0,19
−0,044 574	0,069 693	−0,188 551	−0,577 659	−0,766 210	0,18
−0,080 294	0,023 393	−0,165 172	−0,614 570	−0,779 741	0,17
−0,118 167	−0,023 749	−0,144 710	−0,649 341	−0,794 051	0,16
−0,158 031	−0,071 732	−0,126 747	−0,680 795	−0,807 542	0,15
−0,199 646	−0,120 457	−0,110 926	−0,707 606	−0,818 532	0,14
−0,242 693	−0,169 722	−0,096 948	−0,728 325	−0,825 273	0,13
−0,286 760	−0,219 219	−0,084 552	−0,741 431	−0,825 983	0,12
−0,331 347	−0,268 534	−0,073 517	−0,745 384	−0,818 902	0,11
−0,375 859	−0,317 149	−0,063 651	−0,738 714	−0,802 365	0,10
−0,419 619	−0,364 453	−0,054 785	−0,720 107	−0,774 892	0,09
−0,461 881	−0,409 753	−0,046 771	−0,688 518	−0,735 289	0,08
−0,501 843	−0,452 295	−0,039 478	−0,643 272	−0,682 750	0,07
−0,538 679	−0,491 293	−0,032 791	−0,584 168	−0,616 959	0,06
−0,571 567	−0,525 958	−0,026 602	−0,511 563	−0,538 165	0,05
−0,599 723	−0,555 532	−0,020 816	−0,426 417	−0,447 233	0,04
−0,622 440	−0,579 331	−0,015 345	−0,330 305	−0,345 649	0,03
−0,639 123	−0,596 775	−0,010 104	−0,225 379	−0,235 483	0,02
−0,649 321	−0,607 426	−0,005 014	−0,114 280	−0,119 294	0,01
−0,652 752	−0,611 007	0,000 000	0,000 000	0,000 000	0,00
$\wp_4(\zeta, \varkappa)$	$\wp_6(\zeta, \varkappa)$	$-\wp_2'(\zeta, \varkappa)$	$-\wp_4'(\zeta, \varkappa)$	$-\wp_6'(\zeta, \varkappa)$	$\zeta = \dfrac{z}{2K}$

Tafel III

$\sqrt{k}$	$= 0{,}988\,173$	k	$= 0{,}976\,487$	k^2	$= 0{,}953\,526$
$\sqrt{k'}$	$= 0{,}464\,304$	k'	$= 0{,}215\,578$	k'^2	$= 0{,}046\,474$
$e_1 = -e_3'$	$= 0{,}348\,825$	$e_2 = -e_2'$	$= 0{,}302\,351$	$e_3 = -e_1'$	$= -0{,}651\,175$
$g_2 = g_2'$	$= 1{,}274\,248$	$g_3 = -g_3'$	$= -0{,}274\,711$	$g_3/\sqrt{g_2^3}$	$= -0{,}190\,983$
$\bar{g}_2 = \bar{g}_2'$	$= 0{,}387\,966$	$\bar{g}_3 = -\bar{g}_3'$	$= -0{,}649\,866$	$\bar{g}_3/\sqrt{\bar{g}_2^3}$	$= -2{,}689\,269$

$\varkappa = 0{,}54$

$\zeta = \frac{z}{2K}$	$\vartheta_1(\zeta, \varkappa)$	$\vartheta_3(\zeta, \varkappa)$	$\frac{\partial \ln \vartheta_1(\zeta, \varkappa)}{\partial \zeta}$	$\frac{\partial \ln \vartheta_3(\zeta, \varkappa)}{\partial \zeta}$	$\mathrm{sn}(\zeta, \varkappa)$
0,00	0,000 000	1,368 923	∞	0,000 000	0,000 000
0,01	0,036 976	1,368 181	99,996 417	−0,108 332	0,058 806
0,02	0,073 947	1,365 960	49,992 680	−0,216 557	0,117 215
0,03	0,110 910	1,362 269	33,321 972	−0,324 567	0,174 843
0,04	0,147 860	1,357 124	24,984 144	−0,432 251	0,231 326
0,05	0,184 791	1,350 545	19,979 046	−0,539 494	0,286 327
0,06	0,221 697	1,342 562	16,639 871	−0,646 177	0,339 548
0,07	0,258 569	1,333 207	14,252 193	−0,752 171	0,390 732
0,08	0,295 397	1,322 520	12,458 736	−0,857 340	0,439 670
0,09	0,332 170	1,310 545	11,060 961	−0,961 539	0,486 196
0,10	0,368 874	1,297 334	9,939 699	−1,064 610	0,530 193
0,11	0,405 494	1,282 942	9,019 079	−1,166 382	0,571 590
0,12	0,442 011	1,267 427	8,248 492	−1,266 667	0,610 353
0,13	0,478 405	1,250 856	7,592 873	−1,365 262	0,646 490
0,14	0,514 652	1,233 296	7,027 160	−1,461 943	0,680 038
0,15	0,550 727	1,214 820	6,532 957	−1,556 465	0,711 062
0,16	0,586 600	1,195 505	6,096 455	−1,648 559	0,739 649
0,17	0,622 240	1,175 430	5,707 087	−1,737 930	0,765 904
0,18	0,657 611	1,154 677	5,356 628	−1,824 254	0,789 943
0,19	0,692 678	1,133 330	5,038 581	−1,907 176	0,811 892
0,20	0,727 400	1,111 477	4,747 748	−1,986 309	0,831 882
0,21	0,761 734	1,089 205	4,479 922	−2,061 230	0,850 045
0,22	0,795 635	1,066 605	4,231 660	−2,131 480	0,866 511
0,23	0,829 055	1,043 767	4,000 125	−2,196 560	0,881 411
0,24	0,861 944	1,020 781	3,782 953	−2,255 932	0,894 868
0,25	0,894 251	0,997 741	3,578 166	−2,309 018	0,907 003
0,26	0,925 921	0,974 736	3,384 094	−2,355 199	0,917 927
0,27	0,956 900	0,951 857	3,199 320	−2,393 821	0,927 748
0,28	0,987 131	0,929 194	3,022 637	−2,424 192	0,936 565
0,29	1,016 556	0,906 835	2,853 008	−2,445 590	0,944 470
0,30	1,045 116	0,884 868	2,689 541	−2,457 272	0,951 549
0,31	1,072 754	0,863 376	2,531 467	−2,458 476	0,957 879
0,32	1,099 409	0,842 443	2,378 116	−2,448 440	0,963 531
0,33	1,125 025	0,822 149	2,228 907	−2,426 412	0,968 573
0,34	1,149 542	0,802 571	2,083 331	−2,391 668	0,973 061
0,35	1,172 904	0,783 783	1,940 942	−2,343 533	0,977 051
0,36	1,195 054	0,765 857	1,801 349	−2,281 406	0,980 589
0,37	1,215 940	0,748 861	1,664 206	−2,204 783	0,983 721
0,38	1,235 509	0,732 857	1,529 207	−2,113 289	0,986 483
0,39	1,253 711	0,717 905	1,396 081	−2,006 704	0,988 911
0,40	1,270 499	0,704 062	1,264 585	−1,884 993	0,991 036
0,41	1,285 830	0,691 378	1,134 502	−1,748 337	0,992 883
0,42	1,299 662	0,679 902	1,005 637	−1,597 152	0,994 478
0,43	1,311 958	0,669 674	0,877 812	−1,432 111	0,995 839
0,44	1,322 684	0,660 732	0,750 867	−1,254 156	0,996 986
0,45	1,331 812	0,653 111	0,624 653	−1,064 499	0,997 931
0,46	1,339 315	0,646 836	0,499 032	−0,864 612	0,998 689
0,47	1,345 173	0,641 932	0,373 876	−0,656 213	0,999 268
0,48	1,349 369	0,638 416	0,249 063	−0,441 227	0,999 676
0,49	1,351 891	0,636 302	0,124 475	−0,221 751	0,999 919
0,50	1,352 733	0,635 596	0,000 000	0,000 000	1,000 000
	$\vartheta_2(\zeta, \varkappa)$	$\vartheta_4(\zeta, \varkappa)$	$-\frac{\partial \ln \vartheta_2(\zeta, \varkappa)}{\partial \zeta}$	$-\frac{\partial \ln \vartheta_4(\zeta, \varkappa)}{\partial \zeta}$	$\mathrm{cd}(\zeta, \varkappa)$

Tafel III

$\varkappa = 0,54$	$k^2 k'^2 = 0,044\,314$	$\eta_1 = -\eta_2' = 0,010\,266$	$\eta_1' = -\eta_2 = 0,325\,449$
	$\pi/KK' = 0,671\,430$	$\bar\eta_1 = -\bar\eta_2' = 0,322\,882$	$\bar\eta_1' = -\bar\eta_2 = 0,348\,548$
	$K = 2,943\,592$	$E = 1,057\,015$	$A = 1,840\,430$
	$K' = 1,589\,540$	$E' = 1,552\,384$	$A' = 0,073\,433$
	$B = 0,965\,065$	$C = 1,062\,856$	$D = 1,978\,527$

$\mathrm{cn}(\zeta, \varkappa)$	$\mathrm{dn}(\zeta, \varkappa)$	$\mathrm{sc}(\zeta, \varkappa)$	$\overline{\mathrm{sn}}(\zeta, \varkappa)$	$\overline{\mathrm{cn}}(\zeta, \varkappa)$	
1,000 000	1,000 000	0,000 000	∞	0,000 000	0,50
0,998 269	0,998 350	0,058 907	16,947 774	−0,058 810	0,49
0,993 107	0,993 428	0,118 029	8,416 834	−0,117 253	0,48
0,984 596	0,985 317	0,177 579	5,548 622	−0,174 971	0,47
0,972 876	0,974 154	0,237 775	4,096 956	−0,231 629	0,46
0,958 132	0,960 118	0,298 838	3,212 834	−0,286 920	0,45
0,940 589	0,943 433	0,360 995	2,613 425	−0,340 574	0,44
0,920 504	0,924 350	0,424 476	2,177 625	−0,392 365	0,43
0,898 159	0,903 147	0,489 523	1,844 954	−0,442 111	0,42
0,873 850	0,880 113	0,556 383	1,581 847	−0,489 681	0,41
0,847 877	0,855 546	0,625 319	1,368 176	−0,534 989	0,40
0,820 540	0,829 740	0,696 602	1,191 126	−0,577 999	0,39
0,792 129	0,802 983	0,770 522	1,042 129	−0,618 716	0,38
0,762 922	0,775 548	0,847 386	0,915 224	−0,657 189	0,37
0,733 177	0,747 690	0,927 522	0,806 116	−0,693 499	0,36
0,703 130	0,719 645	1,011 281	0,711 618	−0,727 763	0,35
0,672 993	0,691 625	1,099 043	0,629 297	−0,760 126	0,34
0,642 956	0,663 818	1,191 223	0,557 257	−0,790 755	0,33
0,613 180	0,636 389	1,288 272	0,493 986	−0,819 841	0,32
0,583 807	0,609 479	1,390 686	0,438 258	−0,847 594	0,31
0,554 952	0,583 209	1,499 016	0,389 061	−0,874 240	0,30
0,526 711	0,557 678	1,613 874	0,345 553	−0,900 023	0,29
0,499 158	0,532 966	1,735 947	0,307 017	−0,925 201	0,28
0,472 350	0,509 136	1,866 010	0,272 848	−0,950 054	0,27
0,446 330	0,486 237	2,004 945	0,242 519	−0,974 879	0,26
0,421 125	0,464 304	2,153 762	0,215 578	−1,000 000	0,25
0,396 749	0,443 360	2,313 623	0,191 630	−1,025 768	0,24
0,373 206	0,423 419	2,485 886	0,170 329	−1,052 572	0,23
0,350 493	0,404 488	2,672 137	0,151 372	−1,080 846	0,22
0,328 596	0,386 564	2,874 257	0,134 492	−1,111 083	0,21
0,307 498	0,369 641	3,094 489	0,119 451	−1,143 850	0,20
0,287 173	0,353 709	3,335 540	0,106 042	−1,179 810	0,19
0,267 595	0,338 752	3,600 707	0,094 079	−1,219 748	0,18
0,248 731	0,324 755	3,894 055	0,083 398	−1,264 614	0,17
0,230 547	0,311 698	4,220 660	0,073 851	−1,315 572	0,16
0,213 007	0,299 562	4,586 945	0,065 307	−1,374 073	0,15
0,196 072	0,288 325	5,001 165	0,057 652	−1,441 963	0,14
0,179 704	0,277 969	5,474 114	0,050 779	−1,521 633	0,13
0,163 863	0,268 472	6,020 189	0,044 595	−1,616 250	0,12
0,148 507	0,259 814	6,659 024	0,039 017	−1,730 108	0,11
0,133 597	0,251 977	7,418 120	0,033 968	−1,869 197	0,10
0,119 091	0,244 944	8,337 216	0,029 380	−2,042 148	0,09
0,104 948	0,238 697	9,475 942	0,025 190	−2,261 875	0,08
0,091 127	0,233 221	10,928 029	0,021 342	−2,548 649	0,07
0,077 588	0,228 504	12,849 740	0,017 783	−2,936 217	0,06
0,064 290	0,224 533	15,522 400	0,014 465	−3,485 290	0,05
0,051 192	0,221 298	19,508 732	0,011 344	−4,317 241	0,04
0,038 254	0,218 791	26,121 868	0,008 376	−5,715 218	0,03
0,025 436	0,217 004	39,301 367	0,005 522	−8,528 566	0,02
0,012 698	0,215 934	78,745 388	0,002 742	−17,003 843	0,01
0,000 000	0,215 578	∞	0,000 000	−∞	0,00
$k'\,\mathrm{sd}(\zeta, \varkappa)$	$k'\,\mathrm{nd}(\zeta, \varkappa)$	$\frac{1}{k'}\,\mathrm{cs}(\zeta, \varkappa)$	$-\overline{\mathrm{cd}}(\zeta, \varkappa)$	$-\overline{\mathrm{sd}}(\zeta, \varkappa)$	$\zeta = \frac{z}{2K}$

Tafel III. (Fortsetzung)

$\varkappa = 0{,}54$

$\vartheta_1'(0,\varkappa) = 3{,}697\,618$	$\vartheta_1'(0,k) = 0{,}628\,079$	$\vartheta_5'(0,\varkappa) = 10{,}917\,777$
$\vartheta_1'''/\vartheta_1'(\varkappa) = -1{,}067\,391$	$\vartheta_2''/\vartheta_2(\varkappa) = -12{,}445\,688$	$\vartheta_3''/\vartheta_3(\varkappa) = -10{,}834\,950$
$\vartheta_1'''/\vartheta_1'(k) = -0{,}030\,797$	$\vartheta_2''/\vartheta_2(k) = -\,0{,}359\,090$	$\vartheta_3''/\vartheta_3(k) = -\,0{,}312\,616$
$\vartheta_1'''''/\vartheta_1'(k) = -0{,}635\,543$	$\vartheta_2''''/\vartheta_2(k) = 0{,}293\,890$	$\vartheta_3''''/\vartheta_3(k) = 0{,}381\,815$

$\zeta = \frac{z}{2K}$	$\overline{\mathrm{dn}}(\zeta,\varkappa)$	$\mathfrak{z}_1(\zeta,\varkappa)$	$\mathfrak{z}_3(\zeta,\varkappa)$	$\mathfrak{z}_5(\zeta,\varkappa)$	$\wp_1(\zeta,\varkappa)$
0,00	0,000 000	∞	0,000 000	∞	∞
0,01	−0,056 068	16,986 046	−0,017 797	16,986 049	288,526 113
0,02	−0,111 731	8,492 990	−0,035 576	8,493 014	72,132 355
0,03	−0,166 596	5,661 900	−0,053 318	5,661 982	32,060 410
0,04	−0,220 286	4,246 237	−0,071 005	4,246 431	18,036 371
0,05	−0,272 455	3,396 673	−0,088 617	3,397 055	11,546 483
0,06	−0,322 792	2,830 083	−0,106 134	2,830 749	8,022 407
0,07	−0,371 023	2,425 115	−0,123 534	2,426 181	5,898 827
0,08	−0,416 921	2,121 082	−0,140 793	2,122 688	4,521 881
0,09	−0,460 301	1,884 260	−0,157 888	1,886 571	3,579 190
0,10	−0,501 021	1,694 406	−0,174 792	1,697 614	2,906 216
0,11	−0,538 982	1,538 633	−0,191 474	1,542 958	2,409 600
0,12	−0,574 121	1,408 345	−0,207 904	1,414 040	2,033 165
0,13	−0,606 410	1,297 586	−0,224 047	1,304 938	1,741 460
0,14	−0,635 847	1,202 098	−0,239 865	1,211 432	1,511 215
0,15	−0,662 456	1,118 757	−0,255 317	1,130 439	1,326 640
0,16	−0,686 275	1,045 217	−0,270 355	1,059 660	1,176 710
0,17	−0,707 357	0,979 683	−0,284 932	0,997 350	1,053 540
0,18	−0,725 762	0,920 758	−0,298 990	0,942 167	0,951 363
0,19	−0,741 552	0,867 339	−0,312 471	0,893 067	0,865 886
0,20	−0,754 789	0,818 542	−0,325 308	0,849 233	0,793 853
0,21	−0,765 531	0,773 653	−0,337 430	0,810 022	0,732 762
0,22	−0,773 829	0,732 088	−0,348 758	0,774 928	0,680 663
0,23	−0,779 724	0,693 363	−0,359 209	0,743 553	0,636 016
0,24	−0,783 249	0,657 079	−0,368 689	0,715 588	0,597 593
0,25	−0,784 422	0,622 898	−0,377 102	0,690 795	0,564 403
0,25	1,215 578	0,622 898	−0,377 102	0,690 795	0,564 403
0,26	1,217 398	0,590 537	−0,384 342	0,668 994	0,535 641
0,27	1,222 901	0,559 756	−0,390 298	0,650 056	0,510 647
0,28	1,232 219	0,530 349	−0,394 852	0,633 895	0,488 874
0,29	1,245 575	0,502 140	−0,397 883	0,620 455	0,469 870
0,30	1,263 302	0,474 978	−0,399 263	0,609 713	0,453 254
0,31	1,285 852	0,448 731	−0,398 863	0,601 667	0,438 706
0,32	1,313 828	0,423 288	−0,396 554	0,596 332	0,425 955
0,33	1,348 012	0,398 547	−0,392 208	0,593 737	0,414 772
0,34	1,389 423	0,374 424	−0,385 702	0,593 920	0,404 960
0,35	1,439 381	0,350 842	−0,376 921	0,596 919	0,396 353
0,36	1,499 615	0,327 735	−0,365 764	0,602 769	0,388 806
0,37	1,572 412	0,305 044	−0,352 144	0,611 498	0,382 196
0,38	1,660 845	0,282 718	−0,335 999	0,623 117	0,376 416
0,39	1,769 124	0,260 709	−0,317 290	0,637 617	0,371 376
0,40	1,903 165	0,238 977	−0,296 012	0,654 964	0,366 997
0,41	2,071 527	0,217 486	−0,272 195	0,675 089	0,363 211
0,42	2,287 065	0,196 201	−0,245 910	0,697 889	0,359 961
0,43	2,569 990	0,175 093	−0,217 272	0,723 219	0,357 198
0,44	2,953 999	0,154 134	−0,186 440	0,750 892	0,354 881
0,45	3,499 755	0,133 300	−0,153 620	0,780 677	0,352 975
0,46	4,328 585	0,112 566	−0,119 063	0,812 301	0,351 452
0,47	5,723 594	0,091 912	−0,083 060	0,845 449	0,350 290
0,48	8,534 087	0,071 315	−0,045 938	0,879 775	0,349 472
0,49	17,006 585	0,050 757	−0,008 053	0,914 901	0,348 986
0,50	∞	0,030 218	0,030 218	0,950 433	0,348 825
	$\overline{\mathrm{sc}}(\zeta,\varkappa)$	$-\mathfrak{z}_2(\zeta,\varkappa)$	$-\mathfrak{z}_4(\zeta,\varkappa)$	$-\mathfrak{z}_6(\zeta,\varkappa)$	$\wp_2(\zeta,\varkappa)$

Tafel III

$\varkappa = 0{,}54$

$\vartheta_5'(0, k) = 1{,}854\,499$	$\vartheta_6(0, k) = 1{,}854\,499$	$\vartheta_{\substack{5\\6}}(\frac{1}{4}, \varkappa) = 1{,}924\,467$
$\vartheta_4''/\vartheta_4(\varkappa) = 22{,}213\,247$	$\vartheta_5'''/\vartheta_5'(\varkappa) = -33{,}572\,242$	$\vartheta_6''/\vartheta_6(\varkappa) = 9{,}767\,559$
$\vartheta_4''/\vartheta_4(k) = 0{,}640\,910$	$\vartheta_5'''/\vartheta_5'(k) = -\,0{,}968\,646$	$\vartheta_6''/\vartheta_6(k) = 0{,}281\,819$
$\vartheta_4''''/\vartheta_4(k) = -0{,}674\,756$	$\vartheta_5'''''/\vartheta_5'(k) = 1{,}369\,809$	$\vartheta_6''''/\vartheta_6(k) = -1{,}761\,734$

$\wp_3(\zeta, \varkappa)$	$\wp_5(\zeta, \varkappa)$	$\wp_1'(\zeta, \varkappa)$	$\wp_3'(\zeta, \varkappa)$	$\wp_5'(\zeta, \varkappa)$	
0,302 351	∞	−∞	0,000 000	−∞	0,50
0,302 197	288,525 959	−9801,822 93	−0,005 229	−9801,828 16	0,49
0,301 734	72,131 738	−1225,213 86	−0,010 523	−1225,224 39	0,48
0,300 955	32,059 015	−363,008 466	−0,015 950	−363,024 416	0,47
0,299 852	18,033 873	−153,124 100	−0,021 576	−153,145 676	0,46
0,298 410	11,542 542	−78,378 118	−0,027 472	−78,405 590	0,45
0,296 611	8,016 667	−45,335 520	−0,033 709	−45,369 229	0,44
0,294 432	5,890 909	−28,526 906	−0,040 362	−28,567 267	0,43
0,291 849	4,511 379	−19,088 105	−0,047 509	−19,135 614	0,42
0,288 827	3,565 667	−13,383 582	−0,055 234	−13,438 816	0,41
0,285 332	2,889 198	−9,734 278	−0,063 622	−9,797 901	0,40
0,281 321	2,388 571	−7,291 536	−0,072 766	−7,364 302	0,39
0,276 748	2,007 562	−5,594 855	−0,082 762	−5,677 616	0,38
0,271 558	1,710 667	−4,379 592	−0,093 711	−4,473 303	0,37
0,265 693	1,474 557	−3,486 276	−0,105 718	−3,591 994	0,36
0,259 087	1,283 376	−2,814 896	−0,118 894	−2,933 790	0,35
0,251 669	1,126 029	−2,300 566	−0,133 351	−2,433 917	0,34
0,243 359	0,994 548	−1,899 930	−0,149 204	−2,049 134	0,33
0,234 071	0,883 084	−1,583 264	−0,166 567	−1,749 831	0,32
0,223 715	0,787 250	−1,329 728	−0,185 551	−1,515 279	0,31
0,212 190	0,703 692	−1,124 410	−0,206 260	−1,330 670	0,30
0,199 393	0,629 805	−0,956 446	−0,228 789	−1,185 235	0,29
0,185 214	0,563 527	−0,817 795	−0,253 213	−1,071 008	0,28
0,169 541	0,503 206	−0,702 414	−0,279 584	−0,981 998	0,27
0,152 257	0,447 499	−0,605 700	−0,307 924	−0,913 623	0,26
0,133 246	0,395 299	−0,524 104	−0,338 208	−0,862 313	0,25
0,133 246	0,395 299	−0,524 104	−0,338 208	−0,862 313	0,25
0,112 398	0,345 688	−0,454 860	−0,370 362	−0,825 221	0,24
0,089 605	0,297 901	−0,395 785	−0,404 240	−0,800 025	0,23
0,064 772	0,251 296	−0,345 144	−0,439 617	−0,784 760	0,22
0,037 820	0,205 339	−0,301 543	−0,476 168	−0,777 710	0,21
0,008 691	0,159 595	−0,263 851	−0,513 458	−0,777 309	0,20
−0,022 640	0,113 715	−0,231 147	−0,550 921	−0,782 068	0,19
−0,056 166	0,067 438	−0,202 672	−0,587 853	−0,790 525	0,18
−0,091 829	0,020 592	−0,177 795	−0,623 399	−0,801 194	0,17
−0,129 520	−0,026 911	−0,155 992	−0,656 552	−0,812 545	0,16
−0,169 064	−0,075 062	−0,136 823	−0,686 157	−0,822 980	0,15
−0,210 216	−0,123 761	−0,119 913	−0,710 929	−0,830 842	0,14
−0,252 650	−0,172 805	−0,104 947	−0,729 480	−0,834 427	0,13
−0,295 957	−0,221 892	−0,091 651	−0,740 366	−0,832 017	0,12
−0,339 644	−0,270 619	−0,079 793	−0,742 145	−0,821 938	0,11
−0,383 135	−0,318 488	−0,069 170	−0,733 454	−0,802 624	0,10
−0,425 775	−0,364 914	−0,059 604	−0,713 098	−0,772 702	0,09
−0,466 850	−0,409 239	−0,050 941	−0,680 144	−0,731 085	0,08
−0,505 599	−0,450 751	−0,043 041	−0,634 022	−0,677 063	0,07
−0,541 241	−0,488 711	−0,035 781	−0,574 611	−0,610 392	0,06
−0,573 002	−0,522 378	−0,029 050	−0,502 313	−0,531 363	0,05
−0,600 151	−0,551 049	−0,022 747	−0,418 092	−0,440 838	0,04
−0,622 026	−0,574 086	−0,016 776	−0,323 479	−0,340 255	0,03
−0,638 075	−0,590 953	−0,011 050	−0,220 535	−0,231 586	0,02
−0,647 878	−0,601 243	−0,005 485	−0,111 766	−0,117 252	0,01
−0,651 175	−0,604 701	0,000 000	0,000 000	0,000 000	0,00
$\wp_4(\zeta, \varkappa)$	$\wp_6(\zeta, \varkappa)$	$-\wp_2'(\zeta, \varkappa)$	$-\wp_4'(\zeta, \varkappa)$	$-\wp_6'(\zeta, \varkappa)$	$\zeta = \frac{z}{2K}$

Tafel III

$\sqrt{k} = 0{,}986\,862$	$k = 0{,}973\,898$	$k^2 = 0{,}948\,476$
$\sqrt{k'} = 0{,}476\,433$	$k' = 0{,}226\,988$	$k'^2 = 0{,}051\,524$
$e_1 = -e_3' = 0{,}350\,508$	$e_2 = -e_2' = 0{,}298\,984$	$e_3 = -e_1' = -0{,}649\,492$
$g_2 = g_2' = 1{,}268\,175$	$g_3 = -g_3' = -0{,}272\,258$	$g_3/\sqrt{g_2^3} = -0{,}190\,639$
$\bar{g}_2 = \bar{g}_2' = 0{,}290\,797$	$\bar{g}_3 = -\bar{g}_3' = -0{,}681\,366$	$\bar{g}_3/\sqrt{\bar{g}_2^3} = -4{,}345\,061$

$\varkappa = 0{,}55$

$\zeta = \frac{z}{2K}$	$\vartheta_1(\zeta,\varkappa)$	$\vartheta_3(\zeta,\varkappa)$	$\frac{\partial \ln \vartheta_1(\zeta,\varkappa)}{\partial \zeta}$	$\frac{\partial \ln \vartheta_3(\zeta,\varkappa)}{\partial \zeta}$	$\mathrm{sn}(\zeta,\varkappa)$
0,00	0,000 000	1,357 316	∞	0,000 000	0,000 000
0,01	0,036 935	1,356 599	99,994 464	−0,105 649	0,057 815
0,02	0,073 864	1,354 451	49,988 786	−0,211 187	0,115 254
0,03	0,110 780	1,350 882	33,316 158	−0,316 505	0,171 953
0,04	0,147 677	1,345 906	24,976 440	−0,421 487	0,227 564
0,05	0,184 546	1,339 544	19,969 496	−0,526 016	0,281 767
0,06	0,221 380	1,331 823	16,628 526	−0,629 968	0,334 276
0,07	0,258 167	1,322 776	14,239 114	−0,733 213	0,384 845
0,08	0,294 897	1,312 439	12,443 993	−0,835 613	0,433 267
0,09	0,331 556	1,300 857	11,044 630	−0,937 018	0,479 382
0,10	0,368 130	1,288 078	9,921 867	−1,037 270	0,523 072
0,11	0,404 601	1,274 154	8,999 837	−1,136 195	0,564 260
0,12	0,440 950	1,259 144	8,227 938	−1,233 605	0,602 910
0,13	0,477 156	1,243 110	7,571 111	−1,329 294	0,639 019
0,14	0,513 194	1,226 118	7,004 296	−1,423 040	0,672 619
0,15	0,549 038	1,208 237	6,509 102	−1,514 597	0,703 763
0,16	0,584 658	1,189 543	6,071 723	−1,603 699	0,732 530
0,17	0,620 024	1,170 110	5,681 594	−1,690 052	0,759 015
0,18	0,655 101	1,150 019	5,330 490	−1,773 337	0,783 325
0,19	0,689 852	1,129 350	5,011 917	−1,853 205	0,805 577
0,20	0,724 237	1,108 188	4,720 674	−1,929 277	0,825 893
0,21	0,758 215	1,086 619	4,452 555	−2,001 140	0,844 398
0,22	0,791 742	1,064 728	4,204 117	−2,068 346	0,861 218
0,23	0,824 771	1,042 604	3,972 518	−2,130 412	0,876 475
0,24	0,857 254	1,020 334	3,755 395	−2,186 818	0,890 289
0,25	0,889 140	0,998 007	3,550 765	−2,237 009	0,902 776
0,26	0,920 379	0,975 712	3,356 955	−2,280 394	0,914 045
0,27	0,950 916	0,953 536	3,172 546	−2,316 347	0,924 200
0,28	0,980 697	0,931 567	2,996 326	−2,344 213	0,933 339
0,29	1,009 667	0,909 889	2,827 254	−2,363 312	0,941 552
0,30	1,037 770	0,888 588	2,664 435	−2,372 944	0,948 923
0,31	1,064 950	0,867 745	2,507 095	−2,372 400	0,955 529
0,32	1,091 150	0,847 441	2,354 560	−2,360 972	0,961 441
0,33	1,116 315	0,827 755	2,206 244	−2,337 969	0,966 726
0,34	1,140 389	0,808 761	2,061 633	−2,302 729	0,971 441
0,35	1,163 318	0,790 531	1,920 278	−2,254 644	0,975 640
0,36	1,185 049	0,773 136	1,781 783	−2,193 178	0,979 372
0,37	1,205 531	0,756 640	1,645 796	−2,117 890	0,982 680
0,38	1,224 714	0,741 106	1,512 008	−2,028 464	0,985 605
0,39	1,242 551	0,726 593	1,380 142	−1,924 733	0,988 179
0,40	1,258 998	0,713 154	1,249 953	−1,806 705	0,990 436
0,41	1,274 012	0,700 839	1,121 217	−1,674 586	0,992 401
0,42	1,287 554	0,689 696	0,993 737	−1,528 803	0,994 099
0,43	1,299 590	0,679 764	0,867 329	−1,370 020	0,995 551
0,44	1,310 088	0,671 082	0,741 829	−1,199 147	0,996 775
0,45	1,319 019	0,663 680	0,617 085	−1,017 338	0,997 786
0,46	1,326 359	0,657 586	0,492 954	−0,825 986	0,998 596
0,47	1,332 089	0,652 823	0,369 303	−0,626 702	0,999 216
0,48	1,336 194	0,649 409	0,246 008	−0,421 290	0,999 653
0,49	1,338 661	0,647 355	0,122 946	−0,211 702	0,999 914
0,50	1,339 484	0,646 669	0,000 000	0,000 000	1,000 000
	$\vartheta_2(\zeta,\varkappa)$	$\vartheta_4(\zeta,\varkappa)$	$-\frac{\partial \ln \vartheta_2(\zeta,\varkappa)}{\partial \zeta}$	$-\frac{\partial \ln \vartheta_4(\zeta,\varkappa)}{\partial \zeta}$	$\mathrm{cd}(\zeta,\varkappa)$

Tafel III

$\varkappa = 0{,}55$			
	$k^2 k'^2 = 0{,}048\,869$	$\eta_1 = -\eta_2' = 0{,}016\,455$	$\eta_1' = -\eta_2 = 0{,}324\,576$
	$\pi/KK' = 0{,}682\,062$	$\bar\eta_1 = -\bar\eta_2' = 0{,}331\,895$	$\bar\eta_1' = -\bar\eta_2 = 0{,}350\,167$
	$K = 2{,}893\,887$	$E = 1{,}061\,950$	$A = 1{,}825\,694$
	$K' = 1{,}591\,638$	$E' = 1{,}550\,363$	$A' = 0{,}081\,465$
	$B = 0{,}962\,435$	$C = 1{,}021\,656$	$D = 1{,}931\,452$

$\mathrm{cn}(\zeta, \varkappa)$	$\mathrm{dn}(\zeta, \varkappa)$	$\mathrm{sc}(\zeta, \varkappa)$	$\overline{\mathrm{sn}}(\zeta, \varkappa)$	$\overline{\mathrm{cn}}(\zeta, \varkappa)$	
1,000 000	1,000 000	0,000 000	∞	0,000 000	0,50
0,998 327	0,998 414	0,057 912	17,240 266	−0,057 820	0,49
0,993 336	0,993 680	0,116 028	8,564 173	−0,115 294	0,48
0,985 105	0,985 878	0,174 553	5,648 018	−0,172 088	0,47
0,973 763	0,975 132	0,233 695	4,172 667	−0,227 884	0,46
0,959 483	0,961 612	0,293 665	3,274 516	−0,282 392	0,45
0,942 475	0,945 524	0,354 679	2,665 857	−0,335 358	0,44
0,922 981	0,927 106	0,416 959	2,223 496	−0,386 565	0,43
0,901 265	0,906 615	0,480 732	1,885 905	−0,435 839	0,42
0,877 606	0,884 326	0,546 239	1,618 938	−0,483 053	0,41
0,852 289	0,860 519	0,613 726	1,402 121	−0,528 123	0,40
0,825 597	0,835 473	0,683 457	1,222 422	−0,571 010	0,39
0,797 809	0,809 462	0,755 707	1,071 133	−0,611 716	0,38
0,769 191	0,782 747	0,830 769	0,942 197	−0,650 282	0,37
0,739 989	0,755 576	0,908 957	0,831 255	−0,686 786	0,36
0,710 435	0,728 173	0,990 609	0,735 077	−0,721 335	0,35
0,680 735	0,700 748	1,076 088	0,651 199	−0,754 066	0,34
0,651 073	0,673 483	1,165 791	0,577 705	−0,785 140	0,33
0,621 612	0,646 542	1,260 150	0,513 067	−0,814 740	0,32
0,592 491	0,620 066	1,359 644	0,456 050	−0,843 069	0,31
0,563 827	0,594 176	1,464 799	0,405 636	−0,870 348	0,30
0,535 716	0,568 971	1,576 205	0,360 975	−0,896 816	0,29
0,508 236	0,544 536	1,694 522	0,321 350	−0,922 728	0,28
0,481 448	0,520 935	1,820 496	0,286 150	−0,948 360	0,27
0,455 396	0,498 221	1,954 975	0,254 848	−0,974 010	0,26
0,430 112	0,476 433	2,098 933	0,226 988	−1,000 000	0,25
0,405 613	0,455 597	2,253 490	0,202 174	−1,026 684	0,24
0,381 908	0,435 732	2,419 955	0,180 058	−1,054 452	0,23
0,358 996	0,416 847	2,599 859	0,160 335	−1,083 743	0,22
0,336 868	0,398 945	2,795 015	0,142 734	−1,115 057	0,21
0,315 509	0,382 022	3,007 592	0,127 019	−1,148 965	0,20
0,294 898	0,366 071	3,240 200	0,112 978	−1,186 142	0,19
0,275 010	0,351 080	3,496 026	0,100 423	−1,227 385	0,18
0,255 815	0,337 036	3,778 996	0,089 187	−1,273 658	0,17
0,237 283	0,323 923	4,094 014	0,079 121	−1,326 144	0,16
0,219 379	0,311 723	4,447 284	0,070 093	−1,386 319	0,15
0,202 066	0,300 417	4,846 784	0,061 983	−1,456 058	0,14
0,185 309	0,289 989	5,302 942	0,054 685	−1,537 794	0,13
0,169 067	0,280 418	5,829 669	0,048 102	−1,634 746	0,12
0,153 303	0,271 688	6,445 935	0,042 149	−1,751 283	0,11
0,137 976	0,263 780	7,178 311	0,036 747	−1,893 498	0,10
0,123 047	0,256 679	8,065 190	0,031 826	−2,070 165	0,09
0,108 477	0,250 369	9,164 182	0,027 320	−2,294 424	0,08
0,094 224	0,244 835	10,565 842	0,023 172	−2,586 889	0,07
0,080 248	0,240 066	12,421 131	0,019 327	−2,981 888	0,06
0,066 511	0,236 049	15,001 829	0,015 735	−3,541 173	0,05
0,052 972	0,232 777	18,851 558	0,012 348	−4,388 203	0,04
0,039 591	0,230 239	25,238 872	0,009 122	−5,810 984	0,03
0,026 327	0,228 432	37,969 572	0,006 016	−8,673 451	0,02
0,013 144	0,227 349	76,072 995	0,002 989	−17,295 097	0,01
0,000 000	0,226 988	∞	0,000 000	$-\infty$	0,00
$k'\,\mathrm{sd}(\zeta, \varkappa)$	$k'\,\mathrm{nd}(\zeta, \varkappa)$	$\frac{1}{k'}\,\mathrm{cs}(\zeta, \varkappa)$	$-\overline{\mathrm{cd}}(\zeta, \varkappa)$	$-\overline{\mathrm{sd}}(\zeta, \varkappa)$	$\zeta = \frac{z}{2K}$

Tafel III. (Fortsetzung)

$\vartheta_1'(0,\varkappa) = 3{,}693\,606$ $\quad\vartheta_1'(0,k) = 0{,}638\,174$ $\quad\vartheta_5'(0,\varkappa) = 10{,}773\,367$ $\quad\boxed{\varkappa = 0{,}55}$

$\vartheta_1'''/\vartheta_1'(\varkappa) = -1{,}653\,688$ $\quad\vartheta_2''/\vartheta_2(\varkappa) = -12{,}292\,656$ $\quad\vartheta_3''/\vartheta_3(\varkappa) = -10{,}566\,703$

$\vartheta_1'''/\vartheta_1'(k) = -0{,}049\,366$ $\quad\vartheta_2''/\vartheta_2(k) = -\ 0{,}366\,963$ $\quad\vartheta_3''/\vartheta_3(k) = -\ 0{,}315\,440$

$\vartheta_1'''''/\vartheta_1'(k) = -0{,}630\,026$ $\quad\vartheta_2''''/\vartheta_2(k) = 0{,}300\,939$ $\quad\vartheta_3''''/\vartheta_3(k) = 0{,}396\,244$

$\zeta = \frac{z}{2K}$	$\overline{\mathrm{dn}}(\zeta,\varkappa)$	$\mathfrak{z}_1(\zeta,\varkappa)$	$\mathfrak{z}_3(\zeta,\varkappa)$	$\mathfrak{z}_5(\zeta,\varkappa)$	$\wp_1(\zeta,\varkappa)$
0,00	0,000 000	∞	0,000 000	∞	∞
0,01	−0,054 831	17,277 796	−0,017 301	17,277 799	298,522 583
0,02	−0,109 278	8,638 867	−0,034 584	8,638 893	74,631 441
0,03	−0,162 965	5,759 156	−0,051 828	5,759 242	33,171 055
0,04	−0,215 536	4,319 189	−0,069 014	4,319 393	18,661 019
0,05	−0,266 658	3,455 052	−0,086 122	3,455 452	11,946 138
0,06	−0,316 031	2,878 758	−0,103 130	2,879 455	8,299 796
0,07	−0,363 392	2,466 872	−0,120 016	2,467 988	6,102 445
0,08	−0,408 519	2,157 667	−0,136 756	2,159 347	4,677 572
0,09	−0,451 228	1,916 841	−0,153 325	1,919 257	3,701 976
0,10	−0,491 376	1,723 804	−0,169 693	1,727 156	3,005 422
0,11	−0,528 861	1,565 450	−0,185 833	1,569 967	2,491 316
0,12	−0,563 614	1,433 035	−0,201 711	1,438 979	2,101 538
0,13	−0,595 598	1,320 503	−0,217 292	1,328 170	1,799 412
0,14	−0,624 803	1,223 522	−0,232 536	1,233 249	1,560 864
0,15	−0,651 242	1,138 916	−0,247 403	1,151 081	1,369 558
0,16	−0,674 945	1,064 299	−0,261 845	1,079 326	1,214 092
0,17	−0,695 953	0,997 845	−0,275 813	1,016 209	1,086 306
0,18	−0,714 318	0,938 135	−0,289 250	0,960 366	0,980 239
0,19	−0,730 092	0,884 045	−0,302 097	0,910 733	0,891 448
0,20	−0,743 329	0,834 677	−0,314 289	0,866 479	0,816 570
0,21	−0,754 081	0,789 304	−0,325 752	0,826 947	0,753 016
0,22	−0,762 393	0,747 332	−0,336 412	0,791 620	0,698 769
0,23	−0,768 302	0,708 269	−0,346 183	0,760 090	0,652 239
0,24	−0,771 836	0,671 707	−0,354 976	0,732 040	0,612 156
0,25	−0,773 012	0,637 304	−0,362 696	0,707 222	0,577 496
0,25	1,226 988	0,637 304	−0,362 696	0,707 222	0,577 496
0,26	1,228 858	0,604 770	−0,369 239	0,685 449	0,547 427
0,27	1,234 510	0,573 861	−0,374 499	0,666 585	0,521 268
0,28	1,244 078	0,544 366	−0,378 361	0,650 532	0,498 453
0,29	1,257 791	0,516 107	−0,380 709	0,637 230	0,478 514
0,30	1,275 984	0,488 928	−0,381 420	0,626 644	0,461 059
0,31	1,299 120	0,462 695	−0,380 374	0,618 762	0,445 756
0,32	1,327 808	0,437 293	−0,377 447	0,613 591	0,432 326
0,33	1,362 845	0,412 620	−0,372 520	0,611 149	0,420 532
0,34	1,405 265	0,388 587	−0,365 479	0,611 461	0,410 170
0,35	1,456 412	0,365 116	−0,356 219	0,614 556	0,401 068
0,36	1,518 041	0,342 139	−0,344 646	0,620 456	0,393 077
0,37	1,592 479	0,319 596	−0,330 686	0,629 178	0,386 068
0,38	1,682 848	0,297 433	−0,314 283	0,640 723	0,379 933
0,39	1,793 432	0,275 602	−0,295 408	0,655 071	0,374 575
0,40	1,930 245	0,254 060	−0,274 063	0,672 179	0,369 915
0,41	2,101 991	0,232 770	−0,250 283	0,691 973	0,365 881
0,42	2,321 744	0,211 697	−0,224 143	0,714 345	0,362 415
0,43	2,610 061	0,190 809	−0,195 756	0,739 148	0,359 465
0,44	3,001 215	0,170 078	−0,165 281	0,766 197	0,356 989
0,45	3,556 908	0,149 477	−0,132 915	0,795 265	0,354 951
0,46	4,400 551	0,128 982	−0,098 902	0,826 089	0,353 322
0,47	5,820 106	0,108 570	−0,063 517	0,858 366	0,352 078
0,48	8,679 467	0,088 220	−0,027 074	0,891 763	0,351 201
0,49	17,298 086	0,067 910	0,010 090	0,925 922	0,350 681
0,50	∞	0,047 620	0,047 620	0,960 467	0,350 508
	$\overline{\mathrm{sc}}(\zeta,\varkappa)$	$-\mathfrak{z}_2(\zeta,\varkappa)$	$-\mathfrak{z}_4(\zeta,\varkappa)$	$-\mathfrak{z}_6(\zeta,\varkappa)$	$\wp_2(\zeta,\varkappa)$

Tafel III

$\varkappa = 0{,}55$

$\vartheta_5'(0, k) = 1{,}861\,401$	$\vartheta_6(0, k) = 1{,}861\,401$	$\vartheta_5(\tfrac{1}{6}, \varkappa) = 1{,}906\,883$
$\vartheta_4''/\vartheta_4(\varkappa) = 21{,}205\,671$	$\vartheta_5'''/\vartheta_5'(\varkappa) = -33{,}353\,796$	$\vartheta_6''/\vartheta_6(\varkappa) = 8{,}913\,015$
$\vartheta_4''/\vartheta_4(k) = 0{,}633\,037$	$\vartheta_5'''/\vartheta_5'(k) = -0{,}995\,685$	$\vartheta_6''/\vartheta_6(k) = 0{,}266\,073$
$\vartheta_4''''/\vartheta_4(k) = -0{,}694\,746$	$\vartheta_5'''''/\vartheta_5'(k) = 1{,}506\,917$	$\vartheta_6''''/\vartheta_6(k) = -1{,}787\,615$

$\wp_3(\zeta, \varkappa)$	$\wp_5(\zeta, \varkappa)$	$\wp_1'(\zeta, \varkappa)$	$\wp_3'(\zeta, \varkappa)$	$\wp_5'(\zeta, \varkappa)$	
0,298 984	∞	$-\infty$	0,000 000	$-\infty$	0,50
0,298 820	298,522 419	−10 315,612 2	−0,005 668	−10 315,617 9	0,49
0,298 327	74,630 783	−1289,437 83	−0,011 404	−1289,449 23	0,48
0,297 498	33,169 569	−382,038 167	−0,017 278	−382,055 445	0,47
0,296 323	18,658 358	−161,152 674	−0,023 358	−161,176 031	0,46
0,294 789	11,941 942	−82,489 184	−0,029 716	−82,518 900	0,45
0,292 876	8,293 688	−47,715 048	−0,036 427	−47,751 474	0,44
0,290 564	6,094 025	−30,025 814	−0,043 567	−30,069 381	0,43
0,287 823	4,666 411	−20,092 671	−0,051 216	−20,143 887	0,42
0,284 624	3,687 616	−14,089 513	−0,059 457	−14,148 970	0,41
0,280 928	2,987 365	−10,249 267	−0,068 380	−10,317 647	0,40
0,276 693	2,469 025	−7,678 788	−0,078 075	−7,756 863	0,39
0,271 873	2,074 427	−5,893 437	−0,088 639	−5,982 076	0,38
0,266 414	1,766 842	−4,614 699	−0,100 172	−4,714 871	0,37
0,260 257	1,522 137	−3,674 741	−0,112 778	−3,787 519	0,36
0,253 337	1,323 911	−2,968 314	−0,126 564	−3,094 878	0,35
0,245 582	1,160 689	−2,427 129	−0,141 638	−2,568 767	0,34
0,236 915	1,024 237	−2.005 558	−0,158 111	−2,163 669	0,33
0,227 251	0,908 505	−1,672 324	−0,176 090	−1,848 413	0,32
0,216 500	0,808 964	−1,405 493	−0,195 676	−1,601 169	0,31
0,204 567	0,722 153	−1,189 376	−0,216 964	−1,406 339	0,30
0,191 351	0,645 382	−1,012 541	−0,240 034	−1,252 576	0,29
0,176 746	0,576 531	−0,866 529	−0,264 949	−1,131 478	0,28
0,160 645	0,513 900	−0,744 981	−0,291 743	−1,036 724	0,27
0,142 939	0,456 111	−0,643 056	−0,320 418	−0,963 474	0,26
0,123 520	0,402 031	−0,557 023	−0,350 929	−0,907 952	0,25
0,123 520	0,402 031	−0,557 023	−0,350 929	−0,907 952	0,25
0,102 284	0,350 727	−0,483 972	−0,383 177	−0,867 149	0,24
0,079 135	0,301 418	−0,421 609	−0,416 993	−0,838 602	0,23
0,053 989	0,253 458	−0,368 110	−0,452 128	−0,820 238	0,22
0,026 780	0,206 310	−0,322 010	−0,488 235	−0,810 245	0,21
−0,002 537	0,159 538	−0,282 122	−0,524 857	−0,806 979	0,20
−0,033 974	0,112 797	−0,247 477	−0,561 414	−0,808 892	0,19
−0,067 509	0,065 833	−0,217 278	−0,597 193	−0,814 471	0,18
−0,103 071	0,018 476	−0,190 864	−0,631 340	−0,822 204	0,17
−0,140 539	−0,029 353	−0,167 683	−0,662 859	−0,830 543	0,16
−0,179 729	−0,077 645	−0,147 273	−0,690 625	−0,837 898	0,15
−0,220 386	−0,126 294	−0,129 243	−0,713 393	−0,842 636	0,14
−0,262 186	−0,175 102	−0,113 258	−0,729 838	−0,843 096	0,13
−0,304 721	−0,223 773	−0,099 035	−0,738 592	−0,837 626	0,12
−0,347 507	−0,271 916	−0,086 326	−0,738 306	−0,824 632	0,11
−0,389 985	−0,319 055	−0,074 920	−0,727 721	−0,802 641	0,10
−0,431 525	−0,364 628	−0,064 630	−0,705 750	−0,770 380	0,09
−0,471 444	−0,408 013	−0,055 291	−0,671 565	−0,726 857	0,08
−0,509 017	−0,448 536	−0,046 760	−0,624 690	−0,671 450	0,07
−0,543 509	−0,485 504	−0,038 905	−0,565 074	−0,603 978	0,06
−0,574 190	−0,518 223	−0,031 609	−0,493 155	−0,524 765	0,05
−0,600 375	−0,546 038	−0,024 765	−0,409 899	−0,434 664	0,04
−0,621 448	−0,568 354	−0,018 273	−0,316 790	−0,335 064	0,03
−0,636 893	−0,584 676	−0,012 041	−0,215 803	−0,227 843	0,02
−0,646 322	−0,594 625	−0,005 978	−0,109 315	−0,115 293	0,01
−0,649 492	−0,597 969	0,000 000	0,000 000	0,000 000	0,00
$\wp_4(\zeta, \varkappa)$	$\wp_6(\zeta, \varkappa)$	$-\wp_2'(\zeta, \varkappa)$	$-\wp_4'(\zeta, \varkappa)$	$-\wp_6'(\zeta, \varkappa)$	$\zeta = \dfrac{z}{2K}$

Tafel III

$\sqrt{k} = 0{,}985\,462$	$k = 0{,}971\,135$	$k^2 = 0{,}943\,104$
$\sqrt{k'} = 0{,}488\,395$	$k' = 0{,}238\,529$	$k'^2 = 0{,}056\,896$
$e_1 = -e_3' = 0{,}352\,299$	$e_2 = -e_2' = 0{,}295\,403$	$e_3 = -e_1' = -0{,}647\,701$
$g_2 = g_2' = 1{,}261\,788$	$g_3 = -g_3' = -0{,}269\,625$	$g_3/\sqrt{g_2^3} = -0{,}190\,231$
$\bar{g}_2 = \bar{g}_2' = 0{,}188\,608$	$\bar{g}_3 = -\bar{g}_3' = -0{,}713\,453$	$\bar{g}_3/\sqrt{\bar{g}_2^3} = -8{,}710\,173$

$\varkappa = 0{,}56$

$\zeta = \dfrac{z}{2K}$	$\vartheta_1(\zeta, \varkappa)$	$\vartheta_3(\zeta, \varkappa)$	$\dfrac{\partial \ln \vartheta_1(\zeta, \varkappa)}{\partial \zeta}$	$\dfrac{\partial \ln \vartheta_3(\zeta, \varkappa)}{\partial \zeta}$	$\mathrm{sn}(\zeta, \varkappa)$
0,00	0,000 000	1,346 091	∞	0,000 000	0,000 000
0,01	0,036 878	1,345 398	99,992 651	−0,103 030	0,056 865
0,02	0,073 748	1,343 321	49,985 170	−0,205 947	0,113 373
0,03	0,110 601	1,339 868	33,310 758	−0,308 637	0,169 178
0,04	0,147 429	1,335 056	24,969 285	−0,410 983	0,223 950
0,05	0,184 222	1,328 902	19,960 625	−0,512 863	0,277 383
0,06	0,220 969	1,321 434	16,617 985	−0,614 153	0,329 202
0,07	0,257 659	1,312 682	14,226 960	−0,714 718	0,379 171
0,08	0,294 279	1,302 683	12,430 289	−0,814 418	0,427 088
0,09	0,330 813	1,291 479	11,029 448	−0,913 103	0,472 796
0,10	0,367 246	1,279 115	9,905 283	−1,010 610	0,516 176
0,11	0,403 560	1,265 643	8,981 938	−1,106 765	0,557 150
0,12	0,439 734	1,251 118	8,208 811	−1,201 379	0,595 675
0,13	0,475 746	1,235 602	7,550 852	−1,294 246	0,631 745
0,14	0,511 572	1,219 157	6,983 004	−1,385 143	0,665 379
0,15	0,547 183	1,201 851	6,486 879	−1,473 827	0,696 627
0,16	0,582 552	1,183 755	6,048 674	−1,560 031	0,725 556
0,17	0,617 646	1,164 942	5,657 825	−1,643 466	0,752 252
0,18	0,652 431	1,145 490	5,306 111	−1,723 819	0,776 814
0,19	0,686 870	1,125 476	4,987 035	−1,800 745	0,799 351
0,20	0,720 926	1,104 983	4,695 400	−1,873 873	0,819 977
0,21	0,754 557	1,084 092	4,426 997	−1,942 800	0,838 809
0,22	0,787 720	1,062 888	4,178 382	−2,007 093	0,855 968
0,23	0,820 370	1,041 454	3,946 713	−2,066 282	0,871 569
0,24	0,852 459	1,019 877	3,729 623	−2,119 867	0,885 730
0,25	0,883 940	0,998 243	3,525 129	−2,167 314	0,898 560
0,26	0,914 762	0,976 636	3,331 553	−2,208 059	0,910 166
0,27	0,944 875	0,955 142	3,147 475	−2,241 505	0,920 649
0,28	0,974 224	0,933 845	2,971 678	−2,267 032	0,930 104
0,29	1,002 758	0,912 828	2,803 118	−2,283 999	0,938 621
0,30	1,030 423	0,892 174	2,640 897	−2,291 750	0,946 281
0,31	1,057 165	0,871 962	2,484 236	−2,289 623	0,953 162
0,32	1,082 930	0,852 270	2,332 458	−2,276 963	0,959 333
0,33	1,107 665	0,833 175	2,184 972	−2,253 134	0,964 860
0,34	1,131 317	0,814 749	2,041 261	−2,217 533	0,969 802
0,35	1,153 835	0,797 063	1,900 870	−2,169 612	0,974 211
0,36	1,175 166	0,780 185	1,763 399	−2,108 893	0,978 138
0,37	1,195 264	0,764 177	1,628 493	−2,034 994	0,981 625
0,38	1,214 081	0,749 102	1,495 839	−1,947 652	0,984 712
0,39	1,231 571	0,735 016	1,365 155	−1,846 746	0,987 435
0,40	1,247 693	0,721 971	1,236 190	−1,732 317	0,989 825
0,41	1,262 406	0,710 018	1,108 719	−1,604 596	0,991 909
0,42	1,275 674	0,699 200	0,982 539	−1,464 016	0,993 713
0,43	1,287 463	0,689 558	0,857 463	−1,311 230	0,995 257
0,44	1,297 744	0,681 128	0,733 322	−1,147 112	0,996 560
0,45	1,306 488	0,673 941	0,609 960	−0,972 765	0,997 637
0,46	1,313 675	0,668 024	0,487 231	−0,789 506	0,998 501
0,47	1,319 284	0,663 399	0,364 998	−0,598 848	0,999 163
0,48	1,323 301	0,660 083	0,243 131	−0,402 480	0,999 630
0,49	1,325 716	0,658 089	0,121 505	−0,202 224	0,999 908
0,50	1,326 521	0,657 423	0,000 000	0,000 000	1,000 000
	$\vartheta_2(\zeta, \varkappa)$	$\vartheta_4(\zeta, \varkappa)$	$-\dfrac{\partial \ln \vartheta_2(\zeta, \varkappa)}{\partial \zeta}$	$-\dfrac{\partial \ln \vartheta_4(\zeta, \varkappa)}{\partial \zeta}$	$\mathrm{cd}(\zeta, \varkappa)$

Tafel III

$\varkappa = 0{,}56$

$k^2 k'^2 = 0{,}053\,659$	$\eta_1 = -\eta_2' = 0{,}022\,611$	$\eta_1' = -\eta_2 = 0{,}323\,642$
$\pi/KK' = 0{,}692\,507$	$\bar\eta_1 = -\bar\eta_2' = 0{,}340\,625$	$\bar\eta_1' = -\bar\eta_2 = 0{,}351\,882$
$K = 2{,}846\,221$	$E = 1{,}067\,077$	$A = 1{,}810\,276$
$K' = 1{,}593\,884$	$E' = 1{,}548\,209$	$A' = 0{,}090\,022$
$B = 0{,}959\,744$	$C = 0{,}982\,642$	$D = 1{,}886\,478$

$\mathrm{cn}(\zeta, \varkappa)$	$\mathrm{dn}(\zeta, \varkappa)$	$\mathrm{sc}(\zeta, \varkappa)$	$\overline{\mathrm{sn}}(\zeta, \varkappa)$	$\overline{\mathrm{cn}}(\zeta, \varkappa)$	
1,000 000	1,000 000	0,000 000	∞	0,000 000	0,50
0,998 382	0,998 474	0,056 957	17,530 334	−0,056 870	0,49
0,993 552	0,993 920	0,114 109	8,710 266	−0,113 415	0,48
0,985 585	0,986 411	0,171 653	5,746 550	−0,169 320	0,47
0,974 601	0,976 063	0,229 786	4,247 698	−0,224 286	0,46
0,960 759	0,963 035	0,288 712	3,335 626	−0,278 040	0,45
0,944 259	0,947 519	0,348 636	2,717 791	−0,330 339	0,44
0,925 327	0,929 736	0,409 769	2,268 926	−0,380 978	0,43
0,904 210	0,909 931	0,472 333	1,926 461	−0,429 790	0,42
0,881 172	0,888 359	0,536 553	1,655 678	−0,476 652	0,41
0,856 483	0,865 287	0,602 669	1,435 757	−0,521 482	0,40
0,830 412	0,840 979	0,670 932	1,253 450	−0,564 239	0,39
0,803 225	0,815 696	0,741 604	1,099 907	−0,604 923	0,38
0,775 177	0,789 687	0,814 968	0,968 979	−0,643 570	0,37
0,746 505	0,763 191	0,891 325	0,856 243	−0,680 251	0,36
0,717 434	0,736 425	0,970 998	0,758 421	−0,715 068	0,35
0,688 163	0,709 592	1,054 337	0,673 022	−0,748 149	0,34
0,658 876	0,682 872	1,141 721	0,598 107	−0,779 649	0,33
0,629 730	0,656 424	1,233 568	0,532 135	−0,809 744	0,32
0,600 864	0,630 391	1,330 335	0,473 859	−0,838 631	0,31
0,572 397	0,604 891	1,432 532	0,422 253	−0,866 526	0,30
0,544 425	0,580 027	1,540 725	0,376 464	−0,893 662	0,29
0,517 029	0,555 883	1,655 549	0,335 770	−0,920 292	0,28
0,490 272	0,532 529	1,777 725	0,299 556	−0,946 690	0,27
0,464 202	0,510 019	1,908 071	0,267 295	−0,973 152	0,26
0,438 852	0,488 395	2,047 525	0,238 529	−1,000 000	0,25
0,414 244	0,467 687	2,197 171	0,212 859	−1,027 589	0,24
0,390 391	0,447 918	2,358 271	0,189 935	−1,056 312	0,23
0,367 295	0,429 100	2,532 306	0,169 450	−1,086 612	0,22
0,344 951	0,411 238	2,721 030	0,151 133	−1,118 992	0,21
0,323 345	0,394 334	2,926 537	0,134 744	−1,154 034	0,20
0,302 461	0,378 383	3,151 354	0,120 070	−1,192 420	0,19
0,282 276	0,363 377	3,398 563	0,106 921	−1,234 958	0,18
0,262 764	0,349 303	3,671 964	0,095 127	−1,282 629	0,17
0,243 895	0,336 150	3,976 300	0,084 538	−1,336 633	0,16
0,225 638	0,323 901	4,317 575	0,075 019	−1,398 469	0,15
0,207 959	0,312 542	4,703 510	0,066 449	−1,470 045	0,14
0,190 822	0,302 055	5,144 197	0,058 718	−1,553 832	0,13
0,174 190	0,292 424	5,653 095	0,051 728	−1,653 102	0,12
0,158 026	0,283 633	6,248 564	0,045 392	−1,772 298	0,11
0,142 292	0,275 665	6,956 314	0,039 628	−1,917 611	0,10
0,126 948	0,268 505	7,813 498	0,034 364	−2,097 966	0,09
0,111 957	0,262 140	8,875 859	0,029 534	−2,326 717	0,08
0,097 278	0,256 556	10,231 018	0,025 076	−2,624 827	0,07
0,082 874	0,251 741	12,025 044	0,020 935	−3,027 195	0,06
0,068 704	0,247 685	14,520 903	0,017 057	−3,596 608	0,05
0,054 729	0,244 379	18,244 584	0,013 395	−4,458 590	0,04
0,040 910	0,241 815	24,423 483	0,009 901	−5,905 969	0,03
0,027 208	0,239 988	36,739 991	0,006 532	−8,817 149	0,02
0,013 585	0,238 894	73,605 760	0,003 246	−17,583 959	0,01
0,000 000	0,238 529	∞	0,000 000	−∞	0,00
$k'\,\mathrm{sd}(\zeta, \varkappa)$	$k'\,\mathrm{nd}(\zeta, \varkappa)$	$\frac{1}{k'}\,\mathrm{cs}(\zeta, \varkappa)$	$-\overline{\mathrm{cd}}(\zeta, \varkappa)$	$-\overline{\mathrm{sd}}(\zeta, \varkappa)$	$\zeta = \frac{z}{2K}$

Tafel III. (Fortsetzung)

$\vartheta_1'(0,\varkappa)$	$=$	$3{,}687\,939$	$\vartheta_1'(0,k)$	$=$ $0{,}647\,866$	$\vartheta_5'(0,\varkappa)$	$=$ $10{,}631\,840$
$\vartheta_1'''/\vartheta_1'(\varkappa)$	$=$	$-2{,}198\,093$	$\vartheta_2''/\vartheta_2(\varkappa)$	$=$ $-12{,}148\,553$	$\vartheta_3''/\vartheta_3(\varkappa)$	$=$ $-10{,}304\,894$
$\vartheta_1'''/\vartheta_1'(k)$	$=$	$-0{,}067\,834$	$\vartheta_2''/\vartheta_2(k)$	$=$ $-0{,}374\,910$	$\vartheta_3''/\vartheta_3(k)$	$=$ $-0{,}318\,014$
$\vartheta_1'''''/\vartheta_1'(k)$	$=$	$-0{,}623\,225$	$\vartheta_2''''/\vartheta_2(k)$	$=$ $0{,}307\,880$	$\vartheta_3''''/\vartheta_3(k)$	$=$ $0{,}410\,717$

$\varkappa = 0{,}56$

$\zeta = \frac{z}{2K}$	$\overline{\mathrm{dn}}(\zeta,\varkappa)$	$\mathfrak{z}_1(\zeta,\varkappa)$	$\mathfrak{z}_3(\zeta,\varkappa)$	$\mathfrak{z}_5(\zeta,\varkappa)$	$\wp_1(\zeta,\varkappa)$
0,00	0,000 000	∞	0,000 000	∞	∞
0,01	−0,053 624	17,567 146	−0,016 812	17,567 150	308,604 969
0,02	−0,106 883	8,783 544	−0,033 605	8,783 571	77,152 007
0,03	−0,159 419	5,855 612	−0,050 357	5,855 702	34,291 250
0,04	−0,210 892	4,391 540	−0,067 049	4,391 754	19,291 043
0,05	−0,260 983	3,512 949	−0,083 660	3,513 367	12,349 239
0,06	−0,309 404	2,927 029	−0,100 166	2,927 757	8,579 585
0,07	−0,355 901	2,508 281	−0,116 546	2,509 445	6,307 836
0,08	−0,400 256	2,193 945	−0,132 773	2,195 697	4,834 631
0,09	−0,442 288	1,949 144	−0,148 822	1,951 663	3,825 854
0,10	−0,481 854	1,752 947	−0,164 664	1,756 440	3,105 523
0,11	−0,518 848	1,592 029	−0,180 269	1,596 732	2,573 785
0,12	−0,553 195	1,457 500	−0,195 602	1,463 685	2,170 558
0,13	−0,584 853	1,343 202	−0,210 629	1,351 176	1,857 929
0,14	−0,613 803	1,244 735	−0,225 310	1,254 843	1,611 014
0,15	−0,640 048	1,158 867	−0,239 602	1,171 499	1,412 927
0,16	−0,663 610	1,083 174	−0,253 459	1,098 765	1,251 882
0,17	−0,684 522	1,015 800	−0,266 829	1,034 837	1,119 448
0,18	−0,702 823	0,955 301	−0,279 657	0,978 325	1,009 463
0,19	−0,718 561	0,900 536	−0,291 884	0,928 149	0,917 337
0,20	−0,731 781	0,850 591	−0,303 443	0,883 460	0,839 593
0,21	−0,742 528	0,804 727	−0,314 265	0,843 591	0,773 558
0,22	−0,750 842	0,762 340	−0,324 272	0,808 012	0,717 150
0,23	−0,756 755	0,722 929	−0,333 383	0,776 306	0,668 724
0,24	−0,760 293	0,686 080	−0,341 509	0,748 146	0,626 969
0,25	−0,761 471	0,651 443	−0,348 557	0,723 277	0,590 828
0,25	1,238 529	0,651 443	−0,348 557	0,723 277	0,590 828
0,26	1,240 448	0,618 725	−0,354 427	0,701 503	0,559 443
0,27	1,246 247	0,587 674	−0,359 016	0,682 680	0,532 108
0,28	1,256 062	0,558 079	−0,362 213	0,666 703	0,508 242
0,29	1,270 125	0,529 755	−0,363 906	0,653 502	0,487 361
0,30	1,288 778	0,502 545	−0,363 981	0,643 032	0,469 058
0,31	1,312 490	0,476 311	−0,362 320	0,635 275	0,452 993
0,32	1,341 879	0,450 935	−0,358 809	0,630 226	0,438 877
0,33	1,377 756	0,426 313	−0,353 336	0,627 893	0,426 464
0,34	1,421 171	0,402 354	−0,345 795	0,628 291	0,415 546
0,35	1,473 488	0,378 979	−0,336 089	0,631 436	0,405 943
0,36	1,536 494	0,356 116	−0,324 135	0,637 343	0,397 501
0,37	1,612 549	0,333 704	−0,309 866	0,646 016	0,390 088
0,38	1,704 830	0,311 688	−0,293 236	0,657 446	0,383 590
0,39	1,817 689	0,290 017	−0,274 222	0,671 604	0,377 911
0,40	1,957 239	0,268 649	−0,252 833	0,688 441	0,372 964
0,41	2,132 330	0,247 543	−0,229 109	0,707 875	0,368 679
0,42	2,356 252	0,226 664	−0,203 126	0,729 794	0,364 992
0,43	2,649 903	0,205 979	−0,174 999	0,754 052	0,361 852
0,44	3,048 130	0,185 458	−0,144 881	0,780 465	0,359 214
0,45	3,613 665	0,165 074	−0,112 966	0,808 811	0,357 041
0,46	4,471 984	0,144 801	−0,079 485	0,838 834	0,355 303
0,47	5,915 870	0,124 615	−0,044 705	0,870 245	0,353 975
0,48	8,823 681	0,104 494	−0,008 921	0,902 722	0,353 040
0,49	17,587 204	0,084 415	0,027 545	0,935 925	0,352 483
0,50	∞	0,064 357	0,064 357	0,969 495	0,352 299
	$\overline{\mathrm{sc}}(\zeta,\varkappa)$	$-\mathfrak{z}_2(\zeta,\varkappa)$	$-\mathfrak{z}_4(\zeta,\varkappa)$	$-\mathfrak{z}_6(\zeta,\varkappa)$	$\wp_2(\zeta,\varkappa)$

Tafel III

$\varkappa = 0{,}56$

$\vartheta_5'(0, k) = 1{,}867\,711$	$\vartheta_6(0, k) = 1{,}867\,711$	$\vartheta_{\substack{5\\6}}(\tfrac{1}{4}, \varkappa) = 1{,}889\,772$
$\vartheta_4''/\vartheta_4(\varkappa) = 20{,}255\,354$	$\vartheta_5'''/\vartheta_5'(\varkappa) = -33{,}112\,775$	$\vartheta_6''/\vartheta_6(\varkappa) = 8{,}106\,801$
$\vartheta_4''/\vartheta_4(k) = 0{,}625\,090$	$\vartheta_5'''/\vartheta_5'(k) = -1{,}021\,876$	$\vartheta_6''/\vartheta_6(k) = 0{,}250\,180$
$\vartheta_4''''/\vartheta_4(k) = -0{,}713\,996$	$\vartheta_5'''''/\vartheta_5'(k) = 1{,}646\,080$	$\vartheta_6''''/\vartheta_6(k) = -1{,}812\,230$

$\wp_3(\zeta, \varkappa)$	$\wp_5(\zeta, \varkappa)$	$\wp_1'(\zeta, \varkappa)$	$\wp_3'(\zeta, \varkappa)$	$\wp_5'(\zeta, \varkappa)$	
0,295 403	∞	− ∞	0,000 000	− ∞	0,50
0,295 228	308,604 795	−10 842,605 3	−0,006 121	−10 842,611 4	0,49
0,294 704	77,151 309	−1 355,312 25	−0,012 312	−1 355,324 56	0,48
0,293 824	34,289 672	−401,556 882	−0,018 644	−401,575 526	0,47
0,292 578	19,288 218	−169,387 539	−0,025 189	−169,412 728	0,46
0,290 951	12,344 787	−86,705 860	−0,032 021	−86,737 881	0,45
0,288 925	8,573 108	−50,155 682	−0,039 216	−50,194 898	0,44
0,286 478	6,298 911	−31,563 196	−0,046 851	−31,610 047	0,43
0,283 581	4,822 809	−21,123 003	−0,055 009	−21,178 012	0,42
0,280 204	3,810 655	−14,813 535	−0,063 774	−14,877 308	0,41
0,276 308	3,086 428	−10,777 440	−0,073 233	−10,850 673	0,40
0,271 851	2,550 234	−8,075 944	−0,083 480	−8,159 424	0,39
0,266 787	2,141 942	−6,199 647	−0,094 610	−6,294 257	0,38
0,261 061	1,823 588	−4,855 807	−0,106 721	−4,962 528	0,37
0,254 616	1,570 227	−3,868 016	−0,119 916	−3,987 931	0,36
0,247 387	1,364 911	−3,125 647	−0,134 298	−3,259 944	0,35
0,239 302	1,195 782	−2,556 924	−0,149 972	−2,706 896	0,34
0,230 286	1,054 332	−2,113 890	−0,167 041	−2,280 931	0,33
0,220 256	0,934 317	−1,763 670	−0,185 605	−1,949 275	0,32
0,209 125	0,831 059	−1,483 213	−0,205 758	−1,688 972	0,31
0,196 799	0,740 990	−1,256 029	−0,227 583	−1,483 612	0,30
0,183 182	0,661 338	−1,070 105	−0,251 148	−1,321 253	0,29
0,168 172	0,589 920	−0,916 551	−0,276 500	−1,193 051	0,28
0,151 668	0,524 989	−0,788 687	−0,303 656	−1,092 343	0,27
0,133 567	0,465 133	−0,681 427	−0,332 600	−1,014 027	0,26
0,113 769	0,409 195	−0,590 851	−0,363 266	−0,954 117	0,25
0,113 769	0,409 195	−0,590 851	−0,363 266	−0,954 117	0,25
0,092 180	0,356 220	−0,513 902	−0,395 534	−0,909 436	0,24
0,068 712	0,305 417	−0,448 174	−0,429 212	−0,877 386	0,23
0,043 293	0,256 132	−0,391 749	−0,464 030	−0,855 779	0,22
0,015 868	0,207 826	−0,343 091	−0,499 619	−0,842 710	0,21
−0,013 594	0,160 061	−0,300 954	−0,535 507	−0,836 461	0,20
−0,045 094	0,112 497	−0,264 321	−0,571 101	−0,835 422	0,19
−0,078 594	0,064 880	−0,232 355	−0,605 683	−0,838 039	0,18
−0,114 015	0,017 047	−0,204 364	−0,638 403	−0,842 768	0,17
−0,151 222	−0,031 079	−0,179 770	−0,668 283	−0,848 054	0,16
−0,190 023	−0,079 483	−0,158 087	−0,694 225	−0,852 312	0,15
−0,230 161	−0,128 063	−0,138 905	−0,715 031	−0,853 935	0,14
−0,271 307	−0,176 622	−0,121 873	−0,729 435	−0,851 309	0,13
−0,313 061	−0,224 873	−0,106 694	−0,736 147	−0,842 841	0,12
−0,354 947	−0,272 439	−0,093 108	−0,733 906	−0,827 014	0,11
−0,396 423	−0,318 862	−0,080 894	−0,721 549	−0,802 443	0,10
−0,436 884	−0,363 608	−0,069 854	−0,698 092	−0,767 946	0,09
−0,475 675	−0,406 086	−0,059 818	−0,662 803	−0,722 621	0,08
−0,512 111	−0,445 661	−0,050 632	−0,615 289	−0,665 921	0,07
−0,545 493	−0,481 681	−0,042 159	−0,555 561	−0,597 720	0,06
−0,575 138	−0,513 499	−0,034 276	−0,484 090	−0,518 366	0,05
−0,600 401	−0,540 501	−0,026 870	−0,401 833	−0,428 702	0,04
−0,620 708	−0,562 136	−0,019 835	−0,310 232	−0,330 067	0,03
−0,635 579	−0,577 942	−0,013 074	−0,211 175	−0,224 249	0,02
−0,644 652	−0,587 571	−0,006 492	−0,106 922	−0,113 414	0,01
−0,647 701	−0,590 805	0,000 000	0,000 000	0,000 000	0,00
$\wp_4(\zeta, \varkappa)$	$\wp_6(\zeta, \varkappa)$	$-\wp_2'(\zeta, \varkappa)$	$-\wp_4'(\zeta, \varkappa)$	$-\wp_6'(\zeta, \varkappa)$	$\zeta = \dfrac{z}{2K}$

Tafel III

$\sqrt{k}$ = 0,983 970	k = 0,968 198	k^2 = 0,937 407	$\varkappa = 0{,}57$
$\sqrt{k'}$ = 0,500 186	k' = 0,250 186	k'^2 = 0,062 593	
$e_1 = -e_3' = 0{,}354\,198$	$e_2 = -e_2' = 0{,}291\,605$	$e_3 = -e_1' = -\ 0{,}645\,802$	
$g_2 = g_2' = 1{,}255\,100$	$g_3 = -g_3' = -0{,}266\,809$	$g_3/\sqrt{g_2^3} = -\ 0{,}189\,750$	
$\bar{g}_2 = \bar{g}_2' = 0{,}081\,596$	$\bar{g}_3 = -\bar{g}_3' = -0{,}745\,887$	$\bar{g}_3/\sqrt{\bar{g}_2^3} = -32{,}001\,552$	

$\zeta = \frac{z}{2K}$	$\vartheta_1(\zeta, \varkappa)$	$\vartheta_3(\zeta, \varkappa)$	$\frac{\partial \ln \vartheta_1(\zeta, \varkappa)}{\partial \zeta}$	$\frac{\partial \ln \vartheta_3(\zeta, \varkappa)}{\partial \zeta}$	$\mathrm{sn}(\zeta, \varkappa)$
0,00	0,000 000	1,335 234	∞	0,000 000	0,000 000
0,01	0,036 806	1,334 563	99,990 966	−0,100 473	0,055 953
0,02	0,073 602	1,332 554	49,981 809	−0,200 831	0,111 568
0,03	0,110 377	1,329 215	33,305 740	−0,300 955	0,166 514
0,04	0,147 122	1,324 559	24,962 636	−0,400 728	0,220 478
0,05	0,183 824	1,318 606	19,952 379	−0,500 024	0,273 166
0,06	0,220 472	1,311 381	16,608 186	−0,598 715	0,324 317
0,07	0,257 052	1,302 914	14,215 658	−0,696 667	0,373 701
0,08	0,293 550	1,293 240	12,417 544	−0,793 736	0,421 123
0,09	0,329 950	1,282 399	11,015 324	−0,889 769	0,466 429
0,10	0,366 234	1,270 435	9,889 853	−0,984 603	0,509 499
0,11	0,402 384	1,257 398	8,965 277	−1,078 063	0,550 253
0,12	0,438 377	1,243 342	8,191 004	−1,169 959	0,588 646
0,13	0,474 190	1,228 325	7,531 985	−1,260 084	0,624 663
0,14	0,509 800	1,212 408	6,963 167	−1,348 217	0,658 319
0,15	0,545 177	1,195 655	6,466 167	−1,434 114	0,689 654
0,16	0,580 294	1,178 137	6,027 184	−1,517 513	0,718 727
0,17	0,615 117	1,159 923	5,635 657	−1,598 129	0,745 618
0,18	0,649 614	1,141 088	5,283 363	−1,675 650	0,770 415
0,19	0,683 748	1,121 707	4,963 810	−1,749 741	0,793 219
0,20	0,717 481	1,101 860	4,671 799	−1,820 039	0,814 139
0,21	0,750 773	1,081 626	4,403 120	−1,886 151	0,833 284
0,22	0,783 581	1,061 085	4,154 330	−1,947 655	0,850 767
0,23	0,815 863	1,040 321	3,922 585	−2,004 100	0,866 702
0,24	0,847 572	1,019 415	3,705 517	−2,055 002	0,881 197
0,25	0,878 661	0,998 450	3,501 139	−2,099 849	0,894 361
0,26	0,909 081	0,977 510	3,307 773	−2,138 102	0,906 296
0,27	0,938 785	0,956 677	3,123 994	−2,169 195	0,917 100
0,28	0,967 720	0,936 033	2,948 584	−2,192 540	0,926 867
0,29	0,995 836	0,915 658	2,780 496	−2,207 533	0,935 683
0,30	1,023 081	0,895 632	2,618 827	−2,213 559	0,943 629
0,31	1,049 404	0,876 033	2,462 795	−2,210 003	0,950 782
0,32	1,074 753	0,856 937	2,311 719	−2,196 257	0,957 211
0,33	1,099 077	0,838 416	2,165 004	−2,171 738	0,962 980
0,34	1,122 327	0,820 543	2,022 131	−2,135 897	0,968 147
0,35	1,144 451	0,803 387	1,882 640	−2,088 240	0,972 768
0,36	1,165 402	0,787 012	1,746 126	−2,028 343	0,976 889
0,37	1,185 134	0,771 480	1,612 232	−1,955 878	0,980 556
0,38	1,203 602	0,756 852	1,480 638	−1,870 626	0,983 808
0,39	1,220 763	0,743 182	1,351 061	−1,772 507	0,986 680
0,40	1,236 576	0,730 523	1,223 246	−1,661 594	0,989 205
0,41	1,251 003	0,718 921	1,096 962	−1,538 134	0,991 410
0,42	1,264 010	0,708 421	0,972 003	−1,402 564	0,993 321
0,43	1,275 566	0,699 061	0,848 179	−1,255 522	0,994 958
0,44	1,285 640	0,690 878	0,725 315	−1,097 852	0,996 341
0,45	1,294 208	0,683 901	0,603 253	−0,930 604	0,997 486
0,46	1,301 248	0,678 157	0,481 843	−0,755 022	0,998 405
0,47	1,306 742	0,673 667	0,360 944	−0,572 533	0,999 109
0,48	1,310 677	0,670 448	0,240 422	−0,384 716	0,999 606
0,49	1,313 042	0,668 512	0,120 149	−0,193 275	0,999 902
0,50	1,313 831	0,667 865	0,000 000	0,000 000	1,000 000
	$\vartheta_2(\zeta, \varkappa)$	$\vartheta_4(\zeta, \varkappa)$	$-\frac{\partial \ln \vartheta_2(\zeta, \varkappa)}{\partial \zeta}$	$-\frac{\partial \ln \vartheta_4(\zeta, \varkappa)}{\partial \zeta}$	$\mathrm{cd}(\zeta, \varkappa)$

Tafel III

$\varkappa = 0{,}57$

$k^2 k'^2 = 0{,}058\,675$	$\eta_1 = -\eta_2' = 0{,}028\,731$	$\eta_1' = -\eta_2 = 0{,}322\,648$
$\pi/KK' = 0{,}702\,758$	$\bar\eta_1 = -\bar\eta_2' = 0{,}349\,066$	$\bar\eta_1' = -\bar\eta_2 = 0{,}353\,692$
$K = 2{,}800\,494$	$E = 1{,}072\,389$	$A = 1{,}794\,194$
$K' = 1{,}596\,282$	$E' = 1{,}545\,920$	$A' = 0{,}099\,109$
$B = 0{,}956\,998$	$C = 0{,}945\,691$	$D = 1{,}843\,495$

$\mathrm{cn}(\zeta, \varkappa)$	$\mathrm{dn}(\zeta, \varkappa)$	$\mathrm{sc}(\zeta, \varkappa)$	$\overline{\mathrm{sn}}(\zeta, \varkappa)$	$\overline{\mathrm{cn}}(\zeta, \varkappa)$	
1,000 000	1,000 000	0,000 000	∞	0,000 000	0,50
0,998 433	0,998 532	0,056 041	17,817 873	−0,055 959	0,49
0,993 757	0,994 149	0,112 269	8,855 062	−0,111 612	0,48
0,986 039	0,986 919	0,168 872	5,844 185	−0,166 663	0,47
0,975 392	0,976 951	0,226 040	4,322 026	−0,220 830	0,46
0,961 967	0,964 391	0,283 966	3,396 146	−0,273 855	0,45
0,945 948	0,949 422	0,342 849	2,769 214	−0,325 508	0,44
0,927 549	0,932 249	0,402 891	2,313 902	−0,375 595	0,43
0,907 003	0,913 102	0,464 302	1,966 614	−0,423 955	0,42
0,884 559	0,892 223	0,527 301	1,692 057	−0,470 470	0,41
0,860 471	0,869 862	0,592 116	1,469 073	−0,515 059	0,40
0,834 998	0,846 270	0,658 988	1,284 197	−0,557 682	0,39
0,808 391	0,821 696	0,728 170	1,128 440	−0,598 335	0,38
0,780 894	0,796 379	0,799 933	0,995 558	−0,637 050	0,37
0,752 739	0,770 547	0,874 565	0,881 063	−0,673 894	0,36
0,724 139	0,744 411	0,952 377	0,781 635	−0,708 961	0,35
0,695 292	0,718 167	1,033 706	0,694 750	−0,742 374	0,34
0,666 374	0,691 992	1,118 917	0,618 448	−0,774 282	0,33
0,637 543	0,666 043	1,208 412	0,551 172	−0,804 854	0,32
0,608 936	0,640 458	1,302 632	0,491 665	−0,834 281	0,31
0,580 670	0,615 359	1,402 067	0,438 894	−0,862 774	0,30
0,552 846	0,590 847	1,507 263	0,392 000	−0,890 562	0,29
0,525 543	0,567 010	1,618 836	0,350 258	−0,917 896	0,28
0,498 827	0,543 918	1,737 479	0,313 050	−0,945 046	0,27
0,472 749	0,521 628	1,863 983	0,279 846	−0,972 306	0,26
0,447 347	0,500 186	1,999 256	0,250 186	−1,000 000	0,25
0,422 644	0,479 625	2,144 346	0,223 670	−1,028 483	0,24
0,398 657	0,459 970	2,300 474	0,199 946	−1,058 150	0,23
0,375 391	0,441 238	2,469 073	0,178 706	−1,089 448	0,22
0,352 843	0,423 436	2,651 842	0,159 676	−1,122 886	0,21
0,331 004	0,406 570	2,850 809	0,142 616	−1,159 052	0,20
0,309 860	0,390 636	3,068 422	0,127 309	−1,198 637	0,19
0,289 392	0,375 631	3,307 667	0,113 564	−1,242 462	0,18
0,269 574	0,361 545	3,572 225	0,101 210	−1,291 520	0,17
0,250 381	0,348 367	3,866 693	0,090 094	−1,347 030	0,16
0,231 783	0,336 086	4,196 891	0,080 080	−1,410 516	0,15
0,213 747	0,324 686	4,570 300	0,071 043	−1,483 914	0,14
0,196 241	0,314 154	4,996 700	0,062 872	−1,569 735	0,13
0,179 228	0,304 475	5,489 135	0,055 469	−1,671 306	0,12
0,162 674	0,295 634	6,065 399	0,048 741	−1,793 137	0,11
0,146 540	0,287 616	6,750 407	0,042 607	−1,941 525	0,10
0,130 790	0,280 408	7,580 160	0,036 992	−2,125 535	0,09
0,115 386	0,273 996	8,608 678	0,031 828	−2,358 741	0,08
0,100 289	0,268 368	9,920 868	0,027 051	−2,662 446	0,07
0,085 462	0,263 514	11,658 270	0,022 603	−3,072 119	0,06
0,070 866	0,259 424	14,075 696	0,018 431	−3,651 571	0,05
0,056 462	0,256 089	17,682 823	0,014 482	−4,528 373	0,04
0,042 212	0,253 502	23,668 970	0,010 710	−6,000 137	0,03
0,028 077	0,251 659	35,602 217	0,007 069	−8,959 605	0,02
0,014 019	0,250 554	71,323 212	0,003 513	−17,870 319	0,01
0,000 000	0,250 186	∞	0,000 000	−∞	0,00
$k'\,\mathrm{sd}(\zeta, \varkappa)$	$k'\,\mathrm{nd}(\zeta, \varkappa)$	$\frac{1}{k'}\,\mathrm{cs}(\zeta, \varkappa)$	$-\overline{\mathrm{cd}}(\zeta, \varkappa)$	$-\overline{\mathrm{sd}}(\zeta, \varkappa)$	$\zeta = \frac{z}{2K}$

Tafel III. (Fortsetzung)

$\vartheta_1'(0,\varkappa) = 3{,}680\,744$	$\vartheta_1'(0,k) = 0{,}657\,160$	$\vartheta_5'(0,\varkappa) = 10{,}493\,221$
$\vartheta_1'''/\vartheta_1'(\varkappa) = -2{,}703\,935$	$\vartheta_2''/\vartheta_2(\varkappa) = -12{,}012\,870$	$\vartheta_3''/\vartheta_3(\varkappa) = -10{,}049\,258$
$\vartheta_1'''/\vartheta_1'(k) = -0{,}086\,192$	$\vartheta_2''/\vartheta_2(k) = -0{,}382\,928$	$\vartheta_3''/\vartheta_3(k) = -0{,}320\,335$
$\vartheta_1'''''/\vartheta_1'(k) = -0{,}615\,168$	$\vartheta_2''''/\vartheta_2(k) = 0{,}314\,716$	$\vartheta_3''''/\vartheta_3(k) = 0{,}425\,194$

$\varkappa = 0{,}57$

$\zeta = \frac{z}{2K}$	$\overline{\mathrm{dn}}(\zeta,\varkappa)$	$\mathfrak{z}_1(\zeta,\varkappa)$	$\mathfrak{z}_3(\zeta,\varkappa)$	$\mathfrak{z}_5(\zeta,\varkappa)$	$\wp_1(\zeta,\varkappa)$
0,00	0,000 000	∞	0,000 000	∞	∞
0,01	−0,052 446	17,853 990	−0,016 329	17,853 993	318,765 280
0,02	−0,104 543	8,926 967	−0,032 638	8,926 995	79,692 057
0,03	−0,155 953	5,951 232	−0,048 905	5,951 325	35,420 107
0,04	−0,206 348	4,463 264	−0,065 109	4,463 486	19,925 944
0,05	−0,255 424	3,570 342	−0,081 228	3,570 778	12,755 467
0,06	−0,302 905	2,974 880	−0,097 239	2,975 637	8,861 553
0,07	−0,348 544	2,549 327	−0,113 118	2,550 538	6,514 836
0,08	−0,392 127	2,229 901	−0,128 840	2,231 723	4,992 930
0,09	−0,433 478	1,981 158	−0,144 376	1,983 776	3,950 724
0,10	−0,472 452	1,781 826	−0,159 699	1,785 454	3,206 439
0,11	−0,508 941	1,618 361	−0,174 776	1,623 245	2,656 939
0,12	−0,542 866	1,481 732	−0,189 574	1,488 151	2,240 166
0,13	−0,574 178	1,365 680	−0,204 056	1,373 949	1,916 960
0,14	−0,602 851	1,265 732	−0,218 182	1,276 209	1,661 620
0,15	−0,628 881	1,178 607	−0,231 909	1,191 690	1,456 706
0,16	−0,652 280	1,101 840	−0,245 190	1,117 975	1,290 047
0,17	−0,673 072	1,033 546	−0,257 973	1,053 229	1,152 935
0,18	−0,691 290	0,972 257	−0,270 205	0,996 041	1,039 008
0,19	−0,706 972	0,916 813	−0,281 824	0,945 311	0,943 525
0,20	−0,720 158	0,866 287	−0,292 766	0,900 176	0,862 899
0,21	−0,730 886	0,819 926	−0,302 960	0,859 953	0,794 369
0,22	−0,739 190	0,777 116	−0,312 332	0,824 105	0,735 785
0,23	−0,745 100	0,737 350	−0,320 800	0,792 202	0,685 452
0,24	−0,748 637	0,700 204	−0,328 279	0,763 910	0,642 014
0,25	−0,749 814	0,665 323	−0,334 677	0,738 965	0,604 384
0,25	1,250 186	0,665 323	−0,334 677	0,738 965	0,604 384
0,26	1,252 152	0,632 409	−0,339 897	0,717 163	0,571 673
0,27	1,258 096	0,601 206	−0,343 840	0,698 351	0,543 156
0,28	1,268 154	0,571 498	−0,346 398	0,682 416	0,518 231
0,29	1,282 562	0,543 096	−0,347 466	0,669 280	0,496 399
0,30	1,301 668	0,515 841	−0,346 933	0,658 891	0,477 243
0,31	1,325 946	0,489 592	−0,344 688	0,651 219	0,460 409
0,32	1,356 025	0,464 229	−0,340 625	0,646 251	0,445 600
0,33	1,392 730	0,439 643	−0,334 638	0,643 985	0,432 563
0,34	1,437 124	0,415 744	−0,326 630	0,644 427	0,421 081
0,35	1,490 595	0,392 448	−0,316 512	0,647 582	0,410 971
0,36	1,554 957	0,369 684	−0,304 209	0,653 454	0,402 073
0,37	1,632 608	0,347 388	−0,289 662	0,662 038	0,394 251
0,38	1,726 774	0,325 503	−0,272 832	0,673 315	0,387 387
0,39	1,841 878	0,303 977	−0,253 704	0,687 250	0,381 380
0,40	1,984 132	0,282 766	−0,232 293	0,703 783	0,376 143
0,41	2,162 527	0,261 829	−0,208 641	0,722 830	0,371 601
0,42	2,390 569	0,241 128	−0,182 827	0,744 276	0,367 691
0,43	2,689 497	0,220 629	−0,154 965	0,767 972	0,364 358
0,44	3,094 722	0,200 303	−0,125 206	0,793 738	0,361 555
0,45	3,670 001	0,180 119	−0,093 736	0,821 356	0,359 245
0,46	4,542 856	0,160 051	−0,060 778	0,850 579	0,357 396
0,47	6,010 847	0,140 075	−0,026 588	0,881 127	0,355 983
0,48	8,966 674	0,120 167	0,008 555	0,912 693	0,354 987
0,49	17,873 832	0,100 302	0,044 344	0,944 950	0,354 394
0,50	∞	0,080 460	0,080 460	0,977 557	0,354 198
	$\overline{\mathrm{sc}}(\zeta,\varkappa)$	$-\mathfrak{z}_2(\zeta,\varkappa)$	$-\mathfrak{z}_4(\zeta,\varkappa)$	$-\mathfrak{z}_6(\zeta,\varkappa)$	$\wp_2(\zeta,\varkappa)$

Tafel III

$\varkappa = 0{,}57$			
	$\vartheta_5'(0, k) = 1{,}873\,459$	$\vartheta_6(0, k) = 1{,}873\,459$	$\vartheta_{\substack{5\\6}}(\tfrac14, \varkappa) = 1{,}873\,110$
	$\vartheta_4''/\vartheta_4(\varkappa) = 19{,}358\,194$	$\vartheta_5'''/\vartheta_5'(\varkappa) = -32{,}851\,710$	$\vartheta_6''/\vartheta_6(\varkappa) = 7{,}345\,324$
	$\vartheta_4''/\vartheta_4(k) = 0{,}617\,072$	$\vartheta_5'''/\vartheta_5'(k) = -\;1{,}047\,198$	$\vartheta_6''/\vartheta_6(k) = 0{,}234\,143$
	$\vartheta_4''''/\vartheta_4(k) = -0{,}732\,482$	$\vartheta_5'''''/\vartheta_5'(k) = 1{,}786\,907$	$\vartheta_6''''/\vartheta_6(k) = -1{,}835\,531$

$\wp_3(\zeta, \varkappa)$	$\wp_5(\zeta, \varkappa)$	$\wp_1'(\zeta, \varkappa)$	$\wp_3'(\zeta, \varkappa)$	$\wp_5'(\zeta, \varkappa)$	
0,291 605	∞	− ∞	0,000 000	− ∞	0,50
0,291 420	318,765 096	− 11 382,452 4	− 0,006 585	− 11 382,459 0	0,49
0,290 866	79,691 318	− 1 422,793 42	− 0,013 242	− 1 422,806 66	0,48
0,289 934	35,418 437	− 421,551 661	− 0,020 044	− 421,571 705	0,47
0,288 616	19,922 955	− 177,823 233	− 0,027 065	− 177,850 299	0,46
0,286 897	12,750 759	− 91,025 350	− 0,034 380	− 91,059 731	0,45
0,284 758	8,854 707	− 52,655 806	− 0,042 067	− 52,697 873	0,44
0,282 176	6,505 408	− 33,138 030	− 0,050 205	− 33,188 236	0,43
0,279 124	4,980 450	− 22,178 419	− 0,058 877	− 22,237 296	0,42
0,275 569	3,934 688	− 15,555 167	− 0,068 167	− 15,623 334	0,41
0,271 475	3,186 309	− 11,318 446	− 0,078 165	− 11,396 611	0,40
0,266 798	2,632 133	− 8,482 739	− 0,088 962	− 8,571 701	0,39
0,261 493	2,210 053	− 6,513 282	− 0,100 653	− 6,613 935	0,38
0,255 505	1,880 860	− 5,102 756	− 0,113 335	− 5,216 090	0,37
0,248 776	1,618 792	− 4,065 969	− 0,127 107	− 4,193 076	0,36
0,241 244	1,406 346	− 3,286 788	− 0,142 069	− 3,428 857	0,35
0,232 838	1,231 280	− 2,689 863	− 0,158 321	− 2,848 184	0,34
0,223 483	1,084 814	− 2,224 850	− 0,175 961	− 2,400 811	0,33
0,213 099	0,960 502	− 1,857 239	− 0,195 080	− 2,052 319	0,32
0,201 601	0,853 521	− 1,562 832	− 0,215 763	− 1,778 595	0,31
0,188 899	0,760 193	− 1,324 320	− 0,238 083	− 1,562 402	0,30
0,174 899	0,677 664	− 1,129 094	− 0,262 093	− 1,391 187	0,29
0,159 507	0,603 688	− 0,967 824	− 0,287 827	− 1,255 651	0,28
0,142 625	0,536 472	− 0,833 498	− 0,315 286	− 1,148 784	0,27
0,124 157	0,474 567	− 0,720 781	− 0,344 433	− 1,065 214	0,26
0,104 012	0,416 791	− 0,625 558	− 0,375 186	− 1,000 744	0,25
0,104 012	0,416 791	− 0,625 558	− 0,375 186	− 1,000 744	0,25
0,082 102	0,362 170	− 0,544 625	− 0,407 402	− 0,952 027	0,24
0,058 351	0,309 902	− 0,475 455	− 0,440 871	− 0,916 325	0,23
0,032 697	0,259 324	− 0,416 039	− 0,475 300	− 0,891 339	0,22
0,005 097	0,209 892	− 0,364 765	− 0,510 305	− 0,875 070	0,21
− 0,024 469	0,161 169	− 0,320 327	− 0,545 399	− 0,865 727	0,20
− 0,055 989	0,112 815	− 0,281 660	− 0,579 981	− 0,861 641	0,19
− 0,089 415	0,064 580	− 0,247 887	− 0,613 330	− 0,861 217	0,18
− 0,124 655	0,016 303	− 0,218 283	− 0,644 605	− 0,862 887	0,17
− 0,161 567	− 0,032 090	− 0,192 240	− 0,672 845	− 0,865 086	0,16
− 0,199 951	− 0,080 584	− 0,169 252	− 0,696 987	− 0,866 239	0,15
− 0,239 545	− 0,129 077	− 0,148 888	− 0,715 877	− 0,864 764	0,14
− 0,280 022	− 0,177 376	− 0,130 781	− 0,728 310	− 0,859 091	0,13
− 0,320 987	− 0,225 205	− 0,114 619	− 0,733 069	− 0,847 689	0,12
− 0,361 975	− 0,272 200	− 0,100 132	− 0,728 979	− 0,829 111	0,11
− 0,402 462	− 0,317 923	− 0,087 084	− 0,714 970	− 0,802 055	0,10
− 0,441 864	− 0,361 867	− 0,075 272	− 0,690 150	− 0,765 422	0,09
− 0,479 558	− 0,403 471	− 0,064 515	− 0,653 877	− 0,718 391	0,08
− 0,514 891	− 0,442 138	− 0,054 651	− 0,605 831	− 0,660 482	0,07
− 0,547 204	− 0,477 254	− 0,045 539	− 0,546 078	− 0,591 617	0,06
− 0,575 853	− 0,508 213	− 0,037 047	− 0,475 115	− 0,512 162	0,05
− 0,600 235	− 0,534 443	− 0,029 057	− 0,393 889	− 0,422 947	0,04
− 0,619 811	− 0,555 433	− 0,021 459	− 0,303 798	− 0,325 257	0,03
− 0,634 134	− 0,570 752	− 0,014 148	− 0,206 647	− 0,220 796	0,02
− 0,642 868	− 0,580 078	− 0,007 027	− 0,104 584	− 0,111 611	0,01
− 0,645 802	− 0,583 210	0,000 000	0,000 000	0,000 000	0,00
$\wp_4(\zeta, \varkappa)$	$\wp_6(\zeta, \varkappa)$	$-\wp_2'(\zeta, \varkappa)$	$-\wp_4'(\zeta, \varkappa)$	$-\wp_6'(\zeta, \varkappa)$	$\zeta = \dfrac{z}{2K}$

Tafel III

$\varkappa = 0{,}58$

$\sqrt{k}$ =	0,982 387	k =	0,965 083	k^2 =	0,931 386
$\sqrt{k'}$ =	0,511 804	k' =	0,261 943	k'^2 =	0,068 614
$e_1 = -e_3'$ =	0,356 205	$e_2 = -e_2'$ =	0,287 590	$e_3 = -e_1'$ =	−0,643 795
$g_2 = g_2'$ =	1,248 125	$g_3 = -g_3'$ =	−0,263 804	$g_3/\sqrt{g_2^3}$ =	−0,189 189
$\bar{g}_2 = \bar{g}_2'$ =	−0,030 003	$\bar{g}_3 = -\bar{g}_3'$ =	−0,778 413	$\bar{g}_3/\sqrt{\bar{g}_2^3}$ =	149,785 995i

$\zeta = \frac{z}{2K}$	$\vartheta_1(\zeta,\varkappa)$	$\vartheta_3(\zeta,\varkappa)$	$\frac{\partial \ln \vartheta_1(\zeta,\varkappa)}{\partial \zeta}$	$\frac{\partial \ln \vartheta_3(\zeta,\varkappa)}{\partial \zeta}$	$\mathrm{sn}(\zeta,\varkappa)$
0,00	0,000 000	1,324 731	∞	0,000 000	0,000 000
0,01	0,036 719	1,324 082	99,989 400	−0,097 976	0,055 078
0,02	0,073 427	1,322 138	49,978 685	−0,195 833	0,109 835
0,03	0,110 111	1,318 907	33,301 073	−0,293 453	0,163 955
0,04	0,146 759	1,314 403	24,956 452	−0,390 712	0,217 140
0,05	0,183 359	1,308 643	19,944 710	−0,487 485	0,269 110
0,06	0,219 895	1,301 653	16,599 071	−0,583 642	0,319 613
0,07	0,256 355	1,293 460	14,205 144	−0,679 044	0,368 428
0,08	0,292 721	1,284 098	12,405 684	−0,773 547	0,415 366
0,09	0,328 977	1,273 607	11,002 178	−0,866 996	0,460 274
0,10	0,365 104	1,262 029	9,875 487	−0,959 227	0,503 035
0,11	0,401 081	1,249 412	8,949 762	−1,050 064	0,543 566
0,12	0,436 888	1,235 808	8,174 416	−1,139 316	0,581 819
0,13	0,472 499	1,221 272	7,514 404	−1,226 778	0,617 773
0,14	0,507 890	1,205 864	6,944 678	−1,312 227	0,651 437
0,15	0,543 032	1,189 646	6,446 856	−1,395 423	0,682 844
0,16	0,577 897	1,172 685	6,007 140	−1,476 107	0,712 047
0,17	0,612 452	1,155 049	5,614 971	−1,553 996	0,739 114
0,18	0,646 663	1,136 810	5,262 130	−1,628 786	0,764 130
0,19	0,680 496	1,118 042	4,942 123	−1,700 146	0,787 186
0,20	0,713 912	1,098 819	4,649 752	−1,767 723	0,808 384
0,21	0,746 873	1,079 220	4,380 807	−1,831 135	0,827 827
0,22	0,779 336	1,059 322	4,131 845	−1,889 972	0,845 622
0,23	0,811 260	1,039 204	3,900 019	−1,943 798	0,861 877
0,24	0,842 600	1,018 948	3,682 962	−1,992 149	0,876 697
0,25	0,873 310	0,998 633	3,478 685	−2,034 534	0,890 185
0,26	0,903 344	0,978 340	3,285 507	−2,070 437	0,902 440
0,27	0,932 653	0,958 148	3,102 000	−2,099 322	0,913 559
0,28	0,961 189	0,938 137	2,926 944	−2,120 632	0,923 631
0,29	0,988 903	0,918 385	2,759 289	−2,133 799	0,932 742
0,30	1,015 746	0,898 969	2,598 130	−2,138 246	0,940 972
0,31	1,041 668	0,879 966	2,442 681	−2,133 403	0,948 394
0,32	1,066 619	0,861 447	2,292 257	−2,118 707	0,955 078
0,33	1,090 551	0,843 486	2,146 261	−2,093 621	0,961 088
0,34	1,113 415	0,826 151	2,004 168	−2,057 649	0,966 481
0,35	1,135 165	0,809 509	1,865 516	−2,010 344	0,971 312
0,36	1,155 753	0,793 624	1,729 897	−1,951 335	0,975 629
0,37	1,175 137	0,778 556	1,596 949	−1,880 336	0,979 476
0,38	1,193 272	0,764 364	1,466 349	−1,797 174	0,982 893
0,39	1,210 119	0,751 100	1,337 810	−1,701 801	0,985 916
0,40	1,225 638	0,738 815	1,211 072	−1,594 316	0,988 577
0,41	1,239 794	0,727 557	1,085 903	−1,474 981	0,990 904
0,42	1,252 553	0,717 366	0,962 091	−1,344 234	0,992 923
0,43	1,263 886	0,708 283	0,839 442	−1,202 697	0,994 655
0,44	1,273 764	0,700 340	0,717 780	−1,051 183	0,996 119
0,45	1,282 164	0,693 568	0,596 941	−0,890 690	0,997 332
0,46	1,289 065	0,687 993	0,476 772	−0,722 399	0,998 307
0,47	1,294 450	0,683 634	0,357 128	−0,547 650	0,999 054
0,48	1,298 307	0,680 509	0,237 872	−0,367 925	0,999 581
0,49	1,300 625	0,678 630	0,118 872	−0,184 818	0,999 896
0,50	1,301 398	0,678 003	0,000 000	0,000 000	1,000 000
	$\vartheta_2(\zeta,\varkappa)$	$\vartheta_4(\zeta,\varkappa)$	$-\frac{\partial \ln \vartheta_2(\zeta,\varkappa)}{\partial \zeta}$	$-\frac{\partial \ln \vartheta_4(\zeta,\varkappa)}{\partial \zeta}$	$\mathrm{cd}(\zeta,\varkappa)$

Tafel III

$\varkappa = 0,58$

$k^2 k'^2 = 0,063\,906$	$\eta_1 = -\eta_2' = 0,034\,810$	$\eta_1' = -\eta_2 = 0,321\,593$
$\pi/KK' = 0,712\,806$	$\bar\eta_1 = -\bar\eta_2' = 0,357\,211$	$\bar\eta_1' = -\bar\eta_2 = 0,355\,595$
$K = 2,756\,609$	$E = 1,077\,876$	$A = 1,777\,466$
$K' = 1,598\,833$	$E' = 1,543\,495$	$A' = 0,108\,728$
$B = 0,954\,205$	$C = 0,910\,685$	$D = 1,802\,404$

$\mathrm{cn}(\zeta, \varkappa)$	$\mathrm{dn}(\zeta, \varkappa)$	$\mathrm{sc}(\zeta, \varkappa)$	$\overline{\mathrm{sn}}(\zeta, \varkappa)$	$\overline{\mathrm{cn}}(\zeta, \varkappa)$	
1,000 000	1,000 000	0,000 000	∞	0,000 000	0,50
0,998 482	0,998 586	0,055 162	18,102 780	−0,055 084	0,49
0,993 950	0,994 366	0,110 503	8,998 512	−0,109 881	0,48
0,986 468	0,987 402	0,166 204	5,940 890	−0,164 111	0,47
0,976 140	0,977 796	0,222 447	4,395 627	−0,217 508	0,46
0,963 109	0,965 686	0,279 418	3,456 061	−0,269 830	0,45
0,947 548	0,951 239	0,337 306	2,820 111	−0,320 858	0,44
0,929 656	0,934 652	0,396 305	2,358 413	−0,370 408	0,43
0,909 655	0,916 138	0,456 619	2,006 351	−0,418 326	0,42
0,887 777	0,895 926	0,518 457	1,728 065	−0,464 499	0,41
0,860 266	0,874 253	0,582 037	1,502 057	−0,508 848	0,40
0,839 366	0,851 357	0,647 591	1,314 652	−0,551 331	0,39
0,813 319	0,827 474	0,715 364	1,156 719	−0,591 945	0,38
0,786 357	0,802 834	0,785 614	1,021 920	−0,630 718	0,37
0,758 703	0,777 655	0,858 620	0,905 704	−0,667 710	0,36
0,730 564	0,752 142	0,934 681	0,804 704	−0,703 012	0,35
0,702 132	0,726 483	1,014 120	0,716 368	−0,736 741	0,34
0,673 580	0,700 852	1,097 292	0,638 710	−0,769 039	0,33
0,645 063	0,675 403	1,184 582	0,570 161	−0,800 070	0,32
0,616 715	0,650 273	1,276 417	0,509 452	−0,830 020	0,31
0,588 656	0,625 583	1,373 270	0,455 542	−0,859 095	0,30
0,560 984	0,601 435	1,475 670	0,407 567	−0,887 519	0,29
0,533 782	0,577 917	1,584 209	0,364 798	−0,915 541	0,28
0,507 118	0,555 101	1,699 560	0,326 615	−0,943 428	0,27
0,481 044	0,533 048	1,822 489	0,292 483	−0,971 473	0,26
0,455 600	0,511 804	1,953 873	0,261 943	−1,000 000	0,25
0,430 815	0,491 407	2,094 729	0,234 592	−1,029 364	0,24
0,406 706	0,471 884	2,246 240	0,210 077	−1,059 965	0,23
0,383 282	0,453 254	2,409 796	0,188 088	−1,092 251	0,22
0,360 544	0,435 531	2,587 042	0,168 351	−1,126 736	0,21
0,338 485	0,418 719	2,779 947	0,150 621	−1,164 016	0,20
0,317 095	0,402 820	2,990 887	0,134 683	−1,204 790	0,19
0,296 354	0,387 833	3,222 756	0,120 342	−1,249 890	0,18
0,276 244	0,373 750	3,479 128	0,107 426	−1,300 324	0,17
0,256 738	0,360 564	3,764 464	0,095 781	−1,357 328	0,16
0,237 810	0,348 263	4,084 411	0,085 266	−1,422 450	0,15
0,219 428	0,336 837	4,446 229	0,075 758	−1,497 656	0,14
0,201 563	0,326 273	4,859 410	0,067 143	−1,585 495	0,13
0,184 179	0,316 558	5,336 614	0,059 318	−1,689 346	0,12
0,167 243	0,307 677	5,895 107	0,052 192	−1,813 791	0,11
0,150 719	0,299 620	6,559 068	0,045 680	−1,965 225	0,10
0,134 571	0,292 371	7,363 433	0,039 706	−2,152 858	0,09
0,118 762	0,285 921	8,360 621	0,034 199	−2,390 478	0,08
0,103 255	0,280 258	9,633 024	0,029 093	−2,699 727	0,07
0,088 012	0,275 371	11,317 984	0,024 330	−3,116 639	0,06
0,072 997	0,271 251	13,662 756	0,019 853	−3,706 037	0,05
0,058 170	0,267 892	17,161 894	0,015 610	−4,597 526	0,04
0,043 495	0,265 285	22,969 424	0,011 549	−6,093 451	0,03
0,028 934	0,263 427	34,547 533	0,007 625	−9,100 767	0,02
0,014 448	0,262 314	69,207 377	0,003 790	−18,154 074	0,01
0,000 000	0,261 943	∞	0,000 000	−∞	0,00
$k'\,\mathrm{sd}(\zeta, \varkappa)$	$k'\,\mathrm{nd}(\zeta, \varkappa)$	$\frac{1}{k'}\,\mathrm{cs}(\zeta, \varkappa)$	$-\overline{\mathrm{cd}}(\zeta, \varkappa)$	$-\overline{\mathrm{sd}}(\zeta, \varkappa)$	$\zeta = \frac{z}{2K}$

Tafel III. (Fortsetzung)

$\vartheta_1'(0,\varkappa) = 3{,}672\,137$	$\vartheta_1'(0,k) = 0{,}666\,061$	$\vartheta_5'(0,\varkappa) = 10{,}357\,522$
$\vartheta_1'''/\vartheta_1'(\varkappa) = -3{,}174\,236$	$\vartheta_2''/\vartheta_2(\varkappa) = -11{,}885\,128$	$\vartheta_3''/\vartheta_3(\varkappa) = -9{,}799\,557$
$\vartheta_1'''/\vartheta_1'(k) = -0{,}104\,431$	$\vartheta_2''/\vartheta_2(k) = -\ 0{,}391\,015$	$\vartheta_3''/\vartheta_3(k) = -0{,}322\,401$
$\vartheta_1'''''/\vartheta_1'(k) = -0{,}605\,886$	$\vartheta_2''''/\vartheta_2(k) = 0{,}321\,450$	$\vartheta_3''''/\vartheta_3(k) = 0{,}439\,639$

$\varkappa = 0{,}58$

$\zeta = \dfrac{z}{2K}$	$\overline{\mathrm{dn}}(\zeta,\varkappa)$	$\mathfrak{z}_1(\zeta,\varkappa)$	$\mathfrak{z}_3(\zeta,\varkappa)$	$\mathfrak{z}_5(\zeta,\varkappa)$	$\wp_1(\zeta,\varkappa)$
0,00	0,000 000	∞	0,000 000	∞	∞
0,01	−0,051 294	18,138 222	−0,015 852	18,138 226	328,995 416
0,02	−0,102 256	9,069 085	−0,031 682	9,069 114	82,249 564
0,03	−0,152 561	6,045 981	−0,047 470	6,046 078	36,556 725
0,04	−0,201 899	4,534 334	−0,063 192	4,534 565	20,565 215
0,05	−0,249 977	3,627 212	−0,078 825	3,627 664	13,164 497
0,06	−0,296 528	3,022 292	−0,094 347	3,023 078	9,145 474
0,07	−0,341 314	2,589 995	−0,109 732	2,591 251	6,723 278
0,08	−0,384 128	2,265 524	−0,124 954	2,267 414	5,152 343
0,09	−0,424 793	2,012 872	−0,139 985	2,015 587	4,076 482
0,10	−0,463 167	1,810 430	−0,154 795	1,814 190	3,308 086
0,11	−0,499 139	1,644 439	−0,169 352	1,649 497	2,740 708
0,12	−0,532 627	1,505 724	−0,183 622	1,512 368	2,310 302
0,13	−0,563 575	1,387 929	−0,197 567	1,396 484	1,976 454
0,14	−0,591 952	1,286 510	−0,211 146	1,297 340	1,712 638
0,15	−0,617 746	1,198 133	−0,224 318	1,211 648	1,500 857
0,16	−0,640 961	1,120 295	−0,237 033	1,136 950	1,328 551
0,17	−0,661 613	1,051 082	−0,249 241	1,071 384	1,186 735
0,18	−0,679 729	0,989 002	−0,260 888	1,013 513	1,068 844
0,19	−0,695 338	0,932 878	−0,271 912	0,962 220	0,969 987
0,20	−0,708 474	0,881 766	−0,282 250	0,916 625	0,886 464
0,21	−0,719 169	0,834 903	−0,291 833	0,876 036	0,815 426
0,22	−0,727 452	0,791 665	−0,300 586	0,839 900	0,754 656
0,23	−0,733 350	0,751 535	−0,308 430	0,807 782	0,702 405
0,24	−0,736 881	0,714 084	−0,315 280	0,779 335	0,657 277
0,25	−0,738 057	0,678 951	−0,321 049	0,754 289	0,618 148
0,25	1,261 943	0,678 951	−0,321 049	0,754 289	0,618 148
0,26	1,263 957	0,645 831	−0,325 642	0,732 431	0,584 105
0,27	1,270 042	0,614 465	−0,328 962	0,713 601	0,554 397
0,28	1,280 339	0,584 632	−0,330 908	0,697 678	0,528 407
0,29	1,295 087	0,556 142	−0,331 377	0,684 574	0,505 619
0,30	1,314 637	0,528 830	−0,330 265	0,674 229	0,485 603
0,31	1,339 472	0,502 553	−0,327 467	0,666 606	0,467 994
0,32	1,370 232	0,477 188	−0,322 882	0,661 681	0,452 487
0,33	1,407 750	0,452 626	−0,316 413	0,659 444	0,438 820
0,34	1,453 109	0,428 772	−0,307 969	0,659 890	0,426 770
0,35	1,507 717	0,405 542	−0,297 470	0,663 015	0,416 148
0,36	1,573 414	0,382 863	−0,284 847	0,668 813	0,406 789
0,37	1,652 638	0,360 667	−0,270 050	0,677 270	0,398 553
0,38	1,748 664	0,338 898	−0,253 047	0,688 360	0,391 318
0,39	1,865 983	0,317 503	−0,233 829	0,702 038	0,384 980
0,40	2,010 905	0,296 434	−0,212 414	0,718 239	0,379 449
0,41	2,192 563	0,275 649	−0,188 850	0,736 875	0,374 648
0,42	2,424 677	0,255 111	−0,163 215	0,757 827	0,370 511
0,43	2,728 821	0,234 784	−0,135 624	0,780 947	0,366 981
0,44	3,140 969	0,214 636	−0,106 223	0,806 055	0,364 011
0,45	3,725 891	0,194 637	−0,075 193	0,832 941	0,361 562
0,46	4,613 135	0,174 760	−0,042 749	0,861 363	0,359 600
0,47	6,105 000	0,154 977	−0,009 133	0,891 052	0,358 100
0,48	9,108 392	0,135 266	0,025 385	0,921 714	0,357 043
0,49	18,157 864	0,115 601	0,060 516	0,953 036	0,356 414
0,50	∞	0,095 958	0,095 958	0,984 691	0,356 205
	$\overline{\mathrm{sc}}(\zeta,\varkappa)$	$-\mathfrak{z}_2(\zeta,\varkappa)$	$-\mathfrak{z}_4(\zeta,\varkappa)$	$-\mathfrak{z}_6(\zeta,\varkappa)$	$\wp_2(\zeta,\varkappa)$

Tafel III

$\varkappa = 0{,}58$

$\vartheta_5'(0, k)$	$=$ 1,878 671	$\vartheta_6(0, k)$	$=$ 1,878 671	$\vartheta_{\substack{5\\6}}(\frac{1}{4}, \varkappa)$	$=$ 1,856 880
$\vartheta_4''/\vartheta_4(\varkappa)$	$=$ 18,510 449	$\vartheta_5'''/\vartheta_5'(\varkappa)$	$= -$32,572 908	$\vartheta_6''/\vartheta_6(\varkappa)$	$=$ 6,625 321
$\vartheta_4''/\vartheta_4(k)$	$=$ 0,608 985	$\vartheta_5'''/\vartheta_5'(k)$	$= -$ 1,071 633	$\vartheta_6''/\vartheta_6(k)$	$=$ 0,217 970
$\vartheta_4''''/\vartheta_4(k)$	$= -$0,750 183	$\vartheta_5'''''/\vartheta_5'(k)$	$=$ 1,928 997	$\vartheta_6''''/\vartheta_6(k)$	$= -$1,857 467

$\wp_3(\zeta, \varkappa)$	$\wp_5(\zeta, \varkappa)$	$\wp_1'(\zeta, \varkappa)$	$\wp_3'(\zeta, \varkappa)$	$\wp_5'(\zeta, \varkappa)$	
0,287 590	∞	$-\infty$	0,000 000	$-\infty$	0,50
0,287 396	328,995 222	−11 934,772 4	−0,007 059	−11 934,779 4	0,49
0,286 811	82,248 784	−1 491,833 69	−0,014 192	−1 491,847 89	0,48
0,285 828	36,554 963	−442,008 387	−0,021 473	−442,029 860	0,47
0,284 439	20,562 063	−186,453 801	−0,028 979	−186,482 780	0,46
0,282 628	13,159 535	−95,444 605	−0,036 785	−95,481 390	0,45
0,280 376	9,138 259	−55,213 654	−0,044 971	−55,258 625	0,44
0,277 660	6,713 348	−34,749 208	−0,053 617	−34,802 824	0,43
0,274 454	5,139 207	−23,258 174	−0,062 806	−23,320 979	0,42
0,270 724	4,059 615	−16,313 887	−0,072 624	−16,386 511	0,41
0,266 433	3,286 928	−11,871 905	−0,083 159	−11,955 064	0,40
0,261 539	2,714 657	−8,898 887	−0,094 502	−8,993 389	0,39
0,255 996	2,278 708	−6,834 119	−0,106 748	−6,940 867	0,38
0,249 751	1,938 614	−5,355 369	−0,119 990	−5,475 359	0,37
0,242 745	1,667 792	−4,268 460	−0,134 325	−4,402 785	0,36
0,234 917	1,448 184	−3,451 622	−0,149 849	−3,601 472	0,35
0,226 199	1,267 159	−2,825 850	−0,166 658	−2,992 507	0,34
0,216 516	1,115 660	−2,338 357	−0,184 840	−2,523 198	0,33
0,205 791	0,987 044	−1,952 961	−0,204 482	−2,157 442	0,32
0,193 941	0,876 337	−1,644 289	−0,225 657	−1,869 946	0,31
0,180 879	0,779 752	−1,394 196	−0,248 427	−1,642 622	0,30
0,166 518	0,694 353	−1,189 462	−0,272 834	−1,462 296	0,29
0,150 765	0,617 831	−1,020 305	−0,298 895	−1,319 200	0,28
0,133 530	0,548 344	−0,879 377	−0,326 597	−1,205 974	0,27
0,114 724	0,484 410	−0,761 084	−0,355 885	−1,116 969	0,26
0,094 261	0,424 819	−0,661 115	−0,386 658	−1,047 773	0,25
0,094 261	0,424 819	−0,661 115	−0,386 658	−1,047 773	0,25
0,072 065	0,368 579	−0,576 111	−0,418 754	−0,994 866	0,24
0,048 068	0,314 875	−0,503 426	−0,451 945	−0,955 371	0,23
0,022 217	0,263 034	−0,440 955	−0,485 920	−0,926 875	0,22
−0,005 519	0,212 510	−0,387 010	−0,520 281	−0,907 291	0,21
−0,035 149	0,162 863	−0,340 222	−0,554 528	−0,894 750	0,20
−0,066 651	0,113 753	−0,299 477	−0,588 055	−0,887 532	0,19
−0,099 964	0,064 932	−0,263 857	−0,620 143	−0,884 000	0,18
−0,134 989	0,016 241	−0,232 603	−0,649 960	−0,882 563	0,17
−0,171 573	−0,032 393	−0,205 079	−0,676 570	−0,881 649	0,16
−0,209 512	−0,080 955	−0,180 755	−0,698 939	−0,879 694	0,15
−0,248 543	−0,129 344	−0,159 180	−0,715 963	−0,875 144	0,14
−0,288 338	−0,177 376	−0,139 972	−0,726 497	−0,866 469	0,13
−0,328 509	−0,224 782	−0,122 802	−0,729 394	−0,852 196	0,12
−0,368 604	−0,271 215	−0,107 388	−0,723 561	−0,830 949	0,11
−0,408 114	−0,316 255	−0,093 484	−0,708 015	−0,801 499	0,10
−0,446 479	−0,359 422	−0,080 876	−0,681 949	−0,762 826	0,09
−0,483 105	−0,400 184	−0,069 376	−0,644 804	−0,714 180	0,08
−0,517 370	−0,437 979	−0,058 814	−0,596 327	−0,655 141	0,07
−0,548 652	−0,472 231	−0,049 041	−0,536 631	−0,585 671	0,06
−0,576 344	−0,502 373	−0,039 919	−0,466 231	−0,506 150	0,05
−0,599 881	−0,527 871	−0,031 325	−0,386 065	−0,417 390	0,04
−0,618 758	−0,548 249	−0,023 143	−0,297 483	−0,320 626	0,03
−0,632 559	−0,563 107	−0,015 263	−0,202 214	−0,217 477	0,02
−0,640 970	−0,572 147	−0,007 582	−0,102 298	−0,109 880	0,01
−0,643 795	−0,575 181	0,000 000	0,000 000	0,000 000	0,00
$\wp_4(\zeta, \varkappa)$	$\wp_6(\zeta, \varkappa)$	$-\wp_2'(\zeta, \varkappa)$	$-\wp_4'(\zeta, \varkappa)$	$-\wp_6'(\zeta, \varkappa)$	$\zeta = \frac{z}{2K}$

Tafel III

$\sqrt{k} = 0{,}980\,709$ $k = 0{,}961\,791$ $k^2 = 0{,}925\,041$ $\varkappa = 0{,}59$

$\sqrt{k'} = 0{,}523\,245$ $k' = 0{,}273\,786$ $k'^2 = 0{,}074\,959$

$e_1 = -e_3' = 0{,}358\,320$ $e_2 = -e_2' = 0{,}283\,361$ $e_3 = -e_1' = -\,0{,}641\,680$

$g_2 = g_2' = 1{,}240\,880$ $g_3 = -g_3' = -0{,}260\,609$ $g_3/\sqrt{g_2^3} = -\,0{,}188\,536$

$\bar{g}_2 = \bar{g}_2' = -0{,}145\,917$ $\bar{g}_3 = -\bar{g}_3' = -0{,}810\,759$ $\bar{g}_3/\sqrt{\bar{g}_2^3} = 14{,}545\,624\mathrm{i}$

$\zeta = \frac{z}{2K}$	$\vartheta_1(\zeta, \varkappa)$	$\vartheta_3(\zeta, \varkappa)$	$\frac{\partial \ln \vartheta_1(\zeta, \varkappa)}{\partial \zeta}$	$\frac{\partial \ln \vartheta_3(\zeta, \varkappa)}{\partial \zeta}$	$\mathrm{sn}(\zeta, \varkappa)$
0,00	0,000 000	1,314 569	∞	0,000 000	0,000 000
0,01	0,036 620	1,313 941	99,987 943	−0,095 536	0,054 238
0,02	0,073 227	1,312 060	49,975 778	−0,190,951	0,108 170
0,03	0,109 807	1,308 933	33,296 732	−0,286 123	0,161 497
0,04	0,146 346	1,304 575	24,950 698	−0,380 928	0,213 931
0,05	0,182 831	1,299 001	19,937 573	−0,475 237	0,265 207
0,06	0,219 245	1,292 236	16,590 588	−0,568 919	0,315 083
0,07	0,255 574	1,284 308	14,195 357	−0,661 833	0,363 344
0,08	0,291 799	1,275 248	12,394 641	−0,753 833	0,409 808
0,09	0,327 902	1,265 094	10,989 936	−0,844 764	0,454 325
0,10	0,363 864	1,253 889	9,862 106	−0,934 460	0,496 778
0,11	0,399 664	1,241 676	8,935 307	−1,022 743	0,537 083
0,12	0,435 279	1,228 508	8,158 957	−1,109 424	0,575 189
0,13	0,470 684	1,214 436	7,498 014	−1,194 298	0,611 071
0,14	0,505 854	1,199 519	6,927 436	−1,277 143	0,644 732
0,15	0,540 760	1,183 818	6,428 842	−1,357 721	0,676 198
0,16	0,575 373	1,167 395	5,988 437	−1,435 776	0,705 514
0,17	0,609 661	1,150 318	5,595 664	−1,511 030	0,732 744
0,18	0,643 590	1,132 655	5,242 304	−1,583 184	0,757 962
0,19	0,677 127	1,114 478	4,921 865	−1,651 914	0,781 255
0,20	0,710 232	1,095 859	4,629 150	−1,716 876	0,802 716
0,21	0,742 869	1,076 874	4,359 949	−1,777 698	0,822 443
0,22	0,774 996	1,057 598	4,110 818	−1,833 985	0,840 537
0,23	0,806 572	1,038 107	3,878 910	−1,885 314	0,857 101
0,24	0,837 554	1,018 480	3,661 856	−1,931 240	0,872 234
0,25	0,867 897	0,998 795	3,457 664	−1,971 293	0,886 037
0,26	0,897 557	0,979 128	3,264 654	−2,004 981	0,898 605
0,27	0,926 486	0,952 558	3,081 395	−2,031 795	0,910 031
0,28	0,954 638	0,940 161	2,906 663	−2,051 209	0,920 403
0,29	0,981 966	0,921 014	2,739 408	−2,062 687	0,929 804
0,30	1,008 423	0,902 190	2,578 720	−2,065 694	0,938 312
0,31	1,033 959	0,883 765	2,423 811	−2,059 694	0,946 001
0,32	1,058 529	0,865 808	2,273 993	−2,044 171	0,952 939
0,33	1,082 085	0,848 390	2,128 665	−2,018 632	0,959 187
0,34	1,104 582	0,831 579	1,987 300	−1,982 625	0,964 806
0,35	1,125 973	0,815 437	1,849 432	−1,935 752	0,969 847
0,36	1,146 216	0,800 029	1,714 649	−1,877 683	0,974 359
0,37	1,165 267	0,785 413	1,582 586	−1,808 177	0,978 386
0,38	1,183 085	0,771 644	1,452 917	−1,727 096	0,981 969
0,39	1,199 633	0,758 775	1,325 350	−1,634 423	0,985 144
0,40	1,214 872	0,746 856	1,199 624	−1,530 279	0,987 942
0,41	1,228 769	0,735 932	1,075 500	−1,414 936	0,990 392
0,42	1,241 293	0,726 044	0,952 765	−1,288 831	0,992 520
0,43	1,252 413	0,717 229	0,831 222	−1,152 570	0,994 348
0,44	1,262 105	0,709 521	0,710 689	−1,006 934	0,995 894
0,45	1,270 346	0,702 949	0,591 000	−0,852 876	0,997 176
0,46	1,277 115	0,697 538	0,471 998	−0,691 511	0,998 207
0,47	1,282 397	0,693 308	0,353 536	−0,524 102	0,998 998
0,48	1,286 179	0,690 275	0,235 472	−0,352 041	0,999 557
0,49	1,288 451	0,688 451	0,117 670	−0,176 819	0,999 889
0,50	1,289 210	0,687 842	0,000 000	0,000 000	1,000 000
	$\vartheta_2(\zeta, \varkappa)$	$\vartheta_4(\zeta, \varkappa)$	$-\frac{\partial \ln \vartheta_2(\zeta, \varkappa)}{\partial \zeta}$	$-\frac{\partial \ln \vartheta_4(\zeta, \varkappa)}{\partial \zeta}$	$\mathrm{cd}(\zeta, \varkappa)$

Tafel III

$\varkappa = 0{,}59$

$k^2 k'^2 = 0{,}069\,340$	$\eta_1 = -\eta_2' = 0{,}040\,847$	$\eta_1' = -\eta_2 = 0{,}320\,475$
$\pi/KK' = 0{,}722\,645$	$\bar\eta_1 = -\bar\eta_2' = 0{,}365\,056$	$\bar\eta_1' = -\bar\eta_2 = 0{,}357\,590$
$K = 2{,}714\,478$	$E = 1{,}083\,530$	$A = 1{,}760\,113$
$K' = 1{,}601\,542$	$E' = 1{,}540\,933$	$A' = 0{,}118\,880$
$B = 0{,}951\,370$	$C = 0{,}877\,516$	$D = 1{,}763\,109$

$\mathrm{cn}(\zeta, \varkappa)$	$\mathrm{dn}(\zeta, \varkappa)$	$\mathrm{sc}(\zeta, \varkappa)$	$\overline{\mathrm{sn}}(\zeta, \varkappa)$	$\overline{\mathrm{cn}}(\zeta, \varkappa)$	
1,000 000	1,000 000	0,000 000	∞	0,000 000	0,50
0,998 528	0,998 638	0,054 318	18,384 955	−0,054 244	0,49
0,994 132	0,994 573	0,108 809	9,140 566	−0,108 218	0,48
0,986 873	0,987 863	0,163 645	6,036 635	−0,161 659	0,47
0,976 849	0,978 603	0,219 001	4,468 480	−0,214 315	0,46
0,964 191	0,966 922	0,275 057	3,515 352	−0,265 958	0,45
0,949 064	0,952 977	0,331 993	2,870 469	−0,316 382	0,44
0,931 655	0,936 951	0,389 998	2,402 448	−0,365 409	0,43
0,912 172	0,919 046	0,449 266	2,045 662	−0,412 896	0,42
0,890 836	0,899 478	0,509 998	1,763 691	−0,458 732	0,41
0,867 878	0,878 471	0,572 405	1,534 701	−0,502 841	0,40
0,843 529	0,856 250	0,636 710	1,344 804	−0,545 183	0,39
0,818 021	0,833 041	0,703 147	1,184 732	−0,585 750	0,38
0,791 576	0,809 063	0,771 967	1,048 054	−0,624 570	0,37
0,764 409	0,784 525	0,843 438	0,930 152	−0,661 698	0,36
0,736 720	0,759 626	0,917 848	0,827 616	−0,697 221	0,35
0,708 696	0,734 548	0,995 511	0,737 860	−0,731 250	0,34
0,680 505	0,709 459	1,076 766	0,658 880	−0,763 922	0,33
0,652 298	0,684 513	1,161 987	0,589 088	−0,795 395	0,32
0,624 212	0,659 842	1,251 587	0,527 205	−0,825 850	0,31
0,596 361	0,635 568	1,346 023	0,472 182	−0,855 489	0,30
0,568 847	0,611 793	1,445 806	0,423 150	−0,884 534	0,29
0,541 754	0,588 605	1,551 512	0,379 375	−0,913 227	0,28
0,515 149	0,566 078	1,663 792	0,340 234	−0,941 837	0,27
0,489 089	0,544 275	1,783 387	0,305 192	−0,970 653	0,26
0,463 615	0,523 245	1,911 149	0,273 786	−1,000 000	0,25
0,438 758	0,503 028	2,048 064	0,245 611	−1,030 234	0,24
0,414 540	0,483 653	2,195 281	0,220 315	−1,061 755	0,23
0,390 971	0,465 144	2,354 148	0,197 585	−1,095 018	0,22
0,368 055	0,447 514	2,526 265	0,177 145	−1,130 539	0,21
0,345 789	0,430 773	2,713 542	0,158 749	−1,168 922	0,20
0,324 163	0,414 926	2,918 287	0,142 181	−1,210 873	0,19
0,303 164	0,399 972	3,143 314	0,127 245	−1,257 237	0,18
0,282 771	0,385 908	3,392 094	0,113 767	−1,309 035	0,17
0,262 964	0,372 727	3,668 962	0,101 589	−1,367 521	0,16
0,243 716	0,360 422	3,979 405	0,090 572	−1,434 265	0,15
0,225 000	0,348 983	4,330 478	0,080 588	−1,511 262	0,14
0,206 786	0,338 399	4,731 407	0,071 522	−1,601 102	0,13
0,189 040	0,328 658	5,194 490	0,063 271	−1,707 212	0,12
0,171 732	0,319 750	5,736 508	0,055 739	−1,834 248	0,11
0,154 827	0,311 662	6,380 954	0,048 843	−1,988 700	0,10
0,138 289	0,304 383	7,161 776	0,042 501	−2,179 922	0,09
0,122 083	0,297 902	8,129 906	0,036 643	−2,421 915	0,08
0,106 173	0,292 209	9,365 398	0,031 201	−2,736 656	0,07
0,090 522	0,287 295	11,001 698	0,026 114	−3,160 737	0,06
0,075 094	0,283 152	13,279 042	0,021 323	−3,759 988	0,05
0,059 852	0,279 772	16,677 938	0,016 775	−4,666 021	0,04
0,044 759	0,277 149	22,319 638	0,012 417	−6,185 876	0,03
0,029 777	0,275 280	33,567 989	0,008 201	−9,240 584	0,02
0,014 870	0,274 159	67,242 425	0,004 077	−18,435 122	0,01
0,000 000	0,273 786	∞	0,000 000	−∞	0,00
$k'\,\mathrm{sd}(\zeta, \varkappa)$	$k'\,\mathrm{nd}(\zeta, \varkappa)$	$\frac{1}{k'}\,\mathrm{cs}(\zeta, \varkappa)$	$-\overline{\mathrm{cd}}(\zeta, \varkappa)$	$-\overline{\mathrm{sd}}(\zeta, \varkappa)$	$\zeta = \frac{z}{2K}$

Tafel III. (Fortsetzung)

$\vartheta_1'(0,\varkappa) = 3{,}662\,228$	$\vartheta_1'(0,k) = 0{,}674\,573$	$\vartheta_5'(0,\varkappa) = 10{,}224\,745$
$\vartheta_1'''/\vartheta_1'(\varkappa) = -3{,}611\,752$	$\vartheta_2''/\vartheta_2(\varkappa) = -11{,}764\,874$	$\vartheta_3''/\vartheta_3(\varkappa) = -9{,}555\,575$
$\vartheta_1'''/\vartheta_1'(k) = -0{,}122\,542$	$\vartheta_2''/\vartheta_2(k) = -0{,}399\,167$	$\vartheta_3''/\vartheta_3(k) = -0{,}324\,208$
$\vartheta_1'''''/\vartheta_1'(k) = -0{,}595\,412$	$\vartheta_2''''/\vartheta_2(k) = 0{,}328\,085$	$\vartheta_3''''/\vartheta_3(k) = 0{,}454\,013$

$\varkappa = 0{,}59$

$\zeta = \frac{z}{2K}$	$\overline{\mathrm{dn}}(\zeta,\varkappa)$	$\mathfrak{z}_1(\zeta,\varkappa)$	$\mathfrak{z}_3(\zeta,\varkappa)$	$\mathfrak{z}_5(\zeta,\varkappa)$	$\wp_1(\zeta,\varkappa)$
0,00	0,000 000	∞	0,000 000	∞	∞
0,01	−0,050 167	18,419 742	−0,015 380	18,419 746	339,287 197
0,02	−0,100 018	9,209 846	−0,030 737	9,209 876	84,822 484
0,03	−0,149 241	6,139 826	−0,046 050	6,139 926	37,700 196
0,04	−0,197 540	4,604 725	−0,061 296	4,604 964	21,208 344
0,05	−0,244 635	3,683 538	−0,076 450	3,684 006	13,576 002
0,06	−0,290 268	3,069 249	−0,091 488	3,070 063	9,431 119
0,07	−0,334 208	2,630 272	−0,106 385	2,631 572	6,932 995
0,08	−0,376 254	2,300 802	−0,121 114	2,302 757	5,312 740
0,09	−0,416 231	2,044 277	−0,135 645	2,047 083	4,203 027
0,10	−0,453 999	1,838 751	−0,149 949	1,842 637	3,410 380
0,11	−0,489 443	1,670 254	−0,163 993	1,675 480	2,825 024
0,12	−0,522 480	1,529 470	−0,177 742	1,536 330	2,380 909
0,13	−0,553 048	1,409 944	−0,191 158	1,418 772	2,036 360
0,14	−0,581 111	1,307 062	−0,204 200	1,318 232	1,764 023
0,15	−0,606 649	1,217 440	−0,216 825	1,231 368	1,545 340
0,16	−0,629 661	1,138 536	−0,228 985	1,155 688	1,367 359
0,17	−0,650 155	1,068 406	−0,240 629	1,089 297	1,220 817
0,18	−0,668 149	1,005 536	−0,251 702	1,030 737	1,098 943
0,19	−0,683 669	0,948 729	−0,262 144	0,978 872	0,996 698
0,20	−0,696 740	0,897 029	−0,271 893	0,932 808	0,910 264
0,21	−0,707 389	0,849 661	−0,280 878	0,891 837	0,836 707
0,22	−0,715 643	0,805 989	−0,289 028	0,855 399	0,773 742
0,23	−0,721 521	0,765 490	−0,296 266	0,823 046	0,719 565
0,24	−0,725 042	0,727 727	−0,302 507	0,794 424	0,672 739
0,25	−0,726 214	0,692 333	−0,307 667	0,769 254	0,632 105
0,25	1,273 786	0,692 333	−0,307 667	0,769 254	0,632 105
0,26	1,275 845	0,658 998	−0,311 655	0,747 315	0,596 723
0,27	1,282 070	0,627 460	−0,314 377	0,728 439	0,565 820
0,28	1,292 602	0,597 492	−0,315 735	0,712 497	0,538 759
0,29	1,307 684	0,568 902	−0,315 632	0,699 393	0,515 010
0,30	1,327 671	0,541 521	−0,313 968	0,689 059	0,494 128
0,31	1,353 055	0,515 205	−0,310 645	0,681 449	0,475 740
0,32	1,384 483	0,489 826	−0,305 568	0,676 531	0,459 530
0,33	1,422 802	0,465 275	−0,298 647	0,674 285	0,445 228
0,34	1,469 110	0,441 454	−0,289 797	0,674 697	0,432 607
0,35	1,524 837	0,418 276	−0,278 945	0,677 755	0,421 468
0,36	1,591 850	0,395 667	−0,266 031	0,683 443	0,411 644
0,37	1,672 623	0,373 559	−0,251 011	0,691 739	0,402 990
0,38	1,770 483	0,351 892	−0,233 858	0,702 608	0,395 380
0,39	1,889 987	0,330 612	−0,214 571	0,715 999	0,388 708
0,40	2,037 542	0,309 671	−0,193 170	0,731 843	0,382 880
0,41	2,222 423	0,289 025	−0,169 707	0,750 044	0,377 816
0,42	2,458 558	0,268 636	−0,144 261	0,770 483	0,373 449
0,43	2,767 857	0,248 465	−0,116 944	0,793 013	0,369 721
0,44	3,186 851	0,228 481	−0,087 901	0,817 456	0,366 581
0,45	3,781 311	0,208 652	−0,057 306	0,843 605	0,363 991
0,46	4,682 796	0,188 950	−0,025 366	0,871 227	0,361 915
0,47	6,198 293	0,169 347	0,007 688	0,900 062	0,360 327
0,48	9,248 784	0,149 817	0,041 599	0,929 826	0,359 207
0,49	18,439 199	0,130 336	0,076 092	0,960 222	0,358 541
0,50	∞	0,110 879	0,110 879	0,990 936	0,358 320
	$\overline{\mathrm{sc}}(\zeta,\varkappa)$	$-\mathfrak{z}_2(\zeta,\varkappa)$	$-\mathfrak{z}_4(\zeta,\varkappa)$	$-\mathfrak{z}_6(\zeta,\varkappa)$	$\wp_2(\zeta,\varkappa)$

Tafel III

$\varkappa = 0{,}59$			
	$\vartheta_5'(0, k) = 1{,}883\,372$	$\vartheta_6(0, k) = 1{,}883\,372$	$\vartheta_{\frac{5}{6}}(\tfrac{1}{4}, \varkappa) = 1{,}841\,062$
	$\vartheta_4''/\vartheta_4(\varkappa) = 17{,}708\,697$	$\vartheta_5'''/\vartheta_5'(\varkappa) = -32{,}278\,477$	$\vartheta_6''/\vartheta_6(\varkappa) = 5{,}943\,822$
	$\vartheta_4''/\vartheta_4(k) = 0{,}600\,833$	$\vartheta_5'''/\vartheta_5'(k) = -\,1{,}095\,167$	$\vartheta_6''/\vartheta_6(k) = 0{,}201\,666$
	$\vartheta_4''''/\vartheta_4(k) = -0{,}767\,081$	$\vartheta_5'''''/\vartheta_5'(k) = 2{,}071\,942$	$\vartheta_6''''/\vartheta_6(k) = -1{,}877\,992$

$\wp_3(\zeta, \varkappa)$	$\wp_5(\zeta, \varkappa)$	$\wp_1'(\zeta, \varkappa)$	$\wp_3'(\zeta, \varkappa)$	$\wp_5'(\zeta, \varkappa)$	
0,283 361	∞	− ∞	0,000 000	− ∞	0,50
0,283 156	339,286 993	− 12 499,154 0	− 0,007 541	− 12 499,161 6	0,49
0,282 541	84,821 664	− 1 562,381 67	− 0,015 158	− 1 562,396 83	0,48
0,281 508	37,698 343	− 462,911 830	− 0,022 927	− 462,934 757	0,47
0,280 047	21,205 030	− 195,272 818	− 0,030 924	− 195,303 742	0,46
0,278 144	13,570 786	− 99,960 336	− 0,039 227	− 99,999 563	0,45
0,275 781	9,423 539	− 57,827 324	− 0,047 917	− 57,875 241	0,44
0,272 933	6,922 567	− 36,395 529	− 0,057 074	− 36,452 602	0,43
0,269 574	5,298 953	− 24,361 465	− 0,066 782	− 24,428 246	0,42
0,265 671	4,185 337	− 17,089 131	− 0,077 127	− 17,166 258	0,41
0,261 186	3,388 205	− 12,437 405	− 0,088 197	− 12,525 601	0,40
0,256 080	2,797 742	− 9,324 078	− 0,100 081	− 9,424 159	0,39
0,250 303	2,347 852	− 7,161 920	− 0,112 873	− 7,274 792	0,38
0,243 806	1,996 805	− 5,613 460	− 0,126 663	− 5,740 123	0,37
0,236 531	1,717 192	− 4,475 338	− 0,141 546	− 4,616 883	0,36
0,228 416	1,490 395	− 3,620 025	− 0,157 612	− 3,777 637	0,35
0,219 394	1,303 392	− 2,964 781	− 0,174 952	− 3,139 733	0,34
0,209 395	1,146 851	− 2,454 325	− 0,193 648	− 2,647 973	0,33
0,198 342	1,013 924	− 2,050 761	− 0,213 778	− 2,264 538	0,32
0,186 156	0,899 493	− 1,727 521	− 0,235 406	− 1,962 927	0,31
0,172 754	0,799 657	− 1,465 601	− 0,258 582	− 1,724 183	0,30
0,158 051	0,711 397	− 1,251 159	− 0,283 336	− 1,534 495	0,29
0,141 961	0,632 342	− 1,073 951	− 0,309 671	− 1,383 622	0,28
0,124 399	0,560 603	− 0,926 284	− 0,337 558	− 1,263 841	0,27
0,105 282	0,494 660	− 0,802 301	− 0,366 925	− 1,169 226	0,26
0,084 534	0,433 278	− 0,697 489	− 0,397 654	− 1,095 143	0,25
0,084 534	0,433 278	− 0,697 489	− 0,397 654	− 1,095 143	0,25
0,062 084	0,375 446	− 0,608 332	− 0,429 567	− 1,037 899	0,24
0,037 875	0,320 334	− 0,532 061	− 0,462 416	− 0,994 477	0,23
0,011 864	0,267 263	− 0,466 474	− 0,495 877	− 0,962 350	0,22
− 0,015 971	0,215 678	− 0,409 803	− 0,529 538	− 0,939 341	0,21
− 0,045 627	0,165 140	− 0,360 618	− 0,562 891	− 0,923 509	0,20
− 0,077 072	0,115 307	− 0,317 753	− 0,595 328	− 0,913 081	0,19
− 0,110 238	0,065 931	− 0,280 248	− 0,626 133	− 0,906 380	0,18
− 0,145 013	0,016 854	− 0,247 308	− 0,654 488	− 0,901 797	0,17
− 0,181 241	− 0,031 995	− 0,218 272	− 0,679 480	− 0,897 752	0,16
− 0,218 712	− 0,080 604	− 0,192 583	− 0,700 111	− 0,892 694	0,15
− 0,257 160	− 0,128 877	− 0,169 770	− 0,715 324	− 0,885 094	0,14
− 0,296 263	− 0,176 634	− 0,149 433	− 0,724 032	− 0,873 465	0,13
− 0,335 638	− 0,223 618	− 0,131 231	− 0,725 157	− 0,856 388	0,12
− 0,374 844	− 0,269 498	− 0,114 867	− 0,717 684	− 0,832 551	0,11
− 0,413 391	− 0,313 873	− 0,100 084	− 0,700 711	− 0,800 795	0,10
− 0,450 742	− 0,356 287	− 0,086 659	− 0,673 513	− 0,760 172	0,09
− 0,486 327	− 0,396 238	− 0,074 394	− 0,635 602	− 0,709 997	0,08
− 0,519 558	− 0,433 198	− 0,063 113	− 0,586 788	− 0,649 901	0,07
− 0,549 845	− 0,466 624	− 0,052 659	− 0,527 222	− 0,579 881	0,06
− 0,576 618	− 0,495 988	− 0,042 888	− 0,457 437	− 0,500 325	0,05
− 0,599 345	− 0,520 791	− 0,033 671	− 0,378 355	− 0,412 025	0,04
− 0,617 554	− 0,540 588	− 0,024 884	− 0,291 281	− 0,316 166	0,03
− 0,630 857	− 0,555 011	− 0,016 416	− 0,197 870	− 0,214 286	0,02
− 0,638 959	− 0,563 779	− 0,008 156	− 0,100 061	− 0,108 217	0,01
− 0,641 680	− 0,566 722	0,000 000	0,000 000	0,000 000	0,00
$\wp_4(\zeta, \varkappa)$	$\wp_6(\zeta, \varkappa)$	$-\wp_2'(\zeta, \varkappa)$	$-\wp_4'(\zeta, \varkappa)$	$-\wp_6'(\zeta, \varkappa)$	$\zeta = \dfrac{z}{2K}$

Tafel III

$\varkappa = 0{,}60$

$\sqrt{k}$	$= 0{,}978\,938$	k	$= 0{,}958\,319$	k^2	$= 0{,}918\,376$
$\sqrt{k'}$	$= 0{,}534\,508$	k'	$= 0{,}285\,699$	k'^2	$= 0{,}081\,624$
$e_1 = -e_3' =$	$0{,}360\,541$	$e_2 = -e_2' =$	$0{,}278\,917$	$e_3 = -e_1' =$	$-0{,}639\,459$
$g_2 = g_2'$	$= 1{,}233\,385$	$g_3 = -g_3' =$	$-0{,}257\,219$	$g_3/\sqrt{g_2^3}$	$= -0{,}187\,783$
$\bar{g}_2 = \bar{g}_2'$	$= -0{,}265\,844$	$\bar{g}_3 = -\bar{g}_3' =$	$-0{,}842\,644$	$\bar{g}_3/\sqrt{\bar{g}_2^3}$	$= 6{,}147\,585\,i$

$\zeta = \frac{z}{2K}$	$\vartheta_1(\zeta, \varkappa)$	$\vartheta_3(\zeta, \varkappa)$	$\frac{\partial \ln \vartheta_1(\zeta, \varkappa)}{\partial \zeta}$	$\frac{\partial \ln \vartheta_3(\zeta, \varkappa)}{\partial \zeta}$	$\mathrm{sn}(\zeta, \varkappa)$
0,00	0,000 000	1,304 735	∞	0,000 000	0,000 000
0,01	0,036 509	1,304 127	99,986 586	−0,093 151	0,053 432
0,02	0,073 003	1,302 307	49,973 072	−0,186 178	0,106 571
0,03	0,109 467	1,299 281	33,292 690	−0,278 959	0,159 133
0,04	0,145 887	1,295 063	24,945 341	−0,371 366	0,210 845
0,05	0,182 246	1,289 669	19,930 928	−0,463 270	0,261 451
0,06	0,218 528	1,283 122	16,582 687	−0,554 535	0,310 719
0,07	0,254 715	1,275 448	14,186 241	−0,645 022	0,358 442
0,08	0,290 790	1,266 679	12,384 355	−0,734 581	0,404 443
0,09	0,326 734	1,256 851	10,978 530	−0,823 056	0,448 574
0,10	0,362 525	1,246 004	9,849 635	−0,910 282	0,490 721
0,11	0,398 141	1,234 182	8,921 833	−0,996 079	0,530 799
0,12	0,433 570	1,221 434	8,144 543	−1,080 260	0,568 753
0,13	0,468 755	1,207 811	7,482 730	−1,162 618	0,604 554
0,14	0,503 702	1,193 368	6,911 351	−1,242 936	0,638 201
0,15	0,538 371	1,178 165	6,412 032	−1,320 977	0,669 713
0,16	0,572 732	1,162 263	5,970 978	−1,396 488	0,699 131
0,17	0,606 755	1,145 725	5,577 635	−1,469 195	0,726 508
0,18	0,640 406	1,128 619	5,223 785	−1,538 804	0,751 915
0,19	0,673 650	1,111 014	4,902 937	−1,605 002	0,775 429
0,20	0,706 451	1,092 980	4,609 895	−1,667 451	0,797 139
0,21	0,738 771	1,074 588	4,340 448	−1,725 791	0,817 137
0,22	0,770 570	1,055 914	4,091 151	−1,779 638	0,835 517
0,23	0,801 807	1,037 031	3,859 159	−1,828 587	0,852 378
0,24	0,832 442	1,018 013	3,642 100	−1,872 208	0,867 814
0,25	0,862 429	0,998 937	3,437 982	−1,910 054	0,881 922
0,26	0,891 727	0,979 878	3,245 122	−1,941 655	0,894 795
0,27	0,920 290	0,960 910	3,062 088	−1,966 527	0,906 521
0,28	0,948 072	0,942 109	2,887 654	−1,984 175	0,917 187
0,29	0,975 029	0,923 548	2,720 767	−1,994 096	0,926 873
0,30	1,001 113	0,905 300	2,560 515	−1,995 787	0,935 656
0,31	1,026 281	0,887 436	2,406 106	−1,988 754	0,943 608
0,32	1,050 485	0,870 025	2,256 852	−1,972 517	0,950 796
0,33	1,073 682	0,853 136	2,112 147	−1,946 627	0,957 282
0,34	1.095 826	0,836 832	1,971 460	−1,910 673	0,963 124
0,35	1,116 875	0,821 178	1,834 324	−1,864 299	0,968 374
0,36	1,136 786	0,806 233	1,700 323	−1,807 216	0,973 081
0,37	1,155 520	0,792 056	1,569 088	−1,739 221	0,977 290
0,38	1,173 036	0,778 700	1,440 291	−1,660 207	0,981 039
0,39	1,189 298	0,766 216	1,313 636	−1,570 185	0,984 365
0,40	1,204 271	0,754 653	1,188 858	−1,469 293	0,987 301
0,41	1,217 922	0,744 054	1,065 716	−1,357 812	0,989 875
0,42	1,230 220	0,734 460	0,943 993	−1,236 175	0,992 113
0,43	1,241 139	0,725 907	0,823 488	−1,104 971	0,994 037
0,44	1,250 654	0,718 428	0,704 017	−0,964 951	0,995 667
0,45	1,258 742	0,712 051	0,585 410	−0,817 023	0,997 019
0,46	1,265 386	0,706 800	0,467 506	−0,662 241	0,998 107
0,47	1,270 569	0,702 696	0,350 155	−0,501 799	0,998 941
0,48	1,274 280	0,699 752	0,233 212	−0,337 001	0,999 531
0,49	1,276 510	0,697 982	0,116 539	−0,169 248	0,999 883
0,50	1,277 254	0,697 391	0,000 000	0,000 000	1,000 000
	$\vartheta_2(\zeta, \varkappa)$	$\vartheta_4(\zeta, \varkappa)$	$-\frac{\partial \ln \vartheta_2(\zeta, \varkappa)}{\partial \zeta}$	$-\frac{\partial \ln \vartheta_4(\zeta, \varkappa)}{\partial \zeta}$	$\mathrm{cd}(\zeta, \varkappa)$

Tafel III

$\varkappa = 0{,}60$

$k^2 k'^2 = 0{,}074\,961$	$\eta_1 = -\eta'_2 = 0{,}046\,839$	$\eta'_1 = -\eta_2 = 0{,}319\,295$
$\pi/KK' = 0{,}732\,268$	$\bar\eta_1 = -\bar\eta'_2 = 0{,}372\,595$	$\bar\eta'_1 = -\bar\eta_2 = 0{,}359\,673$
$K = 2{,}674\,018$	$E = 1{,}089\,342$	$A = 1{,}742\,157$
$K' = 1{,}604\,411$	$E' = 1{,}538\,235$	$A' = 0{,}129\,565$
$B = 0{,}948\,499$	$C = 0{,}846\,081$	$D = 1{,}725\,519$

$\mathrm{cn}(\zeta, \varkappa)$	$\mathrm{dn}(\zeta, \varkappa)$	$\mathrm{sc}(\zeta, \varkappa)$	$\overline{\mathrm{sn}}(\zeta, \varkappa)$	$\overline{\mathrm{cn}}(\zeta, \varkappa)$	
1,000 000	1,000 000	0,000 000	∞	0,000 000	0,50
0,998 572	0,998 688	0,053 508	18,664 300	−0,053 438	0,49
0,994 305	0,994 771	0,107 182	9,281 178	−0,106 621	0,48
0,987 257	0,988 303	0,161 188	6,131 390	−0,159 302	0,47
0,977 519	0,979 374	0,215 694	4,540 564	−0,211 245	0,46
0,965 217	0,968 103	0,270 873	3,574 005	−0,262 233	0,45
0,950 502	0,954 638	0,326 900	2,920 275	−0,312 071	0,44
0,933 552	0,939 152	0,383 955	2,445 995	−0,360 592	0,43
0,914 563	0,921 834	0,442 225	2,084 537	−0,407 658	0,42
0,893 746	0,902 887	0,501 904	1,798 926	−0,453 162	0,41
0,871 317	0,882 524	0,563 195	1,566 995	−0,497 033	0,40
0,847 498	0,860 959	0,626 314	1,374 645	−0,539 230	0,39
0,822 509	0,838 406	0,691 485	1,212 471	−0,579 745	0,38
0,796 564	0,815 075	0,758 952	1,073 947	−0,618 603	0,37
0,769 870	0,791 167	0,828 973	0,954 394	−0,655 856	0,36
0,742 620	0,766 873	0,901 826	0,850 356	−0,691 585	0,35
0,714 994	0,742 370	0,977 813	0,759 214	−0,725 899	0,34
0,687 158	0,717 822	1,057 265	0,678 942	−0,758 928	0,33
0,659 261	0,693 378	1,140 542	0,607 937	−0,790 827	0,32
0,631 434	0,669 170	1,228 044	0,544 907	−0,821 771	0,31
0,603 795	0,645 318	1,320 215	0,488 798	−0,851 958	0,30
0,576 444	0,621 923	1,417 549	0,438 731	−0,881 607	0,29
0,549 464	0,599 076	1,520 604	0,393 972	−0,910 957	0,28
0,522 927	0,576 850	1,630 013	0,353 893	−0,940 273	0,27
0,496 889	0,555 310	1,746 495	0,317 957	−0,969 847	0,26
0,471 395	0,534 508	1,870 879	0,285 699	−1,000 000	0,25
0,446 477	0,514 485	2,004 121	0,256 714	−1,031 090	0,24
0,422 161	0,495 274	2,147 337	0,230 646	−1,063 521	0,23
0,398 458	0,476 900	2,301 840	0,207 182	−1,097 747	0,22
0,375 376	0,459 380	2,469 183	0,186 045	−1,134 293	0,21
0,352 914	0,442 726	2,651 226	0,166 989	−1,173 767	0,20
0,331 066	0,426 945	2,850 213	0,149 794	−1,216 884	0,19
0,309 818	0,412 039	3,068 881	0,134 264	−1,264 500	0,18
0,289 156	0,398 008	3,310 607	0,120 222	−1,317 648	0,17
0,269 058	0,384 847	3,579 608	0,107 511	−1,377 602	0,16
0,249 502	0,372 551	3,881 225	0,095 988	−1,445 953	0,15
0,230 461	0,361 111	4,222 320	0,085 524	−1,524 726	0,14
0,211 908	0,350 519	4,611 869	0,076 004	−1,616 546	0,13
0,193 811	0,340 765	5,061 840	0,067 320	−1,724 896	0,12
0,176 139	0,331 838	5,588 556	0,059 378	−1,854 496	0,11
0,158 861	0,323 729	6,214 876	0,052 089	−2,011 938	0,10
0,141 941	0,316 428	6,973 825	0,045 374	−2,206 714	0,09
0,125 347	0,309 925	7,914 954	0,039 157	−2,453 038	0,08
0,109 041	0,304 209	9,116 142	0,033 370	−2,773 217	0,07
0,092 990	0,299 275	10,707 210	0,027 951	−3,204 396	0,06
0,077 158	0,295 112	12,921 862	0,022 838	−3,813 400	0,05
0,061 507	0,291 716	16,227 543	0,017 977	−4,733 833	0,04
0,046 002	0,289 080	21,715 010	0,013 312	−6,277 380	0,03
0,030 607	0,287 201	32,656 625	0,008 795	−9,379 005	0,02
0,015 286	0,286 074	65,414 369	0,004 373	−18,713 364	0,01
0,000 000	0,285 699	∞	0,000 000	−∞	0,00
$k'\,\mathrm{sd}(\zeta, \varkappa)$	$k'\,\mathrm{nd}(\zeta, \varkappa)$	$\frac{1}{k'}\,\mathrm{cs}(\zeta, \varkappa)$	$-\overline{\mathrm{cd}}(\zeta, \varkappa)$	$-\overline{\mathrm{sd}}(\zeta, \varkappa)$	$\zeta = \frac{z}{2K}$

Tafel III. (Fortsetzung)

$\vartheta_1'(0,\varkappa) = 3{,}651\,119$ $\quad\vartheta_1'(0,k) = 0{,}682\,703$ $\quad\vartheta_5'(0,\varkappa) = 10{,}094\,881$ $\quad\boxed{\varkappa = 0{,}60}$

$\vartheta_1'''/\vartheta_1'(\varkappa) = -4{,}018\,994$ $\quad\vartheta_2''/\vartheta_2(\varkappa) = -11{,}651\,680$ $\quad\vartheta_3''/\vartheta_3(\varkappa) = -9{,}317\,116$

$\vartheta_1'''/\vartheta_1'(k) = -0{,}140\,517$ $\quad\vartheta_2''/\vartheta_2(k) = -\ 0{,}407\,380$ $\quad\vartheta_3''/\vartheta_3(k) = -0{,}325\,756$

$\vartheta_1'''''/\vartheta_1'(k) = -0{,}583\,784$ $\quad\vartheta_2''''/\vartheta_2(k) = 0{,}334\,628$ $\quad\vartheta_3''''/\vartheta_3(k) = 0{,}468\,275$

$\zeta = \frac{z}{2K}$	$\overline{\mathrm{dn}}(\zeta,\varkappa)$	$\mathfrak{z}_1(\zeta,\varkappa)$	$\mathfrak{z}_3(\zeta,\varkappa)$	$\mathfrak{z}_5(\zeta,\varkappa)$	$\wp_1(\zeta,\varkappa)$
0,00	0,000 000	∞	0,000 000	∞	∞
0,01	−0,049 064	18,698 452	−0,014 913	18,698 455	349,632 389
0,02	−0,097 827	9,349 202	−0,029 803	9,349 233	87,408 757
0,03	−0,145 990	6,232 734	−0,044 646	6,232 837	38,849 605
0,04	−0,193 269	4,674 413	−0,059 420	4,674 660	21,854 816
0,05	−0,239 395	3,739 300	−0,074 100	3,739 784	13,989 652
0,06	−0,284 121	3,115 736	−0,088 660	3,116 576	9,718 260
0,07	−0,327 222	2,670 143	−0,103 074	2,671 484	7,143 817
0,08	−0,368 501	2,335 723	−0,117 316	2,337 740	5,473 992
0,09	−0,407 789	2,075 360	−0,131 354	2,078 256	4,330 256
0,10	−0,444 944	1,866 779	−0,145 159	1,870 786	3,513 238
0,11	−0,479 852	1,695 800	−0,158 697	1,701 185	2,909 815
0,12	−0,512 425	1,552 963	−0,171 932	1,560 030	2,451 927
0,13	−0,542 599	1,431 719	−0,184 827	1,440 808	2,096 627
0,14	−0,570 331	1,327 385	−0,197 340	1,338 878	1,815 731
0,15	−0,595 597	1,236 525	−0,209 428	1,250 847	1,590 116
0,16	−0,618 388	1,156 560	−0,221 042	1,174 184	1,406 437
0,17	−0,638 706	1,085 516	−0,232 132	1,106 966	1,255 149
0,18	−0,656 563	1,021 856	−0,242 643	1,047 712	1,129 277
0,19	−0,671 977	0,964 368	−0,252 516	0,995 267	1,023 630
0,20	−0,684 969	0,912 078	−0,261 688	0,948 722	0,934 276
0,21	−0,695 561	0,864 201	−0,270 092	0,907 358	0,858 191
0,22	−0,703 775	0,820 091	−0,277 656	0,870 601	0,793 023
0,23	−0,709 628	0,779 217	−0,284 303	0,837 996	0,736 914
0,24	−0,713 133	0,741 136	−0,289 955	0,809 179	0,688 384
0,25	−0,714 301	0,705 474	−0,294 526	0,783 862	0,646 240
0,25	1,285 699	0,705 474	−0,294 526	0,783 862	0,646 240
0,26	1,287 804	0,671 917	−0,297 930	0,761 818	0,609 514
0,27	1,294 166	0,640 197	−0,300 076	0,742 869	0,577 411
0,28	1,304 929	0,610 086	−0,300 871	0,726 880	0,549 275
0,29	1,320 338	0,581 385	−0,300 221	0,713 746	0,524 560
0,30	1,340 756	0,553 926	−0,298 032	0,703 391	0,502 809
0,31	1,366 678	0,527 559	−0,294 212	0,695 761	0,483 638
0,32	1,398 764	0,502 155	−0,288 671	0,690 815	0,466 721
0,33	1,437 870	0,477 603	−0,281 325	0,688 525	0,451 781
0,34	1,485 113	0,453 801	−0,272 097	0,688 868	0,438 583
0,35	1,541 941	0,430 664	−0,260 921	0,691 824	0,426 925
0,36	1,610 250	0,408 113	−0,247 743	0,697 368	0,416 633
0,37	1,692 550	0,386 079	−0,232 524	0,705 470	0,407 557
0,38	1,792 216	0,364 501	−0,215 244	0,716 087	0,399 570
0,39	1,913 875	0,343 323	−0,195 907	0,729 164	0,392 560
0,40	2,064 028	0,322 497	−0,174 536	0,744 624	0,386 431
0,41	2,252 088	0,301 976	−0,151 186	0,762 370	0,381 103
0,42	2,492 195	0,281 721	−0,125 937	0,782 281	0,376 504
0,43	2,806 587	0,261 693	−0,098 899	0,804 208	0,372 574
0,44	3,232 346	0,241 859	−0,070 213	0,827 977	0,369 264
0,45	3,836 238	0,222 186	−0,040 047	0,853 386	0,366 530
0,46	4,751 810	0,202 645	−0,008 601	0,880 208	0,364 339
0,47	6,290 692	0,183 207	0,023 905	0,908 192	0,362 662
0,48	9,387 799	0,163 845	0,057 224	0,937 067	0,361 479
0,49	18,717 738	0,144 534	0,091 097	0,966 544	0,360 775
0,50	∞	0,125 248	0,125 248	0,996 327	0,360 541
	$\overline{\mathrm{sc}}(\zeta,\varkappa)$	$-\mathfrak{z}_2(\zeta,\varkappa)$	$-\mathfrak{z}_4(\zeta,\varkappa)$	$-\mathfrak{z}_6(\zeta,\varkappa)$	$\wp_2(\zeta,\varkappa)$

Tafel III

$\varkappa = 0{,}60$			
	$\vartheta_5'(0, k) = 1{,}887\,587$	$\vartheta_6(0, k) = 1{,}887\,587$	$\vartheta_5(\frac{1}{4}, \varkappa) = 1{,}825\,638$
	$\vartheta_4''/\vartheta_4(\varkappa) = 16{,}949\,803$	$\vartheta_5'''/\vartheta_5'(\varkappa) = -31{,}970\,342$	$\vartheta_6''/\vartheta_6(\varkappa) = 5{,}298\,123$
	$\vartheta_4''/\vartheta_4(k) = 0{,}592\,620$	$\vartheta_5'''/\vartheta_5'(k) = -\,1{,}117\,786$	$\vartheta_6''/\vartheta_6(k) = 0{,}185\,239$
	$\vartheta_4''''/\vartheta_4(k) = -0{,}783\,158$	$\vartheta_5'''''/\vartheta_5'(k) = 2{,}215\,332$	$\vartheta_6''''/\vartheta_6(k) = -1{,}897\,059$

$\wp_3(\zeta, \varkappa)$	$\wp_5(\zeta, \varkappa)$	$\wp_1'(\zeta, \varkappa)$	$\wp_3'(\zeta, \varkappa)$	$\wp_5'(\zeta, \varkappa)$	
0,278 917	∞	− ∞	0,000 000	− ∞	0,50
0,278 703	349,632 174	− 13 075,157 7	− 0,008 031	− 13 075,165 7	0,49
0,278 057	87,407 897	− 1 634,382 38	− 0,016 138	− 1 634,398 52	0,48
0,276 974	38,847 662	− 484,245 705	− 0,024 400	− 484,270 105	0,47
0,275 443	21,851 342	− 204,273 413	− 0,032 894	− 204,306 307	0,46
0,273 450	13,984 184	− 104,569 025	− 0,041 698	− 104,610 724	0,45
0,270 976	9,710 318	− 60,494 779	− 0,050 895	− 60,545 674	0,44
0,267 998	7,132 898	− 38,075 712	− 0,060 564	− 38,136 277	0,43
0,264 488	5,459 562	− 25,487 433	− 0,070 791	− 25,558 224	0,42
0,260 415	4,311 754	− 17,880 296	− 0,081 661	− 17,961 957	0,41
0,255 741	3,490 061	− 13,014 505	− 0,093 261	− 13,107 766	0,40
0,250 425	2,881 322	− 9,757 980	− 0,105 679	− 9,863 659	0,39
0,244 421	2,417 430	− 7,496 428	− 0,119 006	− 7,615 434	0,38
0,237 678	2,055 388	− 5,876 825	− 0,133 331	− 6,010 156	0,37
0,230 140	1,766 954	− 4,686 439	− 0,148 744	− 4,835 182	0,36
0,221 747	1,532 946	− 3,791 864	− 0,165 331	− 3,957 194	0,35
0,212 434	1,339 953	− 3,106 547	− 0,183 176	− 3,289 722	0,34
0,202 131	1,178 362	− 2,572 659	− 0,202 355	− 2,775 014	0,33
0,190 765	1,041 125	− 2,150 560	− 0,222 938	− 2,373 498	0,32
0,178 259	0,922 972	− 1,812 459	− 0,244 979	− 2,057 437	0,31
0,164 535	0,819 893	− 1,538 475	− 0,268 516	− 1,806 992	0,30
0,149 512	0,728 785	− 1,314 132	− 0,293 568	− 1,607 701	0,29
0,133 108	0,647 213	− 1,128 715	− 0,320 124	− 1,448 839	0,28
0,115 245	0,573 241	− 0,974 177	− 0,348 138	− 1,322 315	0,27
0,095 846	0,505 313	− 0,844 393	− 0,377 526	− 1,221 919	0,26
0,074 842	0,442 165	− 0,734 646	− 0,408 150	− 1,142 796	0,25
0,074 842	0,442 165	− 0,734 646	− 0,408 150	− 1,142 796	0,25
0,052 172	0,382 769	− 0,641 257	− 0,439 817	− 1,081 074	0,24
0,027 785	0,326 279	− 0,561 332	− 0,472 266	− 1,033 598	0,23
0,001 650	0,272 008	− 0,492 568	− 0,505 158	− 0,997 726	0,22
− 0,026 247	0,219 395	− 0,433 120	− 0,538 070	− 0,971 191	0,21
− 0,055 894	0,167 998	− 0,381 493	− 0,570 490	− 0,951 983	0,20
− 0,087 248	0,117 473	− 0,336 466	− 0,601 808	− 0,938 274	0,19
− 0,120 231	0,067 572	− 0,297 040	− 0,631 315	− 0,928 354	0,18
− 0,154 727	0,018 137	− 0,262 382	− 0,658 210	− 0,920 592	0,17
− 0,190 572	− 0,030 906	− 0,231 803	− 0,681 603	− 0,913 406	0,16
− 0,227 552	− 0,079 545	− 0,204 720	− 0,700 534	− 0,905 254	0,15
− 0,265 404	− 0,127 688	− 0,180 643	− 0,713 992	− 0,894 635	0,14
− 0,303 805	− 0,175 166	− 0,159 154	− 0,720 948	− 0,880 102	0,13
− 0,342 383	− 0,221 730	− 0,139 895	− 0,720 392	− 0,860 287	0,12
− 0,380 708	− 0,267 066	− 0,122 559	− 0,711 380	− 0,833 939	0,11
− 0,418 307	− 0,310 793	− 0,106 876	− 0,693 087	− 0,799 963	0,10
− 0,454 664	− 0,352 479	− 0,092 613	− 0,664 863	− 0,757 477	0,09
− 0,489 236	− 0,391 650	− 0,079 564	− 0,626 288	− 0,705 851	0,08
− 0,521 465	− 0,427 808	− 0,067 544	− 0,577 223	− 0,644 767	0,07
− 0,550 793	− 0,460 446	− 0,056 389	− 0,517 858	− 0,574 247	0,06
− 0,576 681	− 0,489 069	− 0,045 950	− 0,448 733	− 0,494 683	0,05
− 0,598 632	− 0,513 210	− 0,036 090	− 0,370 756	− 0,406 846	0,04
− 0,616 202	− 0,532 458	− 0,026 681	− 0,285 189	− 0,311 870	0,03
− 0,629 028	− 0,546 467	− 0,017 606	− 0,193 612	− 0,211 218	0,02
− 0,636 837	− 0,554 979	− 0,008 749	− 0,097 872	− 0,106 620	0,01
− 0,639 459	− 0,557 835	0,000 000	0,000 000	0,000 000	0,00
$\wp_4(\zeta, \varkappa)$	$\wp_6(\zeta, \varkappa)$	$-\wp_2'(\zeta, \varkappa)$	$-\wp_4'(\zeta, \varkappa)$	$-\wp_6'(\zeta, \varkappa)$	$\zeta = \dfrac{z}{2K}$

Tafel III

$\varkappa = 0{,}61$

$\sqrt{k}$	$=$ 0,977 072	k	$=$ 0,954 669	k^2	$=$ 0,911 393
$\sqrt{k'}$	$=$ 0,545 590	k'	$=$ 0,297 668	k'^2	$=$ 0,088 607
$e_1 = -e_3' =$	0,362 869	$e_2 = -e_2' =$	0,274 262	$e_3 = -e_1' =$	$-$0,637 131
$g_2 = g_2' =$	1,225 659	$g_3 = -g_3' =$	$-$0,253 632	$g_3/\sqrt{g_2^3}$	$=$ $-$0,186 917
$\bar{g}_2 = \bar{g}_2' =$	$-$0,389 448	$\bar{g}_3 = -\bar{g}_3' =$	$-$0,873 781	$\bar{g}_3/\sqrt{\bar{g}_2^3}$	$=$ 3,595 238i

$\zeta = \dfrac{z}{2K}$	$\vartheta_1(\zeta, \varkappa)$	$\vartheta_3(\zeta, \varkappa)$	$\dfrac{\partial \ln \vartheta_1(\zeta, \varkappa)}{\partial \zeta}$	$\dfrac{\partial \ln \vartheta_3(\zeta, \varkappa)}{\partial \zeta}$	$\mathrm{sn}(\zeta, \varkappa)$
0,00	0,000 000	1,295 217	∞	0,000 000	0,000 000
0,01	0,036 386	1,294 629	99,985 323	$-$0,090 819	0,052 656
0,02	0,072 757	1,292 867	49,970 552	$-$0,181 514	0,105 034
0,03	0,109 095	1,289 939	33,288 926	$-$0,271 957	0,156 862
0,04	0,145 384	1,285 856	24,940 352	$-$0,362 021	0,207 877
0,05	0,181 608	1,280 635	19,924 738	$-$0,451 575	0,257 836
0,06	0,217 748	1,274 298	16,575 327	$-$0,540 480	0,306 515
0,07	0,253 786	1,266 870	14,177 747	$-$0,628 597	0,353 715
0,08	0,289 704	1,258 382	12,374 769	$-$0,715 774	0,399 263
0,09	0,325 480	1,248 868	10,967 898	$-$0,801 856	0,443 016
0,10	0,361 093	1,238 367	9,838 009	$-$0,886 674	0,484 860
0,11	0,396 520	1,226 922	8,909 268	$-$0,970 053	0,524 709
0,12	0,431 739	1,214 580	8,131 099	$-$1,051 801	0,562 506
0,13	0,466 722	1,201 389	7,468 469	$-$1,131 716	0,598 220
0,14	0,501 443	1,187 405	6,896 341	$-$1,209 581	0,631 843
0,15	0,535 875	1,172 684	6,396 340	$-$1,285 162	0,663 391
0,16	0,569 986	1,157 284	5,954 676	$-$1,358 210	0,692 896
0,17	0,603 746	1,141 268	5,560 795	$-$1,428 455	0,720 407
0,18	0,637 121	1,124 701	5,206 482	$-$1,495 611	0,745 988
0,19	0,670 077	1,107 648	4,885 246	$-$1,559 370	0,769 711
0,20	0,702 578	1,090 179	4,591 891	$-$1,619 405	0,791 657
0,21	0,734 588	1,072 363	4,322 208	$-$1,675 364	0,811 912
0,22	0,766 066	1,054 271	4,072 752	$-$1,726 880	0,830 566
0,23	0,796 974	1,035 975	3,840 674	$-$1,773 559	0,847 712
0,24	0,827 271	1,017 548	3,623 605	$-$1,814 992	0,863 441
0,25	0,856 914	0,999 063	3,419 550	$-$1,850 748	0,877 846
0,26	0,885 862	0,980 592	3,226 824	$-$1,880 383	0,891 014
0,27	0,914 070	0,962 209	3,043 995	$-$1,903 436	0,903 033
0,28	0,941 495	0,943 986	2,869 835	$-$1,919 441	0,913 986
0,29	0,968 094	0,925 994	2,703 287	$-$1,927 926	0,923 952
0,30	0,993 821	0,908 304	2,543 438	$-$1,928 420	0,933 005
0,31	1,018 634	0,890 985	2,389 495	$-$1,920 465	0,941 217
0,32	1,042 487	0,874 104	2,240 764	$-$1,903 618	0,948 653
0,33	1,065 339	0,857 727	2,096 639	$-$1,877 470	0,955 375
0,34	1,087 146	0,841 918	1,956 585	$-$1,841 647	0,961 439
0,35	1,107 867	0,826 737	1,820 133	$-$1,795 832	0,966 897
0,36	1,127 462	0,812 243	1,686 863	$-$1,739 773	0,971 799
0,37	1,145 892	0,798 493	1,556 404	$-$1,673 299	0,976 188
0,38	1,163 119	0,785 538	1,428 423	$-$1,596 334	0,980 103
0,39	1,179 109	0,773 429	1,302 623	$-$1,508 910	0,983 582
0,40	1,193 827	0,762 212	1,178 734	$-$1,411 182	0,986 656
0,41	1,207 243	0,751 931	1,056 514	$-$1,303 436	0,989 354
0,42	1,219 327	0,742 623	0,935 741	$-$1,186 099	0,991 703
0,43	1,230 054	0,734 325	0,816 212	$-$1,059 743	0,993 724
0,44	1,239 400	0,727 069	0,697 739	$-$0,925 090	0,995 437
0,45	1,247 343	0,720 882	0,580 149	$-$0,783 004	0,996 860
0,46	1,253 867	0,715 787	0,463 278	$-$0,634 486	0,998 005
0,47	1,258 957	0,711 804	0,346 973	$-$0,480 658	0,998 884
0,48	1,262 600	0,708 949	0,231 086	$-$0,322 751	0,999 506
0,49	1,264 790	0,707 231	0,115 474	$-$0,162 075	0,999 877
0,50	1,265 520	0,706 658	0,000 000	0,000 000	1,000 000
	$\vartheta_2(\zeta, \varkappa)$	$\vartheta_4(\zeta, \varkappa)$	$-\dfrac{\partial \ln \vartheta_2(\zeta, \varkappa)}{\partial \zeta}$	$-\dfrac{\partial \ln \vartheta_4(\zeta, \varkappa)}{\partial \zeta}$	$\mathrm{cd}(\zeta, \varkappa)$

Tafel III

$\varkappa = 0{,}61$

$k^2 k'^2 = 0{,}080\,755$	$\eta_1 = -\eta_2' = 0{,}052\,782$	$\eta_1' = -\eta_2 = 0{,}318\,052$
$\pi/KK' = 0{,}741\,668$	$\bar\eta_1 = -\bar\eta_2' = 0{,}379\,827$	$\bar\eta_1' = -\bar\eta_2 = 0{,}361\,841$
$K = 2{,}635\,149$	$E = 1{,}095\,303$	$A = 1{,}723\,623$
$K' = 1{,}607\,441$	$E' = 1{,}535\,400$	$A' = 0{,}140\,778$
$B = 0{,}945\,597$	$C = 0{,}816\,282$	$D = 1{,}689\,551$

$\mathrm{cn}(\zeta, \varkappa)$	$\mathrm{dn}(\zeta, \varkappa)$	$\mathrm{sc}(\zeta, \varkappa)$	$\overline{\mathrm{sn}}(\zeta, \varkappa)$	$\overline{\mathrm{cn}}(\zeta, \varkappa)$	
1,000 000	1,000 000	0,000 000	∞	0,000 000	0,50
0,998 613	0,998 736	0,052 730	18,940 723	−0,052 663	0,49
0,994 469	0,994 960	0,105 619	9,420 303	−0,105 086	0,48
0,987 621	0,988 724	0,158 828	6,225 126	−0,157 037	0,47
0,978 155	0,980 110	0,212 520	4,611 858	−0,208 293	0,46
0,966 189	0,969 232	0,266 859	3,632 002	−0,258 648	0,45
0,951 866	0,956 229	0,322 015	2,969 517	−0,307 920	0,44
0,935 353	0,941 261	0,378 162	2,489 044	−0,355 949	0,43
0,916 836	0,924 507	0,435 479	2,122 967	−0,402 603	0,42
0,896 514	0,906 161	0,494 154	1,833 760	−0,447 783	0,41
0,874 592	0,886 420	0,554 384	1,598 928	−0,491 418	0,40
0,851 282	0,865 492	0,616 375	1,404 163	−0,533 468	0,39
0,826 793	0,843 578	0,680 347	1,239 923	−0,573 925	0,38
0,801 332	0,820 879	0,746 532	1,099 591	−0,612 812	0,37
0,775 096	0,797 589	0,815 180	0,978 421	−0,650 179	0,36
0,748 273	0,773 891	0,886 562	0,872 912	−0,686 103	0,35
0,721 038	0,749 957	0,960 970	0,780 417	−0,720 686	0,34
0,693 551	0,725 947	1,038 723	0,698 884	−0,754 058	0,33
0,665 959	0,702 005	1,120 172	0,626 694	−0,786 366	0,32
0,638 392	0,678 263	1,205 703	0,562 545	−0,817 783	0,31
0,610 966	0,654 837	1,295 746	0,505 374	−0,848 502	0,30
0,583 780	0,631 830	1,390 784	0,454 297	−0,878 738	0,29
0,556 920	0,609 331	1,491 357	0,408 575	−0,908 730	0,28
0,530 457	0,587 417	1,598 079	0,367 577	−0,938 739	0,27
0,504 449	0,566 152	1,711 652	0,330 763	−0,969 055	0,26
0,478 944	0,545 590	1,832 878	0,297 668	−1,000 000	0,25
0,453 976	0,525 775	1,962 690	0,267 885	−1,031 933	0,24
0,429 571	0,506 742	2,102 175	0,241 056	−1,065 259	0,23
0,405 746	0,488 517	2,252 607	0,216 867	−1,100 437	0,22
0,382 509	0,471 121	2,415 502	0,195 041	−1,137 995	0,21
0,359 863	0,454 569	2,592 669	0,175 329	−1,178 547	0,20
0,337 802	0,438 869	2,786 294	0,157 510	−1,222 818	0,19
0,316 319	0,424 026	2,999 042	0,141 387	−1,271 673	0,18
0,295 397	0,410 042	3,234 204	0,126 783	−1,326 159	0,17
0,275 020	0,396 914	3,495 887	0,113 537	−1,387 566	0,16
0,255 166	0,384 639	3,789 292	0,101 507	−1,457 508	0,15
0,235 810	0,373 210	4,121 104	0,090 561	−1,538 039	0,14
0,216 927	0,362 622	4,500 067	0,080 581	−1,631 821	0,13
0,198 488	0,352 864	4,937 839	0,071 461	−1,742 387	0,12
0,180 463	0,343 930	5,450 319	0,063 103	−1,874 528	0,11
0,162 821	0,335 810	6,059 772	0,055 416	−2,034 929	0,10
0,145 528	0,328 494	6,798 367	0,048 320	−2,233 224	0,09
0,128 553	0,321 975	7,714 364	0,041 737	−2,483 834	0,08
0,111 860	0,316 244	8,883 617	0,035 599	−2,809 394	0,07
0,095 416	0,311 294	10,432 567	0,029 839	−3,247 598	0,06
0,079 186	0,307 118	12,588 833	0,024 396	−3,866 254	0,05
0,063 134	0,303 709	15,807 683	0,019 213	−4,800 938	0,04
0,047 225	0,301 063	21,151 462	0,014 234	−6,367 929	0,03
0,031 424	0,299 176	31,807 275	0,009 406	−9,515 984	0,02
0,015 694	0,298 045	63,710 816	0,004 678	−18,988 708	0,01
0,000 000	0,297 668	∞	0,000 000	−∞	0,00
$k'\,\mathrm{sd}(\zeta, \varkappa)$	$k'\,\mathrm{nd}(\zeta, \varkappa)$	$\frac{1}{k'}\,\mathrm{cs}(\zeta, \varkappa)$	$-\overline{\mathrm{cd}}(\zeta, \varkappa)$	$-\overline{\mathrm{sd}}(\zeta, \varkappa)$	$\zeta = \frac{z}{2K}$

Tafel III. (Fortsetzung)

$\varkappa = 0{,}61$

$\vartheta_1'(0,\varkappa) = 3{,}638\,905$	$\vartheta_1'(0,k) = 0{,}690\,455$	$\vartheta_5'(0,\varkappa) = 9{,}967\,913$
$\vartheta_1'''/\vartheta_1'(\varkappa) = -4{,}398\,253$	$\vartheta_2''/\vartheta_2(\varkappa) = -11{,}545\,143$	$\vartheta_3''/\vartheta_3(\varkappa) = -9{,}084\,005$
$\vartheta_1'''/\vartheta_1'(k) = -0{,}158\,347$	$\vartheta_2''/\vartheta_2(k) = -\ 0{,}415\,651$	$\vartheta_3''/\vartheta_3(k) = -0{,}327\,045$
$\vartheta_1'''''/\vartheta_1'(k) = -0{,}571\,040$	$\vartheta_2''''/\vartheta_2(k) = 0{,}341\,085$	$\vartheta_3''''/\vartheta_3(k) = 0{,}482\,385$

$\zeta = \frac{z}{2K}$	$\overline{\mathrm{dn}}(\zeta,\varkappa)$	$\mathfrak{z}_1(\zeta,\varkappa)$	$\mathfrak{z}_3(\zeta,\varkappa)$	$\mathfrak{z}_5(\zeta,\varkappa)$	$\wp_1(\zeta,\varkappa)$
0,00	0,000 000	∞	0,000 000	∞	∞
0,01	−0,047 985	18,974 257	−0,014 451	18,974 261	300,022 724
0,02	−0,095 680	9,487 106	−0,028 877	9,487 138	90,006 318
0,03	−0,142 803	6,324 673	−0,043 256	6,324 780	40,004 032
0,04	−0,189 080	4,743 374	−0,057 564	4,743 628	22,504 115
0,05	−0,234 252	3,794 481	−0,071 774	3,794 979	14,405 114
0,06	−0,278 081	3,161 736	−0,085 861	3,162 602	10,006 665
0,07	−0,320 350	2,709 595	−0,099 799	2,710 977	7,355 575
0,08	−0,360 866	2,370 275	−0,113 559	2,372 352	5,635 967
0,09	−0,399 464	2,106 114	−0,127 110	2,109 094	4,458 066
0,10	−0,436 001	1,894 507	−0,140 422	1,898 630	3,616 575
0,11	−0,470 365	1,721 067	−0,153 461	1,726 606	2,995 012
0,12	−0,502 464	1,576 197	−0,166 190	1,583 461	2,523 296
0,13	−0,532 231	1,453 250	−0,178 571	1,462 586	2,157 205
0,14	−0,559 618	1,347 475	−0,190 564	1,359 273	1,867 718
0,15	−0,584 596	1,255 385	−0,202 123	1,270 078	1,635 146
0,16	−0,607 149	1,174 364	−0,213 202	1,192 434	1,445 749
0,17	−0,627 275	1,102 410	−0,223 748	1,124 387	1,289 700
0,18	−0,644 979	1,037 964	−0,233 709	1,064 435	1,159 818
0,19	−0,660 273	0,979 793	−0,243 025	1,011 403	1,050 760
0,20	−0,673 174	0,926 913	−0,251 634	0,964 368	0,958 476
0,21	−0,683 698	0,878 525	−0,259 470	0,922 597	0,879 857
0,22	−0,691 862	0,833 974	−0,266 463	0,885 508	0,812 480
0,23	−0,697 683	0,792 721	−0,272 539	0,852 634	0,754 433
0,24	−0,701 170	0,754 315	−0,277 618	0,823 603	0,704 195
0,25	−0,702 332	0,718 379	−0,281 621	0,798 119	0,660 537
0,25	1,297 668	0,718 379	−0,281 621	0,798 119	0,660 537
0,26	1,299 818	0,684 593	−0,284 462	0,775 946	0,622 464
0,27	1,306 315	0,652 684	−0,286 055	0,756 899	0,589 157
0,28	1,317 304	0,622 420	−0,286 310	0,740 835	0,559 943
0,29	1,333 036	0,593 601	−0,285 138	0,727 642	0,534 259
0,30	1,353 876	0,566 052	−0,282 450	0,717 236	0,511 636
0,31	1,380 328	0,539 624	−0,278 159	0,709 553	0,491 678
0,32	1,413 060	0,514 186	−0,272 180	0,704 547	0,474 051
0,33	1,452 941	0,489 621	−0,264 437	0,702 180	0,458 470
0,34	1,501 103	0,465 828	−0,254 858	0,702 421	0,444 694
0,35	1,559 015	0,442 719	−0,243 383	0,705 241	0,432 513
0,36	1,628 599	0,420 214	−0,229 965	0,710 609	0,421 750
0,37	1,712 403	0,398 242	−0,214 570	0,718 487	0,412 250
0,38	1,813 849	0,376 741	−0,197 185	0,728 825	0,403 882
0,39	1,937 631	0,355 653	−0,177 815	0,741 561	0,396 532
0,40	2,090 346	0,334 928	−0,156 490	0,756 615	0,390 101
0,41	2,281 543	0,314 519	−0,133 264	0,773 887	0,384 506
0,42	2,525 571	0,294 385	−0,108 218	0,793 253	0,379 672
0,43	2,844 993	0,274 487	−0,081 462	0,814 566	0,375 540
0,44	3,277 436	0,254 789	−0,053 130	0,837 654	0,372 057
0,45	3,890 650	0,235 259	−0,023 389	0,862 320	0,369 179
0,46	4,820 151	0,215 866	0,007 573	0,888 343	0,366 871
0,47	6,382 163	0,196 579	0,039 543	0,915 481	0,365 104
0,48	9,525 389	0,177 373	0,072 286	0,943 472	0,363 857
0,49	18,993 386	0,158 218	0,105 555	0,972 041	0,363 115
0,50	∞	0,139 089	0,139 089	1,000 901	0,362 869
	$\overline{\mathrm{sc}}(\zeta,\varkappa)$	$-\mathfrak{z}_2(\zeta,\varkappa)$	$-\mathfrak{z}_4(\zeta,\varkappa)$	$-\mathfrak{z}_6(\zeta,\varkappa)$	$\wp_2(\zeta,\varkappa)$

Tafel III

$\varkappa = 0{,}61$			
	$\vartheta_5'(0, k) = 1{,}891\,338$	$\vartheta_6(0, k) = 1{,}891\,338$	$\vartheta_{\substack{5\\6}}(\tfrac{1}{4}, \varkappa) = 1{,}810\,593$
	$\vartheta_4''/\vartheta_4(\varkappa) = 16{,}230\,895$	$\vartheta_5'''/\vartheta_5'(\varkappa) = -31{,}650\,267$	$\vartheta_6''/\vartheta_6(\varkappa) = 4{,}685\,752$
	$\vartheta_4''/\vartheta_4(k) = 0{,}584\,349$	$\vartheta_5'''/\vartheta_5'(k) = -\ 1{,}139\,481$	$\vartheta_6''/\vartheta_6(k) = 0{,}168\,698$
	$\vartheta_4''''/\vartheta_4(k) = -0{,}798\,396$	$\vartheta_5'''''/\vartheta_5'(k) = 2{,}358\,752$	$\vartheta_6''''/\vartheta_6(k) = -1{,}914\,623$

$\wp_3(\zeta, \varkappa)$	$\wp_5(\zeta, \varkappa)$	$\wp_1'(\zeta, \varkappa)$	$\wp_3'(\zeta, \varkappa)$	$\wp_5'(\zeta, \varkappa)$	
0,274 262	∞	−∞	0,000 000	−∞	0,50
0,274 038	360,022 499	−13 662,316 8	−0,008 525	−13 662,325 3	0,49
0,273 362	90,005 418	−1 707,777 53	−0,017 128	−1 707,794 66	0,48
0,272 230	40,002 000	−505,992 737	−0,025 887	−506,018 624	0,47
0,270 630	22,500 483	−213,448 299	−0,034 881	−213,483 180	0,46
0,268 548	14,399 400	−109,266 942	−0,044 190	−109,311 132	0,45
0,265 965	9,998 367	−63,213 861	−0,053 894	−63,267 756	0,44
0,262 858	7,344 171	−39,788 398	−0,064 077	−39,852 475	0,43
0,259 201	5,620 906	−26,635 167	−0,074 821	−26,709 987	0,42
0,254 960	4,438 764	−18,686 741	−0,086 211	−18,772 952	0,41
0,250 101	3,592 413	−13,602 739	−0,098 334	−13,701 073	0,40
0,244 581	2,965 331	−10,200 243	−0,111 277	−10,311 520	0,39
0,238 356	2,487 389	−7,837 374	−0,125 127	−7,962 501	0,38
0,231 374	2,114 317	−6,145 251	−0,139 971	−6,285 222	0,37
0,223 583	1,817 038	−4,901 592	−0,155 894	−5,057 486	0,36
0,214 922	1,575 805	−3,966 998	−0,172 978	−4,139 976	0,35
0,205 328	1,376 815	−3,251 029	−0,191 301	−3,442 331	0,34
0,194 735	1,210 172	−2,693 262	−0,210 933	−2,904 194	0,33
0,183 071	1,068 627	−2,252 275	−0,231 932	−2,484 207	0,32
0,170 263	0,946 760	−1,899 031	−0,254 345	−2,153 376	0,31
0,156 236	0,840 450	−1,612 757	−0,278 200	−1,890 957	0,30
0,140 913	0,746 508	−1,378 328	−0,303 501	−1,681 828	0,29
0,124 220	0,662 437	−1,184 549	−0,330 224	−1,514 773	0,28
0,106 082	0,586 253	−1,023 013	−0,358 312	−1,381 325	0,27
0,086 430	0,516 362	−0,887 323	−0,387 662	−1,274 985	0,26
0,065 200	0,451 475	−0,772 550	−0,418 124	−1,190 674	0,25
0,065 200	0,451 475	−0,772 550	−0,418 124	−1,190 674	0,25
0,042 341	0,390 542	−0,674 853	−0,449 489	−1,124 342	0,24
0,017 810	0,332 705	−0,591 208	−0,481 482	−1,072 691	0,23
−0,008 415	0,277 265	−0,519 212	−0,513 755	−1,032 967	0,22
−0,036 340	0,223 657	−0,456 938	−0,545 876	−1,002 813	0,21
−0,065 942	0,171 431	−0,402 823	−0,577 328	−0,980 152	0,20
−0,097 171	0,120 244	−0,355 597	−0,607 504	−0,963 101	0,19
−0,129 942	0,069 847	−0,314 214	−0,635 705	−0,949 919	0,18
−0,164 130	0,020 078	−0,277 807	−0,661 146	−0,938 953	0,17
−0,199 567	−0,029 136	−0,245 655	−0,682 965	−0,928 620	0,16
−0,236 039	−0,077 788	−0,217 152	−0,700 237	−0,917 390	0,15
−0,273 279	−0,125 792	−0,191 786	−0,712 000	−0,903 786	0,14
−0,310 974	−0,172 986	−0,169 121	−0,717 279	−0,886 401	0,13
−0,348 754	−0,219 135	−0,148 784	−0,715 130	−0,863 914	0,12
−0,386 207	−0,263 937	−0,130 454	−0,704 678	−0,835 132	0,11
−0,422 872	−0,307 033	−0,113 851	−0,685 169	−0,799 019	0,10
−0,458 258	−0,348 015	−0,098 730	−0,656 021	−0,754 751	0,09
−0,491 845	−0,386 435	−0,084 877	−0,616 875	−0,701 752	0,08
−0,523 103	−0,421 825	−0,072 099	−0,567 642	−0,639 742	0,07
−0,551 504	−0,453 710	−0,060 226	−0,508 540	−0,568 766	0,06
−0,576 542	−0,481 626	−0,049 100	−0,440 118	−0,489 218	0,05
−0,597 747	−0,505 139	−0,038 579	−0,363 266	−0,401 846	0,04
−0,614 706	−0,523 864	−0,028 531	−0,279 202	−0,307 733	0,03
−0,627 076	−0,537 482	−0,018 830	−0,189 437	−0,208 267	0,02
−0,634 604	−0,545 751	−0,009 359	−0,095 727	−0,105 086	0,01
−0,637 131	−0,548 525	0,000 000	0,000 000	0,000 000	0,00
$\wp_4(\zeta, \varkappa)$	$\wp_6(\zeta, \varkappa)$	$-\wp_2'(\zeta, \varkappa)$	$-\wp_4'(\zeta, \varkappa)$	$-\wp_6'(\zeta, \varkappa)$	$\zeta = \dfrac{z}{2K}$

Tafel III

$\sqrt{k}$ = 0,975 111 k = 0,950 841 k^2 = 0,904 098 | $\varkappa = 0{,}62$

$\sqrt{k'}$ = 0,556 489 k' = 0,309 680 k'^2 = 0,095 902

$e_1 = -e_3' =$ 0,365 301 $e_2 = -e_2' =$ 0,269 399 $e_3 = -e_1' = -0{,}634\,699$

$g_2 = g_2' =$ 1,217 727 $g_3 = -g_3' = -0{,}249\,847$ $g_3/\sqrt{g_2^3} = -0{,}185\,930$

$\bar{g}_2 = \bar{g}_2' = -0{,}516\,369$ $\bar{g}_3 = -\bar{g}_3' = -0{,}903\,875$ $\bar{g}_3/\sqrt{\bar{g}_2^3} =$ 2,435 949 i

$\zeta = \frac{z}{2K}$	$\vartheta_1(\zeta, \varkappa)$	$\vartheta_3(\zeta, \varkappa)$	$\frac{\partial \ln \vartheta_1(\zeta, \varkappa)}{\partial \zeta}$	$\frac{\partial \ln \vartheta_3(\zeta, \varkappa)}{\partial \zeta}$	$\mathrm{sn}(\zeta, \varkappa)$
0,00	0,000 000	1,286 005	∞	0,000 000	0,000 000
0,01	0,036 254	1,285 436	99,984 146	−0,088 540	0,051 912
0,02	0,072 490	1,283 731	49,968 204	−0,176 953	0,103 557
0,03	0,108 692	1,280 896	33,285 418	−0,265 112	0,154 677
0,04	0,144 842	1,276 944	24,935 702	−0,352 886	0,205 021
0,05	0,180 921	1,271 890	19,918 969	−0,440 143	0,254 355
0,06	0,216 911	1,265 755	16,568 467	−0,526 744	0,302 464
0,07	0,252 792	1,258 564	14,169 828	−0,612 547	0,349 156
0,08	0,288 544	1,250 347	12,365 831	−0,697 401	0,394 262
0,09	0,324 147	1,241 136	10,957 984	−0,781 148	0,437 644
0,10	0,359 577	1,230 970	9,827 165	−0,863 622	0,479 188
0,11	0,394 811	1,219 889	8,897 546	−0,944 644	0,518 808
0,12	0,429 825	1,207 938	8,118 554	−1,024 027	0,556 445
0,13	0,464 593	1,195 166	7,455 159	−1,101 568	0,592 064
0,14	0,499 088	1,181 625	6,882 327	−1,177 052	0,625 656
0,15	0,533 281	1,167 368	6,381 687	−1,250 249	0,657 228
0,16	0,567 143	1,152 454	5,939 449	−1,320 913	0,686 809
0,17	0,600 641	1,136 943	5,545 061	−1,388 780	0,714 443
0,18	0,633 743	1,120 896	5,190 311	−1,453 569	0,740 185
0,19	0,666 416	1,104 378	4,868 707	−1,514 981	0,764 103
0,20	0,698 623	1,087 456	4,575 055	−1,572 695	0,786 271
0,21	0,730 328	1,070 196	4,305 146	−1,626 374	0,806 771
0,22	0,761 494	1,052 668	4,055 534	−1,675 660	0,825 688
0,23	0,792 080	1,034 942	3,823 372	−1,720 177	0,843 108
0,24	0,822 049	1,017 086	3,606 287	−1,759 530	0,859 120
0,25	0,851 358	0,999 173	3,402 285	−1,793 311	0,873 811
0,26	0,879 966	0,981 273	3,209 681	−1,821 093	0,887 267
0,27	0,907 832	0,963 457	3,027 038	−1,842 444	0,899 571
0,28	0,934 913	0,945 794	2,853 129	−1,856 921	0,910 805
0,29	0,961 166	0,928 355	2,686 895	−1,864 083	0,921 045
0,30	0,986 549	0,911 206	2,527 420	−1,863 490	0,930 365
0,31	1,011 020	0,894 416	2,373 908	−1,854 716	0,938 833
0,32	1,034 537	0,878 050	2,225 664	−1,837 355	0,946 513
0,33	1,057 057	0,862 171	2,082 079	−1,811 032	0,953 468
0,34	1,078 541	0,846 842	1,942 617	−1,775 409	0,959 752
0,35	1,098 948	0,832 121	1,806 803	−1,730 205	0,965 418
0,36	1,118 240	0,818 066	1,674 216	−1,675 199	0,970 514
0,37	1,136 379	0,804 730	1,544 483	−1,610 253	0,975 082
0,38	1,153 331	0,792 166	1,417 268	−1,535 314	0,979 164
0,39	1,169 060	0,780 421	1,292 269	−1,450 435	0,982 795
0,40	1,183 535	0,769 541	1,169 215	−1,355 782	0,986 007
0,41	1,196 727	0,759 568	1,047 860	−1,251 646	0,988 830
0,42	1,208 606	0,750 539	0,927 980	−1,138 447	0,991 290
0,43	1,219 150	0,742 490	0,809 368	−1,016 740	0,993 408
0,44	1,228 334	0,735 450	0,691 833	−0,887 218	0,995 206
0,45	1,236 140	0,729 448	0,575 199	−0,750 704	0,996 700
0,46	1,242 550	0,724 505	0,459 300	−0,608 146	0,997 903
0,47	1,247 550	0,720 642	0,343 979	−0,460 605	0,998 827
0,48	1,251 129	0,717 871	0,229 084	−0,309 237	0,999 481
0,49	1,253 280	0,716 204	0,114 472	−0,155 274	0,999 870
0,50	1,253 997	0,715 648	0,000 000	0,000 000	1,000 000
	$\vartheta_2(\zeta, \varkappa)$	$\vartheta_4(\zeta, \varkappa)$	$-\frac{\partial \ln \vartheta_2(\zeta, \varkappa)}{\partial \zeta}$	$-\frac{\partial \ln \vartheta_4(\zeta, \varkappa)}{\partial \zeta}$	$\mathrm{cd}(\zeta, \varkappa)$

Tafel III

$\varkappa = 0{,}62$

$k^2 k'^2 = 0{,}086\,705$	$\eta_1 = -\eta_2' = 0{,}058\,675$	$\eta_1' = -\eta_2 = 0{,}316\,745$
$\pi/KK' = 0{,}750\,840$	$\bar\eta_1 = -\bar\eta_2' = 0{,}386\,748$	$\bar\eta_1' = -\bar\eta_2 = 0{,}364\,092$
$K = 2{,}597\,798$	$E = 1{,}101\,402$	$A = 1{,}704\,536$
$K' = 1{,}610\,635$	$E' = 1{,}532\,430$	$A' = 0{,}152\,517$
$B = 0{,}942\,672$	$C = 0{,}788\,027$	$D = 1{,}655\,126$

$\mathrm{cn}(\zeta, \varkappa)$	$\mathrm{dn}(\zeta, \varkappa)$	$\mathrm{sc}(\zeta, \varkappa)$	$\overline{\mathrm{sn}}(\zeta, \varkappa)$	$\overline{\mathrm{cn}}(\zeta, \varkappa)$	
1,000 000	1,000 000	0,000 000	∞	0,000 000	0,50
0,998 652	0,998 781	0,051 982	19,214 135	−0,051 918	0,49
0,994 623	0,995 140	0,104 117	9,557 897	−0,103 611	0,48
0,987 965	0,989 126	0,156 561	6,317 815	−0,154 859	0,47
0,978 758	0,980 815	0,209 471	4,682 342	−0,205 452	0,46
0,967 111	0,970 313	0,263 005	3,689 330	−0,255 198	0,45
0,953 161	0,957 752	0,317 328	3,018 181	−0,303 921	0,44
0,937 065	0,943 282	0,372 606	2,531 584	−0,351 472	0,43
0,918 998	0,927 073	0,429 013	2,160 943	−0,397 727	0,42
0,899 148	0,909 305	0,486 732	1,868 186	−0,442 588	0,41
0,877 712	0,890 169	0,545 951	1,630 493	−0,485 988	0,40
0,854 891	0,869 857	0,606 870	1,433 351	−0,527 890	0,39
0,830 885	0,848 566	0,669 701	1,267 081	−0,568 285	0,38
0,805 891	0,826 485	0,734 671	1,124 973	−0,607 194	0,37
0,780 099	0,803 801	0,802 020	1,002 219	−0,644 664	0,36
0,753 692	0,780 689	0,872 012	0,895 274	−0,680 770	0,35
0,726 838	0,757 318	0,944 928	0,801 456	−0,715 611	0,34
0,699 694	0,733 841	1,021 079	0,718 691	−0,749 310	0,33
0,672 403	0,710 400	1,100 805	0,645 346	−0,782 012	0,32
0,645 094	0,687 124	1,184 482	0,580 105	−0,813 886	0,31
0,617 882	0,664 128	1,272 527	0,521 897	−0,845 121	0,30
0,590 864	0,641 515	1,365 409	0,469 833	−0,875 930	0,29
0,564 128	0,619 372	1,463 654	0,423 169	−0,906 547	0,28
0,537 745	0,597 779	1,567 859	0,381 271	−0,937 233	0,27
0,511 775	0,576 799	1,678 706	0,343 597	−0,968 277	0,26
0,486 266	0,556 489	1,796 979	0,309 680	−1,000 000	0,25
0,461 257	0,536 895	1,923 585	0,279 111	−1,032 763	0,24
0,436 774	0,518 052	2,059 582	0,251 533	−1,066 971	0,23
0,412 836	0,499 991	2,206 215	0,226 628	−1,103 087	0,22
0,389 455	0,482 733	2,364 958	0,204 119	−1,141 644	0,21
0,366 635	0,466 296	2,537 576	0,183 757	−1,183 262	0,20
0,344 374	0,450 691	2,726 200	0,165 318	−1,228 673	0,19
0,322 664	0,435 924	2,933 429	0,148 606	−1,278 752	0,18
0,301 495	0,421 999	3,162 472	0,133 440	−1,334 561	0,17
0,280 848	0,408 917	3,417 334	0,119 660	−1,397 407	0,16
0,260 706	0,396 676	3,703 086	0,107 120	−1,468 924	0,15
0,241 047	0,385 270	4,026 250	0,095 690	−1,551 195	0,14
0,221 844	0,374 696	4,395 350	0,085 248	−1,646 919	0,13
0,203 072	0,364 946	4,821 754	0,075 687	−1,759 679	0,12
0,184 702	0,356 013	5,320 968	0,066 908	−1,894 333	0,11
0,166 704	0,347 890	5,914 702	0,058 818	−2,057 663	0,10
0,149 048	0,340 568	6,634 322	0,051 334	−2,259 439	0,09
0,131 700	0,334 041	7,526 888	0,044 380	−2,514 290	0,08
0,114 628	0,328 301	8,666 362	0,037 882	−2,845 174	0,07
0,097 799	0,323 341	10,176 030	0,031 775	−3,290 328	0,06
0,081 179	0,319 155	12,277 831	0,025 994	−3,918 533	0,05
0,064 733	0,315 738	15,415 669	0,020 482	−4,867 313	0,04
0,048 427	0,313 085	20,625 367	0,015 180	−6,457 494	0,03
0,032 226	0,311 193	31,014 458	0,010 034	−9,651 474	0,02
0,016 096	0,310 058	62,120 753	0,004 991	−19,261 061	0,01
0,000 000	0,309 680	∞	0,000 000	−∞	0,00
$k'\,\mathrm{sd}(\zeta, \varkappa)$	$k'\,\mathrm{nd}(\zeta, \varkappa)$	$\frac{1}{k'}\,\mathrm{cs}(\zeta, \varkappa)$	$-\overline{\mathrm{cd}}(\zeta, \varkappa)$	$-\overline{\mathrm{sd}}(\zeta, \varkappa)$	$\zeta = \frac{z}{2K}$

Tafel III. (Fortsetzung)

$\vartheta_1'(0,\varkappa) = 3{,}625\,675$ $\quad \vartheta_1'(0,k) = 0{,}697\,836$ $\quad \vartheta_5'(0,\varkappa) = 9{,}843\,815$

$\vartheta_1'''/\vartheta_1'(\varkappa) = -4{,}751\,626$ $\quad \vartheta_2''/\vartheta_2(\varkappa) = -11{,}444\,879$ $\quad \vartheta_3''/\vartheta_3(\varkappa) = -8{,}856\,081$

$\vartheta_1'''/\vartheta_1'(k) = -0{,}176\,024$ $\quad \vartheta_2''/\vartheta_2(k) = -\ 0{,}423\,975$ $\quad \vartheta_3''/\vartheta_3(k) = -0{,}328\,073$

$\vartheta_1'''''/\vartheta_1'(k) = -0{,}557\,223$ $\quad \vartheta_2''''/\vartheta_2(k) = 0{,}347\,461$ $\quad \vartheta_3''''/\vartheta_3(k) = 0{,}496\,306$

$\varkappa = 0{,}62$

$\zeta = \frac{z}{2K}$	$\overline{\mathrm{dn}}(\zeta,\varkappa)$	$\mathfrak{z}_1(\zeta,\varkappa)$	$\mathfrak{z}_3(\zeta,\varkappa)$	$\mathfrak{z}_5(\zeta,\varkappa)$	$\wp_1(\zeta,\varkappa)$
0,00	0,000 000	∞	0,000 000	∞	∞
0,01	−0,046 927	19,247 069	−0,013 993	19,247 073	370,449 932
0,02	−0,093 577	9,623 513	−0,027 961	9,623 546	92,613 098
0,03	−0,139 679	6,415 614	−0,041 881	6,415 724	41,162 559
0,04	−0,184 971	4,811 586	−0,055 726	4,811 848	23,155 724
0,05	−0,229 203	3,849 061	−0,069 472	3,849 573	14,822 059
0,06	−0,272 146	3,207 236	−0,083 092	3,208 125	10,296 105
0,07	−0,313 590	2,748 617	−0,096 558	2,750 037	7,568 100
0,08	−0,353 347	2,404 448	−0,109 841	2,406 582	5,798 536
0,09	−0,391 253	2,136 528	−0,122 912	2,139 588	4,586 353
0,10	−0,427 170	1,921 927	−0,135 737	1,926 158	3,720 307
0,11	−0,460 983	1,746 051	−0,148 283	1,751 733	3,080 545
0,12	−0,492 598	1,599 166	−0,160 513	1,606 615	2,594 956
0,13	−0,521 946	1,474 530	−0,172 389	1,484 100	2,218 041
0,14	−0,548 975	1,367 325	−0,183 869	1,379 412	1,919 938
0,15	−0,573 650	1,274 015	−0,194 909	1,289 059	1,680 390
0,16	−0,595 951	1,191 946	−0,205 461	1,210 435	1,485 260
0,17	−0,615 870	1,119 086	−0,215 475	1,141 558	1,324 438
0,18	−0,633 407	1,053 856	−0,224 897	1,080 903	1,190 538
0,19	−0,648 568	0,995 005	−0,233 668	1,027 277	1,078 060
0,20	−0,661 365	0,941 534	−0,241 728	0,979 744	0,982 842
0,21	−0,671 811	0,892 633	−0,249 011	0,937 556	0,901 683
0,22	−0,679 918	0,847 638	−0,255 449	0,900 121	0,832 093
0,23	−0,685 700	0,806 003	−0,260 968	0,866 962	0,772 105
0,24	−0,689 165	0,767 269	−0,265 494	0,837 699	0,720 155
0,25	−0,690 320	0,731 053	−0,268 947	0,812 027	0,674 981
0,25	1,309 680	0,731 053	−0,268 947	0,812 027	0,674 981
0,26	1.311 874	0,697 030	−0,271 246	0,789 703	0,635 558
0,27	1,318 503	0,664 926	−0,272 307	0,770 534	0,601 045
0,28	1,329 715	0,634 502	−0,272 045	0,754 369	0,570 750
0,29	1,345 763	0,605 555	−0,270 375	0,741 089	0,544 095
0,30	1,367 018	0,577 909	−0,267 212	0,730 603	0,520 597
0,31	1,393 991	0,551 411	−0,262 475	0,722 839	0,499 851
0,32	1,427 358	0,525 927	−0,256 085	0,717 741	0,481 512
0,33	1,468 001	0,501 340	−0,247 970	0,715 266	0,465 288
0,34	1,517 067	0,477 546	−0,238 065	0,715 374	0,450 931
0,35	1,576 044	0,454 454	−0,226 316	0,718 028	0,438 225
0,36	1,646 884	0,431 984	−0,212 681	0,723 190	0,426 988
0,37	1,732 168	0,410 062	−0,197 132	0,730 814	0,417 063
0,38	1,835 366	0,388 625	−0,179 660	0,740 846	0,408 313
0,39	1,961 241	0,367 615	−0,160 275	0,753 218	0,400 621
0,40	2,116 481	0,346 980	−0,139 009	0,767 846	0,393 885
0,41	2,310 773	0,326 671	−0,115 917	0,784 625	0,388 021
0,42	2,558 669	0,306 646	−0,091 081	0,803 433	0,382 952
0,43	2,883 057	0,286 865	−0,064 607	0,824 123	0,378 615
0,44	3,322 102	0,267 291	−0,036 630	0,846 524	0,374 958
0,45	3,944 527	0,247 891	−0,007 306	0,870 444	0,371 934
0,46	4,887 794	0,228 633	0,023 180	0,895 669	0,369 509
0,47	6,472 674	0,209 485	0,054 626	0,921 964	0,367 651
0,48	9,661 508	0,190 420	0,086 809	0,949 078	0,366 340
0,49	19,266 053	0,171 409	0,119 491	0,976 746	0,365 560
0,50	∞	0,152 425	0,152 425	1,004 693	0,365 301
	$\overline{\mathrm{sc}}(\zeta,\varkappa)$	$-\mathfrak{z}_2(\zeta,\varkappa)$	$-\mathfrak{z}_4(\zeta,\varkappa)$	$-\mathfrak{z}_6(\zeta,\varkappa)$	$\wp_2(\zeta,\varkappa)$

Tafel III

$\varkappa = 0{,}62$

$\vartheta_5'(0, k) = 1{,}894\,646$	$\vartheta_6(0, k) = 1{,}894\,646$	$\vartheta_{\substack{5\\6}}(\frac{1}{4}, \varkappa) = 1{,}795\,910$
$\vartheta_4''/\vartheta_4(\varkappa) = 15{,}549\,334$	$\vartheta_5'''/\vartheta_5'(\varkappa) = -31{,}319\,868$	$\vartheta_6''/\vartheta_6(\varkappa) = 4{,}104\,455$
$\vartheta_4''/\vartheta_4(k) = 0{,}576\,025$	$\vartheta_5'''/\vartheta_5'(k) = -\ 1{,}160\,244$	$\vartheta_6''/\vartheta_6(k) = 0{,}152\,049$
$\vartheta_4''''/\vartheta_4(k) = -0{,}812\,783$	$\vartheta_5'''''/\vartheta_5'(k) = 2{,}501\,794$	$\vartheta_6''''/\vartheta_6(k) = -1{,}930\,643$

$\wp_3(\zeta, \varkappa)$	$\wp_5(\zeta, \varkappa)$	$\wp_1'(\zeta, \varkappa)$	$\wp_3'(\zeta, \varkappa)$	$\wp_5'(\zeta, \varkappa)$	
0,269 399	∞	− ∞	0,000 000	− ∞	0,50
0,269 164	370,449 697	− 14 260,140 1	− 0,009 023	− 14 260,149 1	0,49
0,268 460	92,612 159	− 1 782,505 69	− 0,018 124	− 1 782,523 81	0,48
0,267 278	41,160 439	− 528,134 726	− 0,027 383	− 528,162 109	0,47
0,265 610	23,151 935	− 222,789 798	− 0,036 880	− 222,826 678	0,46
0,263 441	14,816 101	− 114,050 154	− 0,046 693	− 114,096 848	0,45
0,260 751	10,287 458	− 65,982 295	− 0,056 905	− 66,039 201	0,44
0,257 519	7,556 220	− 41,532 154	− 0,067 598	− 41,599 752	0,43
0,253 717	5,782 855	− 27,803 707	− 0,078 855	− 27,882 563	0,42
0,249 314	4,566 268	− 19,507 791	− 0,090 760	− 19,598 552	0,41
0,244 273	3,695 182	− 14,201 615	− 0,103 398	− 14,305 014	0,40
0,238 555	3,049 702	− 10,650 497	− 0,116 855	− 10,767 352	0,39
0,232 115	2,557 673	− 8,184 470	− 0,131 214	− 8,315 684	0,38
0,224 904	2,173 546	− 6,418 514	− 0,146 559	− 6,565 073	0,37
0,216 867	1,867 407	− 5,120 616	− 0,162 972	− 5,283 588	0,36
0,207 949	1,618 941	− 4,145 279	− 0,180 529	− 4,325 809	0,35
0,198 087	1,413 949	− 3,398 107	− 0,199 302	− 3,597 409	0,34
0,187 217	1,242 257	− 2,816 031	− 0,219 353	− 3,035 383	0,33
0,175 271	1,096 410	− 2,355 818	− 0,240 732	− 2,596 550	0,32
0,162 179	0,970 840	− 1,987 161	− 0,263 477	− 2,250 638	0,31
0,147 869	0,861 311	− 1,688 379	− 0,287 604	− 1,975 983	0,30
0,132 269	0,764 554	− 1,443 687	− 0,313 106	− 1,756 793	0,29
0,115 310	0,678 004	− 1,241 400	− 0,339 947	− 1,581 347	0,28
0,096 923	0,599 629	− 1,072 747	− 0,368 054	− 1,440 800	0,27
0,077 045	0,527 801	− 0,931 049	− 0,397 312	− 1,328 361	0,26
0,055 620	0,461 203	− 0,811 165	− 0,427 557	− 1,238 722	0,25
0,055 620	0,461 203	− 0,811 165	− 0,427 557	− 1,238 722	0,25
0,032 603	0,398 762	− 0,709 087	− 0,458 567	− 1,167 654	0,24
0,007 961	0,339 608	− 0,621 660	− 0,490 055	− 1,111 715	0,23
− 0,018 321	0,283 030	− 0,546 378	− 0,521 664	− 1,068 041	0,22
− 0,046 240	0,228 456	− 0,481 229	− 0,552 955	− 1,034 184	0,21
− 0,075 766	0,175 433	− 0,424 587	− 0,583 412	− 1,007 998	0,20
− 0,106 839	0,123 613	− 0,375 124	− 0,612 429	− 0,987 553	0,19
− 0,139 368	0,072 746	− 0,331 751	− 0,639 320	− 0,971 071	0,18
− 0,173 222	0,022 668	− 0,293 564	− 0,663 320	− 0,956 884	0,17
− 0,208 230	− 0,026 698	− 0,259 812	− 0,683 593	− 0,943 405	0,16
− 0,244 175	− 0,075 349	− 0,229 864	− 0,699 252	− 0,929 116	0,15
− 0,280 795	− 0,123 205	− 0,203 185	− 0,709 380	− 0,912 565	0,14
− 0,317 777	− 0,170 112	− 0,179 322	− 0,713 059	− 0,892 381	0,13
− 0,354 763	− 0,215 849	− 0,157 886	− 0,709 404	− 0,867 290	0,12
− 0,391 351	− 0,260 129	− 0,138 541	− 0,697 607	− 0,836 148	0,11
− 0,427 100	− 0,302 613	− 0,120 998	− 0,676 980	− 0,797 978	0,10
− 0,461 535	− 0,342 913	− 0,105 001	− 0,647 005	− 0,752 006	0,09
− 0,494 164	− 0,380 611	− 0,090 326	− 0,607 378	− 0,697 704	0,08
− 0,524 481	− 0,415 265	− 0,076 773	− 0,558 054	− 0,634 827	0,07
− 0,551 988	− 0,446 429	− 0,064 163	− 0,499 274	− 0,563 437	0,06
− 0,576 207	− 0,473 672	− 0,052 334	− 0,431 593	− 0,483 927	0,05
− 0,596 697	− 0,496 587	− 0,041 136	− 0,355 882	− 0,397 018	0,04
− 0,613 069	− 0,514 816	− 0,030 431	− 0,273 316	− 0,303 746	0,03
− 0,625 004	− 0,528 062	− 0,020 088	− 0,185 340	− 0,205 429	0,02
− 0,632 263	− 0,536 102	− 0,009 985	− 0,093 625	− 0,103 610	0,01
− 0,634 699	− 0,538 797	0,000 000	0,000 000	0,000 000	0,00
$\wp_4(\zeta, \varkappa)$	$\wp_6(\zeta, \varkappa)$	$-\wp_2'(\zeta, \varkappa)$	$-\wp_4'(\zeta, \varkappa)$	$-\wp_6'(\zeta, \varkappa)$	$\zeta = \frac{z}{2K}$

Tafel III

$\sqrt{k}$ = 0,973 054	k = 0,946 834	k^2 = 0,896 495		$\varkappa = 0{,}63$
$\sqrt{k'}$ = 0,567 205	k' = 0,321 722	k'^2 = 0,103 505		
$e_1 = -e_3' =$ 0,367 835	$e_2 = -e_2' =$ 0,264 330	$e_3 = -e_1' = -0{,}632\,165$		
$g_2 = g_2' =$ 1,209 611	$g_3 = -g_3' = -0{,}245\,861$	$g_3/\sqrt{g_2^3} = -0{,}184\,808$		
$\bar{g}_2 = \bar{g}_2' = -0{,}646\,219$	$\bar{g}_3 = -\bar{g}_3' = -0{,}932\,634$	$\bar{g}_3/\sqrt{\bar{g}_2^3} =$ 1,795 320i		

$\zeta = \frac{z}{2K}$	$\vartheta_1(\zeta,\varkappa)$	$\vartheta_3(\zeta,\varkappa)$	$\frac{\partial \ln \vartheta_1(\zeta,\varkappa)}{\partial \zeta}$	$\frac{\partial \ln \vartheta_3(\zeta,\varkappa)}{\partial \zeta}$	$\mathrm{sn}(\zeta,\varkappa)$
0,00	0,000 000	1,277 088	∞	0,000 000	0,000 000
0,01	0,036 112	1,276 537	99,983 049	−0,086 311	0,051 195
0,02	0,072 206	1,274 886	49,966 015	−0,172 493	0,102 137
0,03	0,108 263	1,272 141	33,282 149	−0,258 418	0,152 576
0,04	0,144 264	1,268 315	24,931 367	−0,343 954	0,202 273
0,05	0,180 190	1,263 422	19,913 589	−0,428 967	0,251 004
0,06	0,216 021	1,257 483	16,562 069	−0,513 318	0,298 560
0,07	0,251 738	1,250 521	14,162 443	−0,596 862	0,344 758
0,08	0,287 319	1,242 566	12,357 494	−0,679 449	0,389 434
0,09	0,322 742	1,233 648	10,948 734	−0,760 920	0,432 452
0,10	0,357 983	1,223 804	9,817 047	−0,841 108	0,473 699
0,11	0,393 020	1,213 075	8,886 606	−0,919 837	0,513 090
0,12	0,427 827	1,201 502	8,106 843	−0,996 919	0,550 564
0,13	0,462 378	1,189 135	7,442 732	−1,072 153	0,586 084
0,14	0,496 645	1,176 021	6,869 240	−1,145 327	0,619 636
0,15	0,530 599	1,162 214	6,367 998	−1,216 214	0,651 224
0,16	0,564 212	1,147 770	5,925 220	−1,284 571	0,680 871
0,17	0,597 450	1,132 746	5,530 356	−1,350 140	0,708 614
0,18	0,630 283	1,117 203	5,175 192	−1,412 646	0,734 506
0,19	0,662 676	1,101 203	4,853 241	−1,471 797	0,758 606
0,20	0,694 593	1,084 810	4,559 307	−1,527 283	0,780 985
0,21	0,726 001	1,068 089	4,289 181	−1,578 776	0,801 717
0,22	0,756 860	1,051 106	4,039 419	−1,625 932	0,820 884
0,23	0,787 133	1,033 931	3,807 173	−1,668 388	0,838 568
0,24	0,816 782	1,016 629	3,590 068	−1,705 767	0,854 853
0,25	0,845 766	0,999 271	3,386 112	−1,737 678	0,869 821
0,26	0,874 046	0,981 924	3,193 616	−1,763 718	0,883 557
0,27	0,901 580	0,964 657	3,011 144	−1,783 474	0,896 140
0,28	0,928 328	0,947 538	2,837 466	−1,796 532	0,907 648
0,29	0,954 248	0,930 634	2,671 521	−1,802 476	0,918 157
0,30	0,979 300	0,914 011	2,512 392	−1,800 898	0,927 738
0,31	1,003 442	0,897 734	2,359 281	−1,791 402	0,936 457
0,32	1,026 634	0,881 868	2,211 491	−1,773 614	0,944 380
0,33	1,048 837	0,866 473	2,068 410	−1,747 191	0,951 565
0,34	1,070 010	0,851 609	1,929 499	−1,711 831	0,958 067
0,35	1,090 116	0,837 335	1,794 282	−1,667 281	0,963 939
0,36	1,109 117	0,823 706	1,662 335	−1,613 353	0,969 227
0,37	1,126 979	0,810 774	1,533 281	−1,549 934	0,973 975
0,38	1,143 666	0,798 589	1,406 783	−1,476 995	0,978 222
0,39	1,159 146	0,787 199	1,282 535	−1,394 605	0,982 005
0,40	1,173 389	0,776 647	1,160 265	−1,302 940	0,985 356
0,41	1,186 366	0,766 973	1,039 723	−1,202 293	0,988 304
0,42	1,198 050	0,758 216	0,920 680	−1,093 076	0,990 875
0,43	1,208 418	0,750 408	0,802 929	−0,975 828	0,993 091
0,44	1,217 449	0,743 580	0,686 277	−0,851 212	0,994 974
0,45	1,225 123	0,737 757	0,570 542	−0,720 014	0,996 538
0,46	1,231 424	0,732 963	0,455 557	−0,583 133	0,997 800
0,47	1,236 338	0,729 214	0,341 161	−0,441 569	0,998 769
0,48	1,239 856	0,726 527	0,227 201	−0,296 413	0,999 455
0,49	1,241 970	0,724 910	0,113 529	−0,148 821	0,999 864
0,50	1,242 675	0,724 371	0,000 000	0,000 000	1,000 000
	$\vartheta_2(\zeta,\varkappa)$	$\vartheta_4(\zeta,\varkappa)$	$-\frac{\partial \ln \vartheta_2(\zeta,\varkappa)}{\partial \zeta}$	$-\frac{\partial \ln \vartheta_4(\zeta,\varkappa)}{\partial \zeta}$	$\mathrm{cd}(\zeta,\varkappa)$

Tafel III

$\varkappa = 0{,}63$

$k^2 k'^2 = 0{,}092\,792$ $\quad \eta_1 = -\eta_2' = 0{,}064\,513$ $\quad \eta_1' = -\eta_2 = 0{,}315\,376$

$\pi/KK' = 0{,}759\,778$ $\quad \bar\eta_1 = -\bar\eta_2' = 0{,}393\,356$ $\quad \bar\eta_1' = -\bar\eta_2 = 0{,}366\,421$

$K = 2{,}561\,895$ $\quad E = 1{,}107\,630$ $\quad A = 1{,}684\,924$

$K' = 1{,}613\,994$ $\quad E' = 1{,}529\,325$ $\quad A' = 0{,}164\,775$

$B = 0{,}939\,728$ $\quad C = 0{,}761\,229$ $\quad D = 1{,}622\,167$

$\mathrm{cn}(\zeta, \varkappa)$	$\mathrm{dn}(\zeta, \varkappa)$	$\mathrm{sc}(\zeta, \varkappa)$	$\overline{\mathrm{sn}}(\zeta, \varkappa)$	$\overline{\mathrm{cn}}(\zeta, \varkappa)$	
1,000 000	1,000 000	0,000 000	∞	0,000 000	0,50
0,998 689	0,998 824	0,051 263	19,484 450	−0,051 202	0,49
0,994 770	0,995 313	0,102 674	9,693 919	−0,102 193	0,48
0,988 292	0,989 510	0,154 383	6,409 431	−0,152 764	0,47
0,979 329	0,981 489	0,206 542	4,751 997	−0,202 719	0,46
0,967 986	0,971 349	0,259 305	3,745 972	−0,251 875	0,45
0,954 391	0,959 212	0,312 828	3,066 257	−0,300 069	0,44
0,938 692	0,945 222	0,367 275	2,573 606	−0,347 157	0,43
0,921 054	0,929 537	0,422 814	2,198 454	−0,393 021	0,42
0,901 657	0,912 328	0,479 619	1,902 194	−0,437 570	0,41
0,880 687	0,893 776	0,537 874	1,661 681	−0,480 739	0,40
0,858 335	0,874 064	0,597 773	1,462 199	−0,522 492	0,39
0,834 793	0,853 378	0,659 522	1,293 934	−0,562 821	0,38
0,810 250	0,831 900	0,723 338	1,150 086	−0,601 745	0,37
0,784 889	0,809 810	0,789 457	1,025 781	−0,639 310	0,36
0,758 886	0,787 276	0,858 132	0,917 430	−0,675 586	0,35
0,732 404	0,764 459	0,929 639	0,822 319	−0,710 671	0,34
0,705 596	0,741 511	1,004 278	0,738 353	−0,744 683	0,33
0,678 603	0,718 570	1,082 380	0,663 879	−0,777 765	0,32
0,651 550	0,695 760	1,164 310	0,597 573	−0,810 081	0,31
0,624 550	0,673 197	1,250 475	0,538 353	−0,841 816	0,30
0,597 703	0,650 982	1,341 330	0,485 325	−0,873 181	0,29
0,571 094	0,629 202	1,437 389	0,437 740	−0,904 408	0,28
0,544 797	0,607 937	1,539 232	0,394 961	−0,935 756	0,27
0,518 871	0,587 252	1,647 525	0,356 445	−0,967 513	0,26
0,493 367	0,567 205	1,763 031	0,321 722	−1,000 000	0,25
0,468 324	0,547 842	1,886 635	0,290 380	−1,033 578	0,24
0,443 772	0,529 202	2,019 369	0,262 063	−1,068 654	0,23
0,419 732	0,511 317	2,162 448	0,236 453	−1,105 695	0,22
0,396 217	0,494 210	2,317 310	0,213 269	−1,145 238	0,21
0,373 233	0,477 901	2,485 678	0,192 262	−1,187 908	0,20
0,350 782	0,462 403	2,669 631	0,173 208	−1,234 445	0,19
0,328 857	0,447 725	2,871 708	0,155 909	−1,285 735	0,18
0,307 448	0,433 873	3,095 039	0,140 183	−1,342 853	0,17
0,286 543	0,420 848	3,343 534	0,125 869	−1,407 121	0,16
0,266 124	0,408 652	3,622 145	0,112 820	−1,480 196	0,15
0,246 169	0,397 280	3,937 237	0,100 903	−1,564 187	0,14
0,226 657	0,386 731	4,297 132	0,089 997	−1,661 833	0,13
0,207 561	0,376 998	4,712 928	0,079 992	−1,776 763	0,12
0,188 856	0,368 076	5,199 760	0,070 787	−1,913 904	0,11
0,170 512	0,359 958	5,778 819	0,062 289	−2,080 131	0,10
0,152 499	0,352 638	6,480 726	0,054 413	−2,285 350	0,09
0,134 787	0,346 110	7,351 413	0,047 081	−2,544 394	0,08
0,117 344	0,340 366	8,463 075	0,040 218	−2,880 544	0,07
0,100 138	0,335 402	9,936 050	0,033 756	−3,332 569	0,06
0,083 135	0,331 211	11,986 965	0,027 631	−3,970 216	0,05
0,066 303	0,327 789	15,049 104	0,021 781	−4,932 934	0,04
0,049 607	0,325 132	20,133 495	0,016 149	−6,546 046	0,03
0,033 014	0,323 237	30,273 289	0,010 677	−9,785 434	0,02
0,016 490	0,322 100	60,634 368	0,005 312	−19,530 340	0,01
0,000 000	0,321 722	∞	0,000 000	−∞	0,00
$k'\,\mathrm{sd}(\zeta, \varkappa)$	$k'\,\mathrm{nd}(\zeta, \varkappa)$	$\frac{1}{k'}\,\mathrm{cs}(\zeta, \varkappa)$	$-\overline{\mathrm{cd}}(\zeta, \varkappa)$	$-\overline{\mathrm{sd}}(\zeta, \varkappa)$	$\zeta = \frac{z}{2K}$

Tafel III. (Fortsetzung)

$\vartheta_1'(0, \varkappa) = 3{,}611\,512$ $\qquad$ $\vartheta_1'(0, k) = 0{,}704\,852$ $\qquad$ $\vartheta_5'(0, \varkappa) = 9{,}722\,559$ $\qquad$ $\boxed{\varkappa = 0{,}63}$

$\vartheta_1'''/\vartheta_1'(\varkappa) = -5{,}081\,033$ $\qquad$ $\vartheta_2''/\vartheta_2(\varkappa) = -11{,}350\,530$ $\qquad$ $\vartheta_3''/\vartheta_3(\varkappa) = -8{,}633\,197$

$\vartheta_1'''/\vartheta_1'(k) = -0{,}193\,539$ $\qquad$ $\vartheta_2''/\vartheta_2(k) = -\ 0{,}432\,348$ $\qquad$ $\vartheta_3''/\vartheta_3(k) = -0{,}328\,843$

$\vartheta_1'''''/\vartheta_1'(k) = -0{,}542\,376$ $\qquad$ $\vartheta_2''''/\vartheta_2(k) = 0{,}353\,765$ $\qquad$ $\vartheta_3''''/\vartheta_3(k) = 0{,}509\,997$

$\zeta = \frac{z}{2K}$	$\overline{\mathrm{dn}}(\zeta, \varkappa)$	$\mathfrak{z}_1(\zeta, \varkappa)$	$\mathfrak{z}_3(\zeta, \varkappa)$	$\mathfrak{z}_5(\zeta, \varkappa)$	$\wp_1(\zeta, \varkappa)$
0,00	0,000 000	∞	0,000 000	∞	∞
0,01	−0,045 890	19,516 800	−0,013 540	19,516 805	380,905 763
0,02	−0,091 515	9,758 380	−0,027 054	9,758 413	95,227 035
0,03	−0,136 615	6,505 528	−0,040 518	6,505 641	42,324 269
0,04	−0,180 938	4,879 028	−0,053 907	4,879 296	23,809 125
0,05	−0,224 244	3,903 024	−0,067 193	3,903 549	15,240 156
0,06	−0,266 313	3,252 220	−0,080 350	3,253 132	10,586 350
0,07	−0,306 939	2,787 195	−0,093 350	2,788 651	7,781 221
0,08	−0,345 940	2,438 232	−0,106 163	2,440 419	5,961 570
0,09	−0,383 156	2,166 593	−0,118 758	2,169 729	4,715 014
0,10	−0,418 450	1,949 029	−0,131 102	1,953 364	3,824 365
0,11	−0,451 705	1,770 742	−0,143 162	1,776 561	3,166 344
0,12	−0,482 829	1,621 863	−0,154 901	1,629 487	2,666 850
0,13	−0,511 748	1,495 555	−0,166 278	1,505 345	2,279 086
0,14	−0,538 406	1,386 933	−0,177 254	1,399 291	1,972 349
0,15	−0,562 766	1,292 412	−0,187 783	1,307 785	1,725 811
0,16	−0,584 802	1,209 302	−0,197 819	1,228 183	1,524 937
0,17	−0,604 500	1,135 542	−0,207 310	1,158 475	1,359 334
0,18	−0,621 856	1,069 531	−0,216 204	1,097 114	1,221 408
0,19	−0,636 872	1,010 002	−0,224 443	1,042 890	1,105 506
0,20	−0,649 554	0,955 941	−0,231 966	0,994 849	1,007 349
0,21	−0,659 912	0,906 527	−0,238 711	0,952 234	0,923 648
0,22	−0,667 956	0,861 087	−0,244 609	0,914 440	0,851 842
0,23	−0,673 693	0,819 065	−0,249 589	0,880 982	0,789 912
0,24	−0,677 133	0,779 999	−0,253 579	0,851 469	0,736 249
0,25	−0,678 278	0,743 499	−0,256 501	0,825 590	0,689 556
0,25	1,321 722	0,743 499	−0,256 501	0,825 590	0,689 556
0,26	1,323 958	0,709 235	−0,258 278	0,803 094	0,648 782
0,27	1,330 717	0,676 928	−0,258 828	0,783 780	0,613 062
0,28	1,342 148	0,646 337	−0,258 071	0,767 490	0,581 685
0,29	1,358 506	0,617 255	−0,255 926	0,754 098	0,554 057
0,30	1,380 169	0,589 504	−0,252 312	0,743 504	0,529 684
0,31	1,407 654	0,562 927	−0,247 153	0,735 629	0,508 148
0,32	1,441 644	0,537 389	−0,240 376	0,730 412	0,489 095
0,33	1,483 036	0,512 770	−0,231 914	0,727 799	0,472 227
0,34	1,532 990	0,488 964	−0,221 707	0,727 744	0,457 287
0,35	1,593 016	0,465 880	−0,209 707	0,730 203	0,444 055
0,36	1,665 091	0,443 433	−0,195 876	0,735 131	0,432 343
0,37	1,751 831	0,421 552	−0,180 193	0,742 476	0,421 990
0,38	1,856 756	0,400 169	−0,162 652	0,752 178	0,412 856
0,39	1,984 691	0,379 225	−0,143 267	0,764 163	0,404 821
0,40	2,142 420	0,358 667	−0,122 072	0,778 345	0,397 780
0,41	2,339 763	0,338 447	−0,099 123	0,794 617	0,391 645
0,42	2,591 475	0,318 519	−0,074 502	0,812 854	0,386 339
0,43	2,920 762	0,298 843	−0,048 313	0,832 910	0,381 797
0,44	3,366 326	0,279 382	−0,020 687	0,854 619	0,377 964
0,45	3,997 847	0,260 100	0,008 225	0,877 792	0,374 794
0,46	4,954 716	0,240 964	0,038 245	0,902 220	0,372 250
0,47	6,562 195	0,221 943	0,069 179	0,927 677	0,370 302
0,48	9,796 111	0,203 007	0,100 815	0,953 921	0,368 926
0,49	19,535 652	0,184 128	0,132 925	0,980 695	0,368 107
0,50	∞	0,165 276	0,165 276	1,007 738	0,367 835
	$\overline{\mathrm{sc}}(\zeta, \varkappa)$	$-\mathfrak{z}_2(\zeta, \varkappa)$	$-\mathfrak{z}_4(\zeta, \varkappa)$	$-\mathfrak{z}_6(\zeta, \varkappa)$	$\wp_2(\zeta, \varkappa)$

Tafel III

$\varkappa = 0{,}63$

$\vartheta_5'(0, k) = 1{,}897\,533$	$\vartheta_6(0, k) = 1{,}897\,533$	$\vartheta_{\substack{5\\6}}(\frac{1}{4}, \varkappa) = 1{,}781\,575$
$\vartheta_4''/\vartheta_4(\varkappa) = 14{,}902\,694$	$\vartheta_5'''/\vartheta_5'(\varkappa) = -30{,}980\,624$	$\vartheta_6''/\vartheta_6(\varkappa) = 3{,}552\,164$
$\vartheta_4''/\vartheta_4(k) = 0{,}567\,652$	$\vartheta_5'''/\vartheta_5'(k) = -\ 1{,}180\,069$	$\vartheta_6''/\vartheta_6(k) = 0{,}135\,304$
$\vartheta_4''''/\vartheta_4(k) = -0{,}826\,304$	$\vartheta_5'''''/\vartheta_5'(k) = 2{,}644\,049$	$\vartheta_6''''/\vartheta_6(k) = -1{,}945\,079$

$\wp_3(\zeta, \varkappa)$	$\wp_5(\zeta, \varkappa)$	$\wp_1'(\zeta, \varkappa)$	$\wp_3'(\zeta, \varkappa)$	$\wp_5'(\zeta, \varkappa)$	
0,264 330	∞	− ∞	0,000 000	− ∞	0,50
0,264 086	380,905 519	− 14 868,113 2	− 0,009 522	− 14 868,122 7	0,49
0,263 353	95,226 058	− 1 858,502 56	− 0,019 123	− 1 858,521 69	0,48
0,262 124	42,322 063	− 550,652 621	− 0,028 883	− 550,681 504	0,47
0,260 389	23,805 184	− 232,289 874	− 0,038 882	− 232,328 756	0,46
0,258 134	15,233 960	− 118,914 548	− 0,049 200	− 118,963 748	0,45
0,255 341	10,577 360	− 68,797 700	− 0,059 917	− 68,857 617	0,44
0,251 986	7,768 877	− 43,305 480	− 0,071 117	− 43,376 597	0,43
0,248 043	5,945 283	− 28,992 050	− 0,082 882	− 29,074 931	0,42
0,243 481	4,694 165	− 20,342 742	− 0,095 294	− 20,438 036	0,41
0,238 265	3,798 285	− 14,810 618	− 0,108 437	− 14,919 055	0,40
0,232 355	3,134 369	− 11,108 355	− 0,122 394	− 11,230 748	0,39
0,225 708	2,628 228	− 8,537 420	− 0,137 246	− 8,674 666	0,38
0,218 274	2,233 030	− 6,696 377	− 0,153 075	− 6,849 412	0,37
0,210 003	1,918 022	− 5,343 322	− 0,169 955	− 5,513 277	0,36
0,200 839	1,662 319	− 4,326 554	− 0,187 960	− 4,514 514	0,35
0,190 722	1,451 328	− 3,547 652	− 0,207 152	− 3,754 804	0,34
0,179 589	1,274 593	− 2,940 858	− 0,227 589	− 3,168 447	0,33
0,167 377	1,124 455	− 2,461 098	− 0,249 312	− 2,710 410	0,32
0,154 019	0,995 194	− 2,076 771	− 0,272 347	− 2,349 119	0,31
0,139 446	0,882 464	− 1,765 275	− 0,296 702	− 2,061 978	0,30
0,123 591	0,782 909	− 1,510 151	− 0,322 359	− 1,832 509	0,29
0,106 390	0,693 902	− 1,299 218	− 0,349 267	− 1,648 485	0,28
0,087 780	0,613 362	− 1,123 331	− 0,377 342	− 1,500 673	0,27
0,067 704	0,539 623	− 0,975 529	− 0,406 457	− 1,381 986	0,26
0,046 113	0,471 340	− 0,850 453	− 0,436 434	− 1,286 886	0,25
0,046 113	0,471 340	− 0,850 453	− 0,436 434	− 1,286 886	0,25
0,022 969	0,407 421	− 0,743 924	− 0,467 039	− 1,210 963	0,24
− 0,001 753	0,346 979	− 0,652 656	− 0,497 977	− 1,150 633	0,23
− 0,028 061	0,289 294	− 0,574 036	− 0,528 881	− 1,102 917	0,22
− 0,055 942	0,233 785	− 0,505 968	− 0,559 311	− 1,065 280	0,21
− 0,085 360	0,179 994	− 0,446 758	− 0,588 749	− 1,035 507	0,20
− 0,116 247	0,127 570	− 0,395 024	− 0,616 597	− 1,011 621	0,19
− 0,148 507	0,076 258	− 0,349 629	− 0,642 181	− 0,991 810	0,18
− 0,182 004	0,025 893	− 0,309 635	− 0,664 755	− 0,974 390	0,17
− 0,216 563	− 0,023 607	− 0,274 257	− 0,683 514	− 0,957 771	0,16
− 0,251 968	− 0,072 243	− 0,242 839	− 0,697 608	− 0,940 447	0,15
− 0,287 957	− 0,119 944	− 0,214 825	− 0,706 165	− 0,920 990	0,14
− 0,324 223	− 0,166 563	− 0,189 742	− 0,708 318	− 0,898 061	0,13
− 0,360 419	− 0,211 893	− 0,167 187	− 0,703 244	− 0,870 431	0,12
− 0,396 153	− 0,255 662	− 0,146 810	− 0,690 194	− 0,837 005	0,11
− 0,431 000	− 0,297 550	− 0,128 309	− 0,668 545	− 0,796 853	0,10
− 0,464 507	− 0,337 193	− 0,111 418	− 0,637 835	− 0,749 252	0,09
− 0,496 203	− 0,374 195	− 0,095 904	− 0,597 811	− 0,693 715	0,08
− 0,525 609	− 0,408 143	− 0,081 559	− 0,548 465	− 0,630 024	0,07
− 0,552 253	− 0,438 619	− 0,068 196	− 0,490 062	− 0,558 258	0,06
− 0,575 683	− 0,465 219	− 0,055 646	− 0,423 158	− 0,478 804	0,05
− 0,595 486	− 0,487 565	− 0,043 755	− 0,348 602	− 0,392 357	0,04
− 0,611 295	− 0,505 324	− 0,032 377	− 0,267 528	− 0,299 905	0,03
− 0,622 813	− 0,518 217	− 0,021 378	− 0,181 319	− 0,202 697	0,02
− 0,629 815	− 0,526 039	− 0,010 627	− 0,091 565	− 0,102 192	0,01
− 0,632 165	− 0,528 660	0,000 000	0,000 000	0,000 000	0,00
$\wp_4(\zeta, \varkappa)$	$\wp_6(\zeta, \varkappa)$	$-\wp_2'(\zeta, \varkappa)$	$-\wp_4'(\zeta, \varkappa)$	$-\wp_6'(\zeta, \varkappa)$	$\zeta = \dfrac{z}{2K}$

Tafel III

$\varkappa = 0{,}64$

$\sqrt{k} = 0{,}970\,902$	$k = 0{,}942\,651$	$k^2 = 0{,}888\,592$
$\sqrt{k'} = 0{,}577\,736$	$k' = 0{,}333\,779$	$k'^2 = 0{,}111\,408$
$e_1 = -e_3' = 0{,}370\,469$	$e_2 = -e_2' = 0{,}259\,061$	$e_3 = -e_1' = -0{,}629\,531$
$g_2 = g_2' = 1{,}201\,338$	$g_3 = -g_3' = -0{,}241\,675$	$g_3/\sqrt{g_2^3} = -0{,}183\,541$
$\bar{g}_2 = \bar{g}_2' = -0{,}778\,590$	$\bar{g}_3 = -\bar{g}_3' = -0{,}959\,766$	$\bar{g}_3/\sqrt{\bar{g}_2^3} = -1{,}397\,020\,i$

$\zeta = \frac{z}{2K}$	$\vartheta_1(\zeta,\varkappa)$	$\vartheta_3(\zeta,\varkappa)$	$\frac{\partial \ln \vartheta_1(\zeta,\varkappa)}{\partial \zeta}$	$\frac{\partial \ln \vartheta_3(\zeta,\varkappa)}{\partial \zeta}$	$\mathrm{sn}(\zeta,\varkappa)$
0,00	0,000 000	1,268 454	∞	0,000 000	0,000 000
0,01	0,035 962	1,267 921	99,982 026	−0,084 131	0,050 507
0,02	0,071 904	1,266 323	49,963 974	−0,168 132	0,100 771
0,03	0,107 807	1,263 666	33,279 099	−0,251 873	0,150 554
0,04	0,143 652	1,259 961	24,927 323	−0,335 221	0,199 628
0,05	0,179 418	1,255 224	19,908 571	−0,418 041	0,247 775
0,06	0,215 084	1,249 474	16,556 101	−0,500 193	0,294 798
0,07	0,250 630	1,242 733	14,155 553	−0,581 532	0,340 516
0,08	0,286 033	1,235 029	12,349 714	−0,661 907	0,384 773
0,09	0,321 270	1,226 394	10,940 102	−0,741 158	0,427 433
0,10	0,356 319	1,216 863	9,807 602	−0,819 120	0,468 388
0,11	0,391 155	1,206 473	8,876 393	−0,895 616	0,507 551
0,12	0,425 752	1,195 266	8,095 908	−0,970 460	0,544 860
0,13	0,460 083	1,183 289	7,431 125	−1,043 453	0,580 276
0,14	0,494 121	1,170 589	6,857 014	−1,114 385	0,613 782
0,15	0,527 837	1,157 217	6,355 208	−1,183 033	0,645 376
0,16	0,561 201	1,143 227	5,911 922	−1,249 157	0,675 079
0,17	0,594 182	1,128 675	5,516 608	−1,312 506	0,702 922
0,18	0,626 747	1,113 619	5,161 055	−1,372 810	0,728 951
0,19	0,658 864	1,098 119	4,838 774	−1,429 785	0,753 221
0,20	0,690 497	1,082 238	4,544 572	−1,483 131	0,775 799
0,21	0,721 612	1,066 038	4,274 240	−1,532 530	0,796 753
0,22	0,752 172	1,049 585	4,024 333	−1,577 650	0,816 160
0,23	0,782 140	1,032 943	3,792 004	−1,618 143	0,834 096
0,24	0,811 477	1,016 178	3,574 877	−1,653 648	0,850 644
0,25	0,840 145	0,999 357	3,370 959	−1,683 791	0,865 881
0,26	0,868 106	0,982 546	3,178 560	−1,708 190	0,879 888
0,27	0,895 318	0,965 812	2,996 244	−1,726 455	0,892 741
0,28	0,921 744	0,949 219	2,822 778	−1,738 195	0,904 518
0,29	0,947 343	0,932 835	2,657 100	−1,743 021	0,915 290
0,30	0,972 075	0,916 722	2,498 293	−1,740 552	0,925 127
0,31	0,995 900	0,900 943	2,345 554	−1,730 421	0,934 094
0,32	1,018 780	0,885 562	2,198 187	−1,712 286	0,942 255
0,33	1,040 677	0,870 636	2,055 575	−1,685 832	0,949 668
0,34	1,061 552	0,856 226	1,917 180	−1,650 788	0,956 386
0,35	1,081 369	0,842 386	1,782 520	−1,606 931	0,962 462
0,36	1,100 091	0,829 170	1,651 172	−1,554 099	0,967 941
0,37	1,117 686	0,816 630	1,522 755	−1,492 203	0,972 867
0,38	1,134 120	0,804 814	1,396 928	−1,421 234	0,977 279
0,39	1,149 362	0,793 768	1,273 386	−1,341 276	0,981 214
0,40	1,163 382	0,783 535	1,151 850	−1,252 513	0,984 703
0,41	1,176 154	0,774 153	1,032 070	−1,155 236	0,987 776
0,42	1,187 652	0,765 660	0,913 815	−1,049 852	0,990 458
0,43	1,197 852	0,758 087	0,796 874	−0,936 881	0,992 773
0,44	1,206 736	0,751 464	0,681 050	−0,816 959	0,994 740
0,45	1,214 284	0,745 816	0,566 162	−0,690 836	0,996 376
0,46	1,220 481	0,741 166	0,452 036	−0,559 362	0,997 696
0,47	1,225 314	0,737 530	0,338 511	−0,423 486	0,998 711
0,48	1,228 774	0,734 923	0,225 429	−0,284 234	0,999 429
0,49	1,230 852	0,733 355	0,112 642	−0,142 694	0,999 858
0,50	1,231 546	0,732 832	0,000 000	0,000 000	1,000 000
	$\vartheta_2(\zeta,\varkappa)$	$\vartheta_4(\zeta,\varkappa)$	$-\frac{\partial \ln \vartheta_2(\zeta,\varkappa)}{\partial \zeta}$	$-\frac{\partial \ln \vartheta_4(\zeta,\varkappa)}{\partial \zeta}$	$\mathrm{cd}(\zeta,\varkappa)$

Tafel III

$\varkappa = 0{,}64$

$k^2 k'^2 = 0{,}098\,996$	$\eta_1 = -\eta_2' = 0{,}070\,295$	$\eta_1' = -\eta_2 = 0{,}313\,943$
$\pi/KK' = 0{,}768\,476$	$\bar\eta_1 = -\bar\eta_2' = 0{,}399\,652$	$\bar\eta_1' = -\bar\eta_2 = 0{,}368\,825$
$K = 2{,}527\,375$	$E = 1{,}113\,977$	$A = 1{,}664\,814$
$K' = 1{,}617\,520$	$E' = 1{,}526\,087$	$A' = 0{,}177\,545$
$B = 0{,}936\,771$	$C = 0{,}735\,807$	$D = 1{,}590\,604$

$\mathrm{cn}(\zeta, \varkappa)$	$\mathrm{dn}(\zeta, \varkappa)$	$\mathrm{sc}(\zeta, \varkappa)$	$\overline{\mathrm{sn}}(\zeta, \varkappa)$	$\overline{\mathrm{cn}}(\zeta, \varkappa)$	
1,000 000	1,000 000	0,000 000	∞	0,000 000	0,50
0,998 724	0,998 866	0,050 571	19,751 588	−0,050 514	0,49
0,994 910	0,995 478	0,101 287	9,828 328	−0,100 829	0,48
0,988 602	0,989 878	0,152 290	6,499 948	−0,150 749	0,47
0,979 872	0,982 135	0,203 728	4,820 804	−0,200 089	0,46
0,968 818	0,972 341	0,255 750	3,801 916	−0,248 676	0,45
0,955 560	0,960 612	0,308 508	3,113 733	−0,296 357	0,44
0,940 239	0,947 083	0,362 160	2,615 099	−0,342 995	0,43
0,923 011	0,931 903	0,416 867	2,235 494	−0,388 480	0,42
0,904 047	0,915 235	0,472 800	1,935 776	−0,432 723	0,41
0,883 523	0,897 248	0,530 137	1,692 485	−0,475 664	0,40
0,861 622	0,878 118	0,589 064	1,490 700	−0,517 268	0,39
0,838 527	0,858 022	0,649 782	1,320 476	−0,557 528	0,38
0,814 420	0,837 134	0,712 503	1,174 919	−0,596 460	0,37
0,789 476	0,815 624	0,777 455	1,049 095	−0,634 111	0,36
0,763 865	0,793 657	0,844 883	0,939 369	−0,670 548	0,35
0,737 746	0,771 389	0,915 056	0,842 996	−0,705 864	0,34
0,711 267	0,748 964	0,988 267	0,757 857	−0,740 177	0,33
0,684 566	0,726 519	1,064 836	0,682 283	−0,773 623	0,32
0,657 767	0,704 176	1,145 119	0,614 937	−0,806 365	0,31
0,630 980	0,682 048	1,229 513	0,554 730	−0,838 586	0,30
0,604 305	0,660 233	1,318 462	0,500 760	−0,870 492	0,29
0,577 827	0,638 823	1,412 464	0,452 275	−0,902 314	0,28
0,551 619	0,617 893	1,512 089	0,408 635	−0,934 309	0,27
0,525 743	0,597 511	1,617 984	0,369 294	−0,966 764	0,26
0,500 250	0,577 736	1,730 895	0,333 779	−1,000 000	0,25
0,475 182	0,558 615	1,851 685	0,301 679	−1,034 379	0,24
0,450 569	0,540 189	1,981 363	0,272 635	−1,070 310	0,23
0,426 435	0,522 490	2,121 114	0,246 328	−1,108 261	0,22
0,402 796	0,505 546	2,272 343	0,222 478	−1,148 775	0,21
0,379 658	0,489 377	2,436 735	0,200 833	−1,192 483	0,20
0,357 026	0,473 999	2,616 320	0,181 170	−1,240 132	0,19
0,334 896	0,459 422	2,813 578	0,163 287	−1,292 619	0,18
0,313 260	0,445 654	3,031 568	0,147 004	−1,351 029	0,17
0,292 105	0,432 698	3,274 113	0,132 157	−1,416 703	0,16
0,271 418	0,420 558	3,546 050	0,118 599	−1,491 318	0,15
0,251 178	0,409 231	3,853 598	0,106 195	−1,577 012	0,14
0,231 366	0,398 716	4,204 890	0,094 822	−1,676 557	0,13
0,211 956	0,389 009	4,610 771	0,084 370	−1,793 633	0,12
0,192 923	0,380 107	5,086 028	0,074 735	−1,933 233	0,11
0,174 241	0,372 003	5,651 370	0,065 825	−2,102 324	0,10
0,155 881	0,364 692	6,336 714	0,057 552	−2,310 947	0,09
0,137 814	0,358 169	7,186 941	0,049 836	−2,574 137	0,08
0,120 008	0,352 428	8,272 590	0,042 602	−2,915 493	0,07
0,102 432	0,347 464	9,711 239	0,035 780	−3,374 310	0,06
0,085 055	0,343 273	11,714 545	0,029 303	−4,021 289	0,05
0,067 844	0,339 850	14,705 844	0,023 110	−4,997 783	0,04
0,050 766	0,337 192	19,672 958	0,017 140	−6,633 557	0,03
0,033 788	0,335 295	29,579 405	0,011 335	−9,917 822	0,02
0,016 877	0,334 158	59,242 892	0,005 640	−19,796 461	0,01
0,000 000	0,333 779	∞	0,000 000	−∞	0,00
$k'\,\mathrm{sd}(\zeta, \varkappa)$	$k'\,\mathrm{nd}(\zeta, \varkappa)$	$\frac{1}{k'}\,\mathrm{cs}(\zeta, \varkappa)$	$-\overline{\mathrm{cd}}(\zeta, \varkappa)$	$-\overline{\mathrm{sd}}(\zeta, \varkappa)$	$\zeta = \frac{z}{2K}$

Tafel III. (Fortsetzung)

$\vartheta_1'(0,\varkappa) = 3{,}596\,494$ $\quad\vartheta_1'(0,k) = 0{,}711\,508$ $\quad\vartheta_5'(0,\varkappa) = 9{,}604\,106$

$\vartheta_1'''/\vartheta_1'(\varkappa) = -5{,}388\,234$ $\quad\vartheta_2''/\vartheta_2(\varkappa) = -11{,}261\,754$ $\quad\vartheta_3''/\vartheta_3(\varkappa) = -8{,}415\,220$

$\vartheta_1'''/\vartheta_1'(k) = -0{,}210\,886$ $\quad\vartheta_2''/\vartheta_2(k) = -\;0{,}440\,765$ $\quad\vartheta_3''/\vartheta_3(k) = -0{,}329\,356$

$\vartheta_1'''''/\vartheta_1'(k) = -0{,}526\,548$ $\quad\vartheta_2''''/\vartheta_2(k) = 0{,}360\,004$ $\quad\vartheta_3''''/\vartheta_3(k) = 0{,}523\,420$

$\varkappa = 0{,}64$

$\zeta = \frac{z}{2K}$	$\overline{\mathrm{dn}}(\zeta,\varkappa)$	$\mathfrak{z}_1(\zeta,\varkappa)$	$\mathfrak{z}_3(\zeta,\varkappa)$	$\mathfrak{z}_5(\zeta,\varkappa)$	$\wp_1(\zeta,\varkappa)$
0,00	0,000 000	∞	0,000 000	∞	∞
0,01	−0,044 874	19,783 371	−0,013 091	19,783 375	391,382 010
0,02	−0,089 493	9,891 666	−0,026 156	9,891 700	97,846 077
0,03	−0,133 609	6,594 388	−0,039 169	6,594 504	43,488 250
0,04	−0,176 979	4,945 678	−0,052 105	4,945 953	24,463 807
0,05	−0,219 373	3,956 353	−0,064 936	3,956 891	15,659 076
0,06	−0,260 577	3,296 675	−0,077 636	3,297 608	10,877 171
0,07	−0,300 393	2,825 319	−0,090 174	2,826 809	7,994 772
0,08	−0,338 644	2,471 616	−0,102 521	2,473 854	6,124 938
0,09	−0,375 171	2,196 300	−0,114 647	2,199 508	4,843 947
0,10	−0,409 839	1,975 807	−0,126 517	1,980 239	3,928 622
0,11	−0,442 533	1,795 136	−0,138 097	1,801 082	3,252 340
0,12	−0,473 158	1,644 283	−0,149 351	1,652 071	2,738 919
0,13	−0,501 638	1,516 319	−0,160 238	1,526 315	2,340 289
0,14	−0,527 916	1,406 294	−0,170 718	1,418 905	2,024 905
0,15	−0,551 949	1,310 573	−0,180 745	1,326 252	1,771 368
0,16	−0,573 707	1,226 430	−0,190 273	1,245 674	1,564 745
0,17	−0,593 172	1,151 776	−0,199 253	1,175 137	1,394 356
0,18	−0,610 336	1,084 989	−0,207 630	1,113 068	1,252 401
0,19	−0,625 195	1,024 784	−0,215 348	1,058 239	1,133 073
0,20	−0,637 753	0,970 135	−0,222 348	1,009 684	1,031 975
0,21	−0,648 015	0,920 207	−0,228 568	0,966 632	0,945 731
0,22	−0,655 986	0,874 320	−0,233 941	0,928 467	0,871 709
0,23	−0,661 674	0,831 911	−0,238 399	0,894 695	0,807 836
0,24	−0,665 085	0,792 509	−0,241 869	0,864 917	0,752 459
0,25	−0,666 221	0,755 721	−0,244 279	0,838 813	0,704 248
0,25	1,333 779	0,755 721	−0,244 279	0,838 813	0,704 248
0,26	1,336 058	0,721 211	−0,245 553	0,816 125	0,662 122
0,27	1,342 944	0,688 696	−0,245 613	0,796 645	0,625 195
0,28	1,354 590	0,657 932	−0,244 383	0,780 206	0,592 735
0,29	1,371 253	0,628 708	−0,241 784	0,766 676	0,564 135
0,30	1,393 316	0,600 844	−0,237 742	0,755 948	0,538 885
0,31	1,421 303	0,574 180	−0,232 185	0,747 937	0,516 559
0,32	1,455 906	0,548 579	−0,225 044	0,742 572	0,496 792
0,33	1,498 033	0,523 919	−0,216 257	0,739 794	0,479 279
0,34	1,548 860	0,500 093	−0,205 771	0,739 549	0,463 755
0,35	1,609 917	0,477 006	−0,193 541	0,741 786	0,449 996
0,36	1,683 206	0,454 574	−0,179 536	0,746 454	0,437 808
0,37	1,771 379	0,432 722	−0,163 738	0,753 496	0,427 027
0,38	1,878 003	0,411 383	−0,146 145	0,762 844	0,417 508
0,39	2,007 968	0,390 495	−0,126 773	0,774 423	0,409 128
0,40	2,168 149	0,370 005	−0,105 659	0,788 141	0,401 780
0,41	2,368 499	0,349 861	−0,082 861	0,803 891	0,395 374
0,42	2,623 973	0,330 020	−0,058 460	0,821 546	0,389 830
0,43	2,958 094	0,310 438	−0,032 557	0,840 962	0,385 082
0,44	3,410 090	0,291 078	−0,005 279	0,861 974	0,381 073
0,45	4,050 593	0,271 902	0,023 226	0,884 398	0,377 756
0,46	5,020 893	0,252 877	0,052 789	0,908 031	0,375 093
0,47	6,650 697	0,233 971	0,083 223	0,932 654	0,373 053
0,48	9,929 157	0,215 153	0,114 325	0,958 033	0,371 612
0,49	19,802 102	0,196 394	0,145 879	0,983 923	0,370 754
0,50	∞	0,177 662	0,177 662	1,010 070	0,370 469
	$\overline{\mathrm{sc}}(\zeta,\varkappa)$	$-\mathfrak{z}_2(\zeta,\varkappa)$	$-\mathfrak{z}_4(\zeta,\varkappa)$	$-\mathfrak{z}_6(\zeta,\varkappa)$	$\wp_2(\zeta,\varkappa)$

Tafel III

$\varkappa = 0{,}64$			
	$\vartheta_5'(0, k) = 1{,}900\,016$	$\vartheta_6(0, k) = 1{,}900\ \ 6$	$\vartheta_{\substack{5\\6}}(\frac{1}{4}, \varkappa) = 1{,}767\,574$
	$\vartheta_4''/\vartheta_4(\varkappa) = 14{,}288\,740$	$\vartheta_5'''/\vartheta_5'(\varkappa) = -30{,}633\,895$	$\vartheta_6''/\vartheta_6(\varkappa) = 3{,}026\,986$
	$\vartheta_4''/\vartheta_4(k) = 0{,}559\,235$	$\vartheta_5'''/\vartheta_5'(k) = -\ 1{,}198\,955$	$\vartheta_6''/\vartheta_6(k) = 0{,}118\,471$
	$\vartheta_4''''/\vartheta_4(k) = -0{,}838\,951$	$\vartheta_5'''''/\vartheta_5'(k) = 2{,}785\,117$	$\vartheta_6''''/\vartheta_6(k) = -1{,}957\,894$

$\wp_3(\zeta, \varkappa)$	$\wp_5(\zeta, \varkappa)$	$\wp_1'(\zeta, \varkappa)$	$\wp_3'(\zeta, \varkappa)$	$\wp_5'(\zeta, \varkappa)$	
0,259 061	∞	$-\infty$	0,000 000	$-\infty$	0,50
0,258 808	391,381 757	−15 485,700 6	−0,010 021	−15 485,710 7	0,49
0,258 047	97,845 063	−1 935,701 23	−0,020 122	−1 935,721 35	0,48
0,256 771	43,485 960	−573,526 596	−0,030 382	−573,556 978	0,47
0,254 971	24,459 717	−241,940 161	−0,040 881	−241,981 042	0,46
0,252 633	15,652 648	−123,855 841	−0,051 700	−123,907 542	0,45
0,249 738	10,867 848	−71,657 597	−0,062 920	−71,720 517	0,44
0,246 264	7,981 975	−45,106 816	−0,074 621	−45,181 437	0,43
0,242 185	6,108 062	−30,199 148	−0,086 886	−30,286 034	0,42
0,237 469	4,822 355	−21,190 858	−0,099 795	−21,290 654	0,41
0,232 083	3,901 644	−15,429 212	−0,113 432	−15,542 644	0,40
0,225 988	3,219 268	−11,573 413	−0,127 875	−11,701 288	0,39
0,219 141	2,698 999	−8,895 911	−0,143 204	−9,039 116	0,38
0,211 495	2,292 723	−6,978 596	−0,159 495	−7,138 091	0,37
0,202 999	1,968 843	−5,569 513	−0,176 820	−5,746 333	0,36
0,193 601	1,705 908	−4,510 661	−0,195 245	−4,705 906	0,35
0,183 242	1,488 925	−3,699 531	−0,214 828	−3,914 358	0,34
0,171 862	1,307 157	−3,067 632	−0,235 616	−3,303 248	0,33
0,159 401	1,152 741	−2,568 019	−0,257 645	−2,825 665	0,32
0,145 795	1,019 806	−2,167 780	−0,280 931	−2,448 712	0,31
0,130 979	0,903 893	−1,843 373	−0,305 471	−2,148 845	0,30
0,114 892	0,801 562	−1,577 657	−0,331 235	−1,908 892	0,29
0,097 473	0,710 121	−1,357 946	−0,358 163	−1,716 110	0,28
0,078 666	0,627 440	−1,174 717	−0,386 158	−1,560 875	0,27
0,058 419	0,551 817	−1,020 720	−0,415 080	−1,435 800	0,26
0,036 691	0,481 878	−0,890 374	−0,444 741	−1,335 115	0,25
0,036 691	0,481 878	−0,890 374	−0,444 741	−1,335 115	0,25
0,013 450	0,416 510	−0,779 329	−0,474 897	−1,254 226	0,24
−0,011 322	0,354 811	−0,684 164	−0,505 243	−1,189 407	0,23
−0,037 625	0,296 049	−0,602 157	−0,535 408	−1,137 566	0,22
−0,065 439	0,239 635	−0,531 129	−0,564 950	−1,096 078	0,21
−0,094 719	0,185 105	−0,469 314	−0,593 351	−1,062 665	0,20
−0,125 395	0,132 103	−0,415 274	−0,620 024	−1,035 298	0,19
−0,157 361	0,080 371	−0,367 829	−0,644 307	−1,012 136	0,18
−0,190 478	0,029 739	−0,325 999	−0,665 477	−0,991 477	0,17
−0,224 571	−0,019 878	−0,288 971	−0,682 758	−0,971 729	0,16
−0,259 423	−0,068 488	−0,256 061	−0,695 336	−0,951 398	0,15
−0,294 773	−0,116 026	−0,226 691	−0,702 385	−0,929 076	0,14
−0,330 323	−0,162 358	−0,200 370	−0,703 089	−0,903 459	0,13
−0,365 732	−0,207 286	−0,176 677	−0,696 679	−0,873 356	0,12
−0,400 622	−0,250 556	−0,155 249	−0,682 467	−0,837 716	0,11
−0,434 585	−0,291 866	−0,135 772	−0,659 885	−0,795 658	0,10
−0,467 186	−0,330 873	−0,117 971	−0,628 527	−0,746 498	0,09
−0,497 974	−0,367 206	−0,101 602	−0,588 186	−0,689 788	0,08
−0,526 497	−0,400 477	−0,086 449	−0,538 886	−0,625 334	0,07
−0,552 307	−0,430 295	−0,072 318	−0,480 909	−0,553 227	0,06
−0,574 978	−0,456 282	−0,059 033	−0,414 812	−0,473 845	0,05
−0,594 119	−0,478 087	−0,046 433	−0,341 423	−0,387 857	0,04
−0,609 389	−0,495 397	−0,034 368	−0,261 836	−0,296 204	0,03
−0,620 507	−0,507 956	−0,022 697	−0,177 371	−0,200 068	0,02
−0,627 264	−0,515 571	−0,011 284	−0,089 544	−0,100 828	0,01
−0,629 531	−0,518 122	0,000 000	0,000 000	0,000 000	0,00
$\wp_4(\zeta, \varkappa)$	$\wp_6(\zeta, \varkappa)$	$-\wp_2'(\zeta, \varkappa)$	$-\wp_4'(\zeta, \varkappa)$	$-\wp_6'(\zeta, \varkappa)$	$\zeta = \frac{z}{2K}$

Tafel III

$\sqrt{k} = 0{,}968\,656$ $\quad k = 0{,}938\,294$ $\quad k^2 = 0{,}880\,395$ $\quad \varkappa = 0{,}65$

$\sqrt{k'} = 0{,}588\,081$ $\quad k' = 0{,}345\,839$ $\quad k'^2 = 0{,}119\,605$

$e_1 = -e_3' = 0{,}373\,202$ $\quad e_2 = -e_2' = 0{,}253\,597$ $\quad e_3 = -e_1' = -0{,}626\,798$

$g_2 = g_2' = 1{,}192\,934$ $\quad g_3 = -g_3' = -0{,}237\,288$ $\quad g_3/\sqrt{g_2^3} = -0{,}182\,117$

$\bar{g}_2 = \bar{g}_2' = -0{,}913\,056$ $\quad \bar{g}_3 = -\bar{g}_3' = -0{,}984\,989$ $\quad \bar{g}_3/\sqrt{\bar{g}_2^3} = 1{,}128\,978\,i$

$\zeta = \frac{z}{2K}$	$\vartheta_1(\zeta, \varkappa)$	$\vartheta_3(\zeta, \varkappa)$	$\frac{\partial \ln \vartheta_1(\zeta, \varkappa)}{\partial \zeta}$	$\frac{\partial \ln \vartheta_3(\zeta, \varkappa)}{\partial \zeta}$	$\mathrm{sn}(\zeta, \varkappa)$
0,00	0,000 000	1,260 096	∞	0,000 000	0,000 000
0,01	0,035 804	1,259 579	99,981 071	−0,081 999	0,049 845
0,02	0,071 587	1,258 032	49,962 069	−0,163 866	0,099 457
0,03	0,107 329	1,255 459	33,276 253	−0,245 472	0,148 609
0,04	0,143 010	1,251 872	24,923 550	−0,326 682	0,197 081
0,05	0,178 608	1,247 285	19,903 888	−0,407 359	0,244 666
0,06	0,214 103	1,241 717	16,550 531	−0,487 363	0,291 171
0,07	0,249 471	1,235 190	14,149 122	−0,566 549	0,336 424
0,08	0,284 691	1,227 731	12,342 452	−0,644 764	0,380 272
0,09	0,319 739	1,219 369	10,932 042	−0,721 852	0,422 583
0,10	0,354 591	1,210 138	9,798 782	−0,797 644	0,463 249
0,11	0,389 222	1,200 076	8,866 854	−0,871 966	0,502 185
0,12	0,423 606	1,189 224	8,085 693	−0,944 634	0,539 328
0,13	0,457 716	1,177 624	7,420 281	−1,015 449	0,574 637
0,14	0,491 524	1,165 324	6,845 589	−1,084 206	0,608 090
0,15	0,525 001	1,152 372	6,343 252	−1,150 683	0,639 683
0,16	0,558 118	1,138 821	5,899 489	−1,214 647	0,669 432
0,17	0,590 843	1,124 725	5,503 752	−1,275 851	0,697 364
0,18	0,623 144	1,110 140	5,147 831	−1,334 031	0,723 520
0,19	0,654 989	1,095 125	4,825 239	−1,388 913	0,747 951
0,20	0,686 342	1,079 740	4,530 783	−1,440 203	0,770 715
0,21	0,717 170	1,064 045	4,260 254	−1,487 596	0,791 880
0,22	0,747 437	1,048 104	4,010 208	−1,530 771	0,811 515
0,23	0,777 105	1,031 978	3,777 797	−1,569 394	0,829 695
0,24	0,806 139	1,015 733	3,560 646	−1,603 119	0,846 495
0,25	0,834 500	0,999 433	3,356 759	−1,631 592	0,861 992
0,26	0,862 151	0,983 141	3,164 448	−1,654 447	0,876 262
0,27	0,889 052	0,966 923	2,982 274	−1,671 318	0,889 379
0,28	0,915 166	0,950 842	2,809 004	−1,681 835	0,901 418
0,29	0,940 453	0,934 961	2,643 574	−1,685 635	0,912 447
0,30	0,964 876	0,919 342	2,485 064	−1,682 363	0,922 535
0,31	0,988 396	0,904 048	2,332 672	−1,671 679	0,931 746
0,32	1,010 976	0,889 137	2,185 698	−1,653 267	0,940 142
0,33	1,032 578	0,874 667	2,043 525	−1,626 844	0,947 779
0,34	1,053 166	0,860 696	1,905 610	−1,592 164	0,954 711
0,35	1,072 705	0,847 278	1,771 473	−1,549 032	0,960 988
0,36	1,091 160	0,834 464	1,640 684	−1,497 309	0,966 657
0,37	1,108 499	0,822 305	1,512 863	−1,436 928	0,971 760
0,38	1,124 690	0,810 847	1,387 666	−1,367 898	0,976 337
0,39	1,139 703	0,800 136	1,264 785	−1,290 314	0,980 423
0,40	1,153 510	0,790 212	1,143 939	−1,204 366	0,984 050
0,41	1,166 086	0,781 114	1,024 875	−1,110 346	0,987 247
0,42	1,177 404	0,772 877	0,907 360	−1,008 651	0,990 041
0,43	1,187 445	0,765 533	0,791 179	−0,899 783	0,992 454
0,44	1,196 188	0,759 110	0,676 135	−0,784 354	0,994 506
0,45	1,203 615	0,753 632	0,562 041	−0,663 076	0,996 214
0,46	1,209 713	0,749 122	0,448 723	−0,536 759	0,997 592
0,47	1,214 468	0,745 596	0,336 017	−0,406 297	0,998 652
0,48	1,217 872	0,743 067	0,223 763	−0,272 660	0,999 403
0,49	1,219 917	0,741 546	0,111 807	−0,136 873	0,999 851
0,50	1,220 599	0,741 038	0,000 000	0,000 000	1,000 000
	$\vartheta_2(\zeta, \varkappa)$	$\vartheta_4(\zeta, \varkappa)$	$-\frac{\partial \ln \vartheta_2(\zeta, \varkappa)}{\partial \zeta}$	$-\frac{\partial \ln \vartheta_4(\zeta, \varkappa)}{\partial \zeta}$	$\mathrm{cd}(\zeta, \varkappa)$

Tafel III

$\varkappa = 0{,}65$			
	$k^2 k'^2 = 0{,}105\,299$	$\eta_1 = -\eta_2' = 0{,}076\,018$	$\eta_1' = -\eta_2 = 0{,}312\,447$
	$\pi/KK' = 0{,}776\,931$	$\bar\eta_1 = -\bar\eta_2' = 0{,}405\,634$	$\bar\eta_1' = -\bar\eta_2 = 0{,}371\,298$
	$K = 2{,}494\,175$	$E = 1{,}120\,433$	$A = 1{,}644\,236$
	$K' = 1{,}621\,214$	$E' = 1{,}522\,718$	$A' = 0{,}190\,818$
	$B = 0{,}933\,806$	$C = 0{,}711\,685$	$D = 1{,}560\,370$

$\mathrm{cn}(\zeta, \varkappa)$	$\mathrm{dn}(\zeta, \varkappa)$	$\mathrm{sc}(\zeta, \varkappa)$	$\overline{\mathrm{sn}}(\zeta, \varkappa)$	$\overline{\mathrm{cn}}(\zeta, \varkappa)$	
1,000 000	1,000 000	0,000 000	∞	0,000 000	0,50
0,998 757	0,998 906	0,049 907	20,015 472	−0,049 852	0,49
0,995 042	0,995 636	0,099 953	9,961 089	−0,099 516	0,48
0,988 896	0,990 231	0,150 278	6,589 343	−0,148 810	0,47
0,980 387	0,982 754	0,201 024	4,888 748	−0,197 557	0,46
0,969 608	0,973 293	0,252 335	3,857 149	−0,245 596	0,45
0,956 671	0,961 956	0,304 359	3,160 599	−0,292 780	0,44
0,941 711	0,948 871	0,357 248	2,656 056	−0,338 982	0,43
0,924 875	0,934 178	0,411 160	2,272 054	−0,384 097	0,42
0,906 324	0,918 032	0,466 260	1,968 926	−0,428 042	0,41
0,886 228	0,900 593	0,522 720	1,722 897	−0,470 758	0,40
0,864 760	0,882 028	0,580 722	1,518 847	−0,512 213	0,39
0,842 096	0,862 505	0,640 460	1,346 697	−0,552 400	0,38
0,818 408	0,842 192	0,702 139	1,199 465	−0,591 336	0,37
0,793 868	0,821 251	0,765 983	1,072 154	−0,629 064	0,36
0,768 638	0,799 842	0,832 229	0,961 083	−0,665 652	0,35
0,742 873	0,778 113	0,901 140	0,863 477	−0,701 189	0,34
0,716 717	0,756 207	0,972 998	0,777 192	−0,735 788	0,33
0,690 303	0,734 254	1,048 119	0,700 545	−0,769 586	0,32
0,663 754	0,712 377	1,126 848	0,632 185	−0,802 740	0,31
0,637 180	0,690 683	1,209 573	0,571 014	−0,835 432	0,30
0,610 677	0,669 274	1,296 725	0,516 126	−0,867 864	0,29
0,584 331	0,648 236	1,388 793	0,466 762	−0,900 265	0,28
0,558 217	0,627 647	1,486 331	0,422 280	−0,932 892	0,27
0,532 396	0,607 576	1,589 973	0,382 130	−0,966 030	0,26
0,506 921	0,588 081	1,700 446	0,345 839	−1,000 000	0,25
0,481 835	0,569 211	1,818 595	0,312 995	−1,035 165	0,24
0,457 169	0,551 009	1,945 405	0,283 236	−1,071 936	0,23
0,432 950	0,533 508	2,082 036	0,256 244	−1,110 784	0,22
0,409 195	0,516 738	2,229 862	0,231 736	−1,152 255	0,21
0,385 913	0,500 720	2,390 528	0,209 460	−1,196 986	0,20
0,363 109	0,485 472	2,566 021	0,189 193	−1,245 733	0,19
0,340 783	0,471 007	2,758 767	0,170 731	−1,299 400	0,18
0,318 929	0,457 334	2,971 759	0,153 893	−1,359 087	0,17
0,297 535	0,444 459	3,208 733	0,138 515	−1,426 150	0,16
0,276 589	0,432 385	3,474 423	0,124 448	−1,502 287	0,15
0,256 074	0,421 112	3,774 911	0,111 556	−1,589 663	0,14
0,235 970	0,410 642	4,118 152	0,099 715	−1,691 086	0,13
0,216 255	0,400 971	4,514 751	0,088 813	−1,810 283	0,12
0,196 905	0,392 096	4,979 174	0,078 747	−1,952 313	0,11
0,177 894	0,384 013	5,531 675	0,069 421	−2,124 234	0,10
0,159 195	0,376 718	6,201 510	0,060 746	−2,336 222	0,09
0,140 779	0,370 207	7,032 578	0,052 642	−2,603 509	0,08
0,122 618	0,364 475	8,093 863	0,045 031	−2,950 007	0,07
0,104 681	0,359 517	9,500 356	0,037 842	−3,415 536	0,06
0,086 937	0,355 329	11,459 053	0,031 009	−4,071 736	0,05
0,069 355	0,351 908	14,383 969	0,024 465	−5,061 839	0,04
0,051 902	0,349 251	19,241 169	0,018 151	−6,720 001	0,03
0,034 547	0,347 355	28,928 898	0,012 007	−10,048 599	0,02
0,017 257	0,346 218	57,938 474	0,005 976	−20,059 349	0,01
0,000 000	0,345 839	∞	0,000 000	−∞	0,00
$k'\,\mathrm{sd}(\zeta, \varkappa)$	$k'\,\mathrm{nd}(\zeta, \varkappa)$	$\frac{1}{k'}\,\mathrm{cs}(\zeta, \varkappa)$	$-\overline{\mathrm{cd}}(\zeta, \varkappa)$	$-\overline{\mathrm{sd}}(\zeta, \varkappa)$	$\zeta = \frac{z}{2K}$

Tafel III. (Fortsetzung)

$\vartheta_1'(0,\varkappa) = 3{,}580\,693$ $\vartheta_1'(0,k) = 0{,}717\,811$ $\vartheta_5'(0,\varkappa) = 9{,}488\,419$

$\vartheta_1'''/\vartheta_1'(\varkappa) = -5{,}674\,844$ $\vartheta_2''/\vartheta_2(\varkappa) = -11{,}178\,231$ $\vartheta_3''/\vartheta_3(\varkappa) = -8{,}202\,028$

$\vartheta_1'''/\vartheta_1'(k) = -0{,}228\,055$ $\vartheta_2''/\vartheta_2(k) = -0{,}449\,220$ $\vartheta_3''/\vartheta_3(k) = -0{,}329\,615$

$\vartheta_1'''''/\vartheta_1'(k) = -0{,}509\,785$ $\vartheta_2''''/\vartheta_2(k) = 0{,}366\,186$ $\vartheta_3''''/\vartheta_3(k) = 0{,}536\,537$

$\varkappa = 0{,}65$

$\zeta = \frac{z}{2K}$	$\overline{\mathrm{dn}}(\zeta,\varkappa)$	$\mathfrak{z}_1(\zeta,\varkappa)$	$\mathfrak{z}_3(\zeta,\varkappa)$	$\mathfrak{z}_5(\zeta,\varkappa)$	$\wp_1(\zeta,\varkappa)$
0,00	0,000 000	∞	0,000 000	∞	∞
0,01	−0,043 876	20,046 703	−0,012 646	20,046 707	401,870 536
0,02	−0,087 509	10,023 333	−0,025 266	10,023 368	100,468 190
0,03	−0,130 658	6,682 169	−0,037 833	6,682 287	44,653 597
0,04	−0,173 091	5,011 519	−0,050 321	5,011 799	25,119 261
0,05	−0,214 587	4,009 034	−0,062 702	4,009 584	16,078 494
0,06	−0,254 937	3,340 588	−0,074 948	3,341 542	11,168 342
0,07	−0,293 951	2,862 977	−0,087 030	2,864 499	8,208 585
0,08	−0,331 455	2,504 591	−0,098 918	2,506 876	6,288 514
0,09	−0,367 295	2,225 643	−0,110 579	2,228 917	4,973 050
0,10	−0,401 337	2,002 254	−0,121 981	2,006 776	4,033 039
0,11	−0,433 466	1,819 225	−0,133 088	1,825 290	3,338 465
0,12	−0,463 586	1,666 420	−0,143 863	1,674 360	2,811 104
0,13	−0,491 621	1,536 819	−0,154 267	1,547 005	2,401 600
0,14	−0,517 509	1,425 404	−0,164 259	1,438 249	2,077 564
0,15	−0,541 204	1,328 494	−0,173 793	1,344 455	1,817 025
0,16	−0,562 673	1,243 326	−0,182 824	1,262 907	1,604 649
0,17	−0,581 895	1,167 786	−0,191 301	1,191 540	1,429 474
0,18	−0,598 855	1,100 228	−0,199 172	1,128 761	1,283 490
0,19	−0,613 548	1,039 351	−0,206 382	1,073 324	1,160 735
0,20	−0,625 972	0,984 114	−0,212 872	1,024 248	1,056 698
0,21	−0,636 128	0,933 674	−0,218 581	0,980 750	0,967 910
0,22	−0,644 022	0,887 340	−0,223 444	0,942 203	0,891 673
0,23	−0,649 656	0,844 541	−0,227 394	0,908 104	0,825 858
0,24	−0,653 035	0,804 802	−0,230 363	0,878 046	0,768 769
0,25	−0,654 161	0,767 721	−0,232 279	0,851 700	0,719 041
0,25	1,345 839	0,767 721	−0,232 279	0,851 700	0,719 041
0,26	1,348 160	0,732 961	−0,233 068	0,828 801	0,675 564
0,27	1,355 172	0,700 233	−0,232 658	0,809 133	0,637 430
0,28	1,367 027	0,669 291	−0,230 975	0,792 524	0,603 889
0,29	1,383 990	0,639 919	−0,227 944	0,778 834	0,574 316
0,30	1,406 446	0,611 935	−0,223 496	0,767 948	0,548 191
0,31	1,434 925	0,585 178	−0,217 562	0,759 775	0,525 074
0,32	1,470 131	0,559 506	−0,210 080	0,754 236	0,504 594
0,33	1,512 980	0,534 798	−0,200 991	0,751 267	0,486 435
0,34	1,564 665	0,510 942	−0,190 246	0,750 806	0,470 327
0,35	1,626 735	0,487 844	−0,177 808	0,752 797	0,456 041
0,36	1,701 218	0,465 417	−0,163 647	0,757 181	0,443 377
0,37	1,790 801	0,443 586	−0,147 750	0,763 896	0,432 167
0,38	1,899 096	0,422 280	−0,130 120	0,772 871	0,422 262
0,39	2,031 060	0,401 438	−0,110 775	0,784 025	0,413 537
0,40	2,193 655	0,381 005	−0,089 753	0,797 263	0,405 882
0,41	2,396 968	0,360 928	−0,067 113	0,812 477	0,399 204
0,42	2,656 151	0,341 162	−0,042 935	0,829 540	0,393 421
0,43	2,995 038	0,321 664	−0,017 318	0,848 309	0,388 466
0,44	3,453 379	0,302 394	0,009 614	0,868 620	0,384 281
0,45	4,102 744	0,283 314	0,037 718	0,890 295	0,380 817
0,46	5,086 305	0,264 389	0,066 833	0,913 135	0,378 035
0,47	6,738 152	0,245 587	0,096 778	0,936 929	0,375 903
0,48	10,060 606	0,226 876	0,127 360	0,961 450	0,374 397
0,49	20,065 324	0,208 225	0,158 373	0,986 462	0,373 500
0,50	∞	0,189 603	0,189 603	1,011 721	0,373 202
	$\overline{\mathrm{sc}}(\zeta,\varkappa)$	$-\mathfrak{z}_2(\zeta,\varkappa)$	$-\mathfrak{z}_4(\zeta,\varkappa)$	$-\mathfrak{z}_6(\zeta,\varkappa)$	$\wp_2(\zeta,\varkappa)$

Tafel III

$\varkappa = 0{,}65$			
	$\vartheta_5'(0, k) = 1{,}902\,115$	$\vartheta_6(0, k) = 1{,}902\,115$	$\underset{6}{\vartheta_5}(\tfrac{1}{4}, \varkappa) = 1{,}753\,894$
	$\vartheta_4''/\vartheta_4(\varkappa) = 13{,}705\,414$	$\vartheta_5'''/\vartheta_5'(\varkappa) = -30{,}280\,926$	$\vartheta_6''/\vartheta_6(\varkappa) = 2{,}527\,184$
	$\vartheta_4''/\vartheta_4(k) = 0{,}550\,780$	$\vartheta_5'''/\vartheta_5'(k) = -1{,}216\,901$	$\vartheta_6''/\vartheta_6(k) = 0{,}101\,560$
	$\vartheta_4''''/\vartheta_4(k) = -0{,}850\,715$	$\vartheta_5'''''/\vartheta_5'(k) = 2{,}924\,607$	$\vartheta_6''''/\vartheta_6(k) = -1{,}969\,057$

$\wp_3(\zeta, \varkappa)$	$\wp_5(\zeta, \varkappa)$	$\wp_1'(\zeta, \varkappa)$	$\wp_3'(\zeta, \varkappa)$	$\wp_5'(\zeta, \varkappa)$	
0,253 597	∞	−∞	0,000 000	−∞	0,50
0,253 335	401,870 274	−16 112,348 4	−0,010 519	−16 112,358 9	0,49
0,252 546	100,467 139	−2 014,032 42	−0,021 117	−2 014,053 54	0,48
0,251 225	44,651 225	−596,736 125	−0,031 874	−596,767 999	0,47
0,249 362	25,115 026	−251,732 000	−0,042 871	−251,774 872	0,46
0,246 943	16,071 840	−128,869 600	−0,054 187	−128,923 787	0,45
0,243 949	11,158 695	−74,559 420	−0,065 902	−74,625 323	0,44
0,240 360	8,195 348	−46,934 546	−0,078 098	−47,012 644	0,43
0,236 148	6,271 065	−31,423 920	−0,090 854	−31,514 774	0,42
0,231 285	4,950 738	−22,051 380	−0,104 251	−22,155 630	0,41
0,225 736	4,005 178	−16,056 843	−0,118 367	−16,175 210	0,40
0,219 463	3,304 331	−12,045 254	−0,133 281	−12,178 535	0,39
0,212 424	2,769 931	−9,259 623	−0,149 069	−9,408 691	0,38
0,204 575	2,352 578	−7,264 916	−0,165 801	−7,430 717	0,37
0,195 866	2,019 833	−5,798 986	−0,183 546	−5,982 531	0,36
0,186 245	1,749 673	−4,697 435	−0,202 363	−4,899 798	0,35
0,175 658	1,526 710	−3,853 606	−0,222 305	−4,075 911	0,34
0,164 047	1,339 924	−3,196 238	−0,243 412	−3,439 649	0,33
0,151 354	1,181 246	−2,676 485	−0,265 709	−2,942 194	0,32
0,137 518	1,044 656	−2,260 104	−0,289 206	−2,549 310	0,31
0,122 481	0,925 582	−1,922 601	−0,313 888	−2,236 489	0,30
0,106 183	0,820 497	−1,646 142	−0,339 716	−1,985 858	0,29
0,088 570	0,726 647	−1,417 530	−0,366 617	−1,784 147	0,28
0,069 591	0,641 852	−1,226 855	−0,394 485	−1,621 340	0,27
0,049 200	0,564 373	−1,066 577	−0,423 168	−1,489 745	0,26
0,027 362	0,492 806	−0,930 888	−0,452 469	−1,383 357	0,25
0,027 362	0,492 806	−0,930 888	−0,452 469	−1,383 357	0,25
0,004 053	0,426 020	−0,815 266	−0,482 134	−1,297 400	0,24
−0,020 740	0,363 094	−0,716 150	−0,511 853	−1,228 003	0,23
−0,047 008	0,303 284	−0,630 711	−0,541 248	−1,171 960	0,22
−0,074 726	0,245 994	−0,556 682	−0,569 878	−1,126 560	0,21
−0,103 842	0,190 753	−0,492 227	−0,597 231	−1,089 458	0,20
−0,134 279	0,137 199	−0,435 852	−0,622 727	−1,058 579	0,19
−0,165 928	0,085 069	−0,386 328	−0,645 721	−1,032 048	0,18
−0,198 647	0,034 191	−0,342 638	−0,665 512	−1,008 150	0,17
−0,232 258	−0,015 528	−0,303 937	−0,681 352	−0,985 290	0,16
−0,266 545	−0,064 101	−0,269 514	−0,692 467	−0,961 981	0,15
−0,301 252	−0,111 472	−0,238 768	−0,698 071	−0,936 840	0,14
−0,336 085	−0,157 515	−0,211 190	−0,697 400	−0,908 590	0,13
−0,370 713	−0,202 048	−0,186 341	−0,689 738	−0,876 079	0,12
−0,404 771	−0,244 831	−0,163 847	−0,674 450	−0,838 296	0,11
−0,437 866	−0,285 581	−0,143 379	−0,651 023	−0,794 402	0,10
−0,469 581	−0,323 974	−0,124 651	−0,619 100	−0,743 752	0,09
−0,499 487	−0,359 663	−0,107 412	−0,578 515	−0,685 927	0,08
−0,527 154	−0,392 285	−0,091 437	−0,529 321	−0,620 758	0,07
−0,552 158	−0,421 474	−0,076 523	−0,471 817	−0,548 341	0,06
−0,574 097	−0,446 876	−0,062 490	−0,406 556	−0,469 045	0,05
−0,592 603	−0,468 165	−0,049 167	−0,334 345	−0,383 512	0,04
−0,607 355	−0,485 049	−0,036 401	−0,256 236	−0,292 636	0,03
−0,618 090	−0,497 290	−0,024 043	−0,173 494	−0,197 537	0,02
−0,624 611	−0,504 708	−0,011 955	−0,087 561	−0,099 516	0,01
−0,626 798	−0,507 194	0,000 000	0,000 000	0,000 000	0,00
$\wp_4(\zeta, \varkappa)$	$\wp_6(\zeta, \varkappa)$	$-\wp_2'(\zeta, \varkappa)$	$-\wp_4'(\zeta, \varkappa)$	$-\wp_6'(\zeta, \varkappa)$	$\zeta = \frac{z}{2K}$

Tafel III

$\sqrt{k} = 0{,}966\,314$	$k = 0{,}933\,763$	$k^2 = 0{,}871\,914$
$\sqrt{k'} = 0{,}598\,240$	$k' = 0{,}357\,891$	$k'^2 = 0{,}128\,086$
$e_1 = -e_3' = 0{,}376\,029$	$e_2 = -e_2' = 0{,}247\,943$	$e_3 = -e_1' = -0{,}623\,971$
$g_2 = g_2' = 1{,}184\,427$	$g_3 = -g_3' = -0{,}232\,700$	$g_3/\sqrt{g_2^3} = -0{,}180\,524$
$\bar{g}_2 = \bar{g}_2' = -1{,}049\,176$	$\bar{g}_3 = -\bar{g}_3' = -1{,}008\,027$	$\bar{g}_3/\sqrt{\bar{g}_2^3} = 0{,}937\,994\,i$

$\varkappa = 0{,}66$

$\zeta = \frac{z}{2K}$	$\vartheta_1(\zeta,\varkappa)$	$\vartheta_3(\zeta,\varkappa)$	$\frac{\partial \ln \vartheta_1(\zeta,\varkappa)}{\partial \zeta}$	$\frac{\partial \ln \vartheta_3(\zeta,\varkappa)}{\partial \zeta}$	$\mathrm{sn}(\zeta,\varkappa)$
0,00	0,000 000	1,252 002	∞	0,000 000	0,000 000
0,01	0,035 638	1,251 502	99,980 180	−0,079 913	0,049 208
0,02	0,071 255	1,250 003	49,960 291	−0,159 695	0,098 193
0,03	0,106 830	1,247 512	33,273 597	−0,239 212	0,146 736
0,04	0,142 340	1,244 039	24,920 028	−0,318 331	0,194 629
0,05	0,177 765	1,239 597	19,899 517	−0,396 914	0,241 670
0,06	0,213 081	1,234 205	16,545 330	−0,474 820	0,287 675
0,07	0,248 267	1,227 885	14,143 117	−0,551 903	0,332 476
0,08	0,283 299	1,220 661	12,335 670	−0,628 012	0,375 925
0,09	0,318 153	1,212 563	10,924 515	−0,702 989	0,417 895
0,10	0,352 804	1,203 624	9,790 544	−0,776 668	0,458 277
0,11	0,387 227	1,193 879	8,857 942	−0,848 874	0,496 989
0,12	0,421 396	1,183 369	8,076 149	−0,919 424	0,533 964
0,13	0,455 283	1,172 134	7,410 146	−0,988 124	0,569 162
0,14	0,488 861	1,160 220	6,834 909	−1,054 770	0,602 557
0,15	0,522 100	1,147 675	6,332 075	−1,119 144	0,634 143
0,16	0,554 970	1,134 549	5,887 863	−1,181 018	0,663 930
0,17	0,587 441	1,120 894	5,491 727	−1,240 149	0,691 942
0,18	0,619 480	1,106 766	5,135 459	−1,296 283	0,718 214
0,19	0,651 056	1,092 220	4,812 573	−1,349 149	0,742 794
0,20	0,682 134	1,077 314	4,517 876	−1,398 465	0,765 735
0,21	0,712 681	1,062 108	4,247 160	−1,443 936	0,787 099
0,22	0,742 660	1,046 662	3,996 980	−1,485 253	0,806 953
0,23	0,772 036	1,031 037	3,764 489	−1,522 095	0,825 366
0,24	0,800 774	1,015 296	3,547 312	−1,554 132	0,842 410
0,25	0,828 836	0,999 500	3,343 452	−1,581 025	0,858 158
0,26	0,856 185	0,983 712	3,151 220	−1,602 429	0,872 683
0,27	0,882 784	0,967 994	2,969 176	−1,617 996	0,886 057
0,28	0,908 596	0,952 408	2,796 086	−1,627 380	0,898 351
0,29	0,933 582	0,937 016	2,630 885	−1,630 240	0,909 631
0,30	0,957 706	0,921 877	2,472 652	−1,626 245	0,919 966
0,31	0,980 931	0,907 051	2,320 582	−1,615 082	0,929 416
0,32	1,003 221	0,892 597	2,173 975	−1,596 461	0,938 042
0,33	1,024 539	0,878 570	2,032 211	−1,570 124	0,945 901
0,34	1,044 851	0,865 026	1,894 745	−1,535 850	0,953 044
0,35	1,064 122	0,852 016	1,761 096	−1,493 468	0,959 521
0,36	1,082 320	0,839 593	1,630 832	−1,442 864	0,965 378
0,37	1,099 414	0,827 804	1,503 569	−1,383 987	0,970 656
0,38	1,115 371	0,816 694	1,378 962	−1,316 861	0,975 396
0,39	1,130 165	0,806 308	1,256 700	−1,241 593	0,979 632
0,40	1,143 768	0,796 685	1,136 502	−1,158 377	0,983 397
0,41	1,156 155	0,787 863	1,018 110	−1,067 503	0,986 719
0,42	1,167 303	0,779 875	0,901 289	−0,969 357	0,989 624
0,43	1,177 190	0,772 753	0,785 823	−0,864 427	0,992 135
0,44	1,185 798	0,766 524	0,671 511	−0,753 298	0,994 271
0,45	1,193 110	0,761 212	0,558 165	−0,636 650	0,996 051
0,46	1,199 113	0,756 838	0,445 607	−0,515 250	0,997 488
0,47	1,203 794	0,753 418	0,333 671	−0,389 947	0,998 594
0,48	1,207 144	0,750 965	0,222 194	−0,261 654	0,999 377
0,49	1,209 156	0,749 490	0,111 022	−0,131 337	0,999 845
0,50	1,209 828	0,748 998	0,000 000	0,000 000	1,000 000
	$\vartheta_2(\zeta,\varkappa)$	$\vartheta_4(\zeta,\varkappa)$	$-\frac{\partial \ln \vartheta_2(\zeta,\varkappa)}{\partial \zeta}$	$-\frac{\partial \ln \vartheta_4(\zeta,\varkappa)}{\partial \zeta}$	$\mathrm{cd}(\zeta,\varkappa)$

Tafel III

$\varkappa = 0{,}66$	$k^2 k'^2 = 0{,}111\,680$	$\eta_1 = -\eta_2' = 0{,}081\,680$	$\eta_1' = -\eta_2 = 0{,}310\,889$
	$\pi/KK' = 0{,}785\,138$	$\bar\eta_1 = -\bar\eta_2' = 0{,}411\,303$	$\bar\eta_1' = -\bar\eta_2 = 0{,}373\,835$
	$K = 2{,}462\,238$	$E = 1{,}126\,988$	$A = 1{,}623\,219$
	$K' = 1{,}625\,077$	$E' = 1{,}519\,220$	$A' = 0{,}204\,585$
	$B = 0{,}930\,837$	$C = 0{,}688\,789$	$D = 1{,}531\,401$

$\mathrm{cn}(\zeta, \varkappa)$	$\mathrm{dn}(\zeta, \varkappa)$	$\mathrm{sc}(\zeta, \varkappa)$	$\overline{\mathrm{sn}}(\zeta, \varkappa)$	$\overline{\mathrm{cn}}(\zeta, \varkappa)$	
1,000 000	1,000 000	0,000 000	∞	0,000 000	0,50
0,998 789	0,998 944	0,049 267	20,276 032	−0,049 215	0,49
0,995 167	0,995 788	0,098 669	10,092 166	−0,098 254	0,48
0,989 176	0,990 569	0,148 342	6,677 593	−0,146 943	0,47
0,980 877	0,983 347	0,198 423	4,955 811	−0,195 119	0,46
0,970 359	0,974 206	0,249 052	3,911 658	−0,242 628	0,45
0,957 728	0,963 246	0,300 372	3,206 845	−0,289 332	0,44
0,943 112	0,950 588	0,352 531	2,696 467	−0,335 112	0,43
0,926 650	0,936 366	0,405 682	2,308 126	−0,379 867	0,42
0,908 495	0,920 724	0,459 986	2,001 637	−0,423 520	0,41
0,888 809	0,903 815	0,515 608	1,752 911	−0,466 015	0,40
0,867 757	0,885 799	0,572 728	1,546 631	−0,507 322	0,39
0,845 507	0,866 834	0,631 532	1,372 590	−0,547 433	0,38
0,822 226	0,847 082	0,692 221	1,223 716	−0,586 368	0,37
0,798 076	0,826 698	0,755 012	1,094 948	−0,624 167	0,36
0,773 216	0,805 836	0,820 137	0,982 563	−0,660 895	0,35
0,747 795	0,784 639	0,887 850	0,883 752	−0,696 642	0,34
0,721 954	0,763 245	0,958 429	0,796 349	−0,731 516	0,33
0,695 822	0,741 781	1,032 180	0,718 655	−0,765 652	0,32
0,669 520	0,720 367	1,109 441	0,649 306	−0,799 205	0,31
0,643 156	0,699 109	1,190 590	0,587 196	−0,832 352	0,30
0,616 826	0,678 106	1,276 048	0,531 411	−0,865 295	0,29
0,590 615	0,657 444	1,366 293	0,481 188	−0,898 261	0,28
0,564 598	0,637 202	1,461 866	0,435 883	−0,931 504	0,27
0,538 836	0,617 448	1,563 388	0,394 942	−0,965 310	0,26
0,513 385	0,598 240	1,671 569	0,357 891	−1,000 000	0,25
0,488 286	0,579 630	1,787 237	0,324 316	−1,035 936	0,24
0,463 576	0,561 661	1,911 354	0,293 855	−1,073 532	0,23
0,439 279	0,544 368	2,045 055	0,266 187	−1,113 262	0,22
0,415 416	0,527 781	2,189 687	0,241 030	−1,155 675	0,21
0,391 999	0,511 925	2,346 858	0,218 132	−1,201 415	0,20
0,369 033	0,496 818	2,518 515	0,197 266	−1,251 244	0,19
0,346 521	0,482 476	2,707 031	0,178 230	−1,306 076	0,18
0,324 457	0,468 908	2,915 337	0,160 842	−1,367 024	0,17
0,302 833	0,456 122	3,147 090	0,144 935	−1,435 458	0,16
0,281 638	0,444 124	3,406 925	0,130 359	−1,513 099	0,15
0,260 857	0,432 916	3,700 797	0,116 979	−1,602 136	0,14
0,240 470	0,422 499	4,036 491	0,104 670	−1,705 414	0,13
0,220 459	0,412 872	4,424 392	0,093 317	−1,826 706	0,12
0,200 799	0,404 032	4,878 661	0,082 816	−1,971 137	0,11
0,181 468	0,395 978	5,419 122	0,073 071	−2,145 855	0,10
0,162 438	0,388 706	6,074 418	0,063 991	−2,361 165	0,09
0,143 684	0,382 213	6,887 518	0,055 494	−2,632 500	0,08
0,125 175	0,376 494	7,925 953	0,047 501	−2,984 078	0,07
0,106 885	0,371 547	9,302 282	0,039 941	−3,456 235	0,06
0,088 782	0,367 367	11,219 128	0,032 745	−4,121 541	0,05
0,070 836	0,363 952	14,081 755	0,025 846	−5,125 085	0,04
0,053 016	0,361 299	18,835 806	0,019 181	−6,805 355	0,03
0,035 291	0,359 405	28,318 256	0,012 692	−10,177 728	0,02
0,017 629	0,358 270	56,714 064	0,006 317	−20,318 930	0,01
0,000 000	0,357 891	∞	0,000 000	−∞	0,00
$k'\,\mathrm{sd}(\zeta, \varkappa)$	$k'\,\mathrm{nd}(\zeta, \varkappa)$	$\frac{1}{k'}\,\mathrm{cs}(\zeta, \varkappa)$	$-\overline{\mathrm{cd}}(\zeta, \varkappa)$	$-\overline{\mathrm{sd}}(\zeta, \varkappa)$	$\zeta = \frac{z}{2K}$

Tafel III. (Fortsetzung)

$\vartheta_1'(0,\varkappa) = 3{,}564\,176$	$\vartheta_1'(0,k) = 0{,}723\,767$	$\vartheta_5'(0,\varkappa) = 9{,}375\,451$
$\vartheta_1'''/\vartheta_1'(\varkappa) = -5{,}942\,346$	$\vartheta_2''/\vartheta_2(\varkappa) = -11{,}099\,655$	$\vartheta_3''/\vartheta_3(\varkappa) = -7{,}993\,505$
$\vartheta_1'''/\vartheta_1'(k) = -0{,}245\,040$	$\vartheta_2''/\vartheta_2(k) = -\ 0{,}457\,709$	$\vartheta_3''/\vartheta_3(k) = -0{,}329\,623$
$\vartheta_1'''''/\vartheta_1'(k) = -0{,}492\,139$	$\vartheta_2''''/\vartheta_2(k) = 0{,}372\,320$	$\vartheta_3''''/\vartheta_3(k) = 0{,}549\,314$

$\varkappa = 0{,}66$

$\zeta = \dfrac{z}{2K}$	$\overline{\mathrm{dn}}(\zeta,\varkappa)$	$\mathfrak{z}_1(\zeta,\varkappa)$	$\mathfrak{z}_3(\zeta,\varkappa)$	$\mathfrak{z}_5(\zeta,\varkappa)$	$\wp_1(\zeta,\varkappa)$
0,00	0,000 000	∞	0,000 000	∞	∞
0,01	−0,042 898	20,306 724	−0,012 205	20,306 729	412,363 290
0,02	−0,085 562	10,153 344	−0,024 384	10,153 380	103,091 360
0,03	−0,127 762	6,768 845	−0,036 509	6,768 966	45,819 416
0,04	−0,169 273	5,076 531	−0,048 553	5,076 817	25,774 982
0,05	−0,209 883	4,061 052	−0,060 489	4,061 613	16,498 086
0,06	−0,249 391	3,383 949	−0,072 287	3,384 922	11,459 639
0,07	−0,287 610	2,900 160	−0,083 917	2,901 712	8,422 496
0,08	−0,324 374	2,537 149	−0,095 350	2,539 478	6,452 170
0,09	−0,359 529	2,254 612	−0,106 553	2,257 948	5,102 224
0,10	−0,392 944	2,028 362	−0,117 493	2,032 968	4,137 520
0,11	−0,424 505	1,843 004	−0,128 133	1,849 179	3,424 650
0,12	−0,454 116	1,688 269	−0,138 437	1,696 351	2,883 348
0,13	−0,481 698	1,557 048	−0,148 366	1,567 411	2,462 970
0,14	−0,507 188	1,444 259	−0,157 877	1,457 320	2,130 284
0,15	−0,530 536	1,346 172	−0,166 927	1,362 393	1,862 743
0,16	−0,551 707	1,259 989	−0,175 469	1,279 878	1,644 617
0,17	−0,570 674	1,183 569	−0,183 454	1,207 683	1,464 657
0,18	−0,587 422	1,115 245	−0,190 831	1,144 192	1,314 647
0,19	−0,601 938	1,053 700	−0,197 544	1,088 144	1,188 469
0,20	−0,614 220	0,997 879	−0,203 536	1,038 540	1,081 494
0,21	−0,624 265	0,946 928	−0,208 747	0,994 588	0,990 167
0,22	−0,632 074	0,900 147	−0,213 115	0,955 649	0,911 717
0,23	−0,637 650	0,856 958	−0,216 574	0,921 211	0,843 963
0,24	−0,640 994	0,816 879	−0,219 058	0,890 858	0,785 164
0,25	−0,642 109	0,779 504	−0,220 496	0,864 254	0,733 920
0,25	1,357 891	0,779 504	−0,220 496	0,864 254	0,733 920
0,26	1,360 253	0,744 490	−0,220 820	0,841 126	0,689 095
0,27	1,367 387	0,711 545	−0,219 959	0,821 252	0,649 756
0,28	1,379 449	0,680 418	−0,217 843	0,804 452	0,615 134
0,29	1,396 706	0,650 894	−0,214 401	0,790 579	0,584 591
0,30	1,419 547	0,622 784	−0,209 568	0,779 513	0,557 591
0,31	1,448 510	0,595 926	−0,203 278	0,771 154	0,533 685
0,32	1,484 307	0,570 177	−0,195 475	0,765 418	0,512 491
0,33	1,527 865	0,545 412	−0,186 104	0,762 234	0,493 687
0,34	1,580 393	0,521 520	−0,175 122	0,761 533	0,476 996
0,35	1,643 458	0,498 402	−0,162 493	0,763 254	0,462 183
0,36	1,719 115	0,475 972	−0,148 195	0,767 333	0,449 043
0,37	1,810 084	0,454 151	−0,132 217	0,773 700	0,437 404
0,38	1,920 023	0,432 870	−0,114 563	0,782 282	0,427 114
0,39	2,053 953	0,412 065	−0,095 256	0,792 994	0,418 043
0,40	2,218 925	0,391 679	−0,074 336	0,805 738	0,410 081
0,41	2,425 156	0,371 660	−0,051 860	0,820 405	0,403 130
0,42	2,687 993	0,351 960	−0,027 907	0,836 867	0,397 109
0,43	3,031 579	0,332 535	−0,002 577	0,854 982	0,391 947
0,44	3,496 177	0,313 344	0,024 012	0,874 590	0,387 585
0,45	4,154 285	0,294 349	0,051 722	0,895 515	0,383 974
0,46	5,150 930	0,275 515	0,080 396	0,917 565	0,381 072
0,47	6,824 536	0,256 807	0,109 864	0,940 534	0,378 847
0,48	10,190 420	0,238 192	0,139 938	0,964 204	0,377 276
0,49	20,325 247	0,219 639	0,170 423	0,988 346	0,376 340
0,50	∞	0,201 116	0,201 116	1,012 726	0,376 029
	$\overline{\mathrm{sc}}(\zeta,\varkappa)$	$-\mathfrak{z}_2(\zeta,\varkappa)$	$-\mathfrak{z}_4(\zeta,\varkappa)$	$-\mathfrak{z}_6(\zeta,\varkappa)$	$\wp_2(\zeta,\varkappa)$

Tafel III

$\varkappa = 0{,}66$

$\vartheta_5'(0, k) = 1{,}903\,847$ | $\vartheta_6(0, k) = 1{,}903\,847$ | $\vartheta_{\substack{5\\6}}(\tfrac{1}{4}, \varkappa) = 1{,}740\,521$
$\vartheta_4''/\vartheta_4(\varkappa) = 13{,}150\,815$ | $\vartheta_5'''/\vartheta_5'(\varkappa) = -29{,}922\,862$ | $\vartheta_6''/\vartheta_6(\varkappa) = 2{,}051\,159$
$\vartheta_4''/\vartheta_4(k) = 0{,}542\,291$ | $\vartheta_5'''/\vartheta_5'(k) = -\;1{,}233\,909$ | $\vartheta_6''/\vartheta_6(k) = 0{,}084\,582$
$\vartheta_4''''/\vartheta_4(k) = -0{,}861\,589$ | $\vartheta_5'''''/\vartheta_5'(k) = 3{,}062\,138$ | $\vartheta_6''''/\vartheta_6(k) = -1{,}978\,538$

$\wp_3(\zeta, \varkappa)$	$\wp_5(\zeta, \varkappa)$	$\wp_1'(\zeta, \varkappa)$	$\wp_3'(\zeta, \varkappa)$	$\wp_5'(\zeta, \varkappa)$	
0,247 943	∞	$-\infty$	0,000 000	$-\infty$	0,50
0,247 672	412,363 019	−16 747,485 5	−0,011 013	−16 747,496 5	0,49
0,246 857	103,090 274	−2 093,424 79	−0,022 104	−2 093,446 89	0,48
0,245 492	45,816 965	−620,260 066	−0,033 355	−620,293 421	0,47
0,243 568	25,770 607	−261,656 474	−0,044 844	−261,701 318	0,46
0,241 070	16,491 213	−133,951 257	−0,056 651	−134,007 908	0,45
0,237 982	11,449 678	−77,500 528	−0,068 855	−77,569 383	0,44
0,234 281	8,408 834	−48,787 005	−0,081 536	−48,868 541	0,43
0,229 942	6,434 169	−32,665 250	−0,094 773	−32,760 024	0,42
0,224 936	5,079 217	−22,923 523	−0,108 644	−23,032 167	0,41
0,219 230	4,108 808	−16,692 939	−0,123 226	−16,816 165	0,40
0,212 787	3,389 494	−12,523 450	−0,138 594	−12,662 044	0,39
0,205 566	2,840 971	−9,628 223	−0,154 820	−9,783 043	0,38
0,197 523	2,412 551	−7,555 078	−0,171 971	−7,727 050	0,37
0,188 612	2,070 953	−6,031 531	−0,190 111	−6,221 642	0,36
0,178 782	1,793 583	−4,886 704	−0,209 293	−5,095 997	0,35
0,167 981	1,564 656	−4,009 736	−0,229 563	−4,239 299	0,34
0,156 154	1,372 869	−3,326 556	−0,250 953	−3,577 509	0,33
0,143 246	1,209 950	−2,786 394	−0,273 483	−3,059 877	0,32
0,129 200	1,069 727	−2,353 655	−0,297 151	−2,650 806	0,31
0,113 962	0,947 513	−2,002 884	−0,321 934	−2,324 817	0,30
0,097 476	0,839 700	−1,715 541	−0,347 781	−2,063 322	0,29
0,079 693	0,743 467	−1,477 911	−0,374 613	−1,852 523	0,28
0,060 566	0,656 586	−1,279 694	−0,402 309	−1,682 003	0,27
0,040 058	0,577 279	−1,113 053	−0,430 711	−1,543 764	0,26
0,018 137	0,504 115	−0,971 955	−0,459 610	−1,431 565	0,25
0,018 137	0,504 115	−0,971 955	−0,459 610	−1,431 565	0,25
−0,005 213	0,435 939	−0,851 697	−0,488 747	−1,340 445	0,24
−0,029 998	0,371 815	−0,748 582	−0,517 805	−1,266 387	0,23
−0,056 204	0,310 988	−0,659 668	−0,546 406	−1,206 074	0,22
−0,083 798	0,252 850	−0,582 601	−0,574 107	−1,156 708	0,21
−0,112 724	0,196 924	−0,515 473	−0,600 404	−1,115 877	0,20
−0,142 899	0,142 843	−0,456 733	−0,624 725	−1,081 459	0,19
−0,174 211	0,090 338	−0,405 105	−0,646 445	−1,051 550	0,18
−0,206 514	0,039 231	−0,359 532	−0,664 884	−1,024 416	0,17
−0,239 629	−0,010 576	−0,319 137	−0,679 326	−0,998 462	0,16
−0,273 342	−0,059 102	−0,283 181	−0,689 030	−0,972 210	0,15
−0,307 402	−0,106 301	−0,251 041	−0,693 255	−0,944 296	0,14
−0,341 519	−0,152 058	−0,222 188	−0,691 283	−0,913 471	0,13
−0,375 373	−0,196 202	−0,196 168	−0,682 447	−0,878 616	0,12
−0,408 611	−0,238 510	−0,172 591	−0,666 167	−0,838 759	0,11
−0,440 853	−0,278 715	−0,151 118	−0,641 978	−0,793 096	0,10
−0,471 704	−0,316 516	−0,131 450	−0,609 569	−0,741 019	0,09
−0,500 752	−0,351 586	−0,113 327	−0,568 809	−0,682 136	0,08
−0,527 590	−0,383 585	−0,096 515	−0,519 780	−0,616 295	0,07
−0,551 815	−0,412 172	−0,080 806	−0,462 791	−0,543 597	0,06
−0,573 048	−0,437 017	−0,066 010	−0,398 390	−0,464 400	0,05
−0,590 943	−0,457 814	−0,051 952	−0,327 365	−0,379 317	0,04
−0,605 198	−0,474 293	−0,038 471	−0,250 726	−0,289 197	0,03
−0,615 564	−0,486 231	−0,025 415	−0,169 686	−0,195 101	0,02
−0,621 860	−0,493 463	−0,012 638	−0,085 615	−0,098 253	0,01
−0,623 971	−0,495 885	0,000 000	0,000 000	0,000 000	0,00
$\wp_4(\zeta, \varkappa)$	$\wp_6(\zeta, \varkappa)$	$-\wp_2'(\zeta, \varkappa)$	$-\wp_4'(\zeta, \varkappa)$	$-\wp_6'(\zeta, \varkappa)$	$\zeta = \dfrac{z}{2K}$

Tafel III

$\sqrt{k} = 0{,}963\,879$	$k = 0{,}929\,062$	$k^2 = 0{,}863\,157$
$\sqrt{k'} = 0{,}608\,213$	$k' = 0{,}369\,923$	$k'^2 = 0{,}136\,843$
$e_1 = -e_3' = 0{,}378\,948$	$e_2 = -e_2' = 0{,}242\,105$	$e_3 = -e_1' = -0{,}621\,052$
$g_2 = g_2' = 1{,}175\,844$	$g_3 = -g_3' = -0{,}227\,914$	$g_3/\sqrt{g_2^3} = -0{,}178\,750$
$\bar{g}_2 = \bar{g}_2' = -1{,}186\,498$	$\bar{g}_3 = -\bar{g}_3' = -1{,}028\,621$	$\bar{g}_3/\sqrt{\bar{g}_2^3} = 0{,}795\,893\mathrm{i}$

$\varkappa = 0{,}67$

$\zeta = \frac{z}{2K}$	$\vartheta_1(\zeta, \varkappa)$	$\vartheta_3(\zeta, \varkappa)$	$\frac{\partial \ln \vartheta_1(\zeta, \varkappa)}{\partial \zeta}$	$\frac{\partial \ln \vartheta_3(\zeta, \varkappa)}{\partial \zeta}$	$\mathrm{sn}(\zeta, \varkappa)$
0,00	0,000 000	1,244 165	∞	0,000 000	0,000 000
0,01	0,035 466	1,243 680	99,979 348	−0,077 873	0,048 595
0,02	0,070 911	1,242 229	49,958 631	−0,155 615	0,096 976
0,03	0,106 311	1,239 817	33,271 117	−0,233 090	0,144 934
0,04	0,141 645	1,236 453	24,916 739	−0,310 165	0,192 267
0,05	0,176 890	1,232 152	19,895 435	−0,386 701	0,238 783
0,06	0,212 024	1,226 930	16,540 474	−0,462 558	0,284 303
0,07	0,247 022	1,220 809	14,137 508	−0,537 588	0,328 667
0,08	0,281 861	1,213 813	12,329 335	−0,611 642	0,371 728
0,09	0,316 517	1,205 971	10,917 482	−0,684 560	0,413 364
0,10	0,350 964	1,197 313	9,782 846	−0,756 179	0,453 468
0,11	0,385 176	1,187 875	8,849 614	−0,826 325	0,491 956
0,12	0,419 128	1,177 695	8,067 227	−0,894 817	0,528 764
0,13	0,452 791	1,166 813	7,400 672	−0,961 462	0,563 848
0,14	0,486 138	1,155 273	6,824 923	−1,026 060	0,597 180
0,15	0,519 138	1,143 121	6,321 621	−1,088 396	0,628 752
0,16	0,551 764	1,130 406	5,876 988	−1,148 248	0,658 569
0,17	0,583 982	1,117 178	5,480 477	−1,205 378	0,686 652
0,18	0,615 763	1,103 491	5,123 882	−1,259 537	0,713 032
0,19	0,647 073	1,089 399	4,800 718	−1,310 464	0,737 751
0,20	0,677 880	1,074 958	4,505 792	−1,357 885	0,760 859
0,21	0,708 150	1,060 225	4,234 898	−1,401 515	0,782 413
0,22	0,737 847	1,045 259	3,984 591	−1,441 056	0,802 476
0,23	0,766 938	1,030 119	3,752 022	−1,476 202	0,821 112
0,24	0,795 387	1,014 866	3,534 817	−1,506 637	0,838 391
0,25	0,823 157	0,999 559	3,330 979	−1,532 037	0,854 382
0,26	0,850 213	0,984 259	3,138 818	−1,552 076	0,869 154
0,27	0,876 518	0,969 026	2,956 893	−1,566 426	0,882 777
0,28	0,902 036	0,953 921	2,783 969	−1,574 760	0,895 319
0,29	0,926 731	0,939 002	2,618 981	−1,576 760	0,906 845
0,30	0,950 566	0,924 328	2,461 004	−1,572 118	0,917 421
0,31	0,973 506	0,909 958	2,309 235	−1,560 544	0,927 106
0,32	0,995 516	0,895 946	2,162 969	−1,541 774	0,935 959
0,33	1,016 560	0,882 349	2,021 587	−1,515 571	0,944 035
0,34	1,036 606	0,869 218	1,884 542	−1,481 740	0,951 386
0,35	1,055 620	0,856 606	1,751 348	−1,440 132	0,958 061
0,36	1,073 571	0,844 562	1,621 575	−1,390 650	0,964 104
0,37	1,090 427	0,833 132	1,494 835	−1,333 262	0,969 557
0,38	1,106 161	0,822 361	1,370 782	−1,268 005	0,974 458
0,39	1,120 745	0,812 290	1,249 102	−1,194 994	0,978 844
0,40	1,134 151	0,802 960	1,129 511	−1,114 428	0,982 745
0,41	1,146 358	0,794 405	1,011 750	−1,026 592	0,986 191
0,42	1,157 341	0,786 660	0,895 581	−0,931 864	0,989 207
0,43	1,167 081	0,779 753	0,780 787	−0,830 713	0,991 815
0,44	1,175 560	0,773 713	0,667 163	−0,723 702	0,994 037
0,45	1,182 762	0,768 562	0,554 519	−0,611 479	0,995 888
0,46	1,188 673	0,764 320	0,442 676	−0,494 772	0,997 384
0,47	1,193 283	0,761 003	0,331 464	−0,374 385	0,998 535
0,48	1,196 581	0,758 625	0,220 719	−0,251 181	0,999 351
0,49	1,198 563	0,757 195	0,110 283	−0,126 071	0,999 838
0,50	1,199 224	0,756 717	0,000 000	0,000 000	1,000 000
	$\vartheta_2(\zeta, \varkappa)$	$\vartheta_4(\zeta, \varkappa)$	$-\frac{\partial \ln \vartheta_2(\zeta, \varkappa)}{\partial \zeta}$	$-\frac{\partial \ln \vartheta_4(\zeta, \varkappa)}{\partial \zeta}$	$\mathrm{cd}(\zeta, \varkappa)$

Tafel III

$\varkappa = 0{,}67$

$k^2 k'^2 = 0{,}118\,117$	$\eta_1 = -\eta_2' = 0{,}087\,278$	$\eta_1' = -\eta_2 = 0{,}309\,268$
$\pi/KK' = 0{,}793\,092$	$\bar\eta_1 = -\bar\eta_2' = 0{,}416\,661$	$\bar\eta_1' = -\bar\eta_2 = 0{,}376\,431$
$K = 2{,}431\,508$	$E = 1{,}133\,632$	$A = 1{,}601\,794$
$K' = 1{,}629\,110$	$E' = 1{,}515\,594$	$A' = 0{,}218\,833$
$B = 0{,}927\,869$	$C = 0{,}667\,051$	$D = 1{,}503\,639$

$\mathrm{cn}(\zeta, \varkappa)$	$\mathrm{dn}(\zeta, \varkappa)$	$\mathrm{sc}(\zeta, \varkappa)$	$\overline{\mathrm{sn}}(\zeta, \varkappa)$	$\overline{\mathrm{cn}}(\zeta, \varkappa)$	
1,000 000	1,000 000	0,000 000	∞	0,000 000	0,50
0,998 819	0,998 980	0,048 652	20,533 199	−0,048 602	0,49
0,995 287	0,995 933	0,097 435	10,221 527	−0,097 039	0,48
0,989 441	0,990 893	0,146 480	6,764 677	−0,145 146	0,47
0,981 343	0,983 917	0,195 922	5,021 979	−0,192 771	0,46
0,971 073	0,975 082	0,245 896	3,965 431	−0,239 768	0,45
0,958 734	0,964 486	0,296 540	3,252 461	−0,286 009	0,44
0,944 446	0,952 240	0,347 999	2,736 325	−0,331 379	0,43
0,928 342	0,938 471	0,400 422	2,343 704	−0,375 784	0,42
0,910 566	0,923 316	0,453 963	2,033 900	−0,419 152	0,41
0,891 273	0,906 922	0,508 786	1,782 519	−0,461 429	0,40
0,870 620	0,889 437	0,565 064	1,574 048	−0,502 589	0,39
0,848 769	0,871 016	0,622 978	1,398 149	−0,542 624	0,38
0,825 879	0,851 811	0,682 724	1,247 664	−0,581 552	0,37
0,802 107	0,831 972	0,744 514	1,117 470	−0,619 415	0,36
0,777 606	0,811 646	0,808 574	1,003 799	−0,656 276	0,35
0,752 520	0,790 972	0,875 152	0,903 811	−0,692 221	0,34
0,726 986	0,770 084	0,944 519	0,815 318	−0,727 359	0,33
0,701 131	0,749 105	1,016 974	0,736 602	−0,761 820	0,32
0,675 073	0,728 151	1,092 846	0,666 289	−0,795 757	0,31
0,648 917	0,707 328	1,172 505	0,603 262	−0,829 346	0,30
0,622 760	0,686 732	1,256 364	0,546 603	−0,862 786	0,29
0,596 685	0,666 450	1,344 890	0,495 542	−0,896 302	0,28
0,570 767	0,646 559	1,438 612	0,449 432	−0,930 147	0,27
0,545 069	0,627 126	1,538 136	0,407 718	−0,964 606	0,26
0,519 646	0,608 213	1,644 161	0,369 923	−1,000 000	0,25
0,494 542	0,589 870	1,757 493	0,335 632	−1,036 693	0,24
0,469 793	0,572 142	1,879 078	0,304 480	−1,075 099	0,23
0,445 426	0,555 065	2,010 027	0,276 148	−1,115 696	0,22
0,421 464	0,538 672	2,151 657	0,250 352	−1,159 036	0,21
0,397 919	0,522 987	2,305 546	0,226 839	−1,205 770	0,20
0,374 800	0,508 031	2,473 600	0,205 381	−1,256 665	0,19
0,352 110	0,493 820	2,658 146	0,185 776	−1,312 646	0,18
0,329 845	0,480 367	2,862 053	0,167 840	−1,374 837	0,17
0,308 001	0,467 682	3,088 907	0,151 407	−1,444 625	0,16
0,286 566	0,455 769	3,343 248	0,136 325	−1,523 749	0,15
0,265 527	0,444 634	3,630 910	0,122 458	−1,614 427	0,14
0,244 867	0,434 279	3,959 524	0,109 679	−1,719 537	0,13
0,224 568	0,424 703	4,339 263	0,097 874	−1,842 898	0,12
0,204 608	0,415 907	4,784 000	0,086 937	−1,989 699	0,11
0,184 964	0,407 889	5,313 161	0,076 770	−2,167 179	0,10
0,165 613	0,400 646	5,954 807	0,067 281	−2,385 771	0,09
0,146 527	0,394 177	6,751 038	0,058 388	−2,661 101	0,08
0,127 679	0,388 477	7,768 014	0,050 010	−3,017 694	0,07
0,109 043	0,383 544	9,116 012	0,042 074	−3,496 396	0,06
0,090 589	0,379 376	10,993 544	0,034 509	−4,170 691	0,05
0,072 287	0,375 970	13,797 649	0,027 249	−5,187 502	0,04
0,054 107	0,373 323	18,454 778	0,020 229	−6,889 594	0,03
0,036 020	0,371 434	27,744 323	0,013 388	−10,305 178	0,02
0,017 995	0,370 301	55,563 318	0,006 664	−20,575 137	0,01
0,000 000	0,369 923	∞	0,000 000	$-\infty$	0,00
$k'\,\mathrm{sd}(\zeta, \varkappa)$	$k'\,\mathrm{nd}(\zeta, \varkappa)$	$\frac{1}{k'}\,\mathrm{cs}(\zeta, \varkappa)$	$-\overline{\mathrm{cd}}(\zeta, \varkappa)$	$-\overline{\mathrm{sd}}(\zeta, \varkappa)$	$\zeta = \frac{z}{2K}$

Tafel III. (Fortsetzung)

$\vartheta_1'(0,\varkappa) = 3{,}547\,005$ $\vartheta_1'(0,k) = 0{,}729\,384$ $\vartheta_5'(0,\varkappa) = 9{,}265\,155$ $\varkappa = 0{,}67$

$\vartheta_1'''/\vartheta_1'(\varkappa) = -6{,}192\,105$ $\vartheta_2''/\vartheta_2(\varkappa) = -11{,}025\,741$ $\vartheta_3''/\vartheta_3(\varkappa) = -7{,}789\,548$

$\vartheta_1'''/\vartheta_1'(k) = -0{,}261\,835$ $\vartheta_2''/\vartheta_2(k) = -0{,}466\,226$ $\vartheta_3''/\vartheta_3(k) = -0{,}329\,383$

$\vartheta_1'''''/\vartheta_1'(k) = -0{,}473\,660$ $\vartheta_2''''/\vartheta_2(k) = 0{,}378\,413$ $\vartheta_3''''/\vartheta_3(k) = 0{,}561\,713$

$\zeta = \frac{z}{2K}$	$\overline{\mathrm{dn}}(\zeta,\varkappa)$	$\mathfrak{z}_1(\zeta,\varkappa)$	$\mathfrak{z}_3(\zeta,\varkappa)$	$\mathfrak{z}_5(\zeta,\varkappa)$	$\wp_1(\zeta,\varkappa)$
0,00	0,000 000	∞	0,000 000	∞	∞
0,01	−0,041 938	20,563 368	−0,011 769	20,563 373	422,852 333
0,02	−0,083 651	10,281 667	−0,023 511	10,281 703	105 713 604
0,03	−0,124 917	6,854 396	−0,035 198	6,854 519	46,984 825
0,04	−0,165 522	5,140 699	−0,046 803	5,140 990	26,430 475
0,05	−0,205 259	4,112 394	−0,058 297	4,112 965	16,917 535
0,06	−0,243 935	3,426 745	−0,069 651	3,427 735	11,750 841
0,07	−0,281 369	2,936 859	−0,080 836	2,938 438	8,636 342
0,08	−0,317 397	2,569 282	−0,091 819	2,571 651	6,615 781
0,09	−0,351 871	2,283 202	−0,102 570	2,286 594	5,231 369
0,10	−0,384 660	2,054 126	−0,113 052	2,058 810	4,241 985
0,11	−0,415 651	1,866 467	−0,123 232	1,872 744	3,510 829
0,12	−0,444 749	1,709 826	−0,133 072	1,718 037	2,955 595
0,13	−0,471 873	1,577 004	−0,142 532	1,587 528	2,524 351
0,14	−0,496 957	1,462 855	−0,151 572	1,476 114	2,183 021
0,15	−0,519 951	1,363 604	−0,160 146	1,380 062	1,908 486
0,16	−0,540 814	1,276 416	−0,168 209	1,296 585	1,684 616
0,17	−0,559 519	1,199 125	−0,175 712	1,223 563	1,499 877
0,18	−0,576 044	1,130 041	−0,182 605	1,159 361	1,345 846
0,19	−0,590 376	1,067 832	−0,188 833	1,102 697	1,216 250
0,20	−0,602 507	1,011 430	−0,194 340	1,052 562	1,106 343
0,21	−0,612 434	0,959 969	−0,199 067	1,008 147	1,012 480
0,22	−0,620 153	0,912 742	−0,202 954	0,968 807	0,931 822
0,23	−0,625 667	0,869 162	−0,205 937	0,934 018	0,862 132
0,24	−0,628 974	0,828 742	−0,207 951	0,903 357	0,801 626
0,25	−0,630 077	0,791 070	−0,208 930	0,876 480	0,748 871
0,25	1,369 923	0,791 070	−0,208 930	0,876 480	0,748 871
0,26	1,372 324	0,755 800	−0,208 806	0,853 107	0,702 700
0,27	1,379 579	0,722 634	−0,207 512	0,833 009	0,662 159
0,28	1,391 844	0,691 320	−0,204 982	0,815 998	0,626 460
0,29	1,409 388	0,661 637	−0,201 149	0,801 922	0,594 948
0,30	1,432 608	0,633 396	−0,195 950	0,790 654	0,567 075
0,31	1,462 046	0,606 431	−0,189 326	0,782 087	0,542 381
0,32	1,498 422	0,580 599	−0,181 221	0,776 132	0,520 476
0,33	1,542 677	0,555 770	−0,171 589	0,772 709	0,501 028
0,34	1,596 032	0,531 833	−0,160 388	0,771 747	0,483 755
0,35	1,660 075	0,508 689	−0,147 587	0,773 177	0,468 415
0,36	1,736 885	0,486 247	−0,133 168	0,776 928	0,454 800
0,37	1,829 216	0,464 430	−0,117 123	0,782 930	0,442 732
0,38	1,940 773	0,443 164	−0,099 459	0,791 101	0,432 057
0,39	2,076 636	0,422 387	−0,080 201	0,801 356	0,422 641
0,40	2,243 948	0,402 040	−0,059 390	0,813 593	0,414 371
0,41	2,453 052	0,382 068	−0,037 083	0,827 702	0,407 149
0,42	2,719 488	0,362 425	−0,013 360	0,843 555	0,400 889
0,43	3,067 704	0,343 063	0,011 684	0,861 012	0,395 520
0,44	3,538 470	0,323 943	0,037 934	0,879 914	0,390 981
0,45	4,205 200	0,305 024	0,065 255	0,900 090	0,387 222
0,46	5.214 750	0,286 269	0,093 498	0,921 353	0,384 201
0,47	6,909 823	0,267 645	0,122 498	0,943 502	0,381 884
0,48	10,318 566	0,249 116	0,152 078	0,966 326	0,380 247
0,49	20,581 802	0,230 651	0,182 049	0,989 606	0,379 272
0,50	∞	0,212 218	0,212 218	1,013 114	0,378 948
	$\overline{\mathrm{sc}}(\zeta,\varkappa)$	$-\mathfrak{z}_2(\zeta,\varkappa)$	$-\mathfrak{z}_4(\zeta,\varkappa)$	$-\mathfrak{z}_6(\zeta,\varkappa)$	$\wp_2(\zeta,\varkappa)$

Tafel III

$\varkappa = 0{,}67$			
	$\vartheta_5'(0,\,k) = 1{,}905\,228$	$\vartheta_6(0,\,k) = 1{,}905\,228$	$\vartheta_{\substack{5\\6}}(\tfrac{1}{4},\,\varkappa) = 1{,}727\,445$
	$\vartheta_4''/\vartheta_4(\varkappa) = 12{,}623\,184$	$\vartheta_5'''/\vartheta_5'(\varkappa) = -29{,}560\,750$	$\vartheta_6''/\vartheta_6(\varkappa) = 1{,}597\,443$
	$\vartheta_4''/\vartheta_4(k) = 0{,}533\,774$	$\vartheta_5'''/\vartheta_5'(k) = -\,1{,}249\,983$	$\vartheta_6''/\vartheta_6(k) = 0{,}067\,548$
	$\vartheta_4''''/\vartheta_4(k) = -0{,}871\,569$	$\vartheta_5'''''/\vartheta_5'(k) = 3{,}197\,344$	$\vartheta_6''''/\vartheta_6(k) = -1{,}986\,312$

$\wp_3(\zeta,\varkappa)$	$\wp_5(\zeta,\varkappa)$	$\wp_1'(\zeta,\varkappa)$	$\wp_3'(\zeta,\varkappa)$	$\wp_5'(\zeta,\varkappa)$	
0,242 105	∞	−∞	0,000 000	−∞	0,50
0,241 825	422,852 054	−17 390,526 7	−0,011 501	−17 390,538 2	0,49
0,240 985	105,712 484	−2 173,805 15	−0,023 081	−2 173,828 23	0,48
0,239 578	46,982 298	−644,076 740	−0,034 819	−644,111 560	0,47
0,237 594	26,425 965	−271,704 434	−0,046 794	−271,751 229	0,46
0,235 021	16,910 452	−139,096 131	−0,059 085	−139,155 216	0,45
0,231 841	11,740 578	−80,478 210	−0,071 769	−80,549 979	0,44
0,228 033	8,622 271	−50,662 487	−0,084 925	−50,747 412	0,43
0,223 573	6,597 249	−33,921 995	−0,098 631	−34,020 627	0,42
0,218 430	5,207 694	−23,806 484	−0,112 963	−23,919 447	0,41
0,212 574	4,212 455	−17,336 914	−0,127 994	−17,464 908	0,40
0,205 969	3,474 694	−13,007 558	−0,143 798	−13,151 356	0,39
0,198 575	2,912 065	−10,001 373	−0,160 441	−10,161 814	0,38
0,190 350	2,472 597	−7,848 814	−0,177 988	−8,026 802	0,37
0,181 248	2,122 164	−6,266 933	−0,196 496	−6,463 430	0,36
0,171 222	1,837 603	−5,078 294	−0,216 014	−5,294 308	0,35
0,160 222	1,602 733	−4,167 776	−0,236 580	−4,404 357	0,34
0,148 195	1,405 968	−3,458 466	−0,258 221	−3,716 687	0,33
0,135 089	1,238 830	−2,897 643	−0,280 946	−3,178 589	0,32
0,120 853	1,094 997	−2,448 347	−0,304 746	−2,753 094	0,31
0,105 433	0,969 671	−2,084 145	−0,329 590	−2,413 735	0,30
0,088 781	0,859 156	−1,785 787	−0,355 416	−2,141 203	0,29
0,070 850	0,760 568	−1,539 030	−0,382 135	−1,921 166	0,28
0,051 602	0,671 629	−1,333 182	−0,409 619	−1,742 801	0,27
0,031 001	0,590 523	−1,160 104	−0,437 699	−1,597 804	0,26
0,009 025	0,515 791	−1,013 533	−0,466 160	−1,479 693	0,25
0,009 025	0,515 791	−1,013 533	−0,466 160	−1,479 693	0,25
−0,014 340	0,446 255	−0,888 586	−0,494 736	−1,383 322	0,24
−0,039 090	0,380 964	−0,781 424	−0,523 105	−1,304 529	0,23
−0,065 208	0,319 147	−0,688 996	−0,550 889	−1,239 885	0,22
−0,092 653	0,260 190	−0,608 856	−0,577 649	−1,186 505	0,21
−0,121 365	0,203 605	−0,539 026	−0,602 885	−1,141 911	0,20
−0,151 256	0,149 020	−0,477 894	−0,626 040	−1,103 934	0,19
−0,182 211	0,096 161	−0,424 137	−0,646 504	−1,070 641	0,18
−0,214 081	0,044 842	−0,376 660	−0,663 622	−1,040 282	0,17
−0,246 689	−0,005 039	−0,334 551	−0,676 707	−1,011 257	0,16
−0,279 821	−0,053 511	−0,297 044	−0,685 055	−0,982 098	0,15
−0,313 230	−0,100 534	−0,263 493	−0,687 965	−0,951 458	0,14
−0,346 634	−0,146 006	−0,233 351	−0,684 764	−0,918 115	0,13
−0,379 721	−0,189 769	−0,206 145	−0,674 834	−0,880 979	0,12
−0,412 151	−0,231 614	−0,181 471	−0,657 642	−0,839 114	0,11
−0,443 559	−0,271 292	−0,158 978	−0,632 771	−0,791 749	0,10
−0,473 565	−0,308 521	−0,138 357	−0,599 948	−0,738 305	0,09
−0,501 780	−0,342 995	−0,119 337	−0,559 080	−0,678 417	0,08
−0,527 813	−0,374 397	−0,101 677	−0,510 268	−0,611 946	0,07
−0,551 285	−0,402 408	−0,085 160	−0,453 833	−0,538 993	0,06
−0,571 838	−0,426 720	−0,069 589	−0,390 315	−0,459 904	0,05
−0,589 144	−0,447 049	−0,054 784	−0,320 481	−0,375 265	0,04
−0,602 921	−0,463 142	−0,040 577	−0,245 305	−0,285 882	0,03
−0,612 935	−0,474 793	−0,026 810	−0,165 944	−0,192 754	0,02
−0,619 014	−0,481 847	−0,013 333	−0,083 705	−0,097 038	0,01
−0,621 052	−0,484 209	0,000 000	0,000 000	0,000 000	0,00
$\wp_4(\zeta,\varkappa)$	$\wp_6(\zeta,\varkappa)$	$-\wp_2'(\zeta,\varkappa)$	$-\wp_4'(\zeta,\varkappa)$	$-\wp_6'(\zeta,\varkappa)$	$\zeta = \dfrac{z}{2K}$

Tafel III

$\sqrt{k} = 0{,}961\,350$	$k = 0{,}924\,194$	$k^2 = 0{,}854\,134$
$\sqrt{k'} = 0{,}618\,000$	$k' = 0{,}381\,924$	$k'^2 = 0{,}145\,866$
$e_1 = -e_3' = 0{,}381\,955$	$e_2 = -e_2' = 0{,}236\,090$	$e_3 = -e_1' = -0{,}618\,045$
$g_2 = g_2' = 1{,}167\,215$	$g_3 = -g_3' = -0{,}222\,930$	$g_3/\sqrt{g_2^3} = -0{,}176\,784$
$\bar{g}_2 = \bar{g}_2' = -1{,}324\,563$	$\bar{g}_3 = -\bar{g}_3' = -1{,}046\,526$	$\bar{g}_3/\sqrt{\bar{g}_2^3} = 0{,}686\,501\,i$

$\varkappa = 0{,}68$

$\zeta = \frac{z}{2K}$	$\vartheta_1(\zeta, \varkappa)$	$\vartheta_3(\zeta, \varkappa)$	$\frac{\partial \ln \vartheta_1(\zeta, \varkappa)}{\partial \zeta}$	$\frac{\partial \ln \vartheta_3(\zeta, \varkappa)}{\partial \zeta}$	$\mathrm{sn}(\zeta, \varkappa)$
0,00	0,000 000	1,236 575	∞	0,000 000	0,000 000
0,01	0,035 289	1,236 106	99,978 572	−0,075 878	0,048 004
0,02	0,070 555	1,234 700	49,957 081	−0,151 624	0,095 804
0,03	0,105 775	1,232 364	33,268 800	−0,227 103	0,143 198
0,04	0,140 927	1,229 107	24,913 667	−0,302 179	0,189 992
0,05	0,175 987	1,224 941	19,891 621	−0,376 716	0,236 000
0,06	0,210 932	1,219 884	16,535 936	−0,450 570	0,281 052
0,07	0,245 739	1,213 955	14,132 268	−0,523 597	0,324 991
0,08	0,280 381	1,207 180	12,323 415	−0,595 644	0,367 675
0,09	0,314 835	1,199 584	10,910 910	−0,666 556	0,408 984
0,10	0,349 075	1,191 199	9,775 652	−0,736 168	0,448 814
0,11	0,383 075	1,182 057	8,841 829	−0,804 309	0,487 082
0,12	0,416 808	1,172 197	8,058 887	−0,870 798	0,523 723
0,13	0,450 246	1,161 656	7,391 812	−0,935 447	0,558 691
0,14	0,483 361	1,150 478	6,815 584	−0,998 058	0,591 957
0,15	0,516 124	1,138 706	6,311 843	−1,058 420	0,623 509
0,16	0,548 505	1,126 389	5,866 813	−1,116 315	0,653 349
0,17	0,580 473	1,113 575	5,469 949	−1,171 512	0,681 495
0,18	0,611 997	1,100 315	5,113 046	−1,223 767	0,707 974
0,19	0,643 046	1,086 662	4,789 619	−1,272 828	0,732 822
0,20	0,673 585	1,072 671	4,494 478	−1,318 430	0,756 087
0,21	0,703 583	1,058 396	4,223 414	−1,360 296	0,777 822
0,22	0,733 004	1,043 895	3,972 985	−1,398 142	0,798 083
0,23	0,761 816	1,029 225	3,740 341	−1,431 673	0,816 934
0,24	0,789 982	1,014 444	3,523 107	−1,460 587	0,834 439
0,25	0,817 468	0,999 611	3,319 287	−1,484 577	0,850 664
0,26	0,844 238	0,984 784	3,127 190	−1,503 334	0,865 676
0,27	0,870 258	0,970 021	2,945 374	−1,516 547	0,879 541
0,28	0,895 491	0,955 382	2,772 604	−1,523 909	0,892 324
0,29	0,919 903	0,940 922	2,607 812	−1,525 124	0,904 091
0,30	0,943 458	0,926 700	2,450 074	−1,519 904	0,914 902
0,31	0,966 122	0,912 771	2,298 585	−1,507 983	0,924 817
0,32	0,987 861	0,899 189	2,152 637	−1,489 116	0,933 893
0,33	1,008 641	0,886 008	2,011 612	−1,463 093	0,942 184
0,34	1,028 430	0,873 280	1,874 959	−1,429 737	0,949 740
0,35	1,047 196	0,861 053	1,742 193	−1,388 918	0,956 610
0,36	1,064 909	0,849 377	1,612 879	−1,340 560	0,962 837
0,37	1,081 538	0,838 295	1,486 629	−1,284 644	0,968 462
0,38	1,097 056	0,827 852	1,363 095	−1,221 220	0,973 525
0,39	1,111 437	0,818 088	1,241 960	−1,150 409	0,978 059
0,40	1,124 656	0,809 042	1,122 939	−1,072 410	0,982 096
0,41	1,136 688	0,800 747	1,005 770	−0,987 508	0,985 664
0,42	1,147 514	0,793 237	0,890 215	−0,896 070	0,988 791
0,43	1,157 113	0,786 540	0,776 051	−0,798 548	0,991 497
0,44	1,165 468	0,780 683	0,663 074	−0,695 482	0,993 803
0,45	1,172 564	0,775 688	0,551 091	−0,587 489	0,995 726
0,46	1,178 388	0,771 575	0,439 920	−0,475 263	0,997 280
0,47	1,182 929	0,768 359	0,329 389	−0,359 564	0,998 477
0,48	1,186 178	0,766 053	0,219 332	−0,241 209	0,999 325
0,49	1,188 130	0,764 666	0,109 588	−0,121 057	0,999 832
0,50	1,188 781	0,764 203	0,000 000	0,000 000	1,000 000
	$\vartheta_2(\zeta, \varkappa)$	$\vartheta_4(\zeta, \varkappa)$	$-\frac{\partial \ln \vartheta_2(\zeta, \varkappa)}{\partial \zeta}$	$-\frac{\partial \ln \vartheta_4(\zeta, \varkappa)}{\partial \zeta}$	$\mathrm{cd}(\zeta, \varkappa)$

Tafel III

$\varkappa = 0{,}68$

$k^2 k'^2 = 0{,}124\,589$	$\eta_1 = -\eta_2' = 0{,}092\,810$	$\eta_1' = -\eta_2 = 0{,}307\,585$
$\pi/KK' = 0{,}800\,791$	$\bar\eta_1 = -\bar\eta_2' = 0{,}421\,710$	$\bar\eta_1' = -\bar\eta_2 = 0{,}379\,081$
$K = 2{,}401\,932$	$E = 1{,}140\,355$	$A = 1{,}579\,990$
$K' = 1{,}633\,314$	$E' = 1{,}511\,845$	$A' = 0{,}233\,551$
$B = 0{,}924\,907$	$C = 0{,}646\,406$	$D = 1{,}477\,025$

$\mathrm{cn}(\zeta, \varkappa)$	$\mathrm{dn}(\zeta, \varkappa)$	$\mathrm{sc}(\zeta, \varkappa)$	$\overline{\mathrm{sn}}(\zeta, \varkappa)$	$\overline{\mathrm{cn}}(\zeta, \varkappa)$	
1,000 000	1,000 000	0,000 000	∞	0,000 000	0,50
0,998 847	0,999 015	0,048 060	20,786 913	−0,048 013	0,49
0,995 400	0,996 072	0,096 247	10,349 141	−0,095 869	0,48
0,989 694	0,991 204	0,144 689	6,850 575	−0,143 416	0,47
0,981 786	0,984 464	0,193 516	5,087 238	−0,190 510	0,46
0,971 753	0,975 924	0,242 860	4,018 459	−0,237 013	0,45
0,959 692	0,965 677	0,292 857	3,297 440	−0,282 805	0,44
0,945 717	0,953 828	0,343 644	2,775 624	−0,327 778	0,43
0,929 954	0,940 497	0,395 369	2,378 782	−0,371 843	0,42
0,912 542	0,925 814	0,448 181	2,065 712	−0,414 932	0,41
0,893 625	0,909 917	0,502 240	1,811 717	−0,456 996	0,40
0,873 356	0,892 949	0,557 713	1,601 090	−0,498 009	0,39
0,851 889	0,875 056	0,614 779	1,423 368	−0,537 966	0,38
0,829 376	0,856 385	0,673 627	1,271 303	−0,576 884	0,37
0,805 970	0,837 079	0,734 465	1,139 712	−0,614 805	0,36
0,781 816	0,817 279	0,797 513	1,024 784	−0,651 790	0,35
0,757 056	0,797 119	0,863 013	0,923 647	−0,687 924	0,34
0,731 823	0,776 730	0,931 230	0,834 090	−0,723 314	0,33
0,706 239	0,756 231	1,002 456	0,754 378	−0,758 088	0,32
0,680 420	0,735 735	1,077 014	0,683 124	−0,792 397	0,31
0,654 471	0,715 345	1,155 265	0,619 204	−0,826 413	0,30
0,628 485	0,695 157	1,237 613	0,561 692	−0,860 336	0,29
0,602 547	0,675 256	1,324 515	0,509 814	−0,894 387	0,28
0,576 731	0,655 719	1,416 490	0,462 918	−0,928 819	0,27
0,551 100	0,636 613	1,514 132	0,420 448	−0,963 916	0,26
0,525 710	0,618 000	1,618 124	0,381 924	−1,000 000	0,25
0,500 605	0,599 931	1,729 257	0,346 930	−1,037 434	0,24
0,475 824	0,582 451	1,848 459	0,315 101	−1,076 636	0,23
0,451 395	0,565 598	1,976 817	0,286 116	−1,118 084	0,22
0,427 340	0,549 406	2,115 624	0,259 690	−1,162 337	0,21
0,403 676	0,533 901	2,266 427	0,235 570	−1,210 048	0,20
0,380 412	0,519 105	2,431 095	0,213 527	−1,261 994	0,19
0,357 552	0,505 036	2,611 908	0,193 359	−1,319 107	0,18
0,335 096	0,491 707	2,811 683	0,174 880	−1,382 525	0,17
0,313 039	0,479 130	3,033 933	0,157 924	−1,453 648	0,16
0,291 373	0,467 312	3,283 112	0,142 338	−1,534 236	0,15
0,270 085	0,456 258	3,564 941	0,127 985	−1,626 532	0,14
0,249 160	0,445 972	3,886 902	0,114 737	−1,733 450	0,13
0,228 582	0,436 456	4,258 971	0,102 479	−1,858 854	0,12
0,208 330	0,427 711	4,694 752	0,091 104	−2,007 995	0,11
0,188 383	0,419 735	5,213 292	0,080 512	−2,188 201	0,10
0,168 717	0,412 528	5,842 110	0,070 613	−2,410 032	0,09
0,149 308	0,406 087	6,622 482	0,061 319	−2,689 306	0,08
0,130 130	0,400 412	7,619 281	0,052 552	−3,050 849	0,07
0,111 156	0,395 498	8,940 637	0,044 236	−3,536 008	0,06
0,092 358	0,391 346	10,781 193	0,036 299	−4,219 173	0,05
0,073 707	0,387 951	13,530 250	0,028 673	−5,249 075	0,04
0,055 176	0,385 313	18,096 200	0,021 292	−6,972 699	0,03
0,036 734	0,383 430	27,204 250	0,014 094	−10,430 915	0,02
0,018 352	0,382 300	54,480 517	0,007 017	−20,827 908	0,01
0,000 000	0,381 924	∞	0,000 000	−∞	0,00
$k'\,\mathrm{sd}(\zeta, \varkappa)$	$k'\,\mathrm{nd}(\zeta, \varkappa)$	$\frac{1}{k'}\,\mathrm{cs}(\zeta, \varkappa)$	$-\overline{\mathrm{cd}}(\zeta, \varkappa)$	$-\overline{\mathrm{sd}}(\zeta, \varkappa)$	$\zeta = \frac{z}{2K}$

Tafel III. (Fortsetzung)

$\vartheta_1'(0,\varkappa) = 3{,}529\,239$	$\vartheta_1'(0,k) = 0{,}734\,667$	$\vartheta_5'(0,\varkappa) = 9{,}157\,483$		$\varkappa = 0{,}68$
$\vartheta_1'''/\vartheta_1'(\varkappa) = -6{,}425\,380$	$\vartheta_2''/\vartheta_2(\varkappa) = -10{,}956\,218$	$\vartheta_3''/\vartheta_3(\varkappa) = -7{,}590\,059$		
$\vartheta_1'''/\vartheta_1'(k) = -0{,}278\,431$	$\vartheta_2''/\vartheta_2(k) = -\ 0{,}474\,766$	$\vartheta_3''/\vartheta_3(k) = -0{,}328\,900$		
$\vartheta_1'''''/\vartheta_1'(k) = -0{,}454\,401$	$\vartheta_2''''/\vartheta_2(k) = 0{,}384\,475$	$\vartheta_3''''/\vartheta_3(k) = 0{,}573\,703$		

$\zeta = \frac{z}{2K}$	$\overline{\mathrm{dn}}(\zeta,\varkappa)$	$\mathfrak{z}_1(\zeta,\varkappa)$	$\mathfrak{z}_3(\zeta,\varkappa)$	$\mathfrak{z}_5(\zeta,\varkappa)$	$\wp_1(\zeta,\varkappa)$
0,00	0,000 000	∞	0,000 000	∞	∞
0,01	−0,040 995	20,816 571	−0,011 337	20,816 576	433,329 860
0,02	−0,081 774	10,408 270	−0,022 646	10,408 306	108,332 969
0,03	−0,122 124	6,938 800	−0,033 900	6,938 924	48,148 956
0,04	−0,161 837	5,204 006	−0,045 069	5,204 302	27,085 252
0,05	−0,200 714	4,163 046	−0,056 127	4,163 627	17,336 530
0,06	−0,238 569	3,468 966	−0,067 042	3,469 972	12,041 731
0,07	−0,275 225	2,973 063	−0,077 786	2,974 668	8,849 963
0,08	−0,310 524	2,600 981	−0,088 325	2,603 387	6,779 226
0,09	−0,344 319	2,311 404	−0,098 628	2,314 849	5,360 388
0,10	−0,376 484	2,079 541	−0,108 660	2,084 295	4,346 355
0,11	−0,406 905	1,889 609	−0,118 386	1,895 979	3,596 937
0,12	−0,435 486	1,731 086	−0,127 769	1,739 414	3,027 789
0,13	−0,462 147	1,596 682	−0,136 768	1,607 353	2,585 696
0,14	−0,486 820	1,481 190	−0,145 343	1,494 627	2,235 734
0,15	−0,509 452	1,380 787	−0,153 450	1,397 458	1,954 217
0,16	−0,530 001	1,292 605	−0,161 043	1,313 025	1,724 613
0,17	−0,548 434	1,214 450	−0,168 074	1,239 180	1,535 105
0,18	−0,564 729	1,144 614	−0,174 494	1,174 265	1,377 061
0,19	−0,578 870	1,081 746	−0,180 248	1,116 985	1,244 054
0,20	−0,590 844	1,024 766	−0,185 282	1,066 312	1,131 222
0,21	−0,600 646	0,972 798	−0,189 539	1,021 429	1,034 830
0,22	−0,608 271	0,925 126	−0,192 959	0,981 678	0,951 970
0,23	−0,613 718	0,881 156	−0,195 480	0,946 528	0,880 349
0,24	−0,616 987	0,840 394	−0,197 041	0,915 547	0,818 142
0,25	−0,618 076	0,802 424	−0,197 576	0,888 383	0,763 879
0,25	1,381 924	0,802 424	−0,197 576	0,888 383	0,763 879
0,26	1,384 364	0,766 894	−0,197 022	0,864 749	0,716 366
0,27	1,391 737	0,733 505	−0,195 314	0,844 409	0,674 627
0,28	1,404 200	0,701 999	−0,192 388	0,827 170	0,637 853
0,29	1,422 027	0,672 153	−0,188 183	0,812 872	0,605 376
0,30	1,445 618	0,643 776	−0,182 638	0,801 381	0,576 633
0,31	1,475 521	0,616 699	−0,175 697	0,792 586	0,551 154
0,32	1,512 466	0,590 777	−0,167 312	0,786 391	0,528 538
0,33	1,557 405	0,565 878	−0,157 436	0,782 709	0,508 448
0,34	1,611 572	0,541 891	−0,146 034	0,781 465	0,490 595
0,35	1,676 574	0,518 712	−0,133 078	0,782 583	0,474 730
0,36	1,754 517	0,496 251	−0,118 553	0,785 989	0,460 641
0,37	1,848 187	0,474 429	−0,102 455	0,791 606	0,448 145
0,38	1,961 334	0,453 172	−0,084 794	0,799 352	0,437 086
0,39	2,099 099	0,432 414	−0,065 595	0,809 135	0,427 326
0,40	2,268 713	0,412 097	−0,044 900	0,820 854	0,418 749
0,41	2,480 645	0,392 165	−0,022 768	0,834 395	0,411 255
0,42	2,750 625	0,372 568	0,000 725	0,849 633	0,404 756
0,43	3,103 401	0,353 262	0,025 484	0,866 427	0,399 181
0,44	3,580 245	0,334 202	0,051 398	0,884 623	0,394 465
0,45	4,255 472	0,315 350	0,078 337	0,904 050	0,390 559
0,46	5,277 748	0,296 666	0,106 157	0,924 528	0,387 418
0,47	6,993 992	0,278 116	0,134 700	0,945 862	0,385 009
0,48	10,445 010	0,259 664	0,163 796	0,967 848	0,383 306
0,49	20,834 925	0,241 278	0,193 265	0,990 273	0,382 292
0,50	∞	0,222 924	0,222 924	1,012 919	0,381 955
	$\overline{\mathrm{sc}}(\zeta,\varkappa)$	$-\mathfrak{z}_2(\zeta,\varkappa)$	$-\mathfrak{z}_4(\zeta,\varkappa)$	$-\mathfrak{z}_6(\zeta,\varkappa)$	$\wp_2(\zeta,\varkappa)$

Tafel III

$\varkappa = 0{,}68$			
	$\vartheta_5'(0,k) = 1{,}906\,274$	$\vartheta_6(0,k) = 1{,}906\,274$	$\vartheta_{\substack{5\\6}}(\tfrac{1}{4},\varkappa) = 1{,}714\,653$
	$\vartheta_4''/\vartheta_4(\varkappa) = 12{,}120\,897$	$\vartheta_5'''/\vartheta_5'(\varkappa) = -29{,}195\,555$	$\vartheta_6''/\vartheta_6(\varkappa) = 1{,}164\,679$
	$\vartheta_4''/\vartheta_4(k) = 0{,}525\,234$	$\vartheta_5'''/\vartheta_5'(k) = -\ 1{,}265\,130$	$\vartheta_6''/\vartheta_6(k) = 0{,}050\,469$
	$\vartheta_4''''/\vartheta_4(k) = -0{,}880\,655$	$\vartheta_5'''''/\vartheta_5'(k) = 3{,}329\,872$	$\vartheta_6''''/\vartheta_6(k) = -1{,}992\,359$

$\wp_3(\zeta,\varkappa)$	$\wp_5(\zeta,\varkappa)$	$\wp_1'(\zeta,\varkappa)$	$\wp_3'(\zeta,\varkappa)$	$\wp_5'(\zeta,\varkappa)$	
0,236 090	∞	−∞	0,000 000	−∞	0,50
0,235 802	433,329 572	−18 040,874 4	−0,011 983	−18 040,886 4	0,49
0,234 937	108,331 817	−2 255,098 81	−0,024 045	−2 255,122 86	0,48
0,233 489	48,146 356	−668,164 014	−0,036 263	−668,200 276	0,47
0,231 449	27,080 612	−281,866 545	−0,048 715	−281,915 260	0,46
0,228 804	17,329 244	−144,299 440	−0,061 479	−144,360 919	0,45
0,225 536	12,031 178	−83,489 699	−0,074 633	−83,564 332	0,44
0,221 626	8,835 499	−52,559 250	−0,088 253	−52,647 503	0,43
0,217 048	6,760 185	−35,192 988	−0,102 415	−35,295 403	0,42
0,211 776	5,336 074	−24,699 444	−0,117 192	−24,816 636	0,41
0,205 778	4,316 043	−17,988 171	−0,132 656	−18,120 827	0,40
0,199 019	3,559 866	−13,497 131	−0,148 876	−13,646 007	0,39
0,191 461	2,983 161	−10,378 726	−0,165 915	−10,544 641	0,38
0,183 064	2,532 670	−8,145 850	−0,183 834	−8,329 684	0,37
0,173 784	2,173 429	−6,504 974	−0,202 684	−6,707 658	0,36
0,163 575	1,881 702	−5,272 026	−0,222 508	−5,494 534	0,35
0,152 390	1,640 914	−4,327 579	−0,243 340	−4,570 918	0,34
0,140 179	1,439 195	−3,591 843	−0,265 196	−3,857 040	0,33
0,126 894	1,267 865	−3,010 127	−0,288 081	−3,298 209	0,32
0,112 485	1,120 450	−2,544 090	−0,311 976	−3,856 066	0,31
0,096 905	0,992 037	−2,166 307	−0,336 841	−2,503 148	0,30
0,080 108	0,878 849	−1,856 812	−0,362 607	−2,219 419	0,29
0,062 054	0,777 934	−1,600 829	−0,389 174	−1,990 003	0,28
0,042 706	0,686 966	−1,387 266	−0,416 406	−1,803 672	0,27
0,022 039	0,604 091	−1,207 682	−0,444 128	−1,651 810	0,26
0,000 032	0,527 821	−1,055 579	−0,472 116	−1,527 695	0,25
0,000 032	0,527 821	−1,055 579	−0,472 116	−1,527 695	0,25
−0,023 321	0,456 956	−0,925 894	−0,500 100	−1,425 994	0,24
−0,048 012	0,390 526	−0,814 644	−0,527 757	−1,342 401	0,23
−0,074 015	0,327 749	−0,718 665	−0,554 707	−1,273 372	0,22
−0,101 288	0,267 998	−0,635 420	−0,580 516	−1,215 936	0,21
−0,129 764	0,210 780	−0,562 860	−0,604 692	−1,167 551	0,20
−0,159 350	0,155 714	−0,499 312	−0,626 691	−1,126 002	0,19
−0,189 930	0,102 519	−0,443 404	−0,645 921	−1,089 325	0,18
−0,221 354	0,051 005	−0,394 002	−0,661 751	−1,055 754	0,17
−0,253 444	0,001 061	−0,350 161	−0,673 524	−1,023 685	0,16
−0,285 989	−0,047 349	−0,311 087	−0,680 571	−0,991 658	0,15
−0,318 745	−0,094 194	−0,276 110	−0,682 230	−0,958 341	0,14
−0,351 439	−0,139 384	−0,244 663	−0,677 872	−0,922 536	0,13
−0,383 768	−0,182 772	−0,216 258	−0,666 924	−0,883 182	0,12
−0,415 402	−0,224 166	−0,190 475	−0,648 898	−0,839 373	0,11
−0,445 993	−0,263 333	−0,166 950	−0,623 419	−0,790 368	0,10
−0,475 175	−0,300 010	−0,145 363	−0,590 254	−0,735 617	0,09
−0,502 579	−0,333 912	−0,125 435	−0,549 337	−0,674 773	0,08
−0,527 832	−0,364 741	−0,106 915	−0,500 793	−0,607 708	0,07
−0,550 576	−0,392 201	−0,089 579	−0,444 946	−0,534 525	0,06
−0,570 473	−0,416 004	−0,073 222	−0,382 332	−0,455 554	0,05
−0,587 213	−0,435 885	−0,057 659	−0,313 694	−0,371 353	0,04
−0,600 530	−0,451 611	−0,042 715	−0,239 970	−0,282 685	0,03
−0,610 205	−0,462 988	−0,028 227	−0,162 267	−0,190 494	0,02
−0,616 076	−0,469 874	−0,014 039	−0,081 829	−0,095 868	0,01
−0,618 045	−0,472 179	0,000 000	0,000 000	0,000 000	0,00
$\wp_4(\zeta,\varkappa)$	$\wp_6(\zeta,\varkappa)$	$-\wp_2'(\zeta,\varkappa)$	$-\wp_4'(\zeta,\varkappa)$	$-\wp_6'(\zeta,\varkappa)$	$\zeta = \dfrac{z}{2K}$

Tafel III

$\sqrt{k}$ = 0,958 729 k = 0,919 161 k^2 = 0,844 857 $\varkappa = 0{,}69$

$\sqrt{k'}$ = 0,627 600 k' = 0,393 882 k'^2 = 0,155 143

$e_1 = -e_3' =$ 0,385 048 $e_2 = -e_2' =$ 0,229 904 $e_3 = -e_1' = -0{,}614\,952$

$g_2 = g_2' =$ 1,158 568 $g_3 = -g_3' = -0{,}217\,753$ $g_3/\sqrt{g_2^3} = -0{,}174\,615$

$\bar{g}_2 = \bar{g}_2' = -1{,}462\,909$ $\bar{g}_3 = -\bar{g}_3' = -1{,}061\,518$ $\bar{g}_3/\sqrt{\bar{g}_2^3}$ = 0,599 931 i

$\zeta = \frac{z}{2K}$	$\vartheta_1(\zeta,\varkappa)$	$\vartheta_3(\zeta,\varkappa)$	$\frac{\partial \ln \vartheta_1(\zeta,\varkappa)}{\partial \zeta}$	$\frac{\partial \ln \vartheta_3(\zeta,\varkappa)}{\partial \zeta}$	$\mathrm{sn}(\zeta,\varkappa)$
0,00	0,000 000	1,229 224	∞	0,000 000	0,000 000
0,01	0,035 105	1,228 770	99,977 846	−0,073 927	0,047 436
0,02	0,070 188	1,227 409	49,955 633	−0,147 721	0,094 676
0,03	0,105 223	1,225 146	33,266 636	−0,221 248	0,141 526
0,04	0,140 188	1,221 991	24,910 796	−0,294 371	0,187 800
0,05	0,175 059	1,217 957	19,888 058	−0,366 953	0,233 318
0,06	0,209 811	1,213 059	16,531 696	−0,438 851	0,277 917
0,07	0,244 421	1,207 317	14,127 370	−0,509 921	0,321 443
0,08	0,278 863	1,200 754	12,317 882	−0,580 012	0,363 761
0,09	0,313 123	1,193 397	10,904 767	−0,648 967	0,404 751
0,10	0,347 143	1,185 275	9,768 925	−0,716 624	0,444 313
0,11	0,380 928	1,176 420	8,834 549	−0,782 812	0,482 363
0,12	0,414 441	1,166 869	8,051 087	−0,847 355	0,518 837
0,13	0,447 653	1,156 658	7,383 526	−0,910 065	0,553 687
0,14	0,480 536	1,145 830	6,806 847	−0,970 748	0,586 883
0,15	0,513 062	1,134 427	6,302 694	−1,029 198	0,618 410
0,16	0,545 199	1,122 495	5,857 291	−1,085 200	0,648 268
0,17	0,576 919	1,110 081	5,460 095	−1,138 530	0,676 469
0,18	0,608 190	1,097 234	5,102 902	−1,188 950	0,703 038
0,19	0,638 979	1,084 007	4,779 228	−1,236 215	0,728 007
0,20	0,669 255	1,070 451	4,483 881	−1,280 070	0,751 420
0,21	0,698 985	1,056 620	4,212 657	−1,320 247	0,773 326
0,22	0,728 136	1,042 569	3,962 110	−1,356 474	0,793 777
0,23	0,756 673	1,028 354	3,729 394	−1,388 467	0,812 834
0,24	0,784 563	1,014 031	3,512 131	−1,415 939	0,830 556
0,25	0,811 771	0,999 657	3,308 326	−1,438 597	0,847 007
0,26	0,838 264	0,985 288	3,116 287	−1,456 148	0,862 251
0,27	0,864 005	0,970 981	2,934 571	−1,468 300	0,876 351
0,28	0,888 962	0,956 793	2,761 942	−1,474 764	0,889 370
0,29	0,913 099	0,942 779	2,597 333	−1,475 262	0,901 371
0,30	0,936 383	0,928 994	2,439 817	−1,469 529	0,912 412
0,31	0,958 780	0,915 493	2,288 588	−1,457 317	0,922 553
0,32	0,980 257	0,902 328	2,142 938	−1,438 405	0,931 848
0,33	1,000 782	0,889 552	2,002 245	−1,412 599	0,940 349
0,34	1,020 323	0,877 213	1,865 960	−1,379 745	0,948 108
0,35	1,038 850	0,865 361	1,733 593	−1,339 731	0,955 169
0,36	1,056 332	0,854 041	1,604 709	−1,292 494	0,961 578
0,37	1,072 742	0,843 298	1,478 919	−1,238 032	0,967 374
0,38	1,088 053	0,833 174	1,355 871	−1,176 401	0,972 596
0,39	1,102 239	0,823 708	1,235 248	−1,107 731	0,977 277
0,40	1,115 276	0,814 937	1,116 762	−1,032 222	0,981 449
0,41	1,127 142	0,806 895	1,000 149	−0,950 153	0,985 140
0,42	1,137 816	0,799 614	0,885 170	−0,861 881	0,988 376
0,43	1,147 279	0,793 121	0,771 599	−0,767 844	0,991 179
0,44	1,155 516	0,787 442	0,659 229	−0,668 558	0,993 570
0,45	1,162 510	0,782 598	0,547 867	−0,564 612	0,995 564
0,46	1,168 250	0,778 610	0,437 328	−0,456 667	0,997 176
0,47	1,172 725	0,775 492	0,327 437	−0,345 441	0,998 418
0,48	1,175 927	0,773 256	0,218 027	−0,231 709	0,999 299
0,49	1,177 851	0,771 911	0,108 935	−0,116 282	0,999 825
0,50	1,178 493	0,771 462	0,000 000	0,000 000	1,000 000
	$\vartheta_2(\zeta,\varkappa)$	$\vartheta_4(\zeta,\varkappa)$	$-\frac{\partial \ln \vartheta_2(\zeta,\varkappa)}{\partial \zeta}$	$-\frac{\partial \ln \vartheta_4(\zeta,\varkappa)}{\partial \zeta}$	$\mathrm{cd}(\zeta,\varkappa)$

Tafel III

$\varkappa = 0{,}69$

$k^2 k'^2 = 0{,}131\,074$	$\eta_1 = -\eta_2' = 0{,}098\,274$	$\eta_1' = -\eta_2 = 0{,}305\,842$
$\pi/KK' = 0{,}808\,233$	$\bar{\eta}_1 = -\bar{\eta}_2' = 0{,}426\,453$	$\bar{\eta}_1' = -\bar{\eta}_2 = 0{,}381\,780$
$K = 2{,}373\,461$	$E = 1{,}147\,146$	$A = 1{,}557\,840$
$K' = 1{,}637\,688$	$E' = 1{,}507\,974$	$A' = 0{,}248\,724$
$B = 0{,}921\,955$	$C = 0{,}626\,795$	$D = 1{,}451\,507$

$\operatorname{cn}(\zeta,\varkappa)$	$\operatorname{dn}(\zeta,\varkappa)$	$\operatorname{sc}(\zeta,\varkappa)$	$\overline{\operatorname{sn}}(\zeta,\varkappa)$	$\overline{\operatorname{cn}}(\zeta,\varkappa)$	
1,000 000	1,000 000	0,000 000	∞	0,000 000	0,50
0,998 874	0,999 049	0,047 490	21,037 115	−0,047 445	0,49
0,995 508	0,996 206	0,095 103	10,474 980	−0,094 743	0,48
0,989 935	0,991 503	0,142 965	6,935 270	−0,141 750	0,47
0,982 207	0,984 989	0,191 202	5,151 575	−0,188 331	0,46
0,972 400	0,976 733	0,239 941	4,070 731	−0,234 358	0,45
0,960 605	0,966 822	0,289 314	3,341 773	−0,279 715	0,44
0,946 929	0,955 356	0,339 458	2,814 355	−0,324 303	0,43
0,931 492	0,942 447	0,390 514	2,413 353	−0,368 039	0,42
0,914 427	0,928 220	0,442 628	2,097 067	−0,410 856	0,41
0,895 872	0,912 805	0,495 956	1,840 498	−0,452 711	0,40
0,875 972	0,896 339	0,550 660	1,627 753	−0,493 578	0,39
0,854 873	0,878 961	0,606 916	1,448 240	−0,533 456	0,38
0,832 725	0,860 810	0,664 909	1,294 627	−0,572 360	0,37
0,809 672	0,842 024	0,724 840	1,161 669	−0,610 333	0,36
0,785 856	0,822 740	0,786 925	1,045 512	−0,647 435	0,35
0,761 412	0,803 087	0,851 402	0,943 252	−0,683 749	0,34
0,736 471	0,783 189	0,918 528	0,852 657	−0,719 381	0,33
0,711 153	0,763 164	0,988 589	0,771 973	−0,754 456	0,32
0,685 569	0,743 122	1,061 902	0,699 803	−0,789 123	0,31
0,659 824	0,723 164	1,138 820	0,635 012	−0,823 554	0,30
0,634 009	0,703 383	1,219 739	0,576 667	−0,857 944	0,29
0,608 209	0,683 865	1,305 107	0,523 991	−0,892 516	0,28
0,582 496	0,664 684	1,395 432	0,476 328	−0,927 521	0,27
0,556 935	0,645 909	1,491 296	0,433 119	−0,963 242	0,26
0,531 582	0,627 600	1,593 370	0,393 882	−1,000 000	0,25
0,506 482	0,609 811	1,702 431	0,358 200	−1,038 161	0,24
0,481 674	0,592 586	1,819 386	0,325 707	−1,078 143	0,23
0,457 188	0,575 965	1,945 304	0,296 080	−1,120 428	0,22
0,433 049	0,559 982	2,081 453	0,269 034	−1,165 577	0,21
0,409 273	0,544 665	2,229 351	0,244 316	−1,214 250	0,20
0,385 871	0,530 037	2,390 832	0,221 696	−1,267 230	0,19
0,362 850	0,516 117	2,568 135	0,200 970	−1,325 459	0,18
0,340 211	0,502 921	2,764 021	0,181 953	−1,390 085	0,17
0,317 950	0,490 461	2,981 941	0,164 477	−1,462 525	0,16
0,296 060	0,478 745	3,226 264	0,148 390	−1,544 557	0,15
0,274 532	0,467 780	3,502 606	0,133 552	−1,638 450	0,14
0,253 352	0,457 572	3,818 309	0,119 836	−1,747 151	0,13
0,232 503	0,448 123	4,183 162	0,107 125	−1,874 571	0,12
0,211 967	0,439 434	4,610 518	0,095 311	−2,026 020	0,11
0,191 724	0,431 507	5,119 066	0,084 294	−2,208 915	0,10
0,171 753	0,424 341	5,735 809	0,073 981	−2,433 942	0,09
0,152 028	0,417 936	6,501 256	0,064 285	−2,717 106	0,08
0,132 527	0,412 289	7,479 063	0,055 126	−3,083 532	0,07
0,113 223	0,407 399	8,775 337	0,046 425	−3,575 063	0,06
0,094 089	0,403 265	10,581 077	0,038 112	−4,266 977	0,05
0,075 098	0,399 885	13,278 293	0,030 116	−5,309 791	0,04
0,056 222	0,397 258	17,758 365	0,022 370	−7,054 651	0,03
0,037 433	0,395 382	26,695 462	0,014 811	−10,554 912	0,02
0,018 702	0,394 257	53,460 488	0,007 375	−21,077 185	0,01
0,000 000	0,393 882	∞	0,000 000	$-\infty$	0,00
$k'\operatorname{sd}(\zeta,\varkappa)$	$k'\operatorname{nd}(\zeta,\varkappa)$	$\frac{1}{k'}\operatorname{cs}(\zeta,\varkappa)$	$-\overline{\operatorname{cd}}(\zeta,\varkappa)$	$-\overline{\operatorname{sd}}(\zeta,\varkappa)$	$\zeta = \frac{z}{2K}$

Tafel III. (Fortsetzung)

$\vartheta_1'(0,\varkappa) = 3{,}510\,931$	$\vartheta_1'(0,k) = 0{,}739\,623$	$\vartheta_5'(0,\varkappa) = 9{,}052\,381$
$\vartheta_1'''/\vartheta_1'(\varkappa) = -6{,}643\,328$	$\vartheta_2''/\vartheta_2(\varkappa) = -10{,}890\,831$	$\vartheta_3''/\vartheta_3(\varkappa) = -7{,}394\,944$
$\vartheta_1'''/\vartheta_1'(k) = -0{,}294\,823$	$\vartheta_2''/\vartheta_2(k) = -\ 0{,}483\,322$	$\vartheta_3''/\vartheta_3(k) = -0{,}328\,179$
$\vartheta_1'''''/\vartheta_1'(k) = -0{,}434\,416$	$\vartheta_2''''/\vartheta_2(k) = 0{,}390\,514$	$\vartheta_3''''/\vartheta_3(k) = 0{,}585\,252$

$\varkappa = 0{,}69$

$\zeta = \frac{z}{2K}$	$\overline{\mathrm{dn}}(\zeta,\varkappa)$	$\mathfrak{z}_1(\zeta,\varkappa)$	$\mathfrak{z}_3(\zeta,\varkappa)$	$\mathfrak{z}_5(\zeta,\varkappa)$	$\wp_1(\zeta,\varkappa)$
0,00	0,000 000	∞	0,000 000	∞	∞
0,01	−0,040 070	21,066 276	−0,010 909	21,066 281	443,788 211
0,02	−0,079 932	10,533 123	−0,021 789	10,533 160	110,947 542
0,03	−0,119 380	7,022 037	−0,032 614	7,022 164	49,310 958
0,04	−0,158 216	5,266 438	−0,043 353	5,266 738	27,738 833
0,05	−0,196 246	4,212 999	−0,053 978	4,213 587	17,754 762
0,06	−0,233 290	3,510 603	−0,064 460	3,511 624	12,332 095
0,07	−0,269 178	3,008 766	−0,074 766	3,010 393	9,063 202
0,08	−0,303 753	2,632 239	−0,084 867	2,634 680	6,942 384
0,09	−0,336 875	2,339 214	−0,094 728	2,342 706	5,489 186
0,10	−0,368 417	2,104 599	−0,104 316	2,109 417	4,450 552
0,11	−0,398 267	1,912 426	−0,113 594	1,918 879	3,682 908
0,12	−0,426 330	1,752 044	−0,122 526	1,760 479	3,099 876
0,13	−0,452 524	1,616 079	−0,131 072	1,626 881	2,646 956
0,14	−0,476 781	1,499 259	−0,139 190	1,512 857	2,288 384
0,15	−0,499 045	1,397 718	−0,146 839	1,414 580	1,999 900
0,16	−0,519 272	1,308 553	−0,153 971	1,329 196	1,764 578
0,17	−0,537 428	1,229 544	−0,160 541	1,254 531	1,570 313
0,18	−0,553 486	1,158 962	−0,166 497	1,188 905	1,408 267
0,19	−0,567 427	1,095 440	−0,171 789	1,131 005	1,271 859
0,20	−0,579 238	1,037 887	−0,176 363	1,079 792	1,156 111
0,21	−0,588 910	0,985 415	−0,180 162	1,034 434	1,057 198
0,22	−0,596 436	0,937 299	−0,183 128	0,994 265	0,972 142
0,23	−0,601 814	0,892 940	−0,185 203	0,958 744	0,898 598
0,24	−0,605 042	0,851 836	−0,186 325	0,927 431	0,834 695
0,25	−0,606 118	0,813 566	−0,186 434	0,899 967	0,778 930
0,25	1,393 882	0,813 566	−0,186 434	0,899 967	0,778 930
0,26	1,396 361	0,777 776	−0,185 466	0,876 058	0,730 081
0,27	1,403 849	0,744 160	−0,183 361	0,855 461	0,687 147
0,28	1,416 508	0,712 459	−0,180 058	0,837 976	0,649 304
0,29	1,434 611	0,682 447	−0,175 498	0,823 437	0,615 864
0,30	1,458 566	0,653 929	−0,169 625	0,811 706	0,586 255
0,31	1,488 926	0,626 735	−0,162 387	0,802 663	0,559 993
0,32	1,526 429	0,600 717	−0,153 738	0,796 208	0,536 671
0,33	1,572 037	0,575 744	−0,143 637	0,792 249	0,515 941
0,34	1,627 002	0,551 699	−0,132 051	0,790 703	0,497 509
0,35	1,692 947	0,528 479	−0,118 956	0,791 491	0,481 120
0,36	1,772 002	0,505 993	−0,104 340	0,794 535	0,466 559
0,37	1,866 987	0,484 158	−0,088 202	0,799 752	0,453 637
0,38	1,981 696	0,462 902	−0,070 554	0,807 057	0,442 194
0,39	2,121 331	0,442 156	−0,051 423	0,816 356	0,432 091
0,40	2,293 209	0,421 860	−0,030 851	0,827 545	0,423 209
0,41	2,507 923	0,401 960	−0,008 897	0,840 512	0,415 443
0,42	2,781 392	0,382 403	0,014 364	0,855 129	0,408 707
0,43	3,138 658	0,363 142	0,038 839	0,871 257	0,402 925
0,44	3,621 488	0,344 135	0,064 420	0,888 744	0,398 034
0,45	4,305 089	0,325 340	0,090 982	0,907 425	0,393 980
0,46	5,339 906	0,306 719	0,118 388	0,927 123	0,390 720
0,47	7,077 021	0,288 234	0,146 484	0,947 647	0,388 219
0,48	10,569 723	0,269 851	0,175 108	0,968 801	0,386 451
0,49	21,084 560	0,251 534	0,204 089	0,990 379	0,385 398
0,50	∞	0,233 250	0,233 250	1,012 170	0,385 048
	$\overline{\mathrm{sc}}(\zeta,\varkappa)$	$-\mathfrak{z}_2(\zeta,\varkappa)$	$-\mathfrak{z}_4(\zeta,\varkappa)$	$-\mathfrak{z}_6(\zeta,\varkappa)$	$\wp_2(\zeta,\varkappa)$

Tafel III

$\varkappa = 0{,}69$

$\vartheta_5'(0,k) = 1{,}907\,000$ | $\vartheta_6(0,k) = 1{,}907\,000$ | $\vartheta_{\substack{5\\6}}(\frac{1}{4},\varkappa) = 1{,}702\,135$

$\vartheta_4''/\vartheta_4(\varkappa) = 11{,}642\,447$ | $\vartheta_5'''/\vartheta_5'(\varkappa) = -28{,}828\,160$ | $\vartheta_6''/\vartheta_6(\varkappa) = 0{,}751\,616$

$\vartheta_4''/\vartheta_4(k) = 0{,}516\,678$ | $\vartheta_5'''/\vartheta_5'(k) = -\ 1{,}279\,359$ | $\vartheta_6''/\vartheta_6(k) = 0{,}033\,356$

$\vartheta_4''''/\vartheta_4(k) = -0{,}888\,845$ | $\vartheta_5'''''/\vartheta_5'(k) = 3{,}459\,388$ | $\vartheta_6''''/\vartheta_6(k) = -1{,}996\,662$

$\wp_3(\zeta,\varkappa)$	$\wp_5(\zeta,\varkappa)$	$\wp_1'(\zeta,\varkappa)$	$\wp_3'(\zeta,\varkappa)$	$\wp_5'(\zeta,\varkappa)$	
0,229 904	∞	$-\infty$	0,000 000	$-\infty$	0,50
0,229 609	443,787 915	−18 697,920 9	−0,012 457	−18 697,933 3	0,49
0,228 721	110,946 358	−2 337,229 82	−0,024 991	−2 337,254 81	0,48
0,227 234	49,308 288	−692,499 382	−0,037 680	−692,537 062	0,47
0,225 140	27,734 069	−292,133 312	−0,050 600	−292,183 912	0,46
0,222 425	17,747 283	−149,556 324	−0,063 828	−149,620 152	0,45
0,219 074	12,321 265	−86,532 182	−0,077 440	−86,609 622	0,44
0,215 066	9,048 364	−54,475 522	−0,091 511	−54,567 033	0,43
0,210 378	6,922 857	−36,477 042	−0,106 113	−36,583 155	0,42
0,204 982	5,464 263	−25,601 569	−0,121 319	−25,722 888	0,41
0,198 849	4,419 496	−18,646 101	−0,137 197	−18,783 298	0,40
0,191 945	3,644 949	−13,991 711	−0,153 813	−14,145 524	0,39
0,184 234	3,054 206	−10,759 929	−0,171 226	−10,931 155	0,38
0,175 676	2,592 728	−8,445 909	−0,189 492	−8,635 401	0,37
0,166 229	2,224 709	−6,745 431	−0,208 657	−6,954 088	0,36
0,155 851	1,925 847	−5,467 718	−0,228 759	−5,696 477	0,35
0,144 496	1,679 169	−4,488 994	−0,249 824	−4,738 817	0,34
0,132 118	1,472 526	−3,726 563	−0,271 863	−3,998 426	0,33
0,118 671	1,297 033	−3,123 741	−0,294 872	−3,418 613	0,32
0,104 108	1,146 063	−2,640 792	−0,318 825	−2,959 617	0,31
0,088 388	1,014 594	−2,249 292	−0,343 674	−2,592 966	0,30
0,071 468	0,898 761	−1,928 548	−0,369 341	−2,297 889	0,29
0,053 312	0,795 549	−1,663 247	−0,395 719	−2,058 966	0,28
0,033 890	0,702 583	−1,441 893	−0,422 664	−1,864 558	0,27
0,013 179	0,617 969	−1,255 740	−0,449 993	−1,705 733	0,26
−0,008 835	0,540 191	−1,098 051	−0,477 478	−1,575 529	0,25
−0,008 835	0,540 191	−1,098 051	−0,477 478	−1,575 529	0,25
−0,032 151	0,468 026	−0,963 582	−0,504 845	−1,468 427	0,24
−0,056 757	0,400 486	−0,848 205	−0,531 769	−1,379 974	0,23
−0,082 623	0,336 776	−0,748 642	−0,557 872	−1,306 513	0,22
−0,109 700	0,276 259	−0,662 264	−0,582 724	−1,244 988	0,21
−0,137 919	0,218 432	−0,586 947	−0,605 844	−1,192 791	0,20
−0,167 183	0,162 906	−0,520 961	−0,626 701	−1,147 661	0,19
−0,197 372	0,109 394	−0,462 883	−0,644 722	−1,107 605	0,18
−0,228 337	0,057 700	−0,411 538	−0,659 300	−1,070 839	0,17
−0,259 900	0,007 704	−0,365 948	−0,669 807	−1,035 756	0,16
−0,291 853	−0,040 637	−0,325 292	−0,675 608	−1,000 900	0,15
−0,323 957	−0,087 303	−0,288 876	−0,676 080	−0,964 956	0,14
−0,355 945	−0,132 213	−0,256 112	−0,670 634	−0,926 746	0,13
−0,387 524	−0,175 234	−0,226 494	−0,658 741	−0,885 236	0,12
−0,418 376	−0,216 189	−0,199 590	−0,639 955	−0,839 545	0,11
−0,448 166	−0,254 862	−0,175 022	−0,613 940	−0,788 962	0,10
−0,476 545	−0,291 006	−0,152 460	−0,580 498	−0,732 958	0,09
−0,503 159	−0,324 357	−0,131 613	−0,539 592	−0,671 204	0,08
−0,527 657	−0,354 636	−0,112 222	−0,491 360	−0,603 582	0,07
−0,549 697	−0,381 568	−0,094 057	−0,436 133	−0,530 190	0,06
−0,568 960	−0,404 885	−0,076 905	−0,374 441	−0,451 345	0,05
−0,585 155	−0,424 340	−0,060 573	−0,307 003	−0,367 576	0,04
−0,598 030	−0,439 716	−0,044 882	−0,234 720	−0,279 602	0,03
−0,607 379	−0,450 833	−0,029 663	−0,158 653	−0,188 316	0,02
−0,613 051	−0,457 558	−0,014 755	−0,079 988	−0,094 742	0,01
−0,614 952	−0,459 809	0,000 000	0,000 000	0,000 000	0,00
$\wp_4(\zeta,\varkappa)$	$\wp_6(\zeta,\varkappa)$	$-\wp_2'(\zeta,\varkappa)$	$-\wp_4'(\zeta,\varkappa)$	$-\wp_6'(\zeta,\varkappa)$	$\zeta = \frac{z}{2K}$

Tafel III

$\varkappa = 0{,}70$

$\sqrt{k}$ =	0,956 016	k =	0,913 967	k^2 =	0,835 335
$\sqrt{k'}$ =	0,637 016	k' =	0,405 789	k'^2 =	0,164 665
$e_1 = -e_3' =$	0,388 222	$e_2 = -e_2' =$	0,223 557	$e_3 = -e_1' =$	−0,611 778
$g_2 = g_2' =$	1,149 933	$g_3 = -g_3' =$	−0,212 384	$g_3/\sqrt{g_2^3} =$	−0,172 232
$\bar{g}_2 = \bar{g}_2' =$	−1,601 070	$\bar{g}_3 = -\bar{g}_3' =$	−1,073 392	$\bar{g}_3/\sqrt{\bar{g}_2^3} =$	0,529 838i

$\zeta = \dfrac{z}{2K}$	$\vartheta_1(\zeta,\varkappa)$	$\vartheta_3(\zeta,\varkappa)$	$\dfrac{\partial \ln \vartheta_1(\zeta,\varkappa)}{\partial \zeta}$	$\dfrac{\partial \ln \vartheta_3(\zeta,\varkappa)}{\partial \zeta}$	$\mathrm{sn}(\zeta,\varkappa)$
0,00	0,000 000	1,222 105	∞	0,000 000	0,000 000
0,01	0,034 917	1,221 665	99,977 167	−0,072 019	0,046 889
0,02	0,069 811	1,220 347	49,954 279	−0,143 904	0,093 590
0,03	0,104 656	1,218 155	33,264 613	−0,215 522	0,139 916
0,04	0,139 430	1,215 099	24,908 113	−0,286 736	0,185 687
0,05	0,174 107	1,211 192	19,884 727	−0,357 408	0,230 733
0,06	0,208 663	1,206 447	16,527 732	−0,427 396	0,274 892
0,07	0,243 073	1,200 886	14,122 791	−0,496 556	0,318 019
0,08	0,277 312	1,194 529	12,312 709	−0,564 737	0,359 980
0,09	0,311 353	1,187 403	10,899 022	−0,631 784	0,400 659
0,10	0,345 172	1,179 536	9,762 635	−0,697 536	0,439 958
0,11	0,378 740	1,170 958	8,827 741	−0,761 825	0,477 793
0,12	0,412 031	1,161 706	8,043 790	−0,824 475	0,514 101
0,13	0,445 016	1,151 815	7,375 773	−0,885 302	0,548 832
0,14	0,477 668	1,141 326	6,798 672	−0,944 115	0,581 955
0,15	0,509 957	1,130 279	6,294 132	−1,000 712	0,613 453
0,16	0,541 853	1,118 719	5,848 379	−1,054 883	0,643 322
0,17	0,573 326	1,106 692	5,450 871	−1,106 409	0,671 572
0,18	0,604 345	1,094 246	5,093 404	−1,155 060	0,698 223
0,19	0,634 878	1,081 430	4,769 495	−1,200 598	0,723 306
0,20	0,664 895	1,068 296	4,473 956	−1,242 776	0,746 858
0,21	0,694 362	1,054 895	4,202 579	−1,281 336	0,768 925
0,22	0,723 246	1,041 280	3,951 921	−1,316 015	0,789 558
0,23	0,751 515	1,027 506	3,719 134	−1,346 544	0,808 812
0,24	0,779 135	1,013 627	3,501 842	−1,372 648	0,826 743
0,25	0,806 072	0,999 697	3,298 049	−1,394 048	0,843 412
0,26	0,832 293	0,985 773	3,106 061	−1,410 467	0,858 881
0,27	0,857 764	0,971 908	2,924 438	−1,421 629	0,873 209
0,28	0,882 451	0,958 157	2,751 940	−1,427 263	0,886 457
0,29	0,906 322	0,944 575	2,587 500	−1,427 109	0,898 686
0,30	0,929 342	0,931 214	2,430 191	−1,420 922	0,909 953
0,31	0,951 480	0,918 128	2,279 204	−1,408 472	0,920 314
0,32	0,972 704	0,905 368	2,133 832	−1,389 558	0,929 824
0,33	0,992 982	0,892 984	1,993 450	−1,364 005	0,938 532
0,34	1,012 283	0,881 023	1,857 508	−1,331 676	0,946 490
0,35	1,030 579	0,869 534	1,725 515	−1,292 476	0,953 741
0,36	1,047 839	0,858 561	1,597 035	−1,246 357	0,960 329
0,37	1,064 040	0,848 147	1,471 675	−1,193 326	0,966 294
0,38	1,079 149	0,838 332	1,349 083	−1,133 452	0,971 673
0,39	1,093 148	0,829 155	1,228 940	−1,066 865	0,976 500
0,40	1,106 010	0,820 651	1,110 956	−0,993 768	0,980 806
0,41	1,117 715	0,812 855	0,994 866	−0,914 435	0,984 618
0,42	1,128 244	0,805 795	0,880 426	−0,829 212	0,987 963
0,43	1,137 576	0,799 500	0,767 412	−0,738 522	0,990 863
0,44	1,145 698	0,793 994	0,655 614	−0,642 859	0,993 337
0,45	1,152 595	0,789 298	0,544 835	−0,542 786	0,995 402
0,46	1,158 254	0,785 431	0,434 890	−0,438 930	0,997 073
0,47	1,162 666	0,782 407	0,325 602	−0,331 975	0,998 360
0,48	1,165 823	0,780 239	0,216 800	−0,222 653	0,999 273
0,49	1,167 720	0,778 935	0,108 320	−0,111 730	0,999 819
0,50	1,168 352	0,778 500	0,000 000	0,000 000	1,000 000
	$\vartheta_2(\zeta,\varkappa)$	$\vartheta_4(\zeta,\varkappa)$	$-\dfrac{\partial \ln \vartheta_2(\zeta,\varkappa)}{\partial \zeta}$	$-\dfrac{\partial \ln \vartheta_4(\zeta,\varkappa)}{\partial \zeta}$	$\mathrm{cd}(\zeta,\varkappa)$

Tafel III

$\varkappa = 0{,}70$

$k^2 k'^2 = 0{,}137\,550$	$\eta_1 = -\eta_2' = 0{,}103\,668$	$\eta_1' = -\eta_2 = 0{,}304\,038$
$\pi/KK' = 0{,}815\,413$	$\bar\eta_1 = -\bar\eta_2' = 0{,}430\,894$	$\bar\eta_1' = -\bar\eta_2 = 0{,}384\,520$
$K = 2{,}346\,049$	$E = 1{,}153\,998$	$A = 1{,}535\,373$
$K' = 1{,}642\,234$	$E' = 1{,}503\,985$	$A' = 0{,}264\,339$
$B = 0{,}919\,016$	$C = 0{,}608\,159$	$D = 1{,}427\,033$

$\mathrm{cn}(\zeta, \varkappa)$	$\mathrm{dn}(\zeta, \varkappa)$	$\mathrm{sc}(\zeta, \varkappa)$	$\overline{\mathrm{sn}}(\zeta, \varkappa)$	$\overline{\mathrm{cn}}(\zeta, \varkappa)$	
1,000 000	1,000 000	0,000 000	∞	0,000 000	0,50
0,998 900	0,999 081	0,046 941	21,283 754	−0,046 898	0,49
0,995 611	0,996 335	0,094 003	10,599 019	−0,093 658	0,48
0,990 163	0,991 790	0,141 306	7,018 746	−0,140 146	0,47
0,982 609	0,985 494	0,188 974	5,214 978	−0,186 232	0,46
0,973 017	0,977 511	0,237 131	4,122 238	−0,231 799	0,45
0,961 475	0,967 924	0,285 907	3,385 453	−0,276 736	0,44
0,948 084	0,956 827	0,335 433	2,852 513	−0,320 951	0,43
0,932 960	0,944 327	0,385 847	2,447 412	−0,364 366	0,42
0,916 227	0,930 540	0,437 293	2,127 958	−0,406 918	0,41
0,898 018	0,915 593	0,489 921	1,868 859	−0,448 568	0,40
0,878 472	0,899 613	0,543 891	1,654 031	−0,489 292	0,39
0,857 730	0,882 735	0,599 374	1,472 761	−0,529 088	0,38
0,835 932	0,865 091	0,656 551	1,317 630	−0,567 977	0,37
0,813 221	0,846 815	0,715 618	1,183 334	−0,605 996	0,36
0,789 731	0,828 035	0,776 787	1,065 975	−0,643 207	0,35
0,765 596	0,808 879	0,840 290	0,962 619	−0,679 693	0,34
0,740 939	0,789 466	0,906 379	0,871 010	−0,715 555	0,33
0,715 880	0,769 910	0,975 335	0,789 380	−0,750 920	0,32
0,690 528	0,750 318	1,047 468	0,716 316	−0,785 934	0,31
0,664 983	0,730 789	1,123 123	0,650 676	−0,820 766	0,30
0,639 338	0,711 415	1,202 689	0,591 520	−0,855 611	0,29
0,613 676	0,692 279	1,286 606	0,538 066	−0,890 690	0,28
0,588 068	0,673 456	1,375 371	0,489 654	−0,926 252	0,27
0,562 580	0,655 015	1,469 557	0,445 723	−0,962 582	0,26
0,537 267	0,637 016	1,569 820	0,405 789	−1,000 000	0,25
0,512 176	0,619 511	1,676 925	0,369 433	−1,038 872	0,24
0,487 347	0,602 547	1,491 761	0,336 287	−1,079 619	0,23
0,462 811	0,586 164	1,915 378	0,306 030	−1,122 725	0,22
0,438 593	0,570 397	2,049 021	0,278 375	−1,168 756	0,21
0,414 712	0,555 275	2,194 182	0,253 067	−1,218 374	0,20
0,391 180	0,540 823	2,352 660	0,229 877	−1,272 372	0,19
0,368 006	0,527 060	2,526 655	0,208 600	−1,331 700	0,18
0,345 191	0,514 004	2,718 879	0,189 050	−1,397 516	0,17
0,322 734	0,501 668	2,932 722	0,171 059	−1,471 253	0,16
0,300 630	0,490 062	3,172 473	0,154 473	−1,554 709	0,15
0,278 870	0,479 194	3,443 647	0,139 153	−1,650 176	0,14
0,257 441	0,469 071	3,753 457	0,124 970	−1,760 636	0,13
0,236 330	0,459 695	4,111 515	0,111 807	−1,890 043	0,12
0,215 518	0,451 070	4,530 934	0,099 553	−2,043 770	0,11
0,194 988	0,443 198	5,030 070	0,088 110	−2,229 317	0,10
0,174 719	0,436 079	5,635 440	0,077 381	−2,457 495	0,09
0,154 688	0,429 712	6,386 823	0,067 281	−2,744 497	0,08
0,134 871	0,424 099	7,346 733	0,057 726	−3,115 738	0,07
0,115 245	0,419 236	8,619 366	0,048 639	−3,613 550	0,06
0,095 783	0,415 124	10,392 286	0,039 945	−4,314 091	0,05
0,076 459	0,411 762	13,040 629	0,031 575	−5,369 635	0,04
0,057 246	0,409 148	17,439 731	0,023 461	−7,135 431	0,03
0,038 118	0,407 282	26,215 627	0,015 536	−10,677 141	0,02
0,019 045	0,406 162	52,498 550	0,007 737	−21,322 915	0,01
0,000 000	0,405 789	∞	0,000 000	$-\infty$	0,00
$k'\,\mathrm{sd}(\zeta, \varkappa)$	$k'\,\mathrm{nd}(\zeta, \varkappa)$	$\frac{1}{k'}\,\mathrm{cs}(\zeta, \varkappa)$	$-\overline{\mathrm{cd}}(\zeta, \varkappa)$	$-\overline{\mathrm{sd}}(\zeta, \varkappa)$	$\zeta = \frac{z}{2K}$

Tafel III. (Fortsetzung)

$\vartheta_1'(0,\varkappa) = 3{,}492\,133$	$\vartheta_1'(0,k) = 0{,}744\,259$	$\vartheta_5'(0,\varkappa) = 8{,}949\,797$
$\vartheta_1'''/\vartheta_1'(\varkappa) = -6{,}847\,018$	$\vartheta_2''/\vartheta_2(\varkappa) = -10{,}829\,337$	$\vartheta_3''/\vartheta_3(\varkappa) = -7{,}204\,119$
$\vartheta_1'''/\vartheta_1'(k) = -0{,}311\,005$	$\vartheta_2''/\vartheta_2(k) = -\ 0{,}491\,890$	$\vartheta_3''/\vartheta_3(k) = -0{,}327\,225$
$\vartheta_1'''''/\vartheta_1'(k) = -0{,}413\,760$	$\vartheta_2''''/\vartheta_2(k) = 0{,}396\,538$	$\vartheta_3''''/\vartheta_3(k) = 0{,}596\,330$

$\varkappa = 0{,}70$

$\zeta = \frac{z}{2K}$	$\overline{\mathrm{dn}}(\zeta,\varkappa)$	$\mathfrak{z}_1(\zeta,\varkappa)$	$\mathfrak{z}_3(\zeta,\varkappa)$	$\mathfrak{z}_5(\zeta,\varkappa)$	$\wp_1(\zeta,\varkappa)$
0,00	0,000 000	∞	0,000 000	∞	∞
0,01	−0,039 161	21,312 430	−0,010 485	21,312 435	454,219 896
0,02	−0,078 122	10,656 200	−0,020 941	10,656 238	113,555 448
0,03	−0,116 685	7,104 091	−0,031 340	7,104 219	50,470 000
0,04	−0,154 657	5,327 982	−0,041 653	5,328 286	28,390 752
0,05	−0,191 853	4,262 240	−0,051 851	4,262 836	18,171 933
0,06	−0,228 097	3,551 647	−0,061 903	3,552 681	12,621 726
0,07	−0,263 225	3,043 960	−0,071 779	3,045 608	9,275 907
0,08	−0,297 084	2,663 052	−0,081 445	2,665 522	7,105 138
0,09	−0,329 537	2,366 625	−0,090 871	2,370 160	5,617 670
0,10	−0,360 458	2,129 297	−0,100 020	2,134 172	4,554 500
0,11	−0,389 738	1,934 913	−0,108 857	1,941 440	3,768 681
0,12	−0,417 282	1,772 698	−0,117 345	1,781 227	3,171 804
0,13	−0,443 006	1,635 192	−0,125 445	1,646 111	2,708 088
0,14	−0,466 843	1,517 062	−0,133 115	1,530 800	2,340 930
0,15	−0,488 734	1,414 396	−0,140 313	1,431 426	2,045 502
0,16	−0,508 634	1,324 259	−0,146 994	1,345 098	1,804 478
0,17	−0,526 505	1,244 405	−0,153 111	1,269 616	1,605 472
0,18	−0,542 320	1,173 084	−0,158 615	1,203 280	1,439 438
0,19	−0,556 056	1,108 916	−0,163 457	1,144 760	1,299 642
0,20	−0,567 699	1,050 793	−0,167 581	1,093 002	1,180 988
0,21	−0,577 236	0,997 820	−0,170 935	1,047 165	1,079 564
0,22	−0,584 659	0,949 263	−0,173 462	1,006 570	0,992 322
0,23	−0,589 965	0,904 515	−0,175 104	0,970 669	0,916 862
0,24	−0,593 150	0,863 069	−0,175 803	0,939 014	0,851 271
0,25	−0,594 211	0,824 500	−0,175 500	0,911 238	0,794 010
0,25	1,405 789	0,824 500	−0,175 500	0,911 238	0,794 010
0,26	1,408 305	0,788 447	−0,174 135	0,887 039	0,743 831
0,27	1,415 907	0,754 603	−0,171 650	0,866 170	0,699 709
0,28	1,428 756	0,722 704	−0,167 986	0,848 423	0,660 800
0,29	1,447 131	0,692 522	−0,163 089	0,833 628	0,626 402
0,30	1,471 441	0,663 859	−0,156 906	0,821 638	0,595 930
0,31	1,502 249	0,636 545	−0,149 389	0,812 331	0,568 890
0,32	1,540 300	0,610 427	−0,140 494	0,805 597	0,544 863
0,33	1,586 566	0,585 372	−0,130 183	0,801 342	0,523 497
0,34	1,642 312	0,561 264	−0,118 429	0,799 478	0,504 489
0,35	1,709 182	0,537 997	−0,105 210	0,799 919	0,487 580
0,36	1,789 329	0,515 479	−0,090 517	0,802 584	0,472 548
0,37	1,885 606	0,493 626	−0,074 351	0,807 387	0,459 202
0,38	2,001 850	0,472 363	−0,056 726	0,814 238	0,447 377
0,39	2,143 323	0,451 622	−0,037 670	0,823 042	0,436 932
0,40	2,317 427	0,431 340	−0,017 227	0,833 693	0,427 745
0,41	2,534 877	0,411 463	0,004 545	0,846 078	0,419 709
0,42	2,811 778	0,391 938	0,027 572	0,860 069	0,412 736
0,43	3,173 464	0,372 716	0,051 765	0,875 529	0,406 749
0,44	3,662 189	0,353 753	0,077 017	0,892 308	0,401 682
0,45	4,354 036	0,335 008	0,103 209	0,910 245	0,397 481
0,46	5,401 210	0,316 440	0,130 207	0,929 165	0,394 102
0,47	7,158 892	0,298 012	0,157 866	0,948 885	0,391 509
0,48	10,692 677	0,279 688	0,186 030	0,969 214	0,389 677
0,49	21,330 652	0,261 432	0,214 535	0,989 953	0,388 584
0,50	∞	0,243 211	0,243 211	1,010 897	0,388 222
	$\overline{\mathrm{sc}}(\zeta,\varkappa)$	$-\mathfrak{z}_2(\zeta,\varkappa)$	$-\mathfrak{z}_4(\zeta,\varkappa)$	$-\mathfrak{z}_6(\zeta,\varkappa)$	$\wp_2(\zeta,\varkappa)$

Tafel III

$\varkappa = 0{,}70$

$\vartheta_5'(0, k) = 1{,}907\,419$	$\vartheta_6(0, k) = 1{,}907\,419$	$\vartheta_{\substack{5\\6}}(\frac{1}{4}, \varkappa) = 1{,}689\,881$
$\vartheta_4''/\vartheta_4(\varkappa) = 11{,}186\,437$	$\vartheta_5'''/\vartheta_5'(\varkappa) = -28{,}459\,374$	$\vartheta_6''/\vartheta_6(\varkappa) = 0{,}357\,101$
$\vartheta_4''/\vartheta_4(k) = 0{,}508\,110$	$\vartheta_5'''/\vartheta_5'(k) = -1{,}292\,681$	$\vartheta_6''/\vartheta_6(k) = 0{,}016\,220$
$\vartheta_4''''/\vartheta_4(k) = -0{,}896\,143$	$\vartheta_5'''''/\vartheta_5'(k) = 3{,}585\,575$	$\vartheta_6''''/\vartheta_6(k) = -1{,}999\,211$

$\wp_3(\zeta, \varkappa)$	$\wp_5(\zeta, \varkappa)$	$\wp_1'(\zeta, \varkappa)$	$\wp_3'(\zeta, \varkappa)$	$\wp_5'(\zeta, \varkappa)$	
0,223 557	∞	− ∞	0,000 000	− ∞	0,50
0,223 254	454,219 593	− 19 361,050 8	− 0,012 921	− 19 361,063 7	0,49
0,222 343	113,554 234	− 2 420,121 25	− 0,025 918	− 2 420,147 17	0,48
0,220 819	50,467 262	− 717,060 052	− 0,039 067	− 717,099 118	0,47
0,218 674	28,385 868	− 302,495 119	− 0,052 444	− 302,547 563	0,46
0,215 893	18,164 269	− 154,861 858	− 0,066 123	− 154,927 982	0,45
0,212 463	12,610 631	− 89,602 811	− 0,080 180	− 89,682 991	0,44
0,208 362	9,260 712	− 56,409 509	− 0,094 687	− 56,504 196	0,43
0,203 569	7,085 150	− 37,772 954	− 0,109 715	− 37,882 669	0,42
0,198 057	5,592 170	− 26,512 014	− 0,125 333	− 26,637 346	0,41
0,191 797	4,522 740	− 19,310 089	− 0,141 606	− 19,451 694	0,40
0,184 757	3,729 881	− 14,490 835	− 0,158 596	− 14,649 431	0,39
0,176 902	3,125 149	− 11,144 626	− 0,176 360	− 11,320 985	0,38
0,168 194	2,652 725	− 8,748 710	− 0,194 947	− 8,943 657	0,37
0,158 594	2,275 968	− 6,988 079	− 0,214 400	− 7,202 478	0,36
0,148 061	1,970 005	− 5,665 187	− 0,234 750	− 6,899 936	0,35
0,136 551	1,717 472	− 4,651 870	− 0,256 017	− 4,907 886	0,34
0,124 021	1,505 936	− 3,862 497	− 0,278 206	− 4,140 703	0,33
0,110 429	1,326 310	− 3,238 377	− 0,301 305	− 3,539 682	0,32
0,095 732	1,171 817	− 2,738 361	− 0,325 281	− 3,063 642	0,31
0,079 891	1,037 322	− 2,333 020	− 0,350 078	− 2,683 097	0,30
0,062 869	0,918 876	− 2,000 926	− 0,375 610	− 2,376 536	0,29
0,044 633	0,813 398	− 1,726 224	− 0,401 764	− 2,127 988	0,28
0,025 159	0,718 464	− 1,497 010	− 0,428 388	− 1,925 399	0,27
0,004 428	0,632 142	− 1,304 229	− 0,455 294	− 1,759 523	0,26
− 0,017 567	0,552 886	− 1,140 907	− 0,482 249	− 1,623 155	0,25
− 0,017 567	0,552 886	− 1,140 907	− 0,482 249	− 1,623 155	0,25
− 0,040 823	0,479 450	− 1,001 612	− 0,508 976	− 1,510 588	0,24
− 0,065 322	0,410 830	− 0,882 073	− 0,535 150	− 1,417 223	0,23
− 0,091 028	0,346 214	− 0,778 895	− 0,560 396	− 1,339 291	0,22
− 0,117 889	0,284 956	− 0,689 358	− 0,584 291	− 1,273 649	0,21
− 0,145 831	0,226 542	− 0,611 262	− 0,606 362	− 1,217 624	0,20
− 0,174 755	0,170 578	− 0,542 817	− 0,626 094	− 1,168 911	0,19
− 0,204 539	0,116 767	− 0,482 551	− 0,642 932	− 1,125 483	0,18
− 0,235 035	0,064 906	− 0,429 248	− 0,656 295	− 1,085 543	0,17
− 0,266 064	0,014 868	− 0,381 895	− 0,665 583	− 1,047 478	0,16
− 0,297 421	− 0,033 398	− 0,339 643	− 0,670 194	− 1,009 837	0,15
− 0,328 874	− 0,079 883	− 0,301 775	− 0,669 541	− 0,971 316	0,14
− 0,360 161	− 0,124 517	− 0,267 681	− 0,663 077	− 0,930 758	0,13
− 0,390 999	− 0,167 179	− 0,236 841	− 0,650 309	− 0,887 151	0,12
− 0,421 083	− 0,207 707	− 0,208 806	− 0,630 834	− 0,839 639	0,11
− 0,450 088	− 0,245 901	− 0,183 184	− 0,604 351	− 0,787 536	0,10
− 0,477 684	− 0,281 531	− 0,159 636	− 0,570 696	− 0,730 332	0,09
− 0,503 531	− 0,314 352	− 0,137 861	− 0,529 852	− 0,667 713	0,08
− 0,527 296	− 0,344 104	− 0,117 591	− 0,481 974	− 0,599 566	0,07
− 0,548 656	− 0,370 531	− 0,098 587	− 0,427 398	− 0,525 985	0,06
− 0,567 307	− 0,393 383	− 0,080 631	− 0,366 642	− 0,447 273	0,05
− 0,582 976	− 0,412 431	− 0,063 522	− 0,300 405	− 0,363 927	0,04
− 0,595 426	− 0,427 473	− 0,047 076	− 0,229 554	− 0,276 629	0,03
− 0,604 462	− 0,438 342	− 0,031 117	− 0,155 101	− 0,186 218	0,02
− 0,609 942	− 0,444 914	− 0,015 479	− 0,078 179	− 0,093 658	0,01
− 0,611 778	− 0,447 114	0,000 000	0,000 000	0,000 000	0,00
$\wp_4(\zeta, \varkappa)$	$\wp_6(\zeta, \varkappa)$	$-\wp_2'(\zeta, \varkappa)$	$-\wp_4'(\zeta, \varkappa)$	$-\wp_6'(\zeta, \varkappa)$	$\zeta = \dfrac{z}{2K}$

Tafel III

$\varkappa = 0{,}71$

$\sqrt{k} = 0{,}953\,213$	$k = 0{,}908\,616$	$k^2 = 0{,}825\,582$
$\sqrt{k'} = 0{,}646\,246$	$k' = 0{,}417\,634$	$k'^2 = 0{,}174\,418$
$e_1 = -e_3' = 0{,}391\,473$	$e_2 = -e_2' = 0{,}217\,055$	$e_3 = -e_1' = -0{,}608\,527$
$g_2 = g_2' = 1{,}141\,338$	$g_3 = -g_3' = -0{,}206\,829$	$g_3/\sqrt{g_2^3} = -0{,}169\,625$
$\bar{g}_2 = \bar{g}_2' = -1{,}738\,587$	$\bar{g}_3 = -\bar{g}_3' = -1{,}081\,971$	$\bar{g}_3/\sqrt{\bar{g}_2^3} = 0{,}471\,977\,i$

$\zeta = \frac{z}{2K}$	$\vartheta_1(\zeta, \varkappa)$	$\vartheta_3(\zeta, \varkappa)$	$\frac{\partial \ln \vartheta_1(\zeta, \varkappa)}{\partial \zeta}$	$\frac{\partial \ln \vartheta_3(\zeta, \varkappa)}{\partial \zeta}$	$\mathrm{sn}(\zeta, \varkappa)$
0,00	0,000 000	1,215 210	∞	0,000 000	0,000 000
0,01	0,034 725	1,214 783	99,976 533	−0,070 153	0,046 363
0,02	0,069 425	1,213 506	49,953 013	−0,140 172	0,092 544
0,03	0,104 077	1,211 384	33,262 721	−0,209 923	0,138 364
0,04	0,138 654	1,208 424	24,905 605	−0,279 271	0,183 651
0,05	0,173 134	1,204 639	19,881 612	−0,348 076	0,228 240
0,06	0,207 490	1,200 043	16,524 026	−0,416 199	0,271 975
0,07	0,241 697	1,194 656	14,118 509	−0,483 494	0,314 714
0,08	0,275 729	1,188 499	12,307 871	−0,549 812	0,356 328
0,09	0,309 560	1,181 596	10,893 649	−0,615 000	0,396 704
0,10	0,343 165	1,173 975	9,756 751	−0,678 897	0,435 745
0,11	0,376 515	1,165 666	8,821 372	−0,741 336	0,473 369
0,12	0,409 583	1,156 703	8,036 964	−0,802 145	0,509 512
0,13	0,442 341	1,147 122	7,368 519	−0,861 144	0,544 124
0,14	0,474 761	1,136 960	6,791 022	−0,918 142	0,577 171
0,15	0,506 814	1,126 258	6,286 118	−0,972 945	0,608 635
0,16	0,538 469	1,115 058	5,840 035	−1,025 345	0,638 510
0,17	0,569 697	1,103 406	5,442 233	−1,075 130	0,666 802
0,18	0,600 468	1,091 348	5,084 508	−1,122 076	0,693 529
0,19	0,630 749	1,078 931	4,760 380	−1,165 952	0,718 717
0,20	0,660 509	1,066 205	4,464 657	−1,206 519	0,742 400
0,21	0,689 717	1,053 220	4,193 136	−1,243 530	0,764 621
0,22	0,718 340	1,040 028	3,942 372	−1,276 732	0,785 427
0,23	0,746 345	1,026 681	3,709 517	−1,305 868	0,804 869
0,24	0,773 700	1,013 232	3,492 197	−1,330 673	0,823 002
0,25	0,800 373	0,999 733	3,288 412	−1,350 885	0,839 881
0,26	0,826 329	0,986 239	3,096 472	−1,366 241	0,855 567
0,27	0,851 536	0,972 802	2,914 933	−1,376 479	0,870 116
0,28	0,875 961	0,959 476	2,742 556	−1,381 347	0,883 588
0,29	0,899 572	0,946 312	2,578 273	−1,380 602	0,896 039
0,30	0,922 337	0,933 363	2,421 156	−1,374 015	0,907 526
0,31	0,944 224	0,920 680	2,270 396	−1,361 376	0,918 103
0,32	0,965 202	0,908 312	2,125 283	−1,342 499	0,927 823
0,33	0,985 241	0,896 308	1,985 192	−1,317 230	0,936 735
0,34	1,004 310	0,884 714	1,849 571	−1,285 446	0,944 888
0,35	1,022 382	0,873 577	1,717 928	−1,247 066	0,952 326
0,36	1,039 429	0,862 940	1,589 825	−1,202 058	0,959 091
0,37	1,055 424	0,852 845	1,464 868	−1,150 437	0,965 222
0,38	1,070 342	0,843 330	1,342 704	−1,092 279	0,970 757
0,39	1,084 159	0,834 434	1,223 011	−1,027 719	0,975 728
0,40	1,096 854	0,826 190	1,105 499	−0,956 959	0,980 166
0,41	1,108 404	0,818 631	0,989 899	−0,880 267	0,984 100
0,42	1,118 792	0,811 787	0,875 968	−0,797 980	0,987 553
0,43	1,127 999	0,805 684	0,763 477	−0,710 505	0,990 549
0,44	1,136 011	0,800 346	0,652 215	−0,618 316	0,993 106
0,45	1,142 813	0,795 793	0,541 985	−0,521 950	0,995 242
0,46	1,148 395	0,792 044	0,432 598	−0,422 005	0,996 970
0,47	1,152 746	0,789 113	0,323 876	−0,319 129	0,998 302
0,48	1,155 860	0,787 011	0,215 646	−0,214 015	0,999 248
0,49	1,157 730	0,785 746	0,107 742	−0,107 388	0,999 812
0,50	1,158 354	0,785 324	0,000 000	0,000 000	1,000 000
	$\vartheta_2(\zeta, \varkappa)$	$\vartheta_4(\zeta, \varkappa)$	$-\frac{\partial \ln \vartheta_2(\zeta, \varkappa)}{\partial \zeta}$	$-\frac{\partial \ln \vartheta_4(\zeta, \varkappa)}{\partial \zeta}$	$\mathrm{cd}(\zeta, \varkappa)$

Tafel III

$\varkappa = 0{,}71$

$k^2 k'^2 = 0{,}143\,996$	$\eta_1 = -\eta_2' = 0{,}108\,991$	$\eta_1' = -\eta_2 = 0{,}302\,175$
$\pi/KK' = 0{,}822\,332$	$\bar\eta_1 = -\bar\eta_2' = 0{,}435\,036$	$\bar\eta_1' = -\bar\eta_2 = 0{,}387\,296$
$K = 2{,}319\,649$	$E = 1{,}160\,899$	$A = 1{,}512\,621$
$K' = 1{,}646\,951$	$E' = 1{,}499\,882$	$A' = 0{,}280\,379$
$B = 0{,}916\,094$	$C = 0{,}590\,445$	$D = 1{,}403\,555$

$\mathrm{cn}(\zeta, \varkappa)$	$\mathrm{dn}(\zeta, \varkappa)$	$\mathrm{sc}(\zeta, \varkappa)$	$\overline{\mathrm{sn}}(\zeta, \varkappa)$	$\overline{\mathrm{cn}}(\zeta, \varkappa)$	
1,000 000	1,000 000	0,000 000	∞	0,000 000	0,50
0,998 925	0,999 112	0,046 413	21,526 782	−0,046 371	0,49
0,995 709	0,996 458	0,092 943	10,721 235	−0,092 613	0,48
0,990 381	0,992 066	0,139 708	7,100 987	−0,138 600	0,47
0,982 991	0,985 979	0,186 829	5,277 437	−0,184 210	0,46
0,973 605	0,978 260	0,234 428	4,172 973	−0,229 331	0,45
0,962 304	0,968 985	0,282 629	3,428 474	−0,273 863	0,44
0,949 187	0,958 243	0,331 561	2,890 094	−0,317 717	0,43
0,934 361	0,946 137	0,381 360	2,480 956	−0,360 819	0,42
0,917 946	0,932 778	0,432 165	2,158 383	−0,403 114	0,41
0,900 070	0,918 283	0,484 124	1,896 794	−0,444 563	0,40
0,880 864	0,902 776	0,537 392	1,679 921	−0,485 145	0,39
0,860 464	0,886 384	0,592 136	1,496 926	−0,524 860	0,38
0,839 005	0,869 235	0,648 534	1,340 307	−0,563 729	0,37
0,816 623	0,851 456	0,706 778	1,204 700	−0,601 790	0,36
0,793 450	0,833 171	0,767 074	1,086 167	−0,639 104	0,35
0,769 613	0,814 502	0,829 651	0,981 741	−0,675 752	0,34
0,745 235	0,795 566	0,894 755	0,889 144	−0,711 837	0,33
0,720 429	0,776 473	0,962 661	0,806 590	−0,747 480	0,32
0,695 303	0,757 326	1,033 674	0,732 655	−0,782 828	0,31
0,669 957	0,738 223	1,108 131	0,666 188	−0,818 049	0,30
0,644 480	0,719 254	1,186 416	0,606 241	−0,853 335	0,29
0,618 954	0,700 501	1,268 958	0,552 028	−0,888 907	0,28
0,593 453	0,682 038	1,356 248	0,502 886	−0,925 013	0,27
0,568 039	0,663 933	1,448 846	0,458 249	−0,961 937	0,26
0,542 770	0,646 246	1,547 399	0,417 634	−1,000 000	0,25
0,517 692	0,629 030	1,652 655	0,380 618	−1,039 569	0,24
0,492 847	0,612 332	1,765 490	0,346 834	−1,081 066	0,23
0,468 266	0,596 193	1,886 936	0,315 958	−1,124 977	0,22
0,443 976	0,580 648	2,018 215	0,287 704	−1,171 873	0,21
0,419 997	0,565 728	2,160 793	0,261 815	−1,222 421	0,20
0,396 342	0,551 458	2,316 440	0,238 063	−1,277 420	0,19
0,373 022	0,537 860	2,487 316	0,216 241	−1,337 828	0,18
0,350 039	0,524 952	2,676 088	0,196 164	−1,404 817	0,17
0,327 394	0,512 747	2,886 086	0,177 662	−1,479 832	0,16
0,305 083	0,501 258	3,121 526	0,160 581	−1,564 690	0,15
0,283 099	0,490 494	3,387 830	0,144 781	−1,661 709	0,14
0,261 430	0,480 461	3,692 084	0,130 133	−1,773 903	0,13
0,240 064	0,471 165	4,043 736	0,116 517	−1,905 269	0,12
0,218 986	0,462 610	4,455 673	0,103 825	−2,061 241	0,11
0,198 176	0,454 798	4,945 933	0,091 954	−2,249 402	0,10
0,177 617	0,447 731	5,540 576	0,080 809	−2,480 688	0,09
0,157 286	0,441 409	6,278 693	0,070 303	−2,771 472	0,08
0,137 162	0,435 833	7,221 719	0,060 350	−3,147 460	0,07
0,117 221	0,431 001	8,472 049	0,050 873	−3,651 463	0,06
0,097 439	0,426 915	10,213 999	0,041 797	−4,360 507	0,05
0,077 790	0,423 572	12,816 217	0,033 050	−5,428 597	0,04
0,058 248	0,420 974	17,138 894	0,024 562	−7,215 024	0,03
0,038 787	0,419 118	25,762 628	0,016 268	−10,797 580	0,02
0,019 380	0,418 005	51,590 452	0,008 102	−21,565 051	0,01
0,000 000	0,417 634	∞	0,000 000	$-\infty$	0,00
$k'\,\mathrm{sd}(\zeta, \varkappa)$	$k'\,\mathrm{nd}(\zeta, \varkappa)$	$\frac{1}{k'}\,\mathrm{cs}(\zeta, \varkappa)$	$-\overline{\mathrm{cd}}(\zeta, \varkappa)$	$-\overline{\mathrm{sd}}(\zeta, \varkappa)$	$\zeta = \frac{z}{2K}$

Tafel III. (Fortsetzung)

$\vartheta_1'(0,\varkappa)$	$=$	$3{,}472\,891$	$\vartheta_1'(0,k)$	$=$	$0{,}748\,581$	$\vartheta_5'(0,\varkappa)$	$=$	$8{,}849\,675$
$\vartheta_1'''/\vartheta_1'(\varkappa)$	$=$	$-7{,}037\,439$	$\vartheta_2''/\vartheta_2(\varkappa)$	$=$	$-10{,}771\,510$	$\vartheta_3''/\vartheta_3(\varkappa)$	$=$	$-7{,}017\,500$
$\vartheta_1'''/\vartheta_1'(k)$	$=$	$-0{,}326\,972$	$\vartheta_2''/\vartheta_2(k)$	$=$	$-\ 0{,}500\,463$	$\vartheta_3''/\vartheta_3(k)$	$=$	$-0{,}326\,045$
$\vartheta_1'''''/\vartheta_1'(k)$	$=$	$-0{,}392\,485$	$\vartheta_2''''/\vartheta_2(k)$	$=$	$0{,}402\,555$	$\vartheta_3''''/\vartheta_3(k)$	$=$	$0{,}606\,909$

$\varkappa = 0{,}71$

$\zeta = \frac{z}{2K}$	$\overline{\mathrm{dn}}(\zeta,\varkappa)$	$\mathfrak{z}_1(\zeta,\varkappa)$	$\mathfrak{z}_3(\zeta,\varkappa)$	$\mathfrak{z}_5(\zeta,\varkappa)$	$\wp_1(\zeta,\varkappa)$
0,00	0,000 000	∞	0,000 000	∞	∞
0,01	−0,038 269	21,554 986	−0,010 065	21,554 990	464,617 610
0,02	−0,076 345	10,777 479	−0,020 101	10,777 517	116 154 863
0,03	−0,114 037	7,184 945	−0,030 080	7,185 074	51,625 268
0,04	−0,151 160	5,388 626	−0,039 971	5,388 934	29,040 549
0,05	−0,187 534	4,310 761	−0,049 746	4,311 364	18,587 749
0,06	−0,222 989	3,592 090	−0,059 373	3,593 136	12,910 419
0,07	−0,257 366	3,078 638	−0,068 822	3,080 304	9,487 927
0,08	−0,290 516	2,693 411	−0,078 061	2,695 909	7,267 372
0,09	−0,322 305	2,393 632	−0,087 056	2,397 205	5,745 748
0,10	−0,352 608	2,153 630	−0,095 772	2,158 556	4,658 126
0,11	−0,381 320	1,957 066	−0,104 175	1,963 659	3,854 194
0,12	−0,408 343	1,793 043	−0,112 226	1,801 655	3,243 519
0,13	−0,433 596	1,654 016	−0,119 886	1,665 038	2,769 046
0,14	−0,457 009	1,534 593	−0,127 116	1,548 455	2,393 335
0,15	−0,478 523	1,430 818	−0,133 872	1,447 993	2,090 987
0,16	−0,498 091	1,339 721	−0,140 111	1,360 728	1,844 285
0,17	−0,515 673	1,259 031	−0,145 785	1,284 433	1,640 557
0,18	−0,531 239	1,186 980	−0,150 848	1,217 389	1,470 551
0,19	−0,544 765	1,122 171	−0,155 249	1,158 248	1,327 381
0,20	−0,556 234	1,063 484	−0,158 937	1,105 944	1,205 834
0,21	−0,565 631	1,010 014	−0,161 858	1,059 622	1,101 910
0,22	−0,572 949	0,961 018	−0,163 959	1,018 596	1,012 492
0,23	−0,578 180	0,915 883	−0,165 182	0,982 306	0,935 125
0,24	−0,581 319	0,874 096	−0,165 473	0,950 299	0,867 855
0,25	−0,582 366	0,835 227	−0,164 773	0,922 199	0,809 106
0,25	1,417 634	0,835 227	−0,164 773	0,922 199	0,809 106
0,26	1,420 187	0,798 910	−0,163 027	0,897 699	0,757 603
0,27	1,427 899	0,764 836	−0,160 177	0,876 544	0,712 298
0,28	1,440 935	0,732 737	−0,156 170	0,858 521	0,672 330
0,29	1,459 576	0,702 382	−0,150 953	0,843 453	0,636 980
0,30	1,484 236	0,673 572	−0,144 477	0,831 189	0,605 650
0,31	1,515 483	0,646 132	−0,136 696	0,821 600	0,577 835
0,32	1,554 070	0,619 909	−0,127 571	0,814 572	0,553 109
0,33	1,600 981	0,594 769	−0,117 068	0,810 005	0,531 109
0,34	1,657 494	0,570 592	−0,105 160	0,807 806	0,511 528
0,35	1,725 271	0,547 273	−0,091 831	0,807 886	0,494 101
0,36	1,806 490	0,524 717	−0,077 073	0,810 157	0,478 600
0,37	1,904 036	0,502 839	−0,060 890	0,814 532	0,464 832
0,38	2,021 786	0,481 563	−0,043 298	0,820 918	0,452 628
0,39	2,165 066	0,460 819	−0,024 325	0,829 217	0,441 843
0,40	2,341 357	0,440 546	−0,004 017	0,839 322	0,432 352
0,41	2,561 497	0,420 685	0,017 571	0,851 118	0,424 048
0,42	2,841 775	0,401 183	0,040 364	0,864 480	0,416 839
0,43	3,207 810	0,381 992	0,064 276	0,879 270	0,410 647
0,44	3,702 337	0,363 066	0,089 204	0,895 342	0,405 405
0,45	4,402 304	0,344 363	0,115 032	0,912 536	0,401 058
0,46	5,461 646	0,325 841	0,141 631	0,930 683	0,397 561
0,47	7,239 587	0,307 462	0,168 862	0,949 606	0,394 877
0,48	10,813 848	0,289 190	0,196 576	0,969 117	0,392 979
0,49	21,573 153	0,270 987	0,224 616	0,989 024	0,391 848
0,50	∞	0,252 820	0,252 820	1,009 131	0,391 473
	$\overline{\mathrm{sc}}(\zeta,\varkappa)$	$-\mathfrak{z}_2(\zeta,\varkappa)$	$-\mathfrak{z}_4(\zeta,\varkappa)$	$-\mathfrak{z}_6(\zeta,\varkappa)$	$\wp_2(\zeta,\varkappa)$

Tafel III

$\varkappa = 0{,}71$			
	$\vartheta_5'(0,k) = 1{,}907\,546$	$\vartheta_6(0,k) = 1{,}907\,546$	$\vartheta_{\substack{5\\6}}(\frac{1}{4},\varkappa) = 1{,}677\,881$
	$\vartheta_4''/\vartheta_4(\varkappa) = 10{,}751\,572$	$\vartheta_5'''/\vartheta_5'(\varkappa) = -28{,}089\,940$	$\vartheta_6''/\vartheta_6(\varkappa) = -0{,}019\,938$
	$\vartheta_4''/\vartheta_4(k) = 0{,}499\,537$	$\vartheta_5'''/\vartheta_5'(k) = -\ 1{,}305\,108$	$\vartheta_6''/\vartheta_6(k) = -0{,}000\,926$
	$\vartheta_4''''/\vartheta_4(k) = -0{,}902\,553$	$\vartheta_5'''''/\vartheta_5'(k) = 3{,}708\,137$	$\vartheta_6''''/\vartheta_6(k) = -1{,}999\,997$

$\wp_3(\zeta,\varkappa)$	$\wp_5(\zeta,\varkappa)$	$\wp_1'(\zeta,\varkappa)$	$\wp_3'(\zeta,\varkappa)$	$\wp_5'(\zeta,\varkappa)$	
0,217 055	∞	− ∞	0,000 000	− ∞	0,50
0,216 745	464,617 300	− 20 029,643 0	− 0,013 373	− 20 029,656 4	0,49
0,215 813	116,153 621	− 2 503,695 47	− 0,026 821	− 2 503,722 29	0,48
0,214 254	51,622 467	− 741,823 020	− 0,040 419	− 741,863 439	0,47
0,212 059	29,035 554	− 312,942 262	− 0,054 240	− 312,996 502	0,46
0,209 216	18,579 911	− 160,211 076	− 0,068 359	− 160,279 434	0,45
0,205 711	12,899 075	− 92,698 710	− 0,082 846	− 92,781 557	0,44
0,201 523	9,472 395	− 58,359 400	− 0,097 773	− 58,457 173	0,43
0,196 631	7,246 948	− 39,079 512	− 0,113 210	− 39,192 722	0,42
0,191 010	5,719 703	− 27,429 927	− 0,129 220	− 27,559 147	0,41
0,184 631	4,625 702	− 19,979 513	− 0,145 868	− 20,125 381	0,40
0,177 464	3,814 603	− 14,994 036	− 0,163 211	− 15,157 247	0,39
0,169 476	3,195 940	− 11,532 456	− 0,181 302	− 11,713 758	0,38
0,160 630	2,712 621	− 9,053 970	− 0,200 185	− 9,254 155	0,37
0,150 889	2,327 168	− 7,232 689	− 0,219 898	− 7,452 588	0,36
0,140 213	2,014 146	− 5,864 248	− 0,240 467	− 6,104 715	0,35
0,128 563	1,755 793	− 4,816 053	− 0,261 906	− 5,077 958	0,34
0,115 898	1,539 400	− 3,999 519	− 0,284 212	− 4,283 731	0,33
0,102 179	1,355 675	− 3,353 926	− 0,307 368	− 4,661 294	0,32
0,087 366	1,197 692	− 2,836 705	− 0,331 333	− 3,168 038	0,31
0,071 424	1,060 204	− 2,417 411	− 0,356 043	− 2,773 454	0,30
0,054 321	0,939 176	− 2,073 876	− 0,381 408	− 2,455 283	0,29
0,036 027	0,831 464	− 1,789 698	− 0,407 304	− 2,197 002	0,28
0,016 523	0,734 593	− 1,552 563	− 0,433 577	− 1,986 140	0,27
− 0,004 206	0,646 594	− 1,353 103	− 0,460 031	− 1,813 134	0,26
− 0,026 161	0,565 890	− 1,184 103	− 0,486 432	− 1,670 535	0,25
− 0,026 161	0,565 890	− 1,184 103	− 0,486 432	− 1,670 535	0,25
− 0,049 335	0,491 214	− 1,039 947	− 0,512 500	− 1,552 446	0,24
− 0,073 704	0,421 540	− 0,916 214	− 0,537 911	− 1,454 125	0,23
− 0,099 229	0,356 046	− 0,809 394	− 0,562 294	− 1,371 688	0,22
− 0,125 854	0,294 071	− 0,716 674	− 0,585 233	− 1,301 907	0,21
− 0,153 501	0,235 094	− 0,635 779	− 0,606 266	− 1,242 045	0,20
− 0,182 070	0,178 710	− 0,564 857	− 0,624 892	− 1,189 749	0,19
− 0,211 437	0,124 617	− 0,502 387	− 0,640 578	− 1,142 965	0,18
− 0,241 453	0,072 602	− 0,447 111	− 0,652 765	− 1,099 876	0,17
− 0,271 941	0,022 532	− 0,397 982	− 0,660 881	− 1,058 863	0,16
− 0,302 701	− 0,025 655	− 0,354 122	− 0,664 356	− 1,018 479	0,15
− 0,333 504	− 0,071 958	− 0,314 791	− 0,662 642	− 0,977 433	0,14
− 0,364 097	− 0,116 319	− 0,279 359	− 0,655 224	− 0,934 582	0,13
− 0,394 204	− 0,158 631	− 0,247 286	− 0,641 651	− 0,888 937	0,12
− 0,423 532	− 0,198 744	− 0,218 109	− 0,621 555	− 0,839 664	0,11
− 0,451 771	− 0,236 474	− 0,191 426	− 0,594 670	− 0,786 096	0,10
− 0,478 602	− 0,271 609	− 0,166 884	− 0,560 858	− 0,727 742	0,09
− 0,503 704	− 0,303 919	− 0,144 172	− 0,520 127	− 0,664 299	0,08
− 0,526 758	− 0,333 166	− 0,123 015	− 0,472 643	− 0,595 658	0,07
− 0,547 459	− 0,359 109	− 0,103 164	− 0,418 744	− 0,521 908	0,06
− 0,565 520	− 0,381 517	− 0,084 395	− 0,358 938	− 0,443 333	0,05
− 0,580 682	− 0,400 176	− 0,066 502	− 0,293 902	− 0,360 404	0,04
− 0,592 722	− 0,414 900	− 0,049 292	− 0,224 470	− 0,273 762	0,03
− 0,601 457	− 0,425 532	− 0,032 586	− 0,151 610	− 0,184 196	0,02
− 0,606 753	− 0,431 959	− 0,016 211	− 0,076 402	− 0,092 613	0,01
− 0,608 527	− 0,434 110	0,000 000	0,000 000	0,000 000	0,00
$\wp_4(\zeta,\varkappa)$	$\wp_6(\zeta,\varkappa)$	$-\wp_2'(\zeta,\varkappa)$	$-\wp_4'(\zeta,\varkappa)$	$-\wp_6'(\zeta,\varkappa)$	$\zeta = \frac{z}{2K}$

Tafel III

$\sqrt{k} = 0{,}950\,321$	$k = 0{,}903\,111$	$k^2 = 0{,}815\,609$
$\sqrt{k'} = 0{,}655\,292$	$k' = 0{,}429\,408$	$k'^2 = 0{,}184\,391$
$e_1 = -e_3' = 0{,}394\,797$	$e_2 = -e_2' = 0{,}210\,406$	$e_3 = -e_1' = -0{,}605\,203$
$g_2 = g_2' = 1{,}132\,812$	$g_3 = -g_3' = -0{,}201\,091$	$g_3/\sqrt{g_2^3} = -0{,}166\,785$
$\bar{g}_2 = \bar{g}_2' = -1{,}875\,005$	$\bar{g}_3 = -\bar{g}_3' = -1{,}087\,100$	$\bar{g}_3/\sqrt{\bar{g}_2^3} = 0{,}423\,415\mathrm{i}$

$\varkappa = 0{,}72$

$\zeta = \frac{z}{2K}$	$\vartheta_1(\zeta, \varkappa)$	$\vartheta_3(\zeta, \varkappa)$	$\frac{\partial \ln \vartheta_1(\zeta, \varkappa)}{\partial \zeta}$	$\frac{\partial \ln \vartheta_3(\zeta, \varkappa)}{\partial \zeta}$	$\mathrm{sn}(\zeta, \varkappa)$
0,00	0,000 000	1,208 530	∞	0,000 000	0,000 000
0,01	0,034 528	1,208 118	99,975 940	−0,068 328	0,045 855
0,02	0,069 032	1,206 881	49,951 830	−0,136 522	0,091 536
0,03	0,103 485	1,204 824	33,260 952	−0,204 449	0,136 869
0,04	0,137 864	1,201 957	24,903 259	−0,271 972	0,181 689
0,05	0,172 142	1,198 291	19,878 699	−0,338 955	0,225 836
0,06	0,206 294	1,193 839	16,520 559	−0,405 255	0,269 160
0,07	0,240 295	1,188 621	14,114 504	−0,470 730	0,311 523
0,08	0,274 119	1,182 656	12,303 345	−0,535 231	0,352 801
0,09	0,307 738	1,175 970	10,888 623	−0,598 606	0,392 881
0,10	0,341 126	1,168 587	9,751 245	−0,660 695	0,431 670
0,11	0,374 257	1,160 538	8,815 412	−0,721 336	0,469 086
0,12	0,407 102	1,151 855	8,030 575	−0,780 355	0,505 065
0,13	0,439 633	1,142 573	7,361 729	−0,837 578	0,539 557
0,14	0,471 821	1,132 728	6,783 860	−0,892 817	0,572 527
0,15	0,503 638	1,122 360	6,278 615	−0,945 881	0,603 954
0,16	0,535 054	1,111 510	5,832 223	−0,996 568	0,633 830
0,17	0,566 039	1,100 221	5,434 144	−1,044 671	0,662 158
0,18	0,596 563	1,088 538	5,076 177	−1,089 973	0,688 953
0,19	0,626 594	1,076 507	4,751 840	−1,132 250	0,714 239
0,20	0,656 102	1,064 176	4,455 945	−1,171 272	0,738 046
0,21	0,685 055	1,051 595	4,184 287	−1,206 800	0,760 413
0,22	0,713 420	1,038 812	3,933 421	−1,238 591	0,781 384
0,23	0,741 168	1,025 878	3,700 502	−1,266 400	0,801 006
0,24	0,768 264	1,012 846	3,483 152	−1,289 974	0,819 332
0,25	0,794 676	0,999 765	3,279 375	−1,309 065	0,836 415
0,26	0,820 374	0,986 688	3,087 477	−1,323 421	0,852 311
0,27	0,845 323	0,973 666	2,906 016	−1,332 800	0,867 075
0,28	0,869 494	0,960 751	2,733 751	−1,336 961	0,880 763
0,29	0,892 852	0,947 993	2,569 614	−1,335 680	0,893 431
0,30	0,915 369	0,935 443	2,412 676	−1,328 743	0,905 132
0,31	0,937 012	0,923 150	2,262 127	−1,315 958	0,915 921
0,32	0,957 752	0,911 162	2,117 256	−1,297 156	0,925 846
0,33	0,977 558	0,899 527	1,977 437	−1,272 197	0,934 959
0,34	0,996 404	0,888 290	1,842 116	−1,240 974	0,943 303
0,35	1,014 259	0,877 495	1,710 801	−1,203 420	0,950 925
0,36	1,031 099	0,867 184	1,583 052	−1,159 512	0,957 864
0,37	1,046 897	0,857 397	1,458 474	−1,109 277	0,964 160
0,38	1,061 628	0,848 174	1,336 711	−1,052 796	0,969 849
0,39	1,075 271	0,839 550	1,217 441	−0,990 207	0,974 963
0,40	1,087 803	0,831 558	1,100 370	−0,921 710	0,979 532
0,41	1,099 204	0,824 231	0,985 231	−0,847 568	0,983 585
0,42	1,109 456	0,817 596	0,871 776	−0,768 108	0,987 145
0,43	1,118 543	0,811 679	0,759 777	−0,683 723	0,990 236
0,44	1,126 449	0,806 504	0,649 020	−0,594 866	0,992 876
0,45	1,133 161	0,802 090	0,539 305	−0,502 051	0,995 082
0,46	1,138 668	0,798 455	0,430 443	−0,405 846	0,996 867
0,47	1,142 960	0,795 613	0,322 253	−0,306 868	0,998 245
0,48	1,146 032	0,793 575	0,214 561	−0,205 772	0,999 222
0,49	1,147 877	0,792 349	0,107 199	−0,103 246	0,999 806
0,50	1,148 492	0,791 940	0,000 000	0,000 000	1,000 000
	$\vartheta_2(\zeta, \varkappa)$	$\vartheta_4(\zeta, \varkappa)$	$-\frac{\partial \ln \vartheta_2(\zeta, \varkappa)}{\partial \zeta}$	$-\frac{\partial \ln \vartheta_4(\zeta, \varkappa)}{\partial \zeta}$	$\mathrm{cd}(\zeta, \varkappa)$

Tafel III

$\varkappa = 0{,}72$

$k^2 k'^2 = 0{,}150\,391$	$\eta_1 = -\eta_2' = 0{,}114\,239$	$\eta_1' = -\eta_2 = 0{,}300\,254$
$\pi/KK' = 0{,}828\,986$	$\bar\eta_1 = -\bar\eta_2' = 0{,}438\,885$	$\bar\eta_1' = -\bar\eta_2 = 0{,}390\,102$
$K = 2{,}294\,220$	$E = 1{,}167\,841$	$A = 1{,}489\,616$
$K' = 1{,}651\,838$	$E' = 1{,}495\,668$	$A' = 0{,}296\,828$
$B = 0{,}913\,192$	$C = 0{,}573\,603$	$D = 1{,}381\,028$

$\mathrm{cn}(\zeta, \varkappa)$	$\mathrm{dn}(\zeta, \varkappa)$	$\mathrm{sc}(\zeta, \varkappa)$	$\overline{\mathrm{sn}}(\zeta, \varkappa)$	$\overline{\mathrm{cn}}(\zeta, \varkappa)$	
1,000 000	1,000 000	0,000 000	∞	0,000 000	0,50
0,998 948	0,999 142	0,045 904	21,766 156	−0,045 864	0,49
0,995 802	0,996 577	0,091 922	10,841 607	−0,091 607	0,48
0,990 589	0,992 331	0,138 170	7,181 980	−0,137 110	0,47
0,983 356	0,986 446	0,184 764	5,338 942	−0,182 260	0,46
0,974 165	0,978 980	0,231 825	4,222 927	−0,226 952	0,45
0,963 095	0,970 006	0,279 474	3,470 830	−0,271 091	0,44
0,950 239	0,959 608	0,327 837	2,927 091	−0,314 595	0,43
0,935 699	0,947 883	0,377 045	2,513 978	−0,357 395	0,42
0,919 589	0,934 936	0,427 236	2,188 338	−0,399 438	0,41
0,902 032	0,920 880	0,478 553	1,924 300	−0,440 690	0,40
0,883 152	0,905 832	0,531 150	1,705 417	−0,481 133	0,39
0,863 081	0,889 913	0,585 188	1,520 730	−0,520 767	0,38
0,841 949	0,873 246	0,640 842	1,362 653	−0,559 613	0,37
0,819 886	0,855 952	0,698 300	1,225 765	−0,597 712	0,36
0,797 019	0,838 152	0,757 766	1,106 083	−0,635 122	0,35
0,773 473	0,819 962	0,819 460	1,000 612	−0,671 926	0,34
0,749 364	0,801 494	0,883 627	0,907 051	−0,708 222	0,33
0,724 806	0,782 857	0,950 536	0,823 596	−0,744 134	0,32
0,699 902	0,764 151	1,020 484	0,748 813	−0,779 804	0,31
0,674 750	0,745 472	1,093 806	0,681 539	−0,815 401	0,30
0,649 440	0,726 906	1,170 875	0,620 823	−0,851 116	0,29
0,624 051	0,708 535	1,252 115	0,565 870	−0,887 167	0,28
0,598 656	0,690 432	1,338 008	0,516 015	−0,923 803	0,27
0,573 319	0,672 664	1,429 104	0,470 690	−0,961 307	0,26
0,548 096	0,655 292	1,526 037	0,429 408	−1,000 000	0,25
0,523 036	0,638 368	1,629 546	0,391 746	−1,040 251	0,24
0,498 178	0,621 941	1,740 491	0,357 336	−1,082 482	0,23
0,473 558	0,606 050	1,859 884	0,325 854	−1,127 183	0,22
0,449 201	0,590 733	1,988 931	0,297 011	−1,174 928	0,21
0,425 130	0,576 021	2,129 071	0,270 551	−1,226 390	0,20
0,401 359	0,561 940	2,282 044	0,246 244	−1,282 373	0,19
0,377 900	0,548 513	2,449 977	0,223 885	−1,343 845	0,18
0,354 757	0,535 759	2,635 490	0,203 286	−1,411 987	0,17
0,331 932	0,523 692	2,841 860	0,184 278	−1,488 260	0,16
0,309 422	0,512 327	3,073 233	0,166 706	−1,574 499	0,15
0,287 221	0,501 672	3,334 940	0,150 429	−1,673 047	0,14
0,265 320	0,491 737	3,633 951	0,135 317	−1,786 949	0,13
0,243 708	0,482 527	3,979 558	0,121 251	−1,920 245	0,12
0,222 369	0,474 048	4,384 432	0,108 121	−2,078 429	0,11
0,201 288	0,466 301	4,866 314	0,095 822	−2,269 168	0,10
0,180 447	0,459 291	5,450 830	0,084 261	−2,503 515	0,09
0,159 825	0,453 017	6,176 423	0,073 346	−2,798 027	0,08
0,139 401	0,447 482	7,103 505	0,062 995	−3,178 691	0,07
0,119 153	0,442 685	8,332 768	0,053 126	−3,688 795	0,06
0,099 058	0,438 627	10,045 465	0,043 664	−4,406 215	0,05
0,079 091	0,435 308	12,604 110	0,034 537	−5,486 665	0,04
0,059 227	0,432 726	16,854 582	0,025 674	−7,293 416	0,03
0,039 441	0,430 882	25,334 541	0,017 008	−10,916 206	0,02
0,019 708	0,429 776	50,732 331	0,008 471	−21,803 549	0,01
0,000 000	0,429 408	∞	0,000 000	−∞	0,00
$k'\,\mathrm{sd}(\zeta, \varkappa)$	$k'\,\mathrm{nd}(\zeta, \varkappa)$	$\frac{1}{k'}\,\mathrm{cs}(\zeta, \varkappa)$	$-\overline{\mathrm{cd}}(\zeta, \varkappa)$	$-\overline{\mathrm{sd}}(\zeta, \varkappa)$	$\zeta = \frac{z}{2K}$

Tafel III. (Fortsetzung)

$\vartheta_1'(0, \varkappa) = 3{,}453\,249$	$\vartheta_1'(0, k) = 0{,}752\,598$	$\vartheta_5'(0, \varkappa) = 8{,}751\,959$
$\vartheta_1'''/\vartheta_1'(\varkappa) = -7{,}215\,502$	$\vartheta_2''/\vartheta_2(\varkappa) = -10{,}717\,135$	$\vartheta_3''/\vartheta_3(\varkappa) = -6{,}835\,011$
$\vartheta_1'''/\vartheta_1'(k) = -0{,}342\,718$	$\vartheta_2''/\vartheta_2(k) = -0{,}509\,036$	$\vartheta_3''/\vartheta_3(k) = -0{,}324\,645$
$\vartheta_1'''''/\vartheta_1'(k) = -0{,}370\,647$	$\vartheta_2''''/\vartheta_2(k) = 0{,}408\,572$	$\vartheta_3''''/\vartheta_3(k) = 0{,}616\,965$

$\varkappa = 0{,}72$

$\zeta = \frac{z}{2K}$	$\overline{\mathrm{dn}}(\zeta, \varkappa)$	$\mathfrak{z}_1(\zeta, \varkappa)$	$\mathfrak{z}_3(\zeta, \varkappa)$	$\mathfrak{z}_5(\zeta, \varkappa)$	$\wp_1(\zeta, \varkappa)$
0,00	0,000 000	∞	0,000 000	∞	∞
0,01	−0,037 393	21,793 899	−0,009 650	21,793 904	474,974 245
0,02	−0,074 599	10,896 936	−0,019 270	10,896 975	118,744 008
0,03	−0,111 436	7,264 585	−0,028 832	7,264 716	52,775 974
0,04	−0,147 723	5,448 359	−0,038 306	5,448 670	29,687 783
0,05	−0,183 288	4,358 553	−0,047 662	4,359 162	19,001 927
0,06	−0,217 965	3,631 925	−0,056 870	3,632 981	13,197 978
0,07	−0,251 600	3,112 794	−0,065 898	3,114 476	9,699 118
0,08	−0,284 049	2,723 313	−0,074 713	2,725 835	7,428 975
0,09	−0,315 178	2,420 232	−0,083 283	2,423 838	5,873 334
0,10	−0,344 868	2,177 595	−0,091 573	2,182 565	4,761 358
0,11	−0,373 012	1,978 882	−0,099 547	1,985 532	3,939 386
0,12	−0,399 515	1,813 077	−0,107 168	1,821 761	3,314 972
0,13	−0,424 296	1,672 551	−0,114 397	1,683 660	2,829 788
0,14	−0,447 283	1,551 853	−0,121 194	1,565 819	2,445 559
0,15	−0,468 416	1,446 982	−0,127 517	1,464 280	2,136 324
0,16	−0,487 648	1,354 938	−0,133 322	1,376 085	1,883 968
0,17	−0,504 936	1,273 423	−0,138 564	1,298 983	1,675 540
0,18	−0,520 249	1,200 649	−0,143 195	1,231 232	1,501 582
0,19	−0,533 560	1,135 206	−0,147 167	1,171 471	1,355 054
0,20	−0,544 851	1,075 960	−0,150 430	1,118 618	1,230 630
0,21	−0,554 105	1,021 997	−0,152 931	1,071 808	1,124 219
0,22	−0,561 313	0,972 566	−0,154 618	1,030 344	1,032 636
0,23	−0,566 467	0,927 045	−0,155 437	0,993 659	0,953 373
0,24	−0,569 561	0,884 918	−0,155 333	0,961 290	0,884 432
0,25	−0,570 592	0,845 749	−0,154 251	0,932 856	0,824 204
0,25	1,429 408	0,845 749	−0,154 251	0,932 856	0,824 204
0,26	1,431 997	0,809 169	−0,152 138	0,908 043	0,771 385
0,27	1,439 818	0,774 863	−0,148 940	0,886 590	0,724 905
0,28	1,453 037	0,742 561	−0,144 606	0,868 278	0,683 884
0,29	1,471 938	0,712 031	−0,139 085	0,852 923	0,647 587
0,30	1,496 941	0,683 070	−0,132 331	0,840 370	0,615 404
0,31	1,528 617	0,655 501	−0,124 303	0,830 484	0,586 819
0,32	1,567 730	0,629 170	−0,114 963	0,823 146	0,561 397
0,33	1,615 273	0,603 940	−0,104 282	0,818 252	0,538 769
0,34	1,672 538	0,579 690	−0,092 235	0,815 703	0,518 618
0,35	1,741 206	0,556 313	−0,078 809	0,815 407	0,500 676
0,36	1,823 476	0,533 714	−0,063 998	0,817 272	0,484 710
0,37	1,922 266	0,511 805	−0,047 808	0,821 208	0,470 522
0,38	2,041 497	0,490 510	−0,030 257	0,827 118	0,457 941
0,39	2,186 550	0,469 758	−0,011 375	0,834 903	0,446 817
0,40	2,364 990	0,449 485	0,008 795	0,844 455	0,437 025
0,41	2,587 776	0,429 634	0,030 196	0,855 658	0,428 454
0,42	2,871 373	0,410 150	0,052 755	0,868 387	0,421 011
0,43	3,241 686	0,390 982	0,076 387	0,882 507	0,414 615
0,44	3,741 921	0,372 086	0,100 995	0,897 872	0,409 199
0,45	4,449 880	0,353 417	0,126 464	0,914 327	0,404 707
0,46	5,521 202	0,334 933	0,152 673	0,931 706	0,401 092
0,47	7,319 090	0,316 596	0,179 486	0,949 837	0,398 317
0,48	10,933 214	0,298 368	0,206 761	0,968 537	0,396 355
0,49	21,812 020	0,280 211	0,234 347	0,987 621	0,395 185
0,50	∞	0,262 090	0,262 090	1,006 898	0,394 797
	$\overline{\mathrm{sc}}(\zeta, \varkappa)$	$-\mathfrak{z}_2(\zeta, \varkappa)$	$-\mathfrak{z}_4(\zeta, \varkappa)$	$-\mathfrak{z}_6(\zeta, \varkappa)$	$\wp_2(\zeta, \varkappa)$

Tafel III

$\varkappa = 0{,}72$			
	$\vartheta_5'(0, k) = 1{,}907\,393$	$\vartheta_6(0, k) = 1{,}907\,393$	$\vartheta_5(\frac{1}{4}, \varkappa) = 1{,}666\,126$
	$\vartheta_4''/\vartheta_4(\varkappa) = 10{,}336\,644$	$\vartheta_5'''/\vartheta_5'(\varkappa) = -27{,}720\,536$	$\vartheta_6''/\vartheta_6(\varkappa) = -0{,}380\,491$
	$\vartheta_4''/\vartheta_4(k) = 0{,}490\,964$	$\vartheta_5'''/\vartheta_5'(k) = -\ 1{,}316\,654$	$\vartheta_6''/\vartheta_6(k) = -0{,}018\,072$
	$\vartheta_4''''/\vartheta_4(k) = -0{,}908\,082$	$\vartheta_5'''''/\vartheta_5'(k) = 3{,}826\,797$	$\vartheta_6''''/\vartheta_6(k) = -1{,}999\,020$

$\wp_3(\zeta, \varkappa)$	$\wp_5(\zeta, \varkappa)$	$\wp_1'(\zeta, \varkappa)$	$\wp_3'(\zeta, \varkappa)$	$\wp_5'(\zeta, \varkappa)$	
0,210 406	∞	−∞	0,000 000	−∞	0,50
0,210 089	474,973 928	−20 703,073 1	−0,013 813	−20 703,086 9	0,49
0,209 137	118,742 739	−2 587,874 41	−0,027 700	−2 587,902 11	0,48
0,207 545	52,773 113	−766,765 158	−0,041 733	−766,806 891	0,47
0,205 304	29,682 681	−323,464 983	−0,055 985	−323,520 968	0,46
0,202 403	18,993 923	−165,598 980	−0,070 527	−165,669 507	0,45
0,198 827	13,186 398	−95,816 987	−0,085 430	−95,902 416	0,44
0,194 557	9,683 268	−60,323 374	−0,100 761	−60,424 135	0,43
0,189 572	7,408 141	−40,395 496	−0,116 588	−40,512 083	0,42
0,183 849	5,846 777	−28,354 452	−0,132 972	−28,487 424	0,41
0,177 360	4,728 312	−20,653 748	−0,149 974	−20,803 722	0,40
0,170 076	3,899 056	−15,500 844	−0,167 647	−15,668 491	0,39
0,161 964	3,266 530	−11,923 058	−0,186 040	−12,109 098	0,38
0,152 992	2,772 374	−9,361 403	−0,205 194	−9,566 597	0,37
0,143 122	2,378 275	−7,479 035	−0,225 140	−7,704 175	0,36
0,132 318	2,058 236	−6,064 714	−0,245 899	−6,310 612	0,35
0,120 543	1,794 105	−4,981 390	−0,267 478	−5,248 868	0,34
0,107 760	1,572 894	−4,137 499	−0,289 871	−4,427 370	0,33
0,093 930	1,385 106	−3,470 279	−0,313 051	−3,783 330	0,32
0,079 020	1,223 668	−2,935 730	−0,336 972	−3,272 702	0,31
0,062 996	1,083 220	−2,502 384	−0,361 563	−2,863 948	0,30
0,045 831	0,959 644	−2,147 328	−0,386 728	−2,534 056	0,29
0,027 500	0,849 730	−1,853 608	−0,412 337	−2,265 945	0,28
0,007 987	0,750 954	−1,608 497	−0,438 230	−2,046 727	0,27
−0,012 717	0,661 309	−1,402 312	−0,464 208	−2,866 520	0,26
−0,034 611	0,579 188	−1,227 597	−0,490 033	−1,717 630	0,25
−0,034 611	0,579 188	−1,227 597	−0,490 033	−1,717 630	0,25
−0,057 680	0,503 299	−1,078 546	−0,515 427	−1,593 973	0,24
−0,081 899	0,432 600	−0,950 592	−0,540 065	−1,490 657	0,23
−0,107 224	0,366 253	−0,840 107	−0,563 582	−1,403 690	0,22
−0,133 595	0,303 586	−0,744 184	−0,585 570	−1,329 754	0,21
−0,160 931	0,244 067	−0,660 472	−0,605 578	−1,266 050	0,20
−0,189 130	0,187 283	−0,587 057	−0,623 121	−1,210 178	0,19
−0,218 069	0,132 923	−0,522 369	−0,637 685	−1,160 054	0,18
−0,247 596	0,080 766	−0,465 107	−0,648 735	−1,113 842	0,17
−0,277 540	0,030 672	−0,414 191	−0,655 727	−1,069 918	0,16
−0,307 701	−0,017 432	−0,368 713	−0,658 123	−1,026 837	0,15
−0,337 857	−0,063 553	−0,327 910	−0,655 407	−0,983 316	0,14
−0,367 762	−0,107 645	−0,291 129	−0,647 101	−0,938 230	0,13
−0,397 149	−0,149 614	−0,257 816	−0,632 789	−0,890 604	0,12
−0,425 735	−0,189 324	−0,227 490	−0,612 136	−0,839 627	0,11
−0,453 223	−0,226 604	−0,199 737	−0,584 910	−0,784 647	0,10
−0,479 309	−0,261 261	−0,174 193	−0,550 997	−0,725 191	0,09
−0,503 686	−0,293 081	−0,150 538	−0,510 425	−0,660 963	0,08
−0,526 051	−0,321 842	−0,128 486	−0,463 371	−0,591 857	0,07
−0,546 115	−0,347 322	−0,107 782	−0,410 172	−0,517 954	0,06
−0,563 605	−0,369 305	−0,088 194	−0,351 327	−0,439 521	0,05
−0,578 279	−0,387 594	−0,069 509	−0,287 492	−0,357 000	0,04
−0,589 924	−0,402 013	−0,051 529	−0,219 467	−0,270 995	0,03
−0,598 369	−0,412 420	−0,034 068	−0,148 179	−0,182 247	0,02
−0,603 488	−0,418 709	−0,016 950	−0,074 657	−0,091 607	0,01
−0,605 203	−0,420 812	0,000 000	0,000 000	0,000 000	0,00
$\wp_4(\zeta, \varkappa)$	$\wp_6(\zeta, \varkappa)$	$-\wp_2'(\zeta, \varkappa)$	$-\wp_4'(\zeta, \varkappa)$	$-\wp_6'(\zeta, \varkappa)$	$\zeta = \frac{z}{2K}$

Tafel III

$\varkappa = 0{,}73$

$\sqrt{k} = 0{,}947\,342$	$k = 0{,}897\,457$	$k^2 = 0{,}805\,429$
$\sqrt{k'} = 0{,}664\,155$	$k' = 0{,}441\,102$	$k'^2 = 0{,}194\,571$
$e_1 = -e_3' = 0{,}398\,190$	$e_2 = -e_2' = 0{,}203\,619$	$e_3 = -e_1' = -0{,}601\,810$
$g_2 = g_2' = 1{,}124\,383$	$g_3 = -g_3' = -0{,}195\,177$	$g_3/\sqrt{g_2^3} = -0{,}163\,703$
$\bar{g}_2 = \bar{g}_2' = -2{,}009\,878$	$\bar{g}_3 = -\bar{g}_3' = -1{,}088\,652$	$\bar{g}_3/\sqrt{\bar{g}_2^3} = 0{,}382\,063\,i$

$\zeta = \frac{z}{2K}$	$\vartheta_1(\zeta,\varkappa)$	$\vartheta_3(\zeta,\varkappa)$	$\frac{\partial \ln\vartheta_1(\zeta,\varkappa)}{\partial\zeta}$	$\frac{\partial \ln\vartheta_3(\zeta,\varkappa)}{\partial\zeta}$	$\mathrm{sn}(\zeta,\varkappa)$
0,00	0,000 000	1,202 061	∞	0,000 000	0,000 000
0,01	0,034 328	1,201 661	99,975 385	−0,066 544	0,045 366
0,02	0,068 631	1,200 462	49,950 722	−0,132 954	0,090 564
0,03	0,102 883	1,198 471	33,259 298	−0,199 097	0,135 428
0,04	0,137 059	1,195 693	24,901 064	−0,264 838	0,179 797
0,05	0,171 133	1,192 142	19,875 975	−0,330 039	0,223 517
0,06	0,205 079	1,187 829	16,517 316	−0,394 560	0,266 444
0,07	0,238 872	1,182 774	14,110 757	−0,458 259	0,308 443
0,08	0,272 483	1,176 996	12,299 110	−0,520 987	0,349 393
0,09	0,305 889	1,170 518	10,883 919	−0,582 595	0,389 186
0,10	0,339 060	1,163 367	9,746 093	−0,642 924	0,427 728
0,11	0,371 970	1,155 569	8,809 834	−0,701 813	0,464 940
0,12	0,404 590	1,147 158	8,024 595	−0,759 094	0,500 756
0,13	0,436 894	1,138 165	7,355 373	−0,814 591	0,535 128
0,14	0,468 851	1,128 627	6,777 154	−0,868 124	0,568 019
0,15	0,500 433	1,118 582	6,271 589	−0,919 503	0,599 406
0,16	0,531 611	1,108 070	5,824 906	−0,968 534	0,629 278
0,17	0,562 355	1,097 132	5,426 567	−1,015 013	0,657 638
0,18	0,592 634	1,085 813	5,068 372	−1,058 731	0,684 495
0,19	0,622 419	1,074 156	4,743 839	−1,099 470	0,709 872
0,20	0,651 677	1,062 208	4,447 781	−1,137 008	0,733 795
0,21	0,680 379	1,050 017	4,175 993	−1,171 115	0,756 300
0,22	0,708 492	1,037 631	3,925 032	−1,201 560	0,777 428
0,23	0,735 985	1,025 098	3,692 050	−1,228 105	0,797 224
0,24	0,762 827	1,012 469	3,474 672	−1,250 512	0,815 736
0,25	0,788 986	0,999 792	3,270 900	−1,268 543	0,833 015
0,26	0,814 431	0,987 120	3,079 041	−1,281 963	0,849 113
0,27	0,839 129	0,974 500	2,897 651	−1,290 539	0,864 085
0,28	0,863 050	0,961 984	2,725 490	−1,294 050	0,877 984
0,29	0,886 163	0,949 619	2,561 489	−1,292 284	0,890 863
0,30	0,908 438	0,937 456	2,404 717	−1,285 045	0,902 774
0,31	0,929 844	0,925 542	2,254 365	−1,272 154	0,913 768
0,32	0,950 353	0,913 923	2,109 720	−1,253 459	0,923 896
0,33	0,969 934	0,902 645	1,970 155	−1,228 833	0,933 204
0,34	0,988 562	0,891 753	1,835 116	−1,198 184	0,941 738
0,35	1,006 208	0,881 290	1,704 108	−1,161 457	0,949 540
0,36	1,022 847	0,871 295	1,576 690	−1,118 639	0,956 651
0,37	1,038 454	0,861 809	1,452 466	−1,069 766	0,963 109
0,38	1,053 006	0,852 869	1,331 079	−1,014 922	0,968 949
0,39	1,066 480	0,844 508	1,212 206	−0,954 248	0,974 204
0,40	1,078 855	0,836 762	1,095 550	−0,887 943	0,978 903
0 41	1,090 112	0,829 658	0,980 844	−0,816 262	0,983 074
0,42	1,100 234	0,823 226	0,867 837	−0,739 526	0,986 741
0,43	1,109 204	0,817 490	0,756 299	−0,658 110	0,989 926
0,44	1,117 007	0,812 473	0,646 016	−0,572 450	0,992 648
0,45	1,123 632	0,808 194	0,536 786	−0,483 036	0,994 923
0,46	1,129 067	0,804 670	0,428 417	−0,390 411	0,996 766
0,47	1,133 304	0,801 915	0,320 727	−0,295 158	0,998 187
0,48	1,136 335	0,799 940	0,213 541	−0,197 901	0,999 196
0,49	1,138 155	0,798 751	0,106 688	−0,099 291	0,999 799
0,50	1,138 763	0,798 354	0,000 000	0,000 000	1,000 000
	$\vartheta_2(\zeta,\varkappa)$	$\vartheta_4(\zeta,\varkappa)$	$-\frac{\partial \ln\vartheta_2(\zeta,\varkappa)}{\partial\zeta}$	$-\frac{\partial \ln\vartheta_4(\zeta,\varkappa)}{\partial\zeta}$	$\mathrm{cd}(\zeta,\varkappa)$

Tafel III

$\varkappa = 0{,}73$

$k^2 k'^2 = 0{,}156\,713$	$\eta_1 = -\eta_2' = 0{,}119\,413$	$\eta_1' = -\eta_2 = 0{,}298\,275$
$\pi/KK' = 0{,}835\,376$	$\bar\eta_1 = -\bar\eta_2' = 0{,}442\,445$	$\bar\eta_1' = -\bar\eta_2 = 0{,}392\,931$
$K = 2{,}269\,721$	$E = 1{,}174\,815$	$A = 1{,}466\,386$
$K' = 1{,}656\,897$	$E' = 1{,}491\,348$	$A' = 0{,}313\,669$
$B = 0{,}910\,314$	$C = 0{,}557\,584$	$D = 1{,}359\,408$

$\mathrm{cn}(\zeta, \varkappa)$	$\mathrm{dn}(\zeta, \varkappa)$	$\mathrm{sc}(\zeta, \varkappa)$	$\overline{\mathrm{sn}}(\zeta, \varkappa)$	$\overline{\mathrm{cn}}(\zeta, \varkappa)$	
1,000 000	1,000 000	0,000 000	∞	0,000 000	0,50
0,998 970	0,999 171	0,045 413	22,001 840	−0,045 375	0,49
0,995 891	0,996 692	0,090 938	10,960 116	−0,090 637	0,48
0,990 787	0,992 586	0,136 688	7,261 715	−0,135 674	0,47
0,983 704	0,986 896	0,182 776	5,399 485	−0,180 381	0,46
0,974 700	0,979 674	0,229 319	4,272 096	−0,224 658	0,45
0,963 850	0,970 990	0,276 437	3,512 516	−0,268 417	0,44
0,951 243	0,960 923	0,324 253	2,963 502	−0,311 582	0,43
0,936 976	0,949 567	0,372 894	2,546 476	−0,354 088	0,42
0,921 159	0,937 019	0,422 496	2,217 818	−0,395 887	0,41
0,903 907	0,923 388	0,473 199	1,951 374	−0,436 946	0,40
0,885 342	0,908 786	0,525 152	1,730 518	−0,477 251	0,39
0,865 588	0,893 327	0,578 516	1,544 170	−0,516 804	0,38
0,844 771	0,877 129	0,633 460	1,384 665	−0,555 626	0,37
0,823 016	0,860 309	0,690 168	1,246 522	−0,593 758	0,36
0,800 445	0,842 983	0,748 840	1,125 718	−0,631 259	0,35
0,777 180	0,825 262	0,809 694	1,019 227	−0,668 210	0,34
0,753 334	0,807 256	0,872 969	0,924 725	−0,704 709	0,33
0,729 017	0,789 069	0,938 929	0,840 392	−0,740 879	0,32
0,704 331	0,770 798	1,007 866	0,764 782	−0,776 862	0,31
0,679 371	0,752 537	1,080 109	0,696 723	−0,812 823	0,30
0,654 225	0,734 372	1,156 025	0,635 256	−0,848 953	0,29
0,628 972	0,716 382	1,236 031	0,579 582	−0,885 470	0,28
0,603 684	0,698 639	1,320 599	0,529 032	−0,922 622	0,27
0,578 425	0,681 210	1,410 271	0,483 035	−0,960 691	0,26
0,553 251	0,664 155	1,505 673	0,441 102	−1,000 000	0,25
0,528 211	0,647 527	1,607 528	0,402 809	−1,040 917	0,24
0,503 346	0,631 373	1,716 683	0,367 786	−1,083 868	0,23
0,478 690	0,615 736	1,834 137	0,335 709	−1,129 344	0,22
0,454 273	0,600 652	1,961 073	0,306 287	−1,177 922	0,21
0,430 116	0,586 153	2,098 908	0,279 266	−1,230 281	0,20
0,406 236	0,572 266	2,249 356	0,254 413	−1,287 230	0,19
0,382 644	0,559 016	2,414 507	0,231 524	−1,349 748	0,18
0,359 347	0,546 421	2,596 942	0,210 409	−1,419 025	0,17
0,336 349	0,534 499	2,799 885	0,190 900	−1,496 536	0,16
0,313 647	0,523 263	3,027 416	0,172 842	−1,584 136	0,15
0,291 237	0,512 725	3,284 781	0,156 091	−1,684 189	0,14
0,269 112	0,502 893	3,578 840	0,140 518	−1,799 772	0,13
0,247 261	0,493 774	3,918 735	0,126 003	−1,934 971	0,12
0,225 670	0,485 375	4,316 937	0,112 435	−2,095 333	0,11
0,204 325	0,477 699	4,790 903	0,099 710	−2,288 611	0,10
0,183 209	0,470 750	5,365 849	0,087 731	−2,525 974	0,09
0,162 303	0,464 530	6,079 605	0,076 408	−2,824 157	0,08
0,141 588	0,459 040	6,991 616	0,065 656	−3,209 428	0,07
0,121 040	0,454 281	8,200 964	0,055 394	−3,725 540	0,06
0,100 640	0,450 254	9,886 002	0,045 545	−4,451 210	0,05
0,080 362	0,446 959	12,403 444	0,036 035	−5,543 830	0,04
0,060 184	0,444 396	16,585 631	0,026 794	−7,370 595	0,03
0,040 081	0,442 566	24,929 613	0,017 753	−11,033 001	0,02
0,020 028	0,441 468	49,920 668	0,008 843	−22,038 372	0,01
0,000 000	0,441 102	∞	0,000 000	−∞	0,00
$k'\,\mathrm{sd}(\zeta, \varkappa)$	$k'\,\mathrm{nd}(\zeta, \varkappa)$	$\frac{1}{k'}\,\mathrm{cs}(\zeta, \varkappa)$	$-\overline{\mathrm{cd}}(\zeta, \varkappa)$	$-\overline{\mathrm{sd}}(\zeta, \varkappa)$	$\zeta = \frac{z}{2K}$

Tafel III. (Fortsetzung)

$\vartheta_1'(0,\varkappa) = 3{,}433\,248$	$\vartheta_1'(0,k) = 0{,}756\,315$	$\vartheta_5'(0,\varkappa) = 8{,}656\,594$
$\vartheta_1'''/\vartheta_1'(\varkappa) = -7{,}382\,052$	$\vartheta_2''/\vartheta_2(\varkappa) = -10{,}666\,009$	$\vartheta_3''/\vartheta_3(\varkappa) = -6{,}656\,577$
$\vartheta_1'''/\vartheta_1'(k) = -0{,}358\,238$	$\vartheta_2''/\vartheta_2(k) = -\ 0{,}517\,603$	$\vartheta_3''/\vartheta_3(k) = -0{,}323\,032$
$\vartheta_1'''''/\vartheta_1'(k) = -0{,}348\,300$	$\vartheta_2''''/\vartheta_2(k) = 0{,}414\,597$	$\vartheta_3''''/\vartheta_3(k) = 0{,}626\,475$

$\varkappa = 0{,}73$

$\zeta = \frac{z}{2K}$	$\overline{\mathrm{dn}}(\zeta,\varkappa)$	$\mathfrak{z}_1(\zeta,\varkappa)$	$\mathfrak{z}_3(\zeta,\varkappa)$	$\mathfrak{z}_5(\zeta,\varkappa)$	$\wp_1(\zeta,\varkappa)$
0,00	0,000 000	∞	0,000 000	∞	∞
0,01	−0,036 532	22,029 133	−0,009 238	22,029 138	485,282 906
0,02	−0,072 885	11,014 553	−0,018 447	11,014 593	121,321 161
0,03	−0,108 880	7,342 998	−0,027 597	7,343 130	53,921 350
0,04	−0,144 346	5,507 172	−0,036 659	5,507 486	30,332 021
0,05	−0,179 113	4,405 609	−0,045 601	4,406 223	19,414 189
0,06	−0,213 024	3,671 146	−0,054 394	3,672 211	13,484 210
0,07	−0,245 926	3,146 422	−0,063 006	3,148 119	9,909 337
0,08	−0,277 680	2,752 753	−0,071 404	2,755 295	7,589 839
0,09	−0,308 156	2,446 419	−0,079 555	2,450 054	6,000 340
0,10	−0,337 237	2,201 187	−0,087 424	2,206 195	4,864 126
0,11	−0,364 816	2,000 358	−0,094 976	2,007 057	4,024 202
0,12	−0,390 800	1,832 797	−0,102 174	1,841 542	3,386 114
0,13	−0,415 107	1,690 794	−0,108 979	1,701 977	2,890 272
0,14	−0,437 667	1,568 838	−0,115 351	1,582 892	2,497 568
0,15	−0,458 418	1,462 887	−0,121 249	1,480 286	2,181 480
0,16	−0,477 309	1,369 907	−0,126 629	1,391 169	1,923 500
0,17	−0,494 300	1,287 577	−0,131 447	1,313 264	1,710 397
0,18	−0,509 355	1,214 091	−0,135 657	1,244 811	1,532 508
0,19	−0,522 448	1,148 020	−0,139 211	1,184 429	1,382 641
0,20	−0,533 557	1,088 221	−0,142 059	1,131 025	1,255 356
0,21	−0,542 666	1,033 769	−0,144 152	1,083 724	1,146 472
0,22	−0,549 761	0,983 905	−0,145 438	1,041 817	1,052 738
0,23	−0,554 836	0,938 002	−0,145 865	1,004 730	0,971 591
0,24	−0,557 882	0,895 536	−0,145 381	0,971 992	0,900 990
0,25	−0,558 898	0,856 068	−0,143 932	0,943 215	0,839 292
0,25	1,441 102	0,856 068	−0,143 932	0,943 215	0,839 292
0,26	1,443 726	0,819 224	−0,141 468	0,918 079	0,785 165
0,27	1,451 654	0,784 686	−0,137 936	0,896 315	0,737 518
0,28	1,465 052	0,752 181	−0,133 289	0,877 701	0,695 450
0,29	1,484 209	0,721 473	−0,127 480	0,862 046	0,658 214
0,30	1,509 546	0,692 359	−0,120 464	0,849 190	0,625 184
0,31	1,541 644	0,664 658	−0,112 204	0,838 993	0,595 834
0,32	1,581 271	0,638 215	−0,102 665	0,831 332	0,569 721
0,33	1,629 434	0,612 890	−0,091 819	0,826 097	0,546 468
0,34	1,687 437	0,588 563	−0,079 647	0,823 185	0,525 752
0,35	1,756 977	0,565 124	−0,066 135	0,822 500	0,507 298
0,36	1,840 280	0,542 475	−0,051 282	0,823 948	0,490 870
0,37	1,940 291	0,520 531	−0,035 095	0,827 433	0,476 266
0,38	2,060 974	0,499 211	−0,017 593	0,832 859	0,463 309
0,39	2,207 769	0,478 445	0,001 194	0,840 123	0,451 850
0,40	2,388 320	0,458 167	0,021 221	0,849 116	0,441 758
0,41	2,613 705	0,438 319	0,042 432	0,859 722	0,432 922
0,42	2,900 564	0,418 845	0,064 757	0,871 816	0,425 245
0,43	3,275 084	0,399 695	0,088 113	0,885 265	0,418 647
0,44	3,780 933	0,380 821	0,112 404	0,899 926	0,413 059
0,45	4,496 754	0,362 180	0,137 522	0,915 645	0,408 422
0,46	5,579 865	0,343 728	0,163 347	0,932 261	0,404 690
0,47	7,397 389	0,325 425	0,189 751	0,949 606	0,401 826
0,48	11,050 753	0,307 234	0,216 596	0,967 503	0,399 799
0,49	22,047 215	0,289 115	0,243 740	0,985 772	0,398 592
0,50	∞	0,271 034	0,271 034	1,004 227	0,398 190
	$\overline{\mathrm{sc}}(\zeta,\varkappa)$	$-\mathfrak{z}_2(\zeta,\varkappa)$	$-\mathfrak{z}_4(\zeta,\varkappa)$	$-\mathfrak{z}_6(\zeta,\varkappa)$	$\wp_2(\zeta,\varkappa)$

Tafel III

$\varkappa = 0{,}73$			
	$\vartheta_5'(0, k) = 1{,}906\,973$	$\vartheta_6(0, k) = 1{,}906\,973$	$\vartheta_{\substack{5\\6}}(\frac{1}{4}, \varkappa) = 1{,}654\,607$
	$\vartheta_4''/\vartheta_4(\varkappa) = 9{,}940\,533$	$\vartheta_5'''/\vartheta_5'(\varkappa) = -27{,}351\,783$	$\vartheta_6''/\vartheta_6(\varkappa) = -0{,}725\,476$
	$\vartheta_4''/\vartheta_4(k) = 0{,}482\,397$	$\vartheta_5'''/\vartheta_5'(k) = -\ 1{,}327\,335$	$\vartheta_6''/\vartheta_6(k) = -0{,}035\,206$
	$\vartheta_4''''/\vartheta_4(k) = -0{,}912\,738$	$\vartheta_5'''''/\vartheta_5'(k) = 3{,}941\,302$	$\vartheta_6''''/\vartheta_6(k) = -1{,}996\,282$

$\wp_3(\zeta, \varkappa)$	$\wp_5(\zeta, \varkappa)$	$\wp_1'(\zeta, \varkappa)$	$\wp_3'(\zeta, \varkappa)$	$\wp_5'(\zeta, \varkappa)$	
0,203 619	∞	− ∞	0,000 000	− ∞	0,50
0,203 296	485,282 583	− 21 380,715 1	− 0,014 240	− 21 380,729 4	0,49
0,202 326	121,319 867	− 2 672,579 84	− 0,028 551	− 2 672,608 40	0,48
0,200 702	53,918 433	− 791,863 286	− 0,043 005	− 791,906 291	0,47
0,198 418	30,326 819	− 334,053 503	− 0,057 673	− 334,111 176	0,46
0,195 462	19,406 032	− 171,020 564	− 0,072 623	− 171,093 187	0,45
0,191 819	13,472 410	− 98,954 746	− 0,087 924	− 99,042 669	0,44
0,187 473	9,893 191	− 62,299 607	− 0,103 642	− 62,403 249	0,43
0,182 402	7,568 622	− 41,719 683	− 0,119 840	− 41,839 523	0,42
0,176 585	5,973 305	− 29,284 729	− 0,136 578	− 29,421 307	0,41
0,169 994	4,830 500	− 21,332 169	− 0,153 912	− 21,486 082	0,40
0,162 601	3,983 184	− 16,010 788	− 0,171 893	− 16,182 682	0,39
0,154 377	3,336 872	− 12,316 069	− 0,190 564	− 12,506 633	0,38
0,145 289	2,831 942	− 9,670 725	− 0,209 962	− 9,880 687	0,37
0,135 304	2,429 253	− 7,726 886	− 0,230 113	− 7,956 999	0,36
0,124 386	2,102 247	− 6,266 399	− 0,251 034	− 6,517 432	0,35
0,112 501	1,832 382	− 5,147 727	− 0,272 724	− 5,420 451	0,34
0,099 614	1,606 392	− 4,276 309	− 0,295 172	− 4,571 481	0,33
0,085 692	1,414 580	− 3,587 328	− 0,318 346	− 3,905 674	0,32
0,070 702	1,249 723	− 3,035 345	− 0,342 192	− 3,377 537	0,31
0,054 615	1,106 351	− 2,587 861	− 0,366 634	− 2,954 495	0,30
0,037 408	0,980 260	− 2,221 213	− 0,391 568	− 2,612 781	0,29
0,019 060	0,868 178	− 1,917 894	− 0,416 863	− 2,334 756	0,28
− 0,000 442	0,767 530	− 1,664 759	− 0,442 350	− 2,107 109	0,27
− 0,021 101	0,676 270	− 1,451 809	− 0,467 830	− 1,919 639	0,26
− 0,042 912	0,592 761	− 1,271 345	− 0,493 062	− 1,764 407	0,25
− 0,042 912	0,592 761	− 1,271 345	− 0,493 062	− 1,764 407	0,25
− 0,065 857	0,515 689	− 1,117 372	− 0,517 768	− 1,635 140	0,24
− 0,089 906	0,443 992	− 0,985 173	− 0,541 627	− 1,526 800	0,23
− 0,115 013	0,376 818	− 0,871 003	− 0,564 278	− 1,435 281	0,22
− 0,141 112	0,313 482	− 0,771 858	− 0,585 322	− 1,357 180	0,21
− 0,168 122	0,253 442	− 0,685 314	− 0,604 320	− 1,289 634	0,20
− 0,195 940	0,196 275	− 0,609 393	− 0,620 804	− 1,230 198	0,19
− 0,224 439	0,141 663	− 0,542 475	− 0,634 279	− 1,176 754	0,18
− 0,253 472	0,089 377	− 0,483 217	− 0,644 233	− 1,127 450	0,17
− 0,282 867	0,039 265	− 0,430 504	− 0,650 150	− 1,080 654	0,16
− 0,312 429	− 0,008 751	− 0,383 400	− 0,651 521	− 1,034 921	0,15
− 0,341 942	− 0,054 691	− 0,341 115	− 0,647 862	− 0,988 977	0,14
− 0,371 165	− 0,098 519	− 0,302 979	− 0,638 730	− 0,941 709	0,13
− 0,399 843	− 0,140 153	− 0,268 417	− 0,623 743	− 0,892 160	0,12
− 0,427 701	− 0,179 470	− 0,236 937	− 0,602 597	− 0,839 533	0,11
− 0,454 455	− 0,216 317	− 0,208 108	− 0,575 087	− 0,783 194	0,10
− 0,479 815	− 0,250 512	− 0,181 556	− 0,541 125	− 0,722 681	0,09
− 0,503 487	− 0,281 861	− 0,156 950	− 0,500 755	− 0,657 706	0,08
− 0,525 184	− 0,310 156	− 0,133 998	− 0,454 164	− 0,588 161	0,07
− 0,544 630	− 0,335 191	− 0,112 434	− 0,401 687	− 0,514 121	0,06
− 0,561 570	− 0,356 768	− 0,092 021	− 0,343 812	− 0,435 833	0,05
− 0,575 773	− 0,374 702	− 0,072 539	− 0,281 175	− 0,353 713	0,04
− 0,587 037	− 0,388 831	− 0,053 783	− 0,214 544	− 0,268 327	0,03
− 0,595 204	− 0,399 024	− 0,035 562	− 0,144 806	− 0,180 369	0,02
− 0,600 152	− 0,405 180	− 0,017 694	− 0,072 943	− 0,090 637	0,01
− 0,601 810	− 0,407 239	0,000 000	0,000 000	0,000 000	0,00
$\wp_4(\zeta, \varkappa)$	$\wp_6(\zeta, \varkappa)$	$-\wp_2'(\zeta, \varkappa)$	$-\wp_4'(\zeta, \varkappa)$	$-\wp_6'(\zeta, \varkappa)$	$\zeta = \frac{z}{2K}$

Tafel III

$\varkappa = 0{,}74$

$\sqrt{k}$ =	0,944 277	k =	0,891 659	k^2 =	0,795 055
$\sqrt{k'}$ =	0,672 836	k' =	0,452 708	k'^2 =	0,204 945
$e_1 = -e_3'$ =	0,401 648	$e_2 = -e_2'$ =	0,196 703	$e_3 = -e_1'$ =	−0,598 352
$g_2 = g_2'$ =	1,116 077	$g_3 = -g_3'$ =	−0,189 093	$g_3/\sqrt{g_2^3}$ =	−0,160 374
$\bar{g}_2 = \bar{g}_2'$ =	−2,142 773	$\bar{g}_3 = -\bar{g}_3'$ =	−1,086 530	$\bar{g}_3/\sqrt{\bar{g}_2^3}$ =	0,346 400i

$\zeta = \frac{z}{2K}$	$\vartheta_1(\zeta, \varkappa)$	$\vartheta_3(\zeta, \varkappa)$	$\frac{\partial \ln \vartheta_1(\zeta, \varkappa)}{\partial \zeta}$	$\frac{\partial \ln \vartheta_3(\zeta, \varkappa)}{\partial \zeta}$	$\operatorname{sn}(\zeta, \varkappa)$
0,00	0,000 000	1,195 793	∞	0,000 000	0,000 000
0,01	0,034 125	1,195 406	99,974 866	−0,064 799	0,044 895
0,02	0,068 224	1,194 245	49,949 687	−0,129 465	0,089 628
0,03	0,102 272	1,192 316	33,257 750	−0,193 865	0,134 039
0,04	0,136 242	1,189 625	24,899 011	−0,257 864	0,177 973
0,05	0,170 109	1,186 184	19,873 425	−0,321 325	0,221 281
0,06	0,203 846	1,182 007	16,514 281	−0,384 109	0,263 823
0,07	0,237 428	1,177 110	14,107 251	−0,446 074	0,305 469
0,08	0,270 827	1,171 513	12,295 147	−0,507 074	0,346 101
0,09	0,304 016	1,165 237	10,879 517	−0,566 959	0,385 614
0,10	0,336 968	1,158 309	9,741 270	−0,625 574	0,423 915
0,11	0,369 657	1,150 755	8,804 612	−0,682 759	0,460 926
0,12	0,402 053	1,142 605	8,018 996	−0,738 349	0,496 582
0,13	0,434 128	1,133 893	7,349 421	−0,792 172	0,530 834
0,14	0,465 855	1,124 652	6,770 875	−0,844 050	0,563 644
0,15	0,497 204	1,114 920	6,265 009	−0,893 798	0,594 988
0,16	0,528 145	1,104 735	5,818 053	−0,941 227	0,624 853
0,17	0,558 649	1,094 138	5,419 470	−0,986 138	0,653 238
0,18	0,588 686	1,083 170	5,061 059	−1,028 328	0,680 153
0,19	0,618 226	1,071 876	4,736 342	−1,067 587	0,705 614
0,20	0,647 239	1,060 299	4,440 129	−1,103 701	0,729 646
0,21	0,675 693	1,048 486	4,168 219	−1,136 448	0,752 283
0,22	0,703 557	1,036 484	3,917 166	−1,165 606	0,773 561
0,23	0,730 801	1,024 339	3,684 125	−1,190 949	0,793 522
0,24	0,757 394	1,012 101	3,466 719	−1,212 249	0,812 213
0,25	0,783 304	0,999 817	3,262 951	−1,229 280	0,829 680
0,26	0,808 501	0,987 536	3,071 126	−1,241 820	0,845 975
0,27	0,832 954	0,975 306	2,889 802	−1,249 650	0,861 149
0,28	0,856 633	0,963 176	2,717 738	−1,252 563	0,875 252
0,29	0,879 507	0,951 193	2,553 863	−1,250 360	0,888 336
0,30	0,901 546	0,939 405	2,397 247	−1,242 860	0,900 451
0,31	0,922 721	0,927 858	2,247 078	−1,229 900	0,911 648
0,32	0,943 005	0,916 597	2,102 644	−1,211 340	0,921 973
0,33	0,962 368	0,905 666	1,963 317	−1,187 068	0,931 472
0,34	0,980 785	0,895 109	1,828 541	−1,157 004	0,940 191
0,35	0,998 228	0,884 967	1,697 821	−1,121 104	0,948 171
0,36	1,014 673	0,875 279	1,570 713	−1,079 363	0,955 451
0,37	1,030 095	0,866 084	1,446 822	−1,031 825	0,962 069
0,38	1,044 473	0,857 418	1,325 788	−0,978 579	0,968 058
0,39	1,057 783	0,849 314	1,207 286	−0,919 766	0,973 452
0,40	1,070 007	0,841 805	1,091 021	−0,855 583	0,978 280
0,41	1,081 125	0,834 919	0,976 720	−0,786 280	0,982 568
0,42	1,091 121	0,828 684	0,864 134	−0,712 166	0,986 340
0,43	1,099 978	0,823 123	0,753 030	−0,633 604	0,989 618
0,44	1,107 683	0,818 260	0,643 192	−0,551 012	0,992 421
0,45	1,114 223	0,814 112	0,534 417	−0,464 859	0,994 765
0,46	1,119 589	0,810 696	0,426 512	−0,375 660	0,996 665
0,47	1,123 771	0,808 025	0,319 293	−0,283 971	0,998 130
0,48	1,126 763	0,806 109	0,212 582	−0,190 383	0,999 171
0,49	1,128 560	0,804 957	0,106 207	−0,095 514	0,999 793
0,50	1,129 160	0,804 573	0,000 000	0,000 000	1,000 000
	$\vartheta_2(\zeta, \varkappa)$	$\vartheta_4(\zeta, \varkappa)$	$-\frac{\partial \ln \vartheta_2(\zeta, \varkappa)}{\partial \zeta}$	$-\frac{\partial \ln \vartheta_4(\zeta, \varkappa)}{\partial \zeta}$	$\operatorname{cd}(\zeta, \varkappa)$

Tafel III

$\varkappa = 0{,}74$

$k^2 k'^2 = 0{,}162\,942$	$\eta_1 = -\eta_2' = 0{,}124\,510$	$\eta_1' = -\eta_2 = 0{,}296\,240$
$\pi/KK' = 0{,}841\,500$	$\bar\eta_1 = -\bar\eta_2' = 0{,}445\,723$	$\bar\eta_1' = -\bar\eta_2 = 0{,}395\,777$
$K = 2{,}246\,115$	$E = 1{,}181\,812$	$A = 1{,}442\,964$
$K' = 1{,}662\,125$	$E' = 1{,}486\,924$	$A' = 0{,}330\,885$
$B = 0{,}907\,461$	$C = 0{,}542\,343$	$D = 1{,}338\,654$

$\mathrm{cn}(\zeta,\varkappa)$	$\mathrm{dn}(\zeta,\varkappa)$	$\mathrm{sc}(\zeta,\varkappa)$	$\overline{\mathrm{sn}}(\zeta,\varkappa)$	$\overline{\mathrm{cn}}(\zeta,\varkappa)$	
1,000 000	1,000 000	0,000 000	∞	0,000 000	0,50
0,998 992	0,999 198	0,044 941	22,233 799	−0,044 905	0,49
0,995 975	0,996 801	0,089 990	11,076 748	−0,089 703	0,48
0,990 976	0,992 832	0,135 260	7,340 180	−0,134 290	0,47
0,984 035	0,987 328	0,180 861	5,459 059	−0,178 569	0,46
0,975 210	0,980 342	0,226 906	4,320 474	−0,222 445	0,45
0,964 571	0,971 937	0,273 513	3,553 528	−0,265 838	0,44
0,952 202	0,962 191	0,320 803	2,999 322	−0,308 674	0,43
0,938 197	0,951 191	0,368 900	2,578 448	−0,350 895	0,42
0,922 660	0,939 030	0,417 937	2,246 821	−0,392 455	0,41
0,905 702	0,925 811	0,468 051	1,978 013	−0,433 327	0,40
0,887 439	0,911 641	0,519 389	1,755 218	−0,473 496	0,39
0,867 989	0,896 629	0,572 106	1,567 243	−0,512 967	0,38
0,847 476	0,880 889	0,626 371	1,406 338	−0,551 763	0,37
0,826 018	0,864 532	0,682 363	1,266 968	−0,589 924	0,36
0,803 735	0,847 669	0,740 279	1,145 067	−0,627 511	0,35
0,780 742	0,830 408	0,800 332	1,037 580	−0,664 602	0,34
0,757 152	0,812 855	0,862 757	0,942 160	−0,701 297	0,33
0,733 070	0,795 111	0,927 814	0,856 973	−0,737 715	0,32
0,708 597	0,777 271	0,995 790	0,780 557	−0,773 998	0,31
0,683 825	0,759 425	1,067 008	0,711 733	−0,810 312	0,30
0,658 840	0,741 657	1,141 828	0,649 534	−0,846 845	0,29
0,633 722	0,724 046	1,220 662	0,593 158	−0,883 815	0,28
0,608 541	0,706 662	1,303 974	0,541 930	−0,921 469	0,27
0,583 362	0,689 573	1,392 297	0,495 277	−0,960 090	0,26
0,558 239	0,672 836	1,486 246	0,452 708	−1,000 000	0,25
0,533 222	0,656 506	1,586 535	0,413 798	−1,041 569	0,24
0,508 353	0,640 629	1,693 997	0,378 176	−1,085 223	0,23
0,483 668	0,625 248	1,809 614	0,345 515	−1,131 459	0,22
0,459 194	0,610 401	1,934 553	0,315 526	−1,180 854	0,21
0,434 957	0,596 120	2,070 208	0,287 952	−1,234 093	0,20
0,410 973	0,582 433	2,218 267	0,262 562	−1,291 993	0,19
0,387 255	0,569 365	2,380 788	0,239 150	−1,355 538	0,18
0,363 812	0,556 936	2,560 313	0,217 527	−1,425 930	0,17
0,340 647	0,545 164	2,760 015	0,197 522	−1,504 660	0,16
0,317 761	0,534 063	2,983 914	0,178 981	−1,593 597	0,15
0,295 150	0,523 646	3,237 174	0,161 760	−1,695 132	0,14
0,272 807	0,513 922	3,526 550	0,145 729	−1,812 372	0,13
0,250 725	0,504 900	3,861 045	0,130 768	−1,949 442	0,12
0,228 889	0,496 586	4,252 937	0,116 763	−2,111 951	0,11
0,207 288	0,488 986	4,719 416	0,103 612	−2,307 728	0,10
0,185 905	0,482 102	5,285 311	0,091 216	−2,548 061	0,09
0,164 723	0,475 939	5,987 869	0,079 484	−2,849 858	0,08
0,143 722	0,470 497	6,885 621	0,068 330	−3,239 666	0,07
0,122 883	0,465 779	8,076 125	0,057 674	−3,761 692	0,06
0,102 185	0,461 786	9,734 987	0,047 436	−4,495 484	0,05
0,081 604	0,458 519	12,213 431	0,037 542	−5,600 085	0,04
0,061 119	0,455 977	16,330 983	0,027 921	−7,446 549	0,03
0,040 706	0,454 161	24,546 245	0,018 502	−11,147 948	0,02
0,020 341	0,453 072	49,152 249	0,009 218	−22,269 486	0,01
0,000 000	0,452 708	∞	0,000 000	−∞	0,00
$k'\,\mathrm{sd}(\zeta,\varkappa)$	$k'\,\mathrm{nd}(\zeta,\varkappa)$	$\frac{1}{k'}\,\mathrm{cs}(\zeta,\varkappa)$	$-\overline{\mathrm{cd}}(\zeta,\varkappa)$	$-\overline{\mathrm{sd}}(\zeta,\varkappa)$	$\zeta = \frac{z}{2K}$

Tafel III. (Fortsetzung)

$\vartheta_1'(0,\varkappa) = 3{,}412\,925$ $\vartheta_1'(0,k) = 0{,}759\,739$ $\vartheta_5'(0,\varkappa) = 8{,}563\,522$ $\varkappa = 0{,}74$

$\vartheta_1'''/\vartheta_1'(\varkappa) = -7{,}537\,872$ $\vartheta_2''/\vartheta_2(\varkappa) = -10{,}617\,941$ $\vartheta_3''/\vartheta_3(\varkappa) = -6{,}482\,125$

$\vartheta_1'''/\vartheta_1'(k) = -0{,}373\,529$ $\vartheta_2''/\vartheta_2(k) = -\ 0{,}526\,158$ $\vartheta_3''/\vartheta_3(k) = -0{,}321\,213$

$\vartheta_1'''''/\vartheta_1'(k) = -0{,}325\,498$ $\vartheta_2''''/\vartheta_2(k) = 0{,}420\,637$ $\vartheta_3''''/\vartheta_3(k) = 0{,}635\,419$

$\zeta = \frac{z}{2K}$	$\overline{\mathrm{dn}}(\zeta,\varkappa)$	$\mathfrak{z}_1(\zeta,\varkappa)$	$\mathfrak{z}_3(\zeta,\varkappa)$	$\mathfrak{z}_5(\zeta,\varkappa)$	$\wp_1(\zeta,\varkappa)$
0,00	0,000 000	∞	0,000 000	∞	∞
0,01	−0,035 687	22,260 654	−0,008 831	22,260 659	495,536 923
0,02	−0,071 200	11,130 315	−0,017 633	11,130 334	123,884 653
0,03	−0,106 369	7,420 173	−0,026 376	7,420 306	55,060 657
0,04	−0,141 027	5,565 056	−0,035 029	5,565 373	30,972 846
0,05	−0,175 010	4,451 921	−0,043 563	4,452 540	19,824 271
0,06	−0,208 164	3,709 747	−0,051 946	3,710 820	13,768 930
0,07	−0,240 343	3,179 519	−0,060 146	3,181 228	10,118 449
0,08	−0,271 411	2,781 727	−0,068 132	2,784 286	7,749 859
0,09	−0,301 240	2,472 191	−0,075 869	2,475 849	6,126 684
0,10	−0,329 715	2,224 403	−0,083 324	2,229 443	4,966 363
0,11	−0,356 733	2,021 490	−0,090 461	2,028 230	4,108 584
0,12	−0,382 199	1,852 200	−0,097 242	1,860 995	3,456 899
0,13	−0,406 034	1,708 742	−0,103 630	1,719 984	2,950 456
0,14	−0,428 164	1,585 547	−0,109 585	1,599 671	2,549 326
0,15	−0,448 530	1,478 531	−0,115 066	1,496 010	2,226 424
0,16	−0,467 080	1,384 629	−0,120 031	1,405 980	1,962 853
0,17	−0,483 770	1,301 495	−0,124 435	1,327 278	1,745 103
0,18	−0,498 565	1,227 304	−0,128 234	1,258 125	1,563 307
0,19	−0,511 436	1,160 613	−0,131 380	1,197 124	1,410 122
0,20	−0,522 360	1,100 267	−0,133 826	1,143 169	1,279 993
0,21	−0,531 319	1,045 331	−0,135 522	1,095 373	1,168 653
0,22	−0,538 300	0,995 039	−0,136 420	1,053 019	1,072 782
0,23	−0,543 293	0,948 755	−0,136 468	1,015 524	0,989 763
0,24	−0,546 292	0,905 953	−0,135 616	0,982 410	0,917 514
0,25	−0,547 292	0,866 186	−0,133 814	0,953 281	0,854 357
0,25	1,452 708	0,866 186	−0,133 814	0,953 281	0,854 357
0,26	1,455 367	0,829 078	−0,131 012	0,927 811	0,798 932
0,27	1,463 399	0,794 307	−0,127 162	0,905 727	0,750 126
0,28	1,476 973	0,761 598	−0,122 217	0,886 799	0,707 019
0,29	1,496 379	0,730 711	−0,116 134	0,870 832	0,668 850
0,30	1,522 045	0,701 441	−0,108 871	0,857 661	0,634 979
0,31	1,554 555	0,673 606	−0,100 392	0,847 141	0,604 871
0,32	1,594 687	0,647 047	−0,090 668	0,839 143	0,578 073
0,33	1,643 457	0,621 625	−0,079 671	0,833 554	0,554 199
0,34	1,702 182	0,597 216	−0,067 386	0,830 267	0,532 922
0,35	1,772 578	0,573 710	−0,053 801	0,829 183	0,513 961
0,36	1,856 892	0,551 009	−0,038 916	0,830 202	0,497 075
0,37	1,958 101	0,529 023	−0,022 740	0,833 228	0,482 056
0,38	2,080 210	0,507 673	−0,005 294	0,838 161	0,468 728
0,39	2,228 714	0,486 887	0,013 391	0,844 897	0,456 935
0,40	2,411 339	0,466 599	0,033 272	0,853 326	0,446 546
0,41	2,639 276	0,446 748	0,054 293	0,863 332	0,437 446
0,42	2,929 342	0,427 279	0,076 384	0,874 791	0,429 539
0,43	3,307 996	0,408 140	0,099 466	0,887 570	0,422 740
0,44	3,819 366	0,389 283	0,123 445	0,901 528	0,416 980
0,45	4,542 919	0,370 662	0,148 216	0,916 515	0,412 200
0,46	5,637 627	0,352 235	0,173 666	0,932 374	0,408 352
0,47	7,474 470	0,333 960	0,199 670	0,948 939	0,405 398
0,48	11,166 450	0,315 799	0,226 096	0,966 041	0,403 308
0,49	22,278 704	0,297 712	0,252 808	0,983 503	0,402 062
0,50	∞	0,279 663	0,279 663	1,001 145	0,401 648
	$\overline{\mathfrak{sc}}(\zeta,\varkappa)$	$-\mathfrak{z}_2(\zeta,\varkappa)$	$-\mathfrak{z}_4(\zeta,\varkappa)$	$-\mathfrak{z}_6(\zeta,\varkappa)$	$\wp_2(\zeta,\varkappa)$

Tafel III

$\varkappa = 0{,}74$		
$\vartheta_5'(0, k) = 1{,}906\,296$	$\vartheta_6(0, k) = 1{,}906\,296$	$\vartheta_{5 \atop 6}(\tfrac{1}{4}, \varkappa) = 1{,}643\,315$
$\vartheta_4''/\vartheta_4(\varkappa) = 9{,}562\,195$	$\vartheta_5'''/\vartheta_5'(\varkappa) = -26{,}984\,248$	$\vartheta_6''/\vartheta_6(\varkappa) = -1{,}055\,746$
$\vartheta_4''/\vartheta_4(k) = 0{,}473\,842$	$\vartheta_5'''/\vartheta_5'(k) = -\ 1{,}337\,169$	$\vartheta_6''/\vartheta_6(k) = -0{,}052\,316$
$\vartheta_4''''/\vartheta_4(k) = -0{,}916\,532$	$\vartheta_5'''''/\vartheta_5'(k) = 4{,}051\,420$	$\vartheta_6''''/\vartheta_6(k) = -1{,}991\,789$

$\wp_3(\zeta, \varkappa)$	$\wp_5(\zeta, \varkappa)$	$\wp_1'(\zeta, \varkappa)$	$\wp_3'(\zeta, \varkappa)$	$\wp_5'(\zeta, \varkappa)$	
0,196 703	∞	− ∞	0,000 000	− ∞	0,50
0,196 374	495,536 594	−22 061,944 1	−0,014 651	−22 061,958 7	0,49
0,195 386	123,883 335	−2 757,733 63	−0,029 372	−2 757,763 00	0,48
0,193 733	55,057 687	−817,094 250	−0,044 232	−817,138 481	0,47
0,191 409	30,967 551	−344,698 055	−0,059 299	−344,757 354	0,46
0,188 402	19,815 969	−176,470 827	−0,074 640	−176,545 467	0,45
0,184 698	13,756 925	−102,109 091	−0,090 323	−102,199 414	0,44
0,180 281	10,102 026	−64,286 277	−0,106 409	−64,392 685	0,43
0,175 131	7,728 287	−43,050 852	−0,122 959	−43,173 811	0,42
0,169 226	6,099 206	−30,219 901	−0,140 030	−30,359 931	0,41
0,162 541	4,932 200	−22,014 150	−0,157 675	−22,171 825	0,40
0,155 050	4,066 931	−16,523 400	−0,175 939	−16,699 339	0,39
0,146 724	3,406 919	−12,711 126	−0,194 864	−12,905 990	0,38
0,137 532	2,891 285	−9,981 650	−0,214 480	−10,196 129	0,37
0,127 443	2,480 067	−7,976 015	−0,234 809	−8,210 824	0,36
0,116 425	2,146 146	−6,469 117	−0,255 862	−6,724 979	0,35
0,104 445	1,870 595	−5,314 910	−0,277 636	−5,592 546	0,34
0,091 471	1,639 870	−4,415 820	−0,300 109	−4,715 930	0,33
0,077 472	1,444 075	−3.704 965	−0,323 246	−4,028 211	0,32
0,062 420	1,277 838	−3,135 456	−0,346 987	−3,482 443	0,31
0,046 289	1,129 579	−2,673 760	−0,371 251	−3,045 011	0,30
0,029 058	1,001 008	−2,295 461	−0,395 928	−2,691 390	0,29
0,010 713	0,886 792	−1,982 494	−0,420 881	−2,403 375	0,28
−0,008 757	0,784 303	−1,721 295	−0,445 941	−2,167 236	0,27
−0,029 351	0,691 459	−1,501 547	−0,470 903	−1,972 450	0,26
−0,051 060	0,606 593	−1,315 306	−0,495 527	−1,810 833	0,25
−0,051 060	0,606 593	−1,315 306	−0,495 527	−1,810 833	0,25
−0,073 862	0,528 366	−1,156 387	−0,519 535	−1,675 922	0,24
−0,097 724	0,455 699	−1,019 923	−0,542 611	−1,562 534	0,23
−0,122 594	0,387 722	−0,902 050	−0,564 399	−1,466 449	0,22
−0,148 407	0,323 740	−0,799 669	−0,584 510	−1,384 179	0,21
−0,175 077	0,263 198	−0,710 280	−0,602 517	−1,312 796	0,20
−0,202 501	0,205 666	−0,631 842	−0,617 967	−1,249 810	0,19
−0,230 553	0,150 816	−0,562 683	−0,630 387	−1,193 070	0,18
−0,259 085	0,098 410	−0,501 421	−0,639 286	−1,140 707	0,17
−0,287 929	0,048 289	−0,446 903	−0,644 176	−1,091 079	0,16
−0,316 894	0,000 363	−0,398 165	−0,644 576	−1,042 741	0,15
−0,345 767	−0,045 396	−0,354 393	−0,640 033	−0,994 426	0,14
−0,374 317	−0,088 964	−0,314 895	−0,630 136	−0,945 031	0,13
−0,402 296	−0,130 272	−0,279 079	−0,614 534	−0,893 613	0,12
−0,429 440	−0,169 209	−0,246 437	−0,592 953	−0,839 390	0,11
−0,455 477	−0,205 635	−0,216 527	−0,565 215	−0,781 741	0,10
−0,480 129	−0,239 386	−0,188 962	−0,531 253	−0,720 214	0,09
−0,503 115	−0,270 280	−0,163 401	−0,491 125	−0,654 526	0,08
−0,524 164	−0,298 127	−0,139 543	−0,445 026	−0,584 569	0,07
−0,543 014	−0,322 737	−0,117 116	−0,393 290	−0,510 405	0,06
−0,559 422	−0,343 925	−0,095 873	−0,336 393	−0,432 266	0,05
−0,573 169	−0,361 520	−0,075 588	−0,274 950	−0,350 538	0,04
−0,584 067	−0,375 373	−0,056 051	−0,209 700	−0,265 751	0,03
−0,591 965	−0,385 360	−0,037 066	−0,141 491	−0,178 557	0,02
−0,596 749	−0,391 390	−0,018 443	−0,071 259	−0,089 702	0,01
−0,598 352	−0,393 407	0,000 000	0,000 000	0,000 000	0,00
$\wp_4(\zeta, \varkappa)$	$\wp_6(\zeta, \varkappa)$	$-\wp_2'(\zeta, \varkappa)$	$-\wp_4'(\zeta, \varkappa)$	$-\wp_6'(\zeta, \varkappa)$	$\zeta = \dfrac{z}{2K}$

Tafel III

$\sqrt{k}$	$=$	0,941 127	k	$=$	0,885 720	k^2	$=$	0,784 500
$\sqrt{k'}$	$=$	0,681 337	k'	$=$	0,464 219	k'^2	$=$	0,215 500
$e_1 = -e_3' =$		0,405 167	$e_2 = -e_2' =$		0,189 667	$e_3 = -e_1' =$		$-0{,}594\,833$
$g_2 = g_2'$	$=$	1,107 921	$g_3 = -g_3' =$		$-0{,}182\,844$	$g_3/\sqrt{g_2^3}$	$=$	$-0{,}156\,790$
$\bar{g}_2 = \bar{g}_2'$	$=$	$-2{,}273\,271$	$\bar{g}_3 = -\bar{g}_3' =$		$-1{,}080\,664$	$\bar{g}_3/\sqrt{\bar{g}_2^3}$	$=$	0,315 293i

$\varkappa = 0{,}75$

$\zeta = \dfrac{z}{2K}$	$\vartheta_1(\zeta, \varkappa)$	$\vartheta_3(\zeta, \varkappa)$	$\dfrac{\partial \ln \vartheta_1(\zeta, \varkappa)}{\partial \zeta}$	$\dfrac{\partial \ln \vartheta_3(\zeta, \varkappa)}{\partial \zeta}$	$\mathrm{sn}(\zeta, \varkappa)$
0,00	0,000 000	1,189 722	∞	0,000 000	0,000 000
0,01	0,033 919	1,189 347	99,974 380	−0,063 094	0,044 441
0,02	0,067 812	1,188 222	49,948 717	−0,126 055	0,088 726
0,03	0,101 652	1,186 353	33,256 302	−0,188 752	0,132 700
0,04	0,135 414	1,183 746	24,897 090	−0,251 048	0,176 214
0,05	0,169 072	1,180 413	19,871 039	−0,312 810	0,219 124
0,06	0,202 598	1,176 367	16,511 441	−0,373 898	0,261 294
0,07	0,235 966	1,171 622	14,103 969	−0,434 171	0,302 598
0,08	0,269 150	1,166 200	12,291 438	−0,493 485	0,342 921
0,09	0,302 122	1,160 120	10,875 396	−0,551 691	0,382 161
0,10	0,334 855	1,153 407	9,736 756	−0,608 637	0,420 226
0,11	0,367 321	1,146 089	8,799 723	−0,664 165	0,457 040
0,12	0,399 492	1,138 194	8,013 754	−0,718 111	0,492 538
0,13	0,431 340	1,129 753	7,343 847	−0,770 308	0,526 671
0,14	0,462 836	1,120 800	6,764 994	−0,820 581	0,559 399
0,15	0,493 952	1,111 371	6,258 846	−0,868 750	0,590 697
0,16	0,524 658	1,101 503	5,811 633	−0,914 629	0,620 551
0,17	0,554 925	1,091 235	5,412 819	−0,958 026	0,648 958
0,18	0,584 722	1,080 608	5,054 206	−0,998 744	0,675 924
0,19	0,614 021	1,069 664	4,729 315	−1,036 580	0,701 463
0,20	0,642 790	1,058 447	4,432 958	−1,071 326	0,725 599
0,21	0,671 000	1,047 000	4,160 931	−1,102 771	0,748 360
0,22	0,698 620	1,035 370	3,909 792	−1,130 700	0,769 780
0,23	0,725 619	1,023 602	3,676 694	−1,154 898	0,789 901
0,24	0,751 967	1,011 742	3,459 260	−1,175 148	0,808 763
0,25	0,777 634	0,999 839	3,255 494	−1,191 236	0,826 413
0,26	0,802 589	0,987 937	3,063 702	−1,202 950	0,842 897
0,27	0,826 802	0,976 085	2,882 438	−1,210 086	0,858 266
0,28	0,850 243	0,964 330	2,710 463	−1,212 448	0,872 568
0,29	0,872 883	0,952 717	2,546 706	−1,209 853	0,885 851
0,30	0,894 693	0,941 292	2,390 235	−1,202 132	0,898 166
0,31	0,915 644	0,930 100	2,240 238	−1,189 136	0,909 559
0,32	0,935 709	0,919 186	2,096 001	−1,170 737	0,920 077
0,33	0,954 860	0,908 592	1,956 897	−1,146 837	0,929 765
0,34	0,973 071	0,898 360	1,822 367	−1,117 365	0,938 665
0,35	0,990 318	0,888 529	1,691 915	−1,082 289	0,946 819
0,36	1,006 574	0,879 139	1,565 099	−1,041 612	0,954 266
0,37	1,021 818	0,870 227	1,441 519	−0,995 383	0,961 041
0,38	1,036 026	0,861 827	1,320 817	−0,943 695	0,967 178
0,39	1,049 179	0,853 971	1,202 664	−0,886 689	0,972 709
0,40	1,061 256	0,846 692	1,086 764	−0,824 560	0,977 663
0,41	1,072 240	0,840 018	0,972 845	−0,757 553	0,982 066
0,42	1,082 113	0,833 973	0,860 653	−0,685 966	0,985 943
0,43	1,090 862	0,828 583	0,749 957	−0,610 148	0,989 313
0,44	1,098 471	0,823 869	0,640 538	−0,530 502	0,992 197
0,45	1,104 930	0,819 848	0,532 191	−0,447 474	0,994 609
0,46	1,110 229	0,816 536	0,424 721	−0,361 556	0,996 565
0,47	1,114 359	0,813 947	0,317 944	−0,273 277	0,998 074
0,48	1,117 313	0,812 091	0,211 680	−0,183 197	0,999 146
0,49	1,119 088	0,810 974	0,105 756	−0,091 904	0,999 787
0,50	1,119 679	0,810 601	0,000 000	0,000 000	1,000 000
	$\vartheta_2(\zeta, \varkappa)$	$\vartheta_4(\zeta, \varkappa)$	$-\dfrac{\partial \ln \vartheta_2(\zeta, \varkappa)}{\partial \zeta}$	$-\dfrac{\partial \ln \vartheta_4(\zeta, \varkappa)}{\partial \zeta}$	$\mathrm{cd}(\zeta, \varkappa)$

Tafel III

$\varkappa = 0{,}75$

$k^2 k'^2 = 0{,}169\,060$	$\eta_1 = -\eta_2' = 0{,}129\,529$	$\eta_1' = -\eta_2 = 0{,}294\,150$
$\pi/KK' = 0{,}847\,358$	$\bar\eta_1 = -\bar\eta_2' = 0{,}448\,725$	$\bar\eta_1' = -\bar\eta_2 = 0{,}398\,634$
$K = 2{,}223\,365$	$E = 1{,}188\,823$	$A = 1{,}419\,377$
$K' = 1{,}667\,524$	$E' = 1{,}482\,401$	$A' = 0{,}348\,457$
$B = 0{,}904\,638$	$C = 0{,}527\,838$	$D = 1{,}318\,727$

$\mathrm{cn}(\zeta, \varkappa)$	$\mathrm{dn}(\zeta, \varkappa)$	$\mathrm{sc}(\zeta, \varkappa)$	$\overline{\mathrm{sn}}(\zeta, \varkappa)$	$\overline{\mathrm{cn}}(\zeta, \varkappa)$	
1,000 000	1,000 000	0,000 000	∞	0,000 000	0,50
0,999 012	0,999 225	0,044 485	22,462 007	−0,044 451	0,49
0,996 056	0,996 907	0,089 077	11,191 487	−0,088 802	0,48
0,991 156	0,993 068	0,133 884	7,417 366	−0,132 956	0,47
0,984 352	0,987 745	0,179 015	5,517 658	−0,176 821	0,46
0,975 697	0,980 985	0,224 582	4,368 056	−0,220 311	0,45
0,965 259	0,972 851	0,270 698	3,593 863	−0,263 349	0,44
0,953 118	0,963 414	0,317 482	3,034 549	−0,305 867	0,43
0,939 364	0,952 757	0,365 057	2,609 889	−0,347 810	0,42
0,924 096	0,940 971	0,413 551	2,275 345	−0,389 139	0,41
0,907 419	0,928 151	0,463 100	2,004 213	−0,429 827	0,40
0,889 446	0,914 401	0,513 848	1,779 517	−0,469 863	0,39
0,870 291	0,899 825	0,565 947	1,589 946	−0,509 253	0,38
0,850 069	0,884 530	0,619 562	1,427 670	−0,548 021	0,37
0,828 899	0,868 625	0,674 870	1,287 099	−0,586 209	0,36
0,806 893	0,852 215	0,732 063	1,164 127	−0,623 875	0,35
0,784 166	0,835 405	0,791 352	1,055 667	−0,661 100	0,34
0,760 824	0,818 297	0,852 968	0,959 353	−0,697 981	0,33
0,736 971	0,800 989	0,917 165	0,873 331	−0,734 638	0,32
0,712 706	0,783 573	0,984 226	0,796 131	−0,771 212	0,31
0,688 118	0,766 137	1,054 468	0,726 562	−0,807 867	0,30
0,663 293	0,748 763	1,128 249	0,663 651	−0,844 791	0,29
0,638 309	0,731 529	1,205 969	0,606 590	−0,882 202	0,28
0,613 235	0,714 504	1,288 088	0,554 701	−0,920 345	0,27
0,588 135	0,697 754	1,375 131	0,507 409	−0,959 503	0,26
0,563 065	0,681 337	1,467 703	0,464 219	−1,000 000	0,25
0,538 074	0,665 305	1,566 508	0,424 706	−1,042 206	0,24
0,513 205	0,649 708	1,672 365	0,388 497	−1,086 549	0,23
0,488 493	0,634 588	1,786 243	0,355 264	−1,133 528	0,22
0,463 969	0,619 981	1,909 290	0,324 718	−1,183 724	0,21
0,439 657	0,605 922	2,042 881	0,296 602	−1,237 827	0,20
0,415 575	0,592 440	2,188 678	0,270 684	−1,296 660	0,19
0,391 737	0,579 558	2,348 710	0,246 756	−1,361 214	0,18
0,368 154	0,567 299	2,525 480	0,224 630	−1,432 704	0,17
0,344 829	0,555 682	2,722 116	0,204 136	−1,512 631	0,16
0,321 765	0,544 721	2,942 578	0,185 117	−1,602 885	0,15
0,298 960	0,534 430	3,191 953	0,167 431	−1,705 877	0,14
0,276 407	0,524 820	3,476 898	0,150 945	−1,824 747	0,13
0,254 100	0,515 900	3,806 282	0,135 539	−1,963 660	0,12
0,232 028	0,507 676	4,192 202	0,121 100	−2,128 280	0,11
0,210 178	0,500 155	4,651 594	0,107 523	−2,326 517	0,10
0,188 536	0,493 341	5,208 919	0,094 711	−2,569 773	0,09
0,167 084	0,487 238	5,900 874	0,082 570	−2,875 129	0,08
0,145 806	0,481 848	6,785 124	0,071 015	−3,269 400	0,07
0,124 683	0,477 174	7,957 781	0,059 963	−3,797 249	0,06
0,103 693	0,473 218	9,591 850	0,049 335	−4,539 032	0,05
0,082 817	0,469 979	12,033 351	0,039 056	−5,655 423	0,04
0,062 032	0,467 460	16,089 669	0,029 053	−7,521 269	0,03
0,041 316	0,465 660	24,182 972	0,019 256	−11,261 033	0,02
0,020 647	0,464 580	48,424 141	0,009 594	−22,496 863	0,01
0,000 000	0,464 219	∞	0,000 000	−∞	0,00
$k'\,\mathrm{sd}(\zeta, \varkappa)$	$k'\,\mathrm{nd}(\zeta, \varkappa)$	$\frac{1}{k'}\,\mathrm{cs}(\zeta, \varkappa)$	$-\overline{\mathrm{cd}}(\zeta, \varkappa)$	$-\overline{\mathrm{sd}}(\zeta, \varkappa)$	$\zeta = \frac{z}{2K}$

Tafel III. (Fortsetzung)

$\vartheta_1'(0,\varkappa) = 3{,}392\,315$ $\quad \vartheta_1'(0,k) = 0{,}762\,879$ $\quad \vartheta_5'(0,\varkappa) = 8{,}472\,687$ $\quad \boxed{\varkappa = 0{,}75}$

$\vartheta_1'''/\vartheta_1'(\varkappa) = -7{,}683\,684$ $\quad \vartheta_2''/\vartheta_2(\varkappa) = -10{,}572\,751$ $\quad \vartheta_3''/\vartheta_3(\varkappa) = -6{,}311\,588$

$\vartheta_1'''/\vartheta_1'(k) = -0{,}388\,587$ $\quad \vartheta_2''/\vartheta_2(k) = -\;0{,}534\,695$ $\quad \vartheta_3''/\vartheta_3(k) = -0{,}319\,196$

$\vartheta_1'''''/\vartheta_1'(k) = -0{,}302\,294$ $\quad \vartheta_2''''/\vartheta_2(k) = 0{,}426\,698$ $\quad \vartheta_3''''/\vartheta_3(k) = 0{,}643\,777$

$\zeta = \frac{z}{2K}$	$\overline{\mathrm{dn}}(\zeta,\varkappa)$	$\mathfrak{z}_1(\zeta,\varkappa)$	$\mathfrak{z}_3(\zeta,\varkappa)$	$\mathfrak{z}_5(\zeta,\varkappa)$	$\wp_1(\zeta,\varkappa)$
0,00	0,000 000	∞	0,000 000	∞	∞
0,01	−0,034 857	22,488 434	−0,008 429	22,488 439	505,729 861
0,02	−0,069 546	11,244 205	−0,016 828	11,244 245	126,432 876
0,03	−0,103 903	7,496 102	−0,025 168	7,496 236	56,193 178
0,04	−0,137 765	5,622 005	−0,033 418	5,622 323	31,609 856
0,05	−0,170 976	4,497 485	−0,041 547	4,498 108	20,231 913
0,06	−0,203 385	3,747 724	−0,049 525	3,748 803	14,051 959
0,07	−0,234 851	3,212 081	−0,057 320	3,213 799	10,326 322
0,08	−0,265 240	2,810 231	−0,064 899	2,812 804	7,908 935
0,09	−0,294 429	2,497 545	−0,072 229	2,501 222	6,252 286
0,10	−0,322 304	2,247 242	−0,079 275	2,252 307	5,068 004
0,11	−0,348 763	2,042 278	−0,086 002	2,049 049	4,192 479
0,12	−0,373 714	1,871 285	−0,092 374	1,880 119	3,527 279
0,13	−0,397 076	1,726 394	−0,098 353	1,737 683	3,010 303
0,14	−0,418 778	1,601 979	−0,103 899	1,616 156	2,600 800
0,15	−0,438 758	1,493 914	−0,108 971	1,511 452	2,271 127
0,16	−0,456 964	1,399 102	−0,113 529	1,420 517	2,002 002
0,17	−0,473 351	1,315 175	−0,117 529	1,341 024	1,779 635
0,18	−0,487 882	1,240 288	−0,120 926	1,271 174	1,593 958
0,19	−0,500 529	1,172 985	−0,123 674	1,209 556	1,437 477
0,20	−0,511 265	1,112 099	−0,125 728	1,155 050	1,304 525
0,21	−0,520 073	1,056 684	−0,127 040	1,106 757	1,190 747
0,22	−0,526 938	1,005 967	−0,127 561	1,063 953	1,092 754
0,23	−0,531 848	0,959 306	−0,127 243	1,026 045	1,007 877
0,24	−0,534 797	0,916 169	−0,126 037	0,992 547	0,933 991
0,25	−0,535 781	0,876 105	−0,123 895	0,963 059	0,869 386
0,25	1,464 219	0,876 105	−0,123 895	0,963 059	0,869 386
0,26	1,466 912	0,838 733	−0,120 770	0,937 247	0,812 673
0,27	1,475 046	0,803 730	−0,116 615	0,914 832	0,762 717
0,28	1,488 792	0,770 815	−0,111 386	0,895 580	0,718 581
0,29	1,508 443	0,739 749	−0,105 043	0,879 291	0,679 486
0,30	1,534 429	0,710 320	−0,097 547	0,865 793	0,644 782
0,31	1,567 343	0,682 348	−0,088 864	0,854 937	0,613 921
0,32	1,607 970	0,655 672	−0,078 967	0,846 592	0,586 443
0,33	1,657 334	0,630 149	−0,067 832	0,840 638	0,561 954
0,34	1,716 767	0,605 655	−0,055 445	0,836 965	0,540 121
0,35	1,788 002	0,582 078	−0,041 797	0,835 471	0,520 657
0,36	1,873 308	0,559 319	−0,026 889	0,836 053	0,503 316
0,37	1,975 692	0,537 288	−0,010 733	0,838 611	0,487 888
0,38	2,099 199	0,515 903	0,006 650	0,843 045	0,474 190
0,39	2,249 380	0,495 093	0,025 230	0,849 247	0,462 067
0,40	2,434 040	0,474 788	0,044 961	0,857 109	0,451 383
0,41	2,664 484	0,454 929	0,065 790	0,866 512	0,442 022
0,42	2,957 700	0,435 459	0,087 649	0,877 335	0,433 885
0,43	3,340 416	0,416 325	0,110 459	0,889 445	0,426 888
0,44	3,857 212	0,397 478	0,134 130	0,902 703	0,420 958
0,45	4,588 367	0,378 872	0,158 561	0,916 962	0,416 036
0,46	5,694 479	0,360 464	0,183 643	0,932 069	0,412 073
0,47	7,550 323	0,342 211	0,209 255	0,947 863	0,409 029
0,48	11,280 289	0,324 074	0,235 272	0,964 177	0,406 877
0,49	22,506 457	0,306 013	0,261 562	0,980 840	0,405 593
0,50	∞	0,287 990	0,287 990	0,997 679	0,405 167
	$\overline{\mathrm{sc}}(\zeta,\varkappa)$	$-\mathfrak{z}_2(\zeta,\varkappa)$	$-\mathfrak{z}_4(\zeta,\varkappa)$	$-\mathfrak{z}_6(\zeta,\varkappa)$	$\wp_2(\zeta,\varkappa)$

Tafel III

$\varkappa = 0{,}75$

$\vartheta_5'(0, k) = 1{,}905\,375$ $\quad\vartheta_6(0, k) = 1{,}905\,375$ $\quad\vartheta_{\substack{5\\6}}(\tfrac{1}{4}, \varkappa) = 1{,}632\,242$

$\vartheta_4''/\vartheta_4(\varkappa) = 9{,}200\,655$ $\quad\vartheta_5'''/\vartheta_5'(\varkappa) = -26{,}618\,448$ $\quad\vartheta_6''/\vartheta_6(\varkappa) = -1{,}372\,096$

$\vartheta_4''/\vartheta_4(k) = 0{,}465\,305$ $\quad\vartheta_5'''/\vartheta_5'(k) = -1{,}346\,174$ $\quad\vartheta_6''/\vartheta_6(k) = -0{,}069\,391$

$\vartheta_4''''/\vartheta_4(k) = -0{,}919\,476$ $\quad\vartheta_5'''''/\vartheta_5'(k) = 4{,}156\,943$ $\quad\vartheta_6''''/\vartheta_6(k) = -1{,}985\,555$

$\wp_3(\zeta, \varkappa)$	$\wp_5(\zeta, \varkappa)$	$\wp_1'(\zeta, \varkappa)$	$\wp_3'(\zeta, \varkappa)$	$\wp_5'(\zeta, \varkappa)$	
0,189 667	∞	$-\infty$	0,000 000	$-\infty$	0,50
0,189 332	505,729 527	−22 746,137 3	−0,015 047	−22 746,152 4	0,49
0,188 328	126,431 537	−2 843,257 95	−0,030 161	−2 843,288 11	0,48
0,186 648	56,190 160	−842,434 996	−0,045 409	−842,480 405	0,47
0,184 286	31,604 475	−355,388 912	−0,060 859	−355,449 772	0,46
0,181 232	20,223 477	−181,944 789	−0,076 575	−182,021 364	0,45
0,177 471	14,039 764	−105,277 142	−0,092 620	−105,369 762	0,44
0,172 989	10,309 644	−66,281 567	−0,109 054	−66,390 622	0,43
0,167 766	7,887 034	−44,387 788	−0,125 936	−44,513 724	0,42
0,161 781	6,224 401	−31,159 114	−0,143 319	−31,302 433	0,41
0,155 012	5,033 348	−22,699 069	−0,161 252	−22,860 320	0,40
0,147 432	4,150 243	−17,038 211	−0,179 777	−17,217 987	0,39
0,139 014	3,476 626	−13,107 870	−0,198 930	−13,306 800	0,38
0,129 730	2,950 367	−10,293 893	−0,218 739	−10,512 632	0,37
0,119 551	2,530 683	−8,226 193	−0,239 219	−8,465 412	0,36
0,108 445	2,189 906	−6,672 683	−0,260 378	−6,933 061	0,35
0,096 384	1,908 719	−5,482 787	−0,282 205	−5,764 992	0,34
0,083 338	1,673 306	−4,555 905	−0,304 676	−4,860 581	0,33
0,069 279	1,473 570	−3,823 080	−0,327 747	−4,150 827	0,32
0,054 182	1,301 992	−3,235 971	−0,351 356	−3,587 327	0,31
0,038 025	1,152 883	−2,760 004	−0,375 414	−3,135 417	0,30
0,020 790	1,021 869	−2,370 004	−0,399 808	−2,769 813	0,29
0,002 465	0,905 552	−2,047 348	−0,424 397	−2,471 745	0,28
−0,016 954	0,801 256	−1,778 052	−0,449 008	−2,227 060	0,27
−0,037 465	0,706 860	−1,551 479	−0,473 436	−2,024 915	0,26
−0,059 053	0,620 666	−1,359 438	−0,497 440	−1,856 878	0,25
−0,059 053	0,620 666	−1,359 438	−0,497 440	−1,856 878	0,25
−0,081 694	0,541 313	−1,195 554	−0,520 743	−1,716 297	0,24
−0,105 350	0,467 701	−1,054 808	−0,543 034	−1,597 843	0,23
−0,129 968	0,398 946	−0,933 218	−0,563 965	−1,497 183	0,22
−0,155 480	0,334 339	−0,827 590	−0,583 155	−1,410 744	0,21
−0,181 799	0,273 316	−0,735 344	−0,600 190	−1,335 535	0,20
−0,208 819	0,215 435	−0,654 380	−0,614 635	−1,269 016	0,19
−0,236 416	0,160 360	−0,582 974	−0,626 034	−1,209 008	0,18
−0,264 444	0,107 844	−0,519 699	−0,633 921	−1,153 620	0,17
−0,292 735	0,057 719	−0,463 370	−0,637 831	−1,101 201	0,16
−0,321 103	0,009 887	−0,412 992	−0,637 313	−1,050 306	0,15
−0,349 342	−0,035 693	−0,367 727	−0,631 943	−0,999 671	0,14
−0,377 227	−0,079 006	−0,326 863	−0,621 340	−0,948 203	0,13
−0,404 518	−0,119 995	−0,289 789	−0,605 181	−0,894 970	0,12
−0,430 963	−0,158 563	−0,255 981	−0,583 222	−0,839 203	0,11
−0,456 299	−0,194 582	−0,224 985	−0,555 307	−0,780 292	0,10
−0,480 260	−0,227 904	−0,196 403	−0,521 390	−0,717 792	0,09
−0,502 580	−0,258 362	−0,169 884	−0,481 542	−0,651 425	0,08
−0,523 000	−0,285 779	−0,145 116	−0,435 962	−0,581 078	0,07
−0,541 272	−0,309 981	−0,121 820	−0,384 984	−0,506 804	0,06
−0,557 166	−0,330 797	−0,099 743	−0,329 071	−0,428 814	0,05
−0,570 474	−0,348 068	−0,078 652	−0,268 818	−0,347 470	0,04
−0,581 019	−0,361 656	−0,058 331	−0,204 935	−0,263 266	0,03
−0,588 658	−0,371 448	−0,038 577	−0,138 233	−0,176 810	0,02
−0,593 284	−0,377 358	−0,019 196	−0,069 605	−0,088 801	0,01
−0,594 833	−0,379 334	0,000 000	0,000 000	0,000 000	0,00
$\wp_4(\zeta, \varkappa)$	$\wp_6(\zeta, \varkappa)$	$-\wp_2'(\zeta, \varkappa)$	$-\wp_4'(\zeta, \varkappa)$	$-\wp_6'(\zeta, \varkappa)$	$\zeta = \frac{z}{2K}$

Tafel III

$\varkappa = 0{,}76$

$\sqrt{k}$	$=$	0,937 895	k	$=$	0,879 647	k^2	$=$	0,773 778
$\sqrt{k'}$	$=$	0,689 658	k'	$=$	0,475 628	k'^2	$=$	0,226 222
$e_1 = -e_3'$	$=$	0,408 741	$e_2 = -e_2'$	$=$	0,182 519	$e_3 = -e_1'$	$=$	$-0{,}591\,259$
$g_2 = g_2'$	$=$	1,099 939	$g_3 = -g_3'$	$=$	$-0{,}176\,439$	$g_3/\sqrt{g_2^3}$	$=$	$-0{,}152\,947$
$\bar{g}_2 = \bar{g}_2'$	$=$	$-2{,}400\,971$	$\bar{g}_3 = -\bar{g}_3'$	$=$	$-1{,}071\,013$	$\bar{g}_3/\sqrt{\bar{g}_2^3}$	$=$	0,287 882i

$\zeta = \frac{z}{2K}$	$\vartheta_1(\zeta,\varkappa)$	$\vartheta_3(\zeta,\varkappa)$	$\frac{\partial \ln \vartheta_1(\zeta,\varkappa)}{\partial \zeta}$	$\frac{\partial \ln \vartheta_3(\zeta,\varkappa)}{\partial \zeta}$	$\mathrm{sn}(\zeta,\varkappa)$
0,00	0,000 000	1,183 840	∞	0,000 000	0,000 000
0,01	0,033 710	1,183 476	99,973 926	−0,061 427	0,044 004
0,02	0,067 394	1,182 387	49,947 810	−0,122 722	0,087 856
0,03	0,101 025	1,180 576	33,254 946	−0,183 754	0,131 409
0,04	0,134 577	1,178 051	24,895 291	−0,244 388	0,174 517
0,05	0,168 022	1,174 822	19,868 806	−0,304 490	0,217 042
0,06	0,201 336	1,170 902	16,508 782	−0,363 922	0,258 852
0,07	0,234 489	1,166 305	14,100 896	−0,422 544	0,299 825
0,08	0,267 457	1,161 052	12,287 965	−0,480 214	0,339 849
0,09	0,300 210	1,155 162	10,871 537	−0,536 785	0,378 822
0,10	0,332 723	1,148 659	9,732 528	−0,592 106	0,416 658
0,11	0,364 966	1,141 568	8,795 144	−0,646 020	0,453 279
0,12	0,396 912	1,133 919	8,008 844	−0,698 370	0,488 621
0,13	0,428 532	1,125 741	7,338 627	−0,748 988	0,522 635
0,14	0,459 799	1,117 067	6,759 485	−0,797 704	0,555 280
0,15	0,490 683	1,107 931	6,253 071	−0,844 344	0,586 531
0,16	0,521 155	1,098 370	5,805 617	−0,888 724	0,616 371
0,17	0,551 185	1,088 421	5,406 588	−0,930 660	0,644 795
0,18	0,580 745	1,078 124	5,047 784	−0,969 959	0,671 807
0,19	0,609 805	1,067 520	4,722 729	−1,006 426	0,697 419
0,20	0,638 334	1,056 651	4,426 234	−1,039 859	0,721 652
0,21	0,666 303	1.045 559	4,154 098	−1,070 057	0,744 530
0,22	0,693 682	1,034 289	3,902 877	−1,096 813	0,766 087
0,23	0,720 440	1,022 886	3,669 724	−1,119 921	0,786 359
0,24	0,746 548	1,011 393	3,452 265	−1,139 175	0,805 387
0,25	0,771 976	0,999 858	3,248 500	−1,154 372	0,823 212
0,26	0,796 694	0,988 324	3,056 736	−1,165 311	0,839 880
0,27	0,820 672	0,976 839	2,875 529	−1,171 802	0,855 438
0,28	0,843 881	0,965 446	2,703 637	−1,173 659	0,869 932
0,29	0,866 293	0,954 191	2,539 988	−1,170 713	0,883 410
0,30	0,887 880	0,943 119	2,383 652	−1,162 807	0,895 919
0,31	0,908 612	0,932 273	2,233 815	−1,149 804	0,907 504
0,32	0,928 464	0,921 695	2,089 764	−1,131 589	0,918 211
0,33	0,947 409	0,911 427	1,950 867	−1,108 075	0,928 082
0,34	0,965 421	0,901 509	1,816 568	−1,079 203	0,937 161
0,35	0,982 476	0,891 981	1,686 369	−1,044 946	0,945 486
0,36	0,998 550	0,882 880	1,559 826	−1,005 318	0,953 096
0,37	1,013 620	0,874 241	1,436 538	−0,960 371	0,960 025
0,38	1,027 665	0,866 099	1,316 146	−0,910 201	0,966 308
0,39	1,040 665	0,858 485	1,198 321	−0,854 951	0,971 974
0,40	1,052 600	0,851 429	1,082 765	−0,794 810	0,977 053
0,41	1,063 453	0,844 959	0,969 203	−0,730 019	0,981 570
0,42	1,073 209	0,839 101	0,857 383	−0,660 866	0,985 550
0,43	1,081 852	0,833 876	0,747 069	−0,587 689	0,989 011
0,44	1,089 369	0,829 306	0,638 043	−0,510 870	0,991 974
0,45	1,095 749	0,825 408	0,530 098	−0,430 839	0,994 455
0,46	1,100 983	0,822 198	0,423 038	−0,348 064	0,996 466
0,47	1,105 062	0,819 688	0,316 676	−0,263 049	0,998 018
0,48	1,107 980	0,817 889	0,210 833	−0,176 327	0,999 121
0,49	1,109 733	0,816 806	0,105 331	−0,088 453	0,999 781
0,50	1,110 317	0,816 445	0,000 000	0,000 000	1,000 000
	$\vartheta_2(\zeta,\varkappa)$	$\vartheta_4(\zeta,\varkappa)$	$-\frac{\partial \ln \vartheta_2(\zeta,\varkappa)}{\partial \zeta}$	$-\frac{\partial \ln \vartheta_4(\zeta,\varkappa)}{\partial \zeta}$	$\mathrm{cd}(\zeta,\varkappa)$

Tafel III

$\varkappa = 0{,}76$

$k^2 k'^2 = 0{,}175\,046$	$\eta_1 = -\eta_2' = 0{,}134\,469$	$\eta_1' = -\eta_2 = 0{,}292\,007$
$\pi/KK' = 0{,}852\,951$	$\bar\eta_1 = -\bar\eta_2' = 0{,}451\,457$	$\bar\eta_1' = -\bar\eta_2 = 0{,}401\,494$
$K = 2{,}201\,436$	$E = 1{,}195\,841$	$A = 1{,}395\,657$
$K' = 1{,}673\,091$	$E' = 1{,}477\,785$	$A' = 0{,}366\,366$
$B = 0{,}901\,846$	$C = 0{,}514\,029$	$D = 1{,}299\,590$

$\mathrm{cn}(\zeta, \varkappa)$	$\mathrm{dn}(\zeta, \varkappa)$	$\mathrm{sc}(\zeta, \varkappa)$	$\overline{\mathrm{sn}}(\zeta, \varkappa)$	$\overline{\mathrm{cn}}(\zeta, \varkappa)$	
1,000 000	1,000 000	0,000 000	∞	0,000 000	0,50
0,999 031	0,999 251	0,044 046	22,686 439	−0,044 013	0,49
0,996 133	0,997 009	0,088 197	11,304 324	−0,087 933	0,48
0,991 328	0,993 297	0,132 559	7,493 268	−0,131 670	0,47
0,984 654	0,988 147	0,177 237	5,575 277	−0,175 136	0,46
0,976 162	0,981 606	0,222 342	4,414 838	−0,218 252	0,45
0,965 917	0,973 732	0,267 986	3,633 518	−0,260 946	0,44
0,953 994	0,964 594	0,314 284	3,069 181	−0,303 156	0,43
0,940 480	0,954 270	0,361 356	2,640 799	−0,344 832	0,42
0,925 469	0,942 846	0,409 330	2,303 387	−0,385 935	0,41
0,909 063	0,930 413	0,458 337	2,029 975	−0,426 443	0,40
0,891 369	0,917 071	0,508 520	1,803 413	−0,466 348	0,39
0,872 496	0,902 917	0,560 027	1,612 276	−0,505 658	0,38
0,852 557	0,888 057	0,613 020	1,448 658	−0,544 397	0,37
0,831 663	0,872 592	0,667 674	1,306 912	−0,582 607	0,36
0,809 927	0,856 625	0,724 178	1,182 893	−0,620 349	0,35
0,787 456	0,840 257	0,782 738	1,073 485	−0,657 700	0,34
0,764 355	0,823 586	0,843 581	0,976 298	−0,694 761	0,33
0,740 726	0,806 706	0,906 958	0,889 464	−0,731 648	0,32
0,716 663	0,789 708	0,973 148	0,811 499	−0,768 503	0,31
0,692 257	0,772 678	1,042 463	0,741 204	−0,805 488	0,30
0,667 589	0,755 695	1,115 253	0,677 600	−0,842 791	0,29
0,642 736	0,738 835	1,191 915	0,619 872	−0,880 629	0,28
0,617 769	0,722 167	1,272 902	0,567 339	−0,919 248	0,27
0,592 750	0,705 755	1,358 729	0,519 423	−0,958 930	0,26
0,567 734	0,689 658	1,449 995	0,475 628	−1,000 000	0,25
0,542 772	0,673 927	1,547 390	0,435 525	−1,042 829	0,24
0,517 906	0,658 612	1,651 726	0,398 742	−1,087 846	0,23
0,493 172	0,643 754	1,763 954	0,364 949	−1,135 552	0,22
0,468 601	0,629 391	1,885 209	0,333 858	−1,186 534	0,21
0,444 218	0,615 558	2,016 844	0,305 208	−1,241 484	0,20
0,420 044	0,602 283	2,160 499	0,278 770	−1,301 231	0,19
0,396 092	0,589 592	2,318 172	0,254 335	−1,366 777	0,18
0,372 375	0,577 509	2,492 334	0,231 714	−1,439 344	0,17
0,348 897	0,566 051	2,686 065	0,210 736	−1,520 449	0,16
0,325 662	0,555 235	2,903 271	0,191 245	−1,611 997	0,15
0,302 669	0,545 075	3,148 967	0,173 096	−1,716 423	0,14
0,279 914	0,535 583	3,429 715	0,156 160	−1,836 896	0,13
0,257 390	0,526 768	3,754 257	0,140 312	−1,977 622	0,12
0,235 088	0,518 638	4,134 520	0,125 441	−2,144 320	0,11
0,212 996	0,511 200	4,587 197	0,111 441	−2,344 977	0,10
0,191 101	0,504 460	5,136 404	0,098 213	−2,591 110	0,09
0,169 388	0,498 421	5,818 311	0,085 664	−2,899 966	0,08
0,147 840	0,493 086	6,689 763	0,073 708	−3,298 629	0,07
0,126 439	0,488 459	7,845 502	0,062 260	−3,832 204	0,06
0,105 166	0,484 541	9,456 068	0,051 241	−4,581 850	0,05
0,084 001	0,481 333	11,862 544	0,040 576	−5,709 837	0,04
0,062 924	0,478 838	15,860 800	0,030 190	−7,594 748	0,03
0,041 912	0,477 055	23,838 458	0,020 012	−11,372 245	0,02
0,020 945	0,475 985	47,733 653	0,009 972	−22,720 480	0,01
0,000 000	0,475 628	∞	0,000 000	−∞	0,00
$k'\,\mathrm{sd}(\zeta, \varkappa)$	$k'\,\mathrm{nd}(\zeta, \varkappa)$	$\frac{1}{k'}\,\mathrm{cs}(\zeta, \varkappa)$	$-\overline{\mathrm{cd}}(\zeta, \varkappa)$	$-\overline{\mathrm{sd}}(\zeta, \varkappa)$	$\zeta = \frac{z}{2K}$

Tafel III. (Fortsetzung)

$\vartheta_1'(0, \varkappa) = 3{,}371\,451$ $\quad \vartheta_1'(0, k) = 0{,}765\,739$ $\quad \vartheta_5'(0, \varkappa) = 8{,}384\,032$

$\vartheta_1'''/\vartheta_1'(\varkappa) = -7{,}820\,161$ $\quad \vartheta_2''/\vartheta_2(\varkappa) = -10{,}530\,270$ $\quad \vartheta_3''/\vartheta_3(\varkappa) = -6{,}144\,898$

$\vartheta_1'''/\vartheta_1'(k) = -0{,}403\,407$ $\quad \vartheta_2''/\vartheta_2(k) = -\ 0{,}543\,210$ $\quad \vartheta_3''/\vartheta_3(k) = -0{,}316\,988$

$\vartheta_1'''''/\vartheta_1'(k) = -0{,}278\,741$ $\quad \vartheta_2''''/\vartheta_2(k) = 0{,}432\,787$ $\quad \vartheta_3''''/\vartheta_3(k) = 0{,}651\,535$

$\varkappa = 0{,}76$

$\zeta = \frac{z}{2K}$	$\overline{\mathrm{dn}}(\zeta, \varkappa)$	$\mathfrak{z}_1(\zeta, \varkappa)$	$\mathfrak{z}_3(\zeta, \varkappa)$	$\mathfrak{z}_5(\zeta, \varkappa)$	$\wp_1(\zeta, \varkappa)$
0,00	0,000 000	∞	0,000 000	∞	∞
0,01	−0,034 041	22,712 449	−0,008 031	22,712 454	515,855 530
0,02	−0,067 921	11,356 213	−0,016 032	11,356 253	128,964 282
0,03	−0,101 480	7,570 775	−0,023 973	7,570 909	57,318 227
0,04	−0,134 560	5,678 013	−0,031 824	5,678 333	32,242 664
0,05	−0,167 011	4,542 295	−0,039 555	4,542 921	20,636 868
0,06	−0,198 687	3,785 072	−0,047 133	3,786 156	14,333 125
0,07	−0,229 449	3,244 103	−0,054 527	3,245 828	10,532 830
0,08	−0,259 167	2,838 262	−0,061 704	2,840 846	8,066 969
0,09	−0,287 722	2,522 477	−0,068 633	2,526 169	6,377 070
0,10	−0,315 003	2,269 701	−0,075 277	2,274 785	5,168 986
0,11	−0,340 907	2,062 718	−0,081 602	2,069 513	4,275 834
0,12	−0,365 346	1,890 051	−0,087 571	1,898 913	3,597 212
0,13	−0,388 237	1,743 749	−0,093 147	1,755 070	3,069 775
0,14	−0,409 511	1,618 132	−0,098 291	1,632 346	2,651 955
0,15	−0,429 104	1,509 033	−0,102 964	1,526 611	2,315 560
0,16	−0,446 964	1,413 326	−0,107 123	1,434 780	2,040 919
0,17	−0,463 047	1,328 617	−0,110 727	1,354 503	1,813 969
0,18	−0,477 313	1,253 045	−0,113 732	1,283 961	1,624 439
0,19	−0,489 733	1,185 137	−0,116 094	1,221 728	1,464 688
0,20	−0,500 279	1,123 716	−0,117 767	1,166 670	1,328 934
0,21	−0,508 934	1,067 828	−0,118 706	1,117 880	1,212 736
0,22	−0,515 680	1,016 690	−0,118 862	1,074 621	1,112 638
0,23	−0,520 506	0,969 656	−0,118 190	1,036 295	1,025 918
0,24	−0,523 405	0,926 186	−0,116 643	1,002 409	0,950 410
0,25	−0,524 372	0,885 826	−0,114 174	0,972 555	0,884 368
0,25	1,475 628	0,885 826	−0,114 174	0,972 555	0,884 368
0,26	1,478 354	0,848 193	−0,110 738	0,946 393	0,826 379
0,27	1,486 587	0,812 957	−0,106 291	0,923 639	0,775 283
0,28	1,500 501	0,779 836	−0,100 793	0,904 053	0,730 125
0,29	1,520 391	0,748 588	−0,094 203	0,887 431	0,690 113
0,30	1,546 692	0,719 001	−0,086 487	0,873 596	0,654 582
0,31	1,580 002	0,690 890	−0,077 613	0,862 395	0,622 976
0,32	1,621 112	0,664 093	−0,067 556	0,853 691	0,594 824
0,33	1,671 058	0,638 466	−0,056 295	0,847 362	0,569 726
0,34	1,731 185	0,613 884	−0,043 816	0,843 294	0,547 342
0,35	1,803 241	0,590 233	−0,030 115	0,841 380	0,527 379
0,36	1,889 519	0,567 413	−0,015 194	0,841 517	0,509 588
0,37	1,993 055	0,545 332	0,000 935	0,843 601	0,493 753
0,38	2,117 934	0,523 908	0,018 250	0,847 529	0,479 691
0,39	2,269 761	0,503 068	0,036 719	0,853 193	0,467 240
0,40	2,456 418	0,482 742	0,056 299	0,860 484	0,456 264
0,41	2,689 322	0,462 870	0,076 935	0,869 284	0,446 644
0,42	2,985 630	0,443 394	0,098 562	0,879 471	0,438 280
0,43	3,372 337	0,424 259	0,121 103	0,890 913	0,431 086
0,44	3,894 464	0,405 417	0,144 471	0,903 475	0,424 987
0,45	4,633 091	0,386 821	0,168 568	0,917 012	0,419 924
0,46	5,750 413	0,368 425	0,193 289	0,931 374	0,415 847
0,47	7,624 938	0,350 189	0,218 519	0,946 402	0,412 716
0,48	11,392 257	0,332 069	0,244 136	0,961 936	0,410 500
0,49	22,730 452	0,314 028	0,270 015	0,977 810	0,409 180
0,50	∞	0,296 025	0,296 025	0,993 853	0,408 741
	$\overline{\mathrm{sc}}(\zeta, \varkappa)$	$-\mathfrak{z}_2(\zeta, \varkappa)$	$-\mathfrak{z}_4(\zeta, \varkappa)$	$-\mathfrak{z}_6(\zeta, \varkappa)$	$\wp_2(\zeta, \varkappa)$

Tafel III

$\varkappa = 0{,}76$

$\vartheta_5'(0, k) = 1{,}904\,219$	$\vartheta_6(0, k) = 1{,}904\,219$	$\vartheta_{\substack{5\\6}}(\tfrac{1}{4}, \varkappa) = 1{,}621\,381$
$\vartheta_4''/\vartheta_4(\varkappa) = 8{,}855\,006$	$\vartheta_5'''/\vartheta_5'(\varkappa) = -26{,}254\,854$	$\vartheta_6''/\vartheta_6(\varkappa) = -1{,}675\,264$
$\vartheta_4''/\vartheta_4(k) = 0{,}456\,790$	$\vartheta_5'''/\vartheta_5'(k) = -\ 1{,}354\,371$	$\vartheta_6''/\vartheta_6(k) = -0{,}086\,419$
$\vartheta_4''''/\vartheta_4(k) = -0{,}921\,584$	$\vartheta_5'''''/\vartheta_5'(k) = 4{,}257\,686$	$\vartheta_6''''/\vartheta_6(k) = -1{,}977\,595$

$\wp_3(\zeta, \varkappa)$	$\wp_5(\zeta, \varkappa)$	$\wp_1'(\zeta, \varkappa)$	$\wp_3'(\zeta, \varkappa)$	$\wp_5'(\zeta, \varkappa)$	
0,182 519	∞	−∞	0,000 000	−∞	0,50
0,182 179	515,855 191	−23 432,677 1	−0,015 425	−23 432,692 5	0,49
0,181 160	128,962 923	−2 929,075 57	−0,030 915	−2 929,106 49	0,48
0,179 455	57,315 163	−867,862 638	−0,046 536	−867,909 173	0,47
0,177 059	32,237 204	−366,116 420	−0,062 350	−366,178 771	0,46
0,173 961	20,628 310	−187,437 507	−0,078 422	−187,515 928	0,45
0,170 149	14,320 755	−108,456 038	−0,094 810	−108,550 848	0,44
0,165 607	10,515 918	−68,283 678	−0,111 574	−68,395 251	0,43
0,160 317	8,044 768	−45,729 283	−0,128 766	−45,858 049	0,42
0,154 261	6,348 812	−32,101 521	−0,146 439	−32,247 960	0,41
0,147 415	5,133 882	−23,386 307	−0,164 637	−23,550 943	0,40
0,139 755	4,233 070	−17,554 756	−0,183 398	−17,738 154	0,39
0,131 256	3,545 950	−13,505 942	−0,202 755	−13,708 697	0,38
0,121 892	3,009 148	−10,607 175	−0,222 731	−10,829 906	0,37
0,111 634	2,581 071	−8,477 196	−0,243 337	−8,720 532	0,36
0,100 455	2,233 497	−6,876 913	−0,264 573	−7,141 486	0,35
0,088 327	1,946 728	−5,651 206	−0,286 427	−5,937 633	0,34
0,075 224	1,706 674	−4,696 437	−0,308 867	−5,005 304	0,33
0,061 121	1,503 042	−3,941 568	−0,331 847	−4,273 414	0,32
0,045 996	1,328 166	−3,336 799	−0,355 296	−3,692 094	0,31
0,029 829	1,176 244	−2,846 512	−0,379 123	−3,225 635	0,30
0,012 607	1,042 824	−2,444 774	−0,403 211	−2,847 985	0,29
−0,005 678	0,924 441	−2,112 397	−0,427 415	−2,539 812	0,28
−0,025 029	0,818 371	−1,834 978	−0,451 559	−2,286 537	0,27
−0,045 437	0,722 454	−1,601 557	−0,475 438	−2,076 996	0,26
−0,066 887	0,634 962	−1,403 699	−0,498 812	−1,902 511	0,25
−0,066 887	0,634 962	−1,403 699	−0,498 812	−1,902 511	0,25
−0,089 350	0,554 510	−1,234 834	−0,521 407	−1,756 241	0,24
−0,112 785	0,479 979	−1,089 794	−0,542 915	−1,632 709	0,23
−0,137 137	0,410 470	−0,964 476	−0,562 996	−1,527 472	0,22
−0,162 335	0,345 259	−0,855 591	−0,581 279	−1,436 870	0,21
−0,188 290	0,283 773	−0,760 483	−0,597 365	−1,357 847	0,20
−0,214 899	0,225 559	−0,676 986	−0,610 833	−1,287 819	0,19
−0,242 034	0,170 272	−0,603 325	−0,621 247	−1,224 572	0,18
−0,269 553	0,117 655	−0,538 033	−0,628 163	−1,166 196	0,17
−0,297 291	0,067 532	−0,479 888	−0,631 142	−1,111 030	0,16
−0,325 065	0,019 795	−0,427 867	−0,629 758	−1,057 625	0,15
−0,352 676	−0,025 607	−0,381 105	−0,623 616	−1,004 721	0,14
−0,379 904	−0,068 670	−0,338 870	−0,612 363	−0,951 233	0,13
−0,406 519	−0,109 348	−0,300 534	−0,595 704	−0,896 238	0,12
−0,432 278	−0,147 557	−0,265 558	−0,573 419	−0,838 977	0,11
−0,456 929	−0,183 184	−0,233 473	−0,545 376	−0,778 850	0,10
−0,480 217	−0,216 092	−0,203 871	−0,511 546	−0,715 417	0,09
−0,501 890	−0,246 129	−0,176 389	−0,472 012	−0,648 401	0,08
−0,521 701	−0,273 134	−0,150 709	−0,426 977	−0,577 686	0,07
−0,539 413	−0,296 945	−0,126 542	−0,376 771	−0,503 313	0,06
−0,554 809	−0,317 403	−0,103 629	−0,321 847	−0,425 476	0,05
−0,567 693	−0,334 365	−0,081 729	−0,262 779	−0,344 507	0,04
−0,577 898	−0,347 701	−0,060 620	−0,200 248	−0,260 868	0,03
−0,585 287	−0,357 305	−0,040 094	−0,135 032	−0,175 126	0,02
−0,589 761	−0,363 100	−0,019 952	−0,067 981	−0,087 933	0,01
−0,591 259	−0,365 038	0,000 000	0,000 000	0,000 000	0,00
$\wp_4(\zeta, \varkappa)$	$\wp_6(\zeta, \varkappa)$	$-\wp_2'(\zeta, \varkappa)$	$-\wp_4'(\zeta, \varkappa)$	$-\wp_6'(\zeta, \varkappa)$	$\zeta = \dfrac{z}{2K}$

Tafel III

$\sqrt{k} = 0{,}934\,582$	$k = 0{,}873\,443$	$k^2 = 0{,}762\,902$
$\sqrt{k'} = 0{,}697\,801$	$k' = 0{,}486\,927$	$k'^2 = 0{,}237\,098$
$e_1 = -e_3' = 0{,}412\,366$	$e_2 = -e_2' = 0{,}175\,268$	$e_3 = -e_1' = -0{,}587\,634$
$g_2 = g_2' = 1{,}092\,157$	$g_3 = -g_3' = -0{,}169\,884$	$g_3/\sqrt{g_2^3} = -0{,}148\,842$
$\bar{g}_2 = \bar{g}_2' = -2{,}525\,490$	$\bar{g}_3 = -\bar{g}_3' = -1{,}057\,566$	$\bar{g}_3/\sqrt{\bar{g}_2^3} = 0{,}263\,505\mathrm{i}$

$\varkappa = 0{,}77$

$\zeta = \dfrac{z}{2K}$	$\vartheta_1(\zeta,\varkappa)$	$\vartheta_3(\zeta,\varkappa)$	$\dfrac{\partial \ln \vartheta_1(\zeta,\varkappa)}{\partial \zeta}$	$\dfrac{\partial \ln \vartheta_3(\zeta,\varkappa)}{\partial \zeta}$	$\mathrm{sn}(\zeta,\varkappa)$
0,00	0,000 000	1,178 142	∞	0,000 000	0,000 000
0,01	0,033 499	1,177 790	99,973 500	−0,059 798	0,043 582
0,02	0,066 972	1,176 734	49,946 961	−0,119 465	0,087 017
0,03	0,100 391	1,174 980	33,253 676	−0,178 870	0,130 164
0,04	0,133 730	1,172 534	24,893 607	−0,237 880	0,172 881
0,05	0,166 963	1,169 405	19,866 714	−0,296 361	0,215 034
0,06	0,200 061	1,165 607	16,506 293	−0,354 177	0,256 495
0,07	0,232 999	1,161 154	14,098 019	−0,411 189	0,297 147
0,08	0,265 749	1,156 064	12,284 712	−0,467 256	0,336 880
0,09	0,298 283	1,150 358	10,867 924	−0,522 233	0,375 595
0,10	0,330 574	1,144 057	9,728 569	−0,575 971	0,413 206
0,11	0,362 593	1,137 188	8,790 856	−0,628 318	0,449 638
0,12	0,394 314	1,129 776	8,004 245	−0,679 115	0,484 827
0,13	0,425 708	1,121 853	7,333 737	−0,728 200	0,518 722
0,14	0,456 745	1,113 448	6,754 324	−0,775 408	0,551 285
0,15	0,487 398	1,104 597	6,247 661	−0,820 566	0,582 486
0,16	0,517 638	1,095 333	5,799 980	−0,863 498	0,612 309
0,17	0,547 434	1,085 693	5,400 747	−0,904 022	0,640 747
0,18	0,576 759	1,075 716	5,041 765	−0,941 953	0,667 800
0,19	0,605 582	1,065 441	4,716 555	−0,977 102	0,693 480
0,20	0,633 874	1,054 909	4,419 931	−1,009 276	0,717 803
0,21	0,661 606	1,044 161	4,147 691	−1,038 279	0,740 794
0,22	0,688 747	1,033 240	3,896 392	−1,063 915	0,762 481
0,23	0,715 268	1,022 190	3,663 188	−1,085 985	0,782 898
0,24	0,741 141	1,011 053	3,445 703	−1,104 295	0,802 084
0,25	0,766 334	0,999 874	3,241 938	−1,118 651	0,820 078
0,26	0,790 819	0,988 698	3,050 201	−1,128 864	0,836 924
0,27	0,814 567	0,977 567	2,869 045	−1,134 754	0,852 664
0,28	0,837 550	0,966 526	2,697 230	−1,136 149	0,867 346
0,29	0,859 739	0,955 619	2,533 684	−1,132 889	0,881 013
0,30	0,881 107	0,944 888	2,377 474	−1,124 831	0,893 710
0,31	0,901 627	0,934 376	2,227 786	−1,111 849	0,905 483
0,32	0,921 271	0,920 124	2,083 907	−1,093 839	0,916 374
0,33	0,940 015	0,914 173	1,945 205	−1,070 724	0,926 426
0,34	0,957 833	0,904 561	1,811 122	−1,042 454	0,935 679
0,35	0,974 702	0,895 326	1,681 159	−1,009 011	0,944 172
0,36	0,990 598	0,886 505	1,554 872	−0,970 415	0,951 941
0,37	1,005 500	0,878 131	1,431 859	−0,926 723	0,959 023
0,38	1,019 386	0,870 239	1,311 758	−0,878 033	0,965 448
0,39	1,032 237	0,862 859	1,194 240	−0,824 486	0,971 248
0,40	1,044 035	0,856 020	1,079 006	−0,766 271	0,976 450
0,41	1,054 762	0,849 749	0,965 781	−0,703 620	0,981 080
0,42	1,064 404	0,844 070	0,854 309	−0,636 813	0,985 161
0,43	1,072 945	0,839 006	0,744 355	−0,566 174	0,988 713
0,44	1,080 373	0,834 576	0,635 698	−0,492 072	0,991 755
0,45	1,086 677	0,830 798	0,528 131	−0,414 916	0,994 302
0,46	1,091 848	0,827 686	0,421 456	−0,335 154	0,996 368
0,47	1,095 878	0,825 253	0,315 485	−0,253 264	0,997 963
0,48	1,098 761	0,823 509	0,210 036	−0,169 754	0,999 097
0 49	1,100 492	0,822 459	0,104 932	−0,085 152	0,999 774
0,50	1,101 070	0,822 109	0,000 000	0,000 000	1,000 000
	$\vartheta_2(\zeta,\varkappa)$	$\vartheta_4(\zeta,\varkappa)$	$-\dfrac{\partial \ln \vartheta_2(\zeta,\varkappa)}{\partial \zeta}$	$-\dfrac{\partial \ln \vartheta_4(\zeta,\varkappa)}{\partial \zeta}$	$\mathrm{cd}(\zeta,\varkappa)$

Tafel III

$\varkappa = 0{,}77$

$k^2 k'^2 = 0{,}180\,882$	$\eta_1 = -\eta_2' = 0{,}139\,329$	$\eta_1' = -\eta_2 = 0{,}289\,811$
$\pi/KK' = 0{,}858\,280$	$\bar\eta_1 = -\bar\eta_2' = 0{,}453\,927$	$\bar\eta_1' = -\bar\eta_2 = 0{,}404\,353$
$K = 2{,}180\,295$	$E = 1{,}202\,858$	$A = 1{,}371\,830$
$K' = 1{,}678\,827$	$E' = 1{,}473\,078$	$A' = 0{,}384\,593$
$B = 0{,}899\,086$	$C = 0{,}500\,879$	$D = 1{,}281\,208$

$\mathrm{cn}(\zeta,\varkappa)$	$\mathrm{dn}(\zeta,\varkappa)$	$\mathrm{sc}(\zeta,\varkappa)$	$\overline{\mathrm{sn}}(\zeta,\varkappa)$	$\overline{\mathrm{cn}}(\zeta,\varkappa)$	
1,000 000	1,000 000	0,000 000	∞	0,000 000	0,50
0,999 050	0,999 275	0,043 623	22,907 077	−0,043 591	0,49
0,996 207	0,997 107	0,087 349	11,415 248	−0,087 096	0,48
0,991 493	0,993 516	0,131 281	7,567 880	−0,130 429	0,47
0,984 943	0,988 534	0,175 524	5,631 912	−0,173 511	0,46
0,976 607	0,982 204	0,220 185	4,460 819	−0,216 266	0,45
0,966 545	0,974 581	0,265 373	3,672 490	−0,258 628	0,44
0,954 832	0,965 732	0,311 204	3,103 215	−0,300 539	0,43
0,941 548	0,955 730	0,357 794	2,671 176	−0,341 954	0,42
0,926 784	0,944 657	0,405 267	2,330 947	−0,382 838	0,41
0,910 638	0,932 600	0,453 755	2,055 295	−0,423 172	0,40
0,893 211	0,919 653	0,503 395	1,826 902	−0,462 948	0,39
0,874 610	0,905 911	0,554 334	1,634 232	−0,502 178	0,38
0,854 943	0,891 473	0,606 733	1,469 300	−0,540 886	0,37
0,834 317	0,876 438	0,660 761	1,326 405	−0,579 116	0,36
0,812 841	0,860 903	0,716 606	1,201 363	−0,616 928	0,35
0,790 618	0,844 968	0,774 469	1,091 028	−0,654 401	0,34
0,767 752	0,828 725	0,834 575	0,992 991	−0,691 633	0,33
0,744 340	0,812 267	0,897 171	0,905 365	−0,728 742	0,32
0,720 476	0,795 682	0,962 531	0,826 656	−0,765 868	0,31
0,696 246	0,779 051	1,030 962	0,755 655	−0,803 172	0,30
0,671 733	0,762 455	1,102 810	0,691 375	−0,840 843	0,29
0,647 011	0,745 967	1,178 466	0,632 998	−0,879 097	0,28
0,622 150	0,729 654	1,258 376	0,579 838	−0,918 179	0,27
0,597 211	0,713 579	1,343 048	0,531 313	−0,958 372	0,26
0,572 252	0,697 801	1,433 073	0,486 927	−1,000 000	0,25
0,547 320	0,682 372	1,529 131	0,446 248	−1,043 437	0,24
0,522 459	0,667 339	1,632 022	0,408 903	−1,089 113	0,23
0,497 706	0,652 746	1,742 686	0,374 563	−1,137 531	0,22
0,473 093	0,638 630	1,862 240	0,342 936	−1,189 282	0,21
0,448 645	0,625 025	1,992 020	0,313 764	−1,245 063	0,20
0,424 383	0,611 962	2,133 644	0,286 815	−1,305 708	0,19
0,400 324	0,599 466	2,289 082	0,261 881	−1,372 227	0,18
0,376 478	0,587 561	2,460 770	0,238 771	−1,445 853	0,17
0,352 853	0,576 267	2,651 748	0,217 316	−1,528 114	0,16
0,329 454	0,565 600	2,865 868	0,197 357	−1,620 934	0,15
0,306 280	0,555 575	3,108 077	0,178 752	−1,726 770	0,14
0,283 328	0,546 205	3,384 845	0,161 368	−1,848 818	0,13
0,260 594	0,537 500	3,704 798	0,145 082	−1,991 327	0,12
0,238 069	0,529 468	4,079 697	0,129 781	−2,160 069	0,11
0,215 742	0,522 117	4,526 008	0,115 359	−2,363 108	0,10
0,193 602	0,515 454	5,067 514	0,101 717	−2,612 069	0,09
0,171 634	0,509 481	5,739 892	0,088 762	−2,924 369	0,08
0,149 823	0,504 205	6,599 205	0,076 404	−3,327 351	0,07
0,128 152	0,499 627	7,738 896	0,064 560	−3,866 558	0,06
0,106 603	0,495 749	9,327 162	0,053 151	−4,623 934	0,05
0,085 157	0,492 575	11,700 404	0,042 099	−5,763 324	0,04
0,063 794	0,490 104	15,643 563	0,031 329	−7,666 979	0,03
0,042 494	0,488 339	23,511 472	0,020 770	−11,481 574	0,02
0,021 237	0,487 280	47,078 322	0,010 350	−22,940 318	0,01
0,000 000	0,486 927	∞	0,000 000	$-\infty$	0,00
$k'\,\mathrm{sd}(\zeta,\varkappa)$	$k'\,\mathrm{nd}(\zeta,\varkappa)$	$\frac{1}{k'}\,\mathrm{cs}(\zeta,\varkappa)$	$-\overline{\mathrm{cd}}(\zeta,\varkappa)$	$-\overline{\mathrm{sd}}(\zeta,\varkappa)$	$\zeta = \frac{z}{2K}$

Tafel III. (Fortsetzung)

$\vartheta_1'(0,\varkappa) = 3{,}350\,363$	$\vartheta_1'(0,k) = 0{,}768\,328$	$\vartheta_5'(0,\varkappa) = 8{,}297\,501$
$\vartheta_1'''/\vartheta_1'(\varkappa) = -7{,}947\,926$	$\vartheta_2''/\vartheta_2(\varkappa) = -10{,}490\,337$	$\vartheta_3''/\vartheta_3(\varkappa) = -5{,}981\,989$
$\vartheta_1'''/\vartheta_1'(k) = -0{,}417\,988$	$\vartheta_2''/\vartheta_2(k) = -\ 0{,}551\,695$	$\vartheta_3''/\vartheta_3(k) = -0{,}314\,598$
$\vartheta_1'''''/\vartheta_1'(k) = -0{,}254\,889$	$\vartheta_2''''/\vartheta_2(k) = 0{,}438\,907$	$\vartheta_3''''/\vartheta_3(k) = 0{,}658\,679$

$\varkappa = 0{,}77$

$\zeta = \frac{z}{2K}$	$\overline{\mathrm{dn}}(\zeta,\varkappa)$	$\mathfrak{z}_1(\zeta,\varkappa)$	$\mathfrak{z}_3(\zeta,\varkappa)$	$\mathfrak{z}_5(\zeta,\varkappa)$	$\wp_1(\zeta,\varkappa)$
0,00	0,000 000	∞	0,000 000	∞	∞
0,01	−0,033 241	22,932 680	−0,007 638	22,932 685	525,907 994
0,02	−0,066 326	11,466 329	−0,015 245	11,466 369	131,477 388
0,03	−0,099 100	7,644 187	−0,022 793	7,644 322	58,435 143
0,04	−0,131 412	5,733 074	−0,030 250	5,733 395	32,870 899
0,05	−0,163 115	4,586 348	−0,037 586	4,586 976	21,038 898
0,06	−0,194 068	3 821 789	−0,044 769	3,822 877	14,612 262
0,07	−0,224 136	3,275 583	−0,051 768	3,277 314	10,737 850
0,08	−0,253 193	2,865 819	−0,058 550	2,868 411	8,223 868
0,09	−0,281 121	2,546 987	−0,065 082	2,550 689	6,500 960
0,10	−0,307 812	2,291 778	−0,071 330	2,296 875	5,269 250
0,11	−0,333 167	2,082 810	−0,077 259	2,089 622	4,358 601
0,12	−0,357 096	1,908 495	−0,082 832	1,917 375	3,666 655
0,13	−0,379 518	1,760 805	−0,088 013	1,772 147	3,128 835
0,14	−0,400 364	1,634 006	−0,092 764	1,648 240	2,702 762
0,15	−0,419 571	1,523 890	−0,097 044	1,541 487	2,359 696
0,16	−0,437 086	1,427 300	−0,100 814	1,448 770	2,079 582
0,17	−0,452 862	1,341 821	−0,104 032	1,367 716	1,848 084
0,18	−0,466 862	1,265 572	−0,106 655	1,296 487	1,654 733
0,19	−0,479 052	1,197 069	−0,108 640	1,233 641	1,491 737
0,20	−0,489 408	1,135 120	−0,109 943	1,178 032	1,353 204
0,21	−0,497 907	1.078 764	−0,110 518	1,128 743	1,234 606
0,22	−0,504 534	1,027 210	−0,110 321	1,085 028	1,132 421
0,23	−0,509 275	0,979 806	−0,109 307	1,046 281	1,043 875
0,24	−0,512 123	0,936 006	−0,107 431	1,012 001	0,966 757
0,25	−0,513 073	0,895 353	−0,104 647	0,981 774	0,899 293
0,25	1,486 927	0,895 353	−0,104 647	0,981 774	0,899 293
0,26	1,489 685	0,857 458	−0,100 914	0,955 255	0,840 038
0,27	1,498 016	0,821 989	−0,096 189	0,932 154	0,787 812
0,28	1,512 094	0,788 663	−0,090 433	0,912 226	0,741 643
0,29	1,532 218	0,757 233	−0,083 610	0,895 262	0,700 722
0,30	1,558 827	0,727 486	−0,075 687	0,881 081	0,664 373
0,31	1,592 524	0,699 234	−0,066 634	0,869 525	0,632 029
0,32	1,634 108	0,672 314	−0,056 428	0,860 453	0,603 209
0,33	1,684 624	0,646 582	−0,045 052	0,853 740	0,577 508
0,34	1,745 430	0,621 908	−0,032 493	0,849 268	0,554 578
0,35	1,818 291	0,598 180	−0,018 748	0,846 927	0,534 121
0,36	1,905 522	0,575 295	−0,003 822	0,846 611	0,515 884
0,37	2,010 186	0,553 160	0,012 274	0,848 215	0,499 647
0,38	2,136 409	0,531 693	0,029 515	0,851 632	0,485 223
0,39	2,289 850	0,510 819	0,047 871	0,856 756	0,472 448
0,40	2,478 467	0,490 468	0,067 297	0,863 474	0,461 183
0,41	2,713 786	0,470 578	0,087 740	0,871 670	0,451 307
0,42	3,013 130	0,451 090	0,109 136	0,881 221	0,442 718
0,43	3,403 754	0,431 950	0,131 411	0,891 999	0,435 328
0,44	3,931 118	0,413 108	0,154 480	0,903 868	0,429 063
0,45	4,677 085	0,394 516	0,178 249	0,916 688	0,423 861
0,46	5,805 423	0,376 128	0,202 617	0,930 310	0,419 670
0,47	7,698 309	0,357 901	0,227 472	0,944 581	0,416 452
0,48	11,502 344	0,339 794	0,252 698	0,959 344	0,414 175
0,49	22,950 668	0,321 767	0,278 176	0,974 436	0,412 817
0,50	∞	0,303 779	0,303 779	0,989 694	0,412 366
	$\overline{\mathrm{sc}}(\zeta,\varkappa)$	$-\mathfrak{z}_2(\zeta,\varkappa)$	$-\mathfrak{z}_4(\zeta,\varkappa)$	$-\mathfrak{z}_6(\zeta,\varkappa)$	$\wp_2(\zeta,\varkappa)$

Tafel III

$\varkappa = 0{,}77$			
	$\vartheta_5'(0, k) = 1{,}902\,839$	$\vartheta_6(0, k) = 1{,}902\,839$	$\vartheta_5(\tfrac{1}{4}, \varkappa) = 1{,}610\,724$
	$\vartheta_4''/\vartheta_4(\varkappa) = 8{,}524\,400$	$\vartheta_5'''/\vartheta_5'(\varkappa) = -25{,}893\,892$	$\vartheta_6''/\vartheta_6(\varkappa) = -1{,}965\,937$
	$\vartheta_4''/\vartheta_4(k) = 0{,}448\,305$	$\vartheta_5'''/\vartheta_5'(k) = -\ 1{,}361\,780$	$\vartheta_6''/\vartheta_6(k) = -0{,}103\,390$
	$\vartheta_4''''/\vartheta_4(k) = -0{,}922\,873$	$\vartheta_5'''''/\vartheta_5'(k) = 4{,}353\,487$	$\vartheta_6''''/\vartheta_6(k) = -1{,}967\,931$

$\wp_3(\zeta, \varkappa)$	$\wp_5(\zeta, \varkappa)$	$\wp_1'(\zeta, \varkappa)$	$\wp_3'(\zeta, \varkappa)$	$\wp_5'(\zeta, \varkappa)$	
0,175 268	∞	− ∞	0,000 000	− ∞	0,50
0,174 924	525 907 650	−24 120,951 7	−0,015 786	−24 120,967 5	0,49
0,173 891	131,476 010	−3 015,110 06	−0,031 634	−3 015,141 69	0,48
0,172 164	58,432 038	−893,354 527	−0,047 608	−893,402 135	0,47
0,169 736	32,865 367	−376,871 024	−0,063 769	−376,934 793	0,46
0,166 599	21,030 228	−192,944 089	−0,080 177	−193,024 265	0,45
0,162 739	14,599 733	−111,642 948	−0,096 889	−111,739 837	0,44
0,158 143	10,720 725	−70,290 826	−0,113 961	−70,404 786	0,43
0,152 795	8,201 394	−47,074 144	−0,131 443	−47,205 587	0,42
0,146 673	6,472 365	−33,046 282	−0,149 384	−33,195 666	0,41
0,139 759	5,233 741	−24,075 252	−0,167 823	−24,243 076	0,40
0,132 029	4,315 362	−18,072 576	−0,186 798	−18,259 373	0,39
0,123 460	3,614 847	−13,904 988	−0,206 334	−14,111 322	0,38
0,114 026	3,067 593	−10,921 216	−0,226 451	−11,147 666	0,37
0,103 702	2,631 196	−8,728 799	−0,247 156	−8,975 955	0,36
0,092 463	2,276 890	−7,081 625	−0,268 444	−7,350 070	0,35
0,080 283	1,984 596	−5,820 017	−0,290 298	−6,110 314	0,34
0,067 138	1,739 954	−4,837 290	−0,312 681	−5,149 972	0,33
0,053 006	1,532 471	−4,060 322	−0,335 543	−4,395 865	0,32
0,037 869	1,354 338	−3,437 849	−0,358 808	−3,796 657	0,31
0,021 709	1,199 645	−2,933 207	−0,382 381	−3,315 588	0,30
0,004 518	1,063 855	−2,519 702	−0,406 141	−2,925 843	0,29
−0,013 711	0,943 441	−2,177 582	−0,429 941	−2,607 523	0,28
−0,032 976	0,835 630	−1,892 020	−0,453 603	−2,345 623	0,27
−0,053 266	0,738 223	−1,651 737	−0,476 922	−2,128 659	0,26
−0,074 561	0,649 463	−1,448 049	−0,499 658	−1,947 707	0,25
−0,074 561	0,649 463	−1,448 049	−0,499 658	−1,947 707	0,25
−0,096 830	0,567 940	−1,274 192	−0,521 542	−1,795 734	0,24
−0,120 029	0,492 515	−1,124 849	−0,542 271	−1,667 120	0,23
−0,144 100	0,422 274	−0,995 796	−0,561 512	−1,557 308	0,22
−0,168 972	0,356 481	−0,883 648	−0,578 905	−1,462 553	0,21
−0,194 555	0,294 549	−0,785 670	−0,594 064	−1,379 734	0,20
−0,220 743	0,236 017	−0,699 636	−0,606 585	−1,306 221	0,19
−0,247 412	0,180 529	−0,623 718	−0,616 050	−1,239 768	0,18
−0,274 420	0,127 820	−0,556 405	−0,622 038	−1,178 443	0,17
−0,301 605	0,077 705	−0,496 441	−0,624 133	−1,120 574	0,16
−0,328 789	0,030 064	−0,442 773	−0,621 934	−1,064 707	0,15
−0,355 777	−0,015 161	−0,394 512	−0,615 074	−1,009 586	0,14
−0,382 358	−0,057 979	−0,350 904	−0,603 225	−0,954 129	0,13
−0,408 309	−0,098 354	−0,311 305	−0,586 119	−0,897 423	0,12
−0,433 395	−0,136 216	−0,275 158	−0,563 559	−0,838 717	0,11
−0,457 377	−0,171 462	−0,241 982	−0,535 435	−0,777 417	0,10
−0,480 010	−0,203 971	−0,211 357	−0,501 731	−0,713 088	0,09
−0,501 054	−0,233 604	−0,182 911	−0,462 542	−0,645 454	0,08
−0,520 273	−0,260 213	−0,156 317	−0,418 075	−0,574 391	0,07
−0,537 443	−0,283 648	−0,131 277	−0,368 654	−0,499 931	0,06
−0,552 358	−0,303 766	−0,107 524	−0,314 722	−0,422 246	0,05
−0,564 833	−0,320 430	−0,084 813	−0,256 831	−0,341 644	0,04
−0,574 709	−0,333 525	−0,062 915	−0,195 638	−0,258 553	0,03
−0,581 857	−0,342 951	−0,041 616	−0,131 885	−0,173 501	0,02
−0,586 185	−0,348 636	−0,020 710	−0,066 386	−0,087 096	0,01
−0,587 634	−0,350 537	0,000 000	0,000 000	0,000 000	0,00
$\wp_4(\zeta, \varkappa)$	$\wp_6(\zeta, \varkappa)$	$-\wp_2'(\zeta, \varkappa)$	$-\wp_4'(\zeta, \varkappa)$	$-\wp_6'(\zeta, \varkappa)$	$\zeta = \dfrac{z}{2K}$

Tafel III

$\sqrt{k} = 0{,}931\,190$ | $k = 0{,}867\,114$ | $k^2 = 0{,}751\,887$ | $\varkappa = 0{,}78$

$\sqrt{k'} = 0{,}705\,769$ | $k' = 0{,}498\,110$ | $k'^2 = 0{,}248\,113$

$e_1 = -e_3' = 0{,}416\,038$ | $e_2 = -e_2' = 0{,}167\,924$ | $e_3 = -e_1' = -0{,}583\,962$

$g_2 = g_2' = 1{,}084\,596$ | $g_3 = -g_3' = -0{,}163\,189$ | $g_3/\sqrt{g_2^3} = -0{,}144\,474$

$\bar{g}_2 = \bar{g}_2' = -2{,}646\,466$ | $\bar{g}_3 = -\bar{g}_3' = -1{,}040\,340$ | $\bar{g}_3/\sqrt{\bar{g}_2^3} = 0{,}241\,644\,i$

$\zeta = \frac{z}{2K}$	$\vartheta_1(\zeta,\varkappa)$	$\vartheta_3(\zeta,\varkappa)$	$\frac{\partial \ln \vartheta_1(\zeta,\varkappa)}{\partial \zeta}$	$\frac{\partial \ln \vartheta_3(\zeta,\varkappa)}{\partial \zeta}$	$\mathrm{sn}(\zeta,\varkappa)$
0,00	0,000 000	1,172 622	∞	0,000 000	0,000 000
0,01	0,033 286	1,172 280	99,973 102	−0,058 206	0,043 175
0,02	0,066 546	1,171 258	49,946 166	−0,116 283	0,086 209
0,03	0,099 751	1,169 558	33,252 488	−0,174 098	0,128 963
0,04	0,132 876	1,167 188	24,892 030	−0,231 522	0,171 302
0,05	0,165 894	1,164 157	19,864 756	−0,288 420	0,213 095
0,06	0,198 776	1,160 477	16,503 962	−0,344 659	0,254 220
0,07	0,231 497	1,156 163	14,095 325	−0,400 101	0,294 561
0,08	0,264 027	1,151 232	12,281 667	−0,454 605	0,334 011
0,09	0,296 341	1,145 703	10,864 539	−0,508 030	0,372 475
0,10	0,328 410	1,139 598	9,724 861	−0,560 227	0,409 867
0,11	0,360 207	1,132 943	8,786 839	−0,611 047	0,446 113
0,12	0,391 703	1,125 762	7,999 936	−0,660 336	0,481 151
0,13	0,422 869	1,118 085	7,329 155	−0,707 934	0,514 930
0,14	0,453 679	1,109 942	6,749 488	−0,753 679	0,547 409
0,15	0,484 102	1,101 365	6,242 591	−0,797 402	0,578 560
0,16	0,514 110	1,092 389	5,794 697	−0,838 933	0,608 363
0,17	0,543 674	1,083 048	5,395 273	−0,878 095	0,636 811
0,18	0,572 766	1,073 381	5,036 122	−0,914 708	0,663 902
0,19	0,601 355	1,063 425	4,710 767	−0,948 589	0,689 644
0,20	0,629 413	1,053 219	4,414 021	−0,979 554	0,714 052
0,21	0,656 910	1,042 805	4,141 683	−1,007 413	0,737 149
0,22	0,683 817	1,032 222	3,890 311	−1,031 978	0,758 960
0,23	0,710 105	1,021 514	3,657 057	−1,053 061	0,779 517
0,24	0,735 745	1,010 722	3,439 547	−1,070 475	0,798 854
0,25	0,760 708	0,999 889	3,235 782	−1,084 038	0,817 012
0,26	0,784 966	0,989 058	3,044 068	−1,093 570	0,834 028
0,27	0,808 489	0,978 271	2,862 961	−1,098 902	0,849 946
0,28	0,831 250	0,967 572	2,691 217	−1,099 873	0,864 809
0,29	0,853 221	0,957 001	2,527 765	−1,096 335	0,878 659
0,30	0,874 376	0,946 602	2,371 673	−1,088 155	0,891 541
0,31	0,894 687	0,936 414	2,222 126	−1,075 218	0,903 496
0,32	0,914 129	0,926 478	2,078 408	−1,057 431	0,914 567
0,33	0,932 677	0,916 833	1,939 888	−1,034 725	0,924 795
0,34	0,950 307	0,907 517	1,806 008	−1,007 059	0,934 219
0,35	0,966 995	0,898 566	1,676 266	−0,974 424	0,942 877
0,36	0,982 719	0,890 017	1,550 219	−0,936 844	0,950 804
0,37	0,997 457	0,881 901	1,427 462	−0,894 379	0,958 035
0,38	1,011 189	0,874 252	1,307 635	−0,847 129	0,964 601
0,39	1,023 896	0,867 099	1,190 406	−0,795 236	0,970 532
0,40	1,035 560	0,860 470	1,075 475	−0,738 884	0,975 855
0,41	1,046 165	0,854 391	0,962 565	−0,678 300	0,980 596
0,42	1,055 695	0,848 887	0,851 420	−0,613 753	0,984 776
0,43	1,064 137	0,843 978	0,741 804	−0,545 557	0,988 418
0,44	1,071 479	0,839 684	0,633 495	−0,474 064	0,991 537
0,45	1,077 710	0,836 022	0,526 282	−0,399 668	0,994 150
0,46	1,082 820	0,833 006	0,419 969	−0,322 794	0,996 271
0,47	1,086 802	0,830 648	0,314 365	−0,243 899	0,997 908
0,48	1,089 651	0,828 957	0,209 287	−0,163 464	0,999 072
0,49	1,091 362	0,827 939	0,104 557	−0,081 993	0,999 768
0,50	1,091 933	0,827 600	0,000 000	0,000 000	1,000 000
	$\vartheta_2(\zeta,\varkappa)$	$\vartheta_4(\zeta,\varkappa)$	$-\frac{\partial \ln \vartheta_2(\zeta,\varkappa)}{\partial \zeta}$	$-\frac{\partial \ln \vartheta_4(\zeta,\varkappa)}{\partial \zeta}$	$\mathrm{cd}(\zeta,\varkappa)$

Tafel III

$\varkappa = 0{,}78$

$k^2 k'^2 = 0{,}186\,553$	$\eta_1 = -\eta_2' = 0{,}144\,108$	$\eta_1' = -\eta_2 = 0{,}287\,564$
$\pi/KK' = 0{,}863\,344$	$\bar\eta_1 = -\bar\eta_2' = 0{,}456\,141$	$\bar\eta_1' = -\bar\eta_2 = 0{,}407\,203$
$K = 2{,}159\,910$	$E = 1{,}209\,865$	$A = 1{,}347\,926$
$K' = 1{,}684\,730$	$E' = 1{,}468\,286$	$A' = 0{,}403\,119$
$B = 0{,}896\,363$	$C = 0{,}488\,351$	$D = 1{,}263\,547$

$\mathrm{cn}(\zeta, \varkappa)$	$\mathrm{dn}(\zeta, \varkappa)$	$\mathrm{sc}(\zeta, \varkappa)$	$\overline{\mathrm{sn}}(\zeta, \varkappa)$	$\overline{\mathrm{cn}}(\zeta, \varkappa)$	
1,000 000	1,000 000	0,000 000	∞	0,000 000	0,50
0,999 068	0,999 299	0,043 215	23,123 907	−0,043 185	0,49
0,996 277	0,997 202	0,086 531	11,524 254	−0,086 289	0,48
0,991 649	0,993 728	0,130 049	7,641 196	−0,129 233	0,47
0,985 219	0,988 907	0,173 872	5,687 560	−0,171 943	0,46
0,977 031	0,982 780	0,218 105	4,505 995	−0,214 349	0,45
0,967 146	0,975 401	0,262 856	3,710 779	−0,256 390	0,44
0,955 633	0,966 831	0,308 237	3,136 651	−0,298 013	0,43
0,942 569	0,957 140	0,354 363	2,701 019	−0,339 175	0,42
0,928 042	0,946 406	0,401 356	2,358 024	−0,379 846	0,41
0,912 145	0,934 714	0,449 344	2,080 174	−0,420 008	0,40
0,894 976	0,922 151	0,498 464	1,849 985	−0,459 659	0,39
0,876 638	0,908 809	0,548 860	1,655 811	−0,498 809	0,38
0,857 232	0,894 782	0,600 689	1,489 594	−0,537 486	0,37
0,836 865	0,880 166	0,654 119	1,345 576	−0,575 733	0,36
0,815 640	0,865 055	0,709 332	1,219 534	−0,613 611	0,35
0,793 659	0,849 542	0,766 530	1,108 296	−0,651 200	0,34
0,771 020	0,833 720	0,825 933	1,009 429	−0,688 597	0,33
0,747 820	0,817 676	0,887 783	0,921 032	−0,725 919	0,32
0,724 149	0,801 496	0,952 351	0,841 597	−0,763 306	0,31
0,700 092	0,785 261	1,019 941	0,769 909	−0,800 920	0,30
0,675 730	0,769 047	1,090 892	0,704 971	−0,838 947	0,29
0,651 138	0,752 927	1,165 590	0,645 962	−0,877 604	0,28
0,626 382	0,736 966	1,244 475	0,592 190	−0,917 136	0,27
0,601 524	0,721 228	1,328 050	0,543 073	−0,957 827	0,26
0,576 621	0,705 769	1,416 894	0,498 110	−1,000 000	0,25
0,551 722	0,690 641	1,511 682	0,456 869	−1,044 030	0,24
0,526 869	0,675 892	1,613 202	0,418 976	−1,090 351	0,23
0,502 101	0,661 565	1,722 380	0,384 099	−1,139 466	0,22
0,477 449	0,647 697	1,840 320	0,351 948	−1,191 970	0,21
0,452 940	0,634 324	1,968 340	0,322 263	−1,248 565	0,20
0,428 596	0,621 475	2,108 035	0,294 812	−1,310 091	0,19
0,404 434	0,609 177	2,261 352	0,269 386	−1,377 564	0,18
0,380 465	0,597 455	2,430 694	0,245 796	−1,452 229	0,17
0,356 700	0,586 327	2,619 061	0,223 869	−1,535 626	0,16
0,333 142	0,575 813	2,830 253	0,203 449	−1,629 696	0,15
0,309 794	0,565 927	3,069 153	0,184 392	−1,736 917	0,14
0,286 653	0,556 683	3,342 146	0,166 564	−1,860 515	0,13
0,263 715	0,548 091	3,657 744	0,149 844	−2,004 776	0,12
0,240 973	0,540 161	4,027 554	0,134 116	−2,175 527	0,11
0,218 418	0,532 901	4,467 823	0,119 275	−2,380 907	0,10
0,196 040	0,526 317	5,002 021	0,105 221	−2,632 649	0,09
0,173 824	0,520 415	5,665 354	0,091 859	−2,948 334	0,08
0,151 757	0,515 199	6,513 145	0,079 101	−3,355 562	0,07
0,129 823	0,510 672	7,637 599	0,066 863	−3,900 306	0,06
0,108 005	0,506 837	9,204 692	0,055 063	−4,665 282	0,05
0,086 284	0,503 697	11,546 375	0,043 624	−5,815 880	0,04
0,064 643	0,501 254	15,437 210	0,032 470	−7,737 958	0,03
0,043 062	0,499 507	23,200 887	0,021 530	−11,589 013	0,02
0,021 521	0,498 459	46,455 883	0,010 730	−23,156 361	0,01
0,000 000	0,498 110	∞	0,000 000	$-\infty$	0,00
$k' \,\mathrm{sd}(\zeta, \varkappa)$	$k' \,\mathrm{nd}(\zeta, \varkappa)$	$\frac{1}{k'} \mathrm{cs}(\zeta, \varkappa)$	$-\overline{\mathrm{cd}}(\zeta, \varkappa)$	$-\overline{\mathrm{sd}}(\zeta, \varkappa)$	$\zeta = \frac{z}{2K}$

Tafel III. (Fortsetzung)

$\vartheta_1'(0,\varkappa) = 3{,}329\,079$ $\vartheta_1'(0,k) = 0{,}770\,652$ $\vartheta_5'(0,\varkappa) = 8{,}213\,038$ $\varkappa = 0{,}78$

$\vartheta_1'''/\vartheta_1'(\varkappa) = -8{,}067\,558$ $\vartheta_2''/\vartheta_2(\varkappa) = -10{,}452\,802$ $\vartheta_3''/\vartheta_3(\varkappa) = -5{,}822\,798$

$\vartheta_1'''/\vartheta_1'(k) = -0{,}432\,325$ $\vartheta_2''/\vartheta_2(k) = -\ 0{,}560\,146$ $\vartheta_3''/\vartheta_3(k) = -0{,}312\,033$

$\vartheta_1'''''/\vartheta_1'(k) = -0{,}230\,789$ $\vartheta_2''''/\vartheta_2(k) = 0{,}445\,065$ $\vartheta_3''''/\vartheta_3(k) = 0{,}665\,200$

$\zeta = \frac{z}{2K}$	$\overline{\mathrm{dn}}(\zeta,\varkappa)$	$\mathfrak{z}_1(\zeta,\varkappa)$	$\mathfrak{z}_3(\zeta,\varkappa)$	$\mathfrak{z}_5(\zeta,\varkappa)$	$\wp_1(\zeta,\varkappa)$
0,00	0,000 000	∞	0,000 000	∞	∞
0,01	−0,032 455	23,149 112	−0,007 249	23,149 117	535,881 576
0,02	−0,064 759	11,574 545	−0,014 468	11,574 585	133,970 773
0,03	−0,096 763	7,716 332	−0,021 627	7,716 468	59,543 295
0,04	−0,128 319	5,787 185	−0,028 694	5,787 507	33,494 206
0,05	−0,159 286	4,629 641	−0,035 641	4,630 271	21,437 776
0,06	−0,189 527	3,857 872	−0,042 434	3,858 962	14,889 214
0,07	−0,218 911	3,306 519	−0,049 043	3,308 254	10,941 267
0,08	−0,247 315	2,892 899	−0,055 435	2,895 496	8,379 543
0,09	−0,274 625	2,571 072	−0,061 577	2,574 781	6,623 888
0,10	−0,300 733	2,313 471	−0,067 435	2,318 576	5,368 738
0,11	−0,325 542	2,102 553	−0,072 975	2,109 373	4,440 731
0,12	−0,348 965	1,926 617	−0,078 159	1,935 506	3,735 569
0,13	−0,370 921	1,777 562	−0,082 953	1,788 912	3,187 449
0,14	−0,391 341	1,649 600	−0,087 317	1,663 840	2,753 191
0,15	−0,410 162	1,538 483	−0,091 213	1,556 080	2,403 507
0,16	−0,427 331	1,441 025	−0,094 602	1,462 487	2,117 966
0,17	−0,442 801	1,354 787	−0,097 442	1,380 663	1,881 959
0,18	−0,456 533	1,277 872	−0,099 693	1,308 752	1,684 819
0,19	−0,468 493	1,208 780	−0,101 311	1,245 296	1,518 607
0,20	−0,478 656	1,146 311	−0,102 253	1,189 139	1,377 319
0,21	−0,486 999	1,089 493	−0,102 477	1,139 350	1,256 342
0,22	−0,493 505	1,037 528	−0,101 939	1,095 178	1,152 089
0,23	−0,498 160	0,989 757	−0,100 594	1,056 005	1,061 733
0,24	−0,500 957	0,945 630	−0,098 400	1,021 327	0,983 022
0,25	−0,501 890	0,904 686	−0,095 314	0,990 722	0,914 148
0,25	1,498 110	0,904 686	−0,095 314	0,990 722	0,914 148
0,26	1,500 900	0,866 531	−0,091 296	0,963 840	0,853 639
0,27	1,509 326	0,830 831	−0,086 305	0,940 385	0,800 296
0,28	1,523 565	0,797 299	−0,080 305	0,920 108	0,753 125
0,29	1,543 918	0,765 687	−0,073 260	0,902 794	0,711 304
0,30	1,570 828	0,735 778	−0,065 141	0,888 258	0,674 145
0,31	1,604 903	0,707 384	−0,055 921	0,876 338	0,641 070
0,32	1,646 951	0,680 340	−0,045 579	0,866 891	0,611 590
0,33	1,698 025	0,654 499	−0,034 097	0,859 785	0,585 292
0,34	1,759 496	0,629 732	−0,021 468	0,854 902	0,561 821
0,35	1,833 145	0,605 924	−0,007 688	0,852 127	0,540 877
0,36	1,921 309	0,582 970	0,007 237	0,851 352	0,522 198
0,37	2,027 079	0,560 778	0,023 293	0,852 470	0,505 564
0,38	2,154 620	0,539 265	0,040 456	0,855 374	0,490 781
0,39	2,309 644	0,518 352	0,058 694	0,859 953	0,477 686
0,40	2,500 182	0,497 972	0,077 964	0,866 097	0,466 134
0,41	2,737 870	0,478 060	0,098 214	0,873 689	0,456 005
0,42	3,040 193	0,458 556	0,119 381	0,882 606	0,447 194
0,43	3,434 664	0,439 406	0,141 393	0,892 723	0,439 611
0,44	3,967 169	0,420 558	0,164 168	0,903 904	0,433 181
0,45	4,720 345	0,401 965	0,187 616	0,916 012	0,427 840
0,46	5,859 503	0,383 580	0,211 637	0,928 902	0,423 539
0,47	7,770 429	0,365 358	0,236 125	0,942 423	0,420 234
0,48	11,610 543	0,347 259	0,260 970	0,956 423	0,417 896
0,49	23,167 091	0,329 240	0,286 055	0,970 743	0,416 501
0,50	∞	0,311 261	0,311 261	0,985 224	0,416 038
	$\overline{\mathrm{sc}}(\zeta,\varkappa)$	$-\mathfrak{z}_2(\zeta,\varkappa)$	$-\mathfrak{z}_4(\zeta,\varkappa)$	$-\mathfrak{z}_6(\zeta,\varkappa)$	$\wp_2(\zeta,\varkappa)$

Tafel III

$\varkappa = 0{,}78$			
	$\vartheta_5'(0, k) = 1{,}901\ 245$	$\vartheta_6(0, k) = 1{,}901\ 245$	$\vartheta_{\substack{5\\6}}(\frac{1}{4}, \varkappa) = 1{,}600\ 265$
	$\vartheta_4''/\vartheta_4(\varkappa) = 8{,}208\ 041$	$\vartheta_5'''/\vartheta_5'(\varkappa) = -25{,}535\ 951$	$\vartheta_6''/\vartheta_6(\varkappa) = -2{,}244\ 760$
	$\vartheta_4''/\vartheta_4(k) = 0{,}439\ 854$	$\vartheta_5'''/\vartheta_5'(k) = -\ 1{,}368\ 424$	$\vartheta_6''/\vartheta_6(k) = -0{,}120\ 293$
	$\vartheta_4''''/\vartheta_4(k) = -0{,}923\ 359$	$\vartheta_5'''''/\vartheta_5'(k) = 4{,}444\ 208$	$\vartheta_6''''/\vartheta_6(k) = -1{,}956\ 589$

$\wp_3(\zeta, \varkappa)$	$\wp_5(\zeta, \varkappa)$	$\wp_1'(\zeta, \varkappa)$	$\wp_3'(\zeta, \varkappa)$	$\wp_5'(\zeta, \varkappa)$	
0,167 924	∞	− ∞	0,000 000	− ∞	0,50
0,167 576	535,881 228	− 24 810,357 9	− 0,016 128	− 24 810,374 0	0,49
0,166 530	133,969 379	− 3 101,285 97	− 0,032 316	− 3 101,318 28	0,48
0,164 783	59,540 153	− 918,888 313	− 0,048 624	− 918,936 937	0,47
0,162 327	33,488 608	− 387,643 294	− 0,065 112	− 387,708 406	0,46
0,159 154	21,429 006	− 198,459 707	− 0,081 836	− 198,541 543	0,45
0,155 252	14,876 541	− 114,835 077	− 0,098 852	− 114,933 929	0,44
0,150 608	10,923 951	− 72,301 252	− 0,116 211	− 72,417 463	0,43
0,145 206	8,356 825	− 48,421 191	− 0,133 962	− 48,555 153	0,42
0,139 028	6,594 992	− 33,992 571	− 0,152 147	− 34,144 718	0,41
0,132 054	5,332 868	− 24,765 303	− 0,170 806	− 24,936 109	0,40
0,124 264	4,397 071	− 18,591 217	− 0,189 969	− 18,781 187	0,39
0,115 634	3,683 279	− 14,304 659	− 0,209 661	− 14,514 320	0,38
0,106 142	3,125 667	− 11,235 740	− 0,229 894	− 11,465 634	0,37
0,095 764	2,681 031	− 8,980 784	− 0,250 672	− 9,231 456	0,36
0,084 477	2,320 060	− 7,286 641	− 0,271 987	− 7,558 628	0,35
0,072 258	2,022 300	− 5,989 071	− 0,293 815	− 6,282 886	0,34
0,059 086	1,773 120	− 4,978 342	− 0,316 117	− 5,294 459	0,33
0,044 941	1,561 835	− 4,179 239	− 0,338 836	− 4,518 074	0,32
0,029 807	1,380 489	− 3,539 034	− 0,361 893	− 3,900 927	0,31
0,013 671	1,223 065	− 3,020 014	− 0,385 191	− 3,405 205	0,30
− 0,003 474	1,084 944	− 2,594 723	− 0,408 604	− 3,003 327	0,29
− 0,021 630	0,962 534	− 2,242 845	− 0,431 982	− 2,674 828	0,28
− 0,040 793	0,853 016	− 1,949 129	− 0,455 150	− 2,404 279	0,27
− 0,060 948	0,754 150	− 1,701 974	− 0,477 899	− 2,179 872	0,26
− 0,082 072	0,664 151	− 1,492 446	− 0,499 993	− 1,992 439	0,25
− 0,082 072	0,664 151	− 1,492 446	− 0,499 993	− 1,992 439	0,25
− 0,104 132	0,581 583	− 1,313 592	− 0,521 166	− 1,834 758	0,24
− 0,127 081	0,505 290	− 1,159 941	− 0,541 121	− 1,701 062	0,23
− 0,150 861	0,434 340	− 1,027 148	− 0,559 534	− 1,586 682	0,22
− 0,175 396	0,367 984	− 0,911 733	− 0,576 055	− 1,487 788	0,21
− 0,200 597	0,305 623	− 0,810 884	− 0,590 312	− 1,401 196	0,20
− 0,226 358	0,246 787	− 0,722 309	− 0,601 917	− 1,324 226	0,19
− 0,252 557	0,191 109	− 0,644 131	− 0,610 470	− 1,254 601	0,18
− 0,279 051	0,138 316	− 0,574 796	− 0,615 572	− 1,190 367	0,17
− 0,305 684	0,088 213	− 0,513 011	− 0,616 828	− 1,129 840	0,16
− 0,332 282	0,040 670	− 0,457 695	− 0,613 865	− 1,071 560	0,15
− 0,358 654	− 0,004 381	− 0,407 934	− 0,606 338	− 1,014 272	0,14
− 0,384 597	− 0,046 958	− 0,362 953	− 0,593 945	− 0,956 898	0,13
− 0,409 896	− 0,087 039	− 0,322 088	− 0,576 443	− 0,898 531	0,12
− 0,434 324	− 0,124 563	− 0,284 769	− 0,553 657	− 0,838 426	0,11
− 0,457 652	− 0,159 442	− 0,250 501	− 0,525 494	− 0,775 995	0,10
− 0,479 647	− 0,191 566	− 0,218 853	− 0,491 954	− 0,710 807	0,09
− 0,500 079	− 0,220 809	− 0,189 442	− 0,453 140	− 0,642 582	0,08
− 0,518 724	− 0,247 037	− 0,161 932	− 0,409 260	− 0,571 192	0,07
− 0,535 369	− 0,270 113	− 0,136 018	− 0,360 635	− 0,496 653	0,06
− 0,549 819	− 0,289 903	− 0,111 426	− 0,307 696	− 0,419 121	0,05
− 0,561 899	− 0,306 285	− 0,087 902	− 0,250 976	− 0,338 878	0,04
− 0,571 457	− 0,319 148	− 0,065 213	− 0,191 105	− 0,256 319	0,03
− 0,578 374	− 0,328 403	− 0,043 139	− 0,128 794	− 0,171 934	0,02
− 0,582 561	− 0,333 984	− 0,021 470	− 0,064 819	− 0,086 288	0,01
− 0,583 962	− 0,335 849	0,000 000	0,000 000	0,000 000	0,00
$\wp_4(\zeta, \varkappa)$	$\wp_6(\zeta, \varkappa)$	$-\wp_2'(\zeta, \varkappa)$	$-\wp_4'(\zeta, \varkappa)$	$-\wp_6'(\zeta, \varkappa)$	$\zeta = \frac{z}{2K}$

Tafel III

$\sqrt{k}$ = 0,927 720	k = 0,860 665	k^2 = 0,740 745	$\varkappa = 0{,}79$
$\sqrt{k'}$ = 0,713 562	k' = 0,509 171	k'^2 = 0,259 255	
$e_1 = -e_3' =$ 0,419 752	$e_2 = -e_2' =$ 0,160 496	$e_3 = -e_1' = -$0,580 248	
$g_2 = g_2' =$ 1,077 277	$g_3 = -g_3' = -$0,156 362	$g_3/\sqrt{g_2^3} = -$0,139 843	
$\bar{g}_2 = \bar{g}_2' = -$2,763 562	$\bar{g}_3 = -\bar{g}_3' = -$1,019 380	$\bar{g}_3/\sqrt{\bar{g}_2^3} =$ 0,221 887 i	

$\zeta = \frac{z}{2K}$	$\vartheta_1(\zeta,\varkappa)$	$\vartheta_3(\zeta,\varkappa)$	$\frac{\partial \ln \vartheta_1(\zeta,\varkappa)}{\partial \zeta}$	$\frac{\partial \ln \vartheta_3(\zeta,\varkappa)}{\partial \zeta}$	$\operatorname{sn}(\zeta,\varkappa)$
0,00	0,000 000	1,167 273	∞	0,000 000	0,000 000
0,01	0,033 072	1,166 942	99,972 728	−0,056 651	0,042 782
0,02	0,066 116	1,165 952	49,945 421	−0,113 173	0,085 429
0,03	0,099 107	1,164 305	33,251 375	−0,169 437	0,127 804
0,04	0,132 016	1,162 009	24,890 553	−0,225 311	0,169 778
0,05	0,164 817	1,159 072	19,862 922	−0,280 665	0,211 225
0,06	0,197 482	1,155 507	16,501 778	−0,335 364	0,252 024
0,07	0,229 984	1,151 327	14,092 801	−0,389 274	0,292 063
0,08	0,262 295	1,146 549	12,278 813	−0,442 255	0,331 239
0,09	0,294 388	1,141 193	10,861 369	−0,494 167	0,369 458
0,10	0,326 235	1,135 278	9,721 386	−0,544 865	0,406 637
0,11	0,357 808	1,128 829	8,783 075	−0,594 201	0,442 702
0,12	0,389 079	1,121 872	7,995 899	−0,642 024	0,477 592
0,13	0,420 019	1,114 433	7,324 861	−0,688 179	0,511 254
0,14	0,450 601	1,106 543	6,744 956	−0,732 505	0,543 650
0,15	0,480 796	1,098 233	6,237 839	−0,774 839	0,574 749
0,16	0,510 574	1,089 536	5,789 745	−0,815 015	0,604 531
0,17	0,539 908	1,080 485	5,390 142	−0,852 861	0,632 985
0,18	0,568 768	1,071 118	5,030 832	−0,888 204	0,660 109
0,19	0,597 126	1,061 470	4,705 340	−0,920 866	0,685 909
0,20	0,624 952	1,051 581	4,408 480	−0,950 669	0,710 398
0,21	0,652 218	1,041 489	4,136 049	−0,977 433	0,733 595
0,22	0,678 894	1,031 235	3,884 607	−1,000 976	0,755 524
0,23	0,704 953	1,020 858	3,651 307	−1,021 119	0,776 214
0,24	0,730 365	1,010 400	3,433 773	−1,037 684	0,795 698
0,25	0,755 102	0,999 902	3,230 006	−1,050 497	0,814 012
0,26	0,779 135	0,989 406	3,038 314	−1,059 391	0,831 194
0,27	0,802 438	0,978 953	2,857 251	−1,064 206	0,847 284
0,28	0,824 982	0,968 584	2,685 574	−1,064 789	0,862 322
0,29	0,846 740	0,958 340	2,522 211	−1,061 006	0,876 351
0,30	0,867 686	0,948 261	2,366 228	−1,052 731	0,889 411
0,31	0,887 794	0,938 387	2,216 811	−1,039 861	0,901 545
0,32	0,907 039	0,928 758	2,073 245	−1,022 312	0,912 792
0,33	0,925 396	0,919 410	1,934 896	−1,000 024	0,923 192
0,34	0,942 842	0,910 381	1,801 204	−0,972 963	0,932 783
0,35	0,959 354	0,901 707	1,671 671	−0,941 127	0,941 602
0,36	0,974 910	0,893 420	1,545 848	−0,904 544	0,949 683
0,37	0,989 488	0,885 554	1,423 333	−0,863 279	0,957 061
0,38	1,003 071	0,878 140	1,303 762	−0,817 432	0,963 765
0,39	1,015 638	0,871 207	1,186 804	−0,767 144	0,969 825
0,40	1,027 172	0,864 782	1,072 157	−0,712 595	0,975 268
0,41	1,037 658	0,858 891	0,959 543	−0,654 006	0,980 118
0,42	1,047 081	0,853 555	0,848 706	−0,591 638	0,984 397
0,43	1,055 427	0,848 797	0,739 407	−0,525 792	0,988 126
0,44	1,062 685	0,844 635	0,631 424	−0,456 808	0,991 322
0,45	1,068 844	0,841 086	0,524 545	−0,385 060	0,994 001
0,46	1,073 896	0,838 162	0,418 571	−0,310 956	0,996 175
0,47	1,077 832	0,835 876	0,313 312	−0,234 930	0,997 854
0,48	1,080 648	0,834 237	0,208 583	−0,157 442	0,999 048
0,49	1,082 339	0,833 251	0,104 204	−0,078 969	0,999 762
0,50	1,082 903	0,832 922	0,000 000	0,000 000	1,000 000
	$\vartheta_2(\zeta,\varkappa)$	$\vartheta_4(\zeta,\varkappa)$	$-\frac{\partial \ln \vartheta_2(\zeta,\varkappa)}{\partial \zeta}$	$-\frac{\partial \ln \vartheta_4(\zeta,\varkappa)}{\partial \zeta}$	$\operatorname{cd}(\zeta,\varkappa)$

Tafel III

$\varkappa = 0{,}79$

$k^2 k'^2 = 0{,}192\,042$	$\eta_1 = -\eta_2' = 0{,}148\,806$	$\eta_1' = -\eta_2 = 0{,}285\,267$
$\pi/KK' = 0{,}868\,147$	$\bar\eta_1 = -\bar\eta_2' = 0{,}458\,109$	$\bar\eta_1' = -\bar\eta_2 = 0{,}410\,038$
$K = 2{,}140\,252$	$E = 1{,}216\,857$	$A = 1{,}323\,971$
$K' = 1{,}690\,799$	$E' = 1{,}463\,413$	$A' = 0{,}421\,924$
$B = 0{,}893\,676$	$C = 0{,}476\,413$	$D = 1{,}246\,576$

$\mathrm{cn}(\zeta,\varkappa)$	$\mathrm{dn}(\zeta,\varkappa)$	$\mathrm{sc}(\zeta,\varkappa)$	$\overline{\mathrm{sn}}(\zeta,\varkappa)$	$\overline{\mathrm{cn}}(\zeta,\varkappa)$	
1,000 000	1,000 000	0,000 000	∞	0,000 000	0,50
0,999 084	0,999 322	0,042 822	23,336 918	−0,042 792	0,49
0,996 344	0,997 293	0,085 742	11,631 337	−0,085 510	0,48
0,991 799	0,993 932	0,128 861	7,713 215	−0,128 079	0,47
0,985 482	0,989 267	0,172 279	5,742 221	−0,170 430	0,46
0,977 438	0,983 337	0,216 101	4,550 367	−0,212 500	0,45
0,967 721	0,976 192	0,260 430	3,748 384	−0,254 230	0,44
0,956 399	0,967 891	0,305 378	3,169 489	−0,295 573	0,43
0,943 547	0,958 502	0,351 058	2,730 327	−0,336 489	0,42
0,929 247	0,948 097	0,397 589	2,384 617	−0,376 953	0,41
0,913 590	0,936 758	0,445 098	2,104 610	−0,416 949	0,40
0,896 669	0,924 567	0,493 719	1,872 661	−0,456 476	0,39
0,878 582	0,911 614	0,543 594	1,677 015	−0,495 548	0,38
0,859 429	0,897 989	0,594 876	1,509 538	−0,534 192	0,37
0,839 312	0,883 781	0,647 733	1,364 422	−0,572 454	0,36
0,818 330	0,869 083	0,702 344	1,237 404	−0,610 395	0,35
0,796 582	0,853 984	0,758 906	1,125 284	−0,648 094	0,34
0,774 164	0,838 574	0,817 636	1,025 608	−0,685 648	0,33
0,751 170	0,822 937	0,878 774	0,936 460	−0,723 176	0,32
0,727 687	0,807 156	0,942 587	0,856 320	−0,760 815	0,31
0,703 800	0.791 310	1,009 374	0,783 961	−0,798 728	0,30
0,679 587	0,775 474	1,079 471	0,718 384	−0,837 102	0,29
0,655 121	0,759 718	1,153 257	0,658 758	−0,876 150	0,28
0,630 470	0,744 107	1,231 167	0,604 392	−0,916 120	0,27
0,605 694	0,728 703	1,313 697	0,554 697	−0,957 295	0,26
0,580 848	0,713 562	1,401 419	0,509 171	−1,000 000	0,25
0,555 983	0,698 736	1,494 999	0,467 382	−1,044 610	0,24
0,531 141	0,684 271	1,595 215	0,428 952	−1,091 560	0,23
0,506 360	0,670 211	1,702 982	0,393 551	−1,141 357	0,22
0,481 673	0,656 593	1,819 388	0,360 887	−1,194 598	0,21
0,457 108	0,643 453	1,945 736	0,330 699	−1,251 990	0,20
0,432 686	0,630 821	2,083 601	0,302 755	−1,314 380	0,19
0,408 425	0,618 724	2,234 904	0,276 846	−1,382 790	0,18
0,384 340	0,607 187	2,402 018	0,252 782	−1,458 474	0,17
0,360 439	0,596 230	2,587 905	0,230 391	−1,542 987	0,16
0,336 729	0,585 872	2,796 317	0,209 515	−1,638 283	0,15
0,313 212	0,576 128	3,032 076	0,190 011	−1,746 865	0,14
0,289 888	0,567 013	3,301 486	0,171 745	−1,871 985	0,13
0,266 753	0,558 538	3,612 949	0,154 593	−2,017 969	0,12
0,243 802	0,550 713	3,977 926	0,138 442	−2,190 695	0,11
0,221 026	0,543 546	4,412 458	0,123 184	−2,398 375	0,10
0,198 416	0,537 045	4,939 715	0,108 720	−2,652 850	0,09
0,175 959	0,531 216	5,594 457	0,094 954	−2,971 863	0,08
0,153 643	0,526 062	6,431 300	0,081 797	−3,383 264	0,07
0,131 453	0,521 589	7,541 278	0,069 165	−3,933 449	0,06
0,109 372	0,517 799	9,088 253	0,056 975	−4,705 892	0,05
0,087 384	0,514 696	11,399 946	0,045 149	−5,867 502	0,04
0,065 472	0,512 280	15,241 053	0,033 612	−7,807 682	0,03
0,043 616	0,510 553	22,905 665	0,022 289	−11,694 557	0,02
0,021 798	0,509 517	45,864 251	0,011 109	−23,368 601	0,01
0,000 000	0,509 171	∞	0,000 000	−∞	0,00
$k'\,\mathrm{sd}(\zeta,\varkappa)$	$k'\,\mathrm{nd}(\zeta,\varkappa)$	$\frac{1}{k'}\,\mathrm{cs}(\zeta,\varkappa)$	$-\overline{\mathrm{cd}}(\zeta,\varkappa)$	$-\overline{\mathrm{sd}}(\zeta,\varkappa)$	$\zeta = \frac{z}{2K}$

Tafel III. (Fortsetzung)

$\vartheta_1'(0,\varkappa) = 3{,}307\,626$	$\vartheta_1'(0,k) = 0{,}772\,719$	$\vartheta_5'(0,\varkappa) = 8{,}130\,587$	$\varkappa = 0{,}79$
$\vartheta_1'''/\vartheta_1'(\varkappa) = -8{,}179\,594$	$\vartheta_2''/\vartheta_2(\varkappa) = -10{,}417\,521$	$\vartheta_3''/\vartheta_3(\varkappa) = -5{,}667\,262$	
$\vartheta_1'''/\vartheta_1'(k) = -0{,}446\,418$	$\vartheta_2''/\vartheta_2(k) = -0{,}568\,558$	$\vartheta_3''/\vartheta_3(k) = -0{,}309\,303$	
$\vartheta_1'''''/\vartheta_1'(k) = -0{,}206\,490$	$\vartheta_2''''/\vartheta_2(k) = 0{,}451\,264$	$\vartheta_3''''/\vartheta_3(k) = 0{,}671\,088$	

$\zeta = \frac{z}{2K}$	$\overline{\mathrm{dn}}(\zeta,\varkappa)$	$\mathfrak{z}_1(\zeta,\varkappa)$	$\mathfrak{z}_3(\zeta,\varkappa)$	$\mathfrak{z}_5(\zeta,\varkappa)$	$\mathfrak{p}_1(\zeta,\varkappa)$
0,00	0,000 000	∞	0,000 000	∞	∞
0,01	−0,031 683	23,361 736	−0,006 865	23,361 741	545,770 864
0,02	−0,063 220	11,680 857	−0,013 700	11,680 898	136 443 086
0,03	−0,094 467	7,787 208	−0,020 474	7,787 344	60,642 083
0,04	−0,125 281	5,840 344	−0,027 158	5,840 667	34,112 247
0,05	−0,155 525	4,672 172	−0,033 720	4,672 802	21,833 286
0,06	−0,185 065	3,893 320	−0,040 129	3,894 411	15,163 828
0,07	−0,213 775	3,336 911	−0,046 354	3,338 647	11,142 971
0,08	−0,241 535	2,919 501	−0,052 361	2,922 100	8,533 909
0,09	−0,268 233	2,594 731	−0,058 119	2,598 443	6,745 785
0,10	−0,293 765	2,334 781	−0,063 593	2,339 888	5,467 395
0,11	−0,318 034	2,121 945	−0,068 750	2,128 766	4,522 180
0,12	−0,340 954	1,944 417	−0,073 552	1,953 305	3,803 915
0,13	−0,362 447	1,794 020	−0,077 965	1,805 366	3,245 584
0,14	−0,382 443	1,664 914	−0,081 951	1,679 144	2,803 212
0,15	−0,400 880	1,552 812	−0,085 471	1,570 392	2,446 970
0,16	−0,417 703	1,454 499	−0,088 487	1,475 933	2,156 050
0,17	−0,432 866	1,367 515	−0,090 959	1,393 347	1,915 574
0,18	−0,446 330	1,289 944	−0,092 846	1,320 758	1,714 679
0,19	−0,458 060	1,220 273	−0,094 107	1,256 697	1,545 281
0,20	−0,468 029	1,157 290	−0,094 700	1,199 992	1,401 264
0,21	−0,476 215	1,100 016	−0,094 583	1,149 704	1,277 932
0,22	−0,482 599	1,047 644	−0,093 713	1,105 072	1,171 630
0,23	−0,487 168	0,999 511	−0,092 049	1,065 473	1,079 481
0,24	−0,489 913	0,955 061	−0,089 549	1,030 393	0,999 193
0,25	−0,490 829	0,913 827	−0,086 173	0,999 405	0,928 923
0,25	1,509 171	0,913 827	−0,086 173	0,999 405	0,928 923
0,26	1,511 992	0,875 414	−0,081 881	0,972 154	0,867 174
0,27	1,520 512	0,839 484	−0,076 636	0,948 339	0,812 724
0,28	1,534 908	0,805 747	−0,070 403	0,927 705	0,764 562
0,29	1,555 485	0,773 952	−0,063 149	0,910 034	0,721 851
0,30	1,582 689	0,743 881	−0,054 847	0,895 137	0,683 890
0,31	1,617 135	0,715 345	−0,045 470	0,882 846	0,650 093
0,32	1,659 636	0,688 175	−0,035 001	0,873 016	0,619 960
0,33	1,711 256	0,662 224	−0,023 424	0,865 511	0,593 071
0,34	1,773 378	0,637 361	−0,010 733	0,860 210	0,569 067
0,35	1,847 799	0,613 469	0,003 074	0,856 995	0,547 639
0,36	1,936 876	0,590 444	0,017 990	0,855 757	0,528 524
0,37	2,043 730	0,568 192	0,034 000	0,856 385	0,511 496
0,38	2,172 562	0,546 628	0,051 080	0,858 771	0,496 360
0,39	2,329 137	0,525 674	0,069 198	0,862 805	0,482 947
0,40	2,521 559	0,505 260	0,088 311	0,868 374	0,471 113
0,41	2,761 570	0,485 322	0,108 369	0,875 362	0,460 734
0,42	3,066 816	0,465 798	0,129 308	0,883 649	0,451 703
0,43	3,465 061	0,446 633	0,151 061	0,893 107	0,443 929
0,44	4,002 613	0,427 776	0,173 546	0,903 605	0,437 335
0,45	4,762 866	0,409 177	0,196 677	0,915 007	0,431 859
0,46	5,912 651	0,390 789	0,220 359	0,927 171	0,427 447
0,47	7,841 294	0,372 569	0,244 490	0,939 951	0,424 057
0,48	11,716 847	0,354 472	0,268 962	0,953 197	0,421 658
0,49	23,379 710	0,336 457	0,293 664	0,966 754	0,420 227
0,50	∞	0,318 483	0,318 483	0,980 468	0,419 752
	$\overline{\mathrm{sc}}(\zeta,\varkappa)$	$-\mathfrak{z}_2(\zeta,\varkappa)$	$-\mathfrak{z}_4(\zeta,\varkappa)$	$-\mathfrak{z}_6(\zeta,\varkappa)$	$\mathfrak{p}_2(\zeta,\varkappa)$

Tafel III

$\varkappa = 0{,}79$			
	$\vartheta_5'(0, k) = 1{,}899\,446$	$\vartheta_6(0, k) = 1{,}899\,446$	$\vartheta_{\substack{5\\6}}(\frac{1}{2}, \varkappa) = 1{,}589\,996$
	$\vartheta_4''/\vartheta_4(\varkappa) = 7{,}905\,190$	$\vartheta_5'''/\vartheta_5'(\varkappa) = -25{,}181\,380$	$\vartheta_6''/\vartheta_6(\varkappa) = -2{,}512\,332$
	$\vartheta_4''/\vartheta_4(k) = 0{,}431\,442$	$\vartheta_5'''/\vartheta_5'(k) = -\ 1{,}374\,326$	$\vartheta_6''/\vartheta_6(k) = -0{,}137\,116$
	$\vartheta_4''''/\vartheta_4(k) = -0{,}923\,063$	$\vartheta_5'''''/\vartheta_5'(k) = 4{,}529\,735$	$\vartheta_6''''/\vartheta_6(k) = -1{,}943\,598$

$p_3(\zeta, \varkappa)$	$p_5(\zeta, \varkappa)$	$p_1'(\zeta, \varkappa)$	$p_3'(\zeta, \varkappa)$	$p_5'(\zeta, \varkappa)$	
0,160 496	∞	−∞	0,000 000	−∞	0,50
0,160 145	545,770 512	−25 500,301 8	−0,016 451	−25 500,318 2	0,49
0,159 087	136,441 677	−3 187,529 09	−0,032 959	−3 187,562 05	0,48
0,157 321	60,638 908	−944,442 005	−0,049 582	−944,491 587	0,47
0,154 840	34,106 591	−398,423 953	−0,066 377	−398,490 330	0,46
0,151 636	21,824 425	−203,979 611	−0,083 398	−204,063 009	0,45
0,147 697	15,151 028	−118,029 678	−0,100 696	−118,130 374	0,44
0,143 010	11,125 484	−74,313 225	−0,118 321	−74,431 546	0,43
0,137 562	8,510 975	−49,769 266	−0,136 318	−49,905 583	0,42
0,131 334	6,716 623	−34,939 571	−0,154 726	−35,094 298	0,41
0,124 309	5,431 208	−25,455 864	−0,173 581	−25,629 445	0,40
0,116 467	4,478 151	−19,110 234	−0,192 910	−19,303 144	0,39
0,107 787	3,751 206	−14,704 612	−0,212 731	−14,917 343	0,38
0,098 248	3,183 336	−11,550 479	−0,233 056	−11,783 535	0,37
0,087 828	2,730 543	−9,232 933	−0,253 884	−9,486 817	0,36
0,076 506	2,362 980	−7,491 784	−0,275 200	−7,766 985	0,35
0,064 262	2,059 815	−6,158 225	−0,296 978	−6,455 203	0,34
0,051 076	1,806 153	−5,119 470	−0,319 175	−5,438 645	0,33
0,036 932	1,591 114	−4,298 215	−0,341 728	−4,639 943	0,32
0,021 816	1,406 601	−3,640 264	−0,364 556	−4,004 821	0,31
0,005 720	1,246 487	−3,106 857	−0,387 558	−3,494 415	0,30
−0,011 363	1,106 072	−2,669 772	−0,410 606	−3,080 378	0,29
−0,029 431	0,981 703	−2,308 129	−0,433 550	−2,741 679	0,28
−0,048 475	0,870 510	−2,006 254	−0,456 210	−2,462 464	0,27
−0,068 480	0,770 217	−1,752 222	−0,478 382	−2,230 605	0,26
−0,089 419	0,679 007	−1,536 853	−0,499 832	−2,036 685	0,25
−0,089 419	0,679 007	−1,536 853	−0,499 832	−2,036 685	0,25
−0,111 257	0,595 421	−1,352 999	−0,520 296	−1,873 295	0,24
−0,133 944	0,518 283	−1,195 037	−0,539 485	−1,734 523	0,23
−0,157 419	0,446 646	−1,058 504	−0,557 084	−1,615 588	0,22
−0,181 608	0,379 746	−0,939 821	−0,572 753	−1,512 574	0,21
−0,206 420	0,316 974	−0,836 099	−0,586 133	−1,422 232	0,20
−0,231 749	0,257 847	−0,744 984	−0,596 853	−1,341 837	0,19
−0,257 473	0,201 990	−0,664 546	−0,604 531	−1,269 077	0,18
−0,283 454	0,149 120	−0,593 188	−0,608 788	−1,201 976	0,17
−0,309 538	0,099 033	−0,529 584	−0,609 252	−1,138 836	0,16
−0,335 553	0,051 589	−0,472 620	−0,605 573	−1,078 192	0,15
−0,361 317	0,006 711	−0,421 358	−0,597 429	−1,018 787	0,14
−0,386 632	−0,035 632	−0,375 003	−0,584 543	−0,959 546	0,13
−0,411 289	−0,075 425	−0,332 873	−0,566 694	−0,899 567	0,12
−0,435 073	−0,112 622	−0,294 382	−0,543 727	−0,838 109	0,11
−0,457 763	−0,147 146	−0,259 023	−0,515 566	−0,774 589	0,10
−0,479 137	−0,178 899	−0,226 351	−0,482 224	−0,708 574	0,09
−0,498 974	−0,207 768	−0,195 976	−0,443 810	−0,639 785	0,08
−0,517 062	−0,233 630	−0,167 550	−0,400 535	−0,568 085	0,07
−0,533 199	−0,256 360	−0,140 761	−0,352 716	−0,493 478	0,06
−0,547 199	−0,275 837	−0,115 329	−0,300 770	−0,416 099	0,05
−0,558 897	−0,291 946	−0,090 993	−0,245 213	−0,336 205	0,04
−0,568 149	−0,304 589	−0,067 513	−0,186 648	−0,254 161	0,03
−0,574 842	−0,313 681	−0,044 664	−0,125 757	−0,170 421	0,02
−0,578 892	−0,319 162	−0,022 229	−0,063 281	−0,085 510	0,01
−0,580 248	−0,320 993	0,000 000	0,000 000	0,000 000	0,00
$p_4(\zeta, \varkappa)$	$p_6(\zeta, \varkappa)$	$-p_2'(\zeta, \varkappa)$	$-p_4'(\zeta, \varkappa)$	$-p_6'(\zeta, \varkappa)$	$\zeta = \frac{z}{2K}$

Tafel III

$\sqrt{k} = 0{,}924\,176$	$k = 0{,}854\,102$	$k^2 = 0{,}729\,490$	$\varkappa = 0{,}80$
$\sqrt{k'} = 0{,}721\,183$	$k' = 0{,}520\,105$	$k'^2 = 0{,}270\,510$	
$e_1 = -e_3' = 0{,}423\,503$	$e_2 = -e_2' = 0{,}152\,994$	$e_3 = -e_1' = -0{,}576\,497$	
$g_2 = g_2' = 1{,}070\,221$	$g_3 = -g_3' = -0{,}149\,412$	$g_3/\sqrt{g_2^3} = -0{,}134\,951$	
$\bar{g}_2 = \bar{g}_2' = -2{,}876\,463$	$\bar{g}_3 = -\bar{g}_3' = -0{,}994\,756$	$\bar{g}_3/\sqrt{\bar{g}_2^3} = 0{,}203\,905\,i$	

$\zeta = \dfrac{z}{2K}$	$\vartheta_1(\zeta, \varkappa)$	$\vartheta_3(\zeta, \varkappa)$	$\dfrac{\partial \ln \vartheta_1(\zeta, \varkappa)}{\partial \zeta}$	$\dfrac{\partial \ln \vartheta_3(\zeta, \varkappa)}{\partial \zeta}$	$\operatorname{sn}(\zeta, \varkappa)$
0,00	0,000 000	1,162 091	∞	0,000 000	0,000 000
0,01	0,032 856	1,161 771	99,972 379	−0,055 132	0,042 404
0,02	0,065 684	1,160 811	49,944 723	−0,110 136	0,084 676
0,03	0,098 458	1,159 216	33,250 332	−0,164 883	0,126 686
0,04	0,131 151	1,156 991	24,889 170	−0,219 245	0,168 308
0,05	0,163 734	1,154 146	19,861 204	−0,273 091	0,209 419
0,06	0,196 180	1,150 691	16,499 732	−0,326 289	0,249 903
0,07	0,228 463	1,146 642	14,090 436	−0,378 704	0,289 650
0,08	0,260 554	1,142 012	12,276 140	−0,430 201	0,328 560
0,09	0,292 426	1,136 822	10,858 398	−0,480 640	0,366 542
0,10	0,324 050	1,131 092	9,718 131	−0,529 878	0,403 512
0,11	0,355 400	1,124 843	8,779 548	−0,577 771	0,439 400
0,12	0,386 446	1,118 102	7,992 116	−0,624 170	0,474 144
0,13	0,417 161	1,110 895	7,320 837	−0,668 923	0,507 692
0,14	0,447 516	1,103 250	6,740 708	−0,711 874	0,540 005
0,15	0,477 483	1,095 198	6,233 385	−0,752 864	0,571 050
0,16	0,507 033	1,086 770	5,785 103	−0,791 729	0,600 808
0,17	0,536 138	1,078 000	5,385 331	−0,828 305	0,629 266
0,18	0,564 769	1,068 924	5,025 872	−0,862 424	0,656 420
0,19	0,592 897	1,059 575	4,700 251	−0,893 913	0,682 274
0,20	0,620 495	1,049 993	4,403 283	−0,922 601	0,706 838
0,21	0,647 532	1,040 214	4,130 765	−0,948 315	0,730 130
0,22	0,673 981	1,030 277	3,879 257	−0,970 882	0,752 171
0,23	0,699 814	1,020 221	3,645 912	−0,990 130	0,772 989
0,24	0,725 001	1,010 087	3,428 355	−1,005 889	0,792 614
0,25	0,749 516	0,999 914	3,224 587	−1,017 996	0,811 079
0,26	0,773 329	0,989 742	3,032 915	−1,026 292	0,828 421
0,27	0,796 415	0,979 612	2,851 892	−1,030 625	0,844 676
0,28	0,818 746	0,969 563	2,680 277	−1,030 856	0,859 885
0,29	0,840 296	0,959 635	2,516 996	−1,026 856	0,874 087
0,30	0,861 038	0,949 868	2,361 116	−1,018 513	0,887 322
0,31	0,880 948	0,940 299	2,211 822	−1,005 730	0,899 629
0,32	0,900 000	0,930 967	2,068 396	−0,988 432	0,911 047
0,33	0,918 171	0,921 907	1,930 207	−0,966 569	0,921 616
0,34	0,935 438	0,913 157	1,796 693	−0,940 112	0,931 370
0,35	0,951 778	0,904 749	1,667 355	−0,909 066	0,940 347
0,36	0,967 170	0,896 718	1,541 742	−0,873 462	0,948 580
0,37	0,981 594	0,889 094	1,419 454	−0,833 369	0,956 101
0,38	0,995 030	0,881 909	1,300 123	−0,788 887	0,962 941
0,39	1,007 461	0,875 189	1,183 419	−0,740 156	0,969 129
0,40	1,018 870	0,868 962	1,069 039	−0,687 352	0,974 689
0,41	1,029 240	0,863 251	0,956 703	−0,630 690	0,979 646
0,42	1,038 559	0,858 080	0,846 155	−0,570 422	0,984 023
0,43	1,046 812	0,853 468	0,737 154	−0,506 839	0,987 839
0,44	1,053 988	0,849 434	0,629 477	−0,440 265	0,991 110
0,45	1,060 078	0,845 994	0,522 912	−0,371 061	0,993 853
0,46	1,065 072	0,843 160	0,417 258	−0,299 614	0,996 080
0,47	1,068 964	0,840 944	0,312 323	−0,226 339	0,997 801
0,48	1,071 748	0,839 356	0,207 921	−0,151 674	0,999 025
0,49	1,073 420	0,838 400	0,103 873	−0,076 073	0,999 756
0,50	1,073 977	0,838 081	0,000 000	0,000 000	1,000 000
	$\vartheta_2(\zeta, \varkappa)$	$\vartheta_4(\zeta, \varkappa)$	$-\dfrac{\partial \ln \vartheta_2(\zeta, \varkappa)}{\partial \zeta}$	$-\dfrac{\partial \ln \vartheta_4(\zeta, \varkappa)}{\partial \zeta}$	$\operatorname{cd}(\zeta, \varkappa)$

Tafel III

$\varkappa = 0{,}80$

$k^2 k'^2 = 0{,}197\,334$	$\eta_1 = -\eta_2' = 0{,}153\,421$	$\eta_1' = -\eta_2 = 0{,}282\,923$
$\pi/KK' = 0{,}872\,688$	$\bar{\eta}_1 = -\bar{\eta}_2' = 0{,}459\,836$	$\bar{\eta}_1' = -\bar{\eta}_2 = 0{,}412\,852$
$K = 2{,}121\,292$	$E = 1{,}223\,825$	$A = 1{,}299\,991$
$K' = 1{,}697\,033$	$E' = 1{,}458\,463$	$A' = 0{,}440\,988$
$B = 0{,}891\,027$	$C = 0{,}465\,034$	$D = 1{,}230\,265$

$\mathrm{cn}(\zeta, \varkappa)$	$\mathrm{dn}(\zeta, \varkappa)$	$\mathrm{sc}(\zeta, \varkappa)$	$\overline{\mathrm{sn}}(\zeta, \varkappa)$	$\overline{\mathrm{cn}}(\zeta, \varkappa)$	
1,000 000	1,000 000	0,000 000	∞	0,000 000	0,50
0,999 101	0,999 344	0,042 442	23,546 104	−0,042 414	0,49
0,996 409	0,997 381	0,084 981	11,736 493	−0,084 759	0,48
0,991 943	0,994 129	0,127 715	7,783 935	−0,126 966	0,47
0,985 734	0,989 614	0,170 744	5,795 892	−0,168 971	0,46
0,977 826	0,983 874	0,214 168	4,593 933	−0,210 714	0,45
0,968 271	0,976 956	0,258 092	3,785 304	−0,252 144	0,44
0,957 133	0,968 916	0,302 623	3,201 728	−0,293 216	0,43
0,944 483	0,959 818	0,347 873	2,759 102	−0,333 895	0,42
0,930 402	0,949 732	0,393 961	2,410 727	−0,374 157	0,41
0,914 974	0,938 735	0,441 010	2,128 604	−0,413 991	0,40
0,898 291	0,926 906	0,489 151	1,894 929	−0,453 397	0,39
0,880 447	0,914 331	0,538 526	1,697 840	−0,492 391	0,38
0,861 538	0,901 095	0,589 286	1,529 132	−0,531 003	0,37
0,841 662	0,887 286	0,641 593	1,382 942	−0,569 277	0,36
0,820 915	0,872 992	0,695 627	1,254 971	−0,607 276	0,35
0,799 393	0,858 298	0,751 580	1,141 991	−0,645 080	0,34
0,777 190	0,843 291	0,809 668	1,041 526	−0,682 786	0,33
0,754 396	0,828 053	0,870 127	0,951 647	−0,720 511	0,32
0,731 097	0,812 665	0,933 219	0,870 819	−0,758 394	0,31
0,707 375	0,797 203	0,999 240	0,797 809	−0,796 597	0,30
0,683 308	0,781 739	1,068 522	0,731 608	−0,835 305	0,29
0,658 968	0,766 343	1,141 439	0,671 384	−0,874 734	0,28
0,634 419	0,751 080	1,218 420	0,616 437	−0,915 131	0,27
0,609 724	0,736 008	1,299 955	0,566 179	−0,956 777	0,26
0,584 937	0,721 183	1,386 610	0,520 105	−1,000 000	0,25
0,560 107	0,706 658	1,479 041	0,477 781	−1,045 175	0,24
0,535 277	0,692 477	1,578 016	0,438 828	−1,092 740	0,23
0,510 487	0,678 685	1,684 441	0,402 914	−1,143 204	0,22
0,485 769	0,665 318	1,799 390	0,369 747	−1,197 167	0,21
0,461 150	0,652 413	1,924 149	0,339 066	−1,255 340	0,20
0,436 655	0,640 000	2,060 274	0,310 638	−1,318 575	0,19
0,412 302	0,628 106	2,209 663	0,284 254	−1,387 904	0,18
0,388 104	0,616 757	2,374 660	0,259 724	−1,464 588	0,17
0,364 074	0,605 973	2,558 192	0,236 876	−1,550 195	0,16
0,340 217	0,595 774	2,763 963	0,215 551	−1,646 697	0,15
0,316 538	0,586 175	2,996 738	0,195 605	−1,756 614	0,14
0,293 036	0,577 192	3,262 742	0,176 904	−1,883 230	0,13
0,269 711	0,568 837	3,570 277	0,159 326	−2,030 906	0,12
0,246 556	0,561 120	3,930 661	0,142 755	−2,205 571	0,11
0,223 566	0,554 049	4,359 740	0,127 083	−2,415 512	0,10
0,200 731	0,547 634	4,880 401	0,112 211	−2,672 673	0,09
0,178 040	0,541 879	5,526 975	0,098 043	−2,994 954	0,08
0,155 482	0,536 791	6,353 412	0,084 489	−3,410 455	0,07
0,133 042	0,532 374	7,449 626	0,071 463	−3,965 985	0,06
0,110 705	0,528 630	8,977 470	0,058 884	−4,745 763	0,05
0,088 457	0,525 564	11,260 644	0,046 673	−5,918 190	0,04
0,066 279	0,523 177	15,054 459	0,034 752	−7,876 148	0,03
0,044 156	0,521 471	22,624 850	0,023 049	−11,798 203	0,02
0,022 069	0,520 447	45,301 509	0,011 489	−23,577 030	0,01
0,000 000	0,520 105	∞	0,000 000	−∞	0,00
$k'\,\mathrm{sd}(\zeta, \varkappa)$	$k'\,\mathrm{nd}(\zeta, \varkappa)$	$\frac{1}{k'}\,\mathrm{cs}(\zeta, \varkappa)$	$-\overline{\mathrm{cd}}(\zeta, \varkappa)$	$-\overline{\mathrm{sd}}(\zeta, \varkappa)$	$\zeta = \frac{z}{2K}$

Tafel III. (Fortsetzung)

$\vartheta_1'(0,\varkappa)$	$=3{,}286\,028$	$\vartheta_1'(0,k)$	$=0{,}774\,535$	$\vartheta_5'(0,\varkappa)$	$=8{,}050\,093$		$\varkappa = 0{,}80$
$\vartheta_1'''/\vartheta_1'(\varkappa)$	$=-8{,}284\,533$	$\vartheta_2''/\vartheta_2(\varkappa)$	$=-10{,}384\,363$	$\vartheta_3''/\vartheta_3(\varkappa)$	$=-5{,}515\,320$		
$\vartheta_1'''/\vartheta_1'(k)$	$=-0{,}460\,264$	$\vartheta_2''/\vartheta_2(k)$	$=-\;0{,}576\,925$	$\vartheta_3''/\vartheta_3(k)$	$=-0{,}306\,415$		
$\vartheta_1'''''/\vartheta_1'(k)$	$=-0{,}182\,038$	$\vartheta_2''''/\vartheta_2(k)$	$=0{,}457\,507$	$\vartheta_3''''/\vartheta_3(k)$	$=0{,}676\,339$		

$\zeta = \frac{z}{2K}$	$\overline{\mathrm{dn}}(\zeta,\varkappa)$	$\mathfrak{z}_1(\zeta,\varkappa)$	$\mathfrak{z}_3(\zeta,\varkappa)$	$\mathfrak{z}_5(\zeta,\varkappa)$	$\wp_1(\zeta,\varkappa)$
0,00	0,000 000	∞	0,000 000	∞	∞
0,01	−0,030 926	23,570 544	−0,006 486	23,570 549	555,570 717
0,02	−0,061 710	11,785 262	−0,012 942	11,785 302	138,893 040
0,03	−0,092 213	7,856 812	−0,019 337	7,856 948	61,730 934
0,04	−0,122 298	5,892 549	−0,025 641	5,892 872	34,724 700
0,05	−0,151 830	4,713 939	−0,031 824	4,714 570	22,225 222
0,06	−0,180 681	3,928 131	−0,037 854	3,929 223	15,435 963
0,07	−0,208 727	3,366 756	−0,043 699	3,368 493	11,342 855
0,08	−0,235 852	2,945 625	−0,049 328	2,948 224	8,686 886
0,09	−0,261 946	2,617 965	−0,054 708	2,621 675	6,866 588
0,10	−0,286 908	2,355 707	−0,059 805	2,360 811	5,565 171
0,11	−0,310 643	2,140 987	−0,064 585	2,147 802	4,602 904
0,12	−0,333 065	1,961 894	−0,069 012	1,970 772	3,871 657
0,13	−0,354 098	1,810 179	−0,073 051	1,821 509	3,303 210
0,14	−0,373 672	1,679 948	−0,076 666	1,694 154	2,852 799
0,15	−0,391 726	1,566 878	−0,079 819	1,584 423	2,490 060
0,16	−0,408 204	1,467 725	−0,082 470	1,489 109	2,193 812
0,17	−0,423 061	1,380 005	−0,084 583	1,405 768	1,948 910
0,18	−0,436 257	1,301 788	−0,086 115	1,332 509	1,744 297
0,19	−0,447 756	1,231 547	−0,087 029	1,267 845	1,571 743
0,20	−0,457 531	1,168 058	−0,087 282	1,210 594	1,425 024
0,21	−0,465 559	1,110 334	−0,086 833	1,159 809	1,299 360
0,22	−0,471 821	1,057 561	−0,085 643	1,114 717	1,191 032
0,23	−0,476 303	1,009 069	−0,083 671	1,074 688	1,097 109
0,24	−0,478 996	0,964 299	−0,080 877	1,039 203	1,015 260
0,25	−0,479 895	0,922 779	−0,077 221	1,007 829	0,943 609
0,25	1,520 105	0,922 779	−0,077 221	1,007 829	0,943 609
0,26	1,522 956	0,884 109	−0,072 668	0,980 204	0,880 633
0,27	1,531 568	0,847 950	−0,067 180	0,956 024	0,825 088
0,28	1,546 118	0,814 009	−0,060 726	0,935 028	0,775 946
0,29	1,566 914	0,782 032	−0,053 274	0,916 993	0,732 355
0,30	1,594 406	0,751 799	−0,044 798	0,901 727	0,693 602
0,31	1,629 213	0,723 118	−0,035 276	0,889 060	0,659 090
0,32	1,672 158	0,695 821	−0,024 690	0,878 840	0,628 312
0,33	1,724 312	0,669 758	−0,013 027	0,870 930	0,600 839
0,34	1,787 071	0,644 798	−0,000 282	0,865 205	0,576 307
0,35	1,862 247	0,620 821	0,013 544	0,861 546	0,554 402
0,36	1,952 219	0,597 722	0,028 445	0,859 839	0,534 856
0,37	2,060 134	0,575 407	0,044 405	0,859 974	0,517 440
0,38	2,190 231	0,553 789	0,061 398	0,861 841	0,501 954
0,39	2,348 326	0,532 791	0,079 393	0,865 328	0,488 228
0,40	2,542 595	0,512 340	0,098 349	0,870 323	0,476 115
0,41	2,784 884	0,492 371	0,118 213	0,876 710	0,465 488
0,42	3,092 996	0,472 823	0,138 928	0,884 367	0,456 239
0,43	3,494 944	0,453 640	0,160 424	0,893 171	0,448 277
0,44	4,037 448	0,434 769	0,182 624	0,902 992	0,441 522
0,45	4,804 647	0,416 160	0,205 445	0,913 695	0,435 911
0,46	5,964 863	0,397 765	0,228 795	0,925 141	0,431 390
0,47	7,910 901	0,379 541	0,252 575	0,937 187	0,427 916
0,48	11,821 252	0,361 442	0,276 683	0,949 687	0,425 457
0,49	23,588 519	0,343 426	0,301 012	0,962 491	0,423 991
0,50	∞	0,325 452	0,325 452	0,975 447	0,423 503
	$\overline{\mathrm{sc}}(\zeta,\varkappa)$	$-\mathfrak{z}_2(\zeta,\varkappa)$	$-\mathfrak{z}_4(\zeta,\varkappa)$	$-\mathfrak{z}_6(\zeta,\varkappa)$	$\wp_2(\zeta,\varkappa)$

Tafel III

$\varkappa = 0{,}80$		
$\vartheta_5'(0, k) = 1{,}897\,451$	$\vartheta_6(0, k) = 1{,}897\,451$	$\vartheta_{\substack{5\\6}}(\frac{1}{4}, \varkappa) = 1{,}579\,911$
$\vartheta_4''/\vartheta_4(\varkappa) = 7{,}615\,149$	$\vartheta_5'''/\vartheta_5'(\varkappa) = -24{,}830\,494$	$\vartheta_6''/\vartheta_6(\varkappa) = -2{,}769\,213$
$\vartheta_4''/\vartheta_4(k) = 0{,}423\,075$	$\vartheta_5'''/\vartheta_5'(k) = -1{,}379\,509$	$\vartheta_6''/\vartheta_6(k) = -0{,}153\,849$
$\vartheta_4''''/\vartheta_4(k) = -0{,}922\,002$	$\vartheta_5'''''/\vartheta_5'(k) = 4{,}609\,975$	$\vartheta_6''''/\vartheta_6(k) = -1{,}928\,991$

$\wp_3(\zeta, \varkappa)$	$\wp_5(\zeta, \varkappa)$	$\wp_1'(\zeta, \varkappa)$	$\wp_3'(\zeta, \varkappa)$	$\wp_5'(\zeta, \varkappa)$	
0,152 994	∞	− ∞	0,000 000	− ∞	0,50
0,152 638	555,570 362	−26 190,200 8	−0,016 753	−26 190,217 5	0,49
0,151 571	138,891 618	−3 273,766 59	−0,033 562	−3 273,800 16	0,48
0,149 789	61,727 730	−969,994 026	−0,050 480	−970,044 507	0,47
0,147 286	34,718 993	−409,203 899	−0,067 562	−409,271 461	0,46
0,144 053	22,216 282	−209,499 141	−0,084 858	−209,583 999	0,45
0,140 082	15,423 050	−121,224 053	−0,102 418	−121,326 471	0,44
0,135 358	11,325 220	−76,325 046	−0,120 287	−76,445 334	0,43
0,129 870	8,663 762	−51,117 230	−0,138 508	−51,255 738	0,42
0,123 600	6,837 195	−35,886 486	−0,157 117	−36,043 603	0,41
0,116 532	5,528 709	−26,146 353	−0,176 145	−26,322 498	0,40
0,108 648	4,558 558	−19,629 189	−0,195 615	−19,824 804	0,39
0,099 928	3,818 591	−15,104 509	−0,215 544	−15,320 052	0,38
0,090 352	3,240 569	−11,865 166	−0,235 937	−12,101 103	0,37
0,079 902	2,779 707	−9,485 033	−0,256 789	−9,741 822	0,36
0,068 557	2,405 624	−7,696 881	−0,278 083	−7,974 965	0,35
0,056 300	2,097 118	−6,327 334	−0,299 788	−6,627 123	0,34
0,043 114	1,839 031	−5,260 557	−0,321 856	−5,582 413	0,33
0,028 986	1,620 289	−4,417 151	−0,344 222	−4,761 373	0,32
0,013 903	1,432 653	−3,741 456	−0,366 802	−4,108 258	0,31
−0,002 140	1,269 891	−3,193 662	−0,389 490	−3,583 152	0,30
−0,019 145	1,127 222	−2,744 785	−0,412 158	−3,156 943	0,29
−0,037 109	1,000 929	−2,373 379	−0,434 653	−2,808 032	0,28
−0,056 021	0,888 094	−2,063 346	−0,456 798	−2,520 144	0,27
−0,075 862	0,786 405	−1,802 439	−0,478 388	−2,280 827	0,26
−0,096 602	0,694 013	−1,581 230	−0,499 192	−2,080 422	0,25
−0,096 602	0,694 013	−1,581 230	−0,499 192	−2,080 422	0,25
−0,118 204	0,609 435	−1,392 378	−0,518 952	−1,911 329	0,24
−0,140 617	0,531 477	−1,230 108	−0,537 385	−1,767 493	0,23
−0,163 779	0,459 173	−1,089 835	−0,554 184	−1,644 019	0,22
−0,187 613	0,391 748	−0,967 887	−0,569 021	−1,536 908	0,21
−0,212 029	0,328 580	−0,861 294	−0,581 551	−1,442 846	0,20
−0,236 921	0,269 175	−0,767 641	−0,591 418	−1,359 059	0,19
−0,262 169	0,213 149	−0,684 944	−0,598 258	−1,283 202	0,18
−0,287 636	0,160 209	−0,611 565	−0,601 712	−1,213 277	0,17
−0,313 172	0,110 141	−0,546 142	−0,601 428	−1,147 570	0,16
−0,338 611	0,062 797	−0,487 532	−0,597 080	−1,084 611	0,15
−0,363 774	0,018 089	−0,434 771	−0,588 367	−1,023 139	0,14
−0,388 470	−0,024 023	−0,387 044	−0,575 037	−0,962 080	0,13
−0,412 498	−0,063 538	−0,343 650	−0,556 886	−0,900 536	0,12
−0,435 652	−0,100 418	−0,303 989	−0,533 781	−0,837 769	0,11
−0,457 720	−0,134 599	−0,267 538	−0,505 659	−0,773 198	0,10
−0,478 488	−0,165 993	−0,233 844	−0,472 547	−0,706 390	0,09
−0,497 747	−0,194 501	−0,202 504	−0,434 558	−0,637 062	0,08
−0,515 295	−0,220 011	−0,173 163	−0,391 906	−0,565 069	0,07
−0,530 939	−0,242 410	−0,145 502	−0,344 899	−0,490 401	0,06
−0,544 504	−0,261 587	−0,119 229	−0,293 945	−0,413 175	0,05
−0,555 832	−0,277 436	−0,094 081	−0,239 541	−0,333 623	0,04
−0,564 789	−0,289 867	−0,069 811	−0,182 267	−0,252 079	0,03
−0,571 266	−0,298 803	−0,046 187	−0,122 775	−0,168 962	0,02
−0,575 185	−0,304 188	−0,022 988	−0,061 770	−0,084 758	0,01
−0,576 497	−0,305 987	0,000 000	0,000 000	0,000 000	0,00
$\wp_4(\zeta, \varkappa)$	$\wp_6(\zeta, \varkappa)$	$-\wp_2'(\zeta, \varkappa)$	$-\wp_4'(\zeta, \varkappa)$	$-\wp_6'(\zeta, \varkappa)$	$\zeta = \frac{z}{2K}$

Tafel III

$\varkappa = 0{,}81$

$\sqrt{k} = 0{,}920\,559$	$k = 0{,}847\,430$	$k^2 = 0{,}718\,137$
$\sqrt{k'} = 0{,}728\,634$	$k' = 0{,}530\,908$	$k'^2 = 0{,}281\,863$
$e_1 = -e_3' = 0{,}427\,288$	$e_2 = -e_2' = 0{,}145\,425$	$e_3 = -e_1' = -0{,}572\,712$
$g_2 = g_2' = 1{,}063\,445$	$g_3 = -g_3' = -0{,}142\,349$	$g_3/\sqrt{g_2^3} = -0{,}129\,802$
$\bar{g}_2 = \bar{g}_2' = -2{,}984\,880$	$\bar{g}_3 = -\bar{g}_3' = -0{,}966\,566$	$\bar{g}_3/\sqrt{\bar{g}_2^3} = 0{,}187\,431\,i$

$\zeta = \frac{z}{2K}$	$\vartheta_1(\zeta, \varkappa)$	$\vartheta_3(\zeta, \varkappa)$	$\frac{\partial \ln \vartheta_1(\zeta, \varkappa)}{\partial \zeta}$	$\frac{\partial \ln \vartheta_3(\zeta, \varkappa)}{\partial \zeta}$	$\mathrm{sn}(\zeta, \varkappa)$
0,00	0,000 000	1,157 071	∞	0,000 000	0,000 000
0,01	0,032 639	1,156 760	99,972 052	−0,053 648	0,042 039
0,02	0,065 250	1,155 830	49,944 070	−0,107 169	0,083 950
0,03	0,097 806	1,154 285	33,249 355	−0,160 436	0,125 608
0,04	0,130 280	1,152 129	24,887 874	−0,213 322	0,166 889
0,05	0,162 645	1,149 372	19,859 594	−0,265 696	0,207 676
0,06	0,194 872	1,146 025	16,497 816	−0,317 429	0,247 855
0,07	0,226 935	1,142 102	14,088 221	−0,368 387	0,287 319
0,08	0,258 805	1,137 616	12,273 636	−0,418 437	0,325 971
0,09	0,290 455	1,132 587	10,855 615	−0,467 441	0,363 722
0,10	0,321 857	1,127 035	9,715 080	−0,515 259	0,400 490
0,11	0,352 983	1,120 981	8,776 243	−0,561 749	0,436 204
0,12	0,383 805	1,114 449	7,988 570	−0,606 765	0,470 805
0,13	0,414 295	1,107 466	7,317 066	−0,650 157	0,504 240
0,14	0,444 424	1,100 058	6,736 726	−0,691 775	0,536 470
0,15	0,474 165	1,092 256	6,229 210	−0,731 462	0,567 462
0,16	0,503 488	1,084 090	5,780 751	−0,769 061	0,597 194
0,17	0,532 366	1,075 592	5,380 821	−0,804 411	0,625 653
0,18	0,560 770	1,066 797	5,021 222	−0,837 349	0,652 833
0,19	0,588 672	1,057 738	4,695 479	−0,867 710	0,678 736
0,20	0,616 043	1,048 453	4,398 409	−0,895 328	0,703 371
0,21	0,642 855	1,038 976	4,125 809	−0,920 037	0,726 753
0,22	0,669 079	1,029 347	3,874 238	−0,941 671	0,748 902
0,23	0,694 689	1,019 603	3,640 851	−0,960 066	0,769 842
0,24	0,719 655	1,009 782	3,423 272	−0,975 062	0,789 602
0,25	0,743 951	0,999 924	3,219 502	−0,986 502	0,808 212
0,26	0,767 549	0,990 067	3,027 847	−0,994 237	0,825 708
0,27	0,790 423	0,980 250	2,846 863	−0,998 125	0,842 125
0,28	0,812 545	0,970 512	2,675 305	−0,998 034	0,857 499
0,29	0,833 890	0,960 890	2,512 101	−0,993 846	0,871 869
0,30	0,854 433	0,951 425	2,356 317	−0,985 456	0,885 273
0,31	0,874 148	0,942 151	2,207 137	−0,972 778	0,897 749
0,32	0,893 012	0,933 106	2,063 844	−0,955 744	0,909 335
0,33	0,911 001	0,924 327	1,925 805	−0,934 309	0,920 067
0,34	0,928 093	0,915 846	1,792 457	−0,908 455	0,929 982
0,35	0,944 266	0,907 697	1,663 301	−0,878 188	0,939 113
0,36	0,959 498	0,899 914	1,537 886	−0,843 545	0,947 495
0,37	0,973 771	0,892 525	1,415 810	−0,804 596	0,955 157
0,38	0,987 066	0,885 561	1,296 705	−0,761 443	0,962 131
0,39	0,999 364	0,879 048	1,180 240	−0,714 222	0,968 442
0,40	1,010 650	0,873 012	1,066 110	−0,663 106	0,974 118
0,41	1,020 909	0,867 477	0,954 036	−0,608 305	0,979 182
0,42	1,030 125	0,862 465	0,843 758	−0,550 062	0,983 654
0,43	1,038 288	0,857 995	0,735 038	−0,488 657	0,987 555
0,44	1,045 386	0,854 085	0,627 648	−0,424 401	0,990 901
0,45	1,051 408	0,850 751	0,521 377	−0,357 639	0,993 708
0,46	1,056 347	0,848 004	0,416 024	−0,288 742	0,995 987
0,47	1,060 195	0,845 857	0,311 393	−0,218 106	0,997 748
0,48	1,062 948	0,844 317	0,207 300	−0,146 148	0,999 001
0,49	1,064 601	0,843 390	0,103 561	−0,073 298	0,999 751
0,50	1,065 152	0,843 081	0,000 000	0,000 000	1,000 000
	$\vartheta_2(\zeta, \varkappa)$	$\vartheta_4(\zeta, \varkappa)$	$-\frac{\partial \ln \vartheta_2(\zeta, \varkappa)}{\partial \zeta}$	$-\frac{\partial \ln \vartheta_4(\zeta, \varkappa)}{\partial \zeta}$	$\mathrm{cd}(\zeta, \varkappa)$

Tafel III

$\varkappa = 0{,}81$			
	$k^2 k'^2 = 0{,}202\,416$	$\eta_1 = -\eta_2' = 0{,}157\,954$	$\eta_1' = -\eta_2 = 0{,}280\,532$
	$\pi/KK' = 0{,}876\,972$	$\bar\eta_1 = -\bar\eta_2' = 0{,}461\,333$	$\bar\eta_1' = -\bar\eta_2 = 0{,}415\,639$
	$K = 2{,}103\,002$	$E = 1{,}230\,764$	$A = 1{,}276\,012$
	$K' = 1{,}703\,432$	$E' = 1{,}453\,443$	$A' = 0{,}460\,291$
	$B = 0{,}888\,418$	$C = 0{,}454\,183$	$D = 1{,}214\,584$

$\mathrm{cn}(\zeta, \varkappa)$	$\mathrm{dn}(\zeta, \varkappa)$	$\mathrm{sc}(\zeta, \varkappa)$	$\overline{\mathrm{sn}}(\zeta, \varkappa)$	$\overline{\mathrm{cn}}(\zeta, \varkappa)$	
1,000 000	1,000 000	0,000 000	∞	0,000 000	0,50
0,999 116	0,999 365	0,042 076	23,751 465	−0,042 049	0,49
0,996 470	0,997 466	0,084 247	11,839 724	−0,084 034	0,48
0,992 080	0,994 319	0,126 611	7,853 357	−0,125 891	0,47
0,985 976	0,989 949	0,169 263	5,848 576	−0,167 562	0,46
0,978 198	0,984 392	0,212 305	4,636 694	−0,208 991	0,45
0,968 797	0,977 693	0,255 837	3,821 541	−0,250 130	0,44
0,957 835	0,969 905	0,299 967	3,233 370	−0,290 940	0,43
0,945 380	0,961 089	0,344 805	2,787 343	−0,331 388	0,42
0,931 508	0,951 312	0,390 466	2,436 353	−0,371 455	0,41
0,916 301	0,940 647	0,437 072	2,152 155	−0,411 130	0,40
0,899 848	0,929 170	0,484 753	1,916 789	−0,450 418	0,39
0,882 237	0,916 962	0,533 649	1,718 288	−0,489 336	0,38
0,863 563	0,904 106	0,583 907	1,548 375	−0,527 913	0,37
0,843 920	0,890 685	0,635 688	1,401 136	−0,566 198	0,36
0,823 400	0,876 784	0,689 169	1,272 234	−0,604 253	0,35
0,802 097	0,862 487	0,744 541	1,158 415	−0,642 156	0,34
0,780 102	0,847 875	0,802 014	1,057 182	−0,680 007	0,33
0,757 502	0,833 029	0,861 823	0,966 589	−0,717 923	0,32
0,734 382	0,818 026	0,924 227	0,885 092	−0,756 042	0,31
0,710 823	0,802 942	0,989 517	0,811 448	−0,794 525	0,30
0,686 899	0,787 846	1,058 021	0,744 641	−0,833 558	0,29
0,662 681	0,772 806	1,130 110	0,683 833	−0,873 356	0,28
0,638 234	0,757 886	1,206 206	0,628 322	−0,914 166	0,27
0,613 620	0,743 144	1,286 793	0,577 516	−0,956 272	0,26
0,588 891	0,728 634	1,372 431	0,530 908	−1,000 000	0,25
0,564 098	0,714 408	1,463 768	0,488 061	−1,045 727	0,24
0,539 283	0,700 511	1,561 563	0,448 596	−1,093 893	0,23
0,514 486	0,686 987	1,666 711	0,412 181	−1,145 008	0,22
0,489 739	0,673 872	1,780 273	0,378 522	−1,199 677	0,21
0,465 071	0,661 203	1,903 521	0,347 358	−1,258 614	0,20
0,440 507	0,649 011	2,037 992	0,318 456	−1,322 678	0,19
0,416 065	0,637 322	2,185 561	0,291 606	−1,392 907	0,18
0,391 760	0,626 163	2,348 546	0,266 617	−1,470 572	0,17
0,367 605	0,615 555	2,529 837	0,243 318	−1,557 253	0,16
0,343 608	0,605 517	2,733 098	0,221 550	−1,654 937	0,15
0,319 772	0,596 066	2,963 035	0,201 168	−1,766 166	0,14
0,296 099	0,587 218	3,225 802	0,182 038	−1,894 250	0,13
0,272 589	0,578 985	3,529 601	0,164 037	−2,043 587	0,12
0,249 238	0,571 378	3,885 618	0,147 050	−2,220 158	0,11
0,226 039	0,564 407	4,309 511	0,130 968	−2,432 318	0,10
0,202 986	0,558 079	4,823 898	0,115 691	−2,692 117	0,09
0,180 067	0,552 402	5,462 703	0,101 122	−3,017 608	0,08
0,157 273	0,547 381	6,279 240	0,087 173	−3,437 136	0,07
0,134 590	0,543 021	7,362 359	0,073 756	−3,997 915	0,06
0,112 005	0,539 326	8,871 999	0,060 790	−4,784 896	0,05
0,089 502	0,536 298	11,128 034	0,048 193	−5,967 944	0,04
0,067 067	0,533 941	14,876 841	0,035 891	−7,943 357	0,03
0,044 683	0,532 256	22,357 558	0,023 807	−11,899 951	0,02
0,022 333	0,531 245	44,765 885	0,011 867	−23,781 647	0,01
0,000 000	0,530 908	∞	0,000 000	−∞	0,00
$k'\,\mathrm{sd}(\zeta, \varkappa)$	$k'\,\mathrm{nd}(\zeta, \varkappa)$	$\frac{1}{k'}\,\mathrm{cs}(\zeta, \varkappa)$	$-\overline{\mathrm{cd}}(\zeta, \varkappa)$	$-\overline{\mathrm{sd}}(\zeta, \varkappa)$	$\zeta = \frac{z}{2K}$

Tafel III. (Fortsetzung)

$\vartheta_1'(0,\varkappa) = 3{,}264\,306$	$\vartheta_1'(0,k) = 0{,}776\,106$	$\vartheta_5'(0,\varkappa) = 7{,}971\,503$
$\vartheta_1'''/\vartheta_1'(\varkappa) = -8{,}382\,842$	$\vartheta_2''/\vartheta_2(\varkappa) = -10{,}353\,199$	$\vartheta_3''/\vartheta_3(\varkappa) = -5{,}366\,912$
$\vartheta_1'''/\vartheta_1'(k) = -0{,}473\,862$	$\vartheta_2''/\vartheta_2(k) = -0{,}585\,242$	$\vartheta_3''/\vartheta_3(k) = -0{,}303\,379$
$\vartheta_1'''''/\vartheta_1'(k) = -0{,}157\,480$	$\vartheta_2''''/\vartheta_2(k) = 0{,}463\,798$	$\vartheta_3''''/\vartheta_3(k) = 0{,}680\,948$

$\varkappa = 0{,}81$

$\zeta = \frac{z}{2K}$	$\overline{\mathrm{dn}}(\zeta,\varkappa)$	$\mathfrak{z}_1(\zeta,\varkappa)$	$\mathfrak{z}_3(\zeta,\varkappa)$	$\mathfrak{z}_5(\zeta,\varkappa)$	$\mathfrak{p}_1(\zeta,\varkappa)$
0,00	0,000 000	∞	0,000 000	∞	∞
0,01	−0,030 182	23,775 536	−0,006 112	23,775 541	565,276 266
0,02	−0,060 227	11,887 758	−0,012 193	11,887 798	141,319,419
0,03	−0,090 001	7,925 143	−0,018 214	7,925 279	62,809 309
0,04	−0,119 368	5,943 800	−0,024 144	5,944 122	35,331 262
0,05	−0,148 201	4,754 943	−0,029 953	4,755 573	22,613 389
0,06	−0,176 374	3,962 306	−0,035 609	3,963 396	15,705 482
0,07	−0,203 767	3,396 055	−0,041 081	3,397 790	11,540 820
0,08	−0,230 266	2,971 271	−0,046 337	2,973 867	8,838 396
0,09	−0,255 764	2,640 773	−0,051 345	2,644 477	6,986 236
0,10	−0,280 163	2,376 248	−0,056 070	2,381 344	5,662 014
0,11	−0,303 369	2,159 678	−0,060 480	2,166 481	4,682 862
0,12	−0,325 299	1,979 048	−0,064 539	1,987 908	3,938 760
0,13	−0,345 875	1,826 038	−0,068 212	1,837 341	3,360 296
0,14	−0,365 031	1,694 703	−0,071 463	1,708 871	2,901 926
0,15	−0,382 703	1,580 681	−0,074 256	1,598 174	2,532 755
0,16	−0,398 839	1,480 701	−0,076 552	1,502 015	2,231 232
0,17	−0,413 390	1,392 259	−0,078 313	1,417 928	1,981 950
0,18	−0,426 317	1,313 406	−0,079 500	1,344 004	1,773 656
0,19	−0,437 586	1,242 603	−0,080 075	1,278 743	1,597 980
0,20	−0,447 166	1,178 616	−0,079 998	1,220 950	1,448 588
0,21	−0,455 036	1,120 448	−0,079 229	1,169 667	1,320 616
0,22	−0,461 175	1,067 279	−0,077 729	1,124 115	1,210 282
0,23	−0,465 570	1,018 434	−0,075 459	1,083 656	1,114 605
0,24	−0,468 211	0,973 346	−0,072 381	1,047 763	1,031 212
0,25	−0,469 092	0,931 543	−0,068 457	1,015 999	0,958 195
0,25	1,530 908	0,931 543	−0,068 457	1,015 999	0,958 195
0,26	1,533 788	0,892 619	−0,063 653	0,987 997	0,894 007
0,27	1,542 489	0,856 233	−0,057 934	0,963 447	0,837 379
0,28	1,557 189	0,822 088	−0,051 268	0,942 083	0,787 268
0,29	1,578 199	0,789 929	−0,043 629	0,923 680	0,742 808
0,30	1,605 972	0,759 534	−0,034 991	0,908 040	0,703 272
0,31	1,641 134	0,730 709	−0,025 333	0,894 989	0,668 054
0,32	1,684 512	0,703 284	−0,014 640	0,884 374	0,636 638
0,33	1,737 189	0,677 108	−0,002 900	0,876 054	0,608 589
0,34	1,800 571	0,652 047	0,009 891	0,869 901	0,583 536
0,35	1,876 487	0,627 983	0,023 730	0,865 793	0,561 160
0,36	1,967 334	0,604 809	0,038 610	0,863 616	0,541 188
0,37	2,076 288	0,582 428	0,054 514	0,863 255	0,523 388
0,38	2,207 624	0,560 754	0,071 418	0,864 601	0,507 557
0,39	2,367 207	0,539 707	0,089 288	0,867 542	0,493 521
0,40	2,563 286	0,519 215	0,108 085	0,871 963	0,481 132
0,41	2,807 808	0,499 213	0,127 758	0,877 750	0,470 261
0,42	3,118 731	0,479 637	0,148 249	0,884 782	0,460 798
0,43	3,524 309	0,460 432	0,169 492	0,892 936	0,452 650
0,44	4,071 671	0,441 543	0,191 413	0,902 085	0,445 736
0,45	4,845 685	0,422 920	0,213 929	0,912 095	0,439 992
0,46	6,016 137	0,404 515	0,236 953	0,922 831	0,435 363
0,47	7,979 248	0,386 282	0,260 391	0,934 152	0,431 806
0,48	11,923 758	0,368 177	0,284 143	0,945 916	0,429 288
0,49	23,793 515	0,350 156	0,308 107	0,957 975	0,427 787
0,50	∞	0,332 178	0,332 178	0,970 184	0,427 288
	$\overline{\mathrm{sc}}(\zeta,\varkappa)$	$-\mathfrak{z}_2(\zeta,\varkappa)$	$-\mathfrak{z}_4(\zeta,\varkappa)$	$-\mathfrak{z}_6(\zeta,\varkappa)$	$\mathfrak{p}_2(\zeta,\varkappa)$

Tafel III

$\varkappa = 0{,}81$

$\vartheta_5'(0,k)$	$=$	1,895 268	$\vartheta_6(0,k)$	$=$	1,895 268	$\vartheta_{\substack{5\\6}}(\frac{1}{4},\varkappa)$	$=$ 1,570 004
$\vartheta_4''/\vartheta_4(\varkappa)$	$=$	7,337 269	$\vartheta_5'''/\vartheta_5'(\varkappa)$	$=$	$-$24,483 577	$\vartheta_6''/\vartheta_6(\varkappa)$	$=$ $-$3,015 930
$\vartheta_4''/\vartheta_4(k)$	$=$	0,414 758	$\vartheta_5'''/\vartheta_5'(k)$	$=$	$-$ 1,383 998	$\vartheta_6''/\vartheta_6(k)$	$=$ $-$0,170 483
$\vartheta_4''''/\vartheta_4(k)$	$=$	$-$0,920 201	$\vartheta_5'''''/\vartheta_5'(k)$	$=$	4,684 858	$\vartheta_6''''/\vartheta_6(k)$	$=$ $-$1,912 806

$\wp_3(\zeta,\varkappa)$	$\wp_5(\zeta,\varkappa)$	$\wp_1'(\zeta,\varkappa)$	$\wp_3'(\zeta,\varkappa)$	$\wp_5'(\zeta,\varkappa)$	
0,145 425	∞	$-\infty$	0,000 000	$-\infty$	0,50
0,145 067	565,275 908	$-$26 879,484 9	$-$0,017 036	$-$26 879,501 9	0,49
0,143 991	141,317 985	$-$3 359,927 24	$-$0,034 124	$-$3 359,961 36	0,48
0,142 195	62,806 079	$-$995,523 265	$-$0,051 317	$-$995,574 582	0,47
0,139 672	35,325 509	$-$419,974 226	$-$0,068 665	$-$420,042 890	0,46
0,136 416	22,604 380	$-$215,013 737	$-$0,086 215	$-$215,099 953	0,45
0,132 416	15,692 473	$-$124,415 564	$-$0,104 015	$-$124,519 580	0,44
0,127 662	11,523 057	$-$78,335 055	$-$0,122 108	$-$78,457 162	0,43
0,122 140	8,815 111	$-$52,463 970	$-$0,140 530	$-$52,604 501	0,42
0,115 835	6,956 646	$-$36,832 532	$-$0,159 317	$-$36,991 848	0,41
0,108 732	5,625 322	$-$26,836 201	$-$0,178 495	$-$27,014 695	0,40
0,100 814	4,638 252	$-$20,147 653	$-$0,198 084	$-$20,345 737	0,39
0,092 064	3,885 399	$-$15,504 020	$-$0,218 096	$-$15,722 116	0,38
0,082 462	3,297 334	$-$12,179 542	$-$0,238 533	$-$12,418 076	0,37
0,071 992	2,828 493	$-$9,736 878	$-$0,259 387	$-$9,996 265	0,36
0,060 637	2,447 968	$-$7,901 764	$-$0,280 637	$-$8,182 400	0,35
0,048 380	2,134 188	$-$6,496 261	$-$0,302 246	$-$6,798 507	0,34
0,035 208	1,871 733	$-$5,401 485	$-$0,324 164	$-$5,725 649	0,33
0,021 108	1,649 340	$-$4,535 949	$-$0,346 323	$-$4,882 272	0,32
0,006 073	1,458 628	$-$3,842 526	$-$0,368 635	$-$4,211 161	0,31
$-$0,009 902	1,293 261	$-$3,280 359	$-$0,390 993	$-$3,671 352	0,30
$-$0,026 816	1,148 375	$-$2,819 700	$-$0,413 267	$-$3,232 967	0,29
$-$0,044 663	1,020 194	$-$2,438 541	$-$0,435 304	$-$2,873 845	0,28
$-$0,063 428	0,905 752	$-$2,120 358	$-$0,456 926	$-$2,577 284	0,27
$-$0,083 091	0,802 696	$-$1,852 584	$-$0,477 930	$-$2,330 514	0,26
$-$0,103 620	0,709 151	$-$1,625 541	$-$0,498 089	$-$2,123 631	0,25
$-$0,103 620	0,709 151	$-$1,625 541	$-$0,498 089	$-$2,123 631	0,25
$-$0,124 975	0,623 607	$-$1,431 696	$-$0,517 151	$-$1,948 847	0,24
$-$0,147 104	0,544 851	$-$1,265 123	$-$0,534 839	$-$1,799 962	0,23
$-$0,169 942	0,471 902	$-$1,121 116	$-$0,550 855	$-$1,671 972	0,22
$-$0,193 414	0,403 969	$-$0,995 906	$-$0,564 883	$-$1,560 789	0,21
$-$0,217 428	0,340 420	$-$0,886 447	$-$0,576 590	$-$1,463 037	0,20
$-$0,241 879	0,280 750	$-$0,790 259	$-$0,585 636	$-$1,375 895	0,19
$-$0,266 649	0,224 564	$-$0,705 307	$-$0,591 675	$-$1,296 982	0,18
$-$0,291 604	0,171 561	$-$0,629 911	$-$0,594 365	$-$1,224 276	0,17
$-$0,316 596	0,121 515	$-$0,562 672	$-$0,593 379	$-$1,156 050	0,16
$-$0,341 463	0,074 272	$-$0,502 418	$-$0,588 406	$-$1,090 824	0,15
$-$0,366 033	0,029 731	$-$0,448 161	$-$0,579 172	$-$1,027 334	0,14
$-$0,390 120	$-$0,012 157	$-$0,399 064	$-$0,565 443	$-$0,964 506	0,13
$-$0,413 532	$-$0,051 400	$-$0,354 408	$-$0,547 035	$-$0,901 443	0,12
$-$0,436 069	$-$0,087 973	$-$0,313 578	$-$0,523 831	$-$0,837 410	0,11
$-$0,457 529	$-$0,121 821	$-$0,276 039	$-$0,495 785	$-$0,771 825	0,10
$-$0,477 707	$-$0,152 871	$-$0,241 324	$-$0,462 931	$-$0,704 255	0,09
$-$0,496 405	$-$0,181 031	$-$0,209 022	$-$0,425 390	$-$0,634 412	0,08
$-$0,513 428	$-$0,206 203	$-$0,178 768	$-$0,383 373	$-$0,562 141	0,07
$-$0,528 596	$-$0,228 284	$-$0,150 234	$-$0,337 186	$-$0,487 420	0,06
$-$0,541 740	$-$0,247 172	$-$0,123 124	$-$0,287 222	$-$0,410 346	0,05
$-$0,552 711	$-$0,262 772	$-$0,097 165	$-$0,233 962	$-$0,331 127	0,04
$-$0,561 382	$-$0,275 001	$-$0,072 106	$-$0,177 962	$-$0,250 068	0,03
$-$0,567 651	$-$0,283 788	$-$0,047 708	$-$0,119 845	$-$0,167 554	0,02
$-$0,571 443	$-$0,289 081	$-$0,023 746	$-$0,060 288	$-$0,084 034	0,01
$-$0,572 712	$-$0,290 849	0,000 000	0,000 000	0,000 000	0,00
$\wp_4(\zeta,\varkappa)$	$\wp_6(\zeta,\varkappa)$	$-\wp_2'(\zeta,\varkappa)$	$-\wp_4'(\zeta,\varkappa)$	$-\wp_6'(\zeta,\varkappa)$	$\zeta = \frac{z}{2K}$

Tafel III

$\sqrt{k}$ = 0,916 872		k = 0,840 654		k^2 = 0,706 698		$\varkappa = 0{,}82$
$\sqrt{k'}$ = 0,735 917		k' = 0,541 573		k'^2 = 0,293 302		
$e_1 = -e_3' =$ 0,431 101		$e_2 = -e_2' =$ 0,137 799		$e_3 = -e_1' = -$0,568 899		
$g_2 = g_2' =$ 1,056 966		$g_3 = -g_3' = -$0,135 182		$g_3/\sqrt{g_2^3} = -$0,124 402		
$\bar{g}_2 = \bar{g}_2' = -$3,088 549		$\bar{g}_3 = -\bar{g}_3' = -$0,934 929		$\bar{g}_3/\sqrt{\bar{g}_2^3} =$ 0,172 245i		

$\zeta = \frac{z}{2K}$	$\vartheta_1(\zeta, \varkappa)$	$\vartheta_3(\zeta, \varkappa)$	$\frac{\partial \ln \vartheta_1(\zeta, \varkappa)}{\partial \zeta}$	$\frac{\partial \ln \vartheta_3(\zeta, \varkappa)}{\partial \zeta}$	$\mathrm{sn}(\zeta, \varkappa)$
0,00	0,000 000	1,152 206	∞	0,000 000	0,000 000
0,01	0,032 420	1,151 906	99,971 745	−0,052 199	0,041 687
0,02	0,064 813	1,151 004	49,943 457	−0,104 272	0,083 250
0,03	0,097 151	1,149 507	33,248 440	−0,156 094	0,124 567
0,04	0,129 406	1,147 418	24,886 660	−0,207 538	0,165 520
0,05	0,161 551	1,144 747	19,858 086	−0,258 476	0,205 993
0,06	0,193 559	1,141 504	16,496 020	−0,308 780	0,245 877
0,07	0,225 401	1,137 702	14,086 145	−0,358 318	0,285 067
0,08	0,257 050	1,133 357	12,271 288	−0,406 958	0,323 469
0,09	0,288 479	1,128 484	10,853 006	−0,454 564	0,360 995
0,10	0,319 658	1,123 104	9,712 221	−0,501 001	0,397 565
0,11	0,350 561	1,117 238	8,773 146	−0,546 126	0,433 111
0,12	0,381 159	1,110 909	7,985 246	−0,589 798	0,467 571
0,13	0,411 425	1,104 142	7,313 530	−0,631 871	0,500 895
0,14	0,441 329	1,096 965	6,732 994	−0,672 196	0,533 042
0,15	0,470 845	1,089 405	6,225 295	−0,710 623	0,563 980
0,16	0,499 943	1,081 492	5,776 671	−0,746 997	0,593 684
0,17	0,528 595	1,073 258	5,376 591	−0,781 163	0,622 142
0,18	0,556 774	1,064 735	5,016 860	−0,812 963	0,649 345
0,19	0,584 451	1,055 957	4,691 004	−0,842 238	0,675 294
0,20	0,611 598	1,046 959	4,393 837	−0,868 828	0,699 996
0,21	0,638 187	1,037 777	4,121 160	−0,892 574	0,723 463
0,22	0,664 190	1,028 446	3,869 530	−0,913 317	0,745 715
0,23	0,689 580	1,019 003	3,636 103	−0,930 901	0,766 772
0,24	0,714 329	1,009 486	3,418 502	−0,945 172	0,786 661
0,25	0,738 410	0,999 933	3,214 730	−0,955 983	0,805 412
0,26	0,761 796	0,990 381	3,023 092	−0,963 193	0,823 056
0,27	0,784 461	0,980 867	2,842 143	−0,966 668	0,839 628
0,28	0,806 378	0,971 430	2,670 639	−0,966 285	0,855 163
0,29	0,827 523	0,962 106	2,507 506	−0,961 934	0,869 696
0,30	0,847 870	0,952 932	2,351 812	−0,953 519	0,883 265
0,31	0,867 396	0,943 945	2,202 739	−0,940 961	0,895 906
0,32	0,886 075	0,935 180	2,059 569	−0,924 200	0,907 655
0,33	0,903 887	0,926 670	1,921 670	−0,903 199	0,918 547
0,34	0,920 808	0,918 451	1,788 479	−0,877 943	0,928 618
0,35	0,936 817	0,910 554	1,659 493	−0,848 445	0,937 901
0,36	0,951 894	0,903 010	1,534 264	−0,814 744	0,946 427
0,37	0,966 020	0,895 849	1,412 387	−0,776 911	0,954 228
0,38	0,979 176	0,889 099	1,293 494	−0,735 049	0,961 333
0,39	0,991 345	0,882 787	1,177 253	−0,689 293	0,967 767
0,40	1,002 512	0,876 937	1,063 358	−0,639 812	0,973 556
0,41	1,012 661	0,871 573	0,951 529	−0,586 808	0,978 724
0,42	1,021 779	0,866 715	0,841 506	−0,530 517	0,983 291
0,43	1,029 854	0,862 383	0,733 049	−0,471 209	0,987 276
0,44	1,036 874	0,858 593	0,625 929	−0,409 183	0,990 695
0,45	1,042 831	0,855 361	0,519 935	−0,344 768	0,993 564
0,46	1,047 716	0,852 699	0,414 863	−0,278 319	0,995 894
0,47	1,051 522	0,850 618	0,310 519	−0,210 214	0,997 697
0,48	1,054 245	0,849 125	0,206 715	−0,140 850	0,998 978
0,49	1,055 880	0,848 227	0,103 269	−0,070 638	0,999 745
0,50	1,056 425	0,847 928	0,000 000	0,000 000	1,000 000
	$\vartheta_2(\zeta, \varkappa)$	$\vartheta_4(\zeta, \varkappa)$	$-\frac{\partial \ln \vartheta_2(\zeta, \varkappa)}{\partial \zeta}$	$-\frac{\partial \ln \vartheta_4(\zeta, \varkappa)}{\partial \zeta}$	$\mathrm{cd}(\zeta, \varkappa)$

Tafel III

$\varkappa = 0{,}82$			
	$k^2 k'^2 = 0{,}207\,276$	$\eta_1 = -\eta_2' = 0{,}162\,403$	$\eta_1' = -\eta_2 = 0{,}278\,096$
	$\pi/KK' = 0{,}880\,999$	$\bar\eta_1 = -\bar\eta_2' = 0{,}462\,606$	$\bar\eta_1' = -\bar\eta_2 = 0{,}418\,393$
	$K = 2{,}085\,357$	$E = 1{,}237\,667$	$A = 1{,}252\,058$
	$K' = 1{,}709\,992$	$E' = 1{,}448\,356$	$A' = 0{,}479\,814$
	$B = 0{,}885\,850$	$C = 0{,}443\,832$	$D = 1{,}199\,506$

$\mathrm{cn}(\zeta,\varkappa)$	$\mathrm{dn}(\zeta,\varkappa)$	$\mathrm{sc}(\zeta,\varkappa)$	$\overline{\mathrm{sn}}(\zeta,\varkappa)$	$\overline{\mathrm{cn}}(\zeta,\varkappa)$	
1,000 000	1,000 000	0,000 000	∞	0,000 000	0,50
0,999 131	0,999 386	0,041 723	23,953 003	−0,041 697	0,49
0,996 529	0,997 548	0,083 540	11,941 029	−0,083 335	0,48
0,992 211	0,994 502	0,125 545	7,921 481	−0,124 855	0,47
0,986 206	0,990 272	0,167 835	5,900 272	−0,166 202	0,46
0,978 553	0,984 892	0,210 508	4,678 653	−0,207 327	0,45
0,969 301	0,978 405	0,253 664	3,857 095	−0,248 186	0,44
0,958 508	0,970 861	0,297 407	3,264 414	−0,288 741	0,43
0,946 239	0,962 318	0,341 848	2,815 051	−0,328 966	0,42
0,932 568	0,952 840	0,387 098	2,461 497	−0,368 843	0,41
0,917 574	0,942 497	0,433 279	2,175 266	−0,408 364	0,40
0,901 341	0,931 361	0,480 519	1,938 242	−0,447 536	0,39
0,883 955	0,919 511	0,528 953	1,738 359	−0,486 378	0,38
0,865 508	0,907 024	0,578 730	1,567 266	−0,524 922	0,37
0,846 089	0,893 982	0,630 007	1,419 002	−0,563 215	0,36
0,825 789	0,880 465	0,682 959	1,289 192	−0,601 321	0,35
0,804 698	0,866 554	0,737 773	1,174 554	−0,639 320	0,34
0,782 904	0,852 329	0,794 659	1,072 572	−0,677 311	0,33
0,760 494	0,837 867	0,853 847	0,981 285	−0,715 410	0,32
0,737 549	0,823 243	0,915 593	0,899 137	−0,753 756	0,31
0,714 147	0,808 531	0,980 185	0,824 875	−0,792 510	0,30
0,690 363	0,793 797	1,047 947	0,757 479	−0,831 858	0,29
0,666 266	0,779 110	1,119 245	0,696 103	−0,872 015	0,28
0,641 920	0,764 529	1,194 497	0,640 043	−0,913 228	0,27
0,617 385	0,750 113	1,274 181	0,588 702	−0,955 780	0,26
0,592 716	0,735 917	1,358 850	0,541 573	−1,000 000	0,25
0,567 960	0,721 988	1,449 145	0,498 217	−1,046 266	0,24
0,543 162	0,708 375	1,545 816	0,458 253	−1,095 017	0,23
0,518 360	0,695 118	1,649 748	0,421 348	−1,146 770	0,22
0,493 587	0,682 256	1,761 990	0,387 208	−1,202 129	0,21
0,468 874	0,669 824	1,883 800	0,355 571	−1,261 814	0,20
0,444 244	0,657 853	2,016 696	0,326 203	−1,326 690	0,19
0,419 718	0,646 371	2,162 534	0,298 895	−1,397 800	0,18
0,395 311	0,635 404	2,323 604	0,273 456	−1,476 427	0,17
0,371 037	0,624 973	2,502 765	0,249 713	−1,564 161	0,16
0,346 903	0,615 099	2,703 637	0,227 508	−1,663 005	0,15
0,322 916	0,605 799	2,930 875	0,206 696	−1,775 521	0,14
0,299 079	0,597 088	3,190 561	0,187 142	−1,905 046	0,13
0,275 390	0,588 980	3,490 805	0,168 723	−2,056 014	0,12
0,251 848	0,581 486	3,842 666	0,151 323	−2,234 455	0,11
0,228 447	0,574 615	4,261 624	0,134 835	−2,448 795	0,10
0,205 182	0,568 378	4,770 040	0,119 156	−2,711 184	0,09
0,182 042	0,562 780	5,401 451	0,104 190	−3,039 827	0,08
0,159 018	0,557 828	6,208 562	0,089 848	−3,463 308	0,07
0,136 099	0,553 527	7,279 214	0,076 042	−4,029 239	0,06
0,113 272	0,549 881	8,771 522	0,062 689	−4,823 290	0,05
0,090 522	0,546 893	11,001 714	0,049 710	−6,016 764	0,04
0,067 835	0,544 567	14,707 660	0,037 026	−8,009 309	0,03
0,045 197	0,542 904	22,102 975	0,024 563	−11,999 801	0,02
0,022 590	0,541 906	44,255 743	0,012 245	−23,982 455	0,01
0,000 000	0,541 573	∞	0,000 000	−∞	0,00
$k'\,\mathrm{sd}(\zeta,\varkappa)$	$k'\,\mathrm{nd}(\zeta,\varkappa)$	$\frac{1}{k'}\,\mathrm{cs}(\zeta,\varkappa)$	$-\overline{\mathrm{cd}}(\zeta,\varkappa)$	$-\overline{\mathrm{sd}}(\zeta,\varkappa)$	$\zeta = \frac{z}{2K}$

Tafel III. (Fortsetzung)

$\vartheta_1'(0,\varkappa)$	$= 3{,}242\,483$	$\vartheta_1'(0,k)$	$= 0{,}777\,441$	$\vartheta_5'(0,\varkappa)$	$= 7{,}894\,763$
$\vartheta_1'''/\vartheta_1'(\varkappa)$	$= -8{,}474\,952$	$\vartheta_2''/\vartheta_2(\varkappa)$	$= -10{,}323\,912$	$\vartheta_3''/\vartheta_3(\varkappa)$	$= -5{,}221\,976$
$\vartheta_1'''/\vartheta_1'(k)$	$= -0{,}487\,210$	$\vartheta_2''/\vartheta_2(k)$	$= -\ 0{,}593\,504$	$\vartheta_3''/\vartheta_3(k)$	$= -0{,}300\,202$
$\vartheta_1'''''/\vartheta_1'(k)$	$= -0{,}132\,860$	$\vartheta_2''''/\vartheta_2(k)$	$= 0{,}470\,138$	$\vartheta_3''''/\vartheta_3(k)$	$= 0{,}684\,916$

$\varkappa = 0{,}82$

$\zeta = \frac{z}{2K}$	$\overline{\mathrm{dn}}(\zeta,\varkappa)$	$\mathfrak{z}_1(\zeta,\varkappa)$	$\mathfrak{z}_3(\zeta,\varkappa)$	$\mathfrak{z}_5(\zeta,\varkappa)$	$\wp_1(\zeta,\varkappa)$
0,00	0,000 000	∞	0,000 000	∞	∞
0,01	−0,029 452	23,976 713	−0,005 742	23,976 718	574,882 916
0,02	−0,058 772	11,988 347	−0,011 454	11,988 387	143,721 074
0,03	−0,087 829	7,992 204	−0,017 106	7,992 339	63,876 696
0,04	−0,116 492	5,994 097	−0,022 667	5,994 418	35,931 644
0,05	−0,144 638	4,795 183	−0,028 107	4,795 812	22,997 602
0,06	−0,172 144	3,995 844	−0,033 395	3,996 932	15,972 258
0,07	−0,198 893	3,424 809	−0,038 499	3,426 540	11,736 773
0,08	−0,224 776	2,996 439	−0,043 388	2,999 028	8,988 369
0,09	−0,249 687	2,663 155	−0,048 029	2,666 850	7,104 672
0,10	−0,273 529	2,396 405	−0,052 390	2,401 488	5,757 880
0,11	−0,296 213	2,178 019	−0,056 436	2,184 803	4,762 016
0,12	−0,317 655	1,995 880	−0,060 134	2,004 713	4,005 191
0,13	−0,337 780	1,841 598	−0,063 448	1,852 864	3,416 815
0,14	−0,356 519	1,709 178	−0,066 343	1,723 296	2,950 568
0,15	−0,373 813	1,594 222	−0,068 783	1,611 647	2,575 033
0,16	−0,389 607	1,493 430	−0,070 731	1,514 654	2,268 292
0,17	−0,403 855	1,404 277	−0,072 150	1,429 830	2,014 675
0,18	−0,416 515	1,324 799	−0,073 001	1,355 248	1,802 741
0,19	−0,427 552	1,253 443	−0,073 247	1,289 393	1,623 976
0,20	−0,436 939	1,188 965	−0,072 849	1,231 061	1,471 940
0,21	−0,444 650	1,130 360	−0,071 769	1,179 282	1,341 687
0,22	−0,450 667	1,076 801	−0,069 969	1,133 270	1,229 370
0,23	−0,454 975	1,027 606	−0,067 412	1,092 380	1,131 959
0,24	−0,457 563	0,982 206	−0,064 060	1,056 078	1,047 040
0,25	−0,458 427	0,940 121	−0,059 879	1,023 922	0,972 674
0,25	1,541 573	0,940 121	−0,059 879	1,023 922	0,972 674
0,26	1,544 483	0,900 946	−0,054 834	0,995 539	0,907 286
0,27	1,553 270	0,864 334	−0,048 894	0,970 614	0,849 590
0,28	1,568 118	0,829 986	−0,042 029	0,948 879	0,798 522
0,29	1,589 336	0,797 646	−0,034 212	0,930 103	0,753 202
0,30	1,617 385	0,767 089	−0,025 421	0,914 084	0,712 894
0,31	1,652 893	0,738 119	−0,015 637	0,900 646	0,676 978
0,32	1,696 695	0,710 565	−0,004 845	0,889 631	0,644 933
0,33	1,749 883	0,684 275	0,006 964	0,880 897	0,616 315
0,34	1,813 874	0,659 113	0,019 793	0,874 311	0,590 747
0,35	1,890 513	0,634 960	0,033 639	0,869 752	0,567 906
0,36	1,982 217	0,611 708	0,048 493	0,867 100	0,547 515
0,37	2,092 188	0,589 259	0,064 337	0,866 243	0,529 335
0,38	2,224 737	0,567 526	0,081 148	0,867 067	0,513 164
0,39	2,385 779	0,546 428	0,098 892	0,869 461	0,498 823
0,40	2,583 630	0,525 894	0,117 529	0,873 311	0,486 162
0,41	2,830 340	0,505 854	0,137 012	0,878 501	0,475 050
0,42	3,144 017	0,486 248	0,157 282	0,884 912	0,465 376
0,43	3,553 156	0,467 016	0,178 275	0,892 421	0,457 043
0,44	4,105 281	0,448 106	0,199 920	0,900 903	0,449 973
0,45	4,885 980	0,429 466	0,222 138	0,910 228	0,444 098
0,46	6,066 474	0,411 046	0,244 844	0,920 261	0,439 362
0,47	8,046 336	0,392 801	0,267 947	0,930 866	0,435 723
0,48	12,024 364	0,374 686	0,291 351	0,941 903	0,433 147
0,49	23,994 700	0,356 656	0,314 959	0,953 228	0,431 611
0,50	∞	0,338 669	0,338 669	0,964 698	0,431 101
	$\overline{\mathrm{sc}}(\zeta,\varkappa)$	$-\mathfrak{z}_2(\zeta,\varkappa)$	$-\mathfrak{z}_4(\zeta,\varkappa)$	$-\mathfrak{z}_6(\zeta,\varkappa)$	$\wp_2(\zeta,\varkappa)$

Tafel III

$\varkappa = 0{,}82$

$\vartheta_5'(0,k)$	$= 1{,}892\,905$		$\vartheta_6(0,k)$	$= 1{,}892\,905$		$\vartheta_{\substack{5\\6}}(\frac{1}{4},\varkappa)$	$= 1{,}560\,269$
$\vartheta_4''/\vartheta_4(\varkappa)$	$= 7{,}070\,937$		$\vartheta_5'''/\vartheta_5'(\varkappa)$	$= -24{,}140\,881$		$\vartheta_6''/\vartheta_6(\varkappa)$	$= -3{,}252\,975$
$\vartheta_4''/\vartheta_4(k)$	$= 0{,}406\,496$		$\vartheta_5'''/\vartheta_5'(k)$	$= -1{,}387\,818$		$\vartheta_6''/\vartheta_6(k)$	$= -0{,}187\,008$
$\vartheta_4''''/\vartheta_4(k)$	$= -0{,}917\,680$		$\vartheta_5'''''/\vartheta_5'(k)$	$= 4{,}754\,338$		$\vartheta_6''''/\vartheta_6(k)$	$= -1{,}895\,084$

$\wp_3(\zeta,\varkappa)$	$\wp_5(\zeta,\varkappa)$	$\wp_1'(\zeta,\varkappa)$	$\wp_3'(\zeta,\varkappa)$	$\wp_5'(\zeta,\varkappa)$	
0,137 799	∞	− ∞	0,000 000	− ∞	0,50
0,137 438	574,882 556	− 27 567,598 0	− 0,017 298	− 27 567,615 3	0,49
0,136 355	143,719 630	− 3 445,941 49	− 0,034 646	− 3 445,976 14	0,48
0,134 547	63,873 444	− 1 021,009 12	− 0,052 092	− 1 021,061 21	0,47
0,132 008	35,925 853	− 430,726 243	− 0,069 684	− 430,795 927	0,46
0,128 732	22,988 535	− 220,518 950	− 0,087 468	− 220,606 418	0,45
0,124 709	15,959 168	− 127,601 636	− 0,105 487	− 127,707 123	0,44
0,119 929	11,718 902	− 80,341 629	− 0,123 780	− 80,465 409	0,43
0,114 380	8,964 950	− 53,808 401	− 0,142 382	− 53,950 784	0,42
0,108 047	7,074 920	− 37,776 947	− 0,161 324	− 37,938 271	0,41
0,100 918	5,720 999	− 27,524 851	− 0,180 629	− 27,705 480	0,40
0,092 975	4,717 192	− 20,665 210	− 0,200 314	− 20,865 524	0,39
0,084 203	3,951 595	− 15,902 824	− 0,220 387	− 16,123 211	0,38
0,074 586	3,353 603	− 12,493 355	− 0,240 847	− 12,734 201	0,37
0,064 108	2,876 878	− 9,988 264	− 0,261 680	− 10,249 943	0,36
0,052 754	2,489 988	− 8,106 267	− 0,282 862	− 8,389 129	0,35
0,040 509	2,171 002	− 6,664 869	− 0,304 355	− 6,969 223	0,34
0,027 362	1,904 239	− 5,542 142	− 0,326 103	− 5,868 245	0,33
0,013 305	1,678 247	− 4,654 513	− 0,348 036	− 5,002 549	0,32
− 0,001 670	1,484 507	− 3,943 392	− 0,370 064	− 4,313 456	0,31
− 0,017 564	1,316 577	− 3,366 876	− 0,392 078	− 3,758 954	0,30
− 0,034 373	1,169 515	− 2,894 457	− 0,413 946	− 3,308 403	0,29
− 0,052 089	1,039 483	− 2,503 561	− 0,435 514	− 2,939 076	0,28
− 0,070 694	0,923 465	− 2,177 244	− 0,456 608	− 2,633 852	0,27
− 0,090 167	0,819 074	− 1,902 615	− 0,477 025	− 2,379 640	0,26
− 0,110 473	0,724 402	− 1,669 750	− 0,496 543	− 2,166 293	0,25
− 0,110 473	0,724 402	− 1,669 750	− 0,496 543	− 2,166 293	0,25
− 0,131 570	0,637 918	− 1,470 921	− 0,514 914	− 1,985 836	0,24
− 0,153 404	0,558 387	− 1,300 054	− 0,531 870	− 1,831 923	0,23
− 0,175 911	0,484 812	− 1,152 321	− 0,547 120	− 1,699 441	0,22
− 0,199 014	0,416 389	− 1,023 856	− 0,560 361	− 1,584 217	0,21
− 0,222 621	0,352 474	− 0,911 536	− 0,571 273	− 1,482 809	0,20
− 0,246 629	0,292 550	− 0,812 819	− 0,579 530	− 1,392 349	0,19
− 0,270 921	0,236 213	− 0,725 618	− 0,584 804	− 1,310 422	0,18
− 0,295 364	0,183 152	− 0,648 209	− 0,586 772	− 1,234 981	0,17
− 0,319 816	0,133 133	− 0,579 158	− 0,585 125	− 1,164 283	0,16
− 0,344 118	0,085 989	− 0,517 265	− 0,579 573	− 1,096 838	0,15
− 0,368 103	0,041 613	− 0,461 516	− 0,569 863	− 1,031 378	0,14
− 0,391 592	− 0,000 055	− 0,411 052	− 0,555 777	− 0,966 829	0,13
− 0,414 399	− 0,039 034	− 0,365 138	− 0,537 154	− 0,902 292	0,12
− 0,436 333	− 0,075 309	− 0,323 143	− 0,513 890	− 0,837 033	0,11
− 0,457 200	− 0,108 837	− 0,284 518	− 0,485 952	− 0,770 471	0,10
− 0,476 804	− 0,139 553	− 0,248 785	− 0,453 384	− 0,702 169	0,09
− 0,494 956	− 0,167 379	− 0,215 523	− 0,416 310	− 0,631 833	0,08
− 0,511 471	− 0,192 226	− 0,184 358	− 0,374 942	− 0,559 300	0,07
− 0,526 176	− 0,214 002	− 0,154 954	− 0,329 578	− 0,484 533	0,06
− 0,538 912	− 0,232 613	− 0,127 008	− 0,280 601	− 0,407 610	0,05
− 0,549 538	− 0,247 975	− 0,100 241	− 0,228 474	− 0,328 715	0,04
− 0,557 934	− 0,260 009	− 0,074 395	− 0,173 731	− 0,248 126	0,03
− 0,564 002	− 0,268 653	− 0,049 226	− 0,116 969	− 0,166 194	0,02
− 0,567 671	− 0,273 859	− 0,024 502	− 0,058 832	− 0,083 334	0,01
− 0,568 899	− 0,275 598	0,000 000	0,000 000	0,000 000	0,00
$\wp_4(\zeta,\varkappa)$	$\wp_6(\zeta,\varkappa)$	$-\wp_2'(\zeta,\varkappa)$	$-\wp_4'(\zeta,\varkappa)$	$-\wp_6'(\zeta,\varkappa)$	$\zeta = \frac{z}{2K}$

Tafel III

$\sqrt{k} = 0{,}913\,115$	$k = 0{,}833\,779$	$k^2 = 0{,}695\,188$	$\varkappa = 0{,}83$
$\sqrt{k'} = 0{,}743\,033$	$k' = 0{,}552\,098$	$k'^2 = 0{,}304\,812$	
$e_1 = -e_3' = 0{,}434\,937$	$e_2 = -e_2' = 0{,}130\,125$	$e_3 = -e_1' = -0{,}565\,063$	
$g_2 = g_2' = 1{,}050\,798$	$g_3 = -g_3' = -0{,}127\,922$	$g_3/\sqrt{g_2^3} = -0{,}118\,759$	
$\bar{g}_2 = \bar{g}_2' = -3{,}187\,236$	$\bar{g}_3 = -\bar{g}_3' = -0{,}899\,987$	$\bar{g}_3/\sqrt{\bar{g}_2^3} = 0{,}158\,167\,i$	

$\zeta = \dfrac{z}{2K}$	$\vartheta_1(\zeta, \varkappa)$	$\vartheta_3(\zeta, \varkappa)$	$\dfrac{\partial \ln \vartheta_1(\zeta, \varkappa)}{\partial \zeta}$	$\dfrac{\partial \ln \vartheta_3(\zeta, \varkappa)}{\partial \zeta}$	$\mathrm{sn}(\zeta, \varkappa)$
0,00	0,000 000	1,147 493	∞	0,000 000	0,000 000
0,01	0,032 201	1,147 202	99,971 457	−0,050 784	0,041 347
0,02	0,064 375	1,146 329	49,942 884	−0,101 444	0,082 574
0,03	0,096 493	1,144 877	33,247 582	−0,151 855	0,123 563
0,04	0,128 529	1,142 854	24,885 522	−0,201 892	0,164 198
0,05	0,160 454	1,140 266	19,856 672	−0,251 429	0,204 368
0,06	0,192 241	1,137 124	16,494 337	−0,300 339	0,243 966
0,07	0,223 863	1,133 440	14,084 200	−0,348 492	0,282 892
0,08	0,255 291	1,129 229	12,269 088	−0,395 758	0,321 051
0,09	0,286 497	1,124 508	10,850 561	−0,442 004	0,358 358
0,10	0,317 454	1,119 295	9,709 541	−0,487 096	0,394 737
0,11	0,348 135	1,113 611	8,770 242	−0,530 895	0,430 117
0,12	0,378 510	1,107 478	7,982 131	−0,573 261	0,464 439
0,13	0,408 552	1,100 922	7,310 216	−0,614 053	0,497 654
0,14	0,438 232	1,093 967	6,729 494	−0,653 126	0,529 719
0,15	0,467 524	1,086 641	6,221 624	−0,690 332	0,560 601
0,16	0,496 398	1,078 974	5,772 844	−0,725 522	0,590 278
0,17	0,524 827	1,070 995	5,372 625	−0,758 545	0,618 732
0,18	0,552 783	1,062 737	5,012 770	−0,789 248	0,645 955
0,19	0,580 237	1,045 231	4,686 806	−0,817 479	0,671 946
0,20	0,607 163	1,045 512	4,389 549	−0,843 082	0,696 711
0,21	0,633 531	1,036 614	4,116 798	−0,865 906	0,720 259
0,22	0,659 316	1,027 571	3,865 113	−0,885 797	0,742 608
0,23	0,684 489	1,018 421	3,631 648	−0,902 608	0,763 777
0,24	0,709 023	1,009 199	3,414 027	−0,916 192	0,783 790
0,25	0,732 893	0,999 941	3,210 252	−0,926 410	0,802 676
0,26	0,756 070	0,990 684	3,018 629	−0,933 127	0,820 464
0,27	0,778 530	0,981 464	2,837 712	−0,936 219	0,837 187
0,28	0,800 247	0,972 319	2,666 258	−0,935 571	0,852 877
0,29	0,821 195	0,963 283	2,503 193	−0,931 081	0,867 569
0,30	0,841 351	0,954 393	2,347 582	−0,922 660	0,881 298
0,31	0,860 690	0,945 683	2,198 609	−0,910 237	0,894 099
0,32	0,879 190	0,937 188	2,055 555	−0,893 758	0,906 006
0,33	0,896 827	0,928 941	1,917 788	−0,873 192	0,917 055
0,34	0,913 581	0,920 976	1,784 742	−0,848 530	0,927 279
0,35	0,929 430	0,913 322	1,655 917	−0,819 789	0,936 710
0,36	0,944 356	0,906 011	1,530 862	−0,787 010	0,945 379
0,37	0,958 338	0,899 071	1,409 171	−0,750 267	0,953 315
0,38	0,971 359	0,892 529	1,290 478	−0,709 661	0,960 548
0,39	0,983 403	0,886 411	1,174 446	−0,665 325	0,967 102
0,40	0,994 453	0,880 742	1,060 772	−0,617 425	0,973 003
0,41	1,004 496	0,875 543	0,949 174	−0,566 157	0,978 273
0,42	1,013 518	0,870 834	0,839 390	−0,511 749	0,982 933
0,43	1,021 507	0,866 635	0,731 180	−0,454 460	0,987 000
0,44	1,028 453	0,862 962	0,624 315	−0,394 578	0,990 492
0,45	1,034 346	0,859 830	0,518 580	−0,332 418	0,993 423
0,46	1,039 178	0,857 250	0,413 773	−0,268 320	0,995 804
0,47	1,042 943	0,855 232	0,309 698	−0,202 645	0,997 645
0,48	1,045 637	0,853 786	0,206 166	−0,135 770	0,998 955
0,49	1,047 254	0,852 916	0,102 994	−0,068 088	0,999 739
0,50	1,047 793	0,852 625	0,000 000	0,000 000	1,000 000
	$\vartheta_2(\zeta, \varkappa)$	$\vartheta_4(\zeta, \varkappa)$	$-\dfrac{\partial \ln \vartheta_2(\zeta, \varkappa)}{\partial \zeta}$	$-\dfrac{\partial \ln \vartheta_4(\zeta, \varkappa)}{\partial \zeta}$	$\mathrm{cd}(\zeta, \varkappa)$

Tafel III

$\varkappa = 0{,}83$

$k^2 k'^2 = 0{,}211\,902$	$\eta_1 = -\eta_2' = 0{,}166\,770$	$\eta_1' = -\eta_2 = 0{,}275\,617$
$\pi/KK' = 0{,}884\,773$	$\bar\eta_1 = -\bar\eta_2' = 0{,}463\,664$	$\bar\eta_1' = -\bar\eta_2 = 0{,}421\,108$
$K = 2{,}068\,331$	$E = 1{,}244\,529$	$A = 1{,}228\,153$
$K' = 1{,}716\,715$	$E' = 1{,}443\,207$	$A' = 0{,}499\,535$
$B = 0{,}883\,325$	$C = 0{,}433\,956$	$D = 1{,}185\,006$

$\mathrm{cn}(\zeta,\varkappa)$	$\mathrm{dn}(\zeta,\varkappa)$	$\mathrm{sc}(\zeta,\varkappa)$	$\overline{\mathrm{sn}}(\zeta,\varkappa)$	$\overline{\mathrm{cn}}(\zeta,\varkappa)$	
1,000 000	1,000 000	0,000 000	∞	0,000 000	0,50
0,999 145	0,999 406	0,041 382	24,150 723	−0,041 357	0,49
0,996 585	0,997 627	0,082 857	12,040 413	−0,082 660	0,48
0,992 337	0,994 679	0,124 517	7,988 310	−0,123 854	0,47
0,986 427	0,990 584	0,166 457	5,950 983	−0,164 890	0,46
0,978 894	0,985 375	0,208 774	4,719 809	−0,205 721	0,45
0,969 784	0,979 093	0,251 567	3,891 969	−0,246 308	0,44
0,959 152	0,971 785	0,294 939	3,294 865	−0,286 617	0,43
0,947 062	0,963 506	0,338 997	2,842 229	−0,326 625	0,42
0,933 584	0,954 318	0,383 852	2,486 160	−0,366 317	0,41
0,918 794	0,944 287	0,429 625	2,197 936	−0,405 689	0,40
0,902 773	0,933 483	0,476 439	1,959 289	−0,444 748	0,39
0,885 605	0,921 979	0,524 432	1,758 053	−0,483 515	0,38
0,867 376	0,909 852	0,573 747	1,585 807	−0,522 024	0,37
0,848 173	0,897 178	0,624 541	1,436 541	−0,560 324	0,36
0,828 086	0,884 037	0,676 985	1,305 844	−0,598 479	0,35
0,807 200	0,870 504	0,731 265	1,190 408	−0,636 569	0,34
0,785 602	0,856 657	0,787 589	1,087 696	−0,674 694	0,33
0,763 376	0,842 572	0,846 182	0,995 733	−0,712 969	0,32
0,740 600	0,828 320	0,907 300	0,912 951	−0,751 535	0,31
0,717 352	0,813 973	0,971 225	0,838 089	−0,790 551	0,30
0,693 705	0,799 597	1,038 278	0,770 118	−0,830 204	0,29
0,669 727	0,785 256	1,108 822	0,708 190	−0,870 709	0,28
0,645 481	0,771 012	1,183 268	0,651 595	−0,912 313	0,27
0,621 025	0,756 919	1,262 090	0,599 735	−0,955 301	0,26
0,596 415	0,743 033	1,345 835	0,552 098	−1,000 000	0,25
0,571 698	0,729 401	1,435 137	0,508 245	−1,046 791	0,24
0,546 917	0,716 069	1,530 738	0,467 794	−1,096 115	0,23
0,522 112	0,703 080	1,633 511	0,430 410	−1,148 489	0,22
0,497 318	0,690 470	1,744 496	0,395 799	−1,204 523	0,21
0,472 562	0,678 276	1,864 936	0,363 699	−1,264 941	0,20
0,447 870	0,666 527	1,996 334	0,333 876	−1,330 610	0,19
0,423 264	0,655 253	2,140 523	0,306 118	−1,402 585	0,18
0,398 760	0,644 479	2,299 770	0,280 236	−1,482 154	0,17
0,374 371	0,634 228	2,476 902	0,256 057	−1,570 920	0,16
0,350 106	0,624 519	2,675 501	0,233 421	−1,670 902	0,15
0,325 974	0,615 371	2,900 168	0,212 185	−1,784 681	0,14
0,301 976	0,606 800	3,156 921	0,192 213	−1,915 619	0,13
0,278 115	0,598 818	3,453 781	0,173 380	−2,068 188	0,12
0,254 388	0,591 439	3,801 686	0,155 573	−2,248 464	0,11
0,230 791	0,584 672	4,215 944	0,138 681	−2,464 943	0 10
0 207 320	0 578 526	4 718 672	0 122 604	−2,729 874	0,09
0,183 965	0,573 009	5,343 040	0,107 244	−3,061 610	0,08
0,160 719	0,568 128	6,141 174	0,092 511	−3,488 971	0,07
0,137 569	0,563 887	7,199 949	0,078 318	−4,059 959	0,06
0,114 506	0,560 292	8,675 743	0,064 581	−4,860 949	0,05
0,091 515	0,557 346	10,881 311	0,051 220	−6,064 652	0,04
0,068 584	0,555 051	14,546 415	0,038 157	−8,074 007	0,03
0,045 697	0,553 411	21,860 347	0,025 316	−12,097 757	0,02
0,022 841	0,552 426	43,769 571	0,012 621	−24,179 459	0,01
0,000 000	0,552 098	∞	0,000 000	$-\infty$	0,00
$k'\,\mathrm{sd}(\zeta,\varkappa)$	$k'\,\mathrm{nd}(\zeta,\varkappa)$	$\frac{1}{k'}\,\mathrm{cs}(\zeta,\varkappa)$	$-\overline{\mathrm{cd}}(\zeta,\varkappa)$	$-\overline{\mathrm{sd}}(\zeta,\varkappa)$	$\zeta = \frac{z}{2K}$

Tafel III. (Fortsetzung)

$\vartheta_1'(0,\varkappa) = 3{,}220\,577$ $\quad \vartheta_1'(0,k) = 0{,}778\,545$ $\quad \vartheta_5'(0,\varkappa) = 7{,}819\,822$ $\quad \boxed{\varkappa = 0{,}83}$

$\vartheta_1'''/\vartheta_1'(\varkappa) = -8{,}561\,266$ $\quad \vartheta_2''/\vartheta_2(\varkappa) = -10{,}296\,390$ $\quad \vartheta_3''/\vartheta_3(\varkappa) = -5{,}080\,455$

$\vartheta_1'''/\vartheta_1'(k) = -0{,}500\,309$ $\quad \vartheta_2''/\vartheta_2(k) = -\;0{,}601\,707$ $\quad \vartheta_3''/\vartheta_3(k) = -0{,}296\,895$

$\vartheta_1'''''/\vartheta_1'(k) = -0{,}108\,218$ $\quad \vartheta_2''''/\vartheta_2(k) = 0{,}476\,529$ $\quad \vartheta_3''''/\vartheta_3(k) = 0{,}688\,243$

$\zeta = \frac{z}{2K}$	$\overline{\mathrm{dn}}(\zeta,\varkappa)$	$\mathfrak{z}_1(\zeta,\varkappa)$	$\mathfrak{z}_3(\zeta,\varkappa)$	$\mathfrak{z}_5(\zeta,\varkappa)$	$\wp_1(\zeta,\varkappa)$
0,00	0,000 000	∞	0,000 000	∞	∞
0,01	−0,028 736	24,174 081	−0,005 378	24,174 086	584,386 350
0,02	−0,057 344	12,087 031	−0,010 726	12,087 071	146,096 924
0,03	−0,085 697	8,057 994	−0,016 013	8,058 129	64,932 615
0,04	−0,113 669	6,043 441	−0,021 211	6,043 762	36,525 576
0,05	−0,141 140	4,834 662	−0,026 287	4,835 289	23,377 690
0,06	−0,167 990	4,028 747	−0,031 212	4,029 832	16,236 171
0,07	−0,194 106	3,453 017	−0,035 954	3,454 743	11,930 624
0,08	−0,219 381	3,021 129	−0,040 481	3,023 710	9,136 736
0,09	−0,243 714	2,685 112	−0,044 762	2,688 795	7,221 842
0,10	−0,267 008	2,416 179	−0,048 764	2,421 244	5,852 724
0,11	−0,289 175	2,196 011	−0,052 453	2,202 769	4,840 329
0,12	−0,310 135	2,012 391	−0,055 796	2,021 189	4,070 921
0,13	−0,329 812	1,856 861	−0,058 759	1,868 079	3,472 741
0,14	−0,348 140	1,723 375	−0,061 305	1,737 429	2,998 704
0,15	−0,365 058	1,607 501	−0,063 401	1,624 843	2,616 875
0,16	−0,380 513	1,505 911	−0,065 009	1,527 028	2,304 973
0,17	−0,394 457	1,416 060	−0,066 093	1,441 475	2,047 071
0,18	−0,406 851	1,335 968	−0,066 617	1,366 242	1,831 538
0,19	−0,417 659	1,264 067	−0,066 543	1,299 799	1,649 719
0,20	−0,426 852	1,199 107	−0,065 834	1,240 930	1,495 070
0,21	−0,434 405	1,140 071	−0,064 452	1,188 658	1,362 562
0,22	−0,440 299	1,086 127	−0,062 362	1,142 187	1,248 286
0,23	−0,444 520	1,036 587	−0,059 527	1,100 865	1,149 160
0,24	−0,447 056	0,990 878	−0,055 912	1,064 154	1,062 734
0,25	−0,447 902	0,948 516	−0,051 484	1,031 604	0,987 035
0,25	1,552 098	0,948 516	−0,051 484	1,031 604	0,987 035
0,26	1,555 035	0,909 092	−0,046 209	1,002 837	0,920 464
0,27	1,563 908	0,872 256	−0,040 058	0,977 535	0,861 712
0,28	1,578 899	0,837 707	−0,033 002	0,955 424	0,809 699
0,29	1,600 322	0,805 186	−0,025 018	0,936 270	0,763 532
0,30	1,628 640	0,774 467	−0,016 084	0,919 869	0,722 460
0,31	1,664 486	0,745 353	−0,006 182	0,906 039	0,685 856
0,32	1,708 703	0,717 670	0,004 700	0,894 621	0,653 190
0,33	1,762 390	0,691 264	0,016 571	0,885 469	0,624 011
0,34	1,826 977	0,666 001	0,029 431	0,878 448	0,597 935
0,35	1,904 323	0,641 757	0,043 278	0,873 434	0,574 635
0,36	1,996 865	0,618 425	0,058 100	0,870 308	0,553 830
0,37	2,107 832	0,595 906	0,073 881	0,868 952	0,535 277
0,38	2,241 568	0,574 111	0,090 596	0,869 256	0,518 769
0,39	2,404 037	0,552 961	0,108 213	0,871 104	0,504 128
0,40	2,603 624	0,532 380	0,126 691	0,874 384	0,491 199
0,41	2,852 478	0,512 300	0,145 983	0,878 980	0,479 849
0,42	3,168 854	0,492 660	0,166 034	0,884 774	0,469 966
0,43	3,581 482	0,473 400	0,186 782	0,891 644	0,461 453
0,44	4,138 277	0,454 465	0,208 157	0,899 467	0,454 228
0,45	4,925 530	0,435 803	0,230 082	0,908 113	0,448 223
0,46	6,115 872	0,417 366	0,252 476	0,917 452	0,443 383
0,47	8,112 164	0,399 105	0,275 251	0,927 350	0,439 663
0,48	12,123 073	0,380 976	0,298 316	0,937 668	0,437 030
0,49	24,192 080	0,362 934	0,321 576	0,948 269	0,435 459
0,50	∞	0,344 935	0,344 935	0,959 011	0,434 937
	$\overline{\mathrm{sc}}(\zeta,\varkappa)$	$-\mathfrak{z}_2(\zeta,\varkappa)$	$-\mathfrak{z}_4(\zeta,\varkappa)$	$-\mathfrak{z}_6(\zeta,\varkappa)$	$\wp_2(\zeta,\varkappa)$

Tafel III

$\boxed{\varkappa = 0{,}83}$

$\vartheta_5'(0, k) = 1{,}890\,370$	$\vartheta_6(0, k) = 1{,}890\,370$	$\vartheta_{\substack{5\\6}}(\frac{1}{4}, \varkappa) = 1{,}550\,700$
$\vartheta_4''/\vartheta_4(\varkappa) = 6{,}815\,580$	$\vartheta_5'''/\vartheta_5'(\varkappa) = -23{,}802\,632$	$\vartheta_6''/\vartheta_6(\varkappa) = -3{,}480\,810$
$\vartheta_4''/\vartheta_4(k) = 0{,}398\,293$	$\vartheta_5'''/\vartheta_5'(k) = -\,1{,}390\,993$	$\vartheta_6''/\vartheta_6(k) = -0{,}203\,414$
$\vartheta_4''''/\vartheta_4(k) = -0{,}914\,464$	$\vartheta_5'''''/\vartheta_5'(k) = 4{,}818\,387$	$\vartheta_6''''/\vartheta_6(k) = -1{,}875\,869$

$\wp_3(\zeta, \varkappa)$	$\wp_5(\zeta, \varkappa)$	$\wp_1'(\zeta, \varkappa)$	$\wp_3'(\zeta, \varkappa)$	$\wp_5'(\zeta, \varkappa)$	
0,130 125	∞	$-\infty$	0,000 000	$-\infty$	0,50
0,129 763	584,385 987	−28 253,998 8	−0,017 539	−28 254,016 38	0,49
0,128 674	146,095 473	−3 531,741 71	−0,035 125	−3 531,776 84	0,48
0,126 855	64,929 345	−1 046,431 56	−0,052 803	−1 046,484 36	0,47
0,124 303	36,519 754	−441,451 495	−0,070 619	−441,522 114	0,46
0,121 010	23,368 575	−226,010 451	−0,088 615	−226,099 066	0,45
0,116 969	16,223 014	−130,779 764	−0,106 831	−130,886 595	0,44
0,112 168	11,912 667	−82,343 192	−0,125 303	−82,468 495	0,43
0,106 598	9,113 208	−55,149 466	−0,144 063	−55,293 529	0,42
0,100 245	7,191 962	−38,718 989	−0,163 138	−38,882 127	0,41
0,093 096	5,815 695	−28,211 763	−0,182 548	−28,394 311	0,40
0,085 138	4,795 342	−21,181 452	−0,202 307	−21,383 759	0,39
0,076 354	4,017 149	−16,300 607	−0,222 418	−16,523 026	0,38
0,066 731	3,409 347	−12,806 357	−0,242 877	−13,049 235	0,37
0,056 255	2,924 834	−10,238 994	−0,263 668	−10,502 662	0,36
0,044 913	2,531 663	−8,310 230	−0,284 763	−8,594 993	0,35
0,032 692	2,207 540	−6,833 026	−0,306 119	−7,139 144	0,34
0,019 584	1,936 530	−5,682 417	−0,327 678	−6,010 095	0,33
0,005 581	1,706 993	−4,772 749	−0,349 369	−5,122 118	0,32
−0,009 321	1,510 273	−4,043 975	−0,371 097	−4,415 072	0,31
−0,025 120	1,339 824	−3,453 147	−0,392 753	−3,845 900	0,30
−0,041 812	1,190 625	−2,968 997	−0,414 204	−3,383 201	0,29
−0,059 384	1,058 776	−2,568 390	−0,435 298	−3,003 688	0,28
−0,077 818	0,941 217	−2,233 958	−0,455 860	−2,689 818	0,27
−0,097 089	0,835 520	−1,952 492	−0,475 691	−2,428 183	0,26
−0,117 161	0,739 749	−1,713 820	−0,494 572	−2,208 391	0,25
−0,117 161	0,739 749	−1,713 820	−0,494 572	−2,208 391	0,25
−0,137 990	0,652 349	−1,510 022	−0,512 261	−2,022 283	0,24
−0,159 521	0,572 065	−1,334 872	−0,528 497	−1,863 369	0,23
−0,181 690	0,497 884	−1,183 423	−0,543 001	−1,726 424	0,22
−0,204 418	0,428 988	−1,051 713	−0,555 478	−1,607 191	0,21
−0,227 614	0,364 720	−0,936 542	−0,565 623	−1,502 165	0,20
−0,251 177	0,304 554	−0,835 303	−0,573 124	−1,408 427	0,19
−0,274 990	0,248 075	−0,745 859	−0,577 670	−1,323 528	0,18
−0,298 925	0,194 961	−0,666 443	−0,578 955	−1,245 398	0,17
−0,322 840	0,144 970	−0,595 587	−0,576 688	−1,172 275	0,16
−0,346 583	0,097 927	−0,532 060	−0,570 600	−1,102 660	0,15
−0,369 992	0,053 713	−0,474 824	−0,560 455	−1,035 279	0,14
−0,392 893	0,012 259	−0,422 998	−0,546 056	−0,969 055	0,13
−0,415 108	−0,026 464	−0,375 831	−0,527 257	−0,903 088	0,12
−0,436 453	−0,062 450	−0,332 674	−0,503 969	−0,836 643	0,11
−0,456 741	−0,095 667	−0,292 967	−0,476 170	−0,769 137	0,10
−0,475 786	−0,126 062	−0,256 220	−0,443 912	−0,700 131	0,09
−0,493 407	−0,153 566	−0,222 001	−0,407 323	−0,629 324	0,08
−0,509 428	−0,178 101	−0,189 928	−0,366 615	−0,556 543	0,07
−0,523 685	−0,199 583	−0,159 658	−0,322 078	−0,481 736	0,06
−0,536 027	−0,217 929	−0,130 879	−0,274 083	−0,404 962	0,05
−0,546 320	−0,233 062	−0,103 306	−0,223 078	−0,326 384	0,04
−0,554 449	−0,244 911	−0,076 675	−0,169 575	−0,246 250	0,03
−0,560 323	−0,253 418	−0,050 737	−0,114 145	−0,164 882	0,02
−0,563 874	−0,258 540	−0,025 256	−0,057 404	−0,082 660	0,01
−0,565 063	−0,260 251	0,000 000	0,000 000	0,000 000	0,00
$\wp_4(\zeta, \varkappa)$	$\wp_6(\zeta, \varkappa)$	$-\wp_2'(\zeta, \varkappa)$	$-\wp_4'(\zeta, \varkappa)$	$-\wp_6'(\zeta, \varkappa)$	$\zeta = \frac{z}{2K}$

Tafel III

$\sqrt{k} = 0{,}909\,292$	$k = 0{,}826\,812$	$k^2 = 0{,}683\,619$	$\varkappa = 0{,}84$
$\sqrt{k'} = 0{,}749\,985$	$k' = 0{,}562\,478$	$k'^2 = 0{,}316\,381$	
$e_1 = -e_3' = 0{,}438\,794$	$e_2 = -e_2' = 0{,}122\,412$	$e_3 = -e_1' = -0{,}561\,206$	
$g_2 = g_2' = 1{,}044\,954$	$g_3 = -g_3' = -0{,}120\,578$	$g_3/\sqrt{g_2^3} = -0{,}112\,881$	
$\bar{g}_2 = \bar{g}_2' = -3{,}280\,730$	$\bar{g}_3 = -\bar{g}_3' = -0{,}861\,903$	$\bar{g}_3/\sqrt{\bar{g}_2^3} = 0{,}145\,045\,i$	

$\zeta = \frac{z}{2K}$	$\vartheta_1(\zeta, \varkappa)$	$\vartheta_3(\zeta, \varkappa)$	$\frac{\partial \ln \vartheta_1(\zeta, \varkappa)}{\partial \zeta}$	$\frac{\partial \ln \vartheta_3(\zeta, \varkappa)}{\partial \zeta}$	$\mathrm{sn}(\zeta, \varkappa)$
0,00	0,000 000	1,142 926	∞	0,000 000	0,000 000
0,01	0,031 981	1,142 644	99,971 188	−0,049 402	0,041 019
0,02	0,063 935	1,141 798	49,942 346	−0,098 682	0,081 921
0,03	0,095 834	1,140 392	33,246 778	−0,147 716	0,122 593
0,04	0,127 649	1,138 431	24,884 456	−0,196 380	0,162 922
0,05	0,159 254	1,135 924	19,855 348	−0,244 551	0,202 799
0,06	0,190 921	1,132 879	16,492 760	−0,292 101	0,242 121
0,07	0,222 321	1,129 310	14,082 376	−0,338 905	0,280 789
0,08	0,253 528	1,125 230	12,267 026	−0,384 833	0,318 713
0,09	0,284 513	1,120 655	10,848 269	−0,429 755	0,355 809
0,10	0,315 248	1,115 604	9,707 028	−0,473 538	0,392 000
0,11	0,345 706	1,110 096	8,767 519	−0,516 047	0,427 219
0,12	0,375 858	1,104 154	7,979 210	−0,557 146	0,461 407
0,13	0,405 677	1,097 801	7,307 108	−0,596 695	0,494 513
0,14	0,435 135	1,091 062	6,726 212	−0,634 553	0,526 497
0,15	0,464 204	1,083 963	6,218 182	−0,670 577	0,557 324
0,16	0,492 856	1,076 534	5,769 256	−0,704 622	0,586 971
0,17	0,521 063	1,068 802	5,368 905	−0,736 542	0,615 419
0,18	0,548 798	1,060 800	5,008 933	−0,766 188	0,642 660
0,19	0,576 032	1,052 558	4,682 868	−0,793 413	0,668 690
0,20	0,602 738	1,044 108	4,385 526	−0,818 069	0,693 513
0,21	0,628 889	1,035 486	4,112 707	−0,840 009	0,717 139
0,22	0,654 458	1,026 724	3,860 969	−0,859 087	0,739 580
0,23	0,679 417	1,017 856	3,627 467	−0,875 162	0,760 856
0,24	0,703 740	1,008 919	3,409 827	−0,888 094	0,780 990
0,25	0,727 401	0,999 948	3,206 049	−0,897 752	0,800 006
0,26	0,750 373	0,990 977	3,014 440	−0,904 008	0,817 932
0,27	0,772 632	0,982 043	2,833 554	−0,906 746	0,834 800
0,28	0,794 151	0,973 180	2,662 146	−0,905 859	0,850 641
0,29	0,814 907	0,964 423	2,499 144	−0,901 251	0,865 486
0,30	0,834 874	0,955 807	2,343 611	−0,892 841	0,879 371
0,31	0,854 031	0,947 367	2,194 731	−0,880 564	0,892 328
0,32	0,872 354	0,939 134	2,051 786	−0,864 375	0,904 391
0,33	0,889 822	0,931 142	1,914 142	−0,844 246	0,915 592
0,34	0,906 412	0,923 422	1,781 233	−0,820 173	0,925 965
0,35	0,922 106	0,916 005	1,652 559	−0,792 175	0,935 541
0,36	0,936 883	0,908 919	1,527 667	−0,760 300	0,944 349
0,37	0,950 725	0,902 193	1,406 151	−0,724 619	0,952 418
0,38	0,963 614	0,895 852	1,287 644	−0,685 234	0,959 776
0,39	0,975 535	0,889 923	1,171 810	−0,642 275	0,966 449
0,40	0,986 472	0,884 428	1,058 343	−0,595 905	0,972 459
0,41	0,996 411	0,879 389	0,946 961	−0,546 313	0,977 830
0,42	1,005 339	0,874 826	0,837 402	−0,493 721	0,982 580
0,43	1,013 245	0,870 757	0,729 424	−0,438 377	0,986 729
0,44	1,020 118	0,867 197	0,622 797	−0,380 559	0,990 292
0,45	1,025 949	0,864 161	0,517 307	−0,320 567	0,993 283
0,46	1,030 730	0,861 660	0,412 749	−0,258 727	0,995 714
0,47	1,034 456	0,859 705	0,308 927	−0,195 384	0,997 595
0,48	1,037 120	0,858 303	0,205 650	−0,130 897	0,998 933
0,49	1,038 720	0,857 459	0,102 735	−0,065 642	0,999 733
0,50	1,039 254	0,857 178	0,000 000	0,000 000	1,000 000
	$\vartheta_2(\zeta, \varkappa)$	$\vartheta_4(\zeta, \varkappa)$	$-\frac{\partial \ln \vartheta_2(\zeta, \varkappa)}{\partial \zeta}$	$-\frac{\partial \ln \vartheta_4(\zeta, \varkappa)}{\partial \zeta}$	$\mathrm{cd}(\zeta, \varkappa)$

Tafel III

$\varkappa = 0{,}84$

$k^2 k'^2 = 0{,}216\,284$	$\eta_1 = -\eta_2' = 0{,}171\,052$	$\eta_1' = -\eta_2 = 0{,}273\,096$
$\pi/KK' = 0{,}888\,296$	$\bar\eta_1 = -\bar\eta_2' = 0{,}464\,517$	$\bar\eta_1' = -\bar\eta_2 = 0{,}423\,780$
$K = 2{,}051\,901$	$E = 1{,}251\,343$	$A = 1{,}204\,320$
$K' = 1{,}723\,597$	$E' = 1{,}438\,001$	$A' = 0{,}519\,436$
$B = 0{,}880\,842$	$C = 0{,}424\,530$	$D = 1{,}171\,059$

$\mathrm{cn}(\zeta, \varkappa)$	$\mathrm{dn}(\zeta, \varkappa)$	$\mathrm{sc}(\zeta, \varkappa)$	$\overline{\mathrm{sn}}(\zeta, \varkappa)$	$\overline{\mathrm{cn}}(\zeta, \varkappa)$	
1,000 000	1,000 000	0,000 000	∞	0,000 000	0,50
0,999 158	0,999 425	0,041 053	24,344 635	−0,041 030	0,49
0,996 639	0,997 703	0,082 198	12,137 880	−0,082 009	0,48
0,992 457	0,994 850	0,123 525	8,053 849	−0,122 889	0,47
0,986 639	0,990 886	0,165 128	6,000 712	−0,163 623	0,46
0,979 220	0,985 842	0,207 102	4,760 167	−0,204 170	0,45
0,970 246	0,979 757	0,249 546	3,926 165	−0,244 494	0,44
0,959 769	0,972 678	0,292 559	3,324 722	−0,284 566	0,43
0,947 851	0,964 655	0,336 248	2,868 878	−0,324 363	0,42
0,934 559	0,955 748	0,380 724	2,510 345	−0,363 876	0,41
0,919 965	0,946 019	0,426 103	2,220 167	−0,403 101	0,40
0,904 148	0,935 537	0,472 510	1,979 931	−0,442 050	0,39
0,887 189	0,924 370	0,520 077	1,777 371	−0,480 744	0,38
0,869 170	0,912 593	0,568 949	1,603 998	−0,519 219	0,37
0,850 177	0,900 279	0,619 279	1,453 753	−0,557 524	0,36
0,830 295	0,887 503	0,671 237	1,322 190	−0,595 724	0,35
0,809 608	0,874 340	0,725 006	1,205 975	−0,633 901	0,34
0,788 200	0,860 863	0,780 791	1,102 553	−0,672 154	0,33
0,766 152	0,847 147	0,838 816	1,009 932	−0,710 600	0,32
0,743 541	0,833 260	0,899 332	0,926 532	−0,749 377	0,31
0,720 444	0,819 272	0,962 620	0,851 085	−0,788 647	0,30
0,696 931	0,805 247	1,028 996	0,782 556	−0,828 596	0,29
0,673 069	0,791 249	1,098 818	0,720 091	−0,869 439	0,28
0,648 920	0,777 336	1,172 496	0,662 976	−0,911 423	0,27
0,624 544	0,763 564	1,250 496	0,610 609	−0,954 834	0,26
0,599 992	0,749 985	1,333 360	0,562 478	−1,000 000	0,25
0,575 314	0,736 648	1,421 714	0,518 141	−1,047 303	0,24
0,550 553	0,723 597	1,516 294	0,477 214	−1,097 185	0,23
0,525 748	0,710 873	1,617 963	0,439 363	−1,150 167	0,22
0,500 933	0,698 516	1,727 750	0,404 292	−1,206 860	0,21
0,476 137	0,686 558	1,846 884	0,371 739	−1,267 994	0,20
0,451 388	0,675 033	1,976 854	0,341 468	−1,334 441	0,19
0,426 705	0,663 968	2,119 473	0,313 270	−1,407 261	0,18
0,402 108	0,653 388	2,276 983	0,286 953	−1,487 754	0,17
0,377 609	0,643 317	2,452 183	0,262 345	−1,577 532	0,16
0,353 219	0,633 776	2,648 615	0,239 286	−1,678 629	0,15
0,328 946	0,624 782	2,870 834	0,217 631	−1,793 646	0,14
0,304 794	0,616 351	3,124 794	0,197 245	−1,925 971	0,13
0,280 765	0,608 499	3,418 430	0,178 005	−2,080 109	0,12
0,256 859	0,601 236	3,762 564	0,159 794	−2,262 187	0,11
0,233 073	0,594 573	4,172 344	0,142 503	−2,480 765	0,10
0,209 401	0,588 521	4,669 653	0,126 031	−2,748 189	0,09
0,185 838	0,583 087	5,287 308	0,110 281	−3,082 961	0,08
0,162 374	0,578 278	6,076 885	0,095 160	−3,514 127	0,07
0,139 001	0,574 099	7,124 338	0,080 583	−4,090 076	0,06
0,115 708	0,570 556	8,584 390	0,066 464	−4,897 873	0,05
0,092 483	0,567 652	10,766 481	0,052 724	−6,111 610	0,04
0,069 313	0,565 390	14,392 643	0,039 283	−8,137 454	0,03
0,046 185	0,563 773	21,628 974	0,026 066	−12,193 823	0,02
0,023 085	0,562 802	43,305 966	0,012 996	−24,372 669	0,01
0,000 000	0,562 478	∞	0,000 000	−∞	0,00
$k'\,\mathrm{sd}(\zeta, \varkappa)$	$k'\,\mathrm{nd}(\zeta, \varkappa)$	$\frac{1}{k'}\,\mathrm{cs}(\zeta, \varkappa)$	$-\overline{\mathrm{cd}}(\zeta, \varkappa)$	$-\overline{\mathrm{sd}}(\zeta, \varkappa)$	$\zeta = \frac{z}{2K}$

Tafel III. (Fortsetzung)

$\vartheta_1'(0, \varkappa)$	$= 3{,}198\,606$	$\vartheta_1'(0, k)$	$= 0{,}779\,425$	$\vartheta_5'(0, \varkappa)$	$= 7{,}746\,627$
$\vartheta_1'''/\vartheta_1'(\varkappa)$	$= -8{,}642\,159$	$\vartheta_2''/\vartheta_2(\varkappa)$	$= -10{,}270\,527$	$\vartheta_3''/\vartheta_3(\varkappa)$	$= -4{,}942\,290$
$\vartheta_1'''/\vartheta_1'(k)$	$= -0{,}513\,156$	$\vartheta_2''/\vartheta_2(k)$	$= -\;0{,}609\,846$	$\vartheta_3''/\vartheta_3(k)$	$= -0{,}293\,464$
$\vartheta_1'''''/\vartheta_1'(k)$	$= -0{,}083\,595$	$\vartheta_2''''/\vartheta_2(k)$	$= 0{,}482\,973$	$\vartheta_3''''/\vartheta_3(k)$	$= 0{,}690\,933$

$\varkappa = 0{,}84$

$\zeta = \frac{z}{2K}$	$\overline{\mathrm{dn}}(\zeta, \varkappa)$	$\mathfrak{z}_1(\zeta, \varkappa)$	$\mathfrak{z}_3(\zeta, \varkappa)$	$\mathfrak{z}_5(\zeta, \varkappa)$	$\wp_1(\zeta, \varkappa)$
0,00	0,000 000	∞	0,000 000	∞	∞
0,01	−0,028 033	24,367 650	−0,005 019	24,367 655	593,782 522
0,02	−0,055 943	12,183 816	−0,010 007	12,183 856	148,445 960
0,03	−0,083 605	8,122 518	−0,014 936	8,122 653	65,976 617
0,04	−0,110 899	6,091 836	−0,019 775	6,092 155	37,112 807
0,05	−0,137 706	4,873 380	−0,024 493	4,874 005	23,753 490
0,06	−0,163 911	4,061 016	−0,029 060	4,062 097	16,497 109
0,07	−0,189 405	3,480 682	−0,033 446	3,482 401	12,122 292
0,08	−0,214 083	3,045 343	−0,037 618	3,047 914	9,283 433
0,09	−0,237 845	2,706 645	−0,041 544	2,710 313	7,337 697
0,10	−0,260 598	2,435 571	−0,045 194	2,440 613	5,946 506
0,11	−0,282 256	2,213 655	−0,048 533	2,220 381	4,917 769
0,12	−0,302 739	2,028 582	−0,051 528	2,037 337	4,135 919
0,13	−0,321 973	1,871 826	−0,054 145	1,882 987	3,528 048
0,14	−0,339 893	1,737 295	−0,056 351	1,751 274	3,046 311
0,15	−0,356 438	1,620 520	−0,058 109	1,637 764	2,658 261
0,16	−0,371 557	1,518 146	−0,059 386	1,539 138	2,341 259
0,17	−0,385 201	1,427 610	−0,060 144	1,452 866	2,079 122
0,18	−0,397 330	1,346 913	−0,060 349	1,376 988	1,860 032
0,19	−0,407 909	1,274 478	−0,059 963	1,309 963	1,675 197
0,20	−0,416 909	1,209 043	−0,058 952	1,250 562	1,517 965
0,21	−0,424 304	1,149 582	−0,057 278	1,197 799	1,383 230
0,22	−0,430 076	1,095 259	−0,054 907	1,150 870	1,267 019
0,23	−0,434 209	1,045 380	−0,051 805	1,109 117	1,166 201
0,24	−0,436 693	0,999 366	−0,047 936	1,071 995	1,078 286
0,25	−0,437 522	0,956 730	−0,043 270	1,039 049	1,001 272
0,25	1,562 478	0,956 730	−0,043 270	1,039 049	1,001 272
0,26	1,565 443	0,917 059	−0,037 775	1,009 896	0,933 532
0,27	1,574 399	0,880 001	−0,031 423	0,984 214	0,873 738
0,28	1,589 530	0,845 252	−0,024 187	0,961 725	0,820 793
0,29	1,611 153	0,812 552	−0,016 044	0,942 191	0,773 789
0,30	1,639 733	0,781 672	−0,006 975	0,925 404	0,731 964
0,31	1,675 910	0,752 413	0,003 036	0,911 180	0,694 682
0,32	1,720 532	0,724 601	0,014 001	0,899 355	0,661 404
0,33	1,774 707	0,698 079	0,025 925	0,889 782	0,631 671
0,34	1,839 877	0,672 712	0,038 811	0,882 324	0,605 095
0,35	1,917 915	0,648 377	0,052 653	0,876 854	0,581 342
0,36	2,011 276	0,624 963	0,067 440	0,873 251	0,560 128
0,37	2,123 217	0,602 373	0,083 154	0,871 398	0,541 207
0,38	2,258 115	0,580 515	0,099 771	0,871 181	0,524 369
0,39	2,421 981	0,559 308	0,117 258	0,872 486	0,509 431
0,40	2,623 268	0,538 679	0,135 577	0,875 199	0,496 237
0,41	2,874 220	0,518 557	0,154 681	0,879 205	0,484 653
0,42	3,193 241	0,498 880	0,174 517	0,884 386	0,474 565
0,43	3,609 288	0,479 588	0,195 022	0,890 623	0,465 873
0,44	4,170 659	0,460 625	0,216 131	0,897 793	0,458 496
0,45	4,964 337	0,441 939	0,237 769	0,905 769	0,452 364
0,46	6,164 334	0,423 481	0,259 858	0,914 422	0,447 421
0,47	8,176 737	0,405 201	0,282 313	0,923 621	0,443 621
0,48	12,219 889	0,387 055	0,305 046	0,933 232	0,440 931
0,49	24,385 665	0,368 996	0,327 967	0,943 118	0,439 327
0,50	∞	0,350 982	0,350 982	0,953 142	0,438 794
	$\overline{\mathrm{sc}}(\zeta, \varkappa)$	$-\mathfrak{z}_2(\zeta, \varkappa)$	$-\mathfrak{z}_4(\zeta, \varkappa)$	$-\mathfrak{z}_6(\zeta, \varkappa)$	$\wp_2(\zeta, \varkappa)$

Tafel III

$\varkappa = 0{,}84$

$\vartheta_5'(0, k) = 1{,}887\,671$	$\vartheta_6(0, k) = 1{,}887\,671$	$\vartheta_5(\frac{1}{4}, \varkappa) = 1{,}541\,292$
$\vartheta_4''/\vartheta_4(\varkappa) = 6{,}570\,658$	$\vartheta_5'''/\vartheta_5'(\varkappa) = -23{,}469\,029$	$\vartheta_6''/\vartheta_6(\varkappa) = -3{,}699\,869$
$\vartheta_4''/\vartheta_4(k) = 0{,}390\,154$	$\vartheta_5'''/\vartheta_5'(k) = -\ 1{,}393\,550$	$\vartheta_6''/\vartheta_6(k) = -0{,}219\,692$
$\vartheta_4''''/\vartheta_4(k) = -0{,}910\,577$	$\vartheta_5'''''/\vartheta_5'(k) = 4{,}876\,999$	$\vartheta_6''''/\vartheta_6(k) = -1{,}855\,207$

$\wp_3(\zeta, \varkappa)$	$\wp_5(\zeta, \varkappa)$	$\wp_1'(\zeta, \varkappa)$	$\wp_3'(\zeta, \varkappa)$	$\wp_5'(\zeta, \varkappa)$	
0,122 412	∞	− ∞	0,000 000	− ∞	0,50
0,122 048	593,782 158	− 28 938,162 4	− 0,017 759	− 28 938,180 2	0,49
0,120 954	148,444 502	− 3 617,262 27	− 0,035 562	− 3 617,297 83	0,48
0,119 128	65,973 333	− 1 071,771 12	− 0,053 452	− 1 071,824 57	0,47
0,116 565	37,106 960	− 452,141 777	− 0,071 470	− 452,213 247	0,46
0,113 260	23,744 337	− 231,484 039	− 0,089 656	− 231,573 695	0,45
0,109 204	16,483 900	− 133,947 517	− 0,108 047	− 134,055 564	0,44
0,104 389	12,104 268	− 84,338 213	− 0,126 676	− 84,464 889	0,43
0,098 803	9,259 824	− 56,486 140	− 0,145 572	− 56,631 712	0,42
0,092 437	7,307 721	− 39,657 938	− 0,164 759	− 39,822 697	0,41
0,085 276	5,909 370	− 28,896 412	− 0,184 252	− 29,080 664	0,40
0,077 310	4,872 666	− 21,695 986	− 0,204 062	− 21,900 048	0,39
0,068 523	4,082 030	− 16,697 067	− 0,224 190	− 16,921 258	0,38
0,058 905	3,464 540	− 13,118 311	− 0,244 628	− 13,362 939	0,37
0,048 441	2,972 340	− 10,488 878	− 0,265 356	− 10,754 234	0,36
0,037 122	2,572 970	− 8,513 498	− 0,286 343	− 8,799 841	0,35
0,024 936	2,243 783	− 7,000 603	− 0,307 543	− 7,308 146	0,34
0,011 878	1,968 587	− 5,822 203	− 0,328 897	− 6,151 100	0,33
− 0,002 059	1,735 560	− 4,890 569	− 0,350 328	− 5,240 897	0,32
− 0,016 876	1,535 909	− 4,144 199	− 0,371 743	− 4,515 942	0,31
− 0,032 569	1,362 984	− 3,539 105	− 0,393 030	− 3,932 135	0,30
− 0,049 130	1,211 687	− 3,043 262	− 0,414 056	− 3,457 319	0,29
− 0,066 547	1,078 059	− 2,632 976	− 0,434 670	− 3,067 646	0,28
− 0,084 798	0,958 990	− 2,290 458	− 0,454 697	− 2,745 155	0,27
− 0,103 856	0,852 018	− 2,002 178	− 0,473 943	− 2,476 121	0,26
− 0,123 684	0,755 175	− 1,757 718	− 0,492 193	− 2,249 911	0,25
− 0,123 684	0,755 175	− 1,757 718	− 0,492 193	− 2,249 911	0,25
− 0,144 237	0,666 883	− 1,548 969	− 0,509 211	− 2,058 180	0,24
− 0,165 458	0,585 868	− 1,369 551	− 0,524 743	− 1,894 294	0,23
− 0,187 281	0,511 099	− 1,214 399	− 0,538 520	− 1,752 919	0,22
− 0,209 629	0,441 747	− 1,079 456	− 0,550 257	− 1,629 713	0,21
− 0,232 412	0,377 140	− 0,961 443	− 0,559 663	− 1,521 106	0,20
− 0,255 528	0,316 742	− 0,857 692	− 0,566 441	− 1,424 133	0,19
− 0,278 864	0,260 127	− 0,766 014	− 0,570 293	− 1,336 308	0,18
− 0,302 292	0,206 966	− 0,684 600	− 0,570 934	− 1,255 534	0,17
− 0,325 676	0,157 006	− 0,611 946	− 0,568 088	− 1,180 033	0,16
− 0,348 867	0,110 063	− 0,546 791	− 0,561 505	− 1,108 296	0,15
− 0,371 708	0,066 008	− 0,488 074	− 0,550 968	− 1,039 041	0,14
− 0,394 032	0,024 763	− 0,434 892	− 0,536 295	− 0,971 187	0,13
− 0,415 666	− 0,013 710	− 0,386 476	− 0,517 356	− 0,903 832	0,12
− 0,436 435	− 0,049 417	− 0,342 163	− 0,494 077	− 0,836 240	0,11
− 0,456 159	− 0,082 334	− 0,301 379	− 0,466 446	− 0,767 824	0,10
− 0,474 660	− 0,112 419	− 0,263 622	− 0,434 521	− 0,698 142	0,09
− 0,491 766	− 0,139 613	− 0,228 451	− 0,398 434	− 0,626 885	0,08
− 0,507 308	− 0,163 847	− 0,195 474	− 0,358 394	− 0,553 868	0,07
− 0,521 131	− 0,185 047	− 0,164 341	− 0,314 685	− 0,479 026	0,06
− 0,533 091	− 0,203 139	− 0,134 733	− 0,267 669	− 0,402 401	0,05
− 0,543 061	− 0,218 052	− 0,106 358	− 0,217 773	− 0,324 131	0,04
− 0,550 932	− 0,229 723	− 0,078 946	− 0,165 493	− 0,244 438	0,03
− 0,556 618	− 0,238 099	− 0,052 243	− 0,111 373	− 0,163 616	0,02
− 0,560 056	− 0,243 141	− 0,026 006	− 0,056 003	− 0,082 009	0,01
− 0,561 206	− 0,244 825	0,000 000	0,000 000	0,000 000	0,00
$\wp_4(\zeta, \varkappa)$	$\wp_6(\zeta, \varkappa)$	$-\wp_2'(\zeta, \varkappa)$	$-\wp_4'(\zeta, \varkappa)$	$-\wp_6'(\zeta, \varkappa)$	$\zeta = \frac{z}{2K}$

Tafel III

$\sqrt{k} =$ 0,905 405		$k =$ 0,819 758		$k^2 =$ 0,672 003		$\varkappa = 0{,}85$
$\sqrt{k'} =$ 0,756 776		$k' =$ 0,572 710		$k'^2 =$ 0,327 997		
$e_1 = -e_3' =$ 0,442 666		$e_2 = -e_2' =$ 0,114 669		$e_3 = -e_1' = -$0,557 334		
$g_2 = g_2' =$ 1,039 447		$g_3 = -g_3' = -$0,113 161		$g_3/\sqrt{g_2^3} = -$0,106 781		
$\bar{g}_2 = \bar{g}_2' = -$3,368 849		$\bar{g}_3 = -\bar{g}_3' = -$0,820 854		$\bar{g}_3/\sqrt{\bar{g}_2^3} =$ 0,132 753i		

$\zeta = \frac{z}{2K}$	$\vartheta_1(\zeta, \varkappa)$	$\vartheta_3(\zeta, \varkappa)$	$\frac{\partial \ln \vartheta_1(\zeta, \varkappa)}{\partial \zeta}$	$\frac{\partial \ln \vartheta_3(\zeta, \varkappa)}{\partial \zeta}$	$\mathrm{sn}(\zeta, \varkappa)$
0,00	0,000 000	1,138 501	∞	0,000 000	0,000 000
0,01	0,031 761	1,138 228	99,970 935	−0,048 054	0,040 702
0,02	0,063 495	1,137 408	49,941 842	−0,095 987	0,081 292
0,03	0,095 173	1,136 046	33,246 025	−0,143 677	0,121 657
0,04	0,126 768	1,134 146	24,883 456	−0,191 002	0,161 690
0,05	0,158 252	1,131 716	19,854 106	−0,237 839	0,201 284
0,06	0,189 598	1,128 766	16,491 281	−0,284 064	0,240 338
0,07	0,220 777	1,125 308	14,080 667	−0,329 552	0,278 758
0,08	0,251 763	1,121 354	12,265 093	−0,374 177	0,316 454
0,09	0,282 526	1,116 921	10,846 120	−0,417 809	0,353 343
0,10	0,313 039	1,112 027	9,704 673	−0,460 319	0,389 352
0,11	0,343 275	1,106 690	8,764 967	−0,501 575	0,424 414
0,12	0,373 206	1,100 933	7,976 471	−0,541 443	0,458 470
0,13	0,402 804	1,094 776	7,304 194	−0,579 786	0,491 470
0,14	0,432 040	1,088 246	6,723 135	−0,616 467	0,523 373
0,15	0,460 888	1,081 368	6,214 954	−0,651 348	0,554 146
0,16	0,489 319	1,074 169	5,765 891	−0,684 286	0,583 761
0,17	0,517 305	1,066 677	5,365 415	−0,715 140	0,612 202
0,18	0,544 821	1,058 922	5,005 335	−0,743 767	0,639 458
0,19	0,571 837	1,050 935	4,679 175	−0,770 025	0,665 524
0,20	0,598 326	1,042 748	4,381 752	−0,793 771	0,690 403
0,21	0,624 262	1,034 392	4,108 868	−0,814 864	0,714 101
0,22	0,649 617	1,025 901	3,857 080	−0,833 165	0,736 631
0,23	0,674 366	1,017 309	3,623 545	−0,848 538	0,758 010
0,24	0,698 480	1,008 648	3,405 886	−0,860 852	0,778 258
0,25	0,721 936	0,999 954	3,202 105	−0,869 981	0,797 399
0,26	0,744 706	0,991 261	3,010 509	−0,875 806	0,815 460
0,27	0,766 766	0,982 602	2,829 650	−0,878 217	0,832 468
0,28	0,788 092	0,974 013	2,658 286	−0,877 113	0,848 454
0,29	0,808 658	0,965 527	2,495 342	−0,872 407	0,863 449
0,30	0,828 442	0,957 178	2,339 883	−0,864 024	0,877 485
0,31	0,847 420	0,948 998	2,191 091	−0,851 905	0,890 594
0,32	0,865 570	0,941 019	2,048 247	−0,836 010	0,902 807
0,33	0,882 871	0,933 274	1,910 718	−0,816 318	0,914 158
0,34	0,899 301	0,925 792	1,777 938	−0,792 827	0,924 677
0,35	0,914 842	0,918 604	1,649 404	−0,765 562	0,934 393
0,36	0,929 474	0,911 737	1,524 665	−0,734 570	0,943 338
0,37	0,943 179	0,905 218	1,403 314	−0,699 924	0,951 537
0,38	0,955 940	0,899 073	1,284 982	−0,661 726	0,959 019
0,39	0,967 741	0,893 327	1,169 334	−0,620 103	0,965 807
0,40	0,978 567	0,888 001	1,056 061	−0,575 213	0,971 925
0,41	0,988 405	0,883 118	0,944 882	−0,527 241	0,977 394
0,42	0,997 242	0,878 695	0,835 534	−0,476 400	0,982 234
0,43	1,005 066	0,874 751	0,727 774	−0,422 930	0,986 463
0,44	1,011 868	0,871 301	0,621 371	−0,367 097	0,990 095
0,45	1,017 639	0,868 358	0,516 111	−0,309 190	0,993 146
0,46	1,022 370	0,865 935	0,411 787	−0,249 519	0,995 626
0,47	1,026 057	0,864 040	0,308 202	−0,188 415	0,997 545
0,48	1,028 693	0,862 681	0,205 165	−0,126 222	0,998 911
0,49	1,030 277	0,861 863	0,102 492	−0,063 295	0,999 728
0,50	1,030 805	0,861 590	0,000 000	0,000 000	1,000 000
	$\vartheta_2(\zeta, \varkappa)$	$\vartheta_4(\zeta, \varkappa)$	$-\frac{\partial \ln \vartheta_2(\zeta, \varkappa)}{\partial \zeta}$	$-\frac{\partial \ln \vartheta_4(\zeta, \varkappa)}{\partial \zeta}$	$\mathrm{cd}(\zeta, \varkappa)$

Tafel III

$\varkappa = 0{,}85$			
	$k^2 k'^2 = 0{,}220\,415$	$\eta_1 = -\eta_2' = 0{,}175\,251$	$\eta_1' = -\eta_2 = 0{,}270\,535$
	$\pi/K K' = 0{,}891\,573$	$\bar\eta_1 = -\bar\eta_2' = 0{,}465\,171$	$\bar\eta_1' = -\bar\eta_2 = 0{,}426\,402$
	$K = 2{,}036\,043$	$E = 1{,}258\,105$	$A = 1{,}180\,579$
	$K' = 1{,}730\,637$	$E' = 1{,}432\,742$	$A' = 0{,}539\,497$
	$B = 0{,}878\,403$	$C = 0{,}415\,530$	$D = 1{,}157\,640$

$\mathrm{cn}(\zeta, \varkappa)$	$\mathrm{dn}(\zeta, \varkappa)$	$\mathrm{sc}(\zeta, \varkappa)$	$\overline{\mathrm{sn}}(\zeta, \varkappa)$	$\overline{\mathrm{cn}}(\zeta, \varkappa)$	
1,000 000	1,000 000	0,000 000	∞	0,000 000	0,50
0,999 171	0,999 443	0,040 736	24,534 753	−0,040 713	0,49
0,996 690	0,997 777	0,081 561	12,233 438	−0,081 380	0,48
0,992 572	0,995 015	0,122 567	8,118 101	−0,121 956	0,47
0,986 842	0,991 177	0,163 845	6,049 463	−0,162 400	0,46
0,979 533	0,986 293	0,205 489	4,799 730	−0,202 673	0,45
0,970 689	0,980 400	0,247 595	3,959 686	−0,242 742	0,44
0,960 361	0,973 541	0,290 263	3,353 990	−0,282 583	0,43
0,948 608	0,965 766	0,333 598	2,895 001	−0,322 177	0,42
0,935 494	0,957 131	0,377 708	2,534 052	−0,361 516	0,41
0,921 089	0,947 696	0,422 708	2,241 961	−0,400 599	0,40
0,905 468	0,937 525	0,468 723	2,000 170	−0,439 440	0,39
0,888 710	0,926 687	0,515 882	1,796 314	−0,478 062	0,38
0,870 894	0,915 250	0,564 328	1,621 839	−0,516 501	0,37
0,852 103	0,903 286	0,614 213	1,470 638	−0,554 810	0,36
0,832 420	0,890 866	0,665 705	1,338 231	−0,593 054	0,35
0,811 925	0,878 064	0,718 984	1,221 257	−0,631 314	0,34
0,790 701	0,864 950	0,774 253	1,117 142	−0,669 690	0,33
0,768 826	0,851 595	0,831 733	1,023 879	−0,708 300	0,32
0,746 376	0,838 066	0,891 674	0,939 879	−0,747 282	0,31
0,723 425	0,824 431	0,954 352	0,863 864	−0,786 797	0,30
0,700 043	0,810 752	1,020 081	0,794 792	−0,827 033	0,29
0,676 295	0,797 091	1,089 215	0,731 804	−0,868 203	0,28
0,652 243	0,783 506	1,162 157	0,674 182	−0,910 557	0,27
0,627 945	0,770 050	1,239 373	0,621 323	−0,954 379	0,26
0,603 452	0,756 776	1,321 395	0,572 710	−1,000 000	0,25
0,578 814	0,743 730	1,408 846	0,527 901	−1,047 801	0,24
0,554 073	0,730 958	1,502 451	0,486 510	−1,098 229	0,23
0,529 269	0,718 500	1,603 068	0,448 203	−1,151 804	0,22
0,504 436	0,706 393	1,711 712	0,412 682	−1,209 142	0,21
0,479 604	0,694 673	1,829 602	0,379 685	−1,270 976	0,20
0,454 800	0,683 371	1,958 210	0,348 977	−1,338 184	0,19
0,430 045	0,672 515	2,099 332	0,320 347	−1,411 832	0,18
0,405 358	0,662 131	2,255 187	0,293 603	−1,493 228	0,17
0,380 753	0,652 242	2,428 545	0,268 573	−1,583 998	0,16
0,356 243	0,642 868	2,622 913	0,245 097	−1,686 188	0,15
0,331 834	0,634 030	2,842 798	0,223 030	−1,802 418	0,14
0,307 533	0,625 742	3,094 094	0,202 237	−1,936 103	0,13
0,283 343	0,618 019	3,384 657	0,182 594	−2,091 781	0,12
0,259 263	0,610 874	3,725 196	0,163 984	−2,275 625	0,11
0,235 293	0,604 318	4,130 708	0,146 299	−2,496 261	0,10
0,211 427	0,598 361	4,622 848	0,129 436	−2,766 132	0,09
0,187 660	0,593 011	5,234 102	0,113 298	−3,103 880	0,08
0,163 986	0,588 275	6,015 518	0,097 793	−3,538 780	0,07
0,140 396	0,584 160	7,052 173	0,082 834	−4,119 594	0,06
0,116 879	0,580 669	8,497 208	0,068 336	−4,934 066	0,05
0,093 425	0,577 808	10,656 903	0,054 219	−6,157 643	0,04
0,070 023	0,575 579	14,245 915	0,040 403	−8,199 654	0,03
0,046 660	0,573 986	21,408 210	0,026 811	−12,288 007	0,02
0,023 324	0,573 029	42,863 629	0,013 369	−24,562 098	0,01
0,000 000	0,572 710	∞	0,000 000	$-\infty$	0,00
$k'\,\mathrm{sd}(\zeta, \varkappa)$	$k'\,\mathrm{nd}(\zeta, \varkappa)$	$\frac{1}{k'}\,\mathrm{cs}(\zeta, \varkappa)$	$-\overline{\mathrm{cd}}(\zeta, \varkappa)$	$-\overline{\mathrm{sd}}(\zeta, \varkappa)$	$\zeta = \frac{z}{2K}$

Tafel III. (Fortsetzung)

				$\varkappa = 0{,}85$
$\vartheta_1'(0,\varkappa) = 3{,}176\,587$	$\vartheta_1'(0,k) = 0{,}780\,088$	$\vartheta_5'(0,\varkappa) = 7{,}675\,129$		
$\vartheta_1'''/\vartheta_1'(\varkappa) = -8{,}717\,981$	$\vartheta_2''/\vartheta_2(\varkappa) = -10{,}246\,224$	$\vartheta_3''/\vartheta_3(\varkappa) = -4{,}807\,422$		
$\vartheta_1'''/\vartheta_1'(k) = -0{,}525\,753$	$\vartheta_2''/\vartheta_2(k) = -\,0{,}617\,917$	$\vartheta_3''/\vartheta_3(k) = -0{,}289\,920$		
$\vartheta_1'''''/\vartheta_1'(k) = -0{,}059\,029$	$\vartheta_2''''/\vartheta_2(k) = 0{,}489\,470$	$\vartheta_3''''/\vartheta_3(k) = 0{,}692\,990$		

$\zeta = \dfrac{z}{2K}$	$\overline{\mathrm{dn}}(\zeta,\varkappa)$	$\mathfrak{z}_1(\zeta,\varkappa)$	$\mathfrak{z}_3(\zeta,\varkappa)$	$\mathfrak{z}_5(\zeta,\varkappa)$	$\wp_1(\zeta,\varkappa)$
0,00	0,000 000	∞	0,000 000	∞	∞
0,01	−0,027 344	24,557 433	−0,004 664	24,557 438	603,067 665
0,02	−0,054 569	12,278 708	−0,009 299	12,278 747	150,767 239
0,03	−0,081 553	8,185 780	−0,013 874	8,185 914	67,008 283
0,04	−0,108 181	6,139 284	−0,018 360	6,139 602	37,693 100
0,05	−0,134 336	4,911 341	−0,022 725	4,911 963	24,124 851
0,06	−0,159 908	4,092 654	−0,026 941	4,093 730	16,754 965
0,07	−0,184 790	3,507 805	−0,030 975	3,509 516	12,311 698
0,08	−0,208 880	3,069 083	−0,034 797	3,071 641	9,428 402
0,09	−0,232 080	2,727 756	−0,038 376	2,731 405	7,452 189
0,10	−0,254 300	2,454 582	−0,041 679	2,459 598	6,039 187
0,11	−0,275 455	2,230 951	−0,044 674	2,237 641	4,994 302
0,12	−0,295 467	2,044 453	−0,047 328	2,053 158	4,200 161
0,13	−0,314 264	1,886 495	−0,049 608	1,897 590	3,582 714
0,14	−0,331 780	1,750 939	−0,051 479	1,764 831	3,093 370
0,15	−0,347 957	1,633 279	−0,052 909	1,650 412	2,699 174
0,16	−0,362 741	1,530 137	−0,053 861	1,550 987	2,377 134
0,17	−0,376 087	1,438 927	−0,054 302	1,464 005	2,110 813
0,18	−0,387 953	1,357 637	−0,054 195	1,387 491	1,888 211
0,19	−0,398 304	1,284 676	−0,053 507	1,319 888	1,700 396
0,20	−0,407 112	1,218 773	−0,052 202	1,259 960	1,540 616
0,21	−0,414 350	1,158 896	−0,050 246	1,206 708	1,403 682
0,22	−0,420 000	1,104 200	−0,047 604	1,159 324	1,285 560
0,23	−0,424 047	1,053 986	−0,044 243	1,117 140	1,183 072
0,24	−0,426 479	1,007 671	−0,040 130	1,079 607	1,093 688
0,25	−0,427 290	0,964 764	−0,035 236	1,046 264	1,015 375
0,25	1,572 710	0,964 764	−0,035 236	1,046 264	1,015 375
0,26	1,575 702	0,924 850	−0,029 530	1,016 725	0,946 483
0,27	1,584 739	0,887 572	−0,022 985	0,990 661	0,885 661
0,28	1,600 007	0,852 625	−0,015 578	0,967 791	0,831 797
0,29	1,621 824	0,819 747	−0,007 286	0,947 874	0,783 967
0,30	1,650 661	0,788 706	0,001 909	0,930 698	0,741 401
0,31	1,687 161	0,759 303	0,012 022	0,916 077	0,703 450
0,32	1,732 179	0,731 361	0,023 061	0,903 844	0,669 567
0,33	1,786 832	0,704 724	0,035 034	0,893 848	0,639 289
0,34	1,852 571	0,679 253	0,047 939	0,885 952	0,612 219
0,35	1,931 285	0,654 824	0,061 771	0,880 025	0,588 021
0,36	2,025 448	0,631 328	0,076 518	0,875 945	0,566 405
0,37	2,138 341	0,608 664	0,092 162	0,873 595	0,547 121
0,38	2,274 375	0,586 741	0,108 679	0,872 858	0,529 957
0,39	2,439 609	0,565 477	0,126 037	0,873 622	0,514 727
0,40	2,642 560	0,544 797	0,144 198	0,875 771	0,501 273
0,41	2,895 568	0,524 630	0,163 115	0,879 191	0,489 459
0,42	3,217 178	0,504 914	0,182 736	0,883 765	0,479 167
0,43	3,636 573	0,485 587	0,203 003	0,889 375	0,470 300
0,44	4,202 428	0,466 593	0,223 851	0,895 899	0,462 773
0,45	5,002 402	0,447 880	0,245 208	0,903 212	0,456 515
0,46	6,211 862	0,429 397	0,266 998	0,911 188	0,451 471
0,47	8,240 057	0,411 096	0,289 140	0,919 698	0,447 593
0,48	12,314 818	0,392 929	0,311 549	0,928 611	0,444 847
0,49	24,575 466	0,374 852	0,334 139	0,937 792	0,443 210
0,50	∞	0,356 819	0,356 819	0,947 108	0,442 666
	$\overline{\mathrm{sc}}(\zeta,\varkappa)$	$-\mathfrak{z}_2(\zeta,\varkappa)$	$-\mathfrak{z}_4(\zeta,\varkappa)$	$-\mathfrak{z}_6(\zeta,\varkappa)$	$\wp_2(\zeta,\varkappa)$

Tafel III

$\varkappa = 0,85$

$\vartheta_5'(0, k)$	$=$	1,884 815	$\vartheta_6(0, k)$	$=$	1,884 815	$\vartheta_5(\frac{1}{4}, \varkappa)$	$=$ 1,532 040
$\vartheta_4''/\vartheta_4(\varkappa)$	$=$	6,335 665	$\vartheta_5'''/\vartheta_5'(\varkappa)$	$=$	$-$23,140 247	$\vartheta_6''/\vartheta_6(\varkappa)$	$=$ $-$3,910 559
$\vartheta_4''/\vartheta_4(k)$	$=$	0,382 083	$\vartheta_5'''/\vartheta_5'(k)$	$=$	$-$ 1,395 513	$\vartheta_6''/\vartheta_6(k)$	$=$ $-$0,235 833
$\vartheta_4''''/\vartheta_4(k)$	$=$	$-$0,906 044	$\vartheta_5'''''/\vartheta_5'(k)$	$=$	4,930 187	$\vartheta_6''''/\vartheta_6(k)$	$=$ $-$1,833 148

$\wp_3(\zeta, \varkappa)$	$\wp_5(\zeta, \varkappa)$	$\wp_1'(\zeta, \varkappa)$	$\wp_3'(\zeta, \varkappa)$	$\wp_5'(\zeta, \varkappa)$	
0,114 669	∞	$-\infty$	0,000 000	$-\infty$	0,50
0,114 303	603,067 299	−29 619,580 6	−0,017 958	−29 619,598 6	0,49
0,113 206	150,765 776	−3 702,439 65	−0,035 956	−3 702,475 61	0,48
0,111 374	67,004 988	−1 097,008 99	−0,054 036	−1 097,063 03	0,47
0,108 804	37,687 234	−462,789 152	−0,072 235	−462,861 387	0,46
0,105 489	24,115 671	−236,935 650	−0,090 590	−237,026 240	0,45
0,101 423	16,741 720	−137,102 543	−0,109 135	−137,211 678	0,44
0,096 598	12,293 627	−86,325 210	−0,127 900	−86,453 110	0,43
0,091 003	9,404 736	−57,817 429	−0,146 910	−57,964 339	0,42
0,084 630	7,422 149	−40,593 098	−0,166 186	−40,759 284	0,41
0,077 465	6,001 983	−29,578 290	−0,185 741	−29,764 031	0,40
0,069 499	4,949 131	−22,208 430	−0,205 582	−22,414 011	0,39
0,060 718	4,146 210	−17,091 910	−0,225 706	−17,317 615	0,38
0,051 113	3,519 158	−13,428 985	−0,246 102	−13,675 087	0,37
0,040 672	3,019 373	−10,737 730	−0,266 747	−11,004 477	0,36
0,029 386	2,613 891	−8,715 921	−0,287 607	−9,003 528	0,35
0,017 247	2,279 711	−7,167 478	−0,308 634	−7,476 112	0,34
0,004 249	2,000 393	−5,961 398	−0,329 765	−6,291 164	0,33
−0,009 610	1,763 931	−5,007 885	−0,350 923	−5,358 809	0,32
−0,024 330	1,561 397	−4,243 989	−0,372 013	−4,616 002	0,31
−0,039 905	1,386 041	−3,624 687	−0,392 921	−4,017 608	0,30
−0,056 326	1,232 687	−3,117 199	−0,413 515	−3,530 714	0,29
−0,073 576	1,097 314	−2,697 273	−0,433 644	−3,130 917	0,28
−0,091 634	0,976 769	−2,346 701	−0,453 136	−2,799 837	0,27
−0,110 469	0,868 550	−2,051 636	−0,471 801	−2,523 436	0,26
−0,130 044	0,770 662	−1,801 413	−0,489 427	−2,290 839	0,25
−0,130 044	0,770 662	−1,801 413	−0,489 427	−2,290 839	0,25
−0,150 312	0,681 502	−1,587 732	−0,505 785	−2,093 517	0,24
−0,171 216	0,599 776	−1,404 064	−0,520 629	−1,924 693	0,23
−0,192 689	0,524 439	−1,245 226	−0,533 698	−1,778 924	0,22
−0,214 653	0,454 645	−1,107 063	−0,544 720	−1,651 784	0,21
−0,237 020	0,389 712	−0,986 222	−0,553 416	−1,539 638	0,20
−0,259 689	0,329 092	−0,879 970	−0,559 502	−1,439 472	0,19
−0,282 548	0,272 350	−0,786 068	−0,562 697	−1,348 765	0,18
−0,305 473	0,219 147	−0,702 665	−0,562 730	−1,265 395	0,17
−0,328 331	0,169 219	−0,628 221	−0,559 344	−1,187 565	0,16
−0,350 977	0,122 375	−0,561 447	−0,552 307	−1,113 754	0,15
−0,373 259	0,078 476	−0,501 255	−0,541 415	−1,042 671	0,14
−0,395 017	0,037 436	−0,446 724	−0,526 507	−0,973 231	0,13
−0,416 083	−0,000 795	−0,397 066	−0,507 464	−0,904 530	0,12
−0,436 288	−0,036 231	−0,351 603	−0,484 225	−0,835 828	0,11
−0,455 462	−0,068 858	−0,309 746	−0,456 788	−0,766 534	0,10
−0,473 434	−0,098 644	−0,270 985	−0,425 217	−0,696 201	0,09
−0,490 038	−0,125 540	−0,234 866	−0,389 646	−0,624 512	0,08
−0,505 116	−0,149 485	−0,200 991	−0,350 282	−0,551 272	0,07
−0,518 518	−0,170 414	−0,168 999	−0,307 403	−0,476 402	0,06
−0,530 108	−0,188 262	−0,138 566	−0,261 357	−0,399 923	0,05
−0,539 766	−0,202 964	−0,109 393	−0,212 560	−0,321 953	0,04
−0,547 389	−0,214 465	−0,081 204	−0,161 484	−0,242 689	0,03
−0,552 894	−0,222 715	−0,053 740	−0,108 653	−0,162 393	0,02
−0,556 221	−0,227 680	−0,026 752	−0,054 628	−0,081 380	0,01
−0,557 334	−0,229 338	0,000 000	0,000 000	0,000 000	0,00
$\wp_4(\zeta, \varkappa)$	$\wp_6(\zeta, \varkappa)$	$-\wp_2'(\zeta, \varkappa)$	$-\wp_4'(\zeta, \varkappa)$	$-\wp_6'(\zeta, \varkappa)$	$\zeta = \frac{z}{2K}$

Tafel III

$\sqrt{k}$	=	0,901 456	k	=	0,812 622	k^2	=	0,660 355
$\sqrt{k'}$	=	0,763 407	k'	=	0,582 791	k'^2	=	0,339 645
$e_1 = -e_3' =$		0,446 548	$e_2 = -e_2' =$		0,106 903	$e_3 = -e_1' =$		$-0,553\,452$
$g_2 = g_2'$	=	1,034 285	$g_3 = -g_3' =$		$-0,105\,682$	$g_3/\sqrt{g_2^3}$	=	$-0,100\,471$
$\bar{g}_2 = \bar{g}_2'$	=	$-3,451\,440$	$\bar{g}_3 = -\bar{g}_3' =$		$-0,777\,036$	$\bar{g}_3/\sqrt{\bar{g}_2^3}$	=	0,121 183i

$\varkappa = 0,86$

$\zeta = \frac{z}{2K}$	$\vartheta_1(\zeta, \varkappa)$	$\vartheta_3(\zeta, \varkappa)$	$\frac{\partial \ln \vartheta_1(\zeta, \varkappa)}{\partial \zeta}$	$\frac{\partial \ln \vartheta_3(\zeta, \varkappa)}{\partial \zeta}$	$\mathrm{sn}(\zeta, \varkappa)$
0,00	0,000 000	1,134 214	∞	0,000 000	0,000 000
0,01	0,031 541	1,133 949	99,970 699	−0,046 738	0,040 396
0,02	0,063 054	1,133 155	49,941 369	−0,093 356	0,080 684
0,03	0,094 511	1,131 834	33,245 319	−0,139 735	0,120 753
0,04	0,125 886	1,129 994	24,882 519	−0,185 753	0,160 500
0,05	0,157 149	1,127 639	19,852 942	−0,231 290	0,199 820
0,06	0,188 274	1,124 781	16,489 895	−0,276 223	0,238 616
0,07	0,219 232	1,121 430	14,079 064	−0,320 430	0,276 795
0,08	0,249 996	1,117 599	12,263 281	−0,363 785	0,314 269
0,09	0,280 538	1,113 304	10,844 106	−0,406 162	0,350 959
0,10	0,310 831	1,108 561	9,702 464	−0,447 434	0,386 791
0,11	0,340 846	1,103 390	8,762 574	−0,487 472	0,421 699
0,12	0,370 555	1,097 811	7,973 903	−0,526 144	0,455 626
0,13	0,399 932	1,091 845	7,301 461	−0,563 317	0,488 522
0,14	0,428 948	1,085 518	6,720 249	−0,598 858	0,520 346
0,15	0,457 575	1,078 853	6,211 927	−0,632 630	0,551 063
0,16	0,485 787	1,071 876	5,762 734	−0,664 498	0,580 647
0,17	0,513 555	1,064 617	5,362 143	−0,694 323	0,609 079
0,18	0,540 853	1,057 102	5,001 959	−0,721 968	0,636 347
0,19	0,567 653	1,049 363	4,675 710	−0,747 295	0,662 446
0,20	0,593 928	1,041 429	4,378 212	−0,770 167	0,687 376
0,21	0,619 651	1,033 332	4,105 266	−0,790 449	0,711 143
0,22	0,644 796	1,025 104	3,853 432	−0,808 007	0,733 758
0,23	0,669 336	1,016 777	3,619 864	−0,822 712	0,755 235
0,24	0,693 245	1,008 385	3,402 187	−0,834 440	0,775 594
0,25	0,716 498	0,999 959	3,198 404	−0,843 070	0,794 856
0,26	0,739 070	0,991 535	3,006 819	−0,848 491	0,813 045
0,27	0,760 935	0,983 144	2,825 986	−0,850 599	0,830 190
0,28	0,782 069	0,974 821	2,654 663	−0,849 301	0,846 317
0,29	0,802 450	0,966 597	2,491 773	−0,844 515	0,861 457
0,30	0,822 052	0,958 505	2,336 382	−0,836 172	0,875 640
0,31	0,840 855	0,950 578	2,187 672	−0,824 221	0,888 896
0,32	0,858 835	0,942 846	2,044 924	−0,808 626	0,901 257
0,33	0,875 973	0,935 340	1,907 503	−0,789 369	0,912 752
0,34	0,892 247	0,928 089	1,774 843	−0,766 455	0,923 413
0,35	0,907 639	0,921 122	1,646 442	−0,739 909	0,933 268
0,36	0,922 129	0,914 467	1,521 846	−0,709 780	0,942 346
0,37	0,935 700	0,908 149	1,400 650	−0,676 143	0,950 673
0,38	0,948 335	0,902 194	1,282 482	−0,639 097	0,958 275
0,39	0,960 019	0,896 625	1,167 007	−0,598 769	0,965 176
0,40	0,970 737	0,891 464	1,053 918	−0,555 311	0,971 399
0,41	0,980 476	0,886 731	0,942 929	−0,508 904	0,976 965
0,42	0,989 224	0,882 445	0,833 780	−0,459 752	0,981 893
0,43	0,996 969	0,878 622	0,726 224	−0,408 088	0,986 200
0,44	1,003 701	0,875 278	0,620 032	−0,354 166	0,989 902
0,45	1,009 413	0,872 426	0,514 987	−0,298 264	0,993 011
0,46	1,014 096	0,870 077	0,410 882	−0,240 679	0,995 540
0,47	1,017 744	0,868 241	0,307 520	−0,181 726	0,997 497
0,48	1,020 354	0,866 924	0,204 710	−0,121 734	0,998 889
0,49	1,021 921	0,866 132	0,102 264	−0,061 043	0,999 723
0,50	1,022 444	0,865 867	0,000 000	0,000 000	1,000 000
	$\vartheta_2(\zeta, \varkappa)$	$\vartheta_4(\zeta, \varkappa)$	$-\frac{\partial \ln \vartheta_2(\zeta, \varkappa)}{\partial \zeta}$	$-\frac{\partial \ln \vartheta_4(\zeta, \varkappa)}{\partial \zeta}$	$\mathrm{cd}(\zeta, \varkappa)$

Tafel III

$\varkappa = 0{,}86$

$k^2 k'^2 = 0{,}224\,286$	$\eta_1 = -\eta_2' = 0{,}179\,367$	$\eta_1' = -\eta_2 = 0{,}267\,936$
$\pi/KK' = 0{,}894\,606$	$\bar\eta_1 = -\bar\eta_2' = 0{,}465\,637$	$\bar\eta_1' = -\bar\eta_2 = 0{,}428\,970$
$K = 2{,}020\,737$	$E = 1{,}264\,809$	$A = 1{,}156\,952$
$K' = 1{,}737\,834$	$E' = 1{,}427\,436$	$A' = 0{,}559\,698$
$B = 0{,}876\,008$	$C = 0{,}406\,934$	$D = 1{,}144\,729$

$\mathrm{cn}(\zeta, \varkappa)$	$\mathrm{dn}(\zeta, \varkappa)$	$\mathrm{sc}(\zeta, \varkappa)$	$\overline{\mathrm{sn}}(\zeta, \varkappa)$	$\overline{\mathrm{cn}}(\zeta, \varkappa)$	
1,000 000	1,000 000	0,000 000	∞	0,000 000	0,50
0,999 184	0,999 461	0,040 429	24,721 093	−0,040 408	0,49
0,996 740	0,997 848	0,080 948	12,327 095	−0,080 773	0,48
0,992 683	0,995 174	0,121 643	8,181 073	−0,121 056	0,47
0,987 036	0,991 458	0,162 608	6,097 241	−0,161 219	0,46
0,979 833	0,986 729	0,203 933	4,838 501	−0,201 226	0,45
0,971 114	0,981 020	0,245 714	3,992 536	−0,241 050	0,44
0,960 929	0,974 375	0,288 049	3,382 671	−0,280 668	0,43
0,949 334	0,966 840	0,331 042	2,920 600	−0,320 064	0,42
0,936 391	0,958 469	0,374 799	2,557 285	−0,359 234	0,41
0,922 168	0,949 319	0,419 436	2,263 321	−0,398 179	0,40
0,906 736	0,939 452	0,465 073	2,020 007	−0,436 914	0,39
0,890 171	0,928 931	0,511 841	1,814 884	−0,475 465	0,38
0,872 552	0,917 826	0,559 878	1,639 332	−0,513 870	0,37
0,853 956	0,906 202	0,609 336	1,487 197	−0,552 181	0,36
0,834 464	0,894 131	0,660 379	1,353 966	−0,590 465	0,35
0,814 156	0,881 681	0,713 189	1,236 252	−0,628 805	0,34
0,793 110	0,868 921	0,767 963	1,131 462	−0,667 299	0,33
0,771 403	0,855 919	0,824 922	1,037 575	−0,706 067	0,32
0,749 109	0,842 741	0,884 312	0,952 991	−0,745 246	0,31
0,726 301	0,829 452	0,946 407	0,876 423	−0,784 999	0,30
0,703 047	0,816 114	1,011 516	0,806 822	−0,825 513	0,29
0,679 411	0,802 785	1,079 992	0,743 325	−0,867 001	0,28
0,655 454	0,789 523	1,152 232	0,685 212	−0,909 714	0,27
0,631 232	0,776 380	1,228 698	0,631 872	−0,953 937	0,26
0,606 799	0,763 407	1,309 917	0,582 791	−1,000 000	0,25
0,582 200	0,750 651	1,396 504	0,537 521	−1,048 288	0,24
0,557 481	0,738 155	1,489 180	0,495 679	−1,099 247	0,23
0,532 680	0,725 961	1,588 792	0,456 926	−1,153 401	0,22
0,507 831	0,714 105	1,696 346	0,420 966	−1,211 369	0,21
0,482 965	0,702 621	1,813 049	0,387 536	−1,273 886	0,20
0,458 109	0,691 542	1,940 358	0,356 399	−1,341 838	0,19
0,433 286	0,680 895	2,080 053	0,327 345	−1,416 297	0,18
0,408 513	0,670 706	2,234 329	0,300 182	−1,498 578	0,17
0,383 807	0,661 000	2,405 930	0,274 738	−1,590 319	0,16
0,359 180	0,651 796	2,598 329	0,250 852	−1,693 579	0,15
0,334 641	0,643 113	2,815 988	0,228 379	−1,810 999	0,14
0,310 196	0,634 969	3,064 744	0,207 185	−1,946 017	0,13
0,285 849	0,627 377	3,352 375	0,187 144	−2,103 205	0,12
0,261 602	0,620 352	3,689 486	0,168 141	−2,288 780	0,11
0,237 452	0,613 904	4,090 924	0,150 065	−2,511 435	0,10
0,213 398	0,608 043	4,578 134	0,132 815	−2,783 704	0,09
0,189 435	0,602 779	5,183 281	0,116 293	−3,124 371	0,08
0,165 556	0,598 117	5,956 909	0,100 407	−3,562 931	0,07
0,141 754	0,594 066	6,983 259	0,085 070	−4,148 515	0,06
0,118 020	0,590 629	8,413 962	0,070 196	−4,969 531	0,05
0,094 344	0,587 812	10,552 281	0,055 705	−6,202 754	0,04
0,070 715	0,585 617	14,105 831	0,041 516	−8,260 613	0,03
0,047 123	0,584 047	21,197 451	0,027 553	−12,380 316	0,02
0,023 556	0,583 105	42,441 351	0,013 739	−24,747 762	0,01
0,000 000	0,582 791	∞	0,000 000	−∞	0,00
$k'\,\mathrm{sd}(\zeta, \varkappa)$	$k'\,\mathrm{nd}(\zeta, \varkappa)$	$\frac{1}{k'}\,\mathrm{cs}(\zeta, \varkappa)$	$-\overline{\mathrm{cd}}(\zeta, \varkappa)$	$-\overline{\mathrm{sd}}(\zeta, \varkappa)$	$\zeta = \frac{z}{2K}$

Tafel III. (Fortsetzung)

$\vartheta_1'(0,\varkappa) = 3{,}154\,536$	$\vartheta_1'(0,k) = 0{,}780\,541$	$\vartheta_5'(0,\varkappa) = 7{,}605\,278$	$\varkappa = 0{,}86$
$\vartheta_1'''/\vartheta_1'(\varkappa) = -8{,}789\,059$	$\vartheta_2''/\vartheta_2(\varkappa) = -10{,}223\,389$	$\vartheta_3''/\vartheta_3(\varkappa) = -4{,}675\,793$	
$\vartheta_1'''/\vartheta_1'(k) = -0{,}538\,100$	$\vartheta_2''/\vartheta_2(k) = -\ 0{,}625\,915$	$\vartheta_3''/\vartheta_3(k) = -0{,}286\,270$	
$\vartheta_1'''''/\vartheta_1'(k) = -0{,}034\,557$	$\vartheta_2''''/\vartheta_2(k) = 0{,}496\,018$	$\vartheta_3''''/\vartheta_3(k) = 0{,}694\,424$	

$\zeta = \frac{z}{2K}$	$\overline{\mathrm{dn}}(\zeta,\varkappa)$	$\mathfrak{z}_1(\zeta,\varkappa)$	$\mathfrak{z}_3(\zeta,\varkappa)$	$\mathfrak{z}_5(\zeta,\varkappa)$	$\wp_1(\zeta,\varkappa)$
0,00	0,000 000	∞	0,000 000	∞	∞
0,01	−0,026 669	24,743 446	−0,004 316	24,743 451	612,238 280
0,02	−0,053 221	12,371 715	−0,008 601	12,371 754	153,059 887
0,03	−0,079 540	8,247 785	−0,012 828	8,247 918	68,027 226
0,04	−0,105 514	6,185 789	−0,016 966	6,186 105	38,266 236
0,05	−0,131 030	4,948 547	−0,020 984	4,949 166	24,491 633
0,06	−0,155 980	4,123 663	−0,024 853	4,124 733	17,009 645
0,07	−0,180 260	3,534 389	−0,028 542	3,536 090	12,498 772
0,08	−0,203 772	3,092 351	−0,032 021	3,094 894	9,571 587
0,09	−0,226 419	2,748 447	−0,035 257	2,752 074	7,565 274
0,10	−0,248 114	2,473 215	−0,038 220	2,478 199	6,130 732
0,11	−0,268 773	2,247 902	−0,040 878	2,254 550	5,069 900
0,12	−0,288 321	2,060 007	−0,043 197	2,068 655	4,263 620
0,13	−0,306 685	1,900 871	−0,045 146	1,911 891	3,636 717
0,14	−0,323 802	1,764 308	−0,046 691	1,778 103	3,139 862
0,15	−0,339 613	1,645 781	−0,047 799	1,662 789	2,739 597
0,16	−0,354 067	1,541 884	−0,048 435	1,562 577	2,412 583
0,17	−0,367 117	1,450 013	−0,048 566	1,474 895	2,142 133
0,18	−0,378 722	1,368 140	−0,048 157	1,397 752	1,916 063
0,19	−0,388 847	1,294 664	−0,047 175	1,329 578	1,725 308
0,20	−0,397 464	1,228 302	−0,045 585	1,269 126	1,563 011
0,21	−0,404 546	1,168 014	−0,043 354	1,215 390	1,423 907
0,22	−0,410 075	1,112 951	−0,040 450	1,167 552	1,303 900
0,23	−0,414 035	1,062 407	−0,036 839	1,124 939	1,199 765
0,24	−0,416 415	1,015 796	−0,032 492	1,086 995	1,108 932
0,25	−0,417 209	0,972 622	−0,027 378	1,053 255	1,029 339
0,25	1,582 791	0,972 622	−0,027 378	1,053 255	1,029 339
0,26	1,585 809	0,932 466	−0,021 471	1,023 328	0,959 310
0,27	1,594 926	0,894 971	−0,014 743	0,996 880	0,897 475
0,28	1,610 327	0,859 829	−0,007 173	0,973 629	0,842 704
0,29	1,632 335	0,826 773	0,001 260	0,953 327	0,794 061
0,30	1,661 422	0,795 573	0,010 574	0,935 761	0,750 764
0,31	1,698 237	0,766 026	0,020 780	0,920 741	0,712 153
0,32	1,743 642	0,737 954	0,031 888	0,908 097	0,677 676
0,33	1,798 761	0,711 201	0,043 902	0,897 678	0,646 860
0,34	1,865 057	0,685 625	0,056 820	0,889 342	0,619 305
0,35	1,944 431	0,661 103	0,070 638	0,882 958	0,594 668
0,36	2,039 379	0,637 523	0,085 342	0,878 402	0,572 655
0,37	2,153 202	0,614 784	0,100 914	0,875 555	0,553 014
0,38	2,290 349	0,592 794	0,117 329	0,874 302	0,535 529
0,39	2,456 921	0,571 471	0,134 557	0,874 526	0,520 011
0,40	2,661 500	0,550 738	0,152 559	0,876 116	0,506 301
0,41	2,916 519	0,530 524	0,171 291	0,878 955	0,494 260
0,42	3,240 664	0,510 766	0,190 702	0,882 928	0,483 770
0,43	3,663 339	0,491 402	0,210 734	0,887 917	0,474 729
0,44	4,233 585	0,472 376	0,231 325	0,893 802	0,467 054
0,45	5,039 727	0,453 633	0,252 407	0,900 461	0,460 674
0,46	6,258 459	0,435 123	0,273 904	0,907 769	0,455 529
0,47	8,302 129	0,416 797	0,295 740	0,915 599	0,451 574
0,48	12,407 869	0,398 607	0,317 833	0,923 823	0,448 774
0,49	24,761 501	0,380 507	0,340 100	0,932 310	0,447 104
0,50	∞	0,362 453	0,362 453	0,940 929	0,446 548
	$\overline{\mathrm{sc}}(\zeta,\varkappa)$	$-\mathfrak{z}_2(\zeta,\varkappa)$	$-\mathfrak{z}_4(\zeta,\varkappa)$	$-\mathfrak{z}_6(\zeta,\varkappa)$	$\wp_2(\zeta,\varkappa)$

Tafel III

$\varkappa = 0{,}86$

$\vartheta_5'(0, k) = 1{,}881\,808$ $\qquad \vartheta_6(0, k) = 1{,}881\,808$ $\qquad \vartheta_{\substack{5\\6}}(\tfrac{1}{4}, \varkappa) = 1{,}522\,938$

$\vartheta_4''/\vartheta_4(\varkappa) = 6{,}110\,123$ $\qquad \vartheta_5'''/\vartheta_5'(\varkappa) = -22{,}816\,438$ $\qquad \vartheta_6''/\vartheta_6(\varkappa) = -4{,}113\,265$

$\vartheta_4''/\vartheta_4(k) = 0{,}374\,085$ $\qquad \vartheta_5'''/\vartheta_5'(k) = -\ 1{,}396\,910$ $\qquad \vartheta_6''/\vartheta_6(k) = -0{,}251\,830$

$\vartheta_4''''/\vartheta_4(k) = -0{,}900\,891$ $\qquad \vartheta_5'''''/\vartheta_5'(k) = 4{,}977\,981$ $\qquad \vartheta_6''''/\vartheta_6(k) = -1{,}809\,745$

$\wp_3(\zeta, \varkappa)$	$\wp_5(\zeta, \varkappa)$	$\wp_1'(\zeta, \varkappa)$	$\wp_3'(\zeta, \varkappa)$	$\wp_5'(\zeta, \varkappa)$	
0,106 903	∞	$-\infty$	0,000 000	$-\infty$	0,50
0,106 537	612,237 914	−30 297,763 1	−0,018 135	−30 297,781 3	0,49
0,105 437	153,058 420	−3 787,212 56	−0,036 308	−3 787,248 87	0,48
0,103 601	68,023 923	−1 122,127 02	−0,054 556	−1 122,181 57	0,47
0,101 026	38,260 359	−473,385 958	−0,072 915	−473,458 873	0,46
0,097 706	24,482 435	−242,361 361	−0,091 418	−242,452 779	0,45
0,093 634	16,996 375	−140,242 572	−0,110 095	−140,352 667	0,44
0,088 804	12,480 673	−88,302 755	−0,128 974	−88,431 729	0,43
0,083 206	9,547 890	−59,142 378	−0,148 078	−59,290 456	0,42
0,076 832	7,535 202	−41,523 796	−0,167 422	−41,691 218	0,41
0,069 670	6,093 499	−30,256 907	−0,187 017	−30,443 924	0,40
0,061 712	5,024 708	−22,718 416	−0,206 868	−22,925 283	0,39
0,052 946	4,209 663	−17,484 851	−0,226 968	−17,711 819	0,38
0,043 363	3,573 177	−13,738 157	−0,247 302	−13,985 459	0,37
0,032 954	3,065 912	−10,985 372	−0,267 846	−11,253 217	0,36
0,021 711	2,654 405	−8,917 353	−0,288 561	−9,205 914	0,35
0,009 628	2,315 307	−7,333 531	−0,309 398	−7,642 929	0,34
−0,003 299	2,031 931	−6,099 902	−0,330 293	−6,430 194	0,33
−0,017 069	1,792 090	−5,124 614	−0,351 164	−5,475 778	0,32
−0,031 681	1,586 723	−4,343 275	−0,371 917	−4,715 192	0,31
−0,047 128	1,408 980	−3,709 832	−0,392 437	−4,102 269	0,30
−0,063 397	1,253 607	−3,190 755	−0,412 593	−3,603 348	0,29
−0,080 471	1,116 526	−2,761 234	−0,432 235	−3,193 469	0,28
−0,098 325	0,994 536	−2,402 648	−0,451 193	−2,853 841	0,27
−0,116 929	0,885 100	−2,100 829	−0,469 281	−2,570 110	0,26
−0,136 242	0,786 193	−1,844 871	−0,486 291	−2,331 163	0,25
−0,136 242	0,786 193	−1,844 871	−0,486 291	−2,331 163	0,25
−0,156 218	0,696 188	−1,626 283	−0,502 002	−2,128 285	0,24
−0,176 798	0,613 773	−1,438 387	−0,516 175	−1,954 562	0,23
−0,197 916	0,537 885	−1,275 881	−0,528 558	−1,804 438	0,22
−0,219 494	0,467 664	−1,134 515	−0,538 890	−1,673 405	0,21
−0,241 443	0,402 417	−1,010 860	−0,546 903	−1,557 763	0,20
−0,263 665	0,341 585	−0,902 121	−0,552 329	−1,454 449	0,19
−0,286 049	0,284 723	−0,806 007	−0,554 901	−1,360 908	0,18
−0,308 475	0,231 481	−0,720 625	−0,554 363	−1,274 988	0,17
−0,330 813	0,181 589	−0,644 401	−0,550 476	−1,194 877	0,16
−0,352 922	0,134 843	−0,576 016	−0,543 022	−1,119 037	0,15
−0,374 654	0,091 097	−0,514 359	−0,531 814	−1,046 173	0,14
−0,395 855	0,050 256	−0,458 486	−0,516 705	−0,975 192	0,13
−0,416 365	0,012 260	−0,407 593	−0,497 592	−0,905 185	0,12
−0,436 021	−0,022 913	−0,360 985	−0,474 422	−0,835 408	0,11
−0,454 658	−0,055 260	−0,318 063	−0,447 204	−0,765 267	0,10
−0,472 114	−0,084 758	−0,278 303	−0,416 005	−0,694 308	0,09
−0,488 232	−0,111 366	−0,241 243	−0,380 963	−0,622 206	0,08
−0,502 858	−0,135 032	−0,206 474	−0,342 281	−0,548 755	0,07
−0,515 853	−0,155 702	−0,173 629	−0,300 231	−0,473 860	0,06
−0,527 085	−0,173 315	−0,142 376	−0,255 150	−0,397 526	0,05
−0,536 441	−0,187 815	−0,112 410	−0,207 438	−0,319 848	0,04
−0,543 823	−0,199 152	−0,083 449	−0,157 549	−0,240 998	0,03
−0,549 153	−0,207 282	−0,055 228	−0,105 984	−0,161 212	0,02
−0,552 374	−0,212 174	−0,027 493	−0,053 280	−0,080 773	0,01
−0,553 451	−0,213 807	0,000 000	0,000 000	0,000 000	0,00
$\wp_4(\zeta, \varkappa)$	$\wp_6(\zeta, \varkappa)$	$-\wp_2'(\zeta, \varkappa)$	$-\wp_4'(\zeta, \varkappa)$	$-\wp_6'(\zeta, \varkappa)$	$\zeta = \dfrac{z}{2K}$

Tafel III

$\sqrt{k} = 0{,}897\,447$ $k = 0{,}805\,410$ $k^2 = 0{,}648\,686$ $\varkappa = 0{,}87$

$\sqrt{k'} = 0{,}769\,882$ $k' = 0{,}592\,718$ $k'^2 = 0{,}351\,314$

$e_1 = -e_3' = 0{,}450\,438$ $e_2 = -e_2' = 0{,}099\,124$ $e_3 = -e_1' = -0{,}549\,562$

$g_2 = g_2' = 1{,}029\,477$ $g_3 = -g_3' = -0{,}098\,150$ $g_3/\sqrt{g_2^3} = -0{,}093\,965$

$\bar{g}_2 = \bar{g}_2' = -3{,}528\,375$ $\bar{g}_3 = -\bar{g}_3' = -0{,}730\,658$ $\bar{g}_3/\sqrt{\bar{g}_2^3} = 0{,}110\,243\,i$

$\zeta = \frac{z}{2K}$	$\vartheta_1(\zeta, \varkappa)$	$\vartheta_3(\zeta, \varkappa)$	$\frac{\partial \ln \vartheta_1(\zeta, \varkappa)}{\partial \zeta}$	$\frac{\partial \ln \vartheta_3(\zeta, \varkappa)}{\partial \zeta}$	$\mathrm{sn}(\zeta, \varkappa)$
0,00	0,000 000	1,130 059	∞	0,000 000	0,000 000
0,01	0,031 320	1,129 803	99,970 477	−0,045 454	0,040 101
0,02	0,062 612	1,129 033	49,940 926	−0,090 789	0,080 097
0,03	0,093 849	1,127 754	33,244 656	−0,135 889	0,119 881
0,04	0,125 003	1,125 970	24,881 640	−0,180 632	0,159 351
0,05	0,156 045	1,123 689	19,851 850	−0,224 902	0,198 406
0,06	0,186 949	1,120 919	16,488 595	−0,268 576	0,236 952
0,07	0,217 687	1,117 672	14,077 561	−0,311 533	0,274 897
0,08	0,248 230	1,113 960	12,261 581	−0,353 652	0,312 157
0,09	0,278 551	1,109 798	10,842 216	−0,394 808	0,348 653
0,10	0,308 623	1,105 202	9,700 393	−0,434 876	0,384 312
0,11	0,338 417	1,100 192	8,760 329	−0,473 729	0,419 071
0,12	0,367 907	1,094 785	7,971 494	−0,511 240	0,452 872
0,13	0,397 063	1,089 005	7,298 898	−0,547 278	0,485 666
0,14	0,425 860	1,082 874	6,717 543	−0,581 713	0,517 411
0,15	0,454 269	1,076 415	6,209 088	−0,614 414	0,548 072
0,16	0,482 263	1,069 655	6,759 774	−0,645 246	0,577 624
0,17	0,509 814	1,062 620	5,359 073	−0,674 078	0,606 046
0,18	0,536 896	1,055 339	4,998 792	−0,700 776	0,633 325
0,19	0,563 482	1,047 839	4,672 459	−0,725 207	0,659 455
0,20	0,589 545	1,040 151	4,374 890	−0,747 240	0,684 433
0,21	0,615 057	1,032 304	4,101 886	−0,766 744	0,708 266
0,22	0,639 994	1,024 331	3,850 008	−0,783 592	0,730 961
0,23	0,664 328	1,016 262	3,616 410	−0,797 661	0,752 532
0,24	0,688 035	1,008 129	3,398 716	−0,808 832	0,772 997
0,25	0,711 088	0,999 964	3,194 929	−0,816 992	0,792 375
0,26	0,733 464	0,991 800	3,003 355	−0,822 035	0,810 689
0,27	0,755 138	0,983 669	2,822 547	−0,823 864	0,827 965
0,28	0,776 085	0,975 603	2,651 261	−0,822 391	0,844 229
0,29	0,796 282	0,967 633	2,488 422	−0,817 542	0,859 509
0,30	0,815 707	0,959 792	2,333 095	−0,809 253	0,873 835
0,31	0,834 337	0,952 109	2,184 462	−0,797 478	0,887 235
0,32	0,852 151	0,944 616	2,041 804	−0,782 185	0,899 738
0,33	0,869 129	0,937 341	1,904 483	−0,763 362	0,911 376
0,34	0,885 250	0,930 315	1,771 937	−0,741 017	0,922 175
0,35	0,900 495	0,923 563	1,643 659	−0,715 176	0,932 165
0,36	0,914 846	0,917 113	1,519 199	−0,685 891	0,941 373
0,37	0,928 286	0,910 990	1,398 147	−0,653 237	0,949 824
0,38	0,940 798	0,905 219	1,280 133	−0,617 311	0,957 544
0,39	0,952 368	0,899 822	1,164 822	−0,578 238	0,964 557
0,40	0,962 980	0,894 820	1,051 904	−0,536 166	0,970 883
0,41	0,972 623	0,890 233	0,941 095	−0,491 270	0,976 544
0,42	0,981 283	0,886 078	0,832 131	−0,443 748	0,981 559
0,43	0,988 951	0,882 374	0,724 767	−0,393 824	0,985 943
0,44	0,995 615	0,879 133	0,618 773	−0,341 742	0,989 712
0,45	1,001 269	0,876 369	0,513 930	−0,287 769	0,992 879
0,46	1,005 905	0,874 093	0,410 032	−0,232 188	0,995 455
0,47	1,009 516	0,872 313	0,306 880	−0,175 302	0,997 449
0,48	1,012 099	0,871 036	0,204 282	−0,117 425	0,998 868
0,49	1,013 651	0,870 268	0,102 050	−0,058 880	0,999 717
0,50	1,014 168	0,870 012	0,000 000	0,000 000	1,000 000
	$\vartheta_2(\zeta, \varkappa)$	$\vartheta_4(\zeta, \varkappa)$	$-\frac{\partial \ln \vartheta_2(\zeta, \varkappa)}{\partial \zeta}$	$-\frac{\partial \ln \vartheta_4(\zeta, \varkappa)}{\partial \zeta}$	$\mathrm{cd}(\zeta, \varkappa)$

Tafel III

$\varkappa = 0{,}87$			
	$k^2 k'^2 = 0{,}227\,893$	$\eta_1 = -\eta_2' = 0{,}183\,399$	$\eta_1' = -\eta_2 = 0{,}265\,301$
	$\pi/KK' = 0{,}897\,399$	$\bar\eta_1 = -\bar\eta_2' = 0{,}465\,921$	$\bar\eta_1' = -\bar\eta_2 = 0{,}431\,478$
	$K = 2{,}005\,961$	$E = 1{,}271\,452$	$A = 1{,}133\,459$
	$K' = 1{,}745\,186$	$E' = 1{,}422\,087$	$A' = 0{,}580\,020$
	$B = 0{,}873\,658$	$C = 0{,}398\,722$	$D = 1{,}132\,303$

$\mathrm{cn}(\zeta, \varkappa)$	$\mathrm{dn}(\zeta, \varkappa)$	$\mathrm{sc}(\zeta, \varkappa)$	$\overline{\mathrm{sn}}(\zeta, \varkappa)$	$\overline{\mathrm{cn}}(\zeta, \varkappa)$	
1,000 000	1,000 000	0,000 000	∞	0,000 000	0,50
0,999 196	0,999 478	0,040 134	24,903 676	−0,040 113	0,49
0,996 787	0,997 917	0,080 355	12,418 862	−0,080 188	0,48
0,992 788	0,995 328	0,120 752	8,242 772	−0,120 187	0,47
0,987 222	0,991 730	0,161 413	6,144 051	−0,160 078	0,46
0,980 120	0,987 150	0,202 431	4,876 486	−0,199 829	0,45
0,971 521	0,981 620	0,243 898	4,024 718	−0,239 415	0,44
0,961 474	0,975 182	0,285 913	3,410 769	−0,278 817	0,43
0,950 030	0,967 879	0,328 576	2,945 679	−0,318 022	0,42
0,937 252	0,959 764	0,371 995	2,580 047	−0,357 027	0,41
0,923 203	0,950 890	0,416 281	2,284 249	−0,395 838	0,40
0,907 953	0,941 317	0,461 556	2,039 444	−0,434 470	0,39
0,891 576	0,931 106	0,507 946	1,833 082	−0,472 951	0,38
0,874 145	0,920 323	0,555 590	1,656 478	−0,511 322	0,37
0,855 737	0,909 031	0,604 637	1,503 432	−0,549 634	0,36
0,836 431	0,897 299	0,655 251	1,369 397	−0,587 956	0,35
0,816 303	0,885 193	0,707 610	1,250 961	−0,626 371	0,34
0,795 429	0,872 779	0,761 911	1,145 513	−0,664 979	0,33
0,773 886	0,860 123	0,818 370	1,051 019	−0,703 899	0,32
0,751 744	0,847 289	0,877 232	0,965 867	−0,743 270	0,31
0,729 076	0,834 340	0,938 769	0,888 760	−0,783 253	0,30
0,705 946	0,821 336	1,003 286	0,818 646	−0,824 035	0,29
0,682 419	0,808 335	1,071 131	0,754 655	−0,865 833	0,28
0,658 556	0,795 391	1,142 701	0,696 062	−0,908 894	0,27
0,634 410	0,782 557	1,218 450	0,642 256	−0,953 506	0,26
0,610 035	0,769 882	1,298 901	0,592 718	−1,000 000	0,25
0,585 477	0,757 412	1,384 664	0,547 000	−1,048 761	0,24
0,560 780	0,745 191	1,476 452	0,504 717	−1,100 239	0,23
0,535 983	0,733 258	1,575 104	0,465 530	−1,154 958	0,22
0,511 120	0,721 651	1,681 618	0,429 141	−1,213 541	0,21
0,486 223	0,710 403	1,797 188	0,395 286	−1,276 727	0,20
0,461 319	0,699 546	1,923 257	0,363 730	−1,345 407	0,19
0,436 430	0,689 108	2,061 589	0,334 261	−1,420 658	0,18
0,411 575	0,679 116	2,214 359	0,306 687	−1,503 806	0,17
0,386 772	0,669 592	2,384 284	0,280 836	−1,596 497	0,16
0,362 033	0,660 558	2,574 804	0,256 547	−1,700 806	0,15
0,337 369	0,652 032	2,790 339	0,233 675	−1,819 391	0,14
0,312 785	0,644 033	3,036 671	0,212 085	−1,955 715	0,13
0,288 286	0,636 574	3,321 504	0,191 652	−2,114 382	0,12
0,263 876	0,629 669	3,655 343	0,172 260	−2,301 655	0,11
0,239 553	0,623 329	4,052 894	0,153 799	−2,526 288	0,10
0,215 316	0,617 566	4,535 397	0,136 166	−2,800 908	0,09
0,191 161	0,612 388	5,134 713	0,119 264	−3,144 437	0,08
0,167 083	0,607 802	5,900 906	0,103 002	−3,586 584	0,07
0,143 075	0,603 816	6,917 416	0,087 289	−4,176 844	0,06
0,119 130	0,600 434	8,334 433	0,072 043	−5,004 273	0,05
0,095 238	0,597 660	10,452 339	0,057 180	−6,246 949	0,04
0,071 389	0,595 500	13,972 020	0,042 621	−8,320 338	0,03
0,047 574	0,593 955	20,996 140	0,028 289	−12,470 761	0,02
0,023 781	0,593 027	42,038 012	0,014 107	−24,929 682	0,01
0,000 000	0,592 718	∞	0,000 000	$-\infty$	0,00
$k'\,\mathrm{sd}(\zeta, \varkappa)$	$k'\,\mathrm{nd}(\zeta, \varkappa)$	$\frac{1}{k'}\,\mathrm{cs}(\zeta, \varkappa)$	$-\overline{\mathrm{cd}}(\zeta, \varkappa)$	$-\overline{\mathrm{sd}}(\zeta, \varkappa)$	$\zeta = \frac{z}{2K}$

Tafel III. (Fortsetzung)

$\vartheta_1'(0,\varkappa) = 3{,}132\,465$	$\vartheta_1'(0,k) = 0{,}780\,789$	$\vartheta_5'(0,\varkappa) = 7{,}537\,026$
$\vartheta_1'''/\vartheta_1'(\varkappa) = -8{,}855\,695$	$\vartheta_2''/\vartheta_2(\varkappa) = -10{,}201\,932$	$\vartheta_3''/\vartheta_3(\varkappa) = -4{,}547\,347$
$\vartheta_1'''/\vartheta_1'(k) = -0{,}550\,196$	$\vartheta_2''/\vartheta_2(k) = -\ 0{,}633\,837$	$\vartheta_3''/\vartheta_3(k) = -0{,}282\,523$
$\vartheta_1'''''/\vartheta_1'(k) = -0{,}010\,211$	$\vartheta_2''''/\vartheta_2(k) = 0{,}502\,619$	$\vartheta_3''''/\vartheta_3(k) = 0{,}695\,242$

$\varkappa = 0{,}87$

$\zeta = \frac{z}{2K}$	$\overline{\mathrm{dn}}(\zeta,\varkappa)$	$\mathfrak{z}_1(\zeta,\varkappa)$	$\mathfrak{z}_3(\zeta,\varkappa)$	$\mathfrak{z}_5(\zeta,\varkappa)$	$\wp_1(\zeta,\varkappa)$
0,00	0,000 000	∞	0,000 000	∞	∞
0,01	−0,026 006	24,925 710	−0,003 972	24,925 715	621,291 139
0,02	−0,051 899	12,462 847	−0,007 914	12,462 886	155,323 095
0,03	−0,077 567	8,308 540	−0,011 798	8,308 673	69,033 085
0,04	−0,102 899	6,231 357	−0,015 593	6,231 671	38,832 014
0,05	−0,127 787	4,985 004	−0,019 269	4,985 618	24,853 708
0,06	−0,152 126	4,154 046	−0,022 797	4,155 109	17,261 056
0,07	−0,175 815	3,560 437	−0,026 147	3,562 127	12,683 448
0,08	−0,198 758	3,115 149	−0,029 288	3,117 675	9,712 939
0,09	−0,220 861	2,768 720	−0,032 188	2,772 322	7,676 913
0,10	−0,242 039	2,491 470	−0,034 818	2,496 420	6,221 108
0,11	−0,262 210	2,264 510	−0,037 144	2,271 110	5,144 535
0,12	−0,281 299	2,075 245	−0,039 136	2,083 830	4,326 274
0,13	−0,299 237	1,914 954	−0,040 761	1,925 891	3,690 038
0,14	−0,315 959	1,777 405	−0,041 987	1,791 093	3,185 769
0,15	−0,331 410	1,658 026	−0,042 780	1,674 898	2,779 516
0,16	−0,345 536	1,553 390	−0,043 107	1,573 911	2,447 593
0,17	−0,358 292	1,460 870	−0,042 936	1,485 539	2,173 068
0,18	−0,369 639	1,378 425	−0,042 233	1,407 774	1,943 577
0,19	−0,379 540	1,304 442	−0,040 965	1,339 036	1,749 921
0,20	−0,387 967	1,237 629	−0,039 099	1,278 066	1,585 143
0,21	−0,394 894	1,176 938	−0,036 602	1,223 848	1,443 899
0,22	−0,400 303	1,121 514	−0,033 444	1,175 559	1,322 033
0,23	−0,404 177	1,070 646	−0,029 593	1,132 518	1,216 272
0,24	−0,406 505	1,023 742	−0,025 020	1,094 165	1,124 011
0,25	−0,407 282	0,980 304	−0,019 696	1,060 028	1,043 156
0,25	1,592 718	0,980 304	−0,019 696	1,060 028	1,043 156
0,26	1,595 762	0,939 911	−0,013 595	1,029 712	0,972 006
0,27	1,604 956	0,902 201	−0,006 693	1,002 881	0,909 172
0,28	1,620 487	0,866 865	0,001 032	0,979 246	0,853 509
0,29	1,642 681	0,833 634	0,009 599	0,958 559	0,804 065
0,30	1,672 013	0,802 275	0,019 022	0,940 601	0,760 047
0,31	1,709 136	0,772 585	0,029 315	0,925 180	0,720 787
0,32	1,754 918	0,744 384	0,040 485	0,912 126	0,685 724
0,33	1,810 493	0,717 514	0,052 534	0,901 282	0,654 379
0,34	1,877 332	0,691 834	0,065 462	0,892 506	0,626 346
0,35	1,957 353	0,667 217	0,079 261	0,885 665	0,601 276
0,36	2,053 066	0,643 552	0,093 918	0,880 634	0,578 874
0,37	2,167 800	0,620 737	0,109 415	0,877 293	0,558 882
0,38	2,306 034	0,598 679	0,125 728	0,875 524	0,541 080
0,39	2,473 914	0,577 295	0,142 825	0,875 214	0,525 280
0,40	2,680 086	0,556 507	0,160 669	0,876 247	0,511 317
0,41	2,937 074	0,536 245	0,179 218	0,878 510	0,499 053
0,42	3,263 701	0,516 443	0,198 421	0,881 888	0,488 367
0,43	3,689 586	0,497 039	0,218 223	0,886 263	0,479 157
0,44	4,264 133	0,477 977	0,238 562	0,891 518	0,471 336
0,45	5,076 315	0,459 203	0,259 373	0,897 531	0,464 834
0,46	6,304 129	0,440 663	0,280 585	0,904 179	0,459 591
0,47	8,362 959	0,422 309	0,302 122	0,911 340	0,455 561
0,48	12,499 049	0,404 094	0,323 906	0,918 885	0,452 707
0,49	24,943 788	0,385 970	0,345 857	0,926 688	0,451 004
0,50	∞	0,367 891	0,367 891	0,934 620	0,450 438
	$\overline{\mathrm{sc}}(\zeta,\varkappa)$	$-\mathfrak{z}_2(\zeta,\varkappa)$	$-\mathfrak{z}_4(\zeta,\varkappa)$	$-\mathfrak{z}_6(\zeta,\varkappa)$	$\wp_2(\zeta,\varkappa)$

Tafel III

$\varkappa = 0{,}87$

$\vartheta_5'(0, k) = 1{,}878\,657$	$\vartheta_6(0, k) = 1{,}878\,657$	$\vartheta_{\frac{5}{6}}(\tfrac{1}{4}, \varkappa) = 1{,}513\,982$
$\vartheta_4''/\vartheta_4(\varkappa) = 5{,}893\,584$	$\vartheta_5'''/\vartheta_5'(\varkappa) = -22{,}497\,736$	$\vartheta_6''/\vartheta_6(\varkappa) = -4{,}308\,348$
$\vartheta_4''/\vartheta_4(k) = 0{,}366\,163$	$\vartheta_5'''/\vartheta_5'(k) = -1{,}397\,764$	$\vartheta_6''/\vartheta_6(k) = -0{,}267\,674$
$\vartheta_4''''/\vartheta_4(k) = -0{,}895\,145$	$\vartheta_5'''''/\vartheta_5'(k) = 5{,}020\,429$	$\vartheta_6''''/\vartheta_6(k) = -1{,}785\,052$

$\wp_3(\zeta, \varkappa)$	$\wp_5(\zeta, \varkappa)$	$\wp_1'(\zeta, \varkappa)$	$\wp_3'(\zeta, \varkappa)$	$\wp_5'(\zeta, \varkappa)$	
0,099 124	∞	−∞	0,000 000	−∞	0,50
0,098 757	621,290 773	−30 972,238 2	−0,018 292	−30 972,256 5	0,49
0,097 656	155,321 627	−3 871,522 04	−0,036 618	−3 871,558 66	0,48
0,095 818	69,029 779	−1 147,107 72	−0,055 013	−1 147,162 73	0,47
0,093 240	38,826 131	−483,924 823	−0,073 510	−483,998 334	0,46
0,089 918	24,844 502	−247,757 399	−0,092 139	−247,849 539	0,45
0,085 845	17,247 777	−143,365 421	−0,110 928	−143,476 349	0,44
0,081 015	12,665 338	−90,269 473	−0,129 901	−90,399 373	0,43
0,075 419	9,689 234	−60,460 065	−0,149 076	−60,609 141	0,42
0,069 050	7,646 839	−42,449 385	−0,168 468	−42,617 853	0,41
0,061 899	6,183 883	−30,931 792	−0,188 084	−31,119 875	0,40
0,053 956	5,099 367	−23,225 590	−0,207 924	−23,433 513	0,39
0,045 212	4,272 363	−17,875 619	−0,227 980	−18,103 598	0,38
0,035 660	3,626 575	−14,045 612	−0,248 234	−14,293 846	0,37
0,025 292	3,111 938	−11,231 633	−0,268 658	−11,500 290	0,36
0,014 102	2,694 494	−9,117 656	−0,289 212	−9,406 868	0,35
0,002 085	2,350 554	−7,498 647	−0,309 844	−7,808 491	0,34
−0,010 760	2,063 184	−6,237 618	−0,330 487	−6,568 106	0,33
−0,024 432	1,820 021	−5,240 674	−0,351 061	−5,591 734	0,32
−0,038 926	1,611 871	−4,441 988	−0,371 467	−4,813 454	0,31
−0,054 234	1,431 785	−3,794 481	−0,391 592	−4,186 074	0,30
−0,070 341	1,274 433	−3,263 878	−0,411 306	−3,675 184	0,29
−0,087 229	1,135 680	−2,824 816	−0,430 459	−3,255 276	0,28
−0,104 871	1,012 277	−2,458 259	−0,448 886	−2,907 145	0,27
−0,123 235	0,901 653	−2,149 725	−0,466 402	−2,616 127	0,26
−0,142 280	0,801 752	−1,888 064	−0,482 807	−2,370 871	0,25
−0,142 280	0,801 752	−1,888 064	−0,482 807	−2,370 871	0,25
−0,161 957	0,710 926	−1,664 597	−0,497 884	−2,162 480	0,24
−0,182 208	0,627 840	−1,472 496	−0,511 402	−1,983 898	0,23
−0,202 967	0,551 418	−1,306 342	−0,523 120	−1,829 462	0,22
−0,224 155	0,480 786	−1,161 792	−0,532 786	−1,694 579	0,21
−0,245 686	0,415 237	−1,035 339	−0,540 146	−1,575 485	0,20
−0,267 461	0,354 202	−0,924 127	−0,544 943	−1,469 071	0,19
−0,289 374	0,297 227	−0,825 815	−0,546 926	−1,372 741	0,18
−0,311 305	0,243 950	−0,738 466	−0,545 853	−1,284 320	0,17
−0,333 128	0,194 094	−0,660 473	−0,541 500	−1,201 974	0,16
−0,354 707	0,147 445	−0,590 488	−0,533 666	−1,124 154	0,15
−0,375 900	0,103 850	−0,527 374	−0,522 178	−1,049 553	0,14
−0,396 556	0,063 203	−0,470 169	−0,506 903	−0,977 072	0,13
−0,416 521	0,025 436	−0,418 048	−0,487 750	−0,905 798	0,12
−0,435 639	−0,009 483	−0,370 304	−0,464 677	−0,834 981	0,11
−0,453 754	−0,041 560	−0,326 324	−0,437 700	−0,764 023	0,10
−0,470 708	−0,070 779	−0,285 571	−0,406 891	−0,692 462	0,09
−0,486 353	−0,097 110	−0,247 576	−0,372 389	−0,619 964	0,08
−0,500 542	−0,120 509	−0,211 919	−0,334 394	−0,546 313	0,07
−0,513 141	−0,140 928	−0,178 227	−0,293 171	−0,471 398	0,06
−0,524 026	−0,158 316	−0,146 159	−0,249 047	−0,395 207	0,05
−0,533 090	−0,172 623	−0,115 406	−0,202 407	−0,317 813	0,04
−0,540 239	−0,183 803	−0,085 679	−0,153 687	−0,239 365	0,03
−0,545 400	−0,191 818	−0,056 706	−0,103 366	−0,160 072	0,02
−0,548 519	−0,196 639	−0,028 230	−0,051 958	−0,080 187	0,01
−0,549 562	−0,198 248	0,000 000	0,000 000	0,000 000	0,00
$\wp_4(\zeta, \varkappa)$	$\wp_6(\zeta, \varkappa)$	$-\wp_2'(\zeta, \varkappa)$	$-\wp_4'(\zeta, \varkappa)$	$-\wp_6'(\zeta, \varkappa)$	$\zeta = \dfrac{z}{2K}$

Tafel III

$\varkappa = 0{,}88$

$\sqrt{k} = 0{,}893\,380$	$k = 0{,}798\,127$	$k^2 = 0{,}637\,007$
$\sqrt{k'} = 0{,}776\,201$	$k' = 0{,}602\,489$	$k'^2 = 0{,}362\,993$
$e_1 = -e_3' = 0{,}454\,331$	$e_2 = -e_2' = 0{,}091\,338$	$e_3 = -e_1' = -0{,}545\,669$
$g_2 = g_2' = 1{,}025\,028$	$g_3 = -g_3' = -0{,}090\,576$	$g_3/\sqrt{g_2^3} = -0{,}087\,279$
$\bar{g}_2 = \bar{g}_2' = -3{,}599\,551$	$\bar{g}_3 = -\bar{g}_3' = -0{,}681\,938$	$\bar{g}_3/\sqrt{\bar{g}_2^3} = 0{,}099\,856\,i$

$\zeta = \dfrac{z}{2K}$	$\vartheta_1(\zeta, \varkappa)$	$\vartheta_3(\zeta, \varkappa)$	$\dfrac{\partial \ln \vartheta_1(\zeta, \varkappa)}{\partial \zeta}$	$\dfrac{\partial \ln \vartheta_3(\zeta, \varkappa)}{\partial \zeta}$	$\mathrm{sn}(\zeta, \varkappa)$
0,00	0,000 000	1,126 034	∞	0,000 000	0,000 000
0,01	0,031 099	1,125 785	99,970 268	−0,044 201	0,039 817
0,02	0,062 171	1,125 039	49,940 511	−0,088 285	0,079 530
0,03	0,093 187	1,123 800	33,244 036	−0,132 136	0,119 038
0,04	0,124 120	1,122 071	24,880 816	−0,175 637	0,158 241
0,05	0,154 942	1,119 861	19,850 827	−0,218 670	0,197 041
0,06	0,185 625	1,117 177	16,487 376	−0,261 117	0,235 344
0,07	0,216 142	1,114 030	14,076 152	−0,302 858	0,273 064
0,08	0,246 465	1,110 434	12,259 988	−0,343 773	0,310 115
0,09	0,276 566	1,106 401	10,840 445	−0,383 740	0,346 423
0,10	0,306 417	1,101 948	9,698 451	−0,422 637	0,381 914
0,11	0,335 992	1,097 092	8,758 224	−0,460 340	0,416 527
0,12	0,365 262	1,091 854	7,969 235	−0,496 723	0,450 205
0,13	0,394 200	1,086 253	7,296 495	−0,531 660	0,482 899
0,14	0,422 778	1,080 311	6,715 004	−0,565 024	0,514 566
0,15	0,450 970	1,074 053	6,206 424	−0,596 686	0,545 173
0,16	0,478 747	1,067 502	5,756 996	−0,626 518	0,574 692
0,17	0,506 084	1,060 685	5,356 193	−0,654 391	0,603 102
0,18	0,532 952	1,053 629	4,995 821	−0,680 176	0,630 390
0,19	0,559 326	1,046 362	4,669 408	−0,703 745	0,656 547
0,20	0,585 178	1,038 911	4,371 773	−0,724 971	0,681 571
0,21	0,610 482	1,031 308	4,098 715	−0,743 730	0,705 466
0,22	0,635 213	1,023 581	3,846 795	−0,759 900	0,728 238
0,23	0,659 344	1,015 762	3,613 168	−0,773 363	0,749 899
0,24	0,682 851	1,007 880	3,395 458	−0,784 005	0,770 465
0,25	0,705 708	0,999 968	3,191 668	−0,791 721	0,789 955
0,26	0,727 891	0,992 057	3,000 104	−0,796 410	0,808 390
0,27	0,749 375	0,984 177	2,819 318	−0,797 981	0,825 793
0,28	0,770 137	0,976 360	2,648 068	−0,796 353	0,842 189
0,29	0,790 155	0,968 637	2,485 276	−0,791 456	0,857 606
0,30	0,809 405	0,961 038	2,330 010	−0,783 232	0,872 070
0,31	0,827 866	0,953 592	2,181 448	−0,771 640	0,885 609
0,32	0,845 517	0,946 331	2,038 873	−0,756 652	0,898 253
0,33	0,862 337	0,939 281	1,901 648	−0,738 261	0,910 028
0,34	0,878 308	0,932 471	1,769 207	−0,716 476	0,920 963
0,35	0,893 410	0,925 928	1,641 046	−0,691 327	0,931 084
0,36	0,907 625	0,919 677	1,516 712	−0,662 867	0,940 419
0,37	0,920 936	0,913 743	1,395 796	−0,631 169	0,948 992
0,38	0,933 328	0,908 150	1,277 927	−0,596 331	0,956 828
0,39	0,944 786	0,902 919	1,162 769	−0,558 474	0,963 949
0,40	0,955 295	0,898 072	1,050 012	−0,517 744	0,970 377
0,41	0,964 843	0,893 626	0,939 371	−0,474 308	0,976 131
0,42	0,973 418	0,889 600	0,830 582	−0,428 359	0,981 230
0,43	0,981 010	0,886 010	0,723 399	−0,380 112	0,985 690
0,44	0,987 609	0,882 869	0,617 590	−0,329 802	0,989 525
0,45	0,993 206	0,880 190	0,512 938	−0,277 684	0,992 748
0,46	0,997 796	0,877 984	0,409 234	−0,224 032	0,995 371
0,47	1,001 371	0,876 259	0,306 279	−0,169 132	0,997 401
0,48	1,003 928	0,875 022	0,203 880	−0,113 286	0,998 847
0,49	1,005 464	0,874 277	0,101 848	−0,056 803	0,999 712
0,50	1,005 976	0,874 029	0,000 000	0,000 000	1,000 000
	$\vartheta_2(\zeta, \varkappa)$	$\vartheta_4(\zeta, \varkappa)$	$-\dfrac{\partial \ln \vartheta_2(\zeta, \varkappa)}{\partial \zeta}$	$-\dfrac{\partial \ln \vartheta_4(\zeta, \varkappa)}{\partial \zeta}$	$\mathrm{cd}(\zeta, \varkappa)$

Tafel III

$\varkappa = 0{,}88$			
	$k^2 k'^2 = 0{,}231\,229$	$\eta_1 = -\eta_2' = 0{,}187\,348$	$\eta_1' = -\eta_2 = 0{,}262\,630$
	$\pi/KK' = 0{,}899\,957$	$\bar\eta_1 = -\bar\eta_2' = 0{,}466\,034$	$\bar\eta_1' = -\bar\eta_2 = 0{,}433\,922$
	$K = 1{,}991\,695$	$E = 1{,}278\,029$	$A = 1{,}110\,116$
	$K' = 1{,}752\,692$	$E' = 1{,}416\,700$	$A' = 0{,}600\,444$
	$B = 0{,}871\,353$	$C = 0{,}390\,874$	$D = 1{,}120\,342$

$\mathrm{cn}(\zeta, \varkappa)$	$\mathrm{dn}(\zeta, \varkappa)$	$\mathrm{sc}(\zeta, \varkappa)$	$\overline{\mathrm{sn}}(\zeta, \varkappa)$	$\overline{\mathrm{cn}}(\zeta, \varkappa)$	
1,000 000	1,000 000	0,000 000	∞	0,000 000	0,50
0,999 207	0,999 495	0,039 848	25,082 523	−0,039 828	0,49
0,996 832	0,997 983	0,079 783	12,508 750	−0,079 622	0,48
0,992 890	0,995 477	0,119 891	8,303 205	−0,119 348	0,47
0,987 401	0,991 993	0,160 260	6,189 900	−0,158 977	0,46
0,980 395	0,987 557	0,200 981	4,913 690	−0,198 480	0,45
0,971 912	0,982 201	0,242 146	4,056 237	−0,237 836	0,44
0,961 996	0,975 962	0,283 851	3,438 288	−0,277 028	0,43
0,950 699	0,968 885	0,326 197	2,970 241	−0,316 048	0,42
0,938 079	0,961 017	0,369 289	2,602 341	−0,354 893	0,41
0,924 198	0,952 411	0,413 239	2,304 747	−0,393 573	0,40
0,909 123	0,943 124	0,458 164	2,058 485	−0,432 105	0,39
0,892 925	0,933 214	0,504 191	1,850 912	−0,470 518	0,38
0,875 676	0,922 743	0,551 458	1,673 280	−0,508 854	0,37
0,857 451	0,911 775	0,600 111	1,519 343	−0,547 167	0,36
0,838 324	0,900 374	0,650 313	1,384 523	−0,585 525	0,35
0,818 370	0,888 603	0,702 239	1,265 385	−0,624 012	0,34
0,797 664	0,876 527	0,756 085	1,159 297	−0,662 729	0,33
0,776 279	0,864 210	0,812 066	1,064 211	−0,701 796	0,32
0,754 285	0,851 713	0,870 423	0,978 506	−0,741 350	0,31
0,731 752	0,839 098	0,931 424	0,900 876	−0,781 556	0,30
0,708 744	0,826 422	0,995 374	0,830 263	−0,822 599	0,29
0,685 325	0,813 742	1,062 617	0,765 790	−0,864 696	0,28
0,661 552	0,801 112	1,133 545	0,706 731	−0,908 096	0,27
0,637 482	0,788 582	1,208 608	0,652 471	−0,953 086	0,26
0,613 164	0,776 201	1,288 325	0,602 489	−1,000 000	0,25
0,588 647	0,764 015	1,373 301	0,556 335	−1,049 223	0,24
0,563 973	0,752 066	1,464 241	0,513 622	−1,101 205	0,23
0,539 182	0,740 393	1,561 976	0,474 010	−1,156 476	0,22
0,514 308	0,729 033	1,667 496	0,437 202	−1,215 659	0,21
0,489 382	0,718 020	1,781 984	0,402 933	−1,279 499	0,20
0,464 431	0,707 384	1,906 870	0,370 966	−1,348 890	0,19
0,439 480	0,697 155	2,043 901	0,341 091	−1,424 916	0,18
0,414 547	0,687 359	2,195 232	0,313 114	−1,508 912	0,17
0,389 651	0,678 018	2,363 556	0,286 863	−1,602 533	0,16
0,364 805	0,669 154	2,552 282	0,262 179	−1,707 870	0,15
0,340 018	0,660 786	2,765 790	0,238 914	−1,827 596	0,14
0,315 300	0,652 932	3,009 807	0,216 935	−1,965 199	0,13
0,290 655	0,645 606	3,291 969	0,196 116	−2,125 315	0,12
0,266 087	0,638 822	3,622 683	0,176 340	−2,314 251	0,11
0,241 596	0,632 593	4,016 521	0,157 498	−2,540 823	0,10
0,217 182	0,626 928	4,494 529	0,139 487	−2,817 747	0,09
0,192 841	0,621 837	5,088 276	0,122 210	−3,164 079	0,08
0,168 570	0,617 328	5,847 367	0,105 574	−3,609 742	0,07
0,144 362	0,613 407	6,854 476	0,089 490	−4,204 583	0,06
0,120 211	0,610 080	8,258 418	0,073 874	−5,038 296	0,05
0,096 108	0,607 352	10,356 818	0,058 643	−6,290 234	0,04
0,072 045	0,605 226	13,844 137	0,043 717	−8,378 836	0,03
0,048 013	0,603 706	20,803 754	0,029 019	−12,559 352	0,02
0,024 001	0,602 793	41,652 566	0,014 472	−25,107 879	0,01
0,000 000	0,602 489	∞	0,000 000	−∞	0,00
$k'\,\mathrm{sd}(\zeta, \varkappa)$	$k'\,\mathrm{nd}(\zeta, \varkappa)$	$\frac{1}{k'}\,\mathrm{cs}(\zeta, \varkappa)$	$-\overline{\mathrm{cd}}(\zeta, \varkappa)$	$-\overline{\mathrm{sd}}(\zeta, \varkappa)$	$\zeta = \frac{z}{2K}$

Tafel III. (Fortsetzung)

			$\varkappa = 0{,}88$
$\vartheta_1'(0,\varkappa) = 3{,}110\,390$	$\vartheta_1'(0,k) = 0{,}780\,840$	$\vartheta_5'(0,\varkappa) = 7{,}470\,326$	
$\vartheta_1'''/\vartheta_1'(\varkappa) = -8{,}918\,175$	$\vartheta_2''/\vartheta_2(\varkappa) = -10{,}181\,772$	$\vartheta_3''/\vartheta_3(\varkappa) = -4{,}422\,026$	
$\vartheta_1'''/\vartheta_1'(k) = -0{,}562\,044$	$\vartheta_2''/\vartheta_2(k) = -\;0{,}641\,679$	$\vartheta_3''/\vartheta_3(k) = -0{,}278\,686$	
$\vartheta_1'''''/\vartheta_1'(k) = 0{,}013\,975$	$\vartheta_2''''/\vartheta_2(k) = 0{,}509\,270$	$\vartheta_3''''/\vartheta_3(k) = 0{,}695\,456$	

$\zeta = \dfrac{z}{2K}$	$\overline{\mathrm{dn}}(\zeta,\varkappa)$	$\mathfrak{z}_1(\zeta,\varkappa)$	$\mathfrak{z}_3(\zeta,\varkappa)$	$\mathfrak{z}_5(\zeta,\varkappa)$	$\wp_1(\zeta,\varkappa)$
0,00	0,000 000	∞	0,000 000	∞	∞
0,01	−0,025 356	25,104 246	−0,003 633	25,104 250	630,223 280
0,02	−0,050 603	12,552 115	−0,007 238	12,552 154	157,556 125
0,03	−0,075 631	8,368 053	−0,010 783	8,368 185	70,025 531
0,04	−0,100 334	6,275 993	−0,014 241	6,276 305	39,390 249
0,05	−0,124 606	5,020 715	−0,017 582	5,021 325	25,210 956
0,06	−0,148 346	4,183 808	−0,020 775	4,184 864	17,509 117
0,07	−0,171 454	3,585 952	−0,023 791	3,587 630	12,865 664
0,08	−0,193 838	3,137 480	−0,026 599	3,139 988	9,852 410
0,09	−0,215 407	2,788 577	−0,029 170	2,792 153	7,787 069
0,10	−0,236 076	2,509 351	−0,031 472	2,514 263	6,310 286
0,11	−0,255 766	2,280 777	−0,033 474	2,287 325	5,218 183
0,12	−0,274 403	2,090 170	−0,035 145	2,098 686	4,388 102
0,13	−0,291 919	1,928 746	−0,036 453	1,939 592	3,742 659
0,14	−0,308 253	1,790 230	−0,037 366	1,803 802	3,231 077
0,15	−0,323 346	1,670 018	−0,037 852	1,686 742	2,818 916
0,16	−0,337 149	1,564 655	−0,037 878	1,584 991	2,482 152
0,17	−0,349 615	1,471 499	−0,037 412	1,495 939	2,203 608
0,18	−0,360 705	1,388 494	−0,036 423	1,417 561	1,970 743
0,19	−0,370 384	1,314 013	−0,034 877	1,348 265	1,774 227
0,20	−0,378 623	1,246 757	−0,032 742	1,286 781	1,607 001
0,21	−0,385 397	1,185 670	−0,029 989	1,232 087	1,463 647
0,22	−0,390 686	1,129 891	−0,026 585	1,183 349	1,339 949
0,23	−0,394 474	1,078 703	−0,022 502	1,139 883	1,232 587
0,24	−0,396 752	1,031 511	−0,017 711	1,101 121	1,138 919
0,25	−0,397 511	0,987 814	−0,012 186	1,066 588	1,056 820
0,25	1,602 489	0,987 814	−0,012 186	1,066 588	1,056 820
0,26	1,605 558	0,947 186	−0,005 900	1,035 884	0,984 566
0,27	1,614 827	0,909 264	0,001 168	1,008 668	0,920 749
0,28	1,630 486	0,873 736	0,009 040	0,984 650	0,864 206
0,29	1,652 861	0,840 331	0,017 732	0,963 576	0,813 973
0,30	1,682 432	0,808 815	0,027 260	0,945 226	0,769 245
0,31	1,719 856	0,778 983	0,037 633	0,929 405	0,729 347
0,32	1,766 007	0,750 653	0,048 858	0,915 939	0,693 707
0,33	1,822 026	0,723 667	0,060 938	0,904 670	0,661 841
0,34	1,889 397	0,697 881	0,073 869	0,895 455	0,633 337
0,35	1,970 048	0,673 170	0,087 646	0,888 159	0,607 843
0,36	2,066 510	0,649 420	0,102 253	0,882 654	0,585 057
0,37	2,182 134	0,626 528	0,117 673	0,878 820	0,564 719
0,38	2,321 430	0,604 401	0,133 882	0,876 540	0,546 607
0,39	2,490 591	0,582 954	0,150 848	0,875 698	0,530 528
0,40	2,698 321	0,562 110	0,168 536	0,876 181	0,516 318
0,41	2,957 234	0,541 797	0,186 903	0,877 873	0,503 834
0,42	3,286 289	0,521 949	0,205 901	0,880 662	0,492 955
0,43	3,715 316	0,502 504	0,225 476	0,884 430	0,483 578
0,44	4,294 073	0,483 405	0,245 569	0,889 062	0,475 615
0,45	5,112 170	0,464 595	0,266 116	0,894 437	0,468 993
0,46	6,348 876	0,446 024	0,287 047	0,900 436	0,463 654
0,47	8,422 553	0,427 641	0,308 292	0,906 936	0,459 548
0,48	12,588 371	0,409 397	0,329 775	0,913 813	0,456 641
0,49	25,122 351	0,391 246	0,351 417	0,920 943	0,454 907
0,50	∞	0,373 140	0,373 140	0,928 198	0,454 331
	$\overline{\mathrm{sc}}(\zeta,\varkappa)$	$-\mathfrak{z}_2(\zeta,\varkappa)$	$-\mathfrak{z}_4(\zeta,\varkappa)$	$-\mathfrak{z}_6(\zeta,\varkappa)$	$\wp_2(\zeta,\varkappa)$

Tafel III

$\varkappa = 0{,}88$

$\vartheta_5'(0, k) = 1{,}875\,369$	$\vartheta_6(0, k) = 1{,}875\,369$	$\vartheta_{\frac{5}{6}}(\tfrac{1}{4}, \varkappa) = 1{,}505\,166$
$\vartheta_4''/\vartheta_4(\varkappa) = 5{,}685\,623$	$\vartheta_5'''/\vartheta_5'(\varkappa) = -22{,}184\,252$	$\vartheta_6''/\vartheta_6(\varkappa) = -4{,}496\,149$
$\vartheta_4''/\vartheta_4(k) = 0{,}358\,321$	$\vartheta_5'''/\vartheta_5'(k) = -\ 1{,}398\,103$	$\vartheta_6''/\vartheta_6(k) = -0{,}283\,358$
$\vartheta_4''''/\vartheta_4(k) = -0{,}888\,833$	$\vartheta_5'''''/\vartheta_5'(k) = 5{,}057\,596$	$\vartheta_6''''/\vartheta_6(k) = -1{,}759\,125$

$\wp_3(\zeta, \varkappa)$	$\wp_5(\zeta, \varkappa)$	$\wp_1'(\zeta, \varkappa)$	$\wp_3'(\zeta, \varkappa)$	$\wp_5'(\zeta, \varkappa)$	
0,091 338	∞	− ∞	0,000 000	− ∞	0,50
0,090 971	630,222 913	−31 642,553 2	−0,018 427	−31 642,571 6	0,49
0,089 870	157,554 656	−3 955,311 49	−0,036 886	−3 955,348 38	0,48
0,088 032	70,022 225	−1 171,934 34	−0,055 407	−1 171,989 74	0,47
0,085 454	39,384 365	−494,398 676	−0,074 022	−494,472 698	0,46
0,082 133	25,201 751	−253,120 143	−0,092 756	−253,212 899	0,45
0,078 063	17,495 842	−146,468 995	−0,111 636	−146,580 630	0,44
0,073 237	12,847 563	−92,224 044	−0,130 680	−92,354 724	0,43
0,067 649	9,828 721	−61,769 607	−0,149 907	−61,919 514	0,42
0,061 292	7,757 022	−43,369 246	−0,169 326	−43,538 572	0,41
0,054 157	6,273 105	−31,602 492	−0,188 943	−31,791 435	0,40
0,046 237	5,173 082	−23,729 612	−0,208 753	−23,938 365	0,39
0,037 524	4,334 287	−18,263 952	−0,228 746	−18,492 698	0,38
0,028 011	3,679 331	−14,351 145	−0,248 902	−14,600 047	0,37
0,017 692	3,157 431	−11,476 347	−0,269 190	−11,745 537	0,36
0,006 564	2,734 142	−9,316 695	−0,289 567	−9,606 263	0,35
−0,005 377	2,385 436	−7,662 716	−0,309 980	−7,972 696	0,34
−0,018 131	2,094 138	−6,374 456	−0,330 359	−6,704 816	0,33
−0,031 695	1,847 710	−5,355 989	−0,350 624	−5,706 612	0,32
−0,046 062	1,636 827	−4,540 062	−0,370 675	−4,910 737	0,31
−0,061 221	1,454 442	−3,878 579	−0,390 400	−4,268 979	0,30
−0,077 158	1,295 151	−3,336 520	−0,409 668	−3,746 188	0,29
−0,093 851	1,154 760	−2,887 977	−0,428 333	−3,316 310	0,28
−0,111 272	1,029 977	−2,513 499	−0,446 231	−2,959 730	0,27
−0,129 388	0,918 192	−2,198 291	−0,463 183	−2,661 474	0,26
−0,148 158	0,817 323	−1,930 962	−0,478 992	−2,409 955	0,25
−0,148 158	0,817 323	−1,930 962	−0,478 992	−2,409 955	0,25
−0,167 531	0,725 697	−1,702 646	−0,493 449	−2,196 095	0,24
−0,187 449	0,641 961	−1,506 368	−0,506 331	−2,012 699	0,23
−0,207 845	0,565 022	−1,336 590	−0,517 405	−1,853 995	0,22
−0,228 642	0,493 992	−1,188 877	−0,526 431	−1,715 308	0,21
−0,249 754	0,428 153	−1,059 644	−0,533 166	−1,592 810	0,20
−0,271 085	0,366 924	−0,945 976	−0,537 365	−1,483 341	0,19
−0,292 528	0,309 841	−0,845 479	−0,538 791	−1,384 271	0,18
−0,313 969	0,256 534	−0,756 178	−0,537 218	−1,293 396	0,17
−0,335 284	0,206 714	−0,676 428	−0,532 435	−1,208 863	0,16
−0,356 342	0,160 163	−0,604 853	−0,524 256	−1,129 108	0,15
−0,377 003	0,116 715	−0,540 293	−0,512 522	−1,052 815	0,14
−0,397 125	0,076 256	−0,481 764	−0,497 113	−0,978 877	0,13
−0,416 557	0,038 711	−0,428 425	−0,477 949	−0,906 373	0,12
−0,435 151	0,004 038	−0,379 552	−0,454 998	−0,834 550	0,11
−0,452 756	−0,027 777	−0,334 521	−0,428 282	−0,762 803	0,10
−0,469 223	−0,056 727	−0,292 784	−0,397 879	−0,690 663	0,09
−0,484 407	−0,082 790	−0,253 860	−0,363 926	−0,617 786	0,08
−0,498 171	−0,105 932	−0,217 323	−0,326 622	−0,543 944	0,07
−0,510 387	−0,126 111	−0,182 789	−0,286 224	−0,469 013	0,06
−0,520 937	−0,143 282	−0,149 914	−0,243 049	−0,392 962	0,05
−0,529 718	−0,157 403	−0,118 379	−0,197 467	−0,315 846	0,04
−0,536 643	−0,168 433	−0,087 891	−0,149 897	−0,237 787	0,03
−0,541 640	−0,176 337	−0,058 172	−0,100 798	−0,158 970	0,02
−0,544 659	−0,181 090	−0,028 961	−0,050 661	−0,079 622	0,01
−0,545 669	−0,182 677	0,000 000	0,000 000	0,000 000	0,00
$\wp_4(\zeta, \varkappa)$	$\wp_6(\zeta, \varkappa)$	$-\wp_2'(\zeta, \varkappa)$	$-\wp_4'(\zeta, \varkappa)$	$-\wp_6'(\zeta, \varkappa)$	$\zeta = \frac{z}{2K}$

Tafel III

$\varkappa = 0{,}89$

$\sqrt{k} = 0{,}889\,258$	$k = 0{,}790\,779$	$k^2 = 0{,}625\,332$
$\sqrt{k'} = 0{,}782\,369$	$k' = 0{,}612\,101$	$k'^2 = 0{,}374\,668$
$e_1 = -e_3' = 0{,}458\,223$	$e_2 = -e_2' = 0{,}083\,555$	$e_3 = -e_1' = -0{,}541\,777$
$g_2 = g_2' = 1{,}020\,944$	$g_3 = -g_3' = -0{,}082\,971$	$g_3/\sqrt{g_2^3} = -0{,}080\,431$
$\bar{g}_2 = \bar{g}_2' = -3{,}664\,894$	$\bar{g}_3 = -\bar{g}_3' = -0{,}631\,104$	$\bar{g}_3/\sqrt{\bar{g}_2^3} = 0{,}089\,952\,i$

$\zeta = \frac{z}{2K}$	$\vartheta_1(\zeta,\varkappa)$	$\vartheta_3(\zeta,\varkappa)$	$\frac{\partial \ln \vartheta_1(\zeta,\varkappa)}{\partial \zeta}$	$\frac{\partial \ln \vartheta_3(\zeta,\varkappa)}{\partial \zeta}$	$\operatorname{sn}(\zeta,\varkappa)$
0,00	0,000 000	1,122 133	∞	0,000 000	0,000 000
0,01	0,030 879	1,121 892	99,970 073	−0,042 979	0,039 542
0,02	0,061 729	1,121 170	49,940 122	−0,085 842	0,078 983
0,03	0,092 525	1,119 968	33,243 453	−0,128 476	0,118 224
0,04	0,123 237	1,118 294	24,880 043	−0,170 765	0,157 169
0,05	0,153 839	1,116 152	19,849 867	−0,212 593	0,195 721
0,06	0,184 301	1,113 551	16,486 233	−0,253 844	0,233 791
0,07	0,214 598	1,110 502	14,074 831	−0,294 400	0,271 291
0,08	0,244 701	1,107 017	12,258 493	−0,334 143	0,308 141
0,09	0,274 582	1,103 109	10,838 783	−0,372 953	0,344 266
0,10	0,304 214	1,098 794	9,696 629	−0,410 712	0,379 594
0,11	0,333 570	1,094 089	8,756 250	−0,447 296	0,414 065
0,12	0,362 622	1,089 013	7,967 116	−0,482 584	0,447 623
0,13	0,391 342	1,083 585	7,294 240	−0,516 454	0,480 218
0,14	0,419 704	1,077 828	6,712 622	−0,548 779	0,511 809
0,15	0,447 679	1,071 763	6,203 925	−0,579 437	0,542 361
0,16	0,475 242	1,065 416	5,754 390	−0,608 301	0,571 847
0,17	0,502 365	1,058 810	5,353 490	−0,635 248	0,600 244
0,18	0,529 021	1,051 972	4,993 033	−0,660 153	0,627 539
0,19	0,555 184	1,044 930	4,666 546	−0,682 892	0,653 721
0,20	0,580 828	1,037 710	4,368 848	−0,703 343	0,678 789
0,21	0,605 927	1,030 342	4,095 739	−0,721 388	0,702 742
0,22	0,630 454	1,022 854	3,843 780	−0,736 909	0,725 587
0,23	0,654 385	1,015 277	3,610 125	−0,749 794	0,747 335
0,24	0,677 694	1,007 639	3,392 400	−0,759 935	0,767 999
0,25	0,700 357	0,999 972	3,188 608	−0,767 232	0,787 597
0,26	0,722 349	0,992 305	2,997 052	−0,771 591	0,806 147
0,27	0,743 647	0,984 669	2,816 287	−0,772 924	0,823 673
0,28	0,764 228	0,977 094	2,645 069	−0,771 157	0,840 198
0,29	0,784 069	0,969 609	2,482 323	−0,766 226	0,855 746
0,30	0,803 147	0,962 245	2,327 112	−0,758 077	0,870 345
0,31	0,821 442	0,955 030	2,178 618	−0,746 674	0,884 020
0,32	0,838 932	0,947 992	2,036 122	−0,731 994	0,896 799
0,33	0,855 599	0,941 160	1,898 985	−0,714 031	0,908 708
0,34	0,871 422	0,934 561	1,766 644	−0,692 798	0,919 775
0,35	0,886 383	0,928 220	1,638 592	−0,668 328	0,930 025
0,36	0,900 464	0,922 162	1,514 376	−0,640 672	0,939 484
0,37	0,913 650	0,916 411	1,393 588	−0,609 906	0,948 177
0,38	0,925 924	0,910 991	1,275 855	−0,576 124	0,956 125
0,39	0,937 272	0,905 921	1,160 841	−0,539 446	0,963 353
0,40	0,947 680	0,901 223	1,048 235	−0,500 013	0,969 880
0,41	0,957 136	0,896 915	0,937 752	−0,457 988	0,975 726
0,42	0,965 628	0,893 013	0,829 127	−0,413 557	0,980 907
0,43	0,973 145	0,889 533	0,722 114	−0,366 927	0,985 441
0,44	0,979 679	0,886 489	0,616 480	−0,318 323	0,989 342
0,45	0,985 222	0,883 893	0,512 006	−0,267 992	0,992 620
0,46	0,989 766	0,881 755	0,408 484	−0,216 193	0,995 289
0,47	0,993 306	0,880 083	0,305 714	−0,163 203	0,997 355
0,48	0,995 838	0,878 884	0,203 502	−0,109 309	0,998 826
0,49	0,997 359	0,878 163	0,101 659	−0,054 807	0,999 707
0,50	0,997 866	0,877 922	0,000 000	0,000 000	1,000 000
	$\vartheta_2(\zeta,\varkappa)$	$\vartheta_4(\zeta,\varkappa)$	$-\frac{\partial \ln \vartheta_2(\zeta,\varkappa)}{\partial \zeta}$	$-\frac{\partial \ln \vartheta_4(\zeta,\varkappa)}{\partial \zeta}$	$\operatorname{cd}(\zeta,\varkappa)$

Tafel III

$\varkappa = 0,89$

$k^2 k'^2 = 0,234\,292$	$\eta_1 = -\eta_2' = 0,191\,215$	$\eta_1' = -\eta_2 = 0,259\,927$
$\pi/KK' = 0,902\,282$	$\bar\eta_1 = -\bar\eta_2' = 0,465\,984$	$\bar\eta_1' = -\bar\eta_2 = 0,436\,298$
$K = 1,977\,920$	$E = 1,284\,535$	$A = 1,086\,943$
$K' = 1,760\,349$	$E' = 1,411\,278$	$A' = 0,620\,952$
$B = 0,869\,093$	$C = 0,383\,371$	$D = 1,108\,827$

$\mathrm{cn}(\zeta, \varkappa)$	$\mathrm{dn}(\zeta, \varkappa)$	$\mathrm{sc}(\zeta, \varkappa)$	$\overline{\mathrm{sn}}(\zeta, \varkappa)$	$\overline{\mathrm{cn}}(\zeta, \varkappa)$	
1,000 000	1,000 000	0,000 000	∞	0,000 000	0,50
0,999 218	0,999 511	0,039 573	25,257 661	−0,039 553	0,49
0,996 876	0,998 048	0,079 230	12,596 771	−0,079 076	0,48
0,992 987	0,995 620	0,119 059	8,362 383	−0,118 538	0,47
0,987 572	0,992 246	0,159 147	6,234 794	−0,157 913	0,46
0,980 660	0,987 950	0,199 581	4,950 118	−0,197 176	0,45
0,972 287	0,982 762	0,240 455	4,087 099	−0,236 310	0,44
0,962 497	0,976 717	0,281 862	3,465 232	−0,275 299	0,43
0,951 341	0,969 858	0,323 902	2,994 291	−0,314 139	0,42
0,938 872	0,962 230	0,366 680	2,624 170	−0,352 830	0,41
0,925 153	0,953 884	0,410 304	2,324 820	−0,391 383	0,40
0,910 247	0,944 874	0,454 893	2,077 132	−0,429 817	0,39
0,894 222	0,935 256	0,500 572	1,868 375	−0,468 163	0,38
0,877 149	0,925 091	0,547 476	1,689 738	−0,506 465	0,37
0,859 099	0,914 437	0,595 750	1,534 933	−0,544 776	0,36
0,840 146	0,903 358	0,645 556	1,399 348	−0,583 168	0,35
0,820 361	0,891 914	0,697 067	1,279 524	−0,621 724	0,34
0,799 817	0,880 169	0,750 477	1,172 813	−0,660 546	0,33
0,778 585	0,868 183	0,805 999	1,077 152	−0,699 754	0,32
0,756 735	0,856 016	0,863 871	0,990 908	−0,739 487	0,31
0,734 334	0,843 727	0,924 360	0,912 770	−0,779 908	0,30
0,711 445	0,831 374	0,987 767	0,841 670	−0,821 203	0,29
0,688 130	0,819 010	1,054 432	0,776 731	−0,863 591	0,28
0,664 448	0,806 688	1,124 746	0,717 218	−0,907 320	0,27
0,640 451	0,794 459	1,199 153	0,662 517	−0,952 678	0,26
0,616 191	0,782 369	1,278 169	0,612 101	−1,000 000	0,25
0,591 715	0,770 463	1,362 391	0,565 523	−1,049 672	0,24
0,567 065	0,758 783	1,452 520	0,522 391	−1,102 147	0,23
0,542 280	0,747 367	1,549 380	0,482 366	−1,157 956	0,22
0,517 396	0,736 253	1,653 950	0,445 148	−1,217 725	0,21
0,492 443	0,725 473	1,767 403	0,410 474	−1,282 203	0,20
0,467 449	0,715 058	1,891 159	0,378 106	−1,352 289	0,19
0,442 438	0,705 037	2,026 947	0,347 832	−1,429 073	0,18
0,417 432	0,695 436	2,176 904	0,319 461	−1,513 898	0,17
0,392 446	0,686 278	2,343 700	0,292 818	−1,608 430	0,16
0,367 496	0,677 585	2,530 712	0,267 745	−1,714 772	0,15
0,342 592	0,669 375	2,742 283	0,244 094	−1,835 615	0,14
0,317 744	0,661 666	2,984 089	0,221 731	−1,974 471	0,13
0,292 958	0,654 474	3,263 698	0,200 532	−2,136 007	0,12
0,268 237	0,647 813	3,591 427	0,180 378	−2,326 572	0,11
0,243 583	0,641 694	3,981 718	0,161 160	−2,555 043	0,10
0,218 997	0,636 128	4,455 431	0,142 776	−2,834 224	0,09
0,194 476	0,631 125	5,043 855	0,125 127	−3,183 303	0,08
0,170 016	0,626 693	5,796 158	0,108 122	−3,632 409	0,07
0,145 614	0,622 838	6,794 282	0,091 671	−4,231 737	0,06
0,121 262	0,619 567	8,185 725	0,075 689	−5,071 605	0,05
0,096 955	0,616 884	10,265 479	0,060 093	−6,332 614	0,04
0,072 684	0,614 794	13,721 860	0,044 804	−8,436 117	0,03
0,048 440	0,613 299	20,619 809	0,029 743	−12,646 104	0,02
0,024 215	0,612 401	41,284 040	0,014 834	−25,282 380	0,01
0,000 000	0,612 101	∞	0,000 000	−∞	0,00
$k'\,\mathrm{sd}(\zeta, \varkappa)$	$k'\,\mathrm{nd}(\zeta, \varkappa)$	$\frac{1}{k'}\,\mathrm{cs}(\zeta, \varkappa)$	$-\overline{\mathrm{cd}}(\zeta, \varkappa)$	$-\overline{\mathrm{sd}}(\zeta, \varkappa)$	$\zeta = \frac{z}{2K}$

Tafel III. (Fortsetzung)

$\vartheta_1'(0,\varkappa) = 3{,}088\,321$ $\quad$ $\vartheta_1'(0,k) = 0{,}780\,699$ $\quad$ $\vartheta_5'(0,\varkappa) = 7{,}405\,132$ $\quad$ $\varkappa = 0{,}89$

$\vartheta_1'''/\vartheta_1'(\varkappa) = -8{,}976\,763$ $\quad$ $\vartheta_2''/\vartheta_2(\varkappa) = -10{,}162\,830$ $\quad$ $\vartheta_3''/\vartheta_3(\varkappa) = -4{,}299\,773$

$\vartheta_1'''/\vartheta_1'(k) = -0{,}573\,644$ $\quad$ $\vartheta_2''/\vartheta_2(k) = -\ 0{,}649\,437$ $\quad$ $\vartheta_3''/\vartheta_3(k) = -0{,}274\,769$

$\vartheta_1'''''/\vartheta_1'(k) = 0{,}037\,973$ $\quad$ $\vartheta_2''''/\vartheta_2(k) = 0{,}515\,970$ $\quad$ $\vartheta_3''''/\vartheta_3(k) = 0{,}695\,078$

$\zeta = \frac{z}{2K}$	$\overline{\mathrm{dn}}(\zeta,\varkappa)$	$\mathfrak{z}_1(\zeta,\varkappa)$	$\mathfrak{z}_3(\zeta,\varkappa)$	$\mathfrak{z}_5(\zeta,\varkappa)$	$\wp_1(\zeta,\varkappa)$
0,00	0,000 000	∞	0,000 000	∞	∞
0,01	−0,024 719	25,279 080	−0,003 300	25,279 084	639,032 001
0,02	−0,049 333	12,639 532	−0,006 572	12,639 571	159,758 300
0,03	−0,073 734	8,426 332	−0,009 785	8,426 462	71,004 265
0,04	−0,097 820	6,319 703	−0,012 911	6,320 013	39,940 771
0,05	−0,121 488	5,055 685	−0,015 921	5,056 290	25,563 269
0,06	−0,144 639	4,212 953	−0,018 785	4,214 000	17,753 753
0,07	−0,167 177	3,610 937	−0,021 473	3,612 601	13,045 365
0,08	−0,189 012	3,159 348	−0,023 955	3,161 835	9,989 957
0,09	−0,210 054	2,808 022	−0,026 202	2,811 568	7,895 708
0,10	−0,230 223	2,526 860	−0,028 183	2,531 730	6,398 238
0,11	−0,249 439	2,296 705	−0,029 867	2,303 196	5,290 821
0,12	−0,267 632	2,104 783	−0,031 223	2,113 224	4,449 084
0,13	−0,284 733	1,942 251	−0,032 221	1,952 999	3,794 563
0,14	−0,300 682	1,802 787	−0,032 828	1,816 233	3,275 770
0,15	−0,315 423	1,681 757	−0,033 014	1,698 323	2,857 785
0,16	−0,328 906	1,575 683	−0,032 747	1,595 821	2,516 248
0,17	−0,341 085	1,481 904	−0,031 994	1,506 099	2,233 742
0,18	−0,351 922	1,398 347	−0,030 726	1,427 117	1,997 552
0,19	−0,361 381	1,323 379	−0,028 910	1,357 269	1,798 216
0,20	−0,369 434	1,255 688	−0,026 516	1,295 277	1,628 579
0,21	−0,376 055	1,194 212	−0,023 513	1,240 110	1,483 146
0,22	−0,381 225	1,138 083	−0,019 873	1,190 927	1,357 643
0,23	−0,384 929	1,086 582	−0,015 566	1,147 038	1,248 703
0,24	−0,387 156	1,039 107	−0,010 565	1,107 869	1,153 648
0,25	−0,387 899	0,995 154	−0,004 846	1,072 941	1,070 324
0,25	1,612 101	0,995 154	−0,004 846	1,072 941	1,070 324
0,26	1,615 195	0,954 295	0,001 617	1,041 849	0,996 984
0,27	1,624 538	0,916 163	0,008 844	1,014 250	0,932 198
0,28	1,640 321	0,880 445	0,016 855	0,989 848	0,874 789
0,29	1,662 874	0,846 869	0,025 665	0,968 387	0,823 780
0,30	1,692 677	0,815 197	0,035 289	0,949 645	0,778 354
0,31	1,730 395	0,785 223	0,045 736	0,933 423	0,737 827
0,32	1,776 906	0,756 765	0,057 011	0,919 546	0,701 620
0,33	1,833 359	0,729 663	0,069 116	0,907 854	0,669 242
0,34	1,901 248	0,703 772	0,082 048	0,898 200	0,640 275
0,35	1,982 516	0,678 966	0,095 798	0,890 449	0,614 363
0,36	2,079 710	0,655 130	0,110 353	0,884 473	0,591 199
0,37	2,196 203	0,632 159	0,125 695	0,880 150	0,570 522
0,38	2,336 538	0,609 962	0,141 799	0,877 361	0,552 104
0,39	2,506 949	0,588 451	0,158 635	0,875 992	0,535 752
0,40	2,716 203	0,567 550	0,176 167	0,875 928	0,521 298
0,41	2,977 000	0,547 185	0,194 355	0,877 056	0,508 598
0,42	3,308 430	0,527 290	0,213 151	0,879 262	0,497 530
0,43	3,740 531	0,507 802	0,232 502	0,882 432	0,487 989
0,44	4,323 408	0,488 663	0,252 353	0,886 448	0,479 885
0,45	5,147 294	0,469 817	0,272 641	0,891 195	0,473 147
0,46	6,392 707	0,451 212	0,293 299	0,896 554	0,467 712
0,47	8,480 921	0,432 796	0,314 258	0,902 403	0,463 534
0,48	12,675 847	0,414 522	0,335 446	0,908 623	0,460 575
0,49	25,297 214	0,396 341	0,356 788	0,915 089	0,458 809
0,50	∞	0,378 207	0,378 207	0,921 679	0,458 223
	$\overline{\mathrm{sc}}(\zeta,\varkappa)$	$-\mathfrak{z}_2(\zeta,\varkappa)$	$-\mathfrak{z}_4(\zeta,\varkappa)$	$-\mathfrak{z}_6(\zeta,\varkappa)$	$\wp_2(\zeta,\varkappa)$

Tafel III

$\varkappa = 0{,}89$

$\vartheta_5'(0,k) = 1{,}871\,949$	$\vartheta_6(0,k) = 1{,}871\,949$	$\vartheta_{\substack{5\\6}}(\tfrac14,\varkappa) = 1{,}496\,488$
$\vartheta_4''/\vartheta_4(\varkappa) = 5{,}485\,840$	$\vartheta_5'''/\vartheta_5'(\varkappa) = -21{,}876\,081$	$\vartheta_6''/\vartheta_6(\varkappa) = -4{,}676\,990$
$\vartheta_4''/\vartheta_4(k) = 0{,}350\,563$	$\vartheta_5'''/\vartheta_5'(k) = -\;1{,}397\,951$	$\vartheta_6''/\vartheta_6(k) = -0{,}298\,875$
$\vartheta_4''''/\vartheta_4(k) = -0{,}881\,981$	$\vartheta_5'''''/\vartheta_5'(k) = 5{,}089\,561$	$\vartheta_6''''/\vartheta_6(k) = -1{,}732\,022$

$\wp_3(\zeta,\varkappa)$	$\wp_5(\zeta,\varkappa)$	$\wp_1'(\zeta,\varkappa)$	$\wp_3'(\zeta,\varkappa)$	$\wp_5'(\zeta,\varkappa)$	
0,083 555	∞	− ∞	0,000 000	− ∞	0,50
0,083 188	639,031 634	− 32 308,275 0	− 0,018 541	− 32 308,293 5	0,49
0,082 087	159,756 832	− 4 038,526 80	− 0,037 111	− 4 038,563 91	0,48
0,080 251	71,000 962	− 1 196,590 83	− 0,055 739	− 1 196,646 57	0,47
0,077 676	39,934 893	− 504,800 751	− 0,074 450	− 504,875 201	0,46
0,074 359	25,554 074	− 258,446 129	− 0,093 269	− 258,539 398	0,45
0,070 295	17,740 494	− 149,551 288	− 0,112 219	− 149,663 507	0,44
0,065 479	13,027 290	− 94,165 206	− 0,131 316	− 94,296 521	0,43
0,059 904	9,966 307	− 63,070 157	− 0,150 574	− 63,220 731	0,42
0,053 564	7,865 717	− 44,282 784	− 0,170 001	− 44,452 785	0,41
0,046 452	6,361 135	− 32,268 576	− 0,189 598	− 32,458 174	0,40
0,038 561	5,245 828	− 24,230 159	− 0,209 360	− 24,439 519	0,39
0,029 886	4,395 415	− 18,649 600	− 0,229 273	− 18,878 873	0,38
0,020 420	3,731 428	− 14,654 559	− 0,249 314	− 14,903 873	0,37
0,010 160	3,202 375	− 11,719 359	− 0,269 449	− 11,988 808	0,36
− 0,000 898	2,773 332	− 9,514 344	− 0,289 635	− 9,803 979	0,35
− 0,012 755	2,419 938	− 7,825 633	− 0,309 815	− 8,135 447	0,34
− 0,025 409	2,124 778	− 6,510 328	− 0,329 919	− 6,840 248	0,33
− 0,038 855	1,875 142	− 5,470 484	− 0,349 865	− 5,820 349	0,32
− 0,053 086	1,661 576	− 4,637 435	− 0,369 554	− 5,006 989	0,31
− 0,068 088	1,476 936	− 3,962 071	− 0,388 874	− 4,350 945	0,30
− 0,083 846	1,315 746	− 3,408 636	− 0,407 695	− 3,816 331	0,29
− 0,100 335	1,173 753	− 2,950 675	− 0,425 873	− 3,376 548	0,28
− 0,117 529	1,047 620	− 2,568 330	− 0,443 247	− 3,011 577	0,27
− 0,135 391	0,934 703	− 2,246 495	− 0,459 642	− 2,706 137	0,26
− 0,153 879	0,832 891	− 1,973 539	− 0,474 867	− 2,448 406	0,25
− 0,153 879	0,832 891	− 1,973 539	− 0,474 867	− 2,448 406	0,25
− 0,172 942	0,740 487	− 1,740 408	− 0,488 718	− 2,229 126	0,24
− 0,192 524	0,656 120	− 1,539 982	− 0,500 982	− 2,040 964	0,23
− 0,212 555	0,578 680	− 1,366 606	− 0,511 435	− 1,878 040	0,22
− 0,232 960	0,507 266	− 1,215 751	− 0,519 845	− 1,735 596	0,21
− 0,253 653	0,441 147	− 1,083 759	− 0,525 982	− 1,609 741	0,20
− 0,274 541	0,379 732	− 0,967 652	− 0,529 614	− 1,497 266	0,19
− 0,295 519	0,322 547	− 0,864 987	− 0,530 516	− 1,395 503	0,18
− 0,316 475	0,269 212	− 0,773 747	− 0,528 476	− 1,302 223	0,17
− 0,337 288	0,219 432	− 0,692 253	− 0,523 297	− 1,215 550	0,16
− 0,357 832	0,172 976	− 0,619 101	− 0,514 806	− 1,133 907	0,15
− 0,377 973	0,129 672	− 0,553 106	− 0,502 858	− 1,055 964	0,14
− 0,397 570	0,089 397	− 0,493 263	− 0,487 345	− 0,980 609	0,13
− 0,416 482	0,052 068	− 0,438 716	− 0,468 198	− 0,906 913	0,12
− 0,434 564	0,017 633	− 0,388 724	− 0,445 392	− 0,834 117	0,11
− 0,451 672	− 0,013 929	− 0,342 650	− 0,418 957	− 0,761 608	0,10
− 0,467 664	− 0,042 620	− 0,299 937	− 0,388 973	− 0,688 910	0,09
− 0,482 401	− 0,068 426	− 0,260 092	− 0,355 578	− 0,615 670	0,08
− 0,495 754	− 0,091 319	− 0,222 681	− 0,318 966	− 0,541 647	0,07
− 0,507 598	− 0,111 267	− 0,187 313	− 0,279 390	− 0,466 703	0,06
− 0,517 823	− 0,128 231	− 0,153 637	− 0,237 155	− 0,390 791	0,05
− 0,526 330	− 0,142 173	− 0,121 327	− 0,192 617	− 0,313 944	0,04
− 0,533 037	− 0,153 058	− 0,090 084	− 0,146 179	− 0,236 263	0,03
− 0,537 876	− 0,160 856	− 0,059 626	− 0,098 280	− 0,157 907	0,02
− 0,540 800	− 0,165 544	− 0,029 685	− 0,049 390	− 0,079 076	0,01
− 0,541 777	− 0,167 109	0,000 000	0,000 000	0,000 000	0,00
$\wp_4(\zeta,\varkappa)$	$\wp_6(\zeta,\varkappa)$	$-\wp_2'(\zeta,\varkappa)$	$-\wp_4'(\zeta,\varkappa)$	$-\wp_6'(\zeta,\varkappa)$	$\zeta = \dfrac{z}{2K}$

Tafel III

$\sqrt{k} = 0{,}885\,083$	$k = 0{,}783\,371$	$k^2 = 0{,}613\,670$
$\sqrt{k'} = 0{,}788\,387$	$k' = 0{,}621\,554$	$k'^2 = 0{,}386\,330$
$e_1 = -e_3' = 0{,}462\,110$	$e_2 = -e_2' = 0{,}075\,780$	$e_3 = -e_1' = -0{,}537\,890$
$g_2 = g_2' = 1{,}017\,228$	$g_3 = -g_3' = -0{,}075\,345$	$g_3/\sqrt{g_2^3} = -0{,}073\,439$
$\bar{g}_2 = \bar{g}_2' = -3{,}724\,353$	$\bar{g}_3 = -\bar{g}_3' = -0{,}578\,391$	$\bar{g}_3/\sqrt{\bar{g}_2^3} = 0{,}080\,472\,i$

$\varkappa = 0{,}90$

$\zeta = \frac{z}{2K}$	$\vartheta_1(\zeta, \varkappa)$	$\vartheta_3(\zeta, \varkappa)$	$\frac{\partial \ln \vartheta_1(\zeta, \varkappa)}{\partial \zeta}$	$\frac{\partial \ln \vartheta_3(\zeta, \varkappa)}{\partial \zeta}$	$\mathrm{sn}(\zeta, \varkappa)$
0,00	0,000 000	1,118 354	∞	0,000 000	0,000 000
0,01	0,030 658	1,118 120	99,969 890	−0,041 786	0,039 276
0,02	0,061 289	1,117 420	49,939 756	−0,083 460	0,078 454
0,03	0,091 864	1,116 256	33,242 907	−0,124 907	0,117 438
0,04	0,122 355	1,114 633	24,879 319	−0,166 014	0,156 133
0,05	0,152 737	1,112 557	19,848 967	−0,206 668	0,194 446
0,06	0,182 980	1,110 037	16,485 161	−0,246 753	0,232 290
0,07	0,213 056	1,107 083	14,073 591	−0,286 155	0,269 578
0,08	0,242 940	1,103 706	12,257 092	−0,324 757	0,306 233
0,09	0,272 602	1,099 919	10,837 225	−0,362 442	0,342 179
0,10	0,302 016	1,095 738	9,694 921	−0,399 093	0,377 350
0,11	0,331 153	1,091 179	8,754 398	−0,434 591	0,411 682
0,12	0,359 987	1,086 260	7,965 129	−0,468 817	0,445 122
0,13	0,388 491	1,081 000	7,292 125	−0,501 650	0,477 621
0,14	0,416 637	1,075 421	6,710 388	−0,532 969	0,509 137
0,15	0,444 398	1,069 544	6,201 581	−0,562 654	0,539 635
0,16	0,471 747	1,063 393	5,751 946	−0,590 583	0,569 086
0,17	0,498 658	1,056 992	5,350 955	−0,616 636	0,597 470
0,18	0,525 105	1,050 366	4,990 418	−0,640 692	0,624 770
0,19	0,551 060	1,043 542	4,663 861	−0,662 632	0,650 976
0,20	0,576 497	1,036 546	4,366 103	−0,682 339	0,676 083
0,21	0,601 392	1,029 406	4,092 946	−0,699 698	0,700 092
0,22	0,625 718	1,022 150	3,840 950	−0,714 599	0,723 008
0,23	0,649 451	1,014 807	3,607 269	−0,726 934	0,744 838
0,24	0,672 565	1,007 406	3,389 530	−0,736 600	0,765 596
0,25	0,695 036	0,999 975	3,185 734	−0,743 501	0,785 298
0,26	0,716 841	0,992 546	2,994 187	−0,747 550	0,803 960
0,27	0,737 956	0,985 146	2,813 442	−0,748 665	0,821 605
0,28	0,758 357	0,977 805	2,642 255	−0,746 776	0,838 254
0,29	0,778 024	0,970 551	2,479 550	−0,741 823	0,853 930
0,30	0,796 933	0,963 414	2,324 392	−0,733 758	0,868 659
0,31	0,815 064	0,956 422	2,175 961	−0,722 549	0,882 467
0,32	0,832 397	0,949 602	2,033 538	−0,708 177	0,895 377
0,33	0,848 912	0,942 981	1,896 485	−0,690 639	0,907 418
0,34	0,864 590	0,936 586	1,764 237	−0,669 949	0,918 613
0,35	0,879 413	0,930 440	1,636 287	−0,646 143	0,928 989
0,36	0,893 364	0,924 570	1,512 183	−0,619 273	0,938 569
0,37	0,906 427	0,918 997	1,391 514	−0,589 413	0,947 377
0,38	0,918 585	0,913 743	1,273 909	−0,556 657	0,955 437
0,39	0,929 826	0,908 831	1,159 030	−0,521 122	0,962 769
0,40	0,940 135	0,904 277	1,046 566	−0,482 944	0,969 393
0,41	0,949 500	0,900 102	0,936 231	−0,442 283	0,975 328
0,42	0,957 910	0,896 321	0,827 760	−0,399 317	0,980 591
0,43	0,965 355	0,892 948	0,720 906	−0,354 245	0,985 197
0,44	0,971 826	0,889 998	0,615 436	−0,307 286	0,989 161
0,45	0,977 315	0,887 482	0,511 130	−0,258 673	0,992 495
0,46	0,981 815	0,885 410	0,407 779	−0,208 659	0,995 208
0,47	0,985 321	0,883 790	0,305 183	−0,157 505	0,997 310
0,48	0,987 828	0,882 628	0,203 147	−0,105 488	0,998 806
0,49	0,989 333	0,881 929	0,101 481	−0,052 890	0,999 702
0,50	0,989 835	0,881 695	0,000 000	0,000 000	1,000 000
	$\vartheta_2(\zeta, \varkappa)$	$\vartheta_4(\zeta, \varkappa)$	$-\frac{\partial \ln \vartheta_2(\zeta, \varkappa)}{\partial \zeta}$	$-\frac{\partial \ln \vartheta_4(\zeta, \varkappa)}{\partial \zeta}$	$\mathrm{cd}(\zeta, \varkappa)$

Tafel III

$\varkappa = 0{,}90$

$k^2 k'^2 = 0{,}237\,079$	$\eta_1 = -\eta_2' = 0{,}194\,999$	$\eta_1' = -\eta_2 = 0{,}257\,191$
$\pi/KK' = 0{,}904\,380$	$\bar\eta_1 = -\bar\eta_2' = 0{,}465\,778$	$\bar\eta_1' = -\bar\eta_2 = 0{,}438\,602$
$K = 1{,}964\,618$	$E = 1{,}290\,968$	$A = 1{,}063\,955$
$K' = 1{,}768\,156$	$E' = 1{,}405\,828$	$A' = 0{,}641\,526$
$B = 0{,}866\,879$	$C = 0{,}376\,197$	$D = 1{,}097\,739$

$\mathrm{cn}(\zeta, \varkappa)$	$\mathrm{dn}(\zeta, \varkappa)$	$\mathrm{sc}(\zeta, \varkappa)$	$\overline{\mathrm{sn}}(\zeta, \varkappa)$	$\overline{\mathrm{cn}}(\zeta, \varkappa)$	
1,000 000	1,000 000	0,000 000	∞	0,000 000	0,50
0,999 228	0,999 527	0,039 306	25,429 118	−0,039 288	0,49
0,996 918	0,998 110	0,078 697	12,682 942	−0,078 548	0,48
0,993 080	0,995 759	0,118 257	8,420 315	−0,117 755	0,47
0,987 736	0,992 492	0,158 072	6,278 743	−0,156 885	0,46
0,980 913	0,988 331	0,198 230	4,985 777	−0,195 917	0,45
0,972 647	0,983 304	0,238 822	4,117 308	−0,234 835	0,44
0,962 979	0,977 447	0,279 942	3,491 607	−0,273 629	0,43
0,951 957	0,970 799	0,321 688	3,017 832	−0,312 294	0,42
0,939 635	0,963 404	0,364 162	2,645 538	−0,350 835	0,41
0,926 071	0,955 310	0,407 474	2,344 470	−0,389 264	0,40
0,911 327	0,946 569	0,451 739	2,095 389	−0,427 603	0,39
0,895 470	0,937 236	0,497 082	1,885 474	−0,465 883	0,38
0,878 566	0,927 366	0,543 637	1,705 856	−0,504 151	0,37
0,860 686	0,917 019	0,591 548	1,550 203	−0,542 461	0,36
0,841 899	0,906 254	0,640 973	1,413 872	−0,580 884	0,35
0,822 278	0,895 130	0,692 085	1,293 380	−0,619 506	0,34
0,801 891	0,883 707	0,745 076	1,186 062	−0,658 429	0,33
0,780 809	0,872 044	0,800 158	1,089 841	−0,697 773	0,32
0,759 098	0,860 201	0,857 565	1,003 073	−0,737 678	0,31
0,736 825	0,848 232	0,917 563	0,924 441	−0,778 307	0,30
0,714 052	0,836 195	0,980 450	0,852 869	−0,819 847	0,29
0,690 840	0,824 142	1,046 563	0,787 475	−0,862 516	0,28
0,667 245	0,812 124	1,116 288	0,727 522	−0,906 565	0,27
0,643 321	0,800 190	1,190 068	0,672 390	−0,952 281	0,26
0,619 118	0,788 387	1,268 412	0,621 554	−1,000 000	0,25
0,594 683	0,776 758	1,351 914	0,574 561	−1,050 110	0,24
0,570 057	0,765 344	1,441 267	0,531 021	−1,103 065	0,23
0,545 280	0,754 183	1,537 289	0,490 593	−1,159 398	0,22
0,520 387	0,743 312	1,640 951	0,452 977	−1,219 740	0,21
0,495 410	0,732 764	1,753 417	0,417 906	−1,284 841	0,20
0,470 375	0,722 569	1,876 091	0,385 146	−1,355 605	0,19
0,445 308	0,712 755	2,010 691	0,354 483	−1,433 131	0,18
0,420 230	0,703 349	2,159 336	0,325 725	−1,518 766	0,17
0,395 158	0,694 373	2,324 670	0,298 698	−1,614 189	0,16
0,370 108	0,685 850	2,510 044	0,273 242	−1,721 514	0,15
0,345 092	0,677 798	2,719 764	0,249 212	−1,843 452	0,14
0,320 119	0,670 236	2,959 457	0,226 473	−1,983 534	0,13
0,295 195	0,663 178	3,236 627	0,204 898	−2,146 459	0,12
0,270 327	0,656 639	3,561 501	0,184 371	−2,338 620	0,11
0,245 515	0,650 631	3,948 401	0,164 783	−2,568 951	0,10
0,220 762	0,645 165	4,418 008	0,146 031	−2,850 342	0,09
0,196 065	0,640 250	5,001 344	0,128 016	−3,202 111	0,08
0,171 424	0,635 895	5,747 156	0,110 645	−3,654 590	0,07
0,146 832	0,632 108	6,736 688	0,093 831	−4,258 312	0,06
0,122 286	0,628 893	8,116 178	0,077 486	−5,104 207	0,05
0,097 779	0,626 256	10,178 099	0,061 530	−6,374 098	0,04
0,073 305	0,624 201	13,604 888	0,045 881	−8,492 189	0,03
0,048 856	0,622 731	20,443 853	0,030 461	−12,731 029	0,02
0,024 424	0,621 849	40,931 527	0,015 192	−25,453 213	0,01
0,000 000	0,621 554	∞	0,000 000	−∞	0,00
$k'\,\mathrm{sd}(\zeta, \varkappa)$	$k'\,\mathrm{nd}(\zeta, \varkappa)$	$\frac{1}{k'}\,\mathrm{cs}(\zeta, \varkappa)$	$-\overline{\mathrm{cd}}(\zeta, \varkappa)$	$-\overline{\mathrm{sd}}(\zeta, \varkappa)$	$\zeta = \frac{z}{2K}$

Tafel III. (Fortsetzung)

$\vartheta_1'(0,\varkappa) = 3{,}066\,271$		$\vartheta_1'(0,k) = 0{,}780\,373$		$\vartheta_5'(0,\varkappa) = 7{,}341\,399$		$\varkappa = 0{,}90$
$\vartheta_1'''/\vartheta_1'(\varkappa) = -9{,}031\,705$		$\vartheta_2''/\vartheta_2(\varkappa) = -10{,}145\,034$		$\vartheta_3''/\vartheta_3(\varkappa) = -4{,}180\,532$		
$\vartheta_1'''/\vartheta_1'(k) = -0{,}584\,997$		$\vartheta_2''/\vartheta_2(k) = -\ 0{,}657\,109$		$\vartheta_3''/\vartheta_3(k) = -0{,}270\,779$		
$\vartheta_1'''''/\vartheta_1'(k) = 0{,}06\,1755$		$\vartheta_2''''/\vartheta_2(k) = 0{,}522\,717$		$\vartheta_3''''/\vartheta_3(k) = 0{,}694\,122$		

$\zeta = \frac{z}{2K}$	$\overline{\mathrm{dn}}(\zeta,\varkappa)$	$\mathfrak{z}_1(\zeta,\varkappa)$	$\mathfrak{z}_3(\zeta,\varkappa)$	$\mathfrak{z}_5(\zeta,\varkappa)$	$\wp_1(\zeta,\varkappa)$
0,00	0,000 000	∞	0,000 000	∞	∞
0,01	−0,024 095	25,450 240	−0,002 973	25,450 245	647,714 855
0,02	−0,048 088	12,725 112	−0,005 917	12,725 151	161,929 008
0,03	−0,071 875	8,483 386	−0,008 803	8,483 515	71,969 015
0,04	−0,095 355	6,362 494	−0,011 603	6,362 802	40,483 428
0,05	−0,118 430	5,089 920	−0,014 288	5,090 520	25,910 550
0,06	−0,141 004	4,241 485	−0,016 827	4,242 523	17,994 896
0,07	−0,162 983	3,635 397	−0,019 193	3,637 047	13,222 502
0,08	−0,184 278	3,180 755	−0,021 356	3,183 220	10,125 544
0,09	−0,204 804	2,827 058	−0,023 285	2,830 571	8,002 799
0,10	−0,224 481	2,544 000	−0,024 950	2,548 826	6,484 939
0,11	−0,243 231	2,312 297	−0,026 323	2,318 728	5,362 428
0,12	−0,260 986	2,119 088	−0,027 371	2,127 448	4,509 203
0,13	−0,277 678	1,955 469	−0,028 065	1,966 112	3,845 734
0,14	−0,293 248	1,815 077	−0,028 374	1,828 389	3,319 835
0,15	−0,307 642	1,693 247	−0,028 267	1,709 643	2,896 111
0,16	−0,320 809	1,586 476	−0,027 713	1,606 403	2,549 870
0,17	−0,332 704	1,492 085	−0,026 682	1,516 022	2,263 461
0,18	−0,343 290	1,407 989	−0,025 142	1,436 443	2,023 994
0,19	−0,352 532	1,332 541	−0,023 064	1,366 051	1,821 881
0,20	−0,360 400	1,264 423	−0,020 418	1,303 557	1,649 869
0,21	−0,366 871	1,202 566	−0,017 174	1,247 922	1,502 388
0,22	−0,371 923	1,146 094	−0,013 304	1,198 297	1,375 107
0,23	−0,375 543	1,094 284	−0,008 781	1,153 987	1,264 614
0,24	−0,377 720	1,046 531	−0,003 579	1,114 414	1,168 194
0,25	−0,378 446	1,002 326	0,002 326	1,079 092	1,083 664
0,25	1,621 554	1,002 326	0,002 326	1,079 092	1,083 664
0,26	1,624 672	0,961 239	0,008 958	1,047 614	1,009 254
0,27	1,634 087	0,922 901	0,016 336	1,019 632	0,943 515
0,28	1,649 991	0,886 995	0,024 479	0,994 847	0,885 254
0,29	1,672 716	0,853 249	0,033 401	0,973 000	0,833 481
0,30	1,702 747	0,821 422	0,043 116	0,953 866	0,787 369
0,31	1,740 751	0,791 308	0,053 630	0,937 244	0,746 224
0,32	1,787 614	0,762 723	0,064 950	0,922 956	0,709 458
0,33	1,844 491	0,735 505	0,077 076	0,910 841	0,676 577
0,34	1,912 887	0,709 509	0,090 003	0,900 751	0,647 155
0,35	1,994 756	0,684 608	0,103 724	0,892 547	0,620 832
0,36	2,092 664	0,660 685	0,118 224	0,886 102	0,597 298
0,37	2,210 007	0,637 636	0,133 486	0,881 293	0,576 286
0,38	2,351 357	0,615 368	0,149 484	0,878 000	0,557 568
0,39	2,522 991	0,593 793	0,166 190	0,876 108	0,540 948
0,40	2,733 734	0,572 832	0,183 568	0,875 504	0,526 254
0,41	2,996 373	0,552 414	0,201 579	0,876 073	0,513 343
0,42	3,330 126	0,532 470	0,220 176	0,877 704	0,502 088
0,43	3,765 235	0,512 937	0,239 308	0,880 282	0,492 386
0,44	4,352 143	0,493 757	0,258 922	0,883 692	0,484 145
0,45	5,181 694	0,474 872	0,278 956	0,887 819	0,477 291
0,46	6,435 627	0,456 231	0,299 346	0,892 547	0,471 763
0,47	8,538 070	0,437 782	0,320 027	0,897 756	0,467 513
0,48	12,761 490	0,419 476	0,340 928	0,903 328	0,464 503
0,49	25,468 405	0,401 264	0,361 976	0,909 141	0,462 707
0,50	∞	0,383 098	0,383 098	0,915 076	0,462 110
	$\overline{\mathrm{sc}}(\zeta,\varkappa)$	$-\mathfrak{z}_2(\zeta,\varkappa)$	$-\mathfrak{z}_4(\zeta,\varkappa)$	$-\mathfrak{z}_6(\zeta,\varkappa)$	$\wp_2(\zeta,\varkappa)$

Tafel III

$\boxed{\varkappa = 0{,}90}$

$\vartheta_5'(0, k) = 1{,}868\,404$	$\vartheta_6(0, k) = 1{,}868\,404$	$\vartheta_{\substack{5\\6}}(\tfrac{1}{4}, \varkappa) = 1{,}487\,942$
$\vartheta_4''/\vartheta_4(\varkappa) = 5{,}293\,860$	$\vartheta_5'''/\vartheta_5'(\varkappa) = -21{,}573\,301$	$\vartheta_6''/\vartheta_6(\varkappa) = -4{,}851\,174$
$\vartheta_4''/\vartheta_4(k) = 0{,}342\,891$	$\vartheta_5'''/\vartheta_5'(k) = -\,1{,}397\,335$	$\vartheta_6''/\vartheta_6(k) = -0{,}314\,218$
$\vartheta_4''''/\vartheta_4(k) = -0{,}874\,618$	$\vartheta_5'''''/\vartheta_5'(k) = 5{,}116\,416$	$\vartheta_6''''/\vartheta_6(k) = -1{,}703\,802$

$\wp_3(\zeta, \varkappa)$	$\wp_5(\zeta, \varkappa)$	$\wp_1'(\zeta, \varkappa)$	$\wp_3'(\zeta, \varkappa)$	$\wp_5'(\zeta, \varkappa)$	
0,075 780	∞	− ∞	0,000 000	− ∞	0,50
0,075 414	647,714 489	−32 968,990 6	−0,018 635	−32 969,009 2	0,49
0,074 315	161,927 543	−4 121,116 33	−0,037 296	−4 121,153 63	0,48
0,072 483	71,965 717	−1 221,061 90	−0,056 009	−1 221,117 91	0,47
0,069 913	40,477 561	−515,124 594	−0,074 796	−515,199 390	0,46
0,066 604	25,901 373	−263,732 052	−0,093 680	−263,825 732	0,45
0,062 550	17,981 665	−152,610 390	−0,112 679	−152,723 069	0,44
0,057 747	13,204 468	−96,091 755	−0,131 809	−96,223 564	0,43
0,052 190	10,101 953	−64,360 911	−0,151 079	−64,511 989	0,42
0,045 873	7,972 891	−45,189 433	−0,170 495	−45,359 928	0,41
0,038 790	6,447 949	−32,929 630	−0,190 054	−33,119 685	0,40
0,030 935	5,317 583	−24,726 919	−0,209 750	−24,936 669	0,39
0,022 305	4,455 728	−19,032 325	−0,229 566	−19,261 891	0,38
0,012 894	3,782 848	−14,955 667	−0,249 475	−15,205 142	0,37
0,002 699	3,246 754	−11,960 518	−0,269 443	−12,229 961	0,36
−0,008 280	2,812 051	−9,710 480	−0,289 423	−9,999 903	0,35
−0,020 045	2,454 045	−7,987 297	−0,309 359	−8,296 655	0,34
−0,032 590	2,155 091	−6,645 151	−0,329 178	−6,974 328	0,33
−0,045 910	1,902 304	−5,584 091	−0,348 797	−5,932 887	0,32
−0,059 996	1,686 105	−4,734 047	−0,368 118	−5,102 165	0,31
−0,074 833	1,499 255	−4,044 906	−0,387 029	−4,431 935	0,30
−0,090 404	1,336 204	−3,480 180	−0,405 402	−3,885 582	0,29
−0,106 683	1,192 644	−3,012 874	−0,423 095	−3,435 968	0,28
−0,123 641	1,065 192	−2,622 722	−0,439 950	−3,062 672	0,27
−0,141 243	0,951 171	−2,294 309	−0,455 796	−2,750 105	0,26
−0,159 444	0,848 440	−2,015 768	−0,470 449	−2,486 217	0,25
−0,159 444	0,848 440	−2,015 768	−0,470 449	−2,486 217	0,25
−0,178 195	0,755 279	−1,777 859	−0,483 711	−2,261 570	0,24
−0,197 436	0,670 299	−1,573 316	−0,495 376	−2,068 692	0,23
−0,217 100	0,592 374	−1,396 369	−0,505 228	−1,901 598	0,22
−0,237 112	0,520 589	−1,242 398	−0,513 048	−1,755 446	0,21
−0,257 388	0,454 201	−1,107 669	−0,518 615	−1,626 283	0,20
−0,277 835	0,392 608	−0,989 142	−0,521 708	−1,510 851	0,19
−0,298 351	0,335 327	−0,884 327	−0,522 118	−1,406 445	0,18
−0,318 828	0,281 968	−0,791 163	−0,519 643	−1,310 806	0,17
−0,339 147	0,232 227	−0,707 940	−0,514 100	−1,222 041	0,16
−0,359 186	0,185 866	−0,633 224	−0,505 330	−1,138 553	0,15
−0,378 814	0,142 703	−0,565 805	−0,493 199	−1,059 005	0,14
−0,397 899	0,102 607	−0,504 661	−0,477 611	−0,982 272	0,13
−0,416 301	0,065 487	−0,448 914	−0,458 505	−0,907 420	0,12
−0,433 884	0,031 283	−0,397 814	−0,435 867	−0,833 681	0,11
−0,450 508	−0,000 034	−0,350 707	−0,409 730	−0,760 436	0,10
−0,466 038	−0,028 475	−0,307 024	−0,380 177	−0,687 202	0,09
−0,480 341	−0,054 033	−0,266 267	−0,347 347	−0,613 614	0,08
−0,493 293	−0,076 688	−0,227 990	−0,311 429	−0,539 420	0,07
−0,504 777	−0,096 413	−0,191 796	−0,272 670	−0,464 467	0,06
−0,514 688	−0,113 177	−0,157 325	−0,231 365	−0,388 690	0,05
−0,522 930	−0,126 948	−0,124 247	−0,187 857	−0,312 105	0,04
−0,529 427	−0,137 694	−0,092 257	−0,142 533	−0,234 790	0,03
−0,534 113	−0,145 391	−0,061 067	−0,095 812	−0,156 879	0,02
−0,536 943	−0,150 017	−0,030 403	−0,048 145	−0,078 548	0,01
−0,537 890	−0,151 561	0,000 000	0,000 000	0,000 000	0,00
$\wp_4(\zeta, \varkappa)$	$\wp_6(\zeta, \varkappa)$	$-\wp_2'(\zeta, \varkappa)$	$-\wp_4'(\zeta, \varkappa)$	$-\wp_6'(\zeta, \varkappa)$	$\zeta = \frac{z}{2K}$

Tafel III

$\varkappa = 0{,}91$

$\sqrt{k}$	$= 0{,}880\,857$	k	$= 0{,}775\,908$	k^2	$= 0{,}602\,034$
$\sqrt{k'}$	$= 0{,}794\,258$	k'	$= 0{,}630\,846$	k'^2	$= 0{,}397\,966$
$e_1 = -e_3' =$	$0{,}465\,989$	$e_2 = -e_2' =$	$0{,}068\,022$	$e_3 = -e_1' =$	$-0{,}534\,011$
$g_2 = g_2' =$	$1{,}013\,881$	$g_3 = -g_3' =$	$-0{,}067\,708$	$g_3/\sqrt{g_2^3}$	$= -0{,}066\,322$
$\bar{g}_2 = \bar{g}_2' =$	$-3{,}777\,901$	$\bar{g}_3 = -\bar{g}_3' =$	$-0{,}524\,036$	$\bar{g}_3/\sqrt{\bar{g}_2^3}$	$= 0{,}071\,365\,i$

$\zeta = \frac{z}{2K}$	$\vartheta_1(\zeta, \varkappa)$	$\vartheta_3(\zeta, \varkappa)$	$\frac{\partial \ln \vartheta_1(\zeta, \varkappa)}{\partial \zeta}$	$\frac{\partial \ln \vartheta_3(\zeta, \varkappa)}{\partial \zeta}$	$\mathrm{sn}(\zeta, \varkappa)$
0,00	0,000 000	1,114 691	∞	0,000 000	0,000 000
0,01	0,030 438	1,114 465	99,969 719	−0,040 624	0,039 020
0,02	0,060 848	1,113 786	49,939 414	−0,081 137	0,077 944
0,03	0,091 203	1,112 658	33,242 395	−0,121 426	0,116 679
0,04	0,121 475	1,111 086	24,878 639	−0,161 382	0,155 133
0,05	0,151 637	1,109 075	19,848 123	−0,200 891	0,193 215
0,06	0,181 660	1,106 633	16,484 156	−0,239 841	0,230 839
0,07	0,211 518	1,103 770	14,072 429	−0,278 118	0,267 922
0,08	0,241 182	1,100 497	12,255 777	−0,315 610	0,304 387
0,09	0,270 626	1,096 828	10,835 763	−0,352 200	0,340 161
0,10	0,299 822	1,092 776	9,693 318	−0,387 775	0,375 178
0,11	0,328 742	1,088 358	8,752 661	−0,422 217	0,409 376
0,12	0,357 360	1,083 592	7,963 264	−0,455 411	0,442 701
0,13	0,385 648	1,078 495	7,290 140	−0,487 239	0,475 105
0,14	0,413 580	1,073 089	6,708 292	−0,517 583	0,506 547
0,15	0,441 127	1,067 394	6,199 382	−0,546 327	0,536 991
0,16	0,468 265	1,061 434	5,749 652	−0,573 352	0,566 409
0,17	0,494 966	1,055 231	5,348 576	−0,598 541	0,594 778
0,18	0,521 204	1,048 810	4,987 963	−0,621 778	0,622 082
0,19	0,546 952	1,042 197	4,661 341	−0,642 949	0,648 309
0,20	0,572 186	1,035 417	4,363 528	−0,661 941	0,673 454
0,21	0,596 879	1,028 498	4,090 325	−0,678 644	0,697 516
0,22	0,621 006	1,021 467	3,838 294	−0,692 952	0,720 498
0,23	0,644 542	1,014 351	3,604 589	−0,704 761	0,742 408
0,24	0,667 464	1,007 179	3,386 836	−0,713 976	0,763 256
0,25	0,689 746	0,999 978	3,183 037	−0,720 505	0,783 057
0,26	0,711 366	0,992 778	2,991 498	−0,724 264	0,801 828
0,27	0,732 300	0,985 607	2,810 771	−0,725 178	0,819 588
0,28	0,752 525	0,978 493	2,639 612	−0,723 181	0,836 357
0,29	0,772 020	0,971 464	2,476 947	−0,718 218	0,852 157
0,30	0,790 763	0,964 548	2,321 837	−0,710 246	0,867 013
0,31	0,808 734	0,957 772	2,173 466	−0,699 235	0,880 948
0,32	0,825 912	0,951 162	2,031 111	−0,685 171	0,893 988
0,33	0,842 278	0,944 746	1,894 137	−0,668 053	0,906 155
0,34	0,857 813	0,938 548	1,761 976	−0,647 898	0,917 476
0,35	0,872 501	0,932 592	1,634 122	−0,624 742	0,927 974
0,36	0,886 323	0,926 903	1,510 122	−0,598 638	0,937 673
0,37	0,899 265	0,921 502	1,389 566	−0,569 660	0,946 595
0,38	0,911 310	0,916 411	1,272 081	−0,537 900	0,954 762
0,39	0,922 445	0,911 650	1,157 328	−0,503 472	0,962 196
0,40	0,932 657	0,907 237	1,044 998	−0,466 509	0,968 915
0,41	0,941 934	0,903 191	0,934 802	−0,427 165	0,974 938
0,42	0,950 264	0,899 526	0,826 476	−0,385 613	0,980 280
0,43	0,957 638	0,896 258	0,719 771	−0,342 045	0,984 958
0,44	0,964 047	0,893 399	0,614 455	−0,296 669	0,988 985
0,45	0,969 483	0,890 960	0,510 307	−0,249 712	0,992 372
0,46	0,973 940	0,888 952	0,407 117	−0,201 414	0,995 129
0,47	0,977 412	0,887 382	0,304 684	−0,152 027	0,997 265
0,48	0,979 895	0,886 256	0,202 813	−0,101 815	0,998 786
0,49	0,981 386	0,885 578	0,101 314	−0,051 047	0,999 697
0,50	0,981 883	0,885 352	0,000 000	0,000 000	1,000 000
	$\vartheta_2(\zeta, \varkappa)$	$\vartheta_4(\zeta, \varkappa)$	$-\frac{\partial \ln \vartheta_2(\zeta, \varkappa)}{\partial \zeta}$	$-\frac{\partial \ln \vartheta_4(\zeta, \varkappa)}{\partial \zeta}$	$\mathrm{cd}(\zeta, \varkappa)$

Tafel III

$\varkappa = 0{,}91$			
	$k^2 k'^2 = 0{,}239\,589$	$\eta_1 = -\eta_2' = 0{,}198\,702$	$\eta_1' = -\eta_2 = 0{,}254\,426$
	$\pi/KK' = 0{,}906\,256$	$\bar\eta_1 = -\bar\eta_2' = 0{,}465\,426$	$\bar\eta_1' = -\bar\eta_2 = 0{,}440\,830$
	$K = 1{,}951\,771$	$E = 1{,}297\,324$	$A = 1{,}041\,169$
	$K' = 1{,}776\,112$	$E' = 1{,}400\,353$	$A' = 0{,}662\,148$
	$B = 0{,}864\,710$	$C = 0{,}369\,334$	$D = 1{,}087\,061$

$\mathrm{cn}(\zeta,\varkappa)$	$\mathrm{dn}(\zeta,\varkappa)$	$\mathrm{sc}(\zeta,\varkappa)$	$\overline{\mathrm{sn}}(\zeta,\varkappa)$	$\overline{\mathrm{cn}}(\zeta,\varkappa)$	
1,000 000	1,000 000	0,000 000	∞	0,000 000	0,50
0,999 238	0,999 542	0,039 049	25,596 924	−0,039 031	0,49
0,996 958	0,998 170	0,078 182	12,767 276	−0,078 039	0,48
0,993 170	0,995 894	0,117 482	8,477 011	−0,116 999	0,47
0,987 894	0,992 729	0,157 034	6,321 752	−0,155 892	0,46
0,981 156	0,988 699	0,196 926	5,020 673	−0,194 700	0,45
0,972 992	0,983 829	0,237 246	4,146 871	−0,233 410	0,44
0,963 441	0,978 154	0,278 089	3,517 417	−0,272 013	0,43
0,952 548	0,971 710	0,319 550	3,040 870	−0,310 510	0,42
0,940 367	0,964 541	0,361 732	2,666 450	−0,348 906	0,41
0,926 953	0,956 692	0,404 743	2,363 702	−0,387 214	0,40
0,912 366	0,948 212	0,448 697	2,113 257	−0,425 460	0,39
0,896 669	0,939 154	0,493 717	1,902 212	−0,463 677	0,38
0,879 929	0,929 573	0,539 936	1,721 636	−0,501 910	0,37
0,862 212	0,919 524	0,587 497	1,565 156	−0,540 217	0,36
0,843 588	0,909 064	0,636 556	1,428 098	−0,578 670	0,35
0,824 124	0,898 252	0,687 286	1,306 955	−0,617 356	0,34
0,803 890	0,887 144	0,739 875	1,199 045	−0,656 376	0,33
0,782 952	0,875 798	0,794 534	1,102 279	−0,695 851	0,32
0,761 377	0,864 270	0,851 495	1,015 003	−0,735 922	0,31
0,739 229	0,852 616	0,911 022	0,935 889	−0,776 752	0,30
0,716 569	0,840 889	0,973 410	0,863 858	−0,818 529	0,29
0,693 457	0,829 140	1,038 994	0,798 022	−0,861 472	0,28
0,669 948	0,817 421	1,108 156	0,737 641	−0,905 831	0,27
0,646 096	0,805 779	1,181 335	0,682 091	−0,951 895	0,26
0,621 950	0,794 258	1,259 037	0,630 846	−1,000 000	0,25
0,597 555	0,782 902	1,341 849	0,583 450	−1,050 536	0,24
0,572 954	0,771 751	1,430 460	0,539 512	−1,103 959	0,23
0,548 186	0,760 843	1,525 681	0,498 691	−1,160 804	0,22
0,523 286	0,750 213	1,628 474	0,460 685	−1,221 703	0,21
0,498 285	0,739 895	1,739 994	0,425 228	−1,287 413	0,20
0,473 212	0,729 918	1,861 635	0,392 084	−1,358 840	0,19
0,448 092	0,720 310	1,995 100	0,361 040	−1,437 090	0,18
0,422 945	0,711 098	2,142 488	0,331 903	−1,523 518	0,17
0,397 791	0,702 304	2,306 426	0,304 499	−1,619 812	0,16
0,372 645	0,693 951	2,490 234	0,278 669	−1,728 099	0,15
0,347 520	0,686 057	2,698 184	0,254 266	−1,851 107	0,14
0,322 425	0,678 640	2,935 856	0,231 156	−1,992 390	0,13
0,297 370	0,671 717	3,210 693	0,209 212	−2,156 676	0,12
0,272 358	0,665 300	3,532 838	0,188 319	−2,350 398	0,11
0,247 393	0,659 403	3,916 495	0,168 366	−2,582 550	0,10
0,222 478	0,654 037	4,382 174	0,149 250	−2,866 105	0,09
0,197 612	0,649 212	4,960 642	0,130 873	−3,220 507	0,08
0,172 792	0,644 935	5,700 245	0,113 142	−3,676 289	0,07
0,148 017	0,641 215	6,681 557	0,095 968	−4,284 313	0,06
0,123 282	0,638 057	8,049 611	0,079 266	−5,136 108	0,05
0,098 582	0,635 466	10,094 469	0,062 952	−6,414 692	0,04
0,073 910	0,633 447	13,492 942	0,046 947	−8,547 063	0,03
0,049 261	0,632 003	20,275 462	0,031 171	−12,814 144	0,02
0,024 627	0,631 135	40,594 178	0,015 547	−25,620 408	0,01
0,000 000	0,630 846	∞	0,000 000	−∞	0,00
$k'\,\mathrm{sd}(\zeta,\varkappa)$	$k'\,\mathrm{nd}(\zeta,\varkappa)$	$\frac{1}{k'}\,\mathrm{cs}(\zeta,\varkappa)$	$-\overline{\mathrm{cd}}(\zeta,\varkappa)$	$-\overline{\mathrm{sd}}(\zeta,\varkappa)$	$\zeta = \frac{z}{2K}$

Tafel III. (Fortsetzung)

$\vartheta_1'(0,\varkappa) = 3{,}044\,249$		$\vartheta_1'(0,k) = 0{,}779\,868$		$\vartheta_5'(0,\varkappa) = 7{,}279\,084$		$\varkappa = 0{,}91$
$\vartheta_1'''/\vartheta_1'(\varkappa) = -9{,}083\,235$		$\vartheta_2''/\vartheta_2(\varkappa) = -10{,}128\,315$		$\vartheta_3''/\vartheta_3(\varkappa) = -4{,}064\,247$		
$\vartheta_1'''/\vartheta_1'(k) = -0{,}596\,105$		$\vartheta_2''/\vartheta_2(k) = -\;0{,}664\,690$		$\vartheta_3''/\vartheta_3(k) = -0{,}266\,724$		
$\vartheta_1'''''/\vartheta_1'(k) = 0{,}085\,295$		$\vartheta_2''''/\vartheta_2(k) = 0{,}529\,508$		$\vartheta_3''''/\vartheta_3(k) = 0{,}692\,604$		

$\zeta = \frac{z}{2K}$	$\overline{\mathrm{dn}}(\zeta,\varkappa)$	$\mathfrak{z}_1(\zeta,\varkappa)$	$\mathfrak{z}_3(\zeta,\varkappa)$	$\mathfrak{z}_5(\zeta,\varkappa)$	$\wp_1(\zeta,\varkappa)$
0,00	0,000 000	∞	0,000 000	∞	∞
0,01	−0,023 484	25,617 758	−0,002 651	25,617 763	656,269 648
0,02	−0,046 868	12,808 871	−0,005 273	12,808 909	164,067 702
0,03	−0,070 053	8,539 226	−0,007 838	8,539 354	72,919 536
0,04	−0,092 940	6,404 375	−0,010 317	6,404 680	41,018 083
0,05	−0,115 434	5,123 426	−0,012 682	5,124 021	26,252 711
0,06	−0,137 442	4,269 410	−0,014 903	4,270 438	18,232 484
0,07	−0,158 872	3,659 336	−0,016 953	3,660 970	13,397 028
0,08	−0,179 638	3,201 707	−0,018 801	3,204 148	10,259 134
0,09	−0,199 656	2,845 687	−0,020 418	2,849 167	8,108 315
0,10	−0,218 848	2,560 775	−0,021 775	2,565 553	6,570 367
0,11	−0,237 141	2,327 556	−0,022 842	2,333 922	5,432 985
0,12	−0,254 464	2,133 087	−0,023 589	2,141 361	4,568 444
0,13	−0,270 754	1,968 404	−0,023 986	1,978 936	3,896 161
0,14	−0,285 951	1,827 104	−0,024 004	1,840 274	3,363 261
0,15	−0,300 002	1,704 489	−0,023 611	1,720 707	2,933 884
0,16	−0,312 857	1,597 034	−0,022 777	1,616 742	2,583 010
0,17	−0,324 473	1,502 044	−0,021 474	1,525 710	2,292 756
0,18	−0,334 811	1,417 420	−0,019 670	1,445 544	2,050 063
0,19	−0,343 838	1,341 503	−0,017 338	1,374 616	1,845 215
0,20	−0,351 524	1,272 966	−0,014 446	1,311 625	1,670 864
0,21	−0,357 845	1,210 734	−0,010 969	1,255 526	1,521 367
0,22	−0,362 781	1,153 926	−0,006 878	1,205 464	1,392 336
0,23	−0,366 318	1,101 812	−0,002 147	1,160 737	1,280 314
0,24	−0,368 445	1,053 785	0,003 249	1,120 761	1,182 551
0,25	−0,369 154	1,009 333	0,009 333	1,085 048	1,096 835
0,25	1,630 846	1,009 333	0,009 333	1,085 048	1,096 835
0,26	1,633 986	0,968 021	0,016 126	1,053 185	1,021 372
0,27	1,643 471	0,929 479	0,023 649	1,024 821	0,954 696
0,28	1,659 494	0,893 389	0,031 917	0,999 653	0,895 597
0,29	1,682 388	0,859 474	0,040 944	0,977 422	0,843 073
0,30	1,712 641	0,827 495	0,050 743	0,957 896	0,796 286
0,31	1,750 924	0,797 242	0,061 320	0,940 876	0,754 532
0,32	1,798 130	0,768 530	0,072 680	0,926 179	0,717 218
0,33	1,855 421	0,741 197	0,084 821	0,913 642	0,683 842
0,34	1,924 311	0,715 096	0,097 741	0,903 117	0,653 973
0,35	2,006 768	0,690 100	0,111 429	0,894 464	0,627 246
0,36	2,105 373	0,666 090	0,125 873	0,887 553	0,603 348
0,37	2,223 546	0,642 963	0,141 053	0,882 261	0,582 008
0,38	2,365 888	0,620 622	0,156 945	0,878 468	0,562 996
0,39	2,538 717	0,598 981	0,173 521	0,876 059	0,546 111
0,40	2,750 916	0,577 961	0,190 747	0,874 919	0,531 182
0,41	3,015 355	0,557 488	0,208 582	0,874 937	0,518 063
0,42	3,351 380	0,537 494	0,226 984	0,875 999	0,506 626
0,43	3,789 430	0,517 915	0,245 901	0,877 993	0,496 765
0,44	4,380 281	0,498 691	0,265 282	0,880 806	0,488 389
0,45	5,215 373	0,479 767	0,285 067	0,884 323	0,481 422
0,46	6,477 644	0,461 089	0,305 197	0,888 429	0,475 802
0,47	8,594 010	0,442 604	0,325 605	0,893 008	0,471 481
0,48	12,845 315	0,424 264	0,346 225	0,897 942	0,468 421
0,49	25,635 956	0,406 018	0,366 987	0,903 114	0,466 596
0,50	∞	0,387 820	0,387 820	0,908 405	0,465 989
	$\overline{\mathrm{sc}}(\zeta,\varkappa)$	$-\mathfrak{z}_2(\zeta,\varkappa)$	$-\mathfrak{z}_4(\zeta,\varkappa)$	$-\mathfrak{z}_6(\zeta,\varkappa)$	$\wp_2(\zeta,\varkappa)$

Tafel III

$\varkappa = 0{,}91$

$\vartheta_5'(0, k) = 1{,}864\,738$ $\quad$ $\vartheta_6(0, k) = 1{,}864\,738$ $\quad$ $\vartheta_{\substack{5\\6}}(\tfrac{1}{4}, \varkappa) = 1{,}479\,524$

$\vartheta_4''/\vartheta_4(\varkappa) = 5{,}109\,326$ $\quad$ $\vartheta_5'''/\vartheta_5'(\varkappa) = -21{,}275\,975$ $\quad$ $\vartheta_6''/\vartheta_6(\varkappa) = -5{,}018\,988$

$\vartheta_4''/\vartheta_4(k) = 0{,}335\,310$ $\quad$ $\vartheta_5'''/\vartheta_5'(k) = -\ 1{,}396\,277$ $\quad$ $\vartheta_6''/\vartheta_6(k) = -0{,}329\,381$

$\vartheta_4''''/\vartheta_4(k) = -0{,}866\,770$ $\quad$ $\vartheta_5'''''/\vartheta_5'(k) = 5{,}138\,269$ $\quad$ $\vartheta_6''''/\vartheta_6(k) = -1{,}674\,525$

$\wp_3(\zeta, \varkappa)$	$\wp_5(\zeta, \varkappa)$	$\wp_1'(\zeta, \varkappa)$	$\wp_3'(\zeta, \varkappa)$	$\wp_5'(\zeta, \varkappa)$	
0,068 022	∞	−∞	0,000 000	−∞	0,50
0,067 657	656,269 283	−33 624,307 3	−0,018 709	−33 624,326 0	0,49
0,066 562	164,066 241	−4 203,031 00	−0,037 441	−4 203,068 44	0,48
0,064 734	72,916 247	−1 245,333 00	−0,056 218	−1 245,389 22	0,47
0,062 172	41,012 232	−525,364 069	−0,075 062	−525,439 131	0,46
0,058 872	26,243 561	−268,974 772	−0,093 990	−269,068 762	0,45
0,054 832	18,219 294	−155,644 482	−0,113 020	−155,757 502	0,44
0,050 047	13,379 053	−98,002 547	−0,132 163	−98,134 710	0,43
0,044 513	10,235 624	−65,641 100	−0,151 426	−65,792 526	0,42
0,038 224	8,078 517	−46,088 656	−0,170 812	−46,259 468	0,41
0,031 176	6,533 521	−33,585 263	−0,190 316	−33,775 579	0,40
0,023 364	5,388 327	−25,219 599	−0,209 929	−25,429 528	0,39
0,014 785	4,515 206	−19,411 900	−0,229 630	−19,641 530	0,38
0,005 436	3,833 574	−15,254 291	−0,249 393	−15,503 683	0,37
−0,004 685	3,290 554	−12,199 681	−0,269 179	−12,468 861	0,36
−0,015 579	2,850 283	−9,904 987	−0,288 942	−10,193 929	0,35
−0,027 242	2,487 746	−8,147 614	−0,308 621	−8,456 235	0,34
−0,039 671	2,185 063	−6,778 844	−0,328 146	−7,106 990	0,33
−0,052 858	1,929 183	−5,696 741	−0,347 431	−6,044 172	0,32
−0,066 791	1,710 402	−4,829 842	−0,366 379	−5,196 221	0,31
−0,081 455	1,521 386	−4,127 036	−0,384 879	−4,511 915	0,30
−0,096 831	1,356 514	−3,551 111	−0,402 804	−3,953 916	0,29
−0,112 893	1,211 420	−3,074 535	−0,420 015	−3,494 551	0,28
−0,129 611	1,082 681	−2,676 640	−0,436 358	−3,112 998	0,27
−0,146 947	0,967 581	−2,341 704	−0,451 666	−2,793 370	0,26
−0,164 857	0,863 955	−2,057 624	−0,465 759	−2,523 383	0,25
−0,164 857	0,863 955	−2,057 624	−0,465 759	−2,523 383	0,25
−0,183 291	0,770 059	−1,814 977	−0,478 447	−2,293 424	0,24
−0,202 189	0,684 484	−1,606 352	−0,489 531	−2,095 883	0,23
−0,221 485	0,606 089	−1,425 865	−0,498 805	−1,924 670	0,22
−0,241 105	0,533 946	−1,268 803	−0,506 059	−1,774 863	0,21
−0,260 965	0,467 298	−1,131 359	−0,511 083	−1,642 442	0,20
−0,280 974	0,405 536	−1,010 434	−0,513 668	−1,524 102	0,19
−0,301 033	0,348 163	−0,903 487	−0,513 615	−1,417 101	0,18
−0,321 035	0,294 784	−0,808 417	−0,510 736	−1,319 153	0,17
−0,340 867	0,245 083	−0,723 480	−0,504 861	−1,228 340	0,16
−0,360 409	0,198 815	−0,647 212	−0,495 841	−1,143 054	0,15
−0,379 536	0,155 790	−0,578 384	−0,483 557	−1,061 941	0,14
−0,398 117	0,115 868	−0,515 949	−0,467 920	−0,983 869	0,13
−0,416 022	0,078 951	−0,459 015	−0,448 880	−0,907 895	0,12
−0,433 117	0,044 971	−0,406 815	−0,426 430	−0,833 245	0,11
−0,449 270	0,013 890	−0,358 684	−0,400 606	−0,759 290	0,10
−0,464 350	−0,014 310	−0,314 043	−0,371 495	−0,685 539	0,09
−0,478 232	−0,039 628	−0,272 382	−0,339 235	−0,611 617	0,08
−0,490 796	−0,062 054	−0,233 247	−0,304 012	−0,537 260	0,07
−0,501 931	−0,081 565	−0,196 235	−0,266 065	−0,462 300	0,06
−0,511 536	−0,098 137	−0,160 978	−0,225 680	−0,386 658	0,05
−0,519 523	−0,111 743	−0,127 139	−0,183 187	−0,310 327	0,04
−0,525 815	−0,122 356	−0,094 409	−0,138 957	−0,233 366	0,03
−0,530 354	−0,129 955	−0,062 493	−0,093 393	−0,155 886	0,02
−0,533 095	−0,134 521	−0,031 114	−0,046 925	−0,078 039	0,01
−0,534 011	−0,136 045	0,000 000	0,000 000	0,000 000	0,00
$\wp_4(\zeta, \varkappa)$	$\wp_6(\zeta, \varkappa)$	$-\wp_2'(\zeta, \varkappa)$	$-\wp_4'(\zeta, \varkappa)$	$-\wp_6'(\zeta, \varkappa)$	$\zeta = \dfrac{z}{2K}$

Tafel III

$\sqrt{k} = 0{,}876\,582$ $\quad k = 0{,}768\,396$ $\quad k^2 = 0{,}590\,432$ $\quad$ $\boxed{\varkappa = 0{,}92}$

$\sqrt{k'} = 0{,}799\,984$ $\quad k' = 0{,}639\,975$ $\quad k'^2 = 0{,}409\,568$

$e_1 = -e_3' = 0{,}469\,856$ $\quad e_2 = -e_2' = 0{,}060\,288$ $\quad e_3 = -e_1' = -0{,}530\,144$

$g_2 = g_2' = 1{,}010\,904$ $\quad g_3 = -g_3' = -0{,}060\,069$ $\quad g_3/\sqrt{g_2^3} = -0{,}059\,100$

$\bar{g}_2 = \bar{g}_2' = -3{,}825\,536$ $\quad \bar{g}_3 = -\bar{g}_3' = -0{,}468\,281$ $\quad \bar{g}_3/\sqrt{\bar{g}_2^3} = 0{,}062\,585\,i$

$\zeta = \frac{z}{2K}$	$\vartheta_1(\zeta, \varkappa)$	$\vartheta_3(\zeta, \varkappa)$	$\frac{\partial \ln \vartheta_1(\zeta, \varkappa)}{\partial \zeta}$	$\frac{\partial \ln \vartheta_3(\zeta, \varkappa)}{\partial \zeta}$	$\mathrm{sn}(\zeta, \varkappa)$
0,00	0,000 000	1,111 142	∞	0,000 000	0,000 000
0,01	0,030 218	1,110 923	99,969 558	−0,039 490	0,038 772
0,02	0,060 409	1,110 265	49,939 092	−0,078 871	0,077 451
0,03	0,090 544	1,109 172	33,241 915	−0,118 033	0,115 946
0,04	0,120 596	1,107 649	24,878 002	−0,156 866	0,154 166
0,05	0,150 538	1,105 700	19,847 331	−0,195 259	0,192 025
0,06	0,180 343	1,103 333	16,483 213	−0,233 103	0,229 436
0,07	0,209 982	1,100 559	14,071 339	−0,270 286	0,266 321
0,08	0,239 428	1,097 388	12,254 544	−0,306 697	0,302 602
0,09	0,268 655	1,093 832	10,834 392	−0,342 223	0,338 209
0,10	0,297 633	1,089 906	9,691 815	−0,376 751	0,373 076
0,11	0,326 338	1,085 625	8,751 031	−0,410 168	0,407 143
0,12	0,354 740	1,081 006	7,961 515	−0,442 360	0,440 356
0,13	0,382 814	1,076 068	7,288 279	−0,473 213	0,472 668
0,14	0,410 532	1,070 829	6,706 325	−0,502 613	0,504 037
0,15	0,437 868	1,065 311	6,197 318	−0,530 445	0,534 428
0,16	0,464 796	1,059 535	5,747 500	−0,556 595	0,563 812
0,17	0,491 288	1,053 524	5,346 344	−0,580 950	0,592 166
0,18	0,517 319	1,047 302	4,985 660	−0,603 399	0,619 472
0,19	0,542 863	1,040 893	4,658 976	−0,623 829	0,645 718
0,20	0,567 894	1,034 323	4,361 110	−0,642 134	0,670 899
0,21	0,592 387	1,027 618	4,087 865	−0,658 207	0,695 011
0,22	0,616 318	1,020 805	3,835 801	−0,671 947	0,718 057
0,23	0,639 661	1,013 909	3,602 073	−0,683 257	0,740 042
0,24	0,662 392	1,006 959	3,384 308	−0,692 043	0,760 977
0,25	0,684 488	0,999 981	3,180 506	−0,698 219	0,780 875
0,26	0,705 925	0,993 004	2,988 973	−0,701 708	0,799 750
0,27	0,726 680	0,986 054	2,808 263	−0,702 437	0,817 620
0,28	0,746 731	0,979 160	2,637 131	−0,700 346	0,834 506
0,29	0,766 057	0,972 348	2,474 502	−0,695 384	0,850 427
0,30	0,784 637	0,965 646	2,319 439	−0,687 512	0,865 406
0,31	0,802 449	0,959 079	2,171 123	−0,676 703	0,879 465
0,32	0,819 475	0,952 674	2,028 833	−0,662 946	0,892 629
0,33	0,835 694	0,946 456	1,891 932	−0,646 243	0,904 921
0,34	0,851 090	0,940 449	1,759 853	−0,626 613	0,916 364
0,35	0,865 645	0,934 678	1,632 089	−0,604 094	0,926 981
0,36	0,879 341	0,929 164	1,508 187	−0,578 737	0,936 795
0,37	0,892 164	0,923 930	1,387 736	−0,550 617	0,945 829
0,38	0,904 098	0,918 996	1,270 363	−0,519 824	0,954 102
0,39	0,915 130	0,914 382	1,155 730	−0,486 469	0,961 635
0,40	0,925 247	0,910 106	1,043 525	−0,450 681	0,968 447
0,41	0,934 437	0,906 184	0,933 460	−0,412 610	0,974 555
0,42	0,942 689	0,902 632	0,825 270	−0,372 423	0,979 976
0,43	0,949 993	0,899 465	0,718 706	−0,330 304	0,984 724
0,44	0,956 341	0,896 694	0,613 534	−0,286 455	0,988 812
0,45	0,961 726	0,894 331	0,509 534	−0,241 093	0,992 251
0,46	0,966 140	0,892 385	0,406 495	−0,194 447	0,995 051
0,47	0,969 579	0,890 863	0,304 216	−0,146 760	0,997 221
0,48	0,972 038	0,889 772	0,202 500	−0,098 282	0,998 766
0,49	0,973 515	0,889 115	0,101 157	−0,049 275	0,999 692
0,50	0,974 007	0,888 896	0,000 000	0,000 000	1,000 000
	$\vartheta_2(\zeta, \varkappa)$	$\vartheta_4(\zeta, \varkappa)$	$-\frac{\partial \ln \vartheta_2(\zeta, \varkappa)}{\partial \zeta}$	$-\frac{\partial \ln \vartheta_4(\zeta, \varkappa)}{\partial \zeta}$	$\mathrm{cd}(\zeta, \varkappa)$

Tafel III

$\varkappa = 0{,}92$

$k^2 k'^2 = 0{,}241\,822$ $\qquad \eta_1 = -\eta_2' = 0{,}202\,323$ $\qquad \eta_1' = -\eta_2 = 0{,}251\,633$

$\pi/KK' = 0{,}907\,913$ $\qquad \bar{\eta}_1 = -\bar{\eta}_2' = 0{,}464\,935$ $\qquad \bar{\eta}_1' = -\bar{\eta}_2 = 0{,}442\,978$

$K = 1{,}939\,363$ $\qquad E = 1{,}303\,599$ $\qquad A = 1{,}018\,598$

$K' = 1{,}784\,214$ $\qquad E' = 1{,}394\,857$ $\qquad A' = 0{,}682\,800$

$B = 0{,}862\,587$ $\qquad C = 0{,}362\,767$ $\qquad D = 1{,}076\,776$

$\mathrm{cn}(\zeta, \varkappa)$	$\mathrm{dn}(\zeta, \varkappa)$	$\mathrm{sc}(\zeta, \varkappa)$	$\overline{\mathrm{sn}}(\zeta, \varkappa)$	$\overline{\mathrm{cn}}(\zeta, \varkappa)$	
1,000 000	1,000 000	0,000 000	∞	0,000 000	0,50
0,999 248	0,999 556	0,038 801	25,761 115	−0,038 784	0,49
0,996 996	0,998 228	0,077 684	12,849 792	−0,077 547	0,48
0,993 256	0,996 023	0,116 733	8,532 483	−0,116 269	0,47
0,988 045	0,992 959	0,156 032	6,363 832	−0,154 933	0,46
0,981 390	0,989 054	0,195 666	5,054 815	−0,193 524	0,45
0,973 324	0,984 337	0,235 724	4,175 794	−0,232 032	0,44
0,963 884	0,978 837	0,276 300	3,542 668	−0,270 452	0,43
0,953 117	0,972 592	0,317 487	3,063 409	−0,308 785	0,42
0,941 071	0,965 641	0,359 387	2,686 909	−0,347 039	0,41
0,927 801	0,958 029	0,402 108	2,382 518	−0,385 231	0,40
0,913 364	0,949 804	0,445 762	2,130 742	−0,423 386	0,39
0,897 823	0,941 014	0,490 471	1,918 592	−0,461 540	0,38
0,881 241	0,931 713	0,536 367	1,737 082	−0,499 740	0,37
0,863 682	0,921 954	0,583 591	1,579 794	−0,538 044	0,36
0,845 214	0,911 792	0,632 299	1,442 027	−0,576 525	0,35
0,825 903	0,901 283	0,682 661	1,320 250	−0,615 271	0,34
0,805 816	0,890 482	0,734 864	1,211 764	−0,654 384	0,33
0,785 019	0,879 446	0,789 117	1,114 468	−0,693 985	0,32
0,763 576	0,868 227	0,845 651	1,026 696	−0,734 217	0,31
0,741 549	0,856 880	0,904 726	0,947 115	−0,775 242	0,30
0,718 999	0,845 457	0,966 636	0,874 638	−0,817 249	0,29
0,695 985	0,834 008	1,031 713	0,808 373	−0,860 457	0,28
0,672 561	0,822 583	1,100 335	0,747 575	−0,905 117	0,27
0,648 778	0,811 227	1,172 939	0,691 619	−0,951 519	0,26
0,624 688	0,799 984	1,250 025	0,639 975	−1,000 000	0,25
0,600 333	0,788 898	1,332 177	0,592 187	−1,050 951	0,24
0,575 758	0,778 007	1,420 077	0,547 862	−1,104 830	0,23
0,550 999	0,767 348	1,514 531	0,506 657	−1,162 173	0,22
0,526 093	0,756 957	1,616 494	0,468 271	−1,223 617	0,21
0,501 072	0,746 866	1,727 109	0,432 437	−1,289 920	0,20
0,475 963	0,737 106	1,847 762	0,398 918	−1,361 995	0,19
0,450 791	0,727 703	1,980 139	0,367 501	−1,440 952	0,18
0,425 579	0,718 683	2,126 327	0,337 993	−1,528 155	0,17
0,400 346	0,710 071	2,288 928	0,310 220	−1,625 301	0,16
0,375 108	0,701 887	2,471 238	0,284 022	−1,734 529	0,15
0,349 878	0,694 151	2,677 494	0,259 254	−1,858 584	0,14
0,324 666	0,686 880	2,913 234	0,235 779	−2,001 042	0,13
0,299 482	0,680 091	3,185 838	0,213 473	−2,166 659	0,12
0,274 332	0,673 797	3,505 373	0,192 218	−2,361 910	0,11
0,249 219	0,668 012	3,885 926	0,171 905	−2,595 844	0,10
0,224 147	0,662 746	4,347 847	0,152 431	−2,881 518	0,09
0,199 115	0,658 010	4,921 657	0,133 697	−3,238 497	0,08
0,174 124	0,653 811	5,655 318	0,115 610	−3,697 510	0,07
0,149 170	0,650 158	6,628 762	0,098 081	−4,309 745	0,06
0,124 251	0,647 057	7,985 869	0,081 025	−5,167 314	0,05
0,099 362	0,644 513	10,014 393	0,064 359	−6,454 406	0,04
0,074 499	0,642 530	13,385 759	0,048 001	−8,600 751	0,03
0,049 655	0,641 111	20,114 242	0,031 873	−12,895 465	0,02
0,024 824	0,640 259	40,271 202	0,015 899	−25,784 000	0,01
0,000 000	0,639 975	∞	0,000 000	−∞	0,00
$k'\,\mathrm{sd}(\zeta, \varkappa)$	$k'\,\mathrm{nd}(\zeta, \varkappa)$	$\frac{1}{k'}\,\mathrm{cs}(\zeta, \varkappa)$	$-\overline{\mathrm{cd}}(\zeta, \varkappa)$	$-\overline{\mathrm{sd}}(\zeta, \varkappa)$	$\zeta = \frac{z}{2K}$

Tafel III. (Fortsetzung)

$\vartheta_1'(0,\varkappa) = 3{,}022\,265$	$\vartheta_1'(0,k) = 0{,}779\,190$	$\vartheta_5'(0,\varkappa) = 7{,}218\,144$
$\vartheta_1'''/\vartheta_1'(\varkappa) = -9{,}131\,567$	$\vartheta_2''/\vartheta_2(\varkappa) = -10{,}112\,607$	$\vartheta_3''/\vartheta_3(\varkappa) = -3{,}950\,861$
$\vartheta_1'''/\vartheta_1'(k) = -0{,}606\,970$	$\vartheta_2''/\vartheta_2(k) = -0{,}672\,179$	$\vartheta_3''/\vartheta_3(k) = -0{,}262\,612$
$\vartheta_1'''''/\vartheta_1'(k) = 0{,}108\,569$	$\vartheta_2''''/\vartheta_2(k) = 0{,}536\,339$	$\vartheta_3''''/\vartheta_3(k) = 0{,}690\,538$

$\varkappa = 0{,}92$

$\zeta = \frac{z}{2K}$	$\overline{\mathrm{dn}}(\zeta,\varkappa)$	$\mathfrak{z}_1(\zeta,\varkappa)$	$\mathfrak{z}_3(\zeta,\varkappa)$	$\mathfrak{z}_5(\zeta,\varkappa)$	$\wp_1(\zeta,\varkappa)$
0,00	0,000 000	∞	0,000 000	∞	∞
0,01	−0,022 885	25,781 666	−0,002 334	25,781 671	664,694 428
0,02	−0,045 673	12,890 826	−0,004 639	12,890 863	166,173 892
0,03	−0,068 268	8,593 862	−0,006 888	8,593 990	73,855 612
0,04	−0,090 574	6,445 354	−0,009 052	6,445 655	41,544 612
0,05	−0,112 499	5,156 211	−0,011 103	5,156 799	26,589 672
0,06	−0,133 951	4,296 732	−0,013 013	4,297 750	18,466 463
0,07	−0,154 842	3,682 758	−0,014 751	3,684 376	13,568 906
0,08	−0,175 088	3,222 206	−0,016 291	3,224 622	10,390 697
0,09	−0,194 609	2,863 915	−0,017 603	2,867 358	8,212 232
0,10	−0,213 326	2,577 187	−0,018 657	2,581 914	6,654 502
0,11	−0,231 168	2,342 485	−0,019 425	2,348 783	5,502 477
0,12	−0,248 067	2,146 782	−0,019 877	2,154 966	4,626 791
0,13	−0,263 960	1,981 058	−0,019 984	1,991 474	3,945 829
0,14	−0,278 790	1,838 868	−0,019 716	1,851 890	3,406 037
0,15	−0,292 503	1,715 485	−0,019 044	1,731 518	2,971 094
0,16	−0,305 051	1,607 362	−0,017 938	1,626 839	2,615 659
0,17	−0,316 391	1,511 785	−0,016 370	1,535 168	2,321 620
0,18	−0,326 485	1,426 642	−0,014 310	1,454 424	2,075 751
0,19	−0,335 299	1,350 265	−0,011 730	1,382 965	1,868 211
0,20	−0,342 805	1,281 318	−0,008 602	1,319 485	1,691 558
0,21	−0,348 978	1,218 719	−0,004 898	1,262 927	1,540 078
0,22	−0,353 800	1,161 580	−0,000 593	1,212 432	1,409 325
0,23	−0,357 255	1,109 169	0,004 339	1,167 291	1,295 798
0,24	−0,359 332	1,060 873	0,009 921	1,126 916	1,196 714
0,25	−0,360 025	1,016 177	0,016 177	1,090 813	1,109 831
0,25	1,639 975	1,016 177	0,016 177	1,090 813	1,109 831
0,26	1,643 138	0,974 644	0,023 125	1,058 567	1,033 333
0,27	1,652 692	0,935 901	0,030 784	1,029 823	0,965 735
0,28	1,668 830	0,899 628	0,039 171	1,004 275	0,905 813
0,29	1,691 888	0,865 547	0,048 298	0,981 659	0,852 550
0,30	1,722 357	0,833 417	0,058 175	0,961 744	0,805 099
0,31	1,760 913	0,803 026	0,068 809	0,944 326	0,762 748
0,32	1,808 453	0,774 189	0,080 204	0,929 222	0,724 896
0,33	1,866 148	0,746 741	0,092 358	0,916 266	0,691 033
0,34	1,935 521	0,720 537	0,105 266	0,905 308	0,660 725
0,35	2,018 552	0,695 445	0,118 919	0,896 209	0,633 602
0,36	2,117 838	0,671 348	0,133 304	0,888 835	0,609 346
0,37	2,236 821	0,648 141	0,148 402	0,883 064	0,587 684
0,38	2,380 132	0,625 728	0,164 188	0,878 776	0,568 382
0,39	2,554 128	0,604 022	0,180 635	0,875 855	0,551 239
0,40	2,767 749	0,582 941	0,197 710	0,874 187	0,536 079
0,41	3,033 948	0,562 412	0,215 372	0,873 659	0,522 755
0,42	3,372 194	0,542 366	0,233 581	0,874 160	0,511 140
0,43	3,813 120	0,522 740	0,252 287	0,875 579	0,501 123
0,44	4,407 826	0,503 472	0,271 440	0,877 802	0,492 614
0,45	5,248 339	0,484 507	0,290 983	0,880 718	0,485 536
0,46	6,518 765	0,465 789	0,310 856	0,884 213	0,479 827
0,47	8,648 752	0,447 268	0,330 999	0,888 171	0,475 437
0,48	12,927 338	0,428 891	0,351 344	0,892 479	0,472 328
0,49	25,799 898	0,410 611	0,371 827	0,897 020	0,470 473
0,50	∞	0,392 378	0,392 378	0,901 677	0,469 856
	$\overline{\mathrm{sc}}(\zeta,\varkappa)$	$-\mathfrak{z}_2(\zeta,\varkappa)$	$-\mathfrak{z}_4(\zeta,\varkappa)$	$-\mathfrak{z}_6(\zeta,\varkappa)$	$\wp_2(\zeta,\varkappa)$

Tafel III

$\varkappa = 0{,}92$			
	$\vartheta_5'(0, k) = 1{,}860\,958$	$\vartheta_6(0, k) = 1{,}860\,958$	$\vartheta_{\frac{5}{6}}(\frac{1}{4}, \varkappa) = 1{,}471\,231$
	$\vartheta_4''/\vartheta_4(\varkappa) = 4{,}931\,902$	$\vartheta_5'''/\vartheta_5'(\varkappa) = -20{,}984\,151$	$\vartheta_6''/\vartheta_6(\varkappa) = -2{,}136\,850$
	$\vartheta_4''/\vartheta_4(k) = 0{,}327\,821$	$\vartheta_5'''/\vartheta_5'(k) = -1{,}394\,805$	$\vartheta_6''/\vartheta_6(k) = -0{,}344\,359$
	$\vartheta_4''''/\vartheta_4(k) = -0{,}858\,465$	$\vartheta_5'''''/\vartheta_5'(k) = 5{,}155\,235$	$\vartheta_6''''/\vartheta_6(k) = -1{,}644\,252$

$\wp_3(\zeta, \varkappa)$	$\wp_5(\zeta, \varkappa)$	$\wp_1'(\zeta, \varkappa)$	$\wp_3'(\zeta, \varkappa)$	$\wp_5'(\zeta, \varkappa)$	
0,060 288	∞	−∞	0,000 000	−∞	0,50
0,059 924	664,694 064	−34 273,852 9	−0,018 763	−34 273,871 7	0,49
0,058 832	166,172 436	−4 284,224 27	−0,037 545	−4 284,261 81	0,48
0,057 011	73,852 335	−1 269,390 36	−0,056 368	−1 269,446 72	0,47
0,054 459	41,538 783	−535,513 361	−0,075 249	−535,588 609	0,46
0,051 173	26,580 557	−274,171 311	−0,094 203	−274,265 514	0,45
0,047 150	18,453 325	−158,651 842	−0,113 244	−158,765 085	0,44
0,042 387	13,551 004	−99,896 498	−0,132 381	−100,028 879	0,43
0,036 879	10,367 288	−66,910 000	−0,151 618	−67,061 619	0,42
0,030 624	8,182 568	−46,979 942	−0,170 957	−47,150 899	0,41
0,023 616	6,617 830	−34,235 103	−0,190 389	−34,425 492	0,40
0,015 853	5,458 042	−25,707 920	−0,209 902	−25,917 821	0,39
0,007 333	4,573 835	−19,788 110	−0,229 474	−20,017 584	0,38
−0,001 948	3,883 593	−15,550 261	−0,249 075	−15,799 336	0,37
−0,011 989	3,333 760	−12,436 714	−0,268 667	−12,705 381	0,36
−0,022 789	2,888 016	−10,097 756	−0,288 200	−10,385 956	0,35
−0,034 345	2,521 026	−8,306 493	−0,307 614	−8,614 106	0,34
−0,046 650	2,214 682	−6,911 334	−0,326 835	−7,238 169	0,33
−0,059 695	1,955 768	−5,808 372	−0,345 781	−6,154 153	0,32
−0,073 469	1,734 455	−4,924 766	−0,364 352	−5,289 118	0,31
−0,087 953	1,543 317	−4,208 415	−0,382 439	−4,590 855	0,30
−0,103 128	1,376 661	−3,621 390	−0,399 918	−4,021 309	0,29
−0,118 967	1,230 069	−3,135 627	−0,416 651	−3,552 278	0,28
−0,135 438	1,100 072	−2,730 057	−0,432 489	−3,162 545	0,27
−0,152 504	0,983 922	−2,388 655	−0,447 268	−2,835 923	0,26
−0,170 119	0,879 424	−2,099 085	−0,460 814	−2,559 899	0,25
−0,170 119	0,879 424	−2,099 085	−0,460 814	−2,559 899	0,25
−0,188 233	0,784 812	−1,851 742	−0,472 945	−2,324 686	0,24
−0,206 787	0,698 660	−1,639 071	−0,483 468	−2,122 539	0,23
−0,225 714	0,619 810	−1,455 076	−0,492 186	−1,947 261	0,22
−0,244 942	0,547 320	−1,294 951	−0,498 898	−1,793 849	0,21
−0,264 387	0,480 424	−1,154 818	−0,503 404	−1,658 222	0,20
−0,283 962	0,418 498	−1,031 516	−0,505 509	−1,537 025	0,19
−0,303 568	0,361 039	−0,922 456	−0,505 022	−1,427 479	0,18
−0,323 103	0,307 642	−0,825 498	−0,501 770	−1,327 268	0,17
−0,342 455	0,257 982	−0,738 863	−0,495 592	−1,234 455	0,16
−0,361 509	0,211 805	−0,661 060	−0,486 353	−1,147 413	0,15
−0,380 143	0,168 915	−0,590 834	−0,473 942	−1,064 777	0,14
−0,398 233	0,129 163	−0,527 121	−0,458 282	−0,985 403	0,13
−0,415 651	0,092 443	−0,469 012	−0,439 330	−0,908 342	0,12
−0,432 271	0,058 680	−0,415 723	−0,417 085	−0,832 809	0,11
−0,447 964	0,027 827	−0,366 579	−0,391 589	−0,758 168	0,10
−0,462 607	−0,000 140	−0,320 989	−0,362 931	−0,683 919	0,09
−0,476 079	−0,025 228	−0,278 432	−0,331 245	−0,609 677	0,08
−0,488 267	−0,047 432	−0,238 449	−0,296 716	−0,535 165	0,07
−0,499 063	−0,066 737	−0,200 627	−0,259 575	−0,460 202	0,06
−0,508 373	−0,083 125	−0,164 591	−0,220 099	−0,384 691	0,05
−0,516 111	−0,096 572	−0,130 001	−0,178 606	−0,308 607	0,04
−0,522 207	−0,107 058	−0,096 538	−0,135 452	−0,231 990	0,03
−0,526 602	−0,114 563	−0,063 905	−0,091 023	−0,154 927	0,02
−0,529 257	−0,119 072	−0,031 817	−0,045 730	−0,077 546	0,01
−0,530 144	−0,120 576	0,000 000	0,000 000	0,000 000	0,00
$\wp_4(\zeta, \varkappa)$	$\wp_6(\zeta, \varkappa)$	$-\wp_2'(\zeta, \varkappa)$	$-\wp_4'(\zeta, \varkappa)$	$-\wp_6'(\zeta, \varkappa)$	$\zeta = \dfrac{z}{2K}$

Tafel III

$\sqrt{k} = 0{,}872\,261$ $\quad k = 0{,}760\,839$ $\quad k^2 = 0{,}578\,876$ $\quad \boxed{\varkappa = 0{,}93}$

$\sqrt{k'} = 0{,}805\,568$ $\quad k' = 0{,}648\,941$ $\quad k'^2 = 0{,}421\,124$

$e_1 = -e_3' = 0{,}473\,708$ $\quad e_2 = -e_2' = 0{,}052\,584$ $\quad e_3 = -e_1' = -0{,}526\,292$

$g_2 = g_2' = 1{,}008\,295$ $\quad g_3 = -g_3' = -0{,}052\,439$ $\quad g_3/\sqrt{g_2^3} = -0{,}051\,793$

$\bar{g}_2 = \bar{g}_2' = -3{,}867\,276$ $\quad \bar{g}_3 = -\bar{g}_3' = -0{,}411\,367$ $\quad \bar{g}_3/\sqrt{\bar{g}_2^3} = 0{,}054\,091\,i$

$\zeta = \dfrac{z}{2K}$	$\vartheta_1(\zeta, \varkappa)$	$\vartheta_3(\zeta, \varkappa)$	$\dfrac{\partial \ln \vartheta_1(\zeta, \varkappa)}{\partial \zeta}$	$\dfrac{\partial \ln \vartheta_3(\zeta, \varkappa)}{\partial \zeta}$	$\mathrm{sn}(\zeta, \varkappa)$
0,00	0,000 000	1,107 703	∞	0,000 000	0,000 000
0,01	0,029 999	1,107 490	99,969 407	−0,038 385	0,038 532
0,02	0,059 970	1,106 853	49,938 791	−0,076 663	0,076 975
0,03	0,089 886	1,105 794	33,241 464	−0,114 725	0,115 237
0,04	0,119 720	1,104 318	24,877 404	−0,152 464	0,153 232
0,05	0,149 443	1,102 429	19,846 588	−0,189 771	0,190 874
0,06	0,179 029	1,100 136	16,482 328	−0,226 538	0,228 081
0,07	0,208 450	1,097 448	14,070 316	−0,262 655	0,264 773
0,08	0,237 679	1,094 375	12,253 387	−0,298 014	0,300 876
0,09	0,266 689	1,090 930	10,833 106	−0,332 504	0,336 321
0,10	0,295 451	1,087 125	9,690 404	−0,366 015	0,371 042
0,11	0,323 940	1,082 977	8,749 503	−0,398 435	0,404 982
0,12	0,352 129	1,078 501	7,959 874	−0,429 655	0,438 086
0,13	0,379 990	1,073 715	7,286 532	−0,459 563	0,470 307
0,14	0,407 496	1,068 639	6,704 480	−0,488 047	0,501 605
0,15	0,434 622	1,063 291	6,195 382	−0,514 997	0,531 943
0,16	0,461 340	1,057 694	5,745 480	−0,540 302	0,561 293
0,17	0,487 625	1,051 869	5,344 250	−0,563 852	0,589 631
0,18	0,513 452	1,045 840	4,983 499	−0,585 539	0,616 938
0,19	0,538 793	1,039 630	4,656 756	−0,605 257	0,643 202
0,20	0,563 624	1,033 263	4,358 842	−0,622 901	0,668 416
0,21	0,587 919	1,026 766	4,085 556	−0,638 371	0,692 575
0,22	0,611 655	1,020 163	3,833 461	−0,651 568	0,715 682
0,23	0,634 806	1,013 480	3,599 712	−0,662 400	0,737 740
0,24	0,657 349	1,006 745	3,381 934	−0,670 779	0,758 759
0,25	0,679 261	0,999 983	3,178 129	−0,676 624	0,778 749
0,26	0,700 517	0,993 222	2,986 603	−0,679 859	0,797 725
0,27	0,721 097	0,986 487	2,805 909	−0,680 419	0,815 703
0,28	0,740 977	0,979 806	2,634 802	−0,678 246	0,832 700
0,29	0,760 136	0,973 205	2,472 207	−0,673 295	0,848 738
0,30	0,778 554	0,966 710	2,317 187	−0,665 528	0,863 836
0,31	0,796 211	0,960 346	2,168 923	−0,654 924	0,878 017
0,32	0,813 086	0,954 139	2,026 693	−0,641 473	0,891 302
0,33	0,829 162	0,948 113	1,889 861	−0,625 180	0,903 715
0,34	0,844 421	0,942 292	1,757 859	−0,606 067	0,915 277
0,35	0,858 844	0,936 698	1,630 180	−0,584 169	0,926 010
0,36	0,872 417	0,931 355	1,506 370	−0,559 541	0,935 937
0,37	0,885 123	0,926 283	1,386 018	−0,532 255	0,945 079
0,38	0,896 948	0,921 501	1,268 751	−0,502 400	0,953 455
0,39	0,907 878	0,917 030	1,154 229	−0,470 085	0,961 086
0,40	0,917 902	0,912 885	1,042 141	−0,435 435	0,967 989
0,41	0,927 006	0,909 085	0,932 199	−0,398 594	0,974 181
0,42	0,935 182	0,905 643	0,824 137	−0,359 725	0,979 678
0,43	0,942 418	0,902 573	0,717 705	−0,319 004	0,984 494
0,44	0,948 707	0,899 888	0,612 669	−0,276 627	0,988 642
0,45	0,954 040	0,897 598	0,508 808	−0,232 800	0,992 132
0,46	0,958 413	0,895 712	0,405 911	−0,187 744	0,994 975
0,47	0,961 819	0,894 237	0,303 776	−0,141 693	0,997 178
0,48	0,964 255	0,893 179	0,202 205	−0,094 885	0,998 747
0,49	0,965 718	0,892 543	0,101 010	−0,047 570	0,999 687
0,50	0,966 206	0,892 331	0,000 000	0,000 000	1,000 000
	$\vartheta_2(\zeta, \varkappa)$	$\vartheta_4(\zeta, \varkappa)$	$-\dfrac{\partial \ln \vartheta_2(\zeta, \varkappa)}{\partial \zeta}$	$-\dfrac{\partial \ln \vartheta_4(\zeta, \varkappa)}{\partial \zeta}$	$\mathrm{cd}(\zeta, \varkappa)$

Tafel III

$\varkappa = 0{,}93$			
	$k^2 k'^2 = 0{,}243\,779$	$\eta_1 = -\eta_2' = 0{,}205\,865$	$\eta_1' = -\eta_2 = 0{,}248\,813$
	$\pi/KK' = 0{,}909\,356$	$\bar{\eta}_1 = -\bar{\eta}_2' = 0{,}464\,313$	$\bar{\eta}_1' = -\bar{\eta}_2 = 0{,}445\,042$
	$K = 1{,}927\,376$	$E = 1{,}309\,792$	$A = 0{,}996\,256$
	$K' = 1{,}792\,460$	$E' = 1{,}389\,345$	$A' = 0{,}703\,466$
	$B = 0{,}860\,509$	$C = 0{,}356\,482$	$D = 1{,}066\,868$

$\mathrm{cn}(\zeta, \varkappa)$	$\mathrm{dn}(\zeta, \varkappa)$	$\mathrm{sc}(\zeta, \varkappa)$	$\overline{\mathrm{sn}}(\zeta, \varkappa)$	$\overline{\mathrm{cn}}(\zeta, \varkappa)$	
1,000 000	1,000 000	0,000 000	∞	0,000 000	0,50
0,999 257	0,999 570	0,038 561	25,921 724	−0,038 545	0,49
0,997 033	0,998 284	0,077 204	12,930 506	−0,077 071	0,48
0,993 338	0,996 149	0,116 010	8,586 743	−0,115 563	0,47
0,988 190	0,993 181	0,175 064	6,404 992	−0,154 006	0,46
0,981 614	0,989 399	0,194 449	5,088 209	−0,192 388	0,45
0,973 642	0,984 828	0,234 255	4,204 083	−0,230 701	0,44
0,964 311	0,979 499	0,274 572	3,567 365	−0,268 943	0,43
0,953 663	0,973 446	0,315 495	3,085 454	−0,307 117	0,42
0,941 747	0,966 707	0,357 124	2,706 921	−0,345 234	0,41
0,928 616	0,959 325	0,399 565	2,400 924	−0,383 313	0,40
0,914 325	0,951 346	0,442 930	2,147 847	−0,421 379	0,39
0,898 933	0,942 816	0,487 340	1,934 618	−0,459 472	0,38
0,882 503	0,933 787	0,532 924	1,752 195	−0,497 638	0,37
0,865 097	0,924 311	0,579 825	1,594 120	−0,535 939	0,36
0,846 780	0,914 439	0,628 195	1,455 661	−0,574 446	0,35
0,827 617	0,904 226	0,678 204	1,333 267	−0,613 250	0,34
0,807 673	0,893 726	0,730 036	1,224 221	−0,652 452	0,33
0,787 012	0,882 991	0,783 899	1,126 408	−0,692 176	0,32
0,765 696	0,872 074	0,840 023	1,038 155	−0,732 562	0,31
0,743 788	0,861 028	0,898 665	0,958 119	−0,773 776	0,30
0,721 345	0,849 903	0,960 116	0,885 209	−0,816 006	0,29
0,698 426	0,838 749	1,024 706	0,818 526	−0,859 471	0,28
0,675 085	0,827 611	1,092 811	0,757 323	−0,904 423	0,27
0,651 372	0,816 537	1,164 863	0,700 972	−0,951 154	0,26
0,627 336	0,805 568	1,241 359	0,648 941	−1,000 000	0,25
0,603 022	0,794 747	1,322 879	0,600 771	−1,051 355	0,24
0,578 472	0,784 113	1,410 100	0,556 069	−1,105 677	0,23
0,553 724	0,773 701	1,503 819	0,514 491	−1,163 506	0,22
0,528 813	0,763 546	1,604 986	0,475 734	−1,225 481	0,21
0,503 772	0,753 681	1,714 736	0,439 532	−1,292 364	0,20
0,478 629	0,744 135	1,834 442	0,405 646	−1,365 071	0,19
0,453 409	0,734 935	1,965 779	0,373 864	−1,444 720	0,18
0,428 135	0,726 107	2,110 817	0,343 993	−1,532 680	0,17
0,402 826	0,717 675	2,272 139	0,315 859	−1,630 658	0,16
0,377 499	0,709 660	2,453 016	0,289 301	−1,740 807	0,15
0,352 167	0,702 080	2,657 652	0,264 173	−1,865 886	0,14
0,326 843	0,694 955	2,891 541	0,240 341	−2,009 492	0,13
0,301 535	0,688 300	3,162 010	0,217 678	−2,176 412	0,12
0,276 250	0,682 129	3,479 045	0,196 068	−2,373 158	0,11
0,250 994	0,676 455	3,856 628	0,175 401	−2,608 836	0,10
0,225 769	0,671 290	4,314 951	0,155 573	−2,896 582	0,09
0,200 577	0,666 643	4,884 301	0,136 487	−3,256 084	0,08
0,175 418	0,662 523	5,612 272	0,118 049	−3,718 259	0,07
0,150 291	0,658 938	6,578 183	0,100 170	−4,334 614	0,06
0,125 193	0,655 894	7,924 807	0,082 765	−5,197 832	0,05
0,100 121	0,653 396	9,937 688	0,065 749	−6,493 248	0,04
0,075 071	0,651 449	13,283 094	0,049 043	−8,653 263	0,03
0,050 038	0,650 056	19,959 822	0,032 568	−12,975 009	0,02
0,025 016	0,649 220	39,961 856	0,016 246	−25,944 022	0,01
0,000 000	0,648 941	∞	0,000 000	−∞	0,00
$k'\,\mathrm{sd}(\zeta, \varkappa)$	$k'\,\mathrm{nd}(\zeta, \varkappa)$	$\frac{1}{k'}\,\mathrm{cs}(\zeta, \varkappa)$	$-\overline{\mathrm{cd}}(\zeta, \varkappa)$	$-\overline{\mathrm{sd}}(\zeta, \varkappa)$	$\zeta = \frac{z}{2K}$

Tafel III. (Fortsetzung)

			$\varkappa = 0{,}93$
$\vartheta_1'(0,\varkappa) = 3{,}000\,328$	$\vartheta_1'(0,k) = 0{,}778\,345$	$\vartheta_5'(0,\varkappa) = 7{,}158\,537$	
$\vartheta_1'''/\vartheta_1'(\varkappa) = -9{,}176\,903$	$\vartheta_2''/\vartheta_2(\varkappa) = -10{,}097\,851$	$\vartheta_3''/\vartheta_3(\varkappa) = -3{,}840\,321$	
$\vartheta_1'''/\vartheta_1'(k) = -0{,}617\,594$	$\vartheta_2''/\vartheta_2(k) = -0{,}679\,573$	$\vartheta_3''/\vartheta_3(k) = -0{,}258\,449$	
$\vartheta_1'''''/\vartheta_1'(k) = 0{,}131\,556$	$\vartheta_2''''/\vartheta_2(k) = 0{,}543\,209$	$\vartheta_3''''/\vartheta_3(k) = 0{,}687\,944$	

$\zeta = \frac{z}{2K}$	$\overline{\mathrm{dn}}(\zeta,\varkappa)$	$\mathfrak{z}_1(\zeta,\varkappa)$	$\mathfrak{z}_3(\zeta,\varkappa)$	$\mathfrak{z}_5(\zeta,\varkappa)$	$\wp_1(\zeta,\varkappa)$
0,00	0,000 000	∞	0,000 000	∞	∞
0,01	−0,022 299	25,942 000	−0,002 022	25,942 005	672,987 482
0,02	−0,044 503	12,970 993	−0,004 017	12,971 030	168,247 151
0,03	−0,066 520	8,647 308	−0,005 955	8,647 433	74,777 052
0,04	−0,088 257	6,485 439	−0,007 810	6,485 737	42,062 910
0,05	−0,109 623	5,188 280	−0,009 552	5,188 862	26,921 367
0,06	−0,130 531	4,323 459	−0,011 155	4,324 466	18,696 786
0,07	−0,150 894	3,705 670	−0,012 589	3,707 270	13,738 098
0,08	−0,170 631	3,242 258	−0,013 826	3,244 648	10,520 206
0,09	−0,189 661	2,881 745	−0,014 838	2,885 150	8,314 529
0,10	−0,207 912	2,593 241	−0,015 596	2,597 915	6,737 327
0,11	−0,225 311	2,357 087	−0,016 071	2,363 313	5,570 888
0,12	−0,241 794	2,160 177	−0,016 234	2,168 267	4,684 233
0,13	−0,257 297	1,993 435	−0,016 057	2,003 728	3,994 729
0,14	−0,271 765	1,850 374	−0,015 511	1,863 241	3,448 154
0,15	−0,285 146	1,726 240	−0,014 567	1,742 078	3,007 732
0,16	−0,297 391	1,617 462	−0,013 196	1,636 698	2,647 810
0,17	−0,308 459	1,521 310	−0,011 370	1,544 399	2,350 047
0,18	−0,318 311	1,435 660	−0,009 060	1,463 085	2,101 052
0,19	−0,326 916	1,358 832	−0,006 240	1,391 105	1,890 864
0,20	−0,334 244	1,289 482	−0,002 881	1,327 140	1,711 947
0,21	−0,340 272	1,226 522	0,001 041	1,270 130	1,558 515
0,22	−0,344 980	1,169 059	0,005 553	1,219 206	1,426 068
0,23	−0,348 354	1,116 356	0,010 678	1,173 655	1,311 063
0,24	−0,350 383	1,067 795	0,016 440	1,132 883	1,210 679
0,25	−0,351 059	1,022 860	0,022 860	1,096 394	1,122 649
0,25	1,648 941	1,022 860	0,022 860	1,096 394	1,122 649
0,26	1,652 126	0,981 110	0,029 956	1,063 767	1,045 134
0,27	1,661 746	0,942 169	0,037 746	1,034 644	0,976 630
0,28	1,677 997	0,905 716	0,046 245	1,008 717	0,915 898
0,29	1,701 215	0,871 472	0,055 466	0,985 720	0,861 910
0,30	1,731 895	0,839 192	0,065 416	0,965 417	0,813 807
0,31	1,770 718	0,808 665	0,076 102	0,947 604	0,770 869
0,32	1,818 584	0,779 703	0,087 527	0,932 094	0,732 488
0,33	1,876 673	0,752 142	0,099 690	0,918 722	0,698 147
0,34	1,946 516	0,725 833	0,112 584	0,907 334	0,667 408
0,35	2,030 107	0,700 646	0,126 200	0,897 791	0,639 896
0,36	2,130 059	0,676 463	0,140 525	0,889 959	0,615 289
0,37	2,249 833	0,653 177	0,155 539	0,883 714	0,593 311
0,38	2,394 090	0,630 691	0,171 219	0,878 936	0,573 725
0,39	2,569 226	0,608 917	0,187 538	0,875 508	0,556 327
0,40	2,784 237	0,587 775	0,204 463	0,873 317	0,540 941
0,41	3,052 156	0,567 190	0,221 955	0,872 251	0,527 417
0,42	3,392 571	0,547 092	0,239 974	0,872 199	0,515 625
0,43	3,836 308	0,527 417	0,258 474	0,873 051	0,505 456
0,44	4,434 784	0,508 104	0,277 403	0,874 694	0,496 817
0,45	5,280 597	0,489 096	0,296 708	0,877 018	0,489 631
0,46	6,558 998	0,470 338	0,316 332	0,879 911	0,483 834
0,47	8,702 306	0,451 777	0,336 214	0,883 260	0,479 376
0,48	13,007 578	0,433 364	0,356 292	0,886 951	0,476 218
0,49	25,960 268	0,415 047	0,376 502	0,890 872	0,474 334
0,50	∞	0,396 779	0,396 779	0,894 907	0,473 708
	$\overline{\mathrm{sc}}(\zeta,\varkappa)$	$-\mathfrak{z}_2(\zeta,\varkappa)$	$-\mathfrak{z}_4(\zeta,\varkappa)$	$-\mathfrak{z}_6(\zeta,\varkappa)$	$\wp_2(\zeta,\varkappa)$

Tafel III

$\varkappa = 0{,}93$

$\vartheta_5'(0, k) = 1{,}857\,068$	$\vartheta_6(0, k) = 1{,}857\,068$	$\vartheta_5(\tfrac{1}{6}, \varkappa) = 1{,}463\,058$
$\vartheta_4''/\vartheta_4(\varkappa) = 4{,}761\,269$	$\vartheta_5'''/\vartheta_5'(\varkappa) = -20{,}697\,864$	$\vartheta_6''/\vartheta_6(\varkappa) = -5{,}336\,582$
$\vartheta_4''/\vartheta_4(k) = 0{,}320\,427$	$\vartheta_5'''/\vartheta_5'(k) = -\,1{,}392\,940$	$\vartheta_6''/\vartheta_6(k) = -0{,}359\,145$
$\vartheta_4''''/\vartheta_4(k) = -0{,}849\,731$	$\vartheta_5'''''/\vartheta_5'(k) = 5{,}167\,442$	$\vartheta_6''''/\vartheta_6(k) = -1{,}613\,044$

$\wp_3(\zeta, \varkappa)$	$\wp_5(\zeta, \varkappa)$	$\wp_1'(\zeta, \varkappa)$	$\wp_3'(\zeta, \varkappa)$	$\wp_5'(\zeta, \varkappa)$	
0,052 584	∞	− ∞	0,000 000	− ∞	0,50
0,052 222	672,987 120	−34 917,275 9	−0,018 797	−34 917,294 7	0,49
0,051 135	168,245 702	−4 364,652 20	−0,037 612	−4 364,689 81	0,48
0,049 322	74,773 790	−1 293,220 93	−0,056 460	−1 293,277 39	0,47
0,046 781	42,057 108	−545,566 976	−0,075 358	−545,642 334	0,46
0,043 511	26,912 294	−279,318 857	−0,094 319	−279,413 176	0,45
0,039 509	18,683 711	−161,630 842	−0,113 353	−161,744 195	0,44
0,034 771	13,720 285	−101,772 582	−0,132 466	−101,905 048	0,43
0,029 295	10,496 918	−68,166 924	−0,151 661	−68,318 584	0,42
0,023 078	8,285 023	−47,862 810	−0,170 934	−48,033 744	0,41
0,016 116	6,700 859	−34,878 799	−0,190 278	−35,069 076	0,40
0,008 408	5,526 712	−26,191 617	−0,209 675	−26,401 292	0,39
−0,000 049	4,631 600	−20,160 753	−0,229 103	−20,389 856	0,38
−0,009 255	3,932 890	−15,843 419	−0,248 530	−16,091 950	0,37
−0,019 209	3,376 361	−12,671 489	−0,267 916	−12,939 405	0,36
−0,029 909	2,925 240	−10,288 683	−0,287 208	−10,575 891	0,35
−0,041 349	2,553 876	−8,463 849	−0,306 347	−8,770 195	0,34
−0,053 524	2,243 939	−7,042 548	−0,325 258	−7,367 807	0,33
−0,066 421	1,982 047	−5,918 925	−0,343 859	−6,262 784	0,32
−0,080 028	1,758 252	−5,018 768	−0,362 051	−5,380 818	0,31
−0,094 327	1,565 036	−4,289 001	−0,379 725	−4,668 725	0,30
−0,109 295	1,396 636	−3,690 980	−0,396 759	−4,087 739	0,29
−0,124 905	1,248 579	−3,196 115	−0,413 020	−3,609 134	0,28
−0,141 125	1,117 354	−2,782 942	−0,428 359	−3,211 301	0,27
−0,157 916	1,000 179	−2,435 137	−0,442 620	−2,877 757	0,26
−0,175 233	0,894 832	−2,140 129	−0,455 633	−2,595 762	0,25
−0,175 233	0,894 832	−2,140 129	−0,455 633	−2,595 762	0,25
−0,193 024	0,799 525	−1,888 134	−0,467 223	−2,355 357	0,24
−0,211 233	0,712 813	−1,671 456	−0,477 204	−2,148 660	0,23
−0,229 791	0,633 522	−1,483 986	−0,485 387	−1,969 373	0,22
−0,248 628	0,560 698	−1,320 829	−0,491 582	−1,812 411	0,21
−0,267 662	0,493 561	−1,178 032	−0,495 597	−1,673 629	0,20
−0,286 806	0,431 479	−1,052 377	−0,497 248	−1,549 626	0,19
−0,305 965	0,373 939	−0,941 226	−0,496 357	−1,437 583	0,18
−0,325 038	0,320 526	−0,842 398	−0,492 760	−1,335 158	0,17
−0,343 917	0,270 907	−0,754 081	−0,486 308	−1,240 390	0,16
−0,362 491	0,224 820	−0,674 758	−0,476 877	−1,151 635	0,15
−0,380 643	0,182 062	−0,603 150	−0,464 366	−1,067 516	0,14
−0,398 251	0,142 476	−0,538 172	−0,448 706	−0,986 878	0,13
−0,415 195	0,105 946	−0,478 899	−0,429 862	−0,908 761	0,12
−0,431 350	0,072 392	−0,424 534	−0,407 840	−0,832 374	0,11
−0,446 597	0,041 760	−0,374 387	−0,382 685	−0,757 072	0,10
−0,460 814	0,014 019	−0,327 857	−0,354 486	−0,682 343	0,09
−0,473 888	−0,010 847	−0,284 416	−0,323 378	−0,607 794	0,08
−0,485 710	−0,032 838	−0,243 594	−0,289 541	−0,533 135	0,07
−0,496 178	−0,051 945	−0,204 970	−0,253 200	−0,458 170	0,06
−0,505 202	−0,068 155	−0,168 165	−0,214 623	−0,382 788	0,05
−0,512 700	−0,081 450	−0,132 830	−0,174 114	−0,306 945	0,04
−0,518 605	−0,091 813	−0,098 643	−0,132 017	−0,230 660	0,03
−0,522 862	−0,099 228	−0,065 300	−0,088 701	−0,154 001	0,02
−0,525 433	−0,103 682	−0,032 512	−0,044 559	−0,077 071	0,01
−0,526 292	−0,105 168	0,000 000	0,000 000	0,000 000	0,00
$\wp_4(\zeta, \varkappa)$	$\wp_6(\zeta, \varkappa)$	$-\wp_2'(\zeta, \varkappa)$	$-\wp_4'(\zeta, \varkappa)$	$-\wp_6'(\zeta, \varkappa)$	$\zeta = \dfrac{z}{2K}$

Tafel III

$\sqrt{k} = 0{,}867\,896$	$k = 0{,}753\,243$	$k^2 = 0{,}567\,375$
$\sqrt{k'} = 0{,}811\,013$	$k' = 0{,}657\,742$	$k'^2 = 0{,}432\,625$
$e_1 = -e_3' = 0{,}477\,542$	$e_2 = -e_2' = 0{,}044\,917$	$e_3 = -e_1' = -0{,}522\,458$
$g_2 = g_2' = 1{,}006\,052$	$g_3 = -g_3' = -0{,}044\,826$	$g_3/\sqrt{g_2^3} = -0{,}044\,422$
$\bar{g}_2 = \bar{g}_2' = -3{,}903\,160$	$\bar{g}_3 = -\bar{g}_3' = -0{,}353\,533$	$\bar{g}_3/\sqrt{\bar{g}_2^3} = 0{,}045\,846\,i$

$\varkappa = 0{,}94$

$\zeta = \frac{z}{2K}$	$\vartheta_1(\zeta, \varkappa)$	$\vartheta_3(\zeta, \varkappa)$	$\frac{\partial \ln \vartheta_1(\zeta, \varkappa)}{\partial \zeta}$	$\frac{\partial \ln \vartheta_3(\zeta, \varkappa)}{\partial \zeta}$	$\mathrm{sn}(\zeta, \varkappa)$
0,00	0,000 000	1,104 371	∞	0,000 000	0,000 000
0,01	0,029 780	1,104 164	99,969 265	−0,037 308	0,038 301
0,02	0,059 532	1,103 547	49,938 508	−0,074 510	0,076 515
0,03	0,089 230	1,102 521	33,241 041	−0,111 501	0,114 553
0,04	0,118 845	1,101 090	24,876 843	−0,148 173	0,152 330
0,05	0,148 351	1,099 260	19,845 891	−0,184 422	0,189 763
0,06	0,177 719	1,097 038	16,481 498	−0,220 140	0,226 770
0,07	0,206 923	1,094 433	14,069 356	−0,255 220	0,263 276
0,08	0,235 935	1,091 456	12,252 301	−0,289 555	0,299 207
0,09	0,264 729	1,088 117	10,831 899	−0,323 038	0,334 494
0,10	0,293 277	1,084 430	9,689 081	−0,355 560	0,369 074
0,11	0,321 551	1,080 410	8,748 068	−0,387 013	0,402 890
0,12	0,349 527	1,076 073	7,958 334	−0,417 290	0,435 887
0,13	0,377 176	1,071 435	7,284 893	−0,446 280	0,468 020
0,14	0,404 472	1,066 516	6,702 749	−0,473 877	0,499 248
0,15	0,431 388	1,061 334	6,193 565	−0,499 973	0,529 534
0,16	0,457 900	1,055 910	5,743 585	−0,524 460	0,558 850
0,17	0,483 979	1,050 266	5,342 284	−0,547 232	0,587 171
0,18	0,509 602	1,044 423	4,981 470	−0,568 186	0,614 478
0,19	0,534 742	1,038 405	4,654 673	−0,587 217	0,640 759
0,20	0,559 375	1,032 236	4,356 713	−0,604 227	0,666 004
0,21	0,583 475	1,025 939	4,083 389	−0,619 117	0,690 208
0,22	0,607 018	1,019 541	3,831 265	−0,631 795	0,713 373
0,23	0,629 980	1,013 065	3,597 496	−0,642 172	0,735 501
0,24	0,652 337	1,006 538	3,379 706	−0,650 165	0,756 599
0,25	0,674 066	0,999 985	3,175 898	−0,655 696	0,776 679
0,26	0,695 145	0,993 433	2,984 378	−0,658 695	0,795 752
0,27	0,715 550	0,986 906	2,803 698	−0,659 100	0,813 833
0,28	0,735 261	0,980 432	2,632 615	−0,656 857	0,830 940
0,29	0,754 257	0,974 035	2,470 052	−0,651 924	0,847 091
0,30	0,772 516	0,967 740	2,315 072	−0,644 269	0,862 305
0,31	0,790 019	0,961 573	2,166 857	−0,633 872	0,876 603
0,32	0,806 747	0,955 558	2,024 684	−0,620 725	0,890 006
0,33	0,822 681	0,949 718	1,887 916	−0,604 837	0,902 536
0,34	0,837 804	0,944 077	1,755 986	−0,586 229	0,914 214
0,35	0,852 099	0,938 657	1,628 387	−0,564 939	0,925 061
0,36	0,865 550	0,933 478	1,504 663	−0,541 022	0,935 098
0,37	0,878 141	0,928 563	1,384 404	−0,514 547	0,944 345
0,38	0,889 859	0,923 929	1,267 236	−0,485 603	0,952 822
0,39	0,900 690	0,919 595	1,152 819	−0,454 295	0,960 548
0,40	0,910 622	0,915 579	1,040 841	−0,420 745	0,967 540
0,41	0,919 643	0,911 896	0,931 015	−0,385 094	0,973 814
0,42	0,927 742	0,908 560	0,823 072	−0,347 497	0,979 386
0,43	0,934 912	0,905 586	0,716 764	−0,308 126	0,984 269
0,44	0,941 142	0,902 983	0,611 856	−0,267 166	0,988 475
0,45	0,946 426	0,900 764	0,508 126	−0,224 819	0,992 016
0,46	0,950 758	0,898 936	0,405 362	−0,181 295	0,994 901
0,47	0,954 133	0,897 506	0,303 362	−0,136 818	0,997 136
0,48	0,956 546	0,896 482	0,201 929	−0,091 617	0,998 729
0,49	0,957 995	0,895 865	0,100 871	−0,045 931	0,999 682
0,50	0,958 478	0,895 659	0,000 000	0,000 000	1,000 000
	$\vartheta_2(\zeta, \varkappa)$	$\vartheta_4(\zeta, \varkappa)$	$-\frac{\partial \ln \vartheta_2(\zeta, \varkappa)}{\partial \zeta}$	$-\frac{\partial \ln \vartheta_4(\zeta, \varkappa)}{\partial \zeta}$	$\mathrm{cd}(\zeta, \varkappa)$

Tafel III

$\varkappa = 0{,}94$

$k^2 k'^2 = 0{,}245\,461$	$\eta_1 = -\eta_2' = 0{,}209\,326$	$\eta_1' = -\eta_2 = 0{,}245\,969$
$\pi/KK' = 0{,}910\,590$	$\bar\eta_1 = -\bar\eta_2' = 0{,}463\,569$	$\bar\eta_1' = -\bar\eta_2 = 0{,}447\,021$
$K = 1{,}915\,797$	$E = 1{,}315\,900$	$A = 0{,}974\,156$
$K' = 1{,}800\,849$	$E' = 1{,}383\,821$	$A' = 0{,}724\,130$
$B = 0{,}858\,476$	$C = 0{,}350\,464$	$D = 1{,}057\,321$

$\mathrm{cn}(\zeta, \varkappa)$	$\mathrm{dn}(\zeta, \varkappa)$	$\mathrm{sc}(\zeta, \varkappa)$	$\overline{\mathrm{sn}}(\zeta, \varkappa)$	$\overline{\mathrm{cn}}(\zeta, \varkappa)$	
1,000 000	1,000 000	0,000 000	∞	0,000 000	0,50
0,999 266	0,999 584	0,038 329	26,078 789	−0,038 313	0,49
0,997 068	0,998 338	0,076 740	13,009 439	−0,076 612	0,48
0,993 417	0,996 270	0,115 312	8,639 804	−0,114 882	0,47
0,988 330	0,993 395	0,154 129	6,445 241	−0,153 111	0,46
0,981 830	0,989 732	0,193 274	5,120 864	−0,191 290	0,45
0,973 948	0,985 303	0,232 836	4,231 746	−0,229 414	0,44
0,964 721	0,980 139	0,272 904	3,591 516	−0,267 484	0,43
0,954 188	0,974 272	0,313 572	3,107 011	−0,305 505	0,42
0,942 398	0,967 739	0,354 939	2,726 491	−0,343 489	0,41
0,929 400	0,960 580	0,397 111	2,418 924	−0,381 457	0,40
0,915 249	0,952 840	0,440 197	2,164 575	−0,419 437	0,39
0,900 001	0,944 563	0,484 319	1,950 293	−0,457 470	0,38
0,883 718	0,935 799	0,529 604	1,766 979	−0,495 603	0,37
0,866 459	0,926 597	0,576 193	1,608 137	−0,533 899	0,36
0,848 289	0,917 008	0,624 238	1,469 004	−0,572 432	0,35
0,829 269	0,907 084	0,673 907	1,346 008	−0,611 290	0,34
0,809 463	0,896 876	0,725 383	1,236 417	−0,650 579	0,33
0,788 934	0,886 436	0,778 872	1,138 102	−0,690 420	0,32
0,767 742	0,875 815	0,834 602	1,049 381	−0,730 957	0,31
0,745 949	0,865 063	0,892 828	0,968 903	−0,772 353	0,30
0,723 611	0,854 231	0,953 839	0,895 571	−0,814 798	0,29
0,700 785	0,843 364	1,017 962	0,828 482	−0,858 513	0,28
0,677 524	0,832 510	1,085 571	0,766 886	−0,903 749	0,27
0,653 879	0,821 712	1,157 094	0,710 151	−0,950 798	0,26
0,629 897	0,811 013	1,233 025	0,657 742	−1,000 000	0,25
0,605 623	0,800 454	1,313 939	0,609 201	−1,051 748	0,24
0,581 098	0,790 072	1,400 508	0,564 132	−1,106 502	0,23
0,556 362	0,779 904	1,493 525	0,522 190	−1,164 805	0,22
0,531 448	0,769 982	1,593 930	0,483 072	−1,227 298	0,21
0,506 389	0,760 340	1,702 850	0,446 510	−1,294 745	0,20
0,481 214	0,751 006	1,821 650	0,412 267	−1,368 070	0,19
0,455 948	0,742 008	1,951 992	0,380 129	−1,448 394	0,18
0,430 614	0,733 371	2,095 929	0,349 902	−1,537 093	0,17
0,405 232	0,725 117	2,256 027	0,321 414	−1,635 885	0,16
0,379 819	0,717 270	2,435 531	0,294 502	−1,746 933	0,15
0,354 390	0,709 847	2,638 615	0,269 023	−1,873 013	0,14
0,328 956	0,702 867	2,870 733	0,244 839	−2,017 743	0,13
0,303 528	0,696 345	3,139 156	0,221 826	−2,185 937	0,12
0,278 114	0,690 297	3,453 798	0,199 866	−2,384 146	0,11
0,252 718	0,684 734	3,828 536	0,178 850	−2,621 531	0,10
0,227 345	0,679 669	4,283 413	0,158 675	−2,911 304	0,09
0,201 998	0,675 112	4,848 492	0,139 242	−3,273 274	0,08
0,176 677	0,671 070	5,571 013	0,120 458	−3,738 542	0,07
0,151 381	0,667 553	6,529 707	0,102 233	−4,358 927	0,06
0,126 110	0,664 566	7,866 289	0,084 483	−5,227 671	0,05
0,100 860	0,662 115	9,864 184	0,067 123	−6,531 228	0,04
0,075 628	0,660 205	13,184 717	0,050 073	−8,704 612	0,03
0,050 411	0,658 838	19,811 858	0,033 255	−13,052 797	0,02
0,025 203	0,658 016	39,665 448	0,016 589	−26,100 513	0,01
0,000 000	0,657 742	∞	0,000 000	−∞	0,00
$k'\,\mathrm{sd}(\zeta, \varkappa)$	$k'\,\mathrm{nd}(\zeta, \varkappa)$	$\frac{1}{k'}\,\mathrm{cs}(\zeta, \varkappa)$	$-\overline{\mathrm{cd}}(\zeta, \varkappa)$	$-\overline{\mathrm{sd}}(\zeta, \varkappa)$	$\zeta = \frac{z}{2K}$

Tafel III. (Fortsetzung)

			$\varkappa = 0{,}94$
$\vartheta_1'(0,\varkappa) = 2{,}978\,446$	$\vartheta_1'(0,k) = 0{,}777\,339$	$\vartheta_5'(0,\varkappa) = 7{,}100\,224$	
$\vartheta_1'''/\vartheta_1'(\varkappa) = -9{,}219\,431$	$\vartheta_2''/\vartheta_2(\varkappa) = -10{,}083\,988$	$\vartheta_3''/\vartheta_3(\varkappa) = -3{,}732\,569$	
$\vartheta_1'''/\vartheta_1'(k) = -0{,}627\,979$	$\vartheta_2''/\vartheta_2(k) = -\ 0{,}686\,868$	$\vartheta_3''/\vartheta_3(k) = -0{,}254\,243$	
$\vartheta_1'''''/\vartheta_1'(k) = 0{,}154\,237$	$\vartheta_2''''/\vartheta_2(k) = 0{,}550\,113$	$\vartheta_3''''/\vartheta_3(k) = 0{,}684\,840$	

$\zeta = \frac{z}{2K}$	$\overline{\mathrm{dn}}(\zeta,\varkappa)$	$\mathfrak{z}_1(\zeta,\varkappa)$	$\mathfrak{z}_3(\zeta,\varkappa)$	$\mathfrak{z}_5(\zeta,\varkappa)$	$\wp_1(\zeta,\varkappa)$
0,00	0,000 000	∞	0,000 000	∞	∞
0,01	−0,021 724	26,098 797	−0,001 716	26,098 802	681,147 327
0,02	−0,043 357	13,049 391	−0,003 405	13,049 428	170,287 109
0,03	−0,064 808	8,699 574	−0,005 039	8,699 698	75,683 693
0,04	−0,085 987	6,524 639	−0,006 589	6,524 934	42,572 884
0,05	−0,106 807	5,219 642	−0,008 029	5,220 218	27,247 734
0,06	−0,127 181	4,349 596	−0,009 331	4,350 592	18,923 411
0,07	−0,147 026	3,728 077	−0,010 466	3,729 658	13,904 575
0,08	−0,166 263	3,261 868	−0,011 406	3,264 230	10,647 639
0,09	−0,184 814	2,899 180	−0,012 124	2,902 545	8,415 186
0,10	−0,202 606	2,608 939	−0,012 592	2,613 558	6,818 826
0,11	−0,219 571	2,371 367	−0,012 780	2,377 518	5,638 206
0,12	−0,235 644	2,173 276	−0,012 661	2,181 267	4,740 760
0,13	−0,250 764	2,005 537	−0,012 207	2,015 703	4,042 852
0,14	−0,264 876	1,861 624	−0,011 389	1,874 330	3,489 603
0,15	−0,277 929	1,736 754	−0,010 179	1,752 391	3,043 793
0,16	−0,289 877	1,627 335	−0,008 549	1,646 322	2,679 455
0,17	−0,300 676	1,530 621	−0,006 472	1,553 406	2,378 029
0,18	−0,310 292	1,444 474	−0,003 920	1,471 532	2,125 961
0,19	−0,318 690	1,367 204	−0,000 866	1,399 037	1,913 169
0,20	−0,325 842	1,297 460	0,002 715	1,334 596	1,732 025
0,21	−0,331 727	1,234 147	0,006 849	1,277 137	1,576 674
0,22	−0,336 323	1,176 366	0,011 561	1,225 789	1,442 562
0,23	−0,339 616	1,123 375	0,016 873	1,179 832	1,326 103
0,24	−0,341 597	1,074 555	0,022 808	1,138 668	1,224 442
0,25	−0,342 258	1,029 385	0,029 385	1,101 795	1,135 284
0,25	1,657 742	1,029 385	0,029 385	1,101 795	1,135 284
0,26	1,660 949	0,987 421	0,036 622	1,068 790	1,056 769
0,27	1,670 635	0,948 286	0,044 537	1,039 291	0,987 376
0,28	1,686 995	0,911 656	0,053 143	1,012 988	0,925 848
0,29	1,710 369	0,877 249	0,062 451	0,989 610	0,871 148
0,30	1,741 256	0,844 822	0,072 470	0,968 922	0,822 405
0,31	1,780 337	0,814 160	0,083 204	0,950 716	0,778 891
0,32	1,828 522	0,785 075	0,094 655	0,934 803	0,739 990
0,33	1,886 995	0,757 401	0,106 822	0,921 017	0,705 181
0,34	1,957 298	0,730 990	0,119 699	0,909 204	0,674 019
0,35	2,041 435	0,705 708	0,133 276	0,899 220	0,646 124
0,36	2,142 036	0,681 438	0,147 539	0,890 934	0,621 173
0,37	2,262 582	0,658 073	0,162 469	0,884 220	0,598 885
0,38	2,407 763	0,635 514	0,178 044	0,878 956	0,579 020
0,39	2,584 013	0,613 673	0,194 235	0,875 028	0,561 373
0,40	2,800 381	0,592 469	0,211 012	0,872 321	0,545 765
0,41	3,069 979	0,571 826	0,228 337	0,870 725	0,532 045
0,42	3,412 515	0,551 675	0,246 170	0,870 127	0,520 081
0,43	3,859 000	0,531 950	0,264 466	0,870 420	0,509 762
0,44	4,461 160	0,512 591	0,283 176	0,871 492	0,500 995
0,45	5,312 154	0,493 539	0,302 249	0,873 234	0,493 702
0,46	6,598 351	0,474 739	0,321 629	0,875 535	0,487 819
0,47	8,754 686	0,456 139	0,341 257	0,878 284	0,483 294
0,48	13,086 051	0,437 687	0,361 075	0,881 370	0,480 089
0,49	26,117 103	0,419 332	0,381 019	0,884 681	0,478 177
0,50	∞	0,401 027	0,401 027	0,888 105	0,477 542
	$\overline{\mathrm{sc}}(\zeta,\varkappa)$	$-\mathfrak{z}_2(\zeta,\varkappa)$	$-\mathfrak{z}_4(\zeta,\varkappa)$	$-\mathfrak{z}_6(\zeta,\varkappa)$	$\wp_2(\zeta,\varkappa)$

Tafel III

$\varkappa = 0{,}94$					
$\vartheta_5'(0, k)$ = 1,853 073	$\vartheta_6(0, k)$ = 1,853 073	$\vartheta_{\substack{5\\6}}(\frac{1}{4}, \varkappa)$ = 1,455 002
$\vartheta_4''/\vartheta_4(\varkappa)$ = 4,597 126	$\vartheta_5'''/\vartheta_5'(\varkappa)$ = −20,417 139	$\vartheta_6''/\vartheta_6(\varkappa)$ = −5,486 862
$\vartheta_4''/\vartheta_4(k)$ = 0,313 132	$\vartheta_5'''/\vartheta_5'(k)$ = − 1,390 708	$\vartheta_6''/\vartheta_6(k)$ = −0,373 736
$\vartheta_4''''/\vartheta_4(k)$ = −0,840 595	$\vartheta_5'''''/\vartheta_5'(k)$ = 5,175 027	$\vartheta_6''''/\vartheta_6(k)$ = −1,580 964

$\wp_3(\zeta, \varkappa)$	$\wp_5(\zeta, \varkappa)$	$\wp_1'(\zeta, \varkappa)$	$\wp_3'(\zeta, \varkappa)$	$\wp_5'(\zeta, \varkappa)$	
0,044 917	∞	−∞	0,000 000	−∞	0,50
0,044 556	681,146 966	−35 554,245 2	−0,018 813	−35 554,264 0	0,49
0,043 475	170,285 667	−4 444,273 42	−0,037 640	−4 444,311 06	0,48
0,041 671	75,680 447	−1 316,812 48	−0,056 496	−1 316,868 98	0,47
0,039 145	42,567 112	−555,519 744	−0,075 393	−555,595 138	0,46
0,035 893	27,238 711	−284,414 762	−0,094 342	−284,509 104	0,45
0,031 914	18,910 409	−164,579 951	−0,113 351	−164,693 301	0,44
0,027 206	13,886 865	−103,629 836	−0,132 422	−103,762 258	0,43
0,021 766	10,624 488	−69,411 225	−0,151 557	−69,562 782	0,42
0,015 591	8,385 861	−48,736 806	−0,170 750	−48,907 555	0,41
0,008 680	6,782 590	−35,516 020	−0,189 989	−35,706 008	0,40
0,001 032	5,594 321	−26,670 443	−0,209 256	−26,879 699	0,39
−0,007 355	4,688 488	−20,529 637	−0,228 526	−20,758 164	0,38
−0,016 480	3,981 455	−16,133 615	−0,247 766	−16,381 382	0,37
−0,026 341	3,418 345	−12,903 886	−0,266 933	−13,170 820	0,36
−0,036 934	2,961 942	−10,477 672	−0,285 976	−10,763 648	0,35
−0,048 254	2,586 285	−8,619 602	−0,304 832	−8,924 434	0,34
−0,060 291	2,272 822	−7,172 422	−0,323 427	−7,495 849	0,33
−0,073 034	2,008 011	−6,028 343	−0,341 678	−6,370 021	0,32
−0,086 469	1,781 784	−5,111 801	−0,359 488	−5,471 289	0,31
−0,100 575	1,586 533	−4,368 751	−0,376 750	−4,745 501	0,30
−0,115 331	1,416 426	−3,759 845	−0,393 343	−4,153 188	0,29
−0,130 708	1,266 938	−3,255 970	−0,409 136	−3,665 106	0,28
−0,146 672	1,134 514	−2,835 271	−0,423 986	−3,259 258	0,27
−0,163 185	1,016 340	−2,481 126	−0,437 740	−2,918 866	0,26
−0,180 201	0,910 167	−2,180 735	−0,450 235	−2,630 970	0,25
−0,180 201	0,910 167	−2,180 735	−0,405 235	−2,630 970	0,25
−0,197 669	0,814 184	−1,924 136	−0,461 299	−2,385 435	0,24
−0,215 530	0,726 928	−1,703 492	−0,470 757	−2,174 249	0,23
−0,233 721	0,647 211	−1,512 582	−0,478 428	−1,991 010	0,22
−0,252 168	0,574 063	−1,346 423	−0,484 128	−1,830 552	0,21
−0,270 793	0,506 695	−1,200 990	−0,487 678	−1,688 669	0,20
−0,289 510	0,444 464	−1,073 007	−0,488 903	−1,561 910	0,19
−0,308 227	0,386 847	−0,959 786	−0,487 635	−1,447 420	0,18
−0,326 845	0,333 420	−0,859 108	−0,483 720	−1,342 828	0,17
−0,345 260	0,283 842	−0,769 128	−0,477 022	−1,246 149	0,16
−0,363 363	0,237 845	−0,688 301	−0,467 424	−1,155 725	0,15
−0,381 041	0,195 215	−0,615 325	−0,454 837	−1,070 162	0,14
−0,398 179	0,155 789	−0,549 097	−0,439 199	−0,988 296	0,13
−0,414 658	0,119 445	−0,488 672	−0,420 483	−0,909 156	0,12
−0,430 362	0,086 095	−0,433 242	−0,398 699	−0,831 941	0,11
−0,445 173	0,055 676	−0,382 104	−0,373 896	−0,756 000	0,10
−0,458 977	0,028 151	−0,334 646	−0,346 163	−0,680 809	0,09
−0,471 664	0,003 500	−0,290 330	−0,315 636	−0,605 965	0,08
−0,483 131	−0,018 286	−0,248 677	−0,282 489	−0,531 166	0,07
−0,493 281	−0,037 202	−0,209 262	−0,246 940	−0,456 203	0,06
−0,502 027	−0,053 241	−0,171 696	−0,209 250	−0,380 946	0,05
−0,509 293	−0,066 390	−0,135 626	−0,169 711	−0,305 337	0,04
−0,515 013	−0,076 635	−0,100 723	−0,128 651	−0,229 374	0,03
−0,519 137	−0,083 964	−0,066 679	−0,086 426	−0,153 105	0,02
−0,521 626	−0,088 365	−0,033 199	−0,043 412	−0,076 612	0,01
−0,522 458	−0,089 833	0,000 000	0,000 000	0,000 000	0,00
$\wp_4(\zeta, \varkappa)$	$\wp_6(\zeta, \varkappa)$	$-\wp_2'(\zeta, \varkappa)$	$-\wp_4'(\zeta, \varkappa)$	$-\wp_6'(\zeta, \varkappa)$	$\zeta = \frac{z}{2K}$

Tafel III

$\sqrt{k} \quad = 0{,}863\,488$	$k \quad = 0{,}745\,612$	$k^2 \quad = 0{,}555\,938$
$\sqrt{k'} \quad = 0{,}816\,321$	$k' \quad = 0{,}666\,380$	$k'^2 \quad = 0{,}444\,062$
$e_1 = -e_3' = 0{,}481\,354$	$e_2 = -e_2' = 0{,}037\,292$	$e_3 = -e_1' = -0{,}518\,646$
$g_2 = g_2' = 1{,}004\,172$	$g_3 = -g_3' = -0{,}037\,240$	$g_3/\sqrt{g_2^3} = -0{,}037\,008$
$\bar{g}_2 = \bar{g}_2' = -3{,}933\,248$	$\bar{g}_3 = -\bar{g}_3' = -0{,}295\,015$	$\bar{g}_3/\sqrt{\bar{g}_2^3} = 0{,}037\,820\mathrm{i}$

$\varkappa = 0{,}95$

$\zeta = \dfrac{z}{2K}$	$\vartheta_1(\zeta, \varkappa)$	$\vartheta_3(\zeta, \varkappa)$	$\dfrac{\partial \ln \vartheta_1(\zeta, \varkappa)}{\partial \zeta}$	$\dfrac{\partial \ln \vartheta_3(\zeta, \varkappa)}{\partial \zeta}$	$\mathrm{sn}(\zeta, \varkappa)$
0,00	0,000 000	1,101 141	∞	0,000 000	0,000 000
0,01	0,029 562	1,100 942	99,969 132	−0,036 258	0,038 078
0,02	0,059 096	1,100 343	49,938 243	−0,072 412	0,076 070
0,03	0,088 576	1,099 349	33,240 645	−0,108 359	0,113 891
0,04	0,117 973	1,097 963	24,876 317	−0,143 993	0,151 458
0,05	0,147 261	1,096 189	19,845 238	−0,179 210	0,188 688
0,06	0,176 413	1,094 036	16,480 720	−0,213 907	0,225 504
0,07	0,205 400	1,091 512	14,068 456	−0,247 977	0,261 829
0,08	0,234 197	1,088 626	12,251 283	−0,281 317	0,297 592
0,09	0,262 776	1,085 391	10,830 767	−0,313 820	0,332 727
0,10	0,291 109	1,081 819	9,687 839	−0,345 381	0,367 170
0,11	0,319 171	1,077 923	8,746 722	−0,375 894	0,400 865
0,12	0,346 935	1,073 720	7,956 889	−0,405 255	0,433 759
0,13	0,374 373	1,069 226	7,283 355	−0,433 356	0,465 805
0,14	0,401 460	1,064 459	6,701 124	−0,460 094	0,496 964
0,15	0,428 169	1,059 438	6,191 860	−0,485 363	0,527 199
0,16	0,454 474	1,054 182	5,741 807	−0,509 059	0,556 481
0,17	0,480 350	1,048 712	5,340 439	−0,531 081	0,584 784
0,18	0,405 771	1,043 050	4,979 567	−0,551 326	0,612 091
0,19	0,530 712	1,037 218	4,652 719	−0,569 696	0,638 386
0,20	0,555 148	1,031 240	4,354 714	−0,586 096	0,663 660
0,21	0,579 054	1,025 138	4,081 355	−0,600 430	0,687 907
0,22	0,602 407	1,018 937	3,829 204	−0,612 612	0,711 127
0,23	0,625 181	1,012 662	3,595 415	−0,622 555	0,733 322
0,24	0,647 355	1,006 337	3,377 614	−0,630 181	0,754 498
0,25	0,668 904	0,999 987	3,173 804	−0,635 416	0,774 663
0,26	0,689 807	0,993 637	2,982 289	−0,638 194	0,793 830
0,27	0,710 041	0,987 313	2,801 623	−0,638 457	0,812 012
0,28	0,729 585	0,981 038	2,630 562	−0,636 155	0,829 224
0,29	0,748 418	0,974 839	2,468 029	−0,631 249	0,845 484
0,30	0,766 521	0,968 739	2,313 087	−0,623 710	0,860 811
0,31	0,783 873	0,962 763	2,164 917	−0,613 520	0,875 223
0,32	0,800 455	0,956 933	2,022 798	−0,600 676	0,888 741
0,33	0,816 250	0,951 274	1,886 090	−0,585 187	0,901 385
0,34	0,831 240	0,945 807	1,754 228	−0,567 075	0,913 176
0,35	0,845 408	0,940 554	1,626 703	−0,546 379	0,924 133
0,36	0,858 739	0,935 536	1,503 060	−0,523 153	0,934 277
0,37	0,871 218	0,930 772	1,382 888	−0,497 467	0,943 628
0,38	0,882 831	0,926 282	1,265 813	−0,469 406	0,952 203
0,39	0,893 564	0,922 082	1,151 495	−0,439 075	0,960 022
0,40	0,903 405	0,918 190	1,039 621	−0,406 590	0,967 101
0,41	0,912 344	0,914 620	0,929 903	−0,372 089	0,973 455
0,42	0,920 370	0,911 388	0,822 073	−0,335 720	0,979 100
0,43	0,927 473	0,908 505	0,715 881	−0,297 650	0,984 048
0,44	0,933 647	0,905 983	0,611 093	−0,258 059	0,988 313
0,45	0,938 882	0,903 832	0,507 485	−0,217 137	0,991 903
0,46	0,943 174	0,902 060	0,404 847	−0,175 088	0,994 828
0,47	0,946 517	0,900 675	0,302 974	−0,132 126	0,997 095
0,48	0,948 908	0,899 682	0,201 669	−0,088 472	0,998 710
0,49	0,950 344	0,899 084	0,100 741	−0,044 353	0,999 678
0,50	0,950 823	0,898 885	0,000 000	0,000 000	1,000 000
	$\vartheta_2(\zeta, \varkappa)$	$\vartheta_4(\zeta, \varkappa)$	$-\dfrac{\partial \ln \vartheta_2(\zeta, \varkappa)}{\partial \zeta}$	$-\dfrac{\partial \ln \vartheta_4(\zeta, \varkappa)}{\partial \zeta}$	$\mathrm{cd}(\zeta, \varkappa)$

Tafel III

$\varkappa = 0{,}95$

$k^2 k'^2 = 0{,}246\,871$	$\eta_1 = -\eta_2' = 0{,}212\,709$	$\eta_1' = -\eta_2 = 0{,}243\,101$
$\pi/KK' = 0{,}911\,621$	$\bar\eta_1 = -\bar\eta_2' = 0{,}462\,710$	$\bar\eta_1' = -\bar\eta_2 = 0{,}448\,911$
$K = 1{,}904\,610$	$E = 1{,}321\,920$	$A = 0{,}952\,309$
$K' = 1{,}809\,379$	$E' = 1{,}378\,289$	$A' = 0{,}744\,775$
$B = 0{,}856\,489$	$C = 0{,}344\,701$	$D = 1{,}048\,121$

$\mathrm{cn}(\zeta, \varkappa)$	$\mathrm{dn}(\zeta, \varkappa)$	$\mathrm{sc}(\zeta, \varkappa)$	$\overline{\mathrm{sn}}(\zeta, \varkappa)$	$\overline{\mathrm{cn}}(\zeta, \varkappa)$	
1,000 000	1,000 000	0,000 000	∞	0,000 000	0,50
0,999 275	0,999 597	0,038 106	26,232 351	−0,038 090	0,49
0,997 102	0,998 390	0,076 291	13,086 610	−0,076 168	0,48
0,993 493	0,996 388	0,114 637	8,691 681	−0,114 223	0,47
0,988 464	0,993 603	0,153 225	6,484 591	−0,152 245	0,46
0,982 037	0,990 054	0,192 139	5,152 788	−0,190 228	0,45
0,974 242	0,985 763	0,231 466	4,258 789	−0,228 170	0,44
0,965 114	0,980 759	0,271 293	3,615 125	−0,266 073	0,43
0,954 693	0,975 072	0,311 715	3,128 085	−0,303 945	0,42
0,943 023	0,968 738	0,352 830	2,745 622	−0,341 800	0,41
0,930 154	0,961 796	0,394 741	2,436 523	−0,379 661	0,40
0,916 137	0,954 288	0,437 560	2,180 932	−0,417 558	0,39
0,901 029	0,946 257	0,481 403	1,965 621	−0,455 531	0,38
0,884 887	0,937 750	0,526 401	1,781 438	−0,493 632	0,37
0,867 771	0,928 816	0,572 690	1,621 847	−0,531 923	0,36
0,849 742	0,919 502	0,620 423	1,482 057	−0,570 480	0,35
0,830 861	0,909 858	0,669 764	1,358 476	−0,609 391	0,34
0,811 189	0,899 936	0,720 898	1,248 353	−0,648 762	0,33
0,790 787	0,889 784	0,774 027	1,149 551	−0,688 717	0,32
0,769 716	0,879 452	0,829 378	1,060 374	−0,729 398	0,31
0,748 034	0,868 988	0,887 205	0,979 467	−0,770 971	0,30
0,725 798	0,858 441	0,947 794	0,905 725	−0,813 625	0,29
0,703 063	0,847 857	1,011 470	0,838 242	−0,857 582	0,28
0,679 881	0,837 280	1,078 603	0,776 264	−0,903 093	0,27
0,656 303	0,826 755	1,149 619	0,719 155	−0,950 453	0,26
0,632 374	0,816 321	1,225 008	0,666 380	−1,000 000	0,25
0,608 140	0,806 019	1,305 341	0,617 478	−1,052 130	0,24
0,583 641	0,795 886	1,391 286	0,572 051	−1,107 306	0,23
0,558 916	0,785 958	1,483 628	0,529 754	−1,166 070	0,22
0,534 000	0,776 268	1,583 303	0,490 284	−1,229 067	0,21
0,508 925	0,766 846	1,691 430	0,453 371	−1,297 066	0,20
0,483 719	0,757 722	1,809 361	0,418 779	−1,370 993	0,19
0,458 410	0,748 924	1,938 749	0,386 292	−1,451 975	0,18
0,433 018	0,740 475	2,081 633	0,355 718	−1,541 397	0,17
0,407 566	0,732 400	2,240 557	0,326 883	−1,640 983	0,16
0,382 071	0,724 719	2,418 747	0,299 626	−1,752 911	0,15
0,356 547	0,717 451	2,620 344	0,273 800	−1,879 970	0,14
0,331 009	0,710 616	2,850 766	0,249 272	−2,025 799	0,13
0,305 465	0,704 227	3,117 229	0,225 915	−2,195 238	0,12
0,279 924	0,698 301	3,429 579	0,203 611	−2,394 878	0,11
0,254 394	0,692 850	3,801 591	0,182 253	−2,633 931	0,10
0,228 878	0,687 885	4,253 167	0,161 735	−2,925 688	0,09
0,203 380	0,683 416	4,814 153	0,141 960	−3,290 070	0,08
0,177 901	0,679 453	5,531 452	0,122 835	−3,758 364	0,07
0,152 441	0,676 004	6,483 230	0,104 270	−4,382 689	0,06
0,127 001	0,673 074	7,810 187	0,086 179	−5,256 837	0,05
0,101 578	0,670 670	9,793 719	0,068 480	−6,568 356	0,04
0,076 170	0,668 796	13,090 412	0,051 091	−8,754 813	0,03
0,050 773	0,667 455	19,670 024	0,033 933	−13,128 846	0,02
0,025 385	0,666 649	39,381 325	0,016 928	−26,253 513	0,01
0,000 000	0,666 380	∞	0,000 000	−∞	0,00
$k'\,\mathrm{sd}(\zeta, \varkappa)$	$k'\,\mathrm{nd}(\zeta, \varkappa)$	$\frac{1}{k'}\,\mathrm{cs}(\zeta, \varkappa)$	$-\overline{\mathrm{cd}}(\zeta, \varkappa)$	$-\overline{\mathrm{sd}}(\zeta, \varkappa)$	$\zeta = \frac{z}{2K}$

Tafel III. (Fortsetzung)

$\vartheta_1'(0,\varkappa)$	=	2,956 627	$\vartheta_1'(0,k)$	=	0,776 177	$\vartheta_5'(0,\varkappa)$	=	7,043 164
$\vartheta_1'''/\vartheta_1'(\varkappa)$	=	−9,259 329	$\vartheta_2''/\vartheta_2(\varkappa)$	=	−10,070 965	$\vartheta_3''/\vartheta_3(\varkappa)$	=	−3,627 552
$\vartheta_1'''/\vartheta_1'(k)$	=	−0,638 128	$\vartheta_2''/\vartheta_2(k)$	=	− 0,694 063	$\vartheta_3''/\vartheta_3(k)$	=	−0,250 001
$\vartheta_1'''''/\vartheta_1'(k)$	=	0,176 592	$\vartheta_2''''/\vartheta_2(k)$	=	0,557 047	$\vartheta_3''''/\vartheta_3(k)$	=	0,681 243

$\varkappa = 0,95$

$\zeta = \frac{z}{2K}$	$\overline{\mathrm{dn}}(\zeta,\varkappa)$	$\mathfrak{z}_1(\zeta,\varkappa)$	$\mathfrak{z}_3(\zeta,\varkappa)$	$\mathfrak{z}_5(\zeta,\varkappa)$	$\wp_1(\zeta,\varkappa)$
0,00	0,000 000	∞	0,000 000	∞	∞
0,01	−0,021 162	26,252 097	−0,001 416	26,252 101	689,172 703
0,02	−0,042 236	13,126 041	−0,002 805	13,126 078	172,293 449
0,03	−0,063 132	8,750 674	−0,004 139	8,750 797	76,575 392
0,04	−0,083 765	6,562 965	−0,005 391	6,563 256	43,074 454
0,05	−0,104 049	5,250 304	−0,006 534	5,250 873	27,568 725
0,06	−0,123 901	4,375 150	−0,007 540	4,376 133	19,146 303
0,07	−0,143 239	3,749 983	−0,008 381	3,751 545	14,068 311
0,08	−0,161 985	3,281 039	−0,009 031	3,283 372	10,772 974
0,09	−0,180 065	2,916 227	−0,009 461	2,919 550	8,514 188
0,10	−0,197 408	2,624 287	−0,009 644	2,628 848	6,898 986
0,11	−0,213 946	2,385 326	−0,009 552	2,391 400	5,704 420
0,12	−0,229 617	2,186 081	−0,009 157	2,193 970	4,796 361
0,13	−0,244 361	2,017 367	−0,008 432	2,027 402	4,090 189
0,14	−0,258 123	1,872 622	−0,007 348	1,885 160	3,530 378
0,15	−0,270 854	1,747 032	−0,005 880	1,762 460	3,079 269
0,16	−0,282 508	1,636 986	−0,003 998	1,655 716	2,710 590
0,17	−0,293 044	1,539 721	−0,001 676	1,562 194	2,405 563
0,18	−0,302 425	1,453 087	0,001 111	1,479 768	2,150 473
0,19	−0,310 619	1,375 385	0,004 391	1,406 766	1,935 120
0,20	−0,317 599	1,305 255	0,008 189	1,341 854	1,751 788
0,21	−0,323 342	1,241 595	0,012 528	1,283 954	1,594 551
0,22	−0,327 827	1,183 503	0,017 433	1,232 187	1,458 803
0,23	−0,331 042	1,130 231	0,022 925	1,185 828	1,340 915
0,24	−0,332 975	1,081 156	0,029 026	1,144 274	1,237 999
0,25	−0,333 620	1,035 754	0,035 754	1,107 021	1,147 734
0,25	1,666 380	1,035 754	0,035 754	1,107 021	1,147 734
0,26	1,669 608	0,993 580	0,043 127	1,073 641	1,068 238
0,27	1,679 357	0,954 254	0,051 161	1,043 769	0,997 969
0,28	1,695 824	0,917 449	0,059 868	1,017 092	0,935 662
0,29	1,719 351	0,882 884	0,069 258	0,993 337	0,880 261
0,30	1,750 438	0,850 311	0,079 340	0,972 266	0,830 890
0,31	1,789 772	0,819 516	0,090 117	0,953 669	0,786 811
0,32	1,838 267	0,790 309	0,101 592	0,937 357	0,747 400
0,33	1,897 116	0,762 523	0,113 761	0,923 161	0,712 131
0,34	1,967 866	0,736 009	0,126 618	0,910 924	0,680 553
0,35	2,052 537	0,710 633	0,140 154	0,900 505	0,652 284
0,36	2,153 770	0,686 277	0,154 354	0,891 769	0,626 995
0,37	2,275 071	0,662 832	0,169 199	0,884 590	0,604 403
0,38	2,421 153	0,640 200	0,184 668	0,878 848	0,584 265
0,39	2,598 490	0,618 291	0,200 734	0,874 425	0,566 374
0,40	2,816 183	0,597 025	0,217 364	0,871 210	0,550 548
0,41	3,087 422	0,576 324	0,234 524	0,869 089	0,536 635
0,42	3,432 030	0,556 119	0,252 174	0,867 955	0,524 502
0,43	3,881 198	0,536 344	0,270 271	0,867 697	0,514 037
0,44	4,486 959	0,516 937	0,288 767	0,868 207	0,505 145
0,45	5,343 016	0,497 841	0,307 612	0,869 377	0,497 748
0,46	6,636 836	0,478 999	0,326 753	0,871 096	0,491 780
0,47	8,805 903	0,460 357	0,346 134	0,873 256	0,487 190
0,48	13,162 779	0,441 865	0,365 697	0,875 748	0,483 939
0,49	26,270 441	0,423 472	0,385 382	0,878 460	0,481 999
0,50	∞	0,405 128	0,405 128	0,881 282	0,481 354
	$\overline{\mathrm{sc}}(\zeta,\varkappa)$	$-\mathfrak{z}_2(\zeta,\varkappa)$	$-\mathfrak{z}_4(\zeta,\varkappa)$	$-\mathfrak{z}_6(\zeta,\varkappa)$	$\wp_2(\zeta,\varkappa)$

Tafel III

$\varkappa = 0{,}95$

$\vartheta_5'(0, k) = 1{,}848\,978$	$\vartheta_6(0, k) = 1{,}848\,978$	$\vartheta_5(\tfrac{1}{4}, \varkappa) = 1{,}447\,059$
$\vartheta_4''/\vartheta_4(\varkappa) = 4{,}439\,188$	$\vartheta_5'''/\vartheta_5'(\varkappa) = -20{,}141\,986$	$\vartheta_6''/\vartheta_6(\varkappa) = -5{,}631\,777$
$\vartheta_4''/\vartheta_4(k) = 0{,}305\,937$	$\vartheta_5'''/\vartheta_5'(k) = -1{,}388\,131$	$\vartheta_6''/\vartheta_6(k) = -0{,}388\,127$
$\vartheta_4''''/\vartheta_4(k) = -0{,}831\,084$	$\vartheta_5'''''/\vartheta_5'(k) = 5{,}178\,134$	$\vartheta_6''''/\vartheta_6(k) = -1{,}548\,073$

$\wp_3(\zeta, \varkappa)$	$\wp_5(\zeta, \varkappa)$	$\wp_1'(\zeta, \varkappa)$	$\wp_3'(\zeta, \varkappa)$	$\wp_5'(\zeta, \varkappa)$	
0,037 292	∞	−∞	0,000 000	−∞	0,50
0,036 934	689,172 345	−36 184,450 6	−0,018 810	−36 184,469 4	0,49
0,035 859	172,292 016	−4 523,049 15	−0,037 632	−4 523,086 78	0,48
0,034 066	76,572 167	−1 340,153 51	−0,056 477	−1 340,209 99	0,47
0,031 556	43,068 718	−565,366 818	−0,075 355	−565,442 173	0,46
0,028 325	27,559 758	−289,456 545	−0,094 275	−289,550 820	0,45
0,024 373	19,133 384	−167,497 732	−0,113 241	−167,610 973	0,44
0,019 697	14,050 716	−105,467 354	−0,132 254	−105,599 609	0,43
0,014 296	10,749 979	−70,642 299	−0,151 313	−70,793 612	0,42
0,008 169	8,485 065	−49,601 504	−0,170 408	−49,771 913	0,41
0,001 314	6,863 008	−36,146 457	−0,189 528	−36,335 985	0,40
−0,006 270	5,660 858	−27,144 166	−0,208 651	−27,352 817	0,39
−0,014 582	4,744 488	−20,894 584	−0,227 751	−21,122 335	0,38
−0,023 620	4,029 277	−16,420 709	−0,246 792	−16,667 501	0,37
−0,033 382	3,459 704	−13,133 794	−0,265 731	−13,399 524	0,36
−0,043 863	2,998 114	−10,664 631	−0,284 514	−10,949 145	0,35
−0,055 055	2,618 243	−8,773 678	−0,303 080	−9,076 757	0,34
−0,066 949	2,301 322	−7,300 892	−0,321 354	−7,622 245	0,33
−0,079 533	2,033 649	−6,136 574	−0,339 252	−6,475 827	0,32
−0,092 789	1,805 040	−5,203 821	−0,356 680	−5,560 501	0,31
−0,106 699	1,607 797	−4,447 629	−0,373 530	−4,821 159	0,30
−0,121 237	1,436 022	−3,827 953	−0,389 686	−4,217 638	0,29
−0,136 376	1,285 135	−3,315 163	−0,405 018	−3,720 181	0,28
−0,152 081	1,151 542	−2,887 019	−0,419 387	−3,306 406	0,27
−0,168 313	1,032 395	−2,526 601	−0,432 646	−2,959 247	0,26
−0,185 026	0,925 417	−2,220 885	−0,444 635	−2,665 520	0,25
−0,185 026	0,925 417	−2,220 885	−0,444 635	−2,665 520	0,25
−0,202 169	0,828 777	−1,959 730	−0,455 192	−2,414 922	0,24
−0,219 684	0,740 994	−1,735 163	−0,464 146	−2,199 309	0,23
−0,237 507	0,660 863	−1,540 851	−0,471 325	−2,012 176	0,22
−0,255 567	0,587 403	−1,371 723	−0,476 555	−1,848 277	0,21
−0,273 786	0,519 812	−1,223 682	−0,479 664	−1,703 346	0,20
−0,292 081	0,457 438	−1,093 395	−0,480 487	−1,573 883	0,19
−0,310 361	0,399 748	−0,978 127	−0,478 868	−1,456 996	0,18
−0,328 530	0,346 309	−0,875 620	−0,474 663	−1,350 283	0,17
−0,346 488	0,296 773	−0,783 995	−0,467 744	−1,251 739	0,16
−0,364 129	0,250 863	−0,701 682	−0,458 005	−1,159 687	0,15
−0,381 344	0,208 359	−0,627 354	−0,445 365	−1,072 718	0,14
−0,398 022	0,169 090	−0,559 889	−0,429 770	−0,989 658	0,13
−0,414 048	0,132 925	−0,498 327	−0,411 199	−0,909 526	0,12
−0,429 311	0,099 771	−0,441 844	−0,389 667	−0,831 512	0,11
−0,443 698	0,069 559	−0,389 727	−0,365 226	−0,754 952	0,10
−0,457 100	0,042 244	−0,341 351	−0,337 966	−0,679 317	0,09
−0,469 411	0,017 799	−0,296 170	−0,308 020	−0,604 190	0,08
−0,480 534	−0,003 789	−0,253 698	−0,275 559	−0,529 257	0,07
−0,490 375	−0,022 522	−0,213 501	−0,240 796	−0,454 297	0,06
−0,498 853	−0,038 397	−0,175 184	−0,203 980	−0,379 164	0,05
−0,505 893	−0,051 405	−0,138 387	−0,165 394	−0,303 782	0,04
−0,511 435	−0,061 537	−0,102 777	−0,125 354	−0,228 132	0,03
−0,515 429	−0,068 782	−0,068 041	−0,084 199	−0,152 240	0,02
−0,517 840	−0,073 133	−0,033 878	−0,042 290	−0,076 168	0,01
−0,518 646	−0,074 584	0,000 000	0,000 000	0,000 000	0,00
$\wp_4(\zeta, \varkappa)$	$\wp_6(\zeta, \varkappa)$	$-\wp_2'(\zeta, \varkappa)$	$-\wp_4'(\zeta, \varkappa)$	$-\wp_6'(\zeta, \varkappa)$	$\zeta = \dfrac{z}{2K}$

Tafel III

$\sqrt{k}$ = 0,859 041 $\quad$ k = 0,737 952 $\quad$ k^2 = 0,544 573 $\quad$ $\varkappa = 0{,}96$

$\sqrt{k'}$ = 0,821 495 $\quad$ k' = 0,674 853 $\quad$ k'^2 = 0,455 427

$e_1 = -e_3' =$ 0,485 142 $\quad$ $e_2 = -e_2' =$ 0,029 715 $\quad$ $e_3 = -e_1' = -$0,514 858

$g_2 = g_2' =$ 1,002 649 $\quad$ $g_3 = -g_3' = -$0,029 689 $\quad$ $g_3/\sqrt{g_2^3}$ = $-$0,029 572

$\bar{g}_2 = \bar{g}_2' = -$3,957 616 $\quad$ $\bar{g}_3 = -\bar{g}_3' = -$0,236 044 $\quad$ $\bar{g}_3/\sqrt{\bar{g}_2^3}$ = 0,029 981 i

$\zeta = \frac{z}{2K}$	$\vartheta_1(\zeta, \varkappa)$	$\vartheta_3(\zeta, \varkappa)$	$\frac{\partial \ln \vartheta_1(\zeta, \varkappa)}{\partial \zeta}$	$\frac{\partial \ln \vartheta_3(\zeta, \varkappa)}{\partial \zeta}$	$\mathrm{sn}(\zeta, \varkappa)$
0,00	0,000 000	1,098 012	∞	0,000 000	0,000 000
0,01	0,029 344	1,097 819	99,969 007	−0,035 235	0,037 862
0,02	0,058 661	1,097 239	49,937 994	−0,070 368	0,075 640
0,03	0,087 924	1,096 275	33,240 273	−0,105 297	0,113 252
0,04	0,117 104	1,094 932	24,875 823	−0,139 919	0,150 615
0,05	0,146 176	1,093 213	19,844 624	−0,174 133	0,187 649
0,06	0,175 111	1,091 127	16,479 989	−0,207 835	0,224 279
0,07	0,203 883	1,088 681	14,067 611	−0,240 923	0,260 430
0,08	0,232 465	1,085 885	12,250 327	−0,273 293	0,296 031
0,09	0,260 830	1,082 750	10,829 704	−0,304 844	0,331 017
0,10	0,288 951	1,079 288	9,686 674	−0,335 471	0,365 327
0,11	0,316 800	1,075 513	8,745 459	−0,365 072	0,398 904
0,12	0,344 353	1,071 440	7,955 534	−0,393 544	0,431 697
0,13	0,371 582	1,067 085	7,281 912	−0,420 783	0,463 660
0,14	0,398 461	1,062 466	6,699 599	−0,446 688	0,494 751
0,15	0,424 964	1,057 600	6,190 260	−0,471 156	0,524 935
0,16	0,451 065	1,052 506	5,740 138	−0,494 088	0,554 183
0,17	0,476 739	1,047 206	5,338 708	−0,515 384	0,582 469
0,18	0,501 960	1,051 719	4,977 780	−0,534 947	0,609 774
0,19	0,526 703	1,036 068	4,650 884	−0,552 680	0,636 082
0,20	0,550 945	1,030 275	4,352 838	−0,568 493	0,661 384
0,21	0,574 659	1,024 362	4,079 446	−0,582 295	0,685 672
0,22	0,597 822	1,018 353	3,827 269	−0,594 001	0,708 944
0,23	0,620 412	1,012 272	3,593 462	−0,603 530	0,731 203
0,24	0,642 403	1,006 142	3,375 650	−0,610 807	0,752 453
0,25	0,663 775	0,999 988	3,171 837	−0,615 763	0,772 701
0,26	0,864 504	0,993 835	2,980 328	−0,618 335	0,791 958
0,27	0,704 568	0,987 706	2,799 675	−0,618 468	0,810 237
0,28	0,723 948	0,981 626	2,628 634	−0,616 116	0,827 551
0,29	0,742 622	0,975 618	2,466 129	−0,611 244	0,843 918
0,30	0,760 569	0,969 707	2,311 223	−0,603 825	0,859 353
0,31	0,777 772	0,963 915	2,163 095	−0,593 845	0,873 876
0,32	0,794 211	0,958 266	2,021 026	−0,581 301	0,887 506
0,33	0,809 869	0,952 782	1,884 375	−0,566 204	0,900 261
0,34	0,824 728	0,947 484	1,752 576	−0,548 578	0,912 161
0,35	0,838 771	0,942 393	1,625 121	−0,528 462	0,923 226
0,36	0,851 985	0,937 530	1,501 554	−0,505 910	0,933 475
0,37	0,864 353	0,932 913	1,381 464	−0,480 990	0,942 926
0,38	0,875 862	0,928 561	1,264 476	−0,453 787	0,951 598
0,39	0,886 499	0,924 491	1,150 251	−0,424 401	0,959 508
0,40	0,896 252	0,920 719	1,038 474	−0,392 948	0,966 671
0,41	0,905 110	0,917 260	0,928 858	−0,359 557	0,973 104
0,42	0,913 063	0,914 128	0,821 133	−0,324 375	0,978 820
0,43	0,920 102	0,911 334	0,715 051	−0,287 561	0,983 833
0,44	0,926 219	0,908 890	0,610 375	−0,249 288	0,988 153
0,45	0,931 407	0,906 805	0,506 883	−0,209 741	0,991 791
0,46	0,935 659	0,905 088	0,404 362	−0,169 113	0,994 756
0,47	0,938 972	0,903 746	0,302 609	−0,127 611	0,997 054
0,48	0,941 341	0,902 783	0,201 425	−0,085 445	0,998 692
0,49	0,942 763	0,902 204	0,100 619	−0,042 835	0,999 673
0,50	0,943 238	0,902 011	0,000 000	0,000 000	1,000 000
	$\vartheta_2(\zeta, \varkappa)$	$\vartheta_4(\zeta, \varkappa)$	$-\frac{\partial \ln \vartheta_2(\zeta, \varkappa)}{\partial \zeta}$	$-\frac{\partial \ln \vartheta_4(\zeta, \varkappa)}{\partial \zeta}$	$\mathrm{cd}(\zeta, \varkappa)$

Tafel III

$\varkappa = 0{,}96$

$k^2 k'^2 = 0{,}248\,013$	$\eta_1 = -\eta_2' = 0{,}216\,014$	$\eta_1' = -\eta_2 = 0{,}240\,212$
$\pi/KK' = 0{,}912\,453$	$\bar\eta_1 = -\bar\eta_2' = 0{,}461\,744$	$\bar\eta_1' = -\bar\eta_2 = 0{,}450\,709$
$K = 1{,}893\,800$	$E = 1{,}327\,850$	$A = 0{,}930\,725$
$K' = 1{,}818\,048$	$E' = 1{,}372\,753$	$A' = 0{,}765\,387$
$B = 0{,}854\,546$	$C = 0{,}339\,181$	$D = 1{,}039\,254$

$\mathrm{cn}(\zeta,\varkappa)$	$\mathrm{dn}(\zeta,\varkappa)$	$\mathrm{sc}(\zeta,\varkappa)$	$\overline{\mathrm{sn}}(\zeta,\varkappa)$	$\overline{\mathrm{cn}}(\zeta,\varkappa)$	
1,000 000	1,000 000	0,000 000	∞	0,000 000	0,50
0,999 283	0,999 610	0,037 889	26,382 449	−0,037 874	0,49
0,997 135	0,998 441	0,075 858	13,162 041	−0,075 739	0,48
0,993 566	0,996 502	0,113 985	8,742 385	−0,113 586	0,47
0,988 593	0,993 804	0,152 353	6,523 051	−0,151 409	0,46
0,982 236	0,990 366	0,191 043	5,183 990	−0,189 203	0,45
0,974 525	0,986 209	0,230 142	4,285 220	−0,226 968	0,44
0,965 493	0,981 359	0,269 737	3,638 201	−0,264 709	0,43
0,955 178	0,975 847	0,309 922	3,148 683	−0,302 437	0,42
0,943 625	0,969 706	0,350 793	2,764 322	−0,340 167	0,41
0,930 879	0,962 974	0,392 454	2,453 724	−0,377 923	0,40
0,916 993	0,955 691	0,435 014	2,196 921	−0,415 739	0,39
0,902 019	0,947 899	0,478 590	1,980 607	−0,453 655	0,38
0,886 013	0,939 642	0,523 310	1,795 575	−0,491 724	0,37
0,869 035	0,930 967	0,569 310	1,635 254	−0,530 010	0,36
0,851 142	0,921 921	0,616 742	1,494 825	−0,568 588	0,35
0,832 395	0,912 552	0,665 770	1,370 673	−0,607 549	0,34
0,812 853	0,902 908	0,716 574	1,260 034	−0,647 000	0,33
0,792 575	0,893 037	0,769 358	1,160 756	−0,687 065	0,32
0,771 621	0,882 987	0,824 345	1,071 137	−0,727 886	0,31
0,750 048	0,872 805	0,881 788	0,989 812	−0,769 629	0,30
0,727 911	0,862 538	0,941 972	0,915 673	−0,812 486	0,29
0,705 264	0,852 230	1,005 218	0,847 807	−0,856 677	0,28
0,682 160	0,841 926	1,071 894	0,785 456	−0,902 456	0,27
0,658 646	0,831 667	1,142 424	0,727 985	−0,950 117	0,26
0,634 770	0,821 495	1,217 294	0,674 853	−1,000 000	0,25
0,610 575	0,811 446	1,297 070	0,625 599	−1,052 502	0,24
0,586 102	0,801 559	1,382 416	0,579 825	−1,108 087	0,23
0,561 390	0,791 867	1,474 112	0,537 183	−1,167 301	0,22
0,536 472	0,782 404	1,573 087	0,497 369	−1,230 790	0,21
0,511 382	0,773 201	1,680 453	0,460 114	−1,299 327	0,20
0,486 148	0,764 285	1,797 552	0,425 181	−1,373 842	0,19
0,460 796	0,755 684	1,926 026	0,392 354	−1,455 467	0,18
0,435 350	0,747 422	2,067 900	0,361 440	−1,545 594	0,17
0,409 831	0,739 523	2,225 700	0,332 265	−1,645 957	0,16
0,384 256	0,732 007	2,402 631	0,304 669	−1,758 743	0,15
0,358 642	0,724 895	2,602 804	0,278 505	−1,886 759	0,14
0,333 001	0,718 202	2,831 599	0,253 638	−2,033 661	0,13
0,307 345	0,711 947	3,096 185	0,229 943	−2,204 319	0,12
0,281 683	0,706 142	3,406 337	0,207 302	−2,405 357	0,11
0,256 022	0,700 801	3,775 738	0,185 606	−2,646 041	0,10
0,230 367	0,695 936	4,224 149	0,164 752	−2,939 737	0,09
0,204 722	0,691 557	4,781 212	0,144 640	−3,306 479	0,08
0,179 090	0,687 672	5,493 504	0,125 179	−3,777 730	0,07
0,153 472	0,684 291	6,438 653	0,106 279	−4,405 909	0,06
0,127 868	0,681 418	7,756 383	0,087 853	−5,285 340	0,05
0,102 277	0,679 061	9,726 143	0,069 818	−6,604 641	0,04
0,076 697	0,677 222	12,999 979	0,052 094	−8,803 878	0,03
0,051 126	0,675 907	19,534 015	0,034 602	−13,203 178	0,02
0,025 561	0,675 117	39,108 878	0,017 262	−26,403 061	0,01
0,000 000	0,674 853	∞	0,000 000	−∞	0,00
$k'\,\mathrm{sd}(\zeta,\varkappa)$	$k'\,\mathrm{nd}(\zeta,\varkappa)$	$\frac{1}{k'}\,\mathrm{cs}(\zeta,\varkappa)$	$-\overline{\mathrm{cd}}(\zeta,\varkappa)$	$-\overline{\mathrm{sd}}(\zeta,\varkappa)$	$\zeta = \frac{z}{2K}$

Tafel III. (Fortsetzung)

$\vartheta_1'(0,\varkappa) = 2{,}934\,878$	$\vartheta_1'(0,k) = 0{,}774\,865$	$\vartheta_5'(0,\varkappa) = 6{,}987\,320$
$\vartheta_1'''/\vartheta_1'(\varkappa) = -9{,}296\,762$	$\vartheta_2''/\vartheta_2(\varkappa) = -10{,}058\,731$	$\vartheta_3''/\vartheta_3(\varkappa) = -3{,}525\,215$
$\vartheta_1'''/\vartheta_1'(k) = -0{,}648\,042$	$\vartheta_2''/\vartheta_2(k) = -0{,}701\,156$	$\vartheta_3''/\vartheta_3(k) = -0{,}245\,730$
$\vartheta_1'''''/\vartheta_1'(k) = 0{,}198\,607$	$\vartheta_2''''/\vartheta_2(k) = 0{,}564\,007$	$\vartheta_3''''/\vartheta_3(k) = 0{,}677\,175$

$\varkappa = 0{,}96$

$\zeta = \frac{z}{2K}$	$\overline{\mathrm{dn}}(\zeta,\varkappa)$	$\mathfrak{z}_1(\zeta,\varkappa)$	$\mathfrak{z}_3(\zeta,\varkappa)$	$\mathfrak{z}_5(\zeta,\varkappa)$	$\wp_1(\zeta,\varkappa)$
0,00	0,000 000	∞	0,000 000	∞	∞
0,01	−0,020 612	26,401 940	−0,001 121	26,401 945	697,062 568
0,02	−0,041 138	13,200 963	−0,002 215	13,200 999	174,265 912
0,03	−0,061 492	8,800 623	−0,003 255	8,800 744	77,452 036
0,04	−0,081 591	6,600 427	−0,004 214	6,600 715	43,567 556
0,05	−0,101 350	5,280 275	−0,005 066	5,280 837	27,884 297
0,06	−0,120 689	4,400 127	−0,005 782	4,401 099	19,365 434
0,07	−0,139 530	3,771 395	−0,006 336	3,772 937	14,229 284
0,08	−0,157 796	3,299 778	−0,006 701	3,302 082	10,896 196
0,09	−0,175 415	2,932 888	−0,006 849	2,936 169	8,611 522
0,10	−0,192 317	2,639 288	−0,006 753	2,643 789	6,977 798
0,11	−0,208 436	2,398 970	−0,006 387	2,404 964	5,769 522
0,12	−0,223 712	2,198 596	−0,005 722	2,206 380	4,851 030
0,13	−0,238 086	2,028 929	−0,004 732	2,038 828	4,136 734
0,14	−0,251 504	1,883 369	−0,003 390	1,895 736	3,570 472
0,15	−0,263 919	1,757 075	−0,001 668	1,772 290	3,114 155
0,16	−0,275 284	1,646 416	0,000 459	1,664 883	2,741 210
0,17	−0,285 560	1,548 612	0,003 018	1,570 764	2,432 643
0,18	−0,294 711	1,461 502	0,006 035	1,487 796	2,174 584
0,19	−0,302 705	1,383 377	0,009 535	1,414 296	1,956 715
0,20	−0,309 515	1,312 869	0,013 542	1,348 921	1,771 232
0,21	−0,315 118	1,248 870	0,018 080	1,290 585	1,612 143
0,22	−0,319 494	1,190 472	0,023 171	1,238 404	1,474 788
0,23	−0,322 631	1,136 924	0,028 837	1,191 647	1,355 496
0,24	−0,324 517	1,087 599	0,035 097	1,149 708	1,251 348
0,25	−0,325 147	1,041 970	0,041 970	1,112 078	1,159 996
0,25	1,674 853	1,041 970	0,041 970	1,112 078	1,159 996
0,26	1,678 102	0,999 590	0,049 473	1,078 326	1,079 535
0,27	1,687 912	0,960 076	0,057 620	1,048 084	1,008 409
0,28	1,704 484	0,923 099	0,066 422	1,021 036	0,945 334
0,29	1,728 159	0,888 377	0,075 890	0,996 907	0,889 247
0,30	1,759 441	0,855 660	0,086 031	0,975 456	0,839 260
0,31	1,799 023	0,824 733	0,096 848	0,956 472	0,794 625
0,32	1,847 821	0,795 406	0,108 341	0,939 763	0,754 715
0,33	1,907 034	0,767 509	0,120 509	0,925 160	0,718 994
0,34	1,978 222	0,740 894	0,133 344	0,912 505	0,687 010
0,35	2,063 412	0,715 425	0,146 837	0,901 654	0,658 373
0,36	2,165 264	0,690 983	0,160 973	0,892 474	0,632 753
0,37	2,287 299	0,667 458	0,175 734	0,884 836	0,609 862
0,38	2,434 262	0,644 753	0,191 098	0,878 620	0,589 457
0,39	2,612 660	0,622 777	0,207 038	0,873 710	0,571 326
0,40	2,831 647	0,601 447	0,223 524	0,869 992	0,555 287
0,41	3,104 489	0,580 688	0,240 522	0,867 356	0,541 185
0,42	3,451 119	0,560 429	0,257 992	0,865 692	0,528 887
0,43	3,902 910	0,540 603	0,275 894	0,864 893	0,518 278
0,44	4,512 188	0,521 148	0,294 180	0,864 850	0,509 264
0,45	5,373 193	0,502 006	0,312 803	0,865 457	0,501 764
0,46	6,674 459	0,483 120	0,331 711	0,866 604	0,495 713
0,47	8,855 972	0,464 437	0,350 851	0,868 186	0,491 059
0,48	13,237 780	0,445 904	0,370 165	0,870 093	0,487 763
0,49	26,420 324	0,427 471	0,389 597	0,872 217	0,485 796
0,50	∞	0,409 088	0,409 088	0,874 450	0,485 142
	$\overline{\mathrm{sc}}(\zeta,\varkappa)$	$-\mathfrak{z}_2(\zeta,\varkappa)$	$-\mathfrak{z}_4(\zeta,\varkappa)$	$-\mathfrak{z}_6(\zeta,\varkappa)$	$\wp_2(\zeta,\varkappa)$

Tafel III

$\varkappa = 0{,}96$		
$\vartheta_5'(0, k) = 1{,}844\,788$	$\vartheta_6(0, k) = 1{,}844\,788$	$\vartheta_5(\tfrac{1}{4}, \varkappa) = 1{,}439\,227$
$\vartheta_4''/\vartheta_4(\varkappa) = 4{,}287\,185$	$\vartheta_5'''/\vartheta_5'(\varkappa) = -19{,}872\,407$	$\vartheta_6''/\vartheta_6(\varkappa) = -5{,}771\,546$
$\vartheta_4''/\vartheta_4(k) = 0{,}298\,844$	$\vartheta_5'''/\vartheta_5'(k) = -\ 1{,}385\,231$	$\vartheta_6''/\vartheta_6(k) = -0{,}402\,313$
$\vartheta_4''''/\vartheta_4(k) = -0{,}821\,224$	$\vartheta_5'''''/\vartheta_5'(k) = 5{,}176\,916$	$\vartheta_6''''/\vartheta_6(k) = -1{,}514\,433$

$\wp_3(\zeta, \varkappa)$	$\wp_5(\zeta, \varkappa)$	$\wp_1'(\zeta, \varkappa)$	$\wp_3'(\zeta, \varkappa)$	$\wp_5'(\zeta, \varkappa)$	
0,029 715	∞	−∞	0,000 000	−∞	0,50
0,029 360	697,062 212	−36 807,602 2	−0,018 789	−36 807,621 0	0,49
0,028 292	174,264 488	−4 600,943 15	−0,037 588	−4 600,980 74	0,48
0,026 512	77,448 832	−1 363,233 28	−0,056 404	−1 363,289 68	0,47
0,024 019	43,561 860	−575,103 667	−0,075 247	−575,178 914	0,46
0,020 812	27,875 393	−294,441 887	−0,094 120	−294,536 007	0,45
0,016 889	19,352 607	−170,382 844	−0,113 026	−170,495 871	0,44
0,012 249	14,211 818	−107,284 294	−0,131 966	−107,416 259	0,43
0,006 892	10,873 372	−71,859 580	−0,150 932	−72,010 512	0,42
0,000 816	8,582 622	−50,456 509	−0,169 916	−50,626 426	0,41
−0,005 980	6,942 102	−36,769 821	−0,188 902	−36,958 723	0,40
−0,013 494	5,726 312	−27,612 569	−0,207 868	−27,820 437	0,39
−0,021 726	4,799 589	−21,255 427	−0,226 785	−21,482 212	0,38
−0,030 672	4,076 346	−16,704 568	−0,245 616	−16,950 184	0,37
−0,040 330	3,500 427	−13,361 107	−0,264 317	−13,625 424	0,36
−0,050 692	3,033 747	−10,849 475	−0,282 834	−11,132 309	0,35
−0,061 752	2,649 743	−8,926 006	−0,301 103	−9,227 108	0,34
−0,073 498	2,329 430	−7,427 900	−0,319 051	−7,746 951	0,33
−0,085 916	2,058 953	−6,243 570	−0,336 594	−6,580 164	0,32
−0,098 989	1,828 011	−5,294 786	−0,353 639	−5,648 425	0,31
−0,112 697	1,628 820	−4,525 599	−0,370 080	−4,895 679	0,30
−0,127 014	1,455 414	−3,895 273	−0,385 802	−4,281 076	0,29
−0,141 911	1,303 161	−3,373 669	−0,400 680	−3,774 349	0,28
−0,157 354	1,168 427	−2,938 162	−0,414 579	−3,352 741	0,27
−0,173 302	1,048 330	−2,571 542	−0,427 353	−2,998 896	0,26
−0,189 711	0,940 569	−2,260 560	−0,438 853	−2,699 413	0,25
−0,189 711	0,940 569	−2,260 560	−0,438 853	−2,699 413	0,25
−0,206 528	0,843 291	−1,994 902	−0,448 918	−2,443 820	0,24
−0,223 697	0,754 996	−1,766 455	−0,457 388	−2,223 843	0,23
−0,241 154	0,674 465	−1,568 779	−0,464 095	−2,032 875	0,22
−0,258 829	0,600 703	−1,396 716	−0,468 877	−1,865 593	0,21
−0,276 646	0,532 898	−1,246 098	−0,471 570	−1,717 668	0,20
−0,294 523	0,470 387	−1,113 534	−0,472 017	−1,585 551	0,19
−0,312 372	0,412 627	−0,996 243	−0,470 073	−1,466 316	0,18
−0,330 100	0,359 179	−0,891 928	−0,465 602	−1,357 529	0,17
−0,347 609	0,309 685	−0,798 678	−0,458 486	−1,257 164	0,16
−0,364 797	0,263 861	−0,714 895	−0,448 630	−1,163 524	0,15
−0,381 558	0,221 479	−0,639 231	−0,435 958	−1,075 189	0,14
−0,397 785	0,182 362	−0,570 544	−0,420 425	−0,990 969	0,13
−0,413 370	0,146 372	−0,507 859	−0,402 016	−0,909 875	0,12
−0,428 203	0,113 408	−0,450 337	−0,380 749	−0,831 085	0,11
−0,442 177	0,083 395	−0,397 251	−0,356 678	−0,753 929	0,10
−0,455 187	0,056 282	−0,347 970	−0,329 895	−0,677 865	0,09
−0,467 134	0,032 037	−0,301 935	−0,300 531	−0,602 466	0,08
−0,477 923	0,010 640	−0,258 654	−0,268 753	−0,527 407	0,07
−0,487 465	−0,007 916	−0,217 684	−0,234 767	−0,452 451	0,06
−0,495 682	−0,023 633	−0,178 626	−0,198 813	−0,377 439	0,05
−0,502 504	−0,036 506	−0,141 112	−0,161 165	−0,302 278	0,04
−0,507 873	−0,046 529	−0,104 805	−0,122 125	−0,226 930	0,03
−0,511 742	−0,053 694	−0,069 384	−0,082 019	−0,151 404	0,02
−0,514 077	−0,057 996	−0,034 548	−0,041 192	−0,075 739	0,01
−0,514 858	−0,059 431	0,000 000	0,000 000	0,000 000	0,00
$\wp_4(\zeta, \varkappa)$	$\wp_6(\zeta, \varkappa)$	$-\wp_2'(\zeta, \varkappa)$	$-\wp_4'(\zeta, \varkappa)$	$-\wp_6'(\zeta, \varkappa)$	$\zeta = \dfrac{z}{2K}$

Tafel III

$\sqrt{k}$ = 0,854 556		k = 0,730 267		k^2 = 0,533 290		$\varkappa = 0,97$
$\sqrt{k'}$ = 0,826 536		k' = 0,683 162		k'^2 = 0,466 710		
$e_1 = -e_3' =$ 0,488 903		$e_2 = -e_2' =$ 0,022 193		$e_3 = -e_1' = -0,511\,097$		
$g_2 = g_2' =$ 1,001 478		$g_3 = -g_3' = -0,022\,182$		$g_3/\sqrt{g_2^3} = -0,022\,133$		
$\bar{g}_2 = \bar{g}_2' = -3,976\,359$		$\bar{g}_3 = -\bar{g}_3' = -0,176\,845$		$\bar{g}_3/\sqrt{\bar{g}_2^3}$ = 0,022 303 i		

$\zeta = \frac{z}{2K}$	$\vartheta_1(\zeta, \varkappa)$	$\vartheta_3(\zeta, \varkappa)$	$\frac{\partial \ln \vartheta_1(\zeta, \varkappa)}{\partial \zeta}$	$\frac{\partial \ln \vartheta_3(\zeta, \varkappa)}{\partial \zeta}$	$\mathrm{sn}(\zeta, \varkappa)$
0,00	0,000 000	1,094 980	∞	0,000 000	0,000 000
0,01	0,029 128	1,094 792	99,968 890	−0,034 238	0,037 653
0,02	0,058 228	1,094 231	49,937 761	−0,068 376	0,075 225
0,03	0,087 274	1,093 297	33,239 924	−0,102 314	0,112 634
0,04	0,116 238	1,091 995	24,875 360	−0,135 951	0,149 800
0,05	0,145 094	1,090 330	19,844 049	−0,169 187	0,186 645
0,06	0,173 814	1,088 308	16,479 303	−0,201 921	0,223 095
0,07	0,202 372	1,085 938	14,066 818	−0,234 052	0,259 076
0,08	0,230 740	1,083 228	12,249 431	−0,265 481	0,294 521
0,09	0,258 892	1,080 190	10,828 707	−0,296 105	0,329 363
0,10	0,286 800	1,076 835	9,685 581	−0,325 825	0,363 544
0,11	0,314 440	1,073 177	8,744 274	−0,354 540	0,397 007
0,12	0,341 783	1,069 231	7,954 261	−0,382 149	0,429 701
0,13	0,368 803	1,065 011	7,280 558	−0,408 552	0,461 581
0,14	0,395 476	1,060 534	6,698 169	−0,433 649	0,492 606
0,15	0,421 774	1,055 819	6,188 759	−0,457 343	0,522 741
0,16	0,447 672	1,050 883	5,738 571	−0,479 536	0,551 955
0,17	0,473 146	1,045 747	5,337 083	−0,500 131	0,580 223
0,18	0,498 168	1,040 430	4,976 103	−0,519 035	0,607 525
0,19	0,522 716	1,034 953	4,649 161	−0,536 156	0,633 846
0,20	0,546 764	1,029 339	4,351 078	−0,551 404	0,659 173
0,21	0,570 288	1,023 609	4,077 654	−0,564 695	0,683 499
0,22	0,593 265	1,017 786	3,825 452	−0,575 946	0,706 822
0,23	0,615 671	1,011 893	3,591 628	−0,585 080	0,729 143
0,24	0,637 483	1,005 953	3,373 807	−0,592 026	0,750 464
0,25	0,658 678	0,999 990	3,169 991	−0,596 718	0,770 792
0,26	0,679 236	0,994 027	2,978 487	−0,599 097	0,790 136
0,27	0,699 133	0,988 087	2,797 845	−0,599 112	0,808 508
0,28	0,718 350	0,982 195	2,626 824	−0,596 720	0,825 922
0,29	0,736 866	0,976 373	2,464 345	−0,591 888	0,842 391
0,30	0,754 661	0,970 645	2,309 472	−0,584 593	0,857 932
0,31	0,771 717	0,965 032	2,161 385	−0,574 822	0,872 563
0,32	0,788 015	0,959 557	2,019 362	−0,562 575	0,886 301
0,33	0,803 537	0,954 243	1,882 765	−0,547 864	0,899 164
0,34	0,818 267	0,949 108	1,751 025	−0,530 714	0,911 171
0,35	0,832 188	0,944 175	1,623 636	−0,511 164	0,922 341
0,36	0,845 285	0,939 462	1,500 140	−0,489 268	0,932 691
0,37	0,857 544	0,934 988	1,380 127	−0,465 093	0,942 241
0,38	0,868 951	0,930 771	1,263 221	−0,438 722	0,951 006
0,39	0,879 494	0,926 827	1,149 082	−0,410 253	0,959 004
0,40	0,889 160	0,923 171	1,037 397	−0,379 796	0,966 251
0,41	0,897 939	0,919 819	0,927 876	−0,347 480	0,972 760
0,42	0,905 820	0,916 783	0,820 251	−0,313 444	0,978 546
0,43	0,912 796	0,914 075	0,714 272	−0,277 843	0,983 621
0,44	0,918 857	0,911 707	0,609 702	−0,240 842	0,987 997
0,45	0,923 998	0,909 687	0,506 318	−0,202 618	0,991 682
0,46	0,928 212	0,908 023	0,403 907	−0,163 360	0,994 686
0,47	0,931 495	0,906 722	0,302 266	−0,123 263	0,997 015
0,48	0,933 843	0,905 789	0,201 196	−0,082 531	0,998 675
0,49	0,935 252	0,905 228	0,100 504	−0,041 373	0,999 669
0,50	0,935 722	0,905 040	0,000 000	0,000 000	1,000 000
	$\vartheta_2(\zeta, \varkappa)$	$\vartheta_4(\zeta, \varkappa)$	$-\frac{\partial \ln \vartheta_2(\zeta, \varkappa)}{\partial \zeta}$	$-\frac{\partial \ln \vartheta_4(\zeta, \varkappa)}{\partial \zeta}$	$\mathrm{cd}(\zeta, \varkappa)$

Tafel III

$\varkappa = 0{,}97$

$k^2 k'^2 = 0{,}248\,892$ | $\pi/KK' = 0{,}913\,091$ | $K = 1{,}883\,355$ | $K' = 1{,}826\,854$ | $B = 0{,}852\,647$

$\eta_1 = -\eta_2' = 0{,}219\,242$ | $\bar\eta_1 = -\bar\eta_2' = 0{,}460\,677$ | $E = 1{,}333\,689$ | $E' = 1{,}367\,217$ | $C = 0{,}333\,891$

$\eta_1' = -\eta_2 = 0{,}237\,303$ | $\bar\eta_1' = -\bar\eta_2 = 0{,}452\,414$ | $A = 0{,}909\,416$ | $A' = 0{,}785\,950$ | $D = 1{,}030\,708$

$\mathrm{cn}(\zeta, \varkappa)$	$\mathrm{dn}(\zeta, \varkappa)$	$\mathrm{sc}(\zeta, \varkappa)$	$\overline{\mathrm{sn}}(\zeta, \varkappa)$	$\overline{\mathrm{cn}}(\zeta, \varkappa)$	
1,000 000	1,000 000	0,000 000	∞	0,000 000	0,50
0,999 291	0,999 622	0,037 680	26,529 128	−0,037 666	0,49
0,997 167	0,998 490	0,075 439	13,235 751	−0,075 325	0,48
0,993 637	0,996 611	0,113 355	8,791 934	−0,112 971	0,47
0,988 716	0,993 998	0,151 510	6,560 633	−0,150 600	0,46
0,982 427	0,990 667	0,189 984	5,214 480	−0,188 211	0,45
0,974 797	0,986 639	0,228 863	4,311 047	−0,225 805	0,44
0,965 857	0,981 940	0,268 235	3,660 748	−0,263 390	0,43
0,955 645	0,976 597	0,308 190	3,168 810	−0,300 978	0,42
0,944 203	0,970 643	0,348 827	2,782 595	−0,338 586	0,41
0,931 577	0,964 115	0,390 246	2,470 534	−0,376 242	0,40
0,917 816	0,957 051	0,432 556	2,212 547	−0,413 978	0,39
0,902 971	0,949 490	0,475 875	1,995 253	−0,451 838	0,38
0,887 098	0,941 477	0,520 327	1,809 395	−0,489 876	0,37
0,870 252	0,933 055	0,566 050	1,648 362	−0,528 156	0,36
0,852 492	0,924 270	0,613 192	1,507 309	−0,566 755	0,35
0,833 874	0,915 167	0,661 917	1,382 601	−0,605 765	0,34
0,814 457	0,905 794	0,712 405	1,271 460	−0,645 292	0,33
0,794 300	0,896 197	0,764 856	1,171 720	−0,685 462	0,32
0,773 460	0,886 423	0,819 494	1,081 671	−0,726 418	0,31
0,751 992	0,876 517	0,876 569	0,999 940	−0,768 327	0,30
0,729 951	0,866 523	0,936 363	0,925 414	−0,811 380	0,29
0,707 391	0,856 487	0,999 196	0,857 176	−0,855 798	0,28
0,684 362	0,846 450	1,065 435	0,794 464	−0,901 837	0,27
0,660 912	0,836 453	1,135 497	0,736 640	−0,949 790	0,26
0,637 087	0,826 536	1,209 868	0,683 162	−1,000 000	0,25
0,612 931	0,816 737	1,289 110	0,633 566	−1,052 864	0,24
0,588 485	0,807 091	1,373 882	0,587 453	−1,108 848	0,23
0,563 785	0,797 633	1,464 959	0,544 475	−1,168 500	0,22
0,538 867	0,788 394	1,563 263	0,504 326	−1,232 468	0,21
0,513 763	0,779 406	1,669 899	0,466 738	−1,301 529	0,20
0,488 502	0,770 696	1,786 201	0,431 472	−1,376 617	0,19
0,463 111	0,762 290	1,913 799	0,398 312	−1,458 870	0,18
0,437 612	0,754 213	2,054 704	0,367 067	−1,549 685	0,17
0,412 028	0,746 489	2,211 428	0,337 560	−1,650 806	0,16
0,386 377	0,739 137	2,387 150	0,309 632	−1,764 432	0,15
0,360 675	0,732 178	2,585 959	0,283 136	−1,893 382	0,14
0,334 936	0,725 628	2,813 195	0,257 937	−2,041 333	0,13
0,309 172	0,719 504	3,075 981	0,233 910	−2,213 181	0,12
0,283 391	0,713 820	3,384 027	0,210 938	−2,415 587	0,11
0,257 603	0,708 590	3,750 923	0,188 911	−2,657 865	0,10
0,231 814	0,703 824	4,196 300	0,167 725	−2,953 457	0,09
0,206 027	0,699 533	4,749 601	0,147 283	−3,322 505	0,08
0,180 246	0,695 727	5,457 093	0,127 490	−3,796 648	0,07
0,154 474	0,692 413	6,395 883	0,108 259	−4,428 593	0,06
0,128 710	0,689 598	7,704 763	0,089 503	−5,313 188	0,05
0,102 956	0,687 287	9,661 316	0,071 138	−6,640 095	0,04
0,077 209	0,685 485	12,913 226	0,053 084	−8,851 821	0,03
0,051 469	0,684 195	19,403 546	0,035 261	−13,275 815	0,02
0,025 733	0,683 421	38,847 533	0,017 592	−26,549 202	0,01
0,000 000	0,683 162	∞	0,000 000	−∞	0,00
$k'\,\mathrm{sd}(\zeta, \varkappa)$	$k'\,\mathrm{nd}(\zeta, \varkappa)$	$\frac{1}{k'}\,\mathrm{cs}(\zeta, \varkappa)$	$-\overline{\mathrm{cd}}(\zeta, \varkappa)$	$-\overline{\mathrm{sd}}(\zeta, \varkappa)$	$\zeta = \frac{z}{2K}$

Tafel III. (Fortsetzung)

$\vartheta_1'(0, \varkappa) = 2{,}913\,204$ $\vartheta_1'(0, k) = 0{,}773\,408$ $\vartheta_5'(0, \varkappa) = 6{,}932\,655$

$\vartheta_1'''/\vartheta_1'(\varkappa) = -9{,}331\,883$ $\vartheta_2''/\vartheta_2(\varkappa) = -10{,}047\,239$ $\vartheta_3''/\vartheta_3(\varkappa) = -3{,}425\,504$

$\vartheta_1'''/\vartheta_1'(k) = -0{,}657\,726$ $\vartheta_2''/\vartheta_2(k) = -\ 0{,}708\,146$ $\vartheta_3''/\vartheta_3(k) = -0{,}241\,435$

$\vartheta_1'''''/\vartheta_1'(k) = 0{,}220\,267$ $\vartheta_2''''/\vartheta_2(k) = 0{,}570\,989$ $\vartheta_3''''/\vartheta_3(k) = 0{,}672\,656$

$\varkappa = 0{,}97$

$\zeta = \frac{z}{2K}$	$\overline{\mathrm{dn}}(\zeta, \varkappa)$	$\mathfrak{z}_1(\zeta, \varkappa)$	$\mathfrak{z}_3(\zeta, \varkappa)$	$\mathfrak{z}_5(\zeta, \varkappa)$	$\wp_1(\zeta, \varkappa)$
0,00	0,000 000	∞	0,000 000	∞	∞
0,01	−0,020 074	26,548 370	−0,000 832	26,548 375	704,816 085
0,02	−0,040 064	13,274 178	−0,001 636	13,274 214	176,204 288
0,03	−0,059 887	8,849 433	−0,002 388	8,849 553	78,313 530
0,04	−0,079 462	6,637 036	−0,003 060	6,637 320	44,052 137
0,05	−0,098 708	5,309 563	−0,003 625	5,310 117	28,194 416
0,06	−0,117 546	4,424 536	−0,004 057	4,425 494	19,580 778
0,07	−0,135 900	3,792 319	−0,004 330	3,793 841	14,387 478
0,08	−0,153 695	3,318 090	−0,004 415	3,320 362	11,017 291
0,09	−0,170 861	2,949 169	−0,004 287	2,952 406	8,707 178
0,10	−0,187 331	2,653 946	−0,003 919	2,658 386	7,055 251
0,11	−0,203 040	2,412 303	−0,003 284	2,418 214	5,833 503
0,12	−0,217 928	2,210 825	−0,002 356	2,218 501	4,904 760
0,13	−0,231 939	2,040 226	−0,001 107	2,049 986	4,182 482
0,14	−0,245 020	1,893 870	0,000 488	1,906 061	3,609 882
0,15	−0,257 123	1,766 888	0,002 456	1,781 883	3,148 447
0,16	−0,268 205	1,655 629	0,004 822	1,673 826	2,771 311
0,17	−0,278 226	1,557 298	0,007 613	1,579 122	2,459 266
0,18	−0,287 150	1,469 722	0,010 852	1,495 621	2,198 290
0,19	−0,294 946	1,391 183	0,014 565	1,421 631	1,977 950
0,20	−0,301 589	1,320 304	0,018 775	1,355 799	1,790 355
0,21	−0,307 054	1,255 973	0,023 505	1,297 033	1,629 447
0,22	−0,311 324	1,197 276	0,028 776	1,244 443	1,490 513
0,23	−0,314 384	1,143 458	0,034 610	1,197 294	1,369 844
0,24	−0,316 224	1,093 888	0,041 024	1,154 974	1,264 486
0,25	−0,316 838	1,048 036	0,048 036	1,116 971	1,172 066
0,25	1,683 162	1,048 036	0,048 036	1,116 971	1,172 066
0,26	1,686 430	1,005 453	0,055 663	1,082 851	1,090 659
0,27	1,696 301	0,965 754	0,063 917	1,052 242	1,018 690
0,28	1,712 974	0,928 609	0,072 810	1,024 826	0,954 864
0,29	1,736 794	0,893 731	0,082 351	1,000 325	0,898 104
0,30	1,768 267	0,860 873	0,092 546	0,978 498	0,847 511
0,31	1,808 089	0,829 817	0,103 399	0,959 130	0,802 333
0,32	1,857 182	0,800 370	0,114 908	0,942 029	0,761 932
0,33	1,916 752	0,772 364	0,127 072	0,927 023	0,725 769
0,34	1,988 366	0,745 648	0,139 883	0,913 953	0,693 385
0,35	2,074 063	0,720 086	0,153 332	0,902 676	0,664 389
0,36	2,176 517	0,695 558	0,167 403	0,893 055	0,638 443
0,37	2,299 271	0,671 955	0,182 079	0,884 964	0,615 261
0,38	2,447 092	0,649 177	0,197 338	0,878 281	0,594 593
0,39	2,626 525	0,627 133	0,213 155	0,872 889	0,576 227
0,40	2,846 776	0,605 740	0,229 499	0,868 677	0,559 980
0,41	3,121 181	0,584 923	0,246 336	0,865 533	0,545 693
0,42	3,469 788	0,564 608	0,263 630	0,863 348	0,523 232
0,43	3,924 139	0,544 731	0,281 340	0,862 016	0,522 483
0,44	4,536 852	0,525 227	0,299 422	0,861 430	0,513 349
0,45	5,402 691	0,506 039	0,317 828	0,861 484	0,505 749
0,46	6,711 233	0,487 108	0,336 508	0,862 070	0,499 617
0,47	8,904 905	0,468 383	0,355 411	0,863 083	0,494 900
0,48	13,311 076	0,449 808	0,374 483	0,864 417	0,491 560
0,49	26,566 794	0,431 334	0,393 668	0,865 964	0,489 566
0,50	∞	0,412 910	0,412 910	0,867 618	0,488 904
	$\overline{\mathrm{sc}}(\zeta, \varkappa)$	$-\mathfrak{z}_2(\zeta, \varkappa)$	$-\mathfrak{z}_4(\zeta, \varkappa)$	$-\mathfrak{z}_6(\zeta, \varkappa)$	$\wp_2(\zeta, \varkappa)$

Tafel III

$\varkappa = 0{,}97$

$\vartheta_5'(0, k) = 1{,}840\,507$	$\vartheta_6(0, k) = 1{,}840\,507$	$\vartheta_{\substack{5\\6}}(\frac{1}{4}, \varkappa) = 1{,}431\,500$
$\vartheta_4''/\vartheta_4(\varkappa) = 4{,}140\,861$	$\vartheta_5'''/\vartheta_5'(\varkappa) = -19{,}608\,395$	$\vartheta_6''/\vartheta_6(\varkappa) = -5{,}906\,379$
$\vartheta_4''/\vartheta_4(k) = 0{,}291\,854$	$\vartheta_5'''/\vartheta_5'(k) = -\ 1{,}382\,031$	$\vartheta_6''/\vartheta_6(k) = -0{,}416\,219$
$\vartheta_4''''/\vartheta_4(k) = -0{,}811\,042$	$\vartheta_5'''''/\vartheta_5'(k) = 5{,}171\,529$	$\vartheta_6''''/\vartheta_6(k) = -1{,}480\,105$

$\wp_3(\zeta, \varkappa)$	$\wp_5(\zeta, \varkappa)$	$\wp_1'(\zeta, \varkappa)$	$\wp_3'(\zeta, \varkappa)$	$\wp_5'(\zeta, \varkappa)$	
0,022 193	∞	$-\infty$	0,000 000	$-\infty$	0,50
0,021 840	704,815 731	−37 423,430 5	−0,018 751	−37 423,449 3	0,49
0,020 780	176,202 875	−4 677,921 75	−0,037 509	−4 677,959 26	0,48
0,019 014	78,310 351	−1 386,041 81	−0,056 281	−1 386,098 09	0,47
0,016 540	44,046 484	−584,726 082	−0,075 070	−584,801 152	0,46
0,013 358	28,185 581	−299,368 633	−0,093 880	−299,462 513	0,45
0,009 468	19,568 053	−173,234 040	−0,112 712	−173,346 752	0,44
0,004 867	14,370 152	−109,079 868	−0,131 561	−109,211 429	0,43
−0,000 444	10,994 655	−73,062 541	−0,150 421	−73,212 962	0,42
−0,006 465	8,678 520	−51,301 451	−0,169 279	−51,470 730	0,41
−0,013 196	7,019 862	−37,385 843	−0,188 118	−37,573 961	0,40
−0,020 636	5,790 674	−28,075 449	−0,206 914	−28,282 363	0,39
−0,028 783	4,853 785	−21,612 011	−0,225 636	−21,837 648	0,38
−0,037 633	4,122 656	−16,985 072	−0,244 248	−17,229 320	0,37
−0,047 181	3,540 508	−13,585 727	−0,262 702	−13,848 429	0,36
−0,057 420	3,068 834	−11,032 125	−0,280 945	−11,313 070	0,35
−0,068 342	2,680 775	−9,076 521	−0,298 912	−9,375 433	0,34
−0,079 934	2,357 139	−7,553 393	−0,316 531	−7,869 923	0,33
−0,092 182	2,083 915	−6,349 285	−0,333 717	−6,683 002	0,32
−0,105 068	1,850 689	−5,384 658	−0,350 380	−5,735 038	0,31
−0,118 570	1,649 592	−4,602 629	−0,366 414	−4,969 043	0,30
−0,132 662	1,474 591	−3,961 778	−0,381 708	−4,343 486	0,29
−0,147 315	1,321 005	−3,431 463	−0,396 140	−3,827 602	0,28
−0,162 493	1,185 158	−2,988 679	−0,409 577	−3,398 256	0,27
−0,178 156	1,064 137	−2,615 931	−0,421 880	−3,037 811	0,26
−0,194 259	0,955 614	−2,299 745	−0,432 903	−2,732 648	0,25
−0,194 259	0,955 614	−2,299 745	−0,432 903	−2,732 648	0,25
−0,210 750	0,857 715	−2,029 636	−0,442 494	−2,472 131	0,24
−0,227 574	0,768 924	−1,797 356	−0,450 498	−2,247 854	0,23
−0,244 666	0,688 005	−1,596 357	−0,456 755	−2,053 112	0,22
−0,261 959	0,613 952	−1,421 393	−0,461 111	−1,882 503	0,21
−0,279 378	0,545 940	−1,268 228	−0,463 410	−1,731 638	0,20
−0,296 842	0,483 298	−1,133 415	−0,463 506	−1,596 921	0,19
−0,314 266	0,425 472	−1,014 125	−0,461 260	−1,475 386	0,18
−0,331 560	0,372 016	−0,908 024	−0,456 548	−1,364 572	0,17
−0,348 627	0,322 565	−0,813 169	−0,449 260	−1,262 429	0,16
−0,365 371	0,276 825	−0,727 935	−0,439 307	−1,167 242	0,15
−0,381 688	0,234 562	−0,650 952	−0,426 624	−1,077 576	0,14
−0,397 475	0,195 592	−0,581 059	−0,411 171	−0,992 230	0,13
−0,412 628	0,159 772	−0,517 265	−0,392 938	−0,910 203	0,12
−0,427 042	0,126 992	−0,458 716	−0,371 947	−0,830 663	0,11
−0,440 615	0,097 172	−0,404 676	−0,348 255	−0,752 931	0,10
−0,453 245	0,070 255	−0,354 500	−0,321 954	−0,676 453	0,09
−0,464 838	0,046 202	−0,307 623	−0,293 171	−0,600 794	0,08
−0,475 302	0,024 988	−0,263 543	−0,262 071	−0,525 614	0,07
−0,484 554	0,006 602	−0,221 811	−0,228 852	−0,450 664	0,06
−0,492 519	−0,008 963	−0,182 021	−0,193 749	−0,375 770	0,05
−0,499 129	−0,021 706	−0,143 800	−0,157 023	−0,300 823	0,04
−0,504 331	−0,031 624	−0,106 805	−0,118 964	−0,225 769	0,03
−0,508 079	−0,038 712	−0,070 710	−0,079 885	−0,150 595	0,02
−0,510 340	−0,042 967	−0,035 208	−0,040 117	−0,075 325	0,01
−0,511 097	−0,044 386	0,000 000	0,000 000	0,000 000	0,00
$\wp_4(\zeta, \varkappa)$	$\wp_6(\zeta, \varkappa)$	$-\wp_2'(\zeta, \varkappa)$	$-\wp_4'(\zeta, \varkappa)$	$-\wp_6'(\zeta, \varkappa)$	$\zeta = \dfrac{z}{2K}$

Tafel III

$\sqrt{k} = 0{,}850\,036$	$k = 0{,}722\,561$	$k^2 = 0{,}522\,095$	$\varkappa = 0{,}98$
$\sqrt{k'} = 0{,}831\,449$	$k' = 0{,}691\,307$	$k'^2 = 0{,}477\,905$	
$e_1 = -e_3' = 0{,}492\,635$	$e_2 = -e_2' = 0{,}014\,730$	$e_3 = -e_1' = -0{,}507\,365$	
$g_2 = g_2' = 1{,}000\,651$	$g_3 = -g_3' = -0{,}014\,727$	$g_3/\sqrt{g_2^3} = -0{,}014\,712$	
$\bar{g}_2 = \bar{g}_2' = -3{,}989\,586$	$\bar{g}_3 = -\bar{g}_3' = -0{,}117\,634$	$\bar{g}_3/\sqrt{\bar{g}_2^3} = 0{,}014\,762\mathrm{i}$	

$\zeta = \frac{z}{2K}$	$\vartheta_1(\zeta,\varkappa)$	$\vartheta_3(\zeta,\varkappa)$	$\frac{\partial \ln\vartheta_1(\zeta,\varkappa)}{\partial\zeta}$	$\frac{\partial \ln\vartheta_3(\zeta,\varkappa)}{\partial\zeta}$	$\mathrm{sn}(\zeta,\varkappa)$
0,00	0,000 000	1,092 041	∞	0,000 000	0,000 000
0,01	0,028 912	1,091 860	99,968 781	−0,033 267	0,037 452
0,02	0,057 796	1,091 315	49,937 541	−0,066 436	0,074 824
0,03	0,086 627	1,090 411	33,239 596	−0,099 408	0,112 037
0,04	0,115 376	1,089 149	24,874 925	−0,132 086	0,149 012
0,05	0,144 017	1,087 535	19,843 509	−0,164 369	0,185 675
0,06	0,172 523	1,085 576	16,478 660	−0,196 161	0,221 950
0,07	0,200 867	1,083 279	14,066 075	−0,227 362	0,257 768
0,08	0,229 022	1,080 653	12,248 589	−0,257 874	0,293 060
0,09	0,256 962	1,077 709	10,827 772	−0,287 599	0,327 763
0,10	0,284 660	1,074 459	9,684 555	−0,316 437	0,361 818
0,11	0,312 089	1,070 914	8,743 162	−0,344 291	0,395 170
0,12	0,339 224	1,067 089	7,953 067	−0,371 062	0,427 768
0,13	0,366 038	1,063 000	7,279 287	−0,396 655	0,459 568
0,14	0,392 505	1,058 662	6,696 826	−0,420 971	0,490 528
0,15	0,418 600	1,054 093	6,187 349	−0,443 915	0,520 614
0,16	0,444 297	1,049 310	5,737 101	−0,465 392	0,549 795
0,17	0,469 571	1,044 332	5,335 558	−0,485 311	0,578 045
0,18	0,494 397	1,039 180	4,974 529	−0,503 579	0,605 344
0,19	0,518 751	1,033 873	4,647 545	−0,520 109	0,631 674
0,20	0,542 608	1,028 432	4,349 425	−0,534 815	0,657 025
0,21	0,565 944	1,022 880	4,075 972	−0,547 615	0,681 389
0,22	0,588 735	1,017 237	3,823 747	−0,558 431	0,704 760
0,23	0,610 960	1,011 526	3,589 907	−0,567 188	0,727 139
0,24	0,632 594	1,005 770	3,372 076	−0,573 819	0,748 528
0,25	0,653 615	0,999 991	3,168 258	−0,578 262	0,768 933
0,26	0,674 003	0,994 212	2,976 758	−0,580 462	0,788 362
0,27	0,693 735	0,988 457	2,796 128	−0,580 369	0,806 825
0,28	0,712 792	0,982 746	2,625 124	−0,577 945	0,824 334
0,29	0,731 152	0,977 105	2,462 670	−0,573 159	0,840 903
0,30	0,748 797	0,971 553	2,307 828	−0,565 990	0,856 547
0,31	0,765 708	0,966 114	2,159 779	−0,556 428	0,871 282
0,32	0,781 866	0,960 809	2,017 800	−0,544 475	0,885 125
0,33	0,797 255	0,955 658	1,881 252	−0,530 143	0,898 093
0,34	0,811 857	0,950 683	1,749 569	−0,513 459	0,910 204
0,35	0,825 658	0,945 902	1,622 241	−0,494 462	0,921 476
0,36	0,838 641	0,941 335	1,498 812	−0,473 205	0,931 926
0,37	0,850 793	0,936 999	1,378 871	−0,449 754	0,941 571
0,38	0,862 099	0,932 912	1,262 042	−0,424 190	0,950 428
0,39	0,872 549	0,929 089	1,147 985	−0,396 608	0,958 512
0,40	0,882 129	0,925 547	1,036 386	−0,367 117	0,965 840
0,41	0,890 830	0,922 298	0,926 954	−0,335 839	0,972 424
0,42	0,898 641	0,919 356	0,819 423	−0,302 910	0,978 278
0,43	0,905 554	0,916 732	0,713 540	−0,268 479	0,983 415
0,44	0,911 562	0,914 437	0,609 069	−0,232 704	0,987 844
0,45	0,916 656	0,912 479	0,505 787	−0,195 758	0,991 576
0,46	0,920 833	0,910 867	0,403 480	−0,157 819	0,994 617
0,47	0,924 086	0,909 606	0,301 944	−0,119 077	0,996 976
0,48	0,926 412	0,908 702	0,200 980	−0,079 726	0,998 657
0,49	0,927 809	0,908 158	0,100 396	−0,039 965	0,999 665
0,50	0,928 275	0,907 976	0,000 000	0,000 000	1,000 000
	$\vartheta_2(\zeta,\varkappa)$	$\vartheta_4(\zeta,\varkappa)$	$-\frac{\partial \ln\vartheta_2(\zeta,\varkappa)}{\partial\zeta}$	$-\frac{\partial \ln\vartheta_4(\zeta,\varkappa)}{\partial\zeta}$	$\mathrm{cd}(\zeta,\varkappa)$

Tafel III

$\varkappa = 0{,}98$

$k^2 k'^2 = 0{,}249\,512$	$\eta_1 = -\eta_2' = 0{,}222\,394$	$\eta_1' = -\eta_2 = 0{,}234\,376$
$\pi/KK' = 0{,}913\,540$	$\bar\eta_1 = -\bar\eta_2' = 0{,}459\,517$	$\bar\eta_1' = -\bar\eta_2 = 0{,}454\,023$
$K = 1{,}873\,260$	$E = 1{,}339\,435$	$A = 0{,}888\,388$
$K' = 1{,}835\,795$	$E' = 1{,}361\,685$	$A' = 0{,}806\,451$
$B = 0{,}850\,792$	$C = 0{,}328\,820$	$D = 1{,}022\,468$

$\mathrm{cn}(\zeta,\varkappa)$	$\mathrm{dn}(\zeta,\varkappa)$	$\mathrm{sc}(\zeta,\varkappa)$	$\overline{\mathrm{sn}}(\zeta,\varkappa)$	$\overline{\mathrm{cn}}(\zeta,\varkappa)$	
1,000 000	1,000 000	0,000 000	∞	0,000 000	0,50
0,999 298	0,999 634	0,037 478	26,672 432	−0,037 464	0,49
0,997 197	0,998 537	0,075 034	13,307 765	−0,074 924	0,48
0,993 704	0,996 718	0,112 747	8,840 341	−0,112 377	0,47
0,988 835	0,994 187	0,150 695	6,597 349	−0,149 819	0,46
0,982 611	0,990 959	0,188 961	5,244 266	−0,187 252	0,45
0,975 058	0,987 057	0,227 628	4,336 278	−0,224 681	0,44
0,966 207	0,982 502	0,266 783	3,682 776	−0,262 115	0,43
0,956 094	0,977 323	0,306 518	3,188 473	−0,299 567	0,42
0,944 760	0,971 551	0,346 927	2,800 447	−0,337 058	0,41
0,932 249	0,965 221	0,388 113	2,486 958	−0,374 615	0,40
0,918 608	0,958 368	0,430 183	2,227 815	−0,412 274	0,39
0,903 888	0,951 033	0,473 253	2,009 565	−0,450 080	0,38
0,888 143	0,943 256	0,517 448	1,822 900	−0,488 086	0,37
0,871 425	0,935 080	0,562 903	1,661 174	−0,526 360	0,36
0,853 792	0,926 548	0,609 767	1,519 513	−0,564 978	0,35
0,835 300	0,917 706	0,658 201	1,394 265	−0,604 035	0,34
0,816 005	0,908 598	0,708 384	1,282 634	−0,643 636	0,33
0,795 964	0,899 268	0,760 516	1,182 445	−0,683 908	0,32
0,775 234	0,889 763	0,814 818	1,091 978	−0,724 994	0,31
0,753 869	0,880 126	0,871 538	1,009 853	−0,767 063	0,30
0,731 922	0,870 400	0,930 958	0,934 951	−0,810 306	0,29
0,709 446	0,860 629	0,993 395	0,866 351	−0,854 945	0,28
0,686 490	0,850 854	1,059 213	0,803 289	−0,901 235	0,27
0,663 103	0,841 114	1,128 827	0,745 122	−0,949 473	0,26
0,639 329	0,831 449	1,202 720	0,691 307	−1,000 000	0,25
0,615 211	0,821 894	1,281 449	0,641 379	−1,053 216	0,24
0,590 791	0,812 486	1,365 670	0,594 936	−1,109 588	0,23
0,566 104	0,803 258	1,456 153	0,551 630	−1,169 666	0,22
0,541 186	0,794 240	1,553 814	0,511 155	−1,234 102	0,21
0,516 070	0,785 464	1,659 750	0,473 242	−1,303 674	0,20
0,490 783	0,776 957	1,775 287	0,437 651	−1,379 321	0,19
0,465 354	0,768 744	1,902 045	0,404 167	−1,462 186	0,18
0,439 806	0,760 851	2,042 021	0,372 597	−1,553 673	0,17
0,414 160	0,753 299	2,197 712	0,342 765	−1,655 534	0,16
0,388 435	0,746 110	2,372 277	0,314 512	−1,769 979	0,15
0,362 649	0,739 302	2,569 776	0,287 691	−1,899 842	0,14
0,336 815	0,732 894	2,795 518	0,262 168	−2,048 819	0,13
0,310 945	0,726 901	3,056 578	0,237 815	−2,221 829	0,12
0,285 051	0,721 337	3,362 603	0,214 518	−2,425 571	0,11
0,259 140	0,716 216	3,727 097	0,192 165	−2,669 408	0,10
0,233 220	0,711 550	4,169 564	0,170 653	−2,966 851	0,09
0,207 295	0,707 347	4,719 257	0,149 885	−3,338 154	0,08
0,181 370	0,703 619	5,422 143	0,129 768	−3,815 123	0,07
0,155 448	0,700 372	6,354 833	0,110 211	−4,450 748	0,06
0,129 529	0,697 614	7,655 223	0,091 129	−5,340 389	0,05
0,103 616	0,695 349	9,599 102	0,072 439	−6,674 729	0,04
0,077 707	0,693 583	12,829 975	0,054 060	−8,898 658	0,03
0,051 802	0,692 320	19,278 349	0,035 912	−13,346 778	0,02
0,025 900	0,691 560	38,596 751	0,017 918	−26,691 979	0,01
0,000 000	0,691 307	∞	0,000 000	−∞	0,00
$k'\,\mathrm{sd}(\zeta,\varkappa)$	$k'\,\mathrm{nd}(\zeta,\varkappa)$	$\frac{1}{k'}\,\mathrm{cs}(\zeta,\varkappa)$	$-\overline{\mathrm{cd}}(\zeta,\varkappa)$	$-\overline{\mathrm{sd}}(\zeta,\varkappa)$	$\zeta = \frac{z}{2K}$

Tafel III. (Fortsetzung)

$\vartheta_1'(0,\varkappa) = 2{,}891\,612$ $\quad\vartheta_1'(0,k) = 0{,}771\,813$ $\quad\vartheta_5'(0,\varkappa) = 6{,}879\,132$ $\quad\boxed{\varkappa = 0{,}98}$

$\vartheta_1'''/\vartheta_1'(\varkappa) = -9{,}364\,837$ $\quad\vartheta_2''/\vartheta_2(\varkappa) = -10{,}036\,444$ $\quad\vartheta_3''/\vartheta_3(\varkappa) = -3{,}328\,366$

$\vartheta_1'''/\vartheta_1'(k) = -0{,}667\,181$ $\quad\vartheta_2''/\vartheta_2(k) = -\ 0{,}715\,029$ $\quad\vartheta_3''/\vartheta_3(k) = -0{,}237\,124$

$\vartheta_1'''''/\vartheta_1'(k) = 0{,}241\,560$ $\quad\vartheta_2''''/\vartheta_2(k) = 0{,}577\,988$ $\quad\vartheta_3''''/\vartheta_3(k) = 0{,}667\,706$

$\zeta = \frac{z}{2K}$	$\overline{\mathrm{dn}}(\zeta,\varkappa)$	$\mathfrak{z}_1(\zeta,\varkappa)$	$\mathfrak{z}_3(\zeta,\varkappa)$	$\mathfrak{z}_5(\zeta,\varkappa)$	$\wp_1(\zeta,\varkappa)$
0,00	0,000 000	∞	0,000 000	∞	∞
0,01	−0,019 547	26,691 431	−0,000 547	26,691 436	712,432 618
0,02	−0,039 013	13,345 709	−0,001 069	13,345 744	178,108 418
0,03	−0,058 317	8,897 120	−0,001 537	8,897 238	79,159 804
0,04	−0,077 380	6,672 802	−0,001 927	6,673 082	44,528 158
0,05	−0,096 123	5,338 177	−0,002 212	5,338 724	28,499 057
0,06	−0,114 470	4,448 383	−0,002 366	4,449 327	19,792 320
0,07	−0,132 347	3,812 761	−0,002 362	3,814 262	14,542 879
0,08	−0,149 681	3,335 980	−0,002 174	3,338 221	11,136 250
0,09	−0,166 404	2,965 076	−0,001 776	2,968 266	8,801 146
0,10	−0,182 450	2,668 267	−0,001 141	2,672 644	7,131 340
0,11	−0,197 756	2,425 327	−0,000 244	2,431 154	5,896 359
0,12	−0,212 264	2,222 772	0,000 942	2,230 337	4,957 546
0,13	−0,225 919	2,051 262	0,002 444	2,060 880	4,227 427
0,14	−0,238 668	1,904 127	0,004 285	1,916 138	3,648 602
0,15	−0,250 466	1,776 473	0,006 493	1,791 244	3,182 142
0,16	−0,261 269	1,664 627	0,009 093	1,682 549	2,800 889
0,17	−0,271 039	1,565 781	0,012 108	1,587 271	2,485 429
0,18	−0,279 741	1,477 750	0,015 564	1,503 247	2,221 589
0,19	−0,287 343	1,398 805	0,019 484	1,428 774	1,998 823
0,20	−0,293 821	1,327 564	0,023 891	1,362 492	1,809 154
0,21	−0,299 151	1,262 908	0,028 806	1,303 303	1,646 460
0,22	−0,303 315	1,203 918	0,034 252	1,250 310	1,505 977
0,23	−0,306 299	1,149 834	0,040 246	1,202 773	1,383 955
0,24	−0,308 094	1,100 024	0,046 808	1,160 077	1,277 410
0,25	−0,308 693	1,053 954	0,053 954	1,121 705	1,183 942
0,25	1,691 307	1,053 954	0,053 954	1,121 705	1,183 942
0,26	1,694 595	1,011 172	0,061 699	1,087 220	1,101 607
0,27	1,704 524	0,971 291	0,070 056	1,056 247	1,028 812
0,28	1,721 296	0,933 980	0,079 035	1,028 467	0,964 248
0,29	1,745 257	0,898 951	0,088 645	1,003 599	0,906 828
0,30	1,776 916	0,865 953	0,098 890	0,981 399	0,855 642
0,31	1,816 972	0,834 769	0,109 774	0,961 651	0,809 930
0,32	1,866 353	0,805 205	0,121 297	0,944 161	0,769 048
0,33	1,926 270	0,777 090	0,133 454	0,928 756	0,732 452
0,34	1,998 299	0,750 274	0,146 239	0,915 276	0,699 677
0,35	2,084 491	0,724 620	0,159 642	0,903 577	0,670 328
0,36	2,187 533	0,700 008	0,173 648	0,893 522	0,644 064
0,37	2,310 986	0,676 325	0,188 239	0,884 983	0,620 595
0,38	2,459 645	0,653 474	0,203 395	0,877 840	0,599 671
0,39	2,640 089	0,631 363	0,219 089	0,871 974	0,581 075
0,40	2,861 573	0,609 907	0,235 292	0,867 274	0,564 623
0,41	3,137 505	0,589 031	0,251 973	0,863 630	0,550 155
0,42	3,488 039	0,568 661	0,269 094	0,860 933	0,537 536
0,43	3,944 891	0,548 731	0,286 616	0,859 077	0,526 649
0,44	4,560 959	0,529 178	0,304 497	0,857 957	0,517 397
0,45	5,431 518	0,509 943	0,322 691	0,857 467	0,509 699
0,46	6,747 168	0,490 968	0,341 149	0,857 502	0,503 488
0,47	8,952 717	0,472 199	0,359 822	0,857 958	0,498 710
0,48	13,382 690	0,453 582	0,378 658	0,858 729	0,495 326
0,49	26,709 896	0,435 067	0,397 602	0,859 710	0,493 306
0,50	∞	0,416 602	0,416 602	0,860 796	0,492 635
	$\overline{\mathrm{sc}}(\zeta,\varkappa)$	$-\mathfrak{z}_2(\zeta,\varkappa)$	$-\mathfrak{z}_4(\zeta,\varkappa)$	$-\mathfrak{z}_6(\zeta,\varkappa)$	$\wp_2(\zeta,\varkappa)$

Tafel III

$\varkappa = 0{,}98$

$\vartheta_5'(0, k) = 1{,}836\,139$	$\vartheta_6(0, k) = 1{,}836\,139$	$\vartheta_{\substack{5\\6}}(\tfrac{1}{4}, \varkappa) = 1{,}423\,878$
$\vartheta_4''/\vartheta_4(\varkappa) = 3{,}999\,973$	$\vartheta_5'''/\vartheta_5'(\varkappa) = -19{,}349\,934$	$\vartheta_6''/\vartheta_6(\varkappa) = -6{,}036\,472$
$\vartheta_4''/\vartheta_4(k) = 0{,}284\,971$	$\vartheta_5'''/\vartheta_5'(k) = -\ 1{,}378\,552$	$\vartheta_6''/\vartheta_6(k) = -0{,}430\,058$
$\vartheta_4''''/\vartheta_4(k) = -0{,}800\,564$	$\vartheta_5'''''/\vartheta_5'(k) = 5{,}162\,137$	$\vartheta_6''''/\vartheta_6(k) = -1{,}445\,151$

$\wp_3(\zeta, \varkappa)$	$\wp_5(\zeta, \varkappa)$	$\wp_1'(\zeta, \varkappa)$	$\wp_3'(\zeta, \varkappa)$	$\wp_5'(\zeta, \varkappa)$	
0,014 730	∞	$-\infty$	0,000 000	$-\infty$	0,50
0,014 380	712,432 267	−38 031,686 2	−0,018 697	−38 031,704 9	0,49
0,013 329	178,107 017	−4 753,953 74	−0,037 398	−4 753,991 14	0,48
0,011 577	79,156 651	−1 408,569 86	−0,056 108	−1 408,625 97	0,47
0,009 124	44,522 552	−594,230 166	−0,074 828	−594,304 994	0,46
0,005 970	28,490 297	−304,234 787	−0,093 560	−304,328 347	0,45
0,002 114	19,779 704	−176,050 166	−0,112 300	−176,162 466	0,44
−0,002 445	14,525 704	−110,853 351	−0,131 045	−110,984 396	0,43
−0,007 705	11,113 814	−74,250 697	−0,149 783	−74,400 481	0,42
−0,013 668	8,772 749	−52,135 989	−0,168 502	−52,304 491	0,41
−0,020 331	7,096 280	−37,994 274	−0,187 181	−38,181 456	0,40
−0,027 692	5,853 937	−28,532 621	−0,205 796	−28,738 417	0,39
−0,035 750	4,907 067	−21,964 192	−0,224 314	−22,188 506	0,38
−0,044 499	4,168 199	−17,262 107	−0,242 697	−17,504 804	0,37
−0,053 933	3,579 939	−13,807 565	−0,260 897	−14,068 462	0,36
−0,064 045	3,103 367	−11,212 508	−0,278 859	−11,491 367	0,35
−0,074 824	2,711 335	−9,225 164	−0,296 520	−9,521 683	0,34
−0,086 259	2,384 441	−7,677 320	−0,313 806	−7,991 125	0,33
−0,098 332	2,108 527	−6,453 676	−0,330 635	−6,784 311	0,32
−0,111 026	1,873 067	−5,473 402	−0,346 916	−5,820 318	0,31
−0,124 319	1,670 106	−4,678 687	−0,362 547	−5,041 235	0,30
−0,138 183	1,493 547	−4,027 441	−0,377 419	−4,404 860	0,29
−0,152 588	1,338 659	−3,488 521	−0,391 411	−3,879 933	0,28
−0,167 499	1,201 726	−3,038 552	−0,404 397	−3,442 949	0,27
−0,182 875	1,079 805	−2,659 749	−0,416 241	−3,075 991	0,26
−0,198 672	0,970 540	−2,338 425	−0,426 803	−2,765 228	0,25
−0,198 672	0,970 540	−2,338 425	−0,426 803	−2,765 228	0,25
−0,214 838	0,872 039	−2,063 920	−0,435 937	−2,499 857	0,24
−0,231 317	0,782 766	−1,827 854	−0,443 492	−2,271 346	0,23
−0,248 047	0,701 471	−1,623 572	−0,449 320	−2,072 892	0,22
−0,264 961	0,627 136	−1,445 744	−0,453 271	−1,899 015	0,21
−0,281 986	0,558 926	−1,290 065	−0,455 199	−1,745 265	0,20
−0,299 043	0,496 157	−1,153 031	−0,454 966	−1,607 998	0,19
−0,316 048	0,438 270	−1,031 768	−0,452 443	−1,484 211	0,18
−0,332 914	0,384 808	−0,923 903	−0,447 512	−1,371 416	0,17
−0,349 549	0,335 398	−0,827 464	−0,440 074	−1,267 538	0,16
−0,365 857	0,289 741	−0,740 797	−0,430 046	−1,170 844	0,15
−0,381 740	0,247 595	−0,662 512	−0,417 371	−1,079 883	0,14
−0,397 097	0,208 769	−0,591 429	−0,402 014	−0,993 443	0,13
−0,411 829	0,173 112	−0,526 540	−0,383 971	−0,910 511	0,12
−0,425 835	0,140 510	−0,466 979	−0,363 267	−0,830 246	0,11
−0,439 016	0,110 877	−0,411 996	−0,339 960	−0,751 956	0,10
−0,451 277	0,084 148	−0,360 938	−0,314 142	−0,675 081	0,09
−0,462 525	0,060 281	−0,313 231	−0,285 940	−0,599 170	0,08
−0,472 675	0,039 245	−0,268 363	−0,255 512	−0,523 875	0,07
−0,481 646	0,021 022	−0,225 880	−0,223 053	−0,448 933	0,06
−0,489 366	0,005 604	−0,185 368	−0,188 786	−0,374 154	0,05
−0,495 772	−0,007 014	−0,146 450	−0,152 966	−0,299 416	0,04
−0,500 811	−0,016 831	−0,108 776	−0,115 869	−0,224 645	0,03
−0,504 442	−0,023 846	−0,072 017	−0,077 797	−0,149 814	0,02
−0,506 633	−0,028 056	−0,035 859	−0,039 065	−0,074 924	0,01
−0,507 365	−0,029 460	0,000 000	0,000 000	0,000 000	0,00
$\wp_4(\zeta, \varkappa)$	$\wp_6(\zeta, \varkappa)$	$-\wp_2'(\zeta, \varkappa)$	$-\wp_4'(\zeta, \varkappa)$	$-\wp_6'(\zeta, \varkappa)$	$\zeta = \dfrac{z}{2K}$

Tafel III

$\sqrt{k} \quad = \quad 0{,}845\,482$	$k \quad = \quad 0{,}714\,840$	$k^2 \quad = \quad 0{,}510\,996$	$\varkappa = 0{,}99$
$\sqrt{k'} \quad = \quad 0{,}836\,235$	$k' \quad = \quad 0{,}699\,288$	$k'^2 \quad = \quad 0{,}489\,004$	
$e_1 = -e_3' = 0{,}496\,335$	$e_2 = -e_2' = 0{,}007\,331$	$e_3 = -e_1' = -0{,}503\,665$	
$g_2 = g_2' = 1{,}000\,161$	$g_3 = -g_3' = -0{,}007\,330$	$g_3/\sqrt{g_2^3} = -0{,}007\,328$	
$\bar{g}_2 = \bar{g}_2' = -3{,}997\,421$	$\bar{g}_3 = -\bar{g}_3' = -0{,}058\,619$	$\bar{g}_3/\sqrt{\bar{g}_2^3} = 0{,}007\,335\,i$	

$\zeta = \frac{z}{2K}$	$\vartheta_1(\zeta, \varkappa)$	$\vartheta_3(\zeta, \varkappa)$	$\frac{\partial \ln \vartheta_1(\zeta, \varkappa)}{\partial \zeta}$	$\frac{\partial \ln \vartheta_3(\zeta, \varkappa)}{\partial \zeta}$	$\mathrm{sn}(\zeta, \varkappa)$
0,00	0,000 000	1,089 194	∞	0,000 000	0,000 000
0,01	0,028 697	1,089 018	99,968 678	−0,032 321	0,037 257
0,02	0,057 366	1,088 491	49,937 336	−0,064 546	0,074 436
0,03	0,085 982	1,087 614	33,239 289	−0,096 578	0,111 459
0,04	0,114 517	1,086 391	24,874 517	−0,128 321	0,148 251
0,05	0,142 944	1,084 827	19,843 002	−0,159 678	0,184 736
0,06	0,171 237	1,082 929	16,478 057	−0,190 553	0,220 843
0,07	0,199 368	1,080 703	14,065 377	−0,220 849	0,256 502
0,08	0,227 311	1,078 159	12,247 800	−0,250 469	0,291 646
0,09	0,255 040	1,075 306	10,826 894	−0,279 319	0,326 215
0,10	0,282 529	1,072 156	9,683 592	−0,307 300	0,360 148
0,11	0,309 750	1,068 721	8,742 118	−0,334 318	0,393 391
0,12	0,336 677	1,065 014	7,951 947	−0,360 278	0,425 896
0,13	0,363 286	1,061 052	7,278 094	−0,385 084	0,457 618
0,14	0,389 549	1,056 848	6,695 566	−0,408 642	0,488 515
0,15	0,415 442	1,052 420	6,186 027	−0,430 860	0,518 552
0,16	0,440 940	1,047 785	5,735 722	−0,451 647	0,547 700
0,17	0,466 016	1,042 962	5,334 126	−0,470 912	0,575 932
0,18	0,490 647	1,037 969	4,973 052	−0,488 567	0,603 226
0,19	0,514 808	1,032 826	4,646 027	−0,504 528	0,629 567
0,20	0,538 475	1,027 554	4,347 874	−0,518 712	0,654 940
0,21	0,561 625	1,022 173	4,074 393	−0,531 041	0,679 338
0,22	0,584 233	1,016 704	3,822 146	−0,541 439	0,702 756
0,23	0,606 278	1,011 170	3,588 291	−0,549 837	0,725 191
0,24	0,627 736	1,005 592	3,370 452	−0,556 170	0,746 646
0,25	0,648 586	0,999 992	3,166 631	−0,560 378	0,767 126
0,26	0,668 806	0,994 392	2,975 135	−0,562 409	0,786 636
0,27	0,688 375	0,988 814	2,794 515	−0,562 218	0,805 186
0,28	0,707 272	0,983 281	2,623 528	−0,559 770	0,822 787
0,29	0,725 479	0,977 813	2,461 097	−0,555 034	0,839 453
0,30	0,742 975	0,972 434	2,306 284	−0,547 994	0,855 196
0,31	0,759 743	0,967 163	2,158 270	−0,538 641	0,870 032
0,32	0,775 764	0,962 021	2,016 333	−0,526 978	0,883 978
0,33	0,791 022	0,957 030	1,879 832	−0,513 019	0,897 048
0,34	0,805 499	0,952 208	1,748 201	−0,496 791	0,909 261
0,35	0,819 180	0,947 575	1,620 931	−0,478 333	0,920 632
0,36	0,832 051	0,943 149	1,497 565	−0,457 698	0,931 178
0,37	0,844 096	0,938 947	1,377 691	−0,434 950	0,940 917
0,38	0,855 304	0,934 987	1,260 935	−0,410 169	0,949 863
0,39	0,865 662	0,931 282	1,146 954	−0,383 447	0,958 032
0,40	0,875 158	0,927 849	1,035 435	−0,354 890	0,965 438
0,41	0,883 782	0,924 701	0,926 088	−0,324 616	0,972 096
0,42	0,891 524	0,921 850	0,818 644	−0,292 757	0,978 017
0,43	0,898 376	0,919 307	0,712 852	−0,259 455	0,983 213
0,44	0,904 330	0,917 083	0,608 474	−0,224 864	0,987 695
0,45	0,909 379	0,915 185	0,505 288	−0,189 149	0,991 471
0,46	0,913 518	0,913 623	0,403 078	−0,152 482	0,994 550
0,47	0,916 742	0,912 401	0,301 641	−0,115 045	0,996 938
0,48	0,919 048	0,911 525	0,200 778	−0,077 023	0,998 641
0,49	0,920 432	0,910 998	0,100 294	−0,038 610	0,999 660
0,50	0,920 894	0,910 822	0,000 000	0,000 000	1,000 000
	$\vartheta_2(\zeta, \varkappa)$	$\vartheta_4(\zeta, \varkappa)$	$-\frac{\partial \ln \vartheta_2(\zeta, \varkappa)}{\partial \zeta}$	$-\frac{\partial \ln \vartheta_4(\zeta, \varkappa)}{\partial \zeta}$	$\mathrm{cd}(\zeta, \varkappa)$

Tafel III

$\varkappa = 0{,}99$

$k^2 k'^2 = 0{,}249\,879$	$\eta_1 = -\eta_2' = 0{,}225\,471$	$\eta_1' = -\eta_2 = 0{,}231\,432$
$\pi/KK' = 0{,}913\,806$	$\bar\eta_1 = -\bar\eta_2' = 0{,}458\,272$	$\bar\eta_1' = -\bar\eta_2 = 0{,}455\,534$
$K = 1{,}863\,504$	$E = 1{,}345\,087$	$A = 0{,}867\,652$
$K' = 1{,}844\,869$	$E' = 1{,}356\,159$	$A' = 0{,}826\,877$
$B = 0{,}848\,981$	$C = 0{,}323\,959$	$D = 1{,}014\,523$

$\mathrm{cn}(\zeta, \varkappa)$	$\mathrm{dn}(\zeta, \varkappa)$	$\mathrm{sc}(\zeta, \varkappa)$	$\overline{\mathrm{sn}}(\zeta, \varkappa)$	$\overline{\mathrm{cn}}(\zeta, \varkappa)$	
1,000 000	1,000 000	0,000 000	∞	0,000 000	0,50
0,999 306	0,999 645	0,037 283	26,812 406	−0,037 270	0,49
0,997 226	0,998 583	0,074 643	13,378 105	−0,074 537	0,48
0,993 769	0,996 821	0,112 158	8,887 622	−0,111 802	0,47
0,988 950	0,994 369	0,149 908	6,633 211	−0,149 063	0,46
0,982 788	0,991 242	0,187 972	5,273 358	−0,186 325	0,45
0,975 309	0,987 460	0,226 434	4,360 922	−0,223 594	0,44
0,966 544	0,983 046	0,265 380	3,704 290	−0,260 881	0,43
0,956 526	0,978 027	0,304 902	3,207 678	−0,298 202	0,42
0,945 296	0,972 431	0,345 093	2,817 884	−0,335 579	0,41
0,932 895	0,966 292	0,386 054	2,503 000	−0,373 041	0,40
0,919 371	0,959 646	0,427 892	2,242 729	−0,410 625	0,39
0,904 772	0,952 529	0,470 722	2,023 547	−0,448 377	0,38
0,889 149	0,944 982	0,514 669	1,836 096	−0,486 353	0,37
0,872 556	0,937 045	0,559 867	1,673 693	−0,524 620	0,36
0,855 046	0,928 760	0,606 461	1,531 441	−0,563 257	0,35
0,836 675	0,920 171	0,654 615	1,405 666	−0,602 358	0,34
0,817 498	0,911 320	0,704 506	1,293 559	−0,642 030	0,33
0,797 570	0,902 252	0,756 330	1,192 934	−0,682 400	0,32
0,776 946	0,893 009	0,810 309	1,102 060	−0,723 613	0,31
0,755 681	0,883 635	0,866 689	1,019 552	−0,765 836	0,30
0,733 825	0,874 171	0,925 749	0,944 285	−0,809 263	0,29
0,711 431	0,864 660	0,987 806	0,875 334	−0,854 116	0,28
0,688 547	0,855 141	1,053 219	0,811 931	−0,900 651	0,27
0,665 221	0,845 653	1,122 404	0,753 431	−0,949 164	0,26
0,641 497	0,836 235	1,195 837	0,699 288	−1,000 000	0,25
0,617 417	0,826 921	1,274 074	0,649 037	−1,053 558	0,24
0,593 023	0,817 746	1,357 766	0,602 273	−1,110 308	0,23
0,568 349	0,808 744	1,447 679	0,558 649	−1,170 801	0,22
0,543 433	0,799 944	1,544 722	0,517 857	−1,235 692	0,21
0,518 305	0,791 377	1,649 987	0,479 626	−1,305 762	0,20
0,492 995	0,783 070	1,764 790	0,443 718	−1,381 954	0,19
0,467 529	0,775 048	1,890 742	0,409 917	−1,465 416	0,18
0,441 933	0,767 336	2,029 828	0,378 030	−1,557 560	0,17
0,416 227	0,759 955	2,184 528	0,347 881	−1,660 143	0,16
0,390 432	0,752 927	2,357 982	0,319 310	−1,775 388	0,15
0,364 564	0,746 270	2,554 226	0,292 171	−1,906 142	0,14
0,338 638	0,740 002	2,778 533	0,266 328	−2,056 120	0,13
0,312 667	0,734 139	3,037 937	0,241 657	−2,230 267	0,12
0,286 662	0,728 694	3,342 024	0,218 040	−2,435 314	0,11
0,260 632	0,723 682	3,704 214	0,195 367	−2,680 673	0,10
0,234 585	0,719 114	4,143 889	0,173 536	−2,979 927	0,09
0,208 527	0,714 999	4,690 119	0,152 448	−3,353 432	0,08
0,182 462	0,711 348	5,388 586	0,132 010	−3,833 161	0,07
0,156 394	0,708 169	6,315 422	0,112 133	−4,472 383	0,06
0,130 325	0,705 467	7,607 663	0,092 731	−5,366 953	0,05
0,104 257	0,703 249	9,539 379	0,073 721	−6,708 554	0,04
0,078 191	0,701 519	12,750 059	0,055 021	−8,944 403	0,03
0,052 126	0,700 280	19,158 169	0,036 553	−13,416 090	0,02
0,026 063	0,699 536	38,356 025	0,018 238	−26,831 437	0,01
0,000 000	0,699 288	∞	0,000 000	−∞	0,00
$k'\,\mathrm{sd}(\zeta, \varkappa)$	$k'\,\mathrm{nd}(\zeta, \varkappa)$	$\frac{1}{k'}\,\mathrm{cs}(\zeta, \varkappa)$	$-\overline{\mathrm{cd}}(\zeta, \varkappa)$	$-\overline{\mathrm{sd}}(\zeta, \varkappa)$	$\zeta = \frac{z}{2K}$

Tafel III. (Fortsetzung)

$\vartheta_1'(0,\varkappa) = 2{,}870\,107$	$\vartheta_1'(0,k) = 0{,}770\,083$	$\vartheta_5'(0,\varkappa) = 6{,}826\,717$
$\vartheta_1'''/\vartheta_1'(\varkappa) = -9{,}395\,760$	$\vartheta_2''/\vartheta_2(\varkappa) = -10{,}026\,304$	$\vartheta_3''/\vartheta_3(\varkappa) = -3{,}233\,746$
$\vartheta_1'''/\vartheta_1'(k) = -0{,}676\,412$	$\vartheta_2''/\vartheta_2(k) = -\ 0{,}721\,805$	$\vartheta_3''/\vartheta_3(k) = -0{,}232\,801$
$\vartheta_1'''''/\vartheta_1'(k) = 0{,}262\,474$	$\vartheta_2''''/\vartheta_2(k) = 0{,}585\,000$	$\vartheta_3''''/\vartheta_3(k) = 0{,}662\,347$

$\varkappa = 0{,}99$

$\zeta = \frac{z}{2K}$	$\overline{\mathrm{dn}}(\zeta,\varkappa)$	$\mathfrak{z}_1(\zeta,\varkappa)$	$\mathfrak{z}_3(\zeta,\varkappa)$	$\mathfrak{z}_5(\zeta,\varkappa)$	$\wp_1(\zeta,\varkappa)$
0,00	0,000 000	∞	0,000 000	∞	∞
0,01	−0,019 032	26,831 169	−0,000 269	26,831 173	719,911 723
0,02	−0,037 985	13,415 578	−0,000 512	13,415 612	179,978 191
0,03	−0,056 781	8,943 700	−0,000 703	8,943 816	79,990 809
0,04	−0,075 343	6,707 737	−0,000 817	6,708 013	44,995 590
0,05	−0,093 594	5,366 126	−0,000 827	5,366 665	28,798 203
0,06	−0,111 461	4,471 675	−0,000 708	4,472 607	20,000 046
0,07	−0,128 871	3,832 728	−0,000 433	3,834 208	14,695 477
0,08	−0,145 754	3,353 454	0,000 023	3,355 663	11,253 064
0,09	−0,162 043	2,980 612	0,000 685	2,983 756	8,893 423
0,10	−0,177 673	2,682 254	0,001 581	2,686 567	7,206 060
0,11	−0,192 585	2,438 049	0,002 735	2,443 789	5,958 085
0,12	−0,206 720	2,234 440	0,004 173	2,241 892	5,009 386
0,13	−0,220 025	2,062 041	0,005 921	2,071 513	4,271 568
0,14	−0,232 449	1,914 145	0,008 003	1,925 973	3,686 631
0,15	−0,243 947	1,785 833	0,010 445	1,800 376	3,215 237
0,16	−0,254 477	1,673 414	0,013 271	1,691 056	2,829 942
0,17	−0,264 000	1,574 065	0,016 505	1,595 214	2,511 131
0,18	−0,272 483	1,485 587	0,020 171	1,510 677	2,244 479
0,19	−0,279 895	1,406 246	0,024 292	1,435 729	2,019 331
0,20	−0,286 210	1,334 651	0,028 890	1,369 005	1,827 627
0,21	−0,291 407	1,269 677	0,033 985	1,309 399	1,663 180
0,22	−0,295 467	1,210 399	0,039 598	1,256 008	1,521 177
0,23	−0,298 378	1,156 056	0,045 748	1,208 089	1,397 828
0,24	−0,300 128	1,106 011	0,052 453	1,165 021	1,290 118
0,25	−0,300 712	1,059 727	0,059 727	1,126 284	1,195 623
0,25	1,699 288	1,059 727	0,059 727	1,126 284	1,195 623
0,26	1,702 595	1,016 749	0,067 585	1,091 438	1,112 377
0,27	1,712 581	0,976 690	0,076 040	1,060 107	1,038 773
0,28	1,729 450	0,939 216	0,085 100	1,031 966	0,973 486
0,29	1,753 548	0,904 037	0,094 774	1,006 734	0,915 417
0,30	1,785 388	0,870 902	0,105 066	0,984 165	0,863 650
0,31	1,825 673	0,839 592	0,115 979	0,964 040	0,817 415
0,32	1,875 334	0,809 911	0,127 511	0,946 166	0,776 062
0,33	1,935 589	0,781 690	0,139 660	0,930 366	0,739 041
0,34	2,008 024	0,754 775	0,152 418	0,916 482	0,705 883
0,35	2,094 698	0,729 030	0,165 773	0,904 366	0,676 188
0,36	2,198 313	0,704 333	0,179 713	0,893 882	0,649 613
0,37	2,322 448	0,680 573	0,194 220	0,884 902	0,625 864
0,38	2,471 924	0,657 649	0,209 273	0,877 304	0,604 688
0,39	2,653 354	0,635 470	0,224 846	0,870 971	0,585 867
0,40	2,876 041	0,613 952	0,240 911	0,865 791	0,569 215
0,41	3,153 463	0,593 016	0,257 437	0,861 655	0,554 570
0,42	3,505 880	0,572 591	0,274 389	0,858 454	0,541 795
0,43	3,965 171	0,552 609	0,291 727	0,856 084	0,530 774
0,44	4,584 516	0,533 006	0,309 412	0,854 439	0,521 407
0,45	5,459 684	0,513 723	0,327 398	0,853 416	0,513 613
0,46	6,782 274	0,494 703	0,345 639	0,852 910	0,507 324
0,47	8,999 424	0,475 889	0,364 088	0,852 818	0,502 486
0,48	13,452 642	0,457 230	0,382 692	0,853 036	0,599 059
0,49	26,849 675	0,438 672	0,401 403	0,853 462	0,497 014
0,50	∞	0,420 165	0,420 165	0,853 991	0,496 335
	$\overline{\mathrm{sc}}(\zeta,\varkappa)$	$-\mathfrak{z}_2(\zeta,\varkappa)$	$-\mathfrak{z}_4(\zeta,\varkappa)$	$-\mathfrak{z}_6(\zeta,\varkappa)$	$\wp_2(\zeta,\varkappa)$

Tafel III

$\varkappa = 0{,}99$

$\vartheta_5'(0,k) = 1{,}831\,688$	$\vartheta_6(0,k) = 1{,}831\,688$	$\vartheta_{\substack{5\\6}}(\tfrac14,\varkappa) = 1{,}416\,356$
$\vartheta_4''/\vartheta_4(\varkappa) = 3{,}864\,290$	$\vartheta_5'''/\vartheta_5'(\varkappa) = -19{,}096\,998$	$\vartheta_6''/\vartheta_6(\varkappa) = -6{,}162\,014$
$\vartheta_4''/\vartheta_4(k) = 0{,}278\,195$	$\vartheta_5'''/\vartheta_5'(k) = -\ 1{,}374\,815$	$\vartheta_6''/\vartheta_6(k) = -0{,}443\,611$
$\vartheta_4''''/\vartheta_4(k) = -0{,}789\,815$	$\vartheta_5'''''/\vartheta_5'(k) = 5{,}148\,905$	$\vartheta_6''''/\vartheta_6(k) = -1{,}409\,629$

$\wp_3(\zeta,\varkappa)$	$\wp_5(\zeta,\varkappa)$	$\wp_1'(\zeta,\varkappa)$	$\wp_3'(\zeta,\varkappa)$	$\wp_5'(\zeta,\varkappa)$	
0,007 331	∞	−∞	0,000 000	−∞	0,50
0,006 983	719,911 376	−38 632,139 4	−0,018 626	−38 632,158 0	0,49
0,005 942	179,976 803	−4 829,010 43	−0,037 255	−4 829,047 69	0,48
0,004 206	79,987 685	−1 430,808 93	−0,055 887	−1 430,864 82	0,47
0,001 776	44,990 035	−603,612 329	−0,074 523	−603,686 852	0,46
−0,001 349	28,789 523	−309,038 512	−0,093 161	−309,131 673	0,45
−0,005 168	19,987 548	−178,830 158	−0,111 796	−178,941 954	0,44
−0,009 682	14,678 465	−112,604 074	−0,130 422	−112,734 496	0,43
−0,014 889	11,230 844	−75,423 600	−0,149 026	−75,572 625	0,42
−0,020 790	8,865 302	−52,959 807	−0,167 593	−53,127 400	0,41
−0,027 381	7,171 349	−38,594 885	−0,186 101	−38,780 986	0,40
−0,034 661	5,916 094	−28,983 911	−0,204 523	−29,188 435	0,39
−0,042 625	4,959 430	−22,311 837	−0,222 827	−22,534 664	0,38
−0,051 268	4,212 969	−17,535 570	−0,240 972	−17,776 542	0,37
−0,060 584	3,618 716	−14,026 538	−0,258 911	−14,285 449	0,36
−0,070 564	3,137 342	−11,390 557	−0,276 587	−11,667 144	0,35
−0,081 197	2,741 414	−9,371 879	−0,293 937	−9,665 816	0,34
−0,092 469	2,411 331	−7,799 636	−0,310 889	−8,110 524	0,33
−0,104 365	2,132 784	−6,556 707	−0,327 360	−6,884 067	0,32
−0,116 864	1,895 137	−5,560 985	−0,343 262	−5,904 247	0,31
−0,129 943	1,690 353	−4,753 748	−0,358 494	−5,112 241	0,30
−0,143 576	1,512 273	−4,092 239	−0,372 949	−4,465 187	0,29
−0,157 732	1,356 114	−3,544 825	−0,386 511	−3,931 336	0,28
−0,172 374	1,218 123	−3,087 761	−0,399 055	−3,486 816	0,27
−0,187 463	1,095 324	−2,702 983	−0,410 453	−3,113 436	0,26
−0,202 954	0,985 339	−2,376 585	−0,420 568	−2,797 153	0,25
−0,202 954	0,985 339	−2,376 585	−0,420 568	−2,797 153	0,25
−0,218 795	0,886 252	−2,097 741	−0,429 260	−2,527 002	0,24
−0,234 931	0,796 511	−1,857 939	−0,436 387	−2,294 325	0,23
−0,251 302	0,714 853	−1,650 417	−0,441 804	−2,092 221	0,22
−0,267 840	0,640 246	−1,469 762	−0,445 372	−1,915 134	0,21
−0,284 475	0,571 844	−1,311 601	−0,446 951	−1,758 552	0,20
−0,301 130	0,508 955	−1,172 375	−0,446 412	−1,618 787	0,19
−0,317 723	0,451 009	−1,049 165	−0,443 633	−1,492 798	0,18
−0,334 169	0,397 541	−0,939 560	−0,438 506	−1,378 067	0,17
−0,350 379	0,348 174	−0,841 557	−0,430 938	−1,272 496	0,16
−0,366 260	0,302 597	−0,753 478	−0,420 855	−1,174 333	0,15
−0,381 718	0,260 565	−0,673 909	−0,408 205	−1,082 114	0,14
−0,396 656	0,221 878	−0,601 651	−0,392 960	−0,994 611	0,13
−0,410 977	0,186 381	−0,535 682	−0,375 119	−0,910 801	0,12
−0,424 585	0,153 951	−0,475 123	−0,354 711	−0,829 833	0,11
−0,437 386	0,124 498	−0,419 211	−0,331 795	−0,751 006	0,10
−0,449 287	0,097 952	−0,367 284	−0,306 462	−0,673 746	0,09
−0,460 201	0,074 263	−0,318 757	−0,278 838	−0,597 594	0,08
−0,470 045	0,053 398	−0,273 113	−0,249 077	−0,522 190	0,07
−0,478 743	0,035 333	−0,229 889	−0,217 367	−0,447 256	0,06
−0,486 226	0,020 056	−0,188 667	−0,183 924	−0,372 591	0,05
−0,492 434	0,007 559	−0,149 061	−0,148 993	−0,298 055	0,04
−0,497 317	−0,002 162	−0,110 719	−0,112 841	−0,223 560	0,03
−0,500 834	−0,009 105	−0,073 304	−0,075 755	−0,149 059	0,02
−0,502 956	−0,013 272	−0,036 501	−0,038 036	−0,074 537	0,01
−0,503 665	−0,014 661	0,000 000	0,000 000	0,000 000	0,00
$\wp_4(\zeta,\varkappa)$	$\wp_6(\zeta,\varkappa)$	$-\wp_2'(\zeta,\varkappa)$	$-\wp_4'(\zeta,\varkappa)$	$-\wp_6'(\zeta,\varkappa)$	$\zeta = \dfrac{z}{2K}$

Tafel III

$\sqrt{k} = 0{,}840\,896$	$k = 0{,}707\,107$	$k^2 = 0{,}500\,000$
$\sqrt{k'} = 0{,}840\,896$	$k' = 0{,}707\,107$	$k'^2 = 0{,}500\,000$
$e_1 = -e_3' = 0{,}500\,000$	$e_2 = -e_2' = 0{,}000\,000$	$e_3 = -e_1' = -0{,}500\,000$
$g_2 = g_2' = 1{,}000\,000$	$g_3 = -g_3' = 0{,}000\,000$	$g_3/\sqrt{g_2^3} = 0{,}000\,000$
$\bar{g}_2 = \bar{g}_2' = -4{,}000\,000$	$\bar{g}_3 = -\bar{g}_3' = 0{,}000\,000$	$\bar{g}_3/\sqrt{\bar{g}_2^3} = 0{,}000\,000$

$\varkappa = 1{,}00$

$\zeta = \frac{z}{2K}$	$\vartheta_1(\zeta,\varkappa)$	$\vartheta_3(\zeta,\varkappa)$	$\frac{\partial \ln \vartheta_1(\zeta,\varkappa)}{\partial \zeta}$	$\frac{\partial \ln \vartheta_3(\zeta,\varkappa)}{\partial \zeta}$	$\mathrm{sn}(\zeta,\varkappa)$
0,00	0,000 000	1,086 435	∞	0,000 000	0,000 000
0,01	0,028 482	1,086 264	99,968 581	−0,031 400	0,037 069
0,02	0,056 938	1,085 753	49,937 143	−0,062 706	0,074 061
0,03	0,085 340	1,084 903	33,239 000	−0,093 822	0,110 901
0,04	0,113 662	1,083 719	24,874 135	−0,124 655	0,147 515
0,05	0,141 876	1,082 203	19,842 526	−0,155 110	0,183 829
0,06	0,169 956	1,080 364	16,477 490	−0,185 092	0,219 773
0,07	0,197 876	1,078 207	14,064 722	−0,214 508	0,255 278
0,08	0,225 609	1,075 741	12,247 059	−0,243 262	0,290 279
0,09	0,253 128	1,072 976	10,826 070	−0,271 260	0,324 716
0,10	0,280 408	1,069 924	9,682 689	−0,298 410	0,358 531
0,11	0,307 421	1,066 595	8,741 139	−0,324 616	0,391 670
0,12	0,334 143	1,063 004	7,950 896	−0,349 788	0,424 084
0,13	0,360 548	1,059 163	7,276 975	−0,373 831	0,455 729
0,14	0,386 609	1,055 090	6,694 383	−0,396 656	0,486 564
0,15	0,412 301	1,050 799	6,184 785	−0,418 171	0,516 554
0,16	0,437 600	1,056 307	5,734 426	−0,438 289	0,545 669
0,17	0,462 481	1,041 633	5,332 783	−0,456 922	0,573 882
0,18	0,486 918	1,036 795	4,971 665	−0,473 987	0,601 172
0,19	0,510 889	1,031 811	4,644 603	−0,489 399	0,627 521
0,20	0,534 368	1,026 702	4,346 417	−0,503 082	0,652 916
0,21	0,557 333	1,021 488	4,072 910	−0,514 958	0,677 347
0,22	0,579 760	1,016 188	3,820 644	−0,524 957	0,700 808
0,23	0,601 626	1,010 826	3,586 774	−0,533 012	0,723 298
0,24	0,622 910	1,005 420	3,368 926	−0,539 060	0,744 816
0,25	0,643 590	0,999 993	3,165 103	−0,543 046	0,765 367
0,26	0,663 644	0,994 566	2,973 611	−0,544 921	0,784 955
0,27	0,683 051	0,989 161	2,793 001	−0,544 642	0,803 590
0,28	0,701 792	0,983 799	2,622 030	−0,542 175	0,821 281
0,29	0,719 847	0,978 500	2,459 620	−0,537 495	0,838 040
0,30	0,737 197	0,973 287	2,304 835	−0,530 586	0,853 880
0,31	0,753 824	0,968 179	2,156 854	−0,521 441	0,868 815
0,32	0,769 709	0,963 196	2,014 955	−0,510 064	0,882 859
0,33	0,784 837	0,958 359	1,878 498	−0,496 471	0,896 029
0,34	0,799 190	0,953 687	1,746 916	−0,480 689	0,908 340
0,35	0,812 754	0,949 197	1,619 700	−0,462 756	0,919 808
0,36	0,825 514	0,944 908	1,496 394	−0,442 726	0,930 449
0,37	0,837 455	0,940 836	1,376 583	−0,420 661	0,940 278
0,38	0,848 566	0,936 997	1,259 895	−0,396 640	0,949 311
0,39	0,858 834	0,933 408	1,145 986	−0,370 751	0,957 562
0,40	0,868 247	0,930 081	1,034 543	−0,343 098	0,965 046
0,41	0,876 795	0,927 030	0,925 275	−0,313 795	0,971 774
0,42	0,884 469	0,924 266	0,817 913	−0,282 969	0,977 761
0,43	0,891 261	0,921 802	0,712 206	−0,250 757	0,983 015
0,44	0,897 162	0,919 647	0,607 916	−0,217 309	0,987 549
0,45	0,902 167	0,917 808	0,504 819	−0,182 781	0,991 369
0,46	0,906 269	0,916 294	0,402 701	−0,147 340	0,994 485
0,47	0,909 465	0,915 110	0,301 357	−0,111 160	0,996 901
0,48	0,911 750	0,914 260	0,200 588	−0,074 420	0,998 624
0,49	0,913 122	0,913 750	0,100 199	−0,037 304	0,999 656
0,50	0,913 579	0,913 579	0,000 000	0,000 000	1,000 000
	$\vartheta_2(\zeta,\varkappa)$	$\vartheta_4(\zeta,\varkappa)$	$-\frac{\partial \ln \vartheta_2(\zeta,\varkappa)}{\partial \zeta}$	$-\frac{\partial \ln \vartheta_4(\zeta,\varkappa)}{\partial \zeta}$	$\mathrm{cd}(\zeta,\varkappa)$

Tafel III

$\varkappa = 1{,}00$			
	$k^2 k'^2 = 0{,}250\,000$	$\eta_1 = -\eta_2' = 0{,}228\,473$	$\eta_1' = -\eta_2 = 0{,}228\,473$
	$\pi/KK' = 0{,}913\,893$	$\bar\eta_1 = -\bar\eta_2' = 0{,}456\,947$	$\bar\eta_1' = -\bar\eta_2 = 0{,}456\,947$
	$K = 1{,}854\,075$	$E = 1{,}350\,644$	$A = 0{,}847\,213$
	$K' = 1{,}854\,075$	$E' = 1{,}350\,644$	$A' = 0{,}847\,213$
	$B = 0{,}847\,213$	$C = 0{,}319\,297$	$D = 1{,}006\,862$

$\mathrm{cn}(\zeta,\varkappa)$	$\mathrm{dn}(\zeta,\varkappa)$	$\mathrm{sc}(\zeta,\varkappa)$	$\overline{\mathrm{sn}}(\zeta,\varkappa)$	$\overline{\mathrm{cn}}(\zeta,\varkappa)$	
1,000 000	1,000 000	0,000 000	∞	0,000 000	0,50
0,999 313	0,999 656	0,037 094	26,949 097	−0,037 082	0,49
0,997 254	0,998 628	0,074 265	13,446 795	−0,074 163	0,48
0,993 831	0,996 920	0,111 590	8,933 793	−0,111 246	0,47
0,989 060	0,994 545	0,149 147	6,668 230	−0,148 333	0,46
0,982 958	0,991 516	0,187 016	5,301 767	−0,185 429	0,45
0,975 551	0,987 851	0,225 280	4,384 986	−0,222 544	0,44
0,966 868	0,983 573	0,264 025	3,725 299	−0,259 688	0,43
0,956 942	0,978 708	0,303 341	3,226 432	−0,296 882	0,42
0,945 811	0,973 283	0,343 320	2,834 911	−0,334 148	0,41
0,933 518	0,967 330	0,384 064	2,518 666	−0,371 517	0,40
0,920 106	0,960 884	0,425 679	2,257 295	−0,409 028	0,39
0,905 623	0,953 979	0,468 279	2,037 204	−0,446 728	0,38
0,890 119	0,946 655	0,511 986	1,848 985	−0,484 674	0,37
0,873 645	0,938 950	0,556 935	1,685 924	−0,522 935	0,36
0,856 255	0,930 906	0,603 272	1,543 096	−0,561 589	0,35
0,838 001	0,922 563	0,651 156	1,416 809	−0,600 732	0,34
0,818 938	0,913 964	0,700 764	1,304 239	−0,640 473	0,33
0,799 120	0,905 150	0,752 293	1,203 188	−0,680 938	0,32
0,778 600	0,896 163	0,805 961	1,111 919	−0,722 273	0,31
0,757 431	0,887 046	0,862 014	1,029 039	−0,764 646	0,30
0,735 664	0,877 839	0,920 728	0,953 418	−0,808 251	0,29
0,713 350	0,868 582	0,982 419	0,884 125	−0,853 311	0,28
0,690 536	0,859 314	1,047 444	0,820 391	−0,900 083	0,27
0,667 270	0,850 073	1,116 215	0,761 567	−0,948 865	0,26
0,643 594	0,840 896	1,189 207	0,707 107	−1,000 000	0,25
0,619 552	0,831 819	1,266 972	0,656 541	−1,053 891	0,24
0,595 183	0,822 874	1,350 156	0,609 466	−1,111 008	0,23
0,570 524	0,814 094	1,439 522	0,565 531	−1,171 906	0,22
0,545 609	0,805 509	1,535 973	0,524 429	−1,237 239	0,21
0,520 470	0,797 148	1,640 593	0,485 890	−1,307 795	0,20
0,495 138	0,789 038	1,754 693	0,449 673	−1,384 519	0,19
0,469 638	0,781 204	1,879 871	0,415 563	−1,468 563	0,18
0,443 996	0,773 671	2,018 102	0,383 365	−1,561 346	0,17
0,418 233	0,766 459	2,171 851	0,352 906	−1,664 635	0,16
0,392 369	0,759 590	2,344 240	0,324 024	−1,780 661	0,15
0,366 422	0,753 082	2,539 278	0,296 573	−1,912 285	0,14
0,340 408	0,746 953	2,762 210	0,270 419	−2,063 241	0,13
0,314 339	0,741 218	3,020 025	0,245 434	−2,238 497	0,12
0,288 227	0,735 892	3,322 252	0,221 504	−2,444 819	0,11
0,262 082	0,730 988	3,682 230	0,198 518	−2,691 666	0,10
0,235 912	0,726 517	4,119 224	0,176 372	−2,992 687	0,09
0,209 724	0,722 490	4,662 130	0,154 970	−3,368 343	0,08
0,183 523	0,718 916	5,356 355	0,134 217	−3,850 770	0,07
0,157 314	0,715 803	6,277 571	0,114 025	−4,493 503	0,06
0,131 099	0,713 157	7,561 989	0,094 308	−5,392 888	0,05
0,104 881	0,710 985	9,482 027	0,074 982	−6,741 581	0,04
0,078 661	0,709 291	12,673 320	0,055 967	−8,989 072	0,03
0,052 441	0,708 078	19,042 770	0,037 184	−13,483 774	0,02
0,026 221	0,707 350	38,124 877	0,018 554	−26,967 625	0,01
0,000 000	0,707 107	∞	0,000 000	$-\infty$	0,00
$k'\,\mathrm{sd}(\zeta,\varkappa)$	$k'\,\mathrm{nd}(\zeta,\varkappa)$	$\frac{1}{k'}\,\mathrm{cs}(\zeta,\varkappa)$	$-\overline{\mathrm{cd}}(\zeta,\varkappa)$	$-\overline{\mathrm{sd}}(\zeta,\varkappa)$	$\zeta = \frac{z}{2K}$

Tafel III. (Fortsetzung)

$\vartheta_1'(0,\varkappa) = 2{,}848\,695$ | $\vartheta_1'(0,k) = 0{,}768\,225$ | $\vartheta_5'(0,\varkappa) = 6{,}775\,376$

$\vartheta_1'''/\vartheta_1'(\varkappa) = -9{,}424\,778$ | $\vartheta_2''/\vartheta_2(\varkappa) = -10{,}016\,778$ | $\vartheta_3''/\vartheta_3(\varkappa) = -3{,}141\,593$

$\vartheta_1'''/\vartheta_1'(k) = -0{,}685\,420$ | $\vartheta_2''/\vartheta_2(k) = -\ 0{,}728\,473$ | $\vartheta_3''/\vartheta_3(k) = -0{,}228\,473$

$\vartheta_1'''''/\vartheta_1'(k) = 0{,}283\,001$ | $\vartheta_2''''/\vartheta_2(k) = 0{,}592\,020$ | $\vartheta_3''''/\vartheta_3(k) = 0{,}656\,600$

$\varkappa = 1{,}00$

$\zeta = \frac{z}{2K}$	$\overline{\mathrm{dn}}(\zeta,\varkappa)$	$\mathfrak{z}_1(\zeta,\varkappa)$	$\mathfrak{z}_3(\zeta,\varkappa)$	$\mathfrak{z}_5(\zeta,\varkappa)$	$\wp_1(\zeta,\varkappa)$
0,00	0,000 000	∞	0,000 000	∞	∞
0,01	−0,018 528	26,967 629	0,000 004	26,967 633	727,253 140
0,02	−0,036 980	13,483 808	0,000 034	13,483 842	181,813 543
0,03	−0,055 279	8,989 187	0,000 115	8,989 302	80,806 516
0,04	−0,073 351	6,741 853	0,000 272	6,742 125	45,454 417
0,05	−0,091 121	5,393 420	0,000 531	5,393 951	29,091 842
0,06	−0,108 518	4,494 421	0,000 918	4,495 339	20,203 949
0,07	−0,125 471	3,852 227	0,001 457	3,853 684	14,845 269
0,08	−0,141 912	3,370 519	0,002 175	3,372 694	11,367 730
0,09	−0,157 776	2,995 784	0,003 097	2,998 881	8,984 003
0,10	−0,172 999	2,695 913	0,004 247	2,700 160	7,279 408
0,11	−0,187 524	2,450 471	0,005 652	2,456 124	6,018 679
0,12	−0,201 294	2,245 834	0,007 336	2,253 170	5,060 275
0,13	−0,214 256	2,072 565	0,009 324	2,081 890	4,314 902
0,14	−0,226 361	1,923 926	0,011 641	1,935 567	3,723 967
0,15	−0,237 565	1,794 972	0,014 311	1,809 283	3,247 730
0,16	−0,247 826	1,681 993	0,017 358	1,699 351	2,858 469
0,17	−0,257 108	1,582 151	0,020 805	1,602 957	2,536 368
0,18	−0,265 375	1,493 239	0,024 675	1,517 914	2,266 958
0,19	−0,272 600	1,413 510	0,028 991	1,442 501	2,039 473
0,20	−0,278 756	1,341 568	0,033 773	1,375 342	1,845 772
0,21	−0,283 822	1,276 282	0,039 043	1,315 325	1,679 606
0,22	−0,287 780	1,216 724	0,044 818	1,261 542	1,536 111
0,23	−0,290 618	1,162 127	0,051 118	1,213 245	1,411 461
0,24	−0,292 324	1,111 851	0,057 959	1,169 810	1,302 609
0,25	−0,292 893	1,065 357	0,065 357	1,130 713	1,207 107
0,25	1,707 107	1,065 357	0,065 357	1,130 713	1,207 107
0,26	1,710 432	1,022 188	0,073 323	1,095 511	1,122 968
0,27	1,720 474	0,981 954	0,081 871	1,063 824	1,048 570
0,28	1,737 436	0,944 319	0,091 008	1,035 327	0,982 574
0,29	1,761 669	0,908 993	0,100 742	1,009 735	0,923 870
0,30	1,793 685	0,875 723	0,111 077	0,986 801	0,871 534
0,31	1,834 192	0,844 288	0,122 016	0,966 304	0,824 786
0,32	1,884 126	0,814 494	0,133 556	0,948 050	0,782 972
0,33	1,944 712	0,786 167	0,145 694	0,931 861	0,745 535
0,34	2,017 541	0,759 154	0,158 422	0,917 577	0,712 002
0,35	2,104 685	0,733 319	0,171 730	0,905 050	0,681 968
0,36	2,208 858	0,708 539	0,185 604	0,894 143	0,655 088
0,37	2,333 660	0,684 701	0,200 026	0,884 727	0,631 065
0,38	2,483 932	0,661 705	0,214 977	0,876 681	0,609 643
0,39	2,666 323	0,639 458	0,230 430	0,869 889	0,590 601
0,40	2,890 183	0,716 877	0,246 360	0,864 237	0,573 753
0,41	3,169 059	0,596 882	0,262 734	0,859 616	0,558 934
0,42	3,523 313	0,576 401	0,279 520	0,855 921	0,546 008
0,43	3,984 987	0,556 367	0,296 678	0,853 045	0,534 855
0,44	4,607 529	0,536 714	0,314 171	0,850 885	0,525 376
0,45	5,487 197	0,517 384	0,331 954	0,849 338	0,517 488
0,46	6,816 563	0,498 317	0,349 984	0,848 301	0,511 122
0,47	9,045 039	0,479 459	0,368 213	0,847 672	0,506 226
0,48	13,520 958	0,460 756	0,386 593	0,847 349	0,502 758
0,49	26,986 178	0,442 156	0,405 074	0,847 230	0,500 688
0,50	∞	0,423 607	0,423 607	0,847 213	0,500 000
	$\overline{\mathrm{sc}}(\zeta,\varkappa)$	$-\mathfrak{z}_2(\zeta,\varkappa)$	$-\mathfrak{z}_4(\zeta,\varkappa)$	$-\mathfrak{z}_6(\zeta,\varkappa)$	$\wp_2(\zeta,\varkappa)$

Tafel III

$\varkappa = 1{,}00$			
$\vartheta_5'(0,k) = 1{,}827\,158$	$\vartheta_6(0,k) = 1{,}827\,158$	$\vartheta_{\substack{5\\6}}(\tfrac{1}{4},\varkappa) = 1{,}408\,932$
$\vartheta_4''/\vartheta_4(\varkappa) = 3{,}733\,593$	$\vartheta_5'''/\vartheta_5'(\varkappa) = -18{,}849\,556$	$\vartheta_6''/\vartheta_6(\varkappa) = -6{,}283\,185$
$\vartheta_4''/\vartheta_4(k) = 0{,}271\,527$	$\vartheta_5'''/\vartheta_5'(k) = -\ 1{,}370\,840$	$\vartheta_6''/\vartheta_6(k) = -0{,}456\,947$
$\vartheta_4''''/\vartheta_4(k) = -0{,}778\,820$	$\vartheta_5'''''/\vartheta_5'(k) = 5{,}132\,003$	$\vartheta_6''''/\vartheta_6(k) = -1{,}373\,599$

$\wp_3(\zeta,\varkappa)$	$\wp_5(\zeta,\varkappa)$	$\wp_1'(\zeta,\varkappa)$	$\wp_3'(\zeta,\varkappa)$	$\wp_5'(\zeta,\varkappa)$	
0,000 000	∞	− ∞	0,000 000	− ∞	0,50
−0,000 344	727,252 796	−39 224,579 9	−0,018 541	−39 224,598 4	0,49
−0,001 375	181,812 168	−4 903,065 53	−0,037 081	−4 903,102 61	0,48
−0,003 094	80,803 422	−1 452,751 23	−0,055 621	−1 452,806 85	0,47
−0,005 500	45,448 917	−612,869 285	−0,074 158	−612,943 443	0,46
−0,008 593	29,083 248	−313,778 127	−0,092 687	−313,870 814	0,45
−0,012 374	20,191 576	−181,573 043	−0,111 204	−181,684 246	0,44
−0,016 840	14,828 428	−114,331 424	−0,129 697	−114,461 120	0,43
−0,021 992	11,345 738	−76,580 838	−0,148 154	−76,728 992	0,42
−0,027 827	8,956 176	−53,772 619	−0,166 556	−53,939 176	0,41
−0,034 343	7,245 065	−39,187 467	−0,184 882	−39,372 349	0,40
−0,041 537	5,977 141	−29,429 164	−0,203 103	−29,632 267	0,39
−0,049 404	5,010 871	−22,654 827	−0,221 183	−22,876 010	0,38
−0,057 939	4,256 963	−17,805 366	−0,239 083	−18,044 449	0,37
−0,067 133	3,656 834	−14,242 571	−0,256 754	−14,499 324	0,36
−0,076 977	3,170 753	−11,566 210	−0,274 139	−11,840 349	0,35
−0,087 459	2,771 010	−9,516 616	−0,291 176	−9,807 792	0,34
−0,098 566	2,437 802	−7,920 298	−0,307 792	−8,228 090	0,33
−0,110 280	2,156 678	−6,658 341	−0,323 906	−6,982 247	0,32
−0,122 581	1,916 892	−5,647 377	−0,339 431	−5,986 808	0,31
−0,135 445	1,710 328	−4,827 784	−0,354 268	−5,182 051	0,30
−0,148 844	1,530 761	−4,156 149	−0,368 312	−4,524 462	0,29
−0,162 749	1,373 363	−3,600 355	−0,381 452	−3,981 807	0,28
−0,177 121	1,234 340	−3,136 291	−0,393 567	−3,529 858	0,27
−0,191 922	1,110 687	−2,745 617	−0,404 531	−3,150 148	0,26
−0,207 107	1,000 000	−2,414 214	−0,414 214	−2,828 427	0,25
−0,207 107	1,000 000	−2,414 214	−0,414 214	−2,828 427	0,25
−0,222 624	0,900 344	−2,131 089	−0,422 481	−2,553 570	0,24
−0,238 420	0,810 150	−1,887 600	−0,429 196	−2,316 795	0,23
−0,254 434	0,728 140	−1,676 882	−0,434 222	−2,111 104	0,22
−0,270 601	0,653 270	−1,493 438	−0,437 427	−1,930 865	0,21
−0,286 851	0,584 683	−1,332 829	−0,438 678	−1,771 508	0,20
−0,303 109	0,521 678	−1,191 441	−0,437 854	−1,629 296	0,19
−0,319 296	0,463 676	−1,066 311	−0,434 842	−1,501 152	0,18
−0,335 330	0,410 206	−0,954 990	−0,429 539	−1,384 529	0,17
−0,351 123	0,360 879	−0,855 445	−0,421 861	−1,277 306	0,16
−0,366 586	0,315 383	−0,765 972	−0,411 741	−1,177 714	0,15
−0,381 628	0,273 461	−0,685 137	−0,399 133	−1,084 270	0,14
−0,396 156	0,234 909	−0,611 722	−0,384 013	−0,995 735	0,13
−0,410 076	0,199 566	−0,544 689	−0,366 385	−0,911 074	0,12
−0,423 297	0,167 304	−0,483 145	−0,346 281	−0,829 426	0,11
−0,435 728	0,138 025	−0,426 318	−0,323 761	−0,750 079	0,10
−0,447 280	0,111 655	−0,373 534	−0,298 915	−0,672 449	0,09
−0,457 869	0,088 139	−0,324 200	−0,271 866	−0,596 066	0,08
−0,467 417	0,067 438	−0,277 791	−0,242 765	−0,520 556	0,07
−0,475 850	0,049 526	−0,233 838	−0,211 795	−0,445 632	0,06
−0,483 103	0,034 384	−0,191 915	−0,179 163	−0,371 078	0,05
−0,489 120	0,022 003	−0,151 633	−0,145 105	−0,296 738	0,04
−0,493 850	0,012 376	−0,112 631	−0,109 878	−0,222 509	0,03
−0,497 257	0,005 500	−0,074 572	−0,073 756	−0,148 329	0,02
−0,499 313	0,001 375	−0,037 133	−0,037 031	−0,074 163	0,01
−0,500 000	0,000 000	0,000 000	0,000 000	0,000 000	0,00
$\wp_4(\zeta,\varkappa)$	$\wp_6(\zeta,\varkappa)$	$-\wp_2'(\zeta,\varkappa)$	$-\wp_4'(\zeta,\varkappa)$	$-\wp_6'(\zeta,\varkappa)$	$\zeta = \dfrac{z}{2K}$

Literaturverzeichnis

[1] ADAMS, E. P., and R. L. HIPPISLEY: Smithsonian mathematical formulae and tables of elliptic functions. Vol. 74 of Smithsonian miscellaneous collection. Washington 1922; Reprint Washington 1939.

[2] FLETCHER, A.: A table of complete elliptic integrals. Phil. Mag. 7, 30 (1940), S. 516–19.

[3] FLETCHER, A., J. C. MILLER and L. ROSENHEAD: Index of mathematical tables. New York: McGraw-Hill 1946.

[4] FLETCHER, A.: Guide to tables of elliptic functions. Mathematical tables and other aids to computation. The National Research Council, Vol. 3. Washington 1948, S. 229–281.

[5] FLETCHER, A., J. C. MILLER, L. ROSENHEAD and L. J. COMRIE: An index of mathematical tables. Vol. I, 2. Aufl. Addison-Wesley Publ. Comp. Inc. Massachusetts 1962.

[6] FROEBERG, C. E.: Complete elliptic integrals. Department of Numerical Analysis, Table 2. Lund: Gleerup 1957.

[7] GLOWATZKI, E.: Tafel der Jacobischen elliptischen Funktionen $\varphi = am\left(\frac{m}{n} K\right)$. München: Bayer. Akad. Wiss. 1953.

[8] HAMMERLEY, J. M.: Tables of complete elliptic integrals (9 decimals). J. Res. nat. Bur. of Stand. 50. Washington 1953.

[9] HAYASHI, K.: Fünfstellige Funktionentafeln. Berlin: Springer 1930, S. 127–145.

[10] HAYASHI, K.: Tafeln der Besselschen, Theta-, Kugel- und anderer Funktionen (Numeri mit acht Dezimalen). Berlin 1930.

[11] HAYASHI, K.: Tafeln für die Differenzenrechnung sowie für die Hyperbel-, Besselschen, elliptischen und anderen Funktionen. Berlin: Springer 1933.

[12] HENDERSON, F. M.: Elliptic functions with complex arguments. The University of Michigan Research Inst. Ann Arbor/Mich.: Univ. Press 1960.

[13] HEUMAN, C.: Tables of complete elliptic integrals. J. Math. Phys., Vol. 20 (1941), S. 127–206.

[14] HOÜEL, G. J.: Recueil de formules et de tables numériques. Paris: Gauthier-Villars 1902, S. 7–59.

[15] JAHNKE-EMDE: Funktionentafeln mit Formeln und Kurven. 2. Aufl., 1933, 3. Aufl., 1938. Leipzig: Teubner.

[16] KAPLAN, E. L.: Auxiliary table for the incomplete elliptical integrals. J. Math. and Phys. Cambridge/Mass. 1948.

[17] LAURENT, M.: Table de la fonction elliptique de Dixon pour l'intervalle 0–0, 1030. Acad. Belgique, Bull. Cl. Sci. V. Brüssel 1949.

[18] LEGENDRE, A. M., u. F. EMDE: Legendres Tafeln der elliptischen Normalintegrale 1. und 2. Gattung. Stuttgart: Wittwer 1931.

[19] LEGENDRE, A. M., and K. PEARSON: Tables of the complete and incomplete elliptical integrals. J. Math. and Phys. London 1934.

[20] MILNE-THOMSON, L. M.: Die elliptischen Funktionen von Jacobi (fünfstellige Werte für reelles Argument). Berlin 1931.

[21] MILNE-THOMSON, L. M.: The zeta function of Jacobi (reprint from the Proc. Res. Soc.). Edinburgh 1932.

[22] MILNE-THOMSON, L. M.: Jacobian elliptic function tables. New York: Dover 1950.

[23] v. MISES, R.: Verzeichnis berechneter Funktionentafeln. Erster Teil: BESSELsche, Kugel- und elliptische Funktionen. (Hrsg. v. Institut für angew. Math. an der Universität Berlin. Berlin 1928.

[24] NAGAOKO, H., and S. SAKURAI: Tables of theta-functions, elliptic integrals K and E and associated coefficients in the numeric calculation of elliptic functions. Tokyo 1922.

[25] NAGAOKO-SAKURAI: Table no 1 (Inst. of Phys. and Chem. Res.) Tokyo 1922.

[26] PEARSON, K.: Tables of the complete and incomplete elliptic integrals. Reissued from tome II of Legendres Traité des Fonctions Elliptiques. London 1934.

[27] PEIRCE, B. O.: A short table of integrals. 3th revised Ed. Boston: Ginn. & Co. 1929, S. 84–86; 121–123.

[28] SCHULER, M., u. H. GEBELEIN: Acht- und neunstellige Tabellen zu den elliptischen Funktionen. Berlin 1955.

[29] SCHULER, M., u. H. GEBELEIN: Fünfstellige Tabellen zu den elliptischen Funktionen. Berlin 1955.

[30] SELFRIDGE, R. G., and J. E. MAXFIELD: A table of the incomplete elliptic integral of the third kind. New York: Dover 1958.

[31] SPENCELEY, G. W., and R. M.: Smithsonian elliptic functions tables. Vol. 109 of Smithsonian Miscellaneous Collections. Washington 1947.

[32] Verzeichnis berechneter Funktionentafeln. Hrsg. v. Institut für angew. Math. an der Universität Berlin. 1. Bessel-sche-, Kugel- und elliptische Funktionen. Berlin 1928.

721/22/65 – III/18/203